実用 水の処理・活用大事典

実用 水の処理・活用大事典 編集委員会 編

実用 水の処理・活用大事典 編集委員会

編集委員長

| 松尾 友矩 | 東京大学名誉教授・東洋大学名誉教授・東洋大学常勤理事 |

編集委員　　※企画委員を兼務

秋谷 鷹二	一般財団法人 造水促進センター　常務理事
岩崎 好陽	(社)におい・かおり環境協会　会長
大村 達夫	東北大学　大学院　工学研究科　土木工学専攻　教授
※岡本 裕三	メタウォーター(株)　国際事業推進センター　技術部長
織田 信博	栗田工業(株)　開発本部　基盤技術第一グループ　専門主幹
※北川 政美	水ing(株)　技術開発副統括　理事
酒井 憲司	(財)河川環境管理財団　技術参与
※佐々木正一	オルガノ中部(株)　代表取締役社長
佐藤 進	(社)地域環境資源センター　集落排水部　開発・保全班　上席研究員
高嶋 渉	(財)水道技術研究センター　浄水技術部　部長
高橋 正宏	北海道大学　大学院　環境創生工学部門　水代謝システム分野　水環境保全工学研究室　教授
高見澤真司	メタウォーター(株)　国際事業推進センター　国際営業部　担当部長
田中 宏明	京都大学　大学院　工学研究科附属　流域圏総合環境質研究センター　教授
長岡 裕	東京都市大学　工学部　都市工学科　教授
羽賀 清典	(財)畜産環境整備機構　参与／麻布大学獣医学部　客員教授
橋本 正憲	ランドソリューション(株)　社長付　技術主幹
花木 啓祐	東京大学　大学院　工学系研究科　都市工学専攻　教授
※深瀬 哲朗	栗田工業(株)　開発本部　基盤技術グループ　研究主幹
藤井 滋穂	京都大学　大学院　地球環境学堂　地球親和技術学廊　環境調和型産業論分野　教授
藤江 幸一	横浜国立大学大学院　環境情報研究院　教授
松井 三郎	(株)松井三郎環境設計事務所社長／京都大学名誉教授
松井 佳彦	北海道大学　大学院工学研究院　環境創生工学部門　教授
味埜 俊	東京大学　大学院　新領域創成科学研究科　社会文化環境学専攻　教授
村上 孝雄	日本下水道事業団　技術開発・研修・国際担当理事
森川 則三	(株)西原環境　技術・設計本部　参与
森澤 眞輔	京都大学　名誉教授
森部 隆行	栗田工業(株)　クリタ開発センター　開発本部　基盤技術グループ
※矢尾 眞	前澤工業(株)　常務取締役　環境事業本部長
山本 和夫	東京大学　環境安全研究センター　教授
吉田 勝美	(株)水圏科学コンサルタント　技術本部　取締役　事業本部長
吉村 和就	グローバルウォータ・ジャパン　代表
渡辺 義公	北海道大学　環境ナノ・バイオ工学研究センター　特任教授

執筆者

赤沢 真一	東亜ディーケーケー(株) 開発本部　水質技術部長
朝田 裕之	栗田工業(株)　プラント生産本部 エンジニアリング部門 エンジニアリング五部　設計一課 主任技師
荒巻 俊也	東洋大学　国際地域学部 国際地域学科　教授
飯塚 隆	日揮(株)　エンジニアリング本部 プロセスエンジニアリング第1部 チーフエンジニア
池田 英男	大阪府立大学名誉教授／ 千葉大学環境健康フィールド科学 センター特任教授
池 道彦	大阪大学　大学院　工学研究科 環境・エネルギー工学専攻　教授
井坂 和一	(株)日立プラントテクノロジー 研究開発本部　松戸研究所 水環境システム部　研究員
植田 達博	(地方共同法人)日本下水道事業団 関東北陸総合事務所　次長
越後 信哉	京都大学　大学院 地球環境学堂　准教授
圓佛 伊智朗	(株)日立製作所　日立研究所 エネルギー・環境研究センタ 公共・産業研究部　部長
老沼 正芳	栗田工業(株) プラント事業本部　技術部　部長
大泉 勝則	ニッスイ・エンジニアリング(株) 環境関連事業部　部長
大井 裕亮	(株)クボタ　膜システム営業部 営業技術G　グループ長
大嶌 巌	(財)河川環境管理財団 河川環境総合研究所 研究第2部　主任研究員
大下 和徹	京都大学　大学院　工学研究科 都市環境工学専攻　助教
大信 紀子	オルガノ(株)　開発センター 第一開発部　課長
大橋 伸一	オルガノ(株)　開発センター 第一開発部　部長
恩田 建介	水ing(株)　技術開発室 第一グループ
葛 甬生	水ing(株)　技術開発室 第二グループ　副参事
川﨑 睦男	(財)造水促進センター 技術アドバイザー
川田 和彦	オルガノ(株)　開発センター 第一開発部
河村 清史	埼玉大学　大学院　理工学研究科 研究部　環境科学・社会基盤部門 環境科学領域　教授
岸本 直之	龍谷大学　理工学部 環境ソリューション工学科　教授
金 一昊	韓国建設技術研究院 建設環境研究室　首席研究員
木村 武年	水ing(株)　技術・建設本部 設計・技術統括　民需技術室
日下 潤	前澤工業(株)　環境事業本部 建設事業部　施設部　施設課
古賀 敦	(株)日立プラントテクノロジー 水処理事業部 環境ソリューション部　技師
小島 英順	栗田工業(株)　ケミカル事業本部 第一部門　技術サービス二部 技術サービス一課
小林 厚史	水ing(株)　技術開発統括 技術開発部　第一グループ グループ長
小林 英正	アタカ大機(株) 環境プラント事業本部　技術本部 環境プラントシステム第2部 部長
佐藤 久	北海道大学　大学院　環境創生 工学部門　水代謝システム分野 水環境保全工学研究室　准教授
佐藤 博司	(財)下水道新技術推進機構 資源循環研究部　総括主任研究員
佐藤 弘泰	東京大学　大学院 新領域創成科学研究科　環境学系 准教授
塩田 憲明	(株)神鋼環境ソリューション 水処理事業部技術部技術室　課長
清水 和彦	オルガノ(株)　開発センター 第二開発部　部長
清水 芳久	京都大学　大学院 工学研究科附属 流域圏総合環境質研究センター 教授
杉野 寿治	(株)東芝　水・環境システム技術部 水・環境システム技術 第六担当　参事
鈴木 理一郎	(株)堀場アドバンスドテクノ 開発部　課長
鈴木 温雄	水ing(株)　技術・建設本部 設計・技術統括　民需技術室
鈴木 重浩	メタウォーター(株) R&Dセンター　先端水システム開発部 先端水処理開発グループ マネージャー
鈴木 道範	富士アイティ(株)　社会システム事業部 営業技術部(営業技術グループ)主管
住田 一郎	栗田工業(株)　プラント事業本部 技術部　技術1課
清 和成	大阪大学　大学院工学研究科 助教

髙岡 昌輝	京都大学 大学院 工学研究科 都市環境工学専攻 環境デザイン工学講座 教授
竹本 明生	東京大学 アジア太平洋地球変動研究ネットワーク（APN）センター長
田子 靖章	メタウォーター(株) エンジニアリング本部 GENESEED技術部 第2グループ 担当課長
田中 良春	メタウォーター(株) R&Dセンター 先端水システム開発部 センサー開発グループ マネージャー
谷岡 明彦	東京工業大学 大学院 理工学研究科 有機・高分子物質専攻 教授
田畑 慎治	オルガノ(株) 電力事業部 火力原子力部 課長
田村 真紀夫	T. Tech. Office 代表
辻口 雅人	シャープ(株) 環境安全本部 環境技術開発センター 係長
寺澤 一雄	日本製紙(株) (技術本部)環境安全部
寺嶋 光春	栗田工業(株) 開発本部 装置開発第二グループ 第一チーム 主任研究員
德富 孝明	栗田工業(株) 開発本部 装置開発第2グループ 第1チーム 主任研究員
床嶋 裕人	栗田工業(株) 開発本部 装置開発第1グループ 第2チーム 主任研究員
鳥羽 裕一郎	オルガノ(株) 開発センター 第二開発部
中島 淳	立命館大学 総合理工学院・理工学部 環境システム工学科 教授
中津山 憲	アイダッシュ(株) 技術顧問 臭気対策アドバイザー
西田 佳記	京都大学 大学院 工学研究科 附属 流域圏総合環境質研究センター
野口 基一	(株)ウォーターエージェンシー 執行役員(海外・新事業担当)
長谷部 吉昭	オルガノ(株) 開発センター 第二開発部
林 一樹	栗田工業(株) 開発本部 企画部 企画課
原田 國弘	(株)明電舎 水・環境事業部 営業技術部
原田 尚	オルガノ(株) 技術生産センター 計画設計部 部長
原田 英典	京都大学 大学院 地球環境学堂 特定助教(EMLプロジェクト)
日名 清也	栗田工業(株) 開発本部 装置開発第二グループ 第一チーム チームリーダー
福井 長雄	栗田工業(株) 開発本部 装置開発第1グループ 第1チーム
福嶋 良助	(株)堀場製作所 開発センター 基礎技術部 部長
藤井 渉	三菱レイヨン(株) アクア技術統括室 担当部長
藤嶋 均	(株)神鋼環境ソリューション 水処理事業部技術部技術室
二ッ木 高志	オルガノ(株) 産業プラント本部 機能商品事業部 装置G
古田 秀雄	(株)建設技術研究所 東京本社 地球環境センター 技師長
辺見 昌弘	東レ(株) 地球環境研究所 所長
本郷 秀昭	(社)日本工業用水協会 業務部 業務部長
増井 孝明	栗田工業(株) 開発本部 装置開発第二グループ 第一チーム
松岡 俊昭	富士化水工業(株) 業務部門 安全環境品質管理グループ 主任技師
松下 孝	(財)日本環境協会 本部事務局
宮脇 將温	(株)石垣 エンジニアリング事業部 技術本部 東京技術部 部長
森本 國宏	森本技術士事務所 代表 ※所属：一般社団法人 日本繊維技術士センター(JTCC)
森山 徹	富士化水工業(株) 技術開発部門 東京技術センター 主任技師
山敷 庸亮	京都大学 防災研究所 社会防災研究部門 准教授
山本 博英	日本下水道事業団 技術戦略部 資源技術開発課長
李 玉友	東北大学 大学院 環境科学研究科 都市・地域環境システム学分野 准教授
李 善太	京都大学 大学院 工学研究科 附属 流域圏総合環境質研究センター
渡邉 一哉	東京薬科大学 生命科学部 教授
渡邊 信	筑波大学 大学院 生命環境化学研究科 教授
和田 洋六	日本ワコン(株) 監査役

序論にかえて

編集委員長　松尾友矩

　21世紀は水の世紀とも言われています。それは、地球上における水の存在の重要性が、改めて、まさに地球レベルで確認される事情になってきたことに基づいています。もちろん、水の存在は、人間を含む生物の存在にとって不可欠の成分であり、水の存在が地球と他の天体の最大の相違点であることは良く知られた事実です。しかし、21世紀の現在において、改めて水の存在の重要性が地球規模で論じられるようになってきたことには、大きな理由があることになります。

　21世紀において、水の存在の重要性が改めて認識される事情は、次のような水利用増大の圧力が、不可避的に生じていることに起因しています。その第1は地球の人口が70億人を越える事情となり、人々の生存のための水需要、食料生産のための水需要、そしてその他の生活のための水需要が増大していること、第2には近年におけるいわゆる発展途上国における経済発展、工業化の進展が各種の工業用水利用への需要を増大させていること、第3には人口の増大、工業活動の増大に伴う生活排水、産業排水の増大による水環境汚染の進行と深刻化が顕著であること、第4には地球温暖化による気候変動の結果として淡水供給の地域的・時間的変動の拡大に伴う大渇水や大洪水の発生頻度の増大の可能性があること、そしてさらに、河川流域や湖沼流域が多国籍に分かれることによる水をめぐる国際紛争の発生が現実となっていること、などのいくつもの条件が複雑に絡むなかで、水への関心は大変大きなものとなって来ています。

　このように、水の存在は人間生活にとってなくてはならない貴重な資源であることから、水資源というような呼び方をされてきています。改めて言うなら、21世紀は水資源が、石油などと並ぶ貴重な資源としての役割を期待されるところから、21世紀は水の世紀と呼ばれるようになってきていることになります。しかし、水の分子があれば、水資源と呼べるかといえば、そうではありません。水が資源と呼ばれるような貴重な存在となるためには、必要な時に、必要な水質で、必要な量（流量）で供給されることが必要となります。

　このような水の資源価値を高めるためには、乾季のために雨季の水を貯めておくダム等の貯水施設や、必要な水質を守るための水処理技術と水処理施設、必要な量を供給する水源確保と送水施設等の社会基盤となる施設の建設、維持管理が重要な要素となります。また、水の役割は、飲み水、その他の生活用水、農業用水、工業用水などの水利用の側面だけでなく、水環境の存在そのものが人々の生活には無くてはならないものとなります。水環境の存在は水産資源や生物多様性の保全の観点、景観保全やリクリエーション利用の観点からも重要な意味を持つものとなります。

　水環境の価値は、まずはそこに水が存在することが第一の条件ですが、その水質が適切であることは、水環境の存在価値に大きな影響を持つことになります。水環境の代表である海域が汚染されることで、魚介類が汚染し、人々の健康に直接影響を与えた例は、我が国においても、水俣病やイタイイタイ病の悲惨な例を上げることができます。また、我が国の工業化、都市化の進行の過程で、東京の重要な河川である隅田川や多摩川の水質汚染の進

ハードタイプの合成洗剤（ABS）の泡で汚染される多摩川の様子（1960年代）（写真1）

汚染の激しい隅田川の様子（1960年代）（写真2）

　行が、水環境の存在を劣悪なものとしていた事情は、写真1、2に示すような状態でした。今では、隅田川では屋形船で食事を楽しみ、盛大な花火の打ち上げ、大学対抗のレガッタの開催、など水質改善の効果は大変大きなものとなっています。

　すでに述べたように、水が有効な資源であるためには、必要な時に、必要な水質で、必要な量が供給されることの3つの要素が必要ですが、このことは、水の利用の側面だけでなく水の存在にかかわる水環境の側面からも同様な評価がされます。水資源にかかわる前述の3つの要素の中で、近代の科学技術が最も大きな成果を収めてきた分野は、必要な水質を維持するための施策の実現にあったということができます。この必要な水質を維持する技術は、各種の水処理技術の開発、適用によって確立してきました。もちろん水質規制にかかわる法制度の整備も重要なきっかけを与えるものではありますが、直接的には水処理の技術的開発が大きな役割を果たすものとなっています。

　我が国の各種の水処理の技術は、1950年代後半からの産業公害の深刻化の中で、生産プロセスへ戻っての発生源対策、各種の産業排水に特化した水処理技術の確立、流域の水環境管理の視点からの下水道計画の整備等によって、現在のレベルにまで水資源、水環境の改善を果たしてきました。そしてその実績は、国際的な評価においてもサクセスストーリーとして語られる状況となっています。このような我が国の誇る水処理技術の実績、技術レベルは、まさに水の世紀と言われる21世紀の主役となれる実力を持っていると評価されます。そして、国際社会は、我が国の経験に基づく技術の展開に大いに期待しているといえましょう。水ビジネスへの関心の高まりもそのような背景の下で発せられている要請であります。

　しかし、これらの優れた技術は、各担当の部署、企業、産業の中に埋もれてしまっており、具体的な形で、一般的に紹介される機会の無いままに過ごしてきているきらいがあるといえます。また、地球規模で必要とされる水処理の技術の中には、我が国では、すでにあまり使われなくなった技術もあるのが実情です。このような、世界の水資源、水環境への需要を考えるとき、この間の我が国の水処理技術の技術レベルと技術の具体的な適応事例を整理して、提示することは技術進歩の集大成となるのみならず技術展開の指針を示す有効なハンドブックとなると考えられます。

　今回の「水環境・水処理技術事典」の発行は、上記のような社会的要請に応えるべく、水環境・水処理技術にかかわる、原理的な解説、各種産業排水等の個別事例に対する処理技術の例示・解説、処理施設の管理技術に関する解説を現場技術者のレベルから説き起こす内容として発信するものです。原理的な解説は教科書として、応用的な部分は実務のハンドブックとしての利用を想定して編集を行っています。多くの水環境・水資源に関心のある方々にとっては、まさにその関心にかかわる「事典」としてご利用いただければ、有り難いと考えるところです。

目　次

実用 水の処理・活用大事典 編集委員会 iii
序論にかえて vi

I　世界の水事情編

1章　世界の水資源問題　　1
1　地球温暖化現象による淡水資源への影響予測　2
2　世界の水保全の現状 3
3　国別淡水利用の特徴と家庭用水、農業、工業、廃棄物をめぐる地球的課題 4
4　世界の水質基準、法規制状況 5
5　人口増圧による水の競合と仮想水、栄養塩移動と海洋汚染 8
　(1) 人口増圧による農業用水、都市用水、工業用水の競合
　(2) 仮想水、栄養塩移動と海洋汚染
6　国連ミレニアム開発目標に示された水と衛生の重要性 11
7　低炭素社会作りで見落とされている視点 14
　表　水道水質基準およびガイドラインの国際比較
　表　中国の指針項目（水道水質）
　表　下水処理水放流基準および排水基準の比較
　表　淡水の環境基準の比較
　表　環境基準等のうち人の健康や水生生物への毒性に関する項目の比較
　表　下水処理水の再利用に関する基準やガイドラインに関する情報
　表　再利用水の分類
　表　地下水補充用水としての再利用水水質基準
　表　工業用水としての再利用水水質基準
　表　農業・林業・畜産としての再利用水水質基準
　表　都市非飲用水としての再利用水水質基準
　表　景観用水としての再利用水水質基準
　表　世界水ヴィジョンにおける再生可能水利用の予測

2章　国内の水問題　　45
1. 水資源の現状と課題　46
1　水資源とその利用 46
　水資源の現状／水資源の変動と水利用
2　水資源の開発と水利権 48
　都市の発展と水資源開発／水利権と不安定取水
3　渇水と水資源の有効利用 49
　渇水の発生状況／水資源の有効利用

2. 水関係インフラ整備の現状と課題　51
1　水道整備 51
2　生活排水処理施設整備 51
　生活排水処理施設／下水道／浄化槽、農業集落排水施設等、コミュニティ・プラント
3　し尿処理施設整備 55

3. PFI、SPCの動向　57
1　PFI手法導入の背景　57
2　PFIの特徴、動向　57
　基本理念／制度／VFM（バリュー・フォー・マネー）／官民の適切なリスク分担／事業スキーム／対象施設／

実施状況
　3　SPC（特別目的会社）の動向............61
　4　今後の方向性................................61
　　現状における課題／PFIからPPPへ／アセットマネジメントの重要性

4．水環境保全行政の動向　65
　1　水環境行政の歴史............................65
　2　望ましい水環境像............................65
　3　水質環境基準................................66
　4　総量規制....................................67

5．地球温暖化対策　69
　1　基本的な考え方..............................69
　2　水分野への影響と適応........................69
　　水資源／水環境
　3　水分野からの温室効果ガスの排出..............70
　　水環境からの排出／上下水道からの排出の概略／下水道分野における排出削減対策

3章　水ビジネス国際展開とその戦略的課題　75

1．国際水ビジネスの動向　76
　1　世界水ビジネスの見通し......................76
　2　先進国、新興国では上下水道の民営化が加速....77
　3　世界の上下水道民営化市場を寡占する「水メジャー」........................77
　　スエズGDF社（フランス）／ヴェオリア・ウォーター社（フランス）／シーメンス（ドイツ）／GEウォーター&プロセステクノロジー社（アメリカ）／IBM

2．世界各国の戦略　81
　1　フランスの水戦略............................81
　2　ドイツの水戦略..............................81
　3　シンガポールの水戦略........................82
　4　韓国の水戦略................................83
　5　中国の水戦略................................84

3．海水淡水化市場　85
　1　海水淡水化市場の伸び........................85
　2　海水淡水化膜で突出する日本企業..............86

4．下水の再利用…日本発のMBR技術　87
　1　MBR市場の伸び..............................87
　2　グローバルMBRの現状（2006年）..............87
　3　日系膜メーカー各社の動向....................88

5．海外における水ビジネス展開の事例と課題　89
　1　日本企業の取り組み..........................89
　2　地方自治体の海外水ビジネスへの取り組み......89
　3　海外水ビジネス進出の課題とリスクヘッジ......90

Ⅱ　水の処理技術編

4章　対象物質の変遷と水処理の原理　93

1．除去対象物質の時代的変化　94
　　表　除去対象物質の時代的変化（主要な汚染物質と問題事例）

2．水処理技術の原理と概要　97
　　表　水処理単位操作と除去対象物質

5章　固液分離技術　101

1．スクリーン　102
　1　目　的....................................102
　2　形　状....................................102
　　バーラック／格子状スクリーン
　3　粗目と細目................................104
　4　スクリーンかすの清掃方法..................104
　　機械式　連続式スクリーン／間欠式スクリーン／スクリーンかす洗浄装置について／破砕装置について／脱水装置について
　5　スクリーンかすの処理と処分................106
　6　沈砂池....................................107
　　エアレーション沈砂池

2．沈殿・浮上分離　110
　1　沈殿池....................................110
　　傾斜板（傾斜管）沈降装置
　2　浮上分離..................................111
　　溶解空気浮上法／空気浮上法／減圧浮上法／薬品助剤

3．凝　集　113
　1　凝集の原理................................113
　2　凝集剤....................................114

4. フロック形成 ... 117
1 フロック形成の理論 ... 117
2 フロック形成過程 ... 119
3 フロック形成装置 ... 120

5. 砂ろ過 ... 123
1 砂ろ過の方式 ... 123
2 砂ろ過の機構 ... 123
3 砂ろ過池の構造と操作 ... 125

6章 膜分離技術 ... 127

1. 膜分離技術の原理機能 ... 128
(1)膜モジュールの種類　平膜型エレメント／スパイラル型モジュール／中空糸型／その他の構造／セラミック膜
(2)膜メーカーの製品一覧表
(3)水と膜に関する国家プロジェクト

2. 精密ろ過膜(MF膜)／限外ろ過膜(UF膜) ... 134
1 MF膜の構造・材質・製造法 ... 134
　構造／材質と製造法／MF、UF膜の性質
2 MF膜の製品 ... 134
3 UF膜 ... 134
4 MF/UF膜の用途例 ... 136

3. ナノろ過膜(NF膜)／逆浸透膜(RO膜) ... 139
1 NF膜 ... 139
　各社のNF膜製品のグレード／NF膜の適用分野
2 低圧RO膜 ... 140
　耐汚染性低圧RO膜／水再利用の実用例
3 海水淡水化RO ... 143
　RO膜エレメント／RO海水淡水化の実用例

4. 膜分離活性汚泥法(MBR) ... 145
1 MBRの原理と特徴 ... 145
2 MBRのモジュール構造 ... 147
3 MBRの運転管理項目 ... 148
4 MBRの用途例 ... 150

5. 正浸透(FO)／膜蒸留(MD) ... 151
1 正浸透(FO：Forward Osmosis) ... 151
　海水から淡水を得る方法／浸透圧発電
2 膜蒸留(MD) ... 153
　透過気化法の原理

6. 電気透析(ED)法 ... 155
1 EDの原理 ... 155
2 イオン交換膜の分類 ... 156

3 電気透析応用プロセス ... 156
　(1)EDI(電気連続再生型脱塩装置)
　(2)EDR(極性転換方式電気透析装置)
4 EDの適用事例 ... 156
　東京都大島町(地下かん水脱塩)
　長崎県雲仙市(飲料水の硝酸性窒素除去)
　香川県多度津町(膜処理濃縮廃水脱塩処理)

7章 物理化学処理技術 ... 159

1. 中和 ... 160
1 pH ... 160
2 中和曲線と緩衝作用 ... 160
3 pH調整剤 ... 162
4 pH調整装置 ... 163
5 水処理プロセスにおける中和操作 ... 163
　(1)pH調整による排水中重金属の除去
　(2)スケール及び腐食防止
　(3)前処理としてのpH調整

2. 酸化・還元処理 ... 166
1 酸化・還元とは ... 166
2 酸化還元電位 ... 166
3 水処理プロセスにおける酸化処理 ... 167
　(1)塩素による酸化処理
　(2)オゾンによる酸化処理
　(3)促進酸化処理
4 水処理プロセスにおける還元処理 ... 173
　(1) 6価クロムの還元処理
　(2) 残留塩素の除去

3. 吸着・イオン交換 ... 175
1 原理／機能／用途 ... 175
2 活性炭 ... 176
3 イオン交換 ... 177
4 ゼオライト ... 178
5 キレート樹脂 ... 178
6 リン酸、ホウ酸除去 ... 180

4. ストリッピング・蒸溜(蒸発) ... 181
1 原理／機能／用途 ... 181
2 アンモニアストリッピング ... 181
3 VOC除去 ... 182
4 脱炭酸、脱酸素 ... 182
5 多段フラッシュ蒸発 ... 183

5. 晶　析　　　184
1　原理/機能/用途 184
2　HAP 184
3　MAP 185
4　除鉄、除マンガン 185

8章　生物処理技術　　　187
1. 好気性生物処理　　　188
1　有機物除去の原理 188
2　好気性処理の酸素収支 189
3　栄養塩除去の原理 189
　(1) 同化による窒素・リン除去
　(2) 硝化と窒素除去
　(3) Anammox 反応
　(4) ポリリン酸蓄積細菌を用いた生物学的リン除去
4　活性汚泥法 195
　(1) 標準活性汚泥法
　(2) さまざまな活性汚泥変法
　(3) 栄養塩除去のための活性汚泥変法
　(4) 汚泥発生量の制御からみた活性汚泥変法
5　生物膜法 205
　(1) 好気性生物膜法
　(2) DHS法
　(3) 固定床型浸漬ろ床法、流動床型浸漬ろ床法
　(4) 回転円板法
　(5) 担体添加活性汚泥法
2. 嫌気性生物処理　　　209
1　原理/機能/用途 209
　(1) 嫌気性微生物の生理
　(2) 嫌気性処理の特徴と用途
　(3) 嫌気性処理の酸素収支
　(4) メタン生成古細菌について
2　嫌気性生物処理のいろいろ 211
　(1) 嫌気性消化(汚泥、バイオマス)法
　(2) UASB法
　(3) 固定床法
3. 池、湿地による処理　　　213
1　原理/機能/用途 213
2　池を用いた処理 213
3　湿地を用いた処理 214

9章　消毒処理　　　217
1. 消毒技術の現状と課題　　　218
1　原理/機能/用途 218
　(1) 水系感染症
　(2) 消毒処理とその機構
　(3) 不活化モデル
2　塩素消毒 220
　概要/不連続点塩素処理/塩素消毒の課題/二酸化塩素
3　オゾン消毒 223
　概要/原理/特徴/オゾンの生成/オゾンによる消毒効果/課題
4　UV消毒 226
　概要/原理/特徴/UVランプ/UVによる消毒効果/課題
5　その他(膜処理) 229
2. 上水、用水の消毒　　　230
1　塩素消毒 230
　病原性微生物に対する不活化効果/消毒副生成物の生成抑制
2　オゾン消毒 232
　上水システムでの構成/病原性微生物に対する不活化効果
3　UV消毒 234
　上水道システムでの構成/病原性微生物に対する不活化効果
4　その他(膜処理) 236
　膜処理による病原性微生物の除去
3. 下水、排水の消毒　　　238
1　塩素消毒 238
　濃度と不活化効果
2　オゾン消毒 239
　下水処理システムでの構成/病原性微生物に対する不活化効果
3　UV消毒 241
　下水処理システムでの構成/病原性微生物に対する不活化効果
4　その他(膜処理) 244
　MBRによる病原性微生物の除去

10章 消臭・脱臭技術　249

1. 脱臭技術の現状と課題　250
1 はじめに..250
2 脱臭対策の現状..250
　悪臭は元から絶つ／希釈による対策
3 脱臭装置..252
　吸着法／凝縮法／洗浄法／直接燃焼法／触媒燃焼法／生物脱臭法／オゾン脱臭法／光触媒法／消・脱臭剤法
4 各脱臭方法の脱臭効率.............................255
5 悪臭対策を検討する際の注意..................255

2. 物理化学的方法　256
1 物理化学的方法の分類.............................256
2 物理化学的方法による脱臭装置の種類と特徴...256
3 各方法の詳細...256
　(1) 燃焼法
　　直接燃焼・蓄熱燃焼／触媒燃焼
　(2) 洗浄法
　　水洗浄／中和による脱臭／酸化剤による脱臭
　(3) 吸着法
　　一般的な活性炭による脱臭方法／添着活性炭／通気式活性炭吸着塔
　(4) オゾン(O_3)による脱臭

3. 生物学的方法　263
1 生物学的脱臭法の概要.............................263
2 生物脱臭装置の位置づけ.........................263
3 充填塔式生物脱臭法................................264
　概要／適用／接続される臭気発生源／充填担体／通気および散布水の条件／主要な臭気成分の除去率／脱臭コストの増減／代表的な装置(向流一過式散水方式)
4 生物脱臭装置に関する問題点と今後の展開　269

4. 消臭剤　270
1 消臭剤による臭気処理の特徴..................270
2 臭気発生源に対する消臭剤処理...............270
　(1) 直接添加型消臭剤の分類と特徴
　　酸化剤系／金属塩系消臭剤／酸・アルカリ剤系
　(2) 直接添加型消臭剤の適用例
　　原水槽／曝気槽／貯留槽(濃縮汚泥、加圧浮上スカム)／脱水機／脱水ケーキ
　(3) 適用時の留意点
　(4) 消臭効果の確認方法
3 拡散臭気に対する消臭剤処理..................274
　(1) 噴霧型消臭剤の分類と特徴
　　マスキング剤系、臭気中和剤系／臭気吸着剤系
　(2) 適用時の留意点
　(3) 消臭効果の確認方法

11章 汚泥処理　277

1. 濃　縮　278
1 重力濃縮..278
2 遠心濃縮..280
3 浮上濃縮..281
　加圧浮上濃縮／常圧浮上濃縮
4 造粒濃縮..282
5 ベルト型ろ過濃縮....................................284

2. 消　化　285
1 消化の目的..285
2 嫌気性消化の原理....................................285
3 温度・攪拌からみた嫌気性消化の種類....287
4 段数からみた嫌気性消化の種類..............288
5 嫌気性消化法の高度化.............................288
6 消化ガスの精製とその利用.....................288

3. 脱　水　290
1 ベルトプレス脱水....................................290
2 遠心脱水..290
3 スクリュープレス脱水.............................292
4 ロータリープレス脱水.............................292
5 真空ろ過..294
6 加圧ろ過(フィルタープレス)...................294
7 多重円盤型脱水.......................................295
8 多重円盤外胴型スクリュープレス脱水...296

4. 乾　燥　297
1 汚泥乾燥床(天日乾燥).............................297
2 攪拌機付熱風回転乾燥.............................298
3 気流乾燥..298
4 油温減圧乾燥...298
5 攪拌溝型乾燥...300
6 遠心薄膜乾燥...301
7 伝熱型造粒乾燥.......................................301
8 液化DMEによる常温脱水・乾燥............303

5. 焼　却　304
1 概　要..304
2 流動床焼却炉...305

(1) 気泡式流動床焼却炉
　　(2) 過給式流動焼却システム
　　(3) 循環式流動床焼却炉
3　多段炉 308
4　ストーカ炉 309
5　ガス化発電 309
6. 溶　融　　　　　　　　　　　　　311
1　概　要 311
2　旋回溶融炉 312
3　コークスベッド溶融炉 312
4　表面溶融炉 313
5　スラグ有効利用 313
7. 有害物質処理　　　　　　　　　315
1　有機汚染物質の処理 315
2　重金属の処理 315
8. 資源化　　　　　　　　　　　　318
1　概　要 318
2　燃料化（炭化） 318
3　建設資材利用 320
　　(1) セメント原料化
　　(2) 軽量骨材
　　(3) アスファルトフィラー

12章　汚泥減容化技術　　　323
1. 減容化技術の現状と課題　　　324
1　汚泥処分の現状 324
2　汚泥可溶化技術の現状と課題 324
2. 物理化学的手法　　　　　　　328
1　酸化剤を用いた汚泥減量化技術 328
　　原理／特長／汚泥減量設備の構造／汚泥減量効果／計画上の留意点
2　オゾンを用いた汚泥減量化技術 330
　　原理／特長／構造／汚泥減量効果／計画上の留意点
3　オゾン処理を用いた消化促進による汚泥減量と消化ガス量増加技術 331
　　原理／LOTUS実証実験設備
4　超音波を用いた汚泥減量化技術 333
　　原理／特長／汚泥減量効果／計画上の留意点
5　下水汚泥とバイオマスの同時処理方式によるエネルギー回収技術 333
　　原理／LOTUS実証実験設備
6　電解法を用いた汚泥減量化技術 335
　　原理／特長／構造／汚泥減量効果／計画上の留意点
7　亜臨界水を用いた汚泥減量化技術 336
　　原理／特長／設備構成／実証試験／汚泥減量効果
3. 生物学的手法　　　　　　　　339
　　原理／特長／構造／汚泥減量効果／計画上の留意点

III　水の利用・資源化技術編

13章　海水淡水化技術　　　343
1. 海水淡水化技術　　　　　　　344
1　はじめに 344
2　海水淡水化技術 344
2. 蒸発法海水淡水化技術　　　　345
1　多段フラッシュ蒸発法 345
　　(1) フラッシュ蒸発法
　　(2) 前処理システムと方式
　　(3) 後処理システムと方式
2　多重効用蒸発法（Multi Effect Distillation：MED法） 347

3. 膜法海水淡水化　　　　　　　349
1　逆浸透法海水淡水化 349
2　電気透析法 351
4. ハイブリッド法　　　　　　　352
1　ハイブリッド法 352
2　Tri-hybrid法 353
5. 太陽エネルギー利用海水淡水化　355
　　図　高温集熱太陽エネルギー利用海水淡水化の概要
　　図　高温集熱機構
6. 海水淡水化プラントの普及状況　357
　　図　世界の海水淡水化施設納入実績の推移
　　図　世界の海水淡水化施設の方式別割合（運転開始年基準）

7. 今後の課題と展望 　359
1 蒸発法海水淡水化 　359
2 膜法海水淡水化 　359
3 まとめ 　360

14章　処理水再利用　361
1. 再利用の現状　362
1 概　論 　362
2 水再利用の種類 　362
3 雑用水促進の制度 　364
4 排水の再利用のための基準 　365
5 水再利用のわが国における現状 　365
　工業用水／生活排水
2. 再利用技術　371
1 再利用の目的別の処理システムの選択 　371
2 ビル中水道において 　372
3 広域循環に用いられる水処理システム 　374
4 工場における再利用システム 　378

15章　資源回収　379
1. 資源回収の動きと課題　380
1 概　説 　380
2 下水道における資源回収の経緯と現状 　380
　下水道普及の変遷／下水処理水の水再利用／汚泥の再利用／下水および下水処理場エネルギー利用
3 下水資源利用プロジェクト 　384
4 下水道資源の分類 　385
2. コンポスト　387
1 はじめに 　387
2 コンポスト化の原理 　387
　コンポスト化における反応／微生物
3 コンポスト化のプロセス 　388
　前調整／一次発酵／二次発酵／後調整（製品化）
4 コンポスト化にかかわる環境因子 　390
　水分量／温度／pH／C/N比／通気量
5 最後に 　391
3. 下水道からのリン資源の回収　393
1 リン資源を取りまく情勢 　393
2 下水道におけるリン回収技術 　394
3 リン回収技術の課題と展望 　397
4. 熱利用・エネルギー回収　399
1 ヒートポンプ 　399
2 メタンガス発電 　400
3 微生物燃料電池 　401

Ⅳ　先端的水処理技術編

16章　高効率・省エネ先端技術　405
1. 超高速凝集沈殿　406
1 概　要 　406
2 基本原理 　406
3 設　備 　407
4 特　長 　409
5 模擬排水を用いた処理実証実験 　409
6 適用上の留意点 　411
　凝集剤の適正注入／フロック形成槽における沈降促進材の濃度管理
2. 高密度汚泥凝集沈殿　412
1 無機汚泥の減容 　412
2 高密度汚泥凝集沈殿 　412
　概要／適用物質／返送比
3 高密度汚泥凝集沈殿法の特長 　414
　水質向上とスケール発生防止／汚泥発生量低減と脱水時間短縮／薬品注入量低減／省スペース
4 処理例 　416
　鉄（Ⅱ）／フッ素
5 高濃度原水の高密度汚泥凝集沈殿 　416
6 高密度凝集沈殿の今後について 　417
3. 高速加圧浮上　418
1 概　要 　418
2 浮上槽構造と運転条件 　419
　小型加圧浮上装置／大型加圧浮上装置
3 SS除去性能へのバッフル設置の効果 　420
　浮上槽の流動状態／バッフル設置による流動状態の変化／滞留時間分布の変化／除去率の向上

- 4 大型加圧浮上装置の構造検討 422
  - (1) 流速分布に及ぼすバッフル設置と水深の影響
  - (2) 気泡付着フロックの除去性能に及ぼすバッフル設置と水深の影響
- 5 加圧浮上装置の高効率化 424

4. 高速ろ過　425
- 1 原　理 425
- 2 型　式 425
  - 型式分類／洗浄方式
- 3 性能指標 426
- 4 ろ材選定実験例 427

5. 高純度の超純水　431
- 1 超純水とは 431
- 2 超純水製造システム 433
  - (1) 超純水製造システムの考え方
  - (2) 前処理システム
  - (3) 一次純水システム
  - (4) 超純水システム
  - (5) 端末配管システム
- 3 今後の超純水 449

6. MBR　450
- 1 平　膜 450
  - 浸漬型平膜を用いたMBRシステムの特徴／構造／MBRシステムの適用事例省エネ化への取り組み／浸漬型平膜を用いたMBRシステムの高効率化・省エネ化への取り組み
- 2 中空糸 456
- 3 ＭＢＲ槽外型 459
  - 槽外型膜分離活性汚泥法／セラミック膜を用いた槽外型膜分離活性汚泥法

7. anammox　467
- 1 anammox反応 467
  - 発見／反応経路／遺伝子解析による探索
- 2 廃水処理への応用 468
  - 従来型硝化脱窒との比較
- 3 anammox微生物への環境因子の影響 470
  - 温度／pH／基質濃度／有機物の影響
- 4 プロセスの構成 470
  - 二槽型／一槽型
- 5 適用対象 472
  - anammox処理に適した廃水性状
- 6 プロセス詳細 474
  - 亜硝酸型硝化／anammox／一槽型
- 7 各種排水での検討例と実規模設備の稼働状況 478
  - 実排水での検討例／実規模設備の稼働状況
- 8 今後の展望 483

8. 好気グラニュールによる生物処理技術　484
- 1 好気性グラニュールとは 484
- 2 好気性グラニュールの形成因子 485
  - (1) 飽食と飢餓状態の形成
  - (2) 比重差による汚泥選別
  - (3) せん断応力
  - (4) 無機物質の添加または形成
  - (5) 微生物種の影響
- 3 他の生物処理法との比較 486
- 4 各処理法の特徴と原理 486
  - (1) SBR型システム
  - (2) 連続通水型プロセス
- 5 今後の展開 488

9. 機能水　489
- 1 オゾン水 489
  - 適用例　有機物除去／表面改質／金属除去／前処理洗浄／オゾン水製造技術
- 2 窒素水 495
- 3 水素水、電解水 495
  - 水素水の製造技術／水素水による微粒子除去／還元性水（水素水）による表面酸化腐食抑制プロセス

10. イオンフィルター　500
- 1 超純水中の不純物が電子デバイス製造に及ぼす影響 500
- 2 超純水水質の現状及びイオンフィルターの必要性 500
- 3 イオンフィルターとは 502
  - 製法／金属除去の機構及び特徴／種類
- 4 イオンフィルターの使用方法 505
  - 設置時の使用材質及び配管施工方法／イオンフィルターへの通水
- 5 超純水中の極微量金属不純物低減効果 506

17章　近未来技術　507

1. 生物発電／微生物電池　508
1 生物発電／微生物電池の原理と特徴 508
2 水処理への利用 510
3 電気出力・処理効率に関わる因子 511
　(1) リアクター構造
　(2) アノード
　(3) カソード
　(4) プロトン移動
4 実用化に向けて 513

2. 浸透圧発電　514
1 歴史と現状 514
2 原　理 514
3 発電効率 515
4 浸透圧発電の問題点 516
5 正浸透について 517
6 浸透圧発電と正浸透 518

3. 藻類による石油生産　519
1 バイオ燃料として再注目されてきた藻類 519
2 微細藻類の潜在的オイル生産力 519
3 炭化水素を産生する緑藻類ボトリオコッカス (Botryococcus) 520
4 今後の課題 523

4. 資源回収　524
1 バイオ技術による排水からのレアメタル回収 524
　レアメタルを巡る環境・資源問題と排水処理／レアメタルの処理・回収に適用可能なバイオプロセス／微生物還元を利用した精錬排水からのセレン回収の試み／メタルバイオテクノロジーの将来展望
2 液晶パネルからのインジウム回収 529
　液晶ディスプレイとインジウム資源／イオン交換樹脂を用いたインジウム回収技術／回収実証実験／亜臨界水を用いたインジウム回収方法

5. 宇宙開発における水利用　535
1 2つの基本思想短期ミッションと長期ミッション .. 535
2 ISSにおける水とその用途 535
3 ISSの水処理設備 536
4 宇宙空間でのトラブル 538
5 長期ミッションに向けた将来像 538
6 補足として 540

6. 水素発酵　541
1 水素発酵の意義 541
2 水素発酵の原理 541
　NADH経路／フェレドキシン経路／蟻酸経路
3 水素発酵微生物 543
　(1) 中温性水素生成細菌
　(2) 好熱性水素生成細菌
　(3) 超高温性水素生成細菌
　(4) 水素発酵混合細菌群
4 水素発酵のプロセスと効率 546
　水素発酵の原料／リアクター／回収可能なエネルギー
5 水素・メタン二相発酵プロセス 547

7. RO膜の最先端技術と新素材の研究動向　551
1 RO膜の最先端技術と新素材 551
2 海水淡水化RO膜の最先端技術 551
3 かん水淡水化RO膜 554
4 架橋芳香族ポリアミドRO膜の将来 554
5 新素材の研究動向 555

Ⅴ　実用水処理技術編

18章　業種別水処理技術　557

1. 自動車工業における排水処理　558
1 概　要 558
2 塗装排水の一次処理工程 558
　(1) 排水の種類と水質
　(2) 排水処理工程
　(3) その他の排水

2. 紙パルプ工業における排水処理　563
1 紙パルプ製造における排水の発生源 563
　(1) DIP製造工程
　(2) 化学パルプ（クラフトパルプ）製造工程
　(3) その他のパルプ製造工程
　(4) 抄紙工程

2　製造工程における負荷減少............................563
　　(1) DIPの製造工程における排水処理
　　(2) クラフトパルプの製造工程
　3　排水処理工程..565
　　(1) プラスチック類の除去
　　(2) SS除去
　　(3) COD除去
　　(4) 排水の中和
　4　スラッジ処理..568
　　(1) スラッジの脱水方法
　　(2) 脱水スラッジ（ペーパースラッジ）の処理
　　(3) スラッジボイラ灰の処理及び有効利用

3. 石油化学における用・排水処理　572
　1　石油化学プラントにおける用水と排水............572
　2　石油精製プラント（精油所）............................572
　3　精油所における用水の分類と特徴および水源
　　別処理方法..574
　　(1) 用途による分類と特徴
　　(2) 水源による分類と特徴および処理法
　4　精油所における排水の分類、発生源と特徴及び
　　処理方法..580
　　(1) 排水の種類
　　(2) 排水の発生源と特徴
　　(3) 排水系統フローと排水処理設備
　　(4) 排水処理設備
　5　用水・排水の処理動向と課題............................589

4. 液晶製造における排水処理　593
　1　液晶ディスプレイとは......................................593
　　構造／大型化への変遷／製造方法
　2　水処理の観点から液晶工場をとらえる............596
　　世の中の動向／要求水質／水処理設備計画にあたって／
　　排水回収の留意点
　3　液晶工場向け水処理技術..................................599
　　(1) 超純水製造技術
　　(2) 有機系排水回収技術
　　(3) リン酸回収技術
　　(4) 排水処理技術
　4　今後の動向..603

5. ウエハー・半導体製造用超純水システム　604
　1　はじめに..604
　2　超純水の特徴..604

　3　水中の不純物と除去手段について....................607
　4　ウエハー・半導体製造用超純水製造の概要　607
　5　ウエハー・半導体製造用超純水システム内の
　　設備構成..609
　　(1) 前処理系
　　(2) 1次純水系
　　(3) 2次純水系／サブシステム
　　(4) 排水回収・排水処理系
　　(5) 超純水システムの施工への要求
　6　超純水システムの新しい取り組み....................616
　　(1) 工程排水からの有価物回収
　　(2) 装置売りから水売りへの転換

6. 製鉄・鉄鋼における用・排水処理　618
　1　概　要..618
　2　原料ヤード..618
　3　コークス工場..619
　4　製銑工程..620
　5　製鋼工程..621
　　(1) 転　炉
　　(2) 連続鋳造
　　(3) 分　塊
　6　圧延工程..625
　　(1) 熱延工程
　　(2) 冷延圧延工程
　7　最近のトピック（新技術の適用）....................629

7. 機械加工・精密機械工場の排水処理　631
　1　はじめに..631
　2　機械加工工場の排水処理—超合金製造工程　631
　3　機械加工工場の排水処理—ベアリング（軸受
　　け）研磨工程..631
　4　精密機械工場の排水処理—メッキ工程、表面
　　処理工程..633
　　(1) リサイクル設備
　　(2) 排水処理設備
　　(3) その他の対策
　5　精密機械工場の排水処理—小型バルブ（材質ス
　　テンレス）の酸洗、鋳造工程............................634
　6　精密機械工場の排水処理—小規模時計工場　636
　7　あとがき..636

8. 食品加工、飲料工場における用・排水処理　637
　1　用　水..637

(1) 用水の選び方
　(2) 水質の改良技術
2　排　水 641
　(1) 排水処理の基本
　(2) 処理技術

9. 水産加工排水処理の事例紹介　645
1　概　説 645
2　排水処理施設の事例 645
　(1) A水産加工工場排水処理施設
　(2) B水産加工団地排水処理施設
　(3) C水産練り製品工場排水処理施設
3　水産加工排水処理の注意点 651
　(1) 油分解剤
　(2) 腐食対策
　(3) 水質規制強化対策

10. 植物工場・施設園芸における用・排水処理　655
1　植物工場・養液栽培における水利用 655
2　植物栽培に必要な水 655
3　用水源 657
4　栽培法と必要な水の量 657
5　植物工場や養液栽培で必要とされる用水の量 657
6　用水の質 658
7　水質の改善法 661
　(1) 逆浸透法
　(2) 用水中に高濃度の鉄分が含まれる場合の鉄分の除去
　(3) 用水中に炭酸や重炭酸が多い場合のpHの調節
　(4) 用水中の重炭酸濃度の測定
8　培養液を作成してから作物に与えるまで 663
9　高濃度貯蔵液 663
10　希釈・混合および濃度調整 663
11　pH調整 664
12　給　液 665
13　栽培ベッド 665
14　排　液 665

11. 火力(給水、復水脱塩)における用水処理　666
1　火力発電所における用水処理の役割 666
　(1) 給水処理設備　設置目的
　(2) 復水脱塩設備　設置目的
2　給水処理設備 667
　(1) 原水水質の特徴
　(2) 前処理装置
　(3) 純水装置
　(4) 膜を使用した給水処理設備
3　復水脱塩設備 674
　(1) 復水水質の特徴
　(2) 復水ろ過装置
　(3) 復水脱塩装置

12. 火力発電所における排煙脱硫排水処理　679
1　はじめに 679
2　排水基準 679
3　排水の種類と水質 679
4　排水処理装置 681
5　特定汚濁物質の処理技術 684
　(1) 重金属処理
　(2) フッ素処理
　(3) COD処理
　(4) ホウ素処理
　(5) セレン処理
　(6) 窒素処理
6　おわりに 689

13. 原子力発電所における水処理技術例　690
1　原子力発電所の水処理装置 690
2　BWR発電所の水処理 690
　(1) BWRの復水処理
　(2) BWRの炉水処理
3　PWR発電所の水処理 693
　(1) PWRの復水処理
　(2) PWRの炉水処理
4　軽水炉の放射性廃液処理 695

14. 繊維染色加工産業における排水処理　697
1　繊維染色加工産業と排水 697
2　染色加工工場からの排水の特徴 697
3　染色加工工場からの排水中の汚濁物質 699
4　排水処理の現状 699
5　COD低減対策 702
　(1) 生産現場のCOD対策
　(2) 排水処理でのCOD低減法
6　着色排水問題 704
　(1) 着色成分の分離
　(2) 着色成分の分解
7　アンチモン問題 705

8 リサイクル・リユース・リデュース 706	(2)原水の低濁度化傾向

(1)用水の再利用技術
(2)生物膜分離法によるリサイクル技術
(3)汚泥の減容化(嫌気性処理技術による)

9 プロセス面での変革 709

15. メッキ産業における排水処理　710

1 シアン系廃水の処理 710
　アルカリ塩素法／オゾン酸化法／電解酸化法／難溶性錯化合物沈殿法

2 クロム廃液処理 712
3 クローズド・システム 713
4 無電解ニッケルメッキ廃液処理 713
　必要性／性質と用途／液浴組成／処理
5 無電解銅メッキ更新廃液の処理 717
　(1)EDTAを主体とした廃液
　(2)ロッシェル塩を主体とした廃液
6 酸性亜鉛メッキ液中の鉛除去 719
7 ニッケルメッキ廃液のホウ素の処理 720

16. 医薬品製造工場の用・排水処理　721

1 医薬品製造工場の用水処理 721
　(1)特　徴
　(2)製薬用水の水質
　(3)製薬用水処理の代表的プロセス
2 医薬品製造工場の排水処理 727
　(1)特　徴
　(2)医薬品製造工場の排水処理システム

17. 水族館における用・排水処理　729

1 まえがき 729
2 浄化処理の必要性 729
3 要求水質 729
4 実施例の紹介 730
　(1)フロー
　(2)循環式 浄化処理設備の設計事例
　(3)浄化技術の説明
　(4)取水・排水処理設備
5 あとがき 737

19章　分野別水処理技術　739

1. 上　水　740

1 現状と課題 740
　(1)残留アルミニウムの問題

(2)原水の低濁度化傾向
(3)原水の高pH化傾向
(4)クリプトスポリジウム対策
(5)異臭味、有機物の問題
(6)塩素処理等による副生成物
(7)硝酸性窒素の問題

2 浄水処理システム (既存) 745
　(1)凝集沈澱処理
　(2)ろ過処理
　(3)鉄・マンガン処理
　(4)pH調整処理
　(5)粉末活性炭処理

3 高度浄水処理 750
　(1)粒状活性炭処理
　(2)オゾン処理
　(3)生物処理
　(4)高度処理の水質別処理実績

4 膜ろ過処理システム 757
　(1)膜ろ過の概要
　(2)精密ろ過膜(MF膜)、限外ろ過膜(UF膜)の浄水処理システム
　(3)ナノろ過(NF膜)
　(4)施設の維持管理

5 消毒システム 767
　(1)塩素処理
　(2)消毒に使用される薬品
　(3)消毒処理
　(4)消毒剤の選定と注入
　(5)貯蔵管理
　(6)注　入
　(7)消毒副生成物等とその対策
　(8)二酸化塩素
　(9)紫外線処理

6 排水処理システム 776
　(1)排水処理方式の選定
　(2)排水処理施設
　(3)有効利用

7 エネルギー対策 782

2. 工業用水　786

1 工業用水の使用状況 786
　(1)水源別、用途別使用状況等の推移

xx ● 目 次

 (2) 業種別使用状況等の推移
2 工業用水法、工業用水道事業法の概要及び行政の取り組み 789
3 工業用水道料金の概要 794
 (1) 料金体系
 (2) 料金の算定方法
 (3) 料金の推移
4 工業用水道事業の概要 795
5 工業用水道事業の事例 800
 (1) 愛知用水工業用水道事業
 (2) 岩手県第一北上中部工業用水道事業
 (3) 名古屋市工業用水道事業
6 資源の有効活用 804
 (1) 汚泥再利用の事例
 (2) 企業(工場等)における工業用水使用合理化の推移
7 工業用水道の課題 807
 (1) 技術継承の取組事例
 (2) 施設更新の取組事例
8 工業用水の今後 809

3. 下　水　812
1 下水道整備の現状 812
2 下水処理システム 813
 (1) 標準活性汚泥法
 (2) オキシデーションディッチ法
 (3) 膜分離活性汚泥法
 (4) 回分式活性汚泥法
 (5) その他の活性汚泥法
 (6) 生物膜法
 (7) 生物学的高度処理法
3 下水汚泥処理システム 822
 (1) 汚泥処理の現状
 (2) 濃縮設備
 (3) 消化施設
 (4) 脱水設備
 (5) 乾燥設備
 (6) 炭化設備
 (7) 焼却設備
 (8) 溶融設備
4 省エネや資源回収を目指した動き 831
5 今後の課題 838
 (1) 施設の老朽化と改築・更新

 (2) 地球温暖化への対応
 (3) 新たなリスクへの対応

4. し尿・浄化槽汚泥　840
1 現状と課題 840
 (1) 生活排水の中の「し尿及び浄化槽汚泥」
 (2) 水洗化率の向上と「し尿および浄化槽汚泥」
 (3) し尿及び浄化槽汚泥の性状
2 し尿処理方式 841
3 汚泥再生処理センターと資源化技術 846
4 運転管理における CO_2 排出量 849
 (1) 電力使用に伴う CO_2 排出量
 (2) 薬品使用に伴う CO_2 排出量
 (3) 化石燃料使用に伴う CO_2 排出量

5. ゴミ浸出水　853
1 現状と課題(概要) 853
 (1) ゴミ浸出水の水量・水質の変動
 (2) 浸出水放流における法規制
 (3) ゴミ浸出水の無機塩類化
 (4) 被覆施設を設けた最終処分場の普及による浸出水処理施設の小規模化
2 浸出水処理システム 857
3 省エネ、資源回収の動き 863
4 運転管理 865

6. 畜産排水処理　867
1 現状と課題 867
 (1) 畜産環境保全関係の法規制
 (2) 特定事業場
 (3) 家畜の飼養形態とふん尿処理・利用
2 排水の特性 871
 (1) 畜舎及び排水の発生源
 (2) 豚舎排水
 (3) 搾乳関連排水
3 排水処理システム 873
 (1) 活性汚泥法
 (2) メタン発酵法(嫌気性消化法)
 (3) 窒素、リンの除去法
 (4) 曝気槽機能の維持管理
 (5) 経　費

7. バラスト水　881
1 はじめに 881
2 バラスト水管理条約の概要 882

3　バラスト水処理技術 883
　　(1) 要求される処理性能
　　(2) 船上搭載機器としての特殊性
　　(3) 海域環境等への安全性
　　(4) バラスト水処理装置の承認手続き
　　(5) 開発中の処理装置
　　(6) 処理装置の承認状況及びそれらの性能
　4　課題と今後の動向 888

8. 地下水　889
　1　地下水汚染の現状と課題 889
　2　地下水汚染に関する法体系 891
　　(1) 水質汚濁防止法による地下水保全対策のしくみ
　　(2) 地下水の水質保全に関わるその他の法律
　　(3) 自治体の取組み
　　(4) 事業者の取組み
　3　地下水揚水法(揚水等による原位置抽出処理) ... 894
　4　浄化処理 897
　　(1) バイオスティミュレーション法
　　(2) バイオオーグメンテーション法
　　(3) バイオスパージング法、バイオベンティング法
　　(4) 酸化分解法
　　(5) 微細鉄粉注入法
　　(6) 透過性地下水浄化壁法
　　(7) その他

9. 農業集落排水　907
　1　現状と課題 907
　2　汚水処理方法 910
　　(1) 生物膜法と浮遊生物法の特徴及び処理方式の推移
　　(2) 代表的な処理方式
　3　汚泥の循環利用 914
　4　維持管理 915
　5　機能強化対策 917

10. 河川・湖沼　924
　1　現状と課題 924
　2　流入負荷削減
　　汚濁物質処理/バイパス/流域対策
　3　水域直接浄化 928
　　浄化導水/藻類分離
　4　溶出抑制 930
　　浚渫/覆砂/深層エアレーション

　5　生物制御 932
　　浅層エアレーション/養浜/生物体採取/バイオマニピュレーション

20章　規制対象物質別水処理技術　935

1. フッ素　936
　1　はじめに 936
　2　凝集沈殿法 936
　3　フッ素の高度処理 939
　　二段凝集沈殿法/フッ素吸着材
　4　フッ素の回収 941
　5　おわりに 944

2. ホウ素　945
　1　はじめに 945
　2　ホウ素除去技術 945
　3　キレート吸着材 945
　4　キレート繊維 946
　5　キレート繊維の再生とホウ素回収 946
　6　キレート繊維を用いたホウ素除去実設備 947
　7　適用範囲と今後の課題 948

3. 1,4-ジオキサン　949
　1　はじめに 949
　　1,4-ジオキサンの特性/汚染源/環境汚染/規制動向
　2　1,4-ジオキサンの処理技術 950
　　(1) 物理化学的手法
　　(2) 1,4-ジオキサンの生物処理技術
　　(3) 包括固定化法を活用した生物処理システム

4. ヒ素　956
　1　はじめに 956
　2　ヒ素の処理技術 956
　　(1) 共沈法
　　(2) 硫化物沈殿法
　　(3) 吸着法
　　(4) 含有される鉄イオンを利用した方法
　　(5) 逆浸透膜(RO膜)法
　　(6) 有機ヒ素化合物の処理

5. アンチモン　963
　1　はじめに 963
　2　アンチモンの処理技術 963
　　凝集沈殿法/吸着法

6. 水　銀　967
1　はじめに 967
2　水銀の処理技術 967
　　無機水銀に対する処理技術／有機水銀の処理法

7. クロム　971
1　6価クロム排水の凝集沈澱処理 971
2　6価クロム排水のイオン交換樹脂処理とリサイクル 974
　　(1) クロム吸着樹脂の再生
　　(2) 委託再生式のイオン交換装置
3　3価クロム排水のリサイクルとクロム再資源化 .976
　　(1) クロム排水のイオン交換処理の課題
　　(2) 3価クロム化成処理排水のリサイクルとクロムの再資源化

8. シアン化合物　983
1　はじめに 983
2　シアン化合物の処理技術 983
　　(1) 遊離シアンの処理技術
　　(2) 金属シアノ錯体の処理技術
　　(3) 遊離シアンと金属シアノ錯体の両者に適用出来る処理技術

9. セレン　989
1　はじめに 989
2　排水基準 989
3　処理技術 989
　　(1) 鉄共沈法
　　(2) 鉄塩アルカリ凝集沈殿法
　　(3) 造粒還元体法
　　(4) 複合金属還元体による方法
　　(5) 微生物による処理
　　(6) その他の処理
4　おわりに 992

10. その他の物質　993
1　内分泌かく乱物質（環境ホルモン）の処理技術 .. 993
2　浸出水中ダイオキシン類の分解除去技術（促進酸化法を用いた処理実例） 998
　　(1) ダイオキシン類
　　(2) 浸出水中ダイオキシン類の発生源
　　(3) 浸出水中ダイオキシン類の除去
　　(4) AOPによるダイオキシン類の分解除去
　　(5) AOP法によるクロロベンゼンの分解除去
　　(6) AOP法による浸出水ダイオキシン類の分解
　　(7) おわりに

21章　水処理施設の運転と管理　1009

1. 運転管理の目的と機能　1010
1　運転管理の目的と計装設備 1010
2　運転管理のシステム 1011
　　(1) システム技術
　　(2) 通信技術
　　(3) シミュレーション技術
　　(4) 電気設備のインテリジェント化
　　(5) 維持管理・設備支援
　　(6) センサー技術

2. 最新の監視制御システム　1013
1　監視制御システムの導入目的 1013
　　(1) 制御の自動化・省力化
　　(2) 監視及び操作の場所の集約
　　(3) 監視システムに蓄積された情報の活用
2　監視制御の階層 1014
　　(1) 現場レベルの監視制御
　　(2) 中央レベルの監視制御
3　監視制御システムの変遷 1016
4　監視制御システムの多様性と導入事例 .. 1017
　　ユビキタス監視とサービス利用型監視／セキュリティ対策／ユニバーサルデザイン対応／環境配慮型システム製品の採用

3. 施設の自動化　1022
1　浄水施設の自動制御 1022
　　(1) 取水設備
　　(2) 凝集沈殿設備
　　(3) ろ過設備
　　(4) 配水設備
　　(5) 排泥池設備
2　排水施設の自動制御 1029
　　(1) 沈砂池・ポンプ設備
　　(2) 最初沈殿池汚泥引抜設備
　　(3) 送風機設備
　　(4) 返送汚泥ポンプ、余剰汚泥ポンプ設備
　　(5) 汚泥処理設備
　　(6) 薬品注入設備

3 広域施設の自動制御、遠隔監視制御..............1037
　(1) 上水施設のポンプ場、配水池の自動制御
　(2) 下水施設のポンプ場の役割と自動制御
　(3) 遠隔監視制御

4. 設備管理支援　　　　　　　　　　1042
1 総　則..1042
2 設備管理支援の特徴..................................1042
3 設備管理支援の機能例..............................1042
　トップ画面／事業所管理／工事管理／設備管理／備品管理／異常管理／作業管理／掲示板／文書管理／システム管理／バックアップ
4 設備保全費と設備管理支援......................1045
　固定費／変動費
5 設備診断..1046
6 技術紹介..1047
　故障診断／クラウドコンピューティング

5. 処理水の水質安全監視　　　　　　1049
1 浄水処理における水質監視......................1049
　(1) 水道施設における計測および制御の概要
　(2) 原水水質事故監視
　(3) 凝集沈殿・ろ過プロセスの監視
　(4) 浄水・配水プロセスの監視
2 下排水処理における水質監視..................1058
　(1) 下排水処理施設における計測および制御の概要
　(2) pH計
　(3) ORP計
　(4) 蛍光DO計
　(5) 汚泥濃度計
　(6) 汚泥界面計
　(7) 全窒素(TN)・全りん(TP)計

6. シミュレーションを利用した最適化、効率化　1072
1 シミュレーション技術の動向..................1072
　(1) 水道分野
　(2) 下水道分野
2 シミュレーション技術の適用対象..........1073
　(1) 水道分野
　(2) 下水道分野

3 代表的なシミュレーション技術..............1074
　(1) 運転効率化のためのシミュレーション
　(2) 計画・設計最適化のためのシミュレーション
4 シミュレーション技術の適用展開..........1084

7. 電気設備のエネルギーと薬品　　　1085
1 電気設備の省エネルギー..........................1085
　電気設備／管理／使用状況の把握事例／電気機器／インバータ／空調設備／照明設備
2 創エネルギー..1091
　太陽光発電設備／風力発電設備／小水力発電設備／バイオマス発電設備
3 薬品量の最適化..1097
　手動制御／定値制御／流量比例制御／フィードバック制御／フィードフォワード制御／カスケード制御

8. 施設・設備の維持管理　　　　　　1103
1 アセットマネジメント及びストックマネジメント...1103
　(1) アセットマネジメントの社会資本への適用
　(2) 水道事業におけるアセットマネジメント
　(3) 下水道事業におけるストックマネジメント
　(4) 施設・設備の保全方法
　(5) 長寿命化(延命化)と機器診断手法
2 薬品の維持管理..1109
3 リモート監視..1112
　システム構成／機器仕様／通信方式と仕様／監視制御信号の取り込み／OPCによるリモート監視／機能／オペレーション支援機能／通報機能／リモート監視を利用した地域拠点による一元管理／地域を越えた広域管理
4 OD(オキシデーション・ディッチ)法における「水質自動制御システム」..............................1120
　自動制御システムの構成／酸素必要量制御(OR制御)の概要

コラム　原子力発電と水..............................1124

各社の関連製品紹介編　　　　　　...........1125

I 世界の水事情編

1章

世界の水資源問題

1. 地球温暖化現象による淡水資源への影響予測
2. 世界の水保全の現状
3. 国別淡水利用の特徴と家庭用水、農業、工業、廃棄物をめぐる地球的課題
4. 世界の水質基準、法規制状況
5. 人口増圧による水の競合と仮想水、栄養塩移動と海洋汚染
6. 国連ミレニアム開発目標に示された水と衛生の重要性
7. 低炭素社会作りで見落とされている視点

1 地球温暖化現象による淡水資源への影響予測

　地球温暖化に伴う降水量の変化により、世界主要河川の流量が大きく変動する可能性は様々に指摘されている。最初にこの問題に取り組んだのはドイツ・カッセル大学のAlcamoらのグループ[1]であり、全球水文モデルを用いた河川流出計算と、WaterGap水需要予測モデルを組み合わせ、各国の河川の2025年における水供給と水需要を比較し、切迫した状況の河川を示した画期的な研究であった。それによると、2025年には1995年と比較して水不足になる領域は3640万km^2から3860万km^2へと増加し、水不足の深刻となる地域に住む人口は21億人（1995）から40億人（2025）に増加し、特に南アフリカ、西アフリカ、南アジアで状況が深刻になるとの結論が導きだされている。翌年には同グループによりより詳細な河川モデルを用いたヨーロッパ全域についての水需要評価が行なわれ[2]、それによると1990年代に比較して2070年代には水の逼迫した河川が現在の1/5から1/3に増加すると予測されていた。これらの先駆的な研究は、しかし、今日と比較して非常に荒い空間解像度の大循環（GCM）モデルによる予測結果を利用しており、河川流量についてもまた需要予測においても月平均流量を用いていた。我が国においても同時期にアジア統合モデルを用いた温暖化に伴う様々な評価が行なわれてきたが、その後、沖・花崎らにより全球河道網TRIPを用いた水供給・水需要予測研究が継続されている[3]。Alcamoらの先駆的な研究から現在（2011年）に至ってより高い空間解像度での解析、ダムオペレーションを含めた解析、複数のGCMを用いた解析へと発達し、気候変動により水循環が活発になり絶対量として利用可能な水は増えるが、極端現象による洪水などに対処する必要が示されている[1]。しかしながら複数のGCM結果が全く異なる傾向を示す例が山敷らにより示されており[4]、例えばアマゾン川流域の将来流量は用いるGCMによって全く正反対の結果が示されている。河川の将来流量は用いるGCMの傾向やシナリオに大きく依存するため、将来必ずしも水資源が豊富になるかどうかについてはまだ不明確な点が多い。

　GCMのモデル解像度の向上と伴い、世界の河川における将来の洪水量予測も行なわれるようになった。特に河川流量は将来において増加したとしても、河道の能力を越えた水は洪水となり地域社会を圧迫する。現実に2002年のヨーロッパ大洪水、それに続く熱波、2004年のハリケーンカトリーナによるニューオーリンズの惨状、2010年におけるインド・パキスタン大洪水、雪解け水によるアメリカ Red River の大洪水、2010年ブラジル・アラゴアス州の大洪水、2011年オーストラリアクイーンズランド大洪水など、洪水増加の兆候は現れている。しかしながら現在のGCMにおいて地域気候に影響を与えるエルニーニョ南方振動（ENSO）やその他の影響が十分な精度で予測されておらず、また数少ない大気海洋結合モデルによる予測においてもそれらの将来予測は短期・中期をのぞいて限られているといえる。そのため将来において河川流量が大きく変動することについては共通の認識が得られているものの、具体的な季節変動と極端流量の予測についてはまだまだ大きな課題を残している。また全球レベルで洪水氾濫解析を行なう程のデータと計算機能力は備わっておらず、大まかな洪水の可能性を示唆するにすぎないのが全球河川モデルの現状である。そのため局地的には地域特性を反映した洪水氾濫解析モデルなどにより現地の被災可能性について論じてゆく必要がある。

　陸域に蓄えられている表層水のうち多くは湖に蓄えられており、その量は91,000km^3と見積もられているが、これは年間の陸域からの表面流出及び地下水流出量44,800km^3と比較しても倍近くになる。しかしながらこれらの湖の水の大半はバイカル湖、北米五大湖とアフリカ三大湖（ビクトリア湖/タンガニーカ湖/マラウイ湖）に蓄えられており、決して我々が利用可能な水資源ではない。しかしながら湖は多くの場合陸域で最も安定した水資源として尊重される。

　湖に対する温暖化の影響として、（1）成層の強

度増加（2）鉛直混合減少による湖底の貧酸素化が懸念されている。その例として池田湖などは1998年以降全湖循環が起こらず、深水層の貧酸素化が進行している。琵琶湖においても、その混合層厚が2002年の15mから今世紀末には30m近くに発達し、その平均水温も24度から28度に上昇する可能性が示唆されている[5]。

アフリカ東部にある地溝湖（タンガニーカ湖・マラウイ湖）などにおいては現在気候においても冷却期間がないため混合が起こるのは表層部のみであり、永久無酸素層が広く横たわっているが、気候変化により成層強度がますます強くなると、無酸素層が強くなると同時に、鉛直混合が制限され深水層からの栄養塩供給が制限される[6]。

中緯度の湖においては冬期の冷却においてまた世界で最も清澄だとされるバイカル湖や北米タホ湖においても同様の懸念が起こっている。北米タホ湖においては、現在4年に1度起こる全湖循環により水深500mにおける溶存酸素が保証されているが、カリフォルニア大学の研究によると2050年以降に現状の気温上昇が続けば全湖循環が停止し、水深200m以深が貧酸素化する可能性が示唆されている。

2　世界の水保全の現状

国連UNEPが報告している地球環境概観から水に関する要約を紹介する[7]。

アフリカ地域　アフリカ諸国は、水不足、水質汚染と土壌の劣化が共通する課題である。人口増圧、食糧不足が慢性的で森林破壊をはじめ農業の乱開発が豊かな自然破壊と深刻な矛盾関係にあり、また産業廃棄物が先進国から越境輸入されるなど問題が増加し、国連や先進国からの資金、技術、人材援助なしには解決できない状況である。

アジア太平洋地域　人口増加、貧困、法規制の無力等が重なって、環境問題が複雑に進行している。大気汚染は悪化。生物資源が豊かで貿易の重要品であるが、大規模な森林破壊、マングローブの海老養殖池転換、その他生物資源の劣化で多様性が失われている。人口増加に伴う下水、生活排水問題は深刻である。工業化に伴う有害物質問題が急速に進行している地域がある。河川の汚泥堆積、沿岸部の水質汚染による自然破壊にまで関係している。市民の環境認識が高まり、政策の柱になり市民運動が動きつつある。

欧州　大気汚染は1990年代に改善が進行。西側欧州は環境悪化を食い止めたが、中央・東欧州は依然として悪化している。南欧、東南欧州は水賦存量が少なく、一部地域は、環境悪化を食い止めているが、淡水と地中海沿岸の水質汚染問題は依然として進行している。環境悪化を防止するには欧州議会政府の強力な指導が必要。

ラテンアメリカ・カリブ海地域　過去30年間に環境の劣化原因は、人口増加、自然資源依存の経済、貧富差拡大、政府の計画の弱さ等が上げられる。土壌劣化、都市集中による環境悪化、都市下水、廃棄物問題が都市人口の健康悪化につながり、大気汚染は改善されない状態である。気候変動によるハリケーン被害が増加、地震の被害の増大で経済に打撃が重なり、環境問題解決の道のりが遠い。

北米　個人当りの地球の資源消費量が最大の地域である。汚染対策の成功に比べて資源保全の成功は限られている。自由貿易協定により二国間の環境問題解決の共同が進み、NOx大気汚染、五大湖の水質汚染対策、水鳥と他の渡り鳥保護と一緒に湿地帯保全対策等が進行している。

西アジア　淡水資源の保全活用が最大の課題。特にアラビア半島は、化石水と呼ばれる地下水開発の問題を抱えている。水利用の効率改善に努めているが、特に灌漑水利用の効率化が重要。土壌劣化と農業の持続性が課題。ペルシャ湾の石油汚染

工業用水、農業用水、家庭用水による国別淡水利用の特徴　WRIデータを改変（図1）

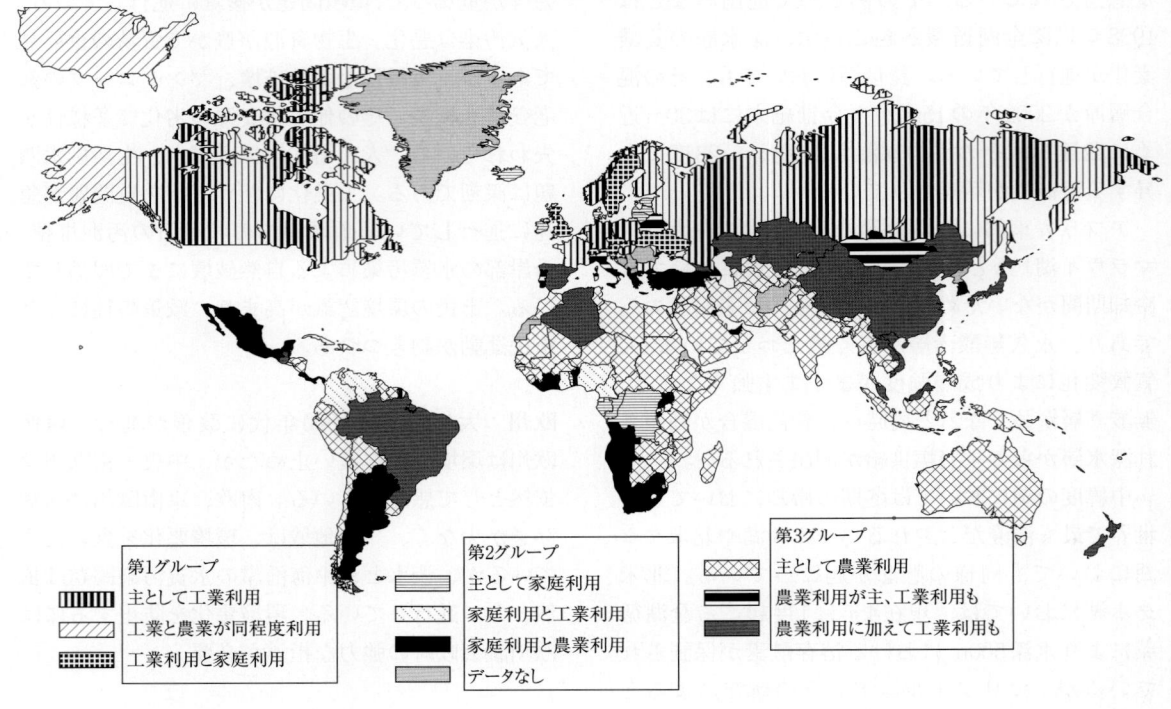

は継続している。石油産業が活発であることから、有害化学物質の廃棄量は個人当り最大である。火力発電、海水淡水化による大気汚染問題は継続している。

北極地域、南極地域　北極では、オゾンホール発生率がやや減少。気候変動特に温暖化影響が急速に進行し氷床が減少。北極熊、セイウチ等陸上・海洋哺乳類の生存が困難になっている。スカンジナビアの湖沼は富栄養化問題が顕在、ノールウエイでは水力発電ダム建設問題が起っている。アイスランドは主要河川にダム建設中止。南極地域では、捕鯨、アザラシ捕獲の中止が呼びかけられている。

3 国別淡水利用の特徴と家庭用水、農業、工業、廃棄物をめぐる地球的課題

図1は主として3グループに分けられ、第1グループは、工業用水利用が主で、それと農業用水、家庭用水利用との量的競合状況を表している。欧州、アメリカ、カナダ等は農業が天水利用であるから、農業利用との競合が避けられている。第2グループは、家庭利用が主であるが、他の利用と競合関係を示す。第3グループは農業利用が主で、日本、中国、ブラジル、ベトナム、マレーシア、ニュージランド等は、工業と農業の間に量的、質的競合が起っていると見られる。アジアは稲作灌漑の水利用量が多い。日本の全体状況と個別地域状況には、やや違いがあるが、図1は、他の国の全体像を理解するのに役立つ。アジア、アフリカ、

ラテンアメリカの諸国は、経済発展にともない本格的な水インフラ整備を始めているが、この図1は、それぞれの国の基本状況を説明している。

21世紀の地球が抱える最大の水環境問題は、家庭用水・農業・工業・廃棄物をめぐる問題の激化、深刻化であると予測できる。その背景には、確実に進行する地球温暖化の影響が、気候、天候に変化を及ぼすこと、発展途上国を中心に更なる人口増加があること等が示される。水をめぐる環境問題は、いわゆる先進国と途上国においては、異なった様相を示すものと、共通する様相を示すものが考えられる。特に途上国が、人口増加を背景に今後とも農業主体の1次産業を進めるかどうかが第1の選択となる。さらに農業重視の中で農業生産性効率化を求める「近代化」を進めて農業人口を減らす政策をとるのか、あるいは人口増加を引き続き農村部で政策的に吸収続けるかが、第2の選択となる。最貧国が、第2の選択を意図的に取り組むには、外国の援助なしには不可能な状況である。従って従来のままで改善のない農業国の状態にと留まる可能性が高い。また第1選択によって現在の農業国が積極的に工業化の進展を図るか否かによっても都市集中はじめ今後の水問題の性質は変わる。もし工業化を進めると先進国が歩んだ都市集中と工業廃水・都市・産業廃棄物問題をどのように回避克服するかが大きな鍵である。その例が中国、ブラジルであり、遅れてインド、インドネシア、ベトナム、南アフリカ等の中進国が上げられる。

先進国が歩んだ公害の道を回避して工業化を達成するか否かは、政府指導層の政策次第である。一方、日本、韓国、台湾等のアジア工業先進国は、世界市場のコストと市場拡大の原理から人件費節約のため工場の海外移転を急速に進めており、アジアの多くの発展途上国は工業化方向の問題に直面している。この点で行くと、アフリカ、中南米途上国は違った展開が進行中である。発展途上国も先進国も共に共通する様相は、都市化に伴う水環境問題である。

今後、途上国の人口増圧は、不可避的に農業地帯からの人口移動となり都市人口増として現われ、1千万人を超える規模の巨大都市が、北京,上海、ソウル、カルカッタ、ムンバイ、バンコック、ジャカルタ等のアジアで生まれつつあるが、それらに続く都市がさらに生まれると予想される。現在、東京、北京、ソウル等大都市が抱えている水環境問題と同質でもっと規模の大きな問題が、生まれるであろうと予想される。

ここまでの視点は、水資源を量的側面から分析したものである。しかし、水質側面や生態系から見ると生活資源としての水が抱える課題は、より複雑化、巨大化する。人間活動が地球系において移動させる物質量が増大し、その結果、河川、湖沼、沿岸に排出される汚染物質量は、いわゆる「環境容量」を越えて、さまざまな汚染と水生態系に異変を生じている。中でも、人口増圧―食糧増産―窒素、燐多量使用による生じる富栄養化問題、あるいは農薬汚染は、先進国、途上国に共通する問題である。また工業化による化学物質の多量生産、消費、廃棄物は、発ガン性物質、環境ホルモン物質で示される化学物質による水質を引き起こしている。水質、生態系の側面から生活水資源の課題を見ると問題の錯綜、複雑化は一層増幅している。

4 世界の水質基準、法規制状況

(1) はじめに

水質基準や水質管理の法的枠組みは国や地域により大きく異なる。ここでは、水道水質、下水放流基準、排水基準、環境基準（主に淡水に関するもの）、下水の再利用基準についていくつかの国の情報をとりまとめ、その比較を行う。

なお、文中に「基準」とよく似た言葉として「ガイドライン」と「クライテリア」という言葉がでてくる。これらはどちらも法的拘束力がない「目安」を意味する言葉ではあるが、前者が科学的データ以外の要素を考慮した総合的なものであるのに対し、後者はどちらかといえば毒性データ等に基づ

いた客観的な目安ということができる[9]。ただし、これらの区別は必ずしも明確でなく、基準と称されていてもその目的は、全ての項目を満たす必要がある（場合によっては罰則規定がある）厳格なものから、出来る限り近づけようという努力目標に近いニュアンスに近いものがある。したがって、以下たくさんの数値が表中に出てくるが、同じ基準値だからといって必ずしも同程度の厳しさで水質管理がなされているとはいえない点に注意が必要である。換言すれば、水質基準の比較は、基準項目や数値だけではなく、その施行の枠組みや強制力、遵守状況を考慮して行うべきである。残念ながら、限られた紙面と著者の情報収集能力では、全ての情報を網羅することができず、項目や数値が中心となるが、ここに述べたようなバイアスの存在に注意した上で、各国の考え方の違いを大まかに捉えていただければ幸いである。

(2) 水道水質基準

表1に水道水質基準やガイドライン値をまとめたものを示す[10]〜[24]。水道水質基準は、人々の健康に直結し、他の水質基準のベースになるものである。多くの国とってWHOのガイドラインは、その基礎になるもので、表中の多くの国が類似の値を用いていることがわかる。ただし、同じ値であるからといって、必ずしも同じ根拠、すなわちWHOと同じ計算方法で設定されたとは限らない。オゾン処理副生成物である臭素酸イオンは、基準が設定されている国では0.01 mg/Lで規制されているが、日本とアメリカ合衆国、WHOの算出方法は異なる。経緯の詳細は既報文[25]に譲るが、日本の場合、WHOガイドラインの改定にあわせて、新しい水質基準が作成されたが、評価は独自に行われている。

さて、日本の基準を他国と比べると、いくつかの特徴がある。まず、農薬が対象となっていない。これは、農薬については、水質管理目標設定項目や要検討項目で管理がなされているためである。中国でも類似の方法がとられて基準項目以外に監視項目が定められている（表2）。また、日本の消毒副生成物に関する基準は、アメリカ合衆国やEUと比べて、項目数が多い。例えばハロ酢酸についてみると、アメリカ合衆国ではHAA5と称する指定のハロ酢酸濃度の和を基準としているが、日本では3種類のハロ酢酸を個別に規制している。EUでは、ハロ酢酸の基準値は設定されていない。日本の基準値が様々な原水・処理条件に対応すべく細やかな設定がなされているということができるが、USEPAの場合、多くの調査結果から5種類の和を見ておけばよいという結論を導いており、どちらが丁寧かというよりは考え方の違いといえる。また、亜塩素酸ではなく、塩素酸を基準とした点も、日本が他国とことなる点である。最終消毒剤として二酸化塩素が使用されていないためとみられる。

アメリカ合衆国の連邦基準をみると、水質パラメータ以外に、処理の条件をしている箇所がある。煩雑な分析を省略することが狙いであると考えられる。なお、連邦制のアメリカ合衆国やオーストラリアは、各州等が実際の基準の設定を行っている。

EUは水枠組み指令の下、水道水指令により域内の基準が定められているが、ここに示されているものは域内で最低限遵守すべきものであり、イギリスのようにほぼEUの基準を踏襲している国もあるものの、各国が独自の指標を設定している場合も多い。極端な例はオランダで、塩素に依存しない微生物学的安全性の確保を行っているために微生物関連の指標が格段に多い。特に定量的微生物リスク評価（QMRA）による規制は特徴的である。

アジア地域や南アフリカの基準を比較すると、ベトナムの基準項目が多い。環境基準や排水基準でも同様の傾向であり、まず詳細な基準を設定してそれに向かって水質管理を向上させるという方針を取っているものと考えられる。

水源管理については、詳細に触れることができないが、ドイツや韓国等で非常にシステマティックな制度が整備されている[17]、[18]。

(3) 下水放流基準・排水基準

表3に、いくつかの国の下水放流基準・排水基準比較を行ったものを示す[25]〜[34]。処理性や一般性状に関しては類似の項目・数字が並んでいる。また、無機物についても多くの国で同様のものが基準となっている。大きな違いは有機塩素化合物で、日本の基準項目数が多い。また、アメリカ合衆国連邦基準は極端に項目数が少ないが、これは排水については事業所ごとに放流先のミキシングゾーンを設定し、そこでの希釈に応じてNPDESという機関が基準値を満たすように日負荷量に応じて許可をおこなうというシステムをとっているため、一律の基準が設定されていない。また、生態系保全や複合的影響については、WET試験（Whole Effluent Toxicity test）、すなわち放流水全体の毒性全体を生物試験により評価するという手法が取られている。アメリカ合衆国の場合、複数（3種類以上）の生物を用いることとされている。表3をみるとインドの基準に魚を使ったバイオアッセイを行うとされており、同様の考え方に基づいていると考えられる。オーストラリアも同様に、各地域に応じた設定が可能なように、柔軟な枠組みを示すガイドラインが用意されている。一般的に、排水基準の方が、水道水質基準よりも一律決められていない傾向がある。これは、排水基準は、放流先の環境や間接的再利用の状況が異なることを考えれば当然のことといえる。

(4) 環境基準

表4に陸水域の環境基準の比較を示す[35]〜[40]。日本と他の国では対象としている農薬が異なること、日本、アメリカ合衆国、EUでは多くの有機塩素系化合物が対象とされているが、他の国では記載がないことなどがわかる。なお、アメリカ合衆国の栄養塩類等生活環境に関わる項目の一部は地域によって設定値がことなるのでここでは有害物質のみに限定して記載している。また、有害物質については、日米欧の間で取扱項目数に大きな差がある。表5に項目（化合物名）のみを列挙するが、クライテリアと基準の違いがあるにしてもアメリカ合衆国のPriority Pollutants（重要項目）の数が圧倒的に多い。EUは2008年より新基準が採用され現在その移行期間にある。

海域の環境基準についても、淡水のものに準じた形で多くの国で整備されているが、マレーシアは暫定基準となっている。

(5) 再利用基準

表6に、いくつかの再利用基準とガイドラインを示した[41]〜[44]。多くの国で、何らかのガイドラインや基準が設定されていることがわかる。WHOのガイドラインは、2006年大幅な改正がなされ、WHOのリスク評価・リスク管理の枠組みであるStockholm Frameworkを踏まえたものとなった。この新しいガイドラインのもとでは、リスク評価は、ラボ実験、疫学調査などを利用して定量的微生物リスク評価（QMRA）に基づいて行われる。このとき用いられるのが障害調整生存年数（disability adjusted life years — DALYs）で、障害のあった期間をその程度で重み付けして、死亡などきわめて重篤な状態とそうでない疾病による負担を同じ土俵で評価するために開発された指標である。このため、表6のWHOのガイドラインの年間許容リスクはDALYsで記載されている。この10^{-6}という確率値は水の再利用にかかわらず、飲用に関する健康リスク評価について統一的に用いられているものである。WHOのガイドラインは地域固有の状況を考慮した柔軟なもので、表6の他の基準値と比べると厳密なものではないが、QMRAやDALYsは（再利用の分野に限らず）水の健康リスク評価に増々導入が進んでいくものと期待される。

さて、表6に記載されている国や地域は限定されていることは、傾向としては乾燥地帯にある国が多い。アメリカ合衆国内でも、アリゾナ、カリフォルニア、コロラド、ニューメキシコ、テキサスなど乾燥地域では基準が整備されている。

中国では、体系的な再利用基準がすでに設定されている。表7に用途ごとの基準を示すが、日本

よりも多くの目的について記載されている。

EUについては現在のところ、下水処理水の再利用に関する統一的なガイドラインや基準はない。ただし、都市排水指令では、適切な状況下では下水処理水は再利用すべきとの記述があり、今後域内での統一ガイドラインが整備されていくことも考えられる。現在のところ、フランス、ポルトガル、キプロス、イタリアとスペインの一部でガイドラインが設定されており、ギリシャ、イギリス、ベルギーで検討中である[43]。

日本の基準等マニュアルに記載されている項目や値は、USEPAのガイドラインと同等の水準といえるが、我が国の水再生利用の特徴として、地下浸透や農業利用に関する事項がない。今後、気候変動にともなう気象の極端化が進めば整備されることも考えられる。

(6) まとめ

本稿では、世界各国の水質基準とガイドラインを概観した。WHOの飲料水水質ガイドラインを中心に、各国の状況に応じて活用され、様々な種類の基準が用意されていることがわかる。なお、最新情報の収集を心がけたが、こういった基準は、時とともに更新されるものである。参考文献欄にインターネットでアクセスしやすい情報をできるだけ掲載するようにしたので、最新の情報を必要とする場合には確認されることを強くお勧めする。今後、このような情報を動的にとりまとめるデータベースの構築も重要な課題となろう。

5 人口増圧による水の競合と仮想水、栄養塩移動と海洋汚染

(1) 人口増圧による農業用水、都市用水、工業用水の競合

2000年3月オランダ・ハーグで開催された第2回世界水フォーラムは、21世紀の地球水問題を展望して世界水ヴィジオンを発表した[45]。そこにおいて、飲料水としての「青い水」、農業用水として「緑の水」と工業用水の利用可能量を検討している（表8）。1995年の水利用量結果から、飲料水としての「青い水」、農業用水として「緑の水」と工業用水の利用可能量を検討している。1995年の水利用量結果から人口増をベースに2025年の水利用量を推定すると、大きな枠組み変化が見えてくる。この世界水ヴィジョン作成者の推定によると灌漑用水の増加は困難であることから厳しく制限されて、今後開発される灌漑用水増加量は僅か9%である。これからの食糧増産分40%を既存農業用水と増加分で賄わねばならない（一部分は、天水利用農業生産を含む）。このことは、農業における水使用効率を如何に高めるかが、今後農業技術進歩の課題である。特に、水稲栽培は、多くの水蒸発を伴うことから、アジアモンスーン地帯以外で栽培することに対して厳しい批判が出される可能性がある。

工業用水利用は先進国で節水により減少するが、途上国の工業化に伴う使用量増加で相殺され、結果として増加に転ずる。都市飲料水量は、途上国で急速に増加するが、先進国では減少する。途上国の都市人口集中に必要な飲料水が増加し生活排水の増加は、農業用水の安定した水資源が都市下水になってくる。都市下水の農業用水への転換使用が今後の大きな技術課題になると予想される。

表中の全分類において水の再利用率を高めることで、引き込み量に対する消費量比率は低下する。水資源量の競合を軽減させるには、水質対策を進め再利用効率を上げることが重要となってくる。現在、水の再利用を困難にしている最大の原因は、水質制御ができていないところにある。

(2) 仮想水、栄養塩移動と海洋汚染

　仮想水（ヴァーチャルウオーター、Virtual Water）とは、定義によると商品・農作物やサービスを提供するために消費される水であり、世界水ヴィジョンにおける再生可能水利用の予測を、1993年にロンドン大学教授のAllen Anthonyにより提案された概念である[46]。Allen Anthonyにより本概念はまた中東や北アフリカの水の乏しい地域において、水紛争がすぐに引き起こされない原因を解明する概念の一つとして導入され[47]、地球における水資源の偏在性と農業由来の旱魃がどのように発生し、また食料生産に水資源を多く利用しづらい地域が地球規模貿易の中でどのような形で食料生産をおこなうべきかについて、国際的にも数多くの研究者らに広く研究を継続されることとなり、これらの成果により同氏は2008年に水で最も権威があると考えられるストックホルム水賞を2008年に受賞した。仮想水はこの概念を用いて偏在する淡水資源の実際の消費地と、そこで生産された財やサービスの消費地が異なる事により、どれだけの淡水資源を地球規模で効率的に利用できたかどうか、結果的にその地域や国でどれくらいの水を間接的に消費したかをはかるための尺度となっている[48]。これについて、東京大学の沖らはほぼすべての農作物や工業製品についての生産に必要な水の量の再評価を行い、仮想水を現実投入水量（すなわち輸出国側で生産に使用された水の量）と仮想投入水量（同じ産品を輸入国側で生産に必要な水の量）と区別してこの仮想水の輸入（移動）を評価することにより、日本が国内で利用可能な水資源と同等の水資源を世界から間接的に輸入していることを示した[49]。現在世界一般においては、仮想水の輸出入バランスを通じて計算されるウォーターフットプリント（Water Footprint）という概念が広く用いられている。

　ウォーターフットプリントはHoekstraらにより2002年にデルフトで開催された仮想水貿易のための国際専門家会議にて初めて紹介されたコンセプトであり、従来の生産者やセクター毎の水需要量の推計にかわって、消費者ベースの指標として導入された[50]、[51]。ウォーターフットプリントはいわゆる「（個人／国により一定期間内に）利用された水量」であり個人レベルであれば個人が利用した水量がそのまま値になるが、国レベルで考えると、「1国のウォーターフットプリント」＝「国内での利用した水量」＋「仮想水による輸入水量」−「仮想水による輸出水量」になる。すなわち、仮想水貿易収支を国レベルで総和した指標といえる。

　本指標において、日本は飼料穀物や食料を大量に輸入しているため、本国における水消費以上に大量に淡水資源を消費している消費国であるといえ、日本はアメリカ、オーストラリアからの仮想水輸入が多いが、これはヴァーチャルウオーターの定義にしたがって計算しているため、肉を沢山生産している国からの仮想水輸入がもっとも高くなっている。一方、途上国で水資源が豊かな地域は、これらの水資源を利用した外貨獲得が絶対的に必要であり、仮想水（直接水）を用いて農作物を生産することがそれらの国の経済を支える重要な基盤となっている。また水資源が豊かでない途上国においては、水利用の効率化により農作物を生産し外貨獲得や食料自給につなげる必要がある。これについて例えばペルーなどでは乾燥したイカ川流域において世界銀行の投資により点滴感慨施設の整備等を行い、商業農作物の生産をあげている。すなわち、仮想水は非常に重要な概念ではあるが、今後更なる議論としては水利用の効率化とそれに伴う農業作物の生産・輸出、すなわち途上国経済の発展性についてより深い議論をすすめてゆかねばならない。

　また大量の穀物飼料や、国内の農作物を生産するための肥料などの輸入が我が国における生態系に過度のストレスを与え、我が国の淡水資源に対して富栄養化という質的劣化をもたらしているのも事実である。食料の大量輸入はそこで用いられた水資源以上に栄養塩の大量輸入ももたらしており、それに伴って農業生産国においては輸出された栄養塩の不足を埋めるべく大量の化学肥料を農地に導入する必要が生じている。このように水資源における地球規模での循環のみならず、その栄

養塩も含めた物質循環を明確に定義し計算することが非常に重要であると考えられる。

すなわち、これらの栄養塩の国際的移動も含めた新たな指標設定が必要であるといえる。例えば仮想栄養塩（Virtual Nutrients）、流動栄養塩（Tradable Nutrients）、栄養塩フットプリント（Nutrients Footprints）などの新たな指標を導入し、栄養塩の国際的移動を数値化する事が必要となる。

ここで仮想水（Virtual Water）とこれらの栄養塩の収支について決定的に違う事を述べたい。仮想水であれば、水そのものの水資源を利用した地域における水文過程の移動でとどまっており、水そのものは農作物や商品とともに（農作物に含まれるほんのわずかな水分量を除き）国境を移動することはない。対して栄養塩は、食物や資料に吸収された分はそのまま国境を移動する。すなわち、栄養塩の移動を考慮する際、仮想水の移動と同じ概念にて議論を行う事はできず、栄養塩そのものの移動を把握しなければならない。これらは最終的に河川を通じて海洋に流入し、周辺海域に富栄養化をもたらす。水圏の良好な環境を維持するためには、仮想水の移動はある程度許容できたとしても、栄養塩の移動はできるだけ避けるほうが望ましいといえる。

京都大学の賀らは、東京大学とともに、地球規模での河川を通じての窒素化合物負荷についてのモデルを用いての予測と検証を行なった[52]。それによると、地表の硝酸塩汚染は、特に化学肥料を用いた農業が盛んで、かつ降水量が少ない地域で硝酸塩濃度が増大すること、河川からの窒素化合物負荷は流域の規模とともに増大すること、中でも特に熱帯地域の多雨流域、農業活動の盛んな流域、そして人口集中流域において特に高いことが指摘されている。

地球温暖化現象によりある地域の降水量が増え、河川流量が増加する場合、一般的に地表面からの栄養塩やアルカリ金属、アルカリ土類金属の流出量は増加する。また同時に人為的影響により流域の植生の減少などがもたらされると、河川への流入栄養塩量は大幅に増加し、一概に海洋への栄養塩負荷量は多くなる。これらに上記の大陸毎の栄養塩移動が重なれば、よりいっそう栄養塩が人口集中、すなわち食料消費が多い地域に集中することになる。

地球史的に考えれば、温暖化により降水量が増え、その結果陸域から大量のイオンが海洋に流入することは、例えばカルシウムイオンの大量流入による二酸化炭素の固定化などをもたらすため、地球規模では気候変動を安定化へともたらし、望ましいことであると考えられる。しかしながらこの大気安定化作用には非常に長い時間ステップが必要であり、通常10万年から100万年単位であると考えられ、人為期限による地球温暖化の安定化に貢献するかどうかは疑問である。しかしながら陸域からのカルシウムイオンの流入量を把握することは海洋酸性化の進行と相まって非常に重要な要素となるであろう。

栄養塩の流入に関しては、特に閉鎖性水域においては人為起源の栄養塩とその閉鎖性水域での停滞作用により水質悪化が顕著である。世界資源研究所（WRI）によると、現在富栄養化が顕著である湾は、特にアジアにおいては黄海、東シナ海、インド洋においてはムンバイ近郊のベンガル湾、ヨーロッパにおいては地中海の都市部、例えば南アドリア海、イタリア北西部の海域、スペイン南部、アイリッシュ海や北海沿岸部のイギリス都市部、北米大陸においてはチェサピーク湾、南アメリカにおいてはラプラタ川河口部、サンボロンボン（Samborombon）湾、リオデジャネイロのグアナバラ湾、サントス近海、ペルーのチンボテ（Chimbote）湾で富栄養化が進行しているが、現在までに他の海域に対する閉鎖性水域の富栄養化の影響は黄海や日本海を除いて限定的であったといえる。しかし2010年のメキシコ湾での重油流出事故により、ある海域での汚染が他の海域に大きな影響を与える懸念も存在し、特に海底石油資源掘削の影響で地球規模での海洋汚染が懸念されることになりうるため、新たな懸念材料である。有機物や栄養塩による汚染は都市化と工業化、そして化学肥料を大量に利用する農業と密接に関連しているため、これらについて統合的な評価を行

うための指標づくりが急務である。すなわち、仮想水は水資源の偏在性や国別不公平、また水資源の危機については大きなメッセージを示しうるが、水資源の質的劣化を評価するためには正しく栄養塩の移動について詳しく評価することが必要である。

また2011年3月に発生した東日本大震災に関連する原発事故により福島第一原子力発電所より高濃度の放射性核種を含む汚染水が海域に放出され、これらに関する環境影響の評価が現在最も重要な海洋環境汚染の問題となった。かつて1960年代「東西」対立により原子力爆弾の開発実験で、太平洋が放射能汚染を受けた。その影響が治まった後、原子力発電所の事故による直接海洋汚染事象が生じた。現在世界各国で原子力発電所が稼働しており、さらに海に面した再処理工場から多くの放射性核種を含む水が海洋に流入している。これら放射性核種についての正しい評価が今まで十分に行われていなかったが、今後水圏を守ってゆくためにぜひ正しい評価が必要である。

6 国連ミレニアム開発目標に示された水と衛生の重要性

2000年9月ニューヨークで開催された国連ミレニアム・サミットに参加した147の国家元首を含む189の加盟国代表は、21世紀の国際社会の目標として国連ミレニアム宣言を採択した。このミレニアム宣言は、「平和と安全」、「開発と貧困」、「環境」、「人権とグッドガバナンス（良い統治）」、そして「アフリカ課題」掲げ、21世紀の国連の役割に関する明確な方向性を提示した。そして、この国連ミレニアム宣言と1990年代に開催された主要な国際会議やサミットで採択された国際開発目標を統合し、一つの共通の枠組みとしてまとめられたものが「国連ミレニアム開発目標（Millennium Development Goals：MDGs）」と呼ばれる[53]。

このMDGsは、達成すべき8つの目標（ゴール）を掲げていて、（1）「極度の貧困と飢餓の撲滅」、(2)「初等教育の完全普及の達成」、(3)「ジェンダー平等推進と女性の地位向上」、(4)「乳幼児死亡率の削減」(5)「妊産婦の健康の改善」、(6)「HIV/エイズ、マラリア、その他の疾病の蔓延の防止」、(7)「環境の持続可能性確保」、(8)「開発のためのグローバルなパートナーシップの推進」である。8個の目標（ゴール）はさらに全体として18個のターゲットで構成されていて、ターゲット毎に、具体的な指標が、合計48個設定されている。

ここでは、第7ゴール「環境の持続可能性確保」について説明する。第7ゴールは、ターゲット9、10、11で構成されている。ターゲット9は、「持続可能な開発の原則を国家政策及びプログラムに反映させ、環境資源の損失を減少させる」として、その具体的な指標として、25.森林面積の割合。26.地表面積に対する、生物多様性の維持のための保護区域の面積の割合。27.GDP1,000ドル当たりのエネルギー消費量。28.一人当たりの二酸化炭素排出量及びオゾン層を減少させるフロンの消費量。29.固体燃料を使用する人口の割合である。これらの指標に基づき、各国の改善目標の数値設定を求め、国際評価ができることを求めている。

ターゲット10は、「2015年までに、安全な飲料水及び衛生施設を継続的に利用できない人々の割合を半減する」としていて、これが「国連ミレニアム開発目標における水と衛生」といわれるものである。さらに具体的な指標は、30.浄化された水源を継続して利用できる人口の割合（都市部及び農村部）。31.適切な衛生施設を利用できる人口の割合である。

ターゲット11は、「2020年までに、少なくとも1億人のスラム居住者の生活を大幅に改善する」。その指標は、32.土地及び住居への安定したアクセスを有する世帯の割合としている。

WHOとUNICEFの「2010年共同報告書」[54]によると、安全な水を利用できる世界人口は、59億人で世界人口の87%で、途上国人口の84%が、安全な飲料水を得ることができるようになりMDGsを達成している。38億人で57%人口が水道管を通じた飲料水を得ている。8億8千8百万人

世界の衛生状況
（松井の推定）（図2）

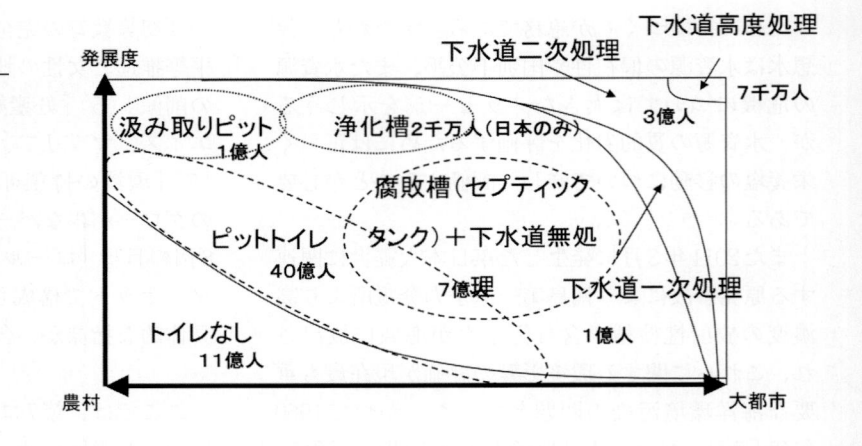

- 発展度 ↑
- 汲み取りピット 1億人
- 浄化槽 2千万人（日本のみ）
- 下水道二次処理 3億人
- 下水道高度処理 7千万人
- ピットトイレ 40億人
- 腐敗槽（セプティックタンク）＋下水道無処理 7億
- 下水道一次処理 1億人
- トイレなし 11億人
- 農村 ←→ 大都市

の人口が、未だ安全な飲料水を得ていない。地域的には、アフリカのサブサハラ地域とアフリカ南部、アジア地域の途上国が遅れている。中国では、この国の人口89％の13億人は、安全な飲料水を得ているが、1990年当時は人口の67％しか得られていなかった。インドでは、12億人で人口の88％が安全な飲料水を得ていて、1990年72％の状況から改善された。

一方、衛生状態の改善は、依然として遅れている。世界人口26億人39％の人は、改善されたトイレを使うことができていない。この大半はアジア、サブサハラ以南のアフリカである。先進国地域の99％人口は、改善された衛生状況を得ているが、途上国地域人口の52％しか衛生状態は改善されていない。現在の改善努力の進捗は、2015年目標で明らかに10億人が未達成になると推定される。衛生目標は2015年が終わりではなく、達成しても未だ17億人が、非衛生的状況に残されることになる。衛生状況の特徴は、都市部／農村部の差が著しい点である。サブサハラ、カリブ海、南アジア、オセアニア地域では、この特徴が著しく、都市部では改善が進んでいるが大多数の人口が住む農村部では遅れている。7億5千百万人はトイレを他人の家か、公衆トイレを利用している。野外の大便排泄する人口は、1990年25％から2008年17％に減っている。しかし11億人は未だ野外排泄である。インド、インドネシア、中国、エチオピア、パキスタン、ナイジェリア、スーダン、ネパール、ブラジル、ニジェール、バングラデッシュは、全体の81％を占める。南アジア地域では、野外排泄が1990年66％であったものが2008年44％に減少、サブサハラ地域では、同年36％から27％に減少している。

最貧国で安全な飲料水の提供は、さまざまな困難な課題を抱えている。電力、資材供給、維持管理人材などどれ一つ欠けても実行できない。サブサハラ、南部アフリカ、インド、中国等の降雨量が少ない水源困難地域の水道水源は、圧倒的に地下水である。地下水源はすぐ直下にあり、比較的汚染が進んでいないこと、河川水の汚染が激しく、水道の高度処理なしには、飲料基準に達しないことがあげられる。しかし地下水依存の大規模水道事業は、地盤沈下が進行し、地下水枯渇、地下水汚染問題に直面することから、長期的な視野で利用する必要がある。また、自然汚染による砒素、フッ素等の水質課題が世界各地に存在する。

遅れてる衛生対策を詳しく見ると図2「世界の衛生状況（松井の推定）」のように示せる。WHO,UNESCO 共同報告書[54]が指摘するように、トイレなしの人口11億人、ピットトイレ（簡単な素堀トイレで、満タンになれば横に新たに素堀する）で済ませている人口40億人合計51億人と推

屎尿分離型トイレ―しゃがみこみ形(図3)

屎尿分離型トイレ―スエーデン座椅子形(図4)

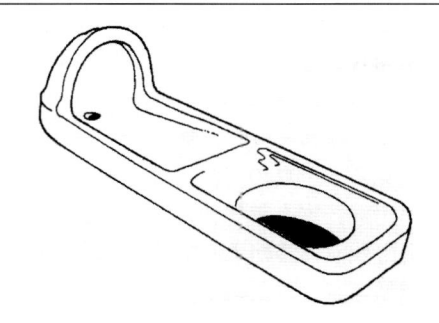

定される。いずれも糞便の処理対策が遅れることで健康問題が発生し、それが乳離れした幼児に集中して、高い幼児死亡率の原因となっている。途上国の多産多死亡の根本原因の1つはここにあり、UNICEFが熱心に衛生問題に取り組んでいる理由である。

途上国の都市部と一部の農村地域では腐敗槽－セプティックタンク（水洗型のし尿貯留槽―長期間腐敗させて固体が溶解して排水する）が普及している。衛生状態は改善されているが、排水の河川、湖沼、地下水の汚染進行の原因となっていて、下水管や下水渠にセプティックタンクからの流出水が流されても、終末処理場が存在していない。またセプティックタンクの汚泥を汲みだし処理することも実行できていない都市が大半である。下水処理がされても、1次処理が多く、2次処理は、先進国と途上国の一部都市で急速に普及している。日本を含め、高度処理（窒素、リン削減）を実行できている人口はバルト海沿岸国、五大湖沿岸地域に偏り、依然として限られている。河川、湖沼、沿岸部の富栄養化は改善されず、窒素過剰による地下水汚染は拡大している。（合併）浄化槽と呼ばれる下水処理システムは日本で普及しているが、途上国では浄化槽から排出する汚泥処理施設の普及と同時に拡大しなければならない。日本では、その役割を下水処理施設でなく、し尿処理施設で行っている。都市部の下水道普及は時間がかかるが、それまでし尿処理施設の暫定対策を導入しなければ、衛生改善と河川、地下水汚染対策は進行しない。

効果的で暫定的技術は、日本が誇る屎尿衛生対策である。1960-90年代、日本の下水道普及が遅れた時に、補完的役割を果たした。日本の世界的貢献は、日本独自の屎尿処理技術の移転と現地にあった新しい技術開発である。21世紀環境の視点から、それは「屎」と「尿」分離トイレの導入と、回収した「屎」からメタンガス発酵回収、発酵残液のコンポストー有機肥料利用である（図3、4）。「尿」を窒素、りん、カリの肥料化利用である。肥料資源対策、農業問題、富栄養化問題、地下水汚染対策など、この新しい方法は、多くの問題解決と繋がっている。また、リン資源の枯渇、窒素肥料製造に伴う天然ガス、石炭利用が、二酸化炭素発生となり地球温暖化の一因となっていることからも、分離した［尿］と［糞］を積極的に活用する、エコロジカルサニテーション運動が、スエーデンに始まり、ドイツ、ノルエー、日本が参加し

て、インド、中国、メキシコ、フィリピン、ジンバブエ、ウガンダ、マラウイ等で普及活動をしている。下水処理の普及は、人糞を収集することになり、汚泥処理問題が今後深刻になる。日本のように焼却処理に依存すると地球温暖化対策と矛盾する、汚泥資源化、農業利用の方向が21世紀の最大課題となる。

7 低炭素社会作りで見落とされている視点

地球温暖化ガス対策を中心とした「低炭素社会」を正しく建設するには、見落とされている窒素（アンモニア、亜硝酸、硝酸）汚染とリン酸汚染対策も同時連動進行しなければ、本当の地球環境対策にならないことを指摘したい。

「低炭素社会」を進めるために、バイオ燃料を活用することは重要であるが、燃料となる植物増産は必ず、化学肥料の窒素、リン酸が必要である。アメリカのトウモロコシからエタノール生産は、食糧生産と燃料生産の矛盾関係を生み出しているが、無限に増産できるわけが無い。どこに限界があるかというと、アメリカの大規模農業排水は、ミシシッピ河からメキシコ湾に流れでて沿岸で、富栄養化による大規模青潮発生や、猛毒鞭毛藻類の発生が起っている。ここに限界がある。中国の揚子江、黄河から大量の栄養塩が流出し、対馬海峡から日本海に流れ込んで、越前クラゲの大量発生がある。日本も自身の海や湖沼の富栄養化状態は改善していない。沖縄のサンゴ礁の減少には、島から流出する下水、家畜糞尿の窒素、リン酸も原因となっている。窒素化学肥料は空気中の窒素を転換したアンモニアであり、アンモニア生産に必要な水素を天然ガス、石炭、石油から作り、結果としてCO_2発生し温暖化原因になっている。近代農業は機械作業より肥料生産がCO_2発生により大きく寄与している。リン酸肥料はリン鉱石の化学処理でCO_2が発生するが、この資源は明らかに将来無くなる資源であり、日本は100%輸入に頼っているが、大資源保有国のアメリカ、中国は輸出を制限している。資源小国の日本は、リン酸塩の循環回収が全くできていないが、スエーデンは1996年に下水や有機廃棄物循環回収の対策に入っている。これら炭素、窒素、リンの関係を地球規模で見ると、真の解決策は有機廃棄物（生ごみ、下水汚泥、家畜糞尿他）を回収しメタン発酵の後、発酵残液に濃縮する窒素、リン、カリを肥料として循環させるということが見えてくる。すなわちメタン発酵残液を優秀な堆肥として利用する「有機農業」の重要性が見えてくる。「有機農業」の推進で、安全な美味しい農作物の生産と農薬を減じて自然生態系が守られ、それが日本の食糧自給率向上とつながっている。「有機農業」の伝統的技術を「温故知新」で見直し、新しい科学的知見で開発し、減農薬、無農薬農業を発展させることは、日本農業の発展に他ならない[55]）。

参考文献

1) Joseph Alcamo, Thomas Henrichs, Thomas Rosch (2000): World Water in 2025, Kassel World Water Series Report No. 2
2) Bernhard Lehner, Thomas Henrichs, Petra Doll, Joseph Alcamo (2001): EuroWasser – Model – based assessment of Europian water resources and hydrology in the fact of global change. University of Kassel.
3) Taikan Oki and Shinjiro Kanae (2006): Global Hydrological Cycles and World Water Resources, Science 313, 1068.
4) 山敷庸亮，辰己賢一，鈴木琢也，Roberto V. DA SILVA, 寳馨 (2010)：世界流域テータベースの利用による大陸河川における流出解析に関する研究．水工学論文集，土木学会，第54巻
5) 熊谷道夫・石川可奈子編 (2006)．世界の湖沼と地球環境．古今書院
6) O'Reilly, C.M., S.R. Alin and P.Plisnier. (2003). Climate change decreases aquatic ecosystem productivity of Lake Tanganyika, Africa. Nature. 424：766－768.
7) Global Environment Outlook 3 (GEO 3) – Complete online version
8) World Resource Institute – Water Resources and Freshwater Ecosystems
9) Metcalf & Eddy；Water Reuse, 2007.
10) 厚生労働省：水質基準に関する省令（平成15年5月30日厚生労働省令第101号），http：//www.mhlw.go.jp/topics/bukyoku/kenkou/suido/kijun/index.html, 2003（注：その後何度かの逐次改正を経ている）．
11) USEPA：National Primary Drinking Water Regulations, http：//water.epa.gov/drink/contaminants/index.cfm
12) EU：COUNCIL DIRECTIVE 98/83/EC of 3 November 1998 on the quality of water intended for human consumption, 1998.
13) WHO：Guidelines for Drinking – water Quality, THIRD EDITION INCORPORATING THE FIRST AND SECOND ADDENDA,Volume 1, Recommendations, http：//www.who.int/water_sanitation_health/dwq/fulltext.pdf , 2008.
14) 中華人民共和国衛生部：Standards for drinking water quality, 2006.
15) Australian Government National Health and Medical Research Council：The Australian Drinking Water Guidelines, http：//www.nhmrc.gov.au/_files_nhmrc/file/publications/synopses/adwg_11_06.pdf , 2004.

16) Staatsblad van het Koninkrijk der Nederlanden, 2001.
17) 厚生労働科学研究費補助金, 飲料水の水質リスク管理に関する統合的研究研究報告書（平成20年度）, 2009.
18) 厚生労働科学研究費補助金, 飲料水の水質リスク管理に関する統合的研究研究報告書（平成21年度）, 2010.
19) ベトナム共和国：National technical regulation on drinking water quality (QCVN 01：2009/BYT), 2009.
20) WEPA：Drinking water quality standards in Thailand, http://www.wepa－db.net/policies/law/thailand/std_drinking.htm.
21) Ministry of Health, Malaysia：Drinking water quality standard：http://kmam.moh.gov.my/public－user/drinking－water－quality－standard.html, 2009.
22) Indian Bureau of Standards：Drinking Water Standards (Ed.2.2), 2003.
23) The Department of Water and Forestry, South Africa：A drinking water quality framework for South Africa, http://www.dwaf.gov.za/Documents/Other/DWQM/DWQMFrameworkDec05.pdf, 2005.
24) 伊藤禎彦, 越後信哉：水の消毒副生成物, 技報堂出版, 2008.
25) 下水道法施行令（昭和三十四年四月二十二日政令第百四十七号）, http://law.e－gov.go.jp/htmldata/S34/S34SE147.html, 2006.
26) Metcalf & Eddy：Wastewater Engineering (4th ed.), 2004.
27) EU：Council Directive 91/271/EEC of 21 May 1991 concerning urban waste－water treatment, http://ec.europa.eu/environment/water/water－urbanwaste/legislation/directive_en.htm, 1991.
28) EU：Commission Directive 98/15/EC, http://ec.europa.eu/environment/water/water－urbanwaste/legislation/directive_en.htm, 1998.
29) 中国国家環境保護総局, 中国国家質量監督検査検疫総局：都市下水処理場放流基準, 2002.
30) ベトナム共和国：National technical regulation on domestic wastewater (QCVN 14：2008/BTNMT), 2008.
31) ベトナム共和国：National Technical Regulation on Industrial Wastewater (QCVN 24：2009/BTNMT), 2009.
32) Ministry of Natural Resources and Environment, Thai：Drinking water quality standards, http://www.pcd.go.th/info_serv/en_reg_std_water01.html, 2004.
33) WEPA (Water Environmnet Partnership in Asia), http://www.wepa－db.net/index.htm, 2010.
34) Central Pollution Control Board, India：http://www.cpcb.nic.in/Industry_Specific_Standards.php, 2007.
35) 環境省：水質汚濁に係る環境基準について, http://www.env.go.jp/kijun/mizu.html, 2009.
36) USEPA：National Recommended Water Quality Criteria, http://water.epa.gov/scitech/swguidance/waterquality/standards/current/index.cfm, 2009.
37) EU：DIRECTIVE 2008/105/EC, on environmental quality standards in the field of water policy, http://eur－lex.europa.eu/LexUriServ/LexUriServ.do?uri=OJ：L：2008：348：0084：0097：EN：PDF, 2008.
38) 中華人民共和国：Environmental Quality Standards for Surface Water (GB 3838－2002), 2002.
39) Central Pollution Control Board, India：Indian Surface Water Quality Standards (IS：2296).
40) ベトナム共和国：National Technical Regulation on Surface Water Quality (QCVN 08：2008/BTNMT), 2008.
41) 国土交通省都市・地域整備局下水道部, 国土交通省国土技術政策総合研究所：下水処理水の再利用水質基準等マニュアル, 2005.
42) USEPA：Guideline for Water Reuse, 2004.
43) Maria Helena Marecos do Monte：Water reuse in Europe, 4th World Water Forum, 2006.
44) 中華人民共和国水利部：Standards of Reclaimed Water Quality (SL368－2006), 2007.
45) 「世界水ヴィジョンにおける再生可能水利用の予測」第2回世界水フォーラム、2000年3月、オランダ
46) J. Anthony Allan (1999). Water Stress and Global Mitigation：Water, Food and Trade.Arid Land Newsletter, 45.
47) J. Anthony Allan, Jennifer C Olmsted (2003). Politics, economics and (virtual) water：A discursive analysis of water policies in the Middle East and North Africa, in (ed.) Food, Agriculture, and Economic Policy in the Middle East and North Africa (Research in Middle East Economics, Volume 5), Emerald Group Publishing Limited, pp.53－78.
48) Malin Falkenmark (2003). Freshwater as shared between society and ecosystems：from divided approaches to integrated challenges, Philosophical Transactions of The Royal Society Lond. B 2003 358, 2037－2049 doi：10.1098/rstb.2003.1386
49) 沖大幹・安形康・鼎信次郎・虫明功臣・猿橋崇央 (2002),『気候変動を考慮したグローバルな水資源需要の将来』第6回水資源に関するシンポジウム投稿論文：549－554..
50) A.Y.Hoekstra and P.Q. Hung (2002), Virtual water trade：A quantification of virtual water flows between nations in relation to international crop trade. www.waterfootprint.org
51) A.Y. Hoekstra (ed.) (2003), Virtual water trade：Proceedings of the international expert meeting on virtual water trade. UNESCO－IHE delft, www.waterfootprint.org
52) Bin He, Shinjiro Kanae, Taikan Oki, Yukiko Hirabayashi, Yosuke Yamashiki, Kaoru Takara (2011) Assessment of global nitrogen pollution in rivers using an integrated biogeochemical modeling framework, Water Research, 45: 2573—2586
53) 外務省／ミレニアム開発目標（MDGs）の目標8に関する報告書/32－35/東京/2005年
54) WHO/UNICEF /Progress on sanitation and drinking－water 2010 update/2－4/ ISBN：978 92 4 156395 6
55) 松井三郎, バイオマス循環活用を可能にするプロバイオティクス農業原理, 環境衛生工学研究 vol 23, No2, 京都大学環境衛生工学研究会機関誌、2009年

（松井三郎・山敷庸亮・越後信哉）

水道水質基準およびガイドラインの国際比較（表1）

(特に断りのない限り、単位はmg/Lで表示、また許容される上限値を示している。残留消毒剤濃度については水質基準外 (快適性) の理由で別個の値が定められている場合には、外観に関する場合のを (外観1.0) のように記載している。)[2]-[15]

区分	項目	WHO ガイドライン*a	日本	アメリカ合衆国	EU水指令	オーストラリア ガイドライン	オランダ	中国	ベトナム	マレーシア	タイ	インド*d	南アフリカ
微生物学的指標	一般細菌		100コロニー/1 mL					100コロニー/1 mL			500コロニー/1 mL		
	大腸菌	検出されないこと (100 mL)*b	検出されないこと (100 mL)	陽性が5%以下かつ連続して検出されないこと	検出されないこと (100 mL)	検出されないこと (100 mL)	検出されないこと (100 mL)	検出されないこと (100 mL)	検出されないこと (100 mL)*b	検出されないこと (100 mL)	検出されないこと (100 mL)	検出されないこと (100 mL)*	96%値で検出されないこと、かつ99%値が1以下 (100 mL)*b
	糞便性 (耐熱) 大腸菌群	検出されないこと (100 mL)*b											95%で検出されないこと、96%値が1以下、かつ99%値が10以下*b
	大腸菌群				検出されないこと (100 mL)		検出されないこと (100 mL)	検出されないこと (100 mL)	検出されないこと (100 mL)*b				
	従属栄養細菌 (22℃)			消毒とろ過 (または500 cfu/mL以下の措置)	異常な変化がないこと		100cfu/mL (幾何学的年平均値。異常な変化がないこと。)			検出されないこと (100 mL)	<2.2 MPN/100 mL	浄水 (不検出) 100mL)、10未満、連続した測定で不検出かつ5%検出率が低い*	
	アエロモナス菌 (30℃)						検出されないこと (100 mL)						
	バクテリオファージ						-						
	ウェルシュ菌 (芽胞を含む)				検出されないこと (100 mL) (原水が表流水の場合のみ)		検出されないこと (100 mL)						
	クリプトスポリジウム			消毒とろ過、または原水水質管理で考慮			QMRA*f						

1章 世界の水資源問題

区分	項目	WHOガイドライン*a	日本	アメリカ合衆国	EU水指令	オーストラリアガイドライン	オランダ	中国	ベトナム	マレーシア	タイ	インド*d	南アフリカ
微生物学的指標	腸球菌(エンテロコックス)						検出されないこと(100 mL)						
	(エンテロ)ウイルス			消毒とろ過または99.99%の不活化・除去	検出されないこと(100 mL)		QMRA*f						
	レジオネラ			消毒とろ過等									
	ジアルジア			消毒とろ過または99.9%の不活化・除去			QMRA*f						
消毒剤	塩素	5 (C) *c	0.1 (下限)*e	4		0.6		0.05 (下限)	0.3 - 0.5	0.2-5.0		0.2(下限)	0.05
	二酸化塩素			0.8	1	(外観0.4)		0.05 (下限)					
	モノクロラミン	3		4	3	(外観0.5)		0.05 (下限)					
重金属およびその他の無機物	シアン化物イオン及び塩化シアン	0.07	0.01	0.2 (シアン化物イオンとして)	0.05	0.08	0.05	0.05	0.07	0.07	0.2	0.05	0.05
	硝酸態窒素及び亜硝酸態窒素	硝酸イオンとして50, 亜硝酸イオンとして3 (長期曝露は0.2 (P))	10	硝酸態として10, 亜硝酸態として1	硝酸イオンとして50, 亜硝酸イオンとして0.5 *g	硝酸イオンとして50, 亜硝酸イオンとして3	硝酸イオンとして50, 亜硝酸イオンとして0.1	10 (地下水源20)	硝酸イオンとして50, 亜硝酸イオンとして3	10	硝酸イオンとして45	硝酸イオンとして45 (100)	10
	アンモニア				0.5	0.5	0.2		3	1.5			1
	フッ素及びその化合物	1.5	0.8	4 (外観2)	1.5	1.5	1.1	1	1.5	0.6	0.7 (1.0)	1.5 (1.9)	1
	ホウ素及びその化合物	0.5 (T)	1		1	4	0.5		0.3			1 (5)	
	ナトリウム及びその化合物		200		200	180	150		200	200			200
	塩化物イオン		200	250	250, 腐食性がないこと	250	150 (年平均)	250	250(300)	250	250 (600)	250 (1000)*	200
	カルシウム									150	75*b (200)	75 (200)	150
	マグネシウム										50 (150)		70
	硬度		300			200	1-2.5 mmol/L*h 150, 腐食性がないこと	450	300	250	200(250*c)	300 (600)*	400
	硫酸イオン			250	250, 腐食性がないこと	500(外観250)		250	250	250		200 (400)	

区分	項目	WHO ガイドライン*a	日本	アメリカ合衆国	EU水指令	オーストラリアガイドライン	オランダ	中国	ベトナム	マレーシア	タイ	インド*d	南アフリカ
	硫化水素					0.05			0.05				
	ヨウ化物イオン					0.1							
	重炭酸塩						>60						
	アスベスト			7×10⁶ 繊維/L									
	カリウム												50
重金属およびその他の無機物	カドミウム及びその化合物	0.03	0.003	0.005	0.005	0.002	0.005	0.005	0.003	0.003	0.01	0.01	0.005
	水銀及びその化合物	0.001(Total)	0.0005	0.002	0.001	0.001	0.001	0.001	0.001	0.001	0.001	0.001	0.001
	セレン及びその化合物	0.01	0.01	0.05	0.01	0.01	0.01	0.01	0.01	0.01	0.01	0.01	0.02
	鉛及びその化合物	0.01	0.01	0.015	0.01	0.01	0.01	0.01	0.01	0.01	0.05	0.05	0.02
	ヒ素及びその化合物	0.01 (P)	0.01	0.01	0.01	0.007	0.01	0.01	0.01	0.01	0.05	0.01	0.01
	モリブデン	0.07				0.05			0.07				
	ニッケル	0.02 (P)			0.02	0.02	0.02		0.02				0.15
	アンチモン	0.02		0.006	0.005	0.003	0.005		0.005				0.01
	六価クロム化合物	0.05 Total (P)	0.05	0.1(Total)	0.05	0.05	0.05	0.05	0.05	0.05	0.05	0.05	0.1
	亜鉛及びその化合物		1	5		3	3		3	3	5 (15)	5	5
	アルミニウム及びその化合物		0.2	0.05-0.2	0.2	0.2	0.2	0.2	0.2	0.2		0.03 (0.2)	0.3
	鉄及びその化合物		0.3	0.3	0.2	0.3	0.2	0.3	0.3	0.3	0.5 (1.0)	0.3 (1.0)*	0.2
	銅及びその化合物	2	1	1.3	2	2 (外観1)	2	1	1	0.1	1 (1.5)	0.05 (1.5)	1
	マンガン及びその化合物	0.4 (C)	0.05	0.05	0.05	0.5 (外観0.1)	0.05	0.1	0.3	0.1	0.3 (0.5)	0.1 (0.3)	0.1
	バリウム	0.7		2		0.7							
	銀			0.1		0.1				0.05			
	ベリリウム			0.004									

区分	項目	WHO ガイドライン*a	日本	アメリカ合衆国	EU水指令	オーストラリアガイドライン	オランダ	中国	ベトナム	マレーシア	タイ	インド*d	南アフリカ
重金属およびその他の無機物	タリウム			0.002									
	コバルト												0.5
	バナジウム												0.2
	ウラン*q	0.015 (P,T)		0.03		0.02							
	亜塩素酸	0.7 (D)		1				0.7(ClO$_2$使用時)	0.2				
	塩素酸		0.6					0.7(ClO$_2$使用時)					
	クロロ酢酸	0.02	0.02					0.06	0.2	0.2			
	クロロホルム	0.2	0.06			0.1			0.05				
	総ハロ酢酸*i			0.06									
	ジクロロ酢酸	0.05 (T,D)	0.04			0.1			0.1	0.1			
	ジブロモクロロメタン	0.1	0.1			0.02	0.001*j		0.025				
消毒副生成物	臭素酸	0.01 (A, T)	0.01	0.01	0.01	0.025*k		0.01(O$_3$使用時)					0.2
	総トリハロメタン	それぞれの検出濃度とガイドライン値との比の和が1以下	0.1	0.08	0.1	0.25							
	抱水クロラール	0.01 (P)				0.02			0.01				
	ジクロロアセトニトリル	0.02 (P)							0.09				
	ジブロモアセトニトリル	0.07							0.1				
	トリクロロセトニトリル								0.001				
	トリクロロ酢酸	0.2	0.2			0.1			0.1				

区分	項目	WHO ガイドライン*a	日本	アメリカ合衆国	EU水指令	オーストラリアガイドライン	オランダ	中国	ベトナム	マレーシア	タイ	インド*d	南アフリカ
消毒副生成物	ブロモジクロロメタン	0.06	0.03						0.06	0.06			
	ブロモホルム	0.1	0.09						0.1	0.1			
	ホルムアルデヒド	0.9	0.08			0.5		0.9(O3)	0.9				
	亜塩素酸イオン					0.3							
	モノクロロ酢酸					0.15							
有機物	四塩化炭素	0.004	0.002	0.005		0.003		0.002	0.002				
	1,4-ジオキサン	0.03	0.05			0.03							
	1,1-ジクロロエチレン			0.07									
	シス-1,2-ジクロロエチレン及びトランス-1,2-ジクロロエチレン	0.05	0.04	シス0.1 トランス0.07		0.06							
	1,2-ジクロロエタン	0.03		0.005		0.003	0.003						
	1,1,1-トリクロロエタン			0.2					2				
	1,1,2-トリクロロエタン			0.005									
	エピクロロヒドリン	0.00004(P)		注入率20.0 mg/Lの場合 0.01%(またはこれと同等)	0.0001 (計算値)	0.0005	0.0001		0.0004				
	ジクロロメタン	0.02	0.02	0.005		0.004			0.02				
	ジクロロエタン								0.03				
	テトラクロロエチレン	0.04	0.01	0.005	0.01m	0.05	0.01		0.04				
	1,2-ジクロロプロパン	0.04		0.005									
	臭化エチレン			0.00005									

区分	項目	WHO ガイドライン[a]	日本	アメリカ合衆国	EU水指令	オーストラリアガイドライン	オランダ	中国	ベトナム	マレーシア	タイ	インド[d]	南アフリカ
有機物	塩化ビニル	0.0003		0.002	0.0005(計算値)	0.0003	0.0005		0.005				
	トリクロロエチレン	0.07 (P)	0.03	0.005	0.01 *m				0.07				
	ベンゾ(a)ピレン	0.0007		0.0002	0.00001	0.00001	0.00001		0.0007				
	トルエン	0.7 (C)		1		0.8(外観0.025)			0.7				
	キシレン	0.5 (C)				0.6(外観0.02)			0.5				
	エチルベンゼン	0.3 (C)		0.7		0.3(外観0.003)			0.3				
	スチレン	0.02 (C)		0.1		0.03(外観0.004)			0.02				
	クロロベンゼン			0.1		0.3(外観0.01)			0.3				
	1,2-ジクロロベンゼン	1 (C)		0.6		1.5(外観0.001)			1				
	1,4-ジクロロベンゼン	0.3 (C)		0.075		0.04(外観0.003)			0.3				
	トリクロロベンゼン			0.07		0.03(外観0.005)			0.02				
	アジピン酸ビス(2-エチルヘキシル)			0.4					0.08				
	ヘキサクロロベンゼン			0.001									
	フタル酸ビス(2-エチルヘキシル)	0.008		0.006		0.01			0.008				
	ヘキサクロロブタジエン	0.0006				0.0007			0.0006				
	ヘキサクロロシクロペンタジエン			0.05									
	Dioxin (2,3,7,8-TCDD)			0.00000003									
	ペンタクロロフェノール	0.01	0.01	0.005	0.001	0.001	0.001		0.01				
	2,4,6-トリクロロフェノール	0.2 (C)				0.02			0.2				

区分	項目	WHOガイドライン*a	日本	アメリカ合衆国	EU水指令	オーストラリアガイドライン	オランダ	中国	ベトナム	マレーシア	タイ	インド*d	南アフリカ
有機物	陰イオン界面活性剤		0.2					0.3		1	ABSとして 0.5 (1.0)	0.2 (1)	
	ジェオスミン		0.00001										
	2-メチルイソボルネオール		0.00001										
	非イオン界面活性剤		0.02										
	フェノール類		0.005	注入率1.0 mg/Lの場合 0.05% (またはこれと同等)		0.0002	0.001 (農薬類の代謝産物は0.00011)	0.002	0.001	0.002	0.001(0.002)	0.001 (0.002)	0.01
	アクリルアミド	0.0005			0.01(計算値)		0.0001		0.0005				
	鉱物油					0.2				0.3		0.01(0.03)	
	農薬*n	28種類についてガイドライン値を設定		19種類を規制(分解産物を含む)	0.001 (総量として 0.005)	121種類	総量として 0.0005, 個別に 0.0001		27種類	8種類について規制		不検出 (0.001)	
	ニトリロ三酢酸	0.2											
	トリブチルスズオキシド					0.001							
	2-クロロフェノール					0.3 (外観 0.0001)							
	2,4-ジクロロフェノール					0.2 (外観 0.0003)							
	1,3-ジクロロベンゼン					0.02							
	EDTA	0.6				0.25							
	多環芳香族炭化水素(総量)				0.0001		0.0001						
	ポリクロロビフェニル類			0.0005			総量として 0.0005, 個別に 0.0001						
	芳香族アミン類						0.001(農薬類の代謝産物は0.0001)						
	ハロゲン化環状炭化水素類						0.001						

区分	項目	WHO ガイドライン*a	日本	アメリカ合衆国	EU水指令	オーストラリアガイドライン	オランダ	中国	ベトナム	マレーシア	タイ	インド*d	南アフリカ
有機物	ハロゲン化脂肪族炭化水素類						0.001						
	環状炭化水素類及び芳香族類						0.001						
	ペンタクロロフェノール	0.009（P）		0.001									
	発泡剤			0.5									
	過マンガン酸カリウム消費量		-						2				
	アルカリ度											200 (600)	
	蒸発残留物		500	500		500		1000	1000	1000	500 (1500)	500 (2000)	1000
	電気伝導度				2500 μS/cm (20℃)		125 μS/cm (20℃)						150 mS/m
	化学的酸素要求量				5 mg/L O₂ (TOCで代替可)			3 (原水が6以上のときは5)					
	有機物（全有機炭素（TOC）の量）		3		異常な変化がないこと		異常な変化がないこと						10
マクロ指標	pH値		5.8-8.6	6.5-8.5 腐食性のないこと	6.5-9.5 1,3	6.5-8.5	7.0-9.5, 腐食性がないこと	6.5 - 8.5		6.5-9.0	6.5-8.5 (9.2)	6.5 - 8.5*	5.0-9.5
	目視で確認できるもの							なし					
	味		異常でないこと		異常でないこと	異常でないこと	消費者に受け入れられ、かつ異常な変化がないこと	異常でないこと			異常でないこと	異常でないこと*	5 FTN
	臭気		異常でないこと	3 TON	異常でないこと	異常でないこと	消費者に受け入れられ、かつ異常な変化がないこと	異常でないこと			異常でないこと	異常でないこと*	5 TON
	色度		5度	15 TCU	異常がないこと	15 TCU	20 TCU	15 TCU	15 TCU	15 TCU	5 TCU (15)	5 TCU (25)	20 TCU

区分	項目	WHOガイドライン*a	日本	アメリカ合衆国	EU水指令	オーストラリアガイドライン	オランダ	中国	ベトナム	マレーシア	タイ	インド*d	南アフリカ
マクロ指標	濁度		2度以下	1 NTUかつ95%が0.3 NTU以下。特殊なる過を用いる場合は5 NTU	異常がないこと（表流水の場合浄水で1 NTU)	5 NTU	4NTU(蛇口) 1NTU(給水施設出口)	1.0-3.0度	2 NTU	5 NTU	5 (20) SSU	5NTU (10)*	1
	溶存酸素					85%以上	>2						
	飽和指数(SI)(ランゲリア指数)						>−0.2SI、腐食性がないこと						
	温度						25℃						
	TOX						−						
放射性物質	トリチウム						100Bq/L						
	Total indicative dose				0.10mSv/year		0.10mSv/年						
	バリウム								0.7		1		
	総α放射性			15 pCi/L			0.1Bq/L	0.5 Bq/L	3 p Ci/L				
	総β放射性			4 millirem/year			1Bq/L	1 Bq/L	30 p Ci/L				
	ラジウム			5 pCi/L									

*a：P=暫定ガイドライン値。危害因子としての証拠があるが、利用できる健康影響情報が限られている。T=暫定ガイドライン値。算出されたガイドライン値が達成できる濃度レベル以下である。A=暫定ガイドライン値。算出されたガイドライン値が健康に基づくガイドライン値以下であっても、水の外観や臭味に影響があり、消費者による苦情がもたらされることがある。によりうまえてしまうことがある。Cーその物質の濃度が定量可能な濃度レベル以下である。D=暫定ガイドライン値。消毒によりガイドライン値を超えてしまうことがある。

*b：どちらかを測定すればよい。
*c：効果的な消毒のため、pH<8.0 でかつ少なくとも30分間の接触時間後に、遊離残留塩素濃度が>0.5mg/Lであること。
*d：()内の数字は代替の水源がない場合の許容範囲。*は必須項目。3<=1も満たすこと。
*e：優先残留塩素として、結合塩素の場合は0.4 mg/L。
*f：定量的微生物学的リスク評価(Quantitative Microbial Risk Assesment)により管理。
*g：硝酸イオン濃度1/50 +［亜硝酸イオン濃度］/3 <= 1も満たすこと。
*h：カルシウムイオンとマグネシウムイオン濃度の和。
*i：クロロ酢酸、ジクロロ酢酸、トリクロロ酢酸、ブロモ酢酸、ジブロモ酢酸の濃度の総和で、HAA 5と呼ばれる
*j：最大許容量は90%値として5.0 μg/Lとして（この場合でも最大値は10 μg/L）
*k：4種のトリハロメタン濃度の総和（最大値を50 μg/Lとする90%値として）
*m：2物質の濃度の和。
*n：紙面の都合上個別物質に関する記述を省略し、各国の特徴を記載するにとどめた。
*p：冷えた状態で配水する飲料水のみの規定
*q：化学物質としての評価。放射性物質としての影響は評価していない。

中国の指針項目（水道水質）[6]（表2）

指標	項目	指針値
微生物指標	ジアルジア	<1個/10L
微生物指標	クリプトスポリジウム	<1個/10L
毒性指標	アンチモン	0.005mg/L
毒性指標	バリウム	0.7mg/L
毒性指標	ベリリウム	0.002mg/L
毒性指標	ホウ素	0.5mg/L
毒性指標	モリブデン	0.07mg/L
毒性指標	ニッケル	0.02mg/L
毒性指標	銀	0.05mg/L
毒性指標	タリウム	0.0001mg/L
毒性指標	塩化シアン	0.07mg/L as CN
毒性指標	クロロジブロモメタン	0.1mg/L
毒性指標	ブロモジクロロメタン	0.06mg/L
毒性指標	ジクロロ酢酸	0.05mg/L
毒性指標	1,2-ジクロロエタン	0.03mg/L
毒性指標	塩化メチレン	0.02mg/L
毒性指標	総トリハロメタン	1mg/L
毒性指標	1,1,1-トリクロロエタン	2mg/L
毒性指標	トリクロロ酢酸	0.1mg/L
毒性指標	抱水クロラール	0.01mg/L
毒性指標	2,4,6-トリクロロフェノール	0.2mg/L
毒性指標	ブロモホルム	0.1mg/L
毒性指標	ヘプタクロル	0.0004mg/L
毒性指標	マラソン	0.25mg/L
毒性指標	ペンタクロロフェノール	0.009mg/L
毒性指標	ベンゼンヘキサクロリド	0.005mg/L
毒性指標	ヘキサクロロベンゼン	0.001mg/L
毒性指標	ジメトエート	0.08mg/L
毒性指標	パラチオン	0.003mg/L
毒性指標	ベンタゾン	0.3mg/L
毒性指標	メチルパラチオン	0.02mg/L
毒性指標	クロロタロニル	0.01mg/L
毒性指標	カルボフラン	0.007mg/L
毒性指標	リンデン	0.002mg/L
毒性指標	クロルピリホス	0.03mg/L
毒性指標	グリホサート	0.7mg/L

指標	項目	指針値
毒性指標	ジクロルボス	0.001mg/L
毒性指標	アトラジン	0.002mg/L
毒性指標	デルタメトリン	0.02mg/L
毒性指標	2,4-ジクロロフェノキシ酢酸	0.03mg/L
毒性指標	ジクロロジフェニルトリクロロエタン	0.001mg/L
毒性指標	エチルベンゼン	0.3mg/L
毒性指標	キシレン	0.5mg/L
毒性指標	1,1-ジクロロエチレン	0.03mg/L
毒性指標	1,2-ジクロロエチレン	0.05mg/L
毒性指標	1,2-ジクロロベンゼン	1mg/L
毒性指標	1,4-ジクロロベンゼン	0.3mg/L
毒性指標	トリクロロエチレン	0.07mg/L
毒性指標	トリクロロベンゼン	0.02mg/L
毒性指標	ヘキサクロロブタジエン	0.0006mg/L
毒性指標	アクリルアミド	0.0005mg/L
毒性指標	テトラクロロエチレン	0.04mg/L
毒性指標	トルエン	0.7mg/L
毒性指標	フタル酸ジエチルヘキシル	0.008mg/L
毒性指標	エピクロロヒドリン	0.0004mg/L
毒性指標	ベンゼン	0.01mg/L
毒性指標	スチレン	0.02mg/L
毒性指標	ベンゾピレン	0.00001mg/L
毒性指標	塩化ビニル	0.005mg/L
毒性指標	クロロベンゼン	0.3mg/L
毒性指標	ミクロキスティンーLR	0.001mg/L
性状と一般化学指標	アンモニア性窒素	0.5mg/L as N
性状と一般化学指標	硫化物	0.02mg/L
性状と一般化学指標	ナトリウム	200mg/L

下水処理水放流基準および排水基準の比較 （pHを除く単位は断りのない限りはmg/L）[17-26]（表3）

下水等の種類		日本 放流基準		アメリカ合衆国*a 放流基準		EU*b 放流基準			中国 放流基準				ベトナム				マレーシア 排水基準		タイ 排水基準		インド 排水基準
基準等の内容および適用条件		基準値		基準値	除去率	基準値	除去率		1級A 再利用	1級B 閉鎖性水域等	2級 一般水域		家庭排水排出基準 水源	一般水域	工業排水排出基準 水源	一般水域	水源	一般水域	家庭排水	工業排水	河川等
pH		5.8-8.6		6.0-9.0					6.0-9.0	6.0-9.0	6.0-9.0		5.0-9.0	5.0-9.0	6.0-9.0	5.5-9.0	6.0-9.0	5.5-9.0	5.5-9.0	5.5-9.0	5.5-9.0
BOD		15		月平均30(週平均45)	85%以上	25	70-90		10	20	30		30	50	30	50	20	50	20	20	30 @27 3days
CBOD				月平均25(週平均40)																	
COD						125 *f	75 *f		50	60	100		50	100	50	100	50	100	30	120	
SS		日平均40		月平均30(週平均45)	85%以上	35 (60) *g	90(70) *g		10	20	30		50	100	50	100	50	100	35	50	100
大腸菌群		日平均3000個/mL							5 (8) *i	8 (15) *i	—		3000MPN/ 100 mL	5000MPN/ 100 mL	3000 MPN/ 100 mL	5000 MPN/ 100 mL					100
全窒素		120 (日平均60)				1(2) *h	80 *h		15	20	20		30	50	15	30				100	50 (遊離アンモニア 75)
アンモニア性窒素									5 (8) *i	8 (15) *i	25(30) *i		5	10	5	10					
全リン		16 (日平均8)				10(15) *h	70-80 *h		0.5 (1)	1 (1.5)	3		6	10	4	6					5
糞便性大腸菌群									1000個/L 30 希釈倍率	10000個/L	10000個/L										
色度										30	40				20	70				異常がないこと	努力目標
臭気															異常がないこと	異常がないこと				異常がないこと	努力目標
温度															40	40	40	40	40	40	環境水+5度が上限
TDS													500	1000					500	原則3000	
沈降性物質																			0.5		850 μmの篩を通ること

処理性および一般的性状に関する項目 *c

1章　世界の水資源問題　●　27

基準等の種類	日本 放流基準		アメリカ合衆国*a 放流基準		EU*b 放流基準		中国 放流基準			ベトナム 家庭排水排出基準		工業排水排出基準		マレーシア 排水基準		タイ 排水基準		インド 排水基準
基準の内容および適用条件	基準値		基準値	除去率	基準値	除去率	1級A 再利用	1級B 閉鎖性水域等	2級 一般水域	水源	一般水域	水源	一般水域	水源	一般水域	家庭排水	工業排水	河川等
カドミウム及びその化合物	0.05						0.01					0.005	0.1	0.01	0.02		0.03	2
シアン化合物	0.5											0.07	0.1	0.05	0.1		0.2	0.2
有機リン化合物*j	0.5											0.3	1					
鉛及びその化合物	0.1						0.1					0.1	0.5	0.1	0.5		0.2	0.1
6価クロム化合物	0.25						0.05					0.05	0.1	0.05	0.05		0.25	0.1
砒素及びその化合物	0.1						0.1					0.05	0.1	0.005	0.05		0.25	0.2
総水銀	0.005						0.001						0.01				0.005	0.01
アルキル水銀化合物	検出されないこと						検出されないこと											
PCB	0.003											0.003						
その他の有機塩素化合物*k	トリクロロエチレン(0.003), テトラクロロエチレン(0.1), ジクロロメタン(0.2), 四塩化炭素(0.02),1,1-ジクロロエチレン(0.04),1,1,1-ジクロロエチレン(0.2), シス-1,2-ジクロロエチレン(0.4),1,1,1-トリクロロエタン(3),1,1,2-トリクロロエタン(0.06),1,3-ジクロロプロペン(0.02)																	
農薬（有機リンを除く）*k	チウラム(0.06), シマジン(0.03), チオベンカルブ(0.2)											0.1（有機塩素系）	0.1（有機塩素系）			不検出（農薬全体として）		
ベンゼン	0.1																	

健康関連項目（有害物質）*d

28　●　I　世界の水事情編

基準等の種類	日本 放流基準 基準値	アメリカ合衆国*a 放流基準 基準値	アメリカ合衆国*a 放流基準 除去率	EU*b 放流基準 基準値	EU*b 放流基準 除去率	中国 放流基準 1級A 再利用	中国 放流基準 1級B 閉鎖性水域等	中国 放流基準 2級 一般水域	ベトナム 家庭排水排出基準 水源	ベトナム 家庭排水排出基準 一般水域	ベトナム 工業排水排出基準 水源	ベトナム 工業排水排出基準 一般水域	マレーシア 排水基準 水源	マレーシア 排水基準 一般水域	タイ 排水基準 家庭排水	タイ 排水基準 工業排水	インド 排水基準 河川等
基準の内容および適用条件 健康関連項目(有害物質)*d ホルムアルデヒド																	
セレン	0.1															1	
ほう素 河川・湖沼	10													1	4		0.02	0.05
ほう素 海域	230																	
ふっ素 河川・湖沼	8											5	10					2
ふっ素 海域	15																	15
アンモニア性、硝酸性窒素及び亜硝酸性窒素	窒素として100					1	3	5									硝酸態窒素として10
ダイオキシン類	10 pg-TEQ/L																
ノルマルヘキサン 抽出物 鉱油類 *m	5					1	3	5	10	30	5	20	検出されないこと	10		20	10
ノルマルヘキサン 抽出物 動植物油脂類 *m	30					0.5	1	2	5	10	10						
界面活性剤																	
その他の項目*e フェノール類	1							0.1			0.1	0.5	0.001	1		1	1
銅	3										2	2	0.2	1		2	3
亜鉛	2										3	3	1	1		5	5
溶解性鉄	10										15		1	5			3
溶解性マンガン	10										0.5	1	0.2	1		5	2
クロム	2										0.2	1	0.2	1		0.75	2
ニッケル	2										0.2	0.5	0.2	1		1	3

1章　世界の水資源問題　29

基準等の種類	日本 放流基準 基準値	アメリカ合衆国*a 放流基準 基準値	アメリカ合衆国*a 放流基準 除去率	EU*b 放流基準 基準値	EU*b 放流基準 除去率	中国 放流基準 1級A 再利用	中国 放流基準 1級B 閉鎖性水域等	中国 放流基準 2級 一般水域	ベトナム 家庭排水排出基準 水源	ベトナム 家庭排水排出基準 一般水域	ベトナム 工業排水排出基準 水源	ベトナム 工業排水排出基準 一般水域	マレーシア 排水基準 水源	マレーシア 排水基準 一般水域	タイ 排水基準 家庭排水	タイ 排水基準 工業排水	インド 排水基準 河川等
基準の内容および適用条件																	
すず											0.2	1	0.2	1			
残留塩素											1	2	1	2		1	1
硫化物											0.2	0.5	0.5	0.5	1	1	2
塩化物											500	600					
総α線											0.1 Bq/L	0.1 Bq/L					1.00E-06
総β線											1.0 Bq/L	1.0 Bq/L					1.00E-07
バナジウム																	
バリウム															1		
その他の項目*e バイオアッセイ																	96時間後90%の魚が生存していること

*a：連邦で定められた最低限の基準。これを元に各州が様々な規制を行っている。本文を参照のこと。
*b：区域内人口規模10万人以上に対する値。（ ）の数字は区域内人口規模1-10万人に対応。
*c：日本の生活環境の保全に関する環境基準に準ずる項目と一般的性状に関するもの。
*d：日本の排水基準の健康に関する項目に準ずる。
*e：その他の項目であっても健康に関連する項目もある。
*f：TOC、TODで代用可能。
*g：小規模の場合省略可。
*h：富栄養化の危険性がある水域への放流に関しての基準。
*i：括弧外は水温12℃以上の時、括弧内は水温12℃以下の場合。
*j：パラチオン、メチルパラチオン及びEPNに限る。
*k：日本の基準では各物質ごとに基準値が定められているがここでは簡単のため1項目にまとめた。
*m：油類を含む。

淡水の環境基準の比較(表4)

	日本環境基準										アメリカ合衆国クライテリア		EU環境基準	中国環境基準				
	河川 AA	河川 A	河川 B	河川 C	河川 D	河川 E	湖沼 AA	湖沼 A	湖沼 B	湖沼 C	重要項目(急性毒性)*b	重要項目(慢性毒性)*c	重要項目等*d	1	2	3	4	5
BOD	1	2	3	5	8	10								3	3	4	6	10
COD							1	3	5	8				15	15	20	30	40
DO	7.5	7.5	5	5	2	2							7.5または90%	6	5	5	2	
pH	6.5-8.5	6.5-8.5	6.5-8.5	6.5-8.5	6.0-8.5	6.0-8.5	6.5-8.5	6.5-8.5	6.5-8.5	6.0-8.5				6-9	6-9	6-9	6-9	6-9
色度																		
電気伝導度																		
浮遊物																		
臭気																		
塩分%																		
味																		
TDS																		
SS	25	25	25	50	100	*a	1	5	15	*a								
温度														人為的な低下は週-2から1°C	人為的な低下は週-2から1°C	人為的な低下は週-2から1°C	人為的な低下は週-2から1°C	人為的な低下は週-2から1°C
濁度																		
大腸菌																		
糞便性大腸菌群														200/L	2000/L	10000/L	20000/L	40000/L
大腸菌群	50 MPN/100mL	1000 MPN/100mL	5000 MPN/100mL				50 MPN/100mL											
全窒素						0.1から1の範囲で設定								0.2	0.5	1	1.5	2
硝酸	合計が10																	
亜硝酸																		
アンモニア性窒素														0.15	0.5	1	1.5	2
リン						0.005から0.1範囲で設定							0.02(湖、貯水池0.01)	0.1(湖、貯水池0.025)	0.2(湖、貯水池0.05)	0.3(湖、貯水池0.1)	0.4(湖、貯水池0.2)
アルミニウム																		
ヒ素	0.01										0.34	0.15 (0.00018, 0.00014)	0.05					
バリウム																		
カドミウム	0.01										0.002	0.0025 (*)	0.00008-0.00025 *g	0.01	0.05	0.05	0.05	0.1

(単位は特に指定がなければmg/Lで値は上限値を表す。pHとDOは例外でpHの許容範囲とDO下限または範囲をそれぞれ示す。等級の詳細については下部参照のこと。)[25, 27-32]

マレーシア環境基準*e							インド環境基準					タイ環境基準*f					ベトナム環境基準			
I	IIA	IIB	IV	V	VI	A	B	C	D	E	I	II	III	IV	V	A1	A2	B1	B2
1	3	3	6	12	>12	2	3	3				1.5	2	4		4	6	15	25
10	25	25	50	100	>100							10	15	30	50
7	5-7	5-7	3-5	<3	<1	6	5	4	4			6	4	2		6	5	4	2
6.5-8.5	6-9	6-9	5-9	5-9		6.5-8.5	6.5-8.5	6.5-8.5	6.5-8.5	6.5-8.5		5-9	5-9	5-9		6.0-8.5	6.0-8.5	5.5-9.0	5.5-9.0
15 TCU	150 TCU	150 TCU				10	300	300				*N	*N	*N					
1000	1000			6000					1000	2250									
*N	*N	*N																	
*N	*N	*N																	
0.5	1			2															
*N	*N	*N				*N													
500	1000	-		4000		500		1500		2100									
25	50	50	150	300	300											20	30	50	100
	通常+2℃		通常+2℃									通常+3℃	通常+3℃	通常+3℃					
5 NTU	50 NTU	50 NTU																	
																20 MPN/100mL	50 MPN/100mL	100 MPN/100mL	200 MPN/100mL
10/100 mL	100/100 mL	400/100 mL	5000/100 mL (20000)	5000/100 mL (20000)								1000/100mL	4000/100mL			2500 MPN/100mL	5000 MPN/100mL	7500 MPN/100mL	10000 MPN/100mL
100/100 mL	5000/100 mL	5000/100 mL	50000/100 mL	50000/100 mL	>50000/100 mL	50	500	5000				5000/100mL	20000/100mL						
	7	0.2		5		20		50				5	5	5		2	5	10	15
	0.4	0.4	0.4 (0.03)	1												0.01	0.02	0.04	0.05
0.1	0.3	0.3	0.9	2.7	>2.7	*N			遊離で1.2			0.5	0.5	0.5		0.1	0.2	0.5	1
	0.2	50	0													0.1	0.2	0.3	0.5
			(0)	0.5															
	0.05	0.05	0.4 (0.05)	0.1								0.01	0.01	0.01		0.01	0.02	0.05	0.1
	1	1				1													
	0.01	0.01	0.01* (0.001)	0.01		0.01						0.005 (0.05)	0.005 (0.05)	0.005 (0.05)		0.005	0.005	0.01	0.01

	日本環境基準										アメリカ合衆国クライテリア		EU環境基準	中国環境基準				
	河川AA	河川A	河川B	河川C	河川D	河川E	湖沼AA	湖沼A	湖沼B	湖沼C	重要項目(急性毒性)*b	重要項目(慢性毒性)*c	重要項目等*d	1	2	3	4	5
6価クロム				0.05							0.016	0.011(*)		0.01	0.05	0.05	0.05	0.1
クロム											0.57	0.074(*)						
銅											*d	(1.3)		0.01	1	1	1	1
硬度																		
カルシウム																		
マグネシウム																		
ナトリウム																		
カリウム																		
鉄																		
鉛				0.01							0.065	0.0025	0.0072	0.01	0.01	0.05	0.05	0.1
マンガン																		
水銀			0.0005 アルキル水銀として検出されないこと								0.0014	0.0007 (0.3 mg/kg)	0.0005	0.00005	0.00005	0.0001	0.001	0.001
ニッケル											0.47	0.052 (0.61, 4.6)						
セレン				0.01								0.005 (*, 4.2)	0.001					
銀											0.0032							
スズ																		
ウラン																		
亜鉛				水域応じて設定あり							0.12	0.12 (7.4, 26)		0.05	1	1	2	2
ジクロロメタン				0.02									0.02					
四塩化炭素				0.002								(0.00023, 0.0016)	0.012					
1,2-ジクロロエタン				0.004								(0.00038, 0.037)	0.01					
1,1-ジクロロエチレン				0.1								(0.330, 7.1)						
シス-1,2-ジクロロエチレン				0.04														
1,1,1-トリクロロエタン				1								(*)						
1,1,2-トリクロロエタン				0.006								(0.0059, 16)						
トリクロロエチレン				0.03								(0.0025, 0.030)	0.01					
テトラクロロエチレン				0.01								(0.00069, 0.0033)	0.01					
1,3-ジクロロプロペン				0.002								(0.00034, 0.0021)						
ベンゼン				0.01								(0.0022, 0.051)						
1,4-ジオキサン				0.05														
ホウ素				1														
塩化物イオン																		

	マレーシア環境基準*e						インド環境基準					タイ環境基準*f					ベトナム環境基準			
I	IIA	IIB	IV	V	VI	A	B	C	D	E	I	II	III	IV	V	A1	A2	B1	B2
	0.05	0.05	1.4 (0.05)	0.1		0.05	0.05	0.05				0.05	0.05	0.05		0.01	0.02	0.04	0.05
			3													0.05	0.1	0.5	1
	0.02	0.02				1.5		1.5								0.1	0.2	0.5	1
	250	250				300													
						80.1													
						24.28													
				3 SAR															
	1	1	1	5		0.3		50								0.5	1	1.5	2
	0.05	0.05	0.02* (0.01)	5								0.5	0.5	0.5		0.2	0.2	0.5	0.5
	0.1	0.1	0	0.2		0.5						1	1	1					
	0.001	0.001	0.004 (0.0001)	0.002								0.002	0.002	0.002		0.001	0.001	0.001	0.002
	0.05	0.05	0.9*	0.2								0.1	0.1	0.1		0.1	0.1	0.1	0.1
	0.01	0.01	0.25 (0.04)	0.02		0.01		0.05											
	0.05	0.05	0			0.05						0.1	0.1	0.1					
			0																
	5	5	0.4*	2		15		15				1	1	1		0.5	1	1.5	2
	1	1	3	0.8					2										
	200	200		80		250	600	600								250	400	600	

	日本環境基準										アメリカ合衆国クライテリア		EU環境基準	中国環境基準				
	河川AA	河川A	河川B	河川C	河川D	河川E	湖沼AA	湖沼A	湖沼B	湖沼C	重要項目(急性毒性)*b	重要項目(慢性毒性)*c	重要項目等*d	1	2	3	4	5
塩素																		
シアン	検出されないこと										0.02	0.0052 (0.14, 0.14)		0.005	0.05	0.2	0.2	0.2
フッ素	0.8																	
シリカ																		
硫酸イオン																		
臭化物イオン																		
遊離炭酸														0.05	0.1	0.2	0.5	1
硫化物																		
総α線																		
総β線																		
ラジウム226																		
ストロンチウム90																		
陰イオン界面活性剤														0.2	0.2	0.2	0.3	0.3
鉱物油														0.05	0.05	0.05	0.5	1
油脂等																		
PCB	検出されないこと											0.000014 (0.000000064)						
PAH												*h	*h					
フェノール類													*h		0.002	0.002	0.005	0.01	0.1
アルドリン/ディルドリン											アルドリン0.003, ディルドリン0.00024	アルドリン(0.049ng/L, 0.05 ng/L) ディルドリン0.000056 (0.052ng/L, 0.05 4ng/L)	エンドリンとの合計 0.00001					
BHC												(2.6 ng/L, 4.9 ng/L)						
クロルデン											0.0024	4.3ng/L(0.8ng/L, 0.81 ng/L)						
t-DDT											0.0011	1ng/L(0.22, 0.22 ng/L)	0.000025					
エンドスルファン											0.0022	0.00056 (0.00062, 0.00089)	0.000005					
ヘプタクロール/エポキシド												*h						
リンデン											0.00095	(0.00098, 0.0018)						
2,4-D																		

	マレーシア環境基準*e					インド環境基準					タイ環境基準*f					ベトナム環境基準			
I	IIA	IIB	IV	V	VI	A	B	C	D	E	I	II	III	IV	V	A1	A2	B1	B2
			0																
	0.02	0.02	0.06 (0.02)			0.05	0.05	0.05				0.005	0.005	0.005		0.005	0.01	0.02	0.02
	1.5	1.5	10	1		1.5	1.5	1.5								1	1.5	1.5	2
	50	7																	
	250	250				400		400		1000									
	0.05	0.05	0																
									6										
	0.01 Bq/L	0.01 Bq/L				0.001	0.001	0.001	0.001	0.001		0.1Bq/L	0.2Bq/L	0.3Bq/L		0.1 Bq/L	0.1 Bq/L	0.1 Bq/L	0.1 Bq/L
	0.1Bq/L	1 Bq/L				0.01	0.01	0.01	0.01	0.01		1 Bq/L	2 Bq/L	3 Bq/L		1 Bq/L	1 Bq/L	1 Bq/L	1 Bq/L
	<0.1 Bq/L	1 Bq/L																	
	<1 Bq/L	<1 Bq/L																	
	0.5	0.5	0.5 (0.2)			0.2	1	1								0.1	0.2	0.4	0.5
	0.04 *N	0.04 *N	*N			0.01													
	0.7*N	0.7*N	*N					0.1	0.1										
	0.0001	0.0001	0.06 (0.00005)																
						0.2													
	0.1	0.1				0.002	0.005	0.005				0.005				0.005	0.005	0.01	0.02
	0.00002	0.00002	0.0002 (0.00001)									各 0.0001	各 0.0002	各 0.0003		0.000002	0.000004	0.000008	0.00001
	0.0002	0.0002	0.009 (0.0001)									0.0002	0.0002	0.0002		0.00005	0.0001	0.00013	0.00015
	0.00008	0.00008	0.002 (0.00002)														0.00001	0.00002	0.00002	0.00003
	0.0001	0.0001	(0.0001)									0.001	0.001	0.001		0.000001	0.000002	0.000004	0.000005
	0.001	0.001														0.000005	0.00001	0.00001	0.00002
	0.00005	0.00005	0.0009 (0.00006)									0.0002	0.0002	0.0002		0.00001	0.00002	0.00002	0.00005
	0.002	0.002	0.0003 (0.0004)														0.0003	0.00035	0.00038	0.0004
	0.07	0.07	0.450														0.1	0.2	0.45	0.5

	日本環境基準										アメリカ合衆国クライテリア		EU環境基準	中国環境基準					
	河川 AA	河川 A	河川 B	河川 C	河川 D	河川 E	湖沼 AA	湖沼 A	湖沼 B	湖沼 C	重要項目(急性毒性)*b	重要項目(慢性毒性)*c	重要項目等*d	1	2	3	4	5
2,4,5-T																		
2,4,5-TP																		
パラクワット																		
エンドリン											0.000086	(0.000059, 0.00006)						
農薬																		
パラチオン																		
マラチオン																		
殺虫剤																		
チウラム				0.006														
シマジン				0.003									0.001					
チオベンカルブ				0.02														

等級について

河川

AA	水道1級 自然環境保全及びA以下の欄に掲げるもの	
A	水道2級,水産1級,水浴,及びB以下の欄に掲げるもの	
B	水道3級,水産2級,及びC以下の欄に掲げるもの	
C	水産3級,工業用水1級及びD以下の欄に掲げるもの	
D	工業用水2級,農業用水及びEの欄に掲げるもの	
E	工業用水3級,環境保全	

湖沼

AA	水道1級,,水産1級,自然環境保全,及びA以下の欄に掲げるもの
A	水道2,3級,水産2級,水浴,及びB以下の欄に掲げるもの
B	水道3級,工業用水1級,及びC以下の欄に掲げるもの
C	工業用水2級,環境保全

等級について

1	水源、国家自然保護区
2	水道水の水源池1級保護区
3	水道水の水源池2級保護区
4	一般工業用水区、親水区
5	農業用水、景観用水

マレーシア環境基準 *e						インド環境基準					タイ環境基準 *f				ベトナム環境基準			
I	IIA	IIB	IV	V	VI	A	B	C	D	E	II	III	IV	V	A1	A2	B1	B2
	0.01	0.01	0.160												0.08	0.1	0.16	0.2
	0.004	0.004	0.850															
	0.001	0.001	1.800												0.9	1.2	1.8	2
											不検出	不検出	不検出		0.00001	0.000012	0.000014	0.00002
								不検出			有機塩素系農薬として0.05							
															0.0001	0.0002	0.0004	0.0005
															0.0001	0.00032	0.00032	0.0004
								不検出										
		等級について						等級について				等級について				等級について		
I	水道1級,水産1級,自然環境保全					A	水源(消毒のみで可)								A1	水源		
IIA	水道2級,水産2級					B	水浴								A2	水源(通常処理)		
IIB	水浴					C	水源(通常処理)				水系によって設定される。				B1	灌漑等		
III	水道3級,水産3級					D	水産								B2	水路等		
IV	灌漑					E	灌漑,工業用冷却水,廃棄物処理											
V	それ以外																	

*a: ゴミ等の浮遊物が認められないこと。
*b: 重要項目(priority pollutants)としてあげられている項目のうちアジア圏で該当する項目があった場合に記載している。生態系への急性毒性に関する項目のみを取り上げた。
*c: 生態系への毒性が記載されている。( )内の数字は摂取した場合の人への健康影響で，2つ数字がある場合は，左が飲用及び食物摂取した場合のクライテリア，右が食物摂取による場合，単独の場合は前者。また＊はここで計算された値よりも厳しい基準が水道水質基準で設定されている。
*d: 主として有害物質のリストとして理解されたい。数字は年平均値。
*e: Iの欄に基準がなく，他の欄に記載がある場合，Iの基準は「自然環境と差がないこと」とする。また，VIの欄に記載がなく他欄に記載がある場合はVIは「それ以外」となる。( )内の値は平均値，それ以外は最大値で示している。
*f: Iの欄に基準がなく，他の欄に記載がある場合，Iの基準は「自然環境と差がないこと」とする。また，Vの欄に記載がなく他欄に記載がある場合はVIは「それ以外」となる。
*g: 水域によって異なる。
*h: 複数の物質について記載あり。
*N: (目視等で)異常がないこと

環境基準等のうち人の健康や水生生物への毒性に関する項目の比較[27-29] (表5)

日本：人の健康の保護に関する環境基準	カドミウム	総水銀	1,2-ジクロロエタン	トリクロロエチレン	チオベンカルブ	ほう素
	全シアン	アルキル水銀	1,1-ジクロロエチレン	テトラクロロエチレン	ベンゼン	1,4-ジオキサン
	鉛	PCB	シス-1,2-ジクロロエチレン	1,3-ジクロロプロペン	セレン	
	六価クロム	ジクロロメタン	1,1,1-トリクロロエタン	チウラム	硝酸性窒素及び亜硝酸性窒素	
	砒素	四塩化炭素	1,1,2-トリクロロエタン	シマジン	ふっ素	
アメリカ合衆国：主な汚染物質に関するプライオリティア	アンチモン	四塩化炭素	トリクロロエチレン	ビス(2-クロロエトキシ)メタン	フルオレン	4,4'-DDE
	ヒ素	クロロベンゼン	塩化ビニル	フタル酸ビス(2-エチルヘキシル)	ヘキサクロロベンゼン	4,4'-DDD
	ベリリウム	クロロジブロモメタン	2-クロロフェノール	ビス(2-クロロイソプロピル)エーテル	ヘキサクロロブタジエン	ディルドリン
	カドミウム	クロロエタン	2,4-ジクロロフェノール	フタル酸ビス(2-エチルヘキシル)	ヘキサクロロシクロペンタジエン	α-エンドスルファン
	クロム	2-クロロエチルビニルエーテル	2,4-ジメチルフェノール	4-ブロモフェニルフェニルエーテル	ヘキサクロロエタン	β-エンドスルファン
	6価クロム	クロロホルム	2-メチル-4,6-ジニトロフェノール	フタル酸ブチルベンジル	インデノ(1,2,3-cd)ピレン	エンドスルファン硫酸塩
	銅	ジクロロブロモメタン	2,4-ジニトロフェノール	2-クロロナフタレン	イソホロン	エンドリン
	鉛	1,1-ジクロロエタン	2-ニトロフェノール	2-クロロフェニルフェニルエーテル	ナフタレン	エンドリンアルデヒド
	水銀	1,2-ジクロロエタン	4-ニトロフェノール	クリセン	ニトロベンゼン	ヘプタクロール
	メチル水銀	1,1-ジクロロエチレン	3-メチル-4-クロロフェノール	ジベンゾ(a,h)アントラセン	N-ニトロソジメチルアミン	ヘプタクロールエポキシド
	ニッケル	1,2-ジクロロプロパン	ペンタクロロフェノール	1,2-ジクロロベンゼン	N-ニトロソジ-n-プロピルアミン	PCB
	セレン	1,3-ジクロロプロペン	フェノール	1,3-ジクロロベンゼン	N-ニトロソジフェニルアミン	トキサフェン
	銀	エチルベンゼン	2,4,6-トリクロロフェノール	1,4-ジクロロベンゼン	フェナントレン	
	タリウム	臭化メチル	アセナフテン	3,3'-ジクロロベンジジン	ピレン	

亜鉛	シアン	アスベスト	ダイオキシン	アクロレイン	アクリロニトリル	ベンゼン	ブロモホルム	アラクロール	アントラセン	アトラジン	ベンゼン	臭化ジフェニルエーテル	カドミウム	四塩化炭素	C10-13クロロアルカン
	塩化メチレン	1,1,2,2-テトラクロロエタン	テトラクロロエチレン	トルエン	1,2-トランス-ジクロロエチレン	1,1,1-トリクロロエタン	1,1,2-トリクロロエタン	クロロフェンビンホス	クロロピリホス	アルドリン	ディルドリン	エンドリン	イソドリン	DDT	4,4'-DDT
	アセナフチレン	アントラセン	ベンジジン	ベンゾ(a)アントラセン	ベンゾ(a)ピレン	ベンゾ(b)フルオランテン	ベンゾ(ghi)ペリレン	ベンゾ(k)フルオランテン	1,2-ジクロロエタン	ジクロロメタン	フタル酸ビス(2-エチルヘキシル)	ディウロン	エンドスルファン	フルオランテン	ヘキサクロロベンゼン	ヘキサクロロブタジエン
	フタル酸ジエチル	フタル酸ジメチル	フタル酸ジブチル	2,4-ジニトロトルエン	2,6-ジニトロトルエン	フタル酸ジオクチル	1,2-ジフェニルヒドラジン	フルオランテン	ヘキサクロロシクロヘキサン	インプロディオン	鉛	水銀	ナフタレン	ニッケル	ノニルフェノール	オクチルフェノール
	1,2,4-トリクロロベンゼン	アルドリン	α-BHC	β-BHC	リンデン	δ-BHC	クロルデン	4,4'-DDT	ペンタクロロベンゼン	ペンタクロロフェノール	ベンゾ(a)ピレン	ベンゾ(b)フルオランテン	ベンゾ(k)フルオランテン	ベンゾ(ghi)ペリレン	イデン(1,2,3-cd)ピレン	シマジン
														テトラクロロエチレン	トリクロロエチレン	トリクロロベンゼン	トリクロロメタン	トリクロロラン

EU: 主な化学物質等に関する環境基準

下水処理水の再利用に関する基準やガイドラインに関する情報[33-36]（表6）

日本 下水処理水の再利用水質基準等マニュアル				アメリカ合衆国ガイドライン		
用途	処理	水質		用途	処理	水質
水洗用水・散水用水	砂ろ過	大腸菌 濁度 pH 外観 色度 臭気 残留塩素	不検出/100L 2 5.8-8.6 不快でないこと ― 不快でないこと 遊離0.1または0.4	修景用水等 灌漑 (生食用野菜) 釣り等	2次処理 ろ過 消毒	pH 6.0-9.0 BOD 10 濁度 2 NTU 糞便性大腸菌群 100/mL 1(30分後)
修景用水	砂ろ過	色度 大腸菌群 濁度, pH, 外観, 臭気 残留塩素	40 1000/100mL 水洗と同様 規定しない		2次処理 消毒 高度処理	pH 6.5-8.5 TOC 3 濁度 2 NTU 1(30分後) 大腸菌群 検出されないこと/100mL 残留塩素 TOX 0.2 その他 水道水質基準
親水用水	砂ろ過および凝集沈殿	色度以外	10 水洗と同様	飲用を意図した地下浸透		

サウジアラビア基			WHOガイドライン		
用途		水質	用途	処理	水質等
灌漑	水質	BOD 10 TSS 10 pH 6-8.4 大腸菌群 2.2/100 mL 濁度 1 TNU アルミニウム 5 ヒ素 ベリリウム 0.1 ホウ素 0.1 カドミウム 0.01 塩化物イオン 280 クロム 0.1 コバルト 0.05 銅 0.4 シアン 10 フッ素 10 鉄 鉛 リチウム マンガン 水銀 モリブデン ニッケル 硝酸 セレン 亜鉛 油分 フェノール	0.05 2 5 0.1 0.07 0.2 5 0.001 0.01 0.02 10 0.02 4 不検出 0.002	灌漑	その他何らかの基準・ガイドライン等がある国 オーストラリア キプロス フランス ドイツ イタリア チュニジア スペイン クウェート UAE オマーン 中国(別表参照) 南アフリカ	DALYs 10⁻⁶ DALY/(人・年) 病原微生物log除去 7(玉ねぎ), 2(背の高い作物) 蟯虫の卵 1/L イスラエル

再利用水の分類[36]（表7a）

類別	分類	適用範囲
地下水補充用水	補充地下水	地下水源の補充、海水浸入・地面沈降防止のための地下水補充
工業用水	冷却用水	直流式、循環式冷却水
	洗濯用水	
	ボイラー用水	中圧・低圧ボイラー
農業・林業・畜産用水	農業用水	食料系農産物、経済用途の灌漑、植栽
	林業用水	森林、鑑賞植物の灌漑、植栽
	畜産用水	家畜、家禽用水
都市非飲用水	トイレフラッシング用水	便器のフラッシング用水
	道路の清掃・消防用水	都市道路の清掃、消防用水
	都市緑化用水	公共緑地、住宅区、コミュニティの緑化用水
	洗車用水	各種車両の清掃
	建築工事用水	建築現場の清掃、粉塵抑制、コンクリートの鋳造、メンテナンス、施工中の建物の清掃
景観用水	娯楽性景観用水	娯楽性景観河川・湖沼または水景用水
	鑑賞性環境の景観用水	鑑賞性景観河川・湖沼または水景用水
	湿地環境用水	自然湿地の再生用水、人工湿地用水

地下水補充用水としての再利用水水質基準[36]（表7b）

項目	基準値	単位
色度	15以下	–
濁度	5以下	NTU
臭気	異常でないこと	–
pH	6.5–8.5	–
総硬度	450以下	mg/L as $CaCO_3$
DO	1以上	mg/L
BOD_5	4以下	mg/L
COD_{Cr}	15以下	mg/L
アンモニア性窒素	0.2以下	mg/L as N
亜硝酸塩	0.02以下	mg/L
TDS（溶解性の総固形）	1000以下	mg/L
水銀	0.001以下	mg/L
カドミウム	0.01以下	mg/L
ヒ素	0.05以下	mg/L
クロム	0.05以下	mg/L
鉛	0.05以下	mg/L
鉄	0.3以下	mg/L
マンガン	0.1以下	mg/L
フッ化物	1以下	mg/L
シアン化物	0.05以下	mg/L
糞便性大腸菌群	3以下	個/L

工業用水としての再利用水水質基準 36) (表7c)

項目	基準値 冷却用水	基準値 洗濯用水	基準値 ボイラー用水	単位
色度	30以下	30以下	30以下	—
濁度	5以下	5以下	5以下	NTU
pH	6.5–8.5	6.5–9	6.5–8	—
総硬度	450以下	450以下	450以下	mg/L as CaCO$_3$
SS	30以下	30以下	5以下	mg/L
BOD$_5$	10以下	30以下	10以下	mg/L
COD$_{Cr}$	60以下	60以下	60以下	mg/L
TDS(溶解性の総固形)	1000以下	1000以下	1000以下	mg/L
アンモニア性窒素	10以下	10以下	10以下	mg/L as N
総リン	1以下	1以下	1以下	mg/L
鉄	0.3以下	0.3以下	0.3以下	mg/L
マンガン	0.1以下	0.1以下	0.1以下	mg/L
糞便性大腸菌群	2000以下	2000以下	2000以下	個/L

農業・林業・畜産としての再利用水水質基準 36) (表7d)

項目	基準値 農業	基準値 林業	基準値 畜産	単位
色度	30以下	30以下	30以下	—
濁度	10以下	10以下	10以下	NTU
pH	5.5–8.5	5.5–8.5	5.5–8.5	—
総硬度	450以下	450以下	450以下	mg/L as CaCO$_3$
SS	30以下	30以下	30以下	mg/L
BOD$_5$	35以下	35以下	10以下	mg/L
COD$_{Cr}$	90以下	90以下	40以下	mg/L
TDS(溶解性の総固形)	1000以下	1000以下	1000以下	mg/L
水銀	0.001以下	0.001以下	0.0005以下	mg/L
カドミウム	0.01以下	0.01以下	0.005以下	mg/L
ヒ素	0.05以下	0.05以下	0.05以下	mg/L
クロム	0.1以下	0.1以下	0.05以下	mg/L
鉛	0.1以下	0.1以下	0.05以下	mg/L
シアン化物	0.05以下	0.05以下	0.05以下	mg/L
糞便性大腸菌群	10000以下	10000以下	2000以下	個/L

都市非飲用水としての再利用水水質基準[36] (表7e)

項目	基準値					単位
	トイレフラッシング用水	道路の清掃, 消防用水	都市緑化用水	洗車用水	建築工事用水	
色度	30以下	30以下	30以下	30以下	30以下	—
濁度	5以下	10以下	10以下	5以下	20以下	NTU
臭気	異常でないこと	異常でないこと	異常でないこと	異常でないこと	異常でないこと	—
pH	6.0-9.0	6.0-9.0	6.0-9.0	6.0-9.0	6.0-9.0	—
DO	1以上	1以上	1以上	1以上	1以上	mg/L
BOD$_5$	10以下	15以下	20以下	10以下	15以下	mg/L
TDS (溶解性の総固形)	1500以下	1500以下	1000以下	1000以下	1500以下	mg/L
陰イオン界面活性剤	1以下	1以下	1以下	0.5以下	1以下	mg/L
アンモニア性窒素	10以下	10以下	20以下	10以下	20以下	mg/L
鉄	0.3以下	—	—	0.3以下	—	mg/L
マンガン	0.1以下	—	—	0.1以下	—	mg/L
糞便性大腸菌群	200以下	200以下	200以下	200以下	200以下	個/L

景観用水としての再利用水水質基準[36] (表7f)

項目	基準値					単位
	鑑賞性環境の景観用水		娯楽性環境の景観用水		湿地環境用水	
	河川	湖沼	河川	湖沼		
色度	30	30	30	30	30	—
濁度	5	5	5	5	5	NTU
臭気	異常でないこと	異常でないこと	異常でないこと	異常でないこと	異常でないこと	—
pH	6.0-9.0	6.0-9.0	6.0-9.0	6.0-9.0	6.0-9.0	—
DO	1.5以上	1.5以上	2以上	2以上	2以上	mg/L
SS	20以下	10以下	20以下	10以下	10以下	mg/L
BOD$_5$	10以下	6以下	6以下	6以下	6以下	mg/L
COD$_{Cr}$	40以下	30以下	30以下	30以下	30以下	mg/L
陰イオン界面活性剤	0.5以下	0.5以下	0.5以下	0.5以下	0.5以下	mg/L
アンモニア性窒素	5以下	5以下	5以下	5以下	5以下	mg/L
総リン	1以下	0.5以下	1以下	0.5以下	0.5以下	mg/L
石油類	1以下	1以下	1以下	1以下	1以下	mg/L
糞便性大腸菌群	10000以下	2000以下	500以下	500以下	2000以下	個/L

44 ● Ⅰ 世界の水事情編

世界水ヴィジオンにおける再生可能飲水利用の予測 (表8)

使用者		1995 [a]	2025 [b]	1995年から2025年への増加%	説明
農業利用	引き込み量	2,500	2,650	6	40％の食糧増産を期待する。しかし水生産効率を上げるために灌漑用水利用の農地面積は20％しか増加しない。正味の増加分は5-10％と見積もられる。
	消費量	1,750	1,900	9	
工業利用	引き込み量	750	800 [c]	7	工業用水利用は先進国で減少するが、途上国の工業化に伴う使用量増加で相殺され、結果として増加する[c]。
	消費量	80	100	25	
都市飲料水	引き込み量	350	500 [d]	43	途上国では大幅な増加で、飲料水利用がしやすくなる。先進国では、安定化し減少すると予測される[d]。
	消費量	50	100	100	
貯水池(蒸発量含む)		200	220	10	
総計	引き込み量	3,800	4,200	10	
	消費量	2,100	2,300	10	
地下水過剰利用		200 [e]	0		地下水層への再注入は地下水利用を持続可能にする。

注：
a. 1995年を基準年としている。これらの検討数値はShiklomanov (1999)の文献による。
b. 世界水ヴィジオン作成者による推定。
c. 途上国では、工業による水利用が大幅に増加すると考える。この数字は、都市部における工業化を含む。この数字から途上国においで工業用水として400km3/年を配分する必要が生じる。一方先進国では工業用水利用は大幅に減少すると考える。水管理を向上させ損失を減少させれば、引き込み量と消費量の比率を低下させることができる。
d. 途上国における都市住民の水使用量は大幅に増加する。一方先進国の都市住民の水使用量は安定化し、減少する。一方先進国で都市化する人口は、20億人になると推定され、現在の貧困層に加えて新たな都市住民は、最低200L/人・日の水を消費することになる。

Ⅰ 世界の水事情編

2章

日本の水資源問題

1. 水資源の現状と課題
2. 水関係インフラ整備の現状と課題
3. PFI、SPCの動向
4. 水環境保全行政の動向
5. 地球温暖化対策

1 水資源の現状と課題

1 水資源とその利用

(1) 水資源の現状

　わが国の多くの地域は温暖湿潤気候に属し、世界的に見ても雨の多い地域に位置している。わが国および世界各国の平均降水量および一人当たり降水総量と水資源賦存量を図1に示す。年平均降水量は1,690mm（1976年～2005年の平均値）と世界平均約810mmの約2倍となっている。しかし、わが国は人口密度が高いため、1人当たりの年降水総量では約5,000m^{3}となり、世界平均の約16,400m^{3}の3分の1以下であり、水資源が豊かとは言えない状況にある。水資源賦存量は総降水量から蒸発散量を差し引いた値である。乾燥地では蒸発散量が多いため、総降水量に比して水資源賦存量は少なくなる。わが国では蒸発散量は比較的小さいが、一人当たり水資源賦存量で比較しても世界平均の2分の1以下である。

　図2に示すように、国内でも水資源の分布には偏りがある。わが国の一人当たり年間水資源賦存量は3,230m^{3}であるが、地域差が大きく北海道では9,000m^{3}を超えるのに対し、関東では886m^{3}とその10分の1以下である。

　この水資源賦存量は台風や梅雨における豪雨時に水資源として利用されないまま海へ流出する量も含んでいるため、その全量を使えるわけではない。特にわが国は地形が急峻で河川の延長は短く、また勾配が急なため、多くの水が利用されずに海へ流出することとなる。このように、わが国は水資源という観点からは必ずしも恵まれているとは言えない状況にある。

各国の平均降水量と一人当たり総降水量および水資源賦存量 (図1)

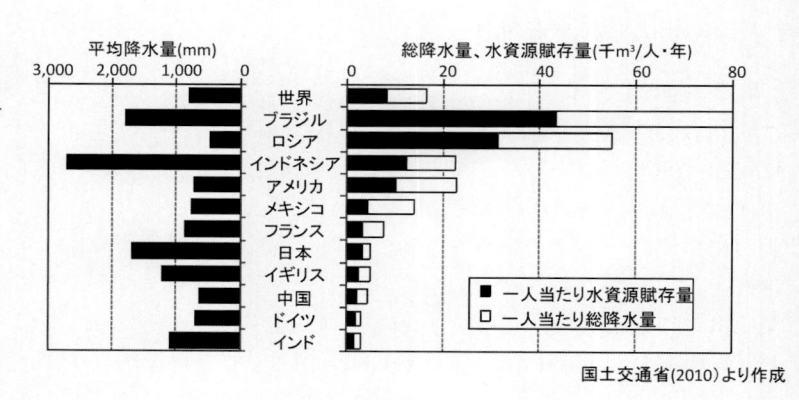

国土交通省(2010)より作成

地域別1人当たり水資源賦存量（図2）

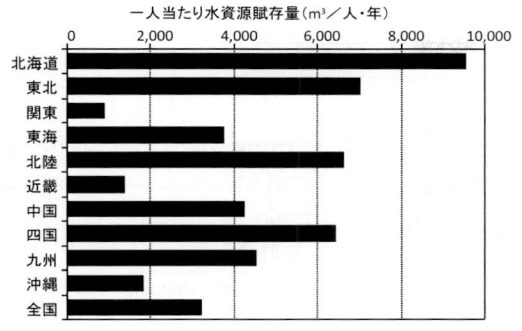

一人当たり水資源賦存量（m³／人・年）

国土交通省(2010)より作成

日本の水資源賦存量と使用量（図3）

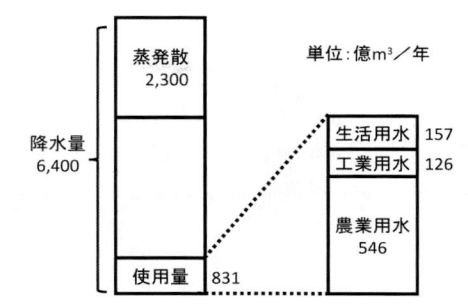

単位：億m³／年

降水量 6,400
- 蒸発散 2,300
- 使用量 831
  - 生活用水 157
  - 工業用水 126
  - 農業用水 546

国土交通省(2010)より作成

水使用量の変遷（図4）

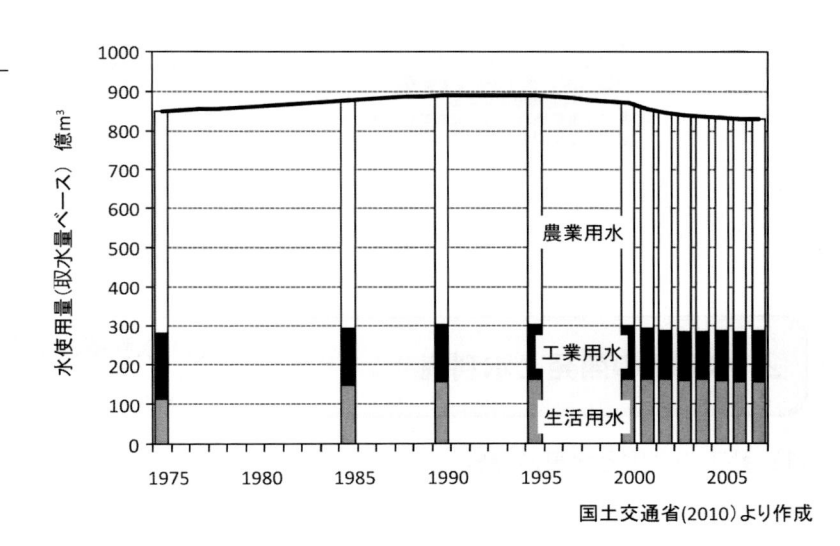

水使用量（取水量ベース）（億m³）

農業用水、工業用水、生活用水

国土交通省(2010)より作成

(2) 水資源の変動と水利用

わが国の水資源賦存量とその利用状況を図3に示す。水資源賦存量約4,100億m³のうち、20%に相当する831億m³の水が、農業用水、工業用水、生活用水（家庭用水および事業所等の都市活動用水を合わせたもの）に利用されている。水利用の内訳は農業用水が66%、生活用水が19%、工業用水が15%となっている。各用途での取水量の1975年からの経年変化を図4に示す。工業用水は1975年当初から、農業用水は1990年代、生活用水は2000年頃から減少を始めており、全体としても1990年代後半から減少している。

一方で、図5に示すようにわが国の平均的な降水量は長期的に見て減少傾向にある。特に近年は多雨の年と少雨の年の差が大きくなっており、渇水時の水資源賦存量が減少している。このように、水使用量は減少傾向にあるが、水資源賦存量も同様に減少傾向にあるため、これを踏まえて適切に水資源の確保を行っていく必要がある。

年降水量の変遷(図5)

(出典：国土交通省（2010））

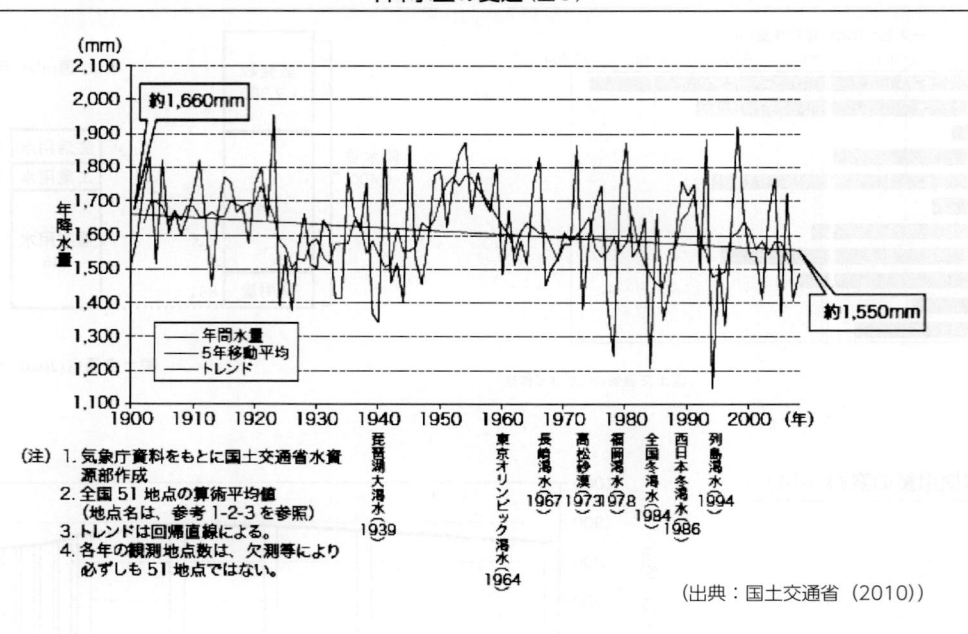

2 水資源の開発と水利権

(1) 都市の発展と水資源開発

わが国では明治以降の経済発展とそれに伴う都市化により、生活用水や工業用水などの都市用水や発電用水の需要が増大した。一方で、戦前より大都市圏では過剰揚水による地盤沈下が起こっており、地下水の利用にも限界があった。そこで、河川の流量が乏しく、河川の自流を水源とした安定的な水利用ができない場合には、ダムや河口堰などの水資源開発施設により水源を確保する必要がでてきた。

図6には水資源開発施設による都市用水の開発水量を示すが、平成22年において約182億m³であり、これは都市用水使用量約285億m³の6割以上を占めている。ただし、近年はこれらの水資源開発施設の新規建設は適地の減少や環境問題などの観点から困難となっているため、開発水量の増加は鈍化している。

(2) 水利権と不安定取水

古来より農業では灌漑施設を整備することにより大量の河川水を農業用水として利用してきた。水利用に関わる紛争を避けるために、古田優先の原則など水利用が権利として次第に形成されてきた。明治以降の都市化により発電用水や都市用水の需要が増大すると、旧来の農業水利と新規利水の権利を円滑に設定するための仕組みが必要となり、明治29年に制定された河川法の中で、水利使用を許可制とする制度が創設された。河川法の中では「水利権」という言葉は用いられていないが、公共のものである河川の流水を特定の目的のために排他的に使用する権利について「水利権」という呼び方が定着している。なお、この制度が創設される前から利用してきた農業用水利用者の水利権は慣行水利権として認められた。

新規水利権は、取水予定地点における基準渇水流量（日本では10年に1回程度の渇水年の流況を目安としている）に対して河川の維持流量と既得水利権量を確保したうえで、さらに余裕がある場

合に認められる。余裕がない状況で新規利水を行う場合は、利水者はダムなどの水資源開発施設により基準渇水流量を増大させる必要がある。このような水資源開発施設の建設には時間がかかるため、完成していない状況でもその緊急性からやむを得ず取水が許可されることがある。これは暫定水利権あるいは暫定豊水水利権と呼ばれるが、このような取水は河川流量が十分にあるときだけ行われ、河川流量が少ない場合は取水が制限され、不安定な取水となる。

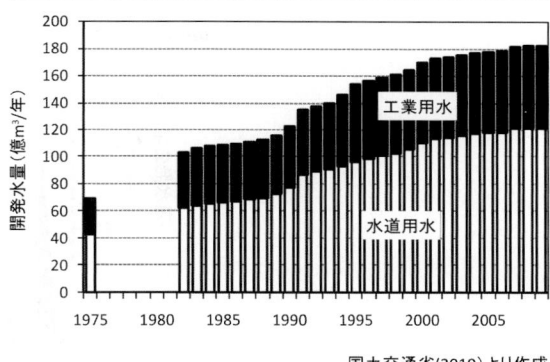

2009年末における都市用水の不安定取水量は全国で年間約10億m³であり、2007年の都市用水使用量の3.6%に相当する。図7には地域別に不安定取水量の都市用水使用量に対する割合を示すが、関東臨海地域が他の地域と比べて高い状況となっている。

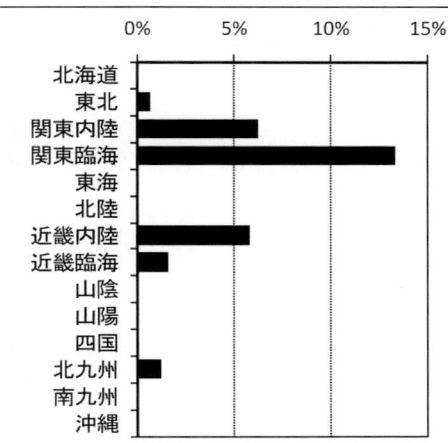

3 渇水と水資源の有効利用

(1) 渇水の発生状況

都市用水では減水や断水、農業用水では取水制限による生育不良が生じたケースを渇水の影響として、日本全国の渇水影響地区数の推移を図8に示す。全国規模での渇水となった1994年以降は大きなピークはないものの、毎年10～20地区程度で渇水の影響が発生している。

(2) 水資源の有効利用

前述のように大規模な水資源開発施設の建設は困難なため、利用者における節水、利用者間での水の融通や利用されていなかった水の利用などさまざまな形で水資源の有効利用が検討、実施されている。

製造業では1970年代から回収水の利用などによる節水が進んだ。水道事業においても配水管における漏水の防止により有効給水率は改善され、現在は90%を超えている。さらには従量料金制による水の合理的な使用の促進や、一部の事業体では節水機器の指定などを行い、有効利用を図っている。

水の融通としてまず挙げられるのは農業用水の転用である。わが国では近年耕地面積が徐々に減少しており、不要となった農業用水の都市用水への転用が試みられている。ただし、転用にあたっ

渇水発生地区数の推移（図8）

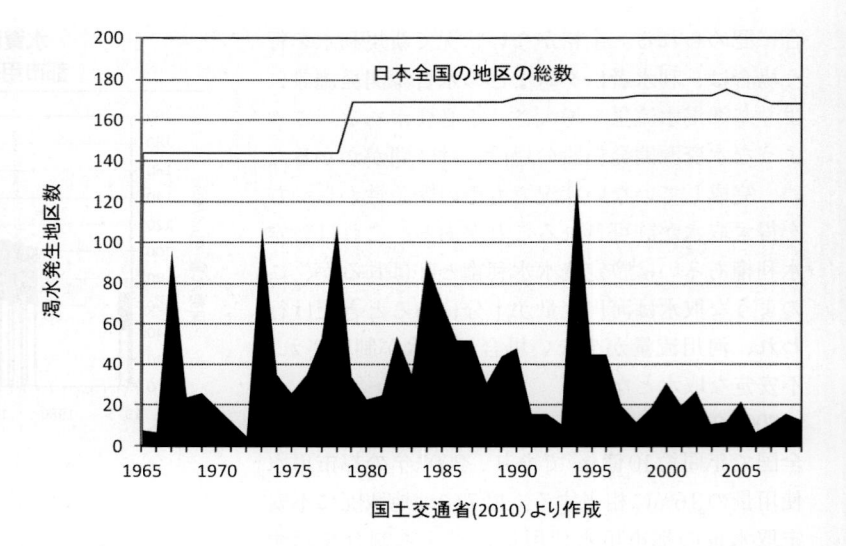

国土交通省(2010)より作成

雨水および再生水の利用状況の推移（図9）

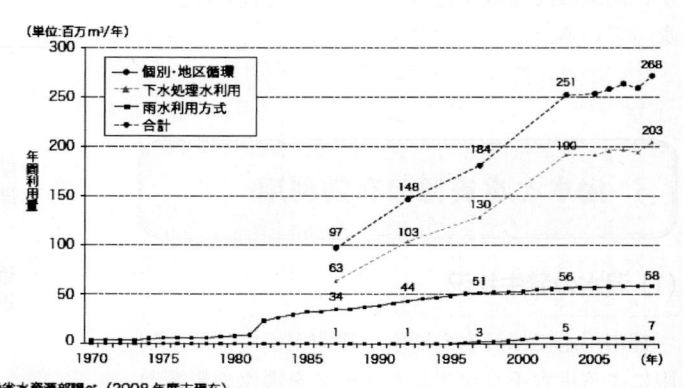

(注) 国土交通省水資源部調べ（2008年度末現在）
2008年度末調査において、従前のデータについて精査している。
四捨五入の関係で合計が合わないことがある。

出典：国土交通省(2010)

ては既存の農地への用水確保のため新たに灌漑施設の整備が必要となる場合が多く、また都市用水側でも非灌漑期の水利権を新たに確保する必要があるなど、課題も存在する。また河川間を水路で結ぶことにより、流水が十分な河川から不足している河川へ融通することも行われている。

利用されていなかった水の利用としては、下水再生水や雨水の利用が挙げられる。図9には建物単位の個別循環、街区単位の地区循環による下水再生水の利用量、下水処理水の利用量、雨水貯留による利用量の推移を示す。再生水の利用は1980年代から水需給の逼迫した地域を中心に本格的に始まり、導入が進んだ。利用量としては下水処理水の利用量が最も大きくなっている。

参考文献
1) 国土交通省（2010）、日本の水資源、平成22年版

（荒巻 俊也）

2 水関係インフラ整備の現状と課題

1 水道整備

　水道という用語は、上水道、簡易水道、工業用水道、中水道、下水道などに用いられるが、前3者は水を供給するための施設であり、下水道は下水を収集・処理するための施設である。また、中水道は雑用水道ともいわれ、排水を再利用するための施設である。

　ここでは、水道法が規定する水道による水供給を対象とする。同法によると、水道は、人の飲用に適する水を供給する施設の総体をいう。水道の種別、内容と2009年度末現在の状況は表1のように示されている。

　水道事業は100人超の給水人口に水を供給する事業で、給水人口が5,000人超の上水道事業と5,000人以下の簡易水道事業とに分けられるが、給水人口の大半は上水道事業に依存している。他に、水道用水供給事業と専用水道とがあるが、水道用水供給事業による給水人口は水道事業のそれに含まれる。なお、専用水道と類似の用語として簡易専用水道があり、これは水道事業によって供給される水のみを水源とし、有効容量の合計が10m³を超える受水槽に貯留後に給水を行う施設をいい、これについても給水人口は水道事業のそれに含まれる。

　水道事業及び専用水道による給水人口は図1に示すように推移しており、人口普及率は1950年度末で26.2％であったが、1980年度末で91.5％、2008年度末で97.5％となった。

　現在では、高い人口普及率を得るに至り、総給水量は年間約160億m³となっているが、未だに存在する水道未普及地域の解消が急務となっている。また、他の課題として、水質管理や地震等の災害対策などに適切に対応すべきことが指摘されている。すなわち、水道水の水質管理では、水源から給水栓に至るまでの徹底、地震等の災害対策及び危機管理対策では、基幹的な水道施設の安全性の確保や迅速な復旧体制の確立、水道施設の適正な維持管理では、水質管理の高度化、老朽施設の更新、環境対策、災害・テロ対策の強化など、運営基盤の強化では、小規模な水道事業の運営基盤の強化が指摘されている[3]。

2 生活排水処理施設整備

(1) 生活排水処理施設

　排水には生活排水、工場排水、畜産排水など多様なものがあるが、ここでは生活排水に焦点を当てる。

　図2は生活排水処理を担う施設の分類であり、大きく分けて、下水道、農業集落排水施設等（漁業集落排水施設などの類似施設を含む）、浄化槽（かつての合併処理浄化槽）及びコミュニティ・プラントがある。このうち、農業集落排水施設等は農村地域等における小規模下水道ともいえる施設であり、その処理施設は浄化槽に位置付けられ、コミュニティ・プラントは水洗便所排水とともに

水道の種類と現状[1]（表1）

（2009年3月31日現在）

種別	内容	事業数	給水人口（人）
水道事業	一般の需要に応じて、水道により水を供給する事業（給水人口100人以下は除く）		
上水道事業	給水人口が5,000人超の水道事業	1519	1億1,898万
簡易水道事業	給水人口が5,000人以下の水道事業	7152	527万
小計		8671	1億2,425万
水道用水供給事業	水道事業者に対し水道用水を供給する事業	101	―
専用水道	寄宿舎、社宅等の自家用水道等で100人を超える居住者に給水するもの又は1日最大給水量が20m³を越えるもの	7957	49万
計		16729	1億2,474万

給水人口の推移[2]（図1）

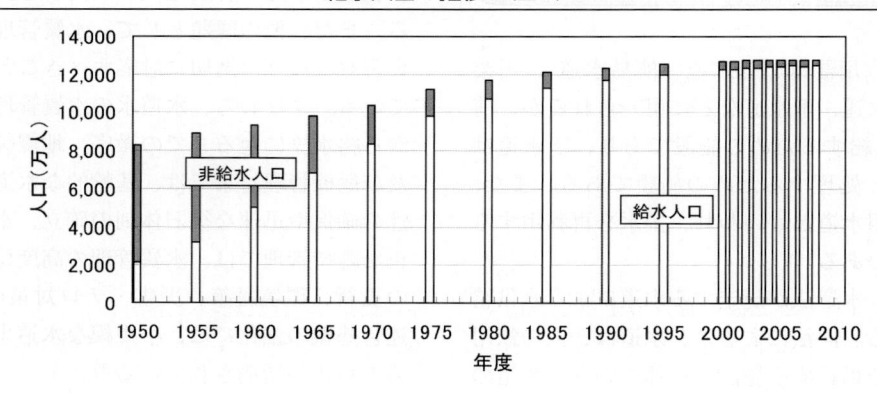

生活雑排水を受け入れるがし尿処理施設に位置付けられる。また、後述するように、下水道は雨水を対象とする施設も含んでいる。

これらとは別に、生活排水中のし尿のみを処理するシステムがあり、汲み取り便所から収集したものをし尿処理施設で処理するかみなし浄化槽（かつての単独処理浄化槽）で処理するのが一般的である。また、浄化槽やみなし浄化槽などからの清掃汚泥はし尿処理施設で処理するのが一般的である。

(2) 下水道

下水道法によると、下水は生活もしくは事業（耕作事業を除く）に起因もしくは付随する汚水または雨水をいう。図2に示したように、下水道には、公共下水道、流域下水道、都市下水路がある。

公共下水道は、主として市街地における下水を排除し、または処理するための下水道であり、終末処理場を有するもの（単独公共下水道）と流域下水道に接続するもの（流域関連公共下水道）がある。また、流域下水道は、二以上の市町村の流域関連公共下水道により排除される下水を受けて、これを排除・処理する施設として創設されたが、2005年の法改正で、二以上の市町村の単独公共下水道により排除される雨水のみを受けて、これを放流するための雨水流域下水道がメニューに加わった。さらに、都市下水路は、主として市街地（公共下水道の排水区域外）において、専ら雨水排除を目的とし、終末処理場を有しない施設

生活排水処理施設（図2）

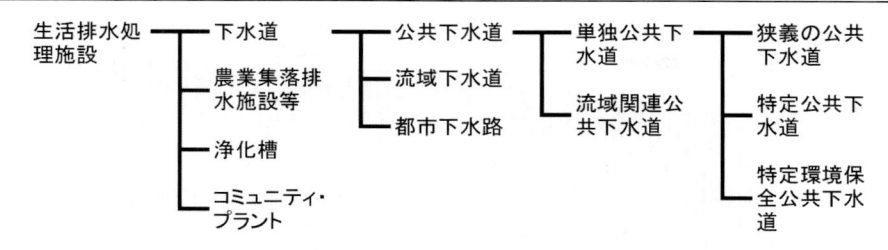

```
生活排水処 ─┬─ 下水道 ─────┬─ 公共下水道 ──┬─ 単独公共下 ──┬─ 狭義の公共
理施設      │              │              │  水道         │  下水道
            │              ├─ 流域下水道  │              ├─ 特定公共下
            │              │              │              │  水道
            │              └─ 都市下水路  ├─ 流域関連公   │
            │                             │  共下水道    └─ 特定環境保
            ├─ 農業集落排                                    全公共下水
            │  水施設等                                       道
            │
            ├─ 浄化槽
            │
            └─ コミュニティ・
               プラント
```

である。

単独公共下水道には、特殊なものとして、特定の事業者の事業活動に主として利用される特定公共下水道と農山漁村部の中心集落や湖沼周辺部の観光地等において実施される特定環境保全公共下水道があり、これら以外を狭義の公共下水道としている。

図3は都市下水路を除いた下水道を利用している人口を公共下水道人口として、し尿の取り扱いから見た生活排水処理施設の普及の推移を人口で示している。浄化槽には農業集落排水施設等およびコミュニティ・プラントを利用している人口を含んでいる。データ取得の関係で公共下水道人口と浄化槽人口およびみなし浄化槽人口を合わせて水洗化人口、浄化槽人口とみなし浄化槽人口を合わせて非下水道水洗化人口としている部分がある。水洗化が急速に進められてきたこと、非下水道水洗化人口の中で浄化槽人口の割合が増加しつつあることが分かる。

図4は、2008年度末における後述の汚水処理人口普及率を市町村の人口規模ごとに示したものである。みなし浄化槽は含まず、また、図3では浄化槽の内数としていた農業集落排水施設等とコミュニティ・プラントは別に集計している。

人口規模の低下に従って下水道による汚水処理人口普及率が低下し、合わせて下水道以外での汚水処理人口普及率が増加していることが明らかであり、市町村の財政状況との関連が明確である。

下水道の課題については、国土交通白省が発表した「これからの下水道の方向性」[6]において整理がなされている。その項目を列挙すると、整備済区域においては、集中豪雨による生命・財産を脅かす災害の発生、地震に対する施設の脆弱性、富栄養化による被害の発生、合流式下水道での雨天時の水質汚濁、都市の水辺環境の悪化、ストックの蓄積と老朽化、中小市町村の厳しい経営状況があげられ、未整備区域においては、汚水処理施設の未普及があげられている。キーワード的には、災害対応、水質管理、ストックの更新、経営状況の改善、未普及地域の解消など、上水道であげられている課題と共通するものが多い。

(3) 浄化槽、農業集落排水施設等、コミュニティ・プラント

すでに一部紹介済みであるが、下水道以外の生活排水処理システムである浄化槽、農業集落排水施設等およびコミュニティ・プラントについて整備状況を見る。

浄化槽は、便所と連結してし尿及びこれと併せて雑排水を終末処理場を有する下水道以外に放流するための設備又は施設であって、市町村が設置したし尿処理施設以外のものをいう。ここでいう便所は水洗便所を指し、し尿処理施設はコミュニティ・プラントを指す。また、前述のように、農業集落排水施設等の処理施設は浄化槽に含まれる。かつては、便所と連結してし尿を処理するものを単独処理浄化槽としていたが、浄化槽が合わせて生活雑排水も対象とする合併処理浄化槽のみを指すようになってからは、みなし浄化槽と呼ぶようになった。

し尿の取り扱いから見た生活排水処理施設の利用人口の推移[4]（図3）

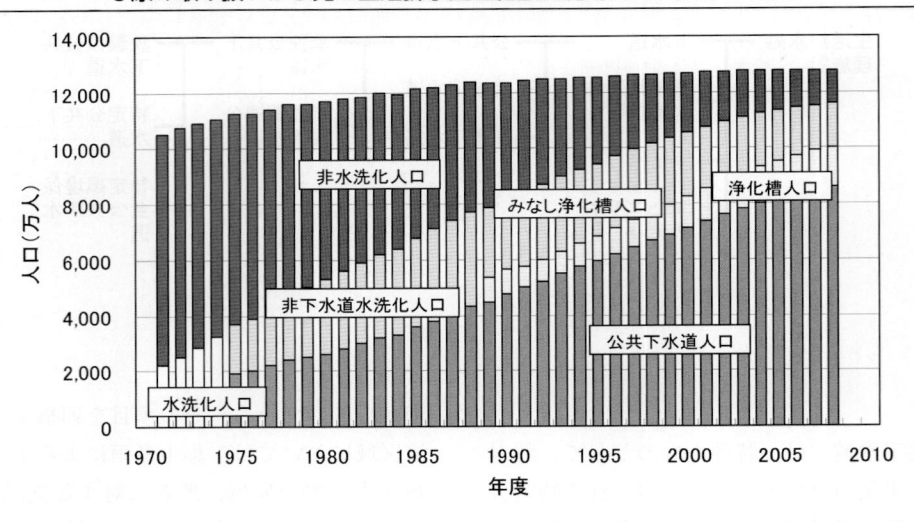

市町村の人口規模別の汚水処理人口普及率[5]（図4）

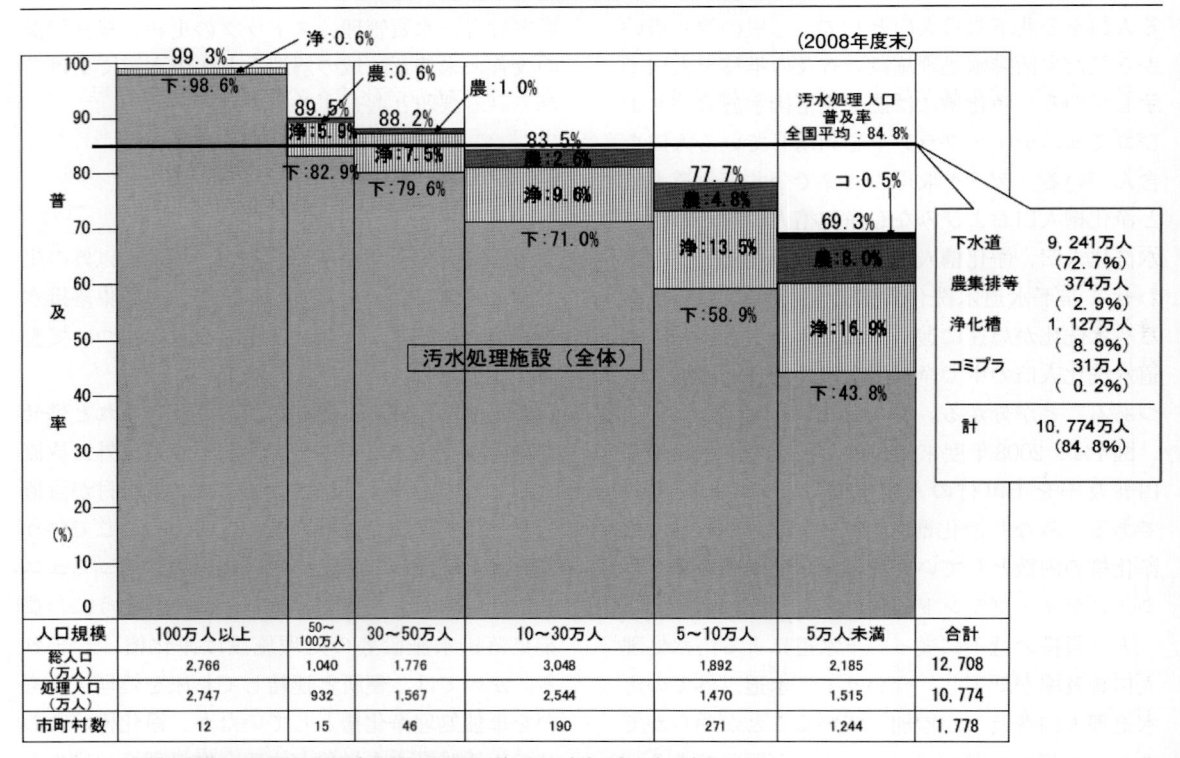

（2008年度末）

汚水処理人口普及率 全国平均：84.8%

下水道	9,241万人 (72.7%)
農集排等	374万人 (2.9%)
浄化槽	1,127万人 (8.9%)
コミプラ	31万人 (0.2%)
計	10,774万人 (84.8%)

人口規模	100万人以上	50〜100万人	30〜50万人	10〜30万人	5〜10万人	5万人未満	合計
総人口（万人）	2,766	1,040	1,776	3,048	1,892	2,185	12,708
処理人口（万人）	2,747	932	1,567	2,544	1,470	1,515	10,774
市町村数	12	15	46	190	271	1,244	1,778

（注）1．総市町村数1,778の内訳は、市 784、町 802、村 192（東京区部は市に含む）
 2．総人口、処理人口は1万人未満を四捨五入した。
 3．都市規模別の各汚水処理施設の普及率が0.5%未満の数値は表記していないため、合計値と内訳が一致しないことがある。

汚水処理人口普及率と汚水衛生処理率の現況[7]（表2）

（2008年度末）

	汚水処理人口普及率		汚水衛生処理率	
	人口（人）	割合（%）	人口（人）	割合（%）
行政区内人口			129,289,213	
総人口	127,076,000			
公共下水道人口	92,411,000	72.7	86,549,493	66.9
農業集落排水施設等人口	3,741,000	2.9	3,011,569	2.3
コミュニティ・プラント人口	314,000	0.2	288,880	0.2
浄化槽人口	11,273,000	8.9	11,749,682	9.1
計（合併処理人口）	107,740,000	84.8	101,599,624	78.6
非合併処理人口	19,337,000	15.2	27,689,589	21.4

　表2はこれらの施設に係る人口を2008年度末現在で示したものである。

　ここで、汚水処理人口普及率は国土交通省、環境省、農林水産省が連名で公表し、式（1）で定義するもので、公共下水道人口、農業集落排水施設等人口は、整備済区域の人口であり、実際に利用しているかは問わない。また、浄化槽人口には、公共下水道、農業集落排水施設等の整備済区域の人口を含まない。図4はこれを算出するためのデータに基づいている。

汚水処理人口普及率（%）＝
{（公共下水道人口＋農業集落排水施設等人口＋浄化槽人口＋コミュニティ・プラント人口）／住民基本台帳人口}×100　　　　　（1）

　これに対して、汚水衛生処理率は総務省が公表し、式（2）で定義するもので、たとえば公共下水道等の整備済区域であってもこれらに接続されていない人口は除かれる。図3は、基本的にはこれを算定するために用いられたデータに基づいている。

汚水衛生処理率（%）＝{現在水洗便所設置済人口／（住民基本台帳人口＋外国人登録人口）}×100　　（2）

　合併処理の現状として、公共下水人口が70%程度であり、浄化槽人口が9%程度であること、公共下水道への未接続人口が相当数あることなどが理解される。

　現在、国土交通省、農林水産省、環境省により、「今後の汚水処理のあり方に関する検討会」が設置され、今後の望ましい汚水処理のあり方が検討されている。2010年4月19日の第1回検討会での各省の提出資料[8]によると、浄化槽について、みなし浄化槽の浄化槽への転換の促進、住民ニーズや社会情勢の変化を踏まえた効率的かつ速やかな整備の推進、浄化槽の管理の信頼性確保の推進、資源循環型社会・低炭素社会への対応が今後の方向性とされ、農業集落排水施設については、事業の効率的な実施、地域特性に応じた汚水処理施設整備の推進、農業集落排水施設におけるコスト縮減などが課題とされている。なお、下水道については、2（2）で示したような課題が示されている。

3　し尿処理施設整備

　図3に示したように、非水洗化人口は2008年度末で1,182万人（9.3%）であるが、その多くの人の汲み取りし尿はし尿処理施設へ搬入され、処理されている。また、浄化槽およびみなし浄化槽、農業集落排水施設等、コミュニティ・プラントの清

汲み取りし尿と浄化槽汚泥の発生量、し尿処理施設への搬入量及びし尿処理施設の処理能力の経年変化[9]（図5）

図5

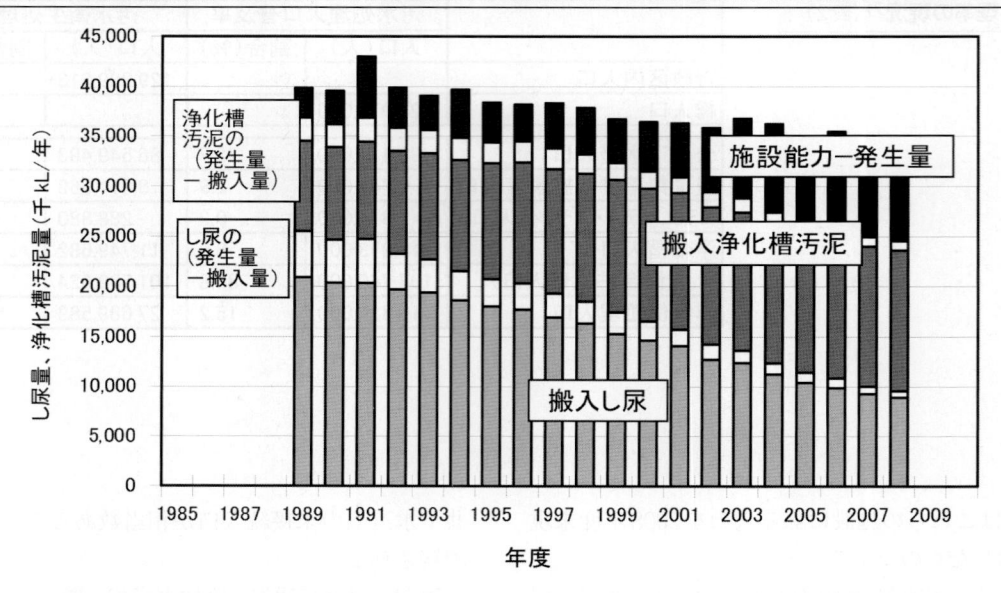

掃汚泥も多くは、浄化槽汚泥として同じくし尿処理施設へ搬入され、処理されている。

　図5は、汲み取りし尿および浄化槽汚泥の発生量、これらのし尿処理施設への搬入量及びし尿処理施設の処理能力の経年変化である。図3に示した水洗化人口の増加に対応して、搬入し尿量の減少と搬入浄化槽汚泥量の増加が認められる。また、（発生量－搬入量）で示されるものに下水道投入、海洋投入、農地還元などがあるが、減少傾向にある。さらに、（施設能力－発生量）の変化傾向から、処理能力において余裕が増大しているように見える。

　このように、処理能力的には余裕のある状況にあるが、し尿等収集量の減少や浄化槽汚泥混入率の増加による処理効率の低下、処理設備の老朽化とそれに伴う処理機能の低下、適正な整備運営に対するし尿処理財源の減少などが課題として指摘されている。また、合わせて、施設の整備運営に関する経済性の向上、環境保全対策の強化、廃棄物系バイオマスの利活用推進、地球温暖化防止対策への貢献などが社会的な要求事項としてあることが指摘されている[10]。

参考文献
1) 厚生労働省：水道の種類（http://www.mhlw.go.jp/topics/bukyoku/kenkou/suido/database/kihon/syurui.html）
2) 水道普及率データ（厚生労働省：水道普及率の推移（http://www.mhlw.go.jp/topics/bukyoku/kenkou/suido/database/kihon/suii.html）と人口データ（（財）矢野恒太記念会：数字でみる　日本の100年　改訂第4版、2000及び環境省：日本の廃棄物処理　平成20年度版（http://www.env.go.jp/recycle/waste_tech/ippan/h20/data/disposal.docoyobi））より作成
3) 厚生労働省：平成21年度版　厚生労働白書（http://www.mhlw.go.jp/wp/hakusyo/kousei/09/dl/02-07.pdf）
4) 人口データ（前出の2）と同じ）、水洗化人口データ（前出の数字でみる　日本の100年）並びに非下水道水洗化人口データ、浄化槽人口データ及びみなし浄化槽人口データ（環境省：日本の廃棄物処理　平成10年度版（http://www.env.go.jp/recycle/waste_tech/ippan/h10/data/waste_disposal.doc）および前出の同20年度版）より作成
5) 国土交通省：汚水処理人口普及状況（http://www.mlit.go.jp/common/000047437.pdf）
6) 国土交通省：これからの下水道の方向性（http://www.mlit.go.jp/crd/sewerage/keikaku/pdf/p2.pdf）
7) 国土交通省：都道府県別汚水処理人口普及状況（http://www.mlit.go.jp/common/000047441.pdf）と総務省：平成20年度汚水衛生処理率（http://www.soumu.go.jp/main_content/000059898.pdf）のデータより作成
8) 環境省：浄化槽について（http://www.env.go.jp/recycle/jokaso/data/kentoukai/pdf/20100419-03env.pdf）、農林水産省：農業集落排水事業の概要（http://www.env.go.jp/recycle/jokaso/data/kentoukai/pdf/20100419-04maff.pdf）
9) 前出の環境省：日本の廃棄物処理　平成10年度版と同平成20年度版のデータより作成
10) 環境省：し尿処理広域化マニュアル（http://www.env.go.jp/recycle/report/h22-04.pdf）

（河村　清史）

3 PFI、SPCの動向

1 PFI手法導入の背景

　PFIとは、Private Finance Initiative（プライベート・ファイナンス・イニシアティブ）の略で、国や地方公共団体が自ら実施してきた公共事業を民間のノウハウ、資金を出来る限り活用して建設、維持管理、運営を行う手法のことである。PFIは、1990年代前半に財政難に陥った英国において小さな政府を目指す中で、公共事業を民営化やアウトソーシングする手法として誕生した新しい社会資本整備・運営の手法である。

　1990年代後半のわが国においては、国や多くの地方公共団体では多大な累積債務を抱え、財政状況が悪化しており、できるだけ支出を削減する必要が生じていた。一方、民間においては、国内需要が頭打ちになる中、これまで公共側が独占してきた公共サービス分野への進出が期待されていた。こうした状況において、官民双方にメリットをもたらす手法としてPFIが注目された。英国の成功例を参考として、公共事業に民間の資金、能力、経験、技術を積極的に活用し、また、市場原理を導入することにより、国や地方公共団体が自ら実施するよりも効率的かつ効果的に公共サービスを提供できることを目指して、PFI手法の導入が図られた。

2 PFIの特徴、動向

(1) 基本理念

　PFIの推進により、低廉かつ良質な公共サービスの提供、民間の事業機会創出による経済活性化とともに、公共サービスの提供における行政の関わり方の改革も期待されている。事業実施に係る総費用を削減するだけでなく、官民が役割分担を明確にしつつ融合することにより、公共サービスの価値を高めようとするものである。

(2) 制度

　制度面では、1999年7月に「民間資金等の活用による公共施設等の整備等の促進に関する法律」（PFI法）が制定され、その後、PFI法に基づく「民間資金等の活用による公共施設等の整備等の事業の実施に関する基本方針」の告示（2000年3月）、PFI事業実施プロセスに関するガイドラインやVFMに関するガイドラインなど関連する5つのガイドラインの順次公表（及び、その後の改正）と、PFI事業実施を促進する制度等が構築された。

(3) VFM（バリュー・フォー・マネー）

　PFI手法で実施するかどうかの判断基準のうち最も重要な概念の1つにVFMがある。VFMとは、「従来型公共事業（国や地方公共団体が自ら実施する場合）の事業期間全体を通じた公的財政

従来型公共事業とPFI事業の比較（図1）

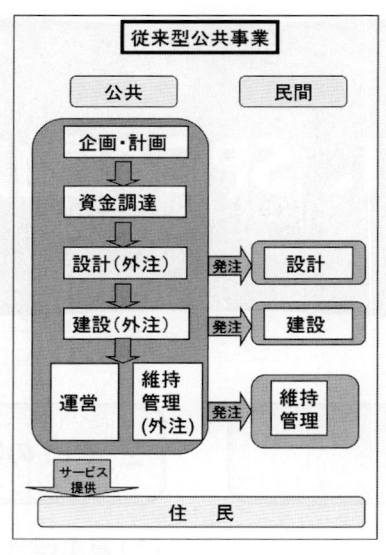

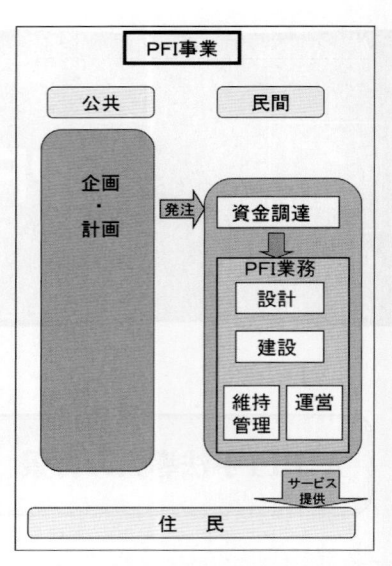

（出典：内閣府　民間資金等活用事業推進室ＨＰ）

負担見込額の現在価値」(A) と「PFI事業として実施する場合の事業期間全体を通じた公的財政負担見込額の現在価値」(B) の差 (A－B) であり、VFMを最大化させることがPFI事業の目的の1つである。競争性、透明性を確保しながら、官民のリスク分担の最適化を図りつつ、民間の資金や経営ノウハウを最大限に活用することにより、VFMの最大化が可能となると考えられている。

(4) 官民の適切なリスク分担

事業実施中のリスク（追加費用や損失など）は、従来型の事業手法においては、基本的に公共主体が負担していたが、PFIでは、「リスクを最も適切に管理することができる者が当該リスクを分担する」ことが原則となる。PFI事業は長期にわたる事業であるため、事業期間全体を通じて想定されるリスクをできる限り明確にした上で、事業全体のリスク管理を効率的に行い、できる限りリスクが顕在化しないよう官民で努力することが求められる。しかし、不可抗力リスクなど不可避的なリスクも想定されるため、あらかじめ官民の間でリスクを明確かつ適切に分担し、それぞれの役割を契約で規定することにより、リスクが発生した場合の損失を最小限に抑え、効率的・効果的な事業の実施を行うことが必要となる。

(5) 事業スキーム

PFI事業においては、公共施設等の管理者等（事業実施主体）が、競争性、公平性、透明性を確保した中で選定したSPC（当該事業を実施するために設立された特別目的会社）とPFI事業契約を締結し、このSPCが事業から得られる収益を担保とした資金調達を行い、公共サービスの提供を実施する。

施設の所有形態により、BTO、BOT、BOO、ROなどに分類される。また、事業費の回収方法としては、独立採算型（選定事業者が利用者からの料金徴収により資金を回収する）、サービス購入型（公共部門から支払われるサービス購入料により資金を回収する）、混合型（利用者からの料金徴収と公共部門から支払われるサービス購入料の両方により資金を回収する）がある。

PFIの一般的な事業スキーム(図2)

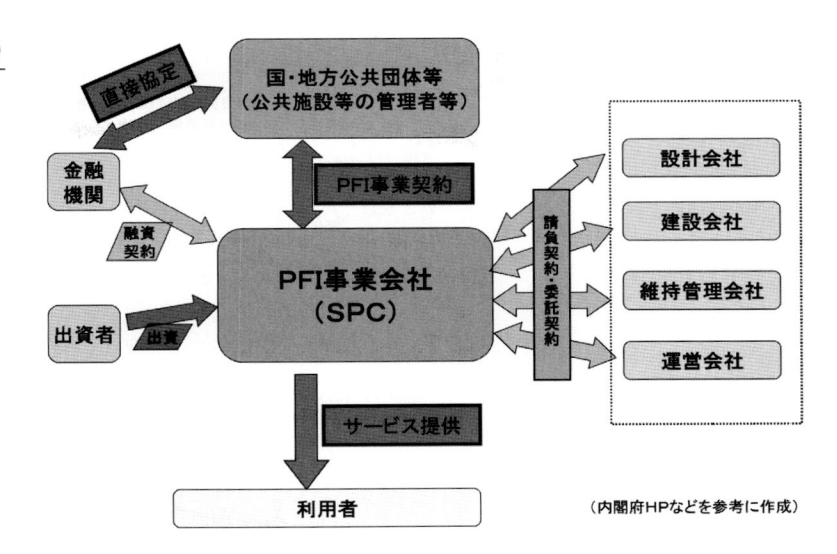

PFIの主な事業方式(表1)

種類	概要
BTO (Build Transfer and Operete)	民間事業者が対象施設を建設し、施設完成直後に公共側に所有権を移転した上で、民間事業者が維持管理及び運営を行う方式
BOT (Build Operete and Transfer)	民間事業者が対象施設を建設し、維持管理及び運営し、事業終了後に公共側に所有権を移転する方式
BOO (Build Operete and Own)	民間事業者が対象施設を建設し、維持管理及び運営し、事業終了時に対象施設を解体・撤去する方式(公共側への所有権移転は無い)
RO (Rehabilitate Operete)	民間事業者が対象施設を改修した後に、その施設の維持管理及び運営を行う方式

(6) 対象施設

PFI法には、PFIの対象となる公共施設等が示されている。
①公共施設(道路、鉄道、港湾、空港、河川、公園、水道、下水道、工業用水道等)
②公用施設(庁舎、宿舎等)
③公営住宅及び公益的施設(教育文化施設、廃棄物処理施設、医療施設、社会福祉施設、駐車場等)
④情報通信施設、熱供給施設、研究施設等

(7) 実施状況

内閣府によると、1999年から2009年の11年間において、実施方針が公表された件数は366件(内訳は、国66、地方公共団体266、その他の公共法人34)である。このうち、サービス提供中で公共負担額が決定している234件であり、事業規模の合計は3兆1135億円、VFMの合計は約6600億円となっている。

事業内容では、学校、庁舎、公営住宅といった建築物が中心であって土木施設はほとんど見られ

PFI事業の実施状況
(事業数(実施方針公表件数)と**事業費の推移**(図3)

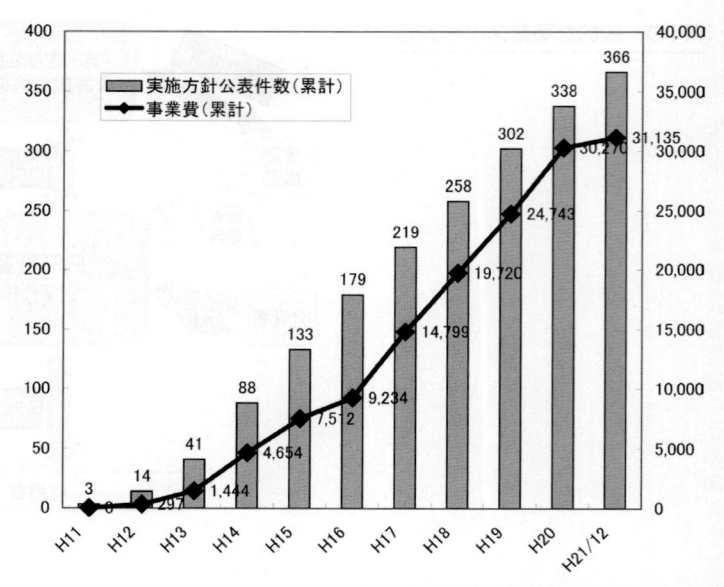

棒グラフ:実施方針公表件数(累計)
折れ線:事業費(累計)

年度	公表件数(累計)	事業費(累計)
H11	3	0
H12	14	297
H13	41	1,444
H14	88	4,654
H15	133	7,512
H16	179	9,234
H17	219	14,799
H18	258	19,720
H19	302	24,743
H20	338	30,270
H21/12	366	31,135

(数値は、内閣府民間資金等活用事業推進室HPより引用)

PFI事業の実施状況(分野別の実施方針公表件数)(平成21年12月末時点)(表2)

(出典:内閣府民間資金等活用事業推進室HP)

分野	国	地方公共団体	その他の公共法人	合計
教育と文化 (文教施設、文化施設 等)	1(1)	82(50)	31(27)	114(78)
生活と福祉 (福祉施設 等)	0	16(14)	0	16(14)
健康と環境 (医療施設、廃棄物処理施設 等)	0	64(42)	2	66(42)
産業 (商業振興施設、農業振興施設 等)	0	14(9)	0	14(9)
まちづくり (道路、公園、下水道、港湾 等)	6(3)	32(28)	0	38(31)
安心 (警察施設、消防施設、行刑施設 等)	7(6)	14(10)	0	21(16)
庁舎と宿舎 (事務庁舎、公務員宿舎 等)	48(18)	7(4)	1(1)	56(23)
その他 (複合施設 等)	4	37(25)	0	41(25)
合計	66(28)	266(182)	34(28)	366(238)

注1)サービス提供期間中に契約解除または廃止した事業(3事業)、及び実施方針公表以降に事業を断念した事業は含んでいない。
注2)( )内はサービス提供中の件数であり、終了した事業(1事業)を含んでいる。

ない。また、事業形態では、サービス購入型（公共部門から支払われるサービス購入料により資金を回収する）が事業数の約7割を占めており、民間事業者自らがサービス提供の対価として料金を得ている事業は3割程度に過ぎない。

水分野で実施方針が公表されているもの（2009年末時点）は、上水道8件、下水道5件、農業集落排水1件、浄化槽10件となっている。

3 SPC（特別目的会社）の動向

PFI事業を実施するSPC（特別目的会社）は、資金調達から、建設、維持管理、運営を行い、公共側からのサービス購入料や利用者からの料金を受け取る一方、出資者等への返済、配当支払を行う。SPCは、金融機関、商社、ゼネコン、メーカー、不動産会社等で構成されることが多い。海外においては、PFIで実施されるインフラ事業には、インフラファンドと呼ばれる投資ファンドがSPCの出資者となるケースが目立っているが、わが国においてはインフラファンドの流入は未だほとんどないと見られている。

4 今後の方向性

(1) 現状における課題

PFI法が施行されて10年以上経過し、事業の数、事業費の累計額は年々増加し、多くの分野において公共が自ら実施するよりも効果を挙げていると言える。反面、需要予測が非常に甘かったり、官民のリスク配分が不適切であったりして破綻した事例（タラソ福岡、高知医療センターなど）が発生している。また、道路、港湾、空港、鉄道、下水道など土木系インフラにおいては、いわゆる公物管理の枠組みがあるため、民間事業者の関与は維持管理等の事実行為の受託は行われているものの、事業運営まで行うPFIの実施はほとんどない。

今後、PFI制度の一層の活用を図っていくためには、これまでの多くの実績、課題、改善すべき点等について官民双方において事例研究を重ね、ノウハウを蓄積、共有化を図っていくことが望まれる。あわせて、民間事業者が参入しやすくなるような制度改正（例えば、公物管理制度の見直し、税制・会計面での優遇措置）を大胆に実施することが求められる。

(2) PFIからPPPへ

公共部門が整備し、管理・運営しているインフラ施設（道路、港湾、空港、鉄道、下水道など）については、今後、施設の維持管理や改修、更新に必要な費用が増加していくものと予想される。一方で、国、地方公共団体ともに財政状況が逼迫している（国と地方をあわせた長期債務残高は2010年度末時点で約860兆円となる見通し。わが国のGDPの約1.8倍の規模にも達している。）ことから、上述したPFIの課題を解決し、民間の資金とノウハウをより一層活用することが求められている。

このため、PFIの概念をさらに拡大したPPP（Public Private Partnership）の推進が期待されている。PPPとは、公共サービス提供において、何らかの形で民間が参画する官と民のパートナーシップであり、サービスの属性により、民間委託、指定管理者、PFI、民営化などが考えられる。

わが国政府は、2010年6月に閣議決定した「新成長戦略」の中に、PPP/PFIの事業規模を2020年までに10兆円とするという目標を明記している。この目標達成に向けて、公共インフラへのPPP/PFIの活用について民間等からの提案募集を行っており、今後は必要な法令等の改正も視野に入れながら、大規模インフラ施設への積極的な民間参入促進を目指すものと思われる。また、民間シンクタンクなどではインフラファンドの活用の必要性が指摘されており、国内資金のみならず海外資金の流入も模索されるものと考えられる。

水分野のPFI事業（実施方針が公表された事業）（平成21年12月末時点）（表3）

区分	事業名称	公共施設等の管理者等	方式	実施方針公表日
上水道施設	朝霞浄水場・三園浄水場常用発電設備等整備事業	東京都	BOO	H12.11.1
	寒川浄水場排水処理施設特定事業	神奈川県	BTO/RO	H14.8.1
	大久保浄水場排水処理施設等整備・運営事業	埼玉県	BTO	H15.10.20
	江戸川浄水場排水処理施設整備等事業	千葉県	BTO	H15.10.30
	知多浄水場始め4浄水場排水処理施設整備・運営事業	愛知県	BTO	H16.11.29
	川井浄水場再整備事業	横浜市	BTO	H19.12.14
	北総浄水場排水処理施設設備更新等事業	千葉県	BTO	H20.11.10
	豊田浄水場始め6浄水場排水処理施設整備・運営事業	愛知県	BTO	H21.11.13
下水道施設	森ヶ崎水処理センター常用発電事業	東京都	BTO	H13.9.5
	横浜市下水道局改良土プラント増設・運営事業	横浜市	BTO	H14.9.10
	津守下水処理場消化ガス発電設備整備事業	大阪市	BTO	H17.3.2
	横浜市環境創造局北部汚泥資源化センター消化ガス発電設備整備事業	横浜市	BTO	H19.9.4
	黒部市下水道バイオマスエネルギー利活用施設整備運営事業	黒部市	BTO	H20.1.31
農業集落排水施設	加須大越処理区農業集落排水事業	加須市	BTO	H18.5.19
浄化槽	香春町浄化槽整備推進事業	香春町	BTO	H15.12.25
	壮瞥町管理型浄化槽整備事業	壮瞥町	BTO	H16.10.20
	三次市浄化槽市町村整備推進事業	三次市	BTO	H17.4.11
	紫波町管理型浄化槽整備事業	紫波町	BTO	H17.4.25
	富田林市浄化槽整備推進事業	富田林市	BTO	H17.7.15
	奥州市（水沢区）市営浄化槽整備事業	奥州市	BTO	H18.6.2
	十和田市浄化槽整備推進事業	十和田市	BTO	H18.7.14
	宮古市浄化槽事業	宮古市	BTO	H19.4.17
	紀宝町営浄化槽整備推進事業	紀宝町	BTO	H19.10.19
	唐津市浄化槽市町村整備推進事業	唐津市	BTO	H20.1.18

下水道におけるPFIの事例（東京都森ヶ崎水再生センターの消化ガス発電）（図4）

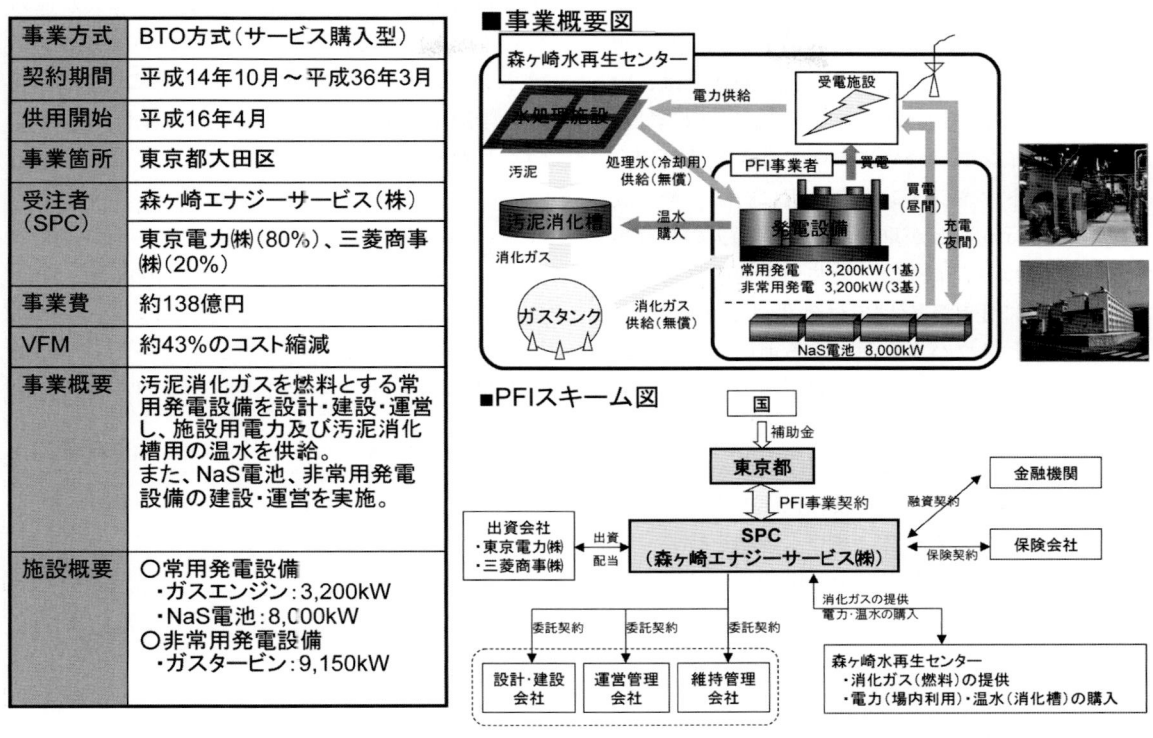

事業方式	BTO方式（サービス購入型）
契約期間	平成14年10月〜平成36年3月
供用開始	平成16年4月
事業箇所	東京都大田区
受注者（SPC）	森ヶ崎エナジーサービス(株)
	東京電力(株)(80%)、三菱商事(株)(20%)
事業費	約138億円
VFM	約43%のコスト縮減
事業概要	汚泥消化ガスを燃料とする常用発電設備を設計・建設・運営し、施設用電力及び汚泥消化槽用の温水を供給。また、NaS電池、非常用発電設備の建設・運営を実施。
施設概要	○常用発電設備 ・ガスエンジン：3,200kW ・NaS電池：8,000kW ○非常用発電設備 ・ガスタービン：9,150kW

■事業概要図

■PFIスキーム図

（国土交通省公表資料より）

公共インフラにおける今後の方向（図5）

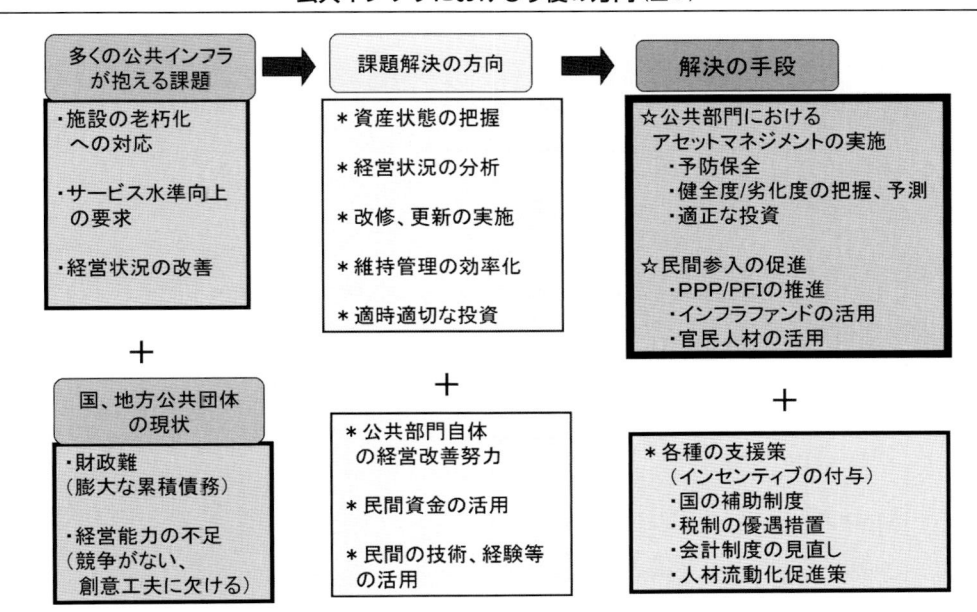

多くの公共インフラが抱える課題
- 施設の老朽化への対応
- サービス水準向上の要求
- 経営状況の改善

＋

国、地方公共団体の現状
- 財政難（膨大な累積債務）
- 経営能力の不足（競争がない、創意工夫に欠ける）

→ **課題解決の方向**
- ＊資産状態の把握
- ＊経営状況の分析
- ＊改修、更新の実施
- ＊維持管理の効率化
- ＊適時適切な投資

＋

- ＊公共部門自体の経営改善努力
- ＊民間資金の活用
- ＊民間の技術、経験等の活用

→ **解決の手段**
☆公共部門におけるアセットマネジメントの実施
- 予防保全
- 健全度/劣化度の把握、予測
- 適正な投資

☆民間参入の促進
- PPP/PFIの推進
- インフラファンドの活用
- 官民人材の活用

＋

＊各種の支援策（インセンティブの付与）
- 国の補助制度
- 税制の優遇措置
- 会計制度の見直し
- 人材流動化促進策

（3）アセットマネジメントの重要性

　国において公共インフラへのPPP/PFIの活用が推進される中で、多くの地方公共団体では、いきなりPPP/PFIを目指すのではなく、まずは、公共部門のインフラ施設については、公共部門自らがアセットマネジメントを確実に行い、経営改善の努力を行うことが重要である。過去のPFI事例をみればわかるように、公共側が何の対策も打たずに民間に任せるだけでは効果は上がらない。民間の資金とノウハウを活用する前に、公共側が取り組むべきことを行い、民間事業者にとっても参入メリットが大きくなるような状態を作ることが求められる。具体的には、官庁会計から企業会計に移行するとともに、施設の状態の客観的な把握と劣化度の蓄積データに基づく予測を行い、予防保全を基本とした保守保全と維持管理の効率化を実現し、さらに、投資の最適化、平準化を行う、すなわちアセットマネジメント手法の導入が進められるべきであろう。公共部門においてアセットマネジメントがしっかりと行われることにより、PPP/PFI等の民間企業の参入の具体化が進んでいくと考えられる。

参考文献
1) 内閣府民間資金等活用事業推進室/PFIの現状について　2010年2月1日/2010
2) 土木学会建設マネジメント委員会・土木計画学委員会/土木学会全国大会研究討論会における「日本のインフラ事業におけるPFI/PPPの再考」（概要版）/2009年9月3日/2009
3) 福田隆之、竹端克利/財政運営におけるPFI、PPPの普及とインフラファンドの活用の必要性/知的資産創造 2009年12月号/40-55/2009
4) 国土交通省総合政策局政策課/新たなPPP/PFI事業に関する説明資料　2010年8月/2010

（植田達博）

4 水環境保全行政の動向

1 水環境行政の歴史

　我が国の水質保全に係る法制度は、第二次大戦後の産業復興期に、水質汚濁が大都市を中心に次第に拡大し、重大な公害問題が顕在する中、昭和33年に旧水質二法が制定されて、水質汚濁問題に対処する取組が始まった。

　その後、昭和42年の公害対策基本法の制定を経て、昭和45年に、旧水質二法に代わって新たに水質汚濁防止法が制定され、全国一律の排水規制や排水基準違反への直罰など法制度の整備が進んだ。その後も内海や湖沼といった閉鎖性水域において水質汚濁の進行、赤潮の多発などの環境悪化が健在化したため、昭和48年に瀬戸内海環境保全特別措置法、昭和53年に水質総量規制、そして昭和59年には湖沼水質保全特別措置法などの法制化などが進められた。

　このような経過を経て激甚な水質汚濁問題は克服されてきたが、国民の日常生活や通常の事業活動に伴う環境負荷が増大したことや地球環境問題の顕在化などを受けて、平成5年には環境基本法が制定され、環境の保全に関する施策を総合的かつ計画的に推進する体制が整えられた。また、平成9年に環境影響評価法が制定され、事業者が事業の実施前に環境への影響を調査・予測・評価する仕組みが法的に担保され、水環境保全のための取組が進んだ。

　近年における水質汚濁の状況を見ると、依然として閉鎖性水域の水質改善が進んでいないこと、有害物質による汚染の潜在的なリスクがなお残っていることなどが課題となっている。このため数次にわたる水質汚濁防止法の改正による地下水汚染対策、生活排水対策及び海域における富栄養化対策等の強化に加え、環境基準の健康項目の拡充等がなされた。また、平成17年には湖沼水質保全特別措置法が改正され、流出水対策や湖辺の環境保護を図る制度が導入された（図1に水環境行政の経緯を示す）。

　さらに、平成22年には事業者による汚水の排出状況の測定結果に係る記録改ざん等に対する罰則の創設や汚水の流出事故による被害拡大の防止を目的とした水質汚濁防止法の改正が行われた。

2 望ましい水環境像

　水環境に関しては、「場の視点」と「循環の視点」が重要であり、水質、水量等という水環境の構成要素を個々に独立して捉えるのではなく、総合的に捉える必要がある。環境基本計画においても、水環境については流域の特性に応じた水質、水量、水生生物、水辺地等の構成要素を総合的に捉えて、対策を推進すべきことが強調されている。

　水環境の総合的な視点のうち、「場の視点」からは、河川、湖沼、海域、地下水などのそれぞれの場で、良好な水質を基本としつつ、親水性等の人と水との関わりや水圏生態系・生物多様性の保全など、良好な水環境の創造を目指すべきである。

水環境行政の経緯(図1)

(出典:環境省, 2009a)

「循環の視点」からは、気候変動への対応、流域全体の土地利用や土砂の移動、地下水涵養の状況を踏まえた環境保全上健全な水循環の確保を目指す必要がある。

第三次環境基本計画において、良好な水環境の構成要素については、以下のような目標を掲げている(図2)。

水　質…水環境・土壌環境において、人の健康の保護、生活環境の保全、さらには、水生生物等の保全の上で望ましい質が維持されること

水　量…平常時において、水質、水生生物等、水辺地の保全等を勘案した適切な水量が維持されること。土壌の保水・浸透機能が保たれ、適切な地下水位、豊かな湧水が維持されること

水生生物…人と豊かで多様な水生生物等との共生がなされること

水辺地…人と水とのふれあいの場となり、水質浄化の機能が発揮され、豊かで多様な水生生物等の生育・生息環境として保全されること

3　水質環境基準

環境基本法に基づく水質環境基準は、人の健康の保護に関する基準と生活環境の保全に関する基準とに分けて定められている(環境省ホームページ参照)。人の健康の保護に関する基準は、カドミウム、シアン、総水銀など(公共用水域27項目、地下水28項目)が、また生活環境項目については、河川についてはBODなど、湖沼及び海域についてはCOD、窒素、リンなどの項目について設定されている。

人の健康の保護に関する環境基準(健康項目)は、平成20年度の公共用水域における環境基準達成率が99.0%であり、ほとんどの地点で環境基準を満たしている。一方、生活環境の保全に関する環境基準(生活環境項目)のうち、有機汚濁の代表的な水質指標である生物化学的酸素要求量(BOD)又は化学的酸素要求量(COD)の平成20年度の環境基準達成率は87.4%となっている。水域別では、河川92.3%、湖沼53.0%、海域76.4%となっており、河川における達成率は高く、年々上昇傾向にある。海域では達成率は近年横ばいであ

望ましい水環境像（図2）

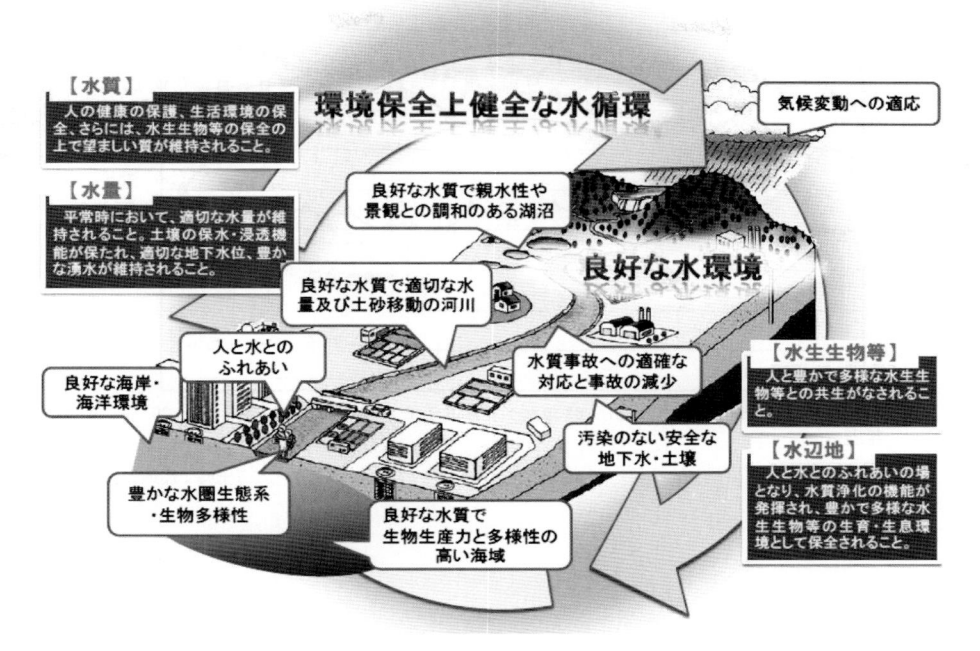

（出典：環境省, 2009b）

るが、湖沼では依然として達成率が低い状況にある（図3）。

4 総量規制

　水質総量削減制度は、人口、産業の集中等により汚濁が著しい広域的な閉鎖性海域の水質汚濁を防止するための制度であり、昭和53年に水質汚濁防止法及び瀬戸内海環境保全特別措置法の改正により導入された。本制度においては、環境大臣が、指定水域ごとに、発生源及び都道府県の削減目標量、目標年度その他汚濁負荷量の総量の削減に関する基本的な事項を総量削減基本方針として定め、これに基づき、関係都道府県知事が、削減目標を達成するための総量削減計画を定めることとされている。現在の指定水域は東京湾、伊勢湾及び瀬戸内海の3海域となっている。

　平成21年度までに6次にわたる総量規制が実施された。指定海域の水質は改善傾向にあるものの、環境基準達成率は十分ではなく、富栄養化に伴う問題が依然として残っている。

　閉鎖性海域の海域別のCODの平成20年度の環境基準達成率は、東京湾は73.7％、伊勢湾は56.3％、大阪湾は66.7％、大阪湾を除く瀬戸内海は72.0％となっている。

　また、湖沼水質保全特別措置法に基づく11の指定湖沼は、いずれもCODの環境基準を達成していない。

　そこで、「第7次水質総量削減の在り方について」

環境基準達成率の推移（BOD又はCOD）（図3）

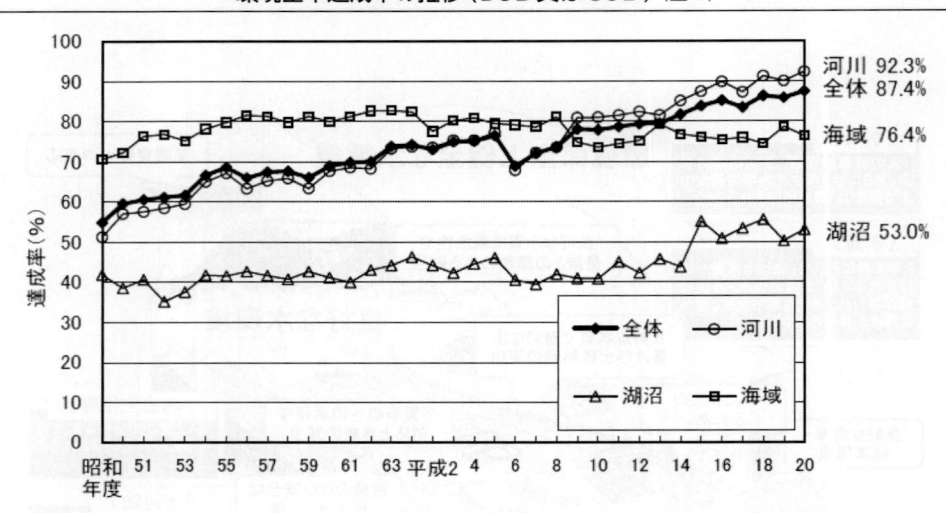

（出典：環境省，2009c）

（平成22年3月中央環境審議会答申）においては、第7次水質総量削減の目標年次を平成26年度とし、汚濁負荷削減対策、生活系汚濁負荷量の削減対策、干潟・藻場の保全・再生、底質環境の改善等を進めることとされた。

この他、上記答申においては、閉鎖性海域における水環境を評価する環境基準としては、これまでCOD、T−N、T−Pを用いてきているが、環境基準による「生活環境」では、単に人の生活及び人の生活に密接な関係のある財産ばかりでなく、人の生活に密接な関係のある動植物及びその生育環境をも含めることとしている。水生生物の生育・生息や、必要に応じてその持続的な利用も考慮した閉鎖性海域の環境改善に向けて、広く水生生物（特に底生生物）の生息に影響を与える主要な要素の一つと考えられる低層DO（溶存酸素量）及び水生生物の育成などや親水環境の要素も併せて示す透明度について、環境基準化を見据えた検討を行うことが必要であるとされた。

参考文献
1) 環境省，2009a，今後の水環境保全に関する検討会（第2回）資料，平成21年10月
2) 環境省，2009b，今後の水環境保全の在り方について（中間とりまとめ），平成21年12月，今後の水環境保全に関する検討会
3) 環境省，2009c，平成20年度公共用水域水質測定結果，平成21年11月
4) 環境省ホームページ，http：//www.env.go.jp/kijun/mizu.html

（竹本明生）

5 地球温暖化対策

1 基本的な考え方

　地球温暖化問題と水問題の間の関係は大きく2つの種類の問題がある。第一は、温暖化によって降水量・気温が変化し、海面上昇が生じることによって水資源と水環境が影響を受けるという側面である。もう一つの側面は、人間が水資源を用いることによって、上水道や下水道を通じて温暖化の原因となる温室効果ガスを排出しているという点である。また水資源と水環境に対する影響と適応に関しては、人間活動の増大によって脆弱性が増すという傾向が、人口が増加している開発途上国ではしばしば見られる。

2 水分野への影響と適応

(1) 水資源

　わが国のように、梅雨期や台風に伴う降水量が大きい地域では地球温暖化に伴う豪雨とそれに伴って生じうる洪水が懸念される。日本全体としての水資源賦存量は大きいものの、地域によっては一人あたりの賦存量は小さい。そのような地域では現状でも渇水が大きな問題となっている。渇水が更に極端になれば、深刻な被害が生じる。このように、洪水と渇水の両者に対して影響が生じることが考えられ、それらに対する適応策を講じることが必要になっている。

　このような洪水及び渇水の対策は長期にわたる基盤施設の運用に関わることから、シミュレーションによる将来の予測がなされている[1]。温暖化に伴う豪雨の予測をそれが生じる確率も考慮して推定したところ、日本国内でも場所によって大きく異なること、太平洋沿岸や山岳地域の豪雨が大きくなることが予測されている。日本全体では図1に示すように、同じ確率で生じる降雨の強度が年々増加することがモデルによって予測されている[1]。このような降雨が生じる確率の変化は、過去の降雨の解析に基づいて推定した降雨の生起確率に基づく治水施設の設計理論の根幹にも影響を与えるものである。

　短時間に生じる降雨強度の増加は下水道による都市部の雨水排除に大きな影響を及ぼす。原因が地球温暖化によるものかは明らかではないが、近年「ゲリラ豪雨」と呼ばれる、短期間に極めて強い降雨が生じる現象が増加しており、下水道の雨水排除能力を超えて内水氾濫を起こす現象が生じている。このような事態に対しては、下水道の雨水排除能力の増強と共に、雨水貯留、土壌浸透を行うなどの流出抑制対策が必要である。

　一方、水資源の面からは降水量のみならず、積雪量の変化も大きな要因となる。従来は積雪として自然のダムの役割を果たしていた水資源が、温暖化のために降雪が積雪として蓄えられず冬季に河川に流出してしまう。このような積雪の減少は春の農業の水需要期の渇水の原因となる。すなわち、年間を通じた水資源の量が減少しなくても、需要期に不足するという事態が生じる。地域による渇水の可能性を評価したシミュレーションで

モデルで予測される将来の降雨強度の増加[1]
（図1）

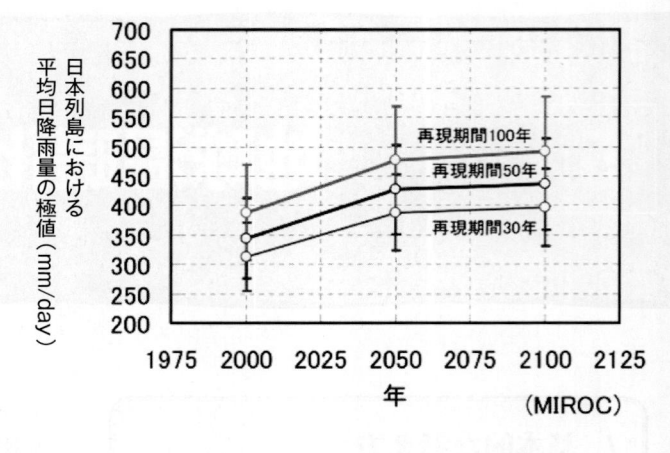

は、特に九州南部と沖縄において水需要が逼迫することが推定されている[1]。水資源の有効な利用技術、下水処理水の再利用、さらには異なる用途間の水資源の融通など、が適応策として考えられる。

(2) 水環境

水質を始めとした水環境の状態を規定するものは、汚濁負荷、水量とそこで生じる反応である。

気候変動の結果水温は上昇する。その結果、微生物による反応は促進される一方で、溶存酸素の飽和濃度は低下する。そのため、一般的には有機物による水質汚濁、富栄養化問題とも、悪化する傾向がある。一方で河川や湖における水量については、気候変動の結果増加する地域もあれば減少する地域もあり、また予測も不確かである。一概に気候変動が悪い影響を与えるとは限らない。これらの気候変動の影響に対する基本的な対策は汚濁負荷を削減することである。この対策は温暖化が生じなくても進めるべき対策であるから、従来の水質汚濁対策を進めることが、温暖化に対する対策になると言うことができる。

3 水分野からの温室効果ガスの排出

人間は水を利用するために水の浄化を行い、水の利用後には排水が生じる。排水は排水処理を行ったのち、水環境に戻る。水環境は自然の循環の力によって水を再生する。このような一連の水の循環のうち、人間の関与が原因となって温室効果ガスの排出が生じる。

(1) 水環境からの排出

人間活動に起因する汚濁物質を含む水が水環境に排出されると分解を受ける。その際温室効果ガスが排出されることがある。

まず、BODやCODで代表される有機成分が水環境中で分解して発生する二酸化炭素は人為的な二酸化炭素に算入しない。これは、排水の起源をたどっていくと、空気中の二酸化炭素を光合成で固定した植物にさかのぼるからである。しかし、嫌気的な分解によってメタンが発生する場合には、メタンが二酸化炭素よりも温室効果が大きく、重量基準では後者の21倍に達するため、人為的な温室効果ガスとして計上する必要がある。有機汚濁の激しい水環境中では嫌気状態が形成され、

水環境中の亜酸化窒素の生成と分解（図2）

水環境中の亜酸化窒素生成・分解

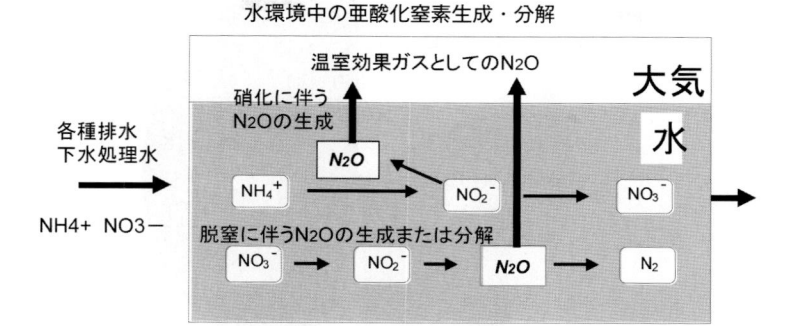

各種排水
下水処理水
NH4＋ NO3－

硝化に伴うN₂Oの生成
温室効果ガスとしてのN₂O
NH₄⁺ → N₂O → NO₂⁻ → NO₃⁻ →
脱窒に伴うN₂Oの生成または分解
NO₃⁻ → NO₂⁻ → N₂O → N₂

大気
水

メタンが発生している。

　水環境から発生するもう一つの温室効果ガスは亜酸化窒素（一酸化二窒素、N_2O）である。図2に示すように、各種排水や、窒素を含んだ下水処理水、あるいは無機窒素が水環境に流入した場合、アンモニア性窒素が硝化する過程で副生成物として、また硝酸性窒素が脱窒する過程で中間体として亜酸化窒素が生成する可能性がある。しかし、その生成量は多くの因子の影響を受け、一定していない。

　これらの水環境からの排出を削減するためのもっとも効果的な方法は排水処理である。水環境に汚濁物質が排出される前に排水処理によって有機物あるいは窒素を除去することによってメタンおよび亜酸化窒素の排出を未然に防ぐことができる。ただし、これらの温室効果ガスは排水処理のプロセスにおいても排出する可能性があるため、良好なプロセスの管理によって排出を防ぐことが必要である。

(2) 上下水道からの排出の概略

　人間活動を維持するために用いられる上下水道は温室効果ガスの排出をともなう。その排出には建設時の排出と運用時の排出があるが、ここでは主として運用時の排出を取り上げる。上水道においてはその浄水と給水のために用いられる電力を始めとしたエネルギーが温室効果ガスの排出源となる。下水道においては、このようなエネルギー由来の温室効果ガスに加えて、有機物および窒素を含む下水と下水汚泥を扱うことに起因するメタン、あるいは亜酸化窒素の排出が無視できない。

　ここでは、下水道由来の排出について詳しく見てみよう。図3に示すのはわが国の下水道事業から発生する温室効果ガスを二酸化炭素換算で表した比率である[2]。これらの総量は約680万トン（2005年現在）[2]と推定され、これは日本の総排出量の0.5%に相当している。

　下水道事業からの温室効果ガスの排出の特徴は、メタンと亜酸化窒素の比率が相当に高い点である。とはいえ、一番高い比率を占めているのは電力由来の二酸化炭素であり、下水処理場におけるばっ気のための動力と汚泥処理のための動力が発生源となっている。

(3) 下水道分野における排出削減対策

　いまや下水道事業は資源循環のなかで重要な役割を担っている。従って、単に事業の場で発生する温室効果ガスの削減のみならず、バイオマスとしての下水汚泥や炭化物を他事業に提供することによる温室効果ガス削減も可能である。

日本の下水道事業由来の温室効果ガス排出内訳[2]（図3）

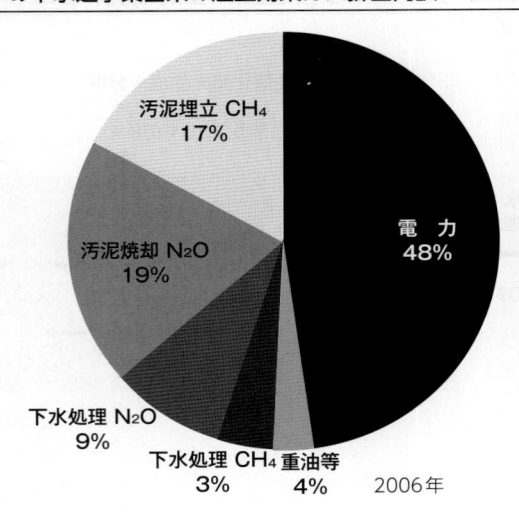

- 電力 48%
- 汚泥埋立 CH_4 17%
- 汚泥焼却 N_2O 19%
- 下水処理 N_2O 9%
- 下水処理 CH_4 3%
- 重油等 4%

2006年

下水道における温室効果ガス排出削減対策の分類（表1）

対策の分類	対策の内容	具体例
エネルギー消費由来の二酸化炭素対策	省エネルギー	ブロアーの風量制御、ポンプの改善、酸素移動効率の改善
	燃料の炭素強度低減	重油から都市ガスへの転換、夜間電力の利用と貯蔵、グリーン電力の購入
プロセス由来温室効果ガス対策	メタン	最初沈殿池の管理、汚泥埋め立ての回避
	亜酸化窒素	高温焼却導入、窒素除去プロセスの管理
再生可能エネルギー生産	メタンの生産	厨芥などとの混合消化によるエネルギー収支改善
	燃料の生産	固形燃料化（炭化）
	下水熱利用	下水熱利用地域冷暖房
	太陽光発電	敷地の有効利用

表1に下水道事業の運用時の対策例を分類したものを示す。①エネルギー消費由来の二酸化炭素対策、②プロセス由来温室効果ガス対策、③再生可能エネルギー生産、にここでは分類している。これらはいずれも並行して行いうるものであり、総合的に対策を進めていくことが必要である。

エネルギー消費由来の二酸化炭素対策は、省エネルギーと、二酸化炭素の排出の小さいエネルギーの利用の両者からなる。

具体的な省エネルギー対策としては、曝気のためのブロワの設備更新と管理、酸素移動効率の高い散気装置の導入、ポンプの運転管理などの機械設備の見直しがある。

一方、燃料については、重油などの石油類に比べ、都市ガスの方がエネルギーあたりの二酸化炭素排出量は70－75%程度であるから、都市ガス

への切り替えは二酸化炭素の削減につながる。また、バイオマスである木材を汚泥焼却の燃料に用いることができれば二酸化炭素排出をその部分はゼロにできる。

次にメタンについては、水環境の場合と同様嫌気状態で発生するので、通常の下水処理では最初沈殿池が発生しやすく、適切な管理によって減らすことができる。

水処理工程で発生するもう一つの温室効果ガスは亜酸化窒素である。その発生の原理は図2に示した水環境の場合と同じであるが、窒素除去プロセスでの生成量は状況によって大きく変化し、その予測と管理方法は十分に確立していない。一般的には、良好な状態で窒素除去を行うことが亜酸化窒素の発生を抑制するための窒素除去プロセスにおける基本的な対策となる。

亜酸化窒素の別の発生源として汚泥焼却がある。とりわけ流動床を用いて通常の800℃程度で焼却を行うときにはその生成量はかなり大きくなる。それに対して、焼却温度を850℃程度にまで上昇させた高温焼却では亜酸化窒素の排出量を相当程度抑制することが可能であることが実際に分かっている[3]。調査などをもとにして政令[4]で定めた標準的な値によれば、通常焼却から高温焼却に変更することによって亜酸化窒素排出量を57%削減できる。

もっとも、高温で焼却するためには補助燃料が必要になりその化石燃料由来の二酸化炭素の排出が増加するが、この化石燃料の増加による二酸化炭素の排出増加分は亜酸化窒素の減少に比べてはるかに小さく、高温焼却が有効な温室効果ガス排出削減対策であることが示されている[3]。

下水汚泥からのメタン消化は確立した技術としてバイオマスである下水汚泥を燃料に転換できる。しかしながら、有機物の濃度が低い下水汚泥のみではエネルギー収支で大きく余剰が出るような状況にはなかなか至らない。そこで、下水汚泥よりは有機物濃度が高い厨芥などと混合消化することによってメタン生成量を増加させることが積極的に考えられ、一部実行に移されている。

近年注目されているのは、固形燃料化（炭化）である。完全に汚泥を焼却するのではなく、炭素としての燃料の価値を残して燃料に換えるプロセスである。この場合、生産された固形燃料は下水処理場外に搬出されて燃料として用いられる。このような燃料の需要先としては電気事業者がある。電気事業者はRPS法（電気事業者による新エネルギー等の利用に関する特別措置法）によって新エネルギーを一定量用いることが義務づけられている。下水汚泥から生成された固形燃料が石炭火力発電所で燃料として用いられる場合、石炭由来の二酸化炭素を削減する効果がある。汚泥焼却を行わないことにより、下水処理場側で亜酸化窒素生成を回避し補助燃料に伴う二酸化炭素排出を削減すると共に、この石炭代替効果が期待される。もっとも、この固形燃料化が実際に機能するには、輸送の必要性が生じるため、ある程度の距離の範囲に需要者である発電所などが立地している必要がある。

このほか、下水熱の利用も対策として実施されている。とりわけ、冬季には下水の温度は気温よりも相当高くなるため、この温度差を利用すると省エネルギーが可能である。ただし、そのためには地域冷暖房と組み合わせることが必要になるため、ある程度建物密度が高い都心地域に適用が限られる。

参考文献
1) 環境省温暖化影響総合予測プロジェクトチーム：地球温暖化「日本への影響」－最新の科学的知見－　2008
2) 国土交通省　「下水道における地球温暖化防止推進計画策定の手引き」（改訂版）（2009年3月）
3) 宮本 彰彦、坂巻 兵衛、原島 光雄「汚泥処理における温室効果ガス排出量削減調査」東京都下水道局技術調査年報 2004、241－251.
4) 地球温暖化対策の推進に関する法律施行令（2010年3月改訂）

（花木　啓祐）

Ⅰ 世界の水事情編

3章

水ビジネス国際展開と その戦略的課題

1. 国際水ビジネスの動向
2. 世界各国の戦略
3. 海水淡水化市場
4. 下水の再利用…日本発のMBR技術
5. 海外における水ビジネス展開の事例と課題

1 国際水ビジネスの動向

現在、欧米や新興国そして巨大企業を中心に水ビジネスが過熱している。2025年に世界の水ビジネス市場は80兆円から120兆円市場になるという試算もある[1]。

OECD等の報告では、2030年までの公共インフラ投資総額は41兆ドル（OECDとBRICSの合計）と見込まれ、50%以上が水インフラへの投資（22.6兆ドル）である。（通信インフラ投資は15兆ドル、道路は7.8兆ドル、電力は9兆ドル）また水インフラには年間1兆ドルの投資が見込まれている。英国の調査会社グローバルインテリジェンス社の水ビジネス市場予測では、2025年には約87兆円と予測している。その事業分野として①上水道、②海水淡水化、③工業用水、④排水の再利用、⑤下水道の5分野に分類している。その中で上下水道分野（①＋⑤）は、全体市場の85%に当たる74.3兆円の市場規模を見込んでいる（表1）。

1 世界水ビジネスの見通し

新興国やアジア諸国において、人口の増加、経済発展、工業化の進展、個人的には生活様式の変化（水洗トイレの普及、入浴、庭への散水）などにより、急速に水需要が高まることが見込まれている。

地域別に見ると、東南アジア、中東、北アフリカ地域が、年間10%以上の成長が見込まれる。また2025年予測では、アジア・太平洋地域が世界最大の水ビジネス市場になると予測されている（表2）。

世界水ビジネス市場の成長見通し（表1）

GWI/Global Water Market 2008

	素材・設計・建設	管理・運営サービス	合計
上水道	19.0兆円	19.8兆円	38.8兆円
海水淡水化	1.0兆円	3.4兆円	4.4兆円
工業用水	5.3兆円	0.4兆円	5.7兆円
排水再利用	2.1兆円		2.1兆円
下水道	21.1兆円	14.4兆円	35.5兆円
合計	48.5兆円	38.0兆円	86.5兆円

今後の水ビジネス市場成長率（表2）

GWI/Global Water Market 2008

国・地域	市場成長率・予測 （2025年まで）
サウジアラビア	15.7%
インド	11.7%
中国	10.7%
東南アジア	10.6%
中東・北アフリカ	10.5%

2 先進国、新興国では上下水道の民営化が加速

　海外の先進国では、もともと「水」はビジネスの対象だったといえる。日本とは異なり、多くの国で上下水道事業が民間企業のビジネスになっている。上下水道の事業は、本来、公的セクターが社会インフラとして構築すべき事業である。しかし、途上国では技術が無く、しかも資金難に直面している、先進国では建設後、財政難に喘ぐ公的セクターが多く、施設老朽化への対応が困難になっている。そこで頭角を現したのが、上下水道事業経営ができる民間企業である。

　イギリスでは上下水道の民営化が100%（スコットランド、アイルランドを除く）、フランス80%、中南米ではチリとアルゼンチンで50%以上、スペイン60%、ドイツ20%、アメリカ15%。アジアでも韓国、中国などで民営化は着実に進行している。ほかにもオセアニア、ラテンアメリカ、地中海、アフリカなど世界中の新興国に水道民営化の波は押し寄せている。2006年時点では、世界の上下水道民営化率はおよそ10%だったが、2015年には16%に拡大するとの予測も出されている。このように世界水ビジネスは進展し、しかも民営化も進むものと見込まれている。

3 世界の上下水道民営化市場を寡占する「水メジャー」

　水メジャーは、フランス系のスエズ、ヴェオリア、そしてイギリスのテムズ・ウォーターが名を連ねている。2000年時点で、世界の民営化された上下水道事業はこの上位3社が寡占している。この3社は別名「ウォーターバロン（水男爵）」とも呼ばれている（表3）。

（1）スエズGDF社（フランス）…水メジャー

　その名のとおり、スエズ運河を建設したスエズ社が母体企業（1858年創業）。現在は、水道をはじめ、電力、ガス、廃棄物処理事業を行う、ヴェオリア同様のコングロマリット企業である。スエズ社時代には、一時、中南米市場からの撤退など苦境に立ったこともあったが、それでも2008年時点で水関連部門の売上は69億ユーロ（8600億円）。常設営業拠点は70カ国で給水人口は世界五大陸で1億2千万人（給水人口7600万人、下水処理4400万人）。利益（7億ユーロ、約900億円）は前年度比5.1%増である。

　水処理技術で有名なデグレモン社はスエズの子会社であり、特に海外向け上下水道施設の建設や海水淡水化装置などに強い。最近では2009年7月、オーストラリア最大の海水淡水化プロジェクト（50万トン／日、約2800億円）をヴィクトリア州から獲得している。

（2）ヴェオリア・ウォーター社（フランス）…水メジャー

　フランス・リヨン市で1853年に創業。母体は、ジェネラル・デ・ゾー。1998年にヴィベンディに社名変更し、さらに情報メディア部門へ乗りだし米国のユニバーサル社を買収したが、失敗に終わった。2000年に企業イメージを一新し、水道・廃棄業務門に特化したヴェオリア・エンヴァイロメントとして独立している。エネルギー事業、廃棄物事業、交通など公共インフラ事業を主体とし

水メジャーの概要（2008年末）(表3)

社名	ヴェオリア	スエズ
設立	1853年水供給会社として ジェネラル・デ・ゾー設立。 2002年からヴェオリア・ウォーター	1880年水供給会社として リヨネーズ・デ・ゾー設立。 2008年からスエズGDF
水部門売上	126億ユーロ（約1兆6千億円） 欧州売上比率:73.4% アジア・太平洋:10.6%	69億ユーロ（約8600億円） 欧州売上比率:80% アジア・太平洋:6%
給水人口	8050万人、浄水施設5176カ所	7600万人、1746カ所
下水処理人口	5853万人、3140カ所	4400万人、1535カ所
従業員数	64カ国、93,433人	70カ国、65,400人
常設管理運営拠点	64カ国	25カ国

（各社のホームページより　GWJ作成）

ている。総合的な水処理事業は、その傘下のヴェオリア・ウォーター社が担当している。

　2008年時点で、水関連部門の売上で126億ユーロ（約1兆6千億円）、従業員は9万3千人。世界の約1億4千万人に飲み水や下水処理を供給している。利益（約1400億円）は前年度比16.6%増。研究開発への設備投資も活発だ。世界中の企業が設備投資を渋る中にあって、前年度比20%増となっている。

　日本でのヴェオリア社の活動は、2002年5月に韓国で成功を収めたオーギュスト・ローラン氏が東京・麹町でヴェオリア・ウォーター・ジャパンを設立（社員4人）、その後積極的に日本の水処理関係企業とアライアンスや株式取得により、企業規模を拡大、2008年末には、関連企業15社、関連従業員2800人規模となっている。昭和環境エンジニアリング、西原環境テクノロジー、大日本インキ環境エンジニアリング会社、ジェネッツなどの筆頭株主である。

（3）シーメンス（ドイツ）…新技術志向

　ドイツのコングロマリット企業であるシーメンスは、急成長するアジアの水処理市場に注目し、2007年シンガポールにアジア太平洋地域本部の水処理開発センターを設立、ここから中国市場に乗り出している。

　もともとシーメンスは、中国における交通システムや通信、発電・送電システムに強かったが、水ビジネスでは大きな進展はなかった。そこで北京のCNCウォーターテクノロジー社の買収し、本格的に中国市場に乗り出した。CNC社は中国国内で大型の水処理や海水淡水化に実績をもつ中堅企業である。最近では09年8月、中国最大の膜処理式浄水場（日量15万トン）を無錫市より獲得している。

　シーメンスは水メジャーとは異なった戦略をとっており、ドイツらしく特徴ある技術を獲得し、その上で独特な水ビジネス構築を目指している。例えば米国のメムコ社（膜会社）を買収し、海水淡水化市場へ参入、さらにオーストリアのVAテクノロジー（水部門）、スペインのモノセップ（石油・ガス向け水処理会社）、およびイタリアのセルナジオット（汚泥処理、廃水処理専門会社）などを買収して、水ビジネス戦列に加えている。また米国向けでは、フロリダのディズニーワールドから10年間の水管理包括契約（場内165カ所の水管理）を締結したことが話題を呼んでいる（2010年3月）。

IBMの水資源管理（図1）

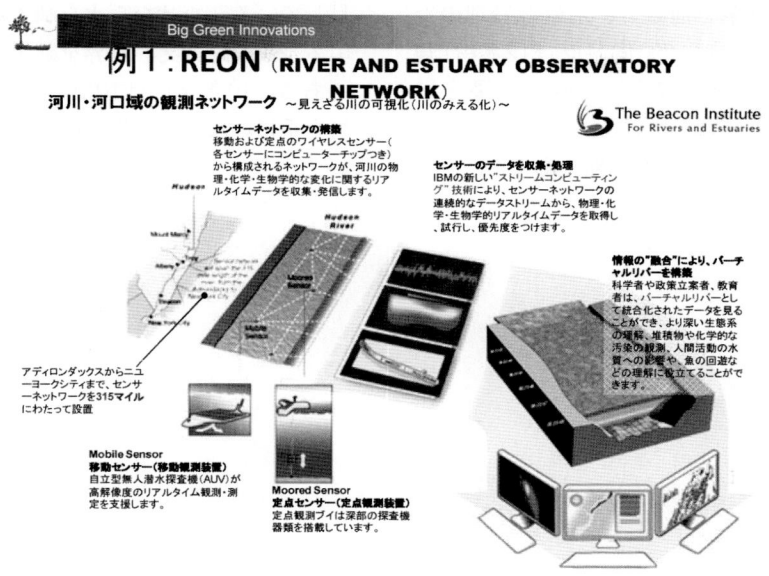

例1：REON (RIVER AND ESTUARY OBSERVATORY NETWORK)
河川・河口域の観測ネットワーク 〜見えざる川の可視化（川のみえる化）〜

（IBMホームページより　日本語訳 GWJ）

(4) GE（アメリカ）…豊富な資金の活用

　GEウォーター＆プロセステクノロジー社は、100億円以上を投じ、シンガポールにグローバル開発センターを設立している。中国市場向けには、得意な電力インフラに加え、膜を使った水の高度処理、すなわち、海水淡水化、再利用水ビジネスに力を入れている。

　また中国政府との結びつきを強化するために、2006年5月、中国政府と「エネルギーと環境保護に関する覚書」を締結した。そこでGEは約50億円を投じて中国技術者2500人の教育・トレーニングを行う、もちろん水処理はその核となる項目である。

　調印式に臨んだ会長兼CEOのジェフリィ・イメルト氏は「GEは発展する中国に対し、GEのコンセプト、エコマジネーションに基づいて最大限の投資をする」と明言している。事実、2008年の北京オリンピックでもGEは大きな存在感を示した。GEは開会式の開かれた国家体育場に2種類の水再生処理技術を提供したほか、北京東方にある唐山市南堡汚水処理場に逆浸透膜技術を提供。この汚水処理場では日量9万3千立方メートル余りの水を浄化している。豊富な資金を有するGEは、さらに大規模な海水淡水化や排水の再利用プロジェクトに傾注している。

(5) IBM…水ビジネス事業に乗り出した

　IT企業の王者、IBMが水資源の管理を支援する水ビジネス事業に乗り出した。プロジェクト責任者シャロン・ヌーン副社長によれば、水源地、配水管、貯水設備、河川、港湾を監視するデジタルセンサーとバックエンドソフトのシステム設計・導入を手掛けるという。

　ヌーン副社長は、世界中が「水の管理統合システム」に力を入れている。しかし、水データの供給は限られている。そのために的確な水資源管理ができていない、IBMは総力をあげて水データの収集と整理、さらに得られたデータを可視化し、

世界の水資源管理を支援すると述べている。

IBMはこの新事業を通じて、水資源管理のためのIT市場は5年以内に200億ドル（約2兆円）規模に成長する可能性があると予想しているという。

「究極の水の管理は情報の管理である」と、こう唱えるIBMの全球的な水戦略に、世界中が注目している。なぜなら水を制することは、食糧やエネルギーを抑え、世界を制することになるからである。10年後にはIBMが世界最大の水ビジネスを手にいれる可能性も出てきている（図1）。

2 世界各国の戦略

相手国の公共インフラ（交通、通信、電力、水供給など）に関するビジネスでは、国と国との結びつきが大きな意味を持つ、特に国のトップの関与が不可欠である。ロビー活動から始まり、タイミングを見てトップ同士の話し合いや、国のあらゆる機関を挙げての自国企業の支援が不可欠である。それでは各国の水戦略を見てみよう。

1 フランスの水戦略

ヴェオリア社、スエズGDF、2つのフランス系企業は世界市場で大きなビジネスを展開している。この成功の裏にあるフランス政府トップの外交努力だ。2社がビッグビジネスを締結する前には、常にシラク元大統領が各国のトップと会談し、「露払い」を行っているのだ。もともとシラク氏は「世界水ビジネスのトップセールスマン」と呼ばれるほど水ビジネスに造詣が深く、パリ市長時代には、ヴェオリア、スエズGDF両社から多額の政治献金を受けてフランス国内の水道の民営化を進めていた。その結果大統領にもなったと言われているほど、水ビジネスに精通している。

シラク元大統領は「外貨の獲得は、フランスの国益である」と言い切り、ワインや電力（原子力発電で発電した約2割）、水ビジネスを輸出することに傾注していた。

サルコジ新大統領も大統領就任後、初めてのアジア外交で、中国を訪れ3兆円近くの商談をまとめた。原子力発電所2基、エアバス160機などであり、もちろん経済使節団120人を同行している。これらの活動は「経済的愛国主義」としてフランス国民から支持されている。

特にフランスは世界水フォーラムを積極的に主催し、各国の水政策立案に影響力を与えている。またフランス政府はフランス製品やサービスを購入する国に低利でファイナンス支援（AFD）やローンプログラム（100件、22カ国）を提供している。特にアフリカ諸国には、旧盟主国として2国間ODAや、2国間技術支援のプログラムを多数用意し実施している。具体的な案件には、FS費用（4000万円から9000万円）の援助や政府保険を用意している。

さらには国際金融機関のファイナンスを最も有効に利用している、この背景は国際機関の事務局をフランス人が抑え、有利に事を運んでいる。この国際金融機関（世界銀行、アジア開発銀行など）に拠出している上位国は米国と日本だ。特に日本は資金提供だけするオメデタイ国になっている。

2 ドイツの水戦略

ドイツ政府は、各国のドイツ大使館や領事館を通じ、水プロジェクト入札情報の早期入手を図っている。2008年には環境省を中心に教育研究省、経済援助省、経済技術省、外務省が支援し、NGO組織「ジャーマン・ウォーター・パートナー

シップ（GWP）」を設立している、その活動資金の50%は国の提供であり、いわば国策として水ビジネスの推進を図っている、現在240社が参加している。最初は会員企業の情報共有から始まったが、最近では戦略地域を限定しピンポイント攻勢を強めている。旧共産圏ではブルガリア、クロアチア、ルーマニア、ロシア、ウクライナ。湾岸地区ではイラン、ヨルダン、インド、マグレブ諸国、その他はメキシコ、トルコであり、アジアでは中国やベトナムに傾注している。さらに国際会議や、国際展示会ではGWPの看板で参加し、ドイツ国政府と企業が一体となって水ビジネスを推進・PRしている。

またドイツは欧州内の活動では、MBR（膜式活性汚泥法）の欧州規格化の推進、欧州製の水処理機器ISO化に幹事国として活躍している。

シンガポールで議長を務める筆者（写真1）

3 シンガポールの水戦略

かつてシンガポールでは、国内の水需要の50%以上を隣国マレーシアから長期契約で輸入していた。しかし2000年、新たに水購入契約更新の予備交渉に臨んだ際、マレーシアからそれまでの購入額の約100倍（最近は20倍まで低下）を請求された。長年にわたってマレーシアに自国への淡水供給を依存していただけに、シンガポール政府は「これは国家存亡の危機である」と認識し、国家的プロジェクトとして水資源の確保に乗り出した。具体的には、海水の淡水化、雨水回収、下水の再処理利用、海を仕切って淡水の貯留湖を作る、などである。政府はこれを「ニューウォーター（新生水）計画」と名づけた（図1）。

2003年にERC（経済再生委員会）の勧告により水産業の育成「シンガポールは世界のウォーターハブになり、2018年までに世界市場の3～5%を確保」することが国家目標として打ち出された。その目標達成の為に約200億円の投資も発表。その政策を加速させるために、水に関する関係省庁を一元化、2004年に水資源や水処理施設を統括管理するPUB（公益事業庁）を設立、内外の水処理会社やコンサルティング会社、国際的な水研究機関、すなわち世界中の産官学と共同開発や実証試験を始めた。PUBは独立採算制で、水に関する権限のほとんどが与えられているため、よいアイデアや事業採算性が見込めるなら即スタートである。このように意思決定が迅速であり、海外からの水関連会社が、直ちに水プロジェクトに参加できるワンストップショップを担っている。さらに将来の人材育成を目指し、シンガポール国立大学や南洋理工大学の教授や学生を積極的に、このプロジェクトに参加させている。また海外の有力企業の法人税を無税にしたり減免することにより、シンガポールに支店や研究拠点も設けさせ、そこにシンガポール人を送り込み、「技術開発」「人材育成」、ビジネスの「国際化」を同時並行的に推進している。毎年「シンガポール水国際週間」を開催し、多くの国から専門家を招聘し講演や展示会を行っている。このようにして育成された代表的な企業は、オリビア・ラム女史の率いるハイフラックス社、ケペル社、セムコープ社などがあり、水ビジネス展開を国家を挙げて推進している。

ニューウォーターセンター配置図（図1）

ニューウォーター製造（下水処理場）

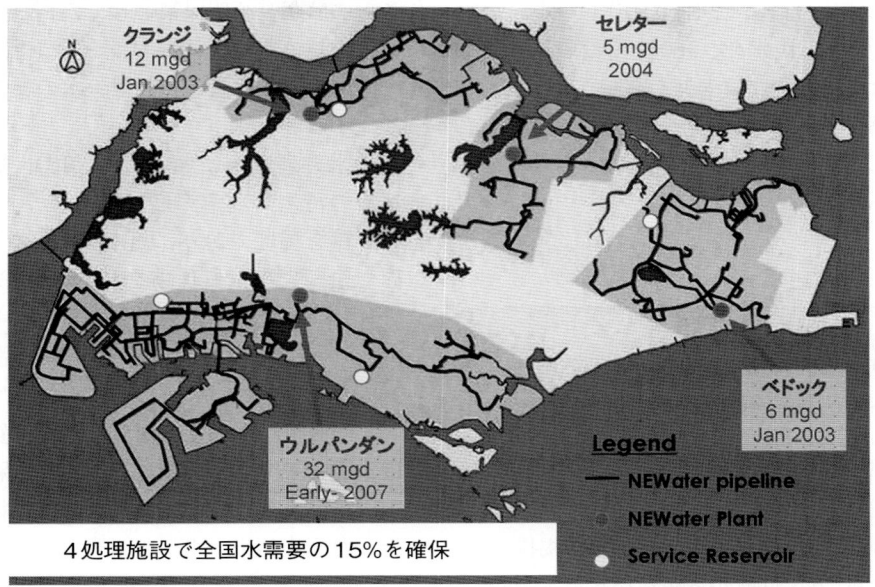

クランジ
12 mgd
Jan 2003

セレター
5 mgd
2004

ベドック
6 mgd
Jan 2003

ウルパンダン
32 mgd
Early- 2007

4処理施設で全国水需要の15%を確保

Legend
― NEWater pipeline
○ NEWater Plant
● Service Reservoir

（PUB提供　日本語訳GWJ）

4　韓国の水戦略

　韓国政府は約50億円を支援し、国内水企業の育成や海外の技術情報入手に意欲的に取り組んでいる。2004年韓国環境省は先進的水処理技術開発に関する研究開発事業（ECO-STAR）、また2005年には水資源公社にて水処理膜の開発事業（SMART Project）を立ち上げ、2006年には海水淡水化に係る国家プロジェクト（SEAHERO）を立ち上げた。この予算規模は約160億円、研究機関は5年8カ月、500人の研究者と矢継ぎ早に政策を打ち出している。国家目標は現在11兆ウォン（約8400億円）の国内水関連市場を、2015年までに20兆ウォンに育成し、その過程で得られた知見、ノウハウで持って世界で活躍できる韓国企業を二つ以上育成することを発表している。水産業育成5カ年計画であり、シンガポールの成功に続こうとしている。

　さらに2009年1月、李大統領が打ち出した「韓国版グリーンニューディール政策」では、国内4大河川の改修、上下水道施設の整備増強が織り込まれている。また、環境部が中心になり、韓国環境技術振興院、水処理先進化事業団、水資源公社、ソウル大学などが産学官を上げて水産業育成のプロジェクトを推進している。特に海水淡水化の分野では、韓国ドーソン（Doosan）社の活躍がめざましく、2000年からの世界海水淡水化市場で第3位にランクインしている。

　2010年8月に筆者は、韓国政府の招聘による「第二回世界都市水フォーラム」で講演およびパネリストを務めたが、韓国の水政策について取り組みに圧倒された。フォーラムでは環境大臣が国として水ビジネスに力を入れることを宣言し、また水フォーラムの会長チョージン・ヒョン氏は水ビジネスをブルーゴールドインダストリーと命名し、シンガポールに続く世界水ビジネスへの進出を呼

び掛けていた。2007年から国家プロジェクトとして推進している①ECO-STAR（環境部：先進的水処理、130億円投資）、②SEAHERO（国土海洋部：省エネ型海水淡水化、160億円投資）、③先端水資源プロジェクト（膜素材、高圧ポンプ開発、基幹部品開発、用水技術開発）も着々と進行している。そのスローガンは、「日本に追いつけ、追い越せ」である[2]。

5 中国の水戦略

著しい経済成長で世界中から注目を集める中国。2008年に北京オリンピックを成功させ、そして上海万博開催などで華々しく国威を掲揚しているが、その一方、以前から深刻な水不足が社会問題となっている。2006年8月に中国政府が発表した第11次5ヵ年計画によると、15年までに水インフラ整備事業に約1兆元（15兆円）の資金を投入し、市町村の下水処理、上下水の管轄整備、さらには水資源確保策としての「長江（揚子江）と黄河を結ぶ南水北調プロジェクト」、沿海都市部での海水淡水化設備の設置、水の安全対策などを推進するという。

汚水処理を例にとると、2015年までに各主要都市の汚水処理率（現在40％）を70％に引き揚げる目標を掲げており、その実現のためには、4年間で全国に下水処理場を1000ヶ所以上新設しなければならない。その投資総額は約4000億元（約6兆円）と見込んでいる。さらに、浄水場800～900カ所の建設も織り込まれている。

しかし依然として中国における水質汚染の実態は深刻であり、1989年、国家環境保護総局は全国環境保護重点都市の飲用水源保護状況の調査を行った調査結果は48％の地表水源、20％の地下水源が基準値を満たしておらず、1996年の調査でこの数字はさらに83.31％と27.71％に上昇している。

3 海水淡水化市場

過去10年間の世界全体の水関連市場の伸びは平均6%であったが、新興国を含むベストシナリオでは12%の伸びであった。なかでも海水淡水化は、2020年には10兆円規模にまで伸びると予想されている。河川水や地下水が枯渇する中、水不足の解消に役立つ、大きな武器として世界中に広がりつつある。特に蒸発法と比べて、省エネに優れている海水淡水化向け逆浸透膜（RO膜）法においては、今後20%以上の伸びが予想されている。（2009年、世界脱塩会議・ドバイ）（図1）

1 海水淡水化市場の伸び

最大の市場は、2兆ドル（約200兆円）ともいわれる潤沢なオイルマネーが流入している、GCC（中東湾岸協力会議）メンバーの6カ国（UAE、サウジアラビア、クウェート、カタール、オマーン、バーレーン）である。これらの6カ国では、巨大リゾートや、工業団地、タワービルディングなど

方式別海水淡水化による造水量の伸び (図1)

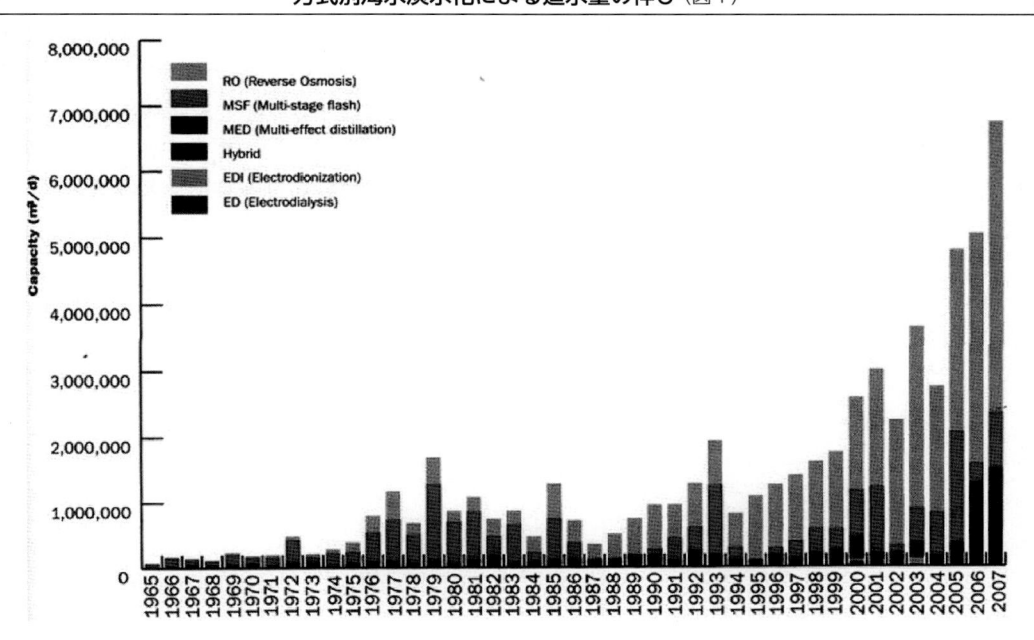

IDA Desalination Yearbook 2008-2009

の建設プロジェクトが目白押しである。それだけに、当然、電力と水の需要は上昇している。事実、ここ数年、湾岸諸国の電力需要は年率10％増、海水淡水化の需要は年8％を越す伸びを示している。特に河川からの取水が期待できない地域だけに海水淡水化の需要は高い。現在はリーマンショック後で、投資が足踏みをしているが経済の回復に伴い、投資は戻り基調となる。また豪州、北米、さらに経済発展の著しい中国などで大規模な海水淡水化計画が進行している。

各社の膜関連（RO,MF/UF膜）売上げ目標（表1）

社名	売上目標
東レ	1000億円
日東電工	1000億円
旭化成	300億円
東洋紡	300億円
三菱レイヨン	200億円
帝人	20億円

（各社資料より　GWJより）

2　海水淡水化膜で突出する日本企業

このように過熱する海水淡水化分野で、有利な国はどこか。それはほかでもない我が国、日本である。日本企業は、海水淡水化の膜分野では世界の約7割を独占し、他国を圧倒する技術力を持っているからだ。最近の海水淡水化方式は、水を浄化する「膜」の品質がカギを握る。特殊樹脂膜にナノテクノロジーを駆使して微細な穴（ポアサイズ）を構築し、そこに海水や汚水を通し、ろ過することで不純物を除去し、淡水化する技術である。いろいろなろ過膜の種類があるが、特に穴のサイズが1000万分の1ミリという最も高度な逆浸透（RO）膜のシェアに至っては、世界の7割を日本企業が占める。膜メーカー各社とも強気の売上目標を掲げている（表1）。

日本企業の悩み

2025年には世界の水ビジネスは110兆円規模になるともいわれているが、その内訳は、日本が得意とする海水淡水化の膜などの素材分野が約1兆円、エンジニアリング、調達、建設などが約10兆円、そして残り100兆円は施設管理や運営業務といわれている。日本企業は先述の通り、膜技術は突出しているが、これは単品技術でしかない。大きな水ビジネスは110兆円市場の100兆円に相当する施設管理や運営業である。その大きな市場を独占しているのが水メジャーや新興国（シンガポール、韓国）、地元財閥系企業であり、残念ながら、目下、この分野における日本企業のプレゼンスは少ない。

4 下水の再利用
…日本発のMBR技術

膜を用いた下水・排水処理の市場においても、日本企業の技術評価は高い。水資源の確保のため海水淡水化分野が注目されているが、建設費、ランニングコストとも高価であり新興国等では簡単に海水淡水化設備を導入できない。その代替案ともいえるのが、膜を使った下水の再生利用である。微生物を用いた活性汚泥法に膜処理を組み合わせて、浮遊物を完全に除去することにより水資源を造り出すのがMBR（膜式活性汚泥法）である。

世界のMBR膜市場予測（処理水量、金額）（図1）

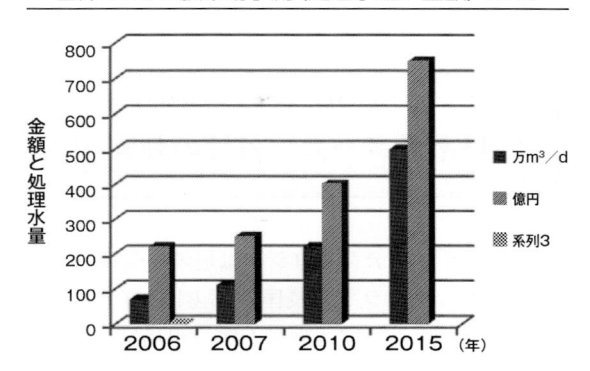

1 MBR市場の伸び

この技術は日本発の技術であり、現在世界のMBR市場の約5割を押さえていると言われている。このMBR技術は、日本が1985年から国家プロジェクトとして推進したバイオフォーカスやアクアルネッサンスの成果の一部である[3]。

2 グローバルMBRの現状（2006年）

全世界で設置されているMBRは約1515システム（2005年12月）であり、その適用別内訳は、小型下水処理が39%、産業用が27%、再利用水関係が24%である。最近は大型のMBRプラントが急拡大してきている。金額別では、北米が188.2百万ドルと最大であり欧州が111.3百万ドル、アジアが57百万ドルである。また過去5年間の平均伸び率は10.9%となっている。このMBRは従来法である活性汚泥処理法との組み合わせが98%である。また処理水を取り出す方式では、外部引き出し型MBRが45%、浸漬型MBRが55%である（図1）。

共通するMBRのメリットとして①高濃度汚泥での運転が可能（処理の安定性）、②汚泥発生量が少ない、③引き抜き汚泥濃度が1.5から2.0%と高い、④運転が容易、⑤殺菌が不用、⑥建設期間が短い、⑦敷地面積が少なく、既設改造に適しているなどが挙げられている。しかしさらなる市場拡大のためには、①膜モジュールコスト削減、②エネルギーコストの削減、③長期安定性の確保、④使用済みモジュールの廃棄物処理対策などの課題が待ち構えている。

MBR用膜モジュールメーカー（表1）

材質・膜型式	平膜	中空糸膜
PVDF（フッ素樹脂）	日立プラントテクノロジー 東レ	旭化成ケミカルズ 三菱レイヨン ZENON, NORIT PURON, U.S. Filter
PVDF以外	クボタ（PVC） KORED(PES) 明電舎（セラミック膜）	メタウォーター（セラミック膜） 住友電工（テフロン） 中国製膜、他多数

（GWJ作成）

3 日系膜メーカー各社の動向

　日立プラントテクノロジーは尼崎事業所で膜の増産とともにアラブ首長国連邦（ドバイ市）などのレイバーキャンプ（新都市建設現場宿泊所）にMBR装置を30台近く納入し、中東地区から欧州を見渡す営業拠点も拡充している。東レは愛媛工場でのMBR膜生産を倍増させ、中東や欧州市場で大型の下水再処理プロジェクトに焦点を当てている。また、三菱レイヨンも豊橋事業所でMBR用中空糸膜生産を倍増、モジュール組み立ては中国で行い、価格競争でも優位に立つ戦略だ。また旭化成ケミカルズや帝人も海外市場などで、水のリサイクル事業を始めている。メタウォーターとクボタは、国交省の日本版次世代MBR技術展開プロジェクト（A-JUMP）に採用され実証事業に参画している。MBR用膜モジュールメーカーを示す（表1）。

5 海外における水ビジネス展開の事例と課題

1 日本企業の取り組み

日本企業が海外水ビジネスに挑むために多くの試みを進めている、以下に具体的な試みを紹介する。

① 国内企業同士がアライアンスや統合し、その資産や営業能力を高める

例えば荏原製作所、日揮、三菱商事による水ビジネス新会社の設立が挙げられる。（2010年4月1日）荏原製作所の長年にわたる水処理技術、日揮の海外プラント工事の実績と実施能力、三菱商事の情報収集能力と営業能力、資金調達力がうまく調和すれば、この新会社はアジア最大の水事業会社になれる可能性が出てくるだろう。

また民間企業が集まり「オールジャパン体制」を構築しているのは「有限責任事業組合・海外水循環システム協議会」であり、参加メンバーは、日立プラントテクノロジー、荏原製作所、鹿島建設、日東電工、メタウォーター、三菱商事など45社（2010年4月時点）で今後もメンバーが増える予定である。

② 国内企業と海外企業で、その案件に合うアライアンスや共同事業会社を設立

日揮とハイフラックス（シンガポール）が水事業で提携した。（09年12月）

手始めに中国・天津の海水淡水化事業（中国で最大級）を実施、またハイフラックス社はJBIC（国際協力銀行）とMOU（覚書）を交わしている。これは日本企業がハイフラックス社と協調して海外で水事業を行う際は、JBICが資金調達に協力・支援する仕組みである。このような取り組みも海外水ビジネスでは初めての試みである。

③ 海外企業（運営・管理実績のある企業）を買収

例えば日立プラントテクノロジーがアクアテック（シンガポール）を買収し、さらにマレ上下水道会社の経営に参画しモルジブの上下水道事業を実施している。

また三井物産と日揮グループはアトラテック社（メキシコ）を買収し、メキシコ最大の下水処理場の建設や管理運営を目指している。

2 地方自治体の海外水ビジネスへの取り組み

自治体が保有する、例えば水道事業の運営管理ノウハウは、事業策定から始まり、経営計画（特に料金収入計画が大事）、施設の計画・設計・施工、さらには完成した施設の維持管理、災害時の水供給確保など幅広い分野を網羅している。これらの能力を、今後発展する海外水ビジネスに役立てようとしている。その取り組み方は様々である[4]。

① 自治体が単独で途上国の水事業を支援

北九州市が中国（昆明市、大連市）、カンボジア（プノンペン市）、インドネシア（スラバヤ市）

やサウジアラビアの上下水道事業を支援、大阪市水道局はベトナム・ホーチミン水道公社を支援、また横浜市水道局がベトナムのフエ市、ホーチミン市などを支援、名古屋市水道局がメキシコシティを支援、さいたま市水道局はラオス（ビエンチャン市水道局）を支援している。最近では、横浜市が全額出資する水道事業会社（民間から社長を公募）を設立し、海外水ビジネスをも視野に入れている。また東京都は2010年4月8日、猪瀬直樹副知事を中心とする「海外事業調査研究会」を設立し、水ビジネスに積極的に取り組もうとしている。特にアジアで最大と言われる東京都水道局が水ビジネスに乗り出す意義は大きい。

② 国内企業と日本の自治体との協力で海外水ビジネス進出

川崎市とJFEエンジニアリング、野村総合研究所で豪州の生活用水確保、雨水処理を行うFS調査を始めた。豪州では未曽有の干ばつに見舞われ、現在海水淡水化の計画が目白押しであるが、使った水の再利用など、日本の膜技術が生かされるだろう。

大阪市とパナソニック環境エンジニアリング、東洋エンジニアリングと協調しベトナム・ホーチミン市で上下水道事業を支援している。これは水源から蛇口までのトータルシステムについての最適化である。

また東京都は将来の水ビジネス進出への調査として国内水関連企業を中心にヒアリングを開始、政府系金融機関（4社）、民間金融機関（5社）、コンサルティング会社（5社）、商社（4社）、水処理メーカー（11社）から積極的に意見を聴取し、具体的な水ビジネス戦略を構築し2010年8月より可能性のある5カ国（インド、インドネシア、マレーシア、ベトナム、モルジブ）に調査団を派遣している。

3 海外水ビジネス進出の課題とリスクヘッジ

国内でのビジネスと異なり、想定外の出来ごとに遭遇するのが海外ビジネスである。以下に考えられるビジネスリスクを示すが、これは水事業に限らず、海外における他のビジネスとも共通事項も多いので、国やその業界以外の民間企業（特に、金融や商社）の知恵を借りることも視野に入れるべきであろう。海外水ビジネスのリスクヘッジ例を示す（表1）。

特に金融に就いては、公的金融機関の活用が不可欠である。例えば国際協力銀行（JBIC）では「環境投資イニシアティブ」として、国際開発金融機関とも連携し、50億ドル（5000億円）程度の資金を用意している。特にアジアを中心とした途上国の環境投資（水分野では上下水道、排水処理、海水淡水化など）への支援を目的としている。また貿易保険では、日本貿易保険（NEXI）が海外投資保険や海外事業資金貸付保険、貿易代金貸付保険などでリスクをカバーする取り組みを行っており、これらも積極的に活用すべきである。日本貿易保険の水に関する個別案件では、UAE,サウジアラビア向け発電・造水プロジェクト向け保険で、約3537億円の一般保険実績がある。

現在のところ、各政令都市が国際貢献の枠内で海外水ビジネスに取り組んでいるが、海外での事業は、前に述べたように相手国の政府の崩壊、為替の変動、経済の破たん、国際紛争など、一民間企業や地方自治体の対応では無理なことも起こる可能性があるので、国の関与による外交努力も不可欠である。

海外水ビジネスのリスクヘッジ例 (表1)

リスク	項目例	リスクヘッジ例
世界経済的な要因	・金利の変動 ・為替変動 ・物価の急変動	・外貨建て決済 ・為替ヘッジ ・貿易保険など
事業経営的な要因	・水需要の変動 ・建設費用の増大 ・老朽化 ・不払い対策 ・従業員スキル	・契約条件の明確化(水源から需要まで) ・相手国自治体の補償、負担の規定化 ・費用負担ルールの規定化 ・トレーニングセンター開設・運用
行政・社会的要因	・現地法制度変更 ・海外送金禁止 ・債務不履行 ・住民反対運動 ・誘拐・身代金要求	・外務省、JETRO, JICA, JBIC等との情報交換・密接化 ・貿易保険(NEXI活用) ・地元行政機関との情報交換 ・危機管理の徹底
自然・不可抗力	・自然災害 ・テロ・暴動 ・国際紛争 ・内乱	・現地政府・自治体との災害協定 ・政府間による解決 ・政府による補償の規定化 ・保険の加入拡充
国内抵抗勢力	・首長交代 ・政策変更 ・自治体の破たん	・国の関与による指導 ・公的機関(他の自治体バックアップ) ・政府との対話

(GWJ作成)

参考文献
1) 吉村和就「水ビジネス110兆円　水市政の攻防」角川書店(2009年11月)
2) 吉村和就「水ビジネスの新潮流」環境新聞社(2011年1月)
3) 山本和夫監修「MBR(膜分離活性汚泥法)による水活用技術」サイエンス&テクノロジー(2010年2月)
4) 吉村和就寄稿「水ビジネスに挑む地方自治体の動き」雑誌「都市問題」2010年6月号

(吉村和就)

II 水の処理技術編

4章

対象物質の変遷と水処理の原理

1. 除去対象物質の時代的変化
2. 水処理技術の原理と概要

1 除去対象物質の時代的変化

「水は万物の根源である」とは古代ギリシャの哲人ターレスの言葉である。地球上の生命活動は水が無くては成り立たない。四大文明が大河のほとりで発祥したように、今日までその水を求めて人間は多くの努力を積み重ねてきた。当初は量的な視点が重要視されてきたが、水質汚濁が問題になってきたのはまさに近年である。水質汚濁は人々の健康や自然生態系に様々な悪影響を及ぼすだけでなく、人間活動に必要な水利用にも深刻な問題を生じさせる。水質汚濁には自然汚濁と人為的な汚濁がある。自然汚濁は別として、人為的汚濁は人間活動から生ずる排水中の汚染物質が水環境（河川、湖沼、海域など）の有する自浄作用の環境容量を超過した場合に起こる。汚染物質には重金属や難分解性有機物などの保存系物質と、生物分解性有機物質（BOD物質）や病原微生物などの非保存系物質がある。これらの物質の中で環境容量を超えて水環境中に排出され、水質汚濁の原因となる汚染物質が水処理による除去対象物質である。

この除去対象物質について時代を追って見ると、まずヨーロッパにおいては1830年代の中世ヨーロッパの都市の形成と人口集中に起因するコレラなどの疫病の流行である。その対策のために上水道の整備が開始された。このため水洗便所の普及などによる都市内の排水量が増大し、テムズ川に代表される有機物質による都市河川の水質汚濁を顕在化させた。同時に、下水道が雨水と雑排水を排除する目的で整備され、このことが都市河川の水質汚濁を一層深刻な状況にした原因でもあった。しかし、1914年にイギリスのマンチェスターの下水処理場で開発された活性汚泥法が下水道に導入され、下水道は都市河川の水質汚濁の防止に貢献してきている。

我が国において水質汚濁問題が顕在化したのは、明治初期から戦後までヨーロッパと同様に赤痢やコレラなどの疫病の流行もあったが、とくに水質汚濁の問題として知られている例は1880年頃の足尾銅山の鉱毒水が原因である渡良瀬川の重金属汚染である。また、戦後の人口の増加と都市への集中、工業の発達による経済活動の発展に伴い、種々の汚染物質による水質汚濁が公害問題として取り上げられてきた。その解決のために1958年の下水道法、水質保全法、工場排水規制法の制定、そして1970年の水質汚濁防止法の制定による水質環境基準の設定などの法的整備がなされ、これらに基づく下水道などのインフラ整備により確実に水質汚濁の公害問題は解決されてきた。しかしながら、ここ数十年間にそれまでの水質汚濁問題とは異なった汚染物質による水質汚濁の問題が生じてきている。その背景として、生活様式の変化、重厚長大から軽薄短小への産業構造の変化、国際化、地球温暖化による気候変動などの社会的な要因があげられる。

このように、水質汚濁にかかわる汚染物質は社会の歴史と共に変化するものであり、水質汚濁防止を目的とした水処理を介して除去されるべき物質も当然変化することとなる。そこで、我が国における渡良瀬川の重金属汚染を端緒とし、明治初期以降の水質汚濁の原因である除去対象物質の時代的変化を概略する（表1）。

明治初期から1940年代までは前述した通りで

除去対象物質の時代的変化（主要な汚染物質と問題事例）（表1）

年代区分	主要な汚染物質	問題事例
1830～	病原性微生物	ヨーロッパ諸都市における疫病の流行
1850～	易分解性有機物	テムズ川の汚染進行
	病原性微生物 重金属	日本における疫病の流行（明治時代） 足尾銅山の鉱毒事件（1887年頃）
1950～	易分解性有機物	江戸川の汚染進行（1950年代） 隅田川の汚染の深刻化（1964年東京オリンピック頃）、ヘドロ問題
	重金属	水俣病、イタイイタイ病の発生
	難分解性有害物質	PCB、DDT、BHC汚染と食品への蓄積問題
1970～	窒素、リンなどの栄養塩	瀬戸内海における赤潮の大規模発生 湖沼の富栄養化
1980～	微量有機物（発がん性物質、異臭味物質、農薬）	水道水中のトリハロメタンの確認 おいしい水・安全な水の要請
	有機塩素化合物、硝酸塩汚染	有機塩素化合物や窒素の地下汚染
1990～	病原性微生物 微量有害化学物質	大腸菌O157、クリプトスポリジウムなど病原微生物への懸念 内分泌撹乱物質（環境ホルモン）への懸念 ダイオキシン汚染の拡大
2000～	感染症の原因ウイルス フッ素有機化合物、医薬品	感染症リスク回避が可能な水処理技術 河川や湖沼の汚染

あるが、1950～60年代には人口の増加、都市への人口集中、工業の発展と経済成長により河川や海域の水質汚濁が進行した。生活排水系に含まれる生物分解性有機物による隅田川の有機汚濁、パルプ工場排水による田子の浦のヘドロ問題などの有機汚濁が挙げられる。また、各種工場からの水銀やカドミニウムなどの重金属汚染が原因である水俣病やイタイイタイ病が発生し、さらにはポリ塩化ビフェニール（PCB）、ジクロロジフェニールトリクロロエタン（DDT）、ヘキサクロロシクロヘキサン（BHC）などの難分解性有機化学物質による食品汚染が社会問題化した。

1970年代では琵琶湖における水の華や瀬戸内海の大規模赤潮の発生など、閉鎖性の湖沼や海域における富栄養化の問題が深刻になり、各種排水からの栄養塩（リン、窒素）の除去が課題となった。

これを契機に、1982年と1993年には湖沼と海域における窒素・リンの環境基準がそれぞれ設定され、その間1984年には湖沼法が制定された。窒素・リンに関わる総量規制の考え方が導入された。

1980～90年代においては、水道水の消毒副生成物であるトリハロメタンが確認され、おいしい水・安全な水の要求が高まった。また、トリクロロエチレンなどの有機塩素化合物や硝酸態窒素などの地下水汚染が明らかになった。さらに、ダイオキシン、アルキルフェノール、トリブチルスズなどの環境ホルモンである微量有機塩素化合物による汚染が関心を集めた。しかし、これらの環境ホルモン物質は特定の発生源が存在する物質であり、発生源において除去対策をすべきで物質である。

水を介したチフスやコレラなどによる感染症は

上下水道の整備により、ほとんど流行がなかったが、クリプトスポリジウムの原虫や大腸菌O157による新たな感染症が問題化した。特にクリプトスポリジウムは塩素消毒に対して抵抗性が強く、水道においては膜技術の導入の契機となった。

この状況を踏まえて、1998年には水道におけるクリプトスポリジウム暫定対策指針、1999年にはダイオキシン類対策特別措置法及び環境基準の設定と、特定化学物質の環境への排出量の把握等及び管理の改善の促進に関する法律（PRTR法）の制定がなされた。

2000年代に入り、地球温暖化による気候変動、国際化による汚染物質のトランスバウンダリーな動きなど社会的課題に起因する水環境問題が話題となってきた。例えば、地球温暖化の観点から、これまでの水処理技術を低消費エネルギーで運転可能な低炭素技術へ転換が期待されている。また、水処理過程においては地球温暖化に関わるメタンや一酸化二窒素の排出量をできるだけ減ずるような処理の開発が求められている。

また、国際化により我が国ではこれまで経験したことがない感染症の原因病原微生物であるウイルスなどを容易に移入する可能性が増すことになる。そのリスクを回避できる水処理技術の開発が必要となる。

さらに、PFOSなどのフッ素有機化合物や抗生物質などの医薬品類による河川や湖沼の汚染も明らかにされてきている。

このように水環境・水処理技術が対象としなければならない物質は、社会の発展とともに多様化してきているのが実情である。現在関心を持たれている水環境・水処理技術の国際展開においては、当該地域において課題となる対象物質を確認することから始める必要がある。特に、発展途上国を対象とするような場合には、各種の汚染物質が同時にかかわることも十分に想定される。これまでの技術の歴史の中に開発されてきた集大成の技術の適切な、そして現場に即した適用が求められている。

2 水処理技術の原理と概要

　除去対象物質の時代的変化に伴って、水処理技術は開発され、そして発展してきた。水処理技術はスクリーニング、沈殿、フローテーション、凝集、ろ過、吸着、イオン交換、ガス交換、酸化・還元、生物学的反応、消毒・殺菌などの単位操作の有機的な結合によって構成される一連のシステム技術として考えられる。

　最適な水処理システムは処理すべき原水水質や処理水の目標水質によって選択される。水道水を作る浄水処理では、水源が河川、ダム・湖沼水、地下水、時には海水などの環境水であり、排水処理においては、生活排水、産業排水、農業排水などである。したがって、これらの原水水質が処理後の目標水質を満足するように水処理システムを構成する必要がある。そしてまた、選択されるシステムは建設費、運転費、信頼性、運転の容易さ等を勘案して決定される。

　一般的に水処理は水中に存在する汚濁物質を分離もしくは除去することである。除去対象物質は時代的変化で述べたように粒子状もしくはコロイド状無機物質、易分解性有機物質、難分解性有機物質、窒素・リンの栄養塩、重金属類、病原微生物などであり、除去対象物質の種類により水処理システムを構成する単位操作が決定される。

　水処理システムを構成する単位操作は物理化学的処理と生物学的処理に大別でき、除去対象物質と同時に表1に示している。易分解性有機物質と窒素・リンは主に生物学的処理によって除去されるが、他の除去対象物質は物理化学的処理によって処理される。

　スクリーンや沈砂池で除去された大型あるいは比重の重い固形物質以外の粒子状もしくはコロイド状物質は多くの場合凝集剤を添加することでフロック化し沈殿またはろ過により除去される。浄水処理では主にアルミニウム系の凝集剤が使用されるが、最近では鉄系の凝集剤の利用も考えられている。一方、排水処理において、汚泥などの凝集には有機系の凝集剤が使用される。最適な凝集を行うには、凝集剤添加量と処理される水のpHの値が重要であり、ジャーテストによって凝集剤の添加量とpHの値を決定するのが確実な方法である。また、近年浄水処理にMF膜、UF膜、NF膜、RO膜などの膜技術が粒子状もしくはコロイド状物質さらには溶存塩類の除去に導入されてきている。海水淡水化においてはRO膜が利用される。

　排水中に含まれる易分解性有機物質、窒素・リンは好気的もしくは嫌気的条件下で生物学的処理によって除去される。好気性処理は活性汚泥法、生物膜法、酸化池が主流ではあるが、最近では膜分離活性汚泥法（MBR法）も導入されつつある。嫌気的処理は主に汚泥の分解に適用されるが、UASB法などが開発され排水処理にも適用され始めている。

　生物学的処理において、排水中の有機物質の主要な構成物質である炭素は二酸化炭素やメタンに転換されると同時に生物体を構成する炭素源として利用される。除去された炭素のうち生物体に転換された炭素の割合（収率）が大きいほど汚泥処理に負担となる。また、活性汚泥法においては最終的に汚泥の固液分離が重要であり、糸状性のバクテリア等が優占するバルキングが起こらないように操作しなければならない。下水などの排水中

水処理単位操作と除去対象物質(表1)

処理		物質
物理化学的処理	凝集沈殿	難分解性物質、重金属類、コロイド状無機性物質、無機性物質
	吸着反応	難分解性物質、重金属類、有機性物質、無機性物質
	膜分離	難分解性物質、重金属類、病原性バクテリア、ウイルス、コロイド状無機性物質、有機性物質、無機性物質
	イオン交換	重金属類、無機性物質
	塩素	病原性バクテリア、ウイルス
	オゾン	病原性バクテリア、ウイルス
	紫外線	病原性バクテリア、ウイルス
	砂ろ過	軽い固形物（固形有機物、生物フロック、凝集フロック）、コロイド状無機性物質
	沈砂池	重い固形物（小石、砂など）
	普通沈殿池	軽い固形物（固形有機物、生物フロック、凝集フロック）
	浮上分離	高濃度サスペンション（汚濁状物質）
	遠心分離	高濃度サスペンション（汚濁状物質）
	磁気分離	高濃度サスペンション（汚濁状物質）
	加圧ろ過	高濃度サスペンション（汚濁状物質）
	真空ろ過	高濃度サスペンション（汚濁状物質）
生物学的処理	好気的生物反応	炭素、窒素、リン
	嫌気的生物反応	炭素、窒素、リン

の窒素・リンは主にアンモニア態とリン酸態として存在しているが、有機物質中のタンパク系有機態窒素と有機態リンは生物学的処理によって分解を受けアンモニア態（脱アミノ反応）とリン酸態として水に回帰する。そして、好気的条件下でアンモニア態窒素はアンモニア酸化細菌による硝化作用により硝酸態窒素に転換される。その後、嫌気的条件下で脱窒菌による作用により窒素ガスに転換され除去される。これらの生物反応を利用した嫌気・好気活性汚泥法（A$_2$O法など）は下水等の排水の高度処理に活用されている。生物処理において除去しきれないリン酸態リンは、物理化学的にアルミニウムや鉄のような多価の金属と不溶性のリン酸塩を凝集沈殿させる方法やリン酸カルシウムの結晶をアパタイトとして析出させる方法

がある。

難分解性有機物や微量有機物の除去には活性炭への吸着や物理化学的凝集処理が用いられる。しかし、除去された物質が有害な場合、除去後に改めて無害化する処理を行う必要がある。このため難分解性有機物はオゾン酸化や光触媒反応などにより、生物分解可能な有機物に低分子化し、その後生物処理や生物活性炭処理により無害化除去する方法もある。

重金属の処理には、金属イオンを水酸化物や硫化物などの不溶性塩として沈殿除去する凝集沈殿法とイオン状態のままイオン交換樹脂や活性炭などの吸着剤で吸着除去する方法がある。生物学的にも処理することも可能ではあるが、重金属が蓄積された汚泥などの生物体を処分することが問題

となる。

　病原微生物については、塩素、オゾン、紫外線などの消毒による殺菌、不活化が行われる。過去に疫病の流行の原因であったコレラ菌やチフス菌などの病原菌の殺菌は塩素消毒で十分達成される。しかし、近年感染症の原因ウイルスとして話題になっているノロウイルスやロタウイルスなどは、一般的に病原菌に比べて塩素消毒に対して強い抵抗性があり、オゾンや紫外線などによる消毒が導入されてきている。ただ、消毒による副生成物としてトリハロメタンなどハロゲン化合物の生成の問題がある。原虫のクリプトスポリジウムやジアルディアはさらに塩素消毒に対して抵抗性があるので、原虫の除去に対しては膜技術の利用が考えられる。

　考えられる除去対象物質に対応する水処理の単位操作の概要についてそれぞれ述べたが、処理過程には必ず副生成物が生ずる。生物学的処理には生物体の汚泥、凝集沈殿には除去対象物質を含んだ沈殿物、消毒には塩素有機化合物などのハロゲン化合物などがある。最終的には、単位操作の組み合わせによって、除去対象物質に対する水処理システムが構成されるが、このような副生成物の対策にも考慮したシステムとすることが重要である。

参考文献
1) Hendricks D., Water Treatment Unit Processes Physical and Chemical, Taylor & Francis, 2006

（大村達夫）

II 水の処理技術編

5章

固液分離技術

1. スクリーン（screen）
2. 沈殿・浮上分離
3. 凝　集
4. フロック形成
5. 砂ろ過

1 スクリーン（screen）

最も単純な構造といえるものはバースクリーンで、普通は金属製のバーを一定間隔に固定しその隙間を通らない浮遊物を除去する。このバーの隙間を目幅と呼び、細目は25〜50mm程度と粗目は50〜150mm程度がある。

ドラムスクリーンはスクリーン面が回転することで、常に分離面がクリーンであり、コンパクトで大きな処理能力、高濃度の処理を可能とする。

ストレーナは細かい土砂、ゴミ、プランクトン等細かい浮遊物の流入の防止を目的とする。装置がコンパクトで、配管に接続が可能で設置必要面積が少ない、維持管理費が安いなどの特長がある。ウエッジワイヤは河川水などの取水装置として使用される。構造は、逆三角形の断面をしたバーを等間隔に並べて目（スリット）を形成するもので、目詰まりが少なく、メンテナンスフリーである。ノッチワイヤは、突起のついたステンレスワイヤをカゴ状の枠に巻きつけた構造である。ノッチワイヤーエレメントは単層構造のため、大きな通過面積を確保することが可能である。

1 目 的

水道原水、下水、工場排水には、ごみ、厨芥、木片、排せつ物等の様々なサイズの多様な浮遊性のきょう雑物が含まれている。水処理関連施設に流入する前にこれらを除去しないと、施設の管および機械類（ポンプ等）に支障をきたす。従って、水処理関連施設の最初の処理プロセスはスクリーンによるきょう雑物の除去となり、一般に沈砂池の前にスクリーンを設ける。スクリーンは雨水排除施設にも放流水域にきょう雑物が流出することを防止するためにも設置される。

2 形 状

スクリーンは均一サイズの目開きを備えた装置であり、水中の粗大きょう雑物を除去し、施設をきょう雑物による衝撃や摩耗から保護するために用いられる。スクリーンは平行に配置されたバー、ロッド、ワイヤー（針金）、格子、金網、多孔板等からなる（写真1）。スクリーンは前後の水位差に対して十分な強度を有する必要がある。

目開きはどのような形状でもよいが、一般には円形または長方形のスクリーンが用いられる。バーやロッドが平行に配置されたスクリーンはバーラック（bar rack）と呼ばれる。目幅は後に配置されるポンプの口径の大小に応じて決定される。一般には、バーラックの目幅は15mm以上であり、スクリーンの目幅は15mm以下である。

(1) バーラック

バーラックは、排水処理ではポンプ、弁、配管、その他の付属設備がきょう雑物の目詰りによって損傷するのを防ぐために用いられる。工場排水処

スクリーン(写真1)

(出所：ShinMaywa Industries, Ltd
のホームページ
http://www.shinmaywa.co.jp/
pump/products/mizutop.htm）

(出所：車谷環境設備 株式会社のホームページ
http://www.netten-blog.com/blog/
mizumawari/?no=13610)

(出所：Heal the Bayのホームページ
http://healthebay.earthblog.jp/
d2009-01.html)

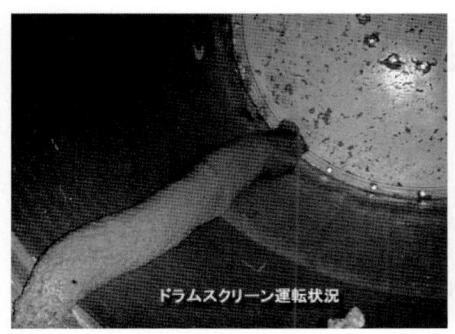

(出所：協栄工業株式会社のホームページ
http://www.kyoei-kougyou.co.jp/products/)

(出所：三菱化工機のホームページ
http://www.kakoki.co.jp/products/m/m-010.
html)

理プラントでは、排水の種類によってはこれらの装置を必要としない場合もある。排水処理に用いられる典型的なバーラックを写真2に示す。

(2) 格子状スクリーン

　初期のスクリーンは傾斜のついた円盤型あるいはドラム型であり、青銅板や鋼板からなり、一次処理として沈殿池の代りに設置されていた。1970年代初期から下水処理の分野では、あらゆるタイプのスクリーンの利用が見直されるようになった。その利用範囲は一次処理から生物処理プロセスの残留懸濁物の除去にまで至る。現在ではより優れたスクリーンろ材やスクリーン装置が開発され、スクリーンに対する関心が高まり、研究が続けられている。

バーラック(写真2)

(出所：札幌北営株式会社のホームページ
http://sapporohokuei.sblo.jp/
category/584016-1.html)

3 粗目と細目

　管きょの建設段階では粗大な浮遊きょう雑物も流れてくるので、これらを確実に除去するため、一般に前部に粗目スクリーンを、後部に細目スクリーンを設ける。ただし粗大なきょう雑物が流れてくるおそれがない場合は、粗目スクリーンを省略する。揚砂ポンプなどにより除砂する場合は、揚砂ポンプの閉塞を防ぐため沈砂池の前に細目スクリーンを設ける。中継ポンプ場では、維持管理の簡素化のために粗目スクリーンのみとし、通過したきょう雑物は破砕機により粉砕し、これを汚水とともに処理場へ送水する場合もある。

　細目スクリーンの目幅は、できるだけ小さくすることが望ましいが、あまり小さくすると、かき揚げレーキ（くま手）に対して平鋼板の間隔を精密に加工しなければならなくなる。また、スクリーンの目詰まりを考慮すると目幅は最小でも15mm程度必要である。一般に汚水用では15〜25mm、雨水用では25〜50mmの目幅のスクリーンが用いられる。また、粗目スクリーンの目幅は一般に50〜150mmである。

　スクリーンの強度は前後の水位差を1.0m程度として計算する。特に、雨水用のスクリーンは、ごみの集積によって水位が上がり、時には1m以上の水位差が生じることがある。従って、スクリーンおよび支持げたにはこのような状況に十分に耐えうる強度が要求される。設計時には、異常に水位が高くなりきょう雑物がスクリーンを越える場合を考慮し、きょう雑物がポンプ等の施設に流入して施設の機能が損なわれないように配慮する必要がある。スクリーンの長さが5m以上になると、手かきの場合は底部の掻き取りが困難になるので中段程度のところに作業床を設けると良い。

4 スクリーンかすの清掃方法

　スクリーンで除去されたきょう雑物をスクリーンかす（screenings）と呼ぶ。スクリーンかすのかき揚げは、汚水か雨水かといった種類の区分、スクリーンかすの量および性状等により適切な方式を選ぶ。スクリーンかす発生量は、排水特性や規模等で異なるが、下水では概ね水量1,000m³当たり汚水で0.0005〜0.05m³程度、雨水で0.005〜0.05m³程度である。

　スクリーンかすの清掃方法には手動掻き揚げ式と機械掻き揚げ式がある。機械かき揚げ式は連続式と間欠式に区別され、連続式には連続式スクリーン、間欠式には間欠式スクリーン、ロープ巻上げ式スクリーン等がある（図1）。

　かき揚げ装置の選定に当たっては、汚水および雨水の区分、スクリーンかすの量、性状および粗大きょう雑物の有無等を検討する。

　かき揚げ方式には一般に次のようなものがある。

(1) 機械式

① 連続式

　エンドレスのチェーンに複数のレーキを取付けて、連続してスクリーンかすをかき揚げる方式である。かき揚げ方式として、全面かき揚げと後面かき揚げがある。

連続式スクリーン

　連続式は、流入排水中の浮遊物を阻止する粗目および細目スクリーンに用いられる。連続式は、エンドレスチェーンのアタッチメントリンクに直接レーキを取り付け、上下のスプロケットホイール（歯車）の回転によって、連続してスクリーンかすのかき揚げを行う方式である。チェーンの下部は通常水没しているが、停止中にチェーン全体を引き上げ、保守および点検できるようにしたものがある。

　粗大ごみ等で負荷がかかり停止したときには、

機械かき揚げ式スクリーン（図1）

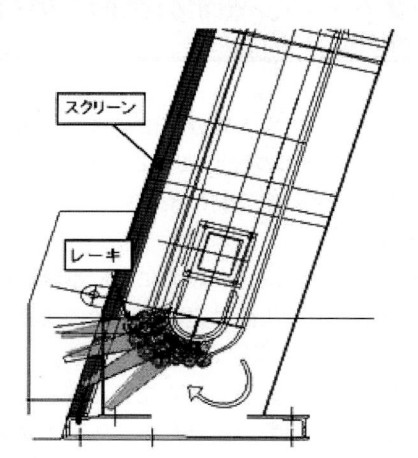

（出所：住友重機械エンバイロメント株式会社のホームページ
http://www.shiev.shi.co.jp/p05.html）

ワイパをつり上げて固定し、レーキを逆に回転させ、かすを落とす。逆動作の際にはワイパが破損しないよう注意する。

② 間欠式

ワイヤロープ、チェーンまたはラックギヤで単一レーキを上下させてかき揚げる方式である。

間欠式スクリーン

間欠式は主に、流入排水中の比較的大きな浮遊物を阻止する粗目スクリーンに用いられる。間欠式は、単一のレーキを昇降させ、間欠的にスクリーンかすをかき揚げる方式で、可動部分および回転部分が水上部にあり保守点検が容易である。

点検および整備時には次の点に特に注意する。1) 減速機に潤滑油や作動油を補給する。2) スプロケットホイール等に適宜グリスを補給する。グリスが切れると摩耗が進み寿命が短くなる。3) レーキとスクリーンのかみ合せ、ワイパの作動確認、を行う。4) 運転時に異常な音や振動がないか、また、ガイドローラが正常に回転し、摩耗がないかをチェックする。

粗大ごみ等で負荷がかかり停止したときには、逆転運転等で噛み込んだかすを除去する。

機械式に対して人力でくま手によってかき揚げる方式を手かき式と呼ぶ。

スクリーンの水平からの傾斜角は、機械掻き揚げ装置を有するときは70°前後にするが、手動掻き揚げの場合は作業が容易でないので、予想される作業場に応じて45～60°にする。スクリーン部分を通過する流速を大きくすると、スクリーンによる損失水頭も大きくなり、また、手かきの場合は流勢によって作業が困難になる場合があるので、通過流速は、計画下水量に対して0.45 m/s程度とするのがよい。

スクリーン設備の付属装置としては、以下に示す装置がある。(1)スクリーンかす洗浄装置、(2)破砕装置、(3)脱水装置、(4)搬送・貯留装置。

スクリーンかすは、一般的には、紙きれ、木ぎれがほとんどであるが、人糞や汚水が付着しているため、放置すると悪臭を発散し、蚊、はえ等が発生するので、洗浄により付着物を除去し、脱水して処分する。

代表的な機種には、洗浄機として羽根車かくはん式と圧力水かくはん式が、破砕機には二軸差動式が、脱水機には、スクリュー式、ローラ式、往復動式等がある。

ⓐ スクリーンかす洗浄装置について

羽根車かくはん式は、水槽内で直接羽根車が回転するのでスクリーンかすの洗浄が効果的に行われるが、水中に機械部分があるので腐食や摩耗に注意する必要がある。

圧力水かくはん式は、水中に機械部分がないが、洗浄水に注意しないとノズルが詰まるおそれがあるので、定期的に点検する必要がある。

ⓑ 破砕装置について

二軸差動式破砕機は、二軸からなる回転破砕部を駆動し、スクリーンかすを破砕するものである。

1) 運転中、過負荷を検知すると、逆転排出運

転を行い、かすを取り除き、正転運転に復帰する。設定時間内に設定回数の過負荷が生じた場合、破砕不可能として運転を停止するので、その際には原因を取り除き、正常運転に復帰させる。
2) スクリーンかすが多量に投入されたり、アルミ缶、プラスチック・発泡スチロール製品が混入すると、破砕機上部のホッパにおいてスクリーンかすがブリッジ状になり、あふれ出る可能性があるので、投入量を網整できる定量切出し装置を設ける等、点検時にブリッジを解消する。
3) 破砕機は、定期的に潤滑油の交換を行う。また、定期的に分解点検を行い、カッター、メカニカルシール、軸スリーブ、ベアリング等の消耗部品については、必要に応じて交換する。清掃および点検を行うときには、危険防止のため破砕機を停止させる。

ⓒ 脱水装置について

スクリュー式は、スクリューとケーシングで押される圧力で脱水されて、ケーシングの穴から脱離液が出ることから、運転中はケーシングの洗浄水を出していないと目詰まりのおそれがあるので注意が必要である。また、竹、プラスチック、ホース等の弾力がある長いものや、笠缶のようにつぶれるとギザギザが生ずるもの等を投入すると排出口に詰まるので、あらかじめ除去しておく必要がある。

ローラ式は、2本のローラの間にスクリーンかすをはさんで脱水する構造であることから脱水効率がよい。また、油圧で作動するものは、粗大なスクリーンかすを投入しでもローラが移動して吐き出すことができるが、脱水効率は落ちる。

往復動式は、シリンダー内にピストンを設けて油圧で押して脱水するもので、木片、石等の粗大異物が入ると支障となる。また、規定より極端に少ない量で運転すると、脱水効率が上がらないので注意する。

5 スクリーンかすの処理と処分

スクリーンかすは、処分方法によってスクリーンかすの性状をどの程度にするかが決まるので、スクリーンかすの受入側の条件に合わせて処理する必要がある。

スクリーンかすは、一般的には廃棄物の処理および清掃に関する法律に定める一般廃棄物として扱われる。

処分方法は、焼却して埋め立てるか、そのまま埋め立てることが多い。ただし、処分の過程でそのまま貯留し放置しておく期間が長いと、悪臭を発散し、蚊、はえ等が発生し非衛生的となるので、状況に応じて次のような方法を組み合わせた対策が必要となる。
1) 洗浄をする。
2) 水切りを完全に行い、場合によっては圧搾脱水する。
3) 防臭剤、防腐剤、又は殺虫剤を散布する。
4) 貯留する期間をできるだけ短くし早く搬出する。なお、運搬車に積み込むときはとりわけ臭気が発散するので、その防止に努める。
5) 運搬車には、臭気が発散しないよう覆いをかける等の処置を行う。
6) スクリーンかすの保管場所や運搬器材は、作業終了時には水洗いを行う。

そのほか、業者に運搬および処分を委託する場合は、廃棄物処理業の資格を有する業者を選定し、計量方法の適正化等に注意する。

スクリーンかすをそのまま埋立て処分する場合は、処分地に搬入したのち、速やかに覆土する。プラスチック、缶、びん等は、自治体によって分別方法が異なるので、それに従って処理する。

6 沈砂池

　沈砂池（grit chamber）は、河川水や下水に含まれる固形物が上水道施設や下水道施設に流入することを防止する目的で設置される。施設に固形物が流入すると、ポンプなどの機械設備を摩耗したり損傷する、管路などの特に流速が変化する部分へ土砂が堆積し管が閉塞する、沈殿池、汚泥濃縮タンク、汚泥消化タンクなどの後段の施設に土砂が堆積する、等の問題が発生する。

　沈砂池は巨大な容積の池であるので、流入した下水は流速が低下し、下水中の比較的サイズの大きい固形物は沈殿する（図2）。合流式下水道では雨水ますに土砂だめを設けて土砂の流入を防いでいるが、沈砂池を設置しないとポンプ場や処理場にはかなりの土砂が流入して、ポンプを損傷したり、沈殿汚泥に混入して消化タンクの底部に沈積するおそれがある。このように、合流式下水道は道路上の土砂など流入固形分が多いので、ポンプ場に設置される。また、分流式下水道でも土砂の流入がかなり見受けられるので、沈砂池が汚水ポンプ場、終末処理場に設置される。このように、沈砂池は一般的な下水道の施設として広く用いられている。一部の小規模下水処理施設では設置されない事がある。

　沈砂池で除去される沈殿物は、道路や宅地内から雨水ますや汚水ますを経由して下水管内に流入した土砂、家庭から排出される卵の殻、骨くずなどの分解されない固形物等に起因する。また、下水管の不完全な継ぎ目から流入してくる土砂も考えられる。これらの土砂は腐敗性のものでないから、一般の下水処理処を行う前に別途に切り離して除去するのがよい。なお、ポンプ運転の場合、沈砂池は一種の調整池にもなる。

　沈砂の量と質は、道路の維持管理の状況、排水面積と排水人口、下水管きょの勾配、下水管きょの維持管理の状況、排水区域の土と地下水の特性、排水を接続している工場の業種と排水量、ディスポーザーの普及率などによって決まる。合流式下

沈砂池（図2）

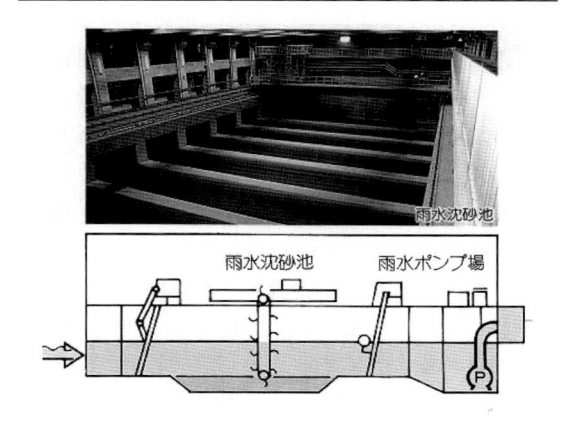

（出所：静岡市のホームページ
http://www.city.shizuoka.jp/deps/gesuidosisetu/shikumi_gusui.html

ジェットポンプ（図3）

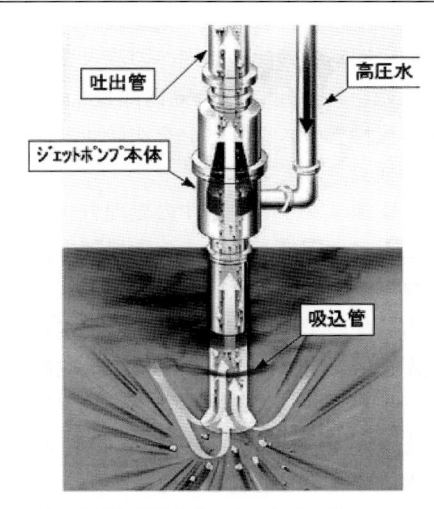

（出所：日本下水道施設業協会のホームページ
http://www.siset.or.jp/contents/?CN=200&RF=K&RFID=27&ID=96）

水道では雨天時の沈砂量は多くなる傾向がある。

沈砂池の形状は長方形または正方形の事が多い。池の数は池の維持管理（清掃および修理）などのために2池以上儲けるのが一般的である。一般に鉄筋コンクリートで建設される。維持管理のための排水を容易に行うため、流入部に向かって池底に1/100〜2/100の勾配が付けられる。除砂設備（揚砂用ポンプ（図3））を設置すればこう配をつけなくてもよい。合流式下水道は流量が変動しやすいので、流量に応じて稼働する沈砂池の数を変えられるようにすることが望ましい。流量の少ない晴天時に大容量の沈砂池を用いると無機物だけでなく有機物まで沈殿してしまい、腐敗などの問題が生ずることがある。

沈砂池では、除砂のために揚砂用ポンプ（図3）、バケットコンベアなどの各種機械設備を設けるのが通例になっている。これら沈砂池の機械設備を保護するために、雨水用沈砂池前面には、有効間隔50mm程度の粗目スクリーンを設け、布切れその他の粗大図形物の沈砂池内への流入を防止している。また、汚水用には有効間隔20 mm程度の自動除塵機付きのスクリーンを沈砂池前面に設けることが推奨されている。

沈砂およびスクリーンかすの処理方式には、ポンプ場ごとに個別に処理する個別処理方式、複数のポンプ場等で沈殿した固形物やスクリーンかすを一か所に集めで洗浄し脱水して処理する集約処理方式がある。方式はポンプ場の数、沈砂およびスクリーンかすの発生量、ポンプ場の立地条件等を総合して選定するのがよい。沈砂およびスクリーンかすは腐敗し悪臭を放ちやすいので、周辺の環境を考慮し十分に処分方を検討しなければならない。周辺住民とのトラブルを避けるため必要に応じて洗浄装置や脱水装置を設ける。

沈砂池では、流入した有機物の一部も沈殿するので、搬出、埋め立て時に支障をきたさないように沈砂を洗浄することが望ましい。除砂設備が揚砂ポンプの場合はそのまま洗浄装置に投入できるが、その他の除砂設備の場合はコンベヤを利用して洗浄装置に送る。一般的に使用されているスクリーンかすや沈砂の洗浄装置および脱水装置は参考文献（1）に詳しく記述されている。

流量制御装置を有しない沈砂池では、沈砂のかき上げや清掃を機械で行う。土砂は沈砂洗浄装置で有機物と分離される。除砂設備は、長方形池ではバケットコンベア、バケットエレベータ、グラブバケットクレーンが、正方形池ではクラリファイヤが、放物線形の断面を有する沈砂池では揚砂ポンプが用いられている。これらの維持管理は担当者の経験により行われており、一般的な見解がないのが現状である。

エアレーション沈砂池

エアレーション沈砂池（aerated grit chamber）は、池底部に設けられた散気装置（ディフューザー）を用いて沈砂池内に空気を送り込むこみ、池内の下水に旋回流を与え、生じた揚力で比重の小さい粒子は浮かせ、比重の大きい固形物だけを沈殿させる装置である。大きな土砂粒子は旋回流速によって池底に運ばれて沈降し、ホッパまで運ばれる。微細な土砂粒子あるいは軽い有機物粒子は沈降しないので沈砂池から流出していく。旋回流速は散気装置から噴出する空気量と池の断面形状で決まる。

土砂に付着している有機物は剥離され、沈砂の有機物含有比は比較的小さい。土砂の洗浄効果が見込める点が従来の沈砂池とは異なる点である。さらに、予備エアレーションの効果も期待できる。

エアレーション沈砂池は比較的小規模な終末処理場で用いられる。また、流量が安定している施設には有効であるが、雨水沈砂池等の流量変動が大きい沈砂池には適さない。

標準的なエアレーション沈砂池では、池内の端の底から60〜90cm上に散気装置が取付けられ、余裕高は50cmであり、池の底部には30cm以上の砂だまりが設けられる。

① エアレーション沈砂池の設計

沈砂池の有効長L、有効幅B、有効水深Hは、計画流量Q、表面負荷率ω_0、平均流速U、池内滞留時間t_0から計算される。これらのパラメー

ターは以下の基本式によって関連付けられる。

$$L = U \times t_0$$
$$A = \frac{Q}{\omega_0}$$
$$B = \frac{A}{L}$$
$$H = t_0 \times \omega_0$$

　計画流量Q、表面負荷率ω_0、平均流速U、池内滞留時間t_0の設計標準値は参考文献（2）にまとめられている。

　一般に、沈砂池では比重2.65以上、直径0.2mm以上の固形物を除去することを目的とする。これを達成するために、池内の平均流速は0.3m/s程度、滞留時間は30〜60s程度とする。滞留時間は多くの沈砂池で余裕を持って60s程度に設定される。砂だまりの深さは30cm以上とする。有効水深は流入管きょの有効水深に応じて決められる。

　沈砂池の設計時には池内の乱れと沈砂の巻き上がりについて考慮する必要がある。乱流の発生は流入部および流出部の形状に起因することが多い。巻き上がりは旋回流速が大きすぎる場合に発生する。

　エアレーション沈砂池は、滞留時間は1〜2分程度、有効水深は2〜3m程度、送気量は下水量1m^{3}当り1〜2m^{3}程度として設計される。断面形状は旋回流が発生しやすい形状とする。旋回流速は0.45〜0.6m/s程度となることが望ましい。

2 沈殿・浮上分離

1 沈殿池

沈殿は、懸濁粒子を沈降させて水から除去するプロセスである。懸濁粒子を含んだ水を静止させると、水より比重の大きい粒子は沈降し、水より軽い粒子は浮上する。沈殿の目的は容易に沈降する粒子を除去して、懸濁物質濃度を下げることである。

下水処理において沈殿池は、沈砂池では沈まなかった土砂等の粒子状物質を除去する最初沈殿池、曝気槽から流出した活性汚泥フロックを除去する最終沈殿池に分けられる。最初沈殿池は、次段の生物処理の負荷を軽減させるための予備的な処理プロセスとして用いられる。最初沈殿池で処理される汚濁物は、沈降性固形物、油やグリースなどの浮上物質、である。効率的に運転されている最初沈殿池においては、懸濁物質の除去率は50～70%、BOD成分の除去率は25～40%である。沈殿池は貯留槽としても使われることがある。その場合は滞留時間を10～30分とする。

浄水処理においては、凝集プロセスの後に凝集フロックを除去するために設置される。沈殿操作は汚泥濃縮槽における固形物の濃縮にも用いられる。沈殿の主な目的は懸濁物質を含まない清澄な処理水を得ることであるが、発生した汚泥が処理（濃縮や脱水）しやすいような状態になることも重要である。

清澄な処理水が得られることとその後の処理に供しやすい沈殿汚泥が得られることの両方を考慮しなければならない。

沈殿池を設計する場合には、装置内の流れの状態を単純化するとよい。単純化された沈殿池のモデルは理想沈殿池である。理想沈殿池では、水は槽内を水平方向に一様に流れ、鉛直方向の流れは無いものとし、いったん沈殿した粒子は再び浮上することも無いと仮定する。図1に理想沈殿池の概念図を示した。理想沈殿池の上端から流入した粒子はちょうど流出端において底部に到達する。この粒子の沈降速度V_0は以下の計算によりQ/Aとなる。

$$V_0 = \frac{h_0}{L/u}$$

$$Q = B \times h_0 \times u$$

$$A = B \times L$$

より

$$V_0 = \frac{Q}{A}$$

ここで、Aは沈殿池の表面積、Qは流量、uは流速、h_0は水深、Bは池幅、Lは池の長さ、である。

Q/A（m³/m²/日）は表面負荷率（surface-loading rale）と呼ばれ、沈殿池設計の基本パラメーターである。

沈殿池に流入する粒子のうち、沈降速度がV_0よりも大きい粒子は全て沈降する。沈降速度がV_0よりも小さい粒子の除去率は、この粒子の沈降速度をVとすると、V/V_0となる。沈殿池の除去率を高めるには、Aを大きくするか、Qを小さ

理想沈殿池（図1）

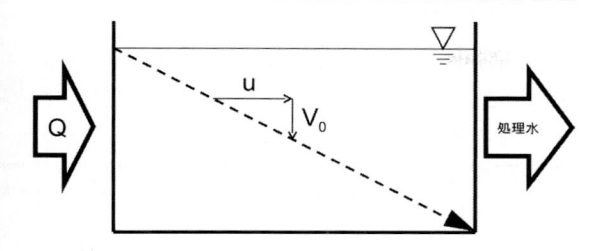

傾斜板沈降装置の図（図2）

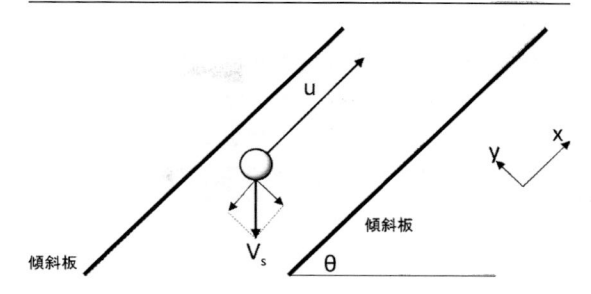

くするか、凝集などによりVを大きくすればよいことが分かる。

傾斜板（傾斜管）沈降装置

　除去効率を高めるにはできるだけ浅い沈殿池をつくればよいことになる。この方法は理論的には可能ではあるけれども、実際には多くの制約があり、現実的ではない。Aを大きくするために開発された技術として傾斜板（傾斜管）沈降装置がある。この装置は既設の沈殿池に設置できるし、特別に設計された沈殿池にも設置できる。図7に傾斜板沈降装置の図を示した。粒子を含んだ水は紙面と垂直の方向に流れる。

　傾斜板沈降装置は斜めに傾けた板を積み重ねて構成されており、傾斜管沈降装置は口径の小さいプラスチック管を束ねた構造になっている。一般に水は傾斜板（傾斜管）内を上向きに通過して、沈殿池出口から流出する。傾斜板（傾斜管）内に沈殿した懸濁物は水の流れとは逆に下方に向かって沈降し、沈殿池下部に落下する。排泥し易いように傾斜板（傾斜管）の角度は水平から45〜60°が望ましい。60°度を越えると沈殿池の総面積が減少し、沈殿効率が低下する。一方、40°より小さい場合には排泥されにくくなる。

　図2に示すように傾斜した座標系を用いると、粒子の速度成分は次のように表される。

$V_{sx} = u - V_s \sin \theta$

$V_{sy} = -V_s \cos \theta$

　ここで、V_{sx}は粒子の沈降速度のx方向成分、uはx方向の流速、V_sは粒子の沈降速度、θは水平軸に対する傾斜板（傾斜管）の傾斜角度、V_{sy}は粒子の沈降速度のy方向成分である。除去率は粒子が沈降する底面である傾斜板に対して鉛直の成分である沈降速度成分V_{sy}によって決まる。

2 浮上分離

　浮上性の固形物を除去するために沈殿の替わりに浮上分離を用いることもできる。浮上（flotation）は固形物を液中から分離するのに用いられる単位操作である。液体よりも密度の低い固形物（水に懸濁した油等）は沈殿することはなく、浮上により分離されうる。浮上は微細気泡（一般に空気）を液中に注入することで行われる。液体よりも密度の低い固形物の浮上速度はさらに高まる。気泡が粒子に付着して浮力が十分に大きくなるので、液体よりも密度の高い粒子でも浮上するようになる。

　下水処理では、未処理下水、沈殿処理後の下水、余剰活性汚泥の濃縮、雨水管越流水の処理に浮上分離が用いられる。沈殿と比較し、沈降速度の小さい微小粒子や比重の小さい粒子を短時間で効率よく除去できる。これは、沈降速度に比べて浮上速度が極めて高いことによる。

　浮上分離では一般に処理水の体積の2〜3%の体積に相当する空気が注入される。

空気の注入法、または発生法には主に以下の3種類がある。

溶解空気浮上法：下水を加圧した後に空気を注入し、その後に圧力を下げる。

空気浮上法：大気圧下で曝気する。

減圧浮上法：大気圧下で下水に空気を注入し、その後に減圧する。

(1) 溶解空気浮上法

溶解空気浮上法（dissolved-air flotation; DAF）は、下水を数気圧に加圧した後、下水中に空気を注入し、その後大気圧まで圧力を下げる方法である。小規模な装置では、全ての下水をポンプを用いて加圧し、圧縮空気を注入する。加圧槽において数分間下水を滞留させると下水に空気を溶解させることができる。加圧された下水は減圧弁を通って浮上槽に流入する。浮上槽では下水全体から微細気泡が発生する。

大規模な装置になると浮上処理水の一部を浮上槽流入口から循環し、これに空気を加圧注入して半飽和の状態にする。循環水は加圧されていない流入原水と浮上槽流入口で混合され、この時に発生した気泡が懸濁粒子と接触する。加圧タイプの装置は主に工場排水の処理や汚泥の濃縮に用いられる。

(2) 空気浮上法

空気浮上法（air flotation）では、回転インペラーやディフューザーにより空気を液相に直接注入して気泡を発生させる。短時間の注入では固形物を浮上させる効果は小さい。ばっ気槽を設置しても通常の下水から油脂やその他の固形物を浮上させることは難しいが、スカム（scum）が発生しやすい下水では一定の効果を発揮する。

(3) 減圧浮上法

減圧浮上法（vacuum flotation）では、下水を直接ばっ気するか、下水ポンプの吸引口で空気を注入することにより下水を空気で飽和させる。その後減圧すると、溶解していた空気が微細気泡となって析出する。気泡が付着した粒子は浮上槽表面に浮上してスカム層（scum blanket）となる。浮上装置としては、内部を半真空に維持しなければならないため、一般に蓋の付いた円筒タンクが用いられる。スカムと沈殿汚泥の掻寄せ機が装備されている。浮上した汚泥は連続的に掻き寄せられ、自動的にタンク外にあるスカムトラフに掃き出される。

(4) 薬品助剤

除去効率を高めるために様々な化学薬品が用いられる場合がある。助剤の主な役割は粒子表面への気泡の付着を促進すること、凝集した粒子群に気泡を取り込みやすくすることである。アルミニウム塩、鉄塩、活性シリカ等の無機薬品を用いて懸濁粒子を凝集させると、凝集粒子は気泡を取り込みやすくなる。種々の有機ポリマーを用いることで気液界面や固液界面の性質を浮上に好ましいものに変えることができる。

参考文献
1) 下水道維持管理指針 2003 年版（前編）
2) 下水道施設計画・設計指針と解説 2009 年度版（前編）

（佐藤　久）

3 凝　集

1 凝集の原理[1,2]

　表面の同符号の荷電（通常は負）と水和によって、水中のコロイド粒子は安定に分散している。安定状態にあるコロイドを不安定化・集塊化して沈殿やろ過によって固液分離するための操作を凝集(coagulation)という。そのためにコロイド粒子と反対の電荷を持つ鉄やアルミニウムのような多価金属イオンを含む薬剤（凝集剤という）を水に添加する。凝集剤の第一の役割はコロイド粒子と反対の電荷をもった粒子を作りその電荷によってコロイド粒子表面の荷電を中和することである。コロイド粒子表面の荷電はゼータ電位によって示される。凝集剤の作用によってゼータ電位を0付近にすれば、コロイド粒子はファン・デア・バアールス(van der Waals)力によって結合が可能となる。しかし、コロイド粒子の集塊物（フロックという）を沈殿により除去できる寸法（数百 μ m）にまで大きくするには、粒子相互の結合を補強する（架橋作用）物質が必要である。この結合力の補強が凝集剤の第二の役割である。鉄やアルミニウムは水中で酸として働き、水中のアルカリ度を消費してpHを低下させる。凝集剤として硫酸アルミニウムを用いた場合について、アルミニウムの形態とpHの関係を説明する。アルミニウムはpHが3-4以下でないと単純な3価のアルミニウムイオンとして存在しない。アルミニウムの配位数は6であり、酸性域では $Al(H_2O)_6^{3+}$ の形の水和イオンであり、pHを高めると水中の水酸基と反応し

pHとアルミニウムの形の例[2]（図1）

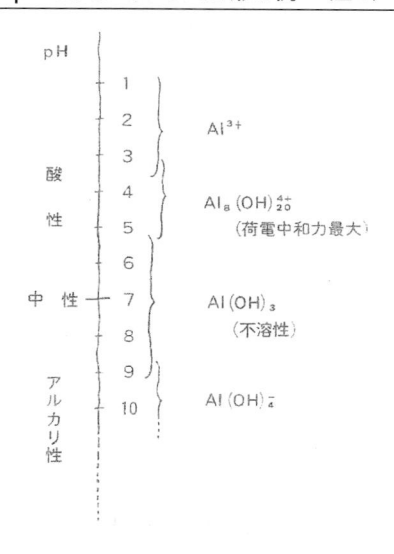

pH	
1	
2	Al^{3+}
3	
4	$Al_8(OH)_{20}^{4+}$
5	（荷電中和力最大）
6	
7	$Al(OH)_3$
8	（不溶性）
9	
10	$Al(OH)_4^-$

酸性／中性／アルカリ性

て加水分解重合して、その時のpHとアルミニウム濃度に応じた重合多価イオンを生ずる。図1はpHと出現する重合アルミニウム種を模式的に描いたものである。

　従って、アルミニウム（鉄も同様である）を用いた凝集操作はpHが最も重要な操作因子である。浄水工程では濁度の除去が主目的であり、濁度成分の代表として直径が1 μ m程度の粗コロイドである粘土粒子の凝集とpHの関係をJar test（図2参照）によって求めた結果が図3である。

　粘土フロックのゼータ電位が0（等電点）付近になるpHが7程度で濁度の除去が最大になっている。これは凝集剤の二つの役割が有効的に機能していることによる。しかし、もう一つの等電点で

ジャーテストの手順[1]（図2）

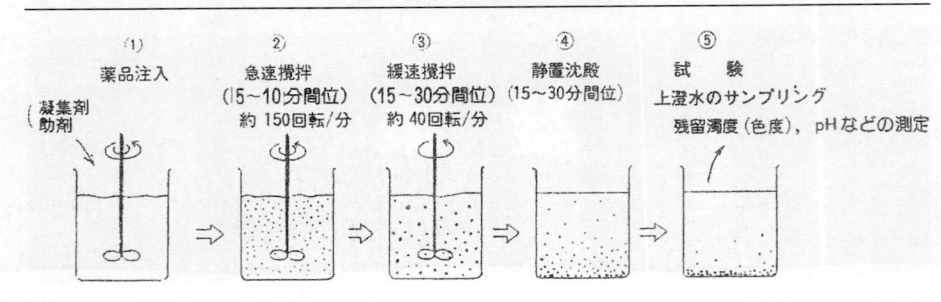

（図：①薬品注入（凝集剤・助剤）→②急速攪拌（1.5～10分間位 約150回転/分）→③緩速攪拌（15～30分間位 約40回転/分）→④静置沈殿（15～30分間位）→⑤試験 上澄水のサンプリング 残留濁度（色度）、pHなどの測定）

アルミニウムによる粘土コロイドの凝集[1]（図3）

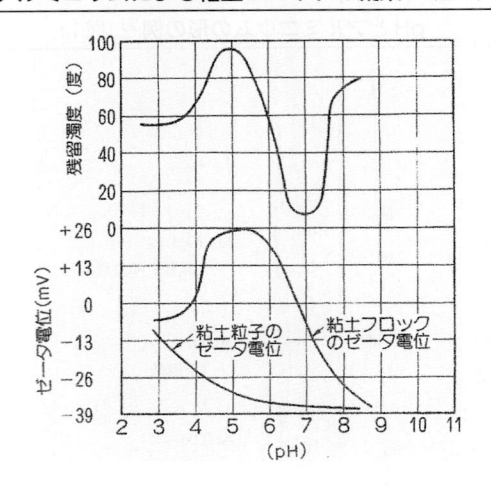

色度粒子のゼーター電位と色度の除去[1]（図4）

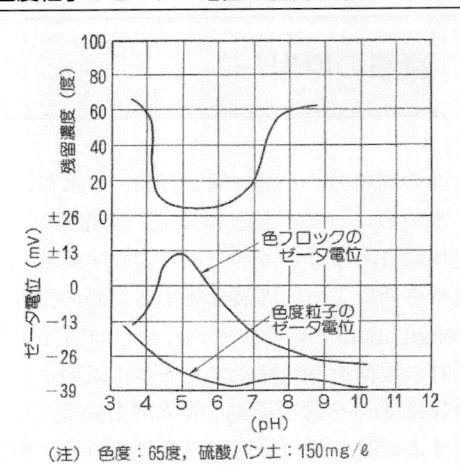

（注）色度：65度、硫酸バン土：150mg/ℓ

あるpH4付近では濁度除去率は低い。これは粘土粒子の荷電は中和されているが、重合アルミニウムの架橋作用が弱いためである。

泥炭地の着色成分や下水中の有機コロイドのような微コロイド粒子（寸法が数十nm程度）は、粘土粒子などの粗コロイド粒子に比べて同じ質量であればその表面積は100万倍にもなるので、中和すべき電気量も粘土粒子より極めて多くなる。その凝集には、不溶解性アルミニウムの荷電中和能力の最も高いところを使って荷電中和を行う必要がある。図4は天然着色水をアルミニウムで凝集した例である。

色コロイドフロックのゼータ電位はpH5付近で最大値を示し、pHの上昇とともに急激に低下する。図中の残留色度とフロックのゼータ電位を比較すると、pH5付近でも荷電中和と架橋作用の両方を満足する不溶解性アルミニウムがかなりの量で出現していることが分かる。以上をまとめる、アルミニウムによる粗コロイドと微コロイドの最適凝集pHはそれぞれ7付近と5付近である。

2　凝集剤[3]

我が国では昭和30年代までは水道用凝集剤として主に硫酸アルミニウム多用された。しかし、昭和40年代以降はポリ塩化アルミニウム（PACl）が急速に普及し、平成19年度では水道用凝集剤の86.8%を占めている。一方、諸外国では塩化第二鉄などの鉄系凝集剤も各種有機高分子フロック形成補助剤と併用して広く使われてきた。凝集剤に含まれるアルミニウムと健康影響との関連に対

PACℓによる濁度の凝集[3] (図5)

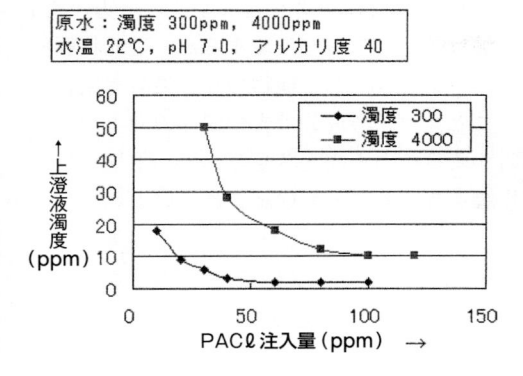

原水：濁度 300ppm, 4000ppm
水温 22℃, pH 7.0, アルカリ度 40

PSIの凝集機構[3] (図6)

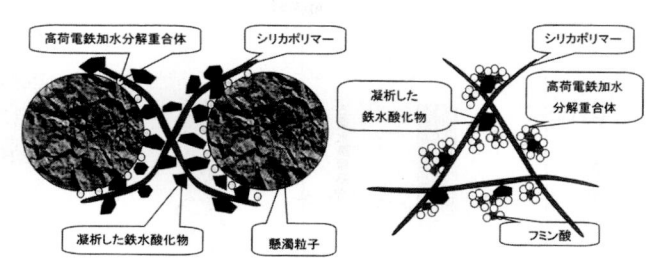

する懸念から鉄系凝集剤に切り替える水道事業体も徐々に増加傾向にあり、オランダ水道のように既に鉄系凝集剤のみで浄水処理をおこなっている国もある。近年わが国でも鉄シリカ無機高分子凝集剤（ポリシリカト鉄、PSI）が実用化され、厚労省は「成22年2月改正の「水道用薬品類の評価のための試験方法ガイドライン」にPSIを加えた。硫酸アルミニウムを凝集剤として用いる場合には、加水分解で消費されるアリカリ度の補充が必要である。この欠点を補うなめに、現在では凝集剤としてポリ塩化アルミニウム（PACℓ）が広く用いられている。その化学式は、$[Al_2(OH)_mCl_{6-m}]_n$, $0<m<6$, $n<10$, であり、荷電中和能力の高い重合アルミニウムを予め作ったものである。凝集剤として作用するために必要な加水分解の大部分を予め行ってあるので、水に添加してもアルカリ度の消費はほとんどない。図5はJar testによるPACℓ（Al_2O_3として10%）添加濃度と濁度除去の関係である。

PSIは分子量が約50万の安定した重合ケイ酸に鉄系凝集剤の塩化第二鉄や硫酸第二鉄に含まれる3価の鉄イオンを結合させた凝集剤であり、鉄による荷電中和能力と重合ケイ酸による架橋作用を兼ね備えた無機系高分子凝集剤である。PSIの凝集モデルを図6に示す。

原水にPSIを添加するとPSI中の鉄イオンが加水分解してアルミニウムと同様に高荷電の鉄加水分解重合体が生成する。これらによってコロイド粒子の荷電が中和され微小フロックが形成される。この微小フロックを重合ケイ酸や凝析した鉄水酸化物が架橋してより大きなフロックが形成される。PSIは荷電中和を担う鉄と架橋作用を担うケイ酸の組み合わせ比（SiO_2/Feモル比）によって異なる凝集特性を示す。SiO_2/Feモル比が1以下のものをPSI-LMといいモル比が0.25と0.5のものが製品化されている。モル比が1以上のものをPSI-HMといいモル比1のPSI100が製品化されている。モル比が低い程PSIの鉄の割合が高いので荷電中和能力は高いが、相対的にシリカ濃度が低いので架橋作用が低いためフロックの成長は制限される。しかし、高密度のフロック群が形成されるので、PSI-LMは砂ろ過の前処理としての凝集沈殿処理に適しているといわれている。一方、モル比が高い程架橋作用が大きいので大きくて沈降性の良いフロックが形成されるので、PSI-HMは藻類などの難沈降性物質の凝集沈殿処理に適しているといわれている。図7はPSI100とPACℓによる藻類懸濁水の凝集沈殿処理における藻類除去効率の比較である。

PSI凝集汚泥はアルミニウム凝集汚泥に比べて濃縮性と脱水性が優れているといわれている。また、一般的にアルミニウム凝集汚泥は溶解性アル

PSIとPACℓに藻類凝集の比較[3] (図7)

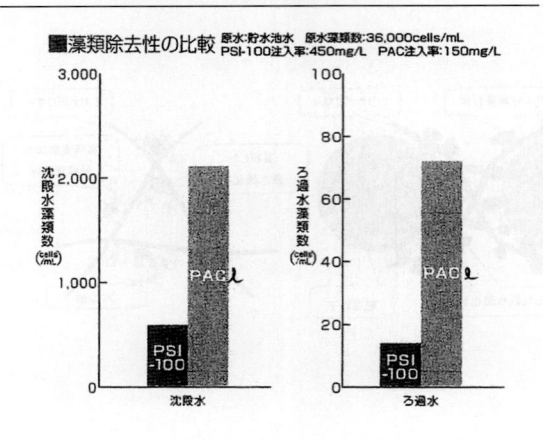

■藻類除去性の比較　原水:貯水池水　原水藻類数:36,000cells/mL
PSI-100注入率:450mg/L　PAC注入率:150mg/L

ミニムによる植物根への悪影響と無機リン酸と結合により植物の成長阻害を起こす。　一方、PSI凝集汚泥は鉄がリン酸を吸着するが、還元状態では容易にリンを放出して植物のリン酸吸着阻害が軽微なこととケイ酸成分は光合成能の向上や病害虫に対する抵抗力を向上させるので、水稲の生育に好影響を与えることも検証されている。

4 フロック形成

1 フロック形成の理論

凝集剤の添加によって荷電が中和され架橋作用によって成長が可能になった粗コロイド粒子（凝集微粒子）は互いに衝突・合一を繰り返すことでより大きなフロックへと成長する。この過程をフロック形成(flocculation)という。フロック形成は物理的反応であり、丹保他は、次式に示す無次元の標準化されたフロック形成の動力学式を提示した。

$$\frac{dN_R}{dm} = \frac{1}{2}\sum_{i=1}^{R-1} \alpha_R \left\{ i^{\frac{1}{3-K_\rho}} + (R-i)^{\frac{1}{3-K_\rho}} \right\}^3 N_i N_{R-i}$$
$$- N_R \sum_{i=1}^{S-R} \alpha_{R+i}\left\{ i^{\frac{1}{3-K_\rho}} + R^{\frac{1}{3-K_\rho}} \right\}^3 N_i N_R \quad (1)$$

$$N_i = \frac{n_i}{n_0}, \quad \sum_{i=1}^{S} iN_i = 1 \quad (2)$$

ここで、n_R、n_i：R倍粒子およびi倍粒子（R、i個の初期粒子より構成される粒子）の個数濃度(1/cm³)、N_i、N_R：それぞれ初期粒子（凝集粒子）がi個またはR個集まってできたi倍またはR倍粒子の単位体積中の個数n_iまたはn_Rを初期粒子の単位体積中の個数n_0で割って得られる無次元フロック数（$N_i=n_i/n_0$、$N_R=n_R/n_0$）、m：無次元フロック形成時間（式3）、S：最大成長粒子への初期粒子の集合個数、K_ρ：フロック密度関数の指数（後述の式5参照）、α_R：R倍粒子が形成される際の平均的衝突合一確率（後述の式6参照）、d_1：初期粒子の径(cm)、n_0：初期粒子の個数濃度（1/cm³）、ε_0：流体中の有効エネルギー消費率(erg/cm³/s)、μ：流体の粘性係数（g/cm/s）、t：フロック形成時間(s)である。

式1は、以下の仮定に基づいて誘導されたものである。

① フロック粒子は、破壊されることなくS倍粒子まで成長することができる。

Sはある乱流強度下(ε_0)における最大成長フロック（その直径はd_{max}）に含まれる初期粒子（凝集粒子）の個数であり、フロック密度関数（式5）を考慮するとSとd_{max}の間には式4のような関係が存在する。

$$S = (d_{max}/d_1)^{(3-K_\rho)/3} = (S_m)^{(3-K_\rho)} \quad (4)$$

ここでS_m＝凝集粒子と最大成長フロックの体積比でフロック最大成長度という。

丹保らは理論と実験によってd_{max}、乱流強度、ALT比（添加Al濃度／原水縣濁粒子濃度）の関係を示す図1を提示した。

② i倍粒子とj倍粒子の合一によりS倍粒子より大きなR倍粒子が形成された場合、粒子が形成された後、直ちにi倍粒子とj倍粒子に分

$$m = 1.22\sqrt{\varepsilon_0/\mu}\, d_i^3 n_0 t \approx 1.22\sqrt{0.1\varepsilon/\mu}\cdot(6/\pi)C_0 T \approx 0.9 GC_0 T \quad (3)$$

乱流強度と最大成長フロック径の関係（丹保、穂積による）[1]（図1）

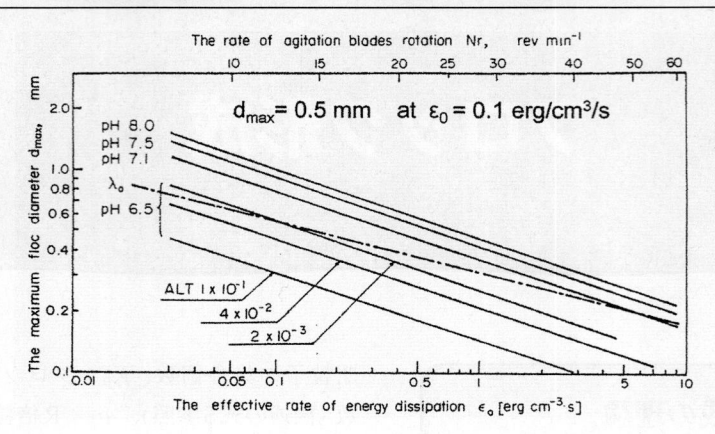

フロック密度関数のプロットとALT比とKρの関係[1]（図2）

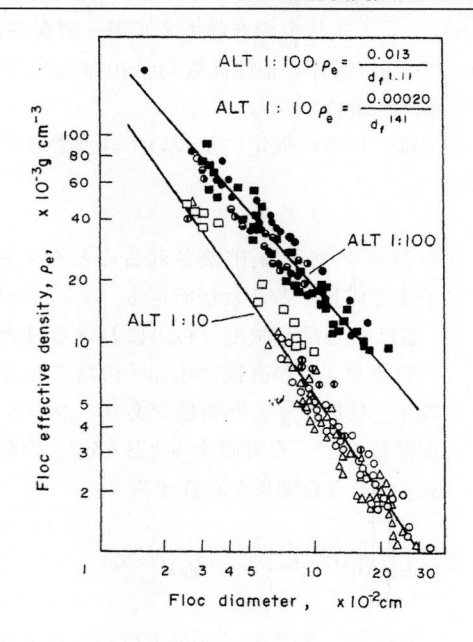

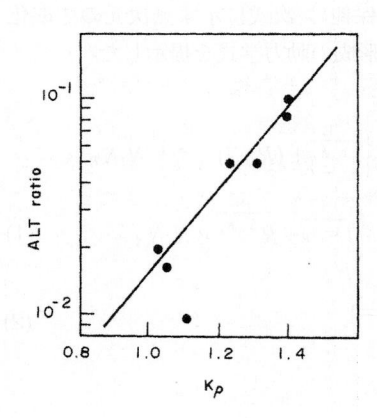

割される。すなわち、このような接触はフロック粒子の成長に関与しない。

③式5に示すとおり、フロック粒子の密度はフロック径の増加に伴って減少する。

$$\rho_e = \rho_f - \rho = a(d_f/1)^{-K\rho} \quad (5)$$

ここで、ρ_f、ρ_w：フロックおよび水の密度(g/cm³)、ρ_e：フロックの有効(水中)密度(g/cm³)、d_f：フロックの直径(cm)、a、K_p：ALT比の関数であり、両者には図2のような関係がある。

式5をフロック密度関数といい、フロックは次元が$(3 - K_\rho)$のフラクタル粒子であることを示している。従って、ストークス領域で沈降する直径d_fのフロックの（終末）沈降速度v_fは、$v_f \propto d_f^{(2-K_\rho)}$となる。Kρ はALT比により決まり、おおよそ1.0（ALT比=1/100）〜5（ALT比=1/10）の範囲の値を持つので、$v_f \propto d_f^{(1.0-0.5)}$、となる。

④単位体積あたりn_R個の粒子の衝突のうち、$α_R n_R$の衝突のみがフロックの成長に関与する。すなわち、

$$α_R = α_0 \left(1 - \frac{R}{S+1}\right)^n \tag{6}$$

ここで、$α_0$：初期粒子（R=1）相互の衝突合一確率で適正な凝集条件の場合1/3程度の値となり、n：定数数（〜6程度）である。

2 フロック形成過程

丹保・渡辺は実験と式1による数値解析（フロック形成過程のシミュレーション）によって、異なる乱流強度下におけるフロックの粒径分布には①相似性があり、②最大成長平衡分布がある、ことを見出した。その知見をまとめてあらゆるフロック形成条件にも適用できる標準化された形で、フロック形成条件（撹拌強度、形成時間、ALT比）とその条件で形成されるフロック群の沈降性を定量化できる2枚のチャート（図3,4）を作成した。図3の横軸は与フロック形成条件におけるフロック最大成長度S_mであり、縦軸はq^*で表示されたフロック成長度に達するために必要な無次元フロック形成時間mである。q^*は与フロック群を50％除去できる沈降時間の直径d_1の初期粒子を100％除去するに要する沈降時間に対する百分率である。図4は、最大成長フロック群を50％沈降除去するには、初期粒子群を100％の沈降除去する時間の1％の沈降時間が必要であるとして作成された。したがって、q^*= 1.0は最大成長フロック群の沈降性を示し、q^*= 50は初期粒子の沈降性を示している。

例えば、初期粒子の直径を$d_1=4×10^{-4}$ cm、その単位体積中の個数濃度を$n_0=1×10^{-6}$ 1/cm^{3}とする。この原水条件は河川水の濁度がおおよそ25度の場合に相当する。この原水をアルミニウム1 mg/Lで凝集（ALT比=$4×10^{-2}$）した後、フロック形成池の有効エネルギー消費率（$ε_0$）= 10^{-1} erg/cm^3/s、水の塩性係数 $μ =10^{-2}$g/cm/s、の条件でフロック形成を行った場合、フロックが最大成長粒径分布に達するフロック形成時間（t_e）は、次のような手順で推定できる。

① 図1から、d_{max}= 0.7 mm、ゆえにS_m=（d_{max}/d_1）^{3} = 5.4 × 10^6
② 図3のS_mとq^*= 1.0の関係から、最大成長粒径分布に達するm値（m_e）= 0.8
③ 式2からt_e= 55分
④ 図4から、フロック除去率を90％とすると標準化沈降時間は2.0％となり、フロック成操作によって沈降時間が1/50に短縮されることが分かる。

最大成長粒径分布より小さい分布、例えばq^*=1.5でフロック形成を終える場合には同様の手順により必要なフロック形成時間は約30分となる。この場合には標準化沈降時間は3.5％となる。

古典的フロック形成指標としてT.R.Campが提唱した$G = (ε/μ)^{1/2}$、GT（は流体中の速度勾配、Tはフロック形成時間）がある。$ε$はフロック形成池の全エネルギー消費率であり、有効エネルギー消費率$ε_0$の数十倍倍程度と考えられる。Campは最適G値として20－70 1/sec.を提唱した。上記の例で用いた$ε_0$ = 10^{-1} erg/cm^3/sでのG値は10－30 1/secに相当する。また、Campの提唱した最適GT値は270,000－210,000である。CampのGT値の幅が広いのはGTを実測した浄水場の原水濁度を考慮していないためである。丹保・渡辺が提唱したフロック形成過程の無次元フロック形成時間時間mはm = 0.9 GC_0Tとなる。ここで、Gは$ε$によって計算される（Campの）速度勾配、C_0は原水中の微粒子体積濃度（C_0=1/6・$π d_1^3 n_0$、濁度に比例する）である。図3においてq^*= 1.0の線は与えられたS_mにおいてフロックが最大成長分布に達するに要するm値は約0.8であり、GC_0Tはおおそよ1である。上記の例は浄水場における通常のフロック形成条件であ

フロックの最大成長度Sm、m値、フロック形成度q*の関係[1]（図3）

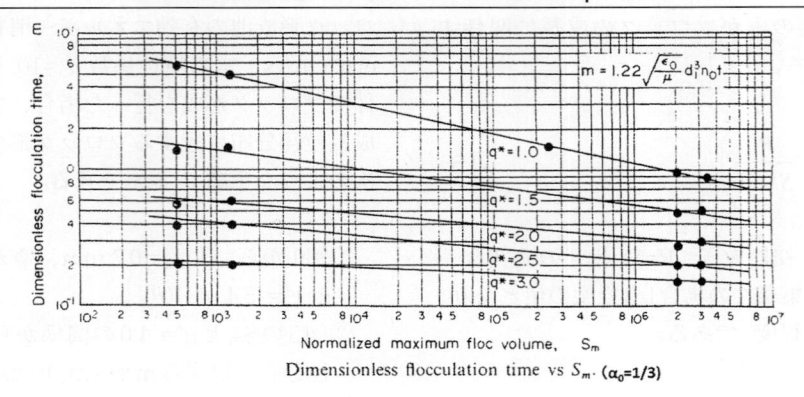

フロック形成によるフロック群の沈降性向上[1]（図4）

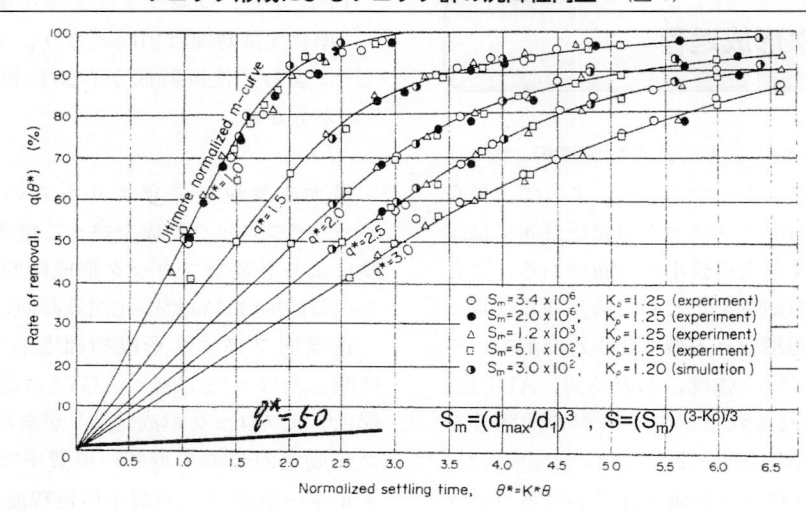

るから、フロック形成池は$GC_0T=1$として設計できる。

3 フロック形成装置

フロック形成を行うための実用的方法は、①水流による撹拌を用いる迂流式やパイプ式の装置と、②機械的撹拌を行うパドル式装置がある（図5）。

大きな浄水場では機械式横軸パドル式が多く用いられてきた。上下迂流式やパイプ式は構造の簡易さから、主に中小規模の浄水場で用いられているが、大規模浄水場でも水路を並行に多数作ることにより適用できる。パドル式では水流の短絡を防ぐために3ないし4段にする場合が多い。また、パドルの回転軸に直角方向に水を流すよりも、回転軸の方向に流す軸流型のほうが短絡流の防止に効果的である。

撹拌強度指標のG値のおおよその値を計算するため式7が用いられる。

$$G=\sqrt{\varepsilon/\mu}$$
$$=\sqrt{pg_c/\mu V} \quad (機械撹拌によるフロック形成池の場合) \quad (7)$$
$$=\sqrt{\gamma h_f g_c/\mu T} \quad (迂流水路式のフロック形成池の場合)$$

フロッキュレーターの例[1]（図5）

(a) 水流を利用するフロッキュレーター

上下迂流式フロッキュレーター

左右迂流式フロッキュレーター（フロックが池底に沈殿しやすい欠点がある）

パイプ式フロッキュレーター（パイプ内の水流の乱れを利用する。原理的には上と同じ）

(b) 機械的撹拌のフロッキュレーターの一例（直角流式パドル型）

（パドルの回転速度を後部ほど遅くする）

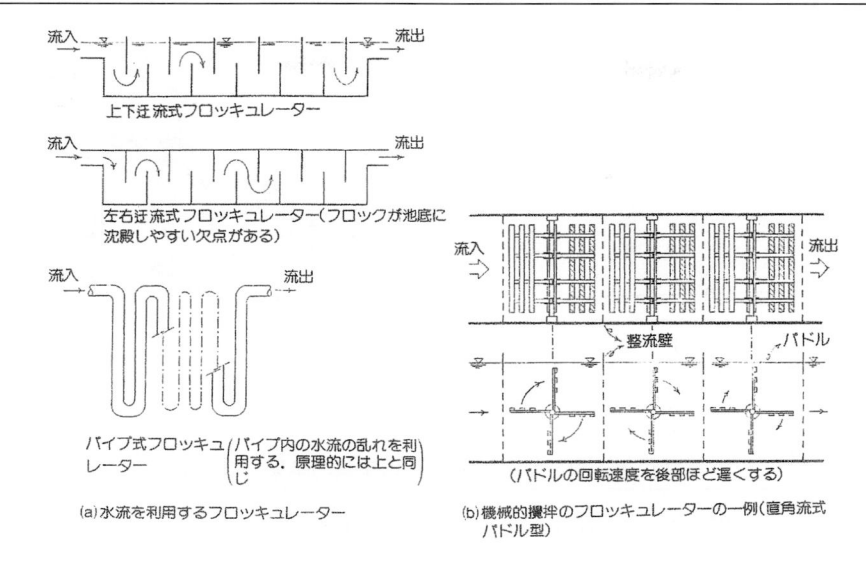

ここで、ε＝全エネルギー消費率（erg/cm³·s）、μ＝水の粘性（g/sec·s）、p＝動力消費率（gw·cm/s）、g_c＝Newtonの換算係数（力単位をc·g·s単位に換算する係数で980 gm·cm/gw·s²）、V＝フロック形成槽の容積（cm³）、T＝フロック形成槽の滞留時間（s）、h_f＝迂流水路の損失水頭（cm）、γ＝水の単位体積重量（gw/cm³）

機械撹拌（i枚のパドルを持つ）式フロック形成池の場合の全エネルギー消費率は式8で計算する。

$$\varepsilon = \frac{\gamma \cdot C_d [2\pi(1-K_r)\cdot n]^3}{2V \cdot \rho \cdot g_c} \cdot \sum_i A_i r_i^3 \quad (8)$$

ここで、A＝撹拌翼の面積（cm²）、r＝撹拌翼までの距離（cm）、C_d＝撹拌翼の抵抗係数（1.3-1.5）、n＝撹拌翼の回転速度（rps）、K_r＝水の伴まわり係数（0に近い程良い）、ρ＝水の密度（g/cm³）、i＝撹拌翼の数（-）

渡辺他[6]は、フロック形成の動力学式（式1）に基づき、フロック形成と沈殿の同時進行過程について研究を行った。大径粒子の消滅がフロック形成過程に及ぼす影響を把握するため、フロック径が限界値（S'）に到達した時点でそのフロックは沈降により消滅すると仮定し、式1の数値解を求めた。その結果、沈殿池で除去できない微小フロックについては、無次元フロック形成時間の増加に伴う濃度の現象がS'値にかかわらずほぼ一定であることがわかり、フロック形成と沈殿の同時進行過程によって沈降性の良いフロックは除去できることを明らかにし、Jar Testによる実験でこれを証明した。フロック形成と沈殿の同時進行過程には、最適な乱れの強度と構造が存在すると考えられる。そのための乱れの構造を創出するため、渡辺は噴流撹拌固液分離装置（Jet Mixed Separator, JMS）と名づけた簡易型固液分離装置を考案した。JMSは、流れに対して垂直に数枚の多孔版が挿入された構造を持っており、多孔仮の片側には、直径1～2cmの孔が多孔板の左右半分に交互に数個開けられている。孔の数は噴流速度が10cm/s程度になるようにした。

機械撹絆式フロッキュレータでは、水平方向のシャフトによって固定されたパドルの回転によって引き起こされる鉛直方向の大きな渦が存在する。JMSでは、水が多孔板を通過する際、水を

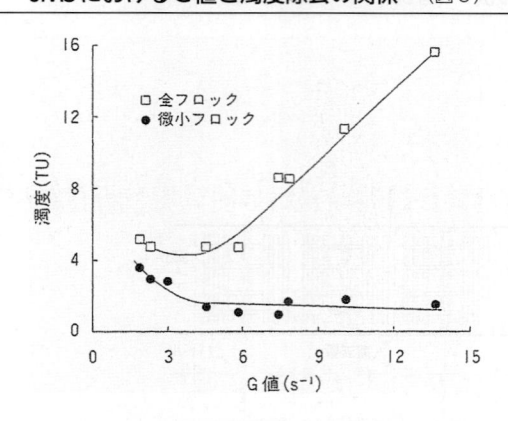

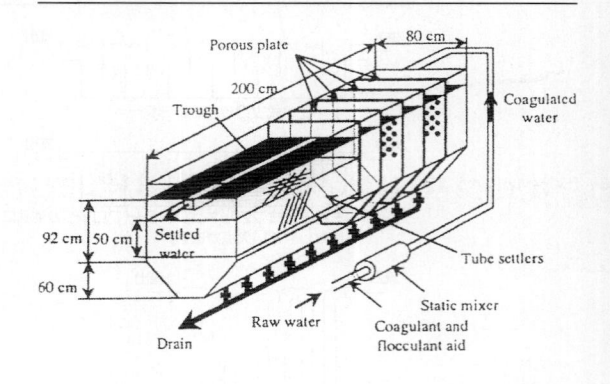

JMSにおけるG値と濁度除去の関係[6] (図6)

傾斜管沈殿部を持つJMS装置[6] (図7)

千才川表流水を原水としたJMS実験の結果[6] (図8)

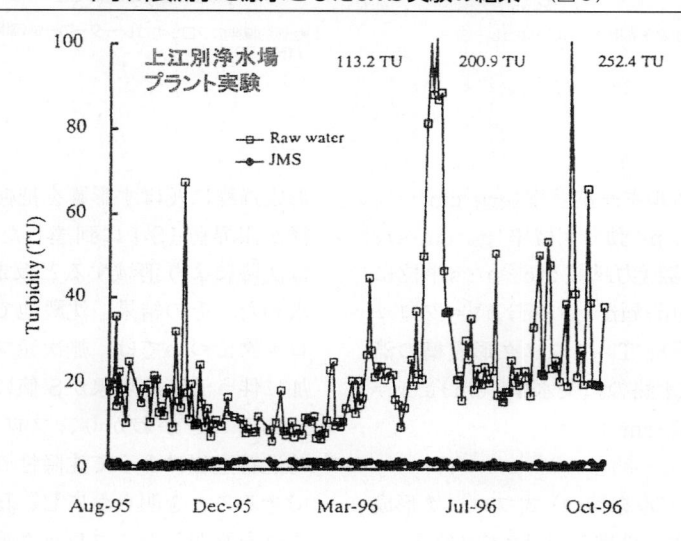

緩やかに撹拌する噴流が生じるため、鉛直方向の大きな渦は存在しがたい。JMS内の流れ場において得られたパワースペクトルのデータを用いて有効エネルギー消費率（ε_0）を算出し、全エネルギー消費率（ε）と比較したところ、JMSにおける$\varepsilon_0/\varepsilon$比は約0.4であった。機械撹拌式および上下迂流式フロッキュレーターでは、その比が0.1程度であることが知られているので、JMSはエネルギー効率が高い撹拌装置である。図6はJMSにおける濁度除去効率とG値の関係である。

G値が$5\,\mathrm{s}^{-1}$前後において最大の濁度除去がなされた。JMSは通常のフロッキュレータのように直径が数百μm程度の大型フロックを槽内に浮遊させるエネルギーが不要で、直径100μm程度以下の衝突合一確率の高い微小フロックが成長できる撹拌強度を維持して操作されていることを意味している。また、JMSと後部に傾斜管沈殿部を一体化することで優れた固液分離効率が得られる。図7が傾斜管沈殿部付JMSの構造である。処理能力50m³/日規模で水理学的滞留時間が49分の装置により河川水の凝集沈殿処理を行った実験の結果を図8に示す。

5 砂ろ過

1 砂ろ過の方式

砂ろ過は緩速砂ろ過法（slow sand filtration system）と急速砂ろ過法（rapid sand filtrationsyatem）に大別される。緩速砂ろ過法は厚さ60-90cmの砂層を4m/日程度のろ過速度で原水をゆっくりとろ過する方法である。原水が砂層を通過する際に砂の表面に付着しているゼラチン状の生物膜（ろ過膜という）に有機・無機性の縣濁物が付着する。また、膜内の細菌類や藻類などの好気性微生物によって溶解性の有機物やアンモニア性窒素などが酸化される。緩速砂ろ過法はヨーロッパで発達したのでContinental Filterと呼ばれる。緩速ろ過法の原水はあらかじめ貯水池や沈殿池で粗い縣濁性粒子は除去される。緩速砂ろ過の水質浄化機能を砂表面のろ過膜の作用に依存しているので、生物化学的に多くの不純物を除去できる反面、高濃度の成分の除去には適さない。また、生物が分解できないような溶解性有機物（例えば、着色有機物であるフミン質）も十分には除去できない。例えば、アメリカ東部に多い高濁度で高色度の原水を緩速ろ過すると砂層はたちまち閉塞し、頻繁に砂層上層部を掻きとることによるろ過池の洗浄が必要である。ゼラチン状の生物ろ過膜に代わるものとして、人工ろ過膜の急速な生成を目指してアルミニウム水酸化物が用いられたが、その後は凝集沈殿処理を前処理として、高濁度・高色度の原水にも対応でき、120 m/日程度の高いろ過速度が可能な急速砂ろ過法が浄水処理の主流になった。急速砂ろ過法はアメリカで発達したのでAmerican Filterとも呼ばれる。急速砂ろ過法はその前処理として通常は凝集沈殿処理を行うが、原水の濁度と色度が極めて低い場合には凝集のみを前処理とすることもある。この方式をマイクロフロック法という。

2 砂ろ過の機構

砂粒子の平均径は0.5 mm程度であり、砂層厚は60-70 cmを標準としている。薬品沈殿池で除去できない微フロックを含む縣濁微粒子は急速砂ろ過池の砂層内部での砂粒子表面に付着する。図1は砂層内部における空隙と微フロックなどの縣濁微粒子寸法の関係である。

砂層空隙と微粒子寸法のイメージ[1]（図1）

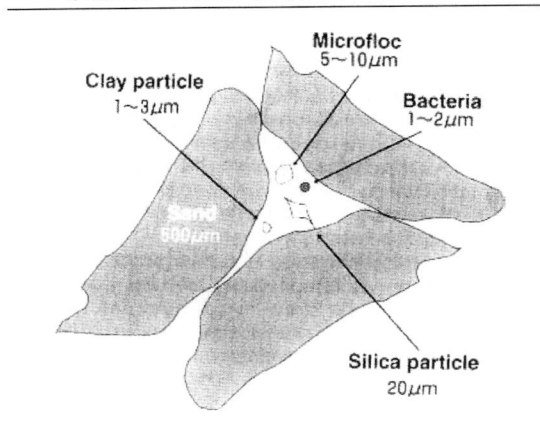

砂層間隙の大きさが0.1mmのオーダーであるのに対して、砂層内に抑留される粒子は通常0.01mm前後の寸法を持つ。したがって、いわゆる小さなふるい目で粗い大きな粒子をこしとるといった機構で存在しない。急速砂ろ過池における縣濁微粒子の抑留機構は、けん濁微粒子の砂粒子表面への輸送と付着の2段階からなると考えられる。砂層内の間隙水路を砂粒子表面まで微粒子を移動させる作用として一番大きく働くのは、粒子表面を通過する水流に随伴して砂粒子の上流面から側面にかけて接触付着するにいたる水流輸送である。その次の作用は、砂層間隙における微粒子の沈殿である。砂表面に接触した微粒子は、界面電気的条件がその合一を可能にするようであれば付着凝集し、水中から除かれる。この意味で、急速砂ろ過池は凝集作用で集塊化した微フロックを除去する固液分離装置であるといえる。

砂層の深さに微粒子が抑留される過程は岩崎を起点とする式1、2で示される。

$$\frac{\partial C}{\partial z} = -\lambda C \tag{1}$$

$$\frac{\partial C}{\partial z} + \frac{1}{V_s} \cdot \frac{\partial q}{\partial t} = 0 \tag{2}$$

ここで、$C = C(z, t)$：懸濁粒子の体積濃度(cm^3/cm^3)、$\lambda = \lambda(q)$：ろ過係数($1/cm$)、$q = q(z, t)$：単位砂層中に抑留された懸濁粒子体積(cm^3/cm^3)、V_s：ろ過速度(空筒速度、cm/s)、

式1はある砂層深さにおける微粒子の除去が、その深さにおける微粒子の局所濃度の1次反応であるという速度式で、その反応速度係数がろ過係数であることを示している。式2は連続の式であり、その深さの砂層における単位時間の微粒子の減少量が砂層内に抑留された量に等しいことを示す。多くの研究者がろ過係数の定量化を試みた。

しかし、ろ過池の設計に結びつく統一された結論は得られていない。それはろ過係数が単位砂層体積当たりの抑留微粒子体積の関数であることによる。初期ろ過係数λ_0は通常のろ過条件では、ろ過速度V_sと砂粒子直径dによって大略式4のような関数として与えられる。

$$\lambda_0 \propto \frac{1}{V_s d^2} \tag{4}$$

多くの場合、ろ過係数はろ過の進行に伴い増加し、最大値に達した後再び低下し、流れによるせん断力で限界抑留量q_u^*に達して0になる。そのようなろ過係数の変化に伴ってろ層内の懸濁微粒子濃度は図2のようにろ過時間の経過に伴い変化する。

その結果、ろ過時間に伴いろ過池内の懸濁微粒子濃度が変化し、模式的には図3のように示される。初期には濃度は若干濃度が高いがろ過係数の増加に伴い濃度は減少し安定期を経てろ層はけん濁微粒子の抑留能力を失い許容濃度を超えるブレイク・スルーする。

清浄砂層による圧力損失は式5のような層流下での損失を示すKozeny-Carmanの式であらわされる。

$$h_f = k \cdot \frac{L}{(\varphi_s d)^2} \cdot \frac{(1-\varepsilon)^2}{\varepsilon^3} \cdot \frac{\nu V_s}{g} \tag{5}$$

ここで、k：定数(Carmanによれば180)、Φ_s：形状係数(球の場合は1)、L：砂層厚(cm)、d：砂粒子の直径(cm)、e：砂層の空隙率(無次元)、V_s：ろ過速度(空筒速度、cm/s)、g：重力加速度(cm/s^2)、ν：動粘性係数(cm^2/s)

ろ過時間の継続に伴い砂層内に懸濁粒子が抑留され砂層の空隙率(e)が減少するので、式5によってろ過の継続に伴うろ過池の損失水頭の計算は難しい。種々の仮定の下で、砂層の嫌濁粒子抑留量qが、$q \ll e$、であれば厚さLの砂層についての全損失水頭Hは、$H = H_0 + K \int q \, dL$、ここでH_0は初期全損失水頭、となり抑留量の少ない場合は損失水頭はほぼ直線的に増加する。

ろ過の進行に伴い、懸濁微粒子のろ層間隙への抑留によって砂粒子間の水路が閉塞してくると通水抵抗が増し、砂層内の静水圧が逐次低下する。この関係を模式的に示すと図4のようである。

閉塞の進行が著しい砂層部分で、局所的に大気圧より低い部分が生ずると、溶存空気が析出してろ層を閉塞し、気泡の浮上や変形などによってろ過水質が悪化する。このような局所的負圧現象は

ろ過係数の大きい砂層表層に集中する場合や、砂上水深h_0が過小な場合に生じ易い。一般にはh_0を1-1.5mとしている。

3 砂ろ過池の構造と操作

ろ過の継続は、(1) 過水中に漏出してくる懸濁微粒子濃度が一定の許容値に達した時、または(2) ろ過池総損失水頭が一定の限界値に達した時、に打ち切られる。この関係は図2に示されている。許容最大損失水頭h_{max}に達する時間をt_1、許容最大ろ過水濃度に達する時間をt_2とすると、$t_1 = t_2$になるような設計が最適である。$t_1 < t_2$であれば、①砂を大きくする、②砂層を薄くする、③ろ過速度を上げる、ことを考え、$t_1 > t_2$であれば逆を考える。ろ過速度、砂層厚、砂径などを変動する原水の濁度や水温などの外的条件によって最適化するのは困難である。しかし、前処理としての凝集沈殿処理によって原水濁度が変動してもろ過池流入濁度を安定化することは可能である。大規模浄水場ではろ過池流入水濁度を1度以下に制御している所も多い。ろ過速度120－180 m/日、砂層厚さ60 cm、砂粒子の有効径(粒度分布の10%非超過径) 0.6 mm、分布の均等係数(60%非超過径d_{60}と10%非超過径d_{10}の比d_{60}/d_{10}) が1.5以下程度の砂ろ過池では限界損失水頭によってろ過継続が打ち切られる ($t_1 < t_2$) がである。この場合は、砂径を大きくしたり、ろ過速度を上げることで最適設計 ($t_1 = t_2$) に近づく。しかし、砂のみで構成される単層ろ過池を最適条件になるように設計しても、ろ層表面が最大抑留量q_u^*に達した時には図5(a)の斜線部分のみが懸濁粒子の抑留に有効に関与し、白地の部分の能力が遊んでしまう。

そこで、ろ層の抑留総量の増大と濁度漏出の抑止のために、ろ過係数の小さい上層部(抑留が内部まで進み総量が増加する)とろ過係数の大きい下層部(濁度漏出の安全性が高い)を持つ多層構

ろ過時間と損失水頭、漏出濃度の関係[1] (図2)

(a)

(b)

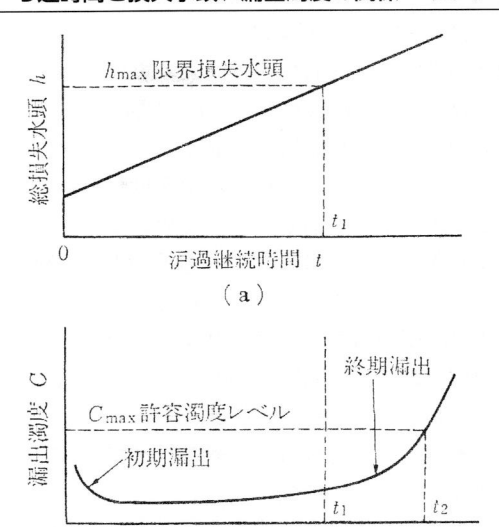

ろ過時間とろ層内の濁度分布[1] (図3)

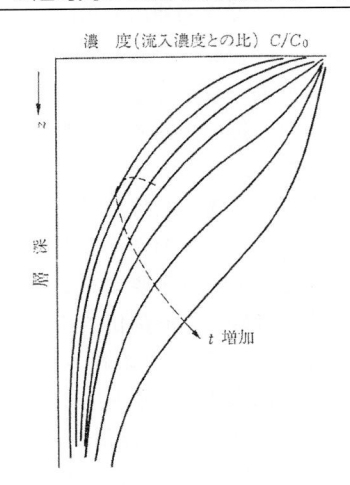

ろ層の圧力変化 (丹保原図)[1] (図4)

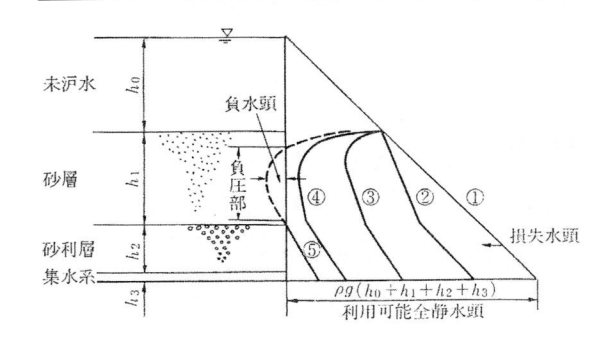

造ろ層（図5（b）は2層、（c）は3層）によって砂ろ過池の効率化が可能である。一般に急速砂ろ過池は逆流洗浄を行いながら運転されるので、上層に細粒（ろ過係数が大きい）、下層に粗粒（ろ過係数が小さい）が配列する形で成層する。粒度構成を逆にするには、粗粒の沈降速度が細粒よりも小さくする必要がある。そのためには、粗ろ材の密度が著しく小さくなければならない。3層構造を作るために実用されているろ材として、比重が1.4程度の無煙炭（アンスラサイト）、比重が2.6程度の砂、比重が3.5程度のガーネットがある。前2者を2層に用いる場合もある。

ろ過池の一般的構造とろ過を行っている時の水流は図6のようである。

砂ろ過池の流量を一定もしくはある変動幅（減衰）におさめるために何らかの形で制御する。その代表的方法は、①流出弁の開度を最初適当なろ過速度となるように設計した後は流量調整を行わない減衰ろ過方式、②ろ過池の流出口に流量計と調整弁を設けて流出量を一定に保つ定量ろ過方式、③流出口を砂面より高くして流入量を一定に制御し、流出量と自然に平衡する可変砂上水深で運転する方式がある。

ろ過池がt_1またはt_2に達した時点で、ろ層の適当な洗浄再生が行われる。どのような洗浄方法を採るかが、砂ろ過池設計では重要である。現在多用されている洗浄法は砂層を流動化させる逆流洗浄と表面洗浄のような局部洗浄の組み合わせである。この方法では、水流ジェットによる表面洗浄を2-3分間先行させ、砂層の膨張率が125-135%くらいになるように5-7分くらい下方から浄水を逆流させて砂層を流動化し。その前半2-3分を表面洗浄とオーバーラップさせる。洗浄時におけるろ過池の水流は図7のようである。

ろ床構成と抑留パターン（丹保原図）[1]（図5）

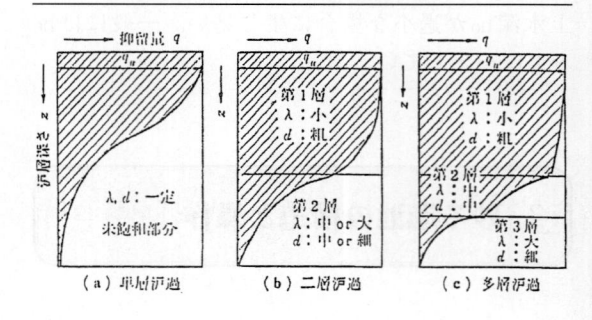

ろ過池の水流（丹保原図）[1]（図6）

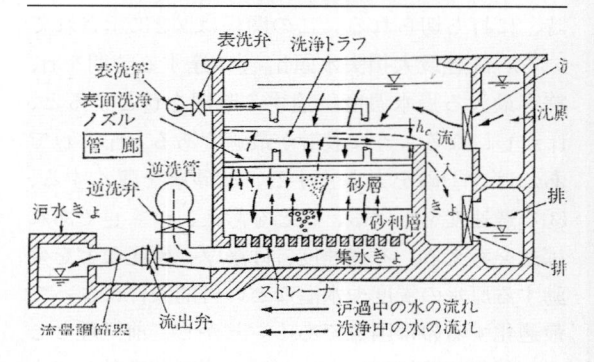

洗浄時の水流（丹保原図）[1]（図7）

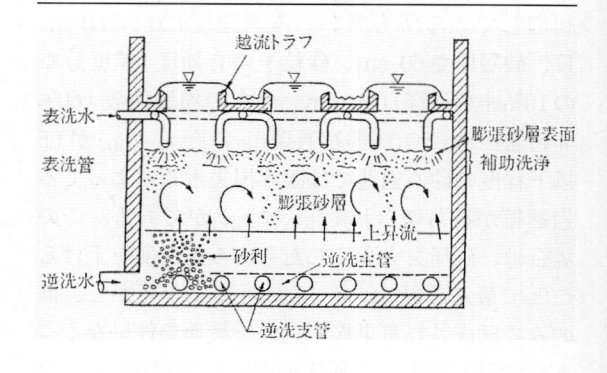

参考文献
1) 丹保憲仁：新体系土木工学88 上水道，技報堂出版，1980年
2) 丹保憲仁，小笠原紘一：浄水の技術，技報堂出版，1985年
3) NPO法人 PSI協会ホームページ
4) Tambo, N. and Watanabe, Y. : Physical characteristics of floc (I), Water Research, vol.13, pp.409-419, 1979年
5) Tambo, N. and Watanabe, Y. : Physical aspect of flocculation process (I), Water Research, vol.13, pp.429-439, 1979年
6) Watanabe, Y., Kasahara, S. and Iwasaki, Y. : Enhanced flocculation / sedineutation process by a jet mixed separator, Water Science & Technology 37-10, pp.55-67, 1998年

（渡辺義公）

II 水の処理技術編

6章

膜分離技術

1. 膜分離技術の原理機能
2. 精密ろ過膜（MF膜）／限外ろ過膜（UF膜）
3. ナノろ過膜（NF膜）／逆浸透膜（RO膜）
4. 膜分離活性汚泥法（MBR）
5. 正浸透（FO）／膜蒸留（MD）
6. 電気透析（ED）法

1 膜分離技術の原理機能

膜分離は圧力差、濃度差、電位差などを駆動力とし、相変化や化学変化を伴わない省エネルギーかつ安全な分離プロセスである。

分離膜の原理

水中における含有物質の大きさと各種分離膜（MF、UF、NF、RO）の分離領域を図1に示す[1]。

MF/UF膜分離モデル

表1に膜の種類と除去対象物質及び主な用途を示す[2]。

浸透圧

浸透現象とは、半透膜で隔てられた濃淡2種の溶液において、溶液の濃度が等しくなる方向、即ち希薄溶液側から高濃度溶液側に溶媒（水）が移行する現象をいう（図2）。3.5％の海水塩分濃度の場合に、浸透圧は約20kg/cm²であるが、RO膜により海水淡水化（例えば回収率50％で）を行うとすれば濃縮水の濃度は2倍で、必要な浸透圧は2倍の約40kg/cm²となる。淡水化に必要な実用運転圧力は、濃縮水の浸透圧に正味の駆動圧力を上乗せした分となりほぼ約60kg/cm²となる。

水中含有物質の大きさと各種分離膜の分離領域(図1)

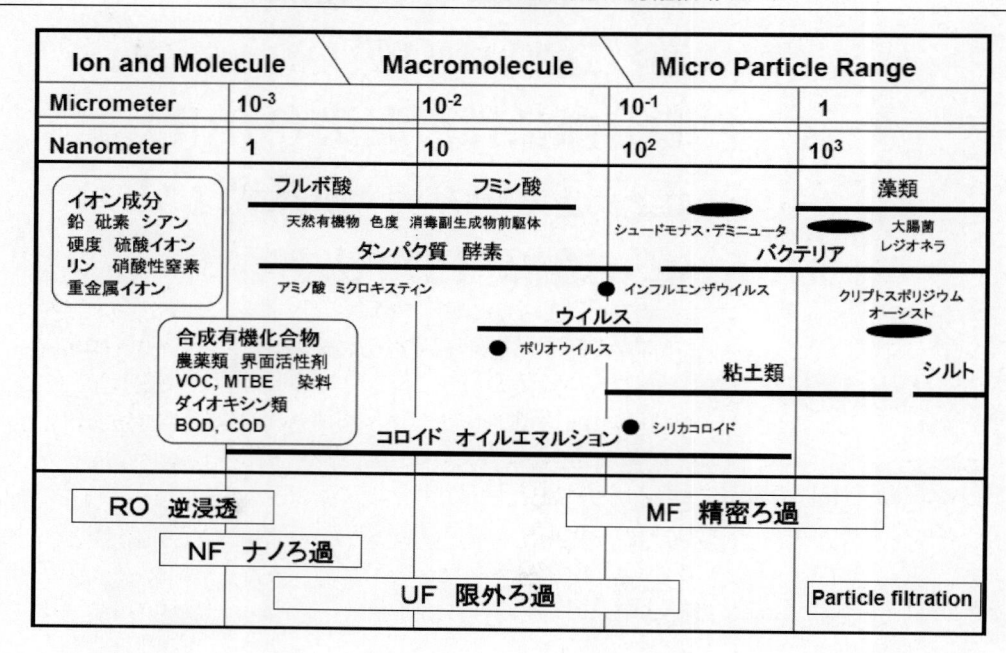

	Ion and Molecule		Macromolecule		Micro Particle Range	
Micrometer	10⁻³		10⁻²	10⁻¹		1
Nanometer	1		10	10²		10³

イオン成分: 鉛 砒素 シアン 硬度 硫酸イオン リン 硝酸性窒素 重金属イオン

合成有機化合物: 農薬類 界面活性剤 VOC, MTBE 染料 ダイオキシン類 BOD, COD

フルボ酸　フミン酸　天然有機物 色度 消毒副生成物前駆体　タンパク質 酵素　アミノ酸 ミクロキスチン　シュードモナス・デミヌータ　バクテリア　藻類　大腸菌 レジオネラ　インフルエンザウイルス　ウイルス　ポリオウイルス　クリプトスポリジウム オーシスト　コロイド オイルエマルジョン　シリカコロイド　粘土類　シルト

RO 逆浸透
NF ナノろ過
UF 限外ろ過
MF 精密ろ過
Particle filtration

膜の種類と除去対象物質及び主な用途(表1)

膜の種類	除去対象	主な用途
精密ろ過膜(MF) Micro Filtration	流径0.01～10μm程度の微粒子 大腸菌、コレラ菌、クリプトスポリジウム	除菌、除濁、固液分離、浄水、 MBR・ROの前処理
限外ろ過膜(UF) Ultra Filtration	分子量1000以上(～3000,000)の高分子物質 ウィルス、コロイド	除菌、除濁、タンパク質の分離等
ナノろ過膜(NF) Nano Filtration	分子量200～1000以下の高分子物質 多価イオン、農薬や臭気物質	微量化学物質の除去
逆浸透膜(RO) Reverse Osmosis	分子量1000以下の高分子物質、1価イオン	海水の淡水化、超純水の製造

逆浸透の原理(図2)

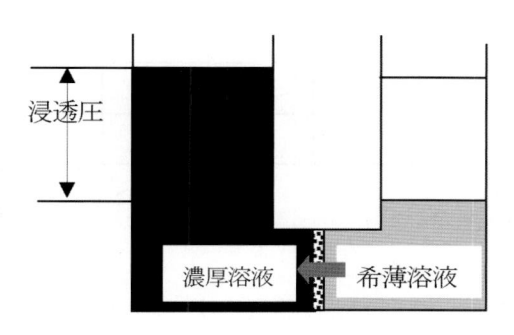

(ア)浸透平衡(浸透が平衡に達した時、両溶液間に生じる圧力差が浸透圧である)

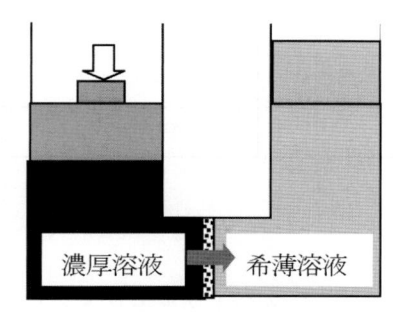

(イ)逆浸透(浸透圧よりも大きな圧力をかけて濃厚溶液側の溶媒を希薄溶液側へ移動させる現象)

(1) 膜モジュールの種類[3]

膜モジュールには、ケーシング型と槽浸漬型がある。また、膜エレメントの種類により各種の構造が販売されている。表2に膜モジュールの種類と構造を示す。

表2の浸漬型の使用方法には、浸漬吸引型とMBR用浸漬型モジュール(常時曝気する)とがある。

浸漬吸引型の中空糸型(円筒型)には、旭化成ケミカルズ㈱、三菱レイヨンエンジニアリング㈱、ヴェオリア・ウォーターソリューション＆テクノロジー㈱などから販売されている。

① 平膜型エレメント

この構造には、シート型、プレート＆フレーム型、スパイラル型、回転平膜型がある。図3にはMBRに使用されるシート型平膜エレメント構造を示す。このエレメント数十枚を適切な間隔に組み立ててモジュールにする。

② スパイラル型モジュール[5]

スパイラル型モジュールの構造は、不織布にて補強された平膜(MF、UF、NF、RO膜)を封筒状にして、その一端を開放して集水管(中心部に部分的に透過水の通る穴が開いている)に接続して、これをのり巻状に巻き込んだもの

膜モジュールの種類と構造 (表2)

ろ過方式	膜の形状	膜エレメント／膜モジュールの構造	通水方式	MF	UF	NF	RO	海淡RO
加圧型	平膜	シート型	外圧	○				
		スパイラル型		○	○	○	○	○
	管状膜	チューブラー型	内圧	○	○	○	○	
	モノリス	モノリス型	内圧	○	○			
	中空糸	円筒型	外圧	○	○	○	○	○
			内圧					
浸漬型	平膜	シート型	外圧					
		回転平膜型			○			
	管状	チューブラー型		○				
	中空糸	シート型		○				
		円筒型		○	○			

である。図4、5にスパイラルエレメント構造と液の流れを示す。

③ 中空糸型

図6に中空糸型モジュール（主にMF、UF）を，図7に中空糸（フォローファイバー）型ROモジュールを示す。中空糸型には内圧型、外圧型とがある。

④ その他の構造

平膜を円筒状又は長方形に多数積層したモジュールのプレート＆フレーム型モジュールや直径が1/2インチの管状膜を多数円筒状に集めたチューブラー型（管状型）モジュールがある。各種の膜モジュールの特徴を表3に示す。

膜による水を処理する方式には、全量ろ過方式（デッドエンド方式ともいう。家庭用浄水器など）とクロスフロー方式（工業用分離膜はほとんどがこの方式である）とがある。

膜を長く使うと膜が汚れてくる。この汚れ (fouling) 物質には、原水中の無機物質、有機物質、バイオファウリング（微生物汚染）がある。この汚れを洗浄する方法には、物理洗浄（空気など）、化学洗浄（酸、アルカリなど）、があり汚れの状況を適切に判断して、両者を適時選択して実施して性能を回復する。

⑤ セラミック膜

日本において、1990年頃よりMF、UF用のセラミック膜が開発され、食品・バイオ分野を中心に化学・機械分野などで適用が拡大してきた。近年、水処理用として大規模浄水プロセスへの導入が積極的に進められている。

(2) 膜メーカーの製品一覧表

表4に海外膜メーカーの膜製品ラインアップ一覧表を示す。

表5に日本における膜メーカーの膜製品ラインナップを示す。

6章 膜分離技術　131

シート型平膜エレメント構造[4]
(㈱クボタ type510：横：
490mm×高さ1,000×厚さ)（図3）

スパイラルエレメント構造と液の流れ
(8in：φ202×長さ1,016mm)
（図4）

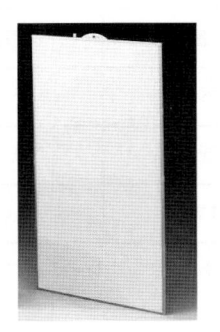

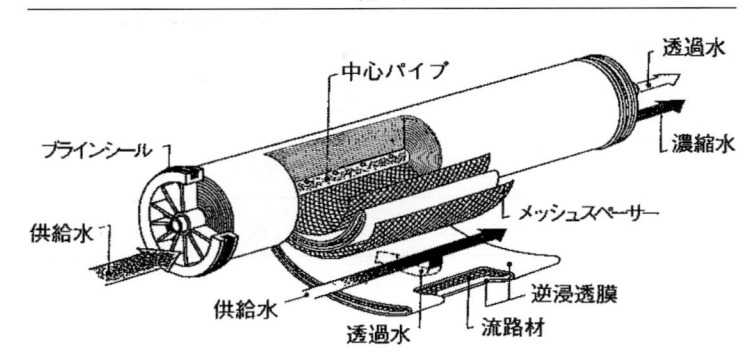

中心パイプ／透過水／濃縮水／ブラインシール／メッシュスペーサー／供給水／逆浸透膜／透過水／流路材

左側はスパイラルエレメントをベッセルに収納した模式図と供給水、濃縮水、透過水の流れを示す。右側は8インチと16インチのスパイラルエレメントの写真を示す[6]。（図5）

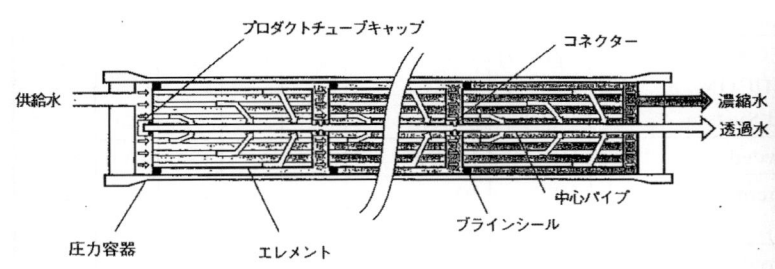

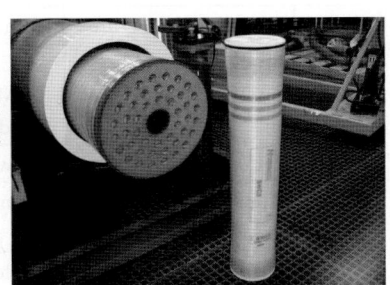

プロダクトチューブキャップ／コネクター／供給水／濃縮水／透過水／中心パイプ／ブラインシール／圧力容器／エレメント

内圧中空糸型モジュール[7]
(モジュールの一例：165φ×2,338mm,
膜面積50m2)（図6）

膜濾過水／中空糸膜／膜濾過水／膜供給水／濃縮水／ケーシング

中空糸(フォローファイバー)型ROモジュール[8]
(東洋紡績㈱ HL10255：380φ×L4,433mm)
（図7）

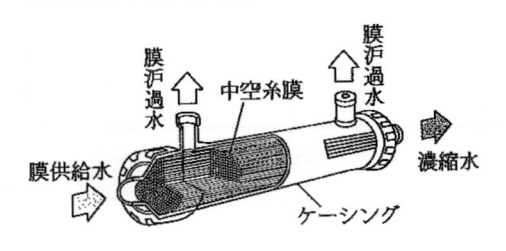

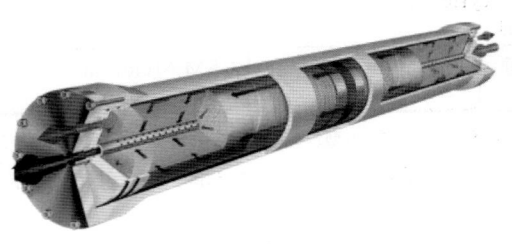

透過水／供給水／透過水／濃縮水

各種モジュールの特徴[9] (表3)

	スパイラル型	中空糸型(内圧式)	中空糸型(外圧式)	平膜**	チューブラー型
容積効率	大	大	大	中	小
洗浄性	難あり	良	良	良	良
逆圧洗浄	不可*)	可	可	不可	不可
流路閉塞性	高い	低い	低い	低い	低い
膜交換作業性	良	良	良	難あり	難あり

*) 最近、可のものもあり。 **) プレート&フレーム型

海外膜メーカーの膜製品ラインナップ一覧表[11] (表4)

国名	企業名	製品ブランド	Mod.	膜	RO	NF	UF	MF	MBR
米国	Dow/Filmtec/Omex	Filmtec	Sp	PA	◎	◎	○	○	○
米国	Koch Membrane Systems	ABCOR ROMICON Fluid System	Sp(RO) HF (UF)	PA PES	◎	◎	○	△	△
米国	GE/Zenon	Zeeweed	HF	PVDF	—	—	◎	○	◎
独	Siemens/US Filter/Memcor	Memcor	HF	PVDF			○	◎	◎
オランダ	Norit	X-Flow,Airlift	HF,Tu.	PES,PVDF	—	—	◎	—	○
仏	Degremont Technologies/Aqua source	KIEFA&INEA ALTEON	HF	CA,PSF	—	—	◎	—	—
米国	GE/Osmonics	Desal	Sp	PA	◎	△	—	—	—
米国	ITT/Aquious	PCI Membrane	Sp.HF	PA,PSF,PVDF,CA,		△	○	△	△
米国	TriSep	Turboclean,Spirasep	Sp.	PA,PSF		△	○	△	
シンガポール	Hyflux	Krisial,Cera cep	HF,Tu.	PES,PP,PVDF,Ce.	—	△	○	○	—
韓国	Woongjin	CSM Membrane	HF,Sp	PTFE,PES PA S	◎	—	△	△	

<備考>Sp：スパイラル型、HF：中空糸型、Tu：チューブラー型、PA：ポリアミド膜、PES：ポリエーテルサルホン、PVDF：ポリフッ化ビニリデン、PP：ポリプロピレン、PSF：ポリスルホン、Ce：セラミック、CA：セルロース、S：ステンレス

日本における膜メーカーの膜製品ラインナップ[12] (表3)

会社名	モジュール構造	RO	NF	UF	MF	MBR
東レ㈱	スパイラル、中空糸型	○	○	○	○	
日東電工㈱/HY社	スパイラル、中空糸型	○	○	○		
三菱レイヨン・エンジニアリング㈱	中空糸型				○	○
東洋紡㈱	中空糸型	○		○		
㈱クボタ	平膜					○
旭化成ケミカルズ㈱	中空糸型			○	○	
ダイセン・メンブレン・システムズ㈱	スパイラル、中空糸型			○		
㈱クラレ	中空糸型			○	○	

日本碍子㈱（セラミック膜、MF）、住友電工ファインポリマー㈱（PTFE膜、MBR）、メタウォーター㈱（セラミック膜、MBR）、㈱明電舎（セラミック膜、MBR）、㈱ユアサメンブレンシステム（MBR）

(3) 水と膜に関する国家プロジェクト

現在、日本では、水と膜に関して各省庁による国家プロジェクト[14]が行われている。主要なものを下記に示す。

① 省水型・環境調和型水循環プロジェクト（NEDOプロジェクト：経産省）
・担体添加型MBRシステムの開発
・膜素材・膜孔径の最適化、膜洗浄手法の効率化、水処理システム全体の効率化による省エネ型MBR技術の開発
・革新的膜分離技術の開発（RO膜の開発）、革新的膜分離技術の開発（NF膜の開発）、
・分離膜の細孔計測技術の開発及び標準化に向けた性能評価手法の開発
② 日本版次世代MBR技術開発プロジェクト（A-JUMP：国交省、2010年3月終了）
③ 最先端研究開発支援（Mega-ton Water System：内閣府）
④ 戦略的創造研究推進事業（CREST：文科省）

参考文献

1) 前田恭志、健全な水循環の維持と膜分離の役割、膜、25（5）、p246-249（2000）
2) 藤井渉、液体清澄化技術工業会講演会資料（2008年9月）
3) 膜分離技術振興協会監修、浄水膜、p75、技報堂出版㈱、東京、（2004）
4) ㈱クボタ
5) 東レ㈱逆浸透膜エレメント "ROMEMBRA" カタログ
6) 日東電工㈱ 提供
7) （財）造水促進センター、造水技術、p75（1983）
8) 造水技術ハンドブック編集企画委員会、造水技術ハンドブック2004、（財）造水促進センター、p103（2004）
9) （社）日本水環境学会、膜を利用した水再生、p34、技報堂出版㈱（2008）
10) 房岡良成、ニューメンブレンテクノロジーシンポジウム '02、S3-2-2（2002）
11) 高田圭介、国内外における膜利用型水処理技術の市場動向とビジネスチャンス、㈱メガセミナー・サービス、p10（2009年9月2日）
12) 膜分離技術振興協会膜浄水委員会監修、浄水膜（第2版）、p5、技報堂出版㈱、東京、（2008）
13) 河田一郎、「高効率海水淡水化プラント用膜モジュールの開発」、ケミカルエンジニアリング、Vol45、No8 p40-44（2000）
14) 植村忠廣、水処理分野での膜技術展開戦略、膜 35（4）, p188-193（2010）

（川崎睦男）

2 精密ろ過膜（MF膜）／限外ろ過膜（UF膜）

1 MF膜の構造・材質・製造法

構造

　MF膜の孔径は、0.01μmから10μm程度で、濁質は除去するが溶解性物質は透過する。その構造は、一般的に対称膜（均質膜）が多い（図1参照）[1]。
　これは、膜の厚さ方向に空隙率が均一である。
　MF膜の孔径は、バブルポイント法、水銀圧入法、電子顕微鏡法、チャレンジテスト法により決められ公称孔径として表示される[2]。
　現状では、各社が独自の測定方法により試験を行いその結果を公表している。

材質と製造法

　有機膜の製造では、エンジニアリングプラスチックを用いて、これに溶剤を用いて作る相転換法（ミクロ相分離法）、抽出法、あるいは機械的処理をする延伸法などにより製膜する。無機膜では焼結法が用いられる。写真1、2に各種の製膜により作られた膜の表面写真を示す[3]。

MF、UF膜の性質

　MF、UF膜には各種の材質が用いられている。表1にMF、UF膜に用いられている各種材質の化学的、物理的性質を示す[4]。現在は、浄水用の膜、MBR用の膜（中空糸、平膜）の多くがPVDF膜である。

MF膜の対称膜断面図（図1）

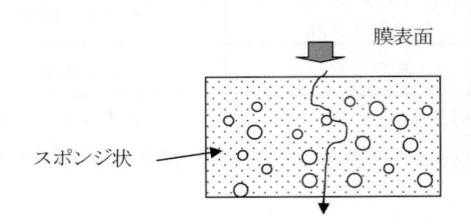

　ここで、親水性とは、水をよく通す性質があるので膜の透水性がよい。一方、疎水性とは水を通しにくい性質があるので膜の透水性はよくない。

2 MF膜の製品

　表2に代表的な加圧型MF膜製品の仕様を示す[6]。表2以外に、㈱クラレから大孔径ろ過膜として、2.0μm（親水化PS膜、112m²、クリプトスポリジウムなどの病原性原虫除去）がある。

3 UF膜

　MFよりさらに篩いの目を小さくしたもので、除去対象物質の分子量が1000〜300000程度の膜である。膜表面の孔径は0.01μm以下であり、

相転換法により製膜した膜表面写真(写真1)

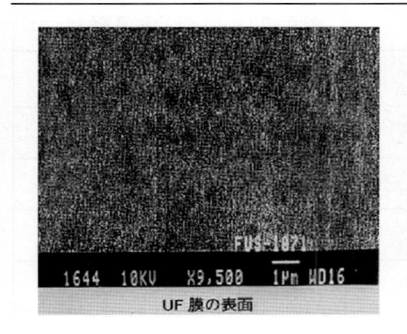

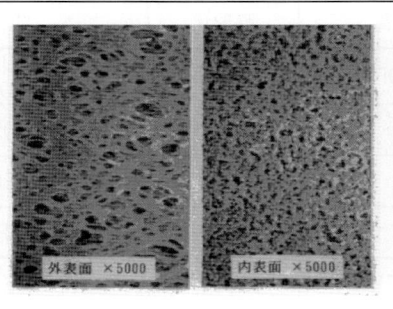

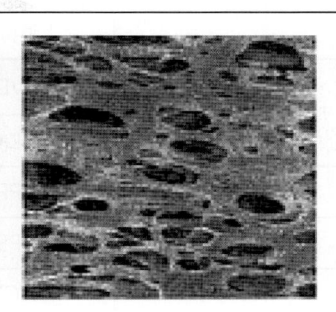

延伸法により製膜されたMF膜の表面(写真2)

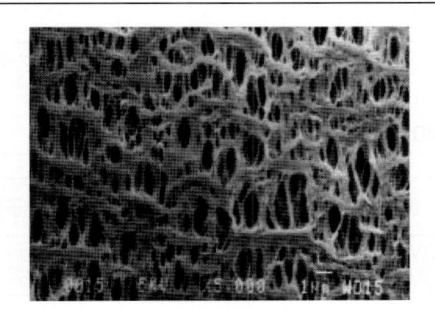

焼結法にて製膜した無機MF膜表面(写真3)

MF/UF膜材質の化学的・物理的性質(表1)

	素材	UF膜				MF膜				
特徴		PAN	CA	PSf	PVDF	PE	PP	PSf	PVDF	無機
化学的性質	親水性	◎	◎	△	△	△	△	△	△	○
	耐塩素性	○	△	◎	◎	○	△	◎	◎	◎
	耐アルカリ性	○	△	◎	◎	◎	◎	◎	◎	◎
物理的性質	強度	○	○	○	○	○	○	○	○	◎
	伸度	○	△	△	△	○	○	△	◎	△
	しなやかさ	○	△	△	△	○	○	△	○	△
製膜方法	相分離法	○	○	○	○			○	○	
	延伸法					○	○			
	焼結法									○

PAN:ポリアクリロニトリル、CA:酢酸セルロース、PSf:ポリスルフォン、PVDF:ポリフッ化ビニリデン、PE:ポリエチレン、PP:ポリプロピレン

<◎・・大、○・・中、△・・小>

代表的な加圧型MF膜製品の仕様（ろ過方式は全て外圧型である）（表2）

販売会社名	膜モジュールの仕様				
	膜材質	膜形状	型式	膜面積（m²）	公称孔径（μm）
旭化成ケミカルズ㈱	PVDF	中空糸	USV-6203 UNA-620A	50	0.1
	PVDF *)	中空糸	RSC-640S	24	0.1
㈱キッツ	PP	中空糸	MMU10-S03	30	0.2
㈱クラレ	PS	中空糸	M-3100-PS	7	0.1
㈱クボタ	AC**	管状	KCM-230（N）	2.3	0.1
東レ㈱	PVDF	中空糸	HFM-2020	72	0.1
ヴオリアWSJ	PP	中空糸	M10C	15	0.2
三菱レイヨン㈱	PE	中空糸	MRM2001	20	0.1

WSJ：ウォーター・システムズ・ジャパン㈱　　*）オゾン耐性膜　　**）アルミナケイセラミック

各社から販売されている代表的なUF膜の製品名と仕様（表3）

会社名	膜材質	形状	型式	膜面積（m²）	分画分子量
旭化成ケミカルズ㈱	PAN	中空糸	LOV-5210 LOV-3010	41 7.6	8万 8万
クラレ㈱	PS	中空糸	MLK-2201	72	1.3万
ダイセン・メンブレン・システムズ㈱	CA、PES	中空糸	FN20-VPFUC1582	16 50	15万
日東電工㈱	PS	中空糸	NTU-3306-K6R	30	6千
東洋紡㈱	PES	中空糸	UPD0840 UPD1245	35 70	30万
東レ㈱	PAN	中空糸	CP20-1010	12（〜1,400）	10万

　分離可能な物質の大きさは分画分子量（Molecular Weight Cutoff：MWC）で表わす。これはUF膜の細孔の大きさを直接測定することが困難なため、分子量が既知の球形に近い物質を使用して、その阻止率を測定することによって分画性能としている[5]。

　表3は「排水・再利用膜モジュールカタログ集（2009年度版、膜分離技術振興協会）から代表的な製品を選んだ。なお、分画分子量は、表3以外のものも販売されている。

4　MF/UF膜の用途例

　MF、UF膜の適用分野には、水道水の浄水プロセス、RO（逆浸透膜）の前処理、半導体用超純水、

従来型浄水処理と膜ろ過(MF,UF)法による浄水処理のフロー(図2)

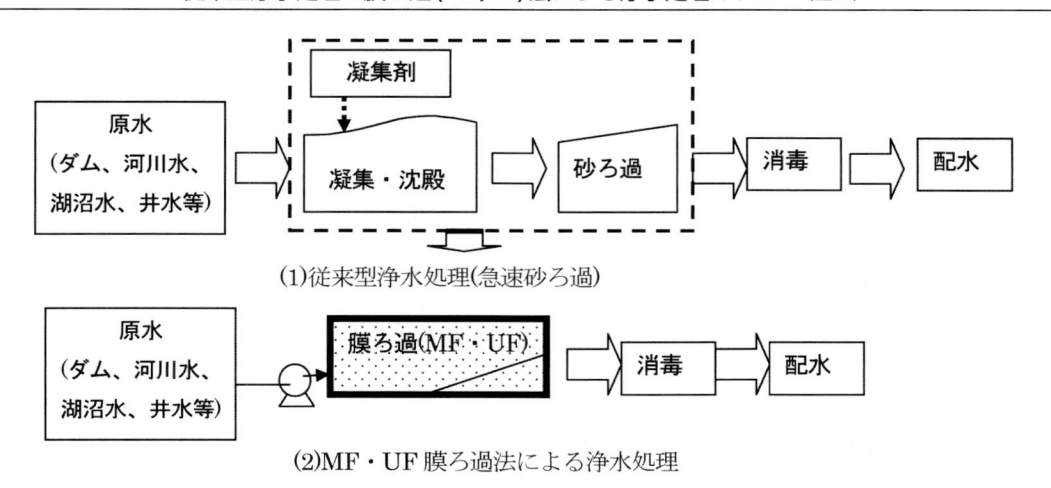

(1)従来型浄水処理(急速砂ろ過)

原水(ダム、河川水、湖沼水、井水等) → 凝集・沈殿(凝集剤) → 砂ろ過 → 消毒 → 配水

(2)MF・UF膜ろ過法による浄水処理

原水(ダム、河川水、湖沼水、井水等) → 膜ろ過(MF・UF) → 消毒 → 配水

世界の膜水道の実用例リスト(表4)

設置場所	計画浄水量(m³/日)	稼動年	原水種別	膜の種類	膜材質	膜メーカー
アメリカA	360,000	2007	河川水	UF	PVDF	旭化成ケミカルズ㈱
アメリカB	265,000	2005	河川水	UF	PES系	Norit
オーストラリア	126,000	2001	貯水池	MF	PP浸漬膜	ベオリアウオーター
イギリス	90,000	1999	地下水	UF	PES系	Norit
東京砧浄水場	80,000	2008	地下水	UF	PVDF	東レ㈱
フランスC	55,000	1996	河川水	UF	CA	アクアソース

(A,B：ミネアポリス、C：イル・ド・フランス)

電力用超純水、海水および水の淡水化、イオン交換樹脂、活性炭の前処理、工業用水・井水の除濁、除菌、下水2次処理水回収、清澄な排水回収などがある。

図2に従来型浄水処理と膜ろ過（MF,UF）法による浄水処理のフローを示す[7]。膜ろ過は、ろ過精度が非常に高く、運転管理が非常に容易（自動化）かつ膜装置はコンパクトに収納できるので省スペース、凝集剤の低減化が可能、ユニット化が可能なので建設工期が短縮できるなどの特長を有する。

わが国に水道膜施設が導入されて20年あまりが経過する。H19年度末時点で、全国で623施設が稼動している[8]。(社)膜分離技術振興協会は、水道用膜モジュール規格として、MF/UF、NF/RO、海淡RO、大孔径ろ過膜の4種類の規格（AMST-001 ～ 004）を制定している[9]。

表4に世界の膜水道の実用例リストを示す[10]。

MF、UF膜を用いた下水再利用の代表例を図3、4に示す。

参考文献
1) 厚生省生活衛生局水道環境部水道整備課監修、水道における膜ろ過法 Q&A、(社) 水道浄水プロセス協会、p142 (1995)
2) 造水技術ハンドブック編集企画委員会、p84 (財) 造水促進センター (2004)
3) 膜分離技術振興協会 膜浄水委員会、浄水膜 (第2版) p.67 (2008年2月)、膜分離技術振興協会提供資料
4) 峰岸進一、膜分離技術振興協会「第11回膜分離技術セミナー"膜分離技術の基礎と応用"」p1-3 (2005年11月)
5) 大矢晴彦、渡辺敦夫監修、「食品膜技術」p135-136、㈱光琳 (1999年9月)
6) 造水技術ハンドブック編集企画委員会、造水技術ハンドブック2004、p85 (財) 造水促進センター (2004)
7) 三浦勤、膜分離技術振興協会「第10回膜分離技術セミナー"膜分離技術の基礎と応用"」p24 (2004年11月)
8) 日本水道新聞、2009年3月30日
9) 膜分離技術振興協会監修、浄水膜 (第2版)、p64 技報堂出版㈱ (2006)
10) (財) 造水促進センター、造水技術に関する膜と水処理用語集、p108 (2009年5月) に追記した。
11) 糸川博然、膜分離技術振興協会「第10回膜分離技術セミナー"膜分離技術の基礎と応用"」p39-48 (2004年11月)
12) 松本英希、シンガポールニューウォーター向けMF適用事例、環境浄化技術、Vol.6 No11 p7-10 (2008.11)

(川﨑睦男)

世界最大のUF-RO膜による下水再利用プラント (クウェート、スレイビア) [11] (図3)

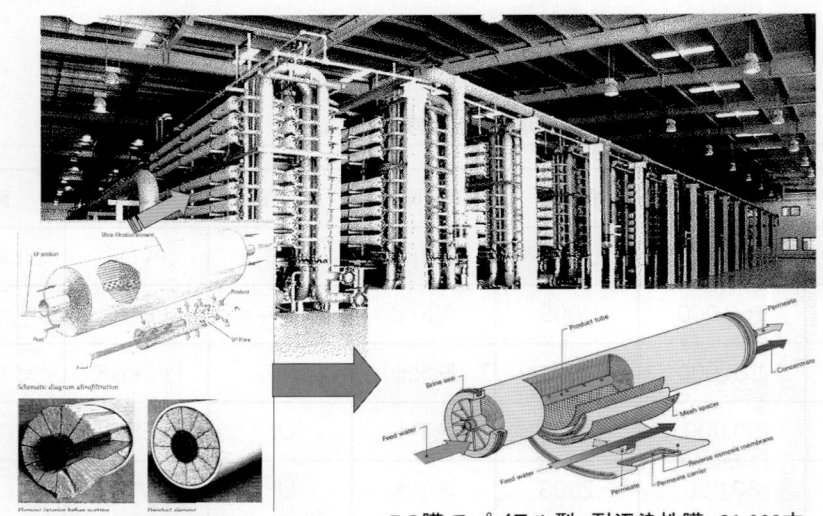

UF膜：外圧型中空糸膜、8,704本
RO膜：スパイラル型、耐汚染性膜、21,000本

MF-RO膜による下水再利用プラント (シンガポール、ウルパンダン) [12] (図4)

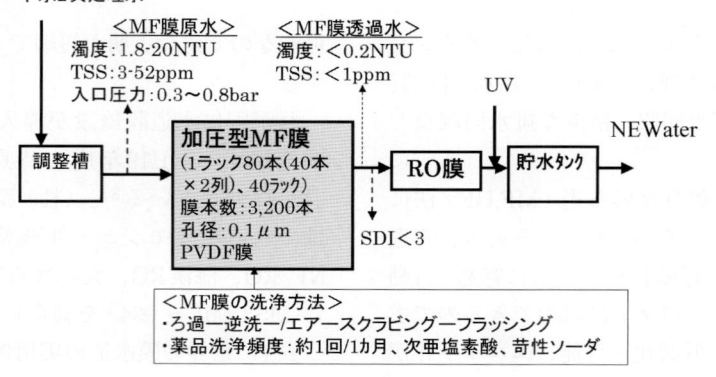

下水2次処理水 → 調整槽 → 加圧型MF膜 → RO膜 → 貯水タンク → NEWater

<MF膜原水>
濁度：1.8-20NTU
TSS：3-52ppm
入口圧力：0.3〜0.8bar

<MF膜透過水>
濁度：<0.2NTU
TSS：<1ppm

加圧型MF膜
(1ラック80本 (40本×2列)、40ラック)
膜本数：3,200本
孔径：0.1μm
PVDF膜

SDI<3
UV

<MF膜の洗浄方法>
・ろ過—逆洗—/エアースクラビング—フラッシング
・薬品洗浄頻度：約1回/1カ月、次亜塩素酸、苛性ソーダ

3 ナノろ過膜（NF膜）／逆浸透膜（RO膜）

1 NF膜

はじめに

ナノろ過膜（NF膜）は、逆浸透膜（RO膜）と限外ろ過膜（UF膜）の中間の分離性能を示す膜である。除去対象は1nmサイズの分子である。したがって、低分子量の有機物にはあまり高い阻止性能を示さないが、分子量数百程度以上の有機物をほぼ完全に分離することができる。操作圧力は、0.3～1.0MPa程度で比較的低い[1]。

一般に、NF膜はRO膜と同様に活性層である超薄膜、その支持体である多孔性支持膜と基材部分の3層構造からなる。活性層の主な膜素材は、架橋全芳香族ポリアミド（FAPA）、ポリアミド（PA）、ポリビニルアルコール（PVA）、スルホン化ポリスルホン（SPS）、酢酸セルロース（CA）などである。

各社のNF膜製品のグレード

NF膜の大きな特徴は、2価イオンは阻止するが1価イオンは透過しやすいということである。例えば、SU-600膜（東レ製）では、Mg^{2+}の阻止率が80%、Na^+の阻止率が55%であり、SO_4^{2-}の阻止率が99%以上であるのに対し、CL^-の阻止率は55%である。この特性が、硬水の軟水化等に利用される。

また、溶質の阻止率は膜の孔径と荷電性に大きく影響される。上記のSU-600膜の食塩阻止率は63%であるのに、食塩とほぼ同じ分子量であるイソプロピルアルコールの阻止率は33%である。この膜は比較的孔径が大きいと考えられるが、膜が負に荷電しているためCL^-イオンが静電反発で排除され、除去率が高くなったものである。こうした特性を利用することで、特定イオンの阻止率の制御が可能になる[2]。

NF膜の適用分野

NF膜は主に脱塩・硬度処理（軟水化）用途で用いられており、最近では、浄水高度処理用途にも使用されている。浄水用途では、消毒副生成物前駆体除去（トリハロメタン前駆体）、臭気物質、合成化学物質の除去（シマジン、アトラジンといった農薬類、合成洗剤等、界面活性剤）が除去対象となっている。浄水用途としては、米国、欧州では、NF膜を用いた大規模なプラントも稼働している。その他の用途としては、石油の2次回収用途（海水からの硫酸イオンの除去）や海淡の前処理用途があげられ、海水淡水化の前処理用途では、Ca^{++}、Mg^{++}、あるいは、SO_4^{2-}といったスケール成分の除去が求められている。表1にNF膜の用途と除去対象物を示す[2]。

NF膜の用途と除去対象物 (表1)

用途	地域	無機塩					農薬類		環境ホルモン	毒物
		NaCl	MgSO₄	SO₄	CaCl₂	トリハロメタン前駆体	アトラジンシマジン等		ヒ素
脱塩硬度処理	欧、米、日	○	○						
上水高度処理	欧、日					○	○	△	△
石油2次回収	欧			○					
海淡前処理	中東、欧、日	○							
目的		脱塩	硬度除去	スケール防止	ミネラル透過	飲料水浄化		飲料水・水質・環境	毒物除去

○：既存用途　△：可能性のある用途

2 低圧RO膜[1]

1980年代半ばに1.5MPaで操作することができる高阻止率、高透過性の全芳香族架橋ポリアミド複合低圧膜が開発された。図1にて低圧RO膜（日東電工製 品番：NTR-759HR）と超低圧RO膜（日東電工製 品番：ES10）のスキン層のヒダ状構造の透過型電子顕微鏡の断面写真を示す。これによると同圧力下ではヒダ状の大きい構造の方が2倍の透過水量を得ることができる。各社の膜メーカーから低圧（運転圧力～1Mpa）、超低圧（1～2MPa）、耐熱グレードのNF膜が販売されている。東レは[3]、極超低圧（0.5MPa）で運転可能なNF膜（架橋芳香族ポリアミド膜）を開発している[3]。5,000ppmNaCL、0.3Mpaの条件でNaCL除去率＝99.8％、透過水量＝1.25（m3/m2・d）である。フミン酸、農薬の除去率は高いがシリカの除去率が低いので高回収率運転が可能である。

(1) 耐汚染性低圧RO膜

下水、廃水などの処理にRO膜を適用する場合，原水中に含まれるケーク物質、ゲル状物質、スケール成分、吸着物質、バイオファウリング物質等を考慮しなければならない。これらに対して耐性のある低圧で操作できる各種のRO膜が各社から販売されている。

日東電工㈱[4]

汚れにくい低圧RO膜として、各種界面活性剤等の微量有機物が含まれる排水に対して、吸着によるファウリングを防止する目的でRO膜の表面ゼータ電位をpHに関係なく0mVに制御した高阻止率低圧RO膜（LF10）が日東電工㈱から販売されている。図2にLF10と従来の芳香族架橋ポリアミド（NTR-759HR）の表面ゼータ電位のpH依存性を示す。この膜は界面活性剤などに対して吸着しにくい性質を有する。

DOW（FilmTech社）[5]

耐微生物汚染性RO膜（BW30-365FR）がFilmTechから販売されている。この膜は、複合膜の表面構造や化学組成の最適化及びスパイラル型エレメントの構造や原水スペーサーなどの改良を行っている。

東レ㈱[6]

東レ㈱は，バイオファウリングの簡単な指標と

低圧RO膜のスキン層ヒダ構造の写真（左側は膜表面、右側は膜断面（透過型電子顕微鏡））（図1）

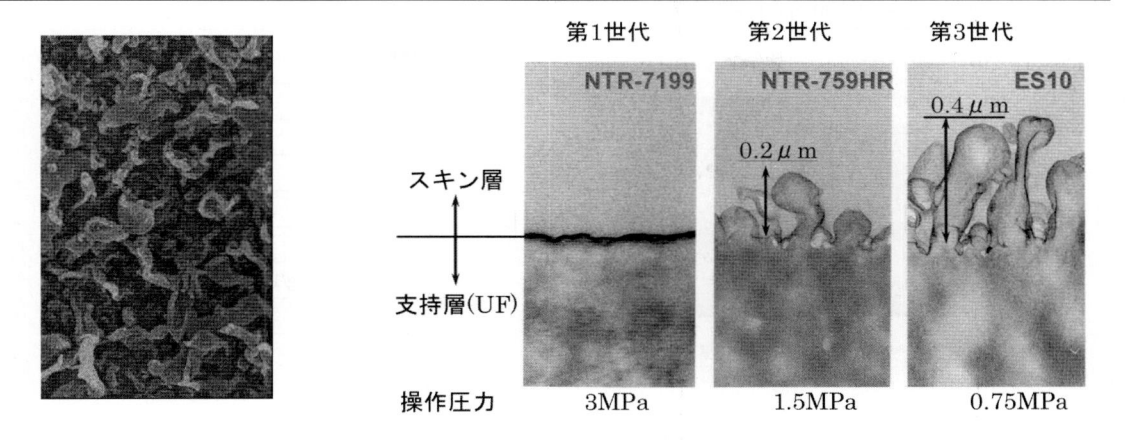

	第1世代 NTR-7199	第2世代 NTR-759HR	第3世代 ES10
		$0.2\mu m$	$0.4\mu m$
操作圧力	3MPa	1.5MPa	0.75MPa

LF10の表面ゼータ電位のpH依存性（図2）

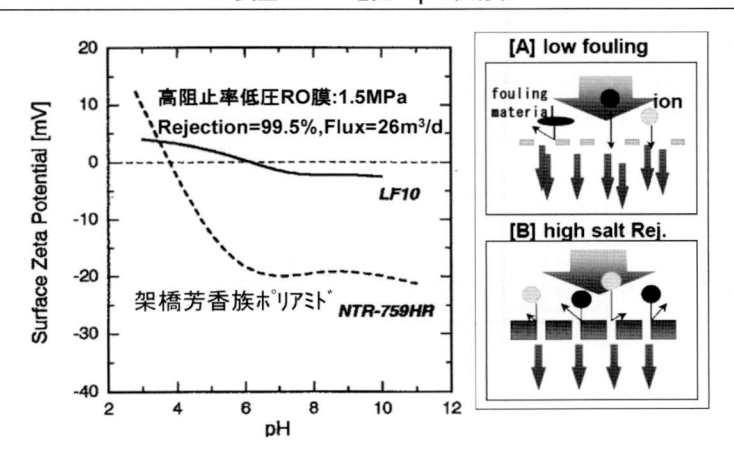

高阻止率低圧RO膜：1.5MPa
Rejection=99.5%, Flux=26m³/d
LF10
架橋芳香族ポリアミド NTR-759HR

[A] low fouling
fouling material / ion

[B] high salt Rej.

して、微生物を含む液にRO膜を浸漬し、取り出した時のRO膜面に付着した微生物量（B）と液中の微生物量（F）の比を従来のRO膜と新規開発した低ファウリングRO膜とで比較測定している。

その結果、図3に示すように、微生物の付着量が大きいほどB/F比は大きくなりバイオファウリングが起こりやすいとしている。表2に低ファウリングRO膜エレメントの性能表を示す。

図4に、膜を使用する際に原水の濃度（TDS）により選択するNF, RO膜の種類、操作圧力及び浸透圧の関係を示す[10]。

(2) 下水再利用の実用例

世界における膜技術（MF、UF、RO膜）を用いた下水再利用の大型プラントを表3に示す[7]。

なお、表3のRO膜はスパイラル型の低圧RO膜である。スパイラル型RO膜への原水入口の水質はSDI（Silt Density Index：汚れ指数）は4以下とされている。また、RO膜に関する水質予測シミレーションプログラムが日東電工㈱、東レ㈱、DOW（FilmTech）、東洋紡㈱から出されている。異種のメンブレン（MF、UF、NF、RO等）を統合して（Integrated）、組み合わせたシステムを統合型膜システム（IMS：Integrated Membrane

低ファウリングRO膜と超低圧RO膜の微生物付着性
(測定条件:1.5MPa,1,500mg/l,NaCl) (図3)

低ファウリングROエレメント性能表
(TML20-365) (表2)

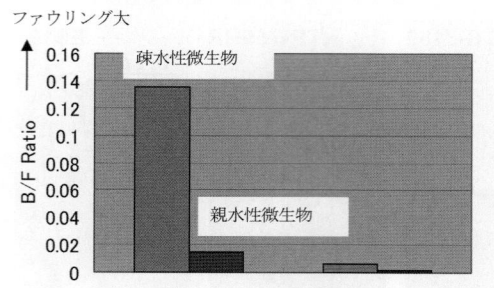

項目	性能・条件
脱塩率(%)	99.5
造水量(m³/d)	36.0
圧力(MPa)	1.5
温度(℃)	25
供給水濃度(mg/l)	1,500NaCl
pH(-)	6.5

原水のTDS濃度と操作圧力及び浸透圧の関係 (図4)

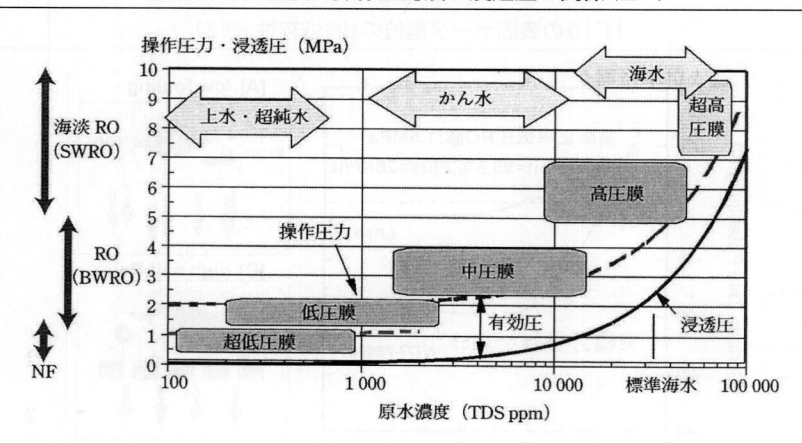

世界における下水再利用の大型プラント一覧表 (表3)

国	容量(m³/d)	運転年	UF/MF膜	RO膜	再利用先の用途
クウェート (スレイビア)	375,000	2005	Norit (UF)	東レ㈱	工業用水
米国 (カリフォルニア) Fountain Valley	220,000	2007	US Filter*1	HY*2	地下涵養
シンガポール (ウルパンダン)	140,000	2006	旭化成ケミカルズ㈱ (UNA-620A)	HY*2	工業用水、水道水
米国 (カリフォルニア) West Basin	75,000	97～01	US Filter*1)	HY*2	地下涵養
中国 (天津)	40,000	(2006)	US Filter*1 (CMF-S10T)	Dow、東レ㈱	工業用水
シンガポール (クランジ)	40,000	2003	USFilter (CMF-S10T)	HY*2	工業用水、水道水
シンガポール (ベドック)	32,000	2003	Zenon (ZW-500) US Filter (90M10C)	HY*2	工業用水、水道水
シンガポール (セレタ)	24,000	2003	Hyflux	東レ㈱	工業用水、水道水

*1：現在はヴェオリア・ウオーター・ソリーション＆テクノロジー㈱
*2：HY：Hydranautics社(米国、膜メーカー、日東電工㈱の子会社である)

各社の海水淡水化RO膜エレメント[8]（表4）

膜メーカー	単位	日東電工㈱/Hydranautics		東レ㈱	DOW (FilmTech)		東洋紡㈱
膜形式		スパイラル型					中空糸型
膜名称	−	SWC3+	SWC4+	TM820-400	SW30HR-380	SW30HR-380	HB10255
NaCl阻止率	%	99.8	99.8	99.75	99.6	99.8	99.4
透過水量	m³/d	26.5	25	25	22.7	28.4	31
膜面積	m²	37	37	37	35	35	1000
評価条件		3.2% NaCL, 5.5MPa, 25℃					3.2% NaCL, 5.4MPa, 25℃

代表的なRO海水淡水化のフロー（図5）

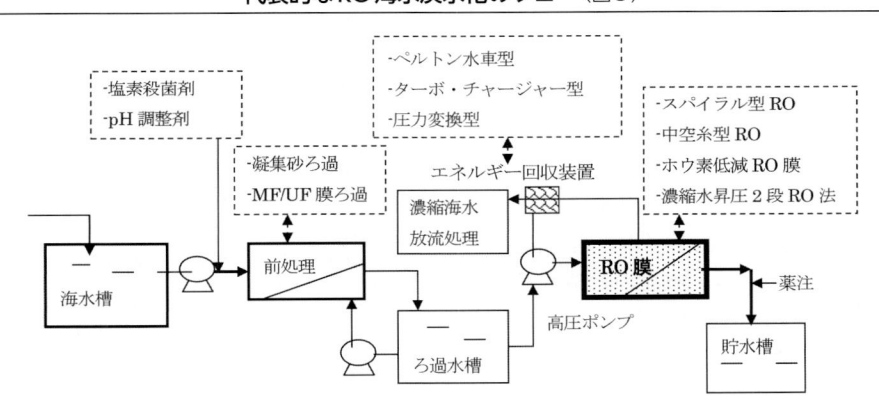

System)[13]という。また、「膜の分離機能を他の分離方法と組み合わせて、より効果的かつ経済的な分離が実施できるように工夫された分離プロセス」と定義されている。Hybrid膜プロセスとも呼ぶ。代表的な事例としては、福岡県の海水淡水化、シンガポールの下水再利用などがある。

なお、従来の水処理技術である凝集沈殿砂ろ過、生物処理、活性炭、イオン交換などと膜を組み合わせたシステムは、Hybrid Integrated Membrane System（HIMS）と呼ばれることもあり、近年水道、排水などの各分野において急激に成長してきている。

3 海水淡水化RO

(1) RO膜エレメント

表4に各社の代表的な海水淡水化RO膜エレメントの品番と仕様を示す。また、図5には、代表的なRO海水淡水化のフロー図を示す。

(2) RO海水淡水化の実用例

表5には、世界の大型RO海水淡水化設備の一覧表を示す。沖縄海水淡水化のシステムは、海水取水-前処理設備-薬注設備-高圧ポンプ-及びエネ

世界の大型RO海水淡水化設備[10] (表5)

No	国	場所	容量(m3/d)	契約年	契約者	膜メーカー
1	イスラエル	アシュケロン	326,000	2003	IDE/ベオリア	ダウ
2	オーストラリア	シドニー	250,000	2007	ベオリア	ダウ
3	サウジ	シュケイク	216,000	2007	三菱重工	東洋紡
4	アルジェリア	ベニサフ	200,000	2007	Geida	日東電工
5	サウジ	ラービク	192,000	2005	三菱重工	東洋紡/日東電工
6	オーストラリア	ケーププレストン	175,000	2007	IDE	ダウ
7	UAE	フジャイラ	170,000	2003	デグラモン	日東電工
8	サウジ	ショアイバ	150,000	2007	斗山	東レ
9	オーストラリア	パース	144,000	2005	デグラモン	ダウ
10	シンガポール	チュアス	136,000	2003	ハイフラックス	東レ
11	サウジ	ヤンブー	128,000	1992	三菱重工	東洋紡

ルギー回収設備-RO膜設備-淡水貯槽-放流設備から構成されている。施設の総造水量は4万トン/日である。

福岡海水淡水化のシステムは、海水-浸透取水-UF膜-高圧RO膜-超低圧RO膜(ホウ素低減用)-生産水から構成されている。施設の総造水量は5万トン/日である。膜による海淡ROの前処理は、ノリット、日東電工㈱、旭化成ケミカルズ㈱他の実用例がある[9]。

RO海水淡水化設備は、近年ますます大型化しており、世界最大のRO海水淡水化プラントは、45万6000m³/日規模(イスラエル、ハデラ：RO膜はDOW)である。

高阻止率RO膜の耐熱性スパイラル型モジュールが日東電工㈱他から販売されている。

参考文献
1) 廣瀬雅彦他、日東技報、34 (1996)
2) 造水技術ハンドブック編集企画委員会、造水技術ハンドブック、2004, p98 (財) 造水促進センター (2004)
3) 井上岳治、村上睦夫、房岡良成、膜「新規極超低圧ナノフィルトレーション (NF) 膜」、Vol.26 (5) p231～233 (2001)
4) 河田一郎、廣瀬雅彦、川﨑睦男、造水技術、Vol.25 No.1 p51 (1999)
5) 前田恭志、ニューメンブレンテクノロジーシンポジウム '02、健全な水循環を維持するために＜排水再利用における逆浸透/ナノろ過複合膜の進捗状況＞、S5-3-6～S5-3-7 (2002)
6) 房岡良成、ニューメンブレンテクノロジーシンポジウム '05、膜法による世界最大のクエート下水再利用プラント、S6-3-5 (2005)
7) (財) 造水促進センター、造水技術に関する膜と水処理用語集、p109 (2005年5月)
8) 造水技術ハンドブック編集企画委員会、造水技術ハンドブック 2004, p101、(財) 造水促進センター (2004)
9) 多田直樹、ニューメンブレンテクノロジーシンポジウム '09、UF膜によるRO海水淡水化前処理の実例、S5-2-2 (2009)
10) 芹澤暁、ニューメンブレンテクノロジーシンポジウム '08、最近のRO大型海水淡水化プラント S3-1-2 (2008)

(川﨑睦男)

4 膜分離活性汚泥法（MBR）

1 MBRの原理と特徴[1]

　生物反応槽の中にMF/UF膜を浸漬する膜分離活性汚泥法（Membrane Bio Reactor：MBR）は、一般の活性汚泥法と違って次のような特徴を有している。

a) 完全な固液分離が可能であり、処理水質が汚泥の沈降性に左右されない。
b) 微生物の高濃度保持と分散状態の高活性維持により高度な有機物分解性が期待できる。
c) 消化細菌の高濃度・高活性保持、高濃度活性汚泥による内生脱窒で窒素除去が容易である。
d) 汚泥滞留時間を極めて大きく取ることが可能で、余剰汚泥発生量を非常に少なくできる。

　一般の活性汚泥法とMBRの標準フローを図1に示す。

　MBRには、活性汚泥の中に膜を浸漬する浸漬型（これには一体型と別置型がある）と活性汚泥の汚泥を引き出して膜により循環する槽外（浸漬）型がある。表1にMBRの型式と特徴を示す。表2に浸漬型（一体型）、浸漬型（槽別置型）、槽外型と主な膜会社を示す。

(a)標準活性汚泥法の一般的な処理フローと(b)MBRの処理フローの比較（図1）

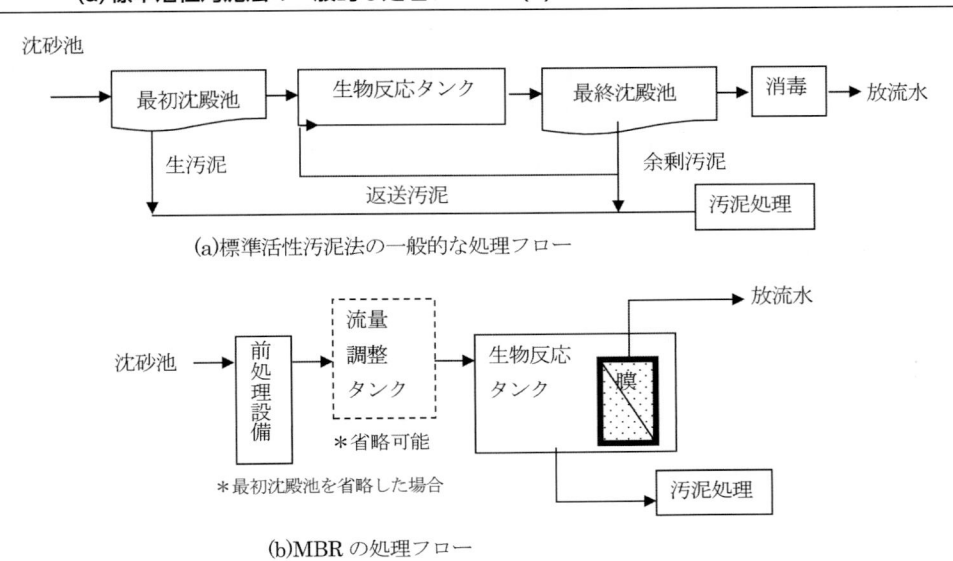

(a)標準活性汚泥法の一般的な処理フロー

(b)MBRの処理フロー

MBRの型式と特徴[1] (表1)

型式	フロー	特徴
浸漬型 (一体型)	(ブロワー、反応槽、処理水)	● 最も採用例が多い。 ● プロセス構成がシンプル。 ● 反応タンク内の散気装置を、膜モジュールの洗浄と共有できる。 ● 膜ユニットの複数設置等で膜モジュールの点検、補修交換時に、他系との連携により、反応タンクを休止しない運転が容易にできる。
浸漬型 (槽別置型)	(ブロワー、反応槽、処理水)	● 生物処理及び逆洗に必要な散気装置を、それぞれに適した方法をとりやすい(微細散気と粗大気泡の使い分け)。 ● 反応タンクMLSS濃度を膜分離槽MLSS濃度よりも低くして運転できる。 ● 膜モジュールの点検・補修・交換時に、他系との連携により、反応タンクを休止しない運転が容易にできる。 ● 最終沈殿地が利用できない場合は一体型に比べ建設コストが大きくなる。 ● 浸漬洗浄が容易(膜分離槽を薬液洗浄タンクとして使用することが可能)。
槽外型	(ブロワー、反応槽、処理水、膜、洗浄用)	● 流速が最も大きくできる(膜モジュール数を削減することができる)。 ● 時間変動への対応幅が最も大きい。 ● 汚泥循環等のコントロールが容易。 ● 膜ユニットの複数設置等で膜モジュールの点検・補修・交換時に、他系との連携により、反応タンクを休止しない運転が容易にできる。 ● 汚泥循環用のポンプが必要となるため、必要エネルギーが大きくなる。 ● 薬品洗浄が容易。

(注:膜モジュールの改善・開発や、運転管理の工夫により表中の特徴は絶対的なものではない)

浸漬型（一体型）、浸漬型（槽別置型）、槽外型と主な膜会社（表2）

型式	主な膜会社
浸漬型 （一体型）*）	●中空糸膜（三菱レイヨン・エンジニアリング㈱、旭化成ケミカルズ㈱、GE（メムコア）他 ●平膜（㈱クボタ、東レ㈱、㈱日立プラントテクノロジー他
浸漬型 （槽別置型）**）	●中空糸膜（三菱レイヨン・エンジニアリング㈱、Norit 他）、平膜型
槽外型	●チューブラー型、 ●セラミック型（メタ・ウォーター㈱） ●太径中空糸膜（Norit）

*）日本における下水道の実績（H20年度）は全て浸漬型であり、13ヵ所、総造水量は99,295m^3/日になる。
**）EUにおいては15ヵ所（1,600～45,000m^3/dの規模）のうち8ヵ所で採用されている。
なお、世界最大のMBRは、ドバイ（Jumeirah Golf Estates、Palm Jebel Ali）のそれぞれ22万トン/日である。

2　MBRのモジュール構造

モジュール構造

写真1から写真4、および図2にそれぞれのMBR構造を示す。

平膜型（左側：㈱クボタ2）、右側：東レ㈱3））（写真1）

中空糸膜型その1
（三菱レイヨン・エンジニアリング㈱）4)（写真2）

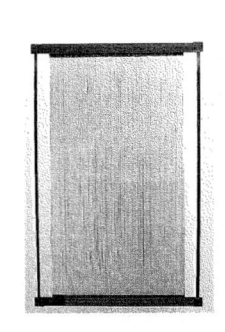

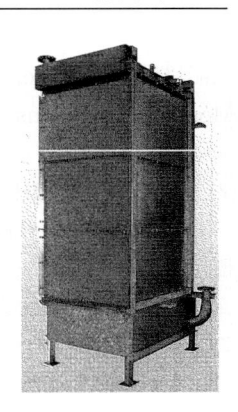

中空糸膜型その3（親水性PTFE、孔径＝0.3μm、
住友電工ファインポリマー㈱提供）（写真3）

中空糸膜型その2（左側：旭化成ケミカルズ㈱5)、
中央：GE(ゼノン)6)（写真4）

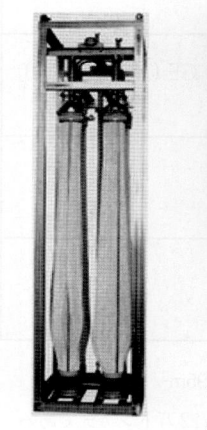

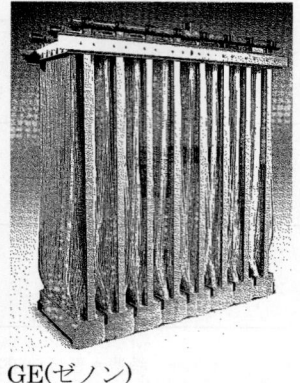

GE(ゼノン)
補強中空糸膜、PVDF膜

4本掛けの場合：L0.8 × W0.7 × H2.7m
膜面積：100m²

回転平膜型（株）日立プラントテクノロジー7)（図2）

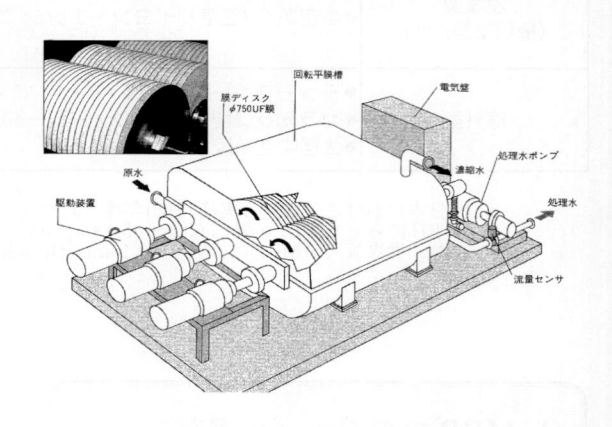

Noritの槽外型MBRのモジュール（上）と設置例（下）8)
（右側は既設の活性汚泥槽から取水して
縦型にモジュールを設置している）（写真5）

① 浸漬型

上記以外にも Huber（ドイツ、回転平膜）、Koch Membrane Systems（米国、中空糸膜）などがある。

② 槽外設置型MBR

写真5にNoritの膜モジュール構造と活性汚泥槽に設置したイメージ図を示す。

図3にメタウォーター（株）のセラミック膜エレメント（左側）、とモジュール構造（右側）を示す。

上記以外にも Berghof（ドイツ、槽外型MBR）などがある。

3 MBRの運転管理項目

MBRの運転管理項目には、大きく分けてMBRの生物反応層における運転管理項目と膜の洗浄がある。図4に示すように運転管理項目には、①MBRへの流入水質、②MLSS（Mixed Liquor Suspended：生物処理での曝気槽内の汚泥濃度）、③DO（溶存酸素）、④粘度、⑤ろ紙ろ過試験法、

メタウォーター（株）のセラミック膜エレメント（左側）、とモジュール構造（右側）[9]（図3）

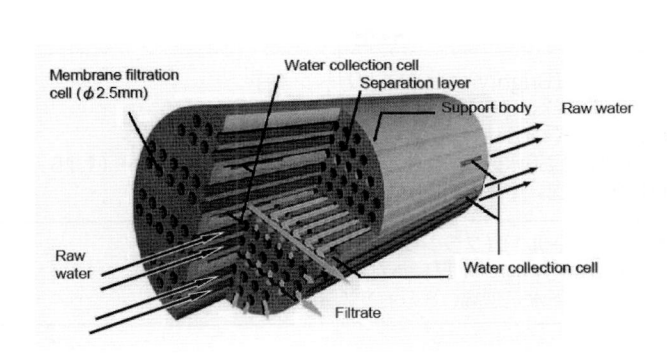

MBR基本フローと運転管理項目と測定ポイントの図（図9）

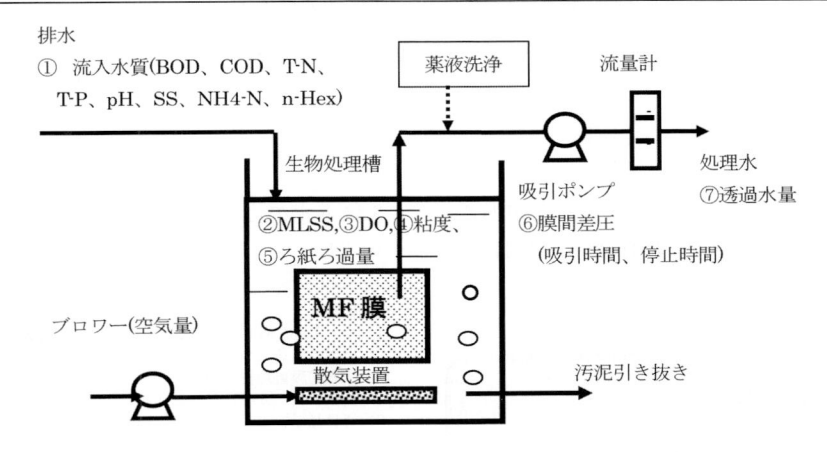

下水処理を再利用する場合の取水点(A,B,C)と再利用システムの基本フロー図（図10）

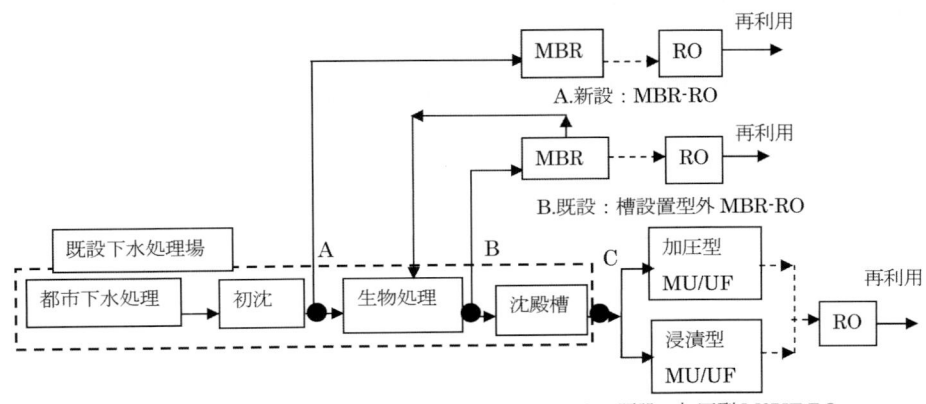

A.新設：MBR-RO
B.既設：槽設置型外 MBR-RO
C-1.既設：加圧型 Mf/UF-RO
C-2.既設：浸漬型 MF/UF-RO

下水の高度処理システムの実用例一覧表[10] (表3)

既設・新設	処理方式	代表的実用例
新設・増設・改設	MBR	● アメリカ（Brightwater）14.4万トン／日 ● アメリカ（King City）11.7万トン／日 ● オマーン（Muscat）7.8万トン／日 ● 日本堺三宝下水処理場（6万トン／日）、福崎浄化センター（1.25万トン／日） ● 中国、韓国、中東など多数の実用例がある。
既設	既設＋浸漬型MF膜	● シンガポール*）（クランジ、ベドック）、4万トン／日 ● 中国*）（天津市）、4万トン／日 ● 北京清河下水処理場、8万トン／日
	既設＋加圧型MF/UF膜	● クウェート*）、37.5万トン／日 ● シンガポール*）（ウルパンダン）、14万トン／日
	既設＋槽外設置型MBR	● AL Palm Jumeirah、1.7万トン／日

*）RO処理して再利用している。

⑥MBRの圧力変化、⑦膜の透過水量などがある。後者には膜の化学的洗浄及び物理的洗浄がある。

4 MBRの用途例

生活排水（下水・し尿、中水、農業集落排水、浄化槽など）、産業排水（食品、飲料、医薬品、石油、電子・情報機器など）の多くの分野において実用例がある。地域も欧州、中東、中国、東南アジア、米国など多くで利用されている。欧州では、MBR標準化を積極的に進めている。

図5に下水処理を再利用する場合の取水点（A,B,C）と再利用システムの基本フロー図を、表3に下水の高度処理システムの実用例一覧表を示す[10]。

参考文献

1) 国土交通省都市・地域整備局下水道部下水道企画課,「下水道への膜処理技術導入のためのガイドライン［第1版］,p19-20,平成21年5月、下水道膜処理技術会議
2) ㈱クボタ　カタログ
3) 辺見昌弘、植村忠廣、「膜分離活性汚泥法（Membrane Bioreactor）用PVDF平膜モジュール」造水技術、Vol.31 No.2 p19（2006）
4) 藤井渉、分離技術、「中空糸膜を用いたMBRによる排水処理技術」第37巻、第4号 p9-13（2007）
5) 橋本知孝、森吉彦、造水技術、「MBR用円筒型中空糸膜モジュールとその応用」Vol.31 No.2 p4-10（2006）
6) GE（ゼノン）
7) ㈱日立プラントテクノロジー
8) 糸川博然、環境浄化技術、Vol.7,No.11,p20（2008.11）
9) 甘道公一郎、ニューメンブレンテクノロジーシンポジウム2009,「セラミック膜を用いた槽外設置、高フラックス型MBR」、S7-3（2009）
10) 川﨑睦男,「水の循環・排水再利用技術最前線」、㈱メガ・セミナー・サービス、p1（2008年8月）

（川﨑睦男）

5 正浸透（FO）／膜蒸留（MD）

1 正浸透（FO : Forward Osmosis）

正浸透法とは、海水中の水分子が正浸透膜を通して濃度の高い別の溶液のほうに自然に移動する原理を利用した技術である。これには、海水から純水を得る技術と海水と淡水との浸透圧を利用して発電する浸透圧発電（Osmotic Pressure Generation）とがある。

(1) 海水から淡水を得る方法

米国Oasys Water社から提案されているFO技術[1]では、アンモニアと炭酸ガスを高濃度に含む溶液が、高い浸透圧をもつアンモニウム塩を作り出し、その浸透圧によって塩水から水分子が取り出される。その後、蒸留法（約40℃）によりアンモニアと炭酸ガスが分離され水が製造される。

2010年7月12日～15日のAMTA（American Membrane Technology Association）において、浸透膜サミットが行われた。

(2) 浸透圧発電[2]

はじめに

浸透圧発電（Osmotic Pressure Generation）とは、塩分濃度差（勾配）発電、浸透膜発電（Pressure-Retarded Osmosis : PRO）、逆電気透析（Reverse Eletrodialysis : RED）とも呼ばれ、海水等の塩水と河口下水排水口等の浸水間との混合エントロピー変化を電力に変換する発電方式である。

正浸透現象を利用した海水から淡水を製造するフローの概念（図1）

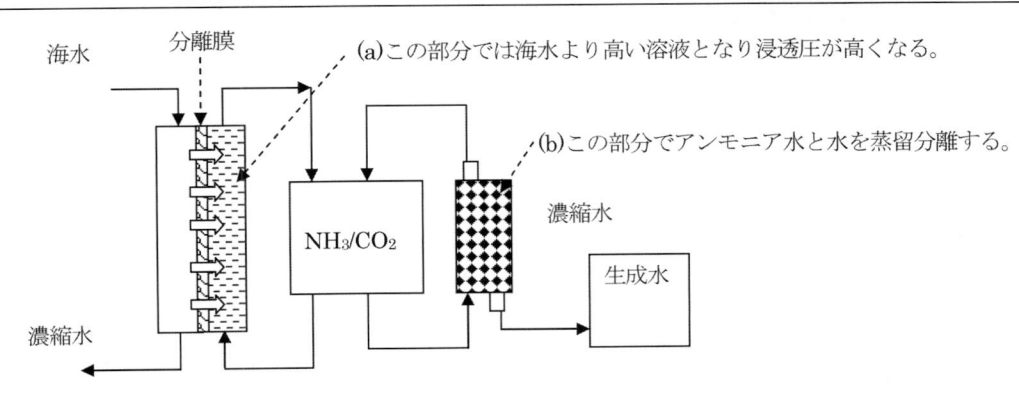

(a) この部分では海水より高い溶液となり浸透圧が高くなる。
(b) この部分でアンモニア水と水を蒸留分離する。

塩分濃度差発電の概念図（図2）

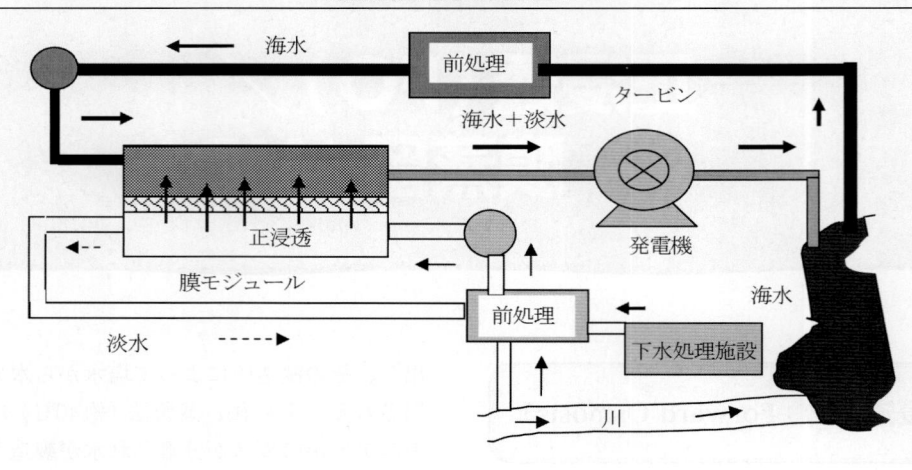

　本発電方式は、1976年にイスラエルのS.ロブにより提案された。浸透膜発電の概念は、基本的には以前から存在しているが、実際には今でも比較的新しい技術である。そして、いまだに多くの技術的および経済的課題が存在する。浸透膜は不純物などで詰まったり、適合膜の多くが非常に高価である。試作システムの出力は、わずか数kWと極端に低い。システムはまだ概念実証段階にあるといえる。

　欧州では2企業が競争技術を開発している。Statkraft社（スウェーデン、オスロ）は浸透膜発電を、Redstack社（オランダ、スネーク）は逆電気透析を開発している。2009年11月24日、Statkraft社はノルウェーのトフテに500万ドルを投じ、世界初となる浸透膜発電所、PRO実証プラントを開設した。同プラントはテニスコート程のビル内に2,000平方メートルの表面積を持つ浸透膜を格納、使用している。発電電力は4キロワットと微々たるものである[3]。

原理と発電効率

　海水と淡水とを半透膜をへだてて置くと、浸透圧により淡水から海水に水が流れ、この増分がエネルギー発電を行う。この淡水と通常の海水に生じる浸透圧発電は、約30kg/cm^2（これは300mの水の落差に相当する）に相当する。これを連続的に利用して電力を変換するには、塩水と淡水を半透膜で仕切った膜モジュールに加圧塩水を連続的に供給し、モジュールより流出した希釈塩水でタービンを回転させて電力を得る（図2）。

　谷岡は、S.ロブの論文（1976年、J. Membrane Sci.：浸透圧発電に関するコスト計算）をもとに、ア）濃縮海水の塩分濃度は7wt%、淡水は0wt%、イ）市販のRO膜モジュールの仕様は、直径0.2m、長さ1m、膜面積は30m^2、透過水量は0.08（m^3/m^2・日・atm）、と仮定して計算した。その結果、処理水量を30,000m^3、30atm、1,000モジュールとした場合の電力量のコストは、1.76円/kWhとなる。しかし、基礎実験データと日本における人件費、建設コスト等を考慮し、再計算すると14円/kWhとなり、風力発電とほぼ同等となった。

　最近、日東電工（100%子会社のHydranautics社）は、ノルウェー国営の大手電力会社スタットクラフト社と、浸透膜発電のパイロット機を2015年に稼働させることを目指し、新規浸透膜発電の共同技術開発を締結している。

　浸透圧発電を行うためには、いかに正浸透膜の透水性を高めるか、また濃度差の大きい水源の安

透過気化法の特長（表1）

原理		サーモパーベーパレーション法（膜蒸留法）	パーベーパレーション法
原理	モデル	（図：高温側／透過気化膜／冷却板／低温側／凝縮水／冷却水／原水／透過水）	（図：精製水／分離膜／減圧／原水／加熱／冷却／透過水）
	機構	蒸発→透過	透過→蒸発
	駆動力	温度（蒸気圧）差	圧力差
膜	材質	疎水性	親水性
	形状	多孔質	非多孔質
操作圧力		常圧	減圧
操作温度		蒸発温度以上	常温

定的な確保が非常に重要である（ノルウェーはこれに最適な地域である）。
<出典：日東電工㈱のニュースリリース（2011年6月21日）http://www.nitto.co.jp/dpage/400.html>

2 膜蒸留（MD：Membrane Distillation）

はじめに

透過気化法はパーベーパレーション法（Pervaporation）の日本語訳で、浸透気化法、透過蒸発法ともいわれている。パーベーパレーション法には、サーモパーベーパレーション法とパーベーパレーション法とがある。前者は、処理する液体を加温して、その蒸気を分離膜（疎水性膜、例フッ素系膜）を通し、その後冷却して純水を得る。これは、膜蒸留法、熱隔膜蒸留法とも言われ、海水から純水を得る方法に用いられる。後者は、原水を加熱して分離膜を通して、減圧した後冷却して処理水を得る方法である。これには、天然ガスから水蒸気を分離したり、アルコール分離等に用いられる。

表1に透過気化法の特長を示す。海水淡水化では透過気化法の中でも温度差を利用した方法

で、膜の性状によってサーモパーベーパレーション法（Thermo Pervaporation）または膜蒸留法（Membrane Distillation）といわれる方法が適用される[4]。

透過気化法海水淡水化技術は、1966年に米国の塩水局によって提案されており、ミズリー大学のフインドレー（Findley）らによって研究が行われた[4]。

透過気化法の原理 [4]

透過気化法の基本原理は蒸発法である。透過気化膜の片側に温海水を置き、反対側を冷却して温度差を与えると、膜の中を高温側から低温側に水蒸気が通過し、膜の表面から拡散する。蒸発拡散した水蒸気は冷却されて凝縮し、蒸留水として取り出される（表1参照）。MDの特長は、運転維持管理が容易、前処理が簡略化できる。廃熱または太陽熱が利用でき、造水コスト低減が可能であるなどである。

参考文献
1) Jeffrey R. McCutcheon, Robert L. McGinnis, Menachem Elimelech Journal of Membrane Science 278 114-123（2006）
2) 谷岡明彦、日本海水学会誌、「浸透圧発電」第60巻 第1号 p4-7（2006）
3) NEDO 海外レポート、No.1062（2010.4.22）
4) （財）造水促進センター、「透過気化法海水淡水化技術開発研究」報告書、p5-6（1986年3月）

（川﨑睦男）

6 電気透析（ED）法

1 EDの原理[1]

　電気透析（Electro Dialysis, ED）では、正電荷を膜内（多孔質の平膜状であり比較的強度が必要である）に固定して陰イオンを選択的に透過する陰イオン交換膜と、負電を膜内に固定して陽イオンを選択的に透過する陽イオン交換膜が対で用いられる（図1に電気透析の模式図を示す）。EDはイオン交換膜と電気を利用する膜分離法である。

　電気透析槽では、陽イオン交換膜と陰イオン交換膜を交互にスペーサーを介して多数組積層し、その両端に1対の電極を配置する。陽極側の陰イオン換膜と陰極側の陽イオン交換膜で仕切られたスペースは脱塩室と呼ばれ、それとは反対に陽極側の陰イオン交換膜と陰極側の陰イオン交換膜で仕切られたスペースは濃縮室と呼ばれる。

　電気透析槽では、脱塩室と濃縮室が交互に配置され脱塩室には原液が供給される。脱塩室では陽イオンは陰極に向かって右側に移動し、陽イオン交換膜を透通して濃縮室に移動する。しかし、濃縮室の陰極側は陰イオン交換膜で仕切られているために、陰極側の脱塩室に透過することはできない。同様にして、陰イオンは脱塩室から左側の濃縮室に移動し、結果として原水中の塩は脱塩室から濃縮室に移動し濃縮される。

　ED法の分離の駆動力は電気量である。その特長は、イオン性物質を選択的にすばやく除去・濃縮・回収できる。また、加熱・加圧しない分離法のため成分の変質が生じにくい。運転圧力が低い

電気透析の原理図（図1）

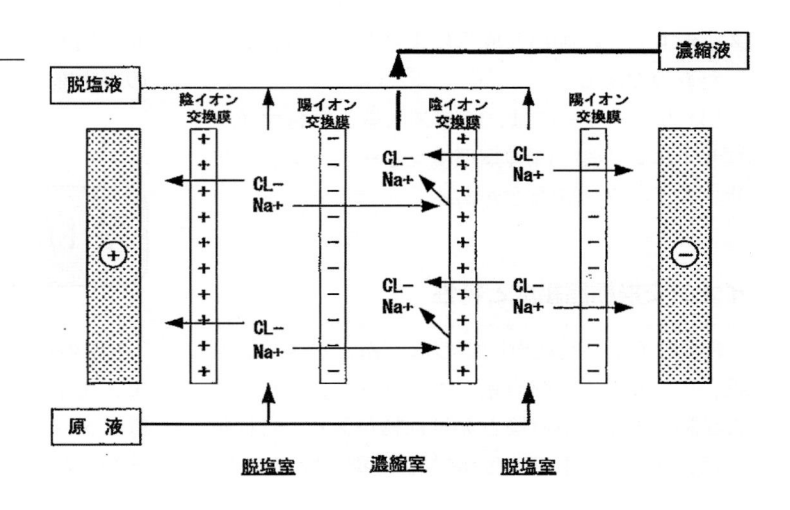

ため扱いが容易である。そのため逆浸透法に比較して、除去率、濃縮倍率が高いのが特徴である。分離対象となる水中のイオン成分はナトリウム、カルシウムなどの無機塩類から低分子量の有機酸やアミノ酸である。

EDは、逆浸透法と比べて、TDSが3,000ppm以下の場合、濃縮倍率が高い場合、有機物の脱塩の場合においてEDが有利である。

2 イオン交換膜の分類

イオン交換膜とは、イオン交換樹脂をシート状にしたものである。イオン交換膜は製造法、使用イオン交換樹脂によりいろいろなタイプのものがある。

製造法

均質膜と不均質膜とがあり、均質膜は補強体を除いたポリマー層全体が均質なイオン交換樹脂によって構成されているイオン交換膜である。膜は原料モノマー液を補強体（塩ビ、オレフィン系の布や不織布、多孔体）に含浸させた後重合させて製造する。一方、不均質膜は、すでにイオン交換基を有するイオン交換樹脂を溶融成形可能なポリオレフィン系の樹脂とともに粉砕混練して、プレス成形もしくは押出し成形によりシート状に成形したものである。

EDのメーカーには、㈱アストム、野村マイクロサイエンス㈱、㈱神鋼環境ソリューション、ユアサアイオニクス㈱などがある。

イオン交換樹脂組成と特性

ED用イオン交換樹脂膜のほとんどがスチレン系、アクリル系、縮合系、エンプラ系、フッソ系の材料である。対称膜と非対称膜があり、対称膜とは、イオン交換膜断面が左右対称の膜である。

非対称膜とは断面が左右非対称の膜をいう。イオン交換膜の特性には、機械的強度、膜厚、イオン交換容量、電気抵抗、輸率がある。

3 電気透析応用プロセス

EDは単なる脱塩、濃縮プロセスに利用されているだけでなく、下記にも利用されている。

EDI（Electro Deionization：電気連続再生型脱塩装置）[2]

通常の電気透析槽では、脱塩の進行とともに脱塩室の電気伝導度が低下して電流が流れなくなるため、TDSで50mg/L以下に脱塩することは困難である。しかし、ED槽の脱塩室にイオン交換樹脂を充填し、イオン交換樹脂にイオンを吸着させることにより、(超)純水を製造する方法である。

EDR（Electro Dialysis Reversal：極性転換方式電気透析装置）

イオン交換膜は使用するにしたがって膜面が汚れてくる。電極の極性又は流路を定期的に反転することで、析出したスケールやスライムを洗浄除去する自己洗浄機能を備えた装置である。連続的にイオンを除去するので、イオン交換樹脂塔と異なり、再生薬品なしで、塩濃度の高い排水などを回収処理できる。工場廃水の回収処理、純水装置の再生廃水の回収処理などに利用される。

4 EDの適用事例

EDの適用事例としては、水処理分野（海水濃縮による食塩製造、かん水の脱塩など）、工業分野（メッキ廃液からの金属塩の回収など）、食品分野（減塩醤油の製造、アミノ酸溶液の脱塩精製

など)、ゴミ焼却灰浸出水の脱塩、海洋深層水の脱塩などがある。

EDは水道分野において、かん水の脱塩や硝酸性窒素、臭化物イオンの除去等に用いられる。その除去率は、70〜95%以上で連続運転が可能であり、水回収率も90%以上である[3]。欧米では、地下水、河川水などの脱塩による飲料水の製造が主な用途である。

東京都大島町（地下かん水脱塩）

大島町では飲料水として、塩分を含む地下かん水を大型電気透析装置によって脱塩し、4,500m³/日の飲料水を供給している。鹿児島与論島では3,300m³/日の実例がある。

長崎県雲仙市（旧南串山町）（飲料水の硝酸性窒素除去）

雲仙市では電気透析装置で硝酸性窒素を低減した安全な飲料水を、125m³/日供給している。図2に地下水をED処理した水質の例を示す。

香川県多度津町浄水場（膜処理濃縮廃水脱塩処理）[4]

図3にRO-NF-電気透析のフローシートを示す。水量：1,485m³/日/3基、水回収率：80%、電力原単位：0.7kWh/m³、原水硝酸イオン：225 mg/L、生成水硝酸イオン：45 mg/L、原水TDS：1,800 mg/L、生成水TDS：500 mg/Lである。

参考文献
1) 造水技術ハンドブック2004, (財)造水促進センター, p109-114 (2004)
2) 造水技術ハンドブック2004, (財)造水促進センター, p118-119 (2004)
3) (財)水道技術研究センター、浄水技術ガイドライン（2000年度版）、p116 (2000)
4) 久保谷隆、高橋伸禎、日下幸二、ニューメンブレンテクノロジーシンポジウム '05「硝酸性窒素除去のための低圧RO・NF膜による高度処理施設」S2-2-3 (2005)

（川﨑睦男）

地下水をED処理した水質の例（図2）

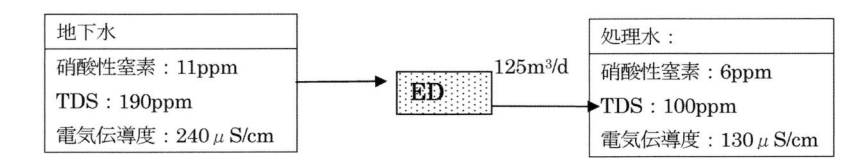

地下水
硝酸性窒素：11ppm
TDS：190ppm
電気伝導度：240μS/cm
→ ED → 125m³/d →
処理水：
硝酸性窒素：6ppm
TDS：100ppm
電気伝導度：130μS/cm

膜処理濃縮排水をED処理するフロー図（図3）

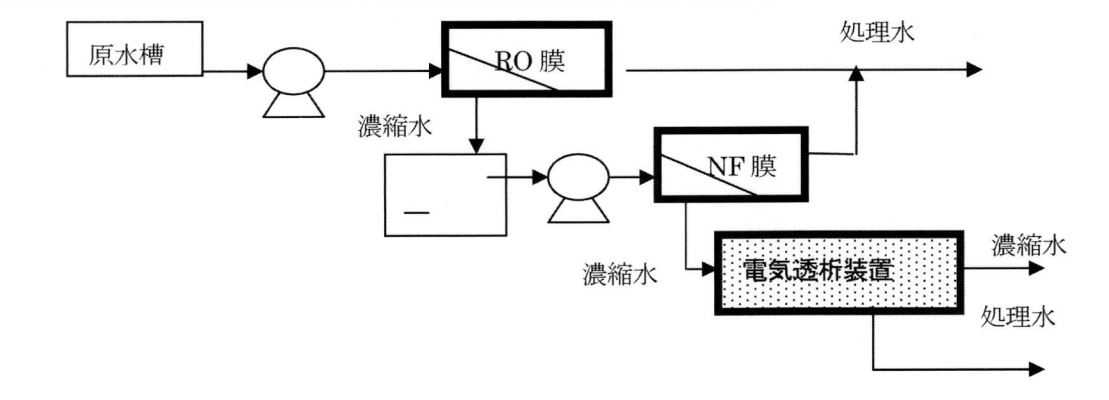

原水槽 → RO膜 → 処理水
RO膜 → 濃縮水 → NF膜 → 処理水
NF膜 → 濃縮水 → 電気透析装置 → 濃縮水／処理水

II 水の処理技術編

7章

物理化学処理技術

1. 中　和
2. 酸化・還元処理
3. 吸着・イオン交換
4. ストリッピング・蒸溜（蒸発）
5. 晶　析

1 中和

1 pH

水分子は次のように解離して水素イオン（H^+）と水酸化物イオン（OH^-）を生じる。

$$H_2O \longleftrightarrow H^+ + OH^- \qquad (1)$$

上式の解離定数をKとすると、質量作用の法則より

$$\frac{[H^+][OH^-]}{[H_2O]} = K \qquad (2)$$

ここで、$[H^+]$、$[OH^-]$、$[H_2O]$はモル濃度（mol/L）である。実際には解離する水分子の割合はきわめて小さいため、$[H_2O]$はほぼ一定値（≈55.5 mol/L）と見なすことができる。そのため以下の式で示されるK_wは温度一定の下で一定値を示し（表1)[1]）、水のイオン積と呼ばれている。

$$[H^+][OH^-] = K[H_2O] = K_w$$

水素イオンと水酸化物イオンのバランスが変化すると物質の溶解性が変化し、水生生物への影響も大きいことから、適切なpHの維持は水利用や水環境保全上重要である。そこで水質管理においては以下の式で示されるpHを指標として水素イオンと水酸化物イオンのバランスを管理している。

$$pH = -\log[H^+] = \log[OH^-] - \log K_w \qquad (3)$$

$[H^+]=[OH^-]$である場合、pHが中性であるという。1気圧25℃では中性pHは7.0であるが、水温が変化すると中性pHも変化する。（表1）

2 中和曲線と緩衝作用

酸とアルカリ（塩基）を反応させることを中和という。ある水に対して、酸またはアルカリの標準液を添加していくとpHが変化していく。このとき、横軸に酸またはアルカリの標準液添加量、縦軸にpHをとって両者の関係をプロットすると曲線が得られる。この曲線を中和曲線という。図1には、酸性溶液をアルカリ標準液で中和したときの中和曲線の一例を示す。一般に強酸を強塩基で中和したときには中和曲線は図1の①に示すように急激なpH変化を示す。一方、中和反応に弱酸や弱塩基が関与する場合は図1の②のようにpH変化が緩やかになる。これは弱酸や弱塩基が持つ緩衝作用のためである。一般的な弱酸である炭酸を例に考えると、炭酸は水中では以下のような解離平衡状態にある。

$$CO_2（気相） + H_2O \longleftrightarrow H_2CO_3{}^* \qquad (4)$$
$$H_2CO_3{}^* \longleftrightarrow H^+ + HCO_3^- \quad K_1 = 10^{-6.3} \text{mol}/\ell \qquad (5)$$
$$HCO_3^- \longleftrightarrow H^+ + CO_3{}^{2-} \quad K_2 = 10^{-10.3} \text{mol}/\ell \qquad (6)$$

ここで$H_2CO_3{}^*$はCO_2（水相）とH_2CO_3を合わせたものであり、K_1、K_2は解離定数である。アルカリを添加すると右辺にある水素イオンが中和反応により消費されるためpHが上昇するが、平衡状態にある系では質量作用の法則により変化を打ち消す方向に化学平衡が傾くため、遊離炭酸や重炭酸イオンが解離して新たな水素イオンを供給す

る。結果としてアルカリの添加量に対してpH変化は緩慢になる。塩酸等の強酸も当然化学平衡が成立しているが、強酸は水中では完全解離に近い状態にあり、非解離状態の酸(塩化水素など)は水中にきわめて少量しか存在しない。そのため化学平衡の変化に伴って新たに供給される水素イオンの量はごくわずかであり、弱酸に比較してアルカリ添加に伴うpH変化が大きくなる。

排水の緩衝作用の大きさ(緩衝能)は緩衝指数[2]やアルカリ度(酸消費量)[3]、酸度(アルカリ消費量)[3]で評価することができる。

緩衝指数(β)は酸またはアルカリの滴定量に対するpHの微分値(pHをx軸にとった中和曲線の傾き)であり、以下の式で求めることができる。

$$\beta = \frac{\Delta C}{\Delta pH} \tag{7}$$

ここで、ΔCは酸またはアルカリの添加量、ΔpHは観測されたpH変化である。緩衝指数はその絶対値が大きいほど、緩衝作用が大きいことを表す。

アルカリ度は排水に強酸を添加し、あるpHまで下げるのに要する酸の量を炭酸カルシウム濃度換算したものである。基準となるpHにはpH8.3とpH4.8の2つが使われる。終点pHの確認指示薬であるフェノールフタレイン指示薬とメチルレッド混合指示薬の頭文字から終点pH8.3のアルカリ度をPアルカリ度、終点pH4.8のアルカリ度をMアルカリ度(または総アルカリ度)という。終点pHは炭酸平衡(式(5)(6))から決められている。炭酸平衡の式に質量作用の法則を適用すると以下の関係が成立する。

$$\frac{[H^+][HCO_3^-]}{[H_2CO_3^*]} = K_1 \text{より} \frac{[HCO_3^-]}{[H_2CO_3^*]} = \frac{K_1}{[H^+]} = \frac{K_1}{10^{-pH}} \tag{8}$$

$$\frac{[H^+][CO_3^{2-}]}{[HCO_3^-]} = K_2 \text{より} \frac{[CO_3^{2-}]}{[HCO_3^-]} = \frac{K_2}{[H^+]} = \frac{K_2}{10^{-pH}} \tag{9}$$

これらの関係式より炭酸イオン、重炭酸イオン、遊離炭酸のpH毎の存在比率を求め、図示したものが図2である。図2からわかるように、pH8.3は概ね式(6)の終点であり、pH4.8は概ね式(5)

水のイオン積と中性pHの温度依存性 (表1)

温度(℃)	Kw (×10⁻¹⁴ mol² L⁻²)	中性pH
0	0.12	7.46
10	0.29	7.27
20	0.68	7.08
25	1.01	7.00
30	1.47	6.92
40	2.95	6.77

中和曲線の例 (図1)

① 1mmol/L塩酸を水酸化ナトリウムで中和した場合
② 炭酸水(全炭酸濃度1mmol/L)を水酸化ナトリウムで中和した場合

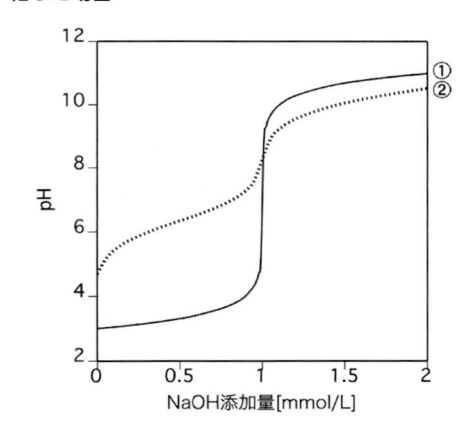

炭酸類の存在形態のpH依存性 (図2)

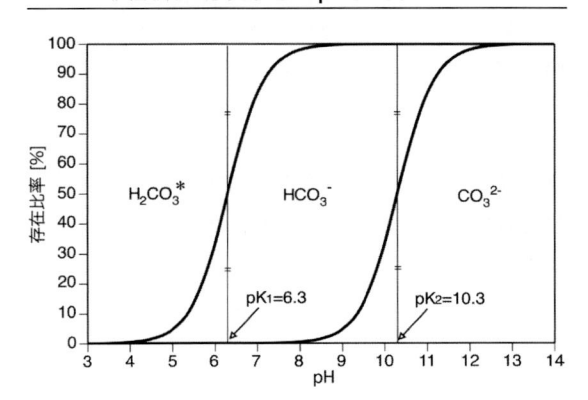

排水処理に用いられる主なpH調整剤（表2）

pH調整剤	特徴
水酸化ナトリウム （苛性ソーダ，NaOH）	固形のものと液状のものがある。劇薬であるが，液体苛性ソーダは取扱が容易で多用されている。やや高価。
無水炭酸ナトリウム （ソーダ灰，Na$_2$CO$_3$）	粒状（重灰）と粉状（軽灰）のものがある。人体への危険性が少なく，水への溶解性も良い。粒状のものは溶解不十分のまま送液すると配管内で再結晶することがあるので注意が必要。やや高価。
水酸化カルシウム （消石灰，Ca(OH)$_2$）	安価で人体への危険性が少ない。溶解度が低いためスラリーとして使用する必要があり，ポンプや配管の閉塞を起こしやすい。
酸化カルシウム （生石灰，CaO）	使用前に消化が必要。消石灰よりもさらに安価だが，水との水和熱により発熱することから，保管に注意を要する。
硫酸（H$_2$SO$_4$）	劇薬だが，揮発性がなく安価であるため，広く用いられている。ただし，カルシウムを高濃度に含む場合は石膏を生じるため注意が必要である。
塩酸（HCl）	硫酸に比べて高価であり，揮発性があるため，取扱に注意を要する。カルシウムと難溶性沈殿を形成しないため，カルシウムを含む排水等で用いられる。

の終点となっていることがわかる。すなわち、アルカリ度の測定において1molの炭酸イオンはPアルカリ度の終点までに1molのH$^+$を消費し、Mアルカリ度の終点までに2molのH$^+$を消費する。アルカリ度の単位に用いられている炭酸カルシウムに含まれる炭酸も1molで2molのH$^+$を消費するポテンシャルを有していることから、酸消費量1mmol－H$^+$=50mg－CaCO$_3$（=0.5mmol－CaCO$_3$）として炭酸カルシウムに換算して表示する。酸度はアルカリ度のちょうど逆の操作で緩衝能を評価している。

一般に緩衝能が小さい排水はpH調整に要する酸やアルカリの量が少なくて済むが、少量の酸やアルカリの添加でpHが急激に変化するため、pHを正確に制御することが困難となる。逆に、緩衝能が大きい排水はpH変化が緩慢なためpH制御は比較的容易であるが、多量の酸やアルカリを必要とする。

3　pH調整剤

pH調整のために用いられる薬剤をpH調整剤といい、酸やアルカリ剤が用いられる。pH調整剤の選定においては、pH調整剤の溶解性や取扱の容易さ、反応生成物の沈降性や脱水性、排水の緩衝指数などを考慮し、最も経済的なものを選定する。表2に排水処理に用いられる主なpH調整剤を示す[4]。酸には硫酸や塩酸が用いられるが、揮発性の有無や価格の面から硫酸が用いられることが多い。アルカリ剤にはナトリウムやカルシウムの水酸化物や炭酸塩が広く用いられている。ナトリウム塩は溶解性に優れ、供給が容易であるが一般にカルシウム塩よりも高価である。一方、カルシウム塩は安価であるが、溶解性が低いためスラリーとして供給することとなり、撹拌機を備えた注入装置が必要となる。また、排水中に高濃度の硫酸イオンが含まれる場合、石膏（CaSO$_4$）を生成する等、不溶性沈殿を生成しやすく、使用に当たっては注意が必要である。

カルシウム塩の中では水酸化カルシウム（消石

pH調整装置例（図3）

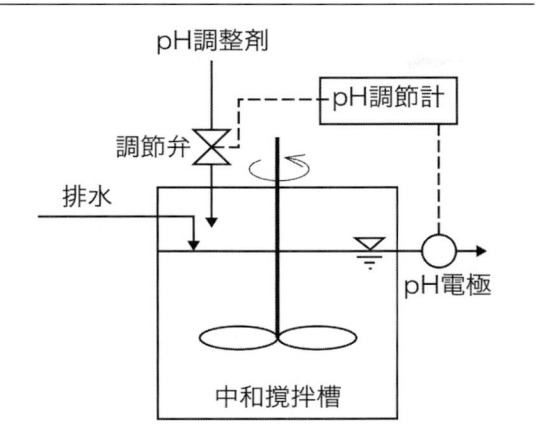

灰）が最も広く使われている。酸化カルシウム（生石灰）を用いる場合、溶解に時間がかかるので必ず消化（スレーキングともいう）（水を加えて消石灰に変えること、式（10））してから注入する。

$$CaO + H_2O \longleftrightarrow Ca(OH)_2 \quad (10)$$

4 pH調整装置

　一般的なpH調整装置は、pH調整剤と排水を混合し、反応させる中和撹拌槽と撹拌機、pH調整剤を注入する注入設備（薬液タンク、注入ポンプ、調節弁など）から構成される（図3[5]）。多くの場合、pH自動制御のため、pH計が設置され、排水のpHに応じて注入設備の注入ポンプのon/offや調節弁の開閉を行う構造となっている。中和撹拌槽の大きさは排水流量や性状、pH調整剤の種類によって異なるが、滞留時間5～30分程度であることが多い。

5 水処理プロセスにおける中和操作

(1) pH調整による排水中重金属の除去

　pH調整を伴う水処理プロセスの代表的なものの一つに排水中重金属のアルカリ沈殿処理が挙げられる[6]。これは重金属を含む排水にアルカリ剤を添加してpHを適切な値に調整し、難溶性の水酸化物を生成させてこれを沈殿分離するものである。沈降性を高めるためにpH調整とともに凝集剤が添加される場合も多い。

　一般にn価の重金属イオンは水酸化物イオンと以下のように反応し、水酸化物を生成する。

$$M^{n+} + nOH^- \longleftrightarrow M(OH)_n \quad (11)$$

　多くの重金属イオンの水酸化物は難溶性であることが知られている。難溶性の水酸化物の場合、水のイオン積と同様の考え方で溶解度積$[M^{n+}][OH^-]^n$は水温が一定であれば一定値を示す。

$$[M^{n+}][OH^-]^n = K_{sp} \quad (12)$$

　式（12）の両辺の対数をとって変形すると式（13）が得られる。

$$\log[M^{n+}] = \log K_{sp} - n \log[OH^-] \quad (13)$$

　式（3）と式（13）より$\log[OH^-]$を消去すると式（14）が導かれる。

$$\log[M^{n+}] = \log K_{sp} - n \log K_w - n\,pH = \mathrm{const.} - n\,pH \quad (14)$$

　式（14）は$\log[M^{n+}]$とpHの間に直線関係が成立することを示している。各種重金属の水酸化物の溶解度積を表3[7]に、水酸化アルミニウムを例として、溶解度$[M^{n+}]$とpHの関係を図4に示す。表3の溶解度積と式（14）を用いることにより、種々の重金属について溶解度とpHの関係を知ることができる。

種々の水酸化物の25℃における溶解度積 (表3)

物質組成式	溶解度積 K_sp	単位
Al(OH)₃	1.9×10^{-33}	$(mol/L)^4$
Ca(OH)₂	5.02×10^{-6}	$(mol/L)^3$
Cd(OH)₂	7.2×10^{-15}	$(mol/L)^3$
Co(OH)₂	5.92×10^{-15}	$(mol/L)^3$
Fe(OH)₃	2.79×10^{-39}	$(mol/L)^4$
Fe(OH)₂	4.87×10^{-17}	$(mol/L)^3$
Mg(OH)₂	5.6×10^{-12}	$(mol/L)^3$
Ni(OH)₂	5.48×10^{-16}	$(mol/L)^3$
Pb(OH)₂	1.43×10^{-20}	$(mol/L)^3$
Zn(OH)₂	3×10^{-17}	$(mol/L)^3$

アルミニウムイオンの溶解度とpHの関係 (図4)

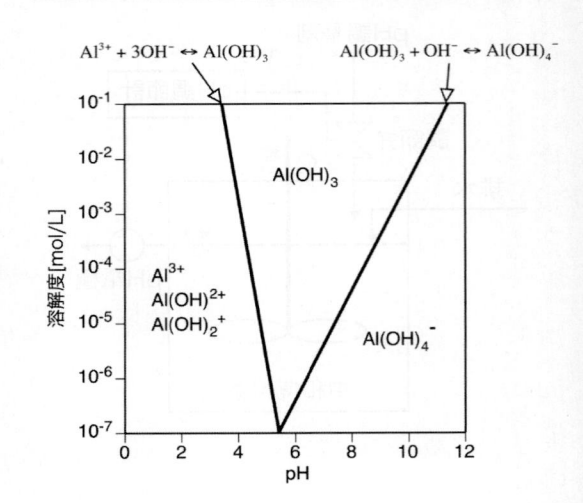

なお、アルミニウム、亜鉛、鉛などの水酸化物は両性化合物であり、高いpHにおいて水酸化物沈殿が過剰の水酸化物イオンと反応して陰イオン（金属錯イオン）として再溶解するため、注意が必要である。式 (15) にアルミニウムの錯イオン生成反応を示す。

$$Al(OH)_3 + OH^- \leftrightarrow Al(OH)_4^- \tag{15}$$

図4にはアルミニウムの錯イオンについても溶解度のpH依存性を示した。2つの溶解度曲線の間に挟まれた領域において水酸化物沈殿が生じることとなる。

(2) スケール及び腐食防止

給排水管の腐食やスケール付着を防止するためにpH調整を行うことがある。特に軟水化処理やpH調整等でカルシウム系のpH調整剤を用いた場合、pHやカルシウム濃度、炭酸濃度を調整することが行われる。

水の腐食性・スケール性を判断する尺度の一つにランゲリア指数 (LI) がある。LIは水中の炭酸カルシウムが飽和した水の理論pH (pHs) と実際のpHとの差で表される。

$$LI = pH - pHs \tag{16}$$

LI=0のとき、CaCO₃の沈殿も溶出も起きない。LI>0のとき、Ca(HCO₃)₂が過飽和の状態にあり、放置すれば、CaCO₃の沈殿やスケールが生じる。LI<0のときは腐食性であり、鋼などを溶解する。pHを調整したり、カルシウム濃度や炭酸濃度を調整することでLI=0の状態に近づけることを水の安定化といい、鋼の腐食防止を目的とする場合、LI>0.5とすることが望ましい。水のアルカリ度をA [mgCaCO₃/L]、硬度をH [mgCaCO₃/L] とするとpHsは以下の式で求められる[4]。

$$pHs = 11.63 - \log A - \log H \;(25℃) \tag{17}$$

(3) 前処理としてのpH調整

pH調整はpH影響を受ける様々な水処理プロセスの前処理として幅広く用いられている。

例えば、凝集沈殿処理は、排水に凝集剤を添加

してフロックを形成させ、排水中のコロイド成分や浮遊物質をフロックとともに共沈除去するプロセスである。凝集剤には硫酸バン土（硫酸アルミニウム）やPAC（ポリ塩化アルミニウム）、塩化第二鉄、硫酸第一鉄などが用いられ、これらの水酸化物がフロックの主成分となる。アルミニウムについて図4に示したように、水酸化物生成にはpHを適切な値に制御する必要があり、pH調整が必須となる。

また、微生物反応の多くはpHへの感受性が高く、排水pHが適切な範囲になければ、その機能を発揮することができない。そのためpH変動のある排水や不適切なpHの排水に対してはpH調整装置が前処理として設置される。多くの微生物反応は中性付近のpHで進行する。

参考文献

1) 土木学会環境工学委員会編：「環境工学公式・モデル・数値集」土木学会　2004
2) Sawyer ら：「Chemistry for Environmental Engineering and Science 第5版」McGraw-Hill　2003
3) 日本企画協会：「工場排水試験方法　JIS K 0102」日本規格協会　1998
4) 藤田賢二：「水処理薬品ハンドブック」技法堂出版　2003
5) 公害防止の技術と法規編集委員会編：「五訂　公害防止の技術と法規　水質編」産業環境管理協会　1995
6) 惠藤ら：「現場で役に立つ無機排水処理技術」工業調査会　2005
7) D. R. Lide：「CRC Handbook of Chemistry and Physics, 85th edition」CRC Press 2004

2 酸化・還元処理

1 酸化・還元とは

　酸化とは、狭義には物質に酸素原子が結合することをいう。酸素原子は電気陰性度が高いため、酸素原子が物質に結合すると、物質を構成する原子の原子核の周りを回っている電子が酸素原子に引き寄せられる。よって、酸素原子が結合するということは物質から電子が奪われることを意味する。そのため、広義には物質から電子を奪うことを酸化という。還元は酸化の逆の過程であり、物質が電子を受け取ることをいう。例えば、次亜塩素酸がアンモニアと反応しモノクロラミンが生成する反応 $NH_3+HOCl \rightarrow NH_2Cl+H_2O$ を考えると、次亜塩素酸（HOCl：Clの酸化数1）はアンモニア（NH_3：Nの酸化数-3）から電子を奪ってモノクロラミン（NH_2Cl：Clの酸化数-1、Nの酸化数-1）になる。このとき、次亜塩素酸はアンモニアによって還元され、アンモニアは次亜塩素酸によって酸化されている。次亜塩素酸のように相手を酸化し、自身は還元される物質を酸化剤といい、逆にアンモニアのように相手を還元し、自身は酸化される物質を還元剤という。酸化反応と還元反応は必ず対になって起こる。

　ある物質の酸化態をM_{Ox}、還元態をM_{Red}と表すと、両者の関係は次式で表される。

$$M_{Ox} + ne^- \longleftrightarrow M_{Red} \quad (1)$$

このとき、M_{Ox}とM_{Red}を酸化還元対（Redox pair）という。多くの化学反応は電子の授受を伴うので、酸化還元反応と位置づけられる。

2 酸化還元電位

　式（1）に示す酸化還元反応が電極表面で進行する場合を考える。M_{Ox}が過剰に存在する場合、式（1）の化学平衡は右に傾き、M_{Red}が生成する。M_{Red}が生成するとM_{Red}はM_{Ox}に戻ろうとするため、最終的に見かけ上変化がない平衡状態（酸化還元平衡）に達する。このとき、電極が溶液に対して示す電位を酸化還元電位（redox potential）[1]または平衡電極電位[2]という。しかし、電位の測定には2つの電極を用いる必要があることから、溶液に対する電極の電位を直接計測することはできない。そこで、標準水素電極に対する相対電位として表記することが行われている。標準水素電極を基準電極という。式（1）に示された酸化還元反応の酸化還元電位は次のように表される。

$$E = E^0 + \frac{RT}{nF} \ln\left(\frac{a_{Ox}}{a_{Red}}\right) \quad (2)$$

　この式はネルンストの式といい、Eは酸化還元電位（平衡電極電位）、Rは気体定数（=8.314 J mol^{-1} K^{-1}）[3]、Tは絶対温度[K]、nは反応に関与する電子数、Fはファラデー定数（=96,485 C/mol）[3]、a_{Ox}はM_{Ox}の活量、a_{Red}はM_{Red}の活量

種々の酸化還元対の標準酸化還元電位とイオン化傾向 (図1)

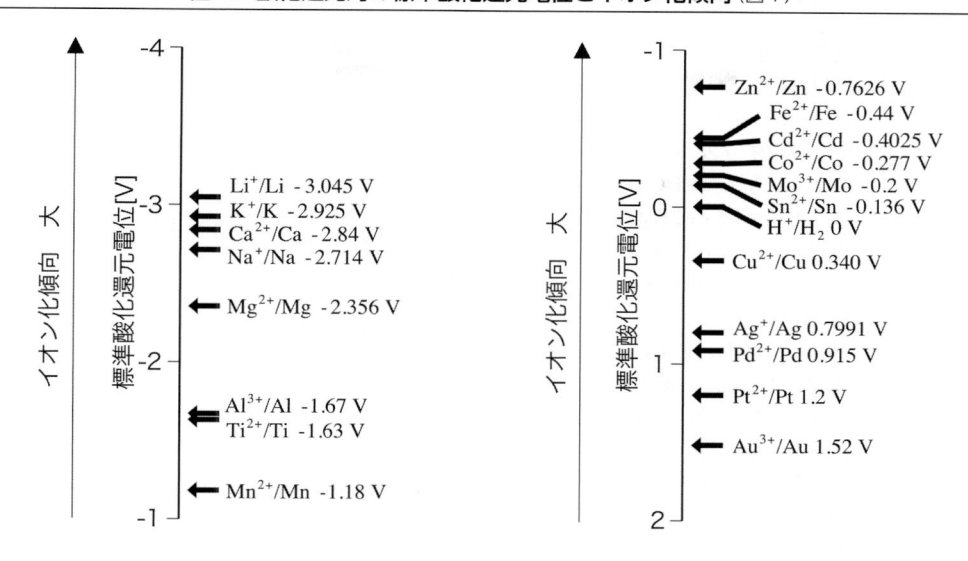

- Li⁺/Li -3.045 V
- K⁺/K -2.925 V
- Ca²⁺/Ca -2.84 V
- Na⁺/Na -2.714 V
- Mg²⁺/Mg -2.356 V
- Al³⁺/Al -1.67 V
- Ti²⁺/Ti -1.63 V
- Mn²⁺/Mn -1.18 V

- Zn²⁺/Zn -0.7626 V
- Fe²⁺/Fe -0.44 V
- Cd²⁺/Cd -0.4025 V
- Co²⁺/Co -0.277 V
- Mo³⁺/Mo -0.2 V
- Sn²⁺/Sn -0.136 V
- H⁺/H₂ 0 V
- Cu²⁺/Cu 0.340 V
- Ag⁺/Ag 0.7991 V
- Pd²⁺/Pd 0.915 V
- Pt²⁺/Pt 1.2 V
- Au³⁺/Au 1.52 V

（縦軸：イオン化傾向 大、標準酸化還元電位[V]）

である。活量とは実際に反応に有効に関与する化学種の量を表し、希薄溶液ではモル濃度に等しくなり、高濃度溶液ではモル濃度より小さな値となる。E^0 は標準酸化還元電位もしくは標準電極電位と呼ばれ、反応に関与する化学種の活量が1のときの酸化還元電位を表す。

図1に種々の酸化還元対の標準酸化還元電位とイオン化傾向の関係を示す。標準酸化還元電位はイオン化傾向と密接な関係があり、一般に標準酸化還元電位が小さいほどイオン化傾向が大きい[1]。

表4に水処理で用いられる酸化剤、還元剤の酸化還元反応と標準酸化還元電位を示す[4]。酸化還元電位は酸化還元反応が右に移動した場合、すなわち、電子を受け取る反応が起こった場合の（標準水素電極を基準とした相対的な）反応熱を表している。例えば、オゾンが酸性条件で電子を2個受け取って酸素を生成する反応の標準酸化還元電位は+2.075Vだが、これはオゾン1分子がこの反応を起こすことによって、2.075 eVの熱が発生することを示す。すなわち発熱反応であり、オゾンは自発的に酸素になる傾向が強いということが分かる。1 eV=1.60×10⁻¹⁹ Jであり、アボガドロ数 $N_A=6.02×10^{23}$ mol⁻¹なので、オゾン1 mol当りの反応熱に換算すると、2.075 eV × N_A × 1.60 × 10⁻¹⁹ J/eV=200 kJ/molとなる。なお、酸化還元電位はあくまでも相対的な反応熱を表したものであり、反応の進みやすさの目安にはなるが、実際に反応を進行させるには活性化エネルギーを考慮する必要がある。反応によっては活性化エネルギーが非常に大きいものがあり、標準酸化還元電位の大小と実際の反応の進みやすさとは常に一致するわけではない。

3 水処理プロセスにおける酸化処理

水処理において、酸化処理は広く用いられている。例えば、有機物の酸化分解（COD除去や色度除去）やアンモニア除去、除鉄・除マンガン、シアンの除去等である。用いられる酸化剤も塩素、オゾン、水酸基ラジカル、酸素、紫外線と様々である。ここでは、塩素やオゾン、水酸基ラジカルを用いた酸化処理事例について説明する。

水の処理や分析に使用される酸化還元反応の標準酸化還元電位(表1)

酸化還元反応	標準酸化還元電位
酸性溶液（25℃，pH=0）	
$2H^+ + 2e^- \leftrightarrow H_2$	+0 V
$SO_4^{2-} + 2H^+ + 2e^- \leftrightarrow H_2SO_3 + H_2O$	+0.158 V
$ClO_2 + H^+ + e^- \leftrightarrow HClO_2$	+1.188 V
$O_2 + 4H^+ + 4e^- \leftrightarrow 2H_2O$	+1.229 V
$Cl_2 + 2e^- \leftrightarrow 2Cl^-$	+1.3583 V
$Cr_2O_7^{2-} + 14H^+ + 6e^- \leftrightarrow 2Cr^{3+} + 7H_2O$	+1.36 V
$HCrO_4^- + 7H^+ + 3e^- \leftrightarrow Cr^{3+} + 4H_2O$	+1.38 V
$MnO_4^- + 8H^+ + 5e^- \leftrightarrow Mn^{2+} + 4H_2O$	+1.51 V
$HClO + H^+ + e^- \leftrightarrow 0.5Cl_2 + H_2O$	+1.630 V
$HClO_2 + 2H^+ + 2e^- \leftrightarrow HClO + H_2O$	+1.674 V
$H_2O_2 + 2H^+ + 2e^- \leftrightarrow 2H_2O$	+1.763 V
$O_3 + 2H^+ + 2e^- \leftrightarrow O_2 + H_2O$	+2.075 V
$OH + H^+ + e^- \leftrightarrow H_2O$	+2.38 V
アルカリ性溶液（25℃，pH=14）	
$SO_4^{2-} + H_2O + 2e^- \leftrightarrow SO_3^{2-} + 2OH^-$	-0.94 V
$2H_2O + 2e^- \leftrightarrow H_2 + 2OH^-$	-0.828 V
$CrO_4^{2-} + 4H_2O + 3e^- \leftrightarrow Cr(OH)_3(hydrous) + 5OH^-$	-0.11 V
$O_2 + 2H_2O + 4e^- \leftrightarrow 4OH^-$	+0.401 V
$2ClO^- + 2H_2O + 2e^- \leftrightarrow Cl_2 + 4OH^-$	+0.421 V
$ClO_2^- + H_2O + 2e^- \leftrightarrow ClO^- + 2OH^-$	+0.681 V
$ClO^- + H_2O + 2e^- \leftrightarrow Cl^- + 2OH^-$	+0.890 V
$ClO_2 + e^- \leftrightarrow ClO_2^-$	+1.041 V
$O_3 + H_2O + 2e^- \leftrightarrow O_2 + 2OH^-$	+1.246 V
$OH + e^- \leftrightarrow OH^-$	+1.985 V

(1) 塩素による酸化処理

表1に示されているように、塩素（Cl_2）は標準酸化還元電位+1.3583 Vの強い酸化剤である。また、次式のように水に溶けて次亜塩素酸（HOCl）を生成する。

$Cl_2 + H_2O \leftrightarrow HOCl + H^+ + Cl^-$ (3)

$HClO \leftrightarrow H^+ + ClO^-$ (4)

次亜塩素酸はpHによって解離し（pKa=7.53）、次亜塩素酸イオン（ClO^-）を生成するが、次亜塩素酸（E^0=+1.630 V）も次亜塩素酸イオン（E^0=+0.890 V）も強い酸化剤であり、様々な物質を酸化分解することができる。また、近年消毒等に用いられつつある二酸化塩素（ClO_2）も酸性条件でE^0=+1.188 V、アルカリ性条件でE^0=+1.041 Vと強い酸化剤である上、亜塩素酸（$HClO_2/ClO_2^-$）や次亜塩素酸を生成することから、酸化剤として用いられる。

① 塩素処理によるアンモニア除去

水処理プロセスでは塩素によるアンモニアの除去が古くから行われている。アンモニアを含む水に塩素を注入すると、式(3)により次亜塩素酸が生成し、続いて以下のような反応が起こる[5]。

$$NH_4^+ + HClO \longleftrightarrow NH_2Cl + H^+ + H_2O \quad (5)$$
$$NH_2Cl + HClO \longleftrightarrow NHCl_2 + H_2O \quad (6)$$
$$2NH_2Cl + HClO \longleftrightarrow N_2 3H^+ + 3Cl^- + H_2O \quad (7)$$
$$NH_2Cl + NHCl_2 \longleftrightarrow N_2 + 3H^+ + 3Cl^- \quad (8)$$
$$2NHCl_2 + H_2O \longleftrightarrow N_2O + 4H^+ + 4Cl^- \quad (9)$$
$$NH_2Cl + NHCl_2 + HClO \longleftrightarrow N_2O + 4H^+ + 4Cl^- \quad (10)$$

ここでCl_2、$HClO$、ClO^-を合わせて遊離塩素といい、アンモニアと結合したモノクロラミン(NH_2Cl)とジクロラミン($NHCl_2$)を合わせて結合塩素という。さらに遊離塩素と結合塩素を合わせて残留塩素といい、消毒剤として機能する。水に塩素を添加した最初のうちは、遊離塩素が水中に存在している遊離塩素と反応する物質と反応し、残留塩素が検出されない。この間の塩素必要量を塩素消費量という。水中にアンモニアが存在しない場合(図2(a))は塩素消費量以上に塩素注入量を増やしていくと直線的に残留塩素濃度が増加していく。一方、水中にアンモニアが存在している場合(図2(b))は塩素消費量以上に塩素注入量を増やしていくと、残留塩素濃度は増加し始めるが、その後、一時的に低下する現象が現れる。これを不連続点という。不連続点を超えてさらに塩素注入量を増やすと直線的に残留塩素濃度が増加し始める。このように不連続点を超えて塩素を注入する処理法を不連続点塩素処理法という。不連続点の前では式(5)や(6)によりモノクロラミンやジクロラミンの生成・蓄積が起こっている。ある程度モノクロラミンやジクロラミンが蓄積すると式(7)～(10)の反応により、クロラミン類(結合塩素)は窒素ガス(N_2)や笑気ガス(N_2O)となって大気中に揮散・除去される。このとき追加した遊離塩素も結合塩素も反応によって消費されるため、一時的に残留塩素が低下し、不連続点が現れる。不連続点終了後はアンモニアはほぼ完全に除去されている。式(3)～(10)をまとめると不連続点塩素処理によるアンモニア除去の総括反応は以下のようになる。

$$2NH_4^+ + 3Cl_2 \longleftrightarrow N_2 + 8H^+ + 6Cl^- \quad (11)$$
$$2NH_4^+ + 4Cl_2 + H_2O \longleftrightarrow N_2O + 10H^+ + 8Cl^- \quad (12)$$

よって、アンモニア除去に要する塩素はモル比で$1.5 \sim 2$ mol-Cl_2/mol-NH_4^+、質量比で$7.6 \sim 10$ mg-Cl_2/mg-NH_4^+-Nとなる。なお、実際にはアンモニアの一部(10%強[6])がさらに酸化され硝酸を生成するため、窒素除去に要する塩素量は若干化学量論比よりも大きくなる。

② **塩素による脱色**

塩素による酸化処理の主たる利用法の一つに漂白(脱色)が挙げられる。特に1970年代以前はパルプ製造におけるクラフトパルプ漂白に大量に塩素が使用されていた[7]。クラフトパルプの主な着色成分はフェニルプロパン構造を有するリグニンである。リグニンにはフェノール性水酸基構造やそれがカップリングしてエーテル結合に変化した非フェノール性構造、さらにα-カルボニル構造などが含まれている(図3[7])。塩素漂白では塩素剤によりこれらの構造を分解することで脱色を実現している。図3に示すように、種々の塩素剤が有効に作用するリグニン構造は異なっており、経済性の面も含めて塩素や次亜塩素酸、二酸化塩素が組み合わされて使用されていた。

1980年代に入って、吸着性有機ハロゲン化合物(AOX)による環境汚染が心配され始めた。その主たる排出源が塩素漂白であったことから、近年はオゾン漂白や酸素漂白など塩素を使用しない漂白技術が主流になっている[7]。

(2) オゾンによる酸化処理

オゾンは酸素原子3個からなる酸素の同素体であり、表1に示すように塩素よりも大きな標準酸化還元電位を有する酸化剤である。オゾンは一般に無声放電式のオゾン発生器により酸素から生成される。そのため、塩素のような薬液の貯蔵や輸送の心配がないという取扱上の利点がある。また、水中で比較的短時間に分解し、酸素に変化するので、処理水への残留性が低く、塩素処理に比べて健康影響が危惧される有機塩素化合物の生成が抑制できる等、水処理上、好ましい特性を持っている。そのため様々な水処理に用いられている。

塩素注入量と残留塩素濃度（図2）

グラフ(a)：アンモニアが含まれない場合

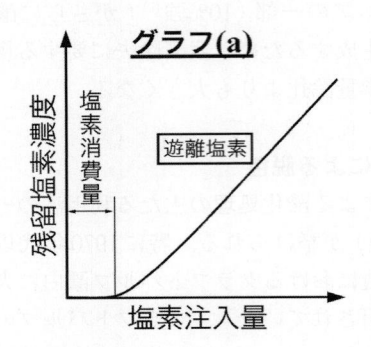

グラフ(b)：アンモニアが含まれる場合

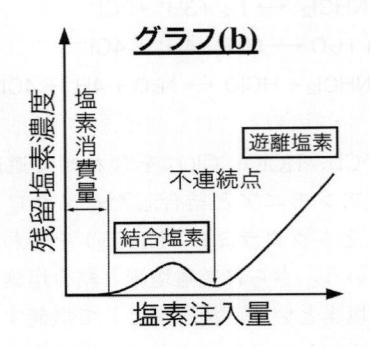

リグニンの構造と塩素剤の有効性（図3）

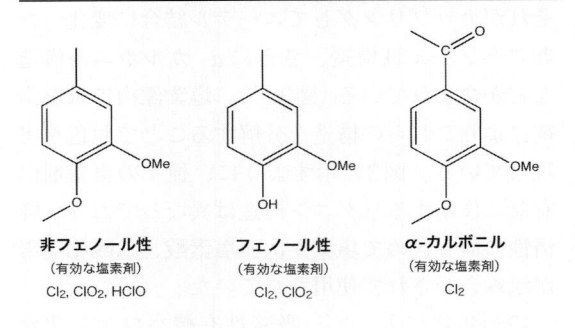

非フェノール性
（有効な塩素剤）
Cl_2, ClO_2, $HClO$

フェノール性
（有効な塩素剤）
Cl_2, ClO_2

α-カルボニル
（有効な塩素剤）
Cl_2

Criegee機構（図4）

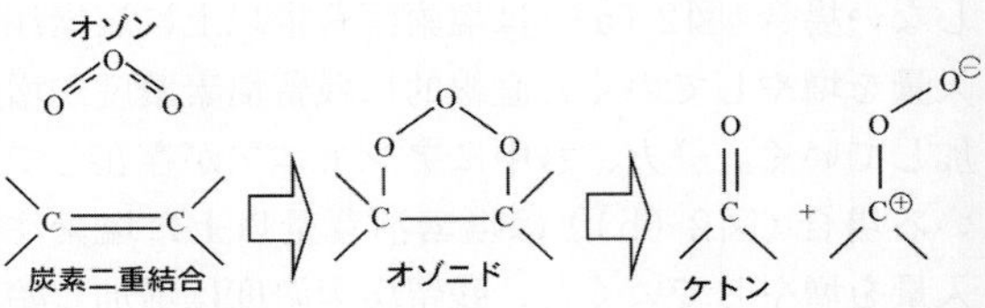

オゾン　炭素二重結合　⇒　オゾニド　⇒　ケトン

① オゾンによる有機物酸化分解のメカニズム

オゾンによる有機物の酸化は、分子状オゾンが有機物と反応する直接酸化とオゾンが分解する過程で生成する活性酸素種が有機物と反応する間接酸化に大別される。

直接酸化で酸化分解される有機物には、(a)不飽和結合をもつオレフィンやアセチレン系化合物、(b)芳香族化合物、(c)炭素-炭素二重結合を有する化合物、(d)アミンや硫化物等の求核性有機物、(e)アルコールやアルデヒドなどの有機酸素化合物、などがある。特にオレフィン二重結合とオゾンの反応は古くからCriegee機構としてよく知られている（図4）。オゾンと有機物の二次反応速度定数は概ね 10^4 L mol^{-1} s^{-1} 以下であり、オゾン直接酸化は炭素二重結合に対して特に有効であるが、一方で、炭素一重結合（単結合）に対する反応性は必ずしも高くない。そのため、オゾン処理の最終生成物として、炭酸ガスや過酸化水素、水の他に、ギ酸や酢酸等の飽和モノカルボン酸、シュウ酸等のジカルボン酸、グリオキシル酸等のオキソカルボン酸、ホルムアルデヒド等のアルデヒド、アセトン等のケトンが確認されている[8]。

間接酸化では、様々な活性酸素種が有機物の酸化分解に関与する。オゾンは、水中で不安定であるため自己分解して酸素を生成する。このとき、様々な活性酸素種を生成する。オゾンの自己分解モデルには酸性～中性域で有効とされるSBHモデル[8]やアルカリ性域で有効とされるTFGモデル[9]が有名である。オゾン自己分解モデルの一例として図5にTFGモデルの概要[10]を示す。図5に示される通り、オゾンは自己分解の過程で過酸

化水素（H_2O_2/HO_2^-）、スーパーオキシドイオン（$\cdot O_2^-$）、ヒドロペルオキシラジカル（$HO_2\cdot$）、オゾニドイオン（$\cdot O_3^-$）、水酸基ラジカル（$\cdot OH$）といった活性酸素種を生成する。これらの中でも特に酸化力の強い活性酸素種は水酸基ラジカルである。水酸基ラジカルの標準酸化還元電位はオゾンよりも大きく（表1）、多くの有機化合物を二酸化炭素まで完全分解できる。また、その二次反応速度定数も多くの有機物に対して10^8～10^{10} L mol^{-1} s^{-1}程度と非常に反応性に富んでいる。オゾンの自己分解反応における水酸基ラジカル生成の総括反応は以下の通りである。

$$3O_3 + H_2O \leftrightarrow 2\cdot OH + 4O_2 \tag{13}$$

よって、オゾン3 molから水酸基ラジカル2 molが生成する。ただし、水酸基ラジカル生成の開始反応であるオゾンと水酸化物イオンの二次反応速度定数が120 L mol^{-1} s^{-1}と小さいことから、オゾン酸化で生成する水酸基ラジカルの量はわずかである。そのため、実際のオゾン酸化では、オゾン直接反応が主体であり、間接反応は補助的に作用している場合が多い。

② オゾン処理設備

オゾン処理を実施するには、オゾンを発生させるオゾン発生器、オゾンガスと排水を接触させるオゾン接触槽、排オゾンガス中のオゾンを分解する排オゾン処理装置（オゾン分解器）が必要である（図6）。加えてオゾン原料となる酸素を空気から得る場合には、圧力変動吸着（PSA）酸素生成器が必要となる。

オゾン発生器には無声放電式、紫外線式、電解式などがあるが、オゾン発生能力や発生効率の点から無声放電式が主流である（表2[8]）。

排オゾン処理装置には活性炭法、触媒法、熱分解法、燃焼法、薬液洗浄法などがある[8]。低濃度の排オゾン処理には、保守の容易さや経済性の点から活性炭充填塔に排オゾンガスを通気する活性炭法が多用されており、二酸化マンガンを主体とする触媒法も実績が多い。高濃度の排オゾン処理に

TFGモデルのスキーム（図5）

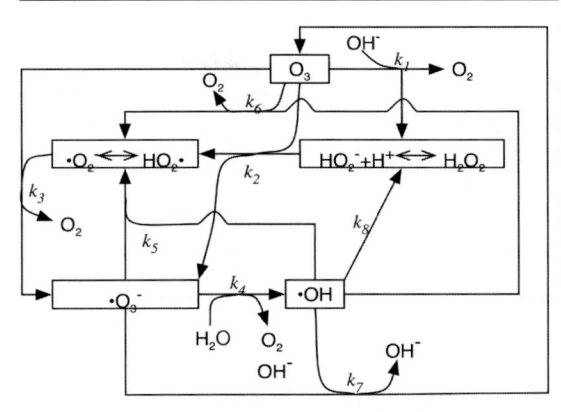

反応式	反応速度定数or解離定数
$O_3 + OH^- \rightarrow HO_2^- + O_2$	$k_1 = 120$ L mol^{-1} s^{-1}
$HO_2^- + O_3 \rightarrow \cdot O_3^- + HO_2\cdot$	$k_2 = 1.5 \times 10^6$ L mol^{-1} s^{-1}
$\cdot O_2^- + O_3 \rightarrow \cdot O_3^- + O_2$	$k_3 = 1.6 \times 10^9$ L mol^{-1} s^{-1}
$\cdot O_3^- + H_2O \rightarrow \cdot OH + O_2 + OH^-$	$k_4 = 15$ L mol^{-1} s^{-1}
$\cdot O_3^- + \cdot OH \rightarrow \cdot O_2^- + HO_2\cdot$	$k_5 = 3.0 \times 10^9$ L mol^{-1} s^{-1}
$\cdot O_3^- + \cdot OH \rightarrow O_3 + OH^-$	$k_6 = 1.0 \times 10^{10}$ L mol^{-1} s^{-1}
$\cdot OH + O_3 \rightarrow HO_2\cdot + O_2$	$k_7 = 5.0 \times 10^8$ L mol^{-1} s^{-1}
$\cdot OH + \cdot OH \rightarrow H_2O_2$	$k_8 = 5.5 \times 10^9$ L mol^{-1} s^{-1}
$HO_2\cdot \leftrightarrow H^+ + \cdot O_2^-$	$pK_a = 4.8$
$H_2O_2 \leftrightarrow H^+ + HO_2^-$	$pK_a = 11.65$

オゾン処理設備の例（図6）

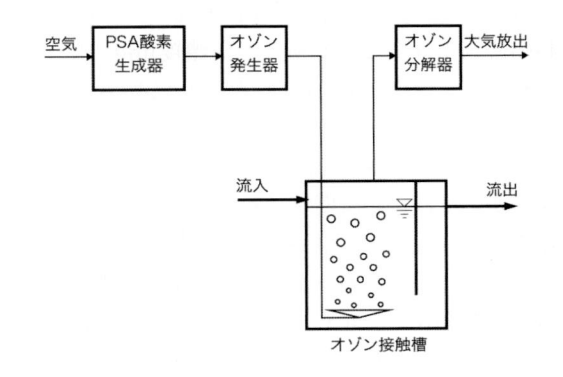

は、触媒法の他、熱分解法や燃焼法が用いられる。薬液洗浄法は主として実験装置における排オゾン処理に用いられるもので、ヨウ化カリウム溶液をガス洗浄瓶に入れ、排ガスをヨウ化カリウム溶液中に通気することで排ガス中のオゾンを除去する。

オゾン接触槽は、排水中にオゾンガスを通気し

各種オゾン発生方式の概要(表2)

方式	紫外線	無声放電	電解
原理	$O_2 + h\nu\ (185nm) \rightarrow 2O$ $O + O_2 \rightarrow O_3$	$O_2 + e^-\ (>5eV) \rightarrow 2O + e^-$ $O + O_2 \rightarrow O_3$	$3H_2O \rightarrow O_3 + 6H^+ + 6e^-$
原料	空気	乾燥空気 or 乾燥酸素	純水
発生効率	550kWh/kg	20kWh/kg (乾燥空気) 10kWh/kg (乾燥酸素)	60kWh/kg

てオゾンを接触溶解させるものである。実処理装置では排水とオゾンガスを連続供給する連続式が主流であり、実験研究では液回分、ガス連続の半回分式が用いられることもある。最も単純なオゾン接触槽は反応槽底部に設置した散気板を通してガスを供給する気泡塔や曝気槽である。オゾンの溶解は気泡と水の気液界面を介した拡散によるので、その溶解速度は二重境膜モデル[11]により、以下の式で表される。

$$N = K_L a \left(C^* - C \right) \quad (14)$$

ここで、N:オゾン溶解速度[mg L^{-1} s^{-1}]、K_L:総括オゾン移動係数[m/s]、a:気液接触面積[m^2/m^3]、C^*:飽和溶存オゾン濃度[mg/L]、C:溶存オゾン濃度[mg/L]である。式(14)より、オゾン溶解効率を高めるためには気液接触面積aを大きくするか、飽和溶存オゾン濃度C^*を大きくするか、気液接触時間を長くすることが必要であることが分かる。気泡塔では、散気板に機械撹拌を併用することがあるが、これは撹拌羽根により気泡を微細化してaを大きくするとともに、気泡の槽内滞留時間を長くする効果がある。また、より微細な気泡を生成するために散気板の代わりにインジェクターを用いることも行われている。ヘンリーの法則(式(15))より飽和溶存オゾン濃度はオゾンガス中のオゾン分圧に比例するので、深層U字管オゾン接触槽が用いられる場合もある。

$$C^* = mP \quad (15)$$

ここで、m:分配係数、P:オゾン分圧[Pa]またはオゾンガス濃度[mg/L]である。Pにオゾンガス濃度[mg/L]をとるとオゾン分配係数mは無次元となり、pH中性付近、20℃においてm=0.3程度となることが知られている[8]。

③ オゾン処理事例

水道分野では、1988年に発行された高度浄水施設導入ガイドライン[12]において、高度浄水施設の一つにオゾン処理施設が位置づけられた。これ以降、浄水プロセスでのオゾン処理の導入事例が増えつつある。導入目的は、異臭味除去、トリハロメタン前駆物質の低減、色度除去が主たるものである。図7に代表的なオゾン処理システムフローを示す。いずれの処理フローでもオゾン処理の後に粒状活性炭処理が行われている。これは前述の高度浄水施設導入ガイドラインにおいて、オゾン酸化によって生じる可能性のある副反応生成物を除去するために粒状活性炭設備を設けることが義務づけられているためである。東京都水道局金町浄水場では、オゾン処理設備導入前は頻繁に水道水の異臭について苦情が寄せられていたが、1992年の導入以降、苦情が全く無くなり、トリハロメタン前駆物質についても高度浄水施設導入により原水中のトリハロメタン前駆物質の除去率が約30%から約60%に向上したと報告されている[8]。

下水道分野では、「下水道施設計画・設計指針と解説」[13]において、消毒施設や脱臭法として、また水処理法の参考としてオゾン酸化が記載されている。実際のオゾン処理の導入目的は、脱臭・

浄水プロセスにおけるオゾン処理フローの例(図7)

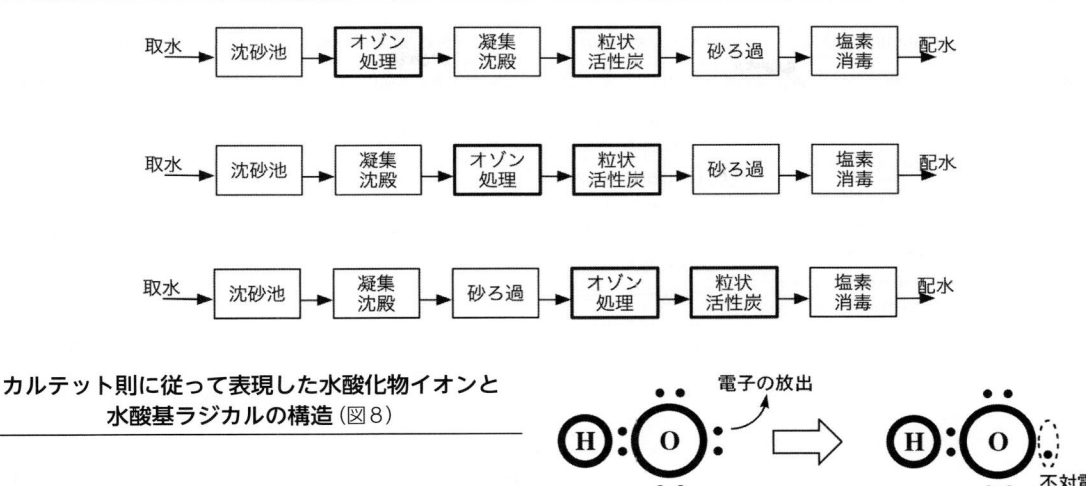

取水 → 沈砂池 → **オゾン処理** → 凝集沈殿 → **粒状活性炭** → 砂ろ過 → 塩素消毒 → 配水

取水 → 沈砂池 → 凝集沈殿 → **オゾン処理** → **粒状活性炭** → 砂ろ過 → 塩素消毒 → 配水

取水 → 沈砂池 → 凝集沈殿 → 砂ろ過 → **オゾン処理** → **粒状活性炭** → 塩素消毒 → 配水

カルテット則に従って表現した水酸化物イオンと水酸基ラジカルの構造(図8)

水酸化物イオン → 電子の放出 → 水酸基ラジカル（不対電子）

脱色や消毒などが中心である。例えば、京都市上下水道局の吉祥院水環境保全センターや伏見水環境保全センターでは処理区域内で染色業が盛んであることから、染色排水に由来する色度やCOD除去および消毒を目的としてオゾン処理が導入されている。また、滋賀県琵琶湖環境部湖南中部浄化センターでは日量6,500 m³/日の能力を有する超高度処理実証施設によるCOD除去実証実験を行っている。この施設は下水高度処理水を砂ろ過した後、オゾン処理＋生物活性炭処理を行うもので、処理水のCODおよびTOCがオゾン注入率3 mg/Lでそれぞれ3.3 mg/Lおよび2.7 mg/L、オゾン注入率5 mg/Lでそれぞれ2.6 mg/Lおよび2.1 mg/Lまで低減できることが示されている[14]。

(3) 促進酸化処理

促進酸化処理とは、水酸基ラジカルを使って有機物を分解する技術を指す。水酸基ラジカルは水酸化物イオンから電子が一つ失われた電子配列をしており、不対電子を有するため、他の物質から電子を引き抜く作用（酸化力）が強い（図8）。

実用されている代表的な促進酸化処理法とその原理を表3に示す。これ以外にもコロナ放電による方法やオゾンを電解還元する方法、超音波を用いる方法など多くの水酸基ラジカル生成法が研究・提案されている[15]。

促進酸化処理はオゾンでも分解できないような難分解性有機物の処理に有効であり、現在では廃棄物最終処分場埋立地浸出水中のダイオキシン等の微量有機汚染物質の分解技術として実用化されている[15]他、染色排水処理の脱色等にも用いられている[16]。なお、促進酸化処理の適用に当っては、処理対象物質と共存する多くの有機物、無機物が水酸基ラジカルを無効消費するラジカルスカベンジャーとして働くため、共存物質の種類と濃度にも留意が必要である[8]。

4 水処理プロセスにおける還元処理

還元処理は酸化処理に比べ、その応用事例は少ない。実用的に用いられている処理対象には6価クロムや残留塩素の除去等がある。

水処理に用いられる代表的な促進酸化処理法 (表3)

方式	オゾン/過酸化水素法	オゾン/紫外線法	紫外線/過酸化水素法	フェントン法
概要	過酸化水素を添加し、オゾン処理	紫外線を照射しつつオゾン処理	過酸化水素を添加し、紫外線照射	2価鉄イオンと過酸化水素を添加
原理	$H_2O_2 \Leftrightarrow H^+ + HO_2^-$ $O_3 + HO_2^- \rightarrow \cdot O_3^- + HO_2\cdot$ $HO_2\cdot \Leftrightarrow H^+ + \cdot O_2^-$ $O_3 + HO_2\cdot \rightarrow O_2 + \cdot O_3^-$ $\cdot O_3^- + H^+ \Leftrightarrow HO_3$ $HO_3 \rightarrow \cdot OH + O_2$	$O_3 + H_2O + h\nu(254nm) \rightarrow$ $O_2 + H_2O_2$ $H_2O_2 + h\nu(254nm) \rightarrow 2\cdot OH$ $H_2O_2 \Leftrightarrow H^+ + HO_2^-$ $O_3 + HO_2^- \rightarrow \cdot O_3^- + HO_2\cdot$ $HO_2\cdot \Leftrightarrow H^+ + \cdot O_2^-$ $O_3 + HO_2\cdot \rightarrow O_2 + \cdot O_3^-$ $\cdot O_3^- + H^+ \Leftrightarrow HO_3$ $HO_3 \rightarrow \cdot OH + O_2$	$H_2O_2 + h\nu(254nm) \rightarrow 2\cdot OH$	$Fe^{2+} + H_2O_2 \rightarrow Fe^{3+} + \cdot OH + OH^-$

(1) 6価クロムの還元処理

6価クロムは排水中ではクロム酸イオン(CrO_4^{2-})もしくは重クロム酸イオン($Cr_2O_7^{2-}$)として存在している。重金属イオンは適当なpHの下で難溶性の水酸化物沈殿を形成することが多いので、アルカリ沈殿法により沈殿分離されることが多いが、6価クロムは水酸化物沈殿を作らない。そこで、適当な還元剤により6価クロムを3価クロム(Cr^{3+})に還元した上で水酸化物沈殿として除去している。酸化剤には重亜硫酸ナトリウム($NaHSO_3$)が用いられることが多い。表1に示されているように6価クロムは酸性条件で3価クロムに還元されやすいことから、重亜硫酸ナトリウムによる還元処理はpH2～2.5で行われる。その後、アルカリを添加し、pH9前後で水酸化クロムとして沈殿分離する[17]。

(2) 残留塩素の除去

残留塩素の除去は、浄水器等で広く行われている。多くの浄水器では活性炭カートリッジが組み込まれており、次亜塩素酸が活性炭表面を酸化し、自身は塩化物イオンに還元される。活性炭表面ではカルボニル基や水酸基などが生成する。炭素が多数結合している活性炭を[C]と表してカルボニル基が生成する反応を表すと式(16)のようになる。

$$HClO + [C] \rightarrow H^+ + Cl^- + [C]=O \qquad (16)$$

この反応では活性炭（炭素）が還元剤としてはたらいている。

参考文献

1) 藤嶋ら：「電気化学測定法 上」技法堂出版 1984
2) 喜多ら：「電気化学の基礎」技法堂出版 1983
3) 国立天文台：「理科年表 第76冊」丸善 2002
4) Bard ら：「Standard Potentials in Aqueous Solution」Marcel Dekker 1985
5) Kishimoto ら：「Ozonation combined with electrolysis of night soil treated by biological nitrification-denitrification process」Ozone: Science and Engineering, 30, pp.282-289, 2008
6) Pressley ら：「Ammonia-nitrogen removal by breakpoint chlorination」Environmental Science and Technology, 6, pp.622-628, 1972
7) 内田洋介：「クラフトパルプ漂白の変遷」紙パ技協誌, 63, pp.507-511, 2009
8) 日本オゾン協会：「オゾンハンドブック」日本オゾン協会 2004
9) Tomiyasu ら：「Kinetics and mechanism of ozone decomposition in basic aqueous solution」Inorganic Chemistry, 24, pp.2962-2966, 1985
10) Kishimoto ら：「Advanced oxidation effect of ozonation combined with electrolysis」Water Research, 39, pp.4661-4672, 2005
11) 平岡ら：「新版 移動現象論」朝倉書店 1994
12) 日本水道協会：「高度浄水施設導入ガイドライン」日本水道協会 1988
13) 日本下水道協会：「下水道施設計画・設計指針と解説 後編－2009年版－」日本下水道協会 2009
14) 滋賀県：「平成21年度 流委 第1号 琵琶湖流域下水道超高度処理実証調査業務 超高度処理実証調査報告書」滋賀県 2010
15) 中山ら：「OHラジカル類の生成と応用技術」NTS 2008
16) Parsons：「Advanced Oxidation Processes for Water and Wastewater Treatment」IWA Publishing 2004
17) 恵藤ら：「現場で役立つ無機排水処理技術」工業調査会 2005

（岸本直之）

3 吸着・イオン交換

1 原理／機能／用途

　吸着やイオン交換は、水中に溶解している除去目的物質を、固相表面に移動させることによって、水相から除去する方法である（図1）。水相と固相表面付近の分子やイオンは、分子間力、電磁気力、分散力、表面張力や分子の持つ運動エネルギー等々などによって、移動を繰り返していると考えられ、水処理では吸脱着の平衡状態において、固相に分配される割合を高くすることが課題となる。水相から固相の吸着部位への物質の移動を、水処理では総合して吸着と呼んでいる。また、水中に溶解しているイオンが、固相表面中のイオンと交換して固相に移動することをイオン交換と呼ぶ。

　移動先の固相の表面積が大きなほど、分子やイオンは固相へ移動しやすい。したがって、固相の表面積を増やすこと、単位体積当たりの表面積（比表面積：m^2/m^3）を大きくすることが求められる。そのために、細孔が多数開いた構造体が有利であり、その代表が活性炭である。また、粒径が小さなほど比表面積が大きくなることから、固相の粒径は小さなほど有利ではある。しかし、水相との接触方法によっては、目詰まりや水頭損失が大きくなることがあり、適切な粒径は接触方法によって異なる。

　水処理では、除去対象物質を移動させた固相を水から分離することによって処理水を得る。固相が水相に移行しないように、粒状の固相（担体と呼ばれる）を充填塔に充填し、重力または加圧によって、下向流または上向流で水を流し担体に接触させる固定層方式が多用される。他方、より細かな粉状の固相を用いる場合には、水と混合して接触させ、その後、沈殿またはろ過によって固液分離する（図2）。

　水相の除去対象物質は様々だが、一般に極性が強い状態の物質は反対に荷電した固相表面に、極性が弱い状態の物質は荷電の弱い（あるいは荷電を持たない）固相表面に移動しやすい。こうした性質を利用して固相の選択を行う。イオン交換の場合には、除去対象イオンと同荷電の固相表面イオンがよりイオン化しやすい傾向の場合に交換が進行するので、固相表面イオンの調整が行われる。

吸着とイオン交換の概念（図1）

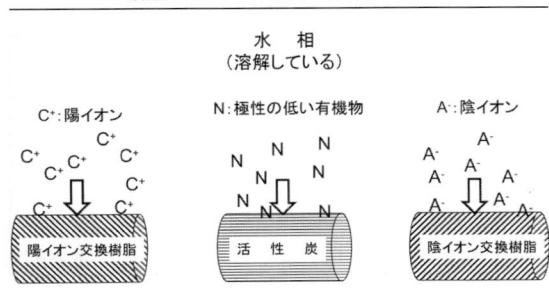

水　相
（溶解している）

C⁺：陽イオン　　N：極性の低い有機物　　A⁻：陰イオン

陽イオン交換樹脂　　活　性　炭　　陰イオン交換樹脂

固　相
（固定される＝水相から除去される）

2 活性炭

　活性炭は微量の有機物などの除去に有用である。木質系と石炭系があり、焙焼し炭化および賦活化によって製造される。粒状活性炭は焙焼により再生される。活性炭表面は多孔質で、比表面積は1000m²/g以上に達する。活性炭の表面は疎水性であり、一般に水との親和力が小さい有機物が、細孔表面にファンデアワールス力（分子間力）によって結合する。細孔の大きさは、50nm以上の大きなもの、1nm程度の小さなもの、およびそれらの中間の大きさの孔が、段階的に複雑な多孔構造を構成しているといわれ、したがって種々の大きさの物質が最適な孔径に捕捉され除去される。活性炭を用いた吸着装置の設計では、吸着可能な飽和吸着量（吸着等温線）および吸着が進行する吸着速度を把握することが重要である。

　活性炭を用いた除去対象とされるものは、上水処理ではかび臭などの異臭味で、ダム湖などでシアノバクテリア増殖時などの異臭味発生時に、一時的に粉末活性炭を添加するなどの使用方法が多い。水源が汚染して、微量有機物質を低減させるために、オゾン処理と併用した活性炭吸着が行われるが、この場合は粒状活性炭の固定層吸着が用いられる。下排水処理では、色度、COD など生物処理で難分解な有機物質の除去に用いられる。

　ある温度での吸着平衡において、水相中の物質濃度 C（g/L）と吸着量（固相に吸着した物質含有率 X（g/g））との関係を示す曲線を吸着等温線といい、フロインドリッヒ式やラングミュア式が多用される。また、C が低濃度の領域ではいずれも線形のヘンリー式に近似する。

フロインドリッヒ式
$$X = kC^n$$

ラングミュア式
$$X = kX_mC/(1 + kC)$$

ヘンリー式
$$X = kC$$

吸着・イオン交換における水相と固相の接触システム（図2）

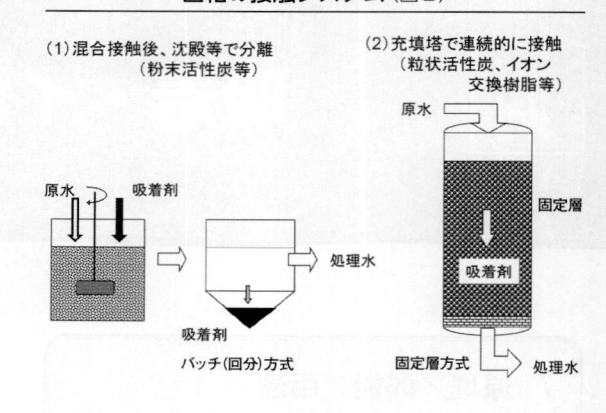

(1) 混合接触後、沈殿等で分離（粉末活性炭等）
(2) 充填塔で連続的に接触（粒状活性炭、イオン交換樹脂等）

バッチ（回分）方式　　固定層方式

吸着等温線と吸着操作線（図3）

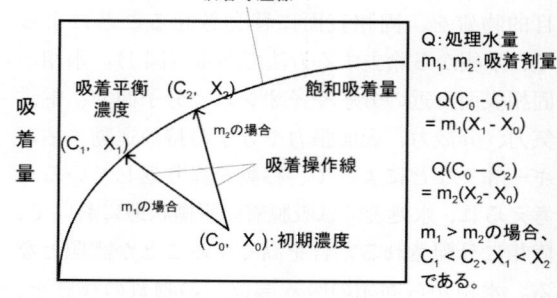

Q：処理水量
m_1, m_2：吸着剤量

$Q(C_0 - C_1) = m_1(X_1 - X_0)$

$Q(C_0 - C_2) = m_2(X_2 - X_0)$

$m_1 > m_2$ の場合、$C_1 < C_2, X_1 < X_2$ である。

吸着破過曲線（図4）

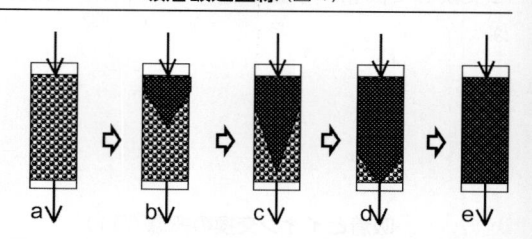

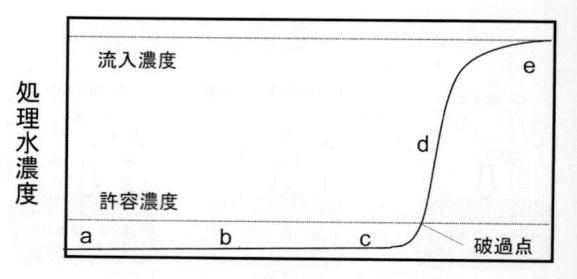

イオン交換(図5)

	(固相)		(水相)		(固相)		(水相)
	R － C₁	＋	C₂⁺	→	R － C₂	＋	C₁⁺
	R － A₁	＋	A₂⁻	→	R － A₂	＋	A₁⁻

吸着操作によって、水相中濃度が C_0 から C に減少し吸着量が X_0 から X に増加した場合に、図3の吸着操作線上を次式にしたがって吸着がすすむ。

$$m(X － X_0) = Q(C_0 － C)$$

ここで、mは活性炭供給量、Qは処理水量である。このときの吸着速度（dX/dt）については、次式が用いられる。

$$dX / dt = K_f A(C － C^*)$$

ここで、K_f：液境膜の総括物質移動係数、A：活性炭単位重量あたり外部表面積、C^* は吸着量 X に対応する平衡濃度である。

固定層吸着においては、粒状活性炭は吸着塔に充填されて、カラム方式で通水される。充填された活性炭は、入口から徐々に飽和してゆく。そのために、カラム出口の処理水濃度は、はじめは低濃度であるが、ある時間を過ぎると増加を始め、やがて流入水濃度に達する。この変化が破過曲線（図4）であり、許容濃度を超える前に活性炭を交換し、使用した活性炭は吸着表面を再び賦活化し再生する。

3 イオン交換

イオン交換で用いられているイオン交換樹脂は、スチレンモノマーとジビニルベンゼンの共重合体に官能基が導入されたものが主体である。陽イオン交換樹脂と陰イオン交換樹脂があり、前者は水中の陽イオン（カチオン）、後者は陰イオン（アニオン）を除去する。樹脂表面のポリマー側鎖の官能基をRとすると、Rに結合している陽イオン C_1（あるいは陰イオン A_1）が、水中に溶解している陽イオン C_2（あるいは陰イオン A_2）と、等当量（電荷）分だけ交換する。その結果、C_2（あるいは A_2）がRと結合し、他方 C_1（あるいは A_1）は水中にイオンとして溶解する（図5）。

A として H^+、C として OH^- が結合しているイオン交換樹脂は、H 型あるいは OH 型と呼ばれるが、イオン交換によって H^+ または OH^- を放出することから、前者は酸、後者は塩基の働きも持っている。この酸あるいは塩基の働きの強弱によって、陽イオン交換樹脂は、強酸性陽イオン交換樹脂と弱酸性陽イオン交換樹脂に、陰イオン交換樹脂は、強塩基性陰イオン交換樹脂と弱塩基性交換樹脂に分類される。強酸性または強塩基性のイオン交換樹脂は、酸・塩基が強いことから、水中の中性塩に対してもイオン化して交換する能力がある。すなわち、水中のほとんどすべてのイオンを交換することができる。他方、弱酸性または弱塩基性のイオン交換樹脂は、中性塩のイオン化力は小さい。そのため、水中に OH^- や H^+ が存在する条件下で、イオン交換を進行させることができる。すなわち弱酸性イオン交換樹脂は塩基性条件下で、弱塩基性イオン交換樹脂は酸性条件下でイオン交換が可能である。

使用後のイオン交換樹脂に、塩酸、水酸化ナトリウム、塩化ナトリウム水溶液などを接触させて、再び交換能を与えることを、イオン交換樹脂の再生という。再生によって、陽イオン交換樹脂はH

型やNa型、陰イオン交換樹脂はOH型やCl型とされる。強酸性および強塩基性のイオン交換樹脂の再生には、弱酸性および弱塩基性の場合に比較して、多量の再生溶液を必要とする。

水処理におけるイオン交換では、イオン交換樹脂を充填した充填装置に通水して使用する。イオン交換樹脂の交換能力をイオン交換容量といい、一般に樹脂重量あるいは容量当たりの交換可能イオン当量（硬度除去では$CaCO_3$当量）で表わされる。カラム方式のイオン交換装置であるので、交換容量を超えると順次、除去対象イオン濃度が増加し、吸着プロセスと同様の破過曲線を示す。

水処理におけるイオン交換の代表的な使用例は、硬度（CaおよびMg）除去である。強酸性イオン交換樹脂をNa型として使用し、Na^+とCa^{2+}およびMg^{2+}を交換する。再生には、NaCl溶液を用い、Na型にして繰り返し使用する（図6）。

地下水中の硝酸イオンの除去には、Cl型の強塩基陰イオン交換樹脂が用いられる。ClとNO_3^-が交換されるが、共存するSO_4^{2-}も交換される。再生には、NaCl溶液を用い、Cl型にして繰り返し使用する（図7）。

イオン交換水や純水の製造では、水中のイオン性不純物をほとんどすべて除去する必要がある。そのためにH型の強酸性陽イオン交換樹脂とOH型の強塩基性陰イオン交換樹脂を組み合わせて用いる。

4 ゼオライト

粘土鉱物は、酸化ケイ素の正四面体構造を主構造としているが、正四面体中心のSiがAlと置換したアルミノケイ酸塩では、それによって電子が過剰となる。このため鉱物表面が負の電荷を有し、そのため水中に溶解している陽イオンを結合する性質を持つ（図8）。したがって、土壌は一般に金属イオンやアンモニウムイオンを、表面のイオン交換能によって除去する性能を持つ。

ゼオライトは沸石と呼ばれ、その構造から分子ふるい作用や選択的なイオン交換性能がとくに強い鉱物である。もともと天然鉱物だが、広い用途から合成ゼオライトも製造されている。一般式は、$(Na,Ca)O \cdot Al_2O_3 \cdot nSiO_2 \cdot mH_2O$であり、NaとCaの違いや$Al_2O_3$と$SiO_2$との比の変化によって、その特性が変化する。ゼオライトは、アンモニウムイオン交換能が、他の粘土鉱物と比較してとくに高く、金属イオンの共存下でアンモニウムイオンの選択的な吸着能が高い。したがって、金属イオンを含む排水から、アンモニウムイオンを主に除去することができる。吸着したアンモニウムイオンは、KClやNaCl溶液で再生可能である。モルデナイト、クリノプチロライトなどの天然ゼオライトが優れているとされている。

5 キレート樹脂

金属キレートとは、中心の金属が複数の配位結合によって囲まれた化合物（錯体）のことであるが、この金属キレートを形成する能力を持つ高分子物質がキレート樹脂である。キレート樹脂には、金属キレートを作る配位子を持つ官能基が導入されており、そのO、N、Sなどの元素が配位結合の電子を供与している。水中に溶解している金属イオンが、樹脂表面に移動しこの配位子に結合することによって除去される（図9）。配位子を持つ官能基の種類や樹脂の構造によって結合する金属イオンが異なることから、除去金属の選択性がイオン交換樹脂と比較して高い。したがって、除去目的に合ったキレート樹脂を用いることができる。有害金属では、水銀の除去に多く用いられる。金属を結合した樹脂は酸で洗浄して再生される。

イオン交換プロセスによる硬度除去と再生 (図6)

（1）硬度除去

（固相）	（水相）		（固相）	（水相）
R － 2Na	＋ Ca^{2+}	→	R － Ca	＋ 2Na$^+$
R － 2Na	＋ Mg^{2+}	→	R － Mg	＋ 2Na$^+$

（2）再生

（固相）	（水相）		（固相）	（水相）
R － Ca	＋ 2NaCl	→	R － 2Na	＋ Ca^{2+} ＋ 2Cl$^-$
R － Mg	＋ 2NaCl	→	R － 2Na	＋ Mg^{2+} ＋ 2Cl$^-$

イオン交換プロセスによる硝酸除去と再生 (図7)

（1）硝酸イオン除去

（固相）	（水相）		（固相）	（水相）
R － Cl	＋ NO$_3^-$	→	R － NO$_3$	＋ Cl$^-$

（2）再生

（固相）	（水相）		（固相）	（水相）
R － NO$_3$	＋ NaCl	→	R － Cl	＋ Na$^+$ ＋ NO$_3^-$

ゼオライトによる陽イオン交換 (図8)

アンモニウムイオン（選択的交換）→ イオン交換能 分子ふるい作用 ゼオライト

金属イオン（交換量少）

キレート樹脂による重金属の除去 (図9)

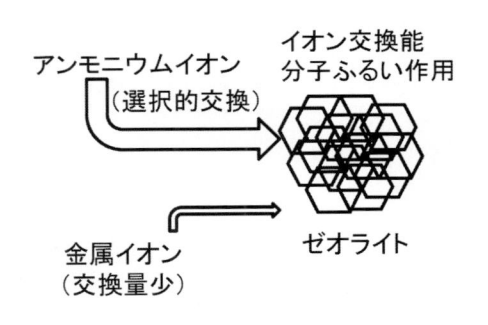

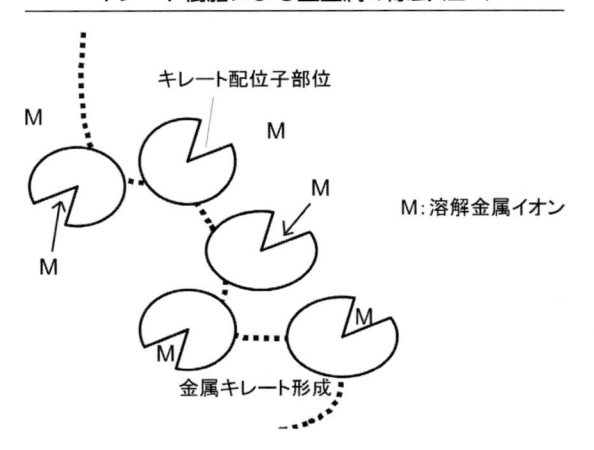

キレート配位子部位

M：溶解金属イオン

金属キレート形成

6 リン酸、ホウ酸除去

　リン酸は陰イオンであるが、土壌中の Fe^{3+}、Al^{3+}、Ca^{2+}、Mg^{2+} との親和性が高いために、土壌への吸着能力は高い（図10）。Al、Fe の酸化物や水酸化物を多く含有する土壌は、とくにリン酸吸着能が高く、リン酸肥料の施肥の効果を低下させるが、排水からのリン除去の面では優れている。さらに、鉄やアルミニウムのリン吸着性能を利用して、土壌にこれらの金属塩を混合し焼結させた吸着剤が用いられている。また、ジルコニウム系のリン酸吸着剤も用いられている。

　ホウ酸の吸着樹脂として、N-メチルグルカミン型の官能基を有する樹脂が効果的である（図11）。ホウ素は金属ではないが、配位子への結合であることから、キレート樹脂による処理プロセスに分類されることがある。

リン酸イオンの土壌への吸着（図10）

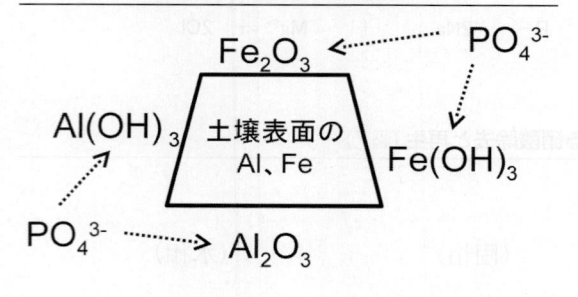

ホウ素のグルカミン基への結合（図11）

4 ストリッピング・蒸留（蒸発）

1 原理/機能/用途

　ストリッピングは、水相に溶解している対象物質を、ばっ気など空気との接触によって、気相に移行させるプロセスである。他方、蒸留（蒸発）プロセスでは、原水を加熱して水や沸点の低い物質を蒸発気化させる（図1）。

　気体分子の水相への溶解度は、温度が低いほど、圧力が高いほど大きい。したがって、水相から気相へのストリッピングは、温度が高いほど、圧力が低いほど大きくなる。そこで、ストリッピングの効率を向上させるためには、加熱や減圧が効果的である。さらに、対象物質がイオンの形だと水中に安定して溶解しているので、分子状態に変化をさせることが必要である。ストリッピングの速度は、水相と気相の接触面積が大きいほど有利であるから、原水をばっ気方式や液滴を向流気体の中に流下させるクーリングタワー方式の接触方法が多用される。ストリッピングによる除去対象物質は、常温で気化しやすい物質が中心となり、代表的なものはアンモニアとVOCである。

　蒸留（蒸発）は、原水から水を蒸発させ、その蒸発した水を回収する場合、より高い沸点を持つ物質を原水中に残留させ有価物を回収する場合、水の蒸発によって除去対象物質を濃縮し排水量を減少させる場合、さらに水より沸点の低い物質を蒸発除去する場合などがあり、最後の例はストリッピングに類似している。

2 アンモニアストリッピング

　水中のアンモニウムイオン NH_4^+ は、水のpHが高いほどアンモニア分子 NH_3 に変化をする。

ストリッピングと蒸留の概念
（図1）

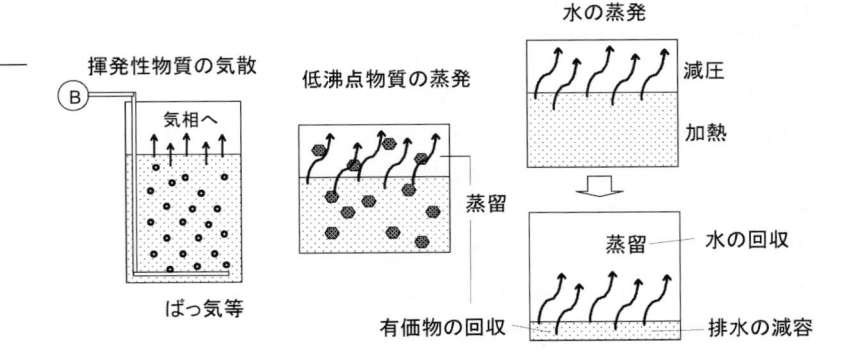

アンモニアストリッピング（図2）

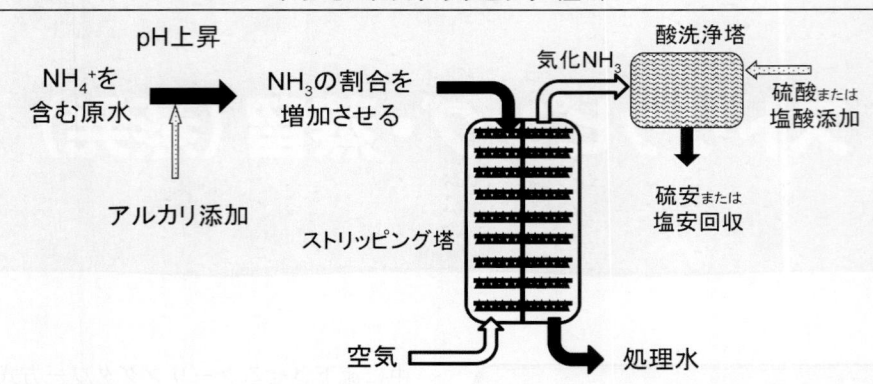

このアンモニアをストリッピングによって気散させ除去をする。

$NH_4^+ + OH^- \rightarrow NH_3 + H_2O$

したがって、アンモニアストリッピングではpHを上昇させ11付近とする。気化したアンモニアガスは大気中で水分に溶解して、アンモニアイオンを含んだ雨水となり水土壌環境に回帰をする。したがって、ストリッピングされたアンモニアは酸溶液に溶解して回収し、可能であれば再利用する。前述したように、温度が高いほどアンモニアも気化しやすいので、加温を行う場合もある（図2）。

3　VOC除去

トリクロロエチレン、テトラクロロエチレン、1,1,1-トリクロロエタンなどの地下水汚染を引き起こした有機塩素化合物は、揮発性有機炭素化合物（VOC）であるので、ストリッピングにより気散させることができる。気液の接触面積を増すための担体を充填した充填塔に原水を流下して、空気を下部から送気しVOCを気相に移行させる。

後処理として、VOCを含有する空気は、粒状活性炭塔において活性炭に吸着させ、空気から除かれる（図3）。

4　脱炭酸、脱酸素

用排水処理の前処理などでは、水中の種々の気体分子を除去する必要が生じる。$CaCO_3$の生成を防止するために、脱炭酸が行われる。脱炭酸は水中のCO_2をばっ気で除去するプロセスである。炭酸（H_2CO_3）は、水中でpHの上昇によってイオン（HCO_3^-、CO_3^{2-}）に変化をし、安定して溶解している。したがって、酸を添加してpHを4.5以下に下げ、炭酸とした後に、ばっ気によってCO_2を気散させる。

$H_2CO_3 \rightarrow H_2O + CO_2$（気散）

好気性微生物の増殖汚染を防止するために、脱酸素が必要とされる場合がある。水中の溶存酸素を溶存酸素をストリッピング除去するためには、窒素ガスによるばっ気でストリッピングする方法、真空度の高い充填塔によるストリッピングで、全てのガスを脱気する方法などがある。

有機塩素化合物のストリッピング（図3）

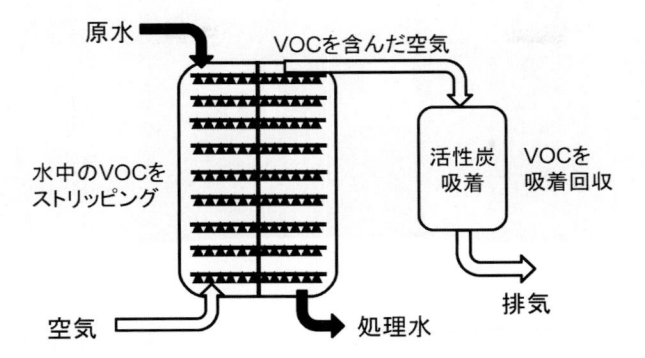

5 多段フラッシュ蒸発

蒸発による水回収プロセスは、予熱部、加熱部、蒸発部、凝縮部などから構成されるが、フラッシュ式では、加熱後の水溶液を低圧の蒸発部で急激に蒸発させる（フラッシュ蒸発）。このフラッシュ蒸発を多段に、順次低圧として連結させることにより、効果的な蒸発を生じさせることが出来、海水淡水化に用いられている。

5 晶析

1 原理／機能／用途

　晶析とは、除去対象物質を不溶化した後の固液分離において、除去対象物質を含有する結晶を析出することによって、水中から分離除去するプロセスである。析出においては、同一物質の結晶が成長蓄積することから、比較的純粋な単一物質を得ることができることが特徴であり、したがって回収後の再利用を考慮した処理が可能である。また、凝集処理と比較して、固形物（汚泥）の発生量を少量に抑えることができる点も特徴である。

　水中の塩は、溶解度よりも低い濃度ではイオンとして溶解している。これに難溶性の塩を形成するイオンの添加、もしくは酸化によって難溶な形態に変化させることにより、溶解度以上の濃度積の状態として、除去対象物質を不溶化させる。ただし、溶解度を超える過飽和状態であっても、結晶が析出するための核となる場（担体）が必要で、これを種晶という。過飽和溶液から析出した物質は、種晶の周囲に結合して結晶化し、種晶表面はコーティングされる（図1）。コーティングした析出部は種晶と同様に結晶が析出するための場となって、次々と結晶が増加して成長してゆく。こうして、水中の除去対象物質は連続的に除去される。

　水処理で用いられる晶析プロセスを利用した方法には、リン除去を目的としたHAP、MAP、鉄・マンガン除去を目的とした、接触ろ過法がある。

晶析プロセスの原理（図1）

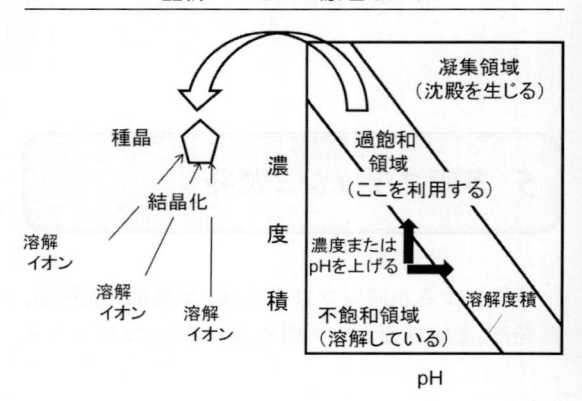

2 HAP

　水中のリン酸イオン PO_4^{3-} を、カルシウム塩であるカルシウムヒドロキシルアパタイト $Ca_{10}(OH)_2(PO_4)_6$（HAP）の結晶として析出させ、不溶化除去する方法である。接触脱リン法とも呼ばれ、晶析プロセスの水処理への応用として代表的なものである。石灰凝集よりも低pHでリン除去が可能なので、石灰消費量および汚泥発生量が少ない。溶解度をコントロールする要素としては、Ca濃度とpH（塩基性）が重要であり、Caを消石灰として供給することによってpH上昇も得ることができる。種晶としては、リン鉱石、骨炭などが用いられる。

　水中の HCO_3^- および CO_3^{2-} は、Caと反応して不溶性の炭酸カルシウム $CaCO_3$ を生じ、Caを消

費するとともに、HAPの析出部位に沈殿を生じてリン除去を妨害する。したがって、前処理として脱炭酸プロセスが必要なる。そこで、石灰を添加する前の原水に対して、硫酸を添加してpHを下げ、炭酸を遊離させてばっ気をしてCO_2ガスとして空気中に拡散除去する。すなわち、ストリッピングプロセスが用いられている（図2）。

3 MAP

水中のリン酸イオンPO_4^{3-}およびアンモニウムイオンNH_4^+を、マグネシウムイオンMg^{2+}と結合させて、リン酸マグネシウムアンモニウム$MgNH_4PO_4$（MAP）の結晶を析出させる方法である。下排水に含まれる窒素とリンを同時除去できる点、および析出させたMAPが肥料として有効利用できる点などが特徴である（図3）。種晶にはMAPが、マグネシウム剤には、塩化マグネシウム、硫酸マグネシウムなどが用いられる。

4 除鉄、除マンガン

地下水などに溶解しているマンガンイオン（Mn^{2+}）は、砂ろ過の際に酸化され二酸化マンガン（MnO_2）となり、砂の表面に結合して除去される。砂の表面は二酸化マンガンで覆われ徐々に黒色となり、やがて表面は二酸化マンガンでコーティングされた状態になるが、この黒い砂をマンガン砂と呼ぶ。マンガン砂の二酸化マンガン被膜は、マンガンイオンの酸化触媒の作用も有し、酸化剤（塩素が用いられることが多い）と組み合わせて、接触ろ過によるマンガン除去に用いられる。

溶解性鉄も同様に、オキシ水酸化鉄（FeOOH）でコーティングされたろ材による接触ろ過で除去される。鉄イオン（Fe^{2+}）は空気中のO_2によっ

HAPプロセスのフロー（図2）

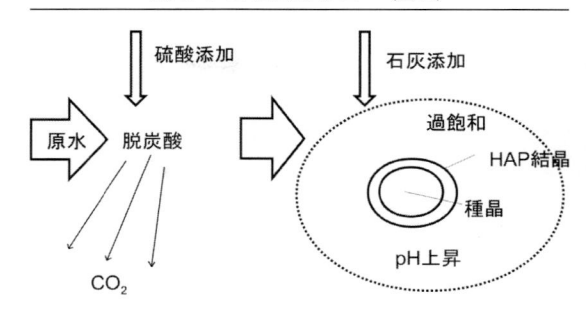

MAPプロセスのフロー（図3）

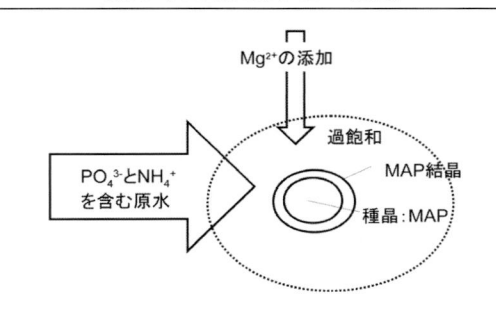

鉄・マンガンの接触ろ過プロセス（図4）

(1) 溶解イオンの酸化

$Fe^{2+} \rightarrow Fe^{3+}$

$Mn^{2+} \rightarrow Mn^{4+}$

(2) 不溶塩の析出

$Fe^{3+} \rightarrow FeOOH$

$Mn^{4+} \rightarrow MnO_2$

てFe^{3+}に酸化され、ろ材に移行してFeOOHとして析出し除去される。

以上のように、溶解性の鉄・マンガンは酸化プロセスと晶析プロセスを複合させた方法といえ、不溶化後、接触ろ材に徐々に析出させてゆくことにより除去される（図4）。

参考文献 3～5共通
1) 川本克也他：水環境工学、水処理とマネージメントの基礎、共立出版（2010）

（中島 淳）

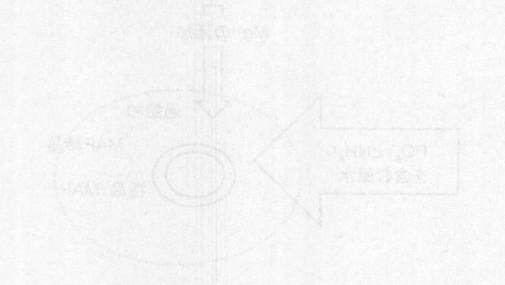

II 水の処理技術編

8章

生物処理技術

1. 好気性生物処理
2. 嫌気性生物処理
3. 池、湿地による処理

1 好気性生物処理

　好気性とは、酸素が存在する、あるいは、酸素を利用した、というような意味である。ここでいう酸素は、2つの酸素原子が結合した分子状酸素のことあり、酸化剤として働く能力を持つ酸素(O_2)のことを指している。好気性生物処理とは、好気性の生物を利用した排水処理の事である。

　好気性生物処理法は、一般に、立ち上がりが早く処理水質が良好である一方、嫌気性処理法と比べて汚泥の発生量が多い、酸素を供給するためにある程度エネルギーが必要であるといった欠点を有する。

1 有機物除去の原理

　好気性生物処理において、下廃水中の有機成分は、好気性従属栄養微生物により利用され、除去される。従属栄養とは、自身の細胞を構成する炭素を、他の生物がつくった有機態炭素から合成する性質の事である。また、取り込んだ有機物を自身の細胞の構成成分に変換するためには、エネルギーが必要である。そのエネルギーは、取り込んだ有機物の一部を酸素等の酸化剤と反応させて得ることができる。すなわち、微生物による利用は、さらに詳しくは、酸素と反応させてエネルギーを得るための異化代謝(式(1))と、自分自身の成長・増殖のための材料とする同化代謝(式(2))に分けることができる。いずれも化学反応式としては不完全なものだが、ここは容赦されたい。

有機物 + O_2 → CO_2 + H_2O + エネルギー　　(1)

有機物 + エネルギー → 微生物細胞構成成分　　(2)

　なお、式(1)において、酸素は酸化剤として、有機物は還元剤として働く。酸化剤と還元剤からなる反応は、酸化還元反応と言われる。酸素や硝酸が酸化剤として、また、有機物や水素が還元剤として働く場合、たくさんのエネルギーがつくられる。また、酸化剤として硫酸が利用される場合もあるが、その場合にはごくわずかな量のエネルギーしかえられない。硝酸・亜硝酸が酸化剤として働く場合、硝酸・亜硝酸中の窒素は最終的に窒素ガスとなる。その反応は別名脱窒と呼ばれ、それを利用した窒素除去については次の項で詳しく述べる。また、硫酸が酸化剤として働く反応は、硫酸還元反応と呼ばれ、硫酸中の硫黄は還元されて分子状硫黄や硫化水素になる。

　さて、好気条件下での有機物除去のメカニズムに話しを戻そう。

　式(1)と式(2)の割合は、微生物の種類、また、利用される有機物の種類により、その比率は変化するが、非常におおざっぱには、ほぼ半々とみてよい。また、培養時間が長くなると、自己分解が起こるために一旦式(2)で同化された有機成分が、徐々に酸化分解していく。つまり、培養時間が長いと式(1)の寄与が徐々に高まる。

　下水が微生物によって処理される際にどの程度微生物体が増えるかを考えてみよう。なお、こうした問題を考える時には、有機物の全量を表すための指標として適切なものを選ぶ事が大切である。BODやCOD_{Mn}は有機物の全量を把握するた

めには適さない。広く用いられているのは、より酸化率の高い指標であるCOD_{Cr}であり、大まかにはCOD_{Cr}はBODの倍程度である。

一人一日あたり排出するBODの量は約60g程度である。COD_{Cr}としてはほぼその倍であり、また、(2)により同化される有機物の量はそのほぼ半分ということになる。従って、下水処理に伴って微生物の増える量は、一日あたり非常に大まかにはCOD_{Cr}として60gということになる。また、その際、約60gの酸素を供給しなければならない。

2 好気性処理の酸素収支

先に述べたことをもう少し一般化する。処理によって除去されたCODの量と、処理に伴って増加した汚泥のCODの量、そして、処理に伴って消費された酸素の量は、次の関係を満たす。ただし、ここでいうCODは、理論的酸素要求量（Theoretical Oxygen Demand）であり、実際に測定する場合にはCOD_{Cr}に近い。

除去されたCOD=
増加した汚泥のCOD＋消費された酸素の量　　(3)

簡単な関係式ではあるが、非常に重要な示唆を与える式でもある。式(1)、式(2)を統合したようなものでもあるが、酸素またはCODに関して物資収支が成り立つということである。除去されたCODの量と、増加した汚泥の量がわかれば、消費された酸素の量を知ることができる。

なお、硝化・脱窒反応が関与してくる場合、式(3)を修正しなければならないが、本書ではそこまで踏み込まない。

以下、本章でCODという時には、原則理論的酸素要求量の事を示す。その値は、多くの場合、COD_{Cr}と一致し、また、BODやCOD_{Mn}よりも大きな値（大まかにはおよそ倍程度の値）を取る。

3 栄養塩除去の原理

下廃水からの栄養塩除去の原理は、大まかには通常の同化作用によるものと、それ以外に分けることができる。

(1) 同化による窒素・リン除去

先に求めたように一人一日あたりの下水の処理に伴ってCOD_{Cr}として約60gの微生物菌体ができると求めたが、先の元素組成式とあわせると、どれだけの窒素やリンを同化によって除去することができるのか、求めることができる。

ところで、微生物細胞の元素組成は、大まかには$C_{60}H_{87}O_{23}N_{12}P$（式量1375）と表すことができる[1]。これが酸化分解する際に消費される酸素の量は、窒素がアンモニアにとどまるとすると（実際、CODの測定の際にはアンモニアは酸化されない）、以下のような反応を行う事となる。

$C_{60}H_{87}O_{23}N_{12}P + 60.5\ O_2 \rightarrow$
　　$60\ CO_2 + 12NH_3 + H_3PO_4 + 24H_2O$ 　　(4)

$60.5 \times 32=1936$なので、1375gの微生物細胞が酸化分解されるとき、1936gの酸素を消費する事となる。あるいは、乾燥重量として1gの微生物細胞は、COD_{Cr}換算で$1936/1375=1.41$gに相当する。なお、同様の比を、微生物菌体の元素組成を$C_5H_7NO_2$と近似して求めることもできる。この場合はリンが無視されている。

もとの話しに戻って、COD_{Cr}として約60gの微生物菌体ができるということは、乾燥重量として約43gの菌体ができるという事である。この菌体中には、$43 \times 14 \times 12/1375=5.2$gの窒素と、$43 \times 31 \times 1/1375=0.97$gのリンを含んでいるということになる。

一方、一人一日あたりの窒素・リンの排出量は、窒素は12g、リンは1.2gなので、標準活性汚泥法の場合は窒素の除去率は$5.2/12 \times 100=43\%$、リ

ンの除去率は0.97/1.2×100=81%となる。

特に窒素除去・リン除去のための特別な運転を行わない場合、窒素・リンの除去率はそれぞれ30%程度、60%程度であるとの報告がある[2]。先の見積りとの差は、実際に生成される汚泥の量が処理したCODの半分よりも少なく、その4分の3くらいであると考えれば、つじつまがあう。

さて、除去しきれなかった窒素やリンは、公共用水域に放流される事となる。放流先が河川や太平洋のような大きな水域であればそれでも問題はないが、閉鎖水域に放流する場合は富栄養化を引き起こす事となる。また、アンモニアは水生生物に対して毒性を持つことが知られており、河川に放流する場合でも硝化をした方が望ましい。

(2) 硝化と窒素除去

水中の窒素分を除去するために、硝化反応と脱窒反応を組み合わせた硝化脱窒法、あるいは循環式硝化脱窒法が用いられる。

下水中の窒素分は、主にタンパク質や核酸、また、尿からの尿素に由来する。これらは有機態窒素であり、微生物反応によりアンモニア態窒素を生じる。有機態窒素とアンモニア態窒素はケルダール法により測定されるので、ケルダール態窒素とも称される。

アンモニア態窒素は、アンモニア酸化細菌により酸化され、亜硝酸態へ、そして、さらにそれが亜硝酸酸化細菌により酸化され硝酸態へと変換される（式（5）, 式（6））。アンモニア酸化細菌と亜硝酸酸化細菌は、まとめて硝化細菌と呼ばれる事も多いが、系統学的には全く別種の細菌である。しかし、いずれの細菌もアンモニア又は亜硝酸を酸化する際に得られるエネルギーを利用して、水中に溶け込んだ二酸化炭素を固定し、自身の細胞を構成する有機態炭素を合成する。二酸化炭素を固定して有機態炭素をつくる生物は独立栄養生物と言われている。独立栄養生物の代表格は植物であるが、彼らは光のエネルギーを用いて水中の二酸化炭素を固定して有機態炭素をつくっている。アンモニア酸化細菌や亜硝酸酸化細菌は、光エネルギーの代わりに化学的な酸化反応によって得られるエネルギーを利用している。

$$2NH_4^+ + 3 O_2 \rightarrow 2NO_2^- + 4H^+ + 2H_2O \quad (5)$$
$$2NO_2^- + O_2 \rightarrow 2NO_3^- \quad (6)$$

実際には硝化にともなって一部の窒素（利用されたアンモニアの約2%程度）が硝化細菌に同化される。

また、アンモニア酸化細菌と亜硝酸酸化細菌は共存している事が多く、そのため硝化反応が亜硝酸態窒素でとどまってしまう事はまれで、多少の亜硝酸の蓄積が見られることがあるにせよ、硝酸まで進行するのが普通である。ただし、後述するように亜硝酸で硝化反応がほぼ停止することもあり、そうした反応を利用する事で水処理上いくつかのメリットを得ることができる。

ここまでの反応は、好気性条件下、すなわち酸素が存在する条件下で進行する。また、式（5）からわかるように、アンモニア酸化反応では多くのプロトン（水素イオン）が生成される。あるいは、別の言い方をすると、アルカリ度が消費される。

なお、後述するように、好気性条件下であっても硝化反応は起こるとは限らない。アンモニア酸化細菌や亜硝酸酸化細菌は増殖速度が遅かったり、あるいは、低温下では活性が落ちることが知られている。そのような条件下では、硝化は不活発である。また、増殖速度の遅いこれらの細菌群を活性汚泥中に保持するために、汚泥滞留時間（SRT）の管理が重要となる。また、硝化反応を避けたければ、SRTをあえて短く保つことで硝化細菌を排除することもできる。

やや話しが横道にそれるが、多くの下水処理場では中途半端な硝化、すなわち亜硝酸態窒素が蓄積してしまうような硝化を避けて運転する事が多い。亜硝酸態窒素は反応性がアンモニア態窒素よりも高く、CODの測定においては亜硝酸態窒素が酸化剤を消費するので処理水のCODを実際の（有機物性のCOD値よりも）高くしてしまう。また、BODの測定においても、多くの場合BODの測定中に亜硝酸態窒素がさらに酸化されて硝酸態

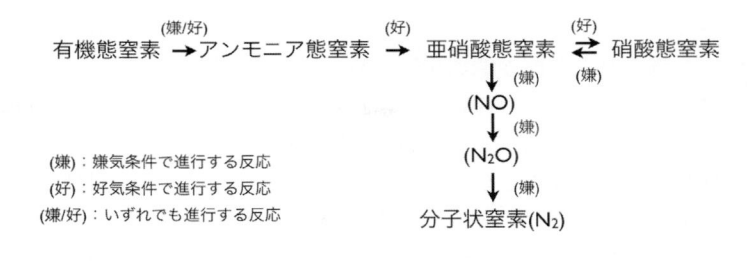

硝化反応と脱窒反応の組み合わせによる窒素除去（図1）

有機態窒素 (嫌/好)→ アンモニア態窒素 (好)→ 亜硝酸態窒素 (好)⇄ 硝酸態窒素
　　　　　　　　　　　　　　　　　　↓(嫌)　　　　　　↓(嫌)
　　　　　　　　　　　　　　　　　　(NO)
　　　　　　　　　　　　　　　　　　↓(嫌)
　　　　　　　　　　　　　　　　　　(N_2O)
　　　　　　　　　　　　　　　　　　↓(嫌)
　　　　　　　　　　　　　　　　分子状窒素(N_2)

(嫌)：嫌気条件で進行する反応
(好)：好気条件で進行する反応
(嫌/好)：いずれでも進行する反応

窒素になるため、有機物のみに由来するBODに加えて窒素系のBODが生じる事となる。いずれも、処理水質が基準を満たさないことにつながりかねず、従って、アンモニア態窒素のままでとどめるような運転がなされる。そうした運転は、特に冬期、水温が下がって硝化細菌の活性が落ちる時期に行われる傾向がある。

さて、硝化反応が終わった時点では、まだ水中に窒素系成分は硝酸態窒素として残存している。アンモニアの持つ毒性による水生生物への影響を軽減させる事が主目的であれば、硝化反応だけを行う場合もあるが、一方、富栄養化対策のためには窒素除去が必要となる場合が多い。そうした場合は、硝酸態窒素あるいは亜硝酸態窒素を脱窒反応を利用して除去する。脱窒反応は硝酸呼吸あるいは亜硝酸呼吸とほぼ同義であり、式（7）のように書くことができる。

有機物 + H^+ + NO_3^- →
CO_2 + H_2O + N_2 + エネルギー　　　　(7)

つまり、酸化剤として酸素の代わりに硝酸（または亜硝酸）が利用され、エネルギーが得られる。また、硝酸・亜硝酸中の窒素成分は、窒素ガスに変換され、最終的には大気に放出される。また、この反応では酸度が消費され、pHが上昇する。

脱窒反応は、酸素が存在すると進行しない。酸素が存在する場合は、式（7）の反応ではなく式（1）の反応が行われるからである。つまり、脱窒反応は酸素の存在しない条件下、即ち嫌気条件化で行われる反応だが、後述するように、生物学的リン除去プロセスにおける嫌気条件と区別するために、脱窒が起こる条件を無酸素条件と呼ぶ事も多い。

また、脱窒反応は還元剤として働く有機物が存在しなくても進行しない。式（7）に示されているように、酸化剤（この場合は硝酸または亜硝酸）と還元剤（有機物）が反応する事で、はじめて脱窒反応が進行するからである。

かくして水中の窒素成分は、図1ようにして水中から除去される事となる。なお、硝化反応の副生物として、また、脱窒反応の代謝中間体として、亜酸化窒素（N_2O）が生成することがある。亜酸化窒素は硝化の過程でも若干量副生物として生じる事がある。亜酸化窒素は二酸化炭素を吸収しやすく、温室効果ガスの一つとされている。

なお、硝化反応を行うために必要な酸素の供給量、また、脱窒反応を行うために必要な有機物（COD）の量は、馬鹿にならない。

先に述べたように、一人一日あたり、12gの窒素を排出し、そのうち5.2gが同化によって除去され、残る6.8gがアンモニア態から硝酸態窒素になるものとする。このときに消費される酸素の量は、式（5）と式（6）から、6.8 ×（96+32）/28=31.1gとなる。先に、1.にて一人一日あたり排出するCODを処理するために供給すべき酸素の量をほぼ60gと求めたが、硝化のために必要な酸素の量はほぼその半分にあたるということがわかる。また、硝化まで完全に行おうとすると、一人一日排出する汚濁物質に対して、約90gの酸素を供給しなければならない。

また、生成された硝酸態窒素を脱窒反応によって除去するために必要な有機物の量も、決して小

さくない。

　生成された硝酸態窒素6.8gの酸素当量は、19.4グラムに相当する。硝酸態窒素を還元するために必要な有機物（COD）の量は、最低19.4グラム、同化される分も考えると、それ以上必要ということである。これは、一人一日あたりのCOD排出量の約1/6以上に相当する量である。脱窒反応を行うためにはそれだけの量の有機物が必要という事である。わざわざメタノール等安価な有機物を添加する場合もあるが、薬品代もかかるし、また、汚泥の発生量を増加させるので汚泥処理コストの増加にもつながる。そこで、下廃水中にもともと含まれる有機物を脱窒反応のために利用しようという考えが生じる。その工夫は、3.(3)に述べる。

　さて、アンモニア酸化細菌として、Betaproteobacteria綱の*Nitrosomonas*属、*Nistrosospira*属、*Gammaproteobacteria*綱の*Nitrosococcus*属が知られている。また、近年アンモニア酸化を行う古細菌が存在する事が明らかになっている。
　一方、亜硝酸酸化細菌にはAlphaproteobacteria綱の*Nitrobacter*属、また、Nitrospira門の*Nitrospira*属が知られている。
　また、脱窒能力は微生物界にかなり広く分布している。硝化が特定の微生物群によって行われるのとは対照的である。

　なお、脱窒反応を好気性生物処理の中で説明することについて、もしかすると疑問をもつ読者がいるかもしれない。下排水処理における脱窒反応は、多くの場合、好気性細菌が酸素がない場合に行うものである。そこで、好気性処理の中で説明することとした。

(3) Anammox反応

　Anammox反応は嫌気性微生物による嫌気性条件下の反応なので、本来嫌気性生物処理の節で説明すべきではあるが、栄養塩除去の原理に関する説明がここにまとまっていることから好気性処理の節に含めてしまった。あくまで嫌気性の反応である事、注意して理解されたい。
　Anammox（アナモックス）反応とは、式(8)に示すように、嫌気条件化でアンモニアと亜硝酸を反応させ、窒素のほとんどを窒素ガスとしてしまう反応である。

$$NH_4^+ + NO_2^- \rightarrow N_2 + 2H_2O \qquad (8)$$

　なお、実際には若干量の硝酸も生成される。
　前項で述べたように、通常、窒素除去のためには還元剤として有機物が必要だが、Anammox反応ではアンモニアが還元剤として働く。有機物が限られているような状況において窒素除去を行う必要がある場合、アンモニアストリッピング法が用いられる事が多いが、Anammox反応を適用できる場合もあるかもしれない。
　なお、この反応を担う細菌は、Anammox細菌とよばれ、1990年代にオランダの研究者らによって発見された[3]。Anammox細菌は、Planktomyces門に属することがわかっている。同細菌は嫌気性細菌であり、また、増殖は遅い。

(4) ポリリン酸蓄積細菌を用いた生物学的リン除去

　(1)で述べた同化によるリン除去と区別するために、英語ではEBPR（enhanced biological phosphorus removal）法、即ち促進された生物学的リン除去法と呼ばれる。しかし、日本では単に生物学的リン除去法と呼ばれる事が多い。先に述べたように、通常の活性汚泥法でも結構リンを除去することができ、しかも、その原理は生物学的である。しかし、生物学的リン除去法ではそれ以上にリンを除去することができる[4),5)]。
　最も基本的な生物学的リン除去法は嫌気好気式活性汚泥法とも呼ばれる。好気性の処理でありながら、生物反応槽の一部（流入端）を嫌気性条件に保っている。ここでいう「嫌気性条件」は、酸素が存在しないというだけでなく、硝酸・亜硝酸も存在しない条件である。好気性微生物は、酸素呼吸・硝酸呼吸・亜硝酸呼吸のいずれもできない

ことになる。なお、生物反応槽の流入端側が嫌気条件になっているという事以外、本法は標準活性汚泥法とほとんど変わりない。本法での嫌気槽の役割は、次のように説明される。

流入下廃水と活性汚泥は嫌気条件下で混合される。有機物を素早く摂取するためにはエネルギーが必要であるが、通常の好気性微生物は呼吸ができないので有機物摂取に必要なニネルギーをつくることができない。従って、有機物を摂取することができない。一方、活性汚泥中にはポリリン酸蓄積細菌、またはPAO（polyphosphate accumulating organism）と呼ばれる細菌が存在する。ポリリン酸蓄積細菌は、基本的には好気性細菌であるが、エネルギーを貯蔵することができる。そこで、嫌気条件下で流入下水と接触した時に、蓄えていたエネルギーを利用して有機物を摂取することができる。有機物（エサ）をめぐって活性汚泥中では様々な微生物が競合関係にあるが、嫌気好気式活性汚泥法ではポリリン酸蓄積細菌にとって有利な状況を作り出している。

ポリリン酸はリン酸が直鎖にエステル結合でつながった化合物である。リン酸どうしのエステル結合は高エネルギーリン酸結合とも呼ばれ、そこにエネルギーが蓄えられている。また、その名の通りリンを含んでいる。ポリリン酸蓄積細菌が優占し、ポリリン酸を多く含む活性汚泥のリン含有率は、通常の活性汚泥のリン含有率がMLSSあたり1.5～2%程度であるのに対し、そのおよそ倍程度となる。

代表的なポリリン酸蓄積細菌には、*Accumulibacter phosphatis* という学名が提案されている。同細菌はグラム陰性の桿菌であり、Betaproteobacteria綱に属し、Rhodocyclus科と近縁である。しかし、未だに純菌株としては分離されておらず、そのために学名として正式に承認されてはいない。また、活性汚泥中にはグラム陽性でActinobacteria綱に属する一群のポリリン酸蓄積細菌が存在することが知られているが、これらもやはり純菌株として分離されていない。一方、活性汚泥中ではやや存在量は少ないが、*Microlunatus phosphovorus* と命名されたグラム

生物学的リン除去活性汚泥プロセスにおける有機物やリンの挙動（図2）

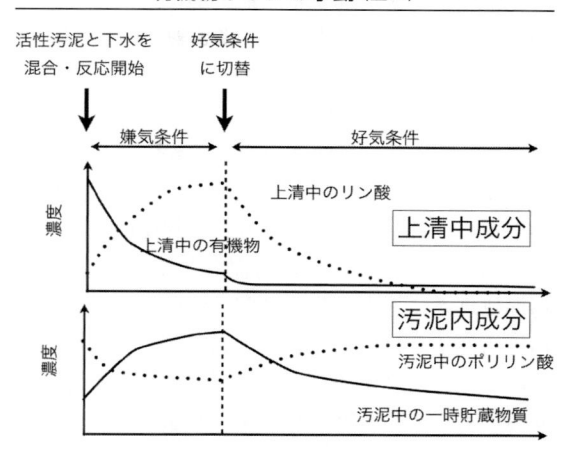

陽性Actinobacteria綱に属するポリリン酸蓄積細菌が、中村らにより分離されている。

ポリリン酸蓄積細菌が優占した活性汚泥の挙動を図2に示す。

嫌気条件化では、活性汚泥と下水とが混合された後、下水中の有機物は急速に減少し、一方、活性汚泥中に一時貯蔵物質が蓄積される。一時貯蔵物質は、ポリリン酸蓄積細菌によって摂取された有機物は、すぐには酸化分解されず、一時的に細胞内に貯蔵されることとなる。それが一時貯蔵物質である。また、代表的な一時貯蔵物質として、ポリヒドロキシアルカン酸（PHA）が知られている。一方、ポリリン酸蓄積細菌は有機物を摂取するのに伴って細胞内のポリリン酸を分解する。その結果、リン酸（オルトリン酸）が生じ、上清に放出される事となる。そのため、上清中のリンは一時的に流入下水よりも増加する事となる。

つづく好気条件化において、汚泥中の一時貯蔵物質が減少するとともに、一旦増加していた上清中のリンが減少し、汚泥中のリンが増加する。酸素呼吸ができるようになったので、ポリリン酸蓄積細菌は嫌気条件化で蓄えた一時貯蔵物質を分解し、エネルギーを生産する。そのエネルギーは、主として自らの増殖のために用いられるが、一部はポリリン酸として蓄えられる。このポリリン酸

の再合成に伴って、上清中のリンは減少し、また、汚泥中のリンが増加する。最終的に上清中のリンの濃度は流入水よりも低くなり、リン除去が活発な場合には0.1mgP/L以下に達する事もしばしばである。

さて、下水から除去されたリンがどうなるかであるが、脱窒のように大気に飛んでいくわけにはいかない。好気反応がおわり、最終沈殿池で沈殿した汚泥の一部は、余剰汚泥として引き抜かれ、汚泥処理系に送られる。余剰汚泥の発生量は標準活性汚泥法とほぼ同じ程度であるが、生物学的リン除去法から発生する余剰汚泥は標準活性汚泥法からのものの倍程度のリンを含む事となる。

嫌気好気法を導入しても生物学的リン除去プロセスがうまくいかないことがある。その原因として、次のものがあげられる。

①汚泥処理系からの返流水とともに除去したリンが水処理系に戻ってきてしまう。
②流入下水の有機物濃度が低い、雨の影響で流入下水に酸素が含まれる、返送汚泥中の硝酸が無視できぬほど大きい、といった理由で、十分な嫌気条件が形成されない。
③最終沈殿池での固液分離が不十分であり、処理水にリン含有率の高いSSが漏れ出している。
④ポリリン酸蓄積細菌と同様に嫌気条件化で有機物を摂取する能力を持つグリコーゲン蓄積細菌の優占化。
⑤ その他

①、②、③は技術的な問題である。①については、汚泥からのリンの再溶出が起きないように汚泥を扱うか、または、汚泥から溶出したリンを化学的な方法で除去すればよい。②については、雨天への対策は難しいが、流入下水の濃度が恒常的に薄いのであれば、最初沈殿工程を省く、あるいは最初沈殿池汚泥を曝気槽に投入する、といった対策が効果があることが知られている。また、汚泥の返送率を低めに保つ事も有効である。また、(3)は、例えば汚泥のリン含有率が5%であり、処理水のSS濃度が10mg/Lであれば、それだけで処理水のリン濃度は5mgP/Lとなってしまう。汚泥の沈降性を良好に管理する事、または、処理水を砂ろ過することが解決につながる。

④、⑤は、活性汚泥中の微生物群集の問題であり、解決が難しい。④にあるグリコーゲン蓄積細菌とは、好気条件下で細胞内にグリコーゲンを蓄積し、嫌気条件化ではグリコーゲンをPHAに変換する嫌気性発酵を行う事でエネルギーを得て、有機物摂取を行う細菌であり、グリコーゲン蓄積細菌と呼ばれる。通常の嫌気性発酵では、エネルギーを生成することはできても発酵産物は細胞外に放出されてしまうので、有機物を摂取するようなことはできない。一方、グリコーゲン蓄積細菌の行う発酵では、最終産物がPHAとして細胞内に蓄積される。そのため、ポリリン酸蓄積細菌と同様に嫌気条件下で有機物を摂取することができるのである。

グリコーゲン蓄積細菌は実下水処理場にも存在することが知られている。グリコーゲン蓄積細菌の活動を抑制する事が、リン除去を良好に行うことにつながる。しかし、ポリリン酸蓄積細菌とグリコーゲン蓄積細菌の競合関係には不明な点が多く、未だに確実にグリコーゲン蓄積細菌の活動を抑制する方法は知られていない。

⑤のケースは、著者らの知る限り二通りある。基本的には良好なリン除去が継続されているのだが、時折突如処理水のリン濃度が上昇することがある。バクテリオファージによってポリリン酸蓄積細菌が溶菌されてしまうような事態が起きているのではないかと著者らは推定している。また、嫌気条件化での有機物摂取がまったく見られなくなることがある。その場合、ポリリン酸蓄積細菌もグリコーゲン蓄積細菌も、有機物摂取を行うチャンスがあるにもかかわらず、鳴りを潜めてしまっているという事である。これも、なかなか原因を説明しにくい。

幸いにして、④あるいは⑤のようなケースが実下水処理場ではっきりと見られる事はほとんどないようである。しかし、実験室で単純な組成の人工下水を用いて生物学的リン除去プロセスを運転

していると、結構な頻度で遭遇する。下水の組成が単純で、微生物系も単純になると、発生しやすい問題なのかもしれない。

4 活性汚泥法

(1) 標準活性汚泥法

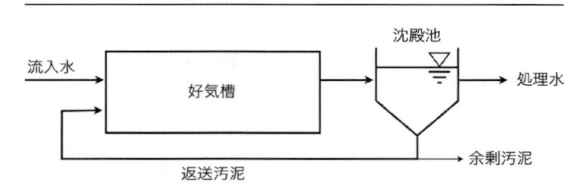

標準活性汚泥法とは、生物反応槽全体に空気が供給されており好気性条件に保たれた活性汚泥法の事である。その基本的な構成を図3に示す。通常は、最初沈殿池越流水を処理するための装置である。スクリーン、沈砂池、最初沈殿池までの処理を一次処理というのに対し、標準活性汚泥法は二次処理を行う装置である。しかし、処理場によっては最初沈殿池を設けず、スクリーン・沈砂池を経た下水を直接曝気槽に導いているところもある。

最初沈殿池越流水は、返送汚泥（活性汚泥）と混合されつつ生物反応槽に入る。標準活性汚泥法の場合、生物反応槽は全体が反応槽内に設けられた散気装置によって曝気され、好気性条件になっている。活性汚泥中の微生物は、先に述べた式(1)および式(2)の反応を行い、下水中の有機成分を除去する。

生物反応槽を流出した活性汚泥混合液（下水と活性汚泥が混じった液体）は、最終沈殿池に入る。活性汚泥は比重が水よりもわずかに重いので、沈殿池で沈む。上澄み部分は清澄であり、その部分だけをとりだして処理水とする。また、沈んだ活性汚泥は返送汚泥として回収され、再度生物反応槽上流部に戻される。

実際の下水処理場では、さらにこの下流に塩素消毒設備がある。また、処理水を再利用するための設備が配置されている場合もある。

以上で下水処理はほぼ終わりだが、式(2)の反応の結果、微生物が増殖する。微生物の増殖分は、下水処理系から除去しなければならない。この分

標準活性汚泥法の構成（図3）

は、一般に余剰汚泥と呼ばれている。最初沈殿池の汚泥とあわせて汚泥処理系に送られる。

運転管理にあたっては、生物反応槽内の活性汚泥の濃度や、一日あたりの単位量の微生物にかける負荷量、一日あたりの単位体積の反応槽に投入する負荷量、汚泥滞留時間、水理学的滞留時間、汚泥沈降性指標、反応槽の単位体積あたりの空気供給量が重要な指標となる。

微生物濃度の指標として、MLSS（mixed liquor suspended solids）やMLVSS（mixed liquors volatile suspended solids）が用いられる。MLSSは生物反応槽内の浮遊物質の全濃度である。一方、MLVSSはそのうち高温化で二酸化炭素となってしまうものの量である。MLSSとMLVSSの差は、汚泥中の活性汚泥中の無機分の量に比例して大きくなるので、MLVSSの方が微生物量をより正確に反映する指標である。多くの場合、MLVSSはMLSSの8割～9割程度の値をとる。また、後述する生物学的リン除去プロセスでは、汚泥中にポリリン酸が蓄積されるため、MLVSSの値はもう少し小さくなる。我が国の多くの下水処理場ではMLSSは1,000mg/L～2,000mg/L程度で運転しているところが多いが、運転方式によってはもっと高濃度にする場合もある。

また、一日あたりの単位量の微生物にかける負荷量は、言い方を変えれば、汚泥中の微生物に与える一日あたりのエサの量ということになる。反応槽内に存在する微生物の総量（MLVSSの総量）が1kgであり、また、その反応槽に一日あたりBODとして0.3kgの有機物を投入する場合、BOD負荷は0.3kgBOD/kgMLVSS/dとなる。1kg

の微生物に対して、一日あたり0.3kgのエサを与える、というように考えると理解しやすい。この指標は、一般にBOD－SS負荷、あるいは、F/M比と呼ばれる。

一日あたりの単位体積の反応槽に投入する負荷量は、$1m^3$の反応槽で一日に処理する有機物の量を表す指標である。先の事例で、仮に反応槽の容量が$1,000m^3$であれば、$0.3kgBOD/m^3/d$となる。BOD体積負荷と呼ばれる。

汚泥滞留時間（sludge retention time, SRT）は、反応槽中に微生物がとどまる時間である。先の例では反応槽内の生物量がMLVSSで1kgとしたが、そのうち0.09kgが毎日余剰汚泥として引き抜かれ、0.01kgが処理水にSSとして（あるいは正確にはVSSとして）流出するとすると、1日あたりで全VSSの1/10が反応系から取り除かれるので、単純計算では10日間で汚泥が入れ替わる事となる。この時、汚泥滞留時間は10日である。汚泥滞留時間の管理は、増殖速度の遅い微生物を活性汚泥中に保持しようとすると、汚泥滞留時間を十分長く取らなければならない。

また、汚泥滞留時間を長くすると、汚泥が自己分解し無機化する分が増えるので、汚泥の発生量も減少する。また、汚泥滞留時間によく似た指標として、汚泥日齢（sludge age）がある。反応槽内の汚泥量を、一日あたりに反応槽に流入する固形分の量で除したものである。管理指標としては一定の有用性を持つが、溶解性の有機物が主体の下廃水に対しては適切な管理指標とはなり得ない。近年ではあまり用いられなくなっている指標である。

汚泥沈降性指標（sludge volume index、SVI）は、汚泥の沈降性を表現するために用いられる。標準活性汚泥法では処理水と活性汚泥を比重の差によって沈殿により分離している。しかし、汚泥中に糸状の微生物が多く繁殖してしまうと、汚泥の沈降の際の抵抗が大きくなり、沈降しにくくなる。そこで、汚泥の沈降性を表す指標としてSVIが用いられている。SVIは、汚泥を30分間沈殿させたとき、1gの汚泥が占める体積をmLで表したものである。沈降性が良好な場合には100mL/g以下であり、150mL/g程度までは大きな問題にはならないが、それ以上になると、沈殿池で処理水と汚泥を分離しきれない可能性が高まってくるので、何らかの対処をとる必要がある。

反応槽単位体積あたりの空気供給量は、一般には「空気供給比」と呼ばれる。微生物相や処理水質の管理という面からよりは、エネルギー消費の削減という面から重要な指標である。処理にかかるエネルギーコストとして、処理事業の収支に直接関連するとともに、地球温暖化対策の一環としての面から重要である。下水処理でいうと、下水処理関連で、日本の全消費電力の約0.7％が下水処理のために消費されており、また、そのうちの約半分が反応槽での曝気のために消費されていると言われている。

さて、活性汚泥法にはさまざまなバリエーション（変法）がある。主な変法の特徴を表1にまとめた[1], [6]。曝気時間が標準活性汚泥法よりも極端に長いもの、最終沈殿池に代えて膜技術によって固液分離を行うもの、連続流ではなく回分式になっているもの、曝気の方法がやや特殊なもの、生物反応槽に嫌気条件を導入しているもの、などがある。それらについて、次の節以降に詳しく述べる。

(2) さまざまな活性汚泥変法

栄養塩除去を目的とした活性汚泥変法については次の節で述べることとし、ここではそれ以外の活性汚泥変法について概説する。

① 曝気の方法に特徴のあるもの

長時間曝気法は、汚泥を長時間曝気する事で自己分解を促進し、汚泥の発生量を抑制しようというものである。

オキシデーションディッチ法（図4）は、機械的な撹拌装置を水面に設置し、周回水路を汚泥混合液を循環させつつ酸素供給を行うものである。日本では小規模の下水処理場に導入例が多いが、海外では大規模なものもある。

さまざまな活性汚泥法とその特徴（表1）

名称	英名	構造上の特徴	栄養塩除去上の特徴	その他の特徴
標準活性汚泥法	Conventional activated sludge (CAS) process	もっとも基本的な活性汚泥法。生物反応は全て好気条件で行われる。	窒素・リンの除去は微生物による同化による。硝化は行うこともできるが、汚泥滞留時間を短くする事で硝化を抑制することもできる。	
オキシデーションディッチ法	Oxidation ditch process	生物反応槽は周回可能な構造。曝気は機械的な表面曝気を用いる事が多く、その動力で汚泥混合液を周回させる。	同上。部分的に嫌気ゾーンが発生し、好気部分では硝化・嫌気部分では脱窒が期待できる。	曝気に必要な動力を節約できる。日本では小型の処理施設に用いられる傾向が強いが、海外では大規模施設も存在する。
コンタクトスタビリゼーション法	Contact stabilization process	接触槽と安定化槽の二ヵ所で生物反応を行う。	標準活性汚泥法と同じ。	微生物が一時的に有機物を貯蔵する能力を持つ事を利用。反応槽の総体積を小さくすることができる。
酸素曝気法	—	窒素を除去し酸素濃度を高めた空気で曝気する。	標準活性汚泥法と同じ。	敷地面積の限られた状況での処理のために考案された。
深槽曝気法	Deep shaft aeration process	通常よりも大幅に生物反応槽が深い。	同上。	敷地面積の限られた状況での処理のために考案された。
ステップ流入活性汚泥法	Step feed process	流入水が複数箇所で生物反応槽に供給される。	同上。	同上。反応槽後半の余力を活用しとするプロセスである。
セレクター付き活性汚泥法	—	生物反応槽最上流部にセレクターが付加されている。	同上。	糸状性細菌の増殖を抑制する。
回分式活性汚泥法	Sequential batch process, sequential batch reactor (SBR)	一槽で生物反応槽と沈殿池を兼ねる。	標準活性汚泥法と同じ。ただし、曝気の仕方を工夫する事で硝化脱窒や生物学的リン除去をおこなうことができる。	
硝化脱窒法	Post anoxic process	生物反応槽前段が好気条件（硝化）、後段が無酸素条件（脱窒）となっている。	硝化・脱窒により窒素を除去する。	無酸素槽に脱窒用の還元剤を投入する場合がある。
循環式硝化脱窒法	Modified Ludzack-Etinger (MLE) process	生物反応槽前段が無酸素条件（脱窒）、後段が好気（硝化）となっている。また、硝化液の循環がある。	同上。	
ステップ流入硝化脱窒法	Step feed process	生物反応槽内に複数箇所で流入水が供給される。また、供給される槽は無酸素条件となっている。	同上。	
嫌気好気法	A/O process, Anaerobic-aerobic process, Phoredox process, EBPR process	生物反応槽前段が嫌気条件、後段が好気条件となっている。	生物学的リン除去を行う。	嫌気槽がセレクターのような働きをし、糸状性細菌の抑制にもある程度効果がある。

名称	英名	構造上の特徴	栄養塩除去上の特徴	その他の特徴
フォストリップ法	PhoStrip process	メインストリームは標準活性汚泥法と同様だが、サイドストリーム（返送汚泥の返送系）においてリン酸の吐き出しと、吐き出されたリン酸の化学的な方法による回収が行われる。	リンの除去と回収を行うことができる。	
A2O法	A2O process	生物反応槽は嫌気・無酸素・好気順であり、流入水は嫌気槽に投入される。また、好気槽から無酸素槽に硝化液が循環される。	窒素・リンの同時除去	
修正Bardenpho法	Modified Bardenpho process	A2O法の後段に脱窒反応槽と仕上げ曝気槽が付加されている。	同上。	
UCT法	UCT process	生物反応槽は嫌気・無酸素・好気順であり、流入水は無酸素槽に投入される。また、好気槽から無酸素槽、および、無酸素槽から嫌気槽への二つの循環がある。	同上。	
FAREWEL反応付加活性汚泥法	Activated sludge process with FAREWEL reaction	余剰汚泥のもつ有機物吸着能力を活用し、余剰汚泥を汚泥処理系に送る前に下廃水中の有機物を吸着除去する。		曝気動力を削減できるとともに、バイオマス回収量を増やすことができる。

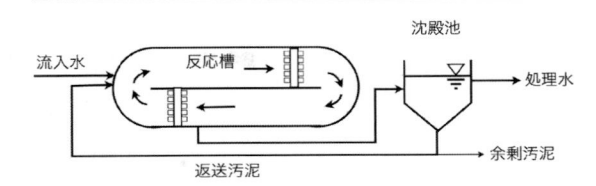

コンタクトスタビライゼーション法（図5）は、汚泥と下廃水を短時間接触させ、下廃水中の有機成分を汚泥に一旦吸着させる。最終沈殿池で回収した汚泥は未だ多くの未分解の有機物を吸着したままの状態なので、汚泥返送ラインの途中に曝気槽を設け、吸着された有機物の分解を促進する。下水処理のためにはあまり用いられていない。

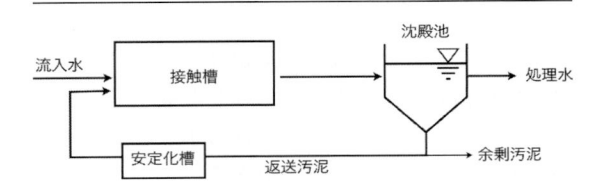

酸素曝気法は、通常よりも酸素濃度を高くした空気を曝気のために用いるものである。また、深槽曝気法（図6）は、通常の活性汚泥法の生物反応槽水深が5m前後であるのに対し、数十m以上の水深とするものである。これらはいずれも少ない敷地面積での処理効率をあげるために開発されたものである。

② 下水の投入方法に特徴のあるもの

流入下水は通常生物反応槽の最上流部に投入されるが、最上流部に加え、中流部、下流部等数か所に分散して投入することがある。これをステップ式流入法と呼ぶ。

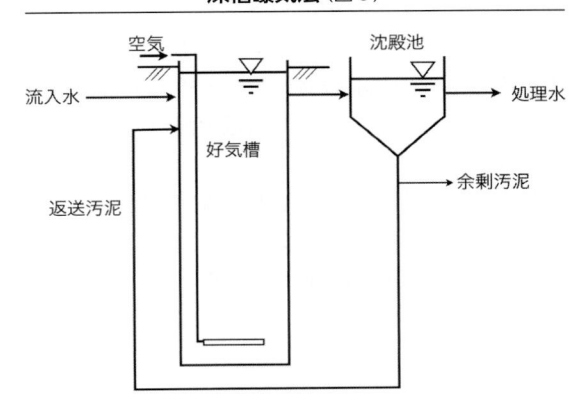

ステップエアレーション法（図7）は、ステップ投入によって生物反応槽の上流から下流まで、まんべんなく生物反応を行わせようという考えから生まれたプロセスである。また、脱窒反応のために必要な有機基質を供給するためにステップ投入が行われることがある。

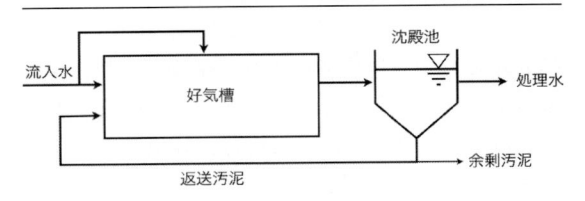

糸状性細菌の増殖を抑制するために、セレクターを導入した活性汚泥法（図8）もある。フロック形成細菌よりも糸状性細菌の方が液に接する面積が微生物体積に比して大きい。低濃度の基質を効果的に摂取しなければならないような状況下では、微生物体積に対して液と接する表面積が大きい方が遊離なので、糸状性細菌の方が有利であろうと考えられる。例えば完全混合の反応槽では、高濃度で入ってきた流入水が反応槽内の水で直ちに希釈されるため、常に基質濃度が低い状況となり、そうした環境では糸状性細菌が有利になりやすい。フロック形成細菌の不利を補うために、主たる生物反応槽に導く前に小さな反応槽で接触さ

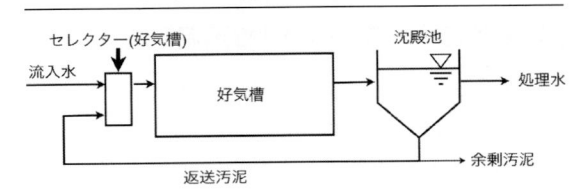

回分式活性汚泥法(図9)

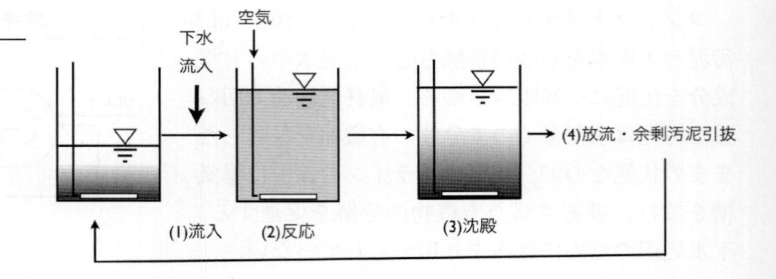

図9 回分式活性汚泥法の流れ: (1)流入 → (2)反応 → (3)沈殿 → (4)放流・余剰汚泥引抜

せると、そこでは有機物濃度が高くなり、フロック形成細菌に有利となる。そうした発想で開発されたのが、セレクターと呼ばれる小さな接触槽を最上流部に持つ活性汚泥法である。

下水の投入方法に特徴があるという点では、再びではあるがオキシデーションディッチ法もあげられる。オキシデーションディッチ法では生物反応槽内の活性汚泥混合液はディッチ内を常に循環している。そこに、下水・返送汚泥が流入することとなる。

最後に、回分式活性汚泥法(SBR法)(図9)では、生物反応槽と最終沈殿池が兼用になっている。沈殿工程の後、処理水を放流した後、下水を投入する。そして生物反応を行い、それが終わったら、再び沈殿工程である。

③ 処理水の分離方法に特徴のあるもの

膜分離式活性汚泥法は、重力沈降の代わりに膜をもちいて汚泥と処理水を分離するものである。膜分離装置の設置位置により、生物反応槽内(通常曝気槽内)に膜を浸漬する場合、別途膜分離用の装置を曝気槽外に設ける場合、分類できる。

膜分離式活性汚泥法については6章において詳述している。

(3) 栄養塩除去のための活性汚泥変法

本節では栄養塩除去を目的とした活性汚泥変法について概観する。

なお、本節の本題に入る前に、用語の定義をしておきたい。通常、嫌気条件というと、「酸素がない条件」として定義されるが、栄養塩除去を行う場合、さらに硝酸の有る無しで、嫌気条件を「無酸素条件」および「(狭義の)嫌気条件」に分けて理解すると便利である。無酸素条件は、酸素はないが硝酸又は亜硝酸が存在する条件であり、脱窒反応が行われうる。一方、狭義の嫌気条件では、酸素も硝酸・亜硝酸も存在しない状況であり、生物学的リン除去プロセスの嫌気条件は、こちらを指す。なお、英語では、無酸素条件はanoxic、また、嫌気条件はanaerobicと訳される。

① 窒素除去のための活性汚泥変法

窒素は、通常の活性汚泥法においても微生物による同化作用によってある程度除去することができる。しかし、それで除去することができるのは、通常の下水であれば流入する窒素のせいぜい3、4割であり、それ以上に窒素を除去しようとすると、何らかの特別な対策をとらなければならない。

先に、2.(3)において窒素除去の仕組みとして硝化反応と脱窒反応を組み合わせる事を述べた。実際に下水処理場において硝化・脱窒反応をこの順番で行おうとすると、硝化反応が完了した時点で有機物の除去はほぼ完了しており、従って、脱窒反応を行おうとしてもそのために必要な有機物が足りない事となる。即ち、式(7)に示した反応では、左辺に硝酸と有機物が記してあるが、有機物が存在しなければこの反応式は右に進むことができない。

また、硝化反応ではアルカリ度が消費され(酸度が生成され)、また、脱窒反応ではアルカリ度

硝化脱窒法（図10）

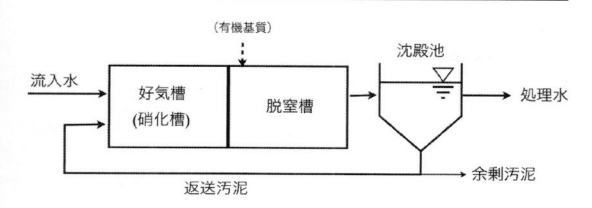

循環式硝化脱窒法（図11）

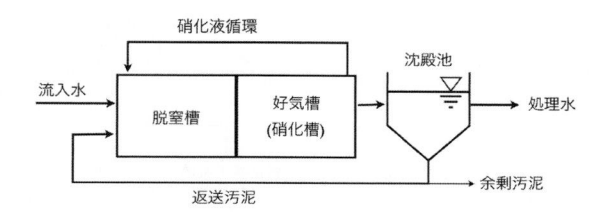

が生成される（酸度が消費される）。その結果、硝化反応反応ではpHが低下し、また、脱窒反応では上昇する。特に、硝化に関してはあまりpHが低下すると硝化が進みにくくなることがある。

さて、初期に開発された硝化脱窒法では、先に硝化反応を行うものであった。先に消化反応を行ってしまうと、有機物も好気的に除去されてしまうので、脱窒反応をはじめる頃にはほとんど脱窒のために利用可能な有機物が残っていないという状況になる。それでも、十分に時間をかけて内生脱窒を行うことはできなくはない。また、脱窒のために必要な有機物をわざわざ添加して脱窒反応を行うこともある。

一方、先に述べたように、硝化・脱窒をこの順で行うためには、後々添加しなければならない有機物の量が多く、そのための薬品代も、また、その分増加する汚泥の処理コストもかさむ事となる。

下廃水中の有機物を脱窒反応のために用いるために、1960年代から70年代初頭にかけて、循環式硝化脱窒法（英名は、Modified Ludzack-Ettinger法、MLE法）が開発された。そのプロセス構成は図11の通りである。生物反応槽前段が無酸素槽となっており、脱窒反応はこの部分で起こる。一方、硝化反応は、生物反応槽後段の好気反応槽（硝化槽ともいわれる）である。硝化槽で生成された硝酸を無酸素槽に戻す必要があるが、そのために、汚泥返送ラインに加えて硝化液循環ラインを設けている。硝化液とは、好気反応の後の硝酸を含む活性汚泥混合液である。

循環型硝化脱窒法では、いくつか簡略化のための仮定を設けると、図12に示すように、窒素の除去率を汚泥循環率や硝化液の循環率の関数として表すことができる。なお、図12中、NOx－Nは亜硝酸態窒素（NO_2-N）と硝酸態窒素（NO_3-N）をあわせたものであり、硝酸態窒素・亜硝酸態窒素をまとめて表現したい時には便利な表記である。また、話しがやや横道にそれるが、硝酸態窒素・亜硝酸態窒素を測定するための簡便法として、210nm～220nm付近での紫外線吸光度を用いることがある。この方法では、硝酸態窒素・亜硝酸態窒素を区別してもとめることはできず、測定結果はまさしくNOx－Nと表してよいものである。

さて、図12において用いている仮定は、次のようなものである。(1)脱窒槽内に流入した硝酸・亜硝酸は、全て脱窒槽内で脱窒のために利用される。(2)脱窒槽内ではケルダール態窒素（アンモニア態窒素と有機態窒素の合計）は変化しない。(3)硝化槽では流入したケルダール態窒素のうち1－kが微生物への同化によって除去され、残りkは全てNOx－Nに変化する。(4)硝化液循環ライン、返送汚泥、処理水の水質は、脱窒槽下流端の水質と同じであるとする。

仮定(1)により、脱窒槽下流端ではNOx－Nは0mgN/Lとなる。また、仮定(2)により、脱窒槽へのケルダール態窒素の流入と、そこからの流出量は等しくなるはずである。

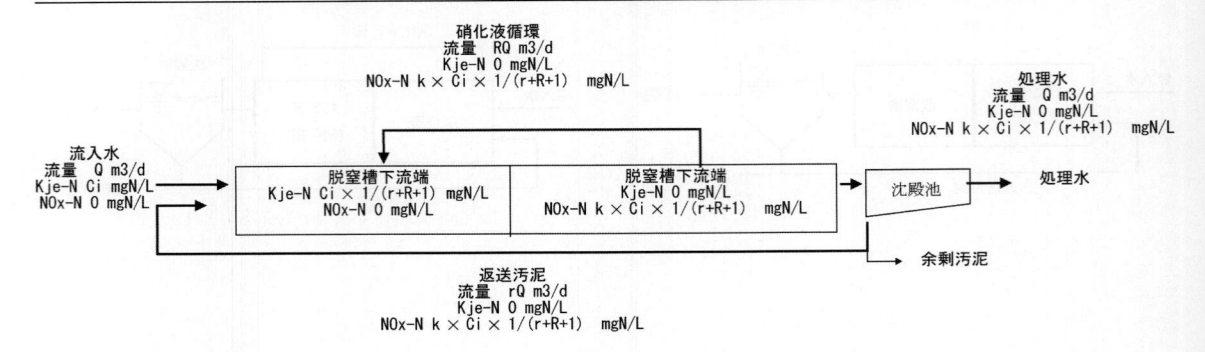

循環式硝化脱窒法における窒素収支の大まかな把握(図12)

脱窒槽に流入するケルダール態窒素の量＝流入水から流入するケルダール態窒素の量（Q×Ci）＋返送汚泥から流入するケルダール態窒素の量（r×Q×0）＋硝化液循環から流入するケルダール態窒素の量（R×Q×0） (9)

脱窒槽から流出するケルダール態窒素の量＝脱窒槽からの流出量$(1+r+R)Q$×脱窒槽下流端のケルダール態窒素の濃度 (10)

これを解くと、脱窒槽下流端のケルダール態窒素の濃度は$Ci/(1+r+R)$と求められる。

さらに、仮定（3）により、硝化槽下流端のNOx−Nの濃度は$k×Ci/(1+r+R)$、ケルダール態窒素の濃度は0となり、仮定（4）により、これがそのまま処理水中のNOx−Nの濃度となる。また、以上より、除去率は$1-k/(1+r+R)$となる。k=0.6、r=0.2とすると、除去率はR=0の時50％、R=1の時73％、R=2の時81％となる。

実際のプロセスにおいては、脱窒槽内においてもケルダール態窒素の同化が見られるし、また、硝化槽内においても溶存酸素濃度が低い場合には脱窒が起こる。さらに、沈殿池において微生物の呼吸が活発な場合、酸素が不足し、脱窒が起こることがある。その場合、処理水に残存した硝酸態窒素の除去は良好となるが、その一方、フロックに窒素ガスの気泡が付着し、汚泥が沈殿池水面に浮上してしまう事ともなる。

循環式硝化脱窒法以外の窒素除去のための変法についていかに簡単に述べる。

ステップ流入式硝化脱窒法（図13）では、生物反応槽内に脱窒槽を好気槽を交互に設け、流入下水を各脱窒槽に分配して流入させるものである。循環のためのポンプが不要となるが、反応槽の構成がやや複雑になる。

また、曝気槽において曝気を間欠的に行う事で、一槽で硝化と脱窒を行う場合もある。連続式でも回分式でもいずれも可能である。回分式活性汚泥法では、pHやORPを監視する事で、硝化の終了点や脱窒の終了点を検出し、処理性能を高めることができる。

なお、好気条件化でも脱窒が行われる場合がある。好気性脱窒とも言われるが、活性汚泥のフロック表面は好気性だが、フロックの奥の方までは酸素が十分に届かず嫌気になるので脱窒が行われる、というものである。

② リン除去のための活性汚泥法

リン除去のための生物学的リン除去プロセスあるいは別名嫌気好気式活性汚泥法については、先に詳しく説明した。

嫌気好気式活性汚泥法のプロセス構成を図14に示す。循環式硝化脱窒法のそれと混同しやすいが、両者の最大の違いは、好気槽からの硝化液循環の有無である。循環式硝化脱窒法では、好気槽

から脱窒槽に硝化液を循環するラインがあるが、嫌気好気式活性汚泥法にはそれがない。循環式硝化脱窒法の一番目の槽は、酸素の供給を受けていないが、硝酸の供給を受けており、従って、微生物は硝酸呼吸をすることができる。すなわち、無酸素条件となっている。一方、嫌気好気式活性汚泥法の嫌気槽は、酸素も硝酸も供給されておらず、狭義の嫌気条件になっている。

また、化学処理と組み合わせたPhoStrip法（図15）も知られている。この方法のプロセス構成はやや複雑だが、通常の標準活性汚泥法の返送汚泥の一部がリン放出槽兼汚泥濃縮槽を経由する。リン放出槽では生下水または最初沈殿池越流水が返送汚泥に加えられ、長時間沈殿される。その間に、汚泥中の微生物が蓄えていたポリリン酸が放出される。沈殿した汚泥の大部分は再び好気槽に戻る。一方、リン放出槽の上清は高濃度のリン酸を含んでいる。そこで、石灰や鉄系、アルミ系の凝集剤を用いてリンを沈殿除去する。石灰を用いた場合はリン系肥料として利用しやすい。

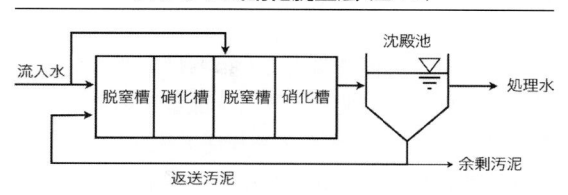

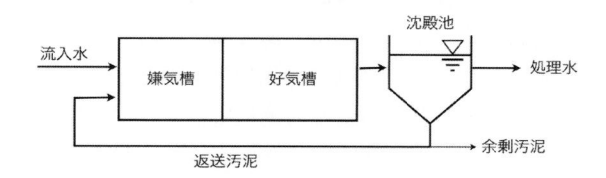

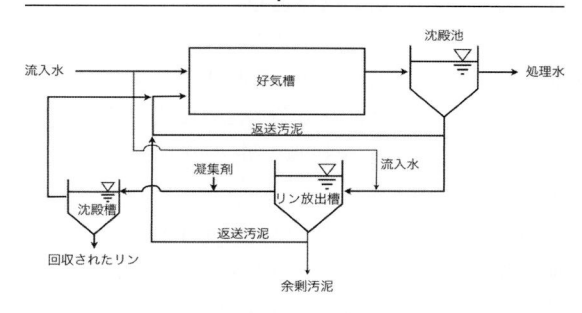

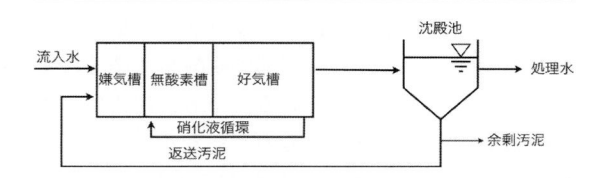

③ 窒素・リンの同時除去プロセス

嫌気槽・脱窒槽・硝化槽を一つの反応装置内に配する事で、窒素とリンを同時に除去することができる。

代表的なものはA2O法（図16）、修正Bardenpho法（図17）、UCT（University of Cape Town）法（図18）などがある。A2O法では反応槽は嫌気・無酸素（脱窒）・好気の順であり、好気槽から無酸素槽に硝酸を含む硝化液が循環される。修正Bardenpho法もA2O法と同様の構成だが、好気槽の後にさらに内生脱窒のための無酸素槽、そして最後に好気槽が付加される。最後に好気処理するのは、沈殿工程で脱窒が起こり固液分離が不調になるのを防ぐため、また、沈殿池が嫌気になりリン酸の放出が起こるのを予防するためである。A2O法や修正Bardenpho法では返送汚泥中の硝酸が嫌気槽に流入し、嫌気条件が乱される恐れが多少ある。その弱点を克服するために考案されたのがUCT法である。返送汚泥は嫌気槽ではなく脱窒槽に返送され、さらに、脱窒槽から嫌気

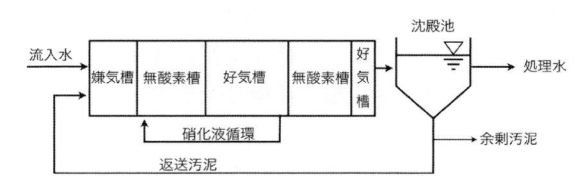

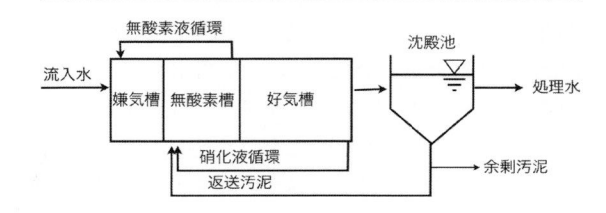

槽にもどる循環ラインが加わる。

　窒素・リンの同時除去でしばしば問題となるのは、有機物の脱窒菌とポリリン酸蓄積細菌への分配の仕方である。いずれも従属栄養微生物なので、流入下廃水中の有機物を利用して増殖する。これら意外に、脱窒にもリン除去にも寄与しない従属栄養微生物が存在するので、それらが限られた量の有機物をめぐって競争しあう事となる。

　鍵の一つは、有機物の酸化分解を、できるだけ酸素による酸化ではなく脱窒反応によって行わせるようにする事である。これによって、脱窒にもリン除去にも寄与しない好気性従属栄養微生物にまわる有機物の量を絞り込む。

　また、脱窒能力を持つポリリン酸蓄積細菌（脱窒性ポリリン酸蓄積細菌）を利用する事も考えられる。この細菌は、好気条件だけでなく脱窒条件下においてもリンを摂取しポリリン酸を合成する。

　もう一つのアイディアは、完全硝化ではなく亜硝酸型の硝化を利用する事である。亜硝酸型の硝化とは、硝化反応を硝酸まで進めるのではなく、亜硝酸までで止めてしまう事である。硝酸を脱窒によって除去するために必要な有機物の量を先に計算したが、そのうちの一部は硝酸を亜硝酸にする反応のために使われている。一方、硝化反応の途中で亜硝酸が生成されるのであるから、もしも硝化反応を亜硝酸までで止めることができれば、硝酸を亜硝酸に変換する必要がなくなる。そして、その分少ない量の有機物で窒素除去（脱窒）を行うことができる。また、硝化を亜硝酸で止めることができれば、亜硝酸を硝酸に変換するための有機物をも節約できる。

　亜硝酸型の硝化を確実に行うために、高温・高pH条件で硝化を行うSharonプロセス[7]や、酸素供給を最低限に制御する事で亜硝酸酸化細菌の増殖を許さない運転方法が提案されている。しかし、Sharonプロセスに適したような高水温の排水を対象とする場合以外は、フルスケールの処理プロセスで確実に亜硝酸型硝化を行う事は難しい。また、酸素供給を制限した場合、温室効果ガスの一つである亜酸化窒素が発生しやすい条件下での運転となってしまうのも問題である。

　また、先にAnammox反応について紹介した。Anammox反応は有機物を必要としない脱窒反応である。適用範囲は限られるが、排水の種類性状によってはAnammox反応を併用することも考えられよう。

(4) 汚泥発生量の制御からみた活性汚泥変法

　1.において述べたように、下水から除去された有機物は、（1）の反応によって二酸化炭素になるか、または、（2）の反応によって微生物体になるかのいずれかである。（1）と（2）のどちらか一方のメカニズムだけ、というわけにはいかないが、これらの比率を制御する事はある程度可能である。例えば先に述べた長時間曝気法では、いったん（2）の反応によって微生物体に同化されたものを、長時間曝気することによって（1）の反応にまで持っていく事で汚泥の発生量を抑制しようという意図がある。

　（1）の反応（異化反応）を積極的に利用することは、汚泥の発生量を削減することを意味するし、また、より多くの酸素を消費し、従って、曝気のためのエネルギー消費の増大を招く。一方、（2）の反応を積極的に利用する事で、曝気のためのエネルギー消費を削減することができる一方、汚泥の発生量が増大してしまうという欠点がある。ただし、余剰汚泥をバイオマスエネルギー資源に転換することができる場合は、余剰汚泥が増えるというのは欠点ではなく利点になりうる。ちなみに、1kgのCODの持つ熱量は、大まかには3500kcalであり、1kgのVSの持つ熱量は5000kcal弱、電力換算でほぼ5.5kWhに相当する。

　長時間曝気法以外にも、余剰汚泥の発生量を削減させるための活性汚泥法変法がいくつか開発されている。それらについては、20章.処理対象別実例を参照されたい。それらは、一旦発生した余剰汚泥を物理化学的または生物学的な方法で可溶化し、水処理系に再度もどすもの、また、食物連鎖を利用して無機化を促進するものに大別でき

FAREWEL反応を導入した活性汚泥法(図19)

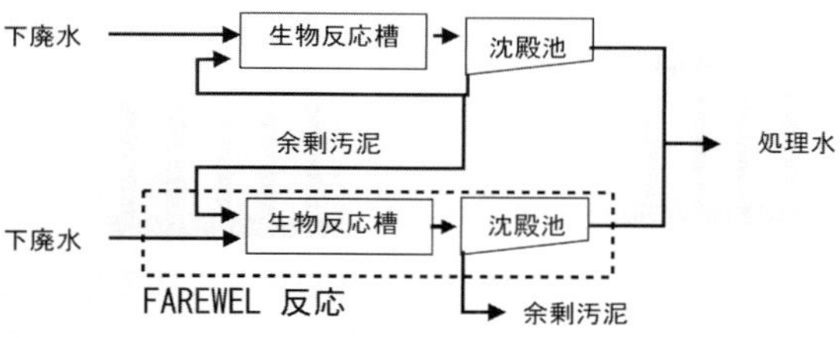

散水ろ床法(図20)

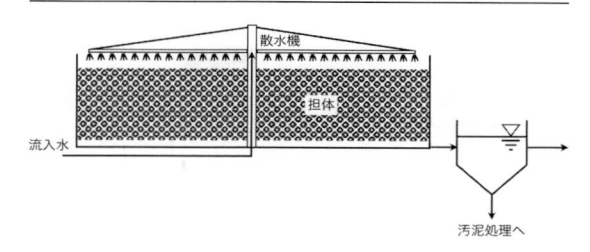

る。

　一方、全く逆に、余剰汚泥の量を増やそうという方向での活性汚泥変法が提案されている。一つには、汚泥滞留時間をできるだけ短くしようという方法がある。

　また、余剰汚泥を汚泥処理系に送る際、下水や汚泥処理系からの返流水等と短時間接触させてから、汚泥処理系に送ろうという提案もなされている。押木ら[8]の提案しているFAREWEL反応（Final AeRation of Excess sludge With Excess Loading）(図19)がそれである。

　こうした排水処理技術は、汚泥処理にかかるコストが増大する懸念がある一方、酸化分解によって除去される有機物量を減らすことができるので、曝気動力を削減することができる。また、メタンガスとして回収することのできるバイオマスエネルギー量も増加させることができる。

5 生物膜法

(1) 好気性生物膜法

　好気性生物膜法の代表的なものとして、散水ろ床法（図20）がある。散水ろ床法とは、軽石等を敷きつめたところに、上部から下廃水を散布する方法である。軽石の表面に微生物が繁殖し、生物膜を形成する。生物膜中に繁殖している微生物の作用によって下廃水を浄化することができる。また、生物膜がごく下廃水のごく薄い液膜を介して空気に接しているため、酸素を供給するために曝気する必要がなく、従って、処理に要するエネルギーは活性汚泥法よりもだいぶ少なくてすむ。散水ろ床法は活性汚泥法よりもはやく、1800年代末には実用化され、我が国ではじめて建設された下水処理場である東京都の三河島処理場は、当初は散水ろ床法であった。なお、図では散水ろ床と沈殿池が別々になっているが、ろ床下部の空間に沈殿池をつくる方式もある。また、多くの場合処理水を数回循環してろ床を通過させ、十分な浄化をはかる。

　好気性生物膜プロセスにおけるの微生物の働きは、基本的には本節1.2.での説明と同じである。すなわち、好気性微生物を利用しており、有機物の除去は微生物によるエネルギー合成のための反応（異化代謝）と、微生物体への変換（同化代謝）による。また、硝化・脱窒法によって窒素を除去する事も可能である。

　具体的な生物膜プロセスの説明に入っていく前に、生物膜の基本的な性質について触れておきたい。

　生物膜は、まずは担体の表面に薄く形成される（図21-a)）。その後、微生物膜は微生物の増殖に伴って（式(2)あるいは式(7)の反応に伴って）、肥厚化する（図21-b))。そうすると、生物膜中では、水に接する表面と、それよりも奥で、異なった環境を呈する事となる。例えば、酸素や下廃水からの有機物は、生物膜表面に棲む微生物には届きやすいが、生物膜内部まで拡散して到達するまでには時間がかかる。時間がかかる上に、酸素や

生物膜とその発達(図21)

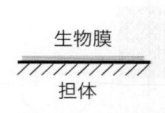

a) 初期の生物膜

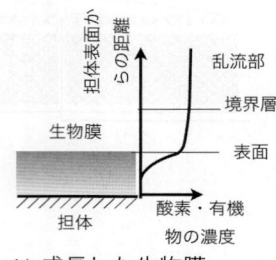

b) 成長した生物膜

c) 複雑な形状の担体上の生物膜（初期）

d) 複雑な形状の担体上の生物膜（過剰に生物膜が発達したとき）

有機物は、生物膜表層の微生物によって全て利用され、内部には全く届かないという状況となる。そうすると、生物膜の内部は嫌気性になり、初期に存在していた好気性微生物群は活性を潜め、嫌気性の微生物群が主体になっていく。その際生物膜は強度が変化し、また、肥厚しているために流れの作用を受けやすく、剥離しやすくなる。ただし、流動を与えずに長時間生物膜を同じ場所に保持しておく事で、生物膜の分解を促し、汚泥発生量を低減させることもある程度期待できる。

また、図21 - cのように、表面積を稼ぐために複雑な形状の担体を導入することがある。しかし、生物膜が発達すると、生物膜が反対側の壁にまで届いてしまったり、あるいは、生物膜が表面全体を覆ってしまうこともある（図21 - d）。実質的に有効な表面積が減少するだけでなく、付着担体の比重が変わってしまう。散水ろ床法のような固定床であれば、固定床を支える土台を生物膜の増殖まで考慮して設計した方がよいと言う事でもあるし、また、流動床であれば、最初は流動しやすかった担体が、重たくなって反応槽の底に沈んでしまうような事にもなる。

なお、剥離した生物膜が処理水に流出するのを防ぐために、通常は沈殿池を設けている。

生物膜法はまた、次のような特徴を有する

微生物が装置内に滞留する時間（活性汚泥の場合であれば汚泥滞留時間）が長くなるので、増殖速度の遅い微生物を維持しやすい。また、汚泥発生量も、活性汚泥法よりも小さくてすむ。そのため、余剰汚泥の管理がしにくい小規模の下水処理施設に向いている。また、行楽地のように負荷変動が大きい場合、活性汚泥法では低負荷の期間に微生物量が維持されるよう、管理の仕方を工夫する必要があるが、生物膜法の場合は処理性能は基本的に担体の表面積に依存するので、特段の配慮はしなくともよい。

一方、生物膜法は高等生物が繁殖しやすいような環境を与えてしまう。イトミミズが増殖するくらいであれば外部への影響は限定的かもしれないが、ろ床バエのような飛行能力を持つ昆虫は、処理場の周囲に迷惑を及ぼしかねない。先に述べたように、基本的には行楽地に適した性能を持ちながら敬遠されがちなのは、衛生害虫への懸念があるようである。

また、微生物量を制御しにくいという特性は、万が一処理に何らかの問題が発生した場合に、対応しにくい（ほぼなりゆきに任せるしかない）という事にもつながる。

なお、栄養塩除去に関しては、窒素除去に関しては対応を考えやすい。増殖速度の遅い微生物を保持しやすいという特性は、硝化細菌を維持しやすいという事でもある。また、浸漬型の生物膜であれば、曝気を停止して嫌気（無酸素）条件にし、

流動床および固定床型反応槽（図22）

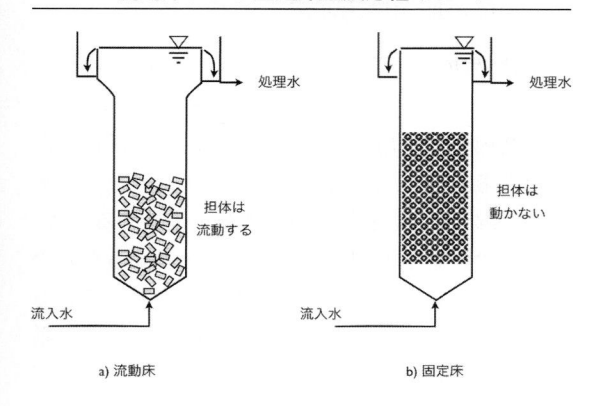

a) 流動床　担体は流動する
b) 固定床　担体は動かない

脱窒を促す事も容易である。さらに、生物膜内の内部で嫌気条件になりがちな事を利用し、好気性脱窒を行う事もある程度可能ではあるが、それだけで十分に窒素を除去することは難しいようである。

一方、リン除去は、生物膜法のような汚泥の発生量が少ないプロセスでは困難となる。窒素が最終的に窒素ガスとして除去されるのに対して、リンは、固体になる他ないからである。ただし、リンは鉄塩（正確には第二鉄塩、すなわち三価の鉄塩）やアルミニウム塩、あるいはカルシウム塩として沈殿しやすい性質を持つので、化学的な方法と組み合わせる事で除去することができる。家庭用の浄化槽で、鉄板を浸漬し、そこから徐々に溶出する鉄イオンを用いてリンを除去するプロセスが実用化されている。また、生物膜プロセスを嫌気好気条件で運転し、下水中のリンを濃縮し、再利用や化学沈殿処理を容易にしようという試みもなされている[9]。

以下、ごく簡単に各種好気性生物膜プロセスを紹介する。すでに散水ろ床法は冒頭で紹介したので、その他のものを紹介していく。

(2) DHS法

東北大学の原田秀樹教授により開発されたDHS法、すなわち、下降流懸垂型スポンジ法は、多孔質のスポンジ担体を用いた散水ろ床法であると捉えることができる。散水ろ床法では担体表面にしか生物膜が形成されないが、DHS法ではスポンジ内部にも微生物が棲息する。また、処理対象の下廃水は担体表面だけでなくスポンジ内も流れ、微生物に有機物や酸素を供給する。さらに、散水ろ床法と同様、酸素は表面曝気により供給されるので、曝気のための動力が不要である。そうした事から、散水ろ床法よりも高い処理性能を得ることができ、活性汚泥法に匹敵する処理性能を発揮した例が報告されている。

本法の効率を高めるために、前段にUASB法と組み合わせる方法が提案されている。

(3) 固定床型浸漬ろ床法、流動床型浸漬ろ床法

付着担体が流動性を持つものは流動床型、流動性を持たせないものを固定型とよぶ（図22）。ただし、この分類はあくまで目安であり、例えばひも状の付着担体の一部を装置内に固定し、水の流れに伴ってゆらゆらと流動させるような、中間的なものも存在する。

一般に、固定床型の方は生物膜の剥離を抑制し、自己分解を促進させ、汚泥の発生量を最低限におさえるために有利である。一方、流動床型の方は、付着担体同士が床内で衝突する衝撃で、徐々に微生物膜が削られていく。そこで、反応槽内の微生物量を一定に保つことができるというメリットがある。

いずれの場合も酸素を供給するために曝気が必要である。付着担体を直接曝気する方式もあれば、曝気により旋回流をつくり、酸素が溶け込んだ下降流を担体に供給する方法もある。流動床型の場合は前者、固定床型の場合は後者が多い。

付着担体には種々の形状のものがあり、それらをひとつひとつあげていくときりがない。ここでは割愛させていただく。

回転円板法（図23）

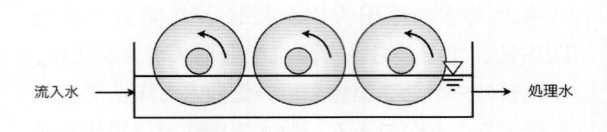

(4) 回転円板法

　回転円板法（図23）は、ほぼ半分程度を水に沈めた円板を回転させるというものである。微生物膜は円板の表面に形成される。また、生物膜は水面下への浸漬と水面上への露出を交互に繰り返す事となる。生物膜内の微生物は、水面下に浸漬されている間に有機物を摂取し、水面上に露出した時に酸素の供給を受ける事となる。

　曝気をしないので、動力費を低減する事が可能である。

　また、韓国では多孔質の回転円板を用いてBacillus属の細菌を繁殖させ、処理性能の向上や、汚泥の臭気の低減をはかっているとのことである。

(5) 担体添加活性汚泥法

　担体添加活性汚泥法は、活性汚泥法の変法の一つであるが、付着担体を添加し、そこに形成される生物膜をも利用するプロセスであり、活性汚泥法と生物膜法を組み合わせたものであると言える。冬期の水温低下時に硝化細菌を維持するため、あるいは、脱窒槽内での反応速度を高めるため等の用途で提案されているが、現実に稼働しているものはそれほど多くない。また、担体には原生動物や後生生物が繁殖しやすく、食物連鎖によって汚泥発生量が減少する効果も期待できる。

　また、包括固定化微生物を利用したものも、本項ではここに分類しておく。例えば日立プラント社のペガサス[11]がある。ポリエチレングリコールのゲルに硝化細菌を包括固定化したものであり、実績をあげている。

　流動床型の場合には担体が他の反応槽や第二沈殿池に流出しないように、流出口にスクリーンを設けている。

　包括微生物固定化法を含めて、概ね経年劣化の少ない担体が用いられているので、担体の交換や追加にかかる費用は通常それほど大きくはならない。また、曝気槽を空にして点検・保守をする際、付着担体を廃棄するなりしかるべき方法で保管しなければならず、その分、維持管理の費用が増大する事となる。

　なお、多孔質の回転円板を用いた回転円板法と活性汚泥法を組み合わせたプロセスや、散水ろ床法と活性汚泥法を組み合わせ、硝化を散水ろ床で行うプロセスも存在する。

2 嫌気性生物処理

1 原理/機能/用途

(1) 嫌気性微生物の生理

　嫌気性生物処理は、主として嫌気性の微生物を利用した水処理である[1]。嫌気性微生物は、嫌気呼吸や発酵によってエネルギーを合成し、それによって増殖する。ただし、嫌気呼吸の中で、硝酸呼吸・亜硝酸呼吸は、他の嫌気性代謝よりも酸化還元電位が高い条件下で行われること、また、これら酸化剤を用いて生成されるエネルギーの量は、酸素を酸化剤とした場合よりはやや少ないものの、他の嫌気性代謝よりもだいぶ大きいことから、むしろ好気条件に近い。そこで、ここでは硝酸・亜硝酸呼吸を除く嫌気呼吸、および、発酵によって行われる生物処理を嫌気性処理と捉えることとする。

　「呼吸」では、有機基質が酸化されるとともに最終的に酸素や硝酸のような酸化剤が電子を受け取って還元される。酸素呼吸、硝酸・亜硝酸呼吸以外の呼吸の中で、嫌気性処理において重要なものとして、電子受容体として硫酸を用いるものと二酸化炭素を用いるものがあげられる。電子受容体として硫酸を用いる呼吸、即ち硫酸呼吸は、実態としてはむしろ硫酸還元と呼ばれることの方が多く、ここでも硫酸還元と呼ぶことにする。また、二酸化炭素を用いる呼吸も、通常は呼吸としてよりも、メタン発酵の一部として認識されている。

　また、「発酵」という用語は、二通りの用いられ方をする。微生物を利用して物質生産することを、しばしば「発酵生産」とよぶ。一方、生化学反応としての「発酵」は、酸化還元反応が最終電子受容体無しに進行し、エネルギーが生産される反応である。ATPは、主として基質レベルのリン酸化により合成される。

　発酵は、発酵によって生産される最終産物の種類によっていくつかに分類されている。エタノール発酵、乳酸発酵、酪酸発酵、酢酸発酵、混合酸発酵、メタン発酵等が知られている。

　また、嫌気性処理プロセスでの物質変換は図1のように説明されることもある。まず、高分子が加水分解をうけて低分子化される。さらに、加水分解産物が発酵され、水素、二酸化炭素、ギ酸、メタノール、メチルアミン、酢酸といった、メタン生成古細菌が利用可能な基質に変換される。ただし、その過程で中間体としてプロピオン酸、酪酸、コハク酸、乳酸などさまざまな有機酸やエタノールを経る場合がある。これらの反応はまとめて、しばしば酸性性反応、あるいはacidogenesisと呼ばれるが、特に、一旦生成した各種低級脂肪酸等を酢酸にまで変換する過程をacetogenesisと呼ぶ場合もある。最後に、メタン生成古細菌がこれらをメタンガスや二酸化炭素に変換する。ただし、硫酸根と硫酸還元菌が存在する場合、中間生成物はメタン生成の方向に向かわず、硫酸還元菌によって利用されてしまう場合がある。

　嫌気性生物処理では、微生物が分散増殖しやすい。嫌気性発酵を行う場合、発酵産物を細胞外に排出しなければならないが、周囲に同種の微生物が存在するようになると、どうして発酵産物が蓄積しがちになり、反応が進みにくくなる。また、

嫌気条件下での物質循環 (図1)

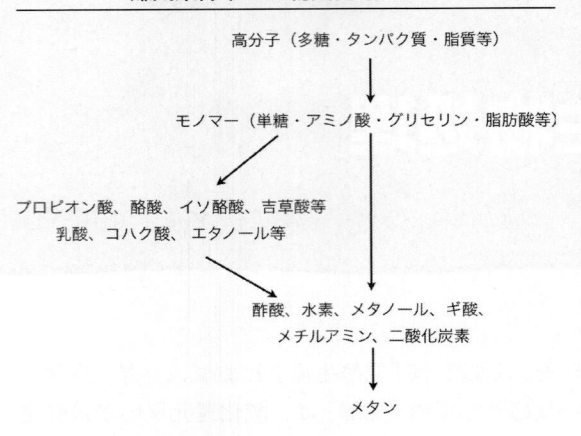

```
高分子（多糖・タンパク質・脂質等）
        ↓
モノマー（単糖・アミノ酸・グリセリン・脂肪酸等）
        ↓
プロピオン酸、酪酸、イソ酪酸、吉草酸等
乳酸、コハク酸、エタノール等
        ↓
    酢酸、水素、メタノール、ギ酸、
    メチルアミン、二酸化炭素
        ↓
       メタン
```

硫酸還元菌の場合は硫化水素を細胞外に排出するが、毒性物質なので、やはり蓄積を避けたい。そこで、互いにくっつきあうよりも、ばらばらに離れて暮らすライフスタイルをとる方が生存のために有利な事が多い。

一方、嫌気性処理でも例外的に集合して生活する事がメリットをもたらす場合もある。後に述べるUASB法において、嫌気性微生物がグラニュールを形成することが知られている。このグラニュールの中では、表層から中央部に向かって、図24に示した物質変換が進行するようになっている[12]。特に、酸生成反応では分子状水素の生成を伴う事が多く、わずかでも水素分圧が高まると停止してしまうものが多い。メタン生成古細菌が活発に水素を利用し、水素分圧を低く保ってくれると、酸生成の反応が進行しやすくなる。さらに、酸生成細菌が活発に分子状水素を供給してくれると、メタン生成古細菌も活発に活動することができる。即ち、酸生成を行う細菌とメタン生成古細菌とは、密接して暮らす事で、互いに利益を得ることができる。そのため、くっつきあって暮らす事に重要な利点があるのである。

なお、メタン生成古細菌の嫌気性発酵産物であるメタンは、ガスとなって反応系から容易に離脱していく。そのため、メタン生成古細菌は嫌気性微生物の中では例外的に自らの発酵産物の蓄積による弊害を免れることができる。

また、嫌気性消化反応では、特に酸性性反応によってアルカリ度が消費され、また、メタン生成によってアルカリ度が生産される。

(2) 嫌気性処理の特徴と用途

嫌気性処理は、微生物が利用可能なエネルギーの量が好気性処理に比べて大幅に小さく、そのため、微生物の増殖も好気性処理よりも少なくてすむ。また、酸素を供給する必要がないので、曝気のための動力も不要である。さらに、下廃水中のCODをメタンガスや水素ガスに変換すれば、これらを燃焼させてエネルギーを得ることができる。つまり、汚泥の発生量が少ない上に、省エネルギーであり、また、エネルギー回収さえも可能なのである。

嫌気性処理は、37℃前後で行う中温処理と、また、55℃前後で行う高温処理に大別する場合もある。この二つの温度で、活動する微生物は異なっており、それぞれ中温菌、高温菌などと呼ばれる。それぞれの最適な活動温度が37℃前後、55℃前後とされている。加温のためにエネルギーを投入しなければならないが、消化ガスを焼却した熱でそれを賄うことができることがおおい。

嫌気性処理は先に述べたように優れた特徴を有し、特に、高濃度の有機性廃水に対しては非常に優れた処理法として活用されている。

一方、嫌気性処理には欠点も多い。例えば、都市下水等希薄な廃水に対しては、嫌気性処理はあまり好まれない。その最も大きな理由は、処理水に嫌気性発酵産物や分散増殖性の微生物が含まれるので、処理水質があまりよくないことがあげられる。嫌気性処理を行った後の処理水を環境に放流しようという場合、好気性処理による後処理を行うのが通例である。

また、処理水には嫌なにおいのする成分が多く、また、その中でも硫化水素は大気中に放出されたのち、周囲に付着し酸化され硫酸となり、著しい腐食を引き起こす場合がある。また、処理水中にはメタンガスが多少ではあるが残存しているが、

メタンは強力な温暖化ガスである。特に希薄な廃水を嫌気性処理試用という場合には、処理水経由でのメタンガスの環境への放出を避けるよう、対策を講じるべきである。

さらに、一般に好気性微生物よりも嫌気性微生物の方が増殖速度が遅いので、処理装置の立ち上げが大きな問題となる。さらに、嫌気性生物処理系は好気性生物処理系よりも毒性物質等の影響を受けやすい。いったん毒性物質等の影響をうけてしまうと、立て直すまでにしばらくかかってしまうという事である。

また、嫌気性生物処理では、微生物の働きだけで栄養塩を除去することは、ほとんど期待できない。

(3) 嫌気性処理の酸素収支

嫌気性処理における酸素収支は、次のように表される。

処理前のCOD ＝ 処理後の水中に残存するCOD＋ 処理に伴って発生したガスのCOD　　　　　(1)

また、仮に、酸素や硝酸が混入した場合、次のようになる。

処理前のCOD ＝処理後の水中に残存するCOD＋ 処理に伴って発生したガスのCOD ＋ 混入した酸素や硝酸の酸素当量　　　　　(2)

こうした酸素収支を実際に実測値から算出する事で、プロセスを正しく把握できているかどうか、確認することができる。

なお、メタンガスのCODを計算するには、嫌気性消化ガス中に含まれるメタンガスの量をモル数として算出し、メタンガスの酸化反応が次の化学式によって進行する事を考慮すればよい。例えば、1モルのメタンガスが発生したのであれば、それに相当するCOD量は64gとなる。

$$CH_4 + 2O_2 \rightarrow CO_2 + 2H_2O \quad (3)$$

(4) メタン生成古細菌について

最後にメタン生成古細菌について若干捕捉しておく。メタン生成を担う微生物は、分類学的には細菌とは全く異なる分類に属し、古細菌と呼ばれる微生物群に属する。細菌と古細菌は、動物と植物の関係以上に遠縁の関係にある。遺伝子解析によって微生物群集構造を把握するような場合には、この違いを十分に意識しなければならない。しかし、運転管理上は、古細菌だからといって特別に意識する必要はまったくない。

メタン生成古細菌はいわば偏食家であり、特定の基質しか利用することができない。あるものはもっぱら水素と二酸化炭素を利用し、また、あるものはもっぱら酢酸を利用する。

また、先に述べたように、嫌気性処理を行う場合、中温メタン生成古細菌や高温メタン生成古細菌が利用される。

2 嫌気性生物処理のいろいろ

(1) 嫌気性消化（汚泥、バイオマス）法

嫌気性処理によって下水汚泥やし尿、バイオマスのような固形分を高濃度に含む液状廃棄物を処理する事を、嫌気性消化という。

通常、これらに含まれる有機成分の、CODとしておよそ半分ほどに相当するメタンガスを回収することができる。つまり、1kgのCOD（COD_{Mn}ではなくCOD_{Cr}として）の有機物を処理すると、CODとして0.5kgのメタンガスを回収することができる。

下水汚泥といっても、初沈汚泥の方が分解しやすく、余剰汚泥は分解しにくい。また、し尿処理場では、し尿は分解しやすいが、浄化槽汚泥は分解しにくい。余剰汚泥も浄化槽汚泥も下水中の有機成分を利用して増殖した微生物が主体であり、嫌気性条件下でもしぶとく生き延びようとする。それに対して、初沈汚泥やし尿は微生物体以外の

UASB法およびEGSB法（図2）

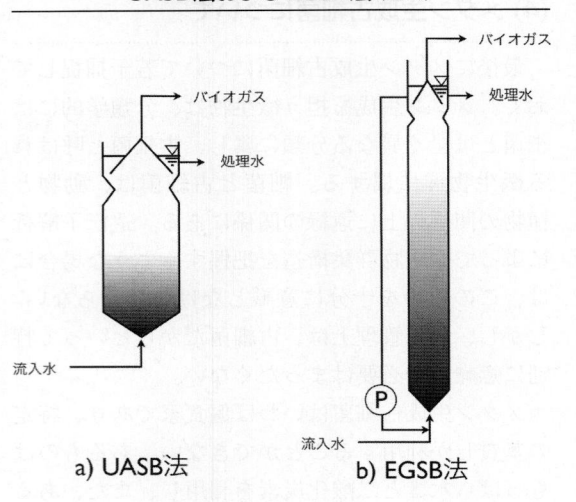

a) UASB法　　b) EGSB法

有機成分をより多く含んでいる。そのことが、消化特性の違いにあらわれている。

消化反応を一槽で行う一段消化法と、二槽を直列に配した二段消化法がある。また、下水汚泥の嫌気性消化の場合、中温処理では約1ヶ月程度、また、高温処理ではその半分程度の処理時間が必要である。装置全体で均一に反応を進めるためには、内部を攪拌する必要があるが、攪拌を行う場合でも全体が緩やかに混合される程度の攪拌を施す程度である。また、一段消化や二段消化の二槽目では攪拌しない場合も多い。

(2) UASB法

UASBとは嫌気性上向流汚泥床（anaerobic upflow sludge blanket）の略である。UASB法のプロセス構成を図2 a)に示す。上向流の線速度は、1m/h前後であり、反応槽の高さは3m～10mである。反応槽の上部では、下部よりもやや断面積が広げてあり、そのため上昇流速が低下し、汚泥は反応装置内に維持される事となる。反応槽内の水を循環させることもある。

先に述べたように、UASB法ではメタン生成古細菌を中心部に抱え込むようにグラニュールが形成される。グラニュールは負荷変動等にも強く、一旦形成されれば安定した処理性能を発揮するが、スタートアップは大変である。

単位体積で処理することのできる負荷量は、10～20kgCOD/m³/dあるいはそれ以上になる。この能力は、活性汚泥法の20倍以上である。

また、UASB法の中でも特に上向線流速を高め、そのかわり水深を深める事で沈降性の高いグラニュールを形成し維持するものを、EGSB（expanded granule sludge bed）法（図2 b)）と呼ぶ。

これらは当初は特に溶解性有機成分を主体とする高濃度有機廃水の処理に用いられていたが、低濃度の廃水や都市下水処理への適用も検討されている。

なお、UASB法もEGSB法もメタン発酵まで行うのが通常である。しかし、近年では後段にエネルギー効率の良い好気性処理（具体的には生物膜法の項で紹介したDHS法）を配置し、DHA法の前処理として利用しようという考えが提案されている。

なお、UASB法やEGSB法は自己造粒型だが、付着担体を用いた嫌気性流動床プロセスも利用されている。

(3) 固定床法

嫌気性微生物は増殖が遅いのが最大の欠点であり、浮遊性の微生物を利用している場合、何らかのきっかけで嫌気性バイオマスを流失させてしまうのがこわい。一方、付着生物膜を利用した固定床であれば、そうした心配は少なくなる。

通常、内部の流速は小さく、装置内の低流速部に徐々に汚泥が沈積する傾向がある。そこで、時折汚泥を引き抜く必要がある。

3 池、湿地による処理

1 原理/機能/用途

　いずれも、低エネルギー消費型の処理プロセスであり、自然の浄化能力を引き出そうというものである[13]。処理施設単位面積あたりの処理能力は概して小さい。広大な土地を要するため、我が国ではいずれもほとんど導入例がないが、海外では広く用いられている。特に、発展途上国での導入例が多い。

　池を用いた処理は、池での沈殿による固形物の除去、また、嫌気性微生物や好気性微生物による分解、あるいは、光合成微生物による酸素供給と組み合わせての好気的分解によって行われる。また、病原微生物の除去は、沈殿の他、太陽光による殺菌や原生動物等による捕食によって行われる。また、一部の藻類の生産する物質が病原微生物の除去に効果があるとの報告もある。通常覆蓋はしていないので、水面からの酸素供給と、日中の光合成によって酸素が供給されるが、しかし、有機物負荷の程度によって嫌気的にも好気的にもなりうる。なお、「池」といわずに酸化池、嫌気性池、安定化池、ラグーンといったようなさまざまな呼び方をされることがある。ラグーンは、実質的にはここでいう池と同じである。また、酸化池、嫌気性池、安定化池の違いについては後で述べる。

　池を用いる処理では水面が表出しているのが前提であるが、湿地処理では表面が植物によって覆われる。イネのはえた田んぼのように水面が植生に隠れている場合もあれば、水面は地下に存在するような場合もある。有機物の除去は、沈殿やろ過、植物表面や土壌表面の微生物による分解によって行われる。また、微生物による硝化脱窒反応や、植物による窒素やリンの吸収も期待できる。

　いずれも建設や運転管理が比較的簡単であり、また、エネルギー消費も非常に少ない。発展途上国では導入例が非常に多いが、欧米やオーストラリアでも導入例がある。また、処理水は農業利用や養魚等に用いる事ができる。しかし、池の場合は短絡流が発生したり底泥が過度に蓄積する事のないよう、また、湿地処理では土の目詰まりが生じ植物の根圏による浄化が阻害される事のないよう、適切な設計と管理が必要である。また、風の影響（流れへの影響や底質の巻き上げ）も受ける点は、他の処理プロセスにはない特徴である。

2 池を用いた処理

　池を用いた処理システムはさまざまなものがあるが、図1のように整理されている[13]。嫌気性池は表面積をそれほど大きくとる必要はなく、水深は2～5m程度である。流入水のBODとして200mg/L程度を想定した場合、滞留時間は1日から数日であり、水温による影響を大きく受ける。また、BOD除去率は40から70%であり、これも水温による影響をうける。

安定化池の構造(図1)

a) 嫌気性池を持たない場合:
流入水 → 通性池 → 安定化池 → 安定化池 → 安定化池 → ‥‥ → 処理水
（複数の安定化池）

b) 嫌気性池を持つ場合:
流入水 → 嫌気性池 → 通性池 → 安定化池 → 安定化池 → 安定化池 → ‥‥ → 処理水
（複数の安定化池）

　通性池は嫌気性池よりも表面積を大きくとる。水面からの酸素供給を期待するという点もあるが、むしろ、光合成微生物による酸素供給の方が重要である。水深は1～2m程度とし、深くしすぎない。水面積負荷は、100～400kg/ha/d程度とする。ここまでで、流入BODの70－90％を除去することができる。処理水の有機成分は、藻類が主体となる。光合成微生物がとどまることができる程度の滞留時間を取らなければならず、気温・日照にもよるが4日以上は必要である。

　安定化池は、通性池とほぼ同じ構造をとる。BODの除去はわずかであり、むしろ、病原微生物の除去を期待している。光合成微生物の流失を防ぐ事が大切であり、一池あたりの滞留時間は数日となる。

　設計の実例は、文献13)等に見ることができる。例えば同書においてMaraは一般的な下水1万トンを処理する場合の例を示している。滞留時間は30日、また、嫌気性池を除く池面積を18haと算出している。

　安価な処理ではあるが、懸念も多い。池にたまった泥を定期的に除去する必要があると考えられるが、実際には何年にもわたって泥を除去せずに運転しているケースもあるようである。強力な温室効果を持つことが知られるメタンガスが大気中に放出される事も心配といえば心配である。広大な水面積を持つという事は、熱帯地方の雨期には水理学的な滞留時間が降雨によって大きく変動するという事でもある。また、臭気の発生の心配であるが、流入水の硫酸濃度が500mg/L程度未満であれば硫化水素の発生はそれほど問題にならないようである。

　池を用いた処理は、食品廃水の処理等にも広く用いられている。しかし、途上国においても経済・産業の発展に伴って地代が高くなってきており、また、UASB法等嫌気性処理法を適用可能な場合には、エネルギーを生産する事ができるという点がメリットとして受け止められ、処理方式を変更する事例もある。また、安定化池そのものにゴム製のシートで覆いをして、メタン発酵槽にしてしまうような転換も行われている。

3　湿地を用いた処理

　湿地処理は、文字通り天然の湿地に廃水を流し込むものもあるが、通常は人工的に形成した湿地を用いている。英語ではconstructed wetlandとなる。水面が存在するのを許容するタイプと、処理対象の水をあたかも地下水のように地中を流すことで、蚊への対策から、水面をつくらないように工夫するタイプがある（図2）。建設や、草本の管理のために一定の労力がかかる。また、地中を流す場合には、目詰まりへの対策が必要である。いずれにせよ、湿地性の植物が繁茂する事となる。適切な植物種を選ぶ事もまた、維持管理上重要であると考えられる。栄養塩は、植物による吸収の他、窒素は硝化・脱窒反応によっても除去される。また、常時一定速度で給水するのではなく、適宜給水を止め乾燥させて酸素の供給をうながすような工夫も行われることがある。文献13)中、Polprasertらによれば、水面が表出した池の場合は、水理学的負荷は、25～100mm/d程度、BOD負荷は5～110kg/ha/d程度、また、水面が表出していない池（図2b)）ではそれぞれ25～200mm/d、10から200kg/ha/dとしている。

　なお、図2c)に示した鉛直流式のものは、湿

湿地処理（図2）

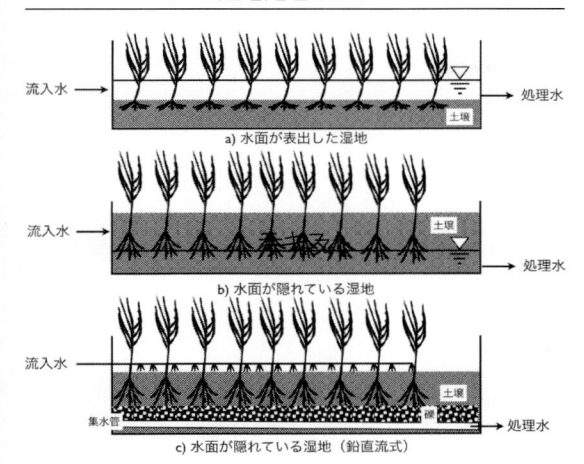

a) 水面が表出した湿地

b) 水面が隠れている湿地

c) 水面が隠れている湿地（鉛直流式）

地施設全体の能力を効果的に引き出すことができる反面、散水装置の設計に工夫が必要である。管に小穴を開けたようなものではどうしても目詰まりを起こしてしまう。また、常にちょろちょろと水を流すのは、難しい。流入水を一旦貯留し、一定水位に達するたびサイホンを働かせて水を間欠的に供給するようなシステムが考案され、利用されている[14]。

参考文献

1) Tchobanoglous, G, Burton, F.L., Stensel, H.D. (2002) Wastewater Engineering：Treatment and Reuse. McGraw – Hill.
2) 建設省土木研究所資料第2663号：下水高度処理計画及び高度処理導入プログラムに関する研究報告書、昭和63年5月。（「下水の高度処理技術 －快適な水環境の創出に向けて－」村田恒雄編著、理工図書、平成4年）
3) Strous M, Fuerst JA, Kramer EHM, Logemann S, Muyzer G, Pas – Schoonen KT, Webb R, Kuenen JG, Jetten MSM：Missing lithotroph identified as new planctomycete. Nature 1999, 400：446 – 449
4) Mino T., van Loosdrecht M.C.M. and Heijnen J.J. (1998) "Review：Microbiology andBiochemistry of Enhanced Biological Phosphate Removal Process", Water Research, Vol.32, No.11, 3193 – 3207
5) Oehmen,A., Lemos, P.C., Carvalho, G., Yuan, Z., Keller, J., Blackall,L.L., Reis, M.A.M. (2007) Advances in enhanced biological phosphorus removal：From micro to macro scale. Wat. Res., 41(11), 2271 – 2300.
6) 日本下水道協会（2009）下水道施設計画・設計指針と解説　後編．日本下水道協会
7) van Dongen, L.G.J.M., Jetten, M.S.M., Loosdrecht, M.C.M. (2001) The Combined Sharon Annamox Process – A sustainable method for N – removal from sludge water. IWA Publishing.
8) 押木 守，佐藤 弘泰，味埜 俊（2009）微生物の持つ有機物貯蔵能力を利用した省エネルギー型廃水処理法の提案，用水と廃水 51（9）：41 – 49．
9) 小寺博也、幡本将史、金田一智規、尾崎則篤、大橋晶良，密閉型DHSリアクターによるリン含有水の高濃度化回収，環境工学研究論文集（2009），Vol.46,pp.461 – 467
10) 久保田 健吾，林 幹大，松永 健吾，大橋 晶良，李 玉友，山口 隆司，原田 秀樹（2010）都市下水処理 UASB – DHS システムにおけるG3型 DHS リアクターの微生物群集構造解析．土木学会論文集 G, Vol. 66 (2010) No. 1 pp.56 – 64.
11) 中村 裕紀，角野 立夫，森 直道（1999）硝化細菌の包括固定化方法及びその担体．特開平11 – 33577.
12) 多川 正，関口 勇地，荒木 信夫，大橋 晶良，原田 秀樹（2001）UASB廃水処理プロセスでの嫌気性微生物群集の分子生物学的手法による動態解析．環境工学研究論文集．38, 151 – 162.
13) Pond Treatment Technology. Andy Shilton 編、IWA Publishing, 2005.
14) Koottatep, T., Wastewater Management Design at Koh Phi Phi：A Recovery – based, Closed – Loop System. In：Sustainable Wastewater Management in Developing Countries. Laugesen, C.H., Fryd, O., Koottatep, T., Brix, H., ASCE Press, 2010.

（佐藤弘泰）

II 水の処理技術編

9章

消毒処理

1. 消毒技術の現状と課題
2. 上水、用水の消毒
3. 下水、排水の消毒

1 消毒技術の現状と課題

1 原理/機能/用途

(1) 水系感染症

　水は人間の生活に必要不可欠であるため生活に伴い排水が生じ、その病原性微生物に汚染された水を飲むなどして水系感染症が拡大してきた歴史がある。水系感染症を引き起こす病原性微生物は細菌類、ウイルス、原虫類に分けられ、代表的な例を表1に示す。

　我が国においては上水道、下水道の整備によって過去半世紀の間に水系感染症の発生は劇的に減少した。浄水処理では、消毒処理を経ることで水、特に飲料水の衛生学的安全性が担保されている。また、下水・排水処理によって、水環境中への病原性微生物の流出を防ぎ、放流先での安全な水利用が可能となる。このように、水利用における衛生学的安全性の確保に消毒処理が大きな貢献を果たしているが、上下水道が整備された現在においてもクリプトスポリジウムなどの耐塩素性病原原虫やノロウイルスといった水系感染微生物による水系感染症が発生している。そこで、ここでは消毒技術の原理、有効性および課題とその対策について述べる。

(2) 消毒処理とその機構

　水の衛生学的安全性や健全な水環境を保つための理想的な化学的、物理的な消毒方法の条件を表2に示す。

代表的な水系感染微生物[1)2)]（表1）

細菌	ウイルス	原虫
Campylobacter	Hepatitis A virus	*Cryptosporidium parvum*
Escherichia coli	Poliovirus	*Giardia*
Salmonella	Adenovirus	*Amoeba dysenteriae*
Legionella	Norovirus	*Naegleria*
Vibrio	Rotavirus	
Yersinia	Echovirus	
Aeromonas	Coxsackievirus	
	Enterovirus	

　消毒処理は大きく分けて2通りに分けられる。一つは化学薬品による処理である。代表的なものとしては、塩素および塩素化合物やオゾンなどがある。その他にも臭素やヨウ素のハロゲン化合物が用いられる場合がある。他方は物理的処理であり、主にUV（紫外線）が利用されている。一般的に用いられる次亜塩素酸ナトリウム、二酸化塩素、オゾン、UVの特徴を表2に示す。また、これらの消毒処理の他に凝集沈殿やろ過、生物処理等の浄水、下排水処理においても病原性微生物は除去・不活化される。このような処理の中でも特に膜処理が安定して高い除去率が得られるとして期待されている。

　消毒の機構は大きく5つの事象から説明される。
- 細胞壁の損傷
- 細胞壁の透過性の変化

理想的な消毒剤の条件および各種消毒剤の特徴[5)-7)]（表2）

特性	理想的な消毒剤に求められる条件	次亜塩素酸ナトリウム	二酸化塩素	オゾン	UV照射
利用可能性	大量に、安価に入手できる	比較的安価	比較的安価	比較的高価	比較的高価
脱臭能力	処理時に脱臭する	中程度	強い	強い	ー
均一性	溶液は均一な成分である	均一	均一	均一	ー
細胞外物質との相互作用	微生物以外の有機物に吸収されない	強力な酸化剤	強い	有機物を酸化	僅か
非腐食性及び清浄性	金属を腐食せず、衣服を汚さない	腐食性あり	腐食性が強い	腐食性が強い	ー
高等生物に対する毒性	微生物に対して毒性があり、人や他の動物に対しては無毒である	毒性あり	毒性あり	毒性あり	毒性あり
浸透性	細胞表面を透過する	高い	高い	高い	中程度
溶解性	水または細胞組織に溶ける	高い	高い	高い	ー
安定性	貯留中の消毒効果の低下が少ない	僅かに不安定	不安定	不安定	使用時に照射
微生物に対する毒性	高希釈でも効果的である	高い	高い	高い	高い
室温での毒性	環境中の温度で効果的である	高い	高い	高い	高い
残留性	利用用途に応じて異なる	高い	高い	低い	なし

- コロイド状原形質の性質変化
- DNA、RNAの変化
- 酵素活性の阻害

また、消毒剤の効果に影響を及ぼす因子としては、
- 消毒剤濃度（強度）
- 接触時間
- 水温
- 病原性微生物の種類（消毒剤への耐性）
- 水質（SS, pH, $NH_4^+ - N$ など）
- 消毒処理の前段の処理方法

などが挙げられ、これらの影響を考慮して消毒処理方法を選択し、設計しなければならない。

(3) 不活化モデル

消毒処理において、消毒剤濃度および接触時間が消毒効果を得るために重要な要素となる。1908年にChickが一定の消毒剤濃度の下では、接触時間が長いほどより不活化されるとして、Chick's law（式（1））と呼ばれる病原性微生物の不活化モデルを提唱した[3)]。

$$\frac{dN}{dt} = -kN \tag{1}$$

ここで、Nは生存微生物数（個/mL）、kは不活化速度定数（min^{-1}）、tは接触時間（min）である。さらに、1908年にWatsonは不活化速度定数kと消毒剤濃度に式（2）で示す相関があることを報告した[4)]。

$$k = KC^n \tag{2}$$

Kは致死係数、Cは消毒剤濃度（mg/L）、nは実験定数である。
この相関式を用いてChick's lawを変形すると、

$$\frac{dN}{dt} = -KC^n N \tag{3}$$

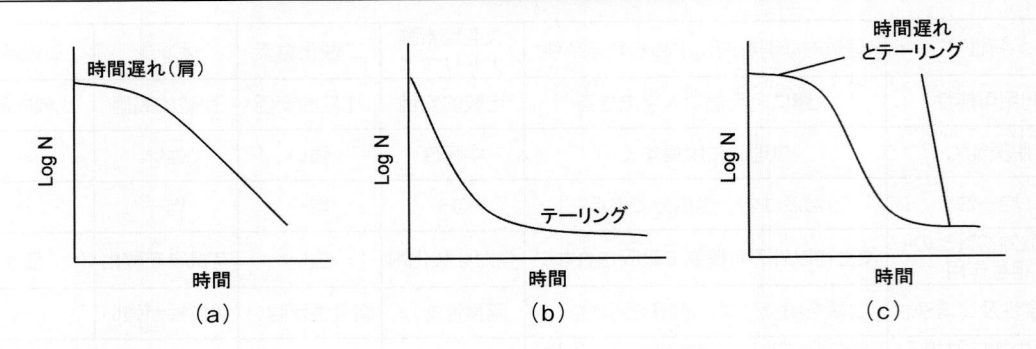

消毒剤の添加による微生物数の経時変化の概念図（図1）

(a) 時間遅れ（肩）
(b) テーリング
(c) 時間遅れとテーリング

となる。この式はChick - Watson式と呼ばれる。$t=0$の時$N=N_0$、$t=t$の時$N=N_t$という条件下で積分すると式（4）が得られる。

$$-\ln\left(\frac{N_t}{N_0}\right) = KC^n t \tag{4}$$

また、一定率の消毒効果を得るための消毒剤濃度および接触時間は式（5）により求めることが出来る。

$$C^n t = -\frac{1}{K}\ln\left(\frac{N}{N_0}\right) \tag{5}$$

この式において$n=1$として取り扱い、Ct値として用いられることが一般的である。

紫外線の曝露による消毒では、UV照射強度I（mJ/cm^2）と接触時間t（min）の積であるIt値として議論がなされる。

しかし、今まで説明してきたChick's lawは実際の水試料中では、水中の懸濁物質による影響や消毒剤の自己分解等によりずれが生じる。図1はその概念図である。(a)は消毒効果が現れるまでに遅滞期が生じる場合である。これは、水中の懸濁物質などの成分がただちに消毒剤を消費する場合や消毒効果が現れるまで時間や消毒剤が必要になる場合である。(b)では、消毒剤が自己分解や夾雑物による消費により時間とともに減少することや微生物が局在化していることにより、病原性微生物の死滅速度が経時的に減少する場合である。(c)は、(a)、(b)の両ケースが合わさった場合である。遅滞期を表す式としてCollins - Selleck式がある（式(6),(7)）。

$Ct < b$のとき

$$\log\left(\frac{N}{N_0}\right) = 0 \tag{6}$$

$Ct > b$のとき

$$\log\left(\frac{N}{N_0}\right) = -k(\log(Ct) - \log b) \tag{7}$$

kは不活化速度定数（min^{-1}）、bは遅滞係数（mg・min/L）である。bの値が大きいほど、遅滞時間は長くなる。

また、消毒効果は原水水質（水温、pH、有機物等）や病原性微生物の種類、消毒剤の特徴などにより変化するため、消毒方法の選択や設計はこれらのことを考慮し、実際の原水に対して実験を行うことで決定しなければならない。

2 塩素消毒

(1) 概 要

塩素はその高い消毒能力、残留性から最も一般的に使用されている消毒剤である。我が国においては、消毒効果の残留性の観点から水道法により浄水処理において塩素消毒が義務づけられている。

消毒に用いられる主な塩素化合物は、塩素ガス（Cl$_2$）、次亜塩素酸カルシウム［Ca(OCl)$_2$］、次

亜塩素酸ナトリウム（NaOCl）などの塩素剤や二酸化塩素（ClO$_2$）があり、これらの中でも次亜塩素酸ナトリウムが最も一般的に用いられている。

塩素の消毒メカニズムは諸説あるが、遊離塩素による酸化や細胞壁の透過性の低下、代謝酵素の阻害などが考えられている。病原性微生物の塩素耐性は一般的に細菌、ウイルス、原虫の順に高くなる。

このように、塩素は高い消毒能力、残留性を持つため広く利用されている一方で、残留塩素やトリハロメタンなどの消毒副生成物の人体への悪影響や残留塩素による生態系への影響が懸念されるため、原水水質や利用目的に応じて適切な運転管理が必要となる。

(2) 不連続点塩素処理

塩素を水に溶かすと、以下の反応により次亜塩素酸および次亜塩素酸イオンを生じる。

$Cl_2 + H_2O \Leftrightarrow HOCl + HCl$
$HOCl \Leftrightarrow H^+ + OCl^-$

この中でCl$_2$、HOClおよびOCl$^-$は殺菌力を有しており、遊離残留塩素と呼ばれる。遊離塩素の存在形態はpHに強く依存し、通常の水のpHでは水中でCl$_2$の形態で存在しない。pH=7では約80％がHOClであり、pHが高くなるにつれOCl$^-$の存在割合は高くなる。OCl$^-$はHOClと比べてはるかに消毒効果が低いため、アルカリ側では消毒効果が低下する。

水中にアンモニア性窒素が存在する場合、これと次亜塩素酸が結合し、モノクロラミン（NH$_2$Cl）、ジクロラミン（NHCl$_2$）、トリクロラミン（NCl$_3$）を生じる。これらを結合残留塩素と呼び、遊離残留塩素との合計が残留塩素となる。

$NH_3^+ + HOCl \Leftrightarrow NH_2Cl + H_2O$
$NH_2Cl + HOCl \Leftrightarrow NHCl_2 + H_2O$
$NHCl_2 + HOCl \Leftrightarrow NCl_3 + H_2O$

不連続点塩素処理（図2）

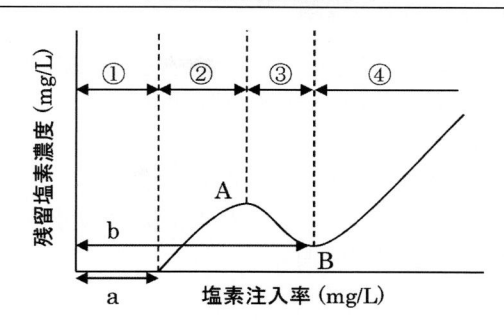

a: 塩素消費量　　b: 塩素要求量

これらの結合残留塩素のうち、モノクロラミン、ジクロラミンは不活化力を有しているが、遊離残留塩素と比べて不活化力は低い。また、さらに塩素を注入していくとモノクロラミンとジクロラミンが反応し、窒素ガスとなり、結合残留塩素は減少し、遊離残留塩素として存在するようになる。この際、結合残留塩素濃度が最小となる点を不連続点（Break Point）と呼ぶ。

$NH_2Cl + NHCl_2 \Leftrightarrow N_2 + 3H^+ + 3Cl^-$

アンモニア性窒素を含んだ水に塩素を添加した際の段階的反応を図2に示す。

区間①ではFe^{2+}、Mn^{2+}、H$_2$Sなどの還元性の物質や有機物などにより大部分の残留塩素は消費される。その後、結合塩素が生成されていき（区間②）、ある添加量（点A）を超えると結合塩素が分解され始める（区間③）。これらの区間では残留塩素の大半を結合塩素が占めている。そして、不連続点（点B）に達した以降は、添加した塩素は遊離塩素として存在するようになる（区間④）。塩素要求量以上の塩素を添加し、アンモニア性窒素の除去や遊離塩素の保持を行う処理を不連続点塩素処理（Break Point Chlorination）と呼ぶ。一方で、不連続点を超えずに、結合塩素によって消毒する方法を結合塩素処理と呼ぶ。

(3) 塩素消毒の課題

塩素消毒の課題としては、前述した消毒副生成物の問題など以下の点が挙げられる。
- 残留塩素の毒性
- トリハロメタンなどの消毒副生成物
- クリプトスポリジウムなどの耐塩素性微生物
- カルキ臭などの異臭味

消毒副生成物に関しては、消毒剤として注入した塩素が水中のフミン質やフルボ酸などの有機物と反応し、トリハロメタンやハロ酢酸に代表される有機ハロゲン化合物を生成する。これらの有機ハロゲン化合物は肝臓障害の可能性や発ガン性物質としての疑いが指摘されている。一方で、クロラミンを生成して消毒を行う結合塩素処理はトリハロメタンの生成抑制に有効であるとされている。しかし、最近の研究により結合塩素処理が発ガン性の疑われるN－ニトロソアミンを副生成物として産生する場合も報告されている[8]。

クリプトスポリジウムは原虫の一種で、塩素耐性を持つ代表的な病原性微生物である。クリプトスポリジウムの感染事例として、1993年の米国ウィスコンシン州ミルウォーキー市での40万人の集団感染事故、1996年の埼玉県越生町での8,800人の集団感染事故がある。これらはどちらも塩素消毒を行っていたにもかかわらず水道を介して起こった事例である。クリプトスポリジウムが塩素耐性を持っているのは、オーシスト状態において厚い外殻が塩素の侵入を防ぎ、内部のスポロゾイト（感染体）が曝露されないためである（図3：クリプトスポリジウムの生活環）。クリプトスポリジウムの対策としては、塩素消毒の効果が期待できない一方で[9][10]、膜処理やUV処理が有効とされている。また、同じ原虫類であるジアルジアもシスト状態で環境中に存在し、塩素耐性が非常に高い。

カルキ臭は、水道水中の残留塩素自体に由来するものもあるが、有機物やアンモニア性窒素と結合すると臭気が強くなる。近年、水道水の"おいしさ"への要求が高まっている中、安全性とのバランスが必要になってきている。

このように、塩素消毒の限界性、つまり消毒効果が全ての病原性微生物に効果があるわけではなく、また様々な消毒副生成物を生じ、おいしさを求める声の反映を含めて塩素消毒の再検討が行われている。

クリプトスポリジウムの生活環[11]（図3）

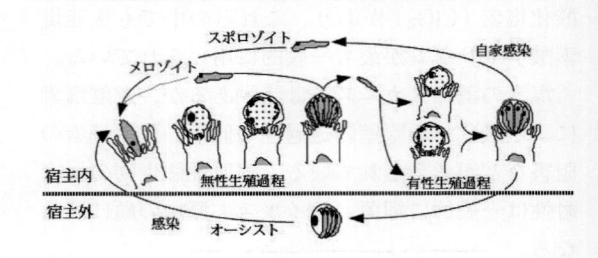

(4) 二酸化塩素

トリハロメタンなどの消毒副生成物やクリプトスポリジウムなどの耐塩素性原虫の問題が懸念される中、二酸化塩素の有効性が着目されており、欧米では広く普及している[2]。

二酸化塩素の生成は以下の式に従い、亜塩素酸ナトリウムと塩素の反応により行われる。

$$2NaClO_2 + Cl_2 \rightarrow 2ClO_2 + 2NaCl$$

二酸化塩素は大気中において非常に不安定な物質であるため、生成は処理現場で行わなければならない。

二酸化塩素は様々な反応を示し、亜塩素酸イオン（ClO_2^-）や塩素酸（ClO_3^-）、一酸化塩素（ClO）などを生成する。反応については不明な点も多いが、酸化剤としての反応は以下の通りである。

$$ClO_2 + 4H^+ + 5e^- \rightarrow Cl^- + 2H_2O$$

また、有機化合物を漂白するような場合は以下の反応となる。

$ClO_2 + e^- \rightarrow ClO_2^-$

　これらの反応は、いずれも塩素化を伴わない酸化反応であり、pH依存性がないため、pHの消毒効果に対する影響は小さい。また、二酸化塩素とアミンとの反応性は弱く、アンモニアとは反応しないため、トリハロメタンの生成は大きな問題とはならない。しかも、クロラミンを形成しないため、不連続点塩素処理のようにアンモニア除去の必要がなく、消毒能力を保つことが出来ることも特長の一つである。

　しかし、強アルカリ性下ではClO_2、アルカリ性下ではClOについて不均化反応が起こり、塩素酸イオン、亜塩素酸イオンと次亜塩素酸イオンを生成する。

$2ClO_2 + 2OH^- \rightarrow ClO_3^- + ClO_2^- + H_2O$
$2ClO + 2OH^- \rightarrow ClO_2^- + ClO^- + H_2O$

　Cl_2やHOClが共存する場合には、中性でClO_2はClO_3^-に酸化される。

$2ClO_2 + HOCl + H_2O \rightarrow 2ClO_3^- + Cl^- + 3H^+$

　これらの反応の生成物である亜塩素酸イオン、塩素酸イオンは毒性があるとされ、その影響が懸念される。一方、ClO_2も毒性があり、長期間ClO_2ガスに曝露されると、呼吸器に障害が起こる場合がある。溶存ClO_2も健康影響を及ぼす恐れがあるため、注入量を抑える必要がある。

3 オゾン消毒

(1) 概　要

　オゾン消毒技術は、特にヨーロッパで広く使用されており、上水分野では1,000箇所以上の浄水施設でオゾン消毒技術を導入している。一方、米国においても1990年度には約40箇所の浄水施設でオゾン処理が消毒目的で導入され、1998年には114箇所でオゾン設備が稼動されており、米国でもオゾン消毒技術が徐々に広がっている。我が国では1980年、福岡市中部水処理センターに初めてオゾン処理施設が供用開始した後、1980年代には2ヶ所しか増加しなかったが、1990年代に入ってから供用箇所数が年々増加している。日本でのオゾン処理施設は下水処理場での導入事例が多い。下水処理後の消毒工程に用いられる場合が多く、オゾン処理の導入目的は、修景用水や水洗トイレ用水、散水用水などの再生水の消毒に利用される。

　オゾンは、酸素原子3個の結合からなる酸素の同素体であり、「O_3」で表される。オゾンの代表的な物理的性状を表3に示す。

　オゾンは常温では不安定な気体で、特異的な臭気と強い酸化力を持ち、その酸化力によって消毒剤として用いられる。オゾンは、病原性微生物の代謝系の酵素に影響を与えて不活性化させる塩素と異なり、微生物の細胞壁や原形質を直接破壊するため塩素消毒の効きにくい原虫類等の消毒に有

オゾンの主な物性値(表3)

項目	物性値
分子量	47.988
沸点 (760mmHg)	161.3 [K]
融点 (760mmHg)	80.5 [K]
臨界温度	261 [K]
臨界圧	5.57 [MPa]
気体密度 (273.2K,1atm)	2.114 [g/L]
液体密度 (161.3K)	1.356 [g/L]
定圧モル比熱 (400.2K)	43.7 [J/mol/K]
標準生成熱	142.8 [KJ/mol]
イオン化ポテンシャル	12.3 [eV]
酸化ポテンシャル (298.2K)	2.07 [V]

効である。ウイルスに対しては、キャプシドの変成に加え直接RNAとDNAを切断し、損傷を起こし不活化させる。しかし、オゾン消毒は塩素消毒に比べ、コスト、現場でのオゾンの生成、オゾンガスの人への暴露の危険性などの問題点がある。また、化学的に非常に強力な酸化力を持ち、様々な有機物質と反応するため、水中に反応性の有機物が存在する場合、オゾンが病原性微生物と接触する前に消費されてしまう可能性も有る。

(2) 原　理

オゾンは、水中において次のように自己分解する。

$O_3 + H_2O \rightarrow HO_3^+ + OH^-$
$HO_3^+ + OH^- \rightleftarrows 2HO_2$
$O_3 + HO_2 \rightarrow HO\cdot + 2O_2$
$HO\cdot + HO_2 \rightarrow H_2O + O_2$

オゾンが水に溶けると、酸性条件下ではオゾン自身が酸化の主体になり、比較的にオゾンと反応しやすい微生物の膜表面成分と酸化反応が起きる。アルカリ性条件下では上の自己分解により非常に大きな酸化力を持つフリーラジカル$HO_2\cdot$、$HO\cdot$を生成する。生成されたフリーラジカルは微生物の膜表面成分、特にタンパク質と反応し微生物を酸化分解させる。

(3) 特　徴

オゾン消毒の特徴としては、
- 栄養細胞は比較的簡単に消毒できるが、胞子形成細菌はよりオゾンへの抵抗性を持つ。
- 好気性胞子形成細菌の方が嫌気性胞子形成細菌よりも容易に消毒される。
- 水溶液中の微生物に対する消毒効果は、接触時間、濃度、水温、pH、無機物および有機物の存在量に影響される。
- 低pH、低水温ほど消毒効果は増大する。

などが挙げられる。

(4) オゾンの生成

オゾンは化学的に不安定な物質であり、水に溶存しているオゾンは、短時間に酸素に分解するため、使用現場で発生させなければならない。オゾンを発生させる主な方法は、物理・化学的なエネルギーを空気あるいは純酸素に与えオゾンに変化する方法である。無声放電法（Corona放電方式）、光化学法（UV方式）、電解法、放射線照射法、高周波電界法などがあるが、大規模の浄水場などでは無声放電法が多く使われており、小規模の浄水場では光化学法が利用されている場合がある。無声放電法は、一対の平行電極の一方または両方にガラスなどの誘導体をはさみ、両電極間の放電空隙に原料ガス（空気または酸素）を流しながら、両電極間に交流電圧を印加して、放電による化学作用によりオゾンを発生させる方法である。この装置の放電による化学反応では、高エネルギーコロナが1つの酸素分子を分解し、その酸素原子と酸素分子が反応し、オゾンを形成する。次の反応式が、放電によるオゾン生成機構である。

$O_2 + e^- \rightarrow O + O + e^-$
$O + O_2 + O_2 \rightarrow O_3 + O_2$
$O_3 + O \rightarrow 2O_2$
$O_3 + e^- \rightarrow O_2 + O + e^-$

また、光化学法は大気の成層圏でのオゾン生成メカニズムと同じく、酸素ガスに紫外線（$h\nu$）を照射すると酸素分子が酸素原子に解離し、この酸素原子と酸素分子が反応してオゾンを生成する。次の反応式が紫外線によるオゾン生成反応である。

$O_2 + h\nu \rightarrow O(^3P) + O(^1D)$
$\qquad\qquad\qquad (\lambda = 130 - 175 \text{ nm})$
$O_2 + h\nu \rightarrow O(^3P) + O(^3D)$
$\qquad\qquad\qquad (\lambda = 175 - 242 \text{ nm})$
$O(^3P) + O_2 + M \rightarrow O_3 + M$

一般に紫外線によるオゾンの生成には、紫外線ランプが使用されるが、この方法の難点としては、

紫外線の中にオゾンを生成する波長の光線と、オゾンを分解する波長の光線があるため、オゾンの生成と分解の反応が並列して起こること、さらに分解反応で生じた酸素原子（O）がオゾンと反応してオゾンを壊すという現象が起こるため、高濃度のオゾン発生は期待できないと言われている。

(5) オゾンによる消毒効果

オゾンの消毒作用は、一定温度では濃度と接触時間に比例する。次に、オゾンの濃度と接触時間による各種の微生物の不活化について述べる。

ウイルスの不活化はPoliovirusに対するオゾンの効果が検討された。Poliovirusをある一定割合不活化させるには、0.05 – 0.45 mg/Lのオゾンを2分間の接触により達成できるが、塩素の場合、0.5 – 1.0 mg/Lで1.5 – 2時間の接触が必要であることから、ウイルスの消毒に対して塩素よりオゾンがより効果的であることが分かる[12]。ウイルスの不活化に対しては、あるオゾン濃度以上にならなければ効果を発揮しないという意見があるが、注入オゾン濃度の面から見ると、オゾンの高い反応性のため、注入率が低いと微生物と反応する前にほとんど他の反応に消費されるためだと考えられる。

細菌の消毒には、残留オゾン濃度0.1 – 0.2 mg/Lが必要であり、接触時間は5 – 10分である。Lawrence et al.[13]は、飲用水のオゾン処理（濃度0.2 mg/L）では、99％の大腸菌が消毒されており、実際の浄水場では、0.4 – 0.5 mg/Lの濃度で完全に殺菌できるとしている。また、Farooq et al.[14]は、大腸菌が0.25 – 0.3 mg/Lの残留オゾン濃度で2 – 5分間接触する場合、$10^{-3} - 10^{-4}$まで減少することを明らかにしている。

オゾンによる微生物の不活化の効果は、濃度C（mg/L）と接触時間t（min）に関して、Ct値でも表せる。微生物を不活化するには、オゾン等の濃度が高ければ短い時間ですみ、濃度が低ければ長い時間を要することになる。各種の微生物の不活化に必要なオゾンのCt値を表4に示す。

2 log不活化に必要な消毒強度（Ct値）の例[15]（表4）

[単位：mg・min/L]

微生物種		オゾン（pH=6-7）
細菌	Escherichia coli	0.02
ウイルス	Poliovirus I	0.1-0.2
	Rotavirus	0.006-0.06
原虫	Giardia muris (cysts)	1.8-2.0
	Cryptosporidium parvum	5-10*

*：pH7、25℃における2 log不活化

表4に示す値は、水温5℃での2 log不活化に必要なCt値であり、オゾンは細菌からウイルス、原虫までの広範な微生物に対して、高い消毒効果を有することが分かる。

(6) 課　題

オゾンは残留性がないため、日本では水道水に使う場合、オゾンによる消毒後に塩素処理が必要である。また、オゾンは有毒なガスであるため接触池から排出される気体や事故による漏出などによる人体への影響を考慮しなければならない。オゾンを発生装置、運転、維持管理などにかかるコストの問題もある。下に一般的なオゾン利用の課題をまとめた。

- 製造コストが高い。
- 分解が速く、残留性がない。
- 微生物内部への浸透性がない。
- 残留性が無いため、給水過程において微生物の再増殖のおそれがある。
- 臭素酸やN－ニトロソジメチルアミン（NDMA）などの有害な消毒副生成物が生じる場合がある。
- 水への溶解度が低い（溶解度は酸素の10倍程度）。
- 廃オゾン分解設備が必要である。

光の波長別スペクトル (図4)

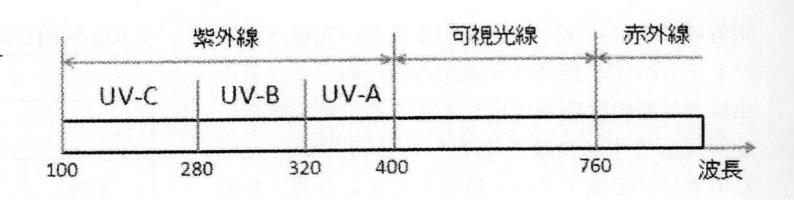

UVの作用と効果 (表5)

紫外線	UV-C (100-280 nm)	172 nm	表面処理・洗浄
		185 nm	オゾン発生・陰イオン生成
		253.7 nm	消毒作用
	UV-B (280-315 nm)	300 nm	紅斑 (ビタミンD生成洗浄)
	UV-A (315-400 nm)	350 nm	皮膚日焼け
		370 nm	紫外線硬化・光重合・光化学反応

　製造コストは、高効率なオゾン発生器の開発によって解決に近づいている。分解が速く、残留性がないことと微生物内部への浸透性がない欠点は、環境面での課題が小さい点という意味では逆に長所となり得る。実際にオゾンを有効に利用するためには、オゾンに対する幅広い知識と経験が必要であり、技術的な裏づけのないオゾン利用は、オゾン使用者にオゾンの有効性について疑問を抱かせる結果になる恐れがある。特に人体や生体に直接オゾンを利用する場合などは、安全性について十分に検討する慎重さが必要である。

4 UV消毒

(1) 概　要

　1970年代、塩素消毒で生じるトリハロメタン（THM）類の問題が発生し、代替処理としてUV消毒が注目される始めた。さらに1990年代後半に、塩素消毒がほとんど効かない下痢症病原原虫であるクリプトスポリジウムにUVが有効であるという研究報告が多くなされた。過去、クリプトスポリジウムに対するUVの消毒性能は有効に認められていなかった。その理由は、相当量のUVを照射しない限り、要求水準まで病原性微生物を死滅できず、経済性が低いと実験結果から判断されていたためである。しかし、このような実験結果は、死滅の定義を含めた消毒性能をどのように評価するかに依存するが、クリプトスポリジウムを含む水中の病原性微生物は生存性より感染性を持つかどうかが重要な指標となりつつある。このため、クリプトスポリジウムがUV照射後、死滅しなくても相当な感染性を失うことが1996年報告されると、UV消毒の導入が拡大したものである。一方、下水処理では、1980年代、米国を中心に塩素の環境残留性が生態系に影響することが問題となり、また危険物の貯留が、住民から懸念されたことからUV消毒へと大きく変換することになった。

　UVは電磁放射（電磁波の形でのエネルギー放射）の一種であり、UV-A、UV-BおよびUV-Cに分類される。図4に光の波長別スペクトル

と表5に各UVの種類ごとの作用と効果を示す。

UV-Cは消毒作用があるため古くから研究され、食品関係や医療関係等様々な分野で利用されている。消毒剤として副生成物が生じにくいことや維持管理が簡単であるという利点があるが、UVによる人体への影響や原虫シストに対する不活化力が弱いなどの問題点もある。

(2) 原　理

UVの消毒作用は、主な波長が253.7 nmのUVを微生物に照射し、微生物の核とミトコンドリア内部にあるDNAを破壊することによって、呼吸活性と増殖作用を防ぎ、細菌や微生物を不活化させることである。図5には、UV波長によるDNA吸収を示す。

一般に炭素同士の単結合は230 nmより長い波長側では吸収を持たないため、UVによる核酸の化学的変化は、核酸に含まれる二重結合への光子吸収がDNAへの損傷の原因と考えられる。ランプにより照射された波長253.7 nmのUVは、DNA及びRNAの塩基に吸収され光量子エネルギーにより、チミン－チミン（T-T）、チミン－シトシン（T-C）、シトシン－シトシン（C-C）、ウラシル－ウラシル（U-U）等の二量体が形成される。このような二量体が形成されると、細胞分裂における複製の際、そこで複製が止まってしまう。これをDNA、RNA不活化と呼ぶ。図6はDNAでのチミン－チミン（T-T）の二量体の形成である。

このようにUV消毒は、主に微生物を殺滅するというより、微生物が増殖できなくするという原理に基づいている。

(3) 特　徴

UV消毒の特徴としては、
- ほとんどのウイルス、胞子、シストの不活化に効果的である。
- 化学物質のように、運搬、毒性・有害性・腐食性化学物質の貯蔵が不要であり、現場でUVを発

UV波長によるDNA吸収度[16]（図5）

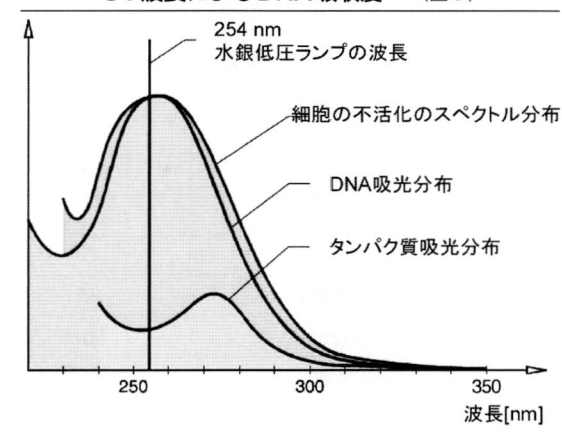

チミン－チミン（T-T）の二量体（図6）

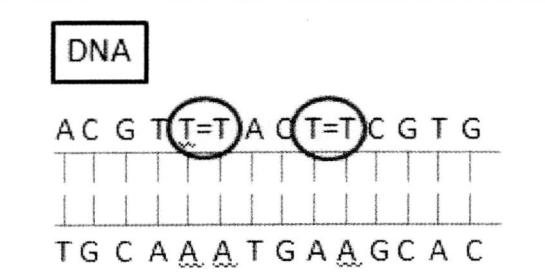

生させる物理的工程である。
- 人や水生生物に有害を起こす残留効果がない。
- 操作が自動化しやすい。
- 他の消毒技術と比べて接触時間が短い。（低圧ランプで約20－30秒）
- UV消毒装置は、他の消毒方法に比べて場所をとらない。

などが挙げられる。

(4) UVランプ

① 低圧水銀ランプ

低圧水銀ランプは、通常の蛍光灯と似ており、封入するチューブが低圧水銀ランプでは石英管、蛍光灯では白色蛍光塗料を塗ったガラス管という

低圧・中圧水銀ランプの特性 (表6)

項目	低圧水銀ランプ 低圧・低出力	低圧水銀ランプ 低圧・高出力	中圧水銀ランプ 低圧・低出力
波長(nm)	253.7	253.7	200－300
水銀蒸気圧(torr)	0.007	0.76	300－30,000
ランプ温度(℃)	40	130－200	600－900
電気出力(W/cm²)	0.5	1.5－10	50－250
ランプ効率(%)	35－38	30－40	10－20
Arc長さ(cm)	10－150	10－150	5－120
高いUV照射に要するランプ数	多い	普通	少ない
寿命(hr)	8,000－10,000	8,000－12,000	4,000－8,000

違いだけであり、点灯原理もほぼ同じである。低圧水銀ランプは、出力により低圧・低出力ランプと低圧・高出力ランプがあり、各ランプの特性を表6で示す。

② 中圧水銀ランプ

中圧水銀ランプは、低圧水銀ランプと構成が同じであるが、UVの出力が50－80倍と非常に高い。しかし、入力電力が大きいため低圧水銀ランプと比べてランプの寿命が短い。中圧水銀ランプの特性を表6で示す。

(5) UVによる消毒効果

UVによる消毒効果は、DNA及びRNAに対する光酸化効果であり、不活化と呼ぶ。しかし、UV消毒により不活化した微生物が光を受けて活性化する光回復や光を必要としない暗回復などの修復機能がある。光回復は、細胞内に存在する光回復酵素が近紫外光を用いて活性化し、UVによって生じた二量体を元の塩基に開裂させてしまうものである。暗回復は、突然変異源に暴露されることにより損傷したDNAを酵素作用で修復することであり、光が必要なくDNAの切断と復旧代謝作用が働くものである。このような修復機能は、微生物ごとに消毒効果があるUV照射量を把握した場合には、問題がなく、どうすれば一定なUVの照射量を同じ条件で維持するのかが課題である。一定な水準のエネルギーで連続的に照射する時、照射量に影響を与えるのが水での透過性と温度である。UVは波長が短いため透過性に制限があり、水に含まれる物質によっても透過性が異なる。また、温度が高すぎる、もしくは低すぎると、照射量が減るため、標準ランプを使用するときの設計で考慮しなければならない。消毒効果に影響を与える因子には、微生物の種類、水温、水の透過性、ランプのUV出力の劣化、ランプ表面の汚染度、処理流量などが挙げられる。

(6) 課 題

UVを消毒に用いるときの問題点は、
- 低い照射量では一部のウイルスや胞子、シストに効果的な不活化ができない。
- 光回復や暗回復などの修復メカニズムが起きる問題がある。

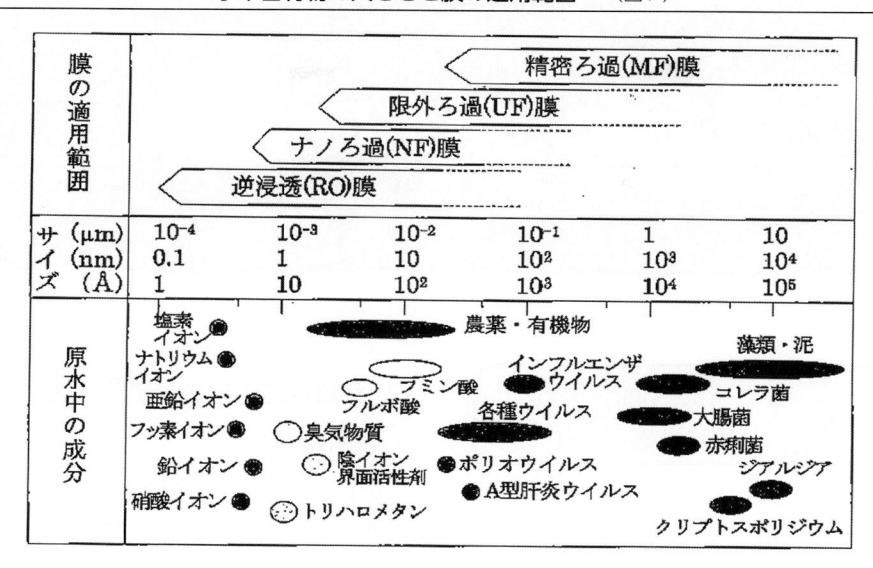

水中含有物の大きさと膜の適用範囲[17]（図7）

- UVチューブのファウリングのコントロールのため予防保全プログラムが必要である。
- 下水の濁度とTSS（Total Suspended Solids）はUV消毒効果に影響を与える。

などが挙げられる。

5 その他（膜処理）

　消毒剤を用いた処理では消毒副生成物の影響が懸念される一方で、消毒剤に頼らない病原性微生物の制御方法として膜処理が期待されている。膜は孔径の大きさ順に精密ろ過（Microfiltration; MF）膜、限外ろ過（Ultrafiltration; UF）膜、ナノろ過（Nanofiltration; NF）膜、逆浸透（Reverse Osmosis; RO）膜に分類される。水中に存在する物質と膜の適用範囲を図7に示す。MF膜では、孔径が0.1 μm程度であるため、懸濁物質（SS）や大腸菌などの細菌、クリプトスポリジウムをほぼ完全に除去できるため、耐塩素性原虫の有効な対策となる。またUF膜では、ウイルスまでの除去が可能であるが、代表膜孔径がウイルスよりも小さなUF膜を用いても、ウイルスの完全な除去は困難であるとされている。これは、膜の孔径分布に由来し、想定している孔径より大きな孔が存在する可能性があるためである。

　消毒剤を用いた消毒処理と比べて膜処理による病原性微生物の除去は水質に影響されにくい、つまり安定的な除去が達成しやすい点も膜処理の利点として挙げられる。さらに、水中の懸濁物質をほぼ完全に除去できるため、後段で消毒処理を行った場合、安定的に高い消毒効果が得られ、消毒剤の注入量の削減につながる。このことは運転コストや消毒副生成物の観点において非常に重要な効果があると考えられる。

　また、下水処理では生物処理と組み合わせた膜分離活性汚泥法（MBR：Membrane Bioreactor）といった処理方法もあり、処理生物濃度を上げることで膜分離性とともに微生物の除去性能を改善することが可能である。

2 上水、用水の消毒

1 塩素消毒

(1) 概　要

わが国の水道では水道法により塩素消毒が義務付けられており、末端の給水栓において遊離残留塩素 0.1 mg/L 以上（結合残留塩素の場合、0.4 mg/L 以上）保持しなければいけないこととなっている。一方で、浄水処理において注入する塩素は、水中の有機物や還元物質、水温、pH などの水質特性や上水の送水システムに応じてその消費量や残留性は異なってくる。そのため、末端の給水栓での残留塩素量を確かなものにするために、過剰な塩素剤注入が行われる場合がある。さらには、近年クリプトスポリジウムやウイルス等、塩素による不活化があまり期待できない病原性微生物の存在も懸念される。多量の塩素注入は消毒副生成物の生成にもつながるため、複数の消毒剤、消毒処理と組み合わせることで複数のバリアを築くことが求められる。

浄水処理においては、その処理の最終工程で塩素処理を行う他に、原水の汚濁の程度に応じ、アンモニアの除去や細菌類の増殖の抑制を目的として、凝集沈殿池やろ過池の前でも塩素を注入し、前塩素処理や中塩素処理を行う場合もある。

(2) 病原性微生物に対する不活化効果

① 細菌類

表1に細菌類を不活化させるのに必要な塩素系消毒剤の Ct 値を示す。遊離塩素や二酸化塩素では、2 – 3 log 不活化させるのに必要な Ct 値は低く、細菌類への有効性が分かる。一方で、クロラミンでは遊離塩素や二酸化塩素の 100 – 1000 倍以上の Ct 値が必要となり、原水にアンモニア性窒素が存在するような場合、塩素注入量を増やす必要がある。

② 原虫類

表2に原虫類を不活化させるのに必要な塩素系消毒剤の Ct 値を示す。細菌類と比較して原虫類が塩素耐性を持っていることが分かる。遊離塩素においてもクリプトスポリジウムを 2 log 不活化させるのに 7,200 mg・min/L の Ct 値が必要であるなど、原虫類の消毒に遊離塩素、クロラミンは不適であることが分かる。一方で、二酸化塩素は2オーダー低い Ct 値で不活化できるため、適用性がある。

③ ウイルス類

表3にウイルス類を不活化させるのに必要な塩素系消毒剤の Ct 値を示す。ウイルスの種類により消毒剤に対する耐性が異なり、A型肝炎ウイルスはポリオウイルスの約100倍遊離塩素に耐性があると言える。そのため、消毒対象となるウイルスの特性を考慮した消毒処理が必要となる。

塩素系消毒剤による大腸菌の不活化に必要な Ct 値(表1)

消毒剤	対象微生物	不活化率	Ct 値 (mg・min/L)	条件
遊離塩素	E.coli	2 log	0.034 − 0.05 [18]	5℃
	E.coli	3 log	0.09 ± 0.003 [19]	−
クロラミン	E.coli	2 log	95 − 180 [18]	5℃
	E.coli	3 log	73 ± 28 [19]	−
二酸化塩素	E.coli	2 log	0.4 − 0.75 [18]	5℃
	E.coli	3 log	0.02 ± 0.0003 [19]	−

塩素系消毒剤による原虫類の不活化に必要な Ct 値[18] (表2)

消毒剤	対象微生物	不活化率	Ct 値 (mg・min/L)	条件
遊離塩素	G. lamblia cysts	2 log	47 − >150	5℃
	G. muris cysts	2 log	30 − 630	5℃
	C. parvum	2 log	7200	pH 7 25℃
クロラミン	G. lamblia cysts	3 log	2200	pH 6 − 9
	G. muris cysts	2 log	1400	5℃
	C. parvum	1 log	7200	pH 7 25℃
二酸化塩素	G. lamblia cysts	3 log	26	pH 6 − 9
	G. muris cysts	2 log	1.8 − 2.0	5℃
	C.parvum	1 log	78	pH 7 25℃

塩素系消毒剤によるウイルス類の不活化に必要な Ct 値(表3)

消毒剤	対象微生物	不活化率	Ct 値 (mg・min/L)	条件
遊離塩素	Poliovirus	2 log	1.1 − 2.5 [18]	5℃
	Poliovirus	2 log	4 [20]	−
	Rotavirus	2 log	0.01 − 0.05 [18]	5℃
	F2 phage	2 log	0.08 − 0.18 [18]	5℃
	hepatitis A virus	2 log	200 [21]	−
クロラミン	Poliovirus	2 log	768 − 3740 [18]	5℃
	Rotavirus	2 log	3806 − 6476 [18]	5℃
二酸化塩素	Poliovirus	2 log	0.2 − 6.7 [18]	5℃
	Rotavirrus	2 log	0.2 − 2.1 [18]	5℃

(3) 消毒副生成物の生成抑制

トリハロメタンなどの塩素処理による消毒副生成物を低減するためには以下の方法が考えられる。
- 前駆物質の除去
- 消毒方法の変更
- 生成した消毒副生成物の除去

前駆物質の除去は、凝集処理やオゾン処理、活性炭処理、生物処理による方法がある。消毒方法の変更は、前塩素処理や中塩素処理といった注入点の変更や結合塩素処理、二酸化塩素処理などが挙げられる。消毒副生成物の除去は主に活性炭による吸着処理で行われている。

2 オゾン消毒

(1) 概　要

我が国では、水道水の臭気物質除去対策のため浄水処理場へのオゾン処理の導入が、1974年倉敷から始まり、続いて1975年兵庫、1976年には千葉県柏井に世界最大規模の処理場が完成した。柏井浄水場では1972年から毎年、春から秋までカビ臭が発生し、粉末活性炭を利用し異臭味の除去を行っていたが、粉末活性炭だけでは限界があり、臭気が強いときには、完全に除去されない問題があった。また1974年以降には、カビだけでなく藻類などによる臭気が強くなり、根本的な対策が必要になった。そこで、1980年に通常の浄水処理の急速ろ過システムの後段にオゾン処理と粒状活性炭処理を組み合わせた高度処理施設が完成し、臭気除去の問題を解決した。

1982年に計画給水人口10万人以上および県庁所在地の149水道事業体計1,153の事業体について厚生省がトリハロメタン濃度を調査したところ、年4回の平均で20μg/L未満が76.7%、20-40μg/Lが21%、40-60μg/Lが2%、60-80μg/Lが3箇所、0.3%であった。このような背景から1992年に始まったオゾン処理の本格的な導入は臭気対策というよりも、浄水水質改善を目的としたものである。

ここでは、上水や用水分野における消毒へのオゾン利用について示す。

(2) 上水システムでの構成

我が国での典型的な浄水処理システムは、河川－取水管－沈砂池－着水池－前塩素処理－凝集沈殿－急速ろ過の順に処理し、最終に蛇口で0.1mg/Lの遊離塩素が残留するようにしている。オゾンを用いた高度浄水処理法でのシステムは、オゾンの注入箇所によっていくつかの種類に分類される。その中で、後オゾン処理は、最も一般的な処理方法である。代表的な処理システムとしては、地下水やろ過後にオゾンと粒状活性炭を用いて処理する方法と、凝集沈殿とろ過を行った後、オゾン処理だけか、粒状活性炭も同時に利用する方法がある。フランスのMorsang浄水場とMery-sur-Oise浄水場が、凝集沈殿とろ過を行った後、オゾンと粒状活性炭処理を利用するシステムを適用している代表的な例である。現在、日本の浄水場で取り入れられているオゾン処理システムは、原水－前塩素－凝集沈殿－急速ろ過－オゾン処理－活性炭－後塩素の構成である。

(3) 病原性微生物に対する不活化効果

① 原虫類

1993年、米国のミルウォーキー市の水道でクリプトスポリジウムが原因となる集団感染が発生し、160万人の給水人口のうち40万人が下痢を発症して400人以上の死亡者が出た。それ以降、クリプトスポリジウムの完全除去のために浄水場にオゾン消毒プラントを導入し、同時に消毒副生成物や異臭味の除去も行っている。我が国でも「水道におけるクリプトスポリジウム暫定対策指針」を1996年10月から策定し、年々指針の見直しについて検討して、暫定対策指針を改正している。

クリプトスポリジウムの2 log以上の不活化に要するオゾン条件 (表4)

残留オゾン (mg/L)	温度 (℃)	接触時間 (min)	Ct値 (mg・min/L)	文献
0.16 − 1.3	7	5, 10, 15	7	Finch et al. [22]
0.17 − 1.9	22	5, 10, 15	3.5	
0.77	室温	6	4.6	Peeters et al. [23]
0.51	室温	8	4	
1.0	25	5, 10	5 − 10	Korich et al. [9]

ウイルスの2 log不活化に要するオゾン条件 (表5)

ウイルス	残留オゾン (mg/L)	接触時間 (min)	文献
Poliovirus Ⅰ	0.008	0.17	D.M.Foster et al. [24]
Poliovirus Ⅱ	0.15	4.83	D.Roy [25]
Coxsackie virus A9	0.027	0.17	D.M.Foster et al. [24]
Coxsackie virus B5	0.15	0.48	D.Roy [25]
Porcine piconavirus	0.018	0.5	D.M.Foster et al. [24]
Ecovirus 1	0.15	1.02	D.Roy [25]
Ecovirus 2	0.15	0.22	D.Roy [25]
Bacterio phage f2	<0.056	0.17	D.S.Walsh [26]

・pH：7.0 − 7.2、水温：20℃
・接触方法：オゾン吸収液の接触

当然クリプトスポリジウムを除去することが必要だが、さらに消毒処理によりクリプトスポリジウムを不活化させることも重要である。表4には、クリプトスポリジウムを不活化させるためのCt値を示した。

現在多くの浄水場で異臭味除去を目的に高度処理施設が導入されているが、病原性原虫の不活化を目的とした消毒工程と、膜や活性炭処理を組み合わせた高度処理施設の導入により、クリプトスポリジウムなどの原虫類に対する対策になると考えられる。

② **ウイルス**

環境中で数カ月から数年生存するウイルスはサイズが小さいため、浄水処理での主要な処理方法である急速砂ろ過等のろ過方式では除去されにくい。したがって、消毒プロセスがウイルス処理において最も重要な位置を占めるが、原虫ほどではないものの、ウイルスは細菌と比べて強い消毒剤耐性を有している。浄水場において広く普及している消毒処理は、塩素処理、オゾン処理および紫外線処理であるが、水道蛇口で遊離残留塩素0.1 mg/L以上であることが義務づけられているため、塩素消毒が必ず行われている。しかし、塩素

細菌の 2 log 不活化に要するオゾン条件 (表6)

細菌種	残留オゾン (mg/L)	接触時間 (min)	文献
一般細菌	<0.29	—	E.Dahi et al. [29]
大腸菌群*	0.007	0.33	D.M.Foster et al. [24]
*Escherichia coli**	0.003	0.46	D.S.Walsh [26]
Sarcina lutea	0.130	—	E.Dahi et al. [29]
Salmonella typhimurium	0.23 – 0.26	<0.1	S.Farooq et al. [30]

・pH：7.0 – 7.2、水温：20 ～ 24℃
・接触方法：オゾン吸収液の接触
＊オゾンガスによる接触

消毒だけでは病原微生物の不活化が十分でないため、オゾンや紫外線を組み合わせて行う。表5は、オゾン濃度によるウイルスの不活化の影響を示した。

オゾンによる消毒には塩素消毒に見られるような大きな耐性の違いは見られないが、USEPA はウイルスを 2 log 不活化するために必要なオゾンの Ct 値（5℃）の平均的な値を 0.6 mg・min/L（大腸菌の約30倍）としている（USEPA. 1989）。病原ウイルスは、水中懸濁質に吸着した状態で、もしくは二枚貝等の体内に蓄積された状態で、人間へ感染する機会を待ち続けることになるため、オゾンなどによる完全な不活化が必要である。

③ 細菌

オゾンは、その強い酸化力から不飽和結合を開裂させる力が強く、細菌においては細胞壁の脂肪酸の二重結合に作用し、膜変性を起こし、溶菌させることにより消毒効果をもたらす[27]。大腸菌に関しても同様な作用があり、細胞膜内のスルフヒドリル基がオゾンに最も影響されやすい[28]。表6に、細菌類の不活化に必要なオゾン条件を示す。

オゾンは、細菌に対して複数の標的点を攻撃して消毒する。膜への作用として膜タンパク質の酸化的変性、細胞膜チャンネルの酸化的変性、細胞膜破壊とともにオゾンが膜を通過し、細胞内から細胞質成分が漏出して、タンパク質の酸化的変性や DNA の酸化的切断が起こる。これらの細胞の総合的な機能破壊によって細胞が死滅することがオゾンによる細菌の不活化機構である[31]。

3 UV消毒

(1) 概　要

日本では、過去、浄水処理工程の消毒にほとんど塩素を使用することで、消毒効果の信頼性が信じられていたが、最近水道水のウイルスやジアルジア、クリプトスポリジウムなどの病原性原虫などが、水道原水から検出され、消毒効果を見直すことへの関心が高まっている。病原性微生物は、塩素消毒に強い耐性を持つため、従来の工程では高い消毒効果を期待できない。また、塩素消毒の場合、トリハロメタンやハロ酢酸類などの発ガン性のある有機消毒副生成物を生成するため、浄水処理での塩素の使用量を減らす意見が出ている。そのような背景のもと、UV消毒は病原性微生物の不活化に対しても有効であり経済的にも優れているため、浄水処理の消毒に UV を導入するケー

微生物の最低除去要求値[32] (表7)

法規	ジアルジア	ウイルス	クリプトスポリジウム
SWTR	3 log	4 log	不検出
IESWTR, LT1ESWTR	3 log	4 log	2 log
LT2ESWTR	3 log	4 log	ろ過プロセス後、0 – 2.5 log
			ろ過プロセスなし、2 – 3 log

SWTR – the Surface Water Treatment Rule
IESWTR – Interim Enhanced Surface Water Treatment Rule
LT1ESWTR – Long Term 1 Enhanced Surface Water Treatment Rule
LT2ESWTR – Long Term 2 Enhanced Surface Water Treatment Rule

スが増えてきている。
　ここでは、上水や用水でのUV利用について述べる。

(2) 上水道システムでの構成

　上水道は、一般に飲料水の公共的な供給設備であるため、給水栓まで安全な水の供給が必要である。そのため、供給過程での細菌等の再増殖の防止を考慮する必要がある。UV消毒は、残留性がないため、その後段で塩素を用いて消毒を行う。実際の工程例としては、消毒のみの浄水処理の場合、原水にUV消毒をした後に塩素系消毒を組み合わせる。凝集沈殿ろ過工程が有る場合は、凝集を行った後やろ過の後にUV消毒を行うことがある。また、海外ではオゾンや活性炭などを利用した高度処理の場合、オゾン処理を行った後にUV消毒を行う場合がある。膜ろ過による浄水処理場合には、膜ろ過を行う前か後にUV消毒を組み合わせて処理を行う。

(3) 病原性微生物に対する不活化効果

　米国環境保護庁(EPA、Environmental Protection Agency)では、次の表7のようにウイルスやジアルジア、クリプトスポリジウムに対する浄水過程での除去率の基準を設定している。
　特に浄水場でジアルジアとウイルスに対して、それぞれ99.9%（3 log）、99.99%（4 log）以上の除去が可能な工程を要求している。1990年にEPAから、飲用水の病原性微生物による汚染に対して、公衆衛生上最も重要な要因であると報告されているが、これは1980年から1998年の間、米国では419件の水系感染症が発生し、511,000の事例が報告されたためである。
　そこで、LT2ESWTRでは、EPAの報告を引用して塩素消毒が原虫などの消毒耐性に強い病原性微生物に対して効果が小さく、UV消毒工程が病原性微生物の不活化に最も効果的だとしている。表8は、病原性微生物の不活化に要するUV照射線量である。
　UV消毒線量評価（Biodosimetry Test）は、実際にUV接触槽とランプを設置してUVを発生させ、指標微生物に対する照射実験を行い、その不活化率を計算する方法である。指標微生物としてバクテリアは*Bacillus subtilis*、*Pseudomonas* spp.、*Clostridium perfringens*、*E. coli*などがあり、ウイルスはバクテリオファージのMS2などがある。しかし、UVに対する代表微生物の感受性が実際のクリプトスポリジウムやジアルジアなどの感受性と異なるため補正が必要である。

病原性微生物の不活化に要する
UV照射線量（mJ/cm^2）[32]（表8）

Log不活化	クリプトスポリジウム	ジアルジア	ウイルス
0.5	1.6	1.5	39
1.0	2.5	2.1	58
1.5	3.9	3.0	79
2.0	5.8	5.2	100
2.5	8.5	7.7	121
3.0	12	11	143
3.5	15	15	163
4.0	22	22	186

日本における膜処理による
年間浄水量の変化[33]（図1）

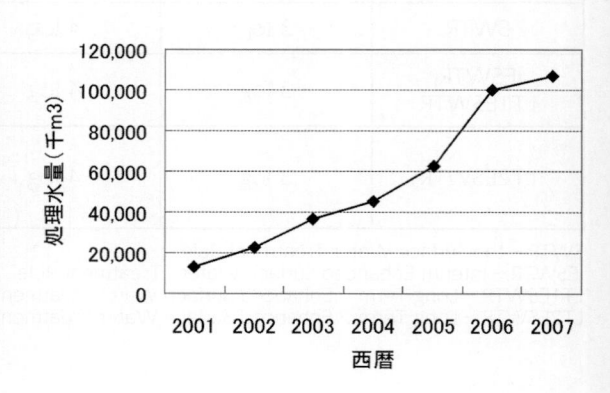

4 その他（膜処理）

(1) 概　要

　従来の浄水処理プロセスの凝集沈殿、砂ろ過といった分離工程の代替プロセスとして、その分離能力の高さ、省スペース化が可能な点から膜処理を用いた高度浄水処理の導入が拡大している。図1に示したとおり、日本における膜処理の年間浄水量は年々増加し、2007年度には処理水量が1億m^3/年を超え、2001年と比較して6年間で10倍に増大した。

　主に浄水処理に用いられる膜は、MF膜やUF膜といった低圧ろ過膜である。

(2) 膜処理による病原性微生物の除去

　膜処理において、細孔径でのふるい作用による除去が中心となってくるため、除去対象物の大きさはその除去率と大きく影響してくる。塩素耐性を持つクリプトスポリジウム等の原虫類は大きさが1〜10 μm程度であるため、MF膜やUF膜で除去が出来、孔径0.1 μmのMF膜により4 log程度除去されたという結果がある[34]。一方で、ウイルスは病原性微生物の中で最もサイズが小さい（数10−数100 nm）ため、通常膜処理の前段にファウリング対策として行われる凝集処理はウイルスの除去においても大きな意味を持つ。水中の他の粒子同様、病原性微生物も負に帯電しているため、凝集処理により静電気的斥力を弱め、フロックを形成させることにより、サイズを大きくし、膜での除去率を高めることが出来る。Liv Fiksdal et al.[35]は孔径0.2 μmのMF膜、公称分画分子量30kDaのUF膜を用いてMS2ファージ（直径24 nm）の除去実験を行ったところ、凝集処理なしでは0 log（MF膜）、1 log（UF膜）であるのに対し、硫酸アルミニウムもしくはポリ塩化アルミニウムによる凝集処理（凝集剤濃度：3, 5 mgAl/L）を行うことでどちらの膜においても7 log以上の除去率が得られたとしている。凝集条件としては、凝集剤濃度の影響が大きく、濃度が高くなるにつれ、除去率は高くなるが、濃度が低いと凝集時間を増やしても除去率の向上が見られないという結果もある[36]。また凝集処理の副次的効果として、ポリ塩化アルミニウムでの凝集処理によるウイルスの不活化が見られたとMatsui et al.[37]やMatsushita et al.[38]により報告されている。以上

のことから凝集処理が後段の膜処理のウイルス除去性能の向上や膜の孔径の選択範囲の拡大に寄与するが分かる。ウイルスよりも大きな孔径を持つMF膜においても、水処理を継続していく中で膜面上に形成されるケーキ層によってウイルスが除去されることが知られている[39]。

また、膜孔径でのふるい作用によるウイルス除去の他に、膜への吸着による除去もある。この作用により、たとえ膜の孔径よりも小さな溶解物質でも、膜に捕捉され得る。膜への吸着作用の実例として、ポリオウイルス(直径28－30 nm)が孔径0.22 μmのMF膜で4.5 log以上除去されたという報告がある[40]。しかし、ろ過量が一定量を超えると、吸着能力は失われてしまい、それ以降は吸着による除去は期待できなくなる欠点もある。

3 下水、排水の消毒

1 塩素消毒

(1) 概　要

　日々の社会活動から排出される下排水は、下排水処理を経て河川や湖沼、海域等の水環境中に放流されるため、これらの放流先の水域の衛生学的安全性を確保するために消毒処理が重要となってくる。特に合流式下水道での雨天時越流水に関しては、十分な消毒効果が期待できないため、下水処理システムも含めて改善が必要である。また近年、再生水利用が進められており、下水処理水が新たな水源として用いられているため、再生処理において適切に病原性微生物を除去する必要がある。

　消毒方法に関しては、我が国では大部分の下水処理場で塩素処理が採用されており、中でも次亜塩素酸ナトリウムが最も一般的に用いられている。浄水処理と異なり、下水処理水は通常環境水に放流されるため、高い残留性を求める必要がなく、むしろ残留塩素、消毒副生成物の生態系への影響を考慮し、塩素系消毒剤の注入量を減らすか、消毒方法として残留性の小さな代替方法を選択すべきである。一方、下水中には塩素を消費する有機物を多く含み、懸濁粒子に病原性微生物が吸着、付着および埋棲することにより消毒剤から保護される場合もある。また、水中にアンモニア性窒素を含む場合はクロラミンとして存在するため、ウイルスや原虫に対しては高い不活化効果は期待できない。そのため、消毒処理の前段において、硝化や脱窒を行い、また膜処理等で懸濁物質を除去することにより確実な消毒効果をもたらすことも求められる。

(2) 濃度と不活化効果

　前述の通り、下水処理における消毒処理はアンモニア性窒素や懸濁物質等の水質に影響を受けやすい。

　アンモニア性窒素の影響を受けた場合、ほとんどがクロラミンとして消毒されるため、「②上水，用水－1 塩素消毒」で示したとおり病原性微生物を不活化するにはかなり高いCt値が必要となる。そのため、生物処理における硝化反応の程度に応じて後段の塩素処理の効果が変化すると考えられる。John et al.[41]は硝化の程度と塩素の形態、病原性微生物の不活化率を調べたところ、大腸菌群や糞便性連鎖球菌では硝化の程度が進むにつれ不活化率が上昇するという結果が得られたとしている。同様の傾向はＦ－特異性ファージや体表面吸着ファージにおいても見られた。

　懸濁粒子による影響では、粒子に吸着あるいは埋棲した病原性微生物の方が浮遊しているものより消毒耐性が強いと多数報告されている[42]-[44]。しかし、Dietrich et al.[43]は145μmの大きさの粒子まで塩素は透過するとしている。また粒子の大きさは塩素の消毒効果と相関があり、水中の粒子の大きさが大きくなるにつれ不活化されにくい傾向がある[45]。

　また、合流式下水道からの越流水に対する消毒効果に関しては上門ら[46]が報告している。簡易

再生水基準を達成するために必要な塩素注入濃度[47] (表1)

下水の種類	原水中の大腸菌群濃度 (MPN/100 mL)	塩素注入濃度 (mg/L) 再生水における大腸菌群の基準値 (MPN/100 mL) 1000	200	23	≦2.2
流入水	10^7-10^9	5－15			
簡易処理水	10^7-10^9	5－10	6－15		
散水ろ床処理水	10^5-10^6	1－2	2.5－5	16－22	
生物反応処理水	10^5-10^6	1－2	2.5－5	16－20	
ろ過した生物反応処理水	10^4-10^6	0.25－5	0.5－1.5	1.8－7	7－25
硝化処理水[a]	10^4-10^6	0.1－0.2	0.3－0.5	0.9－1.4	3－5
ろ過した硝化処理水[a]	10^4-10^6	0.1－0.2	0.3－0.5	0.9－1.4	3－4
MFろ過水	10^1-10^3		0.1－0.15	0.15－0.2	0.2－0.5
ROろ過水[a]	～0	0	0	0	0－0.3
浄化槽処理水	10^7-10^9	5－10	6－15		
断続的な砂ろ過水	10^2-10^4		0.02－0.05	0.1－0.16	0.4－0.5

a：遊離塩素による処理

放流を想定し、最初沈殿池流出水と二次処理水を様々な割合で混合した試料に対して次亜塩素酸ナトリウムによる消毒を行い、大腸菌・大腸菌群の不活化を調べている。添加した塩素のうちほとんどがクロラミンとなり、原水の汚濁度が高くなるにつれ消毒効果は低くなるという結果となっている。その原因として懸濁物質の影響が示唆されており、Collins－Selleck式における不活化速度定数kと遅滞係数bはSS濃度との間に強い相関を示したとしている。

また、下水および下水処理水から再生水を生産する際に必要な塩素の注入濃度を表1に示す。表1に示す値は、結合塩素処理において30分間の接触時間で原水中に存在する大腸菌を基準値以下まで不活化するのに必要な値である。

これらの過去の知見から、下水処理において効率的な塩素消毒を行うためには、前段の生物反応では硝化を行うことや沈殿（膜ろ過）を適切に行い、懸濁粒子を除去することが求められる。

2 オゾン消毒

(1) 概　要

現在、オゾンはその強い酸化力から病原性微生物などの不活化を目的とし、主に上水分野で用いられている。しかし、下水分野においても下水再生処理を中心に次第に普及し始めており、国内でも28箇所ほどの下水処理場でオゾン消毒を行っている。日本下水道事業団では、塩素消毒の代替

下水放流水の水質基準と再利用に求められる水質[48] (表2)

項目	下水放流水基準	修景用水	水洗用水、散水用水、親水用水
大腸菌群また大腸菌	大腸菌群 3,000/mL 以下	大腸菌群数 1000CFU/100mL 以下	大腸菌不検出/100mL

*処理区分により異なる

原虫類の 2 log（99%）不活化に要するオゾン条件[51][52] (表3)

原虫	濃度（mg/L）	接触時間（min）	水の条件
C. parvum	4	10	1 ℃ tap water
C. parvum	2	1	20℃ tap water
G. muris (50,000 cysts)	0.3	0.25	15℃ demand free buffer water
G. muris (100 cysts)	0.3	3	15℃ demand free buffer water

としてオゾン消毒などの技術評価を行い、これらの計画・設計を効率的に行うため消毒施設の技術基準を作成した。また、オゾンを利用した下水処理水の高度処理によって、再利用することも重要になると考えられる。表2に現行の下水放流水の水質基準と修景用水、親水用水の目標値を示したが、より高い衛生学的安全性を確保するためには消毒レベルを上げる必要がある。

現在、下水処理水は、せせらぎ、トイレ用水などに再利用されているが、その利用率は1.4%程度と低いため、国土交通省では、河川の水量維持や水資源確保のため、下水高度処理水の河川還流構想も提唱している。

(2) 下水処理システムでの構成

下水処理においてオゾン処理システムは、病原性微生物を不活化するために、水処理工程の後段に消毒剤として用いられるのが一般であるが、高度処理や再利用工程での脱臭と脱色を目的としても使われる。オゾンによる下水処理は浄水のようにオゾンの注入箇所により分類される。前オゾン処理では、下水処理水にまずオゾン処理を行い、その後、凝集沈殿、ろ過／膜処理が行われる。この工程でのオゾンは、水中に含まれるコロイド以上の粒子物質の表面性状に変化を与え、凝集性の改善等と同時に病原性微生物の消毒も行う。しかし、ほとんどの下水処理では、後オゾン処理であり、処理水中の病原性微生物の不活化や色度や臭いの除去を行い、下水処理の高度化に寄与している。

(3) 病原性微生物に対する不活化効果

通常の塩素消毒では、下水処理水中のクリプトスポリジウム・オーシストの不活化は現実的に不可能であるが、オゾン処理では、通常の消毒や脱色を目的とした操作条件で1 log（90%）程度の不活化が期待できると報告されている[49]。また、純水と生物処理水のそれぞれにクリプトスポリジウム・オーシストを添加した回分処理実験を行った結果、Ct値と対数生残比の間にはいずれも直線関係が認められ、その傾きがほぼ同じであったことから、クリプトスポリジウムの不活化には、生物処理中の有機物の影響は認められなかったと報告されている[50]。表3には、原虫類のクリプト

オゾンによる微生物の不活化効果の比較 (表4)

オゾンに対する耐性	備考	文献
糸状菌 ＞ 非糸状菌 ＞ 大腸菌群 (10～100)　(1)　(0.1)	同一条件での 残存率の相対値	瀧他 [53]
Poliovirus I ＞ E.coli ＞ Coliphage T2		Katzenelson et al. [54]
Coxsackievirus A9 ＞ E.coli ＞ Poliovirus I (0.0035)　　(0.0014)　(0.0013)	99％滅菌で必要な 残存濃度×時間 (mg/L×min)	D.S.Walsh et al. [26]
Poliovirus II ＞ Echovirus I ＞ Poliovirus I (4.83)　　(1.02)　　(0.50) Coxsackievirus B5 ＞ Echovirus 5 ＞ Coxsackievirus A9 (0.48)　　(0.22)　　(0.12)	0.15mg/Lの 残留オゾン濃度での 99％滅菌に必要な 接触時間（min）	D.Roy et al. [25]
M.fortuitum ＞ Poliovirus ＞ C.parapsilosis ＞ E.coli ＞ S.typhimurum		S.Farooq et al. [30]
Coxsackievirus ＞ E.coli　　　（蒸留水, O_3液接触） E.coli ＞ S.lutea ＞ Coxsackievirus （O_3ガス接触） 一般細菌 ＞ Coxsackievirus　　（湖沼水, O_3ガス接触）		E.Dahi et al. [29]
Endamoba hystolytica ＞ Bacillus megatherium (胞子) (0.3)　　　　　　(0.1) ＞ Poliovirus ＞ Mycobacterium tuberculosum ＞ (0.01)　　　　(0.005) Streptococcus fecalis ＞ E.coli (0.0015)　　　(0.001)	10分間、99％滅菌に 必要な残留オゾン濃度	Nebel [55]

スポリジウムとジアルジアの不活化に必要なオゾン濃度と条件を示した。

ウイルスと細菌の不活化に関しては、前述した2の表5、6の通りである。しかし、同じウイルスでもタイプや種などによってどのように不活化率が異なるかは明確ではないが、一般的にウイルスは、大腸菌群などの腸管系細菌よりオゾンに対する耐性が強い。表4には、オゾンによるウイルスや細菌類の不活化の効果を比較した。

表4で示すように、放線菌や原虫類の包嚢の一部を除いた生物種に対しては、ほぼ同程度の消毒や不活化効果があることが分かる。

3 UV消毒

(1) 概　要

下水・廃水などの処理技術の発達により、水不足の問題のため水を再利用し、水源を保護することが世界的に注目されている。下水処理水の放流に当たっては、衛生学的安全性を確保するとともに、水生生態系の保護が重要である。このため、塩素消毒そのものが欧米では採用されにくくなっており、UV消毒が利用されている。また、マレーシアとの間で水源の問題を抱えるシンガポールで

UVによる原虫類の生存性に関する報告例 (表5)

項目	UV照射線量 (mJ/cm²)	不活化率	文献
C.parvum	80	99%	Ransome et al.[60]
C.parvum	120	99.9%	
G.lamblia	180	99%	Karanis[61]

UVによる原虫類の感染性に関する報告例 (表6)

項目	UV照射線量 (mJ/cm²)	不活化率	文献
C.parvum	1.0	99%	平田他[62]
C.parvum	10	90%	加藤他[63]
G.muris	5	99%	Craik[64]

はニューウォーター（NEWater）と名づけられた再生水が、米国のカリフォルニアなどでは再生水が地下水などを介して浄水場の水源に利用されている。このような再生水の利用で最も重要なのは、処理後も再生水中に残留する病原性微生物を消毒によって不活化することである。下水処理水からの再生水で最もよく利用されるのが膜処理後のUV消毒である。上で挙げたシンガポールの水再生処理においても膜処理後の消毒工程にUVを適用している。ここでは、下水処理の消毒工程でのUV利用について示す。

(2) 下水処理システムでの構成

下水処理方法にUV消毒を導入する場合、プロセスの最後に設置することが多い。UV消毒は、透過率が重要な因子となるため、ろ過などによりSS成分を除去し、透過率を高めてからUV消毒を行うのが効率的である。高度処理として膜技術と組み合わせた場合、膜処理によってSS成分がほとんど除去され、UVの透過率が高まり、高い消毒効率が期待できる。

(3) 病原性微生物に対する不活化効果

我が国の下水放流水の水質基準として、公共用水域に排出される放流水中の大腸菌群が3,000個/mL以下と定められている。下水処理で基準とされる微生物は、大腸菌群のみであるが、最近は処理した下水を再生水として利用する場合が増えてきている。また、より適した糞便汚染の指標として大腸菌が基準として用いられることが多くなっている。さらに細菌類の他にウイルス、原虫類などの病原性微生物の除去にも関心が持たれており、消毒の対象となる微生物種の範囲は広くなってきている。微生物は、生物種によりUVに対する感受性が異なり、対象とする微生物によって照射線量を考慮しなければならない必要がある。

① 原虫類

下水中にクリプトスポリジウムが存在していることは検出法が開発された1980年代後半から知られており、米国で4つの下水処理場で生下水中のクリプトスポリジウム濃度を測定したところ、濃度範囲は850－13,700個/Lであった[56]。日本

UVによる細菌類の99.9%（3 log）不活化事例(表7)

供試菌種		UV照射線量 (mJ/cm²)
グラム陰性菌	変形菌	3.8
	赤痢菌（志賀菌）	4.3
	赤痢菌（駒込BⅢ菌）	4.3
	チフス菌	4.4
	大腸菌	5.4
グラム陽性菌	溶血連鎖球菌（A群）	7.4
	白色ブドウ球菌	9.1
	黄色ブドウ球菌	9.3
	溶血連鎖球菌（O群）	10.6
	腸球菌	14.9
	馬鈴薯菌	17.9
	馬鈴薯菌（芽胞）	28.1
	枯草菌	21.6
	枯草菌（芽胞）	33.2

（日本下水道事業団技術開発部、1997）

では19都道府県の67箇所の下水処理場において生下水中のクリプトスポリジウム濃度が調査され、73試料中7試料から検出され、濃度範囲は8～50個/Lであった[57]。下水処理水においても米国の11箇所の下水処理場に対する調査では、4－3,960個/Lのオーシストが検出されている[56]。日本では67箇所の下水処理場で74試料の処理水のうち9試料からオーシストが検出され、濃度範囲は0.05－1.60個/Lであった[58]。

原虫類におけるUV消毒は、水中の生存量と不活化の両方を評価する必要がある。消毒の目的としては、病原性微生物を死滅させなくとも感染能力を消失させることができれば良いと考えられる[59]。塩素消毒耐性の強いクリプトスポリジウム等の原虫の生存性評価手法は、脱嚢試験や活性染色試験などがあり、感染性は、動物実験や培養細胞実験などにより確認される。表5と表6では、原虫類を死滅または感染能力を消失させるために必要なUV照射線量を示した。

原虫類を死滅させるには、高いUV照射線量が必要であるが、原虫類を不活化させるには、少量のUV照射線量で十分であることが表6から分かる。

このことから、原虫対策技術としてUV消毒の適用が大いに期待されている。

② 細菌

細菌類はその種類によりUVに対する感受性が異なる。表7では、細菌類を99.9%（3 log）除去するために必要なUV照射線量を示した。大腸菌等のグラム陰性細菌は、グラム陽性細菌より不活化されやすいことが分かる。

細菌類は、UV消毒による不活化だけでなく、不活化効果を阻害する太陽光による光回復現象があり、放流後、太陽光に曝露される下水処理水に対しては、その影響を考慮しなければならない。

下水処理水での低圧ランプを用い糞便性大腸菌を対象とした光回復に関する実験が行われている[65]。不活化効果が見かけ上、1ヒット1標的の機構に従う場合、最大光回復値（$S+$：可視光照射60分後の生存率）は、UV処理後の生存率（S）より線量軽減率k（糞便性大腸菌群では4.5）を用いて次式で計算できるとされている。

$$S+ = S^{1/k} = S^{0.22}$$

低圧ランプと波長分布の異なる中圧ランプでは、log不活化率で-3以上の不活化を加えると、光回復は生じないことが実験的に証明されている[66]。

③ ウイルス

ウイルスは、細菌と異なり自律的な増殖ができないため、光回復や暗回復などによる影響はないと考えられる。表8は、ウイルスを99.9%（3 log）除去するためのUV照射線量を示した。ウイルスもその種類により、不活化に要するUVの照射線量が異なり、現状ではウイルスの検出方法にも限界があるため、表流水中に存在する真のウイルス量が確実に測定されているともいえない。そこで、ウイルスの代替指標としてバクテリオファージをモニタリングすることが提案されている[67]。

4 その他（膜処理）

(1) 概　要

下水処理において、膜処理は沈殿処理の代替として利用されたり、生物処理と組み合わせて膜分離活性汚泥法（MBR）として利用されたりしている。膜処理により細菌類はほぼ完全に除去できるため、後段の消毒処理を大幅に省略でき、消毒副生成物や残留消毒剤の影響を軽減することが出来る。また、生物処理と併せることにより、膜面上に形成されたバイオフィルム・ケーキ層による病原性微生物の除去・不活化も期待できる。

UVによるウイルスの99.9%（3 log）不活化事例
（表8）

供試菌種	UV照射線量 (mJ/cm^2)	文献
Adenovirus	4.5	Kaufma[68]
Coxsackievirus	4.8	
Poliovirus	6.0	
Influenza virus	6.6	
Poliovirus	21	
Poliovirus	29	Sobsey[69]
Rotavirus	25	
Reovirus	45	
Bacteriophage Qβ	40.8	神子他[70]

(2) MBRによる病原性微生物の除去

Ottson et al.[71]はスウェーデン、ストックホルムの下水処理場に設置したパイロットプラントにより、表9に示したMBRおよび通常の生物処理での下水処理実験を行った。MBRによる病原性微生物の除去結果（Line 2）としては、例えば大腸菌で5 log、F特異性ファージで3.8 logの除去率となり、嫌気性処理による窒素・リン除去を行うLine 1、UASBによる嫌気性処理と生物処理による窒素除去を行うLine 3と比べてより高い除去能力を示した。

また、ヒトウイルスのアデノウイルスのMBRによる除去についてDavid. H. - W. Kuo et al.[72]が報告している。これによると、米国ミシガン州のトラバース市の下水処理場に導入されている浸漬型のMBR（公称孔径 0.04 μm）のアデノウイルスの除去能力を調べたところ、平均で5.0 logの除去率が得られたと報告されている。

MBRでの病原性微生物の除去に与える活性汚

各Lineの処理プロセス (表9)

	処理プロセス
Line 1	沈殿→嫌気槽→好気槽→沈殿→砂ろ過
Line 2	ろ過ドラム（孔径30μm）→MBR（孔径0.4μm）
Line 3	加圧浮上→上向流嫌気性スラッジブランケット（UASB）（2回）→薬品沈降→ろ過ドラム（孔径20μm）

Ottoson et al. による実験結果[71] (表10)

	Line 1	Line 2	Line 3
E.coli	3.23	4.97	1.94
Enterococci	3.17	4.52	1.75
Somatic coliphage	2.32	3.08	0.76
F-specific phage	3.47	3.78	2.38
Enterovirus	1.67	1.79	0.45
Norovirus	0.95	1.14	—
Giardia	3.52	>3.87	—
C. parvum	1.58	>1.44	—

MBRでの病原性微生物の除去性能 (表11)

		ファージ	糞便性大腸菌群	糞便性連鎖球菌
対数除去率(log)	活性汚泥の寄与	1.51	2.70	2.45
	膜の寄与	0.77	4.16	>3.38
	全体	2.28	6.86	>5.83

Ueda et al. 73) をもとに作成

泥の影響も報告されており、Ueda et al.[73]の結果（表11）によれば、沈殿下水を基質としてMBRを運転した際、活性汚泥のみでファージ、糞便性大腸菌群、糞便連鎖球菌を2 log程度除去できたとしている。また、リン酸緩衝液を原水として膜処理を行った結果、膜での除去率はほぼ0 logであったのに対し、活性汚泥を含んだ原水では2-3 log程度見られた。さらに、膜間差圧が上昇するにつれウイルス除去率が上昇したことから、膜面上に形成されるバイオフィルムがウイルス除去に大きな役割を持っているとしている。

参考文献

1) 金子光美：水の安全性と病原性微生物－その歴史と現状、そして未来, モダンメディア, 52 (3), 20-27, 2006.
2) (財) 水道技術研究センター：高効率浄水技術開発研究（ACT21），代替消毒剤の実用化に関するマニュアル, 2002.
3) H. Chick : Investigation of the laws of disinfection, Journal of Hygiene, 8, 92-158, 1908.
4) H. E. Watson : A note on the variation of the rate of disinfection with change in the concentration of the disinfectant, Journal of Hygiene, 8, 536-542, 1908.
5) Pelczar, M et al. : Microbiology, 5th editon, McGraw-Hill, New York, 1986.
6) Water Pollution Control Federation : Wastewater Disinfection, Manual of Practice FD-10, Alexandria, VA, 1986.
7) White, G. et al. : Handbook of Chlorination, 2nd. edition, Van Nostrand-Reinhold, New York, 1985.
8) Mitch, W. A. Sedlak, D. L. : Characterization and fate of Nnitrosodimethylamine orecursors in municipal wastewater

treatment plants, Environmental Science and Technology, 38 (5), 1445 - 1454, 2004.
9) Korich, D.G. et al.: Effect of ozone, chlorine dioxide, chlorine and monochlorine on Cryptosporidium parvum oocyst viability, Applied Environmental Microbiology, 56, 1423 - 1428, 1990.
10) Gyurek, L.L. et al.: Modeling chlorine inactivation kinetics of cryptosporidium parvum in phosphate buffer, Journal of Environmental Engineering, 125, 913 - 924, 1997.
11) 大瀧雅寛: 病原寄生虫クリプトスポリジウムについての解説, 生活工学研究, 3 (1), 120 - 123, 2001.
12) Read Warriner et al.: Disinfection of advanced wastewater treatment effluent by chlorine, chlorine dioxide and ozone: Experiments using seeded poliovirus, Water Research, 19, 1515 - 1526, 1985.
13) John Lawrencea and Frank P. Cappelli: Ozone in drinking water treatment: A review, Science of the Total Environment, 7, 99 - 108, 1977.
14) Shaukat Farooqa and Shaheen Akhlaque: Comparative response of mixed cultures of bacteria and virus to ozonation, Water Research, 17, 809 - 812, 1983.
15) 特定非営利活動法人日本オゾン協会オゾンハンドブック編集委員会編:「オゾンハンドブック」, サンユー書房発行, 230 - 236, 2004.
16) K. F. Mcdonald, R. D. curry, T. E. Clevenger, K. Unklesbay, A. Eisenstark, J. Golden, R. D. Morgan,: A Comparison of Pulsed and Continuous Ultraviolet Light Sources for the Decontamination of Surfaces, IEEE transactions of Plasma Science, 1581 - 1587, 2000.
17) 膜分離技術振興協会: 浄水膜（第 2 版）, 技報堂出版, 東京, 2008.
18) P S Berger et al.: Encyclopedia of Microbiology (Third Edition), 2009.
19) Taylor, R. H. et al.: Chlorine, chloramine, chlorine dioxide, and ozone susceptibility of Mycobacterium avium, Applied and environmental microbiology, 66 (4), 1702 - 1705, 2000.
20) Blackmer, F. et al.: Use of integrated cell culture - PCR to evaluate the effectiveness of poliovirus inactivation by chlorine, Applied and Environmental Microbiology, 66 (5), 2267 - 2268, 2000.
21) Li, J. W. et al.: Mechanisms of inactivation of Hepatitis A Virus by chlorine,. Applied and Environmental Microbiology, 68 (10), 4951 - 4955, 2002.
22) Finch, G. R. et al.: Ozone Inactivation of Cryptosporidium parvum in Demand - free Phosphate Buffer Determined by in vitro Excystation and Animal Infectivity, Applied and Environmental Microbiology, 59 (12), 4203 - 4210, 1993.
23) Peeters, J. E. et al.: Effect of Disinfection of Drinking Water with Ozone of Chlorine Dioxide on Survial of Cryptosporidium Parvum Oocyst, Applied and Environmental Microbiology, 55, 1519 - 1522, 1989.
24) D. M. Foster et al.: Ozone Inactivation of Cell - and Fecal - Associated Viruses and Bacteria, Journal Water Pollution Control Federation, 52 (8), 2174 - 2184, 1980.
25) D. Roy, R. S. Englebrecht and E. S. k. Chian: Comparative Inactivation of Six Enterociruses by Ozone, Journal AWWA, 74, 660 - 664, 1982.
26) D. S. Walsh, C. E. Buck and O. J. Sproul: Ozone Inactivation of Floc Associated Viruses and Bacteria, Journal of the Environmental Engineering Division, 106, 711 - 726, 1980.
27) William A. Pryor, et al.: The Ozonation of Unsaturated Fatty Acids: Aldehydes and Hydrogen Peroxide as Products and Possible Mediators of Ozone Toxicity, Chemical Research in Toxicology, 4, 341 - 348, 1991.
28) Komanapalli IR, Mudd JB, Lau BHS,: "Effect of ozone on metabolic activities of Escherichia coli K - 12, Toxicology Letters, 90, 61 - 66, 1997.
29) E. Dahi and E. Lund: Steady State Disinfection of Water by Ozone and Sonozone, Ozone: Science and Engineering, 2, 13 - 24, 1980.
30) S. Farooq and S. Akhlaque: Comparative Response of Mixed Cultures of Bacteria and Virus to Ozonation, Water Research, 17, 809 - 812, 1983.
31) 神子直之, 片山浩之, 大垣眞一郎: 紫外線によって不活化されたファージの PCR 法による検出, 第 28 回日本水環境学会年会講演集, 494 - 495, 1994.
32) U.S. Environmental Protection Agency (EPA): 'ULTRAVIOLET DISINFECTION GUIDANCE MANUAL FOR THE FINAL LONG TERM 2 ENHANCED SURFACE WATER TREATMENT RULE". Office of Water (4601), EPA 815 - R - 06 - 007, 1 - 4 - 1 - 7, 2006.
33) 厚生労働省 平成 19 年度水道統計
34) Jacangelo, J. G. et al.: Role of membrane technology in drinking water treatment in the United States, Desalination, 113, 119 - 127, 1997.
35) L. Fiksdal et al.: The effect of coagulation with MF/UF membrane filtration for the removal of virus in drinking water, Journal of Membrane Science, 279, 364 - 371, 2006.
36) T. Matsushita et al.: Effect of pore size, coagulation time, and coagulant dose on virus removal by a coagulation - ceramin microfiltration hybrid system, Desalination, 178, 21 - 26, 2005.
37) Y. Matsui et al.: Virus Inactivation in Aluminum and Polyaluminum Coagulation, Environmental Science Technology, 37, 5175 - 5180, 2003.
38) T. Matsushita et al.: Irreversible and reversible adhesions between virus particles and hydrolyzing - participating aluminum: a function of coagulation, Water Science and Technology, 50 (12), 201 - 206, 2004.
39) Ohtaki M et al.: Virus removal in a membrane separation process, Water Science and Technology, 37 (10), 107 - 116, 1998.
40) S. Madaeni et al.: Virus removal from water and wastewater using membranes, Journal of Membrane Science, 102, 65 - 75, 1995.
41) John G. et al.: Comparative disinfection of treated sweage with chlorine and ozone, Water Research, 19 (9), 1129 - 1140, 1985.
42) LeChevallier et al.: Disinfection of bacteria attached to granular activated carbon, Applied and Environmental Microbiology, 48 (5), 918 - 923, 1984.
43) Dietrich J.P. et al.: Preliminary assessment of transport processes influencing the penetration of chlorine into wastewater particles and the subsequent inactivation of particle - associated organisms, Water Research, 37, 139 - 149, 2003.
44) Bohrerova, Z. et al.: Ultraviolet and chlorine disinfection of Mycobacterium in wastewater: effect of aggregation, Water Environmental Research, 78 (6), 565 - 571, 2006.
45) Gideon P. Winward et al.: Chlorine disinfection of grey water for reuse: Effect of organics and particles, Water Research, 42, 483 - 491, 2008.
46) 上門卓矢, 山下尚之, 田中宏明: 合流式下水処理施設の雨天時簡易処理時における消毒機能の評価, EICA, 14 (2, 3), 19 - 27, 2009.
47) T. Asano et al.: Water Reuse Issues, Technologies, and Applications, McGraw - Hill, New York, 2006.
48) 国土交通省都市・地域整備局下水道部、国土技術政策総合研究所下水道研究部:「下水処理水の再利用水質基準等マニュアル」, 2005.
49) Lisle, J.T. and Rose, J.B: Cryptosporidium contamination of water in the U.S.A. and U.K.: a mini review, Aqua - Journal of Water Supply: Research and Technology, 44 (3), 103 - 117, 1995.
50) 木村総一郎, 加藤康弘, 山崎正忠: オゾン利用による下水処理・廃水処理, 富士時報, 77 (3), 2004.
51) Corona - Vaszuez, B., Samuelson, A., Rennecker, J.L., Marinas, B.J.: Inactivation of Cryptosporidium parvum oocysts with ozone and free chlorine. Water Research, 36, 4053 - 4063, 2002.
52) Haas, C.N., Kaymak, B.: Effect of initial microbial density on inactivation of Giardia muris by ozone, Water Research, 37, 2980 - 2988, 2003.
53) 瀧元男、橋本らん子、近藤修一: 生物処理水の殺菌に関する研究（第 2 報）- オゾン及び紫外線の殺菌効果 -, 水処理技術, 18 (8), 733 - 740, 1977.
54) E. Katzenelson, B. Kletter and H. I. Shuval: Inactivation Kinetics of Viruses and Bacteria in Water by Use of Ozone, Journal AWWA, 66 (10), 725 - 729, 1974.
55) C. Nebel: Ozone Treatment of Potable Water - Part 1, Public Works, 112 (6), 86 - 90, 1981.

56) Madore, M. S., Rose, J. B., Gerba, C. P., Arrowood, M. J. and Stering, C. R.：Occurrence of Cryptosporidium oocysts in sewage effluents and select surface waters, Journal of Parasitology, 73, 702 − 705, 1987.
57) 諏訪守、鈴木穣：下水処理場等におけるクリプトスポリジウムの検出方法の検討及び実態調査, 土木研究所資料, 第3533号, 1998.
58) 鈴木穣, 諏訪守, 北村友一：下水道におけるクリプトスポリジウムの実態とリスク管理方法, 用水と廃水, 44 (4), 318 − 323, 2002.
59) 志村有通他：塩素の Cryptosporidium parvum オーシスト不活化効果とその濃度依存性, 水道協会雑誌, 70 (1), 26 − 33, 2001.
60) Ransome, M. E. et al.：Effect of disinfectants on the viability of Cryptosporidium parvum oocysts, Water Supply, 11 (1), 103 − 117, 1993.
61) Karanis, P. et al.：UV sensitivity of protozoan parasites, Aqua − Journal of Water Supply：Research and Technology, 41 (2), 95 − 100, 1992.
62) 平田強也：紫外線による Cryptosporidium parvum オーシストの不活化に及ぼす濁質の影響, 第53回全国水道研究発表会論文集, 648 − 649, 2002.
63) 加藤敏明他：紫外線による Cryptosporidium parvum オーシストの不活化に関する ELISA を用いた評価, 第52回全国水道研究発表会論文集, 162 − 163, 2001.
64) Craik, S. A. et al.：Inactivation of Giardia muris cysts using medium − pressure ultraviolet radiation in filtered drinking water, Water Research, 34 (18), 4325 − 4332, 2000.
65) 大垣眞一郎他：下水処理水の紫外線消毒効果に及ぼす光回復の影響, 土木学会第42回年次学術講演会講演要旨集, Ⅱ − 437, 1987.
66) 大垣眞一郎他：ピリミジン二重体の定量による中圧紫外線ランプの光回復特性の評価, 第36回日本水環境学会年次講演集, 390, 2002.
67) 大垣眞一郎：ウイルス指標としてのバクテリオファージ, 水道協会雑誌, 62 (10), 22 − 27, 1992.
68) Kaufman, J. E.：IES Lighting Handbook. 5th Edition, 1972.
69) Sobsey, M. D.：Inactivation of microorganisms in water by disinfection process, Water Science and Technology, 21 (3), 179 − 195, 1989.
70) 神子直之他：下水処理水の紫外線消毒効果に及ぼす光回復影響, 土木学会第42回年次学術講演会講演概要集, Ⅱ − 374, 1987.
71) J. Ottoson et al.：Removal of viruses, parasitic protozoa and microbial indicators in conventional and membrane processes in a wastewater pilot plant, Water Research, 40, 1449 − 1457, 2006.
72) David. H. − W. Kuo et al.：Assesment of human adenovirus removal in a full − scale membrane bioreactor treating municipal wastewater, Water Research, 44, 1520 − 1530, 2010.
73) T. Ueda et al.：Fate of indigenous bacteriophage in a membrane bioreactor, Water Reseach, 34, 2151 − 2159, 2000.

（田中宏明、金　一昊、西田佳記、李　善太）

II 水の処理技術編

10章

消臭・脱臭技術

1. 脱臭技術の現状と課題
2. 物理化学的方法
3. 生物学的方法
4. 消臭剤

1 脱臭技術の現状と課題

1 はじめに

　消臭・脱臭技術を検討するためには、においの特徴を十分に理解しておく必要がある。一般的にほとんどの臭気は多成分の混合体であり、数十数百のにおい成分で構成されている。そのため、脱臭対策を検討する場合、更に脱臭効率を検討する場合には、そのうち数成分を評価しても、誤った判断をしてしまうことになる。

　特に、消臭・脱臭技術で重要な要素になる脱臭効率は、皆この人間の鼻による嗅覚測定法により算出される。嗅覚測定法は、日本だけでなく世界的にも広く使われている。

　また、嗅覚測定法の中でも、臭気濃度（臭気指数）尺度を用いるのが一般的である。臭気濃度とは、その臭気を何倍に清浄な空気で希釈したときに、においが消えるかという尺度で、無臭に至るまでの希釈倍数を表す。

　この臭気濃度を以下のように変換した臭気指数が悪臭防止法をはじめ広く使われている。

　臭気指数 = $10 \times \log$（臭気濃度）

　次に、悪臭対策が一般的な有害物質の対策と異なる点は、希釈効果が期待できることである。におい物質は濃度が薄くなり、嗅覚閾値濃度以下になるとにおわない。そのため、臭気の排出口の高さを上昇させたり、排出口の向きを上に向け有効煙突高度を上げることにより、希釈効果を高める手法は、悪臭対策として広く採用されている。

　次に悪臭対策の基本として、臭気が発生した後に、発散した臭気を除去する対策より、臭気を発生させない対策の方が有効になる場合が多いことである。

　このように、悪臭対策は出てきた臭気を除くのではなく、悪臭を出さない方法を検討するのが、まず基本である。経済的にもエネルギー的にも有効になる場合が多い。次節以降に各種の脱臭装置について記載するが、悪臭対策イコール脱臭装置の導入という考え方は正しくない。

　他の方法をいろいろ検討し最終的に脱臭装置を導入しなくてはならないケースもあるが、あくまでも脱臭装置の導入は最終的な手法であることを頭に入れておく必要がある。

　次に悪臭防止法においては工場事業所から排出される排水の臭気についても規制対象になっている（第3号規制）。測定は三点比較式フラスコ法により行われるが、この測定法により求められるのは臭気濃度であるが、排水の場合はその排水を無臭で清浄な水で、何倍に薄めたらにおわないかを求める。排水自身の脱臭効率もこの尺度で算出される。

2 脱臭対策の現状

　脱臭対策には、いろいろな手法が考えられる。発生している臭気の特徴（臭質、温度、水分量、処理風量、主要成分など）を十分に把握し、低減目標を定めるとともに、イニシャルコスト、ラン

10章 消臭・脱臭技術

悪臭対策の各種手法（図1）

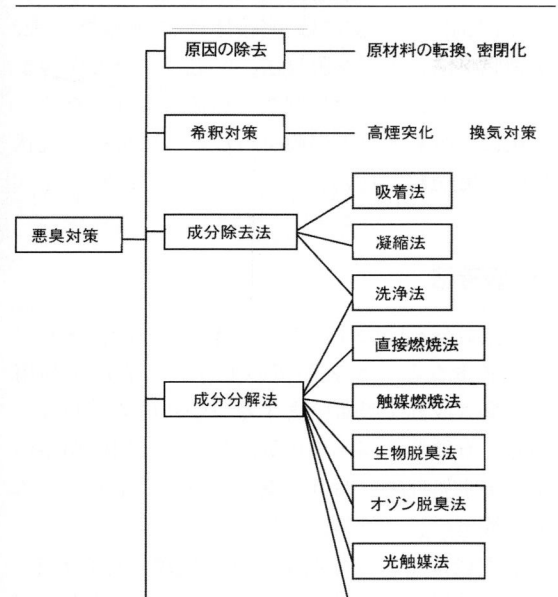

```
                    ┌─ 原因の除去 ──── 原材料の転換、密閉化
                    │
                    ├─ 希釈対策 ───── 高煙突化    換気対策
                    │
                    │              ┌─ 吸着法
                    ├─ 成分除去法 ──┼─ 凝縮法
                    │              └─ 洗浄法
悪臭対策 ───────────┤
                    │              ┌─ 直接燃焼法
                    │              ├─ 触媒燃焼法
                    ├─ 成分分解法 ──┼─ 生物脱臭法
                    │              ├─ オゾン脱臭法
                    │              └─ 光触媒法
                    │
                    └─ マスキング法 ── 消臭剤法
```

滞留時間と硫化水素濃度の関係（図2）

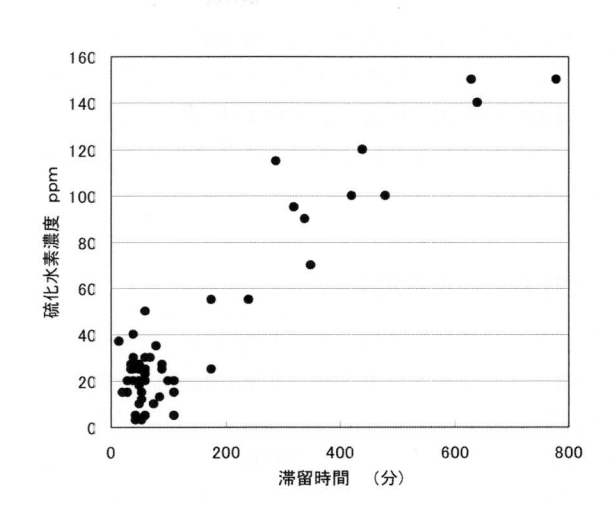

（散布図：横軸 滞留時間（分） 0〜800、縦軸 硫化水素濃度 ppm 0〜160）

ニングコストなどをしっかり計算し、対策手法を選ばなくてはならない。

現在考えられる脱臭対策の手法を図1に示した。

次に、これらの対策について、個々に、その現状について記載する。

(1) 悪臭は元から絶つ

悪臭対策の中で最も基本的で、かつ重要な対策は、悪臭の元となる原因を取り除くことである。すなわち、「悪臭対策の基本は元を絶つ」ということである。「悪臭は、発生したものを除くのではなく、発生させないことが基本である。」ということにつながる。確かに元を絶つという対策は難しい場合もあるが、この対策は最も効果的な対策であり、まず悪臭対策を検討するときは、最初に検討すべき課題である。

悪臭の元を絶つという対策には、もちろん悪臭を発生するものを取り除いてしまうという対策が基本であるが、悪臭を発生する原因物質を他の臭気の少ないものに切り換える対策も含まれる。

更にこの対策の中には悪臭を発生しているものに蓋をするなど、悪臭の発生を抑える方法も同様である。悪臭は発生させたものを取り除くのは、技術的にも経済的にも難しくなるケースが多い。

例えば、現在、都市部で問題となっているビルピット（地下排水槽）からの悪臭問題を例にしてみたい。排水槽に溜められた汚水などを下水道にポンプアップする際に、汚水枡ないしは雨水枡から高濃度の硫化水素が吹き出し、周辺に悪臭の影響を及ぼす問題である。ピットに消臭剤や微生物をまく対策も採られるが、その前に実施すべき対策がある。

硫化水素など悪臭が発生する原因は、図2にも示すように、ピット内で滞留時間とともに、排水中の硫化水素の濃度が増加していくことにある。

そこで、硫化水素を発生させないためには、ピット内での滞留時間をできるだけ短くし、汚水を長時間ピット内に溜めず、頻繁に下水道にポンプアップさせることである。

従来は、1日に1回ポンプアップするところを、1日に数回行うだけで、悪臭問題は解決することもある。即時排水型のシステムも同様にこの考え方に基づくものであり、有効な対策になる。

このように悪臭対策を考える場合、まず悪臭が発生する要因を検討し、その要因を除いていく対策が基本であるということを頭に入れておいて欲しい。

(2) 希釈による対策

脱臭対策としては、悪臭が発生する原因を取り除くことが基本であるが、現実にはその対策手法は難しいことも多い。そのため、次に検討するのは、においを感じなくなる程度まで、希釈して薄めてしまうことである。どんなにおい物質でもどんどん空気で薄めれば、におわなくなる。

多くの工場にある「煙突」は、この希釈効果を狙ったものである。高い煙突から排出された臭気は大気中で空気に希釈され、拡散して、地上に落ちる頃には薄まり、においは低減する。

煙突（排気口）の高さが高ければ高いほど、希釈される効果は大きい。更に煙突から排出される臭気の温度が高いほど、また煙突から飛び出す吐出速度が大きいほど、臭気の拡散効果は大きく、当然希釈効果も大きくなる。

実際の排出口の形状を見ると、横向き、下向きなども多いが、このような形状は悪臭対策上は不適当である。必ず上向きにする必要がある。

3 脱臭装置

つぎに各種の脱臭装置の現状について記載するが、脱臭の基本は、次の3つの方法である。
①悪臭成分をそのままの形で除去する方法
②悪臭成分をにおいの少ない成分に分解する方法
③悪臭成分を他のかおり成分で質を換える方法

上記①の方法には吸着法、凝縮法、洗浄法などがあり、上記②の方法には、直接燃焼法、触媒燃焼法、生物脱臭法、オゾン脱臭法、光触媒法などが含まれる。また、消・脱臭剤法は種類により異なる。

次に、吸着法以下の脱臭方法についてその現状について記載したい。

(1) 吸着法

臭気成分を除去する方法としては、活性炭やゼオライトなどの比表面積の大きい吸着剤を利用し、臭気成分を吸着除去する方法が広く使われている。有機溶剤関係の臭気成分での使用例が多いが、下水処理場における重要な臭気発生源である脱水機室の脱臭対策にも使用される。

活性炭はヤシ殻や石炭を高温処理し作られる。活性炭の形状は粒状の他、繊維状、粉末状などがある。活性炭はたった1グラムで1000m^{2}程度の表面積を持っている。

活性炭は、多くのにおい物質を吸着除去してくれる有用な吸着剤ではあるが、欠点としては、吸着するにおい物質の量には限界があるということである。すなわち、ある一定の量のにおい物質が吸着する（破過する）と、それ以上のにおい物質は吸着しない。そのため、破過してしまったら、交換するか、吸着した臭気成分を脱着する必要がある。

におい物質が吸着した活性炭は熱を加えたり、減圧したりすることにより、におい物質を活性炭から脱着させることができる。この吸着法は比較的低濃度で風量の大きい場合に適している。

東京都水道局においては、安全でおいしい水プロジェクト作戦を展開しているが、活性炭による吸着効果で臭気成分等を除去しており、高度浄水処理において、この吸着技術は重要な役割を演じている。

(2) 凝縮法

次の悪臭対策は、臭気の温度を下げ、気体であるにおい成分を凝縮させて、液体として回収（除去）する方法である。そのためこの方法は凝縮法と呼ばれている。悪臭成分がトルエンなどの溶剤の場合、凝縮法は燃焼系の処理方法と比較して、溶剤が回収できるメリットが大きい。溶剤のコストが高い場合には、数年で処理装置のイニシャルコストが取り戻せる可能性もある。経済的にもメリットが検討できる有用な方法である。

この方法は、におい成分が高濃度の場合にのみ有効である。におい成分が低濃度の場合には活性炭などに一度吸着し、濃縮した後に用いる場合もある。一般的には有機溶剤など炭化水素関係で設置事例が多い。

(3) 洗浄法

臭気成分を水などの液体に吸収させ、除去する方法である。この方法は湿式洗浄法などとも呼ばれる。液体に対する気体の溶解性を利用し、臭気成分を液体に吸収させ、脱臭する。悪臭物質として有名なアンモニアなどは、水に溶けやすいので、容易に水に吸収され除去される。

水だけでなく酸、アルカリ、酸化剤などの薬液を加え、除去効率を上昇させる場合もある。この場合、薬液洗浄法と呼ばれることもある。硫化水素など酸性のにおい物質には、吸収液の中にアルカリ剤を入れ、脱臭効率を高める。また、し尿処理場などのにおいには、次亜塩素酸ソーダなどの酸化剤を薬液として使用しているものもある。

この方法は水溶性の臭気ガスには適しているが、比較的水に溶けにくいトルエン、キシレンなどの臭気ガスにはあまり適していない。

この方法は、同時に粉じんも一部除去できることから、他の脱臭方法の前処理として採用される場合もある。

臭気を含むガスと液体との接触方法には各種の方法がある。表面積の大きな充填物を塔内に詰めた充填塔方式、ガス中に微細な液を噴霧するスプレー塔方式、その他サイクロンスクラバー方式、漏れ棚方式、流動層スクラバーなど気液の接触方法の違いにより各種の方式がある。

下水処理場において使用されている汚泥の焼却炉（縦型多段炉、流動層炉など）の排ガスの悪臭処理に、この洗浄法は使用されている。

この洗浄法の問題点は洗浄に用いる排水の処理である。下水処理施設においては問題は少ないが、他の場合は排水処理が検討しなくてはならない。

(4) 直接燃焼法

悪臭の原因物質であるにおい化合物を750℃以上の高温で燃焼させると、におい化合物は分解され、においの少ない物質に変化する。このように高温でにおい物質を分解脱臭する方法を燃焼脱臭法という。触媒燃焼法と区別するために、直接燃焼法とも呼ばれる。悪臭成分を高温にする方法には、灯油やガスなどの化石燃料を燃やしたり、電気ヒーターを用いたりする方法がある。図3に直接燃焼法の概念図を示した。

この方法はあらゆるにおいに対応できるため、非常に有効な脱臭対策である。しかし、ランニングコストを含め、経費がかかることから、既設のボイラーや焼却炉の助燃空気として、臭気を用いる場合もある。

近代的な清掃工場の周辺では、ほとんどにおいはしないが、ゴミのにおいをこの燃焼脱臭法によって除去している。すなわち、清掃車から運び込まれたゴミを蓄えておくゴミピット内は非常に

直接燃焼法の概念図（図3）

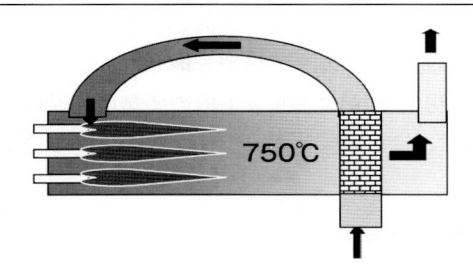

強いにおいがするが、この悪臭が外に漏れないように強制的にゴミピット内の臭気を吸引し、焼却炉内の助燃空気として燃焼分解している。すなわち、吸引されたゴミピット内の悪臭は高温の焼却炉内で、におい成分が分解され脱臭されている。

(5) 触媒燃焼法

触媒を活用し、直接燃焼法より低い温度で臭気成分を分解する方法が触媒燃焼法である。白金系などの触媒を用い250℃～350℃程度の温度で臭気成分を酸化分解する。分解温度が低いため、直接燃焼法よりランニングコストが低減できる。注意する点としては有機シリコン、硫黄などの触媒毒に被毒させないこと。また、前処理としてのフィルターを有効に用いることが重要になる。フィルターが不十分で、触媒が目詰まりを起こし、脱臭効率が低下するトラブルが時々発生する。

(6) 生物脱臭法

臭気成分をバクテリアなどの微生物に分解させ、脱臭する方法を生物脱臭法という。下水道処理における活性汚泥法は排水中の有機物を分解する方法であるが、悪臭対策における生物脱臭法もまさにこの考え方を脱臭システムにも当てはめている。

生物脱臭法の中で、土壌を用いる場合を土壌脱臭法と呼ぶこともある。下水処理施設などでは、アンモニア臭、硫化水素臭対策として微生物を多く含む黒ぼく土などを用い、土壌脱臭法が使われていた。その後、土壌の目詰まり対策もあり、ピート、コンポストなども微生物の供給源として用いられるようになった。また、最近ではセラミックなどの担体の表面に微生物を付着させ、多大な表面積を活用し脱臭する方法も行われている。

対象となる臭気成分としては、当初は硫化水素などの硫黄系臭気成分が中心であったが、最近では有機溶剤系の臭気成分でも適用事例が報告されている。

(7) オゾン脱臭法

酸化力の強いオゾンで臭気成分を分解する方法である。オゾンは紫外線ランプないしは放電により作られる。過剰のオゾンの処理対策が必要になる場合が多い。昔は下水処理場における曝気槽の悪臭をオゾン脱臭していたが、近年では余り使われていない。

しかし、最近では東京都水道局のおいしい水作戦においても採用されている。浄水中のにおい成分をオゾンで酸化分解し、においの少ないおいしい水にしようというのである。

(8) 光触媒法

二酸化チタンなどを用いて紫外線の照射により触媒効果により、臭気成分を分解脱臭する方法が光触媒法である。

紫外線ではなく可視部の光でも同様の効果が期待できるものも開発されてきた。常温で分解できる効果は大きいが、SV比を大きく取れないこと、また、二酸化炭素や水まで完全に移らず、アルデヒドなどの中間生成物が生じる恐れがあることがこの方法の課題である。

(9) 消・脱臭剤法

工場でも、比較的簡易に使用されている方法である。作業環境に気体として噴霧したり、煙道の途中に噴霧したりする場合がある。

消・脱臭剤の中には活性炭などの吸着脱臭法や生物脱臭法を用いているものも少なくない。消・脱臭剤の中身を調べると、においそのものを低減するものもあるが、快いかおりにより悪臭を覆い隠してしまう効果を狙ったものも多い。この効果をマスキング効果という。消・脱臭剤には、細かくは芳香剤、消臭剤、脱臭剤などの呼び名があるが、芳香消臭脱臭剤協議会では、平成17年に以下のように用語を定義している。

芳香剤：空間に芳香を付与するもの。
消臭剤：臭気を化学的、生物的作用等で除去又

は緩和するもの。
脱臭剤：臭気を物理的作用等で除去又は緩和するもの。
防臭剤：他の物質を添加して臭気の発生や発散を防ぐもの。

工場においても、使用例は少なくはない。清掃工場、下水処理場、し尿処理場などで使われている。不快臭を多少少なくする効果は十分に期待できる場合もある。

4 各脱臭方法の脱臭効率

以上の臭気成分除去法の脱臭効率については、吸着法の場合は、臭気成分が破過していない限り、100％に近い脱臭効率が期待できる。凝縮法の脱臭効率は一部90％を超える効率を示しているところもあるが、一般的には60～70％というところか。洗浄法も水に対する溶解性が低い臭気成分もあることから、脱臭効率は、同様に60～70％程度であり、90％以上を期待することは難しい。

高濃度の臭気に適用される直接燃焼法、触媒燃焼法の脱臭効率は少なくとも90％は期待できる。また、生物脱臭法は、高い脱臭効率の施設は少なく、一般的には60～80％程度が多い。

脱臭装置は、設置当初は比較的高い脱臭効率は期待できるが、しばらく使用している装置の脱臭効率はそれほど高くはない。吸着剤の交換、薬液の管理、燃焼温度の管理などメンテナンスに問題があると、脱臭効率はすぐに低下する。脱臭装置は導入後もきちんとメンテナンスすることが重要である。

脱臭効率の算出に当たっては、臭気濃度尺度を用いるのが一般的である。臭気濃度の測定は、臭気ガスの場合、三点比較式臭袋法[1]により実施する。また、臭気水の場合は三点比較式フラスコ法[2]を用いる。

5 悪臭対策を検討する際の注意

悪臭対策というと、すぐに脱臭装置の導入を考える工場担当者が多いが、この考えは必ずしも正しくはない。高価な脱臭装置を導入しないでも、悪臭問題を解決できたケースも多い。悪臭対策イコール脱臭装置の導入という考え方は捨てるべきである。

脱臭装置の導入が間違った対策といっているのではない。経費の比較的かからない基本的な対策を検討した後に、最終的に脱臭装置の導入が必要な場合には、当然、脱臭装置の導入を考えることになる。

また、悪臭対策を検討する場合、その悪臭の主要な原因物質を調べておくことも重要なことである。数十、数百の成分が含まれている臭気の成分の中でも、その悪臭のにおいに寄与している割合は異なるはずである。悪臭対策を検討する場合、臭気の主要な原因物質を検討しておくことは、対策を検討する際に有効である。例えば印刷工場、塗装工場などでトルエン、キシレンなどの悪臭が問題になる場合には、活性炭を用いる吸着脱臭法は有効であるが、湿式洗浄法は不適当である。トルエン、キシレンは活性炭には吸着しやすいが、水には溶けにくいからである。このようにその臭気の主要な原因となる成分が何であるかを調べておくことが悪臭対策としては重要である。

悪臭成分の中から、特に主要な原因となっている物質の見つける方法には、具体的には閾希釈倍数[3]を算出する方法、GC-オルファクトメトリー法などがある。

参考文献
1) 環境省大気生活環境室：嗅覚測定法マニュアル、公益社団法人におい・かおり環境協会、pp.11-55、2003
2) 環境省大気生活環境室：嗅覚測定法マニュアル、公益社団法人におい・かおり環境協会、pp.56-82、2003
3) 岩崎好陽：新訂臭気の嗅覚測定法、公益社団法人におい・かおり環境協会、pp.31-32、2010

（岩崎好陽）

2 物理化学的方法

1 物理化学的方法の分類

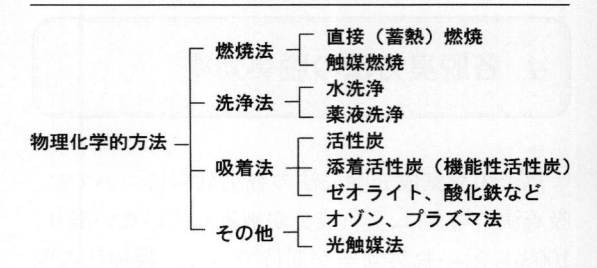

物理化学的方法は、臭気成分を熱や化学反応で分解あるいは臭気を呈しない成分に変化させたり、吸着などで捕集する脱臭方法ある。これを分類すると概ね表1のようになる。

物理化学的方法の分類（表1）

```
                         ┌ 直接（蓄熱）燃焼
             ┌ 燃焼法 ──┤
             │          └ 触媒燃焼
             │          ┌ 水洗浄
             ├ 洗浄法 ──┤
             │          └ 薬液洗浄
物理化学的方法┤          ┌ 活性炭
             ├ 吸着法 ──┼ 添着活性炭（機能性活性炭）
             │          └ ゼオライト、酸化鉄など
             │          ┌ オゾン、プラズマ法
             └ その他 ──┤
                         └ 光触媒法
```

2 物理化学的方法による脱臭装置の種類と特徴

これらの方法は、典型的な脱臭方式として古くから応用されている。表2にこれらの方式による脱臭装置の概要と特徴を一覧表で示す。

3 各方法の詳細

(1) 燃焼法

① 直接燃焼・蓄熱燃焼

直接燃焼は悪臭を直接火炎で燃焼分解する方法で、多くの臭気成分は800℃以上に加熱すると酸化分解する。直接燃焼はシンプルな焼却炉構造のため、メンテナンスが容易でシリコーンやハロゲン類が含有する場合でも脱臭が可能である。しかし熱交換器で50%程度の熱回収が可能としても、臭気成分を燃焼するためは多量の燃料を必要である。

蓄熱燃焼は直接燃焼方式ではあるが、排熱を蓄熱材で85%以上回収することで、燃料の大幅低減を図った方法である。

水処理においては、汚泥の乾燥焼却の排気などには多く使用されているが、低濃度の臭気には殆ど使用されることがない。

化学工業においては、高濃度の悪臭廃水に対して直接液中での燃焼や噴霧燃焼する方法も行われている。

② 触媒燃焼

白金など酸化触媒を利用することで燃焼温度を250〜350℃程度の低温でも臭気成分を酸化分解することができるようにした方法で、熱交換器を設置すると50%程度回収することにより燃料消費量が大幅に削減できる。

物理化学的方法による脱臭装置の種類と特徴 (表2)

脱臭装置		処理方法	特徴	長所・短所比較			
				建設費	設置場所	維持費	運転難易
燃焼法	直接燃焼装置 蓄熱式燃焼装置	●臭気を直接燃焼温度800～1000℃で分解する ●蓄熱材により熱交換効率(85～95%)を高めた装置	●高濃度臭気や汚泥焼却排気の処理に応用される ●脱臭効率は高い ●大量の燃料が必要 ●蓄熱することで直接燃焼法より運転費が安い	大	大	大	大
	触媒燃焼装置	●触媒により250～350℃の低温で酸化分解して脱臭する	●燃料費が低減され経済的に脱臭が可能 ●直接燃焼と比較してNOxの発生が少ない ●Siやハロゲンによる触媒劣化	大	中	大	大
洗浄法	洗浄(吸収)式脱臭装置	●液状の薬剤と気液接触させ化学反応によって脱臭する ●悪臭物質の種類によって水・酸・アルカリ・酸化剤水溶液等が使用される	●建設費が比較的安価で脱臭効率が高い ●活性炭吸着との組み合わせが多い ●排水処理が必要 ●薬液濃度調整や計器点検等、日常管理が必要 ●薬品に対する安全対策、装置の腐食対策が必要	中	中	中	大
吸着法	活性炭	●あるいはカートリッジの充填した固定層に通気し脱臭する ●交換式吸着装置	●低濃度に限定される ●大風量の臭気も経済的に処理できる ●活性炭の効果が無くなれば再生あるいは新品と交換する必要がある	小	中	中	小
	添着活性炭	●直接あるいはカートリッジに数種類の活性炭を組み合わせて脱臭 ●酸添着炭 ●アルカリ添着炭 ●酸化・還元剤添着炭 ●複合機能活性炭(ヨウ素炭など)	●活性炭を代表とする吸着剤を充填して通気する ●カートリッジ等に充填する場合が多い ●活性炭の効果が無くなれば再生あるいは新品と交換する必要がある ●装置費が安価でコンパクト ●運転操作が非常に簡単 ●濃度が高いと頻繁に交換が必要	中	中	中	小
	その他の吸着剤	●酸化鉄 ●ゼオライトなど	●消化ガスの脱硫 ●特殊臭気に使用	大	大	中	中
オゾン法	気相脱臭装置 オゾン水脱臭	●オゾンと臭気成分を気相あるいは触媒層で反応 ●オゾン水溶液を噴霧や洗浄塔で反応	●オゾンは現場で発生可能 ●電力費が大きい ●廃オゾンの処理が必要 ●廃水の消臭が可能	大	中	中	中

蓄熱型燃焼脱臭装置の構造(図1)

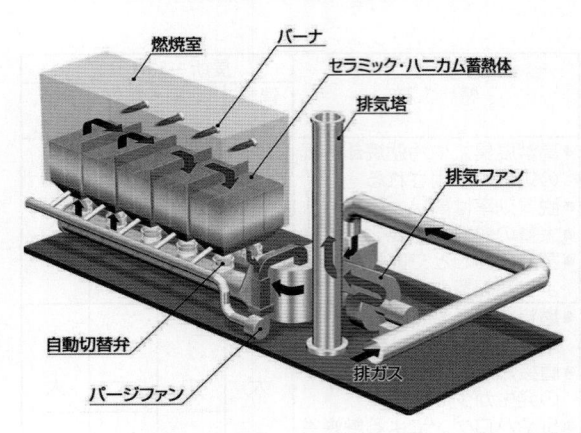

(中外炉株式会社 資料)

しかし臭気成分中に、触媒毒(シリコーンやハロゲン等)が含まれると機能しなくなるので注意を要する。

(2) 洗浄法

① 水洗浄

臭気成分の水への溶解を利用して吸収する、化学反応を伴わない洗浄法として応用されているが、水(H_2O)との反応と見る場合もある。脱臭効率は水への溶解とその平衡関係に依存するため成分によっては大量の洗浄水を必要とする場合が多い

② 中和による脱臭

臭気成分は酸性やアルカリ性を呈しているものが多く、適切な薬剤で中和することにより臭気として感じない成分に転換することができる。この原理を応用したのが中和剤による脱臭である。

ⓐ 酸洗浄(硫酸や塩酸)

主に、アンモニアやトリメチルアミンなどの低級アミンを硫酸水溶液(pH2〜3程度)により中和反応で吸収脱臭する場合

$2NH_3 + H_2SO_4 \rightarrow (NH_4)_2SO_4$

$2(CH_3)_3N + H_2SO_4 \rightarrow [(CH_3)_3NH]_2SO_4$

ⓑ アルカリ洗浄(苛性ソーダ)

主に、硫化水素やメチルメルカプタンを苛性ソーダ水溶液(pH10程度)により中和反応で吸収脱臭する場合

$H_2S + NaOH \rightarrow NaHS + H_2O$

$H_2S + 2NaOH \rightarrow Na_2S + 2H_2O$

ⓒ 炭酸ガスの影響

微生物による排水の酸化処理の場合は、臭気中に大量の炭酸ガス(CO_2)が含まれており、脱臭効率を上げるため高いPHで処理すると$CO_2+NaOH \rightarrow Na_2CO_3$の反応が主となり無駄に苛性ソーダが消費される。このため臭気の性状や経済性を把握し適切な条件を決める必要がある。

③ 酸化剤による脱臭

酸化剤の主なものには次亜塩素酸ソーダ、過酸化水素、二酸化塩素、オゾン水などがある。しかし、工業薬品として安価に入手可能で取扱いが容易な薬品として、現在脱臭装置に最も広く使用されているのは次亜塩素酸ソーダ(NaClO)である。放流水の滅菌や上下水道用・食品用の殺菌剤として広く利用されている。

処理後に塩素化合物が残存しない酸化剤として過酸化水素(H_2O_2)が注目されている。過酸化水素は輸送や貯蔵の問題と次亜塩素酸ソーダに比較して高価であるため、応用範囲が限られるが、排水の脱臭にはオゾンと共に使用例が増えている。

NaClOは主に臭気成分を酸化あるいは中和し、臭気を呈しない成分に転換することで脱臭を行う。

表2に代表的な特定悪臭物質とNaClOのアルカリ性側での主な反応式を示すが、その反応機構や経路は複雑で様々な反応が同時に起きている。しかし脱臭装置の酸化剤として使用するためには、最小の消費量で脱臭効果を上げるための最適PH

苛性ソーダ水溶液における悪臭物質とNaClOの反応 (表3)[1]

悪臭物質	反応式	理論反応mol比
硫化水素	$H_2S + 2NaOH \rightarrow Na_2S + 2H_2O$ $Na_2S + 4NaClO \rightarrow Na_2SO_4 + 4NaCl$ $Na_2S + NaClO + H_2O \rightarrow S + NaCl + 2NaOH$	4 1
メチルメルカプタン	$CH_3SH + NaOH \rightarrow H_3SNa + H_2O$ $2CH_3SNa + NaClO + H_2O \rightarrow$ $(CH_3)_2S_2 + NaCl + 2NaOH$ $(CH_3)_2S_2 + 5NaClO + 2NaOH \rightarrow$ $2CH_3SO_3Na + 5NaCl + H_2O$	1/2 5
硫化メチル	$(CH_3)_2S + NaClO \rightarrow (CH_3)_2SO + NaCl$ $(CH_3)_2SO + NaClO \rightarrow (CH_3)_2SO_2 + NaCl$ $(CH_3)_2S + 7NaClO + 4NaOH \rightarrow$ $S + 2Na_2SO_3 + 5H_2O + 7NaCl$	1 1 7
二硫化メチル	$(CH_3)_2S_2 + 5NaClO + 2NaOH \rightarrow$ $2CH_3SO_3Na + 5NaCl + H_2O$	5
アンモニア	$NH_3 + NaClO \rightarrow NH_2Cl + NaOH$	1
トリメチルアミン	$(CH_3)_3N + 3NaClO + 2NaOH \rightarrow$ $(CH_3)_2NH + Na_2CO_3 + 2H_2O + 3NaCl$ $(CH_3)_2NH + 3NaClO + 2NaOH \rightarrow$ $CH_3NH_2 + Na_2CO_3 + 2H_2O + 3NaCl$	3 3
アセトアルデヒド	$CH_3CHO + NaClO + NaOH \rightarrow$ $CH_3COONa + NaCl + H_2O$	1

酸・アルカリ次亜塩素酸洗浄塔のフロー (図2)

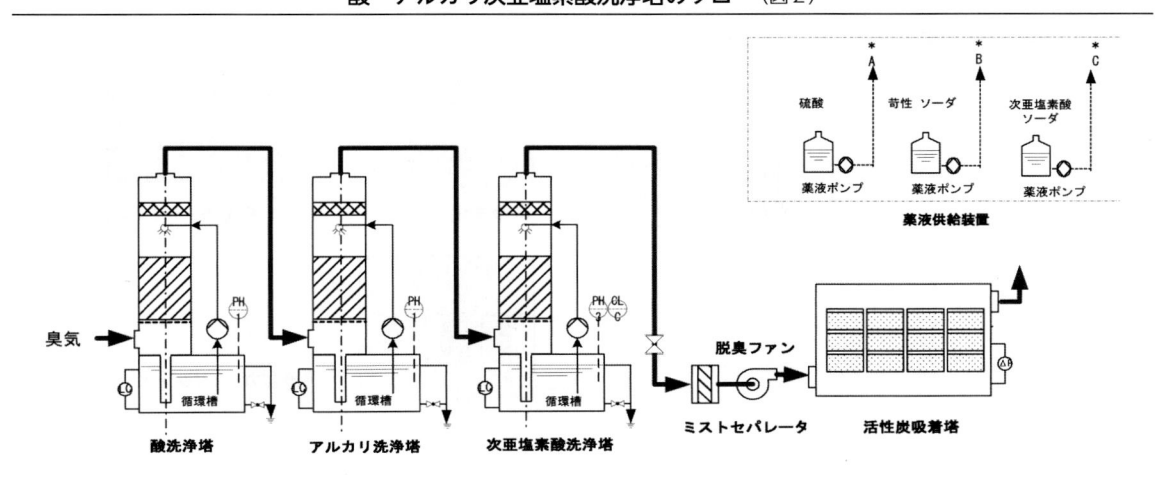

酸・アルカリ次亜塩素酸洗浄塔の実施例（写真1）

下水道施設における活性炭脱臭装置（写真2）

機能活性炭（添着炭）種類と主な用途（表4）

活性炭名称	添着薬品	機　能	吸着臭気成分
酸性ガス用	苛性ソーダ 炭酸カリ ヨウ化カリ	中和剤 中和剤 酸化触媒	硫化水素、メチルメルカプタン
塩基性ガス用	硫酸 燐酸	中和剤 中和剤	アンモニア、トリメチルアミン
中性成分用	臭素など	酸化剤	硫化メチル、二硫化メチル
ヨウ素炭	無機酸 ヨウ素 ヨウ素酸	中和剤 酸化触媒 酸化剤	上記成分を一種類の活性炭で吸着する。

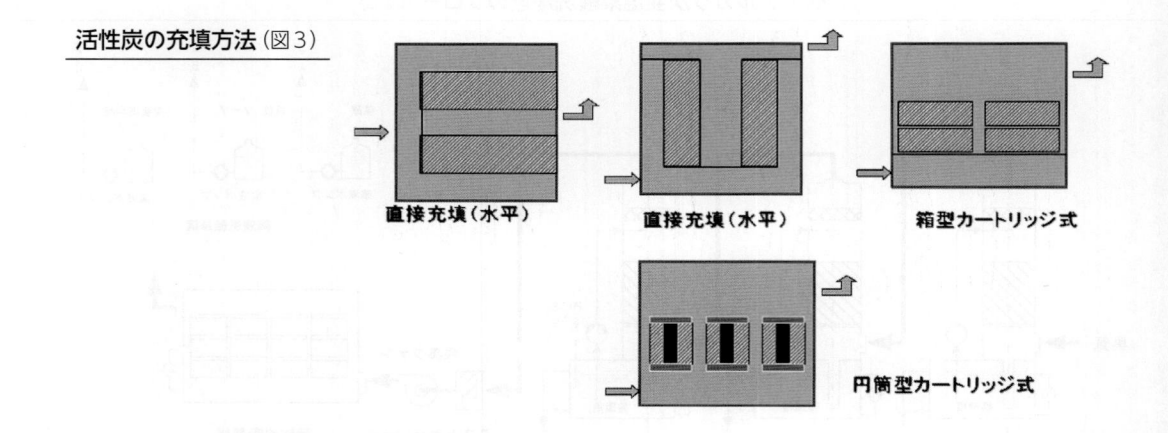

活性炭の充填方法（図3）

直接充填（水平）　　直接充填（水平）　　箱型カートリッジ式

円筒型カートリッジ式

と有効塩素濃度を把握し制御する必要がある。経済性を考慮した実用的な範囲としてpH9～10、有効塩素濃度を300～400mg/L程度が一般的に行われている。

ただし、アンモニアの濃度が高い場合は、水質やpHの条件で複雑な反応があり、相対的にNaClOの消費量が非常に多くなる可能性がある。このためNH_3は前段の水や酸洗浄塔で予め除去することが多い。

(3) 吸着法

① 一般的な活性炭による脱臭方法

吸着法は活性炭を代表とする吸着剤を充填した吸着装置に臭気成分通気させることで捕集し脱臭する方法で、脱臭装置としては最も古くから広範に用いられている。

発生する臭気には様々な成分が含まれており、活性炭が本来もっている化学反応を伴わない物理吸着のみでは効率よく機能しない場合が多い。

② 添着活性炭

硫化水素など酸性成分やアンモニアに代表されるアルカリ成分および硫化メチルなどの中性成分など、それぞれに選択的に機能するように薬品処理（添着）した数種類の特殊活性炭（添着炭）の組合せで脱臭装置を構成する場合が多い。

特に、し尿や下水処理設備の脱臭に関しては、硫化水素、メチルメルカプタン、アンモニアのように反応性の大きな成分の脱臭には　表-4のような機能性活性炭（添着炭）が使用されている。さらに、最近はこれら臭気成分を一種類の添着炭のみで脱臭を行うヨウ素炭や万能炭が多く使用されている。

ヨウ素炭は活性炭にヨウ素酸、ヨウ素および無機酸などを添着したもので、硫化水素のような還元性の強い臭気成分が多く含まれている場合は酸化触媒として、硫化メチル、二硫化に対してはヨウ素酸が酸化剤としてまたアンモニア、トリメチルアミンに対しては、無機酸が中和剤として働く機能を持たせたものである。

この様に、臭気の成分にあわせて数種類の添着活性炭を組合せる必要がないため、装置のコンパクト化や脱臭ファン電力消費を大幅に低減できるようになった。

ヨウ素炭と硫化水素や硫化メチルに対する吸着反応は、主に以下のように考えられる。

$3H_2S + HIO_3 \rightarrow HI + 3S + 3H_2O$
$3(CH_3)_2S + HIO_3 \rightarrow 3(CH_3)_2SO + HI$
$2HI + 1/2O_2 \rightarrow I_2 + H_2O$（生成した$I_2$（ヨウ素）は$H_2S$や$(CH_3)_2S$の酸化に繰り返し使用される）

③ 通気式活性炭吸着塔

下水道管渠や雨水貯留槽施設の空気抜きのように水位の変動などで排出される臭気は、その発生が不定期の場合が多く、常時換気脱臭するのは非常に不経済である。

このような目的のため、ハニカム状活性炭や特殊カートリッジに充填した、非常に通気抵抗（圧損）小さい脱臭ファンの必要としない無動力の通気式活性炭吸着装置が開発され稼動している。

(4) オゾン（O_3）による脱臭

オゾン（O_3）は気相あるいはオゾンを溶解したオゾン水などを使用した脱臭装置として下水処理やし尿処理や畜産関係のみならず、病院、老人施設などでも比較的古くから利用されている。

オゾンによる脱臭は悪臭成分の酸化分解とオゾンの臭気成分との中和作用により行われ、過酸化水素と同様、反応後に塩素系酸化剤のような塩素化合物を残さない特徴がある。

オゾンは多くの臭気成分との反応が効果的におこなわれる。

$H_2S + O_3 \rightarrow SO_2 + H_2O$　　　　　（硫化水素）
$CH_2SH + O_3 \rightarrow SO_2 + CH_3OH$
　　　　　　　　　　　　　　　（メチルメルカプタン）

水中におけるオゾンの分解速度はPH値が大きいほど速いので、アルカリ水溶液で反応させる場合もある。

通気式脱臭装置の構造（図4）

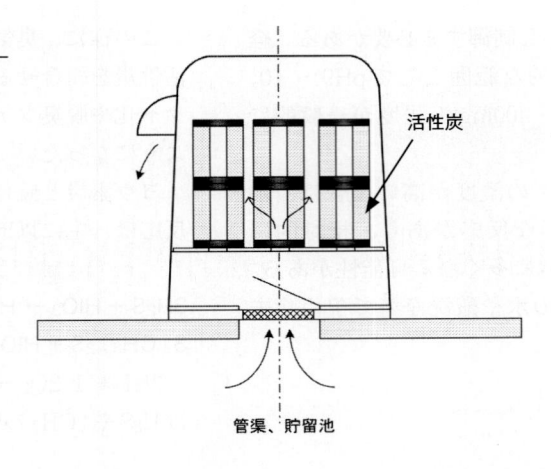

活性炭

管渠、貯留池

オゾンによる排水脱臭方法（図5）

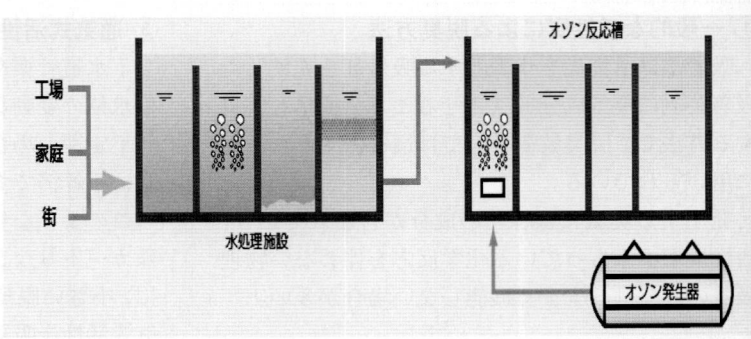

工場
家庭
街

水処理施設

オゾン反応槽

オゾン発生器

　オゾン法の特徴は、使用する現場で空気中の酸素（濃縮酸素）を電気的無声放電などで発生ができるため、輸送や貯留の問題がない。

　オゾン（O_3）は有害物質として高濃度で使用するには問題があるが、ゼオライトや特殊活性炭系の酸化触媒を併用することで酸化効率を上げると同時に余剰オゾンの排出も防止している場合が多い。最近は悪臭防止法の排出水規制基準「3号規準」に関わる水の脱臭方法としても注目されている。

参考文献
1) 石黒辰吉：防脱臭技術集成、p.183、㈱エヌ・ティー・エス、2002

（中津山憲）

3 生物学的方法

1 生物学的脱臭法の概要

　生物学的脱臭法とは、微生物が悪臭物質を分解する作用を利用した脱臭法である。自然界で起こっている現象を利用するので省エネルギー的、経済的であり、安全で、二次公害のおそれが少ない。また、装置の維持管理も容易である。
　脱臭の原理は、微生物（主として細菌）による悪臭物質の酸化分解である。微生物はこの酸化分解で生じるエネルギーを利用して増殖する。悪臭物質の分子を構成する炭素、水素、窒素、硫黄は、一部は微生物の菌体を構成する成分になるが、大部分は微生物による酸化分解で、二酸化炭素、水、硝酸、硫酸などになる。

2 生物脱臭装置の位置づけ

　微生物の分解作用を利用して、土壌や水などに吸着・吸収した臭気を分解し、悪臭除去を図る生物脱臭方法は古くからある。例えば、脱水ケーキをコンポスト化したり、ゴミ埋立地に覆土したりすることで、腐敗臭の発生を著しく減少させることができることは、経験的にも知られている事実である。
　覆土による脱臭効果を脱臭方法として取り上げ、発展させたのが土壌脱臭方式である。さらに積極的に、これら微生物を担持、繁殖させる充てん材として、繊維質泥炭（ピート）等を使用して、装置として組み上げたものが、生物脱臭装置である。

脱臭法の分類（表1）

生物学的脱臭方法	固相型	充填塔式生物脱臭法
		土壌脱臭法
		コンポスト脱臭法
	液相型	曝気方式脱臭法
		スクラバー方式脱臭法
物理・化学的脱臭法	液相型	水洗浄法
		薬液洗浄法
	固相型	活性炭吸着法
	気相型	燃焼脱臭法
	複合型	触媒燃焼法

生物脱臭装置の利点は、他の処理方法と比較して、維持管理費が安価なことであるが、原臭成分の変動が大きく、高濃度の臭気が一時的に流入するような場合、生物脱臭では臭気が残る場合があり活性炭吸着装置を組み合わせるのが効果的である。充填塔式生物脱臭法は生物学的脱臭法の一つの方法に位置し、活性炭吸着法や土壌脱臭法の前処理として位置づける場合が多い。とくに1990年代以降、硫化水素など硫黄系酸性ガスの処理方法として主に下水やし尿処理などの汚泥系臭気対策に対して国内で広く普及してきた[1]。近年は、充填塔式生物脱臭装置の導入が下水やし尿処理場で一巡し、価格の低下が進んできたこと、技術の信頼性が向上したことから、食品加工業や飲料水工場などにも普及し始めている。

3 充填塔式生物脱臭法

(1) 充填塔式生物脱臭法の概要

充填塔式生物脱臭法とは、生物フィルター法の一方法であり、この方法は、塔内に充填材を充填し微生物を担持し、臭気をこの担持した微生物と接触させるように通気して脱臭する方法である。運転上の特徴は、
　①維持管理が容易である。
　②維持管理費用のほとんどがブロワーの動力費のみである。
　③臭気を上方にも下方にも通気できる
などがある。
さらに、充填塔式生物脱臭のメリットは、充填材に担持される微生物の高密度化によって装置がコンパクト化でき、設置面積の大幅な縮小化が可能となることである。
充填材の必要条件としては、
　①保水性が良いこと。
　②空隙率が高く比表面積が大きいこと。
　③圧密が小さいこと。
　④通気時の圧力損失が小さいこと。
　⑤経年変化が少ないこと。
　⑥軽量であること。
　⑦安価であること。
などがあげられる。

(2) 充填塔式生物脱臭法の適用

充填塔式生物脱臭法で一般に処理対象とする臭気は悪臭防止法に規定されている22物質のうち、汚泥処理系から多く発生するとされる硫化水素、メチルメルカプタン、硫化メチル、二硫化メチル、アンモニアの5物質である。その一般的な特徴を表2に示す。

硫化水素を酸化できる微生物は多数あるが、生物脱臭装置内で主に増殖するのはチオバチルス属の細菌である。その他に硫化水素を酸化する菌としては、有機物を加えると増殖する微生物（従属栄養細菌）や光を利用して増殖する微生物（紅色硫黄細菌）などが知られているが、生物脱臭装置内においては栄養源や光合成などの生育条件を満たすことは困難であり、実施例はほとんどない。

硫化水素は、酸化されて通常は硫酸になるので、散水により生物の充てん層を通過した水は、pH1～3程度の強酸性となる。このような酸性条件下では、アンモニアを容易に吸収することができるので、アンモニアも同時に除去することができる。低pHになると硫化水素分解菌だけしか働けないので、他の悪臭成分も同時に除去するのであれば、装置内のpHを中性付近に保つ必要がある。

充填塔式生物脱臭法は、微生物が対象臭気物質によって適時に繁殖するのでどのような臭気でも脱臭できるとの誤った認識を持たれることがある。しかし、実際にはアルデヒド類などのこげ臭には実効性を持たないケースもあり、また、アルデヒドの持つ殺菌力により微生物が阻害を受けて、分解可能な臭気も分解できなくなるケースもある。

また、充填塔式生物脱臭装置は、微生物を利用するため馴養が必要であり、分解生成物を除去するためには、適当な散水も必要である。以下に充填塔式生物脱臭システムを利用する際の留意事項

評価対象悪臭物質 (表2)

物質名	化学式	分子量	におい
硫化水素	H_2S	34	腐った卵のようなにおい
メチルメルカプタン	CH_3SH	48	腐ったたまねぎのようなにおい
硫化メチル	$(CH_3)_2S$	62	腐ったキャベツのようなにおい
二硫化メチル	$(CH_3)_2S_2$	94	腐ったキャベツのようなにおい
アンモニア	NH_3	17	し尿のようなにおい

を挙げる。

① 立ち上げには、臭気を分解する微生物を増殖させ、所定の性能を発揮するまでの馴養期間を設ける。

② 立ち上げ時に臭気が不足すると、微生物が育たないことがあるため、充填塔式生物脱臭装置の設置時期（立ち上げ期間）に十分留意する必要がある。

③ 通常運転時には、馴養した微生物を維持するために原ガスを連続的に通気することが望ましい。なお、長期間通気を停止すると再開時の性能が低下することがあるため、このときには若干の馴養期間を設ける。

④ 微生物の生育と酸化生成物の排出のために適切な散水を行う。

以上のように充填塔式生物脱臭の適用にあたっては、本来の特徴を理解したうえで適用することが必要である。充填塔式生物脱臭法は汚泥処理、し尿処理、嫌気性廃水処理など硫化水素を主体とする臭気に対しては、非常に有効であり、また除去能力も高い。これは硫化水素除去細菌であるチオバチルス属は、地球上の生物誕生時から存在した微生物であることから分かるように、非常に強くまた活発な微生物であるからである。

(3) 充填塔式生物脱臭装置が接続される臭気発生源

主な臭気発生源の中でも、下水処理施設は付属する汚泥処理施設が主要な臭気発生源となり、し尿処理施設では汚水処理工程そのものが主要な臭気発生源となる。また、汚水処理施設の中では貯留槽やスクリーンなど、生物処理前のユニットが主要な発生源となり、汚泥処理施設内においては、貯留槽や濃縮槽、脱水工程が主要な発生源となる。

臭気発生源での代表的な臭気物質は、硫化水素、メチルメルカプタン、硫化メチル、二硫化メチル、アンモニア、トリメチルアミンである。これらの臭気物質の構成は、汚水処理工程と汚泥処理工程の両者で比較的類似している。しかし、臭気濃度（閾希釈倍数）、成分濃度構成は大きな隔たりがある。すなわち、発生臭気には、代表的な臭気物質に加えて、悪臭に付加的に関与する臭気成分が存在することが考えられる。また、臭気発生源の濃度は発生源の処理方式、運転方法により時間変動している。さらに、臭気発生源となる汚水の腐敗状況が温度に大きく左右されることから季節変動も大きい。

(4) 充填塔式生物脱臭装置の充填担体

充填担体は、適度な空隙率、高い水分および微生物保持量、広い表面積、経年劣化が少ないなど、生物脱臭装置の充填担体として適切な条件を持つ

充填塔式生物脱臭装置が適用される臭気発生源の平均組成 [3] (表3)

汚水処理工程					汚泥処理工程			
臭気成分	件数	平均濃度 (ppm)	濃度範囲 (ppm)		臭気成分	件数	平均濃度 (ppm)	濃度範囲 (ppm)
H_2S	9	25	3.6 〜 170		H_2S	10	69	8.2 〜 580
MM	8	0.73	0.065 〜 8.2		MM	7	1.3	0.15 〜 11
DMS	7	0.087	0.013 〜 0.58		DMS	6	0.23	0.037 〜 1.4
DMDS	3	0.012	0.0088 〜 0.016		DMDS	6	0.079	0.019 〜 0.33
NH_3	6	8.7	0.41 〜 190		NH_3	6	12.3	1.6 〜 95
TMA	1	0.023	—		TMA	1	0.02	—
臭気濃度	5	5,300	1,500 〜 19,000		臭気濃度	7	83,000	36,000 〜 190,000

H_2S：硫化水素、MM：メチルメルカプタン、DMS：硫化メチル、DMDS：二硫化メチル、NH_3：アンモニア、TMA：トリメチルアミン

注) 平均濃度は幾何平均値
また濃度範囲の上限と下限については、濃度の対数が正規分布していると仮定したうえで、その標準偏差をσとすると
(下限濃度) ＝exp ((対数平均値) - σ)
(上限濃度) ＝exp ((対数平均値) + σ) により求めた値

ものである必要がある。また、市販される充填担体は、微生物の生育に必要な栄養源を有するものと有しないものとに二分される。脱臭微生物の多くは、ガス状の臭気物質をエネルギー源とし、二酸化炭素または臭気物質を炭素源として生育するが、臭気物質以外の無機栄養源も不可欠である。したがって、水道水のような栄養源の乏しい散布水を使用する場合には、栄養源を有する担体を用いるか、別途栄養源（主にリン）を補給する必要がある。また、脱臭操作に伴って汚泥等による閉塞が生じやすい場合には、微生物保持能力をある程度犠牲にしてより高い空隙率を持つ担体を選択する必要がある。すなわち、種々の操作条件により適切な担体が選択されなければならない。

(5) 充填塔式生物脱臭装置の通気および散布水の条件

充填塔式生物脱臭装置のSV (空間速度;1/h) は、おおよそ50 〜 600の範囲が一般的と考えられる。一方、LV (空塔線速度;cm/s) については、装置の構造および臭気組成によりさまざまであるが、おおよそ5 〜 30の範囲が一般的である。一方、散布量についても種々の方式で異なり、容積当たりで最大8 m³/m³/day、液ガス比 (L/m³) として0.2 (低濃度系) 〜 2 (高濃度系) 程度が平均的な値として得られている。ただし、充填担体や通気条件の違いにより、散水条件にはかなりの差異があり、処理方式によってはドレン水のpHが一定範囲となるように散水量を調整している例もみられる。

現在、充填塔式生物脱臭装置の対象施設は下水処理施設が中心であることから、散布水には水処理工程における消毒滅菌前の砂ろ過水が使用される場合が多い。

(6) 充填塔式生物脱臭装置における主要な臭気成分の除去率

表3に充填塔式生物脱臭装置が適用される臭気の平均組成を示す。原臭中には硫化水素、アンモニアの濃度が高いが、これらの物質の充填塔式生物脱臭装置における除去率は比較的高い。一方、硫化メチル、二硫化メチルは、充填塔式生物脱臭装置により除去することが困難な物質の代表に挙げられる。これら臭気物質の除去率の差は、気液間の物質移動特性の違い、あるいは生分解性の違いと考えられる。ただし、充填塔式生物脱臭装置の構造は、おおよそ表層水が充填担体を覆う形となっており、除去率の差は、多くの場合、気液間

フローシート（向流一過式散水方式）（図1）

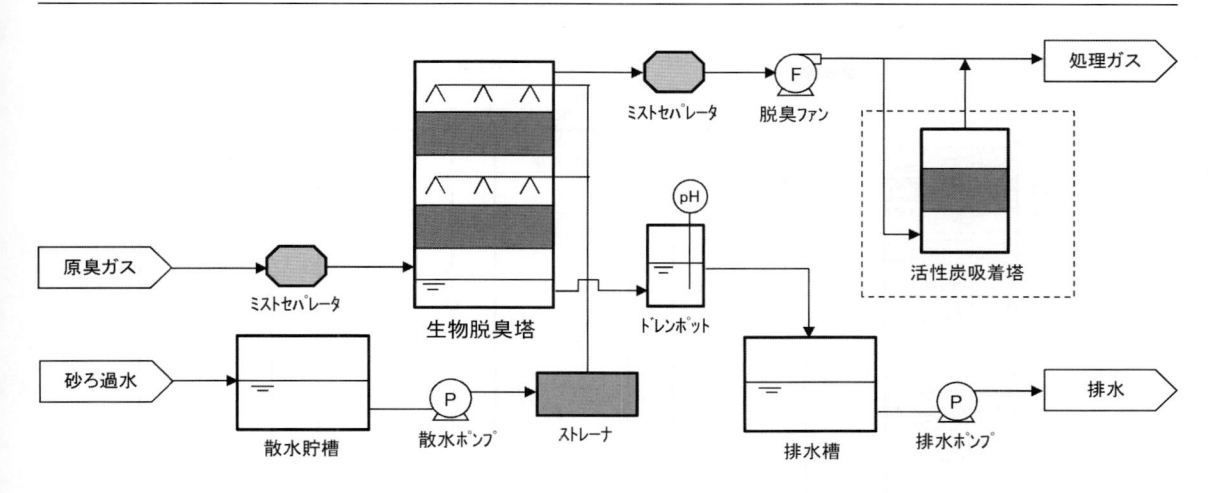

の物質移動特性の差が大きく影響しているとの説もある[2]）。

(7) 充填塔式生物脱臭装置の導入による脱臭コストの増減

充填塔式生物脱臭装置の場合、イニシャルコストについては活性炭吸着装置など従来法を上回ることがあるが、ランニングコストについては、後処理にかかる費用を含めても、2分の1以下に低減することが可能となる。一方、曝気槽など、低濃度の臭気が発生する水処理系に適用した場合、ランニングコストについては従来法より若干の低減にとどまる。これは、生物脱臭が、原臭ガス濃度が高くなっても、大きさ、ランニングコストの大幅なアップ要因とならないのに対し、他処理方式が、原臭ガス濃度によって装置の設計、ランニングコストに大幅に影響されることによる。

(8) 代表的な充填塔式生物脱臭装置（向流一過式散水方式）

図1に、代表的な方式として向流一過式散水方式のフローおよび装置構成を記す。

① フローシート

本システムは1塔2段式であり、原臭ガスは上向流、散水は上下2段の間欠、一過式としている。散水用水の循環、pH調整の必要がなく、また、散水量は散水ドレン水のpHを測定しながら調整するので、常に最適なpH条件を維持することができ、微生物の脱臭能力を常に高い状態に維持できる。そのため、本方法は最もシンプルで効率の高い脱臭が可能となる。

② システムの特徴

ⓐ 脱臭性能が高い

生物脱臭単独で下水処理場で発生する主な臭気成分の濃度を臭気強度2.5（－）以下に、臭気濃度を300（－）以下にすることができる。このため、後段に設置している活性炭吸着塔の活性炭のライフを非常に長くすることが可能である。

ⓑ 適用範囲が広い

硫化水素濃度300 ppmの超高濃度臭気から曝気槽排ガスなどの低濃度臭気まで適用が可能である。

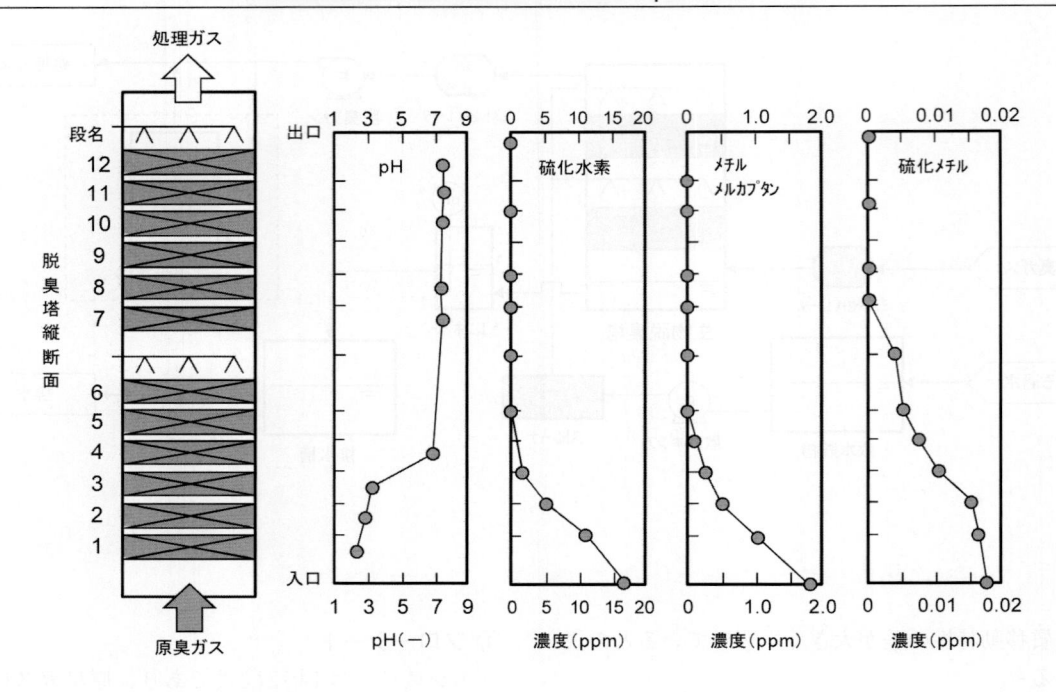

生物脱臭塔内での臭気成分の分解状況とpH分布[4]（図2）

ⓒ 維持管理が容易

散水は間欠で一過式であり、用水の循環やpH調整薬品添加の必要がない。日々の監視項目は、圧力損失の点検程度である。

ⓓ ランニングコストが安い

ランニングコストは、電気代（原臭ファン、散水ポンプ、各種電動弁の動力費）および散水用水費のみである。pH調整のための薬品を使用せず、また、活性炭交換費が節約できるので維持管理に必要なコストの大幅な低減が可能となる。

図2は、生物脱臭塔内での臭気成分の分解状況とpH分布を表したものである。通気は上向流、散水は大きく上下2段としている。下段は上段の散水ドレン＋下段散水を使って分解生成物を洗い流すので、分解生成物によるpH低下現象が上段まで影響しないように工夫されている。
原臭中で濃度の高い硫化水素、メチルメルカプタンは充填層の下部でほとんど分解されるので、分解生成物の硫酸イオンによってこの部分のpHが低くなっている。これに対し、上部ではpHがほぼ7前後で維持されている。硫化水素を分解するチオバチルス属の微生物は、最適pHが1～3前後と低いpH域で活発に活動するものと、中性域で活動する2種類が存在するが、低pH域では原臭の硫化水素濃度の変動に起因するpH変動が少ないので、充填層下段においては、低pH域チオバチルス属を利用する方が、微生物にとっての生育環境の変動が少なくて原臭濃度の変動に対して強いといえる。

一方、硫化メチルや二硫化メチルを分解する微生物は低pH域では活性が低下するので、上段の中性域で臭気成分の除去を行っている。

このように、本システムの生物脱臭装置は、微生物の生育条件を考慮した充填材の特性と散水方式で微生物の棲み分けを実現することにより、従来除去が困難であった成分の除去が可能となっている。

4 生物脱臭装置に関する問題点と今後の展開

生物脱臭装置における主要な問題点についての調査では、1994年に大迫などによる調査結果が報告されている[3]。当時は、一部の物質の低除去率、代謝生成物の蓄積による阻害、負荷変動に対する追随性などが主要な課題として挙げられていた。

近年は負荷変動への追随性などは改善されつつあり、より高効率なものとするために、低除去率しか得られない一部の臭気物質の除去率向上を目的とした装置的工夫、あるいは負荷変動に対する適切な脱臭装置の構造や操作条件の提案、充填材の変更などが行われ各種の脱臭方式が提案されている。

2004年に改正された大気汚染防止法では、VOC（揮発性有機化合物）排出総量を2010年度までに全体で3割削減（2000年度比）させるという目標が掲げられており、溶剤、塗料、接着剤などから発生するこれらのVOC成分に対して、生物脱臭装置を適用する事例が増えつつある。

また、硫化水素を主体とする硫黄系臭気のみではなく、コンポスト装置など高濃度のアンモニア臭気の脱臭に適した生物脱臭方法、ごみ・廃棄物処分場など粉塵・有機性ガスを含む臭気の脱臭など多様な臭気への適用が提案されおり、今後も生物脱臭装置の活躍する場が増えていくと思われる。

参考文献
1) 大迫政浩、樋口能士他：アンケート調査にもとづく生物脱臭法の技術的評価（その1）-納入実績と適用範囲-、臭気の研究、25（3）、186-189（1994）
2) 大迫政浩、樋口能士他：アンケート調査にもとづく生物脱臭法の技術的評価（その3）-脱臭コストと今後の課題-、臭気の研究、25（3）、310-313（1994）
3) 大迫政浩、樋口能士他：アンケート調査にもとづく生物脱臭法の技術的評価（その2）-操作条件と除去効果-、臭気の研究、25（4）、245-251（1994）
4) 栗田工業株式会社：生物脱臭装置「アロマスター」カタログ

（増井孝明、日名清也）

4 消臭剤

1 消臭剤による臭気処理の特徴

　水処理分野で臭気が問題となるのは、排水処理施設における悪臭発生である。民間工場の場合、悪臭発生は企業イメージの悪化につながるだけでなく、住民苦情や、悪臭防止法に基づく行政指導に至ることもある。また、排水処理施設で発生する主な臭気物質である硫化水素は有毒であり、機器やコンクリートの腐食原因にもなるため、積極的な対策が必要である。

　消臭剤による臭気処理は装置を用いる場合に比べてイニシャルコストが低く、大規模な工事をしなくても対策がとれるという長所がある。すぐに対策に取り組めることから、悪臭苦情への対応などの緊急対応にも適している。消臭剤処理には、臭気が拡散する前に発生源で処理する方法と、臭気が拡散したあとの拡散臭気を処理する方法がある。

2 臭気発生源に対する消臭剤処理

　臭気物質を含む排水や汚泥、脱水ケーキに消臭剤を直接添加する発生源対策では、消臭剤と臭気物質との反応性が高いために効率的な消臭処理ができる。

(1) 直接添加型消臭剤の分類と特徴

　直接添加型消臭剤の系統は多岐にわたる(表1)。消臭剤の作用としては、臭気物質の「分解作用」、「拡散抑制作用」、「生成抑制作用」に大別される。臭気物質の「分解作用」を持つのは酸化剤系、「拡散抑制作用」を持つのは金属塩系、酸・アルカリ系、吸着剤系、「生成抑制作用」を持つのは殺菌剤系、嫌気化抑制剤系、酵素・微生物製剤系と分類できる。しかし、添加率によっては複数の作用が重複して発現するものもある。消臭剤の形状としては液状と粉末状があるが、取り扱いやすい液状が主流である。代表的な消臭剤の機能と取り扱い上の注意事項を以下に示す。

① 酸化剤系

　酸化剤系消臭剤は臭気物質を酸化し、無臭または低臭気の物質に分解・変換する作用がある。酸化されやすい硫化水素、メチルメルカプタンなどの消臭効果に優れる。反応が早いため即効性の消臭効果があり、排水、汚泥の消臭処理に広く使用される。主成分としては次亜塩素酸ナトリウム、亜塩素酸ナトリウムなどの塩素系酸化剤や、過酸化水素などが用いられる。

　酸化剤系消臭剤は薬剤の反応性が高いため、取り扱いに注意が必要である。皮膚に触れると炎症を起こす可能性や、他の薬品と混合すると有害ガスを発生する可能性がある。そのため、薬注設備に関しては漏洩対策、混合防止対策に留意した構造とし、設備材質は薬剤に適合したものを選定する。

直接添加型消臭剤の分類 (表1)

系統	薬剤機能	対象臭気	特徴
酸化剤系	臭気物質を酸化して無臭物質、低臭気物質に変える	硫化水素、メルカプタンなど硫黄系臭気物質、アルデヒド類	色々な臭気物質に効果がある 排水に残留すると生物処理工程に悪影響を与える
金属塩系	硫化水素と不溶解性の塩を作り、大気への拡散を抑制する	硫化水素	硫化水素の消臭効果に優れる（他には効果が低い） 重金属の使用には環境影響への注意が必要
酸・アルカリ系	系のpHを変えて臭気物質をイオン化し、大気への拡散を抑制する	硫化水素、アンモニア、アミン類、脂肪酸類などイオン化する臭気物質	硫酸、苛性ソーダなど安価な薬剤が使える pH変動による排水処理への影響に注意が必要
嫌気化抑制剤系	排水の嫌気化を抑制して腐敗を抑え、臭気物質の発生を抑える	硫化水素、メルカプタンなど腐敗に由来する臭気物質	排水が長時間滞留する場合に有効 すでに発生している臭気の除去には時間がかかる
殺菌剤系	臭気物質を生成する微生物の活動を抑える	硫化水素、メルカプタン、アミン類、脂肪酸類など腐敗に由来する臭気物質	処理コストが高い 排水に残留すると生物処理工程に悪影響を与える
酵素・微生物製剤系	微生物の菌相を変えて臭気物質の生成を抑制する	硫化水素、メルカプタン、アミン類、脂肪酸類など腐敗に由来する臭気物質	効果を発揮する条件が不明瞭 効果が安定しない
吸着剤系	活性炭など表面の細孔に臭気物質を吸着させて固定する	アルデヒド類、溶剤臭など多種類の臭気物質	粉末状が多い 脱水ケーキなどに添加する場合は廃棄物量が増える
芳香剤系	消臭剤の芳香で悪臭を緩和する（マスキング、臭気中和）	複合臭	強い臭気には効果が不十分 感覚的改善であるため、人により効果の判断が分かれる

② **金属塩系消臭剤**

金属塩系消臭剤は鉄イオンや亜鉛イオンと硫化水素を反応させ、硫化鉄や硫化亜鉛を生成する作用がある。これにより硫化水素を難溶解性物質として固定化し、拡散を防止することで消臭効果を発揮する。反応が早いため即効性の消臭効果があり、かつ硫化金属は容易に解離しないために消臭効果が持続する。皮革排水や、腐敗の初期段階にある排水のように、臭気物質のほとんどが硫化水素である場合に適している。主成分としては塩化第二鉄、ポリ硫酸第二鉄、塩化亜鉛などが用いられる。

金属塩系消臭剤は酸性であるため腐食性が強いものもあり、設備材質は薬剤に適合したものを選定する。また、塩化第二鉄、塩化亜鉛はPRTR対象物質であり、使用量によっては排出移動量の報告義務がある。亜鉛に関しては水質環境基準があるため、放流水に残留させないようにする必要があるが、過剰添加しなければ生成した硫化亜鉛はほとんどが脱水ケーキ中の固形分として回収される。しかし、亜鉛などの重金属類は脱水ケーキを肥料としてリサイクルする際の障害になるため、脱水ケーキ処分方法に配慮する必要がある。

③ **酸・アルカリ剤系**

硫化水素、メチルメルカプタン、低級脂肪酸などは酸性側で分子状となり、水中から拡散しやすくなる酸性ガスである。一方、アンモニア、アミン類などはアルカリ性側で分子状となるアルカリ性ガスである（図1）。酸・アルカリ剤系消臭剤は対象物のpHを変動させ、臭気物質をイオン化させる作用がある。これにより臭気物質を対象物中

硫化水素とアンモニアの解離状態（図1）

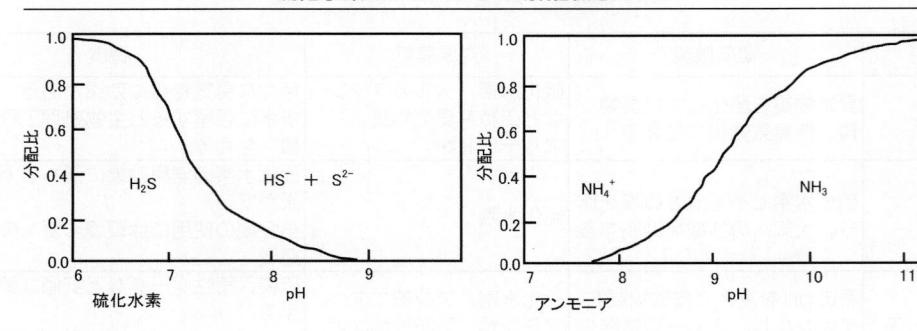

に溶解させて、拡散を抑制することで消臭効果を発揮する。成分としては、酸性ガス用にはアルカリ剤として苛性ソーダや重曹が使用され、アルカリ性ガス用には酸剤として硫酸や有機酸などが使用される。

酸性ガスとアルカリ性ガスの両方を含む腐敗した有機汚泥では、硫化水素を抑制しようとして対象物のpHを上昇させると、逆にアンモニアが発生してしまうなどの不具合がある。酸性ガス、アルカリ性ガスのどちらか一方のみを含む対象物の消臭に適している。

④ 嫌気化抑制剤系

嫌気化抑制剤系消臭剤は、微生物の酸素源として硝酸態酸素を供給することで嫌気化を抑制し、硫酸塩還元による硫化水素の発生を抑制する作用がある（図2）[1]。微生物が本来持つ呼吸機能の特徴を利用しているため、生物処理工程に対する安全性も高い。しかし、作用が緩和であるため嫌気化が著しい濃縮汚泥などの消臭効果には劣る。

⑤ その他の消臭剤

下水処理場の汚泥、脱水ケーキの消臭には亜硝酸塩系消臭剤が用いられることがある[2]。亜硝酸塩は嫌気化した汚泥中で酸化、嫌気化防止、殺菌の複合作用を発揮するため、良好な消臭効果が得られると推察される。

(2) 直接添加型消臭剤の適用例

臭気の発生状況と各消臭剤の特徴を考慮し、最も効果的な方法で現場適用することが重要である。酸化剤系、金属塩系、酸・アルカリ剤系、殺菌剤系消臭剤に関しては、生物処理工程への悪影響や放流水に残留したときのリスクも考慮して適用場所と添加率を検討する必要がある。排水処理における消臭剤処理の事例を図3、表2に示す。

① 原水槽

原水槽では原水が滞留するために嫌気化が進行し、硫化水素をはじめとした臭気が発生する。原水槽が散気攪拌されていても、溶存酸素不足により硫化水素が発生する場合がある。この対策には酸化剤系や嫌気化抑制剤系の消臭剤が用いられる。即効性がある酸化剤系消臭剤は問題が発生したときに即座に対応できるが、後段に生物処理工程がある場合は過剰添加しないように注意する必要がある。嫌気化抑制剤系消臭剤は原水を嫌気化させない事前対策のため、前段で添加するなどの工夫が有効である。

② 曝気槽

曝気槽は常に好気的に保たれているため基本的に臭気強度は弱い。しかし、すでに臭気物質を含む排水が流入する場合や、曝気不足により一部嫌気化している場合は硫化水素をはじめとした臭気が発生する。曝気槽に消臭剤を投入する場合は、

嫌気化抑制剤の作用機構（図2）

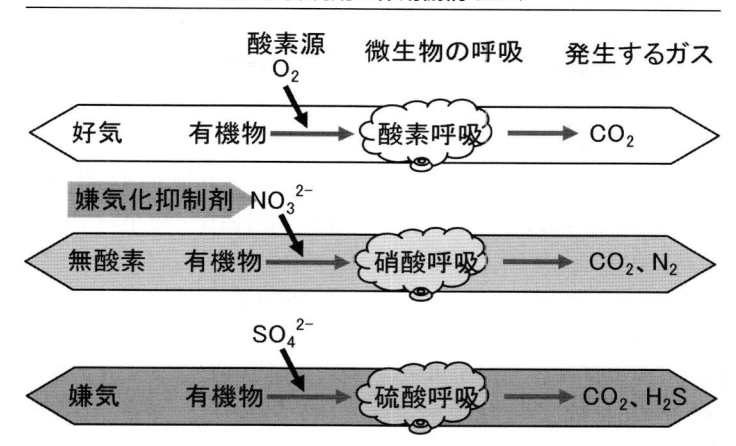

好気：有機物 → 酸素呼吸（酸素源 O_2）→ CO_2

無酸素：有機物 → 硝酸呼吸（嫌気化抑制剤 NO_3^{2-}）→ CO_2、N_2

嫌気：有機物 → 硫酸呼吸（SO_4^{2-}）→ CO_2、H_2S

排水処理施設における消臭剤適用場所（図3）

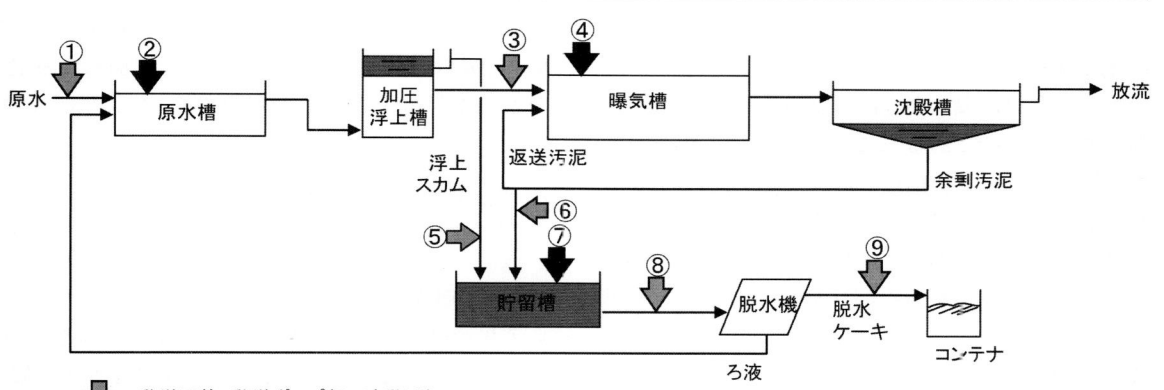

原水 → 原水槽（①、②）→ 加圧浮上槽 → 曝気槽（③、④）→ 沈殿槽 → 放流

浮上スカム、返送汚泥、余剰汚泥 → 貯留槽（⑤、⑥、⑦）→ 脱水機（⑧）→ 脱水ケーキ → コンテナ（⑨）

ろ液

矢印凡例：
- （淡）：移送配管、移送ポンプ部で連動添加
- （濃）：槽内に連続添加、断続添加

排水処理施設における消臭剤適用方法（表2）

対象箇所	添加対象物	対象臭気	消臭剤	適用場所
原水槽	原水	硫化水素など	酸化剤系、嫌気化抑制剤系	①、②
曝気槽	活性汚泥	硫化水素など	嫌気化抑制剤系、酵素・微生物製剤系	③、④
貯留槽	濃縮汚泥、混合汚泥 加圧浮上スカムなど	硫化水素、メチルメルカプタン 低級脂肪酸、アンモニア、アミン類など	酸化剤系、金属塩系、殺菌剤系、亜硝酸塩系	⑤、⑥、⑦
脱水機	濃縮汚泥、混合汚泥 加圧浮上スカムなど	硫化水素、メチルメルカプタン 低級脂肪酸、アンモニア、アミン類など	酸化剤系、金属塩系、殺菌剤系	⑧
ケーキコンテナ	脱水ケーキ	硫化水素、メチルメルカプタン 低級脂肪酸、アンモニア、アミン類など	嫌気化抑制剤系、殺菌剤系、吸着剤系、芳香系	⑨

生物処理工程への悪影響がないことを第一に考える必要があるため、適用できるものは硝酸塩系の嫌気化抑制剤か、酵素・微生物製剤に限られる。しかし、酵素・微生物製剤は作用機構が不明瞭なものが多く、薬剤効果の判定に悩む場合が多い。

③ 貯留槽（濃縮汚泥、加圧浮上スカム）

固形分が濃縮された濃縮汚泥や加圧浮上スカムは腐敗しやすく、硫化水素、メチルメルカプタン、低級脂肪酸、アミン類などの強い臭気が発生する。この対策には酸化剤系や金属塩系の消臭剤が用いられる。しかし酸化剤系消臭剤は持続性に欠け、金属塩系消臭剤は硫化水素以外の臭気物質に対応できないなどの短所がある。殺菌剤系消臭剤の検討や、併用使用も含めて検討する必要がある。

④ 脱水機

脱水機では汚泥がかき乱されるため、臭気が拡散しやすい箇所である。この対策には、即効性のある酸化剤系や金属塩系の消臭剤を汚泥供給配管部に添加する方法がある。または、前段の汚泥貯留槽に消臭剤を添加し、消臭処理した汚泥を脱水機に供給する方法がある。

⑤ 脱水ケーキ

脱水ケーキの消臭は非常に難しい。脱水前の汚泥に添加した消臭剤の効果は、脱水ケーキに対して十分に持続しない場合も多く、消臭剤を脱水ケーキに直接添加する処理を検討する必要がある。薬剤としては殺菌剤系、嫌気化抑制剤系、吸着剤系の消臭剤が用いられるが、人への影響を考慮して周囲に飛散させないようにする必要がある。芳香系消臭剤を追加で散布添加するなど、感覚的な臭気緩和との併用も検討すべきである。

(3) 適用時の留意点

① 添加場所

排水や汚泥が対象の場合は、これらの移送ポンプ部や移送配管部に消臭剤を薬注ポンプで添加する方法や、攪拌機のある槽に直接添加する方法がある。脱水ケーキなどの固体に添加する場合は消臭剤の混合が難しくなるため、極力、対象物が細かい状態のときに添加する必要がある。脱水ケーキであれば移送コンベア部や、コンベアから貯留コンテナへの落ち口で、薬注ポンプと散布ノズルを用いて液状消臭剤を散布添加する。粉末状消臭剤は給粉機などを用いて添加する。

② 添加率

消臭剤の添加率は臭気の強さや対象物の性状、消臭剤の種類よって異なるため、机上試験などで目安を把握したうえで実設備に適用し、消臭効果を実際に確認して決定する。臭気発生は臭気物質を生成する微生物活動の影響を受けるため、水温により変動する。水温が高い夏季は臭気が発生しやすく、水温が低い冬季は臭気があまり発生しない。このような場合、季節に応じた添加率の設定などにより効率的な消臭剤処理ができる。

(4) 消臭効果の確認方法

最適な消臭剤処理を決定するためには消臭効果の確認が重要となる。主な臭気物質が把握できている場合は、その濃度を計る方法が最も直接的で効果を定量化しやすい。濃度の測定にはガス検知管や各種ガスセンサーを用いる。臭気物質を特定できない場合や低濃度臭気の場合は、臭気の強さを総合的に定量化できるニオイセンサー測定や、感覚的評価を行う。感覚的評価は人の主観による判定であるが、臭気強度（臭いの強さ）、快・不快度（好き嫌い）、容認性（可・不可）などの指標を用いて、複数の評価者で点数付けすれば有効な判断基準となる。

3 拡散臭気に対する消臭剤処理

拡散臭気に対する処理は処理対象が広範囲となるため、消臭剤の希釈液を霧状に噴霧して行われ

噴霧方法（図4）

名称	一流体方式	二流体方式
模式図	一流体ノズル／ポンプ／タンク	二流体ノズル／エアコンプレッサー／ポンプ／タンク
特徴	霧の粒子径は二流体よりも大きく、飛距離は短い　設備が簡単	霧の粒子径が細かく、霧の飛距離は長い　噴霧型消臭剤の効能が発揮されやすい

る方法が一般的である。皮膚に付着したり、人が吸引したりする可能性があるため、消臭剤は人体に対して安全なものでなくてはならない。

(1) 噴霧型消臭剤の分類と特徴

① マスキング剤系、臭気中和剤系

マスキング法は隠ぺい法とも言われ、新たな芳香により問題となる臭気を感じなくさせることであり、一般的に消臭剤噴霧後の臭気強度は強くなる。一方、新たな芳香により臭気の不快度が下がり、かつ臭気強度も弱くなる場合は臭気中和法、または臭気相殺法と言われる。[3)4)] これらの消臭剤の芳香成分には香油、ラベンダーなどの植物精油が用いられ、油溶性成分を消臭剤に分散するために界面活性剤が配合される。

② 臭気吸着剤系

臭気吸着系消臭剤は、空間に浮遊する臭気物質を消臭剤噴霧液に吸着・溶解させ、空間から除去する作用がある。成分としては、界面活性剤、フラボノイドなどの天然高分子やこれらを含む天然抽出物などがある。最近では、臭気物質を吸着しやすい官能基を導入した合成高分子などもある。

(2) 適用時の留意点

① 噴霧方法

噴霧方法は噴霧ノズルにより一流体方法と二流体方法とに分かれる（図4）。一流体方法は、消臭剤をポンプ圧力でノズルを通すことにより微細化し、空間に噴霧する方法である。二流体方法は、圧縮空気を使用したエゼクター効果で消臭剤を吸い込み、ノズルで微細化して噴霧する方法である。二流体方法の方が細かい霧が得られ、かつ遠方まで噴霧できるので、噴霧型消臭剤に適している。

② 噴霧量

噴霧量などの諸条件の目安を表3に示す。

③ 運転管理の工夫

臭気の発生状況により噴霧タイミングを調節することで、効率的な臭気対策が行える。
・気象的要因：敷地外に臭気が流れる風向きのときに噴霧する。降雨時は噴霧を中断する。
・時間的要因：臭気が問題となる時間帯に噴霧する（日中、あるいは朝方と夕方）。

噴霧型消臭剤の処理条件 (表3)

項目	処理条件
ノズル数	1個／5〜10m
(対象面積が広い場合は格子状に設置)	
噴霧量	30〜100mL/分・個
粒子径	20〜100μm

(3) 消臭効果の確認方法

　拡散臭気に対する効果判断は主に感覚的評価で行う。臭気吸着剤系消臭剤の場合は、臭気物質が空間から除去されるため、効果判定にニオイセンサーを用いることができる。この場合、実際に感覚で感じる臭気の強さとセンサー測定値との相関を取ることで、より実用的な効果確認ができる。

参考文献
1) 前島 伸美　「下水道腐食対策講座」　pp.70-73　環境新聞社　日本　2003年
2) 特許公報　特許第3605821号　2004年
3) 川崎 通昭、堀内 哲嗣郎　「嗅覚とにおい物質」　pp.85-86　臭気対策研究会　日本　2000年
4) 西田 耕之助　「消臭・脱臭について」　香料　No.168　pp.65-87　1990年

(小島英順)

II 水の処理技術編

11章

汚泥処理

1. 濃　縮
2. 消　化
3. 脱　水
4. 乾　燥
5. 焼　却
6. 溶　融
7. 有害物質処理
8. 資源化

1 濃縮

　汚泥は、浄水場や下水処理場の水処理プロセス、工場の廃液処理プロセス、および各種製造業の製造プロセスで生じる有機質、あるいは無機質の最終生成物が凝集して沈澱した泥状のものをさし、産業廃棄物として定義される。代表的なものとしては、浄水汚泥、下水汚泥、製紙汚泥、めっき汚泥等が挙げられる。本章では、特に下水汚泥の処理について解説する。

　下水汚泥処理技術には、濃縮、消化、脱水、乾燥、焼却、および溶融等の処理プロセスに加え、焼却処理に伴って発生する焼却灰に有害物質が多く含まれる場合には不溶化等の処理プロセスが必要とされるケースもある。また、汚泥中に含まれる有機物、あるいは無機物を資源ととらえ、炭化などにより固形燃料に、あるいはセメント原料・建設資材に変換する資源化プロセスも、近年盛んに取り組まれてきている。

　以下に、これらの処理技術について説明する。

　汚泥濃縮の目的は、発生した低濃度の汚泥を濃縮し、後段の消化、脱水等の処理を効率的に機能させるとともに、清澄な濃縮分離液を得ることにある。汚泥の濃縮が不十分になると、後段の汚泥処理の効率低下を招くことに加え、SS成分等の負荷を多く含んだ濃縮分離液が返流水として水処理施設に戻り、処理水の水質悪化や、下水処理場内での負荷の循環現象を招くことがある。

　汚泥の濃縮方式は主に、重力濃縮と、機械式濃縮としての遠心濃縮、浮上濃縮の3種類に分けることができ、浮上濃縮には加圧浮上濃縮と、常圧浮上濃縮とがある。また近年では、新しい機械式濃縮方式として、造粒濃縮やベルト濃縮等、汚泥に凝集剤（高分子凝集剤、または加えて無機凝集剤）を添加し、汚泥フロックを形成させ濃縮する方式が開発され、導入されるケースが増えてきている。

　濃縮対象となる汚泥は、最初沈殿池において発生する最初沈殿池汚泥（初沈汚泥）と、活性汚泥法等の生物処理により発生し最終沈殿池にて引き抜かれる余剰汚泥である。最初沈殿池に余剰汚泥を投入して、初沈汚泥と余剰汚泥を混合し、濃縮処理を行う方式が従来の手法であったが、比較的大規模の下水処理場では、濃縮を効率的に行うため、重力濃縮しにくい余剰汚泥は、機械式濃縮により処理し、比較的濃縮しやすい初沈汚泥は重力濃縮により処理する分離濃縮方式が採用されているところが多い。

　平成20年現在において、我が国の下水処理場は2,120箇所あり、そのうち、汚泥の濃縮設備を有している処理場は、全体の約77％（1,630箇所）となっている[1]。表1に汚泥濃縮方式別の処理場数を、年度別に示す。

1 重力濃縮

　重力濃縮の原理は、重力場において汚泥粒子と水との比重差を利用し、汚泥粒子を自然・静止沈降させることにより濃縮する方法であり、重力のみを濃縮のための推進力として用いるためエネ

年度別汚泥濃縮方式別処理場数（表1）

（2008年度末現在）

濃縮方式	1999年度	2000年度	2001年度	2002年度	2003年度	2004年度	2005年度	2006年度	2007年度	2008年度
重力式	923	999	1,052	1,113	1,138	1,151	1,159	1,149	1,151	1,147
遠心式	42	45	44	43	47	49	43	45	39	37
浮上式	26	28	31	29	31	31	43	39	40	39
造粒式	25	34	36	38	39	39	35	33	29	29
重力式＋遠心式	155	167	179	185	185	188	193	184	173	166
重力式＋浮上式	89	95	105	114	121	127	120	127	124	120
重力式＋ベルト式	0	0	0	0	0	0	0	0	0	19
重力式＋造粒式	4	2	6	5	7	8	14	14	12	12
重力式＋遠心式＋ベルト式	0	0	0	0	0	0	0	0	0	14
その他・不明	17	15	11	15	16	14	22	37	54	47
計	1,281	1,385	1,464	1,542	1,584	1,607	1,629	1,628	1,622	1,630

※ 重力式＋○○式は、最初沈殿池汚泥を重力式、余剰汚泥を機械式濃縮の○○式で濃縮していることを示す。
※ 文献1)を一部執筆者にて加工し作成

ギー消費量が少なく、経済的である。

具体的な、重力濃縮タンクの例を図1[2)]に示す。タンクは一般的に円形で、汚泥は、この濃縮タンク内に間欠的に投入・滞留されて、重力濃縮される。濃縮タンク底部に堆積した濃縮汚泥は、汚泥かき寄せ機により引抜き口に集められ、タイマーや汚泥濃度計を利用し、汚泥引抜きポンプの自動・間欠運転により引き抜かれる。

重力濃縮タンクの主な設計因子としては、固形物負荷、有効水深があり、これらを用い、経験に基づいてタンクの容量が決定されることが多い。下水道施設計画・設計指針では、固形物負荷は60〜90kg−乾汚泥／（m^2・日）、有効水深は4m程度とされている[2)]。運転操作因子としては、固形物負荷に加え、水面積負荷、投入汚泥濃度、滞留時間（HRT）、汚泥滞留時間（SRT）、汚泥界面の位置、濃縮汚泥濃度、および分離液の水質があげられる。重力濃縮では、重力という微弱な推進力にのみに依存しているため、上記の運転操作因子が適切となるよう細心の監視、および運転管理が要求される。

重力濃縮タンクには、汚泥の腐敗から発生するガスによる臭気の発生や、発生ガスによりスカムが液面に浮上しやすいため、覆がい、脱臭管、およびスカム除去装置も設けられている。また、汚泥かき寄せ機には、ピケットフェンスと呼ばれる撹拌棒が垂直に取り付けられており、汚泥沈降層を低速で撹拌して、汚泥のブリッジを防ぎ濃縮を促進するとともに、腐敗により発生するガスを気相へ逃す働きを担っている。

1980年頃から、ライフスタイルの変化や分流式下水道の普及、水処理施設への高度処理の導入

重力濃縮タンクの例[2]（図1）

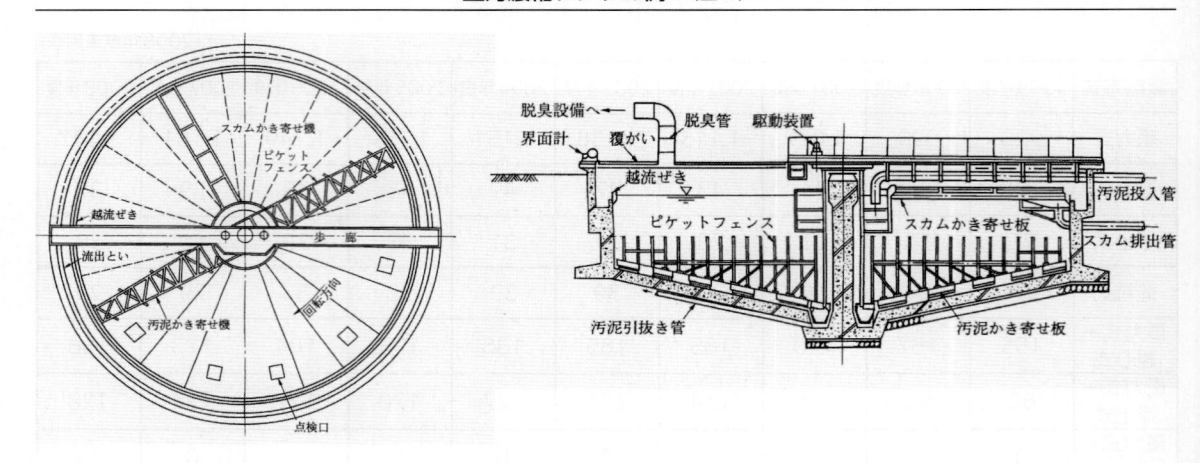

等により、汚泥の濃縮性が悪化し、重力濃縮のみでは、高い濃縮性が保持できなくなってきており、濃縮性の改善がいくつかの手段により図られている。一つは、機械式濃縮法の導入であり、一つは高分子凝集剤の添加である。また、近年、上記のピケットフェンスの機能を高度化させた"みずみち棒"が独立行政法人土木研究所により開発され、いくつかの処理場への導入により汚泥濃縮効果が改善されている例もある[3]。

2 遠心濃縮

遠心濃縮は、重力の数千倍の遠心力により、汚泥粒子の沈降速度を速め、強制的に固液を分離し、濃縮する方法である。

遠心濃縮では、重力濃縮では沈降濃縮しにくい余剰汚泥でも短時間で、汚泥濃度4％程度まで濃縮できる。ただし消費電力は他の濃縮法に比較して大きい。近年、汚泥集約処理施設により広域的に様々な下水処理場から発生する汚泥を集中的に処理する例が増え、混合汚泥や、多種多様に送られてくる多量の汚泥を安定して濃縮することが求められており、これらを対象に、100〜200m^3-汚泥/hの処理能力を有する大型の遠心濃縮機が開発され、稼動している。また濃縮時における固形分回収率の向上のために、高分子凝集剤をあらかじめ汚泥に0.02〜0.1％-乾汚泥程度添加する場合が多い。

遠心濃縮機は、立型（バスケット型）と、横型（スクリュー型）の2種類に大別できるが、近年は、スクリュー形の遠心濃縮機が主に用いられている。ここでは横型遠心濃縮機について記述する。横型遠心濃縮機の構造図を図2[4]に示す。回転本体（ボウル）とスクリューからなり、汚泥供給タンクから供給ポンプにより供給された汚泥は、回転本体とスクリューの間に投入され、内部で遠心力により、回転本体内側周辺に濃縮される。スクリューは、回転本体とわずかな回転差（差速）で回転しており、これにより濃縮された汚泥を排出口へ送ることができる。横型遠心濃縮機は、濃縮汚泥の排出側がコーン形状で、スクリューにより濃縮汚泥がコーンの傾斜部からかきあげられ、連続的に排出されるデカンタ型（図2左）と、回転本体が円筒状で、濃縮汚泥が、排泥ノズル（スキミング管）を通じて連続的に排出される直胴型（図2右）に分けられる。

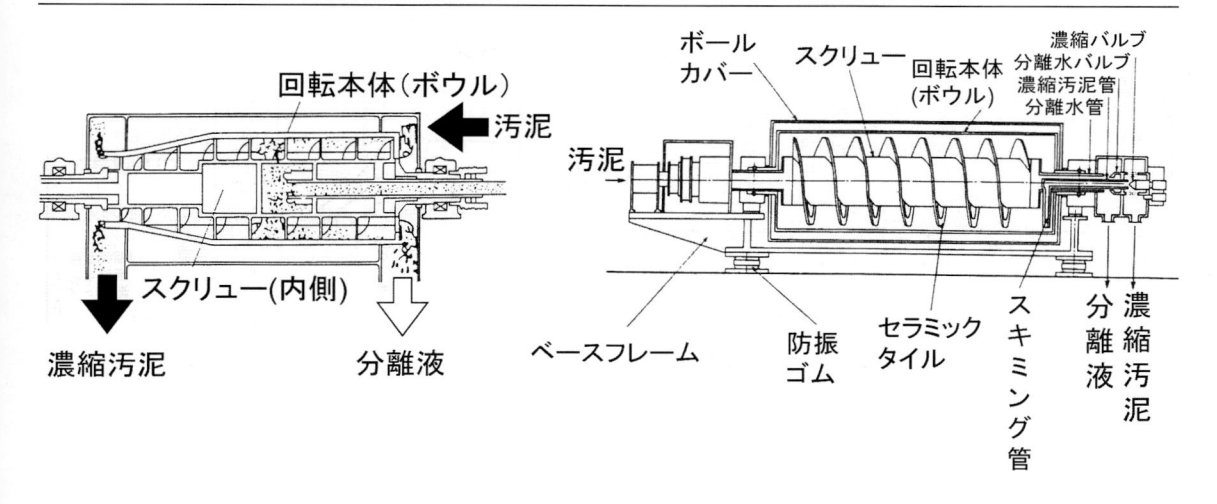

横型遠心濃縮機の構造　左：デカンタ型、右：直胴型[4]（図2）

3 浮上濃縮

　浮上濃縮は、沈降しにくい汚泥粒子に気泡を付着させ、見掛け比重を減少、浮上させて汚泥を濃縮する方法である。気泡はより微細であることが効率的な運転の条件であるが、気泡生成方法の違いにより加圧浮上濃縮と常圧浮上濃縮とに分類される。

(1) 加圧浮上濃縮

　加圧条件下（数百kPa）で空気を加圧水または汚泥に混合させ、これを浮上槽内で圧力解放し、再気化した微細な気泡により汚泥を浮上濃縮する方法である。汚泥と気泡との接触方法には、加圧水と汚泥とを混合してから、減圧して気泡を発生させる加圧下混合と、加圧水を減圧して気泡を発生させてから汚泥と混合する減圧下混合（図3[5]）がある。浮上濃縮タンクでは、汚泥は浮上濃縮され、フロス層を形成する。フロス層表面の濃縮汚泥は、汚泥かき取り装置により集泥され引き抜かれる。濃縮汚泥は脱気槽で気泡を除去した後に、後段のプロセスへ送られる。加圧浮上濃縮の公称

処理能力としては、固形物負荷：100～120kg－乾汚泥/（m²・日）、固形物回収率85～95%、有効水深4.0～5.0mを標準としている[6]。

　運転指標としては、投入汚泥の性状、分離液の水質、濃縮汚泥の性状、および固形物負荷に加え、浮上濃縮特有の指標として、気固比、およびフロス厚が挙げられる。一般的に気固比は、0.006～0.04 g－Air/g－Solid程度に管理することが望ましいとされ、またフロス厚については、0.5～1.0m、水面上部の厚みは0.1～0.2mが妥当とされる[6]。

(2) 常圧浮上濃縮

　常圧浮上濃縮は、大気圧下で起泡助剤（界面活性剤）を用いて気泡を発生させ、汚泥と混合させ浮上濃縮する方法である。図4[6]に常圧浮上濃縮のフロー図を示す。汚泥は、汚泥供給タンクから汚泥供給ポンプにより混合装置に送られる。一方、起泡装置において、起泡用水、空気、起泡助剤が混合され、常圧下で気泡が生成される。この気泡と汚泥とを混合装置内で高分子凝集剤により吸着させる。これらの混合物は浮上濃縮タンクに送られ、汚泥は浮上分離されて汚泥かき取り装置により集泥され引き抜かれる。濃縮汚泥は脱気槽で気泡を除去した後に、後段のプロセスへ送られる。

加圧浮上濃縮装置のフロー図[5]（図3）

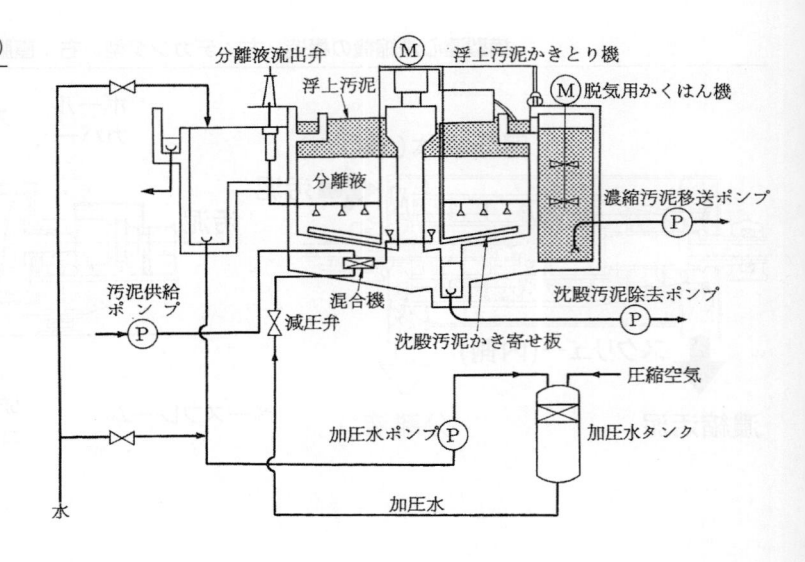

常圧浮上濃縮装置のフロー図[6]（図4）

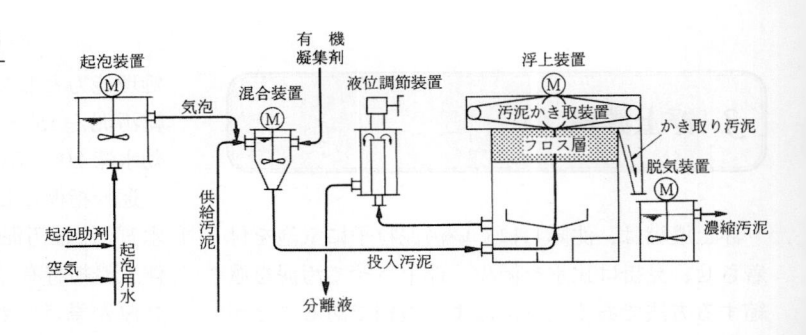

運転指標としては、固形物負荷、気固比、薬品注入率があり、固形物負荷は、600〜720kg-乾汚泥/（m^2・日）程度、気固比は、0.05〜0.1 g-Air/g-Solid程度に管理され、薬品注入率は、起泡助剤が、0.03〜0.1％-乾汚泥、高分子凝集剤は、0.15〜0.5％-乾汚泥で運転される[6]。

4 造粒濃縮

造粒濃縮とは、金属塩助剤（アルミニウム塩、あるいは鉄塩）によって、負に帯電した汚泥粒子の荷電中和、調質を行った後、両性高分子凝集剤（特に同一分子内にカチオン基とアニオン基を有し、酸性としてアニオン基を非解離としたもの）を添加して、造粒濃縮槽内で、汚泥を粒状のフロックとし、濃縮する方法である。

造粒濃縮法は、基本的に荷電中和とペレットの形成を伴う、凝集技術であり、脱水の前処理という側面が強い。この濃縮方法の原理・機構を図5に示す。

造粒濃縮設備の構成を、図6[7]に示す。汚泥調質槽では、金属塩助剤と汚泥が混合され、汚泥の荷電中和、調質が行われ、後段の造粒濃縮槽にて、両性高分子凝集剤が添加され、造粒・ペレット化が行われる。遊離された水分は、造粒濃縮槽の上

造粒濃縮の原理と機構
文献7)を執筆者にて一部加工し作成(図5)

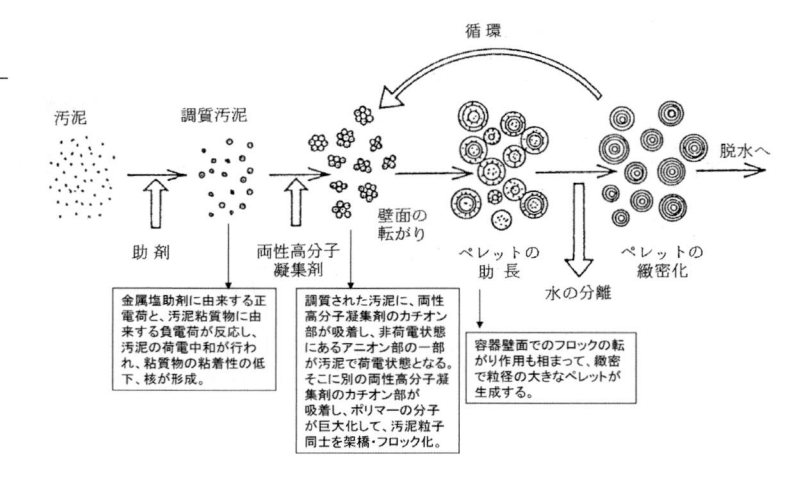

造粒濃縮設備のフロー図[7](図6)

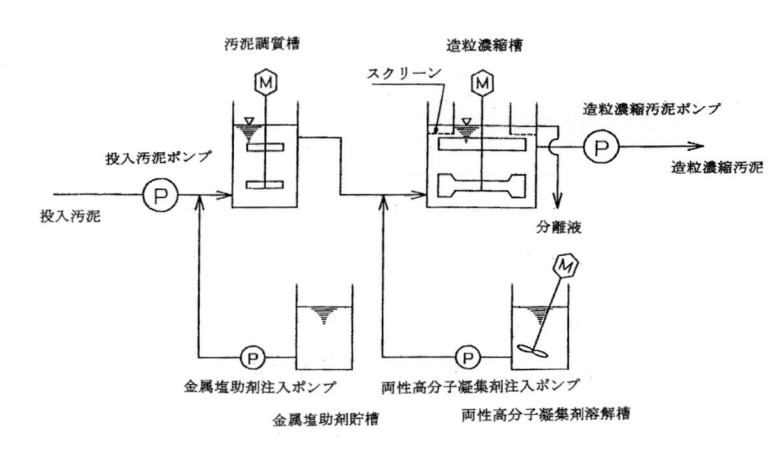

部に設けたスクリーンを用いて分離され、濃縮汚泥はポンプにより引き抜かれる。

造粒濃縮法の設計因子としては、汚泥調質槽では、滞留時間が2分程度の急速撹拌が必要であり、造粒濃縮槽(円筒型)では、滞留時間が8〜12分以上で、撹拌周速が30〜45m/min程度が望ましいとされている。また、造粒濃縮法の性能としては、濃縮汚泥濃度2.5〜3.5%程度、金属塩助剤添加率10〜20%-乾汚泥、両性高分子凝集剤添加率0.8〜1.5%-乾汚泥、SS回収率95%以上を標準とし、濃縮機1台あたりの汚泥処理量は、10〜25m³/h程度とされている。

造粒濃縮法では、金属塩助剤を用いるため、濃縮にともなう副次的な効果として、汚泥中の溶解性リンが金属塩として不溶化するため、概ね90%以上の濃縮汚泥への回収率が期待できる。また、金属塩助剤として鉄系の助剤を用いると、汚泥中の硫黄系の臭気成分と反応するため、臭気抑制にもつながる。後段の脱水方式にはベルトプレス脱水が望ましいとされ、脱水工程で新たに高分子凝集剤の添加を必要とせずに、ろ過速度100〜200kg/(m·h)、脱水ケーキ含水率が75〜80%が期待できる。なお、遠心脱水方式は、造粒濃縮により生成したペレットが破壊されるため、より多くの両性高分子凝集剤を必要とし、実用的ではないとされる[7]。

ベルト型ろ過濃縮設備のフロー図[8]
（図7）

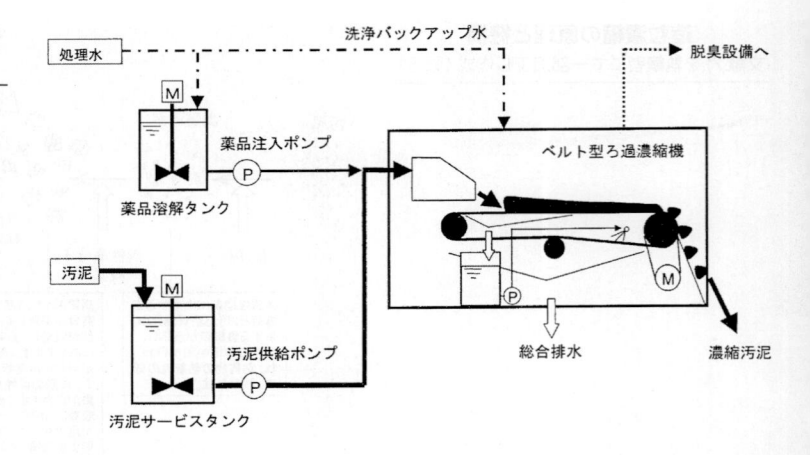

5 ベルト型ろ過濃縮

　ベルト型ろ過濃縮（ベルト濃縮）とは、高分子凝集剤の添加によって、凝集した下水汚泥を、走行するベルト上に投入し、重力ろ過・濃縮を行う濃縮方式で、ベルトにはステンレス製のベルトと、樹脂製のベルトが用いられる。樹脂製ベルトを用いた技術は、従来より海外でいくつか実績を有していたが、ステンレス製ベルトを用いた技術は、1994年頃から国内の自治体により検討され、2001年から実用化、および性能評価研究がなされてきた新しい濃縮方式である。

　ベルト濃縮のフロー図を図7[8]に示す。高分子凝集剤が添加され、凝集した汚泥は、走行するベルト上に投入され、排出側に移送される間に重力ろ過により濃縮され、濃縮汚泥排出部で、スクレーパによって剥離され、系外へ排出される。ベルトの洗浄は、ベルトを通過したろ液を洗浄水として用いており、節水が可能になっている。近年ではベルト走行面に、スクレーパを設置し、汚泥層下部に存在する透水抵抗の高い緻密層をすき返して、濃縮促進を図ることもなされている。

　濃縮機の性能としては、濃縮汚泥濃度4～5%程度、高分子凝集剤添加率約0.3%－乾汚泥、SS回収率95%以上を標準とし、濃縮機1台あたりの汚泥処理量は、10～100m^3/h程度とされている[8]。

参考文献
1) 社団法人日本下水道協会：平成20年度版下水道統計、第65号、pp.85-89、2010
2) 社団法人日本下水道協会：下水道施設計画・設計指針と解説、後編－2009年度版－、pp.325-330、2009
3) 独立行政法人 土木研究所 材料地盤研究グループ リサイクルチーム：汚泥重力濃縮槽におけるみずみち棒導入に関する技術資料集（案）～計画から維持管理のQ＆A～Ver.1.0.2、pp.6-10、2008
4) 廃棄物学会：廃棄ハンドブック、オーム社、pp.730-731、1997
5) 社団法人日本下水道協会：下水道維持管理指針、後編－2003年版－、pp.324-331、2003
6) 社団法人日本下水道協会：下水道施設計画・設計指針と解説、後編－2009年度版－、pp.334-338、2009
7) 日本下水道事業団開発部、下水道事業団業務普及協会：効率的な汚泥濃縮法の評価に関する第1次報告書－造粒濃縮法について、pp.3-16、別添資料、pp.8-22、1991
8) 財団法人下水道新技術推進機構：新世代下水道支援事業制度、機能高度化促進事業、新技術活用型、ベルト型ろ過濃縮システム性能評価書、pp.2-3、2004

（大下和徹）

2 消 化

1 消化の目的

消化の主たる目的は、汚泥を生物化学的、衛生学的に安定化すること、および固形物の減量化を図ることにある。消化には、好気性消化と嫌気性消化があるが、下水汚泥の消化といえば、一般的には嫌気性消化を指すことが多い。

嫌気性消化は、嫌気雰囲気下で活動する微生物の働きにより、細菌、寄生虫、ウイルス等の死滅・減少による衛生学的安定化と、汚泥の嫌気性分解による減容化を図る方法である。また、有機物の嫌気性分解により可燃性のメタンを含むガス(消化ガス)が発生することから、そのエネルギーを有効利用できるという利点を持っている。消化ガスの利用法としては、消化槽の加温や焼却炉の補助燃料程度の利用が多かったが、近年、ガスエンジンや、マイクロガスタービンなどを使って発電利用する処理場が増えてきている。

一方、好気性消化法は、汚泥を長時間空気又は機械撹拌機でエアーレーションし、微生物の内生呼吸を利用して汚泥の安定化、および固形分の減少を図る方法である。好気性消化は嫌気性消化と比較し、運転操作性、建設費、分離液の水質等の点で有利となるが、運転に関わるエネルギー消費、消化汚泥の脱水性、有機物減少率、低温期の効率低下、有益な副産物が無いなどの点で不利となる。

日本では306箇所の処理施設で消化プロセスが採用されており、そのほとんどが嫌気性消化である。好気性消化は小規模施設で使用する場合があるが、ほとんど採用されておらず、10箇所程度に留まっている[1]。なおこれら消化プロセスが導入されている処理施設は日本の総下水処理場数の15%に過ぎない。

嫌気性消化法は、我が国では1930年代ごろから下水汚泥処理に採用されてきた。ただし、他の汚泥処理プロセスと比べて処理時間が長く大きな施設を要することおよび、返流水により、水処理へ戻る汚濁負荷が高くなること、汚泥の脱水性に問題があること、最終処分形態として焼却処分が導入されたこと等から消化プロセスを見直す時期もあった。しかし、近年では、地球温暖化や省エネルギーの観点から、下水汚泥が集約型のバイオマス資源として見直されるとともに、嫌気性消化法は、エネルギー有効利用法として再評価されるようになってきた。

2 嫌気性消化の原理

汚泥の嫌気性消化プロセスは、種々の嫌気性細菌の働きによって汚泥中の有機分を段階的に分解し、最終的には、消化ガスを発生するメタン発酵に至る。

図1[2]にメタン発酵の模式図を示す。現在のところ、メタン発酵による、生物分解性有機物の分解過程は、4段階で説明されるようになっている。第1段階では、汚泥中の炭水化物、たん白質、脂質等の有機物が可溶化・加水分解し、単糖、アミ

バイオマスのメタン発酵における物質変換の概要
(実線：物質の流れ、破線：酵素反応)[2] (図1)

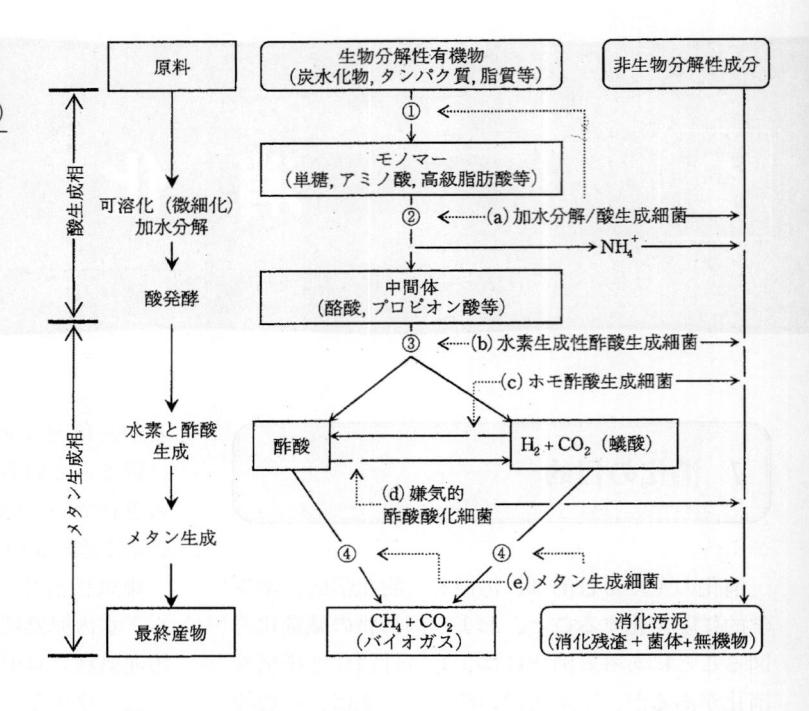

汚泥のpHによる消化過程の区分[3]
(図2)

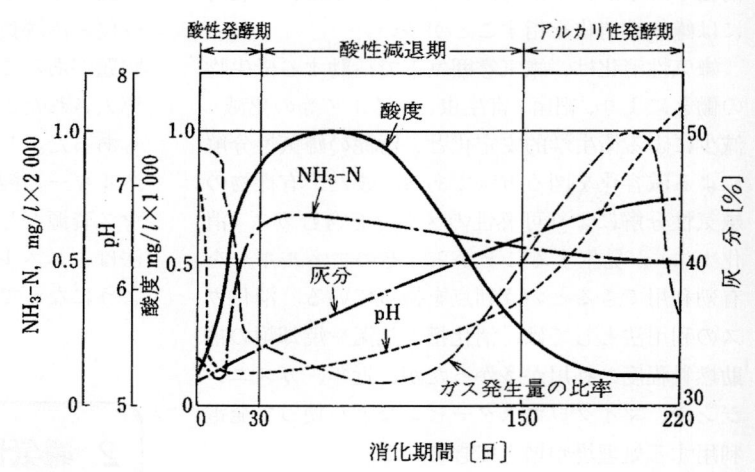

ノ酸、および高級脂肪酸などのモノマーが生成される（可溶化・加水分解）。第2段階では、加水分解により生成したモノマーから、揮発性脂肪酸(酪酸、プロピオン酸、酢酸、および蟻酸等)やアルコール等が生成される（酸生成）。第3段階では、酢酸やプロピオン酸等から、酢酸と水素が生成される（酢酸生成）。第4段階では、酢酸と水素から、メタンと二酸化炭素が生成される（メタン生成）。

それぞれの段階で、図1に示すような細菌が関与しており、その特性に対応して、第2段階までを酸生成相、第3段階と第4段階をメタン生成相として大きく分けることができる[2]。

一方、汚泥の嫌気性消化過程をpHに注目して区分すると、次のように3段階に分けることができる（図2[3]）。

酸性発酵期：酸生成により高分子有機物が、有

機酸やアルコール等に分解され、pH が5～6に低下し腐敗臭が発生する。主として炭水化物が分解され低級脂肪酸が蓄積される。

酸性減退期：有機酸や窒素化合物が分解（液化）し、アンモニア、アミン、炭酸塩が生成する。pH は6.6～6.8まで上昇、BOD 値が最大になる。また、ガス発生に伴い泡立ち現象が起こり、固形物のかなりの部分が浮上し、硫化水素・スカトール・メルカプタン等により不快臭を発する。

アルカリ性発酵期：蓄積された低分子有機物の大部分がガス化される。これまで生成された各種の有機酸、アルコール、未分解残留したアミノ酸等がメタン、炭酸ガス、アンモニアに分解される。酸度は急激に低下し、アルカリ度が上昇する。pH が7.0～7.4 に上昇し、BOD は急激に減少し消化が完了する。

単相リアクターとしての消化槽内部では、以上の三期が共存するが、アルカリ性発酵期が優勢のときが最良の状態となる。

3 温度・攪拌からみた嫌気性消化の種類

一般的に生物の反応は、ある温度範囲内に限定した場合、温度が上昇すると反応速度が増大する。嫌気性菌は、表1 に示すとおりそれぞれ各自の活動温度範囲を有している。

低温菌は、無加温式消化槽、中温・高温菌は加温式消化槽で優先種として活動する。

「消化温度」と「最終発生消化ガス量の90%の消化ガスが発生するまでに必要な消化日数」との関係を図3[4]に示す。この図は各温度帯で活動する嫌気性菌の種類が異なることを示す。消化に要する日数は温度上昇につれて短縮されるが、最適温度領域を逸すると消化日数が増し消化率の低下を招くことから、消化槽の運転にあたっては温度管理が重要となる。

中温消化、高温消化では消化槽の加温が必要であり、加温用のボイラで発生させた蒸気を直接吹き込む、あるいは温水ボイラを用いて、温水により、35～38℃（中温消化）、または50～55℃（高温消化）に保温されている。消化ガス発生に影響を与える温度変化は、中温消化で2～3℃、高温消化ではさらに範囲が狭いといわれている。滞留時間は、中温消化で20～30日、高温消化で10～20日でコントロールされる。消化温度を30～35℃とし適切な消化日数（汚泥の消化タンクでの滞留日数）をとれば、汚泥中の有機物の40～60%が液化・ガス化により減少する。

また、攪拌方法としては、発生した消化ガスによるガス攪拌、または汚泥循環ポンプや、回転機械等を用いる機械攪拌により均一化が図られている。

嫌気性菌による、消化温度の区分と条件（表1）

条件	温度（℃） 最低	温度（℃） 最高	温度（℃） 最適範囲	加温状況
低温	-4	25～30	15～20	無加温
中温	10	40～45	30～37	加温
高温	45	75	50～57	加温

消化温度と最適消化日数の検討結果[4]（図3）

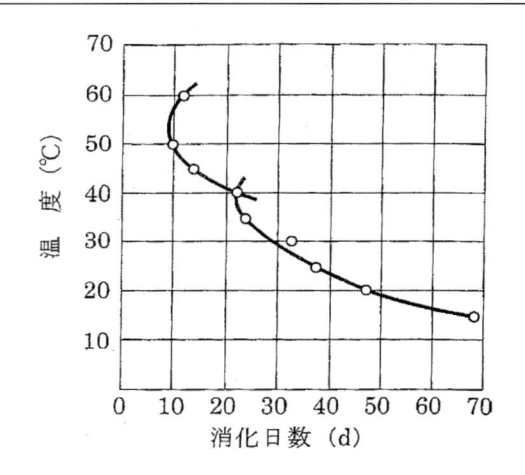

4 段数からみた嫌気性消化の種類

現在稼動している下水汚泥の嫌気性消化方式には1段消化と2段消化がある。

1段消化は、機械濃縮等により汚泥消化槽への投入汚泥濃度を高く維持し、その結果、汚泥消化槽で固液分離をしなくても消化汚泥濃度を脱水設備で脱水可能な濃度にできる場合に採用する。1段消化は、固液分離が脱水設備のみでおこなわれるため、2段消化に比べ、システム全体の固形物回収率が高くなり、その結果、水処理施設の負荷が軽減されるという特徴がある。また、汚泥消化槽への投入汚泥濃度が高いと投入汚泥量を少なくでき、消化槽の容積が少なくなるとともに、加温に必要な熱量も少なくなる等の利点があり、近年採用が増えている。

2段消化は、生物反応を行う一次消化槽と、消化汚泥と脱離液とを分離する二次消化槽で構成され、一次消化槽で加温及び撹拌を行い、次に二次消化槽に移して消化汚泥と脱離液とを分離し、消化汚泥の濃度を上げる。2段消化は従来数多く採用されてきたが、近年では汚泥性状の変化等により二次消化槽内での濃縮性があまり期待できない場合に、二次消化槽も一次消化槽と同様の生物反応槽として使用し、1段消化として運転することもおこなわれている。

5 嫌気性消化法の高度化

嫌気性消化の目的の一つに汚泥の減容化が挙げられるが、生物処理により発生する余剰汚泥は、加水分解速度が遅いため、嫌気性消化されにくく、消化率は30〜40%程度に過ぎない。そこで、嫌気性消化の前段で、下水汚泥、あるいは余剰汚泥に対して、物理化学的前処理を施して、加水分解を促進させる試みが多く検討されている。

李らは、余剰汚泥の嫌気性消化について、オゾン酸化を組み合わせた最適なプロセスを検討しており、高温消化+オゾン酸化+中温消化の組み合わせが最も望ましいプロセスであり、中温消化単独に比較して、有機物分解率は、VSSベースで20%強増加し、メタン生成収率は、分解VSあたりのメタン生成量として1.2倍になったとしている[5]。

また、辻らは、前処理として、アルカリ添加+超音波による汚泥の可溶化を検討し、超音波消費電力 4.9kWh/m³ − 汚泥、NaOH添加量2.2kg/m³ − 汚泥の条件で、通常の中温消化単独に比較すると、固形分は15%程度減少し、メタンとしてのガス発生量は10%弱増加したとしている[6]。

さらに、日高らは、70℃(超高温)での酸発酵を組み込んだ下水汚泥と生ごみの混合消化を検討しており、酸発酵70℃、メタン発酵55℃の組み合わせが、VS分解率、メタン収率ともに最も優れており、酸発酵槽で、COD成分、炭水化物、たんぱく質の可溶化が促進されたことに由来するとしている[7]。

このように、より多くの消化ガスを得るため、下水汚泥の前処理が様々な手法で検討されているが、現在のところ実用化には至っておらず、今後の検討が期待される。一方、厨芥類や、畜産廃棄物、剪定枝等と下水汚泥の混合消化を進める事業が国土交通省を中心に開始されており、具体的な取り組みが石川県珠洲市浄化センターで開始されている。また、全国のいくつかの都市でも、混合消化施設が建設中、あるいは計画中である[8]。

6 消化ガスの精製とその利用

嫌気性消化により発生した消化ガスは、含水率97%前後の汚泥の場合、有機物1kg 当り500〜600 NL、汚泥量に対して10〜14 倍量程度である。消化ガスは、主成分がメタン50〜70 Vol.%、CO_2 30〜50 Vol.%であり、低位発熱量は、21〜

汚泥消化（1段消化）の概略フロー[9]（図4）

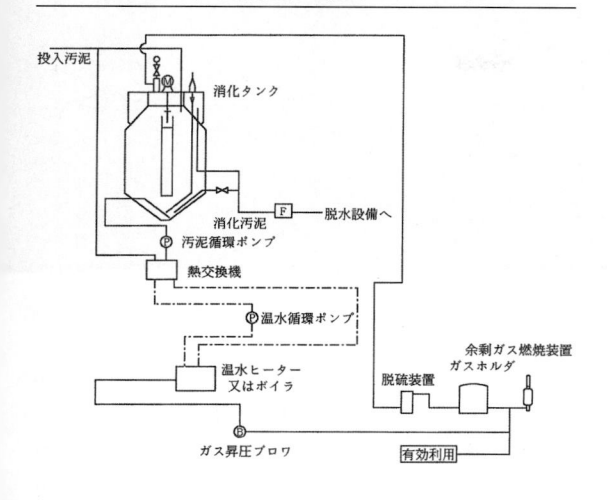

平成20年度における国内下水処理場から発生する消化ガスの用途の内訳
文献1)を基に執筆者作成（図5）

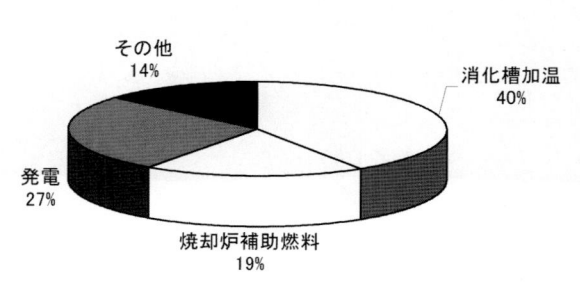

- 消化槽加温 40%
- 焼却炉補助燃料 19%
- 発電 27%
- その他 14%

23MJ/m^3_N程度を有する。下水汚泥の一段消化の概略フローを図4[9]に示す。また、平成20年度における国内の下水処理場での利用用途を図5に示す。全体の40%がボイラ等で燃焼させ、そこで発生した熱を消化タンク加温用として利用しており、焼却炉の補助燃料が19%、ガスエンジン等による発電が27%となっている。その他が14%程度あるが、焼却ではなく乾燥のための補助燃料として利用している場合や、外部へ燃料として供給している場合、メタンは温室効果ガスであるため、余剰として燃焼させた後大気放出している場合などが含まれる[1]。

なお、消化ガスは、有毒性、腐食性を有する硫化水素を200～800 Vol.ppm程度含むため、脱硫装置で脱硫され、ガスホルダに貯留された後、利用される。また、消化ガスを発電に利用する場合、シロキサン（リンス、化粧品に由来する有機ケイ素化合物）を10～100mg/m^3_N程度含んでおり、これがガスエンジン等の発電機器内部で燃焼するとSiO_2のスケールを生成し、エンジンの磨耗・損傷の原因になることから、除去のため活性炭吸着設備等が導入されつつある[10],[11]。

新たな消化ガスの利用方法としては、ガスをさらに精製しCO_2を除去して、自動車燃料としての利用[12]や、都市ガスの代替として、ガス導管に供給する試みが始まっている[13]。

参考文献

1) 社団法人日本下水道協会：平成20年度版下水道統計、第65号（CD-ROM:18 汚泥消化設備.xls)、2010
2) 野池達也：メタン発酵、技報堂出版、pp.4-5、2009
3) D.J.O'connor, W.W.Eckenfelder、岩井重久訳：廃水の生物学的処理、コロナ社、p.242、1965
4) 社団法人日本下水道協会：下水処理場の維持管理－WPCFマニュアルⅢ－、p.38、1974
5) 李玉友：嫌気性消化による下水汚泥の減量化とエネルギー利用の効率化、再生と利用、Vol.34、No.127、pp.15-19、2010
6) 辻猛志、山本勝一郎：メタン発酵プロセスにおける超音波による汚泥可溶化処理、化学工学、Vol.72、No.11、pp.17-19、2008
7) 日髙平、李名烈、津野洋：超高温嫌気性消化による生ごみおよび下水汚泥処理技術の開発、環境衛生工学研究、Vol.24、No.3、pp.106-109、2008
8) 野池達也：地球温暖化防止に対するメタン発酵の重要性、環境技術、Vol.38、No.12、pp.2-9、2009
9) 社団法人日本下水道協会：下水道施設計画・設計指針と解説、後編－2009年度版－、p.342、2009
10) 大下和徹、小北浩司、高岡昌輝、武田信生、松本忠生、北山憲：下水処理場におけるシロキサンの挙動に関する研究、下水道協会誌論文集、Vol.44、No.531、pp.125-138、2007
11) K. Oshita, Y. Ishihara, M. Takaoka, N. Takeda, T. Matsumoto, S. Morisawa and A. Kitayama: Behavior and Adsorptive Removal of Siloxanes in Sewage Sludge Biogas, Water Science and Technology, Vol.61, No.8, pp.2003-2012, 2010
12) 河田義則、瀧村豪、大西秀明：消化ガスの「バイオ天然ガス」化と天然ガス自動車燃料としての活用について～下水道から高品質の低公害車燃料を再生、CO_2の活用～、再生と利用、Vol.28、No.108、pp.78-82、2005
13) 日月栄：下水道を利用した都市ガス供給について、再生と利用、Vol.28、No.110、pp.17-20、2005

（大下和徹）

3 脱　水

　濃縮汚泥、消化汚泥の含水率は96〜98%程度で液状であり、汚泥脱水の目的は、この汚泥を脱水し、減容化することにある。具体的には、汚泥に凝集剤（脱水助剤）を添加し、脱水を行って、含水率が80%程度の脱水汚泥（脱水ケーキ）とする。

　脱水方式には、ろ過式脱水と遠心脱水があり、ろ過式には主に、ベルトプレス脱水機、スクリュープレス脱水機に加え、ロータリープレス脱水機、加圧ろ過機（フィルタープレス）、真空ろ過機がある。近年では、ろ布を使わず、特殊な円盤型のろ体を複数重ね、その回転により脱水する多重円盤型脱水機の導入も増えている。さらに、スクリュープレス脱水と多重円盤型脱水の機能を組み合わせ、効率化を目指した、多重円盤外胴型スクリュープレス脱水機も開発されている。加圧ろ過機、真空ろ過機の場合は、凝集剤として主に無機系の消石灰、塩化第二鉄が用いられ、その他の脱水機では高分子凝集剤が主として用いられる。また、これらの脱水にともなって発生するろ液、脱水分離液は、返流水として水処理プロセスへ送られる。

　表1に2008年度末現在での、国内での脱水機別の設置台数と年間汚泥処理量を示す[1]。

1 ベルトプレス脱水

　ベルトプレス脱水機は図1[2]に示すように、複数のロールと、その間に挟まれた複数のろ布からなる。まず、高分子凝集剤等で調質（フロック化）した汚泥をろ布上に供給すると、フロック間の間隙水が重力ろ過される。その後、ロール間を走行する複数のろ布の間に汚泥を挟みこみ、ろ布の張力とロールの圧搾・せん断力により汚泥を連続的に脱水する。脱水された汚泥は、スクレーパによりろ布から剥離され、コンベアにより後段の処理へ送られる。ろ布は、目詰まり防止のため、圧力水により連続的に洗浄され、再び重力ろ過部へ戻る。

　ベルトプレス脱水機の性能としては、脱水汚泥含水率79〜83%程度、高分子凝集剤添加率約1.0〜1.3%−乾汚泥、SS回収率90%以上を標準とし、脱水機1台あたりの汚泥処理量は、3〜20m^3/h程度とされ、ろ過速度は汚泥種にもよるが、70〜130kg/（m・h）程度とされている。近年では、脱水機内の脱水時間を長く、ろ布から汚泥にかける面圧を高くした高効率型のベルトプレス脱水機の採用が増えており、脱水汚泥含水率を76〜80%まで下げることができる[2]。

2 遠心脱水

　遠心脱水は、重力加速度の1,500〜3,000倍の遠心力を利用して汚泥を脱水する方法であり、原理は前述の遠心濃縮と同様である。高速回転機器であるため、他の脱水機に比較し、動力が大きくなる。連続式の横型遠心脱水機が主に用いられており、図2[2]に処理フローを示す。横型遠心脱水

汚泥脱水機別、設置台数と年間処理汚泥量 (表1)

(2008年度末現在)

脱水方式	設置台数 台	割合 %	処理汚泥量 t/年	割合 %
真空ろ過機	39	1.2	390,772	0.5
加圧ろ過機	136	4.3	4,300,600	5.7
遠心脱水機	917	28.9	28,683,430	37.8
ベルトプレス脱水機	1,341	42.2	31,174,917	41.1
スクリュープレス脱水機	462	14.6	8,196,874	10.8
多重円盤型脱水機	54	1.7	276,525	0.4
多重円盤外胴型スクリュープレス脱水機	92	2.9	842,495	1.1
ロータリープレス脱水機	49	1.5	1,025,486	1.4
その他・不明	85	2.7	1,035,387	1.4
計	3,175	100	75,926,486	100

※ 文献1)を一部執筆者にて加工し作成

ベルトプレス脱水機のフロー図と写真[2] (図1)

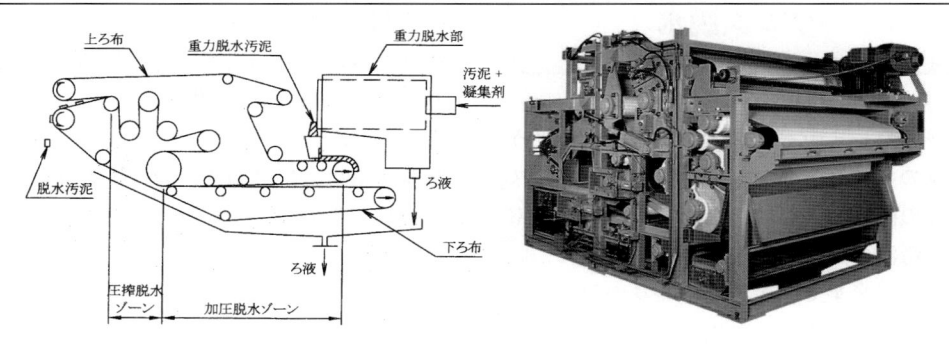

　機は、ボウルとスクリューからなる。汚泥は、汚泥供給タンクから供給ポンプによりボウルへ供給される。同時に高分子凝集剤も供給ポンプにより供給され、汚泥と混合されて汚泥フロックを形成する。汚泥フロックはボウル内で遠心力により、ボウル内側周辺に濃縮され、ボウルと2～10min^{-1}程度の回転差(差速)で回転しているスクリューにより脱水されつつ脱水ケーキ排出口へ送られる。分離液は、一般的に越流ぜき(ダム)を通じて、系外に排出される。

　遠心脱水機の性能としては、脱水汚泥含水率80～84%程度、高分子凝集剤添加率約1.0～1.3%－乾汚泥、SS回収率95%以上を標準とし、脱水機1台あたりの汚泥処理量は、5～80m^3/h程度とされる。近年、脱水機内の汚泥滞留時間を長く、機内の液深さを深くした高効率型の遠心脱水機も採用が増えており、脱水汚泥含水率を77～81%まで下げることができる[2]。

遠心脱水機のフロー図[2]（図2）

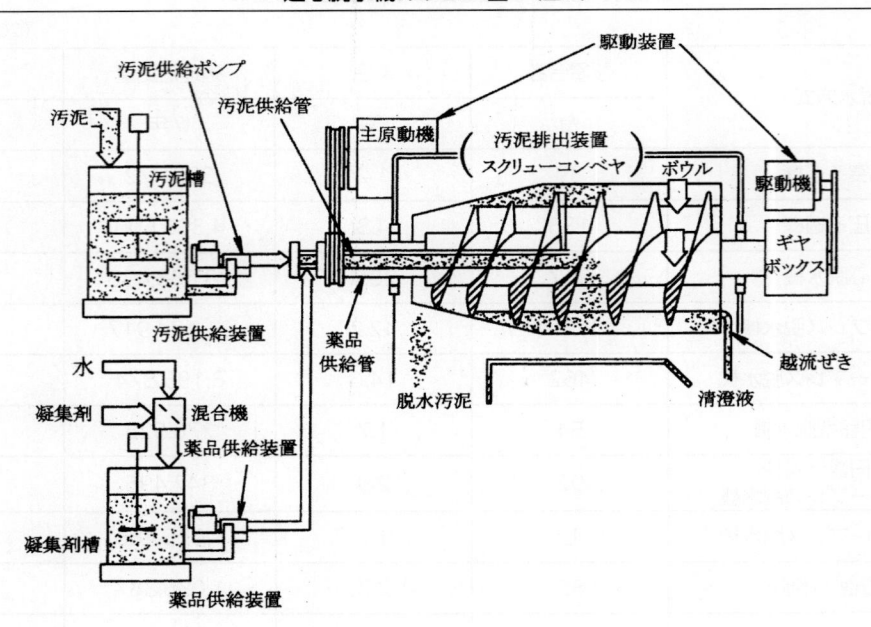

3 スクリュープレス脱水

　スクリュープレス脱水機は、図3[3]に示すように、円筒状の金属性外筒スクリーンと円錐状のスクリューとの間にろ室を設けたものであり、ろ室の容積は、汚泥の出口側に向かって縮小されている。従来、各種産業で、搾油、すり身の製造等に利用されていたが、高分子凝集剤の普及等により適用範囲が広がり、下水汚泥の脱水に用いられるようになった経緯がある。高分子凝集剤により調質された汚泥はスクリューとスクリーンの間に供給され、スクリューを回転（2min^{-1}程度）することにより、連続的に汚泥を脱水する。脱水機の前段で重力ろ過を行い、中段から後段で、スクリュー羽根の押し出しによる圧搾力と回転によるせん断力で脱水するもので、分離されたろ液はスクリーンを通り抜け、系外に排出される。
　スクリュープレス脱水機の性能は、脱水汚泥含水率76〜81%程度、高分子凝集剤添加率約1.0〜1.4%－乾汚泥、SS回収率95%以上を標準とし、脱水機1台あたりの汚泥処理量は、1〜45m^3/h程度とされ、ろ過速度は汚泥種にもよるが、スクリュー径が100mmの場合で、2.6〜4.5kg－乾汚泥/h程度とされている[2],[3]。　スクリュープレス脱水機は、低動力で、操作性も高く、維持管理も容易であることから近年、導入が急速に増えている。

4 ロータリープレス脱水

　ロータリープレス脱水機は、回転加圧脱水機とも呼ばれ、図4[2]に示すように、金属円盤フィルタ2枚と、内輪および外輪スペーサとの間にろ室を設けたものである。2枚の円盤フィルタによる両面からのろ過が行われるため高いろ過濃縮機能を有している。ろ室はチャンネル（脱水構造部）の内部に形成され、チャンネルは単一もしく

スクリュープレス脱水機のフロー図[3]
（図3）

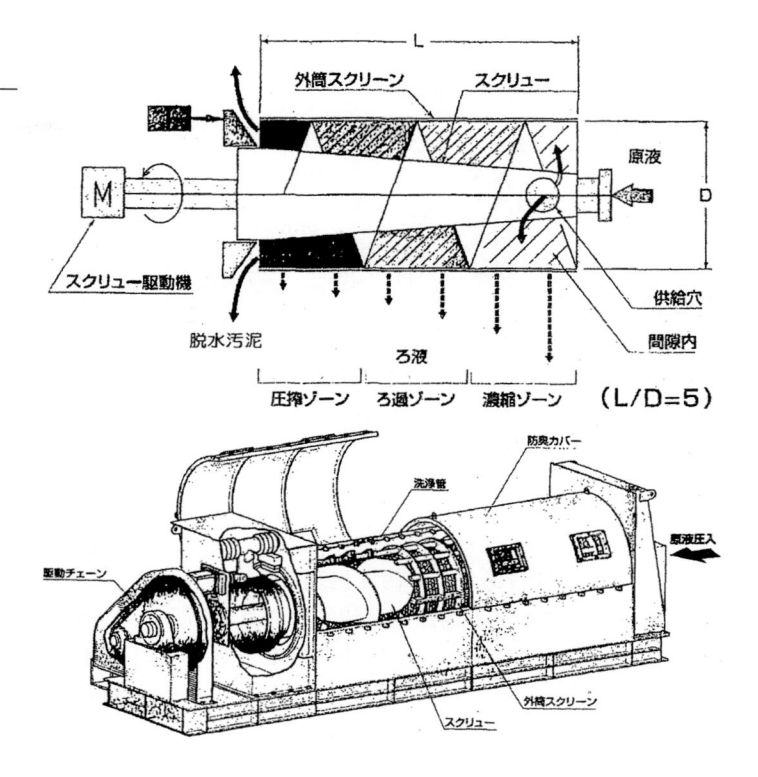

ロータリープレス脱水機のフロー図[2]
（図4）

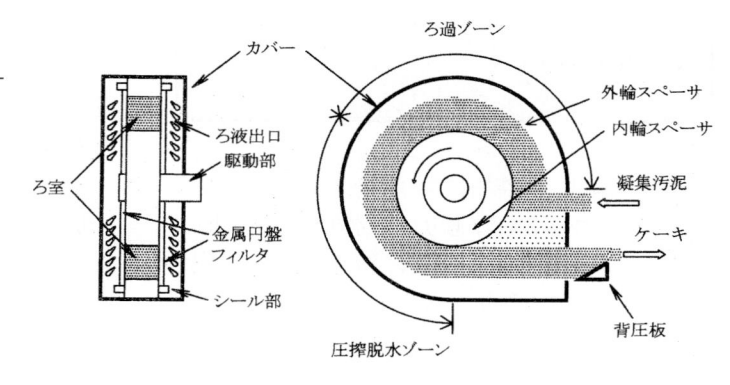

は、複数の組み合わせで運転を行う。高分子凝集剤で調質された汚泥は、金属円盤フィルタが0.2〜2.0min^{-1}で回転しているろ室に50〜100kPaの圧力で投入され、まず、汚泥の間隙水が初期ろ過される。更に金属円盤フィルタの回転によりろ過ゾーンを移動した汚泥は、金属円盤フィルタ表面にケーキ層が形成され、固形物の捕捉率が向上し、さらに、圧搾脱水ゾーンでは、背圧板により圧搾力が加わるとともに（最大600kPa）、ろ室中央部分の比較的水分の高い汚泥と、金属円盤フィルタ面の含水率の低い汚泥との間にスリップが生じ、その速度差で発生するせん断力により脱水が促進され、内輪および外輪スペーサの間から排出される。脱水機は、フィルタ直径が600mm、1200mmが標準型とされている。

ロータリープレス脱水機の性能としては、脱水汚泥含水率76〜81%程度、高分子凝集剤添加率約1.0〜1.3%−乾汚泥、SS回収率95%以上を標

ベルト式真空脱水機のフロー図[3]（図5）

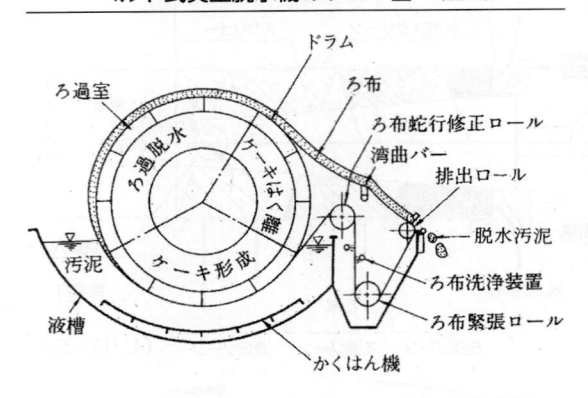

準とし、脱水機1台あたりの汚泥処理量は、1～25m³/h程度とされ、ろ過速度は汚泥種にもよるが、50～180kg－乾汚泥/(m²·h)程度とされている[2]。

5 真空ろ過

真空ろ過は、真空圧により汚泥を連続的に吸引ろ過、脱水する技術であり、下水汚泥の脱水用に最も古くから使われてきた。機種にはドラム式と、ベルト式の2種類があるが、下水汚泥の場合はほとんどベルト式である。ベルト式真空ろ過機は、図5[3]に示すように、内部を数セクションに区切られた回転するドラムと、ドラムに沿って走行するろ布、汚泥原液槽からなる。塩化第二鉄および消石灰の無機系凝集剤により調質された汚泥は、汚泥原液槽に一定水深になるように投入され、ドラム内の負圧約40～80kPaでろ布上に付着し、ケーキを生成する。次いでドラムの回転に伴って、水面上に上がり、更にろ布を通して脱水される。最後にろ布から表面の脱水汚泥を剥離排出し、ろ布は圧力水で洗浄されて、同じ工程を繰り返す。

真空ろ過機の性能は、脱水汚泥含水率75～85％程度、塩化第二鉄添加率10～20％－乾汚泥、消石灰添加率25～50％－乾汚泥、SS回収率98％程度を標準とし、脱水のろ過速度は汚泥種にもよるが、8～20kg－乾汚泥/(m²·h)程度とされている[3]。

真空ろ過機では、無機系凝集剤の投入量が多くなるため、薬品費がかかると同時に、脱水汚泥も増加すること、設備的に他の脱水方式よりも多くの動力を有する機器類が必要であることなどから、近年は、あまり使用されなくなってきている。

6 加圧ろ過（フィルタープレス）

加圧ろ過機は、図6[3]のように、それぞれろ布を張った2枚のろ板をあわせてできるろ過室を必要容量に応じた室数だけ並べたものである。ろ布は各室で単独となっているものと、共通のろ布により運転するものがある。真空脱水では、最大80～90kPa程度しか、汚泥にろ過圧力を与えられないが、加圧ろ過は、270～2,900kPaの圧力条件が可能である。古くから上水汚泥の脱水に用いられていたが、低含水率の脱水汚泥を得る目的で、下水汚泥にも適用されてきた経緯がある。

加圧ろ過機のろ過、脱水過程は、塩化第二鉄および消石灰の無機系凝集剤により調質された汚泥を汚泥圧入ポンプでろ過室に供給し脱水する。また圧搾機構のあるものは、ろ板に取り付けられたダイアフラム（空気圧もしくは水圧により変形する膜状のもの）に高圧の水、もしくは油等を送り圧搾を行い、圧縮空気でろ過室、ろ液管内等の水分を抜いてろ板を開き、脱水汚泥を排出する。

加圧ろ過機の性能は、脱水汚泥含水率が65～75％程度であり、他の脱水機に比較して低くできる利点がある。また、塩化第二鉄添加率10％－乾汚泥、消石灰添加率50％－乾汚泥、SS回収率98％程度を標準とし、脱水のろ過速度は汚泥種にもよるが、2～6kg－乾汚泥/(m²·h)程度であり、前述した真空ろ過機よりも低いため、ろ過面積を大きくとらなければならない[3],[4]。

加圧脱水機のフロー図[3]（図6）

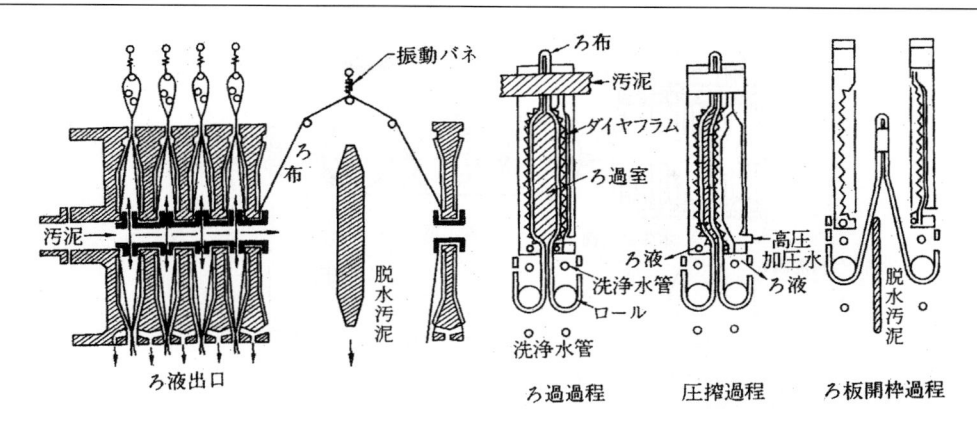

多重円盤型脱水機のフロー図[3]（図7）

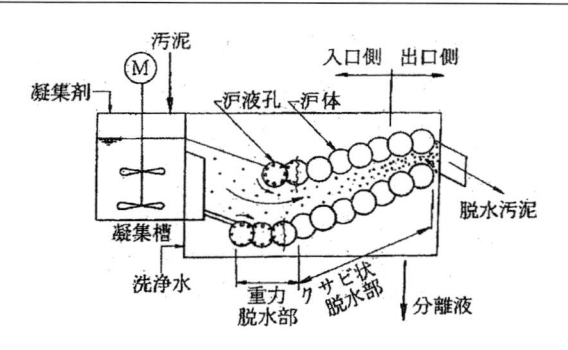

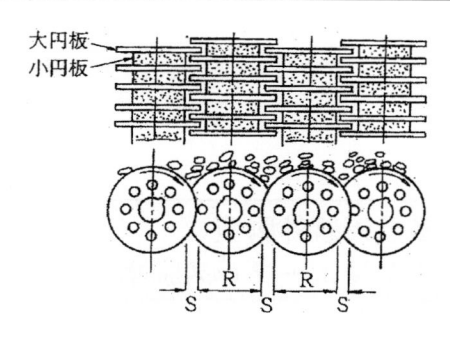

7 多重円盤型脱水

　多重円盤型脱水機は図7[3]に示すように、上段、および下段に配置した薄い円盤を並べたろ体を入口側、出口側の2つの駆動装置で回転させ、上下のろ体間に汚泥を通過させることにより脱水を行う。高分子凝集剤で調質された汚泥は、重力脱水部で濃縮されつつ、出口側に搬送される。上下のろ体間隔が脱水汚泥の搬出出口に近づくにしたがって、狭められている構造と、入口側のろ体の回転を早く、出口側のろ体の回転を遅くすることで圧縮力を生じさせて脱水を行う。ろ体の回転数は$1min^{-1}$程度と低速である。

　図7に示すように、ろ体は大円版と小円版が交互に配置され、交互のかみ合いにより目詰まりを防いでいる。分離液はろ体同士のスリット、およびろ体円板のろ液孔を通じて排出される。

　多重円盤型脱水機の性能は、あまり報告されていないが、下水道統計によれば、脱水汚泥の含水率78～88%（平均83%）が実績として報告されている[1]。また、脱水処理データとして脱水しにくいOD（オキシディーションディッチ）法の余剰汚泥について、脱水汚泥含水率84%程度、高分子凝集剤添加率約1.2～1.4%-乾汚泥、SS回収率94%以上が報告されている[5]。

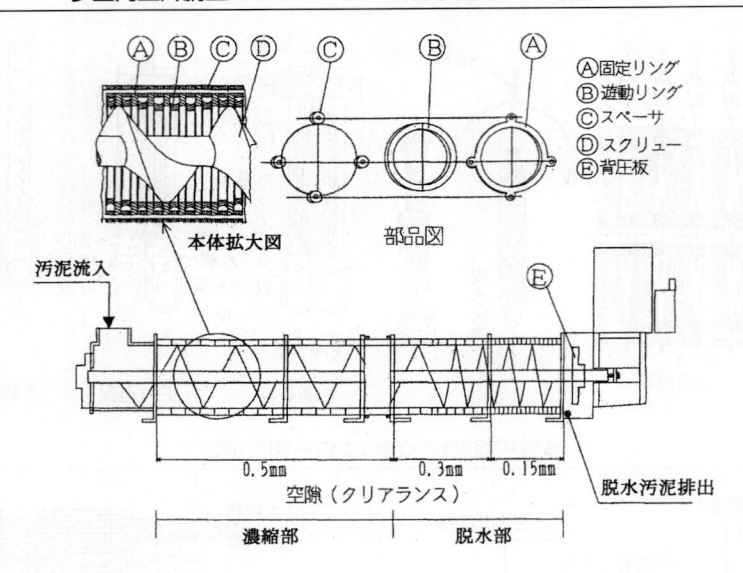

多重円盤外胴型スクリュープレス脱水機のフロー図[3]（図8）

本体拡大図／部品図

- Ⓐ 固定リング
- Ⓑ 遊動リング
- Ⓒ スペーサ
- Ⓓ スクリュー
- Ⓔ 背圧板

汚泥流入　空隙（クリアランス）0.5mm／0.3mm／0.15mm　脱水汚泥排出
濃縮部／脱水部

8 多重円盤外胴型スクリュープレス脱水

　多重円盤外胴型スクリュープレス脱水は、図8[3]に示すように、下水汚泥に無機凝集剤（ポリ塩化第二鉄）と両性高分子凝集剤を添加混合し、凝集混和された汚泥を固定版と可動板とを組み合わせた外胴とスクリュー軸によりろ過、圧搾、排出させ汚泥を所定の含水率まで脱水するものである。脱水機本体は、一定速度で回転するスクリューとろ過部、および背圧板で構成される。ろ過部は可動板、固定板、スペーサが空隙を作りながら交互に積層されており、可動板が常に動き、ろ過部の空隙を清掃し目詰まりしない機構となっている。外胴の空隙は汚泥入口から、出口に向かって徐々に狭くなるとともに、スクリューピッチ管の容積が濃縮部から脱水部に向かって狭くなり汚泥内圧が高まる構造となっている。

　多重円盤外胴型スクリュープレス脱水機の性能として、脱水汚泥含水率（OD余剰汚泥）80～85%程度、ポリ塩化第二鉄添加率14～28%－乾汚泥、両性高分子凝集剤添加率0.6～2.0%－乾汚泥、SS回収率95%以上となるデータが報告されている[3]。

　本方式は、小規模下水処理場で多く採用されているOD法の反応タンクから、余剰汚泥を直接引き抜くことで、連続的な脱水が可能となるように開発されたものである。

参考文献
1) 社団法人日本下水道協会：平成20年度版下水道統計、第65号（CD-ROM:19 汚泥脱水設備.xls）、2010
2) 社団法人日本下水道協会：下水道施設計画・設計指針と解説、後編－2009年度版－、pp.371-392、2009
3) 社団法人日本下水道協会：下水道維持管理指針、後編－2003年版－、pp.408-442、2003
4) 草薙博：プレス型式の脱水機を解説する、月間下水道、Vol.12、No.11、pp.38-43、1989
5) 株式会社ヘリオス ウェブサイト：多重円板型ヘリオス脱水機、脱水処理データ、http://www.kk-helios.co.jp/product04.html、2008

（大下和徹）

4 乾燥

　汚泥乾燥の目的は、汚泥脱水により得られた脱水汚泥（含水率約80％）中の水分をさらに蒸発除去して、汚泥を減容化、減量化し、(1) 焼却、炭化、溶融処理の省エネルギー化、安定化を図ること、(2) 緑農地利用、固形燃料化等の有効利用のための水分量調整である。

　乾燥方式には、伝統的な汚泥乾燥床（天日乾燥）があるが、主として機械による熱乾燥方式が採用されており、直接加熱乾燥方式と間接加熱乾燥方式の2種類がある。直接加熱乾燥方式は、熱媒体と脱水汚泥が直接接触して熱の授受を行うものであり、主に、攪拌機付熱風回転乾燥、気流乾燥、油温減圧乾燥がある。間接加熱乾燥方式には、主に、攪拌溝型乾燥、遠心薄膜乾燥、伝熱型造粒乾燥がある。機械による熱乾燥方式では、熱源が必要になるが、基本的には、熱風発生炉、あるいはボイラを利用し、他のプロセスからの蒸気、あるいは消化ガスを有効利用しているケースが多い。また、乾燥によって排ガスが生じるため、スクラバにより水分、ばいじんが除去され、脱臭炉によりアンモニア、硫化水素等の臭気成分を高温熱分解させた後、大気放出される。乾燥排ガスは、熱エネルギー削減のため、熱風用空気との熱交換、循環使用、廃熱ボイラによる蒸気生成に利用される。乾燥設備が、焼却・溶融設備の前処理として設置される場合は、脱水ケーキ貯留設備の臭気や、乾燥排ガスの一部を燃焼用空気として炉内に投入し、燃焼脱臭することが一般的である。

　新しい乾燥技術としては、熱を用いない常温での汚泥の脱水・乾燥システムとして液化ジメチルエーテル（液化DME）を用いた乾燥プロセスが現在研究段階にある。

1 汚泥乾燥床（天日乾燥）

　汚泥乾燥床は、天日によって汚泥を乾燥する方式であり、図1[1)]に示すように、砂層、砂利層、集水管よりなる。降雨の影響を避けるため、屋根が設けられる場合もある。最も経済的であり、機械方式に比較して維持管理も容易であるが、広い土地が必要とされることや、臭気やはえ等の発生による二次公害が懸念される。一般に汚泥乾燥床は、脱水前の汚泥に適用され、消化汚泥や、オキシデーションディッチ法の余剰汚泥のように安定化した汚泥が適しているとされ、生汚泥に関しては、臭気等が問題となる。

　汚泥乾燥床の必要面積は、投入汚泥性状や量、気候条件、固形物負荷、投入厚み等によって決定される。固形物負荷は、一般に4kg/m^{2}以内で投入され、汚泥は、含水率が60％以下になるまで乾燥する。それ以上乾燥させる場合は、汚泥をさらに粉砕しコンクリート床に広げて含水率を下げる。ろ床は、原則として、砂利層（200〜300mm程度）と粗砂層（150〜300mm程度、砂粒径0.7〜2.0mm）により構成し、砂利層下部には、ろ液の排水を考慮して適切な勾配を設け、その最深部には100〜200mm程度の有孔管等による集水施設（勾配10‰程度）を設ける。

汚泥乾燥床の断面図（例）[1]（図1）

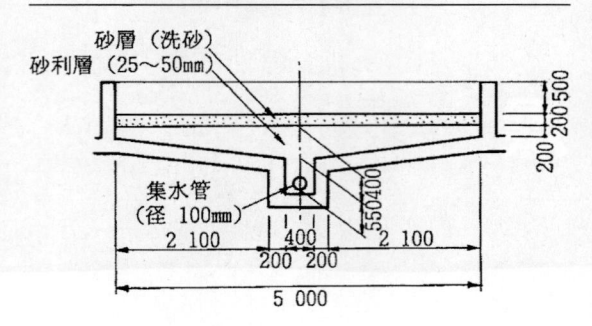

2 攪拌機付熱風回転乾燥

　攪拌機付熱風回転乾燥は、直接加熱乾燥方式で、600～800℃程度の熱風が乾燥機内で脱水汚泥に直接接触して乾燥するものであり、その構造を図2[2]に示す。回転ドラム内へ投入された汚泥は、内部のかき上げ機（リフター）により、ドラム上部へ持ち上げられ、落下する際に熱風と接触する。同時に、内部で高速回転する破砕攪拌器で汚泥は破砕され、最終的には粒状、あるいは粉状の乾燥汚泥として排出される。

　乾燥温度は600～800℃と高く、脱水汚泥中の可燃分の一部が揮発分として排出される。これが臭気の要因になるため、基本的には再燃焼炉等の脱臭設備が必要になる。熱容量係数（単位時間あたりに、単位体積の乾燥機を1K上昇させるのに必要な熱量）は一般に800～2,100kJ/（m^3·h·K）であり、乾燥汚泥の含水率を通常0～15％程度の比較的低含水率にまで乾燥するのに適する。蒸発速度は100～150kgH$_2$O/（m^3·h）程度で、1台あたりの最大蒸発能力は、5,000 kgH$_2$O/h程度となる。比較的経済的で、脱水汚泥の水分や固形物負荷の変動に対して、安定した連続処理が可能である。乾燥汚泥の一部は返送され、投入脱水ケーキと混合し、含水率調整に用いられることが多い。なお、あらかじめ汚泥と、循環させた乾燥汚泥とを混錬し、造粒して、熱風で乾燥させることで、

汚泥の乾燥造粒ペレットを作成し、石炭火力発電所での代替燃料とする試みがなされており（図3[3]）、このシステムにおいても、攪拌機付熱風回転乾燥機が使用され、約450℃の熱風で含水率10％以下まで、造粒ペレットの乾燥が行われている[3]。

3 気流乾燥

　気流乾燥機は、直接加熱乾燥方式であり、図4[2]に示すように、解砕機、気流乾燥管、サイクロンなどで構成される。脱水汚泥は、水分調整の上、解砕機で400℃程度の熱風流の中に投入され、急速に破砕・乾燥される。この熱風の流れによる気流乾燥管を通過する際に、より微粉化した脱水汚泥に効率よく熱が伝達され、含水率15％以下にまで乾燥される。乾燥された汚泥は、サイクロン、あるいはバグフィルターで捕集される。

　熱容量係数は一般に8,000～25,000kJ/（m^3·h·K）であり、蒸発速度は100～150kgH$_2$O/（m^3·h）程度で、1台あたりの最大蒸発能力は、9,000kgH$_2$O/h程度となる。攪拌機付熱風回転乾燥と同様に、比較的経済的である上、装置の設置面積を小さくできる利点がある。しかし、乾燥時間は2～10秒程度と短いため、脱水汚泥の水分や固形物負荷の瞬間的な変動への対応は難しい。

4 油温減圧乾燥

　油温減圧乾燥は、脱水汚泥と廃食用油とを混合し、減圧加熱することで、汚泥を短時間で乾燥・減容することを目的として開発された技術である。

　具体的な処理フローと原理を図5[4]に示す。まず、含水率80％程度の脱水汚泥と廃食用油（熱

攪拌機付熱風回転乾燥機の構造図[2]（図2）

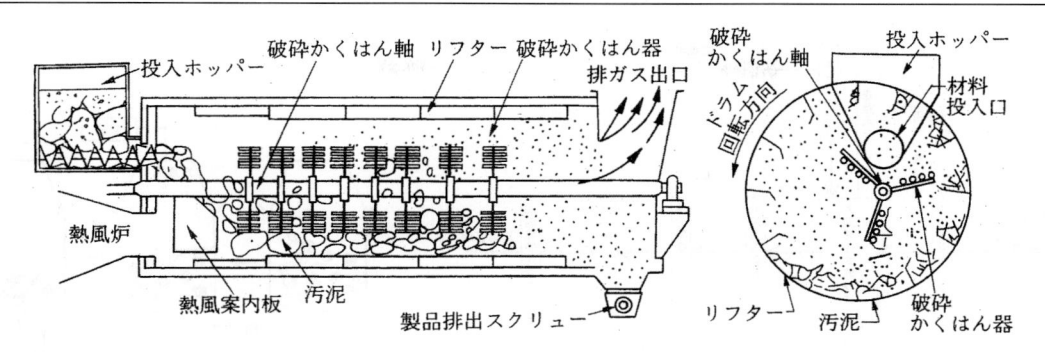

直接加熱乾燥を含む造粒乾燥システムフロー図[3]（図3）

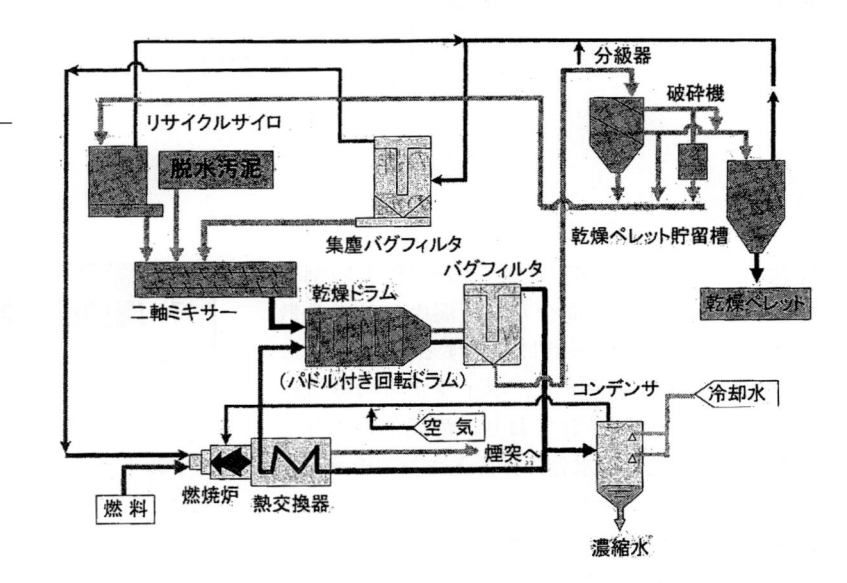

気流乾燥機のフロー図[2]（図4）

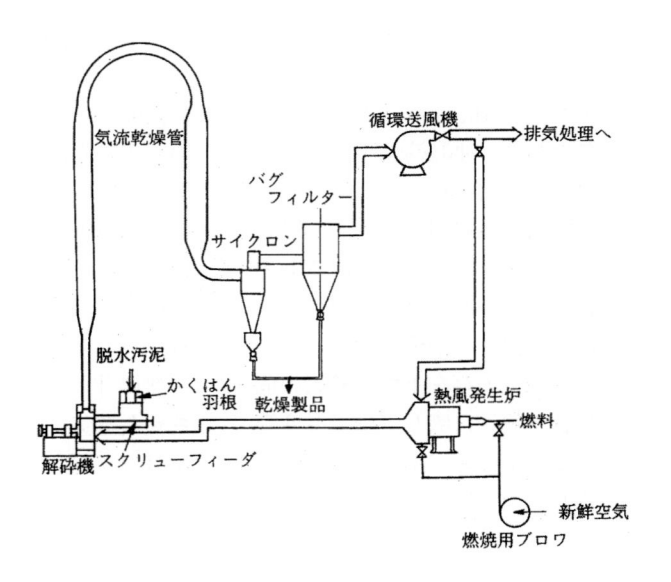

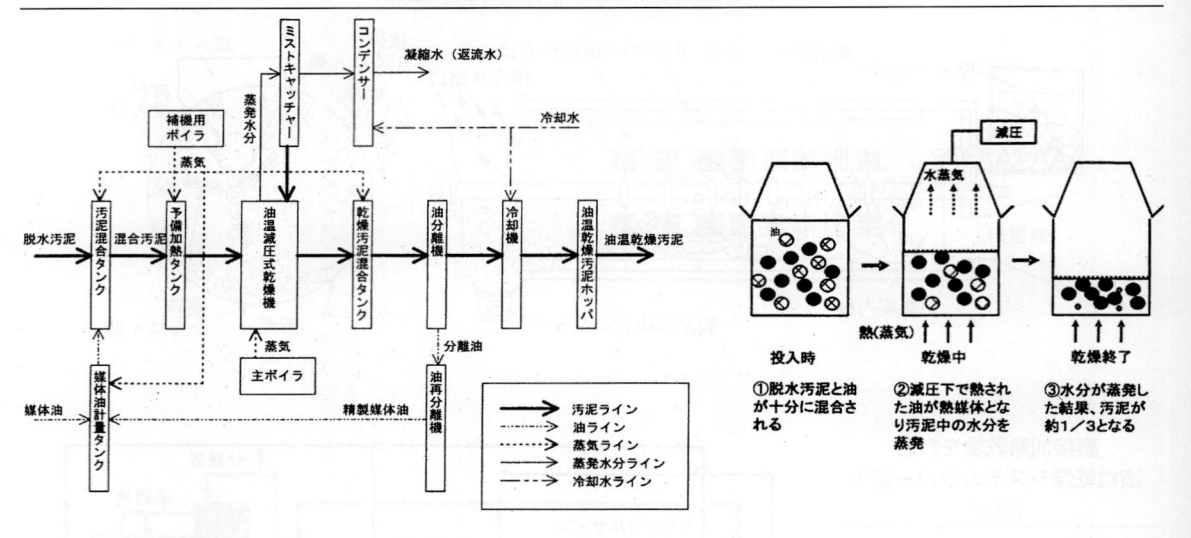

油温減圧乾燥のフローとその原理[4]（図5）

媒体）とを、1t-湿汚泥:0.6〜0.8m³程度の割合で、混合タンクにて混合し、汚泥中に油を分散させ、油温減圧式乾燥機に投入する。乾燥機は、−40kPa程度の減圧下で、ボイラからの蒸気により約85℃に加熱されており、汚泥中の水分が蒸発する。蒸発した水分はミストキャッチャーを経由してコンデンサで冷却後、凝縮水となって返流水として処理される。乾燥汚泥と媒体油の混合物は油分離機で油温乾燥汚泥と油に分離され、油は精製後再利用される。油温乾燥汚泥は冷却後、排出される。

運転は、バッチ式で行われ、1バッチあたり乾燥時間は120分程度である。油温乾燥汚泥の性状は、含水率が平均3％程度、含油率が30〜40％程度であり、高位発熱量は、20MJ/kg-乾汚泥程度で、発熱量が高く、セメント製造における助燃剤や、代替固形燃料としての有効利用が期待できる。ただし、油温乾燥汚泥は、油分を含むことから自己発熱性が高く、空気の存在下では発火の危険性があるため、保管や輸送に際しては、温度管理に十分に留意することが必要であり、対策がとりまとめられている[4]。

5 攪拌溝型乾燥

攪拌溝型乾燥機は、間接加熱乾燥方式であり、パドルドライヤーとも呼ばれる。図6[2]に示すように、0.5〜3°のわずかな傾斜をもって据え付けられた溝型のケーシングに1〜4本のパドルを有した回転シャフトを付設したものである。回転シャフトはケーシングに沿って配列され、隣り合った軸はお互い反対方向に周速0.1〜1.5m/secで回転する。ケーシングジャケット、および中空のパドル内に飽和蒸気を供給し、ジャケットとパドル壁面から脱水汚泥に熱を与える構造になっている。脱水汚泥は入口から連続的に投入され、回転シャフトとケーシングの間を充填しつつ、混合、攪拌され伝熱面との接触を繰り返して、乾燥される。

熱媒体としては、主としてボイラにより発生させた蒸気として、圧力0.7〜0.9MPa·G（170〜180℃）の飽和水蒸気を利用するのが一般的であり、総括伝熱係数は120〜210W/(m²·K)程度、蒸発速度は通常8〜15 kgH₂O/(m³·h)であり、

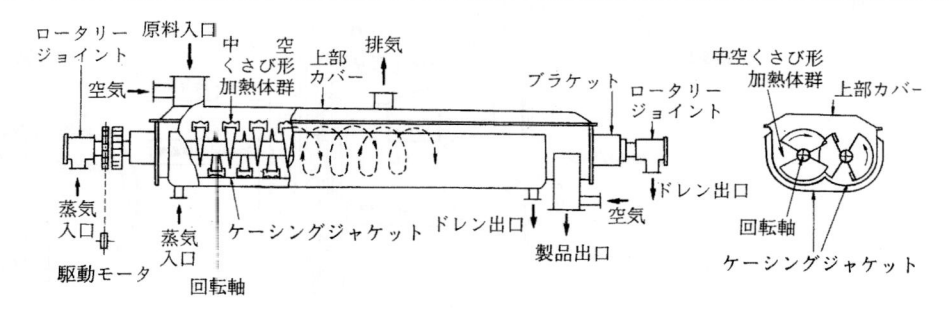

攪拌溝型乾燥機の構造[2]（図6）

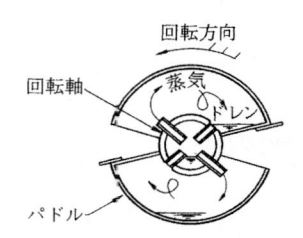

一台の最大蒸発能力は2,500kgH₂O/hである。乾燥汚泥含水率は20〜40％程度であり、比較的高い目標含水率の乾燥に利用される場合が多い。

6 遠心薄膜乾燥

遠心薄膜乾燥機は、間接加熱乾燥方式であり、その構成・原理を図7[5]に示す。汚泥投入口から供給された脱水汚泥は、伝熱胴内部で回転する主軸に取り付けられた分配リングに付着し、遠心力によって伝熱面に飛散する。その後、重力によって汚泥は下方の加熱ゾーンに導かれ、主軸に取り付けられたブレードが伝熱面の汚泥をかきとり、薄膜状の汚泥が形成される。そして、薄膜状の汚泥と伝熱胴内に供給された蒸気が熱交換され、汚泥が乾燥され、下部から排出される。乾燥時間は1〜2分程度である。

この装置の最も大きな特徴は、ブレード回転数、汚泥の供給量のコントロールにより、乾燥汚泥の含水率を容易に制御できることであり、含水率35％〜60％程度の乾燥汚泥（3〜10mmの粒状）を連続処理で得ることができる。また、非常にコンパクトな装置であるため移動式の脱水・乾燥車に組み込まれ、農業集落排水由来の汚泥処理にも活用されている[6]。

7 伝熱型造粒乾燥

伝熱型造粒乾燥は、図8[7]に示すように、間接加熱乾燥方式の乾燥機にて、下水汚泥を低水分まで乾燥することにより、汚泥の乾燥造粒ペレットを作成し、化石代替燃料とするシステムであり、4-2で前述した直接加熱乾燥方式による造粒乾燥と目的は同じである。

汚泥混合機に投入された脱水汚泥は、システムを循環中の乾燥汚泥と共に乾燥造粒装置内に導入

遠心薄膜乾燥機の構造と原理[5]（図7）

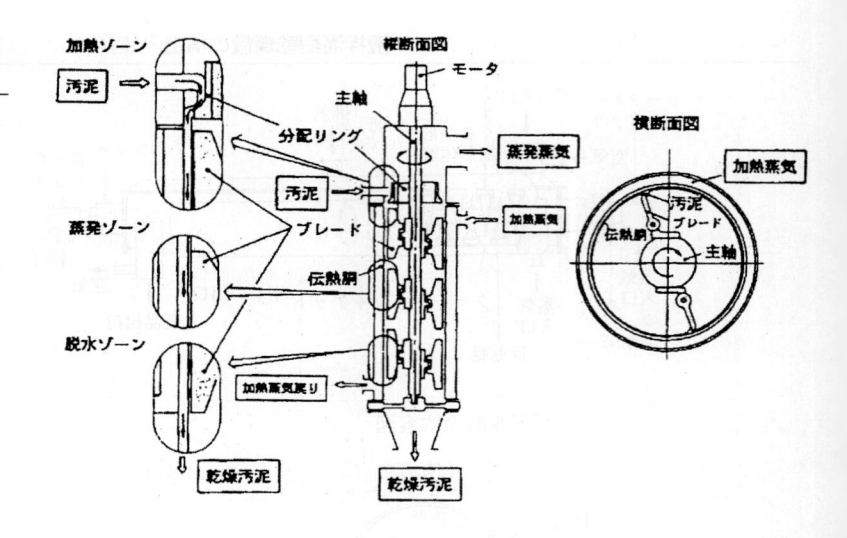

伝熱型造粒乾燥機の構造と原理[7]（図8）

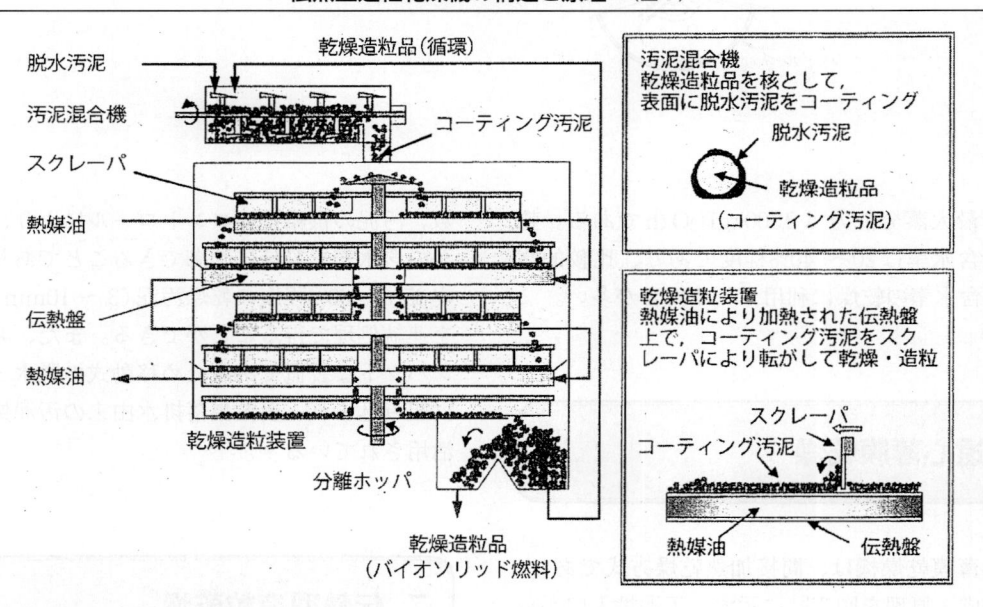

液化ジメチルエーテルを用いた下水汚泥脱水・乾燥システムの概念フロー図[8]（図9）

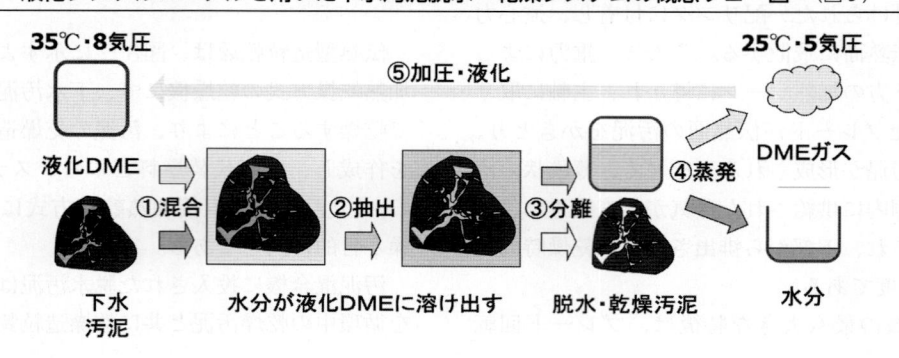

される。乾燥造粒装置中では、熱媒油により加温された伝熱盤上で脱水汚泥は乾燥と同時に乾燥汚泥を核として造粒され、バイオソリッド燃料が生成される。

伝熱型造粒乾燥機は、含水率75～85%程度、有機分72～82%程度の高分子系消化汚泥の脱水汚泥から、含水率5%以下、粒径約1.0～5.6mmの乾燥造粒品の生成が可能な性能を有している。乾燥汚泥の低位発熱量は19～20MJ/kg程度であり石炭の約70～75%の発熱量を有しており、自己発熱性も低いことが明らかになっている。本技術は、2009年から実用化され、乾燥造粒品は、石炭焚きボイラを有する事業所へ化石代替燃料として供給されている[7]。

8 液化DMEによる常温脱水・乾燥

液化DME（ジメチルエーテル）による下水汚泥の脱水・乾燥プロセスは、現在、基礎研究中の技術である。従来の乾燥のように熱を利用せず、液化DMEを脱水溶媒として利用し、汚泥を脱水・乾燥するシステムである。図9[8]に本プロセスの概念フロー図を示す。

DMEは常温・常圧で気体として存在するが、それを6気圧以上に加圧し液化させ、脱水汚泥と液化DMEを混合させると、液化DME100gに水が約7.0g溶解する性質により、脱水汚泥中の水分が液化DME側に抽出され、汚泥の脱水・乾燥が行われる。その後、水分を含む液化DMEと乾燥汚泥を分離し、減圧するとDMEのみが気化し、水分と分離される。最終的にDME気体は、加圧・液化し、再び脱水に用いることができる。本法の利点は大きく3つあり、(1)熱を利用しないため、所要エネルギーが従来の石炭の加熱による乾燥法に比較して約半分になるとともに排ガス処理を必要としない点、(2)加圧下での液化DMEによる脱水後は、減圧することで、容易にDMEと石炭、および脱水された水分とに分離できる点、(3)気化したDMEは再び圧縮して液化し、脱水に用いることで、効率的な繰り返し利用が期待できる点が挙げられる。

いくつかの研究により、このプロセスでは、含水率80%の脱水汚泥を絶乾状態にまで乾燥することが可能であること、脱水汚泥とDMEの接触効率を高めることが、効率化のポイントとなること、液化DMEの数回の再利用では水分抽出効率の低下は見られず、液化DMEの損失もほとんど見られないこと、理想的な状態では、従来の熱による乾燥の約半分のエネルギーで脱水・乾燥が可能になること等が明らかになってきている[9]、[10]。また、液化DMEにより汚泥中の臭気成分も水分と同時に抽出され、乾燥汚泥中の臭気が低減できることも明らかとなっている[11]。

以上のことから、汚泥の乾燥による減容化のみならず、質の高い化石代替燃料を製造する効率的なプロセスとしても位置づけることができ、今後の研究が期待される。

参考文献
1) 社団法人日本下水道協会：下水道維持管理指針、後編－2003年版－、p.448、2003
2) 社団法人日本下水道協会：下水道施設計画・設計指針と解説、後編－2009年度版－、pp.401-405、2009
3) 山本博英、茨木誠、當間久夫、柴田良樹：造粒乾燥方式による汚泥の石炭代替燃料化の開発、第44回下水道研究発表会講演集、pp.115-117、2007
4) 財団法人下水道新技術推進機構：新世代下水道支援事業制度、機能高度化促進事業、新技術活用型、下水汚泥の油温減圧式乾燥技術性能評価書、pp.11-36、2004
5) 森川彰：遠心薄膜方式による汚泥の乾燥とリサイクル、環境技術、Vol.31、No.10、pp.39-43、2002
6) 財団法人下水道新技術推進機構：移動式汚泥脱水乾燥設備に関する性能評価研究、下水道新技術研究所年報ダイジェスト、No.1、2002
7) 北野徳之：下水汚泥のバイオソリッド燃料化、資源環境対策、Vol.45、No.6、pp.30-34、2009
8) 神田英輝、牧野尚夫、森田真由美、竹上敬三、武田信生、大下和徹：液化ジメチルエーテルを利用する下水汚泥ケーキの省エネルギー脱水技術、廃棄物学会論文誌、Vol.19、No.6、pp.409-413、2008
9) 大下和徹、高岡昌輝、中島祐輔、神田英輝、牧野尚夫、武田信生：液化ジメチルエーテルによる下水汚泥の脱水に関する基礎検討、下水道協会誌、Vol.46、No.556、pp.71-83、2008
10) K. Oshita, M. Takaoka, Y. Nakajima, S. Morisawa, H. Kanda, H. Makino and N. Takeda: Sewage Sludge Dewatering Process Using Liquefied Dimethyl Ether as Solid Fuel, Drying Technology, 2010, in press.
11) Kanda, H. Morita, M.：Makino, H. Takegami, K. Yoshikoshi, A. Oshita, K. Takaoka, M. Takeda, N.: Deodorization and dewatering of biosolids by using dimethyl ether. Water Environ. Res. 82, 2010, in press.

（大下和徹）

5　焼　却

1　概　要

　焼却とは、中間処理方法の一つで、脱水汚泥や乾燥汚泥中の有機分を燃焼し、水分を蒸発させることで、大幅に減量し、最終的に残る無機物を焼却灰とするプロセスである。汚泥焼却は1934年アメリカミシガン州で下水汚泥を多段炉で焼却したのが、その始めとされている[1]。

　本来、汚泥は肥料としての効用成分であるリンやカリウム、窒素などを含むことから農業利用されるのが理想的ではあるが、重金属含有の問題や最近では残留性有機汚染物質などの影響が不明な点があること及び都市においては肥料としての需給ギャップもあるため、農地還元するには限界がある。我が国は、世界の他国に比べて生活圏を取り巻く環境条件が極めて厳しく、汚泥処理方法として最も処理効果（減量化、安定化）の高い焼却などの熱操作プロセスに頼らざるを得ないことから、脱水汚泥ベースで7割が焼却されている。脱水汚泥は下水の性状や脱水プロセスの形式や消化の有無によって、有機物含有量や含水率は異なるが、これらの値が熱負荷や補助燃料量を決定するため重要で、乾燥してから燃焼させる場合もある。

　焼却においては有機物・無機物の様々な反応が高温で生じ、酸性ガスや重金属、有機汚染物質の排出を伴う。したがって、これらをプロセス系外に排出しないあるいは安定的な形で排出すること、つまり環境汚染対策が必須である。現在では上記のような処理効果や環境汚染対策が求められるだけでなく、地球温暖化防止の観点から積極的な廃熱回収により省エネルギー化・排ガス量の低減化が求められるとともに、温室効果ガスである一酸化二窒素（N_2O）の発生を抑制することが求められている。

　平成20年度の下水道統計から焼却施設の現況をまとめると表1のようになる[2]。焼却処理の中では流動床タイプが圧倒的に多く、約8割を占める。残りが多段焼却炉、階段式ストーカ炉、その他として、ロータリーキルン型焼却炉や炭化炉などが含まれている。

　流動床炉は、気泡式と循環式の大きく2つに分けられる。設置個所数はほぼ匹敵するが、基数でみると気泡式が2倍、能力および実際の投入量でいえば3－4倍となっている。脱水汚泥および乾燥汚泥の処理量をみると、気泡式は乾燥汚泥の投入がほとんどなく、その他（屎尿など）が一部投入されている。つまり、脱水汚泥の直接投入がほとんどであることを意味している。これに比べ、循環式では乾燥汚泥が一部投入されている。その他はし渣などの他の廃棄物を指すが、これらはこの統計では流動床焼却炉のみ実績があり、流動床タイプは他廃棄物の混焼についても対応しやすいといえよう。能力を基数で割り、1基あたりの能力にすると循環式は50－60t/日程度、気泡式は100t/日を超える。多段炉、ストーカはそれぞれ80t/日、70t/日程度となり、気泡式の大規模での実績が大きいといえる。他の多段式、階段式ストーカ式では、脱水汚泥に対して乾燥汚泥の比率が流動床焼却炉に比べ大きい。

　以下、本稿においては、焼却方式としては、流

焼却施設の現況[2] (表1)

	箇所数	基数	能力 (t/日)	温度 (℃)	脱水汚泥 (t/年)	乾燥汚泥 (t/年)	その他 (t/年)	投入量 (t-DS/年)	焼却灰 (t/年)
循環式流動床焼却炉	60	76	4,393	847	924,774	3,542	569	196,541	47,183
気泡式流動床焼却炉	79	153	17,221	841	3,301,689	9	2,314	753,624	180,172
多段焼却炉	18	21	1,717	825	215,482	9,115	0	68,417	27,101
階段式ストーカ炉	5	10	699	899	225,185	5,791	0	58,904	27,767
その他焼却炉型式	15	19	1,303	840	183,503	13,108	0	87,857	9,577
合計	177	279	25,333		4,850,633	31,565	2,883	1,165,344	291,800

気泡式流動床炉[3] (図1)

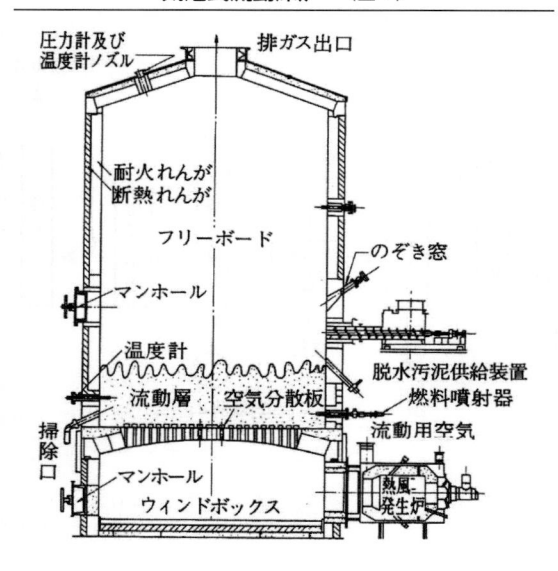

動床（気泡式、循環式）、多段炉、ストーカ炉を、また焼却と関連した技術として最近注目されている下水汚泥のガス化発電技術を紹介する。

2 流動床焼却炉

(1) 気泡式流動床焼却炉

気泡式流動床焼却炉は図1に示すようにタテ型の中空円筒形で、ウインドウボックス、流動床部（ケイ砂を充填させた砂層部）、十分な空間容積を有するフリーボード部で構成される[3]。流動層の底部には空気分散板が設置され、燃焼空気が均一に流れ込むよう及び流動媒体がウインドウボックスに落下しないようになされている。最近では、ウインドウボックスや空気分散板を設置せず、パイプなどの分散ノズルを設置する方式も採用されている。燃焼空気は流動空気として、砂層部下部から吹き込む。これにより砂層部に充填された砂粒子は液化状態となり、激しく撹拌される流動層を形成する。投入された汚泥は流動層を形成している砂層部で短時間の内に解砕・乾燥・燃焼される。燃焼ガスは十分な滞留時間を有するフリーボード部で完全燃焼される。流動層部とフリーボード部との温度差が生じ、汚泥性状の変動により温度バランスが変動するため、砂層温度の調整により対応する。

図2に処理フローを示す。排ガスが高温になることから熱効率を高めるために熱回収が行われている。焼却灰は排ガスとともに同伴し、炉外に排出され、ダストは集じん装置で捕集される。ダスト捕集には、サイクロン、電気集じん器、バグフィルター、セラミックフィルターなどが使用される。一般に下水処理場内に建設されるため酸性ガス除去は排煙処理塔（湿式洗浄塔）で行われ、その排水は下水とともに処理される。

均一な燃焼が可能で、焼却効率が高く、未燃分が極めて少ないこと、可動部が少ないので維持管理が容易であること、流動媒体の蓄熱量が大きいため、短期間停止では立ち上げが容易であり、間

流動床焼却システムのフロー（図2）

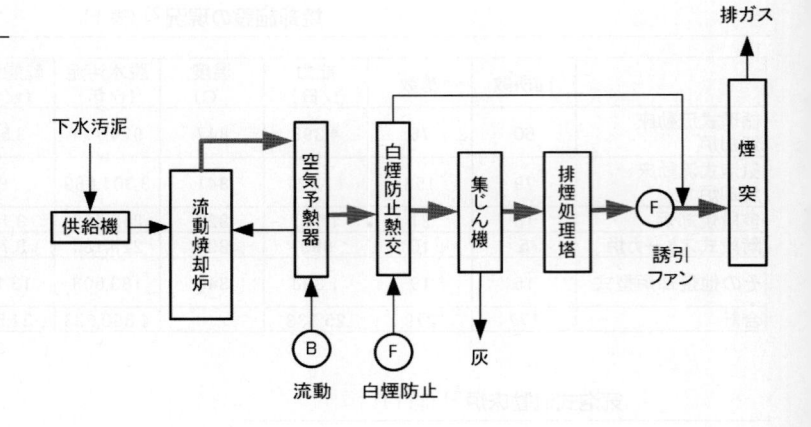

過給式流動焼却システムのフロー（図3）

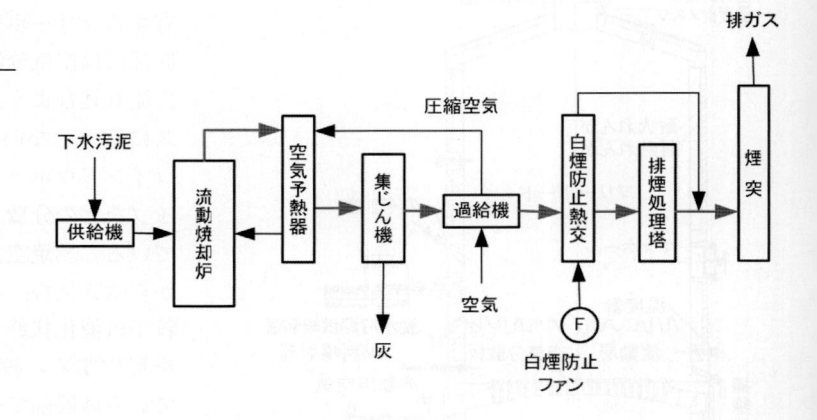

欠運転を行っても機能上支障がないことなどが特徴としてが挙げられる。

N₂O対策として炉内温度を高温化する場合、炉全体を高温（850℃以上）にする必要があり、焼却炉本体の容量が大きいため燃料使用量が増大する。この点を改良するため、従来は砂層部に全量供給していた燃焼空気を、フリーボード部にも分割供給することによって、砂層部では空気量を下げ窒素分の酸化抑制を図り、フリーボード部では残りの燃焼空気を分割供給し、砂層部で発生した燃焼ガスを完全燃焼させることで、効率的に高温場を形成しN_2Oを分解して温室効果ガス（N_2O）の大幅な低減を実現するシステムが考案され、効果が実証されている。この方式によると通常燃焼時に比べN_2Oは約90％削減可能であり、燃料も70％程度に削減できることが報告されている[4]。

(2) 過給式流動焼却システム

最近の新しい流動床焼却システムとして、過給式流動焼却システムがある。処理フローを図3に示す。これは基本的には気泡式流動床焼却炉の部類に入るが、従来と比べて大きな特徴がある。まず、過給機出口の空気圧力を0.1－0.2MPa程度に保ちながら汚泥を加圧下で燃焼することである。加圧流動燃焼技術は石炭火力では用いられているものであるが、本技術は石炭燃焼での圧力に比べて極めて低圧である。次に、燃焼排ガスのエネルギーを利用して過給機（ターボチャージャー）を駆動させることにより圧縮空気を製造する。製造された圧縮空気が炉の燃焼空気として供給され、過給機1台で流動ブロワおよび誘引ファンを兼ねる。そのため、流動焼却炉の流動ブロワ及び誘引

ファンが不要になる。これにより電力が約40％削減されると報告されている[5]。下水汚泥等の高含水率バイオマスの焼却では、排ガス中の水蒸気分で余剰圧縮空気の製造が可能である。加圧下の燃焼は、燃焼排ガス密度が大きく、排ガス容積を約40％まで圧縮可能であり、炉〜集塵機までのコンパクト化が図れ、建設費も削減されると見積もられている。また、コンパクト化により放熱量を抑えることが可能であり、補助燃料の低減が可能である。加圧下の燃焼特性として砂層直上部で高密度燃焼による高温燃焼領域が形成されることから従来の高温焼却に比べN_2O排出量がさらに低減可能である。負荷が下がっても、圧力の調整によって炉内の空塔速度を一定に保つことができる。これにより、従来の気泡式流動床焼却炉よりも幅広い低負荷運転が可能と言われている。現在、実証試験中である。

循環流動床焼却炉
(神鋼環境ソリューションのカタログ)(図4)

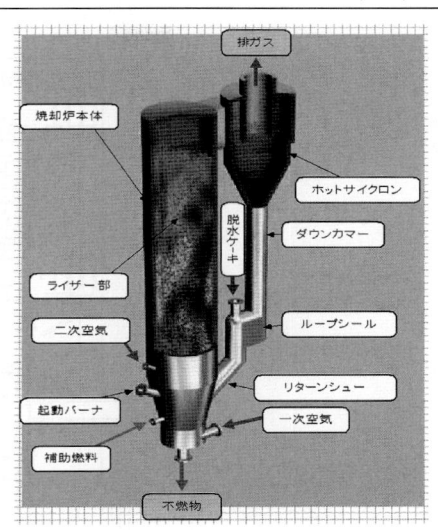

(3) 循環式流動床焼却炉

循環式流動床焼却炉は、流動床焼却炉をベースに1次空気、2次空気の吹き込みにより上向流速を高めて、焼却灰とともに流動媒体であるケイ砂も炉頂から排出し、後段のホットサイクロンで砂を回収し、再度炉内に返送するものである。投入された汚泥は、焼却炉下部の流動砂密度が高い部分（デンスベッド部）で短時間のうちに乾燥、燃焼して、発生したガス及びチャーなどの固形分はライザー部（2次空気吹き込み部から上部）で2次空気、ケイ砂とともに撹拌混合され完全燃焼する。汚泥投入場所は、形式によってループシールから投入する場合および炉本体側壁から投入する形式がある。灰はホットサイクロンで砂と分離され、燃焼排ガスとともに後段へ送られる。焼却炉とサイクロンとの圧力差に起因するガスの逆流を防止するためにループシールが設けられている。炉始動時は砂上バーナーによって昇温する。補助燃料はオイルガンまたはガスガンにより流動層内に直接吹きこまれる。

本技術は石炭燃焼ボイラで用いられているもので、比較的燃焼速度の遅い固定炭素を流動媒体とともに炉内を循環させ、完全燃焼させることに特徴がある。つまり、各種廃棄物に対応可能であり、し渣や沈砂などの混焼にも適している。また、流動媒体が炉内、ホットサイクロン、ループシールを循環することで、優れた混合撹拌性を有するとともに均一な炉内温度を形成することが可能である。また汚泥面積負荷が気泡式と比べて4〜6倍高く、ガス流速が早いため、コンパクトにでき設備の省スペース化も可能である。したがって、比較的歴史は浅いが、表1をみても設置箇所数は気泡式に匹敵する勢いである。

デンスベッド部で生成したN_2Oはライザー部にて熱分解される。N_2Oを低減するには、補助燃料を増加し、炉内温度を高温化する必要がある。この点を改善するために循環式流動床炉に後燃焼炉を設置し、燃焼空気を分散させて多層に吹き込み低減させる技術開発がなされている。N_2Oの削減率は通常燃焼に比べ80％以上であったことが報告されている[6]。

これら、気泡式、過給式、循環式の流動床焼却炉を200t/日の脱水汚泥の焼却プラントを建設し、20年間運転した場合の試算では、脱水汚泥1トン

竪型多段炉[8]（図5）

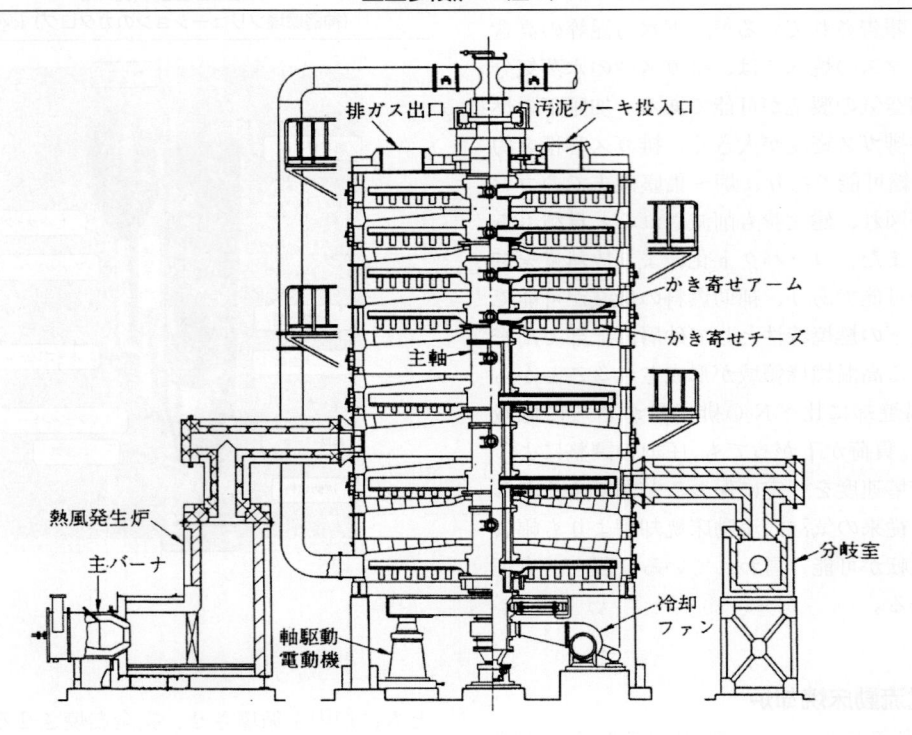

あたり11,400〜16,300円/トンであり、脱水汚泥の直接投入よりも乾燥器を付設した方が燃料費が削減されるため、同形式でも乾燥器付きのプラントの方が安価になる傾向がある。CO_2排出量は脱水汚泥1トンあたり110〜310kg-CO_2/トンとなり、コストよりはばらつきが大きい。コストと同様に乾燥機を付設した方がCO_2排出量が削減される傾向がある。CO_2排出量については、乾燥機付きの循環式流動床炉が最も低い結果である。これらコスト試算は燃料費など時代を反映するものが含まれているためあくまで目安である。

3　多段炉

多段炉は、我が国で下水汚泥焼却が開始された時、採用されたプロセスで昭和40年代初めから50年代にかけて主流となったプロセスである。従来、硫化鉱の焙焼等に広く普及していたヘレショフ炉を原型とするものである[7]。図5に多段炉部分を示す[8]。脱水汚泥は炉頂から供給される。炉上部の乾燥帯に入った脱水汚泥は主軸に固定されたかき寄せアームの回転によって、各段の炉床上でかき混ぜられ、順次下段へ移動しながら乾燥・焼却工程を経る。最終的に焼却灰が二次空気と熱交換することにより冷却され、最下段から排出される。汚泥の流れとガス流れは向流接触することとなり、各段で熱交換が効率よく行われる構造となっている。流動床炉に比べ炉内部に回転軸やかき寄せアームなどの機械的な動作部分があり、これらの消耗は避けられず、炉上部での乾燥帯および熱分解段階での揮発有機物や不完全燃焼物質、シアンなどが発生するため、これへの対処が必要である。我が国では新規には採用されないようになっている。

ストーカ炉[9] (図6)

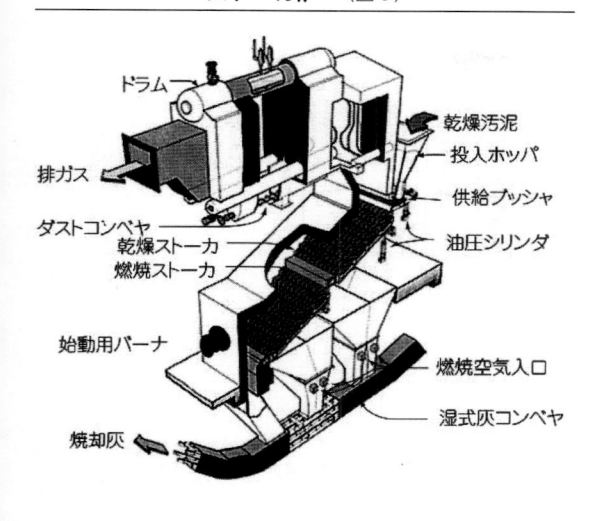

(図の各部ラベル: ドラム、排ガス、ダストコンベヤ、乾燥ストーカ、燃焼ストーカ、始動用バーナ、焼却灰、乾燥汚泥、投入ホッパ、供給プッシャ、油圧シリンダ、燃焼空気入口、湿式灰コンベヤ)

4 ストーカ炉

図6に示すように可動段と固定段からなる階段状の火格子上で汚泥は乾燥・焼却される[9]。焼却灰はストーカの最下部から、排ガスは炉上部から排出されるので、流動床焼却炉と異なり、排ガス処理設備のばいじん負荷が低い。通常、汚泥を含水率40%程度前後に乾燥した後、焼却する。表1においても燃焼平均温度が他に比べて高いように、良好な燃焼が保てる。焼却灰は部分的に溶融状態となり、形状も数センチの塊状であるので、取扱いやすい。ストーカ炉は都市ごみ焼却では主流であり、表1には現れていないが、他廃棄物との混焼も可能である。

5 ガス化発電

汚泥の熱分解については1970代に六価クロム問題およびNOx対応から研究され、還元二段燃焼プロセスが開発され、実証されている[1]。このプロセスでは熱分解ガスは二次燃焼され、ボイラで熱回収がなされているが、最近開発されているプロセスは、下水汚泥中の可燃分をガス化後、酸素と反応させ、一酸化炭素や水素などの燃料ガスに改質し、ガスエンジンにより発電するシステムである[10]-[12]。ガスエンジンの発電効率は30%を超え、通常の蒸気タービンによる発電よりも効率がよい。

本フローを図7に示す。脱水汚泥をまず乾燥機により乾燥汚泥にし、次のガス化炉により、熱分解ガスを発生させる。ガス化炉では外部循環流動床炉が使用されている。ただし、内部循環流動床ガス化炉も開発されており、必ずしも上記の図4のようなタイプのみではない。そのため、乾燥汚泥の含水率やガス化炉の温度には各開発会社により若干異なり、乾燥汚泥の含水率は10−30%、ガス化温度は650−850℃とばらつきがある。また、ガス改質炉の後流についても高温集じん装置の設置や触媒設置に関して若干フローの違いがある。一般には、ガス改質炉やタール分解炉の後に熱回収設備、ガス洗浄設備が設置された後、精製されたガスがガスエンジンに入り発電される。一部はガス燃焼炉で燃焼して大気へ放出される。

下水汚泥には窒素と硫黄分が含まれているため、ガス化・改質反応においてシアンや硫化水素(H_2S)、アンモニア(NH_3)が副生する。このため、ガス洗浄塔で排水に移行したそれらの物質を触媒で分解することや燃焼炉に吹き込むことで分解することが試みられている。一方で、低酸素状態で汚泥を熱分解・ガス化することから、N_2Oの発生は極めて少ない。いくつかの実証試験により値は異なるが、汚泥の通常燃焼に比べれば温室効果ガスは65%〜90%程度削減、一次エネルギーは20%以上削減可能と報告されている。

参考文献
1) 平岡正勝：汚泥処理・再資源化技術とシステム、ティー・アイ・シィー（1994）pp.158-183
2) 日本下水道協会：平成20年度下水道統計 21 汚泥焼却設備（2010）（CD-ROM）
3) 日本下水道協会：下水道施設計画・設計指針と解説 後編 − 2009年版 −（2009）p.414

下水汚泥ガス化発電システムフロー[10]（図3）

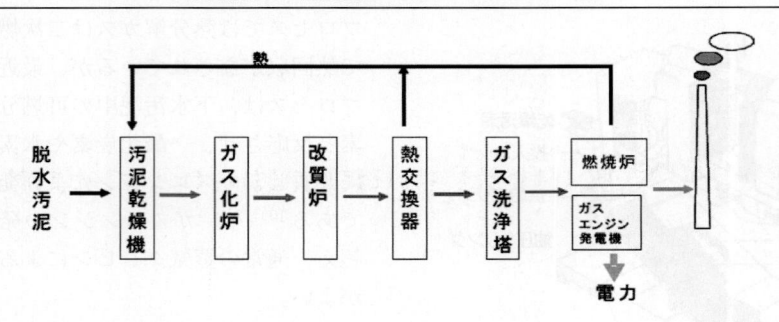

脱水汚泥 → 汚泥乾燥機 → ガス化炉 → 改質炉 → 熱交換器 → ガス洗浄塔 → 燃焼炉／ガスエンジン発電機 → 電力

4) 加納勇：多層燃焼炉の運転における課題と改善について、第47回下水道研究発表会講演集、pp.197 - 199（2010）
5) 山本隆文：過給式流動燃焼システムの紹介、資源環境対策、46（9）、71 - 76（2010）
6) 照沼誠、小島浩二、竹下知志：「温室効果ガス排出削減を目的とした循環型多層燃焼炉の開発」について、第47回下水道研究発表会講演集、pp.197 - 199（2010）
7) 平岡正勝、新体系土木工学91 廃棄物処理　技法堂出版（1979）pp.206-220
8) 建設省都市局下水道部監修：下水道施設設計指針と解説 - 1994年版 - 社団法人日本下水道協会（1994）pp.401-408
9) タクマ環境技術研究会：絵とき下水・汚泥処理の基礎、オーム社（2005）pp.100-101
10) 永野雅博 並木圭治 田崎敏郎，下水汚泥ガス変換発電システムの実用化検証、東京都下水道局技術調査年報2007（2008）pp.179-185
11) 斉賀亮宏、巽圭司、林一毅、武谷亮、羽田貴英、下水汚泥ガス化システムの開発（第3報） - 3ヶ月連続運転成果報告 - 、タクマ技報、Vol.16、No.1、pp.22 - 31（2008）
12) 玉理裕介、今泉隆司、淺野哲、長谷川竜也、下水汚泥流動床ガス化技術の開発、エバラ技報、No.217、pp.11 - 16（2007）

（高岡昌輝）

6 溶融

1 概要

　下水汚泥を熱していくと、有機分が熱分解、燃焼し、無機分が溶けて、融液となる。このような状態にすることを溶融処理といい、融液を冷却固化したものを溶融スラグという。汚泥溶融炉を安定的に運転するには溶融温度を低下させ、融液を安定的に出滓させることが重要であり、管理するための指標として、焼却灰の溶融温度を表わす溶融特性、溶融温度を低下させるために行う塩基度調整、融液の粘性を示す溶流特性がある。

　溶融処理は次の3つの長所をもっている。溶融処理は焼却処理よりもさらに下水汚泥処分量を減容することができる。また、重金属、特に六価クロムを3価に還元したり、スラグの網目構造内に封じ込めること、また有機汚染物質が存在したとしても高温で処理するため分解可能である。さらに、生成した溶融スラグは各種路盤材、埋め戻し材など有効利用可能である。しかし、1,200〜1,500℃程度の高温で処理するため、補助燃料が必要でエネルギー多消費型技術であるとともに、高温プロセスであるがゆえに、維持管理に費用がかかるなどの欠点もあり、最近では採用が限られている。

　表1に示すように、現時点で稼働している溶融施設は19か所、33基である。一般に、大量の汚泥を集約的に処理するために溶融設備は建設されるため、その他（スラグバス）を除いて、その規模は大きい。下水汚泥溶融炉で主に用いられるのは、すべて燃料式溶融炉と言われるタイプでガスや重油、コークスなどの燃料を使用する方式である。旋回溶融炉が最も多く、続いてコークスベッド、表面溶融炉となっている。対象とする被溶融物により前処理プロセスが異なるが、炉以降については熱回収設備、排ガス処理設備が設置され、それらは焼却システムと大きくは異ならない。溶融炉では焼却灰の代りに溶融スラグが排出されるため、このためのプロセスが焼却炉（特に流動床炉）とは異なる。以下、この3つのタイプについて紹介する。

溶融施設の現況[1]（表1）

	箇所	対象	能力(t/日)	基数	スラグ総量(t/年)
旋回溶融炉	10	焼却灰・脱水ケーキ・乾燥汚泥	1122	15	20445
表面溶融炉	4	乾燥汚泥・脱水ケーキ	414	7	5149
コークスベッド溶融炉	4	乾燥汚泥	610	10	10564
その他（スラグバス）	1	焼却灰	3	1	836
合計	19		2149	33	36994

旋回溶融炉
(神鋼環境ソリューションのカタログ)(図1)

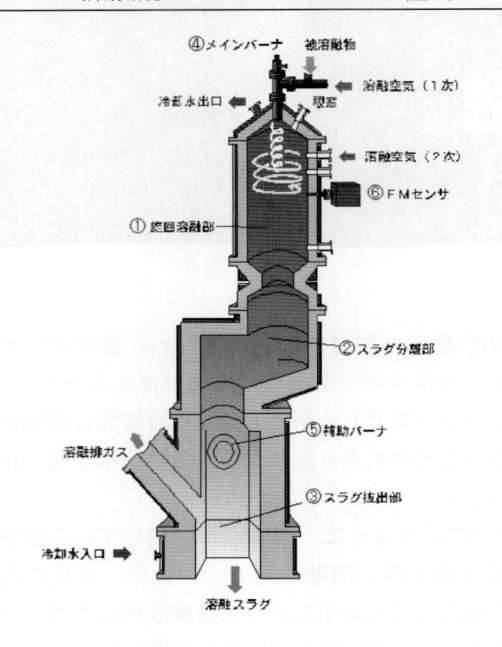

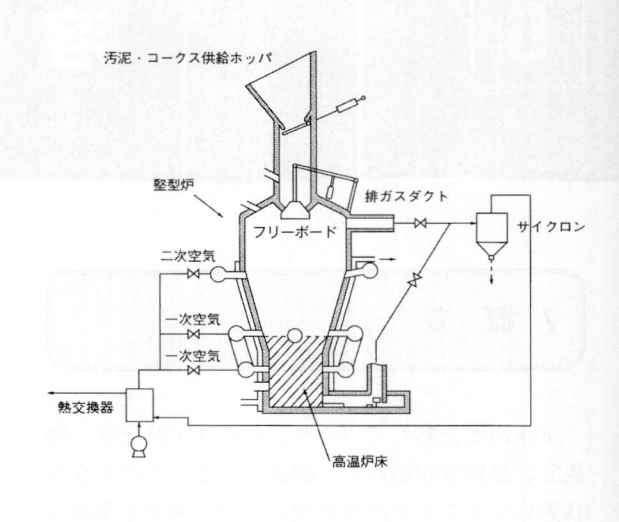

コークスベッド溶融炉[2])(図2)

2 旋回溶融炉

　旋回溶融炉は、炉の形式や溶融炉本体の傾き、前処理装置のプロセスの違いにより、いくつか異なった形式があり、タテ型、傾斜型、横型に大別される[1)]。図1にはタテ型の焼却灰旋回溶融炉の構造を示す。基本的に円筒状の炉の外周に沿った旋回流を汚泥あるいは焼却灰と空気で形成させ、被溶融物を炉壁に付着させ、溶融させる。溶融炉内は1,200～1,500℃に維持される。溶流したスラグは、スラグ分離部を経て、スラグ抜出部より外部へ抜き出す。溶融排ガスは、スラグが急速に冷却され固まるのを防ぐためスラグ分離部の下部から抜き出される。一般に酸化性雰囲気であり、炉の起動、停止が短時間で容易に行え、スラグ化率が高いという特徴がある。一方で、炉壁で溶融するため炉壁耐火物の溶損防止対策が必要である。

3 コークスベッド溶融炉

　コークスベッド溶融炉はコークスを燃焼させ、その熱で地金を溶融させるキュポラ炉をベースにして開発された炉であり、円筒型のタテ型炉である[2)]。その構造を図2に示す。炉下部には、コークスベッド(高温炉床)が形成され、酸素富化した一次空気により燃焼し、その高温雰囲気で汚泥は乾燥昇温され、可燃分が熱分解、ガス化し、二次空気によりフリーボードで完全燃焼される。汚泥中の灰分はコークスベッド層を通過する間に溶融され、融液がその間を落下し、炉外へ排出・冷却され、スラグとなる。コークスベッド層は1,500℃程度の高温となる。燃焼して不足したコークスは炉上部から供給される。還元性雰囲気であり、NOx発生量が少ないと言われている。汚泥の発熱量が変動しても一定の高さのコークスベッド層を形成するための最小のコークス量が必要で

表面溶融炉[3]（図3）

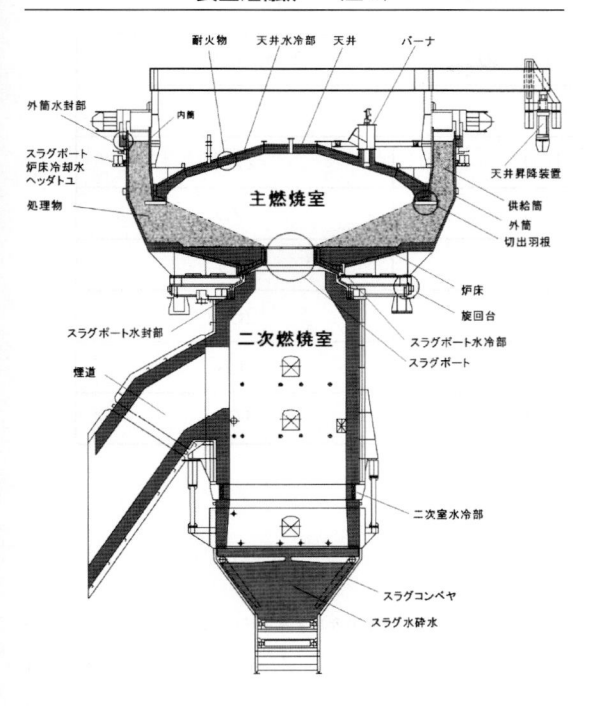

[図：表面溶融炉の構造図。ラベル：耐火物、天井水冷部、天井、バーナ、外筒水封部、内筒、スラグポート炉床冷却水ヘッダトユ、処理物、主燃焼室、天井昇降装置、供給筒、外筒、切出羽根、炉床、旋回台、スラグポート水冷部、スラグポート、二次燃焼室、煙道、スラグポート水封部、二次室水冷部、スラグコンベヤ、スラグ水砕水]

あるが、コークス高さを維持することで溶融帯の温度を高温に維持することが容易であるともいえ、溶融・溶流しにくい汚泥に対しても適応性が高いといえる。

4 表面溶融炉

表面溶融炉の構造は、図3に示すように主燃焼室および二次燃焼室とで構成され、主燃焼室は炉天井・内筒部と炉床・外筒部とで造られている。外筒と内筒との間の空間を供給筒と呼び、被溶融物の一時貯留・供給の機能がある[3]。炉床・外筒部は1時間に0.5～1.5回転し、供給筒内の被溶融物を切り出している。炉内に切り出された被溶融物は自身の安息角で炉中心に向かって斜面を作る。溶融処理のために必要な加熱用バーナは炉天井に1ないし複数本設けており、運転開始はこのバーナの着火により始まる。溶融し流下した溶融面の部分は安息角が小さくなるため新たな処理対象物が入りやすくなり、新たな被溶融物が流下した溶融面上に供給される。溶融スラグは溶融面を流下し、炉床の中心部に集まり、そこに設けられた円形の開口部（スラグポート）から二次燃焼室に排出される。二次燃焼室の役目は溶融スラグと排ガスの分離であり、溶融スラグは二次燃焼室下部に設けられたスラグ排出装置付きの水槽に落下、排ガスは二次燃焼室横部に設けられた二次煙道に導かれるようになっている。

表面溶融炉の特徴は、構造的な面からは安全であること、断熱性に優れ少ない燃料で昇温できること、溶融スラグが耐火物に接触する部位が少なく補修頻度が小さいこと、運転が簡単で緊急時対応に気を使わないでよいことなどである。

5 スラグ有効利用

各溶融方法により溶融された融液は、その後冷却されることにより固形化されるが、冷却方法により水砕スラグ、空冷スラグ、結晶化スラグに分類でき、おのおの異なる性状を有す。水砕スラグは融液に水を噴射するか融液を水中に投入するなどして急冷して生成させる。砂状、ガラス質で強度は低い。空冷スラグは融液を空気中に放置し、徐冷させることで生成するものである。塊状で大部分がガラス質のスラグであるが、水砕スラグよりは強度は高い。結晶化スラグは結晶化に必要な温度と時間を確保して生成させることから、強度は高いが、附帯設備の設置が必要でコストも高い。

溶融スラグの有効利用については各地で種々の調査、研究がおこなわれており、スラグの特性に応じた様々な用途が提案され、その利用可能性が確認されている。利用用途としては、路盤材、コンクリート骨材、コンクリート二次製品（汚水枡、ヒューム管、基礎ブロック、透水性平板等）、スラグ成型品などがある。下水汚泥スラグ

下水汚泥スラグの用途別利用状況[4]（表2）

	利用総量（トン）	利用内訳（%）
道路用骨材	5000	17.1
コンクリート用骨材（ブロック含む）	8100	27.6
最終処分場覆土	5200	17.7
管渠基礎材等土木基礎材	1900	6.5
埋め戻し、盛り土など	7700	26.3
その他	1400	4.8
合計	29300	100

のJIS（A5031「コンクリート用溶融スラグ骨材」、JISA5032「道路用溶融スラグ」）化がなされ、より普及が促進されている。2009年時点のスラグの有効利用状況を表2に示す[4]。コンクリート用骨材、埋め戻し材、盛り土で半数以上が使用されている。

参考文献
1) 日本下水道協会：平成20年度下水道統計　22 汚泥溶融設備（2010）CD-ROM
2) 常深武志、コークスベッドを用いた下水汚泥の溶融処理に関する研究、京都大学博士論文、(1993) p.35
3) 阿部清一、廃棄物溶融処理に及ぼす灰分構成成分の影響と鉛の挙動に関する研究、京都大学博士論文 (2007) p.58
4) （社）日本産業機械工業会エコスラグ利用普及センター、エコスラグ有効利用の現状とデータ集2009年度版（2010）pp.28-39

（高岡昌輝）

7 有害物質処理

　下水汚泥に含まれる有害物質としては、重金属などに代表される無機物とノニルフェノール類やエストロゲンなどの有機汚染物質が挙げられる。また、重金属は焼却などの熱処理によって消滅するわけではないが、有機汚染物質は分解する。したがって、有機汚染物質の場合は下水汚泥をそのまま肥料として用いる場合などに問題がある。

1 有機汚染物質の処理

　有機汚染物質としてノニルフェノール類やエストロゲンの汚泥の好気性発酵、嫌気性発酵での挙動などが調査されている[1],[2]。
　汚泥の農業利用に対して新規に出現してきた有機汚染物質、抗生物質・医薬品、加硫促進剤として使用されるベンゾチアゾール、ビスフェノールA、有機スズ、ポリ臭化ジフェニルエーテル（PBDEs）、ポリ塩化アルカン（PCAs）、ポリ塩化ナフタレン（PCNs）、ポリジメチルシロキサン（PDMS）、有機フッ素化合物（PFCs）、フタル酸エステル（PAEs）、4級アンモニウム化合物（QACs）、ステロイド、合成香料、トリクロサン・トリクロカルバン（TCS・TCC）の評価によると、著者の主観にもよるが研究としての蓄積が低く、親水性でもあり疎水性でもあるPFCsがもっとも注目されると述べられている[3]。アメリカ合衆国、アラバマ州では下水汚泥肥料が撒かれた牧草地のPFCsの中でもPFOS、PFOAが大きな問題として取り上げられている[4]。下水処理過程での挙動として、PFOS、PFOAは上記のような特異な性質を持っているため、下水に流入したものは基本的に活性汚泥に吸着し、脱水汚泥として排出されるが、処理水として流出している部分も多い[5]。今後の研究蓄積が待たれるが、より根本的に分解処理するとなると焼却などの熱処理になるであろう。また、嫌気性発酵の前段階での亜臨界水やオゾンなどの前処理過程での分解も考えられる。

2 重金属の処理

　無機物質として下水汚泥中の重金属は古くから問題となっている。そのため、下水汚泥（脱水汚泥）をそのまま緑農地利用する場合は土壌への重金属蓄積の懸念があり、汚泥肥料は肥料取締法で厳しく規定されている。しかし、下水汚泥中の重金属は30年ほど前から比べるとかなり減少してきていることがわかっており、およそ1/2～1/10となっている[6]。汚泥肥料の中で問題視される重金属はカドミウムと亜鉛である。ただ、汚泥肥料の製品の基準超過率も低い。そのため、汚泥中の重金属の挙動に関する研究は連綿となされているが、汚泥側での処理に関する研究は最近では見当たらず、農耕地土壌側での生物学的浄化技術（ファイトレメディエイション）などが研究されている。これは特定の品種の植物がカドミウムやヒ素を高濃度に集積し、その特性を活用して土壌を浄化す

るものである。

　一方で、下水汚泥焼却灰中の重金属については、埋立処分あるいは建設資材利用する際に溶出量が問題となり、クロム、ヒ素、セレンなどが問題視されてきた。クロムについては皮革排水やメッキ排水などが流入する終末処理場では汚泥中のクロム濃度が高く、焼却する際に3価のクロムが有害な6価のクロムとなることが問題とされてきた。平岡らによると焼却による6価クロムの発生比率は総クロムの含有量にかかわらず、30－40%であると報告されている[7]。これら6価クロム生成抑制方法としては、CO気流中で還元焼成することや熱分解－二次燃焼プロセスによる方法などが提案されている。より確実に6価クロムを安定的に封じ込めるためには溶融操作が必要であるとされ、6価クロム対策として導入されている。

　ヒ素、セレンについては生体必須微量元素であり、生活排水および工場排水として入ってくる場合がある。ヒ素については温泉排水や地下水も流入源として考えられる。ヒ素、セレンの溶出量の実態として加藤、林は石灰系焼却灰と高分子系焼却灰を比較している[8]。いずれの元素も石灰系焼却灰の場合に溶出量が低く、高分子系焼却灰の場合に高い。ヒ素、セレンともに高温で捕集するサイクロン灰と電気集じん機灰を比較すると電気集じん機灰の方が溶出が高い。セレンは経年的な増加傾向が認められ、これは排ガス処理部において湿式スクラバーによって捕集され、返流水によって水処理へ移行し、これが循環しているため蓄積され、高くなっていると推測されている。この点は鈴木ら調査によっても明らかにされている[1]。焼却灰へ移行したヒ素、セレンの溶出抑制対策については、脱水工程へのポリ鉄の添加、水処理施設でのPACの添加効果が検討されている。前者の脱水工程へのポリ鉄添加では、セレンについては脱水汚泥へのポリ鉄添加率が上昇するにつれて焼却灰からの溶出量は減少したが、ヒ素に関しては効果がなかったことが報告されている。また後者のPAC添加については、焼却灰中のアルミニウム含有量の増加とともにヒ素の溶出量が減少傾向になること及び、逆にセレンについては効果がなかったことが報告されている。焼却灰への薬剤の添加については、消石灰添加1%程度、ポリ鉄3%程度の添加でヒ素、セレンともに溶出濃度が0.01mg/L以下になったことが報告されている。

　緒方らの報告では、硫酸第一鉄を5%添加し、7日間常温放置後、400℃で1時間加熱する方法および硫酸第一鉄3%とチオ硫酸ナトリウム1%を同時添加し、150℃で1時間加熱する方法によりヒ素、セレンの溶出抑制を検討している[9]。両方法ともにヒ素、セレンは0.01mg/L以下まで溶出を抑制できているが、前者の方法ではカドミウムの溶出が認められる場合があることが報告されている。その後、後者の方法では、実証試験において、硫酸第一鉄1.5－2.0%、チオ硫酸ナトリウム0.5%に減薬しても200℃で1時間加熱することで同等の溶出抑制効果を発揮できることが確認されている[10]。この他、水熱反応により重金属の溶出抑制をはかる技術も開発されている。

　より合理的に有害物質を処理するにはメカニズムの解明が必要であり、重金属の動態をより精密にとらえるため、最近では放射光を用いた分析なども行われている[10],[11]。焼却灰の資源化には有害物質特に重金属の安定化が必須であるため、今後の技術開発が望まれる。

参考文献
1) 鈴木穣、南山瑞彦、北村友一、五十嵐勲、峰松亮、下水汚泥中の内分泌かく乱物質および重金属に起因するリスク評価と対策、再生と利用、Vol.27 No.103, pp.82－86（2004）
2) Richard W. Gibsona, Min－Jian Wangb, Emma Padgettb, Joe M. Lopez－Realb and Angus J. Beckb, Impact of drying and composting procedures on the concentrations of 4－nonylphenols, di－(2－ethylhexyl) phthalate and polychlorinated biphenyls in anaerobically digested sewage sludge, Chemosphere, 68 (7), pp. 1352－1358（2007）
3) Clarke B. O., Smith S. R., Review of 'emerging' organic contaminants in biosolids and assessment of international research priorities for the agricultural use of biosolids, Environmental International, 2010 in Press
4) Renner R., EPA finds record PFOS, PFOA levels in Alabama grazing fields, Environ. Sci. Technol., 2009, 43 (5), pp 1245-1246
5) 野添宗裕、藤井滋穂、田中周平、田中宏明、山下尚之、残留性有機フッ素化合物PFOS、PFOAの下水処理場における挙動調査、環境工学研究論文集、Vol.43, pp.105－111（2006）
6) 間渕弘幸、下水汚泥肥料中の重金属に係る安全性についての一考察～下水汚泥の正しい理解と漠然とした不安の解消に向けて～、再生と利用、Vol.33 No.125, pp.32－37（2009）
7) 平岡正勝、新体系土木工学91 廃棄物処理 技法堂出版 pp.195-201（1979）
8) 加藤博行、林幹雄、下水汚泥焼却灰からのヒ素およびセレン溶出抑制対策について、再生と利用、Vol.27 No.103, pp.93－97（2004）

9) 緒方孝次、杉山佳孝、北村清明、坂本達哉、重金属類を溶出抑制した焼却灰の資源化調査、東京都下水道局技術調査年報 2003, pp.403-418 (2003)
10) 緒方孝次、宮本彰彦、北村清明、杉山佳孝、重金属類を溶出抑制した下水汚泥焼却灰の資源化調査、東京都下水道局技術調査年報 2004, pp.273-284 (2004)
11) Nagoshi M., Kawano T., Fujiwara S., Miura T., Udagawa S., Nakahara K., Takaoka M., Uruga T.：Chemical States of Trace Heavy Metals in Sewage Sludge by XAFS Spectroscopy, Physica Scripta, Vol.T115, pp.946 - 948 (2005)
12) Takaoka, M., Yamamoto, T., Fujiwara, S., Oshita, K., Takeda, N., Tanaka, T. and Uruga, T.：Chemical States of Trace Heavy Metal in Sewage Sludge Incineration Ash by Using X - ray Absorption Fine Structure, Water Science & Technology, Vol.57, No.3, pp.411 - 417 (2008)

（高岡昌輝）

8 資源化

1 概　要

　表1に汚泥の処分と有効利用量の推移を示す。リサイクル率は約20年前は16.1%であり、緑農地利用が一般的であったが、1996年以降、急速にセメント原料化が進み、2008年には全体のリサイクル率は77.9%に達している。セメント原料化だけでなく、緑農地化も着実に増加している傾向がある。このように汚泥の資源化といえば、コンポストなどの緑農地利用も含まれるが、他章において取り上げられるため、本章ではそれ以外の燃料化、建設資材利用（セメント化、それ以外）について説明する。

2 燃料化（炭化）

　燃料化については近年採用されてきた資源化方策である。燃料化としては、消化ガスや熱分解ガスのような気体燃料と乾燥汚泥、炭化物のような固形燃料がある。ここでは固形燃料のうち炭化について紹介する（気体燃料・乾燥技術については11章4節および15章4節を参照）。
　図1に模式的に汚泥の組成を示す。汚泥は、水分、灰分、固定炭素、揮発性炭素分からなるとすると、脱水汚泥から乾燥汚泥は水分のみを蒸発させた状態、炭化物は水分および一部の炭素分が製造過程で燃焼反応や揮発により失われた状態といえる。一般に、この模式図から乾燥汚泥には原理的に炭素分が残留し、炭化物では一部の炭素分が失われるため、燃料化物の発熱量は炭化物の方が小さい。しかし、報告されている実例では、炭化プロセスの温度などの因子により必ずしも小さいわけではない。これら、固形燃料化物は、石炭火力発電所や事業用ボイラーで化石燃料の代替燃料として使用することが可能である。下水汚泥はバイオマス廃棄物の一種であり、カーボンニュートラルの性格をもっていることから、下水汚泥由来の燃料は自体はCO_2を排出しない（ただし、燃料製造過程での化石燃料の使用などはある）。したがって、地球温暖化問題の台頭とともに燃料化技術は注目されている。
　炭化プロセスは、無酸素状態で下水汚泥を250〜600℃で加熱することにより、汚泥中に含まれる分解ガス（乾溜ガス：メタン、エタン、エチレンなど）を放出させ、汚泥を熱分解させて炭化物を製造する技術である。温度域により低温炭化（250〜350℃）、中温炭化（500〜600℃）に分かれる。例として、低温炭化のシステムフローを図2に示す。汚泥乾燥機（直接熱風乾燥方式）に投入された汚泥は、汚泥投入口と同方向から吹き込まれた約750℃の乾燥ガスにより迅速に乾燥され排出口へ移送される。乾燥汚泥は造粒機で押出成形され炭化炉に投入される。炭化炉に投入された造粒乾燥汚泥は炉下流側から投入された約250〜350℃の乾燥ガスにより間接加熱され、塊砕羽根により炉下流へゆっくり移送炭化される。炭化汚泥は冷却された後、ホッパに貯留される。炭化炉

汚泥の処分と有効利用量の推移 (表1)

年度	合計(千トン-DS)	処分(千トン-DS) 埋立	海洋還元	その他	有効利用(千トン-DS) 建設資材(セメント化除く)	建設資材(セメント化)	緑農地	燃料化等	リサイクル率(%)
1990	1,413	1,138	12	36	45		182		16.1
1991	1,448	1,151	16	31	76		174		17.3
1992	1,496	1,149	15	32	108		192		20.1
1993	1,559	1,092	20	77	147		223		23.7
1994	1,629	1,160	20	59	174		216		23.9
1995	1,691	1,136	20	28	282		226		30.0
1996	1,824	1,062	28	49	311	114	260		37.5
1997	1,863	1,009	10	15	364	197	269		44.5
1998	1,864	908	7	63	302	315	270	0	47.6
1999	1,877	884	4	45	296	377	271	0	50.3
2000	1,977	899	4	42	333	419	280	0	52.2
2001	2,047	868	1	41	345	514	277	0	55.5
2002	2,105	811	1	29	415	556	293	1	60.1
2003	2,138	728	1	30	504	567	295	12	64.5
2004	2,174	661	0	52	519	623	305	13	67.2
2005	2,227	637	0	42	530	698	308	12	69.5
2006	2,235	560	0	11	509	803	332	20	74.4
2007	2,251	522	0	6	509	868	326	20	76.5
2008	2,208	463	0	25	500	890	306	25	77.9

汚泥組成と燃料的価値 (図1)

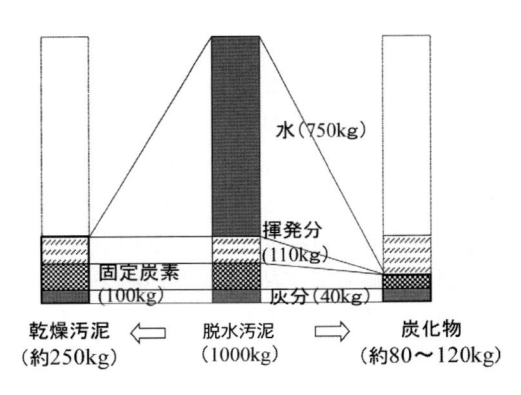

水 (750kg)
揮発分 (110kg)
固定炭素 (100kg)
灰分 (40kg)

乾燥汚泥 (約250kg) ⇐ 脱水汚泥 (1000kg) ⇒ 炭化物 (約80〜120kg)

低温炭化炉 (図2)

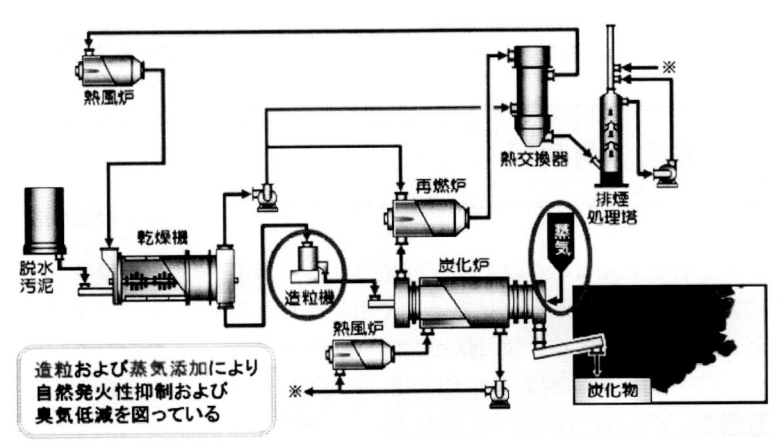

熱風炉、乾燥機、造粒機、再燃炉、炭化炉、熱交換器、排煙処理塔、熱風炉、脱水汚泥、蒸気、炭化物

造粒および蒸気添加により自然発火性抑制および臭気低減を図っている

では空気の侵入防止対策としてシール（窒素充填）を行う。炭化炉は、内部の温度安定性に優れた外熱式ロータリーキルン方式が採用されている。乾燥機で蒸発した水分はスクラバーを経由し、また炭化炉で蒸発した水分・ガス等は直接、再燃炉で燃焼される。再燃炉で燃焼されたガスは熱交換器、排煙処理塔を経て大気開放される。乾燥機の排ガスの一部は熱交換器で予熱され熱風炉を経て乾燥機へ循環する。炭化過程でのN_2Oの発生は極めて小さく、この点においては焼却よりも有利な点である。ただ、本技術は、炭化物の安定的な引き取り先がなければ導入できない技術であるため、外的要因によるところが大きい。

　低温炭化では、できるだけ揮発性炭素分を残留させ、燃料的価値を高めようにしており、発熱量は高く（19MJ/kg程度）、炭化物の収率も高い（0.11～0.16）。中温炭化では、揮発性炭素分をプロセス内の燃料として積極的に利用していることから、発熱量はやや低く（12－15MJ/kg程度）、炭化物の収率も低い（0.07程度）。ここで、200t/日の脱水汚泥を100t/日×2基のプラントを建設し、20年間運転した場合の試算では、工事費および維持管理費の合計コストはやや中温炭化の方が低く、プロセスにおけるCO_2排出量も低い。これは、汚泥中の揮発性炭素などをプロセス内の燃料として使用していることに由来する。生成物の石炭代替まで加えると、炭化物の燃料的価値および収率は低温炭化の方が高いことから、全体の温室効果ガス排出量でみると低温炭化の方がCO_2をより多く削減している結果となっている。

3 建設資材利用

　建設資材利用は表2のように分類される。森田によると、焼却灰が埋立材料として用いられたことを除くと、大阪市が焼却灰をアスファルトフィラー等へ利用する調査を昭和40年代にはじめた程度で、農業利用に比べ歴史が浅い[1]。その後、昭和50年代に入り、焼却灰に対して様々な用途に用いることが大都市を中心にはじまり、同時に溶融炉の導入ともにスラグ利用の研究がなされた。平成以降は奈良県とセメント会社の連携による下水汚泥のセメント原料化が急速に進み建設資材化が一層促進されることになった。表1をみてもわかるように、建設資材利用の中でもセメント原料化量が増加しているが、他の建設資材利用はほぼ頭打ち状態である。表2に示す利用用途の内、現在、比較的多いのは、埋立覆土、骨材、路盤材、アスファルトフィラーなどである。ここでは、セメント原料化、軽量骨材、アスファルトフィラーについて紹介する。

(1) セメント原料化

　脱水汚泥、焼却灰の両方ともセメント原料化は可能である。脱水汚泥の場合は有機物は燃料代替となり、灰分は粘土代替となる。つまり、汚泥の無機成分は塩素、リンなどのセメントに有害な成分を含んでいる以外は粘土成分に近いと言われている。セメント製造工程は、原料工程、焼成工程、仕上工程からなる。脱水汚泥はセメント焼成炉へ直接吹きこむ方式がとられている。受入・貯蔵設備に一時貯蔵し、圧送ポンプでセメント焼成炉の1100℃の高温領域に直接押し込み投入する[2]。我が国のセメント生産量は2000年度が8,237万トンであったものが、2009年度で5,838万トンまで落ち込んでいる[3]。その間、セメント工場での廃棄物・副産物のリサイクル技術の発達で、1トンあたり450kgまで廃棄物・副産物が使用できるようになっているが、今後汚泥の処理をセメント原料化のみに頼ることはリスクが大きい。

(2) 軽量骨材

　軽量骨材とは膨張頁岩等を原料とし、これを人工的に焼成・発泡して得られる軽量の材料であり、コンクリートやアスファルト混合物を作る際に用いられる。この膨張頁岩の代りに焼却灰を利用するものである。したがって、焼却灰を原料の一部

建設資材利用の分類(表2)

原料汚泥形態	処理工程	生成物	利用用途
脱水ケーキ	無加工	脱水ケーキ	セメント原料
	コンポスト	コンポスト	のり面吹付材料
焼却灰	無加工	焼却灰	セメント原料
			軽量細骨材原料
			コンクリート二次製品
			アスファルトフィラー
			土質改良材
			路盤材
			路床材
			埋立覆土
			埋戻材
	造粒焼成	造粒物	軽量細粒材
	混練・圧縮焼成	焼成物	インターロッキングレンガ・ブロック
			タイル
			レンガ
			透水性ブロック
			陶管
	噴霧燃焼	球形粒子	溶融パウダー
	溶融結晶化	結晶化物	結晶化ガラス
溶融スラグ	無加工	溶融スラグ	アスファルト合材用骨材
			路盤材
			埋戻材
			コンクリート二次製品
			コンクリート骨材
			埋立覆土
	成形焼成	焼成物	透水性ブロック
			タイル
			装飾品

代替として使う場合は、軽量骨材原料となる。東京都では、100%下水汚泥焼却灰を原料とした軽量骨材が製造されている。焼却灰に対して、水、バインダーを加えた後、混練、造粒、乾燥させたものを約1,050℃程度の高温で焼成すると、内部に独立した小さな気泡を多量に含む発泡体ができる[4]。これは軽くて丈夫な無機質の球形粒(粒径：0.6－3.4mm)で、「軽量細粒材（スラジライト）」と呼んでいる。物理的性質として、比重、吸水率、粒度、単位容積重量及び実績率が、化学的性質として成分組成と重金属等有害物質が調べられている。本来の骨材の利用以外に、屋上緑化の土壌材料や、人工地盤改良材、透水性ブロック原料などに使用されている。

(3) アスファルトフィラー

アスファルトフィラーはアスファルト舗装の表層に用いられる材料で、石灰岩を粉砕した石粉が主に用いられている。アスファルトともに骨材間の空隙を充填し、舗装の安定性や耐久性を向上させるために使用される。下水汚泥焼却灰も同様に微粉末状であり、性状的に類似していることから、フィラーとして利用されている。アスファルト混合物（アスファルト、骨材、フィラー）に占めるフィラーの割合は約5%である。アスファルト舗装要綱において、フィラーとして用いるための水分、粒度、塑性指数などの規格値や目標値が定められており、下水汚泥焼却灰の性状を確認する必要がある[5]。フィラーとしての利用はセメント原料と同じで、混合原料としての利用のみであるので特

別な設備は処理場内には必要とせず、民間会社に提供することは可能である。焼却灰の性状により石粉の代替率は異なるが、25－50％程度では各種試験を満足することが報告されており、利用可能である[6-7]。

参考文献

1) 森田弘昭、「建設資材化講座」の開講に当たって、再生と利用 Vol.23、No.89、pp.98－104（2000）
2) 田中傑、下水汚泥のセメント原料化（有効利用）、再生と利用 Vol.24、No.91、pp.102－106（2000）
3) セメント協会：セメント需給実績、2010年7月度，http://www.jcassoc.or.jp/cement/3pdf/jhl_1007_a.pdf
4) 小澤孝吉、建設資材化　第7回「軽量骨材」、再生と利用 Vol.25、No.96、pp.81－88（2002）
5) 宮澤裕三汚泥焼却灰のアスファルトフィラーへの適用について，再生と利用,24（92），pp.57－59（2001）
6) 小澤孝吉、東京区部における下水汚泥焼却灰のアスファルトフィラーへの利用拡大に関する考察、再生と利用 Vol.25、No.94、pp.74－80（2002）
7) 加藤博行、清水秀行、下水汚泥焼却灰を添加したアスファルトフィラーの排水性および透水性舗装への適用性について、再生と利用 Vol.26、No.99、pp.94－99（2003）

（高岡昌輝）

II 水の処理技術編

12章

汚泥減容化技術

1. 減容化技術の現状と課題
2. 物理化学的手法
3. 生物学的手法

1 減容化技術の現状と課題

1 汚泥処分の現状

　下水道普及率の向上や高度処理の普及、工場排水処理施設の普及で汚泥の発生量は年々増加している。下水汚泥等は産業廃棄物のひとつに分類されており、2007年度における汚泥排出量は1億8,530万トンで産業廃棄物全体の44.2％を占めている。

　下水汚泥については、平成19年度下水道統計によれば総発生汚泥量は497,174千m^3である[1]。下水汚泥は、濃縮、脱水、炭化、焼却、コンポスト等さまざまな処分方法により、2,573千トンが最終処分されており、近年の環境問題への意識の高まりなどから約62％が肥料、セメント原料、建設資材、路盤材、燃料化、コンポストなどに有効利用されているが、残りの大部分は埋め立て処分されている状況にある。

　一方、コンポストや燃料化は、その受け入れ先確保が難しい状況にあり、また発電などのエネルギー回収などを行うにも、小規模処理場においては汚泥処理量が少ないため汚泥処理量に対する設備の建設費が割高になるなど導入が難しい。

　また下水処理場の維持管理費に占める汚泥処理費の割合は大きく、最終処分場の逼迫[2]から今後処分費が高騰することも考えられることから、汚泥の削減が強く求められている。

2 汚泥可溶化技術の現状と課題

　汚泥の削減が強く求められる中、従来から余剰汚泥を濃縮・脱水し、その容積を減らす方法が用いられてきた。しかし、この方法は容積を減らす文字通りの減容化であり余剰汚泥の固形分そのものを減量化するものではなく、余剰汚泥そのものを減量化する方法として可溶化技術が注目されるようになった。

　現状の可溶化技術は、図1に示すように既設の水処理施設の返送汚泥ラインから分流した汚泥に、オゾン、微生物、電気分解、薬剤、水熱等の可溶化処理を施すことで汚泥を低分子化し、水処理施設内の反応タンク内へ返送して余剰汚泥発生量を削減する技術が主流となっている。これらの技術は、産業排水や農業集落排水施設を対象に多数の実績を有するものがある[3]、[4]。

汚泥可溶化処理の基本フロー（図1）

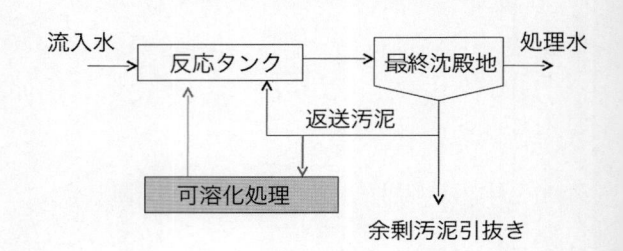

可溶化処理方式は、物理・化学的手法と生物学的手法に分類できる。

　物理・化学的手法には、ミル破砕方式、超音波方式、高圧噴流方式、酸化剤方式、オゾン方式、電解方式、亜臨界水方式などがある。ミル破砕方式は、ドイツのKunz教授の方式を基に開発されたもので、汚泥を湿式ビーズミル破砕機に投入し剪断摩擦力によって微生物の細胞を破砕した後、再度反応タンクに返送して処理することにより汚泥を減量する[5)6)]。ビーズミル方式の基本フローを図2に示す。超音波方式では、超音波を汚泥に照射してキャビテーションを発生させ、局所的に生じた高温・高圧により細胞を損傷させた後、再度反応タンクに返送して処理することにより汚泥を減量する[7)8)]。

　超音波方式の基本フローを図3に示す。余剰汚泥の3倍量の超音波処理で約85％の汚泥削減率が得られたとの報告がある[9)]。下水汚泥に超音波を照射して可溶化するとともに生ごみなどのバイオマスとあわせて消化し、脱水汚泥量低減と消化ガスを増量させて発電量を増やす技術が実用化されている[10)11)]。高圧噴流方式では、高圧ポンプの吐出ノズルの前後でキャビテーションを発生させ、汚泥を破壊・細分化した後、再度反応タンクに返送して処理することにより汚泥を減量する[12)]。高圧噴流方式の基本フローを図4に示す。酸化剤方式では、汚泥に薬剤を添加し、汚泥中の微生物の細胞の可溶化処理を行った後、再度反応タンクに返送して処理することにより汚泥を減量する[3)]。

　酸化剤を用いた汚泥減量化設備は、食品加工業、化学製品製造業、農業集落排水、下水など納入実績は多い（表1）。酸化剤方式の基本フローを図5に示す。オゾン方式では、汚泥にオゾンを添加し、オゾンの強力な酸化力で微生物の細胞を破壊して、再度反応タンクに返送して処理することにより汚泥を減量する[13)14)15)]。オゾンを用いた汚泥減量化設備の納入実績は多い（表1）。オゾ

ビーズミル方式の基本フロー (図2)

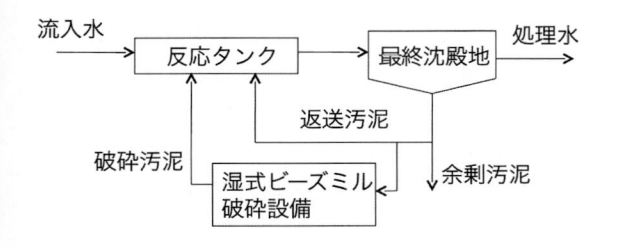

超音波方式の基本フロー (図3)

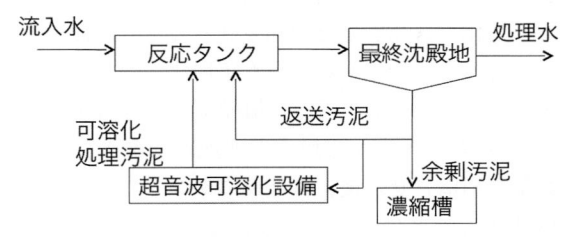

高圧噴流方式の基本フロー (図4)

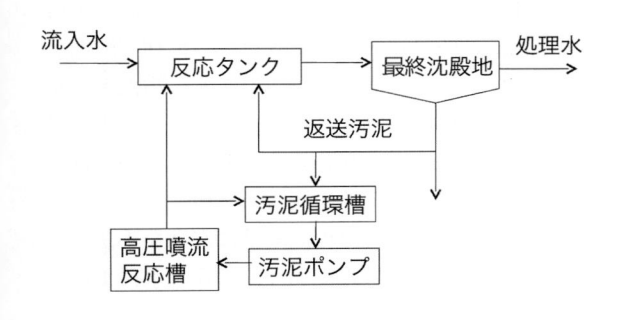

酸化剤方式の基本フロー (図5)

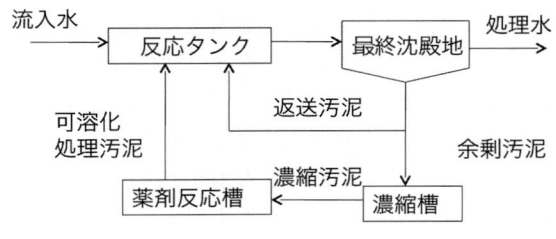

326　●　Ⅱ　水の処理技術編

オゾン方式の基本フロー（図6）

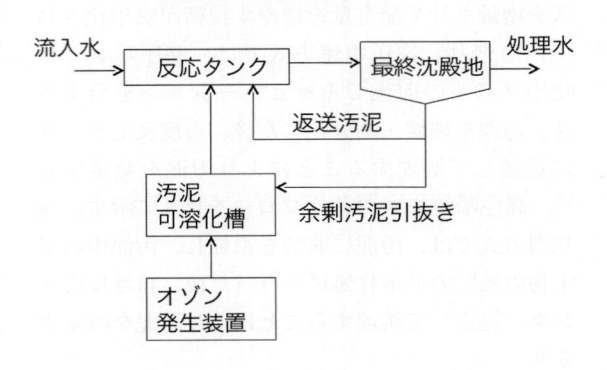

流入水 → 反応タンク → 最終沈殿地 → 処理水
　　　　　　↑　　　　　↓返送汚泥
　　　　　汚泥可溶化槽 ← 余剰汚泥引抜き
　　　　　　↑
　　　　　オゾン発生装置

電解方式の基本フロー（図7）

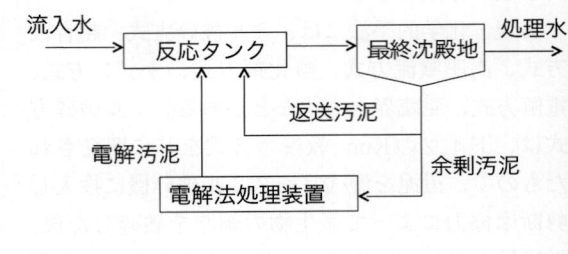

流入水 → 反応タンク → 最終沈殿地 → 処理水
　　　　　　↑　　　　　↓返送汚泥
電解汚泥　　　　　　　　　余剰汚泥
　　　　　電解法処理装置 ←

亜臨界水方式の基本フロー（図8）

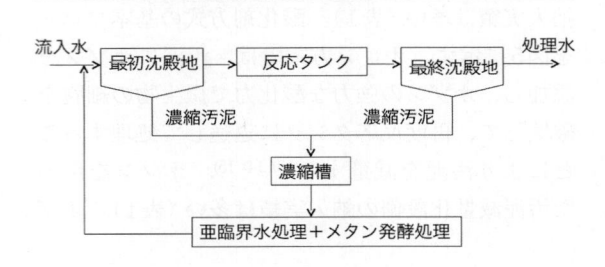

流入水 → 最初沈殿地 → 反応タンク → 最終沈殿地 → 処理水
　　　　　　↓濃縮汚泥　　　　　　↓濃縮汚泥
　　　　　　　　　濃縮槽
　　　　　　　　　　↓
　　　　　亜臨界水処理＋メタン発酵処理

高温微生物方式の基本フロー（図9）

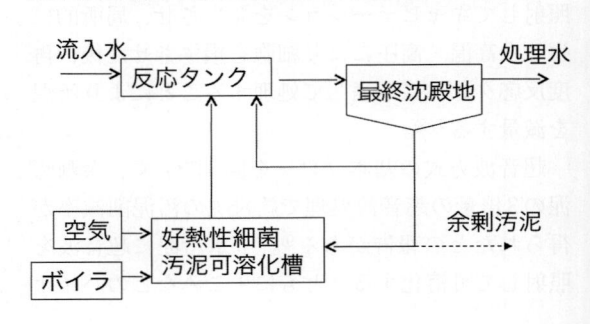

流入水 → 反応タンク → 最終沈殿地 → 処理水
　　　　　　↑　　　　　　　　　↓余剰汚泥
空気 →　好熱性細菌
ボイラ → 汚泥可溶化槽

ン方式の基本フローを図6に示す。オゾン処理による汚泥の可溶化と高濃度消化により消化を促進し、消化ガス発生量を増加させるとともに従来よりも汚泥を減量化する技術も実用化されている[16][17]。電解方式では、汚泥に塩化ナトリウムを添加して電解し、発生する塩素と次亜塩素酸の作用で細胞を損傷させた後、再度反応タンクに返送して処理することにより汚泥を減量する[18][19]。電解方式の基本フローを図7に示す。亜臨界水方式では、亜臨界水の持つ加水分解作用によって汚泥を可溶化する。この方式は、可溶化率は高いが反応器内部で高温・高圧の亜臨界水状態を維持するために多くの熱エネルギーを必要とするのが短所であったが、亜臨界水処理により可溶化した汚泥を、後段の消化槽でメタン発酵処理することで、汚泥を減量するとともに発生した消化ガスで必要な熱エネルギーを賄うシステムが実用化されている[23][24]。亜臨界水方式の基本フローを図8に示す。生物学的手法には、高温微生物方式などがある。

高温微生物方式では、60～70℃の好気条件化で活発に増殖する高温微生物が分泌する酵素によって汚泥を可溶化した後、再度反応タンクに返送して処理することにより汚泥を減量する[13][26]。高温微生物方式の基本フローを図9に示す。

汚泥減量化技術の概要と納入実績を表1に示す。

ミル破砕方式、超音波方式、高圧噴流方式、酸化剤方式、オゾン方式、電解方式、好熱性菌方式などの汚泥減量化技術の導入に際し、対象とする水処理方式はオキシデーションディッチ法や長時間曝気法、回分式活性汚泥法など、最初沈殿池を用いない低負荷の活性汚泥法である。汚泥を減量することで汚泥処分費は削減されるが、処理規模によって多くの電力や薬剤を必要とするため設備導入に際しては、経済性の検討が必要である。

汚泥の可溶化処理は汚泥減量に有効な手法であるが、可溶化処理方式によっては返流水による水

汚泥減量化技術の比較と納入実績[3]（表1）

可溶化方法		処理方式名称	原理	納入実績
物理・化学的手法	物理処理	ミル破砕方式	汚泥を湿式ビーズミル破砕機に投入し、剪断摩擦力によって、微生物の細胞を破砕する。	6箇所 うち下水農集1箇所
		超音波方式	超音波を照射してキャビテーションを発生させ、局所的に生じた高温・高圧により細胞を損傷させる。	7箇所 うち農集3箇所
		高圧噴流方式	高圧ポンプの吐出ノズルの前後でキャビテーションを発生させ、汚泥を破壊・細分化する。	3箇所 うち農集箇所
	化学処理	酸化剤方式	汚泥に薬剤を添加し、微生物の殺菌処理、細胞の可溶化処理を行う。	37箇所 うち下水農集9箇所
		オゾン方式	汚泥にオゾンを添加し、微生物の殺菌処理、細胞の破壊を行う。	32箇所 うち下水農集8箇所
		電解方式	汚泥に食塩を添加して電解し、発生する次亜塩素の作用で細胞を損傷させる。	2箇所
生物学的手法	生物処理	高温微生物方式	60～70℃の好気条件化で活発に増殖する高温微生物が分泌する酵素によって汚泥を可溶化する。	9箇所 うち下水農集2箇所

（2007年度末実績）

処理系への負荷[3][13][21][26]や汚泥の脱水性低下[21]などの課題が指摘されている。また可溶化した汚泥を返流することにより水処理系のBOD負荷が増加するため、既存の曝気装置の能力に余裕がないと設備増設が必要となる場合がある。各技術を適用するに当たっては、曝気能力、BOD-SS負荷、反応タンク滞留時間、SRTなど現状および中・長期的な水処理施設能力の余裕を確認しておく必要がある。

2 物理化学的手法

酸化剤、アルカリ剤などの薬品添加やオゾンなどの化学処理によって汚泥を可溶化する手法や熱・圧力処理、物理的破砕処理などの物理処理によって汚泥を可溶化する手法である。

1 酸化剤を用いた汚泥減量化技術[3]

(1) 原理

酸化剤の強力な酸化作用により余剰濃縮汚泥中の微生物の細胞を破壊、細胞質を低分子化して汚泥を生物分解しやすい状態に可溶化する方法である。余剰濃縮汚泥中の微生物の可溶化処理のイメージを図1に示す。

濃縮槽で濃縮した余剰汚泥の一部を薬剤反応槽に供給し可溶化処理し、可溶化した余剰濃縮汚泥は反応タンクに再び流入させ好気処理を行う。この余剰濃縮汚泥は薬剤によって処理されているため、未処理の汚泥と比較して同条件下であっても一層の分解が進み、適切な薬剤注入により可溶化率を20~35%程度とすれば、場外への搬出余剰汚泥を約60%減量することができる。

酸化剤を用いた余剰濃縮汚泥削減技術の概略フローを図2に示す。

(2) 特長

1) 特殊な機器がなく、構造がシンプル
2) 余剰濃縮汚泥中のきょう雑物による機器の閉

余剰濃縮汚泥中の微生物の可溶化処理のイメージ[3] (図1)

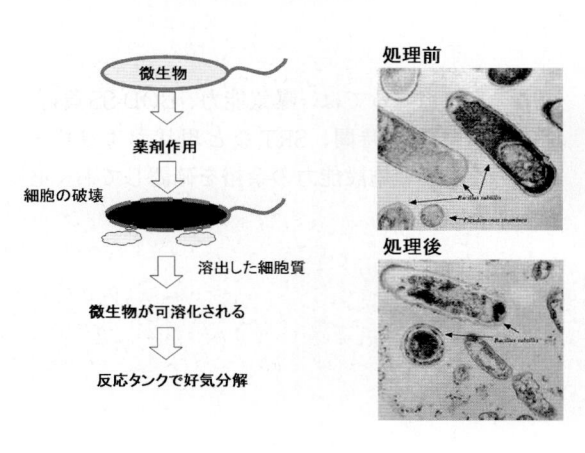

酸化剤を用いた余剰濃縮汚泥削減技術の概略フロー[3] (図2)

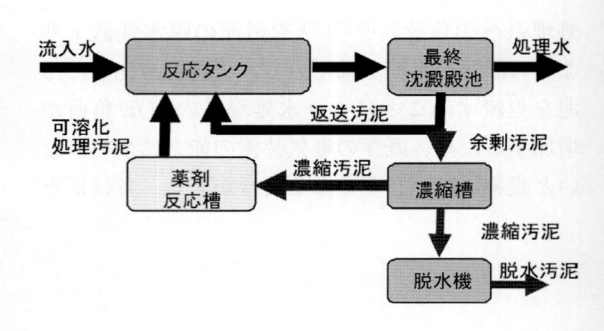

塞、磨耗等が生じにくい
3）消費電力が小さい
4）放流水中における薬剤残留がない

（3）汚泥減量設備の構造

　汚泥減量設備は、薬剤反応槽と薬剤貯留槽その他設備で構成される。汚泥濃縮槽から送られてきた汚泥は、汚泥貯留槽に入れられた後、原汚泥ポンプにより所定量を薬剤反応槽に供給する。薬剤も汚泥供給とあわせて注入する。薬剤反応槽では汚泥と薬剤を5時間以上攪拌して汚泥を可溶化した後、反応タンクへ戻す。
　汚泥処理設備の処理フローを図3に、汚泥減量設備全景を写真1に示す。

（4）汚泥減量効果

　オキシデーションディッチ法を採用した下水処理場（平均流入汚水量1,100m³/日、BOD容積負荷0.096kg/m³・日）での実証試験では、汚泥減量設備導入前後で比較し、流入汚水量、流入SS量はほぼ同等量で、脱水ケーキ搬出量は四季をとおして60%以上の減量効果が得られている。

（5）計画上の留意点

① 余剰濃縮汚泥の有機分含有比率（VSS/SS比）

　余剰濃縮汚泥中には土砂等の無機物や繊維質などの難分解性有機物が含まれており、これらの含有比率が大きい場合には、汚泥の減量率に影響することがあるため、本技術を適用するに際しては、余剰濃縮汚泥中の有機物の含有率を示す指標であるVSS/SS比を事前に調査しておく必要がある。
　通常80~85%程度である。

② 処理対象余剰濃縮汚泥の濃度

　計画に際しては、処理対象汚泥の想定される最低濃度と最高濃度を把握する必要がある。
　SS濃度は1~2.5%の範囲を対象としている。

③ 放流水水質への影響

　設備導入前と比較し、T-Pが若干増加するため流入リン量や放流先のリン規制等を考慮する必要がある。またリンの高度処理を目的として反応タンクに鉄塩、アルミ塩等の凝集剤を添加している処理場への適用には注意が必要である。

④ 反応タンク曝気装置の能力

　反応タンクへの流入BODが増加し曝気時間を

汚泥減量設備の処理フロー[3]（図3）

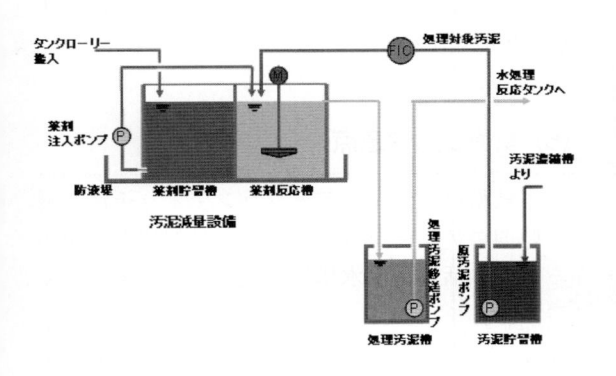

汚泥減量設備全景[3]（写真1）

増やす必要があるため、既存曝気装置の能力に余裕があるか検討する必要ある。

⑤ 設備の操作因子
ⓐ 薬剤注入量と反応温度
薬剤反応槽の温度が高いほど、また薬剤の注入量が多いほどSSの可溶化率は高くなる。薬剤注入量の決定は、ビーカー試験を実施し、可溶化率が20%を超える注入量を選定する。
ⓑ 反応時間
反応時間と可溶化率の関係において、薬剤反応槽の水温が10～30℃において反応時間が5時間を経過した時点で可溶化率はほぼ平衡に達することから計画処理時間を5時間とする。
などがあげられる。

2 オゾンを用いた汚泥減量化技術[13]

(1) 原 理

余剰汚泥中の固形物成分の多くが微生物由来の有機物であり、オゾンの酸化作用は微生物の細胞壁等を直接分解するといわれている。最終沈殿地から引き抜いた余剰汚泥の一部をオゾンの酸化作用によって可溶化することで汚泥の生物分解性を高め、それを水処理系の反応タンクに返送して好気処理することで、一部は活性汚泥に再合成され、残りはCO_2と水に分解されることにより汚泥が減量する。余剰汚泥中の微生物は、オゾンの酸化作用により汚泥固形物当りのオゾン消費率0.05gO_3/gSS以上でほとんど死滅する[13]といわれている。

(2) 特 長

① 汚泥減量化率100%（系外に汚泥を引き抜かない）場合には、脱水設備が不要
② 汚泥可溶化槽投入固形物量当りのオゾン消費量をオゾン単独法で0.05gO_3/gSS、酸オゾン法で0.025gO_3/gSSとすることで汚泥は良好に可溶化

オゾン法施設のフロー[21]（図4）

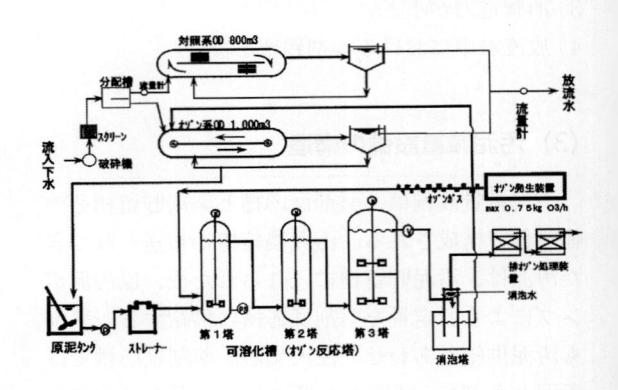

(3) 構 造

汚泥可溶化設備は、オゾン反応槽、オゾン発生装置、排オゾン処理装置等で構成される。
最終沈殿地から引き抜いた汚泥をオゾン反応槽でオゾン処理し、汚泥中の有機物を生物分解可能な形態に可溶化させた後、反応タンクに返送する。気液分離槽で排オゾンとオゾン処理汚泥を分離することで、反応タンクへの排オゾン混入を防止するとともに、排オゾンを分解・脱臭し、無害化してから大気放散する。オゾン法施設のフロー[21]を図4に示す。

(4) 汚泥減量効果

汚泥減量化率は、100%を上限に任意に設定することができる。

(5) 計画上の留意点

① 本技術は、オキシデーションディッチ法や長時間エアレーション法など、最初沈殿池を用いない活性汚泥水処理方式を適用対象としている。
② オゾン処理された可溶化汚泥が反応タンクに返送されることにより、水処理系の有機

物負荷量が増加し必要酸素量が増加する。既存曝気装置の能力に余裕があるか検討する必要ある。
③ 可溶化汚泥を反応タンクに返送することによって、処理水のCODが上昇するので放流水にCOD規制がある地域への適用には注意が必要である。
④ 汚泥減量化率が高く余剰汚泥が少ないほど処理水のT-P濃度が高くなるため、流入リン量や放流先のリン規制等を考慮する必要がある。
④ 汚泥滞留時間（SRT）が汚泥減量化を行わない場合に比べて短くなる。

などがあげられる。

3 オゾン処理を用いた消化促進による汚泥減量と消化ガス量増加技術[16)17)]

消化ガスを増加させる技術として、従来の嫌気性消化にオゾン処理と固液分離を付加したプロセスが下水道技術開発プロジェクト（SPIRIT21）「下水汚泥資源化・先端技術誘導プロジェクト」（LOTUS Project）で実用化されている[16)、17)]。

(1) 原　理

消化汚泥中の有機物をオゾン処理によって生物分解可能な形態に改質させた後、消化槽へ返送する。これにより従来の消化プロセスに比べて消化率が向上し、汚泥が減量し、消化ガスの発生量を増加させるものである。国内で多く採用されている中温プロセスに適用した場合の基本フローを図5に示す。

中温消化と高温消化を組み合わせた場合の基本フローを図6に示す。

気液分離槽で排オゾンと処理汚泥を分離することで消化槽への排オゾンの混入を防止している。オゾン処理設備フローを図7に示す。

中温消化プロセスの基本フロー[16)]（図5）

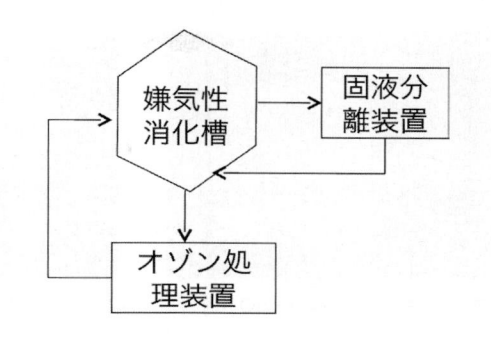

高温消化と中温消化の組み合わせプロセスの基本フロー[16)]（図6）

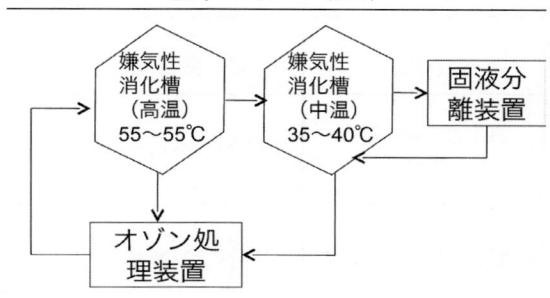

オゾン処理設備フロー[16)]（図7）

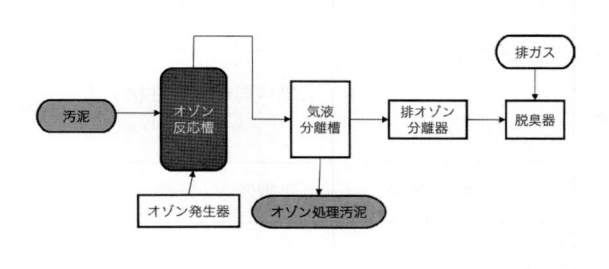

実証実験フロー[16)]（図8）

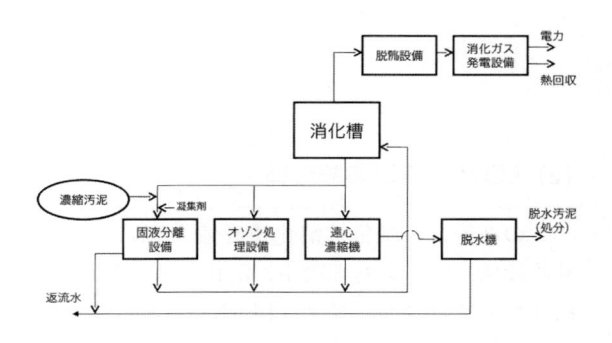

実証実験設備[17]（写真2）

オゾン発生機 (Max. 2 kgO₃/hr) 　　オゾン反応槽 (0.3 m³ + 0.3 m³ + 1.0 m³)　　嫌気性消化槽 (中温、1,800 m³)

パーツ目標値と検証結果[17]（表1）

目的	項目	目標値	検証結果
消化ガス量の確保 汚泥処分費の低減	固形性有機物減少率	平均76%程度以上	【中温消化プロセス】80.0% (負荷　1.1kg-VS/m³／日) 【高温＋中温プロセス】80.2% (負荷　1.1kg-VS/m³／日)
消化ガスの質の確保	メタン濃度	60%程度	【中温消化プロセス】一般的なメタン濃度60%を確保 【高温＋中温プロセス】一般的なメタン濃度60%を確保
発電設備の保護	燃料消化ガス性状（硫化水素）	10ppm以下	【中温消化プロセス】10ppm以下 【高温＋中温プロセス】10ppm以下
発電設備の保護	燃料消化ガス性状（シロキサン）	0.5mg/Nm³以下	【中温消化プロセス】0.5mg/Nm³以下 【高温＋中温プロセス】0.5mg/Nm³以下
発電量の確保	発電効率（発電端）	29%程度以上	32.1% (負荷率100%)
汚泥処分費の低減	脱水汚泥含水率	平均72%程度以下	【中温消化プロセス】69.5% (負荷　1.1kg-VS/m³／日) 【高温＋中温プロセス】68.4% (負荷　1.1kg-VS/m³／日)

(2) LOTUS 実証実験設備

　この技術は、嫌気性消化槽設備（既設）、固液分離設備、オゾン処理設備、消化ガス精製設備、消化ガス発電設備、脱水設備（既設）から構成される。消化汚泥の一部をオゾン処理し、消化槽へ返送することで、消化率や消化ガス発生量の増加を図る。

　実証実験フローを図8に示す。
　実証実験設備を写真2に示す。
　パーツ目標値と検証結果を表1に示す。

4 超音波を用いた汚泥減量化技術[11]

(1) 原 理

返送汚泥の一部に超音波照射し、発生したキャビテーションにより発生する局所的な高い剪断力と超高温・超高圧で汚泥を微細化・可溶化する。可溶化した汚泥を反応タンク槽へ返送し、再び生物処理を行うことで汚泥を減量する[11]。

(2) 特 長

① 薬剤添加や加熱処理等を必要としないため、維持管理が容易
② 超音波装置の増設が容易

(3) 汚泥減量効果

オキシデーションディッチ法を採用している農業集落排水処理施設（日平均汚水量220m³/日）に装置を導入し、70％以上の汚泥減量効果が確認されたとの報告がある[8]。

また余剰汚泥の3倍量の超音波処理で発生汚泥量の約85％の削減が可能であったとの報告もある[9]。

(4) 計画上の留意点

① 汚泥減量化率が高く、余剰汚泥が少ないほど処理水のT-P濃度が高くなるため、流入リン量や放流先のリン規制等を考慮する必要がある。
② 可溶化した汚泥を返流することにより水処理系のBOD負荷が増加するため、既存の曝気装置の能力に余裕がないと設備増設が必要となる。
③ 反応タンクのBOD負荷が高い場合（BOD容積負荷0.4kgBOD/m³・日以上）、汚泥減量効果が低減することがある[8]。

5 下水汚泥とバイオマスの同時処理方式によるエネルギー回収技術[10][11]

下水汚泥を超音波処理で可溶化して下水汚泥の消化効率を向上させ、固形物減少と消化ガス発生量を増加させる技術が下水道技術開発プロジェクト（SPIRIT21）「下水汚泥資源化・先端技術誘導プロジェクト」（LOTUS Project）で実用化されている[10][11]。

(1) 原 理

余剰汚泥を超音波で可溶化して下水汚泥の消化効率を向上させ、固形物減少、消化ガス発生量を増加させる。また下水処理場外から受け入れた生ごみに適切な前処理を行い、超音波可溶化汚泥とともに既設消化タンクへ投入し消化ガス発生量を増加させる。

超音波可溶化装置は、超音波を余剰汚泥に照射し、キャビテーションで汚泥を低分子化することにより、汚泥を消化されやすい状態に可溶化する。

超音波可溶化装置の外観を写真3に、キャビテーション発生時の超音波振動子を写真4に示す。

(2) LOTUS実証実験設備

汚泥可溶化設備、混合破砕タンク、消化槽、脱水設備、脱硫設備、消化ガス発電設備等から構成される。汚泥可溶化設備で濃縮余剰汚泥に超音波照射により可溶化処理し、消化率の向上を図る。

実証実験の設備フローを図9に示す。

パーツ目標と検証結果[11]を表2に示す。

超音波可溶化装置[10] (写真3)

キャビテーション発生時の超音波発振子[10] (写真4)

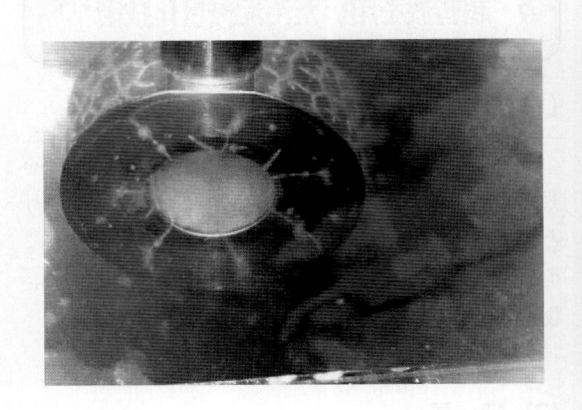

設備フロー[10] (図9)

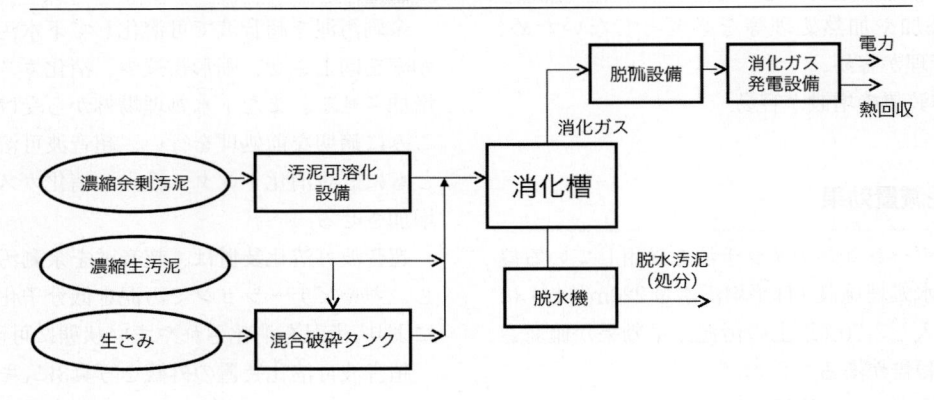

パーツ目標と検証結果[11] (表2)

目的	項目	目標値	検証結果
混合消化による 消化ガス量の確保	混合物由来の ガス発生量	0.5 ～ 0.8Nm³/kg-投入 VS	平均 0.667Nm³/kg-投入 VS (0.591 ～ 0.733Nm³/kg-投入 VS)
	混合物消化率	60%程度	平均64.3% (55.8 ～ 71.5%)
消化ガスの質の確保	消化ガス組成	メタン濃度 55 ～ 65%程度	平均59.1% (57.5 ～ 61.3%)
可溶化による 消化ガス量の確保	下水汚泥由来の ガス発生量	15%以上の増加	3.18% (余剰汚泥由来は30%増加)
汚泥処理費用の把握	下水汚泥由来の 脱水汚泥量	4%以上の減少	5.67%
	混合系の 脱水汚泥含水率	汚泥単独系と同等	汚泥単独系と同等
発電量の確保	発電効率(発電端)	35% (2.09kWh/Nm³-消化ガス相当) 以上	36.60%

6 電解法を用いた汚泥減量化技術[20]

(1) 原理

余剰汚泥に塩化ナトリウムを添加して電解し、電解により発生する塩素や次亜塩素酸を用いて汚泥中の微生物を殺菌・殺傷し、これを反応タンクに返送して汚泥減量を図るものである。電解の原理を図10に示す。塩化ナトリウムは添加濃度0.1~0.15%で汚泥微生物の80%以上が死滅するとされる[20]。

(2) 特長

① 塩素および次亜塩素酸の生成のため、電解槽に塩化ナトリウムを添加
② 電解槽は、陽極と陰極に直流電流を流して添加した塩化ナトリウムを電気分解するだけの簡易な構造

(3) 構造

電解処理装置は、電解槽、電解汚泥循環槽、NaCl溶解槽などから構成される。

最終沈殿地から分流して引き抜いた返送汚泥中の微生物を、電解槽で発生させた塩素および次亜塩素酸で死滅させる。

図11に電解装置フローを示す。

(4) 汚泥減量効果

オキシデーションディッチ法を採用した下水処理場(日平均流入汚水量262m^3/日)での実証実験で50%程度、間欠流入間欠曝気法を採用した農業集落排水施設(日平均流入汚水量181m^3/日)での実証実験で75%程度の汚泥削減効果が得られている。[19]

(5) 計画上の留意点

① 可溶化汚泥を反応タンクに返送することによって、処理水のCODが上昇するので放流水にCOD規制がある地域への適用には注意が必要である。
② 汚泥減量化率が高く余剰汚泥が少ないほど処理水のT-P濃度が高くなるため、流入リン量や放流先のリン規制等を考慮する必要がある。

電解の原理[20] (図10)

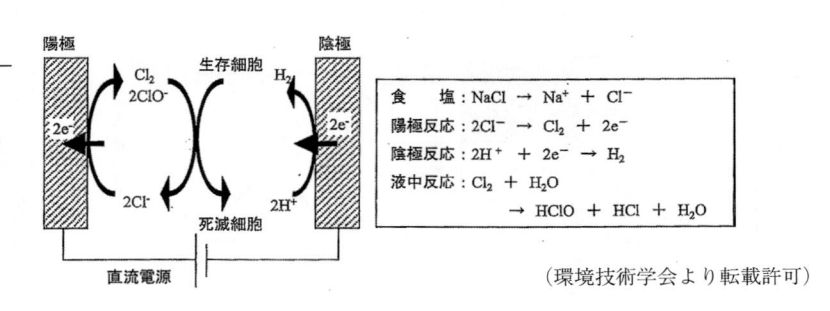

(環境技術学会より転載許可)

電解装置フロー[20] (図11)

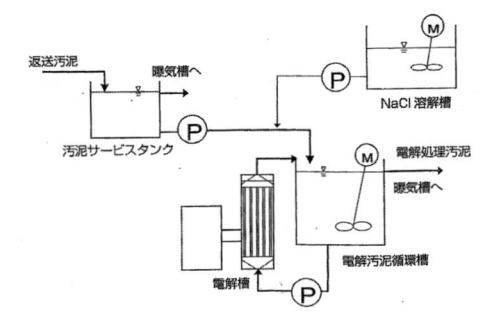

(環境技術学会より転載許可)

7 亜臨界水を用いた汚泥減量化技術[23)24)]

(1) 原理

水の臨界点（374℃、22MPa）よりも温度、圧力の低い熱水を亜臨界水と呼ぶ。亜臨界水には強い加水分解作用があり、この作用により汚泥を可溶化する。水の状態図、イオン積と誘電率を図12に示す。亜臨界水反応器で可溶化した汚泥を写真5に示す。

亜臨界水の設定温度は加水分解作用が強い200℃前後に設定される。この方法は可溶化率が高い一方で、高温・高圧な亜臨界水状態を維持するために多くのエネルギーを必要とする、連続処理が難しいなどの課題があったが、亜臨界水処理により可溶化した汚泥を後段の高温消化槽で処理し発生した消化ガスで亜臨界水処理プラントの運転に必要な熱エネルギーを賄い、汚泥減量化率70％近くを達成するシステムが実用化されている。亜臨界水処理を用いた汚泥減量化技術の基本フローを図13に示す。

(2) 特長

① 亜臨界水処理により、難分解な下水汚泥を低分子化
② 汚泥を1/3〜1/5に減量化
③ メタン発酵による消化ガスで消費熱エネルギーを賄い、化石燃料は不要
④ コンパクトな設備

(3) 設備構成

この技術は、濃縮設備、亜臨界水反応設備、高温消化槽、消化ガス精製設備、ボイラー設備から構成される。設備フローを図14に示す。機械濃縮機では、下水処理場から排出され汚泥を亜臨界水処理反応器に適した含水率まで濃縮し、濃縮汚泥を亜臨界水反応器に供給する。亜臨界水処理設備では、亜臨界水反応器に供給された汚泥を一定時間亜臨界水で連続加水分解・可溶化処理する。亜臨界水処理された汚泥は、機械濃縮機で分離されたろ液と混合し、高温消化槽に送られ処理される。高温消化槽内では、汚泥成分が効率的に分解

水の状態図、イオン積と誘電率[24)]（図12）

亜臨界水反応器で可溶化した汚泥（写真5）

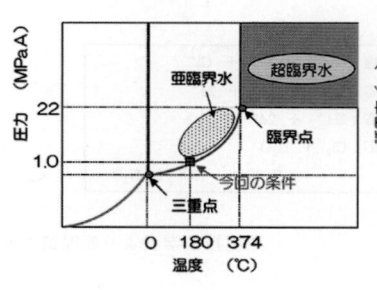

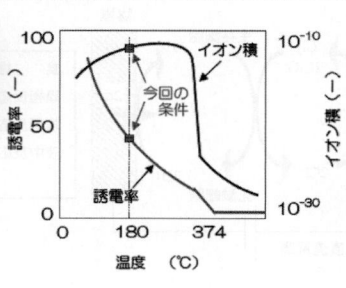

亜臨界水処理を用いた汚泥減量化技術の基本フロー（図13）

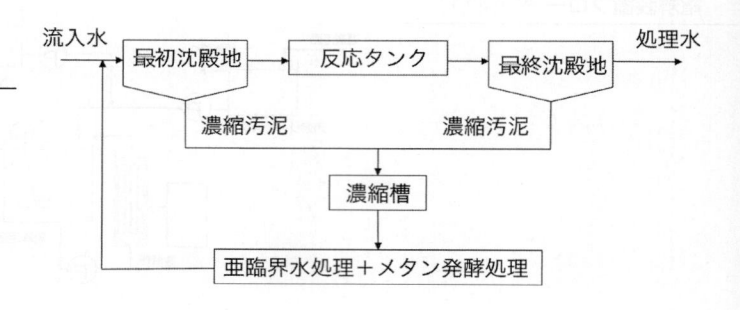

され、消化ガスに変換される。消化液は下水処理場の脱水設備へ返送される。亜臨界水反応器は、強制循環型連続式で汚泥の閉塞や炭化が生じにくい構造となっている。亜臨界水反応器の滞留時間は1時間である。

亜臨界水反応器の概略構造を図15に示す。

消化槽は固定床式高温消化槽で、消化温度は55℃、消化日数は5日である。

高温消化槽の全景を写真6に示す。

(4) 実証試験

処理能力68,400m³/日、日平均流入下水量48,200m³/日の下水処理場内に実証プラントを建設し汚泥減量化率を評価している。下水処理場で初沈汚泥は重力濃縮され、余剰汚泥は加圧浮上濃縮されており、濃縮されたそれぞれの汚泥を別々に引き抜き、容積比1：1で実証プラントに供給している。処理汚泥量は混合濃縮汚泥で6m³/日

設備フロー[24]（図14）

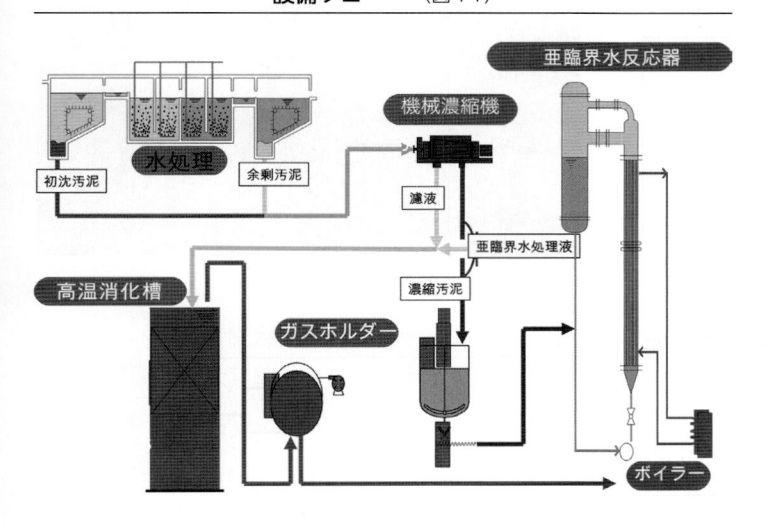

亜臨界水反応器[24]（図15）

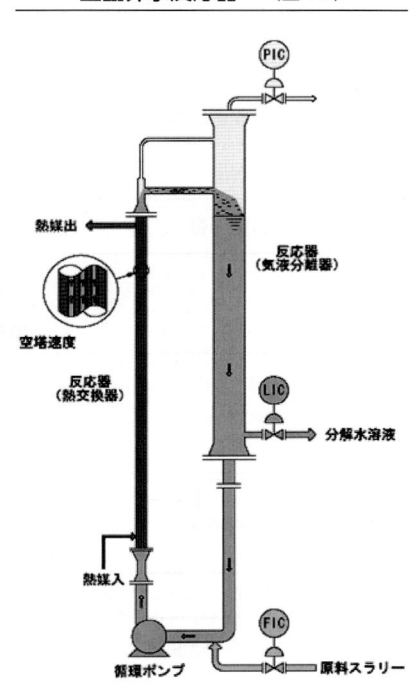

高温消化槽の全景[24]（写真6）

である。試験条件を表3に示す。
実証試験設備の全景を写真7に示す。
処理フローを図16に示す。

(5) 汚泥減量効果

汚泥減量化率(SSベース)は平均で68％の効果が得られている。また発生した消化ガスで亜臨界水プラントの運転に必要な熱エネルギーのすべてを賄えることが確認されている。

試験条件[24] (表3)

濃縮汚泥 初沈汚泥：余剰汚泥	1：1 (容量比)
処理量	6m3/日
亜臨界水処理温度	180℃
亜臨界水反応器滞留時間	1時間
高温消化槽温度	55℃
高温消化槽滞留日数	5日

実証試験設備の全景 (写真7)

処理フロー (図16)

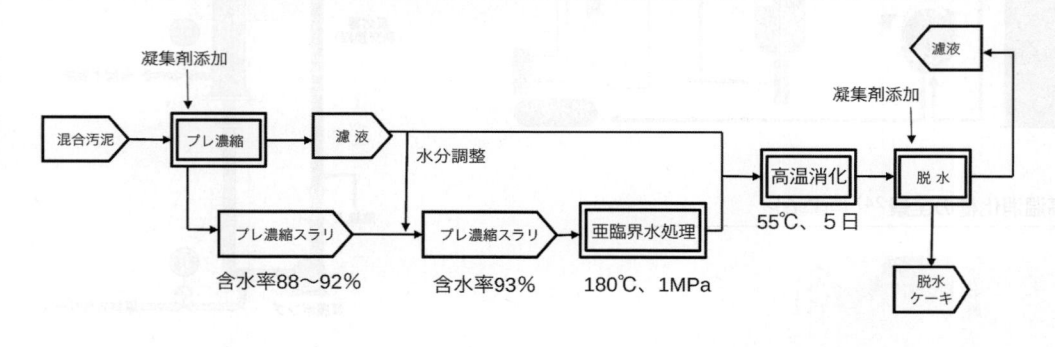

混合汚泥 → プレ濃縮（凝集剤添加）→ 濾液
プレ濃縮スラリ（含水率88〜92％）→ プレ濃縮スラリ（含水率93％、水分調整）→ 亜臨界水処理（180℃、1MPa）→ 高温消化（55℃、5日）→ 脱水（凝集剤添加）→ 脱水ケーキ
脱水 → 濾液

3 生物学的手法

ここでは、好熱性細菌を用いた汚泥減量化技術[26]をとりあげる。

(1) 原 理

好熱菌が分泌する酵素によって余剰汚泥中の微生物の細胞膜を分解・可溶化する方法である。好熱菌は*Bacillus stearothermophilus*に分類され病原性のない安全な細菌である。

純粋培養した好熱菌の顕微鏡写真を写真1に示す。また下水処理場から採取した汚泥を、懸濁させた寒天平板培地上で好熱菌を培養した状態を写真2に示す。好熱菌周辺の懸濁汚泥が可溶化されて透明のハローが形成されていることがわかる。

好熱性細菌による汚泥減量化技術の基本フローを図1に示す。汚泥可溶化槽で好熱菌によって可溶化された汚泥を水処理系の反応タンクへ返送して無機化することにより汚泥を減量する。汚泥可溶化槽は、好熱菌の活性を維持するため高温（60～70℃）かつ好気条件に維持される。

汚泥可溶化槽内では、好熱菌が分泌する酵素の作用によって汚泥が可溶化され、一部は無機化される。

一般的に、汚泥の減量化率（発生SS量に対する汚泥の削減量の比率）は、一般的な下水汚泥の場合、概ね80%程度が上限となる。

(2) 特 長

① 好熱菌の活性を維持するための加温エネルギーと曝気エネルギーを供給するだけで可溶

好熱菌の顕微鏡写真[26]（写真1）

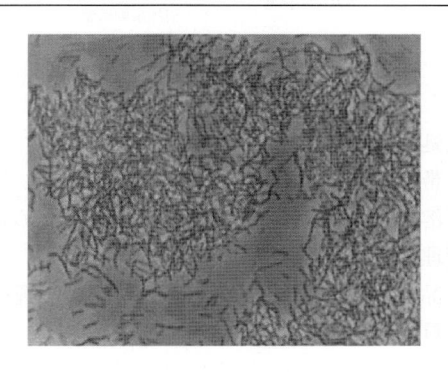

寒天平板培地上の好熱菌（写真2）

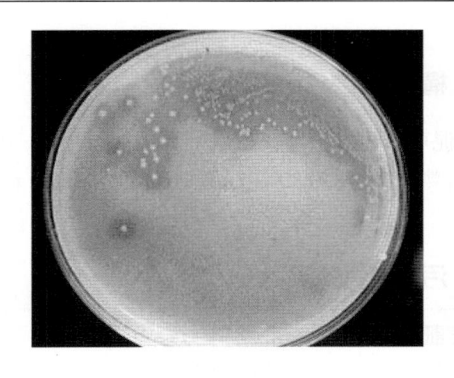

基本フロー（図1）

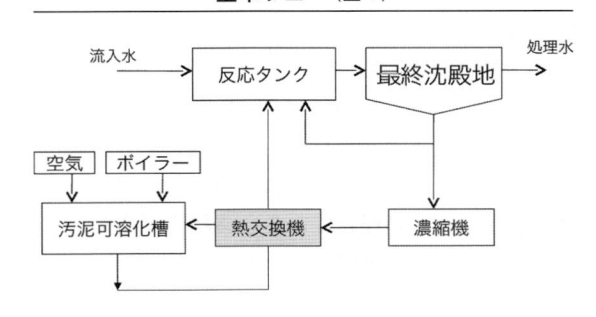

実証プラントフロー[26]（図2）

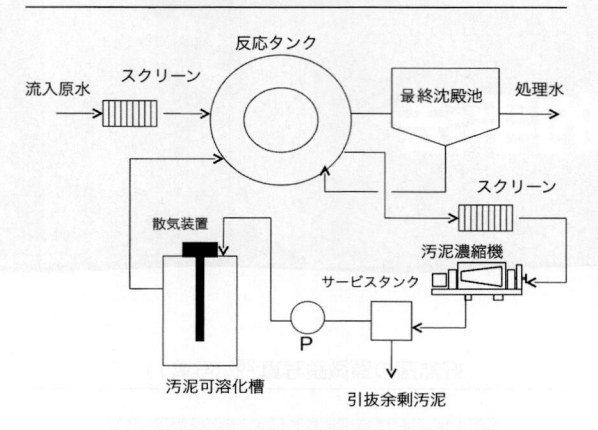

化処理が可能
② 付帯設備は汎用機器で構成されている。汚泥可溶化槽も温度自動制御のみであるため維持管理に特別な専門員は不要
③ 薬品を使用しないため、水処理設備や運転管理員に悪影響を及ぼすことがない
④ 余剰汚泥の引き抜き量が少量となるため、リンの除去率は低下する。

(3) 構　造

汚泥可溶化設備は、汚泥可溶化槽、散気・攪拌装置、熱交換器、熱源、汚泥濃縮機等で構成される。

(4) 汚泥減量効果

① 実証試験条件

処理能力400m³/日のプレハブ式オキシデーションディッチ法（OD法）が採用されている下水処理場で実証試験を行っている。実証プラントのフローを図2に示す。

流入水は5mm目スクリーンを通過した後、反応タンクに流入する。反応タンクの容量は400m³である。本実証試験では余剰汚泥を汚泥濃縮機で濃縮し、可溶化処理している。濃縮汚泥を処理することにより、汚泥可溶化槽の容量が小さくなり、加温に必要な熱量を小さくすることができる。好熱菌の生育条件を維持するため、汚泥可溶化槽に蒸気を直接吹き込み65℃に加温し、好気条件を保つために通気を行っている。汚泥可溶化槽で可溶化した汚泥は反応タンク循環返送している。

② 汚泥減量効果

最適運転条件（可溶化槽HRT：2.5~3.0日、汚泥循環率：2.0~2.5）において総汚泥発生量の約80%の減量効果が得られている。
表1に実証試験結果を示す。

(5) 計画上の留意点

① 下水処理施設等の中で最初沈殿池を用いないOD法、長時間エアレーション法および回分式活性汚泥法等に適用可能である。
② 放流水水質
OD法や長時間エアレーション法に適用した場合、処理水のリンおよびCOD濃度が増加するので留意する必要がある。
③ 汚泥の可溶化液の返流により反応タンクのBODおよび窒素負荷が上昇するため、曝気装置能力の検討が必要である。
④ 汚泥可溶化槽への投入汚泥量は、汚泥減量化率75%（上限）を目標とすると、発生汚泥量の2.5倍を標準とする。

参考文献

1) 環境省　産業廃棄物処理施設の設置、産業廃棄物処理業の許可等に関する状況
2) 社団法人　日本下水道協会　平成19年度版　下水道統計　第64号
3) 財団法人　下水道新技術推進機構　酸化剤を用いた余剰汚泥削減技術マニュアル/2010年
4) 松本貴久/汚泥減容化技術の動向調査について/第44回下水道研究発表会講演集　P.892-894/2007年
5) 名和慶東/ミル破砕式汚泥減容化システム/月間下水道 Vol.24 No.13/P.30-P.31/2001年
6) 名和慶東、岡橋　望/ミル破砕式汚泥減容化システム/環境技術 VOL.36　P.341-344/2007年
7) 見手倉幸雄、古崎康哲、榊原隆司、安藤卓也、笠原伸介、石川宗孝/超音波を用いた余剰汚泥削減システムに関する研究/環境工学研究論文集・第40巻/P.11-21/2003年
8) 香山和久/超音波汚泥減量化装置/環境技術 VOL.36 No.5　P.341-344/2007
9) 見手倉幸雄、古崎康哲、榊原隆司、安藤卓也、笠原伸介、石川宗孝/超音波を用いた余剰汚泥削減システムに関する研究/環境工学研究論文集・第39巻/P.31-41/2002年
10) 下水道技術開発プロジェクト(SPIRIT21)「下水汚泥資源化・先端技術誘導プロジェクト」(LOTUS Project) グリーン・スラッジ・エネルギー技術　下水汚泥とバイオマスの同時処理方式によるエ

実証試験結果[26] (表1)

流入水量 (m3/d)	237 (205-284)	312 (244-624)	260 (231-450)	250 (213-281)	262 (189-607)	249 (195-607)
MLSS濃度 (mg/L)	3520 (2480-4680)	3406 (2560-4050)	3811 (3300-4540)	4743 (4130-5167)	3563 (3050-4070)	3561 (3050-3920)
投入汚泥濃度 (%)	1.7 (0.4-3.0)	3.2 (1.4-4.8)	5.9 (3.3-8.8)	4.1 (3.1-5.6)	4.5 (2.5-6.5)	4.6 (2.8-6.5)
汚泥循環率 (-)	2.9	3.6	5.5	4.9	2.4	2.3
HRT (d)	1.5	1.7	1.4	1.2	2.6	2.8
VSS可溶化率 (%)	37	38	27	26	32	34
汚泥減量化量 (kg-DS/d)	19.45	21.4	21.62	24.64	24.43	27.15
引き抜き汚泥量 (kg-DS/d)	4.62	7.29	4.73	1.48	7.02	5.58
処理水SS (kg-DS/d)	2.94	1.89	1.73	5.88	1.57	1.64
汚泥減量化率 (%)	72	70	77	77	74	79

※汚泥循環率＝汚泥可溶化槽への投入汚泥量／汚泥減量化運転しない場合の発生汚泥量

ネルギー回収技術に係る技術資料／2007年
11) 下水道技術開発プロジェクト(SPIRIT21)「下水汚泥資源化・先端技術誘導プロジェクト」(LOTUS Project) グリーン・スラッジ・エネルギー技術 下水汚泥とバイオマスの同時処理方式によるエネルギー回収技術に係る技術評価書（要約）／2007年
12) 加藤武男／高圧噴流方式による余剰汚泥減量化システム／環境技術 VOL.36 P.349-351／2007年
13) 汚泥減量化の技術評価に関する報告書／編集 日本下水道事業団／2005年
14) 柴田雅秀、宮岡武志、田中俊明／オゾンによる汚泥減量化法の長期運転実績／第42回下水道研究発表会／P.894-896／2005年
15) 安井英斉、柴田雅秀、深瀬哲朗／酸性条件下のオゾン反応による汚泥減量処理の効率化／環境工学研究論文集 第34巻／P.211-220／1997
16) 下水道技術開発プロジェクト(SPIRIT21)「下水汚泥資源化・先端技術誘導プロジェクト」(LOTUS Project) グリーン・スラッジ・エネルギー技術 消化促進による汚泥減量と消化ガス発電に係る技術資料／2008年
17) 下水道技術開発プロジェクト(SPIRIT21)「下水汚泥資源化・先端技術誘導プロジェクト」(LOTUS Project) グリーン・スラッジ・エネルギー技術 消化促進による汚泥減量と消化ガス発電に係る技術評価書（要約）／2008年
18) 笠倉和昌、岩崎久好／電解法による余剰汚泥削減化システムの公共下水道への適用／第41回下水道研究発表会／P.1089-1091／2004年
19) 笠倉和昌、岩崎久好、中東賢司、北村彰浩／電解法による余剰汚泥削減化システムの汚水処理シテ施設への適用事例／第42回下水道研究発表会／P.903-905／2005年
20) 笠原和昌／電解法を用いた余剰汚泥の減量化技術／環境技術 Vol.36 No.5／2007年
21) 山下博史／汚泥可溶化手法の評価に関する基礎的研究／第43回下水道研究発表会講演集 P.962-964／2006年
22) 神宮誠、宮岡武志、三品文雄／物質収支からみた汚泥減量化手法についての一考察／第41回下水道研究発表会講演集／P.1077-p.1079／2004年
23) 石田貴／亜臨界水処理を用いた下水汚泥のエネルギー転換及び減量化技術／再生と利用 Vo.34 N0.123／P.108-P.112／2010年
24) 石田貴、落修一、佐藤博司、谷口智亮／亜臨界水処理を用いた下水汚泥のエネルギー転換及び、減容化に関する共同研究／2009年度 下水道新技術研究所年報／P.151-P156／2010年
25) 佐藤博司／亜臨界水処理による下水汚泥減量化技術に関する研究／第47回下水道研究発表会講演集／P.903-905／2010年
26) 日本下水道事業団、神鋼パンテック株式会社、好気性好熱細菌による下水汚泥の減量化に関する共同研究報告書／2001年

（佐藤博司）

III 水の利用・資源化技術編

13章

海水淡水化技術

1. 海水淡水化技術
2. 蒸発法海水淡水化技術
3. 膜法海水淡水化
4. ハイブリッド法
5. 太陽エネルギー利用海水淡水化
6. 海水淡水化プラントの普及状況
7. 今後の課題と展望

1 海水淡水化技術

1 はじめに

淡水資源の絶対的に不足している中東地域を中心として安定した淡水資源の確保を目的として海水淡水化への期待は大きい。

我が国では、通産省（現経産省）の大型技術開発制度を通じて多段フラッシュ蒸発法海水淡水化技術（Multi Stage Flush法、MSF法）を開発し、これらの成果により中東地域に多数の装置を納めてきた。その一例を写真1[1)]に示す。

MSF法の開発に引き続き、省エネルギー型海水淡水化技術の開発として逆浸透法（Reverse Osmosis Membrane法、RO法）等の開発が行われ、現在では、世界の逆浸透法海水淡水化装置の多くに日本製のRO膜が採用されている。

ここでは、これらの海水淡水化技術の開発に貢献した日本の歴史を踏まえ、「海水淡水化」の概要を紹介する。

なお、海水淡水化技術については、すでに（財）造水促進センターの編集による「造水技術ハンドブック」[2)]や「造水技術－水処理のすべて」[3)]に詳細に紹介されている。ここでは、これらを再整理し、さらに最近の状況を補足して紹介する。

サウジアラビア王国アルジェベイルのMSF装置（写真1）

2 海水淡水化技術

現在、実用化されている海水（カン水を含む）淡水化技術は大きく分けると　蒸発法及び膜法に分けられる。蒸発法はさらに多段フラッシュ蒸発法、多重効用蒸発法及び蒸気圧縮法に分類される。また、膜法は、逆浸透法及び電気透析法に分類される。さらに、海水を冷却し、それにより生じた氷結晶を分離・融解し淡水を得る冷凍法や液化フロンやイソーブタン等を直接海水中に噴霧し、それにより生じる気体水和物を分離・回収し、気体水和物を分解し淡水を得る気体水和物法が研究されてきたが、現在、実用化され安定して運転されている例は無いので、これらについては、ここでは省略した。詳細について興味のある方は、「造水技術ハンドブック」[2)]などの資料を参照いただきたい。

2 蒸発法海水淡水化技術

蒸発法海水淡水化技術の要点は、如何に効率良く海水を加熱・蒸発させ、次いで発生した蒸気を効率良く冷却・凝縮させ淡水を得るかによっている。そのために装置的には、多段フラッシュ蒸発法等が採用され、加熱用蒸気が有する熱量を効率良く利用する工夫が施されている。また、蒸発法では海水の蒸発・濃縮に伴い、海水中の溶存塩類の一部が、加熱用熱交換器の伝熱管面上にスケールとして析出し、効率的な伝熱を阻害するとともに、装置の安定した運転を不可能にするなどの問題点がある。そのため、海水の取水時に予めスケール成分を除去する技術や薬品添加によるスケール析出を抑制する技術の採用が不可欠である。同時に高温海水は、その腐食性が高いので、装置構成材料に高耐食性材料の採用や高温海水の腐食性低減のための前処理技術が不可欠である。

これらの課題に対応し、蒸発法として実績の多いものが多段フラッシュ法であり、同時に、現時点では、まだ造水容量が比較的小さいが、その分フレキシビリティーが高い多重効用法がある。それぞれ、さらなるコスト低下や省エネルギー化へ向けての改良が日々行われている。以下では、蒸発法として多段フラッシュ蒸発法と多重効用蒸発法に焦点をあて紹介していく。

1 多段フラッシュ蒸発法

(1) フラッシュ蒸発法

多段フラッシュ蒸発法海水淡水化装置のフロー・シートと装置内の温度分布の概要[2]を図1に示した。

取水された海水は、前処理後、熱廃棄部に供給され、最終段の凝縮用冷熱源として用いられる。その後、その一部を排出し、熱廃棄部に供給され、熱回収部より送られてきた濃縮水を希釈し、その一部が蒸発する。熱廃棄部において、供給海水により希釈された濃縮水は、その一部を系外に排出された後、熱回収部の凝縮用冷熱源として利用され、最終的に加熱器において目的温度まで加熱された後、十分に抽気された蒸発缶に送られる。各蒸発缶の流入部にオリフィスと呼ばれる絞り弁があり、この絞り弁を通る際の圧力損失を利用して、供給海水の一部がフラッシュ蒸発し、蒸気を発生する。残された海水は、次へ送られ、やはりオリフィスでフラッシュ蒸発し、蒸気を発生する。発生した蒸気は、各蒸発缶の上部に設けられた伝熱管表面で凝縮する。この操作を所定回行った後に熱廃棄部に送られる。各段の凝縮水は生成淡水として回収される。ここでは、濃縮水を再循環させ熱効率を高める「再循環型」を例としたが、フローを単純化し供給海水がすべてフラッシュ蒸発装置内を通過し、その時に発生する蒸気を回収し、同時に濃縮水をそのまま排出する「環流型」もあるが熱効率の観点から、現在稼働しているプラント

多段フラッシュ蒸発法海水淡水化装置のフロー・シートと装置内温度分布の概要(図1)

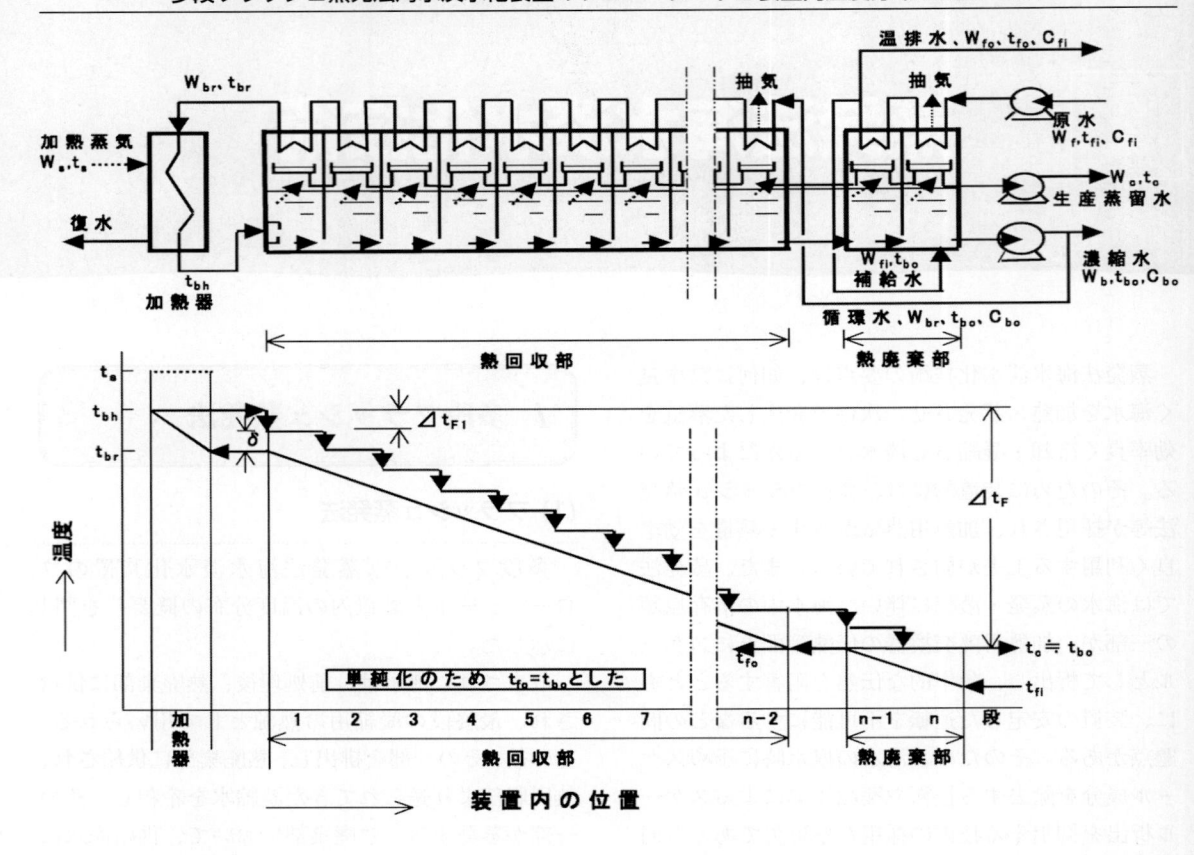

は再循環型のみである。

また、ここでは、多段フラッシュ型を紹介したが、船舶用の海水淡水化装置として単段フラッシュ型の実用例[4]も多い。

(2) 前処理システムと方式

前項までの原理に基づき、実際の淡水化装置においては、装置システムの構成は、原海水の取水設備、原海水貯槽、その他の補機類が多数あるが、ここでは、それぞれの詳細については省略し、多段フラッシュ蒸発装置の運転にあたり、最も重要である前処理について紹介する。

前処理は伝熱管へのスケール析出回避、装置構成材料の腐食性低減を目的としており、多段フラッシュ蒸発海水淡水化装置の安定した運転を確保するためには極めて重要な装置である。

① スケール抑制技術

海水を蒸発・濃縮していくと海水中の溶存塩類のうち、HCO_3^-、Mg^{2+}及びCa^{2+}からなる$CaCO_3$や$Mg(OH)_2$が析出してくる。さらに高い温度においては、CaSO4系のスケールが析出する。これらのスケールが伝熱管に付着すると伝熱が著しく阻害される。

伝熱管に付着し、伝熱性能を阻害する因子としては、スケールとスラッジに大別される。以下では、それぞれについて、その対策について取りまとめた。

ハードスケールとして分類されるCaSO4系ス

ケールの防止法として現在実用化されている方法は、スケール析出抑制剤を用いるとともに、これらのスケールが析出しない温度及び濃度範囲で淡水化装置を運転する方法である。最近、これらの方法とは原理的に異なり、淡水化装置に供給する原海水の前処理としてNF膜処理を行い、海水中のCa^{2+}イオンやSO_4^{2-}イオンの一部を選択的に取り除き、$CaSO_4$系スケールの析出を防止する方法が提案され[6]、多重効用法海水淡水化のパイロットプラントの運転研究により、その実用性が確認されている[7]。

$CaCO_3$や$Mg(OH)_2$からなるアルカリスケールはソフトスケールとも称されているが、これらのスケール析出は海水中のCO_3^{2-}に影響されることから、アルカリスケールの防止には、脱炭酸・pH制御やスケール抑制剤の添加法が用いられている。これらの手法を適切に採用する事により、蒸発法淡水化装置の安定した運転は確保されている。

スラッジは、蒸発缶体の腐食生成物である鉄の酸化物が主成分で、これに補給海水中の微細な土砂や有機物から成り立っている。これらのスラッジの除去には、スポンジボールを伝熱管内に流し、これにより機械的な洗浄法が有効である。

② 脱気処理

装置構成材料の腐食抑制のためには、溶存酸素の低減が有効である。そのため、補給海水の真空脱気処理が行われる。最終段の内部にトレーを設けて行われる場合もあるが、最近では溶存酸素20ppb程度までの脱気が要求されるので、独立の充填塔が使用される場合が多い。脱酸素剤の注入が併用されることもある。

③ 消泡剤の注入

一般に海水は界面活性物質を含んでいて、発泡性を有する（又は泡の消滅が遅い）ことが多い。フラッシュ蒸発する海水から泡沫が生産水に混入して水質を悪化させないように、蒸気の移動経路にデミスターを設けるとともに、補給海水に極微量の消泡剤が添加される。また、消泡剤は脱気器での気泡の離脱を促進することから、この観点からの効果も期待される。

(3) 後処理システムと方式

生産水は、井戸水等の他の陸水とブレンドされる場合等を除き、飲み水としては純粋過ぎるので、硬度成分の調整、送水管網の腐食防止のための安定化も含めた後処理を実施し、最終的に現地の水道水基準に合致するおいしい水に調整する必要がある。従来から各種の方式が試みられてきたが、最近では、炭酸ガスを吸収させてpHを下げ石灰石を溶解する方法が採用されることが多い。

2 多重効用蒸発法（Multi Effect Distillation：MED法）

多重効用法は一定量の蒸発に対する熱消費を少なくするため、数個の蒸発缶を順次連絡して行き前の蒸発缶で発生した蒸気を次の蒸発缶に導き、液の加熱、蒸発に用い、蒸気自身は凝縮し生成淡水として回収されるものである。蒸発缶には、液の流動方向及び伝熱面の形状と配置などの違いによって水平管型、下降液膜型、プレート型などがある。また、実際の淡水化装置としては蒸発缶を上下に積み重ねた方式と横に並べる方式があるが、積み重ね方式では、その設置面積を小さく出来るメリットがあるが、反面、効用数を増やしていくと基礎の荷重対策や供給水のヘッドなどの問題もある。

蒸気圧縮法は多重効用法の蒸発缶の数を少なくして且つ同等の蒸発量と熱消費量を達成しようとするものであるが、蒸気を圧縮するための動力の問題もあり、近年では、蒸気エゼクターにより蒸気を圧縮する方式（RH型）が用いられる場合が多い。RH型においても、多重効用法と同様に加熱蒸気は管内、沸騰蒸発ブラインは管外とし、低温効用段で発生した蒸発蒸気を圧縮して再度高温効用段の加熱蒸気として利用することにより少ない

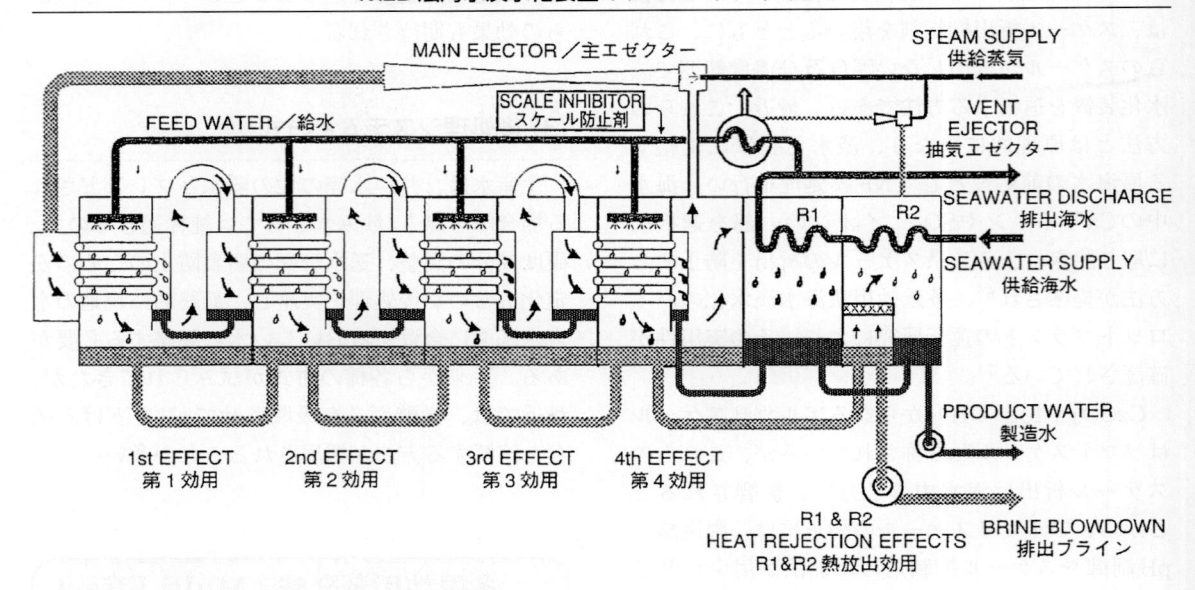

MED法海水淡水化装置のフロー・シート（図2）

蒸発缶数で前述の多重効用法と同じ蒸発量と熱消費量を実現できる方式である。

水平管式多重効用蒸発器に蒸気エゼクターを利用した熱圧縮を組み合わせた4効用のRH型海水淡水化装置の典型的なフロー・シート[5]を図2に示す。

図2に示した様に、外部より供給された蒸気で主エゼクターを作動させることにより最終効用で発生した低温蒸発蒸気を吸入混合し同時に圧縮操作を行った後、加熱蒸気として第1効用蒸発缶内部に供給される。また外部から供給蒸気の一部は真空発生装置で消費される。効用缶内の伝熱管外表面に散布された海水は、伝熱管内部に供給された加熱蒸気を凝縮するのと同時に、海水自身も一部蒸発を起こし、その蒸発蒸気は加熱蒸気として次効用の伝熱管内に供給され、管外の濃縮水と熱交換し凝縮する。凝縮した蒸気はすべて最終効用に集められ製造水として取り出される。他方伝熱管外表面に散布された海水は、蒸発により濃縮したあとすべて最終効用に集められ濃縮海水として排出される。図2で示される装置は熱放出部としてR2を装備したタイプであり最終第4効用で集められた濃縮水はR2へ導入され自己フラッシュ蒸発により所定の排出ブライン温度まで下がる。他方発生蒸気は冷却管外面で凝縮し、製造水の一部として回収する。

3 膜法海水淡水化

蒸発法海水淡水化では、水を蒸発させるのに多量なエネルギーを必要とするが、相変化現象を利用しない膜法海水淡水化では水の蒸発潜熱に相当する大きなエネルギーを必要としない。この事から、膜法海水淡水化は省エネルギーの観点からも大きな期待がある。膜法海水（カン水）淡水化法には、逆浸透現象を利用する逆浸透法（溶存イオンを排除し、水分子のみを透過させる方法）と陰・陽イオンを選択的に透過させて淡水を得る電気透析法がある。対象とする水溶液の塩濃度の大小により、逆浸透法あるいは電気透析法が採用される。ここでは、逆浸透法及び電気透析法について紹介する。

1 逆浸透法海水淡水化

海水などの塩類水溶液は、溶存塩類の濃度に応じて浸透圧を有しており、この水溶液を浸透圧以上に加圧すると、半透膜を介して淡水のみが透過してくる。この原理により海水から容易に淡水を得ることが出来る。また、この方法は蒸発法海水淡水化の様に、相変化により淡水を得る方法とは異なり、水溶液を加圧することのみで淡水を得ることから、淡水あたりに必要とするエネルギーを大幅に減少させる事が理論的に可能であり、近年省エネルギー型淡水化法として内外に広く採用されている。逆浸透法海水淡水化に用いられる逆浸透膜の種類や構造などについては本書においても

詳細な紹介がある[8]ことから、ここでは、水ビジネスの観点から逆浸透法海水淡水化を紹介する。

逆浸透法海水淡水化装置のフローの概要[9]を図1に示した。このフローは沖縄県の北谷に建設された造水量40,000m³/日のものである。現在、世界的には、それぞれ特徴のある装置が稼働中であるが、この装置はその代表的な例である。

図1により逆浸透法海水淡水化の概要を説明する。

北谷の淡水化施設の特徴として指摘される例として取水設備が挙げられる。施設近傍の海域は珊瑚の自生地域であり、そのために環境保全に細心の注意が施されている。通常、海水を取水する場合には取水管の最先端部分に塩素を注入するが、ここでは塩素の外洋への漏れを防止するために取水管における塩素注入を取りやめ、取水後の沈砂池（海水貯槽）に塩素を注入している。取水した海水はろ過器からなる調整設備で前処理が行われ、汚濁物質が取り除かれる。その後、RO膜装置にて淡水が得られる。前処理としては、淡水化装置が設置される海域の海水の特徴や装置設計会社のノウハウにより種々の例が採用されており、最近では砂ろ過装置に替わりUF膜やMF膜を用いる例もある。いずれにしろRO膜装置にとって、前処理は、いわば命とも云うべき操作であることから、実装置の設計にあたっては海水の性状（年間を通した季節変動も考慮した）に沿った適切な前処理装置が重要である。

前処理後の海水は、高圧ポンプにより供給海水の持つ浸透圧以上の高圧にした後、RO膜装置に送られ、ここで淡水を得ることができる。この

北谷淡水化施設における逆浸透法海水淡水化装置の概要（図1）

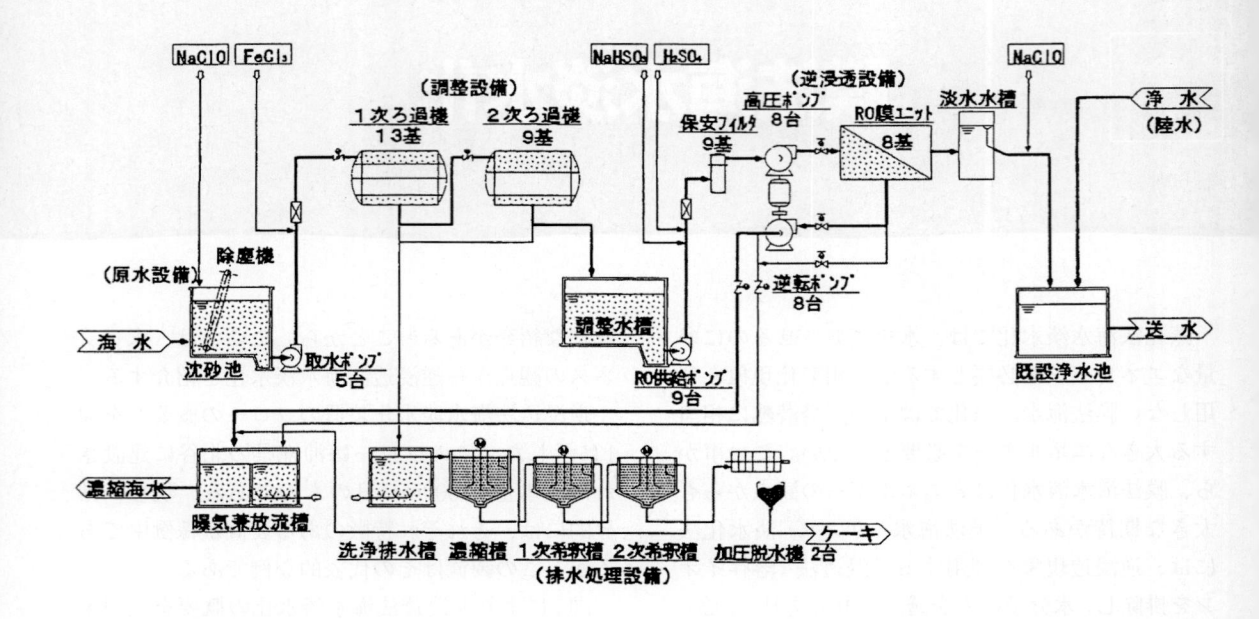

時、淡水と同時に副成する濃縮水には、供給時の高圧力が保持されていることから、この高圧力を回収することが、淡水化設備の省エネルギー化にとって重要である。ここでは、濃縮水の返送ラインに逆転ポンプをセットし、これにより回収した圧力エネルギーを高圧ポンプの補助動力として再利用し、省エネルギー化を図っている。逆浸透法海水淡水化の省エネルギーにとって、この圧力回収は大きな課題であることから、最近ではプレッシャー・エクスチェンジャー型の回収装置が開発[10]され、一部では、すでに実装置にも採用されている。このエネルギー回収効率は、ここで採用された逆転ポンプ等に比べ、はるかに大きく98%以上とされている。

逆浸透法海水淡水化装置の安定した運転を確保するためには化学薬品の使用は重要である。一般的に、薬注設備は前処理用、RO膜装置用そして最終の淡水を供給する際と3段階に行われている。また、前処理としてUF膜やMF膜を用いた場合には、これらの膜の汚れ対策として、こちらでも薬注設備が必要である。そこで、図1を例として薬注設備の概要を説明していく。常時注入される薬剤としては、凝集剤の塩化鉄、殺菌用の次亜塩素酸ソーダが前処理に用いられ、次いでRO膜（PA製）の保護のために残留塩素の還元剤として重亜硫酸ソーダ（SBS）、さらには殺菌やスケール防止のために硫酸がある。これらの薬剤は、それぞれ用途に応じて連続または間欠に注入される。しかし、実際の注入量は、海水の特性に応じた微調整が必要であり、それぞれの施設により対応しているのが現状であると云える。また、化学薬品使用については、結果的に添加された化学薬品が環境に排出されることから、環境保全のためには極力使用を少なくして行くことが求められている。

また、最終的に飲料水として給水するにあたっては、生成淡水中に残存するホウ素低減対策を求められ、我が国では福岡の海水淡水化の例では低圧RO膜による処理設備が付属されている。北谷

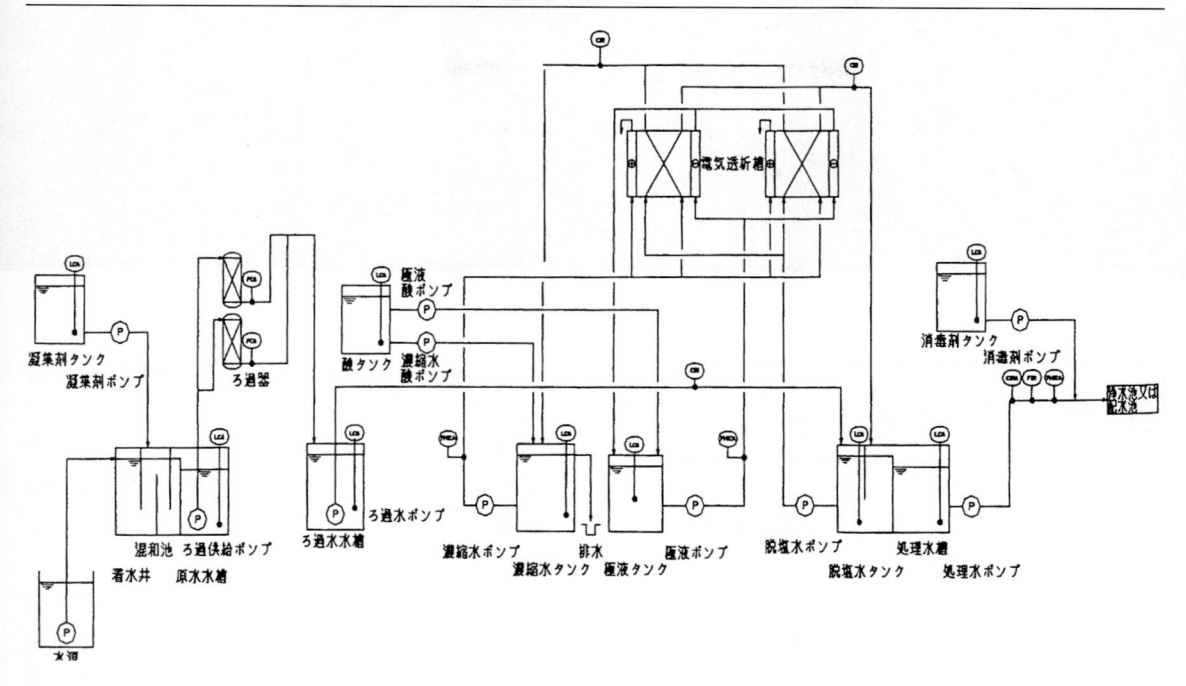

電気透析法による淡水化装置のフロー・シート（図2）

では海水淡水化施設により生成した淡水で、地域の水道水の全量をまかなうということは無く、陸水による浄水との混合給水であるので、ホウ素低減対策は不要である。また、水道水中の残留ホウ素についてはWHOのガイドラインを基に水道水基準が定められているが、このガイドラインは現在見直し中であると云われている。

2 電気透析法

　前項の逆浸透法海水淡水化が海水中に溶存しているイオン類を半透性の膜により除去し淡水を得る方法であるが、電気透析法は反対に陽・陰イオンを選択的に透過させ、イオンが除去された淡水を得るというもので、お互いに膜現象を利用する淡水化法であるが、移動する物質が異なる特徴を有している。従って、膜へのファウリングについては、そのメカニズムが異なるなど具体的な差異は大きい。また、電気透析法の特徴として、淡水の回収率が大きいという特徴がある。これは、電気により原水中のイオンを移動させることによっている。しかしながら、イオンの移動量の増大は消費電力量の増大に直接に繋がることから原水中の溶存濃度が高い海水などの例では電力消費量が増大するとともに設備も大きくなるので、海水を対象とした実用例は無い。しかしながら、操作が容易であることから小規模のカン水の脱塩に利用される場合が多い。原水中の塩濃度としては、およそ1,000mg/L～2,000mg/Lを目途として電気透析法が用いられている。

　図2に電気透析法による淡水化プラントのフロー・シート[2]を示す。逆浸透法海水淡水化装置と同様に取水海水の前処理を行い、汚濁物質を除去された原水は電気透析槽に送られ、イオン類が除去される。

4 ハイブリッド法

1 ハイブリッド法

　蒸発法海水淡水においては、海水の蒸発のための熱源が不可欠である。しかしながら、熱源として必要とされる温度は通常の熱プロセスに比べれば、はるかに低温となることから発電用タービンの背圧蒸気を熱源とする発電＋淡水化の二重目的プラントが一般的である。特に中東地域のように、新たな経済発展や都市の開発を目的とする場合には、都市機能としての電気及び水が基本的なインフラ整備として不可欠である。しかしながら、淡水需要の旺盛な中東諸国では、図1 [2])に示したように冬季の電力需要が夏季の電力需要に比較し大きく落ち込む。しかしながら水需要については、電力需要ほどの落ち込みはないことから、冬季の発電量が下がるために淡水化の熱源とする背圧蒸気が不足する。そこで、造水量を確保するための補助ボイラーを稼働することが不可欠となり、結果的に造水コストの上昇を招いている。

　そこで、これらの二重目的プラントに逆浸透法海水淡水化装置を付加し、年間を通して、電力及び水需要の変動に柔軟に対応するプロセスが提案されている。この様なハイブリッド法においては、構成する蒸発法及び逆浸透法海水淡水化装置は既存技術であり特段の問題は指摘されていない。また、現状では、ハイブリッド法海水淡水化としての運転状況の報告例も見あたらない。

　一方、中東地域を対象としたハイブリッドシス

中東諸国の代表的な電力および
　水需要のパターン（図1）

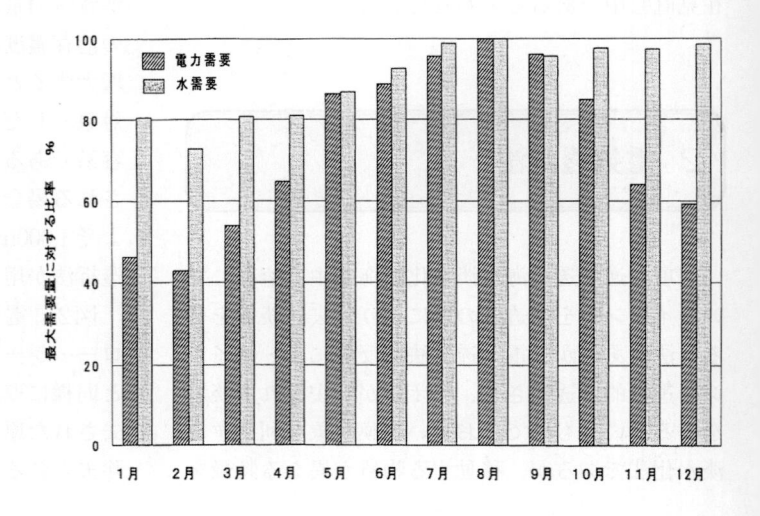

ハイブリッドシステムの構成(表1)

		ハイブリッドシステム	従来型(非ハイブリッド)システム
造水設備	定格造水容量	100MIGPD	100MIGPD
	MSF/RO比	50/50	100/0
	MSFプラント	12.5MGPD×4基	12.5MGPD×8基
	ROプラント	4.2MGPD×12基	NA
発電設備	定格送電端発電容量	834MW	1,753MW
	ガスタービン発電器	270MW×3基	270MW×6基
	背圧タービン発電器	102MW×2基	204MW×2基

テムの経済性評価が行われた。この評価で対象としたハイブリッドシステムの構成例[2]を表1に示した。その結果、ハイブリッド方式では従来の二重目的方式の運転コストを100とすると、約76にまで低下する事が見出され、ハイブリッド方式の優位性が明らかになった。ここでは、経済性評価のベースとなる各種単価類については平成14年度の単価を使用している。当時と経済状態には差があるために絶対的な評価は無理と判断しているが、ハイブリッドシステムと従来の二重目的プラントとの相対的評価によりハイブリッドシステムの経済性の優位性が理解される。

2 Tri - hybrid法

最近、NF膜処理 - RO膜処理 - MEDからなるIntegrated Hybrid System(ここでは、3つの操作を組みあわせたシステムであることからTri-hybrid法と呼ぶ)が開発された。このシステムは供給原海水をNF膜処理することにより、海水中のCa^{2+}イオンやSO_4^{2-}イオンの一部を除去し、蒸発法海水淡水化の大きな問題点であったスケール析出を防止し、蒸発温度の高温化を図り、一層の省エネルギーを可能としたものである。

Tri - hybrid法海水淡水化のフローの概要[11]を図2に示した。

図2において原海水は、前処理装置により濁度処理など適切な前処理を経た後、NF膜装置に送られ処理される。得られたNF膜処理水は、RO膜処理装置において生産淡水となる。NF膜処理水の一部、RO膜濃縮水及び原海水はMED原水槽で混合され、MEDへの給水となる。RO膜濃縮水は全量原水槽に送られるが、NF膜処理水および原海水との混合割合はスケール成分であるCa^{2+}イオンやSO_4^{2-}イオン濃度により決められる。

このように、Tri - hybrid法においては、RO膜濃縮水は前段のNF膜処理によりCa^{2+}イオンやSO_4^{2-}イオンが除去されているためにその全量をMED供給水として用いる事が可能であるので、全体として取水量の大幅な減少とともに濃縮ブラインの量を少なくする事も可能である。

Tri - hybrid法海水淡水化の実用プラントは、現時点では実現はしていない。現在、造水量24m³/日のパイロットプラントの長期連続実証運

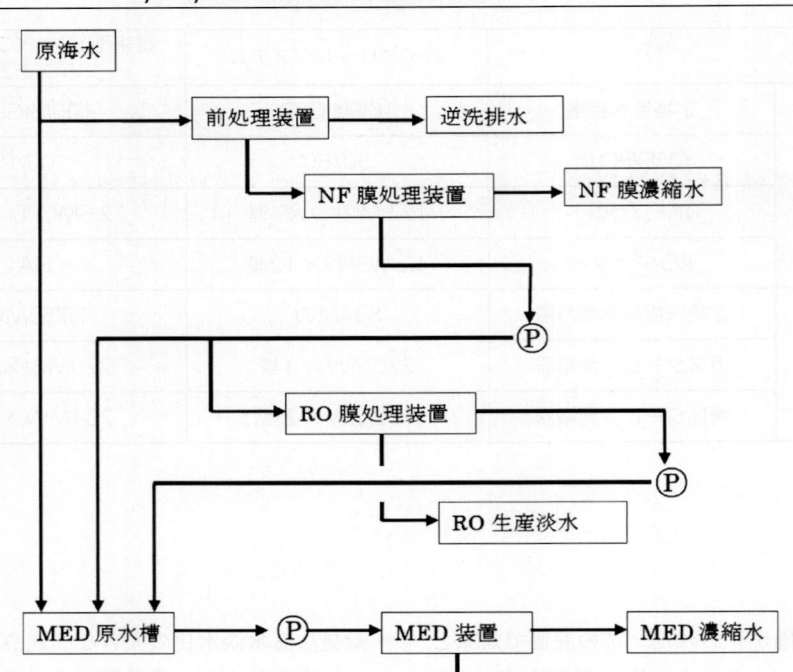

Try - hybrid法海水淡水化装置のフロー・シート(図2)

転が行われ、MEDへの供給水には、Ca^{2+}イオン及びSO_4^{2-}イオンが低減されていることから、その最高運転温度は従来の65℃程度から125℃へと大幅な高温化が世界で始めて実証された[7]。

パイロットプラントの運転結果を用いて造水量が10MIGPD(MED/RO:70/30) Tri - hybrid法海水淡水化の経済性評価が行われた[12]。その結果、造水コストはTri - hybrid法海水淡水化では、従来型MED法海水淡水化のおよそ75%と試算された。現在、MED法とRO法との造水量の分担の最適化を図り、さらに低コスト及び省エネルギー化への努力が進められている。

5 太陽エネルギー利用海水淡水化

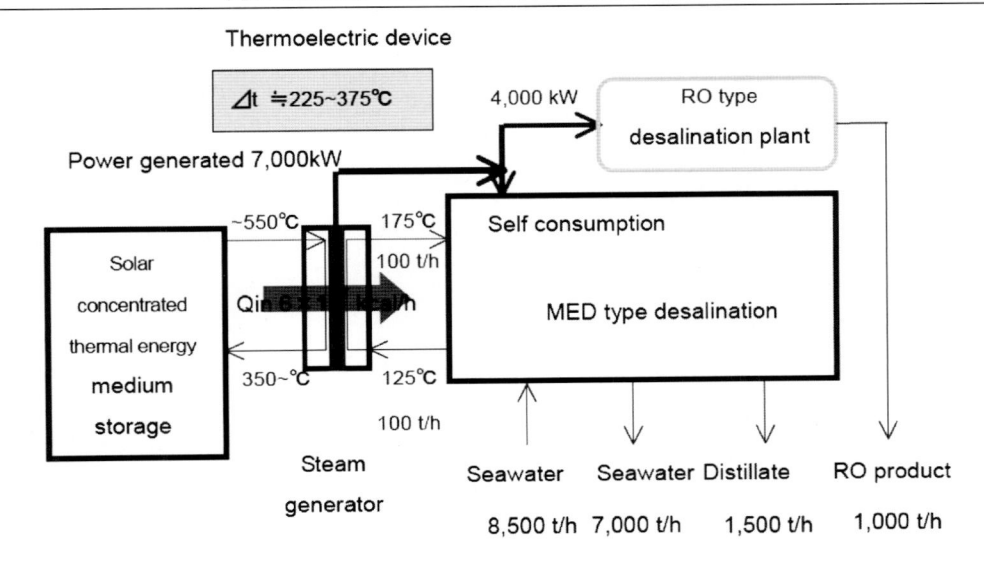

　海水淡水化に係わるエネルギー源として自然エネルギーへの期待には大きいものがある。太陽エネルギーの利用形態は光と熱に分類される。光エネルギー利用では、最近の太陽光発電パネルの効率向上から今後の一層の発達が期待されるところである。熱エネルギー利用システムにおいても集光型と集熱型がある。また熱エネルギーの効率的な利用を考えると集熱した熱の蓄熱システムも重要な技術となる。また、近年では、太陽エネルギーの総合的な利用効率の向上を目的として、より高温での集熱を可能とする工夫も試みられている。また、同時に風力発電への期待も高まり、今後はトータルとした自然エネルギー利用海水淡水化の実用化が期待される。

　太陽エネルギー利用海水淡水化の原理や実用例については、すでに詳細な解説[2]があるので、ここでは省略するが、最近、太陽エネルギーを高温で集熱し、この高温熱源を利用した新しい概念の海水淡水化技術の概念が報告された[13]。ここでは、この概念を紹介し、太陽エネルギー利用海水淡水化の将来を展望したい。

　高温集熱太陽エネルギー利用海水淡水化の概要を図1に示す。ここで、太陽エネルギーの高温集熱は図2に示すように、中央に集熱タワーを有す

高温集熱太陽エネルギー利用海水淡水化の概要（図1）

高温集熱機構(図2)

るビーム-ダウン構造が考えられる。これにより集光・集熱された高温熱源は、熱利用工程への熱輸送の課題と太陽エネルギー利用の平準化の課題もあることから高温で蓄熱された後、熱電発電素子へ送られ発電が行われる。同時に熱電発電素子を適切に冷却し、発電の効率化を図るとともに廃熱が回収される。一方、海水の淡水化は、発電された電力を用いる逆浸透法と廃熱を熱源として用いる蒸発法を組みあわせ、高効率化が図られている。図1には、これらの過程の物質収支及び熱収支が明らかにされている。

当該技術の詳細は現段階では不明な点も多いが、現時点で入手可能な技術資料を用いて経済性を評価すると、生成淡水コストは0.55US \$/m^{3}とされ、極めて低コストで海水淡水化が可能となると示唆されている。実際の実証までには、まだまだハードルが高いと思われるが、嘗て、我が国の技術者が世界に先駆けて海水淡水化関連技術の開発を遂行してきた歴史をみると、今後も、我が国独自の海水淡水化技術の積極的な開発が期待されるところである。さらには、海水淡水化に必要とするエネルギーが太陽や風力など自然エネルギーであれば、今後のビジネス機会の拡大に繋がるものと思われる。益々の技術開発を期待している。

6 海水淡水化プラントの普及状況

　国内における海水淡水化プラントとしては、沖縄県北谷（沖縄県海水淡水化センター）に40,000m³/日及び福岡県（福岡地区水道企業団海水淡水化施設）に50,000m³/日のプラントが順調に運転されている。北谷では、付近の海域に珊瑚が自生していることから環境への配慮が特徴とされ、前記したように取水に工夫がされている。また福岡では、通常の取水設備と異なり海底に設置した取水管を通じて取水する方式（浸透取水）を採用している世界でも珍しい淡水化装置である。逆浸透法や電気透析法による海水淡水化プラントは離島での設置例も多く、住民の安定した生活に貢献している。また、既存の水供給計画から離れた地域に建設された原子力発電所では、独自に海水淡水化プラントを設置し、必要とする用水をまかなっている。これらについては、すでに紹介されている[2]ので、そちらを参照していただきたい。

　世界の海水淡水化プラントについて、その計画及び予定も含めてGWI（Global Water Intelligence）社のデータベース（desaldata.com）[注1]をもとに淡水化施設の納入状況（計画、予定を含む）について解析を行った。

　1944年から2010年の世界の淡水化施設（海水及びカン水の淡水化）の契約年基準の総累積容量は7千万トン/日、また、運転開始年基準では総累積容量は6千万トン/日である。図1に1980年から2010年までの海水淡水化施設の累積容量の変化を示した。図1から明らかなように海水を原

世界の海水淡水化施設納入実績の推移
（図1）

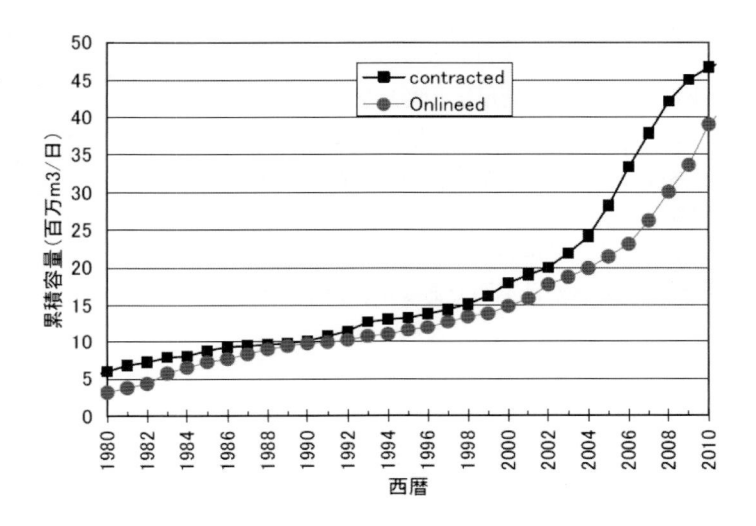

**世界の海水淡水化施設の方式別割合
（運転開始年基準）（図2）**

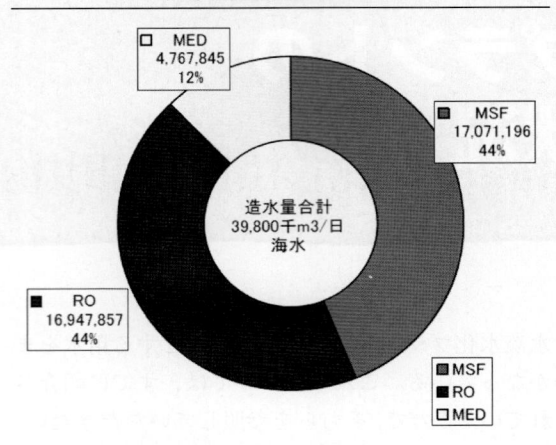

MED 4,767,845 12%
MSF 17,071,196 44%
RO 16,947,857 44%
造水量合計 39,800千m³/日 海水

■ MSF
■ RO
□ MED

世界の海水淡水化施設の方式（2010.08現在）
Source;GWI,Desaldata、作成：造水促進センター

水とする海水淡水化施設は、年々増加しているが、2003年頃から増加の割合が大きくなっているのが分かる。最終的に、2010年までの累積容量は契約年基準では4.7千万トン／日、運転開始年基準で4千万トン／日となっている。

淡水化の原水は、海水（Seawater）が60%、カン水（Brackish）が21%であり、その他として河川水等が利用されている。

海水淡水化の方式としては、図2に示したように、逆浸透膜法と多段フラッシュ蒸発法がともに44%、そして多重効用法12%となっている。

生産された淡水の用途としては、やはり飲料水等の民生用75%と最大であり、次いで工業用が13%及び発電用が5%となっている。

また、ここで用いた統計データでは、どの様に扱われているかは不明であるが、近年淡水化プラントのリハビリが注目されている。蒸発法海水淡水化装置は、1970～1980年代に建設のラッシュがあり、この時に建設された淡水化装置の老朽化が進み、蒸発缶内のチューブバンドルの交換やライニング工事などがリハビリの対象となっている[4]。すでに、ジェッダのフェーズ4におけるMSF装置の10基（合計造水量220,750m³／日）のリハビリ工事が終了している。リハビリテーション事業の特徴は、その低コスト性にあり、新設に比べ1/3程度のコストで、15年程度の長寿命化が可能であると共に老朽化した淡水化装置のスクラップアンドビルトを避けることとなり、省資源の観点からも今後の事業展開が期待される。

なお、ここでは、海水淡水化施設のトータルとしての普及動向を紹介した。現在では、淡水化施設の新設ペースは早く、施設そのものの詳細な動向調査はしていない。若干、古くなるが章末の引用文献[2]には、今までの代表的な例が詳細に紹介されているので興味のある方はご覧いただきたい。また、海水淡水化に係わる最新の情報が必要な読者諸賢には、IDA（International Desalination Association：国際脱塩協会）より発刊されている「IDA Journal」及び「The International Desalination & Water Reuse」誌が参考になる。

注1）このデータベースは、2006年にIDA Worldwide Desalting Plants Inventory Report（WANGNICK CONSULTING）を引き継ぎ、GWI（Global Water Intelligence）社によって収集されているものであり、Web上での検索・解析が可能なものである。このデータベースで収集されているデータは、計画中や入札途中の施設も収録されており、計画の遅延や再入札の情報が必ずしも反映されているとは限らない。また廃棄・更新施設の未収録や重複した収録等もみられ情報の精度は必ずしも高くはないと思われる。しかしながら、世界を網羅的に収集されているものとしては、これ以外に適当な資料がないことから、ここで紹介したデータはこれらの背景を含んでいることをご理解いただきたい。なお用いたデータは2010年8月時点のデータである。

7 今後の課題と展望

1 蒸発法海水淡水化

　近年のエネルギー価格上昇もあり、より省エネルギー化が求められている。蒸発法の省エネルギー化については、やはり蒸発温度の高温化の効果が大きい。ここで、紹介したTri-hybrid法では、蒸発温度の高温化を実証しており、今後の多数の実用が期待される。また、金属資源の問題も指摘される。この観点からは、より低コスト海水用高耐食材料の開発が求められている。
　また、環境面の指摘もあり、スケール抑制に添加される薬品類や淡水化装置から排出される温度の高い濃縮ブラインの問題もある。これらの課題の解決は今後の課題として残されている。

2 膜法海水淡水化

　膜法海水淡水化にとって一番の課題は、安定した逆浸透処理を可能とする清澄な海水を造る効率的な前処理技術及び同時に汚れに強い逆浸透膜や対塩素性逆浸透膜を開発することにある。前処理につては、従来の砂ろ過処理やDMF処理に加え、MF膜処理やUF膜処理が提案され、前処理により補足される「汚れ成分」を適切に洗浄するための種々の洗浄法が提案されている。しかしながら、この「汚れ成分」については、海水淡水化装置の設置場所の海水により大幅に異なり、また同一海域においても季節変動もある。従って、前処理の具体的な手法については、それぞれの装置の運転管理のノウハウに属する部分が多いと思われる。運転管理の経験を増やし、早期に一般化した手法を開発して行くことが将来の水ビジネスの海外展開には有効であると思われる。
　装置の心臓部にあたる逆浸透膜に対する期待も大きい。最近、松山ら[14]は「逆浸透膜の開発を展望する」として、今後の逆浸透膜の開発の方向として以下を展望している。
①市販の界面重合法による逆浸透膜については、透水性の向上と耐塩素性の強化。
②有機-無機膜のハイブリッド化。
③耐塩素性向上としてアミド結合を有しないスルフォン化ポリマー。
④膜の性能低下（ファウリング・汚れ）への対策として膜表面へのコーティング。
⑤同じくグラフト重合。
⑥高分子電荷質を静電相互作用による交互に積層する手法による逆浸透膜の作成。

　これらは、いずれも現段階では大学の研究レベルであるが、耐塩素性膜等は、逆浸透膜法海水淡水化装置の安定した運転を確保するために早期の実用化が期待されている。同時に、耐ファウリング性、特に耐バイオファウリング性の確保は重要である。これらによって、日本の誇る膜技術は一層の発展が期待されるところである。

3 まとめ

ここでは、現在実用化されている海水淡水化技術の原理の概要と普及の状況について紹介した。現在、実用化されている海水淡水化技術、つまり蒸発法や逆浸透膜法海水淡水化技術の発達における日本の貢献には、極めて大きいものがある。そして、もちろん企業の方々のご努力によるものであるが産学官が一体となって開発してきた歴史があることを忘れてはならない。これら、先人の努力を引き継ぎ、更に技術を高め、世界に先駆けて温暖化ガス排出削減効果の大きな技術あるいは一層の低コスト化を図る技術の開発・実用化が望まれている。水は人類の健康な生活のためには必要不可欠なものであると同時に経済発展を進めるうえでも不可欠な資源であることは云うまでも無い

ことである。今後も、関係者の一層の努力が望まれるところである。本解説が少しでもお役に立てば幸いである。

参考文献
1) (株) ササクラ提供
2) 造水技術ハンドブック 2004、造水技術ハンドブック編集企画委員会編、(財) 造水促進センター発行、2004
3) 造水技術 ― 造水技術のすべて ―、造水技術企画委員会編、(財) 造水促進センター発行 1983
4) (株) ササクラ ホームページより
5) 稲積 秀幸、原子力 eye、53 (2) 21 (2007)
6) 谷口 良雄、大田 敬一、特開平 9 - 141260「海水の淡水化法」(1997)
7) 平井 光芳、五味 克之、Osman Ahamed Hamad、秋谷 鷹二、日本海水学会誌、62 (6) 266 (2008)
8) 川崎 睦夫、山本 和夫、本書「6章 膜分離技術」
9) 多和田 眞次、'96 造水先端技術講習会「高度処理と海水淡水化」要旨集、77 1996
10) R. L. Stover、Desalination and Water Reuse 19 (2) 27 (2009)
11) 荒木 茂、菅野 健夫、水と水技術、2 86 (2009)
12) Osman Ahamed Hamad、ARWADEX (2010)
13) Toru Kannari、Hiroshi Miyamura and Yoshiharu Hirota、ARWADEX (2010)
14) 松山 秀人、大向 吉景、膜 (MEMBRANE) 35 (4) 169 (2010)

(秋谷鷹二)

III 水の利用・資源化技術編

14章

処理水再利用

1. 再利用の現状
2. 再利用技術

1 再利用の現状

1 概論

　我が国においては、水資源は比較的潤沢であるといわれているが、地域的なばらつきがある。福岡や沖縄などでは慢性的な水不足に悩まされており、海水の淡水化も既に実施されている。また、自然の水資源量に対して水需要量が多い大都市などでは、水資源をダムや長距離の導水路などに頼らざるを得ず、東京もこの例に当てはまる。さらに、資源の有効利用への意識の高まりなどから、生活排水などを再利用し、水路などの親水用水やトイレのフラッシュ用水などとして利用する例も増えており、工場・事業場などでは、主に用水供給と排水に係わるコスト縮減を目的として、既に水の循環利用が進んでいる。

　一方、世界に目を転じると、既に水資源が乏しい地域における水確保が緊急の課題となっており、中東、中国、オーストラリアなどでは、海水淡水化や排水再利用の動きが活発となっている。

　図1は、水道および工業用水の取水から、家庭、オフィス、工場における使用を経て、排水処理、放流および再利用までの水利用の流れの中における水回収システムの位置づけを示したものである。水再利用には大きく分けてビルあるいは工場内の個別循環と広域的循環がある。広域循環では下水処理水を高度処理する再利用が一般的であるが、用途はオフィス用の水洗用水、冷却用水等の他、親水修景用水に加え、農業用水、工業用水がある。水道原水として再利用する場合は直接浄水場へ送水するのではなく、貯水池等を経由する間接利用が多いが、放流位置の下流に位置する浄水場の原水として非意図的に利用される例は我が国でも多いことに注意する必要がある。

　工場排水は、業種によって排水の組成は大きく異なるが、再利用の目的は、工場内において水をリサイクル利用し、用水供給等に係わる費用を削減することが目的となる。蒸発などの減少分のみを供給するシステムでは、水のリサイクル率は極めて高くなる。

2 水再利用の種類

　水再利用は大きく分けるとカスケード利用、循環利用、再生利用に分類することができる。

　カスケード利用とは、ある用途に利用した水を処理することなくそのまま他の用途に再利用することで、高い水質を要求する上流から、ある程度の汚濁を許容する下流へと順次流れるように利用するものである。一般には汚濁成分が少ない間接冷却水を洗浄用水として用いる例が多い。

　循環利用とは、狭義には、ある用途に利用した水をほとんど無処理で同一の用途に再利用することである。具体的には、間接冷却水を冷却塔を通して循環する例、排ガス洗浄塔で洗浄用類を循環する例などがある。

　再生利用とは、排水を処理して水質を向上させた後、水を再び利用するものである。適用する水

水循環系における排水の循環利用の位置づけ（図1）

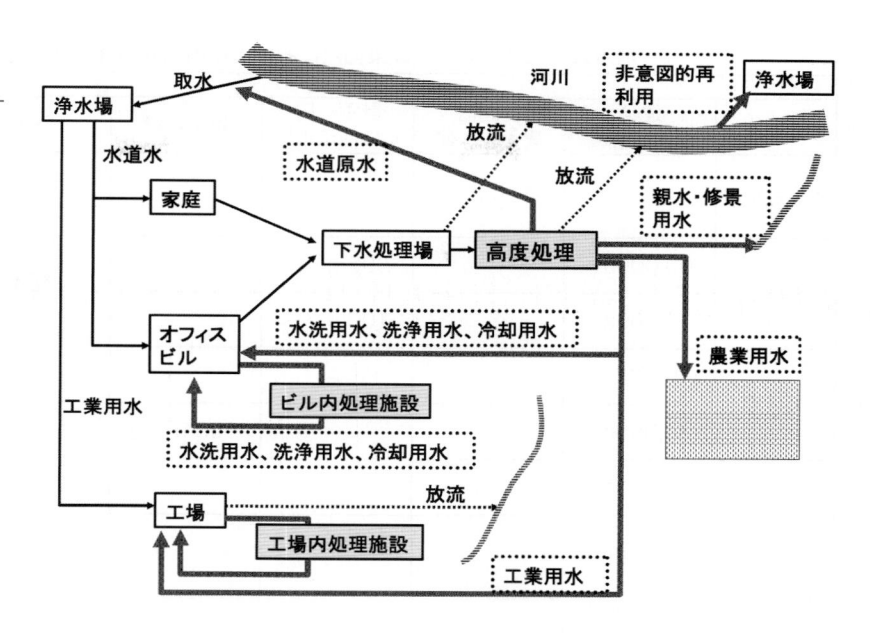

水再生利用の循環規模による分類（図2）

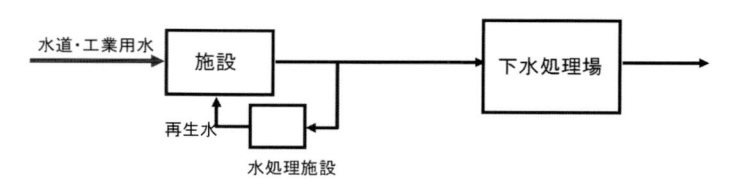

（a）個別循環

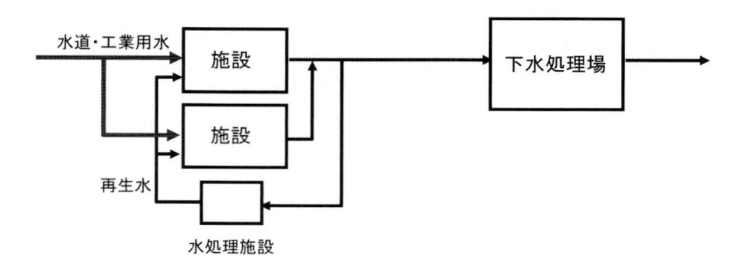

（b）地区循環

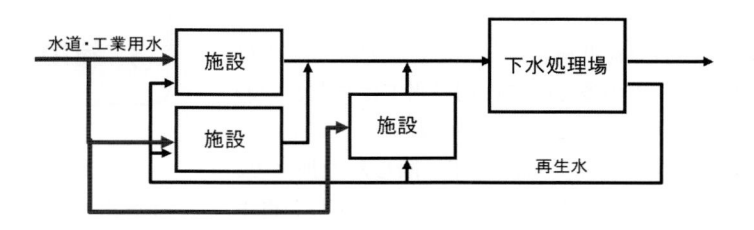

（c）広域循環

地方公共団体における建築物内における雑用水利用促進要綱等の例 (表1)

自治体	建築延べ床面積	計画日最大給水量	計画一日平均使用水量	雑用水量	条件	要綱等の名称
さいたま市		>130m³/日				さいたま市水道局雑用水の利用促進に関する要綱 (2001)
千葉県	>30,000m² [①]		>300m³/日 [①]		下水道放流の場合	雑用水の利用促進に関する指導要綱 (1996)
	>10,000m² [②]		>100m³/日 [②]		個別処理後放流の場合	
東京都	>10,000m²				広域循環方式	水の有効利用促進要綱 (2003)
	>30,000m² [③]			>100m³/日 [③]	地区循環方式、個別循環方式	
香川県	>10,000m²					香川県雑用水利用促進指導要綱 (1998)
高松市	>2,000m²					高松市節水・循環型水利用の推進に関する要綱 (1999)
福岡市	>5,000m²) (>3,000m²) [④]					福岡市節水推進条例 (2003)

①②③　両条件はどちらかを満たすとき。
④　　（　）内は促進区域内

処理システムの選択によって処理水の水質も自由に設定できるため、排出源と再利用の適用場所を選ばない長所があるものの、過度の処理はコスト増を招くこととなる。本論では主にこの再生利用について論じる。

水再生利用は循環の規模によって、個別循環、地区循環、広域循環に分類できる（図2）。

個別循環は、ビルや工場などの個別の施設内に水処理施設を設置し、施設内で水を循環利用するものであり、排水の集中処理システムである下水道とは独立に存在するが、下水輸送システムや下水処理場の負荷低減に貢献することになる。工場排水の再利用の多くはこの例に当てはまり、いわゆるビル中水道もここに分類される。

地区循環は再開発地区などの限られた地区で、複数の施設からの排水や処理施設で浄化し、再生水を再び各施設に配水して利用するものである。主に生活排水の再利用で採用されるが、工場排水に関する例は少ない。これは、工場排水は業種ごとに排水の水質や量、さらに再利用水に求められる水質水準が異なるため、集中して処理することのデメリットが大きいことによる。

広域循環は下水処理場で高度処理をするなどして生産した再生水を処理区域内の複数の施設に配水するものである。供給先としては、大規模なオフィスビル、商業施設、工場などが想定される。

3　雑用水促進の制度

表1は、地方公共団体における建築物内における雑用水利用促進要綱等の例を示したものである。再利用を推進することの目的は水資源対策であるため、福岡市、香川県など水資源の逼迫して

いる地域や、東京都など水資源が潜在的に不足している地域において、大型建築物を対象として要綱等が定められていることがわかる。東京都の大型ビルにおいて個別循環が採用されている例が多いが、水道料金および下水道料金の節約という経済的なメリットの他に、東京都が定める要綱の存在も理由のひとつである。

4 排水の再利用のための基準

再利用をするにあたっては、要求される水質に応じた処理システムが求められる。表2は我が国における再利用水の水質基準などを示したものである。同じ利用目的でも、様々な基準が設定されており、まだ、統一した基準が定められているわけではない。これらより、再利用を考えるときに考慮するべき水質項目は以下のように分類されることがわかる。

①衛生学的安全性に関する指標（大腸菌群、残留塩素）
②外観などの感覚に関する指標（濁度、色度、外観、臭気）
③有機物、金属、イオン類

衛生学的な安全性に関する指標は、水洗用水など、たとえ飲料など直接口に入ることがない用途でも、飛沫となって人体が摂取する可能性があるために、定められている。また、特に再利用水の原水が下水などであることを考慮すると、外観や色、濁りなど感覚に関する指標はきわめて重要であるといえる。一方、工業用水では塩類の濃度に注意する必要があり、農業用水では厳しい基準は設けられていないものの、窒素について留意する必要がある。（表2）

5 水再利用のわが国における現状

(1) 工業用水

図3はわが国における工業用水使用量の推移を示したものである。1960年代からの高度経済成長に伴って水需要が急増しているが、増加分のほとんどを回収水によりまかなっており、2007年において回収率は79%となっている。

図4はわが国における業種別の回収率の推移を示したものである。淡水使用量の業種別のシェアは、化学工業、鉄鋼業、パルプ・紙・紙加工品製造業の3業種（用水多消費3業種）で全体の約71%を占めているが、これらのうち、化学工業、鉄鋼業の回収率は80～90%程度の高い水準を維持しており、工業用水全体の回収率の工場に大きく寄与している。一方、パルプ・紙・紙加工品製造業は増加傾向にあるものの、45%程度で推移している。食料品製造業は、小規模な工場が多いことや業種や工程によって排水の量や質が大きく異なることなどから再利用率はそれほど高くなっていない。

(2) 生活排水

表3は、わが国における下水処理水の用途別再利用状況の推移を示したものである。平成19年度で、下水処理場から139億m³/年発生する下水処理水が発生しているが、そのうち約2億m3/年が何らかの目的で再利用されている。量的に多いのは環境用水、融雪用水、農業用水、事業場・工場への供給であり、水洗トイレ用水などの雑用水としての用途は限られている。

一方、図5、図6は、個別循環、地区循環、広域循環にかかわる、わが国における水再利用施設の導入施設数（雨水利用を含む）を示す。施設数としては個別循環が多いが、近年は雨水利用施設数の増加が著しい。

図7は、わが国における水再利用施設による年間利用量（雨水利用を含む）である。下水処理水

再生水利用に関する基準（比較のため、水道、工業用水、農業用水に関する基準の一部を掲載）（表2）

用途	下水処理水の再利用水質基準等マニュアル (2005)				建築物における衛生的環境の確保に関する法律および同施行令、同施行規則 注1)			水道水質基準	工業用水道の供給標準水質（1971, 日本工業用水協会）	農業用水基準（1971, 農林水産技術会議）
	水洗用水	散水用水	修景用水	親水用水	散水、修景、清掃	水洗用水	冷却塔及び加湿装置に供給する水	飲料水	工業用水	
大腸菌	不検出	不検出	(大腸菌群 1000個/100mL以下)	不検出		不検出	水道水質基準に適合する水を用いる	不検出	—	
濁度	2度以下			2度以下	2度以下			20mg/L以下		
pH	5.8〜8.6				5.8〜8.6			5.8〜8.6	6.5-8.0	6.0-7.5
外観	不快でないこと				ほとんど無色透明であること			—	—	
色度	—	—	40度以下	10度以下	—			5度以下	—	
臭気	不快でないこと				異常でないこと			異常でないこと	—	
残留塩素	遊離 0.1mg/L以上 結合 0.4mg/L以上	遊離 0.1mg/L以上 結合 0.4mg/L以上	—	遊離 0.1mg/L以上 結合 0.4mg/L以上	遊離 0.1mg/L以上 結合 0.4mg/L以上	遊離 0.1mg/L以上 結合 0.4mg/L以上		遊離 0.1mg/L以上 結合 0.4mg/L以上	—	
アルカリ度									75mg/L以下 (CaCO₃)	
硬度								300 mg/L以下 (CaCO₃)	120 mg/L以下 (CaCO₃)	
蒸発残留物								500 mg/L以下	250 mg/L以下	
塩化物イオン								200mg/L以下	80 mg/L以下	
鉄								0.3mg/L以下	0.3mg/L以下	

マンガン	0.05mg/L以下	0.2mg/L以下		
COD				6mg/L以下
DO				5mg/L以上
T-N				1mg/L以下
電気伝導度				0.3mS/cm以下
施設	—	—	水道水質基準に適合する水を用いる	砂ろ過または同等以上の機能を有する施設を設ける
原水	—	し尿を含む水を原水として用いないこと		

注1）延べ床面積3,000m2以上の事務所などの建物内に適用

わが国における下水処理水の用途別再利用状況の推移（日本の水資源平成22年度版）（表3）

再生利用用途	2003年度	2004年度	2005年度	2006年度	2007年度	再利用量割合(2007年度)	処理場数(2007年度)
1. 水洗トイレ用水（中水道・雑用水道等）	545	626	659	676	704	3.3%	52
2. 環境用水							
1)修景用水	4,567	4,483	4,834	5,215	5,896	29.1%	105
2)良水用水	389	552	330	520	603	3.0%	20
3)河川維持用水	5,366	6,005	6,380	6,295	5,827	28.7%	9
3. 融雪用水	3,814	4,456	4,260	3,480	3,863	19.0%	33
4. 植樹帯・道路・街路・工事現場の清掃・散水	45	40	161	49	79	0.4%	161
5. 農業用水	1,487	1,143	1,163	1,143	1,398	6.9%	29
6. 工業用水道へ供給	344	251	281	279	302	1.5%	6
7. 事業所・工場へ供給	2,089	1,812	1,524	1,694	1,612	7.9%	49
計	18,646	19,369	19,592	19,351	20,284		290

わが国における工業用水使用量の推移（日本の水資源平成22年度版）（図3）

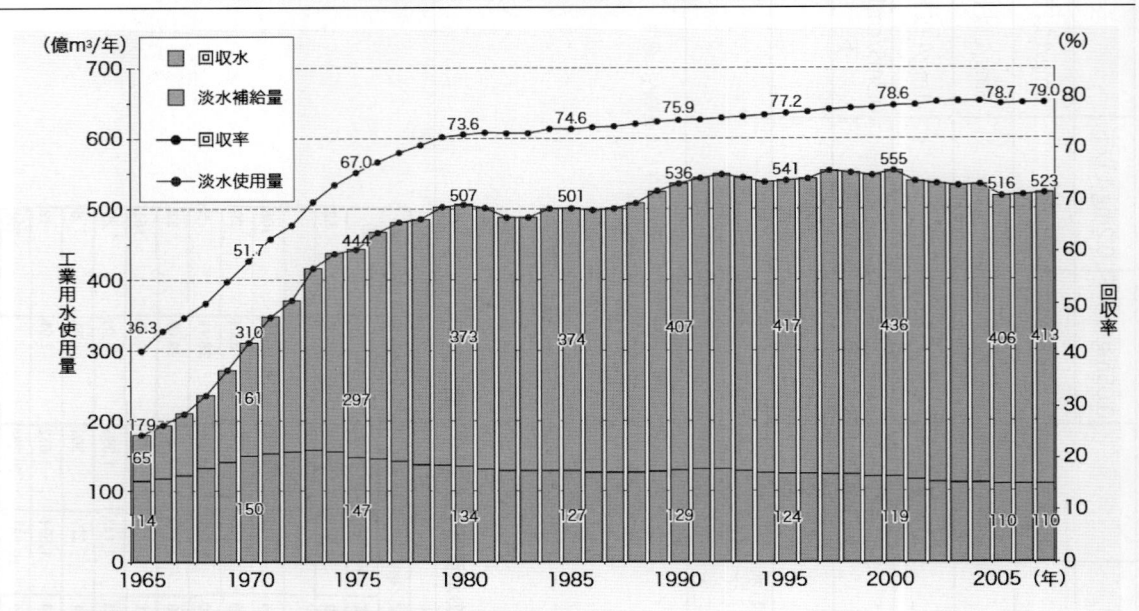

(注) 1. 経済産業省「工業統計表」をもとに国土交通省水資源部作成
2. 従業者30人以上の事業所についての数値である。
3. 公益事業において使用された水量等は含まない。
4. 工業統計表では、日量で公表されているため、日量に365を乗じたものを年量とした。

わが国における業種別回収率の推移（日本の水資源平成22年度版）（図4）

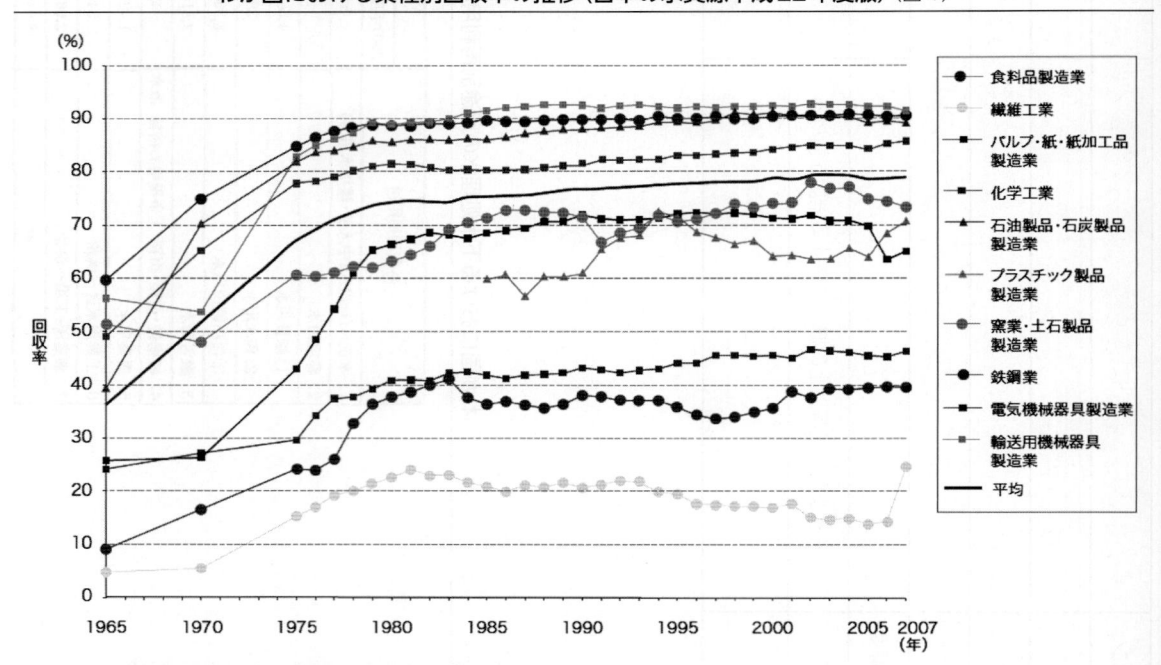

(注) 1. 経済産業省「工業統計表」をもとに国土交通省水資源部作成
2. 従業者30人以上の事業所についての数値である。
3. 1985年以降の食料品製造業には、同年に改訂された「飲料・飼料・たばこ製造業」を含む。
4. 「プラスチック製品製造業」は1985年に「その他の製造業」から別掲された。

わが国における水再利用施設の導入施設数
（雨水利用を含む）（図5）

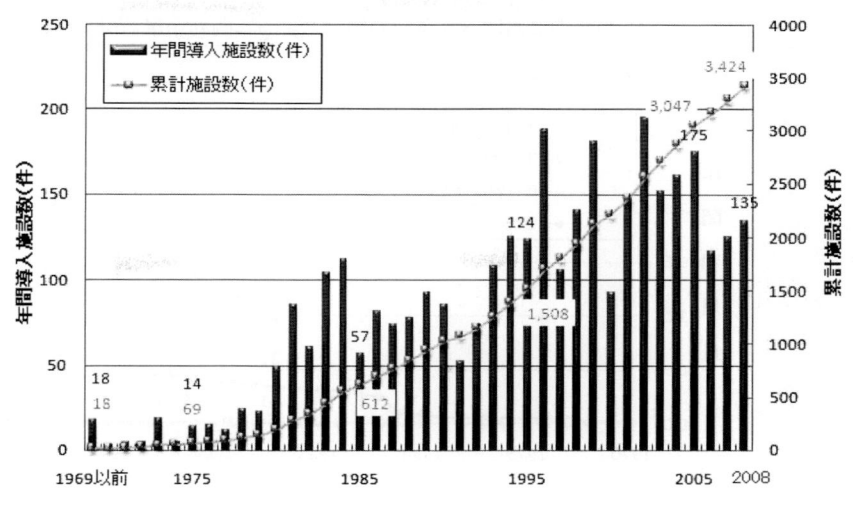

国土交通省水資源部調べ（2008年度末）

わが国における水再利用施設の導入施設数
（循環方式別、雨水利用を含む）
（図6）

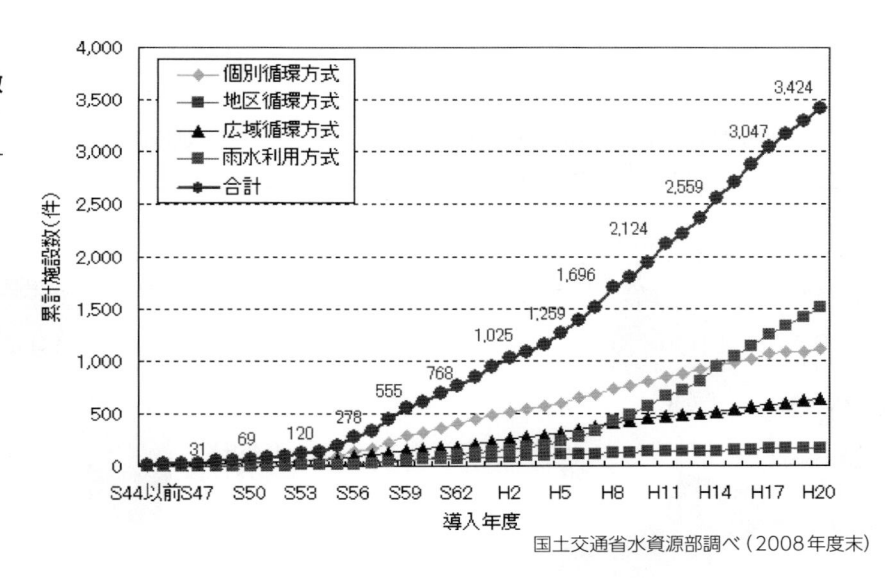

国土交通省水資源部調べ（2008年度末）

利用は、表3の合計量に一致するものである。個別・地区循環の利用量は広域循環である下水処理水利用に比較して少なく、2008年において5800万m³/年となっている。しかしながら、これらの用途ほとんどは雑用水利用であると考えられるため、トイレ用水などの用途では個別循環による利用がほとんどであると推定できる。

図8はわが国における水再利用の目的別件数を示したもので、件数では多くを占める雨水利用・個別循環のほとんどの用途がトイレ用水や散水用水であることを裏付けている。図9は延べ床面積別の施設数の現状であるが、地方自治体の要綱のほとんどが述べ床面積1万m²以上を対象としているにもかかわらず、1万m²以下のビルにおいても再利用施設が導入されていることを示している。

III 水の利用・資源化技術編

わが国における水再利用施設による年間利用量（雨水利用を含む）（図7）

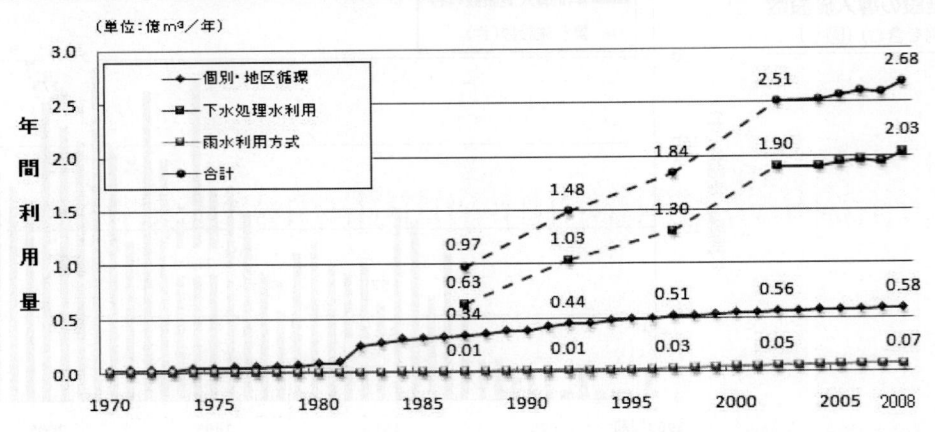

（単位：億m³／年）

凡例：
- 個別・地区循環
- 下水処理水利用
- 雨水利用方式
- 合計

合計：0.63（1987）、0.97（?）、1.48（1992）、1.03、1.30（1997）、1.84、1.90、2.51、2.68（2008）
個別・地区循環：0.54、0.44、0.51、0.56、0.58
下水処理水利用：0.01、0.01、0.03、0.05、0.07
雨水利用方式：2.03

国土交通省水資源部調べ（2008年度末）

わが国における水再利用の目的別件数（雨水利用を含む）（図8）

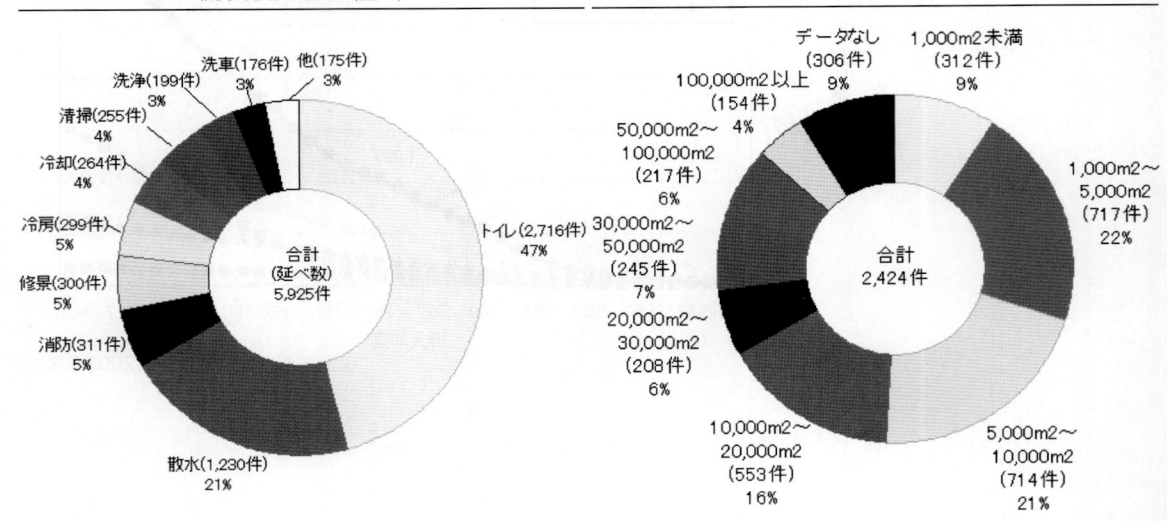

合計（延べ数）5,925件

- トイレ(2,716件) 47%
- 散水(1,230件) 21%
- 消防(311件) 5%
- 修景(300件) 5%
- 冷房(299件) 5%
- 冷却(264件) 4%
- 清掃(255件) 4%
- 洗浄(199件) 3%
- 洗車(176件) 3%
- 他(175件) 3%

延床面積別雨水・再生水利用施設数（図9）

合計 2,424件

- 1,000m2未満(312件) 9%
- 1,000m2～5,000m2(717件) 22%
- 5,000m2～10,000m2(714件) 21%
- 10,000m2～20,000m2(553件) 16%
- 20,000m2～30,000m2(208件) 6%
- 30,000m2～50,000m2(245件) 7%
- 50,000m2～100,000m2(217件) 6%
- 100,000m2以上(154件) 4%
- データなし(306件) 9%

国土交通省水資源部調べ（2008年度末）

2 再利用技術

1 再利用の目的別の処理システムの選択

　水再利用は利用目的により求められる水質が異なり、再利用のための高度処理システムも、目的により異なる。

　表1は水再利用における除去対象物質と適用できる処理プロセスとの関係を示したものである。膜処理は水中の浮遊あるいは溶存する物質を膜の孔径に応じて物理的なふるい分け作用によって分離するので、除去対象物質のサイズに応じた膜を選定することにより、これを除去することができ

る。従って、水の再利用のための処理システムとしては、膜処理はその柔軟性から最適のシステムであるといえる。

　膜処理以外の場合、濁度であれば浄水処理でも用いられている凝集＋砂ろ過で対応が可能であるが、細菌等を除去する場合は、塩素処理などが求められる。臭気物質などの除去にはオゾン処理が必要である。一方膜処理では除去対象物質のサイズに応じた膜の種類の選定によって確実な除去可能となる。大まかに言うと、細菌までのサイズであればMF膜、ウイルスまではUF膜、塩類や微量有機物などの除去にはRO膜で対応することになる。BODレベルの有機物や窒素の除去は、活

再利用に用いられる処理プロセスと除去対象物質との関係(表1)

(○は除去可能の意味)

	凝集＋砂ろ過	塩素処理	オゾン処理	生物処理	膜分離 MF（精密濾過膜）	膜分離 UF（限外濾過膜）	膜分離 RO（逆浸透膜）
濁度（SS）	○				○	○	○
細菌		○	○		○	○	○
ウイルス		○	○			○	○
BOD等の有機物				○		○	○
臭気物質			○				○
色度成分			○				○
塩類							○
窒素				○			○

性汚泥法などの生物学的処理が最適である。従って、活性汚泥法と膜処理を組み合わせた膜分離活性汚泥法を用いれば、これらを処理するとともに、濁質、細菌類の確実に除去することができる。

処理システムの選定する際、修景・親水用水用途では、主に濁りと色を除去することが求められるため、凝集・砂ろ過やオゾン処理が用いられることが多い。ただ、水量が多いことや、単に放流するためということで付加価値が余り大きくないため、膜処理を用いる例はあまりない。水洗用水も、修景・親水用水と同様に濁り、色を除去することが主な目的であるが、ある程度の付加価値がつくために、膜処理を用いる例は多い。特にビル内の循環利用のための処理施設では、MFあるいはUF膜を利用した膜分離活性汚泥法が広く用いられている。再利用用途として飲料水まで考える場合は、より完全な処理が求められ、さらに微量物質なども除去する必要があるので、海水淡水化で用いられるRO（逆浸透膜）までが考慮される。工業用水が再利用目的の場合は、目的とする水質レベル、原水水質、除去対象物質などが様々であるため、多くのバリエーションがあるが、一般には溶存塩類が問題となることが多く、RO膜の利用が求められがある。農業用水は全窒素濃度が問題となることがあるので窒素除去プロセスが必要となるが、窒素除去型の活性汚泥法と膜処理を組み合わせたプロセスにより対応が可能となる。

2 ビル中水道（生活排水の個別循環）において採用される水処理システム

表2は文献2）に基づいて2002年までのビル中水道施設の処理システムごとの処理能力の類型を示したものである。

ビル中水道の処理システムは基本的には、生物処理および物理処理（ろ過）の単独あるいは組み合わせ処理となっている。表中の「生物膜」は接触ばっきなどの生物膜法を利用したものを広く集計したものである。これらの集計結果をもとに、

ビル中水道施設の処理システムの累計（2002年まで）
（表2）

処理方式	能力（m³/日）
MBR	3,015
活性汚泥＋UF	11,475
生物膜＋UF	4,418
UF単独	4,575
活性汚泥＋砂濾過	10,514
生物膜＋砂濾過	14,339
砂濾過、急速濾過のみ	7,318
活性汚泥その他	393
生物膜のみ	11,392
その他	8,339

特にろ過システムの違いに注目し、膜処理を利用したもの、砂濾過を利用したもの、これらのろ過処理を利用していないものの3種類に分類して、累計数の経年変化を示したものが、図1である。ここで「生物処理、その他」は砂濾過や膜処理（RO処理を除く）をシステム内に含まないものを意味する。整備当初は砂濾過を利用したものがほとんどであったが、1985年ごろから膜処理を利用したシステムの導入が進んでいることがわかる。

図2は膜処理を利用したビル中水道システムに注目し、システム毎の累計規模の経年変化を示したものである。導入当初は、UF膜単独処理と活性汚泥法＋UF膜が多かったが、その後、生物膜処理＋UF膜処理が、さらに1997年ごろより膜分離活性汚泥法（MBR）の導入が進んできていることがわかる。

図3は砂濾過を利用したビル中水道に用いられるシステムの累計の経年変化を示したものである。導入当初は活性汚泥法＋砂濾過がほとんどであったが、その後、砂濾過単独と生物膜＋砂濾過が増え、近年の導入例のほとんどは生物膜＋砂濾過となっていることが分かる。

膜分離活性汚泥法は1990年代後半から普及が進んでおり、現在では膜単独あるいは、生物処理の後段に膜分離を配置するシステムに代わり、ビ

ろ過処理に注目したビル中水道に用いられるシステムの累計の経年変化(図1)

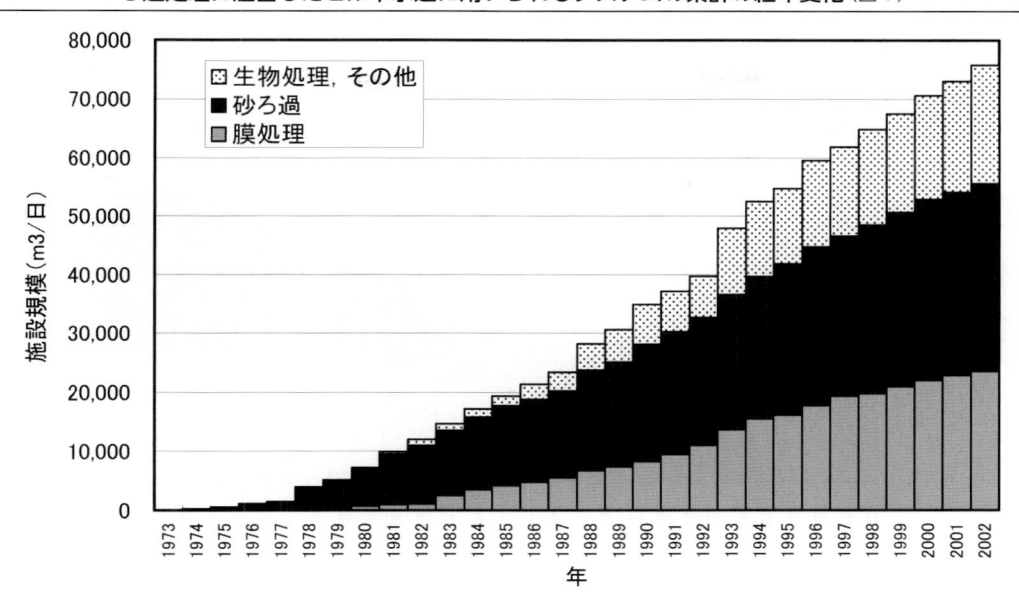

膜処理を利用したビル中水道に用いられるシステムの累計の経年変化(図2)

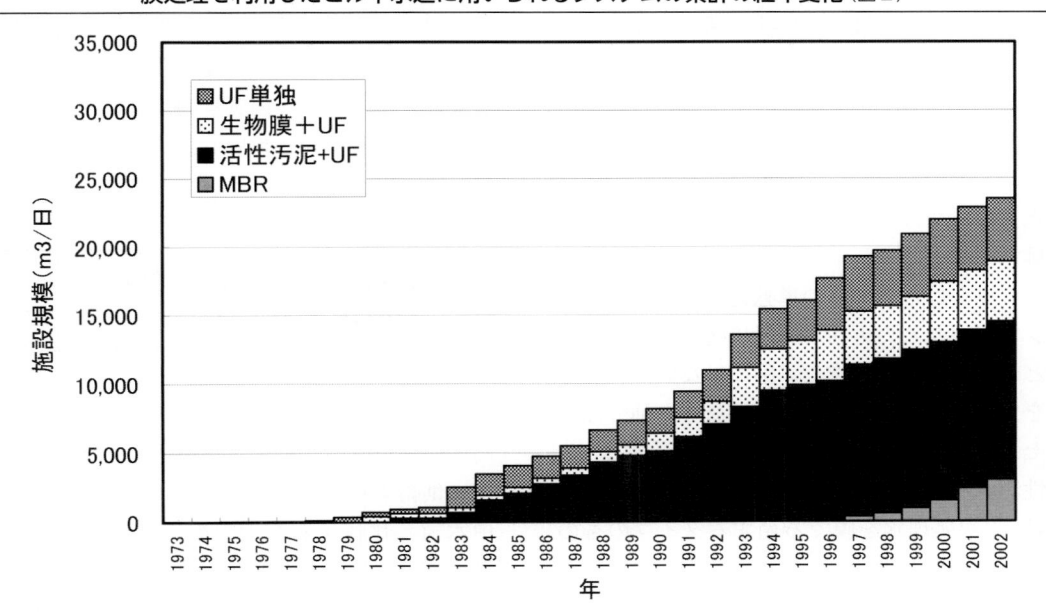

砂濾過を利用したビル中水道に用いられるシステムの累計の経年変化(図3)

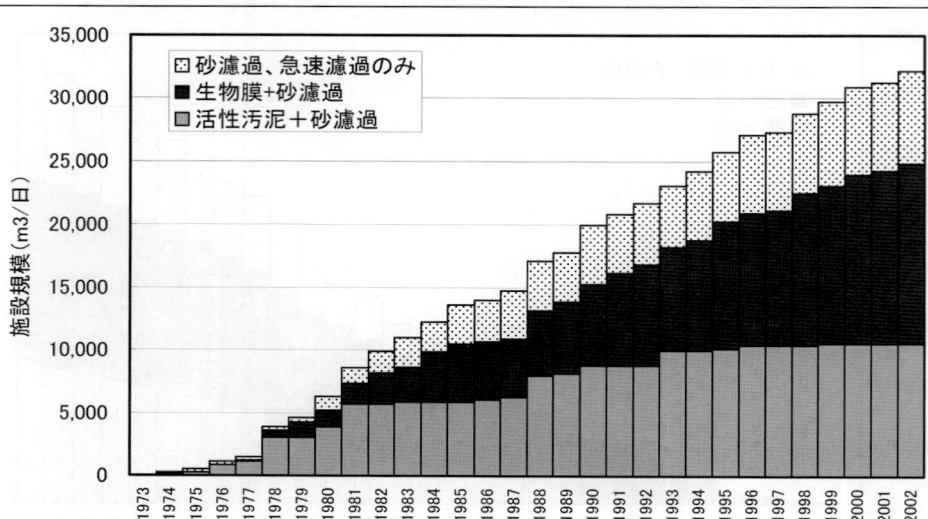

ル中水道における中心的な処理システムとなっている。

図4はビル中水道に用いられる処理システムの概要を図示したものである。生物処理としては、生物膜処理である接触ばっ気法と活性汚泥法が良く用いられる。物理処理処理（ろ過処理）としては、砂濾過およびUF膜処理が多く用いられてきた。図では省略しているが、砂濾過を用いる際、多くの場合はPACなどの凝集剤を添加する。ビル中水道の場合は、処理原水が手洗い場や厨房からの排水のみとして、トイレ排水を除く場合が多く、その場合はろ過のみの単独処理でもトイレフラッシュ用水などの再利用用途に必要な水質を得ることが可能となる。また、図にはないが、厨房排水を処理する場合は、浮上分離などの油分除去プロセスが前処理として必要とする。

活性汚泥法と膜処理の組み合わせとしては、かつては、2次処理水を膜でろ過するタイプのものが多かったが、近年は膜分離活性汚泥法の適用が増えてきている。初期は、膜ユニットが反応槽の外にあるケーシング型が多かったが、最近は膜ユニットを直接反応槽に浸漬するタイプのものがほとんどとなっている。

写真1にビル中水道に用いられる膜ユニットの例を示す。ケーシング型のものの多くはUF膜であり、写真のものもUF管状膜のものであるが、近年はこのような装置はエネルギー消費量が多いこともあって適用例は少なくなっており、その代わりに、エネルギー消費量の少ない浸漬型の適用が圧倒的に多くなっている。

3 広域循環に用いられる水処理システム

広域循環はほとんどの場合下水処理場において高度処理を行い、再生水をオフィスビルや工場などに供給するシステムである。したがって、ビル中水道に比較すると大規模であり、通常の下水処理プロセスに高度処理工程を付加するタイプとなっている。したがって、ビル中水道で採用されることのある接触ばっ気や砂ろ過単独などはあまりない。

ビル中水道に用いられる処理システムの概要（図4）

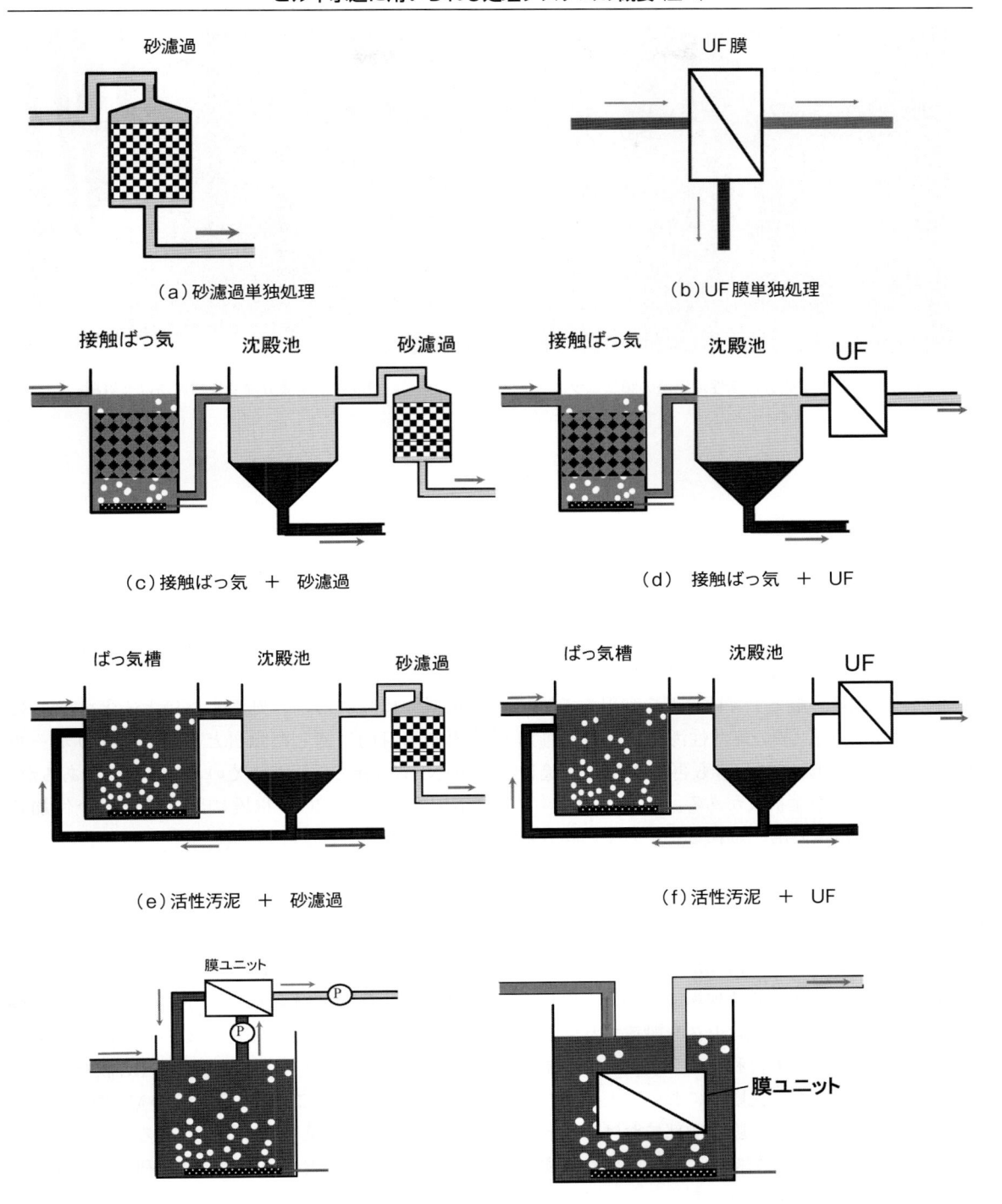

（a）砂濾過単独処理

（b）UF膜単独処理

（c）接触ばっ気 ＋ 砂濾過

（d）接触ばっ気 ＋ UF

（e）活性汚泥 ＋ 砂濾過

（f）活性汚泥 ＋ UF

（g）膜分離活性汚泥法（ケーシング式）

（h）膜分離活性汚泥法（浸漬式）

ビル中水道に用いられる膜ユニットの例（写真1）

（a）ケーシング型膜分離活性汚泥法の膜ユニット

（b）浸漬型膜分離活性汚泥法ばっ気槽

近年は、活性汚泥法と膜分離との組み合わせがほとんどであるため、これについて主に解説する。組み合わせ方法には大きく分けて、①通常の重力沈殿式活性汚泥法の後段に膜分離プロセスを設けるもの、②固液分離として膜分離を利用して沈殿池を設けない方法（膜分離活性汚泥法）、の2種類があり、さらに膜プロセスも再生水利用用途によってさまざまな選択肢がある。

図5に広域循環で用いられることの多い膜分離プロセスの例を示す。通常の活性汚泥法の二次処理水をそのまま再利用用途に用いることもあるが、（B）（C）（D）のように、後段に膜分離プロセスを設けるシステムの構成がある。これらの場合は既存の活性汚泥法の処理場において、再利用が必要な量に応じて膜プロセスを設置すればよいので、最小限の工事で再利用システムを構築することができる。また、沈殿池において大部分の汚泥を沈殿除去するため、膜分離部における固形物負荷を小さくすることができ、膜面における強い洗浄力を必要としないようにすることも可能である。トイレの洗浄用水などに再利用水を用いる場合は、（B）または（C）のシステムで十分である（臭気や色度対策としてオゾン処理を加えることもある）。東京都芝浦水再生センターでは（C）にオゾン処理を組み合わせたものとなっている。（D）のように後段にMF（UF）+ROを設置するシステムは、前段のMF膜（UF膜）はRO膜の前処理と位置づけられるが、処理水はほとんどすべての再利用目的に適した水質となる。シンガポールのNEWaterで採用されているシステムであるが、NEWaterではROの後段に紫外線照射が付加されている。

（E）（F）（G）は膜分離活性汚泥法（MBR）のプロセス例である。ケーシング型であるが、（E）のように膜ユニットを縦型とすることにより、ポンプ動力を抑えるシステムが開発されており、欧州における実施例もある。（F）の浸漬型は、現在のMBRの大半で採用されているが、再利用用途によっては）G）のように後段にRO膜を設置する場合も多く、ここではMBRのMF膜はROの前処理としての位置づけがなされる。下水の再利用水を飲料水に近い用途で高度に利用する場合のほぼ標準的なフローと考えられる。

広域循環で採用される膜プロセスの種類 (図5)

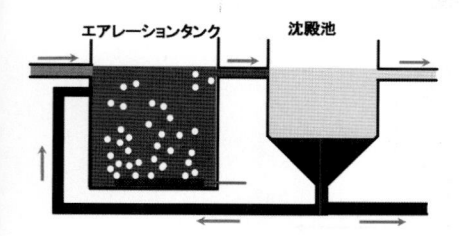

（A）重力沈殿式活性汚泥法

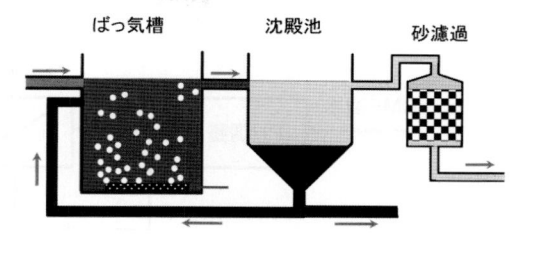

（B）活性汚泥 ＋ 砂濾過

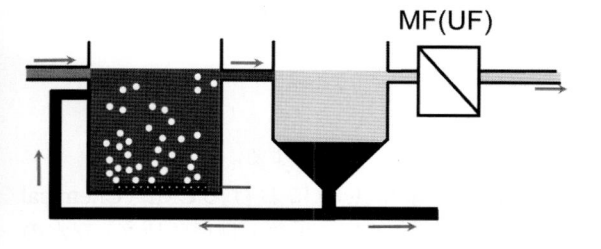

（C）重力沈殿型活性汚泥法＋MF（UF）

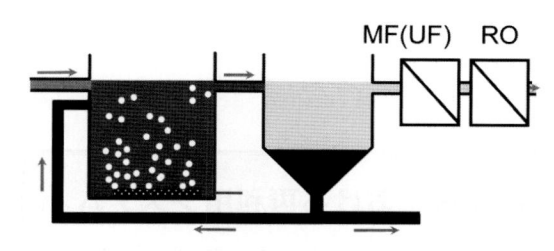

（D）重力沈殿型活性汚泥法＋MF（UF）＋RO

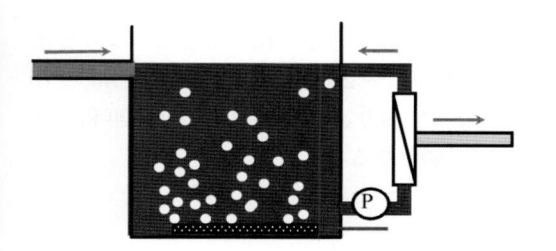

（E）ケーシング型MBR（縦型）

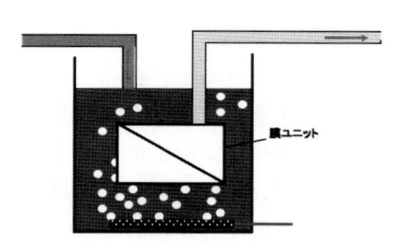

（F）浸漬型MBR（一体型）

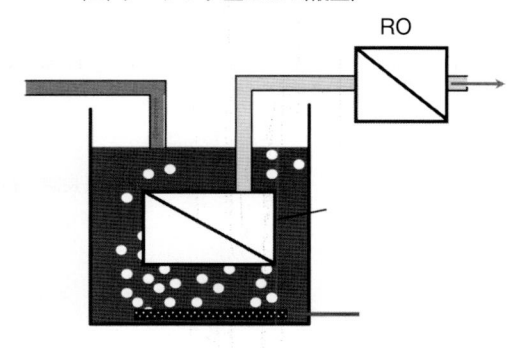

（G）浸漬型MBR＋

CMP廃水の処理フロー例（図6）

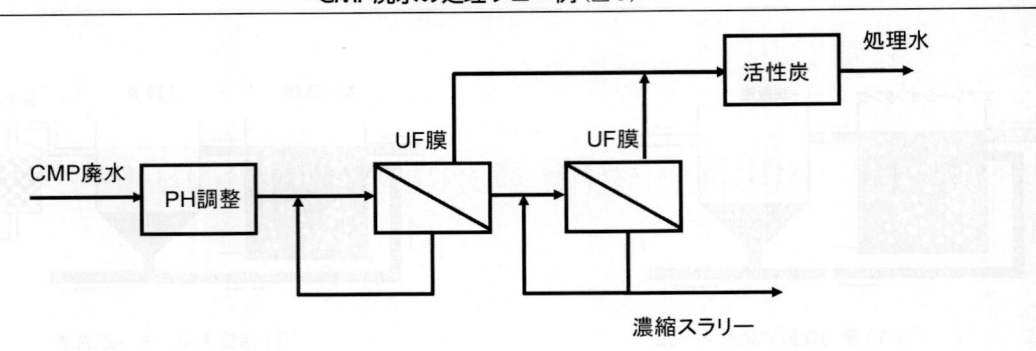

4 工場における再利用システム

　工場排水は業種やプロセスによってその質も量も多様であり、再利用水を用いるプロセスも業種により大きく異なっている。

　工業廃水は大きく分けると、食品工場や石油精製プラントから発生する有機物系廃水と、製鉄所などから発生する無機物系廃水に大きく分類される。有機物系廃水は、生物処理が用いられるため、油分除去などの前処理工程が加わる他は下水処理と基本的には同じプロセスである。一方、無機系廃水は、固液分離が主プロセスとなるため、膜による直接処理などが用いられることが多い。これは、排水中の粒子の大きさが既知でかつ安定していることが多く、膜の種類を選択することによって最適な分離プロセスとなること、敷地制限があっても適用できること、凝集財の使用量を大幅に削減できることなどによる。

　図6は半導体工場におけるCMP（Chemical Mechanical Polishing 化学・物理的研磨）廃水の処理工程の一例である。原水は、シリカ系などの0.1μm程度の微細な粒子からなる研磨剤スラリであるため、膜によって直接ろ過し、濃縮液と処理水を得ることができる。図の例では、シリカ濃度は原水で1500〜2000mg/L、処理水で40〜70mg/Lとなっており、さまざまな用途に再利用することが可能となる。

参考文献
1) 国土交通省水資源部：日本の水資源平成22年度版、2010
2) 業界リサーチ「'01中水道システム建設実績・計画リスト」他ヒアリングより
3) （社）日本水環境学会膜を利用した水処理技術研究委員会編「膜を利用した水再生」、技報堂出版、2008

（長岡　裕）

III 水の利用・資源化技術編

15章

資源回収

1. 資源回収の動きと課題
2. コンポスト
3. 下水道からのリン資源の回収
4. 熱利用・エネルギー回収

1 資源回収の動きと課題

1 概説

　下廃水は、不要となったものではあるが、不純物として各種の物質を含むとともに、水自身が場所によっては貴重な資源である。さらに、下水自身が外気温と異なる場合には熱エネルギー利用、さらには放流先によっては位置エネルギー活用する可能性もあり得る。すなわち、(1)不純物、(2)水、(3)下水自身のエネルギーの3者は、回収・活用の可能性な下水資源ととらえることができる。

　本節では、どのような資源・エネルギーが下水から活用可能かを詳述する。まず、本項では、過去からの経緯を含め、資源回収の動きを説明し、活用しうる資源にどのようなものがあるのかを紹介する。続いて2～4項では、資源回収で重要な、コンポスト、リン、熱・エネルギーについて詳述する。

2 下水道における資源回収の経緯と現状

　下廃水からの資源回収は、江戸時代から始まる糞尿の農業利用等、古くから進められてきているが、その方法は時代ごとに異なり、下水道が普及してきたここ数十年でも大きく変化してきている。そこで、下水道における資源利用について、下水道統計等を用い、その経緯と現状を検討してみる。

(1) 下水道普及の変遷

　まず、下水道自身が、日本でどのように普及してきたかの概況をみる。図1は、過去25年（1984～2008年度）の下水道普及率、下水処理場数、処理下水量の経年変化[1),2)]を示したものである。下水道は、1984年度の34%から2008年度の73%まで普及率が着実に増大するとともに、処理場数が587から2120に、年間処理下水量が77億m^3から144億m^3に増大してきた。その結果、水処理系（最初沈殿池と最終沈殿池）で発生する汚泥量も1.6億m^3から4.6億m^3と増大し、利用可能な資源量も増大したと解釈できる。ちなみに、1人当たりの下水処理量は0.512m^3/人/日から0.428m^3/人/日に減少し、汚泥生成率（汚泥生成量/処理下水量）は2.5%から3.2%に増大しているが、前者は合流式から分流式への主要収集方式の変化が、後者は下水処理の高度化が、原因と予想される。

(2) 下水処理水の水再利用

　水処理系の役割は、浄化された処理水と濃縮した不純物とに分離することであり、その意味で資源として水を回収する機能をもつ。平成20年度では全下水処理場2120カ所のうち、14%の288カ所が場外利用を実施している（表1）[1)]。処理場数ベースでもっとも多い利用目的は、修景用の106ヶ所、続いて植樹の92ヶ所、路面等清掃・散水の84ヶ所となっている。水量ベースでは河川維持用水の31%がもっとも多く、修景用水27%が続き、親水用水を含めた環境用水利用で61.2%

となっている。一方、中水道、農業、工業、事務所・工場供給など実質再利用水は、合計でも20.3%のみである。処理水全体（平成20年度144億m³/年）と比べると、場外利用は1.40%に過ぎず、実質再利用水に限ると0.28%のみである。処理場内での処理水の再利用が5.0%あるが、高度処理割合が21.8%[1]なので、処理水はまだまだ有効利用できると考えられる。ただし、日本では淀川・多摩川などで浄水場上流に設置されている下水処理場は数多くあり、実体上、再利用水となっている下水処理場処理水（間接飲用再利用 de facto indirect potable reuse[3]）は多い。

(3) 汚泥の再利用

一方、下水中の不純物は、一部は分解されたり流出（イオン類）したりするが、多くは水処理系汚泥（最初沈殿池汚泥、余剰汚泥ほか）に濃縮され、汚泥処理系で処理され、有用物として再利用されるか、廃棄される。

図2に下水汚泥の利用状況の変遷[4]を示す。20年前は、コンポストによる緑農地利用など一部が再利用されるだけで、8割以上が埋立などで処分されていた。しかし、1990年以降、徐々に再利用される割合が増加し、2008年度では78%になった。その増加の主要因は、建設資材としての利用であり、セメント化関連製品が約4割を占めている。緑農地利用自体はそれほど大きな増減はない。その詳細内容（平成20年度実績[1]）を表2に示すが、多くの処理場で肥料・セメント原料・骨材・路盤材・透水性ブロックなど様々な製品になっている。

この汚泥の有効利用・処分の流れを公共下水道統計データ（平成20年度）[1]から詳細に解析・検討してみる。図3は、下水処理場から搬出される汚泥について搬出先別に最終処分・利用方法をまとめたものである。現在、下水処理場では直接最終処分（直営）する量は9%に過ぎず、他部局（廃棄物処理センターなど）、公社（フェニックスなど）、民間にそれぞれ、10%、3%、79%が搬出されている。処理場で直接処分される汚泥は、93%

下水処理場数等の経年変化（図1）

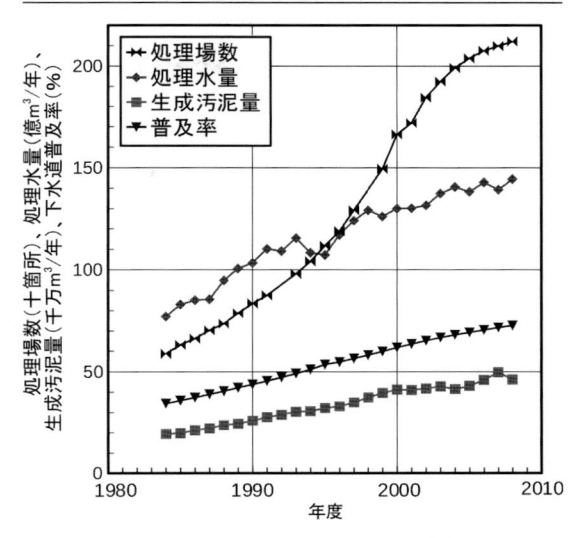

下水処理水の場外利用現状（H20年度）[1]（表1）

水利用の大別と内容		場数*	水量%
実質再利用水 (138*)	雑用中水道	54	3.5
	農業用水	30	8.3
	工業用水道	3	1.2
	事務所・工場供給	52	7.2
環境用水 (136*)	修景用水	106	26.7
	親水用水	17	3.1
	河川維持用水	13	31.4
その他利用 (208*)	融雪用水	31	16.1
	植樹用水	92	2.2
	路面等清掃・散水	84	0.1

処理水再利用表[1]より、詳細再計算
*：複数目的に使用する処理場があり、大別ごとの処理場数は()。全体では288処理場が利用。
総場外利用水量は2.0億m³/年

が有効利用され、残りが陸上埋立として廃棄される。民間に搬出される汚泥も処理場からの搬出量ベースで88%、最終処分量ベースで92%と大半は有効利用されている。公社の多くは最終処分を目的とした施設であるため、搬出量ベースで78%、

下水汚泥の利用状況の変遷（図2）

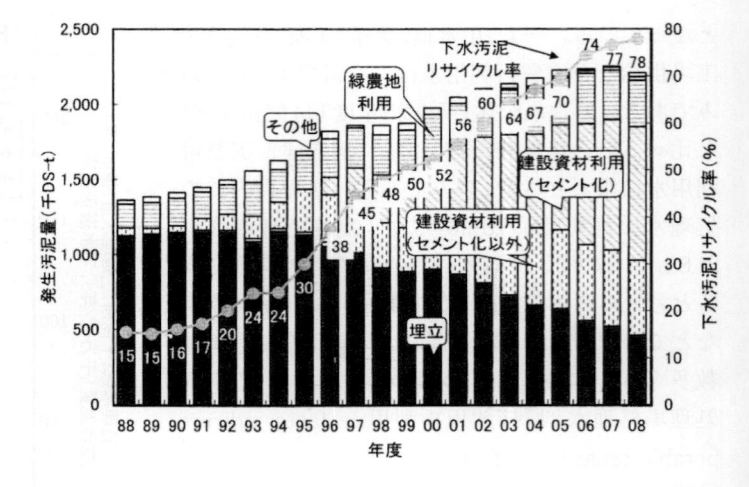

下水道汚泥有効利用状況（平成20年度）[1]（表2）

	処理場	数量*（t/y）
肥料	779	573,249
土壌改良材	31	19,022
土質改良材	4	1,699
埋め戻し材	5	12,466
コンクリート二次製品	2	411
セメント原料	586	695,510
透水性ブロック	1	4
アスファルトフェラー	9	355
骨材	14	17,067
建設資材	7	12,459
路盤材	19	7,342
燃料化等	17	11,007
人工土壌	1	2,759
埋め立て覆土	230	184,052
試験用	1	390
その他	18	29,875
合計	−	1,567,667

*直営以外への引渡も含む量。

処理場最終処分汚泥の実態（図3）

円グラフは、搬出先での処分・有効利用の実態で、外側が処理場搬出重量ベース、内側が処分重量ベースでの割合。
下水道統計の汚泥最終処分表から計算。
他処理場への搬送処理は直営に含む

最終処分量ベースで93%が海面埋立として処分されている。他部局はその中間的な傾向である。

次に処理場での最終汚泥の形態ごとにその特徴を検討してみる。図4に示すように、脱水汚泥が82%とほとんどを占め、ついで焼却灰が10%となっている。脱水汚泥は、その86%が民間に搬出され、87%が有効利用されているが、焼却灰は、民間、公社、他部局にそれぞれ56、19、16%が排出され、有効利用されるのは、全体で66%に留まる。特徴的なのは、溶融スラグ、コンポスト、炭化汚泥であり、それぞれ1.5、1.7、0.2%と割合は小さいが、直接あるいは民間などを経て100%有効利用されている。なお、生汚泥、濃縮汚泥等、その他の汚泥も民間等を経て、有効利用されているが、全搬出量に占める割合は小さい。

(4) 下水および下水処理場エネルギー利用

最後に、エネルギーの有効利用について検討する。下水道で活用可能なものには、(1) 水そのものが持つ位置・熱エネルギー、(2) 下水中の不純物である有機物からの化学エネルギー回収、(3) 処理場スペースを利用したエネルギー回収がある。

水そのものがもつエネルギー利用として水力発電は、処理場より低い下水放流先が必要なため適用例は少ない。一般に大きな水位差が得られないため、下水処理場の総電力消費に対する貢献も小さいが、神戸市鈴蘭台下水処理場ではその有効落差65mを利用して13.6%も賄っている[5]。

下水熱の直接利用としては融雪利用があり、北海道9、新潟6、富山6、石川5など積雪の多い31箇所の処理場（表1）で積雪時に実施されている。一方、下水は、外気温に比べ冬期は暖かく、夏期は冷たいので、その特性を生かしてその熱量をヒートポンプとして活用する施設が増えてきている。平成20年度の下水道統計では、全国19都道府県10ヶ所のポンプ場、46ヶ所の処理場について、処理水あるいは原水を熱源として、2～11,600（中央値：350）Kwの冷房能力、6～8,100（中央値310）kWの暖房能力、2～6,950（中央値1,520）m²の空調面積が報告されている。その多くは、

汚泥形態別、搬出先・利用の割合（図4）

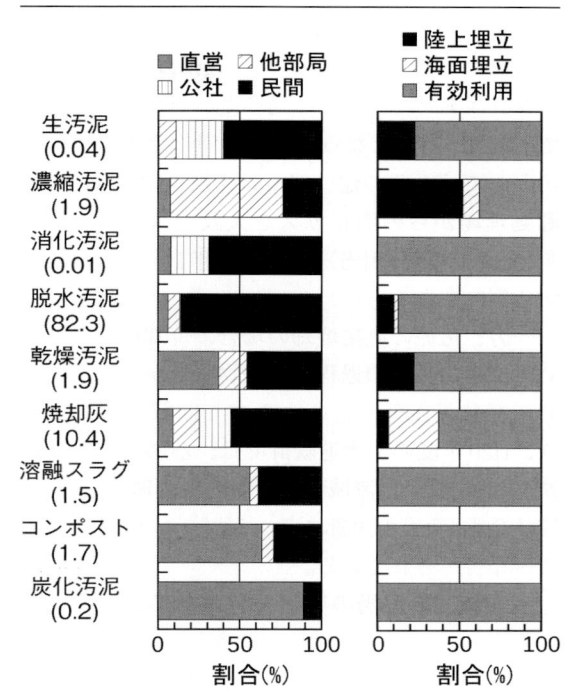

凡例：直営、他部局、公社、民間、陸上埋立、海面埋立、有効利用

- 生汚泥 (0.04)
- 濃縮汚泥 (1.9)
- 消化汚泥 (0.01)
- 脱水汚泥 (82.3)
- 乾燥汚泥 (1.9)
- 焼却灰 (10.4)
- 溶融スラグ (1.5)
- コンポスト (1.7)
- 炭化汚泥 (0.2)

平成20年度下水道統計より解析、
割合は両者とも処理場からの搬出重量ベース。
左欄形態の（　）は全搬出量に対する割合%
他処理場への搬送処理は直営に含む

処理場施設自身の空調利用に限っているが、一部では地域冷暖房にも活用されている。なおヒートポンプは4項で詳述する。

下水中有機物からの化学エネルギー回収には、消化槽からの発生メタンガスの利用が重要である。平成20年度、全国全処理場のうち消化プロセスを持つところは14%（=100*299箇所/2120箇所）であり、全水処理系生成汚泥の29%（=100×(4.34/4.61)×(0.21/0.69)：年間の水処理系発生汚泥4.61億トン、濃縮槽投入汚泥4.34億トン、濃縮槽引抜汚泥0.69億トン、消化槽投入汚泥0.21億トンから概算）が消化処理されている（大半（288）の処理場は濃縮汚泥を消化槽への投入）。回収された消化ガスは、同年の報告値では40.7%は消化槽の加温に、19.1%は焼却炉の補助燃料に、26.7%

は消化ガス発電に用いられ、残13.5%がその他に利用されている。消化ガス発電の方式は、スパークイグニッションガスエンジンが20基、デュアルフュエルガスエンジンが5基、燃料電池が4基でその他が8基となっている。消化ガスの積極利用としては、その他に都市ガスに供給（神戸市東灘処理場からの消化ガスを大阪ガスに80万m³/年（約2000戸分相当）を平成21年10月から供給）する例[6]もある。

一方、汚泥の直接焼却の場合、焼却用とするための減容・脱水の過程で有機物割合が減少し、総じて発熱量が低く、エネルギー回収が困難であり、H20年度の下水道統計では、溶融炉廃熱発電が1箇所（兵庫西流域下水汚泥広域処理場）、焼却排熱発電（東京都東部スラッジプラント）が1箇所のみ報告[1]されている。

最後に、処理場の敷地を利用しての発電についてみる。下水道統計[1]での報告（自家発電）では、3ヶ所の太陽光発電（最大の場所で発電能力100kW、年間発電量10万kWh）のみが記載されている。しかしながら実際には、太陽光発電として、葛西水再生センター（東京都、490kW）[7]、中央水未来センター（大阪府、300kW）[8]、湖南中部浄化センター（滋賀県、130kW）[9]などが、風力発電として、鹿島下水道事務所（茨城県、2000kW、計画中）[10]、中島浄化センター（静岡市、1500kW）[11]、大須賀浄化センター（掛川市、660kW）[12]などが、報告されている（括弧内の数値は発電能力）。

以上示したように、現状では汚泥では78%と再利用が進んでいるが、これは処分量の減少を主目的としており、資源として活用する観点は少ない。国土交通省は、平成22年度の下水道白書[4]の中で、下水熱、下水汚泥、処理場用地等利用（太陽光・風力・小水力発電）でそれぞれ1500万世帯の冷暖房、67万世帯の電力、43万世帯の電力を賄うが、現状では3処理場、約1割、約0.2%しか利用されていないことを報告している。また、同書では、バイオマスも、消化ガスで13.0%、汚泥燃料で0.7%、緑農地利用で9.7%利用されているだけで、76.6%が未利用と述べている。

3 下水資源利用プロジェクト

このような状況の中、中央官公庁を指導のもと、各種の下水資源利用プロジェクトが開始された。

国土交通省のリードで下水道新技術推進推進機構が進める下水道技術開発プロジェクト「SPRIT21」では、その第2期の課題として「下水道汚泥資源化・先端技術誘導プロジェクト（LOTUSプロジェクト）」を打ち出し、平成16年度の準備期間を経て、平成17年度より捨てるより安く下水道汚泥を善良リサイクルする技術（スラッジ・ゼロ・ディスチャージ技術）と、下水汚泥等バイオマスを利用して売電より安く発電できる技術（グリーンスラッジ・エネルギー技術）の開発を進めた[13]。その結果、平成20年3月までに表3に示す合計7つについて技術開発・評価[14]が終了した。

一方、成分利用では、石油より資源枯渇が早いと予想されるリンについて、国土交通省が工学・農学の学識経験者、下水道・肥料関係者をメンバーとする平成20年度「下水・下水汚泥からのリン回収・活用に関する検討会」を設置し論点整理を行った。その後、平成21年度「下水道におけるリン資源化検討会」を設置し、事業のあり方を検討し資源化技術の適用性・流通可能性をとりまとめた。さらに平成22年3月には、資源化技術の適用性・流通可能性・事業形態・採算性・製品流通をまとめた「下水道におけるリン資源化の手引き（案）」を提示している[15]。後述（3.下水道からのリン資源の回収：図1）するように、日本では下水道が総輸入量の10%相当を受け入れているが、その再利用は1割に過ぎず、その利用はかなり有効な課題であると考えられる。

Lotusプロジェクトでの評価終了技術[14] (表3)

技術名	開発技術の概要	#
下水汚泥のバイオソリッド燃料化	熱エネルギーの利用・回収技術と下水汚泥の乾燥造粒技術とを組み合わせてバイオソリッド燃料を製造する技術。	1
下水汚泥焼却灰からのリン回収技術	下水汚泥焼却灰にアルカリ性溶液を加えてリン酸を溶出させ液肥又はリン酸カルシウム塩として，高付加価値の肥料原料とする技術。	1
下水汚泥の活性炭化と有効利用による汚泥処理費の低減	脱水汚泥から活性炭化物を製造し，汚泥脱水助剤，汚泥改質剤又はゴミ焼却炉のダイオキシン吸着剤等とする技術。	1
下水汚泥とバイオマスの同時処理方式によるエネルギー回収技術	下水汚泥を超音波可溶化するとともに，その他バイオマスを受け入れて下水汚泥と合わせて消化し，消化ガス発生量を増加させ発電する技術。	2
低ランニングコスト型混合消化ガス発電システム	その他バイオマスを受け入れて下水汚泥と合わせて消化し，消化ガス発生量を増加させ発電する技術。生物脱硫設備の導入によるコスト低減等も検討。	2
消化促進による汚泥減量と消化ガス発電	下水消化汚泥をオゾン処理することにより消化を促進し，汚泥の減量化を図るとともに消化ガス発生量を増加させ発電する技術。	2
湿潤バイオマスのメタン発酵・発電・活性炭化システム	その他バイオマスを受け入れて下水汚泥と合わせてメタン発酵・発電する技術及び発酵残渣から活性炭化物を製造し，環境浄化剤とする技術。	1 & 2

1はスラッジ・ゼロ・ディスチャージ技術、2はグリーンスラッジ・エネルギー技術

4 下水道資源の分類

下水道からどのような資源が回収できるか、最近の文献から注目点を検討する。そこで、科学技術振興機構が提供する「JDreamII」[16]で最近の文献データを検索した。検索条件は、「水処理」、「資源回収」を含む過去3年の日本語解説記事文献であり、そのデータベースJSTPlus（約2200万件）でヒットした130件である（2010/9/02現在）。これらの文献から廃水からの資源回収に限ると101件であった。なお、無関係でヒットしたものには、し尿、廃棄物、海水からの資源回収が含まれる。関係のある101件についてJDreamIIに記載のキーワード・抄録等から、(1)対象とする廃水・汚泥種類、(2)回収場所、(3)回収資源、(4)回収方法を抽出した。そしてそれらを要約したのが、表4である。

101の文献中、家庭下水が66(53)件、工場廃水が34(23)件、畜産廃水が7(5)件であった（括弧内は他と複合しない単独の件数で以下同じ）。回収工程では、水処理系が41(31)件、汚泥処理系が35(22)件、焼却灰が11(6)件である、検討している回収資源は、リン57(45)が過半数を占めていた。次いでガス燃料が16(5)件、金属15(5)件、エネルギー10(1)件と続く、水自身の回収も含める文献も8(0)件あるが、すでに確立された技術であるコンポストについては3(0)件にとどまった。一方、レア金属を中心とした金属の回収も15(10)件と多いが、この場合、対象が工場廃水にむしろ集中している（10件は工場廃水対象の文献）。ただし、諏訪湖流域下水道豊田終末処理場での焼却灰・溶融飛灰からの金回収を報告しているものもある。その処理方法で、リンに関わる吸着14(12)件、MAP(リン酸マグネシウムアンモニウム)12(7)件、HAP(ヒドロキシアパタイト)6(1)件、あるいはエネルギー回収関係で

廃水処理・資源回収に関わる文献内容（表4）

区分	項目	文献数*	備考$
廃水種類	家庭下水#	66(53)	66/7/1
	工場廃水	34(23)	7/34/1
	畜産廃水	7(5)	1/1/7
	不明(複合)	3(3)	0/0/0
処理対象物	水	41(31)	19/21/4
	汚泥	35(22)	28/6/1
	焼却灰	11(6)	10/1/0
回収資源	P(リン)	57(45)	41/14/6
	ガス燃料	16(5)	13/4/0
	金属	15(11)	4/10/0
	エネルギー	10(1)	10/0/0
	水	8(0)	6/4/0
	電気	6(1)	6/0/0
	固形材料	5(1)	4/1/0
	コンポスト/肥料	3(0)	2/1/1
	F(フッ素)	3(0)	0/3/0
方法	メタン発酵	11(10)	7/4/1
	他生物処理	7(3)	4/2/0
	吸着	14(12)	11/4/0
	MAP	12(7)	5/2/5
	HAP	6(1)	5/0/1
	膜分離	5(4)	3/3/0
	蒸発	4(4)	0/4/0

\# 下水処理場を対象とするものを含む
* 左欄項目を含む文献数（その項目のみの文献数）
$ 当該文献中、家庭/工場/畜産、それぞれに関わる数

メタン発酵11(10)件などそれぞれの回収物に対応したものが多い。これらデータベースを用いた注目資源調査より、リンやバイオマスエネルギー回収に重点が置かれていることが分かる。

（藤井滋穂）

2 コンポスト

1 はじめに

廃物を質変換し、再利用へとつなげる資源回収の一つの手法として、ここでは特に、汚泥等のコンポスト化について述べる。コンポスト化とは、有機物を生物分解に供して、安定した最終産物を得る一連のプロセスのことである。以下では、コンポスト化における微生物学について概説したのち、コンポスト化のプロセスおよびコンポスト化における環境因子を解説する。

2 コンポスト化の原理

(1) コンポスト化における反応

有機物を生物分解するプロセスであるコンポスト化では、炭水化物、タンパク質および脂肪が好気的に分解される。その分解および生物細胞が作られる反応は、以下のように簡略化される[17]。

a) 炭水化物の分解

$$C_m(H_2O)_n + m\,O_2 \rightarrow m\,CO_2 + n\,H_2O \tag{1}$$

なお、嫌気的な状態になると、酢酸などの有機酸が生じる。

b) タンパク質および脂肪の分解

$$C_xH_yN_zO_p + a\,O_2$$
$$\rightarrow C_uH_vN_wO_q + b\,CO_2 + d\,H_2O + e\,NH_3 \tag{2}$$

c) 生物体の合成

$$8\,(CH_2O) + C_8H_{12}N_2O_3 + 6\,O_2$$
$$\rightarrow 2\,C_5H_7NO_2 + 6\,CO_2 + 7\,H_2O \tag{3}$$

なお、タンパク質を $C_8H_{12}N_2O_3$ として、生物体を $C_5H_7NO_2$ として表す。

d) 生物体物質の分解

$$C_5H_7NO_2 + 5\,O_2 \rightarrow 5\,CO_2 + NH_3 + 2\,H_2O \tag{4}$$

(2) コンポスト化における微生物

これらの反応を担う微生物は、細菌、放線菌（厳密には細菌の一部）および真菌の3つのグループに大きく分類される。コンポスト化におけるこれらの役割は必ずしも明らかではないが、コンポスト化中の熱は主に細菌の活動に由来し、高温発酵下でタンパク質、脂質の分解を担うと考えられ、一方、真菌および放線菌は、中温発酵あるいは高温発酵下で複雑な有機物やセルロースの分解を担うと考えられている[18]。

コンポスト化のプロセスを追ってこれら微生物の働きを考える。プロセスの初期には中温発酵として真菌および放線菌が優占し、易分解性有機物の分解に伴う発熱により、コンポスト原料温度は一気に上昇し（時に70℃近くまで）、次第に細菌が優占する。発酵中期まで（一次発酵）は好熱性

細菌の働きにより、温度の高い状態が維持される。続いて、易分解性有機物の減少に伴い発熱量は低下し、放線菌や真菌が優占する。この段階では、セルロースや難分解性有機物の一部が分解されるとともに、アンモニアが硝酸に酸化される。こうした細菌、放線菌、真菌の働きに合わせ、微生物を原生動物等が捕食するなどして、複雑なコンポスト化プロセスが構成される。これにより、コンポスト原料から農業利用に適したコンポストが生成される。

コンポスト化の基本フロー（図1）

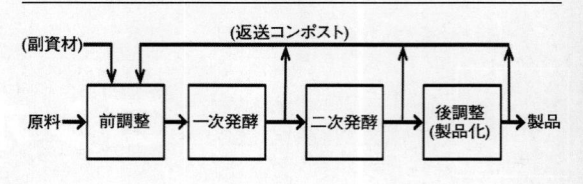

一次発酵過程での温度・pH変化の模式図（図2）

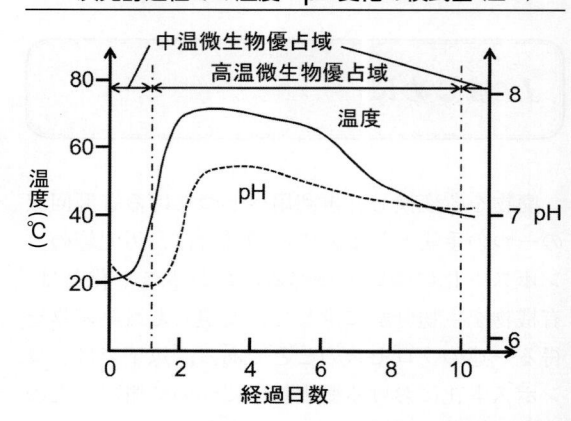

（参考文献18）および19）を元に筆者が作成）

3 コンポスト化のプロセス

コンポスト化の基本フローを図1に示す。コンポスト化は、主に前調整、一次発酵、二次発酵および後調整よりなる。この過程で、原料中の不安定な有機物を分解し安定化するとともに、分解過程で発生する熱により、病原性微生物は死滅し、雑草種子等は不活化する。さらに汚物感等を解消することにより、農耕に適した土壌とする。以下では各プロセスについて概説する。

(1) 前調整

前調整とは、コンポスト化に適した性状にコンポスト原料を調整するプロセスである。前調整で整えるべき性状とは、堆積可能でかつ通気性を持った性状と言える[19]。コンポスト原料の初期性状は様々であるが、一般的に有機性汚泥は多量の水分を含んでいるため腐敗しやすい。例えば下水汚泥では、合流式下水処理場汚泥は砂分が多く有機分がより低く、汚泥濃度が高いという特徴がある。一方、分流式の汚泥は砂分が少なく有機分が多く、濃縮性が悪いため汚泥濃度が低い。食品産業廃水汚泥は有機物含有量が下水汚泥よりも高く、20－50％程度である[19]。原料および調整素材にもよるが、調整後の含水率はおおむね50～60％程度が目安となる。

前調整では、コンポスト原料と調整素材との混合が行われることが多い。主な前調整用の素材により、副資材添加方式、コンポスト返送方式、およびその組み合わせがある。副資材方式では、有機資材としておがくず、籾がらなど、あるいは無機資材としてゼオライトなどを添加する。一方、コンポスト返送方式では、副資材の代わりに、調整素材としていったんコンポスト化を終えた、あるいは途中段階のコンポストを返送利用する（図1を参照）。大量の返送コンポストに少量のコンポスト原料を新たに投入をすることにより、有機廃棄物の処理を主眼としたコンポスト化施設とすることも可能である。脱水下水汚泥と副資材の例を表1に示す。なお、コンポスト化に適した性状とするには、それらを適正な比で混合するのみならず、混合方法も適正に行う必要がある。

コンポスト化での副資材および返送コンポストの例(表1)

供試物	項目	施設A	施設B	施設C	施設D	施設E
脱水汚泥	含水率(%)	70-72	78-81	78-82	72-76	75
	強熱減量(%)	30-33	85	75-83	49-55	85-90
	全炭素(%)	15-16	41-43	38-46	28	46
	全窒素(%)	1.9-2.1	5.4	5.0-5.8	3.3	5.4
	pH	5.1-5.9	5.5-6.1	5.5-6.5	6.5-7.2	5.6-5.7
添加物	種類	もみがら	バーク	もみがら・稲わら	もみがら	おがくず
	含水率(%)	10	30-35	8-15	8-10	27.9
	強熱減量(%)	84.5	84.6	97.7	80-82	64.3
	全炭素(%)	39.2	44.8	37.1	37.8	35.1
	全窒素(%)	0.34	0.26	0.9	0.6	0.2
返送コンポスト	返送コンポスト有無	有	有	有	有	有
	含水率(%)	40-50	40-43	42-45	40-55	48.8
	pH	6.0	6.8	7-8	7.0-7.5	7.9
	強熱減量(%)	50-62	69	76-79	60-61	91.0

(下水汚泥資源利用協議会(1980)を一部改)

(2) 一次発酵

前調整を終えたコンポスト原料を、適度な通気と適度な水分を有した状態で堆積すると、発酵が進む。一次発酵での温度およびpHの変化を図2に示す。前項でも述べたように、易分解性有機物の微生物による分解に伴う発熱のため次第に温度が上昇し、中温微生物が優占する。この段階では易分解性有機物の分解により、まず二酸化炭素が発生するため、炭酸によりpHが下がる。さらに局部的に貧酸素状態ができ、その結果、易分解性有機物の嫌気的分解により比較的低分子の有機酸が発生し、pHがさらに低下する。

その後、適切な通気あるいは切り返しの元で、分解と共に発酵熱により温度が急激に上昇し、1、2日で70℃程度に至り、一定期間高温状態が継続する。この段階では有機酸の分解に伴いpHは上昇し、アンモニア発生を伴う。その後、易分解性有機物の減少に伴い発酵熱が減少することで徐々に温度が低下し、pHはほぼ中性となる。臭気を発生しやすい易分解性有機物の分解期間はおおむね1、2週間程度であるが、コンポスト原料および前調整による。たとえば、メタン発酵汚泥などでは易分解性有機物の割合が低く、一次発酵プロセス終了までの期間は短い。有機性汚泥の一次発酵での炭素分解率は、おおよそ30〜40%程度である。

すでに述べたようにコンポスト化の重要な目的の一つは、有機物の分解過程で発生する熱による病原性微生物の不活化である。各種微生物を不活化する温度と曝露時間を図3に示す。適切な温度と曝露時間の関係は、例えば、62℃で1時間以上、50℃で1日、46℃で1週間である[20]。コンポスト

微生物が不活化する温度と曝露時間 [17] (図3)

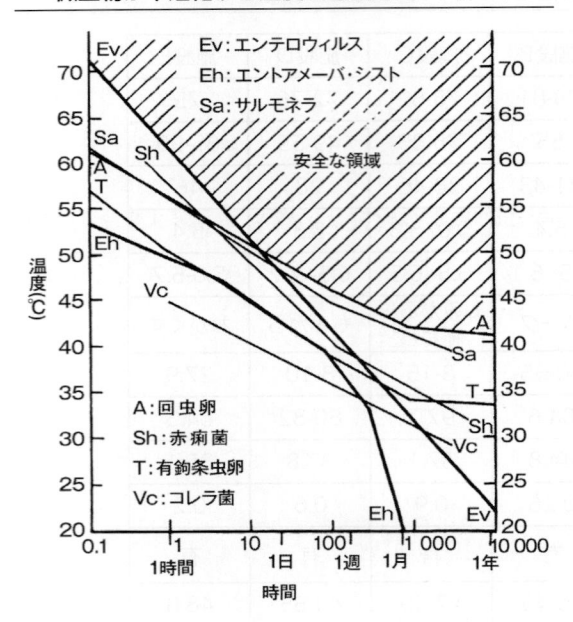

化プロセスを適切に作り出すことにより、病原性微生物を不活化することが可能である。

(3) 二次発酵

　易分解性有機物が一次発酵で分解されることにより悪臭や不快な性状は失われるものの、土壌還元に適した状態にするには、分解が緩やかな有機物をさらに分解するプロセスが必要である。これが二次発酵である。二次発酵では、すでに易分解性有機物はほぼ含まれないため発熱量は限られる。そのため、一次発酵でみられるコンポスト温度の急激な上昇はみられず、一次発酵で高温となったコンポストの温度は二次発酵で徐々に低下していく。強制的な通気は必要なく、一次発酵に比べて粗放的な管理が可能である。二次発酵での炭素分解率はおおむね15～30%である。

　二次発酵に必要な期間は一般的には数か月となるが、コンポスト原料あるいは前調整用の素材に大きく依存する。例えば、分解の遅いバークを調整素材に使用した場合には、その分解のために十分な二次発酵期間が必要となる。さらには、すぐに農地還元できる段階までコンポスト化施設で二次発酵を担当するのか、あるいはコンポスト化施設では途中段階まで二次発酵を担当し、その後、コンポストを利用する側にてさらなる二次発酵が行われるかなどにより、コンポスト化施設に求められる二次発酵の程度も異なる。また、これはコンポスト化施設に必要な運営コストあるいは土地にも大きく影響するため、地域での施設の位置づけと共に決定される必要がある。

(4) 後調整（製品化）

　前調整、一次発酵、二次発酵を終えたコンポスト原料は後調整に供される。後調整のプロセスでは、混入している夾雑物（例えばプラスチック、金属など）、あるいは前調整用の無機調整素材等を取り除くとともに、これまでのプロセスで生じたコンポスト原料の塊を発酵プロセスに戻す、あるいは粒度を整えるなどを行い、土壌での利用に適した状態を作り上げる。その後、適度な水分を保持した状態で、コンポストの需要に応じて出荷できるように保管する。

4 コンポスト化にかかわる環境因子

(1) 水分量

　水分量は、前処理にてその後の発酵が適切に進むように調整されるとともに、発酵プロセスにおいても必要に応じて調整される。水分が多すぎると嫌気的な状態になるとともに、発酵熱による温度上昇が起こりにくい。一方、水分が少なすぎると生物の増殖速度が遅くなり発酵の停滞を招く。そのため、水分量の管理が重要であり、最適な水分量はおおむね50～60%程度である。なお、水分量は製品としてのコンポストにとっても重要な

品質項目の一つであり、製品コンポストでは40%以下となることが望ましいとされる。

(2) 温　度

　温度と病原性微生物の不活化の関係はすでに述べた。ここでは温度と反応速度の関係について述べる。一般に、温度上昇に応じてある温度までは反応速度が上昇するが、温度が高すぎると再び反応速度が低下する。さらに、温度が高くなりすぎるとコンポスト中のアンモニアが揮散し、後述するC/N比が高くなるため望ましくない。温度とコンポスト化速度の関係には多くの研究があるが、55～60℃で最も速くなると考えられている[17]。

(3) pH

　発酵段階におけるpH変化は先にも述べたとおりであるが、高すぎるあるいは低すぎるpHは微生物の活動に適さず、反応速度が低下する。特に発酵初期には易分解性有機物が多いため嫌気状態を招きやすく、低級脂肪酸の生成によりpHが低下しやすい。適切な通気により嫌気状態をつくらないようにすることが、pH低下を防ぐうえで重要である。一方、pHが高い原料であっても、二酸化炭素の発生に伴う炭酸平衡でのpH低下、および嫌気的環境での生成有機酸によるpH低下が起こり、次第に一次発酵が可能なpHへと変化していく。なお、コンポスト化の反応速度は、pH 5以下ではほとんどゼロで、pH 8～10で最大となる[17]。

(4) C/N比

　コンポスト化は微生物活動によるものであるため、微生物細胞を構成する炭素と窒素が適切な割合で存在する環境下において、コンポスト化速度が最大となる。C/N比で10～30では有機物の分解が速やかであり、7～10で最大となる[17]。なお、C/N比は有機物の分解に伴う二酸化炭素の揮散により低下し、アンモニアの揮散により増加する。C/N比が高すぎることが多いため、アンモニアの過剰な揮散を抑えながら有機物を分解することが重要となる。また、アンモニアを多く含むし尿汚泥、家畜糞尿などを混合することにより、C/N比を改善し、反応速度を高めることができる。同時にC/N比の改善は、製品コンポストとしての品質の向上にもつながる。

(5) 通気量

　一次発酵槽を運転管理する上で、通気量は非常に重要な管理項目となる。その通気量は時間当たりでコンポスト体積の数倍程度であり、コンポスト中での空気の移動速度は速くない[19]。通気量は発酵槽の形状、堆積高さ、通気方法などに大きく依存する。たとえば、堆積を高くした場合、自重で下部密度が増加し、通気抵抗が増大する。通気量とその他の要素との関係を図4に示す。通気が多すぎる場合には、コンポストが乾燥するとともに発酵熱が系外に放出され、コンポスト温度が十分に上昇しない。また、通気に要する消費エネルギーも大きくなる。一方で通気が少なすぎる場合にはコンポスト中が嫌気的な状態となり、有機酸の発生によるpHの低下を招く。一次発酵では適切な通気を行うことが重要である。

5　最後に

　コンポスト化施設は、その処理物を製品（コンポスト）として受け入れる先（農業）が必要な点で、他の処理施設と大きく異なる。場合によっては返送コンポストを多くし、処理施設としての側面を強めることもある程度可能である。その導入の目的により、施設の性格は大きく変わることに注意を払う必要がある。同時にその目的に応じて、原料（汚泥・廃棄物等を含む）発生者が施設運営の責任を担うのか、コンポスト利

通気量と分解率、水の飛散量、所用動力の定性的関係[19]（図4）

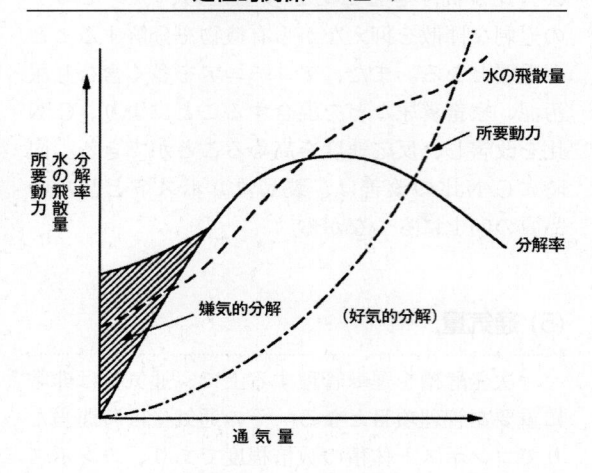

用者、あるいは第3者がそれを担うのかを明確にする必要がある。廃棄物や汚泥由来のコンポストを作ったものの、その受け入れ先がないなどの状態を招くことのないような施設運営が求められる。

（原田英典）

3 下水道からのリン資源の回収

1 リン資源を取りまく情勢

　リンは、生体の必須元素であり、農作物や食肉、海産物などの食料をはじめ動植物に多く含まれる。人体には、骨や歯の成分であるリン酸カルシウムなどとして6番目に多く含まれる元素である。また肥料の3大要素のひとつでもあり、農産物の育成に不可欠な成分である。工業的な出発原料はリン鉱石であり、その9割はリン酸塩や海鳥の糞が堆積源の海成系リン鉱石である。日本にはP2O5を30％以上含むリン鉱石がなく、全量輸入に依存している[21]。

　リンは、農業、電子部品製造、金属表面加工、鉄鋼、化学や発酵・食品工業等の広範な分野で活用される重要な成分である。

　リン鉱石の枯渇に伴う、リン酸資源枯渇危機は1970年代から指摘されてきた。現在、世界で利用されている高純度のリン鉱石は、現在の需要で今後60年ほどの可採埋蔵量があるとされるものの、人口増やそれにともなう需要増等を考慮すれば資源の対策が必要であるとされている。さらに、近年、中国やインドでの食糧の増産、米国やブラジルのバイオエタノール燃料の増産により、リン肥料の需要が世界的に増加している。このような状況の下、中国、米国、モロッコ、ロシアなどの限られた国に偏在しているリン鉱石[21]は、産出国による輸出制限、いわゆる「囲い込み」が顕著になり、世界各国でリンの入手がより困難な状況になりつつある。

　我が国には、天然資源としてリンを産出する鉱脈は存在しておらず、生活や社会活動にひつようとなるリンのほぼ100％を輸入に依存している。輸入の形態としては、リン鉱石やリン化成品による直接的なもの、食料や穀物に含まれて輸入されるもの、金属鉱物などに含有されているもの等があるが、いずれも大部分が海外由来である。中国から38％、ヨルダンから21％、モロッコから18％、南アフリカから17％と特定の国から輸入されている[21]。2007年に中国がリン鉱石、さらにはリン肥料であるリン安などに特別関税処置を導入し実質的な禁輸措置をとり、2008年以降、リン価格の急激な価格変動が生じ、既に、農業分野では、2008年7月からリン酸資材（肥料）の価格が一斉に値上げされる事態となり、末端の肥料価格も2〜3倍と急激に値上げされている。このようなリン資源の高騰は、リンを使用する様々な産業でも同様と考えられる。

　我が国におけるリンの物質循環フロー[21]では、我が国には年間約800千トンのリンが様々な形態で持ち込まれており、その主要なマテリアルフローは、リン鉱石や肥料のルート、食料や飼料のルート、化学工業や鉄鋼業のルートから成っている。国内へのリンの供給は、化学工業品として176千トンと最も多く、次いで食料・飼料（漁獲海産物を含む）および鉄鋼原料等で各170千トン、リン酸系肥料が160千トン、リン鉱石としては103千トンとなっている。これらのうちの約半分（384千トン）が肥料として農地等に撒かれ、その大部分が土壌中に蓄積されていると見られている。また、私たちの人体には、食料として103千

農業・食品に係わる我が国への
リン輸入量と排出量(2006年)[22](図1)
(単位:万t/年)

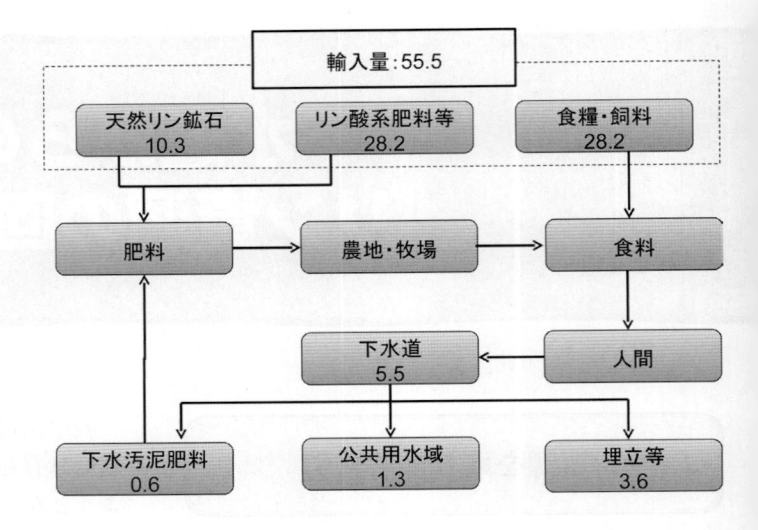

```
                        輸入量:55.5
            ┌─────────────┼─────────────┐
        天然リン鉱石    リン酸系肥料等    食糧・飼料
          10.3            28.2           28.2
            │              │              │
            └──────┬───────┘              │
                   ▼                      ▼
                  肥料 ──────→ 農地・牧場 ──────→ 食料
                   ▲                              │
                   │                              ▼
                   │              下水道 ←────── 人間
                   │               5.5
                   │                │
            ┌──────┴──────┬─────────┴────────┐
         下水汚泥肥料    公共用水域           埋立等
            0.6           1.3                3.6
```

トンのリンが摂取される結果となっており、これはちょうどリン鉱石の輸入量分と同程度となっている。

　この食料由来のリンの大部分は、し尿や食品廃棄物として廃棄・排出され、主として水環境中に拡散していくこととなる。今日、下水道の普及と水処理の高度化に伴い、下水汚泥に含まれるリンの量は国内のマテリアルフローからみても相当の量を占めるに至っている。国土交通省「下水道におけるリン資源化の手引き」による分析結果(図1)[22]では、人体から55千トンが生活排水として排出されており、さらにこのうち13千トンが公共用水域に流出している結果となっている。

　一方、リンは閉鎖性水域での富栄養化の原因物質とされており、リン資源循環は環境保全の面でも重要な意味を持っている。これまで水環境分野では、環境保全のために水域への流出を防ぐ様々な対策がなされてきた。下水の高度処理化の促進もその一環であるといえる。下水処理場におけるリンの除去率は71%であり、除去されたリンは下水汚泥に移行していることになる。すなわち、国外から持ち込まれたリン資源は、水域への流出、汚泥や土壌への蓄積という形で国内に貯蔵されている。とくに、下水汚泥にはリンが多く含まれていることから、リン資源として有望視されている。

　これらのことは、下水中に排出されるリン資源のリサイクルによって、リン鉱石やリン酸肥料の輸入を大幅に削減できる可能性を有していることを意味している。最近、農業分野からも「下水汚泥はリン酸資源の鉱脈である」との声もあがっている。このことは、これまで下水汚泥の利用を拒む傾向が否めなかった農業分野で「下水汚泥は肥料資源としての利用価値が高い」という認識が広まりつつあること示している。

　このように、リン資源循環は重要な社会的問題として取り上げることができる。このような情勢を受けて、ここでは、輸入に依存しているリン資源に着目し、国内でのリン供給の可能性を見いだす回収技術について記述する。

2　下水道におけるリン回収技術

　我が国の農業・食品に係わるリンの輸入量は年間約560千トン、このうち約1割に当たる55千トンが下水道に流入していると推計されているが、最終的に肥料として有効利用されているのは、さらにその約1割に当たる6千トンに過ぎない(図1)。

下水から除去されたリンは下水汚泥として系外に排出・処理されて、一部は肥料として、あるいはバイオマスとして有効利用されているが、その多くが焼却灰として埋め立てられる等、有効利用されないまま処分されている。下水汚泥中には各種の無機資源が含まれているが、下水汚泥焼却灰にはリン酸が多く含有している。一般にリン鉱石はリン酸の含有率が30％を超えると高品質の鉱石とされるが、下水汚泥焼却灰中の含有率はリン鉱石とほぼ同等と言うことができる。

これまでに、下水道分野におけるリン回収技術は、実験室レベルで検討されている技術から実用化に至っている技術も含めると多数存在している[23]。国内においては、返流水や汚泥焼却灰等からリンを回収するための技術開発が精力的に行われてきた。国内において、すでに下水処理場へと導入されている、または、導入が期待されるリン回収技術について、下水処理フローにおける適応箇所を図2[22]に示す。また、各リン回収技術の概要と取り組み状況を表1[22]に示す。リン回収技術の基本的な原理は、流入下水や処理水、脱水ろ液などに含まれるリン、または、下水汚泥や下水汚泥焼却灰等から溶出させてリンをカルシウムやマグネシウム等と反応させて、リン酸塩として回収するものである。汚泥返流水等の高濃度排水からの回収方法として、カルシウム添加によるHAP法やマグネシウム添加によるMAP法といった晶析法等の技術が、汚泥からのリン抽出法としてHeat Phos法、フォトストリップ法等の技術が、また、汚泥焼却灰からの回収技術として、灰酸抽出法、灰アルカリ抽出法、還元溶融法等が知られている。近年では、リン吸着能の高い特殊な素材を用いて、処理水や脱水ろ液からのリン除去、回収を行う技術も開発されている[24]。

実機としては、島根県や福岡市の下水道終末処理施設がある。新規として岐阜市公共下水道のほかし尿や浄化槽汚泥を処理する汚泥再生処理センターでは秋田県仙北市の施設がある。技術的には、島根県、福岡市の施設では脱水ろ液に対してMAP法による回収が行われており[25),26)]、岐阜市では汚泥焼却灰からの抽出回収[25)]、仙北市の事例では生物処理膜分離水に対してHAP法による回収が行われている[28)]。現状の技術動向を見ると、下水道終末処理施設については汚泥処理系において、汚泥再生処理センターにおいては、水処理系においてリン回収設備が組み込まれる方法がとられている[25-30)]。

現在、下水処理場で導入実績のある代表的な4つのリン回収技術、すなわち嫌気性消化脱離液や下水の高度処理に適用されているHAP法とMAP法の技術、および下水汚泥からのリン資源化技術として灰アルカリ抽出法と部分還元溶融法の原理と特徴について、国土交通省「下水道におけるリン資源化の手引き」[22)]では、その特徴を以下の様に整理している（表2）。

HAP法： HAP法は、嫌気性消化脱離液または高度処理において、水中に溶解しているリン酸の除去技術として用いられおり、下呂市、北塩原村で稼動している。副生成物としてリン含有率15％以上のカルシウムヒドロキシアパタイトが得られ、これがリン資源となる。資源化リンは、肥料取締法上、副産リン酸肥料として肥料登録されている。

MAP法： MAP法は、嫌気性消化脱離液または高度処理において、水中のリン酸およびアンモニアの除去技術として用いられており、福岡市、島根県ならびに大阪市で稼働中である。副生成物としてリン含有率20％程度のリン酸マグネシウムアンモニウムが得られ、これがリン資源となる。資源化リンは、肥料取締法上、化成肥料として肥料登録されている。

灰アルカリ抽出法： 灰アルカリ抽出法は、焼却灰を原料としたリン回収資源化技術として用いれていおり、岐阜市で稼動している。焼却灰にNaOH溶液を添加して50〜70℃に保持し、リンを溶出、消石灰と反応させ、リン含有率30％程度のリン酸塩として回収できる。資源化リンは、肥料取締法上、副産リン酸肥料として肥料登録されている。

下水処理分野でのリン回収技術の適用[22] (図2)

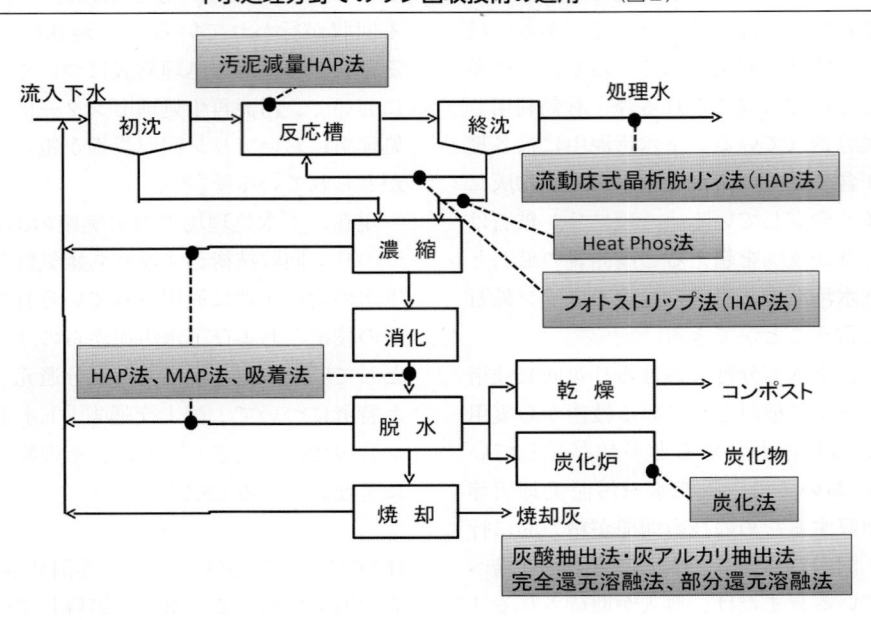

```
                    汚泥減量HAP法
流入下水                  ↓
  ─→ 初沈 ──→ 反応槽 ──→ 終沈 ──→ 処理水
        │       ↑               │
        │       │        流動床式晶析脱リン法（HAP法）
        │       │               │
        │       │        Heat Phos法
        ↓       │               │
       濃縮 ────┤        フォトストリップ法（HAP法）
        │       │
        ↓       │
       消化     │
        │      │
   HAP法、MAP法、吸着法
        ↓              ┌─→ 乾 燥 ──→ コンポスト
       脱 水 ──────────┤
        │              └─→ 炭化炉 ──→ 炭化物
        ↓                         炭化法
       焼 却 ──→ 焼却灰
                  灰酸抽出法・灰アルカリ抽出法
                  完全還元溶融法、部分還元溶融法
```

下水道分野におけるリン回収技術の概要と取り組み状況[22] (表1)

		技術の概要	取り組み状況
晶析法	MAP法	液中に含まれるリンをアンモニウムとマグネシウムの結晶化物とする	・島根県宍道湖流域下水道（運転中） ・福岡市 和白，東部，西部水処理センター（運転中） ・大阪市 大野下水処理場（運転中）
	HAP法	処理水などのpHを上げることにより，リンを析出させる方法	・岐阜県下呂市（運転中）
		返送汚泥の一部を嫌気的条件下で，汚泥からリンを放出させ，放出したリンを結晶化させて回収する方法	・福島県北塩原村（運転中）
		汚泥減量化とA2O法を組み合せて，嫌気性槽混合液からリンを結晶化させて回収する方法	・愛知万博 実証実験（終了）
	Heat Phos法	余剰汚泥に熱を加えて可溶化し，可溶化した液からリンを析出させる方法	
	灰酸抽出法・灰アルカリ抽出法	焼却灰からリンを酸やアルカリで溶出させ，溶出液からリンを析出させる方法	・岐阜市 北部プラント（運転中）
	吸着法	リン吸着能力を持つ吸着剤を用いて，リンを回収（吸着脱離反応の利用）する方法	
完全還元溶融法		リンを黄リンとして揮発させ回収する方法	
部分還元溶融法		焼却灰を部分的に還元して，リン化合物を回収する方法	
炭化法		脱水汚泥を炭化してそのまま利用する方法	・群馬県 県央浄化センター（計画中）

部分還元溶融法： 部分還元溶融法は、焼却灰を原料としたリン回収資源化技術である。電気抵抗式溶融炉にて焼却灰にCaやMg等を添加し、適度な還元溶融とスラグの水砕処理により、P、Si、Ca、Mgを主成分としたスラグとしてリン含有率15%程度のリンを回収する。資源化リンは、肥料取締法上、熔成汚泥灰複合肥料として肥料登録されている。

3 リン回収技術の課題と展望

リン資源の枯渇は地球的規模での資源問題であり、人口増加の著しいアジアにおいては、食糧問題に直結する問題である。リンはまた、成長産業分野として期待されている電気自動車の二次電池、太陽光液晶パネルなどの表面処理剤、高齢化社会で需要が伸びている衣類や家庭用品を燃えにくくするための難燃剤などの原料として、様々な工業分野でも使われている。

近年、リン資源枯渇への配慮やリサイクルの重要性の認識等から、下水道等のおけるリン資源回収技術の開発が活発に行われている。下水道には多くのリンが流入しており、また流入したリンを下水や下水汚泥中から回収・資源化する技術も実用化されてきていることから、下水道におけるリン資源化に対する期待が高まっている。地方公共団体の下水道事業においても、リン資源化の取り組みがなされている。島根県や福岡市では、下水処理水の放流先が閉鎖性水域であることから、放流先の富栄養化防止を目的として、10年以上も前からリンの回収に取り組んでおり、近年、大阪市をはじめいくつかの地方公共団体でも取り組みが始まっている。岐阜市では、民間メーカーと共同で下水汚泥焼却灰からリンを回収する新技術を開発し、2009年度からその供用を開始している。今後、多くの地方公共団体等で具体的な取り組みの展開が期待される。

現在,我々を取り巻く社会では多くの社会問題や環境問題が存在し,一つの側面から判断で政策的事項を決定することはできないと考えられる。まず、導入する下水処理場のリンの収支や汚泥成分等を事前に把握して、処理場に適したリン回収技術を選択することが重要である。また、回収コストや回収したリンの流通などをより効率的に行える技術を選択するためには、需要者のニーズを把握することに加えて、需要者との連携も重要と考えられる。このようなことから、リン回収だけではなく、回収したリンの利用用途まで考えた新たなリン回収技術の開発も期待される。国内での資源循環を実現するための回収・資源化技術やシステム開発には,分野を超えた情報の共有が重要といえる。

これまでのリン回収システムの最大のネックは、輸入リン価格と回収費用の大幅な乖離であった。しかし、リンを含有する製品の工業的な出発原料であるリン鉱石の価格が跳ね上がっていることから、リン回収に関するコスト的な課題は急速に解消しつつあると考えられる。近年のリンの国際的な戦略物資化の傾向を考えれば,必須資源の安定的な確保方策として下水道からのリンの回収・再資源化は量的にも質的にも有効な手法であると言えよう。

（清水芳久）

リン回収技術の特徴一覧[22] (表2)

資源化技術	HAP法		MAP法		灰アルカリ抽出法		部分還元溶融法	
回収対象	総合返流水・脱水ろ液		嫌気性消化法の脱水ろ液（自治体とアリング）	嫌気性消化法の消化液		焼却灰		焼却灰
回収対象リン濃度	PO₄-Pで10～50mg/L程度		PO₄-Pで150mg/L程度	PO₄-Pで100mg/L以上		焼却灰中のP₂O₅で25%以上（P₂O₅で18～25%でも適用は可能）		焼却灰中のP₂O₅で20%以上が望ましい <溶性リン13%程度
設備規模	返流水量、脱水ろ液等として500～5,000 m³/日		500 m³/日 程度（最大1,000m³/日・基）	200 m³/日 基程度		400～10,000 t-Ash/年（1.5 t-Ash/日以上）		1,000～50,000 t-Ash/年（2.7～137 t-Ash/日）
リン回収率	処理対象水PO₄-Pに対し80%（反応槽pH8.5, 水温25℃）		処理対象水PO₄-Pに対し、サイクロン有70%、無60%（反応槽pH8.5, 水温25℃）	処理対象水PO₄-Pに対して90%		リン抽出率：55%以上 リン酸塩析出率：90%以上		リン回収率：80%以上
生産物の量	・生産物 (HAP) ・処理場流入リン負荷の7%、消化有11%、脱流水5%、消化有8%		・生産物 (MAP) ・処理場流入リン負荷の8%、高度処理有)	・生産物 (MAP) ・処理場流入スリン負荷の30%（高度処理有り）		・生産物（灰出リン酸カルシウム）原料灰量の5割 ・原料灰量（反応灰量）原料灰量の8割		・生産物（熔成汚泥灰複合肥料）原料灰量の1.3倍 ・溶融飛灰原料灰量の約4%
生産物のリン濃度	15%以上 <溶性リン：30%以上の例あり		12.6%～30%以上 <溶性リン：30%以上の例あり	29%-P₂O₅ <溶性リン：25%以上		30%程度：岐阜市の例 <溶性リン：25%以上		15%程度 <溶性リン：12%以上
生産物の特徴	・含水率10%程度の乾燥物 ・カルシウムハイドロキシアパタイト (HAP) ・フレコンバックでの保管が可能		・リン酸マグネシウムアンモニウム (MAP) ・鳥根県：分離装置後自然乾燥 ・福岡市：製品化のため乾燥（電力） ・売却価格6.5万円/t, ・鳥根県H21 ・福岡市3.1～3.3万円/t		・リン酸マグネシウムアンモニウム (MAP) ・消化槽で自然発生したMAPも含めて回収		・リン酸カルシウム (P₂O₅ 25%) ・処理量：500 t/1000t-Ash ・岐阜市：造粒後含水率20～30%に乾燥が必要 ・t単位でパック詰めの搬出を予定		・下水道の終末処理場からの汚泥を焼成したものに肥料又は肥料原料を混合し、溶融したもの ・重金属類を分離
生産物の重金属類	ほとんど含まない		ほとんど含まない	ほとんど含まない		ほとんど含まない		ほとんど含まない
肥料登録例	りん酸質肥料（副産りん酸肥料）		複合肥料（化成肥料）	複合肥料（化成肥料）		りん酸質肥料（副産りん酸肥料）		複合肥料（熔成汚泥灰複合肥料）
肥料メーカーとのヒアリング	・化成肥料原料として：○ ・副産りん酸肥料の規格に合致すれば、配合肥料原料として：○		・化成肥料原料として：○ ・化成肥料の規格に合致すれば、配合肥料原料として：○	・化成肥料原料として：○ ・化成肥料の規格に合致すれば、配合肥料原料として：○		・化成肥料原料として：○ ・副産りん酸肥料の規格に合致すれば、配合肥料原料として：○		・化成肥料原料として：○（化学的操作を加える場合を除く） ・熔成汚泥灰肥料の規格に合致すれば、配合肥料原料として：○
影響因子阻害物質	カルシウムイオン、リン酸イオン、温度、重炭酸イオン、pH		マグネシウムイオン、リン酸、アンモニウムイオン、pH、温度	マグネシウムイオン、リン酸、アンモニウムイオン、pH、温度		カルシウムイオン、アンモニウムイオン		アンモニウムイオン
資源化技術上の課題	・原水中のリン酸性リンを晶析するため、原水中のSS濃度が高い場合、薬品量が多くなる傾向		・添加剤のMgの単価が高いため、最低限の高度処理対応になりやすい ・寄生晶の凝固点を下げるため、24%程度のタンク容器が必要	・原水中の有機体リンは回収できない		・反応温度50～70℃への加温が必要であり、焼却析出後の廃熱利用が期待できる ・リン酸塩析出後の乾燥 ・AI系集塵灰の使用 ・焼却灰中に10%以上含まれる場合、<溶性リン濃度が低下する		・排ガス対応が必要 ・通常の電気炉の場合、メタル対応への改良が必要 ・平炉が残る ・副産物：重金属が残る
維持管理等	・実機でHAPを回収できるようになるには半年～1年程度かかる		・配管等の閉塞対策として、配管でスの増大を流量計により計測 ・上記のため、3ヶ月/回の頻度で10%のクエン酸溶液で2日間洗浄を行う ・上記のため、設備は2系列とし、流水用で数10m3の貯留タンクが必要	・リアクター内MAP濃度を適正に保つため、定期的な濃度測定が必要		・石灰系集塵剤によりアルカリ抽出が阻害されるため、基準値が超過 ・Al系集塵剤がない焼却灰でも使用可能 ・副産物：リン鉄は有価物、飛灰はリサイクル可能		・有害物質のうち5%オーダーのクロムがある場合、基準値を超過 ・副産物：リン鉄は有価物、飛灰はリサイクル可能
導入実績	下呂市、北塩原村		島根県、福岡市、大阪市		岐阜市			
建設費	3.3億円/50,000m³/日		8.3億円/50,000m³/日	2.2億円/40,000m³/日		7.0億円/5t-Ash/日（廃熱利用可）		69.4億円/54.8t-Ash/日
維持管理費	7.0百万円/年		4.1百万円/年	6.5百万円/年		80百万円/年		815百万円/年

※1：ヒアリングメーカーでの意見であり、全てのメーカーの意見ではないことに留意すること[22]

4 熱利用・エネルギー回収

ここでは、下水からの熱利用・エネルギー回収で最近特に注目をされているヒートポンプ、消化ガス発電、微生物燃料電池に特に焦点をあてて詳述する。

1 ヒートポンプ

ヒートポンプとは、ポンプが重力に逆らい、水を低いところから高いところに移すように、熱を温度の低いところから高いところに移動させるものである。当然、自然のままでは熱は高いところから低いところに移動するが、通常のポンプ同様、外部からエネルギーを与えることで自然と逆の流れを作ることができる。

典型的なヒートポンプは、エヤコンであり、夏期には冷房機として、冬期には暖房機として働くことができる（図1）。通常のエヤコンは外気をその熱交換に用いるが、その温度は、冷房の際は低いほど、暖房の際は高いほど、効率がよい。下水は外気より、夏期は低く、冬期は高いため、有効な熱源と考えられる。現在、家庭でのエネルギー使用割合[31]は、冷房2.1%、暖房24.3%、給湯29.5%となっており、ヒートポンプの利用範囲は広い。

ヒートポンプの性能を評価する際、重要な指標が成績係数（COP, Coefficient of Performance）である。これは、熱を低いことから高いことに移動させるために用いるエネルギー当たりの冷房・暖

ヒートポンプによる冷暖房模式図（図1）

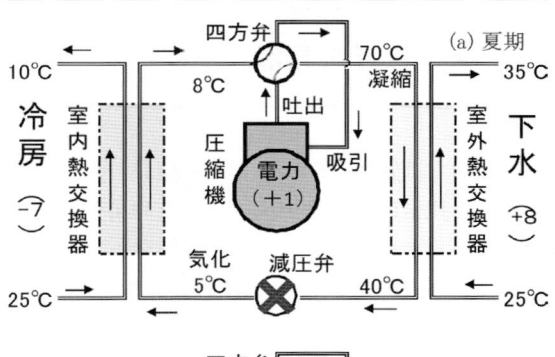

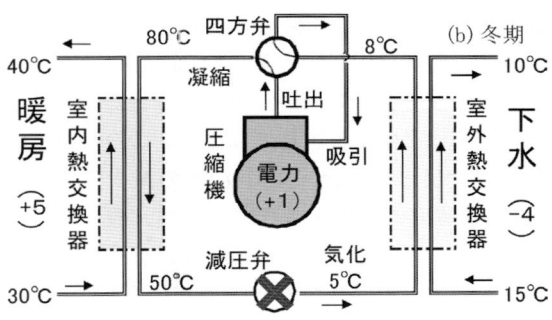

文献32)～34)を参考に作成。
ヒートポンプは、2つの熱交換器と圧縮機、減圧弁（膨張弁）からなり、四方弁による切り替えで、冷暖房両方に使用可能となる。
( ) 内数値は、増減エネルギー量を示し、上記数値の場合、COPは冷房が7、暖房が5となる。

房力（エネルギー量）で求められる。従来、この値は3以下で低い値であったが、近年COPは大幅に向上し、10を超えるものも登場し、その結果、ヒートポンプは冷房のみならず暖房でも主要な手段となった。ヒートポンプ自体のCOPは大幅に

上昇したが、実際には、その適用場までの熱移動時等のロスを考慮した総合のエネルギー効率が重要となる。具体的には、ヒートポンプが適用する場所が利用下水の近くにあることが条件となる。このため、下水を利用したヒートポンプは、場内施設利用が多く、外部利用[35]は、盛岡駅西口地区（2.4/10.2 ha、地区面積/延べ床面積で以下同じ）、後楽園一丁目（22/29 ha、未処理下水）幕張新副都心（49/92 ha）などいつくかに限られる。

2　メタンガス発電

下水中有機物の化学エネルギー回収でもっとも先行する技術は消化槽生成メタンを利用したガス発電である。図2にそのシステム例を示す。本方式のキーポイントは、(1) 投入有機物のガス化率増加、(2) 発生ガスからの発電に不適成分の除去・精製、(3) 効率的ガス発電、の3点である。

通常、汚泥処理系で処理される固形物は、タンパク質を多く含む余剰汚泥を中心としており、メタン発酵は必ずしも容易ではない。このため、通常の消化反応の場合、固形物VSの減少率は、56－65.5%程度である[37]。そこで、熱、酸・アルカリ、オゾン添加などの処理により、有機物の質を分解しやすい溶解性などの形態に変質させてガス化を促進することがしばしば実施される。図の例は、引き抜き消化汚泥を可溶化して再投入するシステムであるが、投入濃縮汚泥自身を可溶化処置をする場合もある。

消化槽では、メタン以外にも、炭酸ガスや水素ガス、硫化水素などの種々のガスが発生するとともに、シロキサンなど一部人工物も気化して消化ガスに含まれる。これらには、炭酸ガスや水蒸気のようにその含有によりガス発熱量を低下させ、燃焼効率を低下させるものの他、硫化水素やシロキサンのように燃焼装置に悪影響をもつ成分も含まれ、除去が必要となる。シロキサンは、ケイ素、酸素、水素からなる化合物のうちSi-O-Si結合を

消化ガス発電の概要図例と課題（図2）

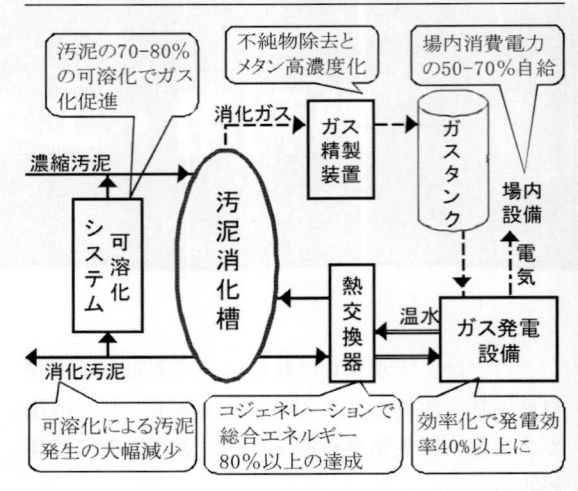

日本下水道事業団レーフレット[36]を改編作製

ふくむ化合物の総称で、シリコーン油などの潤滑油,樹脂,ゴムとして大量に使われている[38]。下水中には、シャンプー、リンス等に由来して含まれ、それが消化過程で消化ガス側に揮散し10～100 Simg/m³の濃度[39]となる。シロキサンはエンジン内の燃焼室でシリカ（Si_2O）となり、その部品に付着・析出し、磨耗を生じてエンジン劣化の原因となる。一方、消化槽で硫酸イオンから還元で生じる硫化水素は、腐食を引き起こす。したがってこれらは除去が必要で、シロキサンでは活性炭などによる吸着[40],[41]で、硫化水素では酸化鉄による酸化[40]や生物脱硫[41]などが用いられる。

メタンガスの発電効率については、NEDO[42]では25%を基準として示されているが、Lotusプロジェクトの実証試験では、33－36%[41]が示されている。

下水汚泥有機物化学エネルギーを利用した発電ではメタン発酵を利用するのがもっともポピュラーであるが、もう一つは、乾燥固形物のバイオソリッド燃料にして、それを焼却して電気を得る方法がある。実際、東京都東部スラッジプラントでは汚泥炭化施設生成された炭化燃料（一日約27

トン）を常磐共同火力（株）の勿来発電所に運び電力電力燃料としている[43]。

3 微生物燃料電池

2で解説した発電は、下水から回収した有機物を燃焼して蒸気ガスタービン等により電気を得る方法である。したがって、水を分離する必要があり、そのために多大なエネルギーを要している。この点を解決するために現在検討されている方法に、微生物燃料電池 MFC（Microbial Fuel Cells）がある。燃料電池は、電気のエネルギーにより水から水素と酸素とを発生させる電気分解の逆反応であり、化学物質を酸化・還元させ、それによって電気を生じさせる反応である。最近の技術開発で、アルコールの燃料電池など実用化はすでに進み、メタン発酵でも、燃料電池で最終電気を得るプロセスが実用化させている。

一般の燃料電池が純化された有機物を酸化して電気を得ているのに対し、微生物燃料電池は、水溶性状態のままの有機物を、微生物の力で分解し、電気エネルギーを回収する方法である。これが下水処理に適用可能な場合、排水処理を行いながら、余剰汚泥の発生を減らし、電気エネルギーを回収する一石三鳥の次世代型排水処理技術となる[44]。

図3の模式図を示すように、微生物燃料電池は、嫌気条件下で直接有機物から電子を取り出しうる微生物（電気生産細菌）を用いた生物反応槽（還元反応）の負極（アノード Anode）と、酸化反応を生じさせる正極（カソード Cathode）との間に、プロトン（水素イオン）が移動可能な隔膜を配置した構造をしている。アノード側基質として酢酸を、カソード側の酸化を酸素で行う場合、下記の反応がそれぞれで進行する[45]。

アノード：E_{an} = -0.296 V
$CH_3COO^- + 4H_2O \rightarrow 2HCO_3^- + 9H^+ + 8e^-$　　　(1)

微生物燃料電池の模式図例（図3）

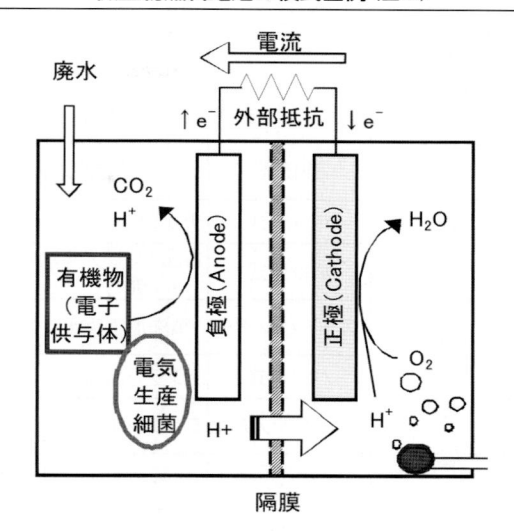

カソード：E_{cat} = +0.805 V
$O_2 + 4H^+ + 4e^- \rightarrow 2H_2O$　　　(2)
（pH=0.7、pO$_2$=0.2、CH_3COO^-、HCO_3^- は5mM）

上記の組み合わせの理論電圧は1.101 Vであるが、実際には、内部電圧（クロスオーバー）、活性化分極、抵抗分極および濃度分極による損失が生じる。すなわち、①微生物代謝、②微生物からアノードへの電子輸送、③アノードからカソードへのプロトン輸送、④カソードでの電子受容体の還元反応、の過程での律速段階の改善が必要となる[46]。これらのうち、④酸素の還元反応は、通常の炭素電極上では（過電圧が大きい）ため、過電圧が小さくなる白金Ptが触媒として炭素電極上に分散させたものがよく用いられる。さらに水中では酸素の移動が遅いため、電極面を空気にさらしたAir-Cathodとし、カソード槽をなくすタイプ（一槽式）も用いられている。

微生物燃料電池の性能を評価する際には、基質の分解に伴う発生エネルギーのうち、取り出せた電荷量の割合を示すクーロン効率（%）と、アノードの表面積当たりの発電力である電力密度（mW/m^2）が用いられる。表1に池ら[47]が排水処理に

微生物燃料電池を用いた廃水からの電力回収の事例[47] (表1)

装置		廃水	COD_{Cr}濃度 (mg/L)	COD_{Cr}除去率 (%)	最大電力密度 (mW/m²)	クーロン効率 (%)
一槽式 Air-Anode	フェドバッチ式	ビール工場廃水	84～2,240	54～98	528	10～27
一槽式 Air-Anode	連続式	ビール工場廃水	626	40～43	264	20
二槽式	バッチ式	チョコレート廃水	1,459	75	1,012	
二槽式	バッチ式	食品(シリアル)廃水	595	30	81±7	
一槽式 Air-Anode	フェドバッチ式	精肉加工廃水	1,420		80	
二槽式	バッチ式	デンプン加工廃水	400		20	40
一槽式 Air-Anode	フェドバッチ式	デンプン加工廃水	4,852	最大98	239	6.7～8.0
一槽式 Air-Anode	フェドバッチ式	家畜廃水	8,320±190	27	261	8
二槽式	連続式	化学系産業廃水	10,520	63	129	
一槽式 Air-Anode	フェドバッチ式	製紙リサイクル廃水	181～1,464	76	627±27	16±2
一槽式 Air-Anode	連続式	都市下水	50～220	80	26	<12
一槽式 Air-Anode	フェドバッチ式	都市下水	200～300	55	146±8	20
フラットプレート	プラグフロー式	都市下水	246±3	42	72±1	5～7

用いた微生物燃料電池についてまとめた結果を示す。クーロン効率は、酢酸塩など単一基質をした場合は80%以上となりうるが、下水のような複合基質では40%程度である。最大電力密度も1000 mW/m²に留まっている。なお、除去率で見ると40～80%程度であり、処理装置としては現時点では中途半端なレベルである。

微生物燃料電池が実用化されるためには、最低でも1000W/m³が安定して供給され、かつスケールアップやカソードコスト低減などの種々の課題がある[44]。未来の排水処理・エネルギー回収の技術として注目されるものである。

参考文献
1) 日本下水道協会:平成20年度版下水道統計、第65号、日本下水道協会 (2010)
2) 日本下水道協会:平成16年度版下水道統計－要覧－、第61号の3、日本下水道協会 (2006)
3) 監訳委員会監訳 (2010):水再生利用学－持続可能社会を支える水マネジメントー、技報堂出版
4) 水道新聞社編集 (2010):平成22年下水道白書「日本の下水道」(未来を拓く循環のみち下水道)、((社))下水道協会
5) 小柴禧悦 (2008):下水処理場のエネルギー自立を目指す自治体、JFS ニュースレター No.71
 (http://www.japanfs.org/ja/join/newsletter/pages/027194.html)
6) 神戸市記者発表資料 (2010/10/12)
 http://www.city.kobe.lg.jp/information/press/2010/10/20101012301501.html
7) 東京都下水道局 http://www.gesui.metro.tokyo.jp/odekake/syorijyo/03_08.htm
8) 大阪府 http://www.pref.osaka.jp/hokubugesui/news/energy.html
9) 滋賀県下水道課 http://www.pref.shiga.jp/d/gesuido/ryuuiki/energy.html
10) 茨城県 http://www.pref.ibaraki.jp/bukyoku/doboku/01class/class31/topics/fuuryoku.htm
11) 静岡市整備課 http://www.city.shizuoka.jp/deps/setubi/setubi_huuryoku.htm
12) 掛川市 http://lgportal.city.kakegawa.shizuoka.jp/hiroba/shinsunkan/gesuiseibi_080620.html
13) 藤木修 (2006):下水汚泥資源化・最先端技術誘導プロジェクト、用水と廃水、Vol48、No.10、p.52-56

14) 下水道新技術推進機構 http://www.jiwet.jp/spirit21/LOTUS/lp_05.html
15) 津野洋（2010）：下水道におけるリン回収と利用、下水道協会誌、Vol.47、No.573、p1
16) JST 文献検索サービス JDREAM II http://pr.jst.go.jp/jdream2/
17) 藤田賢二、コンポスト化技術－廃棄物有効利用のテクノロジー、技法堂出版、1993（ISBN：4-7655-3131-7）．
  ＊）p.72 の図-4.9 より。ただし、元出典（英語）は Sandy Cairncrross and Richard Feachem, Environmental Health Engineering In The Tropics：An Introductory Text, Second Edition, John Wiley,& Sons, 1993, p.198 (ISBN 0 471 93885 8)
18) George Tchobanoglous, Franklin L. Burton, H. David Stensel (2002) Wastewater Engineering：Treatment and Reuse, 4th edition, McGraw-Hill (ISBN：978-0070418783).
19) 有機質資源化推進会議（1997）有機廃棄物資源化大辞典，農山漁村文化協会，東京（ISBN：978-4540961311）p.15
20) Sandy Cairncrross and Richard Feachem (1993) Environmental Health Engineering In The Tropics：An Introductory Text, Second Edition, John Wiley,& Sons, 1993, p.198 (ISBN 0 471 93885 8)
21) Virtual 金属資源情報センター：鉱物資源マテリアルフロー平成19年度調査レポート、2007、JOGMEC（（独）石油天然ガス・金属鉱物資源機構）ホームページ http://www.jogmec.go.jp/mric_web/jouhou/material_flow_frame.html#2007）．
22) 国土交通省・地域整備局下水道部：下水道におけるリン資源化の手引き、国土交通省、2010.
23) 加藤文隆、高岡昌樹、大下和徹、武田信生：下水処理システムからのリン回収技術の現状と展望、土木学会論文集G、46（4）、413-424、2007.
24) 橋本敏一：リン除去・回収技術の最新の動向、下水道協会誌、47(573)、16-19、2010.
25) 飯島宏：島根県における下水汚泥からのリン資源の回収について－造粒脱リン設備の現況および課題－、再生と利用、26、38-44、2003.
26) 柳橋唯信：福岡市の MAP 法によるリン回収の現状について、再生と利用、117、24？27、2007.
27) 岐阜市：広報資料
  (http://www.city.gifu.lg.jp/c/01021204/01021204.html)、2005.
28) アタカ大機（株）：広報資料
  http://www.atk-dk.co.jp/xml/docs/ATK_15pdf)、2006.
29) （財）日本環境衛生センター：廃棄物処理技術検証第5号、し尿と浄化槽汚泥からのアパタイト法によるリン回収システム、109-110、2003.
30) （財）日本環境衛生センター：廃棄物処理技術検証第5号、MAP 法によるリン資源回収資源化システム、110、2003.
31) 経済産業省（2010）：エネルギーに関する年次報告（エネルギー白書）、第174回国会（常会）提出資料
  http://www.enecho.meti.go.jp/topics/hakusho/2010/index.htm

32) 在原雅憲（2008）：幕張新都心への地域冷暖房、下水道協会誌、Vol.45、No.553、p.7-19
33) 射場本忠彦監修（2010）：ヒートポンプの本、今日からモノ知りシリーズ、日刊工業新聞社
34) 田中宏明（2010）：下水道の有する熱の利用、平成22年度環境工学委員会第2回研究ワークショップ "環境工学の新しいチャレンジー下水道資源の有効利用－"、環境工学委員会
35) （社）日本熱供給事業協会
  http://www.jdhc.or.jp/area/area02_01.html
36) 下水道事業団技術開発部（2010）：汚泥可溶化による効率的消化ガス発電
  http://www.jswa.go.jp/gijutu_kaihatsu/g_kaihatu/gijutukaihatu/jituyouka_gijutu/pdf/kayouka.pdf
37) Metcalf & Eddy, (2003), Wastewater Engineering, 4th Edition, McGraw Hill.
38) 岩波理化学辞典第5版、岩波書店（1998）
39) 清水章（2005）：ガスエンジンへのシロキサンの影響と対策、日本技術士会機械部会資料、
  http://www.engineer.or.jp/dept/mech/record/document/document2005/document0510-1.pdf
  http://www.jiwet.jp/result/annual2/05/pdf/2009a1-4-4m.pdf
40) 下水道技術開発プロジェクト委員会（2008）：「消化促進による汚泥減量と消化ガス発電に関わる技術評価書」
41) 下水道技術開発プロジェクト委員会（2007）：「低ランニングコスト方混合消化ガス発電システムに関わる技術評価書」
42) NEDO（2002），新エネルギーガイドブック 導入編
43) 下水道新技術推進機構（2008）：下水汚泥からバイオマス燃料→発電、下水道機構情報、Vol.1、No.3
  http://www.jiwet.jp/quarterly/n003/n003-010.htm
44) 岡部聡（2010）：微生物燃料電池：一石二鳥の次世代型排水処理技術、水環境学会誌、Vol.33（A）、No.11、pp347
45) Bruce E. Logan, Bert Hamelers, Rene Rozendal, Uwe Schoroder, Jurg Keller, Stefano Freguia, Peter Aelterman, Willy Verstraete & Korneel Rabaey (2006), Microbial fuel cells：Methodology and technology", Environmental Science & Technolgoy, 40 (17), 5181-5912.
46) 渡邉智秀：微生物燃料電池における電極および装置構造の進展、水環境学会誌、Vol.33（A）、No.11、pp361-365.
47) 池田彦、惣田訓（2010）：排水処理における電力回収を目的とした微生物燃料電池の原理と特徴、水環境学会誌、Vol.33（A）、No.11、pp353-356.

（藤井滋穂）

IV 先端的水処理技術編

16章

高効率・省エネ先端技術

1. 超高速凝集沈殿
2. 高密度汚泥凝集沈殿
3. 高速加圧浮上
4. 高速ろ過
5. 高純度の超純水
6. MBR
7. anammox
8. 好気グラニュールによる生物処理技術
9. 機能水
10. イオンフィルター
 〜超純水中の極微量金属除去用としての適用〜

1 超高速凝集沈殿

1 概要

凝集沈殿処理は、用水処理や排水処理において重要な工程であるが、良好な処理を安定して行うためには広大な面積を有する沈殿槽が必要である。しかし、新たな施設を導入するための用地確保あるいは維持管理の面から、大きな面積を必要とする凝集沈殿処理装置の省スペース化、すなわち、処理の高速化が求められている。

こうしたニーズに応えるため、沈殿槽LV（沈殿槽単位面積あたりの処理水量）が30〜80 m³/m²/hという超高速での処理が可能な凝集沈殿装置が開発され、実用化されている。この装置は、沈降促進材を使用して、沈降速度の極めて高いフロックを形成させることにより、原水中の濁質を高速で沈降分離するものである。

既に国内でも多くの導入実績があり、濁質・有機物除去を目的とする200 m³/d規模の工場排水処理から河川水を原水とする20万m³/d規模の工業用水製造[1]まで幅広く適用されている。また、海外では200万m³/d規模の浄水処理に適用されている例もある。

2 基本原理

超高速凝集沈殿装置では、フロック形成において有機高分子凝集剤（ポリアクリルアミドなど）と共に、フロックの沈降速度を高める材（以下、沈降促進材）を混合する。沈降促進材はいわばフロックの錘（おもり）にするものであり、写真1に示すような、比重2.6程度、粒径10〜200μm程度の微細なケイ砂が用いられる（装置メーカーによってはマイクロサンド[2]とも称している）。

フロック形成にあたっては、まず、原水に無機凝集剤（ポリ塩化アルミニウムなど）を注入・混和し、濁質の荷電中和を行い、微細フロックを形成させる。次に、有機高分子及び沈降促進材を混合し、それらの吸合作用によって、図1のような大きく重いフロックを形成させる。沈降促進材を取り込んだフロックの沈降速度は、図2に示すように、無機凝集剤だけで形成させた従来のフロックの50〜100倍以上と飛躍的に増大するため、高速での沈降分離が可能となる。

なお、沈降促進材は、フロックの沈降分離後、サイクロンで遠心力を利用してフロックから分離回収し、再利用する。

沈降促進材（写真1）

超高速凝集沈殿で形成させるフロック（図1）

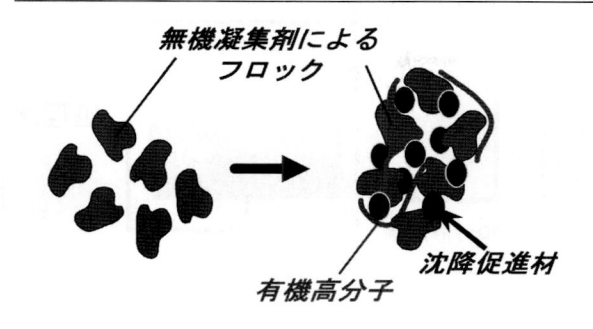

フロック沈降速度の比較
（フロック径をもとにした計算値）（図2）

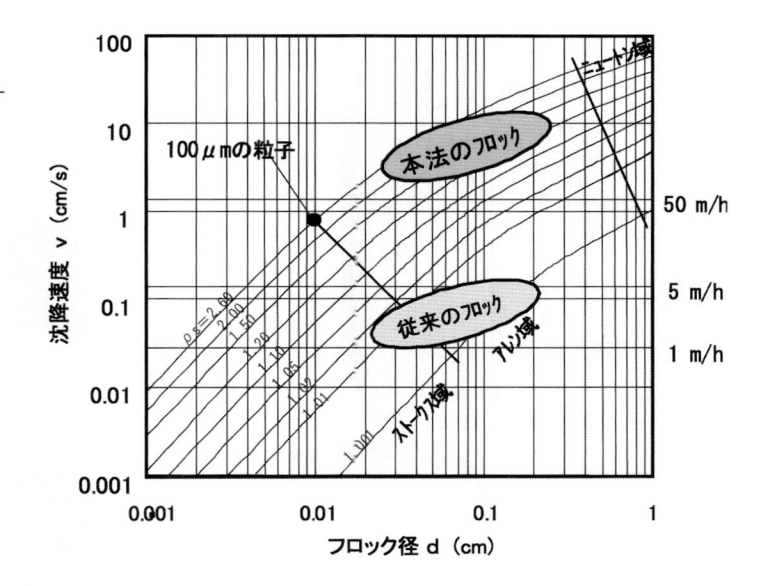

3 設 備

　超高速凝集沈殿装置は、凝集槽、フロック形成槽及び沈殿槽から構成され、これにスラリーポンプ、サイクロンを付帯する。装置メーカーによって、フロック形成に関わる部分を2槽構成とするなどの違いはあるが[2]、基本的には図3に示すフローとなっている。

　まず、凝集槽で、無機凝集剤を注入混和し、原水中の濁質等を荷電中和して微細フロックを形成させる。

　次に、フロック形成槽で、有機高分子と沈降促進材を注入混和し、大きく重いフロックを形成させる。このフロック形成のプロセスを、オルガノ製装置スーパーオルセトラーを例として図4に示す。凝集槽を経た原水は、フロック形成槽に下部から流入し有機高分子と沈降促進材が添加された後、撹拌によりフロックを形成しながら上昇する。沈降しようとするフロックと上昇水流が均衡することにより槽内に高密度のフロック層が形成され、この層内でフロック同士が高頻度で接触して、更に大きく沈降速度の高いフロックへと成長する。大きく成長したフロックは、図5のように、槽上部から沈殿槽に越流する。

超高速凝集沈殿装置の概略フロー（図3）

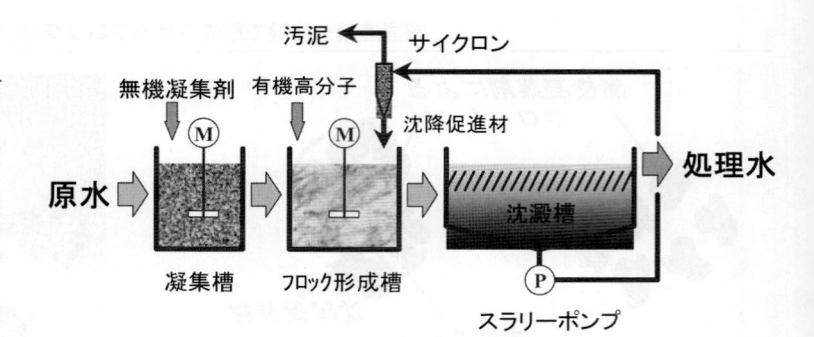

フロック形成と沈殿部の機構
（オルガノ製装置スーパーオルセトラー）（図4）

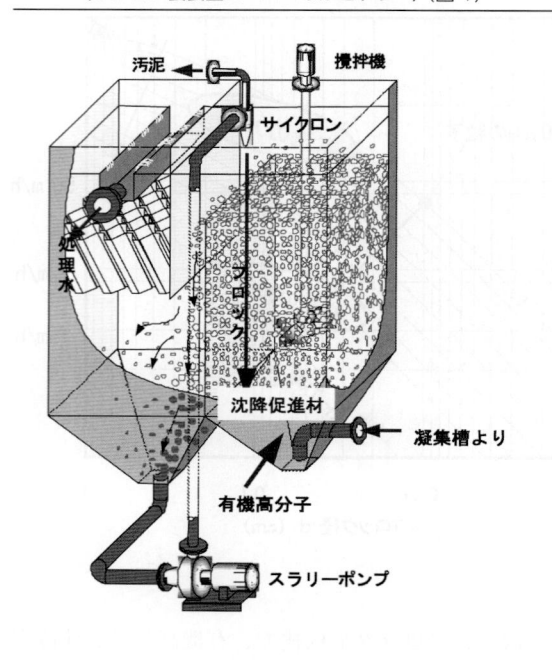

フロック形成槽上部の様子（図5）

沈殿槽の様子（図6）

凝集沈殿装置の比較（表1）

	従来型凝集沈殿	高速凝集沈殿装置	超高速凝集沈殿装置
沈殿槽LV	1m/h 程度	3〜6m/h	30〜80m/h
設置面積	—	従来型の1/3程度	高速凝集沈殿の1/2程度
処理水質	良好	従来型よりやや劣る場合あり	従来型と同等以上
凝集剤注入率	原水水質による	従来型よりやや多い	従来型と同等以下
その他	運転は容易であるが処理水質が安定するまでに時間がかかる	スラッジブランケットの形成に時間がかかり、維持が難しい	高密度フロック層が容易に形成され立ち上がりが早い

沈殿槽に流入したフロックは、そのほとんどが槽底部に沈降する。また、沈降せず巻き上がったフロックも沈殿槽内に設置された傾斜装置により水から分離される。そして、傾斜装置を通過した水が、図6のように、沈殿槽上部から処理水として取水される。

沈降したフロックはスラリーとして沈殿槽底部からスラリーポンプにより引き抜かれ、サイクロンに圧送される。サイクロンでは遠心力を利用してスラリー中の固形物から沈降促進材が分離される。比重の重い沈降促進材は、サイクロン底部から排出されフロック形成槽へ戻されて再利用される。比重の軽い残りの固形物（原水中の濁質と凝集剤由来の金属水酸化物など）は、サイクロン上部から汚泥として排出され、汚泥濃縮槽へと移送される。

4 特　長

①装置面積が従来の凝集沈殿池より大幅に小さい

超高速凝集沈殿装置は、沈殿槽LVを30～80 $m^3/m^2/h$で設定することが可能である。従来の凝集沈殿装置では1 $m^3/m^2/h$程度、パルセータやアクセレータなどに代表される高速凝集沈殿装置でも3～6 $m^3/m^2/h$程度であることと比較すると、10倍以上のLVである。すなわち、同じ水量を処理する場合、必要とされる沈殿槽面積は従来装置の1/10以下であり、凝集槽及びフロック形成槽を含めた装置全体の面積でみても高速凝集沈殿池の半分以下となっている。

②凝集剤使用量が少ない

無機凝集剤は原水中の濁質の凝集に必要な量、有機高分子は微細フロックと沈降促進材の吸合に必要な量だけあればよく、従来装置のようにフロック径を大きくし沈降速度を高めるために過大に注入する必要がない。したがって、無機凝集剤注入率は、従来装置と同等以下であり、また、有機高分子注入率は、通常1mg/L以下である。

③原水水質の変動に対しても安定した処理が可能

有機高分子と沈降促進材により常に大きく重いフロックを形成するため、原水水質の変動に対し、処理は安定している。従来の凝集沈殿では良好な処理を行うことが難しい低濁度原水に対しても良好な処理水質を得ることができる。

5 模擬排水を用いた処理実証実験

(1) 内　容

ここでは、15 m^3/h規模の処理装置を用い模擬排水を対象として実施された処理実験の概要を紹介し、超高速凝集沈殿の基本的な処理性能を示すこととする。

① 装置

実験に用いられた装置（オルガノ製）は、凝集槽、フロック形成槽、沈殿槽、スラリーポンプ及びサイクロンで構成される本体とサイクロンから排出される汚泥を沈降濃縮させる汚泥濃縮槽が搭載された可搬式のユニット（写真2、寸法W 2.3m×D 1.5m×H 3.4m）として製作されている。

沈殿槽面積はわずか0.25 m^2であるが、沈殿槽LVを50～70 $m^3/m^2/h$で設定した場合、12.5～17.5 m^3/hの処理が可能である。従来型の凝集沈殿で同じ水量を処理する場合、15 m^2程度の沈殿槽を必要とすることを考えると、極めてコンパクトなものとなっている。

② 模擬排水（原水）

工業用水にカオリンを添加したもの
・水量：12.5～17.5 m^3/h
・濁度20～100度
・水温10～12℃

超高速凝集沈殿装置ユニット（写真2）

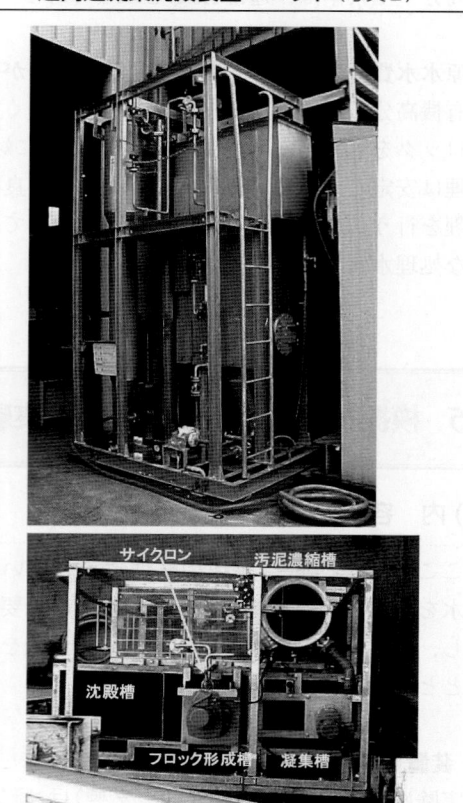

（図7）

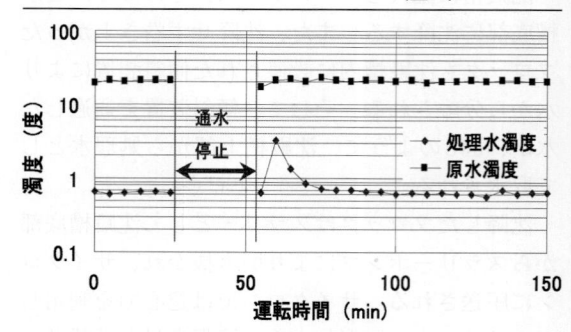

ON-OFF運転における処理水濁度
(LV 50m³/m²/h)（図8）

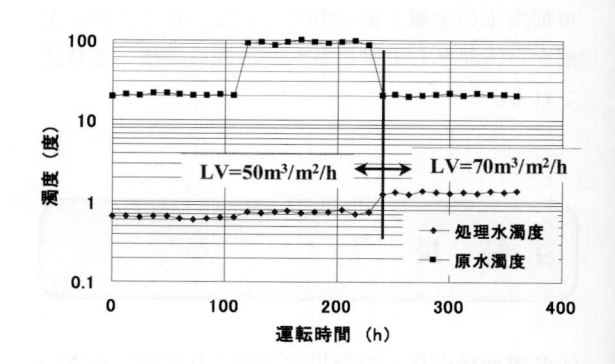

③ 装置の運転条件
・沈殿槽LV：50～70 m³/m²/h
・凝集pH：7.0
・無機凝集剤：ポリ塩化アルミニウム（PAC）注入率20mg/L
・有機高分子：ポリアクリルアミド　注入率0.7mg/L
・沈降促進材：比重2.6　粒径100μm程度

(2) 処理状況

　図7は、濁度20度及び100度の原水を沈殿槽LV 50m³/m²/hで処理したときの処理水濁度、そして濁度20度の原水を沈殿槽LV 70m³/m²/hで通水したときの処理水濁度を示したものである。

　沈殿槽LV 50m³/m²/hでは、原水濁度100度でも処理水濁度は1度未満であり、沈殿処理としては十分良好な水質が得られている。沈殿槽LVを70m³/m²/hとした場合は、濁度20度の原水に対し処理水濁度1度を超えているが、それでも沈殿処理としては良好なものであると言える。

　図8のグラフに示す実験は、ON-OFF運転（起動と停止の繰り返し運転）における再起動時の装置の立ち上がりを検証したものである。通水停止から再起動した直後は一時的に処理水濁度が上昇するが、フロック形成槽における高濃度フロック層が回復し正常なフロック形成が始まると、処理水質は急速に良好なものとなり、再起動開始からわずか15分程度で落ち着いている。パルセータやアクセレータなどの高速凝集沈殿装置と比較しても、素早い立ち上がりとなっている。

6 適用上の留意点

(1) 凝集剤の適正注入

　超高速凝集沈殿が良好に機能するためには、従来型の凝集沈殿と同様、原水水質に対して適正な凝集剤量が注入されていることが必要である。前述のように従来装置と比べると注入量は少ないが、適正な量が注入されないと原水中の濁質の多くが処理水に流出し、また沈降促進材をフロックに取り込むこともできず沈降速度の大きいフロックを形成させることができなくなる。

　特に、原水水質の変動が大きい場合は、それに応じた凝集剤注入量の制御が安定な処理に不可欠である。

(2) フロック形成槽における沈降促進材の濃度管理

　フロックに取り込まれた沈降促進材はサイクロンでフロックから分離回収されフロック形成槽に戻されるが、サイクロンでの沈降促進材の分離効率は99%以上と高いものの完全ではなく、わずかではあるが汚泥側に流出する。このため、フロック形成槽内の沈降促進材が少しずつ減少し、その濃度が低くなると沈降速度の高いフロックを形成できなくなる。そのような状態になる前に沈降促進材の補給が必要となる。

　すなわち安定運転を行うためには沈降促進材の濃度管理が必要であり、定期的にフロック形成槽内の沈降促進材の濃度を計測し、濃度が一定以下にならないよう沈降促進材の補給を行う。なお、近年では、超音波式の汚泥濃度計などで沈降促進材濃度を常時計測し、その指示値をもとに自動で沈降促進材を補給することも可能となっている。

参考文献
1) 渡辺尚夫　川崎市水道局における超高速凝集沈でん池の導入　工業用水 No.582　24-34　2007年5月
2) 大久保愼二　超高速凝集沈澱処理による高効率化処理システムの確立　第2回環境影響低減化浄水技術開発研究セミナー e-Water テキスト　73-76　2004年12月

（鳥羽裕一郎）

2 高密度汚泥凝集沈殿

1 無機汚泥の減容

　金属やフッ素・リンなどの無機汚泥は有機汚泥のように、オゾンや紫外線等を用いて水と炭酸ガスに酸化分解し、有機物そのものを削減することができない。そのため、無機物の汚泥削減は、汚泥に付随している間隙水や随伴水と呼ばれる自由水を汚泥から減少させることで汚泥を削減する。また、脱水縮合反応を起こして結晶水や汚泥分子に含まれる水酸化物から水を減少させることでも汚泥削減が可能である。例として鉄（Ⅱ）水酸化物の脱水縮合を示す。

$$Fe(OH)_2 \cdot n(H_2O) \rightarrow FeO + (n+1)H_2O$$

　本項目では、無機排水処理で発生する汚泥の削減方法として高密度汚泥(HDS)凝集沈殿法について紹介する。

2 高密度汚泥凝集沈殿[1]

(1) 概　要

　図1に示すように従来の凝集沈殿では、水中に溶解しているイオン状態から難溶性化合物(汚泥)になる時に三次元的に水が取り込まれるため、汚泥の含水率が高くなる(図2-A)。この課題解決策として、1966年よりベスレヘムスチール社(Bethlehem Steel Corp.：米国)が自社鉱山排水処理で汚泥減容化を研究したことに端を発した、汚泥を循環しながら高密度化させるHDS(High Density Solids)法がある。この方法は、殿物繰返し法とも呼ばれている。[2]

　このHDS法を汚泥循環量等の自動制御など技術的改善を行ったのがKHDS®5システム(Kurita High Density Solids 5 System：以下、KHDS)である。基本フローを図3に示す。従来法との違いとして①沈殿槽からの汚泥返送ライン②反応槽③自動制御システムがある。

　反応槽では図2-Bに示すモデルのように、発生する汚泥表面(フッ化カルシウム)に被処理物質(フッ素)の対イオン(カルシウム)が付着される。

　中和槽では原水がその汚泥と混合される。汚泥表面にある対イオンに原水中の被処理物質が反応し、新たに難溶性化合物が発生して、被処理物質が汚泥に取り込まれる。汚泥表面に吸着したカルシウムイオンとフッ素イオンの反応は、汚泥表面における二次元反応のため、従来法の三次元反応と異なり、汚泥生成時の水の取り込みを抑制することができる。このため、汚泥が高密度となり、汚泥濃度が上昇し脱水ケーキの含水率が低下する。

　凝集槽では高分子凝集剤を用いて汚泥粒子を粗大化させる。粗大化した汚泥を沈殿槽で固液分離し、原水から被処理物質を分離除去する。分離した汚泥が繰返し反応槽に返送されることで年輪状に成長した結晶性の汚泥を得ることができる。

　また、原水分析計と返送汚泥濃度、返送流量計をもとに、後述する返送比を用いてポンプ等を管

16章 高効率・省エネ先端技術　●　413

従来フロー（図1）

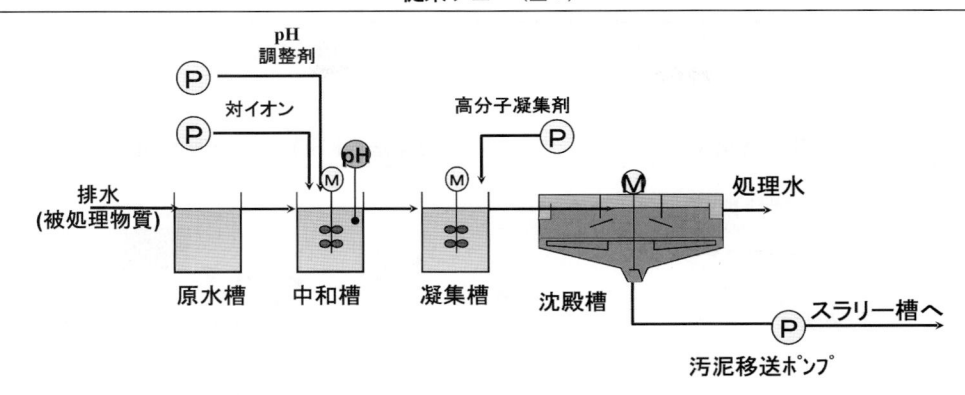

イオンの汚泥化モデル（フッ化カルシウム）（図2）

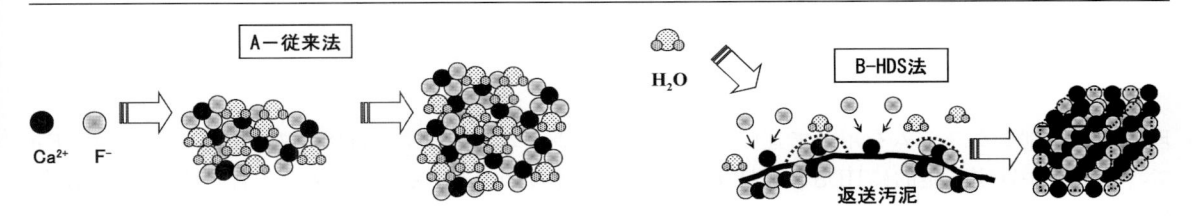

KHDS®5システム（図3）

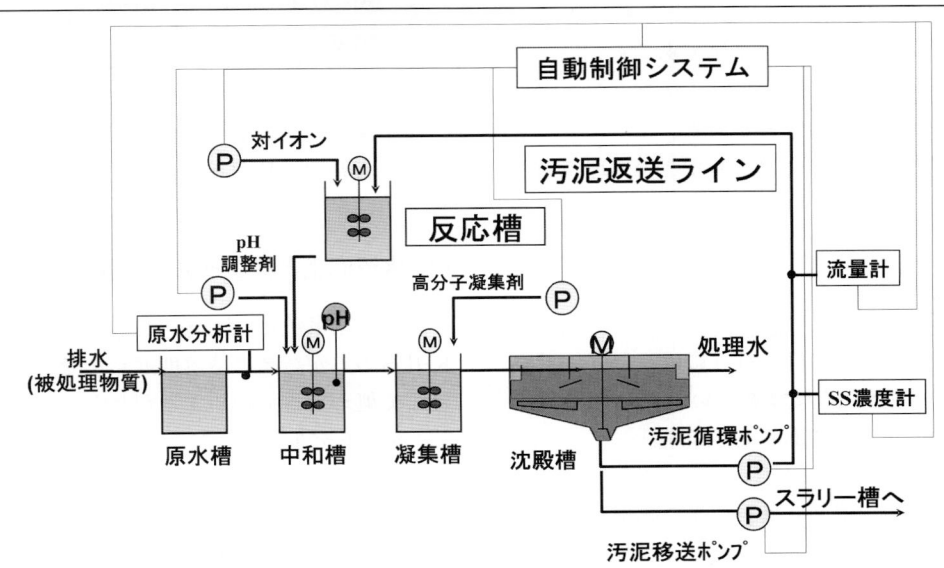

$$返送比 R = \frac{返送汚泥量(kg/hr)}{発生汚泥量(kg/hr)} = \frac{返送汚泥量 Q2(m^3/hr) \times 返送汚泥濃度 C2(kg/m^3)}{原水流量 Q1(m^3/hr) \times 発生汚泥濃度 C1(kg/m^3)} \quad 式(1)$$

KHDS®と従来法の処理水質比較例(図4)

従来法とKHDS®の処理水の比較(図5)

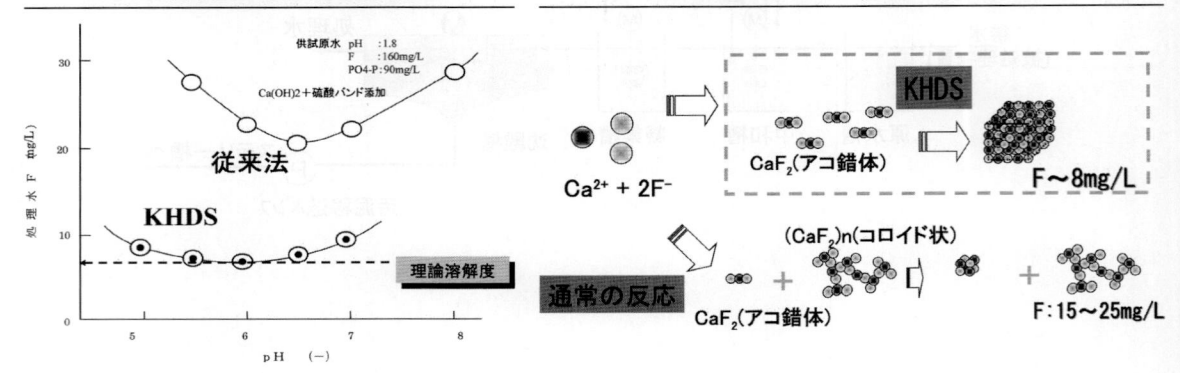

理する自動制御システムを用いて運転することで、人手をかけず安定的にHDSを保持することができる。

(2) 適用物質

本システムは被処理物質が＋イオン(カチオン)、－イオン(アニオン)のいずれの場合も可能である。カチオンとして主には金属である鉄(Ⅱ)、鉄(Ⅲ)、ニッケル、鉛、銅、亜鉛、マンガン、アルミニウム、クロム(Ⅲ)などがある。また、アニオンとして硫酸、リン酸、フッ素などの処理に適用できる。

(3) 返送比

KHDSで安定した処理を行うには、以下に示す返送比(R)と呼ばれる指標を用い、これを適正に保持することが重要である(式1参照)。

なお、発生汚泥濃度とは、原水を処理したときに発生する汚泥濃度のことであり、フッ素をカルシウムで処理する場合、フッ化カルシウム(CaF_2)濃度のことを示す。各処理物質の種類や原水濃度によって、最適な返送比が異なるため、各現場において返送汚泥流量を調整することが必要となる。

3 高密度汚泥凝集沈殿法の特長[3]

高密度汚泥凝集沈殿法の特長をカルシウムによるフッ素処理のKHDSを例に示す。

(1) 水質向上とスケール発生防止

図4に従来法とKHDSの処理水の違いを示す。KHDSの方が結晶の溶解度近くまでフッ素を低濃度まで処理できていることがわかる。これは、図5に示すモデルのように、従来法では汚泥(固体)にならないコロイド状のCaF_2が発生しているため、理論溶解度よりも高い濃度までしか処理できない。一方、KHDSの場合は、結晶化が進み、イ

従来法とKHDS®の汚泥の比較（図6）

	従来法	KHDS
循環汚泥濃度(%)	2～5	20～30
脱水ケーキ含水率(%)	55～65	40～50
脱水機処理能力 (kg-SS/m²・hr)	1.5～3.0	7.5～15

従来法とKHDS®の汚泥沈降性の比較（図7）

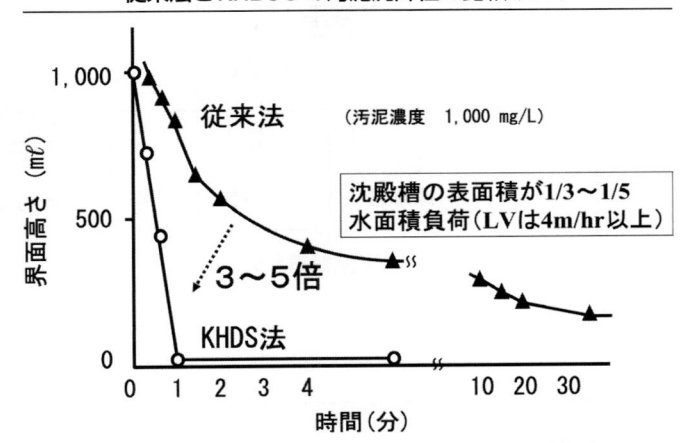

（汚泥濃度　1,000 mg/L）

沈殿槽の表面積が1/3～1/5
水面積負荷（LVは4m/hr以上）

オンとCaF_2の錯体の合計量となるため、理論溶解度に近い濃度まで水質が向上する。また、このコロイド状のCaF_2が沈殿槽以降のタンクや配管表面でスケールの原因となるため、KHDSではこのスケール発生を抑制することができる。

(2) 汚泥発生量低減と脱水時間短縮

図6に脱水機としてフィルタープレスを用いた時の汚泥脱水結果を示す。汚泥を高密度化したことで、脱水性能が向上し、引き抜き汚泥は、従来法と比較して10倍程度まで濃縮できる。また、脱水ケーキの汚泥含水率は10～20%低減し、脱水速度も5倍程度速くなり、汚泥貯槽やフィルタープレスの膜面積を削減することができる。なお、汚泥含水率が65%から50%に削減すると脱水ケーキ量は約30%削減する。

(3) 薬品注入量低減

従来法では、原水の変動に対して安定した処理水質を維持するため、薬品を過剰に添加しなければならないという問題や、消石灰や水酸化マグネシウムなどの固体薬品を用いた場合、十分に溶解せずに固定化されるため、必要以上に薬品を注入するという問題がある。しかし、KHDSでは、自動制御システムにより原水に濃度に応じた薬品添加が可能であり、汚泥を返送することによって薬品が固定化せず溶解するため、余計な薬品が不要となり、薬品量を削減することができる。

(4) 省スペース

生成した汚泥の沈降性を示したものを図7に示す。従来法と比較して、KHDSは汚泥の結晶化が進むことで、沈降速度が3～5倍速くなる。その結果、従来の沈殿槽を1/3～1/5にすることができる。従来法と比較して汚泥返送ラインと反応槽が増加するものの、沈殿槽や汚泥貯槽、脱水機が小さくなるので、システム全体では省スペースな設備とすることができる。

濃厚排水KHDSフロー（図8）

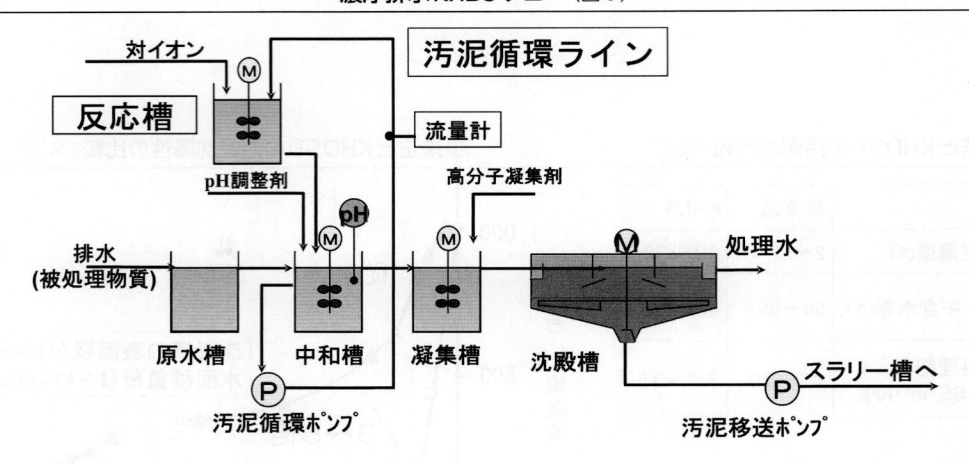

4 処理例

カチオンの例として鉄イオン(Fe^{2+})を、アニオンの例としてフッ素イオン(F^-)を挙げる。

(1) 鉄(Ⅱ)

鉄(Ⅱ)(Fe^{2+})は鉄鋼の酸洗排水などに含まれる。汚泥の発生は以下の式の通りである。

$FeSO_4 + Ca(OH)_2 \rightarrow Fe(OH)_2\downarrow + Ca^{2+} + SO_4^{2-}$

水酸化鉄を作るため、図2の対イオンとしてアルカリ剤を添加する必要がある。一般的には安価な消石灰($Ca(OH)_2$)が用いられるが、苛性ソーダ(NaOH)や水酸化マグネシウム($Mg(OH)_2$)が用いられることもある。鉄の場合は通常、返送比Rは15～25で行う。この返送比が高くなると、汚泥の一部が微細化して処理水が赤茶色に濁る場合がある。また、汚泥含水率は40％程度まで低減する。

(2) フッ素

フッ素(F^-)は電子産業におけるシリコンのエッチング排水などで使用されている。汚泥発生は以下の式の通りである。

$2HF + Ca(OH)_2 \rightarrow CaF_2\downarrow + 2H_2O$

フッ素の対イオンはカルシウムである。よって図2において反応槽では一般的にはpH調整も兼ねて消石灰が多く用いられるが、塩化カルシウムを使用する場合もある。CaF_2の場合は、返送比Rは鉄の場合よりも広範囲の返送比で処理可能で15～40で行う。これは返送比が多くても、汚泥の一部が微細化せずに凝集沈殿するからである。なお、処理水フッ素は通常10～20mg/Lまで低下し、汚泥含水率は30～40％程度まで低減する。

5 高濃度原水の高密度汚泥凝集沈殿[4]

原水の被処理物質濃度が高い排水の場合、発生汚泥量が多いため、返送比を確保するには返送汚泥流量を多くする必要がある。この場合は図8に示すように、沈殿槽から汚泥返送せずに、中和槽から直接反応槽に返送比に相当する分の流量を送付する。中和槽の大きさが返送比分だけ大きくなるが、発生汚泥濃度と返送汚泥濃度は同じになる

ため、流量計の制御のみで良くなり、配管も沈殿槽からではなく中和槽から反応槽になるため、設置が容易となり、配管の閉塞などのリスクも軽減する。

6 高密度凝集沈殿の今後について

現在、無機排水処理において最も大きな課題は、発生した汚泥の処分方法である。現在、産業廃棄物や一部はセメント原料として再利用されているものの、引き取り量にも限界がある。

近年の金属をはじめとする無機資源の価格は、グローバル化や地政学的リスクの影響で上昇傾向にあり、今後はこれらの汚泥を原料として、回収再利用することが必要となる。そのためには、汚泥中の不純物の削減やさらなる含水率低減を低コストで実現できるよう、新技術の導入などによる検討を継続していかなければならない。

参考文献
1) 加藤勇／高密度汚泥生成法による無機排水の凝集沈殿処理／用水と廃水／42/27-32(2000)
2) 特許 1334145
3) 林一樹／フッ素含有排水の処理システム／産業機械／18-21(2007)
4) 特許 4457458

(林　一樹)

3 高速加圧浮上

1 概要

　加圧浮上法は用水中や排水中に含まれる浮遊性の汚濁物質を除去する最も一般的な方法のひとつである。加圧浮上装置では、凝集剤を添加して浮遊物質を凝集フロックとした原水に対して浮上槽内の混合部において微細気泡を混合することでフロックに気泡を付着させ、浮上槽内の浮上分離部において気泡付着フロックを浮上分離する。ここで、微細気泡は空気を加圧溶解した加圧水を減圧することにより発生させる。処理によって発生した浮上スカムは浮上槽の上部で濃縮され、スカムスキマーによって系外へ排出される。清澄水は浮上槽の下部に設けられた取水口から処理水として取り出される(図1)。

　浮上分離部に必要な面積は(1)式で定義する表面積負荷：LV (m/hr)というパラメータを用いて決定される。

$$LV = \frac{A}{Q + Q_R} \quad (1)$$

　ここで、A：浮上分離部表面積 (m²)、Q：原水流量 (m³/hr)、QR：加圧水流量 (m³/hr)である。含油排水処理の一般的な加圧浮上装置はLV = 4 - 7 m/hrで設計される[1]。浮上槽の構造上の工夫をすることなどで、高いLVで設計できるようにした装置が高速加圧浮上装置である。

　浮上槽の全体に傾斜板を配することや浄水を処理対象として浮上槽の底全体にオリフィスプレートを敷くことを構造上の特徴としてLV = 20 - 40 m/hrという高速化を図った装置が報告されている[2]が、浮上槽を複雑な構造にして高速化をすることは、建設費において不利になる可能性があるばかりでなく、特に排水処理を対象とするときにはメンテナンス性の観点から好ましくない。このため、本節では、簡易な構造で浮上槽の分離性能を向上させる棒状のバッフルについて説明する。

　まず、浮上槽の流れ状態への棒状バッフルの影響を滞留時間分布(RTD)曲線によって検証し、次に、実際の浮遊物質除去において棒状バッフルの処理性能向上効果を確認した。さらに、流体の流動現象を数値的に計算する方法として、近年様々な分野で利用されているCFD(数値流体力学; Computational Fluid Dynamics)解析を用いて、大型の加圧浮上装置において高LV条件での処理水質の向上を行うためのバッフル設置効果を検討した。また、清澄領域を大きくして処理性能を向上させるためには水深を大きくすることも有効と考えられるが、水深を大きくするためには鋼材を多く要し、掘削にも多くの

加圧浮上法(図1)

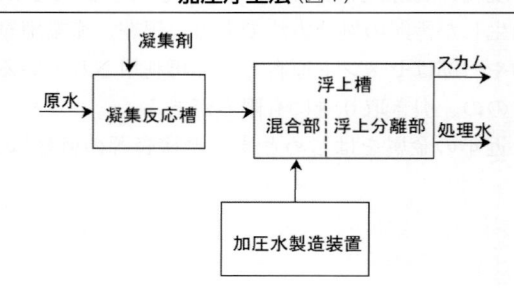

加圧浮上槽の構造（図2）

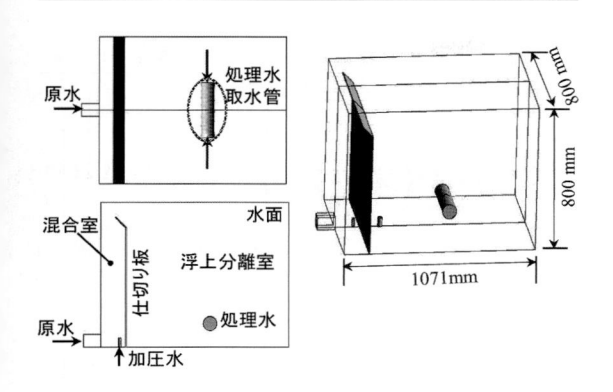

バッフル付き加圧浮上槽の構造（図3）

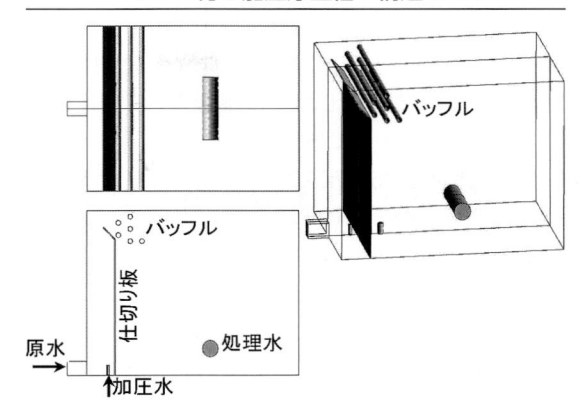

労力を要すこととなることから、適切な水深を決定することが重要である。CFD解析を用いることで浮遊物質の除去性能に影響を及ぼす浮上槽内の流れ状態を把握して、適切な水深についても検討できることを示した。

2 浮上槽構造と運転条件

(1) 小型加圧浮上装置

一般的な形状の横流式の浮上槽として検討対象とした構造を図2に示す。矩形の浮上槽の一部を上部が屈曲した仕切り板で仕切り、混合室と浮上分離室に分けている。浮上槽の寸法は幅(W)：800 mm、長さ(L)：1071 mm、水深(h)：800 mmである。浮上槽容積(V)は0.69 m^{3}であり、浮上分離室面積(A)は、0.85 m^{2}である。凝集フロックを含む原水と微細気泡を含む加圧水は混合室に導入され、水流によって混合されて気泡付着フロックが生成される。混合室で生成した気泡付着フロックと残りの微細気泡は仕切り板の上側を乗り越え、浮上分離室に流入する。浮上分離室では下部の取水口から処理水が取り出される。実験では水面部に設置したスカムスキマー（図示していない）で浮上スカムを除去した。

(2) 小型加圧浮上装置へのバッフル設置

浮上槽上部の循環流を弱めることにより処理水質を向上させることを意図して、浮上分離室の入口部にバッフルを設置した構造を図3に示す。バッフルは太さ 32 mmの棒状で浮上槽幅と同じ長さである。浮上槽の幅方向に対して平行に、長手方向に3列、混合室に近い側から2本、3本および1本の計6本設置している。棒の中心間の水平距離60 mm、垂直距離60 mmである。

(3) 小型加圧浮上装置の運転条件及び試験方法

試験水には、有機系排水の生物処理水を凝集沈殿槽で固液分離し、粒状活性炭で有機物を吸着除去した水（以下、回収水と記載する）を使用した。加圧水は過流ポンプ式微細気泡作成装置（ニクニ社製）を用いて作成した。回収水を大気と共に過流ポンプで吸引し、気液分離槽（容積10 L）で余分な空気を分離して、混合室に入る直前にバルブによって減圧して微細気泡混合水として混合室に供給した。原水流量は5.0 m3/hr、加圧水量は1.0 m3/hrとし、気液分離槽圧力は0.35 MPaとした。浮上槽における水理学的滞留時間(th)は411 s、浮上分離室における水面積負荷(LV)は7 m/hrである。

回収水にカオリン120 mg/Lを混合し、pH7.5に調整下でPAC（ポリ塩化アルミニウム）をAl2O3

として34 mg/L添加して混合し、さらに、アニオンポリマー3 mg/Lを添加して凝集させたフロックを含む水をSS分離試験における加圧浮上槽の原水として使用した。浮遊物質(SS)濃度の測定結果は175 mg/Lであった。

短い滞留時間で流出してしまう流れの大きさの程度は滞留時間分布(RTD)曲線によって特徴付けることができ、RTD曲線は系の入口におけるトレーサーのパルス入力に対する系の出口における応答として測定することができる[3]。浮上槽にバッフルを設置した場合と設置しない場合について、滞留時間分布による水理学的性能の評価を行うために、トレーサー試験及びCFDによるトレーサー解析を実施した。

(4) 大型加圧浮上装置

CFD解析を用いたバッフル設置を初めとする浮上槽構造の検討を原水流量360 m3/hr(加圧水比20%)の加圧浮上装置の設計に応用した。浮上槽構造は中央供給・周辺集水の円形である。バッフル無し浮上装置については、槽径がφ9000(LV 6.8 m/hr)の一般的なLVと槽径がφ7000(LV 11.2 m/hr)のやや高いLVを検討した。バッフル有り浮上装置は、槽径φ7000(LV 11.2 m/hr)とし、浮上槽の槽高hを1600 mm、2600 mmそして3600 mmの3通りに変えて検討を行った。解析構造を図4に示す。CFD解析の構造は、対象性から中心角30°の軸対象構造とした。

3 SS除去性能への バッフル設置の効果[4]

(1) 浮上槽の流動状態

図2の浮上槽について水中ビデオカメラを設置して、運転中の浮上槽内部を観察した結果を図5に示す。壁面を背面として中央側にレンズを向け、深さ方向、水平方向の2次元方向を移動して撮影し、水の流れの向きと微細気泡の有無とフロック

スケールアップ加圧浮上装置の検討構造(図4)

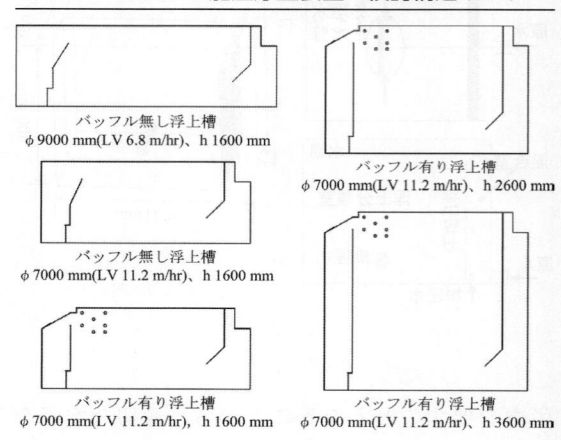

バッフル無し浮上槽
φ9000 mm(LV 6.8 m/hr)、h 1600 mm

バッフル有り浮上槽
φ7000 mm(LV 11.2 m/hr)、h 2600 mm

バッフル無し浮上槽
φ7000 mm(LV 11.2 m/hr)、h 1600 mm

バッフル有り浮上槽
φ7000 mm(LV 11.2 m/hr)、h 1600 mm

バッフル有り浮上槽
φ7000 mm(LV 11.2 m/hr)、h 3600 mm

水中カメラによる浮上槽内部の観察結果(図5)

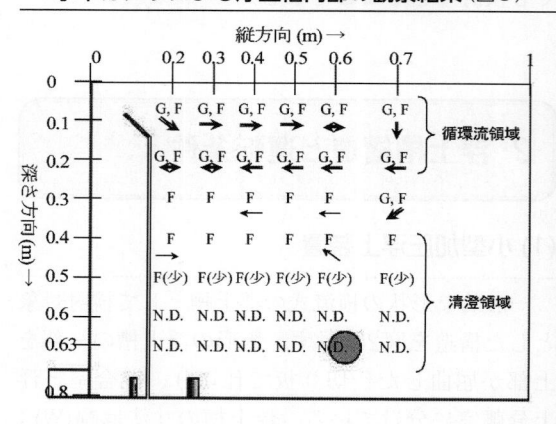

二重線矢印は速い流れ(0.03 m/sec程度以上)を示す。

実線矢印は緩やかな流れ(0.005 m/sec程度)を示す。矢印の向きは流れの向きを表す。

両矢印は頻繁に流れの向きが変化することを表す。

矢印がないのは顕著な流れが観察されなかったことを表す。

Gは気泡が観察されたことを表す。

Fはフロックが観察されたことを表す。

の有無を観察した。

　浮上槽上表部では、混合室から出て反対側の端に至る流れがある一方で、そのすぐ下にはこれとは反対向きの流れが存在しており、これらで循環流を形成していた(循環流領域)。その下側の層では、流れがほとんど観察されなかった(清澄領域)。清澄領域では、下向きの流速があるはずであるが、この流速は、とても小さい(運転のLV=7 m/hrから下向き平均流速は約2 mm/secである)ために、観測することができなかったと考えられる。循環流領域では、フロックと気泡が多く存在し、その下側では、フロックのみが観察された。水深が深くなるに従いフロックの存在量は減少し、水深0.6 m以上ではフロックは観察されなかった。このことから、清澄領域で気泡付着フロックの分離がなされており、清澄領域を大きく形成することがフロックの存在率の低い良好な処理水質を得るために重要であることがわかる。

(2) バッフル設置による流動状態の変化

　図2と図3の浮上槽の側断面における流速分布のCFD解析結果を図6に示す。バッフル無し構造では、図5の観察結果と同様に上部で循環流を形成していて槽の中層以下が低い流速になっているのに対し、バッフル有り構造では、より上部から流速が低くなっている。

(3) バッフル設置による滞留時間分布の変化

　バッフル設置前後のCFD計算と実験によるRTD曲線を図7に示す。両方の構造ともにCFD計算結果からと実験結果からのRTD曲線はよく一致している。流速分布から水理的構造の改善が予測されたバッフル有り構造は、バッフル無し構造に比べてトレーサーの出現開始時間が遅くなっている。これはバッフル設置により循環流領域が減少し、清澄領域が増えたためと考えられる。

浮上槽内流速分布のCFD解析結果
(上:バッフル無し、下:バッフル有り) (図6)

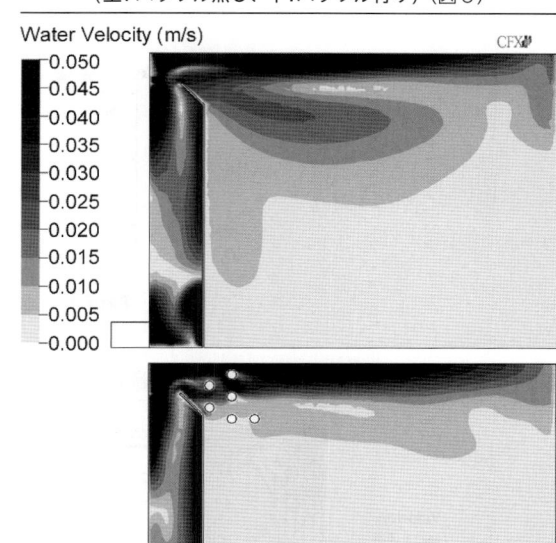

RTD曲線のCFD解析結果と実験結果 (図7)

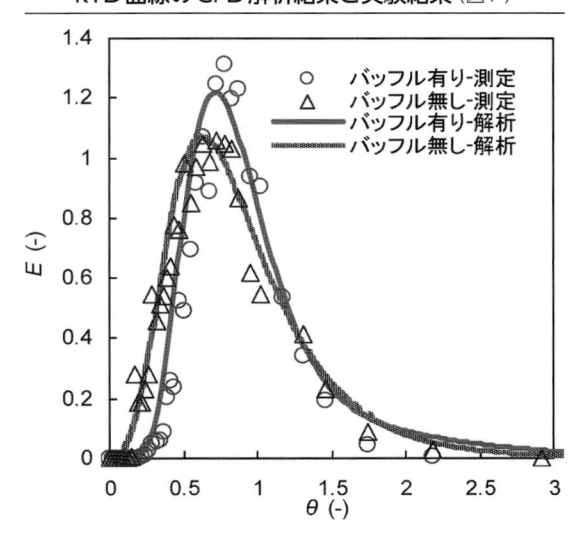

加圧浮上槽からのSS流出濃度の実験結果 (図8)

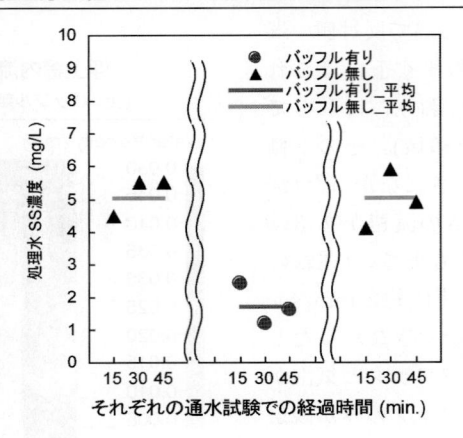

大型加圧浮上装置のCFD解析結果(流速のベクトル表示) (図9)

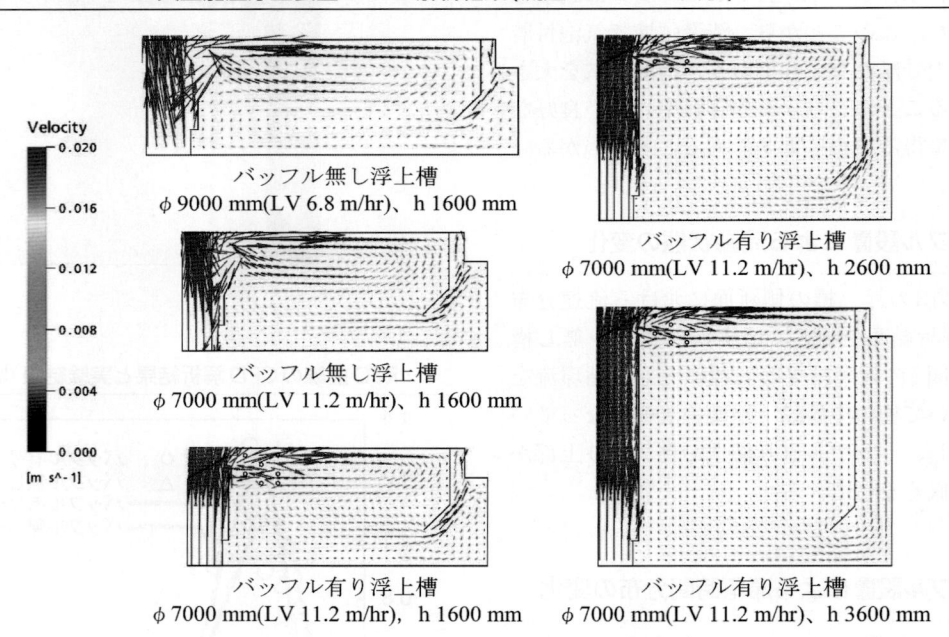

(4) バッフル設置による除去率の向上

　模擬排水を凝集加圧浮上処理した結果を図8に示す。処理水の平均浮遊物質濃度は、バッフル無し構造は5.1 mg/L(流出率3%)であるのに対し、バッフル有り構造では1.7 mg/L(流出率1%)となり、バッフル設置によって浮遊物質除去能力が大幅に向上することが確認された。

4 大型加圧浮上装置の構造検討

(1) 流速分布に及ぼすバッフル設置と水深の影響

　大型加圧浮上装置における流速ベクトル分布のCFD解析結果を図9に示す。大型装置では、バッフル無しの浮上槽は、LV 6.8 m/hrの場合とLV 11.2 m/hrの場合共に、分離部のほぼ全域が流速

大型加圧浮上装置のCFD解析結果(フロックの存在率の分布, フロック浮上速度＝15 m/hr)（図10）

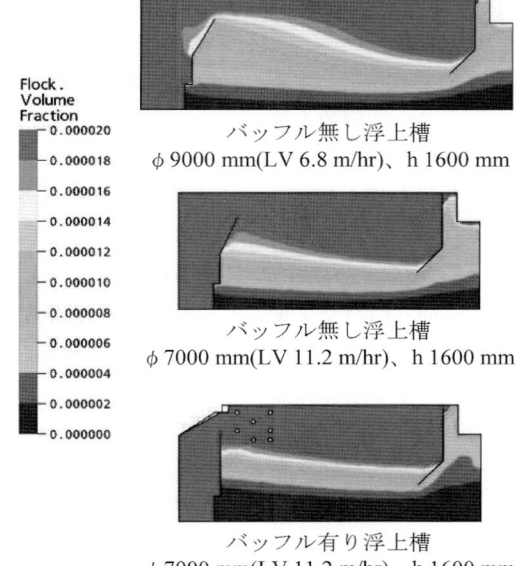

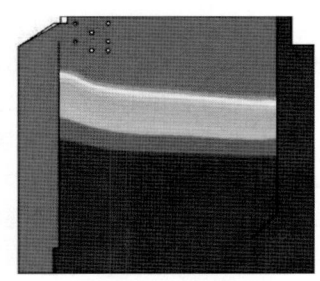

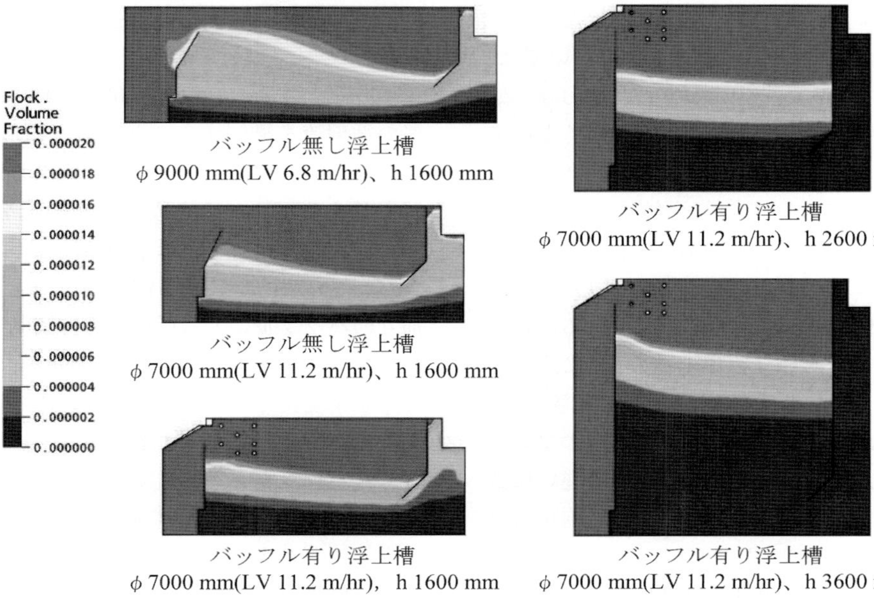

バッフル無し浮上槽
φ9000 mm(LV 6.8 m/hr)、h 1600 mm

バッフル無し浮上槽
φ7000 mm(LV 11.2 m/hr)、h 1600 mm

バッフル有り浮上槽
φ7000 mm(LV 11.2 m/hr)、h 1600 mm

バッフル有り浮上槽
φ7000 mm(LV 11.2 m/hr)、h 2600 mm

バッフル有り浮上槽
φ7000 mm(LV 11.2 m/hr)、h 3600 mm

大型加圧浮上装置のCFD解析結果(気泡付着フロックの上昇速度とフロック流出率の関係)（図11）

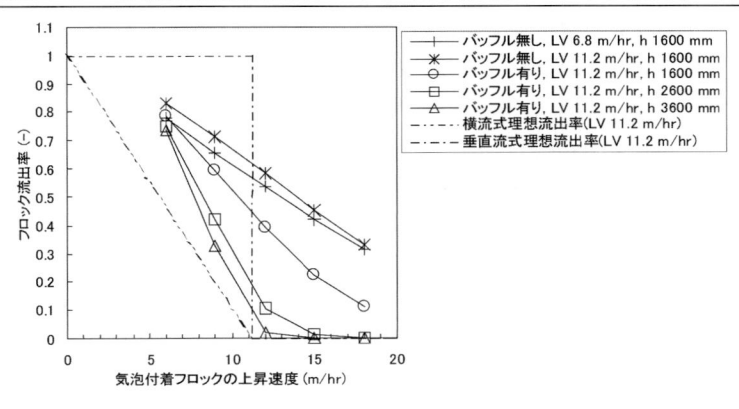

の大きな循環流領域になっており、その下側に清澄領域はほとんど形成されていない。これに対してバッフル有り浮上槽(LV 11.2 m/hr, h 1600 mm)では清澄領域が形成しており、処理性能が高いことが予想される。さらに、深さ(h)を大きくした構造(h 2600 mmおよびh 3600 mm)では、循環流領域の大きさは変わらず、その下側の清澄領域の大きさが大きくなっており、さらに処理性能の向上が期待できる。

(2) 気泡付着フロックの除去性能に及ぼすバッフル設置と水深の影響

　液相に対する気泡付着フロックのスリップ速度を7 m/hrから18 m/hrまで変化させてCFD解析を行い、気泡付着フロックの除去率で処理性能を評価した。フロック浮上速度が15 m/hrの場合を例に浮上槽内のフロックの存在比分布を図10に図示する。バッフル無しの浮上槽では、循環の下降流に随伴されて流出するフロックが多く存在す

る。バッフル有り浮上槽(LV 11.2 m/hr 、h 1600 mm)では、このフロック随伴が小さくなっており、処理水に流出するフロックの濃度も低くなっている。さらに、水深を大きくした浮上槽においては、清澄領域部でフロックの分離が行われており、処理水側に流出するフロックはかなり少なくなっている。

各浮上槽構造についての気泡付着フロックの上昇速度とフロック流出率の関係を図11に示す。LV 11.2 m/hrのときの、横流式浮上槽と垂直流式浮上槽の理想流出率も併せて示している。検討した全ての構造において、浮上槽のLVに比べて気泡付着フロックの浮上速度がとても小さい(7.0 m/hr)ときには、大部分といえる80%程度のフロックが処理水と共に流出しており、構造の違いによる大差はない。また、どの浮上槽も、気泡付着フロックの上昇速度の増大に伴い、フロックの流出率は減少している。気泡付着フロックの浮上速度が浮上槽のLVに近いときに、槽構造によるフロックの流出率の違いが顕著となっている。

検討を行った気泡付着フロックの浮上速度範囲において、バッフルの無いLV 6.8 m/hrの浮上槽に比べ、バッフルの有るLV 11.2 m/hrの浮上槽は流出率が低い。このことから、今回の条件では、バッフルは、LVを少なくとも6.8 m/hrから11.2 m/hrに1.6倍高める効果があるということができる。また、液深を1600 mmから2600 mmに深くすると大幅に処理水水質が良くなる。2600mmから3600mmにするとさらに良くなるものの、大きな違いは無い。よって、水深2600 mmが適当な水深であるといえる。

本検討により、大型の加圧浮上装置においても処理水質の向上のために、バッフル設置が有効であり、LVを大幅に高めることができるものと考えられた。また、浮上槽水深は、処理性能と設置コストや環境負荷の両方に相反する影響を及ぼすが、CFD解析を用いた検討により、適切な水深を決定することができることを示した。

5 加圧浮上装置の高効率化

加圧浮上装置の処理性能向上のため、浮上槽上部の循環流を抑制することで清澄領域を増やし、浮遊物質除去率を上げることを意図して、流体抵抗を与えるバッフルを設置した構造をCFD解析および実験で検討し、以下の結論を得た。

バッフルの有無による流速分布の違いから狙い通りのバッフルによる循環流の抑制効果が確認できた。また、気液2相流のCFD解析で滞留時間分布を精度良くシミュレーションすることができた。滞留時間分布を表すトレーサー流出曲線において、バッフル有り構造でトレーサーの出現開始時間が遅くなった。循環流の領域が小さくなり、清澄領域が大きくなったために短い滞留時間で流出する原水の割合が小さくなり、除去性能が向上すると考えられた。

実際の浮遊物質の除去において、加圧浮上槽にバッフルを設置することで浮遊物質の除去率が97%から99%に増加し、流出してしまう浮遊物質濃度を3分の1に減少させることができた。

大型の加圧浮上装置においても処理水質の向上のために、バッフル設置が有効であり、LVを大幅に高めることができるものと考えられた。また、CFD解析を用いた検討により、適切な水深を決定することができることを示した。

参考文献
1) 井出哲夫編著／水処理工学-理論と応用(第二版)／96／技報堂出版株式会社／東京／1990
2) Edzwald, J. K.／Developments of high rate dissolved air flotation for drinking water treatment／Journal of Water Supply: Research and Technology – AQUA／Vol. 56／No. 6 – 7／399 – 409／2007
3) 久保田宏、関沢恒男／反応工学概論初版／201／日刊工業新聞社／東京／1972
4) 寺嶋光春、岩崎守、安井英斉、ラジブゴエル、井上千弘、須藤孝一／CFD解析と実験によるバッフル設置加圧浮上槽の検討／環境工学論文集／第46巻／145 – 154／2009

(寺嶋光春)

4 高速ろ過

1 原理

　高速ろ過は、従来の急速ろ過と同様にろ材を充填したろ層にろ過原水を通水し、原水中のSS（浮遊性物質）をろ材への付着やろ層でのふるい分けによって分離除去する技術である。表1に高速ろ過と急速ろ過の比較を示す。従来の急速ろ過はろ材として砂やアンスラサイトなどの粒状ろ材が用いられているが、高速ろ過は主に樹脂製繊維ろ材が用いられている。この樹脂製繊維ろ材は、砂やアンスラサイトなどの粒状ろ材に比べ2～5倍の大きな比表面積と約2倍の大きい空隙率を持つため、ろ過抵抗が低く損失水頭の上昇が小さく、SS捕捉量が多い特長を有している。そのため、ろ過速度は急速ろ過に比べ3～8倍の1,000m/日以上とすることができ、高速ろ過と称されている。

　このように高速ろ過は、速いろ過速度と小さな損失水頭により、従来の急速ろ過に比べ省エネルギーで省スペース化が期待できる技術となっている。図1に処理量2,500m³/日の急速ろ過装置2台の内、1台を高速ろ過装置に更新した状況写真を示す。この急速ろ過装置のろ過面積は20m²であるが、高速ろ過装置のろ過面積は3.1m²で急速ろ過装置の1/6.5と小型・省スペースとなっている。

2 型式

(1) 型式分類

　高速ろ過の型式は、急速ろ過と同様にろ過圧の確保方法によって重力式と圧力式に区分され、ろ過の方向によって下向流、上向流、上下向流に区分される。ろ層はろ材の特性上、固定床となっている。

高速ろ過と急速ろ過の比較 (表1)

項　目		高速ろ過	急速ろ過
ろ材	素材	樹脂製繊維ろ材	珪砂、アンスラサイト
	比表面積	5,000～10,000m²/m³	2,000～3,000m²/m³
	空隙率	93～95%	45%程度
ろ過速度		1,000～2,000m³/m²/日	240～360m³/m²/日
SS除去率		60～80%	60～80%
SS捕捉量		5～10kg-DS/m³-ろ材	2～3kg-DS/m³-ろ材
洗浄	洗浄時間	10～20分	30～40分
	洗浄水量	ろ過処理量に対して0.5～2%	ろ過処理量に対して3%程度

処理量2,500m3/日のろ過装置比較 (図1)

高速ろ過の型式分類（図2）

各型式の概略図（図3）

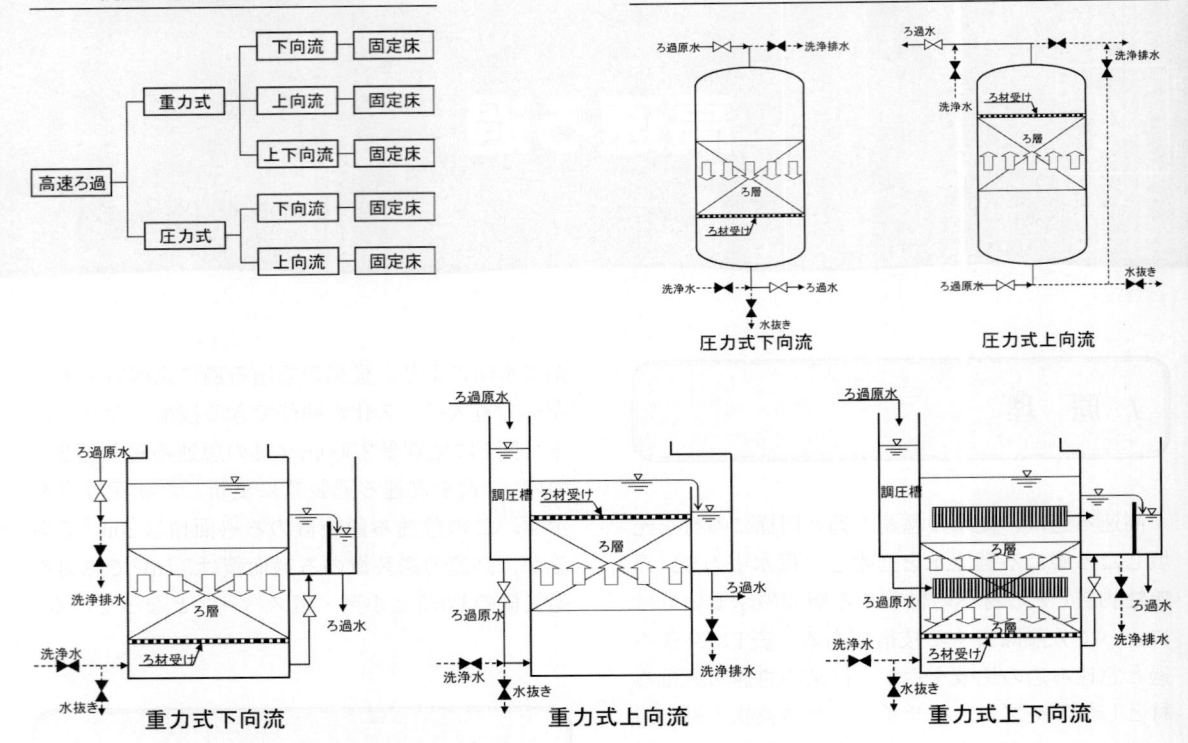

図2に高速ろ過の型式分類を、図3に各型式の概略図を示す。

(2) 洗浄方式

ろ層の洗浄は、急速ろ過と同様に全損失水頭が設定値に達したとき、またはろ過継続時間が設定時間に達したときのいずれか早い時点で行う。洗浄用水はろ過水を用いるが、ろ過原水の水質が良好な場合にはろ過原水を用いている事例もある。

洗浄はろ材を流動または揺動させてろ材間やろ材表面で捕捉したSSの除去を行うが、具体的な洗浄方法はろ材の特性に応じて各種方式が採用されている。一般的に下向流の場合はろ層がろ過槽下部に形成されているため、ろ層下部より洗浄用空気を吹き出しろ材を流動または揺動させるとともに、洗浄用水をろ過とは逆方向の上向流で通水し除去したSSを排出させている。また、上向流の場合はろ層がろ過槽上部に形成されているため、ろ過槽下部に取り付けた機械式撹拌機の旋回流により（洗浄用空気を併用している場合もある）ろ材を流動させるとともに、洗浄用水をろ過とは逆方向の下向流で通水し除去したSSを排出させている。

図4に空気洗浄方式と機械式撹拌方式の概略図を示す。

3 性能指標

下水道技術開発プロジェクト（SPIRIT21）「合流式下水道の改善に関する技術開発」の高速ろ過技術で定義した性能指標を以下に紹介する[1]。本プロジェクトでは合流式下水道の雨天時流入下水をろ過処理するもので、下水の二次処理水のろ過に比べて高いSS濃度の原水をろ過処理するため、

洗浄方式の概略図(図4)

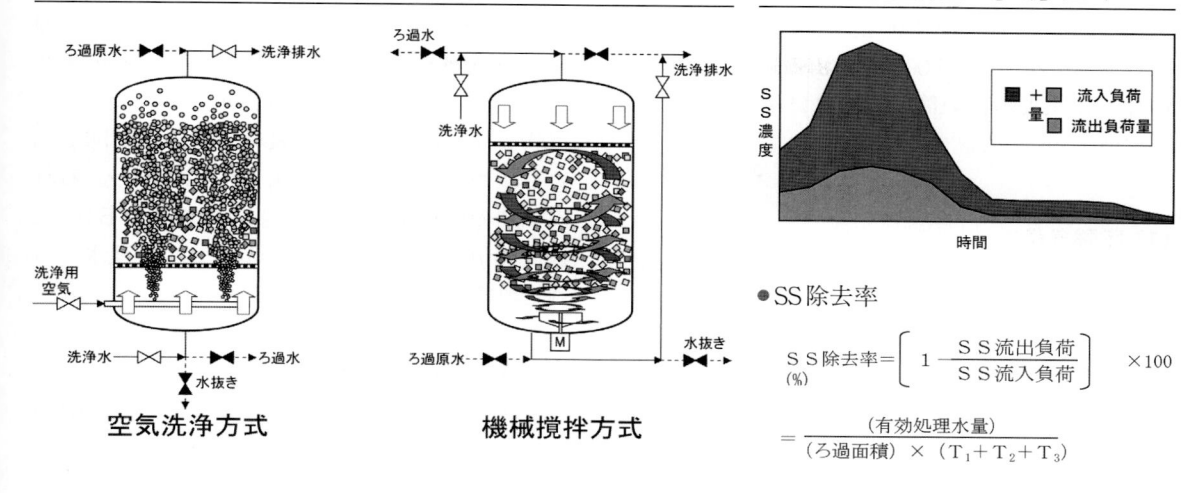

空気洗浄方式

機械撹拌方式

SS負荷量算出の考え方(図5)

- SS除去率

$$SS除去率(\%) = \left[1 - \frac{SS流出負荷}{SS流入負荷}\right] \times 100$$

$$= \frac{(有効処理水量)}{(ろ過面積) \times (T_1 + T_2 + T_3)}$$

高速ろ過設備のろ過・洗浄の1サイクルにおける水の流入・流出の定義(表2)

		ろ過中	洗浄中	洗浄後のろ過装置水位上昇	合計
	時間	T_1	T_2	T_3	
流入	流入原水量(m^3)	A	B	C	A+B+C
	洗浄用処理水量(m^3)		D		D
流出	洗浄排水量(m^3)		E		E
	処理水量(m^3)	A			A

高速ろ過設備のろ過・洗浄の1サイクルにおける水の流入・流出の定義(図6)

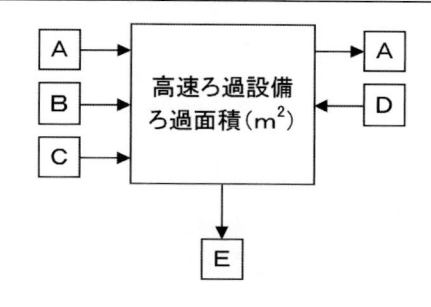

ろ過継続時間が短くなることからろ層の洗浄時間を考慮した性能指標となっている。

図5にSS負荷量算出の考え方を示す。

表2および図6に高速ろ過設備のろ過・洗浄の1サイクルにおける水の流入・流出の定義を示す。

本定義よりろ過・洗浄の1サイクルにおける水の流入・流出は次のように示すことができる。

(A+B+C+D) = (A+E)

よって

(B+C+D) = (E)

このことより、性能指標を定義すると以下のとおりとなる。

- 原水量 = (A+B+C)
- ろ過速度 = (A)/(ろ過面積)/(T1)

- 有効処理水量 = (A-D)
  = (A+B+C-E)
- 有効ろ過速度

$$= \frac{(有効処理水量)}{(ろ過面積) \times (T_1 + T_2 + T_3)}$$

- ろ過水回収比 = (A-D)/(A+B+C) × 100

4 ろ材選定実験例

2000～2002年に行った財団法人下水道新技術推進機構と「高速繊維ろ過による合流式下水道放流負荷削減対策」に関する共同研究におけるろ材

選定実験例を紹介する[2]。本共同研究は雨天時に簡易処理水をろ過速度2,000m/日で、晴天時に二次処理水をろ過速度1,000m/日でろ過処理するもので、SS濃度の高い簡易処理水に対する最適なろ材選定を行った。

(1) 実験条件

① ろ材仕様

ろ材は不織繊維ろ材で、表3にろ材仕様を、図7にろ材の写真を示す。

ろ材仕様（表3）

名称	不織繊維ろ材
形状	正方形板状
寸法	5mm角サイズ、10mm角サイズ
厚み	約2.8mm
材質	PP/PE

ろ材写真（図7）

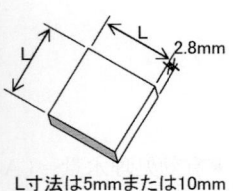

L寸法は5mmまたは10mm

ろ材の種類（表4）

平均繊維径	10mm角サイズ	5mm角サイズ
53μm（硬い）	ろ材A	ろ材B
40μm（硬い）	ろ材C	ろ材D

ろ材比較条件（表5）

ろ過速度	ろ層高さ 1m	1.5m	2m
1,500m/日		○	
2,000m/日	○	○	○
2,500m/日		○	

② 実験に供したろ材

実験に供したろ材の種類を表4に示す。平均線径が53μmと40μmの2種類と各々10mm角サイズと5mm角サイズで計4種類のろ材について実験を行った。ろ材の性質は平均線径が53μmのものが硬く、40μmのものが柔らかい。ろ材の種類の一覧を表4に示す。なお、ろ材B（平均線径53μm、5mm角サイズ）は二次処理水のろ過処理で多くの実績を有している。

③ 実験に供した汚水

・低負荷実験：初沈流出水（SS濃度50mg/L前後）
・高負荷実験：初沈汚泥希釈水
（SS濃度100〜500mg/L）

④ ろ材比較条件

各ろ材についてろ過速度とろ層高さを変化させて実験した。表5にろ材の比較条件を示す。

⑤ 最終ろ過圧力損失

最終ろ過圧力損失は30kPa（3m）とした。

(2) ろ材選定指標

ろ材選定指標はろ層高さと洗浄時間（表2のT_2およびT_3）を考慮した以下の項目で評価した。

● SS負荷 ； S_i（kg/m³/h）

流入負荷のことであり、ろ材容積当たりに投入するSS固形物量で次式に示す。

$$S_i = C_i \times \frac{L_v}{24} \times \frac{A}{V} \times 10^{-3}$$

ここに、
C_i：流入SS濃度（g/m³）
L_v：ろ過速度（m³/m²/日＝m/日）
A ：ろ過面積（m²）
V ：ろ材容積（m³）

● 実用SS捕捉速度 ； S_c（kg/m³/h）

ろ過継続時間にろ材洗浄時間を加えた時間をサイクル時間として、サイクル時間におけるろ過継

続時間でろ材1m3当たりに捕捉できるSS量で次式に示す。

$$S_c = S_i \times a \times \frac{T_1}{T_1 + T_2 + T_3}$$

ここに
 a ：ろ過時のSS除去率
 T1：ろ過継続時間（h/サイクル）
 T2：洗浄時間（h/サイクル）
 T3：洗浄後のろ過装置水位上昇時間（h/サイクル）

- 実用SS除去率 ； f(%)

SS負荷に対する実用SS捕捉速度で次式に示す。

$$f = \frac{S_c}{S_i} \times 100$$

(3) 実験結果

① ろ材選定実験結果

最終ろ過圧力損失30kPaにおける各ろ材のSS負荷と実用SS捕捉速度の関係を図8に示す。また、図8のデータの内、原水SS濃度が低濃度（50mg/L前後）のものを図9に示す。

各ろ材について原水SS濃度を変化させたときの実用SS除去率を指標として評価すると以下のとおりである。

8SS負荷と実用SS捕捉速度 (図8)

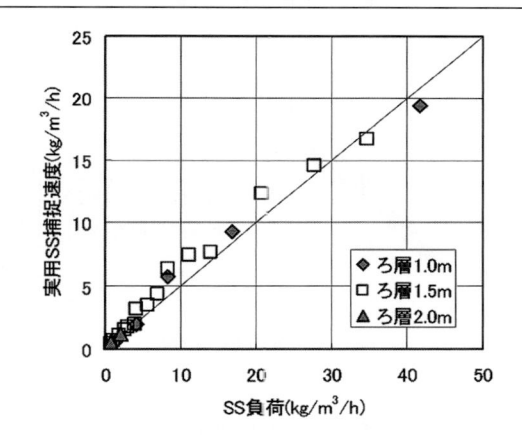

低負荷時のSS負荷と実用SS捕捉速度 (図9)

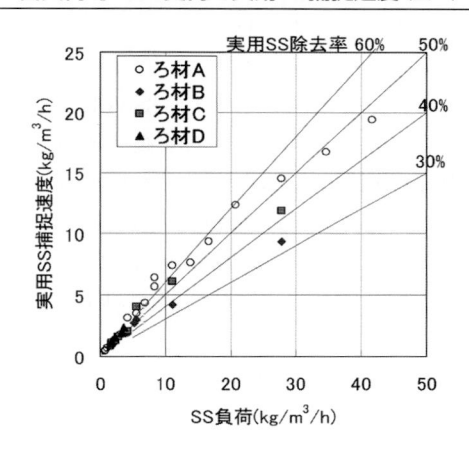

ろ層高さとろ過性能 (図10)

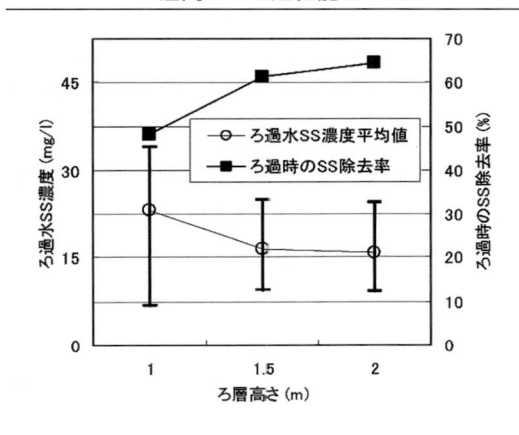

ろ層高さとろ過水SS濃度の関係 (図11)

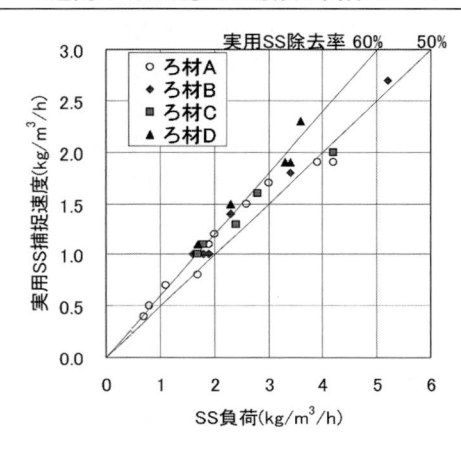

ⓐ 図9より原水SS濃度が50mg/L前後の低負荷時では、どのろ材でも実用SS除去率は50〜60%程度でほぼ同程度の性能を示した。
ⓑ ろ材Dは低負荷時の実用SS除去率は高いものの、原水SS濃度が100〜500mg/Lの高負荷時では、ブレークスルーし使用不可であった。
ⓒ ろ材Dを除いて、実用SS除去率はろ材A＞C＞Bの順で良好であった。

以上のことから、本用途においてはろ材Aを最適ろ材として選定した。

② ろ層高さ変化実験結果

本不織繊維ろ材を用いた二次処理水のろ過処理におけるろ層高は1mを標準としている。今回の用途は二次処理水よりSS濃度の高い雨天時の簡易処理水をろ過処理することとろ材サイズが標準と異なるため、選定ろ材Aを用いてろ層高さの変化実験を行った。

ろ層高さを変化させたときのSS負荷と実用SS捕捉速度の関係を図10に、ろ層高さとろ過水SS濃度の関係を図11に示す。図10から実用SS捕捉速度は、ろ層高さが1〜2mの変化ではほとんど変わらない。一方、図11からろ過水SS濃度はろ層高の影響を受け、ろ層高さ1.5m以上で低く安定した。

本結果からろ層高は1.5mとした。

(4) 実証実験結果

ろ材選定実験の結果から実証実験機を製作し、2カ所のフィールドで実証実験を行った。雨天時の簡易処理水をろ過速度2000m/日で処理したときのSS負荷と実用SS捕捉速度の関係を図12に、晴天時の二次処理水をろ過速度1000m/日で処理したときのSS負荷と実用SS捕捉速度の関係を図13に示す。

雨天時の簡易処理水に対しては、SS負荷は0.3〜6.7kg/m³/h、実用SS捕捉速度は0.2〜4.0 kg/m³/hの範囲にあり、実用SS除去率は50〜77%であった。晴天時の二次処理水に対しては、SS負荷は0.04〜0.23kg/m³/h、実用SS捕捉速度は0.02〜0.18 kg/m³/hの範囲にあり、実用SS除去率は70%で砂ろ過と同程度のSS除去性能を示した。

参考文献
1) 下水道技術開発プロジェクト(SPIRIT21),「合流式下水道の改善に関する技術開発」雨天時未処理放流水等の超高速繊維ろ過技術に係る技術評価書, 下水道技術開発プロジェクト(SPIRIT21委員), p.14, 平成16年12月
2) 高速繊維ろ過による合流式下水道放流負荷削減対策技術資料, (財)下水道新技術推進機構, pp.7, 42, 67-69, 2002年3月

(宮脇將温)

SS負荷と実用SS捕捉速度（雨天時簡易処理水）（図12）

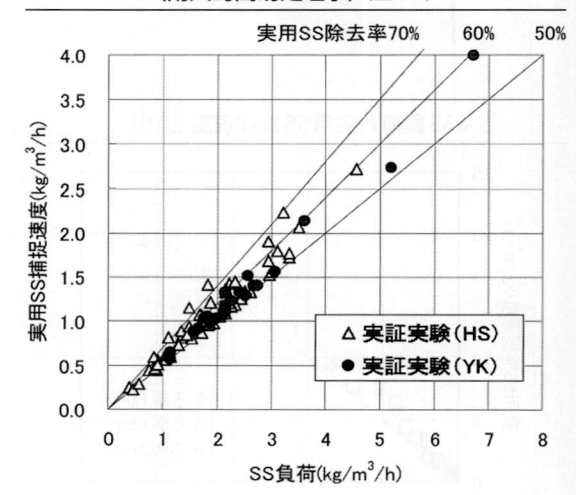

SS負荷と実用SS捕捉速度（晴天時二次処理水）（図13）

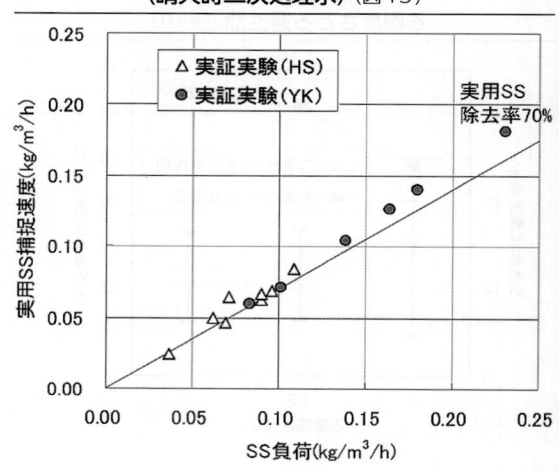

5 高純度の超純水

1 超純水とは

(1) 超純水とは

　超純水とは、純度が極めて高いレベルの水であることを意味する。しかし、明確な定義や規格は存在しない。また、要求水質自身が年々高純度化しており、使用目的によっても必要な純度は違うため、一口に超純水と言っても水質のグレードはまちまちである。

　言葉としては1950年頃には存在していたが、現在から考えると、その頃の不純物除去技術のレベルはとても低く、超純水の純度も現状には遠く及ばなかった。しかしながら産業技術の高度化に伴い『より高純度な水』の要求は強まり続け、これに応えるための不純物除去技術も進化し続けた。すなわち、超純水とは各種産業で要望される水質に応えるために積み重ねてきた不純物の除去・管理技術の歴史と言える。

　超純水の使用用途は多様であり、電子工業、貫流ボイラの復水処理、原子力発電、合成繊維工業、有機無機薬品工業、製薬工業、などが挙げられている。

　使用場所（工場、医療、研究ほか）や用途によって、「超純」や「UPW(Ultra Pure Waterの略)」などの略称で呼ばれる。

(2) 超純水の特徴

　「純水」とは、基本的には水溶液中の電解質（塩類）を除去したものを現す言葉である。それに対し「超純水」は、電解質だけでなく、有機物、生菌、微粒子など水中に溶解ないし分散している不純物を除去・管理した水のことである。そもそも、水は多くのものをよく溶かす極めて優れた溶媒であり、汚れを洗い流す洗浄剤でもある。超純水は徹底的に不純物を除去することで、ものを溶かす能力が極めて高く、且つ洗浄後に何も残さないという大きな特徴があることから、半導体製造プロセスにおいてリンス水として大量に使用されている。洗浄する水に僅かでも不純物が残っていると、半導体の回路を短絡させたり、電気特性を劣化させたりするなどの悪影響を及ぼす。このため、半導体デバイスの微細化・高性能化の進行に伴い、より高純度な超純水が求められるようになってきている。このような背景のもと、超純水の高純度化は継続して推し進められてきた。表1に各不純物の半導体基板（ウェーハ）に与える影響を、表2に超純水水質の変遷を示す。現在の最先端超純水中の不純物レベルは、最も管理が厳しい金属濃度でサブng/Lオーダー（ngは10億分の1g）となっており、pg/L（pgは1兆分の1g）に迫る領域に入りつつある。今後も半導体の高集積化が進むにつれて、さらに高純度の超純水が要求され続けると予想される。

各水質項目の基板への影響（表1）

水質項目		ウェハーへの影響
微粒子		ウェハー表面に付着し耐圧劣化を起こす（特に微粒子は直接的に影響を与える）
生菌		
TOC（有機物）		
金属	アルカリ金属 アルカリ土類金属 （Na、K、Ca、Mg）	電気陰性度の大きな金属であり、酸化膜中に取り込まれ絶縁耐圧不良を起こす
	重金属 （Fe、Cu、Ni）	シリコン結晶中で深い準位を形成し、ライフタイムを低下させる
アニオン、カチオン （SO_4^{2-}、Cl^-、NH_4^+）		アニオンの存在により金属不純物の付着が促進されるマイクロラフネスを増大させる

超純水の保証水質変遷（表2）

項目	単位	1980年代	1990年代	2000年以降
比抵抗	$M\Omega \cdot cm$	> 17.5	> 18.1	> 18.2
微粒子 0.1 μm	counts/ml	10-20	─	─
0.05 μm	〃	─	< 5	< 1
生菌	cfu/l	< 50	< 1	< 0.1
金属元素 （Ca, Fe, Cr, Zn etc.）	ng/l	< 500	< 50	< 1
イオン類 （Na, K, Cl, F etc.）	ng/l	< 500	< 50	< 1
イオン状シリカ	$\mu g/l$	< 5	< 1	< 0.1
全シリコン	$\mu g/l$	─	─	< 1
TOC	$\mu g/l$	< 50	< 5	< 1
DO	$\mu g/l$	< 50	< 10	< 3

超純水システムの構成（製造フロー）（図1）

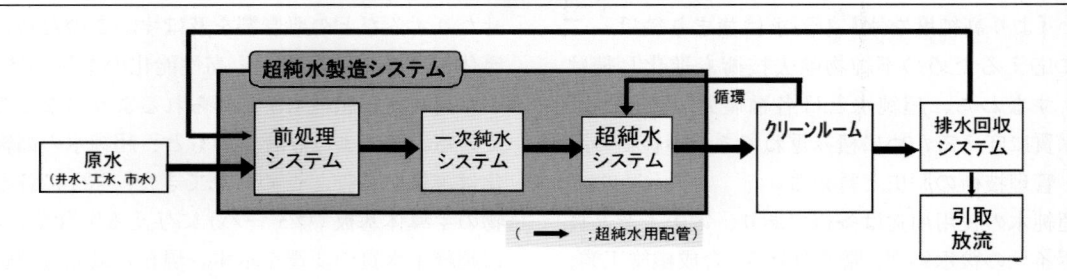

原水（井水、工水、市水）→ 超純水製造システム［前処理システム → 一次純水システム → 超純水システム］→ クリーンルーム → 排水回収システム → 引取放流
（循環：超純水システム⇔クリーンルーム）
（　→　：超純水用配管）

- **前処理システム**
  一次純水システムの装置への負荷低減と保護を目的として、最前段に設置。原水中に存在する大きな粒子、炭酸ガスを取り除き、後段設備の運転を安定化するための設備。

- **一次純水システム**
  イオン類・微粒子・微生物・有機物、溶存酸素等の溶存不純物を99～99.99%除去し、純水の水質を高める、超純水製造システムの中核設備。

- **超純水システム（二次純水純水システム・サブシステム）**
  一次純水を高度処理し、要求水質を維持しながら工場へ送水するための設備。水質低下を起こさずにユースポイントまで供給する為に、系内の水は絶えず循環し水質低下を防ぐ。

2 超純水製造システム

(1) 超純水製造システムの考え方

　超純水の原水である地下水、河川水、工業用水などには様々な不純物が溶解している。そのような水から高純度の超純水を製造するには、単一の不純物除去技術では不可能である。このため、不純物を高純度に除去するために各種の処理技術を効果的に組み合わせ超純水製造システムを構成している。超純水製造システムは、前処理システム、一次純水システム、超純水システム（二次純水システム、サブシステムとも呼ばれる）に大別される。超純水製造システムの構成と役割を図1に示す。また、不純物の除去だけではなく、超純水の水質を低下させることなくユースポイントへ送水する端末配管システム、種々の排水を切り分けて効率的に水を回収・再利用する排水回収システムなど様々なシステム技術を結集して成り立っている。

(2) 前処理システム

① 目　的

　前処理システムは、主に原水中の懸濁物質と一部有機物の除去を行い、後段の一次純水システムに対して低濁質の原水を安定して供給することが目的である。原水水質に対応して、適切な前処理水水質を得るために最適な除去ユニット技術を選定しシステムとして構築する必要がある。以下に前処理システムの各ユニット技術を紹介する。

② 凝　集

　一般に、沈殿・浮上・ろ過などの固液分離装置において除去可能な粒子は、粒径としては10μm以上である。原水中に懸濁している5μm以下の微粒子や1μm以下のコロイダル物質は、水中でマイナスに帯電しているため、粒子同士が反発して分散状態となっていることもあり、そのままでは分離除去できない。これらを後段の固液分離で除去し易くするために、懸濁物質を粗大化する反応操作を凝集処理と言う。この凝集処理には①凝結作用（微粒子同士を荷電中和し、微小フロックを形成する作用）、②凝集作用（凝結した微小フロックを凝集剤の架橋で粗大化する作用）に分けられる。図2に凝集のイメージ図を示す。超純水製造システムにおける前処理システムでは、凝集剤としてポリ塩化アルミニウム（PAC）が一般的に使用される。PAC以外では硫酸アルミニウム、硫酸第二鉄が使用される場合もある。表3に凝集剤の種類と特徴を示す。凝集処理は、攪拌機、凝集剤注入設備、中和剤注入設備、pH計などを備えた凝集反応槽で行われる。

③ 沈降分離、加圧浮上分離

　沈降分離は、水中の懸濁物質を水と粒子の比重差により、重力で沈降させることにより、清澄水を得る分離法である。一方、水中の懸濁物質の密度が水より小さい場合、水面に浮くことになるので、浮上させて分離することができる。これが浮上分離である。空気を溶解させた加圧水を大気圧に開放すると、白濁したマイクロエアと呼ばれる細かい気泡が発生する。凝集したフロックにマイクロエアが付着し、気泡の浮力によって懸濁物質を浮上分離する方法が加圧浮上分離処理である。加圧浮上槽では水面積負荷速度（浮上速度）を大きくすることができる。このため、凝集で形成したフロックが軽く沈降性が悪い有機性懸濁物質や藻類の割合が多い場合には、加圧浮上分離が採用される場合が多い。無機物質の懸濁物質が主成分の場合、形成されるフロックは重いため沈殿分離が採用される。

④ 砂ろ過

　砂ろ過処理とは、0.3～1.2mm程度の小粒径の砂の隙間で給水中の懸濁物質を捕捉除去するものである。ろ過方式には、原水を重力で下向流に通水する重力式ろ過と、密閉塔でポンプによって通水する加圧式ろ過がある。砂ろ過のみの単層砂ろ過と、砂とアンスラサイト（「無煙炭」を破砕しふるい分けしたろ材）を使用した二層ろ過がある。

凝集の原理（図2）

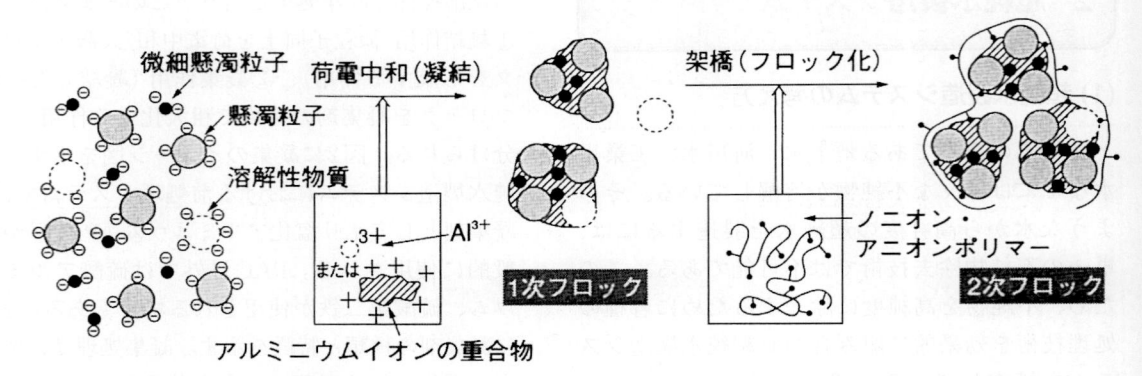

①凝結作用
マイナスに帯電している微粒子をプラス荷電をもつ凝集剤で荷電中和し凝結する。懸濁物質と凝集剤との接触を高める急速撹拌が有効。
②凝集作用
凝結状態で懸濁する微小フロックを、凝集剤の架橋作用で粗大化する。粗大フロックの破砕を防ぐため、緩速撹拌が有効。

無機系凝集剤の種類と特徴（表3）

凝集剤	特徴
ポリ塩化アルミニウム（PAC）	・アルカリ度の消費が少ない（pH変化が少ない） ・Alの重合体で凝集作用が強い（粗大フロック生成） ・最適凝集のpH範囲が狭い
硫酸アルミニウム（硫酸バンド）	・アルカリ度の消費が大きい ・凝結作用が強いが凝集作用はPACに劣る
硫酸第二鉄	・アルカリ度の消費が大きい ・適用pH範囲が広い

・他の無機凝集剤として、塩化第二鉄、ポリシリカ鉄などが用いられる場合もある。
・フロックをより粗大化するために、高分子ポリマーを併用する場合がある。
・有機系の凝結剤を無機系凝集剤と併用する場合がある。

前述のろ過方式に、凝集の有無を組み合わせた代表的な例として①無凝集圧力式砂ろ過装置、②凝集重力式二層ろ過装置　がある。前者は、装置構造はシンプルであり濁質の粗処理には適しているが、処理水水質、懸濁物質の捕捉量がやや劣る。後者は、装置構造は複雑だが処理水水質が良好であり、懸濁物質の捕捉量も多く、純水装置の前処理用として多く採用されている。図3に各ろ過装置概略、表4に各ろ過方式の仕様例を示す。

⑤ 膜ろ過

膜ろ過とは、精密ろ過膜（MF; Micro Filter）、限外ろ過膜（UF; Ultra Filter）を使用し、給水中の懸濁物質を除去する技術である。膜ろ過は凝集沈殿ろ過、凝集加圧浮上ろ過、凝集砂ろ過などに比べて、次のような長所がある。①懸濁物質が少ない良好な処理水質が得られる、②原水の水質変動の影響を受けにくく安定した処理水質が得られる、③装置自体がコンパクトで設置面積が小さ

ろ過装置概略(図3)

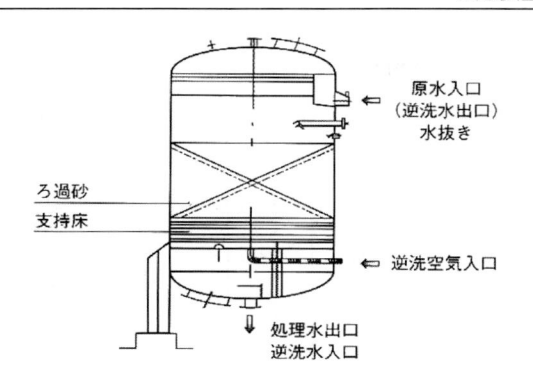

圧力式ろ過器の構造

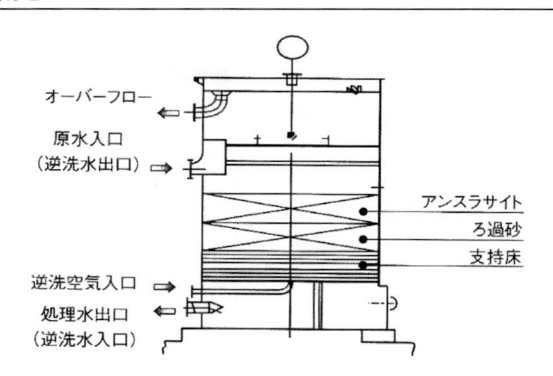

重力式二層ろ過器の構造

ろ過器の仕様例(表4)

	圧力式単層ろ過	重力式二層ろ過
ろ過材構成 (粒子径/層高) [mm]	砂層 (0.3～1.2/ 600～1300)	アンスラサイト層 (0.9～1.2/400～600) 砂層 (0.3～0.7/400～600)
通水速度 [m/hr]	6～8	6～8
ろ過時間 [hr/cycle]	12～24	12～24
SS捕捉量 [kg-SS/m²]	0.3～0.7	0.5～1.5
ろ過水濁度 [度]	<1	<1

凝集と重力式二層ろ過との組合せ処理(凝集ろ過処理)は処理水質も良好で、純水装置の前処理として実績多数

膜ろ過処理の特徴(表5)

長所	・良好な処理水質(懸濁成分が少ない処理水) ・原水変動時も処理水質は安定 ・装置の設置面積が小さい
短所	・膜が閉塞すると処理水量が低下する ・水回収率が低い(95%程度) ・スケールメリットが出難い ・有機物の除去率低い(単独処理の場合)

い。表5に膜ろ過装置の特徴をまとめた。膜ろ過装置では、給水の懸濁物質が膜表面に蓄積し、膜の透過流束が低下することで処理水流量が落ち、定期的な薬品洗浄が必要となる場合がある。工業用水処理の場合、一般に微生物スライムや微生物代謝物による汚染が多く、主にアルカリ(NaOH)洗浄が用いられる。洗浄性を高めるために次亜塩素酸ナトリウムや界面活性剤を組み合わせる場合もある。また、有機汚染だけでなく無機汚染との複合汚染の場合は、酸洗浄を組み合わせると洗浄性が高まり、このような場合、酸は金属とキレート形成能のあるものが効果的で、クエン酸が使用される場合が多い。

⑥ 活性炭

用水の活性炭処理技術は多くの目的に対して使用されているが、前処理システムでの主要な用途としては、①残留塩素の除去、②有機物の除去で

活性炭装置(図4)

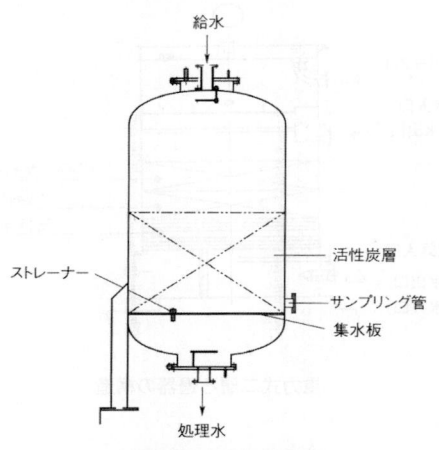

固定床式活性炭塔の構造

<活性炭装置の仕様(残留塩素除去用)>

活性炭	粒状活性炭32/60メッシュ (0.5〜0.25mm)
充填密度	400 g/L-活性炭
通水SV	20 hr^{-1}
活性炭寿命	1.0 年 *1
処理水の残留塩素濃度	<0.05 mg-Cl$_2$/L

*1 活性炭の残留塩素除去能力1.0g-Cl$_2$/g-AC、給水の残留塩素濃度1.0g-Cl$_2$/Lの場合

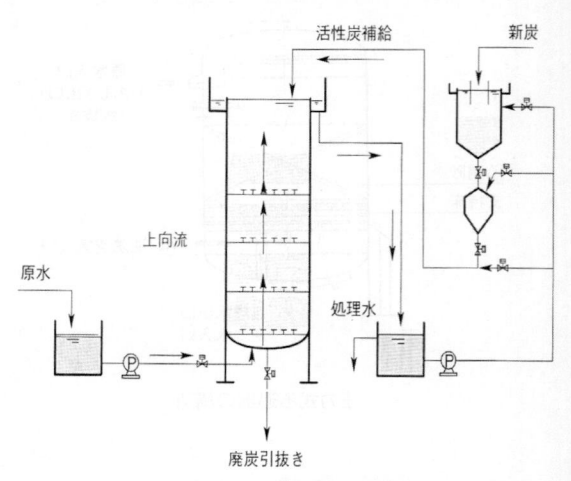

多段流動層指揮活性炭塔(図5)

多段流動層式活性炭塔

活性炭処理の目的と方式(表6)

	処理方式
残留塩素除去	固定床式
有機物除去(吸着)	固定床式 多段流動層式
有機物除去(生物分解)	固定床式 流動層式
トリハロメタン除去	固定床式
カビ臭除去	多段流動層式
COD除去	反応槽式
油分除去	反応槽式

ある。前者の場合、固定床式が一般的に使用され、塔構造は圧力式ろ過装置と同様に簡単なものが用いられている。図4に固定床式活性炭塔の塔構造と仕様を示す。下向流で通水し、活性炭層に懸濁物質が堆積した場合は上向流で通水して逆洗を行う。後者の場合は、固定床式もしくは多段流動床式が用いられる。多段流動床式では、各段の活性炭が流動状態にあり濁質による目詰まりがなく、吸着効率がよいという利点がある。図5に多段流動床式活性炭塔の塔構造、表6に各使用目的に対応した処理方式を示す。

(3) 一次純水システム

① 目 的

一次純水システムでは、イオン類、微粒子、有機物、微生物、溶存ガスなどの溶存不純物の大部分(約99〜99.99%)を除去し、純度の高い給水を後段の超純水システムへ送る。RO(逆浸透膜)とイオン交換を主体とするシステムで、塔高の高い機器や大規模タンク、振動・騒音の発生しやすい装置が多く、設置スペースも超純水製造システムの大部分を占めることからも、性能的にも物理的

順流式イオン交換塔の構造(図6)

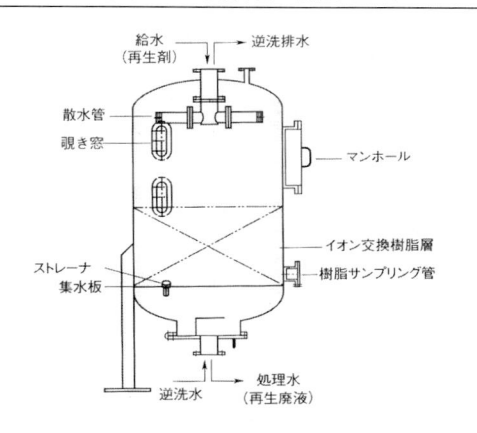

にも中核のシステムと言える。本システムでは原水水質だけではなく、末端の超純水の要求水質も考慮して各ユニット技術を選定し、構成する必要がある。以下に一次純水システムの各ユニット技術を紹介する。

ⓐ イオン交換

イオン交換樹脂は、高分子の母材にイオン交換能を持つ官能基を導入した樹脂であり、アニオン交換樹脂とカチオン交換樹脂に大別される。アニオン交換樹脂は官能基に3級、4級アンモニウム基などが用いられ、アニオン（陰イオン）除去能を有する。一方、カチオン交換樹脂は、官能基にスルフォン基、カルボン酸基が用いられ、カチオン（陽イオン）の除去能を有する。

イオン交換装置は、密閉塔の中にイオン交換樹脂を充填し、原水をポンプによりイオン交換樹脂層に導入し、原水中のイオン類をイオン交換樹脂で除去する。イオン交換樹脂は一定量のイオン交換能（交換容量）を持つが、処理を継続してイオン交換容量を超えるイオン負荷がかかると、イオン除去能が無くなる。このような場合には、薬品を用いて再生を行い、イオン除去能力を回復させて繰り返し使用する。

1) イオン交換塔

薬品での再生を効率良く行い、再生直後から処理水の水質を高めるために、再生薬品が均一に流れる工夫や、再生後の薬品溜まりを極力なくすように、集水、散水方式を十分配慮した構造となっている。交換塔の構造は主に以下3つに大別される。

a) 順流式イオン交換塔

再生時の薬品の流れと通水時の流れが同方向であるイオン交換装置を順流式イオン交換塔と呼ぶ。構造図を図6に示す。原水は上部散水管から散水され、イオン交換樹脂層を下向流で流れ、イオン交換樹脂の固定床が形成される。下部集水板にはイオン交換樹脂よりも小さな目開きのストレーナーが設置され、ここを通って塔下部から処理水が得られる。再生薬品は原水と同様に上部から下向流で通液される。

b) 上向流式イオン交換塔

薬品再生時には下向流で通液し、通水時は下部から上向流で流れるイオン交換装置を上向流式イオン交換塔と呼ぶ。構造図を図7に示す。原水は塔下部から給水ストレーナー付き集水板で区切られたイオン交換樹脂層を上向流で通水される。塔上部のイオン交換樹脂は塔内に隙間なく充填され、上向流通水でも流動化が起こらないように設計され、イオン交換樹脂の固定床が形成される。一方、下部樹脂層は塔内空間に対して50%程度のイオン交換樹脂が充填され上向流の時に一部流動化するように設計されている。下部樹脂層では、原水から流入する懸濁物質の堆積を考慮し、逆洗が可能な設計となっている。

c) 混床式イオン交換塔

1つの塔内にカチオン交換樹脂とアニオ

上向流式イオン交換塔の構造（図7）

混床式イオン交換塔の構造（図8）

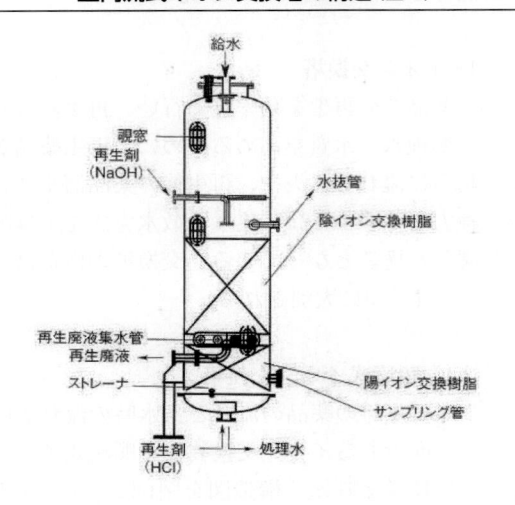

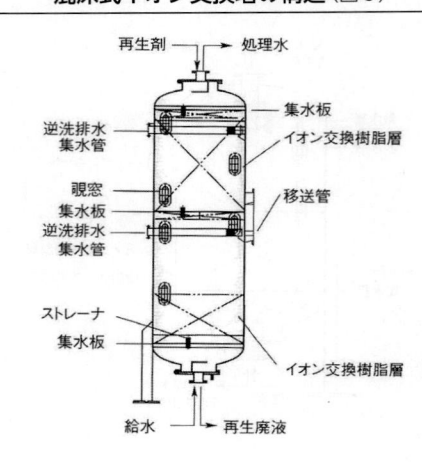

ン交換樹脂を混合充填して、通水処理水する方式を混床式イオン交換塔と呼ぶ。構造図を図8に示す。薬品再生時には上向流にて通水し、比重差によりカチオンイオン交換樹脂とアニオンイオン交換樹脂を分離する。下部のカチオン交換樹脂再生剤は塔下部より上向流で導入され、両樹脂の分離面付近設置した再生廃液集水管から排出される。上部のアニオン交換樹脂は樹脂層上部に設置された散水配管より下向流で通液し、再生廃液集水管から排出される。再生操作の最後に、両イオン交換樹脂は空気攪拌で均一に混合され、通水工程に進む。

2）イオン交換装置

上述した交換塔を組み合わせてイオン除去（脱塩）を行う代表的なイオン交換装置を以下に示す。

a）順流再生式イオン交換装置

図9に装置概略を示す。順流式交換塔を2塔連結しカチオン交換樹脂塔（H塔）、脱炭酸塔、アニオン交換樹脂塔（OH塔）の順番に通水する。ここで、H塔後段の脱炭酸塔

については、後述する。順流再生式イオン交換装置では、再生時の薬品の流れと通水時の流れが同方向であるため、前述の通り処理水の純度に大きな影響を与えるイオン交換樹脂層の最下部が十分に再生されない。このため、処理水にナトリウム、シリカなどがリークし、処理水の純度は低い。順流再生式イオン交換装置のみでは高い水質が得られないため、多くの場合で後段に混床式イオン交換塔を設置する。混床式イオン交換塔は、一塔内にカチオン交換樹脂とアニオン交換樹脂が混合充填されていて、カチオン、アニオンを同時に交換除去が可能であり、高い水質を得ることができる。

薬品再生時の注意として、シリカはアニオン交換樹脂内で高分子化した状態になり再生し難くなる。このため、アニオン交換樹脂の再生時には薬品を加温し、シリカを単分子に溶解してイオン交換樹脂から溶離しやすくすることが必要がある。

b）向流再生式イオン交換装置

図10に装置概略を示す。向流式交換塔を2塔連結して使用する。通水を上向流、再

16章 高効率・省エネ先端技術

順流再生式イオン交換装置（図9）

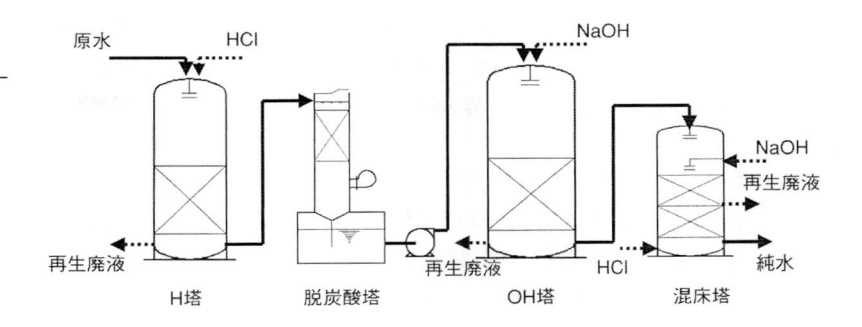

H塔 — 脱炭酸塔 — OH塔 — 混床塔 → 純水

向流再生式イオン交装置（図10）

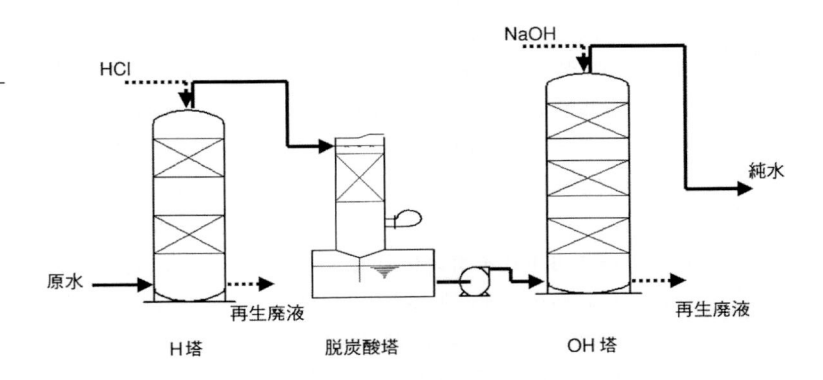

H塔 — 脱炭酸塔 — OH塔 → 純水

多塔シリーズ再生式イオン交換装置（図11）

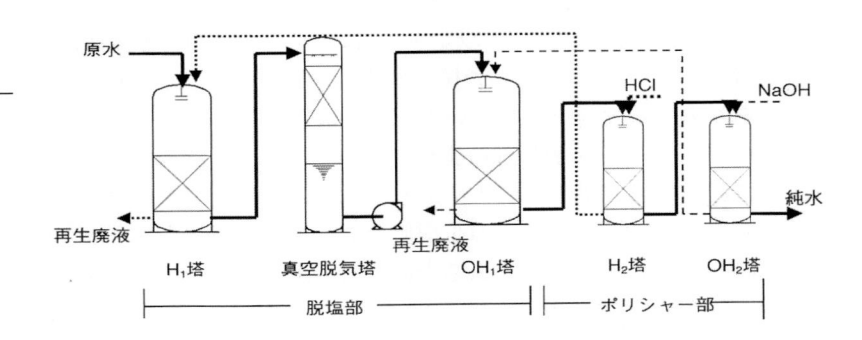

H_1塔 — 真空脱気塔 — OH_1塔 — H_2塔 — OH_2塔 → 純水

脱塩部 ─── ポリッシャー部

多塔向流再生式イオン交換装置（図12）

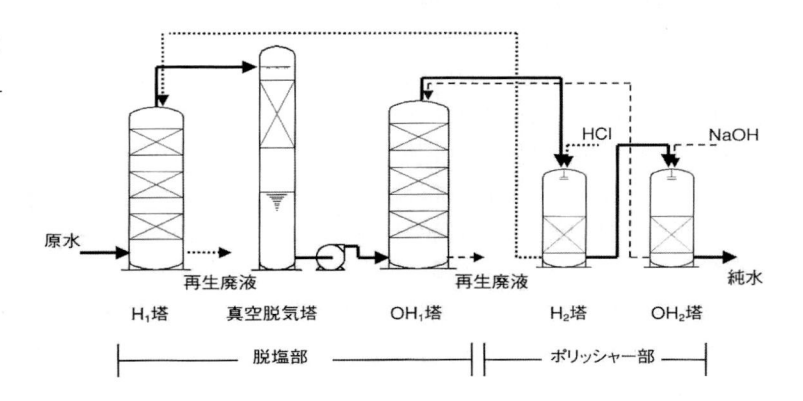

H_1塔 — 真空脱気塔 — OH_1塔 — H_2塔 — OH_2塔 → 純水

脱塩部 ─── ポリッシャー部

生薬品を下向流で流すため、処理水質に大きく影響するイオン交換樹脂層最上部（通水時の最末端層）の再生率が高く、高純度の処理水が得られる。原水の炭酸塩硬度の割合が多い場合は、弱酸性カチオン交換樹脂を塔下部に充填して使用する。また鉱酸の割合が高い場合は、弱塩基性アニオン交換樹脂を塔下部に充填して使用するとさらに再生効率が良い。弱酸性カチオン交換樹脂、弱塩基性アニオン交換樹脂は、ともに僅かな再生薬品で再生可能なため、向流再生式イオン交換装置では強酸性カチオン交換樹脂、強塩基性アニオン交換樹脂の再生に使った薬品をそのまま使い、少ない再生薬品で高い再生効率を得ることができる。

c) 多塔シリーズ再生式イオン交換装置

図11に装置概略を示す。脱塩部とポリッシャー（精製）部に分けられ、脱塩部のカチオン交換塔をH1塔、アニオン交換樹脂塔をOH1塔、ポリッシャー部の各々をH2塔、OH2塔と呼ぶ。ポリッシャー部は、脱塩部で除去し切れなかった微量のイオン類を除去する役割を担っている。再生はポリッシャー部から脱塩部の流れでシリーズで薬品を通液する。ポリッシャー部では、非常に高い再生レベル（単位樹脂量あたりの再生薬品量）で再生されるため、高い純度の処理水が得られる。

d) 多塔向流再生式イオン交換装置

図12に装置概略を示す。向流再生式イオン交換装置の後段にポリッシャー部としてH2塔、OH2塔が設置されている。再生は、多塔シリーズ再生式イオン交換装置と同様にポリッシャー部から脱塩部の順でシリーズで薬品を通液する。脱塩部の向流再生式の効果とポリッシャー部の高い再生レベルの効果により、非常に高い純度の処理水を得ることが可能である。

表7に各イオン交換装置の処理水導電率の比較を示す。導電率とは水中の電気の流れ易さを表し、イオン類が溶解していると導電率が高く、イオン類が少ないと電気が流れにくいので、導電率が低くなる。よって、導電率が低いほうがイオン類（不純物）を含まない純度の高い水ということになる。多塔向流再生式イオン交換装置の処理水が非常に高純度であることが分かる。

ⓑ 逆浸透（RO）膜

逆浸透（RO）膜を介して給水側に浸透圧以上の圧力をかけると、水のみが膜を透過する。この現象を利用し、給水中の塩類や有機物などの不純物を分離・除去する技術を逆浸透（RO）膜処理と呼ぶ。給水中の塩類濃度が濃いほど浸透圧は高くなることから、不純物と分離するために高い圧力が必要になる。このことから濃厚な排水の処理にはRO膜処理は適さない。また、給水側の膜表面近傍には塩類等が高濃度で存在し、成分によっては表面上に析出して、膜を閉塞させてしまう。このため、RO膜処理では、膜表面に一定以上の水を流し、濃縮された塩類を連続的に排出することが必要となる。これにより、通常のろ過膜のように給水の全量を透過・処理することはできない。よって、RO膜からは必ず塩類や不純物が濃縮された水（濃縮水またはブラインと呼ぶ）が連続的に排出されることとなる。

一次純水システムで最も多く使用されるスパイラル型RO膜モジュールの構造図を図13に、円筒状圧力容器（ベッセル）へのRO膜の装着図を図14に示す。スパイラルモジュールはRO膜（平膜）を封筒状に接着し、内側に集水管を入れ、開放された一端を集水管に接続する。これら複数枚を給水側スペーサーとともに巻き込んで成形したものである。外側は圧力に耐えるため、FRPで固めている。給水は封筒状の膜の上を流れ、透過水は封筒状の膜の中に入り、集水管に集められる。濃縮水は円筒の給水とは逆の一端から排出される。このようなRO膜モジュールは1ベッセルに4～6本直列に挿入され、各

モジュールの透過水はインターコネクタと呼ばれる接続部で繋がれ、中心の集水管を流れてモジュールから取り出される。

RO膜装置を安定的に運転するためには、前述した前処理装置により懸濁物質を除去することは必須であり、これに加えて①膜面への析出抑制、②スライムコントロール、③水温 などに気を配る必要がある。

1) 膜面への析出抑制

濃縮水側では濃縮されることにより、塩類濃度が上昇する。この時気をつけなければならないのがスケール（Ca、シリカなどの析出物）である。特にpHが高いとカルシウムが水酸化物として析出しスケール化する。そのため、通常の給水pHは5.5～6.5の範囲でコントロールすることが望ましい。または、スケール分散剤を注入することで、ある程度高いpHでもスケールの膜面析出を抑制することが可能となる。

2) スライムコントロール剤

スライムコントロール剤の代表である塩素は、膜への給水の殺菌用および膜洗浄時に用いられ、膜性能を維持するために活用されている。しかし、膜の材質によっては、耐塩素性に大きな差があるため注意が必要である。酢酸セルロース(CA)膜は耐塩素性があるが、ポリアミド(PA)膜は塩素に弱いため、スライムコントロール剤として非塩素系薬剤を使用する必要がある。

3) 水温

RO膜処理では、給水温度により透過水量が大きく影響を受ける。これは、水温が低下すると水の粘性が低下し、水のRO膜透過の抵抗となってしまうためである。水温が上昇すると、水の粘性が低下し膜の透過水量は増加するが、一方で脱塩率は低下してしまい、必ずしも高温が適切であるとは言えない。このようなことから、一般的にはRO膜の前

各イオン交換装置の処理水質比較 (表7)

		原水	処理水
順流再生式	導電率 [μS/cm]	5～10	1～10
	シリカ [mg/L]	10～30	0.1～0.5
向流再生式	導電率	50～200	0.1～1
	シリカ	10～50	0.01～0.3
多塔シリーズ再生式	導電率	100～400	0.1～1.0
	シリカ	10～50	0.02～0.1
多塔向流再生式	導電率	100～400	0.01～0.1
	シリカ	10～50	0.002～0.05
混床式	導電率	10～50	0.05～0.1
	シリカ	1～10	0.01～0.1

逆浸透（RO）膜の構造 (図13)

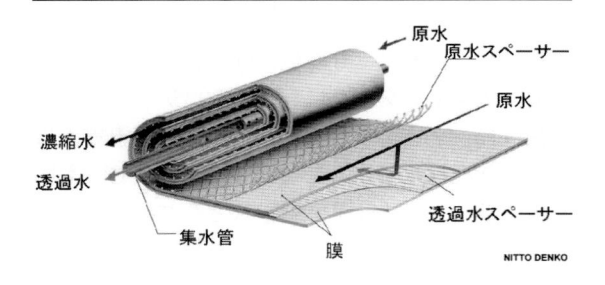

逆浸透（RO）膜のベッセル装着図 (図14)

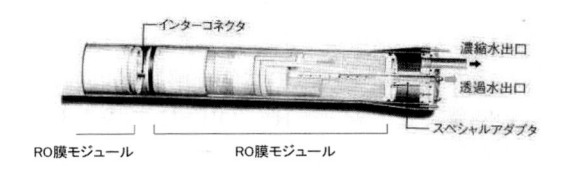

段に熱交換器を設置して、給水温度を20〜25℃に保って運転している。

ⓒ 電気再生式脱イオン装置

2000年以降、特に50m³/Hr以下の小型の一次純水システムに、イオン交換塔に代わり電気再生式脱イオン装置が用いられることが多くなってきている。電気再生式脱イオン装置は、電気透析を応用したもので、内部は脱塩室、濃縮室に分かれる。図15に電気再生式脱イオン装置の概略を示す。給水は脱塩室側から供給され、給水中のイオンはその荷電により、プラス・マイナスのいずれかの方向に移動する。例えばNa⁺はカチオンであるので、陰極方向に移動する。移動したNa⁺は電気透析の原理に基づき脱塩室の端まで移動するとカチオン交換膜に衝突する。カチオン交換膜は、選択的にカチオンを透過させる膜であるため、Na⁺は濃縮室に通過し、脱塩室からNa⁺が除去される。濃縮室に入ったNa⁺は濃縮室でも陰極方向へ移動し、濃縮水端のアニオン交換膜に到達する。アニオン交換膜はNa⁺を透過できないため、Na⁺は濃縮水に留まり濃縮水排水として排出される。Cl⁻も同様に陽極側に移動し、濃縮水として外部に排出される。電気透析法との大きな違いは、脱塩室、濃縮室にイオン交換樹脂が充填されていることである。イオン交換樹脂により、各室内でのイオン移動速度は著しく大きくなる。このことにより、イオン交換膜面近傍でのイオン滞留を抑制でき、濃縮室から脱塩室への逆拡散を防止できる。また、脱塩室下部ではイオン濃度が希薄になるため、電気は水の電気分解に利用され、この解離で生じた H⁺、OH⁻によりイオン交換樹脂は高転換率に再生される。これらのことにより、脱塩室からは高純度の脱塩水を得ることができる。

このように電気再生式脱イオン装置は電気により、常時再生を行うことから、薬品再生が必要ないため連続運転が可能で、設置スペースが非常にコンパクトな装置である。

一方で、使用する電気量が多いため、大型の

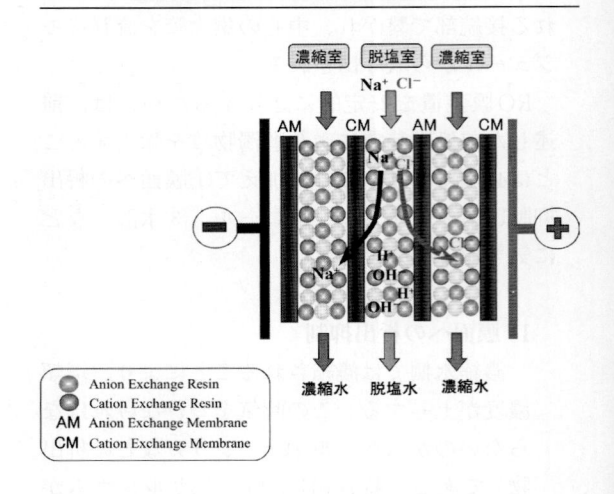

電気再生式脱イオン装置概略(図15)

○ Anion Exchange Resin
● Cation Exchange Resin
AM Anion Exchange Membrane
CM Cation Exchange Membrane

装置になると薬品による再生を行うイオン交換装置に較べてランニングコストが高くなり、メリットを出しにくいのが現状である。

本装置の給水は、主に処理水と濃縮水に分流され、濃縮水は給水のおおよそ10〜20%とされている。そのため給水の塩類濃度は5〜10倍に濃縮されることになる。このことから本装置を安定的に運転する際には、濃縮室におけるスケール防止が重要である。多くの場合、カルシウムスケールやシリカスケールによる障害を防止するために前段にRO膜処理、脱炭酸処理を設置している。

表8に電気再生式脱イオン装置とイオン交換装置を用いた純水装置の特徴を比較した。電気再生式脱イオン装置は、高純度の処理水が得られ、連続的に処理可能な反面、給水に制限がある。一方、イオン交換装置は給水水質に左右されないもの、再生設備が必要で、定期的に再生を行なうため、予備系列が必要となる。これらの特徴を把握して、実機での適用システム構成を検討することが必要である。

ⓓ 脱ガス

水は、大気に触れると大気中のガス成分（窒

電気再生式脱イオン装置とイオン交換装置の比較（表8）

	電気再生式脱イオンシステム （RO＋脱気膜＋電気再生式脱イオン装置）	再生式イオン交換システム （RO＋混床式イオン交換装置＋RO）
水質	抵抗率　18.0～18.2 MΩ·cm シリカ　　1 μg/L ホウ素　0.05～0.1 μg/L	抵抗率　15 MΩ·cm シリカ　1 μg/L ホウ素　0.1 μg/L
長所	・純度の高い処理水が安定採水できる ・予備系なしで連続採水できる ・再生薬品が不要（排水設備が不要） ・メンテナンスが容易	・給水の許容水質が緩い
短所	・給水質に制限がある	・薬品再生処理が定期的に必要で、予備系列が必要。 ・再生薬品が必要で排水設備も必要

脱気の方法と原理・性能（表9）

	原理	性能
脱炭酸塔法	過飽和溶解している炭酸ガスを大気放散にて除去する。	残留CO_2 5～8mg/L
真空脱気塔法	真空下で溶存ガスの分圧を低下させ、溶解ガスを抽気除去する。	溶存酸素 5～50 μg/L
膜脱気法	疎水性膜を介し水中の溶存ガスを真空としたガス側に透過させて除去する。	溶存酸素 5～50 μg/L
触媒脱酸素法	イオン交換樹脂にパラジウムを担持した触媒樹脂を用い、溶存酸素を水素で還元除去する。	溶存酸素 1～20 μg/L
窒素脱気法	気液接触塔にて窒素を用い、溶存酸素の分圧を低下させて除去する。	溶存酸素 5～50 μg/L

素、酸素、炭酸ガスなど）を溶解する。その中でも特に酸素は、金属材料の腐食の原因として、半導体洗浄用超純水では古くから除去対象とされてきた。また、溶存酸素はイオン交換樹脂の酸化劣化や送水配管、装置内での生菌繁殖を加速させるなど、超純水製造の面でも問題となる不純物となる。また、半導体製造工程においても電子デバイス性能に直接悪影響を及ぼすことから、超純水製造システムにおける脱ガス処理の主目的は溶存酸素除去といっても過言ではない。表9に各種脱ガス方法の種類と原理・方法を示す。

1）脱炭酸塔法

給水のpHを5以下になると、溶解している重炭酸イオンは水中では主に炭酸ガスとして存在する。このような状態で、被処理水に空気を接触させると、水中の炭酸ガスが大気に放散する。この際、処理水中の炭酸濃度は空気中の炭酸濃度と平衡になるまで除去できる。イオン交換装置のカチオン交換樹脂塔（H塔）とアニオン交換樹脂塔（OH塔）の間に設置することで効果的に使用することができる。H塔ではカチオンがH^+に交換されるため処理水のpHは低くなる。その処理水を脱炭酸塔に給水することで炭酸が除去でき、後段のアニオン交換樹脂塔へのアニオン負荷を軽減することができる。

2）真空脱気塔法

図16に真空脱気塔の構造を示す。密閉容器の塔上部から散水し、塔下部から処理水を取り出す。塔内には気液接触面積を増大させるため充填材が充填されている。塔上部から

真空脱気塔の構造(図16)

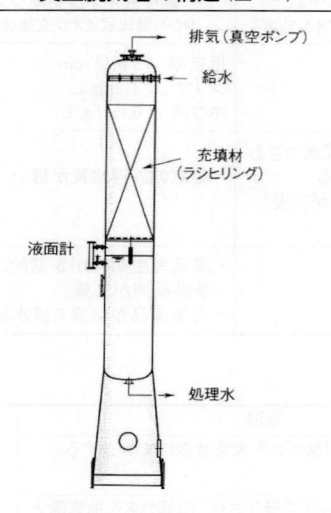

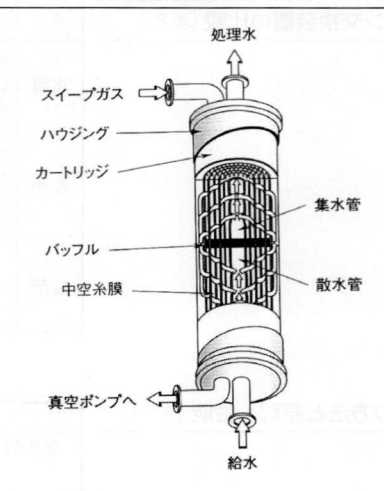

脱気膜の構造(図17)

真空ポンプで減圧し、塔内を水蒸気分圧付近まで真空に近づける。真空脱気塔の性能は、到達真空度によって決まる。そのため真空ポンプの抽気容量、気液接触面積、塔内の均一な水の流れが重要である。処理水の溶存酸素濃度は5〜50μg/L程度まで低減できる。

3）窒素脱気法

窒素ガス曝気による溶存酸素除去方法で、脱炭酸塔と同様の曝気方式の一つである。気相側のガスとして極めて酸素含有濃度が低い高純度窒素（N2）ガスを用いる。酸素ガス分圧の低い高純度N2ガスを用いることで、高純度N2ガスの平衡濃度まで水中の飽和酸素濃度を低下させ、溶存酸素を除去することができる。処理水の溶存酸素濃度は5μg/L以下まで低減できる。

4）膜脱気法

膜脱気は、気体分離膜を用いた脱気方法である。気体分離膜は多孔質であるが材質はポリプロピレンで疎水性のためガスだけを透過させることができる。この疎水性の中空糸膜モジュールのガス透過側を真空にすることで、液中の溶存ガスを除去する。真空ポンプとN2ガススイープを併用するとよりさらに低濃度まで溶存酸素の除去が可能である。スイープガスはガス透過側の酸素ガス分圧を下げるために供給するガスのことで、通常N2ガスが用いられる。図17に中空糸型脱気膜モジュールを示す。膜脱気装置は真空脱気や窒素脱気装置に比べ大変コンパクトな装置である。そのため何段かの直列で脱気することができ、その場合、処理水の溶存酸素濃度は1μg/L以下まで低減可能である。

(4) 超純水システム
   （二次純水システム、サブシステム）

① 目　的

超純水システムの役割は、一次純水より送水されてくる純水中に極わずかに残留している、または、超純水システムの構成部材から溶出する微量イオン、有機物（TOC）、微粒子、生菌などの微量不純物を除去し、超純水に仕上げることである。図18に超純水システムの代表的なフローを示す。微量に含まれるものを極限まで除去する高度な除去技術と、装置構成部材から極力溶出させないことが重要であり、除去ユニット装置は高純度にポ

超純水システムの一例（図18）

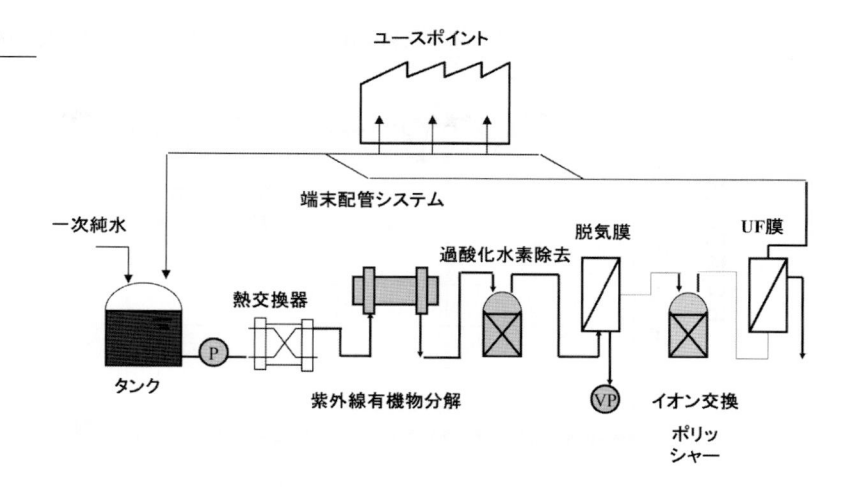

紫外線照射による有機物分解（図19）

＜反応メカニズム＞

$$H_2O \rightarrow H^+ + \cdot OH$$
$$R-CH_3 + \cdot OH \rightarrow R-COO^- + H^+ \rightarrow \rightarrow CO_2 + H_2O$$

R：アルキル基

リッシュアップされた清浄度高い部材を使用する。以下に各ユニット装置を紹介する。

② 紫外線照射

　超純水システムで使用される紫外線照射装置には①紫外線殺菌装置、②紫外線酸化装置がある。紫外線殺菌法は、水中の菌の増殖抑制などの目的で殺菌用途として広く使用されている。一方で、紫外線酸化装置は半導体製造向け超純水製造システムで初めて本格的に実用化された。この紫外線有機物分解法の導入により、超純水中のTOC濃度を$1\mu g/L$以下で安定に維持することが可能になっている。紫外線ランプは通常使用している水銀灯と同様に使用初期は光強度が強く、徐々に減衰していく。そのため定期的な交換が必要で、約1年間に一回の交換が必要である。

ⓐ 紫外線殺菌

　水銀ランプによって波長254nmの紫外線を水中で照射し、水中の生菌を殺菌する。超純水システムでは流水型の紫外線殺菌装置が一般的に使用される。紫外線殺菌法は薬品などで殺菌する方法に比べ、水質を低下させることなくクリーンに殺菌できる。また菌による選択性が少なく、短時間で大多数の菌を殺菌できるなど、高純度の水質を得るための超純水システムに適している。

ⓑ 紫外線酸化分解

　水銀ランプにより波長185nmの紫外線を水中に照射することにより水中の有機物を酸化分解する。紫外線殺菌装置と同様に流水型のものが使用される。図19に紫外線照射による有機物分解の反応メカニズムを示す。波長185nmの紫外線を水中に照射すると水が分解してラジ

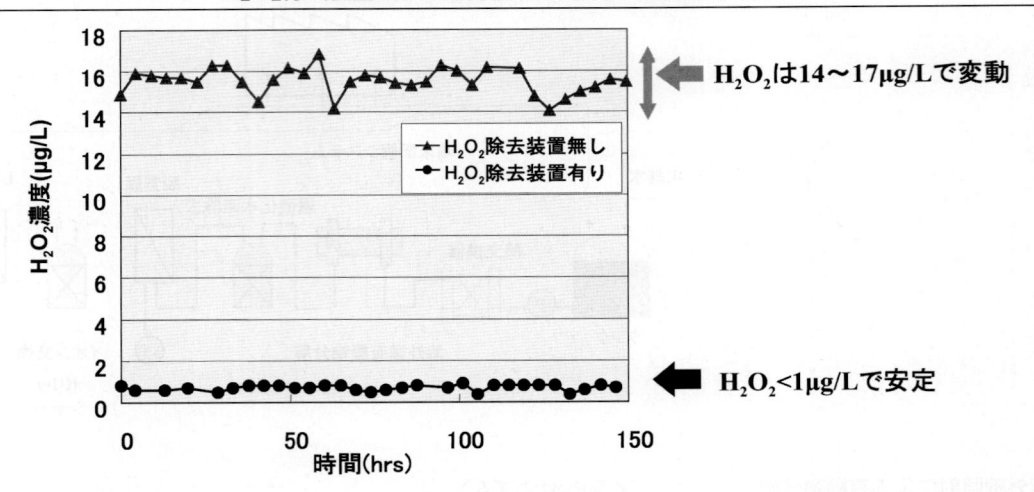

H₂O₂除去装置による超純水中のH₂O₂の推移（例）（図20）

（グラフ：縦軸 H₂O₂濃度(μg/L) 0～18、横軸 時間(hrs) 0～150。H₂O₂除去装置無し：14～17μg/Lで変動。H₂O₂除去装置有り：H₂O₂<1μg/Lで安定）

　カルが生成する。この中でヒドロキシラジカル（・OH）は非常に酸化力が強く、これにより給水中に残留する有機物が酸化分解される。分解された有機物は、有機酸などの中間生成物と炭酸イオンになり、後段のイオン交換装置で除去される。

③ 過酸化水素（H₂O₂）分解

　紫外線酸化装置により照射される185nmの紫外線により、水が分解してヒドロキシラジカルが生成し、これが水中の有機物を酸化分解することは前述した。しかしこのヒドロキシラジカルが水を酸化すると過酸化水素（H₂O₂）が生成する。超純水システムでは、一次純水システムから流入してくる極低濃度の有機物に対して紫外線を照射するため、多くの場合、紫外線が過剰照射になる。そのため通常の超純水中には5～25μg/LのH₂O₂が存在していた。H₂O₂は、後段のイオン交換樹脂（特にアニオン交換樹脂）を酸化分解させ、樹脂の劣化やアミン類などの溶出の原因となる。また、H₂O₂は分解時に溶存酸素となり、超純水中の溶存酸素濃度を上昇させる原因ともなる。さらに半導体製造プロセスにおいて、特にCu配線などの酸化、溶解を引き起こし、直接デバイス性能に悪影響を及ぼすことから、近年、超純水システムにおけるH₂O₂除去の必要性は高まってきている。

　特殊加工により表面にPtを担持した触媒樹脂に接触させることでPtの触媒作用によりH₂O₂を分解することができる。図20にH₂O₂分解除去装置による超純水中のH₂O₂濃度を示す。図からも安定してH₂O₂を分解できていることが分かる。また、この際分解したH₂O₂は化学量論的にはH₂O₂ 17μg/Lに対して溶存酸素が8μg/L上昇する。そのためH₂O₂除去装置の後段に脱気装置を設置し、増加した溶存酸素を除去する。このように予めH₂O₂を分解した後脱気装置で溶存酸素を除去することによりさらに、安定した水質を確保できる。

④ イオン交換ポリッシャー

　超純水システムに設置されるイオン交換ポリッシャー（通称デミナーあるいはカートリッジポリッシャー）は、一次純水システムからリークしてくる微量イオンの除去、紫外線酸化装置で生成したイオン類（有機物分解物、炭酸イオン）およ

純水中のNa濃度と陽イオン交換樹脂の不純物含有率
（図21）

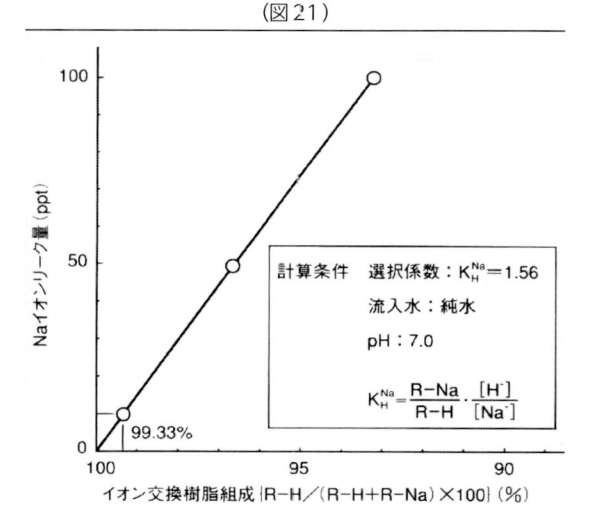

び超純水システム内あるいはユースポイント配管からの循環中に溶出してくる微量イオンの除去を行うことが目的である。

図18より、通常はイオン交換ポリッシャーの後段には、微粒子除去用のフィルターのみのため、イオン類の除去の観点では、イオン交換ポリッシャーは最後段になる。そのためイオン交換ポリッシャーではイオンを極限まで除去すると共に、自身からの溶出が極めて少ない分離剤の選定、事前洗浄（コンディショニング）が極めて重要になってくる。ここで溶出させないための重要なことは、イオン交換ポリッシャー向けのイオン交換樹脂はH型、OH型の転換率が極めて高いものが必要がある。塩型の交換基が少しでも残存していると、超純水中の水分子が解離して存在するH^+、OH^-とのイオン交換平衡により押し出されてしまい、樹脂自体からイオンがリークすることとなってしまう。このため超純水中の金属イオン濃度を厳しく管理するには、一次純水システムからのリークイオンを除去するのは勿論だが、イオン交換樹脂中の金属含有量も厳重に管理することが必要である。

図21にカチオン交換樹脂の樹脂中Na含有量比率と水中へのNaイオンリーク量を示す。現状の最先端超純水では、水中金属濃度は0.1ng/L未満で管理する必要があり、H型転換率が99.99％以上が必要である。このため、純水仕様に特殊に製造されたウルトラクリーンな樹脂を使用し、さらに使用直前に徹底的にコンディショニング（純水洗浄を行い、使用可能な状態にする）を行ってから実機に設置する。また、イオン交換ポリッシャーは、薬品再生を行わずイオン交換が限界になったら新しいイオン交換ポリッシャーに交換して使用するという、非再生式イオン交換装置として使用する。そのためイオン交換ポリッシャーはある程度の大きさの容器に充填され、容器ごと取り付け、取り外しを行う。その理由は、清浄度を保つために超純水システム内で再生のための薬品を使用しないという点と、一次純水でほとんどの塩類は除去されているため、超純水システム内のイオン交換樹脂にかかる負荷が非常に少ないため、再生することなく長期間使用可能であるためである。また、イオン交換樹脂を容器に充填したままで使用・運搬することで、高純度に洗練されたイオン交換樹脂を外気などにさらすことなく、高品位を保ったまま実機に設置できるメリットもある。

⑤ 限外濾過膜（UF）

超純水システムの最後段に設置される限外濾過膜（UF）装置は微粒子除去を目的としたのファイナルフィルターとしての役割を担っている。一次純水システムからリークしてくる微粒子や、超純水システム内あるいはユースポイントからの循環で混入、発生する微粒子を除去する。

UF膜のエレメント構造は、スパイラル型と中空糸型に大別されるが、スパイラル型はエレメント構造が複雑で、構造上微粒子リークやエレメント自身からの溶出が避けられない可能性が高いことから、一般的には中空糸型が使用される。中空糸型のエレメントも当初は、内圧型が使用されていた。内圧型は原水が中空糸の内側から外側に透過する方式で、透過水が外側のベッセルと接触する。そのため透過水側での微粒子汚染が起こりやすい構造と言える。このため現在では外圧中空糸

リバースリターン配管方式(図22)

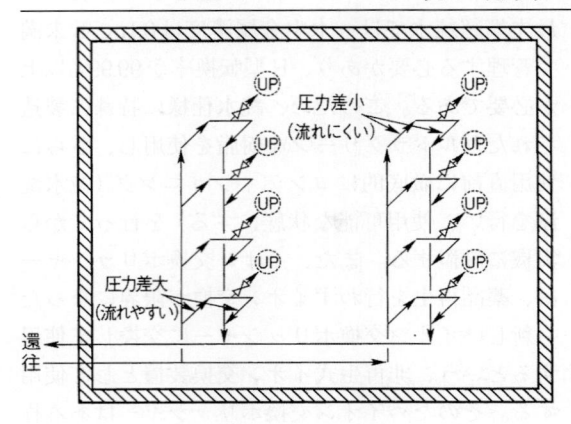

<従来方式>
枝管ごとで圧力・流量が 異なる

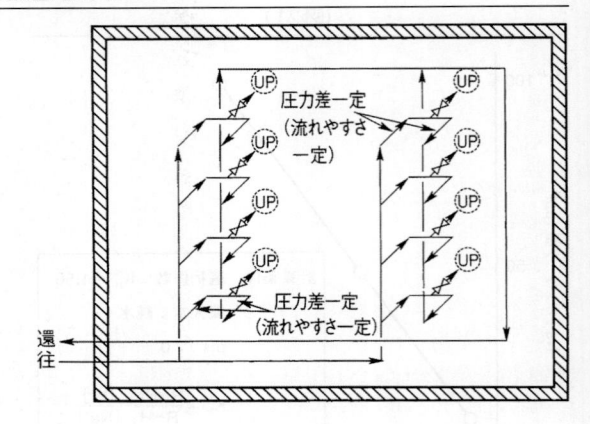

<リバースリターン方式>
枝管によらず圧力・流量が 一定

型UF膜が使用されている。

UF膜について注意すべき点は、超純水システムの最後段に設置されていることから、UF膜以降に除去ユニットがなく、膜構成部材からは微粒子だけでなく、イオン類、有機物の溶出も限りなく少なくする必要がある。そのため、要求水質が高い場合には、イオン交換ポリッシャーと同様、使用前のコンディショニングを行う必要がある。

(5) 端末配管システム

① 目　的

超純水製造システム出口からユースポイントまでの超純水供給配管では、超純水水質の純度を低下させてはならない。超純水は工場のユーティリティエリアで製造され、主配管でユースポイント（クリーンルーム）に送水される。この主配管は、場合によっては数百メートルに及ぶことがある。主配管はクリーンルーム内で分岐管、枝管で細分化され、最終的には半導体製造用洗浄装置などに接続されている。このような複雑な配管系では、配管材料からの不純物の溶出、配管網での滞留や、施工時の汚れなどによって、水質が低下する要因が多く考えられる。端末配管システムはこれらの水質低下要因を排除し、各ユースポイントへ安定した水量を確保するためのシステムである。

以下に端末配管システムでの留意点について紹介する。

② 配管材料

超純水で使用される配管材料は、当初は一般用途で使用されている塩化ビニル（VP配管）であったが、超純水の高純度化に対応するため、超純水用の塩化ビニル管（クリーンPVC）が開発・実用化された。その後さらなる高純度への対応と、温超純水の採用により、耐熱配管材料としてポリビニリデンフルオライド（PVDF）が使用されるようになった。

③ 配管施工

ユースポイントへの配管が長くなると、超純水との接触時間も長くなり高純度の水質を維持するには、配管の施工方法（特に接合方法）が大きな課題になる。接合法は大きく分けて接着接合と融着（溶着）接合の二通りがある。従来は接着接合が主体であったが、水質向上への要求が高まり、

接着剤の溶出による有機物濃度の上昇が課題になってきたため溶着接合が導入された。以降、溶着接合が主流で、接着接合はほとんど使われていない。

④ 送水方式

超純水システムで製造された超純水は送水用の配管を通ってユースポイントに送られる。ユースポイントでの使用水量に合わせて送水量を変化させると、使用水量が多い場合と少ない場合で、送水配管内での滞留時間に大きな差が生まれる。滞留時間が長くなると、水質はわずかずつ低下する。また超純水システムでの製造水量が変動することになり、超純水水質の変動を招く恐れがある。このことから超純水システムでの製造水量を、ユースポイントでの使用水量の120〜130％にし、過剰水量を超純水製造システムにリターンする循環通水方式が採用されている。このことでユースポイントで使用する超純水水質、水量を安定供給することができる。

⑤ 配管方式

高純度の超純水が要求されるユースポイントでは、水の滞留部や極端に流速が遅い箇所が無いように工夫されている。また、各洗浄機に偏りなく超純水を供給する必要がある。これには前述した循環通水方式だけでなく、さらに適正な配管方式も重要になってくる。図22に従来方式とリバースリターン方式の配管図を示す。従来方式においても循環通水方式に加え、供給水側配管とリターン側配管を区別することで一度ユースポイントを通過した超純水は再び他のユースポイントに供給されないように配慮されている。また、各ユースポイントでの圧力差が生じ、超純水流量に差が出る。このため分岐管以降での配管内の滞留時間に差が生まれる。一方、リバースリターン方式では給水主配管とリターン主配管の間に圧力差を設けることで分岐管以降でもどのユースポイントでも一定の流量が保てるようになっている。このリバースリターン方式は大型工場の多くで採用されている。

3 今後の超純水

超純水製造システムを設計するには、原水の水質の性状と変動、ユースポイントで要求されている水質、各システムに使用する要素技術の特性と限界性能を熟知した上で、効率的・効果的なシステムを構築する必要がある。超純水製造技術は、既存技術の改良と新技術を加えた高度な組み合わせ技術と併せ、一つの技術分野として認められるに至っている。そして、この超純水製造技術の進歩は、半導体産業の発展によるものであり、今後もその要求に応え得る技術開発を行っていく必要がある。

一方で、現在の超純水は、全ての物質を可能な限り除去する方向で進められている。しかしながら、この高純度化への歩みはいずれ限界がくる。その時に必要なことは、超純水中に残留する物質が半導体デバイスに影響するかどうかを知っておくことである。超純水中に、ある物質が残留していても、その超純水を使用して半導体デバイスに全く影響がないのであれば、その物質は除去する必要がないということになるからである。今後の超純水製造に関する技術開発は、その使用先である半導体製造プロセスに密着し、水質と半導体デバイスへの影響を考えて、効果的な要素技術の開発を進めていくことが重要である。

参考文献
1) 横関、矢部、鶴見、高島、加藤：固定床式純水装置の効率化に関する検討、ハイシリーズ式純水装置の開発、出典「火力発電」（火力発電技術協会）Vol.22,No.3,p.276〜281（1971）
2) Y.taniguchi,K.yabe,S.takashima：Recent Advances in Ion Exchange and Reverse Osmosis Process for Water Demineralization,Asian International Chemical & Process Engineering & Contracting,Shingapore 16-19 January 1979
3) 三菱化学㈱編：イオン交換樹脂・合成吸着マニュアル（I）基礎編
4) 三菱化学㈱編：イオン交換樹脂・合成吸着マニュアル（I）応用編
5) バイエルジャパン編：Bayer Lewatit 技術マニュアル
6) 日東電工㈱編：膜技術カタログ
7) 東レ㈱編：膜技術カタログ
8) セラニーズ編：脱気膜カタログ
9) 半導体基盤技術研究会編：超純水の科学、リアライズ社
10) 千代田工販㈱編：紫外線装置カタログ
11) 第68回応用物理学会学術講演会予稿集：超純水サブシステムにおける過酸化水素の除去システム
12) 矢部江一編：これでわかる純水・超純水技術、㈱工業調査会
13) 吉村二三隆編：これでわかる水処理技術、㈱工業調査会

（福井長雄）

6 MBR

1 平膜

(1) 浸漬型平膜を用いたMBRシステムの特徴

　浸漬型平膜を用いたMBRシステムの処理フローを図1に示す。ここでは生物処理方式として循環式硝化脱窒法を採用している施設を例に処理フローを説明する。下水や産業廃水等の原水は粗目スクリーンを経て原水タンクに流入し、原水ポンプにより流量調整タンクに流入する。流量調整タンクに流入した原水は流入負荷変動を均一化した後、流量調整ポンプにより揚水され、微細目スクリーンを経て生物反応タンクに流入する。生物反応タンクは無酸素タンクと好気タンクで構成され、好気タンクには平膜ユニットが浸漬設置されている。好気タンクの活性汚泥を膜により直接固液分離することによりSSを含まない清澄な膜処理水が得られる。曝気ブロワは膜洗浄に必要な空気の供給を行うとともに生物処理に必要な酸素の供給を行う。汚泥循環ポンプは好気タンク内の活性汚泥を無酸素タンクに循環する。なお、余剰汚泥は定期的に好気タンクより引き抜き、汚泥処理を行う。

　MBRシステムの一般的な特徴は省スペースで高度な処理水質を実現できることであり、国内下水における生物反応タンクのHRT（水理学的滞留時間）はA$_2$O法等生物学的窒素りん同時除去法を採用する場合でも6時間程度である。また、膜の一般的な設計フラックスは0.5〜0.8m^3/(m^2・日)

浸漬型平膜を用いたMBRシステムの処理フロー（図1）

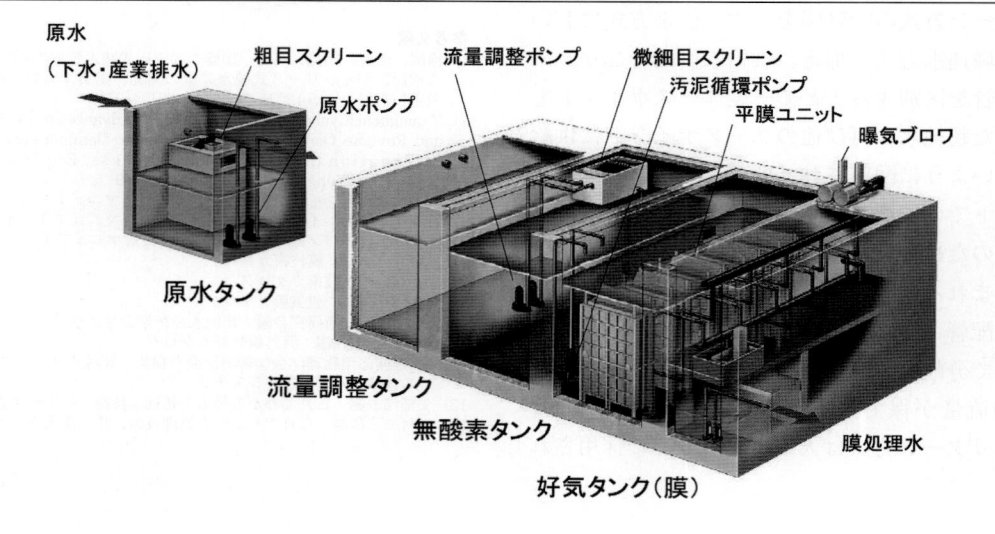

浸漬型平膜を用いたMBRシステムの特徴(図2)

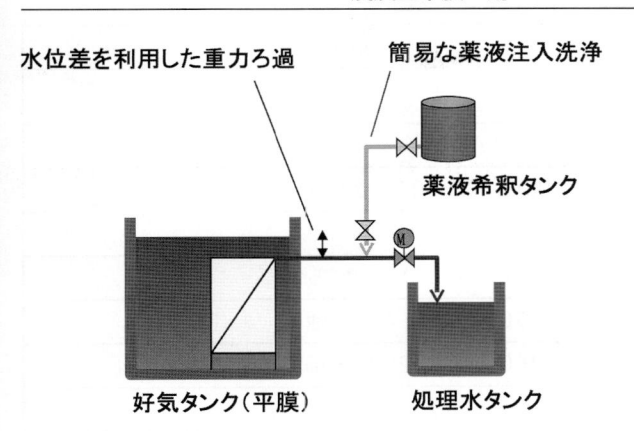

左:重力ろ過と薬液注入洗浄

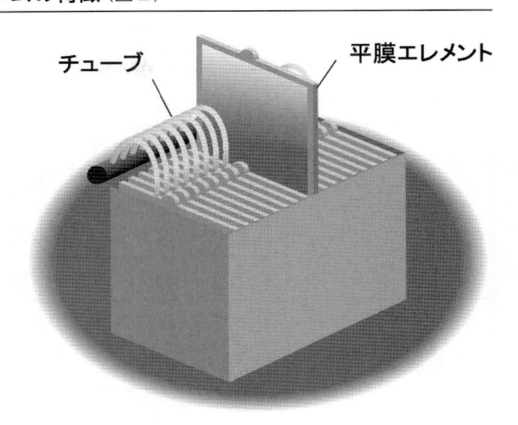

右:平膜エレメントの膜交換

[20 ～ 33LMH]程度であり、平膜の場合はし査等夾雑物に強い膜形状をしていることから好気タンクMLSS濃度を8,000 ～ 20,000mg/L程度と高MLSS運転を行うことができる。浸漬型平膜を用いたMBRシステムの主な特徴としては以下の3点が挙げられる。

① ろ過方式

膜ろ過動力として好気タンク水位と膜ろ過水排出部との水位差のみを利用する重力ろ過を行うこと可能であり、膜ろ過ポンプを省略することができる(図2左参照)。

② 物理洗浄方式

膜洗浄は曝気ブロワから供給される膜洗浄空気により行い、膜処理水を用いた水逆洗は不要である。そのため、水逆洗のためのタンク、ポンプ等設備が不要である。

④ 維持管理方法

定期的に実施する膜の薬液洗浄は平膜ユニットを膜分離槽に設置したまま、二次側から薬液を注入する薬液注入洗浄で実施するため、膜の浸漬洗浄槽が不要である(図2左参照)。また、膜エレメントに異常が発生した場合には膜エレメントを1枚ずつ交換することができる(図2右参照)。

(2) 浸漬型平膜の構造

現在、MBR用途向け浸漬型平膜を製造・販売している主要膜メーカーは日本、ドイツ、中国、韓国等を中心に10数社ある(表1参照)。ここでは代表的平膜メーカーの平膜ユニットを例に挙げ、浸漬型平膜の構造について説明する。浸漬型平膜の仕様及び構造を表1、図3にそれぞれ示す。

平膜エレメントは樹脂製ろ板の両面に平膜状膜シートを貼り合わせた構造をしており、膜ろ過は平膜エレメントの外側から内側に向かって行われる。膜シートを透過した膜ろ過水は膜シートとろ板の間を流れ、平膜エレメント上部のノズルより外部へ排出される。膜シートの材料としてはCPE、PVDF等が使用されており、膜の公称孔径は0.03 ～ 0.4μmの範囲であり、精密ろ過膜(MF膜)または限外ろ過膜(UF膜)に分類される。また、膜エレメント1枚の膜面積は0.8 ～ 1.75m^{2}の範囲である。なお、一部の膜メーカーでは膜エレメント10 ～ 50枚程度をさらに一体化して膜モジュールとして使用している。

また、平膜ユニットは膜ケース及び散気ケースの2つの部品で構成される。膜ケースには平膜エレメントが複数枚挿入されており、膜ケースは2段以上に積層設置することが可能である。また、散気ケース下部には散気装置が設置されており、

浸漬型平膜の仕様（表1）

大項目	小項目	数値等
主要平膜メーカー	−	クボタ、東レ、日立プラントテクノロジー、Huber、Mycrodyn-Nadir、Weise water、SINAP、Envitech
平膜エレメント	膜シート材質	CPE、PVDF、PES、PAN 他
	膜公称孔径	0.035、0.04、0.08、0.1、0.2、0.3、0.4 μm 他
	ろ板材質	ABS 他
	膜面積	0.8、0.9、1.0、1.4、1.45、1.5、1.75m^2
平膜ユニット	膜枚数	50、100、150、200、300、400 枚他
	膜面積	40、80、120、160、200、280、320、400、580m^2 他
	散気装置	散気管、メンブレンディフューザー

浸漬型平膜の構造（図3）

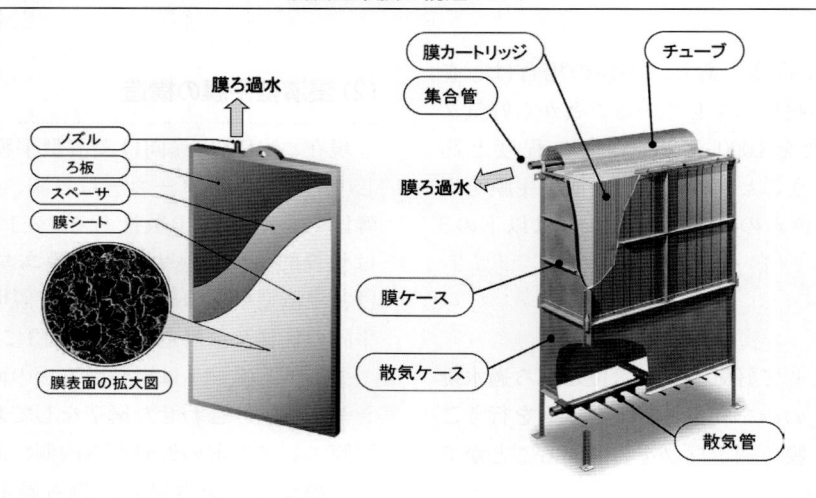

散気装置から供給される空気により膜洗浄を行うとともに生物処理に必要な酸素供給を行う。散気装置の種類としては散気管等の粗大散気装置やメンブレンディフューザー等の微細散気装置が使用されている。各平膜エレメントから取り出される膜ろ過水はチューブ及び集合管を経て外部に排出される。

(3) 浸漬型平膜を用いた MBR システムの適用事例、省エネ化への取り組み

浸漬型平膜を用いた MBR 技術の開発は1980年代後半に始まり、国内においては1990年以降、浄化槽、し尿処理、各種産業排水、ビル中水、下水処理等分野を中心に2,700件以上の施設に導入されてきた。一方、海外においては1998年に欧州初のMBR施設であるイギリス・Porlock処理場に国産平膜が納入されて以来、欧州、北米、中東、アジア地域の下水、産業排水分野において国産平膜メーカーだけの実績でも1,000件以上の施設に浸漬型平膜が導入されている。ここでは国内及び海外における浸漬型平膜の適用事例の内、膜処理水を再利用している事例と下水分野への適用事例についてそれぞれ紹介する。

明治安田生命青山パラシオの施設概要（図4）

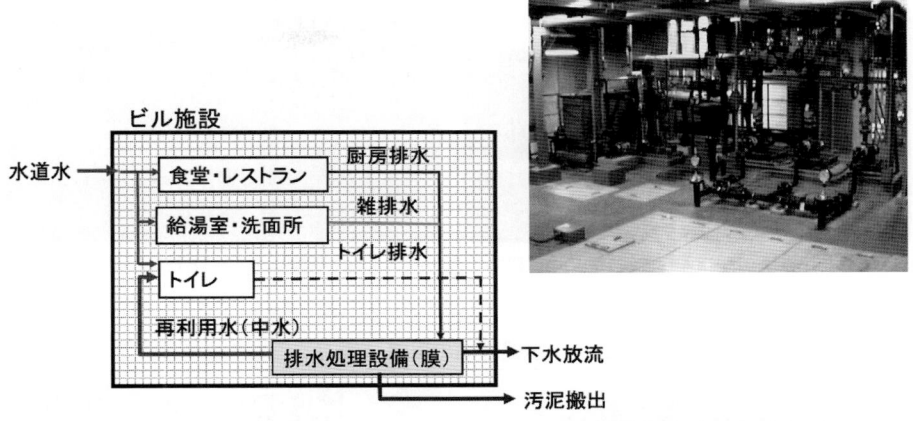

左：ビル内における膜処理水再利用　　右：施設外観（1997年稼動、190m³/日）

ブルジ・ハリファの施設概要（写真1）

左：MBR設備（2010年稼動、3,000m³/日） 　　右：RO設備

① 膜処理水の再利用事例

国内における膜処理水再利用の代表的な事例としてはビル中水が挙げられる。1997年に稼動を開始した明治安田生命青山パラシオの施設概要を図4に示す。ビル中水は図4に示すようにビル内部で発生する厨房排水や雑排水をビル地階の排水処理設備で処理し、膜処理水をそのままトイレ用水等に個別循環して再利用するものである。浸漬型平膜を用いたビル中水施設としては、東京都や福岡県を中心に現在、70件以上の施設が稼動している。

海外における膜処理水再利用の代表的な事例としてUAE・ドバイのMBR-ROシステムによる膜処理水再利用を紹介する[1]。2010年に運転を開始した超高層ビル、ブルジ・ハリファの池に処理水を供給している設備の施設概要を写真1に示す。本設備は地域住民の生活排水をMBR-ROシステムで処理した再生水を池の噴水用水に利用している。地域住民の衛生面を考え、また蒸発量が非常に多い地域であるため、MBR処理水をRO設備で脱塩した再生水が使われ、さらに一部は地域冷房用の補給水としても利用されている。

Porlock処理場の施設概要(写真2)

左：施設外観（1998年稼動、1,900m³/日）　　右：平膜ユニット（8年稼動時）

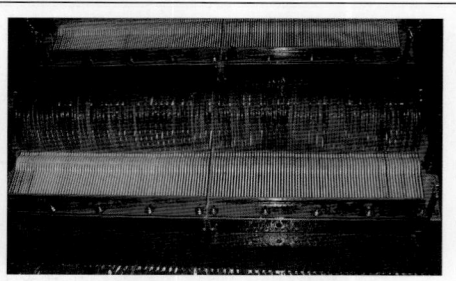

三宝下水処理場の概要(写真3)

左：膜分離槽（2010年稼動予定、60,000m³/日）　　右：平膜ユニット

② 下水への適用事例

次に浸漬型平膜の海外下水への適用事例としてイギリス・Porlock処理場の施設概要を写真2に示す[2]。Porlock処理場は1998年に運転を稼動したヨーロッパ初の下水MBR施設である。本施設は10年以上順調に稼動しており、10年間の運転期間中に交換された平膜エレメントは当初納入した3,600枚中わずか230枚（膜交換率6.4%）であり、運転開始から10年を経過した時点でも残りの平膜エレメントは膜交換をせずに運転可能であった。

浸漬型平膜の国内下水への適用については、2005年に国内初の下水MBR施設として福崎浄化センターが運転を開始して以来、現在までに大田市浄化センター（島根県大田市、現有能力2,150m³/日）、戸田浄化センター（静岡県沼津市、現有能力2,140m³/日）新宮町中央浄化センター（福岡県新宮町、現有能力6,060m³/日）等に導入されている。なお、現在国内で稼動している下水MBR施設全11ヵ所中8ヶ所に浸漬型平膜が納入されている。また、現在建設中の三宝下水処理場は処理能力が60,000m³/日であり、同処理場が完成すれば、日本最大のMBR施設となる予定である。建設中の三宝下水処理場の施設概要を写真3に示す。

(4) 浸漬型平膜を用いたMBRシステムの高効率化・省エネ化への取り組み

MBRは省スペースで高度な処理水質が得られる一方でその消費エネルギーが高いことがMBR技術普及のための課題となっている。また、国内下水分野においては新設の小規模下水処理場を中心にMBR適用は徐々に進んできているものの、高度処理化等改築更新需要の高い中・大規模下水処理場に対してMBR適用を図るためにはMBRの更なる高効率化が必要となっている。このような背景を受けて、経済産業省や国土交通省等では

NEDO プロジェクトの概要（図5）

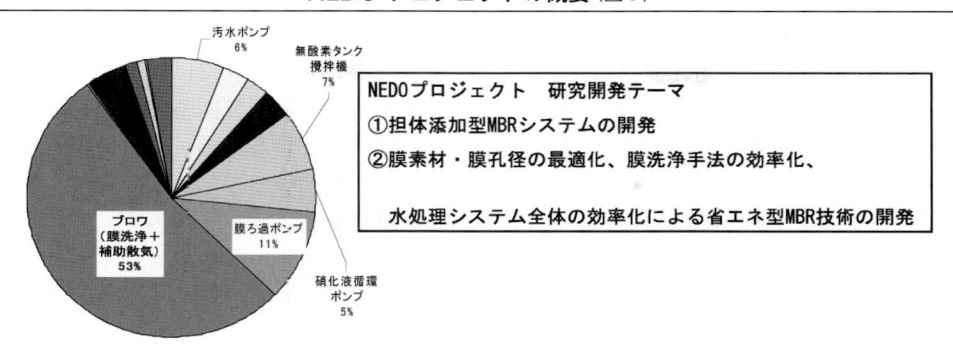

左：MBRシステム全体の消費エネルギー例　　右：研究開発テーマ

NEDOプロジェクト　研究開発テーマ
①担体添加型MBRシステムの開発
②膜素材・膜孔径の最適化、膜洗浄手法の効率化、水処理システム全体の効率化による省エネ型MBR技術の開発

国土交通省　プロジェクトの概要（図6）

実証実験の目的
改築更新に適したMBRプロセスを実規模スケールで実証することで、処理の安定性や維持管理性、運転コスト等に関する知見を収集する

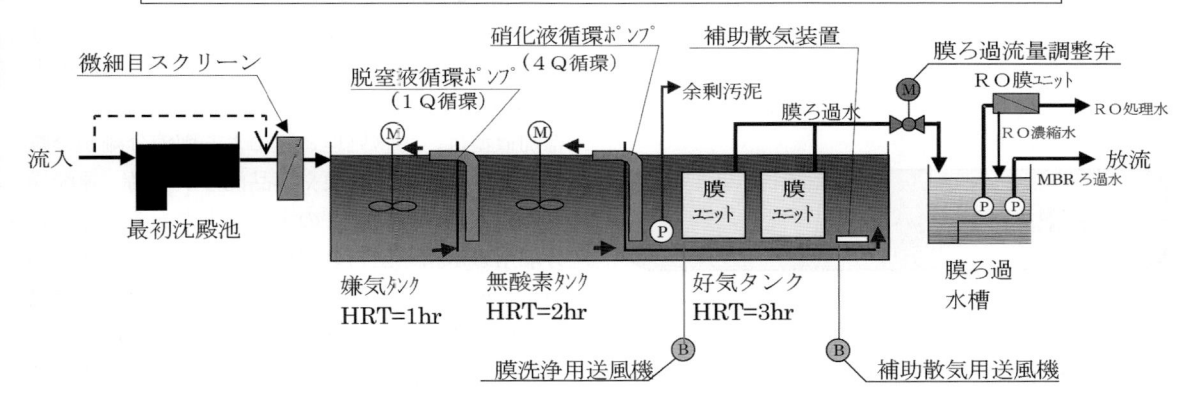

平成21年度よりMBR技術の更なる高効率化・省エネ化を目的として国家プロジェクトを相次いで開始している。ここではNEDOと国土交通省のプロジェクト概要について紹介する。

① NEDO　省水型・環境調和型水循環プロジェクト・水循環要素技術研究開発-省エネ型膜分離活性汚泥法（MBR）技術の開発

プロジェクトの概要を図5に示す。図5左の図は国内A浄化センター（処理規模4,200m^3/日）のMBRシステム全体（汚泥処理を含む）の消費エネルギーの内訳を示しており、同処理場における処理水量当たりの消費エネルギーの半分以上をブロワが占めていることがわかる。本プロジェクトでは、平成21～23年度までに曝気ブロワの消費エネルギーを50％削減すること及び平成25年度までにシステム全体の消費エネルギーを30％削減することを目標に現在、2つの浸漬型平膜グループが研究開発に取り組んでいる。それぞれの研究開発テーマ名は、①担体添加型MBRシステムの開発及び②膜素材・膜孔径の最適化、膜洗浄手法の効率化、水処理システム全体の効率化による省エネ型MBR技術の開発である。

② 国土交通省　日本版次世代MBR技術展開プロジェクト（通称A-Jump）-既設下水施設改築における膜分離活性汚泥法適用化実証事業

プロジェクトの概要を図6に示す。本プロジェクトでは、平成21年度に名古屋市守山水処理センター（現有能力128,000m^3/日）において反応タンク1系列分（処理規模4,000～5,000m^3/日）を凝集剤添加型硝化脱窒法から膜利用型生物学的窒素りん同時除去法（膜型UCT法）に改築更新する実証事業が実施されている。

参考文献
1) 大熊那夫紀, 中東における下水再生事業について, 下水道協会誌, 2010/vol.47, No.576
2) 西森一久ら, Performance and Quality analysis of Membrane Cartridges Used in Long-time Operation, 5th Specialized Membrane Technology Conference for Water and Wastewater Treatment, 2009

（大井裕亮）

2 中空糸

(1) 中空糸膜の特長

膜分離活性汚泥法（MBR;Membrane Bio-Reactor）に使用される膜は、中空糸膜と平膜がある。ここでは中空糸膜によるMBRについて特徴、適用事例を中心に述べる。中空糸膜は、側壁に微細孔を有する中空の繊維である（図7）。この中空糸を配列し、透過水を取り出せるよう端部を樹脂で固めたものを膜エレメントと言う。実際のMBRでは、膜エレメントを多数配列し、集水ヘッダー管や洗浄効果を高めるための側板を取付けた膜モジュールあるいは膜ユニットとして使用する。メーカーによっては散気装置を含める場合もある（写真4）。

中空糸膜の最小構成単位であるエレメントの膜面積は、平膜に比べて大きく、平膜が2m^{2}以下であるのに対し、中空糸膜は、10～30m^{2}である。このため、中空糸膜の方が、モジュールの大型化がしやすく、平膜の膜面積が、一般的に400m^{2}以下であるのに対し、中空糸膜では、1000m^{2}以上のモジュールもある。三菱レイヨン(株)のモジュールは、最大膜面積1500m^{2}までラインナップしている。大型モジュールを使用すると、モジュール数が少なくて済み、配管も少なくなり、大型プラントに適用しやすい。

平膜に対する中空糸膜のもうひとつの特長は、そのコンパクト性にある。写真4に掲げる三菱レイヨン(株)製のモジュールの場合、縦1.5m×横1.6mで、膜面積は500m^{2}となる。MBRの場合、モジュールの下からばっ気することにより洗浄するが、膜の充填密度が高いことにより、膜洗浄のばっ気風量を低減することができる。

MBRシステムの浸漬型には一体型と槽別置型がある（図8）[1]。一体型は、プロセスがシンプルになること、膜洗浄のばっ気を生物処理と共有できること等のメリットがあり、日本の新設の下水処理ではこの方法が標準となっている。一方、槽別置型は、生物処理と膜による固液分離が分離されているため膜交換や薬品洗浄が容易、運転操作の融通性が高いなどのメリットがある一方、膜分離用の水槽、生物処理槽と膜分離槽間の循環手段が必要となる。槽別置型は、産業排水などで原水濃度が濃い場合や欧米の生活排水で適用されている。また既設の土木構造物を利用できる改築への適用が考えられている。

(2) 適用例

① 逆浸透(RO)膜処理との組合せ

近年、世界的な水不足の進行や取水・放流制限などから、排水の再利用が進んでいる。MBR処理水は、SSや大腸菌群を含まないことより、浄水場の取水口の上流に放流されたり、灌漑用水として利用されている。また、MBR処理水をさらにRO膜処理して工程水などとして利用するケースが増加している。MBR処理水は、SSがほとんどなく、FI値(Fouling Index)も低いことから、RO膜処理の原水として適している。

従来は、排水をRO膜処理する場合、従来型の

生物処理水を砂ろ過、またはUF膜処理してからRO膜処理をしていたが、MBR処理水を直接RO膜処理することによって、シンプルなシステムとすることができる。

三菱レイヨン(株)と日東電工(株)は、シンガポール政府の公益事業庁と共同研究を行い、MBRとRO膜処理を組合わせた排水再利用の実証試験を実施し、MBR+RO膜処理の有効性を実証した。生活排水をMBR+RO膜処理する消費電力は、海水からRO膜で淡水を作る場合と比較して、30〜50%であるとしている[2]。

世界的な人口増加と都市化により地球規模での水不足が指摘されており、MBRとRO膜処理を組み合わせた排水再利用システムへの期待が高まっている。

② 促進酸化法(AOP)との組合せ

近年、難分解性物質の規制が厳しくなってきている[3,4]。難分解性物質の処理方法として、促進酸化法（AOP）が実用化されている。AOPとは、オゾン、過酸化水素、紫外線などを併用し、OHラジカルを生成させ、酸化を促進する方法である。この処理によって、ダイオキシン、環境ホルモン、VOCなどの難分解性物質が酸化、分解される。有機性排水中に難分解性物質が溶解している場合、通常、生物処理を行い、生分解性の有機物を除去した後、AOP処理を行い、効率を上げている。しかしながら、従来の沈殿槽を用いた固液分離であるとBOD、SSが、若干残るため、その分効率が低下する。これに対し、MBR処理水は、BOD、SSがほとんどないことより、実質的に残留している有機物は、難分解性物質のみとなり、AOP処理効果が向上する。

AOP処理水は、難分解性物質が酸化、易生分解化されるため、見かけ上、BODが高くなる場合がある。放流基準を満たさない場合は、もう一度生物処理等する必要がある。食品工場排水に、MBR→AOP→MBRというシステムを導入している例がある。

中空糸膜の構造 (図7)

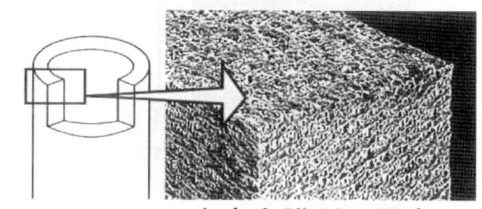

中空糸膜断面写真

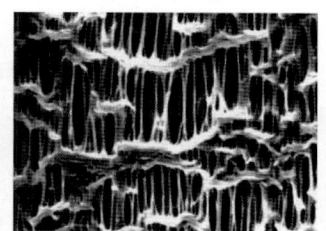

中空糸膜表面写真
（PE製、公称孔径0.4μ）

精密ろ過膜モジュール
（三菱レイヨン(株)製ステラポアーSADFモジュール）
膜面積500m^2（25m^{2}エレメント×20枚）(写真4)

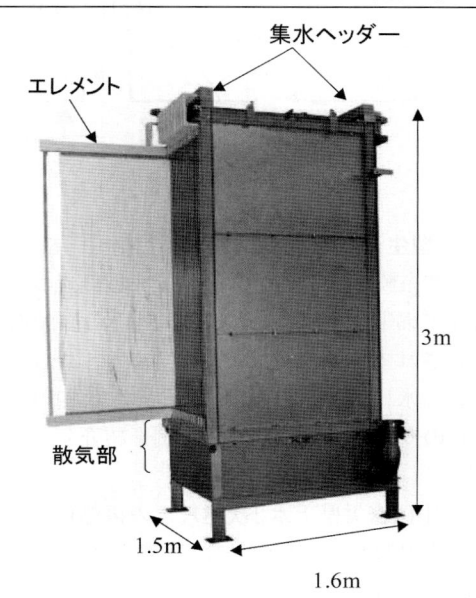

MBRの型式（図8）

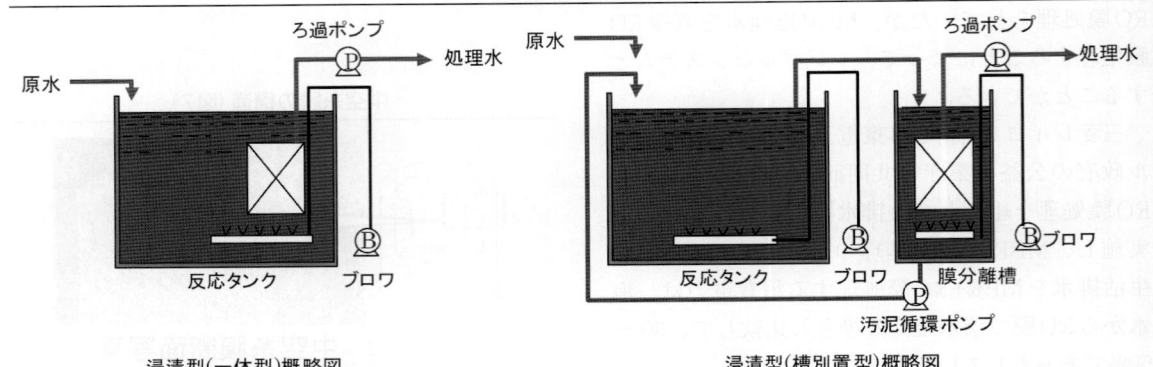

浸漬型（一体型）概略図　　　浸漬型（槽別置型）概略図

密雲県再生水廠　施設全景（写真5）

密雲県再生水廠の水質（表2）

項目	原水	処理水
COD$_{Cr}$	450	30.8
BOD	200	4.8
SS	200	<5
NH4-N	40	0.28
T-P	7	0.06

原水：回分処理水（設計値）（mg/L）
処理水：分析例

（写真5、表2　資料提供：北京碧水源科技発展有限公司）

HANTシステム（現代エンジニアリング）（図9）

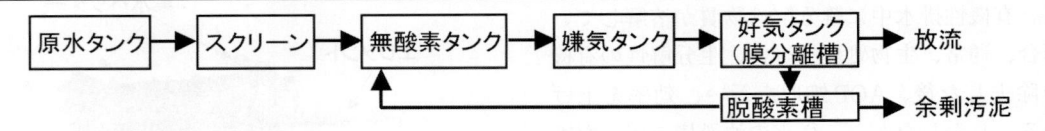

原水タンク → スクリーン → 無酸素タンク → 嫌気タンク → 好気タンク（膜分離槽）→ 放流
　　　　　　　　　　　　　　　　　　　　　　　　　　　　　　　　　→ 脱酸素槽 → 余剰汚泥

③ 大型生活排水への適用

中空糸膜は、前述したとおり大型処理場に特に適しており、近年10万m³/日を超える設備にも導入されている。特に、中国・韓国においては、公共下水にMBRが積極的に導入されている。これらのうち、いくつか導入事例を紹介する。

ⓐ 中国密雲県下水2次処理水の再処理設備

本処理場は、2006年に供用を開始し、現在の処理量は、45,000m³/日である。水質は、表2の通りであり、北京市の水不足対策を目的とし、処理水は水源に還流する形で再利用されている。原水は生活排水の回分処理水であるが、その水質は日本の標準的下水並みである。処理水を水源に戻すために、良好な水質が得られるMBRが採用された。

ⓑ 韓国天安市下水処理場

本処理場は、市街化による水量増加にともない拡張された。排水規制に対応すること、処理水を河川上流の乾燥した流域に放流し灌漑などに利用すること、コンパクトであることなどからMBRが採用された。本システムは、図9に示したHANTシステムが採用されている。

天安市芸水処理場膜分離槽（写真6）

（図9、写真6　資料提供：現代エンジニアリング（株））

今回増設された部分の処理量は、30,000m³/日で2008年11月から供用を開始し、今後さらに40,000m³/日の増設が予定されている。

(3) 終わりに

世界的な水需要の増大に伴う排水の再生利用ニーズが拡大するなかにあって、MBRをはじめとする膜処理技術への期待が高まっている。

また、排水中には希少資源や有機物が多く含まれており、処理水のみならずこれらの回収にも膜技術が適用できる可能性がある。膜メーカー、水処理エンジニアリング企業は、MBRの処理水質、コンパクト性、維持管理の容易性を生かしながら、水問題を抱えているどこの地域でも使えるシステムを目指して技術開発にしのぎを削っている。

参考文献
1) 国土交通省都市・地域整備局下水道部下水道企画課　下水道への膜処理技術導入のためのガイドライン[第1版]　下水道膜処理技術会議 (2009)
2) 小田康雄, 糸永貴範 (三菱レイヨン・エンジニアリング), 川島敏行 (日東電工)
膜を用いた水処理技術の海外展開　シンガポールにおけるMBR+ROシステムの実証テストについて　用水と廃水 Vol.52, No.7, Page563-568 (2010)
3) 森田実幸　分離膜を用いた残留性有機物質含有排水の高次処理　地球環境 Vol.35, No.2, Page.126-130 (2004)
4) 森田実幸　膜分離法によるジオキサン含有排水の高次処理　科学と工業 Vol.78, No.3, Page.146-151 (2004)

（藤井　渉）

3 MBR槽外型

(1) はじめに

槽外型膜分離活性汚泥法は、1970年～80年代にかけて高いクロスフロー流速を維持することによって膜透過性の低下を防止し、良質な処理水が得られる技術として実用化検討がなされ、産業排水処理やし尿処理への適用が進められた。しかしながら、クロスフロー流速が1.5～3.0m/秒と高く、消費動力が高い点が課題であった。

国内下水処理の分野では、その後槽内浸漬型主体に検討が進み、膜分離活性汚泥法は省スペースで高度処理が可能な処理方式として適用が開始され、膜分離活性汚泥法の有効性が認められつつある。一方、槽外型膜分離活性汚泥法は、クロスフロー流速の低減による消費動力の低減が検討されてきており、2009年には、国土交通省の日本版次世代MBR技術展開プロジェクト（A-JUMP; Advance of Japan Ultimate Membranebioreactor technology Project）のサテライトMBR実証事業において、セラミック膜を用いた槽外型膜分離活性汚泥法が採択され、維持管理方法に優れた膜分離活性汚泥法として検討が進められている。

(2) 槽外型膜分離活性汚泥法

槽型膜分離活性汚泥法は、生物反応槽の外側に膜ユニットを設置し、クロスフロー流により活性汚泥を循環してクロスフローろ過によりろ過水を取り出すプロセスである。槽外型に用いられる膜ではチューブラー型、モノリス型があり、材質はセラミック、PVDFなどがある。またクロスフロー流の方法としてポンプによるものとエアリフトによるものがある。

セラミック膜全体写真（写真7）

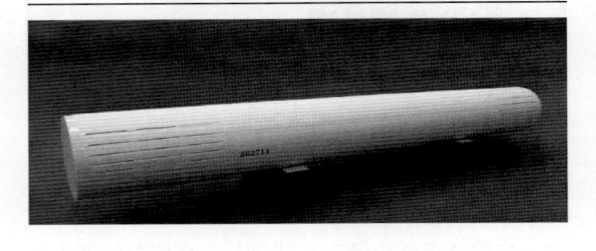

大型セラミック膜断面写真（写真8）

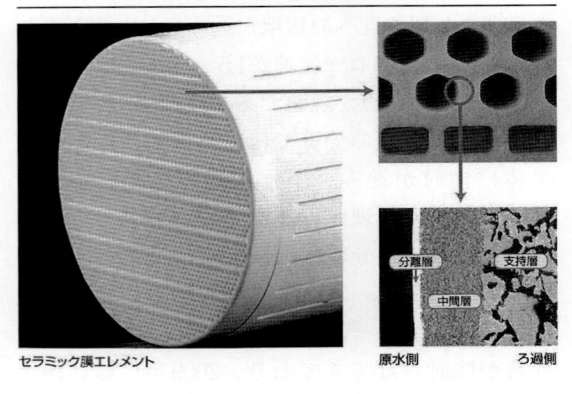

膜ろ過の模式図（図10）

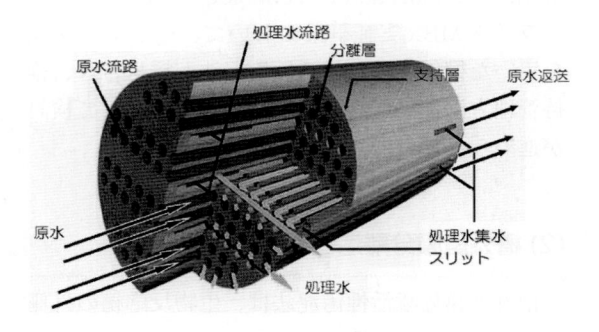

(3) セラミック膜を用いた槽外型膜分離活性汚泥法

① セラミック膜

セラミック膜は、膜全体がセラミック材料で成型され、モノリス構造をしている。そのセラミック膜の全体写真と断面写真を写真7、8に、仕様を表3に示す。生物反応槽の活性汚泥は膜ろ過セルの流路に導入され、流路の内壁面に形成された分離層によって、ろ過が行われる。ろ過された水は支持層を透過して、エレメントの外側に流れ出す（図10）。

なお、膜エレメントは、集水セルや集水スリットといった集水構造を有しており、膜エレメント中心部のセルまで効率的にろ過が行える構造となっている。

セラミック膜はその材質ゆえ以下の特長を有している。

ⓐ 強い機械的強度

内圧破壊圧力2MPa以上の強度を有し、通常使用では破損や膜破断の恐れがない。また、モジュールに組み込まれた形態で使用され、外部衝撃による破損もない。

ⓑ 高い化学的安定性

セラミックは化学的に極めて安定しており、ほとんどの薬品、濃度に対して耐食性を有している。このため、幅広い薬品洗浄条件が選択でき、膜閉塞が進行した場合の薬品洗浄回復性が極めて良好である。

ⓒ 分離孔径がシャープ

セラミック膜は、セラミック原料粒子を精度良く分級し、縦方向に堆積させた状態で焼結させるため、粒子と粒子の隙間が均一で、膜孔径分布がシャープである。セラミック膜は、この物理的な孔のサイズが$0.1\mu m$であり細菌などの除去信頼性が高い。

ⓓ 長い膜交換周期

膜材質は耐久性の高いセラミックであり、膜交換周期は15年以上と非常に長く、機械設備と同等の寿命を有している。

ⓔ 使用済み膜のリサイクル

膜ろ過システムでは、膜交換時に発生する使用済み膜エレメントの処理・処分が問題となる。セラミック膜は、膜材質がセラミックであるため、材質による分別の必要がなく、粉砕すれば窯業原料として、再利用が可能であり、リサイ

膜エレメント仕様(表3)

形式	内圧式モノリス型
材質	セラミックス
公称孔径	0.1 μm
外径×長さ	φ180 mm × 1,500 mm
膜ろ過セル内径	2.5 mm
膜面積	24 m²

槽外型セラミック膜によるMBRの概略フロー(図11)

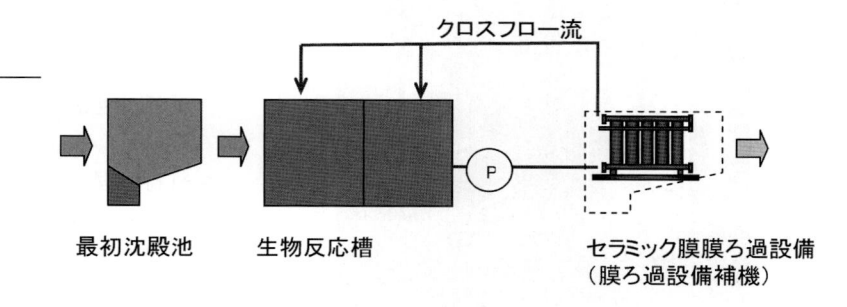

最初沈殿池 → 生物反応槽 → クロスフロー流 → P → セラミック膜膜ろ過設備（膜ろ過設備補機）

② セラミック膜を用いた槽外型MBRシステム
a システム概要、特徴

システムは大きく分類して、①最初沈殿池、②生物反応槽、③セラミック膜ろ過設備、④膜ろ過設備補機（膜洗浄に使用する設備）、により構成される。概略のフローを図11に示す。

1）最初沈殿池

生物反応槽への有機物負荷の低減や、固形物（し渣）負荷の低減のため、原則設置する。最初沈殿池を使用することにより、MBRで通例使用されてきた原水全量のスクリーン処理は、不要とすることができる。

なお、最初沈殿池を使用しないフローを採用する場合には、原水全量の微細目スクリーン処理装置および流量調整槽を設置する。

2）生物反応槽

生物反応槽のMLSS濃度は、通常のMBRと同様5,000～12,000mg/L程度での運転が可能である。使用可能敷地面積や水質負荷、許容できる曝気風量（電力）等の制約から設計を行うことが可能である。

クルは容易である。

膜ユニットは生物反応槽の外部に設置するため、生物反応槽の槽割りに対して制約がなく、標準法も含めて生物処理フローを自由に選択することができる。また、浸漬型MBRで使用されている膜洗浄用の曝気が不要となり、生物反応に必要となる酸素のみを供給すればよいため、好気槽内の溶存酸素濃度（DO）を低く制御することが可能であり、省エネ化が図れる。このため、好気槽から他槽への持込DOが少なくてすみ、下水MBRにて標準的に採用されている硝化液循環型フロー（同時凝集）や、A₂Oフロー、UCTフローとの組み合わせにおいて、確実な生物反応を進めることが期待できる。

さらに、生物反応槽内での汚泥循環（返送汚泥や硝化液循環）には、クロスフロー循環流の一部を流用することが可能であり、省エネルギー化が可能である。

3）セラミック膜ろ過設備

セラミック膜ろ過設備は、膜と生物反応槽との間にクロスフローの循環流を生起させ、常時膜面を洗浄しながらろ過運転を行うクロスフローろ過方式を採用する。膜モジュールの外観写真を写真9に示す。膜モジュールは、

膜モジュールの外観写真（写真9）

膜エレメントをケーシングに収納し、ケーシングを連結する多管式モジュールとなっている。多管式にすることにより、動力・機器点数の削減や、省スペース性の確保を図っている。なお、膜モジュールの運転は自動運転制御が可能であり、遠隔監視が可能である。既存設備をMBR設備に改築・更新する際には、不要となる最終沈殿池内部に膜ろ過設備を設置することが可能である。

4）膜ろ過設備補機類（膜洗浄設備）

セラミック膜は機械的な強度が高く、耐薬品性に優れており、強力な洗浄により膜面に付着した閉塞物を除去することが可能であることから、その特徴を生かした効率的な洗浄ができるように洗浄には高圧水及び薬液を用いる。その構成機器は、逆洗水槽、圧縮空気供給設備（空気圧縮機、空気槽）、薬液注入設備、タンク類（ろ過水貯留槽、逆洗排水槽）等からなる。

また、本システムは生物反応槽の外部にセラミック膜モジュールを設置するものであり、特徴は以下のようにまとめることができる。

- 低曝気風量運転が可能（浸漬型に比べて半減）
 　槽外型であるため、膜面洗浄空気量低減、DO制御運転が可能
- 膜寿命が長く、処理水安全性高い
 　セラミック膜を使用し、膜破断がなく、膜交換不要
- 高流束運転可能
 　セラミック膜を使用し、強力な逆圧洗浄、薬品添加逆洗にて閉塞物質除去し高流束運転を実現
- 維持管理容易
 　バルブ操作のみにて、生物反応槽（活性汚泥）と膜収納部を区分することができるため、膜の薬液洗浄等膜のメンテナンスが容易、浸漬型で必要な膜の引き上げ洗浄不要
- 既設処理場への配置が容易
 　既設水処理設備の改築・更新を行う際には、不要となる最終沈殿池部にモジュールを配置することが可能であり、槽外型であるため反応槽形状等に制約を受けずに低水深の水槽への配置も可能

ⓑ ろ過運転方法及び洗浄方法

膜ろ過方法としてクロスフローろ過方式を採用し、セラミック膜の膜面を常時洗浄しながらろ過を行うとともに、自動で逆圧洗浄（以下、逆洗）を行い、一般的な浸漬型MBRと比べて高い膜ろ過流束での安定運転が可能である。以下に運転方法の一例を示す（図12、13、14）。

1）ろ過運転

ろ過運転は、生物反応槽内の活性汚泥を膜循環ポンプにより引き抜いてクロスフロー流を生起させ、このクロスフロー流にて膜面を洗浄しながら行う。クロスフロー流にエアーを注入し、気液混相流の状態とすることにより、クロスフロー流による膜面洗浄効果を高めることが可能であり、高流束で安定した運転を行うことが可能となる。

2）逆洗およびパルス逆洗

逆洗は機械的強度の強いセラミック膜の特性を利用して、高い圧力で逆洗（400～500kPa）を行う。この逆洗により膜の閉塞を抑制し、長期にわたって安定運転を行うことができる。

逆洗を行う際は、クロスフロー流を一旦止めたあとに行う通常逆洗と、クロスフロー流を流したまま行うパルス逆洗、との2種類を選択できる。通常逆洗では、反応槽内に多量のし渣等が流入し、セラミック膜の端面付近に付着した場合においても、効率的な洗浄・除去が可能である。

3）次亜逆洗（薬液浸漬工程を含む逆洗工程）

本膜ろ過システムでは、逆洗操作時に次亜塩素酸ナトリウム（数十～数百 mgCl/L 程度）への浸漬工程を含めることができるシステムを採用した。逆洗操作時に次亜塩素酸ナトリウムを添加し、膜閉塞物質を効果的に溶解させ、分離・剥離させることにより、膜閉塞の進行を大幅に抑制することができる。特長を下記に示す。

4）薬品洗浄（RC）

薬品洗浄（RC；リカバリークリーニング）は、膜モジュール内部で独立して行うことが可能である。薬品洗浄の頻度は、システム設計条件にもよるが、年数回程度行う。使用する薬品は、次亜塩素酸ナトリウム及び硫酸を用いる。セラミック膜は、化学的に安定であり耐薬品性が高く、各薬品を高濃度で使用した洗浄が可能であるため、ほとんどの膜閉塞に対して、初期能力まで回復させることが可能である。

③ 運転事例1

本槽外型MBRシステムの運転例として、本項では、実下水処理場の最初沈殿池越流水を原水として連続処理実験を行った結果を示す）。

実験に使用した膜ろ過装置のフローを図15に

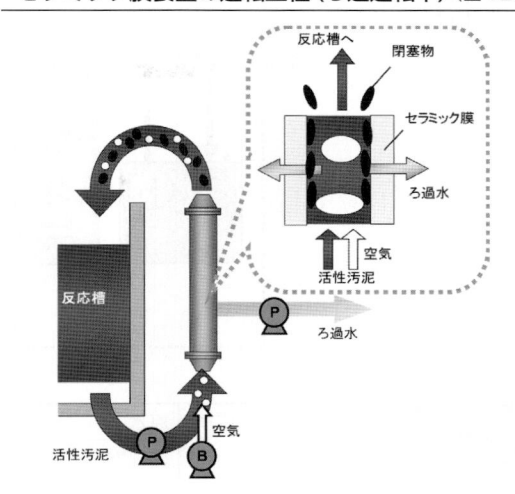

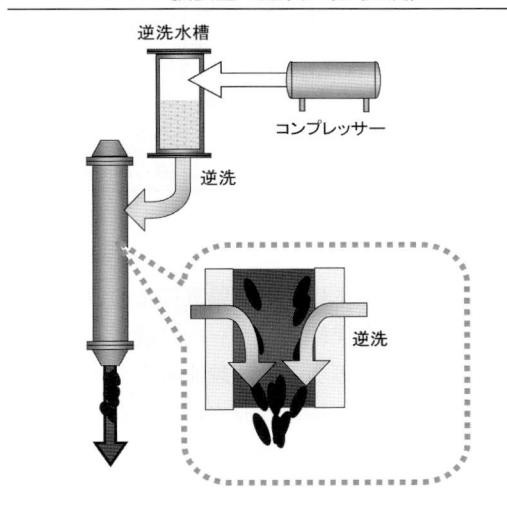

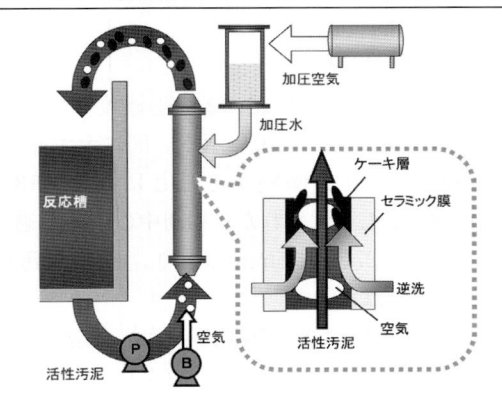

実験装置フロー (図15)

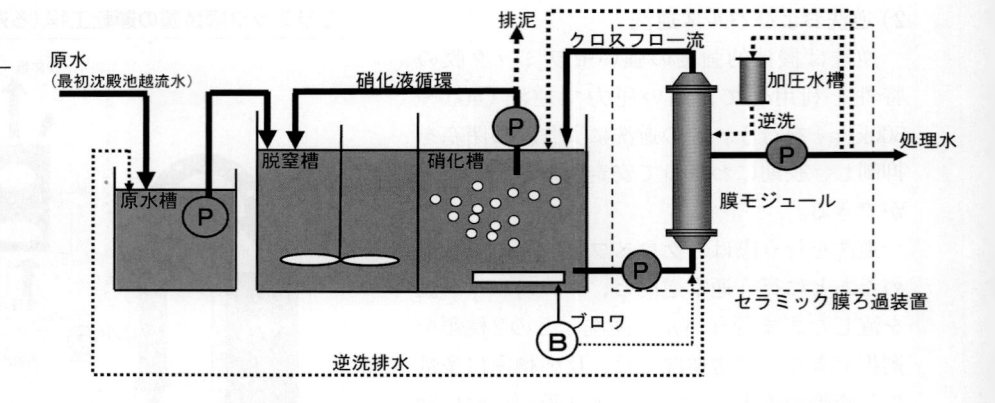

実験装置諸元と実験条件 (表4)

生物反応槽	原水	分流式下水処理場 最初沈殿池越流水
	処理方式	硝化液循環型硝化脱窒処理＋槽外型MBR（硝化液循環比 200％）
	HRT	6h
	SRT	35〜90 d
	BOD·SS負荷	0.03〜0.07 kg/kg/d
	散気装置	高密度配置対応型散気装置
膜ろ過装置	膜	セラミック膜
	ろ過方式	クロスフローろ過方式（定流量ろ過）
	膜ろ過流束	3.2m/d（膜ろ過運転時）

示す。実験プラントは、栃木県真岡市の日本下水道事業団技術開発実験センター内に設置し、隣接する分流式下水処理場の初沈越流水を原水として連続試験を行った。特に、原水は、スクリーン処理を行うことなく、反応槽に供給して、膜ろ過を行った。膜ろ過設備は、セラミック膜1本組×2系列を設置した。その他の諸元、実験条件を表4に示す。

ⓐ 装置運転状況

実験期間中の反応槽のMLSS濃度およびろ紙ろ過量の挙動を図16に示す。図に示す通り、MLSSは、SRTを調整することにより、6,830〜9,860mg/Lに保たれた。期間中のろ紙ろ過量は、15.8〜27.3mL/5minとなり、良好な汚泥性状が保たれた。

一方、膜差圧の挙動を図17に示す。膜洗浄は、前述の通り、気液混相流としたクロスフロー流による洗浄のほか（膜ろ過時）、逆圧洗浄、薬液浸漬逆洗（次亜塩素酸ナトリウム）を組み合わせて行った。この結果、反応槽水温20〜33℃において、膜ろ過流束3.2m/dで、安定した膜ろ過運転が可能であることを確認した。なお、膜差圧が上昇したセラミック膜は、前述の薬品洗浄（RC）により、透水性能がほぼ初期値に回復することを確認した。

ⓑ 処理水質

原水および処理水の水質を表5に示す。

SSは原水水質37〜100mg/L、BODは原水水質51〜120mg/Lに対して、処理水質はSS≒0、BOD=1.2mg/Lと極めて低濃度であった。

COD(Mn)は、原水水質31〜64mg/Lに対して、処理水質3.8〜7.2mg/Lを達成した。

T-Nは、原水水質21〜44mg/Lに対し、処理水質は6.2〜11.9mg/L(除去率68％)が得られ

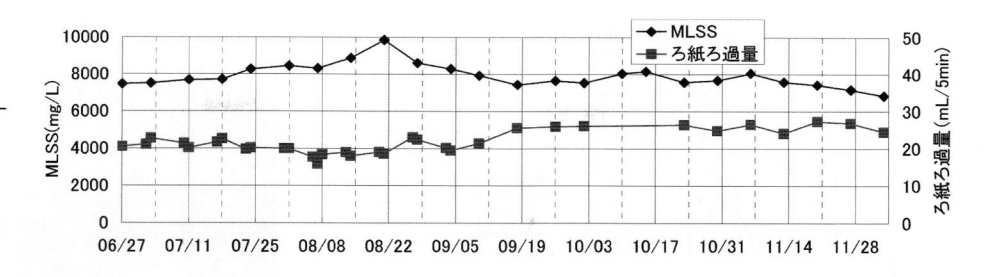

MLSS濃度とろ紙ろ過量の経日変化（図16）

膜差圧と水温の経日変化（図17）

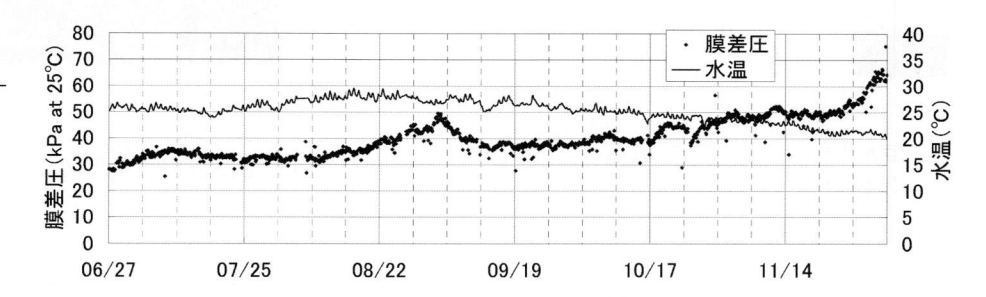

原水水質と処理水質
（カッコ内は平均値）（表5）

	原水水質	処理水質
SS	37.0～100.0（62.1）	N.D.～0.5（0.0）
BOD	51.0～120.0（80.0）	0.7～1.8（1.2）
COD$_{Mn}$	31.1～63.2（47.2）	3.8～7.2（5.1）
T-N	21.4～43.3（30.0）	6.2～11.9（9.0）
NH$_4$-N	13.9～31.3（20.6）	N.D.～2.1（0.2）

（単位：mg/L）

た。なお、処理水中のNH4-Nはほぼ検出されず、十分な硝化が起こっていることを確認した。

本システムにより、原水水質の変動に関わらず、高品質で安定した膜ろ過水水質が得られることを確認した。

ⓒ **運転事例1まとめ**
・最初沈殿池越流水をスクリーン処理することなく、3.2m/dの高い膜ろ過流束でMBRの安定運転が可能なことを確認した。
・膜差圧が上昇したセラミック膜は、薬品洗浄により、ほぼ初期膜差圧に回復することを確認した。
・処理水質は、SS≒0、BOD=1.2mg/L、T-Nは平均除去率68%を達成し、期間を通じて安定した処理性能が確認できた。

④ **運転事例2**

MBRの本格的な普及促進に向け、国土交通省による「日本版次世代MBR技術展開プロジェクト（A-JUMP）」の一環として2009年度に実証事業が実施された。本項では、「膜分離活性汚泥法を用いたサテライト処理適用化実証事業（サテライトMBR実証事業）」での槽外型MBR実証結果を示す。

ⓐ **サテライトMBR実証装置の概要**

実証フィールドは愛知県碧南市にある衣浦東部流域下水道見合ポンプ場であり、ポンプ場に流入する下水を原水として実証事業を実施した。実証に用いたセラミック膜MBRシステムのフロー図および外観を図18、写真10に示す。処理水量80～120 m³/日の装置を3系列設置した。生物処理は無酸素・好気槽で硝化液循環を行う生物脱窒処理に、凝集剤によるリン除去を

MBRフロー図（図18）

実証設備外観（写真10）

原水水質、処理水水質（平均値）（表6）

項目	SS	BOD	CODMn	T-N	T-P	色度	大腸菌	ノロウィルスGI
単位	mg/L	mg/L	mg/L	mg/L	mg/L	度	MPN/100mL	コピー/L
原水	225	246	105	36.8	3.9	24	1.0×10^8	1.3×10^6
（原水計画値）	(150)	(170)	(105)	(33)	(3.8)	(－)	(－)	(－)
処理水	<1	1.1	6.8	5.8	0.07	11	不検出	不検出
（処理水目標値）	(N.D)	(～1)	(～5)	(8)	(0.5)	(－)	(－)	(－)

組み合わせた処理である。本実証事業においては、処理により発生する余剰汚泥および処理水はポンプ井へ返送した。

ⓑ **処理水質**

2010年1月から3月までの原水水質および処理水質の平均値を表6に示す。原水水質は、計画値に対してSS、BODが1.5倍程度高かったが、処理水質についてはCODを除き概ね目標値を達成した。国土交通省「下水処理水の再利用水質基準等マニュアル」に記載の基準値に対して、本MBR処理水は、色度および臭気を除き親水用水基準を満たすことが確認された。

ⓒ **余剰汚泥を下水管へ返送する影響の検討**

サテライト処理では処理水を再利用し、汚泥は下水管へ返送することが前提となる。本実証のように中継ポンプ場にて流入下水の約4%をサテライトMBR処理した場合、ポンプ場前後で固形物量が約4.5%増加することが明らかとなり、サテライト処理水量が大きくなる場合には、下流処理場での設計水量、水質に対する考慮が必要と考えられる。

(4) おわりに

槽外型膜分離活性汚泥法は、浸漬型に比べると実績は少ないが、維持管理が容易であるという特徴があり、今後の処理場の施設更新・改築ニーズに対して槽内浸漬型とは異なる強みを持つ再生水製造に適した高度処理技術として発展が期待される。現在、下水道膜処理技術ガイドラインの改訂、MBR技術の標準化検討が進められつつあり、本格的な導入・普及に向けて技術整理が進められている状況である。

参考文献
1) 鈴木重浩, 甘道公一郎, 村上孝雄, 糸川浩紀「セラミック膜を用いた槽外型膜分離活性汚泥法の開発」, 第45回下水道研究発表会講演集, 2008, pp.295-297
2) 大和信大, 鈴木重浩, 甘道公一郎, 田本典秀, 堀芳ües, 「セラミック膜を用いた槽外型膜分離活性汚泥法」, 第13回水環境学会シンポジウム講演集, 20010, pp.105

（鈴木重浩）

7 anammox

1 anammox反応

(1) anammox反応の発見

　1990年代、オランダのデルフト工科大学の研究グループが、脱窒の研究を行っていた反応槽においてアンモニアが有意に減少しており、嫌気性条件下でのアンモニアの除去反応（ANaerobic AMMonium OXidation：嫌気条件下でのアンモニアの酸化反応）が起きている可能性があることを発表した（Mulder et al., 1995）。それまではアンモニアを嫌気条件下で酸化する微生物は報告されていなかったため、新規な微生物として非常に注目を集めている。エネルギー的には、アンモニアと亜硝酸を利用する微生物が存在しうることは予言されていたが、増殖速度が非常に遅いこと、存在するための条件（酸素がなく、アンモニア、亜硝酸が存在する）が自然界では非常に限られた領域であるため、存在を明らかにすることができなかったと考えられる。この発見により、これまでの循環サイクルにanammox反応による窒素ガス生成が加えられた（図1）。

　その後、Strousら（1998）の実験的な検討により、本反応の反応式が（式1）の様に進行することが報告されている。

　それによると、1モルのアンモニアと1.32モル

地球上の窒素サイクルの模式図
赤線の部分がanammox反応（図1）

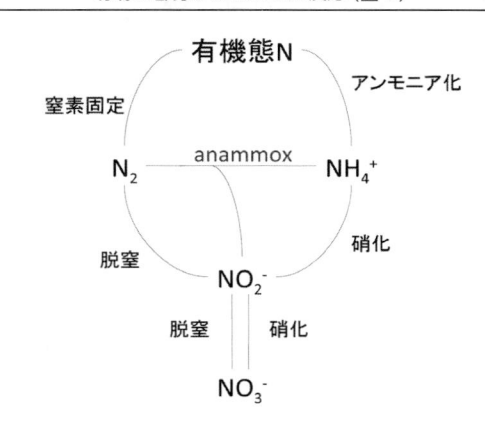

の亜硝酸が1.02モルのN_2ガスと0.26モルの硝酸と菌体に転換され、反応は無酸素条件下で有機物を使用せずに進行する。従来の有機物経由の脱窒反応とは全く異なる新規な反応であることが判明した。

(2) 反応経路

　anammox反応を行う微生物は、anammoxosome（アナモキソソーム）と呼ばれる大きな組織を持っており、この内部でanammox反応が進行していると考えられている。反応経路についてはまだ不明な点も多いが、放射性同位体等を用いた実験に

$$1.0\ NH_4^+ + 1.32\ NO_2^- + 0.066 HCO_3^- + 0.13\ H^+$$
$$\rightarrow 1.02\ N_2 + 0.26\ NO_3^- + 0.066\ CH_2O_{0.5}N_{0.15} + 2.03\ H_2O \qquad (式1)$$

提唱されているanammox反応の反応経路（図2）

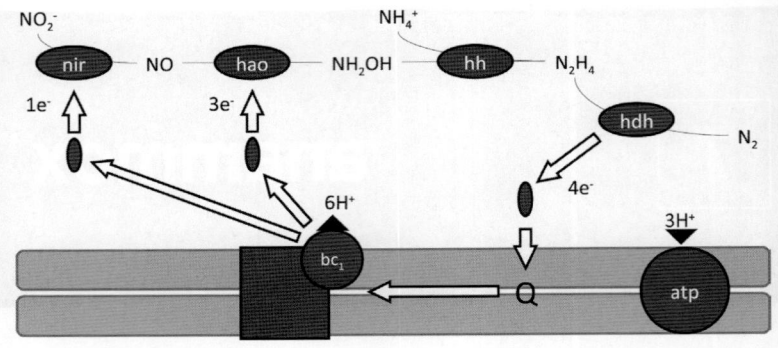

（Kartal et al., 2008）

世界中で検出されているanammox微生物（赤い点が報告された場所）（図3）

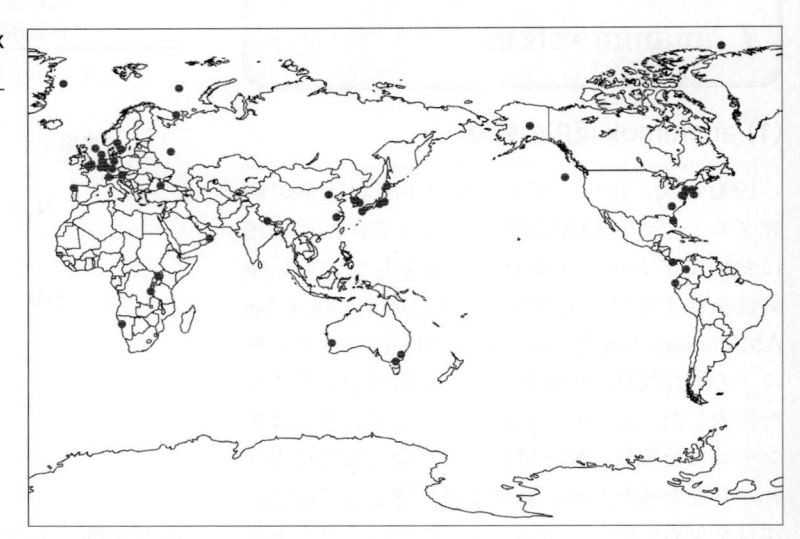

より、亜硝酸とアンモニアがヒドロキシルアミン、ヒドラジンを経由して窒素ガスに転換されていることが明らかになってきている。（図2）

(3) 遺伝子解析による探索

　最初の論文が発表されてから数年以内に、分子生物学的な手法を用いてDNAの解析が行われ、この微生物がPlanctomycetes門に属していること（Strous et al., 1999）等が明らかとなり、培養を行わなくても微生物の存在を検出できるようになった。ここ10年ほどの間に世界中の至る所でanammox活性を持つ微生物が検出されており（図3）、anammox反応が地球上の窒素循環の重要な一部を担っていることが明らかになってきている。一説には、地球上の窒素の50%近くがこの反応を経て地球上を循環しているとも言われている。

2　廃水処理への応用

(1) 従来型硝化脱窒との比較

　anammox反応を利用した窒素除去プロセスと従来型の有機物経由の硝化・脱窒プロセスとの反応経路の違いを図4に示した。この経路の違いとanammox微生物の性質により、従来よりも高負荷で、省エネルギー、省廃棄物な窒素除去が可能

従来型硝化脱窒（左）とanammox
反応による脱窒（右）の経路（図4）

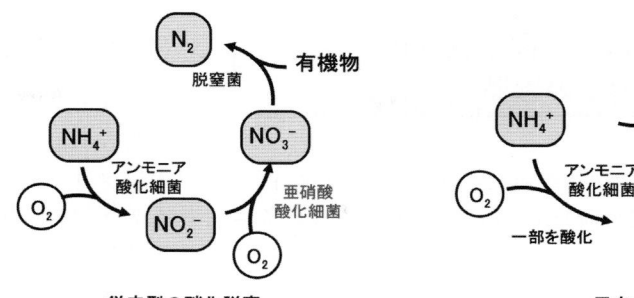

$NH_4^+ + 3/2\ O_2$	→	$NO_2^- + H_2O + 2H^+$	（式2）	アンモニア酸化
$NO_2^- + 1/2\ O_2$	→	NO_3^-	（式3）	亜硝酸酸化
$NH_4^+ + 2\ O_2$	→	$NO_3^- + H_2O + 2H^+$	（式4）	①、②の合計

【$1kgN\ /\ 14 \times 2 \times 32 = 4.57kgO_2$】

となっている。以下に両プロセスの差についてその詳細を述べる。

① 硝化時の必要酸素量

従来型硝化脱窒の硝化反応においては、アンモニア（$NH_4^+ - N$）は2段階の反応を経て全量が硝酸（$NO_3 - N$）まで酸化され、この反応では窒素1kgに対して酸素が4.57kg必要となる。（式2～4）

これに対し、anammox反応を利用する場合、含まれる$NH_4^+ - N$の56%【$1.3molNO_2 - N/(1.0molNH_4 - N+1.3molNO_2 - N) ≒ 0.56$】を$NO_2 - N$に転換すれば良いため、必要な酸素量は窒素1 kgに対して1.92 kg【（式2）、$1.0\ kgN \times 0.56 (-) \times 3.43\ kgO/kgN$】となり、理論上58%の削減が可能となる。必要酸素量は曝気時のブロワ動力に直結するため、anammox反応を用いると曝気動力を従来型硝化脱窒と比べて50%以上削減できることを意味している。

② 脱窒時の基質と汚泥発生量

脱窒行程では、従来型の硝化脱窒では有機物と硝酸を基質として脱窒反応が進行し、脱窒菌の菌体（余剰汚泥）が発生する。これに対し、anammox反応では、$NH_4^+ - N$と$NO_2^- - N$を窒素ガスに転換し、この際の炭素源としては水中の無機炭酸イオンが利用されるため、有機物は必要でない。また、無機炭素を利用して増殖する独立栄養性細菌は菌体（余剰汚泥）の発生量が少ないという特徴がある。このため、余剰汚泥の発生量は1/4～1/5程度になる。

この性質は窒素成分の濃度がBOD成分よりも多い排水の窒素除去を行う場合に影響が大きい。すなわち、従来型の硝化脱窒では脱窒時の有機物量が不足し、外部からメタノール等を添加しなくてはならないのに対し、anammox反応を利用した方法では有機物を加えることなく窒素除去が可能であり、かつ処理に伴って発生する余剰汚泥量も少なくなるという二重のメリットを有している。

③ 生物膜、グラニュールの形成

また、anammox微生物は自己造粒化（グラニュール化）の能力があり、非常に沈降性の良いグラニュールを形成することが知られている。この性質により反応槽内部に高濃度の菌体を保持することができ、かつ処理水を得るための固液分離工程が非常にコンパクトにできる。

また、各種担体表面にもanammox微生物は生物膜を形成することができ、反応槽当たりの除去能力を示す槽負荷は、$5kgN/m^3/d$以上の非常に高い数字が報告されている。これは従来型の硝化脱窒の5～10倍以上の能力に相当する。

3 anammox微生物への環境因子の影響

anammox微生物が発見されてから、微生物の性質についての研究が進められ、様々な環境条件下での挙動が明らかにされてきた。以下に代表的な例を紹介する。

(1) 温度

anammox反応も生物反応であるため、一般的な場合と同様に温度の影響を強く受ける。これまでの検討で、至適温度は37℃付近とされ、40℃を越えると活性が低下する。また、10℃以下の低水温条件でもanammox反応は進行することも確認されている（図5）。

(2) pH

温度と同様に、pHも反応速度に大きな影響を与える。既往文献によると、pHの最適範囲は6.5~8.5付近となっている。式1にあるように、anammox反応ではpHが上昇するため、酸注入設備を設置する必要がある。なお、硝化反応とanammox反応を単一の反応槽で行う場合（一槽型）には、硝化によるpH低下の方が大きいため、アルカリ剤の添加のみを行うことになる（図6）。

(3) 基質濃度

anammox反応は基質に対する親和性が高く、低濃度まで処理が可能であることが知られている。図7に示すように、anammox反応は低濃度領域までほぼ0次反応で進行する。
高濃度の基質に対しては、NH_4^+とNO_2^-で異なった挙動を示す。NH_4^+は特に阻害を与えないのに対し、NO_2^-はN濃度として70~100mgN/L以上で阻害効果があると言われている。

(4) 有機物の影響

anammox反応に対する共存する有機物の影響も明らかとなってきている。特に阻害効果が高いのがメタノールで、0.5mM（16mg/L）の添加でも活性が不可逆的に失われる。酢酸、プロピオン酸はむしろ反応を促進する効果があり、エタノール、グルコース等はあまり影響を与えないと言われている。

4 プロセスの構成

anammox反応には亜硝酸イオンが必須であるが、通常排水中には亜硝酸イオンは含まれていないため、何らかの方法で亜硝酸イオンを生成させることが必要である。物理化学反応で生成させる、或いは必要な亜硝酸イオンを添加すると言ったことは理論的には可能であるが、運転コストの面から現実的でない。従来型硝化脱窒と同じように生物の働きによりアンモニアを亜硝酸に転換するのが最も効率的である。
つまり、anammox反応による脱窒を行うプロセスでは、反応に必要な亜硝酸を生成する亜硝酸型硝化とanammox微生物による脱窒反応という二つの工程が必要となる。この二つの工程を別々の反応槽で行う方式を二槽型、単一の反応槽内で行う方式を一槽型と呼んでいる（図9）。

(1) 二槽型

亜硝酸を生成するアンモニア酸化細菌（AOB）とanammox微生物を別々の反応槽で保持し、それぞれの微生物の至適条件で処理を行う方式を二槽型と呼んでいる。
排水によっては窒素成分以外に有機物成分が含まれる場合があるが、二槽型の処理フローでは有機物を前段の亜硝酸型硝化槽で分解することができるため、後段のanammox槽における従属栄養

温度とNH₄⁺、NO₂⁻転換速度の関係（図5）

（Strous et al., 1997）

pHとNH₄⁺、NO₂⁻転換速度の関係（図6）

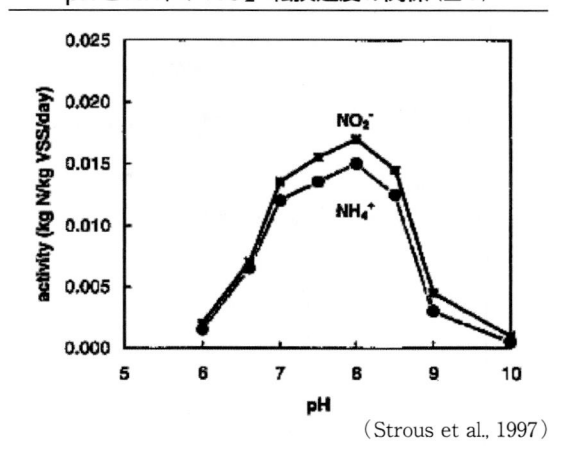

（Strous et al., 1997）

anammox反応時のNH₄⁺、NO₂⁻濃度変化（図7）

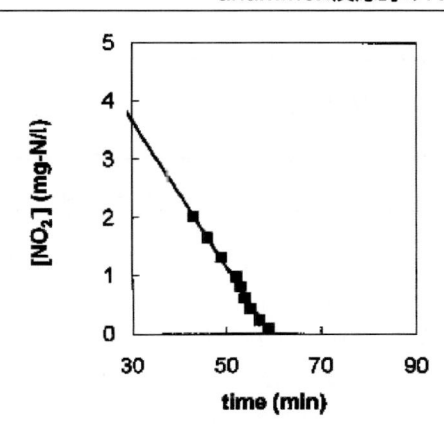

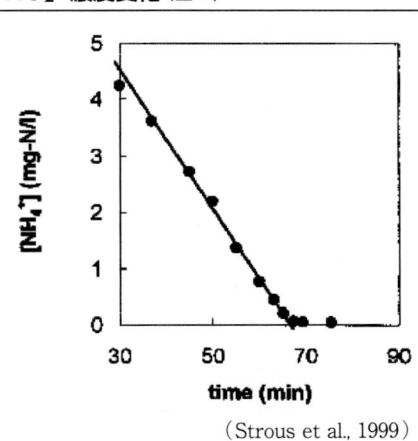

（Strous et al., 1999）

NO₂⁻濃度と反応速度の関係（図8）

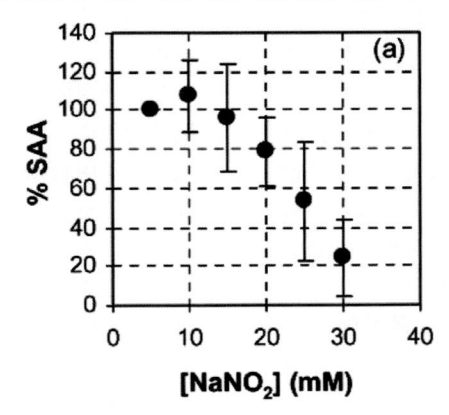

（Dapena − Mora et al., 2007）
（SAA：Specific Anammox Activity）

二槽型と一槽型の違い (図9)

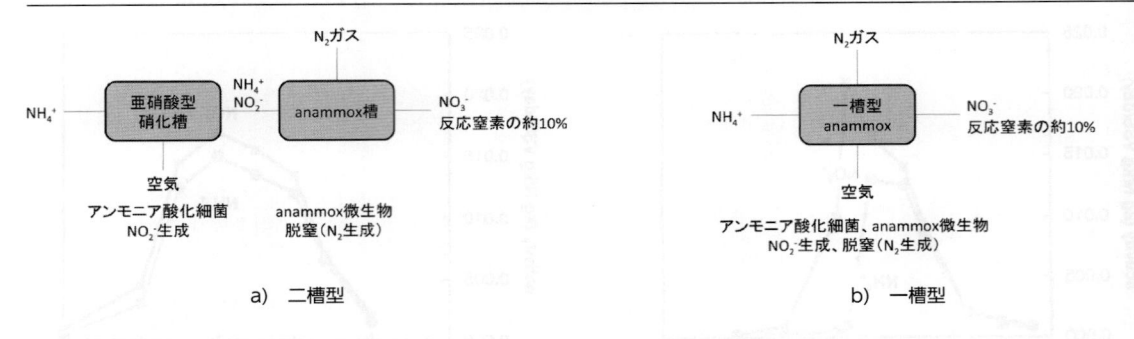

a) 二槽型

NH$_4^+$ → 亜硝酸型硝化槽 →(NH$_4^+$, NO$_2^-$)→ anammox槽 → NO$_3^-$ 反応窒素の約10%、N$_2$ガス
空気
アンモニア酸化細菌 NO$_2^-$生成 / anammox微生物 脱窒（N$_2$生成）

b) 一槽型

NH$_4^+$ → 一槽型 anammox → NO$_3^-$ 反応窒素の約10%、N$_2$ガス
空気
アンモニア酸化細菌、anammox微生物 NO$_2^-$生成、脱窒（N$_2$生成）

型の脱窒微生物の増殖を防ぎ、anammox微生物の増殖を安定化することができる。世界初の実規模設備となったオランダの設備は二槽型を採用しており、亜硝酸型硝化としてSHARON法を用い、その処理水をanammox槽に供給している。

(2) 一槽型

硝化反応とanammox反応を同一の反応槽で行う一槽型の装置概念は、Strousの報告（1998）に既にその概念が提案されている。また、ほぼ同時期に回転円盤法や担体を用いた生物膜法において窒素成分が除去されていることが発見され、anammox微生物が生物膜内部に成育し脱窒反応を起こしていることが報告されている（Egli et al., 2001, Helmer et al. 2001）（図10）。

また、Wett（2006）は、Sequencing Batch Reactor（SBR）において同様の反応が進行することを発見し、数年の期間をかけて徐々に反応槽規模を大きくし、実規模設備まで稼働させている。Sliekersら（2003）はガスリフトタイプの反応槽を用い、anammoxグラニュールの表面に硝化細菌を付着させ、反応槽負荷として1.5kgN/m3/dまで到達している。何れの反応槽も、槽内の溶存酸素濃度を低濃度に保ち（通常1.0mgO/L以下）、anammox微生物への阻害を防ぎつつアンモニア酸化細菌を活動させ、亜硝酸酸化細菌の排除は主に溶存酸素への親和性の違いを用いて行われている。

なお、排水中に有機物成分が多く含まれる場合には、槽内で従属栄養細菌が大量に増殖してしまうため、何らかの前処理を用いて有機物成分を除去することが必要となる。

5 適用対象

(1) anammox処理に適した廃水性状

有機態、アンモニア態の窒素を含む廃水であれば、基本的にanammox反応により窒素除去を行うことが可能であるが、条件によっては従来型硝化脱窒の方が効率的に処理を行える場合もある。以下にanammox反応による処理を検討する場合の注意点をいくつか挙げる。

● 窒素成分濃度

前述したとおりanammox反応は基質に対する親和性が高く、低濃度まで処理が可能である。しかし、窒素成分濃度が低くなると、前処理の亜硝酸型硝化において亜硝酸のみを安定して生成させることが困難になり、反応が硝酸まで進みやすくなる。anammox微生物は硝酸をほとんど利用できないため、硝化反応が硝酸まで進むと反応が停止してしまうことになる。低濃度排水への適用を目指した研究も盛んに行われているが、排水中の窒素成分濃度として約100mgN/L以上あることが必須条件となる。

生物膜内部での反応（図10）

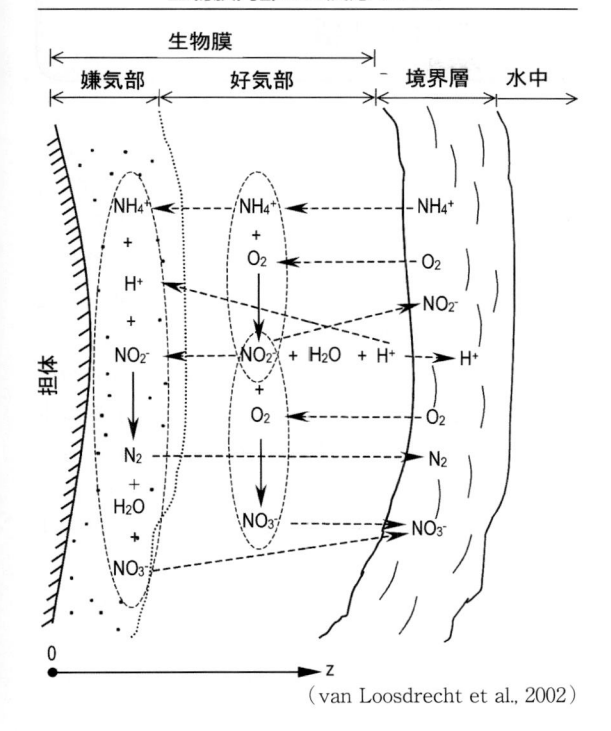

(van Loosdrecht et al., 2002)

● 有機物濃度

　排水中に有機物が含まれる場合には、反応槽内部で従属栄養細菌が増殖するため、亜硝酸型硝化、anammox反応による脱窒に対して様々な影響が出てくる。

　亜硝酸、硝酸と有機物が共存する条件では、従属栄養の脱窒微生物が増殖する。脱窒微生物は増殖速度が硝化細菌、anammox微生物と比較すると非常に速いため、NOx成分を急速に消費し、菌体生成量（＝余剰汚泥の発生量）も多い。亜硝酸型硝化槽で脱窒微生物が増殖すると、生成するNO_2^-を消費してしまうため、NO_2^-生成量のコントロールが難しくなる。anammox槽で脱窒微生物が増殖すると、ここでもNO_2^-、NO_3^-イオンを消費するため、anammox反応に消費されるべきNO_2^-が脱窒微生物に消費されてしまい、結果としてNH_4^+が残留することがある。ただし、anammox反応の副生物として生成するNO_3^-も消費するため、NO_2^-生成量の調整がうまくいけば全体の窒素除去率を上げることも可能である。

　また、anammox反応による処理では窒素成分のみしか除去できないため、有機物成分は別途処理を行うことになる。この点からも窒素よりも有機物成分濃度が高い場合はanammox反応のメリットが出にくくなってしまう。

　anammox反応による窒素除去に適した廃水の条件をまとめると、以下の性状を持つ廃水と言える。
①窒素成分濃度が比較的高濃度（100mgNL以上）であること
②共存する有機物濃度が低いこと（N：BOD比率として1：1以下が望ましい）
③生物反応を阻害する物質を含んでいないこと
　この様な性状を持つ廃水を廃水処理の現場で探索してみると、以下の様な廃水種が該当する。

① 嫌気性汚泥消化　脱水ろ液

　下水汚泥の嫌気性消化の脱水ろ液は、一般的にBOD成分が少なく、NH_4^+濃度が高く、通常は水処理を行っている活性汚泥プロセスに返送されている場合が多い。脱水ろ液は処理場全体の窒素負荷の20%近くを占めていると言われている（Wett et al., 2003）。また、汚泥処理を集約して行っている場合には、高濃度の窒素、リンを含んだ脱水ろ液が大量に排出される場合もある。嫌気性消化の脱水ろ液は、最もanammox反応のメリットが出やすい排水と言える。

② 好気処理、嫌気処理後の処理水

　有機物を高濃度に含む廃水はanammox反応による脱窒処理には適さないが、何らかの前処理を用いて有機物成分を除去すれば適用することができる。有機物を除去する方法としては特に制限は無く、好気処理、嫌気処理と言った一般的な処理方法を採用することができる。ただし、嫌気処理では窒素成分はNH_4^+となるが、好気処理では反応槽内で硝化反応が進行する場合があるため、注意が必要である。

③ 化学、半導体工場

　半導体工場では、ウエハーの洗浄薬剤として、バッファードフッ酸やアンモニア過水溶液が使用

されている。使用される濃度、洗浄工程の有無等により、排水の組成は大きく異なり、NH_4^+-Nは数百mgN/Lから数千mgN/Lと幅広い濃度範囲で存在している。また、窒素化合物を用いて樹脂等の合成を行っている化学工場、或いは肥料等の工場からもNH_4^+を含んだ排水が排出される。こちらも窒素濃度は工程により数百〜数千mgN/Lと幅がある。

化学、半導体工場からの排水の場合、純水、超純水に窒素成分が混入した形で排出されることが多い。このため、通常の排水には含まれている様々なミネラル成分（Na、K、Mg、Ca等）が全く含まれていない場合がある。これらの成分は微生物の増殖には必須元素であるため、不足する場合には試薬等を用いて添加する必要がある。

④ 最終処分場浸出水

ゴミの最終処分場では、数十年にわたって各種有害物質を含んだ浸出水が排出される。廃棄物中の窒素成分は最終的にはアンモニアとして排出され、稼働開始初期にはBOD成分も含まれているが、年数が経過するにつれてBOD成分の濃度は低下し、窒素成分のみを含む排水に変化していく。運用開始後数年間はBODと窒素の比率が従来型硝化脱窒処理に適しているが、徐々にBOD成分が不足するようになり、10〜20年が経過すると窒素成分のみ（主にNH_4^+）が排出されるようになる。

また、浸出水は各種塩類濃度が高くなる場合が多く、Ca、Fe等のスケール発生に注意する必要がある。

6 プロセス詳細

anammox反応による窒素除去は、反応に必要な亜硝酸を生成させる亜硝酸型硝化と、anammox反応による脱窒という2つのステップを共に安定して進行させる必要がある。方式としては2つの工程を別々に行う二槽型と、単一の反応槽で行う一槽型がある。

亜硝酸型硝化では、アンモニア酸化を行いつつ亜硝酸の酸化を抑える必要があり、関連する微生物群の性質の差を利用して亜硝酸を蓄積する方法が取られる。本節では亜硝酸型硝化を維持するための方法、反応の形式、亜硝酸生成量の制御方法について概説する。

また、anammox微生物は処理能力を高めるためにいかに多くの微生物を反応槽内に確保するかと言う点を中心に研究開発が行われ、グラニュール、担体等を用いて高密度の生物膜を形成させ、微生物量を確保する方法が実用化されている。

(1) 亜硝酸型硝化

① 亜硝酸型硝化を維持する方法

ⓐ 基質、生成物による阻害

Anthonisenら（1976）はアンモニア酸化細菌（AOB）によるアンモニアの酸化、亜硝酸酸化細菌（NOB）による亜硝酸の酸化に関して、解離していないアンモニア（Free Ammonia 以下FA）と亜硝酸（Free Nitrous Acid 以下FNA）の影響についてバッチ実験を行い、FA、FNAによるAOB、NOBへの阻害影響を初めて体系化した（図11）。すなわち、FA、FNA濃度がNOBに対してのみ阻害的である条件下では、AOBの活性のみを優先的に利用することができ、亜硝酸型の硝化となる。その後の多くの研究者は本結果を基に反応槽内に亜硝酸を蓄積させる方法を提案している。

しかし、Anthonisenらの検討は阻害により、アンモニア、亜硝酸の蓄積が始まる濃度を調査、

**硝化の型（硝酸型、亜硝酸型）と
アンモニア、亜硝酸濃度の関係**（図11）

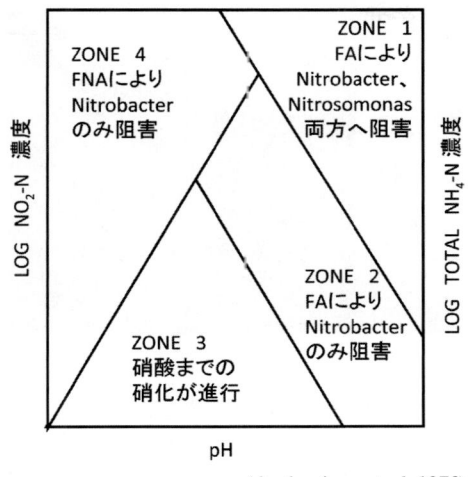

ZONE 1 FAによりNitrobacter、Nitrosomonas両方へ阻害
ZONE 2 FAによりNitrobacterのみ阻害
ZONE 3 硝酸までの硝化が進行
ZONE 4 FNAによりNitrobacterのみ阻害

LOG NO₂-N 濃度 / LOG TOTAL NH₄-N 濃度 / pH

(Anthonisen et al. 1976)

**アンモニア酸化細菌（Nitrosomonas）と
亜硝酸酸化細菌（Nitrobacter）の
温度と増殖速度の関係**（図12）

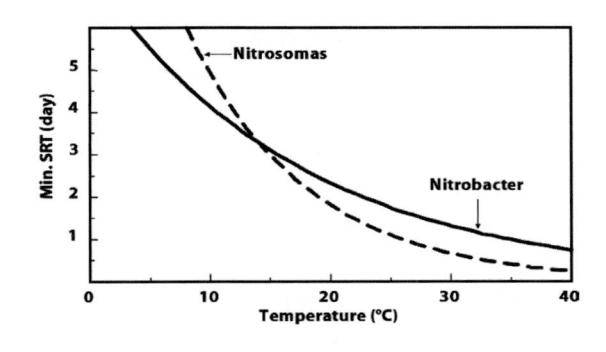

Min. SRT (day) vs Temperature (℃)
Nitrosomas / Nitrobacter

及び実験で確認したものであり、亜硝酸型硝化を維持するために必要なFA、FNA濃度を明らかにしているものではない。また、長期間の運転により微生物が高濃度のFA、FNAに馴化したり、生物相が変化すると言った現象は考慮されていないので、注意が必要である。

ⓑ 溶存酸素への親和性

硝化反応を行うアンモニア酸化細菌（AOB：Ammonia Oxidizing Bacteria）と亜硝酸酸化細菌（NOB：Nitrite Oxidising Bacteria）では、溶存酸素（DO：Dissolved oxygen）に対する親和性が異なることも知られている。一般的に、AOBの方がNOBよりも低濃度のDO条件での反応が可能で、親和定数の値が低いと報告されており、低DO条件下ではAOBの方が活性が高くなる。

AOB、NOBの動力学定数については、様々な報告がなされており、その数値の幅も広くなっている。酸素に対する親和定数も、反応槽の形式、硝化細菌の種類、等によりかなり幅のある数字が報告されている。また、生物膜を利用した反応槽では、溶存酸素は生物膜表面で急速に消費されるため、より増殖速度に差が出やすいと考えられ、多くの検討事例が報告されている。

ⓒ 増殖速度の温度特性

Hellingaら（1998）は、AOBとNOBの増殖速度が温度条件によって異なること、AOBの増殖速度が30℃以上の条件でNOBよりも速いことを利用して、NOBを排除し亜硝酸型硝化を安定的に維持する方法を確立した。この方法はSHARON法（Single reactor High activity Ammonia Removal Over Nitrite）と呼ばれており、有機物（メタノール）を添加して脱窒させる方法、或いはanammox反応の前処理法として実規模設備が稼働している。

具体的には、ケモスタット型の反応槽を用い、HRT（水理学的滞留時間）を1日程度に設定、運転温度をAOBの増殖速度がNOBのそれを上回る25℃以上（通常は30℃以上）で運転することにより、AOBのみを反応槽内に保持し亜硝酸型硝化を行っている。

SHARON法は原理がシンプルであり、そのモデル化、制御方法についても研究報告がなされている。原理的にどんな排水でもHRTが1日程度必要なため、排水のNH₄-N濃度により

反応槽の能力が決定されることになる。従って、比較的高濃度な排水（嫌気性汚泥消化の脱水ろ液等）の処理に適していると言える（図12）。

ⓓ 熱ショックに対する耐性

Isakaら（2008）は、AOBとNOBに高温（60℃以上）の熱ショックを与えると、NOBのみが失活することを発見、包括固定した硝化細菌に定期的に熱ショックを与えることによりAOBを担体内に優占化させ、亜硝酸型の硝化が実現できることを報告している。

連続運転を行う反応槽では、一定量の担体を定期的に引き抜いて熱処理を行い、反応槽に戻すことで亜硝酸型の硝化反応を長期間維持している。

ⓔ 高濃度無機炭素によるアンモニア酸化細菌の優占化

我々のグループでは、担体を利用した硝化槽において、槽内無機炭素の濃度を高く保つことにより、AOBを優占化させ、NOBの増殖を抑制できることを発見した。この方法では、入口濃度や溶存酸素濃度の影響をあまり受けずに、硝化反応の型（亜硝酸型、硝酸型）を自由に操作することができる。

後述する半導体工場の設備において、300m³規模の実装置が稼働しており、長期的にも安定して亜硝酸型を維持できている。

② 亜硝酸型硝化の反応槽形式

亜硝酸型硝化の反応槽は特に制限は無いが、大規模の装置ではそのほとんどが担体を利用した方式を採用している。沈殿槽が不要であること、微生物の保持量が多く高い負荷を取ることが出来ることが理由であると考えられる。

前述のSHARON法では、担体等を用いずケモスタット反応槽を使用するが、滞留時間が1日程度必要であるため、排水中の窒素濃度が高いこと（1000mgN/L程度）が適用に必要な条件となる（写真1）。

亜硝酸型硝化に用いられる担体の例
（ポリウレタン発泡担体、一辺3mmの立方体）（写真1）

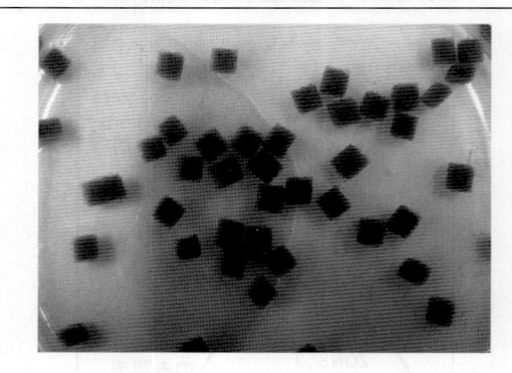

亜硝酸生成量制御の考え方（図13）

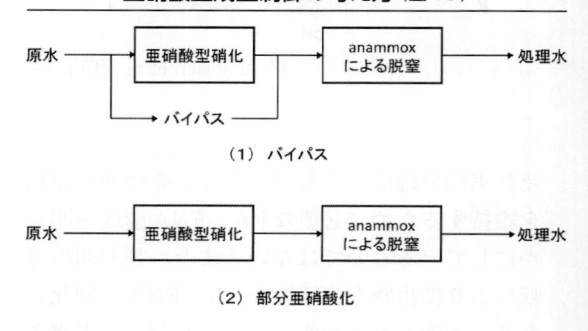

原水 → 亜硝酸型硝化 → anammoxによる脱窒 → 処理水
　　　↓バイパス↑
（1）バイパス

原水 → 亜硝酸型硝化 → anammoxによる脱窒 → 処理水
（2）部分亜硝酸化

③ 亜硝酸生成量の制御

二槽型方式では、反応に必要な亜硝酸の量を調節することが高い除去率を得るために重要なポイントとなる。原水をバイパスさせる方法と、原水全てを亜硝酸型硝化槽に通し、部分的な亜硝酸生成を行う方法がある。どちらも長所、短所があるので排水の特性（共存物質、排出条件、等）に合わせて選択する（図13）。

ⓐ バイパス

バイパス法では、生成させる亜硝酸の量を水量比で設定することを基本とし、亜硝酸型硝化槽に流入させたNH4−Nはほとんど全てを亜硝酸に転換する。これにより、水量、水質に変動があった場合でも複雑な制御なしに必要な量の亜硝酸をanammox槽に送ることができる（亜硝酸型の硝化反応が安定的に維持できることが

必要条件)。

ただし、亜硝酸型硝化槽内のNH$_4$-N濃度が低くなるので、FAによる阻害効果を期待できないこと、また、原水にBOD成分や阻害物質が含まれている場合にはバイパスにより未分解のままanammox槽に流入することになるので、有機物と亜硝酸を利用した脱窒反応が進行し、従属栄養の脱窒微生物が増殖してしまう可能性がある。

ⓑ 部分亜硝酸化

原水を分割せずに、全量を亜硝酸型硝化槽に流入させ、その一部を亜硝酸に転換する方式であり、亜硝酸型硝化槽において、曝気量制御により流入する窒素の約60%をNO$_2^-$へ転換する。流量、濃度が変化した場合にはNO$_2^-$生成量を条件に応じて制御する必要がある。原水にBOD成分、阻害物質が含まれている場合には亜硝酸型硝化槽で微生物分解を受ける、或いは亜硝酸型硝化槽が先に阻害影響を受けるので、anammox槽への悪影響を防ぐことができる。ただし、濃度変動を捕らえるための何らかの計測機器(T-N計、NH$_4$-N計等)を設置する必要がある。

(2) anammox

① バイオマスの保持方法

anammox反応を行う槽では、バイオマス(=菌体、汚泥)をできるだけ高濃度に反応槽内に保持することが処理性能を左右する。このため、通常の活性汚泥のフロックでは無く、沈降性が速いグラニュールや担体表面への生物膜形成、包括固定と言った方法が採用されている。

ⓐ グラニュール

嫌気処理におけるUASB、EGSBと同様に、anammox微生物も菌体が凝集した顆粒(グラニュール)を形成することが知られている。

グラニュールを形成させる方法としては、UASBと同じように上向流型反応槽を用いる方法、SBR(Sequencing Batch Reactor)を用いる方法などがあり、何れも沈降速度の遅い分散状態の菌体を反応槽から排除することにより、沈降性の良いグラニュールを反応槽内に蓄積させている(写真2)。

ⓑ 担体

担体を用いた検討例も多く報告されている。グラニュールのように解体、流出の危険性が少なく、高濃度の菌体を生物膜として保持することが可能である(写真3)。

グラニュール形成の例(写真2)

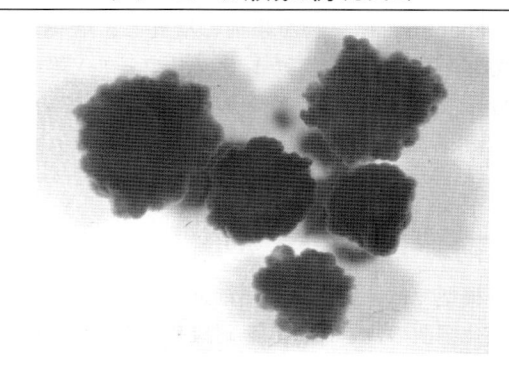

担体を用いた反応槽の例(写真3)

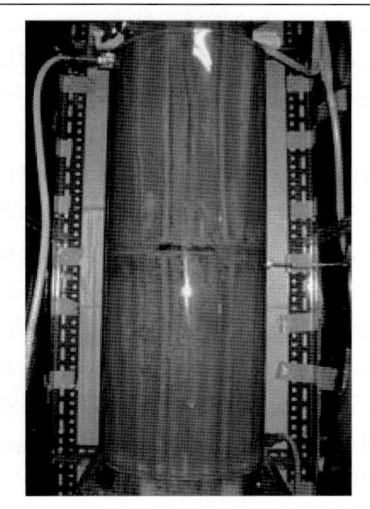

(熊本大学　古川研究室HP)

ⓒ 包括固定

　anammox微生物を事前に培養し、培養した菌体をPEG（ポリエチレングリコール）等の高分子で包括固定する技術も検討されている。（Isaka, 2008）

(3) 一槽型

　一槽型では、反応槽に空気を供給し、アンモニア酸化細菌の働きにより亜硝酸を生成させ、発生した亜硝酸を順次anammox微生物に消費させて窒素を除去する。

　亜硝酸酸化細菌の増殖を防ぎ、かつanammox微生物にも阻害を与えないために、通常反応槽内の溶存酸素濃度を約1.0mg/L以下に抑えて運転を行う。

　反応槽に保持できる菌体量と、反応槽に供給できる酸素量、溶存酸素による阻害効果等が制限因子となり、一槽型の処理能力は窒素除去能力として約$1.0〜2.0kgN/m^3/d$の範囲と言われており、従来型の硝化脱窒による処理と比較すると5〜10倍の高い能力を示している。以下に報告されている検討例を列挙した、装置構成、名称は異なっているが、何れもアンモニア酸化細菌とanammox微生物を利用した窒素除去方法である。

① CANON（Completely Autotrophic Nitrogen removal Over Nitrite）

　ガスリフト、或いはSBR型の反応槽を用い、アンモニア酸化細菌とanammox微生物をグラニュール化させて反応槽内に保持する。反応槽の例を図14に示した。

② OLAND（Oxygen Limited Autotrophic Nitrification Denitrification）

　反応槽内の溶存酸素濃度を低く保ち、生物膜の表層にアンモニア酸化細菌を、内部にanammox微生物を増殖させる方法、SBR、回転円盤、グラニュール等の様々な生物膜での検討例が報告されている。

③ SNAP（Single Stage Nitrogen Removal Using Anammox and Partial Nitration）

　汚泥保持能力の高い不織布担体（Non-woven carrier）を反応槽内に配置し、中心部分から曝気を行い、槽内の溶存酸素濃度を低く維持すると、担体の表面側にアンモニア酸化細菌が、生物膜の内部にanammox微生物が増殖する。反応槽の構造例を図15に示した。

④ DEMON（DEamMONification）

　SBR方式の反応槽を用い、溶存酸素濃度を0.3mg/L以下に、pHを7.0に制御することにより、亜硝酸型の硝化とanammox反応を進行させる。反応時は酸素の供給（曝気）が間欠的に行われ、亜硝酸の蓄積と亜硝酸酸化細菌の増殖を防いでいる。pHを非常に厳密に（0.01単位で）制御することが本プロセスの特徴となっている（図16）。

7 各種排水での検討例と実規模設備の稼働状況

(1) 実排水での検討例

① 嫌気性汚泥消化　脱水ろ液

　世界初のanammox反応を利用した処理設備として、2002年にオランダ、ロッテルダムの汚泥処理施設に実装置が建設された。亜硝酸型硝化としてSHARONプロセスを用い、グラニュールを形成させるため、嫌気処理のEGSBと同じ反応槽構造が用いられた。

　対象廃水は嫌気性汚泥消化の脱水ろ液で、NH_4^+-N濃度として1000〜1500mgN/Lであった。Anammox®槽は容量約$70m^3$で、反応槽の中間部分に発生ガスとグラニュールを分離するためのGSS（Gas Solid Separator：3相固液分離装置）が設けられている（図17）。

　研究室規模の装置から中規模装置を経ずに反応槽容量として約7000倍のスケールアップを行ったため、装置が設計能力に達するまでは4年近くの年月が必要であった。当初はanammox微生物

の増殖がなかなか確認されなかったため、分子生物学的手法（定量PCR）を用いてanammox微生物の増殖を定量化し、運転条件、水質分析との相関関係を確認しながら培養を行っていった。

装置構造や運転方法に関する改善を経て、最終的には設計負荷である7.0 kgN/m^3/dの除去能力に到達することができた。装置が立ち上がった後の処理性能を図18に示した。

② 半導体工場排水

2006年4月より国内初のAnammox®プロセス実装置が立ち上げ運転を開始し、約3ヶ月の立ち上げ期間を経て設計能力まで到達した。排水は半導体工場の窒素含有排水で、アンモニアと硝酸を含んだ排水である。排水には有機物は全く含まれておらず、これまではメタノールを用いて硝化・脱窒処理を行っていた。

排水中の窒素成分はアンモニア態窒素として300~400mgN/L、硝酸態窒素として20~50mgN/L、設計水量550m^3/d、アンモニア態窒素の量として約220kgN/d、全窒素として約250kgN/dの窒素負荷である。

改造前後の設備概要を図19に示した。設備は硝化・脱窒型の活性汚泥設備を改造し、亜硝酸型硝化槽とAnammox®槽を設置した。

③ 処理性能

Anammox®槽の立ち上げ状況とその後の処理能力の推移を図20に示した。約3ヶ月間の立ち上げ期間後は安定した性能を示し、処理水水質も従来型の硝化・脱窒と同等であった。

(2) 実規模設備の稼働状況

現在までに報告されているanammox反応を利用した窒素除去設備の稼働状況を表1にまとめた。二槽型プロセス、一槽型のCANONプロセス、同じく一槽型のDeammonification (DEMON)プロセスと名称は異なるが何れもanammox反応を利用した窒素除去プロセスである。

オランダ、Rotterdamの1号機からヨーロッパ

CANONプロセスの反応槽（図14）

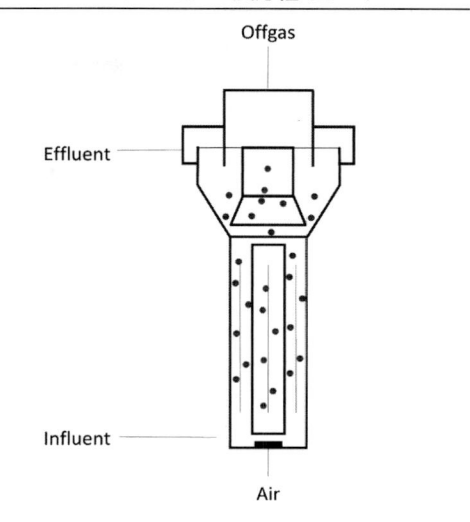

SNAPの反応槽（図15）

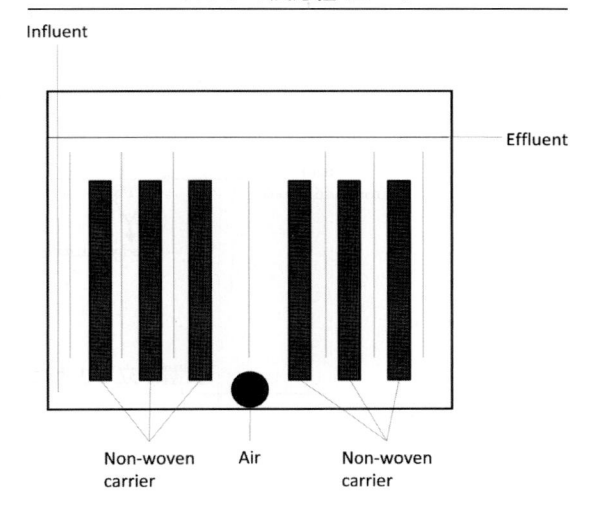

DEMONプロセスの運転例（図16）

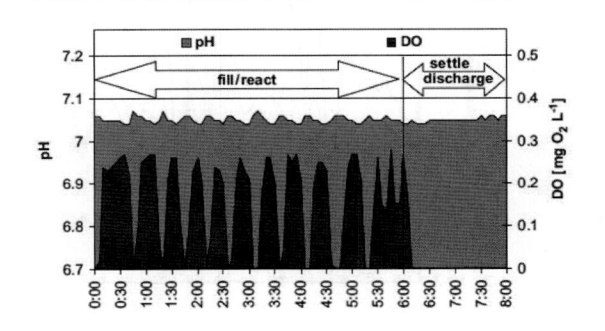

（Innerebner et al., 2007）

Anammox®槽の構造（図17）

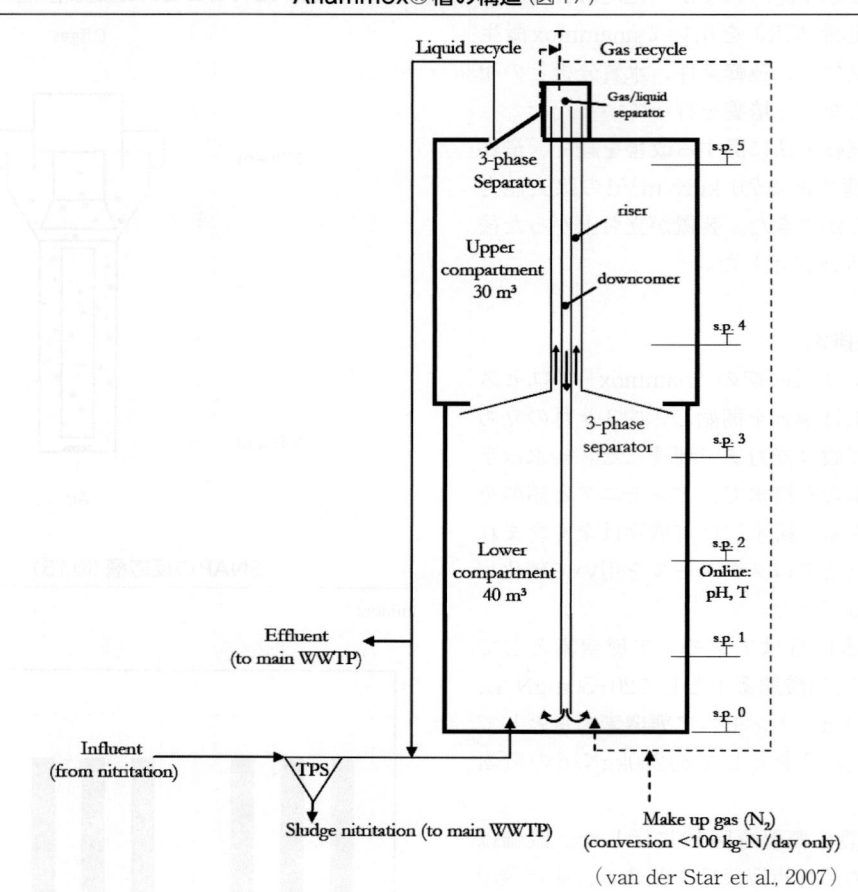

(van der Star et al., 2007)

装置が立ち上がった後の処理性能（図18）

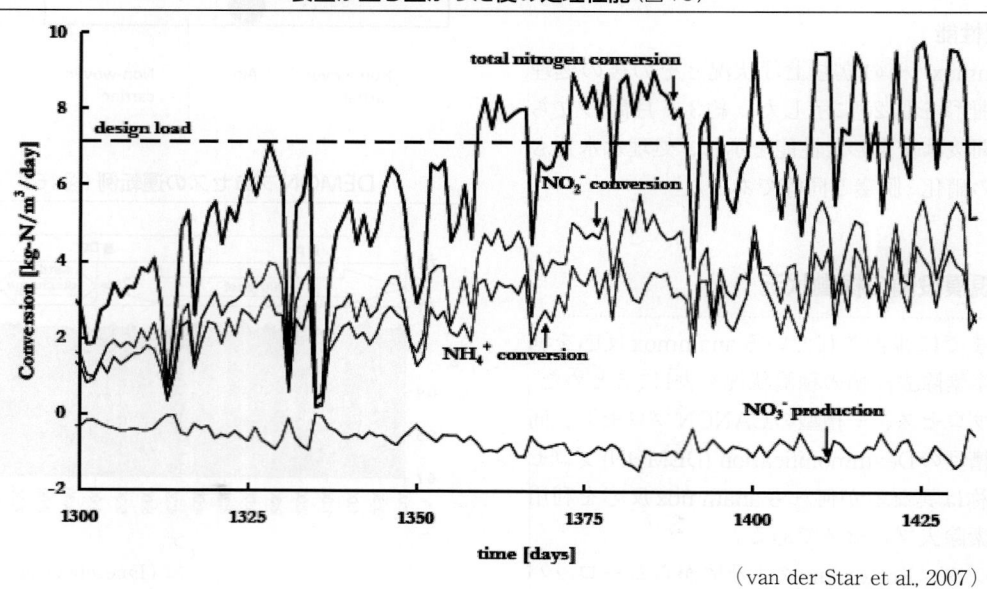

(van der Star et al., 2007)

従来型の硝化脱窒装置からAnammox®プロセスへの改造（図19）

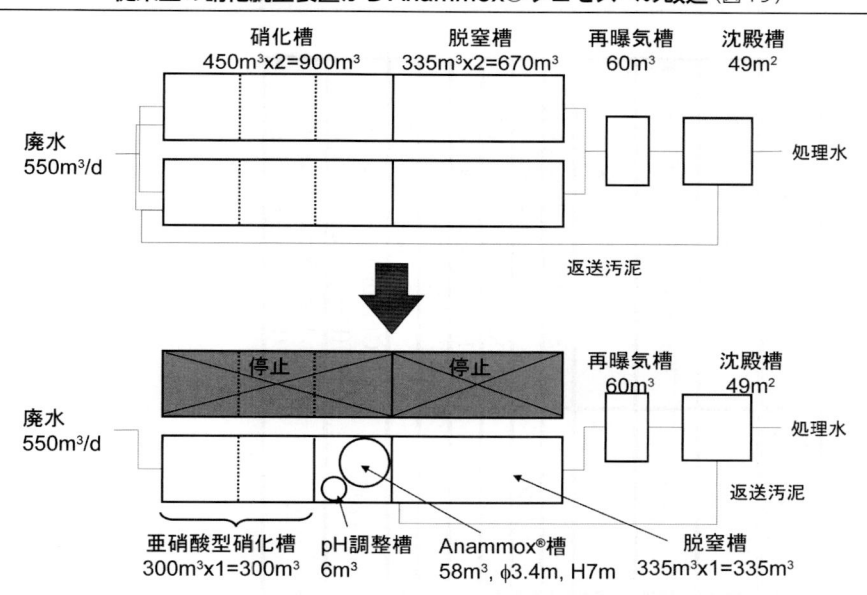

Anammox槽の処理能力の推移（図20）

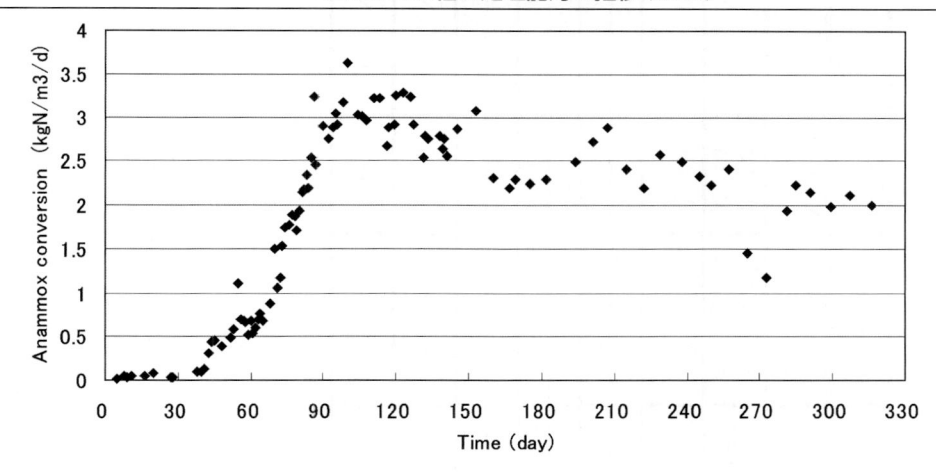

を中心に徐々に設備の稼働が増えてきている。実装置が増えてくると種汚泥、グラニュールの入手が容易になるため、新規設備建設時の立ち上げ時間を大幅に短縮することが可能となる。嫌気処理でのUASBプロセスと同様に、今後数年で実装置の稼働は大幅に増えていくと予想される。

また、最近の動きとしては、中国において大型設備の建設が始まったことである。ヨーロッパ、中国共に環境対策を政府が強力に推進しており、anammox反応を利用した脱窒処理も積極的に導入され始めている（表1）。

実規模設備の稼働状況 (表1)

Process	Location	Reactor type	Volume (m³)	Max. conversion (kgNH₄-N/m³/d)	Nitrogen load (kgN/d)	Wastewater
SHARON-Anammox	Netherlands (Rotterdam)	N : CSTR A : Granule	N : 1800 A : 70	N : 0.39 A : 10	700	Reject water from AD
Nitritation-Anammox	Netherlands	N : Granule A : Granule	A : 200 N : 100	N : 0.5 A : 1.0	100	Tannary, effluent of UASB
Nitritation-Anammox	Japan	N : FB A : Granule	A : 300 N : 58	N : 0.73 A : 3.8	220	Semiconductor
DEMON	Germany	Moving bed	238	0.3	70	Reject water from AD
CANON	Netherlands	Gaslift	600	2	1200	Potato factory
DEMON	Austria	SBR	500	0.7	350	Reject water from AD
DEMON	Switzerland	SBR	400	0.6	240	Reject water from AD
DEMON	Germany	SBR		N/A	50	Not reported
CANON	Germany	SBR		N/A	60	Not reported
CANON	China	Gaslift	5500	2.0 kgN/m³/d	11000	Glutamate production (Under construction)
CANON	China	Gaslift	500	2.0 kgN/m³/d	1000	Yeast fermentation (Under construction)

N : Nitritation, A : Anammox
Nitritation-Anammox (二槽型)
CANON (Completely Autotrophic Nitrogen removal Over Nitrite 一槽型)
DEMON (DEamMONification：一槽型)
CSTR (Continuous Stirred Tank Reactor)
FB (Fluidized Bed, Aeration tank with carrier material)

8 今後の展望

　世界で最初にanammox反応を利用した窒素除去設備が稼働を開始してから5年以上経過し、anammoxプロセスの実力は徐々に認知されてきている。最初に研究が始まったヨーロッパを中心に実規模装置の稼働が進んでいる。栄養塩対策はもちろんのこと、省エネルギー、省資源（廃棄物）で窒素処理を行うことが可能であり、地球温暖化対策としてのメリットも評価されてきているためと思われる。

　ヨーロッパでは近年温暖化対策としてバイオガスの利用促進を図っており、バイオガスからの発電電力を高く買い取る政策を導入し、特に嫌気性処理（嫌気性汚泥消化、UASBプロセス等）を利用したバイオガス発生設備の普及を積極的に進めている。有機物だけでなく、窒素、リンを含んだ廃水に嫌気性処理を適用した場合、有機物濃度が低下した脱水ろ液や処理水から窒素、リンを除去する技術が必要となるため、anammox反応を利用した方法はこの様な性状の廃水に最も適していると考えられる。

　一方アジアでは、日本以外にも経済発展が著しい中国において実装置の建設が始まっている。中国政府は環境に配慮しつつ経済発展を続けることを目指しており、今後も建設数が増えていくと予想される。

　日本においては、昨今の景気低迷により工場の新設、増設は少なくなっているが、政府は地球温暖化ガスの大幅削減を目指しており、anammox反応を用いた窒素除去技術の重要性は今後増してくると思われる。

参考文献

1) Mulder, A., Van de Graaf, A.A., Robertson, L.A. and Kuenen, J.G. (1995). FEMS Microbiol. Ecol., 16, 177-184.
2) Strous, M., Heijnen, J. J., Kuenen, J. G. & Jetten, M. S. M., (1998). Appl. Microbiol. Biotechnol., 50, 589-596.
3) Boran Kartal, (2008). PhD thesis of Technical University of Delft, the Netherlands.
4) Strous, M., Fuerst, J. A., Kramer, E. H., Logemann, S., Muyzer, G., van de Pas‒Schoonen, K. T., Webb, R., Kuenen, J. G., Jetten, M. S., (1999). Nature 400, 446-449.
5) Strous, M., Kuenen, J.G. and Jetten, M.S.M., (1999). Appl. Environ. Microbiol., 65(7), 3248‒3250.
6) Strous, M., van Gerven, E., Kuenen, J. G., Jetten, M. (1997). Appl. Env. Microbiol., 63, 6, 2446‒2448.
7) Dapena‒Mora, A., Fernández, I., Camposa, J.L., Mosquera‒Corral, A., Méndez, R., Jetten, M.S.M., (2007). Enz. Microbial Tech., 40, 859-865.
8) Egli, K., Fanger, U., Alvarez, P. J., Siegrist, van der Meer, J. R., Zhender, A. J., (2001). Arch. Microbiol., 175, 3, 198‒207.
9) Helmer, C., Tromm, C., Hippen, A., Rosenwinkel, K. H., Seyfried, C. F., Kunst, S., (2001). Wat. Sci. Technol, 43, 1, 311‒320.
10) van Loosdrecht M.C.M., Hao X., Jetten, M.S.M., Abma W.., (2002) Proceedings of the International Specialized Conference on Creative Water and Wastewater Treatment Technologies for Densely Populated Urban Areas, 105‒113, Hong Kong, Hong Kong University of Science and Technology, Dept. CE.
11) Wett, B., (2006). Wat. Sci. Technol. 53, 12, 121-128.
12) Sliekers, A. O., Third, K. A., Abma, W., Kuenen, J. G., Jetten, M. S. M., (2003). FEMS Microbiol. Lett., 218, 2, 339‒344.
13) Anthonisen, A.C., Loehr, R.C., Prakasam, T.B.S. and Srinath, E.G. (1976). J. Wat. Pollut. Control Fed., 48(5), 835-852.
14) Hellinga, C., Schellen, A.A.J.C., Mulder, J.W., van Loosdrecht, M.C.M. and Heijnen, J.J. (1998). Wat. Sci. Tech., 37(9), 135-142.
15) Isaka, K., Sumino, T., Tsuneda, S., (2008). Process Biochem., 43, 3, 265‒270.
16) Innerebner, G., Insam, H., Franke‒Whittle, I. H., Wett, B., (2007). Systematic App. Microbiol., 30, 408-412.
17) Tokutomi, T., Shibayama, C., Soda, S., Ike, M., (2010). Water. Res., 44, 4195‒4203.
18) van der Star, W.R.L., Abma, W., Blommersc, D., Mulderc, J.W., Tokutomi, T., Strous, M., Picioreanua, C., van Loosdrecht, M.C.M., (2007). Water. Res., 41(18), 4149‒4163.

（徳富孝明）

8 好気グラニュールによる生物処理技術

1 好気性グラニュールとは

　微生物の異化、同化等の代謝を利用して汚濁物質を処理する生物処理は多くの排水処理に用いられている。生物処理は微生物のフロック形成を利用した活性汚泥法や担体と呼ばれるスポンジやプラスチック等に付着させて処理を行う担体法などがあるが、特殊な条件下では微生物が生成する菌体外ポリマーなどにより微生物同士が強固に凝集した自己造粒体（グラニュール）を形成する場合があり、これを利用した処理はグラニュール法と呼ばれる。表1に示したようにグラニュールは比重が大きく沈降速度が速いため、グラニュールを利用した排水処理システムは、

①反応槽内の菌体濃度を高く維持可能なため容積負荷を非常に高くとることができる（設置面積が小さい）。
②容易に沈降分離が可能なため固液分離装置を簡略化できる
③担体等の費用が不要
④増殖速度の遅い微生物も反応槽内に維持が可能

などの特徴を有しており、そのため主に有機排水の嫌気処理技術として発展してきた。
　当初はグラニュールの形成は嫌気微生物特有の現象と考えられていたが、1991年に三島らにより排水をあらかじめ曝気して酸素を供給したのちにカラムに上向流で通水することで好気条件下においてグラニュールの形成が可能であることが示された。また、1990年代の終わり頃から2000年初頭にかけてオランダやドイツ、シンガポールの研究者らが相次いで回分式生物処理装置であるSequencing Batch Reactor (SBR)での好気グラニュールの形成を報告し、その形成条件や特徴などの研究が現在まで盛んに行われている。
　2004年には第1回好気性グラニュールワークショップがドイツで開催され、好気性グラニュールは好気性微生物が凝集して形成されたもので、せん断応力の低い条件下（静置等）で凝集することなく、高い沈降速度を有するものとして定義された。また、過去の研究において好気グラニュールに関する基本的な多くの基礎的知識の収集が完了し、研究はグラニュールの形成因子、微生物群集解析、物質の反応経路、スケールアップなどの次の段階に入ることが宣言された。さらに2006年には第2回のワークショップがオランダで開催され、好気グラニュールの詳細な定義づけが議論され、以下の性状を有するものを好気グラニュールと呼んでいる[1]。

①活性のある微生物の凝集体であること
②沈降や静置時に凝集フロックを形成しないこと（曝気時と同様の形状を保つこと）
③活性汚泥よりも顕著に早い沈降速度を有すること
④おおむね0.2 mm以上の粒径を有すること

　好気グラニュールを利用した排水処理は現時点では研究段階であるが、オランダでは食品工場の

排水処理にSBR型の好気グラニュールによる処理の適用事例がある。
（表1、写真1）

各種汚泥沈降速度の比較（表1）

活性汚泥	無機凝集汚泥	グラニュール
0.3～1.5	1.0～15	10～30

単位：m/hr

2 好気性グラニュールの形成因子

好気性グラニュール
グルコースおよびペプトンを主体とした
人工下水で作成したもの（写真1）

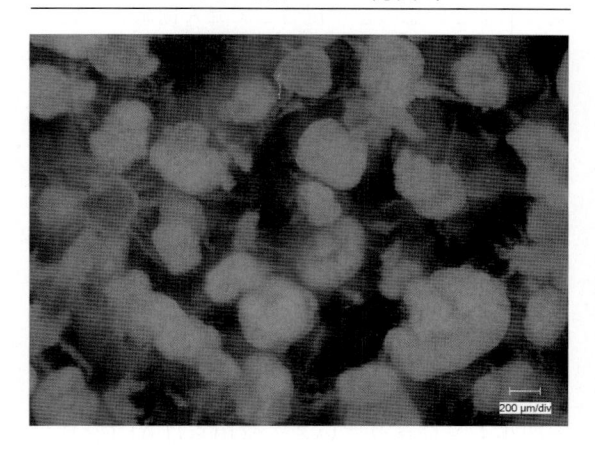

好気性グラニュール形成のための条件としては下記に示したいくつかの条件が示されている。好気性グラニュールはこれらの条件が複合的に作用して形成されていると考えられているが研究中のものも多く、今後の検討が期待される。

(1) 飽食と飢餓状態の形成

SBRシステムのように原水を短時間で投入するシステムにおいては反応槽内の基質濃度が高濃度から低濃度へと経時変化する。こういった基質濃度の変化が微生物の多糖類のような菌体外ポリマーの生成を促し、好気グラニュールの形成に寄与しているとの報告がある。一方で飢餓条件は必ずしも必要でないとの報告もあり、詳細な検討が今後の課題となっている。

(2) 比重差による汚泥選別

活性汚泥を100倍程度の倍率で観察すると、大小のフロックのほか、細かな粒状の微生物塊が確認できる。グラニュール化を促進させるためにはこのような高比重汚泥に適切に負荷をかけて増殖を促す必要がある。SBRでは沈降時間を調節することによって低比重の汚泥を系外に排出する運転を行っている。また、連続通水型プロセスでは汚泥分離部の線流速を通常の活性汚泥法より速くすることで低比重の汚泥を系外に排出することで沈降速度の速い汚泥を優先的に反応槽内へ維持することが可能となる。沈降時間の重要性に関しては様々な報告があるが、一例としてMcSwainらは50 cmの沈降水深に対し、2分の沈降時間を設定した系では良好なグラニュールが形成されたものの、10分の沈降時間を設定した系では良好なグラニュールが形成されなかったことを報告している[2]。

(3) せん断応力

好気性グラニュール形成に対してせん断能力が大きな影響を与えることは指摘されているが、せん断能力を直接測定して評価することが困難であることや好気処理におけるせん断応力は曝気によるものが大部分であると考えられることから曝気の空塔速度を基準とした評価が多く行われている。Tayらは好気グラニュールの形成に与える空気によるせん断応力の影響について調査し、43 m/hr以上の空気量にて良好なグラニュールが確認されたと報告している[3]。一方、曝気によるせん断応力のほか、溶存酸素濃度がグラニュールの形成に影響を与えているとの報告もあ

有機物処理と硝化処理における処理速度の比較(表2)

処理対象物質	活性汚泥法	好気グラニュール法
有機物	0.5～1.5 kgCOD/m³/日	2～6 kgCOD/m³/日
アンモニア性窒素（硝化）	0.3～0.6 kgN/m³/日	1.5～3.5 kgN/m³/日

る。McSwainらはガス流量を固定したうえで空気と窒素を任意の値で混合してせん断応力一定の条件下において行った通水試験により、DOが5 mgO/L以上の条件下でグラニュールの形成が良好であったと報告している[2]。せん断応力の影響についてはさらに検討が必要だと考えられるが、いずれにしても好気グラニュールの形成には十分な曝気が必要であると考えられる。

(4) 無機物質の添加または形成

好気性グラニュールの形成には様々な無機物質の関与も指摘されている。常田らはAUFBリアクターに偶然生成した硝化グラニュール中心に鉄化合物を主とした無機化合物が存在することを確認し、鉄系化合物を積極的に添加することによりAUFBリアクターでの硝化グラニュールの形成に成功している[4]。その他、カルシウム化合物やフライアッシュの投入により好気性グラニュールの形成が可能であるとの報告もある。

(5) 微生物種の影響

好気性グラニュールを形成している微生物群は特に特殊な微生物群ではなく、一般的な活性汚泥構成微生物群と考えられているが、好気性グラニュールの形成において特に増殖速度の遅い硝化菌等の存在が重要であるとの報告もされている。また、好気グラニュールの表面は疎水性が強くなっていることから、疎水性菌を多く含む種汚泥を使用することによりグラニュールの形成が速くなったという報告もあり、微生物間の相互作用がグラニュールの形成に大きな影響を与えていることが考えられる。

3 他の生物処理法との比較

有機物処理および窒素処理（硝化）における活性汚泥法と好気グラニュール法の処理速度の比較を表2に示した。日本では有機物濃度の指標としてBODおよびCOD_{Mn}が多く使用されているが、好気グラニュールの研究が盛んな欧米ではCOD_{cr}による評価が主流であるため、有機物処理速度はCOD_{cr}を基準として示した。通常の活性汚泥法はMLSS 1500～5000 mg/Lで運転されるのに対し、好気グラニュール法のMLSSは10000～20000 mg/L程度に達するため、処理速度も3～5倍程度となっている。

4 好気性グラニュールを利用した各処理法の特徴と原理

(1)SBR型システム

図1にSBR型システムの動作概略を示した。SBRの運転は大きく分けて(1)原水の流入、(2)反応、(3)沈降、(4)処理水排出の4工程で行われる。原水の流入は曝気を行いつつ好気条件で流入させる方法および曝気を行わず嫌気条件下で行う方法があるが、糸状菌の発生防止等の観点から嫌気条件で行われることが多い。嫌気条件下での脱窒反応および好気条件下での酸化反応により処理対象物質の濃度が低下し、結果として飽食と飢餓状態が形成される。微生物反応後は曝気を停止して汚泥を重力沈降させるが、沈降時間を調節することで低比重の微生物を処理水と共に系外に排出する

操作が行われる。近年ではpHやDO（溶存酸素濃度）をリアルタイムでモニタリングすることで有機物の酸化終了や硝化の終了を検出して効率的に制御する手法も適用され、有機物、窒素およびリンの同時除去の検討も進められている。

SBR型システムでは原水の流入と処理水の排出は短時間で行われるため、原水槽および処理水槽が大型化する傾向にある。そのため畜産排水の処理等、比較的小規模で濃度の高い排水に対して用いられている。海外ではより大規模の施設に適用するため、図2に示したように反応槽を複数設置し、処理サイクルをずらすことで処理水の排出を平均化することも試みられている。

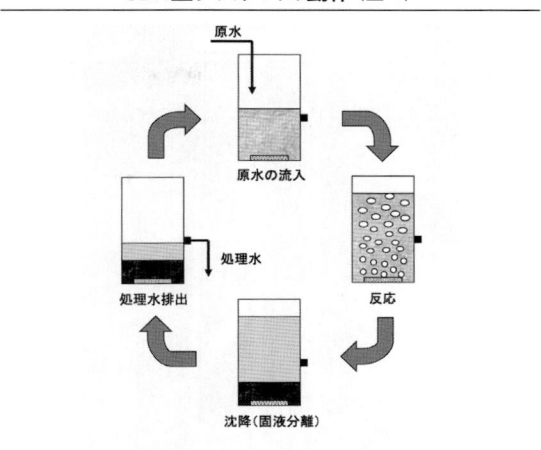

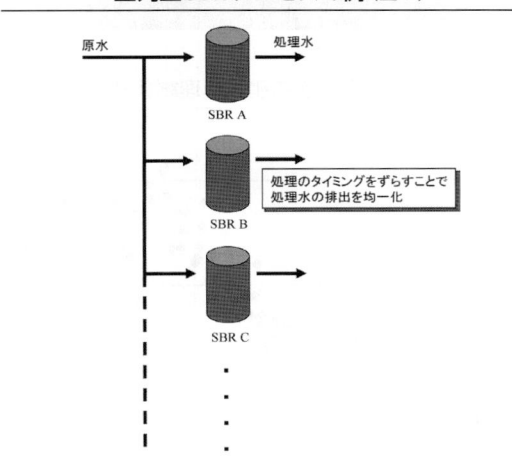

(2) 連続通水型プロセス

上記のようにSBR型システムは回分式処理であるため、下水処理のような大規模施設には適用が困難な場合がある。そのため排水処理で多く適用されている連続通水型プロセスでの好気グラニュール形成も検討されてきている。

① AUFBプロセス

常田らはAUFB（Aerobic Upflow Fluidized Bed）リアクターを用いて世界で初めて連続通水条件下での硝化グラニュールの形成に成功した。AUFBリアクターは塔型リアクターの下部より原水および空気を流入させる。またリアクター上部にはGSS（Gas-Solid Separator）を有し、処理水とグラニュールを分離して処理水を得る構造となっている。模擬排水を用いた連続通水試験では硝化速度として$1.6 \sim 3.5$ kgN/m^3/dayの報告がある（写真3）。

② 完全混合型硝化グラニュール法

著者らは完全混合の角型リアクターを使用し、連続通水条件下での硝化グラニュールの形成を報告している。排水として半導体工場の実排水を使用し、6か月間にわたってパイロットスケールでの試験を行った結果、硝化速度$2.0 \sim 2.5$ kgN/m^3/dayを安定的に達成し、粒径約800μmのグ

AUFBリアクター（写真3）

硝化グラニュールによる硝化処理試験結果（図3）

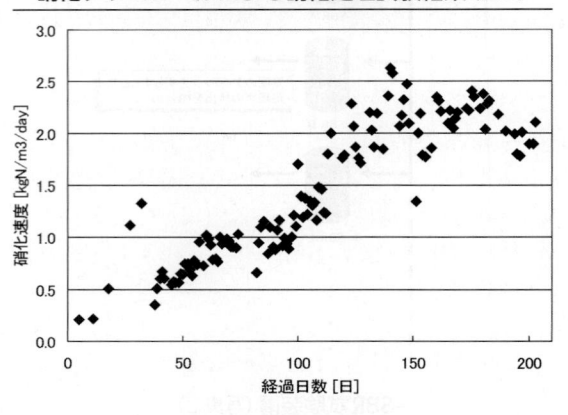

硝化グラニュール（写真4）

ラニュールの形成を確認した[5]（図3、写真4）。

5 今後の展開

　以上のように好気性グラニュール処理の研究は始まってから日が浅いものの、高負荷、省スペースなどの多くの利点を有している。しかしながら、グラニュールの形成過程や形成後にグラニュール表面に繊維状の微生物が発達したり、フロック状の微生物に覆われるなどにより沈降性が悪化する現象も確認されている。また、現在主流となっている連続処理への対応も望まれている。今後はパイロットスケールや実機へのスケールアップおよび処理の安定性、そして連続処理が大きな課題になるものと考えられる。

参考文献
1) M.K. de Kreuk, N. Kishida and M.C.M. van Loosdrecht, Aerobic granular sludge – state of the art, Water Sci. & Technol., 55(8-9), pp 75-81(2007)
2) B.S. McSwain Sturm and R.L. Irvine, Dissolved oxygen as a key parameter to aerobic granule formation, Water science & Technology, 58(4), pp.781-787 (2008)
3) J.H. Tay, Q.S. Liu, Y. Liu, The effects of shear force on the formation, structure and metabolism of aerobic granules, Appl Microbiol Biotechnol, 57, pp. 227-233 (2001)
4) Tsuneda S., Nagano T., Hoshino T., Ejiri Y.,Noda N. and Hirata A., Characterization of nitrifying granules produced in an aerobic upflow fluidized bed reactor, Water res., 37, pp. 4965-4973(2003)
5) 長谷部 吉昭，目黒 裕章，江口 正弘，常田 聡，半導体工場排水を対象としたグラニュールによる高速硝化パイロットスケール試験，第44回水環境学会年会講演集，p. 375(2010)

（長谷部吉昭）

9 機能水

1 オゾン水

(1) はじめに

　近年、半導体ウェハやFPD用ガラス基板の洗浄や表面処理にオゾン水を適用することは一般的となってきた。オゾン水とは文字通り、純水または超純水にオゾンガスを溶解させた「オゾンガス溶解水」のことで、オゾン分子やオゾン分子が水中で分解して生じる活性酸素種（OHラジカルなど）が持つ高い酸化力によって、処理対象物へ種々の効果を発現させる。その効果としては、①表面上の有機物を酸化させ低分子化して除去する ②基板表面を酸化させることにより表面を改質（親水化）させる ③溶解に高い酸化還元電位を要する一部金属を除去する、ことなどが挙げられる。以下にオゾン水の適用例を示す。

(2) 適用例

① 有機物除去

　クリーンルーム内で自然に付着した有機物をオゾン水で洗浄した結果を図1に示す。洗浄効果は接触角で確認した。接触角とは基板と基板に滴下した水滴がなす角度のことで、有機物が堆積して表面が疎水性になれば撥水性が増して接触角が高くなり、有機物が除去され清浄な基板（親水性）となれば接触角は低くなるため、有機汚染の指標として用いられている。酸化膜付きSi基板（SiO_2表面）をクリーンルーム中に5日間放置して自然に有機汚染させて、表面が疎水性になり接触角が25°程度になった基板を、超純水とオゾン水で洗浄した。基板を超純水で洗浄してもほとんど接触角は低くならないが、オゾン水では十秒から数十秒で清浄な基板と同等まで接触角が低下している。このようにオゾン水洗浄は、基板上の有機物除去および濡れ性改善に有効であることがわかる。ウェット処理の場合、有機物を完全酸化させなくても、低分子化して水溶化させることで除去されていると考えられる。

　ガラス基板表面に付着した指紋汚れを除去した結果を図2に示す。ガラス基板上に指紋を故意につけてからオゾン水で洗浄し、目視で除去効果を確認した。オゾン水は濃度と水温を変えて試験を行った。図2に示すように除去効果はオゾン水濃度と水温に正の相関がみられた。これはオゾン水洗浄において両因子が有機物の酸化促進や溶解促進に寄与するためと考えられる。実際の現場でオゾン水を適用するときもオゾン水濃度と水温に留意して条件検討を行うと良い。

　次にガラス基板上のレジストを除去した結果を図3に示す。レジスト厚は2800Å、オゾン水濃度は55mg/Lとした。オゾン水を浸漬処理槽に供給し、ガラス基板を浸漬処理した。レジスト厚は浸漬時間とともにエッチングされ、約10分で剥離された。オゾン水単独では強固なレジストを短時間で剥離することは困難だが、条件によっては剥離できることもある。

② 表面改質

　図4は希フッ酸で酸化膜を除去し、表面が疎水

オゾン水の有機汚染除去効果（図1）

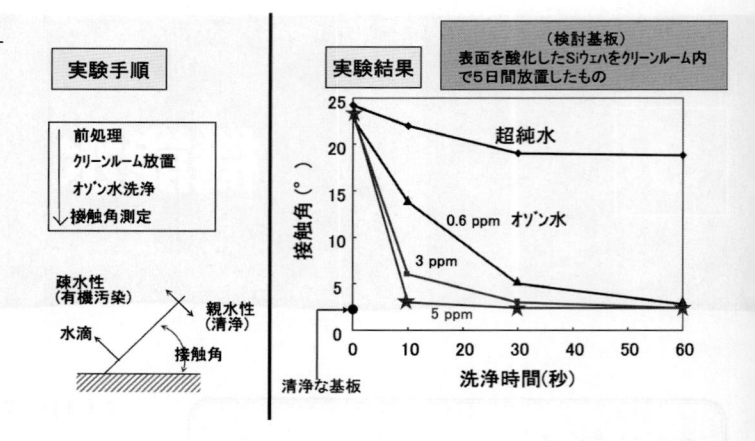

実験手順
- 前処理
- クリーンルーム放置
- オゾン水洗浄
- ↓
- 接触角測定

疎水性（有機汚染）／親水性（清浄）
水滴　接触角

実験結果

（検討基板）表面を酸化したSiウェハをクリーンルーム内で5日間放置したもの

縦軸：接触角（°）　横軸：洗浄時間（秒）
- 超純水
- 0.6 ppm オゾン水
- 3 ppm
- 5 ppm
- 清浄な基板

基板表面の指紋汚れ除去試験結果（図2）

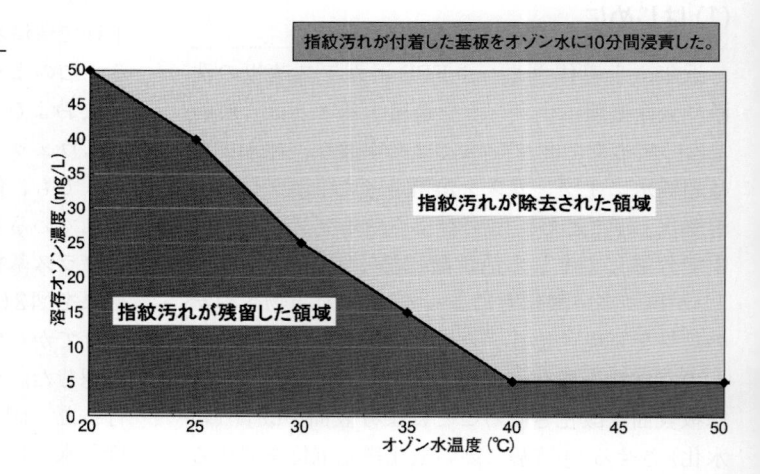

指紋汚れが付着した基板をオゾン水に10分間浸漬した。

縦軸：溶存オゾン濃度（mg/L）　横軸：オゾン水温度（℃）
- 指紋汚れが除去された領域
- 指紋汚れが残留した領域

オゾン水による基板表面のレジスト剥離試験結果
（オゾン水槽への浸漬による基板表面のレジスト厚さ経時変化）（図3）

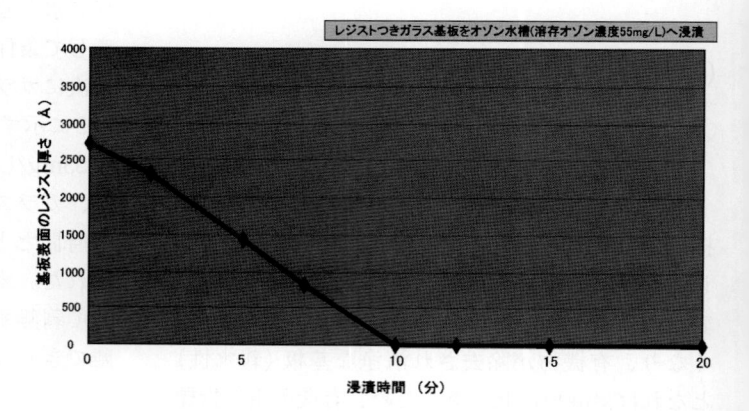

レジストつきガラス基板をオゾン水槽（溶存オゾン濃度55mg/L）へ浸漬

縦軸：基板表面のレジスト厚さ（Å）　横軸：浸漬時間（分）

溶存オゾン水濃度と酸化膜厚の関係（図4）

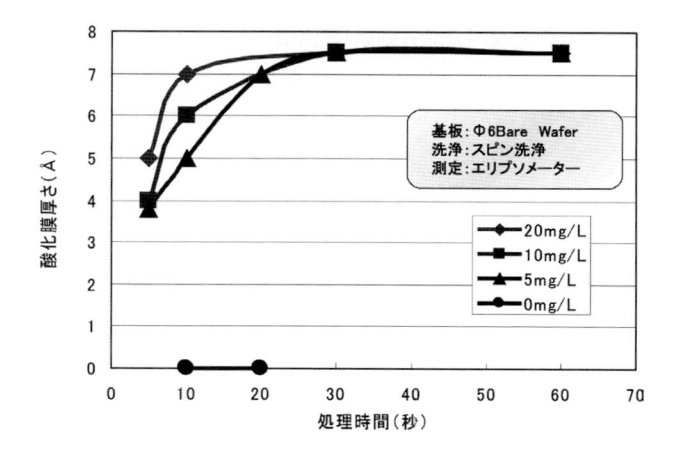

性となったSi基板（Si表面）をオゾン水処理したときの酸化膜厚みを示した結果である。濃度にほぼ因らず数十秒で一定の酸化膜厚みに達している。オゾン水の酸化作用によりSi表面がSiO_2へ改質されることがわかった。SiO_2表面とすることで、汚れやすいSi表面を保護し、乾燥時のウォーターマーク抑制に効果的である。

③ 金属除去

溶解（イオン化）するために高い酸化還元電位を要する銅などの金属の除去に対しては、オゾン水が有効に働く。図5はSi基板上の銅を除去した結果を示している。Si基板を、硫酸銅を添加した希フッ酸溶液に浸漬し、銅汚染させた。その後オゾン水と、比較としてSi基板上の金属を除去する一般的な薬液である塩酸過酸化水素溶液（HPM）で洗浄を行った。銅の除去効果は全反射蛍光X線分析で確認した。オゾン水はHPMより銅の除去効果が高いことがわかる。

④ 前処理洗浄

微粒子除去洗浄時に微粒子の上にも有機物が堆積していて、微粒子除去効果が十分に発揮されない場合がある。このようなとき微粒子除去洗浄の前にオゾン水洗浄を行い、予め微粒子上の有機物を除去すると、微粒子除去効果が上がることがある。これを模式的に示したものを図6に示す。このように洗浄の最初にオゾン水を適用することで、より効率的な微粒子除去が可能と考えられる。

(3) オゾン水製造技術

電子産業向けウェット処理においてオゾン水を製造する方法としては主に直接溶解方式と膜溶解方式の2通りがある。これらについて概説する。

① 直接溶解方式

特殊エゼクターなどを用いてオゾンガスを直接被処理水へ溶解させてオゾン水を製造する方法の概念図を図7に示す。被処理水にオゾンガスが気泡状で供給され、気液混合状態でユースポイント付近まで送水される。オゾン水中では、溶存オゾン分子の酸素への分解が起きているが、この方式では気液混合状態で送水されることによって、気泡状のオゾンガスから水中への追加溶解が起こり、オゾン濃度が維持されやすいという利点がある。

送水された気液混合状態のオゾン水がユースポイント近傍で気液分離されて、洗浄装置へはバブルフリーオゾン水が供給される。またユースポイントで使用されなかった余剰のオゾン水は末端で気液分離されて回収される。

濃度低下を抑制できるので膜溶解方式では困難なオゾン水の長距離送水が可能となり、複数の洗

オゾン水の金属汚染除去効果(銅汚染)(図5)

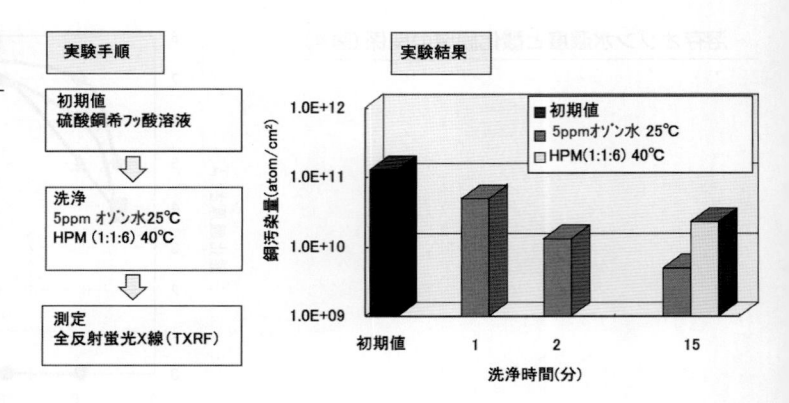

実験手順
- 初期値 硫酸銅希フッ酸溶液
- 洗浄 5ppm オゾン水 25℃ / HPM (1:1:6) 40℃
- 測定 全反射蛍光X線(TXRF)

実験結果

縦軸：銅汚染量(atom/cm²)、横軸：洗浄時間(分)
凡例：■初期値、■5ppmオゾン水 25℃、□HPM(1:1:6) 40℃

オゾン水による洗浄効果のイメージ図(図6)

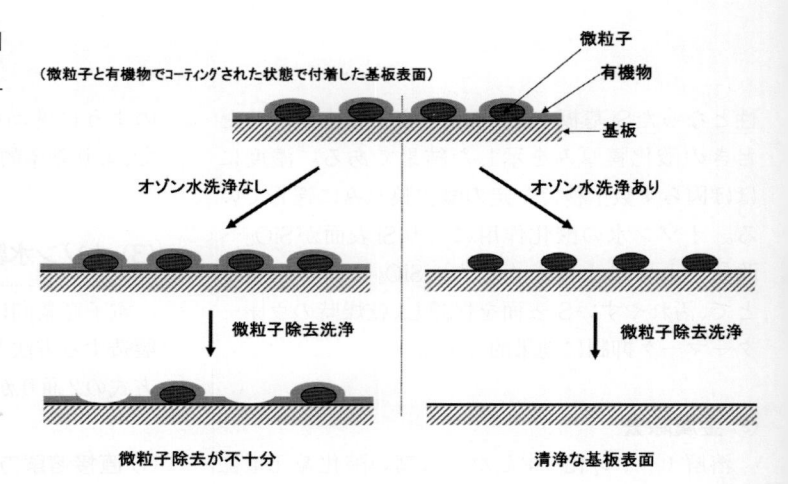

(微粒子と有機物でコーティングされた状態で付着した基板表面)
微粒子／有機物／基板

- オゾン水洗浄なし → 微粒子除去洗浄 → 微粒子除去が不十分
- オゾン水洗浄あり → 微粒子除去洗浄 → 清浄な基板表面

直接溶解方式によるオゾン水供給システムの基本構成(図7)

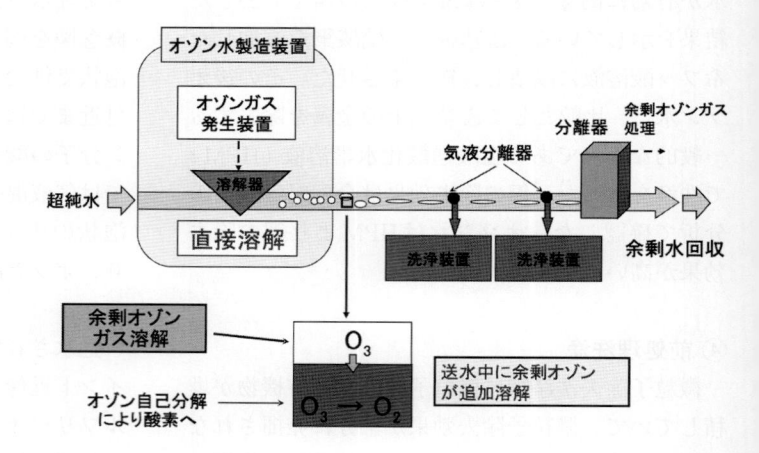

オゾン水製造装置
- オゾンガス発生装置
- 溶解器
- 直接溶解

超純水 → 気液分離器 → 分離器 → 余剰オゾンガス処理
→ 洗浄装置 → 洗浄装置 → 余剰水回収

余剰オゾンガス溶解 → O_3 → 送水中に余剰オゾンが追加溶解
オゾン自己分解により酸素へ → $O_3 \rightarrow O_2$

セントラル方式によるオゾン水供給例
（図8）

**膜モジュール方式による
オゾン水製造装置の基本構成**（図9）

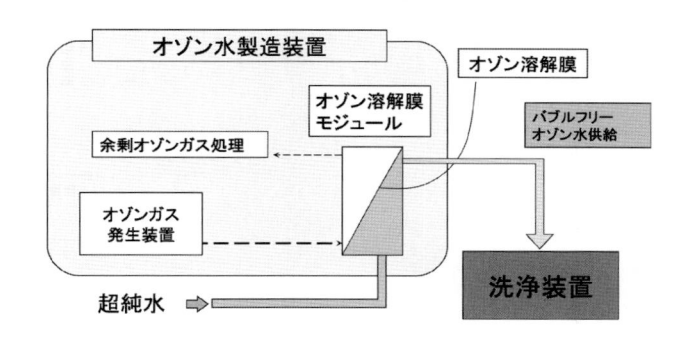

浄機へ一括してオゾン水を供給する、いわゆるセントラル方式として用いられる。セントラル方式でのオゾン水供給の概念図を図8に示す。

② 膜溶解方式

オゾン溶解膜モジュールを用いてオゾン水を製造する概念図を図9に示す。オゾン溶解膜モジュールは、耐オゾン性に優れたフッ素樹脂製のオゾン溶解膜を隔てて、気相側にオゾンガス、液相側に被処理水（図9の場合は超純水）を供給し、オゾン溶解膜を介してオゾンガスを被処理水に溶解させる。被処理水の水圧より低い圧力でオゾンガスを溶解させることができるため、洗浄装置へバブルフリーオゾン水を供給することができる。

濃度低下を止めることはできないが簡便にオゾン水が得られるため、使用場所の直近にオゾン水製造装置を設置するone by one 方式で一般的に用いられている。

ここで膜モジュール方式と直接溶解方式の送水距離とオゾン水濃度の相関について図10に示す。膜溶解方式ではオゾン水製造装置出口からほどなくして濃度低下が起こっているが、直接溶解方式では濃度低下が緩やかとなっており100m先でオゾン水濃度 20mg/L を給水することも可能である。

(4) おわりに

オゾン水はその強い酸化力で有機物除去、表面改質（親水化）、銅などの一部金属の除去などに用いられる。一方、その強い酸化力は使用部材へもダメージを与える可能性がある。オゾン水使用の際には接液部材にも留意する（耐オゾン性があ

膜溶解方式と直接溶解方式における
オゾン水送水距離とオゾン濃度の関係 (図10)

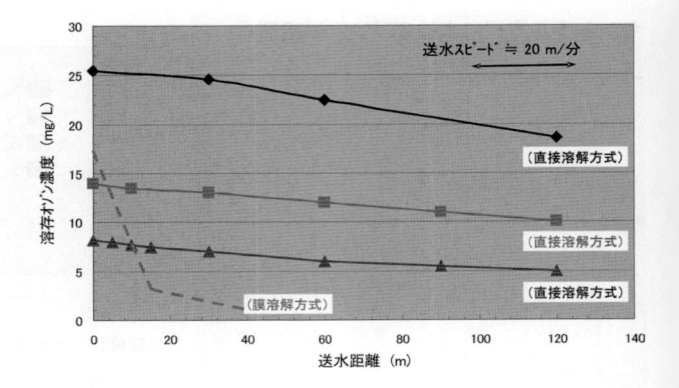

除去率とダメージ数の超音波出力依存性
(水素水洗浄) (図11)

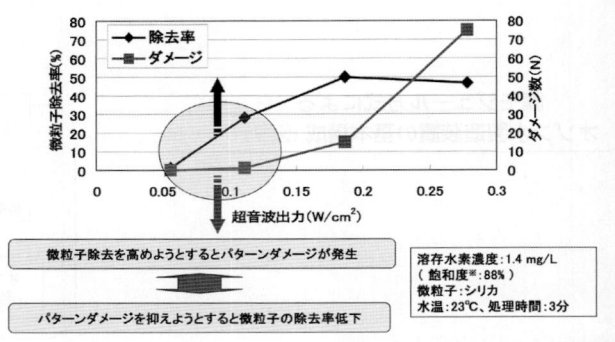

微粒子除去を高めようとするとパターンダメージが発生

パターンダメージを抑えようとすると微粒子の除去率低下

溶存水素濃度：1.4 mg/L
(飽和度※：88%)
微粒子：シリカ
水温：23℃、処理時間：3分

※飽和度＝溶存ガス濃度(mg/L)／その水温における飽和濃度(mg/L)

水素水と窒素水の超音波出力依存性 (図12)

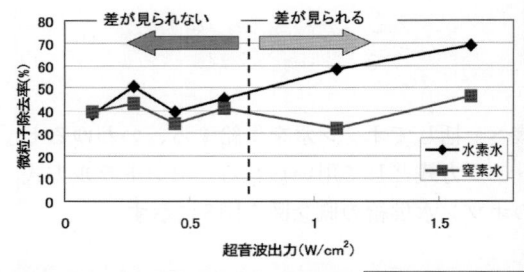

超音波の低出力領域では、水素水と窒素水の微粒子除去性能に差が見られなくなっている。

超音波出力：0.111W/cm²
微粒子：アルミナ
ガス飽和度：95%
水温25℃、処理時間5分

超音波低出力域での水温依存性 (図13)

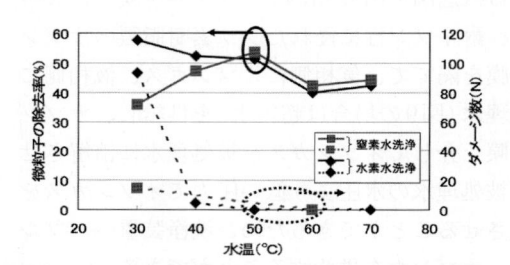

低出力の超音波を用い、水温、ガス飽和度を高くすることでパターンにダメージを与えない洗浄が可能。

超音波出力：0.08W/cm²
微粒子：シリカ
窒素飽和度：95%、水素飽和度：95%
処理時間：3分

る樹脂としてPFAやPTFEなどのフッ素樹脂が多く用いられる）必要がある。またオゾンは独特の臭気があり、人体に有害であるため、使用場所では換気を十分にとることが必要である。種々の対策を施し安全に使用することで、有益な洗浄が行えると考える。

2 窒素水

(1) はじめに

半導体製造におけるウェット処理工程では、LSI製造プロセスの発展にともない様々な技術開発が図られてきた。低濃度薬液使用による基板エッチングロス低減、薬液排出量削減による環境負荷低減、超音波併用による微粒子除去性能の向上などがその主な成果である。近年、更なるパターンの微細化により、洗浄工程で生じるパターンダメージが顕在化してきた。これは高い微粒子除去率を得るために洗浄の物理力を高めようとするとパターンへ与える力も大きくなりパターン欠陥を引き起こすためで、微細化が進むとより顕在化すると考えられる。この課題に対して様々な検討がなされており、その一つに窒素水を用いた超音波洗浄条件の検討が挙げられる。この検討について次章に述べる。

(2) 検討結果

微粒子除去評価は8インチウェハにシリカ微粒子で約6000個/ウェハ（粒径0.065μm以上）付着させたものを用いた。パターンダメージ評価は8インチウェハにアスペクト比2.6のパターンをつけたものを用いた。

図11に微粒子除去率とパターンダメージの超音波依存性を示す。微粒子除去率を高めるために超音波出力を上げると、パターンダメージが発生することがわかる。このことからパターンダメージが少ない超音波低出力域で種々検討を行った。

図12に超音波出力と水素水、窒素水の除去率の比較を示す。高出力域では水素水が高い除去率を示すが、パターンダメージが少ない低出力域では水素水と窒素水で除去率に差がないことがわかった。低出力域では水素水より製造が容易な窒素水で対応が可能であることがわかった。

図13に超音波低出力域での水温依存性を示す。ガス飽和度（溶存ガス濃度(mg/L) ÷ その水温におけるガス飽和濃度(mg/L) × 100）が100％付近とき、水温を高くすることで除去率を維持したままパターンダメージを与えない洗浄が可能であることがわかった。

(3) おわりに

パターンにダメージを与えると考えられていた超音波洗浄でも超音波出力や洗浄水の供給条件などを見直すことで、微細パターンへの洗浄にも適用できる可能性があることがわかった。今後、検討が進み幅広く適用されることを期待する。

参考文献
1) 井田、森田他、"加温窒素水を用いたダメージレス超音波洗浄の検討"、第57回応用物理学関係連合講演会

（床嶋裕人）

3 水素水、電解水

(1) はじめに

「機能水」は、現在では広く一般的に使われている言葉であるが、その明確な定義はない。通常、特に応用分野を特定することなく「機能水」と呼ばれる水は、水道水などを電気分解して製造する殺菌用酸性電解水や飲用アルカリ性電解水を指すことが普通だろう。食塩などの塩が溶解している水道水を電気分解して陰極側の水を取り出せば、ナトリウムなどの陽イオン濃度が高いアルカリ性

電解水を得ることができる。同時に陰極では還元反応が進行するので、アルカリ性電解水は還元性の性質も持っている。逆に陽極側の水を取り出せば、塩化物イオンなどの陰イオン濃度が高い酸性電解水が得られる。陽極では酸化反応が進行するので酸性電解水は酸化性の水である。特に殺菌用の酸性電解水の酸化性は、塩化物イオンの酸化反応で生成する次亜塩素酸や塩素酸由来である。このように、塩が溶解している水を電気分解すると、塩由来の陽イオン・陰イオンの濃度の偏り（酸性・アルカリ性）と、電極表面の反応で生成する酸化性・還元性の発現が同時に起きる。これら電解機能水の効果や応用について、最近では科学的な議論や安全性の評価が活発に行われている[1]。

一方、主に電子部品等の精密洗浄に使用される「表面洗浄用機能水」は、上記のような水道水を原水とする電解水とは異なり、塩などの不純物を含まない純水を原水とした機能水、あるいは高純度の酸またはアルカリを微量添加した純水ベースの機能水である。電子デバイス分野における機能水利用のはじまりとなった電解イオン水洗浄技術は、従来の高濃度（%オーダー）薬液による洗浄技術に対して、低濃度（ppmオーダー）の薬品を使用した環境に優しい新しい洗浄技術として提案された[2]。その後、純水をベースに酸化還元電位を制御する考えが広まり、様々な機能水の検討が進められてきた[3]。

図14に示すCu-水溶液系におけるpH-電位図の中で、機能水（酸化性水、還元性水）の性質を従来の洗浄用薬液と比較する。水溶液のpHおよび酸化還元電位によって、Cuの存在形態が変化する。例えばシリコン基板表面のCu汚染を洗浄除去したいときは酸性で酸化性のHCl添加オゾン水などが有効であり、一方、配線用のCu薄膜の腐食を抑制したいときは中性ないし弱アルカリ性の水素水で保護すればよいことがわかる。このように表面洗浄用機能水の種類と用途は多岐にわたっているが、本稿では以降、

・水素水の製造技術

・水素水による微粒子除去

・還元性水（水素水）による表面酸化腐食抑制プロセスをテーマに、電子デバイス製造工程向け機能水利用洗浄技術について解説する。

(2) 水素水の製造技術

図15に、電子デバイス製造工程向け水素水製造装置の構成例を示す。まず、脱気装置で超純水中の溶存酸素をppbレベルまで除去する。具体的には、ガスは透過するが水は透過しない材料の中空糸膜を利用した真空脱気技術（膜脱気）を使用することができる。先端半導体工場へ供給される超純水では、既に溶存酸素が極めて低い濃度まで除去されているが、このような場合は脱気装置を削除することができる。次に、超純水へ水素ガスを溶解する。ここでは脱気に使用した膜と同様の膜モジュールを使用することによって、水素ガスを気泡ではなくガス分子の状態で溶解させている。溶解する水素ガスはボンベ供給でもガス配管による供給でも良いが、爆発性を有する水素ガスを貯蔵あるいは長距離供給することは安全上のリスクがあるため、溶解モジュールの直近に水素ガス発生装置を設置して、発生した水素ガスを溶解モジュールで超純水に注入する方式を採ることが多い。こうすることによって、システム内に存在する水素ガスの量を最小にすることができる。水素ガス発生装置では、超純水を電気分解して陰極から水素ガスを発生させる。

超純水に水素ガスを溶解しただけの水素水でも有効なアプリケーションを有するが、次項に述べるとおり、微量のアンモニア等を添加した弱アルカリ性水素水で微粒子汚染の除去効果が最大となるので、数ppm〜数十ppmのアンモニア添加機構を搭載する場合が多い。

最後に、添加したアンモニア濃度と水素濃度をモニター計器で測定して、水素水を洗浄プロセスへ供給する。

(3) 水素水による微粒子除去

水素水は、超音波洗浄に適用した場合に特に高い微粒子除去効果を発揮する。図16にアルミナ

微粒子で故意汚染したガラス基板を枚葉スピン洗浄装置で洗浄した時の微粒子除去結果を示す。各種ガス溶解水を周波数1MHzの超音波ノズルから噴射して洗浄効果を比較した。洗浄前後の微粒子数測定は0.5μm以上の微粒子について行った。溶存ガスを全く含まない脱気水（Degassed UPW）では微粒子はほとんど除去できないのに対して、窒素や酸素を溶存することによって洗浄効果が向上する。水素水洗浄が最も洗浄能力が高い結果が得られた。超音波洗浄には溶存ガスが必要であり、ガスの種類としては水素が最適と言える。

図17では、窒素水と水素水にそれぞれアンモニアを添加して弱アルカリ性にした時の効果を比較した。アンモニアを約10ppm添加してpHを約10になるよう調整した。弱アルカリ性にすることで、基板と付着微粒子のゼータ電位がいずれも負となり、電気的反発による付着防止効果が加わることによって、窒素水でも水素水でも微粒子除去効果が向上した。このときも窒素水と比較して水素水の能力が優れる結果となった。

水素水中の水素濃度の影響を調べた結果を図18に示す。pH=7（アンモニア添加無し）、pH=8（アンモニア約0.1ppm）、pH=10（アンモニア約10ppm）に調整した3種類の水素水で洗浄効果を調べた。いずれも溶存水素濃度を上げると洗浄能力が向上する。pHが10のときは溶存水素濃度1ppm未満でも除去率がほぼ100％に達した。洗浄対象基板表面の耐アルカリ性に不安がある場合は、溶存水素濃度を1.5ppm以上にするのが望ましい。

ここまでは、枚葉スピン洗浄で超音波ノズルから水素水を供給する場合の洗浄効果を紹介したが、バッチ浸漬型超音波洗浄の場合は少し状況が異なってくる。図19にバッチ超音波洗浄装置に水素水を供給して洗浄したときの微粒子除去性能を示す。（（株）カイジョー殿提供データ）シリコンウェハにSi₃N₄微粒子を故意汚染して、洗浄前後の0.06μm以上の微粒子数について評価した。中性の水素水よりアンモニア添加で弱アルカリ性にした方が洗浄性良く、溶存水素濃度の上昇

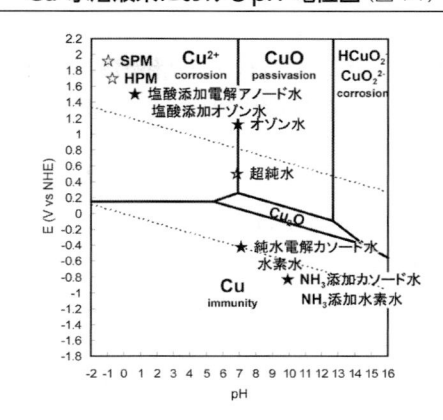

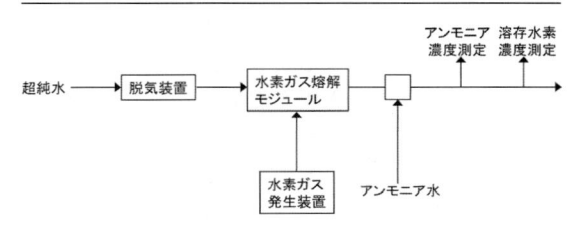

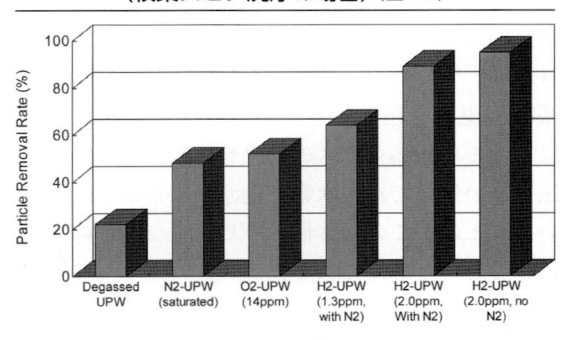

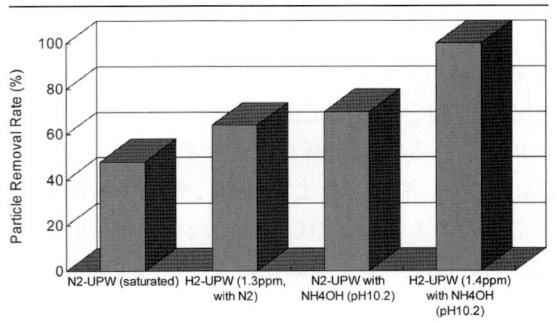

に伴って洗浄能力が向上することは枚葉洗浄と同じだが、水素濃度を上げれば上げるほど結果が良い枚葉洗浄に対して、バッチ洗浄の場合には水素濃度1.5ppm前後に洗浄能力のピークが存在する。この濃度は大気圧における水素の飽和溶解濃度とほぼ一致することから、過剰に溶解した水素が超音波槽内で大きな気泡となって超音波のエネルギーを減衰させたからだと考えられる。枚葉超音波ノズルの場合は、水素水が基板に到達するまでに一部の水素が大気中に逃げるため、バッチ洗浄における最適水素水濃度のピークは存在しない。

水素水に代表されるガス溶解水と超音波洗浄を組み合わせた時の洗浄効果は気体性キャビテーションで説明できる[4,5]。超音波による音圧の変化が負の方向に変化するときに溶存ガスが気泡核に入り込み、気泡の膨張を促進する。これを気体性キャビテーションと呼ぶが、この気泡の膨張収縮に伴う局所的な速い水の流れが微粒子除去に効いてくる。気体性キャビテーションについては気体の種類によって入りやすさが異なる。蒸気圧の高い気体、すなわち水に溶け込みにくい気体であるほど気泡核に侵入しやすい。その一方、蒸気圧が高い気体は水中で気泡核を大きくすることができない。すなわち、蒸気圧が高いほど、気泡の膨張収縮現象を起こしやすい。図16で超音波洗浄における各種溶存ガスの効果を比較したが、蒸気圧が高い気体である水素の洗浄効果が最も優れていたことは、この気体性キャビテーションの効果によるものと考えられる。

(4) 還元性水（水素水）による表面酸化腐食抑制プロセス

図14のpH-電位図からわかるように、還元性水（水素水）中でCuはイオン化されにくい状態となるので、Cuの酸化や溶解を抑制することができる。応用としてはCu-CMP後の酸化抑制などに用いられる。Cu配線は酸化や腐食し易いため、CMPの後、洗浄するまでの間に充分な管理をする必要がある。現在のCu-CMP装置では研磨装置に洗浄装置がインライン化あるいはビルトイン化されているので洗浄待ち時間による腐食の問題は少ないが、洗浄装置にトラブルが発生した場合には、研磨後のウェハが乾燥しないように数時間近く水中で保管されることになる。保管中にはウェハの表面に酸化剤を含む多量の研磨剤が吸着しているため、Cu配線の表面が酸化や腐食される可能性がある。このような場合に単なる純水に保管するよりも還元性水（水素水）に保管した方が表面の酸化を抑制できることが報告されている[6]。一方、中性の酸化性水（純水電解アノード水）は、めっきCuをCMPした際、残留する硫酸成分を効果的にリンス除去でき、Cu配線の信頼性を高められることも報告されている[7]。

ダマシンCu配線の孤立ビア形成プロセスで、ドライエッチングおよびアッシングに続く有機ポリマー洗浄時にビア底に発生するCu腐食を抑制する目的で、薬液洗浄後の純水リンスに水素水を適用した結果を図20に示す[8]。リンス水として、CO_2水、高溶存酸素純水、低溶存酸素純水、水素水を比較した。CO_2水および高溶存酸素純水で発生するCu腐食が低溶存酸素純水で低減でき、水素水ではほとんど発生しない。リンス雰囲気をN_2パージして大気からの酸素溶け込みを遮断するとさらに効果的に腐食抑制できる。これらの結果は、図20右に示した各リンス液のpH-電位図で説明できる。この工程に水素水を適用して酸化還元電位を下げることによってCu腐食の抑制が可能となる。

(5) まとめ

次世代半導体デバイスやディスプレイデバイスの高性能化の中で、微細化と新規材料の適用は今後も続く。このような状況の中で洗浄技術は、汚染物質の除去能力向上と同時に、微細パターンや新規材料へのダメージ低減に留意する必要がある。また、環境に対する悪影響を減らす努力も要求される。従来の高濃度薬液洗浄に代わって、材料にも環境にも優しい純水ベースの機能水利用洗浄技術が活躍する場面は、今後ますます広がっていくだろう。

水素水による微粒子除去における水素濃度の影響（枚葉スピン洗浄の場合）（図18）

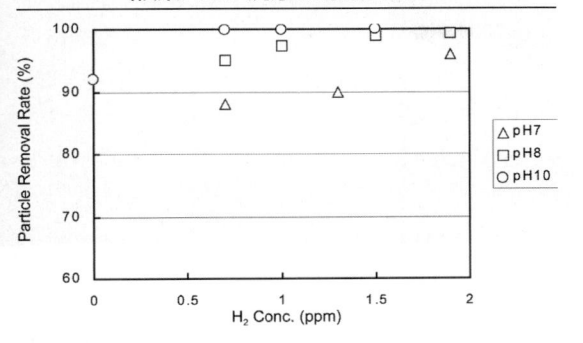

水素水による微粒子除去バッチ洗浄における水素濃度の影響（図19）

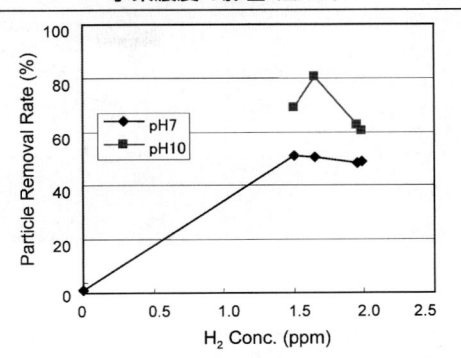

Cu腐食に対する溶存／環境酸素濃度の影響および水素水の効果（図20）

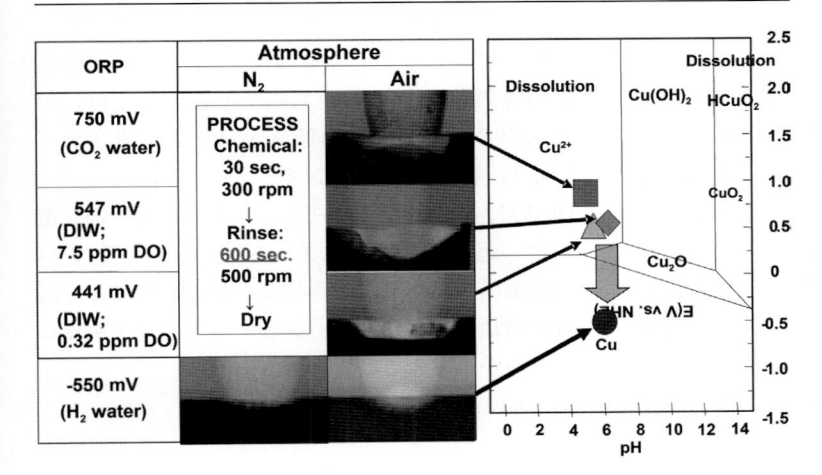

参考文献

1) 第7回学術大会講演要旨集, (日本機能水学会, 2008)
2) H. Aoki, M. Nakamori, N. Aoto, and E. Ikawa, Symposium of VLSI Technology, p. 107 (1993).
3) K. Yamanaka, T. Imaoka, T. Futatsuki, Y. Yamashita, K. Mitsumori, Y. Kasama, H. Aoki, S. Yamasaki and N. Aoto, Langmuir, 15, 4165 (1999).
4) J. Soejima, Kagaku Kogaku, 72, 617 (2008).
5) K. Okano, Tribology, 247, (3), 51 (2008).
6) H. Aoki, D. Watanabe, S. Hotta, C. Kimura, and T. Sugino, Electrochemical Society Transactions, 11, (2), 19 (2007).
7) M. Kodera, Y. Matsui, H. Kosukegawa, N. Miyashita, M. Kamezawa, and K. Ito, Proc. of IEEE International Interconnect Technology Conference, p. 105 (2002).
8) M. Imai, Y. Yamashita, T. Futatsuki, M. Shiohara, S. Kondo, and S. Saito, Ext. Abst. of International Conference on Solid State Devices and Materials, 66 (2008).

（二ツ木高志）

10 イオンフィルター
～超純水中の極微量金属除去用としての適用～

1 超純水中の不純物が電子デバイス製造に及ぼす影響

　半導体デバイスなどの製造工程で用いられる超純水は、製品の微細加工化に伴い、年々要求水質が厳しくなっている。超純水の要求水質の指標とされるITRS[International Technology Roadmap of semiconductor]（表1）[1]によると、管理が必要な超純水中の不純物としては、微粒子、金属類、有機物（TOC）、生菌類、イオン類、シリカ、溶存ガス（DO、DN）などが挙げられている。超純水の高水質化を図るためには、これらの不純物レベルを極限まで低減すること、且つその水質に揺らぎ（変動）がないことが求められる。

　ITRSでは、超純水の水質が何処で要求され、何処で測定されるかという点を重要視している。測定箇所を供給ポイント＝超純水装置出口（POD：Point of Delivery）、洗浄装置入口（POE：Point of Entry）、ユースポイント＝装置内部（POU：Point of Use）とした場合、超純水の水質は、上記3つのポイント間での変化が大きく、管理には特に注意が必要である（図1）。その点を考慮すると、超純水の要求水質は、ユースポイント（POU）で規定されるのが望ましいが、測定が困難なため洗浄装置入口（POE）での規定となっている。

　各不純物は、超純水中に存在することで半導体デバイスなどに影響を与えるが、このうち微粒子と金属は他の不純物と比べてより低濃度での管理が要求されている。ITRS2009では、超純水中の金属不純物は1ng/l（以後pptと記載）以下と規定されている。金属類は他不純物と比較して超純水中に極微量存在するだけでも、洗浄工程中に超純水中からデバイス表面に付着が起こり、半導体デバイスの絶縁膜信頼性劣化や各種リーク電流などを生じさせる。製造技術が進歩してゲート酸化膜の薄膜化など微細加工化が進む昨今では、超純水中の金属不純物の低減が益々重要視されている[2]。特に、デザインルールが$0.1\mu m$以下のDRAM、フラッシュメモリ、システムLSIの製造では、超純水水質としてsub-ppt（1ppt未満）レベルの金属不純物による汚染が製品の歩留まりや品質、信頼性などに大きく影響する可能性があることがわかってきている。

2 超純水水質の現状及びイオンフィルターの必要性

　超純水装置出口（POD）での金属不純物濃度の測定例を表2に示す。表2より超純水中の金属不純物はITRSで要求される1ppt以下を大きく下回っており、要求水質を十分に満たしていることがわかる。さらに、sub-pptレベルの微量域に着目すると、原水水質の違いやシステム構成の違いなどに由来する超純水の水質の相違が見られた。今までの実績から金属不純物は殆どの元素が0.05pptを下回るが、そのうちナトリウム（Na）、マグネシウム（Mg）、アルミニウム（Al）、カルシウム（Ca）、鉄（Fe）、ニッケル（Ni）等の元素は0.05pptを超えて検出されることが多いことがわ

超純水の要求水質　atPOE※1（表1）

Year of Production	2007	2008	2009	2010	2011	2012	2013	2014	2015
DRAM 1/2 Pitch(nm)(contacted)	65	57	50	45	40	36	32	28	25
比抵抗(MΩ·cm)	18.2	18.2	18.2	18.2	18.2	18.2	18.2	18.2	18.2
TOC(μg/l)	<1	<1	<1	<1	<1	<1	<1	<1	<1
バクテリア(cfu/l)	<1	<1	<1	<1	<1	<1	<1	<1	<1
SiO_2(μgSiO_2/l)	<0.5	<0.5	<0.5	<0.5	<0.3	<0.3	<0.3	<0.3	<0.3
微粒子数　>0.05(個/ml)	<0.9	<0.9	<0.3	<0.3	<0.3	<0.2	<0.2	<0.2	<0.1
溶存酸素(μg/l)	<10	<10	<10	<10	<10	<10	<10	<10	<10
溶存窒素(mg/l)	8-12	8-18	8-18	8-18	8-18	8-18	8-18	8-18	8-18
金属(ng/l, each)[※2]	<1.0	<1.0	<1.0	<1.0	<1.0	<1.0	<1.0	<1.0	<1.0
アニオン/アンモニア(ng/l,each)[※3]	<50	<50	<50	<50	<50	<50	<50	<50	<50

※1　POE：洗浄装置入口
※2　Al, As, Ba, Ca, Co, Cu, Cr, Fe, K, Li, Mg, Mn, Na, Ni, Pb, Sn, Ti, Zn
※3　F^-, Cl^-, NO_2^-, NO_3^-, PO_3^{2-}, Br^-, SO_4^{2-}, NH_4^+

（ITRS2009より抜粋）

かっている。

　このように超純水中の金属不純物濃度は要求水質を十分にクリアした状況にあるが、ⅰ）sub-pptレベルの金属不純物濃度でも製品の歩留りに影響がでる状況のため水質として不十分となるケース、ⅱ）製品の歩留りには影響は出ていないがウエハ表面濃度の製品管理値をクリアできないケース、ⅲ）ウエハ表面濃度の製品管理値はクリアできているが変動が問題となるケースなどが確認されるようになり、超純水の水質をより低いレベルで安定して供給することが急務となっている。

　超純水装置出口にて超純水水質が変動する要因は多岐にわたっている。例えば、季節変動による原水水質の変動、超純水装置のメンテナンスなど非定常作業の実施が挙げられる。超純水製造装置メーカーでは、メンテナンス時の水質変動を抑えるために、サブシステム内に使用するCP（カートリッジポリッシャー：非再生型イオン交換樹脂）のクリーン化、UF（限外ろ過膜）のクリーン化、メンテナンス作業方法の改善など様々な対策を行っている。

　先にも述べたが超純水の水質は使用点（以下POUと略す）である洗浄槽の水質がどのレベルにあるかということが最も重要である。なぜなら、超純水装置から超純水をより低いレベルで安定供給していても、超純水装置から洗浄装置まで輸送する間や洗浄装置内で汚染を受けて不純物濃度が増加することがあるからである。超純水が超純水

イオンフィルター設置箇所（図1）

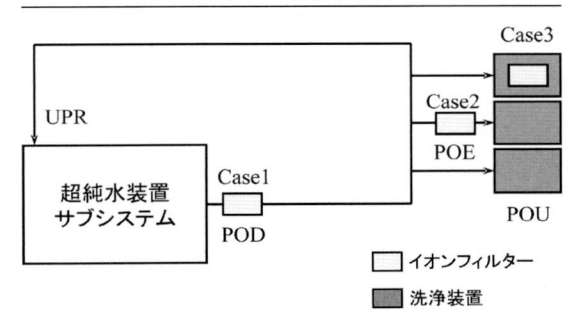

超純水水質測定例-1　[ng/l]　atPOD（表2）

	超純水A	超純水B	超純水C	超純水D	超純水E
Na	0.01	0.06	0.3	0.02	0.08
Mg	0.01	<0.01	0.01	0.02	<0.01
Al	0.01	<0.01	0.03	0.2	0.3
K	0.03	<0.01	0.06	0.01	0.01
Ca	0.04	0.02	0.3	0.4	0.05
Cr	<0.01	<0.01	<0.01	<0.01	<0.01
Mn	<0.01	<0.01	0.01	0.01	0.03
Fe	<0.01	0.02	0.04	0.1	0.04
Co	<0.01	<0.01	<0.01	0.01	<0.01
Ni	<0.01	0.01	0.02	0.05	0.05
Cu	<0.01	<0.01	<0.01	0.03	0.01
Zn	<0.01	<0.01	<0.01	<0.01	<0.01
Pb	0.3	<0.01	<0.01	<0.01	0.01

超純水水質測定例-2 [ng/l] (表3)

	POD	UPR	⊿
Na	0.2	0.3	0.1
Mg	0.02	0.03	0.01
Al	0.1	0.1	0
K	0.01	0.02	0.01
Ca	0.1	0.2	0.1
Cr	0.01	0.01	0
Mn	0.02	0.1	0.08
Fe	0.4	0.5	0.1
Co	0	0.01	0.01
Ni	0.02	0.06	0.04
Cu	0.03	0.06	0.03
Zn	0.01	0.02	0.01
Pb	0.01	0.02	0.01

※サブシステム循環運転1週間後にサンプリング

装置から洗浄装置まで輸送される間に水質が汚染された例を表3に示す。超純水装置出口（POD）とPOUの代用として超純水装置出口からPOUを通って超純水装置に戻ってきたリターン水(UPRと略す)の水質を超純水装置運転初期（サブシステム循環運転1週間後）に比較した結果である。超純水装置出口よりUPRの方が金属不純物濃度が高いことがわかる。超純水は超純水装置出口から配管によって数十メートルから長い場合は数百m先のPOUに運ばれるため、超純水装置出口以降に使用されている配管等の部材からの溶出の影響を受け、超純水装置出口とUPRの水質に差が出ることがある。

最近では、前述のような背景や要求を受けて、超純水中の極微量金属不純物除去用として、超純水装置後段（Case1）や洗浄装置入口(Case2)、洗浄装置内(Case3)にイオンフィルターが提案されているが、超純水装置出口の高水質化は達成されても、洗浄装置に供給するまでに汚染を受ける可能性があるため、洗浄装置直近または洗浄装置内への設置が最も有効である（図1）。

3 イオンフィルターとは

(1) イオンフィルターの製法

　超純水中の極微量金属不純物除去用に使用されるイオンフィルターは、高分子ポリエチレンに放射線グラフト重合でイオン吸着基を導入したものが実用化されている。放射線グラフト重合法は、繊維や粒子、膜などの基材の特性を損なうことなく新しい機能を付加する機能性高分子材料の製造手法として優れた技術である。放射線グラフト重合法はイオン吸着基が脱離しにくく、基材であるポリエチレンは低不純物品が製造可能で基材からの溶出の影響を小さくできることから、超純水用途に適している。

　イオンフィルターの製造工程を図2示す。ポリエチレンにγ線を照射するとC-H結合が切れてラジカル(C・)ができる。このラジカルを二重結合を持つ反応液と接触させるとグラフト高分子鎖ができる。次に、グラフト鎖に官能基を導入してイオンフィルターが完成する。4級アンモニウム塩基（アニオン吸着基）、スルホン酸基(カチオン吸着基)、イミノジ酢酸基（キレート基）など様々な官能基が導入可能であるが、超純水用の極微量金属不純物除去用のイオンフィルターとしては、カチオン吸着基（スルホン酸基）を導入したカチオン吸着膜が実用化されている。カチオン吸着膜は、鉄（Fe）などの重金属類、ナトリウム（Na）などのアルカリ金属、カルシウム（Ca）などのアルカリ土類金属やアンモニア（NH_3）、アミン類など幅広いカチオン成分の除去が可能である。

　グラフト重合によって製造されたイオン吸着機能を有する高分子材料は、他にも空気浄化用のケミカルフィルターや電気式脱塩装置の脱塩体、などにも利用されている。

(2) イオンフィルターによる金属除去の機構及び特徴

　イオンフィルターの構造の模式図を図3、イオン交換樹脂の構造の模式図を図4に示す。超純水

放射線グラフト重合模式図[4]（図2）

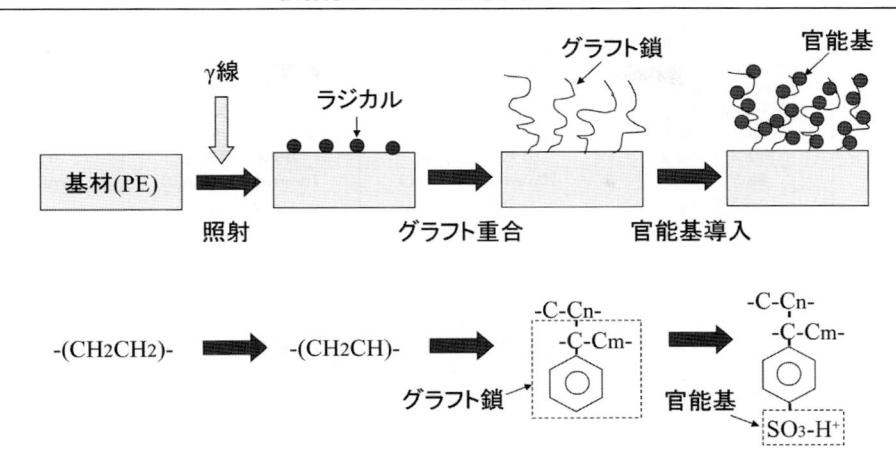

イオンフィルター模式図（図3）

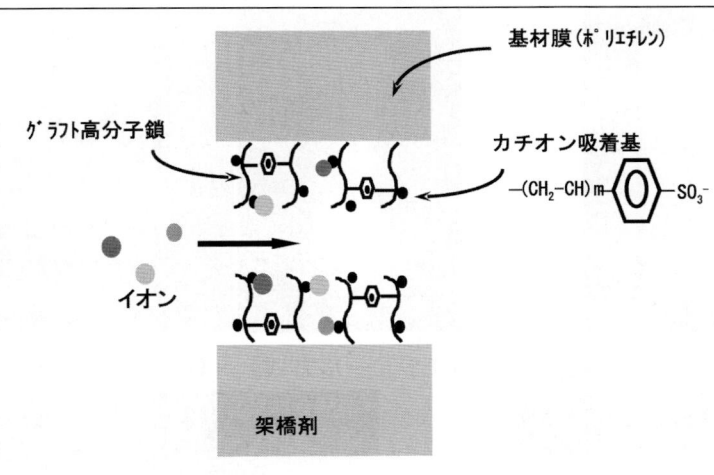

イオン交換樹脂模式図（図4）

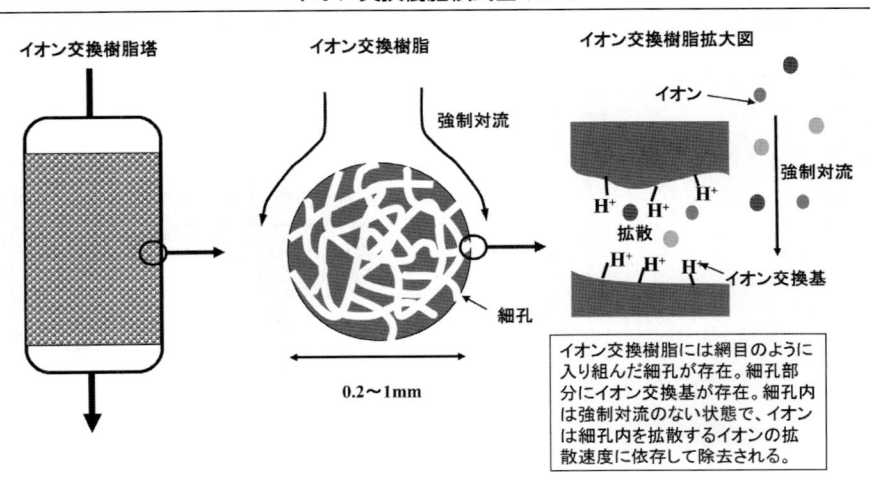

0.2〜1mm

イオン交換樹脂には網目のように入り組んだ細孔が存在。細孔部分にイオン交換基が存在。細孔内は強制対流のない状態で、イオンは細孔内を拡散するイオンの拡散速度に依存して除去される。

各社イオンフィルターの仕様(表4)

メーカー	オルガノ株式会社[※1]		マイクロリス	日本ポール
製品名	イオン吸着膜 一体型	イオン吸着膜 カートリッジ	プロテゴCF	イオンクリーンAQ
メディア 構造	モジュール方式 焼結タイプ	カートリッジ方式 焼結タイプ	カートリッジ方式 プリーツタイプ	カートリッジ方式 プリーツタイプ
メディア 基材	ポリエチレン多孔膜	ポリエチレン多孔膜	ポリエチレン多孔膜	ポリエチレン多孔膜
交換基	カチオン吸着基	カチオン吸着基	カチオン吸着基	カチオン吸着基
モジュール寸法	89φ、399mm	70mmφ、245mm(L)	70mmφ、245mm(L)	70mmφ、245mm(L)
イオン交換容量	>350meq	>250meq	>82meq	>45meq
除粒子孔径	ー	ー	0.05um／0.1um	ー
Flux(ΔP=0.04MPa)[※2]	25L/min	30L/min	12L/min／18L/min	40L/min
最高供給圧	0.6MPa	0.6 MPa	ー	ー
最高膜差圧	0.2MPa	0.2 MPa	0.27 MPa	0.34MPa
最高使用温度	60℃	60℃	60℃	60℃
継ぎ手形状	2Sヘルール	Oリング(規格：AS568A-222)	Oリング(規格：AS568A-222)	Oリング(規格：AS568A-222)
対応ハウジング	ー	10インチフィルター対応ハウジング	10インチフィルター対応ハウジング	10インチフィルター対応ハウジング

※1：旭化成ケミカルズとの共同開発品　※2：カートリッジ方式は、メディアのみの差圧

イオンフィルターの例（イオン吸着膜：オルガノ株式会社製）（写真1）

【10インチカートリッジ方式】
・洗浄装置等への組込に最適！
・容易なレトロフィット

【モジュール方式】…【イオン吸着膜ユニット】
・設置場所を選ばないモジュールタイプ
・大流量へ対応したクリーン化ユニット
（自社工場クリーンルーム内で製作）

ハウジングの例（ミクロポアーハウジングPHA0101：オルガノ株式会社製）（写真2）

プリーツフィルター展開図（図5）

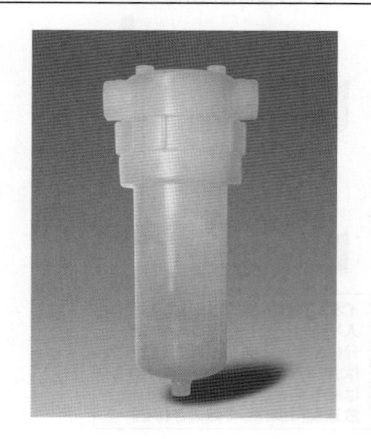

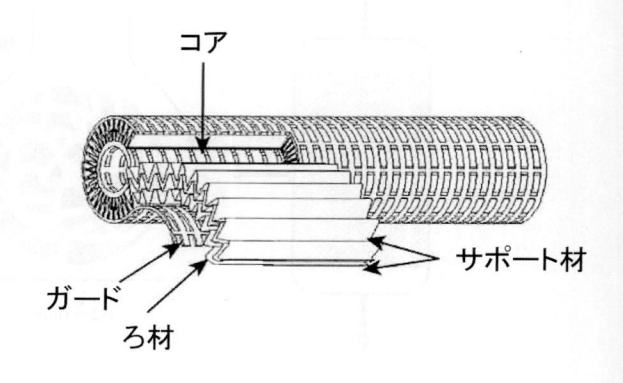

コア
サポート材
ガード
ろ材

用の極微量金属除去用には、従来から超純水の製造に使用されているイオン交換樹脂ではなく、イオンフィルターの使用が適している。イオン交換樹脂は、0.2〜1mmの球状体で、イオン交換樹脂の内部にはミクロポアと呼ばれる無数の細孔がある。細孔内表面にほとんどのイオン交換基が存在する。金属イオンは樹脂内部の細孔内へ強制的ではなく拡散しながら除去されるため、高流速通水条件下ではイオン交換の効率が低下するというデメリットがある。一方イオンフィルターは、多孔膜の細孔内に強制的に処理水が流れるためイオン交換樹脂のように吸着が拡散律速にならず、高流速でも高い除去性能を維持できる。

(3) イオンフィルターの種類

　超純水中の極微量金属不純物除去用のイオンフィルターは数社から販売されている。各社のイオンフィルターの仕様を表4に、イオンフィルターの外観例を写真1に示す。超純水中の金属除去用のイオンフィルターのイオン吸着基には陽イオン除去に効果的なカチオン吸着基（スルホン酸基）が採用されている。メディアとしては、ハウジング（写真2）に充填するタイプのカートリッジ方式のものとハウジングごと交換するモジュール方式の2種類がある。メディアの構造としては、カチオン吸着基を導入した薄いスクリーンフィルターをプリーツ成形したプリーツタイプ（図5）とカチオン吸着基を導入したポリエチレン粉末を焼結成形した焼結タイプ（写真1）の2種類がある。焼結タイプは膜厚を厚く=流路を長くできるため、プリーツタイプと比べて高流速条件下でも選択係数が小さいNa等のイオン除去能力が高く、また吸着容量を大きく設定できる。コンパクトで高容量なフィルターが設計可能である。プリーツタイプにはイオンフィルターに微粒子除去用フィルターを重ねて除粒子性能を持たせた製品がある。

4 イオンフィルターの使用方法

(1) イオンフィルター設置時の使用材質及び配管施工方法

　イオンフィルターを使用するにあたり、重要とされるのは、ハウジング、配管などのイオンフィルター以外の構成材料の選定である。イオンフィルターで超純水中の不純物を除去しても、イオンフィルター以降に使用される部材や配管施工方法がクリーンなものでなければ、処理水が汚染されるからである。イオンフィルター設置時に使用が推奨される材質及び配管施工方法について表5に示す。他にも、水の滞留部が少なく逆流の心配のない配管方式とすることが重要である。

(2) イオンフィルターへの通水

　イオンフィルターは親水性メディアであるため、親水化処理は不要であるが、乾燥状態で出荷の製品と湿潤状態で出荷の製品があり、乾燥状態で出荷の製品に関してはイオン吸着能力を発揮するために、取付前に一定時間の超純水への浸漬が必要な場合がある。取付時にはクリーン手袋着用などのイオンフィルター汚染防止対策が必要である。

　通水時には、まず一定時間のブローが必要である。ブローに必要な時間は、製品や通水流量によって異なるが、イオンフィルターは、溶出の少ないクリーンな構成部材を使用しているので、使用開始時の立上げを極めて迅速に行なうことが可能である。オルガノ製【イオン吸着膜一体型】を例にとると、標準流量30/minで通水時に、超純水の水質管理に用いられている比抵抗、TOC、及び微粒子のうち、比抵抗とTOCは数分で、微粒子は数時間程度のごく短時間で供給水（超純水）と同じ水質になる。ブロー終了後は、イオンフィルターやその他構成部材からの溶出の影響を最小限にするため、ある程度の流量以上で使用する必要がある。他にも、洗浄装置への処理水の供給がON-OFF運転する場合は常時水が流れるようにブローラインを設ける（図6）、長時間停止する場合

イオンフィルター設置時の使用材質/配管施工方法(表5)

材質	ハウジング	PP（ポリプロピレン）、PVDF（ポリフッ化ビニリデン）、PFA（ペルフルオロアルコキシルビニルエーテル）
	Oリング/パッキン	FKM(フッ素ゴム)、PFA被覆タイプ、PTFE（ポリテトラフルオロエチレン）
	配管	超純水用クリーンPVC（硬質塩化ビニル）、PVDF、PFA
配管施工方法		溶着（超純水用クリーンPVC/PVDF/PFA） 継手方式（PFA） サニタリー方式（PVDF）

は再運転時にブロー時間を設けることでより安定した処理水の供給が可能となる。

5 イオンフィルターによる超純水中の極微量金属不純物低減効果

次に、イオンフィルターを用いて超純水中の極微量金属不純物の低減効果を確認した結果を数例報告する。イオンフィルターにはオルガノ製【イオン吸着膜一体型】を用いた。イオンフィルターの出入口の水質を表6に示す。イオンフィルター入口水である超純水には、ナトリウム（Na）、マグネシウム（Mg）、アルミニウム(Al)、カルシウム(Ca)などの金属が0.01～0.6pptと幅広い範囲の濃度で検出されたが、イオンフィルターで処理した結果、検出された全元素について低減が確認された。殆どの元素が0.01ppt以下まで低減された。

水質への効果だけでなく、イオンフィルターを設置して超純水中の極微量金属を低減した結果、シリコンウエハに付着する金属量も低減できることが確認されている[4,5]。イオンフィルター設置によるデバイスの高品質化や歩留まり改善が期待される。

ON-OFF運転時の通水例(図6)

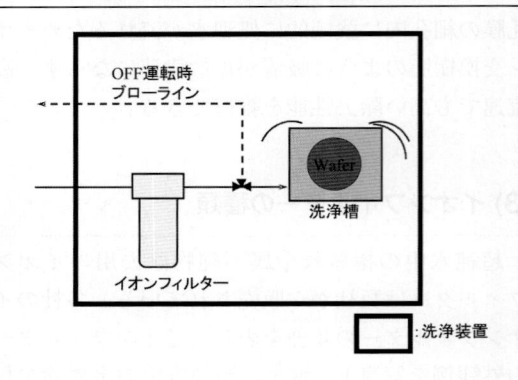

超純水（入口水）とイオンフィルター処理水の水質 [ng/l] (表6)

	実施例-1		実施例-2	
	入口水	処理水	入口水	処理水
Na	<0.01	<0.01	0.3	0.03
Mg	0.05	<0.01	0.4	<0.01
Al	<0.01	<0.01	0.3	0.01
K	0.02	<0.01	0.05	0.01
Ca	<0.01	<0.01	0.6	0.02
Cr	0.02	<0.01	0.01	<0.01
Mn	<0.01	<0.01	0.6	<0.01
Fe	<0.01	<0.01	0.3	0.01
Co	<0.01	<0.01	0.03	<0.01
Ni	<0.01	<0.01	0.6	<0.01
Cu	<0.01	<0.01	0.05	<0.01
Zn	<0.01	<0.01	0.03	<0.01
Pb	<0.01	<0.01	0.03	<0.01

参考文献
1) ITRS 2009 Yield Enhancement
2) 白水好美：クリーンテクノロジー、2007.10、P6
3) 藤原邦夫：エバラ時報 No.216 、2007.7、P11
4) 鳥山由紀子：第63回応用物理学会学術講演会講演要旨集
5) 川田和彦：クリーンテクノロジー、2009.10、P11

（大信紀子）

IV 先端的水処理技術編

17章

近未来技術

1. 生物発電／微生物電池
2. 浸透圧発電
3. 藻類による石油生産
4. 資源回収
5. 宇宙開発における水利用
6. 水素発酵
7. ＲＯ膜の最先端技術と新素材の研究動向

1 生物発電／微生物電池

1 生物発電／微生物電池の原理と特徴

　生物発電では、生きた生物を使って発電する。一方、バイオ電池には、生物発電に加え、生物由来の材料（酵素など）を使った発電（酵素燃料電池など）も含まれる。エネルギー源として光を使えば生物太陽電池、有機物などの化学物質を燃料として使えば生物燃料電池である。ほとんどの場合に微生物を使うので、微生物電池（微生物太陽電池または微生物燃料電池）という言葉が広く使われている。この中で水処理に利用可能と期待されるのは微生物燃料電池であるので、ここでは微生物燃料電池について解説する。

　微生物燃料電池とは、微生物を触媒として用いる燃料電池であり、化学エネルギーを電気エネルギーに変換するためのデバイスである。化学触媒を用いる燃料電池では水素やメタノールなど限られた反応性の高い化合物しか燃料にできないのに比べ、微生物燃料電池では微生物が代謝できる様々な化合物を燃料にできる。一方発電効率は、化学的燃料電池に比べかなり低い。表1に、化学燃料電池、酵素燃料電池、微生物燃料電池を比較する。ここで明らかなように、発電効率は化学燃料電池が格段に高い。また酵素燃料電池では、酵素を選ぶことにより特定の化合物のみを燃料にできるという特徴がある。これを利用すると特定の化合物を検出・定量するためのバイオセンサーが構築でき、このうちグルコースセンサーは糖尿病診断用として大きな市場を築いている。一方、微生物燃料電池の特徴は多様な化合物を燃料として同時に用いることができることであり、さらに微生物群集を用いることにより複雑な組成の廃棄物系有機物を燃料として発電できるようになる（後述）。つまり、廃棄物または廃水の処理をしながら電力を得ることができると期待される。これが他の燃料電池にはない微生物燃料電池の特徴である。

　図1に、微燃料電池の基本構造および中で起こる化学反応を示す。微生物燃料電池は二槽式（図1A）と一槽式（図1B）に大きく分けられるが、中で起こる反応はどちらも同じである。アノード（負極）においては、燃料となる化学物質（多くの場合有機物）が微生物により酸化分解され、電子が電極に向けて放出される。一方カソードにおいては、アノードで発生した電子とプロトン（電子は電位差を駆動力として外部回路を経由して運ばれ、プロトンは溶液中の拡散により到達する）が酸化剤と反応する。酸化剤としては空気中の酸素が最も頻繁に使われるが、フェリシアン化合物のような化学酸化剤が用いられることもある。二槽式微生物燃料電池においては、微生物をカソード反応の触媒として用いることもある。コストや環境負荷を考えると、カソードの酸化剤として酸素を用いるのが最もふさわしい。しかし、酸素還元は比較的大きな過電圧を必要とする反応であり、高効率化にはプラチナ等の触媒を必要とする。また、酸素の溶解度の低さから、水溶液系での反応速度は低く、二槽式の多くでカソードの酸素還元反応が微生物燃料電池の電気出力の律速因子となる。そこで考案されたのが一槽式微生物燃料電池

各種燃料電池の特徴の比較 (表1)

タイプ	燃料	発電効率 (電極面積当たり)	寿命	その他の特徴
化学燃料電池	水素、メタノール	～1 W cm^{-2}	1年以上	実用化ずみ 燃料の調達に制限
酵素燃料電池	単一有機化合物	～5 mW cm^{-2}	10日以内	高い基質特異性 低いエネルギー回収効率高 価な触媒
微生物燃料電池	複合有機化合物 廃棄物系バイオマス	～0.5 mW cm^{-2}		数年以上 安価な触媒 自己増殖、自己組織化 複合基質や変化する基質を 燃料として利用

微生物燃料電池の構造
(A) 二槽式リアクター、(B) 一槽式リアクター。
M、電子メディエーター (図1)

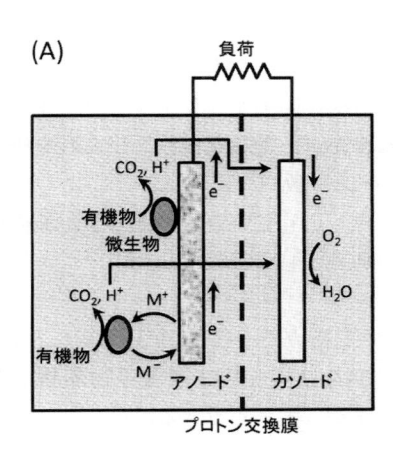

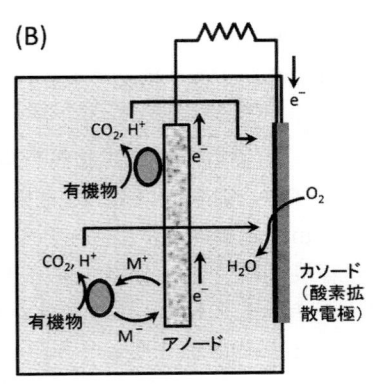

であり、これにおいては、水は保持するが空気(酸素)を透過する膜型のカソード(酸素拡散電極)を用いる。酸素拡散電極は作り方などによって大きく性能が異なるが、性能のよいものを用いればカソード律速の状況を打破できる。これが、現在の微生物燃料電池の高効率化研究や実用化研究の多くで一槽式微生物燃料電池が使用される理由である。[1)]

一方、微生物燃料電池を環境中に設置することも可能である。図2には、その一例である堆積物微生物燃料電池を示す。この場合、アノードは河川や海洋の堆積物(底泥)中に設置され、一方カソードはその上の水層中に置かれる。堆積物中では、その中の有機物が微生物により分解され、電子がアノードに渡される。堆積物中(嫌気)と水層(好気)には電位差が生じているので、アノードとカソードを電線でつなげばそこに電気を流すことができる。カソード反応は上記の微生物燃料電池と同じで、酸素の還元反応である。このタイプの微生物燃料電池は、環境モニタリング装置に付随した現地電源としてすぐにでも実用化が可能である[2)]。

また、このシステムの応用として、水田での発電が試みられた例もある[3)]。

堆積物微生物燃料電池の構造（図2）

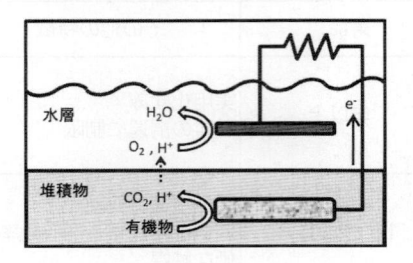

2 水処理への利用

　微生物燃料電池は、省エネ、省コスト型の水処理・廃棄物処理プロセスとして期待されている。この際には、単一の電気生産微生物を用いるのではなく、自然発生的微生物群集をアノード触媒に用いる。これは、以下の要素を考慮してのことである。

・多様な微生物の代謝能力を利用し、複雑な組成をもつ廃棄物などを燃料として利用できる。
・燃料組成や運転条件（温度や溶液のpHなど）にあった微生物が土壌微生物群集などから微生物燃料電池内に自発的に集積されるので、触媒のコストが不要となる。
・微生物燃料電池の運転条件が変化するとそれに対応した微生物群集が再構成され、運転を継続することができる。

　つまり、微生物群集は"自己組織化"する燃料電池触媒と考えることができる。幾つかの研究において、自然微生物群集と研究モデルとして用いられる電気生産菌（GeobacterやShewanellaなど）の電気発生能力の比較がなされているが、よく集積された微生物群集は高活性な電気生産菌と同等の能力を発揮するという報告もある[4]。

　微生物燃料電池は、高濃度有機物排水（食品工場排水など、または汚泥や家畜糞尿）、および低濃度有機物排水（下水など）の両者の処理に利用可能と考えられている。もちろん有機物濃度が高いほうが電気出力も大きくなるので、前者にはエネルギー回収という目的も付加される。一方、微生物燃料電池を下水処理などに用いた場合、それほどの発電は期待できない（もちろん、有機物処理に伴い電力が発生するので、それを装置の運転などに用いることはできる）。しかし、撹拌・曝気が不要となることから省エネ化が図られ、また微生物が獲得するエネルギーの一部を電力として外部に奪うことから汚泥発生量が低減される（省コスト）と考えられる。これが、微生物燃料電池が省エネ・省コスト型の下水処理プロセスとして期待される理由である。

　嫌気消化に代わる高濃度有機物含有排水処理プロセスとしての微生物燃料電池の可能性を検討した例が報告されている[5]。これにおいては、カセット電極微生物燃料電池という新しいシステムが用いられた（図3）。このシステムにおいては、両面に空気拡散電極をもつカソードボックスの両面にイオン交換膜とグラファイトフェルトアノードを重ねカセット電極を構成し、これを嫌気槽に（一つまたは複数）差し込むことにより微生物燃料電池を作り出している。カセット電極微生物燃料電池の利点としては、

(1) 複数の電極カセットを挿入することにより、発電効率を維持したまま微生物燃料電池のサイズを任意に大きくできる、
(2) 性能の落ちたカセットを容易に交換できる、
(3) 既存の嫌気消化槽にカセット電極を差すことにより微生物燃料電池を構築できる、

などが挙げられる。この微生物燃料電池の評価実験においては、12個のカセット電極（電極面積は約1400 cm^2）を組み込んだベンチスケールリアクター（容積は1リッター）を用いてモデル廃棄物（スターチ、ペプトン、魚エキスからなる）が処理され、有機物処理速度として約6 kg/m^3/day、発電効率として130 W/m^{3}という値が報告された。この処理速度は完全混合型のメタン発酵

カセット電極微生物燃料電池
(A) カセット電極微生物燃料電池の構造、(B) ベンチスケールリアクターの外観 (図3)

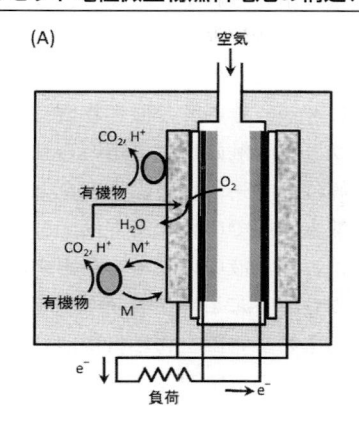

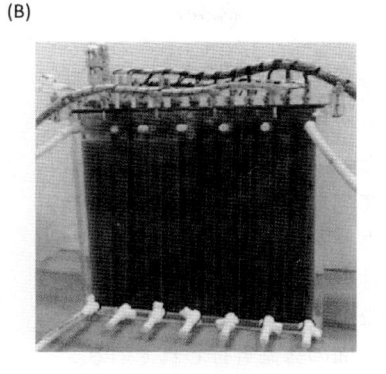

嫌気処理に匹敵する値であるが、一方、微生物顆粒を利用する上向流式メタン発酵装置（upflow anaerobic sludge blanket; UASB）などの高効率リアクターにおいては、20 kg/m³/day以上の高速処理も報告されている。また、発生するメタンを用いて発電した場合、500 W/m³程度かそれ以上の発電効率も可能と考えられる[1]。 もちろん、微生物燃料電池における発電は微生物リアクターのみで完結するという設備上の大きなメリットは存在するが、微生物燃料電池が嫌気消化の代替になるためには、さらなるプロセス効率の向上が必要と考えられている。

一方、微生物燃料電池の下水処理などへの適用を検討した結果もいくつか報告されている。一例として平板型電極微生物燃料電池を使ったものがあるが、この場合、200 mg/ℓ程度の有機物を含む下水を水滞留時間4時間で処理して、70％以上の有機物除去効率を達成している[6]。

これは小型（内容積は22 mℓ）のリアクターを使っての研究結果であるが、微生物燃料電池が下水処理に使える可能性を示したものとして興味深い。今後の研究課題としては、この性能を維持したまま大型化するための技術の確立が挙げられる。

3 電気出力・処理効率に関わる因子

ここでは、微生物燃料電池の電気出力や処理効率に関わる因子について、それらに関する研究開発の動向とともに述べる。研究事例も含めたより詳細な情報は、他を参照していただきたい[1]。

(1) リアクター構造

今までに、シリンダー状、上向流式、スタック式など、様々な微生物燃料電池リアクターが考案されてきている。これらのリアクターは、大型の実用型微生物燃料電池を考案する際の基礎的情報を提供するものとして重要である。概して高効率（高出力密度を記録した）リアクターとして報告されたものは小型（数cm³程度）であるが、その理由は抵抗値が電極などのサイズに比例することと、電極間のプロトンの拡散移動が電極間距離に依存するため（下述）である。例えば空気拡散電極をカソードに使った一槽型微生物燃料電池（図1B）において、アノードとカソードを一体化することにより、小型の高効率リアクターを作ることができる。このような構造を維持したままリアクター大型化を可能にしたのがカセット電極微生物燃料電池である（図3）。

(2) アノード

　アノードの素材や構造は、微生物燃料電池の性能に大きく影響する。今まで微生物溶液の中でも安定なカーボンやグラファイトがアノード素材として頻繁に用いられてきたが、カーボン素材を化学的に修飾することでより高い電気的出力を達成した例が報告されてきている。例えば、アンモニアにより処理したグラファイトを使用することにより微生物燃料電池の出力向上と立ち上げ時間の短縮がなされた例などがある。また、導電性ポリマーを用いた電極表面の修飾も行われている。この例としては、大腸菌とプラチナ電極を用いた微生物燃料電池（大腸菌が発酵生産する水素からプラチナ触媒により電流を産生する）において、電極表面をポリアニリンで覆うことにより電流密度を10倍以上上げることに成功している。さらに、フッ素化したポリアニリン、ポリアニリンとカーボンナノチューブの複合体、ポリアニリンと酸化チタンの複合体、などの利用が試みられ、微生物燃料電池性能向上が報告されている。これらのポリマーは集電能力が高いと考えられるが、一方で、微生物により分解されやすく、耐久性に問題がある。例えば、アノードを修飾したポリアニリンポリマーが数時間の間に下水汚泥中の微生物により分解されてしまった例が報告されている。微生物による分解はポリアニリンをフッ素修飾することにより低減され、四フッ化アニリンを使ったポリマーの場合、数日以上安定に微生物燃料電池を運転できるようである。微生物燃料電池のアノードの修飾に関する報告は数多いが、その耐久性を調査せず、非修飾に比べてどの程度短期的性能が向上したかに関する記述のみの報告が多い。よって、これらの修飾法の実用性に関しては疑問がもたれる。

(3) カソード

　微生物燃料電池のカソードの性能は、酸化剤の種類と濃度、プロトン濃度、触媒の性能、電極構造によって決まる。空気中の酸素は無料であり、廃棄物となる酸化物が発生しないことから、カソードにおける酸化剤（電子受容体）として最も頻繁に用いられる。しかし、酸素を還元し水が生成する反応は大きな活性化エネルギーを必要とするため、ただのカーボン素材上での反応速度は非常に遅い。そこで、微生物燃料電池のカソードにはプラチナ触媒がよく用いられている。プラチナ触媒はカソード反応の速度を上げるだけでなく、低酸素濃度でのカソード反応を可能にする。この点は、水溶液中の酸素を利用する微生物燃料電池のカソードにおいては非常に重要である。しかし、効率のよい微生物燃料電池においては、酸素の水溶液への溶解速度よりカソードでの酸素消費速度のほうが大きくなる可能性もあり、その場合は酸素溶解速度が微生物燃料電池の電流値を規定することになる。この現象は、2槽式微生物燃料電池でよく起こる。

　水溶液中への酸素の溶解による制限を克服する方法として、酸素拡散電極（空気中の酸素が触媒層まで拡散移入してくる方式の電極）がカソードとして導入されている。このようなカソードはAir cathode（空気正極）とも呼ばれるが、水の蒸発を防ぎ空気拡散速度を制御する拡散層（外気に面した疎水性ポリマー膜、polytetrafluoroethylene [PTFE]がよく用いられる）の構造（素材や厚さ）は非常に重要である。また、現在カソード触媒としてプラチナがよく用いられるが、コストの面からその大型リアクターへの適用は難しい。そこでプラチナ代替品として、酸化マンガン、鉄やコバルトのキレート体、などの利用も試みられている。

　最近、バイオカソード（触媒として微生物を使ったカソード）の検討もなされている。バイオカソードの利点は、微生物の呼吸は酸素に対する親和性が高く低濃度の酸素でも酸化剤として使用できること、触媒の費用はほとんど不要であること、様々な応用（例えば、硝酸呼吸をカソード反応とすることによりカソードで脱窒ができるなど）の可能性があること、などである。カソードから電子を受け取った好気性微生物が呼吸により酸素を還元することによるバイオカソードが一般的に考えられる。その他には、マンガン酸化細菌により

酸化マンガンをカソード上に沈着させ、それをカソードに到達する電子の受容体としてリサイクルするシステムの検討もされている。ただし、バイオカソードでは化学触媒に対する微生物のメリット（多様な化合物を酸化分解できること）を十分に生かせず、酸素を還元することのみを目的とするならば化学触媒で十分という指摘もある。

(4) プロトン移動

アノードで発生するプロトンがカソードで消費されることにより微生物燃料電池のサーキットが完成する。つまり、電流として流れた電子と同量のプロトンがアノードからカソードに移動している。アノードからカソードへのプロトン移動は溶液中の拡散によるが、中性付近で反応が起こる微生物燃料電池ではプロトンの濃度が極めて低く（10^{-7} M程度）、濃度勾配に比例する拡散移動速度は極めて低くなる。さらに、2槽型微生物燃料電池で必要とされるプロトン交換膜はプロトン移動の障害ともなる。このようなことから、プロトン移動速度が微生物燃料電池における電流を制限する場合が多いのである。

プロトンの拡散移動を効率化するためには、まずアノードとカソードの距離をできるだけ短くする必要がある。このような目的から分離膜を挟んでアノードとカソードを一体化したリアクター（例えば、カセット電極微生物燃料電池）が考案されている。また、プロトン移動を効率化する方法としては、プロトンキャリアを導入することも可能である。プロトンキャリアとは、溶液のpHに応じてプロトンを脱着する化合物であり、いわゆるpH緩衝作用のある化合物である。今までに、100 mM程度のリン酸イオンや炭酸イオンをアノード溶液に導入することにより、微生物燃料電池の出力向上が報告されている。しかし、実際の排水処理の際にリン酸や炭酸を添加することは難しいと考えられる。

4 実用化に向けて

微生物燃料電池は未だ実用化されていない。しかし、2000年以降研究開発が活発になってきており、実用化に向けた動きが加速してきている。この中で特に重要なことは、プロセス効率（処理速度や電気出力）を上昇させるための技術を確立することである。このためには、生物学（特に、分子生物学や微生物学など）、化学（材料化学や電気化学など）、プロセス工学などが融合した研究開発の展開である。筆者は、微生物燃料電池が21世紀の水処理技術として広く普及することを期待している。

参考文献
1) K. Watanabe：「Recent developments of microbial fuel cell technologies for sustainable bioenergy」J. Biosci. Bioeng.、106、pp528-536、2008
2) C.E. Reimers ら：「Harvesting energy from the marine sediment-water interface」Environ. Sci. Technol.、35、pp192-195、2001
3) N. Kaku ら：「Plant/microbe cooperation for electricity generation in a rice paddy field」Appl. Microbiol. Biotechnol.、79、pp43-49、2008
4) S. Ishii ら：「Comparison of electrode reducing activities of Geobacter sulfurreducens and an enriched consortium in an air-cathode microbial fuel cell」Appl. Environ. Microbiol.、74、pp7348-7355、2008
5) T. Shimoyama ら：「Electricity generation from model organic wastewater in a cassette-electrode microbial fuel cell」Appl. Microbiol. Biotechnol.、79、pp325-330、2008
6) B. Min ら：「Continuous Electricity Generation from Domestic Wastewater and Organic Substrates in a Flat Plate Microbial Fuel Cell」Environ. Sci. Technol.、38、pp5809-5814、2004

（渡邉一哉）

2 浸透圧発電

1 歴史と現状[1]

　浸透圧発電とは海水等の塩水と河口・下水排出口等の淡水間との混合エントロピー変化を電力に変換する発電方式で、塩分濃度差発電とも呼ばれる。環境に熱負荷を与えず、CO_2削減効果に優れており、風力や太陽光のような時間変動がほとんどなく、安定性が非常に高い新再生可能エネルギーであると言える。

　本発電方式はPressure-retarded Osmosis(PRO)発電と名づけられ、1974年にイスラエルのS.ロブにより提案された。海水と淡水を利用した浸透圧発電は、原理的には落差約300メートルに相当する水力発電システムを浸透圧差により僅か1メートル長程度の膜モジュール内で実現するものである[2,3]。

　S.ロブは最初死海とヨルダン川間で計画し、その後ソルトレークシティにある大ソルトレーク湖を舞台として研究開発を行った。日本では、電子技術総合研究所（現産総研）の本多氏が1980年代に人工海水と純水間で発電実験を行い、膜モジュールの改造により正の電力が取り出せることを示している[4-8]。また、福岡地区水道企業団は2002年に海水淡水化における濃縮海水を利用して正の発電が取り出されることを証明している[9]。さらにノルウェーの国立研究所であるSINTEFにおいては本発電方法についても検討が行われ、実際のプラント提案も行っている。同国立電力公社であるStatKraft社は本発電方式を各国に販売することを考えている。

　ところで我が国では、河口部に存在する大量の高度処理下水を淡水源に利活用できることから、全国各地域の海水と混合する下水排出口等において、本発電システムが比較的廉価で建設可能となり、しかも都市部であっても環境問題がなく、自然エネルギーであっても太陽光発電や風力発電のような不安定な電源ではなく高い電力供給安定性が可能である。しかしながら本発電方式は分離膜を使用することから、ファウリング等膜の未解決な諸課題を解決する必要がある。ここでは浸透圧発電の仕組みと今後の展開について述べる。

2 原理

　具体的には図1に示すように浸透圧によって海水中に流入する淡水の増分を利用する[1]。たとえば海水と淡水に間に生じる浸透圧差は約30気圧で、300メートルの水の落差に相当する。しかしながら図1のシステムでは淡水の流入が増加すれば海水の濃度が低下することから時間と共に浸透圧差は減少し発電できなくなる。これを連続的に利用し電力に変換するためには図2に示すように塩水と淡水を半透膜で仕切った容器（膜モジュール）に加圧塩水を連続的に供給し、容器より流出した希釈塩水でタービンを回転させ電力を得る[1]。このとき塩水に加える圧力を浸透圧より低くすると淡水の流入により塩水は希釈増量され、得

浸透圧による水面の上昇[1]（図1）

水面が上昇し圧力が生じる（浸透圧：$\Delta \Pi$）

濃縮海水に淡水が進入し水面が上昇する。

海水
淡水
半透膜

浸透圧を利用した発電方法の原理（中空糸利用の場合）[1]（図2）

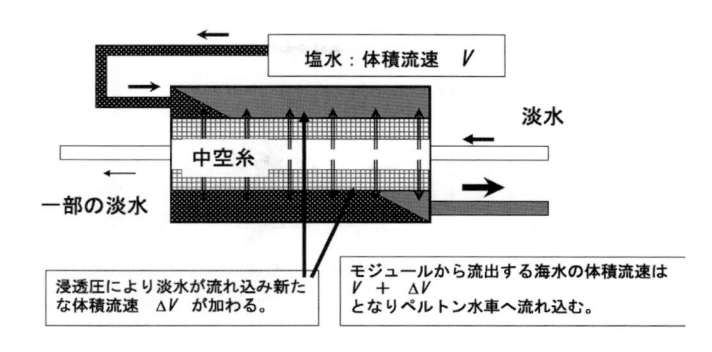

塩水：体積流速 V
淡水
中空糸
一部の淡水

浸透圧により淡水が流れ込み新たな体積流速 ΔV が加わる。

モジュールから流出する海水の体積流速は $V + \Delta V$ となりペルトン水車へ流れ込む。

正味の電力（理想的）
＝（塩水側の圧力）×（希釈塩水流速＝塩水流速＋淡水流速）
　－（塩水側の圧力）×（塩水流速）
＝（塩水側の圧力）×（淡水流速）

られる電力は加圧による消費電力より大きくなる。通常は浸透圧の半分の圧力（海水の場合：15気圧）で半透膜の一方側から塩水を供給し、他方から1気圧程度の圧力で淡水を供給する。淡水は半透膜を介して浸透圧の半分の圧力を保ったまま塩水側に流れ込む。そしてこの混合塩水を発電機と連結したタービンに与える。一般的に海水や海水淡水化施設の濃縮海水を塩水として利用し、河川水や処理下水を淡水として利用する。本発電システムの概略を図3に示す[1]。

3 発電効率

S.ロブは1976年にJ. Membrane Sci.に浸透圧発電に関する論文を発表し、コスト計算を行っている。死海および大ソルトレーク湖の塩水を利用したS.ロブの発電実験では、66MWの出力が可能で、資本投資（建設費）$9,000/kW、ランニングコスト$0.09/kWが可能と提唱している[10]。しかし優れた発電用正浸透膜の提供を受けられず実験のみに終わっている。またノルウェーの国立研究所であるSINTEFにおいて、製膜および発電に関する基礎実験が行われている。彼らのシミュレーションでは、透過膜1m²当り4.4Wの出力が得られれば採算が取れると予測している。

さらにS.ロブの論文をもとに濃縮海水（7wt%）において計算した加圧圧力と正味の発電量を図4に示す。濃縮海水と淡水間の浸透圧差は60気圧であり、海水側の圧力を上げるとともに発電量は増加し加圧圧力が30気圧の時最大電力が得られる[1]。このように最大電力は浸透圧の半分の加圧の時に得られ、通常海水の場合は15気圧となる。

これまで行った基礎実験データーと日本における人件費、建設コスト等考えられる様々な因子を考慮し計算すると、14円/kWhとなり風力発電とほぼ同等になる。また、通常の海水と淡水の間で計算すると18円/kWh程度となった。表1に、浸透圧発電の発電コストを示し他の新エネルギーと比較した[1]。浸透圧発電は、他の新エネルギーに比べて発電コストと利用率で比較的優位性をもっている。太陽光の73円/kWhよりはるかに低価格であるだけではなく、昼夜を問わず変動のない電力を供給することができる。さらに本発電は風力発電の15円～24円/kWhに比較的近いコストであるが、発電量の時間的変動がなく、処理下水を利用すれば大都市内に建設できることから送電設備の建設が不必要でかつ送電中のロスも極めて少ない。浸透圧発電は物質の混合エントロピー変化を利用しており、燃焼過程が全く含まれていな

浸透圧発電の概要[1] (図3)

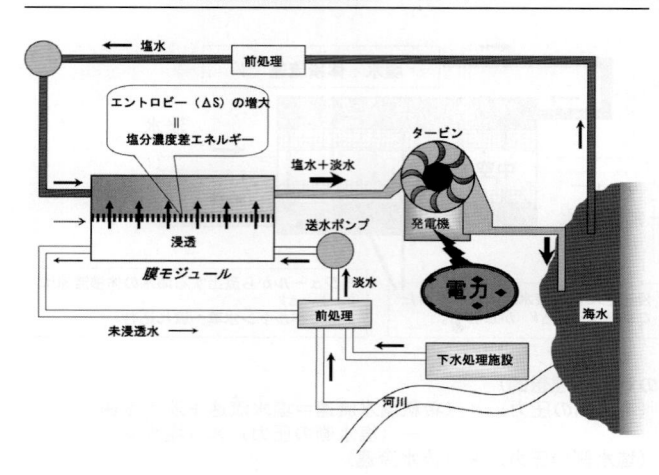

7％濃縮海水を利用したときの加圧圧力と得られる電力との関係[1] (図4)

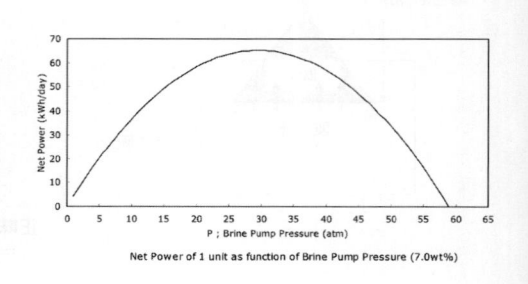

浸透圧発電のコスト及び他の新エネルギーとの比較[1] (表1)

	海水／淡水浸透圧発電	濃縮海水／淡水浸透圧発電	太陽光非住宅用	風力3000～600kW級	風力6000～4500kW級	廃棄物<300トン/d	燃料電池りん酸形
発電コスト 円/kWh	18	14	73	16～24	14	11～22	22
運転年数	17	17	20	17	17	20	15
利用率%	>85	>85	12	20	22	65	91

注）浸透圧発電の発電コストは現在市販中の逆浸透膜のデーターを基本に算出した

い。大都市近郊で発熱過程がない電気エネルギーの取得が可能であることと同時に、今後の環境問題の解決に寄与すると考えられる。本システムを構成する機能性材料の性能が著しく向上すれば、新エネルギーとして大きな期待が持てる。浸透圧発電のコストはあくまでも市販RO膜をベースにした発電用膜モジュールでの予測値である。もし発電用正浸透膜が開発されれば、さらにコストダウンの可能性がある。

4 浸透圧発電の問題点

浸透圧発電の発電所を建設するには、システムのコストのみならず、立地条件に大きく左右される。従って技術的から社会的な問題に至るまで非常に多くが横たわっている。ここでは膜及び膜モジュールにおいて生じる問題点について述べる。

理論的予測によると流した海水に対して同量の淡水が海水側に流入しなければならない。しかし海水淡水化用逆浸透膜モジュールを使用した基礎実験によると、流した海水量に対して流入した淡水量を表す割合（淡水流入効率）は20％程度にすぎない。市販の海水淡水化用逆浸透膜では、水透過係数は$1.0 \times 10^{-6} \mathrm{m^3/m^2 \cdot S \cdot atm}$程度であるから浸透圧発電に必要な水透過量を十分確保することができる。ところで塩水側の膜表面近くでは淡水から流入した水により、塩水濃度の低下（濃度分極）が生じる。このことは塩水側と淡水側間の浸透圧差を低下させ発電効率を下げる大きな原

因となる。また膜の塩排除率が99.6%であることから、海水側から淡水側へ僅かな塩の漏出が見られ膜の淡水側表面に塩濃度の高い領域（濃度分極）が形成される。このことも塩水側と淡水側の浸透圧差を低下させる要因となる。これらの濃度分極は淡水の膜透過流量の著しい低下を生じさせる原因である。基礎実験では濃度分極による流量低下の程度（分極流量低下率）が60％以上にも達した。さらに海水や淡水中の不純物（タンパク質、有機・無機・金属物質）の膜表面への吸着（ファウリング）により淡水の膜透過流量の低下が生じる。吸着の影響は水質にも依存するが、処理下水を使用した基礎実験では不純物吸着による流量低下の程度が100％であった。

わが国において最も安定的に淡水が得られるのは、下水処理場から排出される高度処理下水である。一般的に高度処理下水であってもファウリングインデックスは測定不能であり、電気伝導度は約1000 μS程度で塩分濃度差発電には依然不適切である。従って発電用として使用可能な水質を有した淡水を低コストで製造するために、下水処理水の適正処理を行わなければならない。下水処理水の適正処理とは、発電膜モジュールに供給される淡水源としての、必要最低限の水質レベルにコントロールすることであり、本発電におけるコストを決定する重要な因子である。これらの技術開発はいずれ河川水にも適用することができ、水量が安定している海外の大河川に適用することが可能である。

これまでの実験では市販の海水淡水化用逆浸透膜や実験室で製作された簡単な逆浸透膜を用いて実験が行われてきた。しかし本格的な浸透圧発電を行うには新規の（正）浸透膜の開発が必要である。このためには次のことを行わなければならない。まず、塩水側の濃度分極を防止する方法として、膜表面の淡水をできるだけ迅速に塩水と混合させ、表面塩水濃度を高くする必要がある。次に淡水側の濃度分極を防止する手段の一つとして膜の塩排除率を現在の99.6％からさらに上げることである。しかしこれは淡水の透過率を著しく低下させる。そこで膜の淡水側表面の改質を行い、濃度分極の発生を淡水の流れを利用して排除する膜構造を導入することは、分極による流量低下を改善する方法として重要である。次に、海水や淡水中の不純物が膜表面に吸着するのを防止するには、膜表面の改質を行い、不純物の吸着が生じ難い構造にする必要がある。このためには膜表面への吸着を防止する物質の付与と、海水や淡水の流れを利用した吸着の発生を排除する膜構造の導入は、吸着による流量低下率を改善する方法として重要である。特に膜淡水側面は多孔質で複雑な構造をしており膜の耐圧性を維持する役割を担っている。このような構造体に耐圧性を維持しつつ濃度分極と物質吸着を排除する機能を付与することは、水処理用の分離膜が新たな展開を見せることになる。最後に、RO膜または正浸透膜の利用だけではなくMF膜・UF膜・NF膜のような水の流量が大きい膜についても考えるべきである。もし多孔性膜の利用が成功すれば浸透圧発電にブレークスルーをもたらすと言える。

5　正浸透について[10,11,12,13]

浸透圧発電は膜を介して、浸透圧差を利用して淡水を塩水に流入させる。最近Yale大学のR. McGinnisらによって海水淡水化や排水処理方法として、正浸透法（FO：Forward Osmosis）が積極的に提案されている。本方法は圧力を加えずに浸透圧差を利用して塩水等から淡水を抽出する方法である。図5に正浸透の概念を図6に本システムの概要を示す。アンモニアと二酸化炭素からなるアンモニウム塩を高濃度に含む溶液を塩水と反対側の膜面に流す。アンモニウム塩溶液の浸透圧が塩水より高いときは、その浸透圧差によって塩水から水を取り出すことができる。その後、アンモニアと二酸化炭素が分離して回収すると、水を製造することができる。

正浸透（FO：Forward Osmosis）の概念（図5）

正浸透（FO：Forward Osmosis）システム（図6）

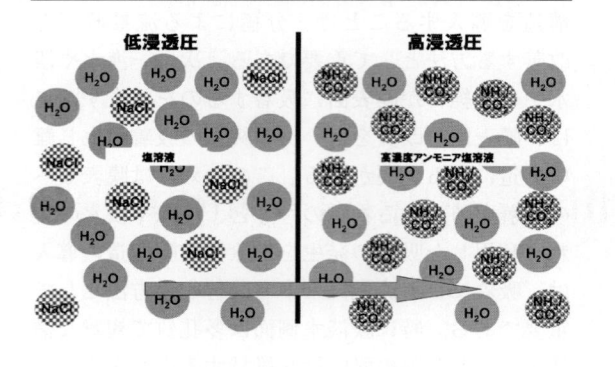

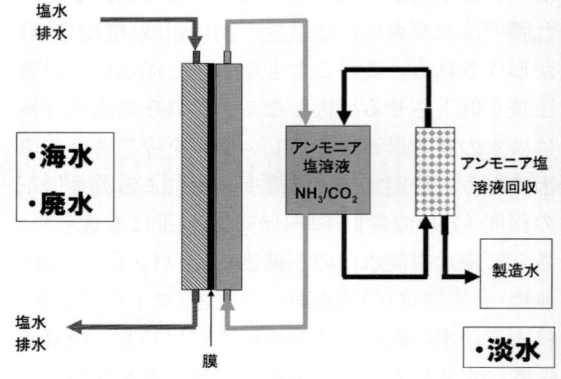

浸透，正浸透，逆浸透（超ろ過），浸透圧発電（図7）

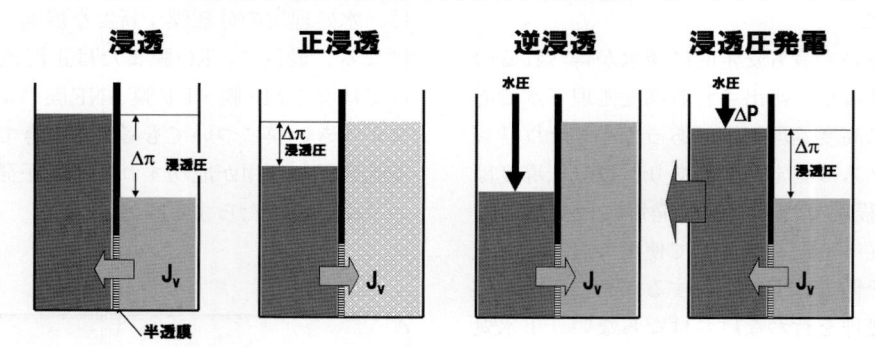

6 浸透圧発電と正浸透

　浸透圧発電と正浸透とはシステムが全く異なるものであるが、いずれも浸透圧差を利用して淡水を抽出し利用を図るものである。また膜についてもこれまでの逆浸透膜を利用するだけでは優れた性能が得られず、新たな膜の開発が待たれている。最後に浸透、正浸透、逆浸透、浸透圧発電の違いを図示（図7）しておく。

参考文献
1) 谷岡明彦,"浸透圧発電",日本海水学会誌, 60(1), (2006) 1-7
2) Sidney Loeb, "Production of Energy From Concentrated Brines by Pressure-retarded Osmosis I. Preliminary Technical and Economic Correlations", J. Membrane Sci. 1(1976)49-63
3) Sidney Loeb, "Production of Energy From Concentrated Brines by Pressure-retarded Osmosis II. Experimental results and projected energy costs", J. Membrane Sci. 1(1976)249-269
4) 本多武夫, 加賀保男,"濃度差発電用半透膜および浸透装置", 電子技術総合研究所彙報, 51(1), 1-15 (1987)
5) 本多武夫,"各種抗圧浸透法濃度差発電システムの比較", 電子技術総合研究所彙報, 52(12), 1-18 (1988)
6) 本多武夫,"濃度差発電用4分割型浸透装置の開発", 日本海水学会誌, 42(5), (1989) 233-240
7) 本多武夫,"新しい濃度差発電システムの実験的検討", 日本海水学会誌, 44(6), (1990)365-373
8) Takeo Honda, Fred Barclay, "The Osmotic Engine", The Membrane Alternative, The Watt Committee on Energy, Report Number 21, (13), (1990)105-129
9) 福岡地区水道企業団研究開発事業報告書「濃縮海水利用した浸透圧発電に関する研究」平成13年度
10) Sidney Loeb, "One hundred and thirty benign and renewable megawatts from great salt lake? The possibilities of hydroelectric power by pressure-retarded osmosis", Desalination 141(2001)85-91
11) J. O. Kessler and C. D. Moody, Drinking water from sea water by forward osmosis, Desalination, 18 (1976) 297-306.
12) J.R. McCutcheon, R.L. McGinnis, M. Elimelech, A novel ammonia - carbon dioxide forward (direct) osmosis desalination process, Desalination 174 (2005) 1-11
13) J. R. McCutcheon, R. L. McGinnis and M. Elimelech, Desalination by a novel ammonia-carbon dioxide forward osmosis process : Influence of draw and feed solution concentrations on process performance, J. Membr. Sci. 278 (2006) 114-123.

（谷岡明彦）

3 藻類による石油生産

1 バイオ燃料として再注目されてきた藻類

　石油埋蔵量は1兆バレルといわれており、その可採年数は40.5年とされている。毎年、約250億バレルほどの石油が消費されていくこととなる。バイオ燃料産業が創成され、ここからのバイオ燃料によって完全に石油の代替を行うには、その生産規模として、これと同じ量のバイオ燃料を生産しなければならない。

　バイオマスエネルギーは原料により、メタン等バイオガス、バイオエタノール、バイオメタノール、バイオディーゼル、石油系オイル（炭化水素）と燃料形態がことなる。このうち、世界的に、もっとも注目を集めているのは、バイオエタノール、バイオディーゼル、石油系オイル（炭化水素）である。

　バイオエタノール生産推進のために、米国では政府からの助成金による積極的投資が行なわれたが、トウモロコシに対する需要の拡大をもたらした。バイオディーゼルに関しては、その原料としては、米国では大豆、ヨーロッパ（EU）では主にナタネを主な原料としている。EUにおいて、菜種は原料の約80％を占めているが、パーム油がナタネ等より3～4割程度低い市場価格のため、パーム油生産拡大が東南アジアで行なわれ、貴重な生物種が生息している古代の森とジャングルを破壊し、大気に大量の二酸化炭素を放出し、カーボンニュートラルエネルギーであるというバイオディーゼルの名称と相反する結果をまねいている。

　第一次石油ショックや地球温暖化問題の勃発にともない、藻類による二酸化炭素吸収とエネルギー生産の研究プロジェクトが1978年～2000年にかけて世界中で活発に展開された。しかしながら、1990年～2001年まで続いた石油安値安定（12-20ドル／バレル）により、多くの藻類研究プロジェクトは中止を余儀なくされた。日本でも1990年度から1999年度までニューサンシャイン計画の一環として藻類プロジェクトが実施されたが、2000年3月に中断し、研究者・技術者は分散した。2007年のNature(447/31：520-521)にAlgae bloom againという記事が掲載され、少数のパイオニアが藻類燃料を瀕死の状態から復活させようとしていることが紹介された。地球温暖化とエネルギー資源枯渇という深刻な問題の解決が喫緊の課題となった世界情勢の中で、藻類は食糧と競合せず、オイル生産効率が非常に高いことで再び注目されてきた。

2 微細藻類の潜在的オイル生産力

　植物と同様、微細藻類は太陽光を利用し、二酸化炭素を固定し、炭水化物を合成する光合成を営み、その副産物としてオイルを生産する。表1は、主要なオイル産生植物とともに微細藻類のオイル産生量の潜在力を算定したものである。表1の2列目はオイル産生能、3列目は世界の石油需要量48.8億m3を満たすのに必要な土地面積で、4列

各種作物・微細藻類のオイル産生能の比較 (表1)

作物・藻類	オイル生産量 （L /ha/ 年）	世界の石油需要を満たすのに必要な面積 （100万 ha）	地球上の耕作面積に対する割合 （%）
とうもろこし	172	28,343	1430.0
綿花	325	15,002	756.9
大豆	446	10,932	551.6
カノーラ	1190	4,097	206.7
ヤトロファ	1892	2,577	130.0
ココナッツ	2689	1,813	91.4
パーム	5950	819	41.3
微細藻類 (1)	136,900	36	1.8
微細藻類 (2)	58,700	83	4.2

目は、必要土地面積が地球上の耕作面積（約19億8千2百万ha）占める割合を示す。たとえば、トーモロコシの場合は年間ha あたり172リットルのオイルが生産されるが、これで世界の石油需要をすべてまかなうとしたら、世界の耕作面積の1430%（すなわち14.3倍）にあたる28,343M（メガ）haの土地が必要となる。同様にオイル含有率の高いパームでは、5.95トンのオイルが生産されるが、これで世界の石油需要をすべてまかなうとしたら、世界の耕作面積の41.3%にあたる819Mhaの土地が必要となる。これに対して微細藻類の場合は、年間haあたり58.7～136.50トンのオイルが生産され、これで世界の石油需要をすべてまかなうとしたら、世界の耕作面積の1.8～4.3%の土地が必要となるだけである。もちろん、藻類は水槽、プール等での生産となるため、海面、砂漠、荒廃地等森林伐採をともなわずにすむ。

このように微細藻類は、オイル生産の潜在力がきわめて高く、食糧と競合せず、自然破壊を最小に抑えて、エネルギーを供給することができる生物であるといえる。今、人類が直面しているエネルギー資源の枯渇と地球温暖化の解決に微細藻類を活用しない手はないであろう。

3 炭化水素を産生する緑藻類ボトリオコッカス (Botryococcus)

高濃度でオイルを産生することで知られている主要な微細藻類を表2に示す。ここでオイルとは、脂質、炭化水素、ステロール等を含んだものである。微細藻類は、一般に、24時間内で倍増する。対数増殖期におけるバイオマスの倍増時間は、早いもので3.5時間程度、通常で1日、おそいもので10日程度である。微細藻類のオイル含有量は、多いもので乾燥バイオマスの75%程度であるが、20～50%のオイル含有量を持つものが比較的多く見つかっている。このうちボトリオコッカスは非常に特徴的な藻類である。ボトリオコッカスは緑藻類に所属する藻類で、10-20μmの径の細胞が集塊したコロニーを形成する(写真1右)。多くの藻類は、生産するオイルはトリグリセリド（いわゆる植物油）で、細胞内に蓄積するが、ボトリオコッカスが生産するオイルは炭化水素（いわゆる石油系オイル）であり、さらに細胞で合成された炭化水素は細胞外に分泌される。ボトリオコッカス試料をスライドグラスにのせ、カバーグラスでおしつぶしていくと、細胞より分泌されコロニ

一内にトラップされていた炭化水素がにじみでてくるのがみられる（写真1左）。

これまで得られている知見をもとに、ボトリオコッカスを活用したバイオマスエネルギー技術開発を検討した結果、少なくとも下記の4点をクリヤーする必要があった。

(1) オイル生産と増殖のバランスがよく、高pHで良好な増殖を示す培養株の確保

ボトリオコッカスは培養株によりそのオイル産生能がことなること、増殖とオイル産生量は相反の関係にあることから、オイル生産と増殖のバランスのとれた培養株を確保することが必要である。これまで研究開発材料とされた多数のボトリオコッカスの培養株があるが、日本の研究者がよく使っていた培養株は、増殖は悪くはないがオイル産生量は乾燥重量あたり16%〜20%程度の株やオイル産生量は乾燥重量あたり70%程度あるが、増殖が極めて悪い株であった。また、二酸化炭素を培地に通気するため、二酸化炭素が溶けやすいアルカリ側で良好な増殖を示す培養株が必要である。以上の条件を満たす培養株を確保するため、日本各地の湖沼及び国外のいくつかの湖沼から144株を分離培養し、その増殖、オイル産生能およびpH特性を調べ、増殖とオイル産生のバランスがよく、アルカリ側で良好な増殖を示す数株の培養株を確保することができている。

(2) 産生されるオイルの純度

日本の各地の湖沼・貯水池から分離培養されたボトリオコッカスが産生する炭化水素は、直鎖型炭化水素で炭素数が25以上の奇数のアルケン、炭素数が34程度のトリテルペノイドおよび炭素数が40のリコパディエンの3種類にわけることができる。特に、トリテルペノイド（図1）を合成する株はその純度が94%に達するものがあり、精製・加工が容易であるといえる（渡邉2007）。

微細藻類のオイル含有量（表2）

微細藻類の種名	オイル含有量（乾燥重量%）
Botryococcus braunii	7〜75
Chlorella sp.	28〜32
Chrypthecodinium cohnii	20
Cylindrotheca sp.	16〜37
Dunaliella primolecta	23
Isochrysis sp.	25〜33
Monallanthus salina	>20
Nannochloropsis sp-1.	20〜35
Nannochloropsis sp-2.	31〜68
Neochloris oleoabundans	35〜54
Nitzschia sp.	45〜47
Phaeodarctylum tricornutum	20〜30
Schizochytrium sp.	50〜77
Tetraselmis sueica	15〜23

(Chisti 2007(1)、一部改変)

ボトリオコッカスのコロニー（左）とカバーグラスでコロニーを押しつぶした顕微鏡像（右）。
矢印はコロニー内から分泌されたオイル（写真1）

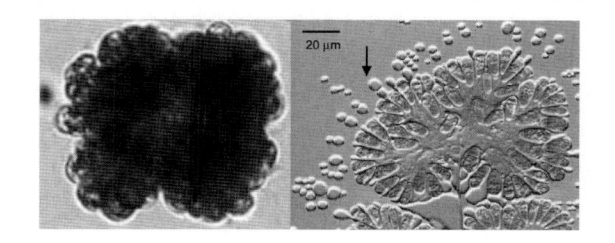

ボトリオコカスが生産するトリテルペノイド。
純度が90%以上ある（図1）

$C_{31}H_{48}O_2 = 452$

**有機排水添加培養条件下における
ボトリオコッカスの増殖。**
実験下での光量は一日あたりの積算放射照度の屋外平均値
(6-7MJ/m2) の半分程度の3MJ/m2（図2）

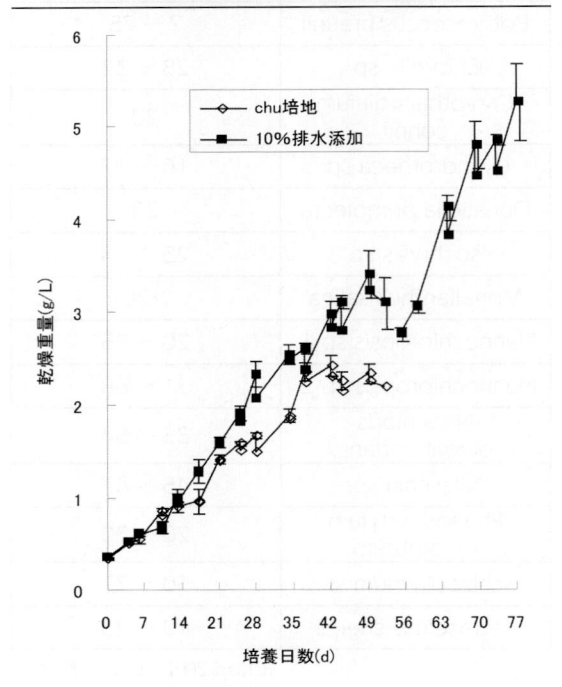

(3) 弱光下での増殖

　増殖には呼吸量を上回る光合成量をもたらす光量が必須であることはいうまでもないが、これが逆に大きな障害としてたちはだかる。すなわち、まだ細胞密度が低いうちは、光が培養漕の中心まで十分にとどくために光合成が活発におこなわれ、良好な増殖が得られるが、細胞がある密度に達すると、光が表面しかとどかなくなるため、細胞が受ける平均光量が減少し、最終的に光合成量が呼吸量を下回り、増殖がとまってしまうこととなる。野外において単位面積当たりの収量を上げるためには、最適増殖が得られる深さのパラメーターを上げることが最も重要である。ボトリオコッカスの有機排水の利用性について検討した結果、無機塩類から構成されるChu培地では乾燥重2.3g/Lになると増殖は止まるが、Chu培地に有機排水を10%となるように与えると、増殖は飛躍的に高くなり乾燥重量で5g/Lを超えた（図2）（渡邉2007）。全くの暗黒下でグルコース等の有機物を与えてもこれほど良好な増殖はえられなかったことから、ボトリオコッカスは弱光下で有機排水を利用して炭水化物を合成する光従属栄養性の特徴を持つことが判明した。したがって、ボトリオコッカスは、光合成ではガス状で排出される二酸化炭素を吸収し、光従属栄養性では将来の温室効果ガスとなる有機炭素源を利用して炭化水素を生産することができる藻類である。

(4) ライフサイクルアセスメント

　上記に示したボトリオコッカスが二酸化炭素削減や新エネルギー資源として実用化するに相応しいものであるかどうか、シミュレーションで調べてみることが必要となる。また、研究が趣味的なところに発散することを避け、実用化にむかってどんな技術開発がポイントとなるか探る上でも重要である。以下のような制約条件下でボトリオコッカスを大量に生産し、エネルギーとして利用した場合のエネルギー収支、二酸化炭素収支、コスト収支を計算した。

①19haで深さ30cmのプール（以下大プールと記述）をLNG火力発電所の近くに設置する。
②室内での試験管培養、フラスコ培養、屋外での小プール培養、中プール培養を経て、大プール培養へと段階を経た培養システムとする。
③以上のシステムで、培地作成（水道水に必要な栄養分を添加）、移動、固液分離（収穫）、乾燥、炭化水素抽出・精製、燃焼、焼却灰処分までの全過程でのLCAを評価。
④藻類の増殖量は1.5g/L〜10g/Lの間に設定
⑤3.5g/Lとなったときに次のレベルの培養へと移動し、その移動量は0.07とする。
⑥大プールで藻類バイオマスが3.5g/Lとなったときに、0.07/日の流量で収穫し、収穫した分の量の培地を加える、いわゆる連続培養システムを採用する。
⑦培地には有機物が添加されていることから弱

年間エネルギー収支、二酸化炭素及び
コスト収支の計算結果（19ha あたり）（表3）

	獲得量	投入量	収支
Energy [MJ/yr]	10.3×10^7	3.48×10^7	$+6.82 \times 10^7$
CO_2 [$kgCO_2$/yr]	7.45×10^6	2.49×10^6	$+4.96 \times 10^6$
コスト [百万円]	100.1	373.6	-273.5

光条件下でも十分な増殖を示すことから、晴れ・曇り・雨等の天候に左右されないとし、稼働率を365日とする。
⑧光合成に必要な二酸化炭素や晩秋から初春にかけて25度以上に培養温度を保つために必要な熱源はLNG火力発電所からの排出源を利用するため、これらについてはLCAから除外する。
⑨オイルの価格は原油価格とし、44.5円/Lとする。

シミュレーションの結果、エネルギー獲得量は年間19ha当たり 10.3×10^7 MJ、投入量は 3.48×10^7 MJ、CO_2吸収量は 7.45×10^6 $kgCO_2$、排出量は 2.49×10^6 $kgCO_2$となり、いずれも3倍程度多いことがわかる（表3）。ただし、コストについては獲得コストが約1億円だったのに対し、消費コストが約3億7千万円と、2億7千万円程度の赤字となり、オイルの価格は1Lあたり155円となる。コストの問題はハードルは高いけれども、将来の技術開発で解消できる範囲にあると判断している。また、今回おこなったLCAの結果、ボトリオコッカスのオイル生産力は年間haあたり約120トンとなり、微細藻類の中でも高いオイル生産力を有していることがわかる。

4 今後の課題

以上のようにボトリオコッカスは年間約120トン/haのオイルを生産するポテンシャルをもっていることから、1000ヘクタールの培養池から年間約12万トン（約75万バレル）のほぼ純粋な炭化水素が得られることとなる。これは現在の石油価格 70 \$/バレル(2009年7月現在)、すなわち約7千円/バレルで換算すると、年間約52億円の石油生産量に匹敵する。わが国には、38万ヘクタールほどの耕作放棄地があると聞くが、たとえばこれをすべて利用すれば石油生産量は2.9億バレル/年、あるいは約80万バレル/日となる。我が国の現在の石油消費量は約400万バレル/日 であることを考えると、我が国の石油消費量の1/5を耕作放棄地が生産できることを意味し、金額に換算するとこれは2兆円/年となる。もし、オイル生産効率を一桁あげることができれば、耕作放棄地の半分を使うだけで、我が国の現在の石油消費量をまかなうことができることとなり、地球温暖化防止はもちろん、経済効果もはかりしれないものとなるだろう。

参考文献
1) Chisti, Y. 2007. Biodiesel from microalgae. Biotechnology Advances, 25, 294-306
2) Banerjee, A., Sharma, R., Chisti, Y. and Banerjee, U.C. 2002. Botryococcus braunii：A renewable source of hydrocarbons and other chemicals. Critical Reviews in Biotechnology 22：245-279
3) Haag, A.L. (2007) Algae bloom again. Nature, 447, 520-521
4) Metzger, P. and Largeau, C. 2005. Botryococcus braunii：a rich source for hydrocarbons and related ether lipids. Appl Microbiol Biotechnol 2005：486-496
5) 渡邊 信、河地正伸、田野井孝雄、彼谷邦光 (2007) 平成18年度地球温暖化対策技術開発事業業務報告書 微細藻類を利用したエネルギー再生技術開発
6) 渡邊 信、河地正伸、田野井孝雄、彼谷邦光 (2005) 平成16年度地球温暖化対策技術開発事業業務報告書 微細藻類を利用したエネルギー再生技術開発

（渡邊 信）

4 資源回収

1 バイオ技術による排水からのレアメタル回収

(1) レアメタルを巡る環境・資源問題と排水処理

　地球上における存在量が少ない、あるいは比較的存在量は多くとも技術的・経済的に純粋な形で得ることが容易でなく、市場価値が高い金属類はレアメタルと呼ばれ、超電導、半導体、原子力関連などハイテク産業での使用が急増している。レアメタルは、精錬（生産）、加工や廃棄の工程で少なからぬ量が失われており、排水中にもかなりの量が移行するとされている。レアメタルはしばしば栄養学的には必須元素であるが、ある程度以上の濃度になると人の健康や生態系に悪影響を及ぼすことから、最近では水質の環境基準項目や要監視項目として、セレン(Se)、モリブデン(Mo)、アンチモン(Sb)、ニッケル(Ni)等が加えられ、レアメタル汚染[1]を防止する排水処理システムの整備が進められてきている。一方、排水を単に処理するだけでは資源としての損失となることから、排水中のレアメタルを除去・回収し、市場価値のある資源として再利用（リサイクル）する技術の確立が熱望されている。

　レアメタルを含め金属類含有排水の処理には、基本的には凝集沈殿や樹脂吸着等の物理化学的技術が適用されているが、処理技術としてみても高コストで、多量の資源・エネルギーの投入を必要とするという大きな制約がある。さらに進んで資源回収までを考慮したプロセスについては、実用的な技術はほとんど確立されていないといってよい。これは、反応の特異性が低い物理化学的手法では、レアメタルが比較的低濃度で他の多様な物質が混在する複雑なマトリックス中に存在する排水中から、ターゲットとなる物質を特異的、かつ効率的に除去・回収することが困難であることに根ざしている。

　ここでは、現在の物理化学的技術の有する問題を解決し得る将来技術として、微生物による金属類の代謝や、金属類との相互作用に関わる反応を利用する"メタルバイオテクノロジー[2]"による排水からのレアメタル回収技術のコンセプトを述べたうえで、例としてバイオミネラリゼーションを利用したSe回収技術の開発状況について紹介する。

(2) レアメタルの処理・回収に適用可能なバイオプロセス

　生物反応は有機物の分解や合成に関わるのが常識と思われがちであるが、実は金属類を含めた無機元素に対しても多岐に渡る代謝作用が存在しており、多くの元素の地化学的循環に寄与している。このようなバイオプロセスを活用するのがメタルバイオ技術であり、概して反応効率が高いことから、細菌を中心とした微生物作用に焦点を当てて研究開発が進められている。

　表1に、金属に対する主な微生物作用をまとめている。ある種の微生物は、エネルギー獲得のための電子受容体／電子供与体として金属類を酸化／還元することができ、また生合成の過程で金属類をメチル化したり水素化したりすることもできる。微量栄養素として特定の金属類を効率的に摂

メタルバイオテクノロジーでの活用が期待される主な微生物反応（表1）

バイオリーチング (Bioleaching)	**固相中の金属類の液相への抽出作用** (例) イオウ酸化細菌が硫化鉱物のS(-II)を酸化し金属を直接溶解する、イオウ酸化によって生じた硫酸による化学的溶解、鉄酸化によって生じたFe(III)の化学的な鉱物酸化、糖類の醗酵により生じる有機酸(クエン酸等)による化学的溶解、鉄塩の還元による鉄化合物の溶解など
バイオミネラリゼーション (Biomineralization)	**金属類の鉱物化作用による液相等からの固化** (例) 金属酸化物イオンの元素態への還元による固形化、鉄酸化・マンガン酸化による酸化物マットの形成と他の金属類の吸着・不溶化、磁性細菌によるマグネタイト(Fe_3O_4)、の生産など
バイオボラタリゼーション (Biovolatalization)	**液相・固相中の金属類の気化** (例) HgレダクターゼによるHgイオンの元素態Hgへの還元・揮発化、SeやAsのメチル化による揮発化など
バイオソープション (Biosorption)	**液相中金属類の細胞表面等への吸着** (例) 細菌、酵母、カビ、藻類などの細胞表面微細構造(細孔)、露出官能基(テイコ酸、キトサンなど)への吸着、細胞外多糖(バイオポリマー)への吸着など

取・濃縮したり、逆に有害金属類の摂取を抑制する、あるいは能動的に細胞外へ排出する微生物もおり、金属類の移動と蓄積に関わるメカニズムを有している。これらの反応の多くは、金属類の三相(固体・液体・気体)間の相変化、溶解性・吸着性の増減などの現象を導くことから、液相から固相・気相への金属類の除去が可能なものは排水処理に適用することができる。すなわち、バイオミネラリゼーション(液相中に溶解している金属類を鉱物化して固化する作用)、バイオボラタリゼーション(液相中、ときとして固相中の金属類をガス化して気相へ移動させる作用)、およびバイオソープション(細胞表面や細胞外ポリマー上に溶解している金属類を吸着・捕捉して濃縮する作用)がこれにあたる。バイオリーチングは、金属類を固相から液相に溶かし出すプロセスであるので、直接排水処理には応用できないが、凝集沈殿などで排水から化学泥へと移行させた金属類を抽出させることができれば、広義では排水からの金属類リサイクルにも利用できることになる。

微生物を利用する反応は、自己増殖する触媒を用いた反応であり、常温・常圧下で行われることから、一般的には物理化学的プロセスに比べて経済性、および省資源・省エネルギー性が高く、反応産物も自然の物質循環に組み込まれる環境適合性も有するというメリットを持っている。また、酵素反応を基本とする基質特異性が高いプロセスであることから、多様な物質の中に存在する低濃度のターゲット物質を変換する作用に長けていることもあり、現状の物理化学的金属類処理(回収)技術の欠点を解消し得る高いポテンシャルを秘めている。

(3) 微生物還元を利用した精錬排水からのセレン回収の試み

メタルバイオ技術を活用した排水からのレアメタル回収技術の例として、バイオミネラリゼーションによる金属精錬排水からのSe回収技術について解説する。

① 現状のSe精錬排水処理の問題

Seは排水中では通常、オキサニオン(酸化物イオン)、すなわちセレン酸塩(SeO_4^{2-}：Se(VI))、および亜セレン酸塩(SeO_3^{2-}：Se(IV))の形で存在し、生物に対して慢性・急性の毒性を有することから、我が国においては平成5年に水質環境基準項目に加えられ、0.1mg/ℓという厳しい一律排水基準が設定された。現在一般に用いられているSe含有排水処理技術は、電気化学的に、あるいは触媒等でSe(VI)をSe(IV)にまで還元した後、鉄

バイオミネラリゼーションを活用した排水からのSe除去・回収プロセス（図1）

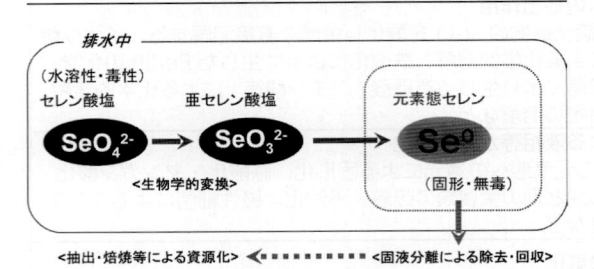

系の化学凝集剤を大量に加えて凝集沈殿するか、活性アルミナ等の吸着剤に吸着させることで行われているが、高コストであるうえ除去性も十分に高いとはいえない。Se(VI)の還元や凝集沈殿に必要なエネルギー、資源の消費も大きい。また、生成した鉄泥等におけるSeの含量は極めて低いことから、資源回収源としての価値を持たず、産業廃棄物として有償で処分しなければならないのが現状であり、排水からのリサイクルは非現実的とされている。

② バイオミネラリゼーションによる排水からのSe回収のコンセプト

Seは様々な生物地球化学作用によって、気圏・水圏・岩圏／土壌圏を循環しているが、このうち水圏に存在するSe(VI)やSe(IV)は、主に微生物の還元作用により固形の元素態セレン（Se(0)）となり、土壌圏へ移行することが知られている。このバイオミネラリゼーション作用を活用することで、排水からの水溶性Seの除去が可能となるものと考えられる。すなわち、排水中に存在するSe(VI)およびSe(IV)を生物学的に還元し、無毒・固形のSe(0)に変換して、固液分離により水中から除去するプロセスを図1のように提案できる。電気的・化学的に行うSe(VI)のSe(0)までの還元は経済的に見合わないが、微生物反応では基質さえ与えておけばSe(VI)からSe(0)への還元が容易に進行するため、効率的なSe(VI)還元微生物を入手することができれば、低コストのSe除去プロセスが実現できる。除去されたSeは微生物細胞の構成成分である有機物中に濃縮されているという点で、凝集沈殿で生成する化学泥合とは大きく異なる。有機成分を燃焼等により分解すれば、残渣灰分中でのSe含有率は数10％にもなる試算であり、ある程度の経済性を持って資源としてリサイクルすることも可能であると考えられる。

③ セレン酸還元微生物

排水からのSe回収のコンセプトを実現させるカギを握るのはSe(VI)からSe(0)への還元を効率よく行うことのできるセレン酸還元微生物である。Se(VI)やSe(IV)を含めた金属類酸化物イオンの還元機構には主に、①脱窒と類似の反応で、金属類酸化物を嫌気呼吸の電子受容体に用いることで還元する（異化型還元）、②金属類酸化物イオンをより毒性の低い形、あるいは細胞外に排出しやすい形に還元・変換する（耐性）、③硝酸塩還元等の別な基質特異性が低い還元酵素による還元（非特異的還元）があるが、このうち①および②は特異性が高く、高効率の反応として排水処理への適用に有望である。排水処理への適用が有望なセレン酸還元微生物の例を図2に示している。また、それぞれのSe(VI)還元特性を調べた結果を図3および図4に示している。

図に示した*Bacillus selenatarsenatis* SF-1株[3]は、①のメカニズムでSe(VI)の還元を行う典型的な嫌気呼吸菌であり、10mM程度までの極めて高濃度のSe(VI)も還元することができるが、Se(VI)からSe(IV)への還元反応に比べてSe(IV)からSe(0)への還元反応の速度が遅く律速になる（図3）。Se(0)は図2に見られるように、径100nmオーダーの粒子として主に細胞内に蓄積されるため、細胞を遠心分離やろ過で固液分離することで、排水中からSe含有バイオマスとして除去・回収することができる。嫌気条件での還元となるので、バイオリアクターは曝気する必要がなく、エネルギーコストという面では有利であるが、Se(IV)還元が律速であるため比較的低負荷での適用に限られ、酸素混入を防止しないと性能が安定しないという制約がある。

一方、*Pseudomonas stutzeri* NT-I株[4]は、好

セレン酸塩還元微生物の電子顕微鏡写真
（矢印は蓄積された Se 粒子）
(A) *B. selanatarsenatis* SF-1　(B) *P. stutzeri* NT-I　（図2）

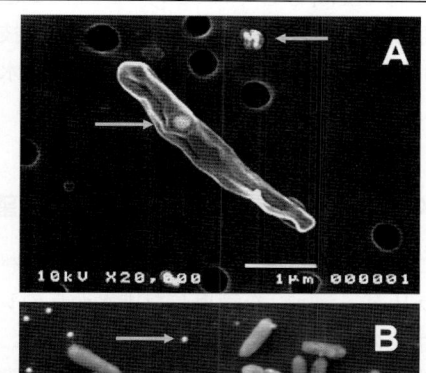

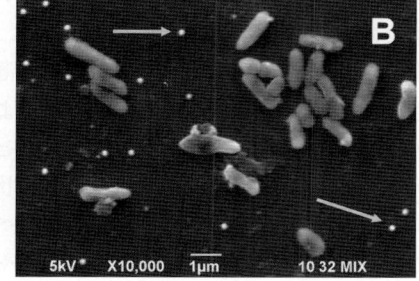

***B. selanatarsenatis* SF-1 による Se(VI) の還元**
乳酸を基質とした嫌気培養における還元（図3）

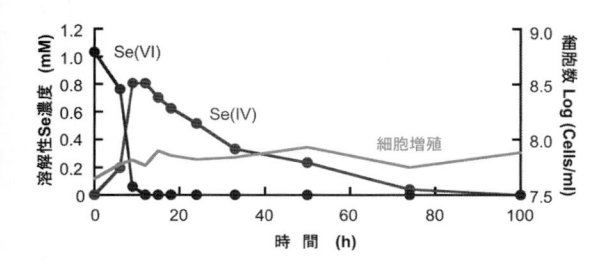

***P. stutzeri* NT-I による Se(VI) の還元**
トリプチケースソイブロス（TSB）を
培地に用いた好気培養での還元（図4）

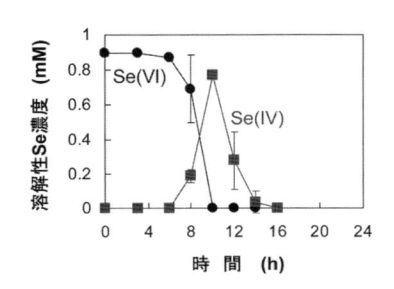

気条件下でSe(VI)のSe(0)までの還元を触媒する珍しいセレン酸塩還元細菌であり、そのメカニズムは未だ不明な部分が多いが、おそらくは②のメカニズムによるものと考えられている。SF-1とほぼ同等のSe(VI)還元能力を有し、高濃度のSe(VI)還元が可能であるうえ、Se(IV)からSe(0)への還元もスムースである（図4）。Se(IV)の還元は十分に酸素を供給した好気条件下でのみ生じるため、曝気のエネルギーが必要であるが、嫌気処理に比べて運転条件の安定維持は容易であり、水溶性Seとしての処理速度に勝る。還元産物であるSe(0)は径10nmオーダーの微粒子として細胞外に蓄積されるため、精密・限外ろ過などのふるい分けにより、容易に分離回収できる可能性もある。

以上の例に見るように、Se(VI)、Se(IV)を還元する微生物の特性は様々であり、排水の組成や処理条件、経済面での制約などを考慮して選定することになる。

④ *Pseudomonas stutzeri* NT-I を用いた精錬排水処理と Se 回収の試行

微生物を利用したSe含有廃水の処理についてはラボスケールで還元特性を調べている例はあるものの、パイロットスケールで検討されたのは*Thauera selanatis*を低濃度の農業灌漑排水に適用した報告が数件[5]がある程度で、未確立の将来技術である。

我々の研究グループでは、先に示したNT-I株が高濃度のSe(VI)およびSe(IV)還元の両者に有効であることに着目し、パイロットスケールの連続回分方式（シーケンシングバッチリアクター：SBR）で精錬排水を対象とした処理を試行した。実精錬排水（必要に応じてSe(IV)、Se(VI)を加えた）を対象にして、実容積500 ℓ のSBRを構築し、基質としてエタノールを添加して底部より弱く曝気・撹拌した。菌体は遊動型の生物付着担体で保持し、塩濃度6〜7%、pH=約1の排水をNaOHで中和し工業用水で数倍に希釈する前処理を行ってSBRへの流入水とした。結果として60〜70mg-Se/ ℓ のSe(IV)、約30mg-Se/ ℓ のSe(VI)の何れについても5日間程度で0.1〜1mg-Se/ ℓ

**P. stutzeri NT-I を用いた SBR による
Se 含有精錬排水の処理試験**
矢印の時間に排水を添加した連続回分処理（図5）

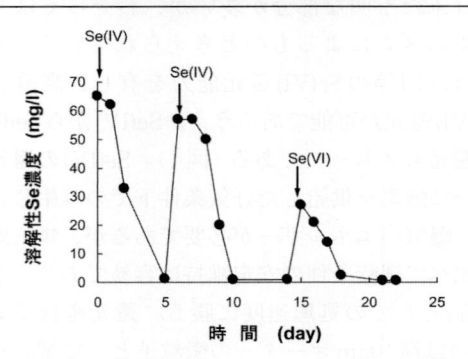

**レアメタル等を不溶化あるいは
難溶化させる微生物の金属還元作用**（表2）

セレン	Se(VI) → Se(IV) → Se(0)
テルル	Te(VI) → Te(IV) → Te(0)
パラジウム	Pd(II) → Pd(0)
金	Au(III) → Au(0)
銀	Ag(I) → Ag(0)
クロム	Cr(VI) → Cr(III)
バナジウム	V(V) → V(IV) → V(III)
ウラン	U(V) → U(IV)
テクネチウム	Tc(VII) → Tc(IV)

の低濃度にまで除去することができ、実排水に対しても適正な調整を行えばNT-Iの適用が可能であることが実証された（図5）。この際、バイオリアクター内は濃い赤色を呈し、除去されたSeはおそらくはアモルファスのSe(0)として回収することができた。

バイオマス中のSe含量は最大では30%以上になり、十分に資源回収に耐えるものと考えられた。実試料での再現性のある検討にまでは至っていないが、細菌細胞に元素Seが混合された試料を用いて、酸性雰囲気下、500℃で焙焼すれば、十分に資源化し得る純度で、元素態あるいは酸化態のSe固形物（Se(0)もしくはSeO_2）を回収できることも明らかにしている。すなわち、バイオ技術を適用すれば、これまでは不可能であった排水中のSeのリサイクルが可能であるといえる。

(4) メタルバイオテクノロジーの将来展望

ここではSeを例に、微生物還元によるバイオミネラリゼーションを適用した排水からのレアメタル回収の可能性を示した。微生物還元により、水溶性のものが固化されたり、あるいは水溶性が低下したりするレアメタルは、表2に示すようにSe以外にも多数報告されており、本コンセプトの応用範囲は決して狭いものではない。現状ではメタルバイオ技術は、物理化学的技術と比べての欠点である反応（処理・回収）速度の低さや、毒物等に対する不安定性を打ち負かすところまでには至っていないが、とにかく低環境負荷・低コストでの処理・回収を行うことに関しては他に勝るものはないと考えている。持続社会構築の一つのキーとして、バイオ技術による排水からのレアメタルリサイクルが実現されることを期待している。

参考文献
1) 久保田正亜：「忍び寄る日本のレアメタル汚染」化学と生物、Vol. 35、pp826-827、1997
2) 植田美充, 池道彦監修：「メタルバイオテクノロジーによる環境保全と資源回収 - 新元素戦略の新しいキーテクノロジー -」、シーエムシー出版、2009
3) Fujita M. et al.：「Isolation and characterization of a novel selenate-reducing bacterium, *Bacillus* sp. SF-1」、J. Ferment. Bioeng.、vol. 83、pp528-533、1997
4) 野田口恵美ら：「好気条件下におけるPseudomonas stutzeri NT-Iのセレン還元特性」、日本水処理生物学会誌、別巻28号、pp27、2008
5) Cantafio A.W. et al.：「Pilot-scale selenium bioremediation of San Joaquin drainage water with *Thauera selenatis*」、Appl. Environ. Microbiol.、Vol. 62、pp3298-3303、1996

（池　道彦）

2 液晶パネルからのインジウム回収

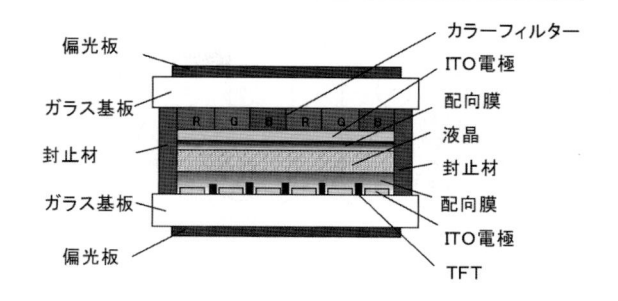

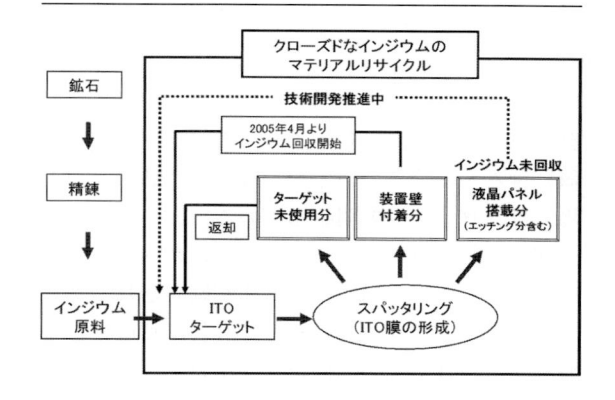

(1) はじめに

近年、持続可能型社会への転換が世界レベルで叫ばれ、地球環境問題への関心が高まっている。市場規模が拡大基調にある液晶ディスプレイ製品においても、環境安全性、環境配慮設計、リサイクル性などへの要望が高まっている。とくに、リサイクルに関し、液晶ディスプレイを使用した製品の生産量増加に伴い、排出量も今後増加することが予測されている。そのため、使用済み液晶ディスプレイから効率的に資源を回収し、有効に利用することが求められている。さらに、2009年度から薄型テレビ（液晶方式、プラズマ方式）が家電リサイクル法（特定家庭用機器再商品化法）の対象品目に追加されたこともあり、液晶テレビ特有の部品である液晶ディスプレイパネルのリサイクル技術開発は重要課題となっている。

液晶ディスプレイの生産量の増加、画面サイズの大型化に伴い生産に用いられる液晶材料、ガラス基板、電極材料などの部品、材料の量も増加している。そのため、製造工程で排出される不要な液晶パネルに関してもリサイクルし、資源を有効に利用することが求められている。さらに、透明電極に用いられるインジウムは希少金属であり、液晶ディスプレイの生産量の増加に伴い、需要が急増している。インジウムは、もともと生産量が少ない金属であり、液晶ディスプレイメーカーにとってインジウム資源を将来にわたり長期安定的に確保することが重要となっている。

本稿では、不要となった液晶ディスプレイに搭載されたインジウムを資源として有効に利用するための回収リサイクル方法の開発について、著者らの取り組みの概要を紹介する。

(2) 液晶ディスプレイとインジウム資源

図6に液晶ディスプレイの表示方式の一つである、TFT（Thin Film Transistor、薄膜トランジスター）方式の液晶ディスプレイパネルの断面構造を示す。液晶ディスプレイパネル（以下液晶パネルと表記）は液晶ディスプレイの表示部にあたり、偏光板、ガラス基板、カラーフィルター、TFT、透明電極、配向膜、液晶、封止材から構成される。透明電極には、その特性と製造プロセスへの整合性の観点から、ITO（Indium Tin Oxide、インジウムスズ酸化物）が使用されている。

図7に液晶パネル工場におけるインジウムのマテリアルフローを示す。液晶パネルの製造に使用されているインジウムは、図7中に示すようにスパッタリングのターゲット未使用分、スパッタリング装置付着分および液晶パネル搭載分（エッチング液に溶出する分を含む）に大別される。スパッタリングターゲット未使用分は、材料メーカーに返却され、再利用する仕組みが確立されており、ITOターゲット未使用分の90%以上が循環利用経

インジウムの吸着・脱離メカニズム (図8)

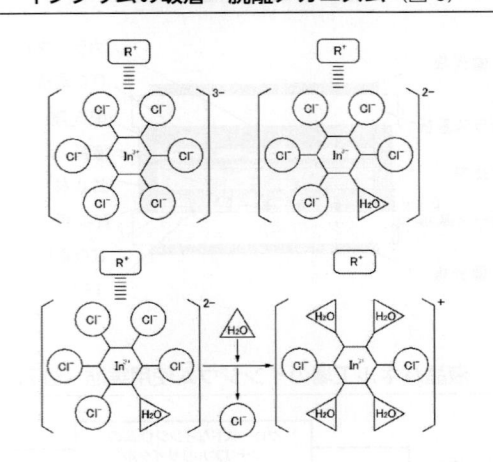

路に組み込まれている。また、スパッタリング装置に付着する分についても、既に、液晶パネル工場ではリサイクルを開始している。

残りの製品搭載分について、低コストかつ高純度でインジウムを回収する方法が確立されていないのが現状であり、資源として有効に利用されておらず、当社では製品搭載分のインジウムを効率的に回収する技術開発を推進している。

(3) イオン交換樹脂を用いた インジウム回収技術

① インジウムの吸着メカニズム

インジウムは、塩酸を主成分とする溶液中では、インジウムと塩化物イオンからなるアニオンの特性を持ったインジウム・クロロ錯体を形成する。したがって、インジウムを含んだ塩酸溶液をアニオン交換樹脂と接触させると、インジウムは樹脂に吸着する。つぎに、インジウムが吸着したアニオン交換樹脂を水と接触させると、溶液中の塩化物イオン濃度が低下することにより配位子が塩化物イオンから水分子に置換され、インジウムはインジウム・アクオ・クロロ錯体となってカチオン化する。図8に示すように、カチオン化したインジウムは、アニオン交換樹脂との吸着力が低下し脱離する。すなわち、インジウムを含んだ溶液中の塩化物イオン濃度が高い場合、インジウムは樹脂に吸着し、低濃度になると樹脂に吸着しない。

以上のことから、インジウムが吸着したアニオン交換樹脂に接触した溶液の塩酸濃度を連続的に測定し、その濃度変化に基づいて塩酸濃度の高い塩酸回収液と、塩酸濃度が低くインジウム濃度の高いインジウム回収液を分別することが可能となる。また、この回収方法は、インジウムの錯体形成を利用してアニオン交換樹脂への吸脱着を行うため、アニオン交換樹脂の劣化が少ないといった利点もある。

② インジウムの回収リサイクルフロー

図9にイオン交換樹脂を用いたインジウム回収フローを示す。

(1) インジウム溶出

液晶パネルを10mm以下の大きさに破砕し、液晶パネル中のITOを塩酸を主成分とする酸に溶出させる。ここで、液晶パネルを破砕することにより、ITOの溶出を促進している。溶液中のガラス、フィルム等の不純物はろ過により除去する。表3に実験で得られたインジウム含有塩酸溶液の組成を示した。透明電極材料のインジウムおよびスズの他、液晶パネルの電極に使用されているアルミニウム等の不純物金属が含まれる。

(2) インジウム吸着

得られたインジウムおよび不純物金属を含有する塩酸溶液を、アニオン交換樹脂を充填したカラムに通液する。上述のメカニズムにより、インジウムはスズとともにアニオン交換樹脂に吸着し、アルミニウム等の不純物金属はそのまま通過する。したがって、カラムを通過した液は、インジウムが除去された高濃度の塩酸溶液として回収することができる。具体的には、電気伝導率計などによりカラムを通過した塩酸溶液の塩酸濃度を連続的に測定し、塩酸濃度の高い塩酸回収液を分別回収する。塩酸回収液は、液晶パネルからインジウムを溶出するための塩酸として再利用する。また、吸着操作初期などのインジウム濃度と塩酸濃度ともに低い通過液は、放流液として中和などの適正な廃液処理を施す。

イオン交換樹脂を用いたインジウム回収処理フロー（図9）

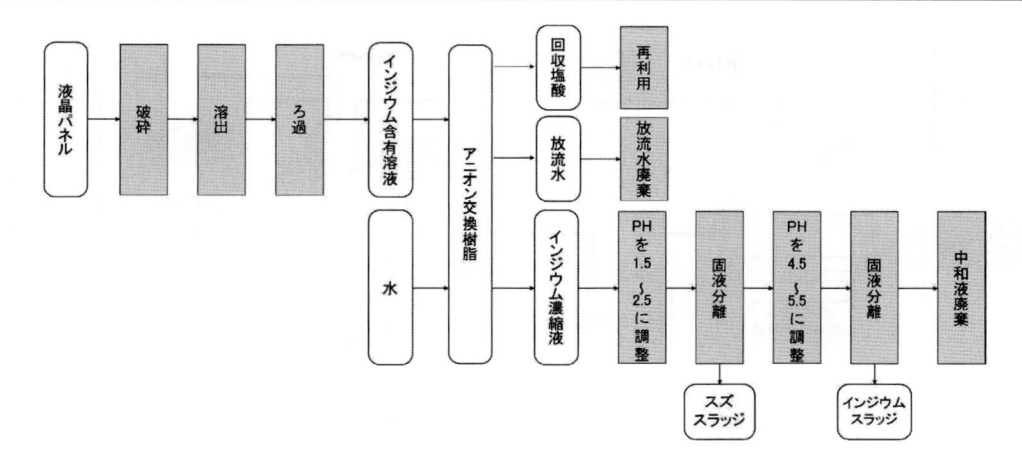

インジウム溶出液の組成（表3）

塩酸溶液の組成 (mg/ℓ)		
In	Al	Sn
7.8×10^2	1.3×10^2	4.3×10

塩酸溶液中におけるインジウムの吸着挙動（図10）

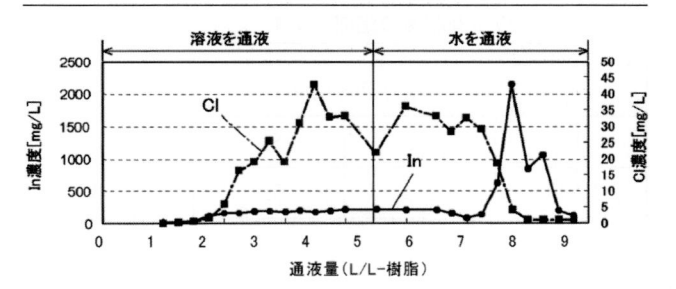

　図10にインジウム回収処理を行った際のカラム通過液のインジウムおよび塩化物イオン濃度を示す。図の通液量2.5から7.5L/L-樹脂に見られるように、インジウム含有塩酸溶液中の塩酸濃度が高いと、インジウムがアニオン交換樹脂に吸着されるため、カラムをほとんど通過せず、高濃度の塩酸のみが通過しているのがわかる。このとき、スズもアニオン交換樹脂に吸着される。図の通液量2.5L/L-樹脂に見られるように、インジウム吸着操作初期は塩酸濃度が低く、放流液として回収する。その後、カラムを通過する塩酸濃度が高くなると塩酸回収液として分別回収する。

(3) インジウム回収

　つぎに、インジウムを吸着させたアニオン交換樹脂を充填したカラムに水を通液すると、インジウムをアニオン交換樹脂から脱離させ回収することができる。図10において、カラムへの通液量7.5から9.0L/L-樹脂にかけて、塩酸濃度が低下すると同時に高濃度のインジウム溶液が得られていることがわかる。すなわち、上述のように、塩酸濃度の低下に伴い、インジウム・クロロ錯体がインジウム・アクオ・クロロ錯体へと変化するため、インジウムがアニオン交換樹脂から脱離する。表4にインジウム回収液の組成を示した。アニオン交換樹脂に吸着しないアルミニウムの濃度が大幅に低下し、他に透明電極材料でアニオン交換樹脂に吸着されるインジウムとスズが含まれている。

　インジウム回収液はインジウムおよびスズを含有しているため、インジウム回収液に水酸化ナトリウムを添加してpHを1.5から2.5の範囲に調整すると、スズを水酸化スズとして沈殿させ固液分離し、インジウム溶液を回収する。

　スズを分離した後、インジウム回収液のpHを

実証実験装置の模式図（図11）

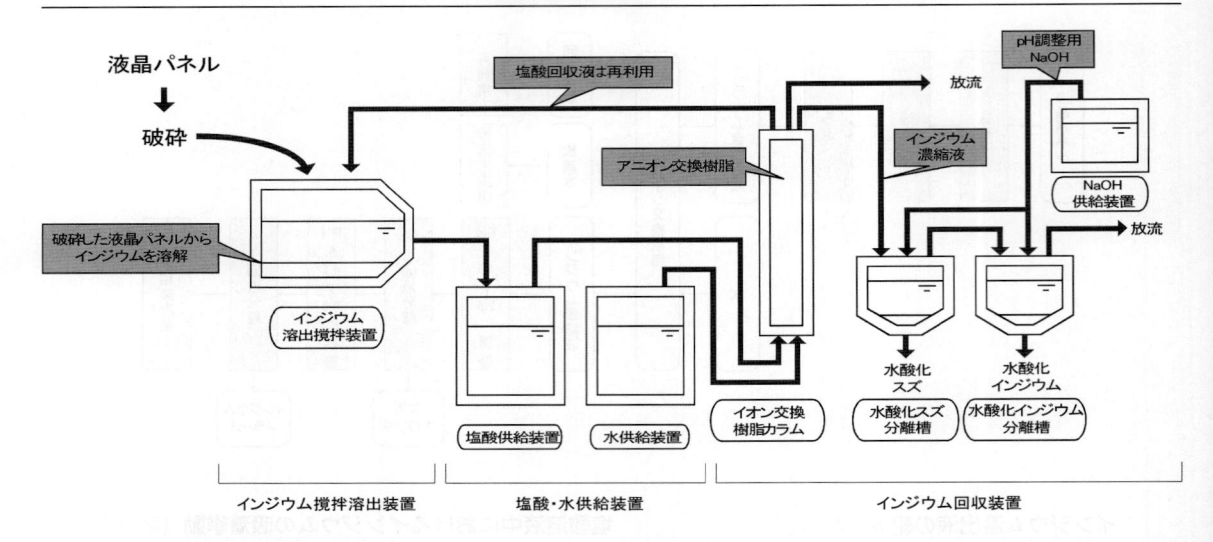

インジウム回収液の組成（表4）

インジウム回収液の組成 (mg/L)		
In	Al	Sn
2.1×10^3	5.0	6.0

実証実験で得られたインジウムのマテリアルバランス（表5）

	水量 (L)	インジウム 濃度 (mg/ℓ)	インジウム 量 (mg)	収率
溶出液（原液）	18	6.1×10^2	1.1×10^4	
塩酸回収液	18	6.2×10	1.1×10^3	10%
インジウム回収液	7	1.4×10^2	9.4×10^3	84%
放流液	13	4.3×10	5.5×10^2	5%
合計			1.1×10^4	

4.5から5.5の範囲に調整すると、インジウムが水酸化インジウムとして沈殿し、高純度の水酸化インジウムのスラッジが得られる。

(4) インジウム回収実証実験

上述の基礎検討結果をもとに、液晶パネルの製造工程で排出される液晶パネルを用い、インジウムを回収する実証実験を行った。

① 実証実験装置

図11に、本検討で開発した実証実験装置を示す。実験装置は、液晶パネルから塩酸を用いてITOを溶出し、インジウム含有塩酸溶液を得るための「インジウム撹拌溶出装置」と、回転ドラム溶出装置へ塩酸および洗浄水を供給する「塩酸・水供給装置」と、インジウム含有塩酸溶液からインジウムを分離回収するための「インジウム回収装置」から構成される。

「インジウム撹拌溶出装置」は、回転・揺動可能な溶出槽を備え、基本的に密閉状態で液晶パネルおよび塩酸の投入から排出まで可能である。また、「インジウム回収装置」は、本検討のインジウム回収リサイクル方法のポイントであるアニオン交換樹脂のカラムを基本構成とし、塩酸溶液の通液とインジウム脱着用の水の通液を自動制御

実証実験装置の模式図（図12）

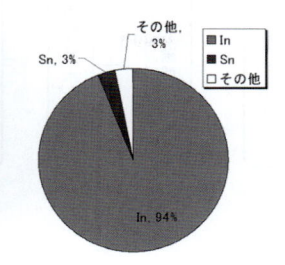

水酸化インジウムスラッジ

し、インジウムとスズをそれぞれ水酸化物として連続的に分離回収できる反応槽を備える。液晶パネルの破砕は、すでに液晶パネル製造工場において製造工程から排出される工程不良液晶パネル等で実施しており、そこで使用していた既存の装置を使用した。

② インジウム回収実証実験

塩酸回収液とインジウム濃縮液との分離、回収したインジウム濃縮液から水酸化インジウムおよび水酸化スズの回収を行った。表5にイオン交換法により得られたインジウム濃縮液、塩酸回収液、放流液（インジウムも塩酸濃度ともに低い部位）の量およびそれぞれに含まれるインジウム濃度を示す。インジウムの収率を見ると、インジウム濃縮液に84％、塩酸回収液に10％、放流液に5％含まれる。インジウム濃縮液および塩酸回収液に含まれるインジウムは回収可能であり、インジウム回収率としては、94％が得られた。また、塩酸回収液には、原液の塩酸の89％が回収される。

図12は、実証実験で回収したインジウムスラッジの成分含有比である。インジウム含有比率94％、スズが3％であり、高純度のインジウムスラッジが得られた。

(5) 亜臨界水を用いたインジウム回収方法

著者らは、インジウムを効率的に回収する方法の一つとして、
①化学的な前処理をしない
②ガラス基板から希少金属であるインジウムおよびスズをほぼ全量回収する
③同時に大量のガラス基板も表面の膜を取り除いた純ガラスの状態で回収する

ことをねらい、亜臨界水反応を用いたインジウム回収方法に関しても、検討を行っている[1),2)]。

① 亜臨界水反応

水を密閉容器に入れ温度を高くしていくと、水は膨張して密度は小さくなる。一方、水蒸気の圧力は増加し密度が大きくなる。さらに温度を上げていくと、374℃、218気圧（647K、22.1 MPa）で水と水蒸気の密度が等しくなり、臨界点と呼ばれる水か水蒸気かの区別がつかない状態になる。臨界点以上の温度圧力の水を超臨界水といい、臨界点以下、飽和蒸気圧曲線を含む温度圧力の領域の水を亜臨界水と呼ぶ。

水のイオン積は、250℃付近で最大値を示す亜臨界水の加水分解力が最大となり、有機物を高速で水に溶ける低分子にまで分解する。亜臨界水の主な特徴をうまく利用すると、高速高効率かつ低コストで有機性廃棄物あるいは廃棄物ではない有機物原料から種々の有価物やエネルギーを生産することができる。

② 亜臨界水を用いたインジウム回収方法

亜臨界水を用いたインジウム回収リサイクルフローを図13に示す。不要となった液晶パネルを破砕し、亜臨界水処理を施す。ガラス基板と透明電極（ITO）の間に存在する有機物は亜臨界水により加水分解され、ガラス基板から透明電極（ITO）が剥離する。つぎに、剥離したITOを含んだ溶液をろ過し、ITOを回収する。

③ 亜臨界水を用いたインジウム回収実験

上述のように、亜臨界水を用いたインジウム回収実験を行った。このとき、水にアルカリを添加して亜臨界水状態としてインジウム回収を試みた。

実験は、アルカリとして0.1NNaOHを用い、反応時間5分とした場合のインジウムの各相における存在割合を求めた。実験方法は、ステンレス

亜臨界水を用いたインジウム回収処理フロー（図13）

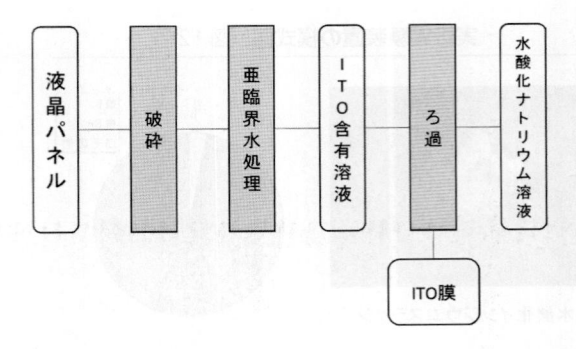

液晶パネル → 破砕 → 亜臨界水処理 → ITO含有溶液 → ろ過 → 水酸化ナトリウム溶液
　　　　　　　　　　　　　　　　　　　　　　　　　↓
　　　　　　　　　　　　　　　　　　　　　　　　ITO膜

TFTガラスの0.1N NaOH共存亜臨界水反応によるインジウムの各相における存在割合に及ぼす反応温度の影響（反応時間：5分）[2]（図14）

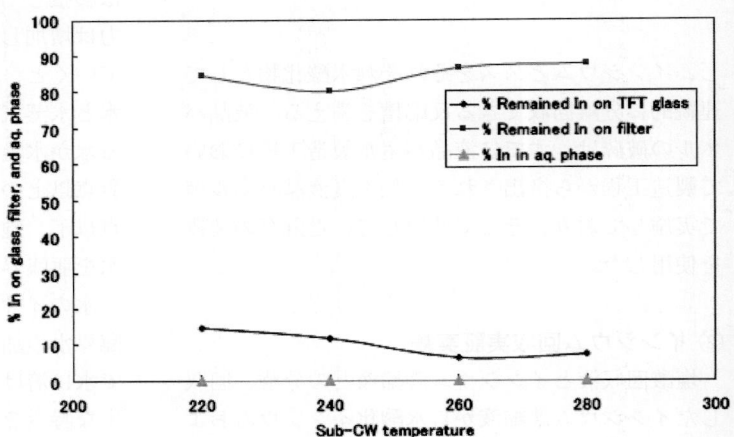

- % Remained In on TFT glass
- % Remained In on filter
- % In in aq. phase

管（SUS316、内径16mm、長さ150mm、内容積$30 \times 10^{-6} m^3$）の両端にスウェッジロックキャップ（SWAGELOK）を取り付け、バッチ型反応器を製作した。適当な大きさに切断あるいは破砕したTFTガラスあるいはCFガラスと水を反応器に入れた後、空隙部の空気をアルゴンガスで置換し、ソルトバス中に入れ、所定の反応時間浸して亜臨界処理を行った。亜臨界水処理後の溶液をポア一径0.45μmのメンブレンフィルターでろ過し、ろ液、メンブレンフィルター上及びガラス上のインジウムの定量を行った。

　TFTガラスを用いた場合の結果を図14に示した。反応温度は400℃まで変化させたが、280℃以下で良好な結果を示した。260℃において、TFTガラス上に残ったインジウムの量が最小値7%を示し、インジウムの回収率としては、93%が得られた。カラーフィルター側ガラスでは100%のインジウムを回収することができた。

(6) おわりに

　電子機器には希少金属を駆使して機能を実現しているものが少なくない。今後、廃棄物に含まれる資源を有効に利用することにより、レアメタル資源の確保は重要となると予測される。一方で将来的な資源確保に不安がある。このような状況を鑑み、著者らは生産量が急激に増加している液晶パネルからインジウムを回収する技術の開発に取り組み、液晶パネル工場から排出される工程廃材を用いた実証実験により高効率なインジウム回収を実証した。本検討の成果が循環型社会の形成に寄与することを期待する。

参考文献
1) 吉田弘之ほか、亜臨界水を用いた廃液晶パネルからインジウム及び基盤ガラスの再資源化 (1) ―水のみを用いた場合―、化学工学会第41回秋季大会研究発表講演要旨集、2009
2) 吉田弘之ほか、亜臨界水を用いた廃液晶パネルからインジウム及び基盤ガラスの再資源化 (2) ―アルカリを添加した場合―、化学工学会第41回秋季大会研究発表講演要旨集、2009

（辻口雅人）

5 宇宙開発における水利用

1 2つの基本思想 短期ミッションと長期ミッション

　宇宙開発は短期ミッションと長期ミッションに分類できる。有人で長期間運用されている国際宇宙ステーション（以下ISS：International Space Station）は長期ミッションと思われるかもしれないが、実は短期ミッションに属する。長期ミッションとは、運用期間が長期であると同時に地球からの補給を極小にする必要がある月面基地とか、有人火星探査などを指す。したがって、現在使用されている生命維持システムは基本的に短期ミッション用である[1]。

　短期ミッションにおける水処理は、基本的に比較的簡単に再生利用ができる凝縮水や燃料電池で生成する水、尿、手洗い水程度に限定して処理する。水再生システムから発生した濃縮水などの廃棄物は補給船で地球に持ち帰り地上で処理する。尿の再生利用を行わない場合は、大気圏に再突入させて焼却処分する補給船に廃液タンクを積載して処理する場合もある。一方、長期ミッションの場合、月面基地や宇宙船は閉じた系になるので、水だけでなく物質の循環再利用を目指したシステムが要求される。水再生システムの基本は変わらないと予想されるが、濃縮水や固形排泄物や食糧生産システムからの固形物も含めて水・物質の循環システムを構築することになる。

　いずれの場合も微少重量場で使用できる技術が前提であるが、安全性を重視し、万一のトラブル時でもクルーや他の設備機器へあたえる影響が少ない技術と素材が要求され、さらに消費エネルギーが少ないこと、メンテナンスが少ないこと、ユニット交換が可能で小さく軽いことなどが求められる。以下、現状（2010年）のISSにおける水利用の状況に関して解説する。

2 ISSにおける水とその用途

　ISSでクルー1人が一日に使用する水は約3.5リットルで、ロシアの補給船プログレスやアメリカのスペースシャトルなどで地上から補給される水、ロシアの空調設備で空気の除湿時に生成した凝縮水、そしてSTS-126ミッション（2008年11月打ち上げ）で持ち込まれたNASAの水再生処理装置（WRS：Water Recovery System）の処理水からなる。なお、スペースシャトルからの補給水には、発電用燃料電池で生成した水も含まれている。WRSは2つのラックに分けて搭載されている（写真1）。3.5リットルの用途は、飲用、衛生用（体を拭くなど）、食品向け、トイレ洗浄水、酸素原料等に分類される。水の供給と用途に関して表1にまとめた。

　クルーが消費する水以外に、冷却水、実験用水がある。冷却水には船外活動用の宇宙服の冷却用水、宇宙空間へ氷（冷却水の一部が毛細管現象を応用した方法で宇宙空間にさらされて凍る）から直接昇華（気化）させることで昇華熱を捨て冷熱源とするサブリメータ用の水も含む。日本の実験

水再生処理装置
(WRS：Water Recovery System) [4]
(写真提供　NASA)
(写真1)

ラベル：
④粒子除去フィルタ
WPA Microbial Check Valve
WPA Reactor Health Sensor
WPA Gas Separator
⑥触媒反応部(リアクター)
WPA Controller
Avionics Air Assy.
⑨水保管タンク
⑩配水用タンク
UPA Pressure Control & Purge Assy.
UPA Firmware Controller Assy.
WPA Pump/Separator
UPA Fluids Control & Pump Assy.
UPA Recycle Filter Tank Assy.
⑧WPAへ送る汚水貯蔵タンク
①UPA尿貯蔵タンク
⑤WPA多層フィルタ
②UPA蒸留装置(DA)

WRSラック1(主にWPAを搭載)　　WRSラック2(主にUPAを搭載)

クルーが消費する水の供給と用途（表1）

水供給〔ℓ／日・人〕[2]		用途〔ℓ／日・人〕[3]	
地上から補給船で	1.3	飲用・衛生用	2.15
ロシア側ユニット　空調凝縮水	1.5	食品	0.50
アメリカ側ユニット　水再生装置(WRS=UPA+WPA)	0.7	トイレ洗浄水	0.30
		酸素原料	0.65
合計	3.5		3.60

筆者注）出典が違うために数値にズレがあるが、誤差範囲と推定。

棟「きぼう」で使う実験用水は、各実験装置内で完結するシステムとなっていて、基本はISS内の水システムからは切り離されている。ちなみに、実験用に使う水は、地上の実験との差異を極力避けるために、地上実験でつかわれた水をそのまま持ち込むことが多い。

3　ISSの水処理設備

図1にNASAの水再生処理装置（WRS：Water Recovery System）の水再生処理プロセスを示した。WRSは水処理装置（WPA：Water Process Assembly）と尿処理装置（UPA：Urine Processor Assembly）で構成されている。

WPAは空調凝縮水とUPA処理水を原水として利用する。これらを原水タンクに貯蔵し0.5ミクロンのMF膜でろ過後、直列に接続された多層ろ過塔（Multifiltration (MF) bed）で処理する。ここでは、無機物および非揮発性の有機物除去が行われる。第一のろ過塔の処理量が限界に近づきリークが検出されると、第二のろ過塔を次の第一の位置に、新たなろ過塔を第二の位置に接続して処理を継続する。リークの検出は中間に設置された導電率計で行う。次の触媒湿式酸化塔では低分子の有機物を酸素供給・高温状態で酸化分解する。反応後の処理水は熱回収と脱ガスを行い、有機物の過負荷防止のために導電率計で水質を確認後、イオン交換樹脂塔で溶解した反応生成物を除去し、殺菌剤としてヨウ素を添加する。ヨウ素はアポロ計画時代から水系の殺菌剤として採用されている。最終的な水質はTOC計で行い、大腸菌などの微生物検出も軌道上で実施している。

UPAはトイレで採取した尿を原水として再生

NASA の水再生処理プロセス [2) 4)]（図1）

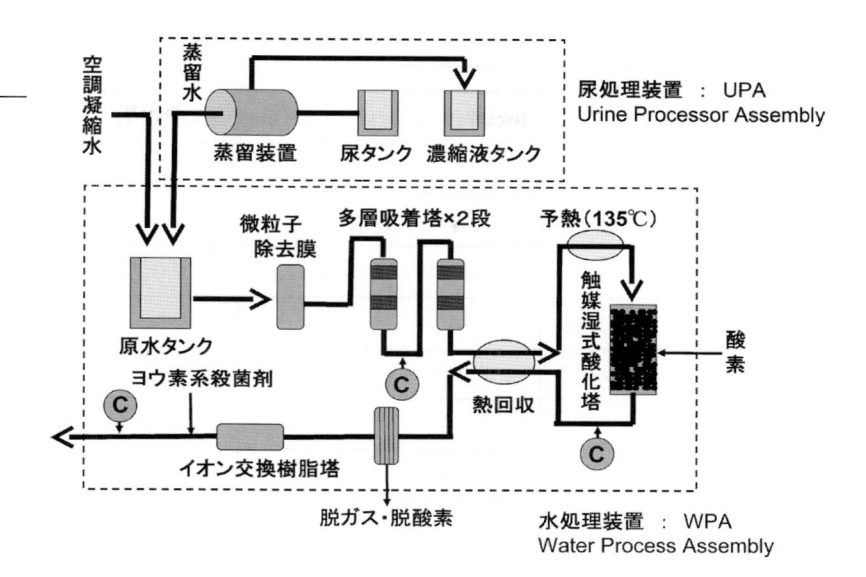

ISS 内の尿採取用トイレ [4)]
（写真提供　NASA）（写真2）

UPA に組み込まれる回転式の蒸留装置 [4)]
（写真提供　NASA）（写真3）

処理を行う。アメリカ側のトイレだけでなく、必要に応じてロシア側のトイレからの尿も手動操作で搬入・利用できる（写真2）。これらの尿には、細菌発生防止と尿素がアンモニアに変化することを防止する目的で、硫酸及びクロム酸化物（chromium trioxide）が添加されている。重力が弱い軌道上では骨組織のカルシウム含量が低下し、地上と比較して多くのカルシウムが尿に排出される現象が知られている。尿の再生は回転式の蒸留装置（DA：Distillation Assembly）で行われる。写真3に蒸留装置部分の写真を示した（内容積は41L）。概略のサイズがイメージできる。尿は220rpmで回転する筒の内部に供給される。塔内は4.8kPaに減圧されており、発生した水蒸気は中心の回転軸部分から外部に流出する。外部のポンプで断熱圧縮され昇温した水蒸気は回転筒の外壁部分に接することで筒内部の尿を加温し、自身は凝縮熱を放出して蒸留水となる。この方法で蒸発潜熱の回収が行われている。尿中の不純物の97%がこの蒸留装置で除去され、目標水回収率は90%、濃縮水は外部に設置された濃縮液タンク（RFTA：Recycle FilterTank Assembly）と循環している。

打ち上げ時の封入水の影響がなくなったと思われる2008年12月〜3月におけるWPA処理水データの一例を表2に示した。なお、UPAの水回収率が90%に達していない時期もある。

WPA処理水データの一例 [2] (表2)

項目	単位	08/12/08	09/02/09	09/02/27	09/03/10	09/03/25
TOC	mg/L	0.23	0.12	0.12	0.09	0.09
エタノール	mg/L	<0.1	<0.1	<0.1	<0.1	<0.1
アセトン	mg/L	0.016	<0.002	<0.002	<0.002	<0.002
導電率	μS/cm	9	3	3	3	3
ニッケル	mg/L	0.10	0.11	0.25	0.12	0.04
pH		7.79	6.91	6.82	6.49	6.03
ヨウ素	mg/L	2.41	2.54	2.70	2.70	2.71

4 宇宙空間でのトラブル

　微少重量場で水処理を行う難しさとしては、まず気液分離の難しさがあげられる。地上では気液の比重差で何の問題もなく分離できる気液分離が、遠心法などを用いないとできない。残存した、あるいは温度変化等で発生した微細な気泡も時間をかけて集まり大きな気泡に成長する。充填剤を気体が覆い処理水との接触が妨げられる現象、充填層・膜の表面や内部で気泡が成長し均一な流れが維持できなくなるなど、気泡が多くのトラブルの原因になっている可能性がある。また、機械的な振動の制御もやっかいな問題である。2008年11月にISSに打ち上げられたNASAの水再生処理装置も運転開始直後にトラブルが発生し回転機器の防振ゴムをはずすことで解消した。経験をつんでいるNASAでも制御し切れていない状況である。その他の水再生装置関係のトラブルとしては、UPAのDA関係とRFTA関係が報告されている。DAは回転数の表示不良と過電流、RFTAは差圧上昇による収量不足である。いずれも、新品への交換で対応し、地上に持ち帰った原因調査が行われている。

5 長期ミッションに向けた将来像

　以上の様に、現在のISSで利用されている水処理システムは短期ミッション向けであるが、次のステップとして、空気再生系との組み合わせが考えられている（図2、3参照）。
　現在のISSにおける空気再生システムは、水の電気分解による酸素の生産と、空気中の炭酸ガスの吸着除去が個別に行われている。

　水の電気分解　$2H_2O \rightarrow 2H_2 + O_2$ …（1）
　炭酸ガス除去　CO_2を吸着した吸着剤
　　　　　　　$\rightarrow CO_2$と再生した吸着剤 …（2）

　そして、副生物である水素、除去物質であるCO_2は、宇宙空間に排気している[4]。
　将来は、現在排気している炭酸ガスと水素を利用して、水を作り出す方法が考えられている。
　サバチエ　第一反応
　　　　　　　$CO_2 + 4H_2 \rightarrow CH_4 + 2H_2O$ …（3）
　サバチエ　第二反応　$CH_4 \rightarrow C + 2H_2$ …（4）
　これらの反応はルテニウム触媒等が有効で、(1)と(4)から得られた水素を(3)の原料として供給する。1人が排出するCO_2ガスから0.45ℓ/人・日程度の水が生産され、電気分解用の原水として

ISS内の水・空気再生概念[4]（図2）

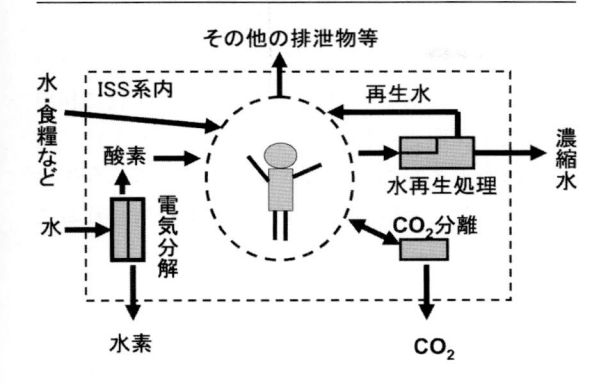

炭酸ガス除去装置からの水を組み込む概念（図3）

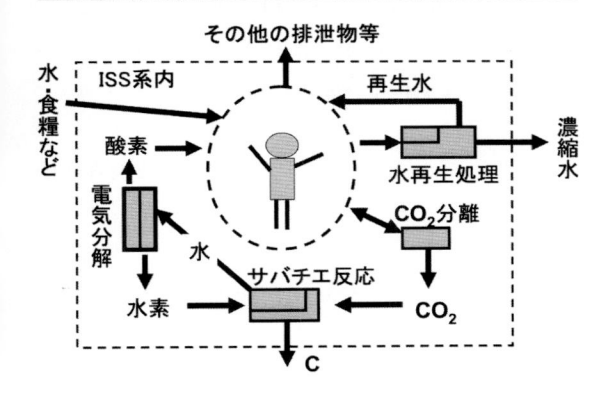

長期ミッションにおける閉鎖系概念（図4）

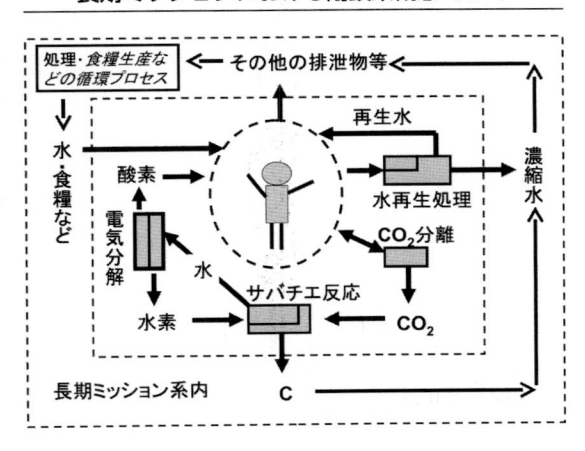

循環利用が可能になるとされる[3]。

長期ミッションの場合、さらに物質の循環再利用を進めるには、前述した再生水製造で排出される濃縮水やその他の排泄物に含まれる有機物の処理・食糧等への循環利用も考える必要がある（図4参照）。地球上であれば、活性汚泥やメタン菌等の微生物群を用いた生物処理が最も安価でエネルギー消費も少ない標準的な処理方法になるが、水中に酸素を気泡の形で供給するばっ気法が気液分離の難しい宇宙空間で利用可能かどうか、さらに微生物が宇宙放射線の影響を受けないかどうか、生物処理の安定性など、考慮すべき点は多い。宇宙船内や月面では宇宙空間から飛来する宇宙放射線の影響をゼロにすること困難であり、微生物の世代交代は早く、突然変異の影響も受けやすい。実際、宇宙船の空調フィルターから宇宙線の影響を受けた可能性を否定できない菌が検出された事例もあると言う。つまり、生物処理で利用する微生物の有機物代謝能力の低下、有害物質の生産や死滅などが突然起こらないとは言えない。そのため、有機物処理には処理が確実で装置が小さい物理化学処理もメリットがある。NASAは超臨界水酸化を検討したが反応容器の腐食の問題が大きいと言われている。日本のJAXAでは腐食の問題が少ない亜臨界状態を利用した湿式酸化とルテニウム触媒を用いたプロセスが研究されている。

近い将来の長期ミッションにおいて図4に示した概念が装置化できれば良いが、スペースや安全性、エネルギー供給などから考えて、完全には難しいかもしれない。その場合は、相当量の食糧などを持ち込むと同時に、それに見合う量の廃棄物を貯蔵することが現実的な解決策になる可能性もありそうだ。

なお近年、月や火星で水・氷の発見情報が相次いでいる。将来は十分な安全性確認を行ったのちに、何らかの形で利用されることになるだろう。

6 補足として

　本項で紹介した水処理技術をみると、最先端技術というよりも、むしろ古い技術が多いと言える。その理由として、宇宙船内では確実な処理と安全性が第一であることと同時に、宇宙開発の技術開発における水処理の優先順位は高くなかった点があると予想される。宇宙ステーションにおける生命維持を考えたとき、軌道上で空気の再生は必須であるが、水は地上からの補給でも運用可能であった。したがって、地球からの補給を前提としない長期ミッションに対応する水処理では、今後革新的な技術進歩が必要と思われる。

　なお、日本は独自技術による有人宇宙飛行の経験がない。そのため、宇宙空間で実際に使われている技術やその採用根拠などの情報にとぼしい。関連学会ではアメリカやロシアからの発表もあるが、発表内容が実際に採用されているのか、その後改良されて利用されているのかなどは開示されない場合も多い。宇宙ステーションの実用技術では、旧ソ連時代にミールを運用していたロシアの経験が最も深く、アメリカの技術もロシアを追っている部分もある。例えば、今回の水回収に利用する尿を採取する目的でスペースシャトルにて打ち上げたトイレの原型はロシア製である。今後は日本の優れた水処理技術が宇宙でも採用されることを期待したい。

参考文献
1) 田村真紀夫、環境浄化技術2月号 p46, 日本工業出版社, 2010
2) D. Layne Carter, "Status of the Regenerative ECLSS Water Recovery System" SAE 2009-01-2352、39th International Conference on Environmental Systems ,2009.
3) L. S. Bobe, A. A. Kochetkov, V. A. Soloukhin and M. Ju. Tomashpolskiy, P. O. Andreichuk and N. N. Protasov, Ju. E. Sinyak "Water Recovery and Urine Collection in the Russian Orbital Segment of the International Space Station (Mission 1 Through Mission 17)" SAE 2009-01-2485、39th International Conference on Environmental Systems ,2009.
4) 宇宙航空研究開発機構、野口宇宙飛行士 ISS 長期滞在プレスキット 2009年12月7日　A改訂版、2009
写真提供：宇宙航空研究開発機構（JAXA）

（田村真紀夫）

6 水素発酵

1 水素発酵の意義

　水素は次世代型クリーンエネルギーとして期待されている。今日の世界の水素生産量は約5,000億Nm³で、その大半は天然ガスなどの化石燃料に由来している。わが国の水素生産量は年間約150億Nm³であり、2020年における必要量は、387億Nm³/年に達すると推定されている。水素エネルギーの導入のメリットとして、(1) エネルギー効率が高いことによる省エネルギー効果、(2) エネルギーの多様化による脱化石燃料化、(3) 環境負荷物質排出の低減、が考えられている。

　わが国では「バイオマス・ニッポン総合戦略」が2002年に閣議決定されて以来、バイオマスの積極的な利活用が推進され、バイオマスを利用したバイオエネルギーの開発がますます重要になっている。嫌気性水素発酵法は有機性廃水や廃棄物などの廃棄物系バイオマスから直接水素を生産できる技術として注目されている。したがって水素発酵法の確立は、未来型水素エネルギー社会および循環型社会の構築にとって重要な意義を有している。本稿では、水素発酵の代謝経路を始め、水素生成細菌、水素発酵リアクター、水素発酵プロセスについてまとめる。

2 水素発酵の原理

　嫌気性細菌による水素発酵は、嫌気性細菌の基質特異性やエネルギー獲得のしやすさなどの理由から、基質として主に炭水化物が利用される。嫌気性発酵において炭水化物の高分子である各種糖、澱粉、セルロースなどは加水分解細菌、細胞外酵素によって低分子である単糖に加水分解される。嫌気性代謝において多くの細菌群は解糖系を利用して、単糖、主にグルコースからピルビン酸を生成し、ピルビン酸から様々な発酵産物を生成している。その経路を図1に示した。

グルコースから水素を生成する代謝経路[1]（図1）

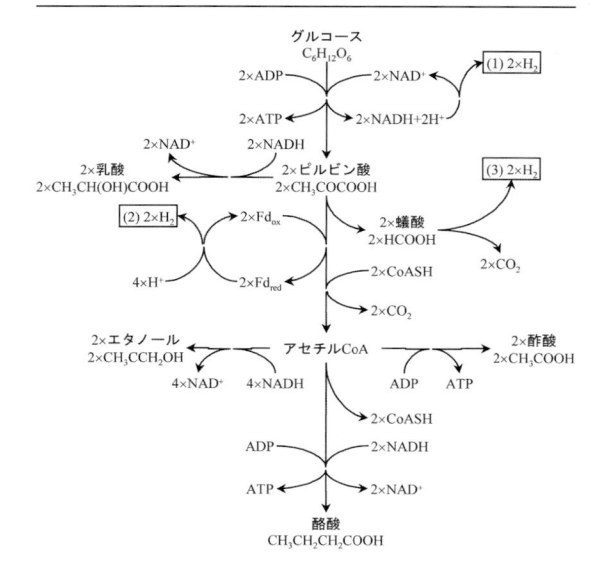

グルコース
$C_6H_{12}O_6$
→ 2×ADP → 2×ATP
2×NAD⁺ → 2×NADH+2H⁺ → (1) 2×H₂

2×NAD⁺ ← 2×NADH
2×乳酸　　　　2×ピルビン酸
2×CH₃CH(OH)COOH　2×CH₃COCOOH

(2) 2×H₂　　2×Fd_ox　　2×蟻酸　　(3) 2×H₂
　　　　　　　　　　　　2×HCOOH
4×H⁺　　　2×Fd_red　　　　　　　2×CO₂
　　　　　　　　　　　　2×CoASH
　　　　　　　　　　　　2×CO₂

2×エタノール　　　アセチルCoA　　　2×酢酸
2×CH₃CH₂OH　　　　　　　　　　　　2×CH₃COOH
4×NAD⁺　4×NADH　　ADP　ATP

　　　　　　2×CoASH
ADP　　　　2×NADH
ATP　　　　2×NAD⁺

酪酸
CH₃CH₂CH₂COOH

グルコース基質の発酵代謝産物と水素生成の理論式[2] (表1)

水素生成	
酢酸生成	$C_6H_{12}O_6 + 2H_2O \rightarrow 2CH_3COOH + 4H_2 + 2CO_2$
酪酸生成	$C_6H_{12}O_6 \rightarrow CH_3CH_2CH_2COOH + 2H_2 + 2CO_2$
水素消費	
プロピオン酸生成	$C_6H_{12}O_6 + 2H_2 \rightarrow 2CH_3CH_2COOH + 2H_2O$
基質競合（水素生成・消費なし）	
エタノール生成	$C_6H_{12}O_6 \rightarrow 2CH_3CH_2OH + 2CO_2$
ホモ乳酸生成	$C_6H_{12}O_6 \rightarrow 2CH_3CH(OH)COOH$
プロピオン酸・酢酸生成	$C_6H_{12}O_6 \rightarrow 4CH_3CH_2COOH + 2CH_3COOH + 2CO_2 + 2H_2O$
ホモ酢酸生成	$C_6H_{12}O_6 \rightarrow 3CH_3COOH$
	$4H_2 + 2CO_2 \rightarrow CH_3COOH + 2H_2O$

嫌気的条件におけるグルコースからの水素生成は、以下の三経路が知られている。

(1) NADH経路

1 molのグルコースが解糖系を経て2 molのピルビン酸を生成する過程において2 molの還元力が生成する。この還元力により、余剰のプロトンが還元されて式(1)のように水素が生成する。

$$2\,NADH + 2\,H^+ \longleftrightarrow 2\,NAD^+ + 2\,H_2 \qquad 式(1)$$

(2) フェレドキシン経路

ピルビン酸と補酵素A(CoA)からアセチルCoAが生成する過程で還元型フェレドキシン(Fdred)が生成する。この還元型フェレドキシンが酸化される時に、式(2)のようにヒドロゲナーゼの働きで水素が生成する。

ピルビン酸 + CoA + 2Fd (ox)
　→ アセチルCoA + CO_2 + 2Fd (red)
2Fd (red) → 2 Fd (ox) + 2 H_2 　　　式(2)

(3) 蟻酸経路

蟻酸の分解によって水素が生成する。これは、*Enterobacter*属細菌などの腸内細菌に特徴的な代謝経路である。

ピルビン酸 + CoA → アセチルCoA + 蟻酸
蟻酸 → H_2 + CO_2 　　　式(3)

グルコース1 molからは最大4 molの水素が生成し、この時の反応式は、式(4)で表される。

$C_6H_{12}O_6 + 2H_2O$
→ $4H_2 + 2CO_2 + 2CH_3COOH$ (ΔG^0 = -206 kJ/mol)
式(4)

また、水素生成の重要な反応として酪酸発酵経路もある。これは、式(5)のように表される。したがって水素発酵において、酢酸と酪酸は特に重要な分解生成物となる。

$C_6H_{12}O_6$
→ $2H_2 + 2CO_2 + C_3H_7COOH$ (ΔG^0 = -254 kJ/mol)
式(5)

グルコースからの水素発酵において、主要な発

酵代謝産物は、蟻酸、酢酸、乳酸、プロピオン酸、酪酸、エタノールである。これらの発酵代謝産物と水素生成の関係についてグルコースを基質とした場合の理論式を表1に示す。最大の水素収率は、酢酸生成を伴う場合の4 mol-H$_2$/mol-glucoseである。しかしながら、この値は、代謝反応に関与する酵素の生成や活性は環境条件によって大きく影響されることが知られている。大抵の環境条件では、微生物反応で生じる生成物は複雑になる場合が多い。混合系の細菌群を用いた場合は、細菌の種により代謝特性が異なるので、水素発酵細菌の群集構造や水素発酵条件等を適切に制御することは極めて重要である。

3 水素発酵微生物

嫌気性条件下で水素を生成する細菌自体は、環境に広く存在し、特に珍しいものではない。報告されている水素生成細菌を培養温度に基づき分類し、それらの水素収率について表2にまとめた。

(1) 中温性水素生成細菌

中温条件では*Clostridiaceae*, *Enterobacteriaceae*, *Bacillaceae*および*Lachnospiraceae*細菌が研究されている。*Clostridiaceae*細菌で研究されているのは*Clostridium*属である。*Clostridium*属細菌は、胞子形成能を有する。特に、*C. acetobutylicum*, *C. butyricum*, *C. pasteurianum*などはアセトン・ブタノール発酵および水素発酵の研究によく利用されている。*Clostridium*属細菌を用いた水素発酵の研究では、1.1～2.4 mol H$_2$/mol glucoseの水素が得られている。

*Enterobacteriaceae*細菌では*Enterobacter*属細菌、*Citrobacter*属細菌、*Klebsiella*属細菌が研究されている。*Enterobacter*属細菌は単離菌を用いた研究では最も多く利用されている。特に、*Enterobacter aerogens*および*E. cloacae*が研究に用いられ、0.35～3.31 mol H$_2$/mol glucoseの水素が得られている。*Enterobacteriaceae*に属する*Escherichia coli*, *Citrobacter*属細菌および*Klebsiella*属細菌を用いた研究では、それぞれ0.43～2 mol H$_2$/mol glucose, 1～2.49 mol H$_2$/mol glucoseおよび1.0～1.8 mol H$_2$/mol glucoseの水素収率が得られると報告されている。

*Bacillaceae*細菌では*Bacillus*属細菌が研究されている。胞子形成能を持ち、種々の条件に対しても耐性を有する。化学合成性の嫌気性または通性嫌気性の細菌である。*Bacillus*属細菌を用いた研究では0.58～2.28 mol H$_2$/mol glucoseの水素が得られている。

*Lachnospiraceae*の*Ruminococcus albus*は、2.37 mol H$_2$/mol glucoseの水素が得られると報告されている。*Ruminococcus*属は球状または桿状の形態をしている絶対嫌気性、化学合成性の細菌である。その発酵生成物は有機酸、エタノール、水素、二酸化炭素を含むと報告されている。

(2) 好熱性水素生成細菌

高温条件では、*Bacteroidaceae*, *Clostrodiaceae*および*Thermoanaerobacteriaceae*の細菌が研究に用いられている。*Clostrodiaceae*および*Thermoanaerobacteriaceae*は共に*Clostridia*網に属している。*Bacteroidaceae*の*Acetomicrobium flavidum*の水素収率は4.0 mol H$_2$/mol glucoseと報告されている。*Clostridiaceae*では*Clostridium*属細菌が研究に用いられている。好熱性の*Clostridium*属細菌から得られる水素収率は中温性のものに比較すると若干低く、0.55～1.9 mol H$_2$/mol glucoseである。ただし、*C. thermolacticum*はラクトースを基質としてラクトース1モルから3モルの水素を生成すると報告されている。*Thermoanaerobacteriaceae*では*Thernoanaerobacter*属、*Thernoanaerobacteroides*属および*Thermoanaerobacterium*属細菌などが水素生成細菌として知られている。*T. thermosaccharolyticum*は特に良く研究されている水素生成細菌で、2.39 mol H$_2$/mol glucoseの水素を生成することが報告されている。

純粋培養系の水素発酵に及ぼす温度と細菌種類の影響[3] (表2)

temperature range	microorganism	medium	temp.	experimental type	H$_2$ yield [mol H$_2$/mol glucose]	reference
mesophilic						
	Clostridium acetobutylicum	glucose	37	batch	1.35	Podestá et al., 1996
		glucose	37	continuous	2.00	Chin et al., 2003
	Clostridium butyricum	starch	30	batch	1.90	Yokoi et al., 1998a
		starch	36	continuous	2.0	Yokoi et al., 1998b
		starch		continuous	2.30	Yokoi et al., 1997
		sucrose	37	batch	2.78 mol H$_2$/mol sucrose	Chen et al., 2005
		glucose	30	continuous	1.4-2.3	Kataoka et al., 1997
	Clostridium pasteurianum	glucose	34	batch	1.50	Brosseau and Zajic, 1982
		glucose	37	batch	2.14-2.33	Hendrickx et al., 1991
		glucose	37	continuous	1.86	Hendrickx et al., 1991
	Clostridium paraputrificum	glucose	45	continuous	1.10	Evvyernie et al., 2001
	Clostridium trybutyricum	glucose	37	continuous	1.79	Jo et al., 2007
	Enterobacter aerogens HO-39	glucose	38	batch	1.00	Yokoi et al., 1995
	Enterobacter aerogens A-1	glucose	37	batch	0.84	Rachman et al., 1997
	Enterobacter aerogens HZ-3	glucose	37	batch	0.83	Rachman et al., 1997
	Enterobacter aerogens AY-2	glucose	37	batch	1.17	Rachman et al., 1997
	Enterobacter aerogens AY-2	glucose	37	continuous	1.10	Rachman et al., 1998
	Enterobacter aerogens HU-101[a]	glucose	37	batch	1.17	Rachman et al., 1997
	Enterobacter aerogens HU-101	glucose	37	batch	0.35	Nakashimada et al., 2002
	Enterobacter cloacae DM11	glucose	37	batch	3.90	Mandal et al., 2006
	Enterobacter cloacae IIT-BT08	glucose	36	batch	2.25	Kumar et al., 2000
	Enterobacter cloacae DM11	glucose	36	batch	3.31	Nath et al., 2006
	Enterobacter aerogenes E.82005	glucose	37.5	batch	1.1	Tanisho et al., 1987
	Enterobacter aerogenes E.82005	glucose	38	batch	1.58	Tanisho et al., 1998
	Eshirichina coli	glucose	37	batch	2.0	Bisaillon et al., 2006
	Citrobacter intermedius	glucose	34	batch	1.0	Brosseau and Zajicet al., 1982
	Citrobacter sp. Y19	glucose	36	batch	1.05-2.49	Oh et al., 2003
	Klebsiella oxytoca	glucose	35	batch	1.0	Minnan et al., 2005
	Klebsiella oxytoca	sucrose	38	continuous	1.8	Minnan et al., 2005
	Bacillus licheniformis	glucose	38-40	batch	0.58	Kalia et al., 1994
	Bacillus coagulans	glucose	37	batch	2.28	Kotay and Das, 2007
	Ruminococcus albus	glucose	N.R.	continuous	2.37	Innotti et al., 1973
thermophilic						
	Clostridium thermocellum	DLW[b]	60	batch	1.6	Levin et al., 2006
	Clostridium thermolacticum	lactose	58	continuous	3 mol H$_2$/mol lactose	Collet et al., 2004
	Clostridium thermoalkaliphilun	glucose	50	batch	1.61	Li, Y. et al., 1994
	Clostridium thermobutyricum	glucose	57	batch	1.9	Wiegel et al., 1989
	Clostridium thermohydrosulfuricum	glucose	62	batch	0.55	Lovitt et al., 1988
	Clostridium thermosulfurigenes	glucose	60	batch	0.95	Schink and Zeikus., 1983
	Acetomicrobium flavidum	glucose	58	batch	4.0	Soutscheck et al., 1984
	Acetothermus paucivorans	glucose	58	batch	4.0	Dietrich et al., 1988
	Thernoanaerobacteroides acetoethlicum	glucose	65	batch	1.3	Kondratieva et al., 1989
	Thermoanaerobium brockii	sugars	35-85	batch	N.R.	Zeikus et al., 1979
	Themoanaerobacterium thermosaccharolyiticum	glucose	60	batch	2.39	Ueno et al., 2001c
	T. thermosaccharolyiticum	glucose	60	batch	1.42	Ueno et al., 2001c
	T. thermosaccharolyiticum	glucose	60	batch	1.64	Nikitina et al, 1993
	T. thermosaccharolyiticum	glucose	55	batch	1.72	Vavcanneyt et al, 1990a
	T. thermosaccharolyiticum	glucose	55	continuous	1.63	Vavcanneyt et al, 1990b
	T. thermosaccharolyiticum	glucose	55	batch	1.65	Vavcanneyt et al, 1987a
	T. thermosaccharolyiticum	glucose	55	batch	0.9-1.91	Vavcanneyt et al, 1987b
hyperthermophilic						
	Coprothermobacter proteolyticus	glucose	65	batch	1.25 (/mol glucose(added))	Olilivier et al., 1985
	Clostridium thermohydrosulfuricum	glucose	70	batch	1.0	Wiegel et al., 1979
	Clostridium thermosuccinogens	glucose	70	batch	0.25	Sridhar et al., 2000
	Caldicellulosiruptor saccharolyticus	sucrose	70	batch	3.3	van Niel et al., 2002
	Acetomicrobium faecalis	glucose	70	batch	1.36	Winter et al., 1987
	Themotoga elfi	glucose	65	batch	3.3	van Niel et al., 2002
	Thermotoga neapolitana	glucose	80	batch	2.4	Eriksen et al., 2007
	Thermotoga maritima	glucose	80	batch	4.0	Schröder et al., 1994
	Pyrococcus furiosus	glucose	95	batch	3.0	Schäfer et al., 1992

[a]: under hydrogen partial pressure of 380 mm of Hg.
[b]: DLW: Delignified Wood fibers
N.R.: Not reported. Hydrogen production was confirmed.

(3) 超高温性水素生成細菌

　超高温性の水素生成細菌を用いた研究例は少ない。これまでには、*Clostridium* 属細菌、*Caldicellulosiruptor* 属細菌、*Coprothermobacter* 属細菌、*Themotoga* 属細菌、*Acetomicrobium* 属細菌および *Pyrococcus* 属細菌などを用いた研究が報告されている。超高温性細菌を用いた研究からは高い水素収率が報告されており、*Themotoga elfi* および *Caldicellulosiruptor saccharolyticus* は 3.3 mol H_2/mol glucose, *Pyrococcus furiosus* は 3.0 mol H_2/mol glucose, *Thermotoga maritima* は 4 mol H_2/mol glucose の水素をそれぞれ生成する。

(4) 水素発酵混合細菌群

　水素発酵混合細菌群を用いた研究は、1990年代後半から報告されるようになった[4,5]。混合細菌群を用いた水素発酵では、水素発酵条件で運転する中で水素収率の高い水素生成細菌を優占化させる。従来の研究で用いられている植種源としては、消化汚泥、下水汚泥、コンポスト、土壌などがある。バイオマスを基質とした水素発酵を行う場合には基質に付着した微生物が水素発酵槽内に混入するので、細菌叢は複雑になりやすい。そのため、リアクターの運転条件の制御は水素生成細菌の物質転換の制御に加えて、細菌叢の制御も非

水素生成微生物群を得るための前処理方法[3] (表3)

treatment	description	inoculum	experimental type	incubation temp. [°C]	enhancement of H_2 production (ratio against control)	reference
heat						
	100°C, 15 min	digested sludge	batch	37	N.A.	Lay et al., 1999
	100°C, 15 min	digested sludge	batch	37	N.A.	Okamoto et al., 2000
	100°C, 15 min	soybean meal	batch	35	N.A.	Noike and Mizuno, 2000
	100°C, 15 min	soybean meal	batch	35	N.A.	Mizuno et al., 2000b
	100°C, 2 h	compost	batch	37	N.A.	Lay et al., 2003
	50-90°C, 30 min	digested sludge	continuous	35	N.A.	Noike et al., 2002
	93°C, 60 min	digested sludge (M)	batch	37	23.8	Valdez-Vazquez et al., 2006
		digested sludge (T)	batch	37	10.6	
		digested sludge (M)	batch	55	1.7	
		digested sludge (T)	batch	55	1.6	
	95°C, 2 h	digested sludge	batch	35.5	4.07	Cheong and Hansen, 2006
	70°C, 15 min	river sediments	continuous	35	N.A.	Zuo et al., 2005
	70°C, 1 h	sewage sludge	continuous	40	7.15	Lin, C.-N. et al., 2006
	80°C, 1 h	sewage sludge	continuous	40	2.06	
	100°C, 20 min	digested sludge	batch	35	0.50-0.70	Zhu and Béland, 2006
acid/base						
acid	pH 3, for 24 h	sewage sludge	batch	35	333	Chen et al., 2002
acid	pH 3, for 24 h	sewage sludge	continuous	35	N.A.	Lee, K.-S. et al., 2003
acid	pH 3-4, for 24 h	sewage sludge	continuous	35	N.A.	Chang, J.-S. et al., 2002
acid	pH 3, for 30 min	digested sludge	batch	35	<0.6	Zhu and Béland, 2006
acid	pH 2 for 2-4 h (4°C)	digested sludge	batch	35.5	9.82	Cheong and Hansen, 2006
base	pH 10, for 24 h	sewage sludge	batch	35	200	Chen et al., 2002
base	pH 10, for 30 min	digested sludge	batch	35	0.28-1.34	Zhu and Béland, 2006
aeration						
	-	compost	continuous	60	N.A.	Ueno et al., 1995
	-	compost	continuous	60	N.A.	Ueno et al., 1996
	-	compost	continuous	60	N.A.	Ueno et al., 2001a
	-	compost	continuous	60	N.A.	Ueno et al., 2001b
	-	digested sludge	batch	55	N.A. (not effective.)	Sparling et al., 1997
	3 days (60°C)	compost	batch	50-60	N.A.	Morimoto et al, 2004
	30 min	digested sludge	batch	35	0.80-0.94	Zhu and Béland, 2006
dry heat & desiccation						
	105°C, 2 h & desiccating jar, 2 h	digested sludge	batch	35.5	7.97	Cheong and Hansen, 2006
freezing and thawing						
	−10°C, 24 h & 30°C, 6 h	digested sludge	batch	35.5	6.69	Cheong and Hansen, 2006
nitrate						
	Nitrate, 200 mg/l	digested sludge	continuous	35	2.5	Kim, J.-O. et al., 2006
methanogenic inhibitor						
	BES, 25 mM	digested sludge	batch	55	N.A. (effective.)	Sparling et al., 1997
	BES, 10 mM	digested sludge	continuous	70	1.32	Kotsopoulos et al., 2005
	acetylene 1% (v/v)	digested sludge (M)	batch	37	13.9	Valdez-Vazquez et al., 2006
		digested sludge (T)	batch	37	7.6	
		digested sludge (M)	batch	55	14.3	
		digested sludge (T)	batch	55	6.6	
	acetylene 1% (v/v)	digested sludge	batch	55	N.A. (effective.)	Sparling et al., 1997
	chloroform	digested sludge	continuous	35	N.A.	Liang et al., 2002
	BES, 0.5 M	digested sludge	batch	35.5	7.75	Cheong and Hansen, 2006
	BES, 10 mM (30 min)	digested sludge	batch	35	0.80-1.02	Zhu and Béland, 2006
	indopropane, 10 mM (30 min)	digested sludge	batch	35	0.53-1.09	Zhu and Béland, 2006

BES, 2-bromoethanesulfonate, Br$(CH_2)_2$ SO_3Na
(M): mesophilic.
(T): thermophilic.
N.A.: not applicable.

常に重要である。水素発酵細菌群構造の構築方法は、水素発酵リアクターの運転条件の制御の他に植種源に前処理をする方法が検討されている。

水素発酵の植種源として利用する混合細菌群中には、水素生成細菌ばかりではなく、水素を生成しない乳酸菌やメタン生成古細菌が存在する。また、メタン生成古細菌は、嫌気的な箇所ばかりでなく好気的な箇所にも存在していると報告されている。したがって、効果的な水素発酵を持続的に行うためには、非水素生成細菌やメタン生成古細菌などの水素資化性細菌の増殖を抑え、水素収率の高い細菌を集積する技術が必要である。そこで、植種源に前処理をすることで水素生成細菌を優占化することが検討されている。これまでに報告されている植種源に対する前処理方法およびそれらの効果を表3にまとめた。既往研究の植種源に対する前処理方法としては、物理化学的方法（熱処理、酸・アルカリ処理、エアレーション、乾燥、凍結・融解）およびメタン生成古細菌の阻害剤投与が挙げられる。植種源に対する前処理効果は特に、中温水素発酵において検討されている。

基質から分解生成物への物質転換は、その微生物の代謝特性に大きく依存するので、効率的な水素発酵を確立するためには、水素発酵特性と共に水素発酵細菌群の構造を理解することが重要である。細菌群構造を構築する上で重要なパラメータの一つが温度である。一般的にバイオリアクターの温度は中温（30〜40℃）、高温（50〜60℃）、およびそれ以上の超高温（65℃〜）のいずれかに分類することができる。中温水素発酵細菌群を用いた多くの研究では、*Clostridium*属細菌に近縁な細菌が主に優占することが共通して報告されている。*Clostridium*属細菌は典型的な水素生成細菌で1.1〜2.78 mol H$_2$/mol glucoseの水素を生成することが報告されている。高温では、*Thermoanaerobacteriaceae*の細菌が優占することが報告されており、これらは特に*T. thermosaccharolyticum*に近縁な細菌がある場合が多い。超高温水素発酵の研究例は少なく、Yokoyama et alが、植種源を用いずに行った牛糞尿からの超高温水素発酵（75℃）における細菌群構造について報告している程度である。その報告によれば、*Caloramator fervidus*に近縁な細菌が優占しており、これが主に水素生成を担っていた。

4 水素発酵のプロセスと効率

(1) 水素発酵の原料

水素発酵に用いられている基質は、グルコース、スクロース等の純粋基質を用いた研究が多いが、デンプン、セルロース等の高分子の炭水化物からも水素生成が可能である。

実際の有機性排水としては製糖工場排水、醸造工場排水の例があり、いずれも炭水化物を主成分とする基質であり、水素生成細菌群により連続実験で高い水素収率が得られている。有機性廃棄物として食品を用いた水素発酵では、炭水化物が主体であるキャベツ、ニンジン、米、ジャガイモからは水素回収は可能だが、卵、肉の白身等の蛋白質が主体のものや、肉脂や鳥の皮等の脂質が主体のものからは水素の回収が非常に低い。また、炭水化物、蛋白質等を複合したドッグフードからの水素生成も可能であるが、それらの成分の内で、炭水化物が水素生成に寄与する以外に、生ごみと紙ごみの混合物、パン生地、賞味期限切れパンなど、炭水化物が主体の廃棄物も水素発酵の原料に用いられている。

(2) 水素発酵リアクター

水素発酵は様々なタイプのリアクターで行うことが可能である。表4にそれぞれのリアクターを用いた水素発酵の研究報告をまとめた。研究においてよく用いられるタイプは、完全混合式CSTR（Completely Stirred Tank Reactor）である。CSTRは、水素生成細菌の生理学的な特徴（pH、HRT、温度など）の検討や動力学パラメータの解析に利用されてきた。CSTRによる既往の連

続式水素発酵では、最大2.8 mol-H2/mol-glucoseの水素が得られている。水素発酵では、HRTが比較的に短く、酸性側のpHで制御されるので、CSTRを用いると、高濃度の菌体を保持することが難しい。このため、固形物のバイオマスを原料に利用する場合は、それを分解させやすくする工夫が課題である。

近年、リアクターの効率を追求するため、膜分離反応槽[6]やUASB型反応槽[7]を用いた研究も報告されるようになった。これらの新型反応槽を用いると水素の生成速度を大きく向上できる。しかしながら、水素収率の大きな改善はまだ見られないようである。例えば、UASB型反応槽を用いた研究で報告されている水素収率は、条件により大きく異なっているものの、中温条件での研究では0.65 − 2.01 mol-H_2/mol-glucose程度、高温条件で2.14 − 2.47 mol-H_2/mol-glucoseに留まっている。

(3) 水素発酵で回収可能なエネルギー

水素発酵の最大特徴は、嫌気性細菌の発酵能力を利用して炭水化物系バイオマスから簡単に水素を生産できることである。ただし、その収率に限界があり、グルコースを基質とした場合でも最大で4 molの水素しか発生しない。細菌の増殖を含めない理想的な反応では、生成の水素エネルギーは、原料バイオマスの約40%である。また、原料バイオマスのCOD（電子, H）は、最大で33%が水素に変化し、残りの67%は酢酸になる。このことを式(6)に示した。従って、水素発酵には、原料バイオマスに含まれるエネルギーの1/3程度しか水素に変換されなく、変換効率が低いという問題点がある。生成される有機酸の応用も課題となる。

$C_6H_{12}O_6 + 2H_2O \rightarrow 2CH_3COOH + 2CO_2 + 4H_2$
熱エネルギー：2,673 kJ/mol（糖）
　→ 1,144 kJ/mol（水素）
COD（電子, H）：196 g/mol（糖）
　→ 64 g/mol（水素）　　　　　　　式(6)

5 水素・メタン二相発酵プロセス

水素発酵では、多量の有機酸が生成するので、エネルギー変換効率を改善するためには、水素発酵槽の後段にメタン発酵槽を設置して有機酸をメタンとしてエネルギーに転換する必要がある[8-10]。この二相式水素・メタン発酵の発端は、メタン発酵の律速過程である加水分解を促進するために、酸生成細菌とメタン生成細菌それぞれの最適な増殖条件が異なることを利用して酸生成槽をメタン発酵槽の前段に分離したことである。酸発酵槽からは多量に水素が生成することは知られていたが、その水素の回収に着目するようになったのは、近年になってからのことである。ここで、モデルとしてグルコースからの「単独のメタン発酵」と「水素・メタン二相発酵」の二つのケースを考えてみる。

● 単独のメタン発酵反応
　$C_6H_{12}O_6 \rightarrow 3CH_4 + 3CO_2$
　（生成物の高位発熱量 = 2,673 kJ）
● 水素・メタン発酵二相発酵
　水素発酵：$C_6H_{12}O_6 + 2H_2O$
　　→ $2CH_3COOH + 2CO_2 + 4H_2$
　酢酸からのメタン発酵：$2CH_3COOH$
　　→ $2CH_4 + 2CO_2$
　全体：$C_6H_{12}O_6 + 2H_2O$
　　→ $4H_2 + 2CH_4 + 4CO_2$
　（生成物の高位発熱量 = 2,926 kJ）

理論的には、水素・メタン二相発酵プロセスは、高位発熱量として得られるエネルギーはメタン発酵単独のプロセスと比べて1.09倍ほど高いだけである。ところで、燃料電池は水素を電力源に用いるので、メタンガスを原料にする場合には、あらかじめ改質器でメタンを水素に変える必要がある。この効率はおよそ70%に留まるので、実際の運転では、全量のメタンを改質器で処理しなければならないメタン発酵プロセスよりも、水素・メ

様々なリアクターを用いた研究成果のまとめ[3]（表4）

reactor	seed sludge	pretreatment	substrate source	conc. [g-COD/l]	temp. [℃]	pH	HRT [h]	organic loading r. [g-COD/l/d]	hydrogen production rate [l/l/d]	hydrogen yield [mol H$_2$/mol glucose]	reference
completely stirred tank reactor											
	sludge compost	aeration	sugary wastewater	10.5[a]	60	6.8	12	21.0		2.59	Ueno et al., 1996
	sludge compost	aeration	cellulose	10.7	60	6.4	72	3.6		2.0	Ueno et al., 2001a
	sludge compost	aeration	glucose	10.7	60	6.6	12	21.3		1.19	Ueno et al., 2001b
	agricultural soil	heat	glucose	10.7	30	5.5	10	25.7		2.2	Ginkel and Logan, 2005a
	agricultural soil	heat	glucose	2.5	30	5.5	10	6.0		2.8	Ginkel and Logan, 2005b
	mixed culture	w/o	glucose	7.5	36	5.5	6	29.9		2.1	Fang and Liu, 2002
	soybean meal	w/o	glucose	10.7	35	6	8.5	30.1		1.43	Mizuno, et al., 2000a
	soybean meal	heat	glucose	9.0	35	5.1	6	36.0		1.4	Zuo, et al., 2005
	river sediment	w/o	glucose	20.0	35	5.7	6	80.0		1.7	Lin and Chang et al., 1999
	digested sludge	heat	glucose	10.7	35	5.5	12	21.3		1.44	Tosaka et al., 2005
	soybean meal	heat	glucose	12.5	35	6	8	37.5		1.52	Shen, et al., 1996
	soybean meal	w/o	sucrose	12.5	35	6	8	37.5		1.59	Shen, et al., 1995
	digested sludge	aeration or heat	glucose	5.3	35	4.0	6	21.3		0.89-1.19	Lin and Guiot, 2007
	digested sludge	aeration or heat	glucose	5.3	35	5.5	6	21.3		0.48-0.65	Lin and Guiot, 2007
	digested sludge	heat	sucrose	30.0	35	5.4	12	60.0		1.23	Kim, S-H., et al., 2005
	digested sludge	heat	sucrose	11.2	35	5.2	12	22.5		1.65	Kyazze, et al., 2005
	digested sludge	heat	starch	8.0	30	5.2	18	10.7		1.25	Hussy, et al., 2003
upflow type											
UASB	granule taken from full-scale UASB reactor treating citrate producing wastewater	w/o	sucrose	10	18.5	39	4.2	13.0	3.48 (145 ml -H$_2$/h/l)	1.61	Mu et al., 2006
UASB	granule taken from full-scale UASB reactor treating citrate producing wastewater	w/o	sucrose	5.33	7.1	38	4.4	18	4.56 (190 ml H$_2$/h/l)	1.44	Yu and Mu, 2006
UASB	granule taken from full-scale UASB reactor treating pulp industry wastewater	heat	glucose	10.7	128	35	4.4	2.0	10.2 (19.05 mmol-H$_2$/h/l)	0.79d	Gavala et al., 2006
UASB	(1) thermophilic methanogenic CSTR, (2) thermoplic methanogenic UASB reactor	(1) w/o (2) heat	glucose	4.85	4.4	70	4.8	26.7	1.24[a]	2.47	Kotsopoulos et al., 2005
UASB	taken from final sedimentation tank	heat	sucrose	20	60	35	6	8.0	1.20 (53.5 mmol H$_2$/d/l)	0.75 (1.50 mol H$_2$/mol sucrose)	Chang, F.-Y. et al., 2004
UASB	facultative anaerobes	w/o	citric wastewater	15-21	38.4	35-38	4.5-5.5	12.0	0.69	0.84	Yang and Shen, 2006
UASB	sewage sludge	w/o	winery wastewater	34	408	55	5.5	2.0	(9.33/H$_2$/g-VSS/d)	1.37-2.14	Yu et al., 2002
Anaerobic Fluidized Bed Reactor AFBR	activated sludge & digested sludge	heat	glucose	10.7	256	37	4.0	1.0	56.6	1.10	Zhang, Z-P. et al., 2007
fixed-bed reactor	sewage sludge	acid	sucrose	20	480	35	N.R.	1.0	31.7	0.65 (1.30 mol H$_2$/mol sucrose)	Chang, J.-S. et al., 2002
UASB	immobilized sewage sludge	acid	sucrose	20	240	40	5.8-6.8	2.0	22.1	1.34 (after thermal treatment) (2.67 mol H$_2$/mol sucrose)	Wu et al., 2003
Draft Tube Fluidized Bed Reactor DTFBR	sewage sludge	heat	sucrose	40	436	40	N.R.	2.2	54.5	1.46 (2.92 mol H$_2$/mol sucrose)	Lin, C.-N. et al., 2006
Carrier-Induced Granular Sludge Bed CIGSB	sewage sludge	acid	sucrose	20	960	35	N.R.	0.5	176	1.52 (3.03 mlH$_2$/mol sucrose)	Lee, K.-S. et al., 2004
CIGSB	sewage sludge	acid	sucrose	20	960	35	6.7	0.5	223	1.96 (3.91 mol H$_2$/mol sucrose)	Lee, K.-S. et al., 2006

Immobilization									
	activated carbon + silicon gel	sewage sludge		heat	sucrose	30	1440	40	6.6	0.5	348	1.93 (3.86 mol H₂/mol sucrose)	Wu et al., 2006
	ethylene-vinyl acetate copolymer	sewage sludge		acid	sucrose	40	-	40	6.7	repeated batch	(0.488/h/gVSS)	0.87 (1.74 mol H₂/mol sucrose)	Wu et al., 2005
	acrylic latex plus silicone	sewage sludge		acid	sucrose	20	240	35	5.8-6.8	2.0	22.3	1.34 (2.67 mol H₂/mol sucrose)	Wu et al., 2003
	calcium alginate + activated carbon	sewage sludge		acid	sucrose	20	-	35	6.7	repeated batch	N.R.	1.98 (3.95 mol H₂/mol sucrose)	Wu et al., 2002
fixed carrier												
	activated carbon	sewage sludge		acid	sucrose	20	960	35	N.R.	0.5	178	1.45 (2.9 mol H₂/mol sucrose)	Lee, K.-S. et al., 2004
	activated carbon	sewage sludge		acid	sucrose	20	480	35	N.R.	1.0	31.7	0.65 (1.30 mol H₂/mol sucrose)	Chang et al., 2002
	granular activated carbon	activated sludge & digested sludge		heat	glucose	30	720	37	4.0	1.0	56.6	1.19	Zhang, Z.-P. et al., 2007
	spherical activated carbon	sewage sludge		acid	sucrose	20	960	35	N.R.	0.5	176	1.52 (3.03 mol H₂/mol sucrose)	Lee, K.-S. et al., 2004
	cylindrical activated carbon	sewage sludge		acid	sucrose	20	960	35	N.R.	0.5	169	1.19 (2.37 mol H₂/mol sucrose)	Lee, K.-S. et al., 2004
	cylindrical activated carbon	sewage sludge		acid	sucrose	20	960	35	6.7	0.5	223	2.01 (4.02 mH₂/mol sucrose)	Lee, K.-S. et al., 2006
	filter sponge	sewage sludge		acid	sucrose	20	960	35	N.R.	0.5	91.4	0.82 (1.64 mol H₂/mol sucrose)	Lee, K.-S. et al., 2004
	sand	sewage sludge		acid	sucrose	20	960	35	N.R.	0.5	81.6	0.78 (1.56 mol H₂/mol sucrose)	Lee, K.-S. et al., 2004
	poly vinyl alcohol	digested sludge		digested sludge	glucose	21.3	26	37	5	20	0.30	N.R.	Kim, J.-O. et al., 2005
	expanded clay	sewage sludge		acid	sucrose	20	240	35	N.R.	2.0	9.96	0.19 (0.37 mol H₂/mol sucrose)	Chang, F.-Y. et al., 2002
Membrane Bioreactor												
	MBR	soil		heat	sucrose	10	48	N.R.	5.5	5.0	9.22[c]	1.48	Oh, S.-E. et al., 2004
	MBR	digested sludge		heat	glucose	8.8	23	35	5.5	9.0	2.46-2.56	0.86	Lee, D.-Y. et al., 2003
Trickling Biofilter Reactor												sucrose
	TBR	mixed culture		w/o	glucose	7.3	44	60	5.5	4.0	23.6 (1053 mmol H₂/d/l)	1.11	Oh, Y.-K. et al., 2004
	TBR	*C.acetobutylicum*		w/o	glucose	8.9	6073	30	-	2.1 [min]	0.65 (27.2 m³/l/h)	0.9	Zhang, H. et al., 2006
Anaerobic Sequencing Batch Reactor												
	ASBR	digested sludge		acid	glucose	25	75	34.5	5.7	8.0	4.46-5.54	60-74 ml/g-COD (0.51-0.63 mol H₂/mol glucose)	Cheong et al., 2007
	ASBR	digested sludge		heat	sucrose	50	100	35	5.4	12.0	87.1 (3.89 mol H₂/l/d)	0.48	Kim, S.-H. et al., 2005
	ASBR	sewage sludge		acid	sucrose	20	60	35	6.7	8.0	10.1 (450 mmol H₂/l/d)	1.30 (2.60 mol H₂/mol sucrose)	Lin, C.-Y. et al., 2003
	ASBR	sewage sludge		acid	sucrose	20	60	35	6.7	8.0	7.3 (328 mmol H₂/l/d)	1.25 (2.50 mol H₂/mol sucrose)	Lin, C.-Y. et al., 2004

w/o: without.
a: calculated supposing carbohydrate as glucose.
b: estimated by using data on the hypothesis that glucose in the influent was completely consumed.
c: estimated by (biogas production rate) × (hydrogen composition [%] / 100)
d: estimated by {(biogas production rate[LH₂/d/L]) / 22.4} / {(substrate concentration [g/L]) × (utilization efficiency [%]/100) × 1/HRT [1/h] / (molecular weight [g/mol])}

水素・メタン二相発酵プロセスの優位性 [1, 10]
(左：単独のメタン発酵プロセス、右：水素・メタン二相発酵プロセス）（図2）

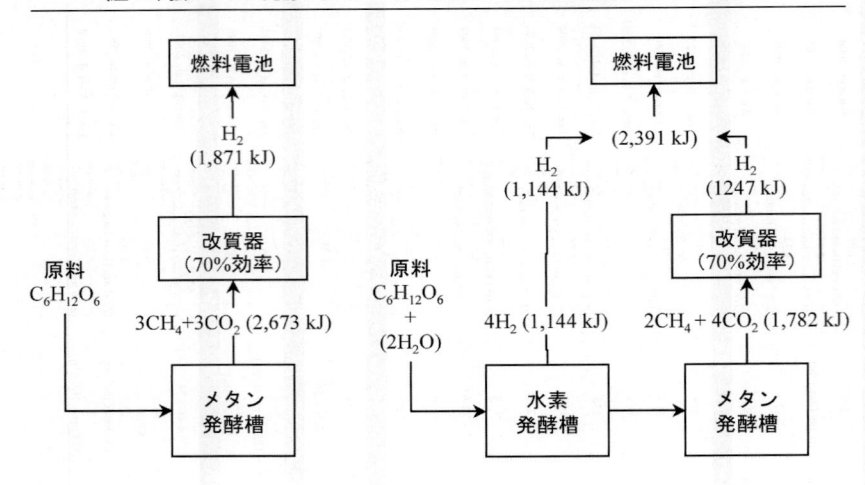

```
                燃料電池                                    燃料電池
                   ↑                                           ↑
                  H₂                              ┌─── (2,391 kJ) ───┐
               (1,871 kJ)                         H₂                 H₂
                   ↑                          (1,144 kJ)         (1247 kJ)
              ┌─────────┐                          ↑                 ↑
              │  改質器  │                     ┌─────────┐      ┌─────────┐
              │(70%効率)│                     │         │      │  改質器  │
              └─────────┘                     │         │      │(70%効率)│
原料               ↑                原料       │         │      └─────────┘
C₆H₁₂O₆                           C₆H₁₂O₆     │         │           ↑
                                    +         │         │
          3CH₄+3CO₂(2,673 kJ)    (2H₂O)  4H₂(1,144 kJ)  2CH₄+4CO₂(1,782 kJ)
              ┌─────────┐                  ┌───────┐     ┌───────┐
              │  メタン  │                  │ 水素  │  →  │ メタン │
              │  発酵槽  │                  │ 発酵槽│     │ 発酵槽 │
              └─────────┘                  └───────┘     └───────┘
```

タン二相発酵プロセスの方が効率ははるかに優れることになる。このことをに模式的に図62に示した。また、このプロセスは、メタン発酵プロセスよりも高速化が期待できることも利点の一つである。水素・メタン二相発酵プロセスは、異なる微生物を組み合わせることで、水素とメタンという市場価値の高い資源へ合理的に転換する技術である。

二相式水素・メタン発酵の既往研究で使用されている基質は、生ごみ、焼酎粕、ジャガイモ、グルコースなどである。二相式水素・メタン発酵プロセスと単独のメタン発酵と比較した研究では、両者による回収エネルギーを比較すると二相式プロセスの方が有利となることが報告されている。生ごみを基質として二相式水素・メタン発酵法における水素発酵槽の温度の影響(35℃,55℃)を検討した報告がある。水素発酵槽を35℃にした時 (HRT 5 d, pH 5.5) には、水素収率は0.07～0.56 mol H₂/mol hexoseであったのに対して、55℃に制御した場合 (HRT 5 d, pH 5.5)には、1.5～2.4 mol H₂/mol hexoseであった。さらに、35℃においてはメタンが生成したが、高温ではメタンの生成が見られなかったと報告されている。

また二相式水素・メタン発酵におけるメタン発酵廃液の水素発酵槽への循環は、(1) 希釈水の低減、(2) アルカリ剤の削減、(3) 水素生成細菌の返送に寄与する。さらに、炭水化物系バイオマスを利用する場合には窒素源が不足する場合があるので、(4) メタン発酵廃液中のアンモニア性窒素が窒素源を補充することも期待できる。このように、メタン発酵廃液の循環システムは経済性を高める上で合理的で、二相式水素・メタン発酵をさらに効率化するものとしても期待される。

参考文献
1) 野池達也編著、メタン発酵、技報堂出版、2009.
2) 河野孝志、李玉友、野池達也、嫌気性水素発酵の基礎既往研究と展望(Ⅰ)、用水と廃水,Vol.47, No.9, 777-783 (2005).
3) 堆洋平,李玉友,原田秀樹, 嫌気性水素発酵によるバイオマスからの水素生産に関する研究の動向, 水処理生物学会誌,Vol.44, No.2, 57-75 (2008)
4) 沈建権、李玉友、野池達也、嫌気性水素発酵法による有機排水の処理特性、環境工学研究論文集、Vol.32、213-220 (1995)
5) 沈建権、李玉友、野池達也、嫌気性細菌による糖類排水の水素発酵特性の比較、土木学会論文集、No. 552/7-1, 23-31(1996)
6) Dong-Yeol Lee, Yu-You Li, Tatsuya Noike, Continuous H2 production by anaerobic mixed microflora in membrane bioreactor, Bioresource Technology, Vol.100, 690-695 (2009)
7) Yohei AKUTSU, Dong-Yeol Lee, Yong-Zhi CHI, Yu-You LI, Hideki HARADA and Han-Qing YU, Thermophilic fermentative hydrogen production from starch-wastewater with bio-granules, International Journal of Hydrogen Energy, 34, 5061-5071 (2009)
8) 大羽美香,李玉友, 野池達也 (2005). "二相循環プロセスによるジャガイモ加工廃棄物の無希釈水素・メタン発酵の特性", 水環境学会誌, Vol.28, No.10, pp.629-636.
9) 大羽美香、李玉友、野池達也、二相循環式水素・メタン発酵プロセスにおける微生物群集の構造解析,水環境学会誌、Vol.29, No.7, 399-406(2006).
10) 河野孝志、李玉友、野池達也 (2005). "嫌気性水素発酵の基礎既往研究と展望(Ⅱ)", 用水と廃水, Vol.47, No.11, pp.961-969.

(李　玉友)

7 RO膜の最先端技術と新素材の研究動向

1 RO膜の最先端技術と新素材

本項では、RO膜の最近の性能向上と分析技術、さらには、ここ数年米国を中心に盛んになってきた新素材の研究開発動向について述べる。図1に、架橋芳香族ポリアミド系RO膜の技術動向を示した。海水淡水化では、水質を維持しながら省エネルギーを達成すること、かん水淡水化では、さらなる低圧力運転を可能にすること、下廃水再利用では、低ファウリング性及び洗浄し易くすることが課題になっている。

2 海水淡水化RO膜の最先端技術

(1) 海水淡水化RO膜の性能向上

海水淡水化においてRO膜の課題は、①高品位の透過水を、②省エネルギー・低コストで得ることである。

1969年に中空糸ポリアミド膜エレメントが開発された。3.5%海水から真水を約15%回収できるものであった。すなわち、RO膜の造水量が低く耐圧性が不十分であるため、85%は濃縮水として海水に戻されることを示している。従って、海水淡水化RO膜エレメントの目標は、脱塩率を高く、造水量を大きくしながら、耐圧性を高めることであった。1980年前後には架橋芳香族ポリアミド複合膜スパイラルエレメントが開発され、回収率40%を達成した。しかし、当時の技術では造水コストが蒸発法に比べて高く、普及するには至らなかった。

架橋芳香族ポリアミド系RO膜の技術動向 （図1）

運転圧力[MPa]	Low ← 0.3 0.5 1.0 2.0 5.5 10.0 → High	要求特性
海水淡水化	省エネルギー 課題：水質維持	高いTDS除去 高造水量 耐薬品性
かん水淡水化	低圧力運転 ← 浄水器等	低ファウリング 高造水量
下水廃水再利用		低ファウリング 洗浄しやすい

RO膜法のエネルギー消費量の変化（図2）

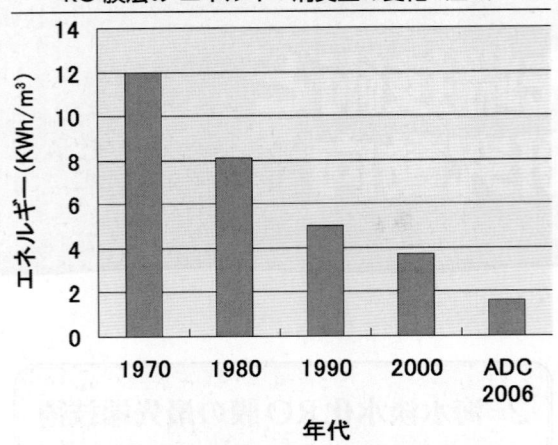

出典：Desalination & Water Reuse, 16(2), 10-22 (2006).

海水淡水化用RO膜の性能革新（図3）

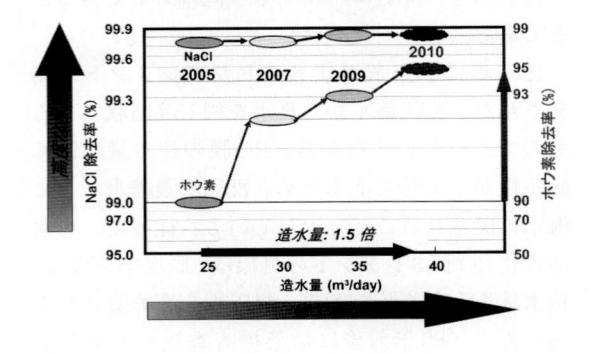

現在、既にRO膜法が蒸発法より多く使われるようになっている。その理由は、RO膜法による造水コストが、①RO膜価格の低下、②RO膜の性能向上、③エネルギー効率の向上によって、この10年間で3分の1に低下したことが主である。図2にRO膜法による消費エネルギーの変化を示した[1]。1980年代に比べて、消費エネルギーが2分の1から4分の1になっていることがわかる。2000年代になって、RO膜法による海水淡水化プラントは大型化が進み、アルジェリアで50万m³/日のプラントが建設中である。大型化を後押ししているのは、RO膜のさらなる性能向上であり、図3に示すように、最近5年間で造水量は1.5倍に、ホウ素透過率は2分の1になっている。以下、この性能向上について述べる。

ホウ素は、ホウ酸の形で海水中に4～7 (mg/ℓ)含まれ、植物の生育への悪影響、不妊症などの問題が指摘されている。ホウ素除去については、飲料水中の濃度の規制は以前ほど厳しくはないが、農業用水として使用する場合など国や地域によって異なり、透過水中1(mg/ℓ)以下を要求されることが多い。RO膜のホウ素除去率が不十分なのは、ホウ素は海水中のように中性付近では水和が起こらず、分子直径が約0.4nmと小さいためである。一方、ナトリウムイオンは水和しているため約1nmの大きさであり、RO膜で効率的に除去可能である。RO膜のホウ素除去性能と造水量は、図4に示すようにトレードオフの関係にある。RO膜は既に40年以上研究開発がなされており、これらを両立させることは簡単ではない。そのため、RO膜の本質を追究することにした。

RO膜に空孔があるのかどうかは長年議論されてきたが、革新的な性能向上を達成するためには、空孔を測定して透過性能との関係を明らかにすることが必要と考えた。表1に分離膜の空孔測定方法をまとめた。溶質の除去性能から、RO膜の空孔径は1nm以下であろうと考えられてきた。従来から用いられている、電子顕微鏡法、水銀圧入法、DSC法、ガス吸着法では1nm以下の空孔を測定することはできない。そこで、陽電子消滅寿命測定法（PALS）というナノレベルの非破壊分析技術に着目した。この分析によって、これまで測定することができなかったRO膜の空孔径を測定でき、図5に示すように平均空孔径とホウ素除去率との間に相関関係があることがわかった。この方法では、ナノ秒オーダーで空孔（独立孔）が存在していることが示される。その空孔径とホウ素除去率に相関があるということは、空孔径が透過メカニズムに関係していることを示していると考えられる。さらに固体13C-NMR（核磁気共鳴）法により、ポリアミド分子の単位構造モデルを推定してモデル分子を構築した。このモデル分子と水分子の関係を分子動力学（MD）シミュレーションで最適化した。図6の(a)は含水率に見合う水

高造水量と高ホウ素除去性能の両立（図4）

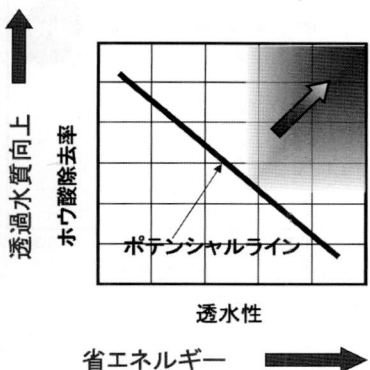

ホウ素除去率と空孔半径の相関（図5）

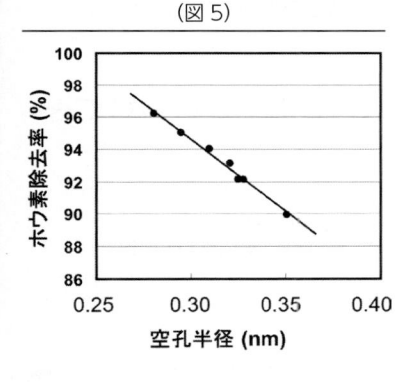

分離膜の細孔測定方法（表1）

No.	方法	特徴	測定可能サイズ
1	電子顕微鏡観察	直接的（2次元）	数nm以降
2	水銀圧入法	間接的（水銀）	10nm以上
3	DSC法	間接的（水、溶媒）	1〜200nm
4	ガス吸着法	間接的（窒素、ガス）	1〜10nm
5	陽電子消滅寿命測定法	間接的（陽電子）	0.1〜5nm

ポリアミド分子モデルのMDシミュレーション（図6）

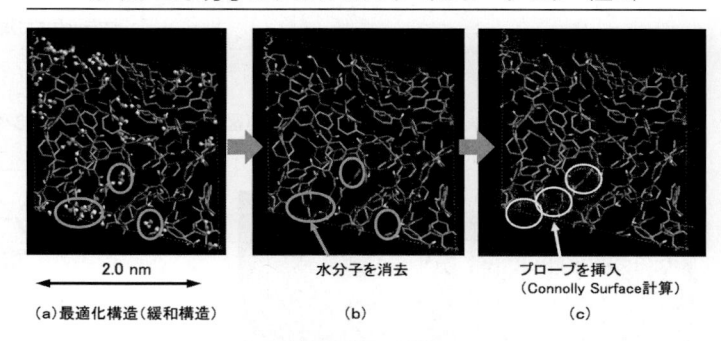

(a)最適化構造（緩和構造） (b)水分子を消去 (c)プローブを挿入（Connolly Surface計算）

RO膜表面の走査型電子顕微鏡写真（図7）

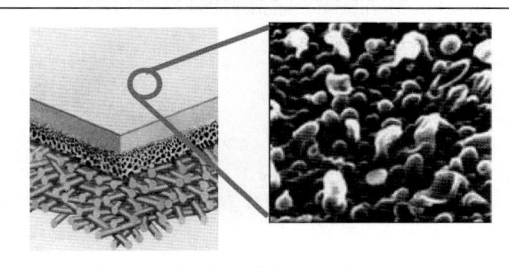

分子を存在させて最適化構造を計算した結果である。(b)のように水分子を除いたところに、(c)のようにプローブを挿入すると、プローブの大きさから空孔径が0.6〜0.8nmであると計算された。これは、陽電子消滅寿命測定法で求めた空孔径と良く一致している。これらの知見を元に、優れたホウ素除去性能を有するための空孔径を推定し、RO膜の分子設計を行い、ホウ素除去性能の高い海水淡水化用RO膜を得た[2]。

しかし、これだけでは高い造水量を達成することは難しかった。RO膜表面は図7に示すように無数の突起構造が存在することが知られており、造水量を高くするには突起を高くすればよいと考えられた。これまで、突起構造の内部がどうなっているか、突起の高さ、大きさなどの定量的な分析はできなかった。透過型電子顕微鏡技術を駆使する事によって、突起の内部は空洞であり、膜の真の厚みは20nm程度であること、広範囲にわたる突起の大きさを定量化することができた。RO膜形成の条件と突起の大きさとの関係を明確にすることによって、高造水量も達成することができた[3]。

かん水用RO膜の性能革新 (図8)

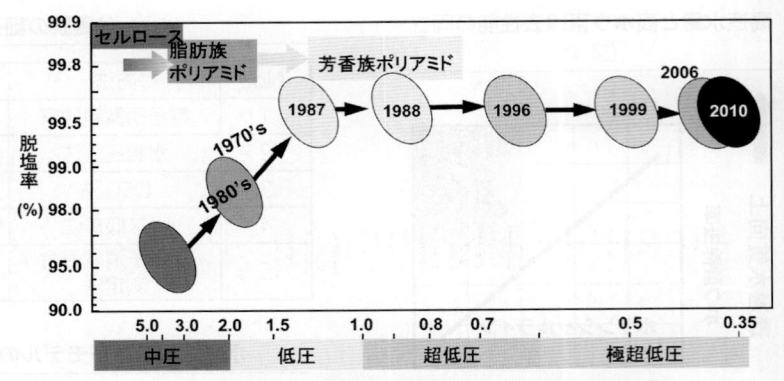

無機微粒子を分散したポリアミドRO膜 (図9)

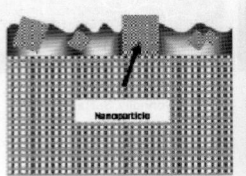

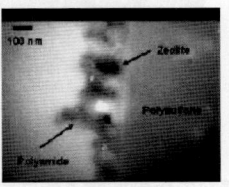

Journal of Membrane Science, 294 (2007) 1-7.
<Elsevier>

スルホン化ポリエーテルスルホンRO膜の化学構造 (図10)

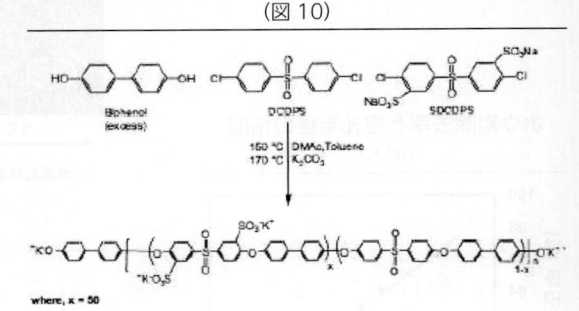

B. D. Freeman, J. E. McGrath, et al.
Polymer, 49, 2243 (2008)

3 かん水淡水化RO膜

　図8にかん水淡水化RO膜の性能向上の経緯を示す。初期のセルロース系RO膜から架橋芳香族ポリアミド系RO膜になることによって、脱塩率が10倍になった。そこから、造水量を高める研究開発が進められ、10分の1の圧力で運転できるようになった。最新のかん水淡水化RO膜では、透過水の水質を維持しながら水道水の圧力程度である0.35MPaで運転が可能となった。この分野では、家庭用の浄水器にも使用できるよう造水量向上がさらに求められており、さらなる性能向上の研究開発が進められている。

4 架橋芳香族ポリアミドRO膜の将来

　現在、架橋芳香族ポリアミド系RO膜の研究において、二つの流れがある。一つは透水性を大きく向上させようとする試み、もう一つはポリアミドの耐塩素性をできるだけ向上させようとする試みである。

　前者は、これまで述べてきた基礎研究を土台としたポリアミドの組成や界面重合による膜形成の研究は勿論薦められている。新たな研究として、2007年にポリアミド中に無機微粒子を分散させて透水性を高くするRO膜が発表された[4]。図9に膜断面の透過型電子顕微鏡写真を示す。この研

カーボンナノチューブ膜の形成方法（図11）

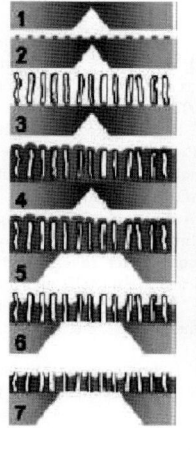

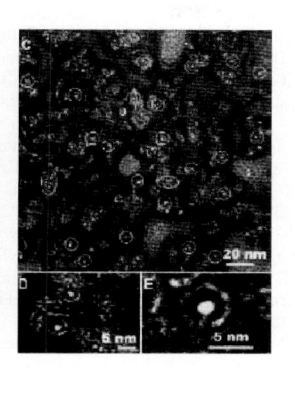

J. K. Holt, et al. *Science* 312, 1034 (2006)

有機無機ハイブリッドコンポジット膜（図12）

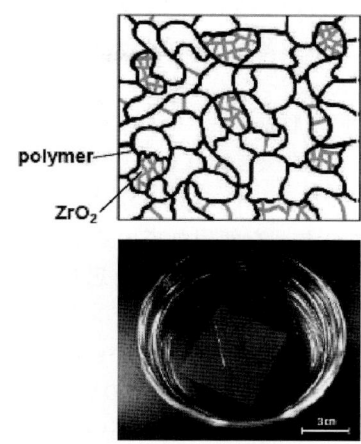

T. Kunitake, et al. *Nature Mater*. Vol.5, June (2006)

究はその後、ベンチャー企業がスケールアップをし、エレメントを作製してフィールドテストを行うまでになっている。

後者は、アミド結合のN-Hの塩素化を起こりにくくする研究である。2007年に、N-Hの水素をなくすため、2級芳香族アミンをモノマーとして使用したRO膜が発表された[5]。この方法ではNaClの除去率は若干低下するが、耐塩素性が大きく向上することが示された。2009年には、ベンゼン環にフルオロアルキルを結合することで、塩素化を起こりにくくしたRO膜の研究が発表された[6]。

5 新素材の研究動向

RO膜のさらなる高性能化を目的とした新素材の研究が、米国を中心に盛んになっている。海水淡水化を初めとした膜処理事業が世界的に拡大することは間違い無いと考えられており、多くの資金が投入されている。

FreemanとMcGrathは、燃料電池の電解質膜の研究を基にスルホン化ポリ（エーテル）スルホンからなるRO膜の研究を進めている[7]。図10に代表的な化学構造を示すが、この素材は耐塩素性に優れていることが証明されており、いかに薄膜を形成するかが課題である。Holtらは、カーボンナノチューブを用いて極めて孔径のそろった分離膜の研究を進めている[8]。図11にその膜形成方法を示す。基板の上にカーボンナノチューブを成長させ、その間をマトリックスで埋め、基板をエッチングして孔を連通させている。これらの研究では、今のところRO膜としての性能は十分ではないが、このような研究が盛んになる傾向は強まっていくと考えられ、近い将来架橋芳香族ポリアミド膜に代わる素材が出現する可能性があると思われる。

分離膜の研究においては、選択透過性を発現することを目的に、生体を模倣しようとする研究が長年行われてきた。細胞膜を形成する脂質二重層は基本的には水を透過しないが、ある種の細胞は高い水透過性があることが知られていた。1992年、米国のPeter Agre教授は水チャネルを有するたんぱく質を発見し、アクアポリン（AQP）と名づけられた。アクアポリンは、哺乳類で十数種類が確認されており、植物では30種類以上が見つかっている。アクアポリンは、一つのチャネルあたり1秒間に30億個の水分子を透過させると言われている一方、イオンを全く透過しない。従って、

アクアポリンを使ってRO膜を作製する研究が進められてきた。最新の情報では、アクアポリンをポリマー中に分散し薄膜ではさんだRO膜を作製したという発表があった[9]。

最後に、薄膜の形成方法についての研究を紹介する。国武らは、有機無機ハイブリッド材料で数十ナノメートルの自立性のある薄膜を形成した[10]。スピンコーターを使用しているが、実用的な薄膜を形成できる可能性があると思われる。一ノ瀬らは、金属酸化物のナノストランドとタンパク質を使用して、数ナノメートルから数十ナノメートルの自立性膜を得た[11]。孔径の小さなUF膜に分類されるが、透水性が極めて高いことが特徴である。

RO膜の研究が始まってから半世紀以上が過ぎ、これまで多くの研究者がセルロース系やポリアミド系以外の膜素材創出に挑戦し、目的を達することができなかった。現在、社会のRO膜に対する期待は大きく、新しい研究を支援する体制も従来になく強くなっていると思われる。新しいRO膜を創出するには、素材研究だけでなく、膜形成の研究が特に重要である。化学、物理学、化学工学、機械工学、さらには生物学の研究者、技術者の連携が重要であることは言うまでもない。5年後、10年後に架橋芳香族ポリアミド系RO膜を凌駕するRO膜が生まれることを期待している。

参考文献

1) T. F. Seacord, S. D. Coker, J. MacHarg, " Affordable Desalination Collaboration 2005 results ", Desalination & Water Reuse, 16(2), (2006) pp.10-22.
2) M. Henmi, H. Tomioka, T. Kawakami, " Performance Advancement of High Boron Removal Seawater RO Membranes ", International Desalination Association, World Congress, MP07-038, Maspalomas, Gran Canaria, Spain, October 21-26, 2007.
3) M. Henmi, T. Uemura, Y. Fusaoka, H. Tomioka, M. Kurihara, " Energy Saving and High Boron Removal RO Membrane for Seawater Desalination ", International Desalination Association, World Congress, DB09-095, Dubai, UAE, November 7-12, 2009.
4) B-H. Jeong, E. M.V. Hoek, Y. Yan, A. Subramani, X. Huang, G. Hurwitz, A. K. Ghosh, A. Jawor, " Interfacial polymerization of thin film nanocomposites : A new concept for reverse osmosis membranes ", Journal of Membrane Science, 294 (2007), pp.1-7.
5) T. Shintani, H. Matsuyama, N. Kurata, " Development of a chlorine-resistant polyamide reverse osmosis membrane ", Desalination, 207 (2007), pp.340-348.
6) Y-H. Na, R. Sooriyakumaran, B. Allen, B. McCloskey, B. Freeman, " Preparation and Characterization of New Polyamide Thin Film Composite Membranes ", Advances in Materials and Processes for Polymeric Membrane Mediated Water Purification, Asilomar Conference Center, Pacific Grove, CA, USA, February 22-25, 2009.
7) M. Paul. H. B. Park, B. D. Freeman, A. Roy, J. E. McGrath, J. S. Riffle, " Synthesis and crosslinking of partially disulfonated poly(arylene ether sulfone) random copolymers as candidates for chlorine resistant reverse osmosis membranes ", Polymer, 49 (2008), pp.2243-2252.
8) J. K. Holt, H. G. Park, Y. Wang, M. Stadermann, A. B. Artyukhin, C. P. Grigoropoulos, A. Noy, O. Bakajin, " Fast Mass Transport Through Sub-2-Nanometer Carbon Nanotubes " Science, 312 (2006), pp.1034-1037.
9) Danfoss AquaZ A/S, " Aquaporin-embedded membranes to fight water scarcity ", Desalination & Water Reuse, 20(2), (2010) pp.30-31.
10) R. Vendamme, S. Onoue, A. Nakao, T. Kunitake, " Robust free-standing nanomembranes of organic/inorganic interpenetrating networks ", Nature Materials, 5 (2006), pp.494-501.
11) X. Peng, J. Jin, E. M. Ericsson, I. Ichinose, " General Method for Ultrathin Free-Standing Films of Nanofibrous Composite Materials ", Journal of the American Chemical Society, 129(27) (2007), pp.8625-8633.

(辺見昌弘)

V 実用水処理技術編

18章

業種別水処理技術

1. 自動車工業における排水処理
2. 紙パルプ工業における排水処理
3. 石油化学における用・排水処理
4. 液晶製造における排水処理
5. ウエハー・半導体製造用超純水システム
6. 製鉄・鉄鋼における用・排水処理
7. 機械加工・精密機械工場の排水処理
8. 食品加工、飲料工場における用・排水処理
9. 水産加工排水処理の事例紹介
10. 植物工場・施設園芸における用・排水処理
11. 火力（給水、復水脱塩）における用水処理
12. 火力発電所における排煙脱硫排水処理
13. 原子力発電所における水処理技術例
14. 繊維染色加工産業における排水処理
15. メッキ産業における排水処理
16. 医薬品製造工場の用・排水処理
17. 水族館における用・排水処理

1 自動車工業における排水処理

1 概要

　自動車工業とは、図1に示す自動車工業イメージ図のように多種多様の製造メーカーがアッセンブリー供給を行い、そのアッセンブリーが最終的には塗装組立工場に集められ、組立てや塗装工程等を経て1台の車が造り出されている。
　この塗装組立工場では普通乗用車1台あたりの水使用量は3~4m³程度である。
　図2に例として塗装組立工場の水の流れを示す。
　生産台数800台/日規模の工場においては、2600m³/日相当の排水処理設備が必要となる。この大規模排水処理へ排出される排水水質は、表1に示すような値であり、この水質を維持管理することが最終放流水質を安定して維持管理することに繋がる。そのため負荷が大きく総合排水処理設備に影響の大きな系統について個別前処理設備を設けることが近年において一般的であると言える。
　その際たるものは塗装工程排水であり、主に洗浄水が排出される。
　本書においては、その塗装排水の処理工程について紹介する。

2 塗装排水の一次処理工程

(1) 排水の種類と水質

　図3に自動車塗装工程の概略を示す。主な排水は図中の前処理工程と下塗工程（前工程）にある脱脂工程・化成処理工程・電着塗装工程から排出される。その水質の参考値を表2に示す。

(2) 排水処理工程

　表2に示す塗装排水を総合排水に流すためには、一次処理としてpH、COD、T-F、T-P、Zn等

自動車工業イメージ図（図1）

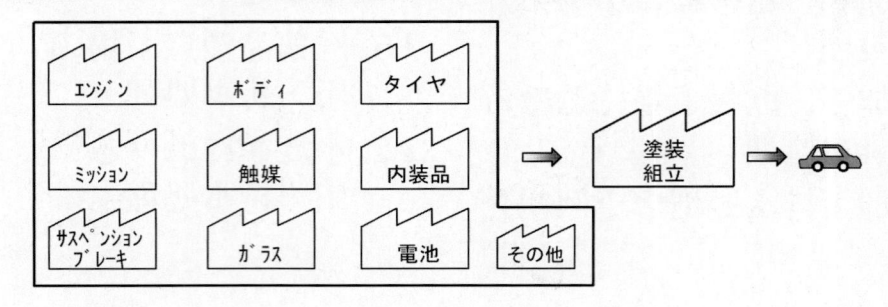

塗装組立工場の水の流れ (図2)

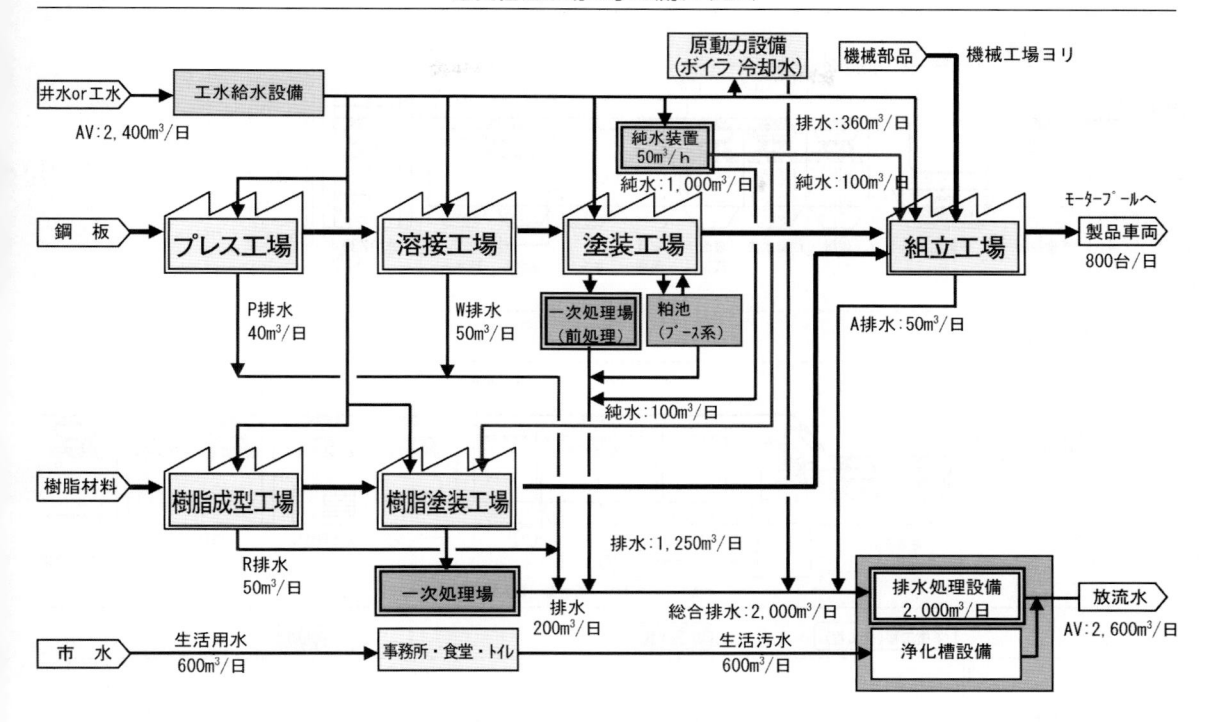

塗装組立工場　総排入口水質 (表1)

項目	pH	SS	BOD	COD	T-N	T-P
単位	—	mg/ℓ	mg/ℓ	mg/ℓ	mg/ℓ	mg/ℓ
水質値	5.8〜8.6	<100	<100	<100	<15	<5

の処理が必要となる。この一次処理の一般的な方法としては、凝集沈殿処理方式がある。

各排水系統別の処理工程の一例を図4、5、6に示す。

①化成排水は排水中のT-FとT-Pを除去するため、$CaCl_2$と硫酸バンドを添加している。また、工場によってはNiの除去を目的としてキレート剤の添加を行う。
②電着系排水は、排水中のCODとSS除去のため、ポリ鉄による凝集沈殿を行っている。
③脱脂系排水は、排水中のCODとSS除去のため、ポリ鉄による凝集沈殿を行っている。

図4、5、6の処理工程による混合処理水は、表3の値を満足する。

留意事項
①電着系排水と脱脂系排水は、同じ処理工程であるため混合して処理することが可能であるが、電着系排水に含有されるカチオン電着系塗料がアルカリ状態で析出凝固して配管の詰りを発生させる場合があるため、最低でも原水槽は個別に設ける必要がある。

自動車塗装工程の概略 (図3)

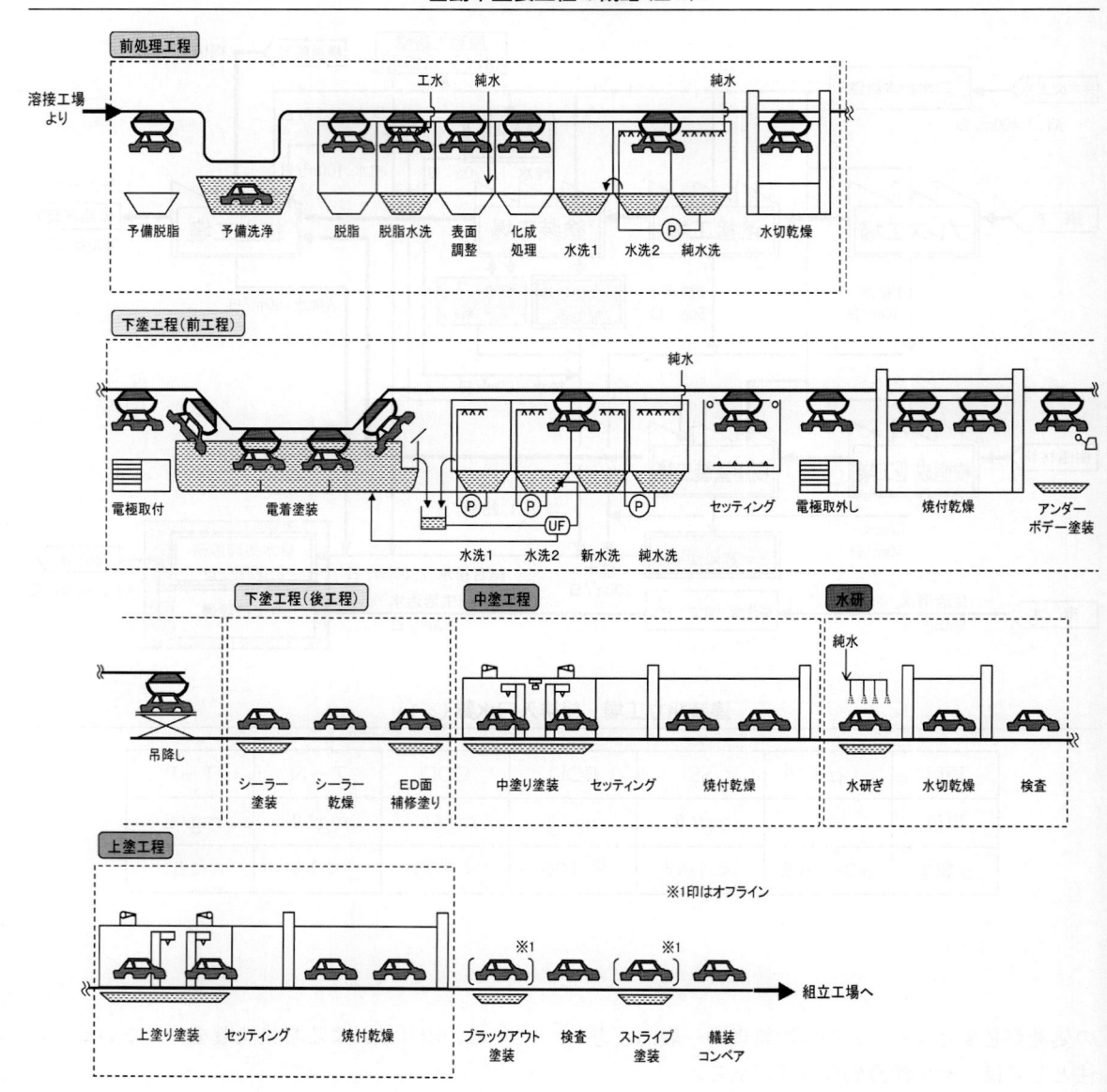

塗装排水の水質 (表2)

項目	pH	SS	CODMn	n-Hex	T-F	T-P	Ni	Zn
単位	—	mg/ℓ	mg/ℓ	mg/ℓ	mg/ℓ	mg/ℓ	mg/ℓ	mg/ℓ
化成系	3〜4	< 5	< 10	< 20	< 50	< 250	< 50	< 100
電着系	4〜7	< 150	< 2000	< 15	—	—	—	—
脱脂系	9〜10	< 150	< 200	< 15	—	< 15	—	—

化成排水処理工程の一例(図4)

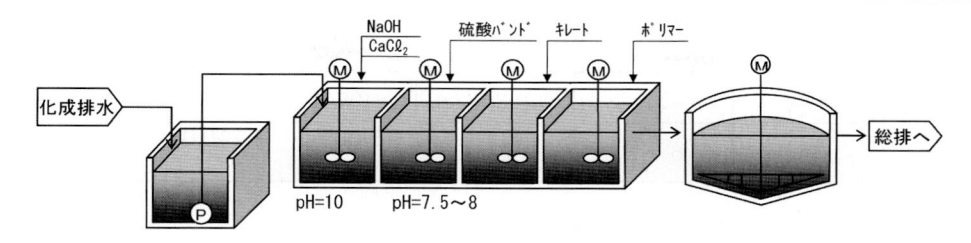

電着系排水処理工程の一例(図5)

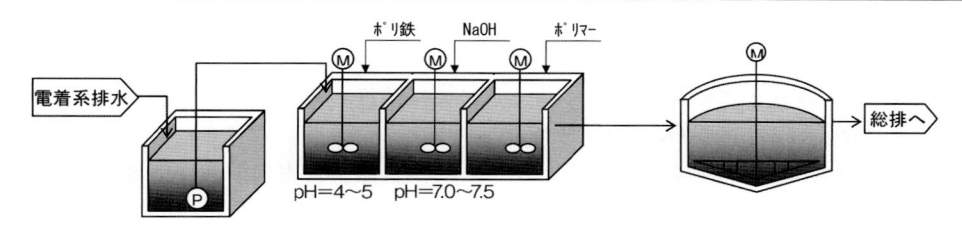

脱脂系排水処理工程の一例(図6)

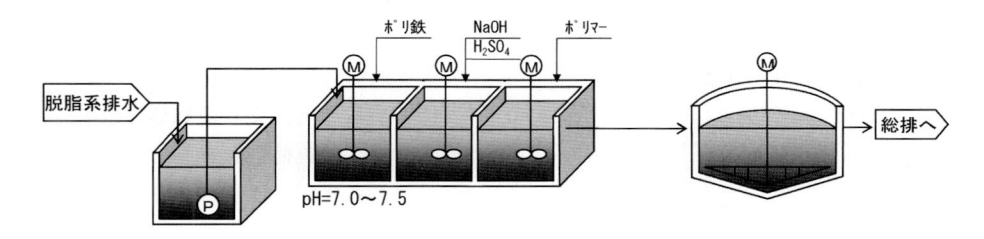

処理水質(表3)

項目	pH	SS	CODMn	n−Hex	T−N	T−P	Ni	Zn
単位	―	mg/ℓ	mg/ℓ	mg/ℓ	mg/ℓ	mg/ℓ	mg/ℓ	mg/ℓ
水質値	6〜8	<30	<100	<5	<8	<5	<0.2	<4

水性塗料排水一次処理(図7)

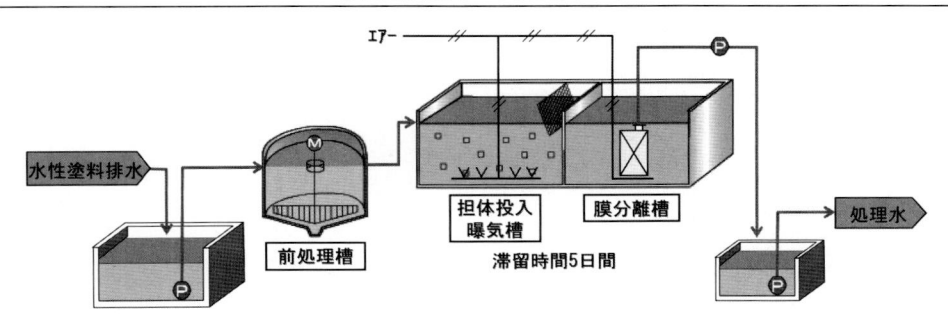

水性塗料排水の水質（表4）

項目	pH	SS	CODMn	BOD
単位	—	mg/ℓ	mg/ℓ	mg/ℓ
水質値	6～8	< 2,000	5,000～10,000	10,000～15,000

②化成排水中のT-FとT-P濃度変動があるため、$CaCl_2$と硫酸バンドの添加量調整が重要である。

③排水の管理方法は施主との協議によるが、pH計だけでなく濁度計・TOC計・T-P計などの自動計測器にて監視することが望ましい。

④自動監視において異常が発見された場合、原水か処理水を一時的に貯留する緊急槽が必要となる。容量は原水流入量の2時間分から12時間分が目処となるが費用やスペース及び施主側の管理体制などから協議選定する。

(3) その他の排水

塗装工程の主な排水は図3の前処理工程と下塗り工程から排出されるが、その他の排水として中塗り工程や上塗り工程排水について処理工程の一例を示す。

2006年の大気汚染防止法改正による揮発性有機化合物（VOC）規制により中塗り工程や上塗り工程の一部が油性塗料から水性塗料に変更された。

水性塗料にすることで大気への有機物拡散は抑制することができたが、その分排水へ高濃度有機物が排出されることになった。

この排水は塗装ブースでの水回収方法や循環再利用方法により水量や水質が大きく変わるため一概には言えないが参考として表4にその水質を示す。

水性塗料排水の問題は高濃度の有機排水であり、その上で生物処理が難しいことにある。

通常の生物処理ではCODで10%程度の低い割合しか分解できず、最終的には活性炭吸着処理等への負荷が増加してしまう。

そのため図7の示す個別処理（一次処理）において90%以上の生物分解処理を行ない総合排水処理へ移送することにより最終処理水の安定管理と最終活性炭への負荷低減を図ることができる。

①前処理は対象排水のSS濃度やpH値などを確認し必要性の検討を行なう。

②MLSS濃度を4,000～10,000mg/Lとし5日間程度の長時間曝気処理とする。

③膜は浸漬型とし、膜孔経0.4μmの有機膜を用いる。

④活性炭吸着処理まで実施する場合もある。

（古賀　敦）

2 紙パルプ工業における排水処理

紙パルプ工業における排水処理について概要を記すが、近年特にリサイクルの重要性からその生産量を増やしてきた古紙パルプの製造から発生する排水を中心に記述する。また古紙パルプ製造においては、従来の化学パルプやメカニカルパルプの製造よりも廃棄物の発生量が増加するため、排水処理から発生するペーパースラッジの処理についても記載する。

1 紙パルプ製造における排水の発生源

(1) DIP 製造工程

古紙を原料として製造するパルプはDIP（Deinked pulp）といわれている。古紙をアルカリ性水溶液中で離解し、界面活性剤により繊維表面に付着したインク成分を除去してDIPは製造される。DIP製造工程の排水はSSもCODも負荷の高いものである。

(2) 化学パルプ（クラフトパルプ）製造工程

クラフトパルプは木材を硫化ナトリウムと水酸化ナトリウムの溶液を用い高温高圧で処理して、製造されるものである。木材中からリグニンやヘミセルロースといった成分を溶かしだして、セルロースを繊維分として残している。このとき溶かし出されたリグニンなどはバイオマス燃料として有効利用されている。取り出された繊維はその状態ではまだ白色度が低いために、薬品を使い漂白される。漂白工程排水中の有機物は燃料として使われるが、一部は排水処理工程に送られる。

(3) その他のパルプ製造工程

その他に、パルプ製造法としては木材チップや丸太を機械で解繊するメカニカルパルプがある。ここから生じる排水は比較的COD負荷は高いが、生産量は減少している。

(4) 抄紙工程

非常に簡単に言うと紙は水中に懸濁されたセルロース系の繊維を網ですくうことで製造される。この工程でも大量の水を使用し、大量の排水が生じるが、パルプ製造工程に比較するとCOD、SS濃度は低い。

2 製造工程における負荷減少

(1) DIPの製造工程における排水処理

① 金属の除去

古紙を処理してDIPを製造する過程において、原料の古紙とともに工程内に持ち込まれた異物を除去しなければならない。古紙は工程内で紙の繊維が離解されるが、離解されないものが異物となる。異物には、ホチキス等の金属、書籍等に使用されているプラスチックおよび古紙に混入したご

各国の排水原単位の比較（2000年）（表1）

	日本	北欧	ドイツ	EU	米国	カナダ
排水原単位 (m³/adt)	90	40	18	35	53	66
BOD	0.6 – 12	4.1	0.2 – 2	—	1.3	1.6
CODCr	(2.7 – 21)	20	3 – 25	—		
AOX	0.7	0.25	0.25		0.4	0.4
TSS (kg/adt)	0.3 – 17	3.9	0.6 – 1.5	—	1.7	1.6

カッコ内は換算 CODCr
紙パルプ技術協会誌　第58巻第7号　P882

みなどがある。工程内ではこれらの異物を除去して、排水処理工程への持込を極力抑えるようにしている。

　金属除去に使用される高濃度クリーナーは離解後の原料から重量異物を除去する装置で、原料を入口から上部コーンの接線方向に圧入し、遠心力によって重量物をコーン外側に集めて徐々に落下させる。主にホチキスの針やクリップなどの異物を除去する。パルプ処理濃度は3～5％程度で、通常の夾雑物除去用クリーナーよりも高濃度での処理が可能。異物はクリーナー下部に溜め込み、定期的に排出される。また金属は排水路のストレーナー等により除去されるが、人力による除去もおこなわれている。

② プラスチック類の除去

　金属同様にプラスチック類も古紙原料とともに持ち込まれるため、繊維原料が離解された後、スクリーン等で除去される。スクリーンは微小な丸孔またはスリットで、繊維と異物を分離する装置である。DIPでは粗選用と精選用に2段で使用されることが多い。粗選用は3～4mm程度の丸孔、精選ではスリット幅0.15mm程度が使用されている[1]。スクリーンプレート表面での原料目詰まりを防ぐために、回転フォイルやローターをプレート表面近くで回転させて、スクリーン表面にパルスを発生させている。異物の除去効率にはプレートの表面形状が大きく関係しており、様々な工夫

がされている[2]。

　またファイバーフローという古紙の離解機では繊維の離解とプラスチック類の分離を同時に行っている。回転するドラムの中で15～20％程度の濃度にされた古紙は持ち上げられて落下する運動を繰り返すことにより、繊維は完全に離解する。

　古紙はベールのまま投入用のコンベアにのせられ、ファイバーフローへ供給される。ドラムの前半（高濃度離解ゾーン）は孔が開いておらず、ここで約20～25分間落下を繰り返し、離解される。ドラムはわずかに傾斜がついており、パルプは前方へ移動する。スクリーンゾーンでは、6～7mmφの孔が開いており、ここで3％程度まで希釈されたパルプが異物と分離される[3]。

(2) クラフトパルプの製造工程

　クラフトパルプの製造工程では蒸解といわれる高温高圧下での反応から発生する廃液はその有機分が回収ボイラーで燃料として使用されている。クラフトパルプの製造工程では排水として処理しなければならない有機物を燃料化することで、排水の負荷を減らしている。また蒸解工程の後に続く、漂白工程でも排水が回収できる場合は、前段の洗浄用に使用され、最終的には黒液となって回収ボイラで燃焼することで、製造工程で使われる水の量を削減し、排水処理工程の負荷を低減している。

3 排水処理工程

紙パルプ製造工程からの排水の原単位、COD、BOD、SSの各国比較を表1[4]に示す。日本の排水原単位は高く、日産1,000トンの紙パルプ製造工場では一日90,000トンの排水を処理していることとなる。COD、BOD、SSなどについては、排出基準を順守するように処理されて放流されている。

(1) プラスチック類の除去

DIP製造工程では未離解物として、廃プラスチックが除去されるが、除去し切れなかった場合は排水処理工程まで排水と一緒に送られてくる。そこで、それを除去するためにスクリーニングが行われる。普通に使用されているスクリーニング方式にバースクリーン及びロータリースクリーンであるが、除去しきれない場合は人手による除去が行われる場合もある。

① バー・スクリーン（図1）[5]

全属製の棒を一定の間隔に固定し、その隙間を通らない廃プラスチック等を除去するための単純な構造をしたスクリーンである。排水の処理に使用するバーの間隔は、15～50mmであるが、古紙系の廃プラスチックは大きいため、それに適した目開きとする。またスクリーンで補足された廃プラスチックは人手で除去される場合と、自動的に除去される方式ある。

② ロータリー・スクリーン（図2）[6]

ロータリースクリーンは、金網を円筒状に巻き、枠の両端は開いている。スクリーンの一部を排水中に浸しながら回転する。大型の異物は回転スクリーンの上端で除去さる。スクリーン後の排水は開口部を通り軸方向に流出する。スクリーン上に堆積した異物は、シャワー水により連続的に洗い落とされる。ロータリースクリーンは廃プラスチックが粉砕されて細かくなった異物を除去す

バー・スクリーン（図1）

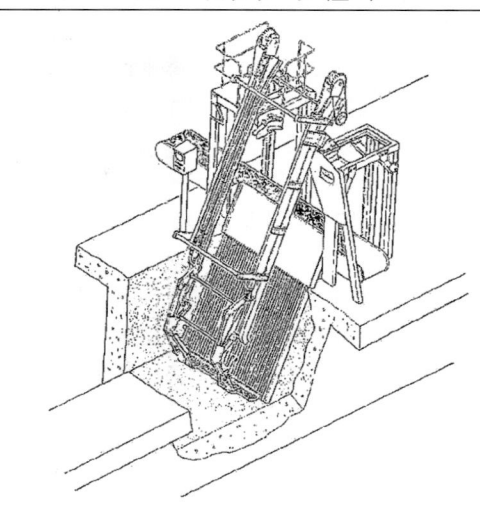

ロータリースクリーン（図2）

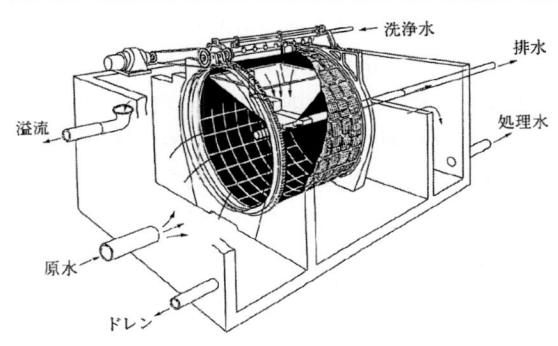

㈱荏原製作所　水処理カタログより

る目的に使用され、網目は10～40メッシュ程度のものが使われている。

(2) SS除去

DIP製造では排水負荷が増大する。DIP製造に伴い発生するSSの除去方法としては沈降、浮上、ろ過及び遠心分離があるが、沈降と浮上処理が主に用いられている。

① 沈降分離

SSをそのまま沈降させるか、凝集剤を加えて

強制的に沈降させるかによって、単純沈降と凝集沈降に分けられる。排水中に含まれるSSの多くは、細かい懸濁質で、そのままの単純沈降では分離が難しく、凝集剤を添加して凝集沈降させる場合が多い。沈降分離装置としては希薄懸濁液から清澄水を得るためのクラリファイヤと比較的濃厚な懸濁液から濃厚スラッジを得る目的のシックナなどがある。

凝集沈殿は沈降速度が1cm/分以下の微細浮遊物にたいして、凝集剤を用いて浮遊物を大きくして、沈降速度を増して沈殿させる。凝集剤としては無機凝集剤として硫酸バンド、ポリ塩化アルミ、ポリ鉄（ポリ硫酸第二鉄）などがあり、及び有機凝結剤等などがある。さらに、無機凝集剤を添加してから、有機高分子凝集剤を使用することも一般的である。また最近では無機凝集剤の使用量を削減するために有機凝結剤の使用も行われている。有機凝結剤を使用すると、排水スラッジが減少する。紙パルプの排水スラッジは自工場内のスラッジ焼却炉で減容化されるため、無機物の減少は廃棄物処理費用の削減にも効果的である。

ここで、注意しておきたいのは、排水の性状が生産工程の変更などで変化することがあるため、高分子凝集剤については効果を一定期間ごとに薬剤メーカーに確認してもらい、最適な薬品を使用することが必要である。

② 加圧浮上分離 (図3)[7]

加圧下で空気を水に溶解させてから大気圧に解放すると、極めて微細な気泡が発生するが、その気泡は液体と固体との不連続界面に発生しやすい。水中の懸濁物質に気泡を発生させ、懸濁物質を浮上させる。浮上した懸濁物質をかき集めて排出する。

(3) COD除去

DIPの製造工程では大量のCODを排出するため、排出されたCODの処理が必須となっている。CODを排出基準にまで下げるためには、生物処理がもっとも一般的に行われている。

生物処理を大別すると好気性処理と嫌気性処理になる。日本の場合は紙パルプ製造工程の排水は好気性処理するのが一般的である。嫌気性処理はCOD濃度が薄いためほとんど採用されていない。クラフトパルプ製造工場ではメタノール系の排水を比較的高濃度で排出するため、近年その処理に一部の工場で嫌気性処理が採用されている。ただし、欧州あるいは中国においては排水のCOD濃度が比較的高いために嫌気性処理が普及している。

好気性処理には活性汚泥法と生物膜法がある。

① 活性汚泥法 (図4)[8]

DIP排水は生物処理の前段で適正濃度までSSが除去される。次に排水と活性汚泥が混合され、曝気槽のなかで空気あるいは酸素ガスによる曝気がおこなわれ、活性汚泥によりBODが分解される。曝気槽を出た排水と活性汚泥は沈殿槽(クラリファイアーなど)で活性汚泥が分離され、再び曝気工程に送られる。BODの分解にともない活性汚泥が増加するため、増加分の活性汚泥は系外に排出される。

活性汚泥の管理は活性汚泥量（MLSS）、BOD負荷量、汚泥容量指標（SVI）、汚泥返送率、汚泥生成量、汚泥日齢、汚泥滞留時間、酸素濃度、pH、水温、栄養塩類のバランス、微生物の観察等で行われている。しかしながら、活性汚泥のBOD除去率が低下したり、糸状菌の発生により活性汚泥が最終沈殿槽から流出する可能性を払拭しきれない。そのため管理強化の一環として微生物製剤やビタミン類の添加も行われている。また薬剤メーカーによる活性汚泥の診断も行うことができる。

② 生物膜法 (図5)[9]

生物膜法も最初に排水のSSを適度に除去した後、生物処理をおこなう。また、生物膜の剥離物などを除去するために後沈殿装置の設置が必要である。

活性汚泥法は微生物を均一に浮遊させて有機物と接触させ処理するのに対し、生物膜法は微生物を支持体である個体表面に膜状に固定して処理を

加圧浮上分離（図3）

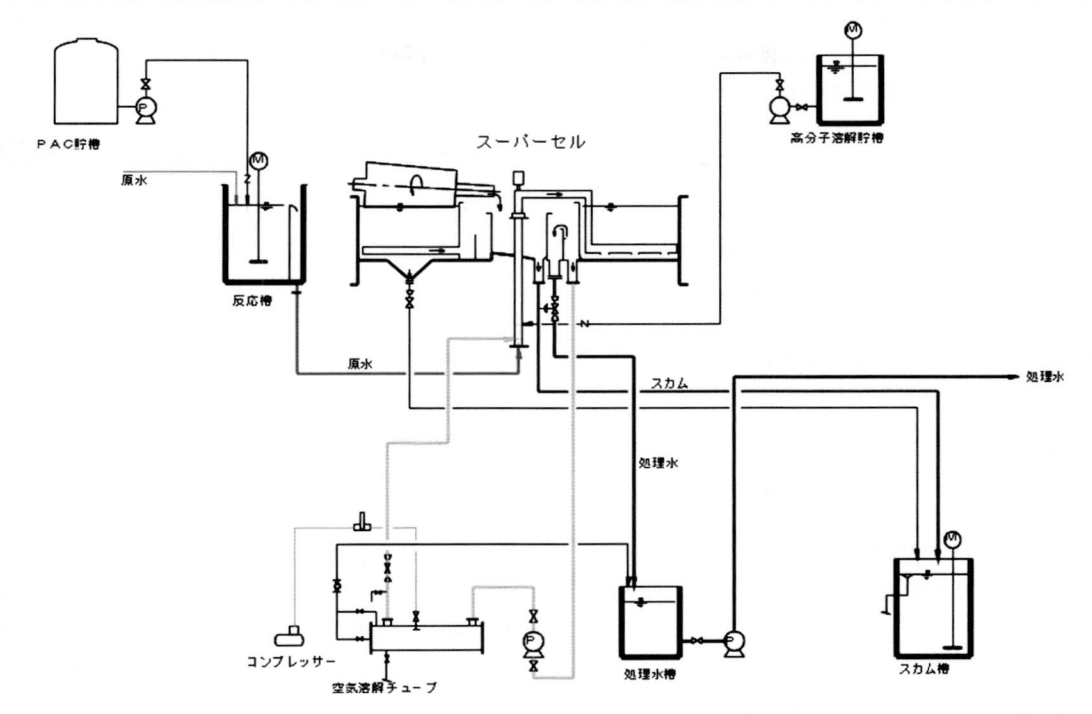

http://www.filcon.co.jp/wtr/pf.html

活性汚泥法（図4）

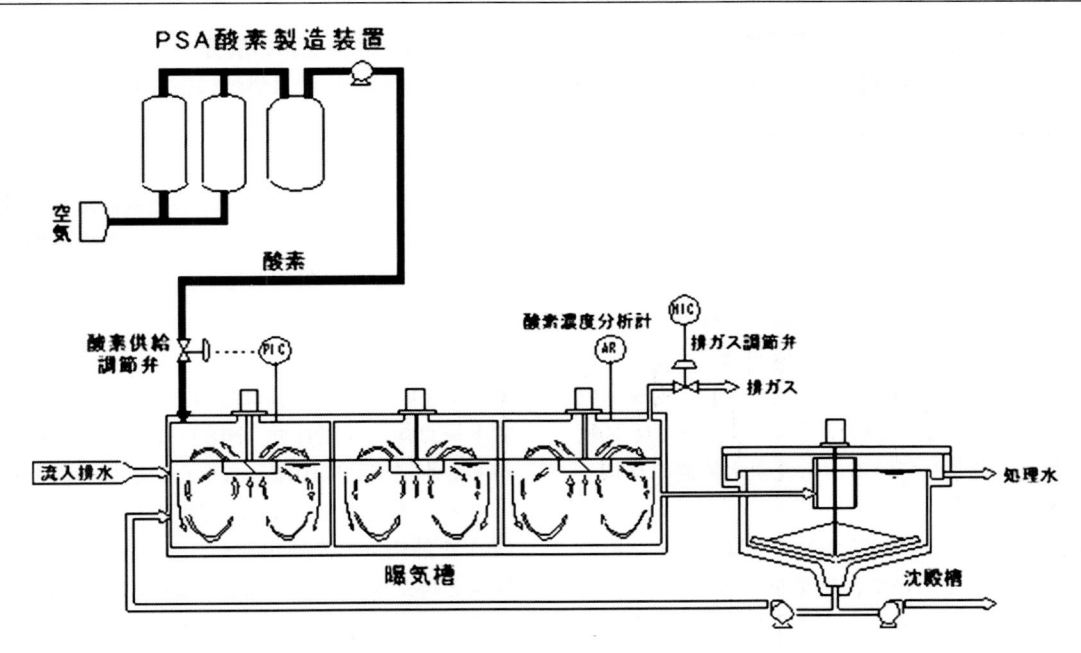

http://www.sdk.co.jp/html/rd/monthly_sprout/0412.html

行うものである。

　装置としては、散水ろ床法、回転円盤法、接触曝気法、好気ろ床法、担体流動法などがあるが、担体流動法が最近普及している。これは、スポンジ状の担体に生物膜を発生させ、槽内を空気の力で流動させるものである。

　活性汚泥法と生物膜法を比較すると、BOD除去率で活性汚泥、管理のし易さで生物膜法が有利と考えられる。また90年代に設置した固定床式の生物膜装置がある工場では、その槽を利用して比較的簡単に担体流動法に変更している。

(4) 排水の中和

　DIP排水はアルカリ性であるため、凝集剤を効かせるために酸で最適pHまで中和する必要がある。また排水基準を遵守するためにも、中和操作は必要である。

　一部酸性の排水との混合により酸の添加を抑える処理も行われている。ただし、近年の紙パルプ製造工場は全体的にアルカリ性排水のため、中和用の酸は必要である。

4 スラッジ処理

(1) スラッジの脱水方法

　排水処理において、クラリファイア等で分離されたSSは低濃度のスラッジとなる。低濃度スラッジは脱水されて、ほとんどが焼却される。スラッジの脱水装置には遠心脱水機（デカンタ）、ベルトプレス脱水機、スクリュープレス型脱水機（図6）[10]等がある。このうちスクリュープレス脱水機が多く普及している。汚泥脱水装置のフロー（図7）[11]を示す。

　低濃度スラッジはアニオンまたはカチオン系の高分子凝集剤を用いて、凝集を大きくしてから、ロータリースクリーンで一段目の脱水を行う。原液のスラッジ濃度は4～5%であるが、ロータリースクリーンの予備脱水で固形分で十数%まで水分を絞る。スクリュープレスの出口では固形分は40～50%程度までスラッジは脱水される。

(2) 脱水スラッジ（ペーパースラッジ）の処理

　ペーパースラッジは以前は埋立処理が普通に行われていたが、スラッジ量の増大と埋立地の減少により、埋立処理が困難になってきた。そこで、廃棄物の減容化のために、ペーパースラッジの焼却が行われるようになった。

　焼却を検討するうえで、焼却するスラッジの水分、灰分、可燃分、可燃分の熱量等を把握しなければならない。

① ペーパースラッジの水分

　ペーパースラッジの水分は焼却炉に与える影響が大きく、脱水不良の場合は助燃の重油等の燃料が必要となる。そのため、脱水効率を上げ維持することが必要である。

　脱水効率を維持するために、日々の管理においても最適な凝集剤の使用を心がけ、定期的に凝集剤メーカーの点検を受けることを勧める。

② ペーパースラッジの灰分

　スラッジ中の灰分は燃焼に寄与しないため、スラッジ中の割合は少ないほうがよいのであるが、古紙由来のスラッジは灰分の割合が増加する傾向がある。そのため、スラッジの熱量が減少し補助燃料の割合が増加してきているが、脱水効率を向上させることで、対応している。

③ 焼却設備

　スラッジの焼却設備にはロータリーキルン式、ストーカ炉、流動床炉（図8）[12]、サイクロン炉、があるが、流動床炉は、スラッジ焼却設備としてはもっとも普及している。炉底部の流動熱媒体（砂）を熱空気で流動化させ、廃棄物を投入する。乾燥と焼却が同時におきる。炉本体、散気装置、助燃装置、不燃物排出装置、不燃物選別機などから構成される。

18章 業種別水処理技術 569

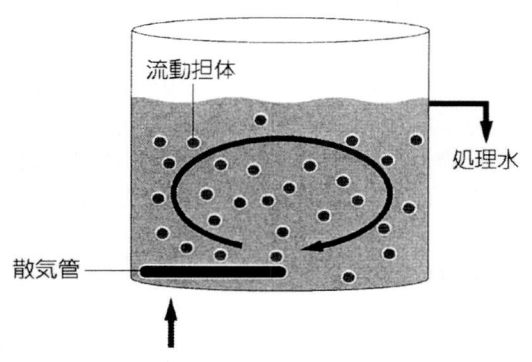

生物膜法（担体流動法）（図5）

http://www.ees.ebara.com/jigyou/epc/efmr.html

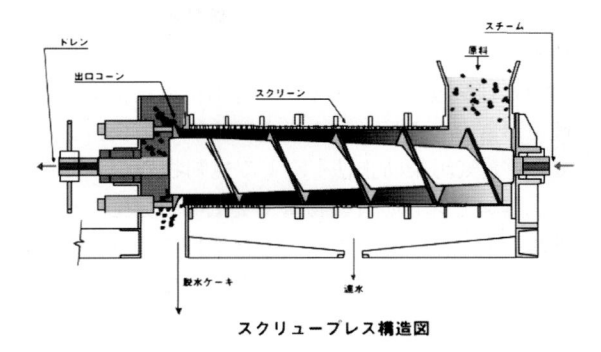

スクリュープレス（図6）

スクリュープレス構造図

http://www.fkc－net.co.jp/html/tech01.html

汚泥の脱水方法（図7）

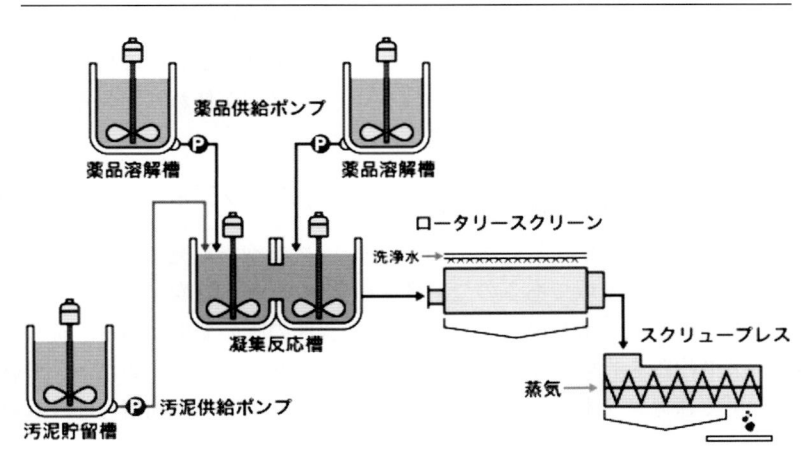

http://www.fkc－net.co.jp/html/tech02.html

流動床式焼却炉（図8）

流動床の原理

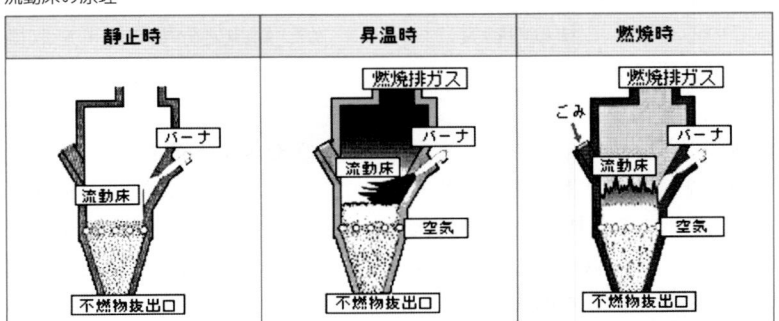

| 静止時 | 昇温時 | 燃焼時 |

http://www.bhk.co.jp/3environment/02incinerat/inc1.html

スラッジの減量化設備として、焼却設備は紙・パルプ製造工場では欠くことのできない設備である。しかし、スラッジ焼却炉は廃棄物処理施設に該当するために、大気汚染防止法のみならず、廃棄物処理法及びダイオキシン特別措置法による管理をおこなわなければならない。燃焼方法によっては「大気汚染防止法」による規制物資のみでなく、ベンゼン等の有害物質や臭気等を発生させる恐れもある。ダイオキシンの発生抑制は重要な管理項目なのでより適切な管理を行っている。

ⓐ ダイオキシン類対策

スラッジ焼却炉においてはダイオキシンの生成は避けられず、生成量の削減が課題である。ダイオキシン類の排出を抑制するためには、焼却炉の燃焼過程からの生成を抑制するとともに、排ガス処理過程での再生成を防止することが必要である。

燃焼過程での燃焼室の燃焼温度と滞留時間は800℃以上、2秒以上外気と遮断という維持管理基準が出来ている。また、排ガスの処理過程ではガス温度250～350℃が、もっともダイオキシン類が再生成しやすい温度域であるので、排ガスボイラによる廃熱回収や水噴射式ガス冷却設備等による排ガス冷却を行い、これらの温度域をできる限り早く通過させる。

ⓑ 排ガス処理

排ガスはダイオキシン類のみでなく、大気汚染防止法により硫黄酸化物、窒素酸化物、塩化水素、ばいじんなどが規制されている。また廃棄物処理法では一酸化炭素濃度が維持管理基準の対象となっているので、これらの物質について排出抑制対策が必要である。

● 窒素酸化物

窒素酸化物は空気中の窒素に基づくサーマルNOxと燃焼物中に含まれている窒素化合物に基づく、フューエルNOxである。スラッジ焼却炉は燃焼温度が低いため、フューエルNOxの比率が高い。低減技術としては、低NOxバーナーの使用、尿素水の噴霧などが行われている。

● 硫黄酸化物（SOx）

スラッジ中には硫黄分が0.05～1.00%含まれており、焼却された硫黄分の一部は硫黄酸化物として排ガス中に含まれる。脱硫方式としては、湿式、半乾式、乾式がある。

● ばいじん

集塵設備はばいじんの排出基準を維持するために、設置されている。集塵機には遠心力を利用したサイクロン式、マイナスのコロナ放電を利用した電気集塵機、ろ布のろ過作用を利用したバグフィルターがあるが、廃棄物処理法により管理されているボイラの場合、より細かな灰の捕集に適しているバグフィルターが使われている。

(3) スラッジボイラ灰の処理及び有効利用

スラッジを焼却して、減容化しても大量の灰は発生する。乾燥スラッジ100トンの焼却で40トン程度の灰の発生がある。従来はこの灰を最終処分場に埋立処理していたが、最終処分場の容量不足により灰を有効利用しなければならなくなっている。

① 最終処分

廃棄物対策法により、スラッジ焼却灰を埋め立てる場合は管理型の処分場しか認められていない。最終処分場を企業で所有している場合が多いが、新規処分場の認可を取得しがたいため、最終処分場は減少している。

② セメント原料

スラッジ焼却灰はセメント原料としての利用量が大きい。セメントの粘土代替として、セメント工場において廃棄物として処理されている。

灰の造粒・固化方法 (図9)

PS灰の造粒・水熱固化とリサイクルの流れ

③ 土質改良材

ペーパースラッジ焼却灰は吸水性に優れるため、浚渫土の改良、シールド工事における大量排泥の処理、腐植土の改良等に使用されている。

④ 路盤材 (図9)[13]

ペーパースラッジ灰を造粒・水熱固化し粒状にして、路盤材、凍上抑制材、酸性度改良材等に使用されている。

⑤ その他の有効利用

外壁材の粘土代替としての利用も盛んに行われている。

⑥ 有害成分の溶出への注意

スラッジ焼却灰を有効利用する上で、有害成分の溶出が問題となる。土質改良材等の土壌と混合する場合は、土壌の環境基準を満たすもののみが使用可能である。仮に土壌の環境基準を満たさない場合は、溶出防止剤などを添加することで、使用する必要がある。

参考文献

1) 紙パルプ技術協会編：紙パルプ製造技術シリーズ⑪ "製造技術入門", 2009年, 28.
2) 金沢毅：製紙産業技術保存・発信 資料№22, 2008年, 35.
3) 紙パルプ技術協会：紙パルプ技術便覧, 1992年, 142.
4) 荒木廣, ヨーロッパ・北米製紙産業における排水量削減の現状とそのドライビングフォース, 紙パルプ協会誌, 58巻(7), 2004年, 871-886.
5) 通産省企業局編：紙パルプ廃水処理基準書, 1970
6) ㈱荏原製作所：水処理カタログより
7) http://www.filcon.co.jp/wtr/pf.html
8) http://www.sdk.co.jp/html/rd/monthly_sprout/0412.html
9) http://www.ees.ebara.com/jigyou/epc/efmr.html
10) http://www.fkc-net.co.jp/html/tech01.html
11) http://www.fkc-net.co.jp/html/tech02.html
12) http://www.bhic.co.jp/products/plant/incineration/incineration_01/01.html
13) 日本製紙グループ：CSR報告書2009 (詳細版), 57

(寺澤一雄)

3 石油化学における用・排水処理

1 石油化学プラントにおける用水と排水

　石油化学プラントでは、製品の製造工程で必要な冷却、反応、加熱や動力用蒸気の発生、洗浄、消火などに水（以下、用水と呼ぶ）を使用する。用水の種類には海水（灌水も含む）と淡水があり、水源として海、河川、湖沼、地下水に分類される。水源とその処理法はプラントの構成と立地条件により決定されるが、中東の様な淡水が不足する地域では海水を唯一の水源とすることもある。上述で使用された用水は、石油化学プラント特有の成分を含んだ含油排水あるいは非含油排水として排出され、プラント内の排水処理設備を経て放流される。
　本章では、原油から製品油を製造する石油精製プラント（精油所）を例として、プラントの構成と流れ、用水の用途と水源別処理方法、排水の発生源と処理方法について解説する。

2 石油精製プラント（精油所）

(1) 精油所の構成

　精油所は、図1に示すようにオンサイト設備とオフサイト設備から構成される。オンサイト設備は、原料としての原油を蒸留、脱硫、分解などの操作により半製品油や製品油を製造する設備である。オフサイト設備は、オンサイト設備以外の設備で用役設備、操油設備、付帯設備から構成される。用役設備は、ユーティリティ設備とも呼ばれオンサイト設備の操作に必要な電気、蒸気、燃料ガス、燃料油や用水、可燃性物質のパージやシールのための不活性ガス（主に窒素）を供給する設備である。操油設備は、原油の受入れ・貯蔵、半製品、製品の貯蔵・出荷のための設備である。付帯設備は、精油所から発生する廃ガスや排水を集め処理するための廃ガス処理設備や排水処理設備、事務所や試験室、修理工場などの建屋、消火・防災設備などから構成される。

(2) 精油所の流れ

　図1の左から原料（原油）が入り、右に進むにつれて半製品となり最終的に製品として出荷される。原油は、まず常圧蒸留装置に入り沸点の低い順に半製品としてのガス／ナフサ／灯油／軽油／重油／常圧残さに分溜される。原油に含まれる硫黄はこれらの半製品の中に移行するが、半製品の改質装置や分解装置で使用する触媒への悪影響や製品の燃焼後に大気汚染の原因となるので、あらかじめ除去装置（脱硫装置と呼ぶ）に通す必要がある。脱硫操作は、半製品に水素を添加（水添と呼ぶ）することにより硫化水素ガスとして除く。水添操作により発生する半製品中の硫化水素ガスは、アミン水溶液で吸収された後、再生塔でアミン水溶液から分離され硫黄回収装置に導かれて単体硫黄として回収される。最終製品は、これらの装置を経た半製品を混合することにより製造される。

18章　業種別水処理技術　●　573

精油所の流れ (図1)

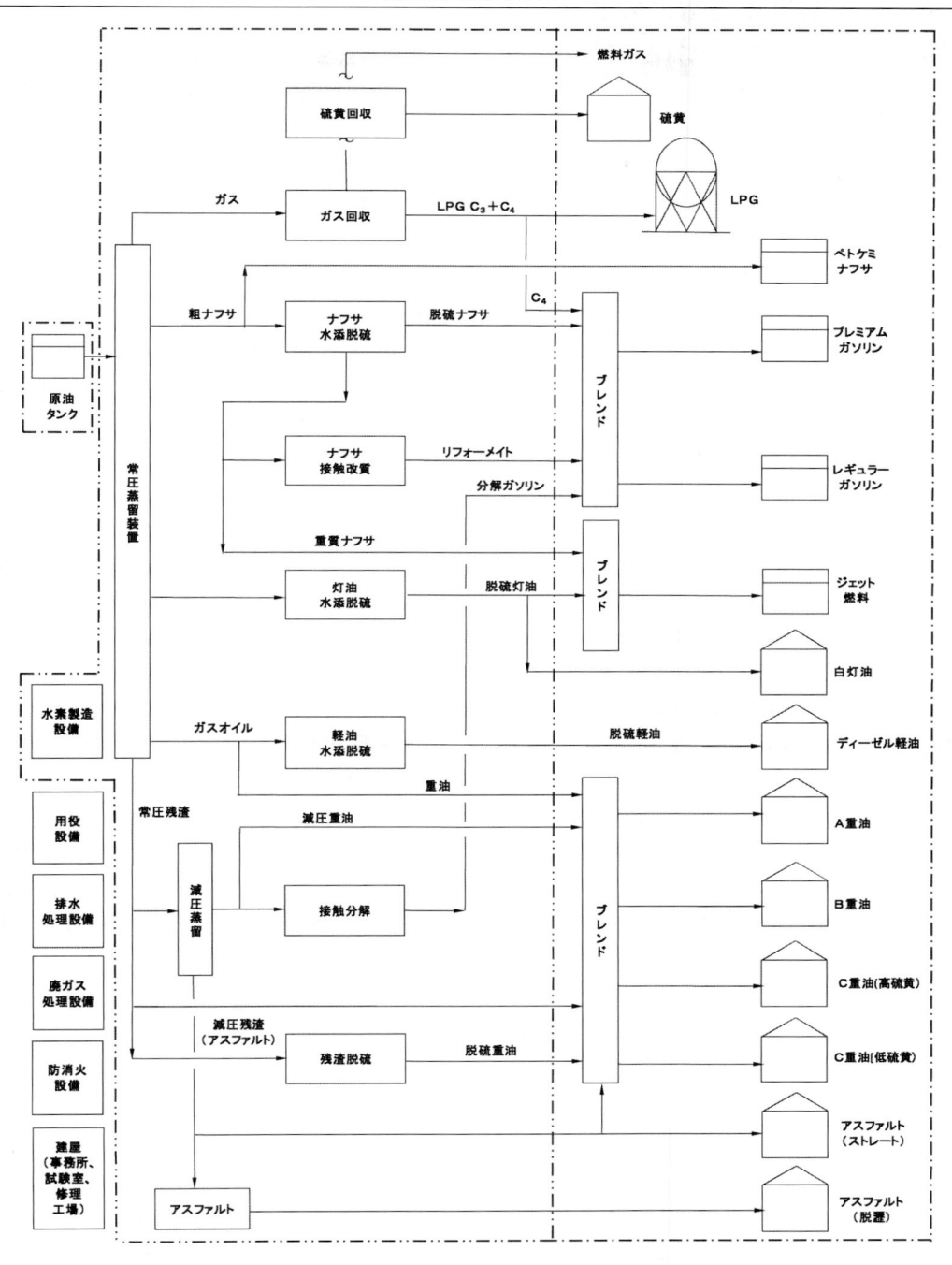

3 精油所における用水の分類と特徴および水源別処理方法

(1) 用途による分類と特徴

用水の用途による分類を表1に示す。

① 冷却水

冷却水には次の3種類がある。

ⓐ 一過性冷却水：

海、河川、湖沼などの水源から取水された原水は、除塵処理後冷却水ポンプにより直接プロセス冷却器に供給される。温度の上昇した戻り水はそのまま精油所から放流される。図2に一過性冷却水設備フローを示す。

取水口では冷却水設備内での生物繁茂を防止するための殺菌剤を注入する。殺菌剤としては、海水を水源とする場合には海水を電気分解することにより次亜塩素酸ソーダを発生させ、取水口に注入する。河川水や湖沼水の場合には、タンクに貯蔵した塩素又は次亜塩素酸ソーダを注入する。殺菌剤濃度は、原水中の生物や有機物の量によるが一般的には 1～2mg/l (as Cl_2) である。表2に中東での海水水質例を示す。

ⓑ 開放系（冷却塔）循環冷却水：

冷却水は、冷却塔から冷却水ポンプによりプロセス冷却器に供給された後、再び冷却塔に循環する。図3に開放系（冷却塔）循環冷却水設備フローを示す。

温度の上昇した冷却水は、冷却塔内で温度の低い大気と接触して一部蒸発しその潜熱を放出することにより温度が下がる。蒸発により、溶存する固形物（全溶解固形物と呼ぶ）が濃縮される。濃縮濃度が高くなると配管や熱交換器での腐食やスケール発生の原因となるので、循環水の一部を常に系外にブローし、濃度を基準値以下に維持するする必要がある。ブローにより溶解固形物濃度を基準値以下に維持すると共に腐食防食剤、スケール分散剤、殺菌剤を注入する。腐食防止剤やスケール防止剤としては重合リン酸塩系薬品や有機リン系薬品、殺菌剤としては塩素や次亜塩素酸ソーダなどの塩素系薬品、非塩素系有機薬品が用いられる。これら薬品の注入量はブローで系外に失われる量を常時補給する必要がある。

冷却塔では、上述の蒸発、ブローにより循環冷却水が失われるが、その他に空気との接触に伴う液滴の飛散ロス（ドリフトロスと呼ぶ）が発生する。これらのロスに見合う分の水量を常に系外から補給する必要がある。

循環冷却水と補給水の全溶解固形物濃度の比を濃縮倍数と呼ぶ。淡水を補給水として使用する場合、水質にも依るが濃縮倍数は通常3～5の範囲である。中東の様な淡水の不足する地域では海水から得られる淡水を補給水として使用する例もある。海水を循環冷却水として使用する場合もあるが、溶解固形物濃度が高いため濃縮倍数は1.2～1.5程度に維持する。表3に循環冷却水の水質例を示す。

ⓒ 閉鎖系循環冷却水：

冷却水は、冷却水ポンプにてプロセス冷却器に供給され、温度の上がった戻り水は水冷又は空冷熱交換器にて冷却された後、冷却水ポンプに戻り循環する。冷却塔と異なり、冷却水の蒸発ロスが無いので水を常時補給する必要は無く、機器からの漏洩によるロス分を間歇的に補給する。図4に閉鎖系循環冷却水設備フローを示す。

補給水としては、淡水（主に純水）を用いる。腐食防止のため、亜硝酸系防食剤および殺菌剤を間歇的に注入する必要がある。

本冷却水設備は、回転機器類の潤滑油冷却器や発電機の冷却器に用いる小容量設備からプロセス熱交換器を含む大容量設備にも用いられる。

② ボイラ給水

ボイラ給水は、プロセスの加熱や蒸気タービン駆動用の蒸気をボイラから発生させるために供給される用水である。ボイラは、通常4～5MPa、

精油所で使用される用水（表1）

"○"は該当を示す。

			海水	淡水	軟水	純水（脱塩水）
1	冷却水	・一過性冷却水	○	○	—	—
		・開放系循環冷却水（冷却塔）	○	○	—	○
		・閉鎖系循環冷却水	—	○	○	○
2	ボイラ給水	・蒸気発生	—	—	○	○
3	プロセス用水	・洗浄/希釈（補給）水	—	○	—	○
4	雑用水	・洗浄水	—	○	—	—
5	飲料水	・建屋（飲用、サニタリー、厨房）	—	○	—	—
		・緊急用水（シャワー、洗眼）	—	○	—	—
6		消火水	○	○	—	—

一過性海水冷却水設備フロー（図2）

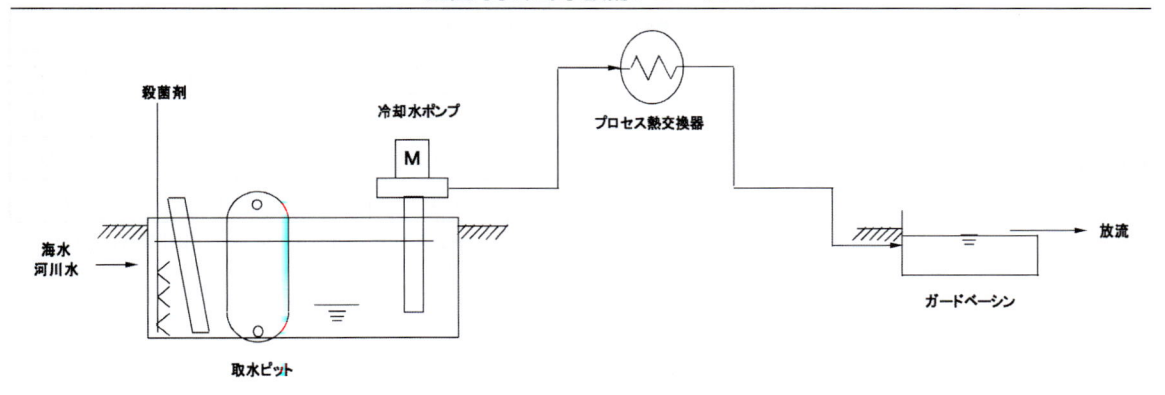

中東での海水水質例（表2）

水質項目 \ 水源	単位	海水
濁度	[NTU]	0.6
pH	—	8.2
電気伝導度	[μS/cm]	58,000
全硬度	[mg−CaCO$_3$/l]	7,400
塩素イオン	[mg/l]	22,000
硫酸イオン	[mg/l]	2,800
TDS	[mg/l]	41,000

開放系（冷却塔）循環冷却水設備フロー（図3）

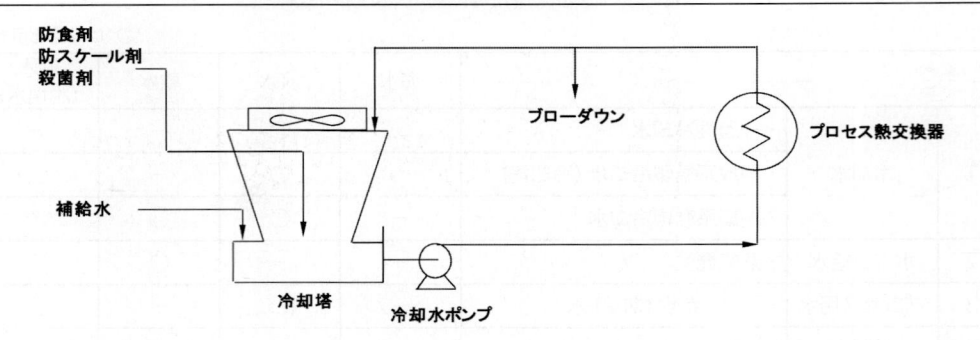

閉鎖系循環冷却水設備フロー（図4）

開放系（冷却塔）循環冷却水水質例（表3）

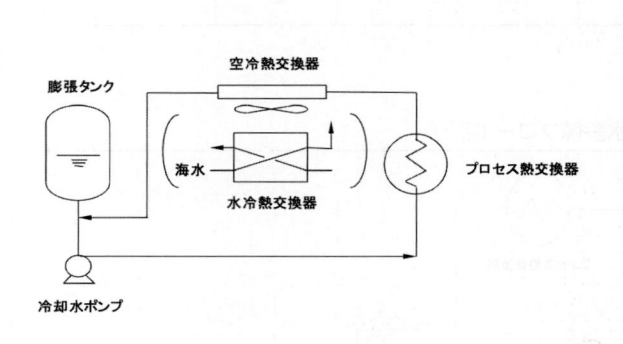

使用薬品	単位	重合リン酸系 ＋ Zn（含分散剤）
濁度	度	14〜28
pH	−	7.5〜8.5
電気伝導度	μS/cm	1,100〜4,700
Mアルカリ度	mg−CaCO₃/l	80〜342
カルシウム硬度	mg−CaCO₃/l	220〜1,624
塩化物イオン	mg/l	180〜1,394
硫酸イオン	mg/l	450〜780
シリカ	mg−SiO₂/l	60〜240

（出典：KURITA HANDBOOK OF WATER TREATMENT, Second English Edition, 3-49頁）

用水設備フロー（図5）

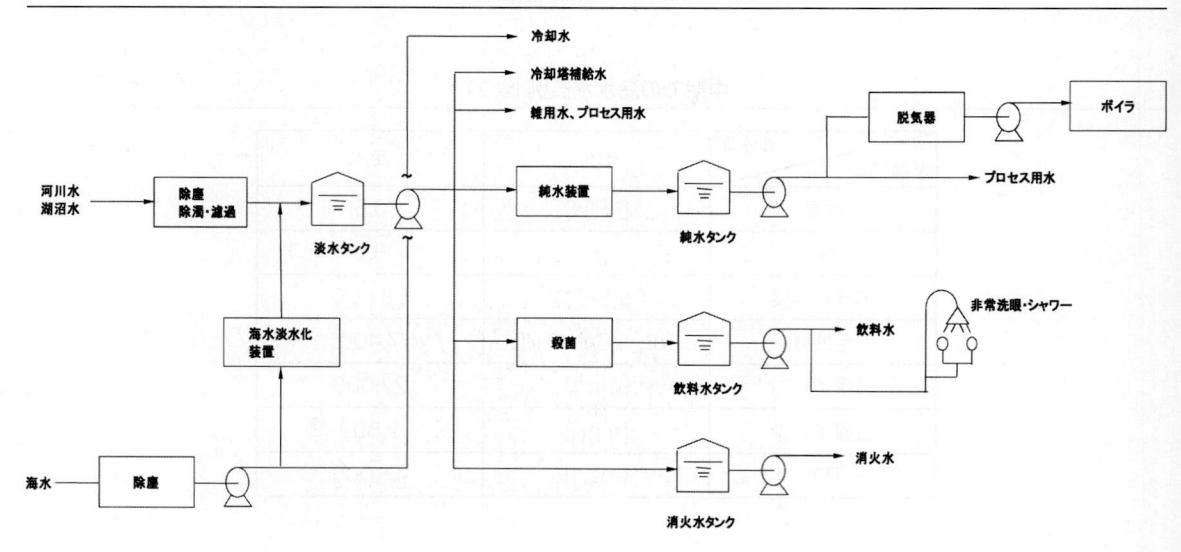

ボイラの給水およびボイラ水の水質（JIS B8223 - 2006）(表4)

<table>
<tr><td rowspan="3">区分</td><td>常用使用圧力(MPa)</td><td colspan="2">1以下</td><td colspan="2">1を超え2以下</td><td colspan="2">2を超え3以下</td><td colspan="2">3を超え5以下</td></tr>
<tr><td>伝熱面蒸発率[kg/(m²·h)]</td><td>50以下</td><td>50を超えるもの</td><td>-</td><td>-</td><td>-</td><td>-</td><td>-</td><td>-</td></tr>
<tr><td>補給水の種類</td><td colspan="2">軟化水</td><td colspan="2">イオン交換水</td><td colspan="2">イオン交換水</td><td colspan="2">イオン交換水</td></tr>
<tr><td rowspan="8">給水</td><td>pH (25℃における)</td><td>5.8～9.0</td><td>5.8～9.0</td><td>5.8～9.0</td><td colspan="2">8.5～9.7</td><td colspan="2">8.5～9.7</td><td colspan="2">8.5～9.7</td></tr>
<tr><td>電気伝導率(mS/m) (25℃における)</td><td>-</td><td>-</td><td>-</td><td colspan="2">-</td><td colspan="2">-</td><td colspan="2">-</td></tr>
<tr><td>硬度 (mgCaCO₃/L)</td><td>1以下</td><td>1以下</td><td>1以下</td><td colspan="2">検出せず</td><td colspan="2">検出せず</td><td colspan="2">検出せず</td></tr>
<tr><td>油脂類(mg/L)</td><td>低く保つことが望ましい</td><td>低く保つことが望ましい</td><td>低く保つことが望ましい</td><td colspan="2">低く保つことが望ましい</td><td colspan="2">低く保つことが望ましい</td><td colspan="2">低く保つことが望ましい</td></tr>
<tr><td>溶存酸素(μgO/L)</td><td>低く保つことが望ましい</td><td>低く保つことが望ましい</td><td>500以下</td><td colspan="2">500以下</td><td colspan="2">100以下</td><td colspan="2">30以下</td></tr>
<tr><td>鉄 (μgFe/L)</td><td>-</td><td>300以下</td><td>300以下</td><td colspan="2">100以下</td><td colspan="2">100以下</td><td colspan="2">100以下</td></tr>
<tr><td>銅 (μgCu/L)</td><td>-</td><td>-</td><td>-</td><td colspan="2">-</td><td colspan="2">-</td><td colspan="2">50以下</td></tr>
<tr><td>ヒドラジン(μgN₂H₄/L)</td><td>-</td><td>-</td><td>-</td><td colspan="2">-</td><td colspan="2">200以上</td><td colspan="2">60以上</td></tr>
<tr><td rowspan="11">ボイラ水</td><td>処理方式</td><td colspan="3">アルカリ処理</td><td>リン酸塩処理</td><td>アルカリ処理</td><td>リン酸塩処理</td><td>アルカリ処理</td><td>リン酸塩処理</td><td>アルカリ処理</td><td>リン酸塩処理</td></tr>
<tr><td>pH (25℃における)</td><td>11.0～11.8</td><td>11.0～11.8</td><td>11.0～11.8</td><td>10.5～11.5</td><td>9.8～10.8</td><td>10.0～11.0</td><td>9.4～10.5</td><td>9.6～10.8</td><td>9.4～10.5</td></tr>
<tr><td>酸消費量(pH4.8)(mgCaCO₃/L)</td><td>100～800</td><td>100～800</td><td>600以下</td><td>250以下</td><td>130以下</td><td>150以下</td><td>100以下</td><td>-</td><td>-</td></tr>
<tr><td>酸消費量(pH8.3)(mgCaCO3/L)</td><td>80～600</td><td>80～600</td><td>500以下</td><td>200以下</td><td>100以下</td><td>120以下</td><td>80以下</td><td>-</td><td>-</td></tr>
<tr><td>全蒸発残留物(mg/L)</td><td>3,000以下</td><td>2,500以下</td><td>2,000以下</td><td>-</td><td>-</td><td>-</td><td>-</td><td>-</td><td>-</td></tr>
<tr><td>電気伝導率(mS/m) (25℃における)</td><td>450以下</td><td>400以下</td><td>300以下</td><td>150以下</td><td>120以下</td><td>100以下</td><td>80以下</td><td>80以下</td><td>60以下</td></tr>
<tr><td>塩化物イオン(mgCl⁻/L)</td><td>500以下</td><td>400以下</td><td>300以下</td><td>150以下</td><td>150以下</td><td>100以下</td><td>100以下</td><td>80以下</td><td>80以下</td></tr>
<tr><td>リン酸イオン(mgPO₄³⁻/L)</td><td>20～40</td><td>20～40</td><td>20～40</td><td>10～30</td><td>10～30</td><td>5～15</td><td>5～15</td><td>5～15</td><td>5～15</td></tr>
<tr><td>亜硫酸イオン(mgSO₃²⁻/L)</td><td>10以上</td><td>10以上</td><td>10～20</td><td>10～20</td><td>10～20</td><td>5～10</td><td>5～10</td><td>5～10</td><td>5～10</td></tr>
<tr><td>ヒドラジン(mgN₂H₄/L)</td><td>0.1～1.0</td><td>0.1～1.0</td><td>0.1～0.5</td><td>0.1～0.5</td><td>0.1～0.5</td><td>0.1～0.5</td><td>0.1～0.5</td><td>0.1～0.5</td><td>0.1～0.5</td></tr>
<tr><td>シリカ(mgSiO₂/L)</td><td>-</td><td>-</td><td>-</td><td>50以下</td><td>50以下</td><td>50以下</td><td>50以下</td><td>20以下</td><td>20以下</td></tr>
</table>

（出典：JIS B8223 (2006年), 5頁）

380～400℃の高圧蒸気を発生するが、ボイラ給水として要求される水質はボイラ内でのスケールの発生や腐食を防止するため、溶解固形物と溶存酸素をある基準値以下まで除去した脱塩水水質（通常、純水またはイオン交換水と呼ぶ）である。図5にボイラ給水処理フローを含む用水フローを示す。

ボイラ給水水質およびボイラ水水質は各国の規格で定められており、日本ではJIS B8223として知られている。代表的な規格としては、JISの他にABMA（米国）およびVGB（独）がある。表4に「ボイラの給水およびボイラ水の水質」（JIS B8223－2006年）の抜粋を示す。発生蒸気圧力に応じて、1MPa以下の低圧ボイラ給水は硬度成分を除去した軟化水、1MPaを超える中・高圧ボイラ給水は陽イオン・陰イオン交換樹脂に通すことにより溶解固形物を除去した純水が用いられる。

給水中の溶存酸素は、給水を沸点まで加熱、沸騰すること（加熱脱気と呼ぶ）により他の溶存ガス（主に窒素、二酸化炭素）と共に除去される。

③ プロセス用水

プロセス用水は、薬品や溶媒の希釈、プロセス流体の洗浄など、用途に応じて除塵、除濁後の淡水やイオン交換処理後の純水や更に溶存酸素を除去した脱気水が用いられる。図5にプロセス用水を含む用水設備フローを示す。

④ 雑用水

雑用水は、除塵、除濁処理後の淡水が用いられる。プラント内に配置されたホース・ステーション（ホースを接続する給水栓）から供給され、清掃や機器メインテナンス時の洗浄水として用いられる。図5に雑用水を含む用水フローを示す。

⑤ 飲料水

　飲料水は、除塵、除濁処理後の淡水を更に殺菌処理した用水で、用途としては事務所、厨房など建屋内での生活用水、薬品を扱う場所での緊急用洗眼・シャワー、船舶用飲料水などである。水質は、国内では水道法で定める水質基準、海外では一般的に世界保健機関（WHO）基準が用いられる。図5に飲料水を含む用水フローを示す。

⑥ 消火用水

　消火用水は、除塵、除濁処理後の淡水をタンクに貯蔵しておき、火災時に消火水ポンプより供給する。貯蔵淡水量で不足する場合には、バックアップとして海水を消火用水として供給する場合もある。図5に消火用水を含む用水フローを示す。

(2) 水源による分類と特徴および処理法

　用水の水源別分類および特徴を表5に示す。

① 河川水

　河川水は、懸濁物質、溶解固形物、有機物などを含み、それら濃度は雨季、乾季、融雪期などの季節変動による影響や地域差が大きい。表6-1に日本および表6-2に東南アジアの河川水水質一例を示す。

　図6に河川水の処理フローを示す。取水後、スクリーンによる除塵、除濁（薬品添加による凝集沈殿）、砂ろ過処理により懸濁物質を2〜5 mg/l程度まで除いた後、処理水はそのまま冷却塔補給水、雑用水、消火用水に使用される。飲料水としては、溶存する有機物を活性炭で吸着除去した後、次亜塩素酸ソーダのような殺菌剤を添加する。プロセス用水としては、イオン交換や膜処理による脱塩処理を行う。ボイラ給水としては、更に混床イオン交換塔（シリカポリッシャー）によるシリカ除去および加熱脱気処理により溶存酸素を基準値以下まで除去する。

② 湖沼水

　湖沼水の懸濁物質濃度は、滞留による沈殿分離があるため河川水に比べて低い。水深が深く対流が緩慢な場合には、大気からの空気（酸素）補給が不足して底部は還元性雰囲気となるので酸化されにくく、有機物や硫化水素を含む場合が多い。

　図6に湖沼水の処理フローを示す。基本的には、河川水の処理フローと同じである。

③ 工業用水

　工業用水は、河川水や湖沼水を除塵、除濁、（更に砂ろ過の場合もある）処理後に供給されるので懸濁物質濃度はこれらの水源に比べて低い。淡水が不足する中東などの地域では海水の淡水化や排水の処理・再生により工業用水として供給される場合もある。表7に国内の工業用水水質例を示す。

　図6に工業用水の処理フローを示す。河川水や湖沼水処理フローにおける凝集沈殿（および砂ろ過）後の水質と同じである。

④ 地下水（井戸水）

　地下水は、溶存酸素濃度が低く、二酸化炭素（CO_2）やイオン鉄（Fe^{2+}）、イオンマンガン（Mn^{2+}）を含む。還元性雰囲気のため酸化されにくく、有機物や硫化水素を含む場合がある。近年、国内では汚染物質としての硝酸性窒素（NO_3^{2-}）、亜硝酸性窒素（NO_2^{2-}）、ヒ素（As^{3+}）、クロルエチレンの環境基準超過率が上昇しているとの報告[1]がある。

　図7に井戸水の処理フローを示す。イオン（Fe^{2+}）鉄は、空気による曝気、塩素や次亜塩素酸ソーダなどの酸化剤を添加することにより不溶性の水酸化物を生成するので凝集沈殿、ろ過処理にて除去することができる。なお、有機物やアンモニア性窒素が含まれている場合には、有機物の分解やアンモニア性窒素から硝酸性窒素の生成に伴い酸化剤が消費される。シリカ濃度が高い場合（30 mg/l以上）には、生成した水酸化物が微細なコロイドとなり沈殿分離が困難となるが、接触酸化法によりろ材である触媒（オキシ水酸化鉄（$FeOOH \cdot H_2O$））表面でイオン鉄を捕捉、除去

用水の水源別分類 (表5)

	水源	特徴
1	河川水	・懸濁物質(SS)、溶解固形物(TDS)を含み季節変動が大きい。 ・雨期、融雪期にはSS、TDS共に高い。 ・地域により水質が異なる。
2	湖沼水	・滞留によるSSの沈殿分離があるため、河川水に比べてSSは低い。 ・水深が深く対流が緩慢な場合には、大気からの空気(酸素)補給が不足して還元性雰囲気となる。
3	工業用水	・河川水、湖沼水を除塵/除濁後(凝集沈殿、更にろ過の場合もある)供給されるのでSSは低い。 ・海淡水や排水再生水が工業用水として供給される場合もある。
4	地下水(井戸水)	・溶存酸素濃度が低く、CO_2やイオン鉄(Fe^{2+})、イオンマンガン(Mn^{2+})を含む。 ・還元性雰囲気のため酸化されにくく、有機物や硫化水素を含む場合がある。
5	上水	・河川水、湖沼水、地下水を除塵/除濁/(除鉄/除マンガン)/殺菌処理後に供給され、飲用にも用いられるので安定した水質である。 ・殺菌用の残留塩素を含むので、イオン交換樹脂や逆浸透膜の様な酸化劣化する材料を使用する場合には還元処理が必要となる。 ・海水淡水を使用する場合もある。
6	海水	・SSは河川水ほど高くないが、TDSが高い。 ・塩素イオン濃度が高く腐食性が強い。 ・海生生物の生育による閉塞、腐食障害の可能性が高い。

日本の河川水の平均水質 (表6-1)

単位(mg/L)

地方区分	採水河川数	HCO_3^-	SO_4^{2-}	Cl^-	Ca^{2+}	Mg^{2+}	Na^+	K^+	Total Fe	SiO_2	PO_4^{2-}	NO_3^--N	NH_4^+-N	TDS	SS
北海道	22	33.9	10.7	9.0	8.3	2.3	9.2	1.45	0.50	23.6	0.01	0.54	0.06	87.9	76.9
東北	35	19.9	17.6	7.9	7.7	1.9	7.3	1.06	0.49	21.5	0.01	0.26	0.06	79.1	18.6
関東	11	42.4	15.9	6.1	12.7	2.9	7.3	1.43	0.23	23.1	0.03	0.29	0.08	93.5	22.1
中部	42	30.1	7.7	3.9	8.9	1.7	4.8	1.05	0.14	13.7	0.02	0.18	0.05	62.0	26.9
近畿	28	27.4	7.4	5.3	7.6	1.3	5.5	1.04	0.11	12.1	0.01	0.21	0.04	56.8	20.0
中国	25	27.2	4.4	6.6	6.7	1.1	6.5	0.94	0.05	14.1	0.00	0.20	0.03	56.7	7.4
四国	19	37.2	5.7	2.4	10.6	1.5	3.8	0.66	0.01	9.8	0.00	0.12	0.02	57.0	6.1
九州	43	40.9	13.1	4.6	10.0	2.7	8.6	1.84	0.13	32.2	0.04	0.20	0.04	106.0	29.8
全国	225	31.0	10.6	5.8	8.8	1.9	6.7	1.19	0.24	19.0	0.02	0.26	0.05	74.8	29.2

(出典:石油技術協会編、水攻法の水処理ハンドブック、21頁)

東南アジアにおける河川水水質の一例 (表6-2)

	単位	最大	最少
pH	−	7.7	6.1
電気伝導度	mS/cm	152	69
濁度	NTU	1,052	101
全アルカリ度	mg/L	15	7
全硬度	mg/L	50	13
COD	mg/L	74	30
硝酸イオン	mg/L	2.9	1.7
硫酸イオン	mg/L	26.0	9.2
塩化物イオン	mg/L	9.7	3.6
カルシウムイオン	mg/L	18.9	6.2
マグネシウムイオン	mg/L	2.5	1.3
ナトリウムイオン	mg/L	56.0	4.1
カリウムイオン	mg/L	9.9	3.3
鉄イオン	mg/L	9.3	1.3
マンガンイオン	mg/L	0.17	0.12
銅イオン	mg/L	0.05	0.01
シリカ	mg/L	12.6	6.5
全有機炭素	mg/L	15.40	4.98
アンモニア	mg/L	6.2	0.8
全固形物	mg/L	1100	310
遊離炭酸	mg/L	7.8	1.8
有機物	mg/L	13.0	5.5

することが可能である。マンガンイオン（Mn^{2+}）も同様に過マンガン酸カリウムなどの酸化剤を添加し、pHを中性よりも高い領域で酸化することにより除去することができる。処理後のフローは、河川水や湖沼水と同様である。

⑤ 上水

河川水、湖沼水、地下水を除塵・除濁・（地下水の場合、除鉄/除マンガン）・殺菌処理後 に供給され、飲用にも用いられるので安定した水質である。殺菌用の残留塩素は酸化剤であり、イオン交換樹脂や逆浸透膜の劣化を招くので活性炭による吸着や重亜硫酸ソーダなどの注入による還元処理が必要となる。淡水が不足する中東地域などでは、海水を淡水化後に不足するミネラル分を添加し、上水として使用する場合もある。図8に上水の処理フローを示す。

⑥ 海水

懸濁物質濃度は河川水ほど高くないが、溶解固形物濃度が高い。特に、塩素イオン濃度が高くかつ溶存酸素を含むので腐食性が高い。海生生物の生育による閉塞、腐食障害が発生し易い。表2に中東での海水水質例を示す。

図9に海水の処理フローを示す。生物生育抑制のため、海水を電気分解することにより生成した次亜塩素酸ソーダを取水口に注入後、粗スクリーンおよび細スクリーンにて除塵され、一過性冷却水として使用される。また、海水を蒸発法や逆浸透法にて淡水化（海淡水と呼ぶ）し、ミネラル添加、殺菌することにより飲料水とする。海淡水を更に脱塩（イオン交換）することによりプロセス用水を、脱塩水を脱気処理することによりボイラ給水とする。

4 精油所における排水の分類、発生源と特徴及び処理方法

(1) 排水の種類

精油所から発生する排水は、次の5種類に分類される。

① 含油排水

常時又は間歇的に発生する油又は油の混じった排水である。

② 潜在含油汚染排水

油を扱うエリアの雨水、事故や操作ミスで油汚染の可能性がある排水である。

河川水、湖沼水、工業用水の処理フロー（図6）

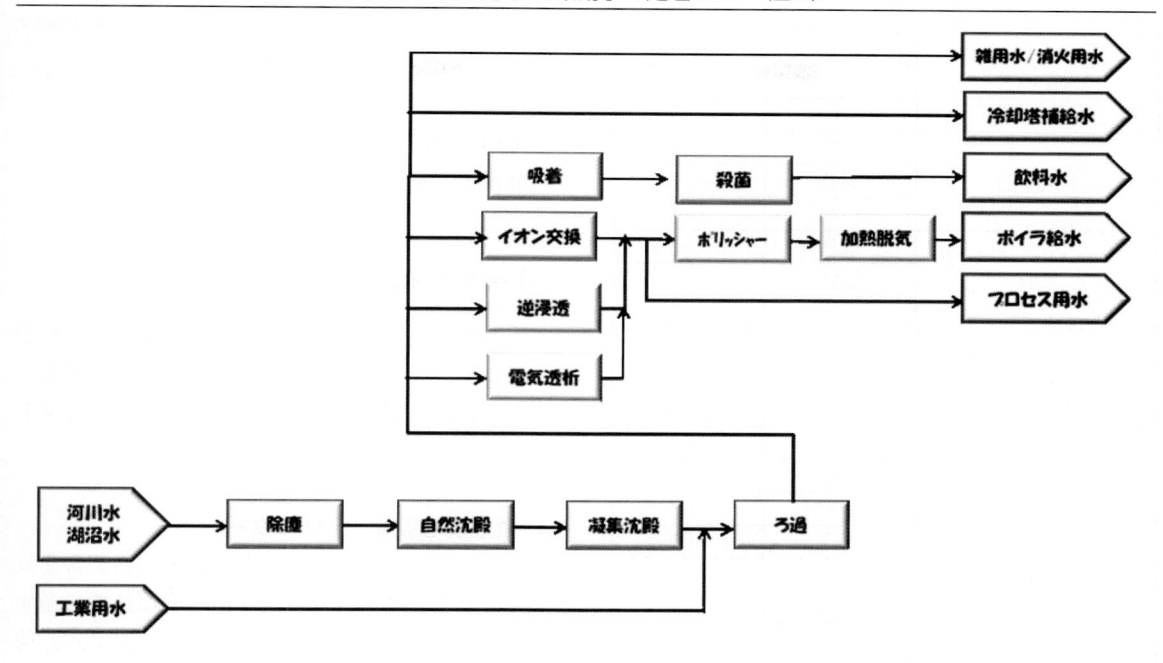

井戸水の処理フロー（図7）

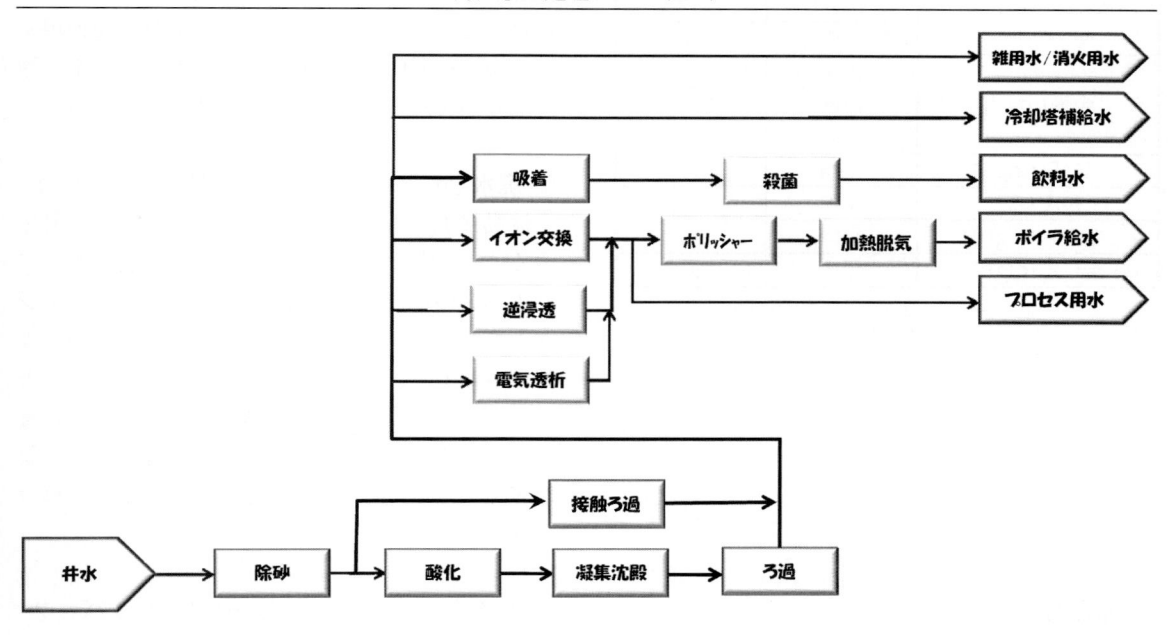

工業用水水質例（日本）(表7)

水温 (℃)	最高	28.2
	最低	5.2
	平均	16.7
濁度 (度)	最高	6.2
	最低	2
	平均	3.9
pH	最高	8
	最低	7
	平均	7.4
電気伝導率 (mS/m)	最高	32.5
	最低	13
	平均	24.9
酸消費量 (mg/l)	最高	57
	最低	21
	平均	41
全硬度 (mg/l)	最高	108
	最低	26
	平均	76
塩化物イオン (mg/l)	最高	32.9
	最低	9.8
	平均	22.9
全蒸発残留物 (mg/l)	最高	211
	最低	87
	平均	165
全鉄 (mg/l)	最高	0.25
	最低	0.03
	平均	0.14
COD (mg/l)	平均	3.2
色度 (度)	平均	8
全窒素 (mg/l)	平均	2.2
全りん (mg/l)	平均	0.06

（出典：千葉県企業庁、インターネット
http://www.pref.chiba.lg.jp/kigyou/kyshisetsu/kougyouyousui/suishitsu/kougyouyousui.html）

③ 非含油排水

オンサイト設備、オフサイト設備の建家屋根からの雨水やこれらの設備内でも油に汚染されていない場所に降った雨水、事務所周り、空地、道路等に降った雨水など油汚染の可能性のない排水である。

④ ケミカル排水

薬剤タンクやポンプ設備からの排水や試験室（ラボラトリー）からの排水である。

⑤ 衛生排水

事務所、厨房などからの生活排水である。

(2) 排水の発生源と特徴

精油所の主な排水発生源と排水の分類をそれぞれ表8および図10-1、図10-2（数字は発生源番号を示す）に示す。また、排水発生源での水質例を表9に示す。

① 原油脱塩装置（デソルター）

原油には水分、塩分、泥などの不純物が含まれているので、蒸留装置に送る前に脱塩装置に通すことによりこれらを除去する。脱塩装置に送る前に原油中に水を数パーセント添加して水エマルジョンを形成させこの中に不純物を取り込むが、添加水の水質は純度を高くする必要はないので、次項で述べる廃水ストリッパーの処理水を使用する。脱塩装置内では電極に高電圧をかけ、不純物を取り込んだエマルジョンを凝集・分離する。

② 廃水（サワー・ウォーター）ストリッパー 1

流動接触分解装置（FCC装置と呼ぶ）から発生するサワー・ウォーターは、油分、硫化水素、アンモニアの他に分解生成物であるフェノールやシアンを含み、③とは別系統の専用ストリッパーで処理される。排水中のシアンは硫化水素やアンモニアと共にストリッパーで放散・除去されるが、フェノールは処理水中に残るので洗浄水として脱塩装置へ送ることにより廃水側から原油側に移行させる。

③ 廃水（サワー・ウォーター）ストリッパー 2

サワー・ウォーターとは、プロセスに注入した水や蒸気凝縮水がプラント内の分離器を通して排出される含油排水であり、高濃度の硫化水素やアンモニアを含む。本排水は、一か所に集められ、

上水の処理フロー（図8）

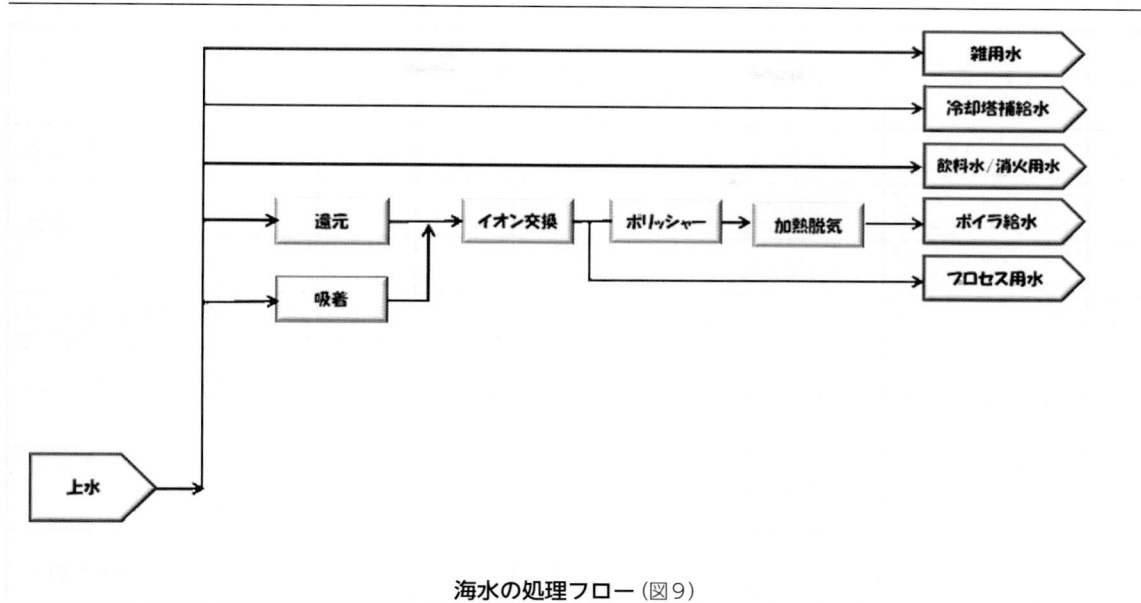

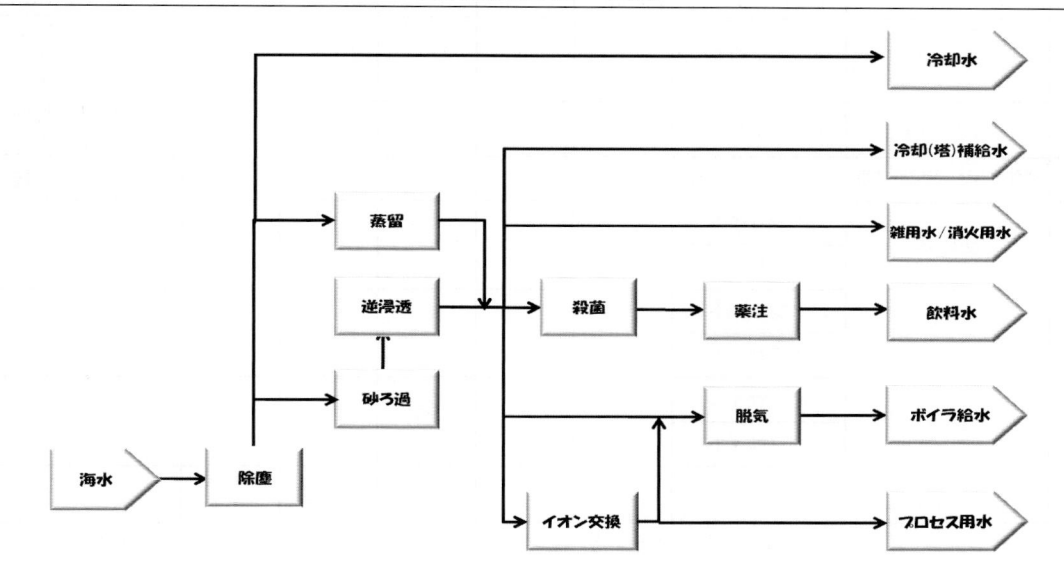

```
上水 → 還元 → イオン交換 → ポリッシャー → 加熱脱気 → ボイラ給水
     → 吸着 ↑                                      → プロセス用水
                                        → 雑用水
                                        → 冷却塔補給水
                                        → 飲料水/消火用水
```

海水の処理フロー（図9）

```
海水 → 除塵 → 蒸留 → 冷却水
            → 逆浸透 → 冷却(塔)補給水
            → 砂ろ過 → 雑用水/消火用水
                    → 殺菌 → 薬注 → 飲料水
                    → 脱気 → ボイラ給水
                    → イオン交換 → プロセス用水
```

蒸気を加熱源とする放散塔（ストリッパー）に送ることにより塔頂から硫化水素やアンモニアを放散・除去する。ストリッパー塔底からの処理水は、排水処理装置に送られるが一部は原油脱塩装置に洗浄水として送られる。

④ 苛性ソーダ洗浄装置

常圧蒸留塔頂からのガスはプロパン、ブタンなどのLPG成分の他に硫黄化合物であるメルカプタンを含んでいる。メルカプタンは、苛性ソーダ水溶液にて洗浄することにより硫化ソーダとして除去される。洗浄排水はpHが高く苛性ソーダ、硫化ソーダ(Na_2S)などを含むが、発生量は小さい。

排水の発生源と分類(表8)

番号	発生源	エリア	排水種類 含油	排水種類 潜在含油汚染	排水種類 非含油	排水種類 ケミカル	排水種類 衛生	備考
1	原油脱塩装置(デソルター)	オンサイト	○					CDU(常圧蒸留装置)
2	サワーウォーターストリッパー(注1)	オンサイト	○					FCC(流動接触分解装置)
3	サワーウォーターストリッパー(注1)	オンサイト	○					その他オンサイト装置
4	苛性ソーダ洗浄装置	オンサイト	○			○		MERO○装置(注4)
5	油汚染雨水	オンサイト		○				エリアペーブメント床排水
6	原油、半製品、製品タンク(ドレン)	オフサイト	○					
7	原油、半製品、製品タンク(ダイク内雨水)	オフサイト		○	(○)			
8	ボイラ	オンサイト / ユーティリティ		(○)	○			連続、間歇ブロー
9	冷却塔	ユーティリティ		(○)	○			ブローダウン サイドフィルター逆洗排水
10	純水装置	ユーティリティ			○	○(注2)		イオン交換樹脂再生排水
11	凝集沈殿、ろ過装置	ユーティリティ			○			沈殿汚泥処理
12	変圧器	オンサイト / オフサイト	○					
13	消火(排)水	オンサイト / オフサイト		○	○			
14	建屋	オンサイト / オフサイト	○ (注3)		○		○	
15	試験室(ラボラトリー)		○		○	○(注2)		

注1:排水はデソルター処理水に用いる。　注2:中和後排水　注3:機器修理建屋　注4:MEROX (Mercaptan Oxidation)

精油所排水の発生源（1/2）（図10-1）

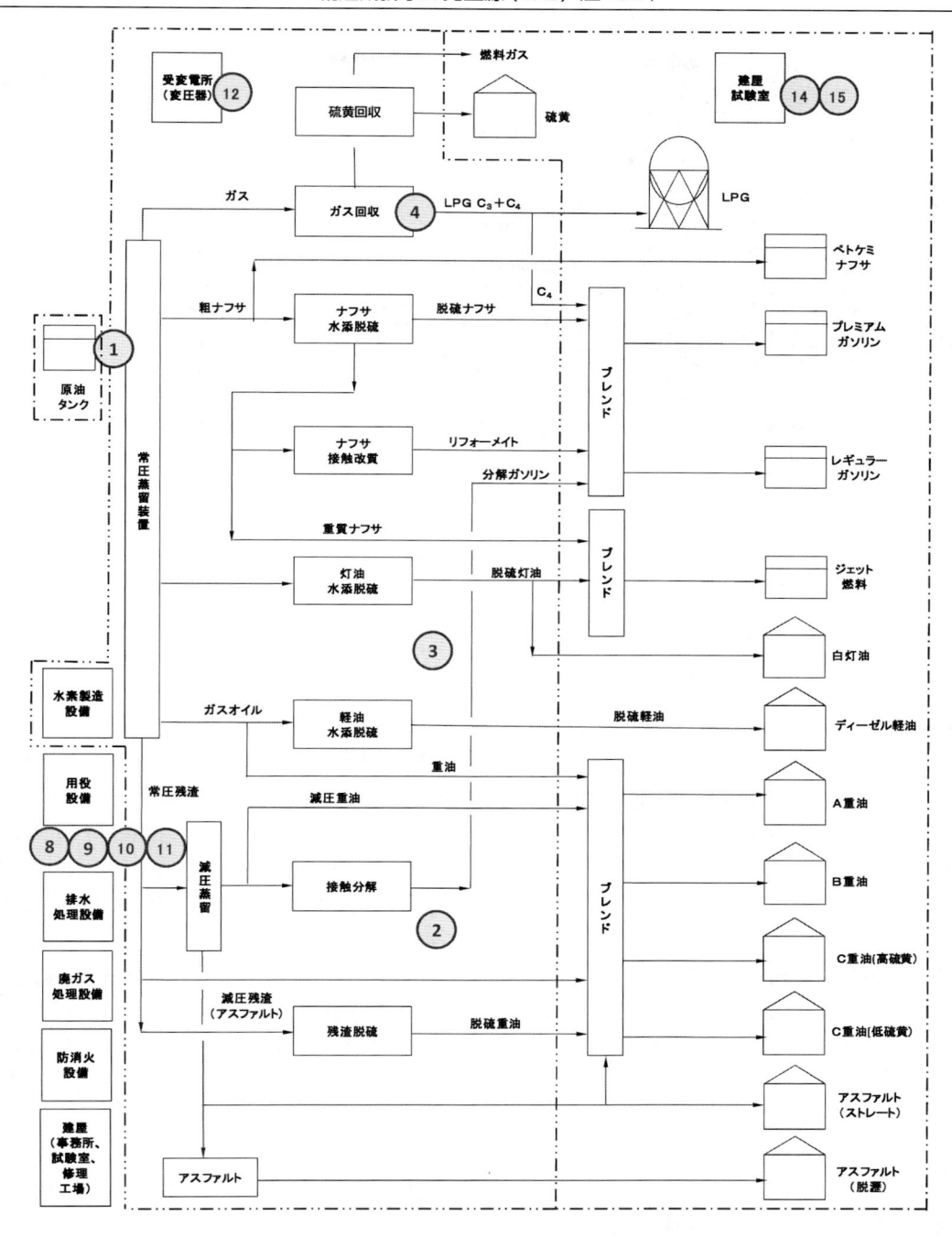

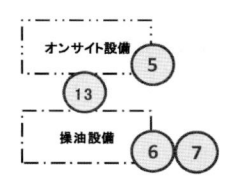

精油所排水の発生源（2/2）(図10-2)

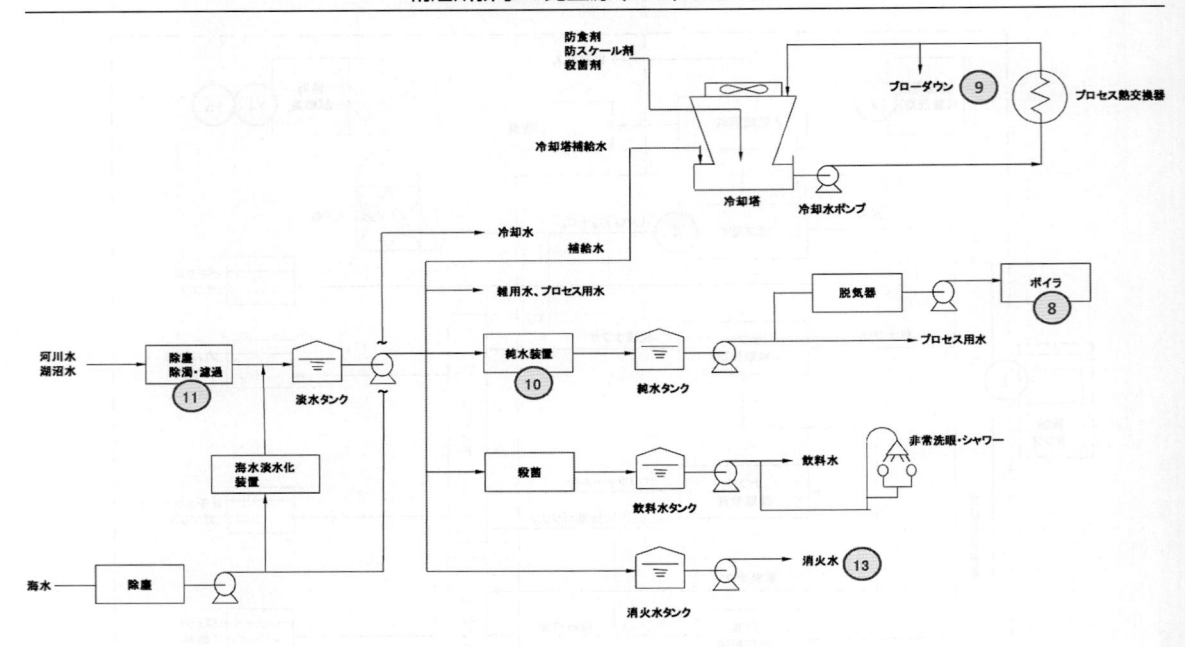

⑤ 含油雨水
オンサイト設備にある機器直下の舗装部分（ペーブメントと呼ぶ）や製品出荷場の舗装部分に降り注いだ雨水は、装置から床に漏れた油による汚染の可能性があるので、潜在含油汚染排水として分類される。

⑥ 原油、半製品・製品タンク類
原油中には水分が含まれているが、原油タンクに受け入れ後静置することにより底部に溜まるので、タンクドレンノズルから定期的に排出される。また、半製品タンクや製品タンクからのドレン排水も含油排水として分類される。

⑦ 原油、半製品・製品タンク類防油堤
タンク屋根やタンク防油堤内に降り注いだ雨水は油による汚染の可能性があるので、潜在含油汚染排水として分類される。

⑧ ボイラ
蒸気発生によりボイラ水に含まれる溶解塩類が濃縮するので基準値以下に維持するため、常に一定量（ボイラ給水流量の1～3%程度）のブローによる排水（ブロー水と呼ぶ）を行う。ボイラ水中には防食及び防スケール用薬品としてのリン酸塩や揮発物質が含まれているので、ブロー水はアルカリ性である。ボイラブロー水は基本的に非含油排水であるが、プロセス装置からの戻り蒸気復水を通じて油が漏れ込む可能性（潜在含油汚染）があるので、蒸気復水の油分検知を行う必要がある。

⑨ 冷却塔
温度の上がった循環冷却水は冷却塔に戻り、空気と接触することにより一部が蒸発することにより温度が下がる。循環水の蒸発により、溶解塩類が濃縮するので常に一定量のブローを行う必要がある。ブロー水には防食、防スケール用重合リン酸塩や殺菌用塩素などの薬品が含まれており、pHは中性からややアルカリ性である。ブロー水

排水の発生源と水質例（表9）

番号	発生源	エリア	pH	油分	懸濁物質	BOD	COD	フェノール	アンモニア	硫化物	シアン	塩素イオン
							排水水質 (mg/l)					
1	原油脱塩装置（デソルター）	オンサイト	6～9	～1,000	～100	～400	～600	～50	～40	～7	～1	～1,000
2	サワーウォーターストリッパー（注1）	オンサイト	6～9	～100	～50	～300	～600	～250	～40	～10	～1	-
3	サワーウォーターストリッパー（注1）	オンサイト	6～9	～100	～50	～300	～300	～10	～40	～10	-	-
4	苛性ソーダ洗浄装置	オンサイト	～14	～10,000	-	～50,000	～150,000	-	-	～100,000	-	-
5	油汚染雨水	オンサイト	6～9	～500	～500	～200	～500	-	-	-	-	-
6	原油、半製品、製品タンク（ドレン）	オンサイト	6～9	～1,000	～100	～400	～600	-	-	-	-	～1,000
7	原油、半製品、製品タンク（ダイク内雨水）	オフサイト	6～9	～500	～500	～200	～500	-	-	-	-	-
8	ボイラ（ブローダウン）	オンサイトユーティリティ	9～10	-	～10	～20	～50	-	-	-	-	-
9	冷却塔（ブローダウン、フィルター逆洗）	ユーティリティ	7～8	(～5)	～500	～5	～15	-	-	-	-	-
10	純水装置（再生廃液）	ユーティリティ	1～14	-	～1,000	～5	～10	-	-	-	-	-
11	凝集沈殿（汚泥）、ろ過装置（逆洗）	ユーティリティ	6～9	-	～500～10,000	-	-	-	-	-	-	-
12	変圧器	オンサイトオフサイト	6～9	～500	～500	～200	～500	-	-	-	-	-
13	消火（排水）	オンサイトオフサイト	6～9	～500	～500	～200	～500	-	-	-	-	-
14	建屋	オンサイトオフサイト	6～8	～20	～300	～200	～300	-	-	-	-	-

注1：排水はデソルター処理水に用いる。

は基本的に非含油排水であるが、プロセス装置から油が漏れ込む可能性（潜在含油汚染）があるので油分検知を行う必要がある。

⑩ 純水装置

用水中の溶存塩類を陽・陰イオン交換樹脂で脱塩処理することにより脱塩水（純水）を得るが、樹脂が溶存塩類で飽和した場合には通水を止め、それぞれ酸、アルカリ水溶液を通水して再生を行う。再生排水として、酸、アルカリ水溶液、洗浄水が排出される。本排水は非含油排水である。

⑪ 凝集沈殿・ろ過装置

用水中の懸濁物質は、アルミ系や鉄系の無機凝集剤や有機ポリマー凝集助剤を添加し、フロックの形成により沈降分離、除去する。分離されたスラッジの濃度は0.5〜1%で大部分は水（99〜99.5%）であり、更に水分として80〜85%まで脱水処理後脱水ケーキ（固体）として搬出する。本ケーキは、非含油である。脱水処理にて発生した水は原水に戻される。スラッジ分離後の処理水は砂ろ過を通して更に懸濁物質を除去する。捕捉された濁質は、間歇的な逆洗操作により排出される。本逆洗排水は非含油排水であり、懸濁物質濃度としては500〜1,000 mg/l程度である。

⑫ 変圧器

電気設備の中で変圧器は絶縁油を使用しており、潜在含油汚染排水排出源となる。

⑬ 消火水

オンサイト設備やオフサイト（油貯蔵タンク）設備に注水された消火用水は、コンクリート床や防油堤内で漏洩油と接触する可能性があり、潜在含油汚染排水として分類される。

⑭ 建屋

生活用水として使用されたシャワーやトイレ排水、キッチンや厨房排水は非含油衛生排水として分類される。機器の分解、点検修理などを行う建屋（ワークショップと呼ぶ）からの排水は含油排水として分類される。

⑮ 試験室

原料、半製品、製品の性状試験、用水、排水などの水質試験、機器・材料の物理試験など各種分析試験を行う建屋でラボラトリーとも呼ばれる。少量ではあるが、様々な試料や試薬を使用するので、基本的には中和処理後非含油又は含油排水として排出される。なお、一部の試薬を含む排水は、危険廃棄物としてコンテナにて外部に搬出され別途処理を行う。

(3) 排水系統フローと排水処理設備

① 排水系統フロー

図11に排水系統全体フローを示す。図の左側に排水の発生源を示す。

オンサイト設備からの含油排水は、まず廃水ストリッパーで硫化水素、アンモニア、シアンなどを放散処理後、排水調整タンクへ送られる。一部廃水は、原油脱塩装置に洗浄水として送られ、その洗浄排水は排水調整タンクに送られる。苛性ソーダ洗浄装置からの排水は、酸化・中和処理後、排水調整タンクに送られる。

オンサイト設備、オフサイト設備からの潜在含油汚染排水系統には、含油雨水調整タンクへの排水路途中にオーバーフロー堰を設け、降雨開始後のある時間は油汚染雨水として含油雨水調整タンクに送り、その後の雨水はフラッシュ洗浄されているので非含油系統にオーバーフローされる。

用役設備からの、中和後のボイラブロー水、冷却塔ブロー水、純水装置からの中和再生排水、ろ過装置逆洗排水は非含油排水系統に送られる。非含油排水は油分分離設備をバイパスして放流槽に送られる。

建屋からのトイレやシャワーなどの衛生排水は、一旦受槽に入り固形分などを分離した後にポンプで活性汚泥処理装置に送られる。厨房や食堂からの排水は、食用油の様な油脂を含んでおり温度低下と共に凝固して配管に付着して閉塞の原因となるのでグリース・トラップと呼ばれる油脂分

離器に通す。油脂を分離後、活性汚泥処理装置に送られる。

含油排水及び潜在含油汚染排水は排水調整タンクで流量変動が吸収された後、排水処理設備に送られる。

(4) 排水処理設備

図12に排水処理設備フローを示す。

排水調整タンクに集められた含油排水は、まず重力式油分分離装置に送られ比重差により油分や泥分の分離を行う。排水中の油分がエマルジョン状態の場合には比重差に基づく重力分離が困難となるので、入口にてエマルジョンを破壊するための薬品を注入する。

代表的な重力式油分分離装置としては、API（米国石油協会）式油分離装置やCPI（波型傾斜板）式油分離装置がある。API式では、直径150ミクロンまでの油滴を入口（遊離）油分濃度1,000 mg/lに対して出口油分濃度50 mg/l程度まで除去可能である。CPI式では、直径60ミクロン程度までの油滴を30 mg/l程度まで除去可能である。水面上に分離した油分はスキマーと呼ばれる抜き取り器を通して油分貯槽に抜き取る。排水中に含まれる泥分は油分分離装置の底に沈積するので、手動又は自動掻き取り装置にて除去する。

重力式油分分離装置からの処理水は、さらに油分除去の効率を上げるため空気やガスを使用した加圧浮上分離装置に送られる。加圧浮上分離装置からの処理水の一部をポンプで加圧しその中に圧縮空気を注入して溶解させた後、減圧すると微細気泡が発生する。気泡の混じったこの一部処理水を加圧浮上分離装置入口に戻し、重力式油分分離装置からの処理水と混合することにより含まれる油分や濁質分を気泡に付着させて浮上させ掻き取り除去する。浮上分離装置の入口では凝集剤を添加してフロックを形成させる。加圧浮上分離装置からの処理水中の油分は5〜10 mg/l程度である。

加圧浮上分離装置からの処理水は、COD（化学的酸素要求量）成分やBOD（生物学的酸素要求量）成分を分解・除去するための活性汚泥装置に送られる。本装置では、好気性雰囲気の曝気槽内で活性汚泥（微生物）により有機物が水と炭酸ガスに分解される。曝気槽からの処理水は、重力沈降分離器で活性汚泥と上澄み液に分離され、活性汚泥は曝気槽に返送される。重力沈降分離器からの処理水（上澄み液）は塩素で滅菌後放流されるか、処理水中に残った物質を更に除去するための（3次処理）設備に送られる。有機物の分解と共に微生物は増殖するので、曝気槽での活性汚泥濃度を維持するため定期的に一定量を余剰汚泥として抜き出す。余剰汚泥は、重力式濃縮器（シックナー）にて濃縮され脱水機に送られる。脱水された汚泥の含水率は80〜85％程度である。

3次処理設備としては、オゾンや過酸化水素による有機物質の酸化・分解装置、活性炭吸着塔である。これらは、蟻酸、シアン、フェノールの様な活性汚泥で分解され難い物質が含まれ、放流基準を満たせない場合に最終処理装置として設けられる。

5 用水・排水の処理動向と課題

近年、世界では温暖化や人口増加・都市への集中などにより、淡水源としての河川、湖沼、地下水の水不足や水質汚濁が顕著となりつつある。図13は、水ストレスマップ[2]と呼ばれ世界の水不足の現状を表している。特に、産油国の集中する中近東地域や中国では、河川の縮小や地下水の過剰汲み上げにより水不足が顕在化しており、海水を水源とする淡水化により不足分を補っている。大規模な海水淡水化方法としては蒸発法や逆浸透法があるが、淡水1トンを製造するのに必要なエネルギーは、蒸発法で18kWh、逆浸透法で4kWh前後[3]と言われている。一方、これらのエネルギーを使用して製造された用水は、使用後に排水処理設備を通り一部は灌漑などに利用されているが、大部分は放流されているのが現状である。

排水系統全体フロー—(図11)

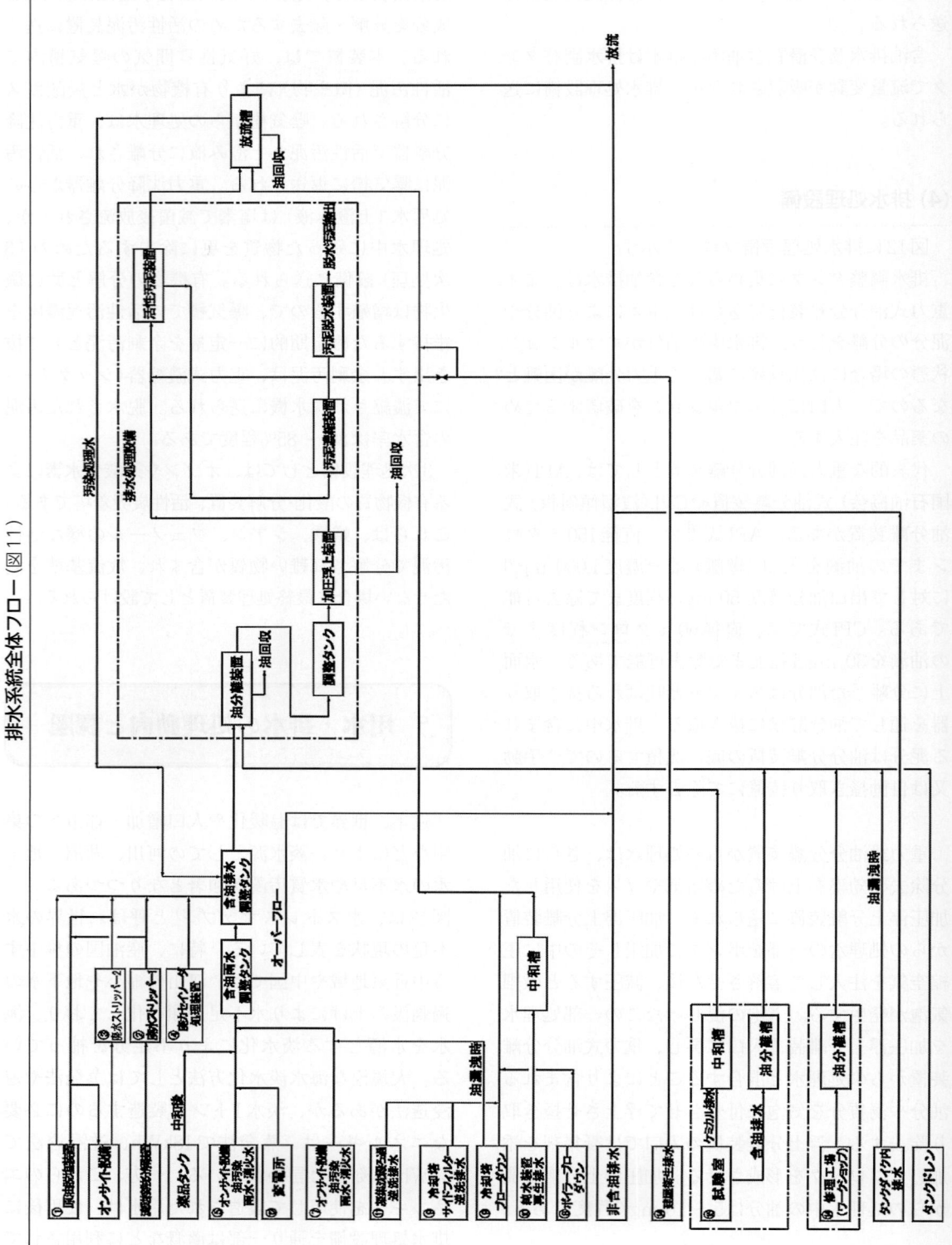

排水処理設備フロー（図12）

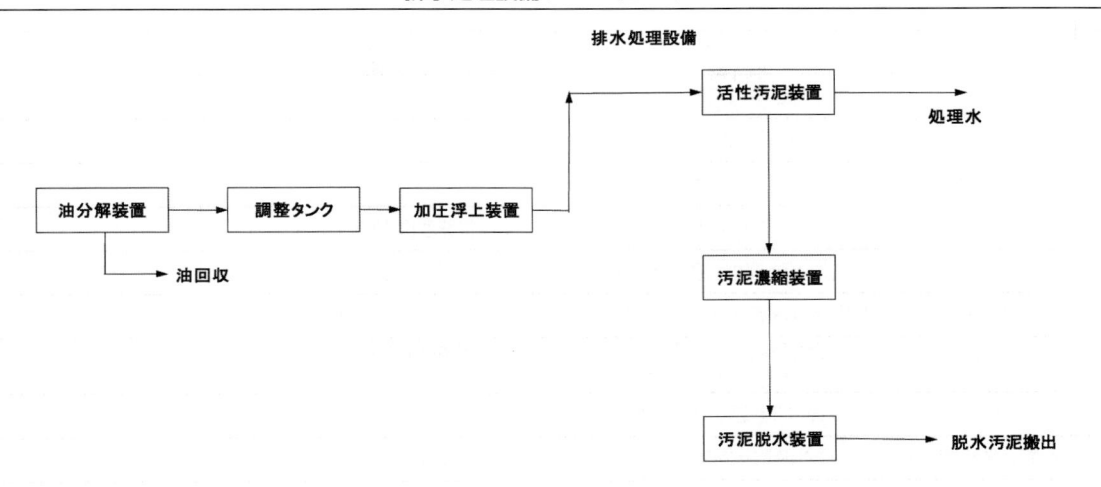

油分解装置 → 調整タンク → 加圧浮上装置 → 活性汚泥装置 → 処理水
油分解装置 → 油回収
活性汚泥装置 → 汚泥濃縮装置 → 汚泥脱水装置 → 脱水汚泥搬出

水ストレスマップ（図13）

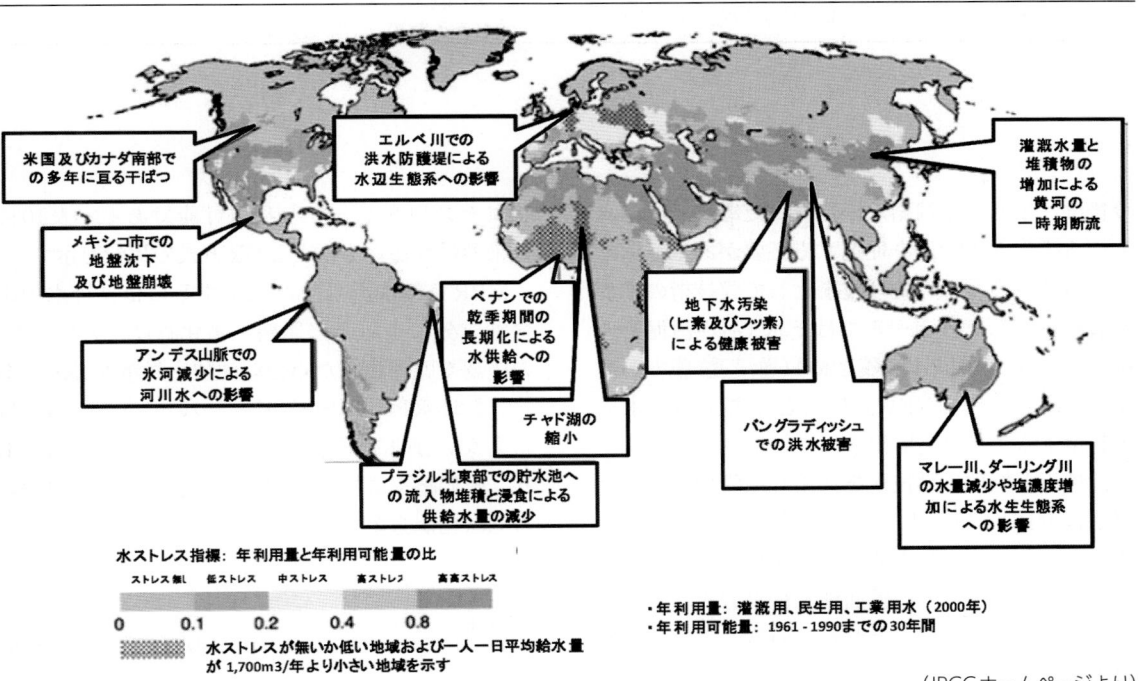

- 米国及びカナダ南部での多年に亘る干ばつ
- メキシコ市での地盤沈下及び地盤崩壊
- アンデス山脈での氷河減少による河川水への影響
- ブラジル北東部での貯水池への流入物堆積と浸食による供給水量の減少
- エルベ川での洪水防護堤による水辺生態系への影響
- ベナンでの乾季期間の長期化による水供給への影響
- チャド湖の縮小
- 地下水汚染（ヒ素及びフッ素）による健康被害
- バングラディッシュでの洪水被害
- 灌漑水量と堆積物の増加による黄河の一時期断流
- マレー川、ダーリング川の水量減少や塩濃度増加による水生生態系への影響

水ストレス指標：年利用量と年利用可能量の比

ストレス無し　低ストレス　中ストレス　高ストレス　高高ストレス
0　0.1　0.2　0.4　0.8

水ストレスが無いか低い地域および一人一日平均給水量が 1,700m3/年より小さい地域を示す

・年利用量：灌漑用、民生用、工業用水（2000年）
・年利用可能量：1961 - 1990 までの30年間

（IPCCホームページより）

従来活性汚泥方式とMBR方式の比較 (表10)

	従来法	MBR (MF, UF)	従来法に比較して
MLSS	2,000〜4,000mg/l	6,000〜15,000mg/l	○
曝気槽容量	(MBRに比較して) 大	(従来型に比較して) 小	◎
汚泥分離槽	必要	不要	◎
余剰汚泥	(MBRに比較して) 大	(従来型に比較して) 小	○
原虫類除去	塩素滅菌 (耐性原虫あり)	膜にて通過阻止	◎
処理水SS	汚泥分離状態悪化にてSS増加	汚泥状態に拘らず低い	◎
維持管理	曝気槽酸素濃度・汚泥濃度、分離槽汚泥状態を監視	曝気槽酸素濃度、汚泥濃度、ろ過圧力監視主体	○
脱窒素	(MBRに比較して) 促進小	(従来型に比較して) 促進大	○
設備費、運転費	(MBRに比較して) 低	(従来型に比較して) 高	×
処理水変動	(MBRに比較して) 対応性良	(従来型に比較して) 対応性劣	△
洗浄	特に不要	頻繁な洗浄 (薬品併用)	△
低負荷運転	低MLSSのため対応し易い	高MLSSを維持する必要があるため、対応し難い	△

　今後は、不足する補給水の削減のため、放流されている排水の再利用を促進する必要がある。近年では再利用のための処理技術として膜技術の進歩が著しく、シンガポールでは下水 (活性汚泥処理排水) をUF (限外ろ過) 膜とRO (逆浸透) 膜で処理することにより、NEWATERとして工業用水に再利用することが実用化されている。

　活性汚泥処理に膜技術を適用した膜分離活性汚泥法はMBRと呼ばれ、汚泥濃度を高く維持できること、汚泥分離のための重力沈降分離装置を削除できることから、設置面積を従来方式の半分以下にすることが可能と言われている。また、処理水の濁度を非常に低くできるのでRO膜と併用することによる再生水製造方法として注目されている。精油所での再生水の用途としては、冷却水、雑用水、消火用水、緑化灌漑用水がまず考えられるが、更に脱塩処理することによりボイラ給水やプロセス用水としても利用可能である。表10に従来型活性汚泥方式とMBR方式の比較を示す。

　MBRを精油所排水に適用するには、排水中の含油成分による膜の閉塞・劣化程度 (交換寿命) の確認や膜保護のための漏油防止対策が必要である。処理水再利用の経済性については、一概には言えないがまだ補給水に比較して高い傾向にあり、膜価格や維持費 (電力費、膜交換費、薬品費) の低減化が必要である。

参考文献
1) 平成20年度地下水質測定結果、2頁、平成21年11月 (環境省 水・大気環境局)
2) Climate Change and Water、June 2008 (IPCC)、9頁
3) Water Technology Markets 2010 (GWI)、93頁

(飯塚　隆)

4 液晶製造における排水処理

1 液晶ディスプレイとは

(1) 構造

　液晶ディスプレイとは、温度によって固体と液体またはその中間状態である液晶状態の特性を有する液晶材の性質を利用した表示体で一般的にLCD（Liquid Crystal Display）と称する。液晶ディスプレイの基本構造を図1に示す[1]。液晶ディスプレイは、二枚のガラス基板、二枚の偏光板、バックライトおよび起動用コントローラからなる。ガラス基板にはアレイ基板（TFT（Thin Film Transistor）基板）とカラーフィルター基板（CF基板）があり、これらの間に液晶材を封入したものが液晶ディスプレイの表示機能の基幹部である。液晶工場では、ガラス基板製造、ガラス基板上に薄膜トランジスターを載せるTFT基板製造工程およびカラーフィルター機能を載せるCF製造工程に超純水と呼ばれる高純度水が多量に使われている。

(2) 大型化への変遷

　LCDはオフィス・家庭用テレビの普及に伴い、そのサイズはより見やすさの追及がなされパネルの大型化が進んでいる。そのため、1枚のマザーガラスから作られるパネル数を増やし生産性を向

液晶ディスプレイの基本構造[1]（図1）

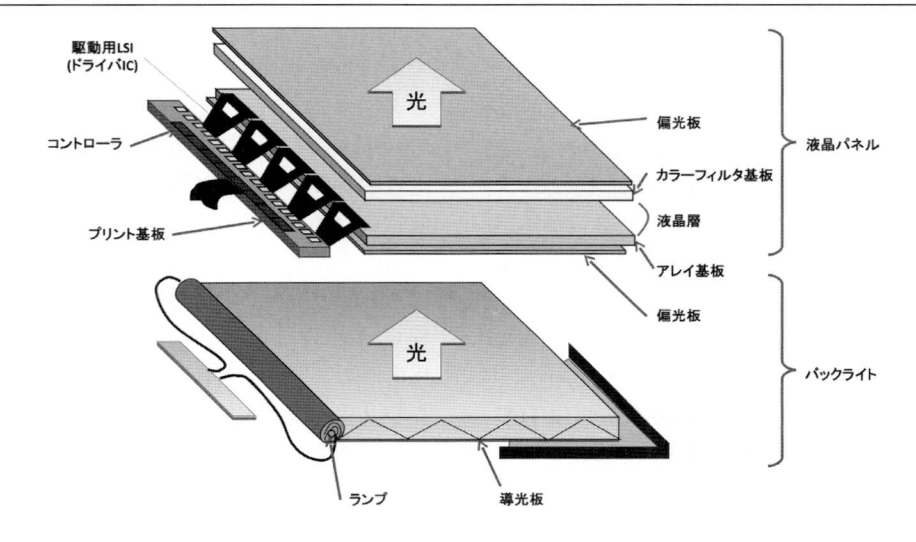

各世代毎のマザーガラスの大きさと稼働開始時期[1]（表1）

世代	大きさ	稼働開始
第1世代	330×350mm〜320×400mm	1991年
第2世代	360×465mm〜410×520mm	1994年
第3世代	550×650mm〜650×830mm	1996年
第4世代	680×880mm〜730×920mm	2000年
第5世代	1,000×1,200mm〜1,300×1,500mm	2002年
第6世代	1,500×1,800mm	2004年
第7世代	1,870×2,200mm	2005年
第8世代	2,160×2,460mm	2006年
第9世代	2,400×2,800mm	2007年
第10世代	2,880×3,130mm	2009年

LCDの製造工程の基本フロー[1]（図2）

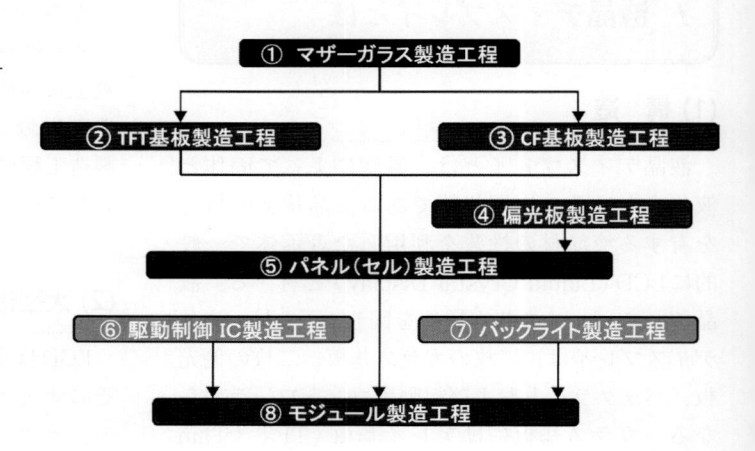

```
①マザーガラス製造工程
   ├─ ②TFT基板製造工程
   └─ ③CF基板製造工程
         └─ ④偏光板製造工程
              └─ ⑤パネル（セル）製造工程
                    ├─ ⑥駆動制御IC製造工程
                    └─ ⑦バックライト製造工程
                          └─ ⑧モジュール製造工程
```

上させるため近年より大型化の流れが加速している。このマザーガラスの大型化の歴史を表1にまとめた[1]。

(3) 製造方法

LCD製造工程はガラス基板製造工程からモジュール製造工程まで大きく分けて図2に示すフローとなる。この内、超純水を使用するのは、①マザーガラス製造工程　②TFT基板製造工程　③CF基板製造工程　④偏光板製造工程　⑥駆動制御IC製造工程　である。

本稿では、水処理との関連が深くかつLCD製造工程の代表的な工程であるTFT基板製造を中心に記述していきたい。

TFT基板製造工程は、マザーガラスを純水と特殊洗浄剤による洗浄後、金属膜（ゲート電極等）をスパッタリングで全面に蒸着させる。ここで用いられる金属は、タンタル（Ta）、モリブデンタンタル（MoTa）、モリブデンタングステン（MoW）、アルミニウム（Al）などである。この上に紫外線（UV）で感光するレジストを塗布し、硬化のため高温で焼く（プリベーク工程）。次に、パターンが描かれているマスクを載せUV照射することでレジストにパターンを照射する（露光工程）。レジストは、UV照射された部分で化学的反応がおこり、特殊現像液に浸漬して反応部分のレジストを除去する（現像工程）。この後、再度高温で焼き（ポストベーク工程）、下地の金属膜を除去するためエッチング液（ウエットエッチン

TFT基板製造工程[2]（図3）

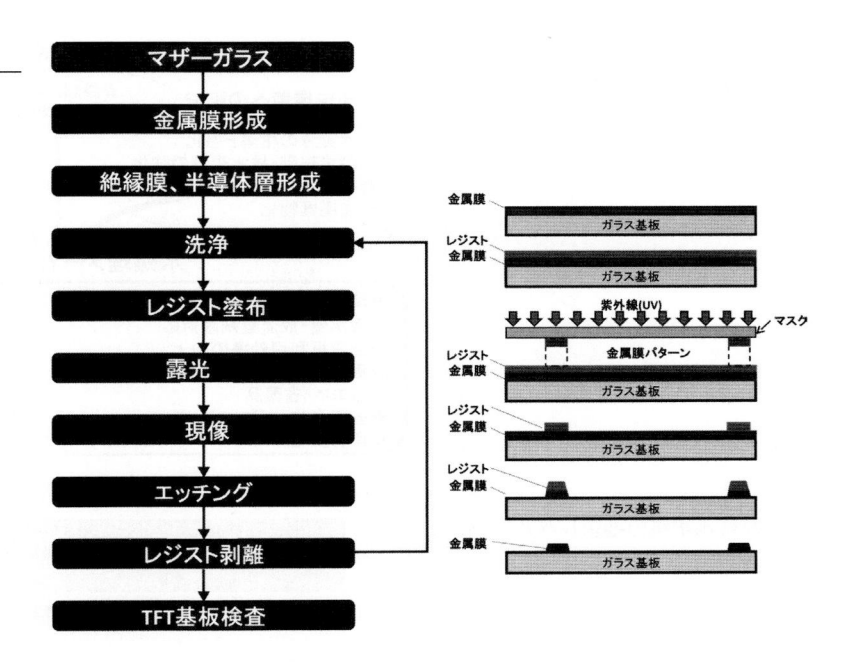

マザーガラス
↓
金属膜形成
↓
絶縁膜、半導体層形成
↓
洗浄
↓
レジスト塗布
↓
露光
↓
現像
↓
エッチング
↓
レジスト剥離
↓
TFT基板検査

主な膜種とエッチング液、エッチングガス[3]（表2）

	膜種	ウエットエッチング液	ドライエッチングガス
金属膜	a-Si	$HF+HNO_3(+CH_3COOH)$	CF_4+O_2, CCl_4+O_2, SF_6
	ITO	$HCl+HNO_3$、$(COOH)_2$	CH_3OH+Ar
	Cr	$(NH_4)Ce(NO_3)_6+HClO_4+H_2O$	$CCl_4(+O_2)$, Cl_2+O_2
	Al	$H_3PO_4+HNO_3(+CH_3COOH)$	BCl_3+Cl_2
	W	$HF+HNO_3$	$CF_4(+O_2)$
	Mo	$HF+HNO_3(+CH_3COOH)$	$CF_4(+O_2)$
	Ta	$HF+HNO_3$	CF_4+O_2
絶縁膜	SiOx	$HF+NH_4F$	HF、$CF_4(+O_2)$、CHF_3+O_2
	SiNx	$HF+NH_4F$	$CF_4(+O_2)$、CHF_3+O_2、SF_6

グ）あるいはガス状のエッチングガス（ドライエッチング）にて処理する（エッチング工程）。

最終的に、パターン形成のために残ったレジストを除去するためにレジスト剥離液に浸漬して剥離する。以上の工程により、ガラス基板上には、マスクに描かれたパターンが形成されたことになる（図3）[2]。

TFT基板には、上記金属膜に続き絶縁膜（シリコン酸化膜（SiOx）等）、半導体膜（アモルファスシリコン（a-Si））、チャンネル保護膜（シリコン窒化膜（SiNx））を上記同様な製法にて形成させる。これらのいずれの工程でも薬品使用前の微粒子除去や薬品使用後の洗浄のために多量の超純水が使われており、その結果、無機・有機の薬品を含有した濃度変動の激しい排水を処理する必要がある。エッチング工程で使用されるエッチング液、エッチングガスの代表的なものを表2にまとめた[3]。水処理の観点からすると、エッチング工程で使用される薬品には、フッ素（F）、窒素（T-N）、リン酸（PO_4）、TOC等の処理を効率よく計画する必要がある。

世の中を取り巻く環境と
水処理会社への要望(図4)

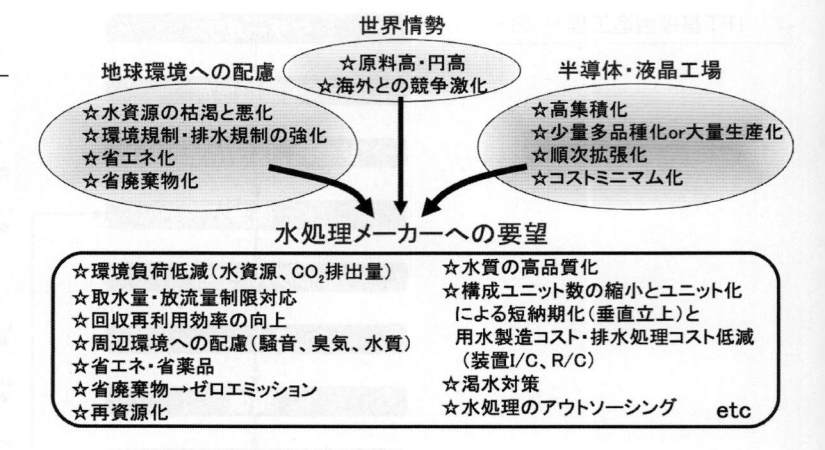

世界情勢
☆原料高・円高
☆海外との競争激化

地球環境への配慮
☆水資源の枯渇と悪化
☆環境規制・排水規制の強化
☆省エネ化
☆省廃棄物化

半導体・液晶工場
☆高集積化
☆少量多品種化or大量生産化
☆順次拡張化
☆コストミニマム化

水処理メーカーへの要望
☆環境負荷低減(水資源、CO_2排出量)
☆取水量・放流量制限対応
☆回収再利用効率の向上
☆周辺環境への配慮(騒音、臭気、水質)
☆省エネ・省薬品
☆省廃棄物→ゼロエミッション
☆再資源化
☆水質の高品質化
☆構成ユニット数の縮小とユニット化
による短納期化(垂直立上)と
用水製造コスト・排水処理コスト低減
(装置I/C、R/C)
☆渇水対策
☆水処理のアウトソーシング   etc

超純水水質の要求レベル[4] (表3)

製造プロセス	半導体 (>256MB超LSI)	液晶	太陽電池 (単結晶シリコン)
比抵抗 [MΩ·cm]	> 18.2	> 18.0	> 10
微粒子 [個/mℓ] 0.2μm	—	—	< 50
0.1μm	—	< 1	—
0.03μm	< 5	—	—
生菌数 [cfu/mℓ]	< 0.1	< 10	—
TOC [μg/ℓ]	< 1	< 20	< 50
溶存酸素 [μg/ℓ]	< 1	< 50	—
シリカ [μg/ℓ]	< 0.1	< 1	< 100
重金属 [ng/ℓ]	< 1	< 100	—
陰イオン [ng/ℓ]	< 1〜2	< 100	—

2 水処理の観点から液晶工場をとらえる

(1) 世の中の動向

　上述の通り、液晶工場を始めとする電子産業分野では、超純水と呼ばれる高純度の水を多量に使用しており、さらに生産性向上、高品質化の流れから製造工程で使用される薬品も多様化している。それに伴い、水処理側の観点からすると処理するためにさらに多量の水処理薬品が必要となることが多くなっている。また、排水規制の強化、地球温暖化に対するCO_2排出量の削減、水資源の枯渇や水質悪化への対応、海外メーカーと競合するためのコスト削減を求められており、我々水処理技術者への要求は図4にまとめるように非常に高レベルな要求となっている。

(2) 要求水質

　求められる超純水の水質は、製造プロセスによって異なる。典型的な水質について、表3に示した[4]。排水を回収して使用する場合でも、これらの要求水質を達成することが求められている。

(3) 水処理設備計画にあたって

　水処理フローを検討する際、工場の立地条件が重要な因子となる。造排水処理システム例を図5に示す。この内、超純水製造システムを構築する

造排水処理システム例(図5)

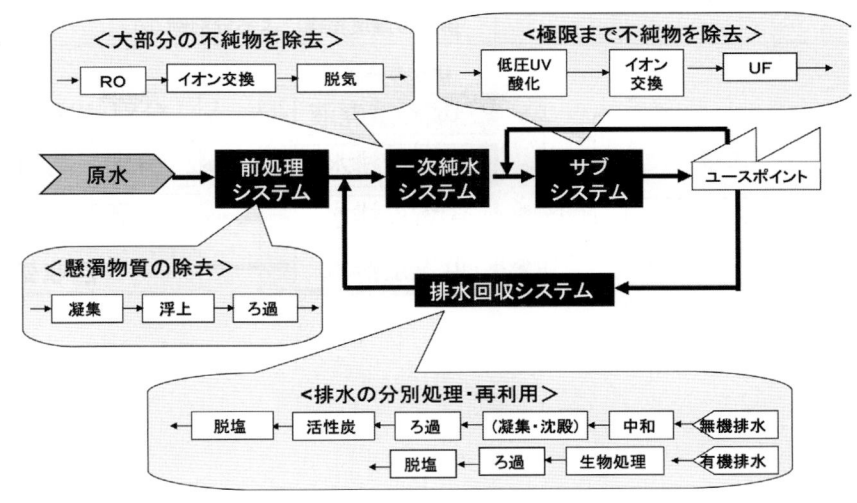

排水の種類による分別例(図6)

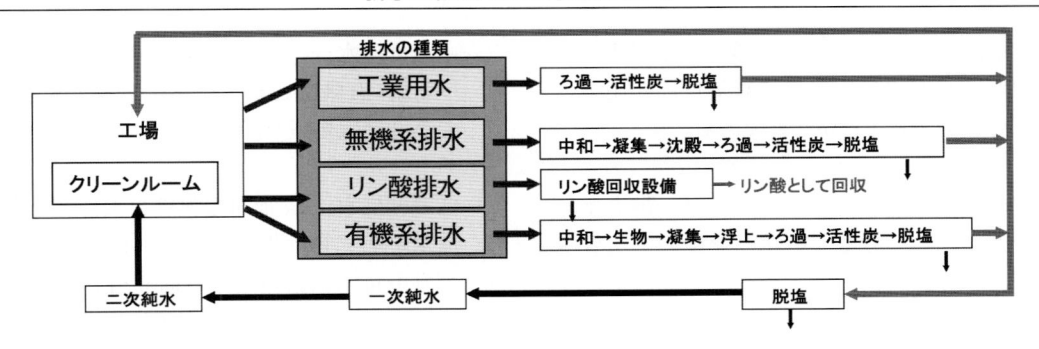

に当たっては、原水が井戸水、河川水、工業用水、市水またはこれらの組合せの条件であるかが重要となる。

　電子産業分野では、超純水と呼ばれる非常に高純度の水が要求されており、イオンだけでなく有機物、微粒子、生菌といった新たな水質指標もあり、原水中の有機物濃度またその内容物が超純水システム構築に大きく影響する。また、上述した通り液晶工場では多量の超純水が使用されているため、水資源保護の観点からも使用済みの超純水を回収・再利用することが必須条件となる。この回収・再利用システムを構築するに当たっては、お客様からの情報をもとに、イニシャル・ランニングコストだけでなく装置の設置スペース、ユースポイント配管のスペースマネジメントまで含め

たトータルのコストミニマムな分別・回収方法を提案すること（Total Solution）が水処理メーカーとしての使命となっている。

(4) 排水回収の留意点

　カラーフィルター製造工程を含む液晶工場のクリーンルームからの排水を薬品種・濃度の観点から分別し、回収・再利用システムを構築する。使用薬品の観点からの分別方法の具体的例を以下にあげる（図6）。

① 工業用水；冷却水、クーリングタワー、スクラバー補給水、工場内雑用水等に利用した水をろ過、活性炭処理後、脱塩し水回収→設備用水、

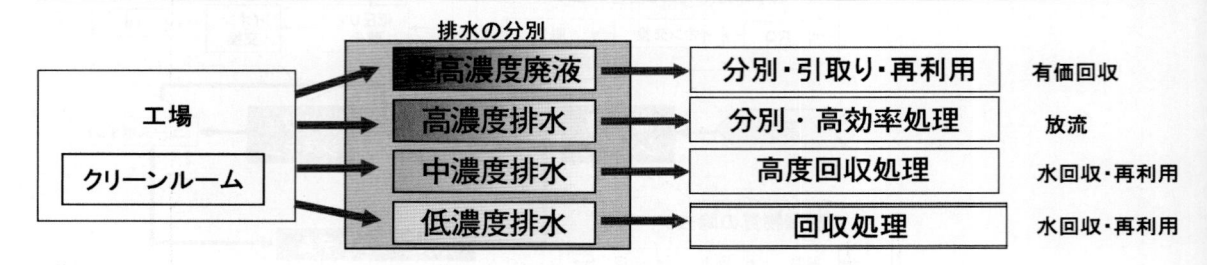

排水の濃度指標による分別例 (図7)

```
                    排水の分別
            ┌─────────────┐  ┌──────────────┐
      ┌───→ │ 極高濃度廃液  │→│ 分別・引取り・再利用 │ 有価回収
┌──────┐ │   ├─────────────┤  ├──────────────┤
│ 工場  │─┼───→│ 高濃度排水   │→│ 分別・高効率処理   │ 放流
│      │ │   ├─────────────┤  ├──────────────┤
│クリーン│─┼───→│ 中濃度排水   │→│ 高度回収処理      │ 水回収・再利用
│ルーム │ │   ├─────────────┤  ├──────────────┤
└──────┘ └───→│ 低濃度排水   │→│ 回収処理         │ 水回収・再利用
            └─────────────┘  └──────────────┘
```

超純水バックアップとして利用。

② 無機系排水；中和、凝集処理後、脱塩処理され水回収。含有成分によって凝集反応が阻害される場合があり注意が必要である。

③ リン酸排水；特殊ROを用いて、リン酸と水・その他薬品とに分離し再生リン酸の形で資源回収、水回収する。

④ 有機系排水；生物処理を用いてTOC（有機物）を分解し、凝集、浮上、ろ過を経て、ROにより脱塩する。この際、排水中に含まれる界面活性剤等がRO膜表面をファウリングさせるため、アルカリ側で運転するのとファウリング防止薬品による対応が必要となる。

次に、排水の濃度の観点からの分別方法を以下にまとめた（図7）。

① 極高濃度廃液；極高濃度のまま分別し、排水処理設備への負荷を低減することでI/C、R/C低減可能となる。有価引取り、工場内再利用（中和剤等）の利用を検討する

② 高濃度排水；高濃度のまま分別することで排水水量を低減し、高効率の処理が可能となり、I/C、R/C、装置設置スペース低減が可能とな る。排水の切り分けが重要となる。

③ 中濃度排水；水量、負荷量を極力低減し、凝集→窒素・有機物処理→SS除去→RO処理といった高度回収処理を行い回収・再利用する。

④ 低濃度排水；ごく簡単な処理で大部分を超純水原水として再利用可能。分別により有機、SS含有系排水は設備用水へ回収再利用することで工水、排水量を削減しI/C、R/Cの低減を図る。この結果、工水昇温のための熱量を大幅に削減することも可能となる。

以上のように、水資源保護の観点から水回収率を高く設定する必要がある。一般的な電子産業の工場の水回収率は概ね20～80％程度であるが、近年は社会的な背景からさらなる水回収率の向上が求められている。コスト試算では、水回収率が概ね75～80％を超えるとコストアップに転じる試算結果がある（図8）[5]。

液晶プロセス排水を75％以上の回収率で設計した際の実際の水質例を表4にまとめた。これより、水回収率が向上すると処理対象となるものがイオンだけでなく、TOC（BOD）、T-N、T-Pといったものとなり水処理設備も高性能で多機能なものが求められてくる。

水回収率の違いによる
超純水製造コスト試算(図8)

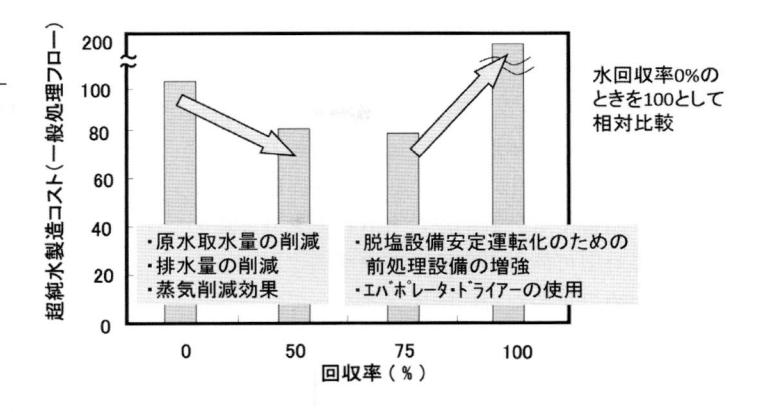

水回収率0%のときを100として相対比較

・原水取水量の削減
・排水量の削減
・蒸気削減効果

・脱塩設備安定運転化のための前処理設備の増強
・エバポレータ・ドライアーの使用

液晶プロセス排水回収対象原水水質例
(回収率>75%)(表4)

項 目	単 位	水 質
(1)電気伝導率	mS/m	100〜300
(2)TOC	mg/ℓ	〜10
(3)T-P	mg/ℓ	〜15
(4)T-N	mg/ℓ	〜20
(5)バイオアッセイ値	CFU/mℓ	10^4〜10^6

3 液晶工場向け水処理技術

(1) 超純水製造技術

　液晶工場向けの造排水処理への要求は、表3に示した通り超純水水質は半導体ほど高純度ではないが、数1,000m³/Hrという大容量を低コストで製造できることである。そのため、RO、イオン交換塔といった各単位装置だけでなく、水槽(材質(FRP or RC)、ライニング材質)・配管(材質、口径)・配置計画が装置コストに大きく影響するため従来のソフト技術に、ハード技術も加えたTotal Engineeringが要求される。また、近年では日本国内に加え中国・韓国・台湾でも大型液晶工場が建設され、各国の特徴を考慮した設備を計画する必要がある。

　韓国・台湾は水事情、コスト状況が比較的日本と同じであるが、中国では地域ごとで水事情(原水水質、変動等)および水処理設備の材料コストが大きく異なる。例えば、一次純水にROあるいはイオン交換塔のいずれを選ぶかにあたっては、原水濃度だけでなく鉄等の部材単価が設備コストに大きく影響するため、地域性を十分考慮して設備を設計する必要がある。

(2) 有機系排水回収技術

　有機系排水回収は、カラーフィルター製造工程を含む液晶工場の有機系排水の内、剥離液や現像液を始めとした有機物質をTOCで数10〜数100mg/L程度含む排水を回収・再利用する技術である。本回収技術の一般的な処理フローを図9に示す。有機系排水は、特殊担体を利用した好気性生物処理法により生分解性の有機物を分解する。ここでは、界面活性剤等は分解されないため、発泡等の対策を十分にとる必要がある。有機系排水回収は、生物処理をいかに安定的に処理するかが回収処理水や回収水適用先のTOCに影響するため、安定な装置の選択と適切な維持管理が重要

となる。

次に生物処理由来の菌体除去に凝集・加圧浮上法が適用される。この凝集・加圧浮上装置の凝集が不良となると菌体がリークし、後段の有機回収ROが閉塞する問題が発生する。有機回収水中には凝集を阻害する分散剤が含有されており、この分散剤に対応可能な凝集法を確立することが安定運転のための重要な技術的要素となっている。

なお、近年生物処理方法として膜式活性汚泥法（MBR）が注目されており[6]、国内ではまだ多くないが、海外の液晶工場ではすでに大容量処理のMBRを適用する事例がある。生物処理法＋凝集・加圧浮上処理法とMBR法にはそれぞれ一長一短があるが、それぞれの特性を生かしたエンジニアリングが水処理メーカーの腕の見せ所である。

上記前処理した後、有機回収ROを通常の運転条件にした場合では、回収水中に含まれるノニオン、カチオン系界面活性剤がRO膜面にファウリングし、安定運転ができない。
そのため、ここでは耐アルカリ性、耐汚染性に優れたポリアミド系RO膜を適用し、アルカリ条件下で運転する方法が取られている。ただし、アルカリ性に運転する際の課題として、カルシウムスケールの発生があるが、特殊なスケール分散剤を併用することで安定処理が可能となっている。このアルカリ性の運転に変えることにより、従来発生していたファウリングトラブルが防止でき、2年以上膜洗浄を実施していない例もある[7]。

(3) リン酸回収技術

LCDでは、アルミニウム箔をエッチングしAl配線を行っているが、ここでは濃厚リン酸を主成分とした硝酸・酢酸を含む混酸を利用している。そのため、パネルの大型化に伴い多量のリン酸廃液が発生し、従来のカルシウム、鉄等を用いた処理では処理薬剤、汚泥発生量が膨大となり、リン酸を回収・再利用する技術が求められていた。近年では、LCD工場で発生する汚泥の60％以上がリン酸由来であるとの報告がある[8]。

LCD工場では、リン酸含有排水には不純物が少なくリン酸濃度も数1,000ppmと高い。本リン酸回収技術は、このリン酸排水を直接ROで濃縮し液体のまま50％以上のリン酸とし有価物として回収できる技術である。この回収システムの概略フローを図10に示す。

エッチング排水はpH3以下であるが、水槽や配管内において一部糸状菌が発生することがあり、これらの夾雑物を除去するために自動ストレーナ＋ろ過器とエッチング時のアルミニウムを除去するためH型陽イオン交換樹脂を直列に設置する。次に本技術の心臓部である2段RO膜は従来の単に脱塩する目的ではなく、リン酸と硝酸・酢酸を分離する機能を有する。RO膜は低pHでは硝酸・酢酸はほとんど濃縮できず透過液側へ移動する。一方リン酸は99％以上の除去率があるため、1段ROでリン酸は濃縮されるとともに純度が高くなる効果となる（図11）。2段ROでは、原水のpHが一段目よりさらに低pH側となるため、能動輸送に似た現象が起こり、透過液側の硝酸濃度が濃縮液より高くなる現象がみられる。

以上の方法で処理すると、濃縮液のリン酸濃度は40〜60倍となる。一方、混合している硝酸と酢酸は透過液側に移動することで、硝酸濃度は約1/5の濃度となり、酢酸濃度は濃縮側と変わらないためリン酸の純度は高くなる。

RO膜で約8％まで濃縮されたリン酸を減圧蒸留し、最終的に50％以上のリン酸とする。この際、揮発成分である硝酸・酢酸が凝縮側に移動するため、50％リン酸中の残留濃度は0.1％以下となる。

(4) 排水処理技術

液晶工場では、上述したとおりリン酸を始めとした無機排水、剥離液や現像液等の有機排水が排出される。そのため、排水処理にはSS、BOD、T−N、T−P等の水質を考慮した排水処理が必要になる。基本的には原水種にあわせて、凝集・沈殿処理、硝化・脱窒処理の組み合わせ技術が主体となる。

リン酸排水は従来カルシウム、鉄等による凝集・沈殿処理が行われていたが、3.の(3)項で説

有機系排水回収システム（図9）

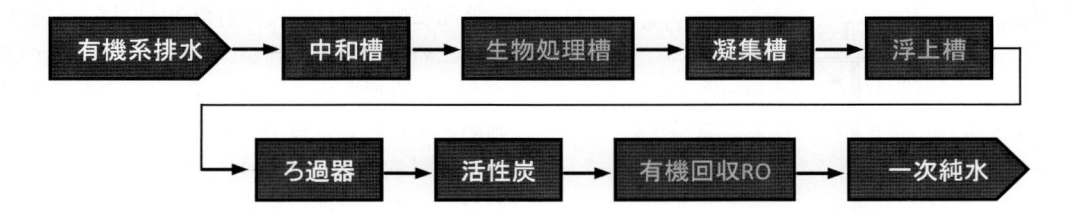

有機系排水 → 中和槽 → 生物処理槽 → 凝集槽 → 浮上槽 → ろ過器 → 活性炭 → 有機回収RO → 一次純水

リン酸回収システム（図10）

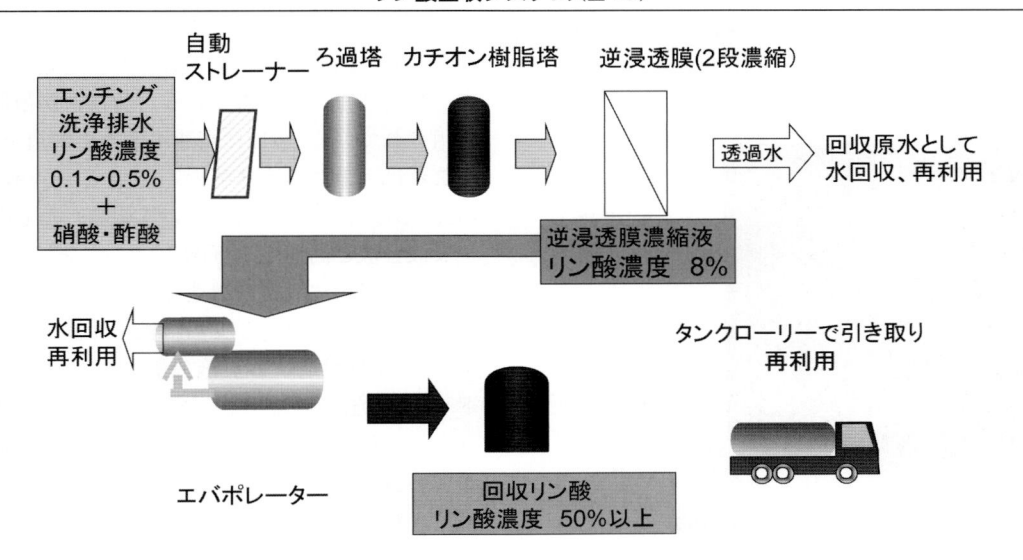

エッチング洗浄排水 リン酸濃度 0.1〜0.5% ＋ 硝酸・酢酸 → 自動ストレーナー → ろ過塔 → カチオン樹脂塔 → 逆浸透膜（2段濃縮）

透過水 → 回収原水として水回収、再利用

逆浸透膜濃縮液 リン酸濃度 8%

→ エバポレーター（水回収 再利用）→ 回収リン酸 リン酸濃度 50%以上 → タンクローリーで引き取り 再利用

RO膜内での各成分の挙動（図11）

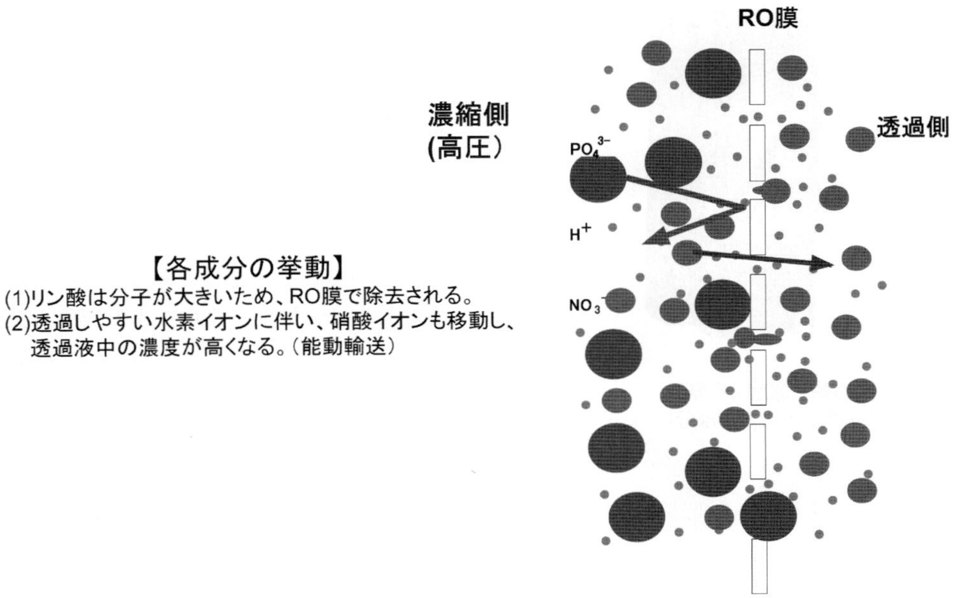

RO膜

濃縮側（高圧） PO_4^{3-}　　　透過側

H^+

NO_3^-

【各成分の挙動】
(1) リン酸は分子が大きいため、RO膜で除去される。
(2) 透過しやすい水素イオンに伴い、硝酸イオンも移動し、透過液中の濃度が高くなる。（能動輸送）

高速沈殿槽の技術(図12)

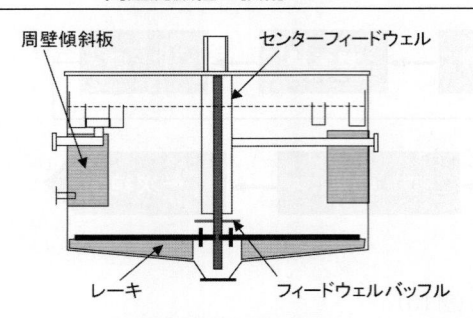

(a) 高速沈殿槽の内部構造

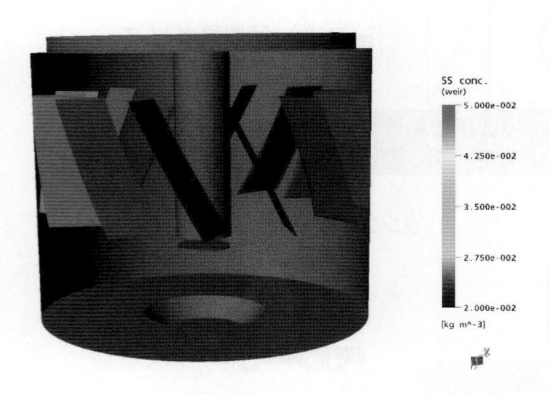

ラベル: 周壁傾斜板、センターフィードウェル、レーキ、フィードウェルバッフル

(b) 高速沈殿槽のCFD解析構造

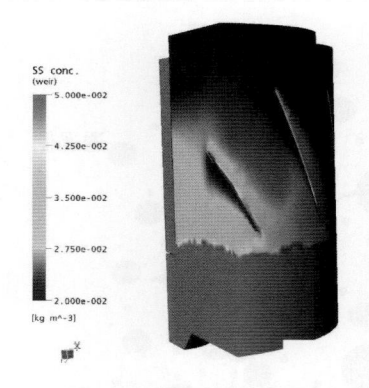

(C) SS解析濃度分布結果（中心角30°の扇形部分）

明したリン酸回収技術に代替されている。

液晶工場は、高濃度の有機排水が多量に排出されるため特に生物処理がコスト、設置面積の課題が多い。有機排水の処理には、従来活性汚泥法を始めとする好気処理が中心であるが、近年高濃度排水に嫌気処理を適用する試みがなされている。ただし、嫌気処理にあたってグラニュールの安定成長・維持に課題があり、これらが解決されることでブレークスルーが期待される。

さらに液晶工場は使用水量が大容量であることから、設置面積を小さくするために、高速沈殿技術、高速加圧浮上技術といった新技術が積極的に採用されている。図12に高速沈殿槽の構造を示す。これは、最新の流体解析（CFD, Computational Fluid Dynamics）技術を用いて開発したもので均一な液分散と高速化を可能としている。

（a）は高速沈殿槽の構造を示しており、上昇流を示す周壁部に限定して傾斜板を配置することでSSの分離を促進する。液分散はセンターフィードウェル方式を採用し、その寸法や設置位置、フィード部クリアランスは流体解析により最適化している。

（b）は高速沈殿槽の流動状態を解析するための、CFD解析構造をしめす。

（c）は、槽内のSS濃度分布に関するCFD解析結果の一例を示している。傾斜板の部分でSSが沈降分離されていることが判る。

これらの技術により設置面積・コストの大幅な低減が可能となっている。

以上のように、多様な排水性状を理解し、処理困難な排水であっても適切な処理により原水として回収することが必要である。このためには、製造プロセスの理解、高度な水処理分析技術、特殊試験のノウハウが重要となる。また、処理システム構築にあたっては、理論と実績に支えられたデータベースと専門スタッフの存在が不可欠である。

4 今後の動向

　日本が技術的優位性を持っていた液晶技術であるが、近年韓国・台湾・中国の台頭が著しく、水処理技術も海外を見据えることが必要となる。従来の凝集・沈殿といった技術では海外に太刀打ちできない。

　そのため、高負荷、高効率、省スペースといったキーワードをもった新たな技術を次々と開発して行く必要がある。

　将来の新技術としては、大容量・低コストが可能な膜技術の進歩に期待したい。また、リン酸回収技術に代表される有価物回収、ならびに無機・有機汚泥減容技術が新たな要素技術として必要になってくると考えられる。

　そのためには、水処理メーカーだけの努力では達成できず、液晶メーカーとの協働作業が不可欠であり、日本発の新技術が登場することに期待したい。

参考文献
1) 鈴木八十二他、"よくわかる液晶ディスプレイのできるまで"、日刊工業新聞社、2007年
2) 鈴木八十二、"カラーTFT-LCD製造プロセスと最近の話題技術を追う"、電子技術、1993年8月号、日刊工業新聞社、pp73-80
3) 桜井洋、"エッチング"、'95最新液晶プロセス技術、プレスジャーナル、pp67-73、1995年
4) 矢部江一編：これでわかる純水・超純水技術、工業調査会、2004
5) 水庭哲夫、"半導体工場における水の回収"、UCT Vol.11 [2]、pp78-82、1999年
6) 小林真澄："膜式活性汚泥法（MBR）による排水処理"、化学装置、2009年8月号
7) 西村総介："電子産業排水の回収と再生利用技術"、化学装置別冊、2010年9月号
8) 三輪昌之："電子産業排水からのリン酸回収"、環境システム計測制御学会誌、14巻1号 2009年

（老沼正芳）

5 ウエハー・半導体製造用超純水システム

1 はじめに

ウエハー・半導体製造において、超純水を用いた洗浄技術は、欠かせないものとなっており、製品の高性能化が進む中で、超純水に要求される水質が高いものになっている。また、製造効率の向上のためにウエハーサイズが巨大化しているために、ウエハー・半導体製造の洗浄工程で使われる超純水の水量も増大してきている。それらことから、超純水製造技術やユースポイントで超純水を使う技術にも変革が求められてきている。

ウエハー・半導体製造で使われた超純水は工程排水として、クリーンルーム等の製造設備から排出される。排水の種類や濃度に応じた処理を行うことで排水処理の最適化を行うとともに、限りある水資源を有効に使うために、排水の回収・再利用に積極的に取り組んでいる。

2 超純水の特徴

水中の不純物を全て取り除いて水分子（H_2O）だけの状態にすると通常の水と異なった機能（能力）が発揮されるようになる。この水が超純水と呼ばれる。超純水が利用される分野として、
①エレトロニクス産業（ウエハー・半導体製造など）
②火力・原子力発電
③医製薬工業
④化学分析
があげられる。

①エレトロニクス産業向けの超純水は、半導体製造用のシリコンウエハーや液晶表面の洗浄用水として用いられる。不純物を含まない超純水は、接触したシリコンウエハー等表面の異物や汚れを抽出する能力があり、超純水を用いた洗浄を行うことでシリコンウエハー等の表面の清浄度をより高くして、製品の品質向上を行っている。②火力・原子力発電用途では、発電用タービンの蒸気発生用水として用いられる。超純水を使うことで、タービンや配管の腐食を防ぐことができる。③医製薬工業分野では、人体に有害な物質を完全に除去した超純水で医薬品の製造を行う。④化学分析向けには、分析精度を向上させるために微量分析用ブランク水として利用している。表1に超純水の利用分野とその特徴について示す。

特にエレクトロニクス産業向けの超純水の中でもウエハー・半導体製造の超純水は、超純水に対する要求が高く、水質管理が多岐の項目にわたり非常に厳しい水質が求められている。表2には、International Technology Roadmap for Semiconductors（ITRS）2009の2010年の超純水への要求水質が示されている。表2のように超純水中の不純物の管理項目は、微粒子、金属類、有機物（TOC）、生菌類、イオン類（ケミカル）、シリカ、ほう素、溶存ガスなどがあげられる。多くの管理項目を非常に低いレベルの不純物濃度で

管理を行う必要があるのは、各不純物が、超純水中に存在することで、表3に示すような影響を半導体デバイスなどに与えることが知られているためである。表4には、超純水と工業用水、精製水（蒸留水、脱イオン水）との水質の比較を示している。精製水として使われている蒸留水や脱イオン水に含まれる不純物が1/100以下まで低減されていることがわかる。

超純水の利用分野と特徴（表1）

	エレクトロニクス産業	電力分野	医療・製薬産業	分析化学
超純水の使用目的	半導体ウェハや液晶表面の洗浄用水	発電用タービンの蒸気発生器用水	医薬品の製造用水	微量分析用ブランク水
超純水を使う効果	製品歩留まり低下防止	配管腐食発生防止	日本薬局方への対応（常温、水精製水、滅菌精製水、注射用水）	分析精度の向上
特に注意する不純物	微粒子、金属類、有機物	ナトリウム、塩化物イオン、硫酸イオン、重金属類	生菌類、エンドトキシン	金属類、イオン類、有機物

ITRS 2009に定められている超純水への要求水質（2010）（表2）

項目	単位	要求値
粒子個数（≧22.5nm）	個/L	100
抵抗率	MΩ・cm@25℃	<18.2
TOC	μg/L	<1
バクテリア	cfu/L	<1
主要金属(Ag,Au,Ca,Cu,Fe,Na,Ni,Pt)	ng/L	<1.0
その他主要イオン	ng/L	<50
全シリカ	μg/L	<0.5
ほう素	ng/L	<50
溶存酸素	μg/L	<10
溶存窒素	mg/L	8–18

シリコンウエハー表面汚染のデバイス特性への影響（表3）

汚染	デバイスへの影響
微粒子汚染	パターン欠陥、絶縁膜信頼性劣化
金属汚染	絶縁膜信頼性劣化、各種リーク電流発生、成膜異常
無機イオン成分汚染	金属・有機汚染誘起
有機物汚染	コンタクト抵抗増大、絶縁膜信頼性劣化
自然酸化膜	コンタクト抵抗増大

いろいろな水の純度 (表4)

		工業用水	蒸留水	脱イオン水	超純水
比抵抗 電気伝導率	(MΩ・cm) (μS/cm)	0.01 100	>5.0 <0.2	1〜10 0.1〜1	18.2 0.055
微粒子≧0.2μm ≧0.03μm	(個/ml)	1×10^7 計測不可	<20(≧25μm) <2(≧10μm)	100	ND <1
生菌	(cfu/l)	計測不可	<100	>100	<1
TOC	(μg/l)	1500	<300	120	<1
Na	(μg/l)	11000		0.5	<0.001
Ca	(μg/l)	8000		0.5	<0.001
NH4	(μg/l)	30		1	<0.05
Cl	(μg/l)	7800	<1	6	<0.05
SO4	(μg/l)	10800	<4	0.8	<0.05
シリカ	(μg/l)	14400	50	10	<0.1
Fe	(μg/l)	30	<3	<0.1	<0.001
Al	(μg/l)	10		<0.1	<0.001
溶存酸素	(μg/l)	8500		8500	<10

超純水製造の要素技術と除去対象の不純物 (表5)

	濁質	微粒子	生菌	イオン類	シリカ	有機物	溶存ガス
塩素滅菌			◎				
凝集沈殿+ろ過	◎	△			△	△	
加圧浮上+ろ過	◎	△			△	△	
凝集ろ過	◎	△					
膜除濁	◎	○	―			△	
活性炭ろ過			―			○	
イオン交換 (再生型)	―	△	△	◎	◎	○	
イオン交換 (非再生型)		―	―	◎	◎	―	
RO	―	◎		◎	◎	○	
EDI				◎	◎	△	
UF		◎	―				
脱炭酸ガス塔						△	○
真空脱気塔						△	◎
膜脱気						△	◎
UV殺菌(254)			○				
UV酸化(185)			○			◎	
UV酸化(365)+酸化剤			△			◎	

◎：主目的として設置　　○：主目的或いは付随的な効果を期待して設置
△：付随的な効果あり　　―：機能はあるが、効果を期待すると本来の機能に問題を生じるもの

3 水中の不純物と除去手段について

超純水は、湖沼水や河川水、井戸水などの天然水を原料として製造される。天然水中には様々な成分が含まれていて、それらは、超純水を作るためには取り除かなければならない不純物となる。原水中の不純物は、以下のように大別することができる。

① 微生物：藻類、バクテリア
② 微粒子：水に溶解していない有機物・シリカ等の化合物
③ 金属水酸化物：鉄、マンガン、アルミ等の水酸化物
④ 無機イオン類　：ナトリウム、カルシウム、マグネシウムなどの陽イオン
　　塩化物、硫酸、硝酸、炭酸などの陰イオン
⑤ 有機物：有機酸、有機ハロゲン、有機溶剤など
⑥ 溶解ガス：窒素、酸素、炭酸ガス
⑦ その他：(溶存)シリカ、ほう素

このような色々な種類の不純物が含まれる天然中から超純水を効率的に製造するためには、複数の要素技術を組み合わせて天然水中の不純物の除去する必要がある。不純物の種類と不純物除去手段について表5にまとめて示す。

凝集沈殿＋ろ過、加圧浮上＋ろ過、凝集ろ過、膜除濁は、濁質（水中の比較的大きな不純物：微粒子や金属水酸化物など）を除去するための装置であり、超純水システムの前段側に用いられる。

活性炭ろ過は、活性炭が有機物をよく吸着することを利用して、水中の有機物を低減するために用いられる。

イオン交換では、ナトリウム、カルシウム、マグネシウムなどの陽イオン成分や塩化物、硫酸、硝酸、炭酸などの陰イオン成分やイオン化している有機物（有機酸）を効率よく除去するために用いられる。イオン交換では、イオン交換樹脂でイオン除去を行っていくので、陽イオン成分を除去する陽イオン交換樹脂と陰イオン成分を除去する陰イオン交換樹脂を組み合わせて使っていく。イオン交換樹脂は、極微量の不純物も捕集することができるので、超純水システムを構築する上でキーになる技術の1つとして挙げられる。また、水中にあるの微粒子は、マイナスに電荷が偏っているためにイオン類と同じようにイオン交換樹脂で捕捉される。

逆浸透や限外ろ過といった膜処理では、膜表面の細孔より大きく、膜を透過できない物質を不純物として排除することできる。限外ろ過膜には10nm（＝1×10^{-9}m）以下の細孔が膜表面に分布していて、微粒子を完全に除去できる。また微生物類は、小さいものでも1μm（＝1000nm＝1×10^{-6}m）くらいの大きさなので、限外ろ過膜を透過できない。逆浸透膜では、分子レベルの小さい細孔が膜表面に存在していて水分子よりも大きな物質は透過することができないので、イオン類や有機物も除去することができる。逆浸透は、イオン交換では除去できない非イオン性の有機物などの物質を除去することができるので、イオン交換と並んで超純水製造の中心的な役割を担う。

表5からわかるように、1つの方法で全ての種類の不純物を除去することが困難なので、これらの方法を適宜組み合わせて超純水が製造される。

4 ウエハー・半導体製造用超純水製造の概要

図1にウエハー・半導体製造用超純水システムの構成を示す。各工程は、

① 前処理系…大きな不純物を粗取りする工程
② 1次純水系…前処理系の水を純水レベルにする工程
③ 2次純水系/サブシステム…一次純水系から受け入れた純水の不純物をさらに減らして超純水にする工程
④ ユースポイント…超純水を使う場所。シリコンウエハーの洗浄等が行われる

超純水製造装置の概要（図1）

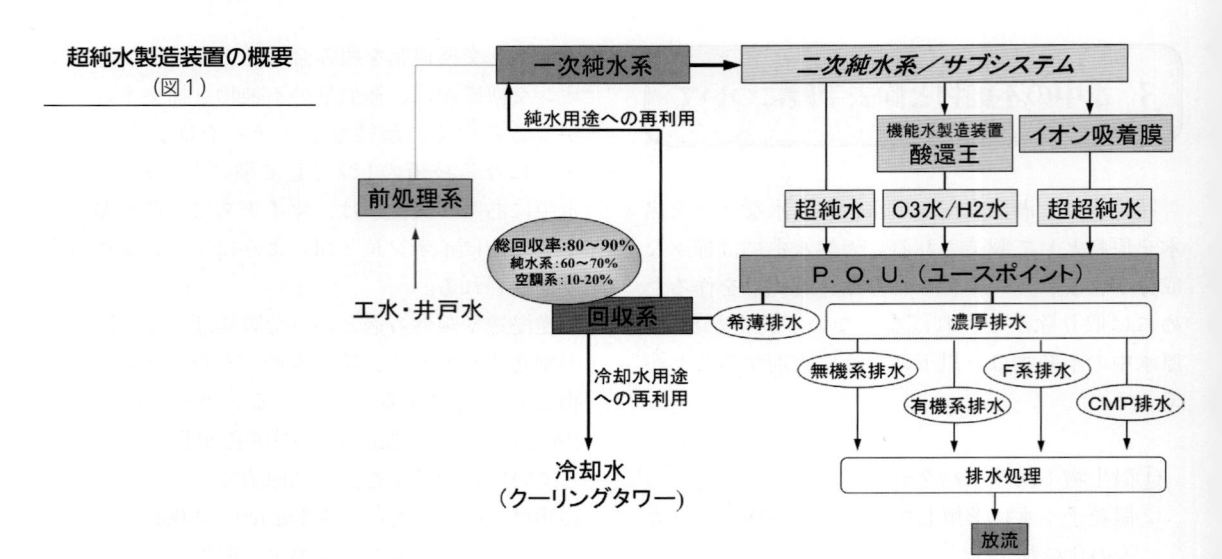

シリコンウェハのRCA洗浄の例（図2）

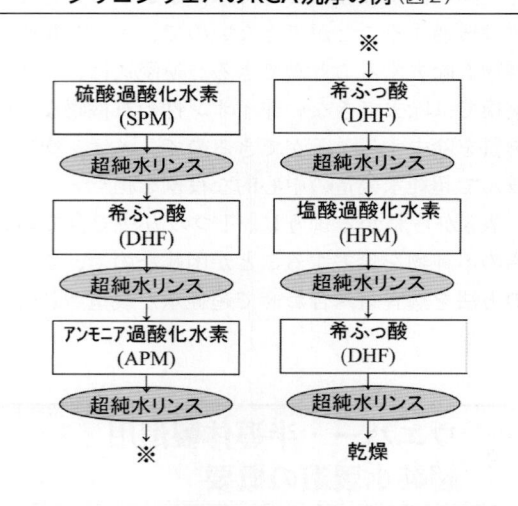

シリコンウエハーのオーバーフローリンス（写真1）

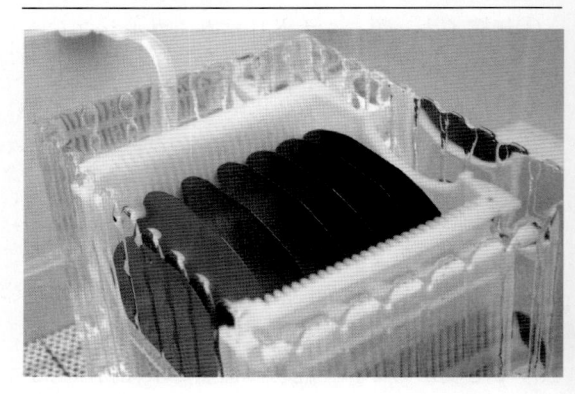

⑤回収系…ユースポイントから排出される希薄排水を再利用する工程
⑥排水処理系…ユースポイントから排出される濃厚排水を処理して工場外へ放流する工程

のような役割を担っている。超純水システムは超純水製造系と排水回収・排水処理系に大別して考えることができる。

超純水がウエハー・半導体製造に使われるまでの流れは、前処理系から一次純水系を経てサブシステムで最終的な処理を行ってユースポイント（超純水が使われる場所）へ供給される。一連の処理が進むにしたがって不純物の量や大きさが、減っていくようにシステム構成を行っている。

ユースポイントに供給された超純水は、主に無機・有機薬品の洗浄後のリンス用水として利用される。無機薬品を用いたシリコンウエハーの洗浄（RCA洗浄）例を図2に示す。濃厚薬液でシリコンウエハー表面の異物や金属類などの不純物を取り除き、超純水でリンスすることで、ウエハー表

前処理系（凝集沈殿＋ろ過）（図3）

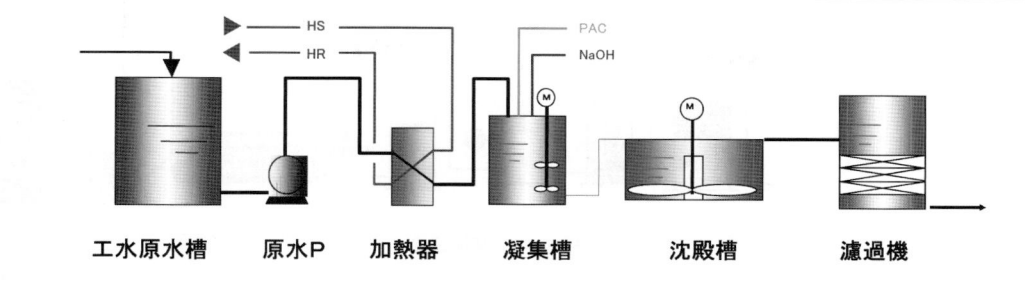

工水原水槽　原水P　加熱器　凝集槽　沈殿槽　濾過機

膜除濁ユニット（写真2）

面に残留した薬品や不純物を取り除いていく。写真1には、シリコンウエハーの超純水リンスの状態を示す。写真1の例では、洗浄槽下部より連続的に超純水が槽内に供給されて、洗浄槽からオーバーフローしながらシリコンウエハー表面を洗浄していく。洗浄槽からオーバーフローした超純水は、工程排水として排水設備へ排出されて適宜処理される。

5 ウエハー・半導体製造用超純水システム内の設備構成

(1) 前処理系

前処理系は、水中の濁質などの比較的大きな不純物を除去する目的で設置されている。前処理系で不純物が荒取りされて1次純水系でさらに処理が行われる。表4にある凝集沈殿＋ろ過、加圧浮上＋ろ過、凝集ろ過、膜除濁といった要素技術から、現水中の濁質量や設置条件などを考慮して処理方法を選定する。図3には、濁質の多い原水に対して適応する凝集沈殿＋ろ過の設備の処理フローを示す。

最近では、
①運転管理が容易であり、人件費の削減及び専門技術者の育成・確保が不要である
②処理性能・維持管理性に優れている
③建設コストを縮減できる
④維持管理コストが縮減できる

といった理由から膜除濁法による前処理（写真2）が採用されるケースが出てきている。

(2) 1次純水系

1次純水系では、水中に存在している微粒子、金属、イオン類や有機物などの不純物を除去することが目的となっている。1次純水系で水中の不純物は除去されて、超純水装置の中でもっとも特徴的である2次純水系（サブシステム）に純水を供給する。

これまでの1次純水系では、図4に示すように、2床3塔式イオン交換装置（2B3T）やストラタベッドポリッシャ（SBP、写真3）といった、イオン交換樹脂を用いた装置を中心に構成されていた。イオン交換樹脂では除去できるイオン量（交換容量）が決まっていて、イオンが除去できなくなったイオン交換樹脂は濃厚な酸やアルカリで再生するこ

1次純水系の構成例（図4）

カチオン塔　脱炭酸塔　アニオン塔　　　　　　　　　　真空脱気塔

活性炭塔　　2床3塔式イオン交換装置　　RO（逆浸透膜）装置　　ストラタベッド
　　　　　　　　（2B3T）　　　　　　　　　　　　　　　　　　　　ポリッシャー
　　　　　　　　　　　　　　　　　　　　　　　　　　　　　　　　　（SBP）

ストラタベッドポリッシャ（SBP）（写真3）

RO装置（写真4）

とができる。薬品で再生されたイオン交換樹脂は再びイオンを除去することができる。再生薬品のコストや再生のために大量の酸・アルカリ廃液が発生を抑えるために、処理逆浸透膜（RO、写真4）装置を中心とした再生薬品が必要ない膜式純水システムが多く採用されるようになってきている。膜式純水システムの特徴は、薬品再生が不要であるために排水の発生量が減少するので、環境に対する負荷が低いことがあげられる。さらに、随時増設が容易であることがあげられる。表6は、イオン交換装置と逆浸透膜装置を中心とした純水装置の使用薬剤の比較を示している。逆浸透膜装置では、薬品による再生が不要であるためにイオン交換装置と組み合わせても使用薬品量が削減できることがわかる。イオン交換装置として電気再生式イオン交換装置（EDI、写真5）とくみあわせると、EDIは、再生薬品を使用せず電気によって再生を行うので、薬品の使用量を大幅に削減することが可能である。

(3) 2次純水系/サブシステム

2次純水系（サブシステム）は、超純水システムの中でもっとも特徴的であり、他の水処理システムとの違いを際立たせている。
一次純水系で処理された純水は、高い水質のものになっているが、サブシステムでは供給された一次純水をさらに処理をして水質を高めることと、超純水の水質を高い状態で維持するための目的がある。図5にサブシステムの構成例を示す。一次

イオン交換装置と膜式装置の薬液使用量の比較
（表6）

	酸	アルカリ
IER（イオン交換装置）	20	250
RO+IER	2	40
RO+EDI	1	1

使用薬品　：pH調整＋IER再生
　　　酸　　：HCl　　35％
　　　アルカリ：NaOH　25％

電気再生式脱塩装置（EDI）（写真5）

サブシステムの構成例（図5）

純水を超純水タンクに受け入れてサブシステムに供給する。超純水は、厳しい温度管理がされているクリーンルーム内に供給されるために水温を一定に維持する必要があるので、熱交換器によって温度調整が行われる。有機物分解用の紫外線（UV）酸化装置（写真6）では、185nmの波長の紫外線が、水中の有機物をラジカル反応で二酸化炭素にまで分解する。カートリッジポリッシャ（非再生型のイオン交換装置）が配置されていて、極微量のイオン成分を除去していく。先ほどUV酸化装置で生じた二酸化炭素もカートリッジポリッシャで除去される。カートリッジポリッシャ用のイオン交換樹脂は、イオンの除去性能だけではなく、イオン交換樹脂自身のクリーン度を高めることが要求される。このために1次純水系で用いられるイオン交換樹脂よりも高度な精製処理を行ってイオン交換樹脂のクリーン化が図られている。サブシステムの末端には限外ろ過膜（Ultra Filtration：UF）が設けられていて（写真7）、微粒子を除去してユースポイントへ超純水が送水される。ユースポイントへ送水した超純水は100％の水量が使われず、送水量の25〜50％がリターン配管を通って超純水タンクへ戻ってくる。超純水の循環ループを設けることで、超純水を高い水質の状態で維持することが可能になっている。サブシステムで使われる全て構成材料は、溶出を極

紫外線(UV)酸化装置(写真6)

限外ろ過(UF)膜ユニット(写真7)

力抑えて超純水水質に低下させることがない部材選定が必要になる。

　シリコンウエハーが大きくなることで、1枚あたりの製造できるLSIなどの半導体チップ数が増加して生産効率が向上する。そのためにシリコンウエハーのサイズが巨大化してきていることにともなって、超純水の使用水量の増大が起こってきている。また、シリコンウエハーの巨大化によって、製造設備であるクリーンルームも大きな床面積が必要になってきている。その結果、サブシステムの出口からユースポイントまでの距離が遠く離れていく傾向があり、超純水ループ配管が1km以上にも及ぶ事例が出てきている。ユースポイントでの水質を高く維持するためには、サブシステム出口水の水質を向上させるだけではなく、ユースポイント配管から超純水を汚染させないことにも細心の注意が必要となる。そのために、①低溶出でクリーンな配管材料の選定、②配管を汚染しない施工技術、③設置した配管を洗浄して初期溶出を低減して水質の立ち上がりを迅速化するといった点に配慮する必要がある。

　超純水の水質向上のために特に高純度の水質を必要とするライン（洗浄工程）のユースポイント直近に超純水の純化設置を設置して選択的に水質をグレードアップする使用方法が検討されてきている。たとえば金属類は、超純水中に極微量存在するだけでも、洗浄工程で超純水中からシリコンウエハー表面に付着が起こって、半導体デバイスの絶縁膜信頼性劣化や各種リーク電流などを生じさせることが知られているので、超純水をさらに高水質化するためにイオン吸着膜（金属除去機能を持つフィルタ）をユースポイント直近に設置ことが提案されている。

　また、シリコンウエハー巨大化によって、超純水の使用量も増大してきている。薬液使用量の削減、超純水リンス水量の削減、排水処理負荷の低減という環境負荷低減可能な洗浄技術として、超純水にガスを溶解して超純水自体に洗浄能力を持たせた洗浄用機能水が、盛んに使われるようになってきている。

(4) 排水回収・排水処理系

　ユースポイントでリンス用水として利用された超純水は、工程排水として排出される。ウエハー・半導体工場からの工程排水は他の産業に比べると、使用している薬品やその利用方法が特殊である。製造工程が工場ごとに異なるので、使用薬品、

ウエハー・半導体工場排水の分類（図6）

- ウエハーエッチングプロセス排水
  - フッ酸系排水：フッ酸、フッ化アンモニウムなど
  - 酸・アルカリ系排水：硫酸、硝酸、リン酸、苛性ソーダ、アンモニアなど
  - 有機系排水：メタノール、IPAなど
  - 有機アルカリ系排水：TMAHなど
- 研磨排水：研磨剤、シリコン粉末、酸化剤、分散剤など
- 超純水製造排水：イオン交換樹脂の再生剤、RO濃縮水など
- その他：生活排水、クーリングタワー冷却水など

End of Pipeによる排水処理（図7）

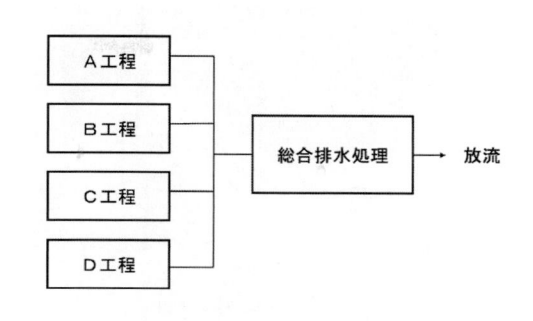

A工程 ─┐
B工程 ─┤
C工程 ─┼→ 総合排水処理 → 放流
D工程 ─┘

排水を分別した場合の排水・回収処理システム（図8）

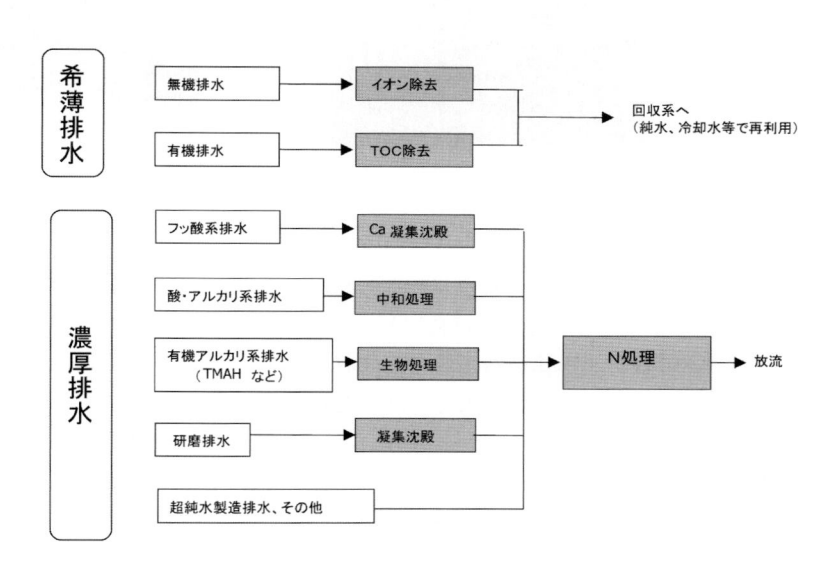

希薄排水：
- 無機排水 → イオン除去
- 有機排水 → TOC除去
→ 回収系へ（純水、冷却水等で再利用）

濃厚排水：
- フッ酸系排水 → Ca凝集沈殿
- 酸・アルカリ系排水 → 中和処理
- 有機アルカリ系排水（TMAHなど）→ 生物処理
- 研磨排水 → 凝集沈殿
- 超純水製造排水、その他
→ N処理 → 放流

用排水使用量、排水排出パターンなどには差があるが、排水の種類は、図6のように大別することができる。

工程排水の処理方法として、End of pipe 処理がかつては行われていた。End of pipe 処理では、図7のようにすべての工程排水を総合排水処理設備に集めて一括で処理が行われる。この処理方法の問題点としては、以下の点が挙げられる。
- 処理対象物質に対する除去技術を、直列につなげる処理となる
- 処理対象となる水量が多くなり、装置が大型化する。
- 処理対象物質濃度が薄くなり、処理効率が低下する。
- 排水回収や有価物回収が困難となる。
- 新規の処理対象物質が出た場合に、全水量対応となりやすい。

ユースポイントで排水の種類を成分や濃度で分別することにより、対象物質に適した処理を行うことで設備を総合排水処理設備より軽微にすることが可能となる。排水の分別を行ったときの排水・回収システムの例を図8に示す。分別された希薄排水は、超純水にわずかの無機や有機の薬液が溶解しているだけなので、簡単な処理で超純水の原料（原水）として再利用することができる。排水回収系では、希薄な排水を回収設備で処理をして超純水製造の原水として再利用を行うこと

半導体工場の回収系システム(写真8)

排水処理設備(写真9)

や、超純水に比べると高い水質が要求されない空調系のスクラバー用水として再利用している（図1）。写真8には、半導体製造工場の水回収システム、写真9には、半導体製造工場の排水処理システムを示す。

水回収系を運用していくためには、ユースポイントで排水が排出されるときに種類や濃度の違いによって分別されていることが重要である。回収系の設備は、分別された希薄排水を受け入れるようにすることで、設備が肥大化しないように設計されているので、無機系の回収水に有機物成分が混入することや、設定より高い濃度の排水を受け入れると処理が不十分になってしまう。純水原水として水回収を行っている場合は、回収水質の悪化が、超純水の水質悪化を招く原因となり、超純水水質低下によって製品製造ができなくなる事態も起こり得る。ユースポイントでの分別法の1例として図9のような方法がある。シリコンウエハーの洗浄では、薬液による洗浄を行った後に超純水によるリンスを行っていく。第1リンス槽には、薬液による洗浄が終わった直後のウエハーが投入されるので、薬液がリンス槽内へ混入する量が多くなる。第2リンス槽、第3リンス槽とリンスを繰り返していくと、薬品洗浄槽からの持込んだ薬液成分や不純物が順を追って減少していく。そこで薬液や不純物の持込の多い第1リンス槽から排出される排水は濃厚排水として排水処理設備へ送られる。第2リンス槽からの排水は、薬液などがかなり低減されているものと予想される。そこで、無機系排水であれば排水の導電率を監視して、通常は、希薄排水として、回収系に送水して、管理値を超えた場合は、濃厚排水として処理を行う。第3リンス槽では、ほとんど不純物が含まれないので、希薄排水として回収系へ送られる。

水回収を積極的行っていくことで、①原水使用にかかる費用の削減、②排水処理コストの削減、③原水の供給制限への対応、④放流水の総量規制への対応といったメリットがある。近年納入される超純水製造装置では、水回収率が高い割合になっており（80％以上）、地球環境保全を考慮した環境にやさしい装置になっている。純水の原水（工水、井水など）と回収水の水質を比べると不純物が少ないために、回収水を1次純水の原料として使うことで超純水の製造コストを削減することが可能になる。図10には、回収水の回収率と超純水システムのランニングコストの関係を示す。回収率が約80％の場合にランニングコストは最小になる。

ユースポイントでの排水の切り分け (図9)

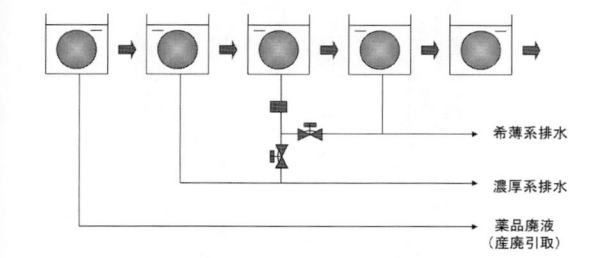

水回収率とランニングコストの関係 (図10)

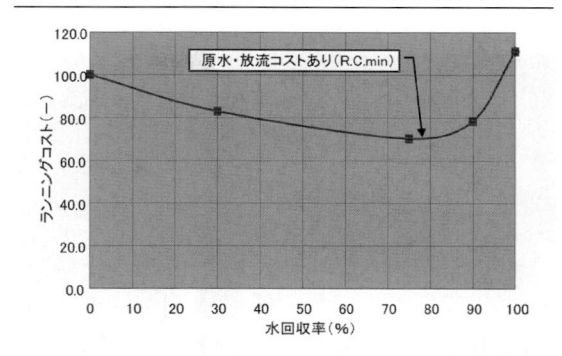

ユースポイントでの排水の切り分け (図11)

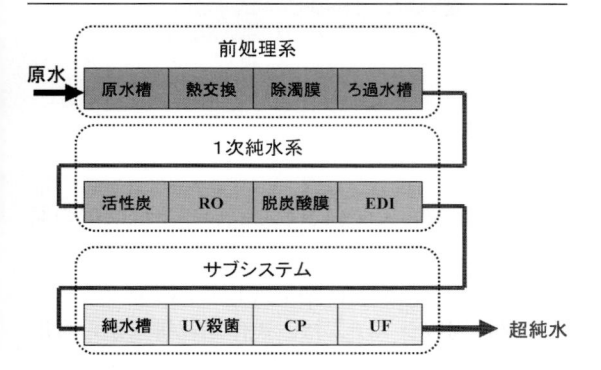

ユニット型超純水装置 (MPU-10) (写真10)

(5) 超純水システムの施工への要求

ビジネス環境と市場ニーズの変化が早い状況の中で、新設工場では垂直立ち上げを実施して、短工期で完成させることが採算性の重要な要素となっており、超純水装置においても納入までの工期を短縮することが要求されてきている。超純水システムでは大型の塔槽類が使われるために現場での製作・施工が必要になり、工期が長くなる傾向があった。最近の超純水システムの施工法として、現地施工を極力減らして工期短縮のために工場でユニット化した超純水製造装置を搬入する方法を取り、短納期化と現場施工費の削減を行うようになってきている。ユニット型の超純水製造装置のシステムフロー（図11）と写真（写真10）を示す。

超純水製造設備においては、大型の塔槽類を使わないでシステムを構築しやすい膜式の超純水製造技術が確立されているので、先ほど示したユニット型超純水製造装置のように現場での施工を大幅に削減できるユニット化の施工技術が適応しやすかった。一方、排水処理設備については、主な要素技術である生物処理槽や凝集沈殿槽などの大型の塔槽類で構成されるために、ユニット化が困難であった。近年の技術開発によって、処理速度が遅く塔槽類の大型化の原因となっていた生物処理や凝集処理で高流速で処理ができる技術が開発されてきたために、排水処理設備においてもユニット化が可能になってきている。写真11には、ユニット化しやすいように角型の形状を取った沈殿槽の外観を示す。

ユニット型超純水装置（MPU-10）（写真11）

晶析法によるフッ素回収装置（写真12）

6 超純水システムの新しい取り組み

　ウエハー・半導体製造の発展と歩調をあわせて、超純水製造も新たな技術を取り入れて進歩を続けてきている。いくつかの事例を紹介する。

(1) 工程排水からの有価物回収

　工程排水から水の回収を行うだけではなく、フッ素系排水からのフッ素回収や現像工程排水から現像液（TMAH）の回収といった取り組みによって、これらを廃棄処分することなく有価物として回収し、持続可能なリサイクルが可能になり、工場のランニングコストの低減、環境負荷の低減を達成することが可能となる。
　フッ素系排水からのフッ素回収では、晶析法を用いてフッ素をフッ化カルシウムとして回収する技術である。排水中のフッ素にカルシウムを添加して、フッ化カルシウムの結晶を生成させ、このフッ化カルシウムの結晶をフッ酸製造原料として回収するものである。このフッ素回収システムで生成したフッ化カルシウムの結晶は、フッ酸メーカーに有価物として引き取られ、フッ酸製造の原料として再利用されている。実際に半導体工場で稼動している晶析装置を写真12に示す。
　現像液回収システムは、現像工程排水から有用なTMAHをオンサイト回収し、現像液として同一工程で再利用するものである。環境負荷を大幅に削減できるだけでなく経済メリットも期待できる。回収再利用システムは、現像工程排水からフォトレジスト成分を分離し、有価物であるTMAHを電気透析装置で濃縮回収する「回収ユニット」（写真13）、イオン交換樹脂とマイクロフィルターで濃縮回収液中のフォトレジスト残渣、Naなどの金属イオン不純物、そして微粒子などの不純物を除去する「精製ユニット」および回収TMAHに新液や純水を添加して使用する濃度に調製する「混合ユニット」の3ユニットが基本構成である。

(2) 装置売りから水売りへの転換

　超純水設備は、ユーザーであるウエハーや半導体メーカーが設備として購入をしていた。ユーザーは、購入した超純水設備の運転管理をユーザー自ら行っていくことが一般的であった。この場合に、超純水設備建設の初期投資が大きくなり

電気透析による現像液（TMAH）回収装置（写真13）

工場建設コストの上昇につながっていた。そこで、上下水道のように使った超純水の水量に応じて、課金を行う水処理加工受託（水売り）を行うケースが出てきている。水処理加工委託では、ユーザーは水処理設備を所有することなくプラントメーカー等が管理する超純水設備に水の処理加工を受託して、必要な超純水の供給を受けることになる。ユーザーから見ると超純水装置の運転管理やそのための人材の育成といった負担がなくなるメリットがある。

参考文献
1) 川田和彦：クリーンテクノロジー　2009.5（2009）
2) 大信紀子：クリーンテクノロジー、2008.11、43（2008）
3) ITRS　2009　Yield　Enchancement
4) 川田和彦：空気清浄第43巻、431（2006）
5) 恵良 彰：クリーンテクノロジー　2006.8（2006）

（川田和彦）

6 製鉄・鉄鋼における用・排水処理

1 概要

　製鉄・鉄鋼業は、造船・機械・自動車等の原材料となる、各種鋼材を製造する基幹産業である。鉄鋼石・原料炭・石灰石等の原料を、高炉に装入して銑鉄を製造し、製鋼工程、圧延工程等の工程を経て各種鋼材を製造している。製鉄・鉄鋼業における水の用途は、冷却水が大部分を占め、その他洗浄水・集塵水等に使用している。使用した水は、用途に応じた要求水質まで処理し、その9割以上を循環再利用している。以下、生産工程毎の水処理設備概要と、循環再利用に関する最近の試みについて記す。

2 原料ヤード

　原料ヤードでは、鉄鉱石・原料炭(もしくはコークス)・石灰石等の原料をヤードに荷揚・貯留する他、原料の粉砕・焼成等により原料を一定の粒径にした上で高炉に送っている。原料ヤードでの水の用途は、鉱石洗浄用水、ヤード散水用水、ベルトコンベア洗浄用水、粉砕・焼成工程の付帯設備である集塵機用水や床洗浄排水等、主に原料の貯留・輸送・破砕時の粉塵を抑制する目的で使用しており、使用後の戻水は循環再利用される。
　以上より、原料ヤードの戻水には微粉化された原料に由来するSSが多く含まれている。また、使用先によってはpHが変動することがあるため、水処理設備としては、SSの除去およびpH調整が主体となる。
　戻水中に含まれるSSの大部分はμmオーダーの微細なものであるが、数mm単位の粗大な粒子も相当量含まれている。そのため、まず沈澱を利用した粗粒分離槽および分級機により粗大な粒子を除去する。その後、無機凝集剤(アルミニウム塩・鉄塩等)および高分子凝集剤を添加、凝集沈殿処理を行う。沈殿したスラッジは、脱水機により脱水処理または濃縮槽にて重力濃縮し、高炉装入原料に添加、有効利用している。この時、石灰ヤードではpHが上昇、石炭・コークスヤードではpHが低下することがあることから、排水のpHに応じてpH調整設備が必要となる。得られた処理水は、ヤード散水や床洗浄水等に再利用できる。
　なお、原料ヤードは原料貯留のため敷地を広く確保していることが多く、降雨時には雨水排水が発生する。そのため原料ヤードの水処理設備では、降雨時の雨水も考慮する必要がある。雨水排水の特性上、短期間に相当量の排水が発生することから、設計時に雨水排水の処理能力を考慮する他、雨水排水用に水処理設備を設置するケースもある。

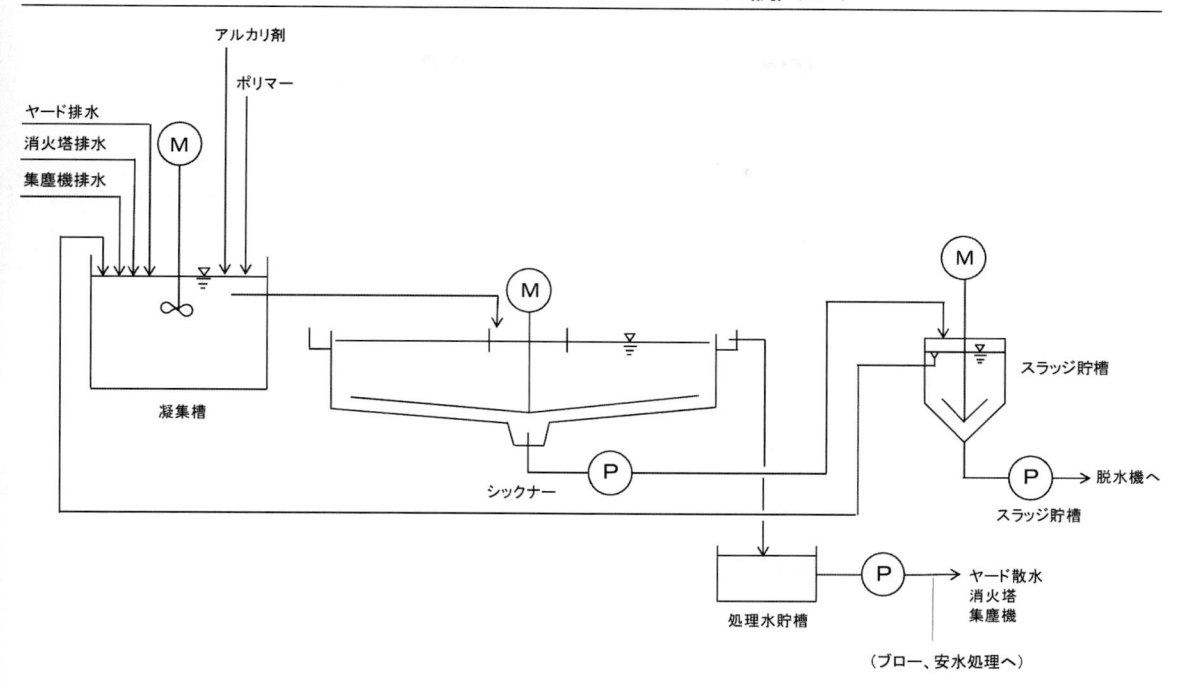

コークス炉集塵水　水処理フローシート(例)(図1)

3　コークス工場

　各種鋼材を製造するに当たり、鉄鉱石を溶解・還元して鉄分を得る必要がある。鉄鋼石を溶融・還元する熱源としては主にコークスを使用しており、原料炭を粉砕・ふるい分けした後コークス炉に装入、乾留処理を行って製造している。乾留処理したコークスは冷却した後、高炉に送られる。コークスの冷却方式としては、湿式・乾式の2種類がある。

　このコークス製造工程における用水の使用用途は、主に原料炭の搬送時および粉砕・篩分設備の集塵装置用水およびコークス冷却用水(湿式の場合)で、主に工業用水が用いられている。排水中には微粉化された原料炭コークスが600～8,000 mg/L程度含まれるため、一般的には凝集沈殿処理を行っており、処理水は循環再利用されている。循環再利用に当たっては、蒸発による塩類濃縮によるスケーリングが懸念されることから、循環水の一部をブローし、新水を補給している。

　ブロー水は、次に述べるガス液(安水)処理の希釈水として用いることが多い(図1参照)。

　コークス製造工程における水処理では、ガス液の処理が重要である。ガス液とは、石炭の乾留処理工程において発生するコークス炉ガス中に含まれる水蒸気が、冷却工程で凝縮・生成するもので、強いアンモニア臭を発することが多いため、安水とも呼ばれる。安水はアルカリ性であり、フェノール、アンモニア、シアン化物、タール等が含まれ、処理においては生物処理(活性汚泥法)が広く用いられている。コークス炉ガスから発生・分離された安水は、pH調整・予備曝気を行い、排水中のシアンの一部をガスとして除去後、コークスを充填したコークスフィルターでタールを除去する。その後、活性汚泥処理を行うが、そのままではBOD濃度が高いことから、循環ブロー水、工水、海水等で希釈した上で処理を行うのが一般的である(図2参照)。活性汚泥処理により得られた

安水処理フローシート（例）（図2）

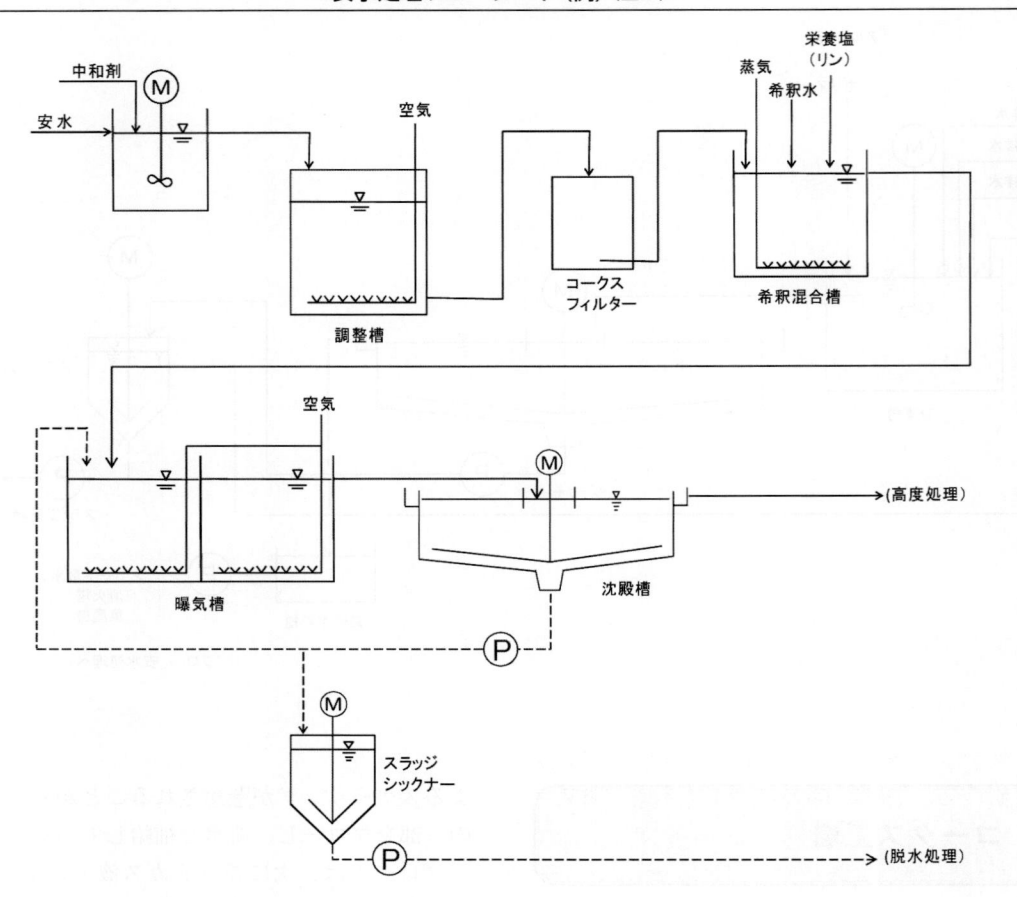

処理水は、ろ過器を用いてSSを除去した上放流するが、処理水にはBOD、COD等が相当濃度含まれることが多く、黒褐色を呈している。そのため、排水規制の厳しい製鉄所では、活性炭を用いたCOD除去等、高度処理を行い、放流を行うところもある。

4 製銑工程

製銑工程では、高炉へ鉄鉱石・焼結鉱・コークス・石灰石を装入、炉体下部の羽口から1,100〜1,200℃の熱風を吹き込んで、鉱石中に含まれるFe_2O_3、Fe_3Oをコークスの燃焼反応時に発生するCOガスにより還元、溶銑として次工程である製鋼工程に送っている。この工程において発生するガスを高炉ガスと呼び、ガス中に含まれるダストを集塵装置により除塵後、コークス炉、ボイラー等で燃料として使用している。

この高炉における水の用途は、主に炉体冷却水と高炉ガス中に含まれるダストの洗浄用水である。

炉体冷却水は設備の保護を目的としており、間接冷却方式が用いられる。炉体等、設備冷却により加熱された水を冷却設備で冷却、再度送水して循環使用する。ガス処理系の循環使用に当たって

間接冷却水設備フローシート（例）（図3）

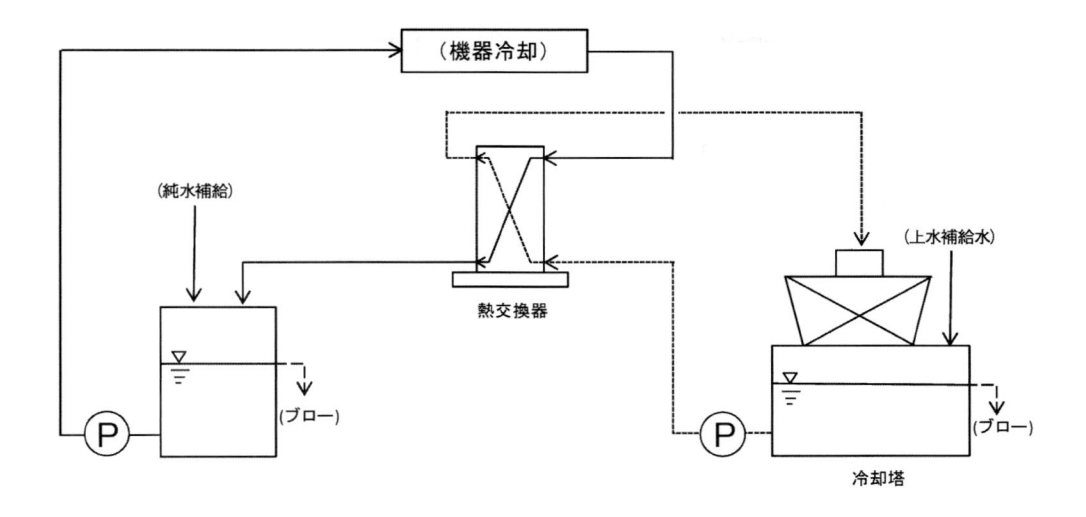

は、機器・配管等の腐食もしくはスケーリングを防止するため、防食剤、スケーリング防止剤を注入する。高炉は一旦稼働すると長期間（年単位）停止することができないため、冷却水配管の腐蝕、スケーリング等の異常が発生しても、容易に取替・補修することができない。そのため、循環水に純水を使用する純水循環方式を採用することがある。高炉に限らず、操業上重要な設備の間接冷却水系統には、純水循環方式を採用する場合がある（図3参照）。

高炉ガス洗浄水は、高炉ガス中に含まれるダスト（主成分：粉鉱石や粉コークス等）を除去するためのスクラバー、電気集塵機等にて使用される。通常循環使用されるが、使用後の排水にはSSが多量に含まれ、若干量のシアンを含んでいる。一般には高分子凝集剤を添加、凝集処理をした後、シックナーで固液分離して再利用される。シックナーで沈殿・除去したダストは、脱水機にて脱水処理後、焼結原料として利用される。なお循環利用にあたっては、排水中のカルシウムによるスケーリング防止のため、分散剤、スケール防止剤を注入する。また、ブローする際にはシアンについて考慮する必要がある（図4参照）。

5 製鋼工程

製鋼工程では、高炉で製造された溶銑に含まれる炭素、ケイ素、リン、マンガン等不純物を除去することで溶鋼とし、鋼片（スラブ）として次工程で鋼片（スラブ、ブルーム）を製造している。

(1) 転 炉

溶銑に炭酸ソーダ、炭酸カルシウム、カーバイド等を添加、予備処理を行った後、転炉へ送られる。転炉工場で、炉内にランスと呼ばれるノズルを装入して純酸素を吹付け（吹錬）、生石灰、ミルスケール、蛍石を添加して、溶銑中の炭素、ケイ素、リン、マンガン等不純物を酸化除去している。また吹錬中に、転炉ガスと呼ばれる非常に微細な鉄を含んだCO主体のガスが発生する。転炉ガスの処理は燃焼方式と非燃焼方式の2種類があり、我が国では、非燃焼方式であるOG方式が多く採用されている。

転炉工場での水の用途は主に、ランスやフード等の機器冷却水と、排ガス処理時の集塵用水である。

高炉集塵水 水処理フローシート (例)（図4）

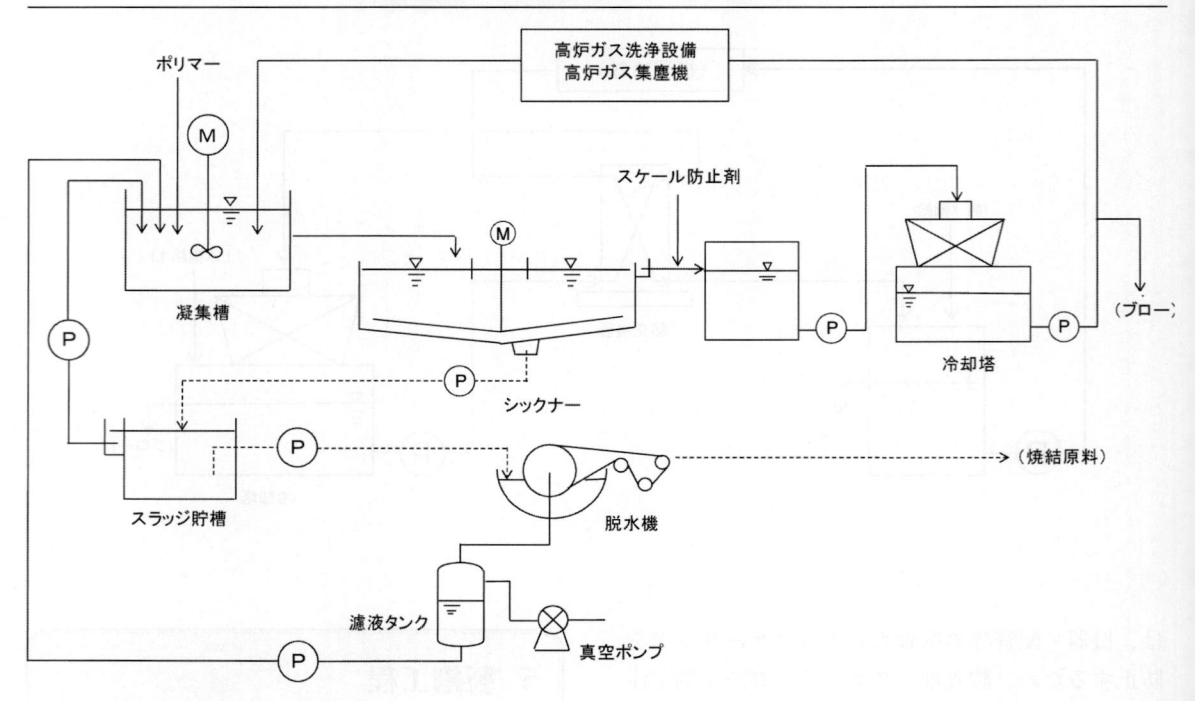

転炉ガス集塵水 水処理フローシート (例)（図5）

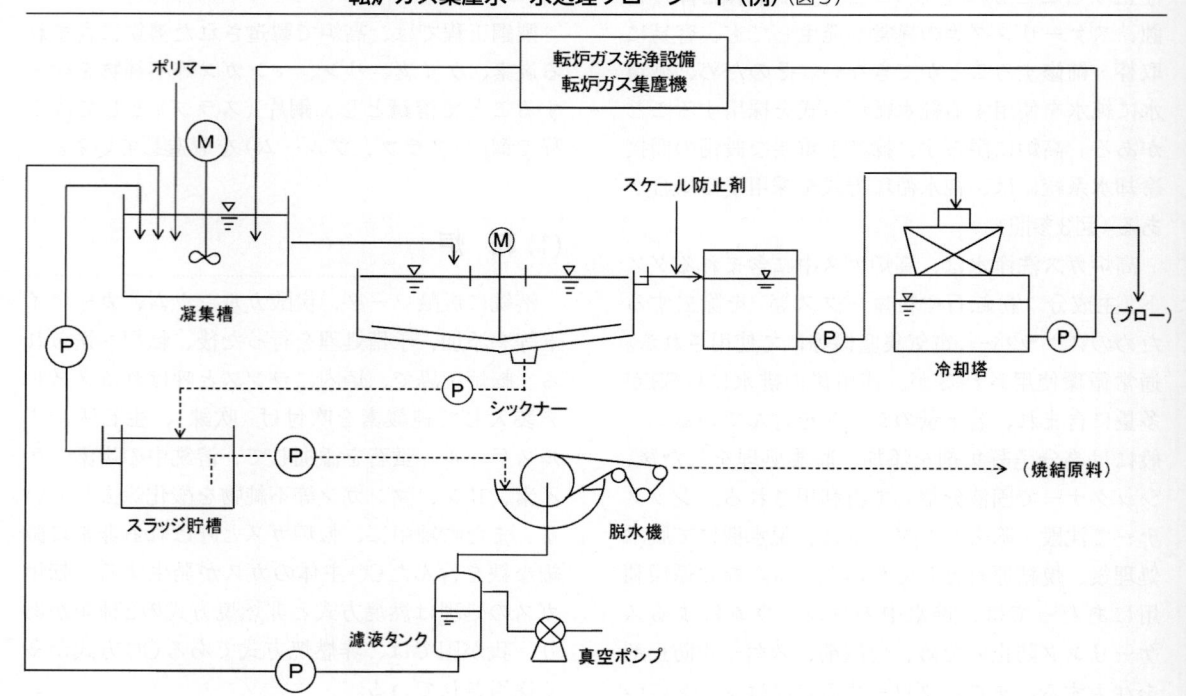

機器冷却の方式は、間接冷却によって行われ、軟水や純水を循環使用する。

集塵用水は、廃ガス中に含まれる300ミクロン以下の鉄を主体とする微細なダストを除去するために使用される。非燃焼式の場合、湿式の集塵機（多くはベンチュリースクラバー）が採用されている。

この集塵排水ならびにガスの冷却排水は、SSが数千〜数万 mg/L 程度となっており、処理設備が必要である。処理方式としては凝集沈澱処理によりSSを除去、得られた処理水は、その大部分が集塵用水として再利用される。沈澱スラッジは脱水後、原料として再利用するケースが多い（図5参照）。

(2) 連続鋳造

連続鋳造工程では、転炉から送られてきた溶鋼を水冷された鋳型に注入する。注入された溶鋼は次第に凝固しながら、引抜きロールによって連続的に降下する。鋳型から出た鋳片は、スプレー帯で冷却水を直接スプレーされて急速に冷却され、内部まで完全に凝固したのち、切断装置で切断されスラブやブルームになる。

この連続鋳造設備で使用される用水は、鋳型冷却水とスプレー水である。鋳型冷却水は、間接冷却が採用されており、冷却して再利用される。この間接冷却には純水循環方式もある。スプレー水は鋳片に直接スプレーされる直接冷却方式であり、排水には多少のスケールおよび油を含むため、スケールピットで粗大なスケールを沈澱処理後、用途に応じてそのまま再使用もしくは更に沈澱、ろ過等の処理を行って再使用する（図6参照）。

(3) 分　塊

分塊工程では、製鋼工程で造塊された鋼塊を素材として、次工程である圧延工程から要求された形状寸法の半成品を製造する。

製鋼工程から受け入れた鋼塊は、まず均熱炉に装入されて圧延に適した均一な温度に加熱後、ミルへ搬送される。ミルで、定められた寸法と精度の鋼片に仕上げられる。この時、ロール冷却の為に直接冷却水を噴射している。分塊圧延された鋼片には、造塊時に鋼塊に発生した疵と、均熱・分塊作業時に発生した疵とがある。これらの疵は、ホットスカーフィングと呼ばれる溶削操作により除去されるが、この時発生するノロおよび粉塵を捕捉する為、集塵フード内で水を噴射し、さらに湿式集塵機で吸引して除塵する。スカーフィング後、輸送や手入れなどの作業を容易にする為に、直接に水を噴射するかまたは水槽に浸漬して冷却する。

以上の工程で使用した水は、すべて直接に成品や機械と接触する直接水であり、スケールと若干の油を含んでいる。これらの水は、スケールスルースを通ってスケールピットに集められる。スケールスルースでは、スケールを強制的に流す為にスケールピットからフラッシング水を送水する。

スケールピットに集められた直接水は、そこで粗大スケールを沈澱分離した後、排水処理設備に送られて、細かいスケールと油分を除去する。処理水は、冷却塔を通って冷却された後、再び前述の直接水として回収使用される（図7参照）。

以上の循環水系統は、完全循環とすると、カルシウムイオンや塩素イオン等の溶解塩類が濃縮して、スケールトラブルや腐蝕トラブルが発生する。その為に、処理水の一部を、循環水系統からブローする。

以上の直接水とは別に、潤滑油や作動油のオイルクーラー、電気機器の冷却、ルームクーラー等に間接冷却水が使われている。直接水とは給排水系統を分離して、循環使用する。間接水のブロー水は、直接水に比べてSSや油分等の濃度は低いので、前述の直接系への補給水として再使用する。

連鋳水処理（直接水）フローシート（例）（図6）

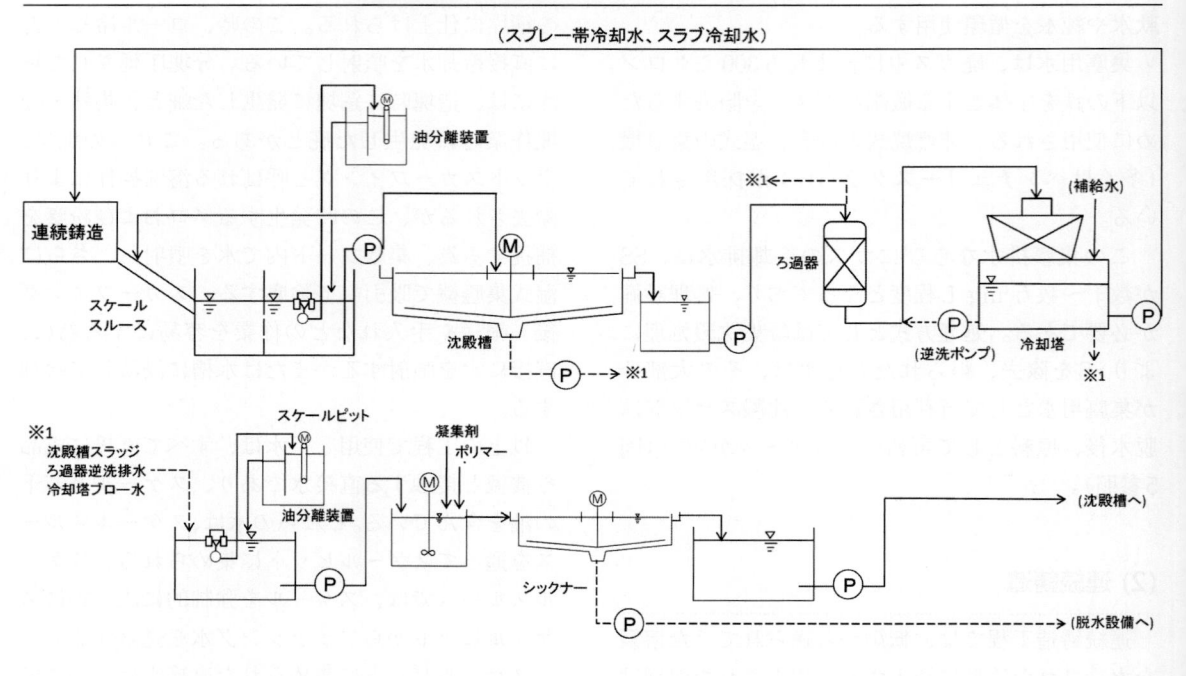

分塊水処理（直接水）フローシート（例）（図7）

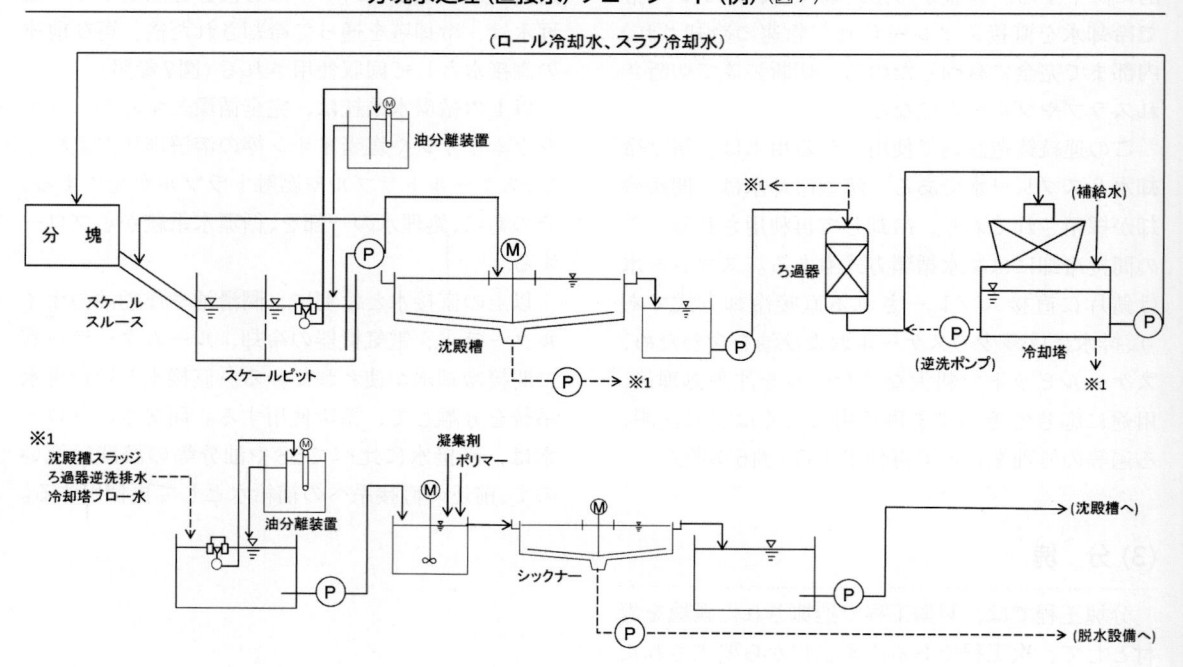

6 圧延工程

(1) 熱延工程

　熱間圧延工程（熱延行程）では、鋼板（厚板、薄板）、鋼管、条鋼等、製品に応じてさまざまな種類の圧延があるが、代表例として薄板の熱間圧延について述べる。

　分塊工程より送られたスラブは必要に応じて再度スカーフィングを行う。その後、加熱炉へ装入され、スキッドの上で均一に加熱される。加熱炉を出たスラブは、厚い一次スケールの被膜におおわれているので、10〜15MPaの高圧水を噴射、除去する（デスケーリング）。その後、粗圧延機で粗圧延した上、仕上げ圧延機で成品寸法に圧延される。その後、ホットランテーブル上で、水のスプレーにより所定の巻取温度に冷却され、ダウンコイラーによりコイル状に巻き取られる。

　以上、熱間圧延で使用される水は、加熱炉のスキッドパイプ、潤滑油や作動油のオイルクーラー、電気機器の冷却、ルームクーラー等の機器の間接冷却水と、圧延の度に発生するスケール除去用の高圧水、粗圧延により変形した部分を切断する切断機（クロップシャー）の冷却水、成品の冷却水等、直接成品に接触する直接水である。機器冷却水には間接冷却水が使われるが、これらの間接水は、直接水とは給排水系統を分離して、回収使用される。直接水は、スケールに起因するSSと若干の油を含んでいるため、スケールスルースに直接水を集めて、スケールピットで粗大スケールを沈澱分離した後、排水処理設備にて細かいスケールと油分を除去、冷却塔で冷却した後際使用している。

　粗ロール、仕上げロール、ホットランから出てくる直接水は、含有するスケールの大きさとその濃度がそれぞれ異なる。そのため、沈澱分離を行う際には各工程毎に処理系統を分離している（図8参照）。

(2) 冷延圧延工程

　冷延圧延工程は、鋼板を所定の厚みに冷間加工し冷延鋼板をつくるのが目的であり、大きく分類して、酸洗、冷間圧延、電解清浄、焼鈍、調質圧延（スキンパス）の工程がある。また、用途に応じてメッキ工程を経る。これらの工程で使用される用水は、加熱炉、オイルクーラー、測定計器等の機器冷却水（間接冷却水）と、直接成品と接触する直接水に大別される。冷延工程で使用する直接水は、酸洗浄によるスケール除去、成品の冷却、鋼板表面の洗浄、メッキ処理等の目的で、油や各種薬品を添加して使用する。排水としては含油排水・酸排水・アルカリ排水およびクロム含有排水に大別されるが、その性状はこれまでの工程における直接系統の排水とは異なっている。ここでは、直接水系統から発生する排水について述べる。

① 含油排水

　含油排水は、主に冷間圧延、調質圧延時に発生する。圧延の際の塑性変形により発生する熱を冷却し、ロールとの鋼板の焼付きを防ぐのと同時に、圧延を潤滑に行わせるため、圧延油と水を均一に乳化したエマルジョンをワークロールに吹きつける。この際発生する使用後のエマルジョンが含油排水である。この他、各種機械から漏れた油や、清掃時等に発生する少量の油も含油排水として取り扱うことがある。この含油排水は、浮上分離により処理を行うが、エマルジョン化した油分が除去できないことがあるため、その場合はエマルジョンブレーカーと呼ばれる分離促進剤を用いる。一般的にはまず、API、PPI、CPI等各種オイルセパレータによる自然浮上により浮上油を分離後、無機凝集剤を添加した上で、加圧浮上装置等強制浮上により、処理を行うのが一般的である。得られた処理水は、循環使用する場合と一過式で使用する場合とがある。分離油は焼却処分もしくは精製して再利用される。強制浮上処理の過程で発生したスカムは、焼却処分を行うが、その前に脱水処理を行う場合もある（図9参照）。

熱延水処理（直接水）フローシート（例）（図8）

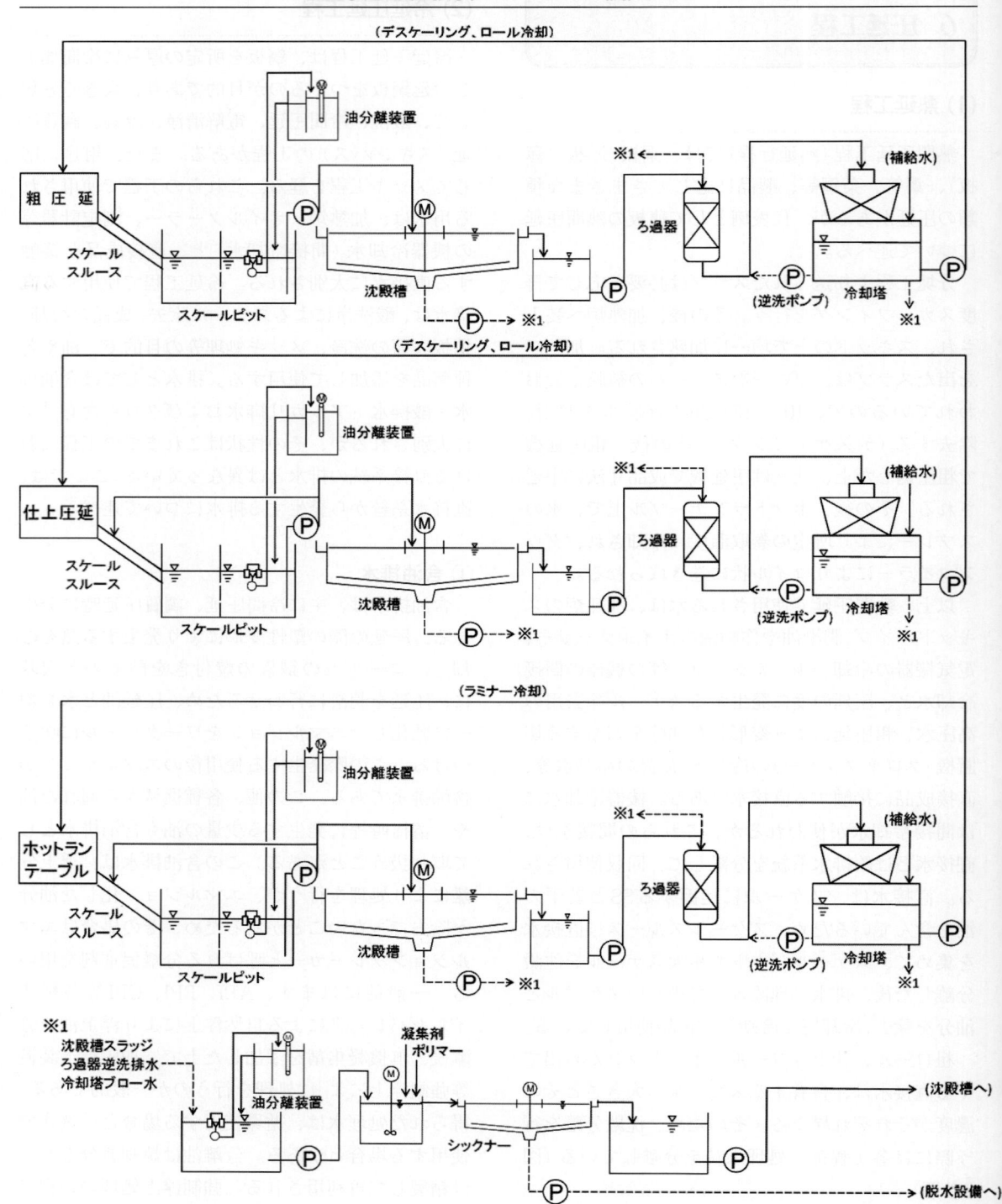

冷延含油排水処理フローシート（例）(図9)

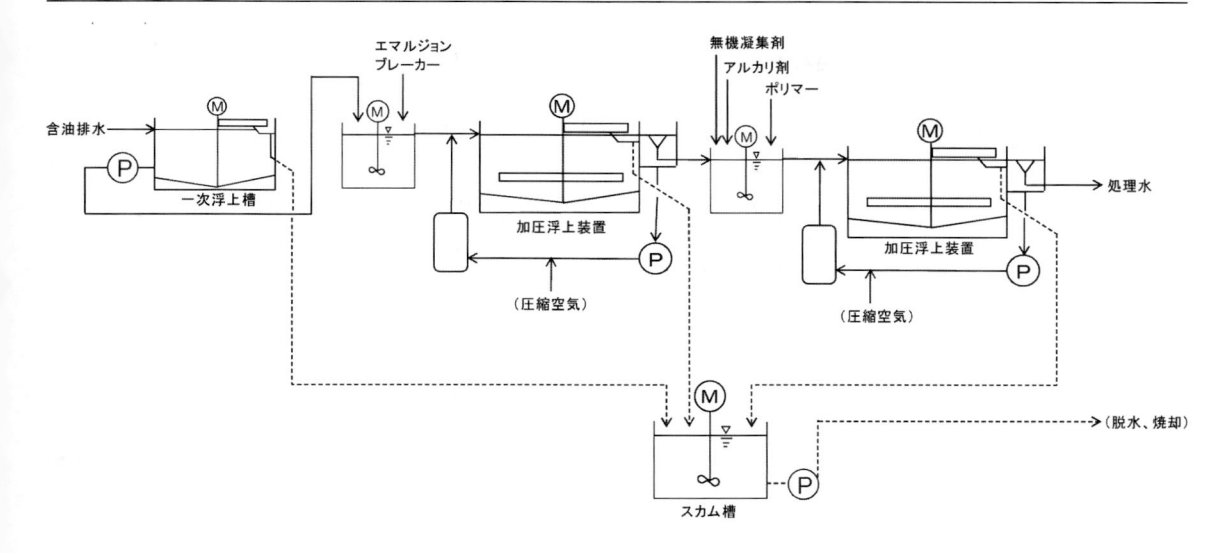

② 酸排水

　酸排水は、主に酸洗行程から発生する。熱間圧延から送られてきた材料コイル（熱延鋼板）表面の二次スケールを除去するため、塩酸または硫酸を所定濃度に調合した酸洗槽を通過することによって、完全にスケールが除去される。その後、板表面の残存酸液を水洗、乾燥後に塗油を行い巻取られる。酸洗槽内の酸は、徐々にスケール除去に伴い、鉄分が増加、酸洗効果が低下するので、古い酸液を廃出し、新しい酸液を調合・補給している。この水洗排水（希薄廃水）および廃棄される酸液（濃厚廃液）が酸排水である。希薄排水には、酸洗処理中に酸洗槽から発生するヒュームを洗浄するヒュームウォッシャーからの排水も含まれる。酸排水はpHが低い他に、除去したスケールの影響でFe等金属イオンが溶解している。処理方法としては、後述のアルカリ排水と混合、中和して処理を行うのが一般的である。なお濃厚廃液については、塩酸を回収する再生使用方式を採用実施している場合が多い。濃厚廃液を処理・放流する場合は、後述のアルカリ排水もしくは消石灰を添加して中和し、廃液中のFeイオンを析出・固液分離する方法が取られるが、数万～十数万mg/L単位でFeイオンが溶解しており、その大半がFe^{2+}であるため、通常の中和・固液分離だけでは処理水中にFe^{2+}が残留し、放流後に水中の溶存酸素により徐々に酸化されて赤水となる場合がある。そのため、処理過程においては曝気等により$Fe^{2+}→Fe^{3+}$へ酸化処理を行った上で固液分離を行うのが一般的である（図10参照）。

③ アルカリ排水

　アルカリ排水は主に、冷間圧延後の鋼板表面に付着している油脂を、電解清浄で脱脂する際に発生する。電解清浄槽で、通電処理を行いながら、オルソケイ酸ソーダを所定の濃度に希釈した建浴液に通して鋼板表面の油脂を除去する。その後、板表面の残存液を水洗する。建浴液は徐々に清浄効果が低下するので定期的に古い液を排出、新液を調合・補給する。この水洗排水（希薄廃水）および廃棄される液（濃厚廃液）がアルカリ排水であり、pHが高い他、油分が若干量含まれている。アルカリ排水は酸排水と混合して処理を行うのが一般的である。酸排水と混合するメリットは、①中和剤の削減と、②酸排水中の金属イオン析出による凝集効果である。一般的に、酸排水とアルカ

冷延酸排水・アルカリ排水フローシート(例)(図10)

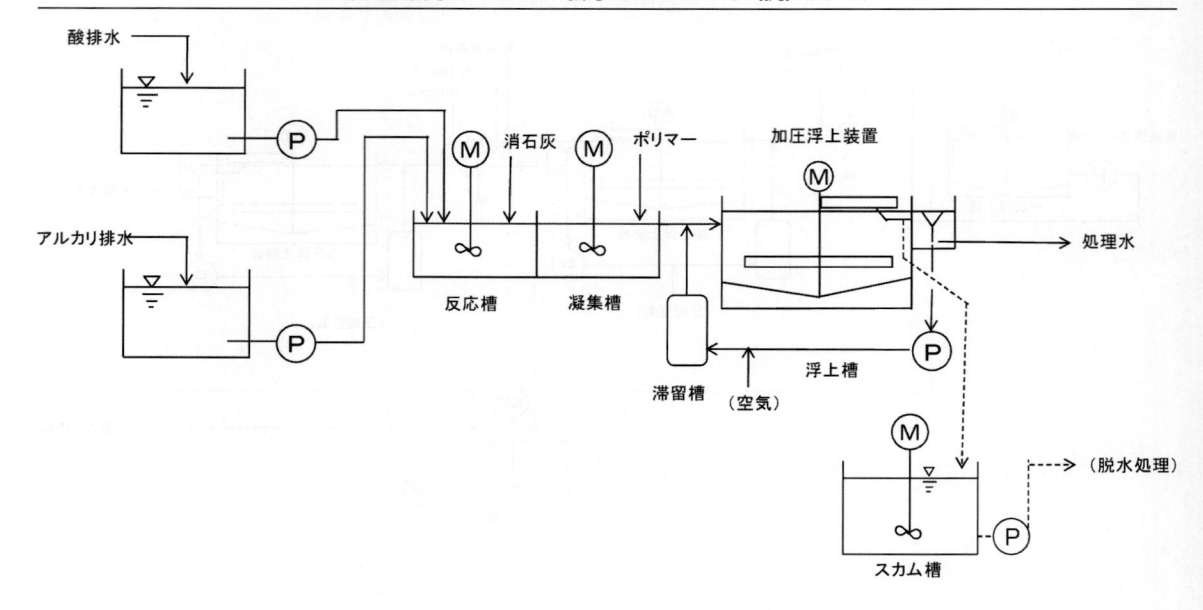

冷延クロム含有排水フローシート(例)(図11)

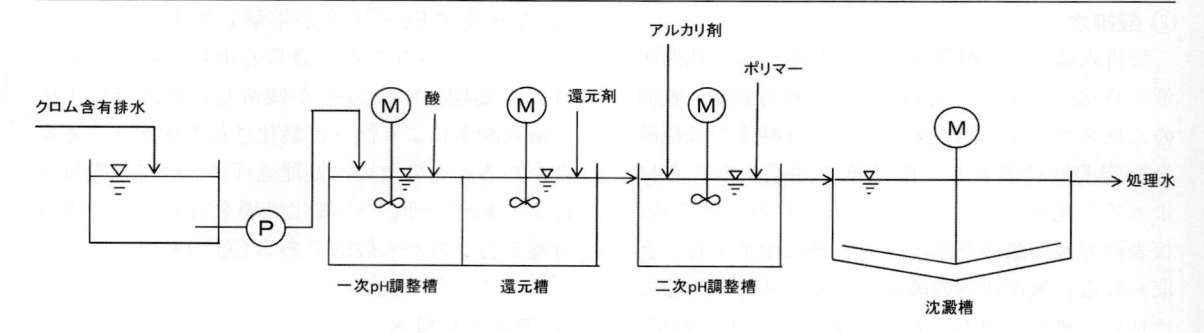

リ排水を混合後、消石灰を添加して中性前後に調整、強制浮上処理もしくは沈殿分離処理を行い、処理水を得る(図10参照)。

④ クロム含有排水

クロム含有排水は主に、亜鉛、錫等のメッキ処理工程から発生し、化学処理(クロメート処理)において使用するクロム酸に起因しており、主成分はCr^{6+}である。処理方式としては凝集沈殿が用いられるが、Cr^{6+}イオンのままでは水中から析出できないため、還元処理を行う必要がある。還元反応促進のため一旦pHを3以下程度に調整、重亜硫酸ソーダ、亜硫酸ソーダ等の還元剤を添加し、$Cr^{6+} \rightarrow Cr^{3+}$に還元する。その後pHを10前後に調整し、水酸化クロムとして凝集処理を行い、処理水を得る。発生したスラッジは、一般的には専用の脱水設備で脱水処理を行う(図11参照)。

冷延工程以前の工程では、間接系/直接水にかかわらず、かなりの部分で循環再利用が進められているが、冷延工程から排出される直接水系統の排水については、生産行程および排水処理過程における各種薬品の添加によりNa、Cl、Ca等の塩類濃度が上昇しているため、循環再利用すると発

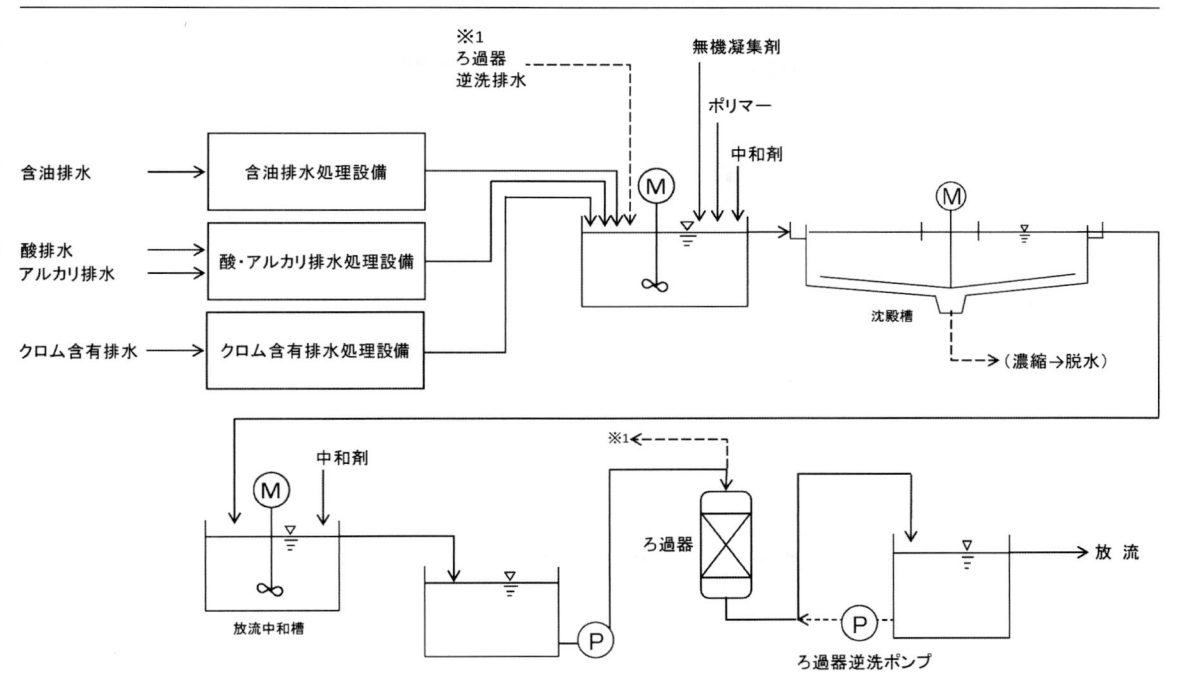

冷延集合水処理フローシート（例）（図12）

錆等の品質不良を引き起こす。このため、これまでは循環再利用の取り組み各々の処理水を集合・混合し、沈殿・ろ過等の仕上げ処理を行って放流している（図12参照）。最近、この冷延工程からの放流水について、排水量削減の目的で循環再利用する試みがなされているので後述で紹介する。

7 最近のトピック（新技術の適用）

最近の製鉄所の排水（戻水）の循環再利用率は非常に高く、放流水として捨てられる水は塩類濃縮を防ぐためのブロー、もしくは既存の排水処理では再利用できない水質レベルの水であると言える。都市圏の事業所では、生産能力を増強するために製造ラインを増やすにも放流水量枠や水質規制によって、工業用水使用量を増やすことができずに再利用率を極限まで高める必要がある場合も考えられる。また、地域によっては渇水期に必要量の工業用水を確保できない事例も見られる。実際にこのような背景から排水の循環再利用に取り組んでいる事業所の事例を紹介する。

前述のように、冷延工程からの直接系排水は塩類濃度に加えて有機物（COD や油分）、シリカなどが含まれており、再利用するためにはこれらを効率よく除去する必要がある。この事業所では、排水（二次処理水）から塩類を除去（脱塩）して工業用水レベルの水質の再利用水を生産するために、老朽化したイオン交換式脱塩設備に代わって新たに膜方式の設備が導入された。新しい脱塩設備は、排水を冷却する冷却塔と除濁用の精密ろ過（MF）装置、逆浸透膜（RO）装置で構成されており、既設の排水処理設備（中和、凝集浮上・沈殿、ろ過）の処理水を原水としている。計画造水量は 12,000 m^3/d で、2010年4月より稼働している。図13に処理フローと計画処理水質を示す。脱塩処理水は工業用水よりもかなり良い水質で工業用水本管に圧入回収されている。なお、過程で生じる

排水脱塩処理フローシートおよび水質 (図13)

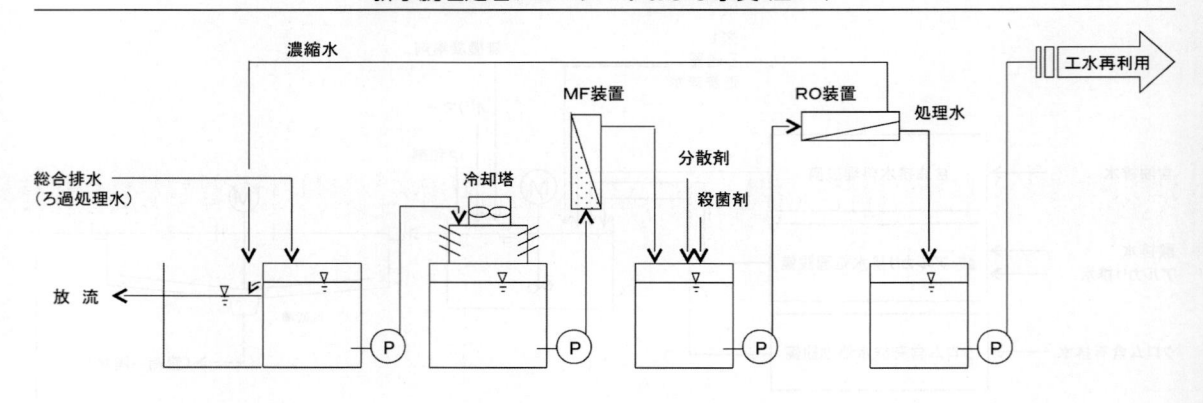

項　目	単　位	原　水	処理水 (保証値)
pH	−	7.0〜8.0	6.1〜8.6
SS	mg/l	<6	<6
導電率	μS/cm	<2,700	<220
COD$_{Mn}$	mg/l	<13	−
Ca	mgCaCO$_3$/l	<700	−

濃縮水は一部原水と混合して環境基準に定められた数値以下で放流されている。

製鉄所での新技術適用例として紹介したが、この方式はすでに液晶パネル工場や半導体工場での排水回収システム、あるいは下水二次処理水の再利用技術として広く採用されている。工業用水単価に比べて造水単価がまだ高いというのが技術的課題であるが、この点が改良されれば製鉄・鉄鋼業は多量の水を使用する業種であるため今後業界全体への広がりが期待される。

参考文献
1) 日本鉄鋼連盟／廃水処理技術指導書（鉄鋼工業部門）／1976
2) 栗田工業水処理薬品ハンドブック編集委員会／水処理薬品ハンドブック／栗田工業株式会社／1982

（藤嶋 均、塩田憲明）

7 機械加工・精密機械工場の排水処理

1 はじめに

　工場からの排水にはその工程特有の様々な有害物質・汚濁物質が含まれている。重金属、キレート剤のように金属処理を困難にする成分が共存するときの重金属、またCODやBODの原因となる有機物では処理する方法が異なる。重要なことは、排水成分の性質を考慮して処理の方法を巧く組み合わせて確実で経済的な処理設備にすることである。それから水源として何を使い、工場でどの程度の水質の水をどの位の量を必要としているのか、放流先はどこか、その工場の立地条件によっては水回収をおこなうことが経済的である場合がある。また環境への影響を最小限にすることも考慮する必要がある。ここでは機械加工・精密機械工場の排水処理設備を新旧合わせて五つ選び述べることとする。

2 機械加工工場の排水処理 ―超合金製造工程

　A社は自動車用ブレーキパッドを製造しているメーカーである。超合金の製造法を源流とした原料粉末の混合、焼結、加工という工程からの排水が出てくる。図1に排水処理設備（平成九年設置）のフローを示した。排水処理を要する主要な汚染物質は銅、COD及びBODである。三つの排水を各々の受槽に受け反応槽に送り所定の薬品を添加し一定時間反応させた後、脱水機（フィルタープレスタイプ）で脱水する。これで研磨工程のSSとCuが処理される。脱水後の濾液は次の接触酸化槽に送られBODとCODが処理されて放流される。接触酸化は微生物処理の一種であるが、BOD濃度が比較的低いときにその効果を発揮する処理法である。固体（微生物）と液体（処理水）を分離するための沈降槽は不要であるが、曝気槽の中に充填材を入れて微生物を固定しているためである。設備稼働後、処理基準値は守られていたが、臭いの問題が起こった。研磨工程では金属処理剤（キレート剤含む）が使われていたので、当初放流基準値Cu 1mg/Lを満足させる為に図中のHeldy－Mではなく硫化ソーダを用いて凝集処理をおこなっていた。通常のハイアルカリによる凝集ではCuの処理が困難であるからである。臭いの問題を解決するために、硫化ソーダに変えて特殊な金属処理薬品（Heldy M）を使う方法に改造をおこなった。その結果、原水のCu濃度104mg/Lに対して、処理水（脱水機ろ液）のCu濃度が<0.05～0.2mg/Lとなり、臭いも無くなり作業環境が大きく改善された。

3 機械加工工場の排水処理 ―ベアリング（軸受け）研磨工程

　B社は自動車を中心とした用途で使用されるベアリング（軸受け）を製造しているメーカーであ

(図1)

```
                              Heldy-M
                              CaCl₂
                              H₂SO₄
                              PAC
                              ケイソウ土
                                ↓
研磨排水A ─→ 受槽 ─┐
                  ├─→ 反応槽 ─→ 脱水機 ─→ 接触酸化槽 ─→ 放流
研磨排水B ─→ 受槽 ─┤   (回分処理)                         PH   5.8~8.6
                  │                                      Cu   <1mg/l
研磨排水C ─→ 受槽 ─┘                                      BOD  <20mg/l
                                                         COD  <20mg/l
```

(図2)

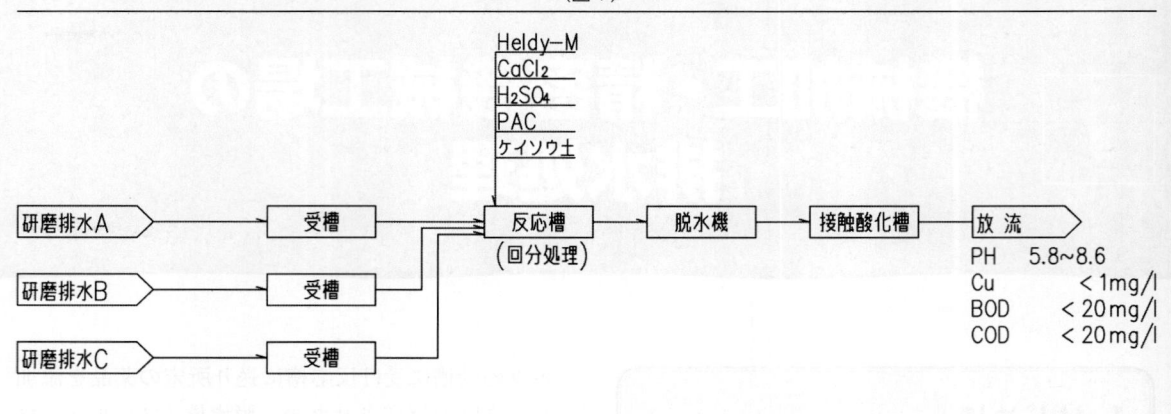

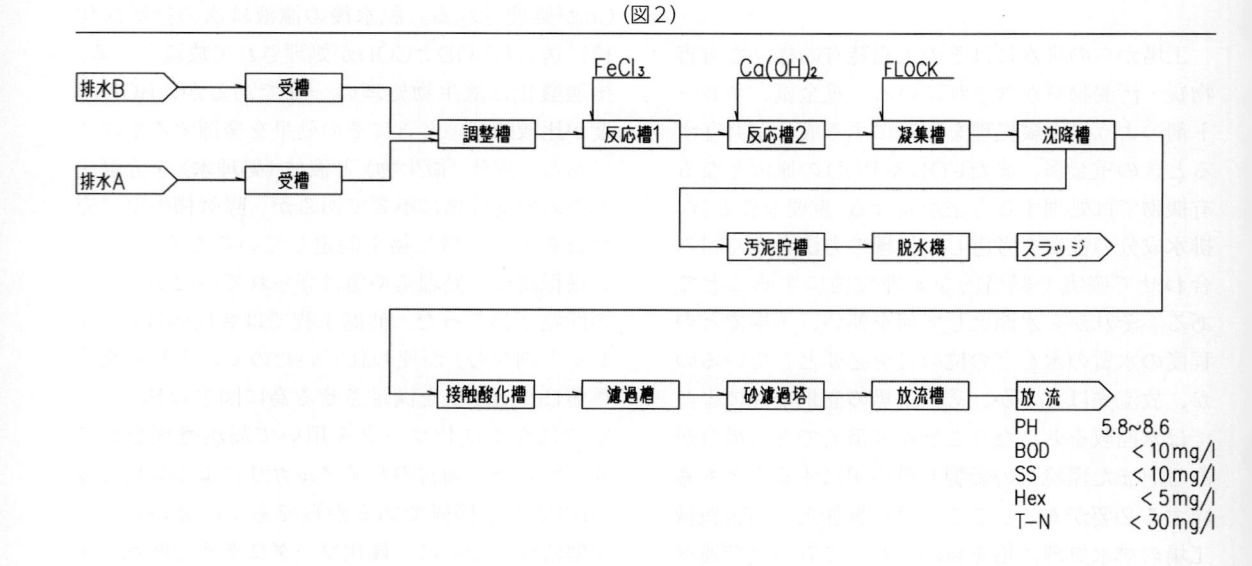

```
                              FeCl₃      Ca(OH)₂    FLOCK
                                ↓          ↓          ↓
排水B ─→ 受槽 ─┐
              ├─→ 調整槽 ─→ 反応槽1 ─→ 反応槽2 ─→ 凝集槽 ─→ 沈降槽 ─┐
排水A ─→ 受槽 ─┘                                                   │
                                                                   ├─→ 汚泥貯槽 ─→ 脱水機 ─→ スラッジ
                                                                   │
         ┌─────────────────────────────────────────────────────────┘
         ↓
       接触酸化槽 ─→ 濾過槽 ─→ 砂濾過塔 ─→ 放流槽 ─→ 放流
                                                    PH   5.8~8.6
                                                    BOD  <10mg/l
                                                    SS   <10mg/l
                                                    Hex  <5mg/l
                                                    T-N  <30mg/l
```

る。図2に排水処理設備（平成五年設置）のフローを示した。主たる排水の工程は研磨工程であるが、排水処理を要する主要な汚染物質は、BOD、SS、Hex抽出物質（油分）及び全Nである。二つの排水を各々の受槽に受け、調整槽を経て反応槽1と反応槽2で凝集反応をさせた後、さらに凝集槽で高分子凝集剤を添加し粒子を大きくさせてから沈殿槽で固液分離を行う。ここでSSと油が除去され、次の接触酸化処理に送られてBODが除去される。次に砂ろ過塔でSSをシングルオーダーまで処理し放流される。接触酸化槽から一部リークするSSは微生物が殆どでありBODとして検出されるので砂ろ過塔はBODの高度処理の役目も果たしている。この地域では窒素の規制がかかっている。窒素については原水濃度が比較的低濃度であるので処理システム全体で基準値までの処理が可能であった。

(図3)

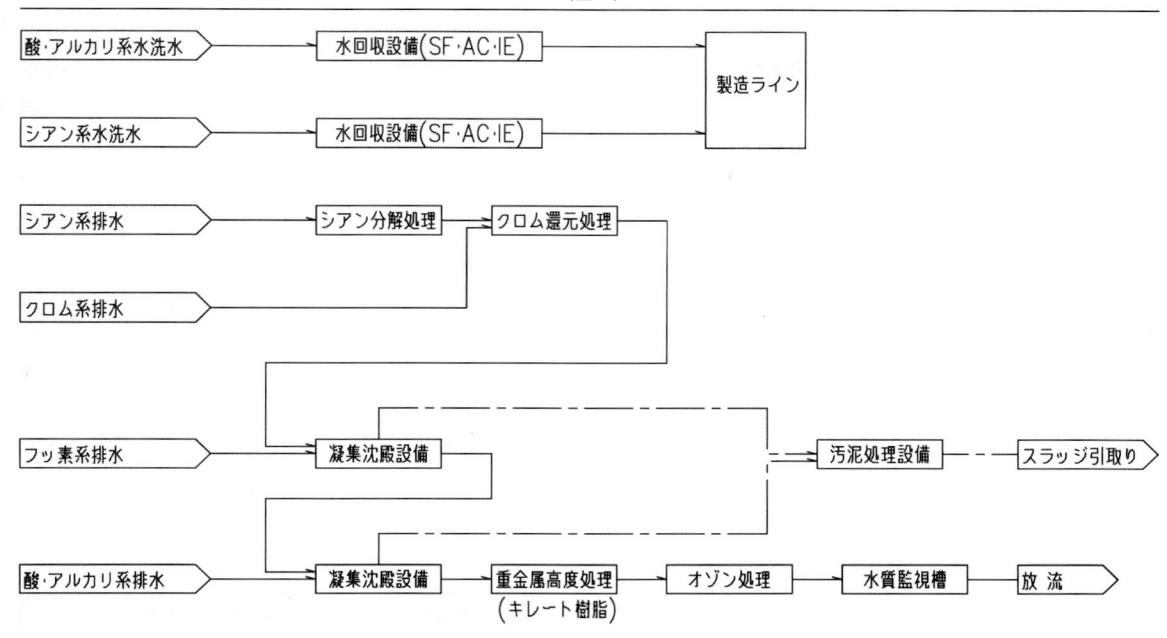

```
酸・アルカリ系水洗水 → 水回収設備(SF・AC・IE) → 製造ライン
シアン系水洗水 → 水回収設備(SF・AC・IE) →

シアン系排水 → シアン分解処理 → クロム還元処理
クロム系排水 →

フッ素系排水 → 凝集沈殿設備 → 汚泥処理設備 → スラッジ引取り
酸・アルカリ系排水 → 凝集沈殿設備 → 重金属高度処理(キレート樹脂) → オゾン処理 → 水質監視槽 → 放流
```

4 精密機械工場の排水処理 ―メッキ工程、表面処理工程

　昭和五十年代、東京都下静穏な住宅地の中にある世界有数の時計メーカーに排水処理設備を設置した。現在は生産ラインが地方に移転して研究施設のみが稼動しているが、当時化学雑誌社が取材したときの参考文献・資料[1])を見ると環境に配慮したシステムという点では現在にも通じる点が幾つも取り入れられていたことがわかる。

　水晶時代の出現とともに精密機械から精密電子機器へと変身しプリント基板、液晶パネル、ICなどが時計の主要な部品となり、排水の中身はメッキを含む表面処理工程排水と基本的には同じである。

　フローを図3に示す。排水処理設備は濃度の薄い水洗水を対象に製造ラインに水を送るリサイクル設備と比較的濃度の高い排水を対象にした排水処理設備から成り立っている。

(1) リサイクル設備

　この設備の一番の特徴は生産ラインの用水を今まで地下水に頼っていたのを水回収し地下水の汲み上げ量を大幅に削減した点にある。このことは地盤沈下を防ぐと同時に以下の経済的利益も生み出している。工場からの有機物を殆ど含まない排水（水洗水）を原水としイオン交換樹脂により純水を作り、メッキ等の水洗水として再利用している。一日の排水823m^{3}に対して670m^{3}の水を回収し生産ラインの水洗水として再利用し、153m^{3}排水を高度処理後放流しているので、82%以上の水回収率である。この純水製造の処理コストは45円/m^{3}と非常に安価であるのに対して、仮に上水を利用したときは250円/m^{3}と高価となるので、水回収メリットは大きい。（なお、現在なら下水道放流になっているので水回収メリットはさらに大きくなる。）

(2) 排水処理設備

メッキ工程からの排水にはシアンや六価クロム等の有害物質が含まれ、その他表面処理工程からの排水にはFや酸、アルカリが含まれている。シアンとクロムの排水は、先のメッキ工場の排水処理でも触れられているような処理をおこない、無害化してから次の処理に合流させる。フッ素系排水のFはフッ化カルシウム（固体）として除去し処理水は次の処理に合流させる。排水の中で一番水量の多い酸・アルカリ排水の中には、重金属や有機物（COD源）が含まれるので凝集沈殿によって重金属とSSを除去し、キレート樹脂により重金属の高度処理を行った後、放流のためのCOD処理としてオゾン酸化処理をおこなっている。リサイクルにより80％以上の水回収が行われた結果、放流側の排水はかなり濃縮されている。当然有機物濃度も高くなっているので放流基準のCODを守るためにはCODの高度処理が必要である。オゾンは一般の酸化薬品よりも酸化力が強いが、酸化剤を注入しオゾンと併用することによりOHラジカルが発生しより酸化力が増す。このCOD対策を採用している。

汚泥の処理は二つの凝集沈殿設備からの汚泥を併せて脱水機により処理をおこない、脱水した汚泥は定期的に引き取られる。

(3) その他の対策

本設備の特徴は、上に記した水資源の有効利用及びCOD高度処理ばかりでなく、住宅地ならではの騒音対策や地下汚染対策も採っていることである。

設備は地下三階から屋上へと立体的な構造とし、地下二階に動力源のポンプ類を集中配置し、外部との間を厚さ100ミリの防音壁で囲む等の対策をとることによって敷地境界では45dB未満となり昼間の規制値を満足している。なお、夜間は周辺住民への配慮をして設備の運転を停止している。また、地震などによる地下水汚染に対しては地下水槽及び薬品槽を二重構造、すなわち地下三階部は土木槽の中に樹脂製の槽を設置し排水や薬品の漏れを点検できる構造としている。

取材した記者のあとがきによると、今後の排水処理施設の設計の根本思想の中には"環境との調和"という六文字をはずしてはならない。"本工場は環境、そして排水の再利用という二大テーマに取り組んだ最新の施設といえるだろう。"と記している。近年、ISO品質システム及びISO環境マネージメントシステムにより環境への配慮が叫ばれていて、若い世代の人々はこれらが最近の気運と思われるかも知れないが、（本排水処理設備に限らず）ISOより二十年も前から一部の企業とエンジニヤリング会社により実現されていたことを改めて思い出した次第である。

5 精密機械工場の排水処理
―小型バルブ（材質ステンレス）の酸洗、鋳造工程

図4は鋳物製の小型バルブ（材質ステンレス）を製造している工場の排水処理設備（平成19年）のフローシートである。主な工程は酸洗と鋳造であり、主な汚染物質は重金属類のFeとCr（三価）、N、及びFである。各工程の排水を受槽に受け、新設の凝集沈殿でFe、Crを水酸化物、FをCaFの不溶性の形態に変化させて除去し、さらに微生物処理によりNを無害の窒素ガスとして大気放散とした。このN処理は生物学的な方法でおこなわれる。排水中には殆どBODが含まれていないので活性汚泥が入った脱N槽にメタノールを添加して空気を遮断すると、活性汚泥は生きるために排水の硝酸イオンの中の酸素を消費する。その結果窒素が遊離し脱Nがおこなわれる。極めてナチュラルな方法であるが広くおこなわれている方法である。脱N後の沈降槽上澄水にはFがまだ残っているので既設の凝集沈殿装置を経て放流される。既設ではアルミを用いた凝集処理であるのでFはさらに処理できる。これらの処理を施すことにより放流基準値F<5mg/L、N<100mg/L、Cr<1mg/Lが可能となった。

（図4）

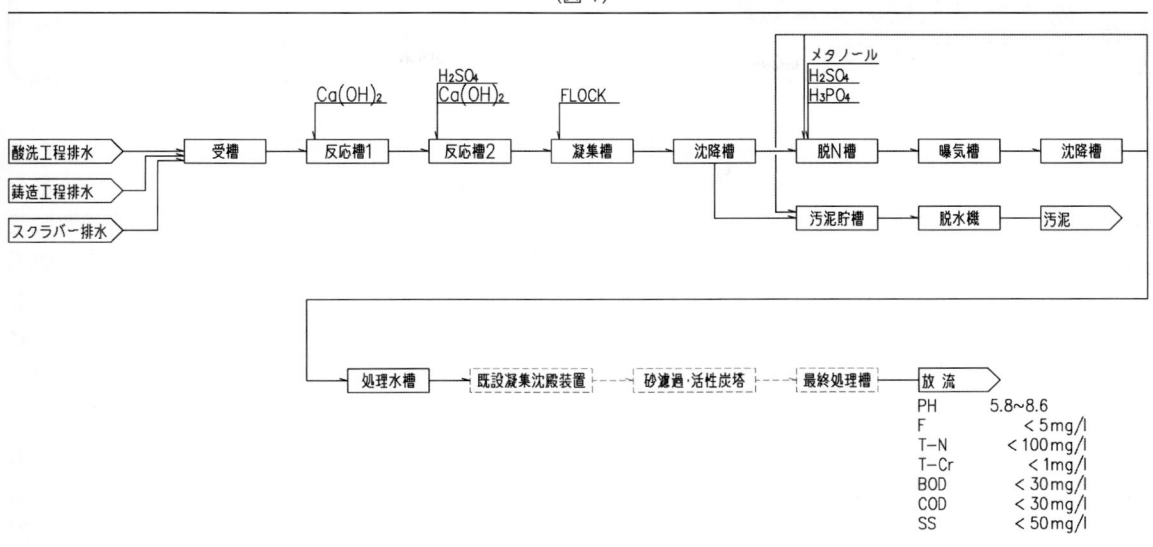

```
酸洗工程排水 ─┐
鋳造工程排水 ─┼→ 受槽 → 反応槽1 → 反応槽2 → 凝集槽 → 沈降槽 → 脱N槽 → 曝気槽 → 沈降槽
スクラバー排水 ─┘         ↑Ca(OH)₂  ↑H₂SO₄    ↑FLOCK            ↑メタノール
                                    Ca(OH)₂                      H₂SO₄
                                                                 H₃PO₄
                                                    ↓
                                                  汚泥貯槽 → 脱水機 → 汚泥

処理水槽 → 既設凝集沈殿装置 → 砂濾過・活性炭塔 → 最終処理槽 → 放流
```

PH	5.8~8.6
F	< 5 mg/l
T-N	< 100 mg/l
T-Cr	< 1 mg/l
BOD	< 30 mg/l
COD	< 30 mg/l
SS	< 50 mg/l

（図5）

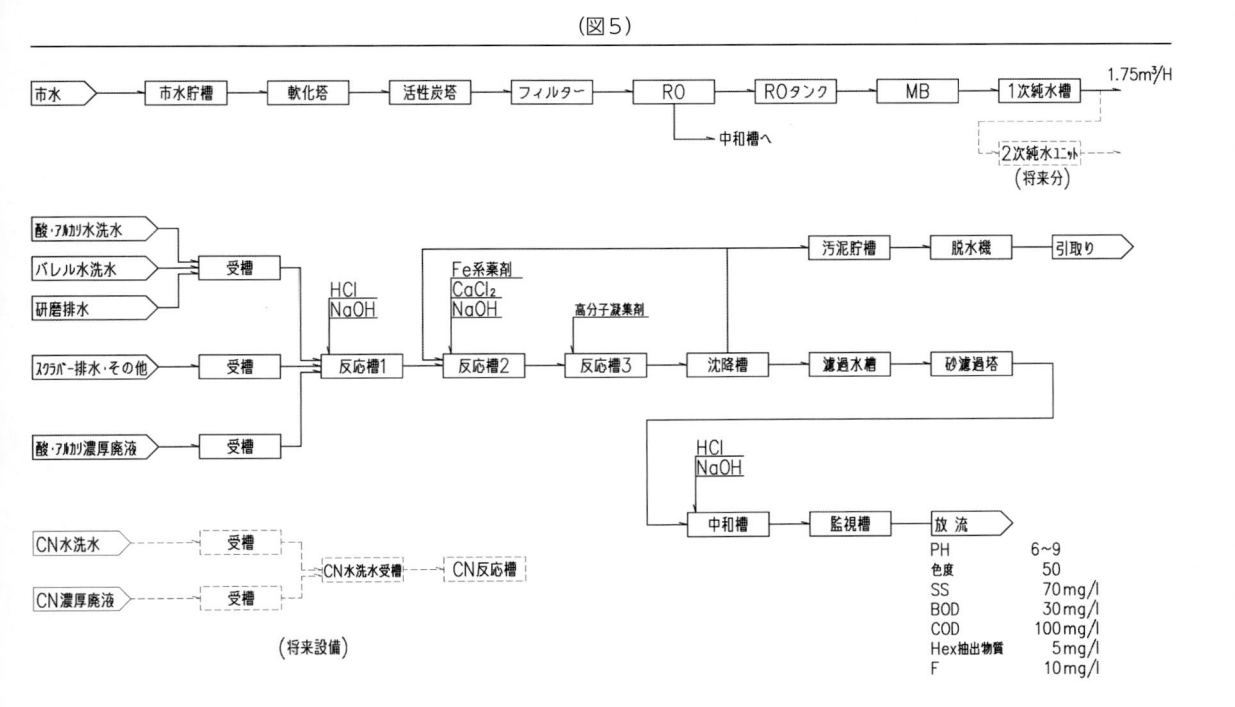

```
市水 → 市水貯槽 → 軟化塔 → 活性炭塔 → フィルター → RO → ROタンク → MB → 1次純水槽   1.75m³/H
                                                    ↓                          ┊
                                                  中和槽へ                  2次純水ユニット
                                                                            （将来分）

酸・アルカリ水洗水 ─┐
バレル水洗水 ─────┼→ 受槽 ─┐
研磨排水 ────────┘        │                                      汚泥貯槽 → 脱水機 → 引取り
                           │         ↑HCl      ↑Fe系薬剤            ↑
スクラバー排水・その他 → 受槽 ┼→ 反応槽1 → 反応槽2 → 反応槽3 → 沈降槽 → 濾過水槽 → 砂濾過塔
                           │   ↑NaOH    ↑CaCl₂   ↑高分子凝集剤
酸・アルカリ濃厚廃液 → 受槽 ─┘           NaOH
                                                          ↓
                                                        中和槽 → 監視槽 → 放流
                                                          ↑HCl
                                                          NaOH

CN水洗水 → 受槽 ┐
              ├─ CN水洗水受槽 ─── CN反応槽
CN濃厚廃液 → 受槽 ┘
              （将来設備）
```

PH	6~9
色度	50
SS	70 mg/l
BOD	30 mg/l
COD	100 mg/l
Hex抽出物質	5 mg/l
F	10 mg/l

6 精密機械工場の排水処理 —小規模時計工場

時計のムーブメントを生産している工場に排水処理装置（2002年）を納めた。日本と香港の合弁会社が中国南部（広州）で操業している。先の時計工場のときと異なり排水量は時間当たり10m^{3}と比較的小規模であり、酸洗、化学研磨、バフ研磨、ダイシング等の工程からの排水を対象としている。図5にフローを示した。はじめの凝集沈殿ではFの処理性を向上させるために幾つかの薬品を使い且つ汚泥の循環を工夫した。さらに砂ろ過塔を通して中和槽・監視槽から放流することにより基準が満たされている。ここでは水回収はおこなわなかったので排水の濃縮がおこなわれないので簡素な排水処理設備であるが、中国国家標準の放流基準（GB）を満たししかも経済性を優先した設備となっている。

7 あとがき

図3の精密機械工場はセミクローズドシステムの例である。水洗水をリサイクルし残りの排水を放流するのでそう呼ばれている。高度成長期に完全クローズドシステムが流行した。排水を一切工場外に出さないことからその名がついていた。濃度の高い排水を逆浸透装置又は電気透析装置で濃縮しさらに蒸発濃縮装置で塩の形とし業者引取り処分としていた。国や自治体がそのような規制をしていたのではなく、地域の事情（たとえば漁業組合との約束等）であったように思う。今後は第一に経済的なシステム、それに加えて環境への配慮（エネルギー回収、省エネ機器の使用等）したシステムづくりが必要となろう。

参考文献
1) 公害と対策　昭和57年9月号

（森山　徹）

8 食品加工、飲料工場における用・排水処理

1 用水

　用水の水源は、生活排水による水源の悪化や地下水使用量の抑制対策などで、最近では良質の水を必要量確保することが、必ずしも容易ではなくなっている。本項では、この状況をふまえて、食品加工・飲料に適した用水、およびその改良技術について述べる。

(1) 用水の選び方

① 水源

　通常、食品加工・飲料工場における用水の水源は、水道水、井戸水、地表水の3つに大別される。大規模工場では井戸水、地表水を、小規模工場では都市上水道水、井戸水を使用するのが一般的である。

ⓐ 都市上水道水

　日本の水道水は、質的にも衛生的にも上質の水である。しかし、食品加工・飲料の製造用途においては、水質の分析は不可欠である。とくに残留塩素、アルカリ度、鉄、マンガン、細菌数などについては、細心の注意が必要である。

ⓑ 井戸水

　地下浸透していく間に、濁りや細菌類がろ過や吸着作用で除去されるため、一般的に清澄である。その反面、地表水と比較して、鉄、マンガン、硬度、アルカリ度などが高い場合が多い。最近は、地盤沈下を防止するため、井戸水の汲み上げが規制されているところも多いので注意が必要である。

ⓒ 地表水

　河川水や湖沼水などの地表水は、雨水が流下する過程で土壌や岩石の成分を溶かし込んでおり、その溶存物質の組成や濃度は降雨量や地質により大きく左右される。地表水には溶解成分の他に流水に洗い流された浮遊物も含まれ、処理に際しては万全の注意が必要である。

② 用水の基準

　飲料水基準に適合しているものであるべきことは当然であるが、更に用途によっては表1に示すような水質を満足しなければならない。浄化設備との組合せにより、低廉かつ安定的な供給が可能であることが重要となる。各水質項目が与える影響について簡単に述べる。

ⓐ 濁り

　原因物質としては微生物、ケイ酸、鉄、マンガンなどの化合物、粘土などがあげられる。除去方法としては、凝集沈殿法とろ過法の組合せ、またはろ過法が用いられている。

ⓑ 色

　原因物質としては植物の分解生成物であるフミン酸や、その他鉄、マンガンによる着色例も多い。脱色法として一般的なものは、凝集沈殿

食品加工、飲料用水の水質限界濃度(表1)

(単位　mg/L)

	項目	限界濃度
1	濁り	透明
2	色	無色
3	味	無味
4	臭気	無臭
5	アルカリ度 as $CaCO_3$	50 以下
6	硬度 as $CaCO_3$	100 以下(50 以下が望ましい)
7	鉄	0.1 以下
8	マンガン	0.1 以下
9	過マンガン酸カリウム消費量	10 以下
10	残留塩素	検出されず

法である。その他塩素剤、またはオゾンによる酸化処理法、活性炭による吸着法などがある。

ⓒ **臭気及び味**

臭気の原因がガス体の場合は除鉄、除マンガン処理、硬度に起因する場合は軟化処理が行われている。微量の臭気、味の除去には活性炭による吸着処理も有効である。

ⓓ **アルカリ度**

アルカリ度は水中に含まれる水酸化物、炭酸塩、重炭酸塩に起因する。アルカリ度が高いと、フレーバー変化の要因となる。処理法としては、軟化処理や脱炭酸処理が用いられる。

ⓔ **硬度**

硬度の高い用水を使用すると、容器にスケールが発生したり、曇りを与えたりするので注意が必要である。除去法としては軟化処理が行われる。

ⓕ **鉄・マンガン**

鉄やマンガンを含む水は、酸化されると着色したり、沈殿物を生じ、濁り・風味の低下をもたらす。

ⓖ **過マンガン酸カリウム消費量**

製品の変質、沈殿物の生成などをもたらす要因となる。除去方法としては、塩素剤やオゾンによる酸化処理、活性炭による吸着除去、除鉄、除マンガン処理などが行われる。

ⓗ **残留塩素**

強い酸化剤である塩素は、製品の色や香料を変化させてしまい、味にも影響を与える。除去する方法として活性炭による処理が望ましい。

ⓘ **微生物**

水中に存在または繁殖する藻類、バクテリア類、カビ類、原生動物などは有害な存在である。原料用水だけでなく、導管、器具などもつねに清潔に保つ必要がある。塩素酸化処理および、最終工程で紫外線殺菌処理をするのが一般的である。

ⓙ **トリハロメタン(THM)**

THMは有機物が多く含まれている原水に対して、塩素処理を行うと生成しやすいと言われている。除去方法としてはできるだけ有機物を除去しTHMの生成を抑制する方法と、生成したTHMを活性炭やオゾン処理により除去する方法がある。

(2) 水質の改良技術

安定して優れた用水を得るためには、原水の水質を把握し、どの項目を改良すべきか把握しなければならない。そして改良にあたっては、数種の単位操作を組み合わせた最適な水処理設備を考える必要がある。図1に一般的な用水処理フローを示す。また以下に水質の改良技術について述べる。

用水処理フロー（例）（図1）

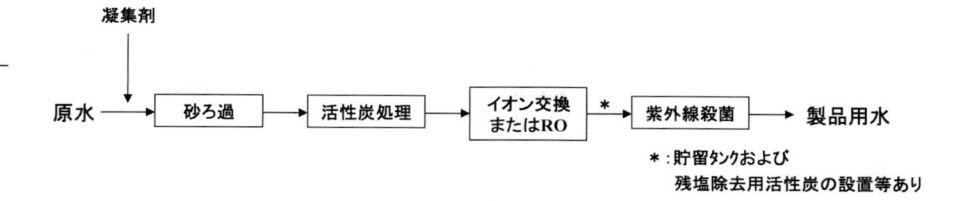

原水 → 砂ろ過 → 活性炭処理 → イオン交換またはRO → ＊ 紫外線殺菌 → 製品用水

凝集剤（砂ろ過の上に添加）

＊：貯留タンクおよび残塩除去用活性炭の設置等あり

膜処理法の適用範囲（図2）

ろ過膜種類		
	← （砂ろ過）	
	← MF（精密ろ過）膜	
	← UF（限外ろ過）膜	
← RO（逆浸透）膜		

粒子径：
- バクテリア
- ウイルス
- コロイド物質
- クリプトスポリジウム
- 溶解塩類

光学顕微鏡領域　　肉眼可視部領域

| μm | 0.0001 | 0.001 | 0.01 | 0.1 | 1 | 10 | 100 | 1000 |
| nm | 0.1 | 1 | 10 | 100 | 10^3 | 10^4 | 10^5 | 10^6 |

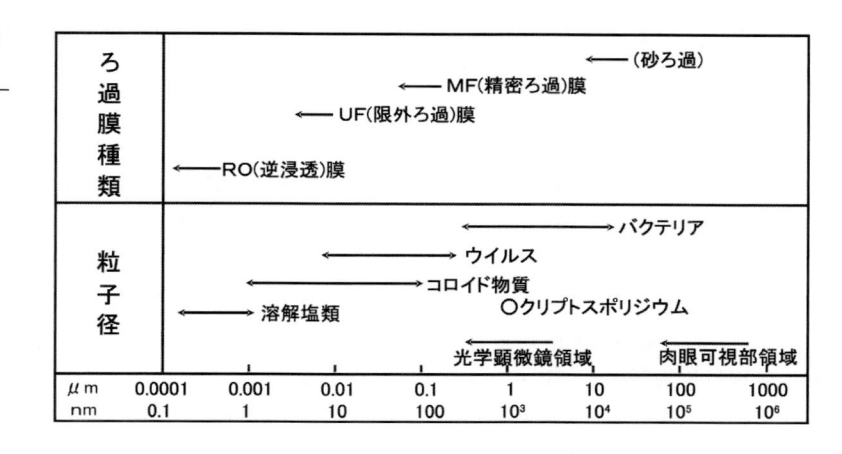

① 凝集ろ過

アルミニウム塩や鉄塩を凝集剤として用い、これを添加した時点で生ずる水酸化アルミニウムや水酸化鉄に、濁りや着色原因であるコロイド成分を吸着させてフロック化し成長させて、砂ろ過等でろ過して除去する方法である。濁りや着色成分除去に有効な処理方法であり、井戸水・地表水などでは、この方法によりまず処理されるべきであろう。また、次亜塩化ナトリウム等の酸化剤を凝集剤と併用することで、鉄・マンガンの除去も期待される。

ⓐ 凝集剤

無機凝集剤には、硫酸バンド・PAC等のアルミニウム塩や塩化第二鉄・硫酸第一鉄等の鉄塩が代表される。凝集反応を行う場合に影響する条件として考えられるものには次のような事項があげられる。これらの項目に対し処理に最適な条件をジャーテスタで試験後に決定すべきである。

（凝集反応に影響する条件）

原水性状、凝集剤種類、凝集剤添加量、凝集時のpH、攪拌時間、攪拌強度、水温

ⓑ 酸化剤（除鉄・除マンガン）

次亜塩化ナトリウム等の塩素酸化により、鉄・マンガン成分を第一鉄塩および二酸化マンガンの不溶性の形にした後に、凝集ろ過により除去する方法である。原水にアンモニア性窒素が含まれる場合は、この酸化に塩素が多量に消費されるので注意が必要である。

ⓒ ろ過法

ろ過法とは簡単にいえば多孔質の層に水を通して水中の濁りを除去する方法であり、下向流圧力式ろ過機が使用されていることが多い。

ろ材としては主に有効径0.6mm前後の砂が使用されるが、よりろ材のSS捕捉量を多くするため、砂の上部にアンスラサイトを充填した2重層ろ過も多く使用されている。

ろ過機の底部には集水装置が取付けられており、ろ過面全体で均一にろ過処理が行える構造

となっている。一定水量ろ過処理を行うと、蓄積したSSを排出するために、逆洗運転が必要となる。

② 膜ろ過

膜処理には多くの種類の膜が利用されているが、膜の有する孔の大きさにより精密ろ過（Micro Filter：以下MFという）、限界ろ過（Ultra Filter：以下UFという）、逆浸透（Reverse Osmosis：以下ROという）の三種類が多く用いられている。これらの膜処理法について処理対象物質の大きさに対する適用範囲を図2に示す。

ⓐ 精密ろ過（MF）

MFは、ろ過膜の孔径が50nmから10μm程度であり、処理対象物質により選択する。処理対象物質がこの膜で除去できるかどうかは主として対象物質の大きさによって決まるが、膜および物質の特性によってもその性能が異なってくる場合があり、注意が必要である。バクテリア類については膜の特性にもよるがMF膜で除去が可能である。

ⓑ 限界ろ過（UF）

UFはMFと後述のROの中間に位置する孔径をもつ膜が用いられる。透過性の指標は種々の特定高分子水溶液を処理し、その透過率を測定することにより分子量の分画性でみる。分画分子量は100～10,000程度にわたっているが、じっさいには処理対象物質の大きさだけでなく、膜および物質の特性により同じ分子量でも透過率が異なってくる。バクテリア類、ウイルス類についても膜の特性にもよるが、UF膜で除去が可能である。装置としては平膜ではスペース当たりの有効膜面積が小さいため、チューブ型、スパイラル型、中空糸膜などに加工してモジュール化したものが多い。

ⓒ 逆浸透膜ろ過（RO）

脱塩目的で利用される場合が多く、脱塩の項で詳述する。膜の脱塩性能は食塩の排除率を指標としており、用途に応じて食塩排除率99.8%の膜から50%程度のルーズ膜まである。

③ 脱塩

原水中に溶解塩類が多い場合、飲料水に適さない為脱塩を行う必要がある。この脱塩方式としては逆浸透圧法、イオン交換樹脂法がある。

ⓐ 逆浸透圧法

塩水を半透膜を介して水と接触させると、水は半透膜を透過して塩水側に移動する。この移動はある圧力下になると平衡状態となり停止する。このときの圧力を浸透圧という。この後塩水側に逆浸透圧以上の圧力をかけると塩水側の水が半透膜を透過し水側に移動する。この減少を逆浸透現象といい、この圧力を逆浸透圧という。このように逆浸透法では原水側に圧力をかけて半透膜を通して脱塩された水を得るが、このときの圧力は原水および処理水の濃度によって異なるが2.0～20kPaである。この方法で処理する場合、膜の汚染が問題であり、回収率、原水水質、処理水水質によっても異なるが、次の点に注意して前処理を行うべきである。

（前処理で注意すること）
- pH調整、SS除去、カルシウムの析出対策、鉄・マンガンの除去、コロイド除去、溶解性有機物除去、細菌・藻類の除去、シリカ除去

上記のような前処理を行った場合でも膜は汚染される為、適時膜の洗浄が必要である。

ⓑ イオン交換樹脂法

イオン交換樹脂とは陽イオンまたは陰イオンの置換基を有する合成樹脂であって、それぞれ陽イオン交換樹脂、陰イオン交換樹脂と呼ばれる。原水が陽イオン交換塔を通過すると、原水中のNa^+、Ca^{2+}やK^+などの陽イオンが樹脂の置換基で捕捉され、代わりに原水中に置換基から外れたH^+が残る。また、陰イオン交換塔を通過すると、原水中の、Cl^-、CO_3^{2-}やSO_4^{2-}などの陰イオンが樹脂の置換基で捕捉され、代わりに原水中に置換基から外れたOH^-が残る。イオン交換樹脂法

では、このようなイオンの吸収作用を利用して目的に合った水処理を行う。また、イオンの交換容量を越えて通水すると処理水中に除去すべきイオンが漏出してくるため、この時点で樹脂の再生が必要となる。再生は樹脂の種類や使用方法によって異なるが、塩酸、硫酸、水酸化ナトリウム、食塩水などが用いられる。

2 排水

食品加工・飲料工場から排出される排水は、その製造品目だけではなく個々の工場における水利用形態によってその量及び質が大きく異なる。とくに近年、クリーナープロダクションの概念が広く理解されるようになり、汚濁負荷量低減のために積極的な製造工程の見直しが行われ、同一製造品目であっても排水の量、濃度が大きく異なるケースがでてきた。この状況をふまえて、排水処理の基本事項、フローおよびその処理技術について述べる。

(1) 排水処理の基本

① 処理計画

排水処理は製造工程から排出される排水を放流先の排水基準に適合させるために、排水中の汚濁成分を汚泥もしくは濃縮液として分離除去するものである。処理計画には以下の項目を考慮する必要がある。

ⓐ 排水特性の明細化

製造工程を踏まえ、排水量、水質及びそれらの時間的、季節的変動などの排水特性の明細化が重要である。また排水処理の効率化を念頭に置きながら連続排水と回分排水、濃厚排水と希薄排水について排水系統の分離も検討すべきである。

ⓑ 放流先の状況

排水処理設備の計画にあたっては放流水域の現在の利用状況下における規制・基準を調査するとともに将来の利用計画に関する情報についても注意する。

ⓒ 総合的な環境への影響（省エネルギー、省資源化）

排水処理方式を選定する上で、装置のライフサイクル的な評価が重要になってきている。

ⓓ 経済性

環境コストが企業戦略の中で認知されてきたとはいえ、経済性の評価は処理方式を検討していくいずれの段階においても大きなポイントをもつ。経済性は初期投資分と運転費用の合計で評価されるべきであるがその比重配分は事業の特性によって個々に判断される。

ⓔ 処理の安定性・操作性

処理方式の選定の際に経済性と同時に処理の安定性・操作性がもう一方で重要な因子となる。排水処理は単位操作の組合わせにより構成されるが、個々の選定にあたっては処理の安定性・操作性の面からの慎重な検討が必要である。

② 処理フロー

処理フローは、大別すると汚濁成分を分離し清澄な処理水を得る工程、分離した汚濁成分の量を減じ安定化させる工程と処理水、汚泥を資源として回収利用できるように調整、処理する工程などから成り立っている。近年は製造工程が排水処理の効率化にも配慮したものになり、排水系統の分離、排水負荷の管理が徹底され、図3に示すような処理フローが可能になった。

主な改善項目は下記のとおりである。

ⓐ 排水系統の分離

有機質濃度の高い濃厚排水と低い希薄排水を分離することで、それぞれに適した処理が可能となる。濃厚排水では、高負荷の嫌気性生物処

排水処理フロー（例）（図3）

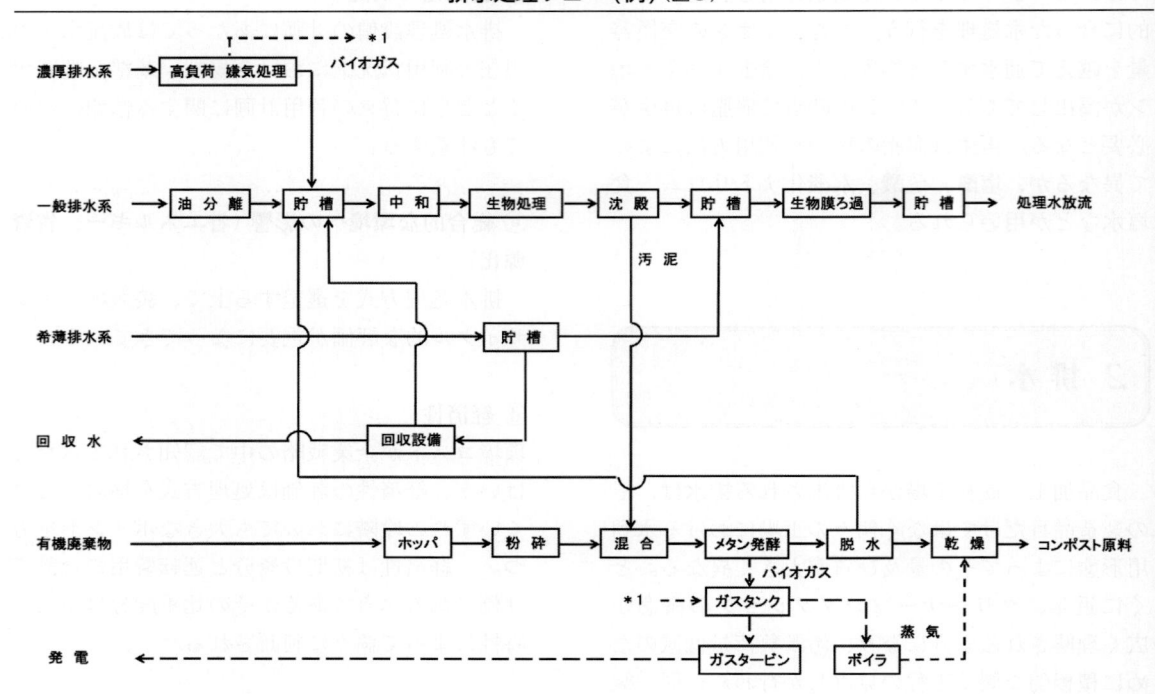

理により全排水の有機物負荷の40％以上を低減することができ、従来の曝気動力を40％近く節減、余剰汚泥発生量もほぼ同程度減少させることができる。希薄排水では、ろ過等の回収設備により回収水を再利用することが可能である。

ⓑ 活性汚泥法に代わる生物処理の採用

好気性生物処理はこれまで活性汚泥法が主流であったが、排水系統分離や負荷管理の見直しから各種生物処理法も採用されている。バルキング現象への心配がない膜分離活性汚泥処理や流動式生物担体法など、高度処理としては運転コストの低い生物膜ろ過法などが導入されている。

ⓒ 汚泥の減容化

工場から外部に出る廃棄物量の減量が食品加工・飲料工場の大きな課題である。排水処理で発生する汚泥を、製造工程で発生する有機廃棄物とともにメタン発酵させ、廃棄物量の減量化、安定化をはかると同時に、取り出したメタンガスをバイオエネルギーとして、電気や蒸気に変えて有効利用する技術も導入されている。

(2) 処理技術

先に述べたように排水処理は汚濁成分を除去する各種工程からなる。汚濁成分としては、BOD・CODで評価される有機物、SSとしての濁質、N－ヘキサン抽出物質としての油分・界面活性剤、pHで表される酸・アルカリの薬品などが処理の対象となる。

従って排水処理は通常、有機物除去を目的とした生物処理を中心に前処理としての中和処理、油分離と、処理水質に応じた凝集沈澱処理、砂ろ過処理などの後処理等、複数の処理技術の組み合せで構成されている。以下に中心となる生物処理における技術について紹介する。

嫌気槽構造(図4)

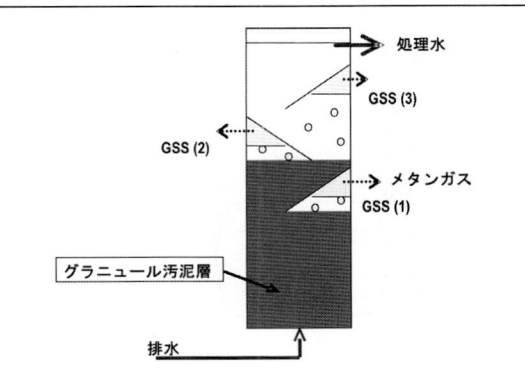

① 高負荷型嫌気性処理

　高濃度有機性排水を嫌気性処理により、効率的に処理し、曝気動力と余剰汚泥が低減でき、バイオガス（メタンガス）が回収可能な方法である。

　高濃度有機性排水を酸発酵槽に送り、嫌気状態で撹拌することで、排水に含まれる高分子のタンパク質、炭水化物などを加水分解＋酸発酵で低分子の酢酸等の有機酸に分解する。次にこの酸発酵処理された排水をグラニュール（メタン菌の粒状凝集体）を充填した嫌気槽に送り、排水中の有機物がメタンと二酸化炭素、水に分解される。

　メタン菌の増殖速度が律速因子となり有機物分解速度が遅いために、これまで排水処理への適用はごく限られたものであった。しかし、嫌気槽内部にGSS（Gas-Solid-Separator；気固液分離装置）を備えることで、発生したバイオガス、処理水、グラニュールを効率よく分離できるようになり、高速で有機物を分解除去することが可能となった。図4に嫌気槽の構造を示す。

　発生したバイオガスはボイラで熱回収して酸発酵槽の加温や発電に使用でき、余剰蒸気は工場へ送ることが可能など、エネルギー回収が可能である。

② 膜分離活性汚泥法

　膜分離活性汚泥法は好気性生物反応槽（曝気槽）と曝気混合液から膜を用いて処理水を透過水として取り出す装置とからなる好気性生物処理法である。活性汚泥法では固液分離のための沈殿槽と沈殿分離した汚泥を曝気槽に返送する設備が必要であったが膜分離活性汚泥法では膜分離装置がその役割を果たす。

　膜分離装置は設置方法により（槽内）浸漬型と（槽外）循環型があるがいずれの場合も分離膜としては一般にMF（精密ろ過）膜が用いられる。

　膜分離活性汚泥法の処理フローを図5に示す。

　膜分離活性汚泥法は曝気槽の汚泥濃度を高く保つことができるので設備がコンパクトになる、沈殿槽のスペースを省略できるといった設計上の利点と、バルキングによる汚泥流出の心配がない、処理水側にSS性成分のリークがほとんどないといった運転面での利点がある。

③ 流動式生物担体法

　生物処理槽にスポンジやプラスチックの流動担体を投入し、担体表面に生物を保持させて有機物を除去する方法である。曝気・旋回流により担体が常に流動していることで、微生物増殖（有機物除去）と微生物剥離のバランスが取れるため処理水質が安定する。担体に生物を保持させるため、汚泥濃度を高く保つことができ、設備がコンパクトである。また固液分離装置には凝集沈殿装置を用いるため、バルキングによる汚泥流出の心配がなく、維持管理が容易であるといった利点がある。

④ 生物膜ろ過装置

　代表的な生物膜ろ過装置を図6に示す。

　槽内に充填したろ材の表面に生物膜を形成させ、原水中の有機物を微生物の働きにより分解する。排水は槽上部に供給され、処理水は槽下部から流出する。曝気空気は槽底部から供給され、ろ材の間を上昇する間に空気中の酸素が効率よく溶解する。

　原水中のSSと有機物の分解によって増殖した微生物は、充填されたろ材層でろ過される。この

膜分離活性汚泥法(図5)

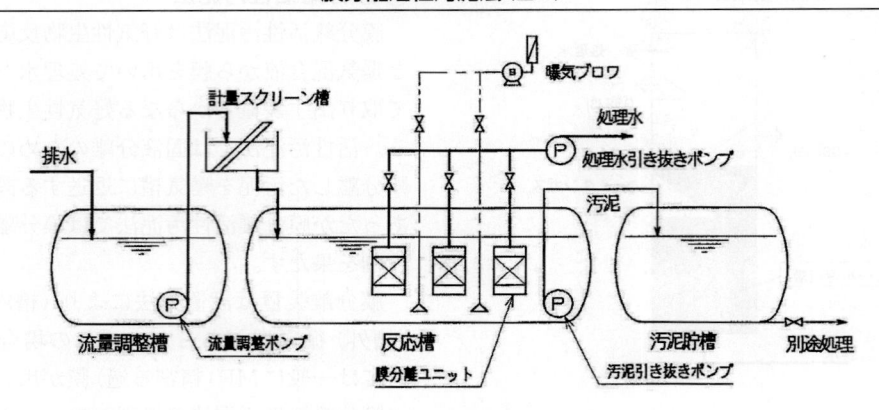

生物膜ろ過装置(図6)

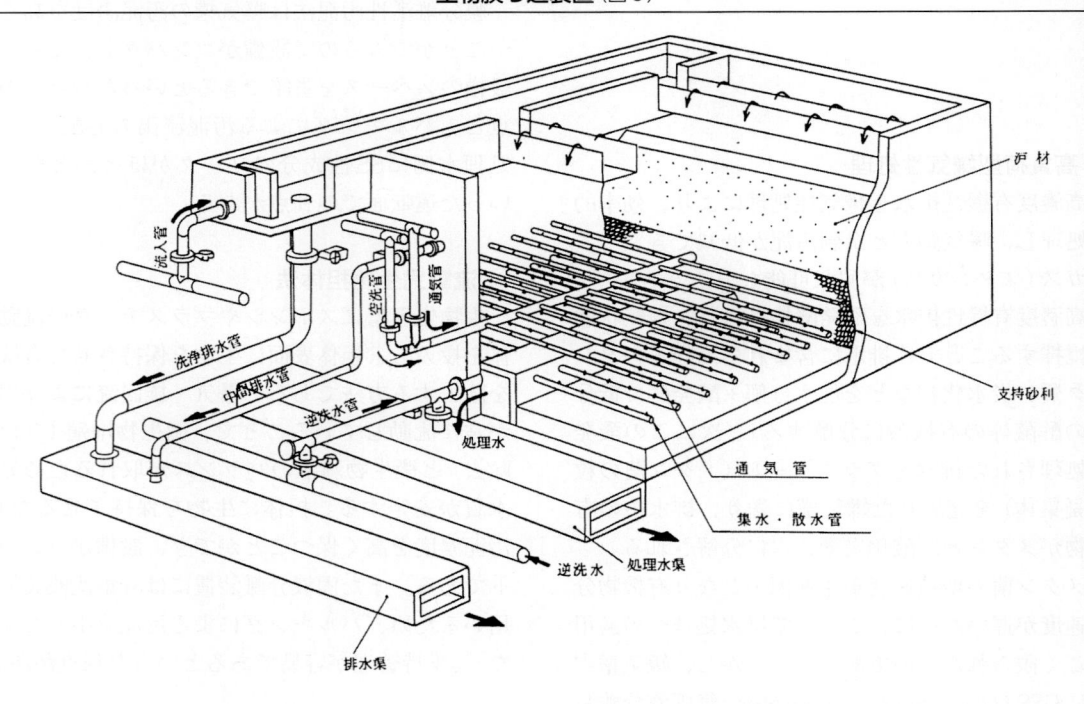

ときろ材の表面に付着した生物膜により、ろ材単独の場合に比べ効果的にろ過が行なわれる。ろ材層で捕捉した汚泥は定期的に空気と水による洗浄をおこなって槽外に排出される。

生物膜ろ過法は原理的には前述した好気性の生物膜法の一種であるが後段に固液分離装置を必要としない。特長としてはこのほかに非常にコンパクトになる点が挙げられる。

(鈴木 温雄)

9 水産加工排水処理の事例紹介

1 概説

(1) 水産加工排水の特徴

　水産加工排水は、漁港排水、一次加工排水、二次加工排水に大別される。即ち、捕獲した原魚を漁港で荷下ろす荷捌場や床排水や船倉水に関わる漁港排水と、原魚の血水処理や冷凍・解凍やすり身やねり製品などの原料を製造する一次加工と、これらのすり身等の一次材料を解凍・加工して竹輪や蒲鉾などの二次製品を製造する二次加工、とである。

　水産加工場は、以前は漁港に隣接して設置されることが多かったが、近年では冷凍・運搬技術の発達により、消費地の近くで二次加工を行う例も多い。水産加工排水の特徴としては、以下の事項が挙げられる。

① 有機物・油分濃度が高く、水量・水質の変動が大きい。一次加工排水では夾雑物も多い。二次加工であっても扱う魚種・加工方法によっては非常に負荷が高く、そのため排水処理が必要となる。その処理方式は生物処理が基本となるが、余剰汚泥などの廃棄物処理も必要である。

② 扱う原魚の種類によっては季節変動・経年変化が大きく、これらの変動に対応できる処理施設が必要である。

③ 小規模の事業場が多く、個々で排水処理を行うことは負担が大きいため、水産加工団地、管理組合、共同排水処理施設の形を採っているところも多い。

④ 施設の腐食・老朽化が激しい。

⑤ 近年は漁港の環境保全についても配慮する必要がある。

(2) 水産加工排水の水量・水質事例

　財団法人漁港漁場漁村技術研究所の資料[1]より、主要な水産加工工種の排水水質を表1に示す。また、水産食料品製造業排水の性状として、pH 7〜8.5、BOD200〜2000mg/l、COD200〜1800mg/l、SS150〜1000mg/l、T-N100〜200mg/l、T-P30〜80mg/l、排水量200〜400〜5000mg/l、という資料がある[2]。

2 排水処理施設の事例

　水産加工排水は油分が多く有機物濃度が高いという性格から、多くの施設で加圧浮上装置などの油分除去装置と活性汚泥法などの好気性生物処理を組み合わせた処理方式が採用されている。嫌気性生物処理方式は、先述の通り負荷変動が大きいことや夾雑物が多いことから採用事例は少ないが、今後はエネルギー回収の観点から見直されてもよいものと思われる。

　ここでは水産加工排水処理施設として代表的な3つの施設を事例として挙げ、その中で関連する

主要な水産加工工種の排水参考水質[1] (表1)

1. 水産缶詰

		BOD	COD	SS	n-Hex	T-N	T-P	pH	データ数
缶詰(マグロ)	最小	670	260	200	200	101	10	7	5
	最大	1,700	423	1,300	320	116	16	7	
	平均	1,073	356	590	243	109	13	7	
	中央	1,000	371	515	226				
缶詰(サバ)	最小	1,500	225	430		94	24	7	5
	最大	7,460	3,000	4,000		470	200	7	
	平均	4,392	1,765	2,180		271	80	7	
	中央	4,000	1,800	2,000		300	60	7	

2. 水産練り製品

		BOD	COD	SS	n-Hex	T-N	T-P	pH	データ数
すり身(冷凍は除く)	最小	500	185	74	100	20	8	6.1	26
	最大	13,240	5,670	9,890	3,830	2,060	591	7.4	
	平均	4,373	1,785	1,614	1,137	666	160	6.8	
	中央	3,500	1,080	1,000	700	530	80	6.8	
蒲鉾	最小	301	80	44	70	343	12	5.0	6
	最大	2,900	1,090	2,520	2,360	343	12	5.0	
	平均	1,364	585	771	576	343	12	5.0	
	中央	1,400		700	100				
魚肉ハム・ソーセージ	最小	100	100	10	50	10	2	5.0	6
	最大	600	1,400	740	140	38	13	7.3	
	平均	390	368	285	95	24	7	6.0	
	中央	430	200	250		23		6.8	

3. 冷凍・冷蔵

	BOD	COD	SS	n-Hex	T-N	T-P	pH	データ数
最小	228	53	198	50	17	7	6.7	28
最大	3,000	2,240	1,500	600	1,800	500	7.6	
平均	1,275	668	522	166	430	88	7.1	
中央	800	527	470	100	240	49	7	

4. 塩干・干物・丸干・塩蔵

	BOD	COD	SS	n-Hex	T-N	T-P	pH	データ数
最小	200	100	68	10	41	7	6.2	20
最大	3,400	1,100	964	400	400	272	7.0	
平均	1,372	658	416	126	153	90	6.7	
中央	1,263	720	400	100	120	28	6.7	

5. 節類

	BOD	COD	SS	n-Hex	T-N	T-P	pH	データ数
最小	587	135	86	33	736	92	6.0	15
最大	29,280	14,765	4,000	3,000	736	92	6.7	
平均	7,231	3,391	1,160	984	736	92	6.4	
中央	3,730	2,200	980	617				

6. 肥料・飼料・魚油・フィッシュミール

	BOD	COD	SS	n-Hex	T-N	T-P	pH	データ数
最小	1,500	198	3	24	6	1	9.0	17
最大	10,540	2,500	1,500	1,900	1,480	70	9.3	
平均	4,054	1,052	613	456	632	30	9.1	
中央	3,000	800	324	300	440	28	9.2	

7. 市場排水及び水産加工団地(荷捌き排水のみは除く)

	BOD	COD	SS	n-Hex	T-N	T-P	pH	データ数
最小	1,500	100	400	100	5	1	5.9	69
最大	17,400	4,894	9,000	7,000	960	70	6.6	
平均	2,811	1,003	916	567	210	28	6.3	
中央	1,500	745	450	140	142	26	7	

A施設フローシート(図1)

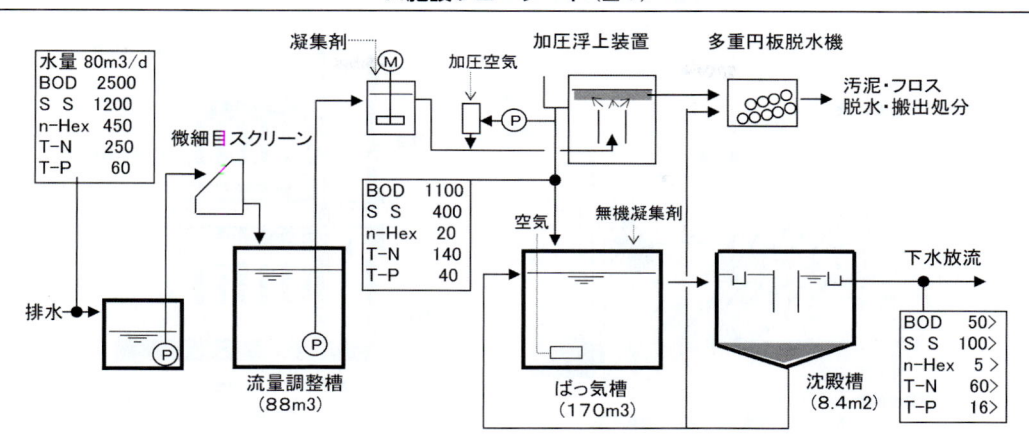

```
水量 80m³/d     凝集剤   加圧空気  加圧浮上装置  多重円板脱水機
BOD  2500         M                                         汚泥・フロス
SS   1200                                                   脱水・搬出処分
n-Hex 450    微細目スクリーン
T-N   250                  BOD 1100         無機凝集剤
T-P    60                  SS   400   空気                         下水放流
                           n-Hex  20
排水                        T-N  140                                BOD   50>
                           T-P   40                                SS   100>
                                                                   n-Hex  5>
                                                                   T-N   60>
             流量調整槽              ばっ気槽      沈殿槽         T-P   16>
              (88m³)               (170m³)      (8.4m²)
```

個々の処理技術について紹介する。
(1) A施設：鮮魚や一次加工品を原料として二次製品を製造する水産加工工場の事例
(2) B施設：大規模な総合水産加工団地の共同排水処理施設の事例
(3) C施設：練り製品加工を中心とした水産加工工場で、担体を用いて改造した事例

(1) A水産加工工場排水処理施設

本工場では鮮魚や冷凍魚を原料として漬込みや味付けなどの二次加工を行っている。排水量は100m³/d以下と小規模だが、加工・洗浄等の製造工程排水のほか、濃厚な調味液や漬込液が排出され、有機物、油分濃度、さらに塩分濃度が高い。

① 施設概要

本施設の処理フローは、加圧浮上＋活性汚泥処理後下水道放流、汚泥は多重円板脱水後ケーキ搬出処分、である。調味液や漬込液のためリン濃度が高く、加圧浮上の無機凝集剤だけでは下水道放流基準を満足できず、ばっ気槽末端に無機凝集剤を添加する「凝集剤添加活性汚泥法」を実施している。本工場は消費地に近い都市部にあり、主な処理水槽は地下構造で上部は駐車場として使用されており、維持管理作業に制約がある。

② 施設の特徴

ⓐ 加圧浮上装置

油分対策として広く使われているものである。排水を加圧して中に空気を過剰に溶解させた後、浮上槽で常圧に戻すと微細な気泡が遊離し、排水中の油分やSS分に付着して固形物を浮上分離するものである。PAC（ポリ塩化アルミニウム）などの無機凝集剤と高分子凝集剤を併用しpH調整することによりn－Hex除去率90％以上の性能が得られ、下水放流の除害施設としての採用例も多い。薬注率は排水の濃度により異なるが、PAC300〜1000mg/l、アニオン高分子1〜3mg/l程度である。

ⓑ 多重円板型脱水機

加圧浮上汚泥はフロスとも呼ばれ脱水処分することが多いが、油分を多く含むためろ布を使用する脱水機は使えない。そこで多重円板脱水機が採用されることが多い。これは多数の薄板円板とスペーサーを重ね合わせた濾体の毛管現象を利用した脱水機である(図2)。

ⓒ 凝集剤添加活性汚泥法

本排水はリン濃度が高く、加圧浮上処理水でも約TP40mg/lあり、活性汚泥処理水のリン濃度が下水道放流基準値16mg/lを上回ることが

多重円板脱水機の構造模式図[3]（図2）

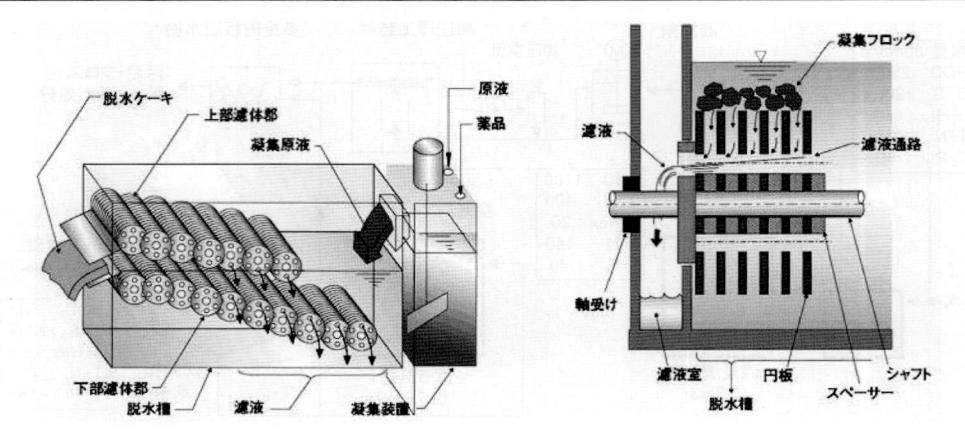

あるので、ばっ気槽末端に無機凝集剤を添加する凝集剤添加活性汚泥法を採用している。以下にリン除去に必要な無機凝集剤注入量試算例を示す。

水量＝100m3/d、リン濃度20mg/l、リン添加比 リン：アルミ＝1：1として、PACの酸化アルミニウム（AL2O3）濃度10％、比重1.2とすると、PACの添加量は下記より19mL/分を目安とし、リンの除去具合や汚泥の凝集・沈降具合を検討して設定する。

【試算】
キロモル重量 P=31kg、AL=27kg、
AL2O3=102kg とする。
流入リン量＝
100m3/日×20mg/l×10⁻³＝2 kgP/d
2kgP/d ÷ 31kg/kmol ＝ 0.065 kmolP/d
必要酸化アルミ量＝
0.065 kmolP/d×(102/2)×1＝3.29kgAL2O3
3.29 kgAL2O3/d ÷ 0.1 ÷ 1.2 kg/L ＝27.4 L/d
＝19 mL/分

(2) B水産加工団地排水処理施設

本施設は、国内有数の漁港に隣接する大規模水産加工団地の共同処理施設である。21社25工場の組合員企業が鰹加工を中心に鰹節・缶詰・調味・エキス・肥飼料等を生産している。

① 施設概要

本施設では各工場からの高濃度の加工排水等計2400m3/dを混合して受け入れ、スクリーン→調整槽→酵母処理→活性汚泥処理→河川放流、余剰汚泥は脱水・乾燥後肥料として再利用している。ここでは、流入水の油分濃度がn－Hex200mg/lを越えており、以前は前処理として加圧浮上装置を運転していたが、フロス処分の問題から1997年に酵母処理方式に改造し、現在まで運転している。図3にフローシート、図4に概略平面図、写真1に外観写真を示す。

② 施設の特徴

ⓐ スクリーン

本加工団地で発生した魚加工残渣は、同じ団地内の化成工場にて肥飼料化している。排水処理の前段のスクリーンで除去した夾雑物もその原料としている。スクリーンは目幅0.5ミリのウエッジワイヤドラム回転式スクリーンであ

B施設フローシート（図3）

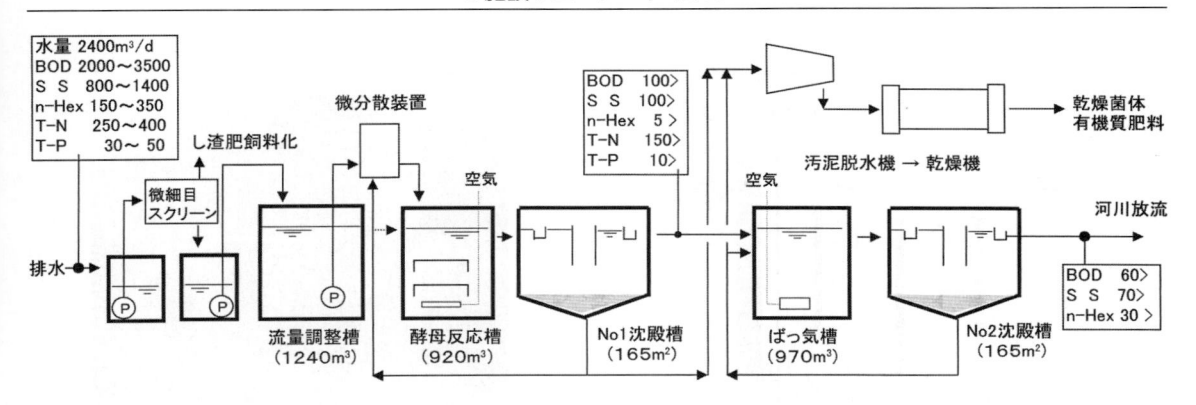

水量 2400 m³/d
BOD 2000〜3500
SS 800〜1400
n-Hex 150〜350
T-N 250〜400
T-P 30〜50

排水 → 微細目スクリーン → し渣肥飼料化
→ 流量調整槽（1240 m³） → 微分散装置 → 酵母反応槽（920 m³） → 空気 → No1沈殿槽（165 m²）

BOD 100>
SS 100>
n-Hex 5>
T-N 150>
T-P 10>

→ 空気 → ばっ気槽（970 m³） → No2沈殿槽（165 m²） → 河川放流

BOD 60>
SS 70>
n-Hex 30>

汚泥脱水機 → 乾燥機 → 乾燥菌体・有機質肥料

B施設概略平面図（図4）

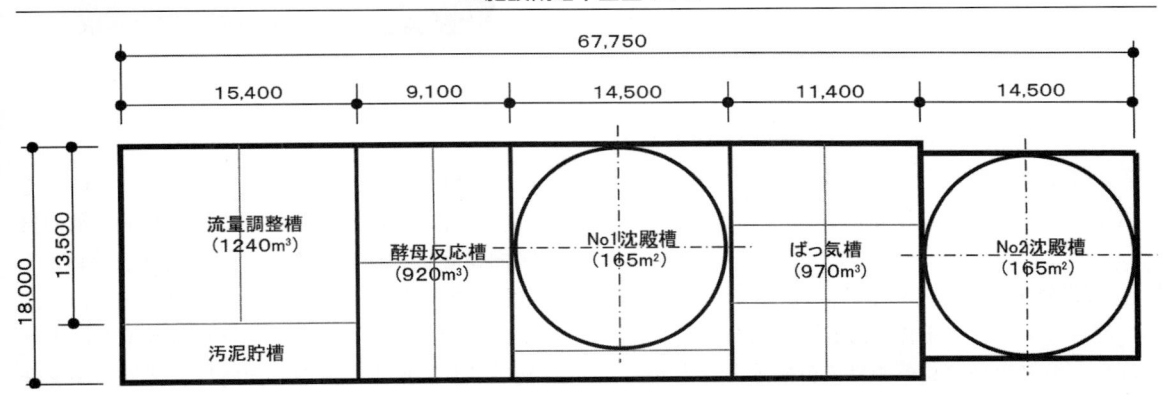

全長 67,750（15,400 + 9,100 + 14,500 + 11,400 + 14,500）
全幅 18,000（13,500）

- 流量調整槽（1240 m³）
- 汚泥貯槽
- 酵母反応槽（920 m³）
- No1沈殿槽（165 m²）
- ばっ気槽（970 m³）
- No2沈殿槽（165 m²）

B施設の外観（写真1）

微分散装置の構造模式図[4]（図5）

微分散装置の外観（写真2）

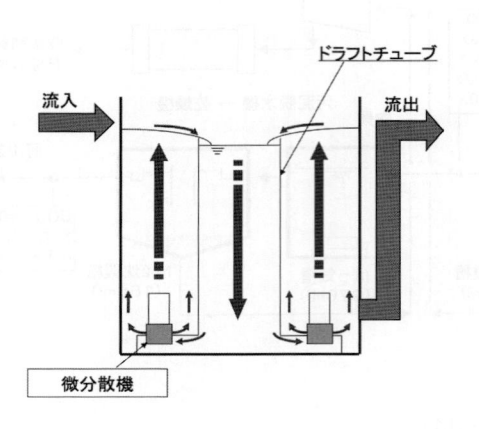

る。各工場の排水出口にも各々スクリーンを設置し、夾雑物を除去している。

ⓑ 酵母処理

酵母はリパーゼを体外酵素として分泌して油分や有機物を高い負荷条件で分解することができる（BOD容積負荷5～10kg/m³/d）と云われる。この方式は純粋な酵母を培養添加するのではなく、既設の活性汚泥ばっ気槽に酵母が優先するように条件制御して酵母と活性汚泥とを混在させて処理するものである。酵母処理水質は通常BOD200mg/l以下、n－Hex20mg/l以下なので、下水には直接放流可能だが、公共用水域に放流するには後段で活性汚泥処理する必要がある。

図4に平面計画図を示すとおり、高負荷処理が可能なので酵母反応槽が小さくて済む。なお、窒素の除去率は有機物ほど高くはないので、場合によっては後段の活性汚泥処理での硝化脱窒反応の進行に注意する必要がある。

ⓒ 微分散装置

油分のリパーゼ分解はリパーゼ酵素が水溶性のため油－水の接触界面でしか行われない。そこで物理的に油分の粒子を微細化し油－水の接触面積を拡大する装置として「微分散装置」を設置している。これは特殊な分散羽根を持った微分散機とドラフトチューブ付き水槽とにより構成され、排水の分散と同時に、活性汚泥を分散処理水槽に入れることで排水中の油分粒子を微細化させながら効率よく活性汚泥に取り込ませている。特殊な薬剤を必要とせず、装置本体電力も6kWと低く、大幅な施設改造工事を必要としない。図5に構造模式図[4]、写真2に装置外観を示す。

設置して半年経過した段階だが、油分の分解効率が向上することにより、余剰汚泥量が10%以上削減され、発泡性スカム削減の効果も確認されている。

ⓓ 乾燥汚泥肥料化

本施設で発生した余剰汚泥は、都市ガスを燃料とした通気熱風型乾燥機にて水分5%以下に乾燥後、乾燥菌体有機質肥料として有効利用されている。特に薬物栽培に好評で年間約900tonのペレット状乾燥肥料が有料で引き取られている。

C施設フローシート(図6)

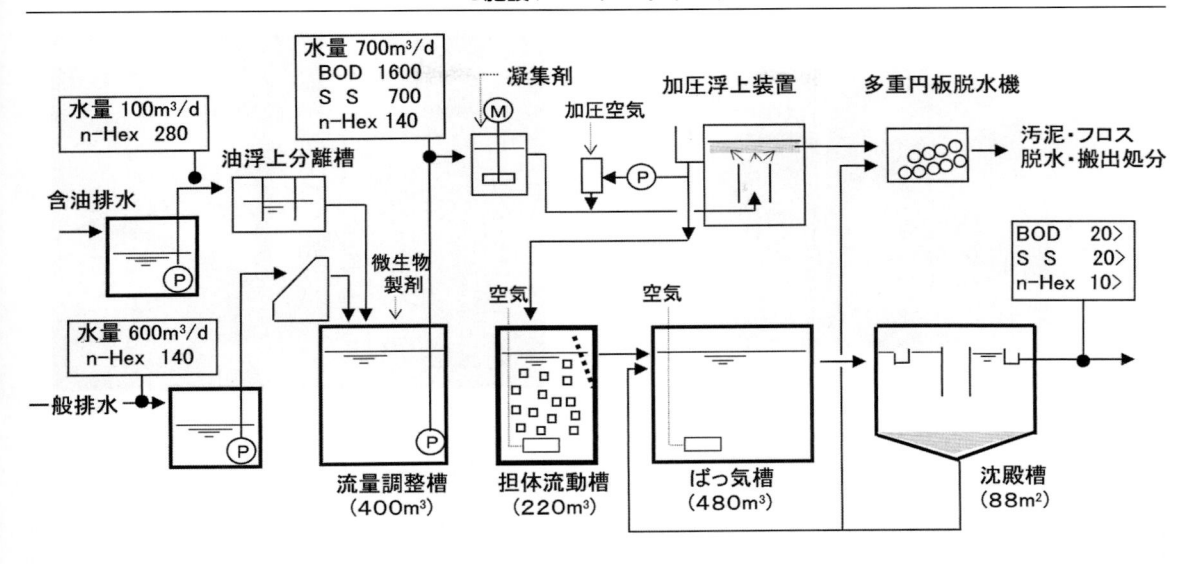

(3) C水産練り製品工場排水処理施設

① 施設概要

　本工場では蒲鉾などの水産練り製品を製造している。含油排水を系統分けして油分を浮上分離したあと、一般排水と混合して総合排水700m3/dを処理している。そのフローは、スクリーン→調整槽→加圧浮上→担体流動槽→活性汚泥槽→沈殿槽→放流であり、余剰汚泥と加圧浮上汚泥は脱水後ケーキとして搬出処分される(図6)。

② 施設の特徴
・担体利用活性汚泥法

　担体利用活性汚泥法は、施設の能力増強改造や小型化を目的として採用されることが多い。本施設は、負荷の増加対策として水槽を増設せずに既設第一ばっ気槽に担体を投入し、処理能力アップを図ったものである。担体流動槽は、槽容積の20%相当量のスポンジ担体を充填し、これに活性汚泥を付着させることで高負荷処理を可能としている。散気装置による曝気で旋回流を作ることで担体を流動させ、移流出口にはスクリーンを設置して担体を槽内に保持するものである。

　ここでは、高濃度の油分が担体流動槽に流入すると担体流動や汚泥保持・処理機能に障害が生ずるため加圧浮上装置と組み合わせ、担体流動槽で加圧浮上処理水BODの約70%を除去することで施設全体を小型化し、続く活性汚泥槽により河川放流可能な水質としている。

　なお、一般に担体は磨耗により活性汚泥保持能力が経年的に低下することがあり、その場合は担体の補充が必要となる。

3 水産加工排水処理の注意点

(1) 油分解剤

　工場内の水路や排水ピットに廃油が付着して詰まりや悪臭が発生したり、原水槽でオイルボールを生成したりすることがあり、対策として油分解剤や油分解装置が使用されることがある。維持管理作業が容易になる、臭気が減る、などのメリットがある反面、溶解した油分はばっ気槽に流入して有機物負荷が増加することがあるので、油分解

スポンジ担体の外観（写真3）

汚泥掻寄機に亜鉛陽極を取付けた例（写真4）

剤の使用に当たっては目先だけでなく工場全体の視点での検討が必要である。

(2) 腐食対策

漁港や水産加工工場では海水が利用されるケースがある。塩分濃度の高い排水が処理施設に流入するとポンプや鋼材機器を腐食する。特にSUS304あるいはSCS13は海水には弱く孔食を起こしやすい。また、海水中の硫黄分が嫌気状態で硫化水素となり、金属やコンクリートのほか操作盤内機器の電子回路を腐食することもあるので、腐食対策として材質の選定や塗装仕様、使用環境には十分注意する必要がある。写真4は海水が混入する排水処理施設の汚泥掻寄機に防食用の亜鉛陽極（犠牲電極）を取り付けた例である。

(3) 水質規制強化対策

水産加工施設は古くから操業している施設が多いが、施設の増改築の際に厳しい水質規制が課せられることがある。特に閉鎖性水域の富栄養化対策で窒素・リン対策が必要となることが多い。

① 窒素対策

水産加工排水の窒素除去は生物学的硝化脱窒法によることが多い。これは活性汚泥処理において、好気状態で硝化細菌の働きによりアンモニア態窒素を硝酸態窒素に変化させ、無酸素状態で脱窒細菌により硝酸から窒素を分離除去する方法である。好気状態と無酸素状態を作り出す方法として間欠ばっ気法があり、負荷条件に合わせて最適な条件で間欠ばっ気制御を行うためのばっ気時間制御装置「ATコントローラ」が実用化されている。その原理を図7に、窒素除去の工程状況を図8に示す。

② リン対策

水産加工排水のリン除去は、無機凝集剤によりアルミもしくは鉄のリン化合物を生成して除去する凝集分離法が多い。ここではコンパクトな超高速凝集沈殿装置「アクティフロ®」を紹介する。この装置は、無機凝集剤と高分子凝集剤の凝集フロックにマイクロサンドを付着させて沈降速度を超高速にすることで沈殿槽をコンパクト化したものである。沈降速度は通常の重力沈殿方式では0.5m/h〜3.5m/hr程度であるのに対して本方式では40〜80m/hrが得られ、設置面積は従来型と比べて1/3〜1/10程度とすることができ、既設処理水槽の上に設置することも可能である。図9・写真5にフローと外観を示す。

③ 維持管理上の注意点

窒素除去では、特に週末に有機物負荷が低下し

ばっ気時間制御装置「ATコントローラ」の原理[5] (図7)

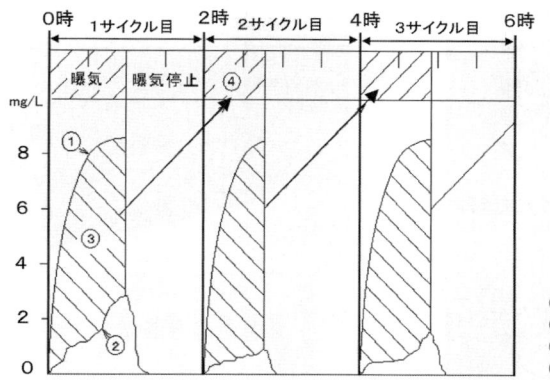

① 清水でのDO上昇曲線
② ばっ気槽での実際のDO変化
③ 消費された酸素量
④ 必要ばっ気時間

ATコントローラによる窒素除去の工程状況[6] (図8)

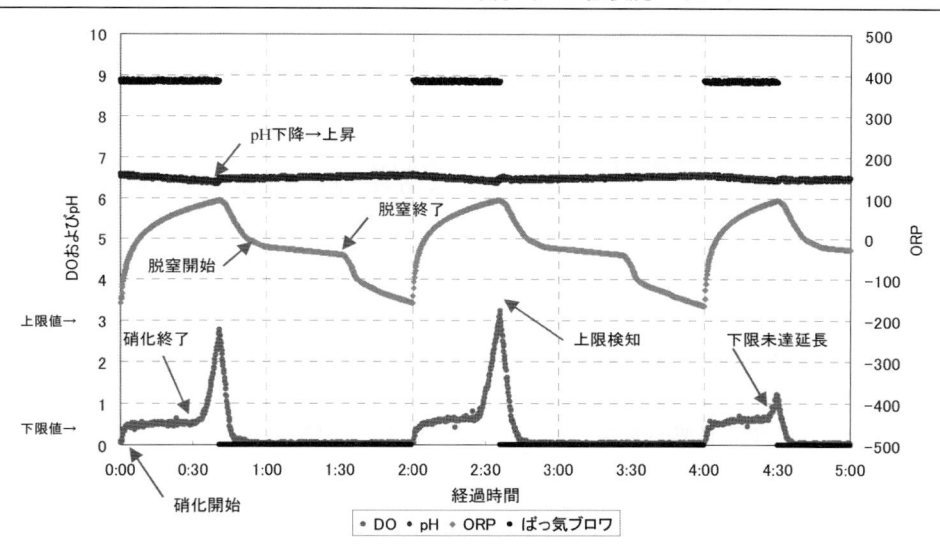

超高速凝集沈殿装置アクティフローのフロー図[7] (図9)

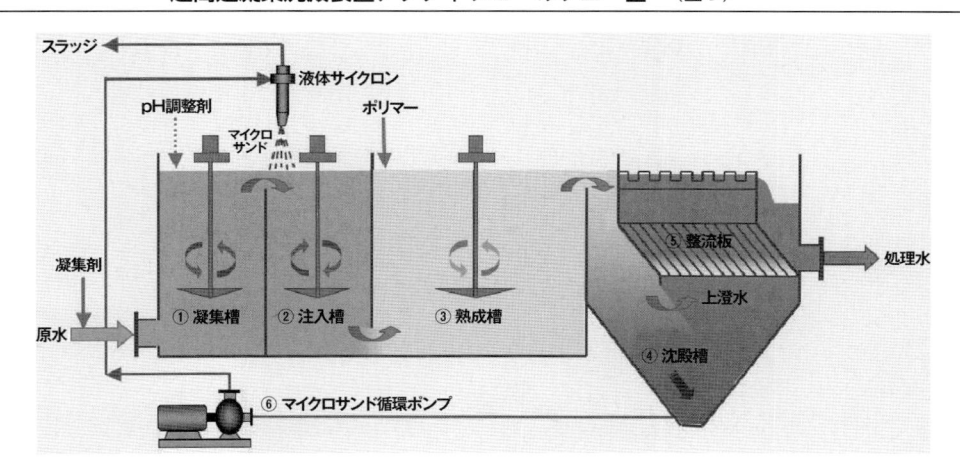

屋上に1300m³/d用アクティフローを設置した例
（写真5）

パックテスト[8]（写真6）

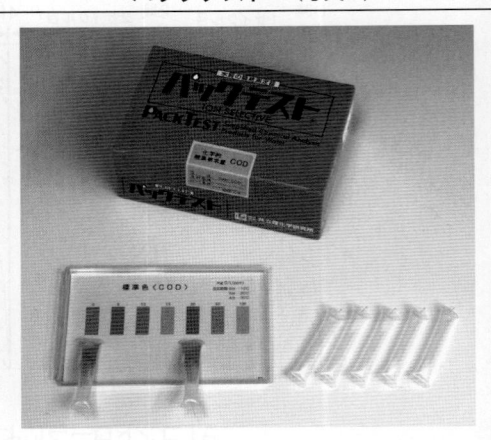

て硝化が過剰に進行するとばっ気槽pHが低下し、生物活性が低下したり沈殿槽で脱窒が起こって汚泥が浮上し水質が悪化することがある。硝化の進行具合はパックテスト®（写真6）により色で簡単に把握できるので、推奨される。

リン対策で凝集剤をばっ気槽末端に添加する場合、微生物への影響、微細フロック形成によるフロック沈降性悪化に注意する必要がある。

参考文献
1) 財団法人漁港漁場漁村技術研究所漁村水環境研究会　平成15年度水産加工排水部会活動中間報告書より引用
2) 経済産業省産業技術環境局　公害防止の技術と法規 水質編 より引用
3) ㈱IHI ホームページより引用
   http://www.ihi.co.jp/separator/products/other/enban.html
4) 旭有機材工業㈱、微分散装置技術資料より引用
5) 浜本洋一ら、"自動制御間欠曝気法によるエネルギーの節減"、用水と廃水、Vol.33、NO.4、pp299-307、1991　より引用・作成
6) ㈱西原ネオ、ATコントローラ技術資料より引用
7) Veolia Water Solution & Technology ㈱ アクティフロー技術資料より引用
8) ㈱共立理化学研究所 ホームページより引用

（大泉勝則）

10 植物工場・施設園芸における用・排水処理

1 植物工場・養液栽培における水利用

人工光を利用した植物工場（写真1、2、3）やグリーンハウスの養液栽培（写真4、5、6、7、8）では、一般の畑での土耕と比べると、栽培に使用する水の量はかなり多い。

2 植物栽培に必要な水

植物の栽培には、さまざまな形で水が必要になる。図1に示すように、まず、植物が行う基本的な炭水化物合成である光合成では、水はCO_2とともに重要な原料となるので、水とCO_2が潤沢に供給されないと、作物の生育はおぼつかない。主に水は根から、CO_2は葉から吸収されるが、そのほか、根からは肥料成分としての無機要素も、呼吸のための酸素O_2も吸収される。根の周辺に存在する水は、無機要素や酸素を溶かして、根の表面に供給する役割も持っている。そのほか、根から吸収された水の大部分は、植物体内では茎や葉の導管の中を通過して葉から空中に出て行く（蒸散作用）が、その際にNやP、K、Caなどの無機要素を運ぶ役割を持っている。葉からの蒸散は、葉の温度調節の役割も持っている。

したがって、水の供給が不足すると、光合成が抑制されて生育が遅れるだけでなく、無機要素の欠乏や葉やけなどの障害も起こりやすくなる。

人工光型植物工場（京都フェアリーエンジェル）
（写真1）

本格的な人工光型植物工場（岩手県住田町の野菜工房）
（写真2）

レストランの店舗内での野菜生産（汐止のラ・ベファーナ）
（写真3）

ホウレンソウの水耕周年生産
（NFTで年間18～20回の収穫）（写真4）

ミツバの水耕生産（DFT）
（写真5）

レタスの水耕生産（DFT）　補光も可能で，写真の奥で植えて
（写真7参照），手前に移動して収穫する（写真6）

**DFTベッドの液面に浮かせた
定植用発泡スチロール板**（写真7）

1年1作型のハイワイヤー・トマト栽培。ロックウールを
培地として液肥を与えて栽培する。トマトのつるの長さは
10mを超え，収穫果房数は30～40となる（写真8）

作物生育の概念（図1）

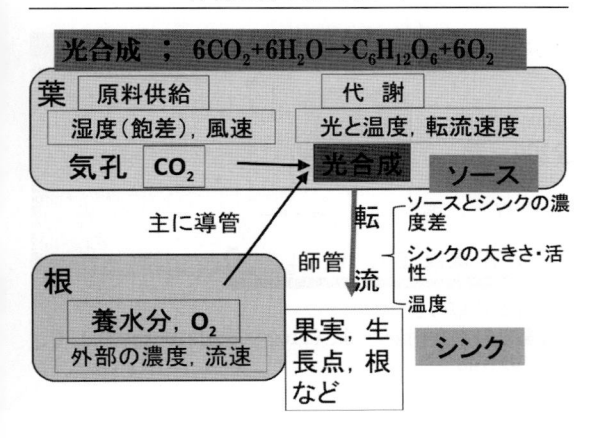

光合成 ; $6CO_2+6H_2O \rightarrow C_6H_{12}O_6+6O_2$

葉
- 原料供給
  - 湿度（飽差），風速
  - 気孔　CO_2
- 代謝
  - 光と温度，転流速度
- 光合成　ソース

主に導管

根
- 養水分，O_2
- 外部の濃度，流速

転流
- ソースとシンクの濃度差
- シンクの大きさ・活性
- 温度

師管

果実，生長点，根など　シンク

3　用水源

　作物栽培に一般的に用いる水は、地下水（井戸水）や河川・湖沼水、雨水、水道水など多岐にわたる。いずれにしても、年間を通じて必要量が十分まかなえることと、価格が安いことや水質が悪くないことなどが重要である。

4　栽培法と必要な水の量

　作物栽培にどのくらいの水量が必要かということは、作物の種類や生育段階、栽培法、栽培時期などによって大きく異なる。
　露地畑と比べて、温室や植物工場などと言われる所では一般的に、栽培に多くの水を必要とする。露地では降雨による水補給があるのに対して、温室や植物工場では屋根があって降雨による水補給が期待できないからである。
　これとは別に、土を用いた一般的な栽培法（土耕）と土を用いない栽培法（水耕や養液栽培など）では、栽培に用いる水の量は大きく異なり、後者のほうが多くの水を与える場合が多い。その理由は、水耕や養液栽培などは、潤沢な水を与えることで作物の生育を速め、収量も多くすることが可能な栽培方法だからである。土耕でも液肥を与えること（養液土耕と呼ばれる）で作物の生育や収量を高めることは可能であるが、液肥を使用することで、固形肥料を元肥や追肥で与える一般的な土耕よりも多くの水を用いることになる。

5　植物工場や養液栽培で必要とされる用水の量

　用水は、質、量ともに、養液栽培においては最も重要な要因の一つとなる。養液栽培を始めようとするなら、最初に必要量の用水を確保できるかどうかを検討しなければならないだろう。
　一般的な養液栽培では、ストレスをかけずに積極的に生産しようとするなら、かなり多量の水が必要となる。太陽光型の植物工場でトマトを養液栽培すると、高温期には1日あたり1株で2リットル程度の培養液を吸収する。栽植密度を3.3 m^{2}あたり8株とすると、10aで2,400株となり、1日で4,800リットル（4.8 m^3）の培養液が吸収される計算になる。したがって、10aのトマトの養液栽培では、最大1日あたり5 m^{3}程度の水量が確保されねばならない。なお、キュウリなどのウリ類では更に多くの、また作付け切り換え時の清掃には、一時的に多量の水を必要とすることをも知っておく必要がある。
　ところで、一般的な露地あるいはハウス栽培では、栽培の現場は開放系であるので、吸収した水のうちの数%だけが植物体内に残り、ほとんどは葉からの蒸散という形で出て行ってしまうので、水の利用効率は極めて低いことになる。しかし、人工光を利用した閉鎖型植物工場では、かなり高い効率で水を利用できる。なぜなら、蒸散で葉から出た水分は、ヒートポンプなどで除湿あるいは冷却（結露）という形で回収できるからである。閉鎖型植物工場では、光源などから発生する熱を

閉鎖型苗生産システム(古在,2009)(図2)

閉鎖系での水利用効率の実験(古在,2009)(図3)

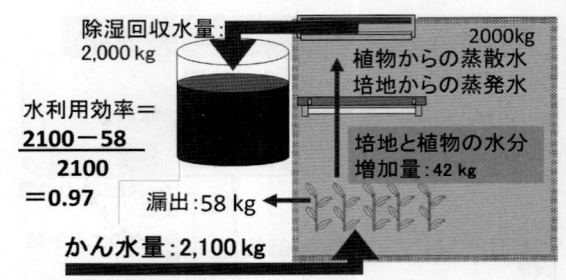

除湿回収水量：2,000 kg
植物からの蒸散水、培地からの蒸発水 2000kg
水利用効率＝ $\frac{2100-58}{2100}$ ＝0.97
培地と植物の水分増加量：42 kg
漏出：58 kg
かん水量：2,100 kg

水利用効率の実測例
温室での水利用効率は、(2100-2058)/2100kg＝0.02で、0.97の1/48

冷やすために冷却装置が必要になり、密閉度が高く、換気率が低い場合には、90数％の利用効率を確保できるので、水の少ない乾燥地帯では極めて重要な栽培システムとなる(図2、3)。

6 用水の質

上記のように、用水としては、井戸水のほかに河川・湖沼水、水道水、天水(雨水)などがあるが、いずれの場合も、病原菌を含まず、原則として培養液の組成、濃度を乱さないものが望ましい。水質検査の際には、主としてpHや全塩濃度(EC；電気伝導度)、個々の無機成分の濃度などに注目するが、BOD(生物的酸素要求量)やCOD(化学的酸素要求量)にも注意したい。水中浮遊物が多かったり、微生物が多かったりするとBODが多くなる。一方還元性のメタン(CH_4)やアンモニア(NH_3)、硫化水素(H_2S)、鉄(Fe)、マンガン(Mn)などが多いと、それらの酸化に奪われる酸素すなわちCODが多くなる。特に浅井戸でBODが高い場合には、根を侵す病原菌が混在していて被害を受けることがある。

用水の中で、水道水は、その水質基準から見て一般には良質なものが多い。しかし、銅(Cu)の水質基準上限値は1.0 ppmとなっており、上限値に近い銅濃度のものでは過剰害が発生する可能性が高い(表1)。最近の公営水道水は、配管のさびや腐食を防止する目的で、pHをやや高く設定している場合が多く、7.5 から時には8.0 以上の値を示すこともある。このような水道水を長期間利用していると、培養液のpH上昇の問題が発生する可能性が高くなる。さらに、水道水では殺菌の目的で塩素を処理している。水道水を栽培に利用する場合には、殺菌に用いた塩素が混入していることに敏感になる必要がある。殺菌力のある塩素を多く含む用水を一度に多用すると、液肥中のNH_4^+と結合して有害なクロラミンを形成し、作物の根に障害を起こすので、水道水を使用する場合には、少量ずつの補給を行うか、一回の使用量が多いときにはくみ置きして脱気後に使用する、などの注意が必要である。積極的に塩素を除くためには、ハイポ(チオ硫酸ナトリウム)の利用(水1m³にハイポを2.5 g添加する)が有効である。

雨水は一般に非常に良質なものが多い。ただし、最近は酸性雨が心配されているように、pHが低いものが多いことを知る必要がある。また栽培施設が亜鉛メッキした鋼材で建てられている場合には、集められた雨水に亜鉛(Zn)が混入している可能性が高い。オランダでは栽培にはガラスハウスを用いる場合が多いが、ガラス板を流れてきた雨水が多量のホウ素(B)を含んでおり、そのた

培養液のCu濃度と野菜の生育
(大沢・池田,1974)(表1)

	種類	\multicolumn{5}{c}{Cu濃度(ppm)}
		0.02	0.3	1	3	10
A	ネギ	100	112	90	97	26
	ハツカダイコ	100	109	120	84	21
	トウガラシ	100	85	105	80	7
	ナス	100	102	105	82	2
	キュウリ	100	110	79	77	4
	トマト	100	89	88	76	1
	ニンジン	100	89	90	64	6
	インゲン	100	92	123	59	5
	セルリー	100	98	87	53	9
B	ホウレンソウ	100	94	77	47	0
	レタス	100	96	91	32	0
	キャベツ	100	141	96	13	1
	カブ	100	77	80	20	0
	ミツバ	100	97	71	18	0

・地上部乾物重を、標準Cu濃度(0.02ppm)を100とした比率で示した。
・培養液のFe濃度は3ppmとして、毎週培養液を交換しながら4週間水耕した。
・A,Bグループはそれぞれ、地上部乾物重が標準区に比べて半減した時のCu濃度が、3〜10ppm、1〜3ppmの間となっている。

めに作物がB過剰障害を起こす可能性が指摘されたこともある。

用水中の無機成分については、理想としては、純水に近いようなできるだけ低濃度のものが望まれる。しかし井戸の場所により、カルシウム(Ca)、マグネシウム(Mg)、Fe、Mn、Zn、Cu、重炭酸(HCO_3)、カドミウム(Cd)、鉛(Pb)などが多かったり、海岸の近くではナトリウム(Na)や塩素(Cl)が多かったりすることがよくある。鉄が高濃度にあると、生育障害だけでなく、給液系統の目詰まりトラブルの発生要因ともなる。また、千葉県で井戸水の質について詳細な調査をした結果によると、水質は地域によって異なるだけでなく、特に水質が不良のものは年間変動も大きいことがわかっている。

用水を評価するための公式基準はまだなく、栽培対象作物や用水の使い方(栽培システムや培養液の交換頻度、など)、あるいは研究者たちによってその値は多少異なる。参考として、大塚アグリテクノ㈱における調査項目、ならびに現在使用している判定基準を表2、3に示す。なお、判定に当たって留意しなければならない点は次の通りである。肥料成分として利用できる成分については、原水中にかなり多く含まれていても修正して用いることが可能であるが、硝酸性窒素($NO_3^- - N$)やアンモニウム性窒素($NH_4^+ - N$)が1ppm以上含まれている場合は、農耕地や周辺の畜産廃棄物などからのN成分が土壌を通じて混入している可能性が疑われ、土壌病原微生物も同様に侵入してくる恐れがあることをふまえ、対策が必要な場合がある。

調査項目は、まず浮遊物、沈殿物、臭気などがあり、これらについては目視ならびに官能チェックを行う。そのほかにはpH、EC、肥料成分、不純物などがあり、それらについては機器分析を行う。

表4には、オランダのナルドワイク温室作物研究所が設けている用水の水質基準を示す。ECについて大塚アグリテクノとナルドワイク温室作物研究所の基準を比較すると、前者が0.6 dS/m以下であるのに対し後者が1.5 dS/m以下と差が大きい。これは、大塚アグリテクノの基準がNaやClを大量に含まないことを前提にしており、ま

大塚アグリテクノの水質判定基準（EC）（表2）

水質ランク	判定の目安 (EC；dS/m)	判定
A	<0.15	そのまま利用でき，複合肥料で培養液を作成できる
B	<0.30	基本的には複合肥料を用いるが，簡単な修正を必要とする
C	<0.60	複合肥料と単肥を用いて培養液を作成できる
D	>0.60	単肥による修正で使える場合もあるが，使用不適の場合もある

大塚アグリテクノの水質判定基準（無機成分）（表3）

	pH	EC	NH_4^+-N	NO_3^--N	P_2O_4	K_2O	CaO	MgO	MnO
A	<7.0	<0.15	<2	<5	<5	<5	<20	<10	<0.05
B	<7.3	<0.30	<5	<10	<10	<10	<50	<30	<0.1
C	<7.6	<0.60	<10	<50	<50	<100	<80	<40	<1.0
D	>7.6	>0.60	>10	>50	>50	>100	>80	>40	>1.0

	B_2O_3	Fe	Cu	Zn	Mo	Na	Cl	SO_4	HCO_3
A	<0.05	<0.1	<0.05	<0.05	<0.05	<10	<10	<30	<30
B	<0.1	<1.0	<0.07	<0.07	<0.07	<50	<50	<50	<70
C	<1.5	<3.0	<0.1	<0.2	<0.1	<70	<70	<150	<180
D	>1.5	>3.0	>0.1	>0.2	>0.1	>70	>70	>150	>180

た日本ではオランダに比較して一般に良質な用水が多く、培養液を作成する際に用水中のイオンはほとんど計算に入れていない現状であるのに対して、オランダでは作物の生育に必要なCa、Mg、Kなどのイオンが用水中に多量に含まれている例が多く、これらを施肥設計に入れるために、ECの基準値を高く設定しているからと考えられる。したがって、用水の水質を評価する際には、EC値だけではなく、Ca、Mgなどや微量元素あるいはNaやClなどの濃度についても考慮する必要がある。

NaやClについては、今のところ明確な限界濃度は決まっていない。というのは、限界濃度は栽培法や対象作物などによって異なるからである。一般に、用水中に30〜40ppmのNaあるいは同程度のClが含まれていれば、問題が生ずる可能性があると考えられる。しかしながら、75ppm以上の場合でも、給液方法、栽培方法が適切で問題なく生育させている生産者もいる。いずれにせよ、100ppm以上になると、そのままで用水とし

て長期間利用するのは困難になるだろう。

用水中にCaやMgなどが多い場合に、これらを無視して培養液を作ると、一定期間を経過した後には、当然のことながら、培養液の組成は当初設定したものとは大きく異なったものになる。用水の影響は、特に設定濃度が低い場合に大きくなる。そこで、用水に含まれているイオン濃度を考慮に入れた培養液の計算を行う必要がある。

NaClと微量元素は植物に吸収される量が少ないので、用水中の濃度が高いと、培養液中あるいは固形培地内に集積しやすい。このような塩類の集積には、培養液を更新したり、固形培地を洗浄したりするなどの対策が必要である。したがって、使おうとする用水中のNaClや微量元素の濃度が基準を大幅に上回っている場合には、他の用水との混用、あるいは全面的に他の用水の使用を考えるなどの対策が必要である。なお大沢（1963）によると、作物の種類によるNaCl耐性の違いは表5ようである。

微量元素は基準以下であれば、培養液組成の

オランダ・ナールドワイク温室作物試験場の水質基準 (表4)

	基準1	基準2
Cl	<50ppm	50〜100ppm
Na	<30ppm	30〜60ppm
HCO_3	<40ppm	<40ppm
Fe	<1.0ppm	<1.0ppm
Mn	<0.5ppm	<1.0ppm
B	<0.3ppm	<0.7ppm
Zn	<0.5ppm	<1.0ppm
EC	<1.5 dS/m	

注:基準1は、栽培期間中に問題がほとんど生じないもの
基準2は、栽培に適してはいるが、微量要素がロックウールベッド内に集積するため、栽培中に数回の洗浄が必要なもの

砂耕におけるさまざまな野菜のNaCl耐性* (表5)

野菜名	地上部分 培養液の NaCl濃度 ppm	EC mS/cm	食用部分 培養液の NaCl濃度 ppm	EC mS/cm
パクチョイ	11,000	21.0	11,000	21.0
キャベツ	9,000	17.6	6,500	13.3
ハツカダイコン	9,000	17.6	6,000	12.6
ホウレンソウ	8,000	15.8	8,000	15.8
ハクサイ	8,000	15.8	—	—
カブ	8,000	15.8	2,500	6.4
セルリー	6,000	12.6	6,000	12.6
ナス	5,500	11.6	4,000	9.1
ネギ	5,500	11.6	5,500	11.6
ニンジン	5,000	10.9	4,000	9.1
トマト	4,500	9.9	3,500	8.1
ピーマン	3,500	8.1	3,000	7.4
キュウリ	3,000	7.4	3,000	7.4
ソラマメ	2,500	6.4	2,500	6.4
タマネギ	2,500	6.4	2,500	6.4
インゲン	2,000	5.6	2,000	5.6
レタス	2,000	5.6	2,000	5.6
イチゴ	1,000	3.9	1,000	3.9
ミツバ	1,000	3.9	1,000	3.9

注) *新鮮重に基づく収量半減濃度 (大沢、1963)

一部として計算できるが、Feは例外である。通常、用水中のFeの多くはFe(HCO_3)$_2$として溶解しており、空気(酸素)と接触すると、酸化されてFe(OH)$_3$になって沈殿するので、作物は利用できない。なおFe(OH)$_3$は、ドリップ給液の際に、ノズルの目詰まりを起こすので注意しなければならない。また高濃度のHCO_3は、反応式(A)によりpHを上昇させる原因となるので、酸で中和する必要がある。中和の反応式は(B)である。中和には通常硝酸(4%程度)もしくはリン酸(約40%)が用いられる。逆にpHを上げたい場合には、HCO_3を含む用水を使用するか、炭酸水素カリウム又は水酸化カルシウムを用いる。

(A)　$HCO_3 + H_2O \rightarrow OH^- + CO_2 + H_2O$

(B)　$HCO_3 + HNO_3 \rightarrow NO_3^- + H_2O + CO_2$

　　　$HCO_3 + H_3PO_4 \rightarrow H_2PO_4^- + H_2O + CO_2$

水銀(Hg)、鉛、カドミウムなどの重金属が用水に含まれている場合、作物は外観正常であっても、植物体中の濃度が食品としての基準値を上回る場合があるので注意を要する。

7 水質の改善法

用水中に溶解している塩類のうちで、通常もっとも問題になるのはNaとClである。その他、鉄分過剰や高濃度重炭酸の問題などもあるが、これらについては別に述べる。

用水中にある過剰の塩類を減少させるためには、(1)逆浸透法、(2)イオン交換法(脱塩法)、(3)電気透析法、(4)蒸留法などの方法があるが、装置の大きさやランニングコストなどの点で、植物

工場や養液栽培の現場で最も利用しやすい方法は逆浸透法かイオン交換法であろう。

(1) 逆浸透法

　この方法は、水は通すがその中に溶解している無機成分は通さないという、特殊な構造を持った膜（メンブレン）を使って水を純化するものである。

　浸透とは、たとえばU字管の下部に半透過性の膜を置き、その両側に濃度の異なる液を入れた場合に、濃度の薄い方の液が半透膜を通過して両液ともに濃度が等しくなろうとする現象を言い、この時に生ずる水頭圧差が浸透圧と呼ばれる。しかし、用水の純化に使われるのはこの逆の現象を利用するため、逆浸透と呼ばれる。すなわち、濃い液の方に浸透圧以上の圧力をかければ、この液は浸透圧に逆らって膜を透過するので、塩類を含む水質不良の水を純化することができる。このため、逆浸透装置には液の注入口が一つあり、出口は二つある。出口の一つは純化されて塩類濃度が低くなった水の出口であり、もう一つは塩類がより濃縮されて高濃度になったもの、すなわち廃液の出口である。したがって、大量の液を処理しなければならないときには、高塩類濃度の廃液の処分方法が問題となる可能性がある。その他、原水の質にもよるが、1 tの用水を処理しても栽培に利用できる水は0.5～0.7 t程度しか得られない場合が多いから、用水の値段が高い場合には利用しにくいことになる。また、半透膜は消耗品であるために、適当な時間で交換する必要がある。

(2) 用水中に高濃度の鉄分が含まれる場合の鉄分の除去

　鉄分の除去に最も効果的であり、かつ安価な方法は、用水中に空気を吹き込む爆気と、フィルターによる濾過である。前述のように、用水中のFeの多くは炭酸塩として存在しており、空気に触れると酸化されて$Fe(OH)_3$になって沈殿するので、これを静置して上澄みを利用するか、フィルターで濾過して利用すればよい。フィルターによる濾過を行う場合にはフィルターの目詰まりを掃除する必要が生ずるが、これには逆洗法やフィルターに高圧水を吹き付けたり棒でたたいたりするなどの物理的な方法と、薄い塩酸につけて溶かすなどの化学的な方法とがある。

(3) 用水中に炭酸や重炭酸が多い場合のpHの調節

　わが国でも、場所によっては井戸水に炭酸や重炭酸が多く含まれ、かなり高いpHを示すことがある。このような場合、用水はこれらのイオンによるいわゆる「緩衝能」のために、pHを下げるのが大変難しい。しかし、これらのイオンがなくなりさえすればpHは容易に下げられるので、pH調節を安全かつ着実に行うためには、用水中の炭酸・重炭酸濃度を重炭酸当量で30～50 ppm程度に下げてやる必要がある。これによって、pHは適切に調節でき、しかも炭酸・重炭酸をこの程度にわずかに存在させることによって、pHの急激な変化を防ぐ効果も期待できる。

　用水に添加する酸の量は、用水の重炭酸の濃度を約50ppmに減少させ、同時にpHを5.5かこれよりもわずかに高い値にするのに必要な量とする。

(4) 用水中の重炭酸濃度の測定

　この方法は、水のpH緩衝能に影響するイオンの総量、特に重炭酸と炭酸を測定するものである。結果は重炭酸に換算したppmとして算出され、用水の酸度調節のために必要な酸の量が計算できるようになる。実際には、用水に薄い酸を加えていき、そのpHが約4.5になるまでの酸の液量から重炭酸当量ppmを算出する。この測定のためには以下のような物が必要である。　a) 100 mlのメスシリンダー（1目盛り1mlのもの）　b) 250～500 mlのビーカーあるいはフラスコ　c) pHメータ　d) 0.01規定の塩酸

　測定の手順は以下のようになる。まず二つのビーカーを、測定しようとする水でしっかりすすいでおく。この水は新しいものでなければならない。次いで、この水100 mlを一つのビーカーに取る。塩酸100 mlをメスシリンダーに取り、測

重炭酸塩濃度の高い用水1ℓのpHを調節するのに必要な酸の量(図4)

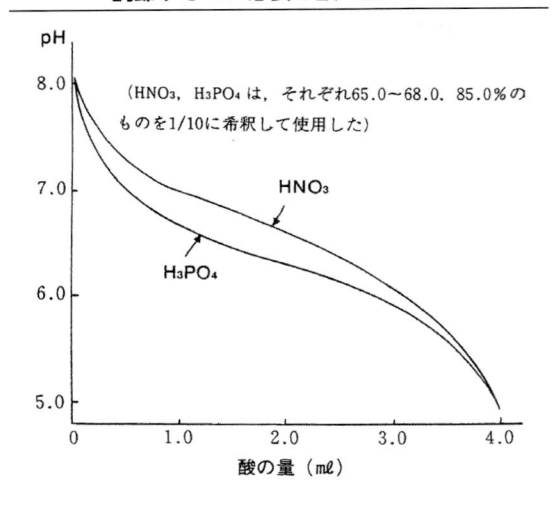

(HNO₃, H₃PO₄ は, それぞれ65.0～68.0, 85.0%のものを1/10に希釈して使用した)

定しようとする水をよく撹拌し、pHの変化を見ながら少しずつ加える。pHが4.5以下になったところで塩酸を加えるのをやめ、それまでに加えた塩酸の量を正確に読む。pHの変化は、終点近くになると早くなる（図4）ので、終点近くではごく少量ずつ加えるのがこつである。

重炭酸当量値の算出は、加えた塩酸の量（ml）に係数6.1を掛ければよい。たとえば18 mlの酸を加えたのなら、重炭酸濃度は 18×6.1 ≒ 110pppm となる。

8 培養液を作成してから作物に与えるまで

培養液を作成してから作物に与えるまでの各行程と、そこにおける管理項目としては、図5に示すようなものが考えられる。まず、水に肥料を溶かして培養液を作る。小規模な栽培では、大きなタンクに入れた水に、必要量の肥料をその都度計量して溶かして培養液を作ることも可能である。しかしある程度規模の大きな栽培では、高濃度貯蔵液を作成しておき、希釈機あるいは混合機を用いて機械的に培養液を調整する場合が多い。出来上がった培養液は、ポンプで栽培ベッドに供給される。水耕の場合には、一般に培養液はベッドから調整タンクに回収して再利用されるが、固形培地を利用する栽培では、過剰な培養液を回収しない栽培方式と、水耕のように回収して再利用する方式とがある。

9 高濃度貯蔵液

多くの場合、培養液は初めに高濃度液として、実際に利用する際の100倍程度の濃度を持つものを作成し、2つのタンクに貯蔵しておく。培養液の作成に使用される塩類のうちで、カルシウムを含む塩類とリン酸あるいは硫酸根を含む塩類は必ず分けて貯蔵しなければならない。そうしないと、これらはタンクの中で反応して、硫酸カルシウム（石膏）あるいはリン酸カルシウムといった非常に難溶性の化合物を形成し、沈澱してしまって植物には利用されないことになる。一方、目的によっては、酸性リン酸マグネシウムを基本とした全要素を含む貯蔵液を作成し、貯蔵タンクを1つで済ます方法もある。

10 希釈・混合および濃度調整

高濃度貯蔵液は用水で希釈・混合されるが、その方式は調整タンクがある場合とない場合では異なる。調整タンクがある場合には、水と高濃度液とを別々にタンクの中に入れて混合するが、その制御法には水位によるもの、定量ポンプによるもの、伝導度計によるものなどがある。定量ポンプを使用した場合には、2種類の高濃度液にそれぞれ付けることになるが、使用途中で両者の比率に差が生ずると出来上がった培養液の組成が変わっ

培養液を作成してから作物に与えるまでの各工程と管理項目(図5)

方式	2タンク式 1タンク式 液肥式 固形肥料式 単肥式 混合肥料式	混合タンクの有無	マイクロチューブ 点滴チューブ 底面給液 NFT/DFT	培地素材 ベッド構造 など	循環式では排液の殺菌法について考慮する
制御法		伝導度法 ベンチュリー管法 定量ポンプ法 水位法 タイマー法、など	タイマー 日射比例 湿度センサ 液面レベル 重量変化 その他		
管理項目	各タンクの要素組成・濃度 用水の質	希釈された液のpH, EC, 無機要素組成・濃度	給液量 給液頻度 給液系の目詰まり	培養液の温度 培養液のpH・EC 培地の湿度	

てしまうので、定期的なポンプのチェックが必要である。また伝導度計も、電極の汚れが感度を鈍くしたり、誤差を生ずる原因となったりするので、定期的な電極の清掃を怠ってはならない。一方、特別な調整タンクを持たず、給水管の中へ高濃度液を直接吸入あるいは注入する方式には、ベンチュリー管によるものや定量ポンプによるものなどがある。この場合には、流量に関係なく正確な混合比率が維持されることと、培養液として作物の根圏に届くまでに、用水と2種類の高濃度培養液が充分混合されることの2つの条件が満たされる必要がある。いずれにしても、ベッドに供給される培養液を定期的に分析して、装置が順調に作動し、培養液が設定した濃度や組成を維持しているかどうかをチェックする必要がある。

11 pH調整

培養液のpH調整は、手で行う場合と、機械的に自動調整する場合とがある。前者の場合は、定期的なチェックの後に酸あるいはアルカリを加えて調整することになるが、加えた酸あるいはアルカリが培養液に十分混合して一定のpHになるには、かなりの時間がかかる。高濃度のカセイソーダなどを一時に多量使用すると、培養液中の金属元素が沈澱を起こすことがあるので注意しなければならない。また後者の場合には、通常pHが一定の範囲を超えて上昇あるいは低下した時に、それを補正するための機構が働くようになっているが、機械的なミスが発生した場合には致命的な障害を被る恐れがある。いずれにしても、定期的に電極を掃除し、標準液でpHメータの動作を確認する必要がある。

この他に、用水がアルカリ性で、出来上がった培養液のpHが常に高くなってしまうような場合には、希釈倍率を考慮して、高濃度液にあらかじめ酸を加えておくこともできる。

培養液のN源をNO_3^-にするかNH_4^+にするかということでも、培養液のpHを調整することが可能である。すなわち、両N源が共存する培養液において、前者を優先吸収する作物を栽培すると、培養液のpHは比較的安定あるいは若干上昇する傾向になる。また、後者を優先吸収する作物を栽

培すると培養液のpHは低下しやすい。

12 給液

　栽培方式やベッド構造などとの関係で、作物への培養液施用法にはさまざまな形態のものがあり、またそのための制御法も異なる。これまでわが国で主に使われてきたたん液型の水耕システム（DFT=Deep Flow Technique）では、特別な空気混入装置あるいは循環系を考えたものが多く、給液は主にタイマーで制御されていた。しかし固形培地を使った栽培法では、マイクロチューブやドリッパのついたかん水チューブを使って点滴給液する場合が多く、給液の制御もタイマーのほかに、植物の水分吸収が日射量と強い相関があることを利用した日射量比例式、培地の湿度を感知する湿度センサ式、液面の変化を感知する方式、培地の重量の変化を感知する方式など、さまざまな方式が採用されている。給液の量や頻度、給液系の目詰まりなどに注意が必要である。

13 栽培ベッド

　NFT（Nutrient Film Technique＝薄膜水耕法と訳されることがある）のような栽培方式では、株当たり、時間当たりの培養液施用量がかなり少ない場合が多い。そのような条件下で平均して安定した培養液の流れを確保するためには、ベッド底面のわずかな凹凸が問題となりやすい。そのため、流路にそって溝を作ったり、底面に吸水性のマットを敷いたり、場合によっては1うねごとに分離したりするなどの工夫がとられている。また固形培地を使う場合でも、培地素材によって水分保持力やpH、CEC（Cation Exchange Capacity：陽イオン交換容量）などの理化学性が異なるために、

それらを考慮したベッド構造や培養液管理の考え方が必要になる。

　栽培中には、根圏の温度やベッド内培養液のpH、EC、無機要素組成等の管理に注意が必要である。

14 排液

　いったん栽培ベッドから出た培養液は、回収されて再利用される場合（循環型）と回収されずにそのまま廃棄される場合（非循環型）とがある。前者の方式をとるものとしては、水耕法やれき耕法、噴霧耕、のロックウール耕などがある。この場合、ある程度の時間使用していると培養液の組成は初めのものと大きく異なってしまう場合が多いので、管理に注意が必要である。作物の生育が思わしくないと感じた時には、培養液を更新してみるのも対策の一つになる。培養液を循環して使用する際の問題点の一つに病害の伝播があるが、殺菌装置が利用できれば問題は解決する。

参考文献
1) 池田英男：植物工場ビジネス - 低コスト型なら個人でもできる -．日本経済新聞出版社．東京,2010
2) 池田英男：知能的太陽光植物工場の新展開〔2〕- わが国における太陽光植物工場の現状と今後への期待 -．農業および園芸 85(2) 294-303,2010
3) 池田英男：太陽光利用型植物工場の現状，植物工場ビジネス戦略と最新栽培技術．48-57．技術情報協会，2009
4) 池田英男，星岳彦，高市益行，後藤英司：低コスト植物工場導入マニュアル．日本施設園芸協会，2009
5) 池田英男：高生産性オランダトマト栽培の発展に見る環境・栽培技術，日本学術会議公開シンポジウム「知能的太陽光植物工場」講演要旨集．32-41,2009
6) 池田英男：わが国における太陽光植物工場の現状と今後への期待，日本生物環境工学会 2009 年福岡大会講演要旨．347-354,2009
7) H. Ikeda: Environment-friendly Soilless Culture and Fertigation Technique. Proceedings of 2009 High-Level International Forum on Protected Horticulture, 245-252. China,2009
8) 古在豊樹（編著）：太陽光型植物工場．Ohmsha．東京,2009．
9) 池田英男（編著）：養液栽培の新マニュアル．㈳日本施設園芸会編．誠文堂新光社．東京,2002
10) 池田英男．第 3 章　用水と培養液の調整．最新　養液栽培の手引き．132-156．㈳日本施設園芸会編，誠文堂新光社．東京,1996．

（池田英男）

11 火力（給水、復水脱塩）における用水処理

1 火力発電所における用水処理の役割

　火力発電所における電力の製造メカニズムは、作動流体として水を用い、熱エネルギーによりボイラーで蒸気を発生させ、この蒸気でタービンを駆動し電気エネルギーに変換している。熱エネルギー源は火力発電所の場合、石油、石炭、LNGとなる。
　用水処理は大別して3つの設備より構成される。本章では給水処理設備、復水脱塩設備について説明する。

(1) 給水処理設備　設置目的

　給水処理設備原水としては、工業用水、水道水、海水などが水源となるが、これらには濁質、不純イオン成分が含まれており、発電所内のボイラー、タービンへ持ち込まれると、スケールや、金属腐食が発生し、障害が発生する。
　これら障害を発生させないために前処理装置、純水装置（これらを称して給水処理設備と呼ぶ）を設置している。

(2) 復水脱塩設備　設置目的

　ボイラーから発生した蒸気のうち、蒸気の使用箇所を経て凝縮され、再び給水としてボイラーに送り込まれる水を復水と称する。復水脱塩設備では、復水中のイオン成分除去を行っている。
　復水には復水器の冷却水漏洩、給水処理設備より持ち込まれる微量不純物、系統の構造材料からの腐食生成物等が含まれており、これらの不純物

火力発電の仕組み（図1）

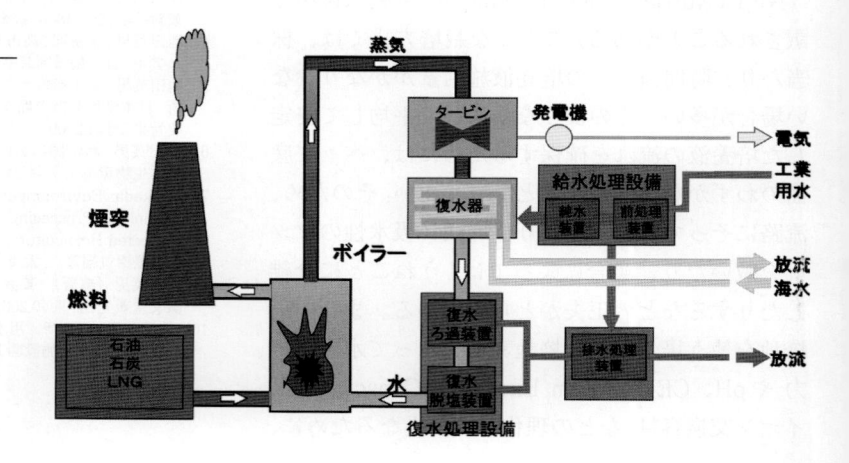

はボイラー、タービンへ持ち込まれると障害が発生する。

したがって、この復水をボイラーの給水として再使用するためには、何らかの浄化処理が必要となる。

この浄化処理を行う装置が復水脱塩設備である。

2 給水処理設備

(1) 原水水質の特徴

水源としては河川水、伏流水、湖沼水、地下水、工業用水等が多く使用される。これらは一般的に濁度が高いため前処理装置が必須となる。

水道水を使用する場合は飲料用に用いられる為、濁度成分はすでに除去され供給される。したがって一般的には前処理装置は設置せず、直接純水装置へ供給することが多い。但し、殺菌のために次亜塩素酸ソーダ等の薬品が注入されているため、残留塩素が検出される。残留塩素は酸化剤であるため、純水装置内のイオン交換樹脂に接触すると、酸化劣化を引き起こし性能低下の原因となる。したがって、純水装置入口に重亜硫酸ソーダ、もしくは亜硫酸ソーダ等の還元剤を注入し、これら酸化剤を還元し、酸化劣化防止策を施す必要がある。場合によっては活性炭塔を設置し除去する場合もある。

地域によっては大量の工業用水や水道水が確保できないこともある。そのような場合は海水淡水化装置を設置し、逆浸透膜で不純イオン成分を工業用水レベルまで減少させ、純水装置へ供給することもある。

(2) 前処理装置

原水には様々な不純物が含まれているが、このうち懸濁物質やコロイド状物質を効果的に除去する装置が前処理装置である。

前処理装置は比較的懸濁物質が多く含まれる場合

前処理装置(写真1)

は凝集沈殿/凝集加圧浮上+ろ過方式を採用し、懸濁物質が少ない場合は凝集ろ過方式が採用される。

これらが無処理のまま後段の純水装置に流入されると、イオン交換樹脂の汚染や逆浸透膜の閉塞などが発生するため、適切な運転管理が必要とされる。

① 凝集沈殿/凝集加圧浮上

一般に水中に存在する微細懸濁粒子及びコロイド状物質は、粒子表面が負に荷電して相互に反発しあっているため沈降しにくい。凝集剤を原水に加えることによって生成する不溶性の水酸化物の綿状の物質をフロックと呼び、このフロック生成時に荷電を中和し、微細粒子を吸着して粗大化し、沈降しやすくする。このように凝集剤によって沈降しやすい、または捕捉しやすいフロックとし除去することを凝集沈殿と呼ぶ。

凝集剤はポリ塩化アルミニウムが多く使用される。また凝集剤の他にアルカリ成分を調整するためのpH調整剤（主に水酸化ナトリウム）、原水低濁度時にフロックの核となる濁質分を加えるため粘土鉱物（主にカオリン）、より良好のフロックを生成するための高分子凝集助剤を添加することもある。これらの薬品注入最適条件は、原水性状により異なることから、ジャーテストとよばれる試験にて決定する。

凝集沈殿装置フローシート例を図2に示す。

尚、原水中に無機系の懸濁物や重く沈降しやす

凝集沈殿装置フローシート例（図2）

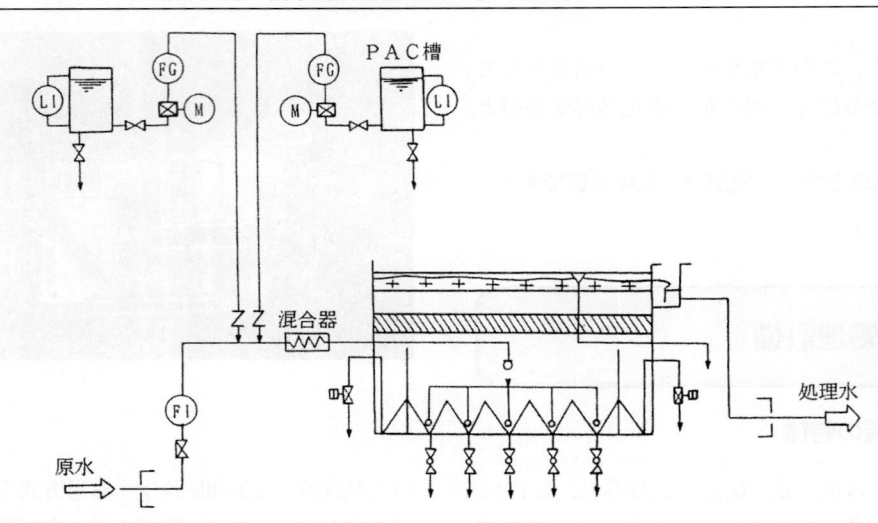

い物質を多く含む場合は凝集沈殿装置を使用するのが効果的であるが、密度の低い物質や有機性の濁質を多く含む場合には凝集加圧浮上装置を用いることがある。生成したフロックに微細気泡を付着させて浮上、分離させるシステムである。湖沼水などの富栄養化に伴って生じた藻類などによる軽くて浮上しやすい懸濁物の多い水に対して効果的である。

凝集加圧浮上装置フローシート例を図3に示す。

② ろ過

低濁度の懸濁物及び浮遊物を含む液体から澄明な液体を得る場合に使用する。ごく微細の懸濁物質及びコロイド状物質の大部分はろ過だけでは除去できない。したがって発電所向け前処理装置では、ろ過装置単独で設置することはまれで、凝集沈殿/凝集加圧浮上の後段に設置される。ろ過塔内にはろ材として砂またはアンスラサイトが主に使用される。

③ 凝集ろ過

比較的低濁度の原水の場合は、凝集沈殿/凝集加圧浮上を省略し原水に凝集剤を注入後、直ちにろ過を行うという処理方法を用いることもある。

ろ材はアンスラサイトと砂を併用し、塔内に充填し二層状態としている。

凝集ろ過装置フローシート例を図4に示す。

(3) 純水装置

原水中の不純物のうちイオン状で存在するナトリウム、カルシウム、マグネシウム、塩化物イオン、硫酸イオン、シリカなどを除去する装置である。

イオン交換樹脂法と膜法があるが、本項ではイオン交換樹脂法について述べる。

① イオン交換樹脂

発電所における純水装置は主にイオン交換樹脂を用いた方式が多く納入されている。

イオン交換樹脂は、1935年A.Adams, E.L.Holmesらによって多価フェノール類とホルムアルデヒドとの縮合物を合成したことに始まり、これが有機質の陽イオン交換体の工業生産の始まりであるとされている。その後、第二次世界大戦を経て1948年スチレン・ジビニルベンゼン系の母体にスルホン基を導入した強酸性陽イオン交換樹脂

18章 業種別水処理技術　● 669

凝集加圧浮上装置フローシート例（図3）

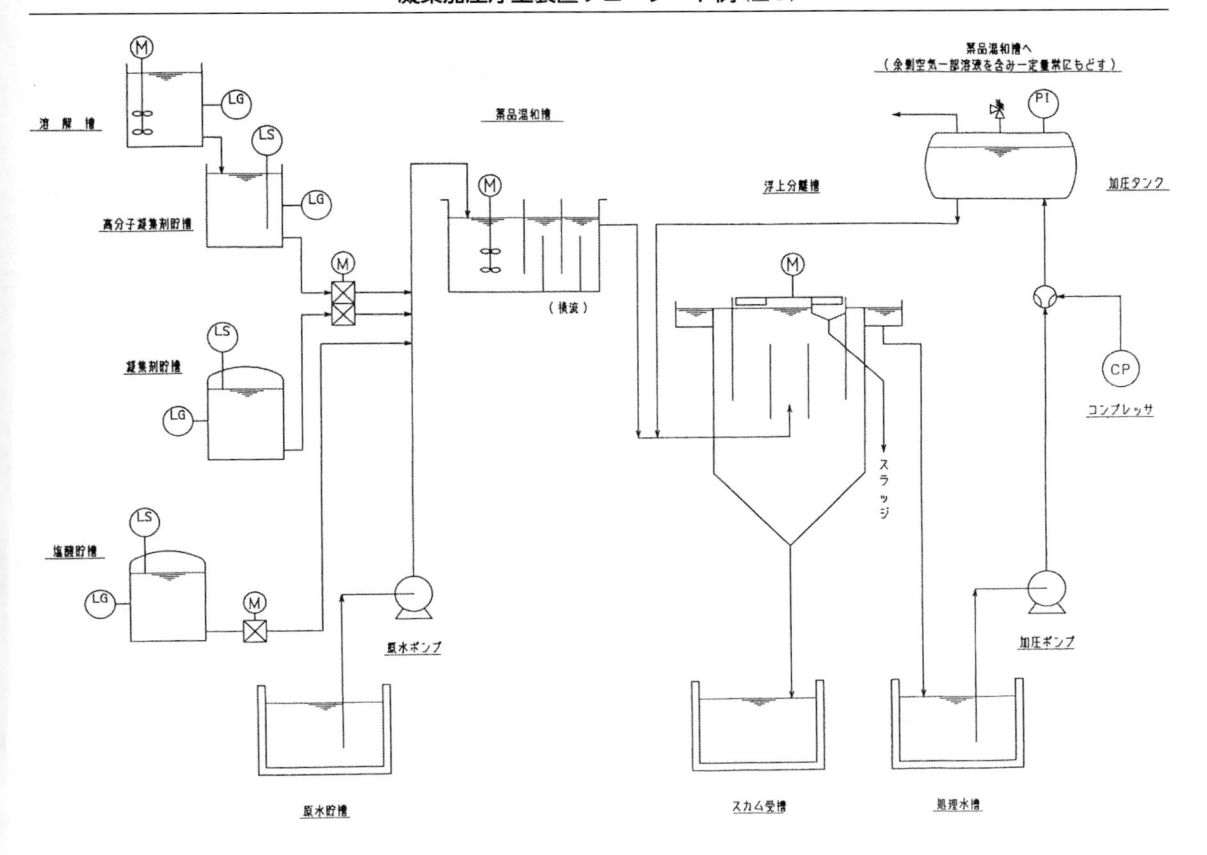

凝集ろ過装置フローシート例（図4）

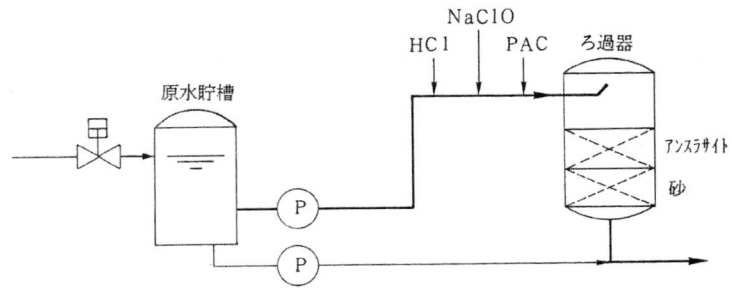

純水装置（写真2）

の出現と、第四アンモニウム基を導入した強塩基性陰イオン交換樹脂の工業生産が開始されたことによってイオン交換樹脂による広範囲な実用化時代に入り、発電所においても広く導入され現在に至っている。

イオン交換樹脂は大別すると陽イオン交換樹脂と陰イオン交換樹脂の2種類がある。

陽イオン交換樹脂は、水中の陽イオンであるナトリウムやカルシウム等と反応し、自身が初めに引き合っていた陽イオンを離す。

$R-H^+ + Na^+ \rightarrow R-Na^+ + H^+$

（R－はイオン交換樹脂の母体を示す）

陰イオン交換樹脂は、水中の陰イオンである塩化物イオンや硫酸イオン等と反応し、自身が初めに引き合っていた陰イオンを離す。

$R-OH^- + Cl^- \rightarrow R-Cl^- + OH^-$

（R－はイオン交換樹脂の母体を示す）

これらがイオン交換反応である。

② 純水装置（イオン交換樹脂法）

純水装置（イオン交換樹脂法）は下記型式が存在するが、発電所においては主に固定床式が採用されている。

固定床式のうち、複床式とは陽イオン交換樹脂と陰イオン交換樹脂とを別々のイオン交換塔に充填して処理する方式である。

複床式は、2B3T（ニービーサンティー）が多く採用され、BはBed、TはTowerを指す。2B3Tフローシート例を図5に示す。

陽イオンと陰イオンを異なる塔に充填しているので2Bed、陽イオン交換塔と陰イオン交換塔の間に炭酸成分を除去する脱炭酸塔を設置し、3つのタンクを使用するので3Towerとなり総じて2B3Tと称される。尚、脱炭酸塔の替わりに溶存酸素と炭酸成分を除去する真空脱気塔を設置する場合もある。真空脱気塔フローシート例を図6に示す。これらは要求水質によってシステムを検討する。

原水中に含まれる一定量の不純イオン成分をイオン交換すると、これ以上はイオン交換できない終点を迎える。通水を続行するとイオンが漏れ出し電気伝導率の悪化を引き起こすため、この時点で装置を停止させ薬品による再生を行う必要がある。

陽イオン交換樹脂の再生剤には主に塩酸、陰イオン交換樹脂の再生剤には主に苛性ソーダが使用される。尚、シリカは陰イオン交換樹脂で除去されるが、再生効率を高めるために苛性ソーダを加温し通薬する。加温温度は50℃前後が一般的である。

再生設備を含めたフローシート例を図7に示す。

再生時に使用する薬品の流れ方向によって処理水質が異なる。古くは並流再生式と呼ばれる採水、

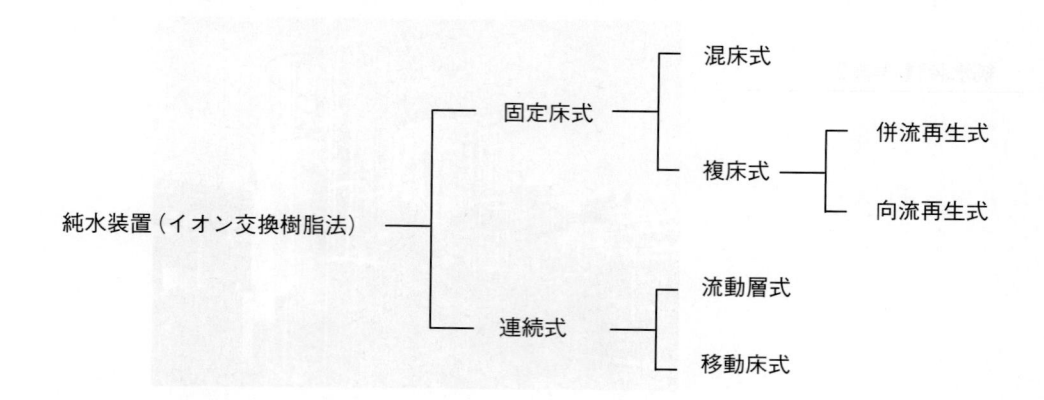

```
純水装置（イオン交換樹脂法）─┬─ 固定床式 ─┬─ 混床式
                              │            └─ 複床式 ─┬─ 併流再生式
                              │                       └─ 向流再生式
                              └─ 連続式 ─┬─ 流動層式
                                         └─ 移動床式
```

再生とも下降流で行う方式が採用されてきたが、最近では水質良化や薬品使用量低減の観点から向流再生式が採用されている。向流再生式は採水は下降流、再生は上昇流で行う方式で、通水塔下部に存在するR－H+、R－OH－形イオン交換樹脂組成率が常に高い状態であるため、不純イオン成分が出口水に漏洩しにくい。したがって高純度な水質を達成することができる。向流再生式と並流再生式の樹脂中のイオン分布を図8に示す。

混床式は陽イオン交換樹脂と陰イオン交換樹脂

2B3Tフローシート例(図5)

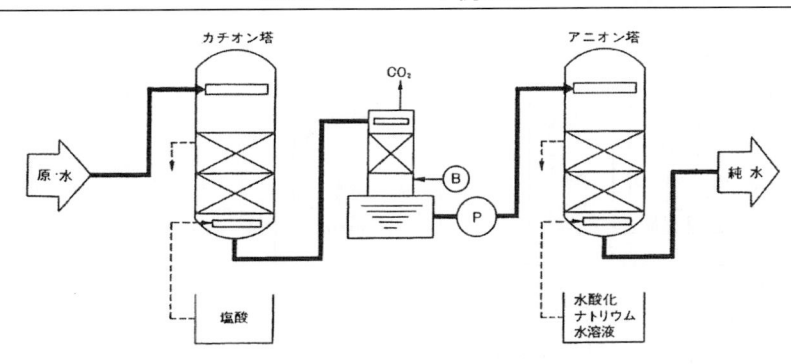

真空脱気塔フローシート例(図6)

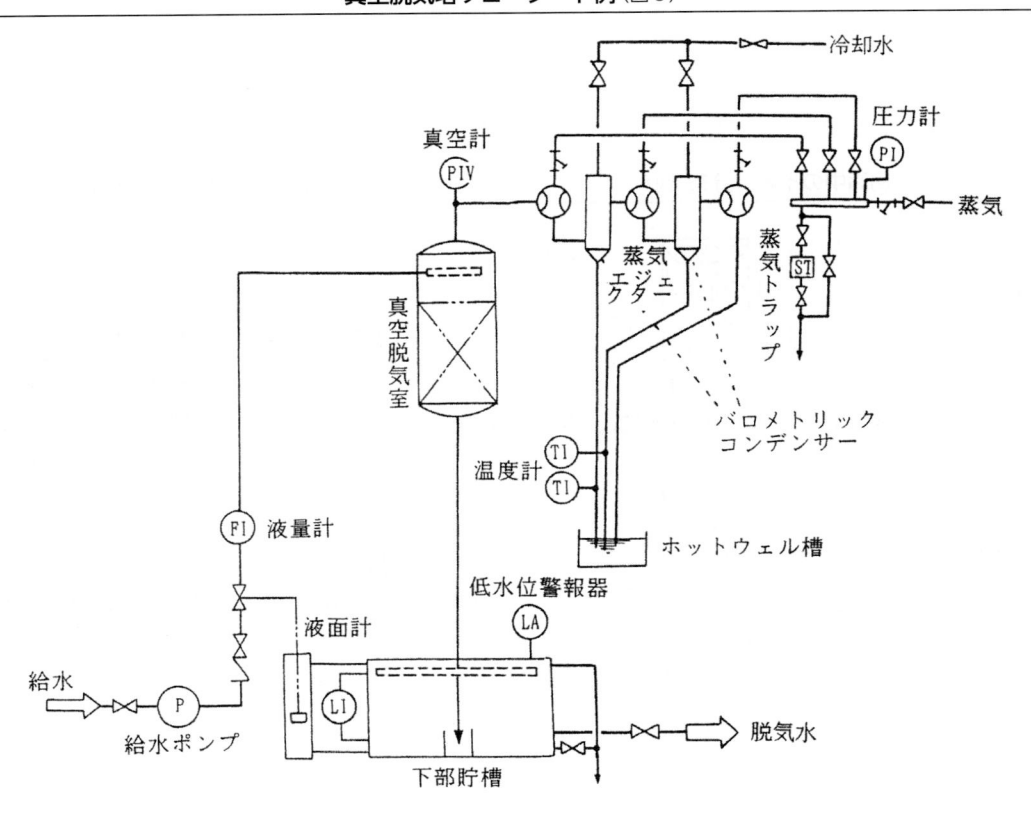

2B3T再生設備フローシート例（図7）

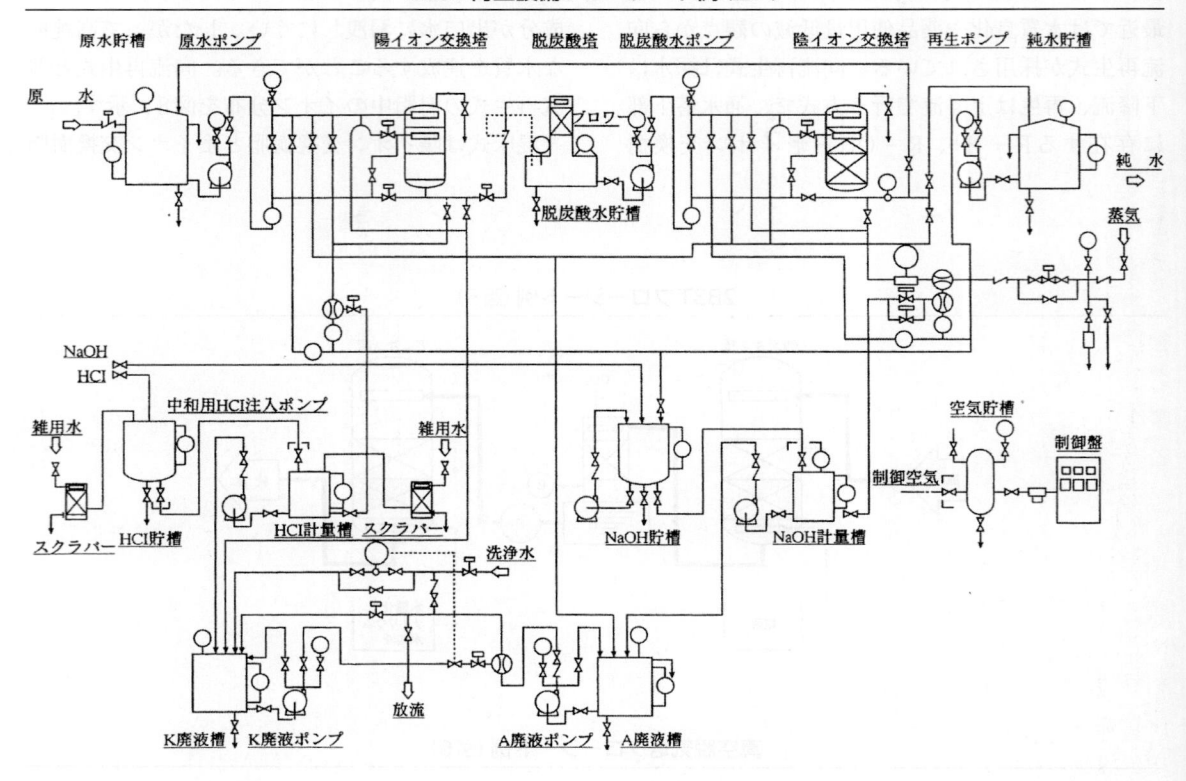

樹脂中のイオン分布（図8）

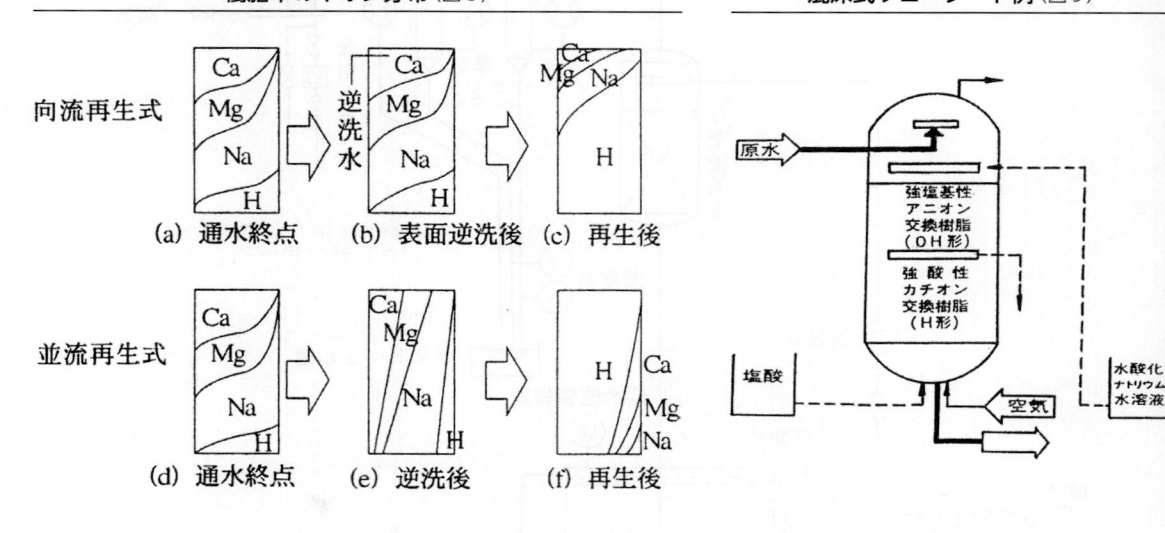

向流再生式
(a) 通水終点　(b) 表面逆洗後　(c) 再生後

並流再生式
(d) 通水終点　(e) 逆洗後　(f) 再生後

混床式フローシート例（図9）

を同一イオン交換塔に混合充填したもので、単独で使用する場合はMB（モノベットもしくはミックスベット）、2B3Tの後段に使用する場合はMBP（モノベットポリシャーもしくはミックスベットポリシャー）と呼ばれる。比較的原水イオン量が少ない場合は単独でMBとして使用することもあるが、多くは、2B3Tの後段にMBPとして使用される。

混床式は陰陽両イオン交換樹脂が同一イオン交換塔内でいく層にもつみ重なっているため極めて多段数のイオン交換塔を連結したものと同様の効果がある。したがって、容易に高純度の水を得ることができる。

混床式のフローシート例を図9に示す。

混床式も所定水量処理後、樹脂を薬品にて再生する。尚、混合状態で充填されているため、再生時には樹脂を分離させた後、通薬を行う。分離はイオン交換塔の下部より水を上昇流で流し、樹脂密度差によって陽イオン交換樹脂は下部へ、陰イオン交換樹脂は上部へ分離させる。分離後はそれぞれ塩酸、苛性ソーダにて通薬、洗浄し、次回通水に備えて樹脂を下部からの空気導入により混合状態とさせる。

尚、技術の改良により最新の2B3Tシステムにおいては出口水質の高純度化が達成されたため、MBPの代わりにCP（カートリッジポリシャー）を設置する場合もある。

設計収量に到達したら樹脂を交換する方式であり、入口イオン負荷が低減されたため、現場にて定期的な薬品再生を行う必要が無い。

CPに使用される樹脂は工場にてあらかじめ再生された陽イオン交換樹脂と陰イオン交換樹脂が混合状態で充填されている。

(4) 膜を使用した給水処理設備

膜技術は開発・改良による性能の向上が急速に進み、その適用範囲を拡大している。一般民需での納入実績を経て、発電所向け前処理装置、純水装置にも使用される様になってきた。

水中に存在する物質を膜によって分離処理する方法は大別して、次の4つとなる。

- 精密ろ過　MF（micro filtration）：懸濁物、細菌の除去
- 限外ろ過　UF（ultra filtration）：コロイド状物質、高分子物質の除去
- 逆浸透　RO（reverse osmosis）：塩類、低分子物質
- 脱気　MD（membrane degasifier）：気体の分離

それぞれの膜の位置づけを図10に示す。

膜式装置は限外ろ過膜（UF）や、逆浸透膜（RO）

膜の位置づけ（図10）

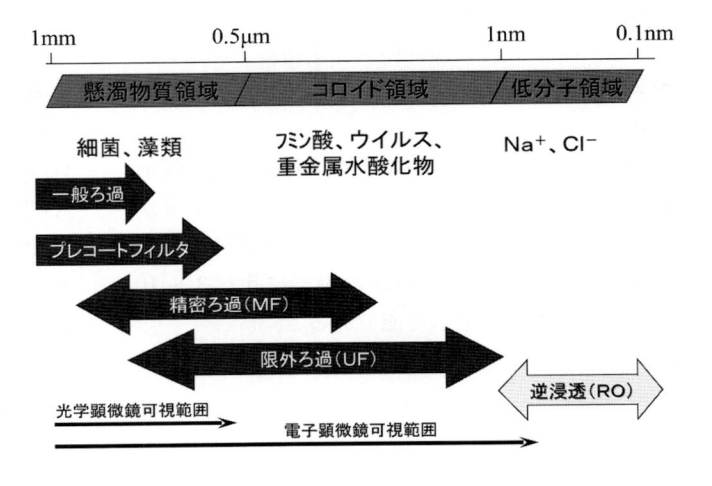

従来システムと膜システムの構成比較例（図11）

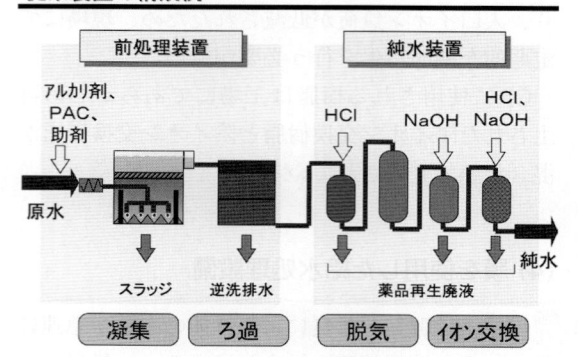

従来装置の構成例 / **膜システムの構成例**

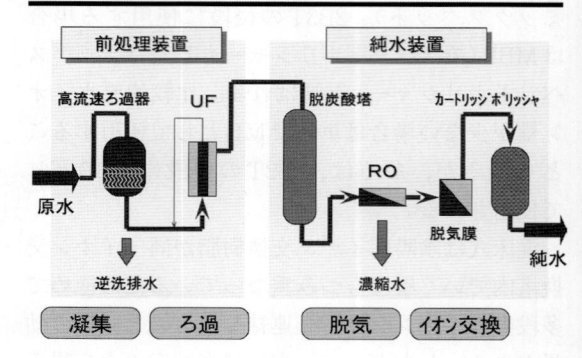

復水脱塩設備（写真3）

を用いた装置で、強酸、強アルカリ性廃液が発生しない、処理水質が安定している、設置スペースをコンパクトにできる等の利点がある。従来システム（イオン交換樹脂法）との構成比較例を図11に示す。

原水中の濁質の粗取りを行うために、UF膜前段にろ過器を設置する場合がある。ろ材は砂等が一般的であるが、長繊維を装填した高流速ろ過器を使用することで、従来砂ろ過器に比べ3～10倍程度の流速にて通水可能である。

3 復水脱塩設備

復水脱塩設備は、復水利用度の高い、高温高圧貫流ボイラーに設置され、極めて高純度の水質が要求される。低圧ボイラーでは通常設置されない。

(1) 復水水質の特徴

定常的な水質は、給水処理設備にて処理された純水に、揮発性物質処理で使用するpH調整剤（アンモニア）と脱酸素剤（ヒドラジン）が添加されたものである。給水処理設備処理水に含まれる不純物は微量であるため、復水脱塩設備にかかるイオン負荷はほとんどがアンモニアとなる。

復水運用方法によってアンモニア添加量は異なる。運用方法は主に2つあり、揮発性物質処理（AVT：all volatile treatment）、複合水処理（CWT：combined water treatment）がある。AVTはpH9.0～9.6程度となる様アンモニアを添加する。CWTは酸素処理法とも呼ばれ、pH8.0～9.3程度となる様アンモニアと酸素を添加している。CWTは鋼材配管表面の被膜並びに水中の鉄成分を酸素によって2価から溶解度の極めて低い3価の状態に維持して水質管理を行っている。

非定常的水質となるのは、復水器からの冷却水

漏洩発生時である。復水器はタービンより排気された蒸気を冷却し、凝縮復水を作る熱交換器であるが、その冷却水は国内発電所においては海水を使用することが多い。海水には多くの不純イオン成分が含まれているため、冷却水管の腐食等により海水が漏洩すると、復水水質に多大な影響を与える。よって復水脱塩設備設計条件には海水漏洩時間や漏洩量が規定されており、海水漏洩時においても復水水質に影響を与えない様、配慮がなされている。

(2) 復水ろ過装置

復水脱塩装置の前段に設置し、主に酸化鉄などの腐食生成物を除去する装置である。
型式はプレコート式ろ過、電磁ろ過、直接ろ過等があるが、本書では主流である電磁ろ過、直接ろ過について説明する。

① 電磁ろ過装置

ろ過塔内に強磁性充填物を入れ、磁場を与えるコイルを塔外に設置する。コイルに通電すると充填物が磁化し、復水中の強磁性酸化鉄が吸着除去される。一定量通水を行うと飽和状態となるため、逆洗を行い性能を回復させる。除去する酸化鉄が強磁性であると効率よく除去できるが、常磁性体だと十分な除去効率を得られない。復水運用がAVTの場合、酸化鉄は強磁性体であるマグネタイト（Fe_3O_4）が多く含まれるため、電磁ろ過装置は有効であるが、CWTの場合は、酸化鉄は常磁性体であるヘマタイト（Fe_2O_3）が多いため、十分な効果が得られない場合がある。この様な場合は、後述の直接ろ過方式を採用することが望ましい。

電磁ろ過装置の構造例を図12に、フローシート例を図13に示す。

② 直接ろ過

直接ろ過方式は、主に中空糸ろ過装置とカートリッジろ過装置の2種類がある。古くはプレコート式ろ過装置も採用されていたが、使用後のプレコート材処理の問題から現在では主流の装置ではない。

いずれも腐食生成物を直接ろ過する処理方法であるため、復水運用における酸化鉄の形態に左右されず、安定した除去効果が得られる。

中空糸ろ過装置は、塔内に中空糸膜を装填しており、ろ過の対象となる腐食生成物はおよそ$0.1\mu m$以上である。直接ろ過方式の中では最も、腐食生成物除去効率に優れたシステムである。

中空糸ろ過装置の構造例を図14に、フローシート例を図15に示す。

カートリッジろ過装置は、塔内にカートリッジフィルターを装填しており、ろ過の対象となる腐食生成物はおよそ$1〜5\mu m$以上である。中空糸ろ過装置に比べれば処理水質は劣るが、膜単価が安くランニングコストに優れている。

カートリッジフィルターの一例を図16に示す。

(3) 復水脱塩装置

復水ろ過装置と組み合わせて設置する場合と、復水脱塩装置単独で設置される場合がある。脱塩塔（通水塔）にはイオン交換樹脂が充填されているため、副次的にろ過能力も有している。したがって単独で設置する場合においても、不純イオン成分除去とあわせて、前述の腐食生成物を除去する能力がある。

イオン交換樹脂は陽イオン交換樹脂と陰イオン交換樹脂を混合状態で使用する（混床式）。純水装置と大きく異なるのは、通水流速が速く、外部再生方式を採用していることが挙げられる。

復水脱塩装置の処理容量は大きいが、純水装置に比べれば原水の不純イオン成分量は少ないため、高流速での通水が可能である。但し、使用する樹脂には物理的強度が求められ、純水装置で使用する樹脂とは異なるタイプを使用することが多い。

また純水装置では通水塔兼再生塔であるが、復水脱塩装置では脱塩塔と再生塔を別々に設置している。脱塩塔は高流速で通水するため、なるべく圧力損失を少なくするためにイオン交換樹脂層高

電磁ろ過装置構造例 (図12)

- 原水入口
- バッフルプレート
- センターシャフト
- 上部スパイラルバンド
- ろ過塔
- 上部ポールピース
- 電磁コイル
- スパイラル・ウール充てん物
- リターンフレーム
- 冷却水流量指示計
- 冷却水入口
- 冷却水出口
- 電源端子箱
- 架台
- 下部ポールピース
- 処理水出口

電磁ろ過装置フローシート例 (図13)

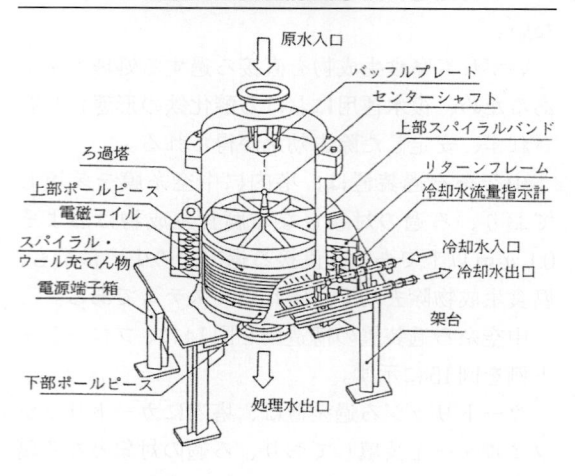

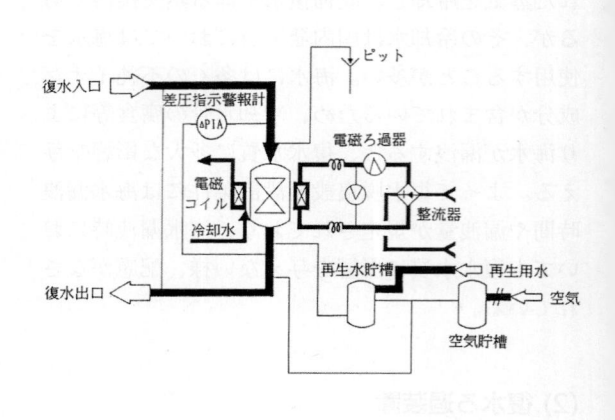

- 復水入口
- ピット
- 差圧指示警報計 ΔPIA
- 電磁ろ過器
- 電磁コイル
- 冷却水
- 整流器
- 復水出口
- 再生水貯槽
- 再生用水
- 空気
- 空気貯槽

中空糸ろ過装置構造例 (図14)

- 出口
- ① モジュール
- ② モジュール固定板
- ③ モジュール押え板
- ④ モジュール案内板
- ⑤ 空気ディストリビューター
- ベント
- 固定板ベント
- 下部空気入口
- 入口
- ドレン

カートリッジフィルターの一例 (図16)

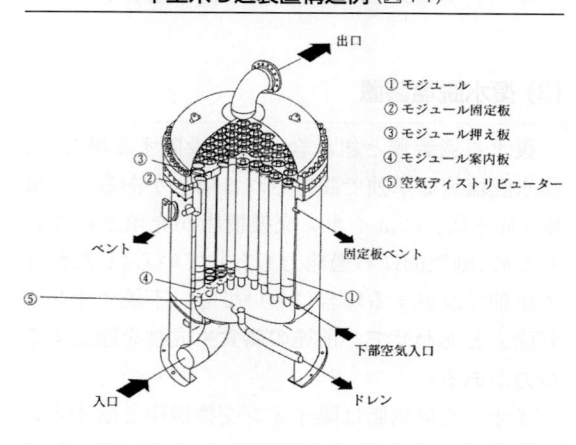

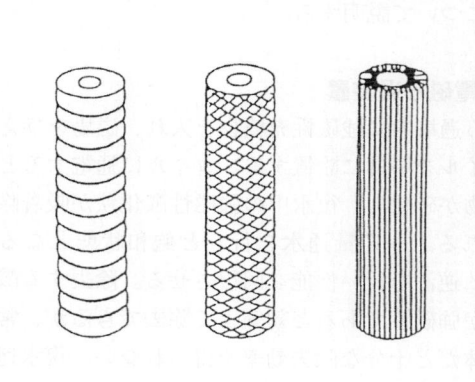

中空糸ろ過装置フローシート例 (図15)

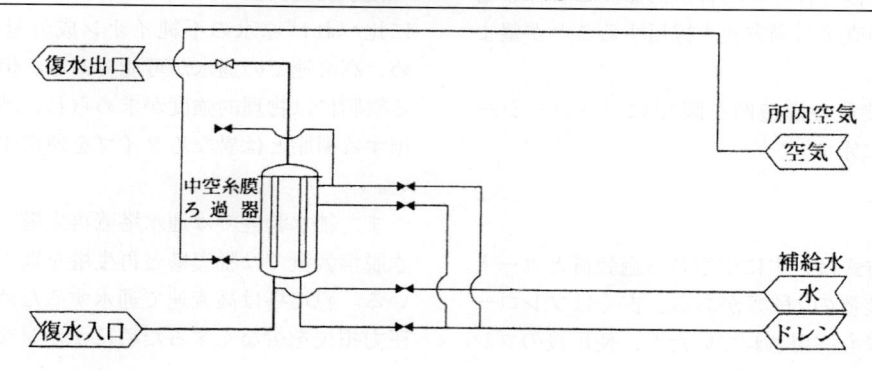

- 復水出口
- 所内空気
- 空気
- 中空糸膜ろ過器
- 補給水
- 水
- 復水入口
- ドレン

復水脱塩装置再生系統フローシート例(図17)

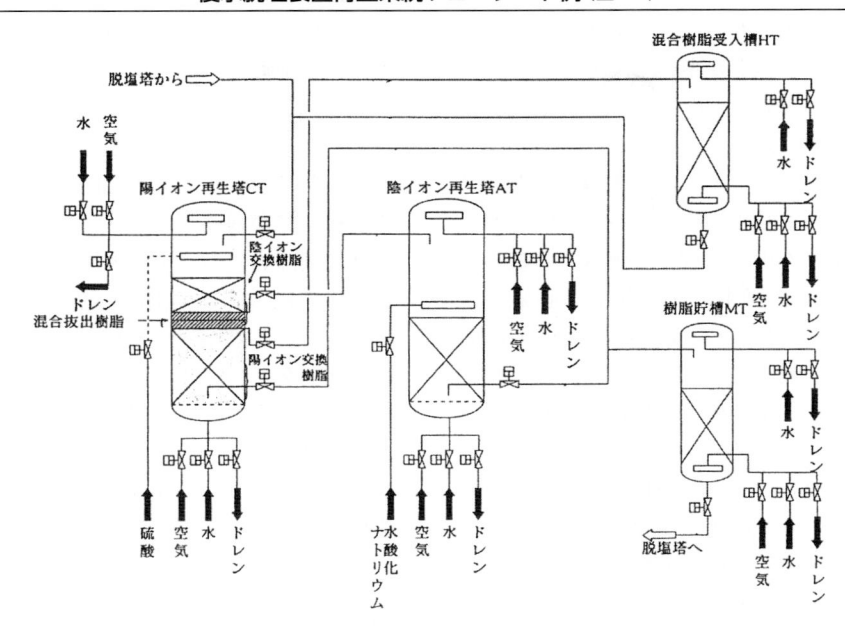

を小さくする必要がある。一方、再生時には陽、陰イオン交換樹脂を効率よく分離させる必要があり、イオン交換樹脂層高を高くとることが望ましい。これら相反する条件を満足させるため、背が低く太い脱塩塔と、背が高く細い再生塔を別個に組み合わせた外部再生方式が最良であると言える。この方式は再生系統を復水系統から切り離すことで、再生廃液が復水系統へ流入するリスクを抑制し、さらには再生系統を低圧で設計できる利点がある。

復水脱塩装置は設計量通水すると、イオン交換樹脂の再生を行う。再生は脱塩塔から再生系統に樹脂を移送し樹脂を分離後、陽イオン交換樹脂は陽イオン再生塔、陰イオン交換樹脂は陰イオン再生塔にてそれぞれ再生するシステムが最近では多く採用されている。

再生系統フローシート例を図17に示す。

陽、陰イオン交換樹脂の分離時に両者の混合層部を混合樹脂受入槽に移送することで、不純イオン成分の含有率を低減させている。また再生後の樹脂は樹脂貯槽に移送され、スタンバイ状態としておく。

① 水素イオン形復水脱塩装置

1サイクルあたりの運転時間は2～7日程度である。復水中の不純イオン成分だけでなく、アンモニアも除去する。アンモニアの漏洩が始まる前に装置を停止し、再生を行う方式である。これはアンモニアの漏洩が始まると引き続きナトリウム等の不純イオン成分が出口水質に漏洩する量が増加するためである。アンモニア漏洩前は不純イオン成分漏洩量は微量なため、出口水質は極めて良好だが、再生頻度が増大するために運転にかかわるランニングコストが増大するデメリットがある。

② アンモニア形復水脱塩装置

水素イオン形復水脱塩装置に比べ、1サイクルあたりの運転時間を約30日と長くとれることから、運転時のランニングコスト低減が図れる。

水素イオン形復水脱塩装置はアンモニアが漏洩する前に装置を停止させるが、アンモニア形復水脱塩装置は、アンモニアが漏洩してもそのまま素通りさせる思想である。但し、水素イオン形復水脱塩装置に比べ、処理水質不純イオン量が多くなるのは止むを得ないことであるが、アンモニア漏洩時におけるナトリウムリークや塩化物イオンリーク量をなるべく少量に抑えて運用することが不可欠であるため、再生方法に配慮を必要とする。具体的には再生後樹脂組成においてR－Na形、R－Cl形含有量が最小になる様、樹脂混合部抜き出しを行い陽イオン交換樹脂再生剤には硫酸を使用する。一般に、硫酸イオンは塩化物イオンに比べ陰イオン交換樹脂に対する選択性が大きいので処理水中の硫酸イオン漏洩は塩化物イオンより少ない。尚、水素イオン形復水脱塩装置専用に使用する場合は再生剤に塩酸を使用している。

③ 運転管理

　水素イオン形復水脱塩装置の場合は、積算流量計にて設計収量到達時に装置を停止し、再生を行う。採水中の監視項目としては脱塩塔入口、出口母管の圧力損失及び出口水の電気伝導率となる。アンモニア形復水脱塩装置の場合は、積算流量計にて設計収量到達時に装置を停止し再生を実施することや、圧力損失の管理及び電気伝導率を測定することは水素イオン形と同様である。出口水にアンモニアが漏洩しだし、アンモニア形運転移行後は電気伝導率の測定は強酸性陽イオン交換樹脂通過後の電気伝導率（酸電気伝導率）を連続的に測定することで行う。またナトリウム計やイオンクロマトグラフ法による自動計測器を設置し、不純イオン成分を直接測定することもある。特にイオンクロマトグラフ法は極微量な不純イオン成分量を分析することが可能なため、高度な水質管理を行うことができる。

参考文献
1)「イオン交換樹脂　その技術と応用」オルガノ株式会社、1997年
2)「超純水」オルガノ株式会社、1991年

（田畑慎治）

12 火力発電所における排煙脱硫排水処理

1 はじめに

　火力発電とは、燃料を燃焼させ、高温高圧の蒸気を発生させ、この蒸気でタービンを作動させ、タービンが発電機を回して電気をつくる機関である。

　燃料としては石炭、石油、天然ガスなどがあるが、比較的クリーンな天然ガス以外の燃料を燃焼させた際、排ガス中に粒子状物質（煤塵）、硫黄酸化物（SOX）、窒素酸化物（NOX）等の大気汚染物質が排出される。これら大気汚染物質は、それぞれ、電気集塵器、排煙脱硫装置、排煙脱硝装置で処理される。このうち、排煙脱硫装置は大量の水を使用する湿式石灰－石膏法が用いられ、排煙処理後の汚濁負荷が大きな排水が大量に排出され、火力発電所における主な排水処理対象となっている。本章では、排煙脱硫排水の処理を中心に説明する。

2 排水基準

　平成13年7月1日付けで施行された「水質汚濁防止法施行令」の改正により、「石炭を燃料とする火力発電施設のうち、廃ガス洗浄施設」が特定施設として追加され、これを設置する石炭火力発電所は特定事業所として「水質汚濁防止法」に基づく「排水基準を定める総理府令」の一律基準が適用されている。

　石炭火力発電所以外の火力発電所は「水質汚濁防止法」の適用は受けないが、個別に地方自治体と公害防止協定を締結し、排水量と水質について協定値を定めることが多い。水質項目は通常、pH、SS、COD、油分で協定値としては以下の範囲[1]であるが、これ以外についても規制される場合もある。

① pH　5.0～9.0
② SS　　5～40 mg/L
③ COD　5～20 mg/L
④ 油分　0.7～3 mg/L

3 排水の種類と水質

(1) 排水の種類

　図1、表1に火力発電所の系統と排水の種類を示した[2]。

　排水は、排水回収を目的として、溶解塩類濃度で区別されることが多い。表2に各排水を分類した。

　定常排水：発電所の日常運転に伴って各設備から連続的あるいは間欠的に排出される工程排水と生活排水

　非定常排水：発電所を停止して実施される定期点検の作業によって排出される工程排水と雨水排水（タンクヤード・貯炭場）

火力発電所の系統と排水の種類[2]（図1）

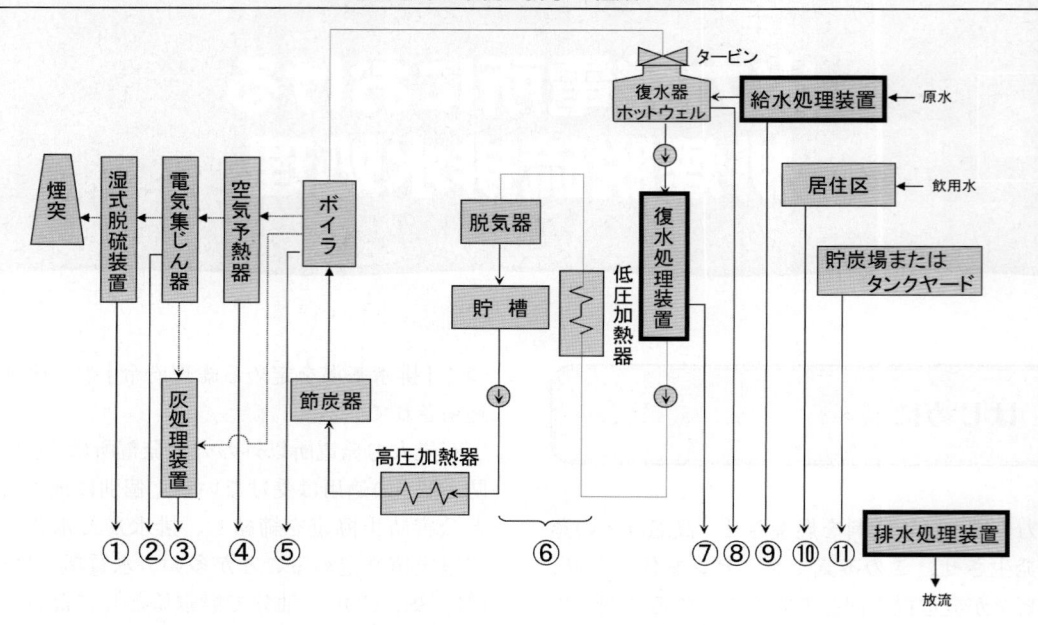

火力発電所排水の種類[2]（表1）

①脱硫排水	定常	脱硫排水：ボイラ排ガス中の煤塵および揮発性物質が脱硫装置で水中に溶け込んだものや、難処理性CODなどが含有している。	高塩系
②EP水洗排水	非定常	電気集塵器を水洗した時の排水である。水質は非常に汚濁しており、酸性でSS、重金属類を多量に含有する。	高塩系
③灰処理排水	定常	（EP灰処理）乾式になり無排水化されてきている。 （石炭灰処理）海水の一過式あるいは淡水の循環使用が採用されている。溶解塩類が濃縮した場合に排出されるが灰付着水として持ち出されるため排水量は少ない。灰起因のSSやCa等の溶解塩類を含有する。	高塩系
④AH水洗排水	非定常	空気予熱器を水洗した時の排水である。水質は非常に汚濁しており、酸性でSS、重金属類を多量に含有する。	高塩系
⑤化学洗浄排水	非定常	ボイラに付着したスケール除去のために使用した薬品が主体の排水。薬品起因のCODが非常に高く、酸性でFe等の重金属が多量に含有する。	高塩系
ボイラー系統ブロー水	非定常	定期点検が終わり、起動するにあたって、ボイラー保管水をブローし、純水を用いてクリーンアップする際に排出される。脱酸素剤であるヒドラジンを数十〜数百mg/L含有する。	低塩系
⑥ユニットドレン排水	定常	タービン室、ボイラー室の床排水や軸冷却排水等の雑排水であり、潤滑油等の油分や土砂等のSSが少量混入する。	低塩系
⑦復水脱塩装置排水	定常	復水脱塩装置の再生に伴って排水される。排水は高塩排水と低塩排水に切り分けることが多い。	高・低塩系
⑧復水器漏洩検査排水	非定常	復水器漏洩検査である耐圧試験後の排水	高塩系
⑨純水装置排水	定常	ボイラ補給水を製造するための純水装置を再生した際に排出される。排水が高塩、低塩に切り分けることが多い。	高・低塩系
⑩生活排水	定常	発電所構内の厨房、手洗い、風呂、便所などからの排水である。有機物濃度が高い。	―
⑪貯炭場またはタンクヤード雨水	非定常	汚染の恐れ有：油タンクヤード、貯炭場ヤード、屋外機器ヤード 汚染の恐れ無：構内道路、一般クリンカーヤード	―

高塩系排水（非回収系排水）：溶解塩類濃度が高くて回収再利用ができないため処理して公共水域へ放流する排水

低塩系排水（回収系排水）：比較的溶解塩類濃度が低く、回収再利用できる排水

(2) 排煙脱硫排水水質

前述のとおり、石炭火力、石油火力（高硫黄石油使用時）において、実用化されている排煙脱硫装置は水に混ぜた石灰石（$CaCO_3$）スラリーと排ガス中のSO_Xを反応させ、石膏（$CaSO_4・2H_2O$）を回収する湿式石灰－石膏法がほとんどであり、大量の排水が排出される。特に、石炭火力では燃焼により排ガスに揮発した石炭由来の各種汚濁物質が、排煙脱硫装置で排水中に移行するため、水質的にも汚濁負荷が大きい。

排煙脱硫装置には灰分分離方式と灰分混合方式があり、表3に示したとおり、排水水質が大きく異なる。

① 灰分離方式

石膏純度を高めるため、吸収塔の前に除塵塔を設置したものであり、排ガス中の汚濁物質は除塵塔で水と接触し、そのまま排水されるため、強酸性となり、F及びFe、Alなどの金属類を多量に含有している。また、SS濃度が高いため、通常、フライアッシュシックナにて粗分離して排出される。

② 灰混合方式

従来二塔方式であったが、圧力損失の低減、装置の簡素化、経済性の向上などをはかるため一塔方式が実用化されている。両方式とも排水は、石膏分離後に排出されるため、pHは中性から弱酸性であり、SS濃度が低い。また、F及びFe、Alなどの金属類濃度も低い。

近年はほとんどが灰分混合方式の採用となっている。

4 排水処理装置

(1) 排水処理系統

図1に示した各種設備からの排水は分類、統合されて排水処理される。処理に際しては、排水を目的に応じて混合するが、混合の組み合わせとしては、以下の三法[2]がある。それぞれの特徴を表4に示した。
① 個別排水処理
② 系統分離処理
③ 一括混合処理

近年の石炭火力では水資源有効利用を図るため、系統分離処理を採用することが多い。

(2) 排水処理装置の構成

排煙脱硫排水（排煙脱硫排水が混合された排水を示す）中の処理系統例としては図2に示したとおり、凝集沈殿方式と膜処理方式がある。いずれも排煙脱硫排水由来のSS、フッ素、重金属類を除去するため凝集剤を添加し、pH調整を行った後、固液分離する処理方式である。また、排水水質によっては後段でCOD吸着処理や生物脱窒処理を行っている。活性炭は通常、有機性のCODを除去するために設置されるが、COD吸着剤や生物脱窒装置の保護を目的として排水中の過硫酸（ペルオキソ二硫酸）等の酸化性物質を除去するためにも用いられる。

通常、凝集沈殿方式では一段目でフッ素を粗取りし、二段目でカルシウム除去とフッ素の高度処理を行う二段凝集沈殿法が適用される。

しかしながら、凝集沈殿法では、比較的フッ素濃度が低い灰混合方式の場合でも、二段凝集沈殿を適用する場合が多く、①設置面積が大きくなる②凝集フロックの管理が必要となる[3]等の問題があった。そこで、省スペース、省力化を図る方法として膜処理方式が開発されている。

分離膜にはチューブラー形モジュールが使用されている。膜分離法では、懸濁物質の粒径よりも

火力発電所排水の分類 (表2)

	高塩系排水	低塩系排水
定常排水	脱硫排水 純水装置排水(高塩) 復水脱塩排水(高塩) 分析室排水	純水前処理排水 純水装置排水(低塩) 復水脱塩排水(低塩) 本館一般排水 (ユニットドレン排水他)
非定常排水	各種機器洗浄排水 ・AH ・EP ・GGH ・煙突 ボイラ化学洗浄排水	ボイラ系統ブロー水 復水器漏洩検査排水

排煙脱硫排水の形式と排水水質 [2)3)] (表3)

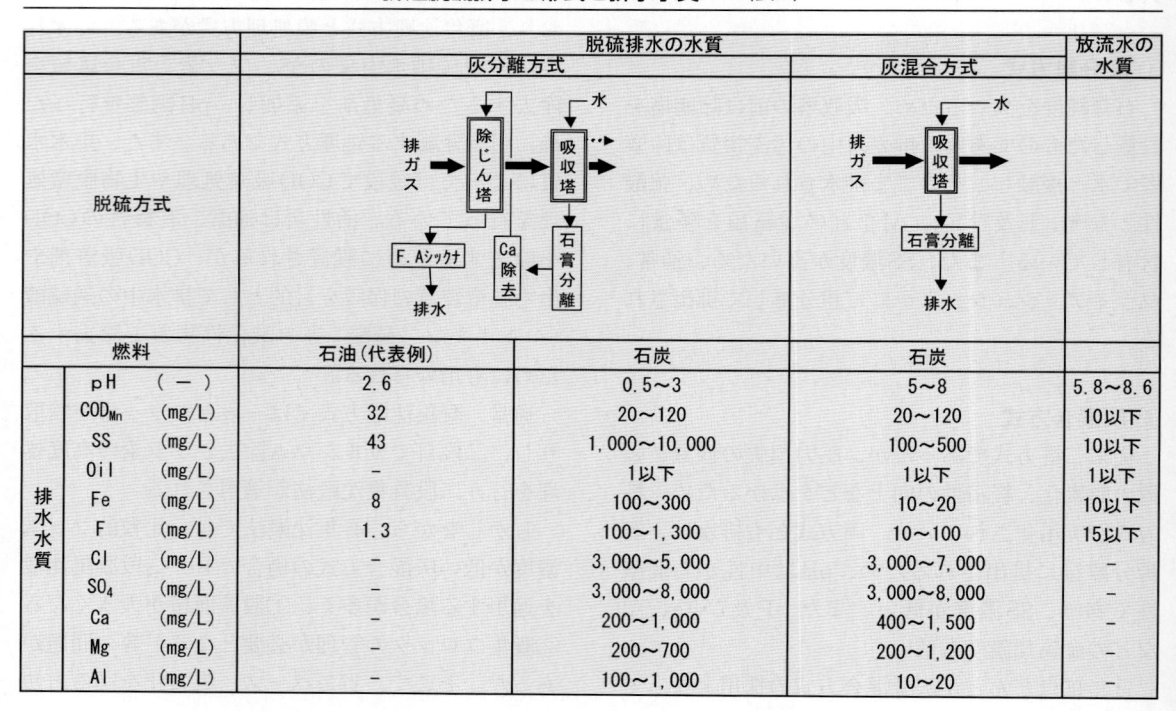

		脱硫排水の水質		放流水の水質
		灰分離方式	灰混合方式	
脱硫方式		排ガス→除じん塔→吸収塔→ ↓　　↓ F.Aシックナ　Ca除去　石膏分離 ↓ 排水	排ガス→吸収塔→ ↓ 石膏分離 ↓ 排水	
燃料		石油(代表例)	石炭	石炭	
排水水質	pH (－)	2.6	0.5～3	5～8	5.8～8.6
	COD_Mn (mg/L)	32	20～120	20～120	10以下
	SS (mg/L)	43	1,000～10,000	100～500	10以下
	Oil (mg/L)	－	1以下	1以下	1以下
	Fe (mg/L)	8	100～300	10～20	10以下
	F (mg/L)	1.3	100～1,300	10～100	15以下
	Cl (mg/L)	－	3,000～5,000	3,000～7,000	－
	SO_4 (mg/L)	－	3,000～8,000	3,000～8,000	－
	Ca (mg/L)	－	200～1,000	400～1,500	－
	Mg (mg/L)	－	200～700	200～1,200	－
	Al (mg/L)	－	100～1,000	10～20	－

排水処理系統の概要と特徴の比較[2] (表4)

項目	個別排水処理	系統分離処理	一括混合処理
概略系統	排脱排水→排脱排水処理→放流 一般排水→総合排水処理→放流	排脱排水・高塩系一般排水→非回収系排水処理→放流 低塩系一般排水→回収系排水処理→回収	排脱排水・一般排水→総合排水処理→放流
建設費	大	中	中
ランニングコスト	中	中	やや大
設置面積	大	中	小
運転管理性	容易	容易	やや複雑
特徴	・既設総合排水処理装置がある場合に多い。 ・運転管理が容易。	・水回収ができる。 ・将来の窒素対策は非回収系のみで良い。	・系統が簡略になり，設置面積が小さい。
問題点	・構成機器が重複し，建設費が高い。 ・将来の窒素対策は各系統に必要となる。	・排水源での系統分離，配管コストがかかる。	・一般排水の流入状況により運転管理が変動する。 ・低汚染排水の処理コスト割高となる。

凝集沈殿方式と膜処理方式の比較[3] (図2)

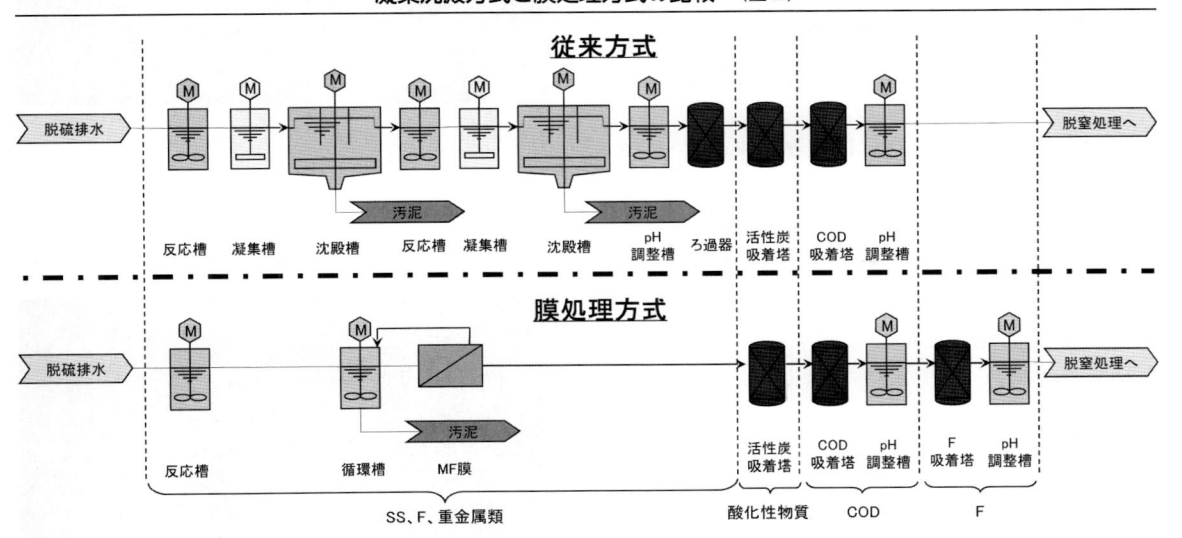

従来方式

脱硫排水 → 反応槽 → 凝集槽 → 沈殿槽(汚泥) → 反応槽 → 凝集槽 → 沈殿槽(汚泥) → pH調整槽 → ろ過器 → 活性炭吸着塔 → COD吸着塔 → pH調整槽 → 脱窒処理へ

膜処理方式

脱硫排水 → 反応槽 → 循環槽(汚泥) → MF膜 → 活性炭吸着塔 → COD吸着塔 → pH調整槽 → F吸着塔 → pH調整槽 → 脱窒処理へ

SS、F、重金属類 ／ 酸化性物質 ／ COD ／ F

細かい孔径の膜を用いて固液分離するため、凝集沈殿におけるフロックの形成が不要であり、高分子凝集剤を添加する必要がなく、凝集フロックの管理も必要なくなる。

　チューブラー形モジュールの通水と逆洗の方法を図3に示した。チューブ内を一定速度で通水（クロスフロー）することで、膜面にケーキ層が生長することを抑制し、さらに定期的（15〜30分に1回）に透過水側から処理水を逆流させて膜面のケーキ層を剥離することにより、長期間、透過水量を維持できるようにしている。また、定期的に逆洗を行っても、透過水量は徐々に低下することから、定期的な薬品洗浄も実施して、付着物を除去している。

　実用化されている膜モジュールの分離面積は1本当たり$8m^2$であり、膜モジュール10本を1スキッドとして配列している。現在このスキッド1台で日量$800m^3$の排水を処理することができる。膜処理方式の処理系統全景を写真1に膜スキッド部を写真2に示した。

膜モジュールと通水・逆洗方法[3]（図3）

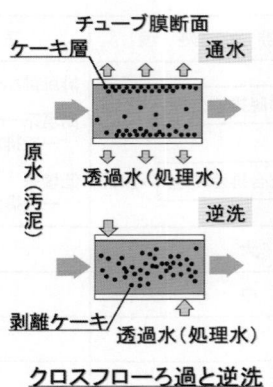

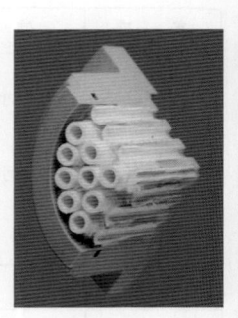

膜分離方式排水処理装置全景[3]（写真1）

膜スキッド部[3]（写真2）

5 特定汚濁物質の処理技術

　植物の化石である石炭には植物由来のフッ素、ホウ素、セレン、重金属等の環境基準で規制されている物質が微量含有されている。これら成分は石炭の燃焼を経て排煙脱硫排水に移行するため、その処理が必要となる。ここでは、これら特定汚濁物質の処理方法について説明する。

(1) 重金属処理

　一般的な重金属の処理方法としては、水酸化物や硫化物あるいはキレート剤との反応で不溶性塩を形成させ、凝集沈殿等で固液分離する方法、イオン交換樹脂などの吸着剤を用いる樹脂吸着法とがあるが、排煙脱硫排水処理で適用されている方法はアルカリ凝集による水酸化物形成とキレート

剤添加法である。以下に、キレート剤の概要を説明する。

排煙脱硫排水中の重金属に用いられているキレート剤はSとNを含む有機化合物であり、重金属イオンと反応して不溶性塩を形成する。特徴を以下に示す。

1) 各種金属イオンとキレート結合によりフロックを形成し、ほぼ完全に除去できる。
2) 共存する各種金属イオンを同時に除去できる。
3) 中性で各種金属イオンを除去できる。
4) スラッジ発生量が少なくまたスラッジからの重金属の再溶出がない。
5) 排煙脱硫排水で問題となるHg2+の除去選択性が高い。

なお、排煙脱硫排水処理では、過剰注入防止のためにアルミニウム塩との併用で使用することが多い。

(2) フッ素処理

フッ素は炭種により異なるが石炭中に20～300mg/kg程度含有される[3]。

石炭火力発電所の排煙脱硫排水中のフッ素濃度は表1に示したとおり排煙脱硫方式によって異なる。

灰分分離方式ではフッ素濃度は100～1300mg/Lと高く、通常はカルシウム塩やアルミニウム塩による凝集沈殿処理で数十mg/Lまで除去した後、マグネシウム塩による凝集沈殿を行う二段凝集沈殿法で処理されることが多い。

灰混合方式では、フッ素濃度は10～100mg/Lと低いため、アルミニウム塩による凝集沈殿処理を行う。この場合膜処理方式が適用されることが多い。

また、いずれの方式も高度処理が必要な場合、後段にフッ素吸着剤を設置する。

① カルシウム塩による処理

カルシウム塩を添加して、難溶性のフッ化カルシウムを生成させて沈殿分離する除去方法である。反応式を次に示す。実際の排水ではカルシウム添加量を増加しても処理水には10～20mg/L残留する。

$$2F^- + Ca^{2+} \rightarrow CaF_2 \downarrow$$

フッ素濃度の高い灰分分離方式排水処理に適用されることが多く、pH調整も兼ねるため、カルシウム塩としては消石灰を用いることが多い。

② アルミニウム塩による処理

アルミニウム塩によるフッ素の除去原理は水酸化アルミニウムによる共沈であり、水酸化アルミニウムを生成する過程でフッ素が吸着除去される。

フッ素吸着量は排水水質にもよるが、処理水フッ素濃度10mg/Lではアルミニウム1g当たり約0.3gである[2]。

③ マグネシウム塩による処理[4)5)]

排煙脱硫排水のようにマグネシウムが共存する排水では、その有効利用によるフッ素の高度処理が可能である。マグネシウムによるフッ素除去機構はアルミニウム塩と同様吸着であるが、吸着量はアルミニウムによる場合の約4分の1である。しかしながら、図4に示した、マグネシウム循環法を採用することで、高度処理を達成しつつ発生汚泥量を少なくすることができる。

マグネシウム循環法は、中性での一段凝集沈殿処理後に、pHを上げて水酸化マグネシウムを析出させる。析出した水酸化マグネシウムは原水に返送し、全量溶解させることで、マグネシウムはフッ素処理に必要な分だけ系内で循環し、それ以外のマグネシウムは処理水中に溶解して排出される。溶解したフッ素は、一段目の凝集沈殿で処理する。

なお、苛性ソーダ添加量と除去マグネシウム量は次式で示す反応式とほぼ一致し、苛性ソーダ添加量を一定量に制御しておくことにより、除去マグネシウム量を一定に制御でき、除去フッ素量も一定に制御できる。

$$MgSO_4 + 2NaOH + F^-$$
$$\rightarrow Mg(OH)_2 \cdot F \downarrow + Na_2SO_4$$

汚泥循環処理フロー例（Mg循環法）[4]（図4）

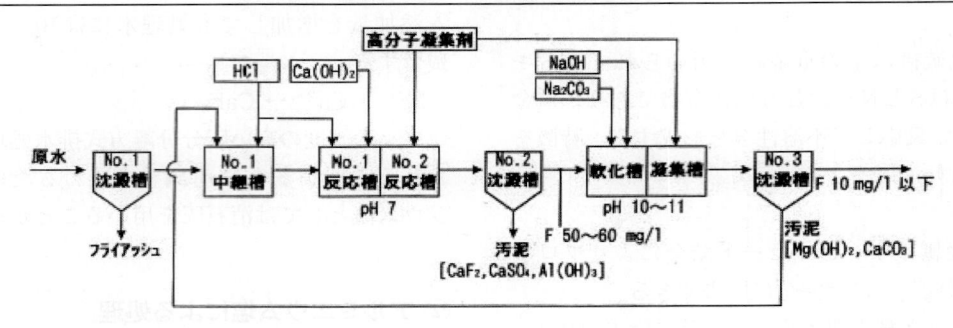

④ フッ素吸着処理

フッ素を選択的に吸着し、再生も苛性ソーダで容易に行える吸着剤が実用化されている。本吸着剤は排煙脱硫排水のような共存塩類の高い排水でもフッ素を低濃度まで処理することができる。

吸着と再生の反応は次式のとおりである。

（吸着）$R-OH + F^- \rightarrow R-F + OH^-$
（再生）$R-F + OH^- \rightarrow R-OH + F^-$
　　＊R：吸着剤

(3) COD処理

脱硫排水中のCODには、従来の凝集沈殿・ろ過処理や活性炭では除去できないものがあり、この難処理性のCOD成分は主としてジチオン酸（$S_2O_6^{2-}$）やヒドロキシルアミン類等あることがわかっている[6)7)]。

ジチオン酸は亜硫酸の空気酸化によりSO_4^{2-}の生成と同時に副次的に生成するものであり、COD-Mnとしては理論量の1/3～1/4しか検出されない。

これら難処理性CODの処理法で、現在、実用化されているものは、ほとんど合成吸着剤による吸着処理と亜硝酸添加による分解処理である。

① 吸着処理

合成吸着剤を充填したCOD吸着塔は、2塔シリーズ方式で通水することにより、処理水質の安定化を図っている。

再生排液の処理は①ボイラ内での熱分解法、②大気圧下での硫酸による加熱分解法を行っている。

② 分解処理

亜硝酸ナトリウムを所定量添加し、酸性条件下、加温し1時間以上反応させる方法である。

本法はヒドロキシルアミン類のみ分解可能であり、ジチオン酸も存在する可能性がある場合、合成吸着剤吸着法が適用される。

(4) ホウ素処理

ホウ素は炭種により異なるが石炭中に5～200mg/kg程度含有される[3]。

石炭火力発電所の排煙脱硫排水中のホウ素濃度は、炭種に依存し、通常、排水基準（海域230mg/L）以下であるが、炭種によって濃度が高くなる場合がある。

ホウ素排水の処理技術としては、凝集沈殿処理、イオン交換処理、溶媒抽出処理などが検討されている。

① 凝集沈殿処理

凝集薬剤として、アルミニウム塩、鉄塩、マグネシウム塩、カルシウム塩等を用いて検討されているが、アルミニウム塩と消石灰の併用処理以外にはほとんどホウ素除去効果がない。アルミニウム塩でも、アルミニウムの添加量を一定にした場合、硫酸バンドが最も効果的である[8]。また、

吸着樹脂と溶媒抽出法の組み合わせ[9]（図5）

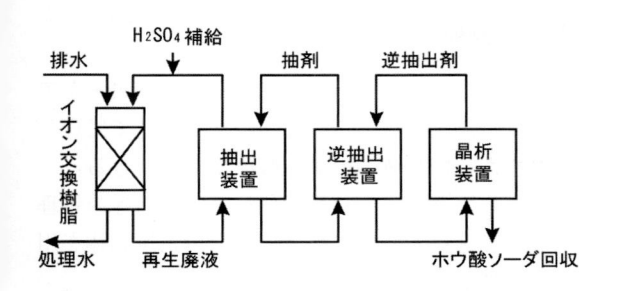

吸着樹脂と蒸発濃縮の組み合わせ[10]（図6）

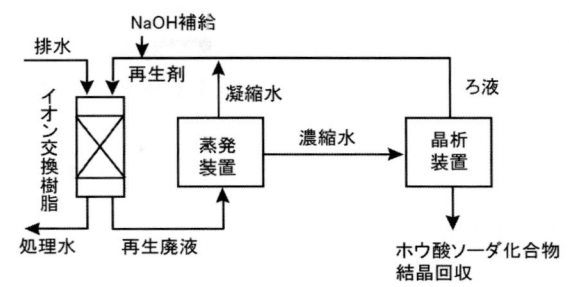

pHが中性以下では除去効果がなく、pH9以上（アルミニウムも完全に除去するのであればpH12以上）での処理が有効である。ただし、多量の薬剤添加が必要であり、汚泥発生量も多量になることもあり、排煙脱硫排水処理においては、実用化に到っていない。

② イオン交換処理

ホウ素は通常の陰イオン交換樹脂では交換順位（選択性）が低いために除去しにくい。

そこで、種々の吸着剤を用いた処理が検討されているが、吸着量、選択性から、実用的なのは、N－メチルグルカミン型樹脂と希土類担持樹脂である。

特徴としては、以下のとおりである。

N－メチルグルカミン型樹脂：
選択性に優れ、共存物の影響を受けにくい。
再生は酸である。

希土類担持樹脂：
吸着量が多い（N－メチルグルカミン型樹脂の約2倍）。
再生はアルカリである。

ただし、いずれの樹脂も再生廃液の処理が必要となる。

③ ホウ素処理システム

吸着樹脂と再生廃液処理を組み合わせた処理システムとしては以下のものがある。

ⓐ 吸着樹脂と溶媒抽出処理の組み合わせ（図5）

樹脂は酸再生であるN－メチルグルカミン型樹脂を用いる。

N－メチルグルカミン型樹脂で吸着した後、硫酸とホウ酸を含む再生廃液からホウ酸を溶媒抽出し、抽残液である硫酸は樹脂の再生に再利用するシステムである。溶媒に抽出されたホウ酸は、苛性ソーダ水溶液で逆抽出され、晶析装置にて四ホウ酸ナトリウム結晶として回収される。

本システムは1年間の現場実証試験を行い、純度99％以上の四ホウ酸ナトリウムが安定して回収できている。

ⓑ 吸着樹脂と蒸発処理の組み合わせ（図6）

樹脂としてはアルカリ再生である希土類担持樹脂を用いる。

希土類担持樹脂は約20g/Lの苛性ソーダ水溶液で再生する。再生廃液中ホウ素濃度は2000～3000mg/L程度になる。
再生廃液は蒸発装置で蒸発濃縮しホウ素濃度を高めた後、晶析装置で冷却し、ホウ酸ソーダ化合物の溶解度を低下させることで結晶として回収する。また、蒸発装置で発生する蒸気は凝縮器で冷却し、凝縮水として、結晶分離後の晶析ろ液と混合し、濃度調整用の苛性ソーダを加えた後、再生剤として再利用する。

前述の吸着剤と溶媒抽出の組み合わせシステムに比べ、設備費および運転費とも安価になる。しかしながら、回収される結晶がメタホウ酸ナ

トリウムであり、そのままでは再利用が困難であるため、結晶の再生を目的とする場合、四ホウ酸ナトリウムへの変換が必要である。

本システムは排煙脱硫排水を対象として実用化されている。

(5) セレン処理

セレンは石炭中に平均1.5mg/kg程度含有されており、5mg/kgを超える炭種もある[3]。

セレンの挙動を図7に示す。石炭の燃焼によりガス体の二酸化セレン（SeO_2）となる。ガス温度低下により析出し、EP（電気集塵機）で除去されるが、除去しきれなかったものが脱硫装置に流入して水に溶解し、亜セレン酸態（Se(Ⅳ)）となる。さらに脱硫装置の酸化雰囲気下で、亜セレン酸態（Se(Ⅳ)）がセレン酸態（Se(Ⅵ)）に酸化される。

排水中の亜セレン酸態（Se(Ⅳ)）は水酸化第二鉄などの共沈殿で容易に除去可能であるが、セレン酸態（Se(Ⅵ)）を効率的に除去することは、一般的に困難である。

セレンは処理方法としては、鉄塩凝集沈殿法、薬品還元法、微生物還元法、造粒還元体法があり[11]、それぞれの特徴は以下のとおりである[3]。

- 鉄塩アルカリ凝集沈殿法：二価鉄イオンを大量に添加する必要がある。薬品コストが高く大量の汚泥が発生する。
- 薬品還元法：酸性条件下、チオ硫酸などの化学薬品を大量に添加して加熱することで還元処理する。薬品コストが高い。
- 微生物還元法：除去速度が遅いため、装置設置エリアが膨大になる。
- 造粒還元体法：造粒還元体を用い、還元と凝集処理を組み合わせた方法で薬品使用量及び汚泥発生量が少ない。

上記処理方法で排煙脱硫排水処理では造粒還元体法が多く適用されている。

図8に造粒還元体法の処理フローを、図9に処理原理を示す。

還元塔ではセレン（亜セレン酸態、セレン酸態）と造粒還元体を酸性で接触させ、固体セレン（Se（0価））まで、還元処理する。通水温度を50〜70℃とすることで、溶出させる鉄濃度を低減することができる。

凝集槽では造粒還元体から溶出したFe^{2+}をアルカリ凝集で除去する。この際、還元塔で処理しきれなかった少量のセレン酸態が除去できる。

さらに、近年、造粒還元体法とほぼ同等の処理フローで造粒還元体に替え、複合金属還元体を用いる処理システムが実用化された。本法では従来の造粒還元体法よりも薬品使用量が少なく、発生汚泥量も低減できる特徴がある。

(6) 窒素処理

火力発電所で適用されている窒素除去技術は、生物脱窒法・触媒酸化法・ストリッピング法などである。

① 生物脱窒

生物脱窒法は殆ど全ての形態の窒素除去が可能であり、他の物理化学的処理法に比べ、

エネルギー消費が少ないなど、優れた処理法であるが、設置エリアが大きく生物活性を維持する運転管理が必要となる。生物脱窒処理は、硝化工程と、脱窒工程からなっている。

生物脱窒法で、硝化細菌と脱窒細菌を阻害したものは（a）SS（b）ニッケル（c）チオ尿素（d）ヒドラジン（e）酸化剤・還元剤である。

排煙脱硫排水処理にも適用されている。

② ストリッピング法

アンモニア性窒素の処理法である。

排水pHを11前後に調整後、放散塔でアンモニアを放散させるものである。

アンモニアの放散率はpH、液温、空気温度によって影響され、これらがすべて高いほど効果的である。ただし、排水をアルカリとするため、スケール対策が必要となる。一般排水処理に適用例がある。

セレンの形態（図7）

セレン処理フロー [12]（図8）

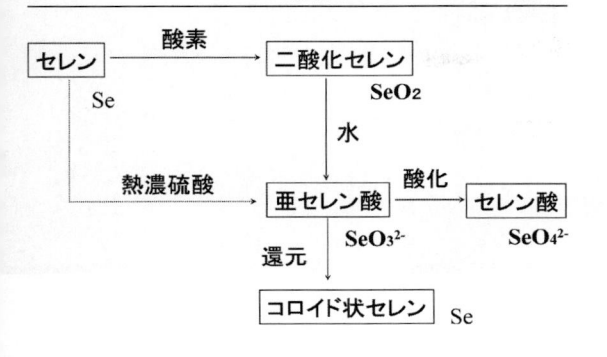

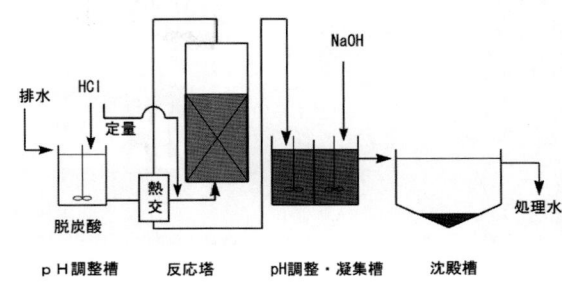

セレンの処理原理（図9）

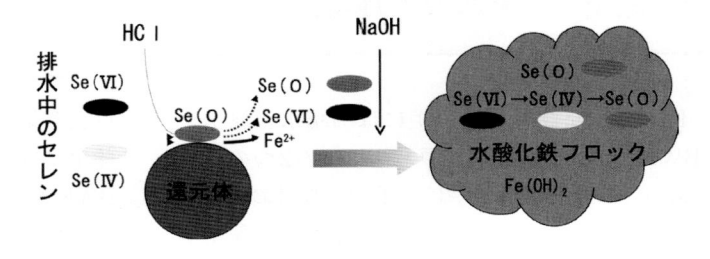

③ 触媒酸化法

　窒素の負荷変動が大きく、生物脱窒法では運転管理が困難な排水に対する処理技術として、触媒酸化法がある。触媒脱窒は、生物脱窒に比べて次のような特徴がある[2]。

ⓐ 装置がコンパクトで設置面積が小さい。
ⓑ 起動・停止が容易で自動化・省力化ができる。
ⓒ 処理条件を変更することにより処理水質を任意に調節できる。

　本法も排水をアルカリとするため、予めスケール成分を除去する等の対策が必要となる。復水脱塩装置排水中のアンモニア処理に適用例がある。

6 おわりに

　火力発電所の排煙脱硫排水処理は、発電所を運転していくために欠かすことのできない設備である。近年、国内の新設火力発電所建設は減少しているが、今後とも社会のニーズ、特に環境保護を目的とした排水再利用や有価物回収等の技術開発を継続していく必要がある。

参考文献
1) 火力原子力発電技術協会：「火力発電所排水実態調査報告書」（1986.6）
2) 火力原子力発電技術協会：「火力発電所の環境保全技術・設備（改訂版）」（2003）
3) 八田武：発電所からの排水処理について、B・T AVENUE、62（2003SUMMER）
4) 佐藤順ほか：石炭火力排煙脱硫排水処理における発生汚泥の減量化（その1）、火力原子力発電、Vol.33（9）（1982）
5) 白倉茂生ほか：石炭火力排煙脱硫排水処理における発生汚泥の減量化（その2）、火力原子力発電、Vol.33（12）（1982）
6) 佐藤次雄ほか：亜硫酸塩水溶液の酸素酸化におけるジチオン酸の生成、日本化学会誌（8）p.1124〜1130（1977）
7) 横山隆寿ほか：排煙脱硫装置排水中の窒素化合物（第一報）－亜硝酸イオンと亜硫酸カルシウムの反応によるN−S化合物の生成、電力中央研究所報告 研究報告 278025（1979）
8) 朝田裕ら：ホウ素含有排水処理技術、第32回日本水環境学会年会講演集、p.322（1998）
9) 朝田裕ら：溶媒抽出による排水中からのホウ素回収、化学工学会年会第63年会、p.178（1998）
10) 朝田裕之：最新のホウ素処理技術 吸着処理および再生廃液の処理技術、環境浄化技術（1）p.18−22（2008）
11) 朝田裕ら：排水中のセレン処理技術、第36回日本水環境学会年会講演集、p.272（2002）
12) 恵藤ら：新規排水基準項目セレン、フッ素、ホウ素の処理、化学装置、p.42-48（2004.8）

（朝田裕之）

13 原子力発電所における水処理技術例

1 原子力発電所の水処理装置

　日本の主な商業用原子炉には沸騰水型原子炉（BWR）と加圧水型原子炉（PWR）の2つの型式がある。これらの原子炉は原子炉冷却材およびエネルギーを伝える媒体として水（軽水）を使用するため総称して軽水炉と呼ばれている。

　軽水炉プラントの系統水には微量のイオンや不溶解性不純物が含まれる。これらの不純物の発生源は、プラントへの補給水による持ち込みによるものや、プラントの接液部から発生する腐食生成物（さび）、定期点検時に使用される防錆剤などの副資材の残留物など様々である。系統水中の不純物は発電所が蒸気を発生させる部分、すなわちBWRの原子炉やPWRの蒸気発生器で濃縮されると、これらの構造物の腐食やスケール発生などの障害を起こす可能性がある。このため軽水炉プラントでは不溶解性不純物を除去するろ過装置とイオン不純物を除去する脱塩装置を組み合わせて設置し、系統内の不純物を除去している。

　以下にBWR発電所とPWR発電所の構成、水質および水処理装置の特徴を示す。

2 BWR発電所の水処理

　BWR発電所の概略系統図を図1に示す。

原子炉で発生した蒸気はタービンを駆動させたのち、復水器で海水と熱交換して冷却されて凝縮水（復水）となり、加熱器で加温されて再び給水として原子炉へ供給される。BWRでは原子炉で直接蒸気を発生させるため、主蒸気や復水および給水には微量の放射性物質が含まれる。このためBWRでは系統水に純水を用いることによりイオン負荷をできるだけ低くして浄化にともなって発生する使用済みのイオン交換樹脂や再生廃液などの放射性廃棄物の発生を抑えている。

　系統水の浄化は復水系に設けられた復水ろ過装置および復水脱塩装置と、原子炉再循環系に設けられた原子炉冷却材ろ過脱塩装置で行われる。

(1) BWRの復水処理

　復水の流量は1,100MW級のBWRプラントでは約6,600 t/hに達する。このため復水浄化系には、大流量の水を高純度に浄化する性能が求められる。復水中の不溶解性不純物を除去する装置には多数の精密ろ過膜（MF）を装填した復水ろ過装置が、イオン性不純物を除去する装置には高純度のイオン交換樹脂を充填した復水脱塩装置が用いられている。

① 復水ろ過装置

　BWRの復水には配管や機器の腐食により発生する金属酸化物の微粒子（クラッド）が含まれる。このクラッドの主成分は酸化鉄で、粒径分布は0.1～数μm程度、濃度は鉄濃度として数ppb～数十ppb程度である。このクラッドが炉水に持ち込

BWRの概略系統図（図1）

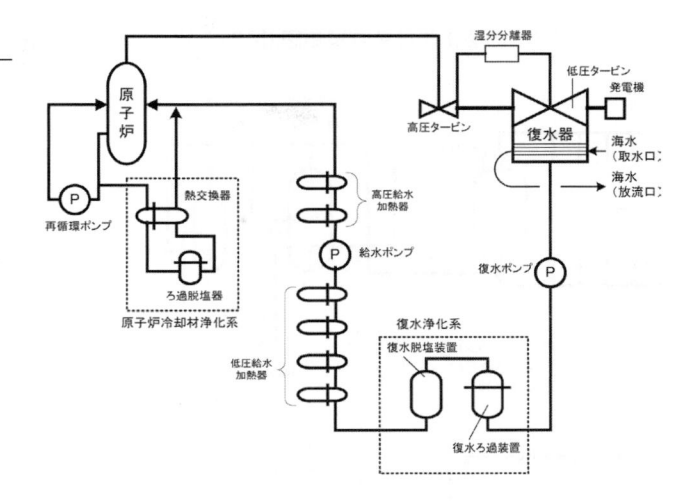

復水ろ過装置向け中空糸膜フィルタ（図2）

中空糸膜フィルタの外観（写真1）

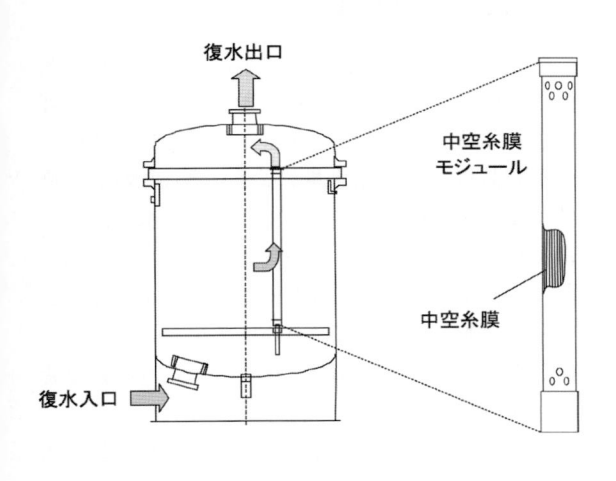

まれると炉心で発生した放射性物質を取り込んで配管に付着し、配管の外表面の放射線量を増加させる。これは定検時の作業員の放射線被曝量を増加させるため、BWR発電所では復水ろ過装置を設置して復水中のクラッドを除去し、給水中の鉄濃度を0.1ppb程度に維持して炉水への持ち込みを防いでいる。

BWRの復水ろ過装置として主流となっている中空糸膜ろ過器の構造例を図2に、設置時の外観写真を写真1に示す。

中空糸膜ろ過器には外径1mm程度、孔径0.1～0.2μm程度の中空円筒状のMF膜を数千本程度集積したフィルタモジュールが100本/塔前後装着されている。このため中空糸膜ろ過器は1塔当たりのろ過面積が非常に大きく、他のフィルタに比べて装置をコンパクトにできるという特徴がある。中空糸膜の孔径はクラッドの粒径より充分小

BWRの復水脱塩装置概略図（図3）

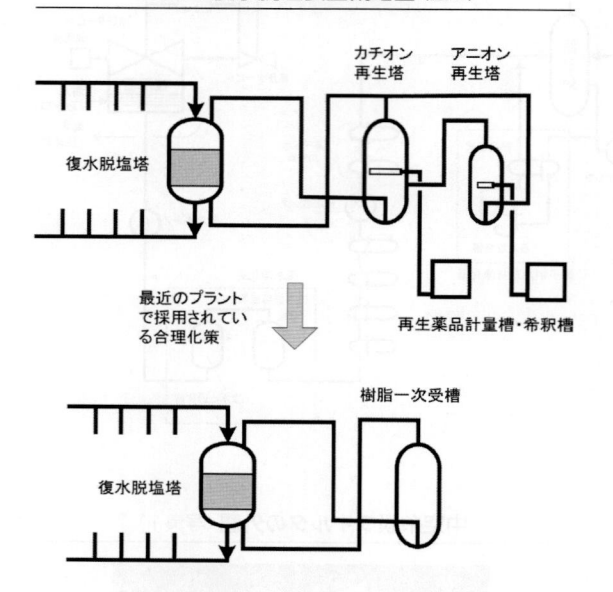

さいためクラッドは中空糸膜の外表面でほぼ完全に捕捉され、典型的な表面ろ過の差圧上昇特性を示す。復水ろ過装置は捕捉したクラッドを定期的に洗浄操作で塔外に排出し、上昇した差圧を回復させながら運用される。

② 復水脱塩装置

　復水中のイオン不純物の除去は、復水ろ過装置の後段に設けられた復水脱塩装置で行われる。復水脱塩装置の概略系統図を図3に示す。復水脱塩装置にはH⁺形の強酸性カチオン交換樹脂とOH⁻形の強塩基性アニオン交換樹脂を適当な比率で混合充填した脱塩塔が複数基設けられている。復水脱塩装置はこの脱塩塔と、混床状態のイオン交換樹脂を分離して薬品再生を行い、脱塩性能を回復させる再生設備から構成されている。

　復水脱塩装置には復水器でまれに発生する海水リーク（海水が復水器内に流入するトラブル）の際にイオン負荷を除去できる脱塩性能が求められている。初期のBWRプラントでは海水リークが頻繁に発生したため、現在稼働中のほとんどの発電所ではイオン交換樹脂を薬品再生できる再生設備が設けられている。これに対して最近のBWRでは復水器の信頼性向上により海水リークの発生が非常に少なくなり、復水脱塩装置へのイオン負荷で最も多いのは定期点検時などで系内に持ち込まれる炭酸のみのケースがほとんどである。このためBWRでは脱塩塔を薬品再生無しで数年〜10年程度通水し、炭酸の負荷や樹脂の劣化で所定の水質が得られなくなった時点でイオン交換樹脂を交換する非再生運用が主流となっている。また新設の発電所では、図3の合理化案に示すように非再生運用をさらに進め、再生設備を設置せずに建設コストの低減を図った発電所もある。

(2) BWRの炉水処理

　給水に含まれる不純物が原子炉で濃縮されると構成材の腐食や放射性物質の増加の要因となる可能性がある。このためBWRでは原子炉冷却材ろ過脱塩装置により給水量の約2〜4%の炉水を連続して浄化し水質を維持している。炉水には復水系よりも多い放射性物質が含まれており、浄化装置内に蓄積すると装置の点検やフィルタの交換が非常に困難となる。このため原子炉水の浄化には捕捉物の排出性に優れたプリコート式ろ過脱塩装置が採用されている。

　プリコート式ろ過脱塩装置はステンレス製筒状フィルタの外表面に混床の粉末樹脂層（プリコート層）をあらかじめ形成し、ここに炉水を透過させることによりろ過と脱塩を同時に行うことができる。図4にプリコート式ろ過器の概念図を示す。

　プリコート層はステンレス製フィルタの内側から外側へ水および空気を流す逆洗操作で容易に剥離し、捕捉した放射性不純物をプリコート層とともにろ過脱塩塔外へ排出できる。ステンレス製フィルタは不純物を直接捕捉しないため、閉塞することなく長期間運用される。逆洗操作後は再び新しい粉末樹脂をプリコートして使用する。

原子炉冷却材ろ過脱塩装置の概略図（図4）

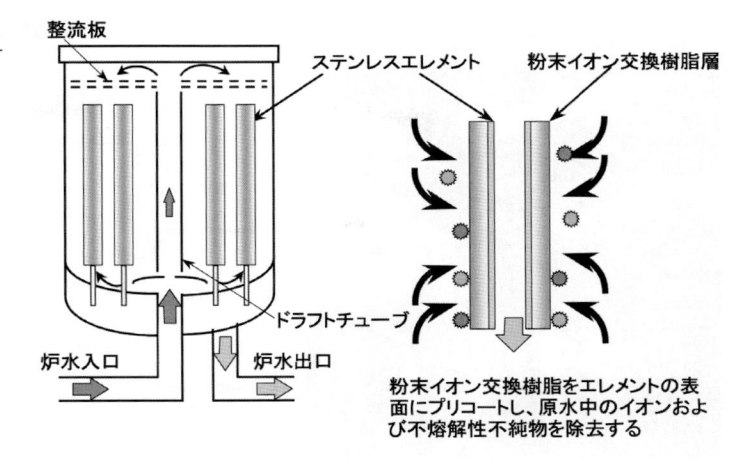

粉末イオン交換樹脂をエレメントの表面にプリコートし、原水中のイオンおよび不溶解性不純物を除去する

PWRの概略系統図（図5）

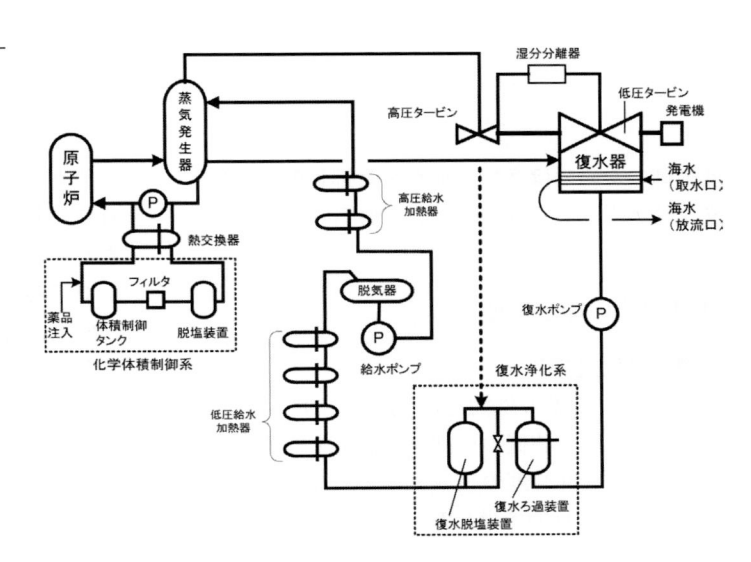

3　PWR発電所の水処理

　PWRでは蒸気発生器を介して原子炉を循環する一次系と、蒸気を発生させてタービンを回す二次系が分離されており、二次系には基本的に放射性物質が含まれない。図5にPWRの概略系統図を示す。

　PWRでは一次系と二次系が分離されているため復水脱塩装置の薬品再生を行っても放射性廃液が発生しない。このためPWRではBWRと異なり比較的自由に復水への防食剤の添加を行うことができる。従来のPWRではアンモニアおよびヒドラジンを添加して給水をpH9.2程度に調整する全揮発性処理（AVT）が採用されていたが、最近はAVTのアンモニア濃度を上げて給水をpH10程度にする高pH運用や、アンモニアの代わりにエタノールアミンを添加する運用が主流となっている。

　一方、PWRの一次系の水は原子炉内での水の沸騰が起こらないよう加圧されており蒸発による不純物や添加剤の濃縮が生じない。このため一次系でも系統水への薬品添加が行われており、反応

復水脱塩装置の外観(写真2)

PWR向け復水脱塩装置(図6)

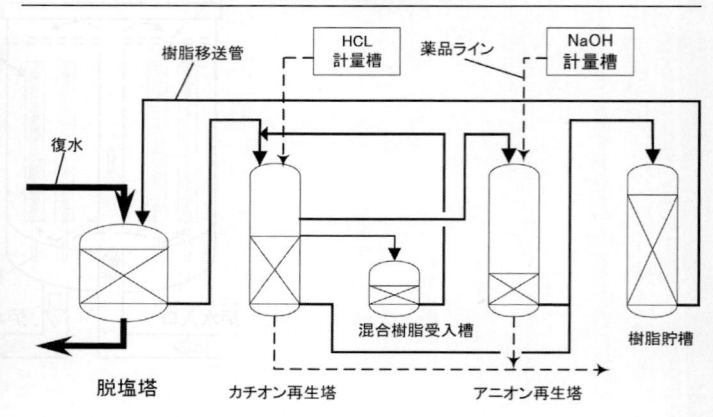

度制御のためのほう酸添加や腐食抑制のための水酸化リチウムの添加が行われている。

(1) PWRの復水処理

① 復水脱塩装置

　復水脱塩装置の外観を写真2に示す。PWRにおける復水脱塩装置の役割は、復水中のイオン不純物を除去し高純度の復水として蒸気発生器へ供給するという目的ではBWRと同様である。ただしPWRではAVT薬品がイオン交換樹脂の負荷となるため定期的に薬品再生を行う必要がある。またAVT薬品の添加により系統水の電気伝導度が高いため、NaやCLなどのイオン不純物があると蒸気発生器の腐食が生じる可能性が高い。

　復水脱塩装置の処理水に含まれるNaおよびCLの濃度は、薬品再生時に生じるNa^+形のカチオン交換樹脂およびCL^-形のアニオン交換樹脂の量に依存する。薬品再生時に種類の異なる樹脂、例えばアニオン交換樹脂中にカチオン交換樹脂が混在すると、アニオン交換樹脂の再生薬品である水酸化ナトリウムに接触してNa^+形のカチオン交換樹脂ができる。このNa^+形のカチオン交換樹脂は採水時に水の解離で生じるH^+イオンにより押し出され処理水中にNa^+イオンとして放出される。

　イオン交換樹脂の分離は比重差による沈降速度の差を利用して行われ、樹脂の分離面付近には必ずカチオン交換樹脂とアニオン交換樹脂の混合層ができる。このためPWRの復水脱塩装置では、この混合層を別な塔に分離・移送して各再生塔に混合層が残らないように工夫された再生システムが採用されている。復水脱塩装置の再生設備の例を図6に示す。

　最近のPWRで行われている高pH運用では、復水中のアンモニア濃度が従来AVT処理時の10倍程度に増加する。復水脱塩装置は従来のAVT処理時に一定の再生頻度、例えば2日おきの薬品再生頻度で復水の全量を処理できるよう設計されている。この再生操作には1回当たり10時間程度を要するため、イオン負荷が10倍になると再生処理が間に合わず、従来のように復水脱塩装置で復水全量を処理することは困難となる。このため高pH処理を行うPWRでは復水脱塩装置のバイパス運用が行われる。

　バイパス運用時の復水脱塩装置は、復水脱塩装置のバイパス弁を部分的に開けて復水の一部のみを処理する運転や、復水を処理せずに蒸気発生器ブローダウン水処理(図4の破線矢印参照)を行う運転が採用される。他にも火力発電所で実績のあるアンモニア形運用の適用も検討されている。い

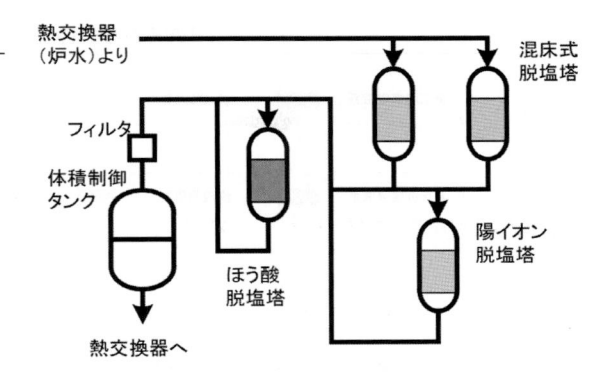

PWR一次系浄化装置の概略図(図7)

ずれの運用でも定検後のクリーンアップ時や復水器海水漏洩時には、従来のAVT処理と同等量までAVT薬品濃度を下げ、復水全量を復水脱塩装置で処理する運転が行われる。

(2) PWRの炉水処理

化学体積制御系（CVCS）はPWRの一次系から抽出した一次冷却材を冷却、減圧、浄化し、薬品濃度を調整して再度一次系に供給するための設備である。抽出する水の量はBWRの原子炉冷却材浄化系に比べて非常に少なく、1,100MW級の発電所でも17t/h程度である。一次系は閉サイクルであり外部からの不純物流入がほとんどないためこの流量でも一次系の水質を維持できる。一次系の浄化装置の概略を図7に示す。

一次系の水には、燃料の反応度制御のための200～2500ppmのほう素と、pH調整のための0.2～3.5ppmの水酸化リチウムが含まれている。

① 冷却材混床式脱塩塔

一次系冷却材は化学体積制御系に設置された冷却剤混床式脱塩塔で連続的に浄化される。この脱塩塔の樹脂は通水前にカチオン交換樹脂はLi+形、アニオン交換樹脂はほう酸形に調整されるため、一次冷却材中のリチウムやほう酸を吸着せずに放射性物質などの不純物のみを除去できる。

冷却材混床式脱塩塔のあとにはカートリッジ式のフィルタが設置されており、樹脂塔で捕捉できなかった不溶解性不純物などを除去する。クラッドの比放射能が高いため逆洗などの操作は行わず、捕捉した不純物はフィルタごと固体廃棄物として処理される。

② 冷却材陽イオン脱塩塔

一次冷却材中のLiは、炉心での10B(n,α)7Li反応による増加のため濃度が徐々に上昇する。冷却材陽イオン脱塩塔はH+形のカチオン交換樹脂のみを充填した脱塩塔で、間欠的に通水することにより一次系から余分なLiを吸着除去し、一次冷却材中のLi濃度を一定に保つ役割がある。

4 軽水炉の放射性廃液処理

BWR発電所の放射性廃液処理系の例を図8に示す。BWR発電所の系統水はもともと純水であり、発生する放射性廃液も塩濃度が低い。このため廃液のほとんどは低伝導度廃液系に回収され、ろ過処理および脱塩処理を施されて再び純水（復水）として再利用される。一部発生する塩濃度の高い排水は高伝導系の廃液濃縮器で濃縮され、固化処理されて放射性廃棄物となる。この場合にも濃縮器から発生する蒸留水は脱塩処理を施され

BWRの放射性廃液処理系の概要（図8）

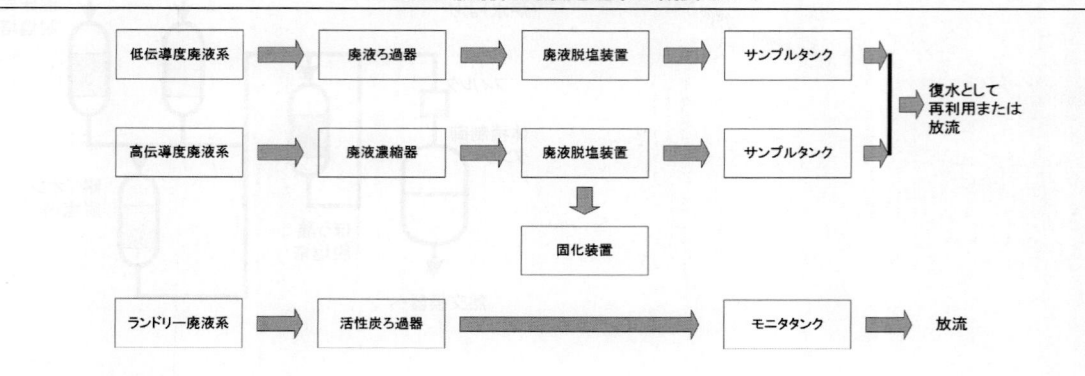

```
低伝導度廃液系 → 廃液ろ過器 → 廃液脱塩装置 → サンプルタンク → 復水として再利用または放流

高伝導度廃液系 → 廃液濃縮器 → 廃液脱塩装置 → サンプルタンク
                              ↓
                           固化装置

ランドリー廃液系 → 活性炭ろ過器 → モニタタンク → 放流
```

PWRの放射性廃液処理系の概要（図9）

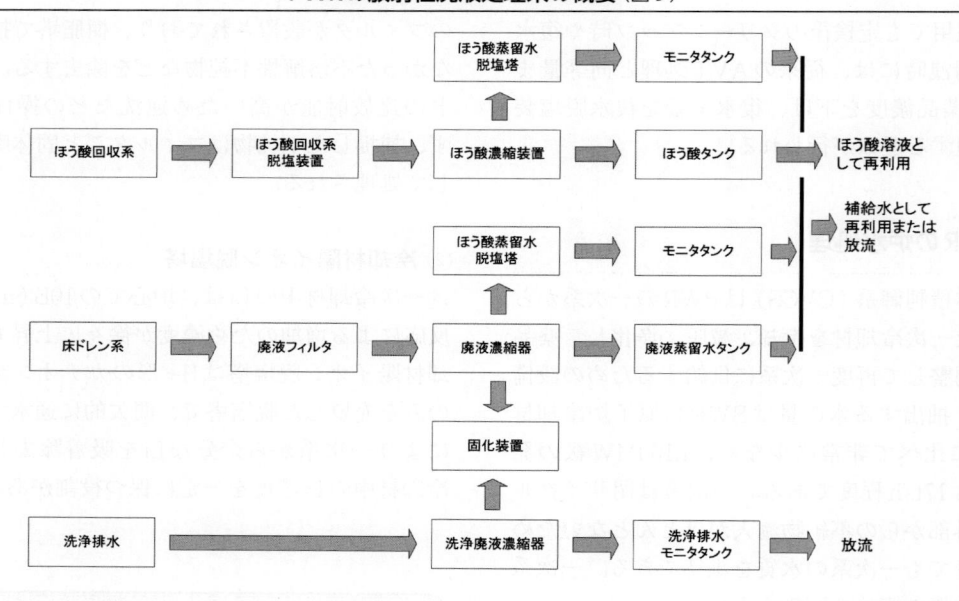

```
                     ほう酸蒸留水脱塩塔 → モニタタンク
                           ↑
ほう酸回収系 → ほう酸回収系脱塩装置 → ほう酸濃縮装置 → ほう酸タンク → ほう酸溶液として再利用

                     ほう酸蒸留水脱塩塔 → モニタタンク → 補給水として再利用または放流
                           ↑
床ドレン系 → 廃液フィルタ → 廃液濃縮器 → 廃液蒸留水タンク
                           ↓
                        固化装置
                           ↑
洗浄排水 → 洗浄廃液濃縮器 → 洗浄排水モニタタンク → 放流
```

純水として回収される。

これに対し、PWR発電所の放射性廃液には高濃度のほう酸が含まれるため蒸発濃縮処理が基本となる。濃縮されたほう酸は炉水に注入するほう酸溶液として再利用され、蒸留水は脱塩処理を施した後補給水として再利用される。PWR発電所の放射性廃液処理系の例を図9に示す。

参考文献
1) 日本原子力学会編：原子炉水化学ハンドブック、コロナ社（2000）

（大橋伸一）

14 繊維染色加工産業における排水処理

1 繊維染色加工産業と排水

　染色加工業は、古くから人々の生活に密着した産業である。先進国を中心に人類史上に例を見ない大衆の均質化が進んでいる現在、生活空間を創造する「住文化」古今東西のバラエティに富む「食文化」、個性化と快適さを追求する「衣文化」。これらは、過去には一部の特権階級のステイタスであったが、今や誰もが享受できる状況下にある。しかし、この状況は反面地球環境の急速な悪化と引き替えに得られた事も認識する必要に直面している。

　華やかなファッションを彩る服飾の世界は、ごく一部の特権階級がその恩恵を享受していた時代には、それによってもたらされた環境負荷は自然の浄化作用で償える範囲であったが、今日のように大衆を目標とした大量生産・大量消費の環境下にあっては、その生産に関与する大量のエネルギーや廃棄物は、自然から得られるエネルギーとのバランスや、排出される廃棄物の自然浄化に依存出来ない状況下にある。染色加工業は水やエネルギー多消費型産業分野の中で上位を占めており、さらに多くの無機・有機化学物質の消費と、それらの余剰又は使用済みの排出問題を抱える産業であるからである。今後地球上の人類の増加が続く限りこの産業へのニーズは減少することがありえないだけに環境への負荷軽減が切望される産業のひとつである。

2 染色加工工場からの排水の特徴

　古くから綺麗な染め物は、良質な水が不可欠であると言われてきた。しかし、染め物業はこの良質の水を使って、不純物を多く含んだ排水を多量に出す産業である。特に染色が終わり、余剰の染料や染色助剤を布地から取り除くために、かつては河川の流れの中に数時間、染め物を漂わせて不純物を除去していた。そのため京都等の河川は日々色々に着色した川水が見られた。これらは京都の夏の風物詩として観られた時代もあったが、公害垂れ流しと見られるに至り、河川での洗浄は禁止となった経緯がある。

　日本国内で染色加工を行う事業所は、国の定義では「染色整理業」と呼ばれている。この業種は、伝統的な手工芸の事業所（和服、鯉のぼり、のれん等の製造）と、機械装置を用いて短時間に大量の生産を行う事業所に区分される。多量の用水を使用しそれを排出するのは、機械染色整理業と呼ばれており、衣料品を始めとして、日常身の回りにある繊維品の多くがこの業種により加工されている。

　国内染色整理業はかつて1990年代には5000社を越えると言われていたが現在（2008年）には、3300社が操業し、従業員は4万人程度である。これらの企業で使用されている用水は、かつては日量で100万トン前後との数字が一般的であったが現在では30万トン程度と推定される。用水は主として河川水または伏流水が大半を占めるが、都市部に

液流染色機模式図（図1）

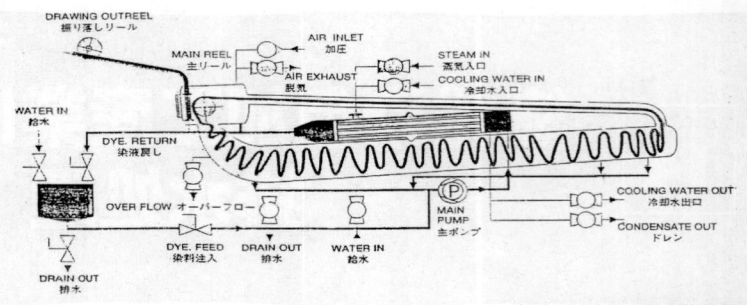

出所：環境保全型生産技術

連続高速洗浄機（図2）

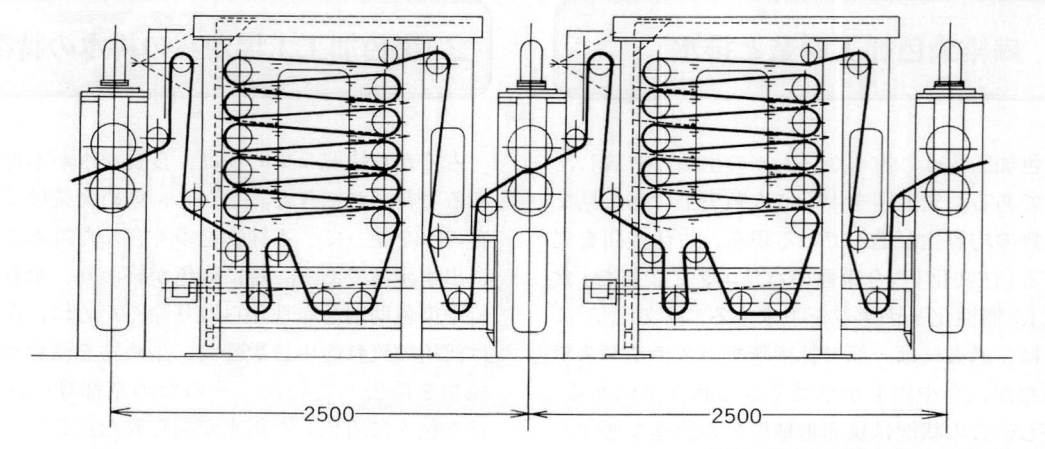

出所：(株)山東鐵工所カタログより

おいては工業用水の使用も多く行われている。

　染色加工工場での用水の使用は、水を染料や薬剤の溶媒として使用する場合と、素材である繊維組織（ワタ、糸、織物、編み物）に付着する夾雑物の除去、及びこれらのプロセスでの分解物や染色加工工程で付加した薬剤除去を行う洗浄工程での使用量が最大であり、各種工程の熱源であるボイラー用水も全体使用量の10%近くになっている。

　染色加工物（被染物）の重量に対していくらの用水を使用しているかが用水の使用効率の尺度になる。染色までの準備工程と染色（捺染を含む）工程での用水使用量が全体の80%を占めており、用水使用効率としては1kgの繊維原料の加工に必要な水量をリットルで表している。通常の布地染色に必要な水量は約100リットルであり、編み物等の場合は150リットル、羊毛製品の場合は200リットルが大方の目安である。

　用水使用量の約10%程度は工程中の乾燥により蒸散するために排水量は用水量の－10%となる。

　染色加工工場からの排水はその取り扱う素材や、染色法により大きくその内容が異なり、排水処理も当然のことながら異なってくる。

　染色加工工場よりの排水を総論的に述べると、繊維素材そのものが持つ不純物が染色加工に適さないために除去されそれが排水中に汚濁となって排出されるもの。一方は染色加工工場が工程で処理する薬剤の残渣が汚濁となって排出するものである（染色加工で多用される装置　図1、2）。

三量体エステル（図3）

O—CH₂CH₂OCO—〔benzene〕—COOCH₂CH₂—O
CO—〔benzene〕—COOCH₂CH₂OCO—〔benzene〕—CO

3 染色加工工場からの排水中の汚濁物質

　繊維製品はその製造過程において、一部を除き、多くが物理的処理が行われ、製造過程で付与された各種物質は、中間段階ではそのまま温存され最終の染色加工工程に持ち込まれる。

　染色加工企業（工程）に至るまでに、原素材に含まれる不純物は以下のものがある。さらに、染色加工工程においても各種薬剤が使用され、余剰物は水中に破棄されている。

① 原素材に含まれる不純物
　ⓐ 繊維製造（生育）過程で付着する物
　　合成繊維の場合：
　　　オリゴマー／2・3量体（図3）／重合触媒／紡糸用油剤（平滑剤、帯電防止剤等）
　　天然繊維の場合：
　　　ロウ・ワックス類／多糖類／蛋白質／紡績油剤／殺虫剤等の農薬

　ⓑ 織・編過程で付着する物
　　糸の平滑剤（織布糸・編糸）／サイジング剤（PVA、アクリル糊剤）

② 染色加工工程からの廃棄物
　（概略図参照　図4、5）
　ⓐ 界面活性剤
　　分散剤／浸透剤／浴中柔軟剤／乳化剤／洗浄剤

　ⓑ 無機薬品
　　アルカリ剤
　　　か性ソーダ／炭酸ナトリュウム
　　酸
　　　塩酸／硫酸／硝酸／酢酸
　　還元剤
　　　ハイドロサルファイト／硫化ソーダ／チオ硫酸ソーダ
　　酸化剤
　　　過酸化水素／亜塩素酸ソーダ／次亜塩素酸類／過マンガン酸カリ
　　中性塩
　　　硫酸ソーダ／食塩／燐酸塩／酢酸塩

　ⓒ 有機薬剤
　　未固着染料／染料固着剤／媒染剤／キレート剤／酸化防止剤／吸湿剤／還元防止剤／消泡剤／白灯油／防かび剤

　ⓓ 高分子薬剤・糊剤・その他
　　捺染用糊剤／マイグレーション防止剤／仕上げ用樹脂剤／過酸化水素安定剤／各種酵素

　ⓔ 各種機能付与剤
　　撥水・撥油剤／帯電防止剤／柔軟剤／抗菌剤／pH安定剤／抗ピリング剤／防だに剤／防蚊剤／皮膚保湿剤／UV遮蔽剤／吸湿加温剤／消臭剤／溶融防止剤／防炎剤

4 排水処理の現状

　染色排水は前述の如く多くの天然や合成物質を雑多に含んでおり、かつては排水公害の元凶の一翼を担っていた。今日でも途上国においては繊維産業が盛んな地域においては公害の代表となっている。

　それ故、国内において1975年制定の「水質汚濁防止法（水濁法）」に対応すべく各種処理技術が順

木綿及びその混紡織物加工工程 ( )が使用薬剤(図4)

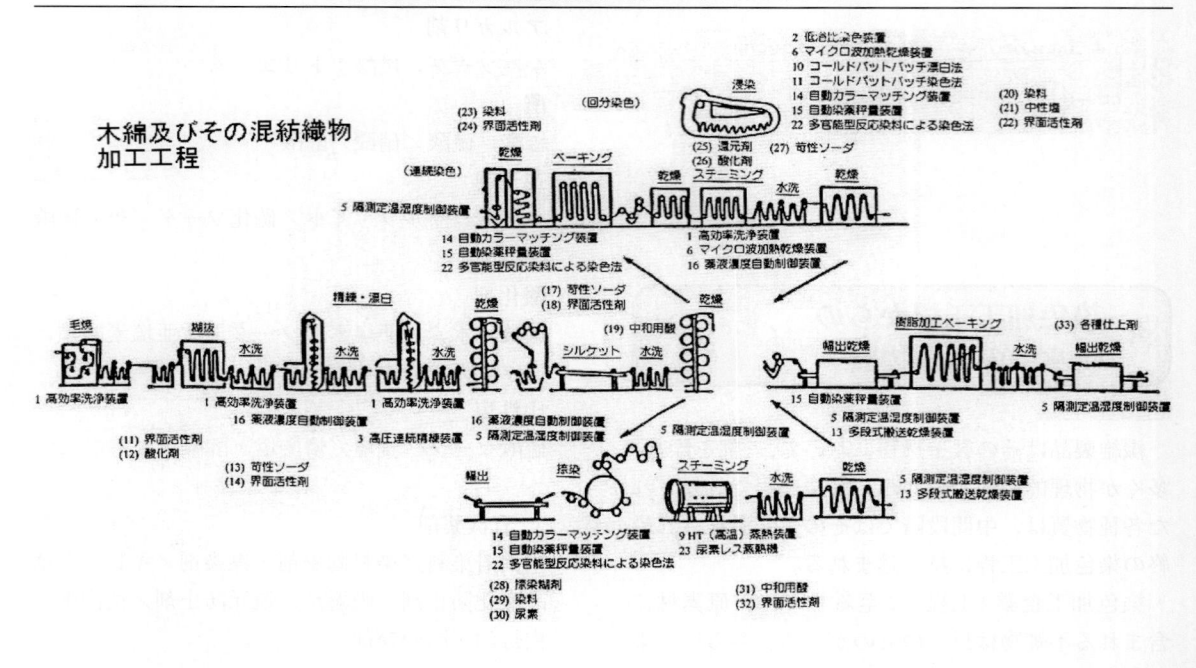

合成繊維の加工工程(図5)

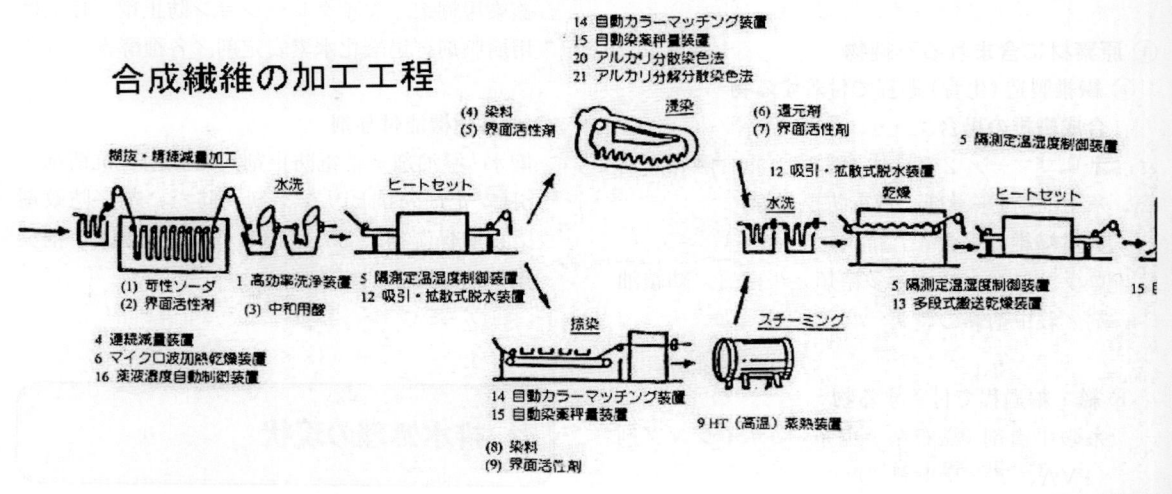

出所:筆者作図

染色加工企業の処理状況(表1)

自社処理	共同処理	直接下水放流	処理後下水	その他	計
54	2	28	8	1	93

出所:日本染色協会資料より

染色加工企業の処理法　（一部下水処理前処理も含む）(表2)

処理方法	事業所数	処理方法	事業所数
凝集沈殿のみ	2	凝集沈殿＋活性汚泥＋活性炭	4
活性汚泥のみ	39	上記＋酸化又は還元	1
凝集沈殿＋活性汚泥	15		
散水口床	1		
凝集＋活性汚泥＋散水口床	1	計	63

(社)日本染色協会資料より

次開発され、1980年代前半に今日の技術の基本が構築された。その後水濁法に総量規制が導入され、より厳しい対応が求められるようになっている。特に日本の場合の環境法制度にあっては、国の基準値（ナショナル・ミニマム）に対して、公害対応の裁量権を持つ地方自治体が独自の基準にかさ上げ、横出しを行っているために事業所の所属地域の状況から、その遵守基準は大きく異なる。企業内容（素材、加工形態等）が比較的類似していても、工場の立地が異なれば規制の基準が全く異なる為にその処理方法は異ってくる。ASEAN地域の国々では排出基準が産業ごとに決まっており、日本の環境基準の区分とそれに伴う排出基準が固定化されていない日本方式は、これらの国々の研修生には難解な事例の一つである。

　過去に（社）日本染色協会が調査した会員企業での事業所の処理状況を表1に示す。

　最近の傾向は下水道の普及に伴い、下水放流が可能な地域が増加しているが、和歌山市の例で見られるように、着色排水の放流に規制がかけられ、一般下水道の受け入れも着色水の放流が出来ないという情勢にある。下水道が敷設されると基本的に河川放流は禁止または、放流基準が引き上げられるので、下水道の普及が企業にとっては二重苦になる。排水処理を検討する場合、その工場で排出される汚濁物質の性状や、形態を知る事が大切である。一般に、排水中の汚濁物質は浮遊物質・コロイド物質・溶解性物質の3つの形態に分けられる。水中における、これら粒子の大きさは、加工工場の素材や使用薬剤により様々であるが、水処理の難易度はこの粒子の大きさや形態が大きく影響する。繊維くずや難溶解な酸化金属類等の比較的粗大な汚濁物質は処理しやすく、染料や水溶性ゲルのようにコロイドや溶解性物質ではその処理も複雑になって、単一の処理方法では処理出来ない。いずれにしても、これら汚濁物質を種々の方法によって反応させ凝縮することにより水と汚濁物質を分離させる必要がある。排水処理方法により、その効果も異なり、通常いくつかの組み合わせにより、プラントとして設置される。染色排水の処理に当たっては、国内でも種々の方法が試みられたが、凝集沈澱法と活性汚泥法が単独又は組み合わせが大半を占める。しかし、最近では加工素材や工程で使用される薬剤の複雑さ、さらには、排出基準の強化等によりその処理法も種々の組合せが採用されている。現在、染色加工工場で用いられている代表的な排水処理方式（pH調整は除く）を表2に示す。

　表7で示すように、現在の染色加工工場での排水処理は活性汚泥法及び凝集沈殿法であり、それぞれ単独又は組み合わせが全体の85%を占めており、地域の規制値が国の基準より相当に厳しい企業に於いては、酸化還元法や活性炭吸着処理が実施されている。

　三大閉鎖湾域での窒素・リンを加えた規制が施行され、窒素（主として捺染助剤として使用される尿素）への対応が必須となる。しかし、捺染（プリント）工程においては、最近インクジェット方式の台頭により、染薬剤を大幅に減少できる技術が導入されつつある（参考写真1）。更に、尿素を

最近進展が著しいインクジェットプリンター（写真1）

出所：東伸工業(株)カタログより

使用しない特殊顔料の開発は、捺染工程からの窒素排出問題は解決に向かっている。

調査結果から推定するとCODが80mg/ℓ前後までは、活性汚泥法をきっちりと行えばクリアーできる限界値ではなかろうか。しかし、これも素材と加工内容とにより大きく異なる。最近のポリエステル糸の高速度生産には大量（約1%強）の合成平滑油が使用され、高速エアージェット織機では整経時に大量のPVA経糊が使用されておりこれら合成油剤や糊剤はきわめて生分解性が不良なため、活性汚泥法のみでの処理ではおのずと限界がある。

また、長繊維ポリエステル織物・編物を加工している企業の減量加工では、溶解されたテレフタル酸やエチレングリコール等の各種アルコール類による汚泥負荷は膨大なものとなり、COD,BOD値とも規制を大幅にオーバーしてしまう。

この対策の一つとして減量排水のみを別配管とし硫酸等の酸でpH4～4.5とし、減量排液中のテレフタル酸ソーダをテレフタル酸として、不溶化し沈降による重力分離で除去する方法（酸析法）が一般的であった。現在もこの方法を採られている事業所が多い。しかし、ポリエステル繊維織物の減量加工が特化された製品に対して行われていた時代では酸析スラッジの量はさほど問題ではなかったが、ポリエステル織物の減量加工が、大半の製品に適応されるにいたり、発生するオリゴマースラッジ量が膨大となり、埋め立て処理場の枯渇と相まってその経費が膨大となり、このスラッジの対策が今後の大きな課題である。

近年、スポーツ関係のウエアーで使用されていたポリウレタン系弾性糸が一般衣料にも多用されるに至り弾性糸製造時に使用される大量のシリコン油が、織編生地に付着したままで染色加工場に持ち込まれ、前処理工程で、大量の界面活性剤と熱湯で洗い流されるがその排水の汚濁物質は、難分解で適切な処理法が見つけられていない。

5 COD低減対策

多くの染色加工企業では、BOD規制が課せられているが、三大閉鎖湾域や湖沼法対象河川への放流等の地域ではCOD規制も課せられている。一般的な染色加工企業排水のBODの低減は活性汚泥法と凝集沈殿法をうまく管理すれば15mg/ℓ以下の数値は達成出来るが、CODを50～60mg/ℓ以下にするには活性汚泥と凝集沈殿の組み合わせでは達成できない。

特に最近の染色排水はPVAの含有量の多さと、非イオン活性剤の多量の使用、難分解仕上げ薬剤（撥水・撥油剤／ウレタン系樹脂）の多用等により、以前に比べて排水の中身がかなり変化してきている。

これらの難分解物質も活性汚泥法でのエアレーション時間が得られ（2日以上）MLSSが5000mg/ℓ以上の場合においては、CODの低下が期待出来るが、限られた滞留時間（6～8時間）ではCODの低下はあまり期待出来ない。

以上を総合するとCOD低減策としては、生産現場の協力の基に、さらにもう一段の処理が必要となる。

代表的なディスペンサーの例(写真2)

出所：ITMA2007より筆者撮影

(1) 生産現場のCOD対策

① 難分解性薬剤の見直し

最近の界面活性剤は環境対策の上から、その分解性能をメーカでチェックしているケースが多くなってきており、薬剤の生分解性の良さも薬剤選択の参考にすることも重要である。

特に、薬剤のイニシャルのBOD、COD値でなく、生物分解処理後のBOD, COD値が幾らかが重要なファクターである。なお、日本国内のCOD測定は過マンガン酸カリを使用するマンガン法COD_{Mn}である。しかし、一歩海外に出ると韓国以外ではCOD_{Mn}は指標として使われていない。染色加工が盛んな中国、タイ、インドネシア等はすべてCOD測定には重クロム酸カリを使用するクロム法でCOD_{Cr}である。これは概略であるが、染色加工工場排水ではCOD_{Mn} x2.5 ≒ COD_{Cr}である。従って日本国内でのCOD値と海外でのCOD値には大きな開きがあることの認識が必要である。

COD_{Cr}の測定は国内では余り行われていないので、ろ液のTOC測定で炭素量を測定し、32/12=2.67倍で測定するのも一法である。

② 余剰残液の徹底的な回収

染色加工工場では自らが使用している各種有機薬剤は単独又は混合して使用される。多くの場合薬剤は水で希釈して使用される。薬剤は使用量を予測して準備されるが、常に余剰が出る。最近では薬剤の希釈を事前に行わずに、自動秤量で必要量を混合するディスペンサー方式を用いる工場が増えている。それでも浸漬槽には数十ℓの残渣が残る。この残渣はややもすると排水に投棄されるのが普通であるが、これを回収し汚泥共々産業廃棄物として処分するか、自社での焼却処分（産廃処理許可済み焼却炉）が望まれる。

③ 織物の経糸糊剤の回収・再利用

経糸糊剤は、古くは各種天然湖剤が使用されていたが、今日ではPVAが主力になっている。このPVAも難分解性有機の筆頭である。これを糊抜き工程廃液から回収・濃縮し、織布工場で再度使用することで排水負荷を低減させる方法である。この回収再利用には専用の凝縮ラインが必要である。しかし、年々国内の染色加工場に入荷する原反が国内産から輸入にシフトしていることからこの方法の継続は困難になってきている。

(2) 排水処理でのCOD低減法

凝集沈殿と活性汚泥法を確実に実行し、なおかつCODが目標値に達しなければ粒状活性炭、フェントン法または粉状活性炭の適応の検討が推薦される。

粒状活性炭は比較的処理設備も簡単であり処理効果も大きい。しかし、活性炭の吸着能力は日々低下して行くので一定時間で交換を余儀なくされる。この使用済みの活性炭から有機物を除去することを賦活と呼んでいる。

粒状活性炭の採用は、その賦活設備を持つか持たないかで処理コストが大きく異なり、賦活装置があれば、毎日一定量の使用済み活性炭をカラムから抜き取り、賦活された活性炭を補充することにより、処理水の安定が図られるが、賦活装置の無い場合は、活性炭の吸着能力ギリギリまで使用

し、キャリーオーバになって全体の活性炭を取り替える為に、処理水質はかなり変動を余儀なくされる。さらに賦活作業を外部に委託するため、運搬賃や処理費に多額の経費を要する。

つまり、粒状活性炭方式を採る場合は処理水量が日量1,000m³以上にあっては賦活装置を持たないと処理費が大幅にアップする。この粒状活性炭の賦活装置を持たない企業にあっては、粉状活性炭を水に馴化させ、定量ポンプで活性汚泥処理槽の最終槽に投入してCOD低減に繋げている企業もある。

なおPVAの除去対策として、糊抜き排水のみを一般活性汚泥とは別経路としMLSSを10000mg/ℓ以上にし、長時間（72時間程度）曝気処理を行う工場の例もある。これ以外に、糊抜き廃液にPVA分解酵素を投入する方法や電気分解法でラジカル酸素を発生させ分解させる方法（但しこの方法では陰極に木綿から出るカルシュウムが大量に付着し、導電効果が低下するので、カルシュウムスケールを常時剥離させる工夫が必要となる）、さらに過酸化水素と鉄塩によるフェントン法（処理水に酸化鉄が残り、着色する問題がある）が採用されている。

6 着色排水問題

染色加工工場にとって着色排水問題は今や最大の古くて新しいテーマである。

わが国の水質汚濁法では排水の着色について具体的数値は盛り込まれていない。しかし、1992年に和歌山市の条例で排水の着色度について規制値が設けられた。その後の各自治体での規制値の具体的な数値規制は行われていないが、多くの染色加工企業は自治体からの改善要請を受けている。特に昨今の合成染料による染色品は適応する用途により、多くのカテゴリーでの高堅牢度（洗濯による退色・変色、日光による色あせ等の防止基準）を要求されるが故に、合成染料は有機化学物質としては非常に分解され難い構造を追求した結果の産物であり、排水処理としては逆にその色素を分解さささなければならないという矛盾した状況下にある。この問題解決のため1980年代後半より、個々の素材に対する染料の種類毎の処理方法が研究されたが、実際の染色工場では種々の素材が染色され同時に複数の染料を使用しており、なおかつ他の有機・無機の薬剤の混在下での実際の処理と実験室レベルでは大きな差があって実験室での結果が実用面で旨く成果に出なかった。その後の研究は染料個々に固執せずに、色剤全般としての捉え方と実排水を用いての処理法の研究がされた。

現在、脱色方法を大きく分類すると、排水に含有する着色成分の分子そのものを分離除去し脱色する方法と、着色成分分子中の発色団を酸化・還元反応等により分解し脱色する2つの方法に分けることが出きる。

(1) 着色成分の分離

①ろ過分離（ミクロろ過、膜ろ過、凝集沈降または浮上）
②吸着分離（凝集吸着、担体吸着、イオン交換、透析）

(2) 着色成分の分解

①酸化分解（塩素系酸化、フェントン試薬、オゾン酸化、電気分解）
②生物分解（好気性菌、嫌気性菌）

さらに、現状の染色企業の着色排水を改善する場合に、染料の固着率に着目する必要がある。

個々の染料が難分解性であっても、それらが100％繊維に固着されれば、排水中には着色物質が流入しない。

表3に示したのは、同一部族の染料でも染色法の違いもあって、固着率にかなりの開きがあるが、合成繊維用の分散染料やカチオン染料はその固着率の高さから、一部の未固着染料が在っても、企業内のトータルの水使用量が多ければそれらに希

染料種族別固着率（表3）

染料名	固着率	染料名	固着率
直接染料	70～90	酸性染料	80～93
硫化染料	60～70	錯塩染料	80～93
建染染料	80～95	カチオン	97～98
ナフトール	90～95	分散染料	85～95
反応染料	50～80		

出所：京都市繊維技術センター報告書より

代表的な凝集オリゴマー（図6）

釈されて、排水中の色度は低下する。しかし、反応性染料はその使用の簡便さと、色相の多用なこともあって、セルロース系の染色に多用されるようになったが、その固着率が低いことが着色排水問題を顕著にしている。ここでは、染料の固着率を高める努力が脱色と同じ程度に重要となる。現在先進国の多くの染料メーカより二官能性タイプの染料が上市され始め、排水中の色度改善に供せられているが、その固着率は上記の分散染料やカチオン染料のレベルにはなっていない。さらに、二官能染料は先進国の特許問題や構造式が公開されていないこともあって、途上国での製造に至っておらず、途上国での普及の面で遅れていることも着色問題が解決しない一因となっている。

そのために工場排水の着色度で一番処理に手間取るのは、この反応染料で、とりわけ、和歌山市は、木綿の反応染料を使用した寝装品の一大産地であり、捺染という一番染料固着率の低い製品分野が多い故に、その着色度規制に対応する処理が、企業の大きな負担となっている。

さらに、工場排水は単に脱色のみならず、排水中の各種の汚濁物質も同時に除去しなければならず、出来るだけ少ないプロセスで、汚濁物質と着色成分の除去が望まれる。

また、総量規制や、瀬戸内規制、湖沼法等により関係する自治体においてはBODとCODが全ての企業に規制値が設けられており、それも国の基準値よりはるかに厳しい規制値が地方自治体により上乗せされている。

それゆえ、COD規制値が40～60mg/ℓ以下の規制値を適用されている企業では、脱色処理を特別視することなく、その規制値をクリアーするためには着色物質もCOD対象になるために、それを取り除く高度な処理が必須条件となっている。

脱色も含め単一の処理で規制対象項目に対応出来る処理方法はなく、その企業に課せられている規制値により2次、3次の処理が行われている。特に染料溶液がマイナスイオンを持つものにあっては、アミン系カチオンオリゴマにより、染料との不溶コンプレックスを作り、凝集用無機塩の共存下で沈殿を作り脱色を行う方法が今日では一般的となっている（図6、ジメチルアミン・エピクロルヒドリン共重合物）。

但しこの方法も、染料以外の無機物が併存するとカチオンオリゴマの使用量の増加と凝集汚泥量が増加するので、溶存有機物（DOC）を極力低下させてからの処理が必須である。

7 アンチモン問題

世界中で消費される繊維製品（工業用も含む）は年間約5000万トンと言われている。その内の約50％以上がポリエステル（PET）繊維である。このPETの製造過程で縮合触媒として酸化アンチモンが使用され、使用後もPET繊維の中に包含されている。含有量は300mg/kg前後である。PET繊維を80℃以上の温水で処理すると、アン

チモン化合物が温水に溶出してくる。溶出量は処理条件に大きく左右されるが、一般的な染色処理後の染色機からの排水には 1～3mg/ℓ 程度含まれている。最終的な工場排水濃度ではこの数十分の1程度に希釈されるがそれでも排水の指針値とされる、0.002mg/ℓ 以下までは希釈されない。勿論、PET繊維以外の繊維を多く取り扱う企業では、この指針値を十分にクリアー出来る。すでに国内のPETメーカは非アンチモン系の触媒に転換することを明言しているところもある。しかし、日本国内染色工場に持ち込まれているPET繊維の多くは国外からのものであり、国内メーカの非アンチモン化では問題解決にならない。アンチモンは目下のところ要監視項目に留まり環境基準値は未設定のままである。染色加工工場はこの問題から逃げられない状況にあるが、適当な解決策が見出せない故に苦悩を引きずり続けなければならない。

8 リサイクル・リユース・リデュース

染色加工産業が今後も更なる発展をとげるためには、資源の3RE（Reduce, Reuse, Recycle）を確立する事が必須である。限りある資源を有効活用し廃棄物を出さない生産・加工システムが求められていることは、世界的潮流でありもはや後戻りは出来ない状況下にある。20世紀後半に確立された染色加工技術は、多くの資源とエネルギーを使用し、大量の廃棄物を系外に排出する一方通行型加工方式であり、今後の世代に求められている循環型加工方式への転換は、その加工システムの根元を改革しなければなし得ない産業形態であることも明白である。しかし、今日においてそれらの改革の片鱗は部分的には芽が出てきているが、染色加工の源流から下流までの流れの中でそれはまだ一握りでしかない、特に国内産業が、中小企業性が高く、ビジネス構造が委託形態で脆弱な経営基盤を主とする業界にあっては、3REに立脚した事業革新の早急な確立は困難であり国や地方行政による支援を受けて逐一その目的を達成する方向であろう。現時点での3REの中で、用水のリサイクル及び排水処理に伴い発生する汚泥減容化もその重要な案件の1つである。

(1) 用水の再利用技術

日本の染色加工工場の使用する水量は30万トン/日程度と推定される。日本の家庭で使用される水量が0.2トン/日・人であることから、150万人都市の消費推量に匹敵する。幸い本業界は、従来水量の豊富な地域に立地しているために水の再利用についてはほとんど考慮に入れられていなかった。又、良質の水が得られるところに良い染め物が出来るとも言われ、国内各地の繊維産業（地場産業）の中でも染色は常に良質の水が確保出来る地域に事業所を確保してきた。しかし、20世紀は石油の確保で争いが生じたが21世紀は水の確保で争いが起こるとまで言われており、すでに現在も水資源の枯渇が深刻になっている国も多数有る。

用水多消費型産業として紙パルプ製造業や食品産業、染色整理業があげられ、大量の水の使用が今日の大量生産システムを支えてきた。しかし、紙パルプ製造や食品においては、水の再利用がかなりの割合で行われており、染色整理業においても今後は地域での環境対策の上からもその必要性はいまさら述べるまでもない。しかし、他の用水多消費型産業に比較して、企業規模が小さくかつ排水中の汚濁物質の多様さ、特に塩類と界面活性剤の大量含有は、水の再生に多くの設備＝多額の投資とその後のランニングコストの不透明さから、だれもが躊躇してきた問題である。

現在、国内染色企業の排水処理経費は100～150円/m³であり、一方全国の市町村で展開されている下水道事業の普及により、産業からの下水道放流も増加している、そしてその放流費は160～250円/m³となっている。このコストアップに加え下水放流にはあらゆる排水が可能ではなく、下水道法で規定した下水放流水質のナショナル・

ミニマムが設定されており、さらに各地の下水道管理組合がその基準値を厳しくしており、BODで300mg/ℓの規制が一般である。この値に対して多くの企業は自社での前処理を余儀なくされており、下水道供用により、従前の自社での処理費用は若干軽減されるが下水道放流費が加算され200～300円/m³となる。さらに年々増加する汚泥処理コストの上昇に伴い今後ますます下水道放流費が上昇することが考えられるので本業界においても水の再利用についての技術確立が急がれている。この技術確立のためには、以下の条件をクリアーする必要がある。なお、下水道放流料金の高騰により、部分的なカスケード使用を行っている企業もあるが、品質問題とのバランスもあって普及するまでには至っていない。

①. 無機塩類の除去
② 界面活性剤の分解・除去.

　すでに海水の淡水化が逆浸透膜（RO）法により比較的低コストで可能になった現在、排水中の塩類の除去は比較的容易であるが、排水中に含まれる界面活性剤が生分解性が悪いためにROの機能を急速に悪くする、その為に従来の生物処理の後に粉末活性炭やマイクロフィルター（MF）を付加して活性剤の除去を行う必要がある。

　従って、今日多くの産業においてリサイクル目的でのRO膜使用による実用化が図られている。染色加工工場の場合は、企業間でその排水特性に大きな違いがあるために、総てを同一の次元で論ずるのは難しく、実証実験の積み重ねが必要である。しかし、国内染色企業はそれぞれの地域で歴史も古く水利権等の問題にも直面していないので今すぐ排水の再利用という場面に立ち至っていない。

　一方、海外の染色企業は、繊維産業の盛んな、中国、タイ、インドネシア、インドと言った国々は一部を除いて多くは水資源が不足している。したがって染色加工産業が多量の用水を使用することは許されない事情にある。日本の環境基準には無いが、海外ではTDS（排水中の溶解塩類量）の規制が設けられている国もある。ここではCOD$_{Cr}$とTDSの二重苦に直面している企業もあ

インド染色加工企業のRO膜浄化装置（写真3）

出所：筆者撮影

る。最近、工業化の著しいインドの染色加工工場ではRO膜使用による水の再利用が必須条件となっている。

(2) 生物膜分離法（MBR）による　リサイクル技術

　用水環境が厳しいASEAN地域で目下工業化が著しいタイでは、バンコック首都圏周辺では地下水汲み上げによる地盤沈下や飲料水の枯渇の面から地下水の使用が禁じられるか、多額の賦課金が徴収されている。目下、かろうじて食品産業と繊維染色産業の地下水汲み上げは許可されているが、汲み上げに対する課徴金は水道水と同額になっている。（水道水は量的な問題と、塩素除去に手間取るので課徴金を払ってでも地下水を利用している）

　タイ工業省の日本政府への要請で、染色加工工場の排水の再利用化プロジェクトが（財）造水促進センターの技術で2005年に行われた。ここでは、工場排水の均質槽から100 m³/日を分流し、平膜のMBR装置でろ過水を得て、RO膜使用により電導度が25μs/mレベルの用水を、約60m³/日をボイラー用水として再利用する実証実験が行われた。架台や水槽、配管は現地調達で、膜関連材料

MBR+RO実証装置と使用されたMBRユニット(写真4)

出所：筆者撮影

は日本製が使用された(写真4)。

日本人技術者が管理を行った6ヶ月間は順調に稼働したが、その後は現地に技術移管したが約1年で膜の詰まりが解消できず稼働停止となっている。

高度な処理装置は、その運転技術の容易さが求められる。高度な処理は日本人技術者でないと無理と言う装置は普及しにくい。

(3) 汚泥の減容化 (嫌気性処理技術による)

現在の染色加工工場で導入されている排水処理法は、4で述べた如く大多数が活性汚泥法である。あるいは、一部に凝集沈殿法を併用されている。これらの方法では必ず処理汚泥が発生しこの処分が企業の負担として経費増を強いられており、年々処分場の枯渇とともにその処理経費が高騰しその減容化が切望されている。染色加工工場からの汚泥は、難分解性物質、特に微細な繊維屑が多くを占めている場合もあるので、濃縮汚泥からのフィルターで除去しきれないので、沈殿槽への流入直前で細かな繊維をフィルター除去し、工場内余熱を使用して乾燥させる方法を採用している企業もある。

現在主に行われている標準活性汚泥法と凝集沈殿法を採用する限り排水中の有機物は完全に炭酸ガスと水には分解されずコロイド状で排水中に残存し固液分離工程で時間とともに沈殿が起こる。凝集沈殿法では、アルミニュームや鉄イオンSS分とが凝集し沈殿し汚泥となる。これらの汚泥粒子は、水と強く結合しており物理的な力による圧縮等では水と固形分の分離は難しい。汚泥の脱水は、主としてベルトプレス、スクリュープレスが主体であるが、より効果的な脱水を行うためにフィルタープレスが使用されている場合もある。通常のベルトプレスでの脱水率は概ね水分率で75%前後である(25%が固形分で75%が水分)。現在各水処理エンジニアリング企業等で考えられている減容化は、この水分を如何にして除くかは技術的に難度が高いために、固液分離後の汚泥を更に別のバクテリアや酸化触媒等による分解が考えられるが具体的な事例は当該業界には導入されていない。

しかし、排水処理コストの中で汚泥処理に要する経費割合が高いので、この分野の開発が本業界では最優先課題である。既に多くの食品産業等で導入されているUASB方式を染色排水処理に適応すべく国からの補助を得てUASB法と好気性活性汚泥の組み合わせで2002年に日量100トン設備で各種の染色排水での実証実験を行った。実験設備レベルでの汚泥発生を従来の35%以下に、電力使用量を50%以下にできる可能性が分かった。

さらに嫌気処理による還元反応により脱色の可能性も実証された（図7）。

しかし、本法ではUASBのメタン発酵と同時に硫酸還元菌の活動も同時に起こることが分かった。染色排水中には、アルカリ剤処理後の中和に硫酸が多用されたり、染色促進剤として硫酸ソーダが用いられているため大量の硫酸基が存在する。従って硫酸還元菌により多量の硫化水素が発生しメタン発酵を阻害することになる。

メタン発酵と硫酸還元菌の活動を分離した二段法の開発が必要である。

9 プロセス面での変革

染色加工産業は、人類の文化と伴に歩んできた産業であり、工芸的要素も多分に持ち合わせている。繊維産業全般には既に成熟産業であり、あえて日本国内で多くの環境問題を抱えながら今後も有り続けることに疑問を投げかけることもしばしばである。しかし、この産業はそれぞれの民族の文化と安全・安心を背負った産業でもある。水環境のみならずエネルギー多消費型であるからこそ我が国で、これら染色加工産業の抱える問題を解決することにより、持続可能な人類の発展を期す必要がある。水を溶媒として用いずに、ドライプロセスでの染色加工法が種々の模索をしながら取組が行われている。低温プラズマ、オゾン、超臨界、電子線等々である。しかし、いずれの方法も今日行われている技法を凌駕する技術に至っていない。今後も人知を尽くした取組が続けられ、排水処理技術の改革と平行して環境低負荷型産業への転換が期待されている。今日その一つの有意義な手法が実用化しつつある。それは全ての素材や色調をカバーするものではないが、染色産業の一つの選択肢になりつつある。それは、従来の水溶性染料に替わって、水分散型の微細顔料が開発され、従来は100％の染料固着が得られなかった部分が、100％固着となり、従って染色後に洗浄工程が不要になったことである。現在のところこの色剤（微細顔料）はプリントの分野での対応となっているが、現在の多くのカジュアル衣料や身の回り品等ではいずれは無地染めや糸染めの世界にも適応が広がって行き、染色加工工場から着色排水が出ない、用排水量の画期的な減容化が進むと期待されている。

UASB＋活性汚泥法による処理のフロー（図7）

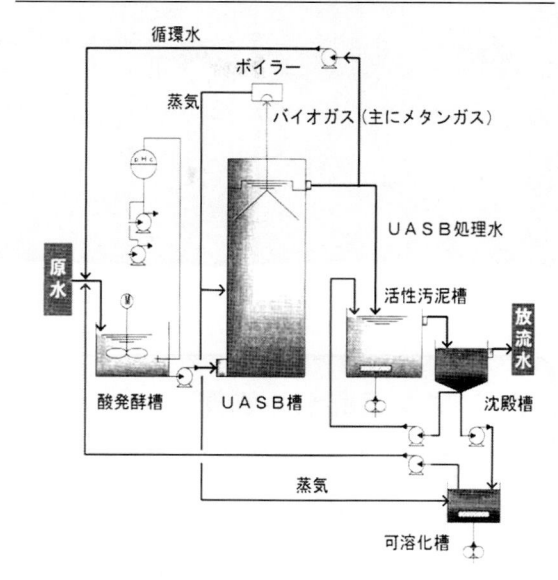

（出所：倉敷紡績㈱エンジニアリング事業部地域コンソ提案書より）

参考文献
1) 造水技術ハンドブック2004、（財）造水促進センター
2) 環境保全型生産技術、北九州クリーナープロダクション・テクノロジー編集委員会、日刊工業新聞社

（森本國宏）

15 メッキ産業における排水処理

1 シアン系廃水の処理

メッキ工程から排出される廃水はシアン系、クロム系、酸・アルカリ系の3系列に区分される。ここでは有害なシアンを含有するシアン系廃水の処理について述べる。

シアンの処理法

一般的なシアン処理法はアルカリ塩素法であるが、アルカリ塩素法で分解できるシアン化合物は、遊離シアン、Cuシアノ錯体、Znシアノ錯体、Cdシアノ錯体であり、通常のORP制御で容易に処理できる。やや難分解性のものには、Ni、Agのシアノ錯体があるが、過剰塩素と長時間の反応で分解可能である。

ほとんど分解できないのは、Fe、Co、Auのシアノ錯体である。これらに対しては、吸着法や難溶性塩生成法が適用される。

① アルカリ塩素法

シアンの処理に広く適用されている方法であり、アルカリ性で、NaOCℓを添加する工程と、次いでpHを中性としてさらにNaOCℓを添加する二段階で分解が行われる。

一段反応；
pH 10.5 、ORP +300mV
NaCN + NaOCℓ → NaCNO + NaCℓ

二段反応；
pH 7.5 、ORP +600mV
2NaCNO + 3 NaOCℓ + H$_2$O
→ N$_2$ + 3NaCℓ + 2NaHCO$_3$

シアンは最終的に、N$_2$とCO$_2$に分解される。

一段反応をpH10以上で行う理由はシアン酸の中間生成物である塩化シアンの加水分解を促進するためである。

二段反応を中性で行う理由は、シアン酸の分解が中性で反応が速くなるためである。反応時間は一段目が約10分、二段目が30分程度である。

② オゾン酸化法

シアン化合物とオゾンの反応は次式により、シアンはN$_2$とHCO$_3^-$にまで酸化分解される。

CN$^-$ + O$_3$ → CNO$^-$ + O$_2$
2CNO$^-$ + 3O$_3$ + H$_2$O
→ 2HCO$_3^-$ + N$_2$ + 3O$_2$

この反応においても溶液のpHの影響が大きく、pHが11〜12の場合に最も効率が良いとされている。

オゾン酸化法は反応生成物に有害物を含まない利点を有するが、気液反応であること、オゾンのランニングコストが高いことが欠点である。また、難分解性のニッケル錯体の処理は可能であるが、鉄、金、銀の錯体に対しては適用できない。

③ 電解酸化法

シアン濃厚廃液を効率よく、また経済的に処理するには、電解酸化法が適している。

電解によるシアンの酸化は次式によると考えられている。

$CN^- + 2OH^- \rightarrow CNO^- + H_2O + 2e$

$2CNO^- + 4OH^- \rightarrow 2CO_2 + N_2 + 2H_2O + 6e$

$CNO^- + 2H_2O \rightarrow NH_4^+ + CO_3^{2-}$

その分解機構は、シアンが陽極酸化によりまずCNO⁻になり、続いてN₂とCO₂に分解されると同時に加水分解も起き、一部アンモニアが生成する。

鉄やニッケルのシアノ錯体に対しては適用できない。

④ 難溶性錯化合物沈殿法

ⓐ 紺青法

鉄シアノ錯体の処理法の一つとして紺青法がある。

鉄シアノ錯イオンは水中に鉄が過剰に存在すると、次式により難溶性塩を生成する。

$3[Fe(CN)_6]^{4-} + 4Fe^{3+}$
$\rightarrow Fe_4[Fe(CN)_6]_3$ （プルシアンブルー）

$2[Fe(CN)_6]^{3-} + 3Fe^{2+}$
$\rightarrow Fe_3[Fe(CN)_6]_2$ （ターンブルブルー）

$[Fe(CN)_6]^{4-} + 2Fe^{2+}$
$\rightarrow Fe_2[Fe(CN)_6]$ （ベルリンホワイト）

この場合、鉄が不足するとFe[Fe(CN)₆]⁻（可溶性プルシアンブルー）ができ、処理は不完全となる。また、溶液のpHが上がると水酸化鉄とヘキサシアノ鉄に分解するため、固液分離は酸性下（pH6以下）で行うことが必要となる。

ⓑ 亜鉛白法

鉄シアノ錯体の処理法の一つとして亜鉛白法がある。

FeSO₄・ZnSO₄を用いて鉄シアン錯体をZn₂[Fe(CN)₆]（フェロ亜鉛）の難溶性塩（白色）の形で処理する方法である。

紺青法に比べて適用pHが広く、pH8～9でも難溶性塩化可能である。

シアン系廃水処理フロー（図1）

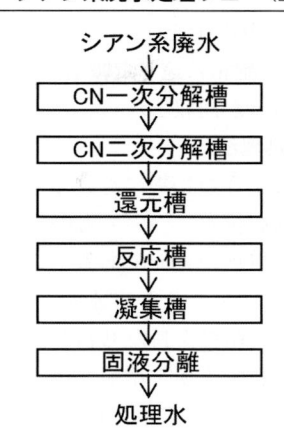

シアン系廃水
↓
CN一次分解槽
↓
CN二次分解槽
↓
還元槽
↓
反応槽
↓
凝集槽
↓
固液分離
↓
処理水

処理水質（表1）

	原水	処理水
T-CN	29.8	0.04
Cu	52.5	<0.05
Zn	54.2	0.06
Ni	57.6	0.21
Pb	0.74	<0.05

※上表中、単位は[mg/L]である。

ⓒ 銅添加難溶性塩法

銅塩（Ⅱ）は還元剤共存下では、各種シアノ錯体と反応するだけではなく、遊離シアンとも反応することが知られている。

銀シアノ錯体を含む排水からの銀回収や、鉄シアノ錯体を含む排水の処理へ適用されている。

ⓓ その他の処理方法

1) 吸着法

難分解性シアノ錯体は吸着材による処理が可能であり、例えば、鉄シアノ錯体を活性炭に吸着させ、アルカリ溶液で遊離させる方法や、活性アルミナにマンガン、銅などの重金属を担持させ、これに吸着させる方法などがある。

吸着処理の顕著な例は弱塩基性樹脂又は活

性炭に金シアノ錯体のまま吸着させることで、処理水中の金を0.1mg/ℓ以下まで処理可能である。飽和に達した吸着材は焼却され、残留物から金が回収される。

2) 生物的処理法

シアンのような生物に対して強い毒性を示すものを含む排水についても微生物を馴養すれば生物的処理が可能である。この方法は活性汚泥にシアンを含む排水を少量ずつ添加し、微生物に耐性を持たせると同時にシアンを分解、資化する菌を増殖させていくものである。このような生物学的シアン分解機構は一般にCN結合の切断が起こり、CO_2とNH_3に分解すると言われている（図1、表1）。

2 クロム廃液処理

(1) クロム廃液処理の必要性

クロム化合物は、長年にわたって、メッキ、陽極酸化、化成処理、腐食抑制、ピックリング、つや出しのような金属表面処理に使われてきた。特に、クロム酸は素地のアルミニウムと反応して不定形のクロメート被膜を形成し、素地の一部となり、この被膜は極めて塗料との密着性をよくする。ここで、いわゆるクロム酸排水が問題として起こってくる。クロム酸はシアンと同程度に毒性が高く、公衆衛生基準では飲料水中に許容される6価クロムは0.05ppm以下と定められている。

(2) クロム廃液の処理

クロム系廃水の処理の最も一般的な方法は、最初に6価クロムを3価クロムに還元し、次にpH調整によって水酸化物としてクロムを沈殿させる方法である。

還元剤としては、ソービス（$Na_2S_2O_5$）、重亜硫酸ナトリウム（$NaHSO_3$）、硫酸第一鉄（$FeSO_4 \cdot 7H_2O$）などが使用される。

① ソービス（$Na_2S_2O_5$）による還元

クロム酸を$Na_2S_2O_5$で処理する時の反応は次のようになる。

還元：$4CrO_3 + 3Na_2S_2O_5 + 3H_2SO_4$
　　　$= 3Na_2SO_4 + 2Cr_2(SO_4)_3 + 3H_2O$

沈殿：$Cr_2(SO_4)_3 + 3Ca(OH)_2$
　　　$= 2Cr(OH)_3 + 3CaSO_4$

② 硫酸第一鉄（$FeSO_4 \cdot 7H_2O$）による還元

クロム酸を硫酸第一鉄で処理するときの反応は次のようになる。

還元：$2CrO_3 + 6FeSO_4 \cdot 7H_2O + 6H_2SO_4$
　　　$= 3Fe_2(SO_4)_3 + Cr_2(SO_4)_3 + 48H_2O$

沈殿：$Cr_2(SO_4)_3 + 3Fe_2(SO_4)_3 + 12Ca(OH)_2$
　　　$= 2Cr(OH)_3 + 6Fe(OH)_3 + 12CaSO_4$

硫酸第一鉄による処理はソービスによる処理の場合よりもコストが高く、また、処理で生成するスラッジの発生量はソービスによる処理の場合よりも約4倍多いという欠点がある。

(3) クロム酸の回収処理

クロム酸の有用な回収方法はイオン交換法である。クロム酸排水の処理には、イオン交換樹脂を使用した種々の脱イオン技術を利用できる。

例えば、耐酸化性陽イオン交換樹脂に通せば再生できる。クロム酸を使用した陽極酸化液の主な不純物であるアルミニウムと3価クロムは樹脂に吸着され、そして浄化された溶液は浴に戻す。イオン交換樹脂は高濃度のクロム酸によって酸化作用を受けるようであり、これによってイオン交換樹脂の寿命が左右される（図2）。

クロム酸を含む水洗水の水回収フロー例（図2）

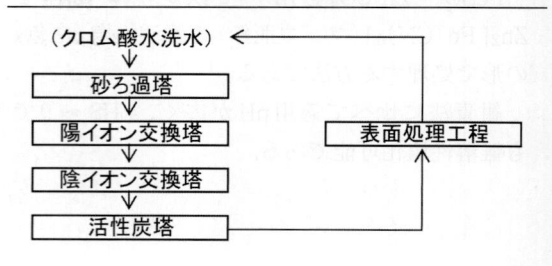

```
（クロム酸水洗水）←──────┐
      ↓                    │
   砂ろ過塔                 │
      ↓                    │
  陽イオン交換塔 ────→ 表面処理工程
      ↓                    │
  陰イオン交換塔             │
      ↓                    │
   活性炭塔 ────────────────┘
```

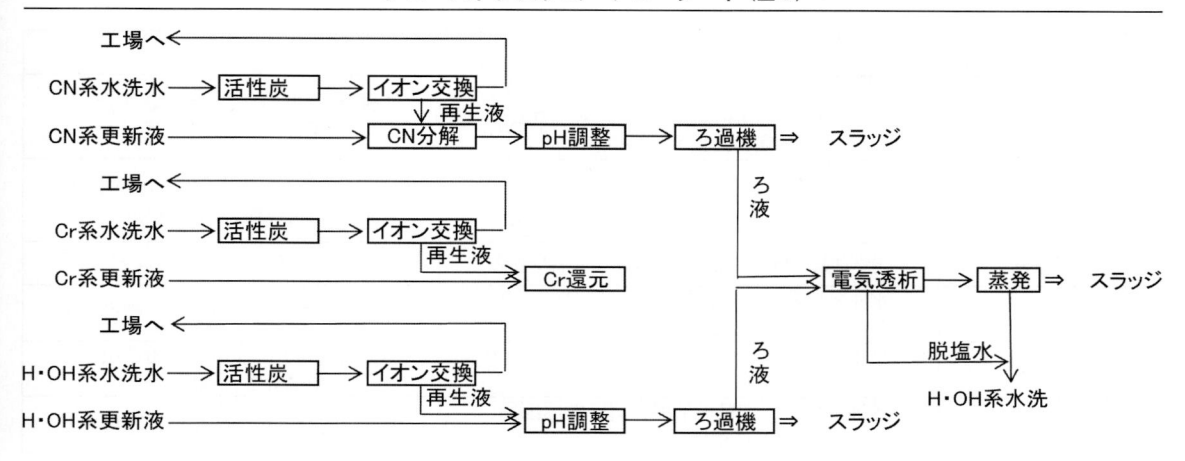

クローズドシステム　フローシート（図3）

```
工場へ ←─────────────┐
CN系水洗水 ──→ 活性炭 ──→ イオン交換 ─┘
                          ↓ 再生液
CN系更新液 ──────────────→ CN分解 ──→ pH調整 ──→ ろ過機 ⇒ スラッジ
                                                    │
                                                    ろ液
工場へ ←─────────────┐
Cr系水洗水 ──→ 活性炭 ──→ イオン交換 ─┘
                          再生液
Cr系更新液 ──────────────→ Cr還元 ─────────────→ 電気透析 ──→ 蒸発 ⇒ スラッジ
                                                              │
                                                            脱塩水
工場へ ←─────────────┐                                        ↓
H・OH系水洗水 ──→ 活性炭 ──→ イオン交換 ─┘                    H・OH系水洗
                            再生液
H・OH系更新液 ─────────────→ pH調整 ──→ ろ過機 ⇒ スラッジ
                                        │
                                        ろ液
```

水回収により、排水は小量に濃縮されて排水処理が容易になる。

また、クロム酸メッキ浴の更新廃液は、隔膜電解によりクロム酸を回収し、浴に戻す装置が実装置化されている。

3 クローズド・システム

メッキ工程からの水洗水は、シアン系、クロム系、酸・アルカリ系の3系列に区分され、それぞれにイオン交換装置をつけて純水として循環利用する。それぞれの再生廃液は、化学処理したのち、金属析出物等を分離し、電気透析装置で濃縮し、最後に蒸留装置にかけて塩分を除去する。電気透析装置と蒸発装置からの希薄水はイオン交換装置を経てラインに戻すといったシステムである。

クローズド・システムの意味は文字通り閉じた回路、すなわち出ていくものがないシステムのことである。このクローズド・システムの環境保全における意義は、系外に物質を排出しないで、一つのシステムのなかで処理することから、環境への汚染が無くなるという理想的システムである（図3）。

4 無電解ニッケルメッキ廃液処理

(1) 無電解ニッケルメッキ廃液処理の必要性

近年の環境問題の高まりと相応してそれぞれの濃度規制は強化され、規制項目も拡大し廃液、排水の排出は一段と厳しい状況になっている。

無電解ニッケルメッキ液の使用量は年毎に増加する傾向にあり有効な処理方法の確立が急がれている。

無電解ニッケルメッキ廃液中には還元剤として次亜リン酸イオン、メッキの結果生じた亜リン酸イオン、pH調整材としての複数の有機酸、金属塩としてのニッケルおよびニッケルが含まれ、COD総量規制、富栄養化防止の観点から窒素、リン規制をクリアーする必要がある。

(2) 無電解ニッケルメッキの性質と用途

無電解ニッケルメッキはメッキ面への均一性、耐摩耗性、非磁性などの特性を有する事から多方面での利用があり、今後も用途拡大が期待されている（表2、3）。

無電解ニッケルメッキの産業分野での用途(表2)

産業分野	適用部品	目的
自動車工業	ディスクブレーキ、ピストン、シリンダ、ベアリング、精密歯車、回転軸、カム、各種弁、エンジン内部	硬さ、耐摩耗性、焼付き防止、耐食性、精度など
電子工業	接点、シャフト、パッケージ、ばね、ボルト、ナット、マグネット、抵抗体、ステム、コンピューター部品、電子部品など	硬さ、精度、耐食性、はんだ付け性、ろう付け性、溶接性など
精密機器	複写機、光学機器、時計などの各種部品	精度、硬さ、耐食性など
航空・船舶	水圧系機器、電気系統部品、スクリュウ、エンジン、弁、配管など	耐食性、硬さ、耐摩耗性、精度など
化学工業	各種バルブ、ポンプ、揺動弁、輸送管、パイプ内部、反応槽、熱交換器など	耐食性、汚染防止、酸化防止、耐摩耗性、精度など
その他	各種金型、工作機械部品、真空機器部品、繊維機械部品など	硬さ、耐摩耗性、離型性、精度など

電子部品産業における無電解ニッケルメッキの主な用途(表3)

部品名	素地金属	リン含量	メッキ厚さ(μm)	要求される特性
独立回路(プリント基板)	プリント基板	M	3〜5	導電性、均一性
接点	銅、黄銅など	B,L	3〜5	導電性、耐食性
薄膜抵抗体	セラミックス	L,M,H	1〜3	抵抗特性
セラミックコンデンサ	セラミックス	M,H	1〜5	電極形成
ハードディスク	アルミニウム	H	25	非磁性、均一性
磁性体	テープ、アルミニウム	L	0.5〜0.75	磁性、均一性
リードフレーム	42アロイ	M,H	10〜20	ボンティング性
トランジスタパッケージ	銅、黄銅など	H	10〜20	はんだ付け性、耐食性、外観
パッケージ	プラスチック	M,H	2〜5	電磁波シールド
プリンタヘッド	プラスチック	M	10〜20	耐摩耗性

BはNi-B、リン含量 L:1〜3%、 M:7〜9%、 H:10%以上

(3) 無電解ニッケルメッキ液浴組成

現在行われている無電解ニッケルメッキの大半はフォスフィン酸塩を還元剤とするものであり、以下の特長を有している。

1. 還元剤が比較的安定
2. 酸〜アルカリ性領域で安定なメッキが可能
3. メッキ条件によりリン含量が変化し被膜特性が大きく変化する

代表的なメッキ浴組成を表4、5に示す。
一方排液時の濃厚廃液組成は使用するメッキ浴の種類やターン数にもよるがおよそ表6のとおりである。

酸性無電解ニッケルメッキ浴 (表4)

浴種	1	2	3	4
硫酸ニッケル	21g・dm-3	30g・dm-3	16g・dm-3※	30g・dm-3※
ホスフィン酸ナトリウム	25g・dm-3	10g・dm-3	24g・dm-3	10g・dm-3
乳酸	27g・dm-3	—	—	—
プロピオン酸	2.2g・dm-3	—	—	—
酢酸ナトリウム	—	10g・dm-3	—	—
コハク酸ナトリウム	—	—	16g・dm-3	—
リンゴ酸	—	—	18g・dm-3	—
クエン酸ナトリウム	—	—	—	10g・dm-3
鉛イオン	1ppm	—	—	—
pH	4.6	4〜6	5.6	4〜6
浴温	90℃	90℃	100℃	90℃

※塩化ニッケル

アルカリ性無電解ニッケルメッキ浴 (表5)

浴種	1	2	3	4
硫酸ニッケル	30g・dm-3	30g・dm-3※	20g・dm-3※	25g・dm-3
ホスフィン酸ナトリウム	10g・dm-3	10g・dm-3	20g・dm-3	25g・dm-3
塩化アンモニウム	50g・dm-3	50g・dm-3	35g・dm-3	—
クエン酸ナトリウム	—	84g・dm-3	10g・dm-3	—
ピロリン酸ナトリウム	—	—	—	50g・dm-3
pH	8〜10	8〜10	9〜10	10〜11
浴温	90℃	95℃	85℃	70℃

※塩化ニッケル

濃厚廃液組成 (表6)

浴種	成分 (g/L)
pH	4.5〜4.8
HPO_2	20〜30
HPO_3	80〜100
Ni	4〜6
COD_{Mn}	30〜40
SO_4	20〜50

概要処理フローシート図 (図4)

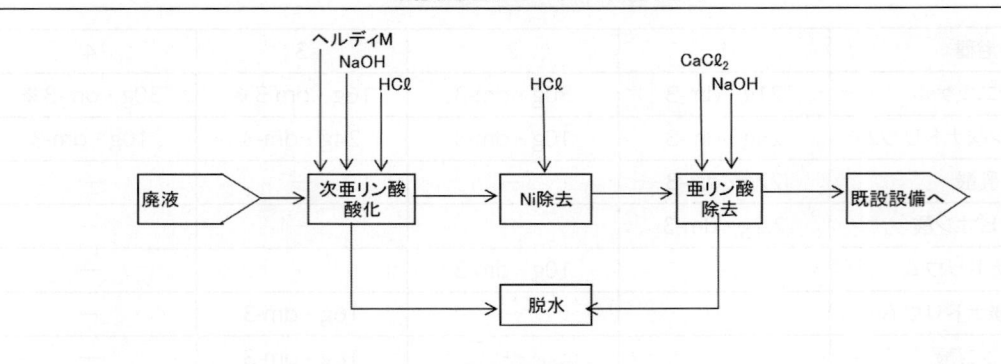

処理水質例 (表7)

廃液組成、処理水質	原液	処理液
pH	4	
Ni [mg/ℓ]	5000〜7000	1mg/ℓ以下
PO2 [mg/ℓ]	10000〜20000	
PO3 [mg/ℓ]	40000〜60000	
T-P [mg/ℓ]	20600〜33400	150〜200
COD [mg/ℓ]	30000〜50000	900〜1300
BOD [mg/ℓ]	10000〜20000	760〜1110

(4) 無電解ニッケルメッキの処理

　無電解ニッケルメッキ廃液の処理にあたり検討課題を大別すると以下の3項目にしぼられる。

① リンの処理

　還元剤として用いた次亜リン酸、亜リン酸イオンが多量に含まれる。しかし次亜リン酸は排水処理に有効な沈殿がなく酸化によりリン酸または、亜リン酸イオンにする必要がある。また次亜リン酸、亜リン酸のナトリウム塩は潮解性をもち乾燥処理しても空中湿度により再溶解が起こる。

② ニッケルの除去

　メッキ成分として廃液中に含まれるニッケルは有機酸あるいはアンモニアなどと錯体を形成しており中和処理では水酸化ニッケルとして沈殿除去が難しい。

③ COD除去

　廃液中の次亜リン酸、亜リン酸および有機酸がCODの主体をなしている。前者はリンの除去が達成できれば必然的に除去される。一方後者は化学的、生物学的な処理が必要となる。
現在提案されている処理法として
1. 無電解ニッケルのメッキ基本反応を利用する方法
2. 電気分解による方法
3. 紫外線照射による酸化を利用する方法

(図4、表7)

5 無電解銅メッキ更新廃液の処理

　無電解銅メッキ浴はその性質上更新頻度が大であり、廃液処理上、銅イオンの除去とCOD処理の面で大きな問題となっている。

　無電解銅メッキ浴は大別して、EDTA系とロッシェル塩系の2種類あり、EDTA系では銅とEDTAの回収に主眼が置かれ、ロシェル塩系については銅の回収とCODの処理に問題がある。

　そこで、この2種類の更新廃液についての処理方法を述べる。

(1) EDTAを主体とした廃液

① 処理方法および原理

　化学銅メッキ更新廃液の処理として一番大きな問題はEDTAおよびホルマリンに起因するCODの処理と銅イオンの除去である。この対策として次のような方法が従来とられてきた。

1. ホルマリンを更に加えて加熱して銅イオンを還元析出させたのちpH調整（pH3以下）してEDTAの回収除去。
2. 電解によりカソード上に銅を析出除去させたのちpH調整によりEDTAの回収除去。

　1.については銅は反応容器に附着し、一部は海綿状の微粒子となり銅の回収としては効率が悪くなるとともに、かなり大きなCOD源であるホルマリンをさらに加えるため、この除去のための薬品費と加熱の費用が余分にかかる。

　2.については銅の除去は可能であるがEDTAはアノード上にて酸化分解され易く、EDTAの回収率を下げる。

　そこで、有価成分であるEDTAと銅をできるかぎり効率よく回収するとともにCOD処理を行える方法として開発した隔膜電解法について述べる。

　EDTA-Cuの錯体はpH9で最も安定であり、EDTAと銅は図5に示すように等モルで錯形成を行う、一方EDTA単独では遊離酸としては溶解度が小さく、pH3以下では図2に示すように析出し、pH2以下ではほぼ一定の溶解度（0.0003/moℓ/ℓ～約90mg/ℓ）となるが銅イオンが存在すると図6に示す通りpH1.5において銅―EDTAのキレート関係は切れずに銅イオンと等モルのEDTAが残存し、その回収率を下げる、

　ここで隔膜電解法の詳細について述べる。先にも説明した通り、銅除去のため電解を行うと陽極でEDTAが分解されるため、電解槽を隔膜を用いて二室に仕切り更新廃液を陰極室に入れて電解することにより銅のみが陰極上に析出し金属として回収され、EDTAはごく一部しか反対側の陽極室に移動しないため、その殆どが回収され得る。銅を除去し、EDTAを回収した後の廃液（ホルマリンを含む）をさらにpH調整して陽極室へ入れて陰極液とする。ここで、銅除去のために用いた電気を同時にそのまま利用してホルマリンの一部もしくは大半を酸化分解させる。これにより一定量の電気エネルギーで銅の除去とホルマリンの分解除去を同時に行い得るためのエネルギーの有効利用が計れる利点を持っている。

② 処理フロー

　図7に標準フローシートを示す。

　以上のように、本隔膜電解法によりEDTAを主体とした無電解銅メッキ更新廃液を処理して有価成分である銅とEDTAを回収することができる。この際、電解処理において銅、EDTA、ホルマリンの三成分が関与しているため最も適当な電解条件を定めることが必要となる。すなわち、銅の電析における電流効率とEDTAおよびホルマリンの分解率の関係より定める。

　ここで本装置の特長をまとめると、
　イ）銅の除去回収が容易で回収率が高い
　ロ）EDTAの回収率が高い（90%以上）
　ハ）余分のエネルギーを使わずにホルマリンの分解ができる。
　ニ）従来の処理に比較してCOD処理効率が高い（98%以上除去）

残存銅濃度と残存EDTAの関係（図5）

Sample No.	残存Cu(mol/ℓ)	残存EDTA(mol/ℓ)
(ⅰ)	0	0.00025
(ⅱ)	0.0183	0.0176
(ⅲ)	0.0366	0.0360
(ⅳ)	0.0731	0.0720

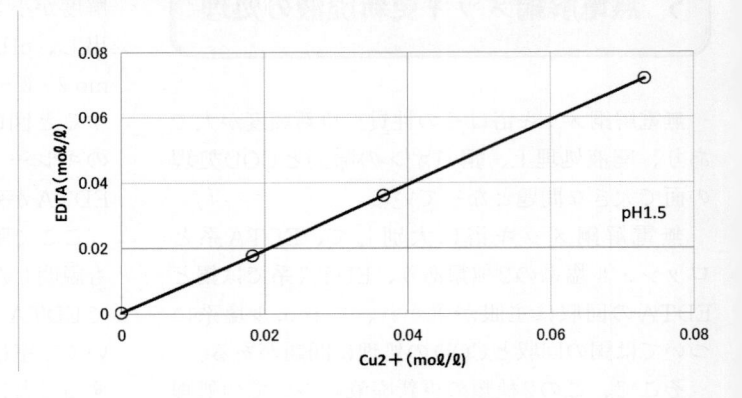

pH1.5

残存EDTAとpHの関係（図6）

残存EDTAとpHの関係

pH	残存EDTA(mol/ℓ)銅を含む場合
8.5	0.0530
2.7	0.0530
2.5	0.0304
1.5	0.0176

pH	残存EDTA(mol/ℓ)単独の場合
8.5	0.0530
3	0.0530
2.5	0.00066
2	0.00031
1.5	0.00031

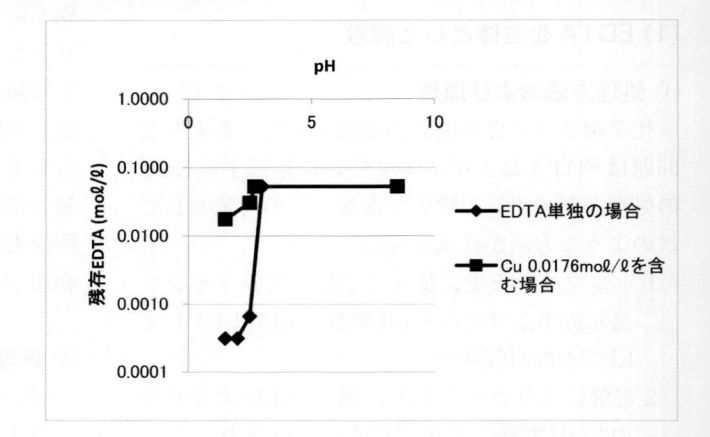

- EDTA単独の場合
- Cu 0.0176mol/ℓを含む場合

EDTA系無電解銅メッキ更新廃液フローシート（図7）

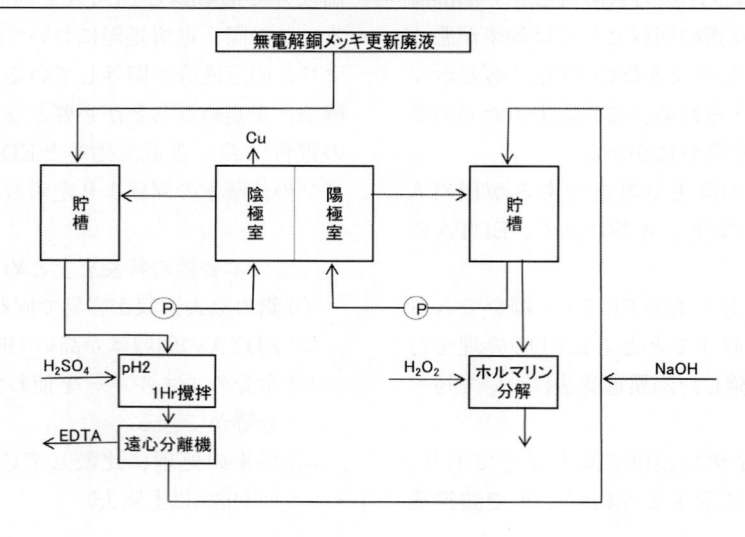

無電解銅メッキ更新廃液 → 貯槽 / 陰極室（Cu）／陽極室 → 貯槽
H$_2$SO$_4$ → pH2 1Hr撹拌 → 遠心分離機 → EDTA
H$_2$O$_2$ → ホルマリン分解
NaOH

ロッシェル塩系更新廃液処理 (表8)

	更新廃液	電解処理	Ca処理
ロッシェル塩	45g/ℓ	45g/ℓ	—
HCHO	7.5g/ℓ	5g/ℓ	5g/ℓ
Cu	1.5g/ℓ	10ppm	10ppm
COD	24000ppm	21500ppm	7000ppm

ロッシェル塩系更新廃液処理フローシート (図8)

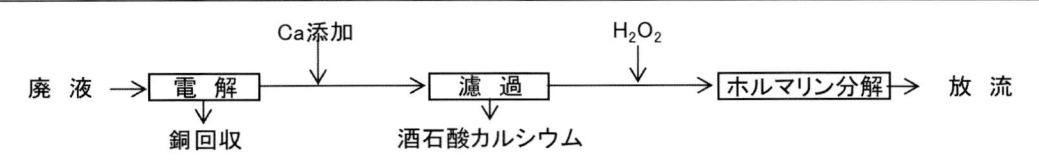

廃液 → 電解 →(Ca添加)→ 濾過 →(H₂O₂)→ ホルマリン分解 → 放流
         ↓   ↓
       銅回収   酒石酸カルシウム

ホ) ランニングコストが低くそれ自体でメリットがある。

(2) ロッシェル塩を主体とした廃液

前に述べた錯化剤であるEDTAがロッシェル塩に替わったものと考えられる。この更新廃液はEDTA系の場合と違ってロッシェル塩の回収よりもCOD処理の問題としてとらざるをえない。それはロッシェル塩がEDTAに比較して安価なことと回収が難しいからである。

そこで、この系については主としてCOD処理として処理法をまとめた。

① 処理方法および原理

銅の除去については前節のEDTA系について述べたように電解によるが、この場合隔膜電解による必要はなく通常電解による銅の回収除去を行う。

次にロッシェル塩の処理については、ロッシェル塩はカルシウムとほぼ等モルの反応を行い、中性領域で酒石酸カルシウムの沈殿として除去できる。これにより後はEDTA系と同様にホルマリンの分解を過酸化水素により行うことによりCOD処理ができる。

試験結果を示すと表8のようであった。

② 処理フロー

図8参照。

③ 経済性について

現在回収メリットとしては銅のみであるため全体的メリットには乏しいが酒石酸カルシウムは酸により分解可能で酒石酸としての回収性があるため酒石酸の再利用を考慮すると廃液処理としても経済性が増すと考えられる。

6 酸性亜鉛メッキ液中の鉛除去

鉄鋼業界は自動車用亜鉛メッキ鋼板が主力品の一つになっている。鋼板の耐食性を持たせるために亜鉛メッキが行われる。薄板に加工された鋼板を高速で亜鉛メッキ浴を潜らせ連続的に亜鉛メッ

ホウ素のバッチ処理フロー（図9）

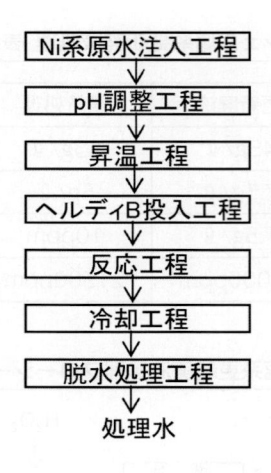

Ni系原水注入工程
↓
pH調整工程
↓
昇温工程
↓
ヘルディB投入工程
↓
反応工程
↓
冷却工程
↓
脱水処理工程
↓
処理水

処理水質（表9）

	原水	処理水
B	554	24.4
Ni	4320	0.53

※上表中、単位は[mg/ℓ]である。

キする。メッキにより不足する亜鉛はインゴットを投入して補給される。この際、原料亜鉛中に含まれる不純物の鉛の蓄積による品質低下が起こる。

硫酸酸性の溶液を連続的に取り出し炭酸ストロンチウムを加えると、不溶性の硫酸ストロンチウムを生成する際に不純物の鉛を同時に除去できることがわかり、連続的に耐酸性の遠心分離機で分離後、再生した液を浴に戻すことでメッキ浴中の鉛の蓄積を防ぐことができる処理方法である。

7 ニッケルメッキ廃液のホウ素の処理

ホウ素は現在水質汚濁防止法の規制項目に追加され全国一律の規準が設けられている。ホウ素はグルカミン酸型ホウ素選択性イオン交換樹脂を用いて排水規制の遵守を達成できるが、濃縮されたホウ素を含む再生廃液の処理には蒸発法以外に方法がなかった。蒸発装置は高額であるうえランニングコストも高く、経済的な濃厚ホウ素の処理が必要である。

ここでは「ヘルディB」（無機凝集剤）による濃厚ホウ素の処理の事例を示した（図9、表9）。

（松岡俊昭）

16 医薬品製造工場の用・排水処理

1 医薬品製造工場の用水処理

(1) 特　徴

　医薬品製造工場は、合成・蒸留・抽出・精製などの化学プロセスや、培養などの生物学的プロセスにより医薬品の薬理活性をもつ成分を製造する「原薬」工場と、製造された原薬を利用できる剤形に加工する「製剤」工場に大別される。これらの工場の各プロセスで使用される水は、製薬用水と呼ばれ、原料の仕込み工程や容器の洗浄、設備の洗浄工程で使用されている。現在、製薬用水は日本薬局方第15改において、「常水」、「精製水」、「滅菌精製水」、「注射用水」の4種類が規定されており、いずれの製薬用水も医薬品の原料となったり、製品に接触したりするので水の品質管理が重要な要素となる。特に注射剤の製造に用いる注射用水は、直接人体の体内に入るので、厳格な品質管理が要求される。

　また、製薬用水は、各プロセスで使用されるいわゆる「バルク」と言われる大量の製薬用水と容器に小分けされた少量の製薬用水と区別されるが、薬局方では必ずしも明確に区別されていないのが現状である。1日/工場の製薬用水の使用量は、「バルク」の製薬用水で、精製水10～200m^3/d、注射用水1～50m^3/d程度で工場ごとに大きな開きがある。

　医薬品を製造・販売する際の規定は、日本国内では日本の薬局方に従う必要があるが、海外へ輸出する医薬品については、加えて輸出先の国の薬局方に従う必要がある。日本薬局方における医薬品の仕込み水の選択基準を例にとると、剤形により異なり、注射剤の仕込みには注射用水を、点眼剤及び眼軟膏剤には注射用水もしくは生菌数を低く抑えた精製水が選択されている。また固形剤、液剤等は精製水が選択されている。また、微生物汚染に注意すべきものについては、微生物学的に適切な管理を行った精製水を使用することになっているが、精製水には、生菌の増殖を抑制する成分がなにも含まれていないため、精製水に対してはなんらかの生菌の増殖防止策が必要である。さらに、容器や設備の洗浄工程での選択基準は、予備洗浄と最終洗浄に分かれ、予備洗浄では常水以上、最終洗浄では仕込み水と同等の水が選択されている。一方、原薬工場での無菌原薬等では注射用水を選択し、その他一般原薬や中間体では精製水や常水が選択されている。原薬の段階からエンドトキシンを低く抑える必要がある場合は、エンドトキシンを低減した精製水が選択されている。

(2) 製薬用水の水質

　製薬用水の水質の規格値は、各国の薬局方に規定され、日本では日本薬局方で規定されている。表1に製薬用水の規格値を示す。これらの規格値は、超えてはならない最低限守らなければない数値である。第十六改正日本薬局方が2011年4月1日から施行され、製薬用水として使用するバルクの精製水及び注射用水の純度試験の項目は、有機体炭素のみとなった。また、新たに導電率が規定された。

日本薬局方16改の製薬用水（バルク）の規格値[1](表1)

水の種類	規格値
常水	水道法第4条に基づく水質基準適合 純度試験適合（アンモニア 0.05mg/L 以下） （井水、工業用水から製造する場合）
精製水	純度試験　有機体炭素　0.50mg/L 以下 導電率（25℃）　2.1 μS・cm^{-1}
注射用水	純度試験　有機体炭素　0.50mg/L 以下 導電率（25℃）　2.1 μS・cm^{-1} エンドトキシン：0.25EU/mL 未満

製薬用水（バルク）の管理値の例(表2)

水の種類	工程管理値
精製水	微生物：生菌数 100 cfu/mL 以下 導電率：1.0 μS/cm at 20℃ TOC：0.5mg/L 以下
精製水 （低エンドトキシン）	導電率：1.0 μS/cm at 20℃ TOC：0.5mg/L 以下 微生物：生菌数 10 cfu/100mL 以下 エンドトキシン：0.25EU/mL 未満
注射用水	導電率：1.0 μS/cm at 20℃ 微生物：生菌数 10 cfu/100mL 以下 TOC：0.5mg/L 以下 不溶性微粒子：10 μm 以上　20個/mL 以下 　　　　　　　25 μm 以上　2個/mL 以下 エンドトキシン：0.25EU/mL 未満

　日本薬局方に規定されている製薬用水（バルク）の規格値は表1の通りであるが、微生物汚染に注意しなければならない精製水や注射用水に関して生菌に関する規定がない。注射用水に関して不溶性微粒子に関する規定がない。また、エンドトキシンを低く抑えることが必要な精製水に対するエンドトキシンの規定がない。したがって、製薬用水を工程管理する目的では、上記規格値に加えて、生菌数、不溶性微粒子及びエンドトキシンを管理していかなければならない。また、純度試験のような理化学試験は測定に時間を要するため製薬用水の工程管理には適さない。このため通常では、純度試験の代わりにオンラインモニタリング計器による導電率とTOCを測定して管理している例が多い。表2に製薬用水（バルク）の管理値の例を示す。

(3) 製薬用水処理の代表的プロセス

　製薬用水処理プロセスは、前処理装置（精製水製造装置への原水水質まで処理する）、製薬用水製造装置（精製水製造装置、注射用水製造装置）、製薬用水供給装置（製造された精製水及び注射用水をユースポイントへ供給する精製水供給装置及び注射用水供給装置）、ピュアスチーム発生装置（滅菌用蒸気発生装置）などから構成される。
　製薬用水処理の代表的処理プロセスを図1に示す。

製薬用水処理プロセス(図1)

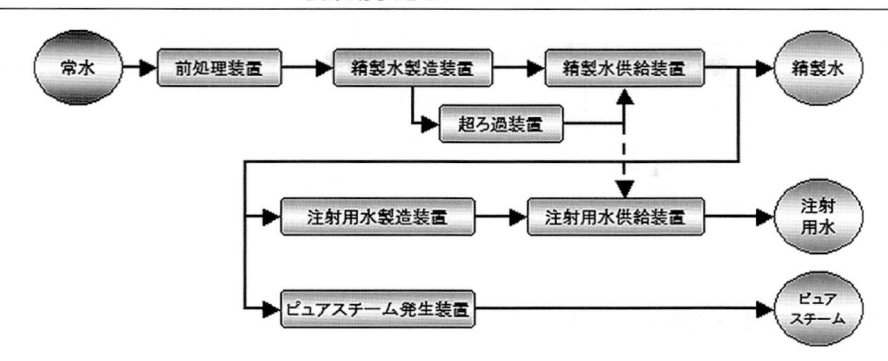

① 前処理装置

　後述する精製水製造装置とあわせて精製水製造装置と称することもあるが、前処理装置とは、後段の精製水製造装置が安定して長期間運転できるようにするために行うものである。原水が常水となっているが、原水が水道水以外の場合は、常水の規格値を満足するように処理を行う。前処理操作としては、①目詰まり防止としての微粒子除去、②イオン交換樹脂や逆浸透膜(RO膜)を劣化させる残留塩素の除去としての還元剤の注入または活性炭ろ過、③冬期等での水温低下によるRO膜の透過水量低下防止対策としての加温操作、④硬度成分によるRO膜へのスケール付着防止としての軟化、pH調整、脱炭酸処理などである。

　イオン交換による精製水製造では、残留塩素除去や微粒子の除去が主体であったが、近年、新しく装置を納入する場合においては、精製水製造としてほとんどケースでRO膜が採用されるようになってきており、RO膜の長期安定運転のための前処理操作が重要となっている。

② 精製水の製造方法

　精製水の製造方法は、日本薬局方によると、「常水」を①超ろ過(RO膜、限外ろ過UF膜)、②イオン交換、③蒸留又はそれらの組み合わせによることとなっている。「常水」(水道水)を原水として、導電率が$0.1 \sim 1.0 \mu S \cdot cm^{-1}$程度である水を製造する必要があり、方法としてⅰ)イオン交換樹脂を単独で用いる方法、ⅱ)イオン交換樹脂にRO膜を組み合わせて用いる方法、ⅲ)RO膜とEDIを組み合わせて用いる方法、ⅳ)RO膜を2段で用いる方法などがあり、各地の水道水の水質に合わせた前処理装置を組み合わせて用いている。従来はイオン交換樹脂による精製水製造が主流であった。しかし、イオン交換樹脂を使った場合、イオン交換樹脂の再生工程が必要(外部委託の場合を除く)であり、再生剤として酸及びアルカリが必要になる。なかでも塩酸は、医薬品製造工場のステンレス設備を腐食させる問題があり、製剤工場では忌避される傾向が強い。

　また、イオン交換樹脂では、微粒子や生菌の除去は期待できない。一方RO膜では、イオンの除去のほか、TOC、微粒子、生菌、エンドトキシンが除去され、良好な水質が安定して得られる。欧米の薬局方においてはすでに水質のTOC管理が必須になっている。日本においても日本薬局方の改正に伴い、TOCによる管理が必須になるとTOCの除去を期待できないイオン交換樹脂だけの精製水製造法ではTOCの基準を満足しない恐れがある。このことから精製水製造にはRO膜との組み合わせが必要になってくる。水道水を直接RO膜に通水できないような水質の場合には、イオン交換樹脂とRO膜を組み合わせた方法を用いることになる。

精製水製造装置(イオン交換)概略フロー(図2)

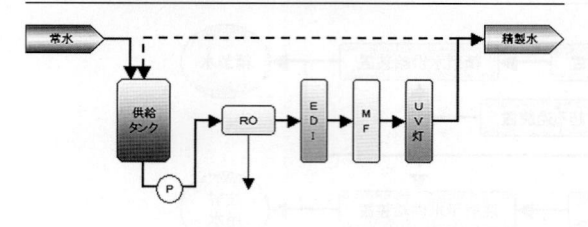

精製水製造装置(RO＋イオン交換)概略フロー(図3)

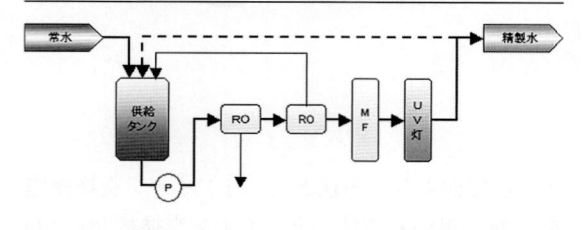

精製水製造装置(イオン交換＋RO)概略フロー(図4)

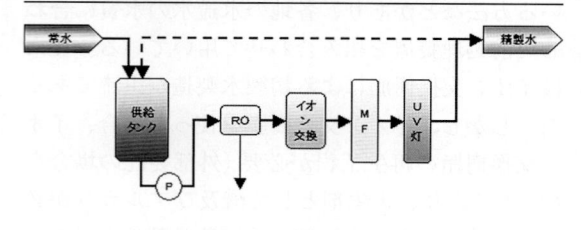

精製水製造装置(RO＋EDI)概略フロー(図5)

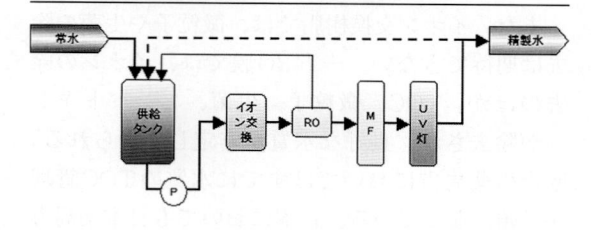

精製水製造装置(RO＋RO)概略フロー(図6)

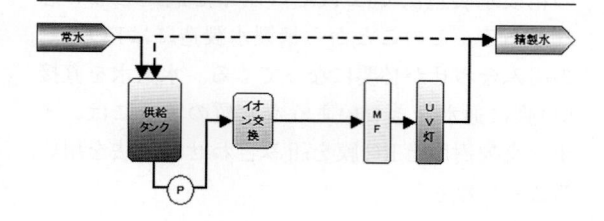

このような背景の中、近年、連続電気式脱塩装置(CEDI)が実用化され、要求される精製水製造量も1〜10m^3/hが多いことから、CEDIの導入例が増えている。再生薬品を使用せず、取り扱いが容易であることから、イオン交換樹脂法の60〜70％以上がCEDIにとって変られてきている。しかしCEDIは、除去しなければならないイオンが多量にある水道水を直接通水することはできないので必ず前段にRO膜を組み合わせる必要がある。この組み合わせのシステムを安定稼動させるためにはRO膜の運転管理と適切なRO膜の前処理プロセスが重要である。RO膜処理に影響する成分としては、硬度成分、シリカ、炭酸塩類、微粒子などがあり、原水水質にあった適切な前処理を選定する。図2〜6に精製水製造装置の概略フローを示す。

● **精製水製造装置の菌管理方法**

精製水以降の製造装置では生菌管理が行われているが、システム全体で菌管理を考え、精製水以前の前段から菌の負荷を低減していくことが重要である。精製水製造プロセスについても、菌管理が必要になってきており、後段のタンクが満水になっても、精製水製造装置は、できるだけ止めずに動かしておくことが菌管理には有効である。イオン交換樹脂法では、再生に使用する薬品により殺菌効果が期待され、再生頻度を適切に管理することにより菌管理を行ってきた。最近の主流であるRO膜とCEDIを使用したシステムにおいては、常温の装置では異常時の対応として薬品による殺菌を考慮しておく。また、RO膜やCEDIについては、耐熱仕様のものが上市されており、耐熱仕様で精製水製造システム構築することも可能になってきている。耐熱システムでは、薬品殺菌と違い、薬品の残存を気にしなくてもよいので、採用例も増えてきている。

④ エンドトキシン低減した精製水の製造方法

従来、パイロジェン(発熱性物質)フリー水とかエンドトキシンフリー水と言われてきた水である。エンドトキシンを低減した精製水の製造には、

精製水（UF水）製造装置概略フロー（図7）

ピュアスチーム発生装置概略フロー（図9）

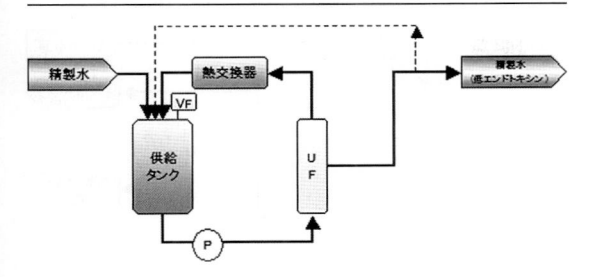

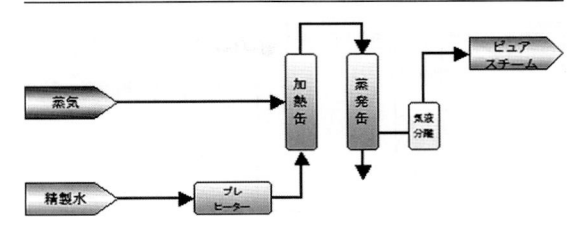

注射用水製造装置（多重効用缶式）概略フロー（図8）

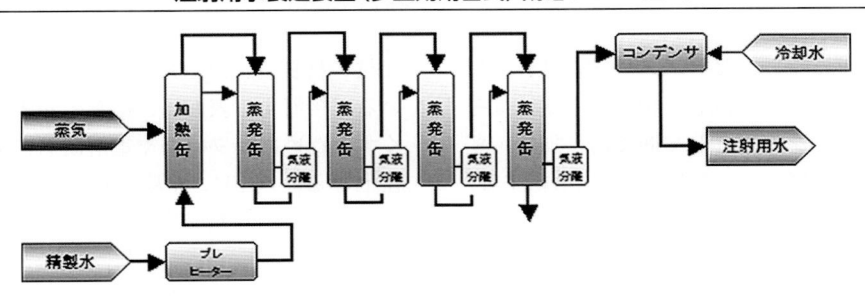

イオン交換やRO膜・CEDIで製造した精製水を原水として超ろ過法（RO膜又はUF膜）が用いられる。なかでもUF膜は耐熱性やサニタリー性にも優れ、熱水殺菌による菌管理が行いやすいという特徴を有する。分画分子量6,000のホローファイバー型のUF膜を用い、クロスフローろ過によりエンドトキシンを低減した精製水（UF水）を製造する。製造装置内に熱水殺菌用の熱交換器を設置し、定期的な熱水殺菌による菌管理を行う。図7にエンドトキシンを低減した精製水（UF水）製造装置の概略フローを示す。

⑤ 注射用水の製造方法

注射用水の製造は、日本薬局方によれば、①「常水」又は「精製水」の蒸留、又は②「精製水」の超ろ過（RO膜、UF膜又はこれらの膜の組み合わせた製造システム）により製造することになっているが、超ろ過法は海外では認められていないので、輸出する場合は使用できない。このため、注射用水の製造方法としては、蒸留による製造法が多く採用されている。

蒸留による製造法は、熱をかけて一旦蒸発させ、凝縮するというプロセスに絶対的な安心感がある。しかし、蒸留法であっても、不純物が蒸発側に飛沫同伴してしまうと意味がないので、十分に気液分離を行わなければならない。300L/h以上の中～大型装置では、発生した蒸気を次の加熱源に使用する熱利用に優れた多重効用缶方式が採用されている。それ以下の小型装置では、発生したピュアスチームを凝縮させるだけの単缶式が多く使われる。図8に注射用水製造装置（多重効用缶式）の概略フローを示す。

⑥ ピュアスチーム発生装置

調製設備や容器、ゴム栓などの最終製品に接する部分の滅菌や注射用水設備自体の滅菌に使う蒸気は、凝縮した場合に注射用水の水質となることが必要である。これらの用途として使う蒸気をピュアスチームと称している。これをクリーンスチームと称する場合もあるが、明確に使い分けら

精製水供給装置概略フロー（図10）

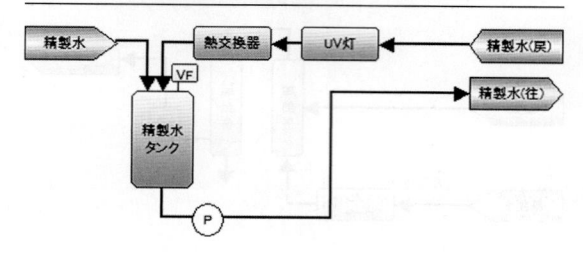

注射用水供給装置概略フロー（図11）

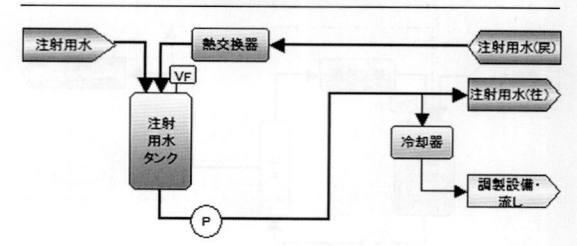

れているわけではない。ピュアスチームは、精製水、エンドトキシンを低減した精製水あるいはそれらに相当する水を原水として間接的に加熱・蒸発させて、滅菌用蒸気として使用場所に供給する。図9にピュアスチーム発生装置の概略フローを示す。

最近では、蒸気自体の質として規格値が欧州規格ENやISOなど収載されてきている。これらは蒸気滅菌器の滅菌性能を確保するために蒸気自体の質を規定しようとするものである。例として、欧州規格EN285おいては次のように規定されている。

・非凝縮性ガス：3.5 v/v%以下
・過熱度：25K以下
・乾き度 0.9（0.95）以上　（）内は金属負荷

⑦ 精製水供給装置

精製水供給装置は、精製水製造装置で製造した精製水を使用箇所に送水する装置である。精製水を貯留する精製水タンク、ベントフィルター、精製水ポンプ、UV灯、熱水殺菌用の熱交換器などから構成される。製造した精製水は、残留塩素が除去されており、菌への耐性はないので、微生物汚染に留意する必要がある。精製水供給装置は、装置内に極力溜まりのないように主配管からの枝管は極力短くし、水がすべて抜けるように配管勾配をとるなどの配慮をするとともに、供給する配管は循環ループとし、停滞のないようにする。定期的な熱水殺菌などの菌管理操作を行えるシステムとする。したがって、タンクや配管などの構成部材の材質は、SUS304やSUS316Lが使用されている。接液する表面は、菌などが表面につきにくくするためにバフ研磨や電解研磨により滑らかに仕上げる。図10に精製水供給装置の概略フローを示す。なお、熱交換器やUV灯は送り側に設置する場合もある。

⑧ 注射用水供給装置

注射用水供給装置は、注射用水製造装置で製造した注射用水を使用箇所に送水する装置である。注射用水を貯留する注射用水タンク、ベントフィルター、注射用水ポンプ、放熱分の補給用の熱交換器などから構成される。注射用水供給装置では、装置内に極力溜まりのないように主配管からの枝管は極力短くし、水がすべて抜けるように配管勾配をとるなどの配慮をするとともに、供給する配管は循環ループとし、常時80℃以上の高温で循環貯留し、停滞のないようにする。注射用水供給装置は、注射用水を扱うことから菌管理操作として、ピュアスチームによる滅菌操作（SIP）を行うので、水が全て抜ける構造にすることが重要である。タンクや配管などの構成部材の材質は、主にSUS316Lが使用されている。接液する表面は、菌などが表面につきにくくするためにバフ研磨や電解研磨により滑らかに仕上げる。また、使用点で80℃より低い温度が必要な場合は、冷却が必要になる。冷却する方法としては使用点で個別に冷却する方法と全体で冷却する方法などがあり、使用点の数、用途及び使用スケジュールなどの条件によりシステムが決定される。いずれの場合で

医薬品製造工場の排水処理システム構成図(図12)

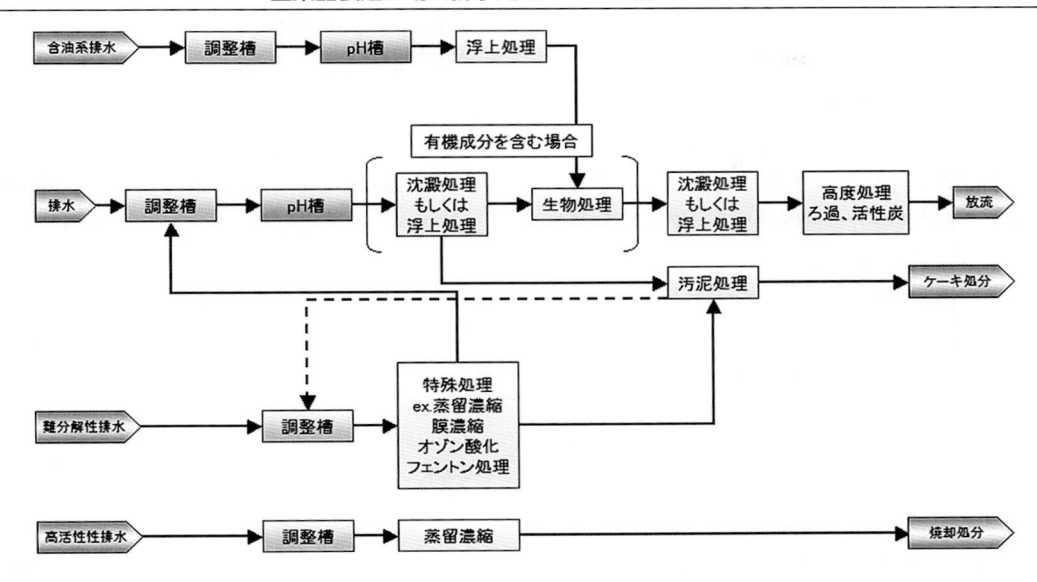

も冷却された部分に対してはSIPなどの菌管理操作が必要になる。図11に注射用水供給装置の概略フローを示す。

2 医薬品製造工場の排水処理

(1) 特　徴

　医薬品製造工場からの排水の多くは、原薬工場の合成工程及び培養工程で使用する合成釜及び培養槽や製剤工場の調製タンク、充填装置などの機器及び配管ラインの洗浄の際に排出される。排水に含まれる成分には、機器、配管に付着していた合成物質の主成分、副生成物や不純物、培養工程でのウィルスや菌、さらに製剤工程での賦活剤、コーティング剤などが含まれることがある。

　このように医薬製造工場の排水は製造する製品により成分は多岐に渡り、変動も大きく、特徴をまとめると以下の通りとなる。

①排水量が工場の操業状態、製造装置のメンテナンスなどにより変動があり、時には長期間停止することがある
②排水水質も製造品により変動する
③製造ラインの滅菌操作で蒸気を使用することから排水の水温が高温となる場合がある
④難分解性有機物の製造装置洗浄薬品成分が含まれることがある
⑤排出されると自然環境に与える影響がある薬効成分（高生理活性成分等）が含まれることがある。

(2) 医薬品製造工場の排水処理システム

　医薬品製造工場での排水源から排水は大きく3つ分類される。
　1）化学系排水…合成工程排水、製剤工程排水、ユーティリティー排水など
　2）生物系排水…微生物培養工程排水など
　3）特殊系排水…高生理活性物質、ステロイド剤・ホルモン剤・抗がん剤などの製造排水

上記分類の排水の処理方法としては、すべてをまとめて一括処理するのではなく、排水の性状を考慮して個別集水、個別処理を行ったほうが得策の場合がある。排水処理システムの構築に当たっては下記の項目を検討して決定している。

  ⅰ）排出源ごとの排出量と排水量及びその水質
  ⅱ）排水の排出パターン（時間変動、季節変動等）
  ⅲ）放流水の要求水質
  ⅳ）工場の周辺環境

その結果、現状の排水処理システムでは下記のような対策が講じられている。

  ①排水の流量、水質変動の平均化：流量調整槽の設置
  ②放流水質対応　pH：中和
  濁質、油分：凝集、沈殿（もしくは浮上処理）、ろ過
  COD：活性炭吸着
  有機物：生物処理
  N,P：生物処理、凝集

このほかに生物系排水では、残存している菌、ウィルスを薬品滅菌又は熱滅菌により不活化した後、その他の排水に合流し処理している例もある。

また、特殊系排水は、そのままでは環境に放出できない成分も含まれることから、個別に分離後減容化・濃縮後焼却する場合もある。

図12に医薬品製造工場の排水処理システムの構成図を示す。

参考文献
1) 第十六改正日本薬局方　厚生労働省

（原田　尚）

17 水族館における用・排水処理

1 まえがき

　環境破壊とそれによる生態系の破綻、密輸業者による動物の乱獲など、世界の海洋が危機的状況にある現在、水族館は、都会のオアシス、エンターテイメント施設としての役割だけでなく、自然との共生を学ぶ大切な学習の場、そして、種の保存を目的とした希少動物の育成の場としても大きな役割を担っている。このような役割を果たしていくために、水族館では、海辺の景観や深海の様子、また、水質・水温などの異なる世界各地の海を忠実に再現し、様々な角度から観察・検証のできる施設であることが求められるようになってきている。

　そのなかで、水族館における浄化処理設備は、魚類に快適な生育環境を与えるとともに、水槽内の水の透明度を維持する役割を担っている。本編は、浄化処理設備の実施例や設計方法等について紹介するものである。

2 浄化処理の必要性

　水族館の多くは、水槽の水利用方式に循環方式を採用している。その理由は次の通りである。
・水族館が内陸部にあるある場合、海水運搬費用が大きい。海に隣接していても、海水取水設備および海水処理設備が大きくなる。
・水槽内の水温調節を行う場合、加温・冷却に要するコストが多大である。
・海水取水状況や運搬状況により、海水の安定供給が保証されない。
・ワンスルー方式の場合、海水取水量が大きくなるため、それに伴い水族館からの排水量も大きくなり、放流海域の環境を破壊する恐れがある。

　循環方式を採用している展示水槽では、自然蒸発分の補給を行う以外は、ほぼ閉鎖系水域の生育環境となる。閉鎖系では生物の排泄物による浮遊物質の発生やアンモニアの増加のほか、溶存酸素量の低下、藻類や雑菌の繁殖等の環境破壊が生じる。このため、浄化処理設備では、主に下記の処理が必要となる。
1) アンモニア性窒素の分解（硝化）
2) PH調整
3) エアレーション
4) 除濁
5) 藻類・雑菌の除去（殺菌）
6) 水温調整

3 要求水質

　浄化処理設備に要求される展示水槽水の水質、並びに新鮮海水及び汽水の水質例を表1に示す。

水槽水・新鮮外洋海水及び汽水の水質例(表1)

項目	展示水槽水	新鮮海水	汽水
濁度	1.5	<0.5	2.5
PH	7.6	8.2	6.5
電気伝導度(μS/cm at 25℃)		48300	16700
塩素イオン(mg/L as Cl)		22500	2890
アルカリ度(mg/L as CaCO$_3$)		50以上	
硝酸性窒素(mg/L)	4	0.1	
亜硝酸性窒素(mg/L)	<0.02	<0.01	
アンモニア性窒素(mg/L)	<0.02	002	
蒸発残留物(mg/L)		354600	9020
SS(mg/L)		<1	<1
COD(mg/L)		1.2	2.5
溶存酸素(mg/L)		5.0	

4 実施例の紹介

(1) フロー

浄化処理設備のフローの一例を図1に示す。

(2) 循環式 浄化処理設備の設計事例

表2に、魚類と海獣について、標準的な循環式浄化処理設備の設計事例を示す。

(3) 浄化技術の説明

① アンモニア性窒素の分解(硝化)

ⓐ 硝化菌の働き

生物の排泄物等に由来するアンモニア性窒素は、魚類に対する毒性が強く、循環式浄化処理設備において最大の課題である。循環式浄化処理設備では、アンモニア性窒素は、ろ過槽内での硝化菌の働きにより、下記に示すように、生物学的に酸化・除去される。

・亜硝酸菌の反応: $NH_4^+ + 1.5 O_2$
 → $NO_2^- + H_2O + 2H^+$
・硝酸菌の反応: $NO_2^- + 0.5 O_2$ → NO_3^-
・硝酸呼吸: $2NO_3^- + 5(H_2)$
 → $N_2 + 2OH^- + 4H_2O$

ⓑ ろ過砂量の算出

魚体密度:5kg/m³ 保有水量:1000m³ ろ過砂の見掛け比重:1.6でのアンモニア性窒素の硝化に必要なろ過砂量を求める。

計算例)
ここで、魚類のアンモニア性窒素排出量を

18章 業種別水処理技術 ● 731

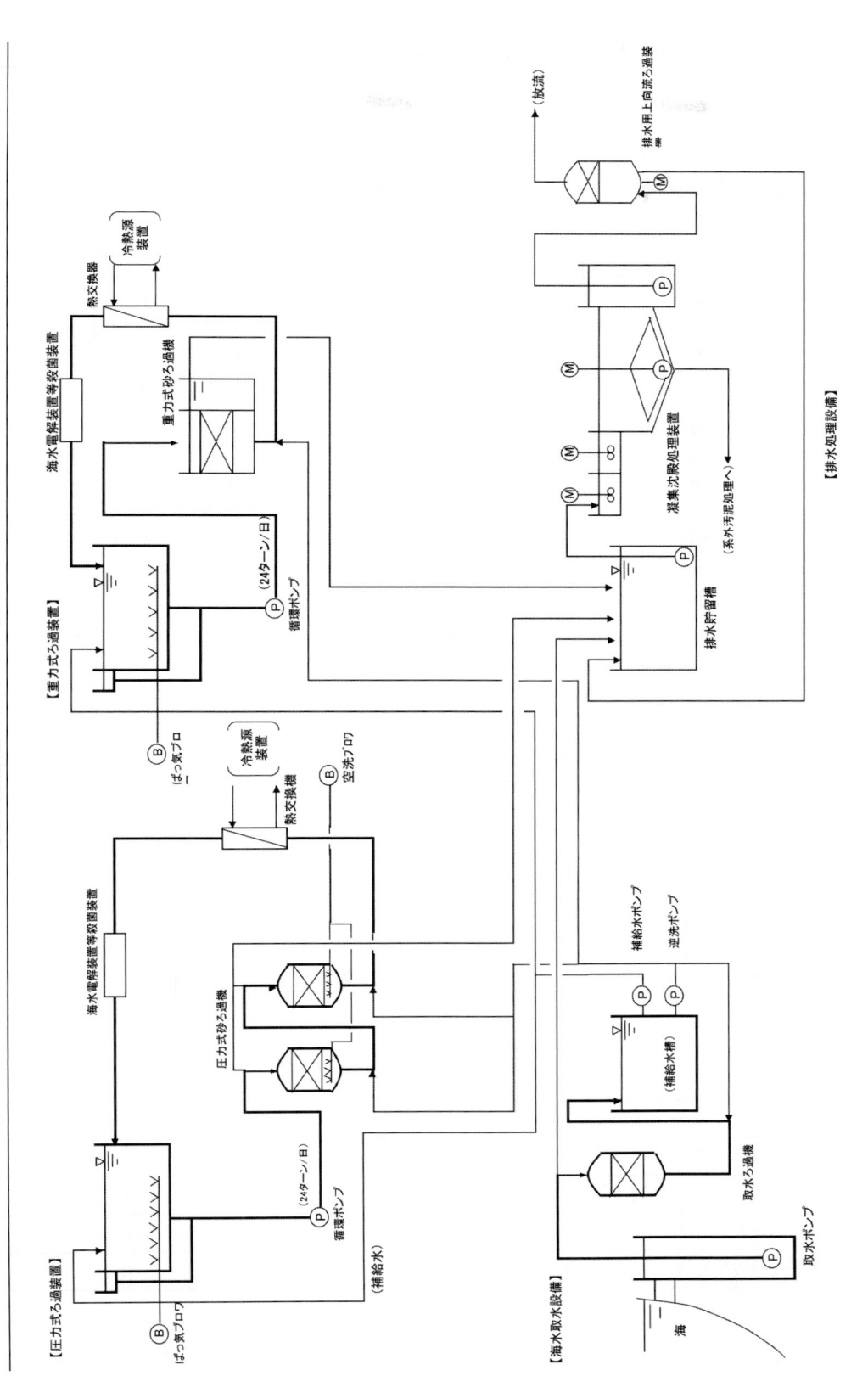

浄化処理設備のフローの一例（図1）

浄化設備フローシート

魚類・海獣水槽 循環式浄化処理設備 設計事例 (表2)

項目	魚類水槽			海獣水槽		
処理目的	除濁、アンモニア分解、PH調整			除濁		
ターン数	24ターン/日			8〜12ターン/日		
ろ過速度	100〜240m/日			240〜360m/日		
洗浄頻度	1回/15〜20日			1回/日		
ろ材構成	名称	有効径(mm)	層厚(mm)	名称	有効径(mm)	層厚(mm)
	砂	0.6	600	アンスラサイト	1.2〜1.4	200〜300
	大理石砂	2	50	砂	0.6	400
	砂利	2〜5	100	砂利	2〜5	100
	砂利	5〜10	100	砂利	5〜10	100
	砂利	10〜15	100	砂利	10〜15	100
	砂利	15〜25	100	砂利	15〜25	100
	砂利	25〜50	鏡板部	砂利	25〜50	鏡板部
空洗装置	無し			有り(表洗装置の場合も有り)		
集水装置	多孔管方式、ストレーナ方式			多孔管方式		
槽内部品	パイプ材質　　　　　HIVP/FRP補強 パイプサポート　　　FRP、PVC ボルト　　　　　　　PVC					
塗装仕様	内面　ゴムライニング(海水) 外面　エポキシ樹脂系錆止め　　　　2回塗り 　　　エポキシ樹脂系エナメル塗装　2回塗り					
塔廻り 前面配管	ポリエチレンライニング鋼管、ポリエチレン管					
弁類	バタフライ弁:PVC　　　　ダイヤフラム弁:FC/RL、PVC					
圧力計	隔膜式(テフロン/SUS316)					
流量計	フローセル型(PVC)					
薬品注入設備	無し			凝集剤注入設備 次亜塩素酸ソーダ注入設備		

適用区分表 (表3)

項目	圧力式	重力式
展示水槽の容量	大	中・小
展示水槽とろ過装置の水平距離	大	小
展示水槽とろ過装置の垂直差	大	ほとんど同じ
ろ過装置の設置面積	小	大
循環水量の規模	大〜小	中〜小
展示水槽の水温の範囲	広範囲	限定された範囲

500mg－NH$_3$－N/日/kg－魚体、ろ過砂のアンモニア硝化能力を50mg－NH$_3$/日/kg－m^{3}とすると、砂は色々な岩石が混じっているため、平均密度を3.2 g/cm^{3}とする。容器に詰めた時の隙間の割合を0.5とすると、隙間を含めた密度は1.6 g/cm^{3}となる。

アンモニア性窒素発生量：
500mg－NH$_3$－N/日/kg－魚体×5kg/m^3×1000m^3
＝2.5×10^{6}mg－NH$_3$－N/日
必要ろ過砂重量：2.5×10^{6}mg－NH$_3$－N/日÷50mg－NH$_3$/日/kg－m^3＝50,000kg
必要ろ過砂容量：50ton÷1.6＝31.25m^3　となる。

ⓒ ろ過速度と馴致期間について
　アンモニア硝化が最適に行なわれるろ過速度は、100～240m/日であり、700m/日を越えると硝化能力が著しく低下する。また、硝化菌着床には7～10日が必要とされる。

② pH調整
　硝化が進行すると、アンモニアが亜硝酸・硝酸に変わることで、pH値が低下する。硝化菌の働きに至適なpHは7以上であり、pH7を下廻ると硝化能力が低下し、pH 6以下になると硝化能力がほぼ停止する。このため、硝化菌の能力を維持する為には、pH調整が必要となり、ろ過砂の一部に、pH緩衝能の高いサンゴ砂や大理石砂等を充填し、運用している。

③ 必要空気量
　飼育水槽において、魚類の呼吸に酸素が必要であることはもちろんであるが、アンモニア硝化などは酸化反応であり、浄化処理を正常に行うためにも十分な酸素補給が必要となる。

　ここでは、魚体密度：5kg/m^3　保有水量：50m^{3}での必要な空気量を求める。
計算例）
アンモニア性窒素発生量：
500mg－NH$_3$－N/日/kg－魚体×5kg/m^3×50m^3
＝1.25×10^{5}mg－NH$_3$－N/日
　アンモニア性窒素1gの硝化に4.6gの酸素が必要なので、
アンモニア硝化に必要な酸素量：
1.25×10^{5}mg－NH$_3$－N/日÷1000×4.6g
＝575g/日
　魚1kgあたりで消費される酸素量を250g/時とすると、
必要酸素量：575g/日÷24＋250g/時＝274g/時
空気1m^{3}中の酸素量を280g/m^{3}とすると、
必要空気量：274g/時÷280g/m^3＝0.98m^3/時
　実際には、ろ過装置ではこの値の数倍程度が消費されており、エアレーション設備の容量は充分な余裕を持った設計とする必要がある。

④ 除濁
　展示水槽では、濁度を1前後以下に維持する必要があり、浮遊物や濁質の除去を、砂ろ過装置による物理的ろ過で行っていることが多い。

ⓐ 砂ろ過装置の種類
　ろ過装置には重力式と圧力式の2方式、さらに圧力式には竪型と横型の2種類があり、
　それぞれ水槽容量、飼育生物の種類、設置スペース条件、経済性等の条件から最適な方式を検討する（表3、4）。

ⓑ 洗浄周期
　ろ過砂は循環処理を継続していると目詰まりを起こし、ろ過抵抗の増大による循環流量の低下や、処理水側に浮遊物がリークし水質維持に支障をきたす。そのため、定期的な洗浄を必要とする。
　ろ過砂の洗浄を実施すると、浮遊物と一緒に硝化菌も洗い流してしまうことになり、その結果、硝化能力は1/5～1/10にまで低下する。硝化菌の着床には7～10日必要なため、洗浄の間隔は充分に余裕を持つ必要がる。また、一循環系にろ過装置の台数は複数台として洗浄のタイミングをずらす運用とし、硝化能力の低下を極力小さくする必要がある。

圧力式と重力式の比較 (表4)

項目	圧力式	重力式
ろ過速度 (m/時)	7〜10	2.5〜5
許容ろ過抵抗 (mAq)	〜8	0.2〜0.5
単位面積あたりの処理水量 (m³/時)	7〜10	2.5〜5
外形	密閉型	開放型
設置面積	小	大
槽高 (m)	3〜4	1.2〜1.5
設計圧力 (MPa)	0.3〜0.5	満水
内部点検の難易性	難	易
放熱防止 / 保温	保温材施工必要	上蓋が必要
材質	鋼板製内面ゴムライニング	コンクリート、FRPなど

圧力式ろ過機の比較（竪型・横型）(表5)

項目	竪型	横型
直径 (mmΦ)	600〜3300	2400〜3300
直胴部の長さ (m)	1.5〜2	6〜12
1基最大処理水量 (m³/時)	90	400
1基逆洗水量 (m³/分)	5.1	23.8

ⓒ ろ過砂量の算出

魚体密度：3kg/m³ 、保有水量：1000m³ の水槽に必要なろ過砂量を求める。

計算例)
魚類の排泄物量：魚体重の1% 、発生する浮遊物の量は排泄物量の20% から
1日に発生する浮遊物：
3kg/m³ × 1000m³ × 0.01 × 0.2=6kg/日
洗浄間隔を10日、ろ過砂1m³あたりの浮遊物補足量を2kg/m³とすると、
必要なろ過砂量：
6kg/日 × 10日 ÷ 2kg/m³=30m³ となる。

⑤ 藻類・雑菌の除去（殺菌）

ⓐ 殺菌装置の種類

殺菌装置としては、紫外線殺菌装置（UV）・オゾン殺菌装置・海水電解装置・次亜塩素酸ソーダ注入装置などがある。魚類の展示水槽では、魚類の生育に影響をおよぼす為、次亜塩素酸ソーダの直接注入を導入するケースはほとんど無い。各装置の特性等について表6に示す。

ⓑ 各装置の特性

1) 次亜塩素酸方式

使用される薬剤は次亜塩素酸ナトリウム溶液が主である。溶液を直接循環水に注入する方式は濃度コントロールが難しい為、魚類系の展示水槽では使用されない。飼育水が海水

各種殺菌装置の比較 (表6)

	紫外線殺菌	オゾン殺菌	海水電解殺菌	次亜塩素酸ソーダ
基本原理・効果	紫外線による殺菌・殺藻	オキシダントによる殺菌・殺藻・酸化脱色・脱臭	残留塩素による殺菌・殺藻・酸化脱色・脱臭	残留塩素による殺菌・殺藻・酸化脱色・脱臭
方式	低圧・中圧紫外線ランプを使用	無声放電式オゾン発生装置	海水の電気分解により塩素を発生	薬剤をポンプにより直接注入
残留特性	無し	短い	長い	長い
水族への毒性	無し	残留オキシダントに毒性有り	0.02mg/L以下(魚類)	0.02mg/L以下(魚類)
メンテナンス性	ランプの交換が必要	消耗部品の交換必要	電極の交換が必要	薬剤の補充が必要
実績	多い	少ない	多い	魚類系には少ない。海獣系には多い。
イニシャルコスト	小	大	中	小
ランニングコスト	中	大	中	小
備考	残留性が無い為充分な効果が得られない時がある。	効果は大きいがコストが大きい。	魚類系では一般的な方式になりつつある。	魚類系では注入率(濃度)の制御が難しい。

の場合には、海水を電気分解し次亜塩素酸ナトリウムを発生させる装置が使用される。濃度のコントロールは低濃度で可能なため、魚類系でも用いられる。この装置により、薬剤の搬入・保管などの作業環境の改善を図る事が可能になった。

2) オゾン注入方式

オゾンは強力な酸化剤であり、広く浄水場や下水処理場で使用されている。オゾンの効果は脱色・脱臭・有機物の酸化分解・無機物質の酸化・殺菌・殺藻などである。図2は飼育水槽の海水をオゾン脱色した効果を示したものである。

オゾンは脱色効果が高く透明度の向上に寄与するので、観覧者に好感を与える。その一方で強い殺菌力があるため、残留濃度や大気(室内)への排出に充分な対策が必要となり、溶解効果を高めるための反応塔や排出ガスの吸収塔などが必要となる。

3) 紫外線殺菌装置

紫外線殺菌装置は「残留性が無い」「反応性生物が無い」「漏洩による問題が無い」等の特徴を有し、安全性の高い殺菌方式である。又、配管に直接接続できるため、省スペース化も図れる。一方で、残留性が無い為に殺菌効果が持続せず、機種の選定等には注意が必要である。

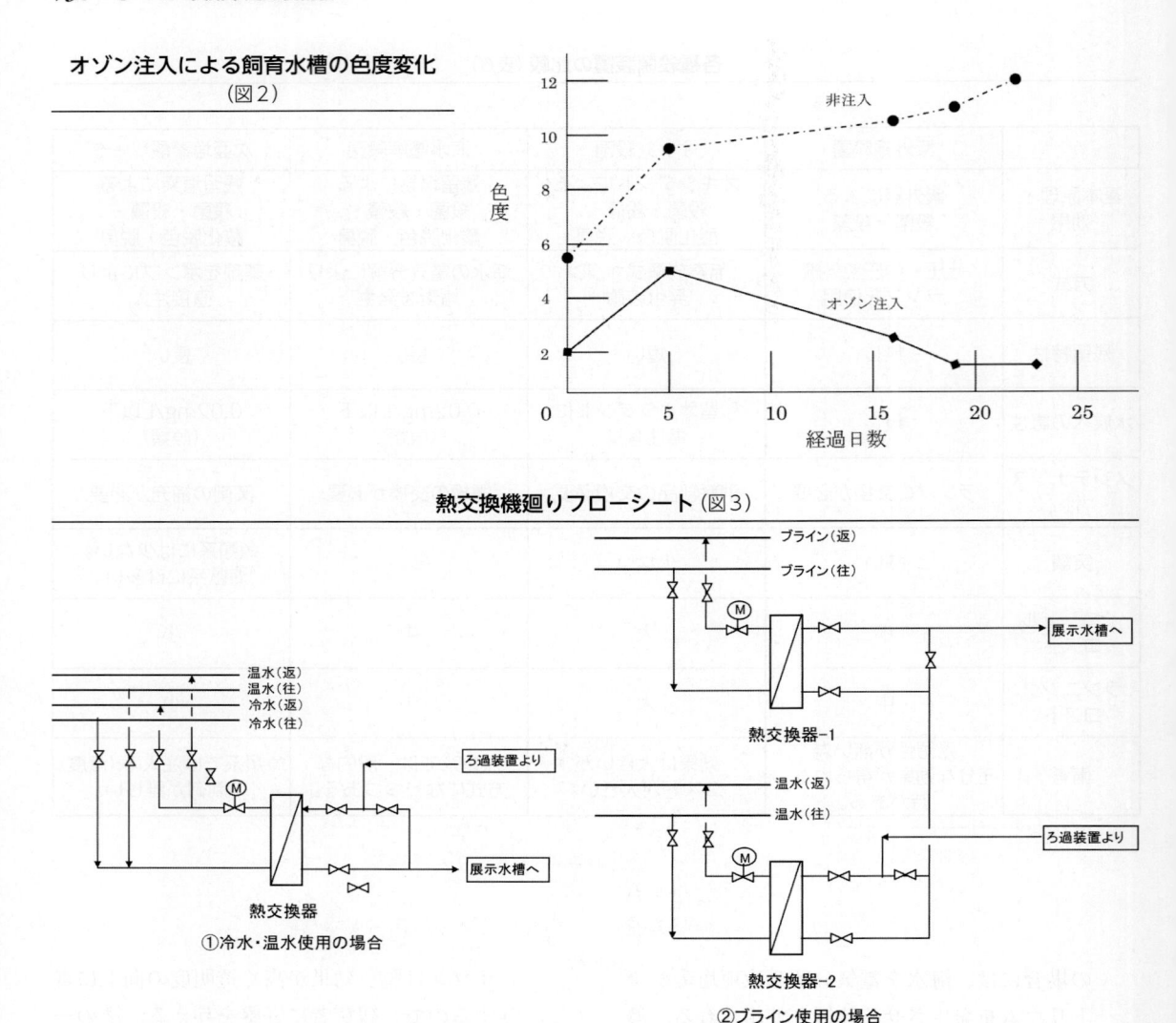

オゾン注入による飼育水槽の色度変化（図2）

熱交換機廻りフローシート（図3）

① 冷水・温水使用の場合

② ブライン使用の場合

⑥ 水温調整

　水温調整は、循環ろ過処理水を熱交換器で加温（冷却）し、飼育水槽へ回流する方法で行う。飼育水の急激な水温変化は生物の生態条件として、避けなければならないため、徐々に加温（冷却）を行うために、循環水量の一部をバイパスして熱交換器に通している。飼育水槽の水温、室内温度、季節によって加温するか、冷却するかが異なるので、温熱源・冷熱源の容量は余裕を持ったものとする。温熱源は50～60℃の温水が多く用いられている。冷熱源は6～7℃程度の空調設備の冷水、マイナス3℃程度に冷却したブライン、極地域の極低温の場合は専用の冷却装置等である。水温調整設備のフローの一例を図3に示す。

(4) 取水・排水処理設備

① 取水処理設備

　展示水槽補給水・ろ過装置逆洗用水には淡水・海水ともに使用されている。淡水用取水には井

淡水補給水特性 (表7)

	井水	水道水
性質及び懸念事項	鉄・マンガンが含まれている場合が多い。	残留塩素をあらかじめ除去する必要がある。
対策	次亜塩素酸ソーダと凝集剤を注入し、マンガン砂でろ過処理をする。	①淡水貯槽にチオ硫酸ナトリウムを投入し、ブロワなどで空気ばっ気する。 ②活性炭にて酸化吸着する。

熱交換機廻りフローシート (図4)

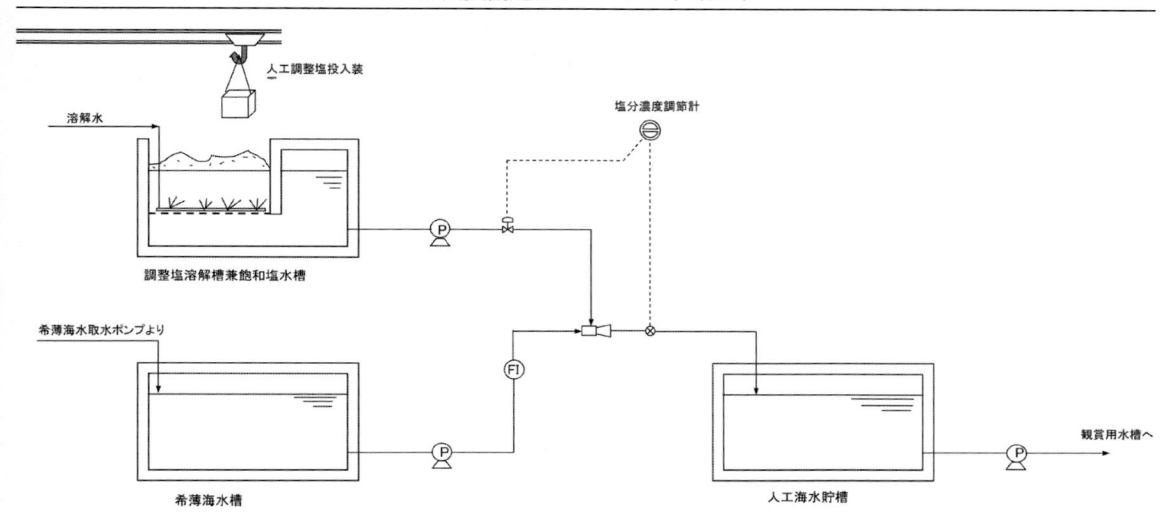

水・市水(水道水)・表流水を使用しており、水質が安定している場合が多く、特に取水処理設備を設けているケースは少ない(表7)。

海水を用水として使用する場合には、周辺海域から取水する場合と、新鮮海水を外洋から運搬してくる場合、人工的に海水を造水する場合とがある。海水の取水処理設備は、海水の水質により処理グレードが異なる。一般的には薬品を使用しない無薬注ろ過方式を採用し、海水の透明度を確保している(図4)。

② 排水処理設備

ろ過槽洗浄排水を主とする排水が発生し、放流先の水質基準値をクリアするよう計画される。淡水を使用した水槽では、排水槽にて水質を均一に調整後下水道放流している例もある(表8、図5)。

内陸型の水族館などで新鮮海水が豊富に確保できないところでは、これらの排水処理水を回収水として海獣などの飼育水の補給水などに再利用する試みが行われているが、病原菌発生などの問題から普及するまでには至っていない。

5 あとがき

1980年代～1990年代の建設ブームであった大型水族館の大規模改修・リニューアルが、これから増えてくる事が予想される。設備の省エネル

[排水処理計画例] 水質条件(表7)

水質項目	排水原水	処理水(放流基準値)
BOD (mg/l)	50	5
COD (mg/l)	50	3
SS (mg/l)	150	3
アンモニア性窒素 (mg/l)	50	1
PH	5.8〜8.6	5.8〜8.6

[排水処理計画例] 処理フロー(図5)

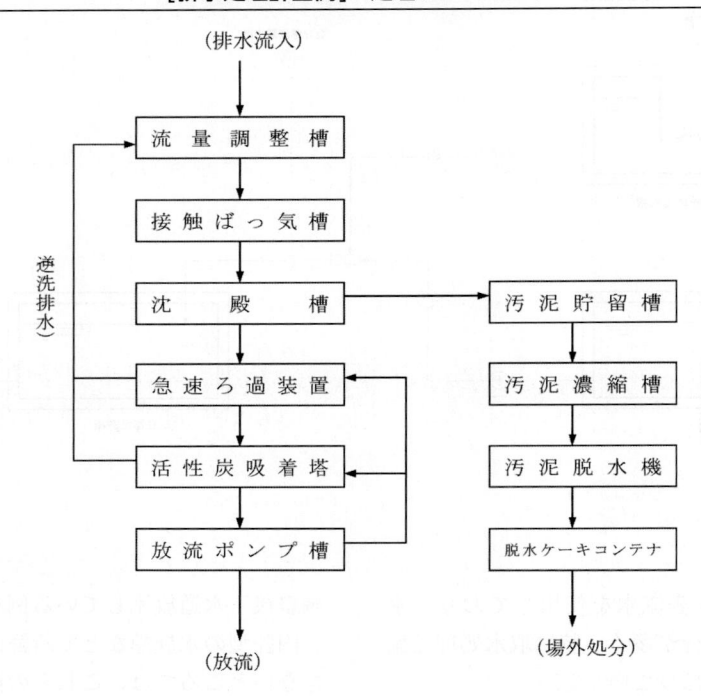

```
              (排水流入)
                 ↓
          ┌→ 流量調整槽
          │      ↓
          │  接触ばっ気槽
  逆       │      ↓
  洗       │   沈殿槽 ──────→ 汚泥貯留槽
  排       │      ↓               ↓
  水       │  急速ろ過装置 ←──   汚泥濃縮槽
  ）      │      ↓               ↓
          │  活性炭吸着塔 ←──   汚泥脱水機
          │      ↓               ↓
          │  放流ポンプ槽      脱水ケーキコンテナ
                 ↓               ↓
              (放流)          (場外処分)
```

ギー化や展示内容の多様化に伴い、ますます水処理技術の高度化・新処理技術の開発が要求される。

特に、①海水を完全に回収できる浄化技術、②アンモニアを硝化するのみならず、硝酸塩を無害化するためにアンモニアを最終的に窒素ガスにする、生物硝化脱窒素装置の実用化が期待される。

飼育動物の成育環境維持・観賞のために水質維持が水族館の絶対要求事項となる為、水処理分野での技術革新速度が飛躍的に上がる事が期待される。

参考文献
1) 佐伯有常ほか：循環ろ過式水族飼育装置の設計計画、日本海水学会誌 (1992.5)
2) 鈴木孝明：浄化処理技術の実態、活魚大全 (1990)
3) 高田正英：水族館における水処理設備、工業用水 (1991.2)

(木村武年)

Ⅴ 実用水処理技術編

19章

分野別水処理技術

1. 上 水
2. 工業用水
3. 下 水
4. し尿・浄化槽汚泥
5. ゴミ浸出水
6. 畜産排水処理
7. バラスト水
8. 地下水
9. 農業集落排水
10. 河川・湖沼

1 上水

1 現状と課題

　上水とは、飲料などとして管や溝を通して供給されるきれいな水である。本稿では、この上水を得るための技術としての浄水処理について述べるものである。近年水道原水を取り巻く環境は、一時の水需要量の増大期に比べ需要が低迷していることもあり一部の区域を除き量的には緩和していると見られるが、質的には様々な問題を抱えている。　以下近年における水道原水と浄水（処理）に関する現状・課題とそれに対する方策を簡単に述べる。

(1) 残留アルミニウムの問題

　浄水中のアルミニウムについては、平成4年の水質基準の改正により快適水質項目として採用され、平成16年4月に水道水質管理体系が「水質基準項目（50項目）」及び「水質管理目標設定項目（27項目）」という新体系への移行に伴い、それまでの快適水質項目から水質基準項目に移され、0.2mg/L以下という基準値が設定された。さらに、平成21年4月からは水質管理目標設定項目に追加され、目標値として0.1mg/L以下が設定された。また、WHOの「飲料水水質ガイドライン第3版（2004年）」では、アルミニウムに関してガイドライン値は設定していないが、健康影響とアルミニウム系凝集剤の利便性を勘案して、水道水中のアルミニウム濃度を大規模事業体では0.1mg/L、小規模事業体では0.2mg/L以下に抑えることが実際的であるとしている。以上のようなことから、水道事業体では今後ともアルミニウム系凝集剤を使用するにあたっては、浄水中への残留アルミニウム濃度の低減と処理性確保のため、凝集剤注入率の適正化やアルミニウム濃度低減化策の実施を図りつつ一層注意深い施設の運転管理が要求されている。これに対する対応としては、アルミニウム系凝集剤から鉄系凝集剤への変更、凝集適正pH確保のための酸や炭酸ガス注入設備の導入が図られている。

(2) 原水の低濁度化傾向

　台風時の集中豪雨やゲリラ豪雨時には極めて高い濁度が観測され、高濁度による浄水処理への障害事例が散見されるが、その一方で近年水道原水の低濁度化が進んでいる。これは上流部に水源開発のためにダムが設けられ、河川流域の環境整備が進んでいることによると考えられる。凝集沈澱の核となる土粒子が減ることによる原水の低濁度化は、相対的に有機物や微量汚染物質の割合を高め沈降性や濁質除去の悪化をもたらす。また、これに対応するための凝集剤使用量の増大を招き、浄水中への残留アルミニウムの増加や沈澱スラッジの処理・処分に影響を与えている。方策としては、pHの適正管理による凝集処理の改善や有機物の凝集に効果の高い鉄系凝集剤への変更などが考えられる。

(3) 原水の高pH化傾向

近年水道原水のpHがわずかながら上昇傾向を示している例も見られる。また、河川利用率の高い河川では通常時河川水位が低下し、特に夏季昼間に河床に付着している藻類の炭酸同化作用(光合成)の活発化により水中の炭酸ガスが消費され原水pHが上昇し、夜間には藻類の酸素呼吸作用が活発になりpHは通常の状態に戻るというように、原水のpHが1日の間で周期的に変化する傾向が見られている。また、富栄養化を伴う藻類の異常繁殖が見られる場合にも同様な現象が起こる。このため一時的に原水のpHが適正凝集pHを外れ、通常の凝集剤注入率では凝集がうまくいかない場合が生じている。このため、凝集剤の多量注入によりpHを下げるようなことも行われているが、アルミニウム系凝集剤の場合これは浄水中のアルミニウム濃度を上昇させることや、沈澱スラッジの処理性の悪化をもたらしている。また、色度の除去や消毒用の塩素の効果もpHにより影響を受けること、さらには配管等の腐食、スケール生成等の防止といった観点からも浄水処理におけるpHの管理は重要である。これに対する方策としては、酸・炭酸ガス注入設備の導入、後アルカリ注入等が行われる。

(4) クリプトスポリジウム対策

水道原水に耐塩素性病原生物(クリプトスポリジウム、ジアルジア)が混入する恐れのある場合には浄水施設にろ過等の設備が設けられなければならないことになっており、さらにろ過等の設備の出口濁度を0.1度以下に維持することが求められている。ろ過水濁度の管理はろ過池等の設備管理も重要であるが、急速ろ過においてはその前段である凝集(沈澱)処理が重要であり、特に凝集剤の注入管理が適切でなければならない。しかし山間部等における小規模の浄水施設では一般に無人であるため、濁度の急変時には凝集剤の注入が追随しない場合も有り、ろ過水濁度が不安定になりやすい。このような場合には、紫外線処理装置の併設等により安全性を高める方策が望ましい。また凝集の確実性からは凝集剤の注入率を増やすことが求められるが、アルミニウム系凝集剤を使用している場合には浄水中のアルミニウム濃度を増大させることにもなりかねない。これに対する方策としては、原水濁度変化の早期検知、ろ過池濁度管理の徹底、膜ろ過設備の導入、紫外線処理装置の併設・導入が行われている。

参考文献

水道におけるクリプトスポリジウム等対策指針(平成19年4月1日適用)厚生労働省健康局水道課長通知)より(抜粋)

1. 背景及び目的(省略)

2. 水道原水に係るクリプトスポリジウム等による汚染の恐れの判断

(1) レベル4(クリプトスポリジウム等による汚染のおそれが高い)

地表水を水道の原水としており、当該原水から指標菌が検出されたことがある施設

(2) レベル3(クリプトスポリジウム等による汚染の恐れがある)

地表水以外の水を水道の原水としており、当該原水から指標菌が検出されたことがある施設

(3) レベル2(当面、クリプトスポリジウム等による汚染の可能性が低い)

地表水等が混入していない被圧地下水以外の水を原水としており、当該原水から指標菌が検出されたことがない施設

(4) レベル1(クリプトスポリジウム等による汚染の可能性が低い)

地表水等が混入していない被圧地下水のみを原水としており、当該原水から指標菌が検出されたことがない施設

3. 予防対策

水道事業者等は、水道原水に係るクリプトスポリジウム等による汚染のおそれの程度に応じ、次の対応措置を講ずること。

(1) 施設整備

① レベル4

ろ過池またはろ過膜（以下、「ろ過池等」という。）の出口の濁度を0.1度以下に維持することが可能なろ過設備（急速ろ過、緩速ろ過、膜ろ過等）を整備すること。

② レベル3

以下のいずれかの施設を整備すること。
ⓐ ろ過池等の出口の濁度を0.1度以下に維持することが可能なろ過設備（急速ろ過、緩速ろ過、膜ろ過等）。
ⓑ クリプトスポリジウム等を不活化することができる紫外線処理設備。具体的には以下の要件を満たすもの。
　a）紫外線照射槽を通過する水量の95％以上に対して、紫外線（253.7nm付近）の照射量を常時10mJ/cm²以上確保できること。
　b）処理対象とする水が以下の水質を満たすものであること。
　　・濁度　2度以下であること
　　・色度　5度以下であること
　　・紫外線（253.7nm付近）の透過率が75％を超えること（紫外線吸光度が0.125abs./10mm未満であること）
　c）十分に紫外線が照射されていることを常時確認可能な紫外線強度計を備えていること。
　d）原水の濁度の常時測定が可能な濁度計を備えていること（過去の水質検査結果等から水道の原水の濁度が2度に達しないことが明らかである場合を除く。）。

(2) 原水等の検査

① レベル4及びレベル3

・水質検査計画等に基づき、適切な頻度で原水のクリプトスポリジウム等及び指標菌の検査を実施すること。ただし、クリプトスポリジウム等の除去又は不活化のために必要な施設を整備中の期間においては、原水のクリプトスポリジウム等を3ヶ月に1回以上、指標菌を月1回以上検査すること。

② レベル2

・3ヶ月に1回以上、原水の指標菌の検査を実施すること。

③ レベル1

・年1回、原水の水質検査を行い、大腸菌、トリクロロエチレン等の地表からの汚染の可能性を示す項目の検査結果から被圧地下水以外の水の混入の有無を確認すること。
・3年に1回、井戸内部の撮影等により、ケーシング及びストレーナーの状況、堆積物の状況等の点検を行うこと。

(3) 運転管理

① ろ過

ⓐ ろ過池等の出口の水の濁度を常時把握し、ろ過池等の出口の濁度を0.1度以下に維持すること。
ⓑ ろ過方式ごとに適切な浄水管理を行うこと。特に急速ろ過法を用いる場合にあっては、原水が低濁度であっても、必ず凝集剤を用いて処理を行うこと。
ⓒ 凝集剤の注入量、ろ過池等の出口濁度等、浄水施設の運転管理に関する記録を残すこと。

② 紫外線処理

ⓐ 紫外線強度計により常時紫外線強度を監視し、水量の95％以上に対して紫外線（253.7nm付近）の照射量が常に10mJ/cm²以上得られていることを確認すること。
ⓑ 原水濁度が2度を超えた場合は取水を停止すること。ただし、紫外線処理設備の前にろ過設備を設けている場合は、この限りで

水道原水に係るクリプトスポリジウム等による汚染のおそれの判断の流れ（図1）

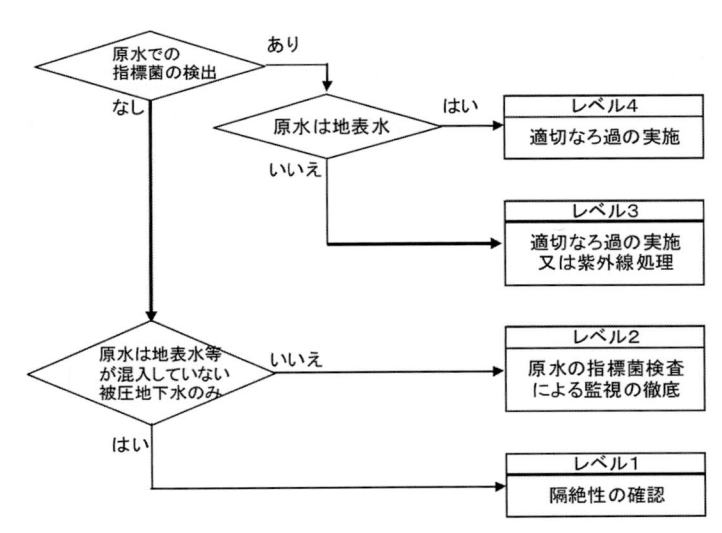

```
原水での指標菌の検出
├─あり→ 原水は地表水
│        ├─はい→ レベル4 適切なろ過の実施
│        └─いいえ→ レベル3 適切なろ過の実施又は紫外線処理
└─なし→ 原水は地表水等が混入していない被圧地下水のみ
         ├─いいえ→ レベル2 原水の指標菌検査による監視の徹底
         └─はい→ レベル1 隔絶性の確認
```

（厚生労働省「クリプトスポリジウム等対策指針」より）

はない。
ⓒ 常に設計性能が得られるように維持管理（運転状態の点検、保守部品の交換、センサー類の校正）を適正な頻度と方法で実施すること。

③ 施設整備中の管理
ⓐ レベル4
　クリプトスポリジウム等対策のために必要な施設整備を早急に完了する必要があるが、整備中の期間においては、原水の濁度を常時計測して、その結果を遅滞なく把握できるようにし、渇水等により原水の濁度レベルが通常よりも高くなった場合には、原則として原水の濁度が通常のレベルに低下するまでの間、取水停止を行うこと。
　ただし、上流の河川工事等が水道原水の濁度を上昇させている場合、底泥を巻き上げない工事等のように必ずしもクリプトスポリジウム等よる汚染を生じさせないものもあるため、当該工事の種類、場所その他を勘案して取水停止の必要性を判断すること。
ⓑ レベル3
　クリプトスポリジウム等対策のために必要

な施設整備に時間を要する場合には、以下のいずれかの措置をとること。
・過去の水質検査結果等から渇水により原水の濁度レベルが高くなることが明らかである場合には、原水の濁度を常時計測して、その結果を遅滞なく把握できるようにし、原水の濁度レベルが通常よりも高くなった場合には、原則として原水の濁度が通常のレベルに低下するまでの間、取水停止を行うこと。
・その他の場合には、原水のクリプトスポリジウム等及び指標菌の検査の結果、クリプトスポリジウム等による汚染のおそれが高くなったと判断される場合には、取水停止等の対策を講じること。

(4) 水源対策（省略）

4. クリプトスポリジウム症等が発生した場合の応急対策（以下省略）

　図1に対策指針に記されている水道原水に係るクリプトスポリジウム等による汚染のおそれの判断フローを示す。

水道原水と浄水に関する現状での
課題と対応策の例（図2）

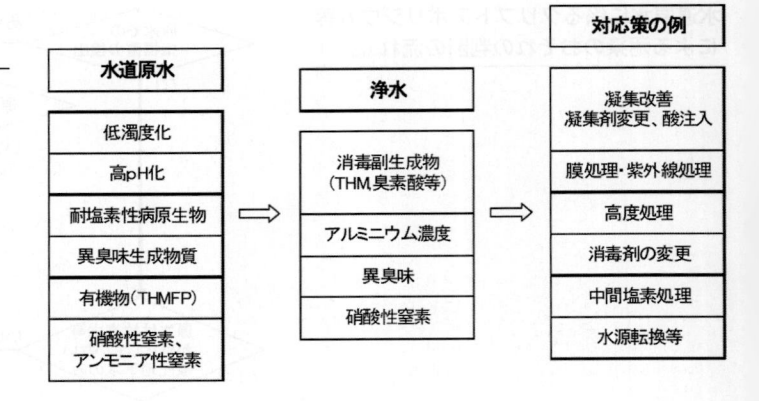

水道原水
- 低濁度化
- 高pH化
- 耐塩素性病原生物
- 異臭味生成物質
- 有機物（THMFP）
- 硝酸性窒素、アンモニア性窒素

浄水
- 消毒副生成物（THM臭素酸等）
- アルミニウム濃度
- 異臭味
- 硝酸性窒素

対応策の例
- 凝集改善 凝集剤変更、酸注入
- 膜処理・紫外線処理
- 高度処理
- 消毒剤の変更
- 中間塩素処理
- 水源転換等

(5) 異臭味、有機物の問題

　近年水源である湖沼の富栄養化に起因する藻類の発生に伴い、水道原水に係る異臭味の問題が発生している。異臭味の原因となる藻類は主に藍藻類のアナベナ（*Anabena*）、フォルミジウム（*Phormidium*）、オシラトリア（*Oscillatoria*）、黄金藻類のウログレナ（*Uroglena*）、渦鞭毛藻類のペリジニウム（*Peridiniumu*）などである。異臭味のなかでカビ臭の原因物質である2 − MIBやジェオスミンは上記藍藻類や放線菌に起因し、その処理対策として応急的に粉末活性炭が使用されるが、さらに有効な方式として「オゾン＋粒状活性炭」を主とする高度処理が特に大規模な浄水場において導入されている。また、全有機炭素（TOC：Total Organic Carbon）等で表される有機物の処理についてもアルミニウム系凝集剤から鉄系又はポリシリカ鉄凝集剤への転換、粉末活性炭の使用や高度処理が適用されている。

(6) 塩素処理等による副生成物

　水道原水中のフミン質等の有機物（前駆物質）と消毒・酸化処理用の塩素が反応して、発ガン性が指摘されているクロロホルムを主とするトリハロメタンが生成されることが知られている。トリハロメタンは原因となるフミン質等の有機物が多いほど、塩素注入量が多いほど、塩素との接触時間が長いほど、さらに水温が高いほど生成量が多くなる。したがって、浄水処理工程で低く抑えたとしても送配水距離が長いとその過程で増加することになる。方策としては、前塩に代えて中間塩素処理の導入、塩素に代わる消毒剤の適用、活性炭処理（高度処理）の導入、さらには浄水処理工程における塩素注入を最小限にとどめ送配水の過程で追加的に塩素を補給するような方法が行われている。またオゾン処理によって、アルデヒド類、また原水に臭化物イオンが存在すると比較的高い毒性を持つ臭素酸イオン、あるいは有機臭素化合物が生成する。臭素酸イオンについては粒状活性炭処理や生物活性炭処理での除去が期待できないとされるので[1]、オゾン処理におけるオゾン注入率の管理に注意する必要がある。

(7) 硝酸性窒素の問題

　農業地帯においては、窒素系肥料の使用による地下水の硝酸性窒素濃度の増大が見られ、特に浅井戸では地表水や深井戸に比べて施肥や家庭・工場排水の地下浸透による影響を受けやすい。特に近年は経年的にも増加傾向にあるといわれる。硝酸性窒素は通常の水処理では除去することが出来ないため、水源が地下水の場合には河川水等の地表水との混合希釈、また膜処理（RO膜（逆浸透膜））

で処理することになる。
以上の課題と対応策の例を図2にまとめる。

参考文献
1)「高度処理施設の標準化に関する調査報告書」p190、(財) 水道技術センター、2009年、「新しい浄水技術」p186、(財) 水道技術研究センター編、技報堂出版、2005年

2 浄水処理システム（既存）

既存の浄水処理は原水が地下水等の清澄な場合には消毒のみで給水することが出来るが、通常地表水の場合はろ過処理を行うことが基本である。原水濁度が通常10度以下である場合には、緩速ろ過方式でろ過を行い消毒の後給水するが、水源が河川水等の場合には一般的に濁度変化が大きく、このためろ過の前に沈殿池を設ける方式が一般的である。沈殿池には凝集薬品を使用しない普通沈殿池と凝集剤を使用して形成されたフロックを沈殿させるための薬品沈殿池がある。普通沈殿池は緩速ろ過の前処理として、また薬品沈殿池は急速ろ過の必須前処理設備である。標準的な浄水処理システムを図3〜6に示す。

(1) 凝集沈殿処理

凝集処理とは、原水にアルミニウム系又は鉄系凝集剤を添加し、短時間で急速に混合し、その後一定時間をかけて撹拌することによって原水中の土粒子や浮遊物質の集塊・粗大化を図り沈殿を促進させる処理方式である。ここで、低濁度でフロックの核となるものが少ない場合には土粒子等の粗大化が進まず沈降がしにくい状態となる。このような場合には、凝集剤を多量に注入して凝集剤で土粒子等を包み込むような形で沈降を促進させることになり結果的に、アルミ分の多い沈殿スラッジとなる。凝集剤との急速混合には、ミキサーや撹拌ポンプ等を利用する機械式（図7参照）、さらには原水管内に直接凝集剤を注入し水の管内流動エネルギーを利用する方式や水路幅を急激に絞り

消毒のみのシステム例（図3）

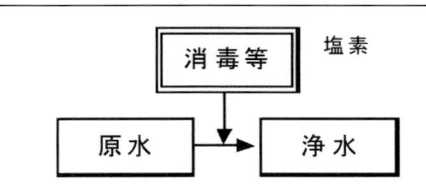

緩速ろ過処理のシステム例（図4）

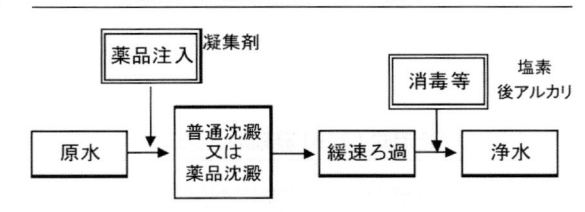

凝集沈殿処理のシステム例（図5）

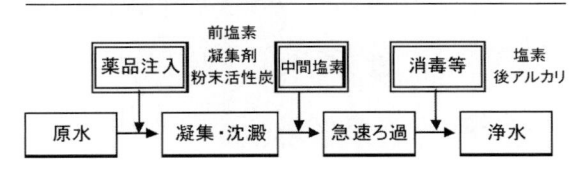

膜ろ過処理のシステム例（図6）

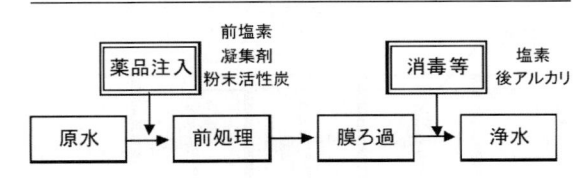

その部分における流動エネルギーを使用し混合させる方式等がある。

凝集剤との反応は極めて短時間に行われるため、凝集剤を注入後速やかに均一に拡散・混合することが重要である。次にフロック形成が行われるが、これには水路の屈曲・絞りなどで生ずる原水の流動エネルギーを利用してフロックを形成させる方式（迂（う）流式：上下迂流、水平迂流）と、機械による撹拌でフロックを形成させる方式がある。

迂流式は水路における水の流動エネルギーを使用するだけで、機械部分を持たないのでメンテナ

機械式凝集の例（図7）

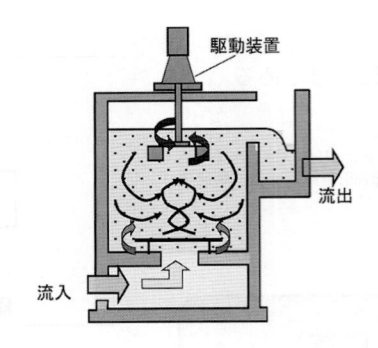

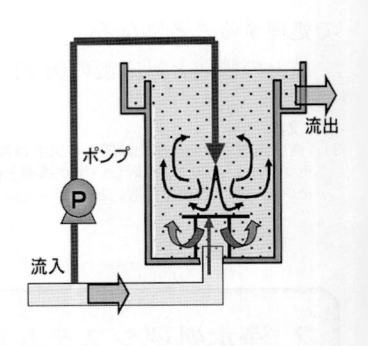

迂流式（上下）凝集池（図8）

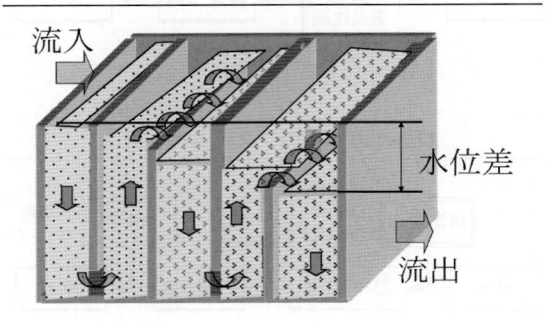

パドル式フロック形成装置（図9）

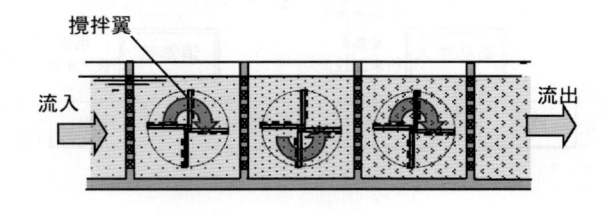

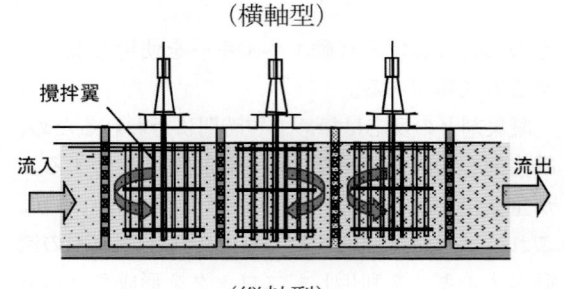

（横軸型）

（縦軸型）

ンス上有利であるものの処理水量の変動に対して適切に対応できない（図8）。例えば、撹拌強度は流速の三乗に比例するので、処理水量が1/2になると摩擦損失は1/4、撹拌強度は1/8となり、低流量時への適応性に乏しくなる[1]。

これに対して、水の流れに軸が直角方向に設置されたパドル（翼車）の回転を利用するパドル式フロック形成装置（パドル式フロキュレーター）があり、流量が小さくなった場合にも回転数を調整することにより必要な撹拌強度（G値またはGt値）が得られる。軸の方向によって横軸型と縦軸型があり、これらを図9に示す。

通常複数列のパドルが設置されており、水の流れ方向にそってパドルの回転数を減じる（テーパードフロキュレーション：上流から下流へ回転数を小さくする）ことにより、形成したフロックの破壊を防ぎ大きなフロックを作ることが出来るようにしている。一般的な横流式沈殿池（図10参照）の場合、粗大化したフロックは、整流壁を通り沈殿池に流入し速やかに沈降を始める。

しかし微小なフロックは沈降が難しく、このため傾斜板（沈降促進装置）が沈殿池後段に設置される場合がある。これは、平行な板を数多く池内に設置し、その並行間隔部分での沈降時間で池の流路断面全てでの沈降を完了させようとするもので、板の上面に堆積したスラッジが下方へ滑落しやすくするため板を傾斜させてある（図11参照）。

同様な原理で管を使用した傾斜管沈降装置もある。また沈殿池底部には沈殿したスラッジの排出を容易にするために溝やピット、またその部分へ

横流式沈殿池の例(図10)

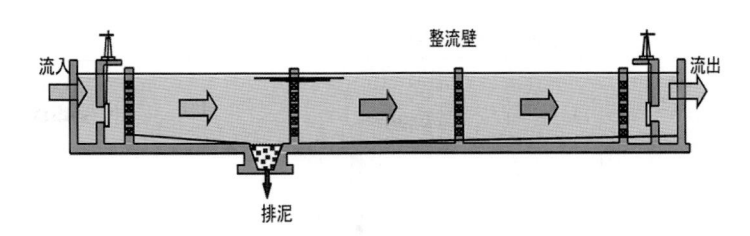

傾斜板の原理(図11)

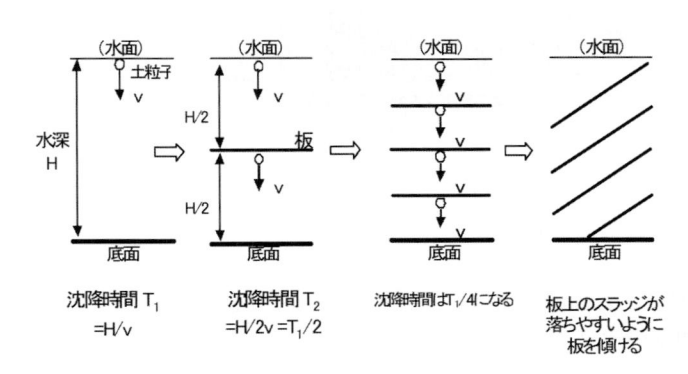

沈降時間 T_1 = H/v
沈降時間 T_2 = $H/2v$ = $T_1/2$
沈降時間は $T_1/4$ になる
板上のスラッジが落ちやすいように板を傾ける

スラリー循環型(図12)

スラッジブランケット型(図13)

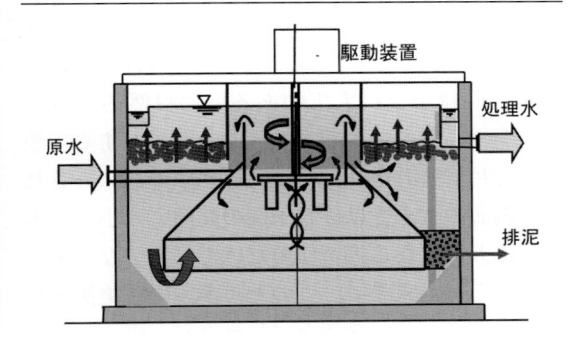

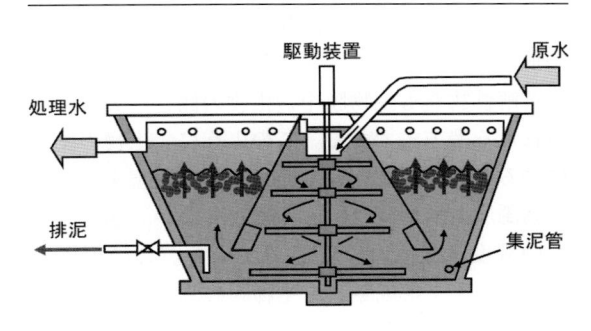

沈殿スラッジを集めるための掻き寄せ機(リンクベルト式、水中牽引式等)等の排泥設備が設置されている。集められたスラッジは一定時間ごとに引き抜かれ、排水処理施設で処理される。沈殿スラッジの圧密硬化を防止するため、通常掻き寄せ機は常時運転される。沈殿池で処理された水は、沈殿池末端の上部から上澄水として集水されろ過池に送られるが、一般的に集水には集水トラフが使用される。横流式沈殿池の他に、高速凝集沈殿池がある。これは凝集の対象量が多いほど凝集が適切に行われるとの考えから、フロック形成を既存フロックの存在下で行い、沈殿操作をも一つの装置の中に組み入れて短時間で処理を行うものである。既存フロックを循環させてフロック形成に利用する場合(スラリー循環型)と既存フロックを池内に浮遊滞留させて利用する場合(スラッジブランケット型)がある(図12、13)。

(2) ろ過処理

通常、緩速ろ過池と急速ろ過池が使用されている。ろ過の能力を示すろ過速度は緩速の場合4〜5m/日、急速ろ過で120〜300m/日である。基本的には両者ともほぼ同じ構造であり上部からろ

緩速ろ過池の例（図14）

単層ろ過と二層ろ過の例（図15）

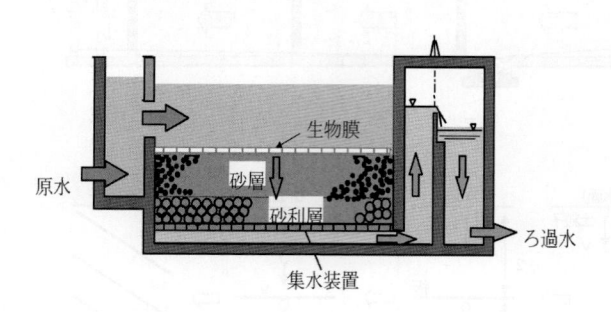

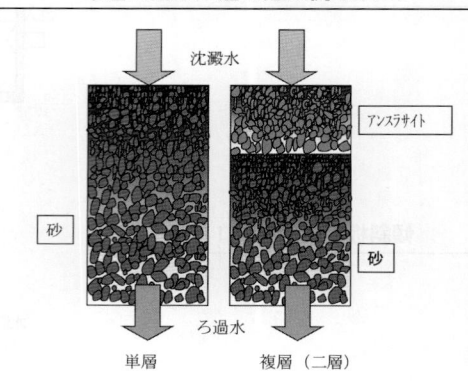

材である砂層、支持材としての砂利層、その下に集水装置が設けられているが、緩速と急速ではろ過の機能が本質的に異なっている。緩速ろ過は、砂層表面から20〜30cmの深さまで発達するとされる生物膜（生物ろ過膜）によって、濁度除去の他、アンモニア性窒素、鉄、マンガン、臭気等の溶解性物質も生物膜中の生物の働きにより除去されるろ過方式である。このように、生物の働きによるところが大きいため、それを阻害するような高濁度や塩素等があってはならない。通常流入水の濁度は10度以下とされている。このように砂層表面上に形成された生物膜の働きが重要である。ろ過の継続と共にこの生物膜上面の閉塞やこれに伴う機能低下が問題となるが、急速ろ過で採用されている砂層全体を攪乱するような砂層の洗浄は行わず、定期的に、生物膜の全体を破壊しないように砂層最上面の一部を掻き取ることが行われている。掻き取った部分には新しい砂を補充し、掻き取られた砂は洗浄され保管される。この際当該砂面上に新しい生物膜が形成され本来の機能を回復するまで時間を要することになるため、その間ろ過水は廃棄される。異臭味の原因となる物質が除去されるため良質で安定した水質が得られるが、ろ過速度が小さいため広大な面積を必要する。また、給水量等の水量変動に応じてろ過池を長期間停止したり、水を抜いてしまうような運転方法は好ましくない。緩速ろ過の前段に、濁質除去を目的として普通沈殿池、あるいは高濁度時のみ凝集剤を使用する薬品沈殿池が使用される場合もある（図14）。

急速ろ過池は、前段である凝集沈殿処理を受けた水を処理するもので、砂層によるフロックの抑留・沈積・付着等の作用により微小な濁質等を除去する。また、水に残塩があると溶解性のマンガンが、砂粒子上に人工的あるいは自然的にコーティングされた二酸化マンガンを触媒とする接触酸化作用により酸化・不溶化し水中から除去される。濁質の大きさは砂粒子間の間隙より小さい場合があり、単なる抑留作用だけでは適切なろ過を得ることは出来ない。このため前段の凝集沈殿処理が重要であり、適切なフロックが形成されていれば砂層内での沈澱や砂粒子への沈積・付着の作用が期待され、相応の濁質除去が行われる。このように急速ろ過池での濁質除去は基本的に砂層表面ではなく砂層全体にわたり行われるものである。しかし、砂の単一層の場合にはどうしても砂面に近い部分で大部分の濁質が捕捉されてしまう（表面ろ過又は表層ろ過）ため砂層全体を効率的に使用するには限界がある。このため砂層上部に粒径が大きく比重の小さいアンスラサイト（良質な無煙炭を破砕、ふるい分けしたもの）をろ材として敷き詰め、比較的大きな濁質をこの層で捕捉し、より小さいものはその下の砂層で捕捉するということが行われる。これを二層ろ過といいろ過層の使用効率が向上しろ過継続時間を伸ばすことができる。単層ろ過と二層ろ過の概要図を図15

重力式急速ろ過池の例（図16）

圧力式ろ過機の例（図17）

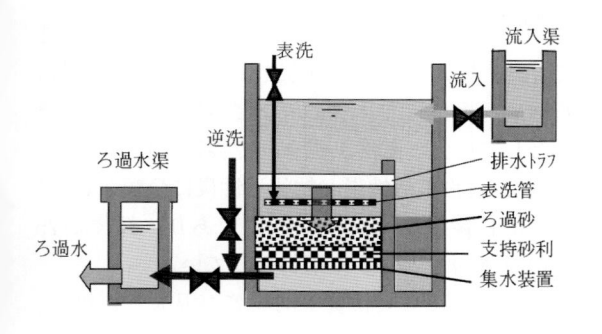

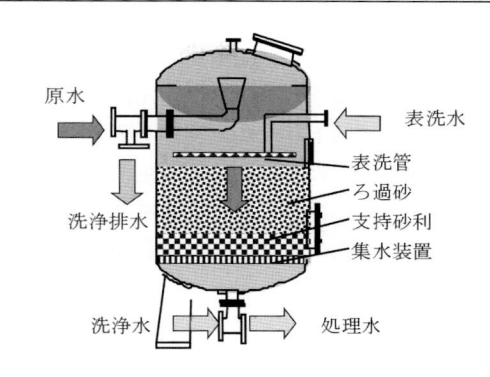

に示す。

　このようなろ層全体で濁質を捕捉しようとするろ過方式を内部ろ過、深層ろ過又は体積ろ過と称する。このように急速ろ過では砂層全体に濁質が入り込むので砂層全体の洗浄が必要となる。洗浄は砂層表面上に沈積硬化した濁質を固定式あるいは回転式の表洗枝管のノズルから噴出するジェット水流により破壊・洗浄する表面洗浄（表洗）と砂層の下部から浄水を逆流させて砂層全体を膨張させ砂層間に沈積する濁質を洗い流し、また砂粒子そのものを洗浄する逆流洗浄（逆洗）があり、これらに砂層下部から空気を散気する空気洗浄（空洗）を併用する場合がある。洗浄は、通常砂層が濁質で詰まることに起因する抵抗（ろ過抵抗、ろ抗）が一定値に達した場合、あるいはろ過継続時間が一定値に達した場合に行われる。普通、表面洗浄はポンプ（表洗ポンプ）により、逆流洗浄は場内に設けられた高架水槽からの圧力水により行われる。その他に1池を洗浄するための洗浄水として他の運転中の複数のろ過池のろ過水を使用して逆流洗浄を行う自己洗浄型ろ過池もある。この自己洗浄型ろ過池はポンプ等による洗浄タイプのろ過池に比べて池回りのバルブ等の付帯設備が少なく設備の維持管理上有利であるが、一つの池を他の池から切り離すことが出来ないので、一つの池のろ過水量を正確に把握すること等が出来ない。ろ過池の洗浄直後は砂層の形成状態が不安定であるため一時的に濁質粒子の漏洩が多くな

る。このため、クリプトスポリジウム等の対策上、ろ過開始直後には浄水として使用せず捨てる（捨水）、ろ過量を通常よりも落としその後徐々に規定量に戻す、あるいは一定時間静置した後ろ過を開始するというような運転操作が行なわれる場合もある。洗浄によって生じた水（洗浄排水）は場内にある排水池に送られ、再利用される場合が多い。通常浄水場に設置されているろ過池は重力式（図16参照）と称され、自然的な重力によって水が砂層を通過していくものである。

　一方タンク内に砂層を設け加圧することによって強制的にろ過を行うものを圧力式ろ過機（図17参照）といい、小規模な浄水施設や建物内で使用される。

(3) 鉄・マンガン処理

　通常、水道原水には鉄、マンガンが含まれているが、問題となるのは溶存体の鉄、マンガンである。鉄は、空気による曝気処理や塩素等により容易に酸化され不溶体となり凝集沈澱処理で除去されるが、マンガンは困難である。マンガンは、残留塩素が存在する場合、ろ過池においてろ過砂表面に酸化付着した二酸化マンガンを触媒として接触酸化方式により除去される。この場合、ろ過前の水に遊離残留塩素が0.5～1.0mg/L程度残留するように運転することが重要である[2]。また、浄水処理では余り例が無いと思われるが、処理水に

アルカリ剤（水酸化カルシウム、水酸化ナトリウム等）を注入し、pHを9以上にすることで溶存体のマンガンは不溶化し、凝集沈澱で除去することが出来る。この場合には、処理水pHが水質基準を満たすように低下させる処理が必要となる。排水処理でスラッジの濃縮に伴い発生する上澄み水を再利用のために浄水工程に戻す場合には、溶存体のマンガンや鉄の濃度が高い場合があるので注意する必要がある。

(4) pH調整処理

浄水処理におけるpHは極めて重要な要素であり、凝集の適否、消毒の効果、また配管・機器類の腐食等に関係している。特に近年水道原水の高pH化が見られ、これによる凝集への影響が問題となっている。例えばポリ塩化アルミニウム（PAC）の適正pH範囲は6.8～7.2程度となっているが[3]、これを大幅に超える原水pHも観測されている。このような高pHで、特に低濁度時に処理を行うと、適正な凝集が行われないことにより浄水中にアルミニウムが残留してしまうことになる。pH調整用の薬品注入設備が無い場合には凝集剤の多量注入によりpHを下げるというようなことも行われるが、これは状況を悪化させることになる場合が多い。このため、抜本的には原水に酸剤を添加しpHを下げる処理が行われている。使用する酸剤としては濃硫酸（硫酸分93％以上）、塩酸（塩酸35％以上）、炭酸ガス等がある。また、近年安全上の観点から液化塩素の使用を止めて次亜塩素酸ナトリウムを酸化剤や消毒剤として使用する例が見られるが、これにより処理水pHが上がることにもなり凝集や消毒効果の低下が懸念されるため、凝集処理の適切な管理に注意する必要がある。浄水のpHはその後の送配水・給水過程で配管等の腐食や配管中でのスケール生成に大きく影響するため、浄水pHが低い場合には、水酸化カルシウム（消石灰）、水酸化ナトリウム等のアルカリ剤の添加により適正なpHに保つことが必要である。

(5) 粉末活性炭処理

活性炭とは炭素系物質からなる吸着剤の一種で、骨、石炭（褐炭、瀝青炭など）、椰子殻、木材、石油ピッチ、石油コークスなどの炭素系物質を原料として炭化・賦活工程を経て製造される。その形状から、粉末活性炭と粒状活性炭に分類される。粉末活性炭は粉末状の活性炭であり、粒径が75μm以下のものが多く用いられている。

水道原水に臭気物質や油類等が混入した場合、応急的に粉末活性炭を注入し吸着作用によって臭気等の除去を行う。通常は凝集沈澱の直前（着水井等）で注入されるため一般的に臭気物質等と活性炭の接触時間が短く、十分な効果を上げることが出来ない場合が多い。これを考慮して取水地点で注入し、導水路や導水管内での滞留時間を有効に利用するということも行われている。また、別個に接触時間を確保するように造られた粉末活性炭接触槽を設ける場合もある。粉末活性炭は、注入点に設置された溶解槽で水に溶解された状態で保管され、必要なときにポンプで原水にスラリー状態で注入される。注入した活性炭は対象物質を吸着後凝集沈澱・ろ過により除去され、排水処理設備でスラッジとして処理されるため、一回限りの使用で使い捨てとなる。

参考文献
1)「水道技術ガイドライン2010」p72、(財)水道技術研究センター、2010年
2)「水道技術ガイドライン2010」p59、(財)水道技術研究センター、2010年
3)「ポリシリカ鉄（PSI）使用ガイドライン」、p13、(財)水道技術研究センター、2010年

3 高度浄水処理

従来の凝集沈澱・急速ろ過処理では十分除去できない臭気原因物質やフミン質などのトリハロメタン前駆物質、色度などを除去することを目的として通常の処理に追加される。高度処理を構成する単位プロセスは、粒状活性炭処理、オゾン処理、

生物処理であり、これらが除去対象物質によって個々にあるいは組み合わせて適用される。これらの例を図18①～⑪に示す（(財)水道技術研究センター「水道事業における高度浄水処理の導入実態及び導入検討等に関する技術資料」(2009年)より）。

また、(財)水道技術研究センターが発行した「水道事業における高度浄水処理の導入実態及び導入検討等に関する技術資料」(2009年)から水道統計水質編（平成18年度版）による水源別の浄水処理方式の件数及び水源別の高度処理方式の件数割合

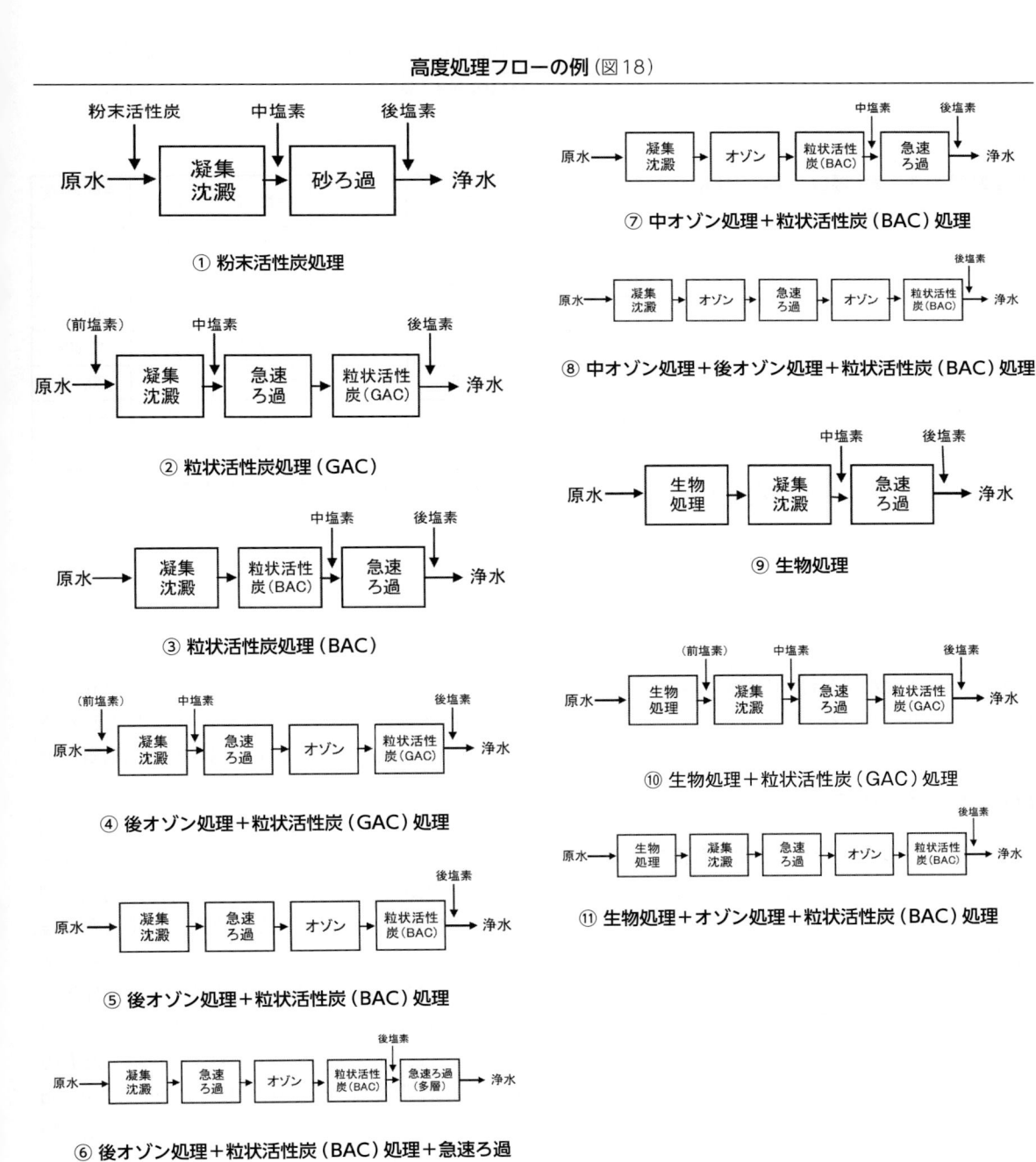

高度処理フローの例 (図18)

① 粉末活性炭処理

② 粒状活性炭処理 (GAC)

③ 粒状活性炭処理 (BAC)

④ 後オゾン処理＋粒状活性炭 (GAC) 処理

⑤ 後オゾン処理＋粒状活性炭 (BAC) 処理

⑥ 後オゾン処理＋粒状活性炭 (BAC) 処理＋急速ろ過

⑦ 中オゾン処理＋粒状活性炭 (BAC) 処理

⑧ 中オゾン処理＋後オゾン処理＋粒状活性炭 (BAC) 処理

⑨ 生物処理

⑩ 生物処理＋粒状活性炭 (GAC) 処理

⑪ 生物処理＋オゾン処理＋粒状活性炭 (BAC) 処理

高度処理導入件数（表1）

水源種類 浄水処理方式	表流水	地下水	複数水源	合計
消毒のみ	1　(0.1) (0.1)	2,216 (79.6) (65.6)	566 (20.3) (37.6)	2,783 (46.0)
通常 浄水処理	932 (32.0) (80.0)	1,128 (38.7) (33.4)	854 (29.3) (56.6)	2,914 (48.1)
高度 浄水処理	232 (65.4) (19.9)	35 (9.8) (1.0)	88 (24.8) (5.8)	355 (5.9)
合計	1,165 (19.3)	3,379 (55.8)	1,508 (24.9)	6,052

注）（　）内は合計に対する割合（%）を示す。上段は処理方式の水源別に対する割合、下段は水源の浄水処理方式別に対する割合を示す。

高度処理別導入浄水場数と平均浄水量（表2）

水源種類 高度浄水処理方式	表流水	地下水	複数水源	合計	平均浄水量 ($m^3/日$)
粉末活性炭	147	4	44	195	60,295
粒状活性炭（GAC）	43	11	28	82	9,638
オゾン＋GAC	25	2	5	32	204,968
生物処理（BIO）	7	13	4	24	13,906
BIO＋GAC	5	5	1	11	20,439
BIO＋オゾン＋GAC	5	0	2	7	83,886
合計	232	35	84	351	―――

注）上記の高度浄水処理方式以外の4件について記載していないので総件数が351となっている。

を表1、2に示す。ここでは、年間1ヶ月以上の期間粉末活性炭処理を行う場合にはこれを高度処理として分類している。

(1) 粒状活性炭処理

活性炭により除去すべき色度、有機物、異臭味等が常時又は相当長期にわたって原水中に含まれている場合や、水質の安全を図るために常に活性炭を用いる必要がある場合には粒状活性炭（GAC：Granular Activated Carbon）を用いることが多い。また、日本では「水道施設の技術的基準を定める省令」等によってオゾン処理を行う場合にはその後段に粒状活性炭処理を併設するように規定されている。これは塩素よりも強力なオゾンの酸化力によって有機物等との反応により生ずる副生成物に対する懸念から定められているものである。粒状活性炭は通常粒径が0.3～2.0mm程度に調整されており、これを層状にして砂ろ過池と同様な方式により水を通過させ対象物質の吸着除去を行うものである。水の通過方向によって、下向流固定床方式（重力式、圧力式）と上向流流動床方式（圧力式、開放型）がある。活性炭槽内での濁質の捕捉があるため、急速ろ過池と同様に活性炭層の洗浄を行う。流入する水に残留塩素が無い場合には、使用時間の経過と共に粒状活性炭の上に微生物が成長し、活性炭の吸着作用に加えて微生物による分解作用も期待することが出来るようになる。このような働きを利用したものを生物活性炭ろ過（BAC：Biological Activated Carbon filtration）といい、生物分解性の有機物やアンモニア性窒素の除去に有効である。ただし、

活性炭槽内で繁殖した微小生物の漏洩に対処するため、粒状活性処理の後に通常の急速ろ過池を設ける場合もある。さらに生物の働きは水温に左右されるため、水温が低い場合には生物分解作用が低下する現象が見られる。粒状活性炭は粉末活性炭と異なり、長時間使用し吸着効果の低下したものを再生して使うことが出来る。

(2) オゾン処理

オゾン処理は、強力な酸化剤であるオゾンを使用して水中の無機物及び有機物などの酸化及び細菌、ウイルスなどの殺菌・不活化を行うものである。特に異臭味、色度の除去、消毒副生成物前駆物質の低減などを目的として導入される場合が多い。また最近の研究では、クリプトスポリジウムなどの原虫の不活化にも有効であることが判っている。基本的には分子量の大きな溶解性成分を低分子化し、有機物の生物分解性や活性炭での処理効率を向上させる。その他鉄・マンガンも速やかに酸化し、不溶化する。塩素のように残留性がないため最終の消毒剤として使用することには適さない。オゾン処理による副生成物として、アルデヒド、ケトン、あるいは臭化物イオンの存在下でブロモホルム、臭素酸が生成される。臭素酸又は臭素酸イオンはオゾン注入率が高いほど、また接触時間が長いほど生成量が増加し、活性炭での除去は期待できないとされる[1]。原水が海水や工場排水の影響を受けて臭化物イオン濃度が高い場合にはさらに生成量が多くなるため、オゾン注入量に注意が必要である。オゾン処理設備は、空気源設備、オゾン発生設備、オゾン反応設備、排オゾン処理設備から構成される。オゾンは不安定なので、空気あるいは酸素を原料として現場で発生させることになる。空気源設備は、オゾンの原料となる空気又は酸素を冷却、乾燥させてオゾン発生器に送るもの。オゾン発生器は、空気又は酸素を原料として無声放電法等によりオゾンを発生させる。オゾン反応設備は、発生したオゾンを水に溶解・接触させる接触槽とこれをさらに進行させる滞留槽からなる。溶解・接触させる方式として散気管方式（図19参照）、下方注入方式（Uチューブ方式）（図20参照）及びインジェクタ方式があり、散気管方式はオゾンと原水を向流で接触させ反応を進行させる方式（向流式オゾン接触槽）であり、下方注入方式は下降管内でオゾンの溶解・接触を行い、上昇管内で接触と滞留の働きをさせる方式である。また、インジェクタ方式はインジェクタ内の加圧水にオゾンガスを吸引させ、反応槽へ噴出させるもので、反応槽が接触槽と滞留槽の両方の機能を持つ。

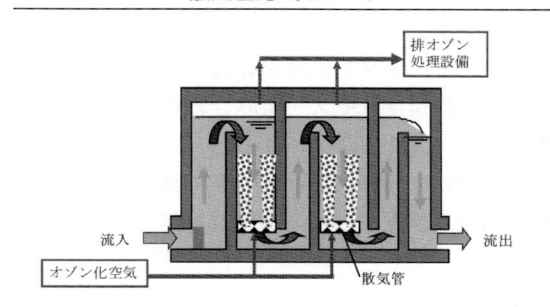

オゾンは粘膜等に強い刺激を引き起こすなど有害な物質である。そのため反応槽等の設備は耐オゾン材料を使用し、覆蓋を設ける等密閉構造としなければならない。さらに反応槽に注入したオゾンの一部が未反応のまま覆蓋内に滞留することもあるため、この排オゾンを分解し無害化する必要

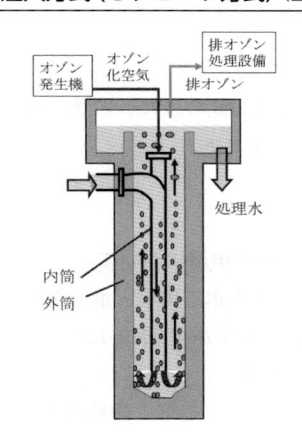

がある。このための設備が排オゾン処理設備であり、熱分解、活性炭吸着と触媒による分解が多用されている。オゾン処理を導入する場合は、後段に粒状活性炭プロセスを組み合わせなければならない。

この点について、現行法令等におけるオゾン処理に関する規程（抜粋）を以下に参考として示す。

参考①：
「水道施設の技術的基準を定める省令」
（平成12年厚生省令第15号）
（浄水施設）
第5条　（略）
8　オゾン処理設備の後に、粒状活性炭処理設備が設けられていること。

参考②：
「水道事業認可の申請について」
（昭和52年厚生省水道環境部水道整備課）（通知）
五　新たな浄水方法の取扱いについて
（一）オゾン処理
　厚生省の「オゾン処理の設備指針」によると、オゾンの使用は、主として脱臭を目的としているが、脱色を目的とする場合も、オゾン処理が最も効果的と考えられる場合に限り、処理施設の設置を検討すること。
　また、脱臭、脱色にオゾン処理を行う場合は、原則として活性炭吸着を併用すること。オゾン処理を行う場合は、その前に処理効果実験等を十分行うこと。
　オゾン処理施設について維持管理計画を作成し、認可申請書に添付するとともに事業体はこの維持管理計画に基づいて管理を行い操作の安全性を確保すること。

参考③：
「水道施設設計指針2000」（平成12年、日本水道協会）
5.15　オゾン処理設備
5.15.1　総則
　オゾン処理は、塩素よりも強いオゾンの酸化力を利用し、異臭味及び色度の除去、消毒副生成物の低減を目的として行われる。
　オゾンは、有機物と反応して副生成物を生成するので、オゾン処理では活性炭処理を併用しなければならない。
　オゾン処理を行う場合、その処理目的により注入点、注入率等を考慮する必要があり、その決定に当たっては、実験プラントで確認することが望ましい。（以下略）

以上のように、日本ではオゾンと有機物の反応による副生成物への懸念からそれらを吸着除去しうる粒状活性炭をオゾン処理の後段に設置することが規定されている。しかし海外ではオゾン処理の後に粒状活性炭処理を設けていないところもある。

(3) 生物処理

　一般に微生物の分解作用を利用して、アンモニア性窒素や臭気原因物質を除去する処理方法である。しかし、水道の場合一般的に生物処理という場合には、通常の凝集沈澱処理等の前段で原水を対象として処理（前処理）を行う場合をいい、特にアンモニア性窒素の多い原水は浄水処理で塩素剤の消費が増大するため、過剰な薬剤使用の防止を目的として本方式が導入される。方式としては、微生物を付着繁殖させた担体を水中に浸漬させた浸漬ろ床方式（図21参照）、微生物が付着した円板を回転させつつ直径の半分ほどの深さの水中に浸漬する回転円板方式（図22参照）、槽内に微生物を繁殖させた担体を充填し、上向き又は下向きに原水を流し生物との接触により酸化処理を行わせる生物接触ろ過方式（図23、24参照）等がある。
　いずれも生物化学的反応を利用するため、原水に適度の栄養分や溶存酸素があることが条件であり、また水温が低い場合には生物機能の低下が生ずるので注意が必要である。

(4) 高度処理の水質別処理実績

　一般的に高度処理の対象となる水質項目について原水濃度別の浄水処理方式別浄水件数割合を

浸漬ろ床方式（図21）

充填材／原水／処理水／排泥

回転円板方式（図22）

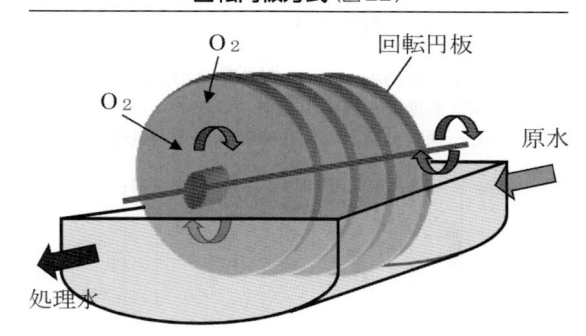

O_2／回転円板／原水／処理水

生物接触ろ過方式（下降流）（図23）

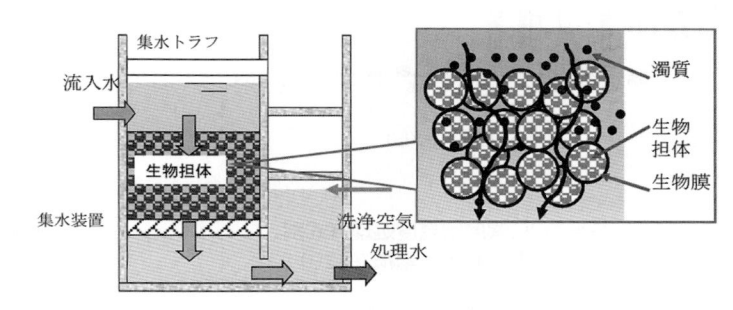

集水トラフ／流入水／生物担体／集水装置／洗浄空気／処理水／濁質／生物担体／生物膜

生物接触ろ過方式（上向流）（図24）

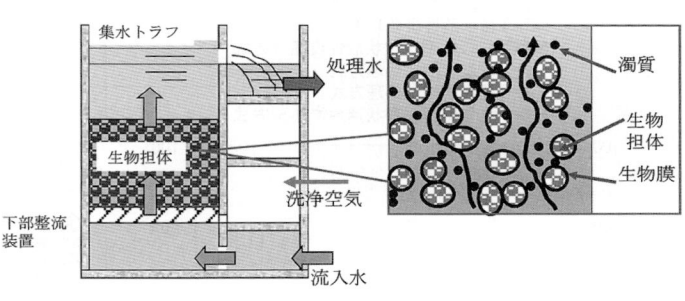

集水トラフ／処理水／生物担体／下部整流装置／洗浄空気／流入水／濁質／生物担体／生物膜

原水ジェオスミン濃度別処理方式別浄水場数の割合・累積（図25）

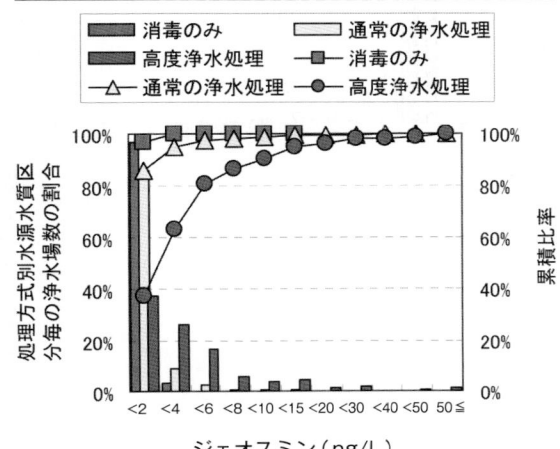

消毒のみ／通常の浄水処理／高度浄水処理

横軸：ジェオスミン（ng/L）　<2, <4, <6, <8, <10, <15, <20, <30, <40, <50, 50≦
左縦軸：処理方式別水源水質区分毎の浄水場数の割合
右縦軸：累積比率

原水2-MIB濃度別処理方式別浄水場数の割合・累積（図26）

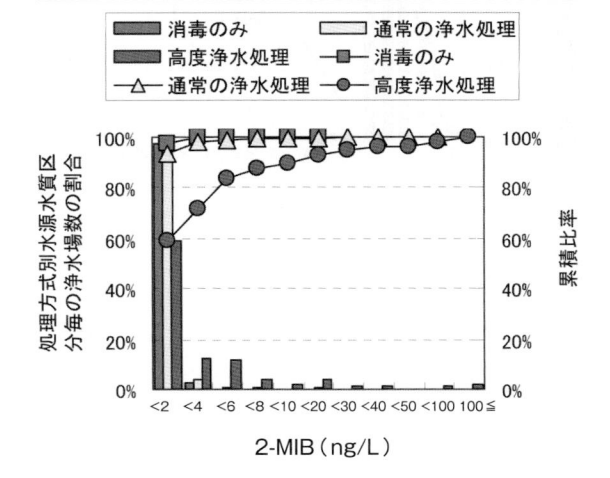

消毒のみ／通常の浄水処理／高度浄水処理

横軸：2-MIB（ng/L）　<2, <4, <6, <8, <10, <20, <30, <40, <50, <100, 100≦
左縦軸：処理方式別水源水質区分毎の浄水場数の割合
右縦軸：累積比率

19章　分野別水処理技術　755

原水TOC濃度別処理方式別浄水場数の割合・累積（図27）

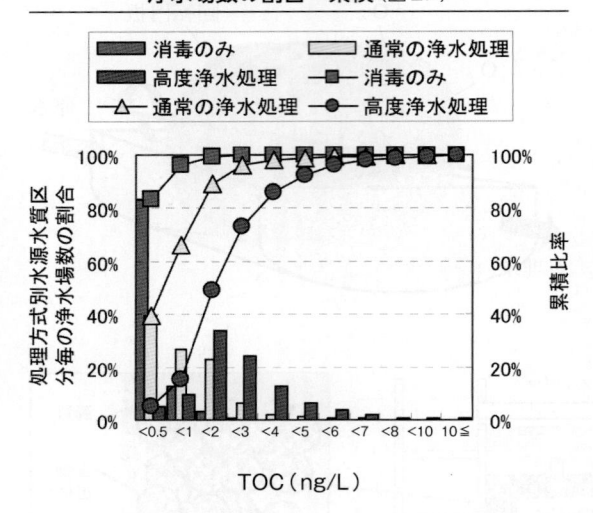

原水色度濃度別処理方式別浄水場数の割合・累積（図28）

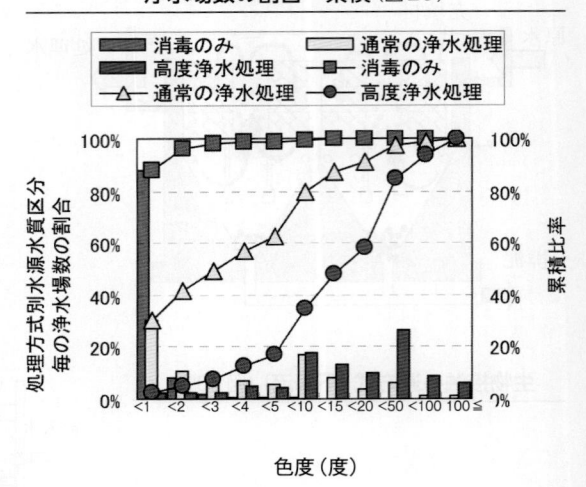

浄水TOC濃度別高度処理方式別浄水場数の割合・累積（図29）

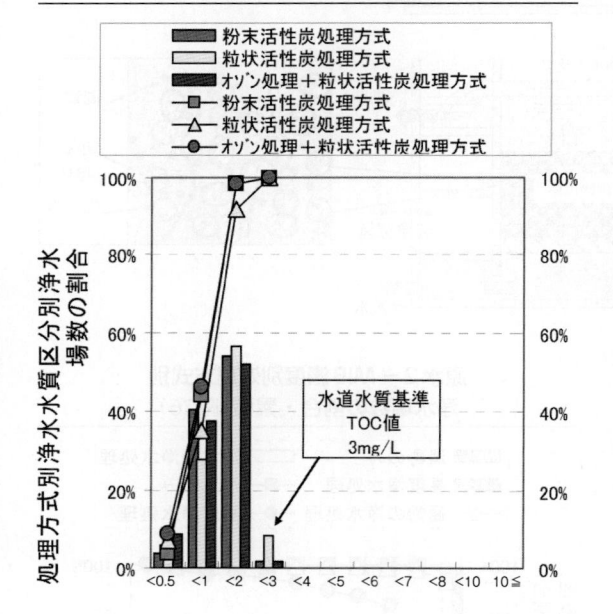

浄水ジェオスミン濃度別高度処理方式別浄水場数の割合・累積（図30）

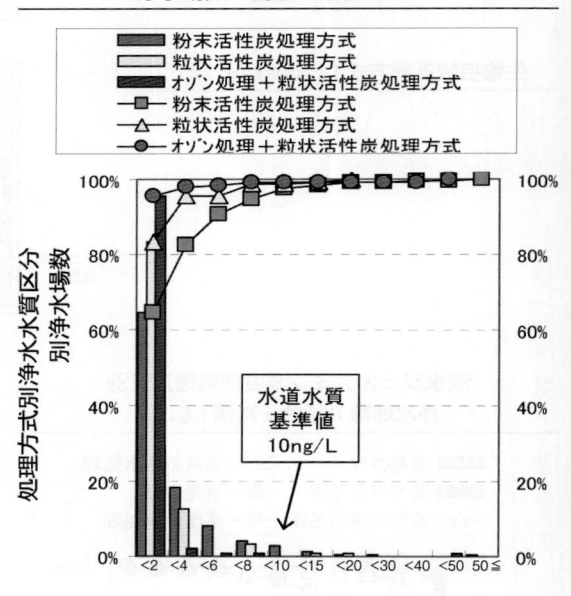

**浄水2－MIB濃度別高度浄水処理方式別
浄水場数の割合・累積**（図31）

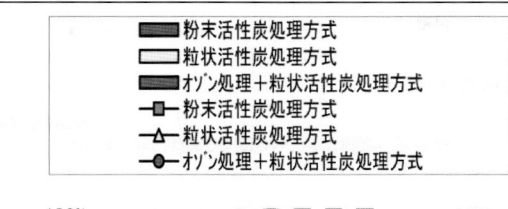

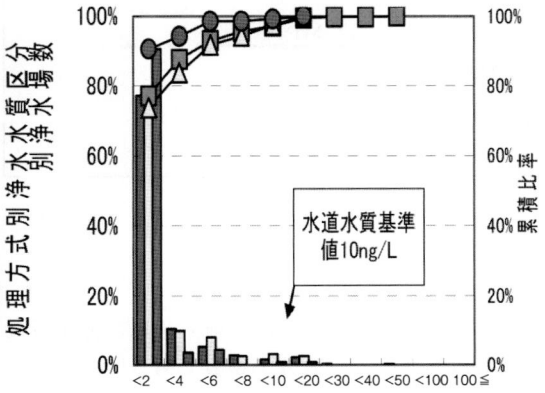

図25～28、浄水水質別高度処理方式別の浄水場数割合を図29～図31に示す（平成21年3月（財）水道技術研究センター「水道事業における高度浄水処理の導入実態及び導入検討等に関する技術資料」（2009年）より）。

図25～28から、有機物の指標項目に対しては、その原水濃度が上がるにつれて高度処理の導入件数が増えていることが判る。

高度処理方式別の浄水水質の区分を示す図29～31において、TOCでは粉末活性炭、粒状活性炭及びオゾン＋粒状活性炭でそれほど差がないが、臭気成分であるジェオスミン、2－MIBではオゾン＋粒状活性炭による濃度低下が顕著であり、これはオゾンの効果を裏付けている。

参考文献
1)「高度処理施設の標準化に関する調査報告書」p190、（財）水道技術研究センター、2009年、「新しい浄水技術」p186、（財）水道技術研究センター編、技報堂出版、2005年

4 膜ろ過処理システム

膜ろ過は化学反応も相変化も伴わず、圧力差によって膜に水を通し、懸濁物質やコロイドを物理的に分離するプロセスである。膜ろ過の長所は次のような点である（渡辺義公、国包章一監修「水道膜ろ過法入門（改訂版）」(2010年)p8より転載)。
・原水中の懸濁物質やコロイドなど、膜の特性に応じて一定上の大きさ(粒径又は分子量)の不純物を確実に除去することができる。
・自動運転が容易である。
・浄水場に必要な用地の面積が少なくて済む。
・凝集剤の使用量が少なくて済む（ゼロにすることができる場合もある）。
・浄水施設の建設工期が短くなる。

しかしその反面、溶解性成分は基本的に除去が難しいこと、膜のファウリング（汚れ）に伴う目詰まりとこれを除去する定期的な薬品洗浄や、さらには膜自体の交換が必要であること、圧力をかけてろ過するためにポンプ電力が必要であること等の短所もある。

膜ろ過に関する重要な因子として、膜ろ過流束と操作圧力がある。

① 膜ろ過流束（flux：フラックス）

単位時間に膜の単位面積を通過する水の量で、$m^3/(m^2・日)$（＝m/日）で表す。砂ろ過におけるろ過速度と同じ考えでよい[1]。MF膜、UF膜では一般的に0.5～5$m^3/(m^2・日)$が多い[2]。

② 操作圧力（膜差圧）

膜ろ過は、膜への水の供給側で加圧するか、出口側で吸引するかでろ過を行う。すなわち膜間における差圧（膜差圧）でろ過を行い、このためには通常ポンプを使用する。

ろ過の継続に伴って操作圧力は上昇するが、最大でMF膜、UF膜で200kPa～300kPa（ほぼ2.0～3.0kgf/cm^2）程度である[3]。

代表的な膜の適用範囲（図32）

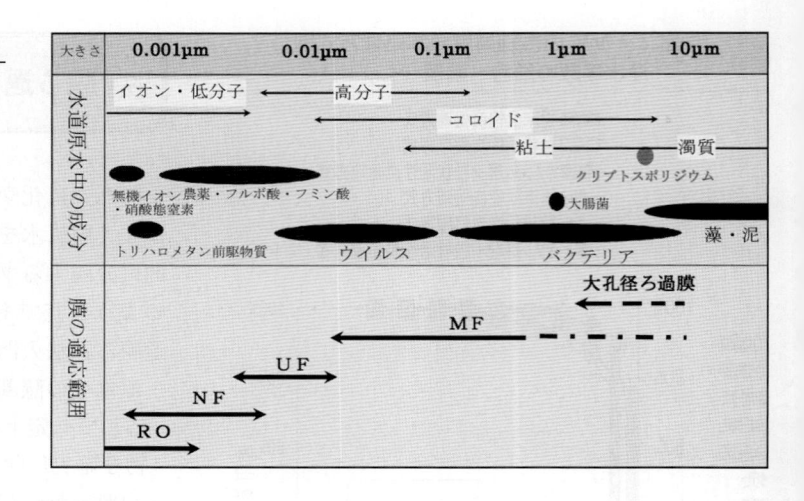

(1) 膜ろ過の概要

① 膜の種類

水道原水中の各成分の大きさと浄水処理に用いられる代表的な膜の適用範囲を図32に示す。

ⓐ 精密ろ過膜（MF膜：Microfiltration）

精密ろ過膜は0.01〜10μm程度の孔径を有する。浄水処理に使用される膜は一般的に0.01〜2μm程度であり、この孔径よりも大きいコロイド、懸濁粒子、菌体の除去に用いられる。クリプトスポリジウムの除去を目的とする場合、2μm程度の大口径膜が使用される場合がある[4]。

ⓑ 限外ろ過膜（UF膜：Ultrafiltration）

ふるい機能に基づき、限外ろ過膜を用いて、分子の大きさで分離を行う。水道用の限外ろ過膜は細孔径では0.01μm以下と定義され、分画分子量で膜の性能を表している。浄水処理に用いられる膜の分離対象は、分子量10,000〜200,000程度の高分子物質、コロイド、タンパクなどであり、これより小さい分子量の物質やイオンなどは分離できない[5]。

ⓒ ナノろ過膜（NF膜：Nanofiltration）

限外ろ過膜と逆浸透膜の中間に位置する浸透膜を用いるものである。分離対象は、分子量最大数百程度までの低分子物質である[6]。

ⓓ 逆浸透膜
（RO膜：Reverse Osmosis membrane）

真水と海水等の溶液を半透膜を境にして接すると、両者の溶質濃度を等しくするように半透膜を通して真水側から溶液側に水が移動する。一定の水位差（浸透圧）を生じて水の移動が停止するが、この水位差以上の圧力を溶液側にかけると水が逆に真水側に移動する（逆浸透現象）。この原理を使って水を得る方法を逆浸透法と称し、その膜を逆浸透膜という。主に、海水淡水化や硝酸性窒素除去等に使用される。

② 膜の材質

膜の材質と記号は次のとおり。

ⓐ 有機膜

有機高分子化合物を素材とする膜の総称で、高分子膜、合成膜とも呼ばれる。比較的柔軟で、成形加工が容易であり、中空糸膜、チューブラ膜、平膜などがある。
セルロース（C）、酢酸セルロース（CA）、ポリアミド（PA）、ポリアクリロニトリル（PAN）、ポリエチレン（PE）、ポリエーテルスルホン（PES）、ポリプロピレン（PP）、ポリ

膜モジュールの種別（図33）

- ケーシング型
  - 円筒状膜
    - 中空糸型
    - 管状型
    - モノリス型
  - 平膜
    - スパイラル型
- 槽浸漬型
  - 円筒状膜
    - 中空糸型
    - 管状型
  - 平膜
    - シート型
    - 回転平膜型

ケーシング収納方式（図34）

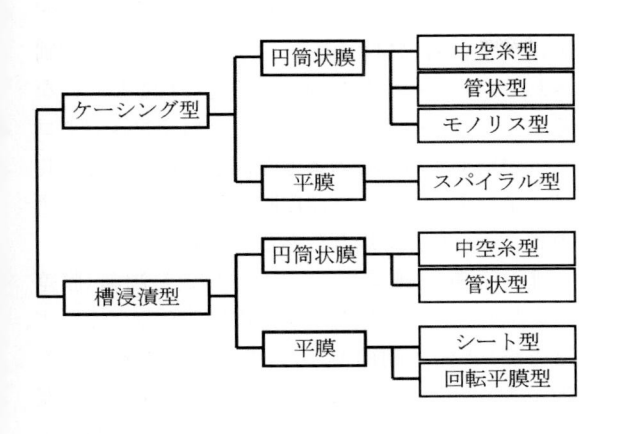

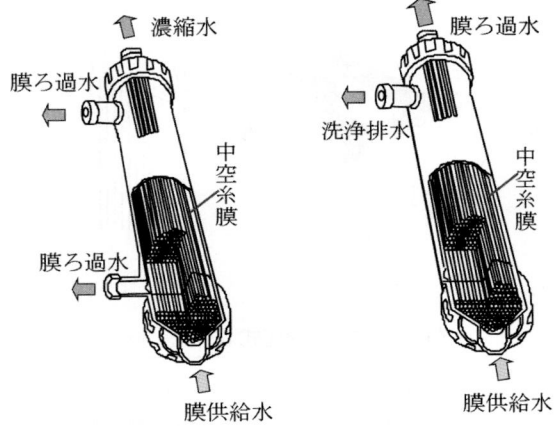

スルホン（PS）、ポリビニルアルコール（PVA）、ポリフッ化ビニルデン（PVDF）、ポリテトラフルオロエチレン（PTFE）

ⓑ **無機膜**

無機物を素材とする膜の総称。セラミック膜、カーボン膜、ガラス膜などがある。

セラミック（CE）

③ 膜モジュールの種類と膜ろ過法の分類

水道で使用される膜は、形状により中空糸型、平膜型、管型、モノリス型、スパイラル型に分けられる。膜モジュールは膜の収納方式により、ケーシング収納方式と槽浸漬方式に大別される。膜モジュールの種別を図33に示す。

ⓐ ケーシング収納方式

膜エレメント（膜とその支持体及び流路材などの部材を一体化したもの）をケーシング（圧力容器）に収納し、膜モジュールとして使用するものをいう。一般には、ポンプでケーシング内に膜供給水を圧入することによりろ過を行う。この形式のモジュールには、内径0.5～2mm程度のMF膜、UF膜中空糸膜が用いられている。ケーシングには、これらの中空糸膜を数千～数万本束ねたものが収納されている。中空糸膜の両端は開口しており、接着剤などにより固定（ポッティング）されている。例を図34に示す。

ⓑ 槽浸漬方式

管型膜、中空糸膜又は平膜をケーシングのような圧力容器には格納せず、槽にそのまま浸漬して水位差や吸引ポンプを用いてろ過を行うものである。ケーシングを必要としないため、既設の槽にそのまま適用することが可能である。

また、比較的高濁度の膜供給水に対しても安定して処理できる。例を図35に示す。

また、膜への通水方向により外圧式と内圧式がある。外圧式は膜供給水を膜面の外側から内側に通水するもので、内圧式はこれと逆の方向に通水するものである。これらを図36に示す。

次に膜ろ過方式としては、全量ろ過方式（あるいはデッドエンドろ過）とクロスフローろ過方式がある。全量ろ過方式は、膜供給水を循環させることなく、砂ろ過と同じく全量をろ過する方式である。クロスフローろ過方式は、膜供給水を膜面に沿って流す一方、膜ろ過水は膜供給水と直角方向に流れるようにするろ過方式で、ケーシングに収納された膜モジュールに供給された膜供給水の一部を循環し、膜面に平行な力を与えることで膜

槽浸漬方式（図35）

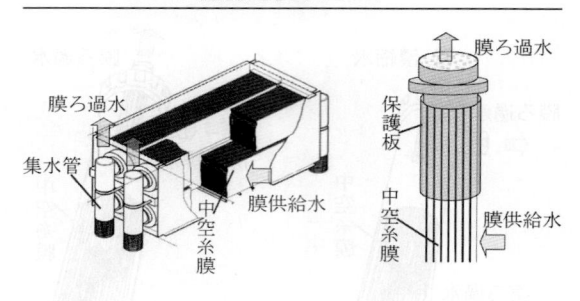

外圧式（左）、内圧式（右）（図36）

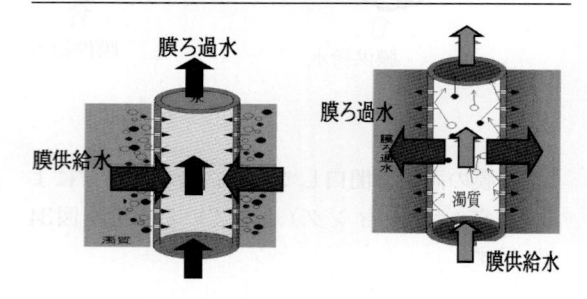

膜ろ過方式の例（図37）

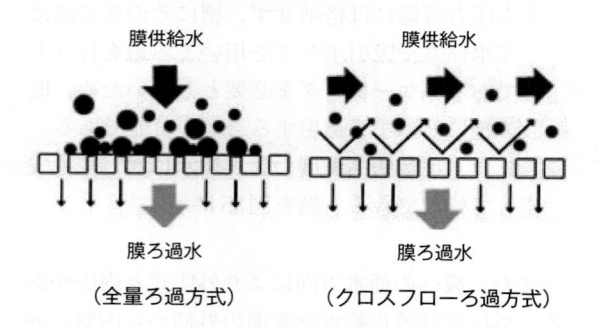

（全量ろ過方式）　（クロスフローろ過方式）

供給水中の懸濁物質やコロイド物質などのファウリング物質の膜面への付着や体積を抑制しながらろ過を行う方式である。この循環する膜供給水（循環水又は濃縮水という。）は時間の経過と共に濃縮していくことになる。これらの模式図を図37に示す。

コスト的に見ると、全量ろ過方式はクロスフローろ過方式のような平行流を必要としないた

め、動力費は少なくて済む。クロスフローろ過方式は、一般に膜面における平行流速が大きいほど膜面への付着物質の堆積（ファウリング）が抑制されるため、高い膜ろ過流束が得られることになる。しかし、膜面での高流速のためランニングコストが増加する。このような観点から、低濁度時は全量ろ過を行い、高濁度時にクロスフローろ過方式に切り替える場合もある。

膜の運転制御方式としては、定流量制御（膜差圧を制御し、膜ろ過流量が定流量になるようにする方法）と定圧制御（膜差圧を一定に保持してろ過する方法で、ろ過抵抗、水温で膜ろ過流量が変動する）があるが、膜ろ過では定流量制御が一般的な方法である。

(2) 精密ろ過膜（MF膜）、限外ろ過膜（UF膜）の浄水処理システム

浄水処理に用いられる精密ろ過膜（MF膜）、限外ろ過膜（UF膜）によって得られる膜ろ過水の水質について有意な差はない。濁度の除去に関しては、0.01度以下の良質な水質が安定して得られるとされる[7]が、溶解性物質（溶解性マンガン、溶解性色度等）は精密ろ過法、限外ろ過法では除去できず、粉末活性炭等他の溶解生物質除去の単位プロセスと組み合わせる必要がある。以下図38に膜ろ過を導入した浄水処理の基本的なフロー例を示す。

① 膜ろ過による浄水処理システム

原水が清澄な場合は、膜ろ過と消毒のみで処理が可能であるが、原水水質が比較的悪く、あるいは不安定であり、また膜ろ過処理の可能性を高めるために、前処理プロセスを付加して浄水処理システムを構成することができる。前処理としては酸化、凝集のみ、凝集沈澱、凝集（沈澱）＋砂ろ過等、pH調整がある。

ⓐ 酸化

微生物によるスライムの発生防止、鉄・マンガンの酸化・除去のために使用される。通常の前塩処理と同様な目的であり、酸化剤として次

膜ろ過による浄水処理フローの例（図38）

① 凝集剤を使用しない最も軽易な方式

原水 → 膜ろ過 → 処理水

② マイクロフロックを形成しろ過する方式

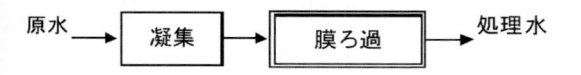

原水 → 凝集 → 膜ろ過 → 処理水

③ 濁度の高い原水を処理する場合の方式

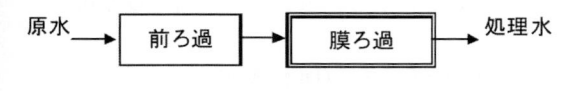

原水 → 前ろ過 → 膜ろ過 → 処理水

④ 色度成分等がある場合の方式

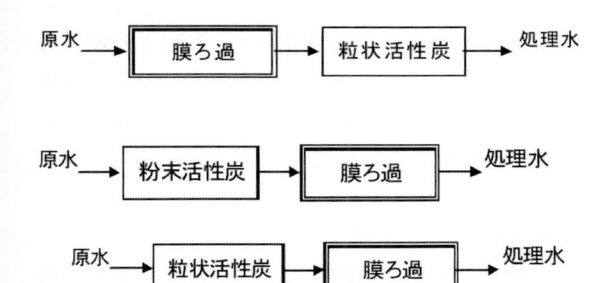

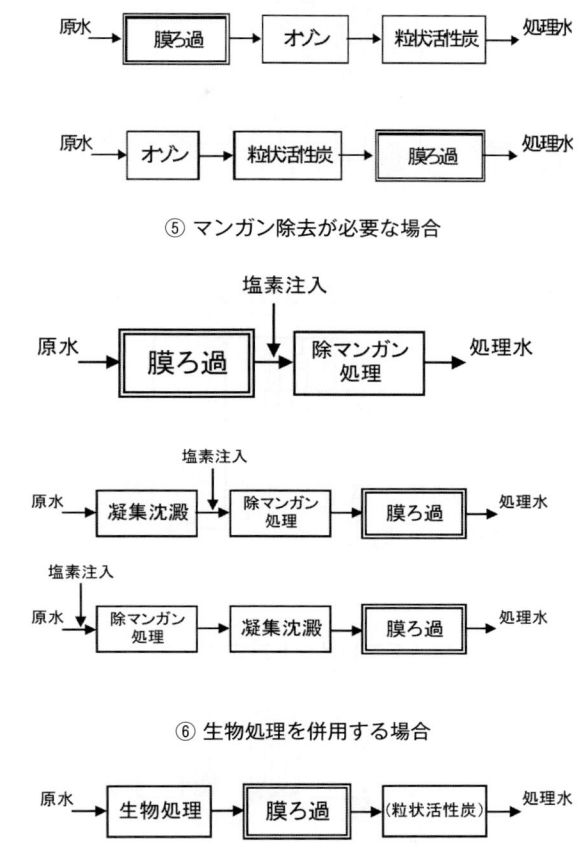

原水 → 膜ろ過 → 粒状活性炭 → 処理水

原水 → 粉末活性炭 → 膜ろ過 → 処理水

原水 → 粒状活性炭 → 膜ろ過 → 処理水

原水 → 膜ろ過 → オゾン → 粒状活性炭 → 処理水

原水 → オゾン → 粒状活性炭 → 膜ろ過 → 処理水

⑤ マンガン除去が必要な場合

原水 → 膜ろ過 →（塩素注入）→ 除マンガン処理 → 処理水

原水 → 凝集沈澱 →（塩素注入）→ 除マンガン処理 → 膜ろ過 → 処理水

原水 →（塩素注入）→ 除マンガン処理 → 凝集沈澱 → 膜ろ過 → 処理水

⑥ 生物処理を併用する場合

原水 → 生物処理 → 膜ろ過 →（粒状活性炭）→ 処理水

（渡辺義公、国包章一監修「水道膜ろ過法入門（改訂版）」（2010年）より一部改変して掲載、及び一部追加）

亜塩素酸ナトリウムが用いられる。

ⓑ 凝集のみ

原水の濁度が比較的高い場合に、懸濁物質やコロイド等の除去のために導入されるが、通常沈澱設備を設けずに凝集フロック形成後直ちに膜ろ過処理が行われる。凝集剤としてはポリ塩化アルミニウム等が用いられる。

ⓒ 凝集沈澱

凝集後、沈澱設備により沈澱処理を経た後、膜ろ過される方式である。

ⓓ 凝集（沈澱）＋砂ろ過等

凝集後、砂ろ過や繊維ろ過により荒いフロックを除去した後、膜ろ過が行われるもの。

ⓔ pH調整

原水pHが高い場合、最適凝集pHを保つため、酸注入等が行われる。硫酸、塩酸等が使用される。

ケーシング収納加圧方式（全量ろ過方式）（図39）

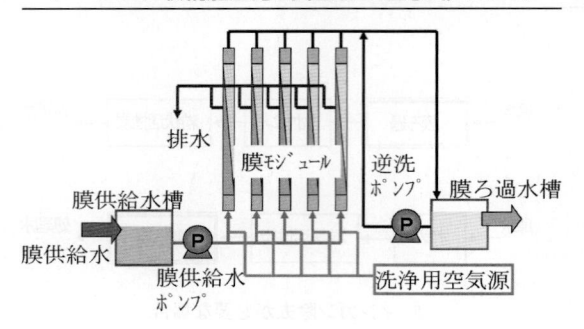

ケーシング収納加圧方式（クロスフロー方式）（図40）

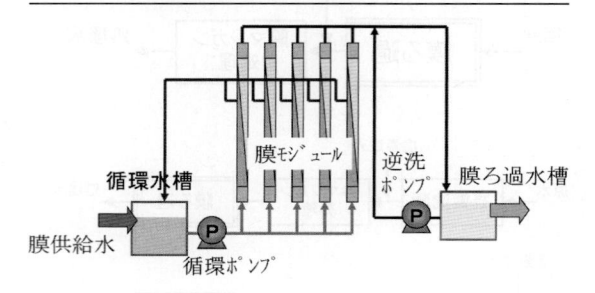

マルチエレメント方式（図41）

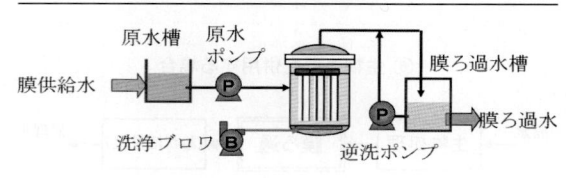

槽浸漬方式（図42）

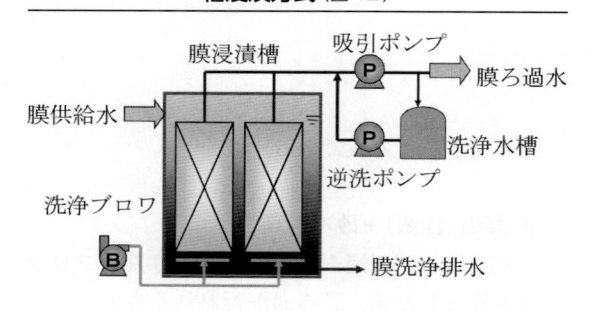

水位差利用方式（図43）

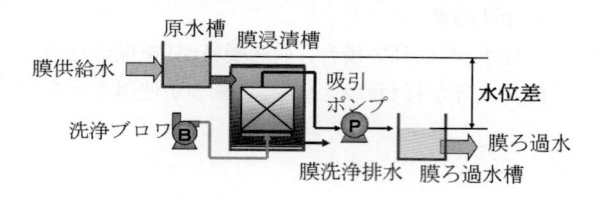

② **膜ろ過設備例**

ⓐ **ケーシング収納加圧方式（図39、40参照）**
ケーシング収納型の膜モジュールを使用して、ポンプ等で加圧し膜供給水をろ過する方式。全量ろ過方式とクロスフローろ過方式に分けられる。

ⓑ **マルチエレメント方式（図41参照）**
一つの収納容器の中に複数の膜モジュールを装填し、ポンプ等で加圧・ろ過する方式。

ⓒ **槽浸漬方式（図42参照）**
一つの収納容器（槽など）の中に複数の膜モジュールを装填し、吸引にてろ過する方式。

ⓓ **水位差利用方式（図43参照）**
一つの収納容器の中に複数の膜モジュールを装填し、原水槽と膜ろ過水槽の水位差を利用してろ過する方式。吸引ポンプと併用する場合もある。また、原水槽（又は着水井）と膜ろ過水槽の水位差が大きい場合、ケーシング収納型にも適用可能である。

ⓔ **ハイブリッド型**
槽浸漬式膜ろ過装置に生物が付着しやすい粉末活性炭などの担体を投入し、生物処理による溶解性物質の除去と膜による不溶解性物質の除去を同時に行うシステム。ただし、生物処理の処理性は原水水質、水温の影響を受ける点に留意すること。

③ **膜の洗浄**

膜ろ過を長期間継続すると、膜ろ過水の減少や膜ろ過圧力の上昇、いわゆる膜ろ過性能の低下が生ずる。これは膜表面における砂などの微粒子、スライム、藻類等の付着や膜細孔の目詰まり・流路閉塞を生ずるためであり、これを膜のファウリングと称している。このため、膜を定期的に洗浄し、ファウリングを取り除き膜ろ過性能を回復させることが必要になる。

膜の洗浄には物理洗浄と薬品洗浄があり、膜の

維持管理における重要な操作となっている。膜のファウリングには大きく分けて、可逆的ファウリングと非可逆的ファウリングに大別され、日常的な物理洗浄で除去されるものを可逆的ファウリングと称し、その操作では元に戻らないファウリングを非可逆的ファウリングといい、薬品洗浄はこの非可逆的ファウリングを主に対象とする洗浄操作である。物理洗浄と薬品洗浄の関係を膜ろ過抵抗（膜差圧）との関係で模式的に示したものが図44である。

このように膜差圧の変化は局所的には微小なジグザグを繰り返し、時間の経過と共に上方へ伸びていき、薬品洗浄によって急激に低下するが、再び同様な変化を示す。実際の膜ろ過操作圧力（膜差圧）の変化を図45、46に示す。

ⓐ 物理洗浄

薬品をほとんど使用せず、膜ろ過水や空気を使用して物理的に膜を洗浄する方式である。膜ろ過による浄水処理で日常的に行われる操作で、一般にろ過継続時間10〜120分に一回定期的に[8]（所用時間1〜数分）行われる。

ろ過方向と逆側から膜ろ過水を通水し逆洗する「逆圧洗浄方式」、外圧式の中空糸、平膜又は管型膜において膜を上昇する気泡で膜を揺動させ、上昇気泡の剪断力を利用して膜表面に付着したファウリング物質をふるい落とす「空気洗浄方式（エアースクラビング）」、外圧式中空糸膜において膜内面に空気圧をかけ、膜面を膨張させると共に膜内部のろ過水で洗浄する「空気圧洗浄方式」、さらに高流速で原水を膜面に通し、膜面の付着物を洗い流す「フラッシング洗浄方式」等がある。フラッシング洗浄方式を除いて、膜ろ過水を使用し、通常は残留塩素が含まれている。膜モジュールの物理洗浄は、上記の洗浄方法を単独で行うのではなく、逆圧洗浄と空気洗浄などを組み合わせて行う場合が多い（図47、48）。

物理洗浄と薬品洗浄の関係（図44）

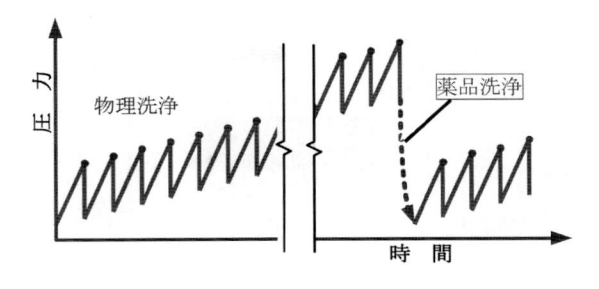

実際の膜差圧変化の例（1）（図45）

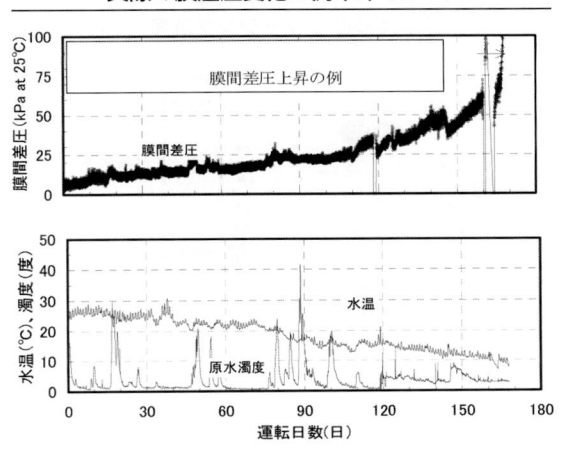

（（財）水道技術研究センター
「環境影響低減化浄水技術開発研究 (e-Water)」
成果報告会テキスト（2005年）より一部改変して掲載)

実際の膜差圧変化の例（2）（図46）

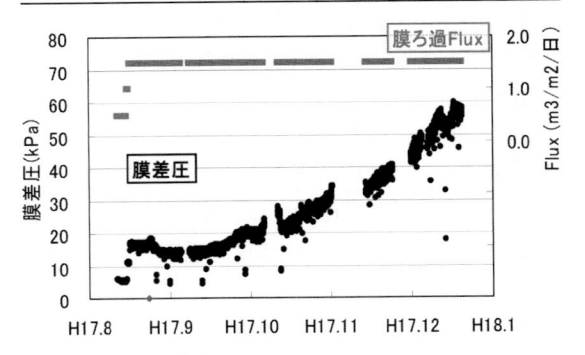

（（財）水道技術研究センター
「安全でおいしい水を目指した高度な浄水処理技術の確立に関する研究 (e-Water Ⅱ)」
成果報告書（3/3）（2008年）より転載)

物理洗浄の概要（図47）

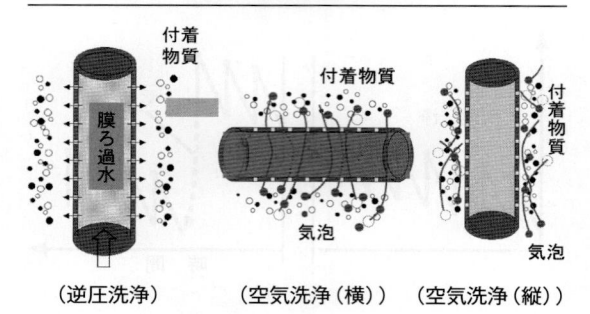

（逆圧洗浄）　（空気洗浄（横））　（空気洗浄（縦））

空気圧洗浄及びフラッシング洗浄（図48）

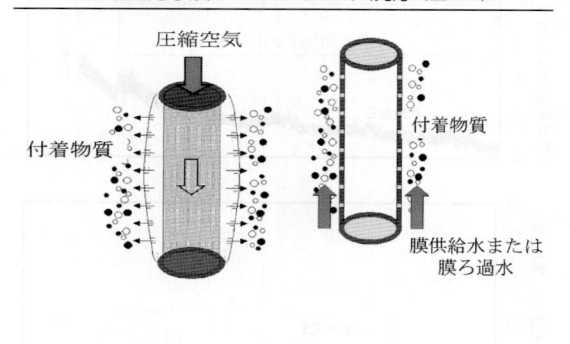

ⓑ **薬品洗浄**

　膜ろ過においては、日常的に実施する物理洗浄以外に定期的に膜の薬品洗浄が必要となる。薬品洗浄とは、長期間の運転で膜のファウリングが進行し、物理洗浄では十分にそのろ過性能が回復できない状態に達したときに、薬品を使用して膜差圧を回復させる方法である。使用する薬品は膜ファウリング物質により異なるが、一般的には有機物による汚染にはアルカリ（水酸化ナトリウム）や酸化剤（次亜塩素酸ナトリウム）が使用される。鉄、マンガンのような無機物の場合には、酸（塩酸、硫酸、シュウ酸、クエン酸など）が使われる。いずれにしても、膜の耐薬品性、ファウリング物質の種類と量を考慮して選択する必要がある。

　薬品洗浄の頻度は、原水水質、凝集剤の有無、膜ろ過流束等の運転条件、さらにはファウリングによる膜間差圧の状況により異なるが、通常は数ヶ月に1回程度とされる。薬品洗浄の方式としては、オフサイト洗浄、オンサイト・オフライン洗浄、オンサイト・オンライン洗浄方式がある。オフサイト洗浄は、小規模の膜ろ過施設に適用されるもので、薬品洗浄の対象となる膜を施設外に搬出し、工場等で洗浄した後膜ろ過施設に戻す方式である。オンサイト・オフライン洗浄は、施設内に薬品洗浄設備を設け、本体の膜モジュールを取り外し、洗浄設備で薬品洗浄・リンス（水による洗浄）を行った後膜ろ過浄水処理ラインに戻す方式である。オンサイト・オンライン洗浄方式は、膜モジュールを膜ろ過浄水処理ラインに置いたまま、洗浄用薬液を膜ろ過設備にポンプ等で圧送・循環させる方法、薬液を膜ろ過設備に送った後、一定期間浸漬保持する方法がある。薬品洗浄の最後には水による洗浄（リンス）を十分行わなければならない。多くの場合、使用薬品は強いアルカリ性又は酸性であるため、洗浄後の確認はpH値の測定などによって行う。このように数ヶ月間に1回程度行う薬品洗浄の他に、それより比較的短い期間で、膜差圧があまり上昇しない内に薬品洗浄を行うCEB（Chemical Enhanced Backwash）と称される方式も導入されている[9]。

④ **膜の損傷**

　膜に関するトラブルとしては、膜の破断とモジュール及び収納容器等の破損が考えられる。膜が破断すると正常なろ過が行われないから、ろ過水質にも濁度の上昇等影響が生ずる場合がある。

　このような膜の損傷等を検知する方法として、運転中に膜の破断等による濁度や微粒子の数が増大する現象を連続的に捉えて膜破断を検知する間接法と、原則として運転を停止して圧力や気泡の状況等により膜の破断等を直接的に検知する直接法がある。膜の損傷の検出感度（濁度）については、0.05度、0.1度等の例がある。また、濁度の検知に関する監視頻度は原則常時監視であり、前記検出感度が検知された場合に運転停止や直接法による検知を実施することにしている例が見られる。直接法には、膜モジュールの流入もしくは流出側

に一定圧力を保持し、圧力低下速度で膜の破断等を検知する方式（プレッシャーホールド法）、膜が正常であれば空気を通さないことから膜の流入側から加圧空気を送り流出側から気泡が検知されれば膜の損傷があると判断する方式、膜の流入側から所定の方法で圧力を上昇させ、膜からの気泡が流出するときの膜差圧を測定し膜の完全性を確認する方法（バブルポイント試験）がある。例えば、圧力保持試験の場合「使用圧力を約100KPaに設定し、圧力減衰速度が10分間に6KPa以上減衰した場合に膜損傷と判断する」という方式である。使用圧力や圧力保持時間は膜の材質等を考慮して設定する。

⑤ 膜の交換

膜寿命は膜材質の劣化と膜の閉塞とによって決まるが、膜素材自体の劣化が原因で膜交換が必要になるケースは少ないとされる。むしろ、原水中に含まれる様々な有機物質や無機物質による不可逆的なファウリングが進行し、薬品洗浄を実施しても膜のろ過性能を十分に回復させることが困難になり、それが原因で膜交換を行っているのが現状である。計画した薬品洗浄間隔を保つことが出来なくなった場合、薬品洗浄後の膜（間）差圧等の回復率が90％未満となった場合、モジュール内の全中空糸数の5％以上に損傷が認められた場合、中空糸の伸度が一定値以下となった場合（材質の劣化を示す）等、膜の交換に関する判断目安の例がある[10]。この膜の交換は、膜ろ過施設の維持管理費に占める割合としても大きいため、予算計上の観点からも適切な交換時期の把握が求められている。

⑥ マンガン、溶解性有機物対策

ⓐ 鉄、マンガン

膜ろ過の場合、不溶解性の鉄、マンガンであれば容易に除去できる。溶解性については除去できないため、前処理もしくは後処理と膜ろ過を組み合わせることになる。この前後処理で十分に鉄、マンガン共に除去すれば運転上問題はないが、処理が不十分な場合は、膜ファウリングを起こすことがある。鉄は塩素等により容易に酸化され原水中から除去されるが、マンガンの場合は難しいので実際上はマンガン処理として別途処理プロセスが付加される場合が多い。マンガン酸化物の付着したろ材を用いるマンガン接触酸化塔（槽）などが使用される。

ⓑ 溶解性有機物質

溶解性有機物質や異臭味成分等についてはMF膜、UF膜では除去されないので、これらの物質の除去に、膜ろ過装置の前に粉末活性炭接触槽を設け粉末活性炭が注入される。その後凝集剤が注入され、膜ろ過で除去される。浸漬方式の膜ろ過の場合、浸漬槽で沈降したスラッジを粉末活性炭接触層へ循環させることにより粉末活性炭の有効利用を図ることが出来る。

(3) ナノろ過（NF膜）

① 概要

ナノろ過膜の主な役割は、消毒副生成物、農薬、臭気物質、硬度成分その他塩類等溶解性物質の除去である。農薬の除去に関しては、活性炭吸着法やオゾン処理による酸化分解法があるが、活性炭吸着法は除去できる農薬が限られ、オゾン処理ではアルデヒド類や臭素酸などの副生成物に留意する必要がある。ナノろ過は膜による差はあるものの、適当な膜を選択することにより、農薬に対しても十分高い阻止率を得ることができる。ナノろ過により除去可能な物質は活性炭処理の対象物に近いので、原則として活性炭処理を行う必要はない。ナノろ過膜は大部分が膜支持層（スポンジ層）の上に極めて薄いスキン層（分離機能層を塗布した複合膜構造）を有している。ナノろ過膜の分離性能は、このスキン層の素材によって支配される。

② ナノろ過システム

ⓐ システムの概要

ナノろ過の一般的なシステムは、膜モジュールの収納方式はケーシング収納型、ろ過方式はクロスフローろ過方式で、物理洗浄はフラッシング洗浄が一般的である。

クリスマスツリー方式(図49)

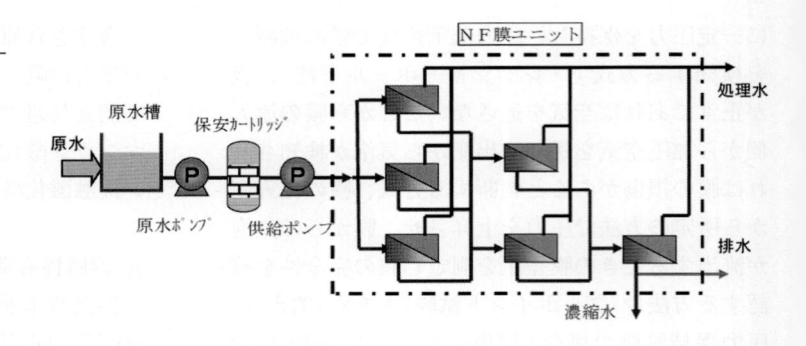

図49 クリスマスツリー方式

ポンプ循環式(図50)

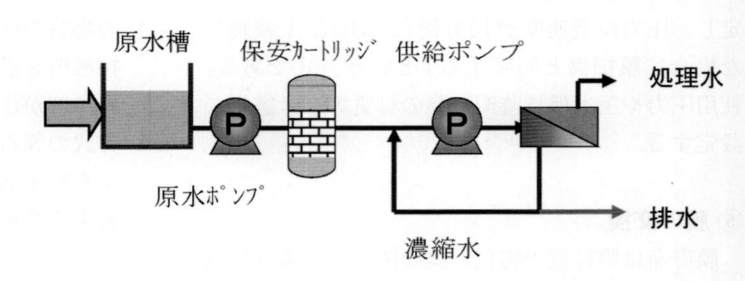

図50 ポンプ循環式

ⓑ 運転方式

・クリスマスツリー方式(多段バンク方式)

　ナノろ過膜は、MF膜、UF膜に比べて分離対象物質の大きさが小さく、したがって膜の細孔径が小さい。そのため、膜の閉塞が起こりやすく、これを出来るだけ避けるためにろ過方式としてクロスフローろ過方式が採用されている。これは循環水量が多くなり、一回だけのろ過では水回収率が低くなる(1モジュール当りの回収率は通常は50%程度[11])。そこで水回収率を高める(90%以上)ために、モジュール配列を多段にするクリスマスツリー方式が用いられる。すなわち、第1段目(第1バンク)から第2段(第2バンク)、第3段(第3バンク)へとろ過されるにつれて、循環水の濃度が上がり、かつ水量が減少するためケーシングの数が減り先細りになることからクリスマスツリーを連想させるためである。この方式は端末で濃縮水を系外へ排出する。図49に3バンク方式を示す。

・ポンプ循環方式(1バンク・リサイクル方式)

　処理水量が比較的少ない場合に採用される方式である。回収率を高めるために循環水(濃縮水)の一部を膜ろ過供給水に戻しろ過を行うと共に、その循環水の一部を系外に排出するもの。図50にポンプ循環方式を示す。

ⓒ 前処理設備

　ナノろ過では、膜面の目詰まり及び劣化を防止するため、清澄な地下水を原水とする場合を除いて、原則として前処理により濁質等を除去する必要がある。前処理方法には、MF膜、UF膜を用いた膜ろ過法と凝集沈澱・砂ろ過に代表される急速ろ過法に大別される。MF膜、UF膜を前処理として用いる場合は、コロイド成分を完全に除去することにより、ナノろ過膜の汚染を防止でき、ナノろ過膜の薬品洗浄サイクルを延長できる。

ⓓ 後処理設備

　ナノろ過は、硬度成分の除去及び炭酸ガスの

透過による膜ろ過水中の溶解炭酸ガスのために、ランゲリア指数、pH値が低下する傾向にあり、必要に応じてpH調整設備、他の処理水とのブレンド設備を必要とする場合がある。

ⓔ 排水処理設備

ナノろ過からの濃縮水は、有機物等が原水に比べて濃縮されているため、原水へは返送せずに系外に排水する。排出水については排水先の排水基準に照らして問題とならない水質にして排出しなければならない。排水処理が必要な場合には、MF膜・UF膜ろ過、凝集沈澱排水の処理とは処理方法が異なるため、これらの前処理とは区別して処理することが望ましい。

(4) 施設の維持管理

① 寒冷地対策

室内温度が低下した場合、運転を長期間停止する場合には、所定の時間ごとに強制運転や物理洗浄を行い膜モジュールや浸漬槽内の凍結を防止する必要がある。特に有機膜の場合は、残塩が無くなると細菌の繁殖等が起こり膜に悪影響を与えるため残塩のあるろ過水で物理洗浄を定期的に行うことが必要である。

② 結露対策

膜ろ過施設内と原水水温の温度差により、配管等に結露を生ずる場合がある。結露は設備の腐食や環境及び安全上の問題を引き起こすため、配管の断熱施工、施設内空調や除湿器の設置、排水溝、床面の水切り勾配の設置等の対策を行う。

③ 高濁度対策

一般に、MF膜、UF膜では100度を超える濁度の原水に対しても、凝集剤の添加等により良好な膜ろ過性能を保持できるとされるが、結果として物理洗浄の間隔が短くなるので、水量的に余裕のある場合は、運転停止も高濁度原水への対策となる。特に膜ろ過設備は運転停止が極めて簡単であるからこのような対策は有効である。

参考文献
1)「水道膜ろ過法入門（改訂版）」p26、渡辺義公、国包章一監修、日本水道新聞社、2010年
2)「浄水膜（第2版）」p208、浄水膜（第2版）編集委員会、技報堂出版、2008年
3)「水道膜ろ過法入門（改訂版）」p27、渡辺義公、国包章一監修、日本水道新聞社、2010年
4)、5)、6)「浄水技術ガイドライン 2010」p92、（財）水道技術研究センター、2010年
7)「浄水膜（第2版）」p42、浄水膜（第2版）編集委員会、技報堂出版、2008年
8)「浄水膜（第2版）」p219、浄水膜（第2版）編集委員会、技報堂出版、2008年
9)「浄水技術ガイドライン 2010」p104、（財）水道技術研究センター、2010年
10) Aqua10科研費研究「膜ろ過施設の維持管理の高度化等」に関する調査結果（2009年度）から
11)「水道膜ろ過法入門（改訂版）」p36、渡辺義公、国包章一監修、日本水道新聞社、2010年

5 消毒システム

水道法第22条衛生上の措置として、「水道事業者は、厚生労働省令の定めるところにより、水道施設の管理及び運営に関し、消毒その他衛生上必要な措置を講じなければならない。」、と定めており、これを受けて厚生労働省令第17条衛生上必要な措置として、その第1項第3号で「給水栓における水が、遊離残留塩素を0.1mg/L（結合残留塩素の場合は0.4mg/L）以上保持するように塩素消毒をすること。（以下略）」と定めている。このように日本の水道では、「塩素」によって消毒し、その効果である「（遊離）残留塩素」が「給水栓で0.1mg/L以上」保持されるように決められている。したがって、浄水処理を行った最終的な処理水に対して消毒を行うが、その際の消毒剤は塩素系であり、かつその効果を給水栓末端まで保持することが必要とされる。すなわち消毒の効果は、給水末端でのみ満たされれば良いというものではなく、消毒の効果が途中で失われることなく、浄水場出口から送水管、配水管そして給水管を通して連続的に満たされることが重要である。なお、塩素についても消毒ではなく、浄水処理で前塩素や中間塩素として酸化剤として使用される場合もあり、これと同様な働きをするものとしてオゾン、過マンガン酸カリウム、二酸化塩素、紫外線等が

あるが、いずれも上記の条件を満たすことができないため最終消毒剤としては認められていない。

(1) 塩素処理

通常の浄水処理では、塩素処理として原水着水井からの流入部付近で注入される前塩素、凝集沈澱が終了した後でろ過池へ流入する前の沈澱処理水に注入される中間塩素（中間塩素を行う場合には前塩素の停止又は中間塩素を断続的に行う場合が多い。また併用する場合もある。）、そして全ての処理が終了した後に最終消毒目的としての後塩素処理がある。前塩素、中間塩素とも消毒というよりは主に塩素による酸化を目的とした処理であり、例えばアンモニアの酸化、鉄の酸化、さらにはろ過池におけるマンガンの酸化等がその例である。また当然細菌類やクリプトスポリジウム等を除く病原微生物等も不活化するからその意味では消毒も行われていることになる。しかし前記水道法における給水栓における残留塩素確保という意味での消毒は主に後塩素処理がその役割を担うことになる。

消毒（酸化）の効果を表す指標としてCT値が使用される。ここでCは消毒剤（塩素等）の濃度（mg/L）であり、Tは消毒剤との接触時間（分）である。CT値は消毒の効果と共に消毒の対象となる病原生物の消毒に対する耐性をも示すものである。したがってCT値が大きいほど消毒に強く、換言すると当該対象物に対して消毒の効果が低いことを示す。例えば、水温5℃で99%不活化に必要なCT値は、塩素に対して大腸菌（E.coli）は0.034〜0.05mg・min/Lであり、クリプトスポリジウムは脱嚢試験で7200mg・min/Lである[1]。これによりクリプトスポリジウムに対しては塩素がほとんど無力であることが判る。しかし通常の細菌、ウイルス等に対してはCT値で2程度（例えば、遊離塩素濃度0.8mg/Lとして接触時間は2.5分）で効果があると言われていて[2]、塩素による細菌類の消毒効果は大きい。CT値は消毒剤濃度と接触時間の積であるから、濃度が小さい場合には、同等の消毒効果を得るために接触時間を大きくしなければならない。したがって、塩素注入量と同様に、適正な接触時間を確保することも重要である。

(2) 消毒に使用される薬品

① 消毒剤の種類と特徴

塩素系消毒剤としては、塩素、クロラミンがある。

ⓐ 塩素

塩素は消毒剤として次のような特徴を持っている。
・廉価である。
・残留性がある。
・少量で消毒の効果が大きい。
・多量の水に対して混合が容易である。
・水に溶けた塩素そのものは通常の範囲で健康への問題はなく、無味である。
・水のpHにより、消毒の効果が左右され、pHが高くなるほど消毒効果が低下するため注入量を多くしなければならない。
・原水中の前駆物質と反応し消毒副生成物（THM）を生成する。

塩素剤の種類としては、液化塩素、次亜塩素酸ナトリウム、次亜塩素酸カルシウムが一般的である。液化塩素は、塩素ガスを液化して容器に充填したものである。塩素ガスは空気より重く（0℃で空気の2.488倍）、刺激臭のガスであり、毒性が強いので取り扱いには十分注意しなければならず、一般高圧ガス保安法等の法の適用を受ける。液化塩素中の有効塩素はほぼ100%であるから、他の塩素剤に比較して貯蔵容量は少なくてすみ。また品質は安定している。次亜塩素酸ナトリウムは、市販のものと浄水場において塩水を分解して生成するものがある。市販次亜塩素酸ナトリウムは、有効塩素濃度が5〜12w/w%（重量パーセント）程度の淡黄色の液体で、強いアルカリ性（pH13〜14）を示す。アルカリ性が強く、有効塩素量が低いために注入量が多くなり結果的に処理水のpHが高めに

なる傾向も見られるから、消毒の効果については適時十分な確認が必要である。濃度の高いものほど不安定で、貯蔵中に有効塩素が減少する。液化塩素に比べて安全性や取り扱い性も良いが、溶液から分離する気泡（酸素）が配管やポンプ内に溜まり、溶液の流れを阻害する（エアロック）ので十分な配慮が必要である。生成次亜塩素酸ナトリウムは、使用する現場において塩水を電気分解し、有効塩素濃度1～5w/w%程度の次亜塩素酸ナトリウムを生成する。弱アルカリ性（1%でpH8～9、5%で10～11）である。消毒剤の貯蔵量は10日分以上と規定されているが、生成した次亜塩素酸ナトリウムの貯蔵量は1～2日程度とし、後の足りない分は主に原料の塩で貯蔵するので災害時にも安全である。生成時には水素を発生するので、希釈して屋外放出を行う。次亜塩素酸カルシウム（高度さらし粉を含む）は、粉末、顆粒及び錠剤があり、有効塩素濃度は60w/w%以上で保存性が良い。発展途上国の小規模浄水場に使用される例が多い。

ⓑ クロラミン（結合塩素）

遊離塩素がアンモニア化合物と反応してモノクロラミン、ジクロラミン、トリクロラミンが生成するが、この3成分をクロラミンという。この内モノクロラミン、ジクロラミンが結合塩素と称され、消毒剤としての効果を有している。消毒効果は遊離塩素より劣る。例えば、塩素と同等の効果を発揮するためには、濃度で25倍、接触時間で100倍といわれている[3]。またCT値で比較すると大腸菌99%不活化に遊離塩素（pH6～7）ではCT値=0.034～0.05（mg·min/L）であるのに対して、クロラミン（pH8～9）では95～180（mg·min/L）となり[4]、クロラミンの消毒効果が塩素に比べて極めて小さいことが判る。したがって単独での使用は限定されるが、水源が良好な場合や、浄水過程で微生物に対する対応が十分になされている場合は、残留性に非常に優れることや配管系のバイオフィルム（生物膜）の形成抑止に効果があること、ト

リハロメタン等の有害消毒副生成物の生成が少ないこと等から使用が期待されている。しかし、いわゆるカルキ臭として異臭味の原因ともなること、またクロラミンを消毒剤として使用する場合、塩素消毒された配水系等と混合されると消毒効果が消滅する危険性、等があるので導入時には十分な検討が必要である。

(3) 消毒処理

消毒は浄水処理工程における最終段階であるから、その前段の処理工程において濁質はもちろん有機物、病原微生物、消毒副生成物前駆物質、さらには鉄、マンガンの低減化をどのレベルまで達成できているかを常に把握しておく必要がある。最終消毒過程ですでにそれらの処理がほぼ完全であれば、給水栓末端までに消費される塩素量を最低限にして消毒用塩素注入量を決定できる。また、その量は最低に抑えることができ、これによって塩素による消毒副生成物の生成も最小限に抑えることができる。しかし、これらの処理が不十分であれば、送配水系統における残留塩素の低減が生じる。すなわち消毒副生成物の生成や配管内における鉄・マンガンの酸化沈着が生ずる。したがって給水栓での残留塩素確保のためには浄水場出口で高めの塩素注入が必要となってしまう。実際に、クリプトスポリジウム等の対策のためろ過池管理（その前段である凝集沈澱処理も含めて）を厳密にしたところ、送水管内での残留塩素の消費が低減し、したがって消毒のための塩素注入量を低減することができた例もある。いずれにしても、最終消毒としての塩素注入量は、前段の浄水処理工程での残留分と送配水系統での消費を考慮して決めることになるが、実際的には浄水場出口水で一定値を確保するように注入される。

(4) 消毒剤の選定と注入

① 消毒剤の選定

塩素とクロラミンが対象となる。クロラミンは塩素と比べて消毒効果が低いため、使用できるの

は塩素消費量が極めて低い場合に限られる。よって、クロラミンが使用できるのは人為汚染のほとんどない清澄な原水における後塩素のみである。これ以外は、基本的に消毒剤として塩素を使用する。

② 消毒剤の注入位置

消毒剤としての塩素が浄水処理工程のどこで注入されるかの例を挙げる。最終消毒としての後塩素以外は基本的に酸化剤として使用されるが、ここでは同じ消毒剤として扱う。

ⓐ 緩速ろ過（図51）
・緩速ろ過の前段では、緩速ろ過池砂層表面の微生物群へ影響を及ぼすため、前・中間塩素は行わない。

緩速ろ過の例（図51）

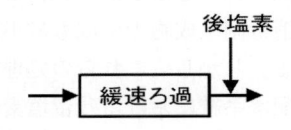

ⓑ（a）凝集沈殿＋急速ろ過（図52）
・原水の有機物濃度が低く、トリハロメタンの生成が余り問題とならない場合の例であり、前塩素と中間塩素を行う場合である。また、沈殿池等での藻類の繁殖を防止するために極少量の前塩素が常時注入される場合もある。
・原水にアンモニア態窒素が含まれる場合には、後塩素の消費を避けるため前塩素によりアンモニア態窒素の酸化をしておくことが望ましい。
・原水中に溶解性マンガンが含まれる場合、ろ過池での除マンガンのために中間塩素で確実な対応を図る。

ⓒ（b）凝集沈殿＋急速ろ過（図53）
・原水の有機物濃度が高く、溶解性マンガンが存在する場合には、トリハロメタン対策のため原水中の有機物をできるだけ凝集沈殿で除去し、その後ろ過池での除マンガンを行うために中間塩素のみを行う場合である。但し、この場合でも沈殿池等の藻類の繁殖を防止するため断続的に前塩素が注入される場合がある。

ⓓ 粉末活性炭＋凝集沈殿＋急速ろ過（図54）
・原水の有機物濃度がやや高く、前塩素と中間塩素を行う例である。
・原水中に藻類が多く含まれ、塩素処理による異臭味の増加が問題となる場合には、前塩素の前の取水地点などで塩素を注入し（前々塩素）、予め藻体内の異臭味を放出させた後、浄水場内にて粉末活性炭により異臭味を吸着除去するもの。
・原水中にアンモニア態窒素や藻類があまり含まれない場合には、トリハロメタン等の生成を抑制するため前塩素は中止することが可能。
・溶解性マンガンは中間塩素によりろ過池で除去する。

ⓔ 凝集沈殿＋粒状活性炭＋急速ろ過（図55）
・原水の有機物濃度がやや高く、後塩素に加え中間塩素を行う例である。前塩素を行わないため粒状活性炭は生物活性炭（BAC）となり、アンモニア態窒素の除去も可能となる。
・粒状活性炭の前で前塩素を行う場合は、前塩素で生成した消毒副生成物が粒状活性炭で吸着される。この場合、粒状活性炭は生物活性炭にならない。
・溶解性マンガンは中間塩素によりろ過池で除去される。

ⓕ 凝集沈殿＋オゾン＋粒状活性炭＋急速ろ過（図56）
・原水の有機物濃度が高い場合の例であるが、中間塩素までの段階で消毒副生成物前駆物質が低減されているので、溶解性マンガン除去のために中間塩素を行う。
・オゾン処理の後段には粒状活性炭処理が義務

づけられている。

ⓖ **凝集＋前ろ過＋膜ろ過**（図57）
・原水の有機物濃度が低く、後塩素に加え前塩素を行う例。膜の前段に除マンガンが必要な場合に、マンガン砂との組み合わせで採用されることが多い。膜の差圧上昇防止のために膜ろ過の前段で前塩素処理を行うこともある。

(5) 貯蔵管理

① 液化塩素の貯蔵

液化塩素の貯蔵には、容器による貯蔵と貯槽による貯蔵がある。容器による貯蔵設備は、50kg又は1tの容器が使用される。容器には圧力計、緊急遮断弁等の付属機器が取り付けられ、塩素の消費量や残量を監視するための台秤又は計量器の他、1t容器を搬入・搬出するためのホイスト設備などで構成される。

貯槽による貯蔵設備は、一般に10～50tの横置円筒形貯槽が使用されている。貯槽には液面計、圧力計、安全弁、緊急遮断弁等の付属機器が取り付けられている。この他、タンクローリーで搬入した液化塩素を、乾燥圧縮空気により貯槽へ移送するための空気源設備などで構成される。各々の設備については、法令に基づく頻度で試験・検査及び点検を行わなければならない。

高圧ガス保安法では、液化塩素を1t以上貯蔵して消費する施設を「特定高圧ガス消費施設」、3t～10t未満を貯蔵する施設を「高圧ガス第二種貯蔵所」、10t以上を貯蔵する施設を「高圧ガス第一種貯蔵所」、また処理するガス容積が100m³/日以上の設備を使用して製造するものを「高圧ガス製造施設」と区分して、設置に当たっては事前に都道府県知事に届け出又は申請による許可を必要としている。

② 次亜塩素酸ナトリウムの貯蔵

次亜塩素酸ナトリウムは、「労働安全衛生法施行令」による危険物に該当し、次亜塩素酸塩類が規制を受けるが、次亜塩素酸ナトリウム溶液は規

凝集沈澱＋急速ろ過の例（図52）

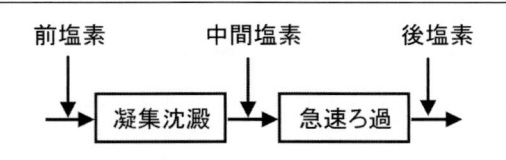

前塩素 → 中間塩素 → 凝集沈澱 → 急速ろ過 → 後塩素

凝集沈澱＋急速ろ過（中間塩素）の例（図53）

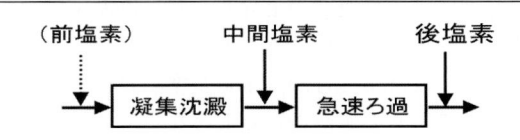

（前塩素）→ 凝集沈澱 → 中間塩素 → 急速ろ過 → 後塩素

粉末活性炭の使用例（図54）

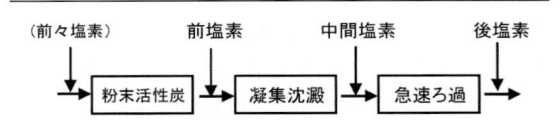

（前々塩素）→ 粉末活性炭 → 前塩素 → 凝集沈澱 → 中間塩素 → 急速ろ過 → 後塩素

粒状活性炭の使用例（図55）

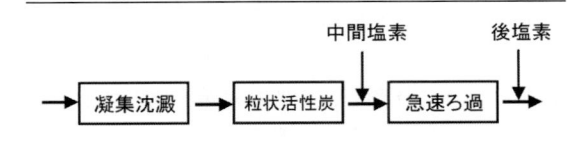

凝集沈澱 → 粒状活性炭 → 中間塩素 → 急速ろ過 → 後塩素

オゾン処理の例（図56）

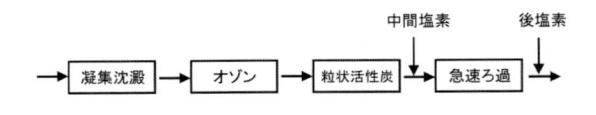

凝集沈澱 → オゾン → 粒状活性炭 → 中間塩素 → 急速ろ過 → 後塩素

膜ろ過の例（図57）

前塩素 → 凝集 → 前ろ過 → 膜ろ過 → 後塩素

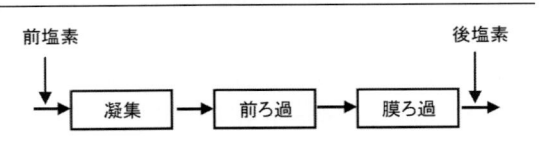

制の対象外となっている。使用量に応じて容器又は貯槽により貯蔵する。次亜塩素酸ナトリウムは直射日光、特に紫外線により分解が促進され、また温度の上昇と共に有効塩素濃度が低下するので、貯槽又は容器は直射日光を当てないよう室内に設置するのが望ましい。特に、次亜塩素酸ナトリウムを長期間貯蔵した場合、そのものや製造時の不純物として含まれる臭素酸の分解により人体に有害な塩素酸濃度が上昇し、特に高温下での貯蔵により顕著に増加することが知られている。塩素酸は平成20年4月から水質基準項目に追加され飲料水での基準値が0.6mg/Lとなっている。したがって、長期間貯蔵する場合には、貯槽建屋の冷房や貯槽自体の冷却による低温保管に努めることが必要である。また臭素酸は高温下でも濃度は変化しないが、高温や長期間の貯蔵による有効塩素濃度の低下に伴う次亜塩素酸ナトリウム注入量自体の増加により、臭素酸濃度が上昇する場合もあるので注意が必要である。近年の塩素酸及び臭素酸の水質基準強化に対応するため、平成22年1月に従来の水道用薬品規格（JWWAK120）の1級～3級の規格に加えて次亜塩素酸ナトリウムの特級仕様が追加制定された。また、次亜塩素酸ナトリウムの受け入れや貯蔵において硫酸アルミニウムやポリ塩化アルミニウム（PAC）と混合することの無いように注意し、必要な対策を講じておくこと。これは混合によって有毒な塩素ガスが発生するためである。

③ 次亜塩素酸カルシウムの貯蔵

次亜塩素酸ナトリウムに準ずる。特に密封乾燥した冷暗所で可燃性物質、爆発性物質を避けて貯蔵する。

(6) 注 入

① 液化塩素の注入

一般に塩素使用量が20kg/h未満の場合には、塩素貯蔵容器から直接注入機により注入するが、20kg/h以上の場合は、容器面に熱を供給して液化塩素を気化させる塩素気化器を使用して一旦ガス化した後注入機により注入する。また、原水や浄水に注入する場合には、インジェクタで塩素ガスと圧力水を混合し、塩素水として注入する湿式真空注入機が一般的に使われている。

② 次亜塩素酸ナトリウムの注入

注入方式には、自然流下方式、インジェクタ方式及びポンプ式がある。自然流下方式は、貯槽又は小出し槽を注入点付近に設置する。注入点付近に注入機を設置し原液注入するため、注入量変更時に対して応答性が良く、注入遅れが少ない。また注入管内での気泡障害が少なく安定注入が可能である。インジェクタ方式は、インジェクタにおいて圧力水と次亜塩素酸ナトリウムを混合し塩素水として注入点に送る方式である。水と混合されているため注入点での混合効果は良い。ポンプ方式は、ダイヤフラム式、一軸偏心ネジ式等計量（定量）ポンプにより注入点に送液する方式で、注入量の制御範囲広い。次亜塩素酸ナトリウムの場合、含有する遊離アルカリと圧力水（インジェクタ水）中の硬度成分が反応して炭酸カルシウム等が析出しやすい。特に硬度が高い場合にはスケールとしてインジェクタ出口部、注入管の上流部、底部、屈曲部、弁類等に多く付着する。また原液で注入する場合も注入点付近にスケールが付着するので定期点検時等に除去作業を行う。また、次亜塩素酸ナトリウムの分解によって発生する酸素ガスは配管内で微細な気泡となり、ポンプ吸い込み側配管内や注入機内部の流路閉塞を招きやすく注入の不安定化をもたらすので注意し、適時ガス抜き操作を行う。

(7) 消毒副生成物等とその対策

① トリハロメタン（THMと略称される）

メタン（CH_4）の水素原子3個が、塩素、臭素あるいはヨウ素に置換された有機ハロゲン化合物の総称である。天然に存在する有機着色成分であるフミン質やそれと類似の安定有機化合物（トリハロメタン前駆物質）が含まれる水道原水を浄水処理の過程で塩素処理すると生ずる。その中には

クロロホルム等発ガン物質であることが明らかになっているものもある。

トリハロメタンが生成・増加する要因としては、次のようなことが挙げられる。
・水道原水中にトリハロメタン前駆物質である有機物が多く含まれている。
・注入する塩素の量が多い。
・塩素との接触時間が長い。
・pHが高い。
・水温が高い。

以上のような条件の下で、トリハロメタンは増加するので、そのような条件を考慮して浄水処理や塩素の使用に留意すること。

② 中間塩素処理 (図58)

中間塩素処理とは凝集沈殿した後の沈殿処理水に塩素を注入するものである。トリハロメタンは前駆物質が多ければ多いほど増加するので、前塩を停止した上で、凝集沈殿によって原水中の懸濁性有機物等を除去した後に塩素を注入するものである。これはまた、塩素との接触時間の低減や塩素注入量の削減にもつながり、THMの生成を抑制することになる。溶解性マンガンの酸化除去は通常ろ過池で塩素の存在下で行われるので、そのために塩素が沈殿処理水に注入される。沈殿処理水と十分な撹拌混合が行われる場所に注入することが重要である。また、カビ臭の原因物質が凝集沈殿により除去された後塩素を注入するので、カビ臭の低減にも有効である。

③ 追加塩素 (注入) 処理 (図59)

追加塩素処理は、送配水過程で減少する塩素を途中で追加する方法である。浄水場から出た浄水は送配水管を経て供給されるが、給水栓末端での残留塩素確保の観点から末端までの距離が長くなるほど後塩素の注入量が多めになる傾向がある。そのため濃度の高い残留塩素との接触時間が大きくなりTHMの増加を促進することになる。また、浄水場から近い給水区域では残留塩素が高濃度にならざるを得ない。したがって、浄水場出口での塩素注入量を最低限に抑え、途中の配水池等で追

中間塩素処理の概要 (図58)

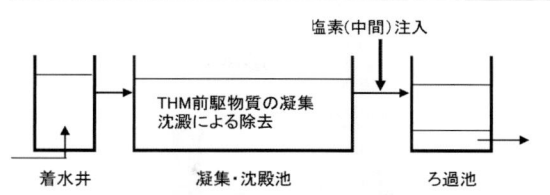

THM生成の原因物質を沈殿池で除去したあとに塩素を注入→THMの低減

追加塩素処理の概念 (図59)

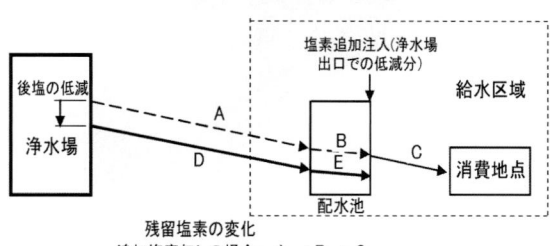

残留塩素の変化
追加塩素無しの場合：A→B→C
追加塩素有りの場合：D→E→C

加的に次亜塩素酸ナトリウムが注入される。これによってトリハロメタンの増加を抑え、さらに給水区域全体における残留塩素濃度の均等化を図ることができる。

(8) 二酸化塩素

トリハロメタン等の有害消毒副生成物を生成せず、残留性もあり消毒効果も高い。アンモニアと反応しない。また、塩素と異なりpH6～10の範囲では消毒効果にpHは余り影響しない[5]。ただし注入、管理の方法が完全には確立されていないため浄水処理システムの前段又は中間で注入することに限定されており、その後に塩素処理をしなければならない。したがって日本では二酸化塩素は消毒剤として使用されえず、酸化剤としての使用にとどまっている。ヨーロッパやアメリカでは消毒剤として使用されている。また、分解生成物の亜塩素酸イオンはオゾン処理によって塩素酸（イオン）に酸化される。塩素酸は水質基準項目

紫外線処理装置の構成例（図60）

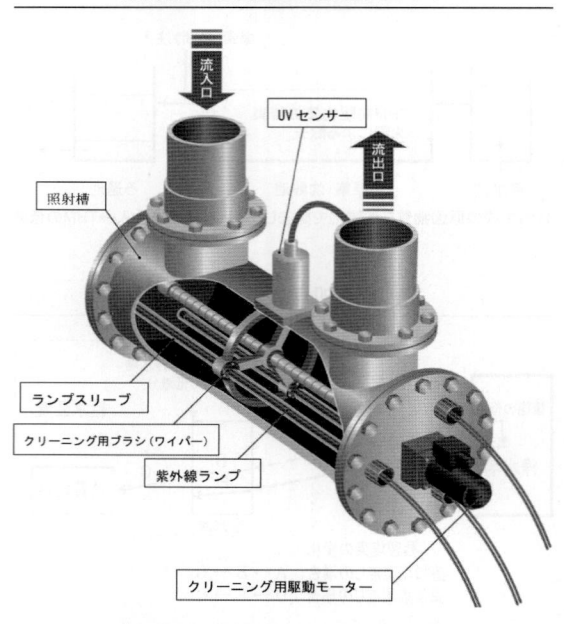

（「地表水以外の水への適用における紫外線処理設備維持管理マニュアル」p12、（財）水道技術研究センター、2009年）

紫外線処理装置
（上：外観、下：内部の紫外線ランプ等）（図61）

（八戸圏域水道企業団蟹沢浄水場：八戸圏域水道企業団提供）

であり0.6mg/L以下（基準値）、また水質管理目標設定項目として亜塩素酸、二酸化塩素が0.6mg/L以下（目標値）と定められている。使用にあたっては残留二酸化塩素濃度、亜塩素酸イオン濃度を測定、監視する必要がある。さらに「水道施設の技術的基準を定める省令」の浄水又は浄水処理過程で水に注入される薬品等により水に付加される物質に関する基準で、二酸化塩素は0.6mg/L以下と定められており、したがって二酸化塩素の注入率もこの値に抑えられてしまう。また、濃縮及び加圧による爆発性を有しているため濃厚状態で輸送することができず、浄水場等の使用現場で製造するのが一般的である。

(9) 紫外線処理

① 概要

　紫外線による消毒は、塩素等による消毒方法と異なり殺菌効果を有する概ね245〜285nmの波長域を持つ紫外線による光化学的な反応によって微生物を不活化する消毒方法である。紫外線を照射しているときにのみ殺菌効果が得られるため、当然のことながら処理後の持続的な殺菌効果、すなわち消毒の残留性は無い。そのため、日本では法律上消毒剤としては認められず、他の残留性のある消毒剤との組み合わせでの適用に限られる。2007年4月に導入された「水道におけるクリプトスポリジウム等対策」で、地表水以外の水道原水に限って紫外線処理が初めて導入されたが、これは消毒という意味ではなく、クリプトスポリジウムを不活化するという効果により導入されたものである。クリプトスポリジウムの不活化とは、紫外線照射によりDNA等の遺伝子が損傷を受けて感染能力が失われることをいう。紫外線消毒は薬品を注入するものではなく有害な副生成物の生成等は無いとされるが、例えば有機物を含みかつ残留塩素がある水に紫外線を照射すると照射により残留塩素が消費されトリハロメタンの生成が促進される。また、残留塩素と臭化物イオンが共存すると、照射により臭素酸が生成される。しかしいずれの場合も通常の紫外線照射量では水質基準値

と比べて問題の無いレベルであるし、pHが中性付近でTOCが存在すると紫外線照射により臭素酸が生じないという報告もある[6]。細菌、微生物や藻類等に対して紫外線照射による不活化効果が認められるが、水中の汚濁有機物を紫外線照射のみで分解することは難しい。また細菌や微生物等についても、種類により不活化しうる紫外線照射量が異なるため、対象とする微生物等に応じた照射量の設定が必要である。通常は塩素やオゾンなど他の酸化剤との併用が必要であり、特に塩素と併用する場合には塩素の注入前に紫外線処理を行う。

② 紫外線の処理効果に及ぼす水質の影響

紫外線処理は、紫外線が水を透過して目的物に照射されなければ効果がない。このため、濁度、色度などが処理効果に影響する。さらに、鉄分、亜硫酸、亜硝酸、フェノール等の紫外線吸収物質が存在すると紫外線透過率が低下するため効果に影響する。米国環境保護庁（USEPA）によると、浄水の消毒では適正な紫外線照射強度を確保するため、紫外線透過率が75%以下の水に対しては紫外線消毒を適用すべきではないとしている。「水道におけるクリプトスポリジウム等対策指針」では、処理対象とする水（地表水以外に限る）の水質について次のように規定している。

・濁度　2度以下であること
・色度　5度以下であること
・紫外線（53.7nm付近）の透過率が75%を超えること（紫外線吸光度が0.125abs./10mm）

また、紫外線照射を阻害する物質がランプスリーブ（紫外線ランプ保護するためランプの外側に取り付けられる透明な管）の表面に付着することによる紫外線照射量低下の影響をできるだけ避けるため、処理対象水中の鉄が0.1mg/L以下、硬度が140mg/L以下及びマンガンが0.05mg/L以下であることが望ましいとされる。さらに、紫外線処理設備の前にろ過設備が設置されていない場合は、原水濁度が2度を超えた場合は取水を停止すること、とされている。

③ 紫外線処理装置の概要

一般的に浄水処理に導入される紫外線処理装置（内部照射式流水型）の概要を図60に示す。

この装置は、照射槽内に同心円上に複数本の紫外線ランプが設置されており、水が照射槽内を流れる間に紫外線照射を受け、クリプトスポリジウム等の不活化が行われるものである。紫外線照射装置のクリプトスポリジウム等を不活化する能力として「紫外線照射槽を通過する水量の95%以上に対して、紫外線（253.7nm付近）の照射量を常時10mJ/cm^{2}以上確保できること」、とされている。

設備部材としては、紫外線照射槽外筒（ステンレス製シリンダー）、紫外線ランプ（低圧又は中圧）、ランプ保護管（ランプスリーブ）、スリーブ洗浄装置（ワイパー）、紫外線強度計、温度計（温度センサー）及び制御盤で構成されている。紫外線ランプは、ランプ管内にアルゴンやネオンなどの不活性な希ガスと共に水銀を封入した水銀ランプが一般的である。封入圧の違いにより低圧（1～10Pa程度）と中圧（40～400kPa程度）に分類される。低圧ランプは、殺菌効果の高い波長253.7nmが主たる発光波長である。中圧ランプは、より広範囲の波長分布を持つ高出力のランプであるため、装置の小型化や大水量の処理が可能である（図62、63）。

ランプ保護管（ランプスリーブ）は、中に紫外線ランプを格納するもので、透明な石英管で造られており、ランプ自体の保護の役割を担う。ランプスリーブの外表面は水に含まれる有機物や濁質により汚れ、紫外線の透過率に影響を与えるため、常時ワイパーにより洗浄されている。また、紫外線の照射強度を常に把握するために紫外線強度計が設置され、ランプ本数により複数台設置される場合もある。また、取水の停止等により照射槽内の水の流れが停止し、紫外線照射量が過大になると副生成物の問題が生ずるから、照射槽内の水温を検知し、一定以上の水温が検知された場合には紫外線照射を停止するための温度センサーも設置されている。紫外線照射量は、紫外線ランプの紫

低圧紫外線ランプの波長分布（図62）

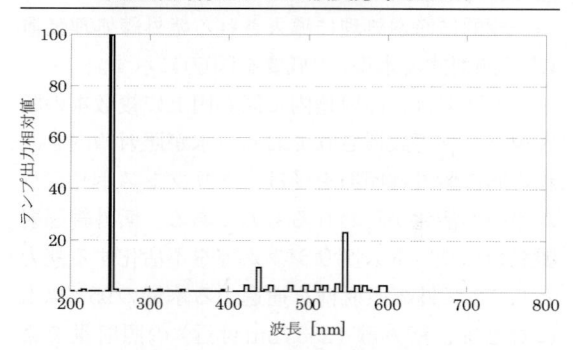

（JWRC「地表水以外の水への適用における紫外線処理設備維持管理マニュアル」より）

中圧紫外線ランプの波長分布（図63）

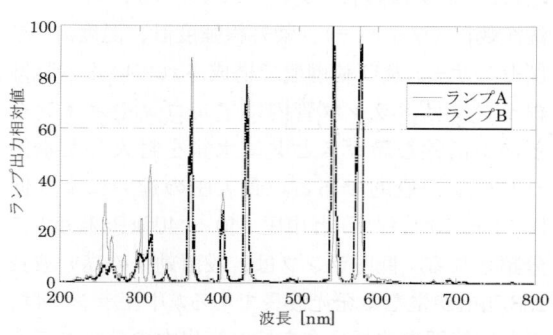

（JWRC「地表水以外の水への適用における紫外線処理設備維持管理マニュアル」より）

外線強度と照射時間の積であり、通常水を流しながら紫外線を照射するため照射時間、すなわち流量が問題となり、設計流量を超えるような処理は好ましくない。

紫外線処理装置は浄水処理工程の最終段階に設置されるので、その効果が確実に得られるものでなければならない。しかし、その性能は簡単に把握できるものではなく、その評価について共通の基準が必要とされた。そのため（財）水道技術研究センターでは平成20年に紫外線照射装置JWRC技術審査基準（低圧編、中圧編）を制定し、製造企業からの申請によりその性能を審査し、基準に適合した装置についてはその旨を認定し、公表を行っている。

参考文献
1)「高効率浄水技術開発研究（ACT21）代替消毒剤の実用化に関するマニュアル」p11、（財）水道技術研究センター、2002年
2)「浄水技術ガイドライン2010」p177、（財）水道技術研究センター、2010年
3)「浄水技術ガイドライン2010」p186、（財）水道技術研究センター、2010年
4)「高効率浄水技術開発研究（ACT21）代替消毒剤の実用化に関するマニュアル」、p91、（財）水道技術研究センター技術レポート、2002年
5)「代替消毒剤の実用化に関するマニュアル」p58、（財）水道技術研究センター、2002年
6)「紫外線照射試験による副生成物量の評価」（原啓一、他）第61回全国研究発表会講演集p188、2010年

6 排水処理システム

浄水処理工程から排出される排水は、公共用水域の水質保全のために制定された「水質汚濁防止法」（昭和45年）の規制を受けるため、必要な処理をして同法に基づく排水基準を満たした上で公共用水域へ放流することが求められている。浄水処理能力10,000m³/日以上の浄水場は本法に定める特定施設に該当するので排水処理施設の設置が義務づけられている。さらに排水処理の結果発生する汚泥及びケーキ（脱水又は乾燥汚泥）は産業廃棄物として「廃棄物の処理及び清掃に関する法律」（昭和45年）の適用を受けるので、汚泥の収集、運搬及び処分に関する基準や汚泥保管の技術上の基準を遵守しなければならない。また、「循環型社会形成推進基本法」（平成12年）にも示されるとおり、今後は単に発生汚泥の減容化を目指すだけでなく、これを資源化して有効利用するよう努めなければならない。このように、排水処理の義務づけ、さらにこれから生ずる発生ケーキ等の処分には厳しい規制が課せられているので、浄水場周辺の地理的、社会的環境や将来的な動向をも十分考慮して発生ケーキの処分を計画し、かつこれに適合した排水処理方式を選定しなければならない。

排水処理では発生したスラッジ全量を処理する

ことが原則であるが、取水する原水濁度は気象条件、季節等により大幅に変動するものである。そこで施設計画における計画原水濁度は年間の濁度分布状況を十分に把握して決定することになる。しかし濁度分布状況をつかみきれない場合は、旧厚生省通達に示されるとおり、年間平均SS値の4倍を採用すれば最低限、年間日数の95％まで処理できることが多いといわれている。一方水源水質悪化に伴う異臭味対策等により、粉末活性炭の注入が長期化することが予想される場合は、その固形物量の増加を考慮した計画処理固形物量としなければならない。なお、排水処理は必ずしも即時性を要しない。原水濁度のピーク時に浄水施設の沈殿池や排水処理施設の濃縮槽等に貯留能力がどれほどあるかを把握しておき、平常時に徐々に処理することを考慮すれば、排水処理施設全体の規模を適正に設計できる。しかし、一般的に高濁度時はスラッジの沈降性、脱水性さらには濃縮する際の上澄み水の水質も良好であるため処理効率が高く、前記のような対策が取れるが、近年の低濁度化、これに伴うアルミ分の増加による難濃縮性スラッジに対しては、処理効率も低下するため貯留能力だけの考慮には限界がある。

　また、排水処理で生じた濃縮槽上澄水や脱水機絞り水等を返送水として再利用することが行われている（いわゆるクローズドシステム）が、排水中に濃縮されている成分が浄水処理に外乱として悪影響を与えないよう考慮することが必要である。例えば、溶解性マンガンや鉄、BOD、COD等が高い場合が多々ある。このような濃度の高い返送水が浄水工程へ断続的に流入した場合、塩素要求量の断続的な振れを招くことになるため、少量かつ連続的な返送の実施や返送水処理の付加が望ましい。さらに濃縮や脱水処理に高分子凝集剤を使用した場合には、その排水中の残留アクリルアミドモノマーが返送水として浄水工程に送られるので、この濃度については十分な注意が必要である。また、クリプトスポリジウムやジアルジア等の耐塩素性病原生物も、浄水工程で除去されるが、これらは排水処理工程で濃縮されることになる。大方は脱水ケーキ等により系外に排出される

が、一部は返送水として再び浄水工程に戻される恐れもあり、これに対する対応が求められている。その対策としては、返送水の膜処理あるいは紫外線処理が有効である。最近の新しい考え方として「上下水道排水一体化処理」がある。上下水道排水を一体化処理することは、汚泥発生量、下水処理場の能力、地理的な条件等にもよるが、上下水道事業全体での環境負荷の低減や、廃棄物の資源化を推進するための有効な方策である。このように、排水処理システムの計画に当たっては、単独システムとしてではなく浄水処理システム及び環境問題等との整合性も考慮した総合的な考え方が必要とされる。

　排水処理で取り扱う汚泥は含水率によって重量や容積が異なるため、施設や機械の容量、さらには処理量を決める場合には汚泥中に含まれる水分を含まない固形物量（乾燥固形物重量：DS）が用いられる。浄水処理に伴う汚泥の発生量は次式で与えられる[1]。

$$DS = Q(T \cdot E1 + C \cdot E2 + Fe \cdot E3 + Mn \cdot E4) \times 10^{-6}$$

ここで、
DS：固形物発生量（処理量）（t−ds/日）
Q：処理水量（m³/日）
T：原水濁度（度）
E1：濁度と固形物（DS）との換算係数（1.0〜2.0）
C：凝集剤注入率（mg/L）
E2：水酸化アルミニウムと酸化アルミニウムとの比（1.53）
Fe：原水中の鉄（mg/L）
E3：水酸化鉄と鉄の比（1.91）
Mn：原水中のマンガン（mg/L）
E4：酸化マンガンとマンガンの比（1.58）

濁度と固形物量との換算係数（E1）は原水性状や季節によって変化するので、年間を通して把握しておくことが望ましい。概算で固形物量を求める場合は、鉄及びマンガンの項を省略することができる。

　また、脱水ケーキ等の重量をW（トン：t）とし、その含水率をC（％）とすると、固形物量は

$$DS = W \times (1 - C/100) \quad (t-ds)$$

となる。

通常、固形物量で排水処理における汚泥の流れを把握することが行われる。

(1) 排水処理方式の選定

排水処理システムの選定を行うために検討すべき項目には、原水水質、排水や汚泥の処分形態、浄水場規模・立地環境、維持管理レベル等がある。

① 原水水質

原水水質、特に原水濁度の把握が重要である。近年濁度の低濁度化や有機物の増加が進んでおり、これにより沈降性、脱水性の悪いスラッジが発生している。これは処理性の低下を招き、結果的に濃縮槽等の貯留容量や脱水機容量の増大を必要とする。したがって、このような状況を施設規模の計画・設計に反映させることが重要である。

② 排水、汚泥の処分形態

排水については前述したように直接公共用水域に放流することはできないため、全量を返送水として再利用するか、あるいは公共下水道に放流するか又は必要な処理をした上で公共用水域へ放流することになる。公共下水道に放流する場合にもBOD、CODは問題ない場合でも浮遊物質（SS）や溶解性マンガンが問題になる場合がある。しかしこれらの処理は排水処理システムの付加システムとして考慮され、一定の用地が確保されていれば排水処理全体のシステムを考慮する上ではそれほど大きな前提とはならない。排水処理システムの本体を決めるのは、発生した汚泥をどのように処分するかによって大勢が決まる。すなわち、有効利用するのか（できるのか）、産業廃棄物として処分するのか等々の前提によってシステムの概要が決まってくる。例えば有効利用するには利用する形態に応じてケーキ含水率や形状等を考慮する必要があるが、廃棄物としての処分であればそれらは余り問題とはならない。費用的に見ても、施設建設費の他に処分の方式によって費用が異なってくる。例えば、有効利用であればそれに適した方式とするために処理費用が掛かり、さらに

スラッジ又はケーキの含水率と重量
（固形物量を10Kg−dsとした場合の例）（図64）

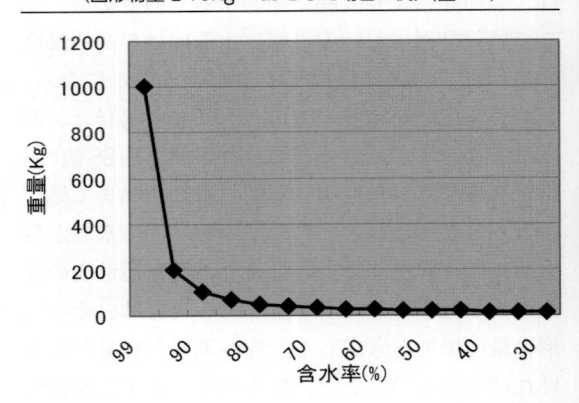

利用先までの運搬費が掛かる場合がある。産業廃棄物としての処分では処理費用は小さいものの、運搬費の他に処分費も要することになる。

③ 浄水場規模・立地環境

汚泥の処分形態は、発生元である浄水場の地理的、社会的環境により異なり、例えば周辺に農業地帯があれば、汚泥の農地還元（有効利用）が考えられ、工業地域に近ければセメント原料への利用が考えられる。また運搬距離が遠ければ、脱水ケーキの含水率を低くする必要があり、場合によっては機械乾燥も必要になる。浄水場用地に余裕があり、農地還元が可能であれば、天日乾燥の導入も費用対効果の大きいものとなる。都会地の大規模な浄水場では、汚泥の発生量も多く、処分先が近くにない場合が多いので運搬を考慮すれば少なくとも脱水処理、特に機械脱水までは必要になる。さらに、処分が不明確であれば機械乾燥までしておけば処分及び利用において融通性があり有利になるが、乾燥用燃料であるガス代等のため処理費用は高くなる。浄水場で発生する汚泥は季節的に変動し、また有効利用としての需要にも変動があるのでこれを調整するための施設が必要である。例えば、農地還元する場合にも時期があり、これは必ずしも多量の汚泥が発生する時期とは同

排水処理施設の処理の流れ（図65）

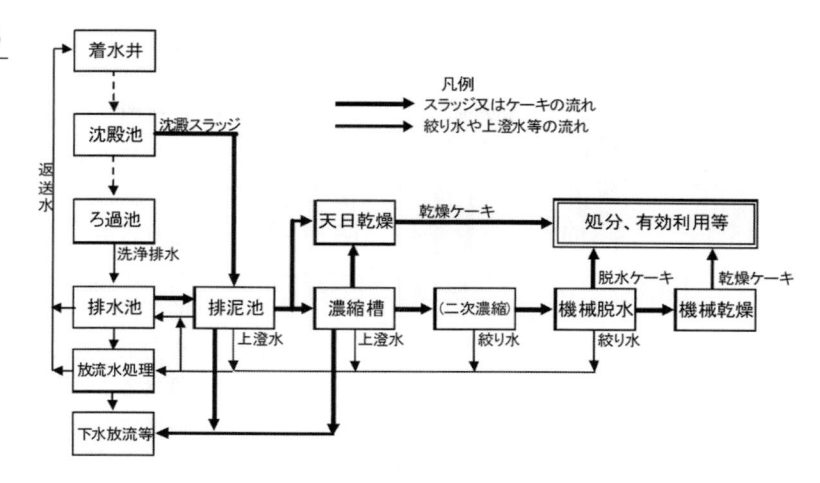

じではない。このため汚泥のストックヤード等も必要になってくる。以上のように、処分の形態によって排水処理の方式や用地も影響を受け、これに伴い掛かる費用も違ってくる。

　図64より、スラッジ又はケーキの含水率を低くすることが処分量の減量化につながることが判る。

④ 維持管理レベル

　排水処理システムは、天日乾燥床のように比較的維持管理が容易なものから、機械脱水＋機械乾燥のように機械設備が主となる高度な維持管理を要するものまで幅が広い。これは施設を管理する技術者の技術的能力にも反映されるが、それ以上に日常的あるいは定期的に行われる修繕、改良に要する費用にも反映される。例えば、加圧脱水機のろ布の交換や送泥ポンプの軸受の交換等定期的な修繕に要する費用は大きい。

(2) 排水処理施設

　排水処理施設の一般的な処理の流れを図65に示す。

① 排水池

　排水池は主にろ過池の洗浄排水を受け入れ、水量及び水質の調整を行うものである。その他に濃縮槽や排泥池の上澄水、さらには脱水機の絞り水等も受け入れる場合がある。排水池に付帯する設備としては、ろ過池から洗浄時に流出してきた砂の沈殿を防ぐための攪拌機や着水井へ返送するための返送ポンプがある。

② 排泥池

　主に、沈澱スラッジを受け入れ、スラッジの濃縮を行うものであるが、配水池の機能を兼ねる場合もある。付帯設備としては汚泥掻き寄せ機や上澄水の集水装置（可動集水トラフ）、排泥池底部下には汚泥の引き抜き管及び引き抜きポンプがある。

③ 濃縮設備

ⓐ 濃縮槽

　主に、排泥池から移送されるスラッジの減容化を図るために重力により更なる濃縮を行うものである。

ⓑ 浮上濃縮

　懸濁液中の比重の小さい固形物粒子に微細な気泡を付着させ、固形物の見かけ比重を水より小さくして浮上分離し、濃縮を図るもの。北欧

加圧脱水の処理工程（図66）

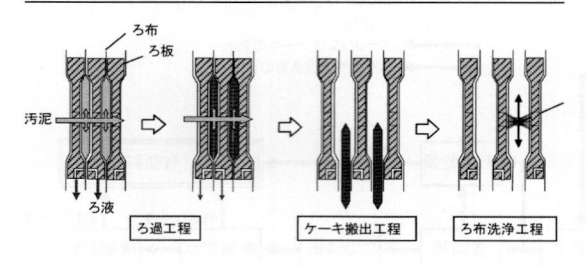

加圧脱水機の例（図67）

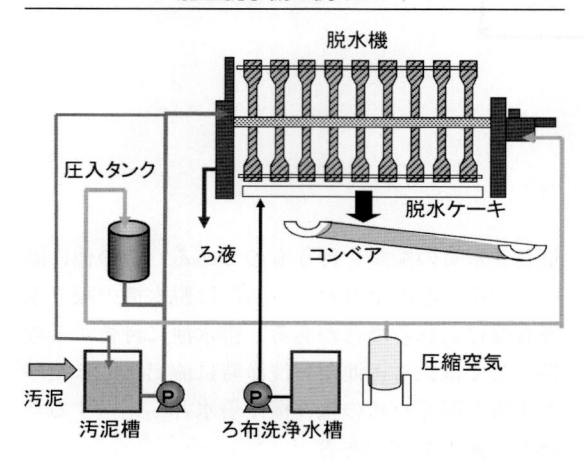

において比重の小さい微細な藻類を除去するために導入されたものである。

ⓒ ろ過濃縮（二次濃縮）

脱水工程の効率を高めるために、重力濃縮により濃縮された汚泥をさらに高濃度にまで濃縮する方式である。ろ布を取り付けたモジュールを汚泥槽に沈め、汚泥槽内の汚泥を低圧で加圧しろ布でろ過するもの。

ⓓ 膜ろ過濃縮

膜によって汚泥をろ過するもの。

④ 天日乾燥床

天日乾燥床は、沈澱池スラッジ又は排泥池や濃縮槽からの濃縮スラッジを引き入れ、上澄水の排除及びろ過により含水率が低下した後、蒸発により乾燥を行わせるものである。中小規模の浄水場で排泥頻度が少ない場合や立地・気象条件が良好で用地の確保が容易な場合に適する。工事費が安価、維持管理が容易、経済的、また高濁度時の緊急避難用としての利用が可能等の特徴を持っている。また、機械脱水との併用も可能である。一般的にはコンクリート床を持った構造で、ろ過能力を向上させるために床面に砂層や下部集水装置を設けることもある。また、上澄水や雨水の排出を促進するために角落としを設け、水位の下がりに応じて適時取り外す。一旦ひび割れが生じ大きな塊状になると、雨水がそのひび割れに沿って排出されるので、汚泥の乾燥にはそれほど影響しない。

⑤ 機械脱水処理

機械脱水には、加圧脱水機、造粒脱水機、遠心分離機、真空ろ過機等種々あるが、脱水効率や維持管理性から近年では、薬品を加えない無薬注の加圧脱水機が主流となっている（図66、67）。

代表的機種としては、長時間加圧脱水機としてろ布固定型加圧脱水機、中時間「加圧＋圧搾」脱水機としてろ布固定型圧搾機構付加圧脱水機、短時間型圧搾脱水機としてろ布走行型圧搾機構付加圧脱水機がある。また、加圧方向として水平方向の横型、垂直方向の立型がある。基本的にろ布とろ板で構成されたろ室内部に汚泥を圧入し、加圧してろ布により固液分離を行うものである。圧搾機構付きのものは、ろ過の最後に圧搾を行い脱水を完了させるものでケーキの含水率を一層低くすることができる。長時間は原則として1サイクル（ろ過～（圧搾）～ケーキ排出～ろ布洗浄）完了に24時間を要し、中時間型は3～24時間、短時間型は30分～60分程度である。この他に、ろ室内に電極板を設置し、脱水中に直流電圧を加え、電気泳動による粒子移動及び粒子の反発現象と電気浸透による液移動現象を組み合わせた作用によって従来の圧搾圧力より少ない圧力で脱水を可能とする方式（短時間型電気浸透式脱水機）もある。また、圧搾用の圧力水に温水を利用したり、加圧前の汚泥を加温して脱水することも行われる。こ

直接加熱式乾燥機の例（図68）

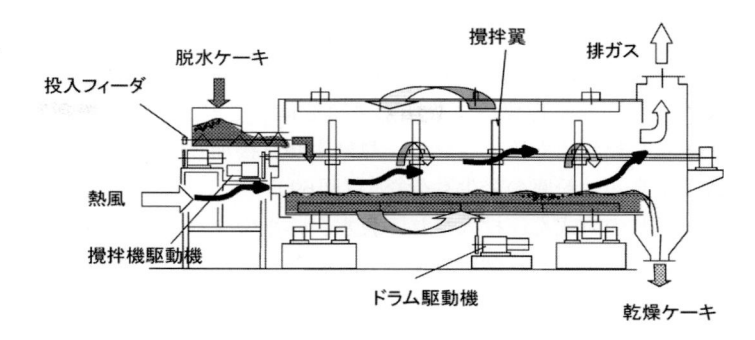

間接加熱式乾燥機の例（図69）

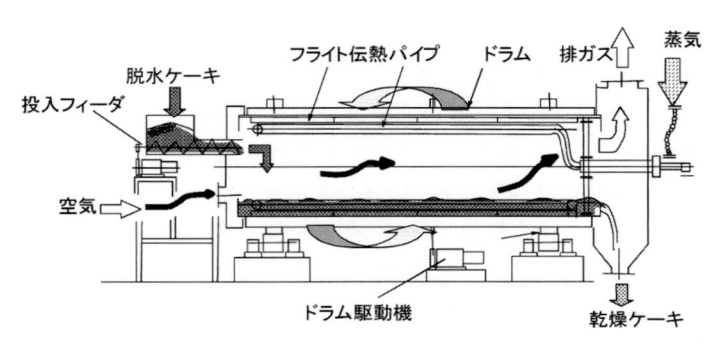

れは、「多孔質内部の流体の移動速度は流体の粘度に反比例し圧力差に比例する（ダルシーの式）」ことから、水の温度を上げることにより粘度が低下し水の透水性が改善されることに基づくものである。例えば、10℃の汚泥を40℃に加温することにより、粘性係数が約1/2になるが、実際のろ過性の向上は約1.3～1.5倍程度となる[2]。また、脱水性を阻害する要素としては、汚泥中の酸化アルミニウムや強熱減量が多いことが挙げられる。

⑥ 機械乾燥処理

有効利用を目的とする場合や運搬費の軽減を図る場合など、脱水後に乾燥処理を追加することが行われる。乾燥による取り扱い性の向上や、含水率の低下に基づく重量の低減による運搬費軽減等がその目的である。天日乾燥や加圧脱水による脱水ケーキの形状は塊状や板状になっており農地還元等の有効利用において使い勝手が悪い。このため、通常機械乾燥処理を行う場合には伝熱効率を高めるためにも、先ず脱水ケーキの破砕が行われる。これによって乾燥処理された含水率30～50%程度の乾燥ケーキは通常比較的細かい粒状（1～10mm程度）になりホッパー等における貯蔵性や使い勝手が向上する。また、脱水ケーキでは植物の種子や細菌類が生きており、農地還元や園芸に使用した場合雑草の繁茂が起こる。機械乾燥することによってケーキは60～70℃程度に加温され、このため細菌類や植物の種子が死滅し、利用後の雑草の発生を防止できる。このように乾燥処理は有効利用にとって大きなメリットを有している。一般的に使われている乾燥機には直接加熱乾燥機、間接加熱乾燥機等がある。直接加熱式は、脱水ケーキを回転ドラム内に投入し、ガスや灯油の燃焼により発生させた熱風と直接接触させ加熱乾燥させるものである。回転ドラムであるため、脱水ケーキは破砕し粒状となる。直接熱風を使うため、機械の隙間からの粉塵の漏洩が多い（図68）。

間接加熱式は、蒸気ボイラによって発生した蒸気をジャケット内、熱媒管内あるいは撹拌翼内部

に供給し、それらの金属面を介し間接的に脱水ケーキを加熱乾燥させるものである。外筒の回転又は内部回転撹拌翼により伝熱効率を向上させ、ケーキの粒状化も達成される。熱効率が直接加熱式より高く、粉塵の発生も少ない（図69）。

いずれの方式も、投入される脱水ケーキの含水率によって使用する燃料の量が大きく左右されるため、できるだけ脱水ケーキ含水率を下げることが肝要である。

⑦ 放流水又は返送水処理

排水処理工程で生ずる濃縮過程の上澄水や脱水機の絞り水を再び浄水処理工程で再利用したり、公共用水域へ放流あるいは公共下水へ放流する場合には、浄水処理工程への影響を極力避けることや放流に関する水質基準を遵守する必要がある。このため必要な処理が行われる。通常、濁度、SSについては凝集剤の注入による凝集沈澱で除去されるが、BOD、COD、マンガン等については公共用水域に放流する場合大きな問題となり、特別な処理方式を導入する必要がある。また公共下水への放流についても、BOD等は問題なくても溶解性マンガンが問題になる場合があり、放流水の有機物も高いことから通常の砂ろ過による接触酸化では除去が困難な場合がある。浄水処理工程で除去されたクリプトスポリジウム等は主として汚泥として系外排出されるが、上澄水として浄水処理工程に戻ることが想定されるので、これに対しては膜ろ過や紫外線の利用が考えられる。

浄水処理工程へ返送し再利用を図る場合には、処理設備を設けることも必要ではあるが、返送を常時行い浄水処理への負担を平準化するような方策も併せて考慮すべきである。この場合にはろ過池洗浄排水との調整が可能な排水池容量が必要である。

(3) 有効利用

農業用土、園芸用土、育苗用土、法面緑化用土、セメント原料、路盤材、埋め戻し用土等に利用されている例が多い。一般に浄水場発生土は商品化するには量が小さくまた季節的にも安定していない。このため、需要と供給の調整を図ることが必要で、そのためにはケーキのストックヤード等の施設を設けることが望ましい。また、発生土の農地還元等においては有害物の有無を確認しておくことが重要であり、定期的に成分試験や有害物の溶出試験をしておくことが必要である。この意味では、汚泥処理の段階で薬品添加をしない方が望ましい。

参考文献
1)「浄水技術ガイドライン 2010」p189、（財）水道技術研究センター、2010 年
2)「浄水技術ガイドライン 2010」p208、（財）水道技術研究センター、2010 年

7 エネルギー対策

環境問題は、近年重要な問題として採り上げられている。特に地球温暖化の問題は具体的かつ喫緊の問題であり、低炭素化社会の構築という観点からエネルギー対策への取り組みが水道分野でも課題となっている。水道は生活や産業活動にとって必要不可欠な社会的基盤であるが、一方エネルギー消費の面では全国の電力消費量の約0.9％を占め、さらに排水処理における燃料使用による二酸化炭素の排出により環境負荷を与える立場ともなっている。また厳密に言えば、凝集剤を使用した凝集処理においても二酸化炭素が発生している。

地球温暖化対策に関しては、平成20年3月に「京都議定書目標達成計画」の改訂が閣議決定され、水道事業体においても省エネルギー・再生可能エネルギー対策の必要性が位置付けられる等、水道事業体等による主体的かつ積極的な貢献がこれまで以上に求められている。厚生労働省は、「水道ビジョン」の中で、環境・エネルギー対策の強化に係る方策として、単位水量あたりの電力使用量を平成13年度実績比で10％削減することや、再生可能エネルギー利用事業者の割合を100％とすること等を達成すべき代表的な施策目標（平成25年度目標）としている。

エネルギー対策項目の分類と概要(表3)

	エネルギー対策項目	内　容
省エネルギー対策	ポンプの回転速度制御	セルビウス制御、インバータ制御及び液体比抵抗制御等による回転速度制御の採用
	ポンプ容量の適正化	インペラ改造、ポンプ更新時の容量見直しの実施
	可動羽根ポンプ	ポンプの流量制御に羽根角度制御を採用
	高効率機器の導入	特高、高圧、低圧の高効率変圧機や高効率電動機等の導入
	電力貯蔵設備	NaS電池、レドックスフロー電池の導入
	効率的なエネルギー管理	デマンド管理、力率改善、電力監視システムの導入や契約電力の見直し等
	効率的な水運用	配水池容量の活用、送・配水水圧の適正管理による効率的なポンプ運転制御及び管路にブースターポンプの設置等の実施
	効率的な水処理制御・方式	撹拌装置、汚泥掻寄機、ろ過池洗浄方式、薬品注入制御、排水処理設備運転制御及び高度浄水処理設備運転制御の効率化、未利用エネルギーの活用（取水残圧を利用した膜ろ過システム等）等
	建築付帯設備	換気、空調、照明等の省エネ対策及び高効率機器の導入や効率的な運転制御等の実施
	動力回収水車	水力エネルギー回収し、補助動力として活用（主に海水淡水化RO膜における加圧ポンプ）
	その他	ISO14001での省エネの取り組みやESCO事業等での省エネ対策の実施
新エネルギー導入	小水力発電	導水圧、送水圧、配水圧等のエネルギー活用による水力発電（発電電力10,000kW未満で、ミニ水力及びマイクロ水力発電を含む）
	太陽光発電	建屋屋上、配水池上や貯水池、沈澱池、ろ過池の遮光や覆蓋上部への太陽電池の設置
	風力発電	標高の高い水源地や風力が強く有効利用可能な場所に設置
	太陽光と風力のハイブリッド	太陽光発電と風力発電を組み合わせ、屋上や街路灯等に設置
	コージェネレーションシステム	発電機の電気を作るときに発生する熱も同時に利用（常用発電設備）
	燃料電池	都市ガス、LPガス、メタノール等から水素を取り出し、酸素と化学反応させ発電
	その他	バイオマス発電、太陽熱利用等の導入

(1) エネルギー対策の概要

エネルギー対策は、電力等の消費量を低減する「省エネルギー対策」と再生可能エネルギー等を活用する「新エネルギー導入」に大別され、概ね表3に示す項目が考えられる。

また、エネルギー対策の手段としては、施設整備によるハード的アプローチと施設の使い方や水運用によるソフト的アプローチがある。

(2) エネルギー対策技術の紹介

主にハード的なエネルギー対策技術について紹介する。

① 可動羽根ポンプ

可動羽根ポンプは、ポンプ羽根車の角度を変化させることにより、1台のポンプに複数のポンプの特性を持たせたものである。負荷に見合った流量調整が可能であり、部分負荷に対して軸動力の節減が可能である。また、広い流量域において連続運転が可能で、かつ円滑な起動が行える特徴を持つ。

② 動力回収水車

動力回収水車とは、水力エネルギーを機械的回転エネルギーに返還する装置の総称で、動力を必要としている機器と水力エネルギーを機械的に連携させるものである。水道における実績としては、大規模な海水淡水化プラントなどで利用されている。ポンプで高圧に加圧された海水の一部がRO膜を通過して淡水（30～60%）となるが、残りの濃縮された海水（40～70%）は放流される。このとき解放される残存水頭を動力回収水車でエネルギー回収し、加圧ポンプの補助動力として利用するものである。

小水力発電機の例(図70)

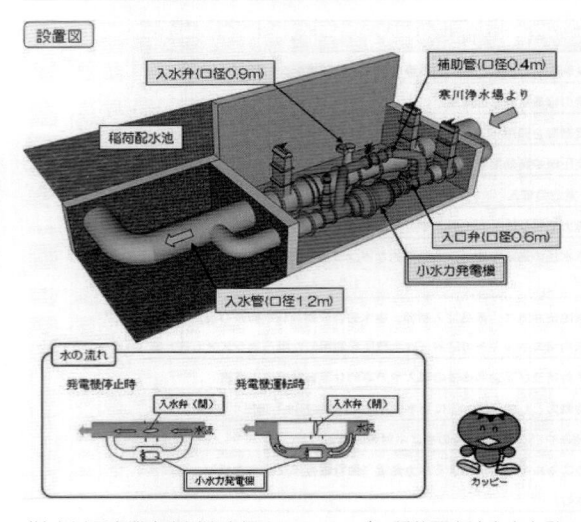

太陽光発電の原理(図71)

(神奈川県企業庁寒川浄水場ホームページの稲荷配水池小水力発電設備の紹介ページより転載)

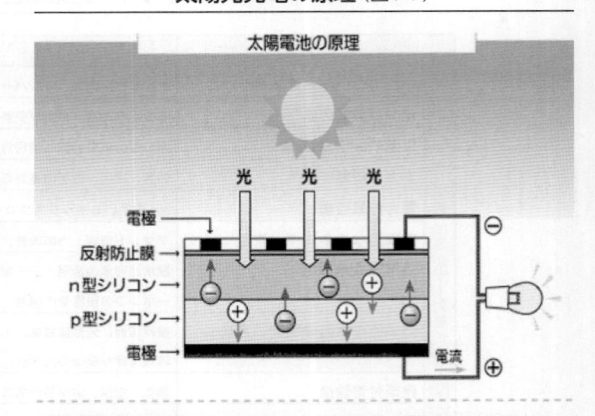

(NEDOホームページ)

③ 小水力発電

　小水力発電は、水の位置エネルギーを利用して水車を回し、連結された発電機の回転により電気エネルギーに変換するものである。水道施設における未利用エネルギーとして最も大きいと考えられるのが導水・送水・配水の残存水頭であり、この有効利用が求められている。現在では小さな水頭差でも効率よく発電できるシステムも開発されており、効率よくエネルギーを得ることができる（図70）。

④ 太陽光発電

　太陽光発電は太陽光のエネルギーを電気エネルギーに直接変換する再生可能エネルギーの一種であり、二酸化炭素を排出しないクリーンな発電方法である。また、他の方式に比べて比較的単純なシステム構成であるため、保守が容易である。水道施設においては、沈殿池やろ過池の覆蓋を兼ねて、また覆蓋設備の上面に設置される例が多い。覆蓋することにより残留塩素の消失防止、藻類の繁殖防止、また外部からの異物投入の防止効果とスペースの有効利用が図られる。しかし発電量は天候に左右され、単位発電電力量当たりのコストは他の発電方式に比べて割高である（図71）。

⑤ 風力発電

　風力は枯渇の心配のない無尽蔵のエネルギーであり、風力発電は二酸化炭素を排出しないクリーンな発電方法である。風力発電は風のエネルギーでブレード（風車の羽根）を回し、その回転運動を発電機に伝えて電気を起こすもので、風力エネルギーの最大40％程度を電気エネルギーに変換できる比較的高率の高い方式である。風車は風の吹いてくる方向に向きを変え、常に風の力を最大限受け取れる仕組みになっているが、台風等の強風時には機械保護のため可変ピッチが働き、風を受けても風車が回らないようにしている。また、近年、風力発電から発生する低周波音による影響が懸念されているので、設置に当たっては配慮が必要である（図72）。

風力発電設備の例（図72）

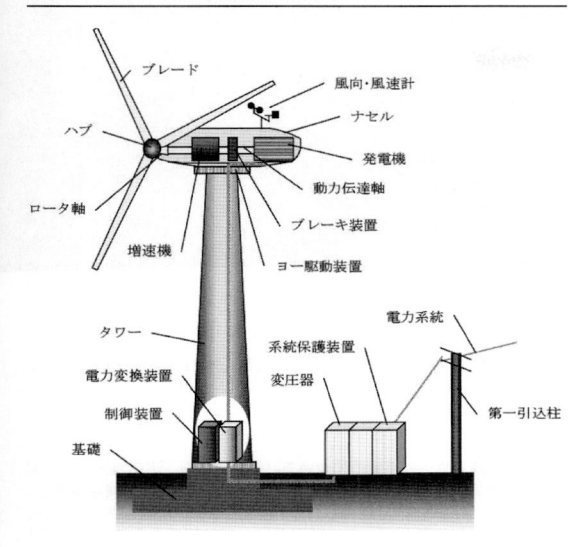

（NEDOホームページ）

⑥ 太陽光発電と風力発電のハイブリッド

　太陽光発電と風力発電など、異なった種類の発電を組み合わせた発電システムのことをハイブリッド発電と呼ぶ。水力発電やバイオマス発電など様々な発電との組み合わせがあるが、太陽光発電と風力発電を組み合わせた事例が最も多い。太陽光発電は晴れた日の日中しか発電できない等の制約があり、日射量が多い春から秋にかけて稼働率が高くなる。一方、風力発電は昼夜間に関係なく風力があれば発電でき、平均風速が大きい冬季に稼働率が高い傾向がある。この両者を組み合わせることで、昼夜間及び季節における発電電力量の平準化を可能にしている。

⑦ コージェネレーションシステム

　コージェネレーションシステム（GCS）とは、一つの一次エネルギー（ガス、重油、灯油又は軽油）から2種類の二次エネルギーを得る発電システムであり、例えば都市ガスや灯油をガスタービン、ガスエンジンやディーゼルエンジンなどの電動機に供給し電気を得ると同時に、その排熱を利用して蒸気、温水や冷水などを得ることにより、入力エネルギーを効率よく利用するシステムである。浄水場等においては、震災などを想定した非常用設備の目的と機能を確保した上で、契約電力や電力使用量の低減、排熱の有効利用（冷暖房、脱水ケーキの乾燥等）による運転経費の削減、環境負荷の低減などを付加した、コジェネレーションシステムとしての常用発電設備を導入している事例がある。

参考文献
　執筆に当たり注記以外にも下記の文献や技術図書を利用させていただきました。
・「技術ガイドライン 2010」（財）水道技術研究センター、2010年
・「水道膜ろ過法入門」渡部義公、国包章一監修、2010年
・「浄水膜（第2版）」膜分離技術振興協会・膜浄水委員会監修、2008年
・「膜ろ過法 Q&A」（財）水道技術研究センター、2005年
・「水道用語辞典（第2版）」日本水道協会、2003年
・「水道設計指針（2006）」日本水道協会、2006年

（高嶋　渉）

2 工業用水

1 工業用水の使用状況

(1) 水源別、用途別使用状況等の推移

工業用水の使用状況を、「工業統計(用地・用水編)」[*]から水源別使用水量等の推移及び用途別使用水量の推移を図1に示す。なお、図1には、回収率、補給水中の工業用水道の割合の推移も合わせて示している。

工業用水の水源は、工業用水道、上水道、井戸水、その他の淡水、回収水になっている。また、用途別では、ボイラー用水、原料用水、製品処理用水・洗じょう用水、冷却用水・温調用水、その他になっている。なお、冷却用水等として海水も利用されているが、以降では、淡水を中心に述べる。

水源別使用水量の割合、及び用途別使用水量の割合をそれぞれ2008年現在で図2に示す。

2008年現在で、工業用水の使用状況は、全体で139,541千m³/日になっている。水源別では、工業用水道が12,218千m³/日(8.8%)、上水道1,974千m³/日(1.4%)、井戸水7,116千m³/日(5.1%)、その他の淡水7,876千m³/日、回収水110,359千m³/日(79.1%)にそれぞれなっている。

用途別の使用状況は、ボイラー用水1,793千m³/日(1.3%)、原料用水609千m³/日(0.4%)、製品処理用水・洗じょう用水23,678千m³/日(17.0%)、冷却用水・温調用水108,844千m³/日(78.0%)、その他4,618千m³/日(3.3%)にそれぞれなっている。

回収率(回収水量/全体使用水量)は、約79%になっている。また、補給水(全体使用水量から回収水を除いた水量)に占める工業用水道の割合は約42%になっている。

[*] 従業員30人以上の事業所について、都道府県別、工業地区別、産業中分類及び産業細分類による詳細な水源別と用途別の使用水量と、製造品出荷額等、事業所敷地面積及び従業員数が掲載されており、次のアドレスからデータはダウンロード可能である。なお、1981年以降は表計算ソフト対応データとなっている。http://www.meti.go.jp/statistics/tyo/kougyo/result-2.html

(2) 業種別使用状況等の推移

工業用水の使用水量割合の推移を業種別に図3に示す。

2008年現在で、化学工業が33%、鉄鋼業30%、石油・石炭製品製造業9%にそれぞれなっており、これら3業種で全体の72%を占めている。更に図に示した5業種で工業用水全体の約85%を占めており、これら5業種が主要業種になっていることが分かる。

① 主要業種別水源別使用水量割合の推移

ⓐ 補給水における主要業種の水源別使用水量割合

2008年における主要業種の水源別使用水量を表1に示す。主要業種が補給水29,183千m³/日に占める割合は約66%になっている。

工業用水道が補給水に占めている割合は、約42%であり、井戸水と合わせると約66%になっている。

各業種における補給水に占める工業用水道の割合は、石油・石炭製品製造業が最も多く約98%になっている。次いで鉄鋼業約78%、化学

工業用水の使用状況（図1）

水源別使用水量・回収率等の推移

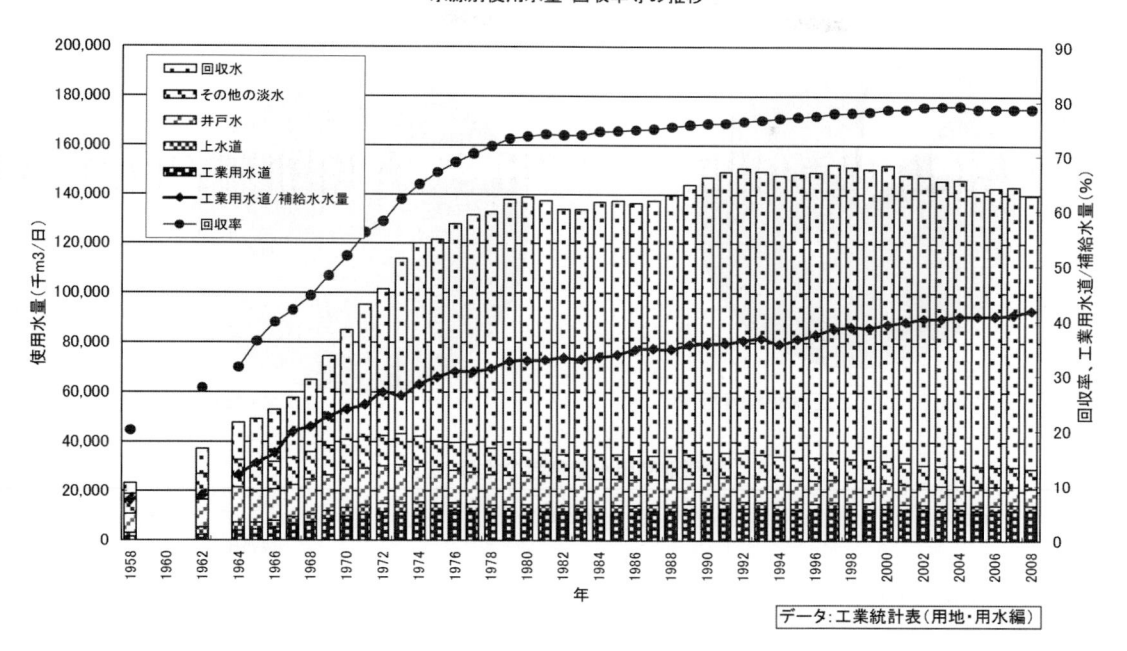

用途別使用水量の推移

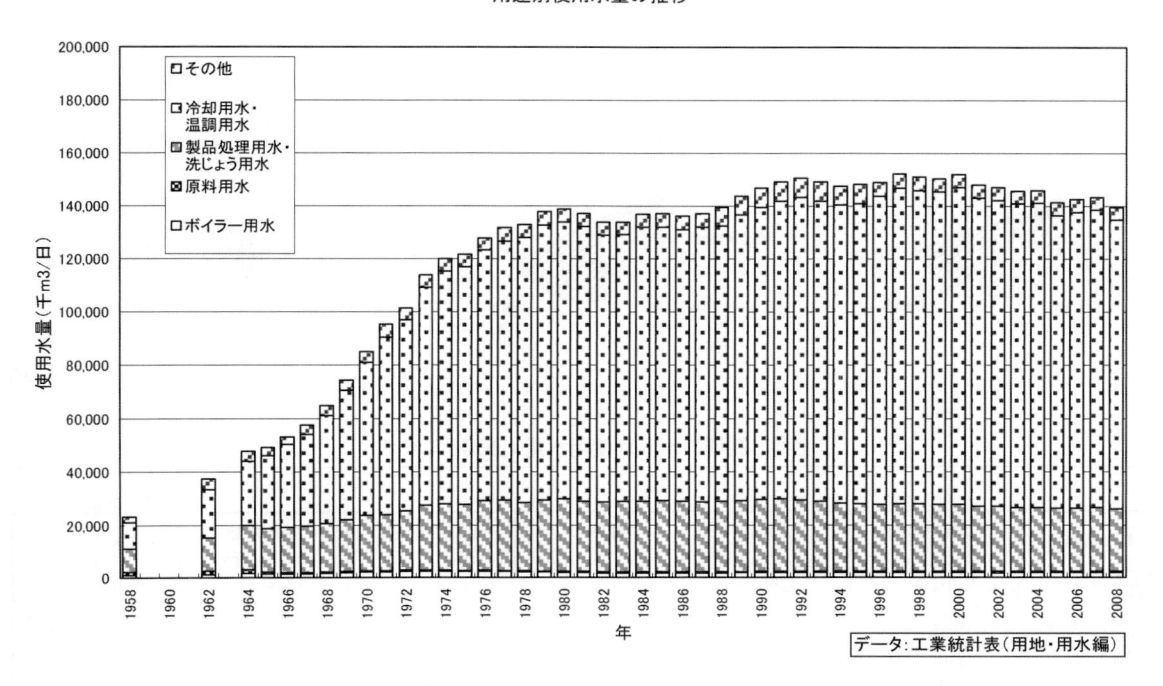

データ：工業統計表（用地・用水編）

工業用水の水源別、用途別の割合（2008年）（図2）

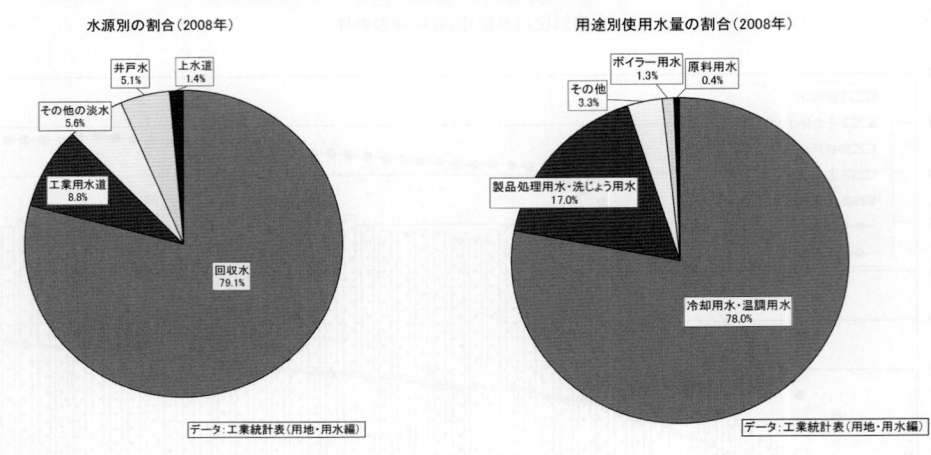

水源別の割合（2008年）
- 回収水 79.1%
- 工業用水道 8.8%
- その他の淡水 5.6%
- 井戸水 5.1%
- 上水道 1.4%

データ：工業統計表（用地・用水編）

用途別使用水量の割合（2008年）
- 冷却用水・温調用水 78.0%
- 製品処理用水・洗じょう用水 17.0%
- その他 3.3%
- ボイラー用水 1.3%
- 原料用水 0.4%

データ：工業統計表（用地・用水編）

業種別使用水量割合の推移（図3）

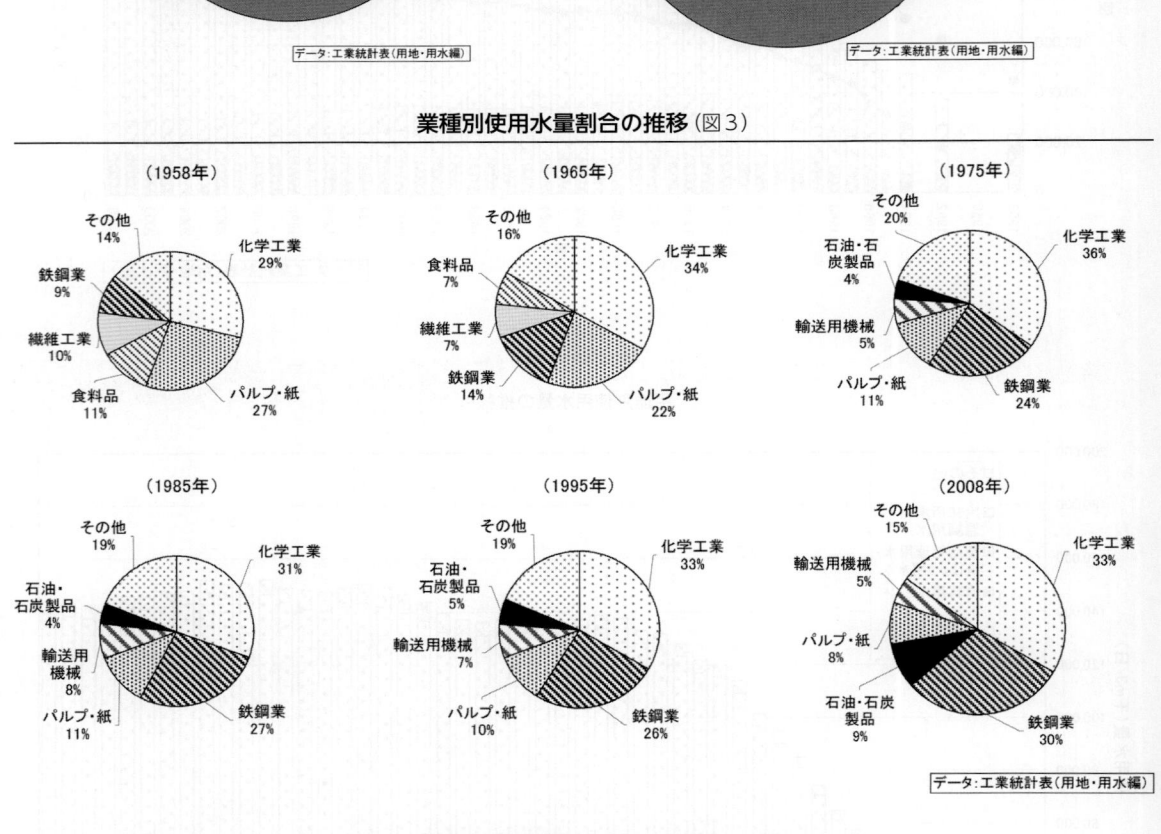

（1958年）
- 化学工業 29%
- パルプ・紙 27%
- 食料品 11%
- 繊維工業 10%
- 鉄鋼業 9%
- その他 14%

（1965年）
- 化学工業 34%
- パルプ・紙 22%
- 鉄鋼業 14%
- 繊維工業 7%
- 食料品 7%
- その他 16%

（1975年）
- 化学工業 36%
- 鉄鋼業 24%
- パルプ・紙 11%
- 輸送用機械 5%
- 石油・石炭製品 4%
- その他 20%

（1985年）
- 化学工業 31%
- 鉄鋼業 27%
- パルプ・紙 11%
- 輸送用機械 8%
- 石油・石炭製品 4%
- その他 19%

（1995年）
- 化学工業 33%
- 鉄鋼業 26%
- パルプ・紙 10%
- 輸送用機械 7%
- 石油・石炭製品 5%
- その他 19%

（2008年）
- 化学工業 33%
- 鉄鋼業 30%
- 石油・石炭製品 9%
- パルプ・紙 8%
- 輸送用機械 5%
- その他 15%

データ：工業統計表（用地・用水編）

主要5業種の水源別使用水量（2008年）（表1）

（単位：千m3/日、％）

中分類業種名	工業用水道 (A)	(A)/(F)	上水道 (B)	(A)/(F)	井戸水 (C)	(A)/(F)	その他の淡水 (D)	(A)/(F)	補給水計 (F)	(F)/(E)	回収水	計
化学工業	3,751	60	176	3	1,000	16	1,295	21	6,222	21	38,865	45,087
鉄鋼業	2,903	78	98	3	185	5	543	15	3,729	13	34,968	38,697
石油・石炭製品	857	98	10	1	3	0	5	1	876	3	7,434	8,309
パルプ・紙	2,248	30	35	0	923	12	4,335	57	7,541	26	6,685	14,226
輸送用機械	270	36	180	24	283	38	20	3	752	3	8,201	8,953
その他	2,188	22	1,475	15	4,722	47	1,677	17	10,063	34	14,207	24,270
計(E)	12,218	42	1,974	7	7,116	24	7,876	27	29,183	100	110,359	139,542

データ：工業統計表（用地・用水編）

業種別水源別補給水使用水量割合の推移（図4）

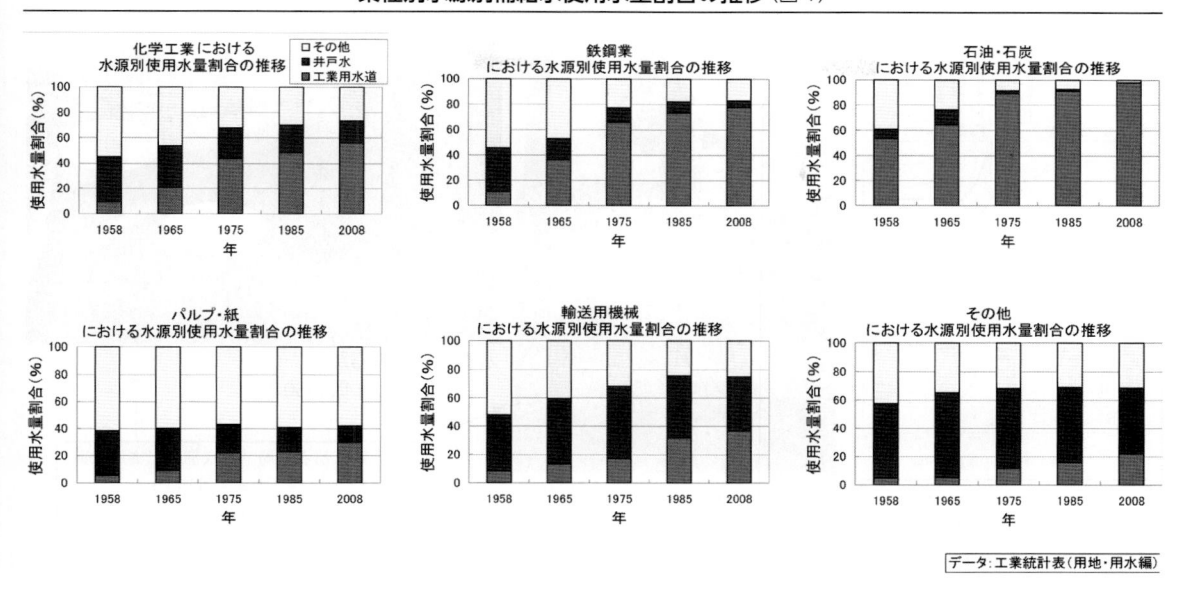

（グラフ：化学工業、鉄鋼業、石油・石炭、パルプ・紙、輸送用機械、その他における水源別使用水量割合の推移　1958年、1965年、1975年、1985年、2008年）
凡例：□その他、■井戸水、■工業用水道

データ：工業統計表（用地・用水編）

工業約60％になっている。これら3業種が工業用水道に多くを依存していることが分かる。

ⓑ 主要業種における補給水の水源別使用水量割合の推移

主要業種における補給水の水源別使用水量割合の推移を図4に示す。なお、図では工業用水道、井戸水とその他（上水道及びその他の淡水）で示してある。

その他を含めて何れの業種においても、工業用水道が増加し、井戸水、その他の水源が減少していることが分かる。特に1975年を境にそれが顕著にでている。図1の水源別使用水量の推移における回収率の伸びとも相似しているが、工業用水道事業の整備が進んだこと、地下水採取規制の強化等も影響していると考えられる。

2 工業用水法、工業用水道事業法の概要及び行政の取り組み

上記の工業統計でも明らかになっているが、工業用水は、冷却用水・温調用水、製品処理用水等で大量に使用されており、産業活動に欠くことのできないものである。

特に、工業用水に使用される水のうち、図4でも明らかとなっているとおり、水源別の工業用水道はその中心的な役割を果たしており、産業活動の血液と言える。

工業用水道事業は、工業用水を専用に供給する施設として、我が国独自の公共用水供給システムであり、ライフラインの一つとして重要な社会資本を形成している。また、戦後経済の目覚ましい成長の原動力となった基幹産業と呼ばれる鉄鋼、石油化学等の重化学産業の用水多消費型産業の旺盛な工業用水需要に応えるため、更に、地下水に変わる代替用水を供給し地盤沈下を防止する国土・環境保全の維持回復ために重要な役割を果たしている。

地盤沈下の状況（図5）

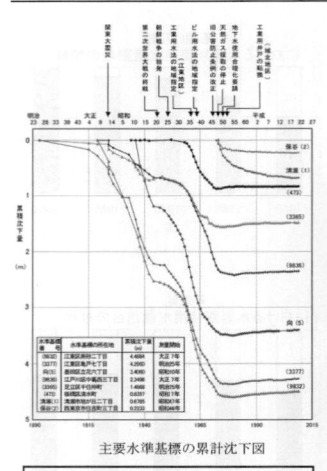

主要水準基標の累計沈下図
出典：東京都土木技術支援・人材育成センター「平成20年度地盤沈下調査報告書 p.17」（平成21年7月発行）

地盤沈下により抜け上がった井戸
（足立区青井・平成4年）

水面より下の道路
（江東区北砂・昭和50年）

出典：東京都水道局「東京都の工業用水道」パンフレット（写真中文字は加筆）
http://www.waterworks.metro.tokyo.jp/water/jigyo/pdf/t-kougyo.pdf

---

工業用水の合理的な供給を確保しながら地下水の水源の保全を図るため工業用水法が、また、合理的な布設と事業の適切な運営を確保し、工業生産基盤構築による国民経済の円滑な発展を図るため工業用水道事業法が、それぞれ制定されている。

(1) 工業用水法

工業用水法は、1956年「特定地域について、工業用水の合理的な供給を確保するとともに、地下水の水源の保全を図り、もってその地域における工業の健全な発達と地盤沈下の防止する」ことを目的として制定された。

① 制定の背景

工業用水法が制定される背景には、戦後多くの工業地帯で、工場が必要な用水を地下水に求めたため、地下水の塩水混入、汚濁等が進み、更に図5に示すような地盤沈下等の障害を起こした地域もみられるような状況もあり、地下水利用を規制する法律の制定が必要となった。

② 工業用水法の概要

工業用水法の概要（左図）と地下水採取規制（右図）の概要を図6に示す。また、工業用水法により、地下水採取の規制地域を表2、図7に示す。現在1都1府8県17地域になっており、その面積は約1,957km^{2}である。

工業用水法による地下水採取規制は、次のとおりである。

ⓐ 地盤沈下等の地下水障害が発生し、かつ工業用水の利用が大である特定の地域を（工業用水道が整備されることを前提として）政令で地域指定する。

ⓑ 指定を受けた各地域に、工業用水井戸について一定の許可基準（ストレーナの位置、揚水機の吐出口の断面積）を定めて、工業用井戸の設置・変更を都道府県知事による許可制とする。

ⓒ 既設の工業用井戸のうち、許可基準に合致しないものは、代替水源である工業用水道の布設に伴い、強制的な水源転換となる。

工工業用水法、地下水採取規制の概要(図6)

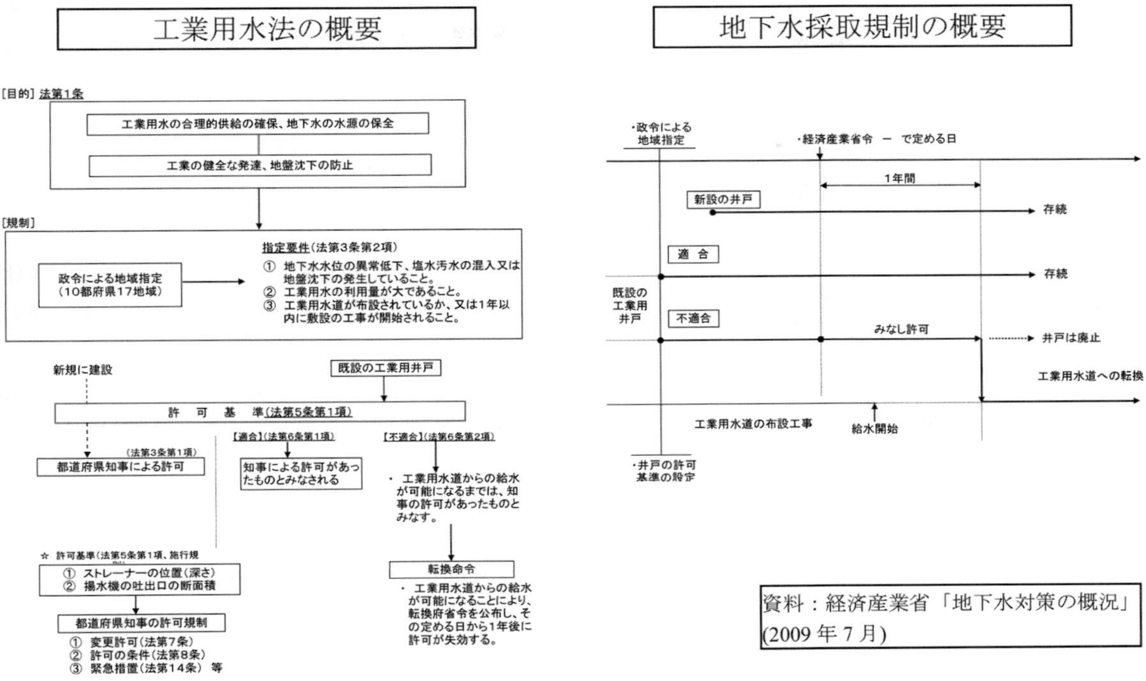

工業用水法の概要

[目的] 法第1条
- 工業用水の合理的供給の確保、地下水の水源の保全
- 工業の健全な発達、地盤沈下の防止

[規制]
- 政令による地域指定（10都府県17地域）
- 指定要件（法第3条第2項）
  ① 地下水位の異常低下、塩水汚水の混入又は地盤沈下の発生していること。
  ② 工業用水の利用量が大であること。
  ③ 工業用水道が布設されているか、又は1年以内に敷設の工事が開始されること。

新規に建設／既設の工業用井戸

許可基準（法第5条第1項）
- （法第3条第1項）都道府県知事による許可
- [適合]（法第6条第1項）知事による許可があったものとみなされる
- [不適合]（法第6条第2項）
  ・工業用水道からの給水が可能になるまでは、知事の許可があったものとみなす。
  ・転換命令
  ・工業用水道からの給水が可能になることにより、転換府省令を公布し、その定める日から1年後に許可が失効する。

☆ 許可基準（法第5条第1項、施行規）
  ① ストレーナーの位置（深さ）
  ② 揚水機の吐出口の断面積

都道府県知事の許可規制
  ① 変更許可（法第7条）
  ② 許可の条件（法第8条）
  ③ 緊急措置（法第14条）等

地下水採取規制の概要

・政令による地域指定
・経済産業省令 ― で定める日
  - 新設の井戸 → 1年間 → 存続
  - 既設の工業用井戸
    - 適合 → 存続
    - 不適合 → みなし許可 → 井戸は廃止／工業用水道への転換
  - 工業用水道の布設工事 → 給水開始
・井戸の許可基準の設定

資料：経済産業省「地下水対策の概況」(2009年7月)

工業用水法の指定地域(表2)

	指定地域	指定時期
宮城県	仙台市の一部、多賀城市の一部、七ヶ浜町の一部	1975. 7.11
福島県	南相馬市の一部	1979. 6. 1
埼玉県	川口市の一部、さいたま市の一部、草加市、蕨市、戸田市、鳩ヶ谷市、八潮市	1963. 6. 1／1979. 6. 1（地域拡大）
千葉県	千葉市の一部、市川市、船橋市、松戸市、習志野市、市原市の一部、浦安市、袖ヶ浦市の一部	1969. 9.11／1972. 4. 3（地域拡大）／1974. 6.28（地域拡大）
東京都	墨田区、江東区、北区、荒川区、板橋区、足立区、葛飾区、江戸川区	1960.12.19／1963. 6. 1（地域拡大）／1972. 4. 3（地域拡大）
神奈川県	川崎市の一部	1957. 6.10／1962.10.20（地域拡大）
	横浜市の一部	1959. 3. 6
愛知県	名古屋市の一部	1960. 5.17
	一宮市、津島市、江南市、稲沢市、愛西市、清須市の一部、弥富市、七宝町、美和町、甚目寺町、大治町、蟹江町、飛島村	1984. 6. 5
三重県	四日市市の一部	1957. 6.10／1963. 6.24（地域拡大）

	指定地域	指定時期
大阪府	大阪市の一部	1958.12. 4／1962.10.20（地域拡大）／1963. 6. 1（地域拡大）／1966. 5.17（地域拡大）
	（北摂地域）豊中市の一部、吹田市の一部、高槻市の一部、茨木市の一部、摂津市	1965. 9.25
	（東部地域）守口市、八尾市、寝屋川市の一部、大東市の一部、門真市、東大阪市の一部、四條畷市の一部	1966. 5.17
	（泉州地域）岸和田市の一部、泉大津市、貝塚市の一部、和泉市の一部、忠岡町	1977.12.26
兵庫県	尼崎市	1957. 6.10／1960.10. 7（地域拡大）
	西宮市の一部	1962.10.20
	伊丹市	1963. 6. 1
合計	10都府県17地域	

資料：経済産業省「地下水対策の概況」(2009年7月)、指定時期を西暦に修正

(2) 工業用水道事業法

工業用水道事業法は、1958年に「工業用水道事業の運営を適切かつ合理的なら占めることによって、工業用水の豊富低廉な供給を図り、もって工業の健全な発達に寄与する」ことを目的として制定された。また、同法の第2条においては、「工業」、「工業用水」、「工業用水道事業」、「工業用水道事業者」、「工業用水道施設」についてそれぞれの定義がなされている。工業用水道事業法の概要を図7に示す。

工業用水法指定地域 (図7)

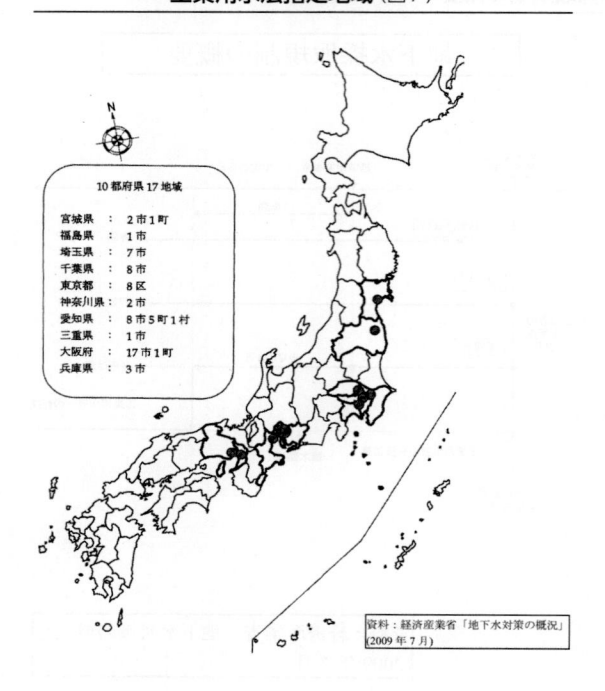

```
10都府県17地域
宮城県   ： 2市1町
福島県   ： 1市
埼玉県   ： 7市
千葉県   ： 8市
東京都   ： 8区
神奈川県 ： 2市
愛知県   ： 8市5町1村
三重県   ： 1市
大阪府   ： 17市1町
兵庫県   ： 3市
```

資料：経済産業省「地下水対策の概況」
(2009年7月)

工業用水道事業法上では、工業用水道事業を地方公共団体が営む場合（地方公営企業）、地方公共団体以外の者が営む場合について、次の区分とされている。

○**工業用水道事業**
　地方公共団体の場合は経済産業大臣に届出、地方公共団体以外の者は経済産業大臣の許可を得て設置する工業用水道であり、一般の需要に応じ、専ら工業の用に供する水を供給する。予め設定した給水区域内の需要に対し、給水義務を負う。現在、ほとんどの事業は地方公共団体が公営企業として運営しており、地方公営企業法の適用を受け、独立採算性（公営企業業が実施している事業毎の採算）が原則となっている。

○**自家用工業用水道**
　特定の企業が独自で自己使用の目的で設置する工業用水道であり、複数事業所を対象として特定

の供給関係で給水されるものも含まれる。工業用水道事業法上は、5,000m³/日以上のものを設置する場合には給水開始後、遅滞なく届出が課せられている（図8）。

(3) 行政の取組

① 国の取組
　国が工業用水道事業者を対象に行っている各種の支援について概要と合わせて、表3示す。国の支援を受けないで工業用水道事業者が単独に行っている工業用水道事業を行っている場合もあり、一般に「単独事業」と呼ばれている（表3）。

　工業用水道事業に係る関係法律名を以下に示す。
○工業用水道事業法（制定1958年）（現1999年）
　○工業用水道事業法施行令（現2000年）
　○工業用水道事業法施行規則（現2001年）
○工業用水道施設の技術的基準を定める省令（制定年1958年）（現1999年）

○地方公営企業法（制定年1952年）（現2007年）
　○地方公営企業法施行令（現2008年）
　○地方公営企業法施行規則（現2008年）

○河川法（制定年1964年）（現2005年）
○水資源開発促進法（制定年1961年）（現2002年）
○独立行政法人水資源機構法（制定年2002年）（現2006年）
○土地収用法（制定年1949年）（現2008年）
○道路法（制定年1952年）（現2007年）

　工業用水道事業に係る補助金交付関係の法律等を以下に示す。
○補助金等に係る予算の執行の適正化に関する法律（制定年1955年）（現2002年）
○工業用水道事業費補助金交付規則（制定年1957年）（現2005年）
○工業用水道事業費補助金交付要領（制定年1957年）（現1991年）

工業用水事業法の概要 (図8)

事業法における用語の定義

工業；
- 製造業（物品の加修理業を含む。）
- 電気供給業
- ガス供給業
- 熱供給業

工業用水；
- 工業の用に供給する水（水力発電の用に供給するもの及び飲用に適する水として供給するものを除く。）をいう。

工業用水道；
- 導管により工業用水を供給する施設
- その供給する者の管理に属するものの総体をいう。

工業用水道事業者；
- 工業用水道事業を営むことについて事業の届出、許可を受けたものいう。

工業用水道施設；
- 工業用水道事業者の工業用水道に属する施設をいう。

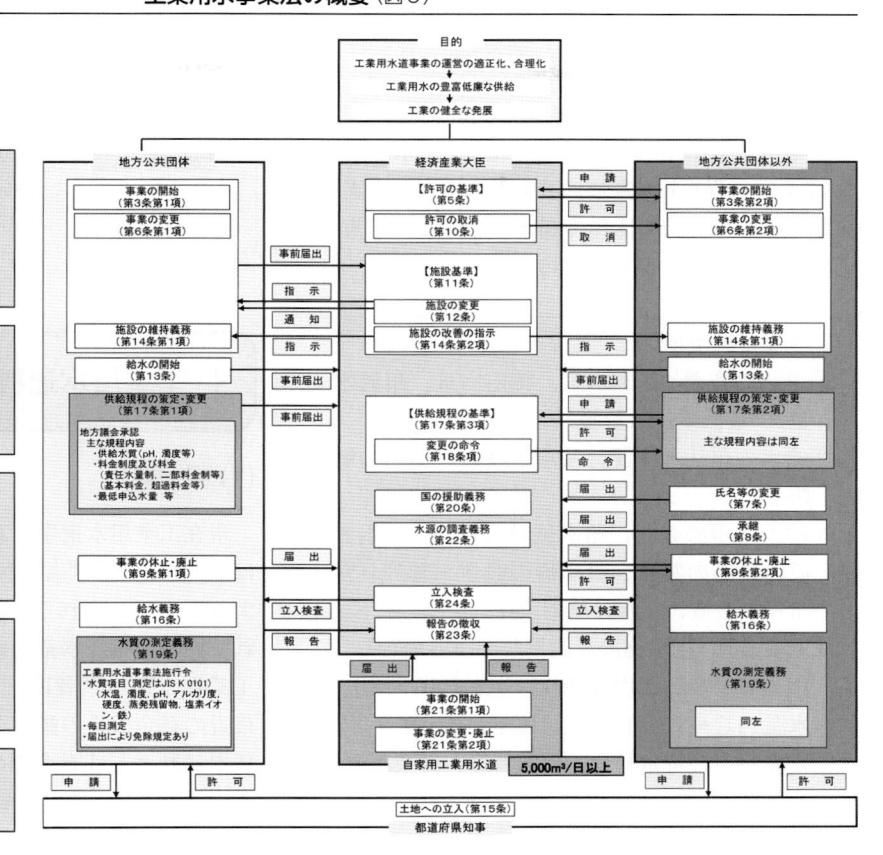

国が行っている各種の支援の概要 (表3)

支援の名称	概要
工業用水道事業補助	水源から末端配水管までの施設を持つ、標準的な工業用水道を対象として、工業用水道の建設に要する費用として、工事費、用地・補償費、調査費、事務費のほか、共同水源参加の場合はダム等負担金等すべてに対して国庫補助を行うものである。（地盤沈下対策事業、産業基盤整備事業、産炭地域小水系用水道事業）
水源費補助	当面、工業用水道施設の建設は行わないが、長期的需要に対応するため先行的に河川総合開発事業等共同で建設されるダム等の水源施設に参加する場合、先行き工業用水の需要発生が確実で近々工業用水道事業に着手することを前提に、水源費負担金に対して国庫補助を行うものである。
独立行政法人水資源機構事業補助	工業用水道の水源を水資源機構施設に求める場合は、当該機構施設の工業用水道事業者の負担に対して国庫補助を行うものである。
改築補助事業	運用開始後、一定期間を経過した施設は当然のことながら老朽劣化が進行する。その補修が修繕費の範囲を超えるような規模となった場合、改築事業として、通常の建設補助率の4分の3の補助率で補助金が交付される。
小規模工業用水道補助	計画給水量が日量3万 m^3 以下の小規模事業に限って、概算要求時には一定枠の予算を確保しておき、実施段階で弾力的に配分する事業形態が1985年度以降採択された。
災害復旧事業補助	災害等により被害を受けた工業用水道施設について、地方公共団体が施工する災害復旧事業費の100分の45の補助率で補助金が交付される。

○工業用水道事業費補助金交付要領細則（制定年1970年）（現1998年）

② 工業用水道事業者の取組

工業用水道事業者は供給規程（工業用水事業法第17条に規程）を制定し、工業用水道事業を実施している。地方公共団体で制定している供給規程（又は給水条例）の概要は次のとおりである。

○ 主な規程事項
①用語の定義（基本水量、特定水量、超過水量）、最低申込水量等
②給水の申込・承認、使用水量減量等への制限等
③給水工事の委託、給水施設の管理、給水施設の連結の禁止、量水器の設置・管理、受水槽の設置、給水の原則 等）
④水質基準（浄水施設を設置している場合）
水質基準（例）：濁度（10度以下）、pH（6.0～8.0）、水温（1℃～25℃）、水圧（0.049MPa）等
⑤基本料金、特定料金、超過料金、料金制度、水量の決定方法、使用水量の減免措置、料金の徴収方法等

○ 用語の定義例
①基本水量：常時受水することについて、管理者が承認した使用者（受水企業等）の1日あたりの使用水量（24時間常時均等に給水される水量）。
②特定水量：基本使用水量を超え特定時間給水することについて、管理者が承認した1日あたりの使用水量（24時間常時均等に給水される水量）。
③超過水量：基本使用水量又は特定使用水量を超えて使用した水量。

○ 料金制度の記載例
（責任使用水量制）
　第○○条　管理者は、給水開始の日から使用者が基本使用水量の全部又は一部を使用しなかった場合にあっても、基本使用水量まで使用したものとみなす。
　2　管理者は、給水開始の日から使用者が特定使用水量の全部又は一部を使用しなかった場合にあっても、特定使用水量まで使用したものとみなす。

3 工業用水道料金の概要

(1) 料金体系

現在工業用水道事業者が採用している料金体系は、「責任水量制」、「従量制」、「二部料金制」に大別できる。これらは、表4に示すように定義されている。責任水量制の料金体系を採用している工業用水道事業者は、全体の90％以上であるが、最近の料金改正の動向を見ると、二部料金制や責任水量制と二部料金制の併用（工業用水受水事業所が選択する料金体系。）等への移行が増加傾向にあると思われる（表4）。

(2) 料金の算定方法

工業用水道料金は、上記の供給規程で定められるため地方公共団体の場合は、地方議会の承認を経て決定される。また、工業用水道事業補助を受けている場合は、この他に経済産業大臣の承認を経て決定される。

工業用水道料金の算定にあたっては、工業用水道事業補助を受けている場合は、経済産業省から示されている「工業用水道料金算定要領」によるものとなっており、それ以外の場合は、これを準用している。工業用水道料金算定要領は、現在1999年に示されたものがある。その概要は次のとおりである。

料金制度の概要(表4)

料金体系	概要
責任水量制	使用水量にかかわらず、事業者が承認した水量から料金を計算する料金体系（全体事業数の約92％） 月額料金＝基本料金×契約水量×日数
従量制	使用した水量に応じて料金を計算する料金体系（1事業者） 月額料金＝従量料金×使用水量×日数
二部料金制	責任水量制と従量制を組み合わせ、二部で構成された料金体系（全体事業数の約7％） 月額料金＝基本料金×契約水量×日数＋従量料金×使用水量×日数

○ 基本原則
　①能率的な営業の下における適正な原価に照らし公正妥当なもの
　②特定の者に対して不当な差別的取扱をしない

○ 算定期間：4月を始期とした1年間を単位（1年度）とする3年間。ただし、事業の特殊性、原価要素の変動状況等から、適正な期間を設定できる。

○ 総括原価：営業費用及び営業外費用の合計から控除項目の額を控除した額
（控除項目：過去の実績及び料金算定期間中の事業計画、個別費目の性質質等を勘案して適正に算定した諸手数料、その他事業運営に伴う関連収入の合計額）

○ 料金の決定：定額制又は定率制を持って定める。算定した料金収入額は総括原価と一致

(3) 料金の推移

　1966年度からの工業用水道料金の推移を図9に示す。2008年度における全国平均料金は22.83円/m^{3}になっている。なお、この料金は、給水能力を重みとした基本料金の加重平均値となっている。

4 工業用水道事業の概要

(1) 工業用水道事業等の推移

　工業用水道事業は、記録に残っている範囲で最も古いものは、高砂市の事業（1921年）が最初といわれている。次に古いのは新潟県内にある自家用工業用水道事業の新潟工業用水道組合（1933年）、川崎市の事業（1936年）である。都道府県営で運営されていないところは、神奈川県、長野県、山梨県、石川県、奈良県及び長崎県である。

　総務省から示されている「地方公営企業年鑑」[**]のデータ（2008年度）をもとに、地方自治体や企業団（地方公営企業）が運営している工業用水道事業を集計し表5、図10に示す。なお、集計は現在給水能力が記載されているものだけとしている。また、表中及び図中で事業体と表示しているものは工業用水道事業者を表している。

　地方公営企業が運営しているものは、工業用水道事業者が148、工業用水道事業が240となっている。その給水能力は21,693,593m^3/日であり、給水先は6,150事業所となっている。

　1975年段階で現在の給水能力で約83％になっており、ほとんどの工業用水道事業がこれまでに整備されたことが分かる。また、それ以降事業数として55％増えているが、給水能力では全体の約17％であり、小規模の事業が多く整備されたこと

工業用水道料金の推移（図9）

地域別平均料金の推移（その1）

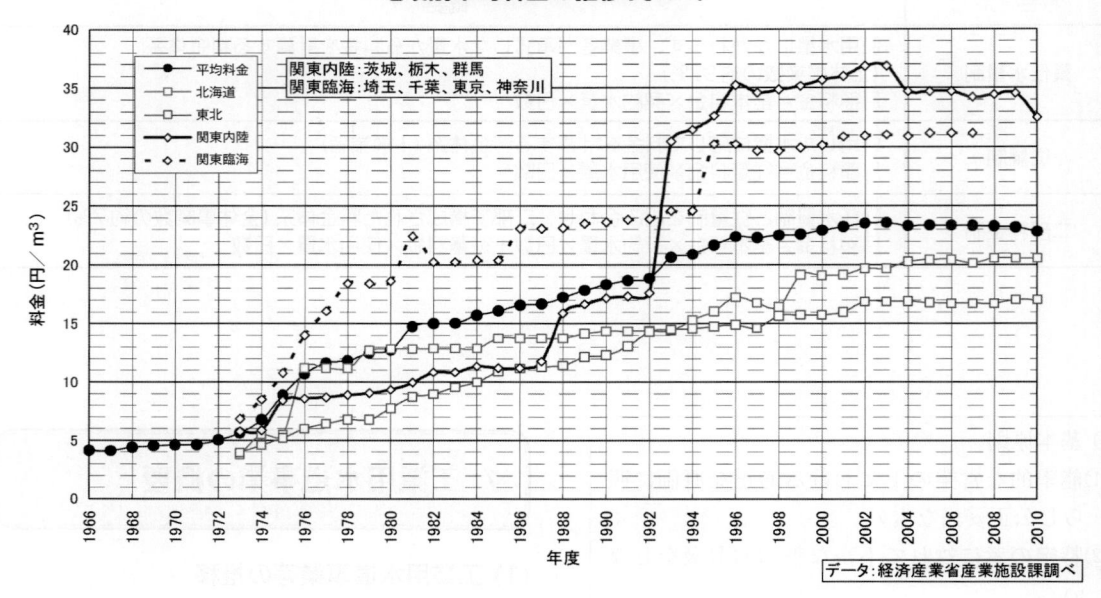

凡例：平均料金、北海道、東北、関東内陸、関東臨海
関東内陸：茨城、栃木、群馬
関東臨海：埼玉、千葉、東京、神奈川

データ：経済産業省産業施設課調べ

地域別平均料金の推移（その2）

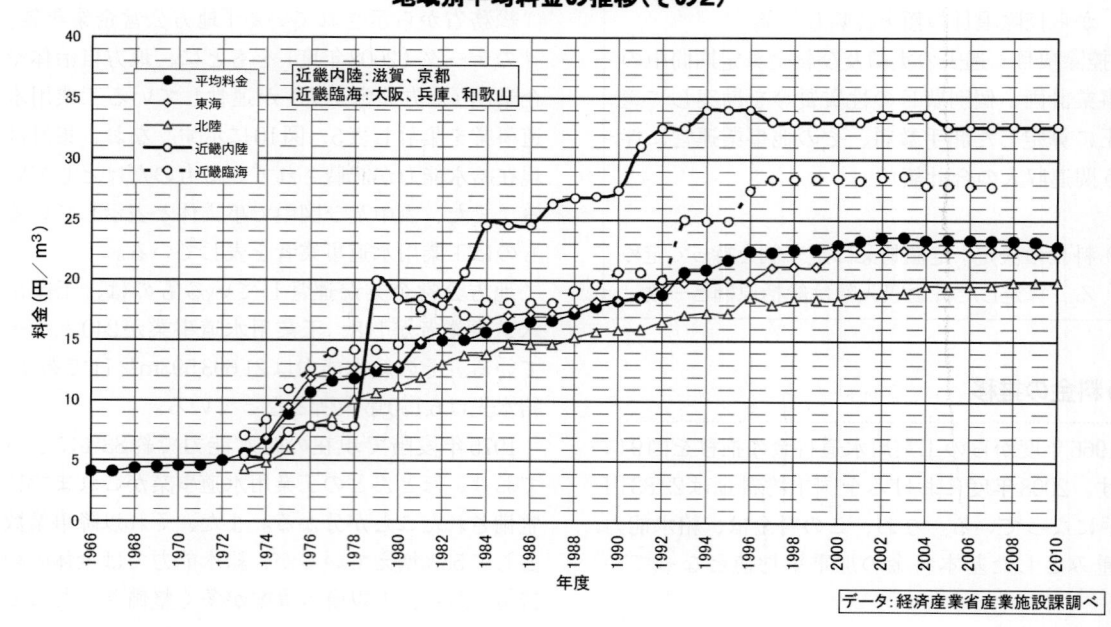

凡例：平均料金、東海、北陸、近畿内陸、近畿臨海
近畿内陸：滋賀、京都
近畿臨海：大阪、兵庫、和歌山

データ：経済産業省産業施設課調べ

工業用水道料金の推移（図9続き）

地域別平均料金の推移（その3）

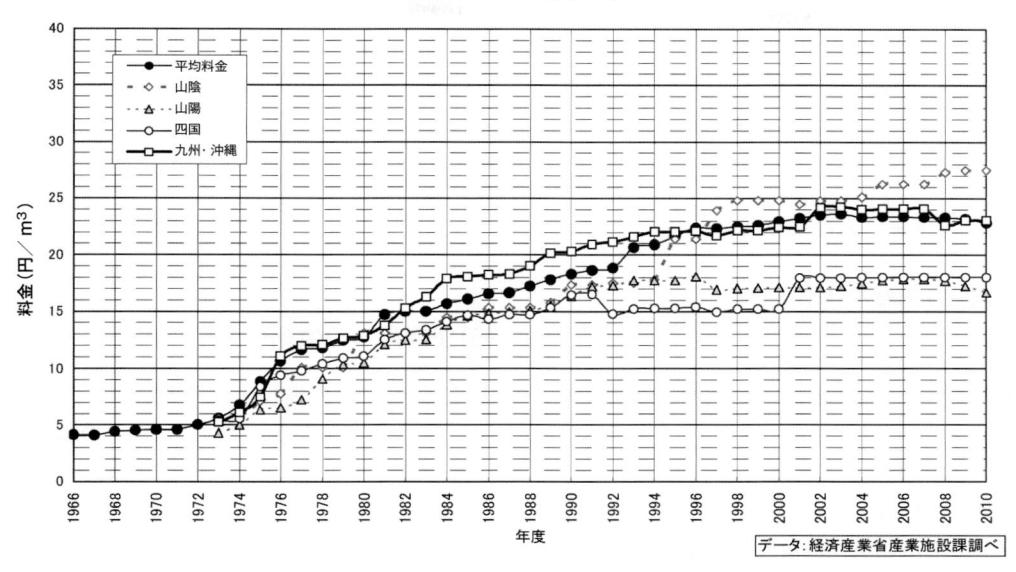

（グラフ：1966〜2010年度の料金（円/m³）の推移。平均料金、山陰、山陽、四国、九州・沖縄の各系列）

データ：経済産業省産業施設課調べ

現在給水している工業用水道事業（表5）

				給水事業所数
事業体数	計	148	(%)	6,150
	地方公共団体	140	94.6	6,062
	企業団	8	5.4	88
事業数	計	240	(%)	
	補助事業 地方公共団体	149	62.1	
	補助事業 企業団	5	2.1	
	単独	86	35.8	

データ：地方公営企業年鑑（2008年度）

工業用水道事業の推移（図10）

工業用水道事業及び関連法律の推移

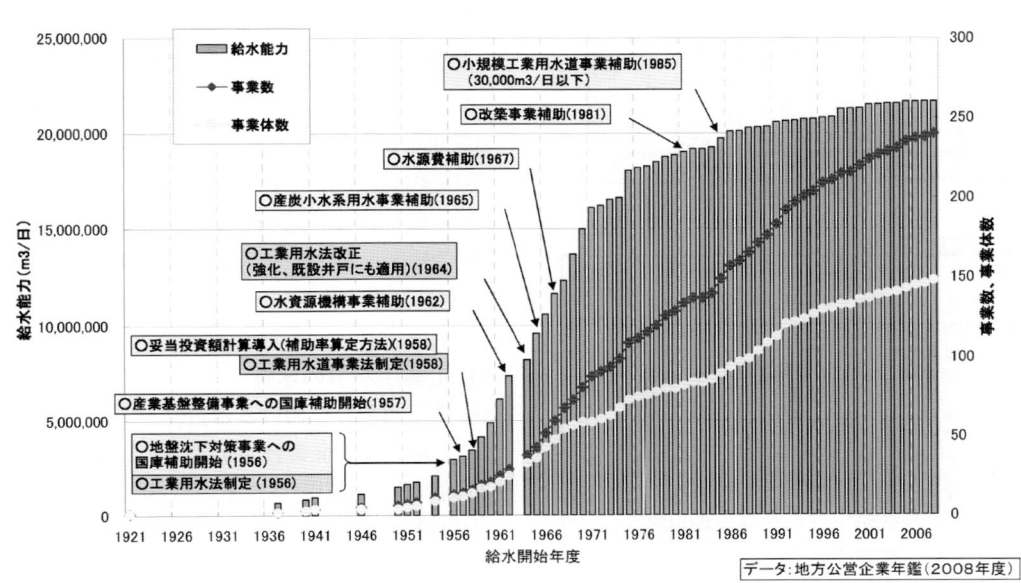

（グラフ：給水開始年度1921〜2006における給水能力（m³/日）、事業数、事業体数の推移。関連法令の注記：
- 地盤沈下対策事業への国庫補助開始(1956)
- 工業用水法制定(1956)
- 産業基盤整備事業への国庫補助開始(1957)
- 妥当投資額計算方式導入（補助率算定方法）(1958)
- 工業用水道事業法制定(1958)
- 水資源機構事業補助(1962)
- 工業用水法改正（強化、既設井戸にも適用）(1964)
- 産炭小水系用水事業補助(1965)
- 水源費補助(1967)
- 改築事業補助(1981)
- 小規模工業用水道事業補助(1985)（30,000m³/日以下））

データ：地方公営企業年鑑（2008年度）

が伺える。

受水事業所において1975年以降、図4に示すように工業用水道が補給水の多くを占める状況になっていることともよく符合しており、工業用水道が産業活動を下支えしている状況が明確に現れていると言える。

*) 地方公営企業年鑑は、次のアドレスの「地方公営企業年鑑」から表計算用ソフト対応データとしてダウンロードできる。http://www.soumu.go.jp/main_sosiki/c-zaisei/kouei.html

(2) 工業用水道事業の現状

現在地方公営企業によって運営されている工業用水道事業のうち給水能力による上位10事業の概要を表6に示す。

この他に2010年時点で把握しているところでは、株式会社久喜菖蒲工業団地センター、独立行政法人中小企業基盤整備機構九州支部がそれぞれ1事業を運営している。また、自家用工業用水道として新潟工業用水道組合（1事業）がある。

工業用水道事業者で最大のものは山口県が運営している15事業であり、給水能力は合計1,714,750m³/日である。上位10の工業用水道事業者で全国の約53％を占めている。事業単位では、愛知県の愛知用水工業用水道が最も大きく845,600m³/日である。計画給水量で最も大きいのは、静岡県の東駿河湾工業用水道で1,316,000m³/日となっている。

(3) 工業用水の供給

① 工業用水道の施設区分概要

工業用水道事業の施設は、上水道の場合とほぼ同様である。図11に施設区分の概要を示す。

水源のダム等は共同施設、取水口から配水管までが専用施設となっている。

なお、受水事業所との境は、配水管を通じて工場敷地境界線内部（工場側）に設置される仕切弁や制水弁の間が一般的である。また、多くの工業用水道事業では供給規程等で常時均等受水を謳っており、事業所側に受水槽の設置を義務づけ又は要請を行っている。

② 工業用水道の水源

工業用水道における水源は図12に示すとおり、ダムで開発された水量が最も多くなっており全体の約52％になっている。海水を水源としている事業は福島県の小名浜工業用水道事業（給水能力625,000m³/日）である。下水処理水を使用している事業は、南相馬市（給水能力40,600m³/日）、名古屋市（給水能力140,000 m³/日）のそれぞれの事業である。また、その他の水源には、上水道洗浄排水、浄水場作業排水等の再利用水等がある。

③ 工業用水道の水質
ⓐ 供給規程等における水質

工業用水道事業者が供給している工業用水は、供給規程等に規定されている水質基準を目標に浄水処理等を行い供給されているのが一般的であるが、浄水処理しないで原水のまま供給している事

給水能力による上位10事業（表6）

給水能力事業体別ベスト10

事業体名	事業数	割合(%)	給水能力(m³/日)	割合(%)
全体	240	100.0	21,693,593	100.0
山口県	15	6.3	1,714,750	7.9
愛知県	4	1.7	1,553,600	7.2
静岡県	7	2.9	1,466,290	6.8
福島県	5	2.1	1,192,700	5.5
千葉県	7	2.9	1,154,360	5.3
茨城県	6	2.5	1,127,330	5.2
三重県	4	1.7	911,500	4.2
大阪府	1	0.4	800,000	3.7
岡山県	7	2.9	761,900	3.5
兵庫県	4	1.7	709,930	3.3
計	60	25.0	11,392,360	52.5

データ：地方公営企業年鑑（2008年度）

給水能力事業別ベスト10

事業体名	事業名	給水能力(m³/日)	割合(%)
全体	—	21,693,593	100.0
愛知県	愛知用水工業用水道	845,600	3.9
三重県	北伊勢工業用水道	830,000	3.8
茨城県	鹿島第1・2期工業用水道	810,000	3.7
大阪府	大阪府工業用水事業	800,000	3.7
静岡県	東駿河湾工業用水道	793,100	3.7
大分県	大分工業用水道	564,000	2.6
川崎市	川崎市工業用水道	560,000	2.6
四国中央市	銅山川工業用水道事業	503,300	2.3
山口県	周南工業用水道	436,800	2.0
千葉県	五井姉崎地区工業用水道	401,760	1.9
計		6,544,560	30.2

データ：地方公営企業年鑑（2008年度）

工業用水道事業の施設区分図 (図11)

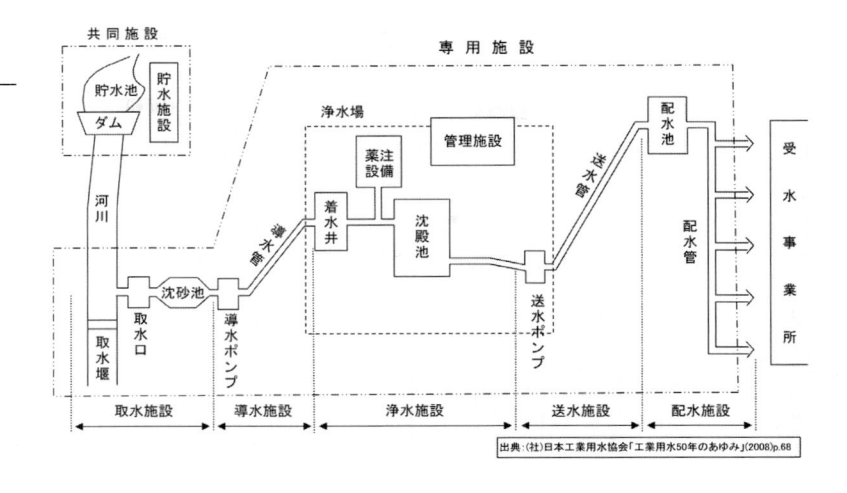

工業用水道の水源 (図12)

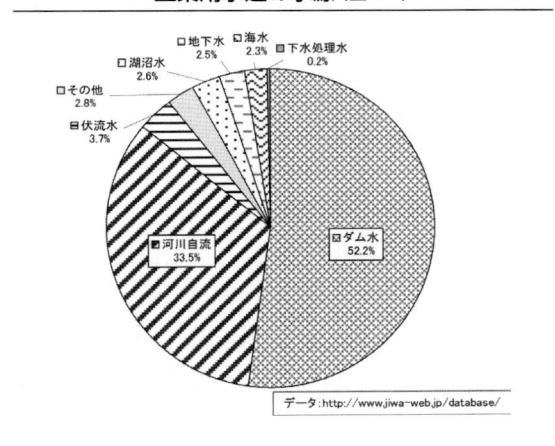

業もある。供給規程で原水供給を謳っている事業、水質の規程がない事業の割合は、約19%になっている。

供給規程等で規定されている水質基準は主に、水温、pH、濁度である。その他の項目としてアルカリ度(酸消費量(pH4.8))、硬度、蒸発残留物、塩化物イオン、鉄、マンガン、電気伝導率を規定している事業もある。また、その他にろ過処理等を別途行い給水している事業もあり、これらはアルミニウム、鉄、マンガン、カルシウム等を規定している。現在公表されている供給規程等から集計し表7に示す。なお、2008年度の地方公営企業年鑑で現在給水能力が記載されている事業についての集計である。また、条例に規定はされていないが、ホームページ上で目標値として示してある工業用水道事業者もある。表7には括弧書きで示した。

工業用水の用途で最も多いのが冷却用水・温調用水、次いで製品の処理・洗じょう用水である。冷却設備の熱効率を保つため、維持管理で最も注意が払われるのが、設備の腐食への対応、スケールの増加への対応等である。工業用水道の水質基準は、腐食、スケールの原因となると考えられている項目が規定されている。更に、次の②に示す「工業用水道供給水質標準値」も参考にされ、水質基準値が規定されている。

(社)日本冷凍空調工業会では、「冷却水・冷水・温水・補給水の水質基準値」を公表しており、基準値項目には「pH、電気伝導率、塩化物イオン、硫酸イオン、M-アルカリ度、全硬度、カルシウム、イオン状シリカ」が規定されている。また、参考項目には「鉄、銅、硫化物イオン、アンモニウムイオン、残留塩素、遊離炭酸、安定度指数」が示されている。

工業用水道から受水している事業所においては、供給される水質を更に工場内の用途に合わせて独自にイオン交換処理等の浄水処理を行い、工業用水として使用している。

供給規程等における水質基準(表7)

供給規程等における水質基準

基準範囲	濁度(度)(以下)	pH(一)(以上〜以下)	水温(℃)(以上〜以下)	(℃)(以下)	(一)	アルカリ度(mg/L)(以上)	蒸発残留物(mg/L)(以下)	硬度(mg/L)(以下)	塩化物イオン(mg/L)(以下)	鉄(mg/L)(以下)	マンガン(mg/L)(以下)	電気伝導率(mS/m)(以下)
最高	30	6.7〜9.5	10〜25	31.3	常温	5	75	250	120	1,500	3	0.2	37
最低	1	5.5〜7.2	1〜20	15		5	75	200	100	20	0.3	0.2	37
平均	17	6.1〜8.3	7〜22	28		5	75	230	109	258	1	0.2	37
規程している事業数	189(120)	185(118)	3(3)	105(63)	70(46)	4(3)	2(2)	5(4)	7(6)	9(8)	11(10)	1(1)	7(1)

注:( )は工業用水道事業者数

供給規程等における水質基準(ろ過/浄水)

基準範囲	濁度(度)(以下)	pH(一)(以上〜以下)	水温(一)(以上〜以下)	アルミニウム(mg/L)(以上)	鉄(mg/L)(以下)	マンガン(mg/L)(以下)	カルシウム(mg/L)(以下)	亜鉛(mg/L)(以下)	ひ素(mg/L)(以下)	シリカ(mg/L)(以下)
最高	1.0	6〜8.5	常温	0.1	0.03	0.03	30	0.03	0.005	25
最低	0.5	6〜7.5		0.1	0.03	0.03	30	0.03	0.005	25
平均	1.0	6〜8		0.1	0.03	0.03	30	0.03	0.005	25
規程している事業	3(1)	3(1)	2(1)	2(1)	2(1)	2(1)	2(1)	2(1)	2(1)	2(1)

注:( )は工業用水道事業者数

ホームページ上で提示している目標値(供給規程等に水質基準がない事業)

基準範囲	濁度(度)(以下)	pH(一)(以上〜以下)	水温(℃)(以下)	アルカリ度(mg/L)(以下)	蒸発残留物(mg/L)(以下)	硬度(mg/L)(以下)	塩化物イオン(mg/L)(以下)	鉄(mg/L)(以下)	マンガン(mg/L)(以下)
最高	(20)	(6.5)〜(8.6)	(25)	(75)	(300)	(120)	(20)	(1.0)	(0.2)
最低	(10)	(5.8)〜(8.0)			(250)		(80)	(0.3)	
規程している事業	11(3)	11(3)	1(1)	13(5)	11(3)	11(3)	11(3)	11(3)	10(3)

注:( )は工業用水道事業者数

ⓑ **工業用水道供給水質標準値**

(社)日本工業用水協会において、1971年「水質基準策定委員会制定」の工業用水道供給水質標準値を表8に示す。これは当時主だった受水事業所へのアンケート調査結果を基に、同委員会が制定したもので、現在の供給規程等で規定している水質基準の参考とされているものであり、更に工業用水道施設における浄水処理などの設計にあたって参考とされているものである。

④ **雑用水の供給**

工業用水道事業は、工業用水道事業法の目的にもあるように製造業を中心に工業用水を供給することとなっているが、1973年から下水処理場、ごみ焼却場、操車場、流通団地、公園及び地盤沈下対策等のため地下水からの転換を余儀なくされている施設等へ雑用水供給を行っている。2004年現在の供給状況を表9に示す。雑用水を供給している事業は104で全体の約42%(給水能力の1.5%)になっている。主な供給先は、下水処理場、し尿処理場等であり、冷却水、洗浄水、希釈水等になっている。

5 工業用水道事業の事例

現在運営されている工業用水道事業において、一般的な工業用水道として愛知県の愛知用水工業用水道事業、ろ過水供給を行っている岩手県の第一北上中部工業用水道事業、下水処理水を利用している名古屋市の名古屋市工業用水道事業について、処理フロー、供給水質等を以下に示す。

また、一般的な工業用水道事業の施設概要を図13に示す。浄水処理を行っている工業用水道事業は多くはこの図に示すような浄水処理を行い、塩素処理は行わず、受水事業所へ給水している。

工業用水道供給水質標準値 (表8)

項目	濁度 (度)	pH (—)	アルカリ度 (CaCO3 mg/L)	硬度 (CaCO3 mg/L)	全蒸発残留物 (mg/L)	塩素イオン (mg/L)	鉄 (mg/L)	マンガン (mg/L)
標準値	20	6.5〜8.0	75	120	250	80	0.3	0.2

(1971.03 日本工業用水協会水質基準制定委員会制定)

備考1. 本表の数値は、現在供給を行っている工業用水道(下水処理水等特殊の水源のものを除く。)の供給水質の実態及び工業用水使用者の要望水質を勘案して算出した一応の標準値である。
2. 工業用水道の浄水施設については、工業用水使用者全体の用途を考慮し、効率的、経済的に定めることになるので原水の水質によって本表により難い場合がある。

資料:(社)日本工業用水協会「工業用水ハンドブック」(1996)p.276

雑用水の供給状況 (表9)

雑用水給水先別契約水量

供給先	契約水量 A	件数 B(件)	契約水量/件 A/B
下水処理場	72,631	68	1,068
し尿処理場	62,413	46	1,357
ゴミ処理場	38,169	72	530
産廃処理場	8,166	25	327
庁舎・会館	12,579	81	155
事務所・ビル	11,581	75	154
学校・研究施設	3,291	92	36
医療・福祉	4,151	30	138
交通等	13,172	89	148
流通・倉庫	18,551	101	184
公園・運動場	15,919	91	175
その他	62,578	251	249
計	323,201	1,021	317

雑用水用途別契約水量

供給先	契約水量 A	件数 B(件)	契約水量/件 A/B
冷却水	87,118	162	538
洗浄水	66,498	180	369
希釈水	69,371	51	1,360
冷房	7,009	27	260
トイレ用水	21,765	273	80
洗車用水	10,784	152	71
散水用水	16,958	101	168
建設・工事用水	4,146	3	1,382
その他(*)	39,552	72	549
計	323,201	1,021	317

* 主な用途例:修景、洗濯水、消雪用、浴場用水、清掃用水
  防災用、研究用、上水原水ほか

資料:(社)日本工業用水協会「工業用水50ねんのあゆみ」(2008)p.133

工業用水道の施設概要 (図13)

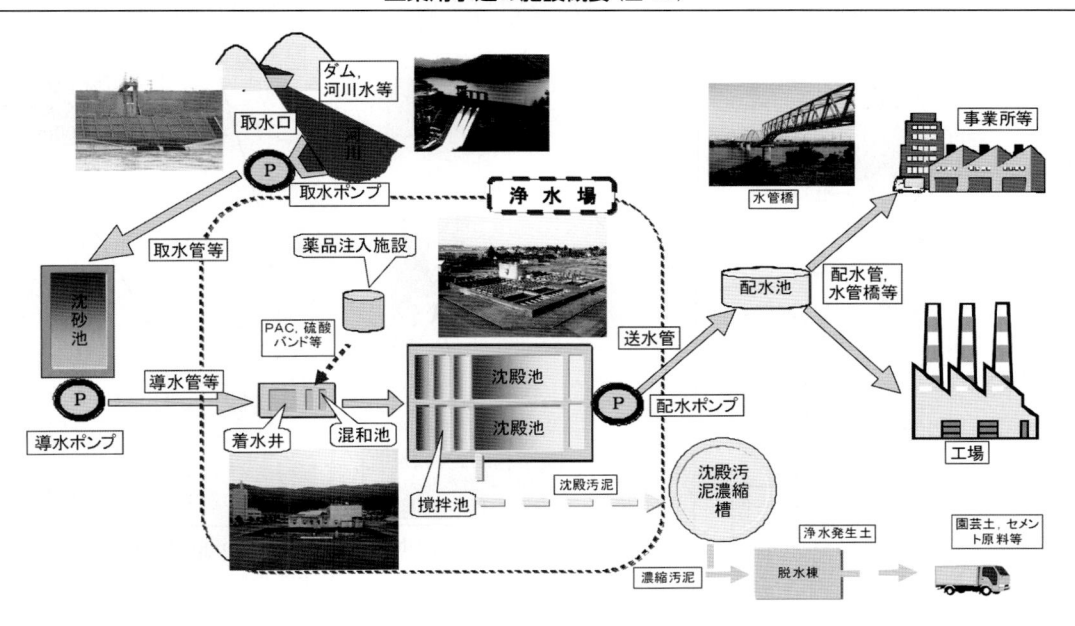

多くの工業用水道事業においては、浄水処理により発生した汚泥は最終的には、園芸土、セメント原料として再利用されている。再利用の事例については後述する。

(1) 愛知用水工業用水道事業

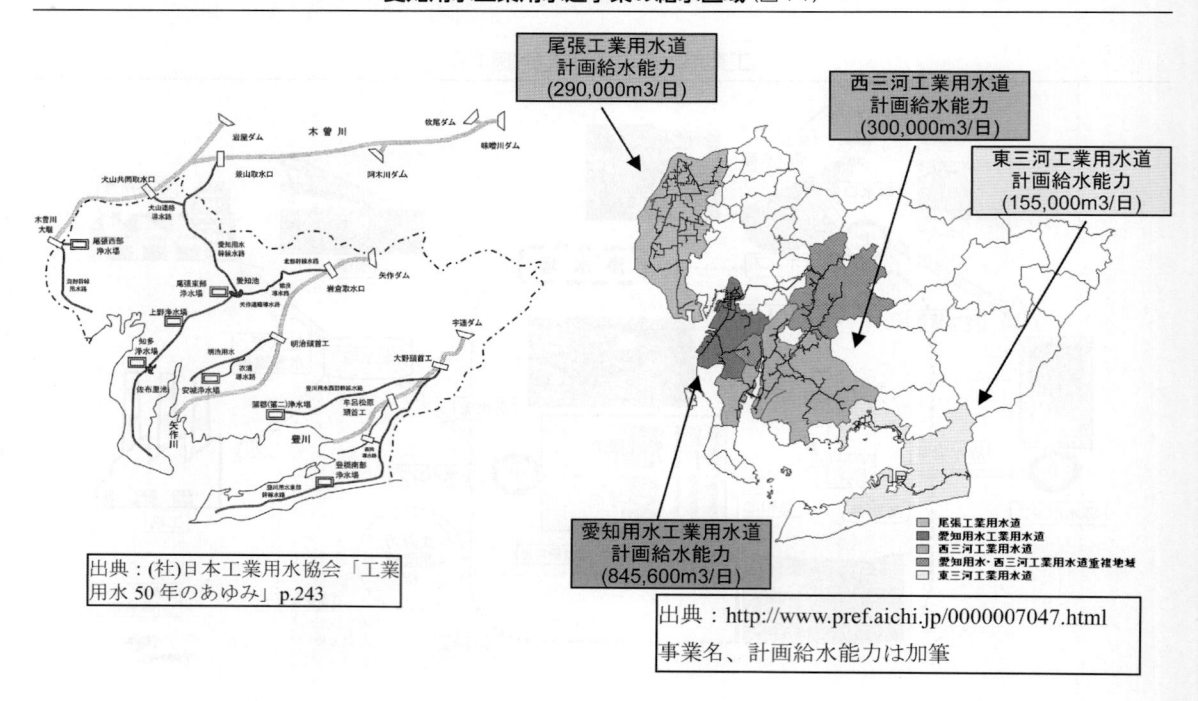

愛知県では、愛知用水工業用水道事業、東三河工業用水道事業、西三河工業用水道事業及び尾張工業用水道事業を運営している。

愛知用水工業用水道事業の概況として、図14に給水区域、表10に業種別受水事業所の契約水量、料金、水質基準、図15に処理フロー、表11に供給水質についてそれぞれ示す。

愛知用水工業用水道事業は、名古屋港を中心に発展を続ける名古屋市南部の既成工業地帯、名古屋港管理組合が埋め立て造成した名古屋南部臨海工業地帯、知多半島内陸部及び西三河北部地域に牧尾、矢作、阿木川及び味噌川ダムを水源として、日量845,600m^{3}の工業用水を供給するものであり、1961年から給水を開始している。

(2) 岩手県第一北上中部工業用水道事業

岩手県では、第一北上中部工業用水道事業と第二北上中部工業用水道事業を運営している。何れの事業でも、通常の浄化処理による工業用水の供給と、ろ過処理を行って特定の事業所へ供給している。

図16に概要図、表12に業種別受水事業所の契約水量、料金、水質基準、図17に処理フロー、表13に供給水質についてそれぞれ示す。

岩手県では、県勢発展計画の一環として北上工業団地へ工業用水を供給するため、1978年から北上中部工業用水道事業として給水をはじめた。

2007年に北上中部工業用水道事業と第三北上中部工業用水道事業を統合して現在の第一北上中部工業用水道事業として日量38,600m^{3}の給水能力を有している。また、半導体製造企業の進出に伴い、より良質の供給を企業から求められ、ろ過処理（アンスラサイトによるろ過処理）を行い、1984年から日量8,000m^{3}を供給している。

愛知用水工業用水道事業の給水区域 (図14)

出典：(社)日本工業用水協会「工業用水 50年のあゆみ」p.243

出典：http://www.pref.aichi.jp/0000007047.html
事業名、計画給水能力は加筆

19章 分野別水処理技術

愛知用水工業用水道事業の概要（表10）

業種	給水先数	契約水量(m3/日)	料金(m3/円)	水質基準
食料品製造業	6	25,824		
飲料・たばこ・飼料製造業	5	14,784		
木材・木製品製造業	2	3,312		
化学工業	9	247,680	第1期～第3期	
石油製品・石炭製品製造業	3	64,104	基本料金：26.5	水温：27℃以下
プラスチック製品製造業	1	1,800	超過料金：59.0	
窯業・土石製品製造業	4	720		pH：6.0～7.5
鉄鋼業	8	323,040		
金属製品製造業	5	2,400	第4期	濁度(度)：15以下
一般機械器具製造業	1	96	基本料金：29.5	
情報通信機械器具製造業	3	3,000	超過料金：59.0	
輸送用機械器具製造業	12	29,736		
その他の製造業	5	2,256		
雑用水利用	8	7,848		
電力・ガス供給業	8	16,896		
計	78	743,496		

資料：業種、給水先数、契約水量は(社)日本工業用水協会「工業用水50年のあゆみ」(2008)p.242
料金は「愛知県公営企業の設置に関する条例」
水質基準は「愛知県工業用水道給水規程」

愛知用水工業用水道事業の浄水処理フロー（図15）

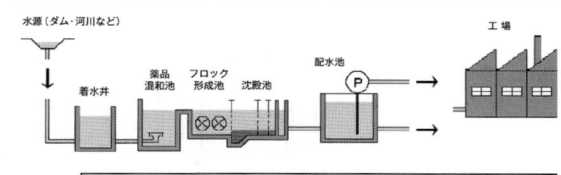

水源（ダム・河川など）→着水井→薬品混和池→フロック形成池→沈殿池→配水池→工場

資料：http://www.pref.aichi.jp/0000007092.html

愛知用水工業用水道事業の給水水質（表11）

項目	単位	尾張東部(東郷)浄水場 最高	最低	平均	上野浄水場 最高	最低	平均	知多浄水場 最高	最低	平均
水温	℃	24	5	14.4	24	5.1	15	25.5	5.9	16.2
濁度	度	8.6	1	4.1	6.3	1.1	3.4	7.7	1.4	3.5
水素イオン濃度(pH)		※7.6	7.4	7.5	7.5	7.2	7.4	※7.6	7	7.3
アルカリ度	mg/L	19	12.5	16.1	19	13	16.2	19	13	16.6
硬度	mg/L	22.6	14.9	18.9	22.5	15.1	19.1	22.8	16.3	20.1
蒸発残留物	mg/L	54	40	48	54	43	48	56	43	49
塩化物イオン	mg/L	4.6	1.9	3	4.6	1.6	2.9	5.1	2.4	3.6
鉄イオン(鉄及びその化合物)	mg/L	0.29	0.06	0.14	0.4	0.02	0.12	0.2	0.04	0.1

※：pH値7.6は浄水場配水池地点の値。配水管路末端では7.5以下となっています。
この原因は、原水である愛知池での植物プランクトンの光合成によるものです。

データ：http://www.pref.aichi.jp/cmsfiles/contents/0000007/7093/h21.pdf
2009年度(平成21年度)工業用水水質試験結果一覧表

第一北上中部工業用水道の概要図（図16）

第一北上中部工業用水道管敷設概要図

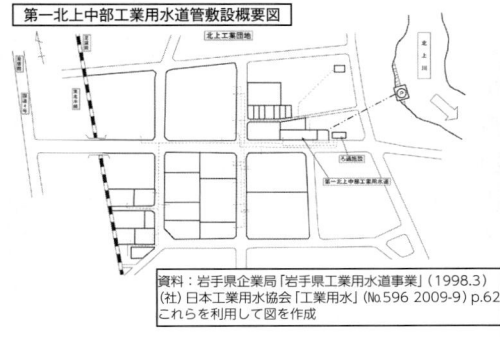

資料：岩手県企業局「岩手県工業用水道事業」(1998.3)
(社)日本工業用水協会「工業用水」(No.596 2009-9) p.62
これらを利用して図を作成

第一北上中部工業用水道事業の概要（表12）

業種	給水先数	基本水量(m3/日)	料金(m3/円)	水質基準
金属製品製造業	2	4,140		
化学工業	2	4,700	工業用水の料金の額	
電子部品・デバイス製造業	1	13,950		水温：常温
プラスチック製品製造業	1	280	基本料金：45	
紙加工製造業	1	20	超過料金：90	pH：6.0～8.5
精密機械器具製造業	2	880		
一般機械器具製造業	1	1,560	ろ過料金の額	濁度(度)：15以下
その他の製造業	1	100	基本料金：44	
雑用水利用	1	100	超過料金：22	
計	12	25,730		

資料：業種、給水先数、基本水量は(社)日本工業用水協会「工業用水」(No.596 2009-9) p.62
料金は「県営工業用水道料金徴収条例」
水質基準は「県営工業用水道供給規程」

第一北上中部工業用水道事業の給水水質（表13）

項目	単位	工業用水水質状況 第一北上中部工業用水道 (北上中部) 最高	最低	平均	(第三北上中部) 最高	最低	平均	工業用水ろ過水水質状況 北上ろ過施設 最高	最低	平均
水温	℃	21.4	2.9	12.0	21.6	2.7	12.0	21.6	2.7	12.2
濁度	度	1.5	0.6	1.0	0.6	0.4	0.5	0.05	0.04	0.05
水素イオン濃度(pH)		7.01	6.91	6.95	7.05	6.92	7.00	7.03	6.92	6.99

※水温は原水の水温を測定した数値で、処理水の水温ではありません。
※水温は原水の水温を測定した数値で、ろ過水の水温ではありません。
北上ろ過施設 4月水温は、計器不具合のため欠測。

データ：http://www.pref.iwate.jp/view.rbz?of=1&ik=0&cd=397の水質状況
2009年度(平成21年度)工業用水水質状況
最高、最低、平均は2009年度毎月データをもとに整理

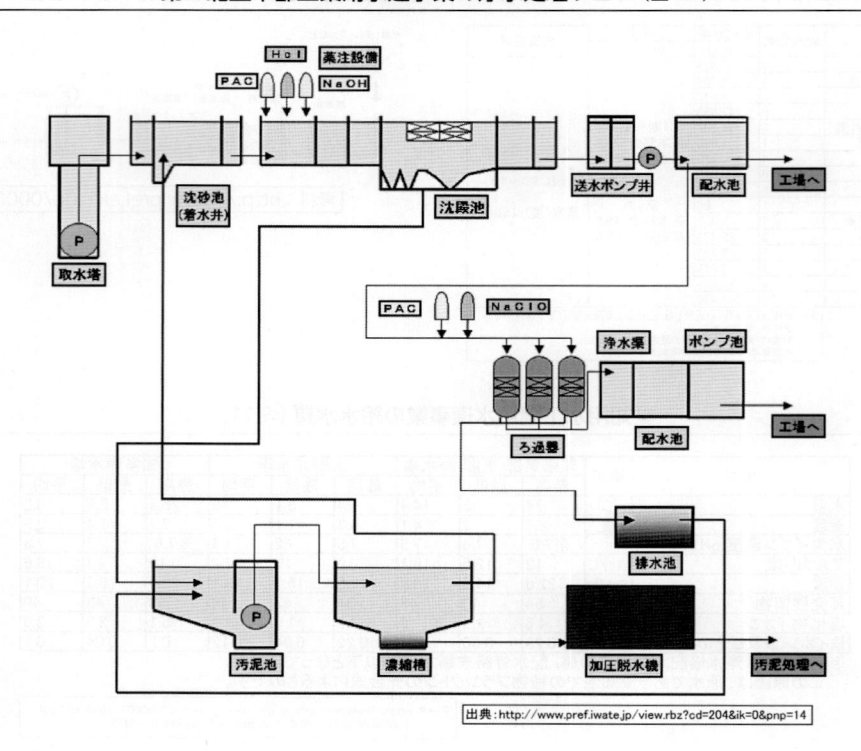

第一北上中部工業用水道事業の浄水処理フロー(図17)

(3) 名古屋市工業用水道事業

名古屋市の工業用水道事業は、産業基盤の育成と地盤沈下を防止するため、地下水の汲み上げ規制に伴う代替水を供給することを目的に供水を開始した。現在日量140,000m³の供水能力を有している。

水源は、庄内川表流水(児玉浄水場)、下水処理水(辰巳浄水場)、上水道作業排水(大治浄水場)の3系統である。

渇水や水質事故に対して安全性が高く、また、水資源の有効利用を積極的に図っている。更に名古屋城の外堀浄化策として5,000m³/日供給し水質改善に貢献している。

図18に給水区域、表14に業種別受水事業所の契約水量、料金、水質基準、図19に下水処理水を水源としている辰巳浄水場の処理フロー、表15に供給水質についてそれぞれ示す。

なお、辰巳浄水場からの工業用水を受水している事業所の処理フローも合わせて図20に示す。受水事業所は、目的用途に合わせて逆浸透膜(RO膜)を使用して水処理している。

名古屋市辰巳浄水場から工業用水を受水し、塩化物イオンや蒸発残留物が高く、腐食等の障害を生じたため、1984年に逆浸透膜(RO膜)処理設備が導入されている。

6 資源の有効活用

工業用水道事業における汚泥再利用の事例、企業(工場等)における工業用水使用合理化の推移を以下に示す。

名古屋市工業用水道事業の給水区域
(図18)

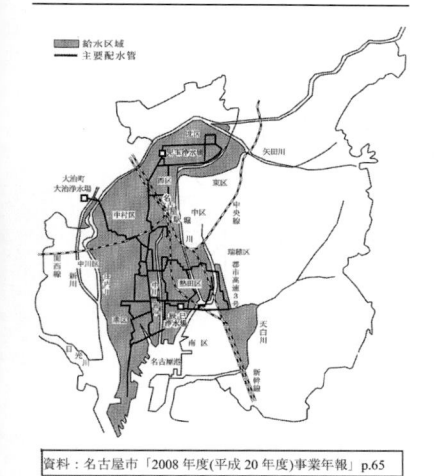

資料：名古屋市「2008年度(平成20年度)事業年報」p.65

名古屋市工業用水道事業の概要
(表14)

業種	給水先数	契約水量(m3/日)	料金(m3/円)	水質基準
食料品製造業	8	850	第1種(時間契約) 契約水量：5m3/時間 基本料金：25.5 超過料金：51.0	水温：27℃以下 pH：6.0〜7.5 濁度(度)：15以下
木材・木製品製造業	1	192		
化学工業	13	4,680		
窯業・土石製品製造業	8	2,017		
鉄鋼業	7	3,626		
非鉄金属製造業	7	14,465		
金属製品製造業	31	2,053	特例(月間契約) 契約水量：700m3/月 以上3,000m3/月未満 基本料金：45.9円 超過料金：51.0円	
一般機械器具製造業	1	120		
輸送用機械器具製造業	8	729		
精密機械器具製造業	1	288		
非製造業	22	33,427		
計	107	62,447		

資料：業種、給水先数、契約水量は(社)日本工業用水協会「工業用水50年のあゆみ」(2008)p.247
料金は「名古屋市工業用水道給水条例」及びhttp://www.water.city.nagoya.jp/user/kogyosuido.html
水質基準は「名古屋市工業用水道給水条例」

辰巳浄水場の処理フロー (図19)

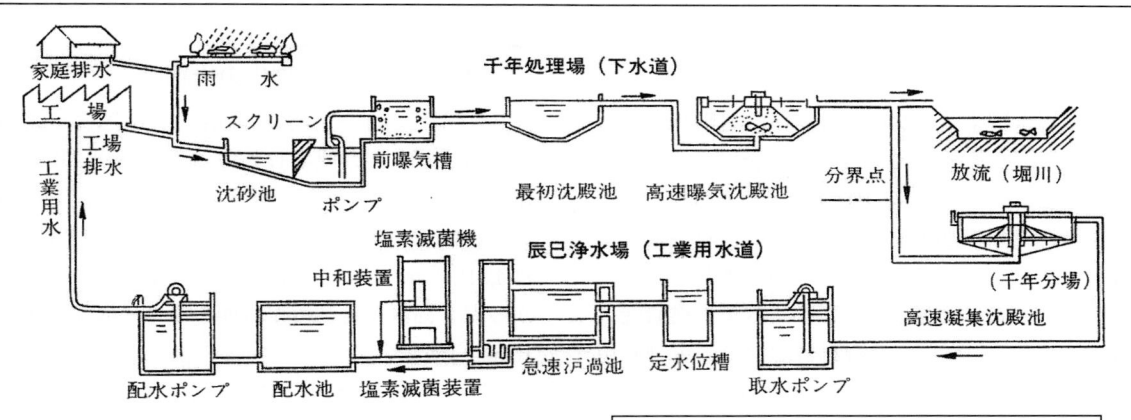

資料：(財)造水促進センター「造水技術—水処理のすべて」(1983年5月)p.153

辰巳浄水場の供給水質 (表15)

項目	単位	辰巳浄水場 最高	最低	平均
濁度	度	2.6	0.0	0.5
水素イオン濃度(pH)		7.4	—	6.9
アルカリ度	mg/L	119.0	17.0	64.0
硬度	mg/L	216	156	182
蒸発残留物	mg/L	1,183	728	962
塩化物イオン	mg/L	430	242	352
全鉄	mg/L	0.24	0.03	0.09
電気伝導率	μS/cm	2,260	921	1,575
CODMn	mg/L	7.6	2.7	4.5
残留塩素	mg/L	1.1	0.0	0.4

データ：経済産業省「2004年度(平成16年度)工業用水の水質把握等調査報告書の資料-3(2001年度の水質)」(毎日の給水実績の集計)

受水事業所の処理フロー（図20）

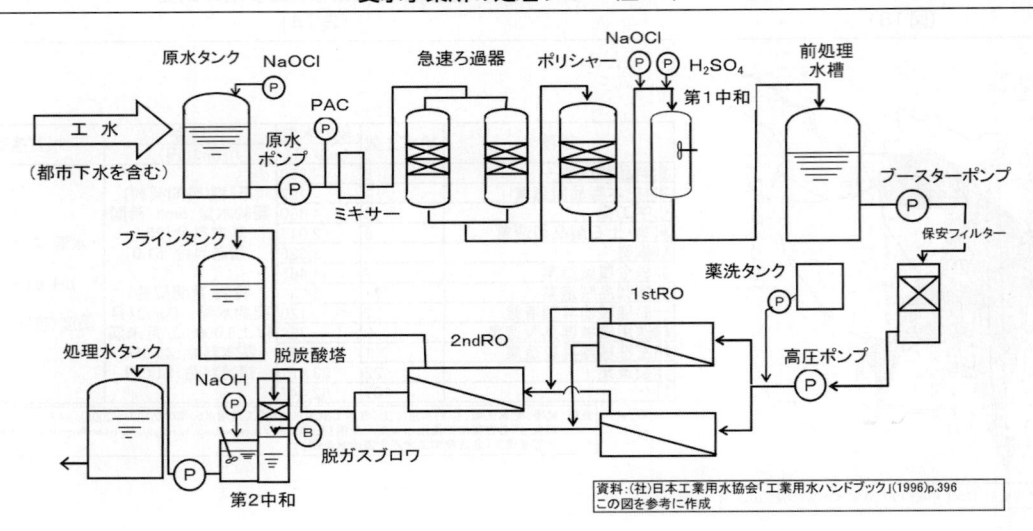

資料：(社)日本工業用水協会「工業用水ハンドブック」(1996)p.396
この図を参考に作成

(1) 汚泥再利用の事例

　工業用水道事業においては、浄水処理等を行った後、汚泥を濃縮・脱水処理した発生土を、園芸の培養土、セメント等の原料として再利用している事例が近年増加（約30％の工業用水道事業者で実施。2010年8月現在）している。2010年7月に(社)日本工業用水協会の「工業用水道事業研究大会」でとりまとめられた資料において、有効利用先は、セメント等への原料（6事業体）、園芸土（5事業体）、土壌改良育苗土、培養土及び粒状改良土（3事業体）、その他（12事業体）となっている。

　千葉県企業庁工業用水部では、環境保全対策の一環として発生土の再資源化に取り組み、培養土メーカーとの共同研究で、農園芸用人工培養土「ちば土太郎」、公共事業向け植栽緑化用「ちば工水培土-ふさ太郎」を開発し、「千葉県企業庁佐倉市飯野培養土センター（愛称：エコステーション『ちば土太郎』）」で、2000年4月から製造を開始し、有料で販売している。現在では、特定の植物用の栽培用培地の開発等にも積極的に取り組んでいる。

　培養土の成分分析値を表16に示す。年間約10,000トンの発生土全量の再資源化を行っている。

(2) 企業（工場等）における工業用水使用合理化の推移

　1950年代の工業用水の使用状況が把握できるものは、図1でも使用している工業統計（用地・用水編）である。1958年当初の水使用状況を見ると、淡水使用量23,930千m^3/日に対し、回収水量は4,812千m^3/日であり、回収率は20％に過ぎなかった。回収し再利用が可能な冷却・温調用水は10,564千m^3/日なので、大量の淡水が一過式に使い捨てられていた状況になっていたのが分かる。1961年度から、当時の通商産業省が中心となり、工業用水使用合理化委員会による水使用の実態調査検討が行われ、成果を業種別に水使用合理化技術叢書等として刊行され、普及に努めた。

　即ち工業用水の多くを占める冷却用水のうち、間接冷却水は水質の悪化が少なく、冷却塔で容易に再利用可能であること、地下水を使用している工場では一過式の利用が多く、地下水位低下と地盤沈下の地下水障害の原因になっていたことなどを明らかにし、対応策を管理指針として示し補給水量の減少に繋がっている。

　また、製品処理用水の洗浄用水についても、洗浄液と薬液の分離等によって、薬液の歩留まり向上、補給水量と廃水量が減少することが明らかと

発生土の成分分析値（千葉県）（表16）

成分名	単位	ちば土太郎	新ふさ太郎	ふさ太郎
pH（H_2O 1:5）		6.7	6.8	6.3
電気伝導度（1:5）	dS/m	0.9	0.9	0.8
無機態窒素	mg/100g乾物	110	41	30
有効態リン酸	mg/100g乾物	123	129	11
交換性加里（K_2O）	mg/100g乾物	128	151	49
交換性カルシウム（CaO）	mg/100g乾物	1200	1471	129
交換性マグネシウム（MgO）	mg/100g乾物	168	92	32
強熱減量	％	25	25	26
塩基置換容量	me/100g乾物	50	47	50

資料：http://www.pref.chiba.lg.jp/kigyou/d_sisetu/publicity/sinhusataro.html#a01

なった。

　これらの指針をもとに企業（工場）ではより具体的な、水使用合理化の実施が実行され、現在では回収率はほぼ飽和状態の80％になっている。

　工業地帯が拡大し高度成長により淡水の使用量は急増したが、これらの努力により、淡水補給量原単位は急激に減少し、必要とする水資源開発量を抑制しつつ、産業の持続的発展が可能となった。これを最もよく表しているものを図21に示す。これらの成果が顕著に見られるのが、1975年以前の原単位の急激な下降になっているところである。

7　工業用水道の課題

　工業用水道事業はこれまでにも触れてきているが、1975年までに現在の給水能力で約80％のものが給水開始をしている。

　給水開始までの短期間に大勢の技術者による施設の設計・施工・管理が行われていたことに裏打ちされていることとなる。このことはある一時期に集中して技術者が減少してしまうことも意味している。

　また、工業用水道施設が1975年までに約80％のものが完成していることは、現在の工業用水道施設の多くは少なくとも35年以上を経過したものがほとんどであることを意味している。このことは今後の施設の更新が集中してくることを意味している。

　これらが今後取り組まなければならない工業用水道事業に共通した大きな課題となっている。

　以下にこれらへ積極的に取り組んでいる事例を示す。

(1) 技術継承の取組事例

　技術者が一時期に集中して退職する状況になりつつあり、現在多くの工業用水道事業者においては、退職者の再雇用、退職者や経験者による研修を行って、技術伝承に努めているところである。福山市における取組事例を、（社）日本工業用水協会「工業用水」（No.599 2010-3 p.48～55）から、取組の概要、浄水部門での技術研究の内容、水道技術研究の事例を示す。

　福山市では、50歳以上の職員が半数以上を占める状況であること、今後退職者の補充が難しくなっている状況の中で、今後これまで以上に事業の効率化をはかりつつ、高度化・複雑化する業務対応の状況になることをかんがみ、市長部局と連携した取組を含めて、職場内での取組、研究の取組（基本研修及び派遣研修）、水道技術研修センターの活用による水道技術研修の3本の柱で取り組んでいる。概要を図22に示す。

　また、技術系職員の技術向上と継承を目的とした取組として、県内3都市による定期的な技術交換会をはじめ、施設整備部門では月に2回程度の各種マニュアルの勉強会、浄水部門では水質関係職員を含めて電気・機械・水質に関するテーマで技術研修を実施している。2009年度の浄水場部門での技術研究の内容を表17に示す。

　更に、職員の大量退職や業務の委託化による技術力低下を防止するため、これまで蓄積された多くの技術の伝承を図るとともに新たな課題に対しての最新の知識や技術を習得することを目的として、水道技術研修センターが2004年に設立されている。研修の内容は配水管接合実技研修（写真1）、配水管維持管理実技研修、漏水修繕・管路

出荷額当たり淡水補給水量原単位の推移（図21）

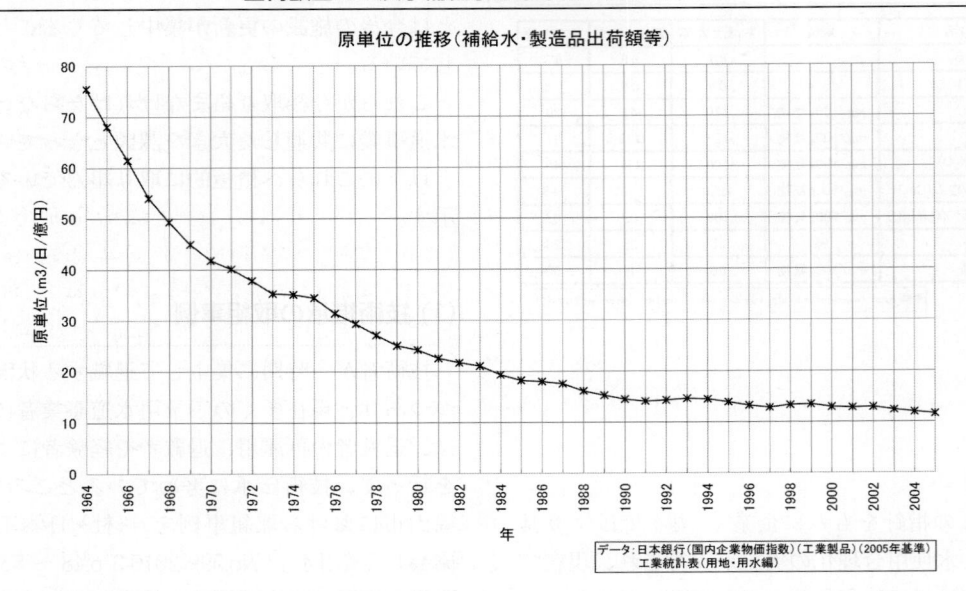

原単位の推移（補給水・製造品出荷額等）

データ：日本銀行（国内企業物価指数）（工業製品）（2005年基準）
工業統計表（用地・用水編）

福山市における技術継承等の取組の概要（図22）

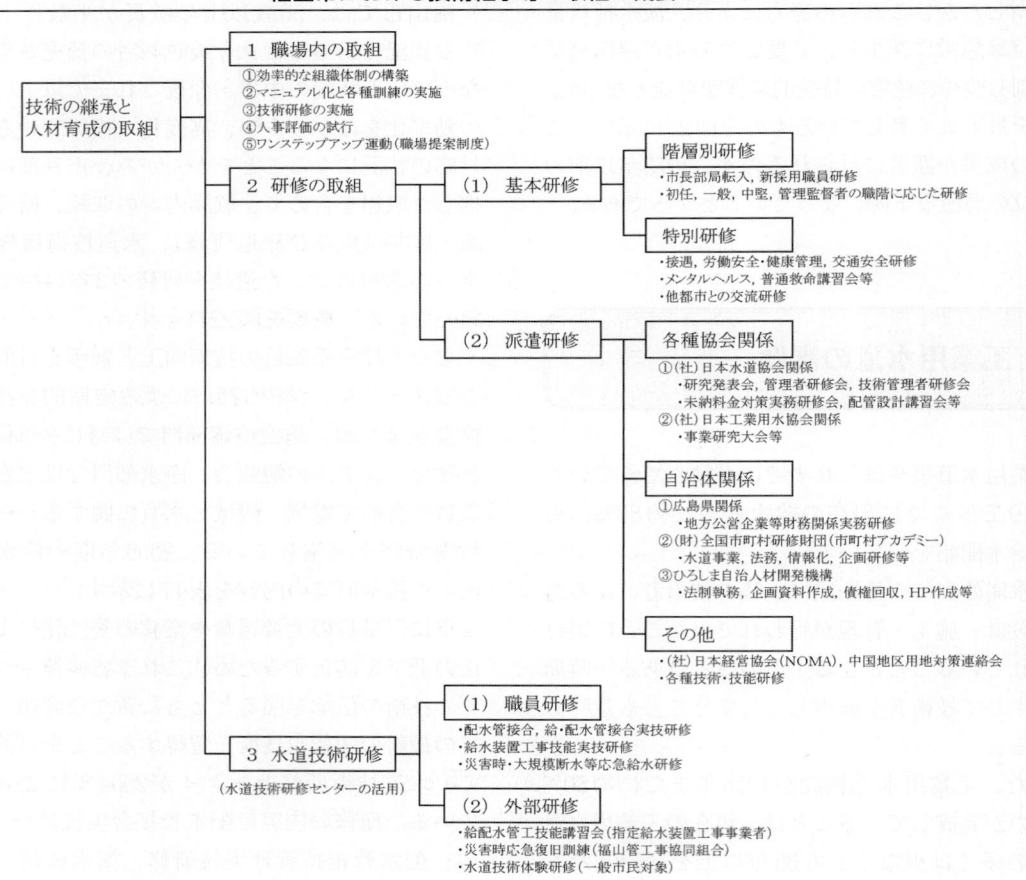

- 技術の継承と人材育成の取組
  - 1 職場内の取組
    - ①効率的な組織体制の構築
    - ②マニュアル化と各種訓練の実施
    - ③技術研修の実施
    - ④人事評価の試行
    - ⑤ワンステップアップ運動（職場提案制度）
  - 2 研修の取組
    - （1）基本研修
      - 階層別研修
        - ・市長部局転入，新採用職員研修
        - ・初任，一般，中堅，管理監督者の職階に応じた研修
      - 特別研修
        - ・接遇，労働安全・健康管理，交通安全研修
        - ・メンタルヘルス，普通救命講習会等
        - ・他都市との交流研修
    - （2）派遣研修
      - 各種協会関係
        - ①（社）日本水道協会関係
          - ・研究発表会，管理者研修会，技術管理者研修会
          - ・未納料金対策実務研修会，配管設計講習会等
        - ②（社）日本工業用水協会関係
          - ・事業研究大会等
      - 自治体関係
        - ①広島県関係
          - ・地方公営企業等財務関係実務研修
        - ②（財）全国市町村研修財団（市町村アカデミー）
          - ・水道事業，法務，情報化，企画研修等
        - ③ひろしま自治人材開発機構
          - ・法制執務，企画資料作成，債権回収，HP作成等
      - その他
        - ・（社）日本経営協会（NOMA），中国地区用地対策連絡会
        - ・各種技術・技能研修
  - 3 水道技術研修（水道技術研修センターの活用）
    - （1）職員研修
      - ・配水管接合，給・配水管接合実技研修
      - ・給水装置工事技能実技研修
      - ・災害時・大規模断水等応急給水研修
    - （2）外部研修
      - ・給配水管工技能講習会（指定給水装置工事事業者）
      - ・災害時応急復旧訓練（福山管工事協同組合）
      - ・水道技術体験研修（一般市民対象）

福山市の水道技術研修センターにおける実技研究の例（写真1）

配水管接合実技研修

管工事協同組合との合同応急復旧訓練

福山市の浄水部門における技術研修テーマ（表17）

月	テーマ
4月	平成21年度浄水管理課の重点目標について 平成21年度水質管理センターの重点目標について 塗装マニュアルについて 浄水場マニュアルについて
5月	水道事業ガイドラインについて
7月	粉末活性炭の注入について トラブル事例1 1工送水P2号事故報告 トラブル事例2 千田浄水場データロガー事故報告 トラブル事例3 千田浄水場魚類監視装置トラブルについて トラブル事例4 工水2系凝集不良の件について 渇水時の工業用水切替計画
8月	神辺配水について 水道工事積算基準経費項目について
9月	遮光ネットの効果 PAC配管更新について 熊野浄水場取引計器ELB断について 加圧施設の留意事項
10月	異常対応訓練
11月	安全管理研修「RA実施結果に基づくアドバイスと発表会」
12月	アルミ低減対策 浄水管理課の省エネ対策～照明設備について 水安全計画の策定について

調査実技研修等になっている。この施設は、耐震継手管布設時の資格制度採用に伴う指定給水装置工事事業者を対象とした講習会や「福山市管工事協同組合との災害時の応急復旧に関する協定書」に基づく合同での応急復旧訓練、一般市民を対象とした水道体験教室などにも幅広く活用されている。

(2) 施設更新の取組事例

　2009年度に経済産業省で実施した委託調査の「工業用水道施設更新検討調査報告書」において明らかにされた、工業用水道施設の今後（50年後）発生すると推定された更新費用は図23に示すとおり、38,029億円（費用は2000年価格）になっている。

　工業用水道事業者は、今後の施設更新計画等を策定し、計画的に更新を実施していくことにより安定した工業用水の供給を保持していくこととなる。更新計画に伴う費用は、基本的には工業用水を受水している事業所からの給水収益によって賄うこととなり、財政面からの視点も求められることとなる。

　多くの工業用水道事業者においては、施設の更新時期を出来るだけ延ばすため、日常的な維持管理・点検をデータ化し、その状況等から耐用年数の延長を独自に定めている。

　また、事例は少ないが長期の更新計画を財政面からもアプローチした、いわゆるアセットマジメントの視点で更新計画を策定している工業用水道事業者もある。

　耐用年数を独自に定めている例を表18に示す。

8　工業用水の今後

　我が国の経済発展は地球規模で展開されている輸出産業を中心として成長をしてきている。その生産活動を支えている重要な役割を果たしている

工業用水道事業における50年後の更新費用推計値（図23）

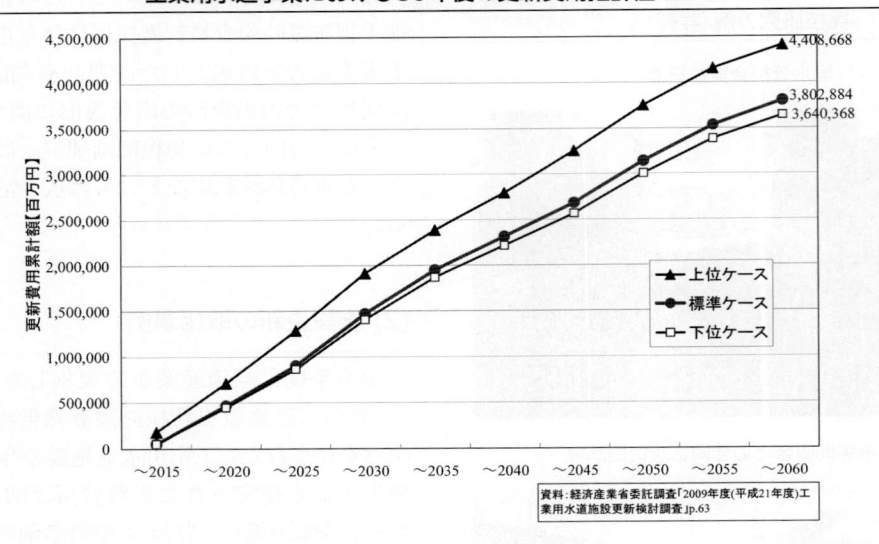

上位ケース: 4,408,668
標準ケース: 3,802,884
下位ケース: 3,640,368

資料：経済産業省委託調査「2009年度（平成21年度）工業用水道施設更新検討調査」p.63

工業用水道事業者における耐用年数設定例（表18）

C事業での耐用年数設定例

施設区分	法定耐用年数	計画耐用年数
土木施設全般	60年	60年
建築施設全般	50年	50年
電気設備全般	20年	20年
機械設備全般	15～17年	25年
計装設備全般	10年	20年
監視制御設備全般	5～10年	15年
薬品注入設備	15年	15年
管路	40年	60年

D事業における機械電気設備の耐用年数設定例

設備名	利用年数	設備名	利用年数	設備名	利用年数
受配電設備	25年(20)	通信設備	15年(9)	薬品注入設備	20年(15)
特高用主変圧器	30年(20)	水質計器	15年(10)	塩素注入設備	15年(10)
蓄電池電源設備	20年(6)	ケーブル・電線	20年(20)	電動弁	25年(17)
非常用自家発電設備	30年(15)	導水ポンプ	25年(15)	ろ過池集水装置	25年(17)
監視制御設備	20年(17)	送水ポンプ	25年(15)	ろ過池表洗管	25年(25)
工業用電子計算機	15年(6～17)	洗浄ポンプ	25年(15)	排泥ポンプ	20年(17)
工業計器	25年(8～10)	フラッシュミキサー フロキュレーター	25年(17)	排泥池濃縮槽設備	25年(17)
取引用電磁流量計	15年(8)	クラリファイアー	30年(17)	加圧脱水機	25年(17)

（注）（ ）内は法定耐用年数を示す。

資料：経済産業省委託調査「2009年度（平成21年度）工業用水道施設更新検討調査」p.55

のが工業用水である。この役割は、今後もいわゆる産業の血液として重要な役割を果たしていくものと思われる。

　近年の地球温暖化によると考えられる、地球規模の異常気象による長期的な干ばつ地域が多くなってきている状況にある。

　海外の市場、資源に多くを委ねている我が国は、これら地域の安定的な発展等に寄与する方法として、水資源の有効利用の観点から産業活動に使用した工業用水を、これら地域の農業用水や産業用水として再利用する方策の検討等も始まっている。

　例えば、2010年8月川崎市は、東京湾に捨てられている使用済みの工業用水について、水不足に悩むオーストラリア・西オーストラリア州に輸出する共同研究を州政府などとはじめると発表した。共同研究は、製鉄関連会社などの民間も参加し、工業用水を船に直接積み込む方法や施設の整備、単価や収益の配分などついて協議していくこととしている。

　また、同年9月（日本経済新聞社）には、「日本の水を中東産油国に供給し、その見返りに原油を確保する官民の事業が本格的に動き出す。日本の下水処理水や工業用水をばら積み船に積み、現地で放出した後に原油を載せて帰国する仕組みだ。経済産業省がプラントメーカーなどとの共同事業を想定し、今月下旬にカタールと条件面の交渉に入る。」との新聞情報もある。

　我が国では、上記の6-2において示したとおり、水使用の合理化への取組は官民挙げて1961年から積極的に取り組んできた成果として、回収率はほぼ飽和状態の約80%までになっている。この水の回収技術の海外での展開、工業用水として使用され、回収された水の利用方法などは今後の我が国の海外への貢献、地球への貢献の一助となるものと思われる。

〔本郷秀昭〕

3　下　水

1　下水道整備の現状

　下水道法に定める下水道には、市街化区域を対象とするものでは、公共下水道と流域下水道がある。前者は個別の自治体が建設・管理し、後者は都道府県が建設・管理するものである。また、市街化調整区域を対象とするものとしては特定環境保全下水道がある。

　下水道で対象とする排水は生活排水を中心として事業所排水及び雨水が含まれる。下水道の排除方式には、生活排水や事業所排水からなる汚水と雨水を一緒に排除する合流式下水道と、これを別々に排除する分流式下水道がある。

　早期に下水道建設に着手した我国の大都市では、合流式の採用が多いが、昭和50年代以降に下水道建設が開始された中小都市では大部分が分流式下水道である。

　欧米先進国に比較して大幅に遅れていた我国の下水道整備が本格的に開始されたのは、昭和50年代であるが、それ以降、毎年約1兆円の事業費が下水道整備に投入された結果、現在では下水道普及率は、約74％に達しており、大都市では下水道普及率がほぼ100％に達したところも多い（図1）。

　しかしながら、図2に示すように中小都市の下水道普及率はまだ大都市と比較して低く、特に下水道計画における幹線管きょの上流部では、整備に時間がかかるため、まだ下水道の恩恵に預かっていない未普及地域も依然として残っており、中小都市の普及率の向上と下水道未普及地域の早期の解消は大きな課題である。

下水道建設事業費と人口普及率の推移[1]（図1）

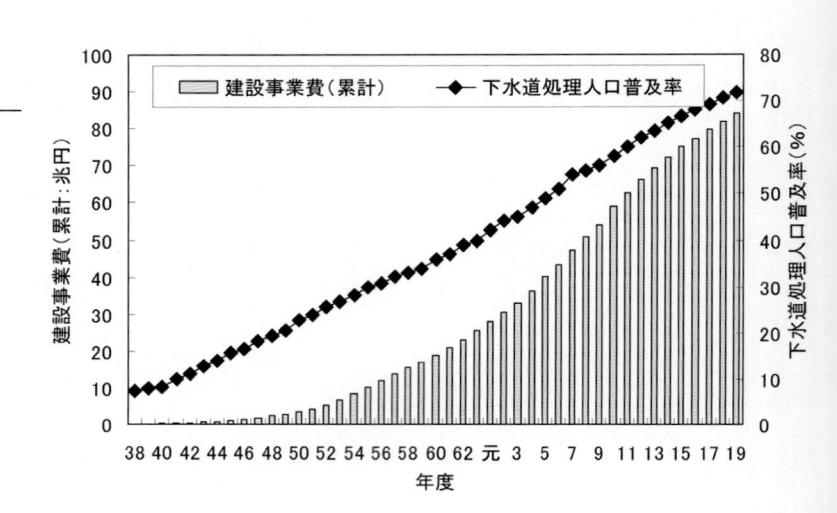

2 下水処理システム

図3に、生活排水を主とする都市下水に用いられる処理プロセスの分類を示す。

また、表1に、現在、我国で採用されている処理プロセスとその採用箇所数を示す。表に見られるように、オキシデーションディッチ法、標準活性汚泥法、生物学的窒素除去法等を含む活性汚泥法の採用数が多い。各種のろ床法や回転生物接触法等に代表される生物膜法の採用数は、最近は減少傾向にある。これは、生物膜法には必要エネルギーが少ない、汚泥発生量が少ない等のメリットがあるものの、処理水質的には活性汚泥法よりやや劣ることがその理由と考えられる。

最近になって採用が増加している処理法としては、活性汚泥の固液分離をろ過膜によって行う膜分離活性汚泥法(MBR)があげられる。

一方、汚泥処理プロセスとしては、標準活性汚泥法を採用している大・中規模施設では、最初沈殿池汚泥と余剰汚泥が発生するため、濃縮-(嫌気性消化)-脱水-(焼却)-処分というフローが一般的である。小規模処理場では、最初沈殿池を有しないオキシデーションディッチ法が多く、余剰汚泥のみが発生するため、嫌気性消化は適用さ

都市規模別の下水道普及率[2] (図2)

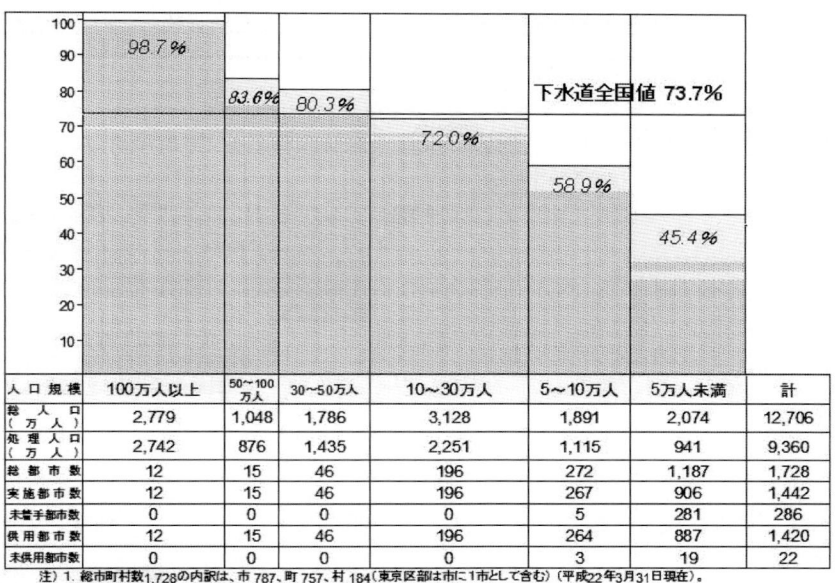

人口規模	100万人以上	50~100万人	30~50万人	10~30万人	5~10万人	5万人未満	計
総人口(万人)	2,779	1,048	1,786	3,128	1,891	2,074	12,706
処理人口(万人)	2,742	876	1,435	2,251	1,115	941	9,360
総都市数	12	15	46	196	272	1,187	1,728
実施都市数	12	15	46	196	267	906	1,442
未着手都市数	0	0	0	0	5	281	286
供用都市数	12	15	46	196	264	887	1,420
未供用都市数	0	0	0	0	3	19	22

普及率: 98.7%, 83.6%, 80.3%, 72.0%, 58.9%, 45.4%、下水道全国値 73.7%

注)1. 総市町村数1,728の内訳は、市787、町757、村184(東京区部は市に1市として含む)(平成22年3月31日現在)。
2. 総人口、処理人口は四捨五入を行ったため、合計が合わないことがある。

処理プロセスの分類 (図3)

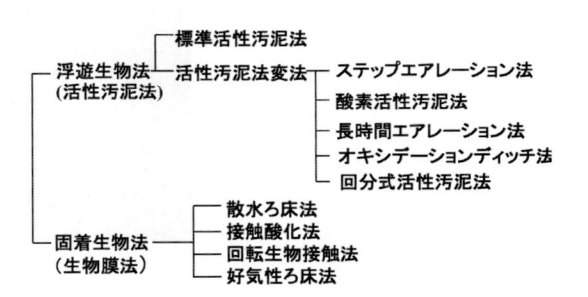

- 浮遊生物法(活性汚泥法)
  - 標準活性汚泥法
  - 活性汚泥法変法
    - ステップエアレーション法
    - 酸素活性汚泥法
    - 長時間エアレーション法
    - オキシデーションディッチ法
    - 回分式活性汚泥法
- 固着生物法(生物膜法)
  - 散水ろ床法
  - 接触酸化法
  - 回転生物接触法
  - 好気性ろ床法

下水処理法別の採用数(平成18年度)[3] (表1)

処理方式	計画晴天時 最大処理水量 (千m³/日)	5未満	5〜10	10〜50	50〜100	100〜500	500以上	計
一次	沈 殿 法	1	0	1	0	0	0	2
	嫌気無酸素好気法	0	4	7	6	14	0	31
	循環式硝化脱窒法	5	2	10	2	8	0	27
	硝化内生脱窒法	2	0	1	0	0	0	3
	ステップ流入式多段硝化脱窒法	1	2	5	4	7	0	19
二	嫌気好気活性汚泥法	11	0	5	5	7	0	28
	標準活性汚泥法	45	50	327	117	124	9	672
	長時間エアレーション法	34	6	2	0	0	0	42
	酸素活性汚泥法	2	2	4	1	1	0	10
次	モディファイド・エアレーション法	0	0	0	0	0	0	0
	ステップエアレーション法	1	0	2	2	7	0	12
	回分式活性汚泥法	65	8	2	1	4	0	80
	好気ろ床法	22	6	0	0	0	0	28
処	嫌気好気ろ床法	41	1	1	0	0	0	43
	標準散水ろ床法	0	0	0	0	0	0	0
	高速散水ろ床法	0	1	2	0	0	0	3
	接触酸化法	14	1	2	0	0	0	17
理	回転生物接触法	11	4	5	1	0	0	21
	土壌被覆型礫間接触法	24	0	0	0	0	0	24
	高度処理オキシデーションディッチ法	34	8	1	0	0	1	44
	オキシデーションディッチ法	783	88	37	1	0	0	909
	その他	29	8	13	4	7	0	61
	計	1,125	191	427	144	179	10	2,076
高度処理		101	23	56	29	83	4	296

標準活性汚泥法の施設構成[4] (図4)

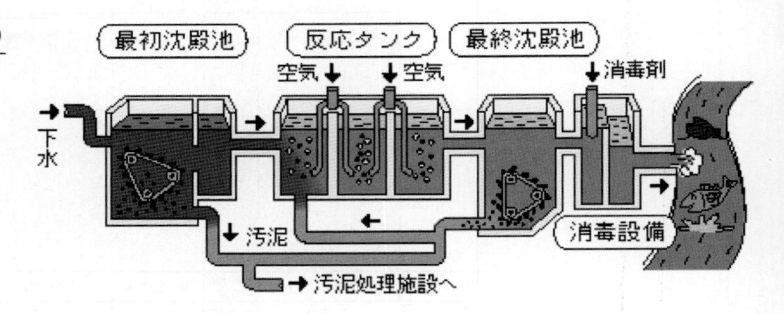

標準活性汚泥法施設[5] (写真1)

れず、濃縮－脱水－処分というフローが一般的である。

処分方法については、埋め立て処分や有効利用等がある。有効利用については、脱水汚泥のコンポスト化、焼却灰のセメント原料への利用や建設資材利用の実施例が多い。

以下に代表的な下水処理法について説明する。

(1) 標準活性汚泥法

下水道整備が本格的に始まった昭和50年代は大中規模施設が下水道整備の中心であり、下水処

OD法の施設構成[6]（図5）

縦軸ロータ[7]（図6）

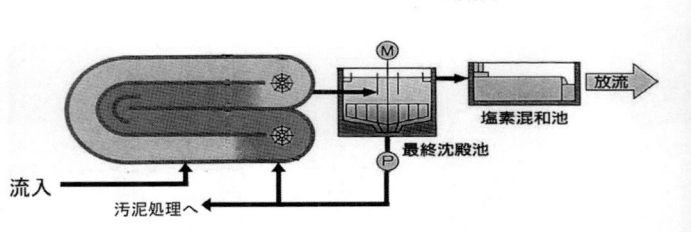

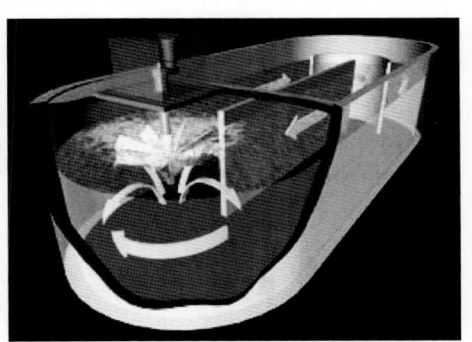

理方式としては標準活性汚泥法がほとんどであった。この時期は使用水量も増加の一途をたどっていたことから、処理能力不足に陥る下水処理施設も数多くあったため、同じ生物反応タンク容量で、処理能力を高めることができるステップエアレーション方式の標準活性汚泥法も多く採用された。

現在でも標準活性汚泥法の処理施設は多数稼動しているが、最近ではバルキング対策として、生物反応タンクの前部1/4程度を攪拌のみを行って嫌気槽とする嫌気-好気活性汚泥法としての運転を行う施設が多くなっている。この場合、攪拌機によって攪拌を行う場合と、曝気空気量を絞って攪拌する方式がある。

標準活性汚泥法はもともと硝化が生じることは前提としていないため、負荷が低い場合に硝化が進行すると、N-BODにより処理水BOD濃度が上昇する可能性がある。これを防止するためにSRTを短くして運転する硝化抑制運転を行っている施設が多い（図4、写真1）。

(2) オキシデーションディッチ法

オキシデーションディッチ法（OD法）は、小規模処理施設向けの処理プロセスで、昭和60年代からの小規模下水道整備の進捗に伴って、採用箇所数が増加し、現在では1,000箇所以上のOD法施設が稼働中である。

小規模下水道では排水区域が小さく、管きょ延長が短いため、流入水量の時間変動が大きい。OD法は、大きな時間変動に対応するため、最初沈殿池は設けず、滞留時間の長い生物反応タンクを有し、低負荷で運転されることが特徴である。生物反応タンクは無終端水路形式であり、小判型やそれを折り返した馬蹄型がある（図5）。

エアレーションの方式としては、酸素供給と活性汚泥混合液の循環を兼用する縦軸ロータ方式の採用が多いが、酸素供給は散気装置で行い、活性汚泥混合液の循環はプロペラで行う方式もある。縦軸ロータは、その回転数を通常、高低二段階に選定でき、活性汚泥への酸素供給あるいは攪拌のみの運転条件を選択できる。

通常は、オキシデーションディッチ1池につき2基の縦軸ロータがあることから、これらのロータの高速・低速回転の組み合わせにより、水路の流下方向に好気ゾーンと無酸素ゾーンを作り出し、それぞれのゾーンで硝化・脱窒を行うことにより、生物学的窒素除去を行うことが可能である（図6、写真2）。

プロペラ方式は散気と攪拌が独立して運転できるため、散気装置を停止してプロペラのみ動かせば容易に無酸素条件を作り出すことが可能であり、時間によって水路内を好気・無酸素条件とすることで硝化・脱窒を行い、生物学的窒素除去を行うことができる。

馬蹄形オキシデーションディッチ[8]（写真2）

施工中のPOD[9]（写真3）

膜分離活性汚泥法の施設構成[10]（図7）

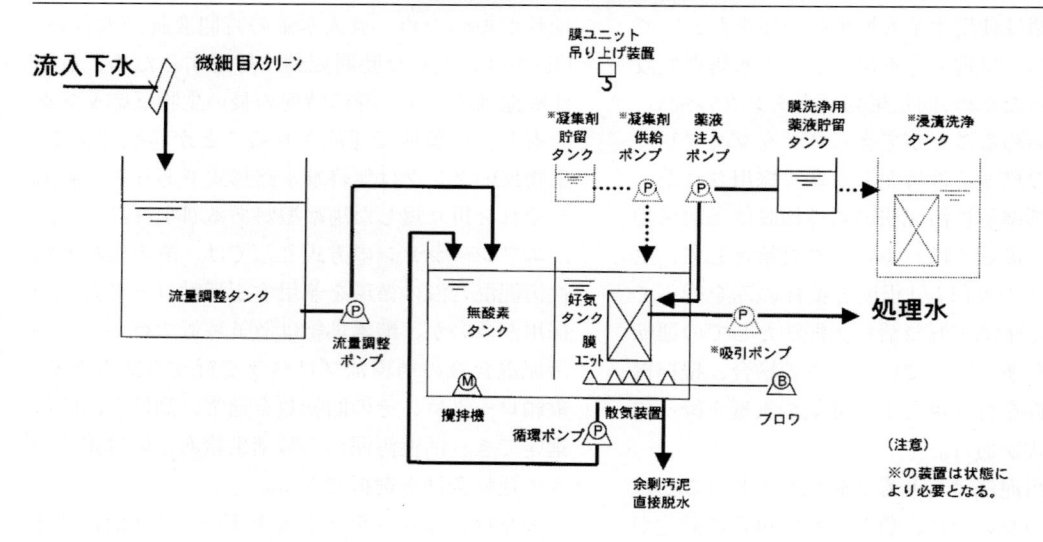

写真3は、日本下水道事業団によって開発されたプレハブオキシデーションディッチ（POD）である。プレハブオキシデーションディッチは、設計手間を削減し、また、施工期間を短縮する目的で開発されたもので、工場製作されたコンクリートパネルを現地に搬入して組み立てる。施設は同心円状になっており、中央部が沈殿池となっているコンパクトな構造である。

(3) 膜分離活性汚泥法

膜分離活性汚泥法（MBR：Membrane Bioreactor）は、活性汚泥の固液分離をろ過膜で行う方法である。本法は固液分離を重力沈殿によらないため、最終沈殿池が不要で高MLSS濃度で運転ができ、施設がコンパクトで省面積となる。

また、精密ろ過膜によるろ過を行うため、処理水はSSを含まず清澄である。また、大腸菌も処

理水中には存在しないため、消毒の必要がないといった特徴が評価されて、最近、小規模施設を中心として、普及が拡大しつつある。

ろ過膜には、平膜、中空糸膜、セラミック膜があるが、国内では平膜の採用例が多い。図7に膜分離活性汚泥法の施設構成を示す。

写真4は、福岡県新宮町新宮浄化センターである。同浄化センターは、JR新宮駅近くに立地し、また、都市公園が隣接して建設される予定であることから、処理施設を全地下式とする方針となった。このため、必要設置面積が小さくてすむMBRが採用されたものである。また、同施設の処理水は、都市公園内の水路に供給し、修景利用されるとともに、駅ビルのトイレ水洗用水として用いられている。

写真5及び6は、岩手県二戸市の浄法寺浄化センターを示す。同浄化センターは、分散処理区の採用により下水道未普及地域で下水道を速やかに整備する目的で開発された300 m^3/日の極小規模処理施設であり、コスト削減のために仕様の簡素化や予備機の省略等の工夫がなされている。

一方、最近になって、MBRの大規模施設への適用も始まっている。写真7は堺市三宝下水処理場における既設施設のMBRへの改造工事の状況を示す。同処理場では阪神高速道路大和川線が既設処理施設の最終沈殿池部分を通るため、その建設工事に伴ない、既設活性汚泥法施設を最終沈殿池無しで運転する必要が生じた。このため、既設施設の生物反応タンクを60,000m^3/日の能力を有するMBRに改造することとなった。ろ過膜は、平膜が採用され、処理フローとしては、小規模施設と同じく浸漬型で、生物反応タンクは無酸素タンク－好気タンクで構成され、循環を行う。

膜分離活性汚泥法では、膜面洗浄用曝気の空気量が多く、所要エネルギーが大きいことが課題であったが、最近では必要空気量削減がかなり進んでおり、オキシデーションディッチ法と同等程度の所要動力で運転されている施設も出てきていることから、今後、一層の普及が期待される。

新宮浄化センター（完成図）（写真4）

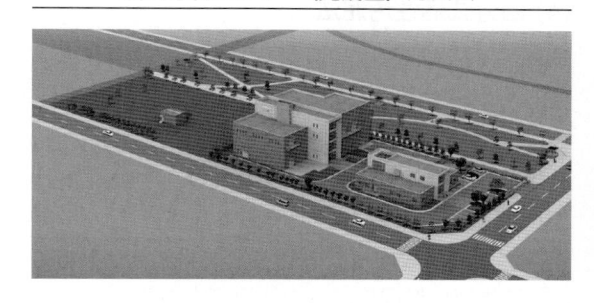

浄法寺浄化センターの外観[11]（写真5）

浄法寺浄化センターの中空糸膜[12]（写真6）

三宝処理場における既設エアレーションタンクへの膜モジュール設置工事[13]（写真7）

(4) 回分式活性汚泥法

回分式活性汚泥法（SBR）は、生物反応と活性汚泥の沈殿‐固液分離を同一のタンクで時間を区切って行なう方法である本法は、単一のタンクで、生物反応タンクと沈殿槽を兼用できるため、施設面積が小さいことが特徴である。主として小規模排水処理施設向けに採用されているが、10,000 m³/日程度の処理施設への採用例もある。

本法の運転では、排水流入‐曝気‐沈殿‐上澄水排出の工程が繰り返される。（図8）下水は連続的に流入するため、規模が大きくなると複数のタンクを設け、工程をずらして処理を行う。季節や流入水質の変化に対応して、各工程の時間構成（シーケンス）を適宜、変更する必要がある。

(5) その他の活性汚泥法

酸素活性汚泥法は、生物反応タンクへの酸素供給を空気の代わりに酸素を用いて行う活性汚泥法である。高酸素濃度において生物反応を行うため、2時間程度の反応時間で処理を行うことができる。このため必要敷地面積が小さく用地が狭い場合や高濃度排水の処理に用いられる。

長時間エアレーション法は、小規模施設用の処理法であり、オキシデーションディッチと同程度の滞留時間（24時間程度）で生物処理を行う。硝化が進行するが脱窒を行わないため、処理水質が良好でない場合があり、最近は採用例が少ない。

(6) 生物膜法

生物処理に活性汚泥を用いる浮遊生物法に対して、何らかの固体に付着した微生物を用いる方法が生物膜法である。

下水処理において用いられる代表的な生物膜法としては、好気性ろ床法、回転生物接触法、接触酸化法、散水ろ床法があげられる。このうち、散水ろ床法は、我国では下水道整備の初期に多く採用されたが、ろ床バエの発生等の問題があるため、現在ではわずかな施設しか残っていない。

回分式活性汚泥法の処理工程（図8）

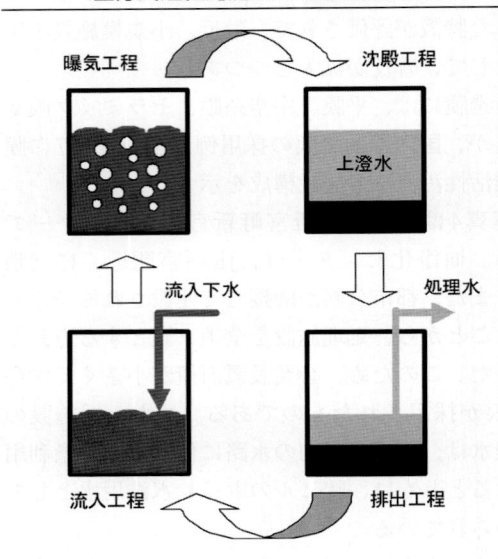

① 好気性ろ床法

好気性ろ床法は、レキ、アンスラサイト、砂等から構成されるろ層を有する反応塔の上部から下水を供給し、反応塔下部から曝気を行なうことで、排水の生物処理を行うと同時に、ろ層によりろ過を行って、反応塔下部から処理水を得る方法である。本法は、最終沈殿池が不要であるため、施設がコンパクトであること、また、硝化が進行するという特徴があり、主として小規模施設で用いられている。

ろ床は損失水頭が上昇してくると逆洗が必要であるが、逆洗排水の一時的返送は水処理に負荷をかける。このため、本法の運転においては、水処理の低負荷時に逆洗排水の返送を行なえるよう、必要に応じて逆洗排水貯留施設を設ける。

本法では、有機物除去と硝化は可能であるが、窒素除去において脱窒まで行なう場合には、別途の脱窒プロセスが必要となる。好気性ろ床法の施設は、東海地方に比較的多い。また、好気性ろ床の前に嫌気性ろ床を設ける等の変法がある（図9、写真8）。

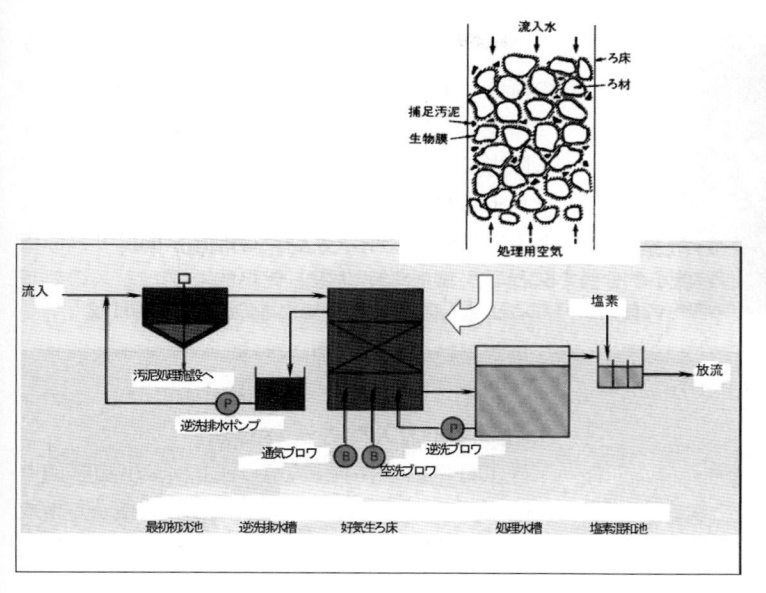

好気性ろ床法の施設構成[14] (図9)

好気性ろ床法施設[15] (写真8)

② 回転生物接触法

回転生物接触法は、生物膜を付着させた円板等の一部を排水槽に浸漬して回転軸を中心に回転させ、排水中と空気中を生物膜が交互に通過することによって酸素を供給し、生物処理を行う方法である。

本法は、所要動力が小さいこと、汚泥発生量が少ないこと、操作因子が少なく運転が簡単であるといった特徴がある。一方で、回転円板に生物膜が付着しすぎると、荷重が過大となり、回転軸が破損することがある。また、操作因子が少ないため、運転に問題が生じた場合の対応が限られる等の課題がある。本法では、好気性ろ床法と同様に、有機物除去と硝化は可能であるが、脱窒まで行なう場合には、別途の処理プロセスが必要である。本法は、最近は下水処理での採用は少ない（写真9）。

③ 接触酸化法

接触酸化法は、レキやプラスチック、繊維等の担体を充填した反応タンクに排水を通水して、曝気を行い、担体に付着した生物膜によって生物学的処理が行われる。好気性ろ床との違いは、反応塔にはろ過機能は無く、沈殿池が必要なことである。最近では、軽量で表面積が大きいことから、プラスチック製担体が主として用いられる。プラスチック製担体には、メーカーによって様々な種類がある。本法は、浄化槽で多く採用されているが、下水道では採用例は少ない。下水道における採用例として、担体として乳酸飲料の空容器を用いた施設がある。

(7) 生物学的高度処理法

高度処理の処理対象物質には、有機物、窒素、りん、色度等がある。下水道において生物学的高度処理法が採用される場合、その対象除去物質は、窒素とりん両方の場合が大部分である。

この内、窒素除去法は硝化-脱窒プロセスが基本である。りん除去については、大別して生物学的りん除去と凝集沈殿法があるが、凝集沈殿法でも別途に凝集沈殿施設を設けるのではなく、活性

回転生物接触法施設[16]（写真9）

生物学的高度処理法の処理フロー（図10）

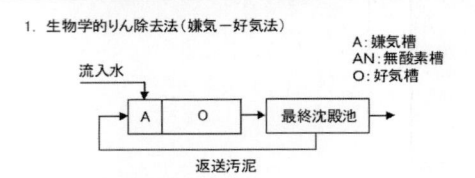

1. 生物学的りん除去法（嫌気－好気法）
   A：嫌気槽
   AN：無酸素槽
   O：好気槽

   流入水 → A → O → 最終沈殿池
   返送汚泥

2. 生物学的窒素除去法
   (1) 循環式硝化脱窒法

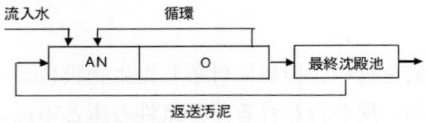

   流入水 → AN → O → 最終沈殿池（循環）
   返送汚泥

   (2) ステップ流入多段式硝化脱窒法

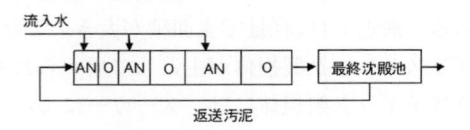

   流入水 → AN → O → AN → O → AN → O → 最終沈殿池
   返送汚泥

3. 生物学的窒素・りん除去法
   (1) A₂O法

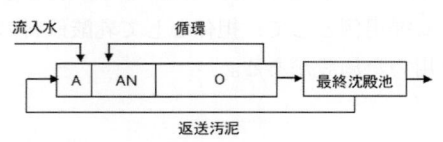

   流入水 → A → AN → O → 最終沈殿池（循環）
   返送汚泥

   (2) UCT法

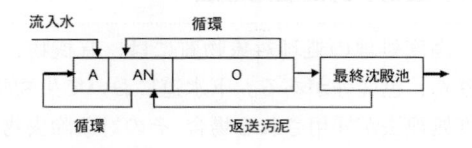

   流入水 → A → AN → O → 最終沈殿池（循環）
   循環　返送汚泥

   (3) 修正Bardenpho法

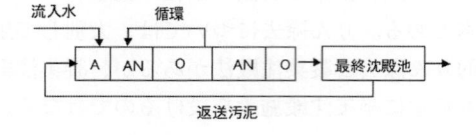

   流入水 → A → AN → O → AN → O → 最終沈殿池（循環）
   返送汚泥

汚泥生物反応タンクに直接凝集剤を添加する同時凝集法が主として用いられている。

生物学的窒素除去法は硝化タンク、脱窒タンクの構成と硝化液の循環先、汚泥返送先の組み合わせによって多数のプロセスが存在する。また、りん除去については、これに嫌気タンクを付加したプロセスによって生物学的にりんを除去するか、あるいは同時凝集によって物理化学的にりん除去を行うプロセスがある。代表的なプロセスの処理フローを図10に示す。

以下に代表的な処理法について解説する。

① 生物学的りん除去法（AO法）

嫌気好気活性汚泥法（AO法）は、生物学的りん除去プロセスであり、嫌気槽と好気槽から構成される。我国では、高度処理はほとんどの場合、窒素とりん両方の除去が要求されるため、生物学的窒素除去法と組み合わせて、様々な生物学的窒素・りん除去プロセスとして用いられている。

リン除去のみを目的として単独で用いられる場合もあるが、本法には嫌気槽の存在によって糸状性細菌起因のバルキングの抑制効果があるため、バルキング抑制及び汚泥沈降性改善の目的で導入されている事例が多い。標準活性汚泥法から嫌気－好気活性汚泥法への改造においては、生物反応タンクの前部の曝気量を絞ることによって嫌気条件を作り出すことが出来るので、既設標準活性汚泥法施設において、曝気量を絞る等の簡易な改造により本法の運転を行っている箇所も多い。

② 生物学的窒素除去法
ⓐ 循環式硝化脱窒法

生物学的窒素除去プロセスの中では最も基本的なプロセスである。活性汚泥生物反応タンクの前半部を無酸素槽、後半部を硝化槽とし、硝化槽から無酸素槽に硝化液を循環返送する。本法における窒素除去率（η_n）は、流入水量に対する循環水量の比率である循環比（R）の関数として、以下の式で表される。

$$\eta_n = \frac{R}{R+1}$$

従って、循環量を増やし、循環比Rを大きくするほど窒素除去率（η_n）は大きくなるが、循環比が過大であると、硝化液循環による酸素の無酸素槽への持込みにより脱窒阻害が生じ、窒素除去率は反って低下するので、循環比は実用上200%（R=2）前後で窒素除去率は60〜70%程度の運転が多い。

ⓑ ステップ流入多段硝化脱窒法

循環式硝化脱窒法は窒素除去率を高めるためには循環比を大きく取る必要があり、これは循環に要するエネルギー消費の増大という結果になる。

ステップ流入多段硝化脱窒法は、循環式硝化脱窒法を直列に多段化したプロセスであり、流入水は、各段の無酸素槽に分割して流入させる。第1段及び第2段から流出した硝酸性窒素は、それぞれ第2段及び第3段の無酸素槽で脱窒されるため、各段では循環を行わなくても、高い窒素除去率を得ることができる。

本法は理論的には、段数が多いほど窒素除去率は高くなるが、構造が複雑化するため、実施設への適用では2段ないしは3段とする場合が多い。

ステップ流入を行うため、前段のMLSS濃度は後段のMLSS濃度よりも高くなる。従って、前段では反応タンク容量を縮減できるというコスト削減メリットがある。窒素除去率としては、3段の場合で80%程度が得られる（写真10）。

③ 生物学的窒素・りん除去法

ⓐ A₂O法

循環式硝化脱窒法と生物学的りん除去法を組み合わせたプロセスであり、流入側から順に、嫌気槽（Anaerobic）、無酸素槽（Anoxic）、好気槽（Oxic）という構成であり、硝化液は好気槽から無酸素槽に循環される。プロセス名称のA₂O法は、各槽の頭文字（AAO）を取ったものである。

琵琶湖流域下水道湖西浄化センター[17]
（循環式硝化脱窒法とステップ流入多段硝化脱窒法を採用）
（写真10）

生物学的窒素・りん同時除去法として採用事例が多い。好気槽容量を縮減するため、好気槽に各種の硝化用担体を導入する場合もある。

りん除去については、原則として生物学的りん除去によるが、その補強として凝集剤を添加し、同時凝集を併用する場合もある。

ⓑ UCT法

本法は、南アフリカのケープタウン大学で開発され、その名称が冠されたプロセスである。プロセスの槽構成は、A₂O法と同様に嫌気−無酸素−好気であるが、硝化液は好気槽から無酸素槽に循環返送される点はA₂O法と同じであるが、返送汚泥は、最終沈殿池から直接、嫌気槽に返送されるのではなく、一旦、無酸素槽に返送され、さらに無酸素槽から嫌気槽に送られる。これは、返送汚泥中に含まれる酸素や硝酸性窒素が嫌気槽において、活性汚泥からのりん放出にマイナスの影響を与えることを防止するためである。

ⓒ 修正Bardenpho法

本法は、生物学的窒素除去プロセスであるBardenpho法（無酸素＋好気＋無酸素＋再曝気）の槽構成を若干変更し、流入部に嫌気槽を付加

硝化細菌の包括固定化担体[18] (写真11)

して、嫌気＋無酸素＋好気＋無酸素＋再曝気という槽構成とし、生物学的りん除去も同時に行うフローとしたプロセスである。

生物学的窒素除去法では硝化速度が施設容量を決定することから、硝化菌を固定化した担体を硝化槽に添加して硝化速度の増大を図る方法も、最近では多く用いられている。写真11は、ポリエチレングリコールのゲルに硝化細菌を包括固定化した担体である。

参考文献
1) 国土交通省都市地域整備局下水道部ホームページより
2) 同上
3) 同上
4) （社）日本下水道協会資料
5) 秋田市ホームページより
6) 住友重機械工業（株）資料
7) 住友重機械工業（株）資料
8) 日本下水道事業団資料
9) 日本下水道事業団ホームページより
10) 「膜分離活性汚泥法の技術評価」平成13年3月　日本下水道事業団
11) 二戸市ホームページより
12) 同上
13) 日本下水道事業団作成DVD「堺市三宝下水処理場プロジェクト支援」より
14) 日本下水道事業団ホームページより
15) 同上
16) 日本下水道事業団資料
17) 滋賀県下水道公社ホームページより
18) 日本下水道事業団資料

（村上孝雄）

3 下水汚泥処理システム

(1) 汚泥処理の現状

平成21年度版日本の下水道（下水道白書）では全国の下水処理場から発生する汚泥量は約223万トン（乾燥ベース）である。最終形態は約7割（157万トン）が焼却処理され、建設資材などマテリアルとして利用されている。一方、汚泥の持つエネルギー賦存量は年間約36億kWhであるが、実際にエネルギーとして利用された割合は約1割である。

近年、地球温暖化抑制の問題が契機となり、下水汚泥のバイオマス資源としての価値が再評価され、国土交通省も「資源のみち」などの政策を打出し、エネルギー利用の積極的な展開を計っている。

下水汚泥は他のバイオマス資源と比較し、集積性、年間を通しての量・質の安定、都市型バイオマスであることが有利に働き、都市部での燃料化事業などが積極的に展開されている。

汚泥処理設備は様々なタイプが開発され採用されている。処理目的を達成するために最適な組合せが選定され、システムを構築している。しかし、時代の変遷と共に処理目的の優先順位も変化するため、これらのシステム構成も時代の要請、技術の革新と共に変化してきている。

一例を上げると、消化設備の見直しが近年のトレンドとなっている。

多くの下水処理場が最終処分形態に焼却処理を採用した結果、焼却炉での熱効率やシステム全体での維持管理性が課題となり、消化設備の導入は伸び悩んでいた。しかし近年、汚泥のエネルギー利用が注目され、処理場でのエネルギー自給率の向上、消化ガスの場外利用を目的とした調査、検討、技術開発が盛んに行われるようになってきている。

また最終処分形態が固形燃料化の場合などにおいても、消化設備との組合わせにより燃料化炉の投入エネルギー抑制の検討なども始まっている。

これらの検討は、下水の持つエネルギーを処理工程のどの段階でどの程度回収し利用するのが効

汚泥の発生状況（図11）
（出典：国土交通省）

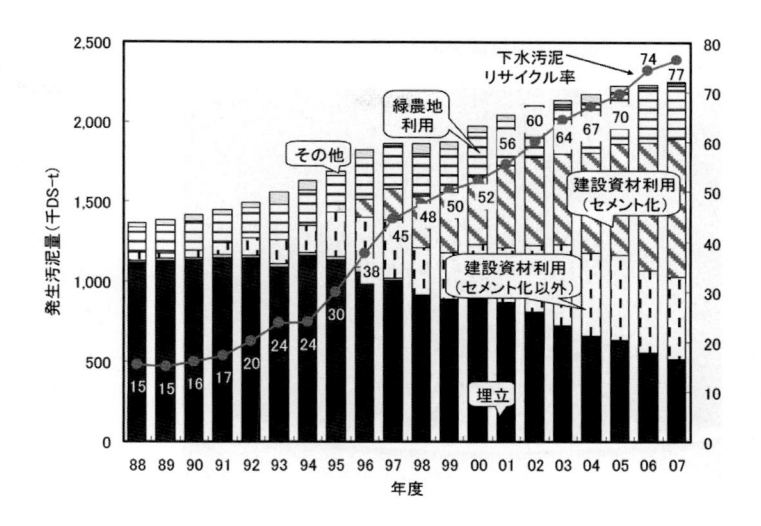

率的であるかを調べるものであるが、一方、エネルギーを利用するユーザが近隣に存在するか、ユーザが求めるエネルギー条件なども考慮することが重要となるため、単純な技術要件のみでシステムが決定するものではない。

本稿では既存技術を紹介すると共に、バイオマス利活用、バイオマスを利用しての温暖化抑制を目的に開発が進む新技術についても動向を紹介する。

(2) 濃縮設備

濃縮設備は水処理施設から発生した汚泥の最初の固液分離工程である。消化、脱水など、後段施設のコンパクト化のために濃縮分離を行い汚泥量の低減を計る目的で設置される。

下水収集システムの主流が合流式（雨水、汚水同時収集）から分流式（雨水・汚水の分離収集）に変換すると、下水汚泥中の有機分が増加したため重力濃縮での固液分離性能が低下してきた。このため、近年の下水処理場においては有機分が少ない生汚泥（最初沈殿池汚泥）と有機分の多い余剰汚泥（最終沈殿池汚泥）を分離し、生汚泥を重力濃縮設備で、余剰汚泥を機械濃縮する分離濃縮システムが採用されるようになっている。

① 重力濃縮

重力濃縮設備は、重力を利用し濃縮分離を行う設備である。写真12に重力濃縮設備外観と構造を示す。重力を利用して固液分離を行うため投入動力が少なく、経済的であるが、大きな土木構造物が必要である。

コンクリート製のタンク内に汚泥を滞留させ、重力で濃縮させ、底部に堆積した濃縮汚泥は、汚泥か寄せ機でピットに集められポンプで引抜かれる。主な設計諸元は、以下のようである。

・固形物負荷　60～90km/m^3・日
・有効水深　約4m
・濃縮汚泥濃度　約2％

② 機械濃縮

分流式下水道の採用に伴い、従来の合流式下水道に比べて低下した固液分離性能の改善を目的に開発された設備である。分流式を採用する多くの下水処理場では、有機分が多く分離性の悪い余剰汚泥を対象に採用されている。

機械濃縮には遠心濃縮、浮上濃縮やベルト濃縮など複数のタイプがある。

機械濃縮は重力濃縮と比較し、分離しづらい汚泥の濃縮が可能になる、濃縮時間が短縮される一方、投入動力が大きくなる。以下に各種の機械濃

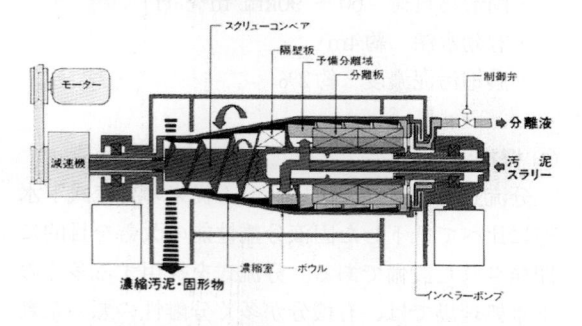

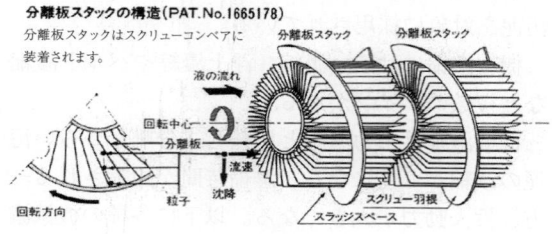

縮機について説明する。

ⓐ 遠心濃縮機

遠心濃縮機は鋼板製ドラムを高速で回転させ遠心力で固液分離する構造である。図12に遠心濃縮設備外観と構造を示す。遠心濃縮機はドラムを高速で回転させるため消費動力が大きくなるが、完全密閉構造であるため臭気発生は少なく、機器構成が簡素なため設置スペースが小さい特徴がある。

主な設計諸元は以下のようである。
・遠心力　700～2,000G
・濃縮汚泥濃度　約4%

ⓑ 浮上濃縮機

浮上濃縮機には常圧浮上、加圧浮上タイプに分類される。沈降性の悪い汚泥に気泡を付着させ、浮上分離する構造である。浮上濃縮機は難沈降性汚泥に対し、汚泥回収率が大きく改善されるが、濃縮槽、気泡発生装置、脱気槽など構成機器点数が多く、気泡助剤などの薬品の添加を行う必要がある。

1) 加圧浮上濃縮機

加圧方法により循環水加圧法、全量加圧法、部分加圧法等があるが、循環水加圧法の採用が多い。

2) 常圧浮上濃縮機

起泡剤と空気を混合した水を攪拌し、常圧下で微細気泡を発生させる。気泡と汚泥、高分子凝集剤を混合しフロックを形成し、浮上装置で浮上分離される。

図13に常圧浮上濃縮機外観と構造を示す。主な設計諸元は以下のようである。
・タンク固形物負荷　約25DS-kg・m^2・時
・タンク有効水深　約4m
・濃縮汚泥濃度　4～5%

ⓒ ベルト濃縮機

ベルト濃縮機は自動走行する網目状のステン

重力濃縮設備外観[1] (写真12)

遠心濃縮機の外観と構造[2] (図12)

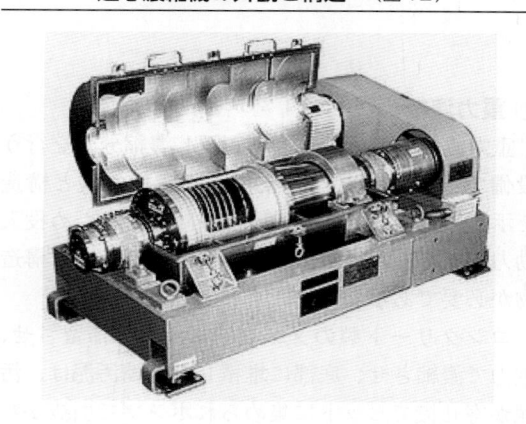

レスベルトスクリーンを通して、汚泥を固液分離する。ベルト走行スピードは低速であるため消費エネルギーが少なく、システム構成が簡素であるため設置スペースは小さい。図14にベルト濃縮機の外観と構造を示す。

ⓓ 造粒調質法

造粒調質法は無機凝集剤と高分子凝集剤で汚泥を脱水し易い性状の塊に調質し、脱水機に供給する濃縮・調質・脱水をパッケージにしたシステムである。造粒調質法は短時間で濃縮が可能、脱水処理量の増加などの特徴を持つ。

パッケージ化され、コンパクトな特徴を生かした車載型も製造されている。写真13に車載型造粒調質装置の外観を示す。

(3) 消化施設

消化施設は嫌気性細菌を利用し、汚泥の減量、安定化、汚泥のエネルギー回収を行う施設である。嫌気性細菌の働きにより有機分を分解し後段プロセスの規模縮小、コスト縮減が図れる等のメリットがある。

消化方式としては、1段消化と2段消化がある。2段消化は1次タンクで加温及び攪拌を行って生物反応を進行させ、次の2次タンクにおいては、比較的静置した環境で消化汚泥と脱離液との分離を行う方法である。

これに対して、1段消化は、汚泥消化タンクで生物反応のみを行う方法である。1段消化は、機械濃縮等により投入汚泥濃度が高いため、汚泥消化タンクで固液分離しなくても消化汚泥濃度が脱水設備で脱水可能な濃度に出来る場合に採用するのが一般的である。

下水道分野で最も普及しているのは中温消化であり、汚泥を消化タンクで35℃前後で20〜40日保持することにより、有機分の約50%を分解し、同時に450〜500Nm^3/t-VS（VS：有機分）の消化ガスの発生が得られる。

消化施設は中大規模の処理場での採用が多く、消化タンクは、通常、コンクリート構造物で構築

常圧浮上濃縮装置の外観と浮上模式図[3]（図13）

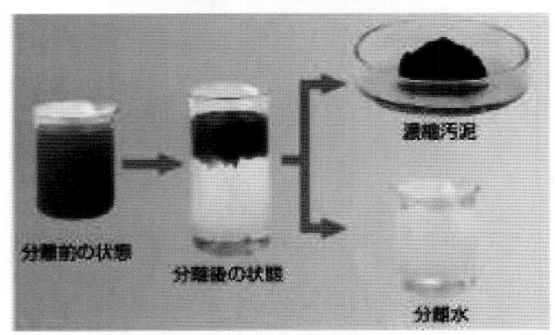

ベルト濃縮機の外観と構造[4]（図14）

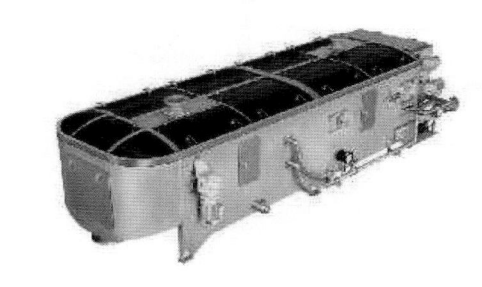

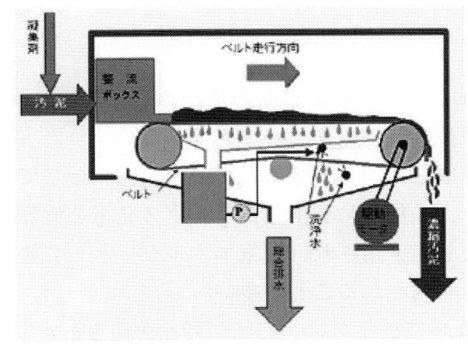

車載型造粒調質装置の外観[5]（写真13）

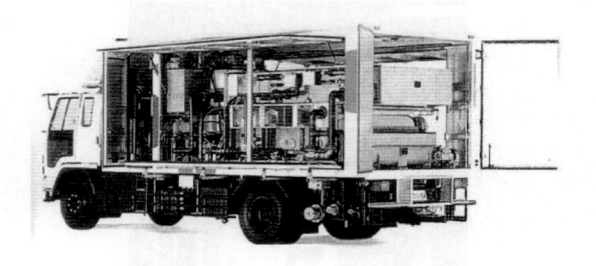

消化タンク内部と構造[6]（図15）

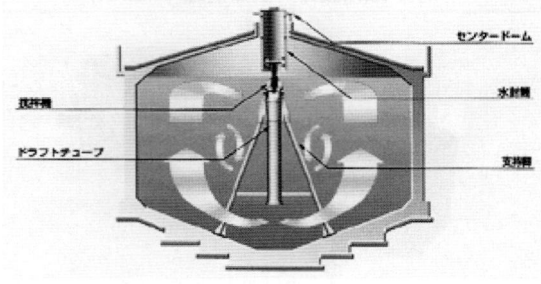

される。攪拌効率を高めるため、卵形タンクや、機械攪拌装置の採用が増えている。

精製した消化ガスは、ボイラの燃料として消化タンクの加温に利用したり、ガス発電装置等の燃料として利用され、電気エネルギーとして処理場内で利用されることが多い。

図15に消化タンク内部写真と構造を示す。

消化タンク周辺の配管設備等で汚泥中のりんによる閉塞などのトラブルの課題があるため、この対策として、汚泥中のりんをりん酸マグネシウムなどの形態で結晶化させ抽出するMAP法等の技術が開発されてきた。これらの技術は現在、汚泥中から緑農地肥料としてのりん資源を回収する手段として積極的に技術開発、試験調査が行われているが、資源回収コストがりん鉱石などの流通コストと比較し高額なため、まだ、普及段階には至っていない。今後、世界的なりん資源の需給状況などによっては、この分野の技術が大きく普及する可能性を持っている。

また、近年、バイオマスエネルギー利用促進の観点から、消化ガスエネルギー利用に係る技術開発が盛んに行われている。例として、中小規模処理場用の小型消化タンク、消化ガス回収効率の向上技術、メタン回収技術、小型発電装置や燃料電池など消化ガス有効利用に関する技術の開発などが上げられる。

(4) 脱水設備

脱水設備は、ろ過やせん断、遠心分離で汚泥中の水分を分離するための設備である。一般に濃縮汚泥、消化汚泥の含水率は95～98%の範囲にあり、これを含水率約80%に脱水する。脱水により容量は1/5～1/10に減少し、液状の汚泥がケーキ状となり取扱が容易になる。

脱水工程では、無機系凝集剤や高分子凝集剤を脱水助剤として添加する。凝集効果により、汚泥を包む強固なフロックを形成した上で、せん断力や遠心分離力など物理的外力を加え脱水を行う。

投入汚泥性状は季節変動や濃縮、消化などの前処理方法により異なる。また、有効利用や最終処分形態により求められる脱水汚泥性状も異なるため、機種選定は、これらの条件を考慮し検討される。図16に年度ごとの脱水機機種別設置状況を示す。

① ベルトプレス脱水機

ベルトプレス脱水機は、上下2枚以上のろ布と、これに張力を与えるロール及び圧力を与えるロー

ルにより、供給された汚泥をろ過、圧搾により連続的に脱水する。主な設計諸元としては以下のようである。
- ろ布巾　1.0～3.0m
- ろ布走行速度は0.2m/min以上

処理能力はろ過速度kg/(m・h)(ろ布巾1m、1時間当たり発生する脱水ケーキ乾燥固形重量)であらわされる。

脱水汚泥含水率は、普通型79～83%、高効率型76～80%程度である。

凝集助剤は高分子凝集剤1液を利用するものが多い。

写真14にベルトプレス脱水機外観を示す。

② 遠心脱水機

遠心脱水機は、ボウルと呼ぶ高速回転する外筒内部に遠心力場を作り、そこへ汚泥を供給し、遠心効果により汚泥の固液を分離する。下水汚泥に使われる遠心脱水機は、固液の分離機能部と分離した固形分の含水率を下げる脱水機能部を持った、横型連続式遠心脱水機が多用されている。高速回転体であるため騒音対策として防音カバーで覆われている。主な設計諸元としては、以下のようである。
- 遠心力　1,500～3,000G
- 処理量　5～50m3/hが標準的である。
- 脱水汚泥含水率　普通型80～84%　高効率型77～81%

凝集助剤は高分子凝集剤1液を利用するものが多い。

図17に遠心脱水機外観と構造を示す。

③ 圧入式スクリュープレス脱水機

圧入式スクリュープレス脱水機は、円筒状の金属製外筒スクリーンと、その内部に組み込んだ円錐状のスクリュー軸で形成される。ろ室に汚泥を圧入し、ろ過、圧搾により連続して脱水する。スクリューは低速回転であるため投入動力は少ない。

主な設計諸元としては、以下のようである。
- スクリーン口径　200～1,200mmφ

脱水機の設置状況(図16)

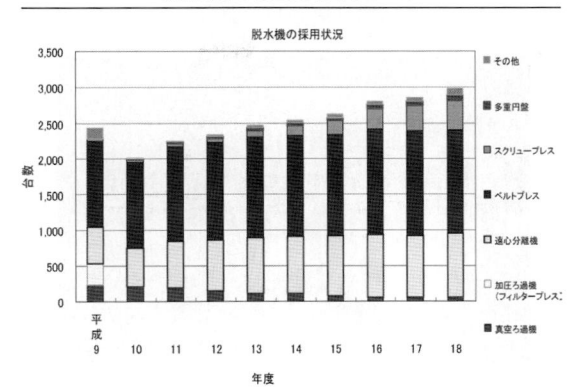

(出典：H21下水道統計)

ベルトプレス脱水機外観[9] (写真14)

遠心脱水機の外観と構造[10] (図17)

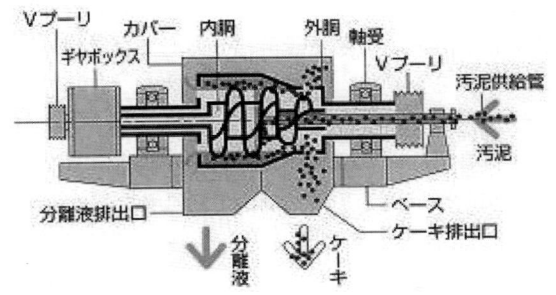

圧入式スクリュープレス脱水機の外観と構造[11]（図18）

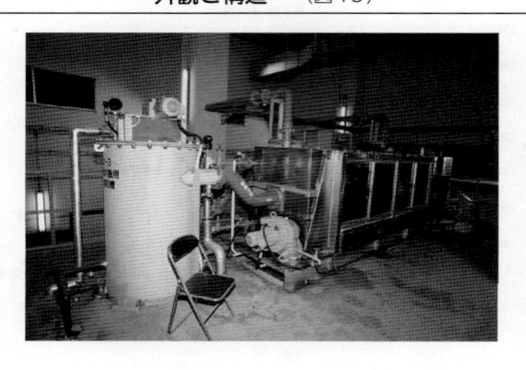

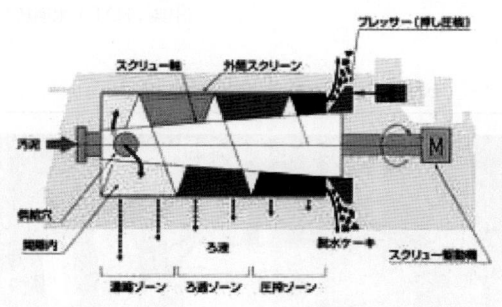

回転加圧脱水機外観と構造[12]（図19）

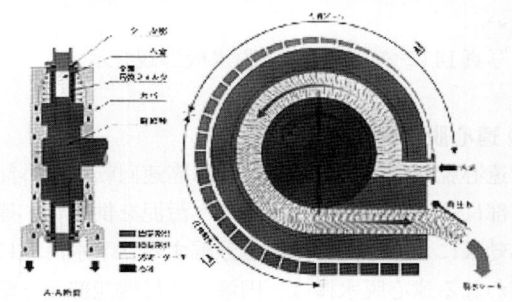

・脱水汚泥含水率　75〜84％

凝集助剤は高分子凝集剤1液を利用する。

図18に圧入式スクリュープレス脱水機外観と構造を示す。

④ 回転加圧脱水機（ロータリープレス脱水機）

回転加圧脱水機は、金属円板フィルタ2枚で構成されるろ室内へ汚泥を供給し、ろ過、圧搾により連続して脱水する。ろ室内は初期ろ過ゾーン、ケーキ形成及びケーキ層ろ過ゾーン、金属円盤フィルタ回転力によるせん断及び圧搾脱水ゾーンから構成される。主な設計諸元としては、以下のようである。

　・フィルタ径　600、900、1,200
　・段数（チャンネル数）1〜6

凝集助剤は高分子凝集剤1液を利用する。

⑤ 多重板型スクリュープレス脱水機

多重板型スクリュープレス脱水機は、小規模処理場向に開発された脱水機である。固定板と可動板とを組合せた外胴とスクリュー軸により、ろ過、圧搾、排出を行い、連続脱水する。

凝集助剤は高分子凝集剤、無機凝集剤の2液を利用する。図20に多重板型スクリュープレス脱水機外観と構造を示す。

⑥ 多重円板型脱水機

多重円板型脱水機は、小規模処理場向に開発された脱水機である。上下2段に配列した多重円板を低速で回転させ、汚泥を回転軸に対し直角方向に搬送しながらろ過と圧搾力により、連続して脱水する。

凝集助剤は高分子凝集剤1液又は高分子凝集剤、無機凝集剤の2液を利用する。

図21に多重円板型脱水機外観と構造を示す。

**多重板型スクリュープレス脱水機の
外観と構造**[13]（図20）

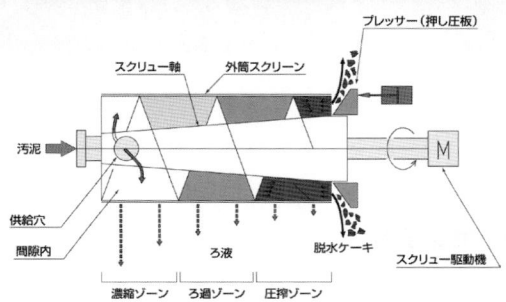

**多重円板型脱水機
外観と構造**[14]（図21）

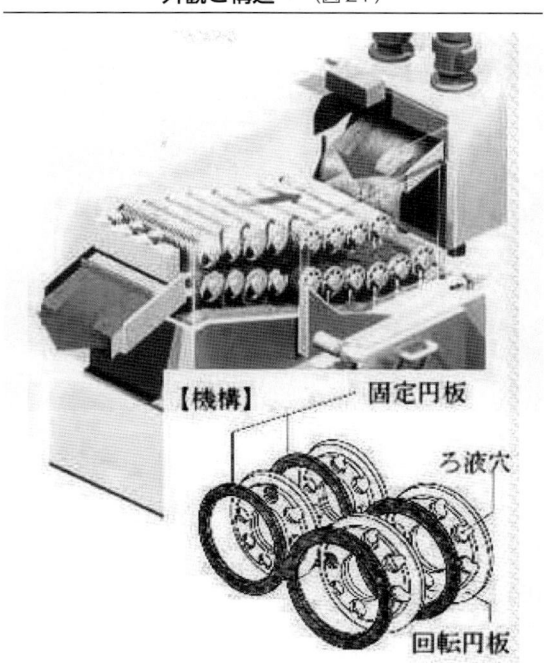

　脱水機に関する最新技術の動向として、含水率の低減に関する技術開発が進められている。薬品を高分子凝集剤と無機凝集剤の2液注入とし、薬品注入箇所を変更することで、従来機種の含水率約80%から60%台に低減できる脱水機が開発されている。

　含水率の低減は汚泥量の大幅な減量につながるため、脱水汚泥の廃棄費用の抑制に効果が大きい。また、含水率が低減されることで、後工程の燃料化設備等で設備の小型化と燃費の改善が期待される。コスト抑制、省エネに貢献する技術として期待される。

(5) 乾燥設備

　乾燥設備は脱水汚泥にエネルギーを加えることで水分を分離する設備である。乾燥設備では、含水率約80%の脱水汚泥から含水率20〜30%の乾燥汚泥が製造される。

　乾燥設備は中大規模施設においては燃料化施設や、炭化炉や溶融炉の前処理施設として導入されている。小規模施設では小型乾燥機が導入され、製造される乾燥物は緑農地利用されることが多い。

　乾燥形式には熱の伝達意方式により直接乾燥、間接乾燥などの方式が採用される。

　写真15に燃料化に利用されている乾燥機外観を示す。

　乾燥設備に関して、下水汚泥の緑農地利用は、本来、地域循環の観点から積極的に推進すべき政策であるが、農業人口の減少、畜産廃棄物との競争など、全国的には利用が伸び悩んでいる。このような理由からこれまで汚泥乾燥設備、特に大規模施設の採用事例は少なかった。

　近年、下水道分野でのエネルギー利用促進が推進されることから、大規模都市での燃料化炉として採用・検討が進んでいる。

乾燥機外観[15]（造粒乾燥機、最大能力　300トン（脱水汚泥ベース）、乾燥汚泥含水率 約10％）（写真15）

炭化炉外観[16]（形式　ロータリーキルン式外熱式炭化炉　最大能力　100トン（脱水汚泥ベース））（図16）

(6) 炭化設備

炭化設備の主機は乾燥機と炭化炉から構成される。乾燥機で含水率10～30％に調質された汚泥を炭化炉の還元雰囲気で加熱処理することで、木炭に似た性状の炭化物を製造する。

炭化温度は250～850℃と多様であり、製造される炭化物は緑農地資材や固形燃料として利用される。高温で製造された炭化物は細孔容積が大きく活性炭に似た性状になるが、発熱量は小さい。

低温で製造された炭化物は、細孔の発達は少なく、発熱量は大きくなる。

このような炭化温度で異なる生成物の物性を利用し、緑農地や石炭代替燃料として利用されている。

現在、稼動している炭化システムに採用されている乾燥機は、攪拌機付熱風乾燥方式や気流乾燥機が、炭化炉は外熱式ロータリーキルン方式が多い。

図16に炭化炉外観を示す。

下水道分野での炭化は、平成に入って開発が進んだ技術で歴史は新しい。開発当初は中規模処理場での緑農地利用を目的とした導入が進んだが、近年、下水道分野でのエネルギー利用促進の観点から大規模都市での汚泥の燃料化炉として採用・検討が進んでいる。

(7) 焼却設備

焼却設備では含水率約80％の脱水汚泥を焼却炉に投入し、800℃～850℃で燃焼する。焼却炉には流動焼却炉、多段焼却炉、階段式ストーカー炉などの形式があるが、下水道分野では流動焼却炉が最も普及している。

生成される焼却灰は安定した性状で、セメント工場でセメント原料として利用されることが多い。図17に流動焼却炉外観を示す。

焼却炉運転時に排出されるN_2Oは、CO_2の310倍の温暖化係数を持つ温室効果ガスである。焼却炉は全国に300炉以上が稼動し、比較的大規模の都市での採用が多いため、焼却炉から発生するN_2Oの削減は、喫緊の課題である。焼却温度を800℃から850℃以上に上げることでN_2O排出量が大幅に抑制されるため、850℃以上での高温焼却方式に更新、改築するケースが増加している。

また、燃焼前段をO_2の少ない状況下で行い、後段の完全燃焼域と組合せることでN_2O削減を段階的に達成する新型焼却炉等の開発も進んでいる。一方、これまで焼却灰の60％以上を有効利用していたセメント業界が、長引く不況の影響を受け、セメントキルンの閉鎖などが進んでいることから、焼却灰の新たな有効利用方策も求められている。

流動焼却炉外観[17]（流動焼却炉、最大能力 300 トン（脱水汚泥ベース））（図17）

旋回式表面溶融炉外観[18]（旋回式表面溶融炉、最大処理能力 35 トン（乾燥ベース））（図18）

(8) 溶融設備

溶融設備は汚泥の建設資材利用を目的に開発された。汚泥を高温で溶融する事で汚泥中の重金属類をスラグ中に閉じ込めるため、有効利用での安全性が改善される。

溶融設備の主機は乾燥機と溶融炉から構成される。乾燥機で含水率10〜30%に調質された汚泥を溶融炉で加熱処理することで、溶融スラグを製造する。

溶融温度は約1300℃であり、製造される溶融スラグは道路埋め戻し材や建設用ブロックの材料として利用されている。

現在、稼動している炭化システムに採用されている乾燥機は、蒸気式乾燥機や気流式乾燥機、攪拌機付熱風乾燥方式が、溶融炉についてはコークスベッド溶融炉、旋回式溶融路、旋回式表面溶融炉がある。図18に旋回式表面溶融炉外観を示す。

参考文献
1) 熊本市資料
2) 4) 6) 10) 11) 12) 13) 14) 下水道施設業協会資料
3) 新菱工業資料
5) 栗田工業、日本下水道事業団資料
7) メタウォーター株式会社（旧　富士電機）資料
9) 11) 18) 富山県資料
12) 秋田県資料
15) 新日鉄環境エンジニアリング資料
16) 滋賀県
17) 愛知県

（山本　博英）

4 省エネや資源回収を目指した動き

(1) 下水道施設の消費電力

都市に不可欠な社会基盤である下水道には、雨水を含む下水の収集、排除、処理という都市の水循環の要としての重要な役割がある。下水道で対象とする水量は膨大であるため、その排水の収集、排除、処理には多量のエネルギーが必要となる。2004年度現在、日本全体の電力消費量に占める下水道による電力消費量の割合は、約0.7%に達している[1]。また、東京都では、地下鉄やバスによる電力消費量よりも下水道による電力消費量が大きくなっており、地球温暖化ガス発生量抑制には下水道における省エネは重要である。

下水道施設における消費電力量の内訳を、図22に示す。下水道施設における消費電力量は、その大部分が下水処理場によるものであることが

下水道施設における消費電力内訳[2]（図22）

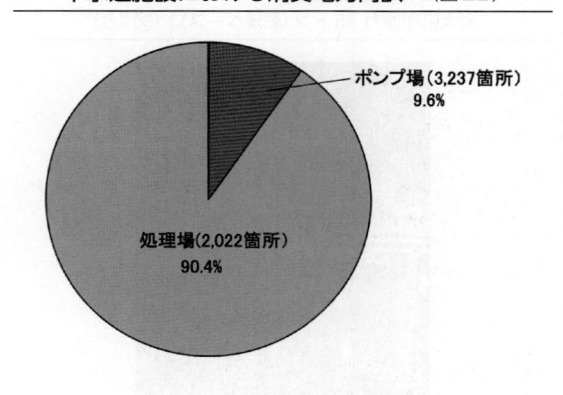

- ポンプ場（3,237箇所）9.6%
- 処理場（2,022箇所）90.4%

下水処理場における消費電力内訳[3]（図23）

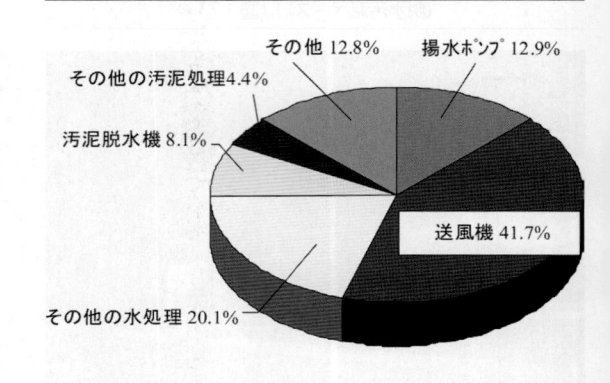

- その他 12.8%
- 揚水ポンプ 12.9%
- その他の汚泥処理 4.4%
- 汚泥脱水機 8.1%
- 送風機 41.7%
- その他の水処理 20.1%

わかる。ポンプ場による消費電力は10%程度である。

図23には、下水処理場における電力消費量の内訳を示す。活性汚泥法におけるエアレーション用ブロワの動力が大半を占めており、下水処理場における省エネには、散気装置の効率化による酸素溶解効率の向上が重要であると言える。

また、省エネルギーに加えて、創エネルギーの視点も重要である。下水汚泥の嫌気性消化によって得られるメタンガスを用いたガス発電等が創エネルギー技術の代表的なものである。

(2) 下水道における省エネルギー技術

① 散気装置

酸素溶解効率の向上を目指して、多くの高効率散気装置が市場に提供されている。代表的なものは微細な孔を無数に開けた有機高分子材料の薄膜を用いた散気装置である。また、この他、合成ゴムや金属も散気装置用膜として用いられる。

近年、多くの既設下水処理施設が更新時期を迎えていることから、設備の更新時に新しい高効率の散気装置が導入されるケースが多い。酸素溶解効率は高いものでは30%程度である（図24）。

② ブロワ

散気装置の改善により酸素溶解効率が向上しても、過大な空気量を送風するのでは省エネルギーにならない。従前に導入されたブロワは、空気量の調節を弁の開度によって行っているが、ブロワ能力が大きすぎる場合は放風により対応することもあった。

ブロワの更新を行う場合には、インバータによる回転数制御が可能な機種を導入し、必要空気量を無駄なく送風することが省エネルギーに関して効果的である。

③ 流入ポンプ

流入（揚水）ポンプは、下水処理施設の電力消費量の中でもその割合が比較的大きい。水量に応じて吐出量の制御ができるよう、ブロワと同様にインバータ制御の導入が効果的である。

(3) 下水道における資源回収

下水道は下水を収集・処理するシステムであるが、下水には水の他に様々な物質が含まれており、図25に示すような資源回収の可能性を有している。下水道は、都市から排出されるこれらの有価資源を効率的に集めるシステムとしての性格を持っていると言える。以下に、下水道における資源回収についていくつかの事例を紹介する。

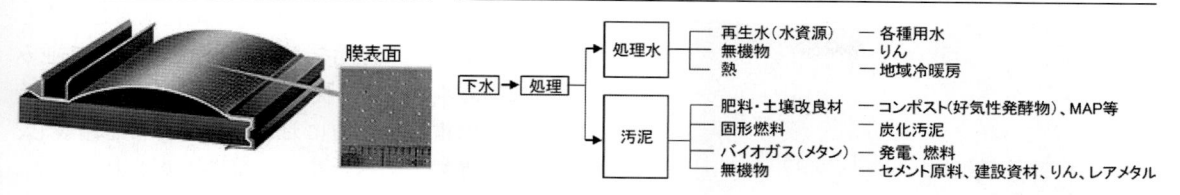

薄膜タイプ微細気泡散気装置の例[4]（図24）

下水からの資源回収（図25）

① メタン発酵によるエネルギー回収

　下水にはエネルギー的価値を有する有機物が含まれている。有機物は生物処理過程で無機化されるが、最初沈澱池や最終沈澱池からは有機物が主成分である汚泥が発生する。最初沈澱池汚泥と最終沈澱池汚泥（余剰汚泥）では、その構成が異なっており、最初沈澱池汚泥では炭水化物が主体であるのに対して、余剰汚泥は活性汚泥微生物そのものであるため、タンパク質の割合が多い。

　これらの汚泥は、安定化、無害化、減容化して処分することが重要である。この目的のために以前から広く用いられている技術として嫌気性消化がある。嫌気性消化はメタン発酵プロセスであり、メタン発酵反応の進行に伴って、下水汚泥は分解・減容化されるとともにエネルギー価値の高いメタンを60%程度含有する消化ガスが発生する。

　消化ガスは、5,200～5,800kcal/Nm³程度の熱量を有しており、これは都市ガスの熱量の約半分に相当する。

　消化ガスは、主として消化タンクの加温や処理施設の暖房用熱源として用いられているが、余剰消化ガスの有効利用が課題である。消化ガスの有効利用方法としては、消化ガス発電、都市ガス会社への供給、自動車用燃料利用等の方法がある。

ⓐ 消化ガス発電

　消化ガス発電は、消化ガスを用いて発電を行うもので、発電方式としては、ガスエンジン、燃料電池の二つがある。ガスエンジンはディーゼル発電機を改造したもので、消化ガス発電では以前から用いられている技術である。

　消化ガス発電は、昭和60年代に普及が始まり、導入が進められたが、その後、原因不明のトラブルが多発し、普及が頭打ちとなった。この原因は、はじめは硫化水素による腐食であると考えられていたが、比較的最近になってシロキサンが原因であることが明らかになった。シロキサンは珪素を含む高分子化合物でリンス剤等に含まれ、高温になると硬い珪酸化合物を形成し、これが金属消耗や目詰まりの原因となる。シロキサンは活性炭で良好に除去できることがわかり、最近になって消化ガス発電は再び脚光を浴び始めている（写真19）。

　これまでのガスエンジンは、大型の装置であることから、大規模な下水処理施設において導入されていたが、最近では、中小規模処理施設用に自動車用エンジン等を用いた小型消化ガス発電システムも開発されている（写真20）。

　燃料電池は、ガスエンジンとは発電原理が全く異なり、消化ガス中のメタンを改質器によって水素に変換し、燃料電池に供給することによって発電を行うものである。燃料電池の導入事例としては、熊本県熊本北部流域下水道北部浄化センターにおいて400kWの発電能力を有する装置が稼動しており、同処理場での必要電力量の約半分をまかなっている（写真21）。

ⓑ 都市ガスへの供給、自動車用燃料利用

　消化ガスは、その50～60%がメタンガスであることから、都市ガスへの供給も行われている。

　ただし、消化ガスは都市ガスに比較するとメ

シロキサンによるガスエンジン損耗 [5] (写真19)

自動車用ロータリーエンジンを用いた小型消化ガス発電設備(40kw) [6] (写真20)

消化ガスを原料とした燃料電池
(熊本北部流域下水道熊本北部浄化センター) [7] (写真21)

タンガス濃度が低く、熱量が半分程度であることから、精製によってCO_2や硫化水素を除去してメタンガス濃度を上げ、熱量を都市ガス並みに高めることが前提となる。

長岡市と金沢市において消化ガスを精製し、都市ガス工場へ供給する事業が行われている。これらの両都市は、いずれも消化タンクを有する下水処理場と都市ガス会社の工場が近接して立地していることから事業が可能となったものである。

神戸市では、消化ガスを高圧水吸収法によって精製し、微量成分除去、熱量調整、付臭を行って都市ガスの導管に直接供給する事業を最近開始した。また、市営バスの燃料としても供給を行っている。

消化ガスのメタンガス濃度は50～60%で残りはほとんどがCO_2であり、都市ガスに比較して熱量が低い。また、若干の硫化水素を含んでいるため、精製を行ない受け入れ側の要求レベルまで熱量を高めることが、都市ガスへの供給の前提条件となる(図26)。

② **炭化による下水汚泥燃料化**

炭化汚泥は、脱水汚泥を還元雰囲気で加熱処理することにより炭化するもので、下水汚泥からの炭素の回収技術とも言えるものである。炭化汚泥は、低品位の石炭程度の熱量を有しており、燃料として利用可能である他、土壌改良材としても利用できる。汚泥の燃料化技術としては、炭化の他に乾燥汚泥があるが、炭化汚泥は乾燥汚泥と比較して、有機物を含まないので腐敗せず、臭気発生が避けられるという利点がある。

炭化汚泥は、もともと生物起源の有機物から製造されたもので、カーボンニュートラルな再生可能エネルギー源であるため、最近では石炭火力発電所において、地球温暖化ガス削減のための石炭代替燃料としての利用が広まりつつある(図27)。

③ **無機資源回収**

下水には有機物に加え、栄養塩類や無機塩類も含有していることから、前述した水や汚泥からの

こうべバイオガスプロジェクト[8]（図26）

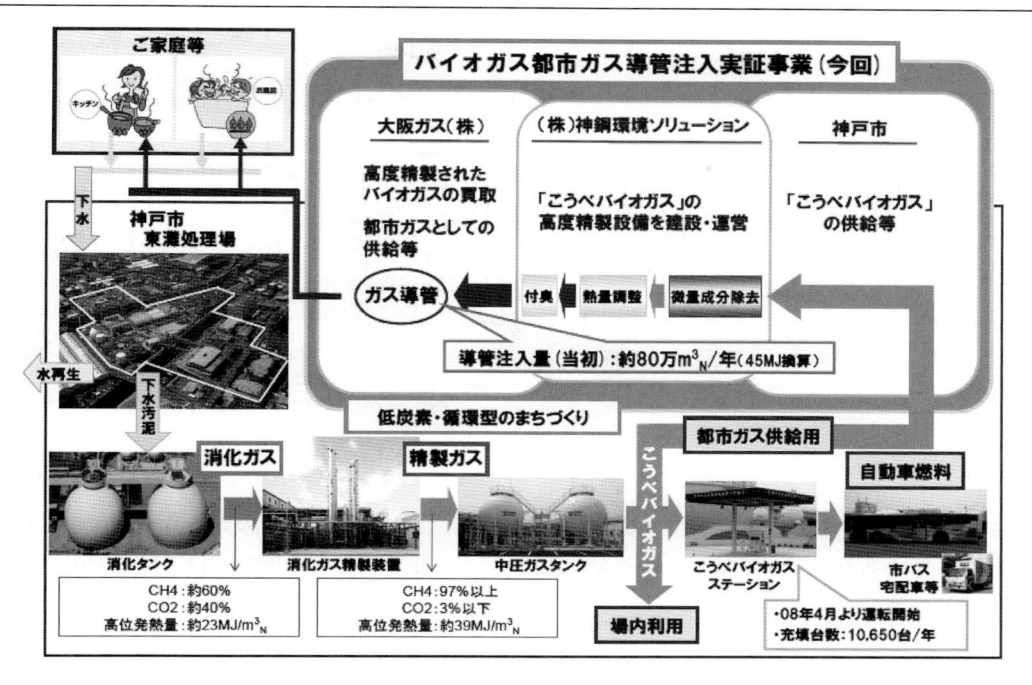

バイオマス燃料としての炭化汚泥利用[9]（図27）

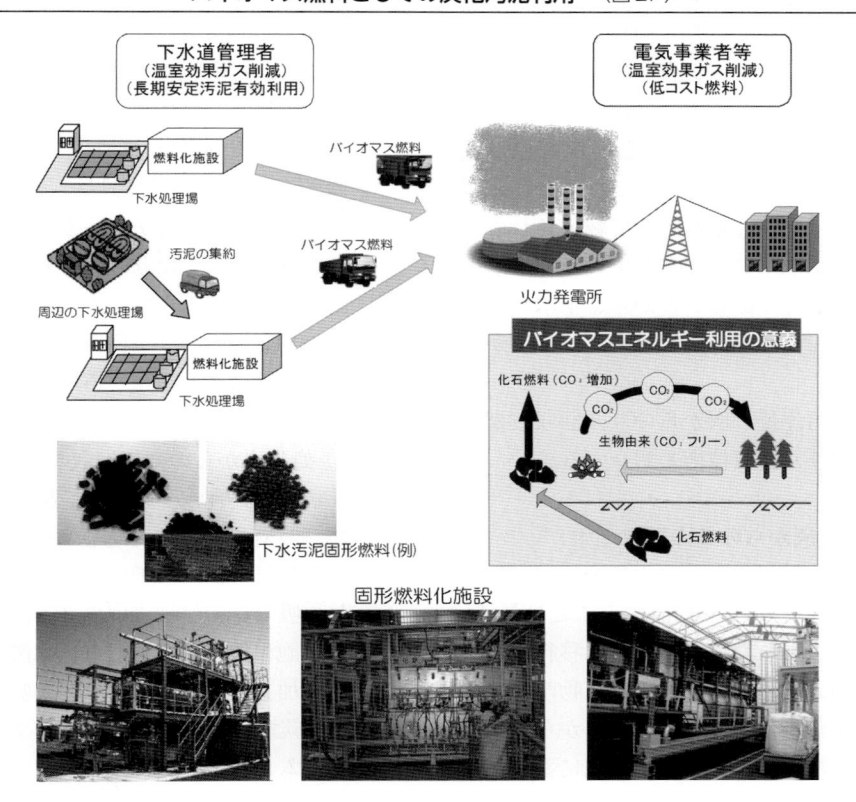

我国のりん収支[10] (図28)

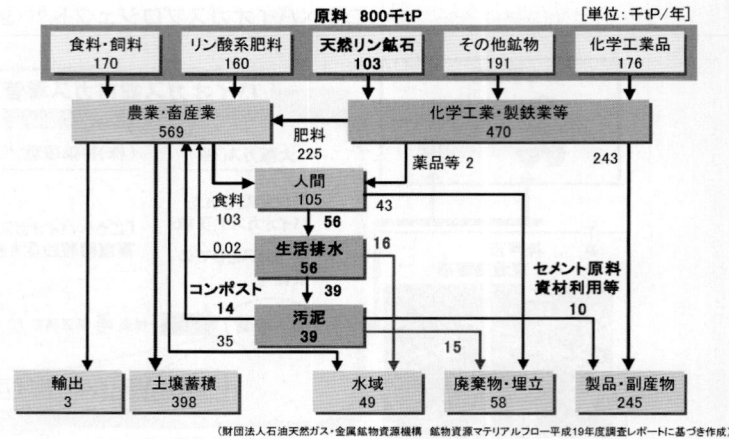

```
原料 800千tP                    [単位:千tP/年]
食料・飼料  リン酸系肥料  天然リン鉱石  その他鉱物  化学工業品
  170         160          103         191        176

農業・畜産業 ←――― 化学工業・製鉄業等
   569      肥料 225    470
                         薬品等 2        243
          食料  人間
          103  105   43
          0.02       56
               生活排水    16
          コンポスト  56         セメント原料
           14      39          資材利用等
                  汚泥               10
                   39
                         15
   35
輸出    土壌蓄積    水域    廃棄物・埋立   製品・副産物
 3      398       49       58           245
```
(財団法人石油天然ガス・金属鉱物資源機構 鉱物資源マテリアルフロー平成19年度調査レポートに基づき作成)

エネルギー回収の他、無機物についても資源としての回収が可能である。ここでは、りんと金の回収について述べる。

ⓐ りんの回収

りんは、生物活動に必須な元素であるばかりでなく、肥料や様々な工業原料として不可欠な資源であるが、我国では全く産出されず、全てを輸入に頼っている。リン資源は将来的な枯渇が懸念されていることから、産出国では輸出を規制する動きがあり、安定的な資源確保が重要な課題となっている。図28に我国のりん収支を示すが、天然りん鉱石として輸入されるりんの約半分は下水中に排出されている。下水中のりんは回収可能であることから、下水からのりん回収はりん資源確保の視点から注目度が高まっている。

ここでは、汚泥焼却灰からのりん回収技術と処理水からのりん回収技術を紹介する。

1) 汚泥焼却灰からのりん回収

りんは窒素と異なり、下水処理プロセスからガスとして大気中に飛散することは無く、排水から除去されたりんは汚泥に移行して系外に引き抜かれる。このため、生物学的りん除去や凝集沈澱法によって排水中からのりん除去を行う場合には、りんが汚泥に蓄積されるため、汚泥中のりん濃度が通常よりも高くなり、さらに焼却を行えば焼却灰中のりん量は、P_2O_5換算で灰重量の25%程度となる。

焼却灰からのりん回収技術としては、アルカリ抽出法が実績がある。本法は、焼却灰を水酸化ナトリウムで溶解し、脱水したろ液に炭酸カルシウムを加え、ろ液中のりんをりん酸カルシウムとして析出させる方法である。添加した水酸化ナトリウムは、炭酸カルシウムを添加した後に再度使用できる。

本法の実施設は、岐阜市北部プラントに設置されている。同施設は、500t/年のりん酸カルシウムを焼却灰から製造する能力を有しており、製造したりん酸カルシウムは全農に肥料として売却している(図29)。

焼却灰からのリン回収技術としては、この他に溶融による方法がある。

2) 処理水からのりん回収

最近、処理水からりんを回収する技術として、吸着材を用いる方法が開発されている。吸着材には様々な種類のものがあるが、いずれも吸着材で処理水中のりん酸イオンを吸着し、飽和状態に達したら、水酸化ナトリウムを添加して、りん酸イオンを吸着材から脱着し、炭酸カルシウムを添加して、りん酸カルシウムとして析出・回収するという方法であ

岐阜市におけるりん回収フロー[11]
（図29）

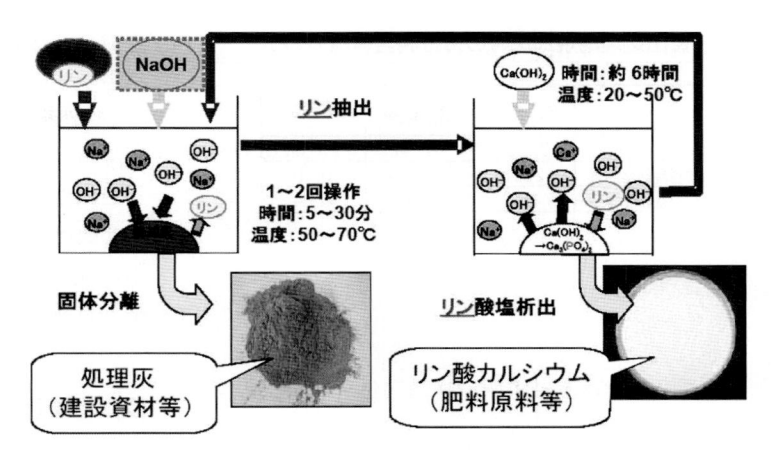

吸着材によるりん回収法の原理[12]
（図30）

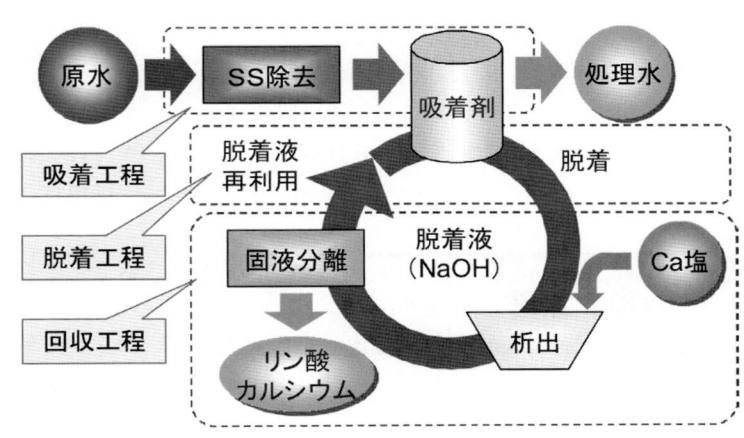

る。添加した水酸化ナトリウムは、炭酸カルシウムを添加した後に回収使用できる。りんの吸着除去により処理水りん濃度は、0.1mg/L以下の低濃度とすることができる。

　この方法の特徴は、常温常圧の反応であり、排水中のりん除去も兼ねていることである。回収されたりん酸カルシウムは、高品位リン鉱石と同等な品質が得られることが明らかになっている。

ⓑ 金の回収

　長野県諏訪湖流域下水道の豊田処理場では、以前から下水汚泥焼却灰中に高濃度の金が含有されていることが知られていたが、金価格との関係で採算が合わないことから回収は行われていなかった。しかしながら、最近になって金価格が高騰したため、同処理場の金が注目され、回収が行われるようになった。

　同処理場では、脱水された下水汚泥は焼却され、さらに焼却灰を溶融処理して徐冷し、人工骨材として建設資材化している。溶融処理の段階で発生する溶融飛灰（フライアッシュ）は、煙道を経由して最終的にバグフィルタによって捕集されるが、一部は煙道内で析出する。これらの溶融飛灰や煙道内付着スラグには1tあたり約2kgという優良金鉱石と比較しても極めて高濃度の金が含有されており、金資源としての価値が非常に高い（表2）。

豊田処理場焼却灰等の貴金属含有量(表2)

	金(g/t)	銀(g/t)	銅(%)
焼却灰	30-34	47-48	0.26-0.28
溶融飛灰	2915	3212	0.48
溶融スラグ	16.7	34	0.24

長野県では溶融飛灰や煙道内付着スラグ等を金属精錬会社に売却し、平成20年度は4,000万円、平成21年度は2,700万円の売却益を得て、これを維持管理費に還元している。

この金の回収は、かなり例外的な事例であると考えられるが、下水からの有価物回収の様々な可能性を示すものとして注目される。

5 今後の課題

下水道は都市施設であり、健全な水循環の中心的存在としての役割を果たしてゆくことが期待されている。下水道の今後の課題として、以下のような事項がある。

(1) 施設の老朽化と改築・更新

我国における下水道の本格的整備が開始されたのは昭和60年代である。その後、多額の投資がなされ下水道整備が進捗した。この結果、下水道分野における社会資本は膨大な量に達している。

しかしながら、昭和60年代に整備された管きょや下水処理場等の中には既に30年以上を経過して改築や更新が必要な施設が年々増加している。

老朽化した施設の改築・更新が適切に行われないと管きょの場合には陥没事故が発生したり、処理施設の場合には処理機能に支障をきたす可能性がある。

このように改築・更新需要が増加する一方で、地方自治体の財政状況は厳しさを増しており、改築・更新費用の確保が大きな課題となっている。また、改築・更新費用が年々増大する中で、新規施設の整備予算を如何に確保するかが重要である。

このためにはアセットマネージメント手法を導入し改築・更新計画を作成することによって、毎年の改築・更新費用の平準化を図り、計画的な改築・更新を行なってゆくことが重要である。

(2) 地球温暖化への対応

地球温暖化ガス削減には、まずは省エネルギーが重要である。省エネルギーは維持管理費削減に結びつくことが多く、また、創エネルギーにおいても、グリーン電力認証制度や再生可能エネルギー買取制度等、様々な促進支援制度が整備あるいは検討されている。

下水道は都市施設の中でもエネルギー消費量が大きいことから、今後も地球温暖化ガス削減に向けた継続的努力が必要である。この場合、処理のグレードを落とすといった方向ではなく、高度処理の推進等、下水道が果すべき水循環の要としての役割とのバランスを図りつつ地球温暖化への対応を行ってゆくことが重要である。

(3) 新たなリスクへの対応

内分泌攪乱物質いわゆる環境ホルモンによる影響がクローズアップされた際の衝撃は、まだ、記憶に新しいものがある。下水道整備が本格的に始まった時代と比較して、医薬品や日用品として人間生活において用いられる化学物質の種類は飛躍的に増加している。これらはPPCPs*と呼ばれ、水域にした場合の影響について懸念されている。

PPCPsの多くは下水道に流入し、下水処理場を経て水域に流出する。医薬品の成分では、活性汚泥法によってかなり除去される物質があることが明らかになっている。しかしながら、通常の下水処理ではほとんど除去できない物質も多く、また、PPCPsの種類が膨大であるため、その下水道における挙動や水域における影響については今

後の研究によるところが大きい。

また、新型インフルエンザ等の新たな疫学的リスクも生じており、下水道に流入するリスク物質は増加している。

これらの課題については、まだ明らかにされていないことが多いが、都市の排水はそのほとんどが下水道に流入することを考慮すると、注意を払う必要があると言える。

* PPCPs：Pharmaceuticals and Personal Care Products

参考文献
1) (社)日本下水道協会資料
2) 日本下水道事業団資料
3) 同上
4) 月島機械(株) ホームページより
5) 日本下水道事業団資料
6) メタウォーター(株)資料
7) 熊本県資料
8) 神戸市記者発表資料
9) 日本下水道事業団資料
10) 日本下水道事業団資料
11) 国土交通省都市地域整備局下水道部ホームページより
12) 日本下水道事業団資料

〔村上孝雄〕

4 し尿・浄化槽汚泥

1 現状と課題

(1) 生活排水の中の「し尿及び浄化槽汚泥」

　平成2年（1990年）10月に厚生省（現環境省）は、生活排水処理基本計画策定指針を示し、市町村はこの指針をもとに計画的に生活排水処理対策を行い、生活排水処理の過程で発生する汚泥の処理方法等を定めるものとしている。し尿処理施設に搬入される「くみ取りし尿」及び「浄化槽汚泥」は、この生活排水の排出経路におけるくみ取りし尿であり、コミュニティ・プラント及び合併処理浄化槽からの余剰汚泥である（図1）。

　「日本の廃棄物処理　平成20年度版（2008年）」（環境省）によれば、し尿処理施設および汚泥再生処理センターの施設数は1,039施設で62,900kL/日が処理されている。処理能力は93,745kL/日で

生活排水経路図[1]（図1）

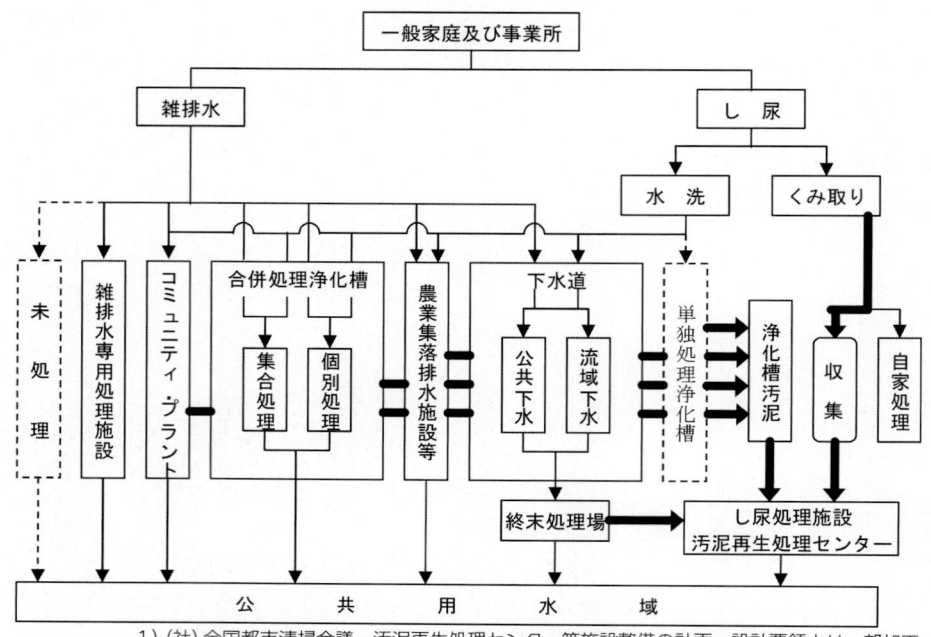

1)（社）全国都市清掃会議　汚泥再生処理センター等施設整備の計画・設計要領より一部加工

し尿、浄化槽汚泥のこの10年間での推移[2] (表1)

平成11年度（1999年）		平成20年度（2008年）	
計画収集人口 （くみ取りし尿量）	22,078千人 （17,487千kL/年）	計画収集人口 （くみ取りし尿量）	11,301千人 （9,560千kL/年）
原単位	2.17L/日・人	原単位	2.32L/日・人
浄化槽人口 （浄化槽汚泥量）	34,937千人 （14,895千kL/年）	浄化槽人口 （浄化槽汚泥量）	29,683千人 （14,993千kL/年）
原単位	1.17L/日・人	原単位	1.39L/日・人

ある。この集計によると、施設の処理実績の平均は60kL/日であり、処理能力の平均は90kL/日である。

(2) 水洗化率の向上と「し尿および浄化槽汚泥」

平成20年度（2008年）においては、総人口12,753万人のうち水洗化人口は11,571万人（90.7%）である。うち、浄化槽人口が2,968万人（23.2%）、公共下水道人口が8,603万人（67.5%）となっている。一方、非水洗化人口はなお、1,182万人（9.3%）である。

この10年におけるくみ取りし尿量および浄化槽汚泥量の推移を表1に示す。

くみ取りし尿の対象である計画収集人口はここ10年間で半減している。浄化槽汚泥量は、浄化槽人口が15%減少しているのにもかかわらず、ほぼ横ばいである。また、平成11年度（1999年）においては、全体のし尿、浄化槽汚泥量に占める浄化槽汚泥量の比率が46%であったが、平成20年度（2008年）においては61%に上昇している。

(3) し尿及び浄化槽汚泥の性状

収集し尿の性状は、便所の構造、くみ取り間隔、地域特性などにより異なる。また、浄化槽汚泥も浄化槽の構造、清掃頻度、汚泥濃縮度合いなどによって異なっている。し尿処理施設の設計には、あくまでも地域の実態調査をもとに設計することとなっているが、表2、3のデータを用いることが出来る。

収集し尿のようにばらつきが大きくない場合は、非超過確率50%値を、また、浄化槽汚泥のようにデータのばらつきが大きい場合には、非超過確率75%値を採用するとしている。

2 し尿処理方式

(1) 現状のし尿処理方式

嫌気性消化法や好気性消化法は、それぞれ1995年、2002年以降新たに建設されていない。

処理方式別の箇所数を図2の円グラフに示す。標準脱窒素、高負荷脱窒素、高負荷膜分離方式の施設がそれぞれ、25.8%、17.5%、2.5%と全体の45.8%を占める。その他処理方式を含め、現在では窒素、リン除去対応施設が多くを占める。

(2) し尿処理方式の変遷

① 嫌気性消化＋活性汚泥法処理方式

し尿中の生物分解性有機物の大部分を消化ガス

収集し尿の性状[1] (表2)

項目		平均値	中央値 (50%値)	最大値	最小値	標準偏差	75%値
搬入し尿	pH	7.6	7.6	8.9	6.0	0.43	7.9
	BOD	7,800	7,300	21,000	1,200	3,200	10,000
	COD	4,700	4,500	11,000	1,700	1,700	5,800
	SS	8,300	8,300	16,000	1,000	3,400	11,000
	T－N	2,700	2,600	5,000	640	870	3,300
	T－P	350	310	780	89	150	450
	塩化物イオン	2,100	2,100	3,800	110	760	2,600

浄化槽汚泥の性状[1] (表3)

項目		平均値	中央値 (50%値)	最大値	最小値	標準偏差	75%値
搬入浄化槽汚泥	pH	6.8	6.9	8.2	5.1	0.61	7.2
	BOD	3,700	2,900	14,000	550	2,500	5,400
	COD	3,700	3,200	10,000	230	2,000	5,000
	SS	8,600	7,600	25,000	1,200	4,600	12,000
	T－N	800	620	3,000	92	580	1,200
	T－P	130	100	400	29	87	190
	塩化物イオン	340	160	2,600	44	450	640

し尿処理施設の施設数と処理能力 (平成20年度 (2008年))[3] (表4)

処理方式	嫌気性 消化法	好気性 消化法	標準 脱窒素法	高負荷 脱窒素法	高負荷/ 膜分離法	その他	合計
施設数 (箇所)	56 (5.4%)	118 (11.4%)	268 (25.8%)	182 (17.5%)	26 (2.5%)	389 (37.4%)	1,039 (100%)
処理能力 (kL/日)	4千kL/日 (4.3%)	8千kL/日 (8.5%)	28千kL/日 (29.8%)	15千kL/日 (15.9%)	4kL/日 (4.3%)	35千kL/日 (37.2%)	94千kL/日 (100%)
稼働開始年 (年)	1957～ 1995	1962～ 2002	1964～	1975～	1968～	－	－
最多開始年 (施設数)	1971/1975/ 1978 (5)	1980 (11)	1982 (23)	1995 (16)	1999 (11)	－	－

し尿処理施設の処理方式別箇所数 (図2)

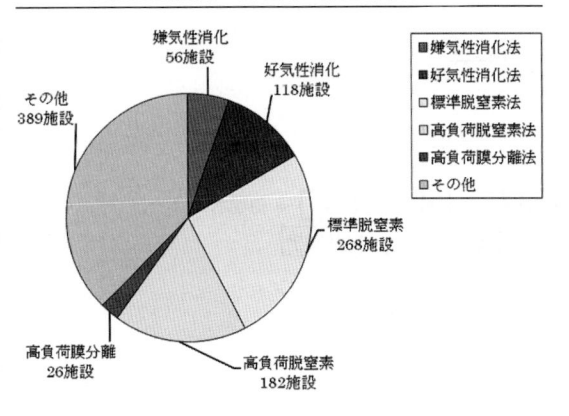

- 嫌気性消化法
- 好気性消化法
- 標準脱窒素法
- 高負荷脱窒素法
- 高負荷膜分離法
- その他

嫌気性消化 56施設
好気性消化 118施設
標準脱窒素 268施設
高負荷脱窒素 182施設
高負荷膜分離 26施設
その他 389施設

中空糸（MF膜）浸漬膜の外形 [4] (写真1)

と消化液、汚泥に転換するとともに、消化液、汚泥を脱離液と消化汚泥に分離する。脱離液は、希釈後、活性汚泥処理する方式である。この方式で除去する汚濁物質は、BOD、SS、及び大腸菌群などで、窒素やリンの除去は期待していない（図3）。

本方式は、窒素除去の必要性から、1995年以降新たに建設されていないが、し尿処理方式の元祖である。

嫌気性消化法の次に開発されたし尿処理方式が、好気性消化法である。窒素除去対策については大幅に改善されてはいるが、まだまだ不足であった。

② 標準脱窒素処理方式

その後、日本における窒素除去技術の先陣を切る硝化液循環脱窒素処理技術である標準脱窒素処理法が開発され、し尿処理施設の性能も格段に上るとともに安定した運転が可能となった。し尿をプロセス用水を含めて10倍程度に希釈して、生物学的に脱窒素処理するものである。浄化槽汚泥の混入比率が高い場合には、希釈倍率は5倍程度になる。標準脱窒素処理方式のフローシートを図4に示す

③ 高負荷脱窒素処理方式

本方式は、標準脱窒素処理方式と基本原理は同じである。特徴としては、①プロセス用水以外の希釈水を用いず、実質の希釈倍率を1.5～3.0倍としている。②硝化脱窒素槽でのMLSS濃度を標準脱窒素法の2～3倍程度（15,000mg/L程度）に設定して反応槽容積の縮小を図っている。③高MLSS濃度のため、再ばっ気槽から沈殿槽へ移流するSS濃度が高いことから、SS流出も想定して凝集分離設備の設置を標準としている。

④ 膜分離高負荷脱窒素処理方式

高負荷、高MLSSになればなるほど、固液分離性が悪くなり、結果として運転管理に手間が掛かることになる。その固液分離性を格段に改善したのが、分子量のオーダーの分画が可能な限外ろ過膜（UF膜）や0.1 μm～0.4 μm以下の孔径を持つ精密ろ過膜（MF膜）である。MF膜には、処理槽（膜分離槽）中に浸漬して使用するものがある。ろ過吸引圧（膜差圧）を低く運転でき、膜を槽上に上げて行う膜洗浄作業の間隔日数の長いものが有利である。膜の開発も進み、3年と言われた膜交換頻度も運転条件によって伸ばすことも可能になってきている。中空糸（MF膜）浸漬膜の外形を写真1に示す。膜分離高負荷脱窒素処理フローシートを図5に示す。

嫌気性消化＋活性汚泥法処理方式フローシート（図3）

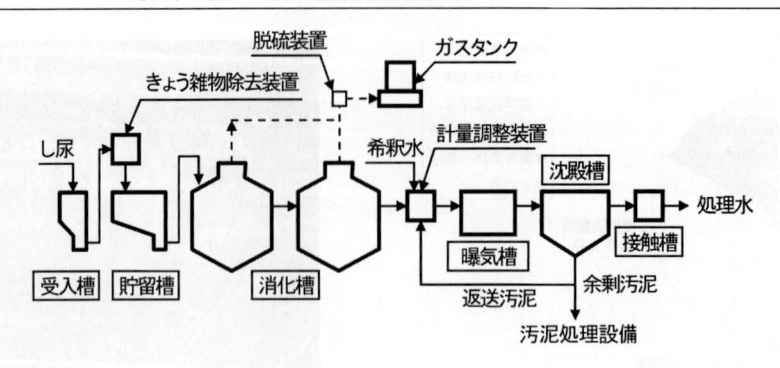

標準脱窒素処理方式フローシート（図4）

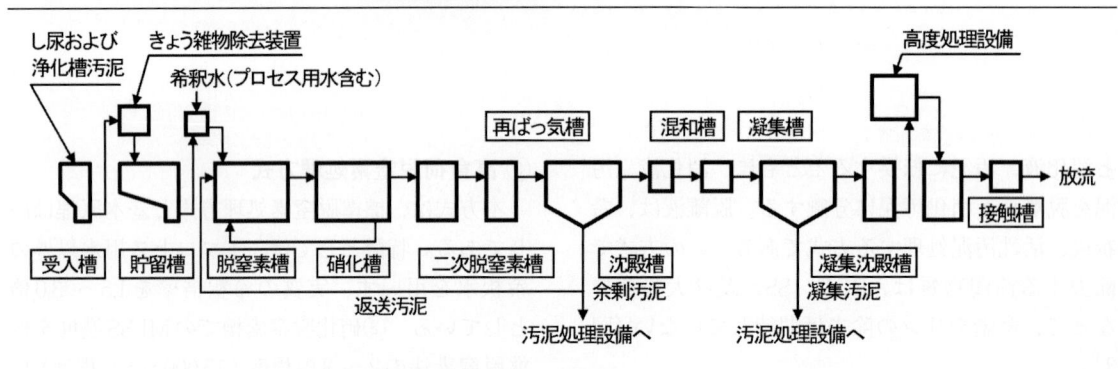

膜分離高負荷脱窒素処理方式フローシート（図5）

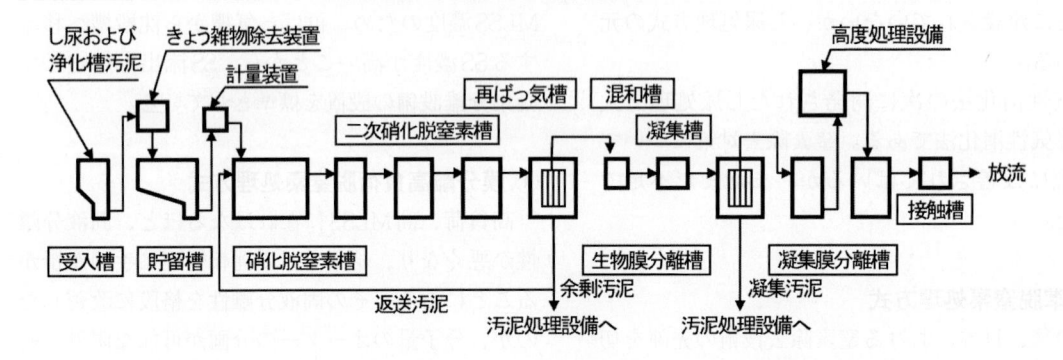

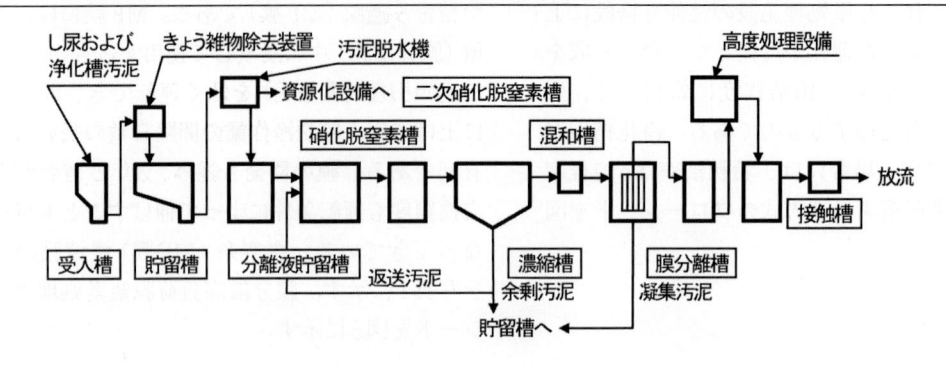

浄化槽汚泥混入比率の高いし尿に対応した膜分離脱窒素処理方式の1方式[5]のフローシート（図6）

⑤ 浄化槽汚泥混入比率の高いし尿に対応したし尿処理方式

浄化槽汚泥の混入比率が徐々に高くなり、その対策の必要性から「浄化槽汚泥混入比率の高いし尿に対応したし尿処理方式」が開発された。

本方式は、し尿処理施設実績における処理方式の分類の中では、「その他」の分類に入っている。この浄化槽汚泥の混入比率の高いし尿処理方式は、浄化槽汚泥の混入比率が50%を越えるし尿処理施設により適合したし尿処理方式として、(財)廃棄物研究財団により評価認定取得した方式である。その適用方式は複数あるが、「浄化槽汚泥の混入比率の高いし尿処理方式」の1方式[5]のフローシートを図6に示す。この方式により、浄化槽汚泥混入比率の高いし尿への対策が、大きく進むことになり平成12年においては「汚泥再生処理センター等の性能指針」にも追記された。

⑥ 標準脱窒素処理方式、膜分離高負荷脱窒素処理方式等の比較

各脱窒素処理方式の比較を表5に示す。左の欄の方式から順に技術開発されてきたものである。

各々の希釈倍率などを含め、特徴的な放流水質を調査実績値の平均値を、表6に示す。標準脱窒素処理方式の実績は、希釈倍率6倍程度であった。

参考文献

1) (社) 全国都市清掃会議：汚泥再生処理センター等施設整備の計画・設計要領 2006 改訂版 (2006)
2) 環境省：日本の廃棄物処理 平成20年度版 (2008)
3) 環境省：廃棄物処理に関する統計・状況、環境省HP (2010)
4) 西原環境：資料「ゼノン膜プロセス」(2010)
5) (財) 廃棄物研究財団：し尿処理における技術評価 第7号 (1997)
6) (社) 全国都市清掃会議：各処理方式における放流水質、し尿処理施設から汚泥再生処理センターへのリニューアルの手引書 (2004)
7) 西原環境：浄化槽汚泥混入比率の高いし尿に対応した膜分離脱窒素処理方式のし尿処理施設の実績値より (2010)

(森川則三)

標準脱窒素処理方式と膜分離高負荷脱窒素処理方式等の比較 (表5)

項　目	標準脱窒素処理方式	膜分離高負荷脱窒素処理	浄化槽汚泥混入比率の高いし尿に対応した膜分離脱窒素処理方式
BOD容積負荷	2.0kg-BOD/m^3・日	2.5kg-BOD/m^3・日	1.44 kg-BOD/m^3・日
BOD－MLSS負荷	0.1kg-BOD/kg-MLSS・日	0.1kg-BOD/kg-MLSS・日	0.14kg-BOD/kg-MLSS・日
T－N－MLSS負荷	0.04kg-T－N/kg-MLSS・日	0.04kg-T－N/kg-MLSS・日	0.04kg-T－N/kg-MLSS・日
運転MLSS濃度	6,000mg/L	16,000mg/L	10,000mg/L
運転温度	15℃	25℃～38℃	25℃～38℃
希釈倍率	6倍以下	2倍以下	2倍以下
沈殿槽面積負荷	9m^3/m^2・日	膜分離装置の膜透過流束 0.3～0.5m^3/m^2・日	5m^3/m^2・日
沈殿槽滞留時間	6時間以上		30時間以上
反応槽必要容量※（生物脱窒素槽部）	①脱窒素槽＋硝化槽＝11.5Q ②二次脱窒素槽＝3.1Q ③沈殿槽＝2.6Q ④合計＝17.2Q	①硝化脱窒素槽＝4.1Q ②二次硝化脱窒素槽＝0.5Q ③膜分離＝1.5Q ④合計＝6.1Q	①硝化脱窒素槽＝3.4Q ②二次硝化脱窒素槽＝0.7Q ③濃縮＝2.5Q ④合計＝6.6Q

※必要容量の算出は、し尿60kL/d、浄化槽汚泥40kL/dの混入比率で合計100kL/dを想定している。

放流水質（調査実績平均値）[6]（表6）

処理方式	希釈倍率(倍)	SS(mg/L)	BOD(mg/L)	COD(mg/L)	T-N(mg/L)	T-P(mg/L)	色度(度)	塩化物イオン(mg/L)
標準脱窒素＋凝集分離＋オゾン＋砂ろ過	6	4.2以下	2.0以下	12	4	0.8以下	12以下	427
高負荷脱窒素＋凝集分離＋砂ろ過＋活性炭	1.8	3.9以下	1.9以下	12以下	19	0.6以下	19	1,200
膜分離高負荷＋凝集膜＋活性炭	1.5	3.9以下	1.1以下	8.6	10以下	0.5以下	7.9以下	1,200
浄化槽汚泥混入比率高いし尿に対応した膜分離脱窒素処理方式[7]	1.4	0.2	0.6	2.6	1.6	0.1	2	610

3 汚泥再生処理センターと資源化技術

(1) 汚泥再生処理センターとは

　汚泥再生処理センターは、旧厚生省国庫補助事業であったし尿処理施設に資源化設備を併設した施設である。し尿と浄化槽汚泥に加え、生ごみ等のその他有機性廃棄物を受け入れ、水処理と資源化とを行う必要がある。

　し尿処理施設から汚泥再生処理センターへ移行した当初は、生ごみの受け入れ、メタン発酵による資源化、メタンガスの有効利用が交付要件であったが、その後種々の資源化方式が交付対象となった。

　図7に汚泥再生処理センター構成図を示す。

(2) 汚泥再生処理センターでの資源化技術

　汚泥再生処理センターでの資源化技術は、その他有機性廃棄物と水処理設備から発生する汚泥とを原料とし資源化するもの、水処理設備の排水を原料とし排水中に含まれる有価物を回収するもの、水処理設備から発生する汚泥のみを原料とし資源化するものの大きく3種類の原料を対象とした資源化を行い、メタン発酵、汚泥助燃剤化、リン回収、堆肥化などの方式がある。

① メタン発酵

　メタン発酵は、生ごみ等のその他有機性廃棄物と水処理設備から発生する汚泥とを原料とし、回収したメタンガスを燃料として利用する方式である。

　メタン発酵方式には、35℃前後の発酵温度帯で行う中温メタン発酵と55℃前後の温度帯で行う高温メタン発酵とがあり、一般的に高温メタン発酵ではメタン菌の増殖速度が速く、比較的短い滞留日数でのメタン発酵が可能である。

　図8に代表的なメタン発酵槽の構造例を示す。

　基本的な構造として、メタン発酵槽は竪型円筒形状である。槽内は機械撹拌、ポンプ循環やガス撹拌により完全混合状態となっており、メタン発酵槽に投入された原料とメタン菌とが効率的に接触でき、基質として利用される。

　メタン発酵では、メタンガス回収量を確保するために生ごみの受け入れが前提となる。生ごみには種々の性状のものがあり、通常パッカー車での受け入れとなるため、し尿等とは別に受入設備が必要となると共に、生ごみに混入する異物の除去設備も必要となる。一般的に、損耗度合いの激しい生ごみ前

汚泥再生処理センター構成図（図7）

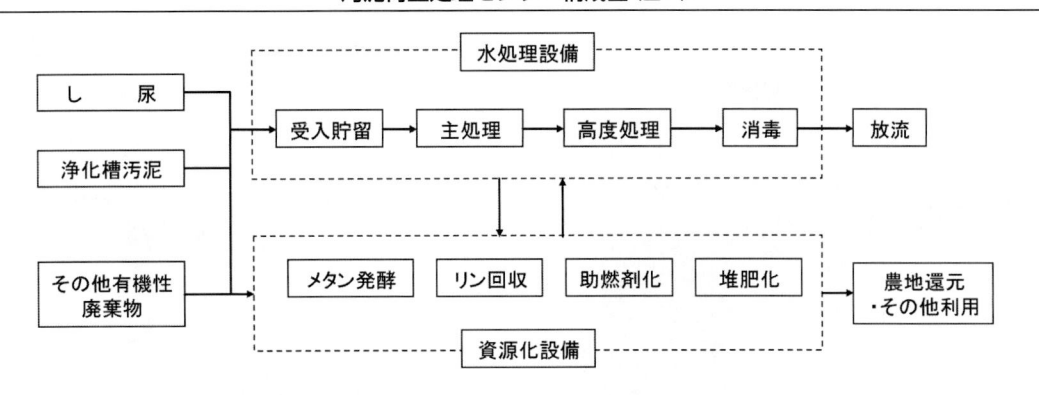

メタン発酵槽の構造例[1]（図8）

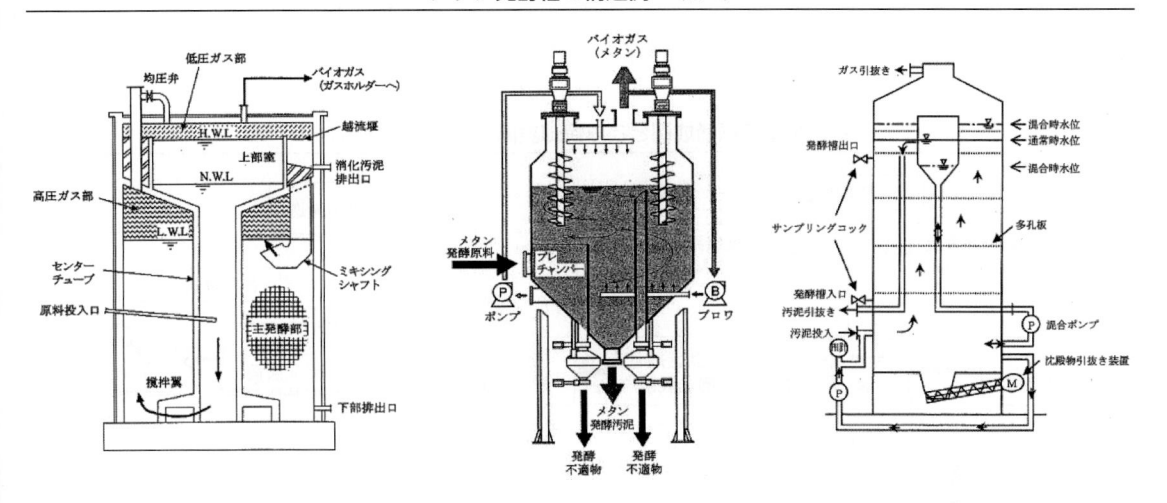

処理設備の維持管理費は高額になるため、本方式の採用に当たっては、確保できる生ごみ量や前処理方式の選定に十分な検討が必要である。

② **汚泥助燃剤化**

汚泥助燃剤化とは、高効率の脱水機を用い汚泥の含水率を70%程度とし、混焼率15%以下で熱回収施設のごみ焼却炉で燃焼を行う資源化方式を言う。

原料となる汚泥は、通常生物処理汚泥と凝集処理汚泥との混合液となり、一般的な脱水機では含水率80〜85%程度であり、含水率70%程度とするためには、高圧型のフィルタープレス式脱水機やスクリュープレス式脱水機また、近年では電気浸透作用を利用した脱水機等の通常より高効率の脱水機が必要となる。

図9に電気浸透作用の原理と電気浸透式脱水機の構造例を示す。

電気浸透作用とは、汚泥を陽極側に入れ、陽極と陰極との間に汚泥が移動できないろ布を設置し、電流を流すことで水が陰極側へ移動する現象を言い、この原理を脱水機に組み込んだものが電気浸透式脱水機である。

なお、汚泥助燃剤化では含水率のみが回収物の条件となっており、脱水補助のための添加剤などの制限は無い。このため、選定する高効率脱水機の種類によっては添加剤などによる運転費の増加

電気浸透作用の原理と脱水機構造例[2]（図9）

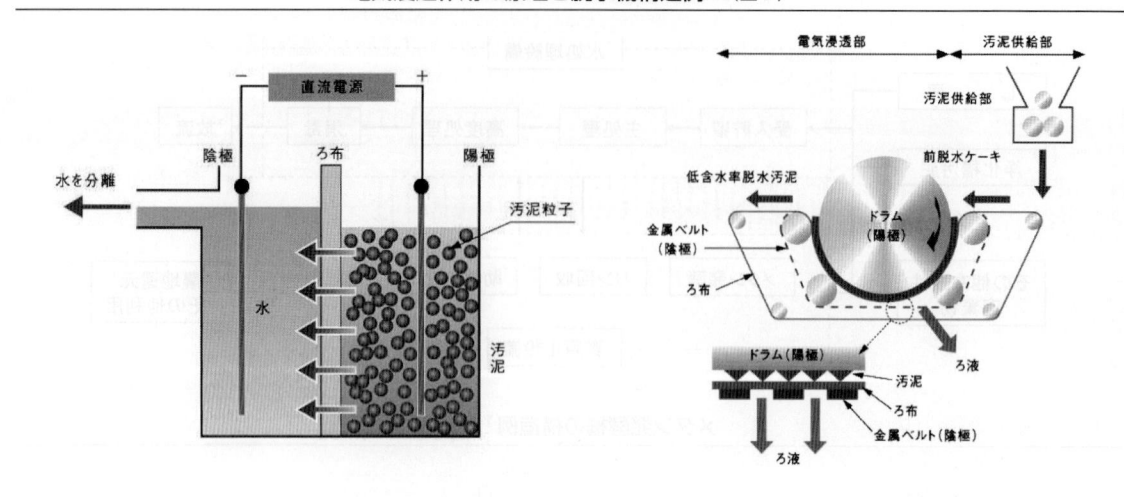

助燃剤化設備構成例とごみ焼却設備との連携図（図10）

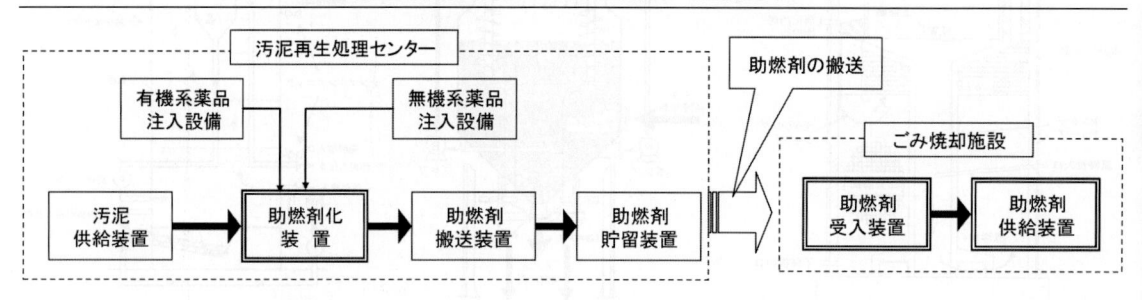

や回収汚泥量の増加が懸念されるため、留意が必要である。

また、自施設内での利用は認められないため、助燃剤の燃焼先としてごみ焼却施設との連携が必要となる（図10）。

③ リン回収

排水中のリンは、富栄養化の原因となる水質汚濁物質であり、これまでは無機系の凝集剤を添加し、不溶化させ凝集汚泥として除去していた。このリンを資源として回収する方式がリン回収である。

リン回収には、ヒドロキシアパタイトを析出させる方式（HAP法）とリン酸マグネシウムアンモニウムを析出させる方式（MAP法）とがある。

HAP法は、種結晶存在下で生物処理後の排水に塩化カルシウムを添加し、pH調整することでHAPの結晶を析出させる。一方MAP法では、アンモニウムイオンが必要なため生物処理前の排水に塩化マグネシウムを添加し、pH調整することでMAPの結晶を析出させる。

リン回収では、原水中の溶解性リンしか回収することができない。よって、リン回収量を想定するためには、全リンに加え、リン酸性リンなどの溶解性リン濃度を把握しておく必要がある（図11）。

④ 堆肥化

汚泥再生処理センターでの堆肥化は、水処理工程からの脱水汚泥のみか脱水汚泥と生ごみなどの

HAP法でのリン回収設備構成例（図11）

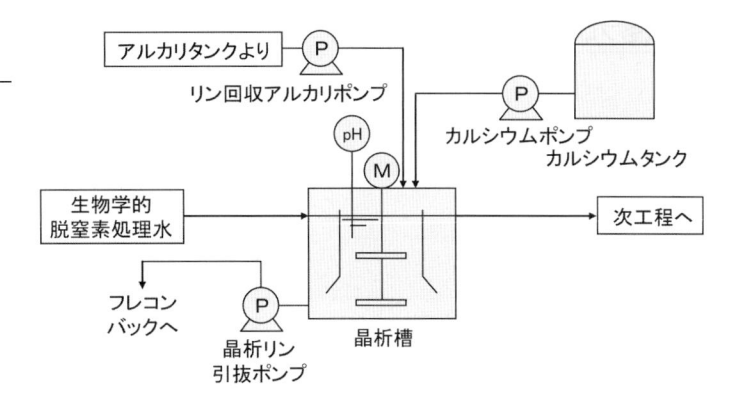

密閉機械撹拌式堆肥化発酵槽の構造例（図12）

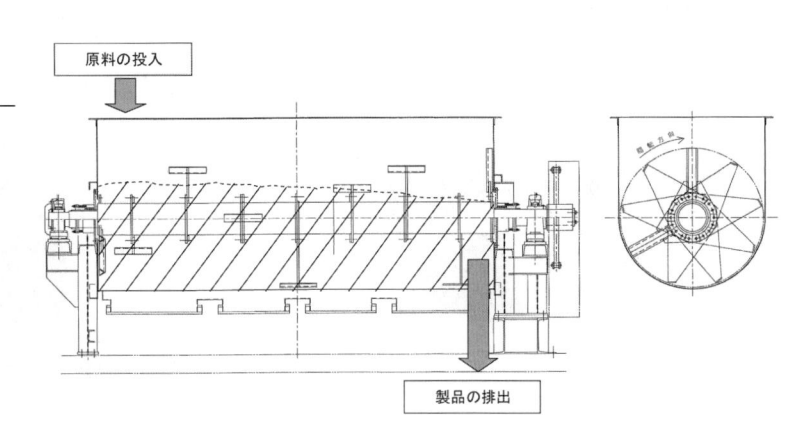

その他有機性廃棄物とを原料としたものが一般的である。堆肥化では発酵日数が進むにつれ、有機物が分解すると共に水分が蒸発する。また、汚泥主体の堆肥化となるため、水分の低下と共に製品はパウダー状となり、粉塵の発生しやすい性状となる。堆肥化発酵槽は、密閉構造とするなど粉塵対策に十分留意する必要がある（図12）。

⑤ その他

その他の資源化方式には、乾燥方式、炭化方式、溶融方式などがある。

この中の炭化方式は、主に脱水汚泥を原料として、空気と遮断した状態での蒸し焼きを行うことで有機物をガス化・除去し、ガス化しない炭素を多く含んだ無機物（炭化物）を回収する方式である。堆肥化より有機物分解量が多く、製品は、安定的で長期間の保存が可能な製品となる。

通常含水率80～85％の比較的水分の多い脱水汚泥が原料となるため、前段の乾燥工程と後段の炭化工程の二工程で炭化される（図13）。

炭化方式では、有機物の分解率が高いために回収物量は少なくなり、原料中に含まれる揮発しない有害物質は濃縮される。一般的に炭化製品は、肥料登録を行い農地還元されるため、原料中の重金属等の有害物質含有量を事前に把握し、製品となった時の含有率を想定しておくことが必要である。

4 運転管理におけるCO₂排出量

汚泥再生処理センターでは、管理棟での照明・空調設備や処理棟でのプラント設備による電力使

炭化設備の概略フロー例[1]（図13）

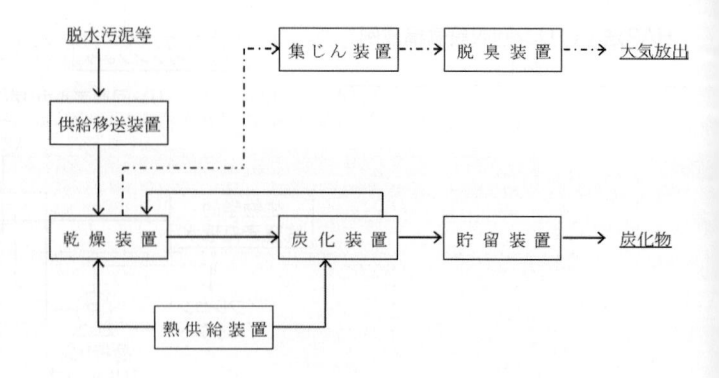

排出源毎のCO₂排出量割合（図14）

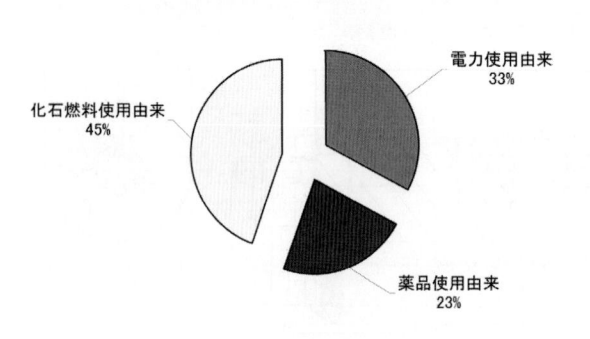

- 化石燃料使用由来 45%
- 電力使用由来 33%
- 薬品使用由来 23%

設備毎のCO₂排出量割合（図15）

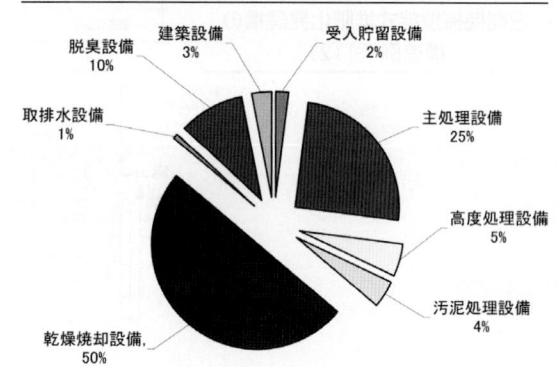

- 脱臭設備 10%
- 建築設備 3%
- 受入貯留設備 2%
- 取排水設備 1%
- 主処理設備 25%
- 高度処理設備 5%
- 汚泥処理設備 4%
- 乾燥焼却設備 50%

用に伴うCO₂排出量、脱水設備での凝集剤や脱臭設備でのアルカリ・塩素剤と言った薬品使用に伴うCO₂排出量、それに主に汚泥を処理する乾燥・焼却設備での化石燃料使用に伴うCO₂排出量の3種類のCO₂排出源がある。

汚泥再生処理センターでのCO₂排出量割合を排出源毎と設備毎にまとめ、図14、15に示す。

排出源毎では、化石燃料、電力、薬品の順にCO₂排出割合が高いのが分かる。

また、設備毎では乾燥焼却設備からのCO₂排出量が最も多くなっており、次いで硝化脱窒素設備（主処理設備）が多くなっている。乾燥焼却設備は、化石燃料の使用に加え大型の機器が多く電力使用量も多いためである。主処理設備は、硝化脱窒処理での酸素供給に伴うばっ気装置の消費電力によるもので、ブロワなど大型電動機による24時間運転を行うため、CO₂排出量が多くなる。

(1) 電力使用に伴うCO₂排出量

汚泥再生処理センターでは、前処理装置、ポンプ・ファン類、ブロワ等の多くの機械で処理を行うため、大量の電力を消費する。大型で運転時間の長い設備が多い主処理設備、脱臭設備、乾燥焼却設備での電力消費量が多い傾向にある。

この電力使用に伴うCO₂排出量は、CO₂排出係数を用いて算出することができる。

各電力会社間で排出係数に大きな隔たりがあるが、採用している発電方式により発電電力量当たりのCO₂排出量に違いがあるためで、原子力発電で低く、化石燃料発電で高くなる。

このため、地域による違いを無くすためには、代替値を用い電力によるCO₂排出量の算出を行う。ここで言う代替値とは、総合エネルギー統計における外部用発電（卸電気事業者供給分）と自

電気事業者別のCO₂排出係数[3] (表7)

一般電気事業者名	実排出係数 (t-CO₂/kWh)	調整後排出係数 (t-CO₂/kWh)	特定規模電気事業者名	実排出係数 (t-CO₂/kWh)	調整後排出係数 (t-CO₂/kWh)
北海道電力(株)	0.000588	0.000588	イーレックス(株)	0.000462	0.000462
東北電力(株)	0.000469	0.000340	エネサーブ(株)	0.000422	0.000422
東京電力(株)	0.000418	0.000332	王子製紙(株)	0.000444	0.000444
中部電力(株)	0.000455	0.000424	(株)エネット	0.000436	0.000436
北陸電力(株)	0.000550	0.000483	(株)F-Power	0.000352	0.000352
関西電力(株)	0.000355	0.000299	サミットエナジー(株)	0.000505	0.000505
中国電力(株)	0.000674	0.000501	GTFグリーンパワー(株)	0.000767	0.000767
四国電力(株)	0.000378	0.000326	昭和シェル石油(株)	0.000809	0.000809
九州電力(株)	0.000374	0.000348	新日鐵エンジニアリング(株)	0.000759	0.000759
沖縄電力(株)	0.000946	0.000946	新日本石油(株)	0.000433	0.000433
			ダイヤモンドパワー(株)	0.000482	0.000482
			日本風力開発(株)	0.000000	0.000000
			パナソニック(株)	0.000679	0.000679
代替値	0.000561(t-CO₂/kWh)		丸紅(株)	0.000501	0.000412

※実排出係数は実排出量の算定に、調整後排出係数は調整後排出量の算定に用います。

家用発電(自家消費分及び電気事業者への供給分)を合計した排出係数の直近5カ年平均を算出した値である。

日量3,000kWhの電力を消費する施設では、3,000kWh/日 × 0.000561t-CO₂/kWh=1.683t-CO₂/日のCO₂排出量となる。

なお、表7における排出係数は、排出量の正確な算定を行うため、毎年度、電気事業者等ごとの係数が更新され、経済産業省および環境省において確認の上公表されるので最新の数値を確認し、算出に用いる必要がある。

(2) 薬品使用に伴うCO₂排出量

汚泥再生処理センターでは、汚泥の脱水や臭気の脱臭、排水の色度除去などに多くの薬品を使用する。薬品は処理の各工程で使用しているが、高度処理設備、汚泥処理設備、脱臭設備での使用量が比較的多い。

これら薬品については、LCA手法による排出係数を用い、CO₂排出量を算出する。

また、薬品の種類によっては固形物基準のCO₂排出係数となっているものがあるので、実際に使用している薬品の濃度に換算し、CO₂排出量を算出する必要がある。

例えば25%苛性ソーダを日量500kg使用する場合、500kg/日 × 0.938kg-CO₂/kg × 25/100(濃度換算)=117.3kg-CO₂/日のCO₂排出量となる(表8)。

(3) 化石燃料使用に伴うCO₂排出量

化石燃料は、主に汚泥やし渣を乾燥焼却処理するために使用される。

ごみ焼却施設のような大型で連続運転を主体とする焼却炉と異なり、小型の炉を平日の日中のみ運転し、立ち上げと立ち下げを毎日繰り返すために効率が悪い。

薬品に係るCO₂排出係数[3] (表8)

薬品名	CO₂排出係数[kg-CO₂/kg]	備考
苛性ソーダ	0.938	※1
次亜塩素酸ナトリウム溶液	0.321	
硫酸	0.087	
ポリマー（高分子凝集剤）	6.534	※2
ポリ硫酸第二鉄	0.0308	※3
塩化カルシウム	0.109	※4
無水アルコール	5.879	単位 kg-CO₂/L
活性炭（粉状）	6.207	
活性炭（粒状）	7.768	
硫酸アルミニウム	0.357	
ポリ塩化アルミニウム	0.405	
塩化第2鉄	0.318	
消石灰	0.447	
リン酸カルシウム	2.383	
水酸化マグネシウム	1.216	※5

LCA実務入門編集委員会（1998）、LCA実務入門、(社)産業環境管理協会より

※1 フレーク（固形）状の苛性ソーダの排出係数であるため、濃度100%のものである。液体苛性ソーダの場合は、溶液濃度で換算すること。
※2 粉末状ポリマーの排出係数であるため、濃度100%のものである。液体ポリマーの場合は、溶液濃度で換算すること。
※3 (社)産業環境管理協会LCAデータベース
※4 NEDO/RITE/SCEJ,1996,Report on Eco-balance Analysis for Chemical Product (III) NEDO-GET-9505,Tokyo,Japan より
※5 エネルギー使用合理化手法国際調査小委員会,ライフサイクルアセスメントにおける基礎素材の製造データ, (社)産業環境管理協会、環境管理,316,6,p72

燃料の使用に関するCO₂排出係数[3] (表9)

燃料	排出係数 [t-C/GJ]	発熱量		燃料の使用に関する排出係数※1		備考
コークス	0.0294	30.1	GJ/t	3.24	t-CO₂/t	
灯油	0.0185	36.7	GJ/kL	2.49	t-CO₂/kL	
軽油	0.0187	37.7	GJ/kL	2.58	t-CO₂/kL	※2
A重油	0.0189	39.1	GJ/kL	2.71	t-CO₂/kL	
B・C重油	0.0195	41.9	GJ/kL	3.00	t-CO₂/kL	※2
LPG	0.0161	50.8	GJ/t	3.00	t-CO₂/t	※2
都市ガス	0.0136	44.8	GJ/1000Nm³	2.23	t-CO₂/1000Nm³	※2

「温室効果ガス排出量算定・報告マニュアル」より抜粋
http://www.env.go.jp/earth/ghg-santeikohyo/manual/index.html
※1：燃料の使用に関する排出係数＝排出係数[t-C/GJ]×発熱量×44/12
※2：下線部数値は、地球温暖化対策の推進に関する法律施行令の改正に伴い変更（平成22年4月1日より施行）

　その他では、堆肥化設備の加温ボイラ熱源や炭化設備の熱源としても使用される。
　表9に燃料に関するCO₂排出係数を示す。
　燃料のCO₂排出係数は、熱量当たりのC排出量を算出し、CO₂/Cの換算係数44/12を掛けて算出する。
　また、燃料種類によって液体、気体、固体と各種の形態があるため、それぞれt-CO₂/kL、t-CO₂/Nm³、t-CO₂/tと排出係数の単位も異なる。

　A重油を日量600L使用する場合、600L/日×2.71t-CO₂/kL÷1000（kLへの換算）=1.626t-CO₂/日のCO₂排出量となる。

参考文献
1) (社)全国都市清掃会議「汚泥再生処理センター等施設整備の計画・設計要領　2006改訂版」(2006)
2) アタカ大機(株)製品カタログ「電気浸透式脱水機スーパーフレーク」
3) 環境省大臣官房廃棄物・リサイクル対策部廃棄物対策課「一般廃棄物処理施設の基幹的設備改良マニュアル」

(小林英正)

5 ゴミ浸出水

1 現状と課題（概要）

(1) ゴミ浸出水の水量・水質の変動

廃棄物最終処分場からの浸出水（以下、「ゴミ浸出水」という。）の第一の特徴として、水量・水質の変動が激しいことが挙げられる。降雨によって、ゴミ浸出水量は日々大きく変動し、埋立の進行に伴って経時的に変動する。すなわち、埋立初期の降雨に対して鋭敏な流出特性、埋立の進行に伴う廃棄物量の増加による埋立中期及び後期の降雨に対して平滑化された流出特性（保水特性）等がある[1]。

ゴミ浸出水の水質は、埋立層内で有機物分解が起こるため、埋立初期は高濃度の有機物（BOD等）が検出されるが、数年後には生物分解が困難な有機物（COD、N等）が残る。また、季節的な変動も大きい。

図1に日降雨量に対する日ゴミ浸出水量相関の事例、図2にゴミ浸出水の水質の経年変化の事例を示す。

(2) 浸出水放流における法規制

廃棄物最終処分場は、ゴミ焼却施設やし尿処理施設と違って、「水質汚濁防止法」の特定施設に指定されておらず、同法（上乗せ基準等）の適用は受けない。したがって、法的には、「廃棄物処理法」で規定している基準省令による排水基準（日間平均値でBOD、SS60mg/L等）、「ダイオキシン類特別措置法」による許容限度（10pg-TEQ/L）及び維持管理計画による放流水の水質を満足すればよいといえる。しかし、実際には放流先の水質保全などを考慮し、できるだけ厳しい値で放流することが望ましいといわれている。

日降雨量に対する日ゴミ浸出水量相関の事例[1]（図1）

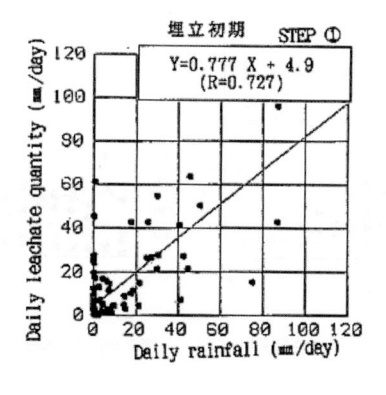

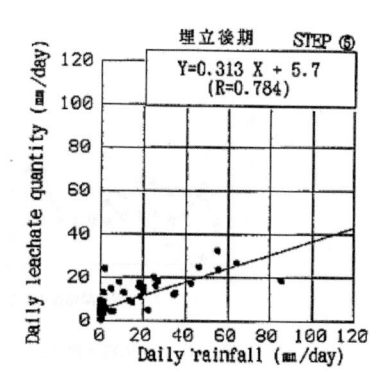

ゴミ浸出水の水質経年変化の事例[2] (図2)

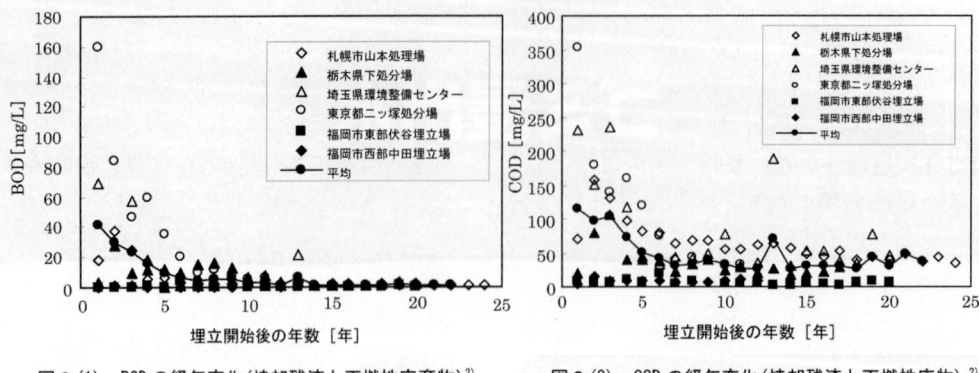

図2(1) BODの経年変化(焼却残渣と不燃性廃棄物)[2]

図2(2) CODの経年変化(焼却残渣と不燃性廃棄物)[2]

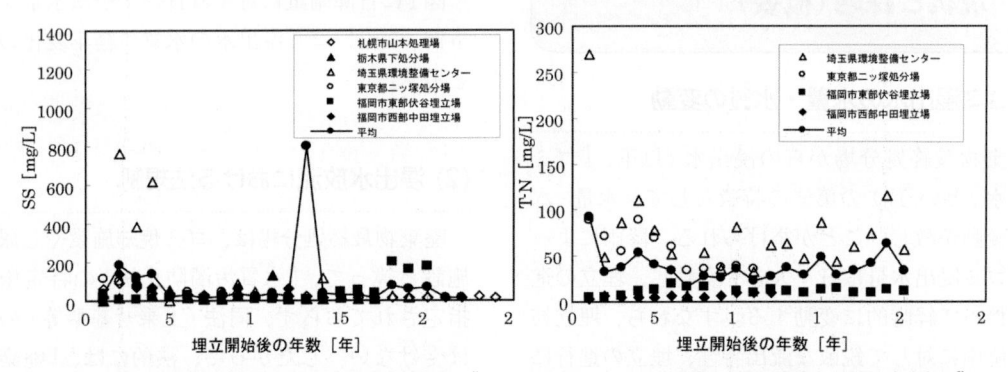

図2(3) SSの経年変化(焼却残渣と不燃性廃棄物)[2]

図2(4) T-Nの経年変化(焼却残渣と不燃性廃棄物)[2]

注) 埋立開始後13年目の平均値が突出しているのは、1最終処分場のSS値が3,156mg/Lと高かったことによる。

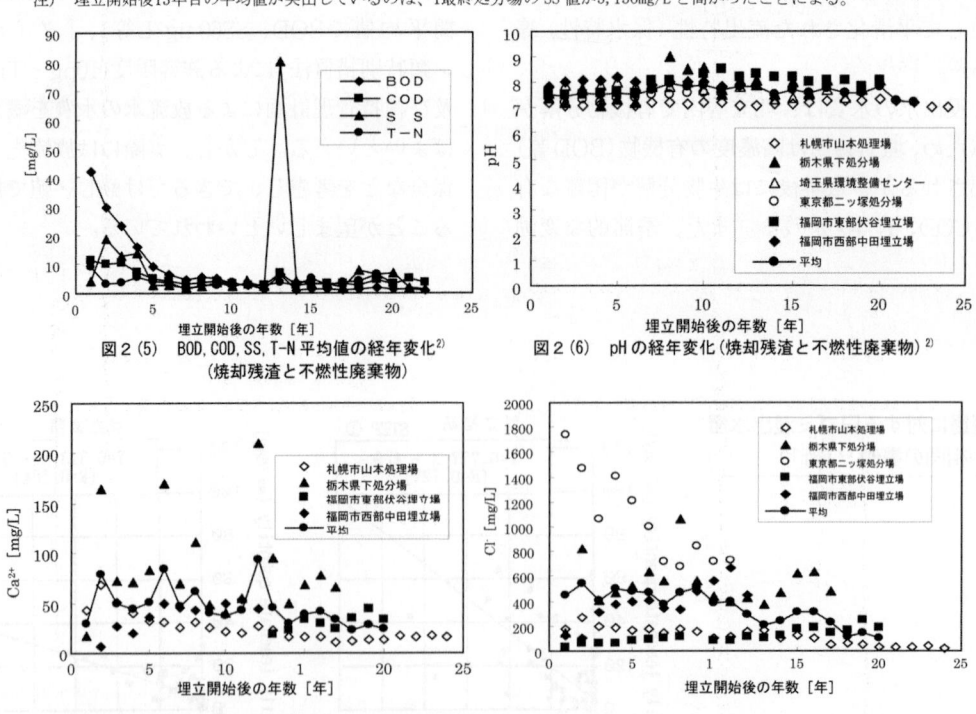

図2(5) BOD, COD, SS, T-N平均値の経年変化[2]
(焼却残渣と不燃性廃棄物)

図2(6) pHの経年変化(焼却残渣と不燃性廃棄物)[2]

図2(7) Ca^{2+}の経年変化(焼却残渣と不燃性廃棄物)[2]

図2(8) Cl^-の経年変化(焼却残渣と不燃性廃棄物)[2]

ここで、基準省令による排水基準についても、ほう素及びその化合物、ふっ素及びその化合物並びにアンモニア、アンモニウム化合物、亜硝酸化合物及び硝酸化合物の3項目について、平成11年2月に水質環境基準が設定されたことを受け、平成14年3月に追加された。また、亜鉛について、水生生物の保全の観点から、平成15年11月に水質環境基準が設定されたことを受け、平成18年11月に強化された（5mg/L→2mg/L）。

さらに、平成21年11月に水質環境基準が改正され、健康項目に1,4-ジオキサンが追加された（0.05 mg/L）。それを受けて、「水質汚濁防止法」に基づく排水基準や基準省令による排水基準などについても、現在検討されており、今後、項目の追加が予想される。なお、1,4-ジオキサンについては、感光性樹脂の製造時に溶剤として使用するほか、医薬品の反応溶媒などとして幅広い用途で使用されており、特別管理産業廃棄物への指定の要否などについても検討されているため、今後の動向に留意する必要がある。

(3) ゴミ浸出水の無機塩類化

埋立廃棄物の変化によって、焼却残さ主体の埋立となり、その中に多量の無機塩類が含まれているため、ゴミ浸出水処理などに支障を来たしている事例が多くなっている。

ゴミ焼却施設の塩化水素除去装置は、一般的に乾式（全乾式または半乾式）が採用されているが、多量の未反応の石灰と塩化カルシウムが飛灰中に含まれおり、これが焼却灰と一緒に焼却残さとして埋め立てられる。結果として、埋立廃棄物が焼却残さ主体の場合、ゴミ浸出水中の塩化物イオンやカルシウムイオンの濃度が上昇し、ゴミ浸出水処理に支障を来たしているケースが多くなっている。塩化物イオンで15,000～20,000mg/L程度、カルシウムイオンで3,000～5,000mg/L程度となっている例もある。

塩化物イオンの上昇によって、浸出水処理施設の機器類、配管などの腐食（写真1参照）、生物処理阻害、放流水による農業利水不能、カルシウムイオンの上昇によって、浸出水集排水管及び浸出水処理施設内の機器類、配管などのスケーリング（写真2参照）などの問題が起こっている。最近はゴミ焼却施設での薬剤による影響なども懸念されており、注意が必要である。いずれにしても、焼却残さ主体の最終処分場については、焼却残さ自体の性状やゴミ浸出水中の塩化物イオンやカルシウムイオンなどのモニタリングを十分に行う必要がある。

(4) 被覆施設を設けた最終処分場の普及による浸出水処理施設の小規模化

被覆施設を設けた最終処分場の普及によって、これまでの通常の最終処分場の浸出水処理施設より、非常に小規模の施設が出てきている。被覆施設を設けた最終処分場は、図3に示すように最終処分場を屋根等で被覆することにより、周辺に与える影響を極力小さくし、ゴミ浸出水の発生等をコントロールするものである。

被覆施設を設けた最終処分場は、平成10年度に長野県内と新潟県内の一般廃棄物最終処分場の2件に導入されて以来、近年、導入件数が増加しており、現在建設中の施設を含めると53件ほどの実績となっている。当初は、埋立容量が1万m³未満の小規模な施設だけであったが、平成13年度以降、埋立容量1万m³以上の施設が増加しており、平成19年度には10万m³を超える施設も竣工し、全体的に大規模化が進んでいる。

導入件数が増加しているおもな理由としては、被覆施設と遮水工により外部環境と隔離されていることから、以下のことが挙げられる。
・廃棄物の飛散、悪臭、公共用水域汚染などの外部の生活環境へ影響を与えるリスクを軽減できる。
・降雨や積雪などの気象条件の影響を受けずに埋立作業ができる。
・浸出水の発生量を制御できる。
・クリーンなイメージの施設として、地域社会に受け入れられやすい。

通常の最終処分場の浸出水処理能力は、地域の降水量を基にして決定されるが、被覆施設を設けた最終処分場は、閉鎖された空間内で浸出水処理を管理制御できるのが特徴である。したがって、

浸出水処理施設の機器類、配管の腐食事例[3]（写真1）

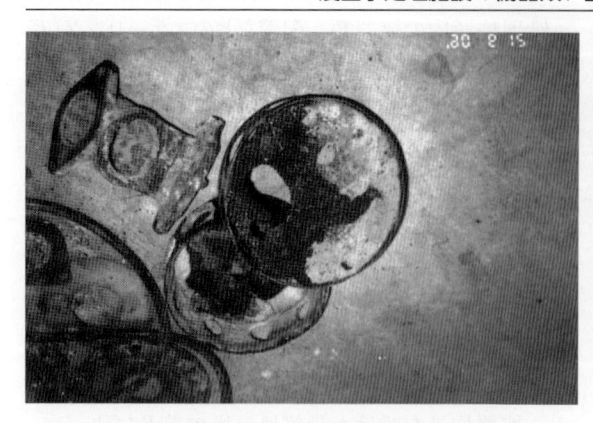

浸出水処理施設内の機器類、配管などのスケーリング事例[3]（写真2）

A処分場浸出水処理施設凝集槽内

A処分場浸出水処理施設凝集槽攪拌機シャフト

B処分場浸出水処理施設凝集槽攪拌機シャフト

C処分場浸出水調整槽水位計

被覆施設を設けた最終処分場の概念図（図3）

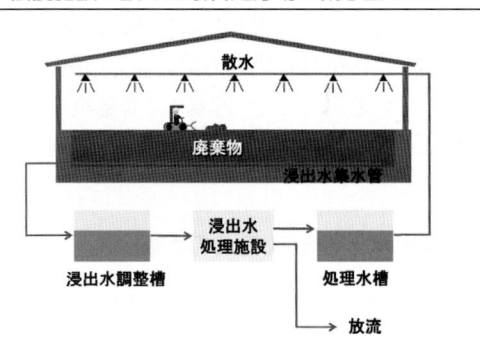

一般的には浸出水処理設備能力（Q）及び浸出水調整設備容量（7～10Q）について、通常の最終処分場に比較して非常に小規模にすることが可能となる。被覆施設を設けた最終処分場における浸出水処理については、原則として、安定化のための人工散水を行うことが基本である。また、被覆施設を設けた最終処分場の浸出水処理方式は、通常の最終処分場と基本的には同様であるが、人工散水用に循環利用する場合については、埋立廃棄物にもよるが、塩類の濃縮が生じる可能性があるため、脱塩処理などを考慮する必要がある。また、散水用の補給水源が必要であるとともに、廃止時の放流の取り扱いなどに留意する必要がある。

2 浸出水処理システム

(1) 浸出水処理システムの概要

① 浸出水処理システム

浸出水処理施設は、通常の浸出水処理設備のほかに浸出水取水設備、浸出水調整設備、浸出水導水設備、処理水放流設備などから構成される（図4参照）[2]。浸出水量、水質の調整・均一化を図る設備を「浸出水調整設備」、計画流入水質を放流水質まで処理する設備を「浸出水処理設備」とい

浸出水処理施設の構成例[2]（図4）

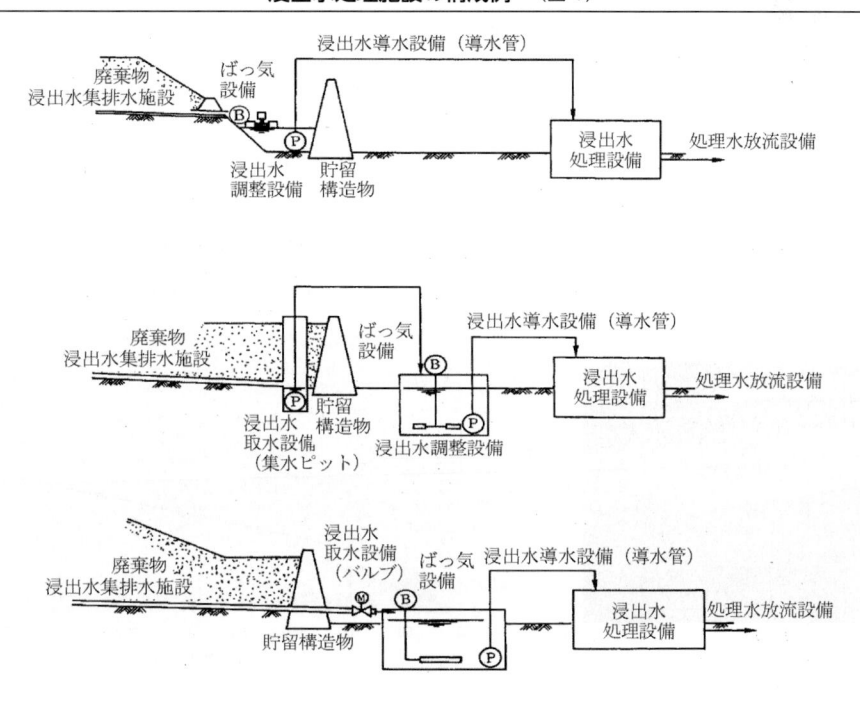

う。また、集水ピットやバルブなどで構成され、浸出水調整設備へ浸出水を供給する設備を「浸出水取水設備」、浸出水調整設備から浸出水処理設備へ浸出水を導水する設備を「浸出水導水設備」、浸出水処理設備で処理された水を公共用水域などに放流する設備を「処理水放流設備」という。これらの設備は、浸出水の集水、貯留、処理の一連の流れの中で相互に密接な関連があり、「浸出水処理システム」を構成している。

ここで、写真3に実際の施設の配置事例、図5に浸出水処理能力と浸出水調整設備容量の調査結果を示す。図5から、浸出水調整設備容量は、浸出水処理能力に比較して非常に大きくなっていることがわかる。また、表1に浸出水調整設備のトラブル及び対策例を示すが、浸出水調整設備の容量不足によるトラブルが多く、建設後の対処が難しいため、計画・設計段階で十分検討する必要がある[4]。

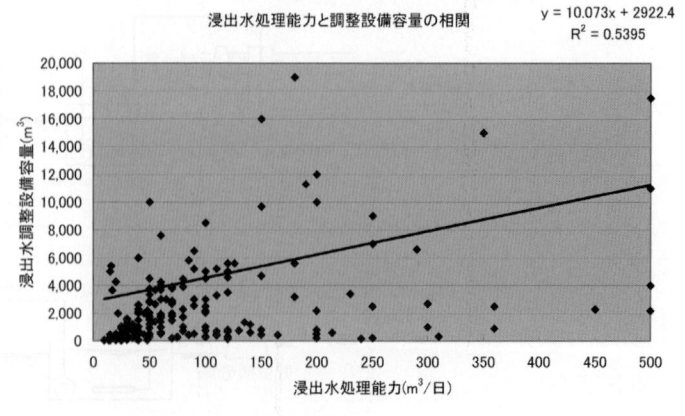

② 基本処理フロー

ゴミ浸出水の基本処理フローを図6に示す。また、基本処理フローを構成する一般的な各設備の例は、表2に示すとおりである。一般廃棄物最終処分場においては、埋立廃棄物である焼却残さなどの性状にもよるが、近年、生物処理プロセスよりも物理化学処理プロセスが主体となってくる傾向にある。

水処理方法の適用性の概要を表3に示す。各水処理方法は、分解処理と分離処理の観点より特性を判別し、汚染物質項目の除去能力の概略性能を表示している。ここで、写真4に凝集膜ろ過設備、脱塩処理設備、紫外線消毒設備の導入事例を示す。

(2) 浸出水処理システムの実例

浸出水処理システムにおける処理方式の組み合わせ例として、実際の処理フローを以下に紹介する[2]。

① BOD、SS、COD、T－N除去を主体とした施設

生物処理に接触ばっ気法及び回転円板法を採用した事例を図7、8に示す。いずれも、カルシウム除去設備を設けている。

② 膜処理を採用した施設

凝集沈殿処理の替わりに凝集膜ろ過処理を採用した事例を図9に示す。

③ 脱塩処理を採用した施設

逆浸透（RO）膜と電気透析法を組み合わせた脱塩・濃縮処理を採用した事例を図10に示す。

浸出水処理施設の配置事例[3]（写真3）

浸出水処理能力と浸出水調整設備容量の調査結果[3]（図5）

浸出水調整設備のトラブル及び対策例（NPO最終処分場技術システム研究協会[4]を一部修正）[2]（表1）

	浸出水調整設備のトラブル事例	対　策
1	浸出水調整設備容量不足による埋立地内貯留のトラブル ①水質悪化により浸出水処理施設の負荷が大きくなり、浸出水計画処理量を処理できない。また、短期間で機器が腐食する。 ②カルシウムスケールの付着が多くなる。 ③埋立廃棄物が嫌気性状態になりメタンや硫化水素ガスが発生する。 ④貯留構造物から浸出水が越流する。	浸出水調整設備の容量不足は容易に対処できない。対策は、浸出水調整設備内の浸出水を場外へ搬出し他の処理施設で処理する。タンクローリーで浸出水を搬出した例もある。また、浸出水調整設備を増設するなどがある。
2	浸出水調整設備内の水質が悪化し、悪臭が発生する。	浸出水調整設備にばっ気設備を設置する。
3	浸出水調整設備の底部に汚泥などが貯まり、悪臭が発生する。	浸出水調整設備底部の清掃を容易にするため、浸出水調整設備を区画分けする。
4	埋立地から自然流下で浸出水が浸出水調整設備に送水され、浸出水が浸出水調整設備から溢れ出る。	浸出水調整設備容量不足が原因であり、想定外の降水に対しては、浸出水集排水管に遮断バルブを取り付け、埋立地に貯留する。
5	浸出水調整設備周辺の地下水位が上がり、水圧による浸出水調整設備の遮水工の浮き上がりによる遮水工の破損やコンクリート底面の隆起破損が生じる。	破損部の補修をする程度が現状である。浸出水調整設備構造の根本的改造や、深井戸を設置して地下水揚水などの対策が必要である。
6	大雨時に浸出水調整設備に浸出水調整設備以外から雨水が流入し、浸出水が浸出水調整設備から溢れ出る。	雨水集排水設備の改善および雨水流入防止設備の設置（浸出水調整設備周囲を高くするなど）を行う。または、雨水流入を防止するため、浸出水調整設備を屋根で覆う。
7	地下式の浸出水調整設備内にガスが充満する。	地下式の浸出水調整設備に十分な換気設備を設置する。
8	浸出水調整設備の水位が上昇すると、ばっ気設備のブロワの能力が足らず、ばっ気設備が機能しない。	浸出水調整設備の水深が深い場合は、底面以外にもばっ気設備を設置し、ばっ気設備以外に攪拌設備を設置する。

浸出水処理の基本処理フロー[2]（図6）

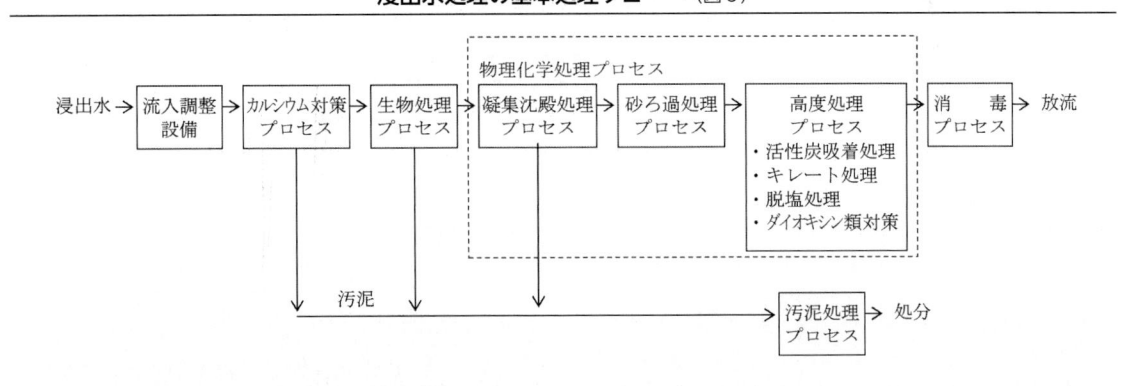

浸出水 → 流入調整設備 → カルシウム対策プロセス → 生物処理プロセス → 凝集沈殿処理プロセス → 砂ろ過プロセス → 高度処理プロセス（・活性炭吸着処理 ・キレート処理 ・脱塩処理 ・ダイオキシン類対策） → 消毒プロセス → 放流

（凝集沈殿処理プロセス・砂ろ過プロセス・高度処理プロセスは物理化学処理プロセス）

汚泥 → 汚泥処理プロセス → 処分

基本処理フローを構成する一般的な設備例[3]（表2）

流入調整設備	生物処理プロセス	物理化学処理プロセス	高度処理プロセス	消毒プロセス 放流設備	汚泥処理プロセス
・取水設備 ・調整槽設備	・接触ばっ気槽設備 ・回転円板設備 ・硝化槽設備 ・脱窒槽設備 ・再ばっ気槽設備	・カルシウム除去設備 ・凝集沈殿処理設備 ・凝集膜ろ過設備 ・砂ろ過設備	・活性炭吸着処理設備 ・キレート処理設備 ・脱塩処理設備 ・ダイオキシン類分解設備	・塩素消毒設備 ・紫外線消毒設備 ・放流設備	・汚泥濃縮設備 ・汚泥貯留設備 ・脱水設備

水処理方法の適用性（WOWシステム研究会5)を一部修正)[2] (表3)

項目		BOD	COD	SS	T-N	重金属類	カルシウムイオン	塩化物イオン	ふっ素・ほう素	色度	ダイオキシン類
分解処理	生物処理法	○	○	○	×	△	×	×	×	△	×
	生物脱窒法	○	○	○	○	△	×	×	×	△	×
	促進酸化法	△	△	×	×	×	×	×	×	○	○
	フェントン酸化法	△	○	○	△	○	×	×	×	○	○
	超臨界分解法	○	○	○	○	○	×	×	×	○	○
分離処理	凝集沈殿法	△	△	○	△	○	×	×	△	△	△
	アルカリ凝集沈殿法	△	△	○	△	△	○	×	○	×	△
	砂ろ過法	△	△	○	×	△	×	×	×	×	△
	活性炭吸着法	△	○	○	×	△	×	×	×	○	○
	キレート吸着法	×	×	×	×	○	×	×	○	×	×
	精密ろ過法(MF膜)	△	△	○	×	△	×	×	×	×	○
	限外ろ過法(UF膜)	△	△	○	×	△	×	×	×	△	○
	蒸発法	△	△	○	△	○	○	○	○	○	○
	電気透析法	×	×	×	△	×	○	○	△	×	×
	逆浸透法	○	○	○	○	○	○	○	△	○	○

注：○除去率高、△除去率中または低、×除去率極低または無

凝集膜ろ過設備、脱塩処理設備、紫外線消毒設備の導入事例[3] (写真4)

（凝集膜ろ過設備） 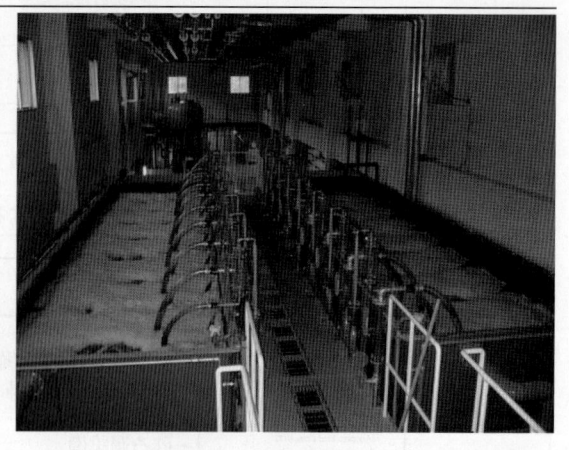　　　　　　　（凝集膜ろ過設備）

凝集膜ろ過設備、脱塩処理設備、紫外線消毒設備の導入事例[3] (写真4続き)

(電気透析法による脱塩処理設備)

(逆浸透法による脱塩処理設備)

(紫外線消毒設備)

岩手県北上市一般廃棄物最終処分場[2] (図6)

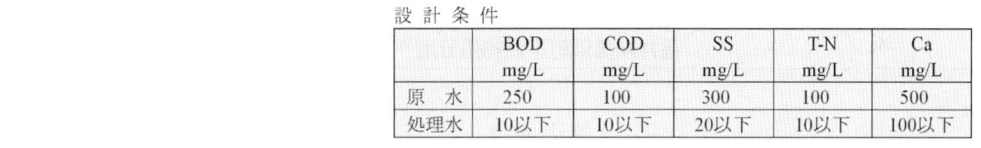

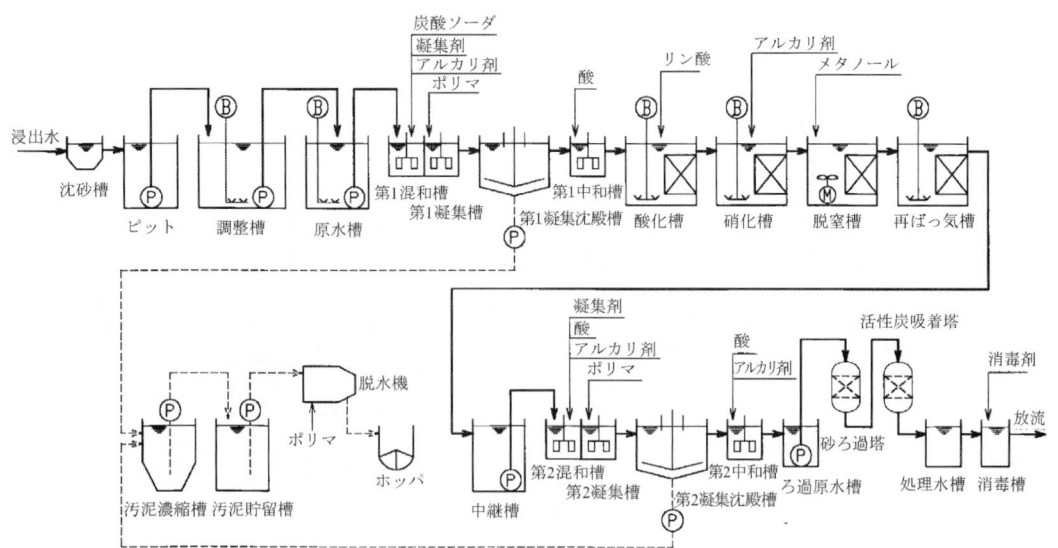

設計条件

	BOD mg/L	COD mg/L	SS mg/L	T-N mg/L	Ca mg/L
原 水	250	100	300	100	500
処理水	10以下	10以下	20以下	10以下	100以下

福島県郡山市河内埋立処分場[2]（図8）

設計条件

	pH	BOD mg/L	COD mg/L	SS mg/L	T-N mg/L
原 水	7～10	200	200	250	80
処理水	5.8～8.6	10以下	10以下	20以下	10以下

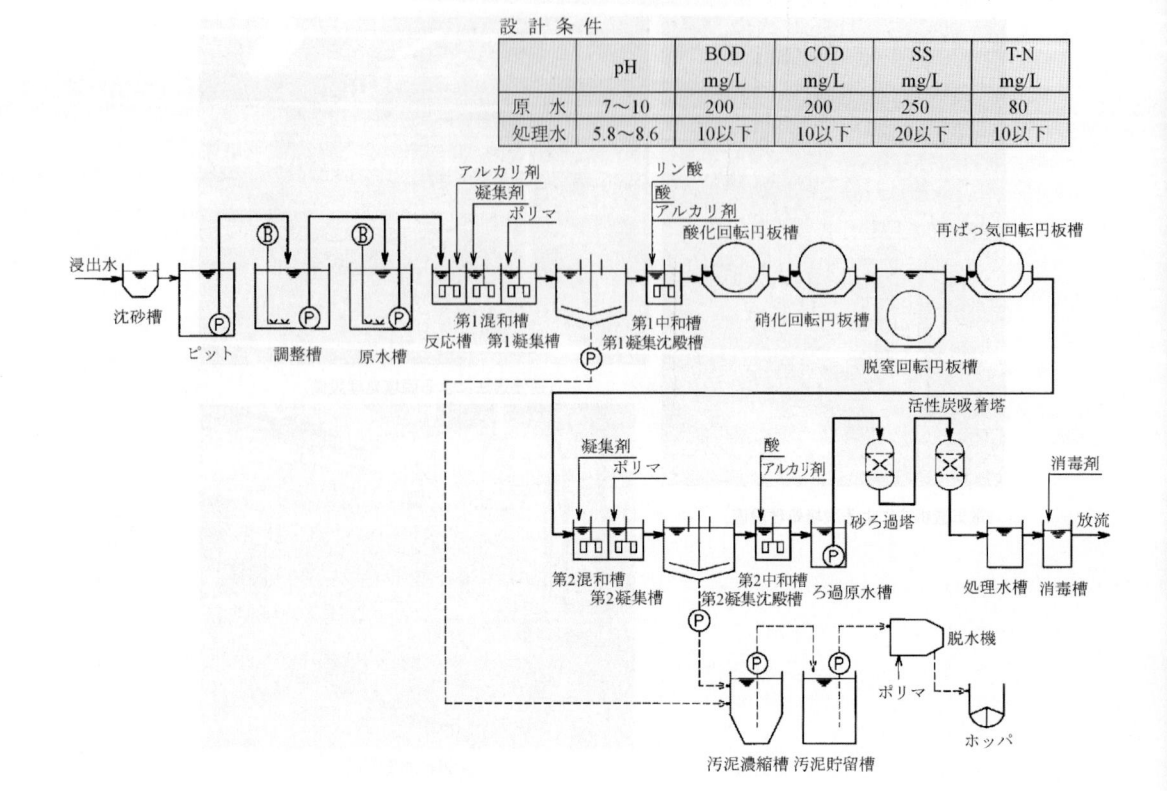

福井県高浜町不燃物処分地[2]（図9）

設計条件

	pH	BOD mg/L	COD mg/L	SS mg/L	T-N mg/L
原 水	5.8～8.6	300	300	300	150
処理水	6.5～8.0	10以下	20以下	10以下	10以下

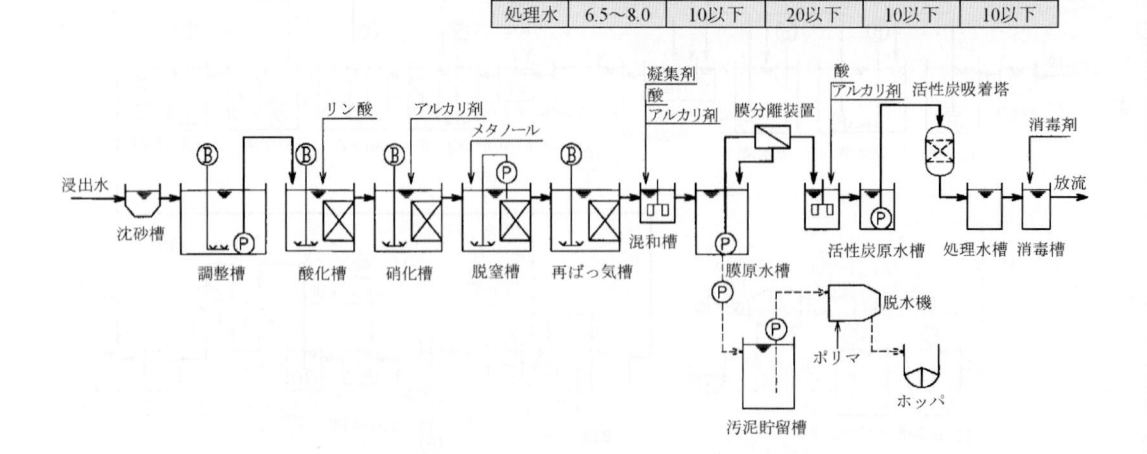

愛媛県松山市一般廃棄物最終処分場[2])(図10)

設計条件	pH	BOD mg/L	COD mg/L	SS mg/L	T-N mg/L	Ca mg/L	Cl mg/L
原水	6〜8	20	80	50	100	500	2000
処理水	6.0〜7.5	2以下	4以下	3以下	4以下	20以下	200以下

④ ダイオキシン類分解を採用した施設

凝集沈殿処理の替わりに凝集膜ろ過処理を採用するとともに、ダイオキシン類分解として紫外線とオゾンを併用した促進酸化法を採用した事例を図11に示す。

⑤ 被覆施設を設けた最終処分場で脱塩処理を採用して循環利用した施設

被覆施設を設けた最終処分場において、逆浸透(RO)膜による脱塩処理を採用して循環利用した事例を図12に示す。

3 省エネ、資源回収の動き

浸出水処理施設は、比較的小規模な施設が多いため、通常は特に省エネ対策として捉えられていない。しかし、省エネ対策の対象となる設備として、浸出水調整設備の予備ばっ気設備などが挙げられる。これは、図5に示したように浸出水調整設備容量が大きいことによる。実際には、この浸出水貯水量の変動に対応した設備や運転（ブロワのインバータ制御や攪拌装置台数制御など）を行うことによって、省エネ対策になり、多くの施設で実施されている。

浸出水処理施設における新エネとして、太陽光発電システムを浸出水処理施設の屋上などに設置した事例（佐久市50kw、須崎市40kwなど、写真5参照）が出てきている。今後は、最終処分場跡地などへの大規模な太陽光発電システムの導入が期待されている。

ゴミ浸出水における資源回収としては、副生塩（脱塩濃縮水を乾燥して得られた塩）の再生利用が考えられる。副生塩については、一般的には最終処分場での保管や産業廃棄物としての処理が行われているが、再生利用として、雪国での道路の凍結防止剤や皮革処理剤（原皮のなめし用）及び軟化器再生剤として一部実施例がある[2])。また、

滋賀県中部清掃組合一般廃棄物最終処分場[2]（図11）

設計条件	pH	BOD mg/L	COD mg/L	SS mg/L	T-N mg/L	Ca mg/L	ダイオキシン類 pg-TEQ/L
原水	6～9	300	100	300	100	1000	20
処理水	6.0～8.5	5以下	10以下	5以下	5以下	100以下	0.1以下

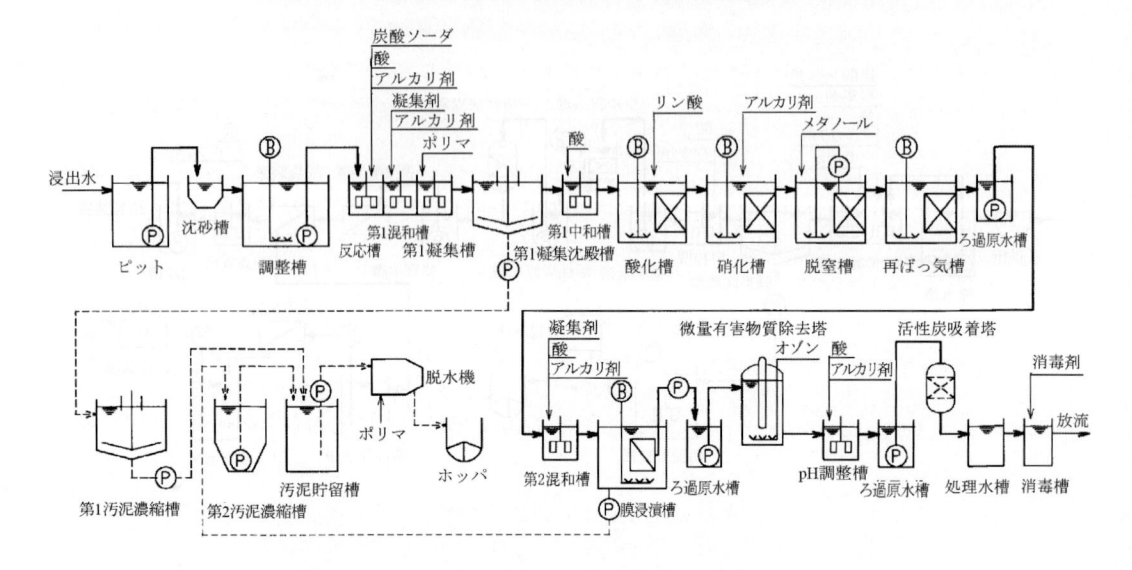

熊本県八代郡生活環境事務組合一般廃棄物最終処分場[2]（図12）

設計条件	pH	BOD mg/L	COD mg/L	SS mg/L	Cl mg/L	Ca mg/L	DXN類 pg-TEQ/L
原水	5～9	180	140	180	10,000	2,300	20
処理水	5.8～8.6	3以下	3以下	1以下	100以下	50以下	0.1以下

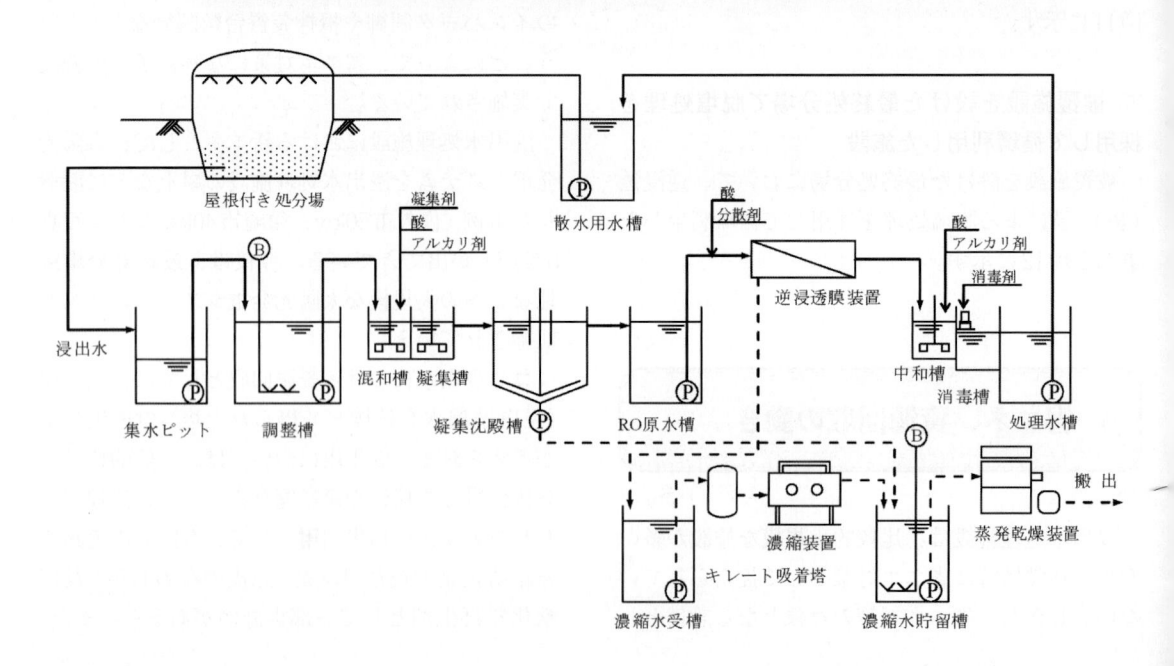

**長野県佐久市一般廃棄物最終処分場浸出水処理施設
屋上への太陽光発電設置例[6]**（写真5）

電解法により副生塩から次亜塩素ソーダを製造し、下水処理場での消毒剤としての利用が検討されている。

4 運転管理

(1) 運転管理の基本

ゴミ浸出水は、埋立廃棄物である焼却残さなど、覆土の埋立履歴、埋立方法及び気象条件などにより水量、水質が変動する。したがって、1年を通し、かつ最終処分場の廃止を見据えた、長期に渡って安定的な水処理を行う必要があり、そのためには、設備の維持管理の観点から、浸出水処理設備の性能を十分に発揮できるように、各設備の点検・補修・交換などを行う必要がある。また、浸出水処理設備の管理において、原水水質の状況、量を把握し、最終処分場内の水収支、浸出係数を整理、検討することで、廃止時期など、想定することも可能になる。

ここで、安定した浸出水処理を行うためには、以下のような対応が必要となる[2]。

① 水量・水質の変化に対する計画的な対応

浸出水原水の流入量や水質データを整理して、降水や埋立時期による変化を事前に予測し、計画的に対応する必要がある。また、これらのデータは、最終処分場管理の中でも、埋立廃棄物安定化の進行度合の推測に役立つ情報となるので、定期的かつ長期的なデータの蓄積を行う。

② 水量の変動への対応

年間を通して浸出水処理施設を安定稼働させるためには、浸出水調整設備の機能を最大限発揮できるようにする必要がある。具体的には、事前に浸出水調整設備の貯水量を削減しておいたり、堆砂の定期的な除去などを行っておく。

また、浸出水処理施設の能力は、通常、埋立期間中の最大の埋立時期で設定されているため、埋立期間中の期別の浸出水量を想定し、常に実際の浸出水量と比較できるようにしておくことが望ましい。

③ 水質の変動への対応

浸出水の水質は、一般に埋立初期は高濃度であるが、経時的に低濃度となる。また、埋立初期は生物処理の容易な水質であるが、徐々に生物処理の困難な水質へと変化していく。したがって、埋立後期の生物処理の困難な水質には、低負荷で生物処理したり、物理化学的処理主体の運転に切り替えるバイパス機能を持たせるなど、維持管理面での対応が重要である。

また、水質には季節変動があるので、それに対応する維持管理が必要である。なお、厳冬期など処理水温が低くなるような場合については、加温設備の運転あるいは加温ヒーターなどを生物処理設備前に投入して、10℃以上の水温を確保する配慮が必要である。

④ 使用薬品・補修部品などの管理

浸出水処理施設においては、日常使用する薬品や部品などの予備を定期的に把握しておき、いかなる時にも適切に対応できるようにしておく必要がある。

⑤ 安全衛生面の管理

原水ピットなどで、硫化水素が高濃度に発生する場合があるため、換気脱臭設備の設置や維持管理時の濃度検知などが可能な機器を保持することが望ましい。

(2) 運転管理項目及び点検頻度

浸出水処理施設は、土木構造物、機械・電気設備、建築物から構成され、管理の主軸は、機械・電気設備である。施設は毎日稼働することから、日常点検、定期点検の段階的点検により、正常性を確認し、事前に補修・交換を行うなどの異常に対する予備的対策を行うことが重要である。以下に、管理項目及び点検頻度例を示す[3]。

① 水量・水質など稼働データの記録

浸出水処理設備を維持管理するにあたって、浸出水原水や放流水の水量・水質などの実稼働データを記録・蓄積しておく必要がある。これは、浸出水量などをより正確に把握することで、設備を適切に、また、経済的に運転する上で必要な資料となるばかりではなく、将来、新たな最終処分場を計画する際の設計条件を決定するための重要な資料となるためである。

ⓐ 測定地点

浸出水の測定地点は、埋立地からの流出点とする。

放流水の測定地点は、浸出水処理設備からの流出点とするが、公共用水域などへの放流先についても、近接していないため、併せて測定することが望ましい。

ⓑ 測定項目

測定は、以下の項目について行うことが望ましい。
・天気
・気温
・降水量
・浸出水と放流水の水量
　流量計によって連続計測する。
・浸出水と放流水の水質

ⓒ 測定頻度

水量・水質の測定頻度は、以下の頻度を原則とする。
・測定が容易なもの及び自動測定となっている項目：1回/日
・浸出水処理設備の処理効率などの確保のため、日々の運転管理に必要で、変動が大きい項目：1回/週～1回/月
・浸出水処理設備の運転管理には直接必要とならないが、変動が大きい項目：1回/月
・変動が少ない項目及びダイオキシン類：1回/年

② 各設備・機器の点検、調整、補修

日常の点検項目は、1回/日、定期的な点検項目は、1回/週～1回/月を原則とする。なお、詳細は、それぞれの施設で作成されている「取扱説明書」などを参考にする。

参考文献

1) 中島重旗、古田秀雄、吉田すみか、平畑肇：廃棄物最終処分場における浸出水量及び調整設備容量計算に関する研究、廃棄物学会論文誌、Vol.2、No.4、pp65 – 73 (1991)
2) (社) 全国都市清掃会議：廃棄物最終処分場整備の計画・設計・管理要領 2010 改訂版、pp361 – 362、342 – 345、378 – 379、665 – 672、397、492 – 496 (2010)
3) (社) 日本廃棄物コンサルタント協会最終処分場維持管理マニュアル作成専門委員会：最終処分場維持管理マニュアル、pp102 – 103、79 – 85、88 (2009)
4) NPO・最終処分場技術システム研究協会：廃棄物最終処分場新技術システムハンドブック、p135、環境産業新聞社、東京都 (2006)
5) WOWシステム研究会水処理技術研究部会：浸出水処理ガイドブック、p53、環境産業新聞社、東京都 (2001)
6) 佐久市：今月のトピックス、うな沢第2最終処分場に50kwの太陽光発電システムを設置、広報佐久、3月 No.84pdf 版、p19 (2010)

(古田秀雄)

6 畜産排水処理

1 現状と課題

(1) 畜産環境保全関係の法規制

畜産をめぐる畜産環境関係の法規制を図1に示す。家畜ふん尿を公共用水域に排出する場合には、水質汚濁防止法の規制を受け、さらに内海や湖沼など地域によっていくつかの特別措置法が設けられている。畜産に関する環境汚染問題については、2009年の苦情発生件数2,192件のうち、悪臭問題が1,374件、56.2％を占め、次いで水質汚濁問題は613件、25.1％となっており、養豚と酪農に水質汚濁問題が多い。

① 家畜排せつ物の管理の適正化及び利用の促進に関する法律

畜産環境問題が顕在化し、環境問題に対する国民意識が高まる中で、1999年（平成11年）11月1日に「家畜排せつ物の管理の適正化及び利用の促進に関する法律」（以下、家畜排泄物法と呼ぶ）が成立した。この法の目的は、家畜排泄物の野積みや素掘りなど不適切なものを無くし、排泄物の管理の適正化を図り、堆肥化などにより資源として

畜産環境保全関係の法体制（農林水産省）（図1）

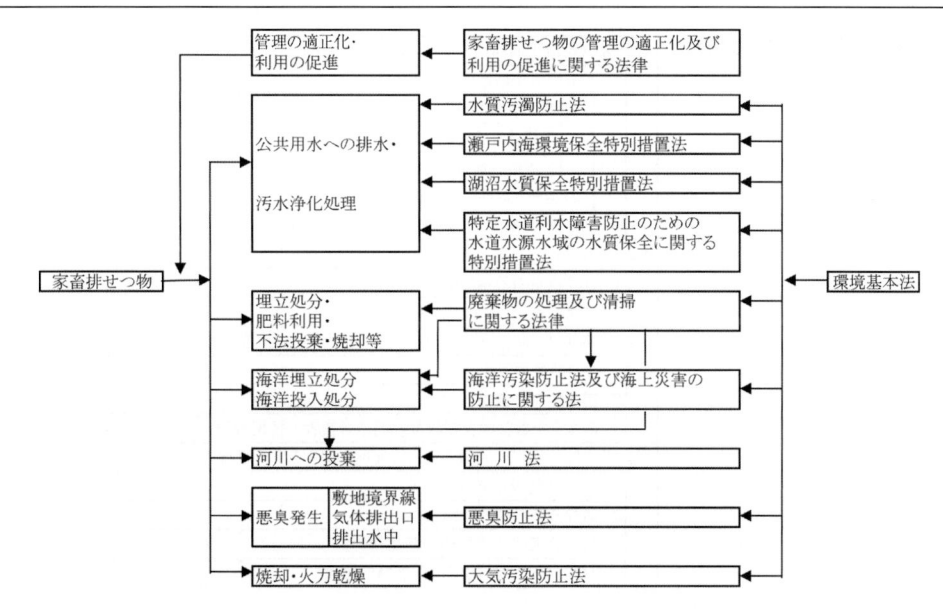

の有効利用を一層促進することにある。牛10頭以上、豚100頭以上、鶏2,000羽以上、馬10頭以上の畜産農家に適用され、法に定められた家畜排泄物の管理基準をまもらなければならない。

家畜排泄物法の基本的枠組みは、図2に示すように、国の基本方針に基づいて都道府県では基本計画を策定し、畜産農家は施設整備を進めるが、そのために融資や補助、税制の優遇などが講じられている。また、管理基準がまもられない事例については助言・指導・勧告、さらには罰則の規程がある。

基本方針の目標年度である2008年度を前にして、管理基準の適正化に関して99％以上の高い達成度が得られたが、生産した堆肥が滞留するなど各種情勢の変化もあり、2007年3月に基本方針を改訂した。この新たな基本方針は、2015年度を目標年度とし、図3に示すように、耕畜連携を推進し、耕種農家のニーズに即した堆肥を生産するとともに、堆肥化のみならず家畜排泄物のエネルギーとしての利用等も推進していくこととしている。また、第3の1の技術開発の促進の項の中には、悪臭や水質など重要問題への取り組みの強化が盛り込まれている。家畜排泄物法の現在の達成率は、図4に示すように99.96％であり、基準不適合の農家は23戸となっている。

家畜排せつ物の管理の適正化及び利用の促進に関する法律（家畜排泄物法）の基本的枠組み（農林水産省）（図2）

管理基準対象外
牛又は馬　10頭未満
豚　　　　100頭未満
鶏　　　　2,000羽未満

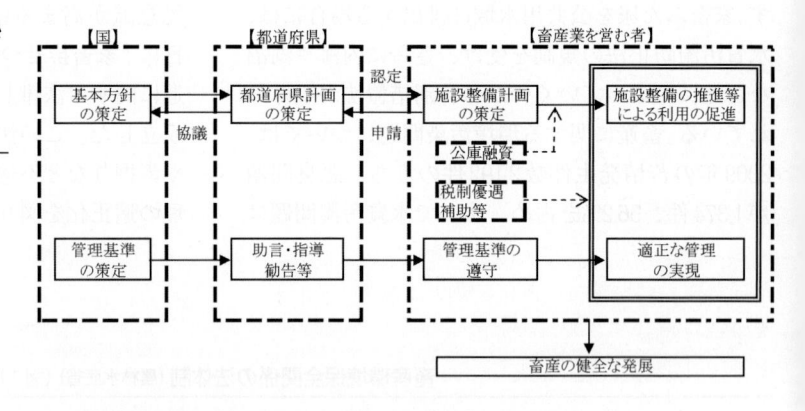

家畜排泄物法の新たな基本方針の構成（2007年　農林水産省）（図3）

第1　家畜排泄物の利用の促進に関する基本的な方向
1　家畜排泄物の堆肥化の推進
(1)耕畜連携の強化
①耕畜連携を通じた堆肥の利用の促進
②堆肥の流通の円滑化
(2)ニーズに即した堆肥づくり
2　家畜排泄物のエネルギーとしての利用等の推進
第2　処理高度化施設の整備に関する目標の設定に関する事項
1　目標設定の基本的な考え方
2　目標設定に当たり注意すべき事項
第3　家畜排泄物の利用の促進に関する技術の向上に関する基本的事項
1　技術開発の促進
2　指導体制の整備
3　畜産業を営む者及び耕種部門の農業者の技術習得
第4　その他の家畜排泄物の利用の促進に関する重要事項
1　資源循環型畜産の推進
2　消費者等の理解の醸成
(1)消費者への知識の普及・啓発
(2)食育の推進を通じた理解の醸成

家畜排泄物法施行状況（2009年12月1日時点）**結果の概要**（2010年2月5日公表　農林水産省）（図4）

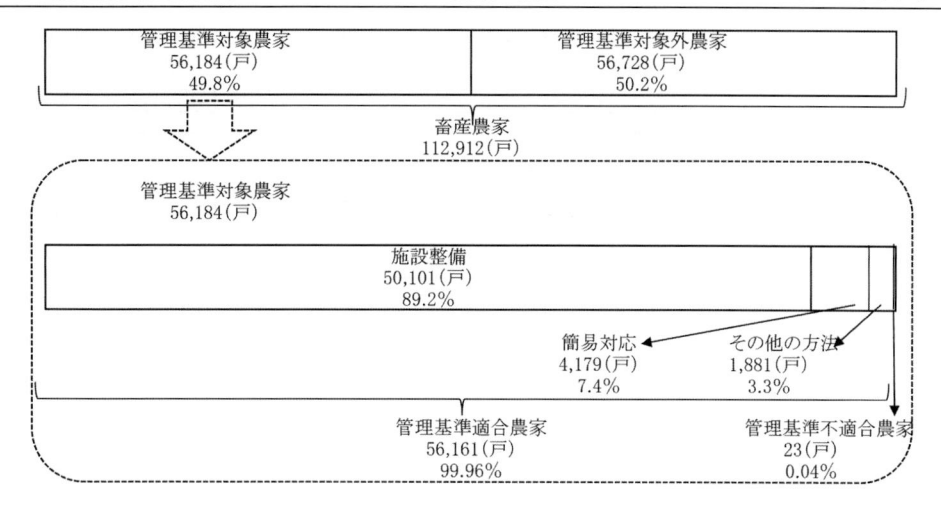

```
管理基準対象農家              管理基準対象外農家
   56,184(戸)                    56,728(戸)
     49.8%                         50.2%
           ↓
              畜産農家
              112,912(戸)

   管理基準対象農家
      56,184(戸)
         施設整備
         50,101(戸)
           89.2%
                  簡易対応      その他の方法
                  4,179(戸)      1,881(戸)
                    7.4%           3.3%
      管理基準適合農家        管理基準不適合農家
         56,161(戸)               23(戸)
           99.96%                 0.04%
```

特定事業場の業種別内訳
（環境省　報道発表資料
2009年11月30日）（表1）

	第1位	第2位	第3位
2008年度	旅館業　68,130	畜産農業　30,380	自動車車両洗浄施設　30,335
2007年度	旅館業　68,962	畜産農業　31,027	自動車車両洗浄施設　30,114

② 水質汚濁防止法

　水質汚濁防止法の生活環境項目の中で、畜舎排水に関連の深い項目として、pH、BOD、COD、SS、大腸菌群数、窒素、リンの7項目があげられる。家畜のふん尿が含まれる排水であることから、BODなどの易分解性有機物、ふん便由来のSSや大腸菌群数、尿素由来の窒素などが主要な汚濁成分となる。搾乳関連排水では、牛乳に由来するn－ヘキサン抽出物質含有量が問題となる場合がある。

　閉鎖性海域においては、窒素・リンの暫定排水基準（窒素190 mg/L、リン30 mg/L）が見直され、養豚業を除いて、2008年10月1日以降、一般排水基準（窒素120 mg/L、リン16 mg/L）に移行した。一方、排水量に関係なくすべての特定事業場に適用される健康項目（有害物質）の「アンモニア及び硝酸・亜硝酸性の窒素」（硝酸性窒素等）については、畜産農家は暫定基準900mg/Lが設けられており、2007年6月見直しにおいて暫定期間が3年間延長され、さらに2010年6月の見直しでも3年間延長された。しかし、いずれは一律基準（100 mg/L）へ移行するものと考えられ、対応が必要である。

③ 悪臭防止法

　1994年には排出水に含まれる悪臭物質の規制基準の設定方法が定められた。規制対象の特定悪臭物質であるメチルメルカプタン、硫化水素、硫化メチル、二硫化メチルは、家畜ふん尿由来の臭気に関係のある物質である。

(2) 特定事業場

　水質汚濁防止法では、豚房50m²以上、牛房200m²以上、馬房500m²以上の面積規模の施設が届出対象となっている。2008年度現在の水質濁防止法に基づいて届出なければならない畜産農業の特定事業場数は、表1に示すように、全国で30,380事業場あり、旅館業の68,130に次いで2番目の数がある。そのうち日平均排水量50 m³未満の小規模事業場は29,977で全体の98.7%を占め、排水量からみると小規模なものが多い。

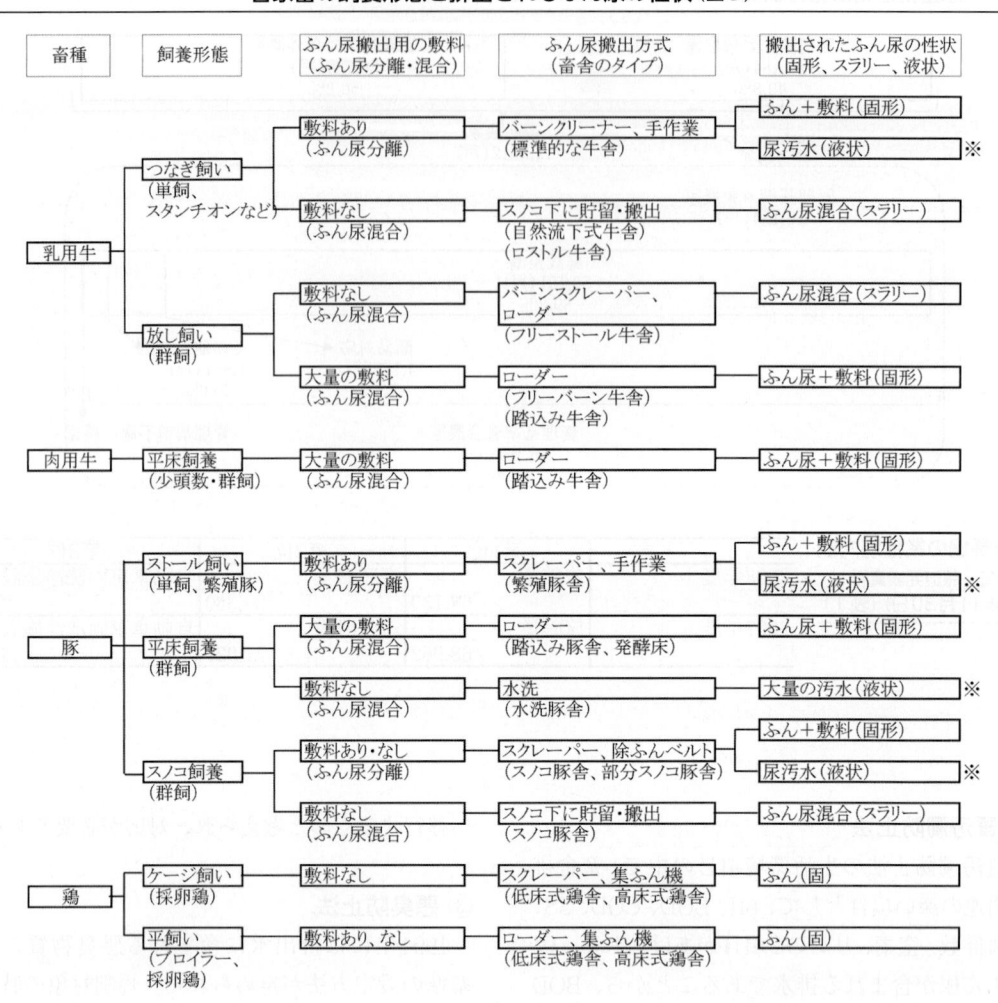

各家畜の飼養形態と排出されるふん尿の性状(図5)

畜種	飼養形態	ふん尿搬出用の敷料 (ふん尿分離・混合)	ふん尿搬出方式 (畜舎のタイプ)	搬出されたふん尿の性状 (固形、スラリー、液状)
乳用牛	つなぎ飼い (単飼、スタンチオンなど)	敷料あり (ふん尿分離)	バーンクリーナー、手作業 (標準的な牛舎)	ふん+敷料(固形) 尿汚水(液状)※
		敷料なし (ふん尿混合)	スノコ下に貯留・搬出 (自然流下式牛舎、ロストル牛舎)	ふん尿混合(スラリー)
	放し飼い (群飼)	敷料なし (ふん尿混合)	バーンスクレーパー、ローダー (フリーストール牛舎)	ふん尿混合(スラリー)
		大量の敷料 (ふん尿混合)	ローダー (フリーバーン牛舎、踏込み牛舎)	ふん尿+敷料(固形)
肉用牛	平床飼養 (少頭数・群飼)	大量の敷料 (ふん尿混合)	ローダー (踏込み牛舎)	ふん尿+敷料(固形)
豚	ストール飼い (単飼、繁殖豚)	敷料あり (ふん尿分離)	スクレーパー、手作業 (繁殖豚舎)	ふん+敷料(固形) 尿汚水(液状)※
	平床飼養 (群飼)	大量の敷料 (ふん尿混合)	ローダー (踏込み豚舎、発酵床)	ふん尿+敷料(固形)
		敷料なし (ふん尿混合)	水洗 (水洗豚舎)	大量の汚水(液状)※
	スノコ飼養 (群飼)	敷料あり・なし (ふん尿分離)	スクレーパー、除ふんベルト (スノコ豚舎、部分スノコ豚舎)	ふん+敷料(固形) 尿汚水(液状)※
		敷料なし (ふん尿混合)	スノコ下に貯留・搬出 (スノコ豚舎)	ふん尿混合(スラリー)
鶏	ケージ飼い (採卵鶏)	敷料なし	スクレーパー、集ふん機 (低床式鶏舎、高床式鶏舎)	ふん(固)
	平飼い (ブロイラー、採卵鶏)	敷料あり、なし	ローダー、集ふん機 (低床式鶏舎、高床式鶏舎)	ふん(固)

※:汚水(液状物)として搬出されるもの

(3) 家畜の飼養形態とふん尿処理・利用

① 家畜飼養頭数とふん尿排泄量

2009年、わが国には乳用牛1,500千頭、肉用牛2,923千頭、豚9,899千頭、採卵鶏139,910千羽、ブロイラー(肉用鶏)107,141千羽の家畜が飼われており、ここ数年、頭羽数は増減を繰り返しながら概ね横ばい、もしくは減少傾向にある。とくに、乳用牛や採卵鶏の頭羽数に減少傾向がみられる。発生する家畜ふん尿量は乳用牛2,493万トン、肉用牛2,700万トン、豚2,291万トン、採卵鶏777万トン、ブロイラー508万トンで合計8,769万トンと推計されている。

② 家畜の飼養形態とふん尿の性状

排出される家畜ふん尿は、図5のように、家畜の種類(畜種)、飼養形態などによって、固形状、スラリー状、液状など様々な形状を示し、その形状に応じて様々な処理・利用方法がとられている。固形物は堆肥などの形態で農耕地利用され、液状物の一部も肥料利用(液肥利用)されているが、畜舎排水の肥料利用には限界がある。図5をみる

家畜排泄物量、窒素およびリン排泄量の原単位[1]（表2）

畜種		排泄物量(kg/頭・日) ふん	尿	合計	窒素量(gN/頭・日) ふん	尿	合計	リン量(gP/頭・日) ふん	尿	合計
乳牛	授乳牛	45.5	13.4	58.9	152.8	152.7	305.5	42.9	1.3	44.2
	乾・未経産	29.7	6.1	35.8	38.5	57.8	96.3	16.0	3.8	19.8
	育成牛	17.9	6.7	24.6	85.3	73.3	158.6	14.7	1.4	16.1
肉牛	2歳未満	17.8	6.5	24.3	67.8	62.0	129.8	14.3	0.7	15.0
	2歳以上	20.0	6.7	26.7	62.7	83.3	146.0	15.8	0.7	16.5
	乳用種	18.0	7.2	25.2	64.7	76.4	141.1	13.5	0.7	14.2
豚	肥育豚	2.1	3.8	5.9	8.3	25.9	34.2	6.5	2.2	8.7
	繁殖豚	3.3	7.0	10.3	11.0	40.0	51.0	9.9	5.7	15.6
採卵鶏	雛	0.059	—	0.059	1.54	—	1.54	0.21	—	0.21
	成鶏	0.136	—	0.136	3.28	—	3.28	0.58	—	0.58
ブロイラー		0.130	—	0.130	2.62	—	2.62	0.29	—	0.29

養豚の工程と豚舎排水の発生源[2]（図6）

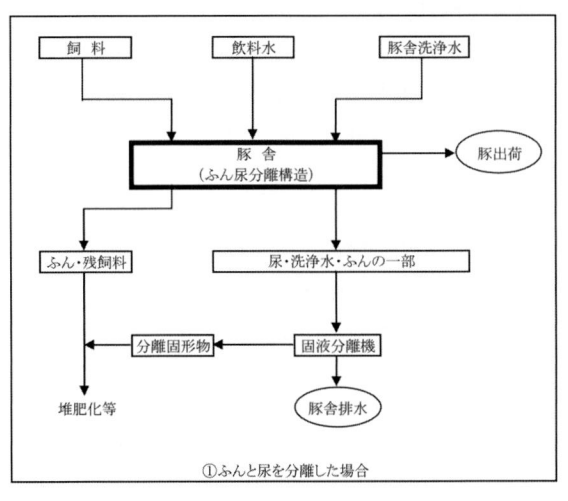

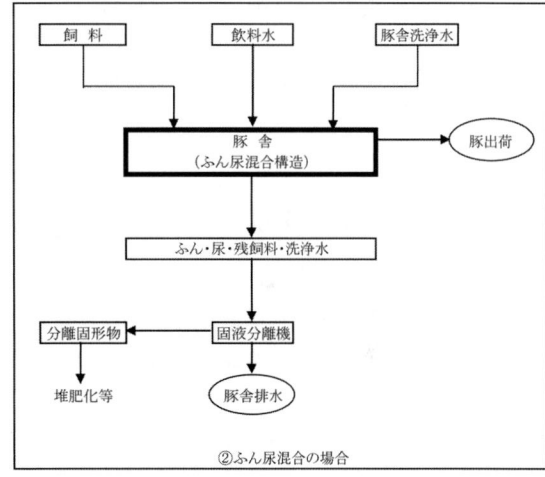

① ふんと尿を分離した場合

② ふん尿混合の場合

と、液状物（汚水）として搬出されるのは、酪農のバーンクリーナーで分離された尿汚水と、養豚において水洗された汚水と固液分離された汚水である。養豚は農耕地を持たないケースが多いので、汚水を適正に処理して河川等の公共水域に放流しなければならない。

2 排水の特性

家畜ふん尿の排泄量や理化学的性状は、畜種、家畜の生育段階、飼料の種類と量、給水量などの条件で異なる。表2は、家畜の体重、生産物の量（牛乳量、日増体量、産卵量など）、飼料の給与量と養分含有量などをもとにして算出したふん尿量および窒素とリンの排泄量の原単位である[1]。

**飼養方式の違いによる豚舎排水中の
N/BOD比とP/BOD比の特徴**[3]（図7）

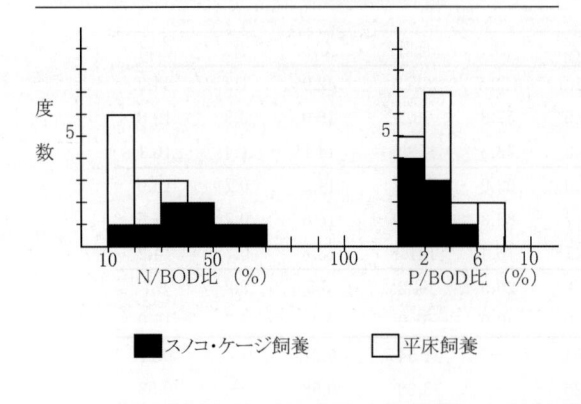

さらに、畜舎排水の性状や汚濁負荷量は、畜舎構造（ふん尿混合または分離型畜舎、敷料の利用量など）、飼育密度、給水器のこぼれ水、畜舎洗浄水の利用量など飼養管理の相違による変動が著しく大きい。

(1) 畜舎及び排水の発生源

畜舎排水の発生源は畜舎及びその付属施設である。畜舎からの排水の主体は家畜ふん尿及び畜舎洗浄水であり、その他に給水器のこぼれ水などがある。ふん尿を主体とした汚水が排出される飼養形態をとるのは、主に養豚と酪農だが、とくに豚は表2に示すように、ふん量に対する尿量の比率が高いことや、豚舎を水洗することが多いので多量の尿汚水が豚舎排水として排出される。酪農においては、ミルキングパーラー（搾乳室）の洗浄水（搾乳関連排水と呼ぶ）が排水となる。

一方、飼養形態の違いによってはほとんど排水が出ないこともある（図5）。踏み込み畜舎（発酵床）のように、床面に敷料を大量に使用し、尿の大部分を敷料に吸収させて取り出す方式の畜舎からは、汚水はほとんど排出されない。また、鶏舎においては、空舎時の洗浄水以外の排水はほとんど出ないと考えてよい。

また関連施設として、採卵養鶏についてはGPセンター（卵の洗浄・選別・包装施設）の排水、肉畜については食肉処理排水などがあるが、ここでは扱わない。

(2) 豚舎排水

豚舎における工程及び排水の発生源を図6に示す[2]。豚舎構造や飼養管理の仕方によって、①ふんと尿が分離されて排出される場合と、②ふんと尿が混合した状態で排出される場合の大きく二つに分けることができる。養豚農家の70%はふん尿分離を行っている。その理由は、汚濁負荷量の大部分がふんの方にあるため、あらかじめふんと尿を分離することで畜舎排水の汚濁負荷量を大きく低減できるからである。固形物の大部分を堆肥化することによって、排水処理施設を小規模で低コストな施設にすることができる。

豚舎排水は尿にふんの一部が混入し、それに豚舎洗浄水が加わったものであるから、豚舎構造の違いや、ふんの分離・除去方式、洗浄水の使い方によってその成分組成及び水質は大きく変動する可能性がある。また、同じふん尿分離でも、豚舎構造やふんの分離の仕方が色々ある。例えば、豚舎の床の構造は、平床式とスノコ式・ケージ式の二つに大別される。平床式は、ふんと尿の全量を水で流したり、ふんや敷料を除去した後に水洗する方式である。汚水中にかなりのふんが混入する。また、洗浄水を多量に使用するため排水量は多くなる。これに対して、スノコ式・ケージ式ではふんと尿との分離率は高く、洗浄水の使用量は少ない。したがって、排水量は少ないが汚濁物質濃度は高くなる。また、豚の場合、BODやSSはふんのほうに多く、窒素は尿のほうに多く、リンはふんのほうに多い特徴がある（表2）。以上から、図7に示すように、スノコ式・ケージ式ではふんの混入が少ないので、N/BODが高い排水に、平床式ではふんの混入によりP/BOD比の高い排水になる傾向がみられる[3]。

ふんを十分に分離・除去し、汚濁負荷量の少ない畜舎排水とすることが、汚水処理施設の規模を小さくできることから、コスト低減のために畜産では勧められている。さらに、前処理としてスク

浄化処理施設の規模算定に用いる設計諸元数値[1)]（表3）

畜種	尿汚水量	BOD	SS
	L/頭・日	g/頭・日	g/頭・日
肥育豚	15	50	80
搾乳牛	60	350	350

（（財）畜産環境整備機構，1998）

リーン、振動篩、最初沈殿槽などにより固液分離を十分に行ったのち、浄化処理施設に流入させる。このような考え方から、浄化処理施設の規模算定に用いる豚と牛の汚水量、BOD量、SS量に関する設計諸元数値は表3のように定められている。

(3) 搾乳関連排水

乳牛の搾乳に関連する排水で、パーラー排水とか酪農雑排水とも呼ばれる。搾乳機（ミルカーやパイプライン）や搾乳室（ミルキングパーラー）の洗浄水をはじめ、牛乳の低温貯蔵装置（バルククーラー）の洗浄水などを主体とする排水である。ミルカーやパイプラインの洗浄に使用する強アルカリ・強酸性の洗剤も含む。また、ミルキングパーラーで排泄されるふん尿や、分離乳（初乳、乳房炎等で出荷できない生乳）などが混入する場合もある。

小規模のパイプライン搾乳における洗浄水量は、表4に示すように、毎日集乳のM地区では約18L/頭・日、隔日集乳のH地区では約14L/頭・日の調査結果となっている[4)]。比較的規模の大きいパーラー搾乳の場合、表5に示すように、毎日集乳のK地区では約24 L/頭・日、隔日集乳のH地区では約18 L/頭・日となっているが、除ふんの有無による違いがみられ、除ふんしない場合には約26 L/頭・日になる。排水の性状は、前述のように分離乳やふん尿の混入によって変化する[4)]。表6に示すように分離乳が混入するとすべて

の水質項目が増加する。この事例の場合、分離乳を1日20L混ぜると、排水に含まれる牛乳の量は4％程度となり、汚濁物質の濃度は約10倍に上昇する[4)]。表7は牛乳処理室、パーラー床のみの洗浄水と、それに加えて搾乳ストール、待機室、戻り通路などふんの混入のある洗浄水の比較をしたものである。ふんの混入によって汚濁濃度が上昇している[4)]。

図8に基本的な処理方法の選択肢を示す[4)]。濃度の高い分離乳は排水から分離し、堆肥やスラリーなどと一緒に処理して農地還元（液肥利用）することが基本となる。除ふんの有無によって排水の汚濁濃度が異なるので、濃度が低い場合には、貯留沈殿処理によって簡易に対応することができるが、濃度の高い場合には活性汚泥処理による浄化処理し河川等へ放流することになる。

3 排水処理システム

(1) 活性汚泥法

生物反応を利用した排水の浄化処理法には、活性汚泥法、回転円板法、散水ろ床法などがあり、中でも活性汚泥法が最も多く採用されている[5)]。また、畜舎排水の特徴として、回分式の運転方法が多用されている。活性汚泥法には多くの変法があるが、畜舎排水への適用例のいくつかについて、フローダイアグラムなどで示す[1),2),6),7)]。

① オキシデーションディッチ法（酸化溝法）

オキシデーションディッチ法（図9）は、主に小規模の養豚農家に対応する、簡便で低コストな方式となっている。オキシデーションディッチの特徴である簡便さを生かし、回分式で自動運転とすることで、養豚家にも維持管理しやすい方式となっている[1)]。おおむね、BOD容積負荷は0.35 kg/m^3・日、曝気槽の滞留時間は3日間で設計される。

パイプライン搾乳における洗浄水使用量のアンケート調査結果[4] (表4)

	M地区		H地区	
平均頭数	30		50	
洗浄水使用量(L/日)	1戸平均	（1頭当たり）	1戸平均	（1頭当たり）
パイプライン洗浄	239	(8.0)	435	(8.7)
バルククーラー洗浄	299	(10.0)	257	(5.1)
合計	538	(17.9)	692	(13.8)
集乳	毎日		隔日	

パーラー搾乳における洗浄水使用量のアンケート調査結果[4] (表5)

	K地区 除ふんあり		H地区 除ふんあり		H地区 除ふんなし	
平均頭数	62		78		78	
洗浄水使用量(L/日)	1戸平均	（1頭当たり）	1戸平均	（1頭当たり）	1戸平均	（1頭当たり）
パイプライン洗浄	942	(15.2)	1,002	(12.8)	1,002	(12.8)
バルククーラー洗浄	480	(7.7)	386	(4.9)	386	(4.9)
床洗浄加算	62	(1.0)	27	(0.3)	636	(8.2)
合計	1,484	(23.9)	1,415	(18.1)	2,024	(25.9)
集乳日	毎日		隔日		隔日	

分離乳の混入が排水の水質に及ぼす影響[4] (表6)

水質項目 \ 分離乳の混入	分離乳は混ぜない (1％未満) 13例の平均±標準偏差	分離乳を少量混ぜる (1～4％) 7例の平均±標準偏差	分離乳を1日20L以上混ぜる (4％以上) 4例の平均±標準偏差
pH	6.5±0.6	5.6±0.4	5.2±0.7
BOD(mg/L)	240±94	510±190	2,500±1,900
COD(mg/L)	110±35	260±140	840±360
SS(mg/L)	27±11	120±63	2,200±2,000
T-N(mg/L)	17±15	41±26	250±230
T-P(mg/L)	5.7±1.3	27±16	91±46

搾乳関連排水の洗浄場所と排水の性状[4] (表7)

水質項目 \ 洗浄場所	牛乳処理室、パーラー床のみ	牛乳処理室、パーラー床 ＋搾乳ストール、待機室、戻り通路
pH	7.49±1.04	6.88±0.23
BOD(mg/L)	511.4±400.9	2,125.0±693.9
SS(mg/L)	324.3±223.2	1,696.3±331.5
T-N(mg/L)	18.9±7.1	144.5±40.9
T-P(mg/L)	1.84±0.74	23.25±9.56

19章 分野別水処理技術 875

搾乳関連排水の基本的処理方法の選択肢[4] (図8)

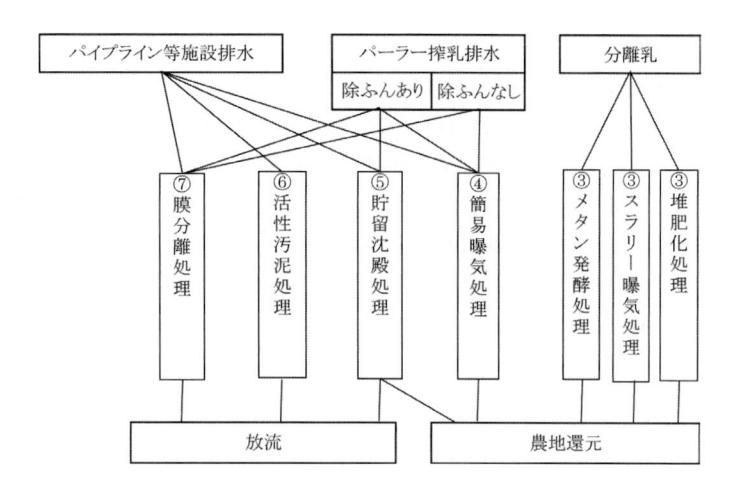

```
パイプライン等施設排水        パーラー搾乳排水         分離乳
                        除ふんあり  除ふんなし

⑦膜分離処理  ⑥活性汚泥処理  ⑤貯留沈殿処理  ④簡易曝気処理  ③メタン発酵処理  ③スラリー曝気処理  ③堆肥化処理

        放流                             農地還元
```

オキシデーション・ディッチ法（回分式）のフローダイアグラムの例[1),6)] (図9)

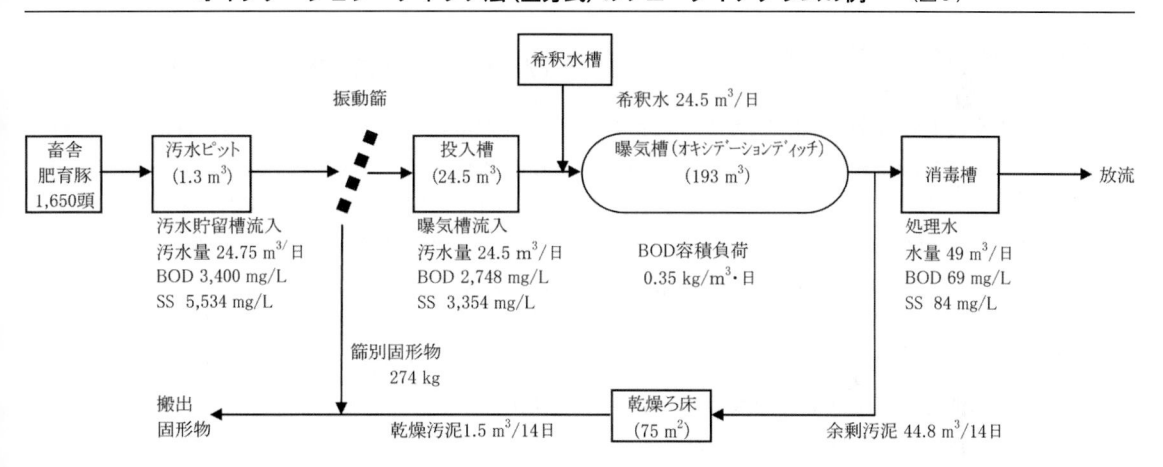

```
畜舎肥育豚    →  汚水ピット  振動篩  投入槽       希釈水槽        曝気槽(オキシデーションディッチ)    消毒槽  → 放流
1,650頭          (1.3 m³)          (24.5 m³)   希釈水 24.5 m³/日    (193 m³)

汚水貯留槽流入           曝気槽流入                   BOD容積負荷         処理水
汚水量 24.75 m³/日      汚水量 24.5 m³/日            0.35 kg/m³·日       水量 49 m³/日
BOD 3,400 mg/L         BOD 2,748 mg/L                                   BOD 69 mg/L
SS  5,534 mg/L         SS  3,354 mg/L                                   SS  84 mg/L

        篩別固形物                                     乾燥ろ床
搬出    274 kg            乾燥汚泥1.5 m³/14日        (75 m²)     余剰汚泥 44.8 m³/14日
固形物
```

曝気式ラグーン（回分式・間欠曝気運転）のフローダイアグラムの例[1),6)] (図10)

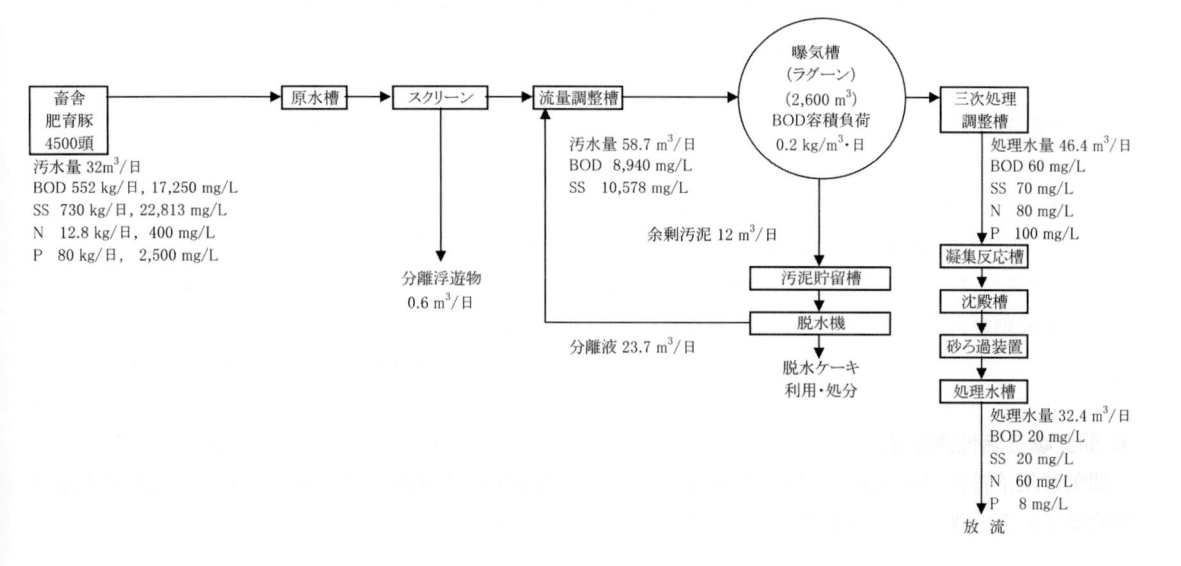

```
畜舎肥育豚  →  原水槽  →  スクリーン  →  流量調整槽  →  曝気槽        →  三次処理調整槽
4500頭                                                 (ラグーン)       処理水量 46.4 m³/日
汚水量 32m³/日                         汚水量 58.7 m³/日 (2,600 m³)    BOD 60 mg/L
BOD 552 kg/日, 17,250 mg/L            BOD 8,940 mg/L  BOD容積負荷     SS  70 mg/L
SS  730 kg/日, 22,813 mg/L            SS 10,578 mg/L  0.2 kg/m³·日    N   80 mg/L
N   12.8 kg/日, 400 mg/L                                              P  100 mg/L
P   80 kg/日, 2,500 mg/L                                              ↓
                                                                      凝集反応槽
                      分離浮遊物               余剰汚泥 12 m³/日      ↓
                      0.6 m³/日                   ↓                  沈殿槽
                                              汚泥貯留槽              ↓
                                                   ↓                 砂ろ過装置
                                分離液 23.7 m³/日  脱水機              ↓
                                                   ↓                 処理水槽
                                                  脱水ケーキ           ↓
                                                  利用・処分           処理水量 32.4 m³/日
                                                                      BOD 20 mg/L
                                                                      SS  20 mg/L
                                                                      N   60 mg/L
                                                                      P    8 mg/L
                                                                      ↓放流
```

② 曝気式ラグーン法

曝気式ラグーン(図10)は、曝気槽を池(ラグーン)のように大型化し、BOD容積負荷を低く(0.2 kg/m^3・日以下)、滞留時間を長時間(数十日間)に設定して運転する活性汚泥法である[1),6)]。回分式を採用しているため沈殿槽や返送汚泥装置がなく、構造が簡単で維持管理が容易で、安定した性能が得られる。ただし、曝気槽の容積が大きいだけ、広い敷地面積を必要とする。曝気式ラグーンでは、間欠曝気方式を採用している場合も多く、窒素やリンの除去率が高い。窒素では90%以上の除去率を上げている例もみられる。また、低負荷で運転するため、余剰汚泥の生成量も少なめである。

③ 脱窒型低負荷回分式活性汚泥法

畜舎汚水は難分解性の固形物を多く含むので、図11に示すように予め高分子凝集剤(カチオンポリマー：CP)によって凝集分離・脱水除去し、負荷を低減する方式である[7)]。活性汚泥槽ではBCS－Ⅱコントローラーで好気と嫌気を繰り返しながら、低負荷で窒素とリンを除去する運転方法である。

④ 標準活性汚泥法

連続式の標準活性汚泥法は畜舎排水でも適用されるが、より簡便な維持管理をねらってユニット型連続式活性汚泥法(図12)が利用されている[7)]。FRP製パネルであり、工期が短く、汚水貯留槽から消毒槽までをユニット化し、設置面積が比較的小さく、装置の運転はほとんど自動化されている。

⑤ 二段曝気法

二段曝気法(図13)は、連続式の標準活性汚泥法が直列二段につながった方式である。一段目の曝気槽は高BOD容積負荷で、二段目の曝気槽は低負荷で運転される。畜舎排水の汚濁物質濃度が高濃度で変動が大きいことに対応した方式といえる[1),6)]。

⑥ 間欠曝気活性汚泥法

間欠曝気活性汚泥法(図14)は、スクリーンと沈殿槽で固液分離し、間欠曝気によって窒素除去能力を高め、99%以上の除去率を示している。散気装置には目詰まりしにくいメンブレンタイプを用いている[7)]。

⑦ 間欠曝気・膜分離活性汚泥法

間欠曝気・膜分離活性汚泥法(図15)は、ベルトスクリーンで固液分離し、間欠曝気によってBODと窒素を除去する。膜分離槽において活性汚泥と処理水を分離し、SS 1mg/L以下の良好な処理水を得ている[7)]。沈殿槽のかわりに膜を利用することによって、活性汚泥濃度を高めことができ、かつ清澄な処理水を得るメリットがあるが、膜のメンテナンスが必要となる。

(2) メタン発酵法(嫌気性消化法)

畜舎排水のメタン発酵処理の特徴は、燃料となるメタンガス(バイオガス)が得られることや、代表的な悪臭物質である揮発性脂肪酸が分解するために発酵処理液(消化液、脱離液)の悪臭が低減されることであり、バイオマス資源利用の一環として、メタン発酵法は注目を集めている[8)]。しかし、メタン発酵法は浄化効率が低く、消化液を河川等へそのまま放流することはできず、放流するためにはさらに活性汚泥法などの浄化処理が必要である。

メタン発酵処理液の液肥利用、及びバイオガスのエネルギー源利用についての条件が整った場合に、メタン発酵法は適切な家畜ふん尿処理法といえよう。その点では、広い農耕地を持つ北海道などでの普及の可能性が高い。図16は搾乳牛210頭規模の北海道の酪農家におけるメタン発酵処理装置である[7),9)]。ふん尿混合スラリー14m^3/日(約4,800t/年)を260m^3の一次発酵槽と800m^3の二次発酵槽でメタン発酵処理し、550m^3のバイオガスを得ている。65kWの発電機によって1,430kWh/日の電力を生産し、施設内の牛舎やミルクプラントの動力に使用し、余剰電力は売電している。メタン発酵処理した消化液約5,000t/年は、圃場に液肥利用し飼料生産するとともに、肥料費の削減に役立っている。

19章 分野別水処理技術　877

脱窒型低負荷回分式活性汚泥処理法のフローダイアグラムの例[7]（図11）

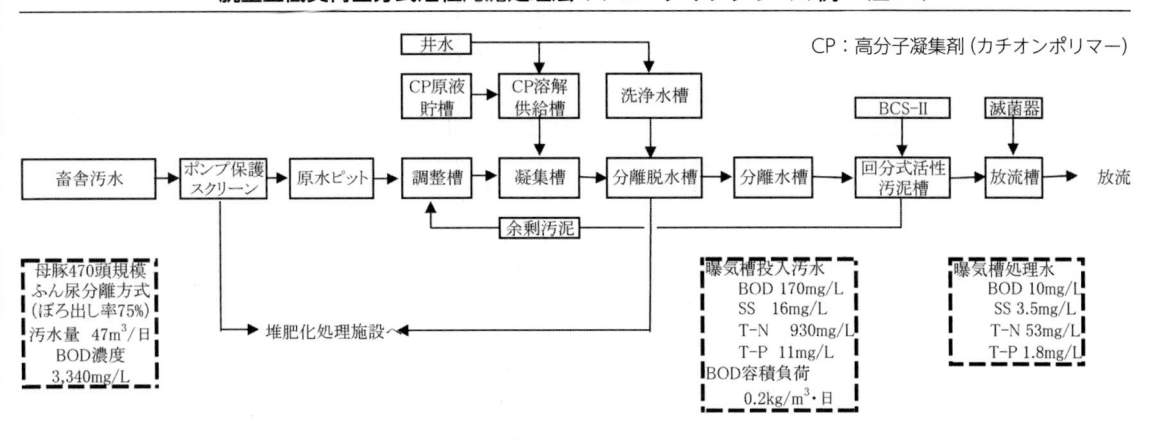

CP：高分子凝集剤（カチオンポリマー）

畜舎汚水 → ポンプ保護スクリーン → 原水ピット → 調整槽 → 凝集槽 → 分離脱水槽 → 分離水槽 → 回分式活性汚泥槽 → 放流槽 → 放流

上部入力：井水、CP原液貯槽、CP溶解供給槽、洗浄水槽、BCS-II、滅菌器

余剰汚泥 → 堆肥化処理施設へ

母豚470頭規模
ふん尿分離方式
（ぼろ出し率75%）
汚水量 47 m³/日
BOD濃度 3,340 mg/L

曝気槽投入汚水
BOD 170 mg/L
SS 16 mg/L
T-N 930 mg/L
T-P 11 mg/L
BOD容積負荷 0.2 kg/m³・日

曝気槽処理水
BOD 10 mg/L
SS 3.5 mg/L
T-N 53 mg/L
T-P 1.8 mg/L

ユニット型の連続式活性汚泥法のフローダイアグラムの例[7]（図12）

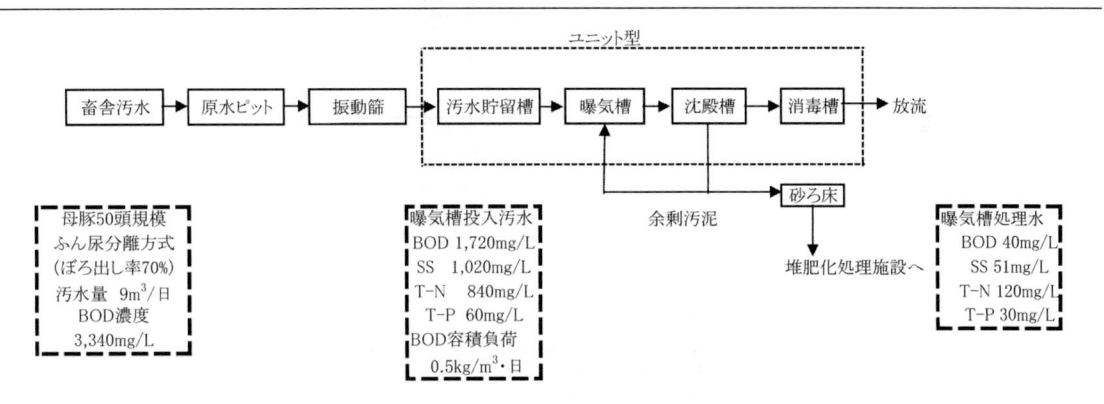

畜舎汚水 → 原水ピット → 振動篩 → [ユニット型：汚水貯留槽 → 曝気槽 → 沈殿槽 → 消毒槽] → 放流

余剰汚泥 → 砂ろ床 → 堆肥化処理施設へ

母豚50頭規模
ふん尿分離方式
（ぼろ出し率70%）
汚水量 9 m³/日
BOD濃度 3,340 mg/L

曝気槽投入汚水
BOD 1,720 mg/L
SS 1,020 mg/L
T-N 840 mg/L
T-P 60 mg/L
BOD容積負荷 0.5 kg/m³・日

曝気槽処理水
BOD 40 mg/L
SS 51 mg/L
T-N 120 mg/L
T-P 30 mg/L

二段曝気法（連続式）の曝気槽のフローダイアグラムの例[1],[6]（図13）

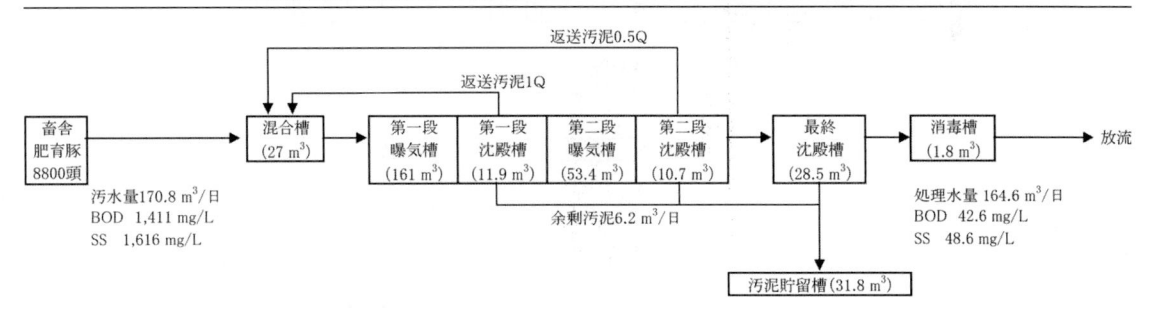

畜舎 肥育豚 8800頭 → 混合槽（27 m³）→ 第一段曝気槽（161 m³）→ 第一段沈殿槽（11.9 m³）→ 第二段曝気槽（53.4 m³）→ 第二段沈殿槽（10.7 m³）→ 最終沈殿槽（28.5 m³）→ 消毒槽（1.8 m³）→ 放流

返送汚泥0.5Q、返送汚泥1Q
余剰汚泥 6.2 m³/日 → 汚泥貯留槽（31.8 m³）

汚水量 170.8 m³/日
BOD 1,411 mg/L
SS 1,616 mg/L

処理水量 164.6 m³/日
BOD 42.6 mg/L
SS 48.6 mg/L

間欠曝気式の活性汚泥法のフローダイアグラムの例[7]（図14）

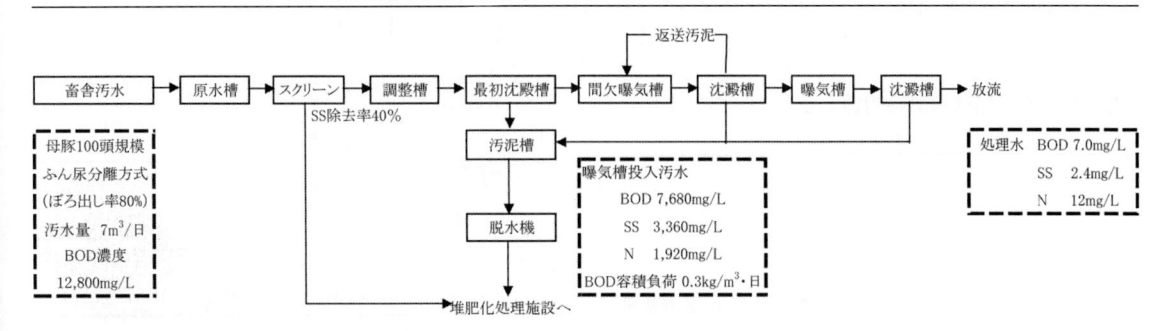

畜舎汚水 → 原水槽 → スクリーン → 調整槽 → 最初沈殿槽 → 間欠曝気槽 → 沈澱槽 → 曝気槽 → 沈澱槽 → 放流

SS除去率40%
返送汚泥
汚泥槽 → 脱水機 → 堆肥化処理施設へ

母豚100頭規模
ふん尿分離方式
（ぼろ出し率80%）
汚水量 7 m³/日
BOD濃度 12,800 mg/L

曝気槽投入汚水
BOD 7,680 mg/L
SS 3,360 mg/L
N 1,920 mg/L
BOD容積負荷 0.3 kg/m³・日

処理水
BOD 7.0 mg/L
SS 2.4 mg/L
N 12 mg/L

間欠曝気・膜分離活性汚泥法のフローダイアグラムの例[7] (図15)

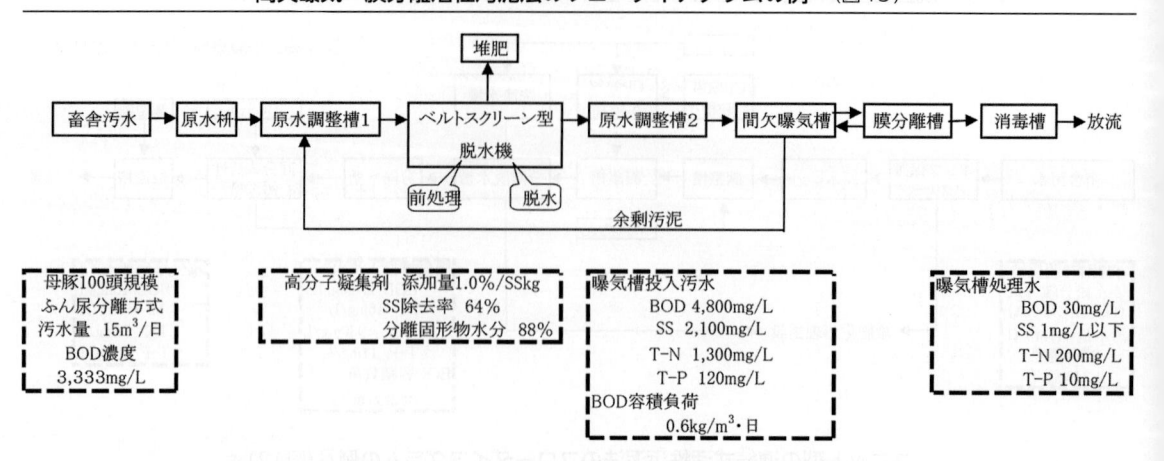

畜舎汚水 → 原水枡 → 原水調整槽1 → ベルトスクリーン型脱水機 → 原水調整槽2 → 間欠曝気槽 → 膜分離槽 → 消毒槽 → 放流

ベルトスクリーン型脱水機：前処理／脱水 → 堆肥
余剰汚泥

- 母豚100頭規模
  ふん尿分離方式
  汚水量 15m³/日
  BOD濃度 3,333mg/L

- 高分子凝集剤 添加量1.0%/SSkg
  SS除去率 64%
  分離固形物水分 88%

- 曝気槽投入汚水
  BOD 4,800mg/L
  SS 2,100mg/L
  T-N 1,300mg/L
  T-P 120mg/L
  BOD容積負荷 0.6kg/m³・日

- 曝気槽処理水
  BOD 30mg/L
  SS 1mg/L以下
  T-N 200mg/L
  T-P 10mg/L

メタン発酵処理によるバイオガスと消化液の生産のフローダイアグラムの例[7],[9] (図16)

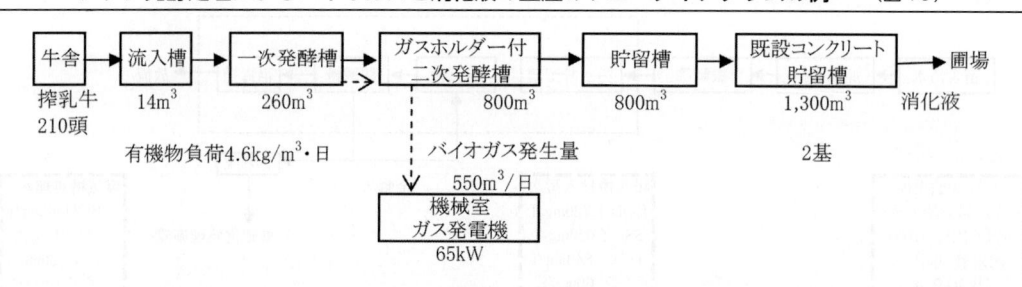

牛舎（搾乳牛210頭）→ 流入槽 14m³ → 一次発酵槽 260m³ → ガスホルダー付二次発酵槽 800m³ → 貯留槽 800m³ → 既設コンクリート貯留槽 1,300m³ → 圃場（消化液）

有機物負荷 4.6kg/m³・日
バイオガス発生量 550m³/日 → 機械室 ガス発電機 65kW
2基

リン除去装置を備えた間欠曝気・膜分離活性汚泥法のフローダイアグラム例[7] (図17)

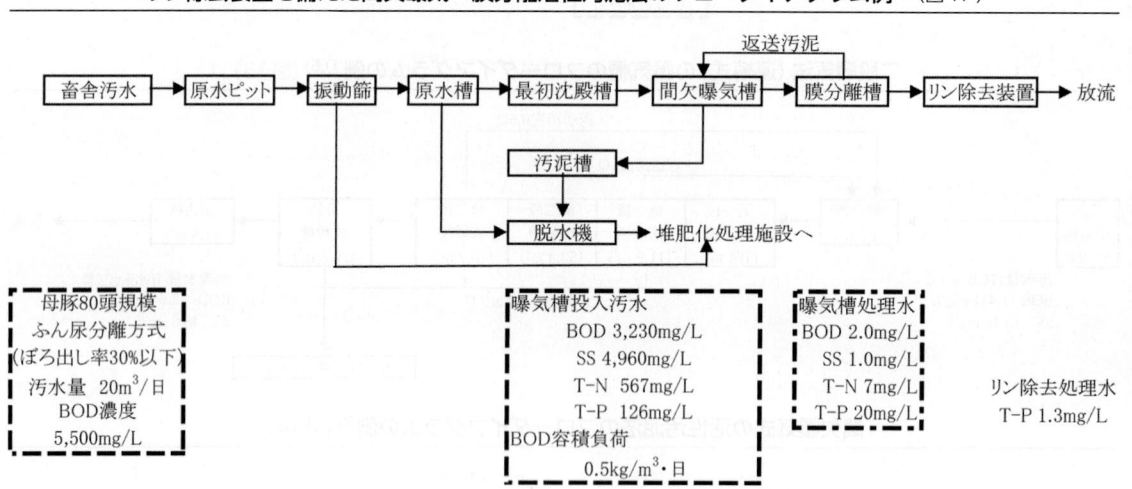

畜舎汚水 → 原水ピット → 振動篩 → 原水槽 → 最初沈殿槽 → 間欠曝気槽 → 膜分離槽 → リン除去装置 → 放流
返送汚泥
汚泥槽 → 脱水機 → 堆肥化処理施設へ

- 母豚80頭規模
  ふん尿分離方式
  (ぼろ出し率30%以下)
  汚水量 20m³/日
  BOD濃度 5,500mg/L

- 曝気槽投入汚水
  BOD 3,230mg/L
  SS 4,960mg/L
  T-N 567mg/L
  T-P 126mg/L
  BOD容積負荷 0.5kg/m³・日

- 曝気槽処理水
  BOD 2.0mg/L
  SS 1.0mg/L
  T-N 7mg/L
  T-P 20mg/L

- リン除去処理水
  T-P 1.3mg/L

養豚の汚水処理施設の建設費とランニングコスト (表8)

項目＼母豚頭数(頭)	300～1,000	60～100
建設費 千円／母豚1頭	平均 166 (範囲 134～245)	平均 320 (203～500)
ランニングコスト 円／出荷豚1頭	平均 957 (範囲 677～1,315)	平均 1,546 (995～3,211)

注：文献7)から羽賀が整理

また、安い維持管理費でBOD除去やメタンガス生産の向上を目的とし、上向流嫌気性汚泥床法（UASB）の畜舎排水への適用が検討されている[10]。

(3) 窒素、リンの除去法

畜舎排水はふん便由来であることから窒素、リンが多量に含まれる。とくに健康項目の硝酸性窒素等など、窒素関連の規制に対応しなければならないことから、窒素、リンの除去技術は重要である[11]。

① 窒素

窒素成分を硝化し、メタノールなどの有機物を用いて脱窒する技術については従来から多くの研究蓄積[12]がある。有機物利用に経費と手間がかかることが課題となっており、低コストな有機物として焼酎廃液などを利用する研究などが行われている。原水中のBODを利用する間欠曝気法がよく使われ、曝気式ラグーンに間欠曝気方式を採用した例では、窒素の除去率が90%に上ることがあり、その適用例については前述した。また、有機物を用いない方法として現在研究進行中の硫黄脱窒法[13]や、これから研究進展の可能性のあるアナモックス法[14]などの研究成果が期待される。

② リン

リンについては、間欠曝気処理によってもかなり除去されるが、このような生物処理だけでは放流基準に到達することが難しい。したがって、従来から使われている凝集剤のほか、MAP（リン酸マグネシウムアンモニウム）法[15,16]や、吸着法[17]などが検討されている。

豚舎排水にはリン酸イオン、マグネシウムイオン、アンモニウムイオンなどが、MAP反応にちょうど適した濃度で含まれている。そのため、何らかの方法で豚舎汚水のpHを結晶化に適した8～8.5に上昇させれば、MAP反応が進行し、排水中のリンを除去できるとともに、MAPの結晶を回収することができる[15]。水酸化ナトリウムなどのアルカリ剤は劇物であるため養豚農家が用いるのには適さないので、簡便で安全な手段として、曝気により汚水中に溶存する二酸化炭素を追い出しpHを上昇させる方法を採用し、リンを結晶化させることができた[16]。マグネシウムイオンが欠乏する場合には、安価なニガリ液を添加し、回収率を向上させることができる。

図17は、間欠曝気・膜分離活性汚泥処理施設に特殊吸着剤を用いたリン回収装置を設備した施設のフローダイアグラムである[7]。間欠曝気・膜分離によってBOD、SS、窒素を除去し、残存した20mg/Lのリンをリン除去装置で処理し、リン濃度1.3mg/Lの処理水を得ている。除去装置に吸着したリンはリン酸塩として回収し、工業原料などに利用できる[17]。

リンはわが国で産出されず、世界的にも有限資源であることから、汚水からリンを除去回収し資源化することは重要である。

(4) 曝気槽機能の維持管理

活性汚泥法による畜舎排水処理施設を適正に管理するために、曝気槽の機能が十分に発揮できるよう、維持管理することが重要である[18],[19]。

① BOD容積負荷

曝気槽の処理能力を越えないBOD容積負荷に配慮する必要がある。メーカーの方式によって様々なBOD容積負荷が設定されるが、畜舎排水の活性汚泥処理施設では概ね0.5 kg/m^3・日以下とすることが望ましい。また、家畜飼養頭数の規模拡大によって処理施設の能力が不足することのないように留意する必要がある。

② MLSS

活性汚泥濃度（MLSS）を適正に保つことが重要である。畜舎排水の原水には不活性なSSが多く含まれているため、MLSSは少し高めの5,000 mg/L以上の濃度を維持するほうが管理し易い。余剰汚泥の引き抜き、返送汚泥の適正化などに留意する。MLSSと活性汚泥沈殿率（SV）との間に

は一定の関係があるので、日常的な維持管理の中ではSVによる簡易推定が行われる。

③ 酸素供給

曝気槽に十分な酸素を送る必要がある。十分な酸素が供給できるように設計計算するとともに、通気装置の能力不足、老朽化などにも注意する。稼働している施設では、曝気槽内の溶存酸素（DO）のモニタリングが有効であり、それをモニターしながら運転する装置もある。硝化が可能なDOを考えると、2 mg/LくらいのDOが達成できる能力が必要である。

④ 滞留時間（HRT）

流入汚水の滞留時間（HRT）を十分にとる必要がある。畜舎排水は回分式が多いため、数日間以上の長時間のHRTの装置が多く、時には数十日間の長い滞留時間の処理装置がある。

⑤ 水質チェック

放流水の水質を日常的にチェックする必要がある。日常的な維持管理の中では、透視度計の測定値によって、BODやSSを簡易に推定する。畜舎排水は原水のときは濁っていて透視度が低いが、浄化処理が進んで水質が良くなるほど透明となり透視度が向上する性質を利用するものである。透視度の測定値をもとにして、放流水のBODやSSの濃度をすぐに換算できる簡易推定尺も開発されている[20]。また、簡易な水質分析キットが整備されているので、それを利用するのもよい。

(5) 経　費

多くの排水処理メーカーの協力によって、畜産環境整備機構が2004年に刊行した家畜ふん尿処理施設・機械選定ガイドブック（汚水処理編）[7]を参考に、汚水処理施設の経費を表8に示す。家畜の飼養規模によって経費も変わってくる。母豚300～1,000頭規模の場合、建設費は母豚1頭あたり平均で166,000円、ランニングコストは出荷豚1頭あたり平均で957円となっている。より規模の小さい60～100頭規模では、建設費は320,000円、ランニングコストは1,546円と割高になっている。また、経費の範囲が非常に広いことにも留意する必要がある。

参考文献

1) (財)畜産環境整備機構：家畜ふん尿処理・利用の手引き，pp.1～202，(財)畜産環境整備機構，東京，(1998)．
2) 羽賀清典：第1章　畜産農業．小規模事業場排水処理対策全科（環境省水環境部閉鎖性海域対策室　監修），pp.121～140，環境コミュニケーションズ，東京，(2002)．
3) 羽賀清典・長田　隆・原田靖生：豚舎排水の実態調査と窒素・リン対策．環境情報科学，18 (1)，57～60 (1989)．
4) 農林水産省生産局畜産部畜産振興課草地整備推進室：搾乳関連排水処理施設の事例集．pp1～75，農林水産省，東京，(2009)．
5) 押田敏雄・柿市徳英・羽賀清典　共編著：畜産環境保全論，pp.1～233pp，養賢堂，東京，(1998)．
6) 羽賀清典：畜産業の排水対策，pp.300～304，水環境ハンドブック，朝倉書店，東京 (2006)．
7) (財)畜産環境整備機構：家畜ふん尿処理施設・機械選定ガイドブック（汚水処理編）pp1～255．(財)畜産環境整備機構，東京，(2004)．
8) 羽賀清典：畜産廃棄物バイオマスとしての家畜ふん尿のメタン発酵．廃棄物学会誌，19,257～263 (2008)．
9) (独)新エネルギー・産業技術総合開発機構：バイオマスエネルギー導入ガイドブック（第2版）pp.1～264 (独)新エネルギー・産業技術総合開発機構，東京，(2005)．
10) 田中康男：畜産農業分野における汚水浄化技術の研究開発の動向－嫌気性処理技術および高度処理技術を中心として．日本畜産学会報,72,J509～J523 (2001)．
11) 羽賀清典：家畜糞尿処理の今後の方向性．日本畜産学会報,81,207～211 (2010)．
12) 田中康男：畜産業における汚水処理技術の現状と今後の展望．水環境学会誌 26, 557～562 (2003)．
13) Tanaka, Y., Yatagai, A., Masujima, H., Waki, M. and Yokoyama, H.: Autotrophic denitrification and chemical phosphate removal of agro-industrial wastewater by filtration with granular medium. Bioresource Technol., 98, 787～791 (2007)．
14) Waki, M., Tokutomi, T., Yokoyama, H. and Tanaka, Y.: Nitrogen removal from animal waste treatment water by anammox enrichment. Bioresource Technol., 98, 2775～2780 (2007)．
15) Suzuki, K., Tanaka, Y., Kuroda, K., Hanajima, D., Fukumoto, Y., Yasuda, T. and Waki, T.: Removal and recovery of phosphorous from swine wastewater by demonstration crystallization reactor and struvite accumulation device. Bioresource Technol., 98, 1573～1578 (2007)．
16) 鈴木一好・脇屋裕一郎・古田祥知子・川村英輔・竹本稔・安里直和・眞982元次：養豚で発生するリンの再利用技術を開発～簡便な方法で価格高騰が問題となっているリンを回収し再利用も可能に～，(独)農研機構　畜産草地研究所　報道発表 2008年6月18日 http://nilgs.naro.affrc.go.jp/press/2008/0618/shosai.html#menu
17) 新農業機械実用化促進株式会社：緊プロ型畜舎排水浄化処理システムのガイドブック，pp.1～17,新農業機械実用化促進株式会社，東京 (2003)．
18) 羽賀清典監修：どうする!?養豚汚水　ふん尿処理ハンドブック，pp.1～176,チクサン出版社，東京 (2004)．
19) (財)畜産環境整備機構：畜産農家のための汚水処理施設管理マニュアル,pp.1～33，(財)畜産環境整備機構，東京 (2010)．
20) 岩渕　功・青木　茂・陰山　潔・松本敦子・田島敏夫・小野康予：養豚場浄化槽用水質推定尺の開発と応用．畜産の研究,51,295～299 (1997)．

（羽賀清典）

7 バラスト水

1 はじめに

　はじめに、バラスト水の説明と、バラスト水の処理が何故必要なのかを概説する。

　バラスト水は、船の安全航行に不可欠なものである。船舶は、貨物が満載状態では荒れた海象条件に遭遇しても安全に航行できるように設計されている。反対に空荷の状態では喫水が上昇するため不安定になり、波浪等の影響で安全航行ができなくなる。この不安定な空荷の状態で、喫水を下げて安全航行が可能な状態にバランスをとるのがバラスト水である。よって、バラスト水は空荷となる荷降し港の水を船舶内に取り込むことになる。多くの場合、荷降し中に水底近くの取水口から、船舶の左右に対称に配置されている専用バラストタンク及び貨物スペースに取り込まれる。その取り込み流量は、毎時数百トンから数千トンにも及ぶ。

　世界中で移動するバラスト水量は年間30～40億トンといわれており、そのうちの約60％が国際貿易によるものと推定される。よって、毎年18～24億トンの水が国際間を移動していることになる。我が国を中心に考えた場合、国際間のバラスト水移動量は、毎年約3億トンを国外に持ち出し、約1,700万トンを持ち込んでいると推定される。

　図1には、バラスト水による生物移動模式を示した。

バラスト水による生物移動模式（図1）

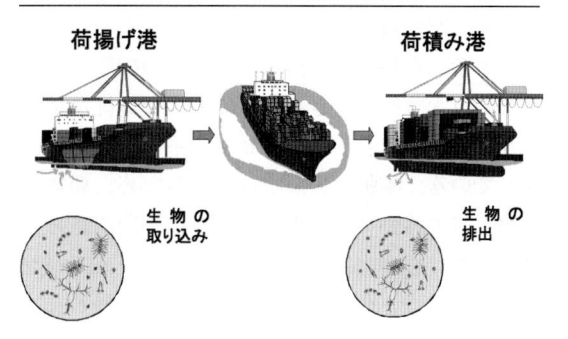

　バラスト水による生物移動量は、前記したバラスト水量を考えれば膨大な量になることは容易に理解できる。なお、取り入れ口にスクリーンがあることから、数cm以上の大型の生物や、取り込む時の流速よりも高い遊泳力をもつ魚などは取り込まれない。よって、取り込まれる主な生物は、遊泳力が弱いか、ほとんどない顕微鏡レベルの小さな浮遊生物（プランクトン）である。

　わが国沿岸域にいるプランクトン量は、例えば、生物量が多い富栄養化した海域では、海水1リットルあたり、単細胞植物プランクトンが30～50種で合計10万個体、動物プランクトンが10～20種で100個体程度は普通に見られる。特に、微細藻類は時に赤潮を形成し、その時は1リットルあたり500～3,000万個体の生物量となる。このような水がバラスト水として船内に取り込まれると、船一隻あたりの生物量は膨大なものとなり、排出された生物が移動先で定着する可能性も大きい。

これまでに、バラスト水を移動要因として多くの事例が報告されている。その代表例を以下に紹介する。

① ゼブラマッセル（カワホトトギスガイ）と
　 ゴールデンマッセル（カワヒバリガイ）：

ゼブラマッスルは淡水性の二枚貝で、1988年に北米五大湖のミシガン湖で発見され、急速にミシシッピ河を伝わって南下し、アメリカ合衆国全土に広がった。原産地はヨーロッパ東部で、ヨーロッパでも運河を伝わって広く分布している。ヨーロッパから北米にはバラスト水によって移入したと考えられ、五大湖内の発電所の配管等に付着して取水障害を引き起こして多大なる経済被害を及ぼし、また、ミシシッピ河水系の生態系を破壊している。本種は、淡水性であるため、船体に付着しての移動では海水の大西洋に長期間さらされるため、移動途中で死んでしまう。一方、バラスト水中では、取り込んだ港湾水中で、異質な水に触れることなく過ごすことができるため、移動が可能になったと考えられる。

同様にゴールデンマッスルはバラスト水によって中国北部から南米に運ばれ、ラプラタ川をさかのぼってアルゼンチンやブラジルの広い範囲に広がり、各地の生態系を破壊し、社会生活にも影響を与えている。

② ギムノセファルスとマルハゼ：

前者はスズキの仲間で1990年代、後者はハゼの仲間で、両者共に1980年代半ばから北米五大湖で見られるようになり、生態系に大きな影響を及ぼした淡水魚である。ともに、漁業対象魚種ではなく、養殖種苗の移植等、人為的に移動されることはないため、バラスト水が移動要因と考えられている。

③ クシクラゲ：

北米大西洋岸から黒海及びカスピ海へ移動し、地元のイワシ漁に壊滅的打撃をあたえている。本種はプランクトンであるため、船体付着による移動は考えられず、また、漁業等に対する経済価値も無いため、バラスト水での移動が有力である。

④ 渦鞭毛藻ギムノディニウムや
　 珪藻ビダルフィアなどの微細藻類：

前者は日本からオーストラリアに渡って、タスマニア島沿岸で繁殖し、現地で養殖されているカキを毒化させて中毒事件を引き起こした。後者は中国からヨーロッパに1900年代当初に渡ったとされる最も古い移入種である。ともに大きさ20～40ミクロンの顕微鏡サイズの微細藻類である。両者とも、プランクトンであるため、バラスト水による移動が有力である。

⑤ コレラ菌：

伝染病コレラが1991年にペルーから広がり、数年にわたって南米の各国で猛威をふるった。死者は1万人、感染者は100万人以上と言われている。WHOはこの病原菌コレラが船舶のバラスト水によって運ばれたと報告した。この報告によって、ブラジル中心とする南米諸国は、バラスト水中の細菌の移動防止を強く求めている。

このように、バラスト水は、明確な被害を起こしている生物移動事例だけをみても、様々な種類がバラスト水を媒体に移動していると考えられている。この生物越境被害を防止する必要性が、主に環境保全先進国から1990年代当初に提起され、国際的な強制規制として策定されたのが、後述するバラスト水管理条約である。

2 バラスト水管理条約の概要

バラスト水管理条約（正式名称;船舶のバラスト水及び沈殿物の規制及び管理に関する国際条約）は、国際航路に従事する船舶のバラスト水とタンク底の堆積物に混入した生物を殺滅あるいは除去することによって生物の移動を防ぎ、移動した生物が定着繁殖して生ずる自然生態系や、社会生活、人間の健康などへの影響をなくそうとする

目的で、国際海事機関（IMO）にて2004年2月13日に採択された国際条約である。

2008年10月には条約実施のために必要な14種のガイドラインも全て成文化され、日本を含めIMO加盟各国は条約批准のために必要なバラスト水処理装置の認証などの準備を精力的に行っている。ただし、2010年8月31日現在の批准国は下記の26ヶ国でそれらの保有する商船船腹量は世界の24.44%、条約の成立に必要な35ヶ国、30%にはまだ達していない。しかし、ヨーロッパの国々やパナマの動きによってはこれら要件を達成する可能性があり、いよいよ規制開始が現実味をおびてきた。

2010年8月31日時点での条約批准国；
モルジブ、セントキッツ・ネビス、シリア、スペイン、ナイジェリア、ツバル、キリバス、ノルウェー、バルバドス、エジプト、シェラレオネ、ケニア、メキシコ、南アフリカ、フランス、リベリア、アンティグア・バーブーダ、アルバニア、スウェーデン、マーシャル群島、韓国、クック諸島、カナダ、ブラジル、クロアチア、アルゼンチン

バラスト水管理条約で規定されている対策は、次の4方法である。
①バラスト水交換
②バラスト水処理
③陸上受入施設
④その他IMOが認める方策

この中で、①バラスト水交換は、取り込んだ沿岸水を外洋上で排出し、代わりに外洋水を取り込む方法で、既存の就航船に対して暫定的に認められている方策である。③陸上受入施設は、文字通りバラスト水を港湾に排出すること無く、陸上の施設で受入る方策であるが、有効な手段となるためには世界中のほとんどの港湾に設置する必要がある。④その他IMOが認める方策は、現在IMOにおいても議論されているが、有効な方策は見いだせていない。

よって、現時点で抜本的かつ有効な方策は、②バラスト水処理、すなわち船内に搭載した処理装置（BWMS：Ballast Water Management System）によるバラスト水処理だけである。

3 バラスト水処理技術

(1) 要求される処理性能

バラスト水管理条約には、附属書（バラスト水及び沈殿物の制御及び管理規則）D節（バラスト水管理基準）規則D-2に"バラスト水排出基準"、いわゆるD-2基準が定められている。すなわち、船舶に搭載された処理装置は、海域に排出する時のバラスト水中の水生生物濃度を、このD-2基準未満にすることが要求されている。

D-2基準は3つの生物グループに対して設定されている。そのうち2つは、プランクトンを対象として設定されており、大きさ別に2つの基準値が設定されている。1つは、長さ、幅、厚みのうち最も小さい部位の大きさが50μm以上の水生生物に対する10個/m^3未満であり、もう1つは、最も小さい部位の大きさが10μm以上50μm未満の水生生物に対する10個/ml未満である。これら基準値は、一般的な自然海水中の生物濃度の0.1%から0.0001%に相当する。すなわち、バラスト水処理装置は、一般的な自然海水を処理する場合でも99.9%から99.9999%の水生生物を殺滅するか、あるいは除去する必要があり、赤潮など異常増殖時の水生生物濃度を考えると、100%の殺滅あるいは除去性能を求められていることになる。

D-2基準に定められている3つ目の生物グループは、バクテリアである。対象となるバクテリアは、毒産生コレラ菌、大腸菌、及び腸球菌であるが、99.9%程度の殺菌能力が必要であると考えられている。

D-2基準に対応する装置は、陸上の施設、例えば医療施設や食品工場及び研究施設ではすでに実用化されており、また、高度上水処理施設におい

てもこの程度の性能を満たす水処理は日常的に行われている。この事実を考えれば、バラスト水処理装置の開発は簡単そうにみえる。しかし、バラスト水処理装置の開発は決して容易ではない。近年は、認証されたシステムが着実に増加しているものの、2004年に条約が採択されて以来、6年が経過した2010年10月1日時点において、認証されたシステムは全世界で表1に示す11装置しかないという事実が、開発の困難さを端的に現している。

(2) 船上搭載機器としての特殊性

この処理性能以外の困難性としては、まず船上搭載機器ゆえの特殊性が挙げられる。

国際航行船舶は、貨物の大量運搬をビジネスとしているため、運航・荷役効率が最優先される。すなわち、船舶及び搭載機器は、できるだけ短時間で貨物を荷役し、かつできるだけ多くの貨物を、エネルギー及び人員をできるだけ使わずに運航するように設計されている。そのため処理装置に対しては、時間当たりの高い処理能力の一方で、小さな設置スペース、かつ燃料や薬剤をできるだけ使わないことが要求される。同時に、振動、傾き、温度、塩害などの劣悪な環境条件、さらに不安定な電力供給環境といった設備条件下で稼動し、メンテナンスし易いことも要求される。

(3) 海域環境等への安全性

次に、バラスト水処理装置は、排出バラスト水の海域に対する安全性に対しても配慮しなければならない。バクテリアに対する処理性能が要求されていることで、ろ過など物理的処理の組み合わせだけでは対応できず、活性物質を利用した何らかの化学処理が必要であると考えられている。UV等も海水の化学成分を変化させることで活性物質を発生するので、現在開発中のほとんどが化学処理を含めた装置となる。ただし一方で、バラスト水排出時には無毒化処理などで海域環境に対するリスクが許容レベルであることも保証されなければならない。

ここで基準値そのものは異なるが、水道水の処理とバラスト水処理を比較する。上水処理から家庭の蛇口までの平均滞留時間が1日未満であることを考慮すると、航海日が数日、数週間もしくは数ヶ月になることもままある外航船舶におけるバラスト水処理は、より強い殺滅力と持続時間を持った化学処理が必要になる。また、前者は取水する場所が一定であるのに対して、後者は取水する場所が不特定であり、物理化学的な性質が大きく異なる水を対象に処理しなければならず、対応する制御も難しい。

現実にいくつかの開発メーカーは、実機ベースの試験結果を考慮した結果、物理的な処理に化学処理を追加し、陸上の処理装置に比較して化学物質の添加量を増強するといった変更を行っている。つまり、使用直後は充分な「毒」でありながら排出時には「無毒」であるという矛盾した2つの性能が要求される。

(4) バラスト水処理装置の承認手続き

バラスト水処理装置として正式に承認されるには、D-2基準だけでなく上記した要件に対して完全に対応できる装置であることを証明する様々な試験を実施し、監督官庁、日本でいえば国土交通省の審査を受けなければならない。この審査や試験条件の厳しさも開発に時間がかかる1つの要因となっている。図2には、バラスト水装置の承認手続きの流れをとりまとめた。

① G8ガイドラインにおける試験と審査

条約に定められているガイドラインのうち、装置の試験と審査に係わるガイドラインは2つある。

1つは、"バラスト水管理システムの承認のためのガイドライン"で、G8と呼ばれている。装置の製造者は、事前書類、バラスト水管理システムの承認試験(陸上試験及び船上試験)及び環境試験の内容に関してそれぞれ審査を受けなければならない。審査内容は、装置の設計及び構造が適切であるか、装置が適切に作動してかつ監視できて

バラスト水処理装置の承認手続きの流れ（図2）

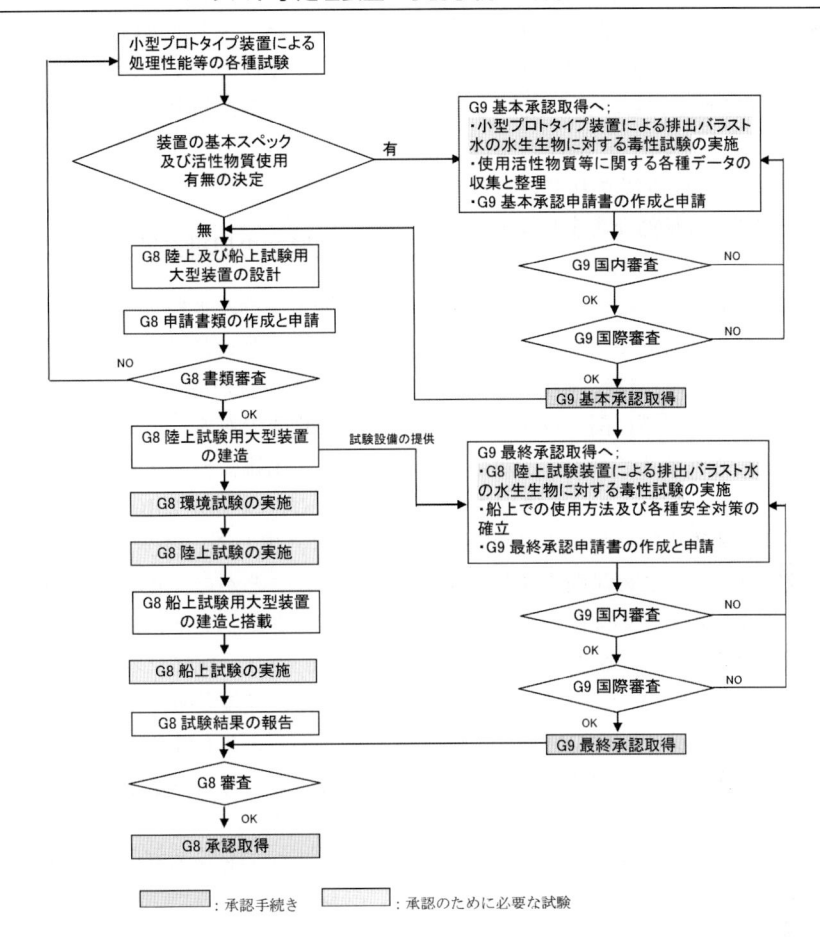

```
小型プロトタイプ装置による
処理性能等の各種試験
          ↓
装置の基本スペック
及び活性物質使用    ─有→  G9 基本承認取得へ：
有無の決定                ・小型プロトタイプ装置による排出バラスト
          ↓無               水の水生生物に対する毒性試験の実施
G8 陸上及び船上試験用         ・使用活性物質等に関する各種データの
大型装置の設計                収集と整理
          ↓                  ・G9 基本承認申請書の作成と申請
G8 申請書類の作成と申請              ↓
          ↓                  G9 国内審査 ─NO→
      G8 書類審査 ─NO→            ↓OK
          ↓OK                G9 国際審査 ─NO→
G8 陸上試験用大型装置   試験設備の提供  ↓OK
   の建造        ────────→  G9 基本承認取得
          ↓                          ↓
G8 環境試験の実施            G9 最終承認取得へ：
          ↓                  ・G8 陸上試験装置による排出バラスト水
G8 陸上試験の実施              の水生生物に対する毒性試験の実施
          ↓                  ・船上での使用方法及び各種安全対策の
G8 船上試験用大型装置          確立
   の建造と搭載                ・G9 最終承認申請書の作成と申請
          ↓                          ↓
G8 船上試験の実施            G9 国内審査 ─NO→
          ↓                          ↓OK
G8 試験結果の報告            G9 国際審査 ─NO→
          ↓                          ↓OK
      G8 審査                  G9 最終承認取得
          ↓OK
   G8 承認取得
```

▨：承認手続き　▢：承認のために必要な試験

いるか、それに確実に D-2 基準以上の処理性能を発揮するかである。

このG8の審査を受けるには、装置に対して陸上試験、船上試験及び環境試験の3つの試験を実施する必要があるが、それらの内容は、次の通りである。

陸上試験は、自然水域で最も高い水生生物濃度を想定し、その濃度の試験水を処理した5日後でもD-2基準が達成できることを確認する処理性能試験であり、海水と淡水といった2種類の塩分濃度下でそれぞれ5回、合計10回行う必要がある。1回の試験に約1週間かかるので、全体で約半年の長期間の試験となる。また、1回の試験毎に25mプール約2杯分の試験水が必要で、大規模な試験設備も必要となる。

船上試験は、実際に運航している船舶に処理装置を搭載して6ヶ月以上の実運用を行う試験である。この試験では、装置の作動及び監視が適切に行われている確認を行うと共に、3回以上の性能試験を実施してD-2基準が確実に達成されることを確認する必要がある。

環境試験は、装置に使用している電気・電子部品が厳しい環境である船内でも安定して作動するかを確かめる試験であり、悪条件下での正常な動作を確認する。

② G9ガイドラインにおける試験と審査

もう1つのガイドラインは、"活性物質を使用するバラスト水管理システム承認のための手順"で、条約ではG9と呼ばれている。このG9による審査と承認は、第3者機関である"海洋汚染専門家会議（GESAMP）"の下に設置されているバラスト水作業グループでの技術的な審査を経て、条約を策定した国際海事機関（IMO）の海洋環境保護委員会（MEPC）で承認されることになる。つまり、化学薬品等の活性物質を使用するバラスト水処理装置の場合には、その環境、船員・船体、排出周辺域の人体に対する影響に関する安全性について、国際的に審査され承認されることが必要である。G9の審査には、装置によって処理されたバラスト水を用い、水生生物に対する毒性試験結果を提示する必要があり、この試験を含む各種リスクアセスメントを行って、処理後の排出バラスト水が環境に対して安全であることを証明する必要がある。また、安全かどうかの判定には、D-2基準のような明確な判断の基準（合格ライン）があるのではなく、事業者自身が主体となり申請する活性物質あるいはシステムごとにアセスメントを行うことも特徴でもあり、許容されるリスクのレベルに関して、事業者自身が検討決定を行わなければならない。

③ G8及びG9による確認要件と承認

このようなG8及びG9のガイドラインに沿った様々な試験と審査を通過して承認された装置だけが、正式なバラスト水処理装置として認められる。なお、G8とG9の試験、審査及び承認でバラスト水処理装置に求められる確認要件は、

①G8環境試験；電気・電子部品の耐久性
②G8陸上試験；充分な処理性能
③G8船上試験；船舶搭載の現実性、船舶運航との協調性、作動・監視の確実性
④G9基本承認；使用する活性物質の暫定的な環境、人体、及び排出周辺域の人体に対する安全性
⑤G9最終承認；システム全体としての環境、人体、及び排出周辺域の人体に対する安全性

の大きく5種に分けられる。

その他、バラスト水処理装置の実用化には、導入コスト、及びエネルギー消費をはじめとするランニングコストが船主・船社にとって受入可能なレベルになっていなければいけない。

(5) 開発中の処理装置

開発最先端を進む数社に聞いたところ、1つのバラスト水処理装置を完成させるには、約20～30億円の投資が必要との答えが一般的であった。巨大な投資である。それにもかかわらず、前記した多くの困難にチャレンジし、開発を進めている企業及び企業体が2010年2月時点では世界で47企業体に達した。2008年8月時点では27企業体であったことから、最近の積極的な取り組みを表す数字である。チャレンジする目的は、私企業として新たなビックビジネスを狙うことはもちろんであるが、環境問題に貢献する強い企業理念に基づいていることも確かに感じられる。

開発中のバラスト水処理装置は、下記の4つに分類される。

①物理的処理法；ろ過による物理的除去＋超音波
②熱処理法
③化学的処理法；電気分解による塩素、オゾン、二酸化塩素、ビタミンKを主成分とする薬品、バラスト水中の酸素を不活性ガスなどで置換
④物理的処理法と化学的処理法を組み合わせた複合技術；ろ過あるいは遠心分離＋塩素、ろ過あるいは遠心分離＋塩素以外の活性物質、ろ過＋UVあるいは光触媒、ろ過＋凝集＋磁気回収、機械的殺滅＋オゾン

条約が採択されてD-2基準にバクテリアが含まれ、処理の対象生物が"目に見える水生生物から見えない1mmの1/1000程度のバクテリアまで、水中に存在する全ての生物"となったことで、化学的処理で全ての生物を殺滅するか、あるいは物理的に大型の生物を除去するか殺滅し、バクテリア等の小型の生物を化学薬品かUV等で殺滅する複合技術が主体となっている。また、最近の傾向としては、バラスト水排出時に使用した薬品の除

バラスト水処理装置の承認状況（2010年10月1日時点）（表1）

承認段階	承認装置
(1) 型式承認済みの装置 (G8及びG9に基づく全て工程を終え装置、★の2システムは、G9の承認を必要ないとしている装置)	①Pure Ballast System：50ミクロンろ過＋二酸化チタンを用いたUV照射（2008年6月ノルウェー承認、TRC（定格流量）：250-2,500m³/h） ②SEDNA Ballast Water Management System（Using Peraclean Ocean）：遠心分離＋50ミクロンろ過＋Peraclean Ocean（過酢酸＋過酸化水素＋酢酸＋水）（2008年6月ドイツ承認、TRC：250m³/h） ③Electro-Clean System：海水電気分解によるHOCl、HOBr、O3、OH-など（2008年12月韓国承認、TRC：300m³/h） ④Ocean Saver BWMS：ろ過＋N2による脱酸素＋キャビテーション＋電気分解（2009年4月ノルウェー承認、TRC：42m³/h） ⑤NEI Treatment System（Venturi Oxygen Stripping VOS- 2500-101）（★）：船の排気ガスをバラスト水に導入、IMOG8BWM試験議定書の採択前に試験が完了しているので、G9に従う必要なしとしている。（2007年10月リベリア承認、TRC：2,500m³/h、2008年9月マーシャル諸島承認、TRC：2,500m³/h） ⑥Hyde GUARDIAN BWMS：バラスト漲水時にろ過＋UV照射、排水時にUV照射（★）：（2009年4月イギリス承認、TRC：60-6,000m³/h） ⑦NK-O3 BlueBallast System：オゾン（2009年11月韓国承認、TRC：10,000 m³/h以上） ⑧OptiMarine：遠心分離＋UV照射（2009年11月ノルウェー承認、UV chamber-TRC：20-167m³/h） ⑨GloEn-Patrol BWMS：ろ過＋UV（漲水時＋排水時）（2009年12月韓国承認、TRC：50-6,000 m³/h） ⑩Clear Ballast：ろ過＋磁力＋凝集剤（2010年3月日本承認、TRC：200-1,600 m³/h） ⑪TG Ballastcleaner and TG Environmentalguard System：ろ過＋次亜塩素酸ナトリウム＋中和（亜硫酸ナトリウム）（2010年5月日本承認、TRC：～3,500 m³/h）
(2) G8による国の認証をまだ得ていないが、IMOによるG9の最終承認済みの装置	①Clean Ballast：50ミクロンろ過＋海水電解＋中和（2009年7月ドイツ提案、MEPC59承認） ②Greenship Sedinox BWMS：遠心分離＋電解塩素（2009年7月オランダ提案、MEPC59承認） ③Resource Ballast Technologies System：オゾン＋電解塩素＋キャビテーション＋ろ過（2010年3月南アフリカ提案、MEPC60承認） ④Special Pipe BWMS combined with Ozone Treatment：キャビテーション＋オゾン注入（2010年9月日本提案MEPC61承認） ⑤FineBallast MF：MF膜（2010年9月日本提案MEPC61承認、基本承認の申請を行ったが、IMOよりG9の対象外と認定され、最終承認免除扱いとなった。） ⑥ARA BWMS：ろ過＋Plasma＋MPUV＋MPUV（2010年9月韓国提案、MEPC61承認） ⑦BalClor BWMS：ろ過＋電解塩素＋中和（2010年9月中国提案、MEPC61承認） ⑧OceanGuard BWMS：ろ過＋超音波＋超音波（2010年9月ノルウェー提案、MEPC61承認） ⑨Ecochlor BWTS：ろ過＋二酸化塩素（2010年9月ドイツ提案、MEPC61承認） ⑩Severn Trent DeNora Balpure BWMS：ろ過＋電解塩素＋中和（2010年3月ドイツ提案、MEPC60承認）
(3) G8による国の認証をまだ得ていないが、IMOによるG9の基本承認済みの装置	①Blue Ocean Shield BWSM：遠心分離＋ろ過＋UV（2009年7月中国提案、MEPC59承認） ②HHI BWMS（EcoBallast）：ろ過＋UV＋リアクター（2008年4月韓国提案、MEPC59承認） ③AquaTriComb BWTS：ろ過＋UV＋リアクター（2009年7月ドイツ提案、MEPC59承認） ④SiCURE BWMS：ろ過＋電解塩素（2010年3月、ドイツ提案、MEPC60承認） ⑤DESMI Ocean Gurad BWMS：ろ過＋オゾン＋オゾン気液分離＋UV＋ろ過（2010年3月デンマーク提案、MEPC60承認） ⑥HiBallast：ろ過＋電解塩素＋中和（2010年3月韓国提案、MEPC60承認） ⑦En-Ballast：ろ過＋電解塩素＋中和（2010年3月韓国提案、MEPC60承認） ⑧TWECO：ろ過＋電解塩素＋中和（2010年9月韓国提案、MEPC61承認） ⑨AquaStar BWMS：Smart Pipe＋電解塩素＋中和（2010年9月韓国提案、MEPC61承認） ⑩Kuraray BWMS：ろ過＋次亜塩素酸カルシウム＋中和（2010年9月日本提案、MEPC61承認）

去処理を組み入れた装置、及び塩素を活用する装置やUV処理が多い傾向にある。

(6) 処理装置の承認状況及びそれらの性能

2010年3月22日時点のバラスト水承認状況は、表1に示す通りである。現在のところは、11装置がG8及びG9の全ての手続きを終了し、承認されている。これらの11装置の性能に関しては、各国のG8試験においてD-2基準をクリアーすることは確かめられている。

4 課題と今後の動向

前記したように、現在は多くの企業体が積極的に処理装置の開発に取り組み、承認された装置は二桁を超えた。また、追随する装置も多くあり、G8およびG9の承認スキームに乗っている装置だけでも、2010年10月1日現在で31に達している。処理方法も多様性に富んでおり、船種や航路によって適切な処理装置を選定することも可能になると考えられる。

ただし、これら承認された装置においても、懸念されることがある。最も大きい心配事は、G8で性能を確認する各種試験方法に関して、国際的に統一された方法が存在しないため、現状は、各国独自の方法で実施されていることにある。例えば、生物の生死を判定する方法は、人間の医療レベルにおいても脳死判定をめぐって裁判が行われるほど難しく。また、各国の判定基準も異なっている。これが、顕微鏡サイズのそれも他種多様な生態を持つ水生生物を対象に行われることになる。生死判定1つをとっても国際的に統一された方法を確立するのが難しいのが現状である。

また、沿岸国での監査（PSC）の方法も生物の生死判定等の分析方法については統一的な方法が確立されていない。すなわち、このような事態が起きないことを願っているが、承認された装置で運用していても、ある国の港湾国での監査（ポート・ステート・コントロール）PSCではD-2基準を達成していないと判定される可能性がゼロではないことである。この可能性は、特に船舶を管理・管轄する船主国の条約批准を阻害する要因の1つになっている。筆者の個人的な考えとしては、困難であっても統一的な試験及びPSCでの方法の確立することが解決すべき最優先の課題である。また一方では、承認された装置の実運航時のPSCで、D-2基準を達成していないと判定されたとしても、海運界が混乱を来さない何らかの法的な枠組みが必要であると考える。

参考文献
1) List of ballast water manegement systems that make use of Active substances which received Bascia and Final Approyals, BWM.2/Circ. 30, 2010
2) status of CONVENTIONS, 2010,IMO

（吉田勝美）

8 地下水

1 地下水汚染の現状と課題

　都道府県知事は毎年度作成する水質測定計画に従い、国及び地方公共団体によって地下水質の測定を実施している。平成20年度地下水測定結果(環境省)によれば、地下水汚染の原因は、工場等・事業所等における排水・廃液・原料等による汚染が特定又は推定されている[1]。

(1) 地下水汚染のしくみ(地下水汚染とは)

　汚染の原因となる物質には、主として、トリクロロエチレンやテトラクロロエチレン等の揮発性有機化合物(以下VOCs)、鉛やカドミウム等の重金属等(以下重金属等)、チウラムやシマジン等の農薬等(以下農薬等)の有害物質、硝酸性窒素及び亜硝酸性窒素がある。

　地下水は、いったん汚染されると浄化することが容易ではない。また、物質の種類によって程度は異なるが汚染が拡散することもあるので、早期の調査と対策が必要であり有害物質の地下浸透を未然に防止することが何よりも重要である[1]。

　汚染物質の地下への浸透状況を図1に示す。

　VOCsは、一般的に分解しにくく安定しているが、揮発性が高く、低粘性で水より重く、土壌に吸着されにくいため土壌中を容易に浸透し地下水の流れとともに周辺の土地へ移動する。また、土壌中に原液状で溜まったり、地質の状況によっては地下深部にまで汚染が浸透することもある(ベンゼンは、水より軽く他の揮発性有機化合物と比べて分解されやすい)。

　重金属等は、一般的に水にわずかに溶解するが、土壌に吸着されやすいため、移動しにくい(鉛やカドミウム等と比べて砒素やふっ素のように水に溶けやすく、移動しやすいものもある)ので汚染は地下深部にまで浸透しにくく土壌・地下水中で分解しにくい。

　硝酸・亜硝酸性窒素は、土壌に吸着されにくいため、地下水に移行し易く、地下水の流れとともに広範囲に移動する。

　以上のように地下水汚染は、汚染の原因となる物

汚染物質の地下への浸透(図1)

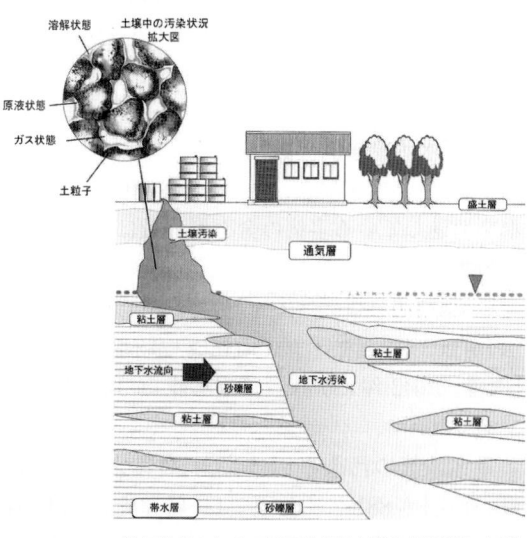

(「事業者のための地下水汚染対策」(環境省)より)

環境基準超過事例件数(表1)

環境基準超過状況	件数 合計	VOCs	重金属等	硝酸・亜硝酸	複合汚染
合計	5,890	2,146	1,331	2,306	107
超過事例 (平成20年度末現在、いずれかの項目で環境基準を超過している。)	3,539	1,030	881	1,553	75
一時達成事例 (最新年度のデータでは環境基準は超過していないが、一時的な達成の可能性がある。)	885	348	142	386	9
改善事例 (過去は環境基準を超過していたが、現在、また将来的にも環境基準を超過することはないと判断できる。)	1,120	642	201	259	18
調査不能事例 (井戸の廃止等により調査できなくなった。)	346	126	107	108	5

(地下水質測定結果(平成20年度 環境省)より)

質によってその性質が異なるため、それぞれの汚染の性質に応じた対策を講じることが必要となる。

(2) 地下水汚染の状況[1]

環境省は、毎年度、都道府県及び水質汚濁防止法政令市を対象として、全国の地下水汚染事例に関する調査実施状況、汚染原因把握状況、対策の実施状況等の実態を把握するために「地下水汚染に関するアンケート調査」を実施している。その概要を説明する。

① 地下水汚染事例件数

平成20年度末現在、いずれかの項目で環境基準を超過している事例の全事例件数は5,890件であった。

VOCsの汚染事例は2,146件で、その内訳は「超過」が1,030件(48%)、「一時達成」が348件(16%)、「改善」が642件(30%)、「調査不能」が126件(6%)であった。

重金属等の汚染事例は1,331件で、その内訳は「超過」が881件(66%)、「一時達成」が142件(11%)、「改善」が201件(15%)、「調査不能」が107件(8%)であった。

硝酸・亜硝酸性窒素の汚染事例は2,306件で、その内訳は「超過」が1,553件(67%)、「一時達成」が386件(17%)、「改善」が259件(11%)、「調査不能」が108件(5%)であった。

以上により、VOCsの汚染事例の改善が比較的進んでおり、硝酸・亜硝酸性窒素の汚染事例が進んでいないことがわかる。表1は、環境基準超過事例件数を示す。

② 項目別事例件数[1]

全事例5,890件の超過事例において超過している項目の内訳を図2に示す。

超過事例件数が多い項目は、多い順に、硝酸・亜硝酸性窒素(1,553件)、テトラクロロエチレン(593件)、砒素(560件)、トリクロロエチレン(437件)、シス-1,2-ジクロロエチレン(354件)、ふっ素(254件)であった。

超過事例の割合(各項目の事例件数合計のうち超過事例の割合)が高い項目は、高い順に、ふっ素(75%)、ほう素(72%)、砒素(70%)、硝酸・亜硝酸性窒素(67%)であり、これは自然的要因との関連が高い項目や広域汚染の傾向がある硝酸・

超過事例の超過している項目の内訳(図2)

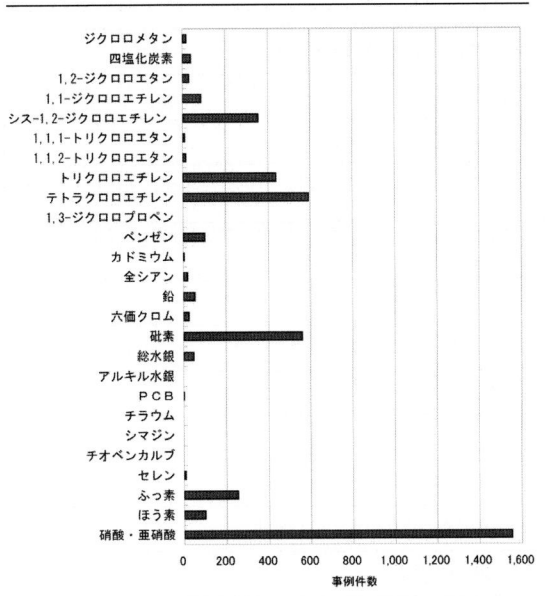

（地下水質測定結果（平成20年度　環境省）より）

亜硝酸性窒素は改善しにくいこと等によると考えられる。

一方、改善事例の割合（各項目の事例件数合計のうち改善事例の割合）が高い項目は、高い順に、1,1,1-トリクロロエタン（39%）、鉛（38%）、カドミウム（33%）、ベンゼン（32%）であった。

③ 地下水の環境基準項目の追加について

環境省は、平成21年11月30日、公共用水域の水質汚濁に係る人の健康の保護に関する環境基準及び地下水の水質汚濁に係る環境基準の項目の追加及び基準値の変更について告示した。

地下水の環境基準項目として、以下の3項目の追加が行われた。

- 1,4-ジオキサン
- 1,2-ジクロロエチレン（これまで環境基準項目であったシス-1,2-ジクロロエチレンを廃止し、シス体及びトランス体を合算して1,2-ジクロロエチレンとして評価する）
- 塩化ビニルモノマー

参考文献
1) 地下水質測定結果（平成20年度　環境省 水・大気環境局）
2) 地下水をきれいにするために（平成16年　地下水パンフレット　環境省環境管理局水環境部）

（松下　孝）

2 地下水汚染に関する法体系

地下水汚染に関する主な法令の制定・改正の経緯を表2に示す。また、水質汚濁防止法で定める地下水環境基準、並びに土壌汚染対策法で定める地下水基準、土壌溶出量基準、土壌含有量基準を表3に示す。

ここでは、地下水保全対策のしくみ、地下水の水質保全に関わる法律、自治体ならびに事業者の取組みについて説明する。

(1) 水質汚濁防止法による地下水保全対策のしくみ

地下水の水質については、都道府県知事は常時監視を行いその結果を公表している（水質汚濁防止法第15～16条）。環境省はこれらの結果をまとめて公表している[1]。

水質汚濁防止法第12条では、有害物質（トリクロロエチレンなどの揮発性有機化合物、鉛などの重金属等、並びにチウラムなどの農薬等）を含む水の地下浸透を禁止している。

また、汚染された地下水の飲用等による人の健康被害のおそれがある場合には、都道府県知事は、汚染原因者に浄化措置を命令できるとしている（水質汚濁防止法第14条）。

(2) 地下水の水質保全に関わるその他の法律

水質汚濁防止法以外にも、地下水汚染の未然防止や浄化に関する法律がある。

2002年4月制定の土壌汚染対策法は、2009年4月に改正され、改正法は2010年4月より施行され

地下水汚染に関する主な法令の制定・改正の経緯 (表2)

1989年	水質汚濁防止法改正～地下水の常時監視、排水の地下浸透の禁止
1991年	土壌の汚染に係る環境基準の設定 (10項目)
1994年	土壌の汚染に係る環境基準項目の追加 (25項目)
1994年	「重金属等に係る土壌汚染調査・対策指針及び有機塩素系化合物等に係る土壌・地下水汚染調査・対策暫定指針」策定
1994年	「地下水をきれいにするために～揮発性有機化合物、重金属、硝酸性窒素及び亜硝酸性窒素による地下水汚染対策について～」作成
1995年	「土壌・地下水汚染対策ハンドブック」作成
1996年	水質汚濁防止法の改正～地下水汚染に対する浄化措置命令の導入、事故時措置の拡充
1997年	地下水の汚染に係る環境基準の設定 (23項目)
1997年	「事業者のための地下水汚染対策」
1997年	「改訂・地下水汚染防止対策のすべて～地下水の水質保全」作成
1998年	「健全な水循環の確保に向けて～豊かな恩恵の確保に向けて～」作成
1999年	地下水の汚染に係る環境基準項目の追加 (26項目)
1999年	「土壌・地下水汚染に係る調査・対策指針及び運用指針」策定
2001年	土壌の汚染に係る環境基準項目の追加 (27項目)
2003年	土壌汚染対策法施行
2003年	「土壌汚染対策法に基づく調査及び措置の技術的手法の解説」作成
2008年	「土壌汚染に関するリスクコミュニケーションガイドライン～事業者が行うリスクコミュニケーションのために～」
2010年	改正土壌汚染対策法施行
2010年	「土壌汚染対策法に基づく調査及び措置に関するガイドライン暫定版」 「汚染土壌の運搬に関するガイドライン暫定版」 「汚染土壌の処理業に関するガイドライン暫定版」作成

地下水環境基準、地下水基準、土壌溶出量基準、土壌含有量基準 (表3)

水質汚濁防止法、環境省告示 (平成21年第79号)		土壌汚染対策法施行規則(平成14年環境省令第29号) 最終改正(平成22年環境省令第1号)			
項目	地下水環境基準 (mg/l)	項目	地下水基準 (mg/l)	土壌溶出量基準 (mg/l)	土壌含有量基準 (mg/kg)
カドミウム	0.01 以下	カドミウム及びその化合物	0.01 以下	0.01 以下	150 以下
全シアン	検出されないこと	シアン化合物	検出されないこと	検出されないこと	50 以下 遊離シアンとして
鉛	0.01 以下	鉛及びその化合物	0.01 以下	0.01 以下	150 以下
六価クロム	0.05 以下	六価クロム化合物	0.05 以下	0.05 以下	250 以下
砒素	0.01 以下	砒素及びその化合物	0.01 以下	0.01 以下	150 以下
総水銀	0.0005 以下	水銀及びその化合物	水銀が 0.0005 以下、かつ、アルキル水銀が検出されないこと	水銀が 0.0005 以下、かつ、アルキル水銀が検出されないこと	15 以下
アルキル水銀	検出されないこと				
PCB	検出されないこと	ポリ塩化ビフェニル	検出されないこと	検出されないこと	
ジクロロメタン	0.02 以下	ジクロロメタン	0.02 以下	0.02 以下	
四塩化炭素	0.002 以下	四塩化炭素	0.002 以下	0.002 以下	
塩化ビニルモノマー	0.002 以下	塩化ビニルモノマー	—	—	

地下水環境基準、地下水基準、土壌溶出量基準、土壌含有量基準(表3続き)

水質汚濁防止法、環境省告示 (平成21年第79号)		土壌汚染対策法施行規則(平成14年環境省令第29号) 最終改正(平成22年環境省令第1号)			
1,2-ジクロロエタン	0.004 以下	1,2-ジクロロエタン	0.004 以下	0.004 以下	
1,1-ジクロロエチレン	0.1 以下	1,1-ジクロロエチレン	0.1 以下	0.1 以下	
1,2-ジクロロエチレン (シス+トランス)	0.04 以下	シス-1,2-ジクロロエチレン	0.04 以下	0.04 以下	
1,1,1-トリクロロエタン	1 以下	1,1,1-トリクロロエタン	1 以下	1 以下	
1,1,2-トリクロロエタン	0.006 以下	1,1,2-トリクロロエタン	0.006 以下	0.006 以下	
トリクロロエチレン	0.03 以下	トリクロロエチレン	0.03 以下	0.03 以下	
テトラクロロエチレン	0.01 以下	テトラクロロエチレン	0.01 以下	0.01 以下	
1,3-ジクロロプロペン	0.002 以下	1,3-ジクロロプロペン	0.002 以下	0.002 以下	
チウラム	0.006 以下	チウラム	0.006 以下	0.006 以下	
シマジン	0.003 以下	シマジン	0.003 以下	0.003 以下	
チオベンカルブ	0.02 以下	チオベンカルブ	0.02 以下	0.02 以下	
ベンゼン	0.01 以下	ベンゼン	0.01 以下	0.01 以下	
セレン	0.01 以下	セレン	0.01 以下	0.01 以下	150 以下
硝酸性窒素及び 亜硝酸性窒素	10 以下	有機リン化合物	検出されないこと	検出されないこと	
ふっ素	0.8 以下	ふっ素及びその化合物	0.8 以下	0.8 以下	4,000 以下
ほう素	1 以下	ほう素及びその化合物	1 以下	1 以下	4,000 以下
1,4-ジオキサン	0.05 以下	1,4-ジオキサン	―	―	―

ている。この法律では、特定有害物質による土壌汚染の状況の把握、汚染除去等の対策(措置)を定めることにより、国民の健康を保護することを目的としている。具体的には、特定有害物質を使用する水質汚濁防止法の特定施設が廃止された場合、平面積が 3,000 m² 以上の土地の形質を変更する場合、また、汚染地下水の飲用等による人の健康被害のおそれがある場合に土壌汚染対策法で定められた土壌汚染状況調査を義務化している。そして、土壌汚染がみつかった場合には、すなわち土壌溶出量基準、土壌含有量基準又は地下水基準に不適合となった場合には、直ちに措置を講ずる必要がある要措置区域、又は土地の形質の変更をする場合の届出を義務化した形質変更時要届出区域に指定される。

土壌汚染対策法では汚染土壌に対する対策を定めているが、この対策を講ずることにより地下水汚染の拡大の防止も図られるしくみとなっている。

大気汚染防止法は、工場及び事業場における事業活動に伴って発生するばい煙の排出や粉じんの飛散等を規制すること、自動車排ガスに係る許容限度を定めること等により、大気汚染の防止を図ることを目的としている。大気中へのばい煙等の排出を規制することにより、土壌汚染防止や地下水汚染の未然防止に役立つとしている。

廃棄物の処理及び清掃に関する法律は、廃棄物の排出を抑制し、廃棄物の適正な分別、保管、収集、運搬、再生、処分等の処理をし、並びに生活環境を清潔にすることにより、生活環境の保全及び公衆衛生の向上を図ることを目的としている。そして、埋立処分に係る施設や維持管理の基準を定めるとともに、有害廃棄物の埋立処分を規制することにより土壌汚染や地下水汚染の未然防止に役立つとしている。

化学物質の審査及び製造等の規制に関する法律は、難分解性で人の健康を損なうおそれのある化学物質や動植物の生息・生育に支障を及ぼすおそれがある化学物質による環境の汚染を防止するため、新規の化学物質の製造又は輸入に際し事前にその化学物質が難分解性等の性状を有するかどうかを審査する制度を設けるとともに、化学物質の性状等に応じ、化学物質の製造、輸入、使用等に

ついて必要な規制を行うことを目的としている。そして、有害な化学物質の製造、使用等を規制することで間接的に地下水汚染の未然防止に役立つとしている。

　特定化学物質の環境への排出量の把握等及び管理の改善の促進に関する法律は、特定の化学物質の環境への排出量等の把握に関する措置並びに事業者による特定の化学物質の状況及び取扱いに関する情報の提供に関する措置等を講ずることにより、事業者による化学物質の自主的な管理の改善を促進し、環境の保全上の支障を未然に防止することを目的としている。そして、埋立処分などによる土壌への排出や廃棄物としての移動量を把握・報告させ、それらを抑制することで、間接的に地下水汚染の未然防止に役立つとしている。

(3) 自治体の取組み

　都道府県知事は、水質汚濁防止法に基づいて地下水の水質測定を行い、その結果を公表している。

　測定の結果、汚染が判明した場合には、汚染原因の調査を行い、汚染原因者の特定や汚染原因者に対して、汚染の防止や浄化措置の指導を行っている。

　また、独自に条例や要綱を定め、事業者等に汚染の調査・対策を求める地方自治体が多くある。条例・要綱には、環境保全全般を対象とした条例の一部として地下水や土壌に関する規定を定めているものや、専ら地下水の保全を目的としたものがあり、各自治体の実情を反映したものとなっている。

(4) 事業者の取組み

　ISO14000シリーズに基づく環境保全に向けた国際的な動きを受け、事業者自らが自主的な調査・対策を実施する事例が増加している。また、事業者自身の汚染による損害賠償、社会的な信用問題等の事業リスクを回避するために、調査・対策を実施する事例も増加している。

　なお、地下水汚染の対策は、土壌汚染の対策と一体として行われる場合がほとんどであり、土壌汚染対策法改正前の実態は、法・条例・要綱を契機とする調査・対策よりも事業者の自主的な調査・対策の方が圧倒的に多い[2]。

　このように事業者自らの自主的な調査・対策の取組み結果は、環境報告書や人事・雇用や製品・サービス等の社会貢献活動や社会的側面からみた環境問題を報告する「サスティナビリティ・レポート（継続可能性報告書）」などによって公表されている。

参考文献
1) 環境省報道発表資料（平成21年11月27日）平成20年度地下水質測定結果
2) (社)土壌環境センター HP://GEPC.or.jp,平成21年度の土壌汚染調査・対策事業受注実績（2010年10月14日）

（橋本正憲）

3　地下水揚水法（揚水等による原位置抽出処理）

　ここでは、地下水から原位置で有害物質を抽出処理する方法である地下水揚水処理法について説明する。

　地下水揚水法による原位置抽出処理の方法は、主に揮発性有機化合物に対して「ばっ気処理法」、揮発性有機化合物及び重金属等に対して「活性炭処理法」が多く用いられる。また、汚染が不飽和層と帯水層に及んでいる場合の対策として「二重吸引法」もひろく利用されている。

　これらの方法は、平成20年度　地下水質測定結果（環境省）の調査においても、最も多く利用されている方法である。

(1) 地下水揚水法

　地下水揚水法は、汚染地下水の浄化対策又は地下水汚染の拡大防止対策を目的として利用されている。

汚染地下水の浄化対策の場合は、有害物質により汚染された土壌・地下水汚染の高濃度付近に揚水井戸を設け、揚水することで原位置浄化する方法である（図3参照）。

揚水した地下水に含まれる有害物質は処理装置で除去（抽出）後、排出基準に適合させて公共用水域に排出するか、排除基準に適合させて下水道に排除する。

また、地盤は一般的に不均質であるので、透水性、透気性の高い部分から先に浄化が進むことになる。

汚染地下水の拡大防止対策の場合は、汚染の拡大を防止する方法として地下水揚水法がひろく利用されている。

地下水の流向及び流速等流動の状況並びに地下水中の有害物質の濃度を勘案し、敷地境界付近に揚水井戸を設置し、地下水汚染の拡大を防止する。

地下水揚水法の用途によって、目的に応じた地下水の観測井戸を設けて対策効果の確認を行うことが重要である。例えば、地下水の下流方向及び汚染範囲の周縁等に観測井を設置し、計画に基づいてモニタリングを定期的に行う必要がある。

モニタリングの項目は、揚水した地下水及び排水中の有害物質濃度、観測井の有害物質濃度、揚水量、地下水位等である。モニタリング結果によっては、拡散防止の監視、浄化運転方法の改善等が必要となる場合がある。

次に、ばっ気処理法と活性炭処理法の概要を説明する。

① **ばっ気処理法**（図3）

トリクロロエチレン等の揮発性有機化合物、ガソリン等の揮発性油分による地下水汚染に対して効果的である。

揚水した汚染地下水を、ばっ気装置で空気を吹き込み、地下水に溶解している汚染物質を、吹き込んだ空気中にガス状で揮散させることにより、除去、回収する方法である。

ガス状になった有害物質は、吹き込まれた空気と共にばっ気装置から排気し、排気ガスは活性炭

ばっ気処理法の概要図（図3）

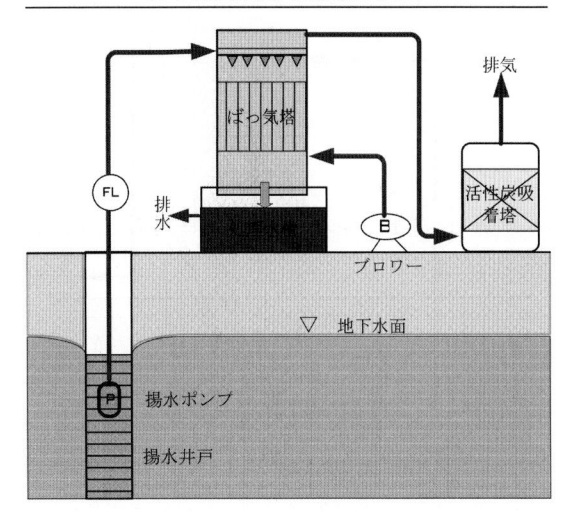

等で処理され排出される。

② **活性炭処理法**（図4）

トリクロロエチレン等の揮発性有機化合物等に対して効果的である。

揚水した汚染地下水を直接活性炭でろ過し、有害物質を吸着除去する方法であり、汚染が低濃度の場合や、処理水量が少ない場合に適している。

また、重金属等の有害物質の浄化にも活用される。その場合は、活性炭装置の代りに酸化、還元、中和、凝集沈澱、ろ過及び吸着除去等の水処理技術を組み合わせて浄化する。

地下水揚水法の特徴及び留意点を以下に示す。

・土壌掘削等することなく、現状のままで浄化できる。
・帯水層の有害物質が存在するところに有効。
・鉄、マンガン等を含む地下水は、装置内で目詰まりを起こしやすい。
・孔径100 mm以上の揚水井戸の設置が望ましい。
・地下水の過剰揚水による地盤沈下が考えられるので揚水量の選定にあたっては注意が必要。

活性炭処理法の概要図（図4）

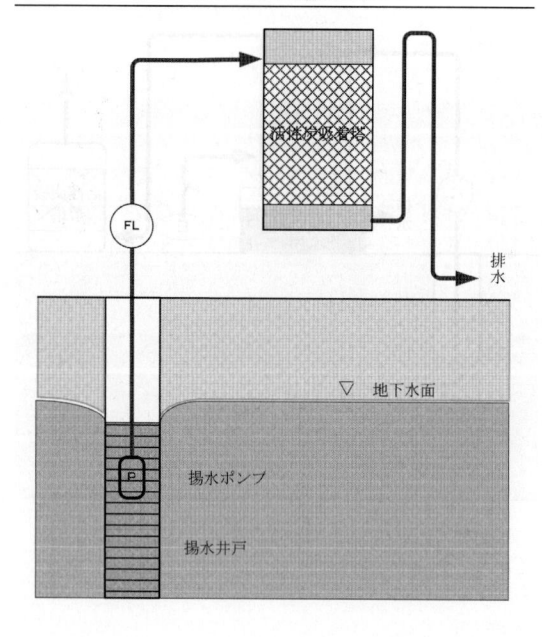

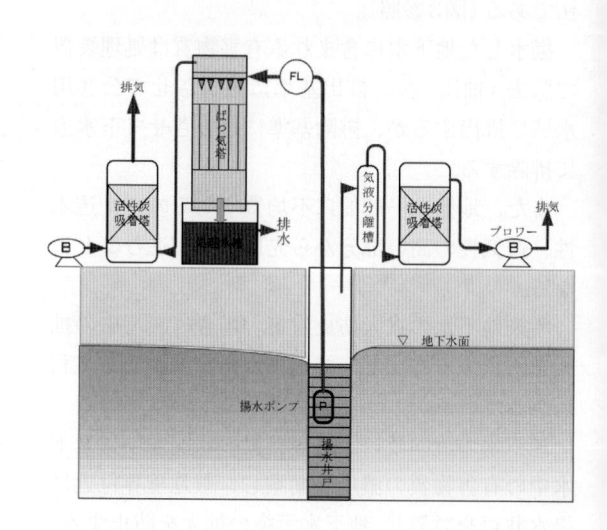

二重吸引法の概要図（図5）

- 砂、礫等の比較的透水係数が高い地盤では適用性が高いが、透水性の悪い地質は適用性が低い。
- 浄化完了までには比較的長い時間を必要とする。
- 運転管理は、装置入口・出口の水質、排気ガスの濃度、機器の作動確認等であり、比較的容易である。
- 浄化期間は、一般的に数年から十年程度の期間を要す場合もあるが、砂礫層のような場合は比較的早く完了する場合もある。

(2) 二重吸引法（図5）

　揮発性有機化合物による汚染が不飽和層と帯水層に及んでいる場合は、不飽和層に設置した吸引井戸から土壌中で気化したガスを吸引することと、帯水層の地下水を揚水処理することを併せて行う浄化方法であり、地下水揚水法と土壌ガス吸引法の組み合わせである。

　地下水と土壌ガスを同時に吸引除去、回収する方法である。揚水した地下水中の有害物質を揚水処理し、土壌ガスに含まれる有害物質は活性炭等に吸着させて除去する方法である。有害物質が地下水面付近に存在する場合に効果的である。

　地下水が高濃度に汚染された現場では、エアースパージング工法と併用すれば、さらに効果的である。

　二重吸引法の特徴及び留意点を以下に示す。

- 土壌掘削等することなく、現状のままで浄化でる。
- 地下水面上の汚染、汚染地下水の両方を浄化するので、不飽和層及び帯水層の両方の浄化に大きな効果がある。
- 運転管理は、装置入口・出口の水質、排気ガスの濃度、機器の作動確認等で比較的簡単である。
- 処理対策後の現地回復は、装置、配管類の撤去だけで容易である。
- 不飽和層における土壌ガス吸引法は、比較的早く完了できる場合がある。

エアースパージング法の概要図（図6）

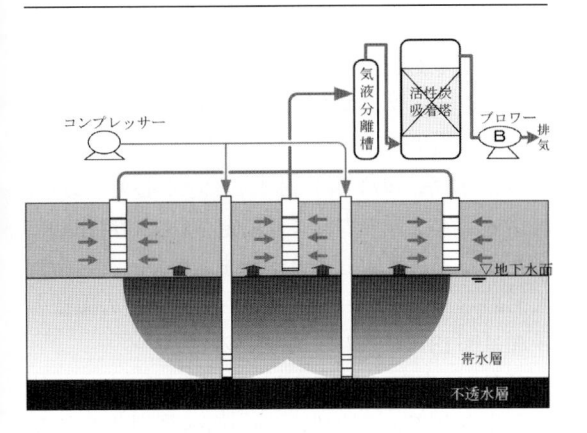

エアースパージング装置（空気注入装置、回収装置等）の写真（写真1）

(3) エアースパージング法（図6、写真1）

帯水層中に設置した空気注入井戸から直接空気を注入することで、空気は帯水層中で空気流路をつくりながらゆっくり上方に上昇する。

注入された空気は帯水層中を上昇する間に有害物質の気化を促し、ガス状で揮散させることにより、帯水層上部の不飽和層に設置したガス吸引井戸から、有害物質を含んだガスを回収する方法である。

地下水揚水法と比較して、比較的早く完了できる場合がある。

エアースパージング法の特徴及び留意点を以下に示す。

・土壌掘削等することなく、現状のままで浄化できる。
・地下水面上の汚染、汚染地下水の両方を浄化するので、不飽和層及び帯水層の両方の浄化に大きな効果がある。
・運転管理は、空気注入量、排気ガスの濃度、機器の作動確認等で比較的簡単である。
・地下水揚水法と違って、処理水の発生がない。
・空気が通りやすい土壌に適しているが、空気の吹き込みにより汚染を拡散させないように配慮が必要である。
・地下水揚水法と違って、比較的早く完了できる場合がある。

参考文献
1) 環境省：事業者のための地下水汚染対策

（松下　孝）

4　浄化処理

ここでは、原位置で地下水を浄化する手法について説明する。原位置での地下水の浄化は、土壌の浄化と同時に行われる場合がほとんどあり、浄化の手法は土壌汚染対策法で定められている。

(1) バイオスティミュレーション法

バイオスティミュレーション法は電子供与体となる有機物を、窒素やリン等の栄養剤と共に地下水中に注入し、嫌気性微生物の働きによって、揮発性有機化合物（VOCs）を分解するものである。

テトラクロロエチレンの嫌気性微生物による分解経路を図7に示す。塩素化エチレンが嫌気性微生物によって分解されることは1980年

代に知られていたが、シス－1,2－ジクロロエチレンが蓄積し、それ以降の脱塩素反応が進行しないという問題があった。しかし、テトラクロロエチレンをエタンまで分解する微生物（Dehalococcoides属細菌）が1997年に発見された[1]。そして、Dehalococcoides属細菌を検出する手法も開発された[2]。検出方法は図8に示すように、Dehalococcoides属細菌の16SrDNA遺伝子を標的とするReal Time PCR法であり、簡便に測定することができる。今日、バイオスティミュレーション法は欧米をはじめ我が国でもひろく利用されている。

図9は、シス－1,2－ジクロロエチレンで汚染された地下水に対するバイオスティミュレーションの適用性試験の結果である。図9に示されるように、シス－1,2－ジクロロエチレン濃度の減少に伴い塩化ビニルモノマーが一時的に増加し、最後はエチレンに変化している。また、処理時間の経過に伴いDehalococcoides属細菌が増加している。

図10は、バイオスティミュレーションのパイロット試験を行った現地の写真と浄化方法、並びに浄化時間の経過に伴うシス－1,2－ジクロロエチレンの濃度の変化を示したものである[3]。添加した栄養剤はエタノールとリン酸水素二アンモニウムである。この試験では、7.5ケ月でシス－1,2－ジクロロエチレンが地下水基準である0.04 mg/l以下となっている。

栄養剤の注入手法には図11に示す二つがある。地下水の流速が比較的速い場合には、上流より栄養剤を注入し栄養剤の自然拡散により浄化する手法が用いられる。場合によっては、エマルション型の栄養剤が利用される場合もある。一方、地下水の流速が比較的遅い場合には、地下水を揚水・注水し、注水時に栄養剤を添加し浄化する手法が用いられる。

(2) バイオオーグメンテーション法

Dehalococcoides属細菌がいない場合には、バイオスティミュレーション法が適用できないことが多い。この様な場合、Dehalococcoides属細菌を培養、注入する方法がある。バイオオーグメンテーション法である。概念を図12に示す。

バイオオーグメンテーション法を適用する場合には、汚染場所に土着でない微生物を用いることから、生態系への影響に対する配慮が必要であり、経済産業省と環境省により策定された利用指針にしたがって適用することが望ましい[4]。この指針におけるバイオオーグメンテーション法の確認の手順は図13のようになっている。

写真2は実際にバイオオーグメンテーション法で利用されているDehalococcoides属細菌のSEM写真である。図14は、Dehalococcoides属細菌がみとめられなかった地下水についてのバイオオーグメンテーション法の適用性試験の結果であり[5]、バイオスティミュレーション法と比較して示してある。バイオオーグメンテーション法では、シス－1,2－ジクロロエチレンの濃度は試験開始29日後に地下水基準である0.04 mg/l以下となっているのに対し、バイオスティミュレーション法では、試験開始30日後でもシス－1,2－ジクロロエチレンの濃度は2.2 mg/lである。

(3) バイオスパージング法、バイオベンティング法

ベンゼン、ガソリン、重油等の漏洩により土壌・地下水が汚染された場合、まず、漏洩した油等を汲み上げるが、これだけでは浄化は完了しない。後続の対策として、バイオスパージングやバイオベンティングが用いられる。

図15のように、バイオスパージング法は地下水位が高い場合に空気を地下水中に供給する手法であり、バイオベンティング法は地下水位が低い場合に空気を土壌中に供給する手法である。なお、供給された空気は汚染物質を含んでいるので、活性炭等で除去する必要がある。

(4) 酸化分解法

酸化分解法は酸化剤により有機化合物を分解する方法であり、広く利用されている酸化剤は過硫

バイオスティミュレーション法によるテトラクロロエチレンの分解経路(図7)

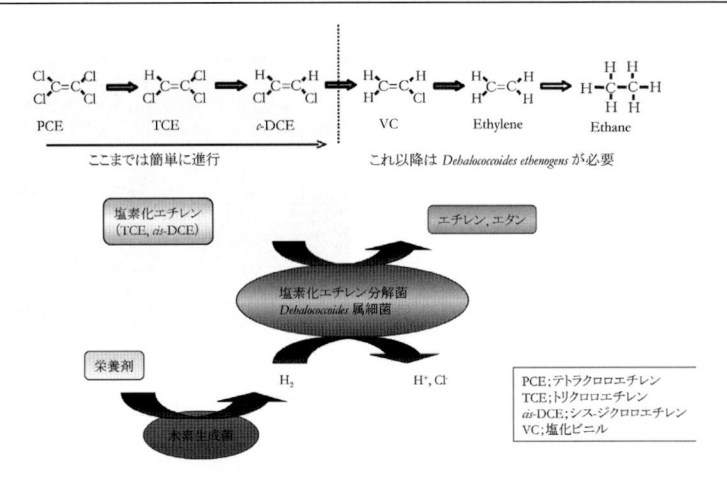

PCE → TCE → c-DCE　｜　VC → Ethylene → Ethane

ここまでは簡単に進行　　これ以降は *Dehalococcoides ethenogens* が必要

塩素化エチレン (TCE, *cis*-DCE)　→　塩素化エチレン分解菌 *Dehalococcoides* 属細菌　→　エチレン, エタン

栄養剤 → 水素生成菌 → H_2 → → H^+, Cl^-

PCE;テトラクロロエチレン
TCE;トリクロロエチレン
cis-DCE;シス-ジクロロエチレン
VC;塩化ビニル

有機塩素化合物分解菌(16SrDNA)の検出技術(図8)

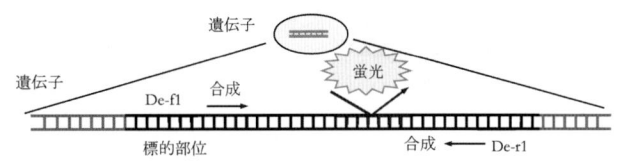

遺伝子　　De-f1 合成 →　標的部位　← 合成 De-r1
蛍光

バイオスティミュレーション法の適用性試験の結果(図9)

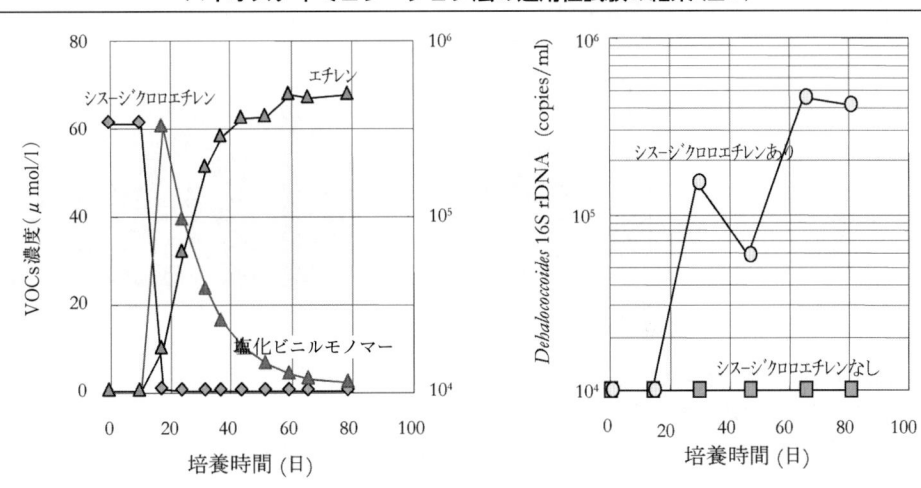

バイオスティミュレーション法の栄養剤の注入手法(図11)

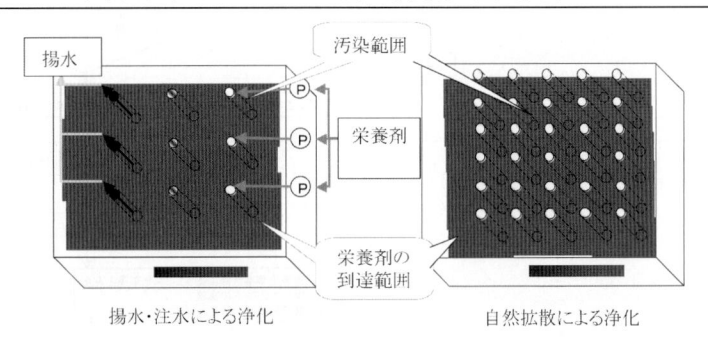

揚水・注水による浄化　　自然拡散による浄化

汚染範囲／栄養剤／栄養剤の到達範囲

900 ● Ⅴ 実用水処理技術編

バイオスティミュレーション法のパイロット試験（図10）

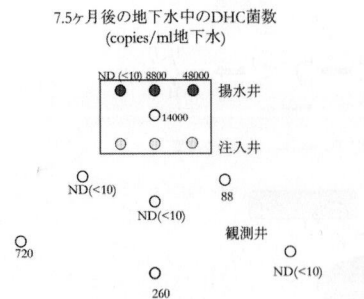

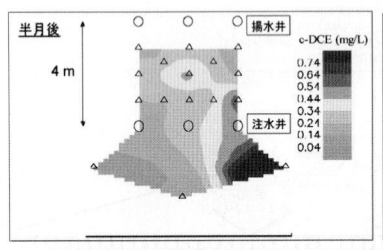

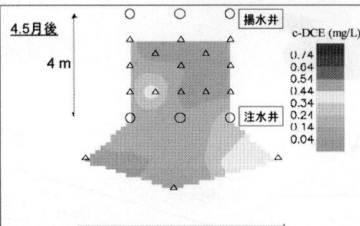

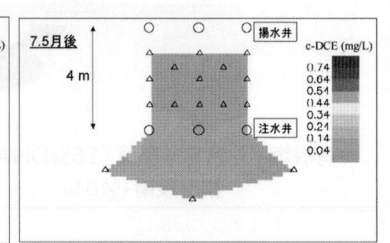

7.5ヶ月後の地下水中のDHC菌数
(copies/ml地下水)

ND(<10) 8800 48000 　揚水井
○14000
　　　　　　　　　注入井
ND(<10)　　88
○　　　○
720　ND(<10)
　260　　ND(<10)　観測井

半月後　　揚水井　c-DCE (mg/L)
4 m　　　　　　　0.74
　　　　　　　　　0.64
　　　　　　　　　0.54
　　　　　　　　　0.44
　　　　　　　　　0.34
　　　　　　　　　0.24
　　　　　　　　　0.14
　　　　　注水井　0.04

4.5月後　　揚水井　c-DCE (mg/L)
4 m　　　　　　　0.74
　　　　　　　　　0.64
　　　　　　　　　0.54
　　　　　　　　　0.44
　　　　　　　　　0.34
　　　　　　　　　0.24
　　　　　　　　　0.14
　　　　　注水井　0.04

7.5月後　　揚水井　c-DCE (mg/L)
4 m　　　　　　　0.74
　　　　　　　　　0.64
　　　　　　　　　0.54
　　　　　　　　　0.44
　　　　　　　　　0.34
　　　　　　　　　0.24
　　　　　　　　　0.14
　　　　　注水井　0.04

バイオオーグメンテーション法の概念図（図12）

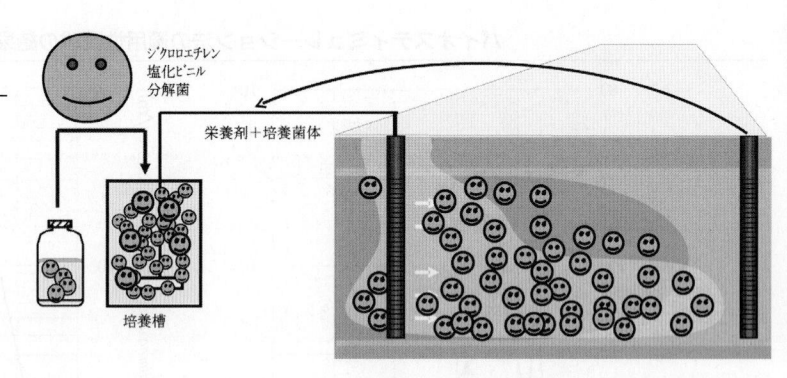

ジクロロエチレン
塩化ビニル
分解菌

栄養剤＋培養菌体

培養槽

「微生物によるバイオレメディエーション利用指針」に示されるバイオオーギュメンテーション法の確認の手順[1]（図13）

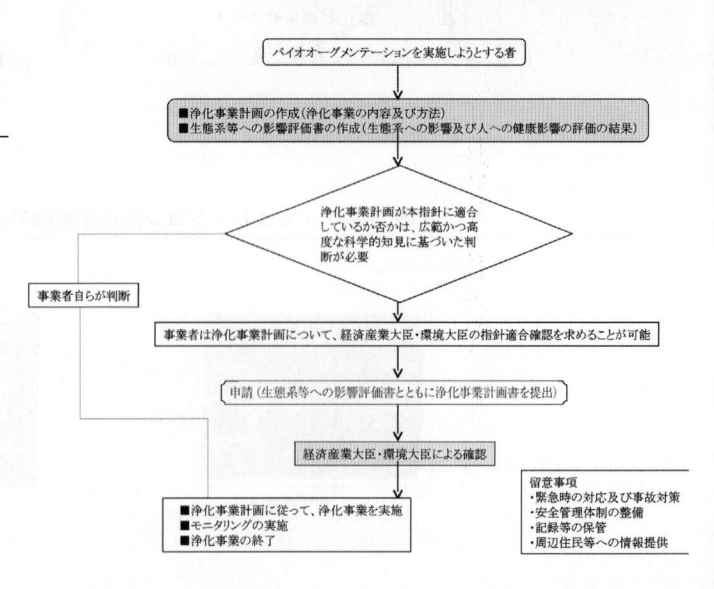

バイオオーグメンテーションを実施しようとする者
↓
■浄化事業計画の作成（浄化事業の内容及び方法）
■生態系等への影響評価書の作成（生態系への影響及び人への健康影響の評価の結果）
↓
浄化事業計画が本指針に適合しているか否かは、広範かつ高度な科学的知見に基づいた判断が必要

事業者自らが判断

事業者は浄化事業計画について、経済産業大臣・環境大臣の指針適合確認を求めることが可能
↓
申請（生態系等への影響評価書とともに浄化事業計画書を提出）
↓
経済産業大臣・環境大臣による確認
↓
■浄化事業計画に従って、浄化事業を実施
■モニタリングの実施
■浄化事業の終了

留意事項
・緊急時の対応及び事故対策
・安全管理体制の整備
・記録等の保管
・周辺住民等への情報提供

Dehalococcoides 属細菌の走査電子顕微鏡（SEM）写真（写真2）

バイオオーギュメンテーション法の適用性試験結果（図14）

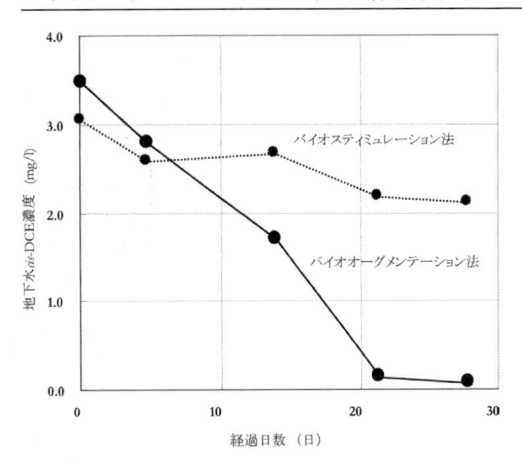

バイオスパージング法とバイオベンティング法の概念図（図15）

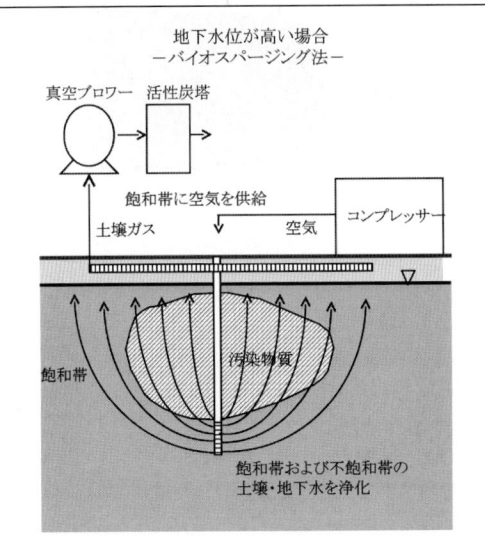

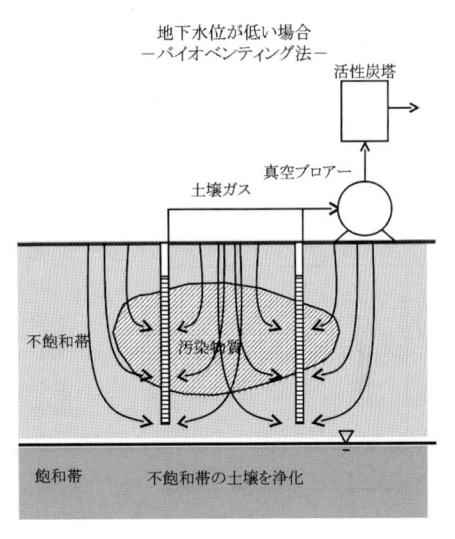

酸塩、過マンガン酸塩、フェントン試薬である。それぞれの特徴を表4に示す。

図16は過マンガン酸カリウムによる浄化事例であるが、約3週間で地下水基準適合となっている。

過硫酸塩は、過マンガン酸塩に比較すると、分解速度が遅いが、土壌に含まれる有機物等による酸化剤の消費が少ない。これを利用した浄化事例が図17である[6]。建物下で浄化対策を実施することが困難である区域の汚染地下水を、上流より過硫酸塩水溶液を注入し、地下水の流下により浄化する手法である。この事例では、浄化に約3年で対象区域の地下水を浄化している。なお、加温したり、pHを制御したりして分解速度を速くする手法も開発されている。

フェントン試薬を用いる手法は、過マンガン酸と同様に分解速度は速く、酸化剤と還元剤の濃度を調整することにより、分解反応速度の調整も可能である。

各種酸化剤の特徴（表4）

酸化剤	特　徴
過マンガン酸塩	分解が速い 土壌中の有機物により薬剤が消費される 要監視項目である全マンガンが残留しないように注意する必要がある（指針値 0.2 mg/l 以下）
過硫酸塩	分解が遅い 分解を速くするには，加熱や還元剤等の併用が必要である 土壌中の有機物による薬剤消費量が少ない
フェントン試薬	分解が速い 2種類の薬剤を使用する

過マンガン酸カリウムによる浄化事例（図16）

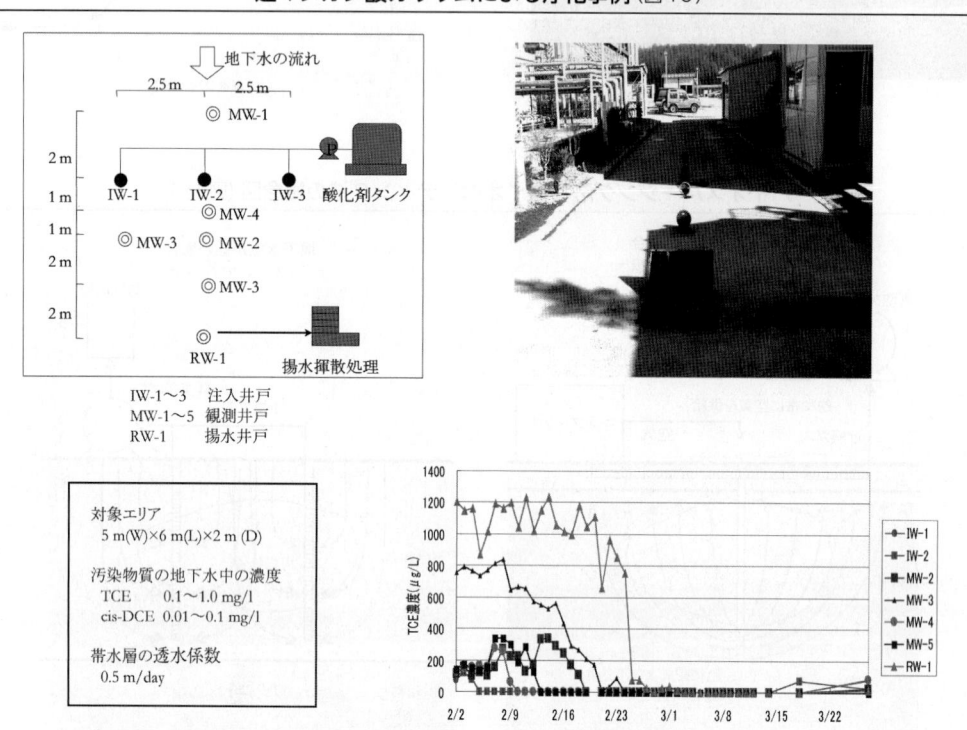

IW-1〜3　注入井戸
MW-1〜5　観測井戸
RW-1　揚水井戸

対象エリア
　5 m(W)×6 m(L)×2 m (D)
汚染物質の地下水中の濃度
　TCE　　　0.1〜1.0 mg/l
　cis-DCE　0.01〜0.1 mg/l
帯水層の透水係数
　0.5 m/day

過硫酸塩による地下水浄化事例（図17）

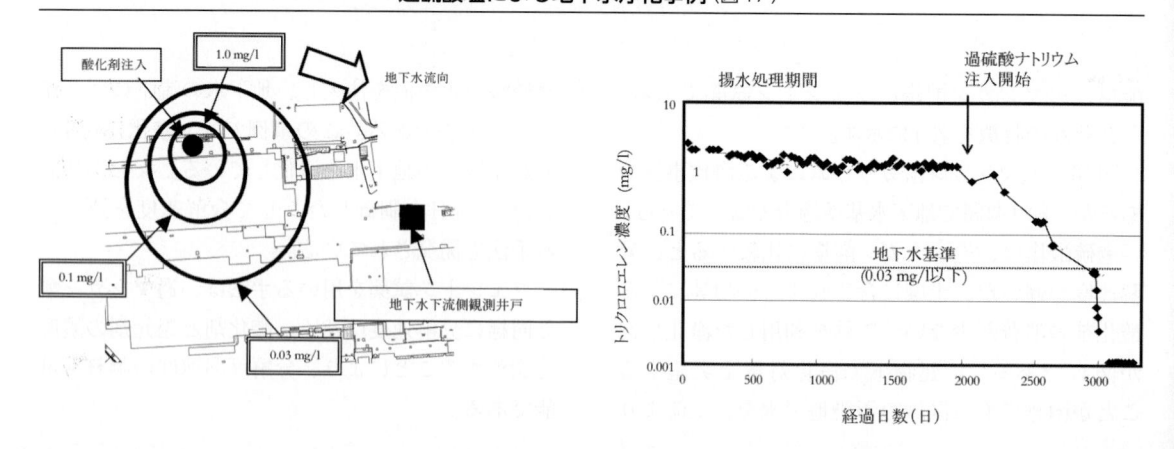

微細鉄粉の走査電子顕微鏡（SEM）写真（図18）

微細鉄粉によるトリクロロエチレンの分解経路（図19）

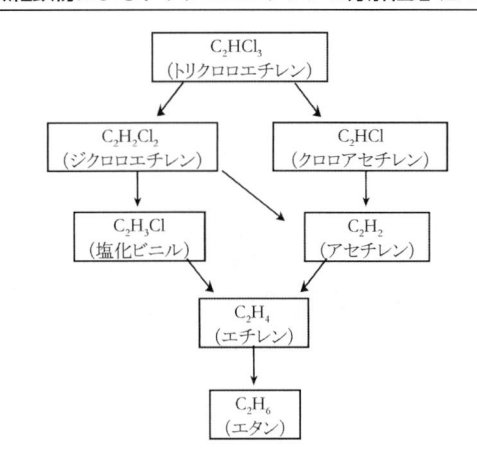

```
      C_2HCl_3
   (トリクロロエチレン)
      ↙     ↘
 C_2H_2Cl_2    C_2HCl
(ジクロロエチレン) (クロロアセチレン)
   ↓    ↘    ↓
 C_2H_3Cl    C_2H_2
 (塩化ビニル)  (アセチレン)
      ↘    ↙
       C_2H_4
      (エチレン)
         ↓
       C_2H_6
       (エタン)
```

微細鉄粉スラリーの注入による汚染地下水浄化の概念図（図20）

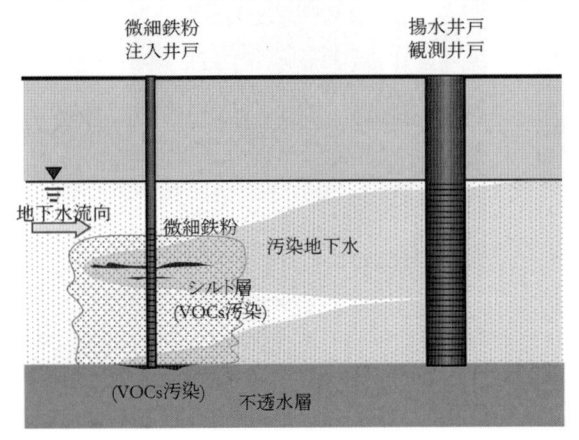

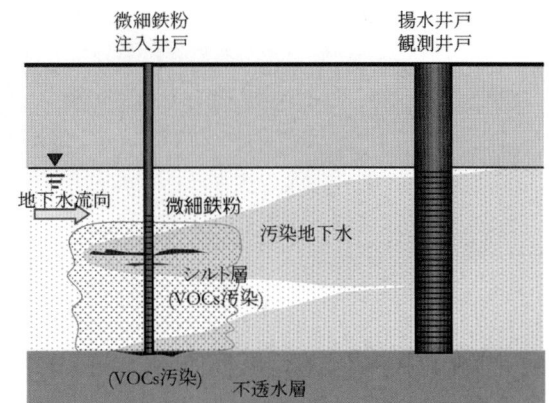

(5) 微細鉄粉注入法

　有機塩素化合物で汚染された土壌に、鉄粉を混合し、還元分解する手法がある。また、原位置にスラリー状の微細鉄粉を地下水中に注入し、同様に有機塩素化合物を還元分解する手法も利用されている。

　図18は微細鉄粉のSEM写真であり、鉄粉による有機塩素化合物の分解経路は図19のように提案されている。

　図20は、有機塩素化合物が入り込んだ粘土・シルト層の周辺に微細鉄粉スラリーを注入し、粘土・シルト層から溶出してくる有機塩素化合物を含む地下水が、微細鉄粉が注入された領域を通過する間に還元分解する手法の概念図である。当然ながら、地下水の流速、粘土・シルト層からの有機塩素化合物の溶出速度つまり地下水中での濃度によって、注入する微細鉄粉の濃度と注入範囲を設計する必要がある。

透過性地下水浄化壁の設置方式（図21）

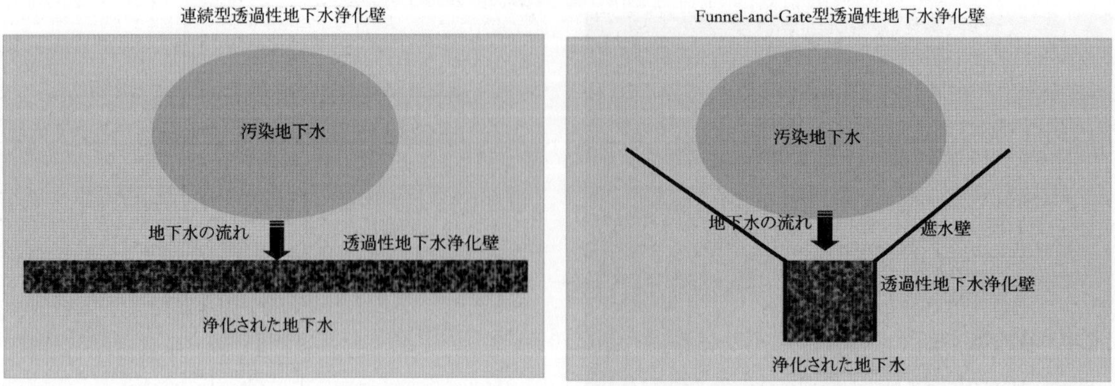

連続型透過性地下水浄化壁

Funnel-and-Gate型透過性地下水浄化壁

透過性地下水浄化壁の概念図と工事写真（図22）

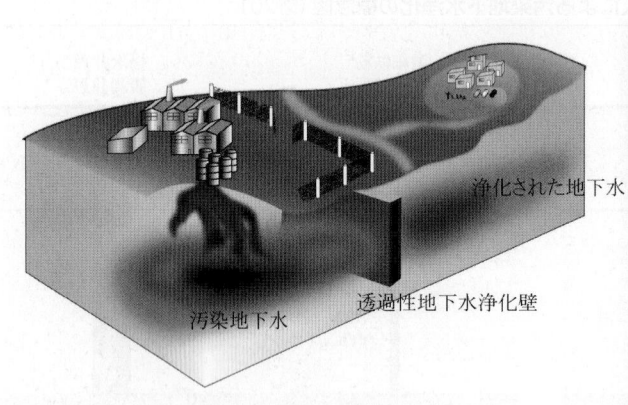

原位置封じ込め法と透過性地下水浄化壁法の併用（図23）

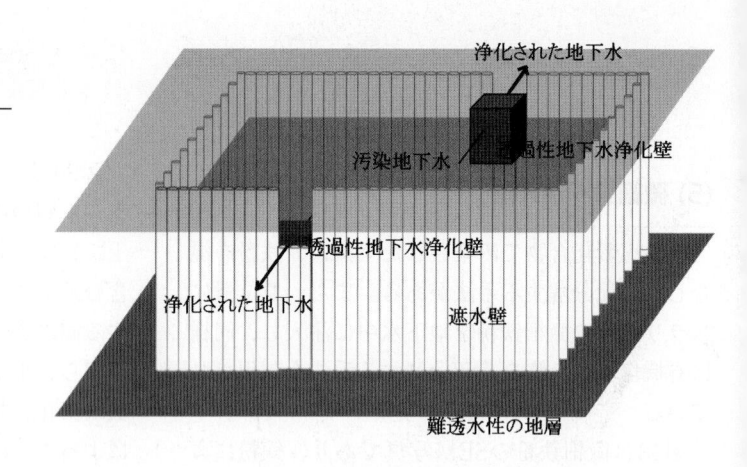

原位置不溶化処理の施工の概念図(図24)

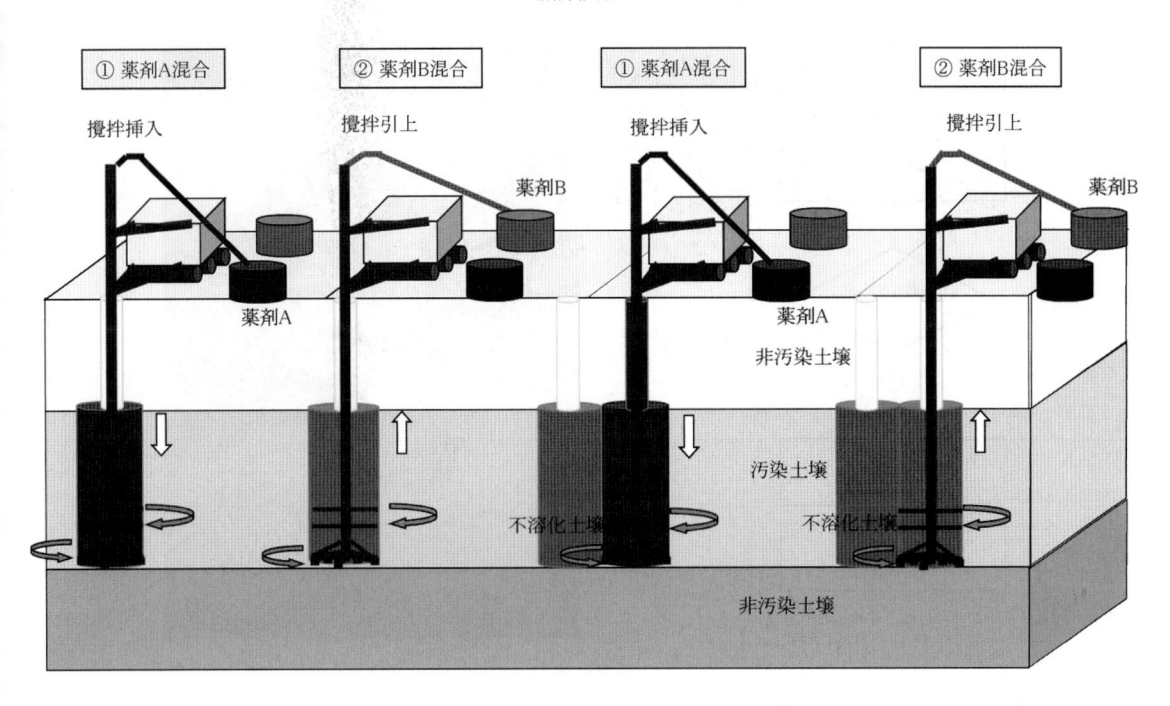

(6) 透過性地下水浄化壁法

　帯水層中に鉄粉と砂等からなる透過性の良い壁を作製し、ここを汚染地下水が通過する間に浄化する手法がある。透過性地下水浄化壁法である。

　有機塩素化合物は壁中で鉄粉により還元脱塩素化され、重金属等は吸着、あるいは還元・吸着される。

　透過性地下水浄化壁法には図21に示すように、汚染地下水の下流に連続した浄化壁を設置する方式と、遮水壁と浄化壁を併用する方式がある。図22は連続型地下水浄化壁の概念図と工事写真である。

　鉄粉の必要量は、汚染物質の種類と濃度、地下水の流速、スケール生成量、地下水中の妨害物質、浄化期間によって決定され、一般には浄化期間は30～50年で設計されることが多く、壁の厚さは0.5～1m程度である。

　なお、図21の方式で浄化壁を作製する場合、地下水流速が大きい場合や汚染物質濃度が高い場合には、鉄粉が多く必要となり工事費用が高くなる。このような場合、図23のように土壌・地下水汚染域を遮水壁で囲み、一部に透過性地下水浄化壁を設置する手法が考えられる。

　これは、浄化壁で囲んだ内部の地下水の水位が雨水の浸透等により上昇するので、これを浄化壁により防止するものである。内部の地下水は汚染されているが、浄化壁を通過して外部に搬出される際に浄化される。図22の方式と比較して、浄化対象とする地下水量が大幅に少なくなるために、小規模の浄化壁でよいという利点がある。

原位置不溶化処理の施工の概念図(図25)

掘削不溶化埋め戻しの手順

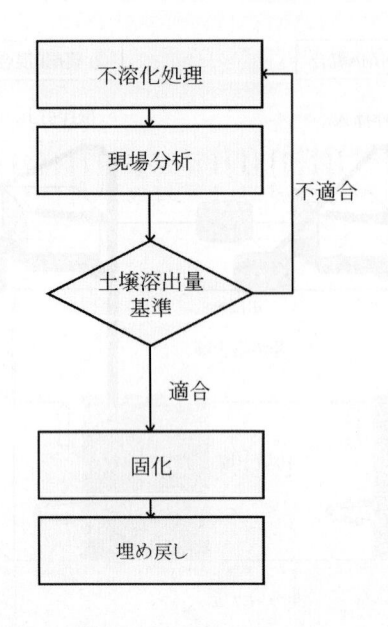

不溶化処理 → 現場分析 → 土壌溶出量基準 →（不適合で不溶化処理へ戻る、適合で次へ）→ 固化 → 埋め戻し

工事写真

(7) その他

　重金属等で汚染された地下水の浄化手法としては、多くは汚染地下水の揚水処理であるが、重金属等の地下水への溶出を防止する手法もある。いわゆる不溶化処理であり、原位置不溶化法である。

　この手法の施工法の一例の概念図を図24に示すが、この図では攪拌機を侵入させながら薬剤Aを添加混合し、ついで攪拌機を引き上げながら薬剤Bを添加混合している。

　当然ながら、汚染域を鋼矢板等で囲み、汚染土壌・地下水を掘削・揚水し、これらを図25のうに不溶化処理して埋め戻す手法（掘削不溶化埋め戻し法）もある。汚染地下水は別途処理される場合もある。

参考文献
1) X. Maymo - Gatell, et al., Science, Vol. 276 (No. 6) p. 1568 (1997)
2) 中村ら, 土壌環境センター技術ニュース, No. 7, p. 1 (2003)
3) 上野ら, 土壌環境センター技術ニュース, No.4, p. 1 (2002)
4) 「微生物によるバイオレメディエーション利用指針」（平成17年3月30日、経済産業省・環境省告示第4号）
5) 水本ら, 土壌環境センター技術ニュース, No.15, p. 1 (2008)
6) 鈴木, 石田, 第15回地下水・土壌汚染とその防止対策に関する研究集会 (2009)

（橋本正憲）

9 農業集落排水

1 現状と課題

(1) 農業集落排水施設の目的

　農業集落排水施設（以下「集排施設」という。）の目的は、農業用用排水の水質保全、農業用用排水施設の機能維持又は農村の生活環境の改善を図ることにある。併せて公共用水域の水質保全に寄与するために、農業集落におけるし尿、生活雑排水等の汚水や汚泥を処理し、かつ、雨水を排除し、より生産性の高い農業の実現と活力ある農村社会の形成に資することを目的としている[1]。
　また、集排施設の整備による水質浄化を通じて、下記のような基盤整備を期待している。
　①農業用用排水の水質保全による農業生産条件の安定化及び水質面での土地条件の優劣の解消による農地の利用集積の促進への寄与。
　②農業の担い手及び地域を支える多様な農業関係者等の定住条件の整備。
　③排施設の維持管理を通じた農村コミュニティの維持強化。

　さらに、集排施設の整備は、小規模分散処理方式による処理水の農業用水への再利用、発生汚泥の農地還元を通じて、地域のリサイクルシステムを構築するという役割も有している。集排施設の整備の目的及び目標を図1に示した。

(2) 集排施設の特徴

　農村の集落は集排施設の整備の観点からみると、次のような空間的・社会的特徴がある。
　①一般に小規模な居住区域が点在し、地域全体としてみると低密度に分散している。
　②集落は、平坦地、山間地など多様な地形条件に立地している。
　③集落は、生産と生活の最小単位であり、今なお共同体的機能を有している。
　④自然の物質循環機能等による浄化力を備えた河川、農業用用排水路、農用地などが豊富に存在する。
　⑤汚水処理により生じた処理水及び汚泥を農業生産等に持続的に取り込める可能性がある。

　上記の農村地域の特徴を十分に活かすことにより、集排施設は下記の特徴を有している。

集排施設の整備の目的及び目標（図1）

（目　的）
- 農業用用排水の水質保全（公共用水域の水質保全）
- 農業用用排水施設の機能維持
- 農村生活環境の改善
- 農村地域における資源循環の促進

（目　標）
- 高生産性農業の実現
- 活力ある農村社会の形成
- 循環型社会の構築

（出所：農業集落排水便覧（平成19年度版）、（社）地域資源循環技術センター、p.3）

大規模集中方式と小規模分散方式による汚水処理方式の相違[2]（図2）

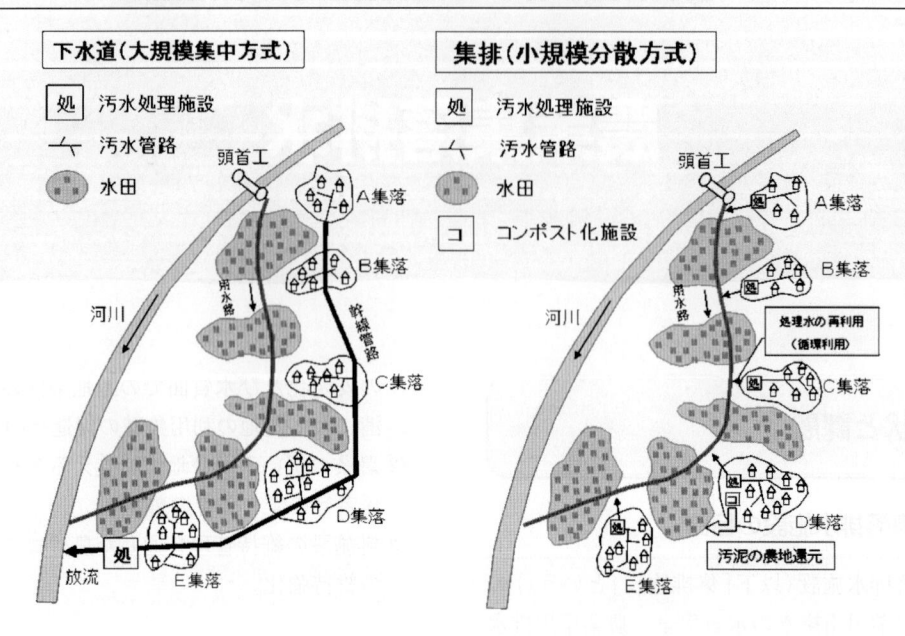

①小規模分散処理方式

　農村地域の空間的・社会的な特質から、汚水処理の効率性や経済性、資源の循環利用などを考慮し、集排施設は、集落を基本単位とした小規模分散処理となっている（図2参照）。

②処理水及び汚泥のリサイクル

　集排施設への流入汚水は、生活排水を原則とし、重金属等を含む工場排水等を対象としておらず、有害物質を含む汚水や水質の不明確な汚水が混入する可能性は少ない。これにより、集排施設から排出される処理水の再利用や発生する汚泥の農地還元等の有効利用が可能となっている。

③住民参加方式

　集排施設では、維持管理のための常駐者を配置せず、住民による日常点検と専門技術者による巡回管理とを組み合わせた住民参加型の維持管理形態を基本としている。これにより、農村コミュニティの醸成と生活排水処理に対する住民の意識の向上も期待できる。

④自然の浄化力による水の浄化

　集排施設は、自然の物質循環機能等による浄化力を備えた水路系、ほ場系などの生態系循環システムを有効に活用することにより、汚水処理施設のみに依拠しない、より良質な水の浄化ができる。

⑤事業効果の早期発現

　小規模分散処理方式の特性から、施設の整備が短期間に実施でき、早期に供用を開始できるため、水質改善や水洗化の早期実現を求める社会的ニーズにも合致している。

(3) 集排施設の整備状況と今後の課題

　農業集落排水事業（以下「集排事業」という。）は、農村の地域特性に適合した小規模分散型の汚水処理方式として、昭和48年度に農村総合整備モデル事業の一工種として制度化され、昭和58年度に単独事業として創設された。その後は農村地域の強い要望に支えられて順調に進展し、図3及び図4に示したように、平成20年度までに約5,000地区で約356万人が供用を開始している。

集排施設の地区数の推移[3]（図3）

注：S58年度以前に採択の新規地区数はS58年度に計上

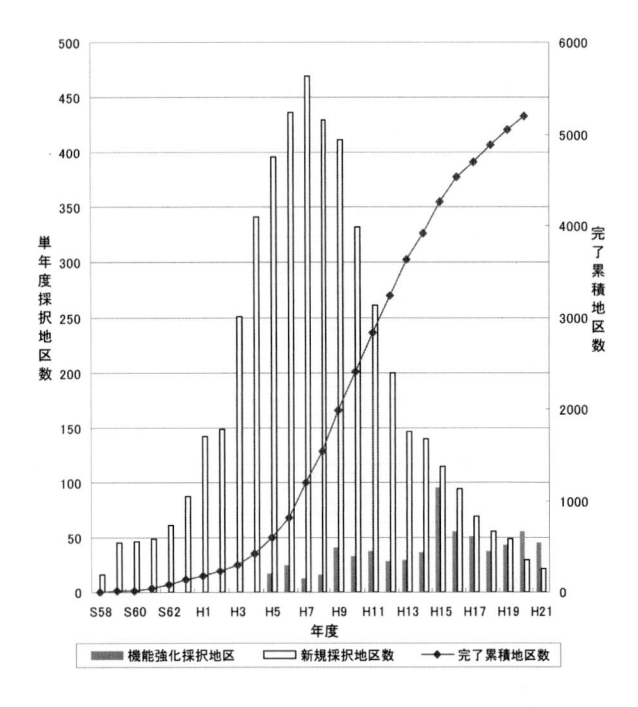

集排施設の整備人口と整備率の推移（図4）

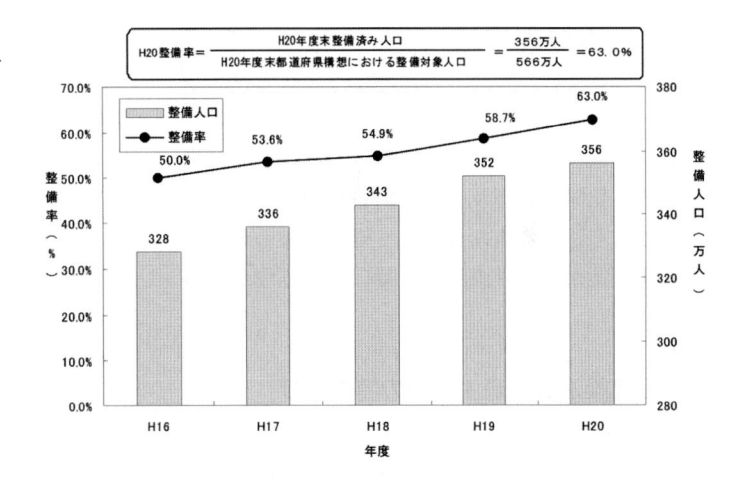

また、平成20年度末の全国の汚水処理施設の処理人口は、1億774万人であり、下水道、農業集落排水、浄化槽を含めた全国の汚水処理人口普及率は84.8%となっているが、農業集落排水事業における整備率は、平成20年度で約63%と低く、今後更なる新規施設整備の推進が必要となっている[4]。

一方で、本事業の創設から25年以上経た現状では経過年数の長期化に伴い、特に汚水処理施設では、施設の老朽化や腐食、使用機器の更新等による補修や改築といった機能強化が増加している。平成20年度以降、機能強化の採択件数は新規採択件数を超える状況となっており、今後もこの傾向が続くと考えられ、ますます機能強化対策が真摯に求められるとみられる。

生物膜法及び浮遊生物法の特徴 (表1)

	生物膜法	浮遊生物法
原理	浄化機能をもった微生物増殖体を、固定されたろ床もしくは接触材に保持し、溶存酸素の存在の下で、汚水と微生物とを十分接触させて酸化分解する処理法である。	浄化機能を持ったフロック状の微生物増殖体（活性汚泥）を、ばっ気槽内に浮遊した状態で常に保持しながら溶存酸素の存在の下で、汚水と微生物のフロックを十分接触させて酸化分解する処理法である。
処理方式	接触ばっ気方式、（回転板接触方式及び散水ろ床方式）等がある。	長時間ばっ気方式（連続流入間欠ばっ気方式も含む）、オキシデーションディッチ方式及び回分式活性汚泥方式等がある。
汚水と微生物の接触方法	接触ばっ気方式の場合、汚水中に固定された接触材表面に微生物を保持しながら、汚水をブロワによりエアレーションすることで撹拌水流を起こし、接触材表面の微生物と接触させる。	ブロワ等により、エアレーションすることで、槽内の汚水と微生物を接触させる。
酸素の供給方法	接触ばっ気方式の場合、ブロワ等を用いたエアレーションによる。	ブロワ等を用いたエアレーションによる。

2 汚水処理方法

集排施設に係る一般的な汚水処理方法には、生物処理、化学的処理及び物理的処理があり、これらの方法を適切に組み合わせて処理システムとして処理性能が発揮されるが、特に生物処理が主体である。

(1) 生物膜法と浮遊生物法の特徴及び処理方式の推移

生物処理は、微生物が代謝作用により有機物を分解するとともに増殖する原理を利用したもので、微生物の増殖に伴って、発生した微生物のフロックは沈殿処理等の物理的処理で固液分離され、清澄な処理水を得る機構になっている。この生物処理は大別すると生物膜法と浮遊生物法（活性汚泥法）に分けられ、更に両方式は生物反応槽の溶存酸素レベルに基づいて好気性と嫌気性に区分けされる。集排施設に適用の多い好気性処理の特徴を表1に示したが、これらの特徴を活かしながら、集排施設への適用がなされている。

(社)地域環境資源センター（以下「センター」という。）が、行ってきたJARUS型の適合審査業務において適用した処理方式の推移を図5に示した。事業創立時の昭和58年度当初は生物膜方式、特に沈殿分離と接触ばっ気を組み合わせた方式（I型）が多い状況であったが、その後の10年間は嫌気性ろ床と接触ばっ気を組み合わせた方式（Ⅲ型等）が生物膜方式の主流となった。適合審査業務のピークは平成5年〜9年で年間に400地区数を超える件数となり、この間に浮遊生物法（特に回分方式とオキシデーションディッチ（OD）方式）が増加し、生物膜方式を超える状況となった。その後、適合審査業務は減少し、平成21年度には最盛時の1/10の40地区数以下となり、この間に浮遊生物法の連続流入間欠ばっ気方式が、回分方式やOD方式に代わって中核の処理方式となってきている（図5）。

(2) 代表的な処理方式

処理方式は種々あるが、集排事業に適用するに当たっては、各処理方式の特徴を十分に把握した上で、処理水質、経済性及び農村地域の特性を踏

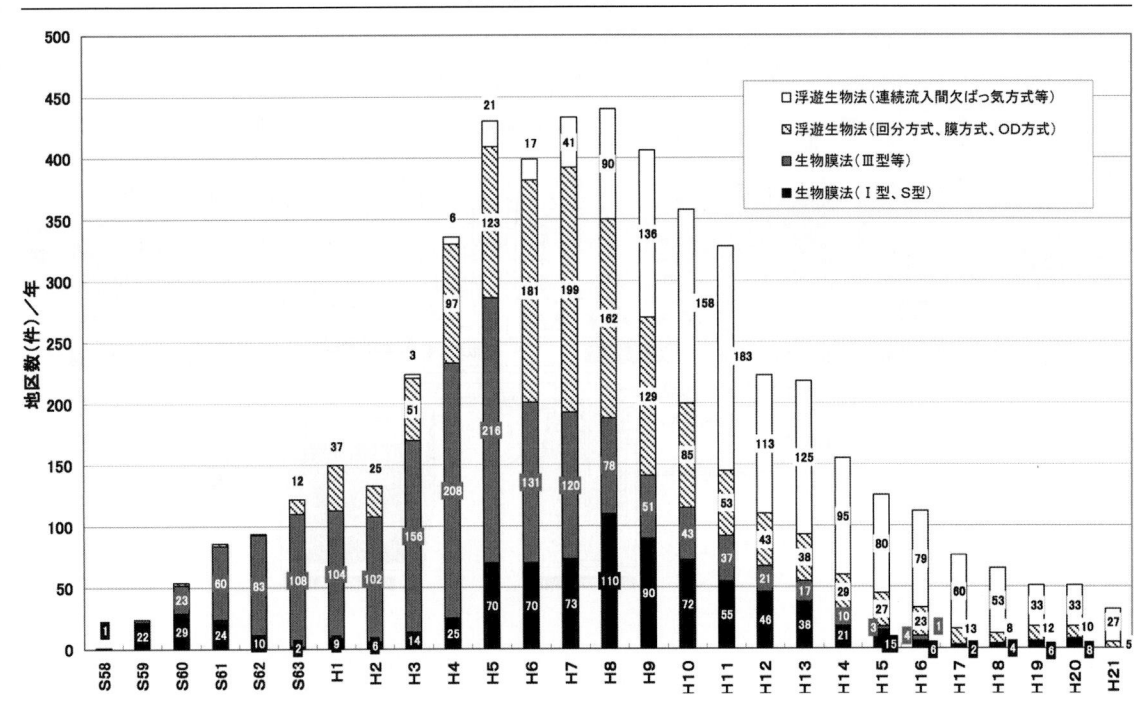

処理方式の推移(図5)

① 嫌気性ろ床と接触ばっ気を組み合わせた方式（Ⅲ型）の概要と処理フロー

嫌気性ろ床は、水槽内に接触材を浸漬し接触材表面に付着している嫌気性微生物膜と流入汚水を接触させて、汚濁物質の嫌気性分解を促進させるとともに、浮遊性物質（SS）の沈殿除去を図るものである。更に、この嫌気性ろ床の後段に表1に示した特徴を有する好気性の接触ばっ気を組み合わせた処理方式である。この方式は、事業当初に生物膜方式の代表的なJARUS型として広く適用された。

本方式の特徴と処理フロー（図6）を以下に示した。

①嫌気性ろ床槽は、BODの除去性能を見込めるため、接触ばっ気槽の容量とばっ気に必要となる動力等を低減することができる。
②嫌気性ろ床槽は、汚濁物質のガス化と汚泥の消化作用が期待でき、安定した性状の汚泥が得られるとともに汚泥発生量が少なくなる。
③接触ばっ気槽で硝化が進行している場合には、嫌気性ろ床槽へ硝化液を循環させることにより、窒素除去を行うことができる。
④嫌気性微生物の嫌気分解反応は、好気性微生物の酸化分解反応に比べて遅いため、嫌気性ろ床槽は大きい容量を必要とする。

② 連続流入間欠ばっ気方式（XⅣ_G型）の概要と処理フロー

本方式は、ばっ気槽滞留時間が18時間以上であり、長時間ばっ気方式に分類される。長時間ばっ気方式はばっ気槽内の活性汚泥を長時間にわたってばっ気し、微生物の自己分解（内生呼吸）により余剰汚泥の生成を減少させる方式であり、処理水質の向上を図るために間欠ばっ気を行い、

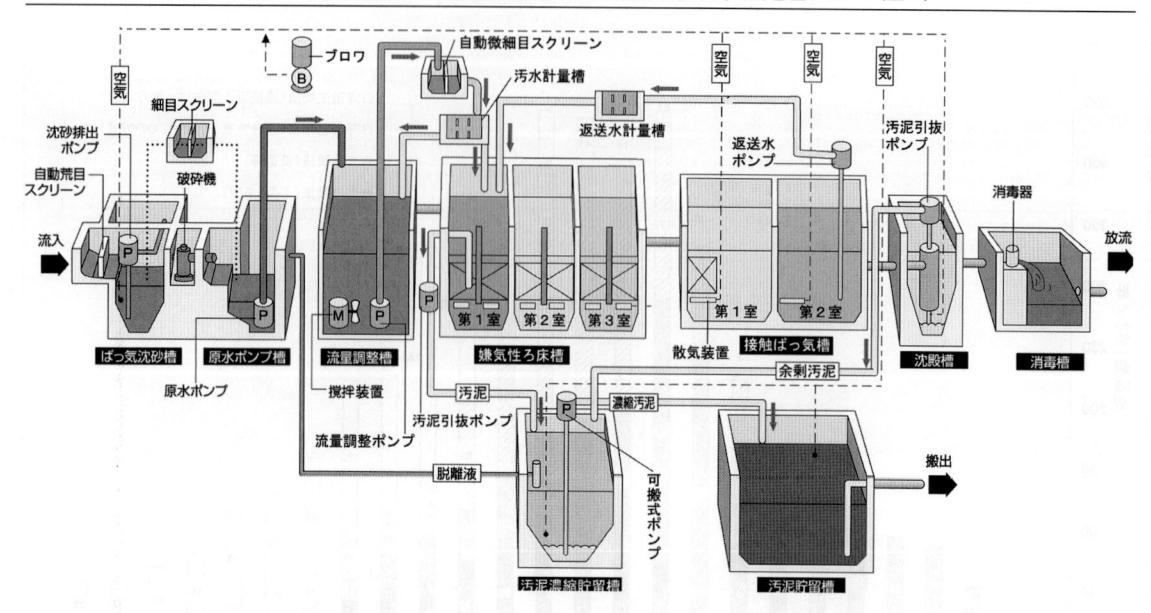

嫌気性ろ床と接触ばっ気を組み合わせた方式（Ⅲ型）の処理フロー（図6）

BODやT－Nの処理性能を高めた方式となっている。

本方式は新設への適用の他に、ばっ気槽を小型化したことにより既設の老朽化した生物膜法による処理施設を、コンクリート躯体の増設を要せずにⅩⅣ$_G$型（リン除去タイプはⅩⅣ$_{GP}$型）へ処理方式を切り替える改築にも適用されている。

本方式の特徴と処理フロー（図7）を以下に示した。

① 汚水を連続的に流入させ、ばっ気槽を時間的に好気工程と嫌気工程に区切り、好気工程で窒素を硝化し、嫌気工程で脱窒し除去させる。これをばっ気槽内で繰り返すことで、窒素の高い除去性能が得られる。

② 長時間ばっ気方式と同様に、窒素除去の効果を高めるための要件として、好気工程、嫌気工程の時間設定や汚泥濃度、空気送気量の調整等の維持管理が極めて重要となる。

③ 好気・嫌気を一定時間で繰り返すことにより、汚泥のバルキング（膨化）が生じにくく、処理性能が安定している。

③ 膜分離活性汚泥方式の概要と処理フロー

水道水源二法の制定や第5次総量規制の実施に伴い、集排地区においてもより高度な処理性能が求められる場合には、これに応える処理技術として浸漬型の膜分離活性汚泥方式が多用されている。本方式はばっ気槽（硝化槽）に膜分離装置を設置し、膜のろ過機能により汚泥と処理水に固液分離して清澄な処理水を得るものである。更に本方式を改良し小規模地区にも適用でき、より低コストなFRP製の膜分離活性汚泥方式も開発・適用されている。

本方式の特徴と処理フロー（図8）を以下に示した。

① 高度な処理水質が安定して得られる。
孔径の小さい精密ろ過膜を通じて混合液の固液分離を行うため、他の活性汚泥法に比較してバルキング（膨化）現象に伴う水質悪化の心配がなく、安定した高度処理が可能である。

② 沈殿槽が不要であり、かつ、高濃度の活性汚泥を保持できるため、ばっ気槽容量を小さくでき処理施設のコンパクト化が図れる。

19章 分野別水処理技術 ● 913

連続流入間欠ばっ気方式（XⅣ_G型）の処理フロー（図7）

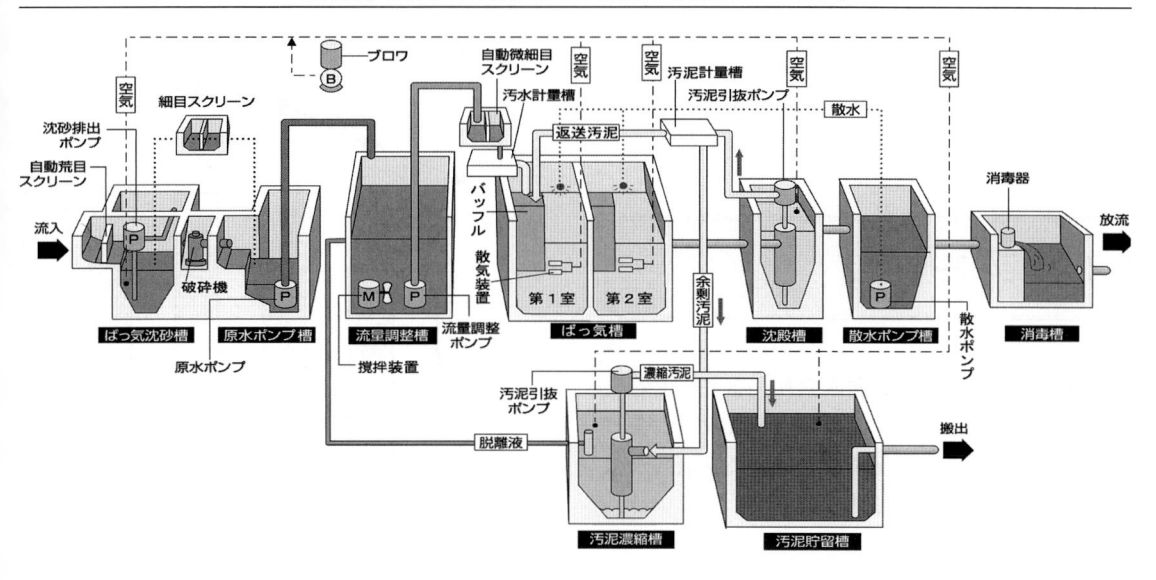

膜分離活性汚泥方式の処理フロー（図8）

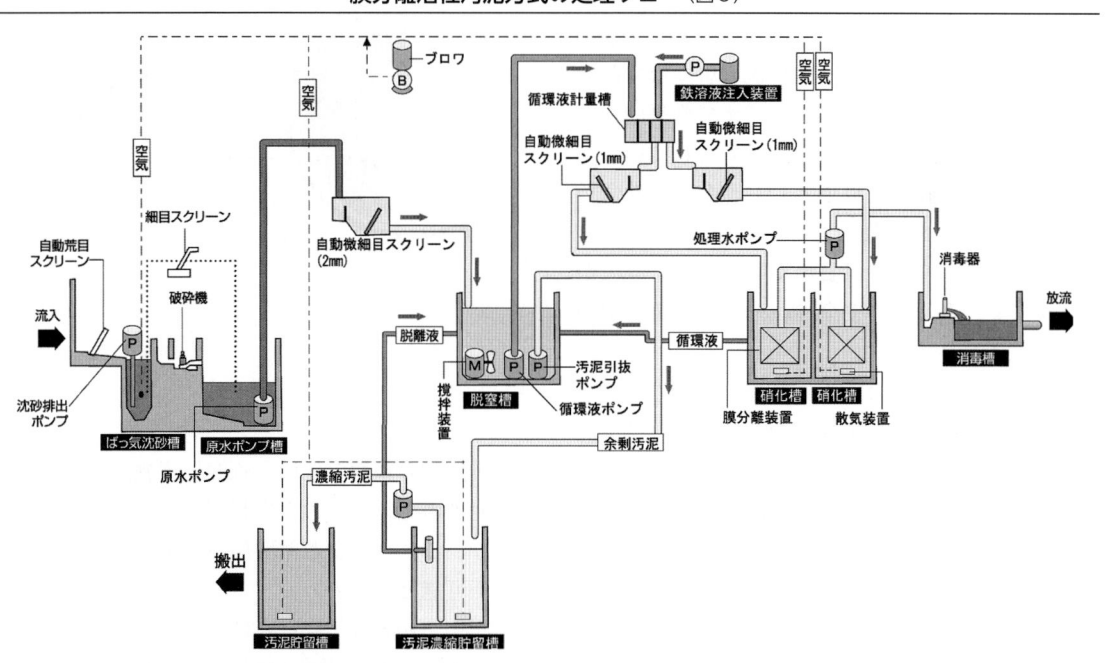

③膜分離装置の性能を発揮するためには、汚泥濃度や汚泥性状を整える必要があり、また、年間に1～2回膜の薬品洗浄を行うことも必要となる。

3 汚泥の循環利用

集排事業においては、窒素やリンなどの肥効成分が含まれている汚泥を、農業生産に役立つ資源として再生し有効に活用することによる地域内循環(地産地消)を基本理念としている。

(1) 集排汚泥の特徴と利用状況

集排汚泥は、廃棄物の処理及び清掃に関する法律により一般廃棄物として処理、処分、再生等の方法が定められており、本法に基づいて市町村が定める生活排水処理の基本計画と調整する必要がある。なお、集排汚泥は一般に次のような特徴を有しており、これらの特徴を踏まえて効果的かつ効率的な農地還元を行うことが求められている。

① 汚水は生活排水を原則とし、重金属等を含む工場廃水等を対象としていない。このため、有害物質の含有や品質の不明確な汚水混入が少なく、利用上の安全性、一定の品質基準の確保が容易である。

② 汚水の収集範囲は、近傍集落からのものであり、汚泥の性状も把握しやすく、また、汚泥性状に変動がある場合の原因究明も容易である。

③ 還元の対象となる農地等が処理場の周辺にあることから、貯蔵や遠距離輸送の問題も少なく小範囲での循環利用が可能である。

集排汚泥の利活用は、平成14年度より従来の集排事業の内容が資源循環機能の強化に向けて見直しがなされ、より確実に農村地域の資源循環促進が図られるようになってきている。具体的には集排施設の整備の他に、資源循環施設として発生汚泥等の肥料化等の再生利用施設の整備が可能となり、これらの資源循環施設は単独工種としても施工可能となっている。

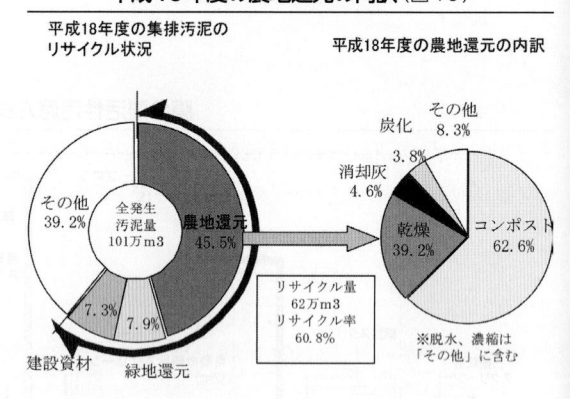

図9に平成14年度以降の集排汚泥のリサイクル状況を、また、平成18年度の農地還元の内訳を図10に示した。平成14年度以降はリサイクル計画(資源循環促進計画)の策定を集排事業の要件にしたことにより、順調に汚泥リサイクル率が向上している。

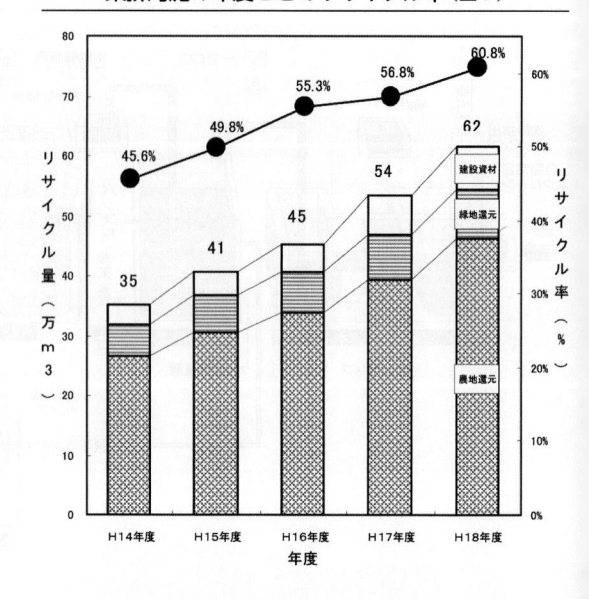

集排汚泥とその他のバイオマス資源を活用したメタン発酵システムの事例(図11)

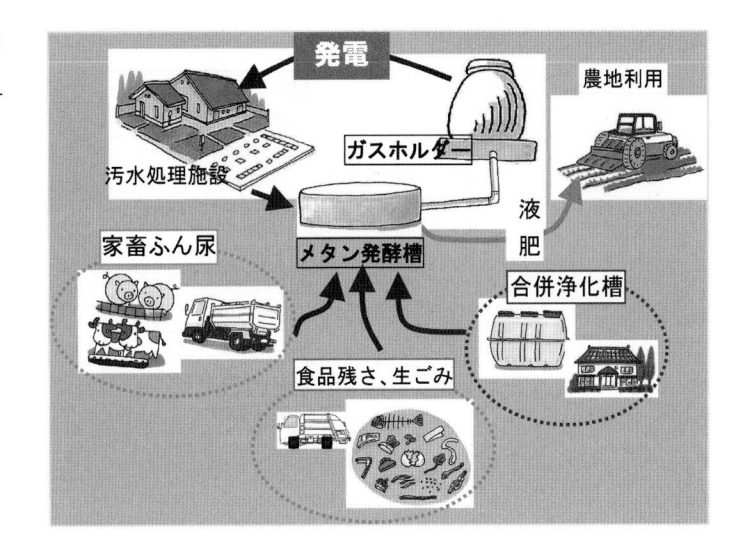

(2) 今後の集排汚泥の循環利用

「環境の世紀」と言われる21世紀の集排施設における新たな取り組み課題として、集排施設を汚水処理施設としての役割のみでなく、農村地域の活性化及び資源循環のキーステーションとして位置づけ、そのための機能の充実と強化を図ることが求められている。

具体的には、従来から実施してきた集排汚泥の資源循環施設（コンポスト施設等）の整備の他に、農業集落排水施設から発生する汚泥と集排地区やその周辺で発生する生ごみや家畜排せつ物を活用したバイオマス利活用によるメタン発酵施設の整備等の推進が挙げられる（図11を参照）。これにより、回収したメタンガスの発電利用とメタン発酵消化液の液肥利用によって「資源循環の推進」、「地域農業の再生と発展」及び「地球温暖化防止策への対応」を押し進め、農村地域の活性化を図ることとしている。

4 維持管理

集排施設の機能は、維持管理が適切に行われることにより発揮されるものであるため、市町村等の事業主体、集落住民及び専門技術者による合理的な体制により、計画的かつ効率的に維持管理を行えるように配慮を要する。

(1) 維持管理の意義と体制

集排施設では、供用開始された汚水処理施設の機能を十分発揮させるためには、適切な維持管理が不可欠であり、適正な管理手法に基づいて維持管理されなければならない。また、異常事態に対しては、その早期発見に努め、直ちに適正な措置を講ずる必要がある。

このため、集排施設では、専門技術者による巡回管理と住民による日常点検とを組み合わせた維持管理体制を基本としており、あらかじめ浄化槽管理者（市町村等の事業主体）、維持管理専門業者（保守点検、清掃）及び地元管理組合間の作業分担、連絡体制など通常時（図12）及び緊急時の

維持管理体制と法規制の関係
(事例)[5] (図12)

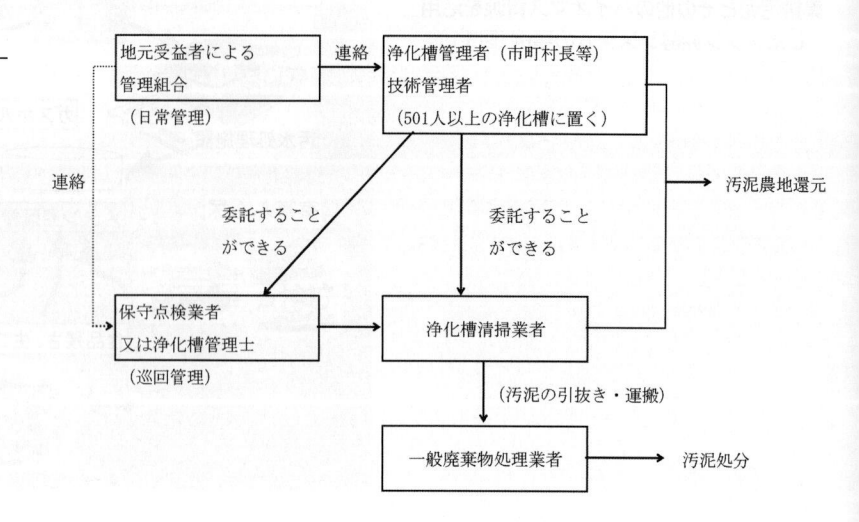

```
地元受益者による ─連絡→ 浄化槽管理者(市町村長等)
管理組合              技術管理者
(日常管理)           (501人以上の浄化槽に置く)    → 汚泥農地還元

  連絡      委託することができる    委託することができる

保守点検業者
又は浄化槽管理士  →  浄化槽清掃業者
(巡回管理)
                    (汚泥の引抜き・運搬)
                    ↓
                    一般廃棄物処理業者 → 汚泥処分
```

維持管理体制を検討しておく必要がある。

(2) 集排施設の維持管理及び保守点検頻度

　集排施設では、維持管理のための常駐者を配置せず、住民による日常点検と専門技術者による巡回管理とを組み合わせた維持管理形態を基本としている。この際の巡回管理における維持管理は、集排施設の処理原理や能力について正確に把握した上で、維持管理マニュアル(要領書)に従って実施する必要がある。また、汚水処理施設は、所定の設計負荷に対応して設計してあるため、現状の負荷状況を掌握することによって、これに合った維持管理を行うことが必要である。

　巡回管理による運転管理の主な調整事項は次のとおりである。

① 流量の調整　　　⑤ 各種ポンプ、ブロワ
　　　　　　　　　　等の機械設備の調整
② 負荷量の調整　　⑥ 消毒器の調整
③ 微生物量の調整　⑦ 換気量の調整
④ 空気量等の調整　⑧ 汚泥管理その他

　合併処理浄化槽における保守点検の頻度は、表2(浄化槽法施行規則第6条)のとおりである。

　この保守点検回数は、機能維持が確保できる最低限の必要回数を示したものとみられ、国土交通大臣の認定を受けた処理方式においては、性能評価申請時の維持管理における保守点検頻度を遵守することになる。

　基本的には集排施設も表2に準じており長期間安定して処理機能が発揮され、適切な放流水質を維持し、異常の早期発見のために保守点検を行っている。日常管理を除く保守点検は、巡回管理により行うことになるが、その回数は一般的な規模の場合、生物膜法による処理施設では2週間に1回程度以上、また、浮遊生物法(活性汚泥法)による処理施設では1週間に1回程度以上である(処理方式、規模等によって異なる。)。

(3) ストックマネジメント手法の活用

　集排施設を管理する市町村にとって、施設の維持管理、更新の費用は非常に大きな負担となっており、施設の機能を維持しつつ、如何に経済的かつ効率的に維持管理、更新を進めるかが、大きな課題となっている。特に、早期から事業に着手してきた市町村では、供用後25年以上経過している施設も多く、また、市町村合併に伴い管理する

合併処理浄化槽の保守点検回数(表2)

処 理 方 式	浄 化 槽 の 種 類	期 間
分離接触ばっ気方式、嫌気ろ床接触ばっ気方式又は脱窒ろ床接触ばっ気方式	1 対象処理人員が20人以下の浄化槽	4月
	2 処理人員が21人以上50人以下の浄化槽	3月
活性汚泥法式	−	1週
回転板接触方式、接触ばっ気方式又は散水ろ床方式	1 砂ろ過装置、活性炭吸着装置又は凝集槽を有する浄化槽	1週
	2 スクリーン及び流量調整タンク又は流量調整槽を有する浄化槽（1に掲げるものを除く。）	2週
	3 1及び2に掲げる浄化槽以外の浄化槽	3月

(出所：農業集落排水便覧（平成19年度版）、(社)地域資源循環技術センター、p.398)

施設の増加並びに昨今の厳しい財政状況等により、施設の長寿命化を図りライフサイクルコスト（施設の建設、維持管理、更新に要するすべての費用）を低減する必要に迫られている。

このため、集排施設を管理する市町村にとって、これら施設の機能を維持しながら、新築、改築、補修、維持管理等を如何に合理的、効率的に行っていくかが大きな課題となっている。この課題に対処し、施設の新築、改築、補修、維持管理を一体として最適化する取組を行う場合には、ストックマネジメント手法が、現下において最も有効な方策と考えられる。

従前の集排施設の機能保全対策は、老朽化や故障、事故等の何らかの理由で施設の機能が所期の性能を満足しなくなった場合に補修や更新を行う対処療法的な対応がとられており、機能障害による水質悪化や住民サービスの低下の悪影響が生じる他、非効率、不経済な機能保全対策は財政にも緊急の支出を強いるなど、問題になる事例もみられた。

集排施設のストックマネジメント手法は、施設の機能診断により劣化の状況や傾向を把握することにより、施設機能の低下予測を踏まえた適時適切な補修など管理保全対策を実施することにより、ライフサイクルコストの低減、管理主体の財政負担の平準化、補助事業の適用による負担軽減、機能不全の防止を可能とする技術確立を目指している。

このように、ストックマネジメントのねらいは、集排施設の時系列的な状態把握、想定する複数の対策シナリオについて、劣化等の進行予測を通じて適切な措置により構造物の延命化を図るとともに、新築、改築、補修、維持管理等の費用の最小化・平準化を図ることにある（図13）。

5 機能強化対策

(1) 機能強化対策の目的及び実施手法

集排施設には、農村集落を取り巻く社会情勢の変化に伴い、供用開始後に生じた処理対象人口の増減、法律や条例などの改正に伴う放流水質規制強化、施設の老朽化による処理性能の低下等により、機能強化対策（改築）（以下、「機能強化」という。）を必要とする地区が生じてきた。このため、平成5年度より補助事業としての機能強化対策事業が実施され、平成21年度までの採択地区数は650地区を超える状況となっている。

これらの機能強化の目的は、施設の老朽化等により施設が本来有する機能が低下したり施設を取り巻く条件などの変化により、現状の機能では不足が生じるような場合に、本来の機能に回復又は

ストックマネジメントの全体フローイメージ[6] (図13)

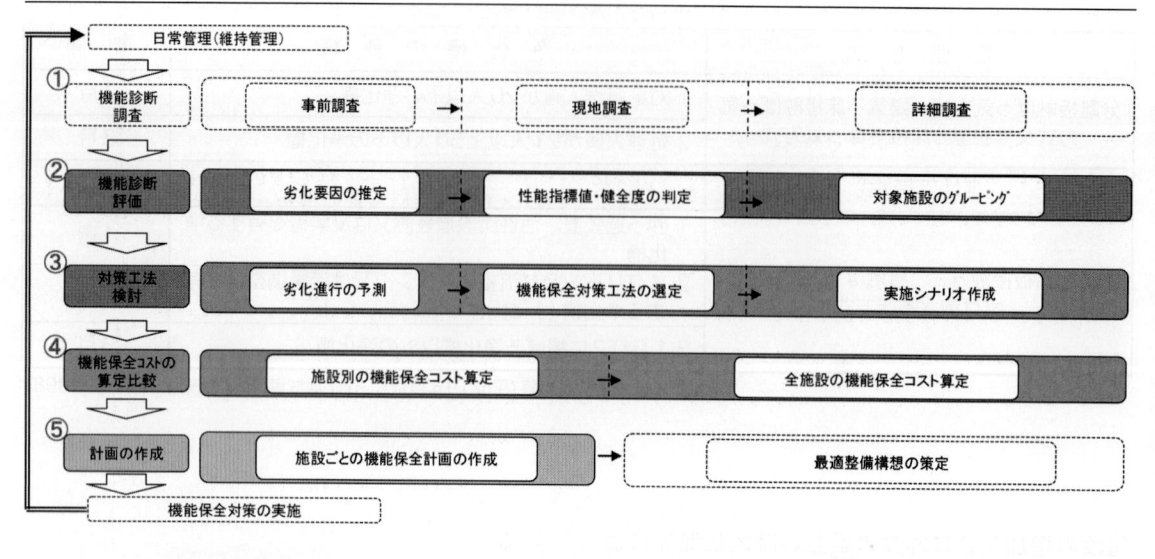

```
日常管理(維持管理)
  ↓
① 機能診断調査 ── 事前調査 → 現地調査 → 詳細調査
  ↓
② 機能診断評価 ── 劣化要因の推定 → 性能指標値・健全度の判定 → 対象施設のグルーピング
  ↓
③ 対策工法検討 ── 劣化進行の予測 → 機能保全対策工法の選定 → 実施シナリオ作成
  ↓
④ 機能保全コストの算定比較 ── 施設別の機能保全コスト算定 → 全施設の機能保全コスト算定
  ↓
⑤ 計画の作成 ── 施設ごとの機能保全計画の作成 → 最適整備構想の策定
  ↓
機能保全対策の実施
```

機能強化の区分 (図14)

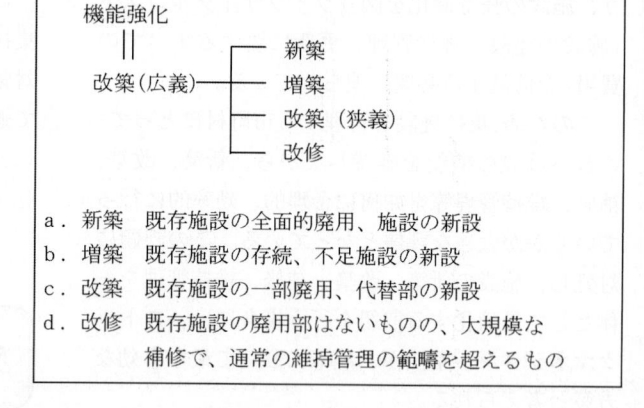

```
機能強化
  ‖
改築(広義) ─┬─ 新築
            ├─ 増築
            ├─ 改築（狭義）
            └─ 改修
```

a．新築　既存施設の全面的廃用、施設の新設
b．増築　既存施設の存続、不足施設の新設
c．改築　既存施設の一部廃用、代替部の新設
d．改修　既存施設の廃用部はないものの、大規模な補修で、通常の維持管理の範疇を超えるもの

それ以上に機能を強化若しくは新たな機能を付加する場合に実施するものである。

また、機能強化の実施手法は、その態様から図14に示すように区分されている。なお、従来の機能強化では、主に施設の老朽化及びコンクリート腐食等による「改修」が実施されてきたが、近年、ライフサイクルコストの縮減、処理水質の安定化及び高度化、環境対策（臭気抑制）等の観点から、処理方式の切替による「改築」（狭義）が合理的な場合があり、処理方式を切り替える「改築」の事例が徐々に増加している（図15）。

(2) 機能強化の要因及び実施状況

最近の機能強化事業に係る要因と事業内容を表3に示した。ここでは、汚水処理施設及び管路施設を各々（1）自然要因による劣化、（2）社会的要因に伴う変更、（3）性能の改善の3つに区分し、全体で①～⑯の要因に分類した。

上記①～⑯の要因について、平成13年度から18年度までの機能強化採択地区（305地区）における主要因別の地区数割合（1地区1主要因）を整理し、要因別の地区数割合を算出した（図15）。

図16に示す主要因の地区数割合（円グラフ）

切替改築の位置付けと期待される効果 (図15)

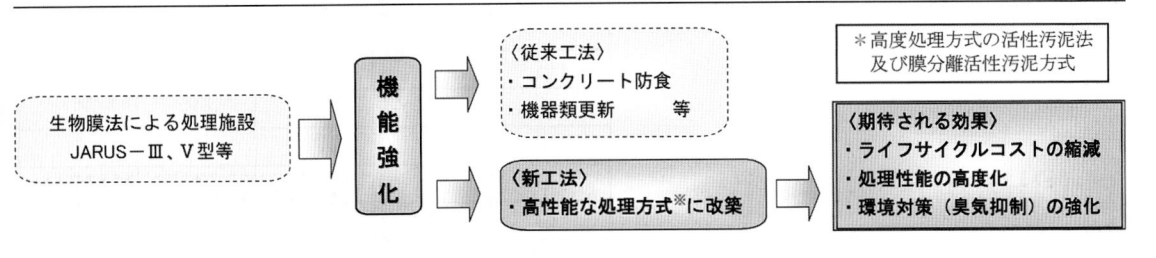

生物膜法による処理施設 JARUS－Ⅲ、Ⅴ型等 → 機能強化 →
- 〈従来工法〉
  - コンクリート防食
  - 機器類更新　等
- 〈新工法〉
  - 高性能な処理方式※に改築

＊高度処理方式の活性汚泥法及び膜分離活性汚泥方式

〈期待される効果〉
- ライフサイクルコストの縮減
- 処理性能の高度化
- 環境対策（臭気抑制）の強化

機能強化事業に係る要因とその事業内容 (表3)

分類	要因			事業内容
1.汚水処理施設	(1)自然要因による劣化	1)想定外の要因	コンクリート腐食劣化	① 防食被覆工事
		2)施設の老朽化	機械設備の老朽化	② 配管・機器類の更新・改修、オーバーホール、接触材の交換、（施設全体の老朽化を含む）
			電気設備の老朽化	③ 機器類の更新、制御盤の改修
			建屋の老朽化	④ 補修工事
	(2)社会的要因に伴う変更	1)社会的要因の変動に伴う設計諸元の変更	処理対象人口の増加	⑤ 増築、改築、新設
		2)施設の高度化 / 社会的要請	放流水質の規制強化	⑥ NP自動測定装置の設置、三次処理施設の設置
		2)施設の高度化 / 管理の高度化	運転管理の高度化	⑦ 遠隔監視、集中監視装置の設置、警報装置の付加
			汚泥管理の高度化	⑧ 発酵・乾燥設備（汚泥コンポスト化設備）、脱水機等の設置
	(3)性能の改善(不安定又は不十分なもの)		臭気対策	⑨ 脱臭装置や汚泥改質機構の新設
			処理水質の不安定	⑩ 処理方式の変更（生物膜法→浮遊生物法等）
			維持管理の非効率	⑪ 逆洗装置の設置
2.管路施設	(1)自然要因による劣化	1)想定外の要因	コンクリート腐食劣化	⑫ 管路の改築、中継ポンプ施設（マンホール）の改築
		2)施設の老朽化	管路施設の老朽化	⑬ 管路の改築、真空弁ユニットの修繕・更新、中継ポンプ施設の補修・更新
	(2)社会的要因に伴う変更	1)社会的要因の変動に伴う設計諸元の変更	処理対象人口の増加	⑭ 管路施設の増設、管路施設の改築
		2)施設の高度化 / 管理の高度化	運転管理の高度化	⑮ 遠隔監視、集中監視装置の設置、警報装置の付加
	(3)性能の改善		管路施設の不明水対策	⑯ 管路の改修、管路更生工事

機能強化事業における主要因別の地区数割合 (図16)

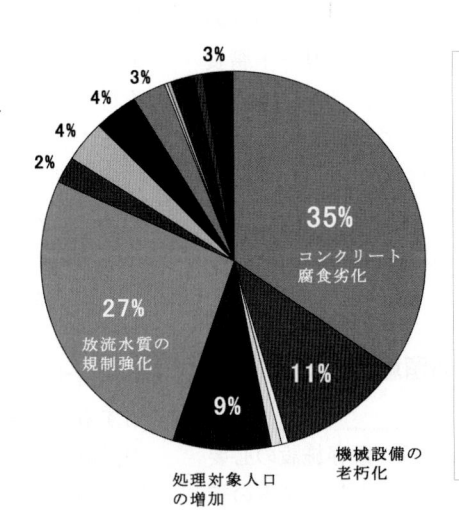

- ① コンクリート腐食劣化: 35%
- ⑥ 放流水質の規制強化: 27%
- ② 機械設備の老朽化: 11%
- ⑤ 処理対象人口の増加: 9%
- 2%, 4%, 4%, 3%, 3%

凡例:
- ① コンクリート腐食劣化
- ② 機械設備の老朽化
- ③ 電気設備の老朽化
- ④ 建屋の老朽化
- ⑤ 処理対象人口の増加
- ⑥ 放流水質の規制強化
- ⑦ 運転管理の高度化
- ⑧ 汚泥管理の高度化
- ⑨ 臭気対策
- ⑩ 処理水質の不安定
- ⑪ 維持管理の非効率
- ⑫ コンクリート腐食劣化(管路)
- ⑬ 管路施設の老朽化
- ⑭ 処理対象人口の増加(管路)
- ⑮ 運転管理の高度化(管路)
- ⑯ 管路施設の不明水対策

年度別の機能強化実施状況[8]（改修を除く）(表4)

年　度	改築方法　（地区数）			
	新　築	増　築	改　築	合　計
H5	2	3	0	5
H6	2	0	1	3
H7	1	1	0	2
H8	2	3	1	6
H9	4	3	2	9
H10	0	1	0	1
H11	0	4	1	5
H12	1	0	0	1
H13	1	3	1	5
H14	1	2	4	7
H15	2	0	1	3
H16	0	0	4	4
H17	0	0	8	8
H18	0	1	5	6
H19	2	1	3	6
H20	0	0	6	6
H21	0	0	5	5
合　計	18	22	42	82

では、コンクリート腐食劣化（汚水処理施設）が35％と最も高く、放流水質の規制強化が27％、機械設備の老朽化が11％、処理対象人口の増加（汚水処理施設）が9％の順となっている[7]。

機能強化事業において平成5年度から21年度までの本事業の採択地区数は659地区で、その内の大部分は既存施設の老朽化及びコンクリート腐食等による「改修」が主である。この「改修」以外の機能強化で当センターが実施した汚水処理方式比較などの検討業務は、82地区あり、この年度別の機能強化実施状況を表4に示した。この中では改築が50％を占め、かつ、最近は増加の傾向がみられる。

(3) 改築の設計時における留意事項及び実施事例

既存施設の改築に当たっては、既存施設の必要最小限の改造及び有効活用による改築コストの縮減、円滑な移流を考慮したレイアウト及び配管設計等による維持管理作業の容易性の確保等を考慮する必要がある。

そのためにも、設計を始める前に、既存施設を構成する設備及び機器類の機能診断を行い、既存施設が正常に機能していることを確認する必要がある。状況によっては、既存の機器等の機能強化も併せて検討することが求められる。

また、既存施設の計画において、極力、水槽の底版を同一高さに、また、水槽壁を一直線上に揃える等の効率的な施工を目的とした設計をする場合がある。こうした理由により、既存槽は、設計諸元に基づく必要容量及び必要水面積等より大きく施工されている場合があるため、既存槽の転用を検討する場合は、実際の仕様を把握して有効活用するよう検討する必要がある。また、基本配置の設計上で、既存施設の改築に当たっては、極力既存の水槽を有効活用するとともに、改造は必要

改築事例－1（Ⅲ型からⅩⅣ_G型への改築例、人口増はなし）（図17）

（改築前）：JARUS－Ⅲ型

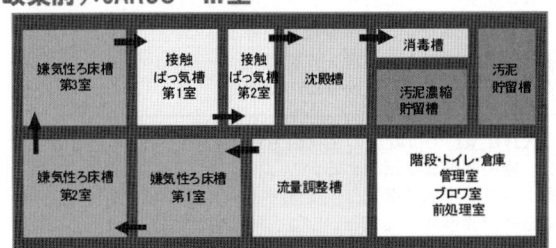

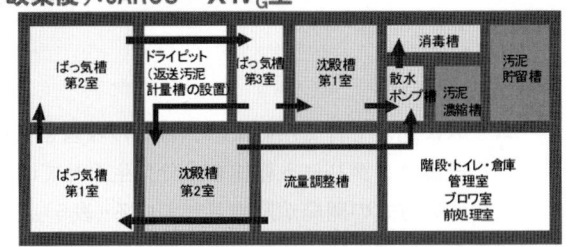

（改築後）：JARUS－ⅩⅣ_G型

JARUS－Ⅲ型（1系列）を
JARUS－ⅩⅣ_G型へ改築

代表的な水槽レイアウトの変更点
① 嫌気性ろ床槽第2,3室＋接触ばっ気槽第2室
　→ばっ気槽第1,2,3室
② 嫌気性ろ床槽第1室＋沈殿槽
　→沈殿槽（2槽構造）
③ 汚泥濃縮貯留槽
　→汚泥濃縮槽,散水ポンプ槽

改築事例－2（Ⅲ型から膜分離活性汚泥方式への改築例、人口増あり）（図18）

代表的な水槽レイアウトの変更点
① 嫌気性ろ床槽第1,2室→脱窒槽
② 嫌気性ろ床槽第3室＋接触ばっ気槽第1室→硝化槽（膜分離装置を設置。）
③ 沈殿槽→汚泥濃縮槽
④ 汚泥濃縮貯留槽＋汚泥貯留槽→汚泥貯留槽

（改築前）：JARUS－Ⅲ型（1,490人）　　（改築後）：JARUS型膜分離活性汚泥方式（2,230人）

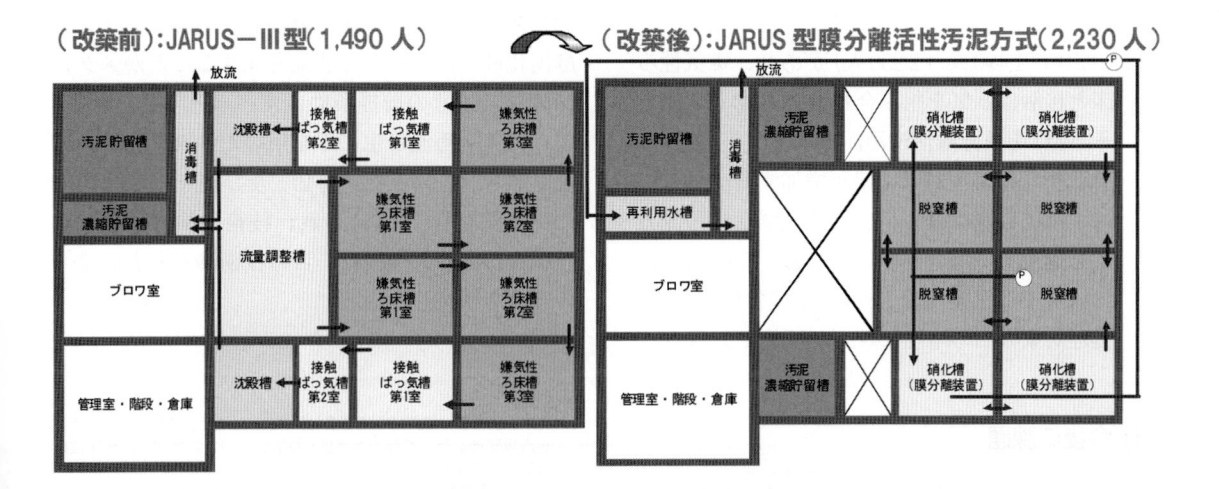

切替改築向けの新処理方式における課題と対応策 (表5)

課題1	: 連続流入間欠ばっ気方式（XIVG型）では沈殿槽が2槽並列となるため、ばっ気槽からの混合液の均等分配が難しく、維持管理が複雑となる。
対応策	: 既設の沈殿槽の1槽で固液分離が可能となる処理方式を開発
期待される効果	: 改築コストの縮減、配置の自由度のアップ、維持管理の簡便化
課題2	: 連続流入間欠ばっ気方式（XIVG型）では既設の生物膜方式に比較して、余剰汚泥の発生量が増加し、維持管理費が増加する。
対応策	: 発生する汚泥の濃縮度を向上させる手法の開発
期待される効果	: 搬出する汚泥量の減量による維持管理費の縮減

最小限にとどめるようにレイアウトを工夫する必要がある[9]。

代表的な処理方式による改築の事例を以下に示した。

① 人口増がなく、嫌気性ろ床と接触ばっ気を組み合わせた方式（JARUS-Ⅲ型）を連続流入間欠ばっ気方式（JARUS-XIVG型）へ改築（図17）

改築時に処理対象人口が増加しないケースでは、XIVG型（リン規制を受けるケースではXIVGP型）を適用する場合が多い。なお、この際に沈殿槽の水面積負荷から既設と同一形状の沈殿槽を1槽追加する必要がある。

② 人口増（1,490人→2,230人）があり、嫌気性ろ床と接触ばっ気を組み合わせた方式（JARUS-Ⅲ型）を膜分離活性汚泥方式へ改築（図18）

改築時に処理対象人口が増加するケースでは、水槽容量は最も小さい膜分離活性汚泥方式を適用する場合が多い。なお、この場合には設計上はⅢ型では1.6倍、Ⅴ型では2.4倍の処理対象人口の増加に対応が可能である。

(4) 今後の課題

現状で切替改築の処理方式として多く採用されている連続流入間欠ばっ気方式は、元々新設向けに開発されたものであり、改築適用時には工夫を要する方式である。このため、切替改築をよりスムーズに進めて行くためには、現状の課題をクリアし既設コンクリート躯体を十分に生かせて改築しやすい方式の開発が期待されている（表5）。

また、処理方式の切替改築に併せて機能強化対策の一環としてメタン発酵施設の導入の検討が挙げられる。これは、改築により生物膜法から浮遊生物法の高度な処理方式に変更した際には、汚泥の発生量が増え維持管理費の増加が懸念されるため、発生する汚泥とその処理区域内及び近隣地区から発生する生ごみ等を原料としてメタン発酵処理を行うことで、汚泥処分費や電気料金の削減を図るものである。加えて、既存施設の空き水槽や設備を有効利用することで、メタン発酵施設の建設コストの縮減が可能となる。ただし、メタン発酵消化液を液肥として農地還元することがメタン発酵施設設置の前提条件とすべきと考えられる。現状は集排汚泥と生ごみを用いたメタン発酵の実証試験[10]（写真1及び図19）及び種々の液肥利用の実証試験[11]が進められ、技術的検討がなされた状況にあり、今後は、この技術確立と実施設への普及を期待したい。

参考文献

1) 農林水産省農村振興局企画部農村政策課：土地改良事業計画指針「農村環境整備」第3章農業集落排水施設、2、(社) 地域資源循環技術センター（2006）
2) (社) 地域資源循環技術センター：農業集落排水便覧（平成19年度版）、5（2007）
3) 佐藤進、財満健彦：農業集落排水処理施設における機能強化対策、防水ジャーナル、40、9、42～46（2009）
4) 村瀬勝洋：平成20年度末の汚水処理人口普及状況等について、季刊JARUS、NO.98、2～7（2009）

メタン発酵実証試験の全景
(投光器はメタンガスで発電した電気を使用)(写真1)

メタン発酵実証試験フローシート(図19)

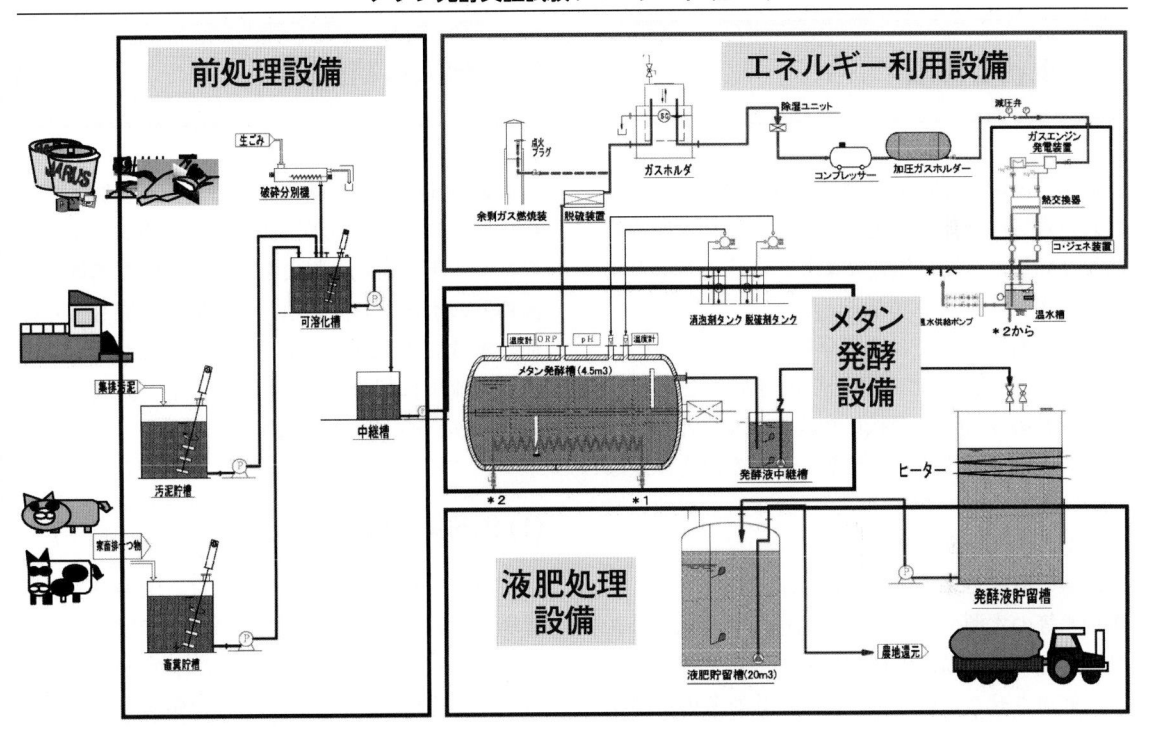

---

5) 農業集落排水事業諸基準等作成全国検討委員会：農業集落排水施設設計指針 本編 平成19年度改訂版、581、(社) 地域資源循環技術センター (2007)
6) 津田幸徳、桑原一登、小鹿勇児、井上敬將：農業集落排水施設のストックマネジメント手法について (第1回)、季刊JARUS、NO.100、17～25 (2010)
7) (社) 地域資源循環技術センター：農業集落排水施設における機能強化技術資料－生物膜法から浮遊生物法への処理方式の切替改築を中心として－ 7～8、(2007)
8) 津田幸徳、高橋仁、椎木亘：機能強化対策 (切替改築) について、季刊JARUS、NO.101、10～18 (2010)
9) 奥村太樹雄、持田悦夫、泉本和義、佐藤進、小西美智孝：農業集落排水処理施設の機能強化 (改築) 技術について、季刊JARUS、NO.92、2～7 (2008)
10) 柴田浩彦、二階靖樹、岡庭良安、三木秀一：農村地域向けメタン発酵施設の実証試験について (第2報) －生ごみを用いたメタン発酵実証試験の結果について－ 季刊JARUS、NO.91、51～59 (2008)
11) 岩下幸司、岩田将英：メタン発酵消化液の液肥利用マニュアル、91～148、(社) 地域資源循環技術センター (2010)

(佐藤　進)

10 河川・湖沼

1 現状と課題

　河川・湖沼の浄化の目的は水質汚濁により損なわれた水域の機能の回復・再生である。水域の特徴及び回復させたい機能により、浄化の対象とする汚濁物質と手法が異なる。

　水域の特徴としては水理学的滞留時間（HRT）が重要であり、HRTの短い河川・水路など（以下、河川等という）と長い湖沼・ダム貯水池など（以下、湖沼等という）に区分される。両者の顕著な差は浮遊状態で生育する植物プランクトンの増殖の可否である。

　水域の機能としては、水道用水や農業用水、工業用水等の水源、水産資源の生息場、観光やレクリエーションの場、地域の信仰の場など様々である。回復させたい機能に応じて浄化対象の汚濁物質とそのレベルが決定される。

　浄化手法を大別すると、水域に流入する汚濁物質量の削減により水域の汚濁物質濃度の低減を図る流入負荷削減、水域の水を対象とした処理や希釈、藻類の分離などにより水域の汚濁物質濃度の低減を図る水域直接浄化、底泥からの溶出及び巻き上げによる汚濁物質の表層への戻りを抑制することにより水域の汚濁物質濃度の低減を図る溶出抑制、水域に生育する生物への働きかけにより水利用上支障となる生物の増殖抑制と汚濁物質濃度の低減を図る生物制御に分けることができる。各手法で用いられている主な技術とその浄化原理、対象汚濁物質を表1に示す。

2 流入負荷削減

　流入負荷削減は水域に流入する汚濁物質量を減らすために行われる手法で、流入河川等の水を対象として汚濁物質の除去を行う汚濁物質処理、汚濁物質の水域への流入地点を水域の下流もしくは別の水域に変更するバイパス、流域における汚濁物質の流出抑制のための対策（以下、流域対策という）などがある。

(1) 汚濁物質処理

　河川等における汚濁物質処理は、工場や下水処理場といった管理された場での浄化ではなく、また気象条件などに左右されることがあることから、運転管理において最適条件の確保を常に求めることは困難な場合が多い。河川等の水では汚濁物質の濃度が汚濁物質の排出源と比べると格段に低くなっていることから、こうした水を対象とした処理は浄化効率の点で厳しい条件下にある。また出水時には土砂、枝葉、ゴミ等の流下が増えることから、こうした物質による処理への影響を考慮する必要がある。

　このような不利な面を抱えながらも河川等において汚濁物質処理が実施されるには以下のような背景が存在している。

①つなぎの対策：当面他に有効な手法がないことから実施するもので、有効な手法が準備できれば必要性は無くなる。

河川・湖沼等の浄化手法（表1）

分類	主な技術	浄化の原理	対象汚濁物質
流入負荷削減	汚濁物質処理	流入河川等の水を対象とした汚濁物質の除去	SS、BOD、COD、N、P等
	バイパス	汚濁物質の流入点の移動による水域への汚濁物質の流入回避	SS、BOD、COD、N、P等
	流域対策	流域における汚濁物質の使用・流出の削減	SS、BOD、COD、N、P等
水域直接浄化	汚濁物質処理	水域の水を対象とした汚濁物質の除去	SS、BOD、COD、N、P等
	浄化導水	他流域からの導水による希釈、（滞留時間の短縮による植物プランクトンの増殖抑制）	SS、BOD、COD、N、P、Chl-a
	藻類分離	ろ過、殺藻処理等による植物プランクトンの水域からの除去	Chl-a、SS
溶出抑制	浚渫	汚濁物質を多く含む底泥の除去による汚濁物質の溶出及び巻き上げの抑制	N、P、BOD、COD
	覆砂	汚濁物質を多く含む底泥に覆いをすることによる汚濁物質の溶出及び巻き上げの抑制	N、P、BOD、COD
	深層エアレーション	深層の溶存酸素の増加による汚濁物質の溶出抑制	N、P、BOD、COD
生物制御	浅層エアレーション	植物プランクトンの有光層下部への移動や表層水温の低下による増殖抑制	Chl-a、SS
	養浜	水草、貝類等の生育場の造成による生物の生育促進に伴う汚濁物質の除去	COD、N、P
	生物体採取	漁獲、もく採り等による生物体の採取に伴う汚濁物質の除去	N、P
	バイオマニピュレーション	生態系に対する人為的操作による植物プランクトンの増殖抑制	Chl-a

接触酸化法の実施例（表2）

施設名（河川名）	設置場所	処理方式 接触材	曝気	計画水量 (m³/s)	計画流入水質 BOD(mg/L)
野川浄化施設	東京都世田谷区	礫	無	1.0	13
平瀬川浄化施設	神奈川県川崎市	礫	無	1.8	20
土器川（古子川）浄化施設	香川県丸亀市	礫	無	0.12	9.3
建花寺川浄化施設	福岡県飯塚市	礫	無	0.4	14
大堀川礫間接触酸化浄化施設	千葉県柏市	礫	有	0.76	35
古ヶ崎浄化施設（坂川）	千葉県松戸市	礫	有	2.5	23
天野川浄化施設	大阪府枚方市	礫	有	0.77	17
吉本樋管浄化施設（串良川）	鹿児島県東串良町	礫	有	0.27	42
境川浄化施設	岐阜県羽島市	プラスチック	有	6.4	----
矢落川浄化施設（津谷川）	愛媛県大洲市	プラスチック	無	0.16	6.9
下矢場川浄化施設	栃木県足利市	プラスチック	有	0.1	12
柳原第一樋管浄化施設（南四合川）	福島県会津若松市	木炭	無	0.15	----

②遊休地の活用：河川敷や廃川敷などの活用で安価に実施できる場合がある。
③教育効果：浄化に取り組んでいることのPRや環境教育の現場としての活用なども期待して実施する。

汚濁物質処理で広く用いられている技術は接触酸化法と湿地浄化法であり、湿地浄化法の一つとして植生浄化法がある。

汚濁物質処理では、対象とする河川等の水を河川等の外に設置した施設に導いて処理を行う方式（水域外設置）と処理施設を河川等の内に設置する方式（水域内設置）がある。水域外設置においては、河川等の水を取水する施設が必要となる。

① 接触酸化法

　接触酸化法は接触材の表面に生成される生物膜により水中の汚濁物質を吸着・分解することにより処理する技術である。

　接触材としては、礫、砕石、木炭、プラスチック製接触材などが用いられている。河川敷に浄化施設を設置する場合には地中に設置することになるため、接触材自体を構造材としても活用するという観点からこれまで礫や砕石がよく用いられてきた。

　わが国の河川における接触酸化法の実施例を表2に示す。なお表2の施設は全て水域外設置である。

　処理の対象となる汚濁物は主にSSとBODであり、これらに関連する水質項目として濁度や透視度、SS性のりんなどが対象となる場合がある。汚濁物質の除去率として、大堀川礫間接触酸化浄化施設の場合、BOD 40.9％、SS 61.5％という値が報告されている[1]。

　接触酸化法の維持管理で特に留意すべき点は処理対象水と接触材の接触をよくすることである。処理の進行とともに分離されたSSや増殖した生物膜などが接触材と接触材の間の空隙に堆積する。一定以上堆積すると水の流れが悪くなり、処理に悪影響を及ぼす恐れがあるので、適当なタイミングで堆積物の除去を行うことが重要である。水域外設置の場合には接触材の底部からのエアレーションと水抜きによる堆積物除去がよく行われている。水域内設置では接触材を河川等から取り出すか、水を一時的にバイパスさせるなどして洗浄することとなる。除去された堆積物は廃棄物として利用・処分される。

② 湿地浄化法

　湿地浄化法は河川等の水を「湿地」に導き、主に沈殿、土壌への吸着、微生物による分解、植物への吸収等により汚濁物質を処理する技術である。本書では「湿地」を幅広く捉えて、天然湖沼のように常時水に覆われ植生を伴うものだけではなく、防災調整池のように人工的に造成され、一時的に水を蓄え、植生を伴わないものであっても汚濁物質の処理に有効な施設を含めることとする。

　汚濁物質処理として用いられる湿地は、沈殿等のため一定のHRTを有する必要がある。わが国において汚濁物質処理の機能を発揮していると見られる湿地の例としては、湖に流入する河川を一時貯留する内湖（天然湖沼としては琵琶湖の西の湖や伊庭内湖、人工施設としては霞ヶ浦川尻川湖内湖浄化施設など）や、ダム湖の手前で流入河川を一時貯留する前貯水池（三春ダム前貯水池など）がその典型であるが、河川を横断する堰により創出される滞水域、SS分離機能を高めた防災調整池、河川水の浄化を目指したビオトープなど様々なタイプがある。

　次節で紹介する植生浄化法は湿地浄化法の一種であり、湿地浄化法の中で特に植生による効果を期待している手法といえる。

　湿地浄化法の処理効率は、湿地のHRTや流入水中の汚濁物質の存在形態、植物プランクトンの増殖状況などに左右される。大久保らが滋賀県の内湖、ため池で行った調査によればT－NとT－PではT－Pの方が除去されやすく、T－P除去率の高い内湖では年平均40－50％程度に対して、T－N除去率の高い内湖で年平均10％程度である[2]。また有機物は植物プランクトンの増殖により懸濁態、溶存態ともに除去率がマイナスになる場合がある[2]。

　湿地浄化法では分離されたSSの系外への搬出が維持管理の要点となる。植生に関する維持管理については次節で触れる。

③ 植生浄化法

　植生浄化法は②の湿地浄化法の一種で、植物による吸収や沈殿、土壌への吸着、土壌によるろ過、微生物による分解等により汚濁物質を処理する技術である。植生浄化法には水域内設置と水域外設置という設置場所に関する区分の他に、利用する植生や水の流し方、植生生育場の材料（植生基材）などによる区分がある。

　植生浄化法で採用される植生は、わが国ではヨシやガマなどの抽水植物が最も多く、次いでホテイアオイ、クレソンなどが用いられている[3]。植

植生浄化法の実施例(表3)

施設名(水域名)	設置場所	植生の種類(斜字は外来種)	計画水量(m3/s)	施設面積(m2)
南角田地区水質浄化施設(農業用排水路)	北海道栗山町	稲、ヨシ、ガマ	0.029	4,700
古川水質浄化施設	秋田県秋田市	マコモ、ガマ、ヨシ	0.2	19,000
浜尾遊水地植生浄化施設	福島県須賀川市	ヨシ	0.1	230,000
相野谷川生活排水浄化施設	茨城県取手市	ガマ、クレソン、ホテイアオイ等	0.012	3,521
清明川植生浄化施設	茨城県美浦村	ヨシ等	0.21	38,000
土浦ビオパーク(霞ヶ浦)	茨城県土浦市	ミント、セリ、クレソン等	0.087	3,400
ヨシ原浄化施設(渡良瀬遊水地)	栃木県栃木市	ヨシ	5	400,000
手賀沼ビオトープ	千葉県我孫子市	ヨシ等	0.063	19,100
生態系活用木場潟水質浄化施設*	石川県小松市	ヨシ	0.0006	401
井上川浄化施設(きらり)	高知県四万十市	ヨシ、マコモ	0.015	2,700

注:生態系活用木場潟水質浄化施設は浸透流れ方式、他は全て表面流れ方式

生の選択にあたっては植生の種類によって生育にふさわしい水環境があることに配慮する必要がある[1]。

水の流し方では、水が植生基材を鉛直方向に通過して流れる浸透流れ方式と、植生基材の上部を水平方向に流れる表面流れ方式などがある。浸透流れ方式では植生基材の性状が処理効果に深く関わっており、透水性は面積当りの処理水量を決定する重要な要因となり、りん吸着能はりんの除去性能に大きな影響を及ぼす。

植生浄化法によるわが国の実施例を表3に示す。わが国では実施設はこれまでのところ大半は表面流れ方式で、浸透流れ方式の例は少ない。

汚濁物質の除去率は対象とする汚濁物質の形態と濃度、植生浄化施設の設計及び運転条件などによりばらつきが大きい。

茨城県小美玉市の山王川植生浄化実験施設で比較的低濃度の河川水を対象とし、植生にヨシを用い、表面流れ方式と浸透流れ方式(植生基材は礫と黒ぼく土)の両方式で行われた実験における窒素とりんの収支を図1に示す[3]。植物の吸収による除去率は方式によらず窒素、りんともに1～9%と低い。りんでは除去の大半は沈降や吸着によること、窒素では除去は主に沈降と脱窒によっていることが分かる。黒ぼく土を用いた浸透流れ方式はりんの吸着、脱窒の点で優れている。

植生浄化法では、植物の生育条件の確保、植物体の回収、枯死体による嫌気化・閉塞の回避、堆積した泥の除去・処分、場合によっては植生基材の交換や植生の遷移に対する措置などの作業が必要となる。浸透流れ方式では植生基材の透水性の確保のために目詰まり対策の作業が不可欠であり、土壌を用いた場合の目詰まり対策としては土壌と堆積物を乾燥させる「干し上げ」が有効とされている[3]。

(2) バイパス

バイパスは対象水域に流入する河川等の流入点を変更して対象水域の下流もしくは別の水域に移す手法であり、利水上重要な地点の水質を保全するためにしばしば用いられている。汚濁物質の流入が特定の河川等に集中している場合や、流入汚濁物質の多くが下水道により収集処理されている場合にはバイパスが対象水域の水質保全にとって効果的となる可能性がある。

諏訪湖へ流入していた汚水を下水道で集めて処理し、湖に流入しないよう処理水を放流している諏訪湖流域下水道や、相模川の重要な取水地点である寒川取水堰の下流に処理水を放流している相模川流域下水道などがバイパスの典型である。

バイパスにより汚濁物質の流入を削減できるが、同時に水量の流入も削減されることから、バイパス対象水域が河川等の場合は流量、湖沼等の

植生浄化法における窒素とりんの収支（山王川実験施設）3）（図1）

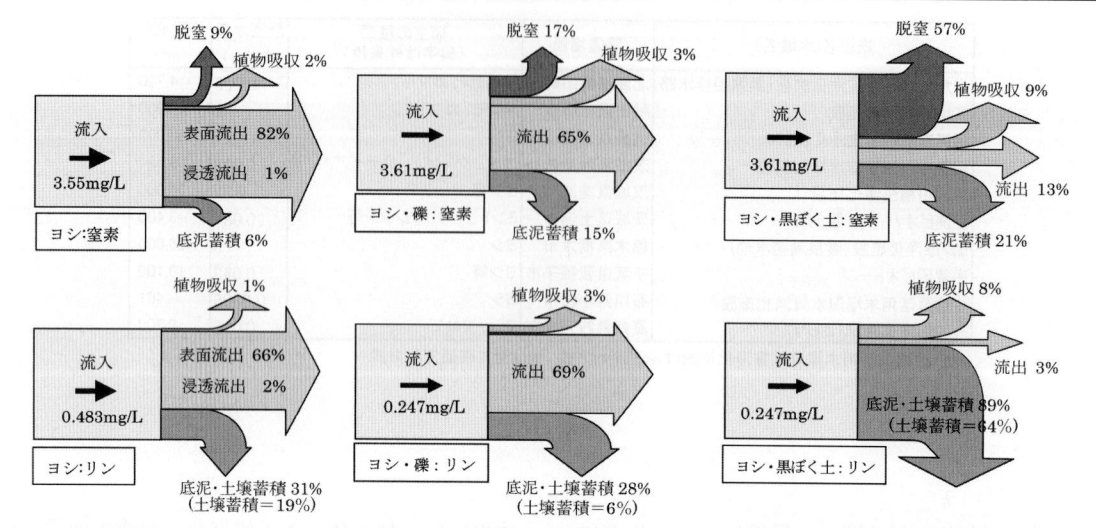

表面流れ方式

ヨシ：窒素
- 流入 3.55mg/L
- 表面流出 82%
- 浸透流出 1%
- 脱窒 9%
- 植物吸収 2%
- 底泥蓄積 6%

ヨシ：リン
- 流入 0.483mg/L
- 表面流出 66%
- 浸透流出 2%
- 植物吸収 1%
- 底泥・土壌蓄積 31%（土壌蓄積＝19%）

浸透流れ方式（植生基材：礫）

ヨシ・礫：窒素
- 流入 3.61mg/L
- 流出 65%
- 脱窒 17%
- 植物吸収 3%
- 底泥蓄積 15%

ヨシ・礫：リン
- 流入 0.247mg/L
- 流出 69%
- 植物吸収 3%
- 底泥・土壌蓄積 28%（土壌蓄積＝6%）

浸透流れ方式（植生基材：黒ぼく土）

ヨシ・黒ぼく土：窒素
- 流入 3.61mg/L
- 脱窒 57%
- 植物吸収 9%
- 流出 13%
- 底泥蓄積 21%

ヨシ・黒ぼく土：リン
- 流入 0.247mg/L
- 植物吸収 8%
- 流出 3%
- 底泥・土壌蓄積 89%（土壌蓄積＝64%）

場合はHRTに何らかの影響を及ぼすことは避けられない。バイパスが水質改善に寄与するのはバイパスの対象となる汚濁物質量の全体に占める割合が、バイパス対象水量の全体に占める割合より大きい場合であることから、水質面の効果と水理学的影響について評価しておく必要がある。

またバイパス先の水域に対する影響についても同様に評価しておく必要がある。

(3) 流域対策

対象水域の流域において汚濁物質の流出量削減のために行われる技術・手法が流域対策である。流域対策は下水道や工場排水のように汚濁物質排出源が特定できる点源に対する手法と、市街地の雨天時排水のように排出源が特定できない面源に対する手法に分けることができる。面源に対する手法には汚濁物質の使用量もしくは排出量そのものを減らす手法と、排出された汚濁物質の河川等への流出を減らす手法がある。流域対策として用いられている手法の例を表4に示す4),5),6)。

流域対策の手法例（表4）

区分	手法
点源	排出規制・指導の強化 下水道・浄化槽の整備促進
市街地	路面の清掃・ゴミの不法投棄防止 雨水の貯留・浸透の促進 合流式下水道の越流水削減
農地	施肥方法の改善 代かき時の濁水流出防止 用水の反復使用 浄化池の設置
森林	崩壊・土壌浸食の防止 河畔林の整備 廃棄物の不法投棄防止
その他	家畜ふん尿の適正管理

3 水域直接浄化

水域直接浄化は、水域の汚濁物質濃度の低減を目的として水域の水に対して適用する手法で、汚濁物質処理の他に、別の水域の水を導入して汚濁物質を希釈する浄化導水、汚濁物質としての藻類を水域から取り除く藻類分離、などがある。汚濁物質処理については2の(1)を参照していただきたい。

浄化導水の実施例(表5)

事業名	所在地	浄化対象水域	導水の水源	導水量 (m³/s)
武蔵水路(浄化用水関連)	埼玉県、東京都	荒川、隅田川他	利根川	8.146*
北千葉導水事業(浄化関連)	千葉県	手賀沼	利根川	10
綾瀬川・芝川等浄化導水事業	埼玉県、東京都	綾瀬川、芝川	荒川	3.0
寝屋川浄化導水	大阪府	寝屋川	淀川	0.5
平野川浄化導水事業	大阪府	平野川	平野下水処理場	1.0
		平野川分水路	平野下水処理場	0.2
堀川浄化事業	広島県	堀川(広島城内堀)	旧太田川	0.23

注：武蔵水路の導水量は武蔵水路改築事業の計画値

利根川からの浄化導水と隅田川の水質（BOD）の推移[7] (図2)

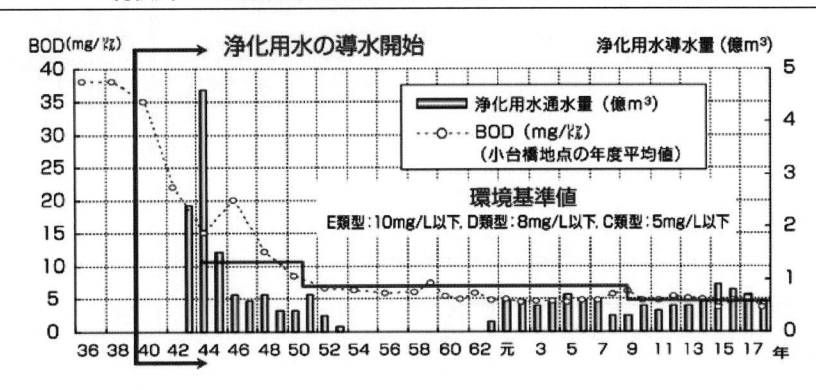

(1) 浄化導水

　汚濁の進んだ水域に汚濁の進んでいない水域の水を導入することにより、汚濁物質の希釈や、湖沼等ではHRTの短縮による植物プランクトンの増殖抑制などにより水質改善を図る技術が浄化導水である。汚濁の進んだ水域に対して他に効果的な技術や方法がなく、かつ汚濁の進んでいない豊かな水量の水が近くに確保できる場合に可能となる。浄化導水の水源としては河川水の他、高度処理をした下水処理水が利用できる。

　わが国の実施例を表5に示す。

　わが国で最も著名な浄化導水事業は利根川の水を武蔵水路、荒川を経て隅田川に流し、隅田川の浄化を行った事業である。導水が開始された1965年（昭和40年）以降の隅田川の水質の推移を図2に示す[7]。

　手賀沼に利根川の水を導水する北千葉導水事業では、導水とともに手賀沼の水質はCOD年間平均値で導水前（1999年度）の18mg/Lから導水3年目の2002年度には8.2mg/Lと大幅に改善されたが、その後は横這いである[8]。

　浄化導水はやり方によっては即効性が期待できる手法であるが、導水を中断するとすぐに元に戻ること[1]や、改善後の水質が導水元の水質に左右されるという課題がある。

(2) 藻類分離

　藻類分離は、浄水場でのろ過障害や景観上の問題等の原因となる藻類を貯水池の段階で取り除くための技術で、水域の水を汲み上げてろ過などにより藻類を回収する方法や、薬剤、超音波、紫外線などにより藻類を殺す方法（殺藻という）がある。

　藻類回収では、対象となる藻類の集め方と回収

後の利用・処分が課題となる。アオコをバキュームで陸上及び船上から回収した事例が手賀沼で報告されている[1]。

殺藻に用いられる薬剤としては硫酸銅、塩化銅、次亜塩素酸ソーダなどがある。九州電力の塚原ダム（宮崎県諸塚村）では淡水赤潮を形成する藻類を紫外線照射により殺藻する紫外線処理船が設置されている[9]。

殺藻では生物体は死滅するが枯死体として栄養塩は残る。また藻類の種類によっては死滅するときにカビ臭の原因物質を放出するものがあり、発生している藻類の特徴を見極めて実施することが望ましい。

（酒井憲司）

浚渫システムの例（霞ヶ浦）（図3）

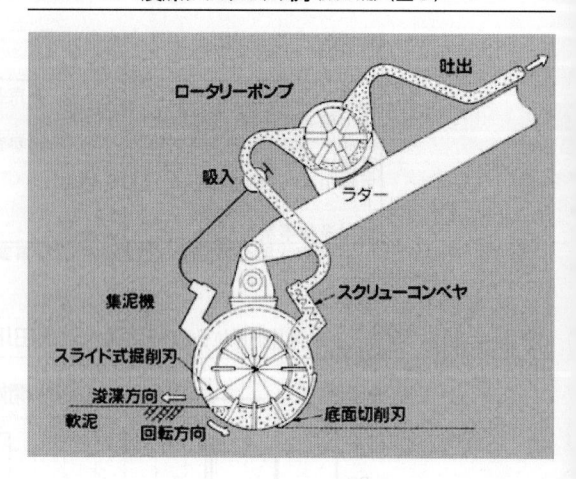

4 溶出抑制

アオコの発生が多発するなど水質汚濁が深刻な湖沼等などでは、SS性の流入負荷の沈降に加えてアオコの死骸等の沈降により底泥への汚濁物質の堆積が進行している場合が多い。底泥に堆積した汚濁物質は、強風等の撹乱による巻上げや底部の状態（酸化還元状態）に応じた底泥からの溶出を通して表層の水質の悪化に深く関わっており、それらを抑制する技術が溶出抑制である。

溶出抑制の技術には、底泥を取り除く浚渫、底泥に覆いをする覆砂、底部の状態を酸化側に変化させる深層エアレーションなどがある。

(1) 浚渫

浚渫は汚濁物質が高濃度に堆積した底泥表層を取り除くことにより、汚濁物質の溶出や巻上げを低減させることを目的とした技術であり、流入負荷削減だけでは速やかな水質改善が期待できない場合に用いられている。わが国の湖沼では霞ヶ浦、手賀沼、琵琶湖、諏訪湖、中海などで実施されている。

浚渫に用いられる工法は大別すると、ポンプによる吸引とグラブによる掘削に分けられる。ポンプ吸引は、濁りの発生が少なく、大量の浚渫が可能であるが、含泥率が低く、余水処理に難があるとされている。一方、グラブ掘削は、含水率の低い泥には不適で濁りの発生は多いが、含泥率が高く、余水処理が容易とされている[1]。

浚渫は浚渫物の処分まで含めると費用面では決して安い手法ではないことから、事前に水質改善効果を水質モデル等で予測しておくとともに、現地調査や溶出試験等により浚渫対象を絞り込むことが重要である。また浚渫により撹乱された底泥が巻き上げられることで水質の悪化を招くことのないように配慮する必要がある。

浚渫の実施例として霞ヶ浦では1975年から栄養塩含有量の高い底泥上層30cmを対象とした浚渫が行われ、2010年までに累計で約800万m3の浚渫が行われる予定である[10),11]。浚渫の工法としては図3に示すように回転バケット式集泥機による工法が採用されている[12]。この工法は多数のスライド式掘削刃を有した集泥機により軟泥を水底地盤から静かに切り取り、底面切削刃に沿って持ち上げるもので、余分な水分を含まないで浚渫するとともに、浚渫時の濁りの発生を従来工法

覆砂の施工法の例(図4)

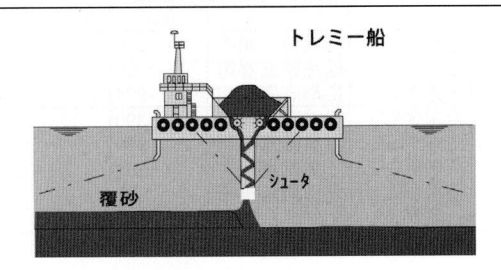

より大きく低減できるといわれている。切り出された軟泥は圧送ポンプにより処分地まで輸送され、脱水後の泥は低地水田の嵩上げ用の盛り土として利用されている。

浚渫の効果は浚渫後の状態が維持される限り持続すると考えられるが、汚濁物質の流入が継続しておれば浚渫前と同様の状態に戻り、効果が低減する危険性がある。

(2) 覆　砂

汚濁物質が高濃度に堆積した底泥の表層や、様々な要因で水域底部に形成され貧酸素水塊と関わりが深いと考えられている窪地を、汚濁物質をほとんど含まない土砂で覆うことにより汚濁物質の溶出及び巻き上げの抑制を図る技術が覆砂である。わが国の湖沼では琵琶湖、中海・宍道湖、児島湖、東郷池などで実施されている。

覆砂に用いる材料は、泥分の少ない砂質系の土砂が望ましい。運搬費用や生態的影響を考えると同じ水域で得られる土砂を活用することが望ましいが、場合によっては別の水域で得られた土砂や購入土、リサイクル資材などが用いられることもある。別の水域で得られた土砂を用いる場合には、埋土種子等による生態的攪乱の可能性が小さいことを確認しておく必要がある。

覆砂厚は30cmでも50cmでも溶出削減効果はほぼ同じとされていること[13]から、通常は湖沼・海域ともに30cm程度で実施されている。

トレミー船による施工法を図4に示す[14]。

覆砂の実施例として中海・宍道湖では2000～2004年に66ha、41.3万m^{3}の浚渫窪地の埋め戻しと浅場造成（注：5.3養浜を参照）を目的とした覆砂が行われている[10]。覆砂により底泥からの溶出量はCODで44.1％、T－Nで44.0％、T－Pで68.7％の削減が報告されている[10]。

覆砂の効果は覆砂後の状態が維持される限り持続すると考えられるが、波浪などにより覆砂に用いた土砂が移動したり、覆砂に用いた土砂と底泥とが比重差で入れ替わったり、覆砂の上に汚濁物質が再び堆積すれば効果は低減する危険性がある。

(3) 深層エアレーション

エアレーションは気泡状にした空気を水域に送ることにより、水に酸素を供給すること、もしくは水に動きを与えることを目的として行われる。このうち湖沼等の深層に酸素を供給して溶存酸素濃度を高めることにより、底泥からの栄養塩や硫化水素などの溶出を抑制することを目的として行われるものを深層エアレーションという。（補足：水に動きを与えて表層と中層以深との混合を図ることを目的として行われるエアレーションは5.1で述べる浅層エアレーションである。）

河川や浅い湖沼等では水の流れや風などによる攪乱により混合され、通常は底部までDOが確保されている。しかしながら深い湖沼等では水温や塩分濃度の鉛直分布から季節的あるいは通年にわたり密度が上部で低く、下部で高くなる現象が見られることが多い。密度の異なる上下の層の境界にあたる部分は躍層と呼ばれ、躍層から下は上部の影響が及びにくいことから溶存酸素の消費が進み、場合によっては嫌気化する。底部が嫌気化すれば底泥からの窒素とりんの溶出に加えて、鉄やマンガン、硫化水素などの溶出の可能性が高くなる。そこで底部の嫌気的状態を解消できれば表層への栄養塩の供給削減とともに利水障害の低減が可能になる。深い湖沼等において躍層を破壊せずにその下部に酸素を供給することにより底部の嫌気化を抑制することを目的として行われるエアレーションが深層エアレーションである。

エアレーションの実施例(表6)

方式	実施水域	所在地	水域面積(ha)	計画曝気量(m^3/min.)
深層エアレーション	釜房ダム	宮城県川崎町	390	1.2
	三春ダム	福島県三春町	290	
	日吉ダム	京都府南丹市	274	1.4
浅層エアレーション	釜房ダム	宮城県川崎町	390	23.3
	三春ダム	福島県三春町	290	17.2
	八田原ダム	広島県世羅町	261	12.4
	野村ダム	愛媛県西予市	95	3.7
	松原ダム	大分県日田市	190	7.4

深層エアレーションの方式には微細気泡の散気方式や高濃度の酸素を溶解させた水を深層に送る方式などがある。

わが国の深層エアレーションの実施例を表6に示す。深層エアレーションの実施においては、湖沼等の躍層の状態をよく把握しておく必要がある。

5 生物制御

湖沼等の水域における水質障害はその多くが植物プランクトンと関連している。植物プランクトンの増殖には光、水温、栄養塩が必要であり、プランクトンの制御手法としてはこの3条件の制御や食物連鎖の活用等が挙げられる。栄養塩については2節～4節で述べているので、本節ではそれ以外の手法について記述する。

(1) 浅層エアレーション

表層で生育する植物プランクトンを光の届かない深い層へ移すことや、夏季に表層とその下の層を混合して表層の水温を下げることなどにより、植物プランクトン全体もしくはある種の植物プランクトンの増殖を抑制することが可能と考えられる。こうした効果を期待して、水温躍層を破壊して湖沼等の表層の水と躍層下部の水を混合することを目的として行われるエアレーションが浅層エアレーションである。浅い湖沼等で底部からのエアレーションにより湖沼等全体の混合を進めるために行われる場合には全層エアレーションと呼ばれることがある。

浅層エアレーションの方式には大別して散気方式と空気揚水筒方式がある。空気揚水筒方式は、空気室に貯めた空気を間欠的に吐出させることにより生じる上昇流を利用して水を循環させる方式である。

わが国の浅層エアレーションの実施例を既出の表6に示す。

浅層エアレーションの稼働は水温躍層の形成状況に合わせて判断することが望ましい。

(2) 養 浜

養浜は水辺に親水性の高い空間の創出や、水草や魚介類等の生育の場の造成などを目的として実施される手法である。ここでは後者の水質改善に寄与している生物の生育場の造成を対象とする。沿岸域や河口域での干潟の造成や湖沼等での浅場の造成も広義の養浜と見なすことができる。

わが国の湖沼等における養浜の実施例(括弧内は対象生物)としては、霞ヶ浦(植生)、宍道湖(植生、魚介類他)、中海(生態系)などがある。

水質改善のための養浜では生育が想定される生物種を明らかにして、その種に合った条件で施工する必要がある。例えば小川原湖(青森県)ではヤマトシジミの多く生息している場所の性状は泥分率10％未満、IL(強熱減量)3～4％未満と報告されており[15]、ヤマトシジミを対象とした養浜の材料としてはこれらの条件が参考となる。

養浜の実施例（霞ヶ浦）[16]（写真1）

 養浜では波浪に対する検討も不可欠である。小さな池では風による波浪が小さいので問題とはならないが、大きな湖沼等の場合は養浜形状を変形させ、場合によっては養浜材料を流出させてしまうことがある。このように浜を構成する土砂の粒径と浜の地形（勾配）は、その浜での波浪条件に適合したものとなることから、養浜を行う場合には風のデータ等から波高を推定して材料と地形を決める必要がある。また造成した浜を安定させるために波浪低減対策が必要となる場合がある。

 養浜の材料は通常、泥分の少ない砂質系の土砂を用いられているが、運搬費用や生態的影響を考えると、同じ水域で発生した土砂を活用することが望ましい。止むを得ず別の水域の土砂を用いる場合には、埋土種子等による生態的撹乱の可能性が小さいことを確認しておくことが肝要である。

 霞ヶ浦での養浜の実施例を写真1に示す。霞ヶ浦では養浜後の時間の経過とともに生育する植物が遷移することが確認されており、こうした出現生物の変化に留意する必要がある。

(3) 生物体採取

 藻や水草、魚介類を水域で採取し、水域外で利用することは、生物体の形で水域から栄養塩を取り出すこととなる。1950年代までアマモなどの藻を刈り取って肥料として利用されていた中海で1948年の藻の採取による栄養塩持ち出し量を試算した結果、現在の中海への流入負荷量に対して窒素9.4％、りん20％相当するとされている[17]。また宍道湖で現在盛んに採取されているヤマトシジミによる窒素の持ち出し量は宍道湖への流入負荷量の3.5％という試算がある[18]。

 生物体採取は採取対象の生物の生育という自然条件とその生物の採取を生業とする人の存在及び採取物の利用という社会条件とが両立して初めてうまくいく手法である。生物体採取を通して水域の栄養塩の制御を行うという考え方が肝要である。

(4) バイオマニピュレーション

 生態系を構成する生物間の食物連鎖を活用して生物の増殖を抑制する手法をバイオマニピュレーションという。抑制対象となる生物には水利用面で障害になる植物プランクトンが選ばれることが多い。この場合、抑制対象の植物プランクトンを捕食する動物プランクトンを増やすことが目的となり、水域の状況に合わせて動物プランクトン食の魚の駆除や、そうした魚を捕食する魚（魚食魚、例えばブラックバス）の放流などが行われる。

欧米で1995年までに実施されたバイオマニピュレーションのレビュー結果によると、実施例41件の内、61%で明瞭な水質の改善がみられている[19]。

わが国での成功例として2000年～2003年にかけて白樺湖で行われた事例が挙げられる[20]。白樺湖ではアオコの発生が続いていたが、その原因としてワカサギなどのプランクトン食魚が多く動物プランクトンのダフニアが増えられないことが推定されたので、ダフニアを増やすことを目的として、魚食魚のニジマスを放流するとともに、ダフニア（カブトミジンコ）を放流した。その結果、ダフニアが増加し、透明度が実験前の2m前後から4m前後まで改善したと報告されている。白樺湖でこうした取り組みが可能となった背景には、白樺湖が人造湖であること、漁業活動がないこと、サケ科の冷水魚が生息できる水温であること、流入河川の状況からニジマスの自然繁殖は困難と判断されたことなどの要因があげられている。

食物連鎖を活かそうとした取り組みは以前にもあり、その中で今日も深刻な影響が残されている典型がソウギョである。ソウギョはコイ科の淡水魚でアジア大陸東部が原産とされ、成魚はヨシ、マコモや沿岸の陸上植物、その他の水生植物、大型藻類、およびこれらに付着する藻類や動物を食べるとされている[21]。わが国では湖沼等に繁茂した水草対策として放流された事例が数多くある。例えば長野県の野尻湖では1978年に5000匹のソウギョが放流された結果、3年で水生植物はほぼ全滅したといわれており、ソウギョの導入の目的であった水草の除去という点では成功といえるが、現在も自然の状態では水草の生育が困難という状況が続いている[22]。

バイオマニピュレーションの実施には水域や生態系の特徴をよく把握し、導入もしくは駆除する生物の選択とその結果について慎重に予測と評価を行うとともに、水域の利用者と十分に協議をする必要がある。

参考文献

1) 本橋敬之助：水質浄化マニュアル、海文堂、2001年9月
2) 大久保卓也ら：滋賀県におけるノンポイント負荷対策の現状と課題、第13回日本水環境学会シンポジウム講演集、pp.63 - 64、2010年9月
3) 植生浄化施設計画の技術資料［2007年版］、(財)河川環境管理財団河川環境総合研究所、2007年12月
4) 国土交通省、農林水産省、環境省：湖沼水質のための流域対策の基本的考え方～非特定汚染源からの負荷対策～ p.10、2006年3月
5) 琵琶湖に係る湖沼水質保全計画（第5期）、滋賀県・京都府、2007年3月
6) 霞ヶ浦に係る湖沼水質保全計画（第5期）、茨城県・栃木県・千葉県、2007年3月
7) 独立行政法人水資源機構　利根導水総合事務所：武蔵水路改築事業について
8) 環境省　水・大気環境局：平成20年度公共用水域水質測定結果、2009年11月
9) 田崎佳夫：紫外線照射による淡水赤潮処理、リザバー、pp.15 - 16、財団法人ダム水源地環境整備センター、2006.12 Winter
10) 湖沼技術研究会：湖沼における水理・水質管理の技術、p.5 - 13、2007年3月
11) 国土交通省関東地方整備局：関東地方整備局事業評価監視委員会、2008年10月、利根川水系総合水系環境整備事業（霞ヶ浦浚渫）
12) 五洋建設：回転バケット式集泥機
13) 運輸省第三港湾建設局：広島湾（呉湾）底質浄化調査報告書、1987年
14) 国土交通省港湾局：港湾における底質ダイオキシン類対策技術指針、2003年12月
15) 藤原広和他：現地観測に基づく小川原湖の底質環境とヤマトシジミの分布に関する考察、pp.1309 - 1314、水工学論文集、第53巻、2009年2月
16) 国土交通省霞ヶ浦河川事務所（2007）：霞ヶ浦湖岸植生帯の緊急保全対策評価検討会、中間評価、2007年10月
17) 平塚純一、山室真澄、石飛裕：里湖モク採り物語、p.101、生物研究社、2006年6月
18) 中村幹雄：日本のシジミ漁業、p.23、たたら書房、2000年2月
19) Rey W. Drenner and K. David Hambright (1999): Biomanipulation fish assemblages as a lake restoration technique, Arch. Hydrobiol., 146, 2, pp.129 - 165
20) 大垣眞一郎監修：河川の水質と生態系、pp.207 - 213、技報堂出版、2007年5月
21) 財団法人リバーフロント整備センター編：川の生物図典、pp.336 - 337、山海堂、1996年4月
22) 樋口澄男：最近の野尻湖水草復元研究会の活動について、野尻湖ナウマンゾウ博物館研究報告第10号、pp.45 - 48、2002年3月

（大嶋　巌）

V 実用水処理技術編

20章

規制対象物質別水処理技術

1. フッ素
2. ホウ素
3. 1,4 − ジオキサン
4. ヒ 素
5. アンチモン
6. 水 銀
7. クロム
8. シアン化合物
9. セレン
10. その他の物質

1 フッ素

1 はじめに

　フッ素は、諸外国で水道水に添加されたり、歯磨き粉に添加されるなど、虫歯予防・治療に用いられる有用な成分とされる一方、多量に摂取すると、斑状歯やフッ素が骨に蓄積して関節痛などの症状を伴うフッ素症を引き起こす有害物質ともされている。このため、1999年水質汚濁に係る環境基準の改正時に、人の健康に関する環境基準の項目に環境基準値0.8mg/L以下として追加された。また、2001年の水質汚濁防止法改正時に排水基準値として15mg/L以下から8mg/L以下に強化された。

　フッ素は様々な産業で使用されているが、鉱物の蛍石（主成分CaF_2）として輸入され、その多くはフッ酸製造の原料に用いられる。フッ酸は鉄鋼業、エレクトロニクス産業などで表面洗浄剤として使用されるほか、テフロンや冷媒などの有機フッ素化合物の製造原料として用いられている。フッ素の排出源としては、エレクトロニクス関連およびその周辺産業、鉄鋼業、有機フッ素化合物製造業、金属材料・光学系材料産業等の工場排水および廃棄物処分されるフッ酸廃液である。その他、フロンの回収・分解工場排水や廃棄物処分場の浸出水などにもフッ素は含有している。

　フッ素の処理技術としては、従来から行われている凝集沈殿法のほか、強化された排水基準に対応するための高度処理、フッ素をリサイクルするための回収技術などがある。これらは、排水中のフッ素イオンを除去または回収する方法である。本項では、これらの技術を解説するとともに、その実施例を示す。

2 凝集沈殿法

　一般的なフッ素含有排水の凝集沈殿法には、1) 処理水水質がせいぜい10～20mg/Lで排水基準値を達成できない、2) フッ化カルシウムを主成分とする含水率＝60～70％程度の汚泥が大量に発生するなどの課題があったが、最近では、生成する汚泥の含水率を30％程度に低減して汚泥量を減少させる方法や、処理水水質の改善を狙って凝集沈殿装置に工夫を凝らしたもの、新しい凝集薬品を用いるものなどの高効率型のフッ素凝集沈殿法が提案されている。以下に、一般的な凝集沈殿法の原理および特徴と実施例を示す。

(1) 凝集沈殿法の原理と特徴

　フッ素イオンはpH＝4～11でカルシウムイオンと反応して難溶性のフッ化カルシウムを作る。この性質を利用し、排水中のフッ素除去方法である凝集沈殿法では、まず、フッ素を含む原水に消石灰や塩化カルシウムなどのカルシウム塩（カルシウム剤）を添加し、フッ化カルシウムを生成させる。この反応式を(1)式に示す。

フッ素凝集沈殿法フロー（図1）

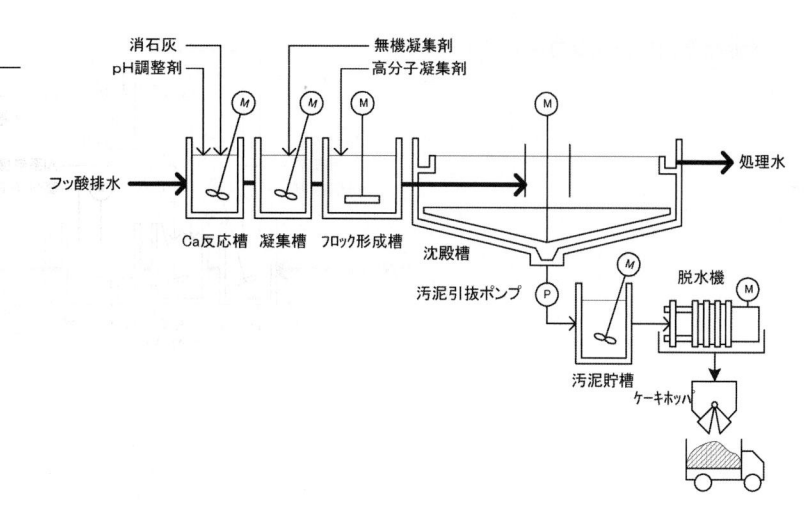

$Ca^{2+} + 2F^- \rightarrow CaF_2$　　　　　　　　　　(1)

（1）式は、（2）式に示す溶解度積に従って、水中のカルシウムイオン濃度を増大させるほど右辺に進むので、フッ素の等量よりもカルシウムを過剰に添加する。カルシウム剤の添加量は経済性を加味して決定されるが、概ね、処理水中の残留カルシウム濃度で数百mg/Lとなるよう添加するのが一般的である。

$[Ca][F] = Ksp = 4.0 \times 10^{-11}$　　　　　(2)

　　[Ca]：水中のCaイオン濃度（mol）
　　[F]：水中のFイオン濃度（mol）
　　Ksp：溶解度積（mol3）

　排水中のフッ素とカルシウム剤が反応すると、微細なフッ化カルシウムの結晶が生成される。これに無機凝集剤（PAC、硫酸バンド、塩化鉄など）を添加して凝集させ、さらに、高分子凝集剤でフロックを粗大化させて沈殿除去する。沈殿除去した汚泥は、濃縮後、フィルタープレスなどの脱水機で脱水する。本装置の概略フローを図1に示す。無機凝集剤としては、フッ素を吸着する性質があるPACや硫酸バン土などのアルミニウム系凝集剤が鉄系凝集剤よりも処理水水質は良好となる。一方で、鉄系凝集剤がアルミニウム系凝集剤よりも汚泥の含水率が低くなる特徴がある。凝集沈殿法の特徴を以下に示す。

①古くからの実績も多数あり、安定した処理が可能である。
②処理水水質は10～20mg/Lで、排水基準値の8mg/L以下を安定して達成できないため、フッ素の2次処理（高度処理）が必要である。
③沈殿槽の流速（LV）が1～2m/h前後であり、沈殿槽が大型化する。
④汚泥の含水率が高く、廃棄物として場外処分するに当たり処理費用が高い。

　その他、実際の排水に凝集沈殿法を適用するに際しては、シリカ、リン酸イオン、硫酸イオン、金属類、分散剤など排水中の共存物質の影響を大きく受けるため、反応時間、反応pHなどの反応条件を詳細に検討する必要がある。

(2) 凝集沈殿装置実例

　ここでは、上述した最近の高効率型のフッ素凝集沈殿法のうち、一般的なフッ素の凝集沈殿法よりも処理水水質が改善され、処理水フッ素濃度と

汚泥循環再生方式フロー（図2）

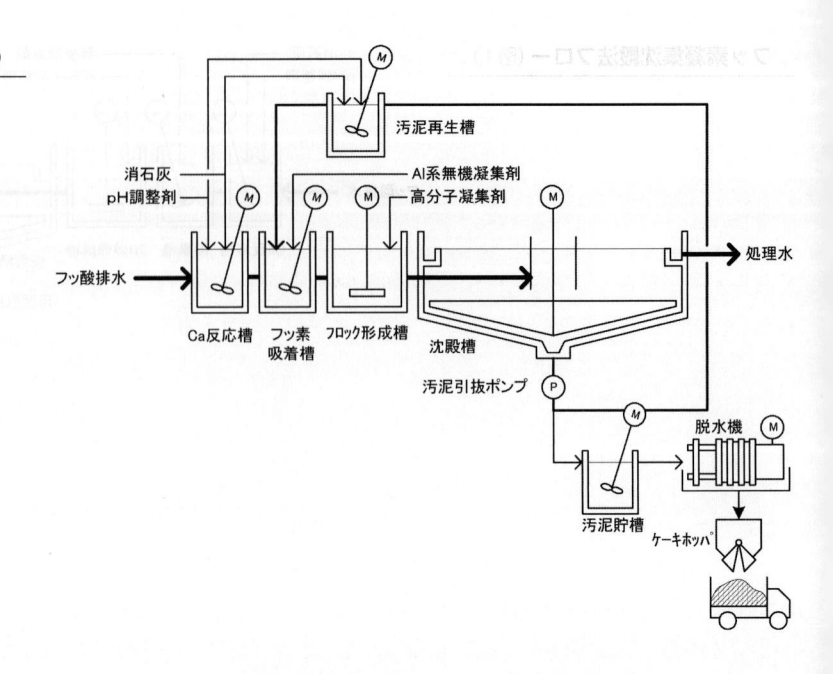

実機原水水質（表1）

水質項目	濃度（mg/L）
フッ素イオン	74
リン酸イオン	22
塩化物イオン	1210
硫酸イオン	146
シリカ	26

汚泥循環再生方式適用前後の処理性能（表2）

項目	改造前	改造後
無機凝集剤種類	ポリ鉄	PAC
無機凝集剤添加量（mg/L）	100	100
処理水フッ素濃度（mg/L）	16	6.5
汚泥含水率（%）	72	65

して4～10mg/L程度を達成可能な汚泥循環再生方式（オルスレック法[1]）の実例について述べる。本装置の概略フローを図2に示す。従来型の凝集沈殿装置に、汚泥再生槽を付加した装置構成である。本装置では、無機凝集剤としてPACなどのアルミニウム塩が用いられる。水中のアルミニウムは中性付近で水酸化アルミニウムの形態で存在しており、フッ素吸着槽では（3）式に示すようにフッ素を吸着する。

$$Al(OH)_3 + HF \rightarrow Al(OH)_3 \cdot HF \quad (3)$$

フッ素を吸着したアルミニウムを含む汚泥を沈殿槽で濃縮し、その一部を汚泥再生槽に返送する。汚泥再生槽では消石灰を添加し、最適なpHに調整すると、（4）式のようにフッ素を脱着し、水酸化アルミニウムのフッ素吸着能力が回復する。これをフッ素吸着槽に循環することで、通常、添加したアルミニウム塩が持つフッ素吸着能力の10倍程度の吸着力を処理水の低減に活かすことができる。

$$2Al(OH)_3 \cdot HF + Ca(OH)_2$$
$$\rightarrow 2Al(OH)_3 + CaF_2 + 2H_2O \quad (4)$$

半導体工場の実排水について、既存の凝集沈殿装置を本方式に改造した結果を以下に示す。表1は本排水の原水水質、表2および図3は改造前後

汚泥循環再生方式適用後の実機凝集沈殿処理水フッ素濃度（図3）

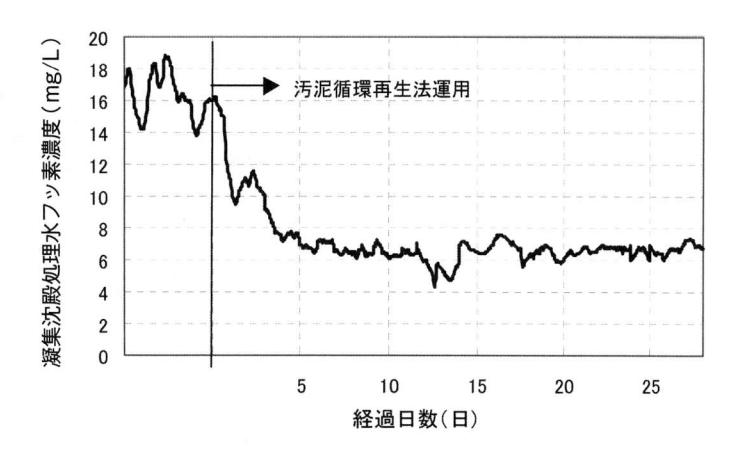

の処理水水質および汚泥含水率である。

　凝集剤の添加量は同等であるが、処理水水質が大幅に改善している。汚泥発生量もわずかながら低減している。一般的にPACに比べ塩化第二鉄は、汚泥の含水率が低くなると言われているが、本実施例では、本方式でPACを用いる方が含水率が低くなる結果となっている。これは、汚泥再生槽で汚泥にアルカリを添加して循環することで、水酸化アルミニウムの脱水縮合反応が起こって間隙水が減少したことに起因すると考えられる。

3 フッ素の高度処理

　上述のような高効率化されたフッ素の凝集沈殿装置によって排水基準を達成できるケースもあるが、原水の共存物質によっては8mg/L以下を安定的に達成することが困難なケースもある。また、排水基準値よりも厳しい自主管理基準を設けている工場や、地方自治体による上乗せ排水基準がある場合、フッ素の高度処理が必要となる。

　フッ素の高度処理法としては、二段凝集沈殿法、フッ素吸着材、薬品処理法などがある。薬品処理法としては、リン酸を添加し溶解度の低いフルオロアパタイトを形成する方法などが提案されている。本項では、運転費用、設備費用とも安価な2段凝集沈殿法と、処理水フッ素濃度として1mg/L以下の非常に高度な処理が可能なフッ素吸着材による吸着法について述べる。

(1) 二段凝集沈殿法

　二段凝集沈殿法は、原水のフッ素濃度が数十mg/l以上の時、1-2項のフッ化カルシウムを生成させ凝集沈殿するフッ素の凝集沈殿装置の後段で、さらに、凝集沈殿処理を行う方法である。この時、無機凝集剤としては、PACや硫酸バン土などのアルミニウム系凝集剤を使用する。後段でのフッ素の除去原理は、（3）式と同様である。二段凝集沈殿法の特徴を以下の①〜④に示す。

　①処理水水質は3〜6mg/L程度であり、2段目の無機凝集剤添加量によって水質をコントロールしやすい。
　②運転費、設備費とも比較的安価である。
　③設置スペースが大きい。
　④3mg/L以下のさらに高度な処理水を得るには、凝集剤添加量が多量で、汚泥発生量、運転費用が過大である。

　その他、一段目で生成するフロックは、フッ化カルシウムを主成分とする沈降性の良いフロックであるが、二段目で生成するフロックは、アルミ

改良型二段凝集沈殿フロー(図4)

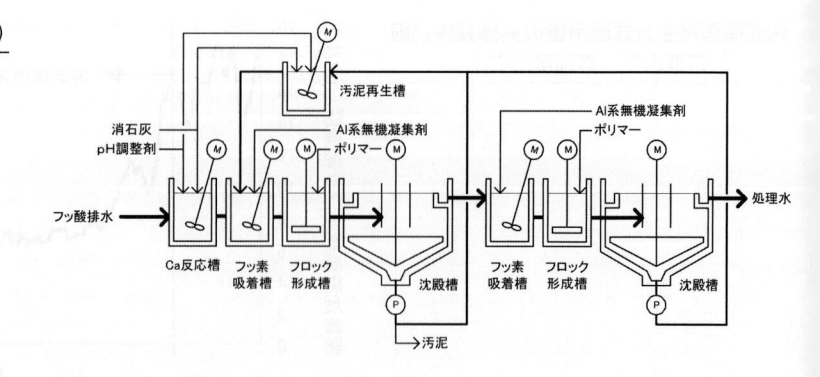

改良型二段凝集沈殿の処理水水質(表3)

項目		数値	備考
原水	流量 (m³/h)	50	
	フッ素濃度 (mg/L)	260	
一段目	Ca反応槽pH (−)	10	pH調整剤:塩酸
	フッ素吸着槽pH (−)	7	pH調整剤:塩酸,苛性ソーダ
	無機凝集剤添加量 (mg/L)	100	種類:PAC
	高分子凝集剤添加量 (mg/L)	2	OA−23(オルガノ製)
二段目	フッ素吸着槽pH (−)	7	pH調整剤:苛性ソーダ
	無機凝集剤添加量 (mg/L)	300	種類:PAC
	高分子凝集剤添加量 (mg/L)	2	OA−23(オルガノ製)
	汚泥再生槽pH (−)	9	pH調整剤:消石灰
	一段目出口処理水フッ素濃度 (mg/L)	10	
	二段目出口処理水フッ素濃度 (mg/L)	3	
	処理水カルシウム濃度 (mg/L)	320	

ニウム系凝集剤が主成分の沈降性の悪いフロックである。フロックの核となるSSを含む他系統の排水と混合する、加圧浮上や高速凝集沈殿を適用するなど、フロックの処理水へのリークに注意する必要がある。

二段凝集沈殿装置のフローを図4に示す。本フローは、1−2に記載した汚泥循環再生方式を二段凝集沈殿法に採用した場合の例である。二段目で用いた無機凝集剤由来の汚泥はフッ素イオンを吸着しているが、汚泥再生槽で(4)式の反応により再生され、フッ素の吸着力が回復する。このため、1段目に添加する無機凝集剤の添加量が少な い場合でも良好な処理水が得られる。表3に実排水に本システムを採用した場合の原水水質、運転条件および処理水水質を示す。二段目の凝集によりフッ素が有効に除去されている。

(2) フッ素吸着材

フッ素を吸着除去する技術は、多種多様に提案されているが、大別すると液体状、粒状、粉末状の吸着材(剤)がある。前出のアルミ系凝集剤も液体薬品の一種といえる。処理水のフッ素濃度を1mg/L以下の非常に高度な処理をするには、フッ

フッ素吸着材を用いた高度処理システムフロー（図5）

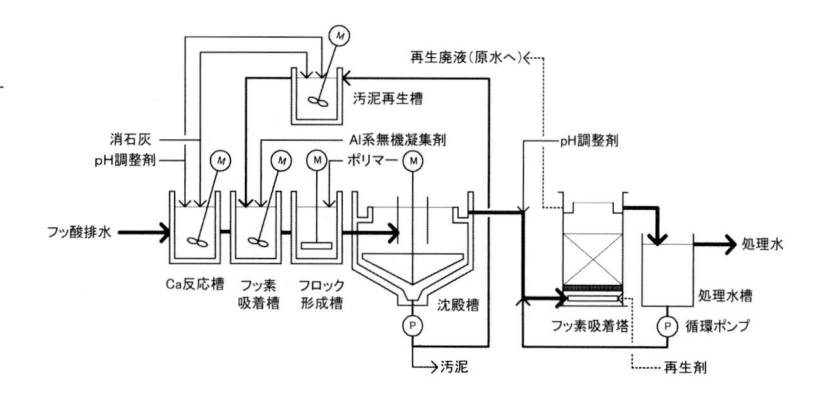

素の凝集沈殿の後段処理で用いる必要がある。これに適したものは、粒状のフッ素吸着材で、充填塔方式で用いられる。粒状のフッ素吸着材は、セリウム、ランタン、ジルコニウム、チタン、ハイドロタルサイトなどの金属系のものと骨炭などのアパタイト系のものに大別される。これらのフッ素吸着反応を(5)、(6)式に示す。

＜金属系＞

$MO-OH + F^- \rightarrow MO-F^- + OH^-$ （5）

MO：金属酸化物

＜アパタイト系＞

$Ca_5(PO_4)_3OH + F^- \rightarrow Ca_5(PO_4)_3F + OH^-$ （6）

(5)、(6)式のように金属系、アパタイト系フッ素吸着材ともイオン交換反応による吸着といわれているが、酸やアルカリで再生し、繰り返し利用が実用的に可能で、運転費用が安価なため、セリウム系およびジルコニウム系のフッ素吸着材が広く実用化されている。粒状フッ素吸着材の特徴を以下の①～③に示す。

①充填塔方式を採用することにより、処理水フッ素濃度1mg/L以下の高度な処理が可能である。
②酸およびアルカリにより再生し、繰り返し利用が可能なため、特に、大量処理、高負荷処理の場合、運転費用が安価である。
③凝集沈殿法に比べ設置面積が小さく、コンパクトである。

前段としてフッ素の凝集沈殿法を採用し、後段にジルコニウム系のフッ素吸着材を採用した実例のフローを図5に示す。本例のフッ素吸着装置は流動床方式である。一般的に、吸着操作は固定床方式のほうが吸着効率が良いとされているが、金属系のフッ素吸着材の特性として吸着時のpHが吸着効率に大きな影響を与えるため、流動床方式が採用されている。アルカリおよび酸で再生された再生廃液は、最前段に戻され、前段の凝集沈殿の原水に混合されて処理される。

フッ素吸着装置の仕様の一例を表4に、原水および処理水水質の一例を図6に示す。再生は2日に1回程度の頻度で実施されているが、その間、処理水フッ素濃度は安定的に1mg/L以下で推移している。

4　フッ素の回収

フッ素の凝集沈殿で生成されるフッ化カルシウムを含有する汚泥は、技術的進歩があったとはいえ、フッ酸を排出する業種全体からみれば変らずその廃棄物量は莫大である。これに対して、汚泥

フッ素吸着装置実例(表4)

項目	仕様	備考
原水流量（m³/h）	80	
循環水流量（m³/h）	72	
原水フッ素濃度（mg/L）	6～8	前段凝集沈殿処理水
吸着塔径（mm）	2000	
吸着塔高（mm）	2500	
吸着塔LV（m/H）	50	
吸着材量（L）	3150	オルライトF[1]
再生剤量　苛性ソーダ（L/cyc）	600	25% NaOH
再生剤量　塩酸（L/cyc）	230	35% HCl
処理水槽容量（L）	5000	

フッ素吸着装置の処理水質例(図6)

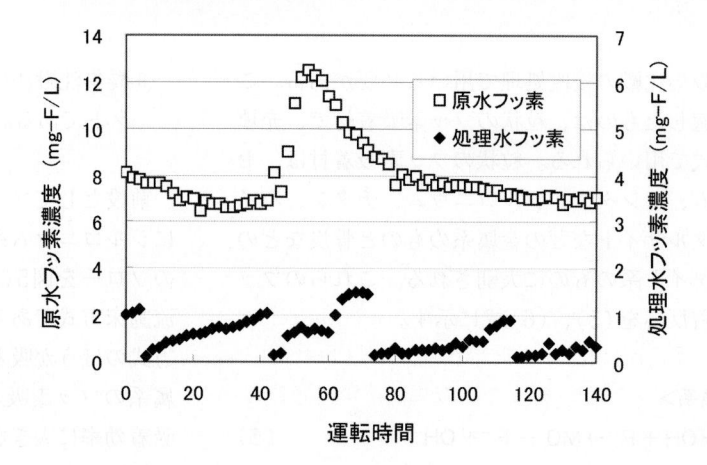

をセメント原料として回収したり、使用済みの高濃度フッ酸を鉄鋼業などの他産業で再利用するなどの対策も取られているが、費用をともなううえ、セメント製造量の低下とともにセメント原料としての回収に限界が来るなど、従来の再利用方法は、継続が困難になってきている。また、近年、フッ酸製造の原料である蛍石の輸入価格が高騰するという他の資源同様の問題にも直面している。これらの課題に対して、フッ酸中の不純物を除去してフッ酸として回収再利用する方法や、純度の良いフッ化カルシウムとして回収し、フッ酸の製造原料として回収する技術が提案されている。本項では、電気、熱源などのエネルギーの消費量が比較的少なく、持続可能なフッ化カルシウムの回収技術について述べる。

(1) フッ素回収装置の特徴

　排水および廃液中のフッ素をフッ化カルシウムとして回収する技術としては、晶析法とカルサイト法がある。

　晶析法は、フッ素を含む原水にカルシウム剤（塩化カルシウム，消石灰）を添加して、フッ化カルシウムの結晶を生成させる方法である。これらの反応は、フッ素の凝集沈殿と同様（1）式で表される。凝集沈殿法は、フッ化カルシウムの微細結晶を生成させ、これを凝集フロックに捕捉させて分離する方法であるが、晶析法は、凝集沈殿法のような微細結晶の生成を抑制しながら、数～百μm程度の種晶表面にフッ化カルシウムを晶析させ、数十～1000μm程度の粒状の結晶に成長させる

フッ化カルシウム結晶生成の概念図（図7）

撹拌槽型晶析装置概要図（図8）

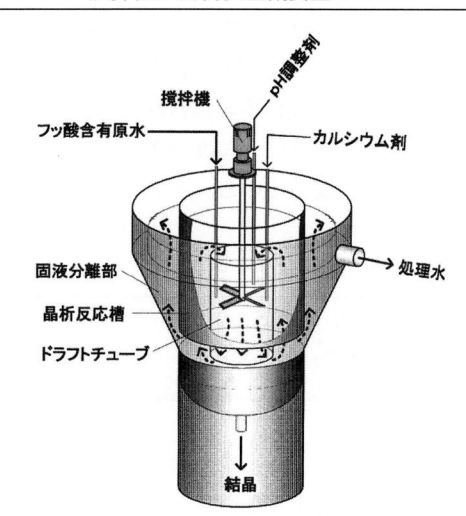

方法である。この概念図を図7に示す。

　微細粒子の発生を抑制しながら、フッ化カルシウムの結晶化を促進する重要な晶析条件としては、反応pH、濃度、混合撹拌が挙げられる。原水中のリン酸やシリカなどの共存イオンが処理水水質やペレット純度に影響を与える可能性があるが、フッ化カルシウムは広いpH域で結晶を生成するので、目的に応じた至適なpHに調整することで、輸入蛍石と同等の高純度なフッ化カルシウムの結晶を生成することができる。

　一方、カルサイト法は、国内に豊富に存在する資源であり、石灰の製造原料でもあるカルサイト鉱の粒度を調整したものにフッ酸を作用させ、粒状のフッ化カルシウムを生成させる方法である。この反応を(7)式に示す。

$$CaCO_3 + 2HF \rightarrow CaF_2 + CO_2 + H_2O \tag{7}$$

　この反応は、炭酸カルシウムとフッ酸の中和反応であるので、式中の炭酸と酸（H^+）の量のバランスをうまく制御することが重要である。また、炭酸ガスが多量に発生するので、反応槽での気液分離に注意が必要である。本反応は比較的容易に進むので、低濃度から高濃度のフッ酸排水に対して適用できるメリットがある。カルサイト法は、フッ酸ガスの中和除害などにも用いられる。

(2) フッ素回収装置実例

　フッ素回収装置の実例として、晶析法によるフッ化カルシウム回収装置について以下に記載する。晶析装置の分類としては、流動床式と撹拌槽式が一般的にあるが、比較的低濃度のフッ素排水に対しては流動床式、高濃度のフッ素排水に対しては撹拌槽式が用いられる。図8に撹拌槽式の晶析装置の概要図を示す。高濃度のフッ酸排水をカルシウム剤とpH調整剤を別々に晶析反応槽に供給し、槽内で結晶化が起きるような装置構成となっている。成長した結晶は反応槽から引抜かれ、脱水機によって脱水される。

　表5に本装置の実例として原水および装置仕様を、表6にフッ酸製造に用いられる高純度蛍石の成分規格と本例で得られたフッ化カルシウム結晶の成分を示す。得られる結晶の純度は、フッ酸製造に用いられる高純度蛍石と遜色ない純度で、フッ酸製造で嫌われるSiO_2、$CaCO_3$などの不純物の含有率は非常に低い。生成した結晶の粒度分布を図9に示す。また、写真1,2に結晶の拡大写

真および貯蔵中の結晶の写真を示す。フッ酸製造に用いられる蛍石は、粉塵の発生などの取り扱い安さから10μm以下の微粉粒子や、硫酸との反応性の関係から粗大粒子が嫌われるが、本晶析装置により生成した結晶の粒度分布は適度な平均粒径で均一な粒度なっている。

5 おわりに

フッ素の処理技術は、排水基準の強化とともに進歩し、実用化も進んでいる。しかし、一部の業種では暫定基準が継続しており、さらなる処理費用の低減が求められている。一方、フッ素は資源としても重要で、回収再利用技術のさらなる革新、普及が今後の重要な課題である。

参考文献
1) オルガノ株式会社　カタログ

（清水和彦）

撹拌槽型晶析装置の実例 (表5)

項目	仕様
原水水量 (m³/d)	6
原水フッ素濃度 (%)	1〜9
フッ素負荷量 (kg/d)	160
晶析槽　固液分離部外径 (mm)	2300
反応部外形 (mm)	1200
反応部容量 (m³)	2
カルシウム剤	36% CaCl₂
pH調整剤	25% NaOH

生成した結晶の粒度分布 (図9)

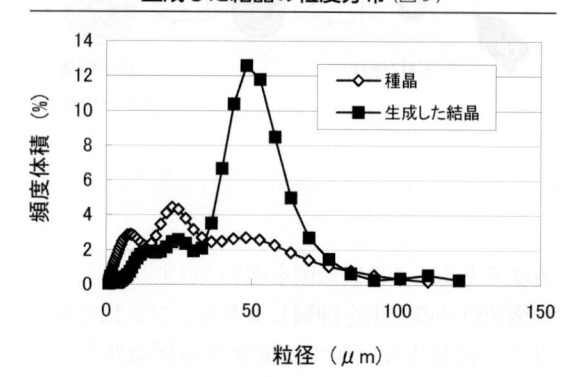

生成した結晶の成分 (表6)

含有成分	高純度蛍石規格	実施例
CaF₂含有率 (%)	>97	96〜97
水分 (%)	<9	8
SiO₂ (%)	<1.2	0.2
CaCO₃ (%)	<1.0	0.2
Fe₂O₃ (%)	<0.07	0.01
Al₂O₃ (%)	<0.2	0.04

種晶と成長した結晶 (写真1)

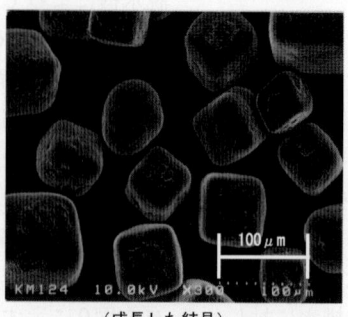

（種晶）　（成長した結晶）

貯蔵された結晶 (写真2)

2 ホウ素

1 はじめに

ホウ素は、2001年に排水基準として海域230mg/L、海域以外10mg/Lの値が定められた。以来、2004年、2007年と暫定排水基準の見直しが行われており、今後の更なる基準見直しにより、ホウ素含有排水への対応が余儀なくされることが予想される。

一方、我が国における工業材料としてのホウ酸および硼砂（ホウ酸ソーダ）は、ほぼ全量を輸入に依存しており、資源の有効利活用の観点からもホウ素の分離・回収技術は今後重要となってくると思われる。

2 ホウ素除去技術

一般に選択されるホウ素除去技術は、凝集沈殿法、イオン交換法、膜分離法などである。これらの除去方法で大水量の排水を処理する場合、処理性能や経済性の観点から課題を抱えているのが現状である。

例えば、凝集沈殿法を採用する場合、アルミニウム塩と消石灰の併用処理以外にはほとんど効果がなく、処理水のホウ素濃度を数mg/Lとするためには大量の薬剤添加と大量の汚泥が発生する。またイオン交換法を選択する場合、原水中に共存するイオンによってはホウ素の選択順位が低下し、効率的な除去が難しいと考えられる。

3 キレート吸着材

前項の通り、従来の処理技術ではホウ素を除去するために大量の廃棄物が発生し、また除去性能も十分ではなかった。現在ホウ素除去性能に優れる方法は、ホウ素を選択的に吸着する吸着材（キレート吸着材）であり、その母材（ホウ素を選択的にキレート吸着する官能基を担持させているもの）の種類により大別して「キレート樹脂」と「キレート繊維」が挙げられる。

これらのキレート吸着材の構造模式図を図1に、電子顕微鏡画像を写真1に示す。

キレート吸着材構造模式図（図1）

キレート樹脂　　　　キレート繊維

基材内部に　　　　基材表面に
キレート官能基　　　キレート官能基

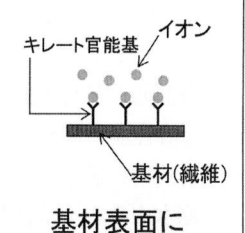

キレート吸着材電子顕微鏡画像（写真1）

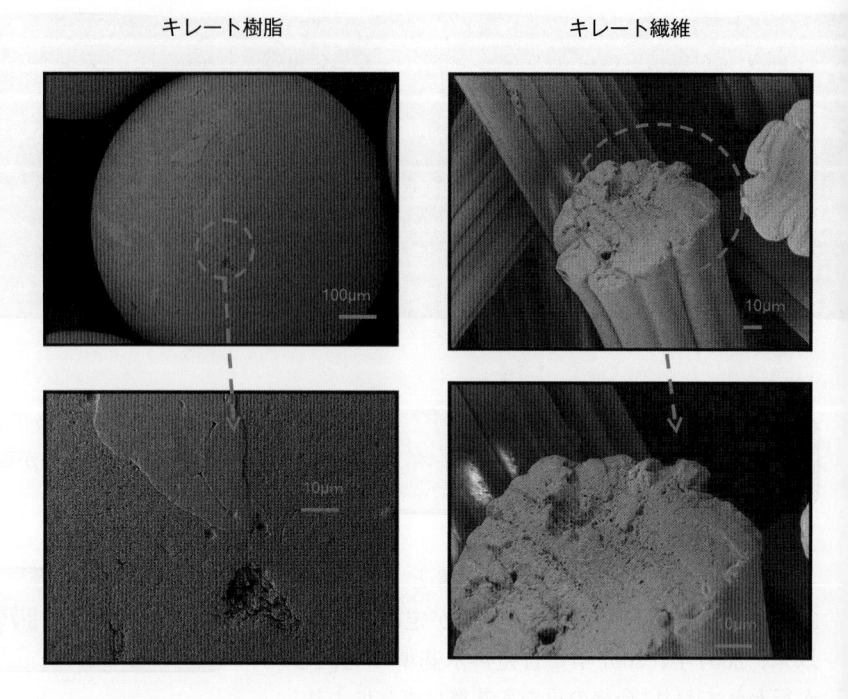

キレート樹脂 　　キレート繊維

キレート樹脂は、多孔質な球形樹脂の細孔内に官能基を有し、ホウ素イオンが細孔内に拡散することでキレート吸着される構造となっている。

キレート繊維は、天然繊維の表面および繊維内部に官能基を有する。

4 キレート繊維

ホウ素キレート吸着材であるキレート繊維（キレスト株式会社製、商品名「キレストファイバー® GRYシリーズ」）は、キレート樹脂に比べて次の点で優れている。
・官能基が母材表面に存在するためにホウ素の吸着性能、溶離性能に優れる
・構造的に破断しにくい
・原水由来の不溶性物質に対する処理阻害が比較的少ない

5 キレート繊維の再生とホウ素回収

キレート繊維を充填した吸着塔にホウ素含有水を通水すると、吸着可能容量までホウ素が吸着・除去される。吸着可能容量に達したキレート繊維はそれ以上ホウ素を吸着することが出来ないため、キレート繊維からホウ素を溶離する再生工程を行うことが必要になる。再生工程を経た吸着塔は、再び再生前と同量の吸着可能容量までホウ素を吸着することが可能である。

ホウ素吸着用のキレート繊維は、酸性側でホウ素を溶離する性質であるため、塩酸等を通液してホウ酸としてホウ素を溶離・回収する。

キレート繊維から溶離されるホウ素は、高濃度ホウ酸溶液として回収されるが、その中からホウ素（および他の塩類）のみを回収して、残りの酸をホウ素溶離用の酸として使用することが理想である。

ホウ素回収方法の一つとして、ホウ素の溶離に用いる酸を塩酸とし、ホウ酸溶液を蒸留濃縮して塩酸を回収、濃縮液を冷却し晶析・分離してホウ酸結晶として回収するシステムも採用されている。

6 キレート繊維を用いたホウ素除去実設備

本設備は、トンネル掘削工事現場で湧出する地下水中のホウ素除去を目的としており、処理水量400m³/日、原水ホウ素濃度120mg/Lの原水を、ホウ素濃度5mg/L以下に処理する設備であり、増設工事を含めて2基納入、稼働中である。対象水には数千mg/Lの塩化物イオンを含有している。

実設備のホウ素除去設備概略フローを図2、設備外観を写真2、ホウ素回収設備概略フローを図3、設備外観を写真3に示す。ホウ素除去設備の前処理として凝集沈殿および砂ろ過等のフィルター設備にてSS等を除去する。キレート吸着塔は3塔を備え、2塔直列通水を行い1塔を再生工程とする、いわゆるメリーゴーランド方式を採用している。再生には0.5Nの塩酸を使用してキレート吸着塔

ホウ素除去設備概略フロー（図2）

ホウ素除去設備外観（写真2）

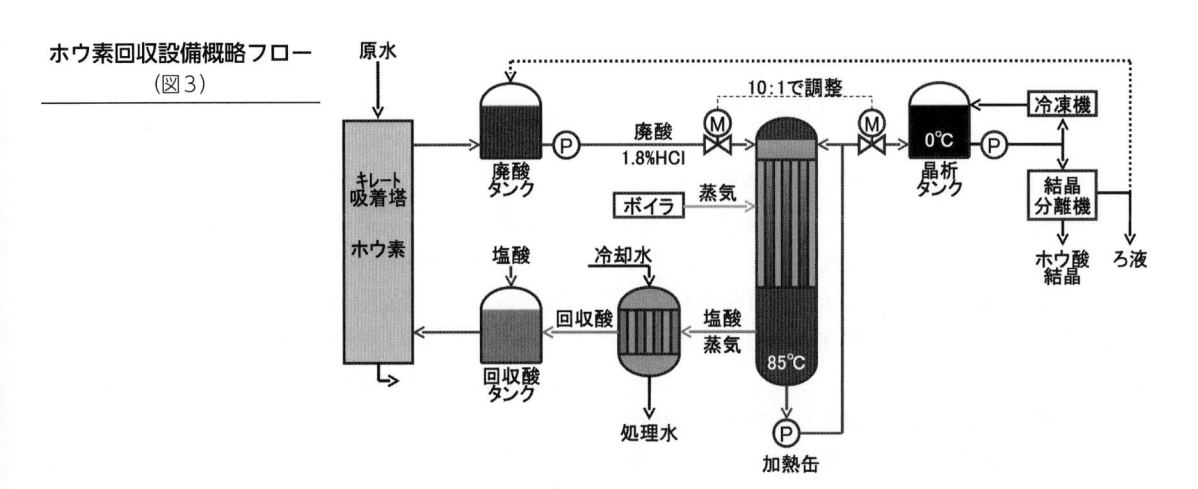

ホウ素回収設備概略フロー（図3）

ホウ素回収設備外観（写真3）

ホウ素吸着性能（図4）

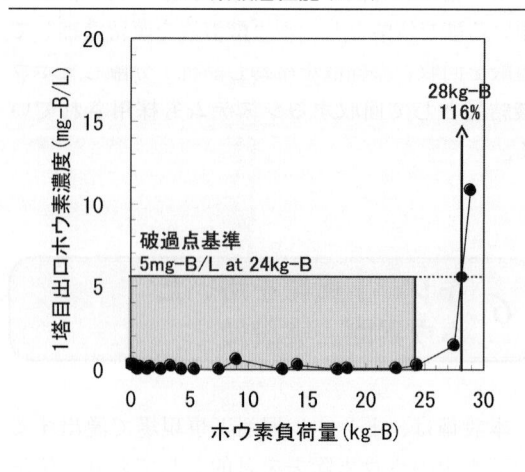

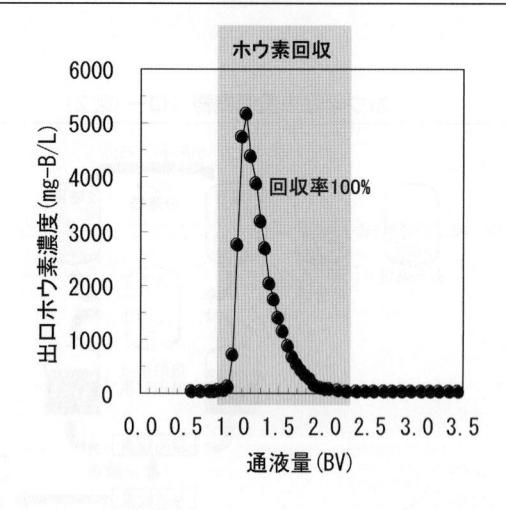

から溶離する。溶離されたホウ酸は蒸留濃縮処理を行うことで塩酸を蒸発回収、濃縮液は冷却して結晶化し、遠心分離機でホウ酸結晶を回収する。

本設備におけるホウ素吸着性能の一例を図4、溶離性能の一例を図5に示す。

ホウ素溶離性能（図5）

7 適用範囲と今後の課題

ホウ素の除去は排水基準が設定されてはいるものの、少量・低濃度の排水に対して採用できる技術も、大量・高濃度になるとコストおよび廃棄物の処分（汚泥・廃液・回収物処分）が課題となる。

ホウ素除去・回収システムは、水量数百 m³/日、ホウ素濃度数十～百 mg/L 程度の負荷に対してはプランニング可能であるが、ホウ素負荷量が過大となった場合に経済性および運用面での課題が残る。

また、排水中から分離したホウ素をホウ酸結晶として回収・有効利活用する場合においては、原水水質によりホウ酸純度が大きく変わる為、再資源化できない場合もある。

ホウ素のキレート吸着に関しては、原水水質条件や吸着阻害イオンの存在の有無で吸着容量が減少する場合もあり、排水の種類によっては適用が難しいことも考えられる。

今後とも既存技術との組合せや吸着材の改良、ホウ素除去および回収技術の開発が期待される。

（日下　潤）

3　1,4-ジオキサン

1　はじめに

(1) 1,4-ジオキサンの特性

　1,4-ジオキサンは、酸素原子を2個有する複素環化合物である（図1）。沸点101.1℃、融点11.8℃であり、物性が水と良く似ている性質を有するため、一旦排水に混入すると分離することが難しい。また、1,4-ジオキサンは水に良く溶けるだけではなく、有機溶媒にも良く溶ける特性を有する。そのため化学合成用の溶剤・安定化剤等として広く用いられている。1,4-ジオキサンは1,1,1-トリクロロエタンの安定化剤として多く用いられていたが、オゾン層保護法により1,1,1-トリクロロエタンの製造・消費が1996年に廃止されたのに伴い、その製造量は減少した。近年の1,4-ジオキサン輸入・製造量は年間5000t前後を安定して推移しており[1]、現在も各種工業用途に利用されている（図2）。

　この1,4-ジオキサンの毒性については、発ガン性が報告されており、世界ガン研究機関（IARC）で2Bランクに指定され、動物試験では発ガン性が確実、人間にも発ガン性が疑われる化学物質である。

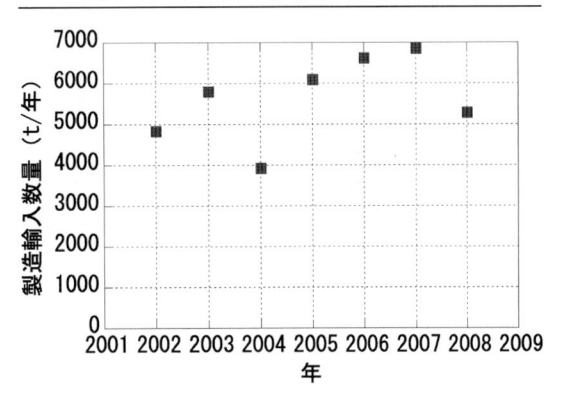

(2) 1,4-ジオキサンの汚染源

　1,4-ジオキサン排水を排出する工業としては大分して3つあり、①ジオキサンそのものを製造している工場、②ジオキサンそのものを安定化剤・溶剤等として利用する工場、③主にポリエチレン系の化学物質を利用し、化学合成を行う工場等がある。1,4-ジオキサンを製造および安定化剤・溶剤として利用している工場は、当然のことながら意図的な利用であるが、ポリエチレン系の化学合成を行っている工場では、化学合成過程でエチレンオキサイドが環化し、1,4-ジオキサンが副生成することが原因であり、非意図的な排出である。

1,4-ジオキサンの化学構造と特性（図1）

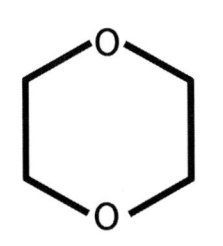

名　称：1,4-Dioxan
CAS No：123-91-1
化学式：$C_4H_8O_2$（分子量：88）
構　造：環状エーテル構造
沸　点：101℃
融　点：11.8℃
比　重：1.033（20℃）
消防法：危険物代4類（第一石油類）
PRTR法：第一種指定化学物質

1,4-ジオキサンの製造・輸入量（図2）

最大検出濃度と検出率の推移(図3)

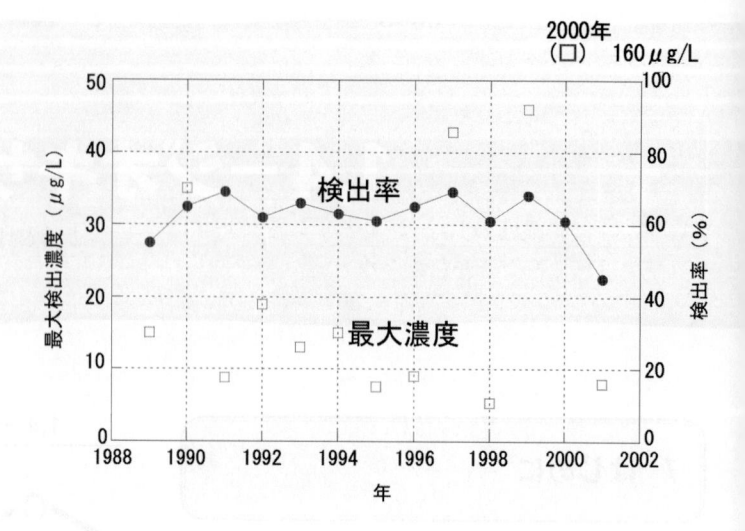

1,4-ジオキサンを安定化剤・溶剤等として利用する業種としては、液晶製造、半導体工業、医薬品合成、塗料製造などがある。また、非意図的に1,4-ジオキサンを排出する業種としては、ポリエチレン系の化学合成を扱ポリエチレンテレフタレート（PET）繊維などの化学合成、シャンプーや洗剤などの非イオン界面活性剤の製造業がある。

なお、シャンプーや洗剤および一部の工業排水は下水へ流入することから、下水が1,4-ジオキサンによる環境汚染源ともなる。また、1,4-ジオキサンを含む製品が最終的に埋立処分されることにより、埋立地浸出水が汚染源となることも報告されている。

(3) 1,4-ジオキサンによる環境汚染

環境省は、1987年に1,4-ジオキサンが指定化学物質となるのに伴い、全国の河川、湾を中心に1,4-ジオキサンによる環境汚染状況の調査を2001年まで行った。その結果から、水質では検出頻度が高く、また最大の検出濃度が数十〜160 μg/Lと高濃度の検出例も報告されている[2,3]（図3）。1,4-ジオキサンは生分解性が極めて低く、化学物質審査規制法による好気的生分解試験では、2週間で分解率0%と判定されている。そのため、環境中での生分解量も低いと考えられ、残留性の高い化学物質であると考えられる。これらのことから、環境汚染を引き起こす1,4-ジオキサン排水等の発生源側での削減対策が必要である。

(4) 1,4-ジオキサンの規制動向

2002年に飲料水源から高濃度の1,4-ジオキサンが東京、大阪にて相次いで検出され、取水停止命令が出される措置がとられた。これに伴い2004年4月に1,4-ジオキサンの飲料水基準として0.05mg/Lが設定され、さらに2009年11月に環境基準値（健康項目）として0.05 mg/Lが施行された。排水規制については、2009年12月から中央環境審議会にて、検討が始められており、具体的な基準値としては0.5 mg/Lと予想されている。

2　1,4-ジオキサンの処理技術

(1) 物理化学的手法

① 活性炭吸着法

1,4-ジオキサンは水に溶け易い性質であるため、活性炭へ吸着はするものの、その吸着量は極めて少ない。また、活性炭そのものの性質として、

処理すべき濃度（排水基準値）が低濃度となると、活性炭1g当りの吸着量は低下する。平衡濃度0.5mg/Lの条件での活性炭1g当りの1,4－ジオキサン吸着量は0.2～2.5 mg（23℃）であり、活性炭の種類により吸着量は異なるものの、極めて少ない[4]。特に高濃度の1,4－ジオキサンを処理する場合では、活性炭量が莫大となり、活性炭のみでの1,4－ジオキサン排水処理は困難である。

② 凝集沈殿法

1,4－ジオキサンは水に溶け易い性質であるため、凝集沈殿では処理ができない。凝集汚泥中に1,4－ジオキサンは濃縮されることも無いが、汚泥に含まれる水分中に1,4－ジオキサンが含まれるため、その量が除去され、系外に排出される。

③ オゾン酸化法

オゾン酸化法での分解については、排水中の共存有機物質の影響、pH、水温等の条件により、処理効率が大幅に変化する。1,4－ジオキサンは難分解性物質であり、オゾン分子との反応性は極めて低い。しかしながら、オゾン分子は不安定であることから、自己分解過程でヒドロキシラジカル（HOラジカル）を生成する。このHOラジカルは酸化力が高いことから、1,4－ジオキサンを分解することが可能である。すなわち、オゾン分子が直接的には分解する能力は低いが、自己分解過程で生成するHOラジカルにより分解が可能である。そのため、効率的に1,4－ジオキサンを分解するには、アルカリ条件（アルカリオゾン法）や高水温条件など、オゾンの自己分解が促進される条件で、オゾン酸化を行うことが有効である。なお、排水中に1,4－ジオキサン以外の有機物質が高濃度に存在する場合は、オゾンが自己分解する前に、オゾンと有機物質とが反応してしまうため、1,4－ジオキサンの分解効率は、大幅に低下する。

④ 促進酸化法

ⓐ 概要

1,4－ジオキサンを分解できる方法としては、促進酸化法が有効である。促進酸化法はオゾンを中心として、他の酸化剤を併用する方法であり、オゾン/紫外線法、オゾン/過酸化水素法、オゾン/紫外線法/過酸化水素法などがある。この方法は排水中のダイオキシン類を分解する方法として、実用化されている技術であり、1,4－ジオキサンも分解が可能である。

ⓑ オゾン/紫外線法の原理

オゾンに紫外線を照射すると、以下のような反応が起こりOHラジカルが生じ、難分解性の有機物質の分解が可能となる。OHラジカルの生成反応は、過酸化水素を経由する反応（式1～2）と、1重項酸素から直接生成する反応（式3～4）とが示されている[5]。オゾンは、210～300nmに吸収帯（Hartley帯）を持っており、この吸収帯に該当する波長の光を照射すると、オゾンが分解される。紫外線ランプのなかでも低圧水銀ランプの主波長は254nmであり、オゾンの分解を促進する。

オゾン／紫外線法におけるHOラジカル生成

$$O_3 + H_2O \rightarrow O_2 + H_2O_2 \quad \cdots (1)$$
$$H_2O_2 \rightarrow 2\cdot OH \quad \cdots (2)$$
$$O_3 \rightarrow O_2 + O(^1D) \quad \cdots (3)$$
$$O(^1D) + H_2O \rightarrow 2\cdot OH \quad \cdots (4)$$

促進酸化装置の概要（オゾン/紫外線）（図4）

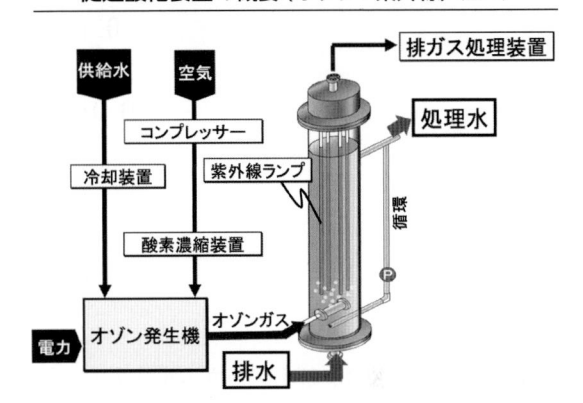

ⓒ オゾン/紫外線法の装置概要

排水処理装置の概要図を図4に示す。反応槽

オゾン/紫外線法による1,4－ジオキサンの処理性能(図5)

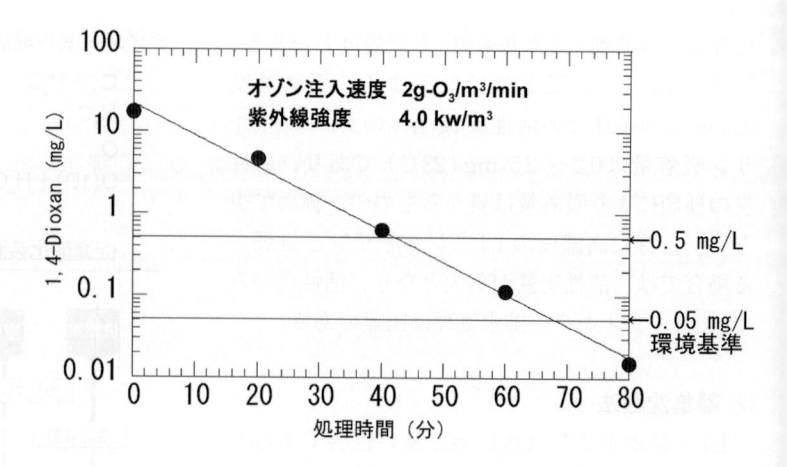

下部から、原水およびオゾンガスを注入し、同時に反応槽内に設置された紫外線を照射する。オゾンガスは排水へ溶解した後、紫外線ランプにより分解され、OHラジカルを生成する。このOHラジカルの強い酸化力により、1,4－ジオキサンはCO_2まで完全分解が可能である。

促進酸化法は2次的な廃棄物質を出さず、薬剤の使用量がほとんど無いことから、有効な方法である。しかしながら、オゾン発生に係る動力や紫外線ランプに要する電力が大きい。特に、1,4－ジオキサンの処理量がおおくなる場合、すなわち処理水量が多く、1,4－ジオキサンの濃度が高い場合には、ランニングコストが高くなる点が課題となっている。

ⓓ 処理性能

促進酸化法では、1,4－ジオキサンを低濃度まで分解することが可能である。水道水中に1,4－ジオキサンを添加し、一定のオゾン注入速度、紫外線照射条件で分解性能を確認した結果を図5に示す。1,4－ジオキサンは環境基準値以下まで十分処理できることがわかる。1,4－ジオキサン濃度が低濃度条件の場合、1,4－ジオキサン濃度を示す縦軸を対数軸とすると、処理時間に対し、直線に近似することができる。これは、単位時間あたりの1,4－ジオキサン除去率が一定

であることを意味している。同時に、処理時間はオゾン注入量を示しているので、1,4－ジオキサン濃度が低下すると、オゾン量(単位時間)あたりの1,4－ジオキサン除去量は低下することを意味する。そのため、1,4－ジオキサンを低濃度まで処理する場合には、1,4－ジオキサンに対し多大なオゾン量を注入する必要がある。

実排水の処理においては、蒸留系の1,4－ジオキサン排水など、共存する他の有機物質が低濃度の場合には、そのまま促進酸化法を適用できる。しかしながら、共存有機物濃度が高い場合には、1,4－ジオキサンの分解効率が低下するため、生物処理や凝集沈殿処理などで共存有機物質を除去する前処理プロセスが必要となる。

(2) 1,4－ジオキサンの生物処理技術

① 活性汚泥法

1,4－ジオキサンの生分解性については、化学物質審査規制法による好気性生分解試験にて、2週間で分解率0%であり、難分解性と判定されている。このため、通常の生物処理ではほとんど処理ができない。ジオキサンを含む排水で馴養された汚泥であっても、10%以下の分解率であることを確認している[6]。曝気槽にて、しばしば1,4－ジオキサンが処理される傾向が確認されるが、こ

1,4－ジオキサンの分解性能の比較（図6）

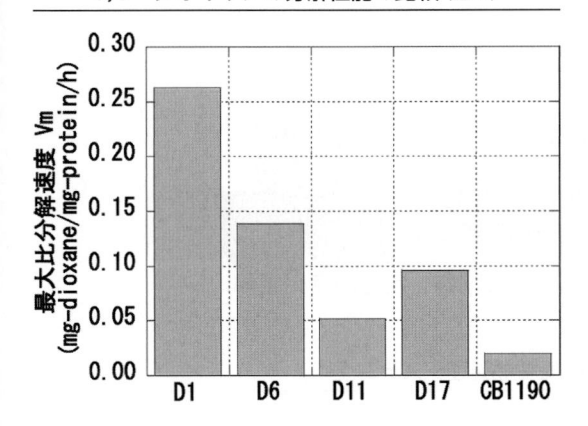

の要因として、生分解ではなく曝気による気散が挙げられる。特に、滞留時間の長い曝気槽や曝気強度の高い反応槽、さらに1,4－ジオキサン濃度が高い曝気槽などでは、気散する量が多い。気散した1,4－ジオキサンは、環境中で分解され難く、環境水への汚染要因とも考えられることから、留意すべきである。

② 特殊微生物の活用

ⓐ 共代謝分解

1,4－ジオキサンと構造が類似しているテトラヒドラフラン（THF）や、メタン、プロパン、トルエンなどを一次基質として添加すると、一次基質の分解と同時に1,4－ジオキサン（二次基質）を分解することが知られている[7]。この反応系は共代謝分解と呼ばれ、1,4－ジオキサンだけでは分解酵素が誘導されず、必ず一次基質が必要となる。1,4－ジオキサンを共代謝分解する微生物としては、*Aureobasidium pullmans*、*Rhodococcus sp.*、*Mycobacterium sp.* などが確認されている[8], [9]。これら共代謝分解菌を排水処理へ活用する場合、1,4－ジオキサン分解性能を維持するために、連続的に一次基質を添加する必要がある。そのため、排水中に一次基質が同時に含まれている場合を除き、利用は難しいと考えられる。

ⓑ 代謝（資化）分解

報告例は極めて少ないものの、1,4－ジオキサンを直接分解できる微生物が確認されており、主要なものとしては、*Pseudonocardia dioxanivorans*、*Pseudonocardia benzenivorans*、*Rodococcus rubber* など4株が報告されている[10-13]。さらに近年、大阪大学にて*Afipia sp.*をはじめとする4株の1,4－ジオキサン分解菌の単離に成功しており、最も高い分解活性を有するとされる*Pseudonocardia dioxanivorans*（CB1190株）と比較しても、高い分解活性を有することが確認されている（図6）。

1,4－ジオキサンを資化性できる菌は、1,4－ジオキサン分解と同時に、増殖も可能である。そのため、他の有機物質の添加が不要であり、排水処理への活用が可能な菌であると考えられる。

(3) 包括固定化法を活用した生物処理システム

① 包括固定化

1,4－ジオキサンは通常の生物処理では困難であることから、1,4－ジオキサンの資化性菌（以下、分解菌）を活用することが有効である。しかしながら、排水処理系では、1,4－ジオキサンだけでは無く、共存する他の有機物質があり、これらを資化する他の微生物が優先して増殖してしまうことが想定される。また、分解菌を排水処理に利用する場合、生物処理槽内に分解菌を安定して維持する必要があり、さらに、高い処理速度を得るために、高濃度に維持することが重要である。

そこで、著者らは高分子ゲルに分解菌を固定化する技術を開発している（図7）。前培養した分解菌と、ポリエチレングリコール系のプレポリマーを混合した後、重合反応によりゲル化させる。ゲルは、排水処理で利用できるように数mm角の立方体に整形し活用する。なお、ゲルは〜数十nm径の細孔を有しているとされており、1,4－ジオキサン分子はゲルを自由に透過することができる。また、内部に固定化された分解菌は、数μmの大きさを有することから、外部に出ることができない。分解菌はゲル内部で増殖と死滅を繰り返

1,4-ジオキサン分解菌の包括固定化（図7）

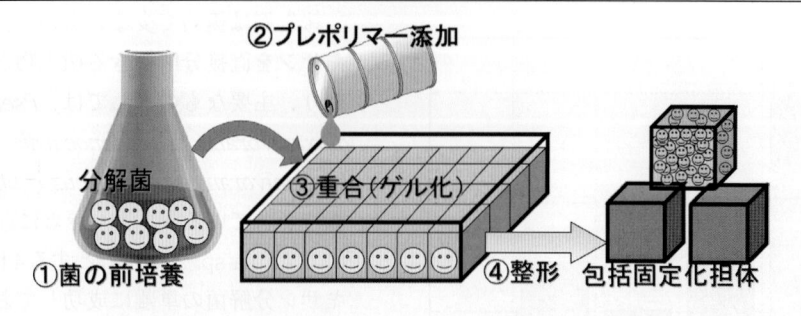

1,4-ジオキサン分解菌を活用した生物処理システム（図8）

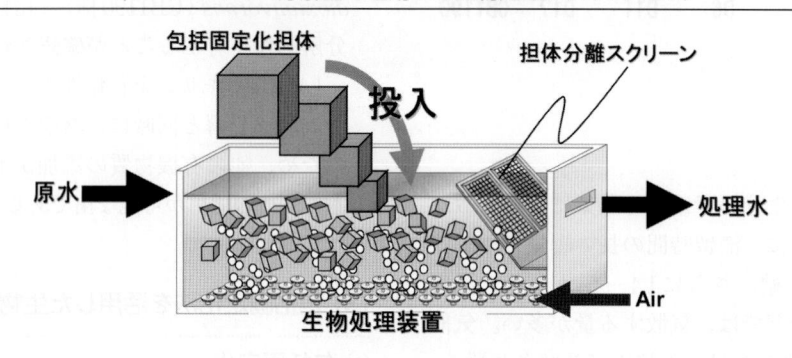

し、一定のバイオマス量を維持することができる。

② 生物処理システムの概要

1,4-ジオキサン分解菌を固定化した包括固定化担体（以下、1,4-ジオキサン分解担体）は、生物処理槽（好気槽）へと投入され、連続処理装置内で活用される（図8）。1,4-ジオキサンを含む排水は、生物処理槽へ流入し、曝気により1,4-ジオキサン分解担体と混合される。1,4-ジオキサンは担体内へ浸透し、内部の分解菌により分解される。処理水口には、担体が流出しないようスクリーンが設置されており、ここで処理水と担体が分離され処理水が排出される。なお、スクリーンにゴミや1,4-ジオキサン分解担体が目詰まりしないよう、スクリーン下部から曝気により自動洗浄される機構となっている。1,4-ジオキサン分解担体を用いた排水処理システムでは、担体内部に1,4-ジオキサン分解菌が安定保持されているため、活性汚泥法のような汚泥濃度の管理が不要であり、菌の維持管理が容易なシステムである。また、ランニングコストの主要因は曝気動力であり、物理化学的手法より低コストでの排水処理が可能である。

③ 処理性能

1,4-ジオキサン分解担体による各種工場排水の処理検討が進められており、実排水での有効性が確認されている。化成品工業の実排水を用いた実証試験が行われ、高濃度の共存有機物質や色度成分があっても、問題無く1,4-ジオキサンが処理できることを確認している。実証試験時の原水水質および処理結果をそれぞれ表1、図9に示すが、安定した処理が可能であることが分かる。実証試験では、1,4-ジオキサン分解担体に少量の分解菌を固定化し、実排水中の1,4-ジオキサンを用いて、担体内の分解菌を馴養・増殖させている。

1,4-ジオキサン排水の水質(表1)

項目	平均値	範囲
1,4-Dioxan (mg/L)	637	570 ～ 730
COD$_{Mn}$ (mg/L)	120	77 ～ 205
T-N (mg/L)	151	55 ～ 340
pH (-)	7.6	7.0 ～ 8.5
色度(度)	278	90 ～ 654

1,4-ジオキサン分解菌を活用した生物処理システム(図9)

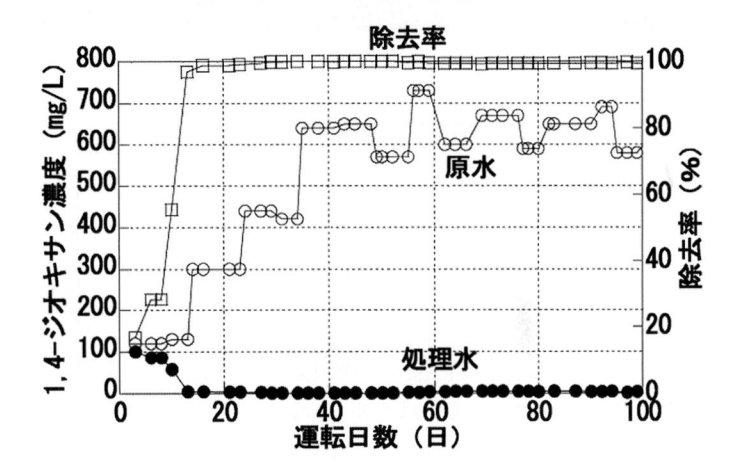

実証試験の結果から、概ね1ヶ月程度の馴養期間で立上げ可能である結果を得ている。なお、特殊分解菌を用いた排水処理では、他の菌により分解菌が淘汰される懸念があるが、包括固定化法により固定化された分解菌は、淘汰されず担体内で増殖・維持が可能であった。

この生物処理システムでは、1,4-ジオキサン分解担体により、高い処理速度が得られ、1日に、反応槽1m³あたり、0.4kg以上の1,4-ジオキサンが処理できる。

参考文献
1) 経済産業省／経済産業省ホームページ／監視化学物質の製造・輸入数量の公表について
2) 環境庁／平成3年度版－平成14年度版 化学物質と環境／1991－2002
3) 安部明美(2006)1,4-ジオキサンによる水環境汚染の実態と施策－地方試験研究機関の仕事に着目して－平成18年版(2006)神奈川県環境科学センター研究報告第29号
4) 福原智子／活性炭処理法による1,4-ジオキサン対策／水中1,4-ジオキサン基準化における低コスト対策／㈱メガセミナーサービス講演要旨集p197－221/2010
5) 宗宮 功／オゾン利用水処理技術／環境コミュニケーションズ／1989
6) 稲森悠平、井坂和一ほか／廃棄物埋立地浸出水等に含有される微量化学汚染物質ジベンゾフラン、1,4-ジオキサンなどの高度処理／用水と廃水／41/p.48～54/1999
7) Sei、K et al.、/Evaluation of the biodegradation potential of 1、4 - dioxan in river、soil and activated sludge samples./Biodegradation/2010
8) Patt、T.E. and Abebe、H.M./ Microbial degradation of chemical pollutants./ U.S. Patent 5、399、459 / March 21 / 1995
9) Mahendra、S. and Alvarez - Cohen、L./Kinetics of 1、4 - dioxan biodegradation by monooxygenase - expressing bacteria. Environmental Science & Technology/40/p5435 - 5442 /2006
10) Burnhardt、E. and Diekmann、H./Degradation of dioxin. tetrahydrofuran and other cyclic ethers bt an environmental Rodococcus strain / Applied Microbiology and Biotechnology / 36/ 120 - 123 / 1991
11) Parales、R. E. et al.、/ Degradation of 1、4 - dioxan by an actinomycete in pure culture. Applied Microbiology and Biotechnology/ 60/ p4527 - 4530/ 1994
12) Kampfer 、P.、and Kroppenstedt、R.M./Pseudonocardia benzenivorans sp. Nov. International Journal of Systematic and Enviromenary Microbiology/ 54/ 749 - 751/ 2004
13) Kim、Y.M. et al.、/Biodegradation of 1、4 - dioxan and transformation of related cyclic compounds by a newly isolated Mycobacterium sp. PH - 06/ Biodegradation/20/p511 - 519/ 2009

(井坂 和一、池 道彦、清 和成)

4 ヒ素

1 はじめに

ヒ素は自然界では鶏冠石（As_4S_4）や雄黄（As_2S_3）などの硫化物として多く存在し、産出する。また、硫ヒ鉄鉱（FeAsS）やヒ化鉄（$FeAs_2$）などの金属ヒ化物、あるいはカルシウムや鉄、鉛などのヒ酸塩としての存在も広く知られている。ヒ素化合物の用途としては農薬や防腐剤、顔料、半導体、ガラス製品等があり、これら製品の製造や利用に伴い排出される廃液・排水中に多く含まれる。

また、鉱山からの浸出水の他、温泉水や地下水等に含まれていることもある。近年、バングラディシュやインド西ベンガル州等においてヒ素が含まれる井戸水の飲用による深刻な健康被害が起こっており[1),2)]、対策が検討されている[3),4)]。

難溶性ヒ酸塩の溶解度積（表1）

化合物	溶解度積 　p Ksp
$AlAsO_4$	15.8
$FeAsO_4$	20.2
$Ca_3(AsO_4)_2$	18.2
$Mg_3(AsO_4)_2$	19.7
$Cu_3(AsO_4)_2$	35.1
$Zn_3(AsO_4)_2$	27.0

2 ヒ素の処理技術

(1) 共沈法

水中でヒ素は3価｛ヒ素（Ⅲ）｝または5価｛ヒ素（Ⅴ）｝で存在し、前者としては亜ヒ酸（H_3AsO_3）、後者としてはヒ酸（H_3AsO_4）として主に溶存している。これらの形態のうち、ヒ酸（H_3AsO_4）は表1に示すように鉄やアルミニウム、カルシウム、マグネシウム、銅、亜鉛などの金属と難溶性の塩を形成する。この性質を利用し、共沈作用により除去する処理が広く行われている。

この共沈法による処理ではヒ素（Ⅴ）に比べてヒ素（Ⅲ）の除去性が悪い。このため、ヒ素（Ⅲ）は次亜塩素酸ナトリウム（NaOCl）やオゾン（O_3）などの薬剤で予めヒ素（Ⅴ）に酸化する必要がある。共沈剤としては、通常、鉄塩で処理するのが効果的である。また、飲料用途などヒ素濃度が低い場合には、アルミニウム塩を用いることもある。

① 鉄塩法
ⓐ ヒ素（Ⅴ）の場合

電子部品製造工場排水を対象とした実施例を紹介する。ヒ素（Ⅴ）を28mg/L含有する当該排水についてビーカーテストを行った結果が図1である。処理水ヒ素（Ⅴ）濃度はpHに強く影響を受け、pH5において極小値を示してい

反応pHと処理水ヒ素(V)の関係(図1)

Fe/Asモル比=6.3

Fe/Asモル比と処理水ヒ素(V)の関係(図2)

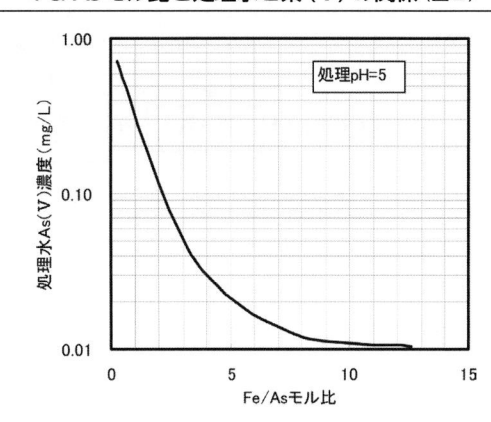

処理pH=5

鉄塩法によるヒ素(V)の除去処理事例(図3)

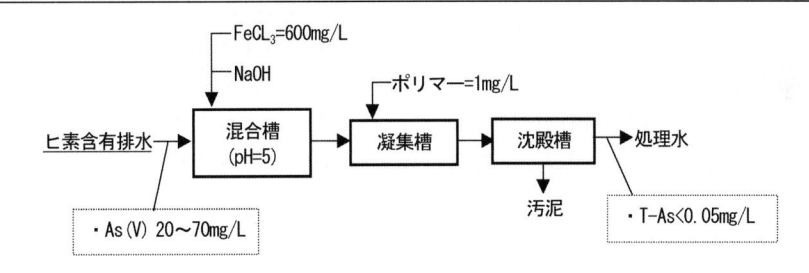

ヒ素含有排水 → 混合槽(pH=5) [FeCl₃=600mg/L, NaOH] → 凝集槽 [ポリマー=1mg/L] → 沈殿槽 → 処理水
・As(V) 20〜70mg/L
沈殿槽 → 汚泥
処理水 ・T-As<0.05mg/L

酸化処理と鉄塩法によるヒ素(Ⅲ)の除去処理事例(図4)

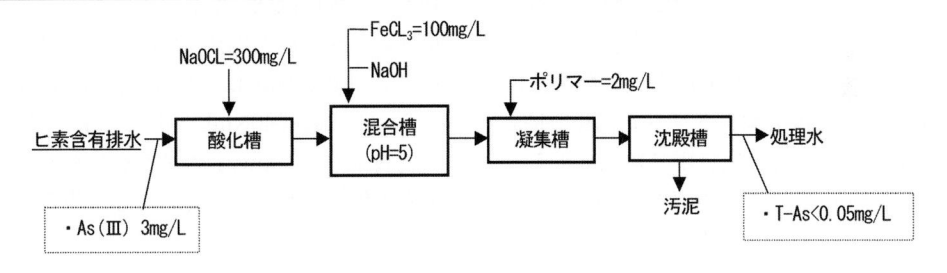

ヒ素含有排水 → 酸化槽 [NaOCl=300mg/L] → 混合槽(pH=5) [FeCl₃=100mg/L, NaOH] → 凝集槽 [ポリマー=2mg/L] → 沈殿槽 → 処理水
・As(Ⅲ) 3mg/L
沈殿槽 → 汚泥
処理水 ・T-As<0.05mg/L

る。また、pH5の条件において、ヒ素濃度に対する鉄添加量のモル比(Fe/As)と処理水ヒ素(V)濃度の関係を求めた結果が図2である。Fe/Asを6以上にすることで処理水のヒ素(V)が0.02mg/L未満になっている。これらの結果に基づいて実施した結果が図3である。原水ヒ素(V)濃度が20〜70mg/Lであるので、常にFe/As=6以上を保つために塩化第2鉄(FeCl₃)添加量を600mg/Lとした。pH5として処理したところ、全ヒ素濃度を0.05mg/L未満にすることができている。

ⓑ **ヒ素(Ⅲ)の場合**

ヒ素(Ⅲ)を含んだ地下水を対象とした実施例を図4に示す。地下水に対して次亜塩素酸ナトリウムを300mg/L添加し、酸化処理を行っ

酸化処理とアルミニウム塩法によるヒ素(Ⅲ)の除去処理事例(図5)

```
                NaOCL=11mg/L    PAC=120mg/L
                    ↓              ↓
ヒ素含有排水 → 酸化槽 → 混合槽  → 凝集槽 → 沈殿槽 → 処理水
                       (pH=7)                ↓
                                            汚泥
           ・As(Ⅲ) 0.023mg/L              ・T-As=0.001mg/L
```

た後、鉄塩法を採用したものである。塩化第2鉄(FeCl₃)添加量100mg/L、処理pH5の条件で全ヒ素濃度が0.05mg/L未満に処理できている。

② アルミニウム塩法

先に、ヒ素(Ⅴ)除去のための最適pHは5であることを述べた。アルミニウム塩の場合、pH5では水酸化アルミニウムの一部が溶解する。したがって、本法の場合の処理pHは中性付近になり、鉄塩法に比べると除去効率が劣ることが避けられない。しかし、飲料用途としては鉄塩による赤水生成を防ぐためにアルミニウム塩法を利用することがある

ヒ素(Ⅲ)を含んだ地下水を対象とした実施例を図5に示す。次亜塩素酸ナトリウム11mg/Lを添加して酸化処理を行った後、ポリ塩化アルミニウム(PAC)120mg/Lによる処理を行っている。この条件でヒ素を0.001mg/Lまで低減することができている。

③ 砂ろ過法を組み合わせた方法

次亜塩素酸ナトリウムを酸化剤、マンガン砂を酸化触媒として用いて、亜ヒ酸イオンをヒ酸イオンに酸化した後、鉄塩とアルミニウム塩を凝集剤として添加して析出した凝集物を、沈降分離ではなく砂ろ過で除去する処理が実用化されている。

通常の共沈処理よりも設備規模や維持管理が簡易になるなどの利点から、特に原水のヒ素含有濃度が0.02～0.05mg/Lと低い水について飲用水質基準値(0.01mg/L)以下にまで処理する場合など

で有利であり、適用事例が報告されている[5]。

④ 加圧浮上法

凝集分離する点では前記の共沈法と同じであるが、本法は沈めるのではなく浮上分離するのが特徴である。

処理フローを図6に示す。原水に対して鉄塩あるいはアルミニウム塩の凝集剤を添加して凝集フロックを形成させた後、陰イオン界面活性剤(ドデシル硫酸ナトリウムやラウリル硫酸ナトリウムなど)を添加することで凝集フロックが疎水化される。これに微細気泡を付着させて水酸化物の凝集フロックを浮上させて分離する。試験結果によれば、鉄塩80mg/L、界面活性剤35mg/L、pH4～5、通気速度40NmL/minの条件で処理することでヒ素(Ⅴ)10mg/Lの試水をヒ素(Ⅴ)0.1mg/L未満の処理水が得られているとの報告が有る[6]。

(2) 硫化物沈殿法

ヒ素濃度が高い場合、共沈法(鉄塩法やアルミニウム塩法)では共沈剤の添加量が多くなり、薬品コストがかかるとともに汚泥生成量も多大になるため、経済的とは言えない。このような高濃度ヒ素に対しては硫化物沈殿法が経済的である。この方法は硫化ナトリウム(Na_2S)や硫化水素ナトリウム(NaHS)等の硫化剤を添加して不溶性塩の硫化ヒ素(As_2S_3あるいはAs_2S_5)として析出させて沈降分離するものである。反応pHは2～3が適切である。

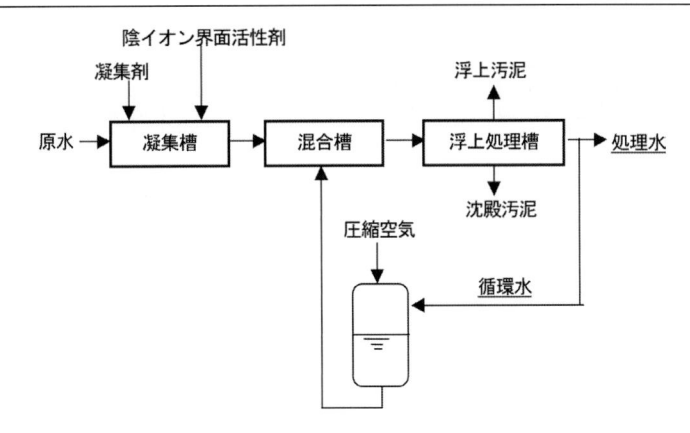

吸着コロイド加圧浮上法の処理フロー(図6)

なお、硫化ヒ素の水に対する溶解度が、例えばAs_2S_3では0.5mg/L(18℃)と比較的高いことから、実際の処理では処理水中に数mg/L程度のヒ素が残留することが多い。そこで鉄塩法などを後段に組み込むことによって十分に処理することが一般的に行われている。

また、使用する硫化剤が一部分解するなどして硫化水素が発生するため、臭気対策と防食対策を施さなければならない点、留意が必要である。

(3) 吸着法

ヒ素除去を対象にした吸着法として、活性アルミナ法および活性炭法が代表的な方法として挙げられ検討されている。しかし、いずれもヒ素に対する選択性が低く、吸着量も小さいという問題点がある。

近年、選択性を高めたキレート樹脂も製造されているが、現状では凝集沈殿処理水の高度処理や安全対策用などの低濃度向けへの適用にとどまっており、今後の性能向上等が望まれる。

また、セリウムなどの希土類元素の含水酸化物を利用した新規の吸着剤[6),7)]や砂等の担体に水酸化鉄をコーティングしたものを吸着材として利用した処理方法[8)]等の検討事例が多く報告されており、今後の発展が期待される。

① 活性アルミナ法

活性アルミナ法はヒ素濃度が0.1mg/L未満の低濃度水処理に適している。対象水中のヒ素濃度が高い場合は、鉄塩法などの沈殿法で前処理する必要がある。また、活性アルミナはヒ素(Ⅲ)を吸着し難いため、前段でヒ素(Ⅴ)に酸化することが必要である。

地下水にヒ酸ナトリウムを添加してヒ素濃度を0.05mg/Lに調製した原水を対象にした試験事例では、吸着容量はpHの影響を強く受け、pH=5.5における吸着量はpH=7.5における値の約8倍の値を示した。このとき、アルカリ性の製品よりも中性の製品の方が吸着量は多く、pH=6.1の水処理用中性品アルミナのヒ素吸着量は活性アルミナ吸着剤1Lあたり約5g as Asと報告されている[9)]。

なお、ヒ素吸着後の活性アルミナは、水酸化ナトリウムでの再生が可能であり、再使用することも出来る。ただし、再生に際しては、高濃度の水酸化ナトリウムを用いると活性アルミナ自体が溶解するため、低濃度で実施する必要がある。廃液処理設備を持たない浄水場などでは、破過したアルミナを再生せず業者に引取らせ、直列に配置された吸着塔についてメリーゴーランド方式等で順次新品と入れ替える運用をしている所も多い。

空気酸化と砂ろ過法を組合せた方法の処理フロー
(図7)

地下水 → 貯水槽 → ろ過槽 → 処理水(給水)
（散水や曝気等により空気酸化）

逆浸透膜（RO膜）法の処理フロー
(図8)

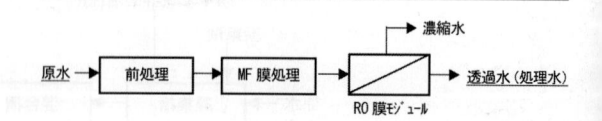

原水 → 前処理 → MF膜処理 → RO膜モジュール → 濃縮水／透過水（処理水）

② 活性炭法

ヒ素（Ⅲ）は活性炭に吸着されにくいため、沈殿法の場合と同様に、あらかじめヒ素（Ⅴ）に酸化する必要がある。

ヒ素（Ⅴ）はpH=4～9で活性炭に吸着され、特にpH=5～6で良好に吸着される。活性炭の種類によりその能力は若干のばらつきが見られるが、ヒ素濃度0.3mg/Lにおける飽和吸着量は1～3mg as ヒ素（Ⅴ）/g as AC程度である[10]。

なお、過塩素酸イオン、硫酸イオンおよび硝酸イオンはヒ素（Ⅴ）より吸着能力が高く、妨害物質になる。これらの物質が共存している場合には注意が必要である。

また、ヒ素（Ⅴ）を吸着した活性炭は酸やアルカリでヒ素（Ⅴ）を脱離可能であるが、再生後の活性炭はヒ素吸着能力が非常に低下するため、再使用はできない。

③ 希土類系吸着剤

セリウムやランタン、イットリウムなどの希土類元素の含水酸化物等はヒ素に対して優れた吸着能を示すことが知られている。例えば、含水酸化セリウム（Ⅳ）はヒ素（Ⅲ）を強く吸着してpH7～10で吸着容量70mg/g以上の高い値を示す。現在のところ、これらの吸着剤は価格が高く、また、再生が出来ないなどの課題があるが、新しい吸着剤として期待されている[6],[7]。

(4) 含有される鉄イオンを利用した方法

共沈法のところでも触れたように、ヒ素は鉄塩による共沈作用により除去される。この性質を利用して、地下水に含まれる鉄イオンを利用してヒ素を除去する処理方法が検討、実施されている。

一例をあげると、空気酸化と砂ろ過法を組み合わせた簡素な処理装置により、地下水に含まれる2価の鉄を利用して、同じく地下水に含まれるヒ素の除去を行う処理の実施事例が報告されている[3],[4]。

バングラディシュで検討されている事例の処理フローは図7に示したようなものであり、ポンプで地下水を汲みあげた後、穴の空いた鉄板を通過させたり貯水槽を曝気したりして空気と接触させることで、地下水に含まれる2価の鉄が空気にふれて3価の鉄に酸化されると同時にヒ素が3価から5価に変り、その水を砂利槽と砂槽を通すことで、酸化鉄と砒素を共沈させ、除去している。

この方式における処理の課題としては、地下水に含有されるヒ素の濃度が高い場合、現地の水質基準値（0.05mg/l）以下にまで濃度を低減するのが困難なことがあげられる。また、砒素を含む汚泥が残るので、その処理も課題として残されている。

このような課題が残されているものの、本技術は比較的簡素な装置と廉価なコストでヒ素の除去を行える方式であり、特にバングラディシュ等の発展途上国におけるヒ素含有地下水の飲料水向け処理技術として、今後の進展が期待される。

(5) 逆浸透膜（RO膜）法

海水の淡水化処理などの脱塩処理に広く利用されているRO膜は、1nm未満サイズの分子除去が可能であり、懸濁成分だけではなく溶存状態のヒ

代表的なRO膜の基本性能(表2)

項目		低圧膜	超低圧膜
材質		ポリアミド系複合膜	ポリアミド系複合膜
塩除去率		99～99.5%	98～99.7%
透過水量		26～30m3/日・本	30～34m3/日・本
測定条件	圧力	1.47MPa	0.74MPa
	温度	25℃	25℃
	供給濃度	1500mg/L NaCl	500mg/L NaCl
標準運転圧力		<2.0MPa	<1.0MPa
最高供給液温度		40℃	40℃
pH範囲	運転時	2～11	2～11
	洗浄時	1～12	1～12
許容残留塩素		<0.1mg/L	<0.1mg/L
供給水FI値		<4	<4

素の除去も可能である。

ヒ素(Ⅲ)の濃度が0.101mg/Lである地下水について、RO膜法によりヒ素を73%除去できた事例がある[6]。さらに、地下水を原水とした処理フロー例を図8に示す。圧力式凝集ろ過による前処理で原水中の鉄、マンガンおよび有機物を除去した後、サブミクロンオーダーの孔を有するMF膜で微生物、懸濁粒子などのファウリング(汚染)原因物質を除去する。最後にRO膜モジュールで脱塩処理を実施する。

代表的なRO膜の基本性能を表2に示す。現在主流となっているポリアミド系合成膜は耐塩素性に乏しい。そのため、前処理等で塩素剤を添加した場合は、処理にかける前に遊離塩素を完全に還元しておく必要がある。

(6) 有機ヒ素化合物の処理

ヒ素は炭素原子と安定な共有結合を形成するため、亜ヒ酸やヒ酸などの無機化合物とは性質の異なる有機ヒ素化合物が存在する。

この有機ヒ素化合物としては、現在、メチルアルソン酸鉄 $\{Fe_2(CH_3AsO_3)_3\}$ やジメチルアルシン酸 $\{カコジル酸:(CH_3)_2AsO(OH)\}$ が殺虫剤や除草剤、医療用薬剤などに使用されている。また、過去において、ジフェニルクロロアルシン $\{(C_6H_5)_2AsCl\}$ やジフェニルシアノアルシン $\{(C_6H_5)_2AsCN\}$ などが化学兵器試薬として大量に生産され、現在も日本を含む世界各地に保管、または廃棄、埋蔵されており、その処理が国際的な問題となっている。

2003年3月に明らかになった茨城県神栖町における有機ヒ素化合物による井戸水等への環境汚染被害は、自然界には存在しない有機ヒ素化合物 $\{ジフェニルアルシン酸:(C_6H_5)_2AsO(OH)\}$ によるものであった。汚染源は人為的に廃棄されたジフェニルアルシン酸を含むコンクリート塊にほぼ特定され、旧日本軍が製造していた化学兵器の原料であるジフェニルアルシン酸を、1993年6月以降に何者かがセメントに混ぜて不法に投棄したものと推定されている[11]。

これらの有機ヒ素化合物は、先に紹介した共沈

法や吸着法では除去効率が悪く処理が困難である。

このため、まずヒ素と炭素の結合を切断して無機ヒ素化合物に分解することが必要である。

この無機化合物への分解方法としては、水酸化ナトリウム（NaOH）と過酸化水素（H_2O_2）を併用した水熱反応（有機ヒ素化合物：1000mg－As/Lに対して、NaOH：3.8％、H_2O_2：0.5％、反応温度：200℃、反応時間：1時間）や酸化チタンを光触媒として利用した光酸化反応の検討例がある[12],[13]。しかしながら、現状においては効率的な処理方法はまだ確立されておらず、今後の開発が切望される。

参考文献

1) 安藤正典、眞柄泰基：インド・西ベンガル州に起きた世界最悪のヒ素汚染、資源環境対策、Vol.33、p.113～p.122（1997）
2) 田辺公子、矢野靖典、廣木峰也、濱部和宏、藪内一宏、横田漠、廣中博見、徳永裕司、ハミドール　ラーマン、フェローゼ　アーメッド：バングラディシュにおける地下水のヒ素汚染について、水環境学会誌、Vol.24、p.367～p.375（2001）
3) 宮武宗利、横田漠、田辺公子、林幸男：人工池でのヒ素の自然浄化、水環境学会誌、Vol.32、p.495～p.500（2009）
4) 杉村昌紘、福士謙介、山本和夫、島崎大：バングラディシュにおけるヒ素汚染地下水の浄化装置の評価とヒ素除去機構の解明、土木学会論文集、No.783、p.23～p.31（2005）
5) 地下水の処理（ヒ素除去）について、寿化工機株式会社技術情報、技001号－用01、2008年8月1日
6) 徳永修三：水中からのヒ素の除去技術、水環境学会誌、Vol.20、No.7、p.452～p.454（1997）
7) 鈴木菜穂子、宮ノ下友明、若林和幸、白土雅孝：高度ヒ素吸着システムの開発、第49回全国水道研究発表会講演集、p.224～p.225（1998）
8) N.Abbott, R.Dennis, J.Hart, R.Hinton, A.Schlegel, J.Simms, W.Stimeling：Arsenic Treatment Process Optimization Using Granular Ferric Oxide Adsorption, 3rd IWA Leading – Edge Technology Conference and Exhibition Book, p.37（2005）
9) 堀ノ内和夫、芦谷俊夫：活性アルミナを用いたヒ素・フッ素除去試験結果、第51回全国水道研究発表会講演集、p.172～p.173（2000）
10) 亀川克美、吉田久良、有田静児：活性炭によるヒ素（Ⅲ）およびヒ素（Ⅴ）の吸着、日本化学会誌、No.10、p.1365～p.1370（1979）
11) 環境省：茨城県神栖町における有機ヒ素汚染源調査 汚染メカニズム解明調査結果中間報告書、(2005)
12) 前田滋、大木章、中島常憲：有機ヒ素化合物の水熱分解とヒ素の資源化、環境科学会1998年会講演要旨集、p.212（1998）
13) 前田滋,：有機ヒ素化合物の分解とヒ素の資源化、環境科学会1999年会講演要旨集、p.331（1999）

※ 引用元を明示していない実施例、試験データは、水ing株式会社の社内データによるものである。

（小林厚史）

5 アンチモン

1 はじめに

　アンチモンは環境基準の要監視項目に指定されている物質である。指針値については毒性評価が不確定であったとの理由から1999年2月に一旦削除されたが、その後2004年2月の見直しで0.02mg/L以下という値が新たに設定された。

　アンチモンは合金として蓄電池や特殊鋼等に用いられるほか、三酸化アンチモン（Sb_2O_3）として難燃助剤やガラスの清澄剤、ポリエステル（PET樹脂）の重合触媒などの用途に用いられている。最近の日本国内での産業用途別使用状況を見ると、アンチモン化合物の約8割がプラスチックやゴム、繊維製品の難燃助剤として使用されている。

　アンチモン含有水としては、アンチモンや三酸化アンチモンを原材料や触媒として使用する上記製品の産業からの排水が挙げられる。また、アンチモンを含有する製品が多くあることから、これらが持ち込まれるゴミ焼却場の焼却灰洗浄排水やゴミ埋立地の浸出水などにも含有される場合が多い。

　水中では一般に3価｛アンチモン（Ⅲ）｝および5価｛アンチモン（Ⅴ）｝の形態で存在し、ジオキシアンチモン酸イオン（SbO_2^-）、トリオキシアンチモン酸イオン（SbO_3^-）、テトラヒドロキソアンチモン酸イオン｛$Sb(OH)_4^-$｝、ヘキサヒドロキソアンチモン酸イオン｛$Sb(OH)_6^-$｝等の溶存状態で存在することが知られている。処理に際しては、除去効果がアンチモンのイオン形態により左右されることがあるので、これを踏まえて処理条件の設定を行う必要がある。

2 アンチモンの処理技術

　水中のアンチモンの主な処理方法としては、硫化剤や鉄塩、アルミニウム塩などの凝集剤を添加して行う凝集沈殿法と、キレート樹脂やベントナイト等の吸着剤を用いる吸着法が挙げられる。実際の処理では、両者を組合せて処理が行われる場合も多い。

(1) 凝集沈殿法

　アンチモンの水酸化物および硫化物の見かけの溶解度とpHの関係を図1と図2に[1]、また、三酸化アンチモン（Sb_2O_3）についてのpHとアンチモン溶存量の関係を図3示す[2]。

　三酸化アンチモン（Sb_2O_3）はpH=8.6を等電点として、それより酸性側及びアルカリ性側では次式のように反応する両性酸化物である[3]。

＜酸性側＞

$$Sb_2O_3 + 2H^+ = 2SbO^+ + H_2O \tag{1}$$

＜アルカリ性側＞

$$Sb_2O_3 + 2OH^- = 2SbO_2^- + H_2O \tag{2}$$

As、Sb、Snの硫化物の見かけの溶解度とpHとの関係 [1]（図1）

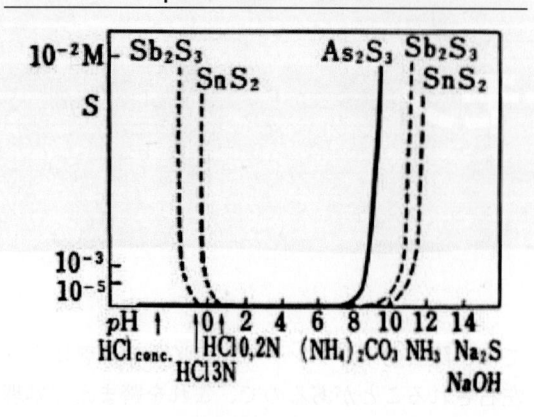

Sb（Ⅲ）の水酸化物の見かけの溶解度とpHとの関係 [1]（図2）

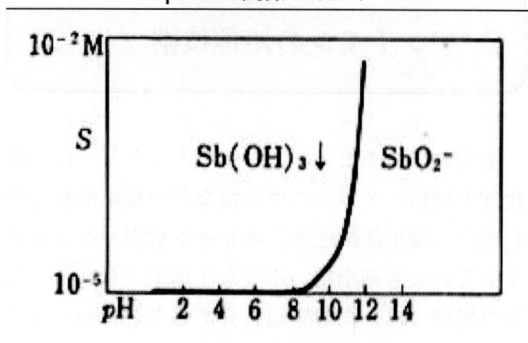

pHとアンチモンの溶存量 [2]（図3）

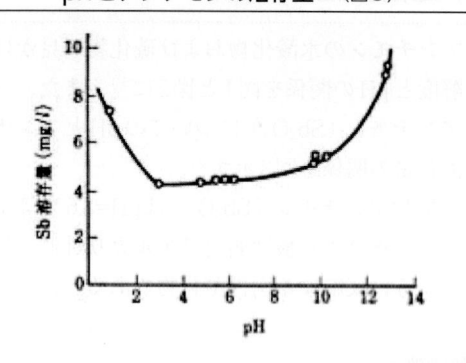

図3においてもpH=1とpH=13の場合には溶解量が著しく増加している。しかし、pH=3～10の範囲では、アルカリ側に向かうほど徐々に溶存量は増すものの、その差は余り大きくない。

図1～図3のデータや式（1）～（2）に示した性質等から、凝集沈殿処理をpH=弱酸性～弱アルカリ性付近で実施することでアンチモンの除去を効率的に行えることがうかがえる。

論文や特許において発表されている代表的なデータを表1に示す[4]。

硫化物として析出させる方法や、鉄塩、アルミニウム塩などと共沈させて処理する方法の他、液体キレートやゼオライトなどの吸着剤を併用する方法などが検討されており、90％以上の除去率が得られている事例も多い。

なお、実際の排水処理では、アンチモンを単独で除去対象とする場合は少なく、他の重金属成分と合わせて凝集沈殿処理で除去される場合が多い。

このような場合、鉄塩等の共沈剤（無機凝集剤）単独での処理も有効であるが、これに加えて、ジチオカルバミン酸基（−NH−CS$_2$Na）を有する金属捕集剤（液体キレート剤）、あるいはゼオライトやベントナイトなどの吸着剤等を添加して、これらの捕集剤や吸着剤にアンチモンを取り込ませた後、鉄塩あるいはアルミニウム塩で凝集沈殿処理する方法も効果的である。

なお、凝集沈殿法に共通する課題として、発生する沈殿汚泥の処分や除去したアンチモンの再資源化が困難な点などが残されている。

また、指針値に示されているような低濃度レベルにまでアンチモンを効率的に除去することは凝集沈殿処理単独では困難であり、後段側に吸着法による処理を設けなければならない場合が多い。

(2) 吸着法

アンチモンに有効な吸着剤として、キレート樹脂が使用されている。この他には、ゼオライトやベントナイトなどの粘土鉱物、あるいは火山灰土壌に鉄塩と水酸化カルシウムを添加して焼成した

アンチモンを凝集沈殿させる凝集剤[4] (表1)

凝集剤	添加量(Sb重量比)	Sbの価数	最適pH	除去率(%)	備考
カオリン、ベントナイト	961.5	3価	5.0	49	
NT-75	—	—	—	83〜99	ベントナイトを基にした粉状凝集剤
硫酸バンド 水酸化カルシウム	139.5 474.4	3価	11.0	98.1	高分子凝集剤を微量添加
	19.7 67.1	5価	11.0	99.7	
第1鉄塩	400〜500	—	9.5〜11.0	98.2〜99.1	液温約90℃
塩化第2鉄	44〜50	3価	6.0〜10.5	96.5〜99.8	水酸化マグネシウムでpH調整
	44	5価	10.5	99.8	
硫酸第2鉄	2〜12	3価	5.0〜10.0	91.2〜98.0	$NaNO_3$、NaCl、$Ca(NO_3)_2$等も添加
	48.4	5価	9.0	95.0〜98.0	
水酸化第2鉄	12	3価	7.0	96.8〜99.2	$NaNO_3$、NaCl、Na_2SO_4のいずれか添加
硫化ナトリウム	3.2	3価	4.0〜8.0	92〜99	$NaNO_3$添加
	3.2	5価	3.0〜4.0	68〜77	
アルミニウム カルシウムイオン 塩素イオン	50 1700 2000〜3000	3価	11.0	99.2〜99.8	この他に過酸化水素を少量添加
金属捕集剤a 塩化第2鉄 塩化第1鉄	5.2 20 60	3価、5価	7.0	99.6	a：ポリエチレンイミンの窒素原子にジチオカルボン酸ナトリウムが結合している金属捕集剤
金属捕集剤b 硫酸アルミニウム 硫酸第1鉄	6.4 20 60	3価、5価	7.0	99.2	b：ジメチルジチオカルバミン酸ナトリウム金属捕集剤
金属捕集剤c 硫酸アルミニウム 硫酸鉄 亜硫酸ナトリウム	6.0 10 10 60	3価、5価	7.0	98.0	c：ジエチレントリアミンの窒素原子にジチオカルボン酸ナトリウムが結合している金属捕集剤
金属捕集剤d ポリ塩化アルミニウム 亜リン酸ナトリウム	6.0 20 60	3価、5価	7.0	98.4	d：ポリエチレンイミンの窒素原子にリン酸基およびカルボン酸が結合している金属捕集剤
ゼオライト	2000	3価、5価	3.0〜7.0	91.3〜99.3	ポリ塩化アルミニウムを少量添加

粘土への吸着によるSb除去率[2] (表2)

(単位：%)

粘土濃度 (mg-SS/L)	カオリン pH=5.0	カオリン pH=7.0	カオリン pH=9.5	ベントナイト pH=5.0	ベントナイト pH=7.0	ベントナイト pH=9.5
500	1.4	8.6	6.7	24.6	9.0	13.5
1000	14.2	7.9	3.4	37.0	18.7	20.3
1500	22.2	15.1	6.7	39.2	23.5	26.3
2000	28.4	12.8	13.9	48.8	32.5	27.1

ものや活性アルミナに吸着成分を担持させたものなどの新規吸着剤などが検討され、使用されている。

これらの中で、キレート樹脂はアンチモンに対する選択性は低いものの、共存する重金属類と合わせて吸着除去出来る処理として、実際の排水処理に適用、実施されている事例が多い。

① **キレート吸着法**

アンチモンに対する選択性は弱いが、アミノメチレンスルホン酸基（>N—CH$_2$SO$_3$H）やアミドキシム基（—CNH$_2$NOH）等を有するキレート樹脂が有効であり、他の重金属とともにアンチモンも良好に除去可能である[4]。

また、ジチゾン樹脂やビスチオールⅡ樹脂はアンチモンに対して選択性があり、共存金属が多い場合や資源回収に対して期待されている[5]。

② **粘土鉱物を吸着剤として用いる方法**

アンチモン濃度0.52～2.08mg/Lの模擬排水に対してカオリンおよびベントナイトを吸着剤として添加処理した検討事例の結果を表2に示す[2]。この事例では、除去率は最大でも48%と低い値であったが、同一のpHであれば粘土鉱物の添加濃度の増加につれて除去率は増加し、同一の添加濃度ではpHが低い方が高い除去率を示す傾向が見られている。反応条件を整えることで、有効な除去効果が得られる可能性が示唆される。

また、この他にも、染色廃水を対象にして、前段でポリ塩化アルミニウムによる凝集沈殿処理を実施し、その後段側で天然ゼオライトを吸着剤として用いた連続処理で、原水アンチモン濃度0.25～0.31mg/Lに対して、処理水濃度を0.02～0.05mg/L程度にまで低減できている試験事例が報告されている[6]。

これらの吸着剤は再生方法など実用化に向けての課題がまだ残されている部分もあるが、比較的低価格な吸着剤として、今後の展開が期待される。

参考文献

1) G. シャルロー：定性分析化学Ⅱ 改訂版、p.408～p.420、共立出版、東京都（1974）
2) 中村文雄、眞柄泰基、風間ふたば：臭素イオン及びアンチモンの除去性に関する研究、水道協会雑誌、Vol.56, No.11, p.37～p.45（1987）
3) 柴田雄次 監修：無機化学全書Ⅳ-4 Sb、丸善、東京都（1954）
4) 齋藤智宣、常田聡、斎藤恭一、平田彰：アンチモン含有廃水の処理技術、水処理技術、Vol.42, p.103～p.111（2001）
5) 内海昭、徳永修三、惠山智央：先端技術産業排水からの重金属イオンの除去 アンチモン（Ⅲ）ヒ素（Ⅲ）イオン用キレート樹脂の開発、物質工学工業技術研究報告、Vol.1, No.3, p.147～p.150（1993）
6) 冨永衛：凝集‐ゼオライト吸着法による染色廃水中アンチモンの廃水処理、NIRE ニュース、Vol.9, No.9, p.1～p.3、工業技術院資源環境技術総合研究所、茨城県（1999）

（小林厚史）

6 水銀

1 はじめに

近年日本では、多くの産業分野で水銀および水銀化合物の使用量の削減が進められている。

過去における水銀の主要用途の一つであった苛性ソーダ（水酸化ナトリウム）の製造においては、1986年6月までに国内の全ての工場で水銀法は用いられなくなった。水銀系の農薬については、1973年10月に国内における製造・販売・使用が全て禁止された。アルカリ電池、マンガン電池については1992年に水銀の不使用化が完了した。蛍光ランプ1本あたりに含まれる水銀量は、1974年頃には50mgであったが、2005年においては7.5mgと低減している。水銀体温計や水銀血圧計については現在も生産されているものの、電子式が主流になっており、国内の生産量は減っている[1]。

上述のように使用量や使用製品は大幅に減少してきているものの、蛍光灯、体温計、ボタン型電池、歯科用や合金用のアマルガム、合成化学用触媒など、水銀および水銀化合物は現在もなお生活に密接して広く使用されている。

代表的な水銀含有水としては、水銀や水銀化合物を原材料や触媒として使用する上記製品の産業からの排水が挙げられる。この他に、ゴミ焼却場の洗煙排水やゴミ埋立地の浸出水などが挙げられる。

水銀化合物には無機水銀化合物と有機水銀化合物がある。水銀が生物に与える毒性は生物体内に吸収されたものが蓄積されて障害を起こすものである。有機水銀の方が無機水銀より蓄積されやすいため毒性が高い。有機水銀の代表的な化合物であるメチル水銀が水俣病の原因であったことは良く知られるところである。そのため、総水銀は0.0005mg/L以下であるのに対して、アルキル水銀（有機水銀）は"検出されないこと"という厳しい環境基準値が設定されている。

2 水銀の処理技術

(1) 無機水銀に対する処理技術

① 硫化物法

無機水銀化合物の除去処理方法として最も広く行われているのが硫化物法である。この方法は硫化ナトリウム（Na_2S）や硫化水素ナトリウム（NaHS）等の硫化剤を添加して無機水銀化合物を不溶性塩の硫化水銀（HgS）として析出させて沈降分離する方法である。

硫化水銀の溶解量に対するpHの影響については式（1）～式（9）から導かれる式（10）に示した通りであり、pHが低くなると溶解度が増加するもののその影響量は少なく、例えばpH=0における水銀の理論溶解量は1.26×10^{-11}mg/Lと小さい。

<硫化水銀の溶解度積>

$$[Hg^{2+}][S^{2-}] = Ksp = 4 \times 10^{-53} \tag{1}$$

<硫化水素の解離度>
$$K1 = [H^+][S^{2-}]/[HS^-] = 10^{-13} \quad (2)$$
$$K2 = [H^+][HS^-]/[H_2S] = 10^{-7} \quad (3)$$

<硫化水銀の溶解に由来する水銀量>
硫化水銀由来の全硫黄濃度を[T-S]とすると
$$[Hg^{2+}] = [T\text{-}S] = [S^{2-}]+[HS^-]+[H_2S] \quad (4)$$

式(1)から
$$[S^{2-}] = Ksp/[Hg^{2+}] \quad (5)$$

式(2)を変形して式(5)を代入すると
$$[HS^-] = [H^+][S^{2-}]/K1$$
$$= \{Ksp[H^+]\} / \{K1[Hg^{2+}]\} \quad (6)$$

同様に式(3)を変形して式(6)を代入すると
$$[H_2S] = [H^+][HS^-]/K2$$
$$= [H^+]\{Ksp[H^+]\} / \{K1[Hg^{2+}]\}/K2$$
$$= \{Ksp[H^+]^2\} / \{K1K2[Hg^{2+}]\} \quad (7)$$

式(4)に式(5)～式(7)を代入すると
$$[Hg^{2+}] = Ksp/[Hg^{2+}] + \{Ksp[H^+]\} / \{K1[Hg^{2+}]\}$$
$$+ \{Ksp[H^+]^2\} / \{K1K2[Hg^{2+}]\} \quad (8)$$

式(8)を変形して
$$[Hg^{2+}]^2 = Ksp\{1+[H^+]/K1+[H^+]^2/K1K2\} \quad (9)$$

$$[Hg^{2+}] = \sqrt{Ksp}\sqrt{1+\frac{[H^+]}{K1}+\frac{[H^+]^2}{K1K2}}$$
$$= \sqrt{4 \times 10^{-53}}\sqrt{1+[H^+] \times 10^{13}+[H^+]^2 \times 10^{20}} \quad (10)$$

留意すべき点としては、硫化剤を過剰に添加すると、析出した硫化水銀（HgS）が反応式（11）に示すようにチオ錯イオンを形成して再溶解することである[2]。このため、処理に際しては塩化第2鉄（FeCl_3）や硫酸第1鉄（FeSO_4）などの鉄塩を加えて、式（12）に示すように余剰のS^{2-}を鉄と反応させて不溶性の硫化鉄を生成させて除去することを一般に行っている。

$$HgS + S^{2-} \rightarrow HgS_2^{2-} \quad (11)$$

$$Fe^{2+} + S^{2-} \rightarrow FeS \quad (12)$$

また、処理対象水中に酸化剤が含有されていると、これの影響で硫化水銀（HgS）として析出凝集したものが再溶出することがある[2]。これを避けるため、前処理として亜硫酸ナトリウム（Na_2SO_3）等による酸化剤の還元除去が必要である。

さらに、使用する硫化ナトリウムや硫化水素ナトリウム等の薬剤からは硫化水素の発生があるため、反応槽や薬液タンクにおいて臭気対策と防食対策が必要となる。

② **液体キレート法**

液体キレート法は無機水銀含有水に対して、ジチオカルバミン酸基（—NH—CS_2Na）やチオール基（—SNa）等をキレート形成基として持つ水溶性の高分子重金属捕集剤（液体キレート剤）を添加して水に不溶な塩を形成させて、これを無機凝集剤や高分子凝集剤を使って凝集分離する方法である[3),4)]。液体キレート剤は臭気対策や防食対策を特に必要とせず、硫化ナトリウムや硫化水素ナトリウム等の薬剤と比べて取扱が容易であることから、硫化物法に代わる方法として普及してきている。

③ **吸着法**

前述の硫化物法や液体キレート法だけでは目標値を満足しないことが多い。このような場合には、後処理として活性炭法やキレート樹脂法などの吸着法を組み合わせることが一般的である。

なお、使用済みの吸着剤は再生が難しいので、そのまま専門業者に処理を委託するのが一般的である。これらは焼却炉で600～800℃に加熱され、水銀は金属水銀として回収されている。

ⓐ **活性炭法**

pH1～6という酸性条件で活性炭と接触させることで効果的な吸着が行われる。なお、有機物が共存すると吸着容量が低下することがあるので、このような排水を対象とする場合には、

塩化水銀(Ⅱ)の活性炭による吸着等温線 3)(図1)

SC：ガス賦活炭
ZC：塩化亜鉛賦活炭
GC：粒状活性炭
YC：ヤシ殻活性炭
CB：造粒活性カーボンブラック

塩化メチル水銀の活性炭による吸着等温線 3)(図2)

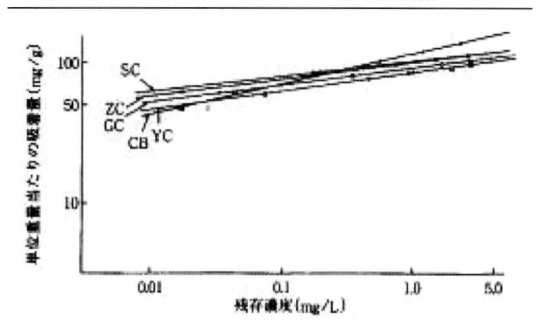

水銀用キレート樹脂の例 3)(表1)

ドナー原子	配位基	商品名	高分子基体
S	−SH チオール基	スミキレート MC-40 Spheron Thiol 1000	ポリアクリル(DVB) ポリメタクリル酸ヒドロキシエチル (ジメタクリル酸エチレン)
N 及び S	−NHC(=S)SH チオカルバミド酸基 (ジチオカルバミン酸基)	Q-10R (第一化成) エポラス Z-7 ALM 125, 525	ポリアクリル(DVB) フェノール樹脂 フェノール樹脂
	−CH2SC(=NH)NH2 イソチオ尿素基	Ionac SR-3 Stafion NMRR	ポリスチレン(DVB) ポリスチレン(DVB)
	−HN−HN −N=N C=S ジチゾン基	MA	フェノール樹脂
	−NH−C(=S)−NH2 チオ尿素基	ユニセレック 120H Lewatit TP 214	フェノール樹脂 ポリスチレン(DVB)

硫化物法、活性炭法およびキレート樹脂吸着法による無機水銀の除去処理事例 (図3)

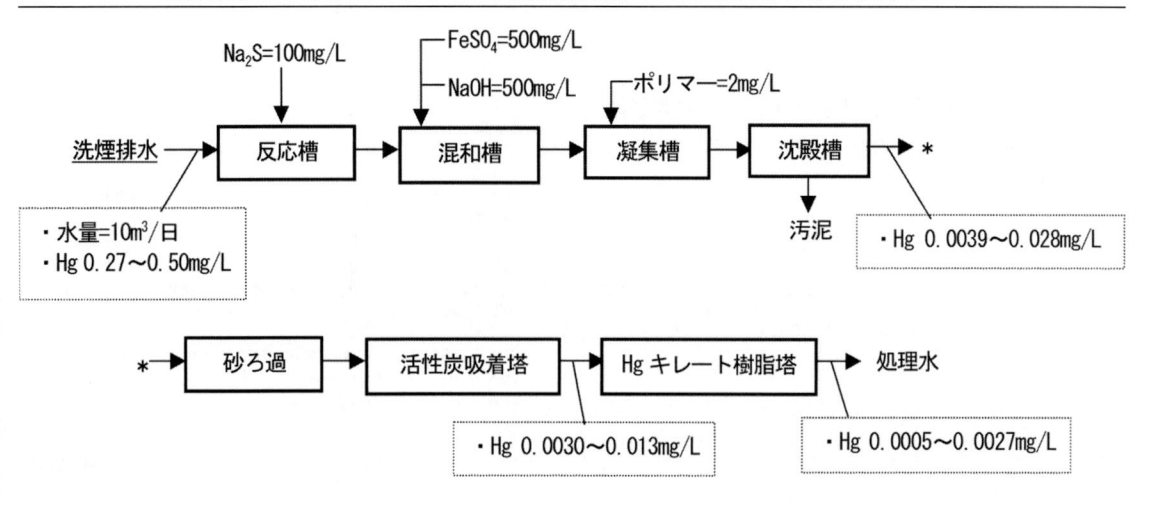

洗煙排水 → 反応槽 [Na₂S=100mg/L] → 混和槽 [FeSO₄=500mg/L, NaOH=500mg/L] → 凝集槽 [ポリマー=2mg/L] → 沈殿槽 → *

・水量=10m³/日
・Hg 0.27〜0.50mg/L

沈殿槽 → 汚泥
・Hg 0.0039〜0.028mg/L

* → 砂ろ過 → 活性炭吸着塔 → Hg キレート樹脂塔 → 処理水

・Hg 0.0030〜0.013mg/L
・Hg 0.0005〜0.0027mg/L

事前に実排水を対象にした吸着量の確認が必要である。

図1と図2に塩化水銀（Ⅱ）と塩化メチル水銀の活性炭による24時間接触吸着等温線を示す[3]。これらの図から、平衡吸着容量としては、残存水銀濃度0.01mg/L～0.1mg/Lの場合で50mg as Hg^{2+}/g as AC程度である。

ⓑ キレート樹脂法

水銀用キレート樹脂の種類と物性を表1に示す[3]。主にジチオカルバミン酸基（－NH－CS_2H）やチオール基（－SH）などの硫黄系の官能基を有したキレート樹脂が使用されている。また、本法による処理では水銀濃度を0.0005mg/L以下にまで低減することが可能である。

④ 硫化物法と吸着法とを組み合わせた実施例

ごみ焼却洗煙排水を対象にした実施例を紹介する。処理フローは図3に示す通りであり、洗煙排水（原水）に対して反応槽で硫化ナトリウムを添加して硫化水銀（HgS）を生成させ、次の混和槽で硫酸第1鉄と水酸化ナトリウムを添加して凝集処理を行うとともに硫化水銀の再溶解を防止する。このときのpHは6～8が適切である。凝集槽ではポリマーを添加してフロックを十分に成長させて沈殿槽に導く。以上が先に説明した硫化物法であり、原水の総水銀濃度0.27mg/L～0.50mg/Lが0.0039～0.028mg/Lまで低下している。さらに砂ろ過、活性炭処理することで0.0030～0.013mg/Lになり、最後にジチオカルバミン酸基型キレート樹脂で処理を行うことで総水銀濃度は0.0005mg/L～0.0021mg/Lにまで処理されている。

(2) 有機水銀の処理法

有機水銀化合物は水銀と炭素が直接結合している化合物（RHgX）で、よく知られているものにメチル水銀、エチル水銀、フェニル水銀などがある。いずれも生物に対しては著しい毒性を示し、生体蓄積性が高いので、取扱には注意を要する。

有機水銀化合物はそのままの形態で除去することは困難である。そこで、有機水銀を無機化する方法がとられる。

CH_3Hg^-及び$C_2H_5Hg^-$のC－Hg結合の結合エネルギーはそれぞれ218.1kJ/mol（52.1kcal/mol）、173.7kJ/mol（41.5kcal/mol）と大きい。結合エネルギーの大きさの順序は以下の通りであり、炭素数の少ない有機水銀ほど結合力が強く、分解し難い傾向がある。

CH_3Hg^- > $C_2H_5Hg^-$ > $C_4H_9Hg^-$ > $C_6H_5Hg^-$ > $CH_3OC_2H_4Hg^-$

有機水銀を無機化する一般的な方法は、塩素による酸化分解法であり、pH1以下の条件で式(13)の反応によって無機化が図れる。

$$RHgCl + Cl_2 \rightarrow RCl + HgCl_2 \tag{13}$$
（R：アルキル基、アリル基など）

有機水銀化合物を完全に無機化した後、前項（無機水銀に対する処理技術）の方法で処理を実施する。

参考文献
1) 環境省　平成19年度第1回有害金属対策基礎調査検討会　資料3（2007）
2) 川原浩：有害物含有廃水とその処理、p.247～p.260、産業用水調査会、東京都（1980）
3) 公害防止の技術と法規編集委員会　編：新・公害防止の技術と法規2010（水質編）、p.Ⅱ218－Ⅱ223、丸善、東京都（2010）
4) 守屋雅文：キレート樹脂の開発研究、環境研究、No.66、p.54－p.69（1987）

※ 引用元を明示していない実施例、試験データは、水ing株式会社の社内データによるものである。

（小林厚史）

7 クロム

クロムは地球上の土中にクロム単体または3価クロムの形で広く存在する。3価クロムは人体を構成する必須元素の一つでもあり、体内に約2ミリグラム存在している。我々が日常使用するステンレス鋼はクロムと鉄の合金で、錆びにくい金属の代表例である。クロムめっきした材料は工業製品、自動車部品、事務機器、家庭用品などに使われている。これらのクロム含有製品は単体のクロム金属なので人体に無害である。

これに対して6価クロムは酸化性と腐食性が高く毒性が極めて強い環境規制対象物質である。

6価クロムはCr^{6+}と表記するので一見して陽イオンのように見えるが、酸性下ではH_2CrO_4、アルカリ性下ではNa_2CrO_4のように2価の陰イオン(CrO_4^{2-})である。そのため、酸側でもアルカリ側でも水に良く溶けるのでこのままでは中和凝集処理できない。

近年、環境に関する法律の考え方が従来の規制による取り締まりからPRTR法(環境汚染物質排出移動登録制度)などに代表されるように事業者は汚染物質の情報を公開し、企業の取り組み姿勢を社会に評価してもらうという方向に変化している。

この法律では結果的に事業者が取り扱う有害物の総量とリスクが減ることを狙いとしている。

有害な6価クロムは電気めっき、クロメート処理などの表面処理薬品として古くから使われてきたが、上記の事情を背景に3価クロム代替利用への移行も進められている。

ここでは ① 6価クロム排水の凝集沈殿処理、② 6価クロム排水のイオン交換樹脂処理とリサイクル、③ 3価クロム排水のリサイクルと再資源化事例について述べる。

1 6価クロム排水の凝集沈澱処理

クロム酸と二クロム酸(重クロム酸)の間には下記の平衡が成り立つ。

$$2CrO_4^{2-} + 2H_3O^+ \Leftrightarrow Cr_2O_7^{2-} + 3H_2O \quad (1)$$

クロム酸(CrO_4^{2-})は図1のように2分子が集まり脱水縮合して二クロム酸($Cr_2O_7^{2-}$)となる。

排水処理ではクロム酸の濃度が薄いのでpH1以下の強酸性条件、もしくは、pH7以上の塩基性条件ではクロム酸(H_2CrO_4)構造が優位である。

6価クロム含有排水の処理は還元剤でクロムの酸化数を+6から+3に下げることから始まる。

CrO_4^{2-}の還元には硫酸第一鉄($FeSO_4$)や亜硫酸水素ナトリウム($NaHSO_3$)が使われる。

還元反応は硫酸酸性下で行なわれる。

硫酸第一鉄による還元：

$$2H_2CrO_4 + 6FeSO_4 + 6H_2SO_4 \rightarrow \\ Cr_2(SO_4)_3 + 3Fe_2(SO_4)_3 + 8H_2O \quad (2)$$

亜硫酸水素ナトリウムによる還元：

$$4H_2CrO_4 + 6NaHSO_3 + 3H_2SO_4 \rightarrow \\ 2Cr_2(SO_4)_3 + 3Na_2SO_4 + 10H_2O \quad (3)$$

クロム酸の脱水縮合と二クロム酸の生成（図1）

クロム酸：H_2CrO_4　クロム酸：H_2CrO_4

脱水縮合 → 二クロム酸：$H_2Cr_2O_7$

Cr^{6+}還元におけるpH、ORPの関係（図2）

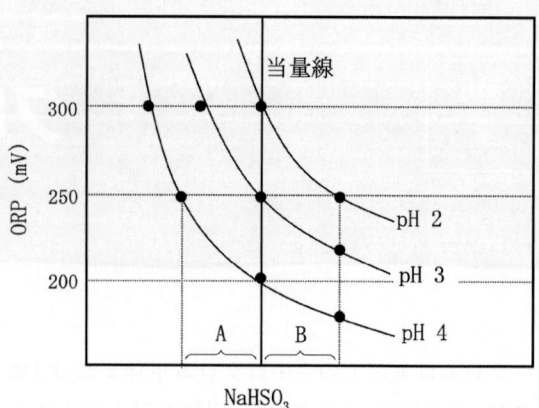

酸性下でCr^{3+}に還元されたクロムは陽イオン（Cr^{3+}）なので他の重金属と同様、アルカリを加えれば水酸化物となる。

$$Cr^{3+} + 3OH^- \rightarrow Cr(OH)_3 \quad (4)$$

実際の還元処理ではスラッジ副生の懸念がない亜硫酸水素ナトリウムが使われることが多い。

図2はCr^{6+}還元におけるpH、ORPの関係例である。実際の6価クロムの還元はpH2～3、ORP+250～+300 mVで行なう。ORP値はpHと相関性があり、pH値が高くなると反対に低くなる。

還元反応の速度はpHが低いほど速いが、あまり低いと亜硫酸ガスが発生するのでpH2～3の範囲が望ましい。

還元反応は容易に進む。続いて、アルカリ薬品でpH8.5～9.2に調整すれば緑青色の$Cr(OH)_3$が析出する。このとき、あまりpHを高くする（pH9.2以上）と不溶化した$Cr(OH)_3$が再溶解するので注意が必要である。

図3は金属イオンの溶解度とpH値の関係例である。鉄、銅、ニッケル、コバルトなどの金属イオンは調整したpH値に沿って水酸化物として析出する。ところが亜鉛とクロムに限ってはpH値をあまり上げすぎるとせっかくできた水酸化物が再溶解するので注意が必要である。

● 水酸化亜鉛の再溶解

$$Zn(OH)_2 + 2OH^- \rightarrow ZnO_2^{2-} + 2H_2O \quad (5)$$
$$Zn(OH)_2 + 2OH^- \rightarrow [Zn(OH)_4]^{2-} \quad (6)$$

● 水酸化クロムの再溶解

$$Cr(OH)_3 + OH^- \rightarrow CrO_2^- + 2H_2O \quad (7)$$
$$Cr(OH)_3 + OH^- \rightarrow [Cr(OH)_4]^- \quad (8)$$

図3に示す金属イオンの溶解度とpH値の関係例は、金属イオンが単独の場合の計算値である。

実際の排水ではいくつかの金属イオンが混在したり、有機物と3価クロムが錯体を形成していることもあるので絵に描いたようにうまく処理できないこともある。

図4はクロム酸排水の処理フローシート例である[1]。還元処理、pH調整後の処理液は高分子凝集剤を添加して凝集処理し、沈殿槽に移流させて固液分離を行う。

図4ではpH調整槽に水酸化ナトリウムを添加しているが水酸化カルシウムまたは塩化カルシウムと水酸化ナトリウムの併用でも良い。

カルシウムを含む処理剤で生成した沈殿は沈みやすく、ろ過しやすいがスラッジの量が増える。

一例として、式（3）よりクロム酸（H_2CrO_4）1kgの還元に要する亜硫酸水素ナトリウムと硫酸量を試算すると下記となる。

金属イオンの溶解度とpH値の関係例（図3）

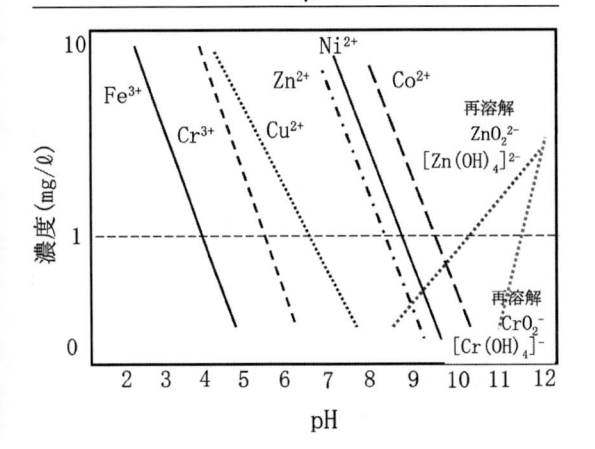

クロム酸排水の処理フローシート（図4）

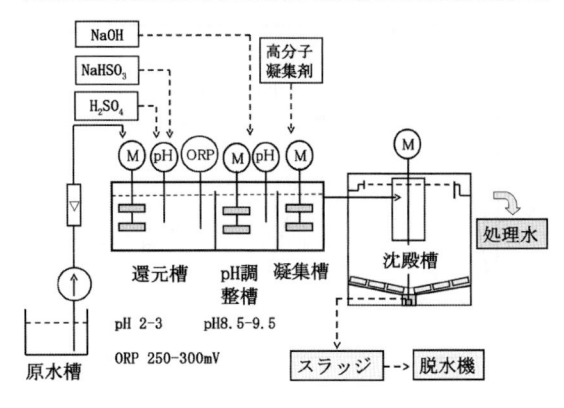

表面処理排水の処理フローシート例（図5）

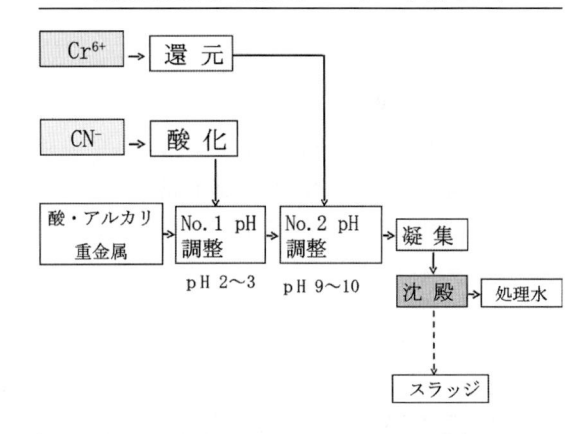

NaHSO₃ 1.3 kg：
（6NaHSO₃ / 4H₂CrO₄ = 624/472 = 1.3）

H₂SO₄ 0.6 kg：
（3H₂SO₄ / 4H₂CrO₄ = 294/472 = 0.6）

実際にはこの1.2～1.5倍量が必要である。

クロム1kgの還元中和で発生するスラッジ量は式（4）より下記となる。

Cr(OH)₃：2.0 kg〔Cr(OH)₃ / Cr =103/52 = 2.0〕

含水率を75%とすれば実重量は8.0 kg〔2.0×100/(100－75)＝8.0〕となる。

還元剤の過剰添加は必要以上にORP値を低下させ凝集不良の原因となるので注意が必要である。

クロムの還元と凝集処理では6価が3価に変換できればそれでよいので、ORP値はむしろ高めに維持しておくほうが良い。

6価クロム含有排水の処理はすでに確立されており、還元した後の処理水は通常の中和凝集法で対応できるが、ひとつだけ下記にご注意いただきたい。

図5は一般的な表面処理排水処理のフローシート例である。

表面処理はクロム排水だけを排出する業種はまれで、図5のようにクロム系以外にシアン系、酸アルカリ系などの排水がある。実際の酸・アルカリ系の流れでは凝集効果を上げる目的でNo.1pH調整槽で原水のpHをいったん酸性にする。次いで、No.2pH調整槽で目的のpHに調整するという手法をとる。シアン系排水は通常アルカリ塩素法で酸化処理する。酸化反応が終了した液はどうしても塩素過剰で酸化状態である。

この酸化処理水とクロム還元処理水とをひとつの槽で直接混合するとせっかく還元した3価クロムが6価クロムに戻ってしまう可能性がある。

これを防止するために図5ではシアンの酸化処理水を酸アルカリ系処理のNo.1 pH調整槽に合流させて過剰の塩素分を分解するとともに酸・アル

クロム酸の解離(図6)

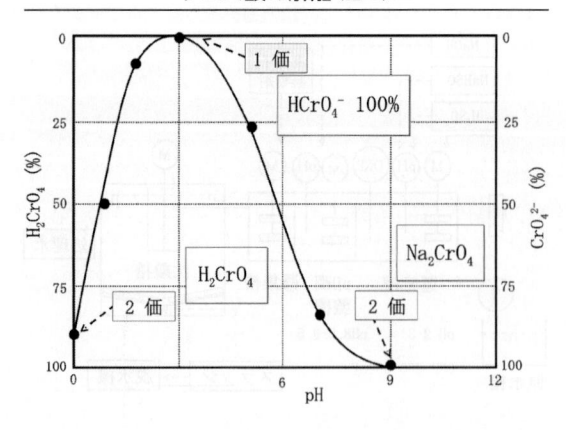

クロム酸溶液のpHと漏出曲線(図7)

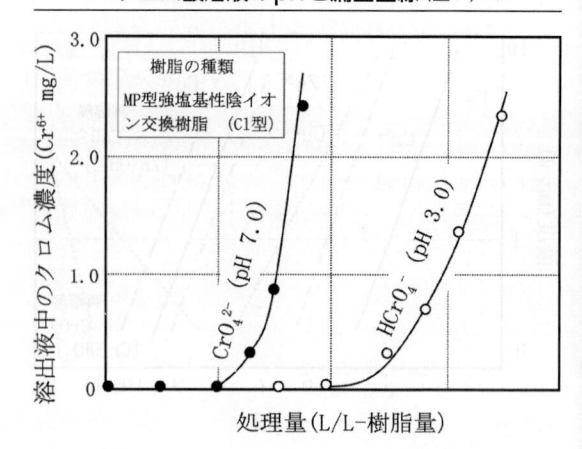

カリ系排水中のCOD分解をねらっている。

クロム還元処理水はNo.2 pH調整槽に流し込みシアン処理水との直接接触を避けている。これにより、クロムの再酸化を防止でき全体の処理がうまく進む。

2　6価クロム排水のイオン交換樹脂処理とリサイクル

クロム酸（H_2CrO_4）は図6のようにpH値によって解離の程度が異なる。

図6でpH9以上のアルカリでは100％が2価の陰イオン（CrO_4^{2-}）であるが、pH3付近になると1価イオン（$HCrO_4^-$）がほとんどを占めるようになる。

陰イオンのクロム酸は陰イオン交換樹脂で吸着処理できるが、このときにpH値を3.0付近に調整すると1価の陰イオンになるのでイオン交換樹脂に対する等量負担が2価の半分ですむので都合がよい。

図7はクロム酸溶液のpHと漏出の関係例である。マクロポーラス型（MP型）強塩基性イオン交換樹脂（Cl型に調整）を用いてクロムを吸着処理する場合、クロム酸を含む溶液のpHを7.0から3.0に下げると図6のように2価のCrO_4^{2-}が1価の$HCrO_4^-$となり1/2等量となる。これにより、樹脂への負担が軽減され、同じ樹脂量でおよそ2倍のクロム酸含有排水を処理できるので工業的に有利である。

pH3の場合
$$R \cdot Cl + HCrO_4^- \rightarrow R \cdot CrO_4 + HCl \quad (9)$$
pH3以外の場合
$$2R \cdot Cl + CrO_4^{2-} \rightarrow R_2 \cdot CrO_4^{2-} + 2Cl^- \quad (10)$$

陰イオン交換樹脂による6価クロム含有排水の処理は簡単なようでいてなかなか難しい。樹脂の種類と排水の組成によっては期待どおりの効果が得られないこともあるので事前の調査を入念にされるようにお勧めする。

式（8）（9）に示すCl型の陰イオン交換樹脂で処理した水はpH値が低いうえに、多量の塩化物イオン（Cl^-）が含まれるので再利用は出来ない。したがって、別途pH調整装置が必要である。

Cl型イオン交換樹脂によるクロム酸排水の処理に対して、H型陽イオン交換樹脂とOH型陰イオン交換樹脂を組み合わせたクロム酸排水の処理方法が実用化されている。

陽イオン交換樹脂塔と陰イオン交換樹脂塔の組み合わせによるクロム酸の除去 (図8)

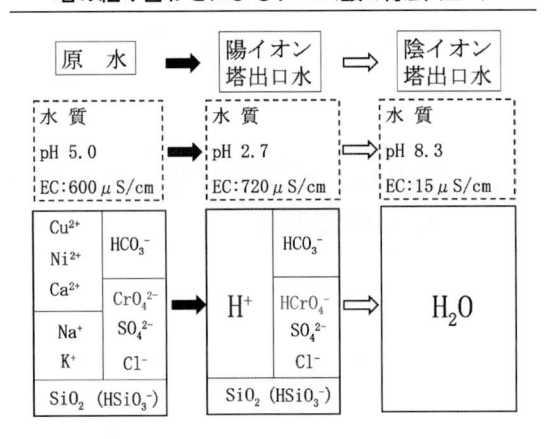

原水	→	陽イオン塔出口水	⇒	陰イオン塔出口水
水質 pH 5.0 EC:600μS/cm		水質 pH 2.7 EC:720μS/cm		水質 pH 8.3 EC:15μS/cm
Cu^{2+} HCO_3^- Ni^{2+} CrO_4^{2-} Ca^{2+} SO_4^{2-} Na^+ Cl^- K^+ SiO_2 ($HSiO_3^-$)	→	H^+ HCO_3^- $HCrO_4^-$ SO_4^{2-} Cl^- SiO_2 ($HSiO_3^-$)	⇒	H_2O

アニオン交換樹脂の溶離曲線 (図9)

(グラフ:縦軸 溶離率(%)、横軸 1%NaOH + 9%NaCl溶液(mL)、Ⅰ型樹脂約80%、Ⅱ型樹脂約70%、樹脂の種類:強塩基Ⅰ型、Ⅱ型、樹脂量:10mL、通水SV:3)

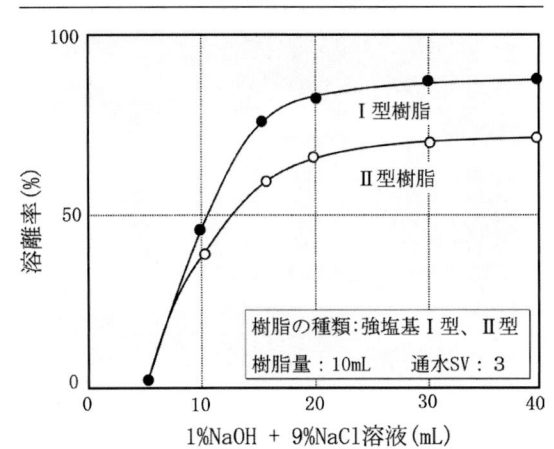

図8の原水はpH 5.0、電気伝導率600μS/cmで銅、ニッケル、クロムなどのイオンを含んでいる。これをH型陽イオン交換樹脂塔と陰イオン交換樹脂塔に通すとpH8.3、電気伝導率15μS/cmの純水となる。クロムは陰イオン交換樹脂に$HCrO_4^-$として捕捉される。

ここで、H型陽イオン交換樹脂塔を出た水はpH2.7の酸性を示す。この値は図6のクロム酸の解離で2価クロムが1価クロムに変換することを意味しているので、次の陰イオン交換樹脂にかかる負担が軽減される。

こうして得られた純水は水道水よりもはるかに水質が良いのでリサイクルできる。

(1) クロム吸着樹脂の再生

クロムを吸着した陰イオン交換樹脂は、通常、NaOH溶液で再生を行う。

弱塩基性樹脂をNaOHで再生する場合は再生率100%近いが、強塩基性樹脂の場合はクロムと樹脂の結合が強いので再生率は50～60%どまりで、実際、いくら再生レベルを上げても100%再生は困難である。そこで、再生効率を上げるべく種々の方法について検討した結果、1% NaOH溶液と9% NaCl溶液の混合液による再生をすれば効率が向上することが明らかとなった。

これは、アルカリ溶液中で塩化物イオンが下式(11)のように作用してクロム成分との置換を促進させた結果と思われる。

$$R_2 \cdot CrO_4^{2-} + 2NaCl \rightarrow 2R \cdot Cl + Na_2CrO_4 \quad (11)$$

クロム含有排水をCl型陰イオン交換樹脂のみで処理する方法は一種類の樹脂で対応できるので単純である。しかし、この方法は処理水中に多量の塩化物イオン(Cl^-)が含まれるので再利用はできない。また、樹脂の一部がOH型になっているので排水中に他の重金属が混在していると金属水酸化物として析出し、交換反応がうまく進まなくなるという欠点がある。

図9はクロムを吸着した強塩基性陰イオン交換樹脂の溶離曲線例である。
樹脂量10 mLに対して1% NaOH溶液と9% NaCl溶液の混合液をSV 3で通水したところ、樹脂量の約2倍量を使って溶離すれば、Ⅰ型樹脂は80%、Ⅱ型樹脂では70%程度の溶離率が得られた。

(2) 委託再生式のイオン交換装置

イオン交換樹脂を使った実際の排水処理では吸

委託再生式イオン交換装置例(写真1)

着工程よりも再生工程のほうが難しい。実際の排水処理では純水を扱う場合と違って濁度成分、油分、COD成分、界面活性剤、重金属などが混入してくる場合がある。

濁度成分は樹脂層表面に蓄積して水の流れを妨害する。油分は樹脂表面を覆って交換反応を妨げる。界面活性剤やCOD成分は有機物汚染をおこし交換能力と再生効率を低下させる。また、微量ではあるが3価クロム、鉄、その他の重金属イオンが混入してくる。これらは本来、陽イオンであるが、ときどきコロイド粒子となって陰イオン交換樹脂に吸着するなど予想外の挙動を示す。この場合は、樹脂層の空気逆洗を十分に行い、汚染の状況によっては酸洗浄を行なうとよい。

クロムや重金属を含む排水の組成は生産工程によって内容が大きく異なる。したがって、再生方法も現場の条件によって違ってくる。

これを解決する方法に委託再生式のイオン交換装置が実用化されている。この方法は、排水中のクロムをイオン交換樹脂に吸着させて処理水はリサイクルする。クロムを吸着した樹脂は生産現場で再生しないで再生専門の工場に運搬して、そこで経験あるエンジニアにより再生を行なおうとするものである。

委託再生式イオン交換装置を写真1に示す。

写真1のイオン交換樹脂塔はどこへでも持ち運びできる。生産現場に持ち込んだ塔は入り口と出口を連結するだけですぐに使用できる。これにより現場ではめんどうな樹脂再生の手間が省ける。

3 3価クロム排水のリサイクルとクロム再資源化

環境規制物質である6価クロムの取り扱いは欧州のELV(使用済み自動車)、RoHS(電気電子機器の有害物使用制限)、WEEE(廃棄電気電子機器)の各指令にとどまらずREACH規則(化学物質を使用、生産する際のリスク評価・管理を強化するシステム)の用にまで拡大されようとしている[2]。

これらの事情を背景に自動車業界や電機電子機器業界では6価クロムによるクロメート処理をやめ、これに代わる処理技術の開発が急務となった。

当面の選択肢として、3価クロムによる化成皮膜処理が妥当なものと考えられている[3]。

3価クロム化成処理液の組成は比較的単純なクロメート液と異なり、3価クロムを主成分にクロム(Ⅲ)錯体を形成するために必要なキレート剤や塩類などが多量に配合されている。したがって、3価クロム化成処理排水を処理するには従来法では対応しきれない。

有害なクロム含有排水を処理して再利用できれば節水と環境保全に貢献できる。スラッジとして廃棄しているクロムが再資源化できれば貴重なクロム資源の節約となる。

ここではUV照射併用オゾン酸化とイオン交換法によりクロム含有排水をリサイクルし、イオン交換樹脂に吸着したクロムを再資源化する事例[4]について述べる。

(1) クロム排水のイオン交換処理の課題

クロム排水中の6価クロムは陰イオン($HCrO_4^-$、CrO_4^{2-})の形で存在するので原理的には陰イオン交換樹脂による吸着が可能である。ところが、

実際のクロム排水には6価クロム以外にSO$_4^{2-}$、NO$_3^-$、Cl$^-$などの陰イオン、Fe^{3+}、Zn^{2+}、Co^{2+}などの陽イオンおよびクロム（Ⅲ）錯体、有機酸などが含まれている。6価クロムはもともと酸化力が強いので有機成分や還元性物質が少しでも混在すると相手を酸化して自らは3価クロム（Cr^{3+}）に変わる。

Cr^{3+}は無機イオンや有機成分と作用して分子量の大きなクロム（Ⅲ）錯体を形成する[5]。クロム（Ⅲ）錯体を含む排水をイオン交換樹脂で脱塩しようとすると樹脂とクロム（Ⅲ）錯体が強固に結合し樹脂表面を覆ってしまうのでイオン交換機能と再生効率を低下させる[6]。

ここにクロム排水をイオン交換樹脂で脱塩し再利用する際の実用上の障害があった。

オゾンは有機物やクロム（Ⅲ）を酸化する。オゾン酸化に紫外線照射を併用（以下UVオゾン酸化）すると酸化力が増大する。

UVオゾン酸化は薬品を使わないで有機物やクロム（Ⅲ）錯体を分解し、同時にCr^{3+}をイオン交換可能なCr^{6+}に変換できる。過剰のオゾンは自己分解して酸素となるので処理水中に塩類を増加せずイオン交換樹脂に負荷をかけない。したがって、UVオゾン酸化とイオン交換樹脂法の組み合わせは3価クロム化成処理排水の脱塩に適すると考えられる[7]。

(2) 3価クロム化成処理排水のリサイクルとクロムの再資源化

表1は3価クロム化成処理排水の水質例である。

ここでは表1の排水を試料としたリサイクル例について述べる。

図10に実験フローシートを示す。

実験は次の手順で行った。

UVオゾン酸化は排水貯槽（10L）の試料水を10% NaOH溶液でpH9.5に調整した後、定量ポンプを用いて一定流量（100 L/h）でフィルターを経てUVオゾン酸化塔（内径15cm、水深40cm、内容積4.5L）へ送った。

UVオゾン酸化槽にはUVランプ（100V、40W）が設置されている。このUVランプは184.9nmと

3価クロム化成処理排水の水質例 (表1)

項　目	有機系	無機系
pH	4.8	4.3
EC(μS/cm)	980	850
COD (mg/L)	45	25
Cr^{3+} (mg/L)	70	46
Cr^{6+} (mg/L)	<0.1	<0.1
T-Fe (mg/L)	2	3
Zn^{2+} (mg/L)	30	35
Co^{2+} (mg/L)	20	25
NO$_3^-$ (mg/L)	260	190
Cl$^-$ (mg/L)	<1	<1

(EC：Electric Conductivity, 電気伝導率)

UVオゾン酸化とイオン交換樹脂法によるクロム排水脱塩フローシート (図10)

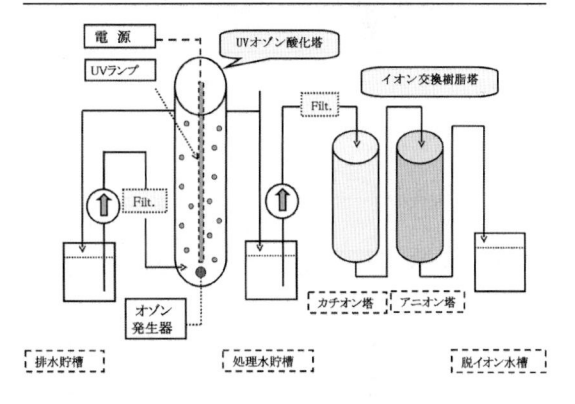

253.7nmの紫外線を発生する。

オゾンはPSA（Pressure Swing Adsorption）装置付きオゾン発生器（オゾン発生量を1.0 g/hに調整）より発生させ120 L/hの流量で反応槽の底部から散気した。

酸化処理した水は全量が排水貯槽に戻るか一部を処理水貯槽（5L）に送るように配管した。処理水貯槽の水は定量ポンプにてフィルターを経て2種類の同一容積のイオン交換樹脂カラム（内径25mm、長さ600mm、樹脂充填量0.2 L）にSV10で送った。はじめの樹脂カラムにはH型陽イオン交換樹脂、次の樹脂カラムにはOH型陰イオン交換樹脂（Ⅰ型）を充填し脱塩処理した。

有機系排水のCr³⁺変化（図11）

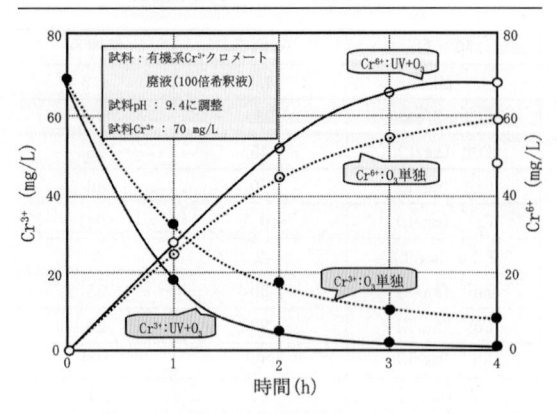

無機系排水のCr³⁺変化（図12）

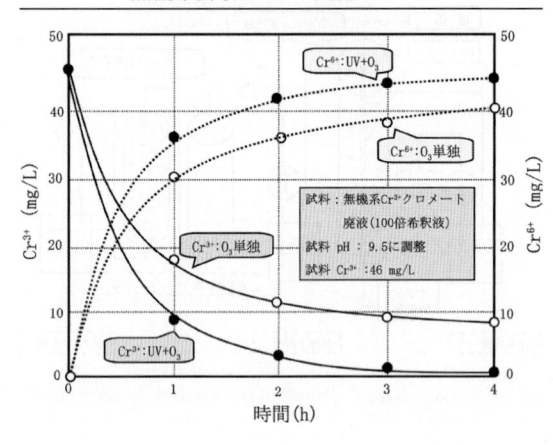

鉄、亜鉛、コバルトの変化（表2）

項目	有機系 処理前	有機系 処理後	無機系 処理前	無機系 処理後
T-Fe (mg/L)	2	<0.1	3	<0.1
Zn²⁺ (mg/L)	30	<0.1	35	<0.1
Co²⁺ (mg/L)	20	<0.1	25	<0.1

以下に結果を要約する。

① UVオゾン酸化によるCr³⁺の酸化

表1に示す有機系と無機系の排水を試料としてUVオゾン酸化とオゾン単独酸化を行った。

有機系排水の処理結果を図11に示す。

UVオゾン酸化では試料（Cr^{3+} 70 mg/L）中のCr^{3+}が酸化されて3.0時間後にほぼ全量がCr^{6+}に変わったが、オゾン単独酸化では4時間処理しても59mg/L程度の変化にとどまった。オゾン単独酸化に比べてUVオゾン酸化の処理効果が高かったのは水中に溶解しているオゾンに253.7 nmのUVが作用した結果、式（12）と（13）のようにヒドロキシルラジカル（OH・）を生成し、このヒドロキシルラジカルが酸化作用を促進したためである。

$$O_3 + h\mu\ (\lambda < 310nm) \rightarrow [O] + O_2 \quad (12)$$
$$[O] + H_2O \rightarrow 2OH\cdot \quad (13)$$

無機系排水の処理結果を図12に示す。

UVオゾン酸化では試料（Cr^{3+} 46 mg/L）中のCr^{3+}が酸化されて3.0時間後にほぼ全量がCr^{6+}に変わったが、オゾン単独酸化では4時間処理しても40mg/L程度の変化にとどまった。

図11、図12において、オゾン単独でも式（14）のようにCr^{3+}の酸化はできるがヒドロキシルラジカルの酸化力のほうが強かったのでここでは式（15）の反応が優先して進行したと考えられる。

$$Cr^{3+} + O_3 + 2OH^- \rightarrow CrO_4^{2-} + H_2O \quad (14)$$
$$Cr^{3+} + 6OH\cdot + 2OH^- \rightarrow CrO_4^{2-} + 4H_2O \quad (15)$$

排水中の鉄、亜鉛、コバルトはUVオゾン酸化処理後1時間以内でいずれも0.1mg/L以下となった。

表2にUVオゾン酸化処理前後の鉄、亜鉛、コバルト濃度を示す。

これはアルカリ側で酸化処理する間にそれぞれ金属水酸化物として析出し、循環中にろ過器で捕捉、分離されたためである。

本実験結果から、Cr³⁺はUVオゾン酸化によりイオン交換処理可能なCr⁶⁺に酸化されることを確認した。

② UVオゾン酸化によるCOD成分の分解

前項①と同様に表1に示す有機系と無機系の排水を試料としてUVオゾン酸化とオゾン単独酸化を行いCOD濃度を測定した。

有機系試料の処理結果を図13に示す。

UVオゾン酸化で有機系試料（COD 45 mg/L）を処理すると3.0時間後にCOD 3 mg/LとなりCOD成分の大半が酸化された。

オゾン単独酸化では4時間処理しても12 mg/L程度の変化にとどまった。

UVオゾン酸化2時間後のpH値は7.6となり4時間後では7.8に上昇した。オゾン単独酸化では4時間後に8.1まで低下した。

図13のUVオゾン酸化でpH値が一時低下し、再び上昇したのは、試料中に含まれるグリコール酸（HOCH₂COOH）などの有機酸が式(15)～(18)のように段階的に酸化され、グリオキシル酸（HOC－COOH）、シュウ酸（HOOC－COOH）を経てギ酸（HCOOH）など低分子の有機酸に分解し、その後、一部がCO₂とH₂Oに変化したためと考えられる[7]。

$$HOCH_2COOH + 2HO\cdot \rightarrow HOC-COOH + 2H_2O \quad (16)$$

$$HOC-COOH + 2HO\cdot \rightarrow HOOC-COOH + H_2O \quad (17)$$

$$HOOC-COOH + 2HO\cdot \rightarrow 2HCOOH + O_2 \quad (18)$$

$$HCOOH + 2HO\cdot \rightarrow CO_2 + 2H_2O \quad (19)$$

無機系試料の処理結果を図14に示す。

UVオゾン酸化で無機系試料（COD 25 mg/L）を処理すると1.0時間後にCOD 3 mg/LとなりCOD成分の大半が酸化された。

オゾン単独酸化でも1時間の処理で5 mg/L以下となり、COD成分の分解は短時間で終了した。

図13、図14の結果から、クロム排水に含まれる有機酸、キレート剤などのクロム（Ⅲ）錯体を

有機系排水のCOD値変化（図13）

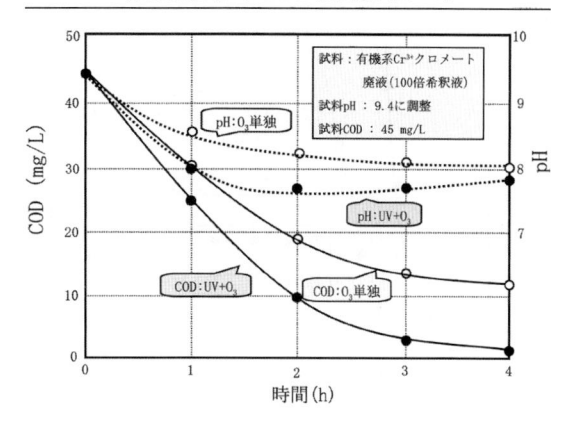

試料：有機系Cr³⁺クロメート廃液（100倍希釈液）
試料pH：9.4に調整
試料COD：45 mg/L

無機系排水のCOD値変化（図14）

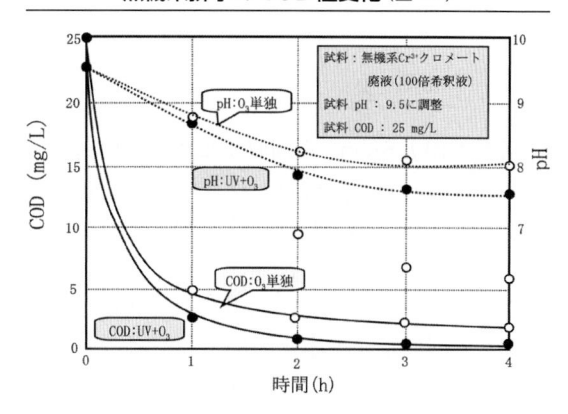

試料：無機系Cr³⁺クロメート廃液（100倍希釈液）
試料pH：9.5に調整
試料COD：25 mg/L

形成する有機成分（COD）の大半はUVオゾン酸化により分解できることが明らかとなった。

③ UVオゾン酸化処理水の脱塩処理

図15は表1の有機系、無機系の試料を3時間UVオゾン酸化した処理水と無処理の水を陽イオン交換樹脂カラム、陰イオン交換樹脂カラムの順に通水し、陰イオン交換樹脂カラム出口水の電気伝導率が急上昇したときのBV値[ここでは陽イオン交換樹脂と陰イオン交換樹脂を合計して1 Lに換算し、この1 Lの樹脂で処理した処理水量(L)を示す]の変化を測定した結果である。

図15の結果から、試料水を直接イオン交換樹脂処理すると樹脂量の6～12倍の脱イオン水（電

UVオゾン酸化処理水のイオン交換処理水量（図15）

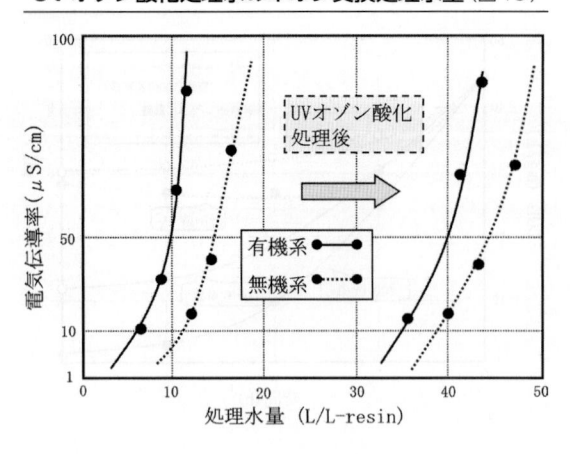

陰イオン交換樹脂の再生効率（図16）

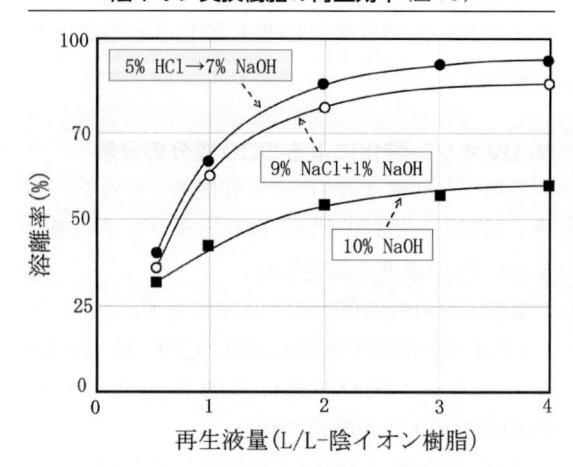

気伝導率10μS/cm）を回収するまでに樹脂表面が灰青色に着色し、樹脂カラムの入り口と出口の差圧が増大して処理水の電気伝導率が急上昇した。

これに対してUVオゾン酸化処理をすると脱イオン水の回収量が樹脂量の35～38倍に向上し、カラム入り口と出口の差圧上昇もなかった。

本実験結果から、クロム含有排水をUVオゾン酸化したのち、この処理水をH型陽イオン交換樹脂塔と陰イオン交換樹脂塔の順に通水すれば、イオン交換処理が困難だった3価クロム錯体を含むクロム排水が脱イオン水として回収できることを確認した。

④ 陰イオン交換樹脂の再生方法

図16は表1の有機系排水をUVオゾン酸化後、H型強酸性陽イオン交換樹脂に通水した後、この処理水をOH型陰イオン交換樹脂にCr^{6+}が飽和になるまで連続通水し、この陰イオン交換樹脂をいくつかの溶離液を用いてSV3で溶離したときの再生効率を示したものである。

10% NaOH溶液の単独処理による再生効率は60%であるが9% NaClと1% NaOHの混合溶液では80%に向上する。次に、本試料に適した更に効率の良い再生方法について検討した。

陰イオン交換樹脂は一般にHCl溶液に浸漬すると体積が収縮するが同一の樹脂をNaOH溶液に接触させると反対に膨張する。

この点に着目し、HCl溶液で陰イオン交換樹脂を洗浄したのちNaOH溶液で脱イオン処理すれば多孔質の樹脂は収縮と膨張を繰り返すので、樹脂表面と内部の洗浄効果に加えてイオンの溶離効果も促進されるのではないかと考えた。

そこで、上記の飽和陰イオン交換樹脂を5% HCl溶液に1時間浸漬後SV3で洗浄し、次にHCl成分を樹脂粒間に残した状態で7% NaOH溶液をSV3で通液する溶離方法を考案し、実施したところ再生効率が90%に向上することを見出した。しかし、この方法は高い樹脂再生効率が得られる半面、溶離液の中に多量のCl^-を残す結果となり、クロムの再資源化を妨げる原因となった。

⑤ イオン交換樹脂法によるCr^{6+}の精製と回収

実際の陰イオン交換樹脂の再生廃液には前項④の理由からCr^{6+}と共に多量のCl^-が含まれる。

クロム酸塩メーカーの見解によれば塩化物イオンの混在はクロム再資源化の障害とのことである。そこでイオン交換樹脂を利用して陰イオン交換樹脂の再生溶離液からCl^-を優先して除くいくつかの方法について検討した。

Na₂CO₃による陰イオン交換樹脂の洗浄（図17）

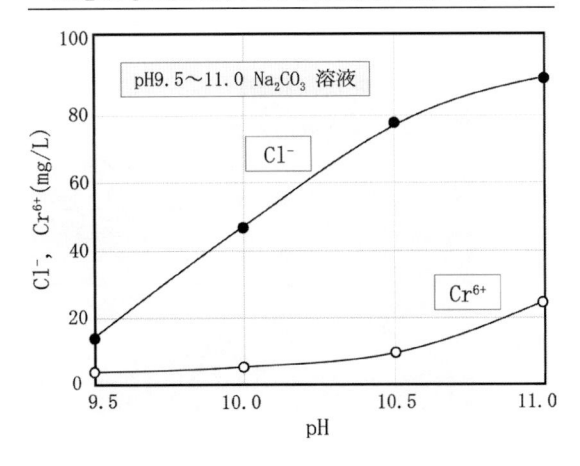

高濃度クロム回収方法（図18）

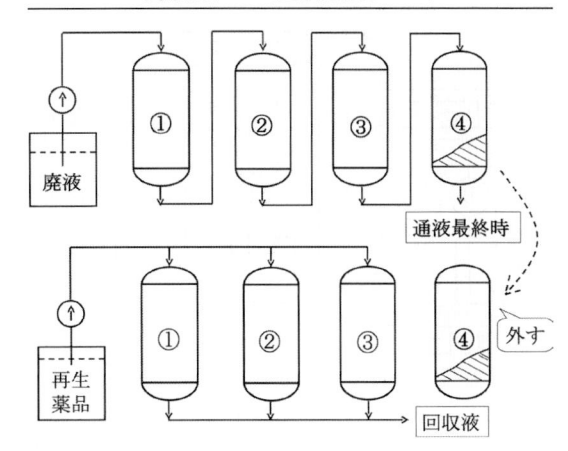

その結果、次に述べる低濃度のNa₂CO₃溶液で洗浄すればCl⁻が効果的に除けることを見出した。

陰イオン交換樹脂は実際の処理を想定して次の①〜③の手順で調整した。

① 試料水をUVオゾン酸化しH型強酸性陽イオン交換樹脂に通水後、OH型強塩基性陰イオン交換樹脂にCr⁶⁺が吸着して飽和するまでSV10で連続通水した。

② Cr⁶⁺が飽和するまで吸着した陰イオン交換樹脂は5% HCl溶液に浸漬後洗浄し、次いで、7% NaOH溶液を用いてSV3でCr⁶⁺を溶離させた。

③ Cr⁶⁺を溶離した液は10% H₂SO₄溶液でpH3に調整後、OH型強塩基性陰イオン交換樹脂にCr⁶⁺が飽和吸着するまでSV10で連続通水した。

Cr⁶⁺が吸着した陰イオン交換樹脂はpH10.5〜11.0のNa₂CO₃溶液で洗浄した。アルカリ性の洗浄剤なので少量のCr⁶⁺も流出したが、樹脂内部のCl⁻は大半が洗浄除去できた。

図17はCr⁶⁺とCl⁻が飽和するまで吸着した樹脂をNa₂CO₃で洗浄した結果例である[4]。

図18は4本のイオン交換樹脂カラム（①〜④）を直列に連結してクロムの吸着と回収を行う状況を模式的に示したものである。

原水中のCr⁶⁺は入り口から出口に向かって樹脂に吸着し始める。当然、入り口に近いカラム①のCr⁶⁺濃度は高く出口カラム④のCr⁶⁺濃度は低い。さらに出口カラム④の末端ではCr⁶⁺未吸着の部分が残る。

再生では配管経路を切り替えてCr⁶⁺吸着量が多い①〜③のカラムを選んでここに洗浄液や再生剤を流し込む。このようにすればCr⁶⁺吸着の不完全なカラム④を除いて高濃度の①〜③のカラムのCr⁶⁺回収が見込める。

上記の考えに基づいて前記①〜③の手順で前処理してCr⁶⁺が飽和になるまで吸着させたカラム①〜③をpH11のNa₂CO₃溶液で前洗浄した後、樹脂の2倍量の7% NaOH溶液を用いてSV3でCr⁶⁺回収を行った。

その結果、回収液のCl⁻は30 mg/Lと低い値を示した。Cr⁶⁺濃度は45,000 mg/Lとなった。これはクロム酸の原料である無水クロム酸（CrO₃）に換算すると86,400 mg/L（8.6%）に相当する。

本工程で得られた回収液はクロム塩類の原料として再資源化しても支障のないことを確認した。

⑥ 3価クロム排水のリサイクルシステム

図19は本検討結果に基づいて考案したクロム

クロム排水の脱塩と回収クロムの再資源化フローシート (図19)

UVオゾン酸化装置例 (写真2)

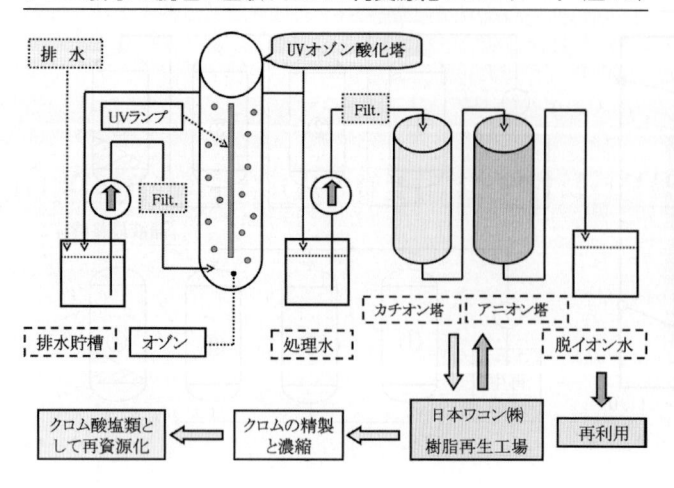

排水のリサイクルとCr^{6+}の再資源化システムの概要である。

図19の排水貯槽の水はポンプ→フィルター→UVオゾン酸化槽の順に通水しCr^{3+}や有機質成分を酸化処理した後、処理水槽に貯留する。

処理水はポンプ→フィルター→陽イオン交換樹脂塔→陰イオン交換樹脂塔の順に通水し脱イオン水として再利用する。

写真2はUVオゾン酸化装置例である。装置は架台に搭載されているのでどこへでも運搬できる。

写真1の委託再生式イオン交換装置と写真2のUVオゾン酸化装置を組み合わせれば図19の3価クロム含有排水の再利用化が実現する。

図19のリサイクルシステムによればこれまで廃棄していたクロム含有排水は生産工程における脱イオン水として全量が再利用できるので公共水域に排水が出ない。

飽和に達したイオン交換樹脂塔は使用現場では再生せず、別に設置した再生専門の工場〔日本ワコン㈱リサイクルセンター〕に塔容器ごと運搬して一括再生を行う方式を採用している。

陰イオン交換樹脂に吸着したCr^{6+}は本稿で述べた手段で濃縮、精製する。この処理液はクロム塩類製造原料の一部として再資源化できることを確認した。これにより、クロム排水のリサイクルとクロム(Cr^{6+})の再資源化が可能となる。

参考文献
1) 和田洋六：水処理の要点、工業調査会、pp. 212 - 215 (2008)
2) 久米道之：表面技術、Vol.55、No.11、pp. 696 - 703 (1998)
3) 環境調和型めっき技術：pp.135 - 136、日刊工業新聞社 (2004)
4) 和田洋六ほか：化学工学論文集、31、pp. 365 - 371 (2005)
5) 日本化学会編：新実験化学講座 11 巻、pp.1404 - 1409 (1977)
6) 和田洋六：水のリサイクル、地人書館、pp.133 - 136 (1994)
7) 和田洋六ほか：日本化学会誌、No.4、pp. 306 - 313 (1995)

(和田洋六)

8 シアン化合物

1 はじめに

シアン化合物は一般に毒性が非常に強い物質であって、その多くが毒劇物取締法に基づいて「毒物」の指定を受けており、取扱等について強い制限を受けている。しかし、強い毒物でありながらその工業的な有用性は高く、金属メッキ用の薬品、アクリロニトリル等の有機物の合成原料、農薬や医薬品原料、分析用試薬など、現在も多くの分野で広く使用されている。

代表的なシアン含有水としては、シアン化合物を直接原材料として使用する上記の産業からの排水が挙げられる。またこの他に、都市ガス工業や鉄鋼業等では生産工程中にシアン化合物が生成し、それが排水に含有されて排出されて来る。

シアン化合物には、水中で解離してシアンイオン(CN^-)になるものと、金属が過剰のシアンイオンと配位結合してシアノ錯イオン{$M(CN^-)_n$}になるものがある。前者の例としてはアルカリ金属やアルカリ土類金属の塩{NaCNやKCN、$Ca(CN)_2$等}が、また後者の例としては鉄やコバルト、銅などのシアノ錯塩{$K_4[Fe(CN)_6]$や$K_3[Co(CN)_6]$、$Na_3[Cu(CN)_4]$等}が挙げられる。水中での形態から、前者を特に遊離シアンという。

遊離シアンは酸性で容易にシアン化水素ガスとなるため毒性が非常に強い。これに対し、錯イオンは水中で安定であり、特に鉄やコバルトの錯イオンは強酸を加えても分解せず、毒性が低い。

処理に際しては、これら性質の違いを念頭において、適切な処理法を選定する必要がある。

また、シアン排水はシアン以外に各種の汚濁物質を含み、シアンとともにこれらを除去することが必要になる場合が多い。例えばメッキ工場の排水では共存する重金属類の除去も必要であるし、アクリロニトリル製造排水や製鉄所のコークス炉ガス精製排水(安水)などでは共存する有機物の除去も考慮する必要がある。アルカリ塩素法などでは残留塩素が後段側の処理に与える影響、例えば生物処理に対する阻害性や、クロム酸イオン、過マンガン酸イオンの生成などに留意が必要となる。このような背景から、排水処理全体を総合的にとらえて処理法の検討・選定を行うことが肝要である。

2 シアン化合物の処理技術

(1) 遊離シアンの処理技術

① アルカリ塩素法

メッキ工業排水の処理など一般に最も適用されている処理方法であり、次の化学反応式に従っている。

$$NaCN + NaOCl \rightarrow NaCNO + NaCl \quad (1)$$

$$2NaCNO + 3NaOCl + H_2O$$
$$\rightarrow 2CO_2 + N_2 + 2NaOH + 3NaCl \quad (2)$$

NaOCl添加率と処理水全シアン濃度（図1）

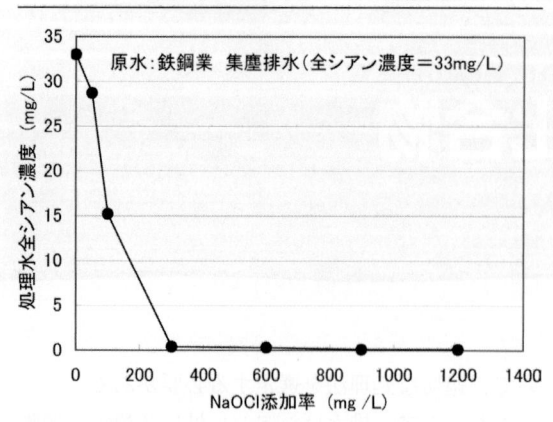

(1)式を1次反応、(2)式を2次反応と呼び、適正な反応条件が異なる。1次反応では、pH10以上、酸化還元電位 300～350mVで酸化剤（塩素系が一般的）を添加してシアン（CN^-）をシアン酸（CNO^-）にする。なお、pH10以下では塩化シアン（CNCl）が空気中に放散するので危険であり、pHを10以上に保つよう注意が必要である。その後の2次反応では反応速度を上げるためpHを中性（7～8）とし、同時に酸化還元電位を600～650mVとして次亜塩素酸添加量を制御する。シアン1kgを分解するのに必要な酸化剤の理論量はNaOClで7.15kgであるが、通常15～30％過剰に加えるのが効果的である[1]。

なお、対象排水中に鉄やコバルト、金などが共存すると、シアンはこれらの金属イオンと安定なシアノ錯体を形成するためアルカリ塩素法では酸化分解することが出来ない。この一方で、亜鉛、カドミウム、及び銅のシアノ錯体については本法でも分解可能である。また、ニッケルや銀のシアノ錯体はやや分解が難しいが、過剰に塩素を加えて反応時間を長くとることで分解が可能である。

鉄鋼業の集塵系排水を対象に試験したNaOCl添加率と処理水CN濃度の関係を図1に示す。この例では、原水シアン濃度33mg/Lに対して、NaOClを300mg/L（理論必要量の1.25倍）添加してアルカリ塩素処理することにより、処理水シアン濃度は0.4mg/Lまで除去された。なお、当該排水はアンモニア性窒素を120mg/L含んでいたが、NaOClはシアンと優先的に反応し、シアン除去に影響は与えなかった。

② オゾン酸化法

オゾンの酸化力によって、式(3)～(4)の反応によりシアンを窒素ガスと炭酸水素塩に酸化分解する方法である。

$$CN^- + O_3 \rightarrow CNO^- + O_2 \tag{3}$$
$$2CNO^- + 3O_3 + H_2O \rightarrow 2HCO_3^- + N_2 + 3O_2 \tag{4}$$

pH11～12の強アルカリ性条件下で効率が良く、微量の銅またはマンガンイオンの共存により分解が促進される。反応後に有害な生成物がない等の利点があるが、オゾンの製造コストが割高であることから、適用例は少ない。

③ 電解酸化法

処理対象水に電極を入れて電流を流すことによって、陽極でシアンを直接電解酸化するとともに、対象水中に共存する塩化物イオンから生成される次亜塩素酸でシアンを酸化分解する方法である。

電気酸化による分解機構は式(5)～(7)に示した通りであり、シアンが陽極酸化によりまずシアン酸になる。続いてシアン酸が窒素と二酸化炭素に分解される。また、これと同時にシアン酸の加水分解反応も起こり、一部アンモニアが生成する。

$$CN^- + 2OH^- \rightarrow CNO^- + H_2O + 2e^- \tag{5}$$
$$2CNO^- + 4OH^- \rightarrow 2CO_2 + N_2 + 2H_2O + 6e^- \tag{6}$$
$$CNO^- + 2H_2O \rightarrow NH_4^+ + CO_3^{2-} \tag{7}$$

シアンの電解酸化法では反応速度は電流密度によるので、濃度の高い方が有利である。このような特長もあり、薬品添加による処理では発熱や塩化シアンの生成あるいは塩素の揮散などの危険が伴う高濃度水の処理に有利な方法であるが、逆に含有濃度が1000mg/L程度以下では電力効率が悪く、コスト面で適さない[2]。

④ 生物処理法

シアンは生物に対して毒性があるが、微生物を馴養することによって処理可能となる。アクリロニトリル製造排水や製鉄所のコークス炉ガス精製排水（安水）など、有機物とシアンを含む廃水の処理に活性汚泥法が多く適用されている。

シアンの分解機構としては、C－N結合の開裂が起こり二酸化炭素とアンモニアに分解されると考えられている。

アクリロニトリル製造排水を対象に活性汚泥処理を適用した例では、シアン濃度14mg/L、COD_{Cr}濃度3200mg/Lの廃水を約0.25kgCOD_{Cr}/（kg－SS・日）の負荷で処理したところ、98％以上のシアン除去率が得られた。

(2) 金属シアノ錯体の処理技術

シアンを含有する水に鉄やコバルト、金などが共存するとシアンは安定なシアノ錯体を形成するため、アルカリ塩素法やオゾン酸化法、電解酸化法などによって酸化分解することが出来ない。そこで、これらの形態のシアン化合物については、錯体の特性を利用して難溶性塩を生成させて凝集沈殿処理するのが一般的である。

また、この他に吸着法も適用されている。

① 紺青法

代表的な難分解性のシアノ錯体であるヘキサシアノ鉄酸イオン｛$[Fe(CN)_6]^{4-}$、$[Fe(CN)_6]^{3-}$｝の処理では、鉄イオンを過剰に加え酸性条件下（pH=6以下）で難溶性の沈殿物を生成させて分離する方法があり、これを紺青法と呼んでいる。

$$3Na_4[Fe(CN)_6] + 2Fe_2(SO_4)_3$$
$$\rightarrow Fe_4[Fe(CN)_6]_3 + 6Na_2SO_4 \qquad (8)$$
（プルシアンブルー）

$$4Na_3[Fe(CN)_6] + 6FeSO_4$$
$$\rightarrow 2Fe_3[Fe(CN)_6]_2 + 6Na_2SO_4 \qquad (9)$$
（ターンブルブルー）

$FeSO_4・7H_2O$添加率と処理水全シアン濃度（図2）

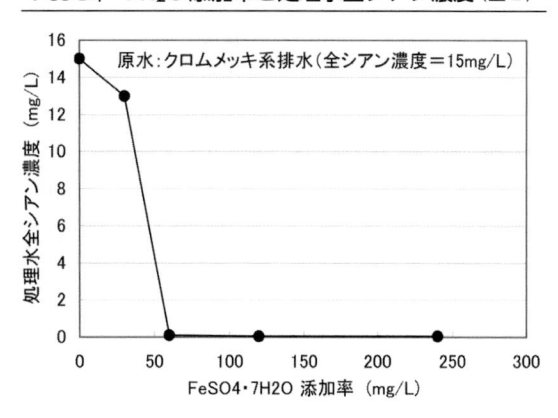

$$Na_4[Fe(CN)_6] + 2FeSO_4$$
$$\rightarrow Fe_2[Fe(CN)_6] + 2Na_2SO_4 \qquad (10)$$
（ベルリンホワイト）

この処理においては、鉄の添加量が不足すると$Fe[Fe(CN)_6]^-$（可溶性プルシアンブルー）が処理水に残留し、処理が不完全になる。また、pHが高くなると沈殿物は水酸化鉄（FeOH）とヘキサシアノ鉄酸イオンに分解して再溶解するので、固液分離は酸性条件下（pH=6以下）で行なう必要がある。

クロムメッキ系排水を対象にして試験した鉄塩添加率と処理水のCN濃度の関係を図2に示す。この例では、原水のCN濃度15mg/L、Fe濃度6mg/Lであったのに対して、$FeSO_4・7H_2O$を60mg/L以上添加してpH=6で凝集沈殿処理することで、処理水のCN濃度を0.1mg/L以下にまで低減出来た。

② 還元銅塩法

難分解性のシアノ錯体について、還元剤の存在下で銅塩を添加して難溶性塩を生成させると同時に遊離シアンとも沈殿物を生成させて凝集沈殿処理する方法である。

還元銅塩法によるシアンの難溶性塩生成処理フロー例 [2] (図3)

(還元剤)
$$[Co(CN)_6]^{4-} + 2Cu^{2+} \rightarrow Cu_2[Co(CN)_6] \quad (11)$$

(還元剤)
$$CN^- + Cu^{2+} \rightarrow CuCN \quad (12)$$

前述の紺青法は鉄シアノ錯体を対象にした処理方法であったが、この還元銅塩法は各種のシアノ錯体を対象に処理出来、また、遊離シアンも同時に処理できる。これらの特徴から、金や銀のシアノ錯体を含む排水からの貴金属類の回収処理などに適用されている。

基本的な処理フローを図3に示す[2]。通常、還元剤は亜硫酸塩、銅塩は硫酸銅が使用される。なお、還元剤は溶存酸素による消費量とCu(Ⅱ)をCu(Ⅰ)に還元する当量の合計量の添加が必要であり、また、銅塩は化学理論当量より少し過剰の添加が必要である。

③ 吸着法

難分解性シアノ錯体を、弱塩基性樹脂やキレート樹脂、活性炭、銅などの重金属を担持させた活性アルミナ等に吸着させ除去する方法である。吸着されたシアノ錯体の溶離性が悪いため、実用上は吸着剤を非再生型として使用することが多い。

吸着法の顕著な適用事例として、金メッキ水洗水からの金シアノ錯体の除去・回収が挙げられる。弱塩基性樹脂あるいは活性炭による処理で、処理水に残留する金を0.1mg/L以下まで低減できる。ここで、飽和に達した吸着剤は焼却され、残渣から金の回収が図られている。飽和吸着量は共存物質の種類や濃度によって異なるが、樹脂・活性炭のいずれも、吸着量は数～数十g-Au/kg-吸着剤程度である。

金の回収以外にも、アルカリ塩素法や紺青法で除去しにくい形態のシアンの除去等に吸着法が有効な場合がある。都市ガス工場内で採取された地下水を対象にした処理例を以下に紹介する。

当該試料の水質は表1に示した通りであった。この試料に対して、アルカリ塩素法と紺青法で処理を試みたところ、アルカリ塩素法では除去率40％、紺青法では除去率60％であり、これらの方法では除去が困難な形態のシアン化合物が含有されていた。

この試料に対して、ポリアミンをキレート形成基とするシアン吸着用キレート樹脂を用いて回分式で24時間接触させ処理したところ、図4に示すように理論当量（51.5g-CN/L-樹脂）の12倍量にあたる樹脂を添加することで、シアン化合物濃度を0.1mg/L以下にまで低減出来た。また、前処理として活性炭吸着処理を実施してTOC濃度を3mg/Lまで低減した場合には、同じく図4に示すように理論当量の4倍量の樹脂を添加することでシアン化合物濃度を0.1mg/L以下に低減出来た。

これらのことから、当該試料のシアン化合物は有機物と結合して存在し、これによりアルカリ塩素法や紺青法での除去が困難であった可能性が示唆され、また、キレート樹脂による吸着処理が有

供試地下水試料の水質 (表1)

全シアン	(mg/L)	2.5
pH	(—)	7.0
電気伝導率	(mS/m)	114
TOC	(mg/L)	34
CODMn	(mg/L)	47
Fe	(mg/L)	1.2
Cu	(mg/L)	<0.1
Ni	(mg/L)	<0.1
Zn	(mg/L)	<0.1
Cd	(mg/L)	<0.1
Mn	(mg/L)	0.4
Cr	(mg/L)	<0.1
Pb	(mg/L)	<0.1
Al	(mg/L)	<0.1
Ca	(mg/L)	91
Mg	(mg/L)	10

キレート樹脂添加率と処理水全シアン濃度 (図4)

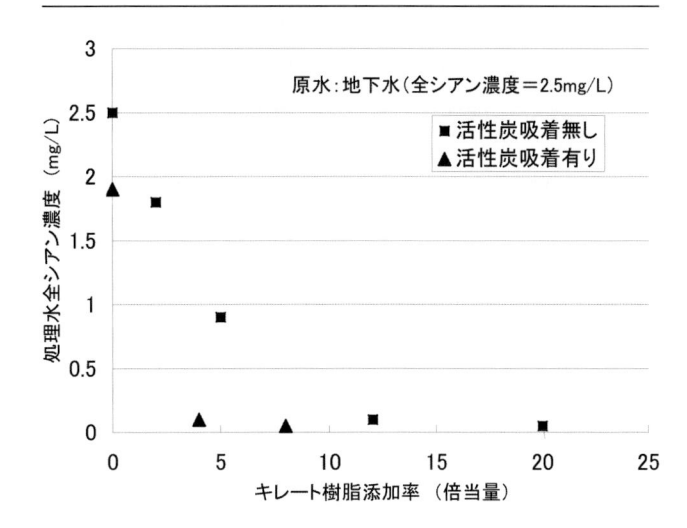

効であった。

(3) 遊離シアンと金属シアノ錯体の両者に適用出来る処理技術

① 酸分解燃焼法(酸性脱気法)

シアン化合物は低いpHでは不安定な状態で存在し、遊離してシアン化水素として揮発する性質がある。シアン化水素は沸点25.7℃、蒸気圧87.7kPa/mol(22℃)の揮発しやすい化合物である。この性質を利用して、pHを酸性にし、曝気あるいは撹拌操作を加えることによってシアン化水素として揮散させることができる。

金属イオンと錯体を形成しているシアンについても、pHを1以下の強酸性にすることで解離させることができる。鉄やニッケル等の比較的安定した錯化合物もpHの調整により解離させることが可能であるため、メッキ剥離液などの複雑な組成の廃液処理にも本法は適用できる。このときの反応式を、亜鉛シアノ錯体を例に式(13)～式(14)に示す。なお、塩化シアン(CNCl)の発生を防ぐため、酸としては塩酸ではなく硫酸が用いられる。

$$Na_2Zn(CN)_4 + H_2SO_4 \rightarrow 2HCN\uparrow + Zn(CN)_2 + Na_2SO_4 \quad (13)$$

$$Zn(CN)_2 + H_2SO_4 \rightarrow 2HCN\uparrow + ZnSO_4 \quad (14)$$

発生したシアン化水素ガスは、水酸化ナトリウム溶液に吸収させてシアン化ナトリウムとして回収するか、燃焼(900℃以上)によって二酸化炭素と窒素ガスに分解する。

この処理方式は理論的にはきわめて簡単な方法であり、処理自体も比較的容易である。しかし、最大の欠点は猛毒性のシアン化水素ガスが外部にもれた場合の対応策が難しいことにある。装置としては完全気密構造のものができているが、ガス漏洩による事故に対し、十分留意する必要がある。

② 煮詰法(煮詰高温燃焼法)

この方法は主に濃厚なシアン排水を対象にするもので、排水を煮詰濃縮により蒸発乾固して乾固物と留出液とに分離する第1工程と、乾固物を高温燃焼して無害化処理する第2工程とで構成され

る。

第1工程でシアン化合物の多くは式(15)に示す加水分解によりギ酸とアンモニアに分解されるが、シアンの一部は分解されずに残留し、また、その一部は留出液側に留出する。このため、第1工程では留出液についてアンモニアとシアンの処理が必要である。

$$NaCN + 2H_2O \rightarrow HCOONa + NH_3 \quad (15)$$

また、第2工程では、乾固物中に含まれるシアン化合物(難分解性のシアン化合物等)を、1200℃の高温で燃焼処理することにより二酸化炭素と窒素ガスに分解する。

本法は濃厚シアン廃液の処理と同時に有価金属の回収が図れるという特長があるが、処理装置が密閉式であり、また、装置構成が複雑であるため、各工場の濃厚廃液を収集して処理する共同処理方式等での適用が図られている。

③ 湿式加熱分解法

圧力容器内で150℃以上の高温に処理対象液を加熱して含有されるシアンをギ酸とアンモニアに分解する方法である。鉄シアノ錯体やニッケルシアノ錯体も分解処理できる。

本法は比較的単純な装置構成で難分解性のシアン化合物を含む濃厚シアン廃液を処理できるという特長があるが、数十気圧の高圧下で発生する腐食性のアンモニアに耐えられる耐食性の高い材質の選定や安全性の高い容器の検討などが課題として残されている。

参考文献
1) 川原浩:有害物含有廃水とその処理、p.31 − p.79、産業用水調査会、東京都 (1980)
2) 公害防止の技術と法規編集委員会 編:新・公害防止の技術と法規 2010 (水質編)、p. II 236 − II 243、丸善、東京都 (2010)

※ 引用元を明示していない実施例、試験データは、水ing株式会社の社内データによるものである。

(小林厚史)

9 セレン

1 はじめに

セレン（Se）は一般にはなじみのない物質であるが、特異な電気特性を有しており、整流器、太陽電池、複写機感光体、赤色顔料、触媒、ガラス着色剤など幅広い産業分野で利用されている。

セレンは原子量78.96、硫黄（S）と同族の元素であり、硫化鉱物の硫黄原子と置換して存在する。黄鉄鉱、黄銅鉱、せん亜鉛鉱など中に、セレン銅銀鉱、セレン銅鉱として含まれている。

水中では主に4価の亜セレン酸イオン[SeO_3^{2-}（IV）]、セレン酸イオン[SeO_4^{2-}（VI）]の形態で存在することが知られている。Se（IV）とSe（VI）は両者とも安定で酸化還元が起きにくい。これらの存在形態は、セレン鉱物が水に溶解するときのpH、酸化還元雰囲気で異なると考えられている。

セレンは生体必須元素のひとつであるが、毒性があり、過剰摂取により皮膚系、内臓系、神経系に障害を生じる。上記のような各種産業から環境中へ排出された場合には、これを除去することが重要な課題となっている。

ここでは、現在までに検討されているセレン処理技術の主なものについて紹介する。

2 排水基準

セレンは健康に障害が生じる可能性がある物質として、平成5年3月環境庁告示で有害物質にかかわる水質環境基準の規制項目として追加された。環境基準値は0.01mg/Lとなった。平成6年1月には水質汚濁防止法により排水基準が設定され、セレンは一律0.1mg/Lと定められたが、高濃度排水に対する有効な処理方式が確立されていなかったことから、暫定基準が業種ごとに暫定基準が定められた。暫定基準は平成21年1月まで続くが、その同2月より一律排水基準に移行している。

3 処理技術

排水中のセレンはSe（IV）またはSe（VI）で存在し、Se（IV）は水酸化第二鉄などの共沈殿で容易に除去可能である。これに対して、Se（VI）はそのままでは処理困難であり、何らかの手段でSe（IV）あるいはSe（0）に還元して除去することが基本となっている。セレン処理はセレンをいかに還元するかという問題である。

$$SeO_4^{2-} + 2H^+ + 2e^- \rightarrow SeO_3^{2-} + H_2O \quad (1)$$

鉄(Ⅲ)共沈法でのセレンの処理[1]（図1）

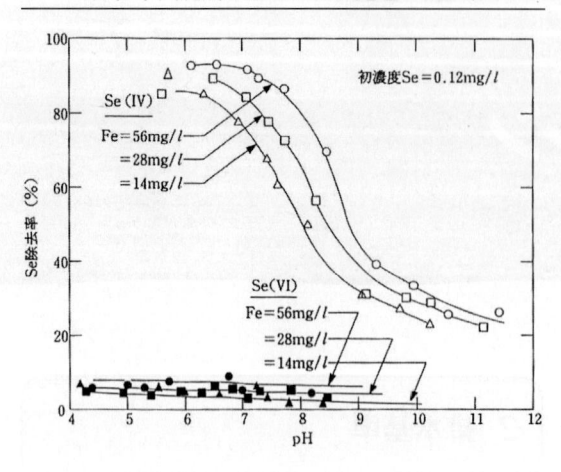

造粒還元体によるセレン処理フロー[4]（図2）

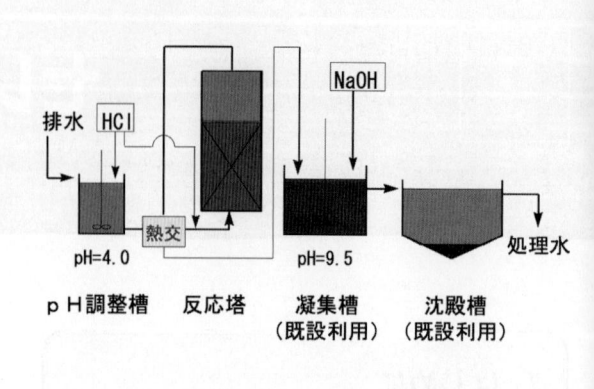

(1) 鉄共沈法[1]

鉄(Ⅲ)塩を用いる共沈処理である。Se(Ⅳ)に対しては有効な除去方法であるが、Se(Ⅵ)には効果が低い。処理特性を図1に示す。pHに大きく影響されるが、中性から弱酸性で処理することができ、除去率は90%程度である。アルミニウム塩はセレンの処理に対してほとんど効果がないとされる。

(2) 鉄塩アルカリ凝集沈殿法

凝集剤として鉄(Ⅱ)塩を用いる。鉄(Ⅱ)存在下に、Se(Ⅵ)をSe(Ⅳ)に還元し、共沈させる方法である。

硫酸第一鉄を使用したセレン除去についての実用化報告例がある[2]。反応機構は次式のように表され、セレンの除去は硫酸第一鉄の添加量に大きく依存するとされる。

$9FeSO_4 + 18NaOH \rightarrow 9Fe(OH)_2 + 9Na_2SO_4$
$H_2SeO_4 + 9Fe(OH)_2 \rightarrow Se + 3Fe_3O_4 + 10H_2O$

原水セレン濃度0〜100mg/Lに対して、<0.1mg/Lまで処理するために必要な鉄添加量の関係が求められている（Fe添加量〜6g/L）。鉄添加量が多いこと、汚泥発生量が多いことが課題である。このため反応槽を多段にし、各槽に鉄を添加することにより、処理を効率化し、鉄添加量を削減するなどの工夫されている例もある[3]。

(3) 造粒還元体法[4]

造粒還元体法は、Se(Ⅵ)含有排水を造粒還元体を充填した反応塔に通水することにより、Se(Ⅳ)を次式に示すような反応で還元するものである。

$3FeO + SeO_4^{2-} + 8H^+ \rightarrow 3Fe^{2+} Se^0 + 4H_2O$ (2)

還元されたセレンは、鉄イオンとともに共沈除去される。Se(Ⅵ)についても同様な反応が生じる。

$Fe^{2+} + Se^0 + 2OH^- \rightarrow Fe(OH)_2 \cdot Se^0 \downarrow$ (3)

処理フローを図2に示す。PH調整槽で排水に塩酸を添加して、反応塔内で(2)式で示すように鉄が溶出してセレンが還元される。鉄溶出量は塩酸の添加量で調整する。凝集槽ではNaOHを添加して、(3)式に示すように、還元されたセレンを

連続試験結果[4]（図3）

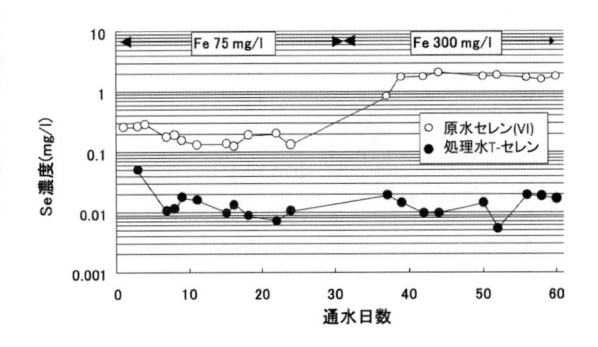

鉄溶出量とセレン処理性能の関係[4]（図4）

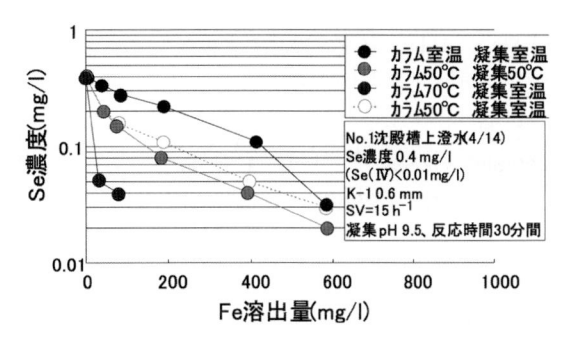

水酸化鉄とともに共沈除去する。

本処理フローで実証試験を実施した結果を図3に示す。60日間、安定してセレンを<0.1mg/Lに処理することができている。連続運転により造粒還元体に懸濁物質が付着して処理効率が低下したが、この場合洗浄により性能低下を回復できることを確認している。また、沈殿汚泥に対して溶出試験を行った結果、セレン溶出がないことを確認している。

造粒還元体への通水時の温度影響を図4に示す。SV（空塔基準の空間速度）15h−1で通水した場合の鉄溶出濃度と沈殿槽処理水中セレン濃度の関係を示した。処理水中のセレン濃度は鉄溶出量が多くなるにしたがって減少する。温度を高くすることで処理水中セレン濃度を0.1mg/L以下に処理するために必要な鉄溶出量（＝汚泥発生量）を低減できる。

(4) 複合金属還元体による方法

近年、複合金属還元体を用いる処理システムが実用化されている。この方法は、前記の造粒還元体法と同様の処理フローで構成されるが、還元体として反応塔内に2種の金属が充填されている[5)6)7]。還元体として、イオン化傾向が異なる2種以上の金属の合金または混合物を使用することにより、少量の金属溶出量でセレンを還元することができる。金属はアルミニウム、亜鉛、錫、銅、チタンなどが使用できる。反応式の例を以下に示す。

$2Al^0 + SeO_4^{2-} + 8H^+ \rightarrow 2Al^{3+} Se^0 + 4H_2O$

$2Zn^0 + SeO_4^{2-} + 8H^+ \rightarrow 2Zn^{2+} Se^0 + 4H_2O$

セレン処理効率が向上する機構の詳細は明らかとされていないが、イオン化傾向の大きい金属が溶出して、イオン化傾向の小さい金属を通して電子が移動し、イオン化傾向が小さい金属の表面でセレンが還元され、その際に何らかの電気的効果が発現すると考えられている。

(5) 微生物による処理

嫌気性生物処理によりセレンがSe(IV)、Se(0)に還元されることが知られている。Se(0)まで還元された場合にはそのまま固液分離することで処理可能であり、Se(IV)が残存する場合には、第二鉄塩との凝集処理を組み合わせることで処理できる。

水素供与体としてメタノール、栄養塩を添加して滞留時間6時間で処理可能との報告例がある[8]。

また通性嫌気性を利用した処理技術の開発が行われている。酸素存在下で容易に大量培養できること、好気培養した細胞は数時間嫌気条件におけば、速やかにセレンを還元できるとしている。乳酸を電子供与体とした場合の反応式を以下に示した。

Lactate$^-$ + 2SeO$_4^{2-}$
→ Acetate$^-$ + 2SeO$_3^{2-}$ + HCO$_3^-$ + H$^+$

Lactate$^-$ + SeO$_3^{2-}$ + H$^+$
→ Acetate$^-$ + Se^0 + HCO$_3^-$ + H$_2$O

(6) その他の処理

① 吸着法

活性アルミナがSe(IV)に対して吸着可能である[1]。飽和吸着量0.24mg/L−活性アルミナであり、吸着量は少ないがNaOHで容易に再生可能なことが特長である。

またハイドロタルサイトへの吸着特性について検討されている[9]。ハイドロタルサイトへのセレンの吸着はイオン交換反応であり、初期濃度0.2〜100mg/Lのセレンに対してSe(IV)、Se(VI)いずれの場合も高い吸着速度を持つとしている。

② イオン交換、RO

セレンが溶液中でイオンとして存在している場合、イオン交換、ROによる処理が可能である[1]。Se(IV)またはSe(VI)を0.1mg/Lをふくむ水道水を処理した結果、両処理法とも97％以上の除去率が得られている。

4 おわりに

主なセレン処理技術について紹介した。Se(VI)処理については一部実用化されているが、さまざまな検討が継続されている段階である。より効率的な処理方法の確立が望まれる。

参考文献
1) 公害防止の技術と法規編集委員会編「五訂・公害防止の技術と法規（水質編）」,1995
2) 佐々木「日立工場における排水処理創業の改善について」資源と素材,Vol.116,No.5,2000
3) 公開特許公報、特開平 9-249922
4) 恵藤ら「新規排水基準項目セレン・フッ素・ホウ素の処理」
5) 公開特許公報、特開 2007-196107
6) 公開特許公報、特開 2008-30020
7) 公開特許公報、特開 2009-11915
8) 山浦ら「生物処理による排水中のセレン除去技術の検討」、日本水処理生物学会誌、別巻 18、1998
9) 村上ら「無機層状イオン交換体ハイドロタルサイト化合物を用いたヒ素・セレン除去」、水環境学会誌、Vol.28、No.4、2005

（住田一郎）

10 その他の物質

1 内分泌かく乱物質（環境ホルモン）の処理技術

(1) はじめに

　内分泌かく乱物質は、動物の生体内に取り込まれた場合に、本来その生体内で営まれている正常なホルモン作用に影響を与える外因性の物質と定義される。日常的に使用している様々な化学物質にも内分泌かく乱作用の可能性があり、極微量で生物に影響を及ぼすとの懸念から、環境ホルモンと呼ばれて一時は大きな社会問題に発展した。

　環境省は1998年にSPEED'98[1)]を発表し、内分泌かく乱物質の可能性があるとして65の化学物質をリストアップした。その後の調査研究を経て、同省は2010年7月にEXTEND 2010[2)]を発表し、試験を実施した36物質のうち、4－ノニルフェノール、4－t－オクチルフェノール、ビスフェノールAおよびo,p'－DDTの4物質にメダカに対して内分泌かく乱作用が推察されたと指摘した。

　このうち、残留性有機汚染物質（POPs）であるDDTは、農薬としての登録が既に失効して使用されていない。他の物質はPRTR法一種指定物質であり、代替物質への転換が進められているものの、現在も使用されており、これらを含有する排水を排出する場合は適切に処理した後に公共水域に放流する必要がある。さらに、17β－エストラジオールなど人間が排泄する天然エストロゲンも生態系に影響を及ぼす可能性があると指摘されている。

　本稿では、ノニルフェノール、ビスフェノールAに加え、17β－エストラオールなど天然エストロゲンについて、その水処理技術を取り上げた。

(2) 内分泌かく乱物質の環境への排出経路

　ビスフェノールAはポリカーボネート樹脂、エポキシ樹脂および接着剤の原料である。4－ノニルフェノールや4－t－オクチルフェノールなどのアルキルフェノール類は、界面活性剤の原料、酸化防止剤などとして使用されている。また、ノニルフェノールは界面活性剤であるノニルフェノールエトキシレートの分解産物としても知られている。これらの化学物質の環境への排出は、下廃水や埋立処分場からの浸出水を経由するものが主であると考えられ、埋立処分場の浸出水中には高濃度（最大2.98mg/L）のビスフェノールAが検出されている[3)]。また、下水流入水中には、ノニルフェノール、ビスフェノールAとともに天然エストロゲンである17β－エストラオールやその代謝産物であるエストロンも検出される[4)]。このように、これらの化学物質は生活活動や事業活動により下水道を経由して下水処理場に流入している。

(3) 内分泌かく乱物質の処理技術

　本稿では、内分泌かく乱作用の疑いがある化学物質の処理技術として生物処理、酸化処理を中心に概説する。

活性汚泥処理の運転条件 (表1)

項目	値
MLSS （mg/L）	1200
BOD-SS負荷 （kg/kg・日）	0.2 - 0.3
水温 （℃）	23
HRT （時間）	8
SRT （日）	5-7

内分泌かく乱物質の生物処理実験結果 (図1)

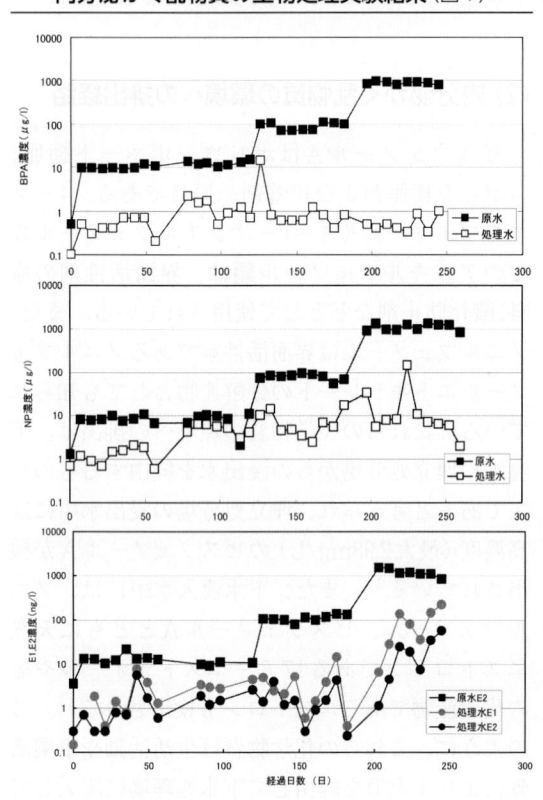

BPA: ビスフェノールA、NP: ノニルフェノール、
E2: 17β-エストラジオール、E1: エストロン

① 活性汚泥処理による除去

活性汚泥処理は、下水処理や処分場の浸出水処理に最も多く採用されている。活性汚泥処理では、汚泥中の微生物による生物分解と汚泥への吸着によって内分泌かく乱物質は除去される。活性汚泥処理における内分泌かく乱物質の挙動については多くの報告があるが、物質によって除去特性が異なる[4),5)]。また、ノニルフェノールや天然エストロゲンはノニルフェノールエトキシレートやエストロゲン抱合体などの前駆物質の存在が指摘されており、各物質の真の処理特性が不明であった。そこで、各内分泌かく乱物質を個別に含む合成排水で活性汚泥処理試験を行い、処理特性を検討した[6)]。

実験原水は合成排水（主成分：酢酸ナトリウム、ポリペプトン）に各内分泌かく乱物質濃度を添加したものを用い、各物質濃度は段階的に上昇させて処理を行った。運転条件は表1に示す。

図1に実験の結果を示す。ビスフェノールA処理系は、原水の濃度を10μg/Lから1000μg/Lまで段階的に上昇させたが、原水中のビスフェノールA濃度に関わらず処理水中の濃度は低く安定して処理できた。ノニルフェノール処理系は、一時汚泥性状の悪化により除去率が著しく低下したものの、原水濃度を100μg/Lに変えてからは安定して90％以上の除去率を示した。17β-エストラジオールは原水の濃度を10ng/Lから1000ng/Lまで段階的に上昇させたが、処理水中に17β-エストラジオールより常に高い濃度でエストロンが検出され、原水濃度を1000ng/Lまで上昇させると除去率が低下する傾向を示した。各物質とも活性汚泥処理によって水系からは除去できた。活性汚泥中に残存する各物質の濃度を測定したところ、ビスフェノールAと17β-エストラジオール処理系では原水濃度に関わらず汚泥中の濃度は一定して低く、これらの物質は活性汚泥中で生物分解しているものと考えられた。一方、ノニルフェノール処理系では、流入濃度の上昇とともに汚泥中の濃度も上昇し、除去機構に汚泥への吸着が関与していることが示唆された。ただし、汚泥に吸着した割合は流入したノニルフェノール

の30%程度と見積もられ、残りは主に生物分解したものと考えられた。

② **酸化処理による分解**[7]

オゾン（O_3）の酸化力を利用して下水二次処理水中の内分泌かく乱物質を酸化処理する方法が検討されている。さらに、オゾンに過酸化水素（H_2O_2）や紫外線（UV）を組合せることで発生するヒドロキシラジカルによって水中の有機物を分解する促進酸化処理（AOP）も検討された。促進酸化処理の特徴はヒドロキシラジカルの高い酸化力を利用するところにあり、多様な微量有機汚染物質を効果的に分解できる。

ⓐ **オゾン処理による内分泌かく乱物質の分解**

ここでは、各内分泌かく乱物質をオゾン処理した事例を紹介する。下水二次処理水中の内分泌かく乱物質濃度は極めて低いため、実験原水は、内分泌かく乱物質としてビスフェノールA、ノニルフェノール、17β-エストラジオールを下水二次処理水に同時に添加したものを用いた。図2に実験プラントの概要を、表2に実験条件を示す。内分泌かく乱物質含有排水は原水タンクに貯留し、ポンプからリアクタ内に連続的に供給して処理した。リアクタは主反応槽及び紫外線照射ユニットから構成され、主反応槽の容積は80 L、高さは2.5 m である。オゾンガスはエゼクタで循環水と混合して注入した。紫外線ランプは定格入力電力450 Wの中圧水銀ランプを用いた。

オゾン処理、促進酸化処理における滞留時間は10分間で一定とし、オゾン注入率は0.5～5 mLとした。

表3に内分泌かく乱物質のオゾン処理結果の一例を示す。処理水中の各内分泌かく乱物質濃度はオゾン注入率の増加とともに減少し、オゾン注入率5.0 mg/L の条件ではビスフェノールA、ノニルフェノール、17β-エストラジオールおよび共存したエストロンともに分解率は95%以上であった。オゾン注入率5.0 mg/LにおけるS-TOC の分解率が19%であることを考慮すると、内分泌かく乱物質はオゾン処理で非常に容易に

酸化処理実験プラントの概要（図2）

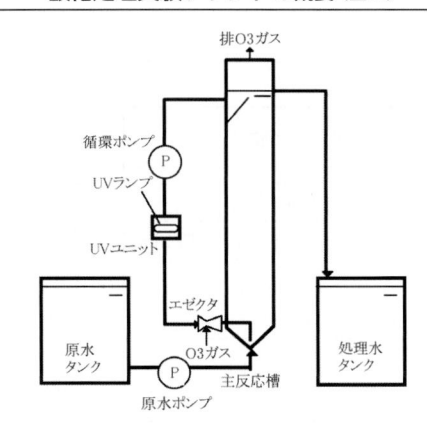

酸化処理の運転条件（表2）

項目	値
滞留時間　（分）	10
原水流量　（L/分）	8
循環水量　（L/分）	40
オゾン注入率　（mg/L）	0.5～5
UV照射量　（W h/L）	0.27
AOP処理時のH_2O_2/O_3比　（g/g）	0.2

分解することが明らかとなった。さらにこの時、Yeast Estrogen Screen法で測定した女性ホルモン様活性[8]も同様に低減していることから、分解生成物の内分泌かく乱性は消失しているものと考えられた。

また、ノニルフェノール濃度を生下水レベルである96 μg/Lに調製した原水を用いて同様に試験を行った。この結果もノニルフェノールの分解率はオゾン注入率3mg/Lで94 %、5mg/Lで97 %と良好であった。これより、原水濃度がおおむね生下水レベル程度であれば、下水の高度処理で通常用いられるオゾン注入率（3.0～5.0 mg/L）で90 %以上の除去率が得られると考えられた。

さらに、二次処理水を水道水で2倍に希釈したベース水（COD_{Mn} 11 mg/L、SS 4.3 mg/L）を用いて同様の試験をおこなったが、各物質の除去率

オゾン処理における内分泌かく乱物質の分解 (表3)

注：カッコ内は除去率[％]

	原水	処理水				
O₃注入率[mg/l]	-	0.5	1.0	2.0	3.0	5.0
ビスフェノールA [μg/L]	1.9	1.9(0)	1.0(47)	0.25(87)	0.02(99)	0.01(99)
ノニルフェノール [μg/L]	11	9.8(11)	4.9(55)	3.1(72)	1.1(90)	0.4(96)
17β-エストラジオール [ng/L]	3.0	2.0(33)	1.3(57)	0.5(83)	<0.3 (≒100)	<0.3 (≒100)
エストロン [ng/L]	9.7	5.7(41)	3.7(62)	1.8(81)	0.7(93)	0.2(98)
女性ホルモン様活性[ng-E2/L]	14	8.0(43)	5.6(60)	2.9(79)	1.6(89)	0.8(94)
COD_Mn [mg/L]	19	19(0)	19(0)	18(5.3)	16(16)	15(21)
S-TOC [mg/L]	26	26(0)	26(0)	25(3.8)	23(12)	21(19)

O₃処理およびAOP処理におけるノニルフェノール（NP）と17β-エストラジオール(E2)の除去率 (図3)

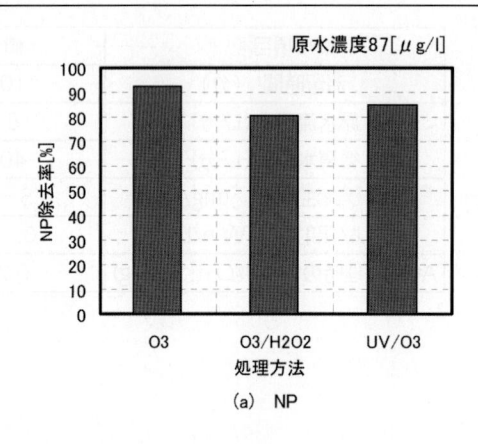

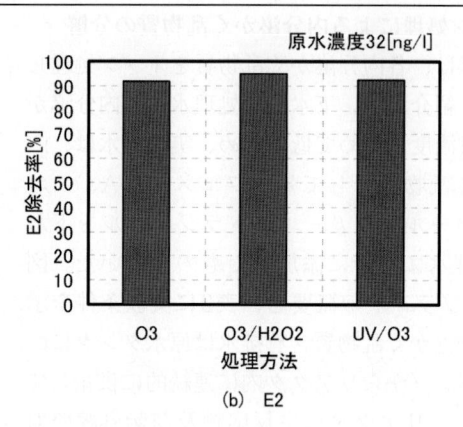

(a) NP　　(b) E2

はベース水の違いによる差が殆ど認められなかった。これらのことから、原水中の共存物質が通常の1/2～1/1の範囲においては、排水マトリクスが各内分泌かく乱物質のオゾン分解に与える影響は殆どないと考えられた。

ⓑ オゾン処理と促進酸化処理の比較

図3に、オゾン処理および促進酸化処理（O₃/H₂O₂処理、UV/O₃処理）におけるノニルフェノールおよび17β-エストラジオールの除去率を示す。オゾン注入率はすべて2mg/Lとし、O₃/H₂O₂におけるH₂O₂/O₃比は0.2g/g、UV/O₃におけるUV照射量は0.027W hr/Lとした。両物質の除去率はいずれの処理方法ともほぼ同じであり、オゾン処理と促進酸化処理に差は殆ど認められなかった。

本実験ではオゾン処理後に溶存オゾンが殆ど無かったことから、オゾン処理と促進酸化処理で処理効果に差が認められなかった原因は、オゾン注入率が2 mg/Lと低いことでヒドロキシラジカルの生成に必要な溶存オゾンが原水有機物との反応で消費し、ヒドロキシラジカルが生成しなかためであると考えられた。ここで対象とした内分泌かく乱物質の場合、低いオゾン注入率で容易に酸化するため、促進酸化処理は必要ないと考えられた。

ノニルフェノール吸着等温線[9] (図4)

◇:活性炭A, ○:活性炭B, □:活性炭C, △:活性炭D

ビスフェノールAの吸着等温線[9] (図5)

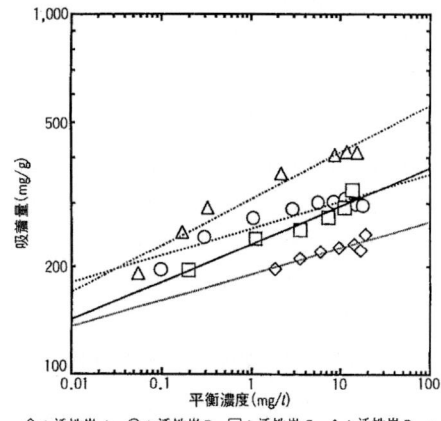

◇:活性炭A, ○:活性炭B, □:活性炭C, △:活性炭D

4-ノニルフェノールとビスフェノールAのFreundlich吸着定数[9] (表4)

	4-ノニルフェノール		ビスフェノールA	
	K[a]	1/n	K[b]	1/n
活性炭A	16.2	0.395	191	0.073
活性炭B	22.6	0.269	256	0.075
活性炭C	17.1	0.309	231	0.105
活性炭D	22.5	0.448	308	0.129

a) 吸着定数は平衡濃度(μg/ℓ)、吸着量(mg/g)として計算
b) 吸着定数は平衡濃度(mg/ℓ)、吸着量(mg/g)として計算

③ その他の処理方法

これまでに生物処理との酸化処理について概説したが、その他に活性炭吸着や逆浸透処理などの適用が報告されている。

ⓐ 活性炭吸着

活性炭への吸着は分子間引力による物理吸着が主であり、非極性物質に対する吸着性が強く、水に対する溶解度が小さな物質ほど活性炭に吸着される傾向がある。

ノニルフェノールとビスフェノールAについて、複数の市販活性炭に対する吸着等温線が調べられている[9]。ノニルフェノールとビスフェノールAの結果を図4、図5にそれぞれ示す。これらのFreundlich吸着定数K、1/nを表4に示すが、一般に1/nが0.1～0.5の物質は容易に活性炭に吸着するが、1/nが2以上の物質は吸着し難い。これらの結果から、ノニルフェノールは平衡濃度が数μg/Lの低濃度であっても、よく吸着することがわかる。さらに、オクチルフェノールもノニルフェノールと同等以上の活性炭吸着能があることが知られている。一方、ビスフェノールAの場合、測定濃度域がノニルフェノールより100倍程度高いために吸着量も大きいが、数mg/Lの濃度であっても飽和近くまで吸着する。

以上のように、活性炭吸着は低濃度の内分泌かく乱物質を排水から除去する技術として有効である。

ⓑ 逆浸透（RO）処理

RO膜は孔径が10-10～10-9mの細孔を持ち、塩類、コロイドおよび有機物の透過を阻止し、水分子を透過する性質を持っているため、内分泌かく乱物質等の除去にも適用できる。通常、RO膜ろ過装置を最終処分場の浸出水処理に用いる場合は、生物処理、凝集沈殿、活性炭処理などの後段に設置するのが一般的である。

ここでは、流動床焼却炉飛灰の固化ペレットを水洗した洗浄排液をRO処理してビスフェノールAを除去した事例[10]を示す。RO2段処理（回収率90%）を行うことで、ビスフェノールA濃度は6.1μg/L（原水）から0.2μg/L（透過水）に低減した。この時、処理後の濃縮液には890μg/LのビスフェノールAが検出され、濃縮液の処理も必要とされた。

(4) おわりに

本稿は、内分泌かく乱作用が疑われる化学物質の水処理技術をまとめた。EXTEND 2010によれば、内分泌かく乱性について今後試験を実施すべき物質が8物質追加され、更なる研究の必要性も示されている。さらに近年、日常的に使用している医薬品類の排出による生態系への影響も懸念されている。

内分泌かく乱物質や医薬品類などが微量に含まれる排水では、処理すべき物質の特性を把握し、排水中に共存する物質の影響を考慮した上で最適な処理方法を選択する必要がある。さらに、今後顕在化するであろう未知のリスクへの対応を考慮し、排水中に存在する様々な化学物質を総括的に処理する技術も必要であろう。強い酸化力を有する促進酸化処理はその可能性を持つ技術のひとつとして期待される。

参考文献
1) 環境省：環境ホルモン戦略計画 SPEED'98（2000年11月版）
2) 環境省：化学物質の内分泌かく乱作用に関する今後の対応 EXTEND 2010
3) 白石寛明、中杉修身、橋本俊次、山本貴士、安原昭夫、安田憲二：内分泌かく乱物質と廃棄物、廃棄物学会誌、10、293-305（1999）
4) 国土交通省都市・地域整備局下水道部：平成12年度下水道における内分泌攪乱化学物質に関する調査報告、国土交通省（2001）
5) 橋本敏一、恩田建介、中村由美子、多田啓太郎、宮晶子、三品文雄：下水処理場における内分泌撹乱物質の消長と挙動、水環境学会誌、27巻、12号、797-802（2004）
6) 恩田建介、中村由美子、森田智之、宮 晶子、多田啓太郎、橋本敏一、三品文雄：内分泌撹乱物質の生物処理特性、第37回日本水環境学会年会講演集、307（2003）
7) 中川創太、田中俊博、恩田建介、中村由美子：オゾンによる環境ホルモン類分解に関する研究、第38回下水道研究発表会講演集、565-567（2001）
8) 恩田建介、宮晶子、葛ราต生、田中俊博：遺伝子組換え酵母を用いた各種排水中の女性ホルモン様活性の測定、水環境学会誌、24巻、11号、p750-756（2001）
9) 安部郁夫、岩崎訓、福原知子、中西俊介、川崎直人、中村武夫、棚田紀：ノニルフェノールおよびビスフェノールAの活性炭吸着特性、炭素、1998,234-235（1998）
10) 牛越健一、小林哲雄、勝倉昇、三角文彦、堀井安雄、樋口壮太郎、花嶋正孝：廃棄物洗浄液中のRO膜処理および濃縮廃液の加熱還元分解処理、第11回廃棄物学会研究発表会講演論文集、1104-1106（2000）

（恩田 建介）

2 浸出水中ダイオキシン類の分解除去技術（促進酸化法を用いた処理実例）

(1) ダイオキシン類

一般的にダイオキシン類[1]と定義されるのは、図6に示すようにポリ塩化ジベンゾ-パラ-ジオキシン（PCDD）とポリ塩化ジベンゾフラン（PCDF）異性体のまとめであり、便利的にPCDDsとPCDFsと表記される。なお、平成11年7月16日に公布されたダイオキシン類対策特別措置法[2]においては、PCDDs及びPCDFsに加え、図7に示すようにコプラナーポリ塩化ビフェニル（PCBs）を含めてダイオキシン類と定義された。

PCDDsやPCDFsのようなダイオキシン類は人工的に合成されたものでなく、有機塩素化合物の焼却過程に発生される副生成物である。現在の主な発生源はごみ焼却による燃焼時の副生物である。その他に鉄鋼用電気炉、自動車の排気ガス、タバコの煙からも発生する。さらに自然界における森林火災や火山活動等でも発生するといわれている。

ダイオキシン類の構造(図6)

PCDDs

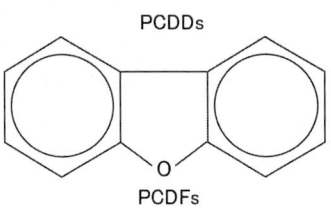

PCDFs

浸出水とろ液のＤＸＮｓ濃度(表5)

項目	A処分場		B処分場	
	浸出水	同ろ液	浸出水	同ろ液
総ダイオキシン類(pg/L)	3100	46	380	1.8
TEQ換算値(TEQ-pg/L)	37	ND	6.5	0.15

ろ液：1μmフィルターの透過液

PCBの構造(図7)

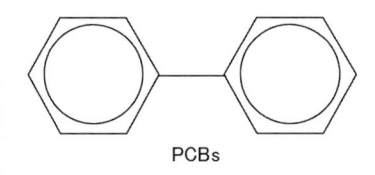

PCBs

(2) 浸出水中ダイオキシン類の発生源

　ダイオキシン類（以下DXNsという）の主な発生源がごみ焼却による燃焼であることから、ごみ焼却灰に多くのDXNsが含有されている。近年、ごみ処理は焼却による減量、減容化が一般的に行われており、埋立処分場で最終処分される焼却灰の比率が年々高くなっている。平成6年にごみ焼却比率は既に約75％に達している[3]。平成7年～17年においてもごみ焼却比率がほぼ77～78％と高く推移している[4]。これまでに得られた調査結果によると、ごみ焼却灰中のDXNs濃度は高い場合には数十ng/g以上となる[5]。焼却灰を埋立処分している最終処分場の実態調査によると浸出水中DXNsの濃度は76～6400pg/Lである[6]。水環境の保全、生態系への影響を防止する観点から浸出水中のDXNsに対し、有効な除去方法が求められている。

(3) 浸出水中ダイオキシン類の除去

　一般的にDXNsは水には極めて難溶である。浸出水に存在するDXNsの大部分が浸出水中に不溶の微粒子として存在し、SSに付着していると認められる。また、有機物やフミン類の高い浸出水にはその一部が溶解し、溶解性DXNsとして存在することもある。

　表5に焼却灰埋立処分を中心としたA及びB最終処分場の浸出水とろ液中のDXNs濃度の一例を示す。

　A及びB処分場の何れにおいても、浸出水に比べ、ろ液のDXNs濃度は凡そ50～100分の1に低下している。これはろ過することによりSS付着のDXNsが分離除去された結果である。浸出水処理施設では、従来から生物処理＋凝沈処理＋砂ろ過＋活性炭処理を行っており、処理水にはSSの残留がほとんどない上に有機物の濃度もかなり低減されたことから、浸出水処理施設の放流水DXNs濃度が低く、水質排出基準の10pg－TEQ/L以下を十分クリアできるとみられる。しかし、DXNsは他の有機塩素化合物等の難分解性有機汚濁物と同様に一般的に生物学的による分解除去は困難である。従来の浸出水処理施設で処理水中に残留するDXNsの量は多くても流入浸出中の5％以下であり、95％以上は浸出水処理工程から発生する汚泥に取り込まれ、汚泥中に残留していると考えられる。このことから、浸出水中のDXNsを確実に分解するためには、系内発生汚泥

AOP処理の概念図 (図8)

O_3+OH^-
$O_3+H_2O_2$
O_3+UV } → ・OH+M → H_2O+CO_2
$O_3+UV+H_2O_2$
H_2O_2+UV

各酸化物質の酸化還元電位 (表6)

酸性溶液(25℃)	標準酸化還元電位(V)
$F_2+2e^-=2F^-$	2.87
$・OH+H^++e^-=H_2O$	2.85
$O_3+2H^++2e^-=O_2+H_2O$	2.07
$H_2O_2+2H^++2e^-=2H_2O$	1.77
$MnO_4^-+4H^++3e^-=MnO_2+2H_2O$	1.69
$Cl_2+2e^-=2Cl^-$	1.36
$O_2+4H^++4e^-=2H_2O$	1.23

へ移行前の水中DXNsを分解する方法、あるいは汚泥中に取り込まれるDXNsを汚泥処理とともに分解する方法が考えられる。しかし、後者は従来の濃縮、脱水の処理では汚泥中のDXNs分解が不可能である。一方、水中DXNsの分解法として、トルエンに溶解したDXNsに対し、オゾン処理による分解が可能であるとの報告がある[7]。オゾン注入率が数百〜数千mg/Lと極めて多量であるため、実用するには適切な注入率の検討に加え、効率の高い処理法の検討が必要である。著者らはオゾンより強い酸化力を持つ促進酸化法(Advanced Oxidation Process：以下AOP)を用い、DXNsの分解除去に対する実験的検討を行い、その有効性を確認できた[8]。以下はAOPを用いた処理結果を中心にDXNsの分解除去技術について述べる。

(4) AOPによるダイオキシン類の分解除去

① AOPの原理

図8にAOP法の概念図を示す。AOP法は一般的にオゾンの酸化力をより強くするためにオゾン(O_3)に過酸化水素(H_2O_2)、紫外線(UV)、触媒等の何れか1つ以上との併用により強力な酸化力を持つヒドロキシルラジカル(以下OHラジカル)を発生させ、対象となる有機汚濁物を水と炭酸ガスに完全分解して除去することが可能である。

表6に各酸化剤の酸化還元電位を示す[9]。OHラジカルは酸性溶液中においてO_3分子の2.07Vより高い2.85Vという強い酸化還元電位を持っている。AOP法はこのような強力な酸化力を持つOHラジカルを多く発生させることができることから、難分解性化合物の分解除去に効果的であると認められてきた[10]。特に有機塩素化合物を対象とした場合、オゾンに過酸化水素添加及びUV照射を併用することにより、対象物の分解性能が向上するのみでなく、UV照射による塩素化合物の脱塩素効果も期待できる。

(5) AOP法によるクロロベンゼンの分解除去

クロロベンゼンはアルカリ条件下において、DXNsの合成が起こり、DXNsの前駆物質であるとされている[11]。図9に示すようにクロロベンゼン類(以下CBZs)の構造はDXNsと同様、ベンゼン環に配置塩素数の異なる異性体を有している。さらに分解時の挙動においてDXNsとの相関も指摘されている[12]。このことから、CBZsに対し、AOP処理を行うことにより、AOPの効果及び処理法の最適化が図られると考えられる。筆者らはDXNsに対する実験検討を行う前に、CBZs及び高塩素異性体のヘキサクロロベンゼンに対し、O_3にUV及びH_2O_2を併用した処理法の検討を行った[13]。以下はこれらに対する分解除去実験で得られた結果について述べる。

クロロベンゼン類の構造（図9）

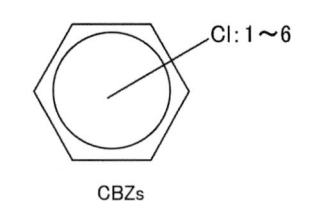

CBZs（Cl：1～6）

CBZs分解の実験条件（表7）

項目＼処理法	O_3	O_3/H_2O_2	O_3/UV	$O_3/H_2O_2/UV$
O_3(mg/L)	5	5	5	5
H_2O_2(mg/L)	—	10	—	10
UV出力(W)	—	—	25	25

hexa-CBZ分解の実験条件（表8）

処理法	UV、O_3及びUV/O_3					
O_3注入率(mg/L)	0及び50					
UV照射量(Wh/L)	0.25	0.74	1.23	2.47	5.51	9.19
UV出力(W)	25	75	125	75	75	125
照射時間(min)	20			40	150	
循環水量(L/min)	3～4					

① **CBZsの分解**

ⓐ **原水**

水道水に予めアセトンに溶解したモノクロロベンゼン（以下mono−CBZ）からヘキサクロロベンゼン（以下hexa−CBZ）の異性体を含む計12種類のCBZsを添加し、異性体濃度が何れも約3.5μg/L、合計40μg/Lとなるように調整したものを原水とした。

ⓑ **処理条件**

表7に処理条件を示す。処理法としてはオゾン単独、O_3にH_2O_2またはUVを併用したもの、及びO_3にH_2O_2とUVを両方併用したものの4方式で行った。ここでは、反応時間を20分とし、O_3注入率5mg/L、H_2O_2注入率10mg/L、UV出力25Wの一定条件にした。

ⓒ **実験装置**

CBZsの分解実験は図10に示すリアクターAを用いて行った。リアクターA（有効容積5.9L）は円筒型であり、中心部にUV保護管とともに出力25WのUVランプ1本が設置されている。原水はリアクター上部へポンプで連続的に流入させ、処理水はリアクター底部より排出した。H_2O_2は原水入口においてリアクター上部へ連続的に注入した。O_3ガスをリアクター底部より連続注入した。

② **ヘキサクロロベンゼンの分解**

ⓐ **原水**

水道水に予めアセトンに溶解したhexa−CBZを約35μg/Lとなるように添加したものを原水とした。

ⓑ **処理条件**

実験条件を表8に示す。処理法としてはUV単独、O_3単独及びUV/O_3の3方式で行った。UV照射量は0.25～9.19Wh/L、O_3注入率は50mg/Lとした。循環水量はいずれのUV照射量においても3～4L/minとした。

処理装置(図10)

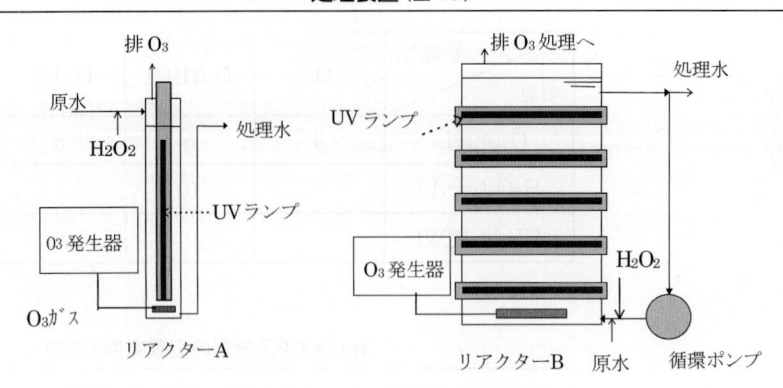

AOP法におけるCBZsの分解量(図11)

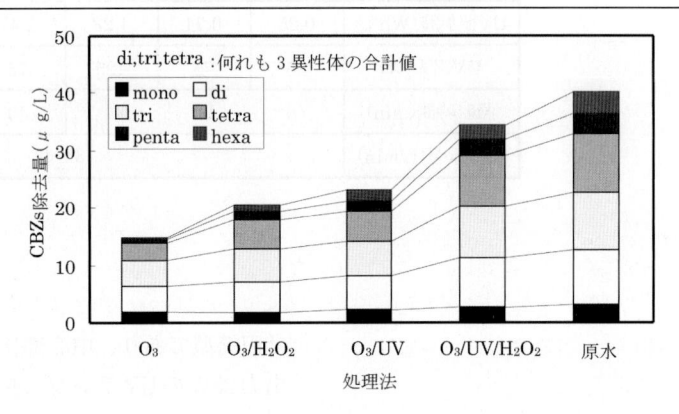

ⓒ **実験装置**

hexa‑CBZの分解実験は図10に示すリアクターBを用いて行った。リアクターB(有効容積34L)は箱型であり、内部には出力25WのUVランプが保護管とともに5本設置されている。原水はリアクターに導入した後、UV単独時は所定出力のUVを照射した。O_3併用時はO_3ガスを底部散気管より連続注入した。なお、リアクター内を完全混合するためにポンプより常に外部循環を行った。また、反応時間はUV照射時間と同一である。

③ **処理結果**

ⓐ **CBZsの処理結果**

図11に各処理法におけるCBZsの分解量及び原水CBZs濃度を示す。

原水CBZs濃度は40μg/Lであるのに対し、O_3単独では14.8μg/LのCBZsが分解された。O_3/H_2O_2及びO_3/UV処理では、CBZsの分解量はそれぞれ20.5μg/Lと23.1μg/Lに増加し、O_3/UV/H_2O_2処理では約34.4μg/Lとなった。CBZsの分解量はO_3/H_2O_2/UV>O_3/UV>O_3/H_2O_2>O_3の順に増加し、各異性体についても同様な結果が得られたことから、O_3にH_2O_2とUVを併用した処理法が最も有効であると認められた。

ここで、各処理法におけるmono‑CBZ及びhexa‑CBZ分解速度定数の比較を行う。異性体を含む各CBZの分解は以下の(1)式によって示される[14]。

mono-CBZ及びhexa-CBZの分解速度定数（表9）

処理法	O_3	O_3/H_2O_2	O_3/UV	$O_3/H_2O_2/UV$
$k_{mono}(s^{-1})$	1.1×10^{-3}	1.1×10^{-3}	2.0×10^{-3}	7.0×10^{-3}
$k_{hexa}(s^{-1})$	7.7×10^{-5}	3.6×10^{-4}	9.5×10^{-4}	1.6×10^{-3}

UV照射量とhexa－CBZ残留率（図12）

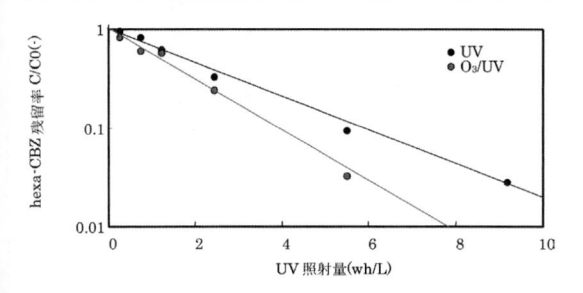

各処理法でのhexa-CBZ分解量（図13）

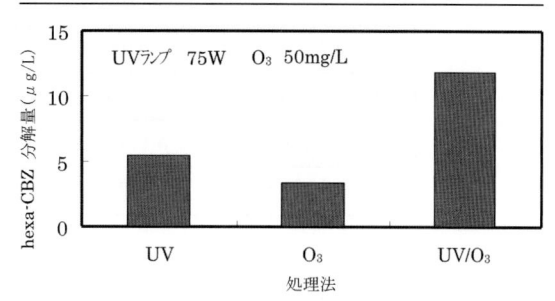

$$dC/dt = 1/\theta(C_0 - C) - kC \quad (1)$$

ここで、C：反応槽内のCBZ濃度,C_0：CBZの初期濃度,θ：滞留時間,k：速度定数

定常状態においてdC/dt=0となることから速度定数kは（2）式のようになる。

$$k = 1/\theta(C_0 - C)/C \quad (2)$$

式（2）より得られたmono－CBZ及びhexa－CBZの分解速度定数をk_{mono}とk_{hexa}として表9に示す。k_{mono}はO_3単独処理とO_3/H_2O_2処理で$1.1 \times 10^{-3} s^{-1}$であるのに対し、$O_3/UV$処理時に約2倍の$2.0 \times 10^{-3} s^{-1}$に増加した。さらに$O_3/UV/H_2O_2$処理の場合は$7.0 \times 10^{-3} s^{-1}$となり、$O_3$単独の約7倍となった。一方、$k_{hexa}$は$O_3$単独処理の$7.7 \times 10^{-5} s^{-1}$に対し、$O_3/H_2O_2$処理で約5倍の$3.6 \times 10^{-4} s^{-1}$に増加し、$O_3/UV$処理で約12倍の$9.5 \times 10^{-4} s^{-1}$となり、$O_3/UV/H_2O_2$処理の場合は約21倍の$1.6 \times 10^{-3} s^{-1}$となった。$O_3$単独処理に比べUV併用時の$k_{hexa}$は$k_{mono}$より大きく増加したと認められる。高塩素有機化合物に対しUV照射を行うと、光分解による脱塩素反応が進むと報告されている[15]。本実験においても、UVを併用することで、hexa－CBZの分解量及び分解速度定数がともに大きく増加したことから、このような脱塩素化反応がUV照射によって促進されているものと推定できる。

ⓑ hexa－CBZの処理結果

図12にUV及びO_3/UV処理時のUV照射量とhexa－CBZ残留率の関係を示す。

hexa－CBZの残留率は処理法にかかわらず、指数的にUV照射量の増加とともに減少したことから、UVによる分解効果が認められた。なお、O_3/UV法がUV単独よりhexa－CBZの残留率が小さいことから、O_3がUVとの併用でhexa－CBZの分解に寄与している。

図13にUV、O_3及びO_3/UVによるhexa－CBZ分解量を示す。

hexa－CBZの分解量はUV及びO_3単独の場合、それぞれ$5.4 \mu g/L$と$3.3 \mu g/L$であるのに対し、O_3/UVを用いた場合、約$11.8 \mu g/L$に増

DXNs分解の実験条件 (表10)

処理法	O_3/H_2O_2	$O_3/UV/H_2O_2$
O_3消費量(mg/L)	195	330
H_2O_2注入率(mg/L)	160	50
UV出力(W)	−	120

連続実証試験の条件 (表11)

処理法	$O_3/UV/H_2O_2$
O_3注入率(mg/L)	50
H_2O_2注入率(mg/L)	10
UV出力(W)	25

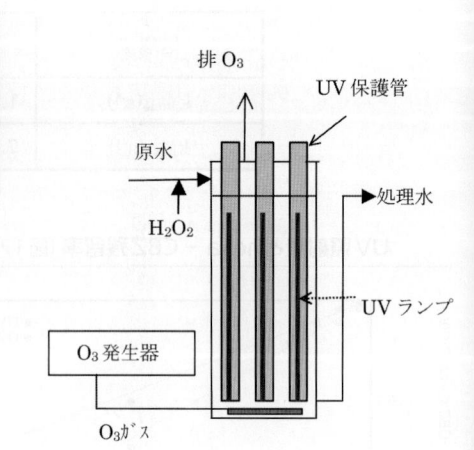

リアクターC (図14)

加し、両者の合計よりも3.1μg/L高いことから、hexa−CBZ単独に対しも、O_3/UVによる分解効果が高いと認められる。

(6) AOP法による浸出水ダイオキシン類の分解

CBZs及びhexa−CBZを用いた実験結果からAOP法がO_3やUV単独よりCBZsとhexa−CBZの分解除去に最も有効であると確認できたことから、著者らは実際の浸出水を用い、O_3にUV及びH_2O_2を併用した方式でDXNs分解特性の検討実験を行った。実験では回分式によるDXNs分解量の検討を行うとともに、連続実証実験を通じてAOP法によるDXNs分解性能を確認した。以下に得られた知見について紹介する。

① 浸出水ダイオキシン類の分解量
ⓐ 原水

A処分場の凝集沈殿処理水に焼却飛灰を添加してNO5Aろ紙でろ過したものを原水として用いた。

ⓑ 処理条件

表10に実験条件を示す。実験はO_3/H_2O_2及び$O_3/UV/H_2O_2$の2方式による検討を行った。反応時間は30分とした。

ⓒ 実験装置

図14に示すリアクターCを用いて行った。リアクターC(有効容積8.4L)は円筒型であり、中心部にUV保護管とともに出力40WのUVランプ3本が設置されている。原水はH_2O_2とともにリアクター内に導入し、O_3ガスをリアクター底部より散気した。

② 連続試験による浸出水中ダイオキシン類分解除去の検証
ⓐ 原水

原水は焼却灰の埋立を主とするB最終処分場の浸出原水を用いた。

ⓑ 処理条件

実験条件を表11に示す。実験は$O_3/UV/H_2O_2$方式で行い、O_3注入率50mg/L、UV出力25W、H_2O_2注入率10mg/L、反応時間を20分とした。

連続通水実験装置の様子(写真1)

回分試験によるDXNs分解結果(表12)

項目	原水	O_3/H_2O_2	$O_3/UV/H_2O_2$
総DXNs(pg/L)	6500	3500	1900
TEQ換算値(TEQ-pg/L)	130	68	42
総DXNs分解量(pg/L)	—	3000	4600
TEQ分解量(TEQ-pg/L)	—	62	88

ⓒ 処理装置

　実験は図5に示すリアクターBを用いて行った。原水はH_2O_2とともにリアクター底部に導入し、O_3ガスをリアクター底部より連続散気した。処理水はリアクター上部より採取した。
　写真1は連続通水実験時の実験装置様子を示す。

③ 処理結果

ⓐ 回分試験のDXNs分解結果

　表12にDXNs分解処理の結果を示す。図15に異性体毎の総DXNsの分解量を、図16に異性体毎のTEQの分解量を示す。
　総DXNsは原水が6500pg/Lであり、O_3/H_2O_2及び$O_3/UV/H_2O_2$の処理でそれぞれ、3000pg/Lと4600pg/Lが分解できた。$O_3/UV/H_2O_2$の処理で多くの分解量を得られることが確認できた。特にPCDDsでみると塩素数5以下の低塩素異性ではO_3/H_2O_2処理と$O_3/UV/H_2O_2$処理の分解量の差があまりないのに対し、塩素数6以上の高塩素異性体における両者の分解量の差が顕著であった。このことからUVを併用した$O_3/UV/H_2O_2$法が高塩素異性体の分解に効果の高いことが認められた。

TEQ換算においてもO_3/H_2O_2及び$O_3/UV/H_2O_2$処理でそれぞれ、62pg-TEQ/Lと88pg-TEQ/Lが分解できた。$O_3/UV/H_2O_2$処理で多くの分解量を得られることが認められた。

ⓑ 連続実証試験の結果

　表13に連続実証試験の水質結果を示す。
　pHは原水7.3、処理水7.6であり処理前後の変化は少ない。電気伝導率は原水、処理水とも39000μS/cmであった。CODは原水128mg/Lであるのに対し、処理水のCODが99mg/Lとなり、原水より約23％低下した。一方、BODは原水の492mg/Lに対し処理水が584mg/Lとなり、約1.2倍に増加した。これはAOP処理によって難分解化合物が分解され、生物分解性が向上したためと考えられる。
　総DXNs及びTEQは原水でそれぞれ3300pg/Lと46pg/Lであるのに対し、処理水でそれぞれ970pg/Lと13pg/Lなり、原水に対していずれも約71％の除去率が得られた。
　図17に異性体を含む各成分の総DXNs及びTEQの積算量を示す。原水総DXNsの大部分は塩素数5以上のものであり、また、TEQの

異性体毎の総ダイオキシン分解量（図15）

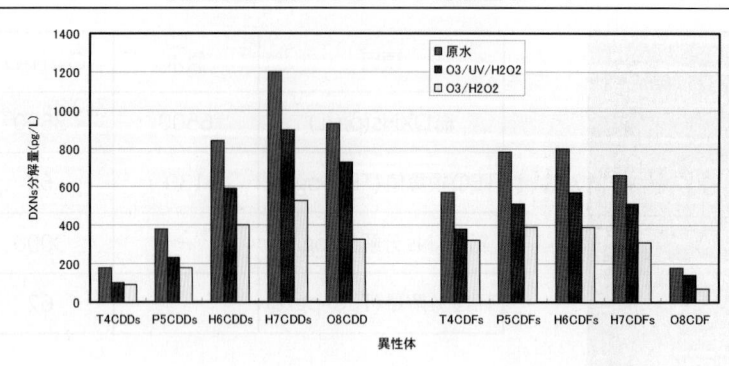

異性体毎のTEQ分解量（図16）

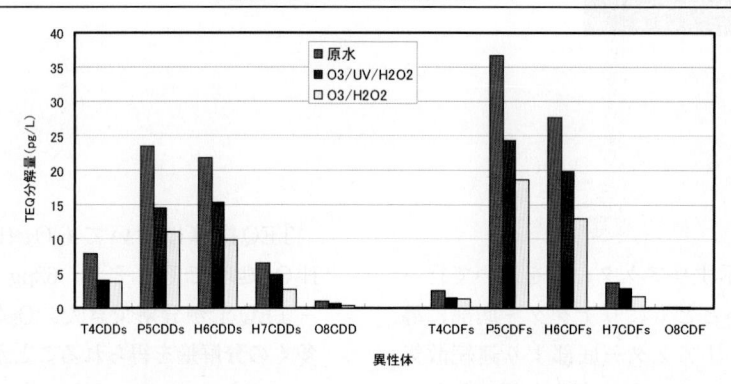

連続実証試験の水質結果（表13）

項目	原水	処理水
pH(-)	7.3	7.6
電気伝導率(μS/cm)	39000	39000
COD(mg/L)	128	99
BOD(mg/L)	492	584
総DXNs(pg/L)	3300	970
TEQ(pg/L)	46	13

各異性体の総DXNsとTEQの積算量（図17）

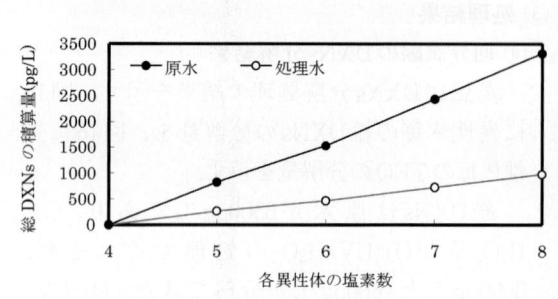

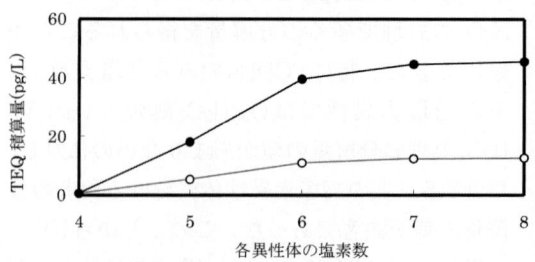

納入実績の仕様（表14）

項目	O処理場	M処理場
処理水量(m^3/d)	90	50
処理方式	O_3/UV/H_2O_2	O_3/UV/H_2O_2
流入原水DXNs(pg-TEQ/L)	20	20
処理水DXNs(pg-TEQ/L)	1	1
完成	平成11年	平成16年

O最終処分場納入のダイオキシン類分解装置(上)
及びオゾン発生装置(写真2)

M最終処分場納入のダイオキシン類分解装置(上)
及びオゾン発生器(下)(写真3)

大部分を塩素数5及び塩素数6の異性体が占めている。AOP処理により総DXNsでは塩素数7、8の異性体分解量が全分解量の約50%以上となった。TEQでみると塩素数5及び塩素数6の異性体の分解量は全分解量の82%となった。$O_3/UV/H_2O_2$処理によってDXNsの高塩素異性体の分解量が高いことを確認できた。

今回の実験では、原水中のDXNsを完全には分解できず、処理水に若干残存した。しかし、DXNsがきわめて緩慢でありながらも生物による分解が可能との報告もある[15]。浸出水処理施設では生物処理による有機物除去工程を設けられているため、前段にAOP処理を導入することにより後段の生物処理で有機物の分解性能が向上し、残留するDXNsの分解も期待できると考えられる。

④ 実装置の紹介

当社は最終処分場浸出水のダイオキシン類分解除去装置として納入した2例を下記に紹介する。

表14に納入実機のAOP処理仕様を示す。何れも実証試験にて確認済みの高効率$O_3/UV/H_2O_2$方式を導入した。

写真2と3はそれぞれ、O及びM最終処分場のAOP反応槽とO_3発生装置の外観を示す。

(7) おわりに

O_3を中心としたAOP処理法を用い、DXNs先駆物質とされているCBZsの合成排水に対する処理方式の検討及び実排水である浸出水中DXNsの分解実験を行った結果、O_3にUV照射及びH_2O_2注入を併用した方式が最も有効であると認められた。特にUV併用により、高塩素異性体の分解率が高く、UV照射で高い脱塩素効果が確認できた。浸出水中DXNsに対する連続実証試験では、総DXNs及びTEQの何れも71%の分解率が得られた。さらに処理水の生分解性向上が確認できたことから、生物処理において活性化した微生物により残存DXNsの分解も期待できる。このように浸出水に対して直接AOP処理を行うことで、浸出

水中DXNsが後段の各処理プロセス発生汚泥に移行せず、根本的に分解除去することが可能である。しかし、有機物濃度の高い浸出水の場合、DXNsに対し高い分解率を得るためには高いO_3注入量が必要となり、ランコスの増大要因となる。今後は原水水質に対応し、既存施設処理機能を活用できる処理条件の検討を行い、浸出水DXNsを効果的に分解除去できる処理方式による運用管理が望ましい。

参考文献
1) 平岡正勝編著 廃棄物処理におけるダイオキシン類削減対策の手引き 環境新聞社 pp1～3 (1998)
2) 環境法令研究会編集 環境六法 ダイオキシン対策特別措置法 pp1984 (2000)
3) 田中信寿, 花嶋正孝：都市ゴミ埋立地における埋立物の無機化と高塩類問題；廃棄物学会誌,Vol8,No.7,pp.481－485 (1997)
4) 平成20年版 環境循環型社会白書 pp196 (2008)
5) 武田信生：ダイオキシン汚染問題解決への展望；工業技術会,pp.179－180 (1992)
6) 田中勝, 松澤 裕, 井上雄三, 大迫政浩, 渡辺征夫：ごみ焼却施設から排出される有害物質の管理手法に関する研究,平成5年度国立試験研究機関公害防止等試験研究成果報告書,pp10－43 (1993)
7) Palauschek, N., and Scholz, B., : Destruction of Polychlorinated Dibenzo－P－Dioxins and Dibenzofurans in Contaminated Water Samples Using Ozone; Chemosphere,Vol16,No8/9,pp1857－1863 (1987)
8) 葛 甬生, 二見賢一, 田中俊博, 中川創太：AOP法による浸出水ダイオキシン類分解除去；用水と廃水,Vol40,No7,pp.24－28 (1998)
9) 電気化学協会編, 電気化学便覧 (新版) p104,丸善 (1964)
10) 宗宮 功編著：新版オゾン利用の新技術；三琇書房 pp.79－85(1993)
11) 森田昌敏：ダイオキシン入門；(財) 日本環境衛生センター,pp.259－266 (1991)
12) 川本克也, 山口尚夫, 佐藤淳, 米田主, 加藤正滋：都市ごみ焼却排ガスに関するダイオキシン類の代替指標；第8回廃棄物学会,pp.562－563 (1997)
13) 二見賢一, 葛甬生, 荒川清美：水中のクロロベンゼン類処理に関する研究；第32会水環境学会年会講演集,pp.11 (1998)
14) Susan J. Masten, Mimmin Shu, Michael J. Galbraith, and Simon H.R. Davies : Oxidation of Chlorinated Benzenes Using Advanced Oxidation Processes; Hazardous Waste & Hazardous Materials,Vol13,No2,pp265－281 (1996)
15) 石黒智彦：ダイオキシン汚染問題解決への展望；工業技術会,pp.180－183 (1992)

(葛 甬生)

V 実用水処理技術編

21章

水処理施設の運転と管理

1. 運転管理の目的と機能
2. 最新の監視制御システム
3. 施設の自動化
4. 設備管理支援
5. 処理水の水質安全監視
6. シミュレーションを利用した最適化、効率化
7. 電気設備のエネルギーと薬品
8. 施設・設備の維持管理

1 運転管理の目的と機能

　産業分野における水処理施設の運転管理手法は、対象排水、処理規模、プロセス等により異なり、個別に論じることは容易ではない。一方、上下水分野における運転管理は、顧客の要求レベルが高く、範囲も広範ゆえ、それらの運転管理に必要な個々の計測・制御技術、装置、維持管理手法は産業分野でも適用されるものである。そこで、本章では上下水分野における運転管理を例に挙げ、以下に解説する。

1 運転管理の目的と計装設備

(1) 上下水道施設の役割と運転管理の目的

　上水道施設は、「安全で安心なおいしい水を安定に需要家に供給する」ことを目的としている。浄水場の運転管理は、原水水質と浄水需要量の二つの外部負荷を浄水場前後の施設と連携を保ちながら場内水量配分、水質管理、送水量調整を行うものである。また、需要家に過不足なく安定した水の供給を行うために、水源から配水までの複数の施設が円滑に稼動するように、適切な水量配分による運用計画を立案し、水圧制御により配水コントロールを行うものである。すなわち、水質と水量と圧力の三条件を満足させることが必要である。
　一方、下水処理施設は、「清潔で快適な生活環境を守る」「河川、海などの地球環境を守る」「水資源として再生する」「浸水から街を守る」などの役割がある。家庭排水や事業所排水、雨水などはマンホールポンプ所に集まり、マンホールポンプにて圧送され中継ポンプ場に送られる。中継ポンプ場では家庭や工場等の事業所からの排水や雨水を受け入れ、し渣や砂を取り除き、汚水ポンプで下水処理場に圧送するという役割を持つ。これらの施設から送られてくる排水や雨水に対して、下水処理場では流入水質変化や雨水流入による処理量変動、異常発生など多くの外部要因による条件変化に対応し、安定した水再生処理を行うという使命を達成、維持することが運転管理の目的である。

(2) 計装設備

　上下水道は広域に散在した各種の施設とそれらを統合する管きょにより構成されているが、それぞれの施設が固有の機能を果たし、また全体システムとして調和のとれた形で安全性、経済性を確保して運転する為には、施設の運転に必要な情報を一元的に把握し的確な情報収集と適正な制御が総括的に行える監視制御システムの導入が不可欠である。また、浄水や下水処理水の水質監視や、施設のエネルギー使用量の計測、施設の維持管理のための設備診断など、計測設備の導入が必須である。
　本章ではこれらの監視制御システムや計測設備を「計装設備」と総称して説明する。

　計装設備を導入する効果としては以下が挙げられる。
①施設全体の状況が把握でき、合理的な判断が可能となり安定した運転が図れる。

②水質、水量、水圧等に対する管理が適切となり、処理水の品質が向上する。
③多くの施設を集中して管理でき、これまで人が操作していた部分を自動化することにより省力化が図れる。
④薬品や動力等の無駄が減少し、省資源、省エネルギー化が図れる。
⑤高温多湿環境、危険薬品の取扱い、夜間勤務等悪条件から職員を解放でき、労働環境の改善と安全性の向上が期待できる。
⑥水道施設の総合的運用を可能とし、需要者サービスおよび給水の安定性、情報連絡、危機管理能力が向上する。

2 運転管理のシステム

上下水道施設における運転管理のシステムは、監視制御システムや水質監視、エネルギー計測、設備診断といった計装設備や、リレー盤やコントロールセンタ、計装盤が中心となる。

計装設備は自動制御化、情報の自動記録、集中管理化、水運用シミュレーションや高度処理などの高度制御化へと発展してきたが、近年はIT技術の発展に伴い汎用製品・技術の拡大が進み、また給水区域の広域化や水質規制や、より安全でおいしい水への要望などに伴い、施設全般あるいは各施設相互間の有機的な運用管理要求が高まっている。

以下にその特徴的技術、システムについて述べる。

(1) システム技術

上下水道の監視制御システムにおいては、汎用製品・技術の適用拡大、異メーカ間のシステム結合、エンドユーザーコンピューティング（EUC）[※1]など、オープン化やエンジニアリング機能の開放などが望まれている。また、遠隔監視のためのWeb技術の導入や、プラント異常発生時の携帯電話への通報メール発信、現場盤の代わりのモバイル端末での監視操作など、最新のIT技術が導入されている。また、地図情報をベースにした施設情報管理や保守管理を行う維持管理システムならびに水道料金計算や電子ファイリング等の経営管理・事務処理システムまでを階層化し、これらをネットワークで統合させた総合管理システムの構築等がある。

(2) 通信技術

監視制御システムのコントローラやサーバーを結ぶ制御系LANは10〜100Mbps以上、情報系LANは100〜1000Mbpsなど高速化し、制御周期の安定化やWebカメラによる画像信号などデータ量増加への対応が容易となっている。また、バルブやゲート等のアクチュエータと上位コントローラを直接通信するデバイスレベルのフィールドネットワークにより、設備全体でシームレスな情報のやり取りが実現可能となっている。また、近年ではFL-net[※2]などのオープンな制御用LANやOPC通信[※3]など、各メーカ間がデータ授受に用いるネットワークや通信プロトコルの汎用化・標準化が進み、マルチベンダー化[※4]のニーズに対応している。

市町村合併や事業統合化による上下水道施設間の広域監視制御のニーズが高まっているが、広域イーサーネット通信やISDN通信等の汎用回線または専用回線による集中監視制御が実用化されている。将来的にはIDC（Internet Data Center）やネットワーク技術が更に進化し、上下水道施設に監視サーバーを設置しなくても運転管理に必要な機能を必要なときに入手可能なクラウド化が進むことが予想され、これにより初期投資や設置スペース、保守費、システム維持費など諸経費の削減と平準化が期待される。

(3) シミュレーション技術

上水道のシミュレーション技術としては、水需要量予測、水量・水圧に関する配水管網解析、水

源水質予測、残留塩素シミュレーション、沈殿の流れ解析などが研究開発されており、特に水運用における需要予測や水利計算といったシミュレーション技術は多くが実用化され、水運用運転管理の最適化に大きく貢献している。また、近年では浄水膜ろ過など、新しい浄水プロセスに対応するシミュレーション研究開発が行われている。

下水道のシミュレーション技術としては、IWA（International Water Association）活性汚泥モデルを利用した水質シミュレーション技術や、流入変化に対して適切な運転条件を探索する下水シミュレーション技術、さらに近年の都市型水害への浸水対策計画に対応した雨水流出解析シミュレーション技術、レーダ雨量計による降雨計測・降雨予測などが研究開発、実現されている。

(4) 電気設備のインテリジェント化

構成機器の電子化や制御回路のコンピュータ応用などにより、電気設備のインテリジェント化が進んでいる。運転操作設備においては、従来はリレー盤とコントロールセンタの組み合わせにより多数のケーブル布設が必要であったが、シーケンサを内蔵した多機能型コントロールセンタにより、リレーレス化と省配線化が可能となった。また、受変電設備では高圧受配電盤の保護・操作・計測・監視・伝送機能をまとめたデジタル形多機能リレーにより、遮断器監視による予防保全や事故計測による自己解析支援等、保守性の向上や上位系統との通信が可能となった。また、予防保全用の各種センサーが開発され、この情報に基づく保守保全支援システム、設備支援システムの導入が進んでいる。

(5) 維持管理・設備支援

維持管理面では、日常業務の効率化を目的とした設備台帳、アセットマネジメントのための機器の劣化診断、故障診断といった設備診断システムの導入がはかられている。制御面では、計算機やコントローラの機能を活用したシミュレーションによる解析や、画像処理技術の応用によるプロセス診断等が実用化されており、これらのシミュレーション技術を活用することで、実際に体験することの少ない状況をシミュレータによる訓練で経験することが可能となり、維持管理業務の向上とライフラインの安全な運用に貢献している。

(6) センサー技術

水環境を取り巻く環境としては、河川や湖沼における窒素・リンによる富栄養化、ダイオキシン・内分泌かく乱化学物質による汚染、大腸菌O-157やクリプトスポリジウムなど病原性微生物とトリハロメタンなどの消毒副生成物への対応等、多くの課題がある。

これらの課題に対し、オゾンや活性炭等の高度処置技術により「おいしい水」を実現しており、また「安全な水」と良好な水環境の維持・回復のために、トリハロメタン計、高感度濁度計等のセンサーや、水質安全モニター等のバイオセンサー装置がある。

※1 EUC (End User Computing)
メーカーのシステム管理者ではなく、運転管理を行うオペレーターやユーザーのシステムサービス利用者が直接的・主体的にコンピュータを操作したり、システムの構築に関与して管理業務や運転業務に役立てることである。

※2 FL-net
FL-netは、FA（ファクトリーオートメーション）の分野で生まれた、プログラマブルコントローラ、数値制御装置、ロボット、パソコンなどを相互接続するオープンな制御ネットワークの規格であり、日本工業規格（JIS B 3521）と（社）日本電機工業会規格（JEM 1480、JEM-TR 213、JEM-TR 214）として制定されている。

※3 OPC通信
OPC(Object linking and embedding for Process Control)とは、異なるパッケージ間の相互運用が可能なようにマイクロソフトのCOM/DCOMを利用した国際標準であり、アプリケーション間通信の標準インターフェイス仕様のことである。

※4 マルチベンダー
一つの企業の製品だけでシステムを構築するのではなく、様々な企業の製品からそれぞれ優れたものを選んで組み合わせ、システムを構築する手法のことである。

参考文献
1)（社）日本水道協会編　水道施設設計指針（2000年度版）

（田子靖章）

2 最新の監視制御システム

1 監視制御システムの導入目的

　監視制御システムは、プラントにおける各種設備機器を遠隔で監視、制御する情報システムであり、昨今の上下水道プラントではそのほとんどで導入されている。監視制御システムは、プラントを安全に効率よく運用することを目的に、プラントにおける中枢として機能しており、オペレータはその情報に基づきプラントを監視したり遠隔操作を行い、その結果もこのシステムから得る。

　すなわち監視制御システムとは、プラントの状態を人にわかりやすく伝え、人の意志をプラントに伝えることを使命としており、以下の3点を主たる目的として構成される。

(1) 制御の自動化・省力化

　プラントにおける電気設備の役割とは、「プラントを動かすための動力及び制御を提供すること」である。「プラントを動かすための動力を提供する」とは、プラントを構成するには様々な機械に対して、機械が動作するために必要な、例えば6.6kV、400Vなどの電源を提供することである。一方、「プラントを動かすための制御を提供する」とは、機械に意味のある動作をさせることである。機械はただ単にON/OFFの運転をするだけでなく、周りの機械と協調して動いたり、ある条件が整うと自動運転したり、故障発生時には自動停止するといった動作を行う必要があり、その制御はリレー盤やコントロールセンタ、計装盤などを組み合わせて制御回路によって実現される。

(2) 監視及び操作の場所の集約

　実際にプラントを運転管理していくには、オペレータは機器の運転状態や故障をタイムリーに把握し、運転量を調整したり、故障機器を現場に確認しに行くなど、その場その場での適切な判断を下す必要がある。

　上下水道のプラントにおいては広いところでは数百m×数百m程度の規模になり、機器の数も1,000個に至ることもある。このようなプラントにおいて、オペレータが現場を巡回して機器の運転状況を監視したり、故障を確認したり、その場に応じた操作を行うことは至難の技であり、監視や操作の場所を集約し中央監視室で行うことが必要不可欠となる。中央監視室では主にCRT（ブラウン管を利用したディスプレイ装置）やLCD（液晶ディスプレイ装置）などに表示されたプロセスフロー画面での監視が中心となる。図1に中央監視制御システムにおけるプロセスフロー画面を示す。プロセスフロー画面では、機器の運転停止の情報や故障の状態、配管の流量や池の水位などの情報が一目で判り、オペレータの視認性を格段に向上させる。

(3) 監視システムに蓄積された情報の活用

　監視制御システムが必要とされる3つ目の目的は、「監視制御システムにて収集・蓄積されたプ

プロセスフロー画面例（図1）

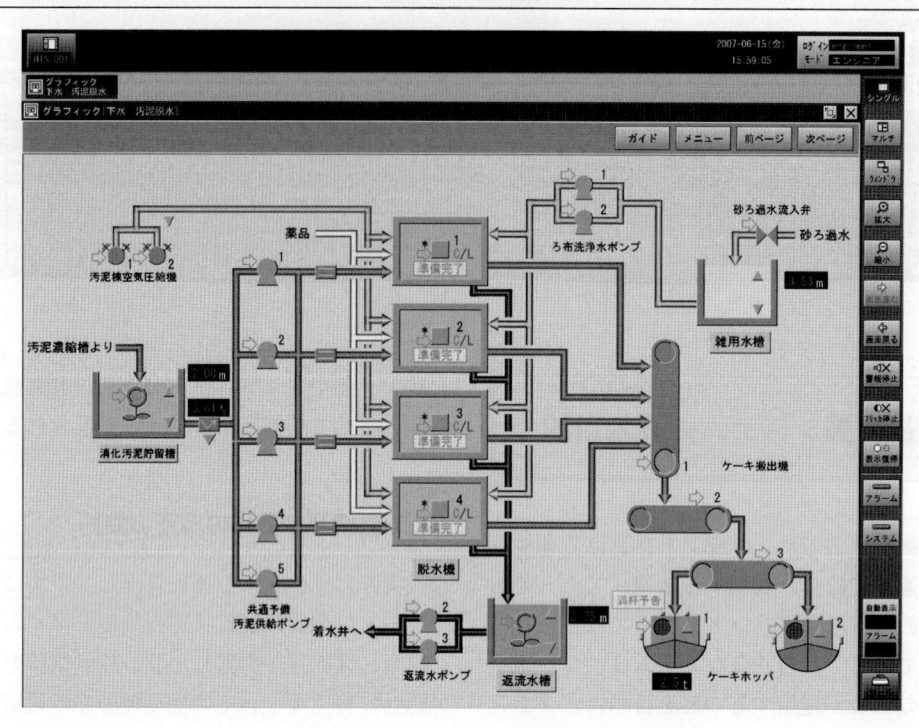

ラント情報の活用」である。これは例えば、オペレータが日々のプラントの状況の変動を監視するために用いるトレンドグラフや運転管理日報・月報・年報などの定期的なレポート、プラントの異常や運転管理上の問題が発生したときに使用する非定期なレポートなどが該当する。また、プラントの運用改善や効果的な維持管理を行うためにプラントの過去のプロセスデータの分析が必要となり、ロギングされた蓄積情報を知的価値として、「事後対応」から「事前対応」、「予防保全」へとプラント運用の質を高めるためにも使われる。

2 監視制御の階層

監視制御の階層は、プラントの規模の大小などにより多少の違いはあるが、現場レベルと中央レベルの2階層が主体となっている。これら2階層の監視制御は、場所の区分もさることながら機能面でも区分されて構築される。

(1) 現場レベルの監視制御

現場レベルの監視制御は、監視制御を構成する基本要素である。ここでいう現場レベルの監視制御とは、現場盤、リレー盤、動力制御盤、計装盤、コントローラ盤、監視盤などを含む範囲のことを指し、これらの機器が構成する制御回路によって一連の機器がプラントの運用目的を満足するように自動的に動作する。

(2) 中央レベルの監視制御

中央レベルの監視制御は、プラント内の機器を

大規模プラントの中央監視室のイメージ（写真1）

プラント規模別中央監視システム構成例（表1）

位置づけ	監視装置例	小規模無人	小規模有人	中規模有人	大規模有人
監視及び操作	グラフィック監視操作卓	○	○	△	△
	CRT監視操作卓	—	△(CRT 1〜2台)	○(CRT 1〜2台)	○(CRT 2台以上)
監視補助	大型グラフィックパネル	—	—	△	○
	大型スクリーン大型ディスプレ	—	—	△	○
監視支援	支援系システム	—	—	△	△
通報	通報装置	△	△	△	△
遠隔監視	Webサーバ回線装置	△	△	△	△

—：ほとんど導入していない　△：導入していることもある　○：多く導入している

一箇所で監視し、操作することが目的となる。多くは中央監視室に監視操作卓を1台〜複数台設置する構成をとる。プラントにおける一般的な制御は通常、現場レベルの監視制御で組まれており、中央監視室から機器を頻繁に操作することはない。中央監視室で実施するのは機器の運転状況の確認と故障発生時の確認であり、緊急性を要する制御や故障・点検時など通常とは異なる運用を行う際には手動運転が発生する。

写真1に大規模なプラントの中央監視室のイメージを示す。

表1は、中央監視制御システムを構成する要素を「監視及び操作」「監視補助」「運転支援」「通報」「遠隔監視」の5種類に分類した例である。

① 監視及び操作

中央監視制御システムでは、監視と操作を行う端末が主たる構成となるが、一般に小規模のプラントではグラフィック監視操作卓（あるいは監視操作盤）が多く、規模が大きくなるにつれてCRT監視操作卓で構成されることが多くなる。

② 監視補助

中央監視をサポートする装置として、大型グラフィックパネルや大型スクリーンがある。これらは、複数の人間で同時に状況把握が行え、緊急性を要する対策を行うときに有効である。近年は、大型グラフィックパネルよりも大型スクリーンのほうが主体となってきている。

③ 運転支援

特に大規模プラントでは、雨水排水支援システム、水運用システム、保全管理システムのような、プラント運用をサポートする支援系システムが導入され、監視制御システムと連携した計算機システムにて構築されるケースが多い。

④ 通報

無人プラントでは、通報装置が導入されることが多い。これは、無人状態にあるプラントの非常通報を行うためであり、扱える信号点数は少ないものの確実に異常時の通報を行ってくれる。

⑤ 遠隔監視

近年、集中管理センターや遠隔地からプラントを監視するケースが増え、中央監視制御システムに接続して、高速回線サービスを利用してリモート監視を行うため、Web監視用のWebサーバや各種通信機器の導入が進んでいる。

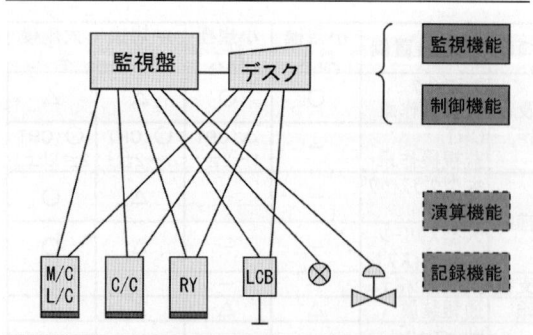

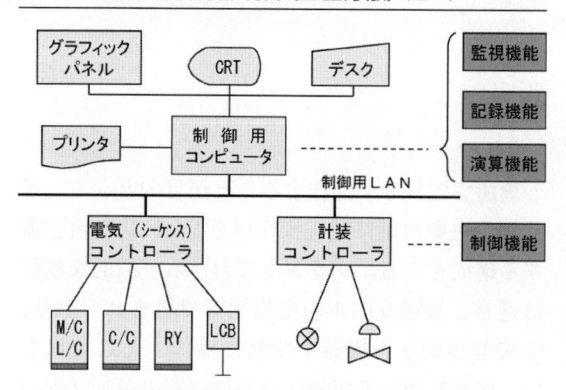

3 監視制御システムの変遷

上下水道プラントにおける監視制御システムの変遷は、DCS（Distributed Control System：分散制御システム）適用の変遷と言い換えることができる。

それまで監視盤と監視デスクによる制御（図2）であったが、1975年頃よりDCSを上下水道プラントの監視制御システムとして適用するようになった。

1980年代になると、ミニコンによる自動制御とCRTによる監視操作を組み合わせた集中監視集中制御（デジタル化）（図3）を経て、制御LANを用いた集中監視分散制御によるシステム（写真2、図4）が普及した。マイクロプロセッサやメモリ性能が飛躍的に向上し、リアルタイム制御用LANも実用可能となり、システム構築自由度の大きい垂直分散システムが主流となった。

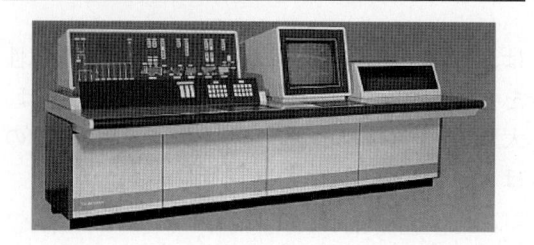

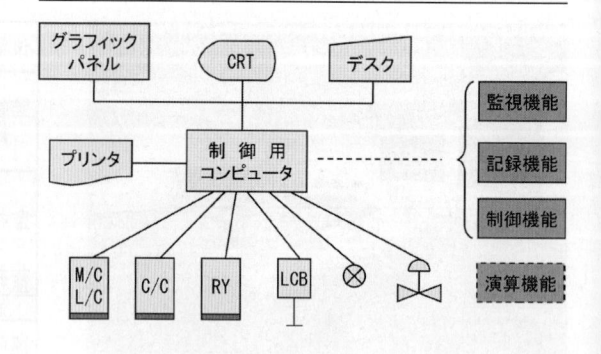

1980年代後半になると、電気（E）、計装（I）、計算機（C）の制御技術要素を統合したDCSの開発が進み、プラント操業トータルとしての効率化が追及され、特に中・大規模のプラントで、水平分散を主流とした統合制御システムの時代へ移っていった。この頃から、科学技術計算や事務処理などに特化した業務用の高性能なコンピュータであるUNIXをベースとしたワークステーションなども用いられ、監視業務を支援するより高度な演算や事務処理が可能となった（図5）。

そして1990年代に入ると、高度情報化社会を向かえ、いわゆるネオダマ（ネットワーク、オー

集中監視分散制御（電気・計装・計算機統合）（図5）

集中監視分散制御（水平分散：ネオダマ）（図6）

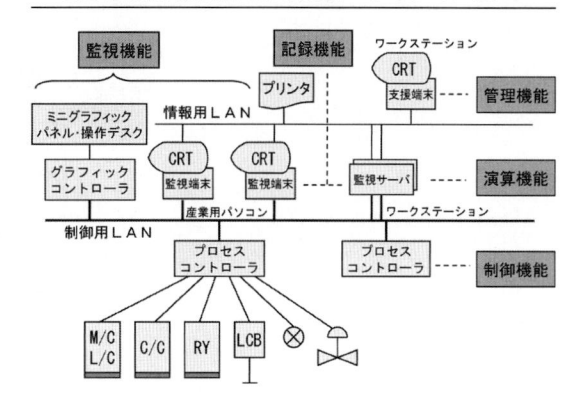

プンシステム、ダウンサイジング、マルチベンダーまたはマルチメディアの頭文字を組み合わせたもの）が流行し、監視制御システムにおいても、キーコンポーネントに事実上の標準（DFS：デファクトスタンダード）製品の採用が求められるようになり、汎用製品・技術の適用拡大、異メーカ間のシステム結合、蓄積されたデータの高度な利用や、監視制御システムのエンジニアリングの開放といったエンドユーザコンピューティング（EUC）への対応などオープン化が望まれた。こうした要求は、従来の専用マシン・専用ネットワーク・専用ソフトウェアによって、高信頼性、堅牢性、長期安定稼動を目的とした公共施設特有の要求仕様と二律背反の関係にあり、従来型システムのメリットを融合させた「ハイブリッド型」のシステム（図6）を導入することとなった。

特に、ハードウェアとしてWindowsに代表されるオペレーティングシステム（OS）を搭載したパソコンの適用が進み、工業用パソコンや産業パソコンといった24時間連続稼動を支える技術と品質を備えた装置を採用する場合が必然的に多くなった。また、マルチベンダのシステム構築においては、各メーカ間がデータ授受に用いるネットワークや通信プロトコルの汎用化・標準化の検討が行われた。

いずれにしても汎用製品・汎用技術の適用はコスト低廉化、システム構築メーカの増大を主体に様々なメリットがある反面、その保証範囲、耐用年数、セキュリティなど様々な品質問題を内在することとなった。

また近年では、CRTは液晶モニタ（LCD）へ、グラフィックパネルは大型スクリーンへと変わり、遠隔監視のためにWeb技術の導入や携帯電話へのプラント故障発生時の通報メールの配信、そして現場盤の変わりにモバイル端末での操作が行われるなど、積極的な最新IT機器・技術の導入が行われている（図7）。

4 監視制御システムの多様性と導入事例

上下水道プラントをはじめとする公的なサービスを提供する公共施設においては、安全を確保することが最も重要な事項の一つであり、それゆえ監視制御システムも高信頼性、堅牢性、長期安定稼動を重要視したものとなっている。しかし昨今のコンピュータや通信インフラを中心とした情報技術の発展と社会情勢の変化は、上下水道プラントにおける監視制御システムにも大きな影響を及ぼしてきており、より多様性が求められている。

集中監視分散制御（水平分散：IT導入）（図7）

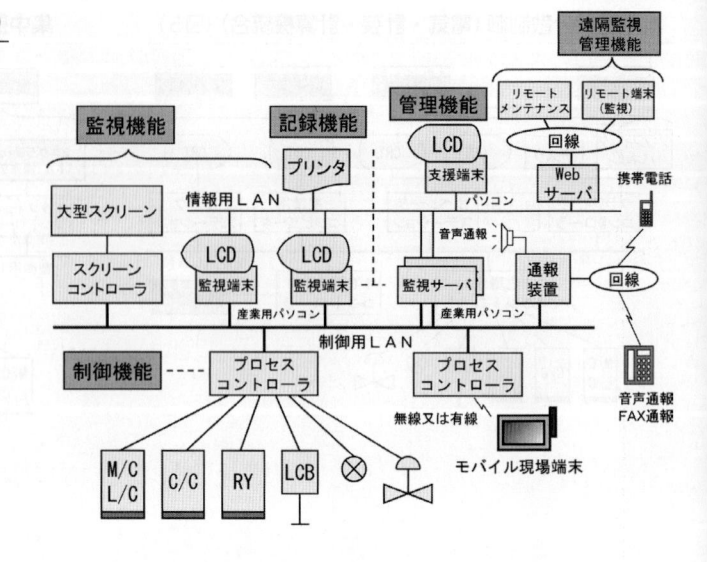

(1) 広域化対応

　近年の上下水道事業は、市町村合併や事業統合を背景に本格的な広域化の時代を迎えており、そうした事業環境の変化に対応した各施設の広域監視制御や、システム統廃合による効率的な施設運用が必要となってきている。ここでは、2つの広域管理に関するシステム構築事例を紹介する。

① 広域水道施設の統合管理システム事例

　H水道企業団は、1市6町800km2におよぶ給水区域で34万人の給水人口を持つ末端給水型の広域水道事業を行っている。従来対象区域内に点在する浄水・送水・配水施設の監視制御は各浄水場・営業所で行われ、減圧弁・量水器などの配水情報の監視は本庁舎で行っていた。業務整理統合に伴う機構改革により営業所を廃止し、本庁舎での一元管理を目的に、2007年に広域水道施設の統合管理システム（図8）を構築した。

　統合管理システム構築上の特徴は以下の通り。

・異なるシステムの統合

　従来の配水情報処理装置は、機能分担の再配分が行われ、監視部は広域監視システムに統合し、通信装置部は、監視部と接続していた専用LANを流用するためネットワーク変換装置を介して、マルチベンダオープンネットワークの一つであるFL-netのインタフェースにより統合されている。

・操作応答性の確保

　本庁舎と各営業所間をデジタル専用回線（64kbps）で接続され、最適リアルタイム伝送を実現する手順を実装し、500ms間隔の定周期伝送を行うことで、従来各営業所で行われていた操作と同等の操作性が確保されている。

・業務の役割分担

　システム統合により浄水管理と配水管理の情報が混在することになり、管理上煩雑化する可能性がある。そこで信号毎に設定されたパラメータ（モニタリング・操作出力・警報出力など）をどの端末に適用させるかオペレータで変更できるという監視区分変更機能が実装された。これにより同一のシステムでも管理部署において必要な情報のみを管理することが可能となっている。

② 広域水運用管理システム事例

　C県水道局は、浄・給水場など23機場と約

統合前後のシステム構成（図8）

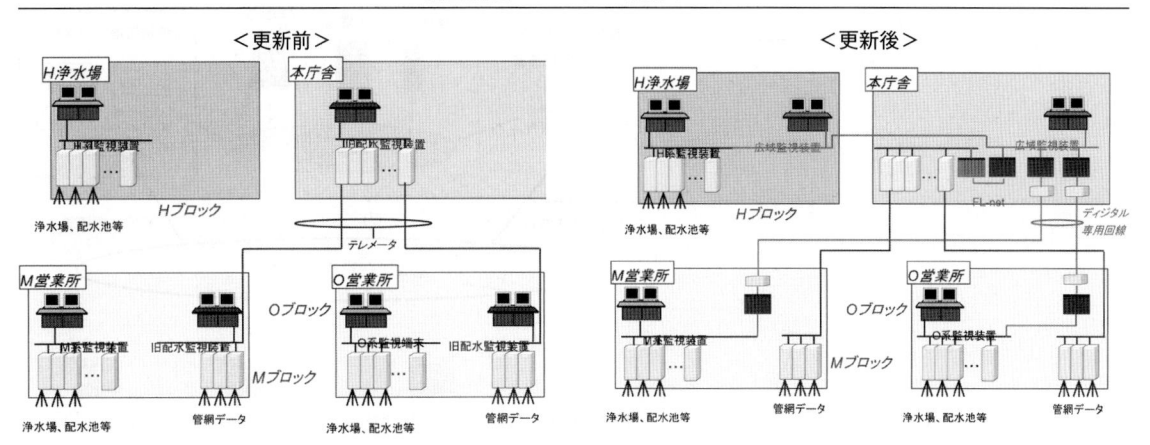

水運用システム構成図（図9）

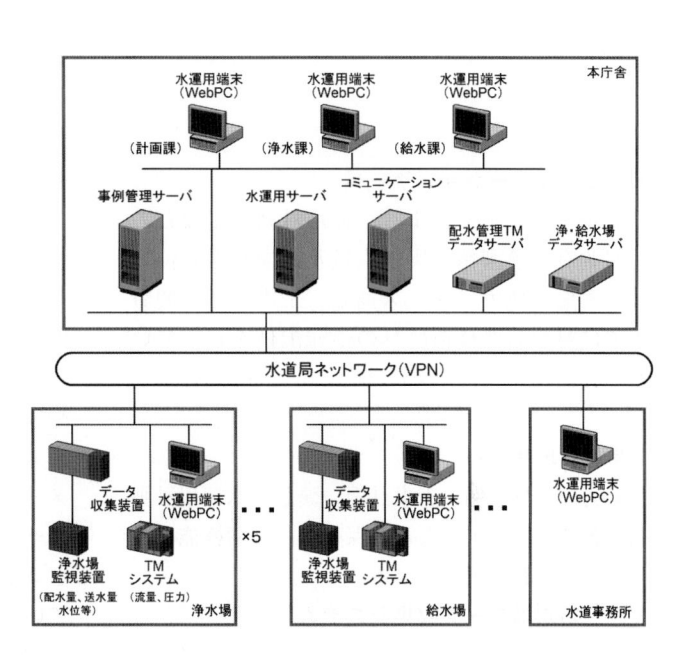

8,600kmの送配水管路にて、県内11市の約293万人に給水している。従来、各々関連機場において、職員の経験や過去のデータを元に水運用を行っていたが、一元管理することで浄・給水場間や配水系統間の相互融通を効率的に行い、総合的な水運用調整を行うために、水運用システム（図9）を構築し、2008年より運用を開始した。

本庁と各浄・給水場のシステムを水道局ネットワークで接続し、水運用に関わる各種データを本庁に設置された各種サーバで一元管理している。

・水運用サーバ

需要予測、水運用計画の策定及び監視、緊急時や工事計画時の水運用シミュレーションを行い、各水運用端末で閲覧が可能となっている。また各出先機関と工事情報が共有できる工事管理機能を有しており、工事の申請、協議回答、登録を行い、工事施工時期の水運用調整が円滑に行われている。

広域ワイヤレス監視システム構成例
(図10)

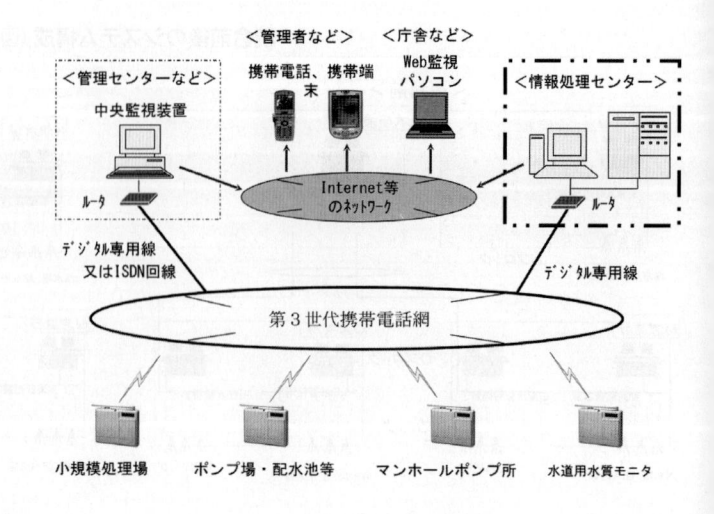

・コミュニケーションサーバ

　グループウェアにより、運用計画策定などの情報共有、予測値と実績水量及び配水池水位における偏差値ガイダンス通知、工事情報の閲覧要求に対する関係機関への情報配信を行っている。

・事例管理サーバ

　過去の事故事例、工事計画、緊急時水運用計画図、各種マニュアルなどを保存し、検索機能により情報の共有を図っている。

・浄・給水場データ収集システム

　23機場の水量・水圧の監視およびデータの集計、蓄積を行っている。

・配水管理テレメータシステム

　給水区域内に設置された水量91箇所、水圧112箇所の監視及びデータの集計、蓄積を行っている。

(2) ユビキタス監視とサービス利用型監視

　近年の情報端末や通信回線の進歩により、例えばプラントの巡回点検者がモバイル端末を持ち歩き、監視制御システムから必要な情報を閲覧したり、台風や豪雨などの緊急時に夜間自宅で水位を確認したりといったその場で監視を行うシステムの導入あるいは利用が多く見られるようになった。

　とくに簡易水道やマンホールポンプなどの点在する小規模施設の監視においては、中央監視システムを構築せず、現場の制御盤より直接メーカが運営するデータセンターに情報をあげ、ASP（アプリケーション・サービス・プロバイダー）やSaas（サービス型ソフトウェア）といったサービスを使い、遠隔地にて携帯電話にて故障警報をメールや音声で確認したり、施設の稼動状況をスマートフォンやモバイルパソコンを使ってトレンドグラフや帳票で確認するといったケースも増えている。ここで、ネットワークに第3世代携帯電話網を用いた広域ワイヤレス監視システム例を図10に示す。

　このシステムは、被制御局（小規模処理場やマンホールポンプ所など）からの情報を携帯電話網により監視局へ伝送し、監視局で監視を行なうシステムで、被監視局での異常が発生した場合に即時通報を行なうほか、定期的に被監視局の状態を監視局へ伝送する。監視局は、「管理センター」などを独自に設置する方法と、ASPによる「情報処理センター」を利用する方法がある。第3世代携帯電話網の特長は、通信費が一般回線と比べ安価であるのと、第2世代携帯電話網と比べ信頼性、伝送速度で勝る。また監視局での監視業務におい

てASPによる監視センターを利用する場合の特長は、ユーザ側で中央監視装置の設置と人的配置が必要としないため、ユーザ側のイニシャルコスト削減や人員削減への対応などに有効なことである。

(3) セキュリティ対策

従来上下水道プラントにおける監視制御システムはその性質上、基本的には外部ネットワークと接続しないクローズドシステムとして構築され、ウィルスの進入を防ぐなど、セキュリティを確保してきた。しかし近年、広域化、オープン化が求められ、外部ネットワークとの接続が回避できない状況も増えてきた。その場合は、リスクを認識した上で、ファイアウォールの設置や、VPNサービスの利用、セキュリティパッチ等の実施により、リスクを回避あるいは最小限度にする対策がとられる。ただし監視制御システムにおける各装置へのセキュリティパッチの実施においては、セキュリティソフトのウィルスパターンファイルの自動更新が不可能なこと、そしてウィルスチェック時には各マシンに高負荷がかかり監視操作に支障が出る可能性もあり、施さない場合が多い。

(4) ユニバーサルデザイン対応

従来、監視制御システムは、専門的な知識と経験を持つ専門家で健康な成人という特定ユーザが、制御室という特定の場所で使用することを前提としていた。そのため、操作デバイスや、監視画面、監視制御室などをデザインする際に、その特定の条件の中で人間工学的なデザインを行うことで使い勝手の向上を図ってきた。

しかし昨今の高齢化社会におけるオペレータの年齢層拡大や障がい者の雇用、あるいはプラント運転における第三者委託・民間活用、広域にわたる複数機場を集中監視するなど、情報の多元的な活用による立場やスキルの異なるオペレータへの情報提供が必要であり、アクセシビリティ向上のためにもより多くの人々にとって使いやすいように、環境、製品、システムをデザインするユニバーサルデザインの適用が重要になってくる。

例えばベテランの運転員のノウハウをシステムに蓄積し共有できるとか、膨大な情報量から最適な情報を絞りこんで表示するとか、色弱者でも認識できるシンボルや配色を考慮した画面を作成するなどがそれにあたる。

(5) 環境配慮型システム製品の採用

近年のRoHS指令（注1）に代表されるように、有害物質の管理と削減にかかわる法規制が整備されるなか、監視制御システムを構成する各種機器においても、環境に配慮したものを採用することが望まれている。例えば、以下のようなものがあげられる。

- 1997年の地球温暖化防止京都会議（COP3）において、排出削減数値目標が指定された温室効果ガスの1つであるSF6（六フッ化硫黄）ガスをいっさい使用しない配電盤。
- RoHS指令で規制対象となっている有害物質の削減にあわせ、塩化ビニル樹脂製ダクト排除、配線カバーにハロゲンフリー材を採用、メッキ部品の表面処理を六価クロムから三価クロムに変更するなど改善を行った制御盤。
- メインボードに鉛フリーはんだを使用し、グリーン調達（注2）による部品選定を行ったコントローラや産業用パソコンなど。

(注1) EU（欧州連合）が2006年7月1日に施行した規制で、電気・電子機器への特定有害物質の含有を禁止するもので、その規制対象は、鉛、カドミウム、六価クロム、水銀、ポリブロモビフェニル、ポリブロモジフェニルエーテルの6物質である。

(注2) 循環型社会の形成のためには、再生品などの供給面の取り組みに加え、需要面からの取り組みが重要であるとの観点から、平成12年5月に循環型社会形成推進基本法の個別法の一つとして国等による環境物品等の推進等に関する法律（グリーン購入法）が制定されました。グリーン購入法に基づき、公共工事においても、事業毎の特性、必要とされる強度や耐久性、機能の確保、コスト等に留意しつつ、グリーン調達を積極的に推進することとしています。

(国土交通省「技術調査関係」のホームページより：
http://www.mlit.go.jp/tec/kankyou/green.html)

(杉野寿治)

3 施設の自動化

1 浄水施設の自動制御

浄水場等の浄水施設では、水の安定供給、および安全な水質の確保、省エネルギーを実現するために、機械の自動化を行なっている。

機器制御の自動化はシーケンス制御とフィードバック制御を代表とするプロセス制御を組み合わせて行う。シーケンス制御とはJISZ8116：自動制御用語（一般）の定義によると、「あらかじめ定められた順序にしたがって制御の各段階を逐次進めていく制御」となっている。

例えば、ポンプを始動する場合は、真空ポンプを運転し、満水検知を行い、電動機を始動し一定時間後に吐出弁を開くなどの一連の動作をおこなう制御である。次にプロセス制御では、ポンプ井の水位を一定に保つ制御や目標流量へのコントロール等の最適制御が挙げられる。

以下に主要施設の機器の一般的な自動制御方式について述べる。

横形ポンプ運転ブロック図（図1）

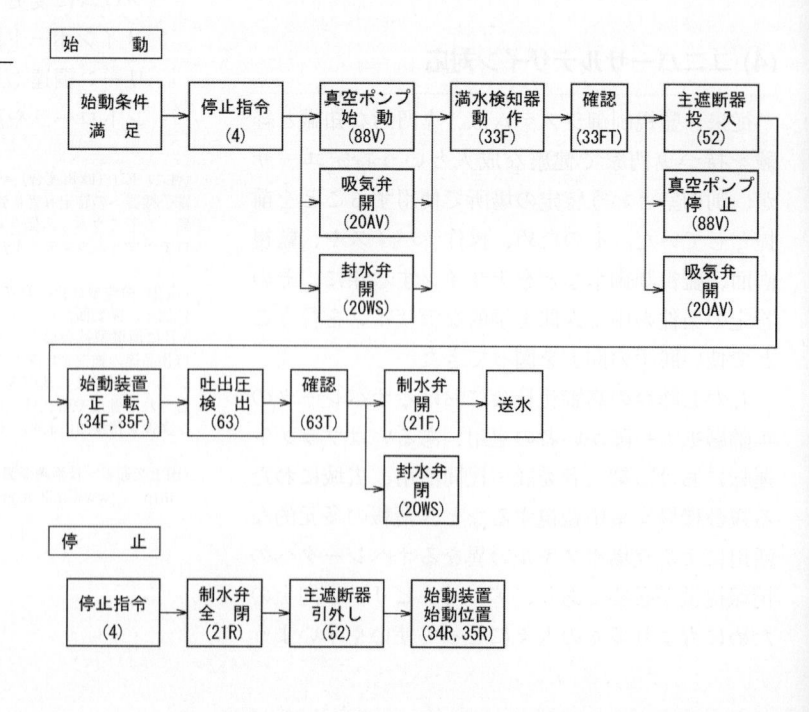

(1) 取水設備

① 取水口ゲート
常時は全開で、操作は機側および監視盤での手動運転をおこない一般に自動運転はしない。

② 導水ポンプ
河川等からの取水した原水を、浄水場に送水するポンプで、本項ではポンプの始動、停止制御と運転台数制御について述べる。

ⓐ ポンプの運転および停止制御
ポンプの運転停止は、補機を含むシーケンス制御となる。ポンプの形式には一般に横形ポンプと縦形ポンプがあり、図1、図2に横型ポンプの運転ブロック図および配管図を、図3、図4に縦型ポンプの運転ブロック図および配管図を示す。また付属の電動機は巻線形2次抵抗始

横形ポンプ配管図（図2）

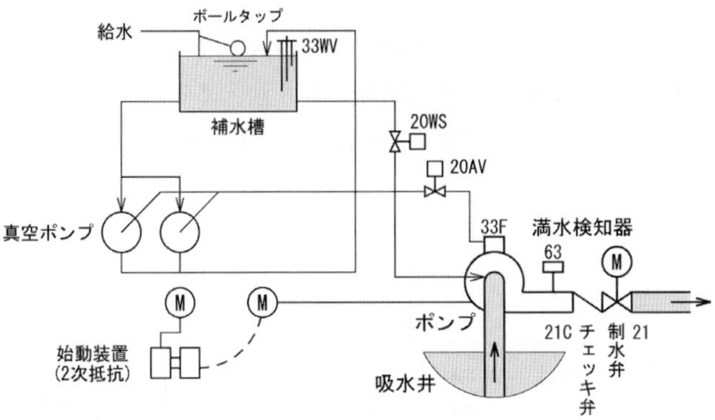

縦形ポンプ配管図（図4）

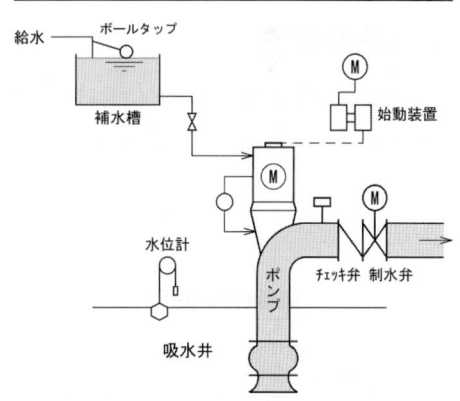

縦形ポンプ運転ブロック図（図3）

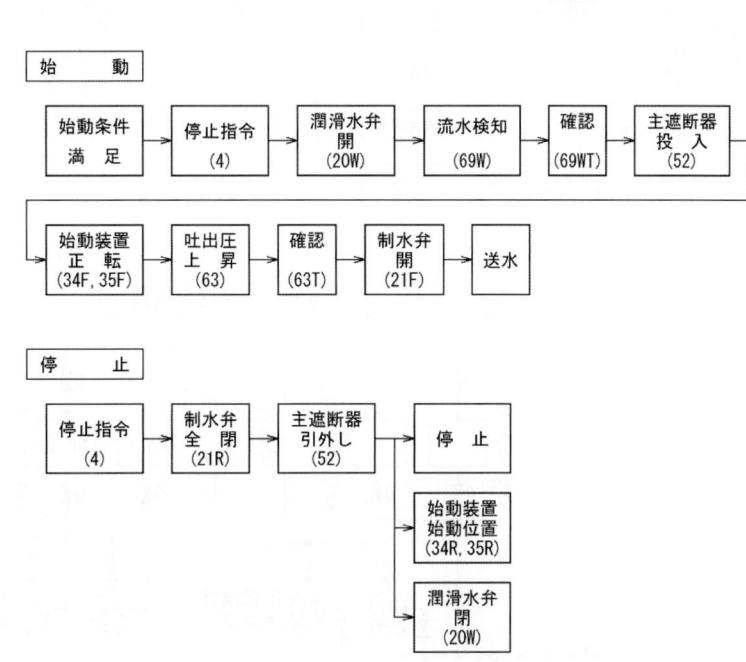

【始動】
始動条件満足 → 停止指令(4) → 潤滑水弁開(20W) → 流水検知(69W) → 確認(69WT) → 主遮断器投入(52) → 始動装置正転(34F, 35F) → 吐出圧上昇(63) → 確認(63T) → 制水弁開(21F) → 送水

【停止】
停止指令(4) → 制水弁全閉(21R) → 主遮断器引外し(52) → 停止 → 始動装置始動位置(34R, 35R) → 潤滑水弁閉(20W)

ⓑ 流量によるポンプ運転台数制御

導水ポンプは、浄水場より時間ごとの予測取水量が与えられ、取水した原水を浄水場に送水する。従って自動運転制御例として、総予測取水量（設定流量）によるポンプ回転数制御を示す。なおこの場合、流量によるポンプ運転台数制御を併用する。図5に流量制御図を示す。また設置されるポンプは予備機を含め複数台あるため、決められた運転順序のパターンにより、それぞれのポンプの運転時間を平準化させている。

(2) 凝集沈殿設備

浄水場の凝集沈殿プロセスにおける制御を、主要な薬品注入制御について述べる。

① 苛性ソーダ（アルカリ剤）の注入制御

可性ソーダは一般に45％または20％濃度で受入れる。45％濃度の場合、温度が5～10℃以下では結晶が析出するので、NaOH分を20～25％に希釈して貯留する。これをポンプにより循環、攪拌し注入する。可性ソーダ注入装置の構成例を図6に示す。注入は原水流量に比例注入、または原水濁度、アルカリ度による注入率の演算により注入率を設定し、調節弁開度を制御して原水流量に比例注入する。

② PAC（凝集剤）注入制御

PACは一般にAl_2O_3換算10～12％溶液を受け入れ貯留し、注入する。PAC注入装置の構成例を図7に示す。

注入は原水流量に比例注入、または、原水濁度による注入率の演算により注入率を設定し、調節弁開度を制御して原水流量に比例注入する。

流量制御図付図（図5）

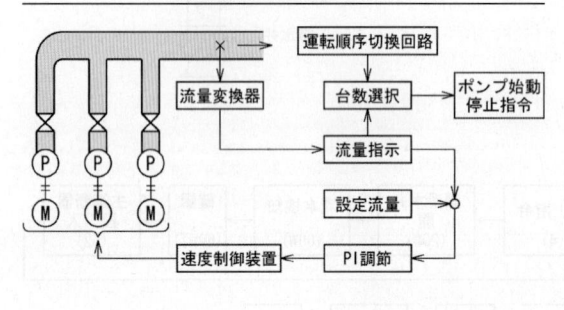

PAC注入装置（図7）

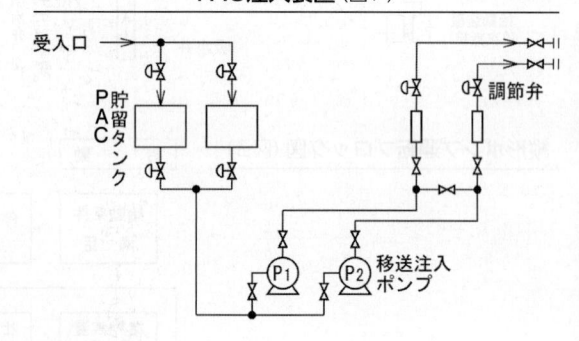

苛性ソーダ注入装置（図6）

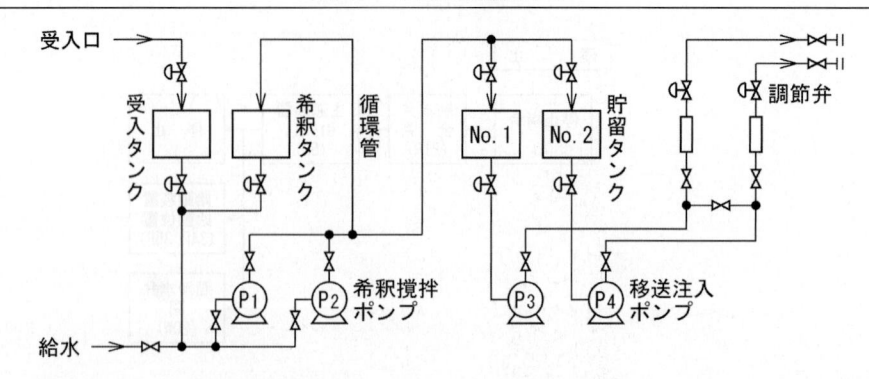

塩素注入制御フローシート(図8)

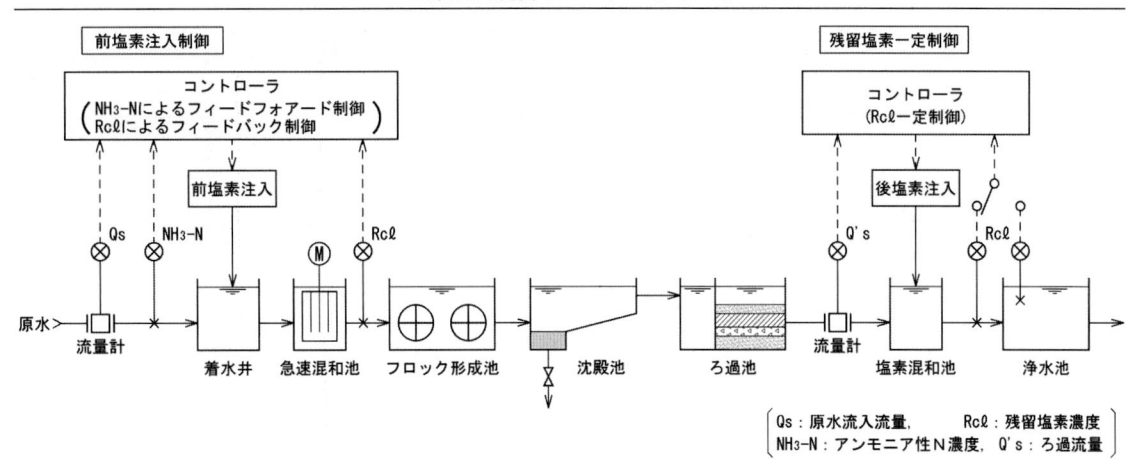

Qs：原水流入流量，　　Rcl：残留塩素濃度
NH3-N：アンモニア性N濃度，Q's：ろ過流量

③ 塩素注入制御

塩素の注入は前塩素注入と後塩素注入がある。図8に塩素注入制御フローシートを示す。

ⓐ 前塩素注入制御

前塩素注入は、沈殿池（又はフロック形成池）の残留塩素（RCl）が一定となるよう注入する。制御方法は、アンモニア濃度計を用いたフィードフォアード制御と、残留塩素計によるフィードバック制御を組合せて制御するほか、原水流量比例制御も多く行なわれている。すなわち比率設定器の注入率は沈殿池の残留塩素が一定となるよう原水流量に比例注入される。注入は着水井で行なう。

ⓑ 後塩素注入制御

後塩素注入は、浄水池残留塩素を一定となるよう注入する。注入はろ過後の塩素混和池で行なう。

(3) ろ過設備

ろ過設備における、ろ過プロセス制御と薬品注入制御について述べる。沈殿池で除去しきれなかった小さなフロックや浮遊物をろ過して完全に除去するもので、ろ過を長時間続けると砂層が詰まりろ過効率が低下するので、砂層を表洗逆洗し再ろ過できるように洗浄する。

ろ過池制御はろ過流量制御とろ過池洗浄制御がある。

① ろ過流量制御

ろ過流量制御は次の方法が有り、一つまたは二つの組合せにより行なわれる。

ⓐ 定速ろ過流量制御

1池ごとにろ過流速をろ抗変動にかかわらず一定に保つ制御で、一般にろ過流量計で流量を検出し、調節計で調節弁を開閉してろ抗を修正しながら一定ろ過流速にする。

ⓑ 減衰ろ過流量制御

ろ過速度を一定に調節せず、ろ過池のろ抗の増加にしたがってろ過速度を自然に減少させる制御で、この場合浄水弁開度を一定にし各池個別の制御を行う必要がないので設備が簡単となる。しかし、ろ過開始時のろ過速度が過大とならないようにする必要がある。

ろ過池バルブ図（図9）

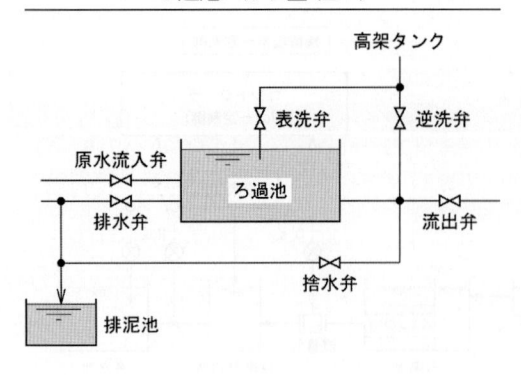

ろ過池洗浄工程（図10）

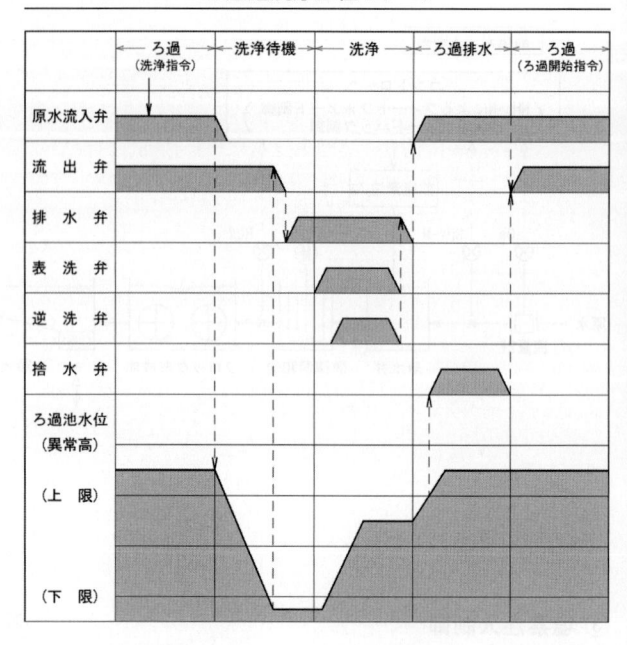

ⓒ ろ過池数制御

需要予測より総ろ過流量を決め、これにより運転ろ過池数を決定する。ただし、池数制御といっても短時間のろ過時間の待ちは許容されるが、長時間のろ過待ちは好ましくないので実質的に休止とし、ろ過池をからにする方法が採用される。以上より

イ．定ろ過流量制御＋ろ過池数制御
ロ．減衰ろ過流量制御＋ろ過池数制御

イの場合はまず総ろ過流量より運転ろ過池を決定し、次に各ろ過池流量に応じて定速ろ過量制御が行なわれる。

ロの場合はイと同様に運転ろ過池を決定すると流量が一定であれば、総ろ過流量は同一となる。但し各池の分担流量は異なる。

なお浄水場によっては、ろ過池出口に一括ろ過流量制御弁を用いて、総ろ過流量調節をする場合もある。

③ ろ過池洗浄制御

ろ過池はろ過時間が経過するにつれて、残留フロック、夾雑物で砂層が詰まってくるので、洗浄する必要がある。一般にろ過池の清浄指令は下記のような場合に行なう。

　イ．ろ過抵抗大　　　ニ．ろ過濁度増大
　ロ．ろ過時間経過　　ホ．人間の判断
　ハ．色度増大

しかし、多くは、イ．ロ．で行なわれる。図9にろ過池バルブ図、図10にろ過洗浄工程図を示す。

この洗浄工程は一般には機側手動および中央の自動で行なわれ、自動の場合はタイマー機能によるシーケンス制御となる。なお各種弁で、流入弁、逆洗弁および排水弁はろ過砂層を乱さないよう、また流出弁はろ過後流速が規定値以上にならないように開閉をゆっくりと行なう必要がある。

④ アルカリ剤注入制御

浄水のpH調節（処理水中に20mg/l程度のアルカリ度を残留させる。）を目的で必要に応じて後

アルカリ剤注入量の流量比例制御ブロック図
（図11）

推定末端圧力一定制御ブロック図
（図12）

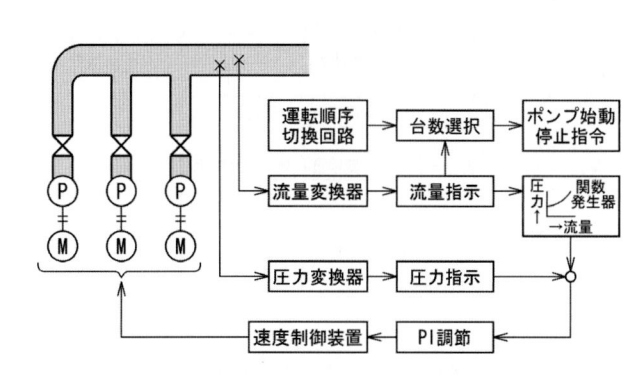

アルカリを注入制御を行なう。

一般的に、ろ過流量に注入比率を乗じた量をアルカリ注入量としてろ過水量比例制御を行なう。図11にアルカリ剤注入量の流量比例制御ブロック図を示す。

(4) 配水設備

配水ポンプによる配水制御の場合、需要家では、地形的高低、配水管路の損失水頭により末端水圧が異なってくる。従って、できるだけ末端圧力が需要流量に関係なく一定となるように配水圧力を制御することが望ましいことから、一般に配水ポンプの制御方式として、推定末端圧力一定制御またはポンプ吐出圧力一定制御が行なわれている。

① 推定末端圧力一定制御

推定末端圧力一定制御は、流量増加に伴う管路損失水頭を推定算出し、この損失水頭を補正するように配水圧力を可変制御し、末端圧力を一定になるよう制御する。

$H1 = aQ^n + H2 + H3$
$H4 = aQ^n + H2 + H3 \pm h$
ここで

H1 ：配水ポンプ全揚程
H4 ：配水ポンプ吐出圧力
Q ：流量
n ：定数（約2）
a ：管路抵抗係数
H2：末端圧力（約15m）
H3：ポンプ実揚程
h ：ポンプ吸い込み（−）またはポンプ押込み（＋）水頭

この制御にはポンプ回転数制御が用いられ、同時に流量によるポンプ運転台数制御が併用される。

自動運転は流量に応じた圧力値、$aQ^n + H2 + H3 \pm h$を関数発生器または演算装置から与える。図12に推定末端圧力一定制御ブロック図を示す。

② ポンプ吐出圧力一定制御

図13にポンプ吐出圧力一定制御ブロック図を示す。

吐出圧力を需要流量の増減とは無関係に一定とする制御で、管路損失水頭によって末端圧力は流量によって変化する。従って、管路損失の比較的小さい場合に採用される。

この制御には、ポンプ回転制御が用いられ、同

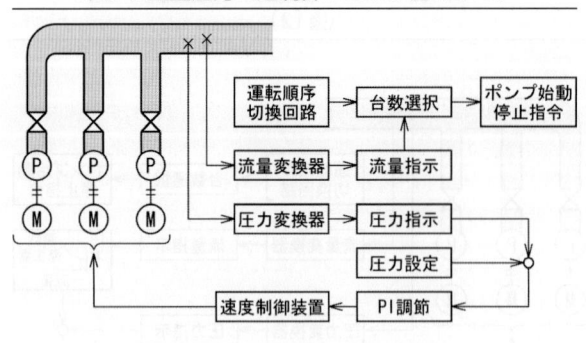

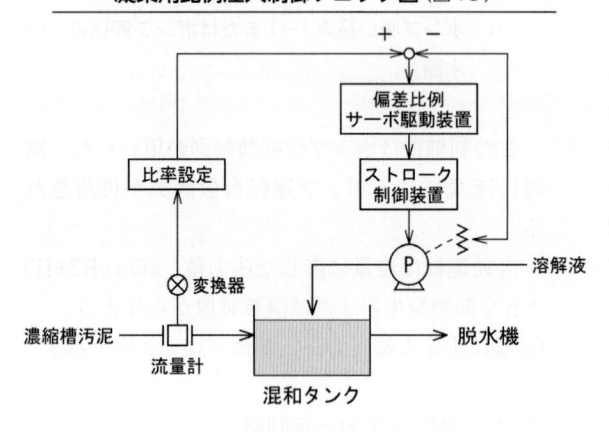

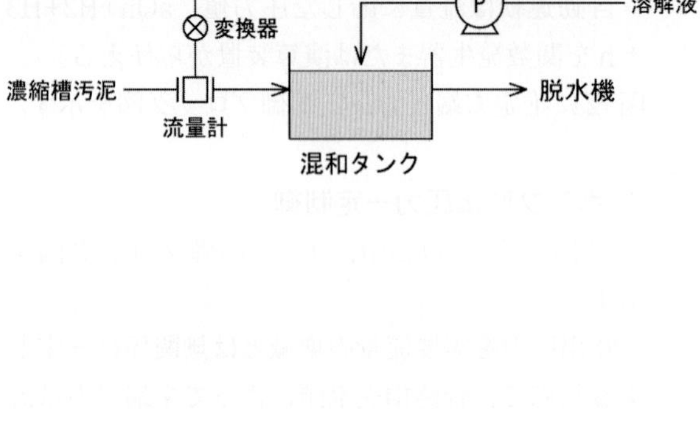

時に流量のよるポンプ運転台数制御が併用される。自動運転の設定値は吐出圧力となる。

(5) 排泥池設備

浄水工程で発生する汚泥の引抜き制御例として、汚泥界面計による排泥制御を、またポンプのストローク制御の例として、濃縮汚泥脱水のための凝集剤注入ポンプ制御について述べる。

ⓐ 汚泥界面計による排泥制御

沈殿池に溜まった汚泥を引抜くための制御で、汚泥界面計にて沈殿池の汚泥界面を検出し、設定レベルで排泥操作を開始する。図14に排泥制御のブロック図を示す。この方法は沈殿池の負荷変動が大きい場合も汚泥界面を設定レベル以下に管理できる。

なお汚泥界面計の保守及びバックアップとして、タイマーによる引抜き制御が併用されることが多い。

排泥停止は、排泥濃度低下信号またはタイマーにより行なわれる。

ⓑ 凝集剤注入制御

汚泥の脱水のための凝集剤注入制御で、凝集剤は汚泥量に比例して注入される。図15に凝集剤比例注入制御ブロック図を示す。プランジャーポンプの吐出量は回転速度およびストローク長に比例するので、注入量のフィードバック信号としてストローク長の信号を使用している。

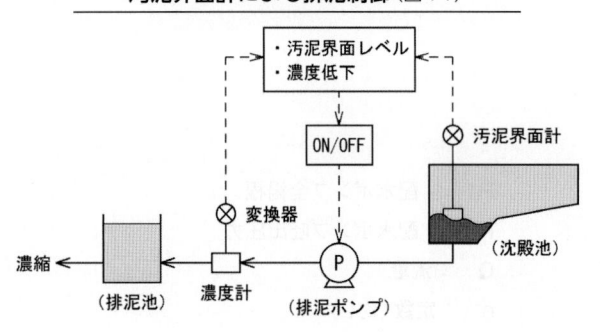

2 排水施設の自動制御

排水施設として、下水処理場における主要設備の自動制御について述べる。

下水処理施設では、処理機能および処理工程の安定性と安全の確保、ならびに省エネルギーを実現するために、機械の自動化を行なっている。機器制御の自動化はシーケンス制御とフィードバック制御を代表とするプロセス制御を組み合わせて行う。

シーケンス制御では、予め定められたとおりに順を追って制御が行なわれるので、まず誤操作による事故がなく、故障した場合でも安全側に動作するよう制御装置を作ることができる。次にプロセス制御では、ポンプ井の水位を一定に保つ制御や目標流量へのコントロール等の最適制御が挙げられる。

以上のように自動制御は下水道設備の省力化・自動化に大きな役割を果たす。

以下に下水処理施設における主要施設の自動制御方式について述べる。図16に標準活性汚泥法を用いた下水処理場の下水処理フロー例を示す。

(1) 沈砂池・ポンプ設備

① 沈砂池流入ゲート

流れてきた汚水を受入れるため、通常は全開であるが停電により汚水ポンプが停止した場合などのために、汚水ポンプ井が異常高水位となると自動閉となる。

② 汚水ポンプ

ⓐ ポンプ井水位による台数制御

汚水ポンプは、流入汚水量の変化に従って、その運転台数を増減させる必要がある。このため汚水量の変化をポンプ井水位の変化で検出して、ポンプ運転台数を変えてポンプ水位を一定範囲内にする。

図17にポンプ台数制御ブロック図を示す。ポンプ井水位計からの信号を、ポンプ運転設定水位位置でポンプ運転信号にかえ、運転順序切換回路を通じて、ポンプの台数を制御する。図18に台数制御のポンプ運転水位例を示す。ポンプ運転設定水位は図3のように設定され、No.1ポンプは水位L5以上となったとき始動し、L2に低下するまで運転する。No.1ポンプの吐出能力より流入量が多くなり、さらに水位が上昇してL6に達すると、No.2ポンプを始動する。

この例では、ポンプの運転順序はNo.1→No.2→No.3であるが、運転の順序切換回路のよって、No.2→No.3→No.1またはNo.3→No.1→No.2にも切換えられるようにして、各ポンプの運転時間を平均化している。

この方法は簡単であるが、流入水量の変動が頻繁な場合にポンプの始動停止頻度が多くなって好ましくない。従って、汚水ポンプの制御は次のポンプの回転数制御を併用することが一般的である。

ⓑ ポンプ井水位一定制御

この方法は、ポンプの駆動用電動機をVVVFなどを用いて可変速にして、汚水量が変動してもポンプ井の水位を一定に保つように制御するものである。このようにすれば、汚水量の変動に対応してポンプの吐出量を自動的に連続して変化させることになり、ポンプの揚水能力を段階的に変化させる台数制御方式に比べてポンプの始動停止頻度は少なくなる。

図19にポンプ回転速度制御による水位一定制御ブロック図を示す。

ポンプ井水位計によって検出したポンプ井水位と設定水位を比較して、コントローラ等の調節機能でその偏差がゼロとなるようにポンプの回転速度を制御する。調節機能は比例要素と積分要素とからなるPI調節機能を使用する。この場合、ポンプ台数切換えは流量計によって行い、1台目のポンプの最大能力以上で2台目のポンプを始動し、2台目のポンプを始動した水量よりやや少ない流量となったとき、2台目のポンプを停止して1台運転にする。3台目以降

1030 ● V 実用水処理技術編

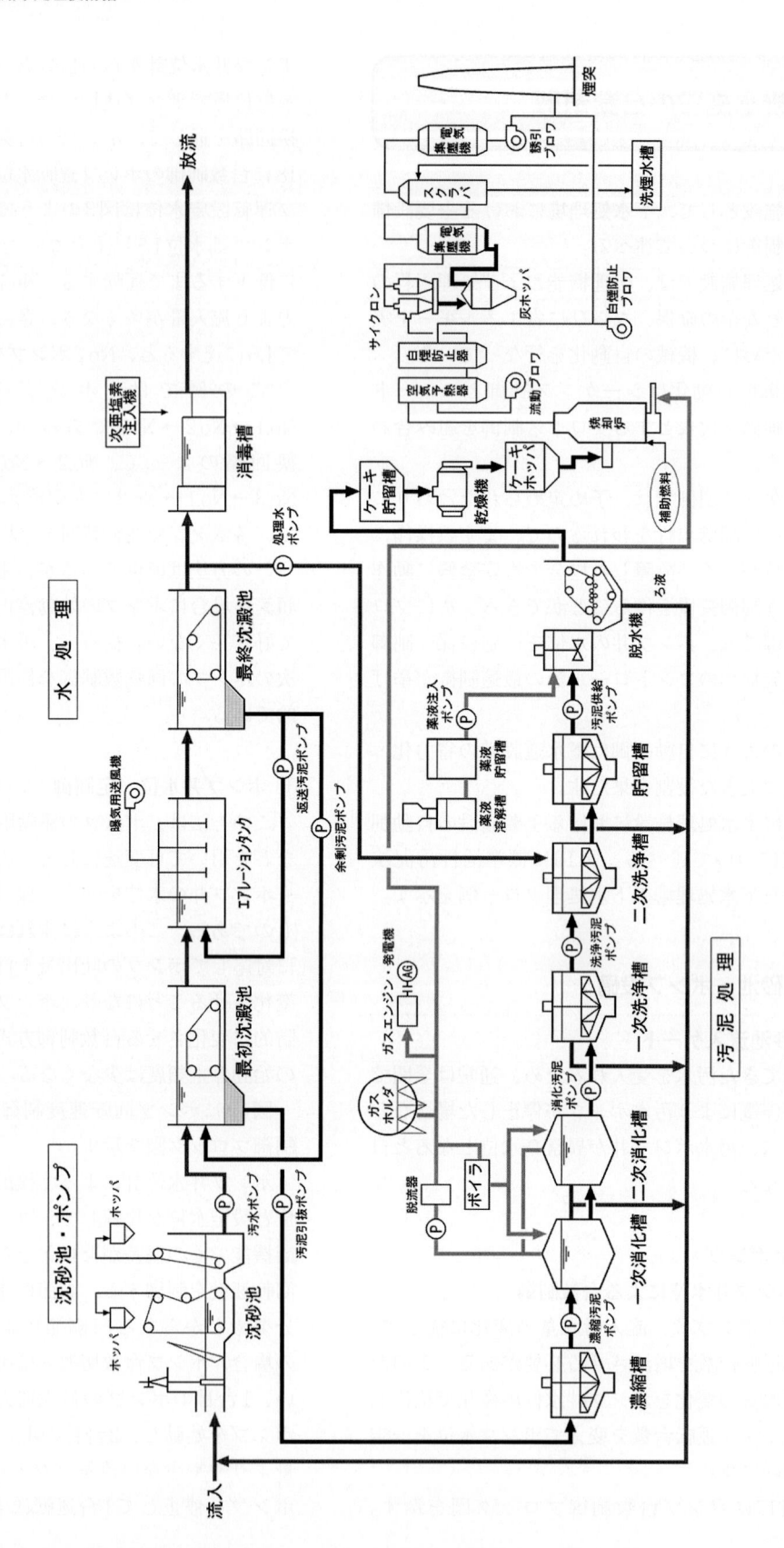

標準活性汚泥法を用いた下水処理フロー例（図16）

ポンプ台数制御ブロック図(図17)

台数制御のポンプ運転水位(図18)

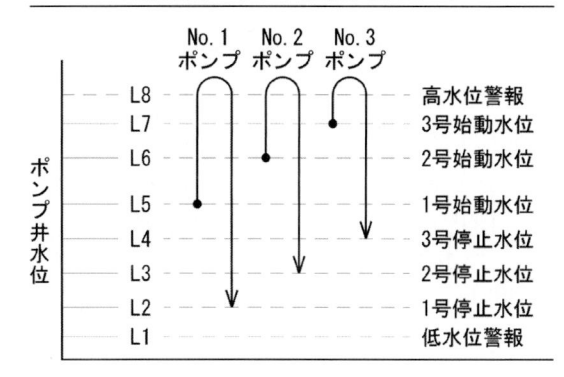

ポンプ井水位一定制御ブロック図(図19)

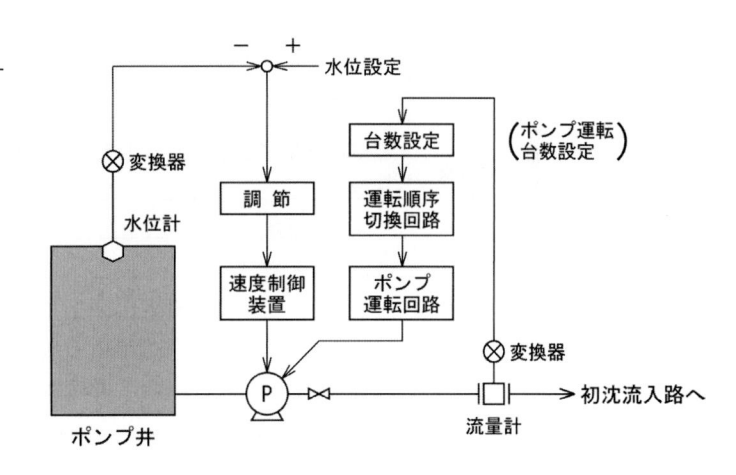

も同様である。この台数切換信号を得るために、流量計回路にポンプ運転のための流量設定機能を設けている。

(2) 最初沈殿池汚泥引抜設備

汚泥かき寄せ機で汚泥ピットにかき寄せられた最初沈殿汚泥は、汚泥引抜ポンプで引き抜かれ、濃縮タンクへ送られる。汚泥引抜ポンプは、最初沈殿池数池に対して2台からなり、内1台は予備とするのが普通である。

図20に汚泥引抜ポンプ設備図を示す。図21に最初沈殿池汚泥引抜制御タイムチャートを示す。

引抜開始指令は24時間タイマで与えられ、No.1またはNo.2汚泥引抜ポンプでNo.1～No.4沈殿池の汚泥を引抜き、

続いてNo.3またはNo.4汚泥引抜ポンプでNo.5～No.8沈殿池の汚泥引抜を行なう。

各池からの汚泥引抜量は、引抜時間又は汚泥濃度により設定し、引抜時間内であっても汚泥移送管に設けた汚泥濃度計で検出する汚泥濃度が一定値以下に低下した場合は汚泥引抜を停止し、つぎの沈殿池の引抜きに移行する。

また送り先の濃縮タンクの過負荷防止にために、全体の引抜汚泥量が規定値を越えることがないように汚泥流量計にプリセットカウンタを設けて1日の汚泥引抜量がセット値となった場合、汚泥引抜を停止する方法をとる場合がある。

汚泥引抜ポンプ設備図（図20）

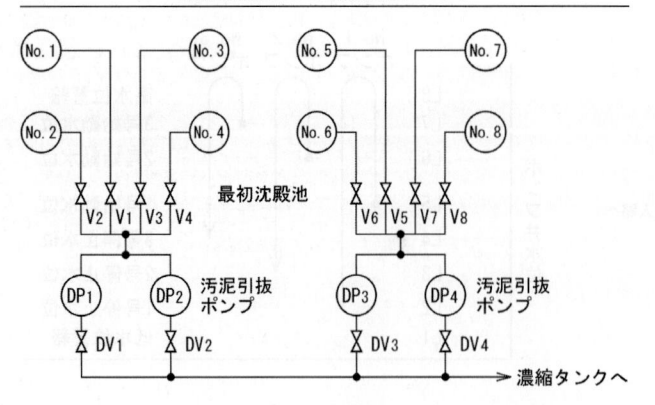

送風機構成例（図22）

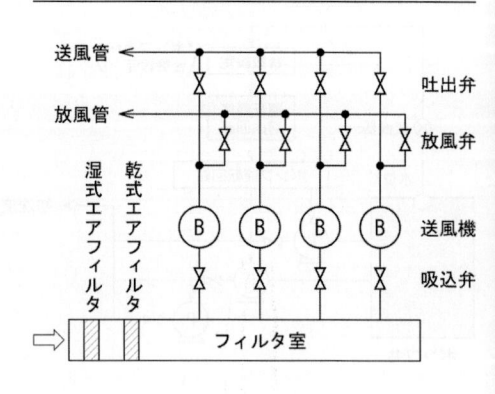

最初沈殿池汚泥引抜制御タイムチャート（図21）

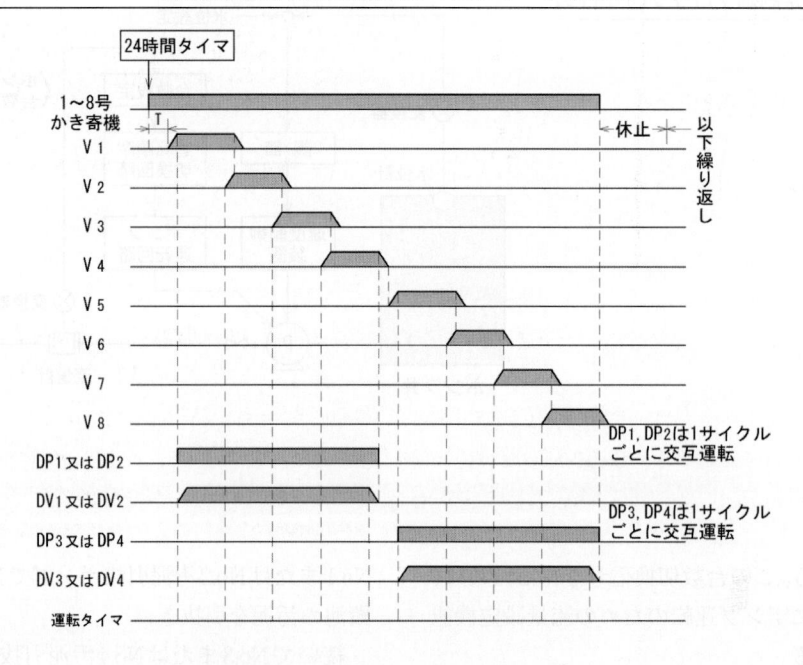

曝気風量の流入量比例制御ブロック図（図23）

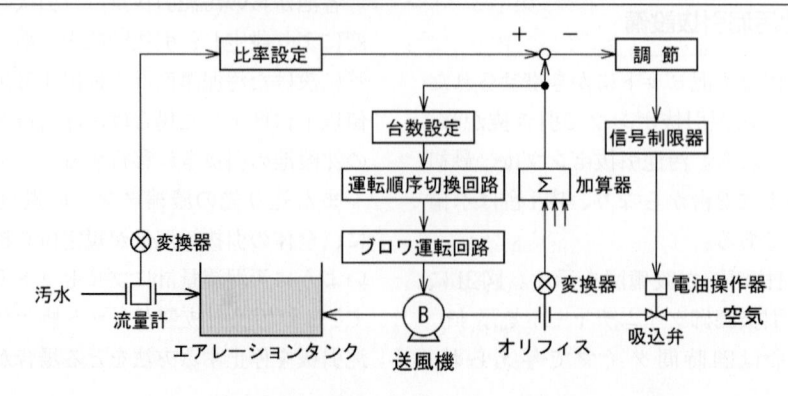

DO一定制御ブロック図（図24）

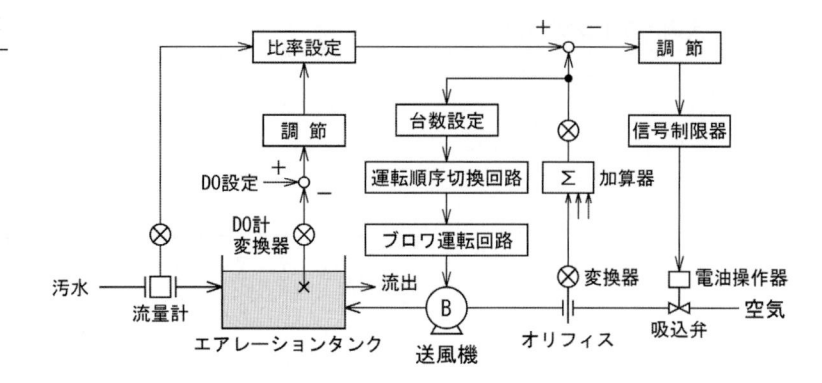

(3) 送風機設備

曝気用送風機は、数台設置され、運転台数および吸込弁の開度で送風量を制御している。

図22に送風機構成例を示す。

送風機の制御は、流入量比例制御とDO制御がある。

① 流入量比例制御

図23に曝気風量の流入量比例制御ブロック図を示す。

ここでは流入汚水量に対して一定比率となるように制御し、季節における水質の変動等に従って操作員が一定期間ごとに比率を調節している。

流入汚水流量信号に、比率設定機能で設定比率をかけたものを風量設定信号とし、これと各送風量を加算した合計風量との偏差をゼロとするように、各送風機吸込弁の開度を調節する。

送風機の運転台数の切換は、吸込風量によって行なう。なお送風機のサージング防止のために、風量が一定値以下とならないように信号制限器を設けている。

② DO一定制御

この方法は、エアレーションタンク内の溶存酸素濃度（DO）を一定に保つものである。

図24にDO一定制御ブロック図を示す。

風量の流入量比例制御と同様であるが、DO検出値が設定値に等しくなるように、比例設定の設定を変化させて水量対風量の比率を調節するカスケード制御としている。

こうすることによって、流入汚水水質の変動、合成洗剤などによるエアレーション効率の低下、気温及び水温の変化による要求空気量の変動などに関係なくDOを一定に保つことができる。

なおエアレーションタンク中のDOは、タンクの長さ方向の各点で異なり、汚水と返送汚泥の混合点急激に低下し、エアレーションタンクを流下するにしたがって徐々に上昇して、流出点近くで急上昇する。したがって、DOの基準値及び検出点の設定は慎重に行なう必要があるが、DO計の設置位置は、エアレーションタンクの出口付近が望ましい。

(4) 返送汚泥ポンプ、余剰汚泥ポンプ設備

図25に返送、余剰汚泥ポンプ設備図を示す。

① 返送汚泥ポンプ

返送汚泥ポンプは、最終沈殿池2～4池に対して1組設ける。ポンプは普通予備1台を含めて3台を1組とし、常時2台が運転し、返送汚泥量の調節はポンプの回転速度制御によって行なう。制御方法は、図26に示すように流入汚水量に対して返送汚泥量が一定比率になるように制御するもので、返送比率は返送汚泥の性状、流入汚水の水質変化により変更する。

流入汚水量の信号には、送風機と同様にポンプ

返送・余剰汚泥ポンプ(図25)

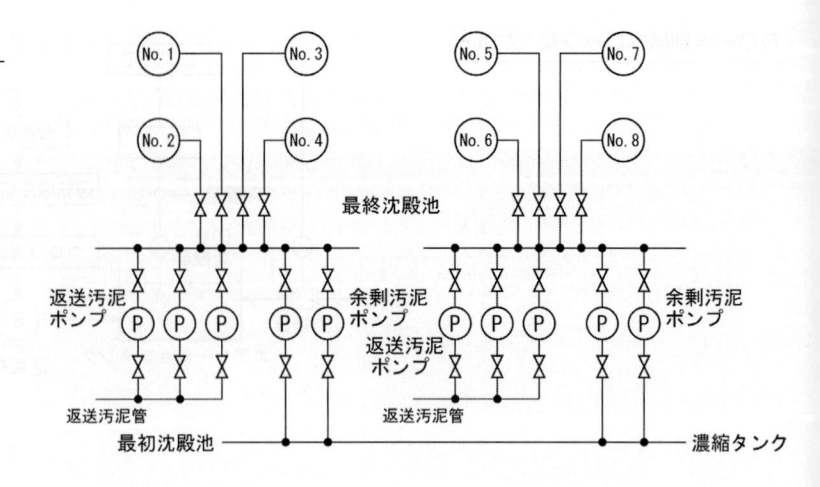

返送汚泥量の流入量比例制御ブロック図(図26)

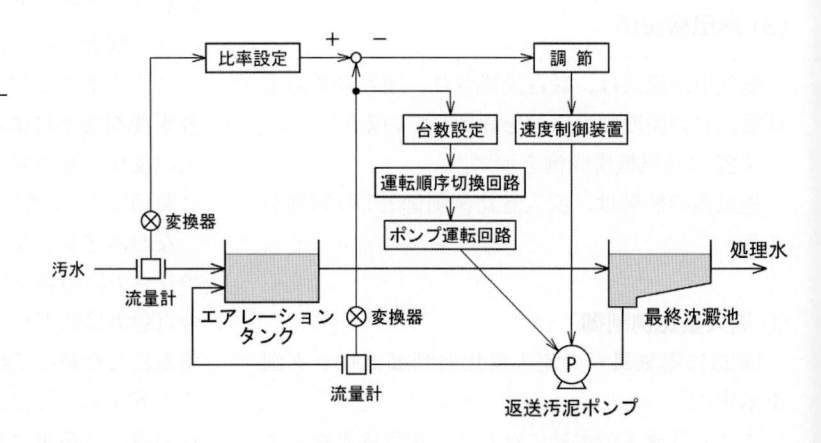

の吐出量、最初沈殿池流入量などが用いられ、これに比例設定器により比率を乗じたものと返送汚泥量信号との偏差がゼロになるように返送汚泥量を制御する。

返送汚泥量の調節には、VVVF等によるポンプ回転速度が用いられる。

② **余剰汚泥ポンプ**

余剰汚泥は、最終沈殿池の汚泥からその一部を引抜く方法が一般的で、余剰汚泥ポンプは、返送汚泥ポンプとともに、最終沈殿池2～4池に対して1組設置する。その1組は2台構成で1台は予備機としている。

運転方法は一般的に4池を1郡とし、毎郡から余剰汚泥を順次引抜く。

自動運転の場合は、24時間タイマで運転指令を与え、一群(1～4池)のポンプを一定時間運転し、次に二群(5～8池)のポンプ、さらに三郡と順次ポンプを運転して1サイクルが完了する。

1サイクルが終わると、休止時間後再びこれを繰り返し運転する。また余剰汚泥管に取り付けられた余剰汚泥流量計にはプリセットカウンタを設け、上記によるタイマ自動運転で引抜汚泥量が過大とならないように、余剰汚泥の総量が一定値に達したら引抜を停止するようにしている。

なお手動運転の場合は、上記の一群ごとに始動停止操作を繰り返し行なうが、余剰汚泥ポンプは自動、手動にかかわらず組になっている2台のポンプのうち、いずれかが故障の場合には、他の健全なポンプに運転を移行する。

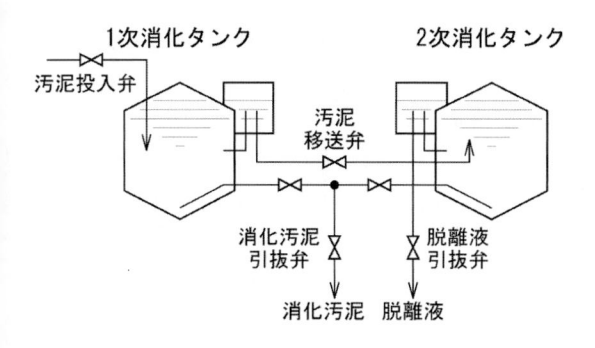

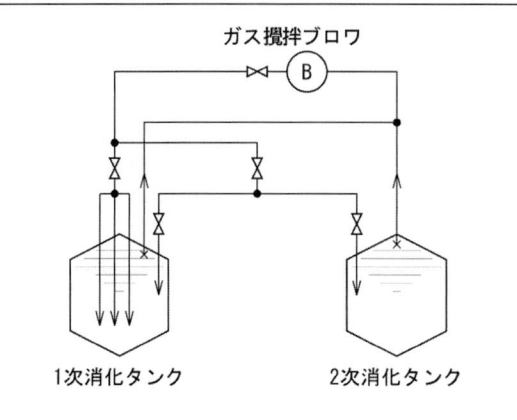

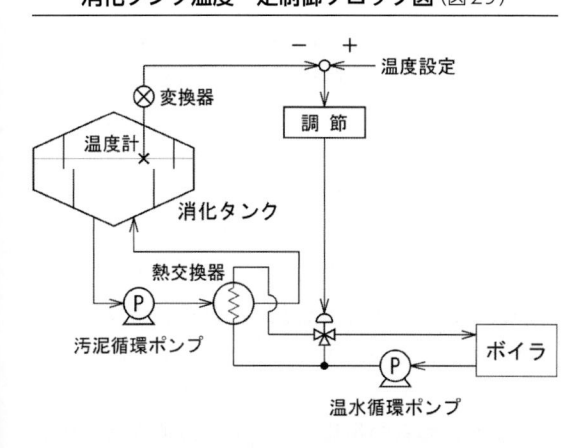

(5) 汚泥処理設備

① 濃縮汚泥ポンプ

濃縮汚泥ポンプは、濃縮タンクで濃縮した汚泥を引抜き、消化タンクへ移送するもので、消化タンク汚泥投入弁に連動して消化タンクへ生汚泥の投入を行なう。

② 消化タンク設備

汚泥消化方法例として2段消化法を示す。同一消化タンク2基を直列に使用する方法が一般的である。消化タンクでは、消化汚泥脱離液の引抜き、汚泥投入、汚泥の攪拌を行なう。また付属のボイラで温水または蒸気で加温を行なう。図27に消化タンク構成図を示す。

汚泥の投入、引抜きは、24時間タイマで一定周期ごとに間欠的に1日数回投入、引抜きを行なう。

汚泥投入、引抜き指令が与えられると、2次消化タンク脱離液引抜き弁を開き、脱離液の引抜きを行い、次に消化汚泥引抜引抜き弁を開き、消化汚泥を一定量引き抜く。

引抜きが終了すると汚泥投入弁及び汚泥移送弁を開き、汚泥の投入および1次タンクから2次タンクへの汚泥移送を行なう。

投入、引抜きの汚泥量および脱離液量は、各弁の通過時間および1次、2次消化タンクの水位で調節する。消化タンク内の汚泥攪拌およびスカム破砕は図28に示すように、発生ガスを消化タンクに吹き込むことで行なう。攪拌は1次消化タンクのみとし、連続して行なう。

スカム破壊はタイマによる間欠運転する。

③ 消化タンク温度制御

消化タンク内での反応速度は、温度によって大幅に変わり、またいったん温度が変わると、もとの温度に戻しても正常な状態に回復するのに長時間かかるため、消化タンクの温度は常に一定値に保たねばならない。消化タンクの加温方法には、各種の方法があるが、ボイラによる加温を例として示す。ここではタンク外に熱交換器を設けて、

焼却炉温度一定制御ブロック図（図30）

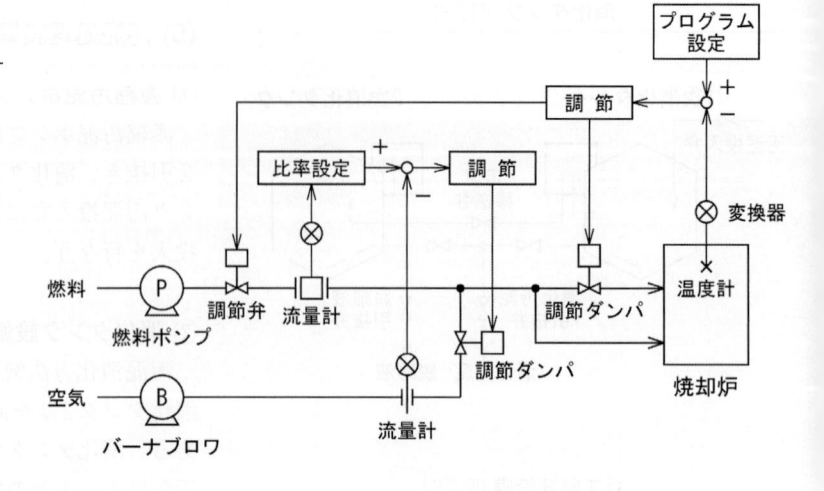

炉内圧力一定制御ブロック図（図31）

薬品比例注入制御ブロック図（図32）

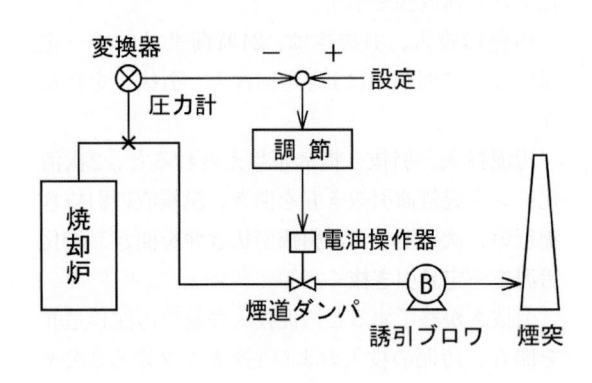

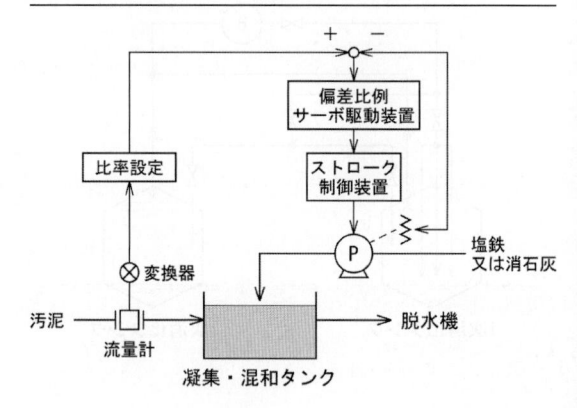

温水により加温する温度一定制御ブロック図を図29に示す。

ボイラは個別に温度一定制御が行なわれており、この温水を温水循環ポンプにより循環させる。消化タンク内の汚泥は汚泥循環ポンプにより、タンク内の攪拌と加温のため循環させる。

温水管には、3方電磁弁を設け、これを調節機能で操作して、消化タンク温度が設定値より低い場合に温水を熱交換器へ送って汚泥を加温し、温度が設定値となったら温水を熱交換器の手前で短絡させる。

④ 焼却炉の制御
ⓐ 炉内温度一定制御

焼却炉は、燃料および燃焼用空気の量を調節することによって燃焼温度を一定としている。図30に焼却炉温度一定制御ブロック図を示す。

炉内温度により燃料および燃料と空気の混合気体の量を調節する。燃焼用空気は、調節ダンパにより燃料に比例した量になるように調節する。

燃料には、消化ガスまたは重油が用いられるが、ここでは燃料調節弁はそれぞれに対して設け、切換えて使用することによって調節機能は1つとしている。

また、燃料の種類によって、燃焼空気の比率が異なるため、比率設定機能はそれぞれに対して設けられることが多い。なお、プログラム設定は、焼却炉の始動時および停止時の急激な変化をさけるために用いている。

ⓑ 炉内圧力一定制御

図31に炉内圧力一定制御ブロック図を示す。

焼却炉からの燃焼排ガスは、誘引ブロワによって引かれ、沿道ダンパの開度調節により炉内圧力が一定負圧になるように運転する。

(6) 薬品注入設備

下水処理工程での薬品の注入には、消毒のための次亜塩素酸ソーダの注入や、凝集のための凝集剤注入などがある。そのいずれも大半が、注入ポンプの回転速度およびプランジャーポンプのストローク制御が行なわれる。図32に薬品比例注入制御ブロック図としてプランジャーポンプのストローク制御を示す。

プランジャーポンプの吐出量は、回転速度およびストローク長に比例するので、薬品量のフィードバック信号としてストローク長の信号を使用している。

3 広域施設の自動制御、遠隔監視制御

上水道では水源で採取された原水が浄水場へ送られ、また下水道では家庭からの汚水や工場等よりの排水が集合され処理場へと送られる。そのため原水が浄水場へ、また汚水が処理場に到達するまでに、自然流下や必要に応じてポンプによる圧送が行なわれている。そのため浄水場や処理場に到達するためのポンプ場などの施設は広域にわたって配置されている。

本項では、浄水場や処理場の場外の施設となるポンプ場等の自動制御方式について述べる。一般にポンプ場などは通常無人施設で、設備は自動運転され、浄水場や処理場から遠隔監視制御をおこなっている。従ってそれらの位置づけは、浄水場や処理場が監視制御の集中監視制御場所（遠方）となるのに対して、ポンプ場等は被監視制御場所（現場）という位置づけとなる。本項ではポンプ場等の自動制御方式とあわせて遠方監視制御方式について述べる。

(1) 上水施設のポンプ場、配水池の自動制御

原水取水より浄水および配水までのシステム構成例を図33に示す。ここでは、河川より取水された原水は、浄水場までは地形や距離から、浄水場まで送るために導水ポンプ場で圧送する。また浄水場からの配水は、需要家へ水道を供給のため一度配水池へ貯水し配水する。

① 導水ポンプの役割と自動制御

導水ポンプの役割と自動制御については、「2.施設の自動化　(1)浄水施設の自動制御」参照

なお浄水場（遠方）では、ポンプの運転および停止や故障ならびに送水流量を常時監視している。

② 配水池の役割と自動制御

配水池は一般に丘の上などの高所に設置され、需要家への一定圧連続給水のための施設である。需要家側では、昼夜や需要家の時間的要求水量によって、一日の時間帯で要求水量が絶えず変化する。従って配水地では常に配水池水位を一定に保つことが要求される。そのために配水池へ水を送る送水ポンプの運転制御は配水池の水位が一定になるように、送水ポンプの台数制御を行なう。

なお配水池からは、浄水場内の送水ポンプの運転制御のために配水池水位信号が常時浄水場（遠方）に送られている。

図34に配水池水位一定制御ブロック図を示す。図35に送水ポンプ運転水位を示す。

③ 配水ポンプの役割と自動制御

上記②の配水池よりの自然流下系と異なり、配水ポンプによる圧送が必要な場合は、ポンプ場として推定末端圧制御やポンプ吐出圧力一定制御を行なう。

推定末端圧制御とポンプ吐出圧一定制御方式については、「2.施設の自動化　(1)浄水施設の自動制御参照

標準活性汚泥法を用いた下水処理フロー例（図33）

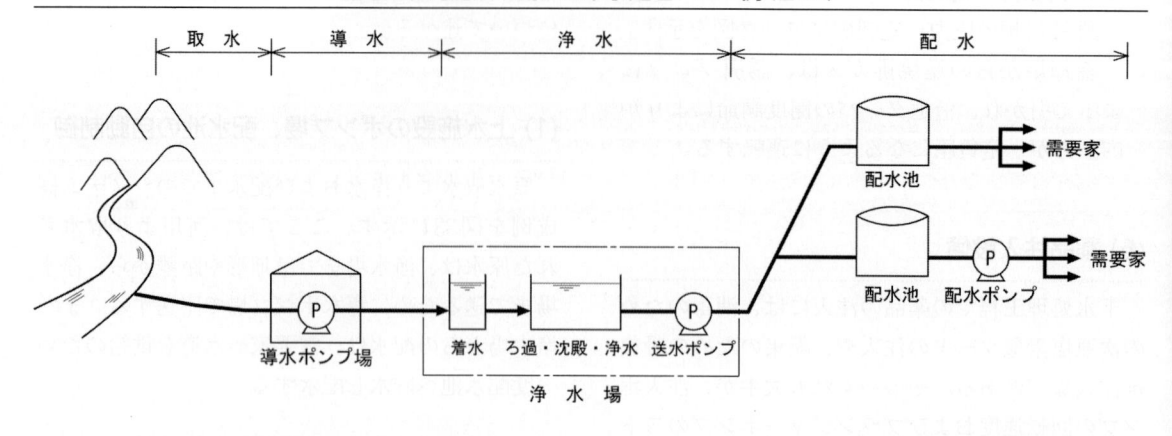

配水池水位一定制御ブロック図（図34）

ポンプ運転水位（図35）

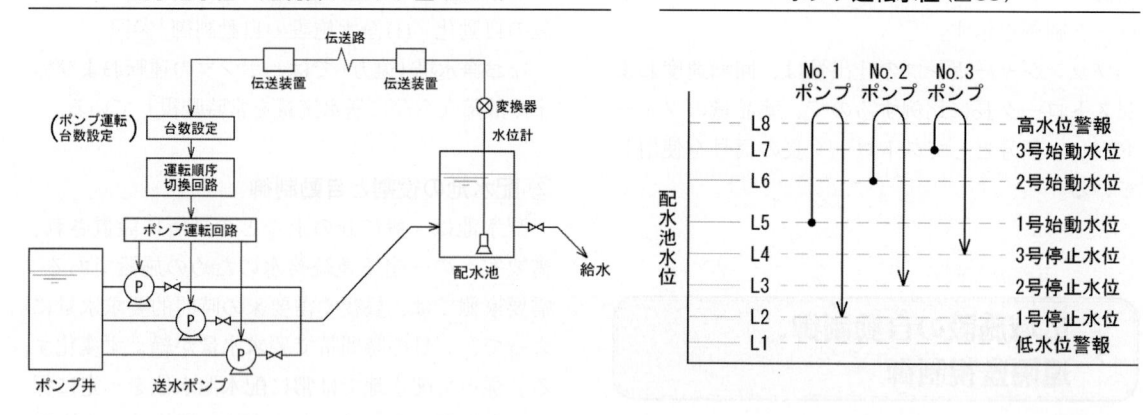

(2) 下水施設のポンプ場の役割と自動制御

汚水の流入から処理場への下水システム構成を図36に示す。

家庭からの汚水や工場等の事業所からの排水は、汚水枡等を経由して自然流下でマンホールポンプ場に集まる。

ここで集められた汚水は、マンホールポンプにて圧送され中継ポンプ場に送られる。中継ポンプ場では、雨水も流れ込む場合も多いため、ここでし渣や砂が除かれ、汚水ポンプにてさらに圧送され処理場に送られる。

① マンホールポンプ場の役割と自動制御

マンホールポンプ場は、流入してきた汚水を中継ポンプ場へ圧送するための施設である。多くはマンホールタイプの貯留槽を設置し、流入してきた汚水を水中ポンプにて圧送する。施設はほとんどが無人施設で、ポンプは自動運転されている。

・ポンプの運転および停止制御

図37にマンホールポンプの自動運転ブロック図を示す。

ポンプはマンホールの水位で自動運転される。レベルスイッチをポンプの自動運転、停止および警報レベル用にそれぞれ設置し、レベル

下水システム構成（図36）

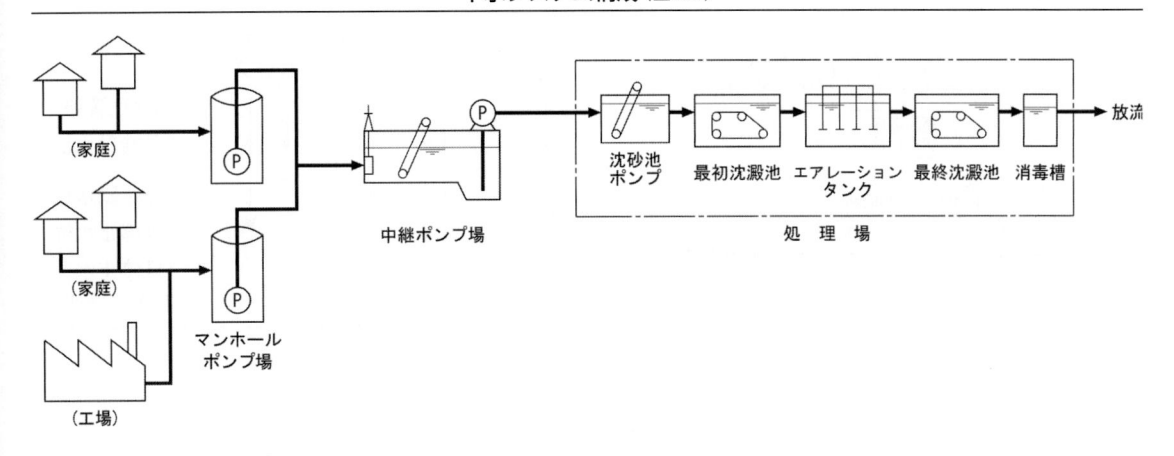

中継ポンプ場構成（例）（図38）

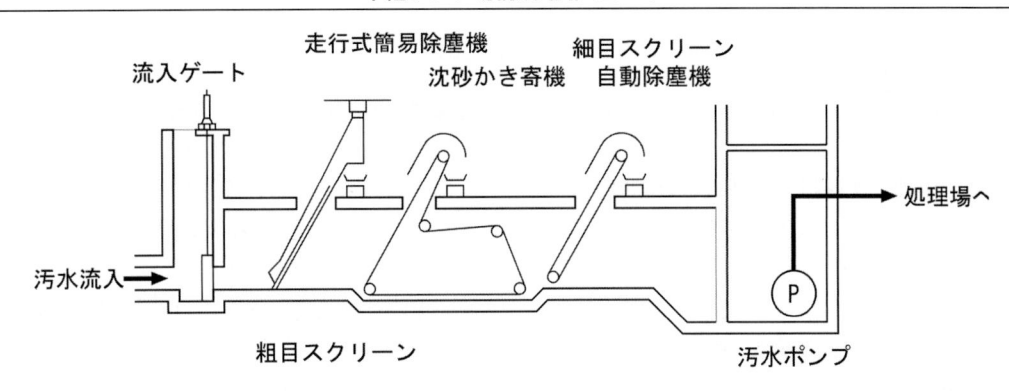

マンホールポンプ自動運転ブロック図（図37）

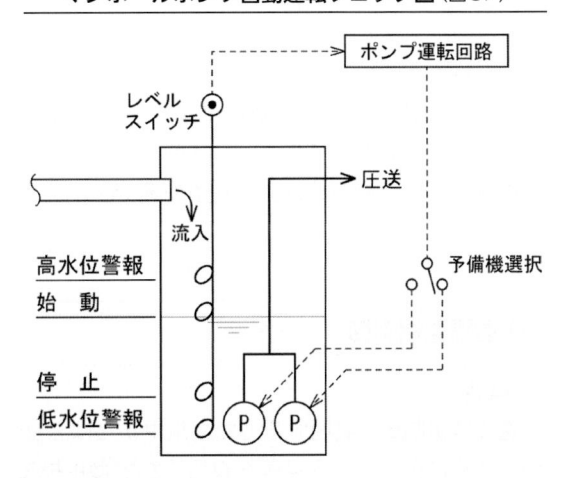

信号にて自動運転停止を行なう。なおポンプ設置台数は通常2台設置され内1台は予備機としている。

② 中継ポンプ場の役割と自動制御

中継ポンプ場は流入してきた汚水を処理場に圧送するための施設である。図38に中継ポンプ場構成例を示す。

ⓐ 流入ゲート開閉制御

流入ゲートの操作は手動による開閉を行い、常時は全開にて流入汚水を受入れる。なお機場によっては外水位レベルの異常高により緊急閉

中継ポンプ台数制御ブロック図（図39）

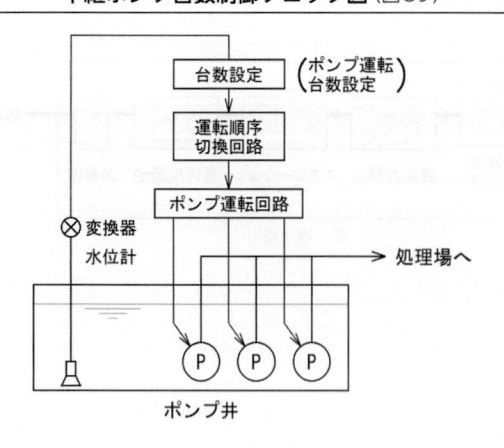

ポンプ運転水位（図40）

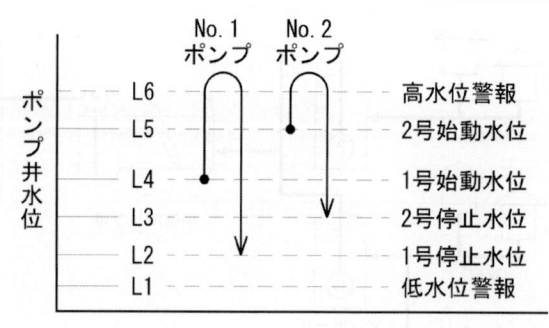

水位	No.1ポンプ	No.2ポンプ	説明
L6			高水位警報
L5		●	2号始動水位
L4	●		1号始動水位
L3		↓	2号停止水位
L2	↓		1号停止水位
L1			低水位警報

の回路を構成することもある。

ⓑ 自動除塵機、沈砂掻き寄せ機の自動制御

24時間タイマーにより、一定時間自動運転をおこなう。

ⓒ 汚水ポンプの自動制御（.ポンプ井水位による台数制御）

中継ポンプ場に流入してくる汚水は、昼夜間や晴天雨天時により変動する。従って汚水ポンプの役割は、中継ポンプ場のポンプ井をあふれさせること無く、流入汚水を処理場に送ることにある。これにより汚水ポンプの自動制御は、複数のポンプの運転台数を変えてポンプ水位を一定範囲内にする。

図39に汚水ポンプ台数制御ブロック図を示す。図40に台数制御のポンプ運転水位を示す。なおポンプ設置台数は、通常予備機1台を設けている。

(3) 遠隔監視制御

① 概要

遠隔監視制御を説明する上で、集中または上位側で監視制御を行なう場所を親局（または中央または遠方）といい、監視制御される側を子局（または現場または機側）という。上水道設備の遠方監視制御システムは、浄水場を集中監視制御場所（親局）とし、点在するポンプ場や配水池等を被監視制御場所（子局）としている。また下水道設備の遠隔監視制御システムは、処理場を集中監視制御場所（親局）とし、マンホールポンプ場や中継ポンプ場を被制御監視場所（子局）としている。

図41に遠方監視制御システム概要図を示す。

遠方監視制御とは、親局と子局間を伝送路にて接続し、ポンプ等の運転操作信号および運転状況や故障発生状況の監視を行なうデジタル信号や、水位、流量などのアナログ信号を伝送する。また親局と子局をつなぐ伝送路には、様々な伝送方式と伝送回線が用いられている。

② 伝送方式

図42に代表的な伝送方式の比較を示す。
伝送方式の選定には、監視制御システムの規模や設備の重要度、信頼性および経済性などを考慮して決定する必要がある。

③ 伝送回線

伝送回線には、下記に示す種類が有り、応答性、信頼性、経済性等から適切なものを選定する。

遠方監視制御システム概要図（図41）

ポンプ場（子局）
- 状態信号
- 水位計
→ 伝送 →

ポンプ場（子局）
- 状態信号
- 水位計
→ 伝送 →

ポンプ場（子局）
- 状態信号
- 水位計
→ 伝送 →

集中監視制御所（親局）
- 監視装置（情報処理）

伝送方式の比較（図42）

項目	テレコンテレメータ TC／TM	ルータ
概略構成	親局 TM/TC ─ 子局 TM/TC	SQC ─ ルータ ─ ルータ ─ SQC
概要	従来から遠方監視制御用の専用装置として一般的に使用している方式	通信回路を経由して、LAN間接続を行なう方式
伝送速度	200〜64kbps	64kbps〜6Mbps
伝送容量	制限有り	制限なし
外部装置とのインターフェイス	PI／O、LAN	LAN

各伝送路の特徴は

イ．私設網

有線については、通信ケーブルを埋設や架空にて新規に需要家が敷設する。無線については、地理的な条件やNTT回線を利用できない場合など、特に災害時対応として主に災害防災関連システムに用いられている。なおこれら私設網では伝送路の保守や維持管理は需要家の責任となる。従って、上下水道プラントの遠方監視ではほとんど採用されていないのが現状である。

ロ．公衆線

広く用いられており、相手端末を自由に選択でき、経済性も高い。

ハ．専用線

接続相手が常時固定されているため、通信品質が安定度は高い。また瞬時データ（水位や流量などのアナログ計側信号）を連続して伝送する必要のある上下水道施設の遠方監視制御では、従来から広く利用されている。

（原田國弘）

4 設備管理支援

1 総則

　都市化による水源悪化や安全な水の需要は水処理施設に高度化をもたらし、効率化を求める運転自動化（無人化）は施設一元化と大規模化を進展させてきた。その結果、設備の劣化や故障が水質と施設安定稼動に影響するリスクが高まり、給水需要が頭打ちのなか維持管理費や老朽化に伴う設備更新費の割合は年々増加の一途をたどっている（図1、2）。
　一方、高度成長期前後に建設した水処理施設は老朽化で更新時期を迎え、近年の財政逼迫のなか経営効率化を目指す設計建設、運転維持管理の包括的な民間委託が始まっている。
　水事業の経営効率化は自治体の監督義務を果たしつつ、社会インフラとして施設の24時間安定稼動を保ちながら、長期にわたる維持管理費（設備保全費、在庫費、設備更新費）の合理的な平準化と削減が課題である。設備管理支援はこれら維持管理の全体最適化を目的に導入する。

2 設備管理支援の特徴

　かつての設備管理支援は個別の要求業務機能が多岐にわたり、統一した目的が曖昧な面があったが、その後の維持管理業務の進化と業務分析、機能改善で支援機能が明確になってきた。広域に散在する様々な水処理設備と保全作業、維持管理組織と従事者を一元管理して、維持管理の体系化と標準化が可能な機能群とパフォーマンスを装備すること。かつ、設備導入から撤去にいたるライフサイクル期間の横断的管理機能群を備えることで維持管理の全体最適化を支援する。さらに施設状況を自治体水事業責任者と共有し、水道局～浄水場～受託事業者間で垂直情報共有を可能にするネットワークと、これら関係者のユーザー別利用制限、閲覧制限機能を持たねばならない。下記に設備管理支援の機能を実現するための主要機能を、図3でシステム構成例を紹介する。

3 設備管理支援の機能例

(1) トップ画面

　設備管理支援にログイン直後に表示。安全衛生／保全／運転の掲示、ログインユーザー所属グループが担当する対応中の点検作業／補修工事／異常、補充を要する備品などを一画面で統括一覧表示する。維持管理業務の見える化と案件名ワンクリック操作で個別画面をジャンプ表示し、日常業務を効率化。機器履歴、備品管理、異常管理、作業管理、掲示板と連動。

(2) 事業所管理

　貯水池～浄水場～配水施設にわたる設備事業

21章 水処理施設の運転と管理 ● 1043

水道施設投資額と更新需要の推移投資額が対前年度比マイナス1%で推移したケース (図1)

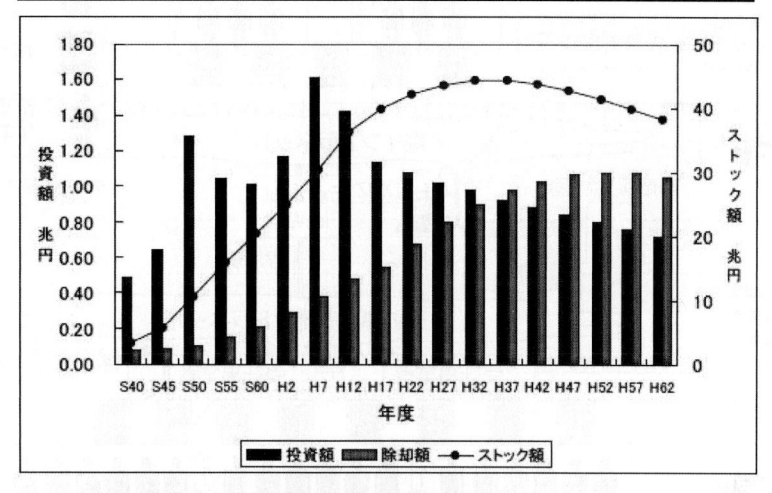

平成32～37年度の間に更新需要が投資額を上回る

除却額：過去に投資した金額を、施設が法定耐用年数に達した時点で控除（除却）した額であり、ここでは耐用年数に達した施設を同等の機能で再構築する場合の更新費用の推計額として用いている。
なお、実際の施設更新の場合は、施設の機能が向上（耐震性強化等）することにより更新費用は除却額を上回る傾向がある。

出典：厚生労働省健康局水道課、
第1回水道ビジョンフォローアップ検討会資料7　52頁
http://www.mhlw.go.jp/topics/bukyoku/kenkou/suido/vision2/dl/siryou07.pdf

水道1m³あたりの維持管理費用（平成20年度）(図2)

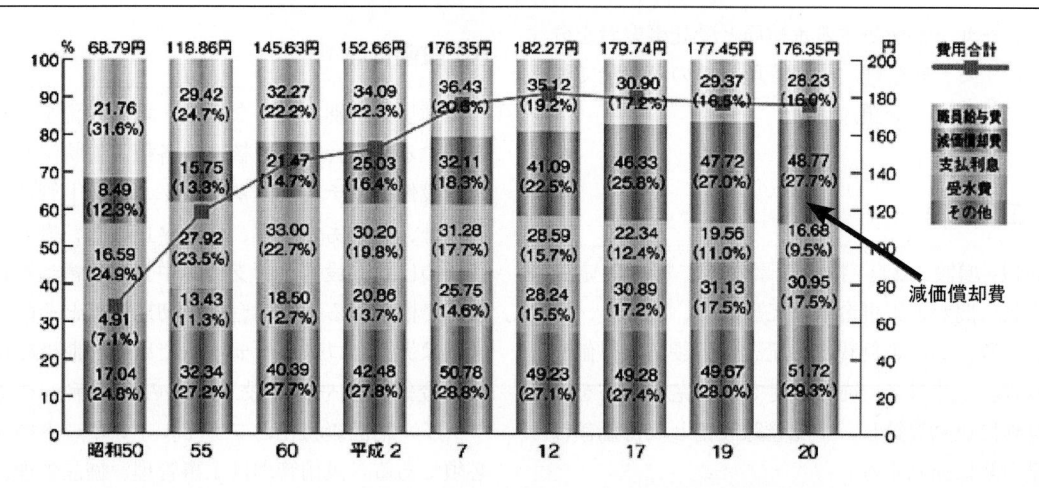

出典：社団法人日本水道協会、水道資料室
http://www.jwwa.or.jp/shiryou/water/water06.html
矢印は強調のため執筆者が追記

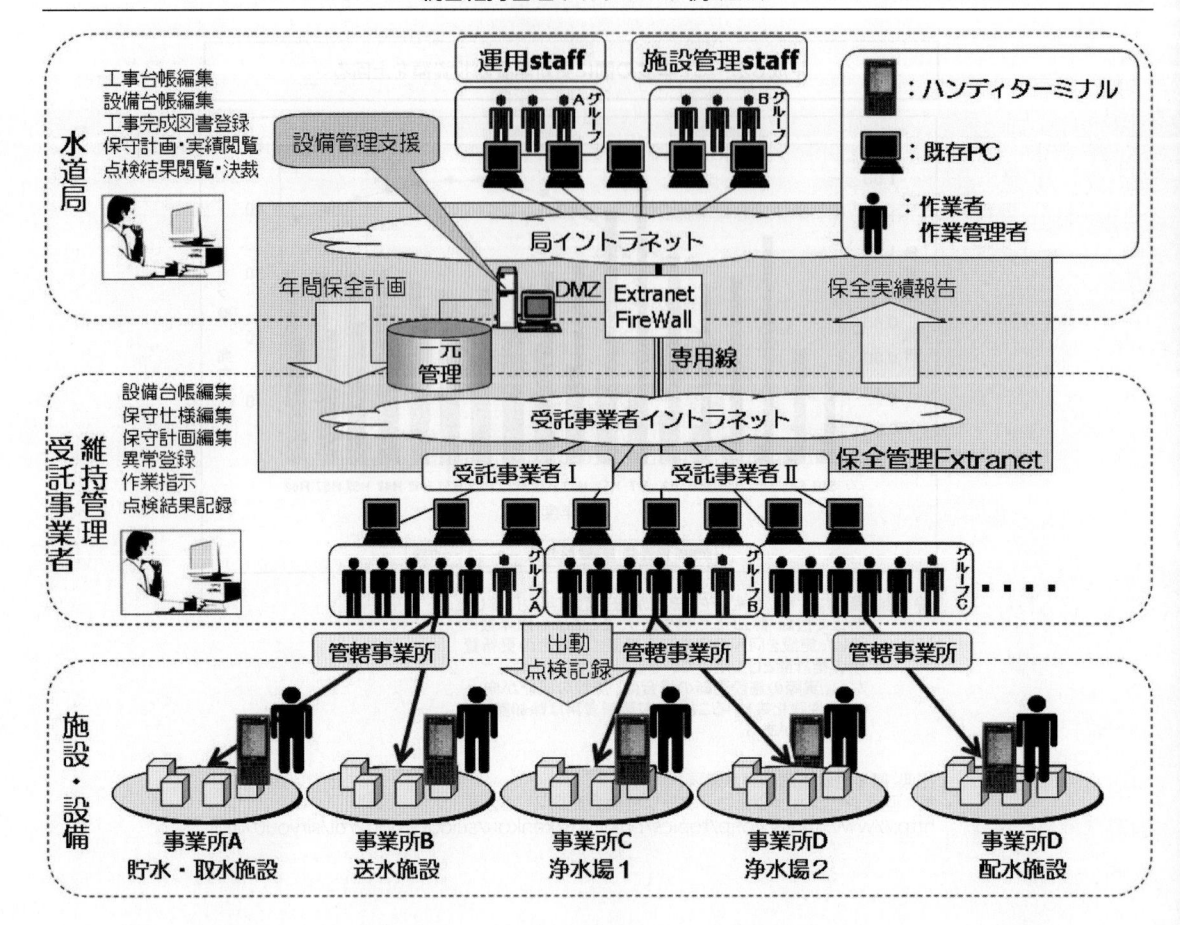

統合維持管理ネットワーク例（図3）

所、ユーザーが所属する水道局と受託事業者を分類管理する台帳管理。設備管理支援の各機能で最上位に位置する分類。

(3) 工事管理

新設／増設／改良／撤去工事など、有形固定資産異動に関わる工事台帳。工事内容、竣工日、工事設計費、実績請負費、手配設備、設備取得価額を管理。工事件名／竣工年度で工事完成図書を文書管理に連動登録し、手配登録設備と取得価額は設備台帳に連動する。

(4) 設備管理

設備事業所別で様々な機械・電気設備を柔軟に管理する設備台帳を中核に、各種設備状況を管理する設備カルテ、ライフサイクルコスト管理、機器履歴、稼動劣化管理、稼動停止履歴、撤去設備台帳のほか、設備診断支援、中長期修繕予算管理などで構成する。設備台帳の初期構築とその後の維持は労力とコストを要するため、初期構築用の一括登録機能や、新設工事時の台帳データ電子ファイル納品義務化とファイルインポート機能は必須である。設備管理は工事管理、備品管理、保全管理、文書管理と連動して維持管理の最適化を支援する。

(5) 備品管理

　複数事業所に散在する消耗備品と、再利用可能な試験器材などを管理する耐久備品を台帳管理する。消耗備品台帳は機器履歴の使用数実績と連動して在庫数と在庫金額、在庫下限値を集計管理し、耐久備品台帳は予約と返却の管理を行い、それぞれ適正在庫化をはかる。備品管理は機器履歴の使用数実績、文書管理の図面・カタログなどと連動する。

(6) 異常管理

　異常管理は設備台帳と連動して、オペレータや通報者からのクレームや故障を設備単位で管理する。発生日時、現象、調査内容、原因、対策、復旧日時、恒久策などを登録管理する。

(7) 作業管理

　点検項目の登録・編集と版数管理、定期点検の自動スケジューリング、作業指示、進捗管理、点検記録、報告書作成、実績管理などで構成。点検記録はハンディターミナルを利用し、結果の報告は所属グループ内の作業者～管理者間でワークフロー決裁を行い、ペーパレス化と作業の標準化、効率化を実現する。保全管理は設備台帳や文書管理と連動して点検結果を設備管理の設備カルテに集約表示する。

(8) 掲示板

　安全衛生管理者、保全責任者、運転責任者による通達、連絡事項、申送り事項などを分類して登録表示する。

(9) 文書管理

　工事管理と連動する工事完成図書管理を中核に、このほかに通常の文書ファイル登録・分類検索管理も装備する。工事完成図書の登録は、メディアによる電子ファイル納品の義務化とメディアからの一括登録機能が必須である。工事管理のほか備品管理、保全管理とも連動して登録文書の有効活用を推進する。

(10) システム管理

　システム管理権限ユーザーが利用する機能。ユーザー情報(所属事業所/部門/グループ、グループ別管轄設備事業所、ID/パスワード、利用権限レベルなど)のほか、設備管理支援の初期構築に必要な各種パラメータを登録管理。ユーザー情報は登録編集のほか、グループ間の異動、退職他のシステム利用停止に対応が必要。

(11) バックアップ

　設備管理支援は施設が存続する限り、膨大な維持管理データを蓄積し続けねばならない。故障や事故による消失を避け復元を可能にするため、RAIDによるハードディスクバックアップと外部記憶媒体への定周期自動バックアップの2重管理が必須である。

4　設備保全費と設備管理支援

　設備保全費は次に示す固定費と変動費に大別される。設備管理支援の設備管理(設備台帳、機器履歴、設備カルテ)を中核に、異常管理、備品管理などで故障や不具合の再発防止、保全周期の適正化、設備延命化、備品在庫の適正化、管理業務の効率化を図り経費削減を推進する。また、中長期修繕予算管理で修繕費や委託費、更新費の年度別中長期予実管理を行い変動費予算を平準化し、さらに修繕費実績トレンドで適正コストを超える設備を早期に抽出して対策を講じ、維持管理費の圧縮をはかる。

維持管理従事者による設備診断と手順
(図4)

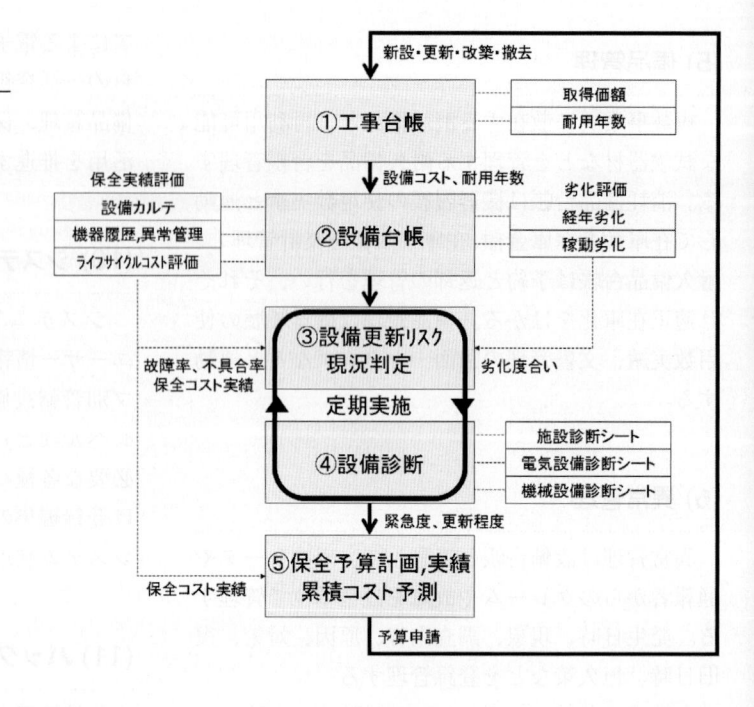

```
新設・更新・改築・撤去
    ↓
①工事台帳 ─── 取得価額／耐用年数
    ↓ 設備コスト、耐用年数
保全実績評価
  設備カルテ
  機器履歴,異常管理     ②設備台帳 ─── 劣化評価／経年劣化／稼動劣化
  ライフサイクルコスト評価
    ↓
故障率、不具合率     ③設備更新リスク現況判定 ← 劣化度合い
保全コスト実績
            定期実施
            ④設備診断 ─── 施設診断シート／電気設備診断シート／機械設備診断シート
    ↓ 緊急度、更新程度
保全コスト実績  ⑤保全予算計画,実績累積コスト予測
            ↓ 予算申請
```

し、劣化状態を確認し対処することで安定稼動の阻害要因や急激な劣化要因を排除する。ここでは全体最適化の見地から、これら診断結果や日常の保全結果から維持管理従事者が行うリスク管理手法を用いた中長期修繕予算計画のための設備診断手順を紹介する(図4)。

(1) 固定費

自主保全(計画保全、突発保全)や委託保全の管理に要する人材と人員に関する全ての経費(人件費、光水熱費、工具器具備品費、消耗品費、通信費など)。初期の人員計画で決まる固定費が多い。

(2) 変動費

設備機能維持のための定期および突発の修繕費(部品、材料、消耗品費)や委託保全などの業務委託費、設備更新費。

① 予め設備台帳の登録設備に、水処理システムの維持で重要な設備に更新リスクフラグ(大/中/小など)を設定し、特定設備を重点的に診断できるようにする。(図4.②)
② 日々の保全結果(定期点検・整備、故障・クレーム、補修など)を記録する。(図4.②)
③ 半年または1年周期で更新フラグのリスクが大きい設備に特定して、外観・構造などの物理面、機能面、経済面の三つの視点で日々の保全記録から設備の更新リスク(緊急度、更新程度)を判定し設定する。更新リスクは頻度と大きさからリスク優先順位を決定する手法である。(図4.③④)(図5維持管理従事者による更新程度のリスク分類)

5　設備診断

設備診断は一般に、ポンプや回転機の振動診断や電気設備の絶縁抵抗劣化のような定期点検で発見できない機能・性能劣化の診断を専門家へ委託

維持管理従事者による更新程度のリスク分類（図5）

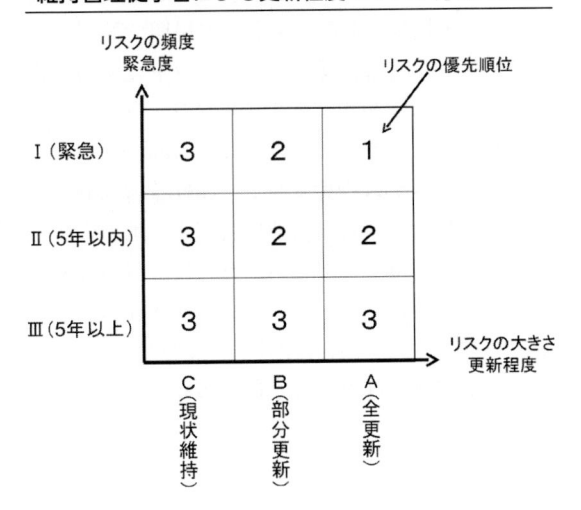

	C（現状維持）	B（部分更新）	A（全更新）
I（緊急）	3	2	1
II（5年以内）	3	2	2
III（5年以上）	3	3	3

縦軸：リスクの頻度・緊急度
横軸：リスクの大きさ・更新程度
矢印：リスクの優先順位

2次元（2値）の散布図例（図6）

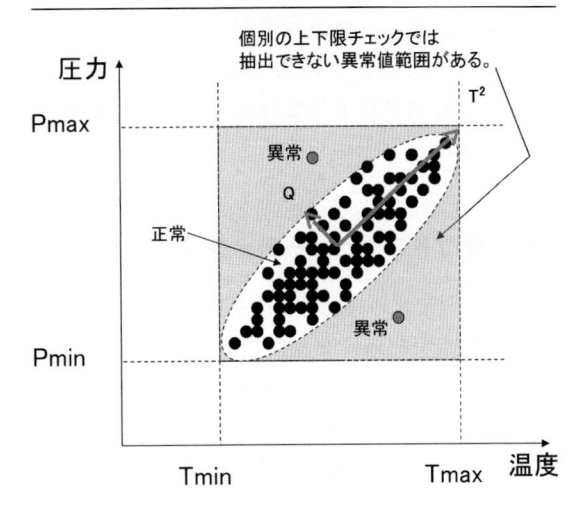

個別の上下限チェックでは抽出できない異常値範囲がある。

縦軸：圧力（Pmin～Pmax）、横軸：温度（Tmin～Tmax）

PCA、Q統計量 T^2 統計量の公式（図7）

$$Q = \sum_{n=1}^{N}(x_n - \hat{x}_n)^2 \quad \cdots (A)$$

$$T^2 = \sum_{m=1}^{M} \frac{t_m^2}{\sigma_{t_m}^2} \quad \cdots (B)$$

・x_nは入力変数 $\hat{x}_n$のPCAモデル上の推定値
・t_mはm番目の主成分スコア
・σt_mは標準偏差

④リスク優先順位に応じて、中長期の補修や更新の実施年度と予算化を計画する。（図4⑤）

6 技術紹介

設備管理支援に適用可能な二つの技術を紹介する。

(1) 故障診断

故障や異常は、一般に検知したい対象物の異常事象で因果関係がある一つ以上の計測値に、それぞれ上下限値を設定し連続監視することで検知を試みる。ところが図6「2次元（2値）の散布図例」で示すように相関関係から明らかに逸脱した初期の異常値を検知することができない。近年、多変数の相関関係を分析する多変量統計的プロセス管理技術（MSPC：Multivariate Statistical Process Control）を用いた早期異常検知の試みが始まっている。図7は、MSPCの主成分分析（PCA：Principal Component Analysis）でN変数をM個の主成分で評価し、異常検知のための二つの指標（Q統計量、T^2統計量）を求める公式である。

Q統計量は変数の相関からの逸脱を評価する指標、T^2統計量は主成分空間内で平均から各計測値までの距離を表す指標である。図8は異常早期検知の概念を示している。予め蓄積している水処理プラントTAGデータから、対象物で因果関係があるデータを選定して正常時のQ/T^2モデルを必要数演算作成し、それぞれのQ/T^2閾値を設定する。次に評価期間データをオフライン（手動）もしくはオンライン（連続評価）で閾値を越えた時点のデータ別寄与率を表示する。正常時と異常時のデータ名別寄与率順位変動から異常個所を特定して、該当設備の点検整備を実施する。

主成分分析PCAによる異常検知は、日常的

に点検できない水没設備（ポンプなど）の早期異常検知に有効と思われるが、因果関係に無関係なデータをいかに除去するか、またPCAによる異常検知が効果的な対象や手法の確立が課題である。

(2) クラウドコンピューティング

維持管理業務の業務分析の結果、設備管理支援の要求機能が明確になり機能の標準化とともに、ソフトウェアのパッケージソフト化が進んでいる。また、近年の情報システムの進化によりデータセンター（IDC：Internet Data Center）に汎用機能を提供するサーバーを設置して、機能を時間貸し（課金提供）するビジネスが民間で始まっている。図9は設備管理支援をクラウド化する概念を示している。複数ユーザーでプラットフォームを共用することから、初期投資、設置スペース、保守費、システム維持費など、諸経費の削減と平準化が期待でき、特に広域に散在する地方の中小水処理プラント維持管理への導入に経費面で効果がある。課題はセキュリティや長期間運用への対応であり、今後の関係部門による調査やリスク分析結果が期待される技術分野である。

（鈴木道範）

主成分分析PCAによる異常早期探知の概念（図8）

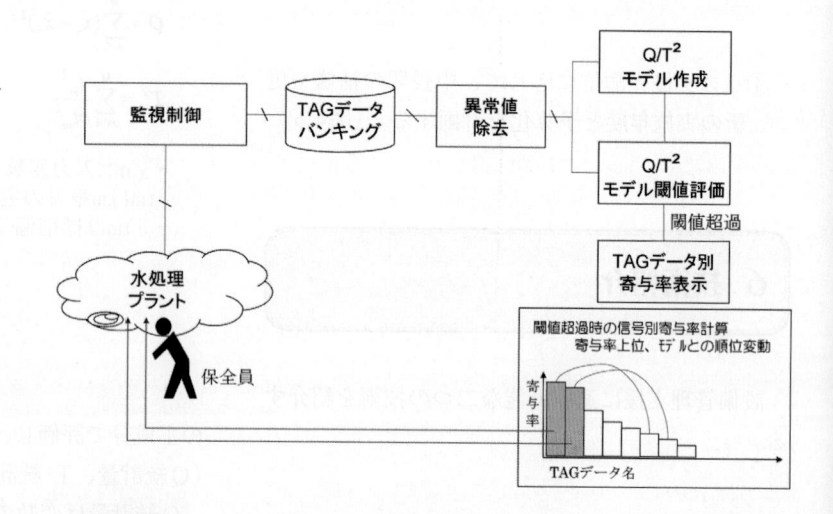

設備管理支援のクラウド化例（図9）

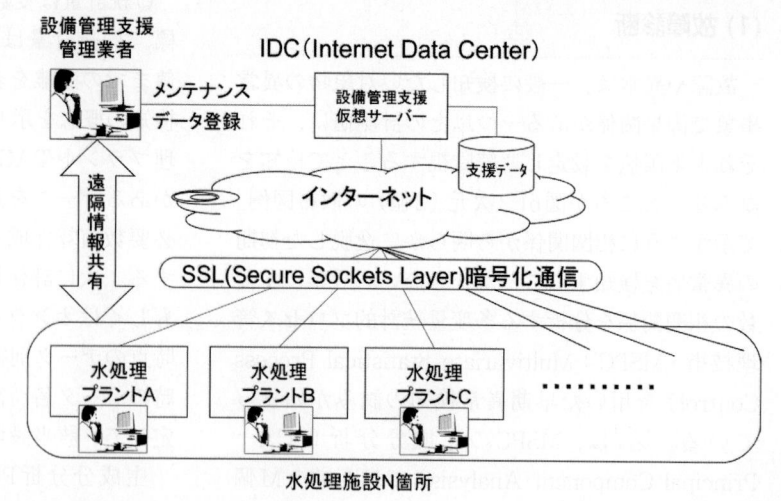

5 処理水の水質安全監視

1 浄水処理における水質監視

(1) 水道施設における計測および制御の概要

世界保健機関(WHO:World Health Organization)では、2004年度に飲料水水質ガイドラインを改定(第3版)し、水質安全計画(WSPs：Water Safety Plans)の考え方を加え、食品のHACCPシステム(Hazard Analysis & Critical Point,危害分析・重要管理点)の衛生管理手法の考え方を取り入れた水源から給水までの浄水プロセス管理を推奨している[1]。わが国でもWHOのガイドライン改定を踏まえた水質基準の改定が2004年度に行われ、水道水源や浄水処理方法に応じた効率的な水質管理が望まれている[2]。

わが国の水道は、7割以上が河川、湖沼、ダムを水源としている[3]。特に国土の狭いわが国においては、河川の上流域から下流域まで水が繰り返し循環利用される場合が多く、水質管理は極めて

水道施設の計測及び制御フローシート例[4]（図1）

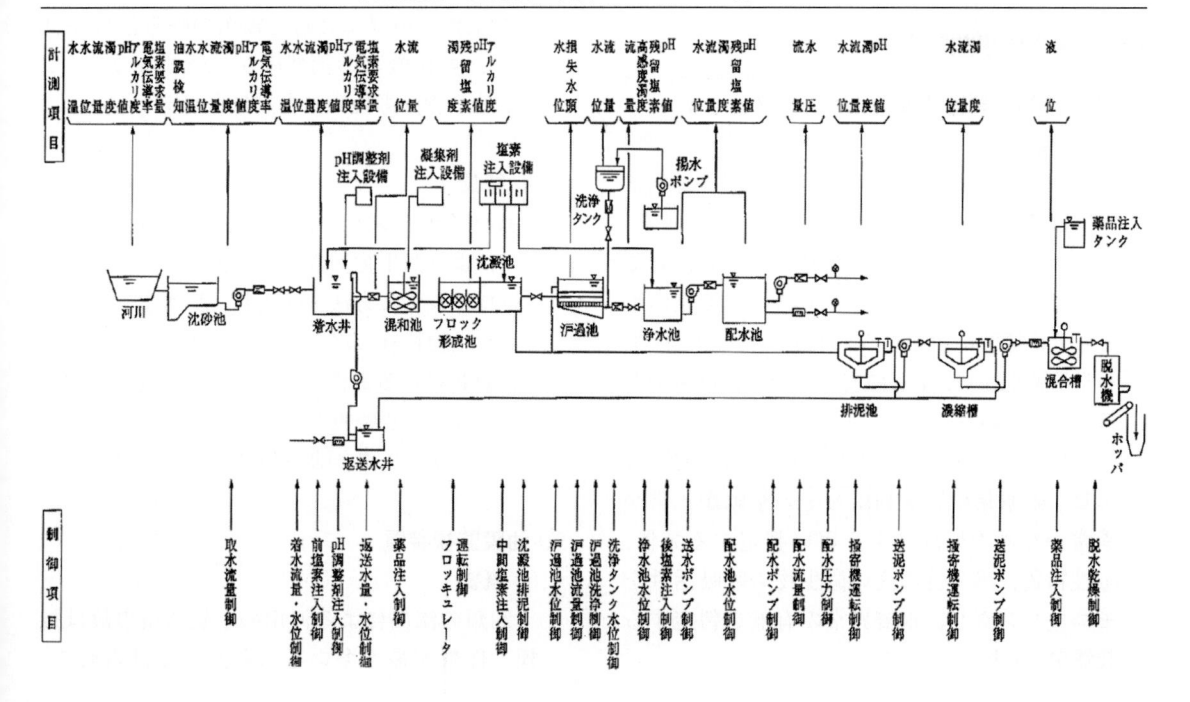

重要である。

図1に一般的な浄水処理プロセスのフローとそれに対応する水質計器を示す[4]。

水質計器は取水から浄水までの水処理工程や送配水管網での水質監視に用いるものと凝集剤やアルカリ剤、消毒剤等の薬品注入制御に使用されるものがある。

水道水質の安全・安心を確保するためには次の水質の監視と管理が特に重要と考える。

① 水源や水道取水点では有害化学物質や油類、カビ臭物質（2-MIBやジオスミン）、消毒副生成物の原因物質となるフミンなど有機物の監視
② 凝集沈殿・ろ過プロセスでは適切な凝集剤の注入管理やろ過池の濁度を指標とした日常的な運転管理によるクリプトスポリジウム等の耐塩素性病原虫汚染リスクの監視
③ 給配水のプロセスにおいては消毒副生成物の監視による塩素注入率の制御

本稿では特に水質の安全・安心に関わる水質計器を中心に以下で紹介する。

(2) 原水水質事故監視

① 生物学的水質監視装置（バイオアッセイ）

ⓐ 概　要

環境中に排出される可能性のある有害化学物質は多種類に及び、それぞれを個別に測定、監視することは技術的にも経済的にも極めて難しい。そこで化学物質を生物への毒性作用として総括的に検知するバイオアッセイ法（生物学的監視法）が水質の安全性確認には有効と考えられている。

生物としては、ヒメダカ、金魚などの魚類、エビなど水棲生物を利用しその挙動が正常か異常かを画像処理技術を用い判定する装置、毒性物質に感受性の高い微生物の呼吸活性をモニタリングし、水質異常の有無を判定する装置がある[5]。

以下では、微生物を用いた水質安全モニター[6]について紹介する。

ⓑ 測定原理

水質安全モニターは水処理プロセスにおいて生息する数多くの微生物の中でも特に有害化学物質により呼吸阻害を受けやすい硝化細菌を利用したバイオアッセイシステムであり、硝化菌の呼吸活性を酸素電極を用いた呼吸活性検知型バイオセンサーにより、常時モニタリングし、急性毒性物質混入の有無を検出する装置である。

水質安全モニタは化学物質の量を測定するものではなく、毒性作用量（呼吸活性の低下）から毒性物質の有無を判定、出力する点が一般的な化学物質量を計測する計器と異なる。

ⓒ 構　成

純粋培養した硝化細菌（Nitrosomonas）を固定化した固定化微生物膜と溶存酸素電極でバイオセンサーを構成。このバイオセンサーに硝化細菌の基質となるアンモニア性窒素を含む緩衝液を検水と混合して連続的に供給する。もし、検水中にシアンなどの急性毒性レベルの化学物質が存在すると硝化細菌の呼吸活性が低下し、溶存酸素の消費率が低下するので、これにより急性毒性物質の有無を判定する（図3）。

ⓓ 特　長

1) バイオセンサー部分を温度制御することにより微生物活性度を一定範囲内にコントロールする方法を採用し、原水水質の影響や生物特有のばらつきを抑制
2) 魚類による毒性監視よりも高感度で客観性の高い水質監視が可能
3) メンテナンス周期は標準2ヶ月に1回

② 油膜監視装置

ⓐ 概要

油類の流出による河川の水質汚染事故は規模、件数が最も多いものとして挙げられる。

油が浄水施設に入った場合、その除去には膨大な労力と費用が必要となるため、油流入は浄水施設にとって極力避けるべき事案である。早期発見と迅速な取水停止などの処置が必要であり、取水口付近での油膜センサーによる監視が求められている。

ⓑ 測定原理

水中に漏洩した油の検知器には、水と接触して検知する方式と非接触で水面の油膜を検知する方式の両方が実用化されている。

1）接触方式

● 光ファイバー光量測定方式

光ファイバー光量測定方式は、水に浸した光ファイバー表面に油が付着すると屈折率の違いにより光が外に漏れ出すことを利用し、光源光量に対する受光量の減少を検知する。

● 静電容量測定方式／電気抵抗測定方式

静電容量方式は電極を水に浸し、水と油の比誘電率の差を利用して静電容量の変化を測定する。同様に電極を使用し、伝導率の差を利用して抵抗変化を測定するのが電気抵抗測定方式である。

2）非接触方式

水面に光を照射して反射光を連続測定し、水と油類の特有の反射率や反射光の偏光比から油膜を検知するものである。

共通する特長は2つ挙げられ、油膜を形成する油類はすべて検知可能で、1μmに満たない薄い油膜も検知できるため微量の油漏れ監視に最適なこと、水と非接触であるため洗浄が不要で保守性に優れていることである。

一方で水位変動、波の影響など、反射光検知を妨げる要因については光照射方法、検知方法にそれぞれ工夫と対策がなされている。

ここではそれらについて述べる。

水質安全モニタ外観（写真1）

バイオセンサーの構成（図2）

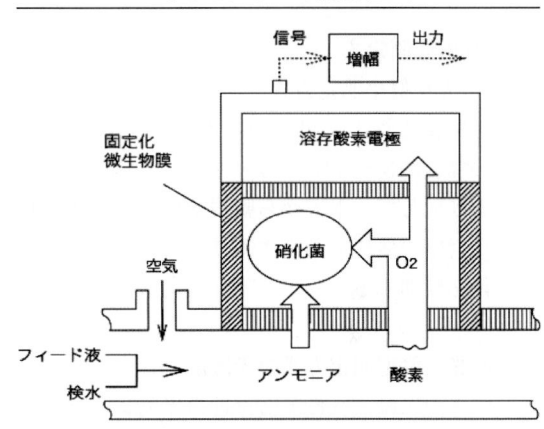

急性毒性物質への応答例（図3）

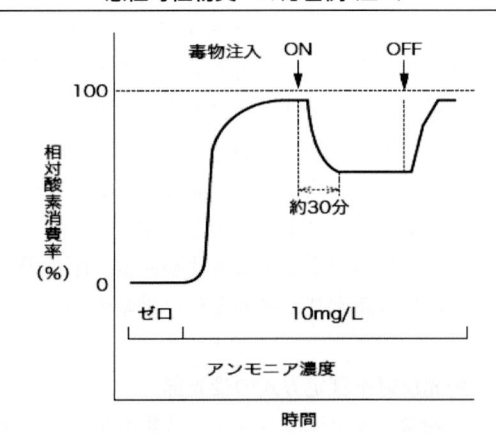

油膜センサーの構成例（放物面鏡受光方式）（図4）

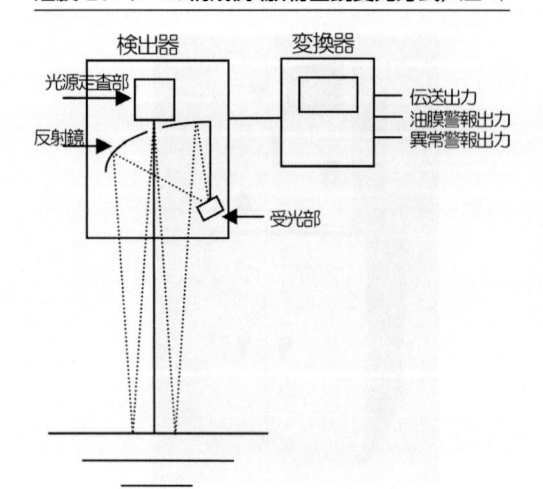

測定値出力例（図5）

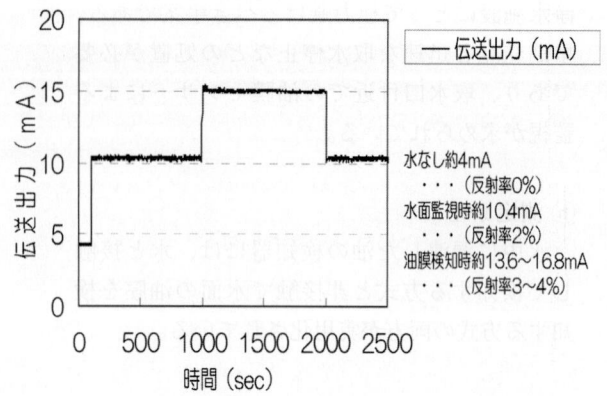

水なし約4mA
　・・・（反射率0%）
水面監視時約10.4mA
　・・・（反射率2%）
油膜検知時約13.6～16.8mA
　・・・（反射率3～4%）

ⓒ 反射光測定式

1）光反射率測定方式

　可視光線の反射率が、水の場合約2%、油の場合約3～4%と1.5～2倍程度異なる性質を利用して、上方から監視水面に光を照射し反射率の変化を測定することにより油膜の有無を判別する。

● **光反射率測定方式の光源部**

　光源には波長630nm付近の赤色レーザーが多く用いられる。レーザー光を垂直照射することで理論的に水面距離に依存しない光学系としている。性能上の検知距離は流水で0.3～3m、静水面では最大5m程度である。またレーザー光源を周期的に走査することで、検知領域拡大、異物や泡、分散油膜、油膜面の湾曲などに対して検知の信頼性を高めている。

　走査方法は装置により異なり、レーザー光源のモーターによる回転や圧電素子と振動ミラーを用いて走査する方法がある。圧電素子の採用は駆動部の長寿命化に貢献する。

● **光反射率測定方式の受光部**

　通常、反射光はレンズ、放物面鏡などを用いて受光素子に集光し検知感度を上げている。

　一方で比接触式では反射光検知を妨げる大きな波、霧は測定の妨げになる。周辺の急激な温度変化があり、かつ湿度が高い環境に設置する場合はエアーパージなどで結露を防ぐ必要がある。

　図4は放物面鏡を用いた反射率測定式油膜センサーの構成例である。検知器はレーザー光源、光源走査部、反射光の集光、受光部及び信号処理部からなる。上方から非接触で水面の油膜を監視し、油膜検知信号、自己診断情報を変換器に送る。変換器はこれらの情報を表示すると共に外部へ油膜警報接点信号を出力する。

　図5は放物面鏡受光方式装置での実際の測定値出力の例である。水面までの距離2mでの油膜検知出力が明瞭に判別できる。

2）偏光解析方式

　特定の方位角で振動する偏った光を偏光という。反射光はその偏光となり、このうち水面に対して並行振動成分（S偏光成分）と垂直振動成分（P偏光成分）の比である偏光比

(S/P) が、水で約0.6、油類で0.35～0.1程度と異なることを利用して、油膜の有無を判別する。図6～8は偏光解析方式油膜センサーの構成例、原理図、外観である。装置は、固定した入射角の反射光を偏光ビームスプリッタでS偏光成分とP偏光成分に分離し、それぞれの光量を別々のフォトダイオードで計測して偏光比を求める。

反射光の光量が変化しても偏光比はほぼ一定となるため、波の影響を受けない。また枯葉など異物の偏光比は0.6以上であるため誤信号とならない。一方でビームスプリッタを介する構造上レーザーの照射角が限定されるので、本体と水面の距離をほぼ一定にする必要があるため、図8のフロート式構造となる。また効果的な検知を実現するため、オイルフェンスで油膜を誘導するなど、設置方法が工夫される。

ⓓ 装置の選定

近年は用途の多様化に伴い、油膜の検知精度の向上、測定水面までの距離拡大、大きな水面変動への対応などが求められている。紹介した非接触方式の油膜センサーは設置上、フロート式と床面設置式に区別される。いずれも浄水施設の取水口油膜監視用として高い実用性があり、設置場所の条件に合わせて選択することができる。また監視エリアに合わせて複数の設置も可能である。

(3) 凝集沈殿・ろ過プロセスの監視

① 高感度濁度計
ⓐ 概 要

埼玉県越生町で1995年に発生した耐塩素性病原虫クリプトスポリジウムよる集団感染事故を契機に、凝集沈殿・ろ過プロセスにおいて、ろ過水濁度を指標として適正に運転管理することが定められ、ろ過池出口水濁度を0.1度以下に維持するよう求めている（水道におけるクリプトスポリジウム等対策指針）[7]。

油膜センサの測定部の構成（図6）

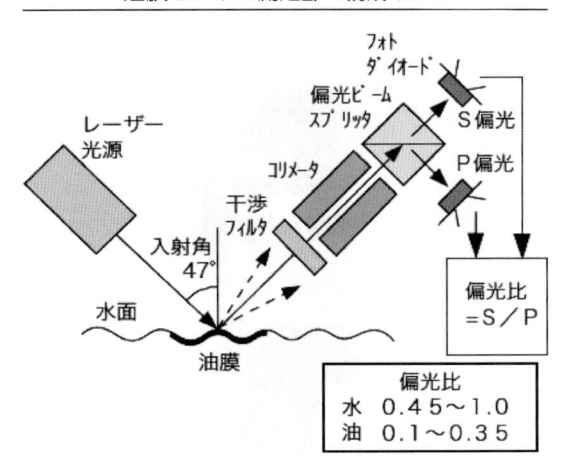

入射角と偏光比の関係（図7）

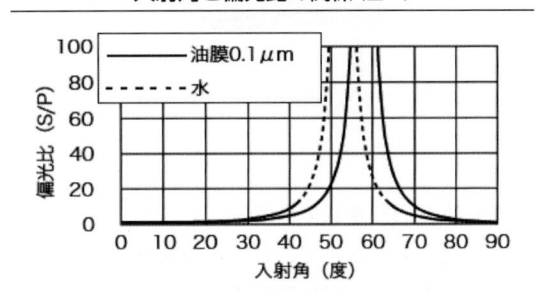

油膜センサの全体構成（図8）

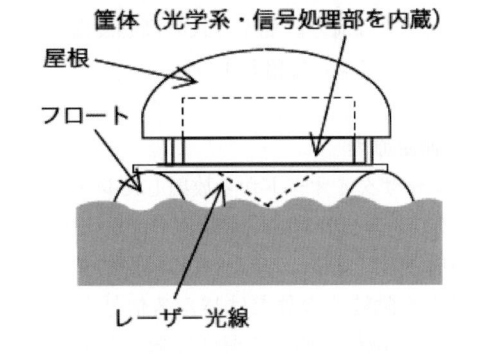

これは、"濁度"というリアルタイムで自動計測できる指標を用い、濁質とともにろ過水中に漏洩する微生物の多少を評価する場合、0.1度以下であれば、確率論的に水道が集団感染の原因となることを防止できると考えら

高感度濁度計の外観（写真2）

前方散乱光測定部の構成[8]（図9）

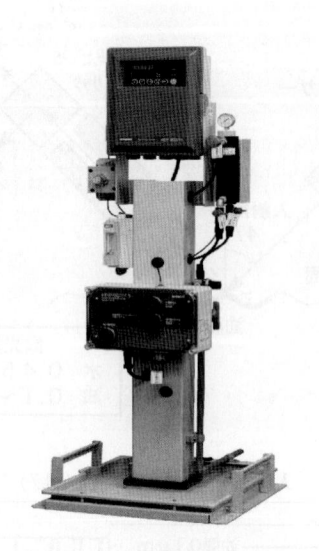

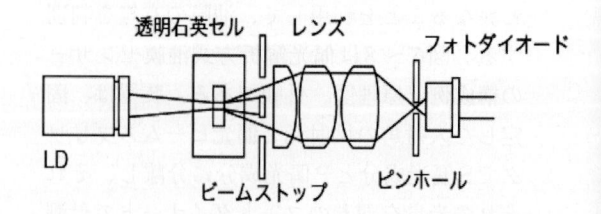

透明石英セル　レンズ　フォトダイオード
LD　ビームストップ　ピンホール

微粒子による散乱光パルス[8]（図10）

しきい値

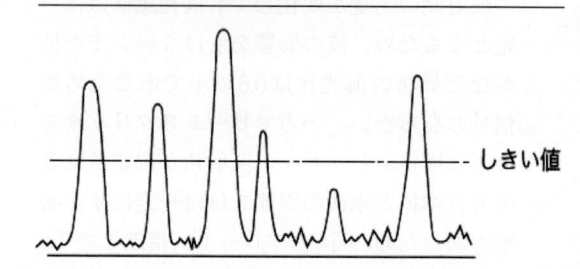

れるという意味である。

測定方式として、粒子の投影面積の和を濁度に換算する回折散乱光方式と粒子の大きさと数を濁度に換算する前方散乱光/光遮断方式がある。

以下では前方散乱光方式の高感度濁度計[8]（写真2）について紹介する。

ⓑ 測定原理

レーザダイオードから放射したレーザビームは，フローセル内に常時流れている検水に照射されている。レーザビーム照射領域を通過する微粒子の数だけパルス信号が観測され，この微粒子個数を濁度に変換して表示・出力する。

N個の粒径区分に分けて粒子数濃度を測定し，粒径区分毎に粒子数濃度とその粒径区分に応じた散乱断面積とを乗じた値を計算し，各粒径の計算値（niCi）の総和をとったものが濁度に相当する[1]。

$$濁度\ D = \sum_{i=1}^{N} n_i C_i$$

n_i：粒径区分iに存在する粒子数濃度
C_i：粒径区分iの微粒子の散乱断面積
N：粒径区分の数

ⓒ 構成

前方散乱方式の光学系（図9）で測定。微粒子による散乱光のみをレンズ系で集光し，フォトダードにて電気信号に変換すると、図10のように粒径に応じた波高値を持つパルス信号が観測されます。このパルス信号をカウントすることで粒子数が測定される。

ⓓ 特長

1）検水中の微粒子の平均個数濃度を濁度と同時に測定することができる。
2）原虫相当である3μm以上の微粒子の平均個数濃度を管理することで、より信頼性の高いろ過池の管理が可能となる。

3) メンテナンスが容易
4) マスフローコントローラ搭載により安定した測定が可能などの特長がある。

(4) 浄水・配水プロセスの監視

① トリハロメタン計[9)]

ⓐ 概要

塩素消毒の副生成物であるトリハロメタンについて、2004年に改正された水道法では、総トリハロメタンに関して、省略ができない項目とされ、3ヶ月毎の検査が義務付けられている。

検査方法としては一般に、パージ＆トラップ・ガスクロマトグラフ－質量分析法（PT－GC－MS法）が用いられている[2)]が、この方法は、結果を得るまでに時間を要する。測定操作が煩雑で熟練が必要で分析精度に個人差が生じるため、プロセス管理へ迅速に反映させることが難しい。このため、光学的に全自動で測定可能な計器がある（写真3）。

ⓑ 測定原理

検水中のトリハロメタンを膜で分離し、アルカリ性ニコチン酸アミドに再溶解し、加熱。生成する蛍光物質の蛍光強度より総トリハロメタン濃度を求める。

トリハロメタン計外観（写真3）

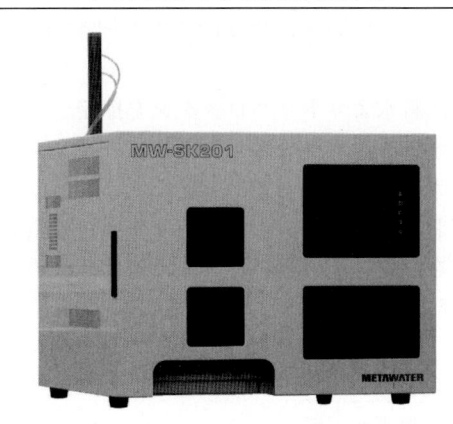

GC/MSによる計測値との相関（図11）

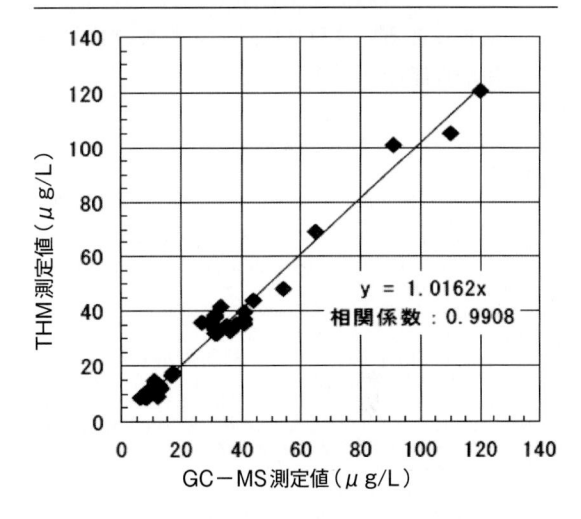

$y = 1.0162x$
相関係数：0.9908

トリハロメタン計の構成[9)]（図12）

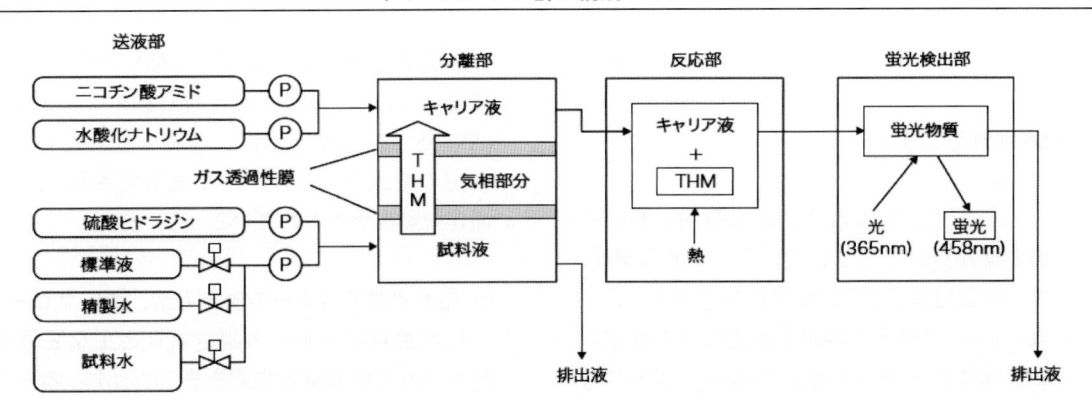

ⓒ 構成

トリハロメタン計の測定フロー図を図12に示す。

試料水よりトリハロメタンを揮発させて分離する分離部と分離したトリハロメタンとアルカリ性ニコチン酸アミドを反応させる反応部および反応部で生成した蛍光物質の蛍光強度を測定し、トリハロメタン濃度を求める測定部より構成される。

ⓓ 特長

1）前処理が不要
2）連続的な自動測定可能
3）公定法による測定値との相関性が高い（図11）。
4）塩素注入の適正化や粉末活性炭の投入量の適正化あるいは粒状活性炭の性能評価に適用が可能。

参考文献

1) WHO（世界保健機構）,Guidelines for Drnking - Water Quality (3rd edition)（2003）
2) 厚生労働省健康局水道課，新しい水質基準等の制度の制定・改正，http://www.mhlw.go.jp/topics/bukyoku/kenkou/suido/kijun/seido.html
3) 日本水道協会,日本の水道の現状（水道水源の状況）http://www.jwwa.or.jp/frame02.html
4) 水道施設設計指針 p.636 図-8.14.1 水道施設の計測及び制御フローシート例 ,日本水道協会（2000）
5) 日本水道協会，突発性水質汚染の監視対策指針,p.33 - 37（2002）
6) 横山勝治 他,バイオセンサを用いた水質監視装置の開発,第56回全国水道研究発表会講演集,p.560 - 561（2002）
7) 厚生労働省健康局水道課，水質関係情報（水道におけるクリプトスポリジウムの暫定対策指針）http://www.mhlw.go.jp/topics/bukyoku/kenkou/suido/jouhou/suisitu/c2.html
8) 山口太秀 他,上水用ワイドレンジ微粒子粒径分布の計測技術，第52回全国水道研究発表会講演要旨集,p.650 - 651（2001）
9) 多田弘ほか,トリハロメタンの検出と低減化技術，富士時報,vol.71,No.6,p342 - 346（1998）

（田中良春）

② 給水水質モニター

ⓐ 概要

上水の配水、給水水質には水道法に基づく水質基準が設けられている。その中でも濁度、色度、残留塩素の3項目は毎日測定項目に定められ、1日1回以上の測定が義務付けられている。浄水場から送り出された水が、何キロもの水道管を通って家庭などに届いた時に安全でおいしい水であるため、毎日測定の3項目にpH、電気伝導率、水温、水圧を加えた7項目測定の給水水質モニターが実用化され、24時間連続監視が行われている。

ⓑ 給水水質モニターの測定方法、測定フロー

給水水質モニターの測定項目と主な装置で採用されている測定方式を表1に示す。測定方

測定項目と採用されている測定方式（表1）

測定項目	測定方式	測定範囲
濁度	・透過光測定方式 ・散乱光測定方式	0-2度／ 0-4度
色度	・透過光測定方式	0-10度／ 0-20度
残留塩素	・ポーラログラフ方式 （無試薬式／電極回転式、 水流ビーズ駆動式など） ・DPD吸光光度方式 （試薬式）	0-2mg/L
電気伝導率	・交流2電極方式	0-50mS/m
pH	・ガラス電極方式	2-12pH
温度	・白金測温抵抗体方式 ・サーミスタ方式	0-50℃
圧力	・拡散半導体方式	0-1MPa

測定フロー例（図13）

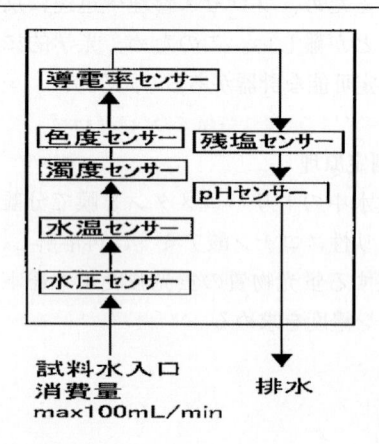

遠隔監視例（図14）

式は、水道水への試薬類の混入防止や環境への負荷低減のために、基本的に無試薬式が採用されている。残留塩素については、試薬を用いるが手分析法と同じDPD吸光光度方式を採る装置も実用化されている。補充が必要となる試薬は、マイクロセルを使用することで消費を押さえている。

装置の測定フロー例を図13に示す。

ⓒ **給水水質モニターによる遠隔監視**

給水水質モニターで測定した測定値データは、DC4 − 20mAのアナログ信号の他に、デジタル信号で出力され、通信による遠隔監視も対応可能である。測定値の監視に留まらず、リモート機能による遠隔操作で装置の洗浄や自動ゼロ校正を実行できる機種もある（図14）。

ⓓ **給水水質モニターの保守**

信頼性の高い測定値を得るために、保守は欠かせない要素である。試薬を用いない装置であれば試薬の調製や補充といった管理は必要ないが、定期的な校正および稼動条件に合わせた装置の洗浄などの維持管理は、装置の取扱説明書に従って適切に実施する必要がある。

給水水質モニターは1台で複数項目を測定する多項目計であるため測定項目数のセンサーを備えており、それぞれに対して保守が必要である。特に水源が地下水の場合や、老朽化した水道管を経由した試料水を測定する場合は、鉄やマンガン等による金属成分由来の着色汚れが発生しやすいので、定期的な洗浄や部品の交換が必要となる。また雪解け水の大量流入などの季節変動により水質が変化した場合や、浄水処理工程が大きく変更された場合は測定値に影響を与えることがあるので、運転条件の変更に合わせて適切な保守計画を立てて運用されるべきである。

ⓔ **給水水質モニターの運用メリット**

近年は、装置の小型化、省エネルギー化、試料水である水道水消費量の低減がさらに進み、従来装置よりも管末へ設置できるようになったことで、よりきめ細かい水質の監視が可能となっている。送水の過程で起こる水道管の材質や付着物からの溶出、水道使用量の変動など、水道管末ではさまざまな水質変化の発生要因がある。給水水質モニターを適切に配備することは、水道管網の水質変化における日周変動や季節変動を捉えて特徴を把握し、送水過程の水質変化の全体像を明らかにできるため、きめ細かい管理運営に大きく貢献する。

（赤沢真一）

2 下排水処理における水質監視

(1) 下排水処理施設における計測および制御の概要

2005年に策定された下水道ビジョン2100により、下水道は汚水の効率的な排除、処理による公衆衛生・生活環境の向上、雨水の速やかな排除による浸水対策というこれまでの下水道の機能に加え、さらに健全な水循環、資源循環を創出する新たな下水道、すなわち「循環の道」を目指すことが使命となった。

計測設備は、下水処理工程を適正かつ合理的に管理運営するために重要な役割を持っている。このため、計測設備は持つ機能と特性を認識した上で、施設との整合性を図りながら計測目的を明確にして適正な計測項目を設定し、最適な機種を選定しなければならない。

図15に下水処理のフローの例、水処理施設計装フローの例を図16に示す。計測器の目的として、プロセスの状態監視を目的とするもの、プロセスの自動制御を目的とするもの、法令上、計測器の設置が義務付けられているものに分類される。

(1) プロセスの状態監視を目的とするもの
(2) プロセスの自動制御を目的とするもの
(3) 法令上、計測器の設置が義務付けられているもの

以下に最近の下水用計測器について紹介する。

参考文献
1) 下水道施設計画・設計指針と解説 後編 P.3 図 4.1.1 下水処理のフローの例, P.626-623 図 参 2.1 水処理施設計装フロー図, 日本下水道協会 (2009)

(田中良春)

(2) pH計

① 測定の概要

水素イオン指数pHは液体の酸性もしくは塩基性の程度を示す指標であり、生物処理槽での硝化作用の状態確認や凝集沈殿槽の中和反応の制御など広範な廃水処理プロセスで使用されている。また水質汚濁防止法でもその排出基準が定められているため一定規模以上の工場ではその測定が義務付けられている。

pHを測定する方法としては水素電極やアンチモン電極による電気化学的測定法、指示薬や試験紙を使用する測定法があるが、連続測定という観点からはガラス電極法が主流である。ガラス電極法ではガラス電極と比較電極の2電極間の電圧(電位差)を測定しpHへと換算するものであり、JISK0102工場排水試験方法においてもpHの測定はガラス電極法に限定されている。

② 構成および原理

ⓐ 構成

図17に一般的なガラス電極法によるpH計の構成を示した。変換器、中継箱、検出部、洗浄器とそれらを接続する信号線にて構成される。また検出部は3つの電極とそれを支持するホルダから構成されている。3つの電極とはすなわちガラス電極、比較電極、温度補償電極である。最近ではこれら3種類の電極を一体化した複合電極を使用することが主流となっており、図17にも複合電極を使用した場合について示している。

ⓑ ガラス電極

pHに応答して電位差を発生するpH応答性ガラス膜を備えた電極部であり、1 pH差毎に約60 mV (30℃の場合)の起電力が生じる。ガラス膜の性質は長期間の使用や汚れなどにより変化するため、定期的な校正や洗浄などのメンテナンスが重要である。

ⓒ 比較電極

比較電極はpHに影響を受けることなく一定の電位を示すことが要求される。通常、内部電極には銀/塩化銀電極が、内部液には高濃度の塩化カリウム溶液が採用される。内部液の濃度変化によって電位が変動するため濃度を一定に保つことが必要である。内部液は補充可能なタイプと不可能なタイプがある。補充不可能なタイプは取り扱いが容易な一方で長期の使用では

21章 水処理施設の運転と管理

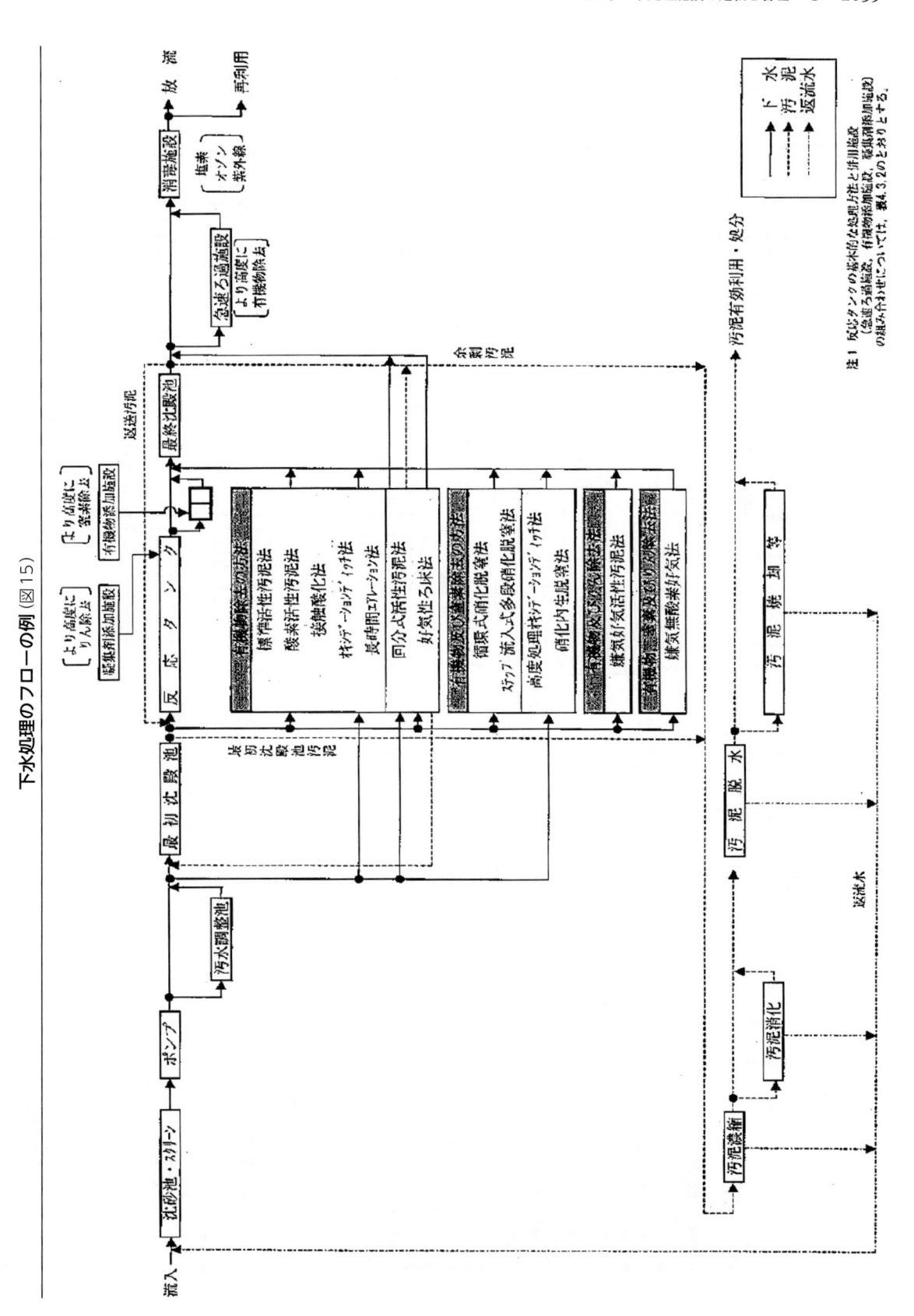

下水処理のフローの例（図15）

```
流入 → 沈砂池・スクリーン → ポンプ → [汚水調整池] → 最初沈殿池 → 反応タンク → 最終沈殿池 → [急速ろ過施設（より高度に有機物除去）] → 消毒施設 → 放流
                                                                                                                              → 再利用
                                                     ↑（凝集剤添加施設：より高度にりん除去）     ↑（有機物添加施設：より高度に窒素除去）
                                                                                                         消毒施設：[塩素／オゾン／紫外線]
```

最初沈殿池汚泥

反応タンク方式：
- 有機物除去主体の方法
  - 標準活性汚泥法
  - 酸素活性汚泥法
  - 接触酸化法
  - オキシデーションディッチ法
  - 長時間エアレーション法
  - 回分式活性汚泥法
  - 好気性ろ床法
- 有機物及び窒素除去の方法
  - 循環式硝化脱窒素法
  - ステップ流入式多段硝化脱窒素法
  - 高度処理オキシデーションディッチ法
  - 硝化内生脱窒素法
- 有機物及びりん除去の方法
  - 嫌気好気活性汚泥法
- 有機物、窒素及びりん除去の方法
  - 嫌気無酸素好気法

余剰汚泥／返送汚泥／汚泥有効利用・処分

汚泥濃縮 → 汚泥消化 → 汚泥脱水 → 汚泥焼却等

返流水

凡例：
- 下水
- 汚泥
- 返流水

注1 反応タンクの標準的な処理方法と併用施設（急速ろ過施設、有機物添加施設、凝集剤添加施設）の組み合わせについては、表4.3.2のとおりとする。

1060 ● V 実用水処理技術編

内部液濃度変化による指示変動が起こる。

被検液と内部液は液絡部と呼ばれる部位で電気的に接触しているが、この接触部が汚れると誤差要因となるため洗浄などが必要となる。

d 温度補償電極

ガラス電極で発生する起電力は、被検液の温度によって変化するため、変化分の補償を行う場合がある。ここで注意しなければならないことは、補償できるのは電極の起電力変化のみで、液自体のpH値変化は補償できない点である。従って温度補償方式のpH計であっても、液温を記録しておくことは重要である。

③ 選定

pH計の選定に当たっては特に検出部の選定が重要である。被検液の諸性質(化学的・物理的性質など)のほかにも測定環境要因(温度・圧力・流量など)を考慮して選定する。特にガラスを溶解させるサンプル(フッ酸含有水溶液や強塩基性水溶液など)やゴムパッキンを劣化させるサンプル(有機溶媒含有水溶液など)では注意が必要である。また適切な洗浄器を併用することで安定した測定が可能となる場合もあるため、必要に応じて選定することが求められる。

④ 保守・維持

pH測定では標準液による校正が欠かせない。標準液はJISK0400にて定められている。pH標準液は空気中の二酸化炭素を吸収してそのpH値が変化するため、空気と触れてからは出来る限り早めに使い切る必要がある。

検出部が汚れると正確な測定が困難となるため、特にガラス部や比較電極液絡部の洗浄が重要である。

(福嶋良助)

ガラス電極法によるpH計の構成例(図17)

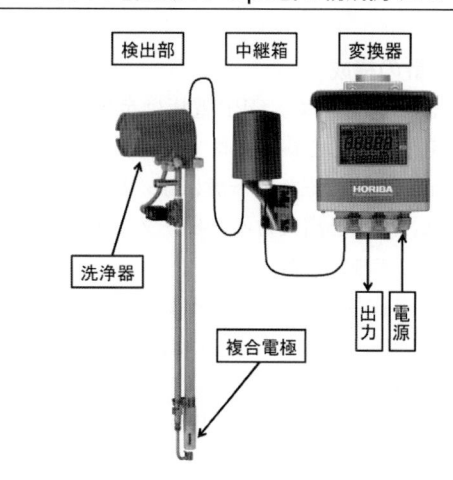

ORP計の構成(図18)

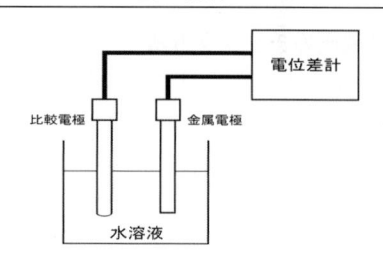

(3) ORP計

① ORP (酸化還元電位)

酸化とは酸素を与える反応または電子を失う反応をいい、還元とは酸素を奪う反応または電子を得る反応をいう。また、ある物質が酸化され電子が失われる酸化反応が起これば、一方では必然的に電子を獲得する還元反応が起こる。これを酸化還元反応と呼び、酸化反応と還元反応は常に可逆的に起こる。

この溶液中に白金や金などの化学的に侵されにくい金属を挿入すると、その金属と溶液中の酸化体、還元体の間で絶えず電子の授受が生じて平衡状態が成立し、金属はある電位を指示するようになる。この電位をORP(酸化還元電位)という。

ORPは溶液中に存在する酸化体と還元体の比に依存した電位で、酸化体または還元体の濃度を

示す指標ではない。

② ORP計の構成

構成を図18に示す。ORP電極は金属電極と比較電極を一体にした複合電極で、金属電極は白金または金が、比較電極は一般に銀/塩化銀電極が用いられ、これを高入力インピーダンスの電位差計に接続して測定する。

文献に記載されているORPは水素基準で示されたものだが、標準水素電極は取り扱いが面倒なため、比較電極には銀/塩化銀電極が用いられる。比較電極に銀/塩化銀電極を用いた場合の電位は水素基準の電位に対し、25℃で約200mV低い値となる。

③ ORP電極のチェック方法

ORP電極のチェックはフタル酸塩pH標準液（pH4.01）にキンヒドロン粉末を溶解した溶液のORPを測定することで行い、基準値±10mV以内であれば電極は正常と判断できる。pHのように校正を行うのではなく、ORP電極が正常であるか否かをチェックするための溶液である。

比較電極に銀/塩化銀電極を用いた場合の基準値は25℃で約260mVであるが、溶液の温度及び比較電極と内部液の種類によって異なるため、ORP電極の取扱説明書を参照すること。

キンヒドロン粉末は飽和するまでよく混ぜてから使用し、調製後1日経過したものは使用しないこと。

④ 下排水のORP測定と電極の洗浄

下排水ではORP電極に油分や生物膜などの汚れが蓄積すると、内部の電極表面が嫌気化してORP測定値は徐々に低下するため、長期間安定に計測するためには適切な頻度の洗浄が必要である。

設置場所などにより差はあるが、手洗浄の場合、少なくとも週1回以上の頻度で洗浄を行う必要があるので、自動洗浄器との組合せを推奨する（図19参照）。

下排水に用いる自動洗浄器には、ブラシ、水ジェット、エアージェット、パルスエアージェットなどの方式があり、洗浄終了から正常なORP値に復帰するのに要する時間は、洗浄方式によって異なるが10〜30分程度である。なお、超音波洗浄器のように測定中も連続して洗浄を行うタイプの洗浄器は、洗浄が常にORP電極の表面を変化させる外乱となってORP測定値をふらつかせるので下排水のORP測定用には適さない。

⑤ 下排水処理におけるORP測定の注意点

下排水のORP測定では、電極のチェックや手洗浄などを実施するとORP電極の表面の平衡状態が乱れ、復帰するには半日程度かかる場合があるので、保守には余裕を持った計画を立てる必要がある。また、ORP電極には白金電極と金電極があるが、金属が異なると同じ測定値を示すとは限らないので、同一施設内での混用は避けるべきである。

ORP計の測定事例（図19）

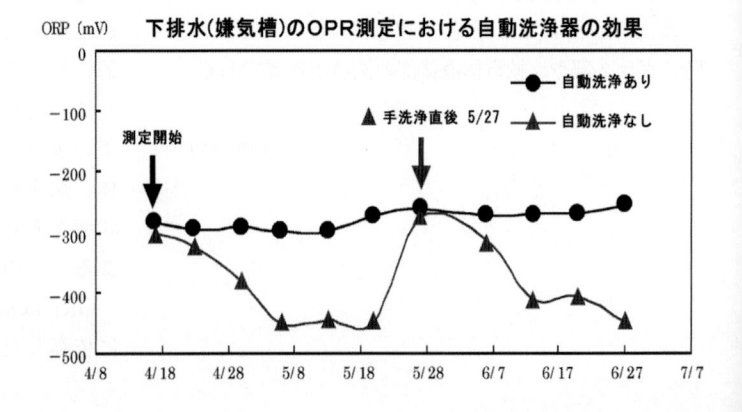

下排水（嫌気槽）のOPR測定における自動洗浄器の効果

(4) 蛍光DO計

① 蛍光式DO（溶存酸素）計

　水中のDO（溶存酸素）は活性汚泥処理の効率化と省電力管理の制御指標として重要な項目である。従来DO測定には共存イオンの影響を受けない、保守の容易な隔膜電極式（ポーラログラフ式、ガルバニックセル式）が多く用いられてきたが、ここでは、さらに耐久性に優れ、近年広く採用されつつある蛍光式DO計を取り上げて説明する。

　蛍光式DO（溶存酸素）計は、ある種の蛍光物質がDO（溶存酸素）量によって蛍光特性が変化することを応用して、水中のDO量を測定する測定器である。蛍光式DO計は従来の隔膜式DO計（ポーラログラフ式、ガルバニックセル式）と測定原理、構造が異なり隔膜、電解液、電極などは持っていない。検出部に金属電極を持たないため、試料水に含まれる硫化水素等の腐食成分の影響を受けない。また原理的に測定中には酸素を消費しないなどの特長があり、隔膜式と比較し下記の優位性が挙げられる。

（1）保守性が向上（保守頻度低減、作業簡便化）
（2）長期間の安定測定が可能（感度劣化が少なく、長期間精度を維持）
（3）試料流速の影響はほとんどなく、流速無しでも測定が可能
（4）暖気時間は不要または短時間で測定可能
（5）硫化水素ガス等妨害成分の影響が少ない

② 蛍光式DO計の構成と測定原理

　蛍光式DO計は基本的に測定用光源（青色系の短波長LEDを用いることが多い）、受光部、蛍光物質から構成される（図20参照）。

　装置によっては基準測定用の光源（赤色系の長波長LEDを用いることが多い）を持っており、測定毎に補正を行っているものもある。
センサーは蛍光物質からの蛍光をフォトダイオードなどの受光部でとらえ、蛍光の強度や発光時間を元に酸素濃度を演算する。蛍光は酸素濃度が低い場合には蛍光強度が強く、発光時間が長いが、酸素濃度が高い場合には発光強度が弱く、発光時間が短くなる（図21参照）。

蛍光式DO計の構成例（図20）

酸素濃度と蛍光特性例（図21）

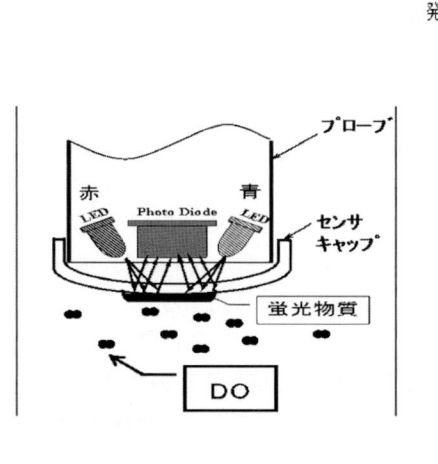

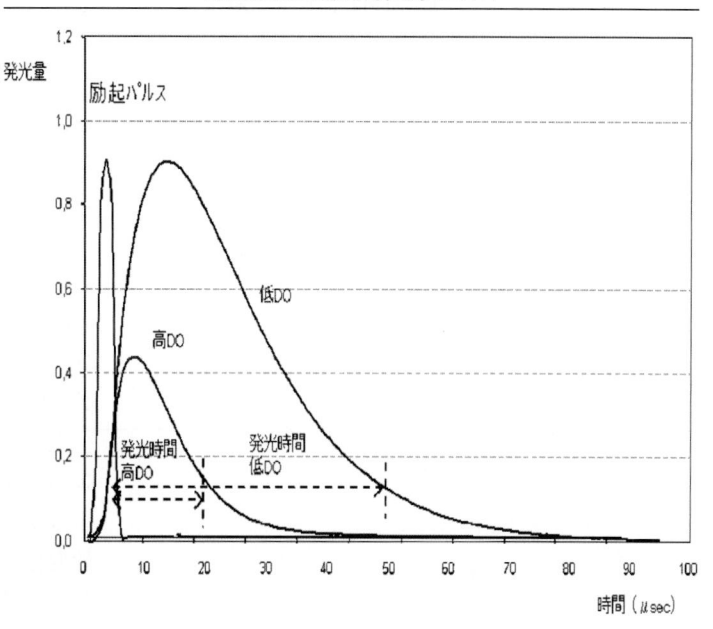

③ 蛍光式DO計のチェック方法

センサーのチェックは隔膜式DO計と同じく、空気飽和水または大気中にセンサーを置き、その時の水温または気温から求めた基準の飽和値と比較して行う。ただし基準値はJIS、ISO、ASTM（米国材料試験協会）などでわずかに異なるので、使用しているDO計の基準を確認しておく必要がある。

ゼロのチェックは一般的に10％亜硫酸ナトリウム溶液を用いてチェックするが、蛍光物質に影響を与える場合もあるため、メーカーの取扱説明書に従って適切に実施する必要がある。

④ 下排水のDO測定とセンサーの洗浄

下排水の測定では、センサーに油分や生物膜などの汚れが蓄積してセンサー表面が嫌気化してDO測定値が徐々に低下するため、長期間安定に計測するためには適切な頻度の洗浄が必要である。

設置環境により差はあるが、手洗浄の場合計器導入後、週1回程度の頻度でセンサー表面の状況観察と洗浄を行い、徐々に周期を伸ばして洗浄周期を決定する。省力化と測定値の信頼性確保のためには、自動洗浄器の装着を推奨する。

下排水に用いる自動洗浄器には、水ジェット、エアージェット、パルスエアージェットなどの方式がある。洗浄終了後正常なDO測定値に復帰するのに要する時間は1～数分程度である。測定ポイントの条件に合わせて適切な洗浄方式を選択することができる。

〔赤沢真一〕

(5) 汚泥濃度計

① 概要

下水処理において活性汚泥の濃度を制御することは、処理効率の点から重要である。活性汚泥は、栄養分を吸収し次第に増加していくので、引き抜き量を調節して、バランスのとれた汚泥濃度を保つ必要がある。

反応タンクにおける活性汚泥濃度は通常2000から8000mg/Lで運転され、沈殿汚泥は、20000mg/L程度まで濃縮されている。汚泥濃度計は曝気槽に設置されるほか、汚泥返送ラインに設置され、濃度の調整に用いられている。農業集落排水処理施設などで採用されている回分方式では、短時間で沈殿処理する必要があり、汚泥濃度管理が重要である。

② 構成および原理

汚泥濃度の測定方法は光の透過および散乱を利用する方法、音波の減衰、マイクロ波位相差を用いる方法がある。

ⓐ 光透過法

光源には、植物性プランクトンの光合成を避ける波長帯700から900nmの近赤外のLEDが用いられることが多い。20000mg/Lまで測定するには、必然的に光路長が10mmあるいはそれ以下になる。光源を直流点灯から交流点灯にすることで、周囲の光をキャンセルできる効果を得ている。低濃度では吸光度は濃度に比例するが、高濃度では直線とはならない。あらかじめ得られた汚泥濃度と吸光度の関係から汚泥濃度を算出している。光吸収はサンプルの性質に依存するので、必ずしも測定値とSS分析値（下水試験方法－浮遊物質試験）が一致しない。その場合は、分析値との相関をとって使用する。あるいは係数を与えて直読できる機能を利用する。

光透過法はゼロ点を校正する必要があるが、スパン校正は不要と考えてよい。ゼロ点が変化する要因は、温度変化と経時変化による光源光量変化、窓の汚れの2点である。光量変化に対しては参照光をモニタすることで安定化してい

フッ素樹脂窓材の透過式汚泥濃度計(写真4)　　　**光散乱式汚泥濃度計**(写真5)

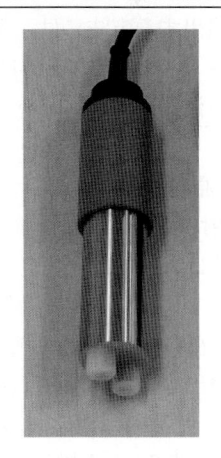

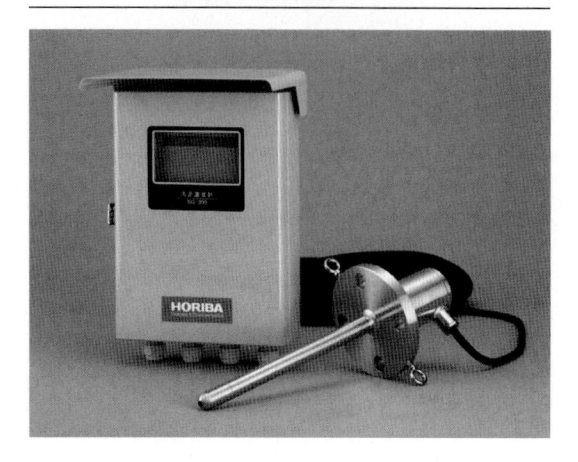

る。窓材としてはガラス、樹脂が使用されている他、汚れの付きにくいフッ素系樹脂を窓材とすることで対応している(写真4)。

ⓑ 光散乱法

光散乱により高濃度の汚泥を測定するためには、出射から入射までの光路を最短にしなければならない。光源は透過法と同じ波長帯で、LEDを点滅させる方法が採用されている。散乱方向は90度から後方散乱が利用される。光散乱法は光学面を平坦にできるので、異物の絡みを防止できる利点がある。光ファイバ束を利用して後方散乱を測定する装置では、30000mg/Lを超える汚泥を測定できるものがある(写真5)。

透過方式と異なり、散乱方式の汚泥濃度計は、ゼロ点が安定する利点があるが、スパン感度が変化する可能性がある。散乱方式は汚泥の種類で感度が異なることがあるので、分析値との相関をとって使用する。

ⓒ 超音波法

超音波の音速または音圧レベル(減衰)を測定して汚泥濃度に変換している。光学方式に比べて減衰が少ないので、セル長を長く(100mm程度)できる特徴があり、高濃度域(10%程度)まで対応が可能である。超音波法では検出器表面の多少の汚れは影響を及ぼさない特長があり、洗浄器を必要としない。しかし気泡は大きく影響を与えることがある。気泡を含むインライン測定では、サンプルを加圧することによって気泡を除去する前操作を加えて測定する方法がある。清水でゼロ校正を行う必要があり、インラインタイプの場合では、バルブ操作で検出器に清水を通す仕掛けを講じる必要がある。

ⓓ マイクロ波位相差法

マイクロ波がサンプルを伝播するとき、濃度によって伝播速度が変化することを利用している。入力波($2 \sim 3$GHz)の位相と、サンプルを透過した受信波の位相のずれを検出して濃度に変換している。マイクロ波位相差法は気泡や汚れの影響が少ないので、インライン測定器を構成するのに適している。超音波法と同様に高い濃度まで測定でき、返送汚泥、濃縮汚泥の測定に用いられる。ゼロ点は清水で校正する必要がある。導電性が高いサンプルでは電波の減衰が生じるので、測定できる電気伝導率の範囲が示されている。

超音波式汚泥界面計センサ(写真6)

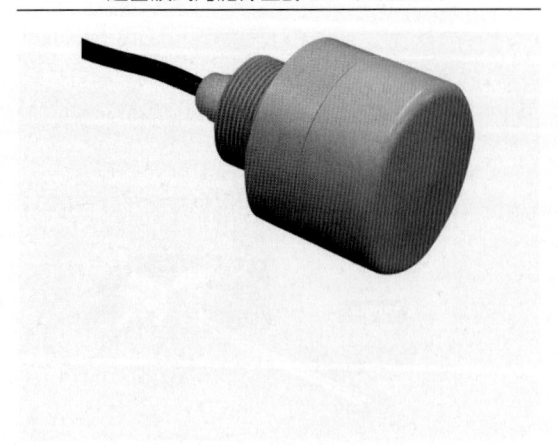

③ 計器選定

反応タンクでは光透過式、散乱式が用いられ、返送ラインでは超音波法、マイクロ波位相差法が用いられる。

④ 保守維持管理

活性汚泥を測定する場合は、少なくともサンプルは撹拌されていなければならない。静置した状態では、直ちに汚泥の沈降が始まるため、サンプルを代表した状態を測定できない。また曝気による影響を少なからず受けるので、散気装置の直上、空気が強く上昇する場所には設置しないようにする。計器側で時間平均調節機能を有しているものは、最適な平均時間を設定する。嫌気性では比較的汚れが取れやすいが、好気性では微生物が検出器に根付くことがある。この場合は、塩素系の洗浄液を用いると容易に落とすことができる。

計測器を一定の精度に保つために、必要に応じてゼロ、スパンの確認や校正を実施することが必要である。

(6) 汚泥界面計

① 概要

排水処理では、水より比重の大きい固形物や活性汚泥を、沈殿によって分離している。沈殿槽では汚泥の引き抜きなどのために、沈殿物と上澄みの界面位置を計測する必要性がある。

汚泥界面を検出する方法には、超音波の反射による方法、センサ（検出器）を昇降させて信号変化を検出する方法がある。

② 構成および原理

ⓐ 超音波反射法

水中の音速は25 ℃で約1500 m/sである。音波が汚泥界面で反射して戻る時間を測定することにより、汚泥界面までの距離を測定している。汚泥界面を検出する場合、測定される距離は0.5〜4 m程度が実用的に測定できればよい。超音波発振器（写真6）から周波数200 kHzから1 MHzの超音波が放射され、境界からの反射波を検出している。

音速は温度と圧力、塩濃度によって影響を受ける。圧力の影響は無視しても構わない。0℃では1403 m/s、40℃では1526 m/sと温度によって音速が大きく変化するので、温度補償が必要となる場合がある。塩濃度に関しては、3%の塩で40 m/sの音速増加になるが、塩濃度が変動する場合が少ないので、補償の必要は少ない。

超音波の反射は界面だけでなく浮遊物、空気、底面、壁面、レーキなど、いたる所から発生するので、これらの信号を界面と誤認識しない工夫がされている。リアルタイムの反射波をグラフィックで表示して、界面と浮遊物の区別ができるように最適な発振振幅を設定するものがある。また、反射波の振幅を色分けして、時系列で画面に表示し、視覚的に界面の位置を確認できるようにする装置がある（図22）。

超音波方式には、気泡による減衰、散乱などの影響を受けやすい弱点がある。下向きに音波を放射するセンサは放射面に気泡が溜まることがある。放射面に気泡が溜まると音波が吸収されてパワーが伝達されない。このような場合には、流水を放射面に当てて気泡を除去する方法がある。

ⓑ 吊り下げ方式

超音波あるいは光学式の検出器を沈殿槽に吊

超音波式汚泥界面計の設置と表示画面(図22)

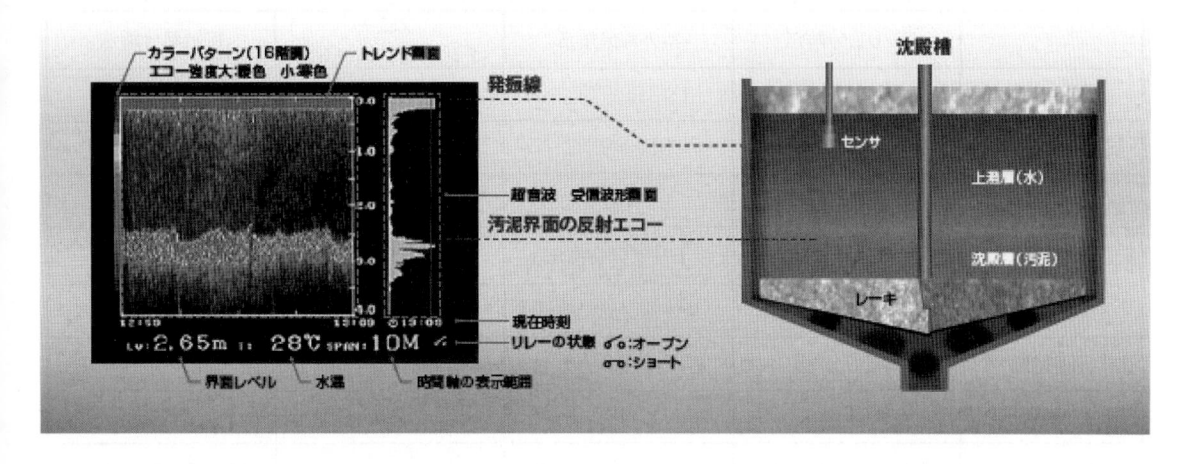

り下げて、位置を上下させながら、信号が急変する場所を界面と認識する装置である。2本の光透過性樹脂パイプの中に、同じ高さに保った光源とフォトセンサを上下させ、樹脂パイプ間の光透過を測定する方法もある。定期的にスキャンして界面を検出する方法と、界面位置を追尾する方法がある。

③ 計器選定

　超音波反射方式は小型で扱い易いが、検出するためには、明瞭な界面が形成されている必要がある。濃度の低い汚泥や槽の構造によっては誤検出を起こしやすい。昇降式はより的確に界面を検出できるが、装置がやや大型になる。

④ 保守・維持管理

　超音波式においては、気泡を取り除くため、発振面に水流を当てることが有効である。界面を誤検出している場合には、最適な計測環境を整えること、誤検知の原因を取り除き誤検知を防ぐなどの方策を講じる。

(鈴木理一郎)

(7) 全窒素(TN)・全りん(TP)計

① 概要

　全窒素(TN)、全りん(TP)は、環境基準および排水基準に定められている。また、閉鎖性水域の富栄養化対策として1978年からCOD総量規制制度が適用されてきたが、2004年の第5次水質総量規制から新たに窒素とりんが総量規制に加えられた。現在、水質総量規制制度では、東京湾、伊勢湾、瀬戸内海に流入する排水を対象に、1日当たり50m³以上排水する事業所に対して適用されており、その内400 m³以上の事業所については自動計測器によるCOD、全窒素(TN)、全りん(TP)の測定が義務付けられている。

① 構成および原理

ⓐ 構成

　図23に全窒素、全りん自動計測器の構成を、写真7に概観例を示す。試料導入口、試料分解部、測定部、指示・記録・外部入出力部により構成される。試料の分解および測定の原理・方式には種々の方式がある。現在市販されている全窒素・全りん自動計測器の方式の一覧を表2に示す。

全窒素・全りん自動計測器の分解・測定方式一覧(表2)

	120℃分解法	紫外線分解法	フローインジェクション法	接触熱分解法
測定成分	TP、TN	TP、TN	TP、TN	TNのみ
試料分解時温度	120℃	55～95℃	約160℃	700～800℃
試料分解時圧力	約2気圧	常圧	約10気圧	−
TP測定原理	モリブデン青法	モリブデン青法	モリブデン青法 クーロメトリー法	−
TN測定原理	紫外線吸光光度法	紫外線吸光光度法	紫外線吸光光度法	化学発光法
測定時間	60分	30～60分	10～20分	5～15分
試薬	必要	必要	必要	不要
主な消耗品	耐圧容器、ヒータ	UVランプ、反応管	ポンプチューブ、ヒータ	触媒、反応管、燃焼炉

全窒素、全りん自動計測器の構成(図23)

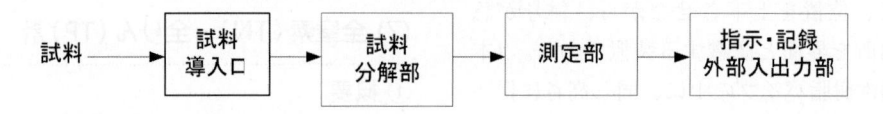

試料 → 試料導入口 → 試料分解部 → 測定部 → 指示・記録 外部入出力部

全窒素、全りん自動計測器の概観例(写真7)

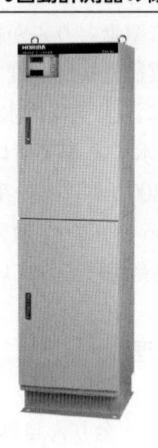

ⓑ **全窒素自動計測器の測定原理**

試料中の窒素化合物を酸化分解して、二酸化炭素（NO_2）又は硝酸イオン（NO_3^-）に分解し、化学発光法又は紫外線（220nm）吸光光度法で測定し、全窒素濃度を求める。試料の分解および測定方法により以下の4種類に分類される。

①**接触熱分解・化学発光法**

微量の試料水を触媒存在下の高温で燃焼酸化して一酸化窒素ガス（NO）を発生させ、冷却、除湿後、オゾンと反応させて二酸化窒素（NO_2）に酸化させる。この時発生する化学発光強度を測定してTN濃度を求める。試薬が不要なことと、測定時間が早い（5分～10分）ことが特徴である。

②**120℃加熱分解・紫外線吸光光度法**

試料水にアルカリ性ペルオキソ二硫酸カリ

ウム溶液を添加し、120℃に加熱して窒素化合物を硝酸イオン（NO₃⁻）に酸化分解した後、硝酸イオン濃度を紫外線吸光光度計で測定して全窒素（TN）濃度を求める。手分析方法と同様の原理を自動化したものである。

③紫外線酸化分解・紫外線吸光光度法

試料水にアルカリ性ペルオキソ二硫酸カリウム溶液を添加し、紫外線を照射して窒素化合物を硝酸イオン（NO₃⁻）に酸化分解した後、硝酸イオン濃度を紫外線吸光光度計で測定して全窒素（TN）濃度を求める。120℃加熱分解法に比べて100℃以下の常圧下で分解が行えるため分解槽の構造が簡素化できる点が特徴である。

④フローインジェクション法（FIA法）

キャリア液中に導入された試料水にアルカリ性ペルオキソ二硫酸カリウム溶液を添加し、150～160℃の加熱コイル中で加熱分解を行い、窒素化合物を硝酸イオンに分解した後、硝酸イオン濃度を紫外線吸光光度計で測定して全窒素（TN）濃度を求める。高温酸化により測定時間が早い（10分～15分）ことが特徴である。なお、FIA式はフローに細い配管を使用するため、試料水を分析計へ導入する前に微粒子などを除去する前処理装置が必要となる。

ⓒ 全りん自動計測器の測定原理

試料中のりん化合物を酸化分解して、りん酸イオン（PO₄³⁻）に分解し、モリブデン青の発色反応をさせた後、880nmの吸光光度法で測定し、全りん濃度を求める。試料の分解方法により以下の3種類に分類される。

①120℃加熱分解・モリブデン青法

試料水にペルオキソ二硫酸カリウム溶液を添加し、120℃に加熱してりん化合物をりん酸イオン（PO₄³⁻）に酸化分解した後、酒石酸アンチモニルカリウムとモリブデン酸アンモニウム混合液及びL－アスコルビン酸溶液を加えて、モリブデン青の発色反応をさせ、880nmの吸光光度計で測定して、全りん（TP）濃度を求める。手分析方法と同様の原理を自動化したものである。

②紫外線酸化分解・紫外線吸光光度法

試料水にペルオキソ二硫酸カリウム溶液を添加し、紫外線を照射してりん化合物をりん酸イオン（PO₄³⁻）に酸化分解した後、酒石酸アンチモニルカリウムとモリブデン酸アンモニウム混合液及びL－アスコルビン酸溶液を加えて、モリブデン青の発色反応をさせ、880nmの吸光光度計で測定して、全りん（TP）濃度を求める。120℃加熱分解法に比べて100℃以下の常圧下で分解が行えるため分解槽の構造が簡素化できる点が特徴である。

③フローインジェクション法（FIA法）

キャリア液中に導入された試料水にペルオキソ二硫酸カリウム溶液を添加し、150～160℃の加熱コイル中で加熱分解を行い、りん化合物をりん酸イオン（PO₄³⁻）に酸化分解した後、酒石酸アンチモニルカリウムとモリブデン酸アンモニウム混合液及びL－アスコルビン酸溶液を加えて、モリブデン青の発色反応をさせ、880nmの吸光光度計で測定して、全りん（TP）濃度を求める。高温酸化により、測定時間が早い（10分～15分）ことが特徴である。なお、FIA式はフローに細い配管を使用するため、試料水を分析計へ導入する前に微粒子などを除去する前処理装置が必要となる。

③ 選定

第5次水質総量規制の導入で従来のCODに加えて窒素・りんの自動測定が必要になって以来、試薬消費量の低減や装置の小型化、消費電力の低減などの技術改良が急速に進み、環境負荷を低減したコストパフォーマンスの高い自動計測器が多数開発された。TN、TP2成分複合機が現在主

全窒素自動計測器の管理基準 (表3)

計測対象	計測回数	繰返し計測における許容差
ゼロ校正液	3回以上	自動計測器による各計測値とその平均値との差が最大目盛値の±5%以内であること。
標準試料溶液	3回以上	自動計測器による計測値の平均値と、標準試料溶液濃度との差が標準試料溶液濃度の±15%以内又は±0.15mgN／L以内であること。
実試料	3回以上	指定計測法(1)による測定値（3回以上）の平均値と自動計測器による計測値の平均値との誤差率(2)が±15%以内又は、その差が、±0.15mgN／L以内であること。

全りん自動計測器の管理基準 (表4)

計測対象	計測回数	繰返し計測における許容差
ゼロ校正液	3回以上	自動計測器による各計測値とその平均値との差が最大目盛値の±5%以内であること。
標準試料溶液	3回以上	自動計測器による計測値の平均値と、標準試料溶液濃度との差が標準試料溶液濃度の±15%以内又は±0.05mgP／L以内であること。
実試料	3回以上	指定計測法(1)による測定値（3回以上）の平均値と自動計測器による計測値の平均値との誤差率(2)が±15%以内、又はその差が、±0.05mgP／L以内であること。

注(1) 全窒素の指定計測法は、総和法（JIS K 0102 45.1）及び紫外吸光光度法（JIS K 0102 45.2）である。
全りんの指定計測法は、ペルオキソ二硫酸カリウム分解法（JIS K0102 46.3.1）、硝酸-過塩素酸分解法（JIS K102 46.3.2）及び硝酸・硫酸分解法（JIS K0102 46.3.3）である。
注(2) 誤差率は、次式により求める。

$$誤差率(\%) = \frac{[自動計測器の計測値の平均値] - [指定計測法の測定値の平均値]}{[指定計測法の測定値の平均値]} \times 100$$

(表3、表4の出所：環境省発行「窒素りん水質汚濁負荷量測定方法マニュアル」)

流であり、更にUV計やTOC計を組み合わせたTN、TP、CODの3成分複合機も用意されている。

機種選定においては、試料の性状や測定濃度に応じて、保守性を考慮し、測定原理・方式および測定レンジを選択することが重要となる。測定レンジは、TN、TP常用濃度が計測器の最大目盛の半分程度になるように選択するのが望ましい。

④ 保守・維持
ⓐ 日常保守

日常保守は、試料導入経路の配管汚れの除去、試薬の交換、校正、測定廃液の処理などが主な保守項目となる。一般的な保守頻度を以下に示す。

[洗浄周期]
1週間〜2週間ごと
[試薬交換周期]
2週間〜1ヶ月ごと

[校正周期]
1週間ごとの自動校正又は試薬交換後に校正

[TN計の校正方]
純水によるゼロ校正、硝酸カリウム溶液によるスパン校正を行う。

[TP計の校正方法]
純水によるゼロ校正、りん酸二水素カリウム溶液によるスパン校正を行う。

[測定廃液の処理]
2週間から1ヶ月ごと

[定期部品交換]
測定原理により異なるが、測定セル、分解槽、ヒータ、UVランプ、触媒、ポンプなどの消耗部品の定期交換が必要。推奨1年ごと。メーカーによる定期点検整備を行うことが望ましい。

ⓑ 測定精度の確認方法

　水質総量規制制度における全窒素自動計測器および全りん自動計測器には、測定原理に関する規定はない。従って全窒素または全りんを測定できるものであれば、方法を問わず使用することが可能であるが、正確な測定値を得るために性能基準と管理基準が定められている。性能基準は、①自動計測器の基本性能を確認するためのゼロ校正液と標準試料溶液による測定値の評価、②その事業場の実試料への適合性を確認するための実試料の測定値の評価から成っている。自動計測器の導入に際しては、その事業場の排水に適した計測器を選ぶことが大切であり、導入時には性能基準の試験を実施し、適合性を確認しておかなければならない。また、自動計測器は、継続的に基本性能と適合性を保持していることが要求される。このため定期的に管理基準の試験を実施し、使用過程における管理基準を満足する必要がある。環境省発行の「窒素・りん水質汚濁負荷量測定方法マニュアル」に掲載されているTN計及びTP計の管理基準を表3、表4に示す。

（福嶋良助）

6 シミュレーションを利用した最適化、効率化

1 シミュレーション技術の動向

　環境システムを対象としたシミュレーション技術は、その研究開発の歴史が古いだけでなく、いまだ継続した新しい取り組みが行われている古くて新しい技術である。環境システムの中でも、浄水や下水などの水処理システムは、とりわけシミュレーション技術の開発が活発に行われてきた分野であり、広範な技術の蓄積がなされている。水処理に関わる製品や現場でのシミュレーション技術の実利用例が報告されており、普及が着実に進みつつある。他方、開発技術の歩留まりは必ずしも高いとはいえず、開発側シーズとユーザ側のニーズとのミスマッチ解消や実利用に足るレベルへの性能向上が課題である。
　シミュレーション技術の動向は、関連する学会・協会の研究発表会や投稿論文の内容から把握することができる。

(1) 水道分野の動向

　水道分野でのシミュレーション技術のベースとなるモデルについては、水運用における水量評価に関わる水理モデル、浄水処理における水質評価に関わる物理化学モデルのほか、特定の事象を対象とした現象モデル、汎用的な統計モデルなどが適用されている。(社)日本水道協会などでの報告内容を見ると、かつて熱心な取り組みが行われたルールベースモデル(ファジィ、エキスパートシステム)などの報告は少なくなり、他方、計算機性能の向上を背景として、CFD(Computational Fluid Dynamics;計算流体力学)による流れ解析モデルの適用事例が増加していることなどの動向が分かる。

(2) 下水道分野

　下水道分野でのシミュレーション技術としては、雨水流出解析モデルを利用した整備計画の検討や、IWA(International Water Association;国際水協会)活性汚泥モデルを用いた水質シミュレーション、流体解析による槽内での挙動の解析などの適用が進んでおり、(社)日本下水道協会などでの報告事例が多くみられる。
　雨水の排除は下水道の主要な役割であり、近年頻発する都市型水害への浸水対策事業は重要な課題となっている。近年では、任意の降雨発生時の詳細な雨水流出状況を容易にシミュレーションすることが可能となり、都市型水害への浸水対策事業の計画へ適用できるようになっている。
　また、活性汚泥モデルは、水処理プロセスの主要部である反応槽内の生物処理を模擬することができるものである。既に実プラントへの適用などの報告もあり、技術の実用化が進んでいる。

2 シミュレーション技術の適用対象

(1) 水道分野

　図1に示すように、シミュレーション技術の適用対象については、導送配水、浄水、計画業務への適用が多い。導送配水では、短期の水需要量予測、水量・水圧に関する配水管網解析、水源水質予測に関する取組みが行われている。また、浄水では、沈殿の流れ解析、オゾン接触池の流れ反応解析、浄水膜ろ過解析などが報告されている。計画では、設備更新計画に反映するための将来の水需要量予測、管路更新評価、新しいキーワードとしては、アセットマネジメントのための機器の劣化診断に関する事例も見られるようになっている。

　1995年に発生した阪神・淡路大震災が契機となって、震災に対する被害予測シミュレーションの発表が見られるようになった。また、浄水膜ろ過など、新プロセスに対応する発表が出てくるなど、水道事業体のニーズに敏感に反応した技術開発が行われている。

　(社)電気学会の調査[1]では、浄水場などで、日々の運転管理に組み込まれて実利用されているものは、全体の発表件数のうちの約1割程度であり、多くの技術は、予備検討や試行的な適用にとどまっていることが報告されている。特に水質に関連したシミュレーションは、配水系での残留塩素評価などを除くと実利用が少ない状況にある。他方、水需要予測や水運用向け水理計算など、配水系での水量に関するシミュレーションは、適用が進んでいる技術であり、水運用の最適化やコスト低減にも貢献している事例がある。

(2) 下水道分野

　図2に示すように、水処理、計画業務、ポンプ・合流改善分野への適用が多い。このうち、水処理分野については、活性汚泥モデルを利用した水質シミュレーション技術の適用が多く、計画業務については雨水流出解析を利用した浸水対策に適用されている例が多い。また、ポンプ・合流改善分野については、RTC（Real Time Control;リアルタイムコントロール）などの合流改善技術などが適用されている。

　(社)電気学会の調査[1]によると、シミュレーション技術の利用状況は計画段階での利用、及び

シミュレーション技術適用対象内訳（水道）(図1)

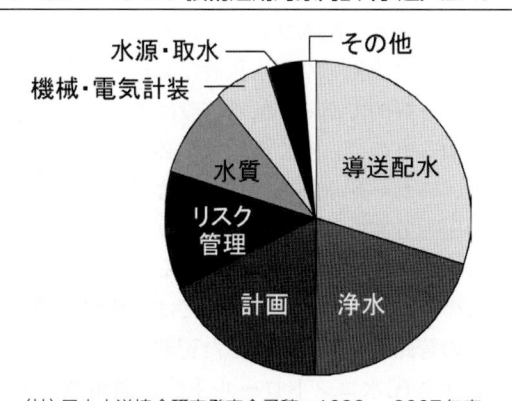

(社)日本水道協会研究発表会予稿：1998～2007年度

シミュレーション技術適用対象内訳（下水道）(図2)

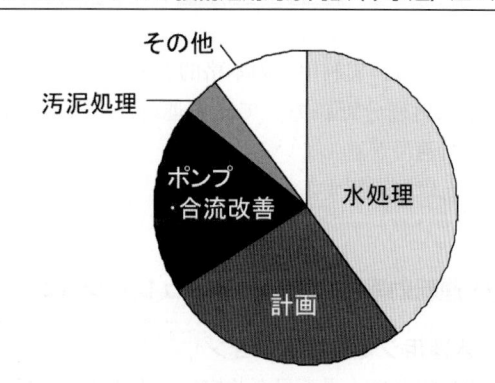

(社)日本下水道協会研究発表会予稿：1998～2007年度

水運用における環境負荷低減策（図3）

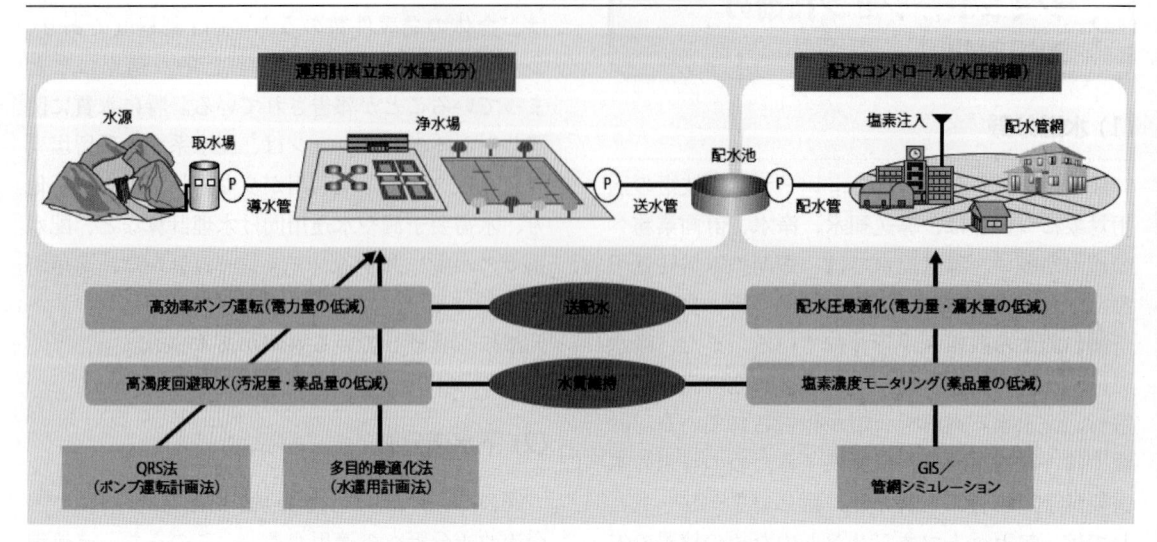

QRS (Quasi-optimal Routing System)　GIS (Geographic Information System：地理情報システム)

新技術の評価・検証での利用事例が多く、実際のプラントに組み込まれてオンラインで利用されている事例はまだ少ないことがわかる。このうち、ポンプ・合流改善分野の技術については、他の分野と比べて実プラントでの利用例が見られる。

3 代表的なシミュレーション技術

本章では、実利用への本格的な適用が進みつつある水処理分野にあって、先進的な取り組みによって適用が進んでいるシミュレーション技術を取り上げて説明する。

(1) 運転効率化のためのシミュレーション

① 水運用シミュレーション

水運用とは、過不足なく安定した水供給を行うために、水源から配水までの複数設備が円滑に稼動するように管理することである。水道事業体にとっての課題となっているのは、環境負荷を低減しつつ安定供給を実現することであり、そのために水運用の最適化が求められている。

水運用は、図3に示すように、水量配分を行う運用計画立案と、水圧制御を行う配水コントロールの二つの機能に大別できる。低減を図る環境負荷としては、送配水に要するエネルギーと水質維持に用いる薬品類、および浄水処理から発生する汚泥が主な対象となる。

水道事業体の規模にもよるが、対象とする給水地域を幾つかの配水ブロックに分け、さらに、各ブロックに設置した配水施設で給水する構成を取るのが一般的である。配水施設はすべてポンプ圧送によるもので、多くの電力を必要とする。そのため、これら配水施設の電力負荷低減と各配水区域の圧力分布を適正化する配水コントロールシステムを導入している事例[2]がある。

このようなシステムにおいては、地理情報システムの管路データを活用した管網シミュレーションによる配水コントロール手法が適用されている。この制御方式では、図4のように地理情報システムから実管網を忠実に再現するネットワーク

管網シミュレーションによる配水コントロール（図4）

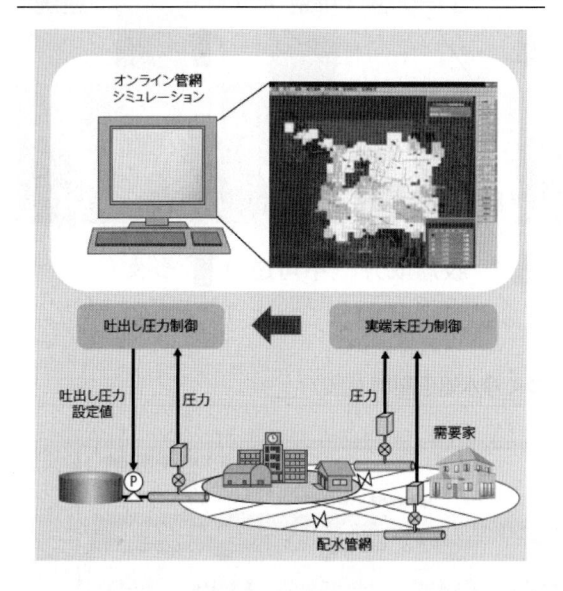

モデルを得て、オンラインで入手する流量・圧力の計測値から、リアルタイムで管網シミュレーションを実施する。これを基に、最適な圧力分布を実現するポンプ吐出し圧を算出し、制御設定値として自動制御システムへ送信する。管路の増設や配水ブロックの変更といった管網構成の変化に対しても追従して、最適な設定値を算出することが可能であり、水圧制御を常に適正に保つ。これにより、過剰圧力に起因する余分な電力消費や漏水量の低減に貢献できる。

河川などの表流水を原水とする水源は、降雨の影響を受けると大きく濁度が上昇するため、浄水処理での凝集剤注入量も増加させなければならない。高濁時に取水量を抑制できれば、薬品注入量や浄水汚泥の削減が見込まれ、環境負荷低減やコスト削減が期待できる。しかし、一方で、濁度変動に関係なく需要はあるため、それを満足させたうえで、高濁時の取水を必要最小限にしなければならない。基本的な対処は、次の二つを組み合わせた運用と考えられる。一つは、高濁時間帯の前後に多めの取水を実施する時間差取水、もう一つは、複数系統で補完する水源間融通である。時間差取水の流量策定には、QRS（Quasi-optimal Routing System）法を応用することで、配水池貯水を活用し、かつ浄水処理への影響を与えないよう変動量を抑えた計画を立案することができる。ここで適用したQRS法は、流量計算をグラフ上の領域内に折れ線を描く問題に変換したもので、配水池貯水を活用して、ポンプ運転を平準化し、かつ最大効率点での吐出し流量となるように計画できる簡便で有効な手法である。これまで、数多くの水運用システムに適用されて実績を上げている。水源間融通も含めた運用には、局所的な調整ではなく全体最適の考え方が必要となる。融通に要する電力量との兼ね合いや、供給の安定性が崩れていないかといった複数の観点を同時に考慮しなければならない。

塩素消毒は浄水処理の必須プロセスであるが、これに用いられる塩素剤は、水道における大きな環境負荷項目の一つである。塩素注入は浄水場内で一括して行われることが多い。これに対して、配水管網の途中地点でも追加注入する多点注入方式によって、塩素濃度の平準化と塩素注入量の低減を図ろうとする考え方がある。塩素は、管路やポンプといった送配水施設との接触や水中の有機物との反応によって消費されるため、時間とともに濃度が低下していく。したがって、浄水場から最も塩素が届きにくい地点を目標に、塩素注入量を管理する方式が一般的であり、そのため、浄水場に近い地域では残留塩素濃度が高めになる。多点注入方式は、浄水場内での初期注入量を減らして、近い地域の残留塩素濃度を抑え、配水管網の途中地点で追加塩素を注入して遠い地域の濃度を保持するものである。ただし、適正な塩素注入量の設定が難しいという問題があった。

残留塩素シミュレーションは、配水管網全体の塩素濃度分布を推定して可視化するものである。管網解析から得た流量分布に基づいて算出した到達時間と、塩素濃度減少モデル式から、各地点の残留塩素濃度を推定する。安全側に見積もられがちである注入量も、塩素濃度の正確なモニタリングにより、改善できる可能性は大きい。

膜ろ過ファウリング機構の模式図(図5)

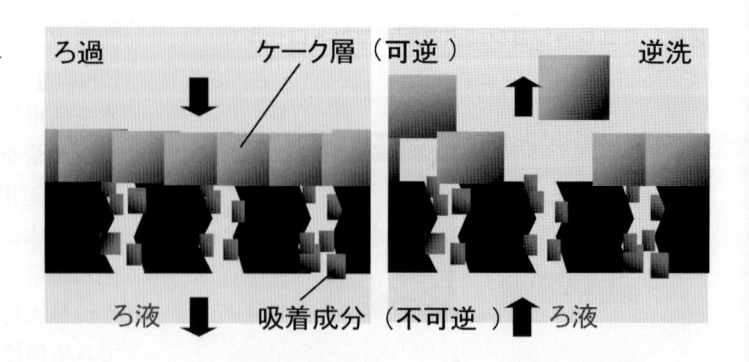

膜ろ過シミュレーションに基づく浄水処理制御(図6)

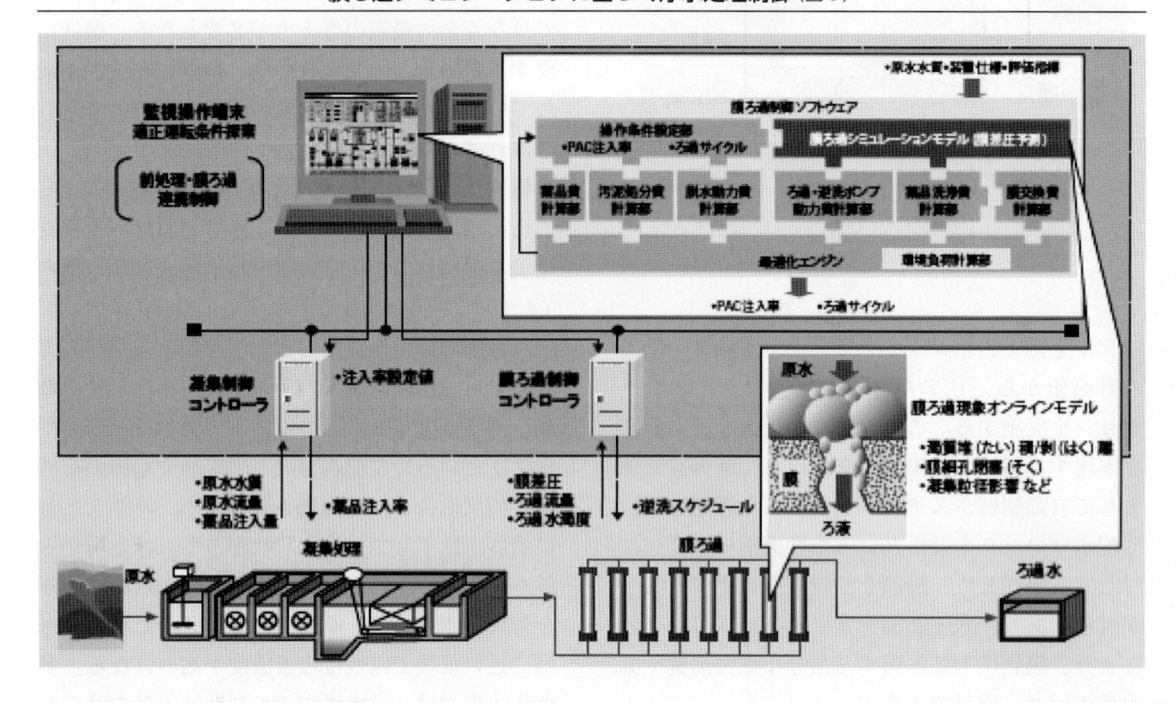

② **浄水膜ろ過シミュレーション**

　浄水施設への膜ろ過処理の導入が進んでおり、平成18年度末の実績では、国内の公共水道向け膜ろ過施設は586施設に達している。日量数万m^3レベルの中規模以上の浄水場の実績も増えつつあり、こうした浄水場では表流水を原水として用いる場合がある。一般に、伏流水や地下水に比べて表流水の水質は悪く、降雨など天候の影響を直接受けるためその変動幅も大きい。このような原水を膜ろ過処理する場合には、その負荷軽減のために、前段に前処理プロセスを備えることが一般的である。このように前処理と膜ろ過を組み合わせたプロセスの運転条件は、これまで経験的・実験的に決定されていた。一方、浄水場では運転コスト低減や環境負荷低減のニーズが高まりつつあるが、膜ろ過プロセスの運転は、これらのニーズに対し常に最適な条件を導出できる制御方式が必要である。

制御方式による膜差圧上昇の比較(図7)

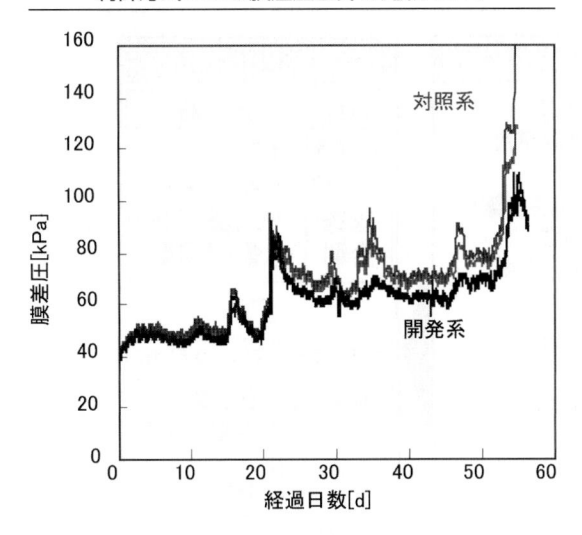

膜ろ過シミュレーションモデルは、原水水質条件と操作条件に基づいて膜面のファウリングを計算し、結果として膜差圧の変化量を出力する。一般に、膜面のファウリングは図5で示すように物理逆洗で除去可能な可逆ファウリングと、薬品洗浄でなければ除去できない不可逆ファウリングに大別できる。可逆ファウリングは膜表面のケーク層が主原因であり、ケークろ過モデル[3]が適用できる。また、不可逆ファウリングは膜の細孔内に付着する吸着成分が主原因であり、標準閉塞モデル[3]を適用した。

上述した膜ろ過シミュレーションモデルを実装した制御ソフトウェア[4]の構成例を図6に示す。モデルを運転の適正化に用いるため、動力費や薬品費、汚泥処分費、膜交換費などが評価指標を設定している。モデル計算で予測した膜差圧は、ろ過・逆洗ポンプの動力計算と薬品洗浄間隔の算出に用いられる。制御ソフトウェアには、選択した評価指標の値を最小とするようなPAC注入率とろ過サイクルを算出する最適化エンジンが設けられている。

パイロットプラントを用いた制御効果の実証試験結果が報告されている。制御効果の評価を容易にするため、同一原水を処理できる開発系と対照系の2系列を備え、開発系は前述の制御を実施し、対照系は前処理を濁度比例制御、膜ろ過をタイマー制御(一定時間)とした従来制御を実施した。いずれの系列も計画水量が2.5m³/h、回収率が95%となるよう運転された。ろ過時間により多少異なるが、ろ過流束は約3.0m/dで運転した。

実験期間中の原水濁度は最低2度、最高100度以上であり、平均すると14.4度であった。溶解性Mn濃度は0.007mg/L以下、溶解性E260は0.30以下であった。制御ソフトウェアは、対照系よりも凝集剤注入率が高くろ過時間が短い運転条件を出力した。出力された運転条件および膜差圧の遷移結果を図7に示す。開発系は対照系より膜差圧が常に低くなった。対照系は運転開始後55日目に予め設定した膜差圧上限を超過したため、薬品洗浄モードに移行した。開発系については、72日目までのデータを二次曲線で外挿した結果、150kPaに到達するまでの日数が89日と推算された。運転コストの評価結果では、シミュレーションをベースとした制御による運転コストの削減効果は31.5%であった。削減効果は条件により異なるが、膜ろ過シミュレーションによる制御は、運転の適正化に役立つことが期待できる。

③ 下水活性汚泥シミュレーション

下水処理場では放流水の窒素、リンの規制強化により、高度処理方式の導入が進み、施設の運転管理・制御が複雑化している。この高度処理方式には、嫌気条件や好気条件での微生物反応を利用した生物学的窒素、リン除去方式の採用例が多い。生物学的窒素、リン除去方式の施設の運転制御に当たっては、生物反応メカニズムの理解が必要となる。生物反応メカニズムを数学的にモデル化した活性汚泥モデルはIWA(International Water Association;国際水協会)から発表されており、国内でもこのモデルの適用事例が報告されている。活性汚泥モデルを用いることで、活性汚泥プロセスを生物反応の観点から定量的に解析・評価できる。

活性汚泥モデルの用途には、①下水処理場の計

下水シミュレータの構成例（図8）

入力部		計算部	出力部	
項目	詳細	【反応モデル】	項目	詳細
流入	水量、有機物、窒素、リン、水温…の24時間時系列データ	・リン放出、過剰摂取 ・硝化、脱窒 　（硝酸脱窒、内生脱窒） ・有機物酸化分解 ・菌体増殖、自己分解 ・DO消費	処理水 反応槽 返送 余剰	・水質 　有機物、窒素、 　リン、SS、DO… ・水量、送風量
施設構成	・寸法 　（反応槽、沈殿池） ・嫌気/好気槽の構成 ・循環ルート	【輸送モデル】 ・生物反応槽： 　完全混合槽列モデル ・最終沈殿池： 　汚泥柱モデル	グラフ化	データ解析
運転	・制御方式と設定値 　DO、送風量、MLSS、 　返送汚泥量、SRT、 　硝化液循環量		・プロフィール ・トレンドグラフ	・除去率 　有機物、窒素、 　リン ・物質収支 　窒素、リン ・相互解析 　SRT⇒除去率 　DO⇒除去率
係数	反応速度、飽和定数…	【送風量モデル】 ・DO供給： 　総括酸素移動容量係数 　（K_La）		
計算	周期、計算期間			

画・設計、②運転管理・制御、③研究、④訓練・学習などがある。ここでは、このうち②運転管理・制御を目的とした下水シミュレータ開発と適用試算事例を説明する。

下水シミュレータの構成を図8に示す。対象とするプロセスは生物反応槽と最終沈殿池である。水量や水質などの流入条件、反応槽の寸法や分割数、循環水の有無、ステップ流入の位置、凝集剤注入の有無、初沈汚泥投入の有無などの施設構造、各槽の送風量、DO、MLSS、返送汚泥量などの運転条件が入力項目である。このため、標準活性汚泥法、嫌気－好気（AO）法、嫌気－無酸素－好気（A_2O）法、ステップ流入活性汚泥法、オキシデーションデイッチ（OD）法、二段嫌気－好気（AOAO）法など、さまざまな処理方式に対応できる。計算部には、後述する活性汚泥モデルや輸送モデルなどが実装されており、有機物、窒素、リンなどの水質、活性汚泥量、送風量などを算出できる。

代表的な活性汚泥モデルとして、1986年にIWAの前身であるIAWPRC（国際水質汚濁研究協会）から提案された活性汚泥モデルNo.1（ASM1）があり、継続して改良が加えられている。これらのIWA活性汚泥モデルを基にシミュレータを構築し、活性汚泥プロセスの挙動や現象を解析した結果が多数報告されている。しかし、IWA活性汚泥モデルを国内の下水処理場へ適用する場合、$CODcr$等の通常測定されていない水質項目を含むことが課題として挙げられる。そのため、過去に蓄積した水質試験データを有効に利用できないことやモデル適用のための水質分析作業が必要になることが適用上の障害になる。これに対して、国内の下水処理場で一般的に測定されているBOD_5（以下、BOD）を有機物の指標としたBODベースの活性汚泥モデルも構築されている[5]。

本モデルもIWA活性汚泥モデルと同様に、反応の進行に伴う物質の性状変化の定量的な関係すなわち化学量論と、その反応速度式から構成されている。また、本モデルの微生物は、NH_4-

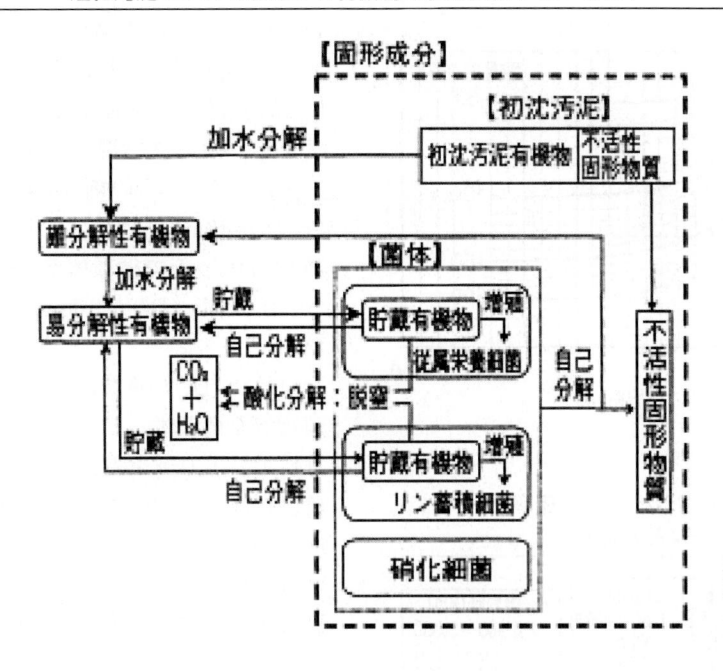

活性汚泥モデルで想定する有機物の状態遷移フロー（図9）

Nを硝化する硝化細菌、ポリリン酸の貯蔵機能を有するリン蓄積細菌、有機物を分解する従属栄養細菌の3種類に分類している。IWA活性汚泥モデルASM2dと同様に、従属栄養細菌とリン蓄積細菌には有機物を貯蔵する能力と脱窒する能力があると仮定している。図9に有機物の状態遷移フローを示した。難分解性有機物は従属栄養細菌により易分解性有機物に加水分解される。易分解性有機物は従属栄養細菌とリン蓄積細菌に貯蔵される。貯蔵有機物は菌体の増殖と脱窒反応に消費される。菌体が自己分解すると、菌体の有機物成分は難分解性有機物と不活性有機物となり、貯蔵有機物は易分解性有機物になると仮定している。また、初沈汚泥の固形成分は一部が加水分解により薙難分解性有機物となると仮定している。

下水処理場では処理水質の向上とともに、動力費の削減も要求されているが、一般にはこれらの間にはトレードオフの関係がある。これに対して、下水シミュレータは、あらかじめ設定した流入条件に対し、運転条件を変更したときの処理水鼠質と動力費などを算出でき、設定した流入条件に対して適正な運転条件を探索する機能を有する。探索結果を処理水質と動力費の関係として定量的に可視化することで、運転条件変更の効果を評価しやすくしている。この探索結果を参考にして運転条件を設定することで処理水質の向上や動力費の削減ができる。以下、運転条件の探索事例を紹介する。

窒素とリンを同時に除去する方法として、A2O法がある。このA2O法の処理場に下水シミュレータを適用し、運転条件が処理水質と動力費に及ぼす影響を評価した例を示す。A2O法では調整する運転条件として、DO（送風量）、返送汚泥量（返送率）、硝化液循環量（循環率）、MLSSなどがある。下水シミュレータを適用するに当たり、まず活性汚泥モデルの係数をチューニングする必要がある。チューニングに使うデータは下水処理場で行なわれている通日試験や精密試験の結果を活用できるが、データが不足する場合は適宜採水して分析する。チューニングに際しては処理水のデー

DO・循環率と処理水T-Nとの関係（図10）

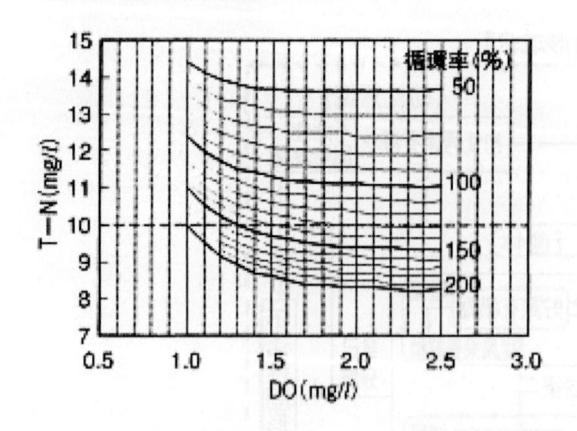

動力費も考慮したDO・循環率と処理水T－Nとの関係（図11）

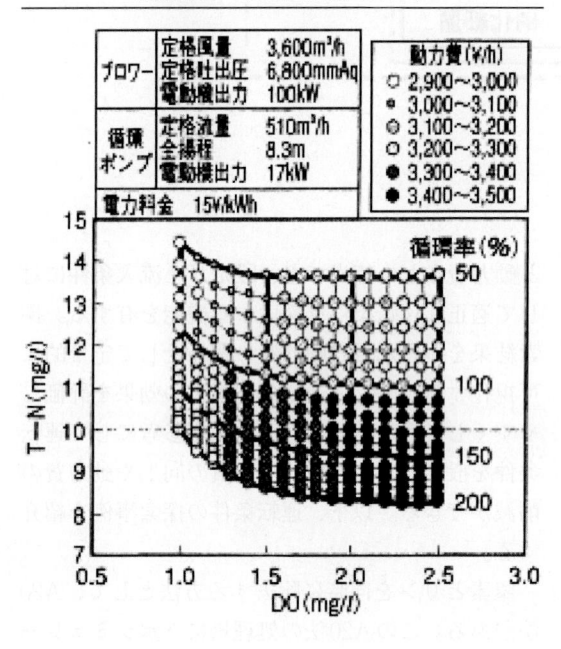

同じ処理水質になるDOと循環率の組合せは複数存在する。DOと循環率を変えた場合の処理水T－Nの計算値を図10に示す。これはDOを0.1mg/L間隔で1.0～2.5mg/Lまで、循環率を10%間隔で50～200%まで変化させたときの処理水のT－Nを算出したものである。たとえば、処理水のT－Nを10mg/L以下にするための運転条件は、DOが1.0mg/Lで循環率が200%、DOが1.5mg/Lで140%以上、DOが2.0mg/Lで130%以上となった。

つぎに、DOの維持に必要なブロワー動力費と、硝化液を循環するための循環ポンプ動力費の試算結果の出力例を図11に示す。この想定条件では、動力費は約2900～3500円/hとなった。現状、DOを1.5mg/L、循環率を100%の条件で運転していると仮定する。その条件で処理水のT－Nは11.3mg/Lである。DOを1.5mg/Lで固定し、処理水のT－Nを10mg/L以下とするためには、この図から循環率を150%以上にする必要があることが分かる。さらに、DOが1.3mg/L、循環率が160%のほうが動力費を削減できる。本図のように、計算結果を出力することで処理水質と動力費を同時に考慮しながら運転条件を検討できる。

上述の事例のように、活性汚泥モデルを組み込んだ下水シミュレータを適用することで、処理水質、消費電力量などを定量的に評価できる。評価結果に基づき運転条件を設定することにより、下水処理施設を適正に制御できることが期待される。但し、活性汚泥モデルによるシミュレーションはすべての現象を表現できているものではなく、適用限界を十分に理解したうえで利用する必要がある。

タのみでなく、槽内濃度のデータも用いることが望ましい。とくに、リンは処理水の濃度が小さく、リンの放出反応と摂取反応が再現できているかわかりにくいため、槽内濃度でチューニングの良否を判定するとよい。この方法でチューニング済みの下水シミュレータを用いて処理水質向上や動力費を削減できる運転条件を探索した例を示す。

(2) 計画・設計最適化のためのシミュレーション

前節では、上下水道設備の運転を効率化するためのシミュレーションについて紹介したが、ここでは別の観点でのシミュレーション適用事例として、設備導入計画の判断材料となる情報を提供するためのシミュレーション技術を紹介する。

① 水処理設備導入計画のための流域環境シミュレーション

水源河川の水質は、事業場に対する排水規制や下水道整備の効果により、改善傾向を示してきている。しかしながら、都市部を貫流する河川の一部では、水質の改善が横ばいで推移しており、今後も水質保全への取り組みが必要とされている。このような都市河川を水源とする水道事業体では、水道水質を良好に維持していくために、浄水プロセスへの高度処理施設（オゾン接触池、活性炭吸着塔など）導入を進めている。将来の河川水質改善が期待できれば、導入の規模は抑えられるが、今後も水質悪化が避けられない見通しであれば、本格的な施設導入を検討する必要がある。このため、施設計画の策定に当たっては、河川水質の長期予測結果が重要な意思決定材料となる。

ここでは、GIS（Geographic Information System；地理情報システム）技術を応用した水源水質動向予測システム[5]の事例を説明する。本システムでは、汚濁負荷の発生を説明できる流域情報をデータベース化している。具体的な適用事例として、水道水のトリハロメタンの生成に影響する微量有機成分（THMFP；トリハロメタン生成能）濃度の予測結果について説明する。

河川水質を長期で予測するためには、河川に流入する汚濁負荷量を高い確度で算定する必要がある。流域内の発生源から排出された汚濁負荷は、図12に示すような移動過程を経て、着目する地点（取水地点など）に到達する。排出される汚濁負荷量は、流域内の都市活動に依存し、その影響因子はフレームと呼称される。フレームとしては、流域人口、鉱工業出荷額、畜産養飼数や土地利用などのデータが使用される。本システムでは、GIS導入により、河川流路位置と関連づけてデータベースを構築することが可能となっている。各発生源からの

汚濁負荷の移動過程（図12）

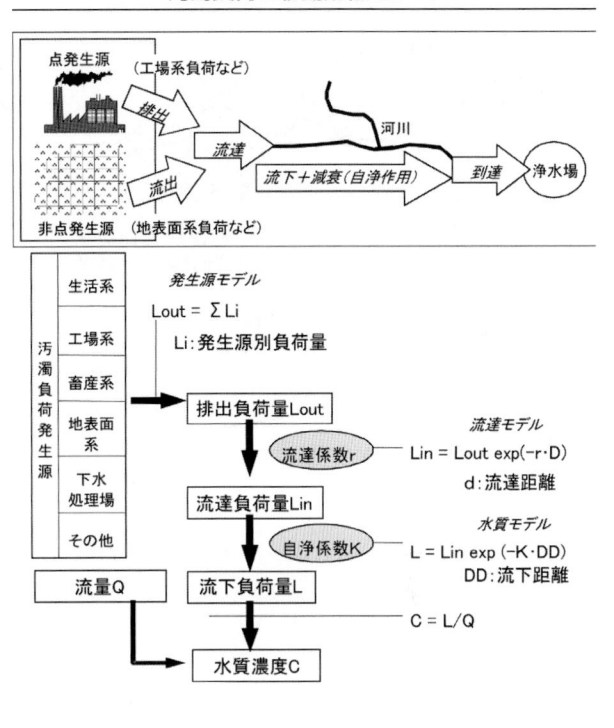

発生源モデル
$L_{out} = \Sigma L_i$
L_i：発生源別負荷量

流達モデル
$L_{in} = L_{out} \exp(-r \cdot d)$
d：流達距離

水質モデル
$L = L_{in} \exp(-K \cdot DD)$
DD：流下距離

$C = L/Q$

流域環境シミュレーションシステムの構成（図13）

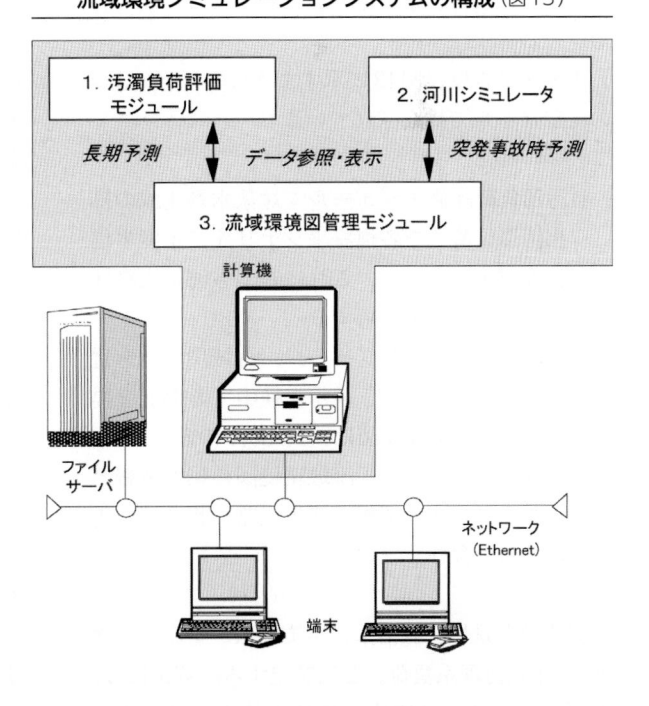

GISデータ内の流域情報演算例（図14）

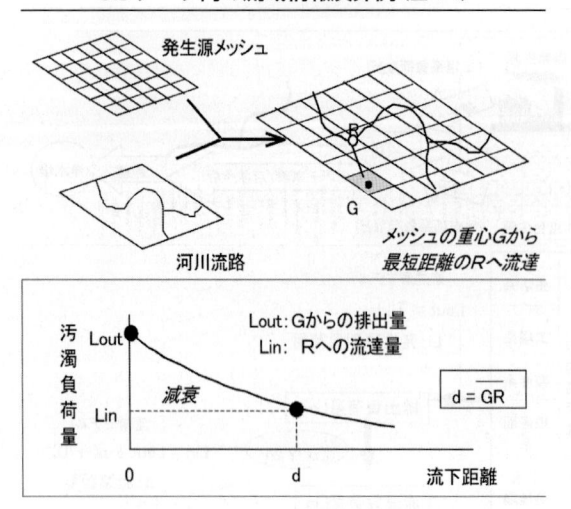

排出負荷量を入力とし、流達と流下のモデルにより減衰量を算出することで、着目地点に到達する負荷量を推定する。さらに、河川流量に応じた希釈モデルにより、水質濃度を予測することができる。

本システムは、図13に示すように、以下の3つのモジュールで構成されている。

1) 汚濁負荷評価モジュール：対象水系流域の排出汚濁負荷量を各種将来シナリオで年度単位に算定する。また、これに基づき河川流路区間ごとの水質を予測する
2) 流域環境図管理モジュール：流域環境図を電子ファイル化して、表示、検索する機能を提供する。流域環境図は、1/25000の縮尺
3) 流域データベース：流域環境図の属性情報として、フレーム情報、河川流路、特定事業場の情報を含む

排出負荷量は、生活系、事業場系、畜産系、面源系、下水処理系負荷ごとに算定する。算定には、原単位による方法や実績数値の積み上げによる方法が適用される。対象水質項目は、THMFP、COD（Chemical Oxygen Demand；化学的酸素要求量）、全窒素などである。排出地点から河川流入地点までの移動を意味する流達過程には、流達距離で指数的に減衰するモデルが適用される。また、河川内での流下過程は、Streeter–Phelps式として知られる自浄作用のモデルなどが適用できる。着目する地点の水質濃度は、流下した負荷量を河川流量で希釈する計算で求める。河川流量は、取水地点などの平均〜渇水流量（年間の95％累積頻度流量）により設定する。

各種データソースから情報収集し、位置情報と関連づけた上でデータベース化している。主たるデータ形式はラスター（メッシュ）形式とベクター形式で、前者は国勢調査のメッシュ統計データなど、後者は国土数値情報の河川流路データなどが相当する。ラスター形式の解像度は国土数値情報の最小区分の距離である1kmが採用されている。

図14には、データベース内の流域情報の演算例を示す。前述の流達モデルを実行するためには、各排出源から河川流入地点までの流達距離が必要であるが、面源系負荷（水田、畑、市街地など）の場合には、各メッシュが排出源となるため、設定すべき流達距離のデータ数は数千〜数万のオーダとなる。これに対して、本システムで導入したマッピング機能を用いることで、各メッシュから再近傍の河川流路を探索し、流達距離を自動設定することが可能となっている。この他、精密な河川流路データにより、本川への支川合流による負荷積算や、堰などの利水施設での流量分配なども考慮できるようになっている。マッピング機能により、実用化が難しかった詳細なモデル適用を実現できた点が特長である。

ここでは、予測解析事例のうち、某水系での事例を示す。将来の河川水質は、流域での都市活動がどのように推移すると想定するか、すなわち将来シナリオに影響される。将来シナリオは、各フレームの経年変化として与えた。例えば、流域人口は時系列的に緩やかに変動し、高い確度で予測できることが知られており、厚労省の人口問題研究所の年度別将来人口の推計値を用いることができる。また、鉱工業出荷額は変動が大きく、都

県別に独自に予測することが難しいため、通産省が全国ベースで推計した業種別鉱工業生産指数を用いている。生活系負荷と下水処理系負荷に大きく影響する下水道普及率については、現行程度の1%/年の向上を基本シナリオと設定した。

上述した将来シナリオで予測した、水系流域の河川へのTHMFP総排出負荷量を図15に示す。流域の総人口が増加するシナリオとしているため、生活系発生負荷量自体は増加するが、1%/年の下水道整備の効果により、排出負荷量は減少することが分かる。また、これに対応して下水処理場からの排出負荷量は増加するが、総排出負荷量を増加させるレベルではないことが分かった。事業場系負荷は総負荷量の5%以下であり、水質汚濁への寄与は小さくなっている。本シナリオの条件では、総排出負荷量は漸減傾向となることが期待される。

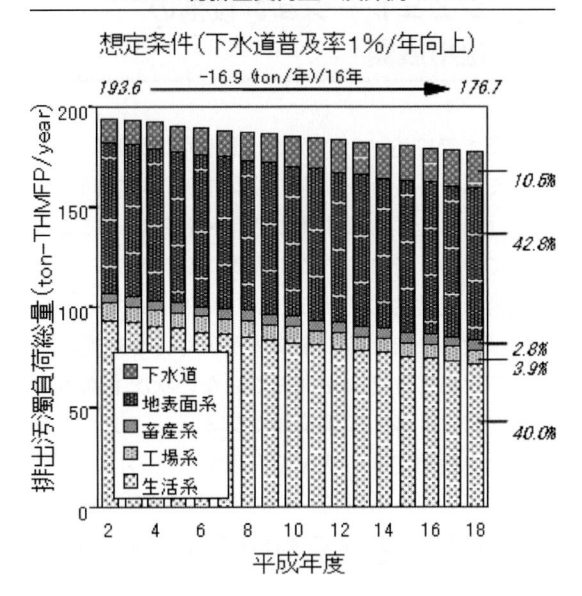

流域の下水道を0～2.3%/年で整備するシナリオにおける、某取水地点の平水流量時のTHMFP濃度を図16に示す。予測に用いた流達モデル、及び流下モデルのパラメータ（流達係数、自浄係数）は、実測の河川水質データなどからチューニングしている。下水道整備が凍結された場合、すなわち0%/年の整備では、水質汚濁は進むことが分かる。他方、1%/年ではTHMFP濃度は漸減するが、有意な改善レベルではない。2%/年以上の下水道整備では、明確な水質改善効果が認められる。

ここでの予測例では、下水道整備が現行程度の1%/年で続くと想定すると、水道原水のTHMFP濃度に大幅な改善は望めないという結果である。某取水地点を原水とする浄水場の水道水質を従来以上のレベルとするためには、河川水質の改善を待つのではなく、高度浄水施設の導入が必要であると判断される。

今回の将来シナリオ以外にも、水源水質にとって最悪のシナリオや楽観的なシナリオなどを幅広く検討することで、必要とされる下水道普及率や、高度浄水施設の導入要否を検討できる。

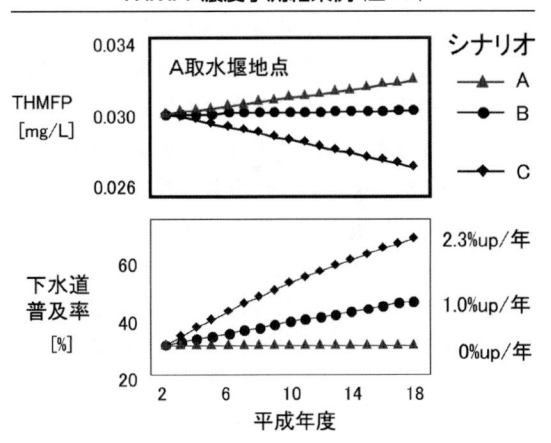

4 シミュレーション技術の適用展開

前章までに述べたように、上下水道分野におけるシミュレーション技術の検討事例は増加傾向にあり、広く全国の事業体で活用されるようになってきている。その一方で、実際にシミュレーション技術を定常的に業務の一部に組み入れている事業体は大きな自治体、事業体が多く、小規模の事業体ではあまり導入が進んでいない状況もある。

今後、より多くの事業体でシミュレーションシステムを活用できる状況を実現するために、広く一般に導入できる環境、システムを整備していく必要がある。このための要件は下記の項目である。

(1) シミュレーション技術の認知度向上

適用にいたる前提として、シミュレーション技術についてその存在や価値を、もっと多くの担当者に知ってもらう必要がある。本技術が有用であるという情報が、他の事業体に具体的に知られているケースは多くなく、また、浄水場や下水処理場などの組織の中でも、担当者以外はあまり知られていないという実態が報告されている。このような現実を踏まえ、今後のシミュレーション技術の発展のためには、未だ導入していない事業体への情報を発信することはもちろん、組織の内外を問わず公共施設に携わるより多くの方にシミュレーション技術の有効性を知ってもらう必要があると考えられる。

(2) 技術標準化の推進

上下水道分野全体としてシミュレーション技術を発展させて行くために、基本機能を標準化する価値は大きいと考える。具体的には、シミュレーションシステムの機能、解析時間、計算周期、監視制御装置との情報伝達、画面のデザインを初めとするヒューマンインタフェース、そして警報の種類と、フェールセーフを含めたバックアップ機能、さらに運用方法も含めた標準化を実現することが望ましい。

(3) コストメリットの追求

今後、シミュレーションシステムを、比較的小規模の自治体や事業体でも活用できるようにするためには、高い性能と導入しやすいコストという、相反する要求を満たす事が重要である。この改善策の一つとして、シミュレーションソフトについて、中核となる計算部分をライブラリとして共通化することも有効である。各メーカーは、ライブラリ化されたプログラムを使用した上で、事業体の実状に合わせたシステムにするために必要な入出力機能などを組み込んで、納入する施設に最もマッチし、かつコストパフォーマンスの良い、シミュレーションシステムを構築する事が可能となる。

このような試みはIWAが中心となった活性汚泥モデルですでに実施されており、その成果が期待される。

参考文献
1) (社)電気学会公共施設技術委員会編「公共施設におけるシミュレーション技術の現状と今後の展望」、(社)電気学会技術報告書、Vol.1171 (2009)
2) 栗栖宏充ほか「水運用の全体最適化に貢献する水環境シミュレーション」、日立評論、Vol.91、No.8 (2009)
3) 陰山晃治ほか「浄水膜ろ過プロセスシミュレーションによる高効率運転の試み」、環境システム制御学会誌、Vol.13、No.1 (2008)
4) 田所秀之ほか「上下水道情報制御ソリューション」、日立評論、Vol.90、No.8 (2008)
5) 圓佛伊智朗ほか「水系の長期計画を支援する水源水質動向予測システム」、日立評論、Vol.82、No.8 (2000)

(圓佛伊智朗)

7 電気設備のエネルギーと薬品

1 電気設備の省エネルギー

(1) 電気設備の省エネルギー

　水処理設備は機器や設備が多いため、闇雲に省エネルギー対策を実施するのではなく段階的な改善対策を計画し、実施・評価していくことが継続的な省エネルギー推進に必要である（表1）。

　電気設備の省エネルギー対策としては、効率の良い機器への置き換え、効率の良い運用が基本となり、以下の7つのポイントが挙げられる。

(1) エネルギー管理
　エネルギー使用量を細目且つ集中的に計測記録し監視・管理

(2) 高効率な電気機器の採用
　より損失の少ない高効率な機器の採用
　モーター、変圧器の最適容量の選定

(3) 適正容量運転
　負荷に応じた最適運転
　モーターの可変速運転、台数制御運転、高効率モーターの採用

(4) 力率改善／高調波電流低減
　無効電力と高調波電流の発生を抑える機器、システムの選定

段階的な省エネルギー対策（表1）

分類	省エネルギーアイテム	共通アイテム
短期対策 （運用・運転改善）	・運用・運転改善 　（不要機器停止、設定変更） ・照明、OA機器のオンオフ管理 　（不要時の電源オフ徹底） ・空調温度設定の管理 　（適正温度設定の遵守）	計測・記録システムの構築
中期対策 （設備改善）	・変圧器の変更、統廃合 　（容量の適正化・高効率化） ・ポンプ・ブロワ・ファンなどへのインバータ導入 　（回転数の最適化） ・照明電源への節電装置導入 　（電灯電圧の最適化） ・エアコンプレッサの台数制御とインバータ化 　（最適容量制御）	
長期対策 （施設改善）	・設備再構築 ・コージェネレーション導入 ・新エネルギーの導入 　（風力、水力、太陽光、燃料電池、波力）	

(5) エネルギー蓄積とピークカット

余剰電力を貯蔵して電力ピーク時に使用設備容量を抑える機器の選定、NAS電池ピークカット制御

(6) クリーンエネルギーの採用

太陽光発電、小水力発電、燃料電池等

(7) 省エネルギー総合システム

クリーンエネルギー、コジェネ、電力貯蔵、系統連系、電力監視制御を組み合わせた総合システム

(2) エネルギー管理

省エネルギー推進のためにはエネルギー使用の「見える化（計測）」が重要である。エネルギー使用の実態を時系列で見えるようにすることが実態把握や利用者の意識改革に繋がり、解決方法の検討、実現性、投資と効果の経済性を踏まえた具体的計画の実施など改善へのステップが可能となる（図1）。

電気エネルギー管理を進める際、エネルギー使用量の実態把握、無駄の把握、それを踏まえた実施可能な目標値設定および対策実施後の効果把握を行うことが活動の活性化や実効をあげるうえで重要となり、現場計量機器の設置とできるだけ細かい区分・頻度での測定が必要となる。そこで、電気系統の単位ごとに1台でかつ既存設備への取り付けが容易な多機能・集合型の保護継電器機能付きマルチメータの採用や、無線やケーブルレスなど省配線が可能なエネルギー計測システムの採用などにより、使用電力量を既存の監視制御装置など簡単に取り込むことができる装置が望ましい。

(3) エネルギー使用状況の把握事例

エネルギー使用状況の把握事例として下水処理場の例を図2に示す。下水処理場ではエネルギー使用量は送風機が全体の1/3以上を占めており、次いで低圧機器、汚水ポンプとなっている。エネルギー使用量の大きい装置から順番付けて改善するほど省エネ効果が大きく、また同時に投資回収効果も狙うことができるため、エネルギー改善例として以下を対象として紹介する。

省エネルギー検討のステップ（図1）

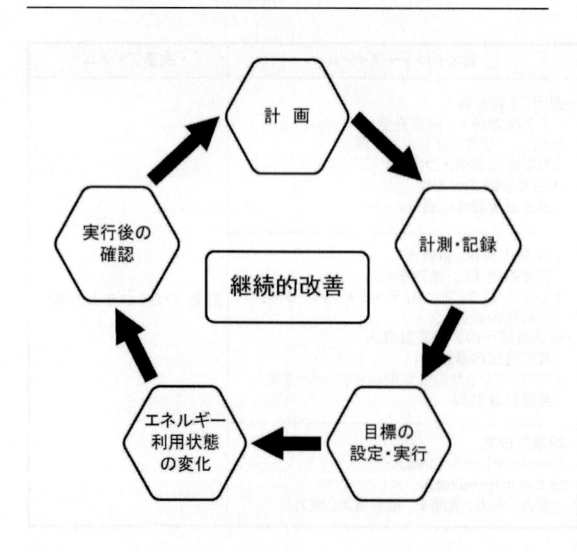

下水処理場におけるエネルギー使用状況例（図2）

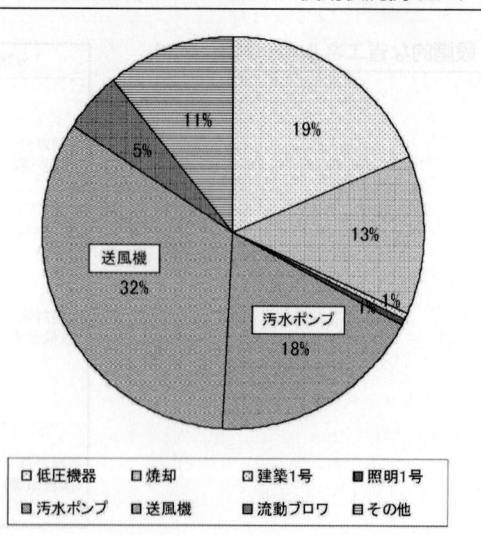

(4) 高効率な電気機器の採用

① 変圧器の省エネルギー

変圧器は電気機器の中でも最も効率的な機器の一つであると考えられるが、受配電設備の主要機器としてプラントで消費するほぼ全ての電力を常時供給しているため、その累計発生損失は必然的に大きくなる。したがって、受配電設備の省エネルギーの観点から変圧器の高効率化は重要な対策といえる。

ⓐ トップランナー変圧器

省エネ法改正により、JIS規格（JIS C4304：1999）に対し、無負荷損を30％低減、60％負荷時の全損失を25％（モールド変圧器の場合は20％）低減した変圧器が高効率変圧器としてJEM規格化されており、これがトップランナー変圧器と言われている。（写真4）トップランナー変圧器の種類は大きく2種類に分けられ、寸法・重量・価格・省エネ性能が大きく異なる。機種選定はイニシャルコストとランニングコストを考慮して合理的に行うことが効率的な投資に繋がる。

1) 高効率変圧器（汎用品）

JEM1482、JEM1483（特定機器対応の高圧受配電用変圧器におけるエネルギー消費効率の基準値）に適合している高効率変圧器である。従来の変圧器との違いは基準値の考え方で、高効率変圧器が100％負荷での効率を基準としているのに対し、トップランナー変圧器は実際の負荷率を考慮し、実際の運用を想定した負荷率（500kVA以下で40％,500kVAを超えるものは50％）での消費効率を算出している。目標基準値はエネルギー消費効率（基準負荷率による全損失）にて定められており、従来品（JIS C 4304：1999適合品）に比べて約38％の損失低減となる（図3）。

選定にあたっては、年間平均負荷率の実態に適した無負荷損と負荷損の組み合わせにより選定することで、より省エネルギー化が期待できる。

2) 超高効率変圧器（高性能品）

JEM規格に定められた特性よりも更に高効率化を追求し、旧JIS規格の標準仕様変圧

トップランナー変圧器外観（写真4）

エネルギー消費効率の比較（図3）

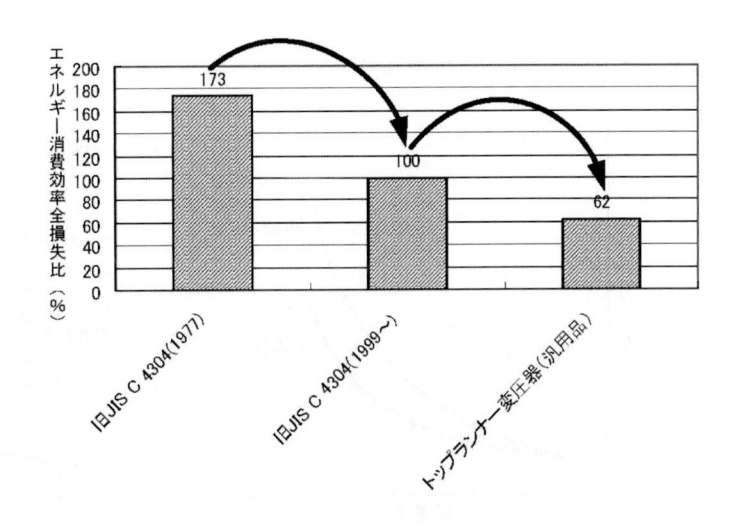

器に対し、約50%程度の低損失化（60%負荷時）を図っている変圧器が超高効率変圧器である。

この変圧器はJEM1483に適合した変圧器であるため選定の対象として考慮することは可能だが、トップランナー変圧器よりコストも高く、外形寸法や質量は標準変圧器に比べて大幅に増加し、設置スペース、質量、取り合いなどの制約が無く、初期投資額より省エネ効果をより重視する場合に適していると言える。

(5) インバータによる可変速制御

① インバータによる可変速制御の対象

可変速制御装置の導入により、台数制御では得られなかったプラントの状態変化に応じた最適制御が可能となり、省エネルギー、省資源の特長も得られるようになった。

省エネルギー化が期待できる機器としては、二乗低減トルク負荷特性である水や空気などの流体制御を行うファン・ポンプが挙げられる。この負荷ではトルクは回転速度の二乗に比例した関係になることから、回転速度を下げることで軸動力（＝電力）が小さくなり、大幅な電力量の削減が可能になる（図4）。

可変速制御の適用例を以下に示す。

ⓐ **送風機**
エアタンク流入水量による比率制御またはエアタンクDO一定制御

ⓑ **汚水ポンプ：**
水処理設備の負担を平滑化するため沈砂池水位一定制御

ⓒ **返送汚泥ポンプ：**
エアタンク流入水量による比率制御

ⓓ **次亜塩注入ポンプ：**
処理水量による注入量の比率制御

ⓔ **配水ポンプ：**
配水圧力一定制御

ダンパ・バルブにより風量・流量を調整している設備では、機械的に設備固有の比例特性の低減率で電力が削減される。これをインバータで回転速度を制御し、風量・流量を調整する場合は以下の関係式が成り立ち、電力は回転速度の三乗に比例して削減が可能となる（図5）。

二乗低減トルクの負荷特性（図4）

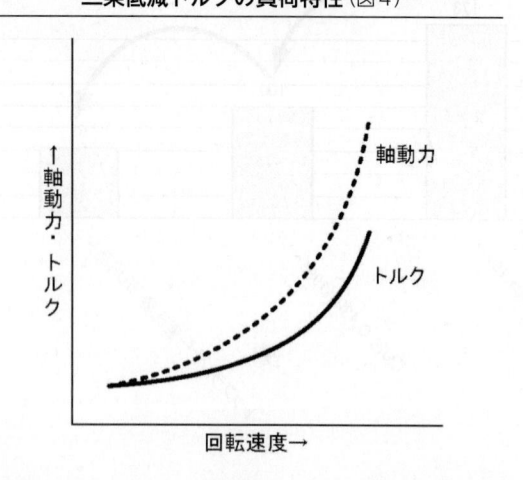

省エネルギー効果（図5）

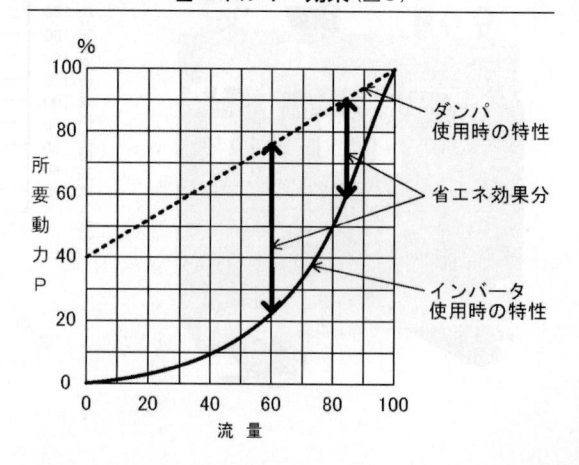

[関係式]
$$Q \propto N$$
$$H \propto N^2$$
$$W \propto N^3$$

Q：風量・流量　H：圧力　N：回転速度　W：電力

　ダンパ・バルブ制御している定速モーターをインバータによる可変速運転した場合の電力料金の省エネルギー計算例は次のとおりである。

[計算例]
モーター出力：500kW、年間運転時間：4,000H
運転パターン：85%流量で2,000H運転、60%流量で2,000H運転

● 定速モーター運転時（ダンパ制御）
流量（Q）85%：所要動力＝91%×500kW＝455kW
流量（Q）60%：所要動力＝76%×500kW＝380kW
年間電力量
455kW×2,000H+380kW×2000H=1,670,000kWh

● インバータ運転時（インバータによる可変速運転）
流量（Q）85%：所要動力＝61%×500kW＝305kW
流量（Q）60%：所要動力＝22%×500kW＝110kW
年間電力量
305kW×2,000H+110kW×2,000H=830,000kWh

● 年間省エネ効果
1,670,000－830,000=840,000kWh（50.2%の削減）
CO_2削減量100,800kg/年

② 高効率モーター（PMモーター）の特長

　高効率モーター（PMモーター）は、固定子のスロット形状の最適化や巻線の充填率が向上し、また回転子に永久磁石を使用することにより損失低減を実現し、この損失低減によりモーターへの冷却風量の低減や磁束密度の向上によるトルク効率が向上している。標準効率モーター（IE1レベル）と比較して約3～8%の効率向上が得られており、長時間使用するほど省エネ効果が得やすい。また、損失を低減した設計のため温度上昇も小さく長寿命・高信頼性が得られる。

　高効率モーターは標準効率モーター（IE1レベル）と比較して、初期投資経費は高くなるがランニングコストが低減されるため導入時のコスト増加分は比較的短期間で回収が可能である。また、インバータ制御との組み合わせにより、PMモーターの高効率分だけ更に省エネ効果が期待できる。

(6) 空調設備の省エネルギー

　照明や空調のエネルギーは、照明やOA機器などと同じで生産量に比例しない固定エネルギーである。省エネ化の推進には、これらの固定エネルギーの低減に取り組まなければならない。空調の省エネルギー化のポイントは①運用面での温度・湿度管理、②運転の最適化、③区画設備の見直し、が挙げられる。

　運用面では、冷暖房温度は今や国内では標準になりつつある「室温20℃（冬場）、28℃（夏場）」が目安とされ、エアコンの設定温度を1℃変更することで、一般的に冷房は5～7%、暖房は2～3%程度の省エネになると言われている。（建屋の断熱状態や空調設備の性能による）また、夏場の湿度管理により体感温度を下げるなどの工夫も効果的である。次に、運転最適化として冷媒搬送ポンプのインバータ化や、冷却塔ファンの台数制御およびインバータ化、ルーフファンのインバータ化などが効果的となる。空調ファンの省エネルギーは、現状の風量を測定・把握し、ダンパを全開としてインバータ制御により回転速度を下げ、現状風量に合わせた最適調整を行うものである（図6）。

　次に、区画整備として本来は必要のないエリア全体を空調対象としていないかの見直しを行う。但し建屋再構築など大規模な見直しが必要な場合がある。また、近年の電子機器の高性能化により発熱量の増加に伴い、データサーバーやコントローラ等を設置している計算機室の温度管理には十分留意する必要がある。また、CVCFやUPSなど蓄電池の寿命は室内温度に大きく左右される。そのため、これらを設置する室内の温度管理

空調設備の省エネルギー（実施例）（図6）

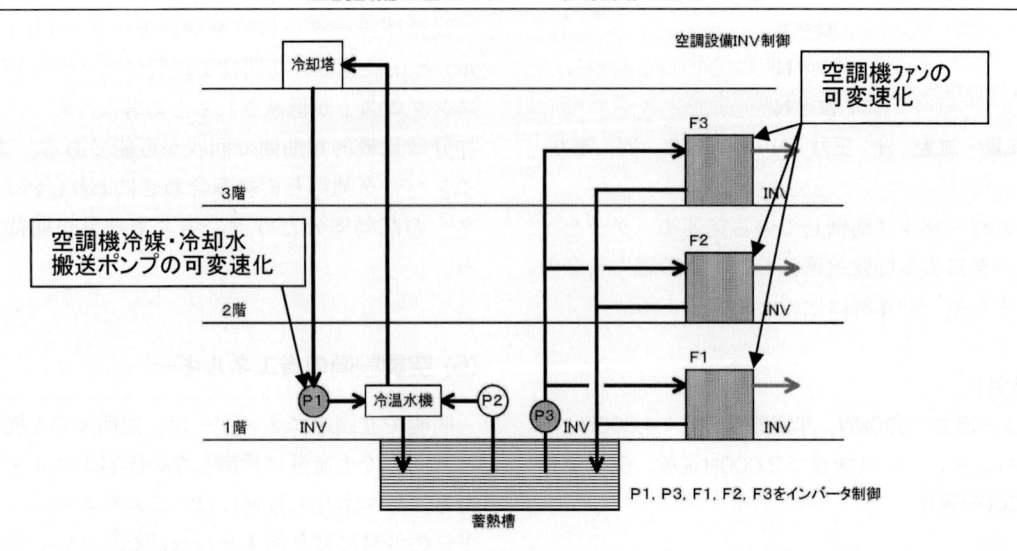

については、機器メーカーの推奨温度とすることが望ましい。

(7) 照明設備の省エネルギー

照明設備は古くなった既存機器を新たに交換するだけでも大幅な省エネルギー（20～50%）が実現できる高効率照明器具が各照明メーカーにより開発・発売されているが、エネルギー使用量の「見える化」により建物の中で照明の無駄遣いや消し忘れなど、今まで気付かなかった様々なことが見えてくる。

省エネルギー例としては、人の有無にかかわらず点灯しがちな照明を保安や安全上必要な部分以外は消灯するように、人感センサーなど自動消灯装置の導入や高効率照明器具を採用することで省エネ効果が期待できる。（人感センサーはトイレや廊下などでは60%以上の節電効果）照明のエネルギーは大部分が熱として発生するため、照明エネルギーの適正化により室内の発熱量の総和が減少し、空調効率が上昇する（空調の省エネルギー）効果がある。

① 省エネルギー型ランプ・高効率照明器具への交換

省エネルギー照明へのリニューアルの手始めはランプ交換である。最近の高効率・長寿命ランプは電球型LED（Light Emitting Dode：発光ダイオード）、電球型蛍光灯、省エネ型ハロゲン電球などがある。これらの省エネ型ランプに交換する場合は、交換前後の電力使用量を計測し、交換費用と節電金額を掌握し費用対効果を検証することが望ましい。

ⓐ LEDベースライト

浄水場や下水処理場で多く使用されている蛍光灯ベース照明に置き換わるものとして、LEDベースライトがある。ベースライトの場合、その設置台数の多さから省エネルギーのほかにメンテナンス性も考慮しなければならないが、従来の直管蛍光灯の3倍以上の長寿命（40,000時間）となり、ランプ交換の手間も大幅に軽減することが可能である。高周波点灯専用形蛍光ランプ器具と比較するとLEDベースライトは省エネ性能で若干劣るが、メンテナンス性などを考慮して各場所に適した照明を選択したい。

ⓑ LED誘導灯

誘導灯は現在、蛍光灯タイプのものから冷陰極ランプの高輝度誘導灯へ変わってきており、この誘導灯もLEDへ変えていくことで、さらなる省エネルギー化が可能となる。

ⓒ HID器具における省エネ

天井が高く、高輝度を必要とされる場合や街路灯などに使用されるHIDランプもメタルハライドランプにより省エネルギー化が進んでいる。メタルハライドランプは効率、演色性に優れ水銀灯の代替として有効である。点灯時間が長いことからも省エネルギー化を検討したいエリアである。

(田子靖章)

2 創エネルギー

(1) エネルギーの現状と自然エネルギー

現代社会の発展は、石油資源をエネルギー源として発展していったといえる。しかし21世紀を向かえ、石油資源の枯渇、地球温暖化さらには石油の需給バランスから利権を含む政情不安などにより、いままでの石油資源エネルギー依存一辺倒から、創エネルギーの要求が顕著になってきた。ここではエネルギーの現状と、創エネルギーすなわちエネルギーそのものを創造する再生可能エネルギーである自然エネルギーについて述べる。

① エネルギーの現状

図7に1次エネルギー国内供給の推移を示す。ここで1次エネルギーとは、原油・石炭・天然ガスなどの化石燃料と水力・太陽光などの自然エネルギーなどをいい、実際は使いやすい形すなわち電気、ガソリン、都市ガス等に変換や加工され使用している。これらのエネルギーを2次エネルギーという。日本は1次エネルギーの海外依存度は高く、およそ80%を海外からの輸入に依存している。この図より、1次エネルギーの総供給量は2008年は過去15年間に比べ減少したものの、依然高い数値を持続している。

ここで水処理関連施設でのエネルギー消費量の例として下水道施設に見ると、1次エネルギー換算で2003年度においては72.6PJ（＝約188万原油換算kl）であり、わが国全体の1次エネルギー総供給量のうちの約0.3%をしめている。

② 自然エネルギー

地球温暖化の原因となる二酸化炭素の排出を少なくするために、自然エネルギーの導入は必要不可欠で有り、国家的にも新エネ法のもと自然エネルギーの導入が推進さてれている。自然エネルギーは、その形態により代表的なものを示すと、

直接利用：太陽光

間接利用：風力、水力、バイオマス

などがある。

表2に供給サイドの新エネルギー導入見通しを示す。自然エネルギーのなかで太陽光発電と風力発電は現状での実績は他に比べて少ないが、将来的には導入ケースを大きく見込んでいる。一方水処理施設について考えた場合は、その施設の特徴を生かした再生可能エネルギーの構築がなされている。

③ 水処理施設における
　再生可能エネルギーの構築

上水施設や下水処理施設では、その立地条件や水の高低差や発生汚泥の持つエネルギーなど、創エネルギーが可能となる要素を色々と持っていることがわかる。ここで、水処理施設としての特徴から可能となる再生可能エネルギーの一例として、次のようなものが挙げられる。実際それぞれの施設では、条件に応じて各種の再生可能エネルギーを取り入れている。

・施設として利用可能な面積を所有している。
　→太陽光発電
・施設の地理的位置から風力を得られる。

1次エネルギー国内供給の推移（図7）

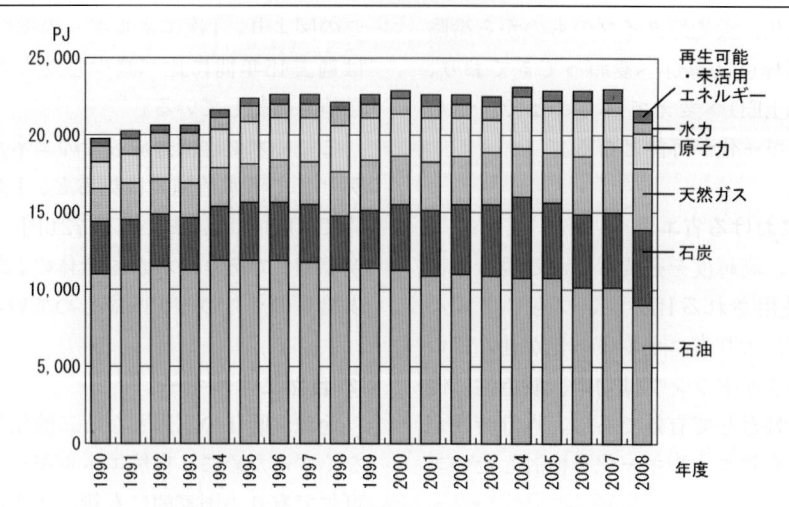

出典：資源エネルギー庁　総合エネルギー統計

供給サイドの新エネルギー導入見通し（表2）

	2005年度 実績	2020年度 現状固定ケース・努力継続ケース	2020年度 最大導入ケース	2030年度 現状固定ケース・努力継続ケース	2030年度 最大導入ケース
太陽光発電	35	140	350	669	1300
風力発電	44	164	200	243	269
廃棄物発電＋バイオマス発電	252	476	393	338	494
バイオマス熱利用	142	290	330	300	423
その他※	687	663	763	596	716
合計	1160	1733	2036	2146	3202

※「その他」には、「太陽熱利用」、「廃棄物熱利用」、「未利用エネルギー」、「黒液・廃材等」が含まれる。
「黒液・廃材等」の導入量は、基本的にエネルギー需給モデルにおける紙パの生産水準に依存するため、モデルで内生的に試算する。

出典：産業経済省　総合エネルギー調査会需給部会「長期エネルギー需要見通し」

　　→風力発電
・配水や送水による水の流れ（高低差）がある。
　　→小水力発電
・発生汚泥による燃焼可能ガスの生成
　　→バイオガス発電

(2) 太陽光発電設備

　太陽光発電は、太陽の光を太陽電池で受け、光エネルギーを電気エネルギーに変換する発電方式である。現在地球に到達する太陽光エネルギー量は、約 1kw/m^2 といわれている。そのエネルギーをいかに効率よく電気エネルギーに変換するか。ここに今や世界的規模で取り組まれている現実がある。

① 太陽電池のしくみ

図8に太陽電池の原理を示す。

太陽光が半導体に当たると、電子の移動により電流を発生する。現在多く使用されているのはシリコン半導体を用いたシリコン系太陽電池である。

図9に太陽電池の構成を示す。

セル：太陽電池の基本単位を示す。

モジュール：セルを数～数十枚配列したもので、強化ガラス等で保護しパッケージにしたもの。

アレイ：モジュールを複数枚並べて接続したもの。

② 設置場所

太陽光パネルは通常建物屋上や屋根又は敷地内の空きスペースに設置される。上下水道施設では、沈殿池やろ過池などの覆がいに設置されることが多い（写真2）。

③ 太陽光発電システム

太陽光発電システム構成は、電力会社との系統における連系を行う「系統連系型」と、電力会社とは切り離したい「独立型」に分けられる。また系統連系型では図10に系統連系を行なう場合のシステム構成図を示す。この場合、売電側と受電側にそれぞれ電力量計と逆電力継電器等の保護継電器が接続されている特徴がある。

太陽電池の原理（図8）

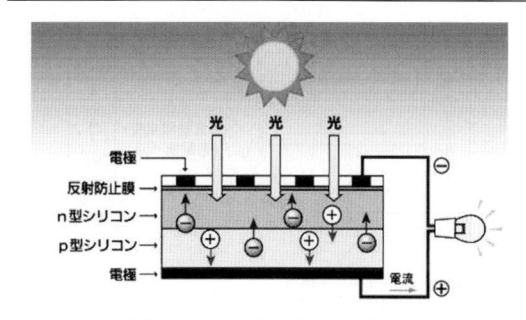

出典：ＮＥＤＯ太陽発電ＨＰ「太陽電池の原理」

太陽電池の構成（図9）

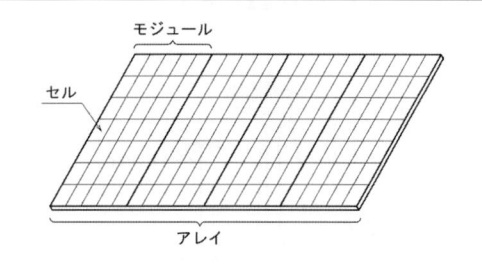

標準連系システム構成図（図10）

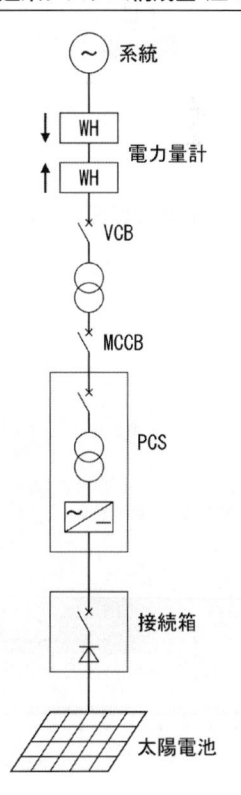

覆がい設置例（東京都水道局 東村山浄水場）（写真2）

変換効率（図11）

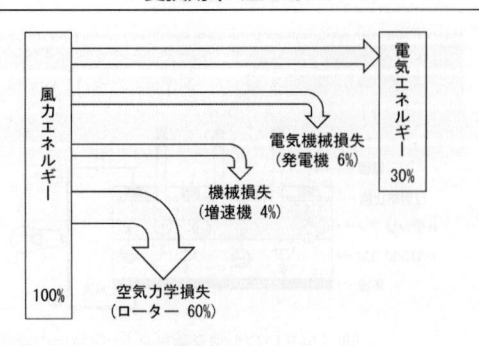

風力発電構成図（図12）

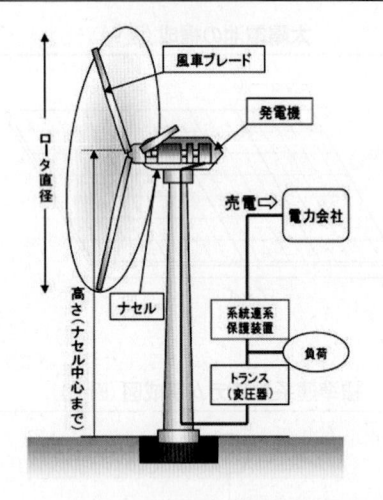

出典：エネルギー庁　新エネルギーの導入拡大に向けて　より

関東、中部地域風況マップ（図13）

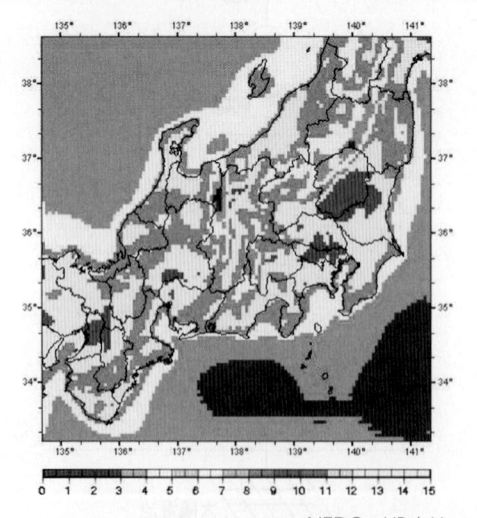

NEDO　HPより

(3) 風力発電設備

　風力発電は、風を風車で受け、風の運動エネルギーを風車の回転運動エネルギーに変換し、さらに回転エネルギーを発電機にて電気エネルギーに変換するものである。

　風力エネルギーの電気エネルギーへの変換効率は30％程度である（図11）。

① 風力発電構成

　風はたえず風向や風速が変わるため、向きや出力を制御する機能を設備として備えている。風車の種類は色々とあるが、比較的大出力の適用で、水処理施設でよく用いられているプロペラ型の風力発電構成図を図12に示す。

　風向き自動的に追従する装置や、台風のような強風時にはブレード角を風の向きに垂直にする等の装置を具備したものがある。

② 立地条件（風況）

　風は常に一定ではなく地形や地域で異なる。ここで重要なことは、風力発電設備を計画するにあたり、風力発電に適した立地条件を備えているかが問題となる。その一つに、対費用効果を考慮したうえで、年間平均風速が6m/s程度（風車の中心位置で）を目安として、それ以上あるかを一つの基準としている。

　ここで風力発電に適した風速を地図上に表したものを風況マップと呼びそれを用いる。図13に関東、中部地域の風況マップを示す。これは、NEDO（独立行政法人　新エネルギー・産業技術総合開発機構）のホームページに公開されており、日本全国について作成されている。

③ その他の立地条件

　出力を大きくしたい場合は、当然風力発電設備が大型化されていく。従ってブレードやタワーが大型となり建設資材や建設クレーンなどの搬入も大掛かりとなり、搬入経路や道路状況も重要な要素となる。

総落差と有効落差（図14）

発電機概略単線図（同期発電機と誘導発電機）（図15）

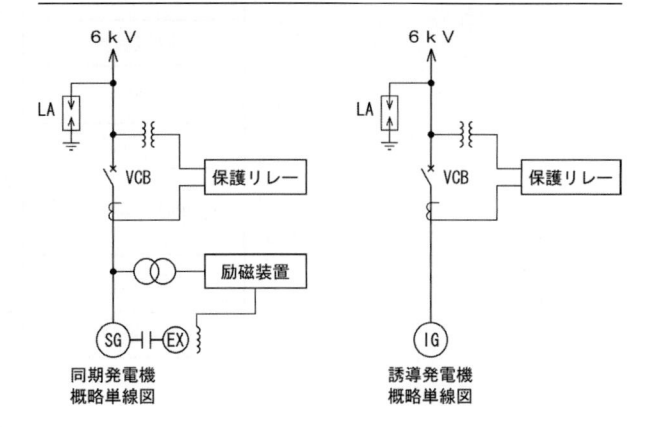

(4) 小水力発電設備

水力発電は、水の持つエネルギーを電気エネルギーに変換するもので、その規模は数十KWのマイクロ水力発電から、電力会社等の大水力発電（10万KW以上）まで幅広く、その中で小水力発電とは、1万KW以下を目安としている。

① 発電の出力

水の持つエネルギーは落差（高さ）と水量（流量）で決まり（図14）、水のエネルギーより得られる発電出力P（KW）は、次式で表される。

$$P(KW) = 9.8 \times Q(m^3/s) \times H(m) \times \eta$$

　P：発電設備の出力
　9.8：係数（重力の加速度×水の密度）
　Q：水の流量
　H：有効落差（総落差－損失落差）
　η：発電設備効率　0.65～0.85
　　　（水車効率×発電機効率）

② 小水力発電の特徴

太陽光発電や風力発電が気象状況に大きく影響されるのに対して、水力発電は、水の落差を利用しているので、導水など常時水が安定して流れているところでは、安定した発電がおこなえるという大きな利点がある。

③ 水車の種類と選定

水車はエネルギーの利用の仕方から

　衝動水車 ― ペルトン水車、クロスフロー水車

　反動水車 ― フランシス水車、プロペラ水車

衝動水車は速度エネルギーを利用するため、高落差用に用いられ、反動水車は圧力エネルギーを利用するため、低、中落差用に用いられる。

④ 発電機の種類

発電機は同期方式と誘導方式があり、比較を図15、表3に示す。

どちらを適用するかは経済性や保守性に合わせ計画される。

(5) バイオマス発電設備

バイオマスとは、生物資源（バイオ/bio）と量（マス/mass）の合成語で、エネルギー源として動植物由来の有機性資源である。その種類は、資源作物（トウモロコシ、サトウキビ、米など）や廃棄物資源（畜産廃棄物、食品廃棄物、下水汚泥、製

同期発電機と誘導発電機の比較（表3）

	同期発電機（SG）	誘導発電機（IG）
励磁装置	必要	不要
保守	励磁装置の保守が必要	構造が簡単で励磁装置が不要なため容易
並列時の同期合わせ	必要	不要
並列時の突入電流	電圧、周波数、位相を合わせて並列に入れるため、突入電流は小さい	強制並列のため突入電流が流れる。
無効電力	定格力率以内は負荷に合わせて供給可能	負荷に供給できない
単独運転	可能	不可能

クロスフロー水車 構造図（図16）

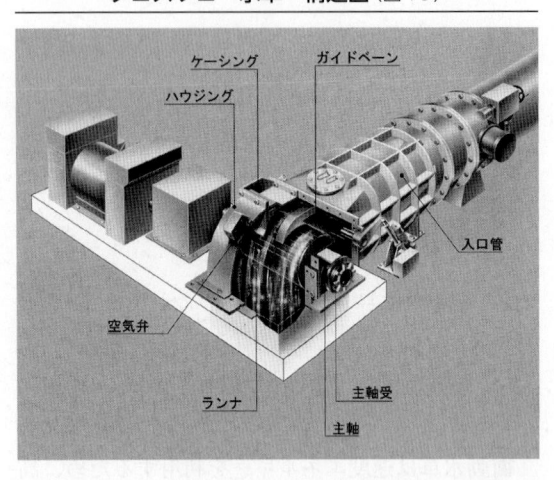

材残材など）が相当し、従ってバイオマスの特徴は

・再生可能なエネルギー
・賦存量が膨大
・カーボンニュートラル

である。

① バイオマスエネルギーの利用

バイオマスをエネルギーに利用するために、発酵や油分抽出など数多くの手法や方法がある。

図17に代表的なバイオマスのエネルギー利用方法を示す。

② 消化ガス発電

水処理関連では下水処理工程で、濃縮汚泥の消化槽における発酵により消化ガスが生成される。従来は発生した消化ガスは、熱源として消化タンクの加温に利用し、余ったガスは余剰ガスとして単に燃焼して大気に放出していた。しかし、近年消化ガスをガスタービン発電機の燃料としての利用が可能となった。

下水処理による消化ガス発電について、図18に消化ガス発電のイメージ図を示す。

③ バイオマス発電の今後の進展と期待

かつては廃棄物と位置づけられていた下水汚泥は、バイオマスエネルギーという点から見た場合、常時流入してくる下水は、いわば安定供給のバイオマスであり、下水汚泥処理工程から発生する消化ガスは、安定供給のバイオマスエネルギーといえる。このように、下水汚泥を含めさまざまなバイオマスエネルギーは、今後は発電エネルギーとしての安定化や低コスト化と発電効率の向上を行なうことにより、ますます期待される発電となる。

参考文献
1) 国土交通省　下水道のエネルギー消費の現状 P26

（原田國弘）

バイオマスのエネルギー利用（図17）

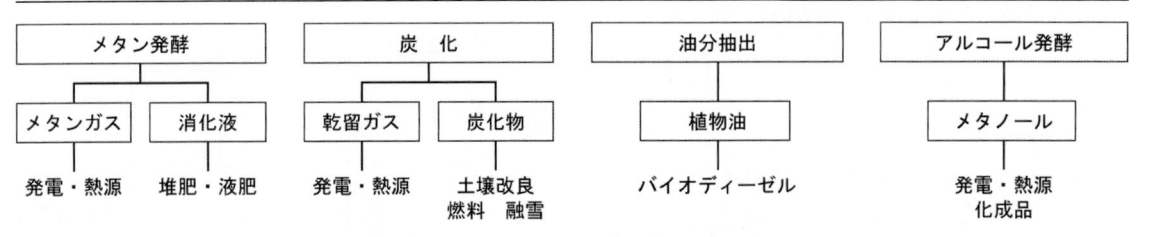

- メタン発酵
  - メタンガス → 発電・熱源
  - 消化液 → 堆肥・液肥
- 炭化
  - 乾留ガス → 発電・熱源
  - 炭化物 → 土壌改良 燃料 融雪
- 油分抽出
  - 植物油 → バイオディーゼル
- アルコール発酵
  - メタノール → 発電・熱源 化成品

消化ガス発電イメージ図（図18）

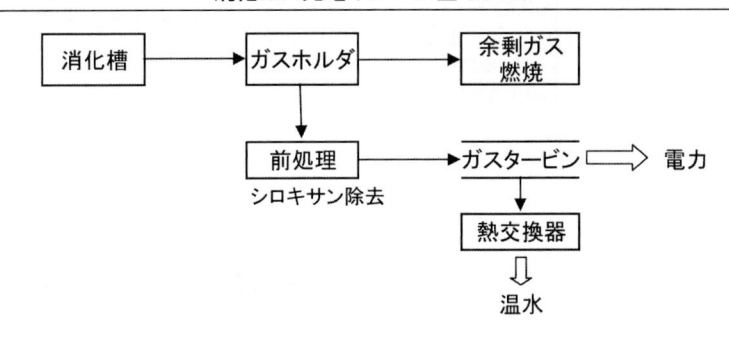

消化槽 → ガスホルダ → 余剰ガス燃焼
ガスホルダ → 前処理（シロキサン除去）→ ガスタービン ⇒ 電力
ガスタービン → 熱交換器 → 温水

3 薬品量の最適化

水処理には多種多様な薬品が使われている。

主なものは、凝集剤、pH調整剤、酸化剤および殺菌剤、活性炭である。

また、薬品の注入設備は、液体、粉粒体、固形、気体等薬品性状により異なる。

使用する薬品量を最適化するための薬品注入制御方式として、手動制御、定値制御、流量比例制御、フィードバック制御、フィードフォワード制御、カスケード制御等の方式があげられる。

それぞれの方式についての概略を述べる。

(1) 手動制御

注入量計を見ながら人為的に調節弁を操作するもので、現地で直接手動で行うものと、中央管理室などで遠方手動操作によるものがある。

(2) 定値制御

目標値を一定に保持する制御法で設定された注入量になるように調節弁または定量ポンプを制御し、流量計で計測した測定値を流量調節計にフィードバックし、偏差に応じて制御する方法である。

(3) 流量比例制御

あらかじめ設定した注入率で薬剤の注入量を制御するもので、水質の変化が少なく、処理水量が変化するときに、処理水量に比例して注入量を増減する。したがって、注入率は一定である。

(4) フィードバック制御

処理の結果をフィードバックし、これに応じて薬品の注入量を変化させることにより設定した目標値になるように制御する方法で、残留塩素計か

**フィードフォワード/フィードバック制御
(前塩素・中間塩素注入制御例)[1] (図19)**

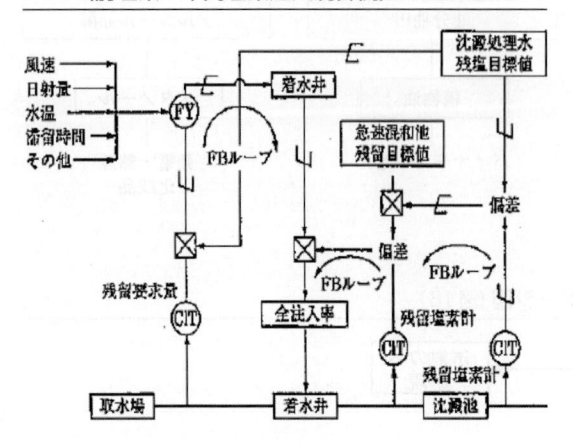

カスケード制御 (消毒設備計装例)[1] (図20)

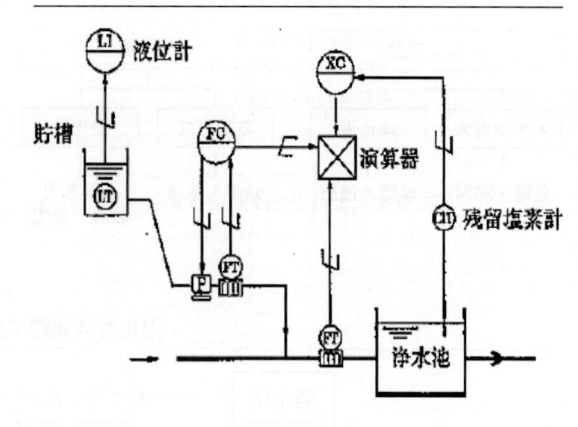

らの残留塩素濃度をフィードバックし、塩素注入量を補正する方法などがあげられる (図19)。

(5) フィードフォワード制御

薬剤を注入する前に薬剤を測定する計器 (残留塩素計、塩素要求量量計等) の測定値から注入量を設定し、偏差が生じる前に、薬剤注入量の調節を行う方法である。一般的には送配水系統での追加塩素注入に多く採用されている方法である。

中間塩素の注入は、原水の水質により前塩素と併用する場合と前塩素なしで注入する場合がある。フィードフォワード制御を行うためには、塩素要求量を基に、水質状況 (水温、濁度)、沈殿池での消費量に影響する気象条件 (気温、日射量)、排水返送条件 (量、水質)、活性炭注入率等の条件を考慮する必要がある (図19)。

(6) カスケード制御

メインとなる比率制御系に残留塩素計などを組合せ、一定に残留塩素量となるよう比率設定信号を補正する方法である (図20)。

以下では、最近開発された計測器とその応用について紹介する。

① 凝集剤の最適化　　凝集アナライザ

浄水処理の分野では、熟年技術者の大量退職時代を迎えていることや、平成16年に水質基準化された浄水アルミニウム濃度の低減という観点から、薬注制御の自動化の必要性が高まっている。また、浄水処理費用や料金収入までを含めた包括的な運転管理においても、薬注制御による凝集剤使用量の削減や、発生土処理コストの低減等が重要な課題となっている。

多くの浄水場では、濁度や水温をパラメータとした注入率式や、適正注入率を判定するに当たって経験が必要なジャーテストに基づいて注入率を決定しているのが実状である。

この凝集剤注入率制御を実現することを目的とし、フロックの成長開始時間 (集塊化開始時間) を自動測定する装置 (凝集アナライザ) とその応用について記載する。

ⓐ 装置の概要

凝集アナライザの構成を図21に示す。本装置は原水供給ポンプ、攪拌機とフロック粒径測定用の検出器とを組み込んだ4つの水槽、薬液注入部、シーケンサ等で構成されている。

凝集アナライザの構成（図21）

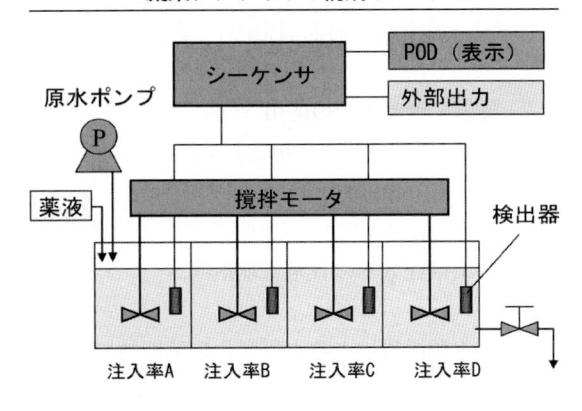

集塊化開始時間（図22）

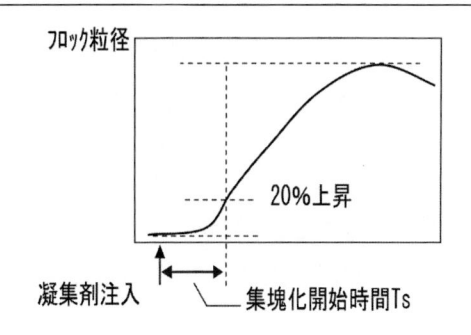

集塊化開始時間測定のフロー（図23）

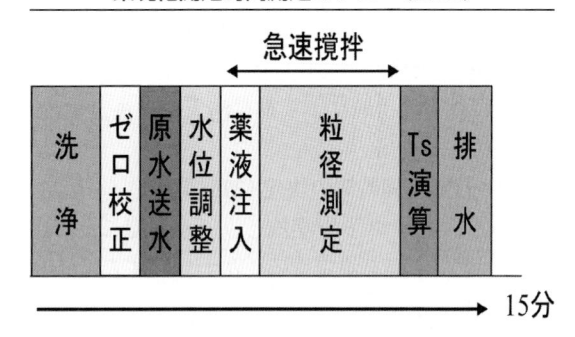

ⓑ 平均粒径と集塊化開始時間の測定方法

検出器では、透過光強度の平均値とゆらぎ成分とから、式(1)によってフロック粒径を演算する（吸光度変動解析法[1]）。ここで、dは平均粒径、Eは平均吸光度、E_{rms}は吸光度の標準偏差、Aは光路断面積、Qは光散乱係数である。

$$d = \left(\frac{4AE_{rms}^2}{\pi QE} \right)^{0.5} \quad (1)$$

シーケンサでは、検出器で測定される粒径を監視し、凝集剤注入後のフロック粒径の成長開始点を解析することで、集塊化開始時間（以下、Ts）を求める。ここで、成長前の粒径のバラツキの影響を排除することを考慮して、図22に示すように最大粒径に対して20%上昇した時点をTsとした。

ⓒ 測定工程

測定は、洗浄→ゼロ点校正→原水送水→水位調整→薬液注入→粒径測定→Ts演算→排水を1セットとして、回分式で行われる（図23）。

なお、粒径は急速撹拌過程でのみ測定される。ジャーテストと比較して、緩速撹拌と静置を必要としないので、測定周期は最短で15分にすることが可能である。

ⓓ 集塊化開始時間測定法

Tsは原水水温、濁度、藻類濃度等によって変化し、原水が低温・低濁である程、あるいは藻類等の凝集阻害物質の濃度が高い程、大きな値となる。他方、凝集剤注入率の増加や撹拌強度（G値）の上昇によって、Tsは短くなる。集塊化開始時間測定法は、濁質の量に応じて、適正な集塊化開始時間（以下、目標集塊時間T0）が存在すると考え、原水水質や凝集剤注入率により変化するTsと予め設定したT0とが等しくなる注入率を求める方法である。これまでの制御方法と異なる点は、濁度やフロック粒径等の単一の指標の変化に基づいて制御するのではなく、濁度、水温、アルカリ度、藻類濃度など、

凝集アナライザによる推奨注入率の決定(図24)

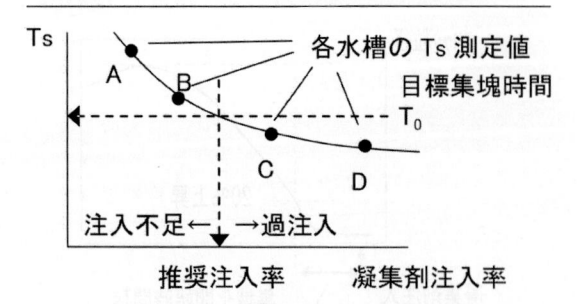

[図: Ts vs 凝集剤注入率のグラフ。各水槽のTs測定値（A, B, C, D）、目標集塊時間T0、推奨注入率、注入不足←→過注入]

あらゆる水質が反映されるTsをブラックボックス的な指標として用いることにある。具体的には、以下の手順により推奨注入率を決定する。

1）目標集塊時間の決定（初期調整）
①ジャーテストを実施し、原水濁度ごとに適正注入率を決定する（カオリン注入により濁度を調整）
②凝集アナライザにて、決定された注入率における集塊化開始時間を濁度ごとに測定し、同濁度における目標集塊時間T0と定義する

2）推奨注入率の決定
①異なる注入率に設定した4つの水槽において、実際の原水のTs及び濁度を測定する
②上記で得られた凝集剤注入率とTsとの関係から、T0とTsとが等しくなる注入率を演算する

ここで、(1)は「目標集塊時間のデータベース化」であり、初期調整を意味している。一方、実際の運用状況では、(2)を繰り返し行い、バッチ的に（最短15分周期）推奨注入率を決定する。

例えば、4つの水槽で、A<B<C<Dとなるように凝集剤注入率を設定し、Tsを測定すると、Tsは注入率の上昇と共に小さい値となる。これらの注入率とTsとの関係から、T0とTsとが等しくなる注入率を求める方法が「集塊化開始時間測定法」である（図24）。

ⓔ **凝集アナライザの応用**

凝集アナライザの応用として以下があげられる。

1）凝集剤注入率の日常管理指標

2）取水源設置による水質変化の早期検知
取水源など、遠隔で無人な施設に設置することで、季節や降雨等の水質変動をいち早く検知し、浄水場到達前に注入率の判断ができる。

3）自動制御への展開
凝集プロセスには混和池の土木構造や、攪拌機の攪拌強度なども影響を与えるため、凝集アナライザが出力する注入率と、実運用で最適とされている注入率は必ずしも等しくなるわけではない。凝集アナライザの演算した注入率と実運用の注入率及び水質データを記録し、土木構造・攪拌強度などとの相関関係を確立することにより自動制御への拡張が期待できる。

② **活性炭注入率の最適化**

以下では消毒副生成物トリハロメタン（THM）対策を例に紹介する。

水道水中のトリハロメタン生成の要因を図25に示す。

トリハロメタンは水道原水中の有機物が消毒用の塩素と反応して生成するが、活性炭注入率や塩素注入率の最適化によりその生成を低減化できる。

ⓐ **蛍光分析計を利用した**
　粉末活性炭注入の最適化（図26〜28）

トリハロメタンを生成する水道原水中の有機物は主としてフルボ酸と呼ばれる有機物であるが、これの濃度とその水の持つ相対蛍光強度が比例関係にあることに着目したもので、蛍光分析計の蛍光強度を有機物量（トリハロメタン前

21章 水処理施設の運転と管理 ● 1101

水道水中のトリハロメタンの生成要因 (図25)

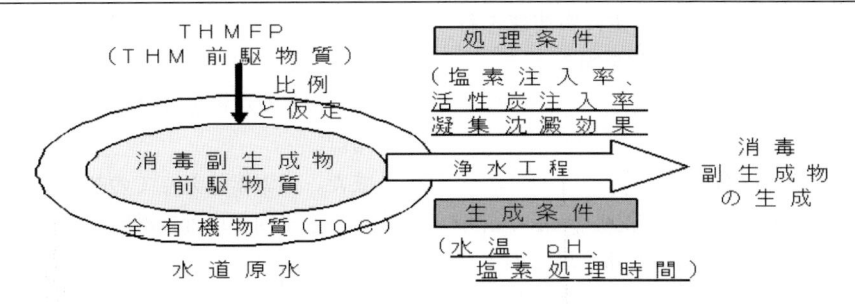

THMFP（THM前駆物質）比例と仮定

消毒副生成物前駆物質

全有機物質（TOC）

水道原水

処理条件（塩素注入率、活性炭注入率、凝集沈澱効果）

生成条件（水温、pH、塩素処理時間）

浄水工程 → 消毒副生成物の生成

蛍光分析計[3] (図26)

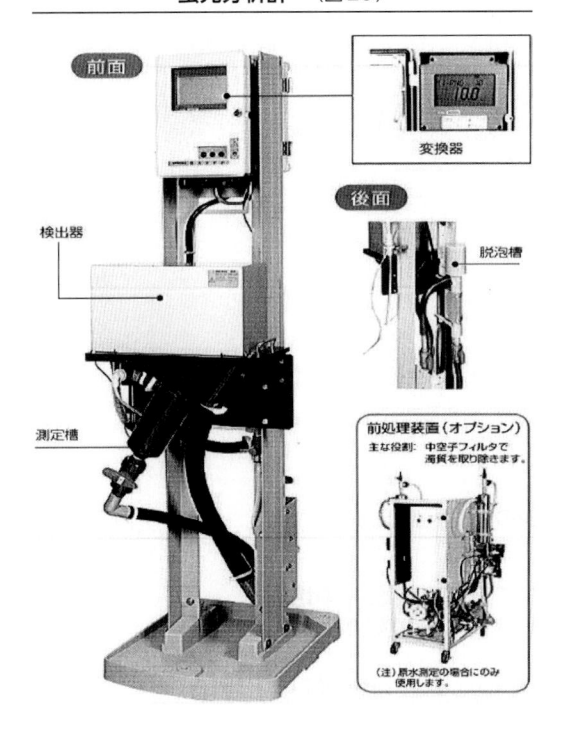

前面 — 変換器
後面 — 脱泡槽
検出器
測定槽
前処理装置（オプション）
主な役割：中空子フィルタで濁質を取り除きます。
（注）原水測定の場合にのみ使用します。

蛍光分析計を用いた粉末活性炭注入制御例 (図27)

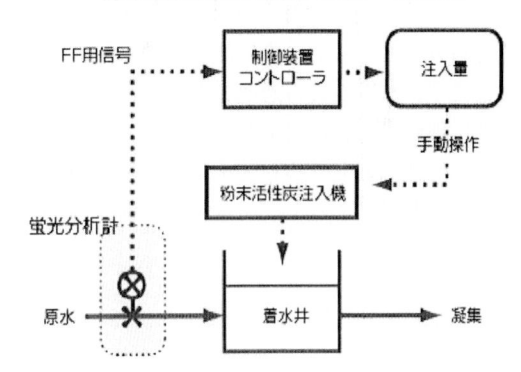

粉末活性炭注入制御・支援への適用

FF用信号 → 制御装置コントローラ → 注入量
手動操作
蛍光分析計 → 粉末活性炭注入機
原水 → 着水井 → 凝集

● 粉末活性炭を注入するとTHMFP（トリハロメタン生成能）が下がります。

蛍光分析計を用いた運転支援システム例[3] (図28)

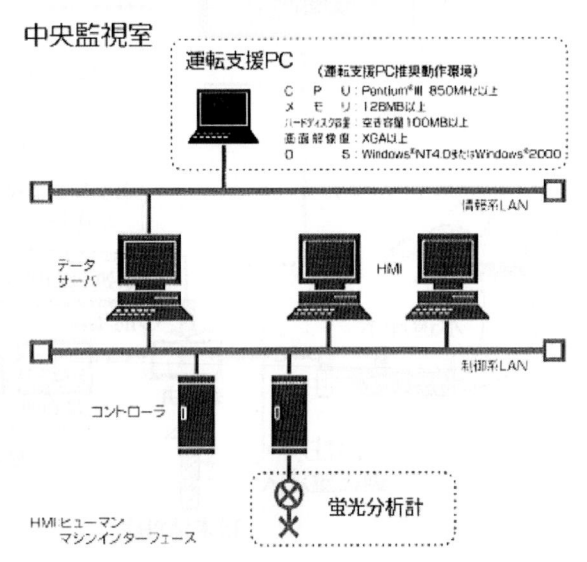

中央監視室

運転支援PC（運転支援PC推奨動作環境）
CPU: Pentium®III 850MHz以上
メモリ: 128MB以上
ハードディスク容量: 空き容量100MB以上
画面解像度: XGA以上
OS: Windows®NT4.0またはWindows®2000

情報系LAN
データサーバ ― HMI
制御系LAN
コントローラ
蛍光分析計

HMI：ヒューマンマシンインターフェース

駆物質）として、原水の蛍光強度から粉末活性炭の注入判断や過不足の無い注入率演算を行い、粉末活性炭コストの適正化を図る。

ⓑ THM計による塩素注入と活性炭注入率の最適化

以下では処理水の安全性監視の章4.1で紹介したトリハロメタン計を用いた浄水場でのトリハロメタンの低減化対策と薬品量の最適化について述べる。

塩素注入は、浄水場での消毒を目的としてろ過操作後の注入される後塩素の他に、水質汚濁の進行した原水では、藻類や細菌の死滅、鉄・マンガンの酸化除去なども目的に凝集沈殿以前に注入する前塩素処理、沈殿池とろ過池との間で注入する中間塩素処理が行われる（図29）。

凝集沈殿処理水のトリハロメタンを連続監視することで凝集沈殿によるトリハロメタン前駆物質の除去率が明確になり、凝集剤注入率の調整、原水への活性炭の注入、施設運用上可能であれば塩素注入点の切り替え（前塩素注入から中間塩素注入へ）などの対策を行い、薬品注入の適正化が図れる。

また、塩素素注入点での初期トリハロメタン濃度と浄水場内の塩素接触時間から浄水場出口でのトリハロメタン濃度を予測し、塩素注入率の調整を行うことができる。

参考文献
1) 水道施設設計指針 P.645 図－8.14.9,図－8.14.10 日本水道協会 (2000)
2) 松井佳彦：2波長の吸光度変動を用いた有機着色成分の凝集沈殿除去の計測,水道協会雑誌,679,pp.2－9 (2001)
3) 東芝「蛍光分析計」カタログ
4) 多田　弘,大戸時喜雄,トリハロメタンの検出と低減化技術　富士時報　Vol.71,No.6,342－346 (1998)

（田中良春）

浄水プロセスとトリハロメタンの生成[4]（図29）

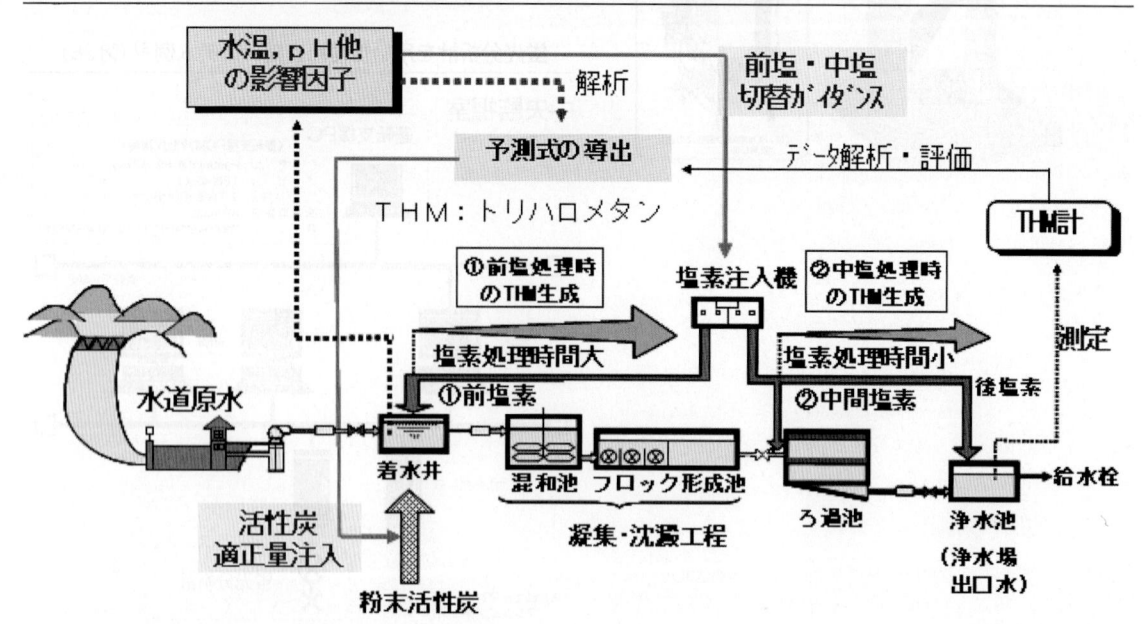

8 施設・設備の維持管理

1 アセットマネジメント及びストックマネジメント

　ストックマネジメントは、施設の機能診断に基づく機能保全対策を実施し、既存の施設（ストック）を有効に活用して長寿命化（延命化）を図るための体系的な手法といえる。一方、アセットマネジメントは、施設の長寿命化にとどまらず、限られた財源のなかで劣化のリスクをコントロールしつつ施設への投資額の平準化等を図り、財政の健全化に資するための手法である。

(1) アセットマネジメントの社会資本への適用

　アセットマネジメントは、資産を効率よく管理・運用することで、個人や法人の資産ポートフォリオ（資産を複数の金融商品に分散投資すること）を最適に維持し、その価値を最大化することである。金融業界では一般的に、投資用資産の管理を実際の所有者・投資家に代行して行う業務のことを指している。
　一方、「社会資本のアセットマネジメント」の定義は、土木学会では「国民の共有財産である社会資本を、国民の利益向上のために、長期的視点に立って、効率的、効果的に管理・運営する体系化された実践活動」としている。社会資本のアセットマネジメントの導入により、①維持管理に対する事業予算、事業計画が合理的に説明できるようになり、資産あるいは社会資本の状態が改善されること。②長期的に見て、ライフサイクルコストの低減により資金が有効に活用されること。③住民、国民あるいは利用者に対してアカウンタビリティ（説明責任）が向上することが期待される。
　すなわち、社会資本を対象としたアセットマネジメント導入の目的は、「国民からの税金などを原資として社会資本に投資し、その運用・管理により、安全性や利用者満足度を確保した公共サービスを生み出し、国民に還元する」ことである。
　わが国の社会資本は、1950年代から1970年代の高度成長期に急速に整備され、これらの多数の構造物が一斉に老朽化の時期を迎え、補修・補強対策や予算措置など維持管理問題が表面化している。アセットマネジメントの考え方を取り入れた社会資本管理の重要性はますます高まるものと予想される。

(2) 水道事業におけるアセットマネジメント[1]

　水道事業におけるアセットマネジメントは、「水道ビジョンに掲げた持続可能な水道事業を実現するために、中長期的な視点に立ち、水道施設のライフサイクル全体にわたって効率的かつ効果的に水道施設を管理運営する体系化された実践活動」と定義されている。

① 構成要素と実践サイクル

　水道事業におけるアセットマネジメントは、①必要情報の整備、②ミクロマネジメント（水道施設を対象とした日常的な資産管理）の実施、③マクロマネジメント（水道施設全体を対象とした資産管理）の実施及び④更新需要・財政収支見通し

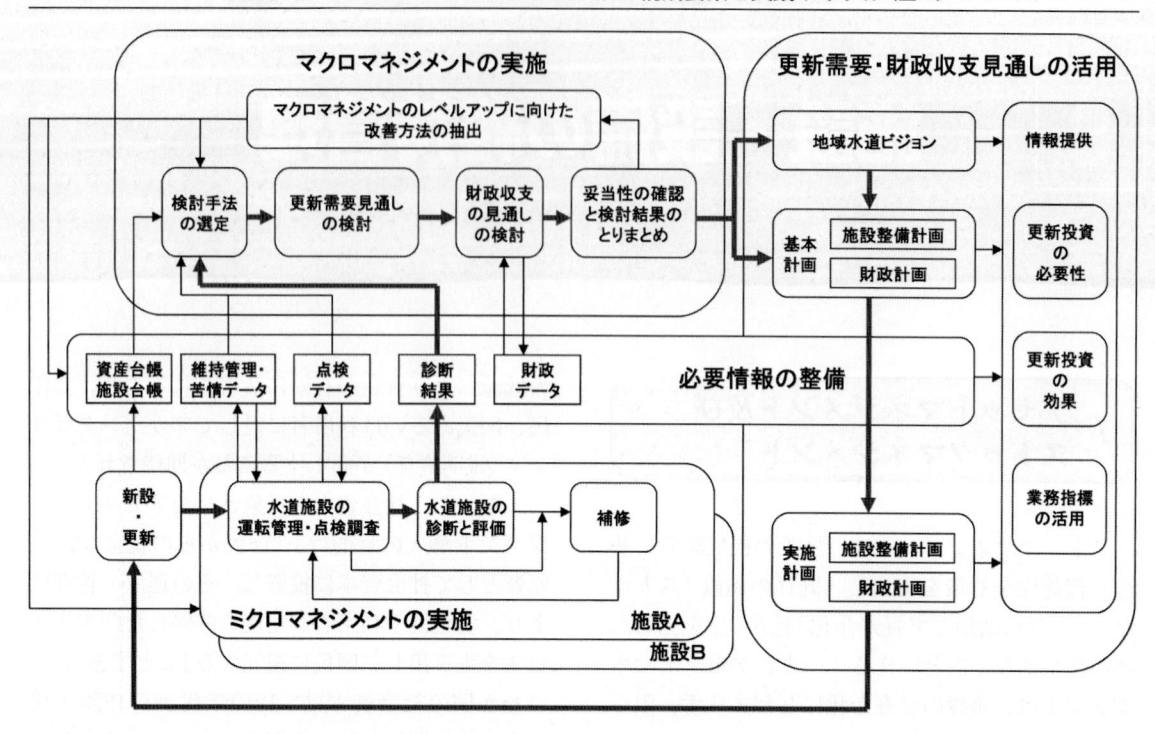

水道事業におけるアセットマネジメントの構成要素と実践サイクル(図1)

の活用等で構成される。構成要素と実践サイクルを図1に示す。実践にあたっては、適宜進捗管理を行いながら、①~④の各構成要素が有機的に連結した仕組みを構築していくことが必要である。

② 導入により期待される効果

アセットマネジメントの実践によって、上水道事業では次に示すような効果が期待されるとされている。

ⓐ 技術的な知見に基づく資産管理による計画的な更新投資

基礎データの整備や技術的な知見に基づく点検・診断等により、現有施設の健全性等を適切に評価し、将来における水道施設全体の更新需要を掴むとともに、重要度・優先度を踏まえた更新投資の平準化が可能となる。

ⓑ 中長期的な視点に立った計画策定

中長期的な視点を持って、更新需要や財政収支の見通しを立てることにより、財源の裏付けを有する計画的な更新投資を行うことができる。

ⓒ 継続的な管理水準の向上

計画的な更新投資により、老朽化に伴う突発的な断水事故や地震発生時の被害が軽減されるとともに、水道施設全体のライフサイクルコストの減少につながる。

ⓓ 信頼性の高い水道事業運営

水道施設の健全性や更新事業の必要性・重要性について、水道利用者や議会等に対する説明責任を果たすことができ、信頼性の高い水道事業運営が達成できる。

(3) 下水道事業におけるストックマネジメント[2]

下水道事業におけるストックマネジメントは、「下水道事業の役割を踏まえ、持続可能な下水道

下水道事業における　ストックマネジメント（図2）

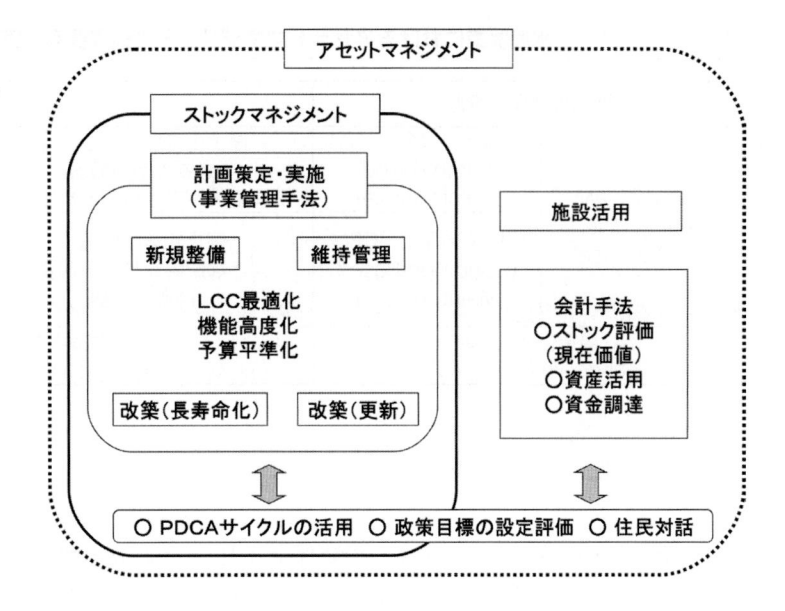

```
アセットマネジメント
 ┌─ ストックマネジメント ─┐
 │  計画策定・実施       │    施設活用
 │  （事業管理手法）     │
 │   新規整備  維持管理  │    会計手法
 │   LCC最適化          │    ○ストック評価
 │   機能高度化         │      （現在価値）
 │   予算平準化         │    ○資産活用
 │   改築（長寿命化） 改築（更新） │ ○資金調達
 │          ↕                   ↕
 └ ○PDCAサイクルの活用 ○政策目標の設定評価 ○住民対話 ┘
```

事業の実施を図るため、明確な目標を定め、膨大な施設の状況を客観的に把握、評価し、中長期的な施設の状態を予測しながら、下水道施設を計画的かつ効率的に管理すること」と定義されている。

下水道事業では、アセットマネジメントを実施するためには、まずは膨大な施設（ストック）が現在どのような状態にあり、今後どのように変化し、どの時点でどのような管理を実施すべきか等について予め把握・検討しておくことが必要であるとし、将来アセットマネジメントに発展させていくために、「施設の状況の把握」、「中長期的な施設状態の予測」、「下水道施設の計画的かつ効率的な管理」などのストックマネジメントを当面の推進目標としている。下水道事業におけるアセットマネジメントの概念を図2に示す。ストックマネジメントでは、新規整備、維持管理、改築を一体的に捉えて、事業の平滑化とライフサイクルコストの最小化を実現することを目標としている。

① ストックマネジメントの効果

下水道事業においては、適切なストックマネジメントを実施することにより、以下のような効果が得られるとされている。

ⓐ 施設の安全性を確保し、良好な施設状態の維持が可能となる。
ⓑ 良好な施設状態を維持しながら、長期的なライフサイクルコストの低減が図れ、適正かつ合理的な維持修繕・改築を実施することが可能となる。
ⓒ 施設管理が合理的に行われていることを、維持修繕・改築計画等を用いて、国民、住民、ユーザー等に分かりやすく説明することが可能となる。

(4) 施設・設備の保全方法

① 保全方法

施設・設備の保全管理にはさまざま手法があるが、施設・設備の機能維持を図る方法として、事前に対応する予防保全と問題が発生してから対応する事後保全とに大きく分けることができる。表1に機能維持保全の管理体系を示す。

ⓐ **予防保全**（Preventive Maintenance）

予防保全は設備が使用中に機能停止に至ることを未然に防止し、継続的に機能維持するため

水道事業におけるアセットマネジメントの構成要素と実践サイクル (表1)

機能維持保全管理		対象機器	
予防保全：PM (Preventive Maintenance)	時間計画保全：TBM (Time Based Maintenance)	停止を未然に防止する必要のある機器 法律や規定でr定められた機器	自家用電気工作物 消防設備、ボイラなど
	状態監視保全：CBM (Condition Based Maintenance)	停止すると処理に大きな影響を与える機器や高価な機器	主ポンプ類、主ブロワ、急速攪拌機、フロッキュレータ 汚泥掻寄機、逆洗ポンプ 脱水機など
事後保全：BM (Breakdown Maintenance)		停止しても処理に直接影響を与えない機器や安価な機器	換気用送排風機 床排水ポンプなど

に計画的に行う保全作業である。予防保全は大きく分けて、時間基準保全と状態基準保全に分けられる。

1）時間計画保全
（Time Based Maintenance）

一定周期で部品は劣化している可能性があるとして、定期的に修理、部品交換を行う手法である。計画が立てやすく故障も少ないが、それぞれの設備で劣化度が異なる場合でも部品の交換等を行うことから、オーバーメンテナンスになりやすく、修理費が増加する傾向がある。

2）状態監視保全
（Condition Based Maintenance）

保全本来の目的である劣化に対応した手法であり、設備の劣化状態を定期的・定量的に把握する点検に基づき、修理、部品交換を行う手法である。適切な測定技術と定期的な診断を必要とするが、機器の運転状況に応じたメンテナンスを行うことができる。

ⓑ 事後保全（Breakdown Maintenance）

通常、設備の状況は確認せず、故障が発生したら修理を行う手法であり、施設全体に影響を与えない設備や保全コストに比べて修理費の安い設備などに適用する。

② 保全管理の最適化

今日まで上下水道施設などの保全方法としては、一般的に時間基準保全を基本とした管理がなされてきた。また、汎用機器であっても点検の内容や頻度が重要機器と同等であったり、例えば、稼働時間に関係なく毎年オイル交換を行ったりするため保全に掛かるコストが過剰となる傾向にあった。

今後、日常の保全活動とともに、ストックマネジメントにおける施設・設備の長寿命化（延命化）を実施するためには、現状の保全管理を検証し、施設・設備に対し経済的かつ適切な診断測定技術を導入した上で、時間基準保全から状態基準保全への保全方式の移行など最適な保全手法を選択し、保全費用の縮減を図ることが望ましい。

施設・設備の保全は、機器ごとに重要性、稼働時間、修繕コスト、設置環境を考慮し、日常点検や定期点検の点検項目や整備の内容・頻度を適切に変えていく必要がある。

（5）長寿命化（延命化）と機器診断手法

① 長寿命化計画[3]

上下水道施設だけに限らず、都市機能を支える施設ストックの機能を継続的に維持するには計画的な改築、更新が必要であるが、限られた財源の中でライフサイクルコストの最小化を図るために長寿命化対策を含めた計画的な改築が求められて

下水道事業における長寿命化計画策定の概要（図3）

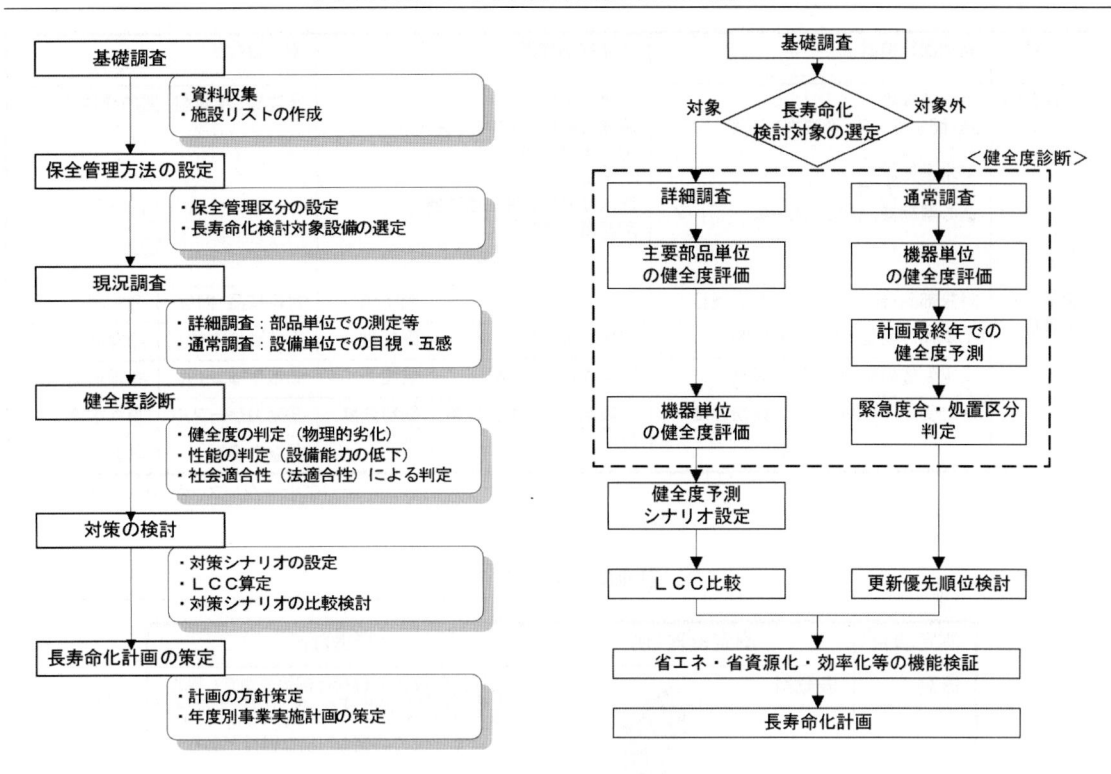

（左フロー）
- 基礎調査
  - 資料収集
  - 施設リストの作成
- 保全管理方法の設定
  - 保全管理区分の設定
  - 長寿命化検討対象設備の選定
- 現況調査
  - 詳細調査：部品単位での測定等
  - 通常調査：設備単位での目視・五感
- 健全度診断
  - 健全度の判定（物理的劣化）
  - 性能の判定（設備能力の低下）
  - 社会適合性（法適合性）による判定
- 対策の検討
  - 対策シナリオの設定
  - LCC算定
  - 対策シナリオの比較検討
- 長寿命化計画の策定
  - 計画の方針策定
  - 年度別事業実施計画の策定

（右フロー）
- 基礎調査
- 長寿命化検討対象の選定（対象／対象外）
- ＜健全度診断＞
  - 詳細調査 → 主要部品単位の健全度評価 → 機器単位の健全度評価
  - 通常調査 → 機器単位の健全度評価 → 計画最終年での健全度予測 → 緊急度合・処置区分判定
- 健全度予測シナリオ設定
- LCC比較 ／ 更新優先順位検討
- 省エネ・省資源化・効率化等の機能検証
- 長寿命化計画

いる。下水道事業における長寿命化計画策定の概要を図3に示す。

長寿命化計画では、機器ごとに時間計画保全、状態監視保全、事後保全のどの手法で管理するのかを決め、時間計画保全と状態監視保全での管理機器から長寿命化対象機器を選定する。

長寿命対象機器は主要部品単位の健全度評価による詳細調査を行い、健全度予測シナリオの設定に基づきライフサイクルコストの算出・比較を行う。その他の機器は機器単位の健全度評価による通常調査を行い、更新優先順位を決定する。調査結果から総合的な長寿命化計画、維持修繕計画を策定する。

② 機器診断手法

機器診断手法は、電動機と可動部の稼動速度により、概ね、高速回転機器、低速稼動機器及びその電動機などに分類される。この分類に基づき主な機器と測定箇所及び測定項目を表2に示す。これらの測定に用いられる計測機器は、最近、ハンディタイプで取扱の容易な種々の計測機器が開発、利用されている。日常点検にて利用可能な計測機器事例を表3に示す。

参考文献
1) 厚生労働省：水道事業におけるアセットマネジメント（資産管理）に関する手引き 〜中長期的な視点に立った水道施設野更新と資金確保〜、平成21年7月
2) 国土交通省：下水道事業におけるストックマネジメントの基本的な考え方（案）、平成20年3月
3) 国土交通省：下水道長寿命化支援制度に関する手引き（案）、平成21年6月

主な機器と測定箇所および測定項目 (表2)

機器分類	高速回転機器		低速稼動機器		電動機など	
対象機器例	上水道施設 送・配水ポンプ、逆洗ポンプ等 下水道施設 汚水ポンプ、ブロワー 遠心濃縮機、脱臭ファン等		上水道施設 急速攪拌機、フロキュレーター 汚泥攪拌機等 下水道施設 沈砂掻揚機、汚泥掻寄機 汚泥攪拌機等		電動機、配電盤、盤内機器等	
対象部品と測定項目	対象部品・部位	測定項目	対象部品・部位	測定項目	対象部品・部位	測定項目
	①本体の軸受け部	振動	①稼動部本体	磨耗量	①電動機本体	絶縁抵抗
	②電動機の軸受け部	振動	②減速機、変速機	温度	②電動機コイル	巻線劣化*
	③軸受け部の潤滑油	鉄粉濃度	③減速機、変速機の潤滑油・グリース	鉄粉濃度	③動力ケーブル	漏れ電流
					④盤内機器	温度

*:インピーダンス、位相角、相関バランス

計測機器事例 (表3)

測定項目	測定機器(例)	特徴など
振動	振動計	高速回転機器の軸受け部等で測定し異常兆候を早期に発見する。最近の振動計は測定結果だけでなく、データの分析・解析や異常部位の特定も可能な機種がある。
温度	サーモグラフィ (放射温度計)	配電盤や電動機などの全体を温度分布画像として捉えることができ、異常発熱部位を特定できる。最近は画像制度も向上している。
鉄粉濃度 (潤滑油)	潤滑油 鉄粉濃度計	ギヤーや軸受けに摩耗や異常が起きると多くの場合、潤滑油内に削られた金属摩耗粉が発生する。この量を定期的に測定する。さらに精密な診断技術としてトライボロジー(潤滑油診断)診断技術がある。
絶縁など	絶縁 抵抗計	電動機器等の対地間の絶縁状態を把握し、漏電による感電や停電事故を防止するのに重要である。
	電動機 絶縁診断計	電動機の巻線コイルのインピーダンス、位相角、電流／周波数比、三相間のバランスを測定し電動機の巻線コイルの診断を行う。
	漏れ電流 電圧計	停電をせずに低圧電路などの絶縁状態を把握する事ができる。OA・FA機器などの普及により停電が困難な状態に対応している。

2 薬品の維持管理

薬品の維持管理に関わる一連の工程は「図4 薬品の維持管理に関わる工程」として示すことができる。「操業に必要な薬品及びグレードの選定」に始まり日常では「発注・検収・消費・効果確認・残量確認」とういう業務を繰り返す。また日常の点検や記録業務のなかで薬品の消費量の推移や添加量の増減、性能について評価を行い、適時「見直し」を図る。

日常業務で使用される薬品を「表4 よく使用される工業薬品」に示す。

日常取り扱う薬品は表の通り、多種多様である。また例えば単に次亜塩素酸ソーダといっても「一般」「低食塩」「スーパー」など製品グレードの規格があり、上水処理向けか下水処理向けかなどの使用用途によって適正なグレードを選択しなければならない場合もある。薬品は「安全に」「正しく」「絶やさず」「その性能を保持しているうちに」使用する。以下このキーワードに沿って薬品の維持管理の考え方について記述する。

薬品の維持管理に関わる工程(図4)

操業(運転)に必要な薬品及びグレード(規格)の選定 → メーカーの選定 → 需要量の予測・把握 一回当たりの発注量の決定 → 発注 → 納期の確認 → 受入(検収) → 消費 → 効果の確認 → 残量の確認 ← 見直し

●安全に

取り扱う薬品には強アルカリ性や、強酸性を示すものも多い。薬品の一部が飛び散って眼や皮膚などに付着すると、重篤な薬傷、損傷を負う可能性がある。取り扱いに際しては個々の薬品毎にメーカー等から化学物質等安全データシート(MSDS)[1]を入手して事前に危険有害性を認知し、全員で周知しておくことが必要である。比較的安全と思われる薬品でも保護眼鏡、保護手袋、保護マスク、長袖作業着などの保護具を着用する習慣づけも大切である。またローリー等の薬品受入口には大きく薬品名を、薬品貯留タンクには注意事項、緊急時の対応を明記したものを掲示し受入薬品の間違い防止と安全対策(写真1)を図る。

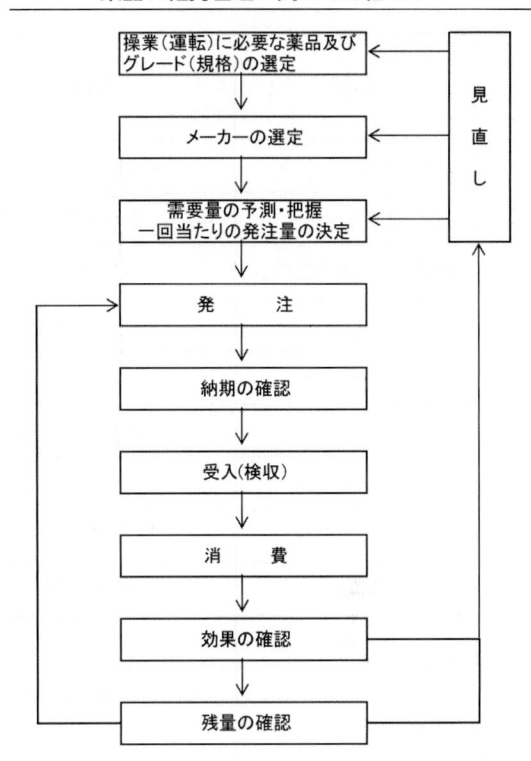

●正しく

まず使用にあたり正しい規格であることを確認する。受入の際、日時・薬品名・数量・納入会社及び品質規格(pH、比重や有効成分濃度など)を確認し記録する。次に正しい添加位置、添加量で使用する。例えば凝集剤の場合、予めビーカー試験等(写真2)で濁度(水道原水)またはTS(下水汚泥)、製品グレード、攪拌条件、最適な添加量範囲を把握する。日常業務ではフロックの観察や、凝集性、沈降性、水抜け性、分離液の清澄性、脱水用途の場合は生成ケーキの水分などを観察し、最適な添加量で使用する。

●絶やさず

浄水場や下水処理場は社会機能維持のため止めることができないインフラである。そのため薬品の使用に際して不足が生ずることのないように努

よく使用される工業薬品(表4)

品名	用途	主な需要先 上水	主な需要先 下水	主な需要先 し尿	備考
次亜塩素酸ソーダ	滅菌、ガス洗浄	◎	◎	◎	
苛性ソーダ	中和、ガス洗浄、排煙脱硫	◎	○	○	劇物
ポリ塩化アルミニウム	凝集剤	◎	○		
硫酸バンド	凝集剤	○		◎	
塩化第二鉄	凝集剤		○		
ポリ硫酸第二鉄	凝集剤、消臭剤		◎	○	
ポリシリカ鉄	凝集剤	○			
高分子凝集剤	凝集剤		◎	◎	
珪藻土	濾過助剤	○			
パーライト	濾過助剤		○		
消石灰	脱硫・脱硫、凝集助剤		○		
硫酸	中和、ガス洗浄	○		○	劇物
メタノール	脱窒用水素供与体			◎	劇物
尿素水	排ガス脱硝			○	
硝酸カルシウム	脱臭、コンクリート腐食防止		○		
消臭剤	臭気の除去、マスキング		◎	○	
消泡剤	消泡		○	○	
起泡助剤	常圧浮上濃縮用		○		
固形塩素	滅菌		○		
清缶剤	ボイラー用薬剤	○	○	○	
活性炭	水道用、高度処理用、脱臭用	◎	◎	◎	
脱硫剤	消化タンクの脱硫		○		
珪砂	ろ材、流動床用		○		
ろ過砂	ろ材	○		○	
ろ過砂利	ろ材	○	○		
アンスラサイト	ろ材	○	○	○	

薬品の受入（イメージ）（写真1）

ビーカー試験（イメージ）（写真2）

める。受入のタイミングや貯蔵については需要計画を立て、的確な在庫調整を行う。日常では貯留タンクの液位を記録し、使用量について正確に記録・把握する。またタンクのひび割れや変形、配管に漏れがないか日常的に点検する。ローリー受入ではない工業薬品については常に残量を記録し、在庫の管理を行う。また災害や新型インフルエンザの流行に備えた事前の体制づくり（薬品における事業継続計画（BCP）の策定*2）を構築することも大切である。

● その性能を保持しているうちに

　例えば、活性炭は対象物質の吸着度合いによりその性能が発揮できなくなる。（水道用高度処理用粒状炭や脱臭用活性炭を想定して）次亜塩素酸ソーダは有効塩素濃度が日数、液温によって低下しその性能を保持できなくなる。このようにそれぞれ使用する薬品にはその性能を保持する有効期限をもっているものが多い。用途毎・薬品毎にこの点を考慮にいれ、受入頻度、在庫量（備蓄量）や交換時期の計画を立て管理する。

*1 MSDSとは、化学物質等安全データシート（Material Safety Data Sheet）の略語です。これは、化学物質および化学物質を含む混合物を他の事業者に譲渡または提供する際に、その化学物質の物理化学的性質や危険性・有害性及び取扱いに関する情報を化学物質等の譲渡または提供する相手方に提供するための文書です。MSDSに記載する情報には、薬品中含まれる化学物質名や物理化学的性質のほか、危険性、有害性、ばく露した際の応急措置、取扱方法、保管方法、廃棄方法などが記載されます。http://www.jaish.gr.jp/yougo/yougo07_1.html　安全衛生情報センターHP　安全衛生キーワード「MSDSとは」より引用

*2 BCP（Business Continuity Plan）とは何か
事業継続計画（BCP）とは、災害や事故等が発生し、操業度が一時的に低下した場合でも、その事業所にとって中核となる事業については継続が可能な状況までの低下に抑える（中核事業は継続させる）、また、回復時間をできる限り短縮させ、できるだけ早期に操業度を回復させることにより事業所の損失を最小限に抑え、災害や事故等の発生後でも事業を継続させていくための計画です。http://www.nilim.go.jp/lab/gbg/bcp/about.html　BCP策定検討会HP「事業継続計画（BCP）とは」より引用

3 リモート監視

リモート監視は、遠隔地からあらゆる通信網を利用して水処理設備の運転管理に必要な情報を取得し、監視制御または通報機能により構成され、当該施設の運転管理の効率化及び異常時の早期対応を可能とするオペレーション支援システムである。

本システムの詳細は以下の通りである。

(1) システム構成

機器・ソフトウエアは以下の通り構成される。

(2) 機器仕様

上記システム構成の機器仕様は以下のとおりである。

監視装置

監視用コンピューターは汎用機で構成される。しかし24時間の稼働を想定する場合、工業用コンピューターを選択し尚且つ停電時の自動シャットダウン・自動起動の電源確保のため、無停電電源装置の実装も検討すべきである。

アプリケーションソフトウエアについては、オペレーターがカスタマイズ可能な汎用アプリケーションを採用し監視ソフト・帳票・報告書等の変更が容易であることが望ましい。

例) 監視装置24時間稼働の場合
監視制御用コンピューター（工業用パソコン）：連続稼働が可能な機器
無停電電源装置：停電時の稼働時間30分程度
汎用OS（Operating System）：Windows XP等
汎用アプリケーション：汎用SCADA[*1]、Excel等

[*1] SCADA（Supervisory Control And Data Acquisition）：コンピューターによる監視・制御とデータ収集を行うソフトウェアである。

通信装置

汎用モデム、ルーター等があるが、いずれを選択するかは通信仕様による。

リモート監視制御装置

汎用コントローラ（PLC：Programmable Logic Controller）のことである。

(3) 通信方式と仕様

監視装置と被監視設備との通信方式は、以下の方式がある。

・バッチ方式：一般回線（ISDN）による任意接続。（図6）

システム構成図 (図5)

システム構成図

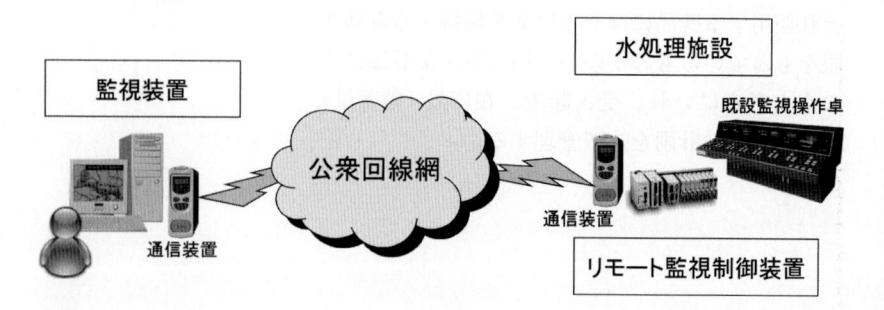

・常時接続方式：アナログ専用回線による常時接続。（図7）
・VPN接続方式[*2]：自営線（光ファイバ）又はCATV、インターネット用回線（メタル、光ファイバ）によるVPN接続。（図8）

通信方式を選択する場合、被監視設備のある地域の通信インフラ整備環境にもよるが、簡易監視及び通報装置では、ランニングコスト面からバッチ方式が妥当である。また重要施設での常時監視が必要なリモート監視については、近年の情報通信インフラ整備によりブロードバンドが普及してきたため、従来の常時接続（アナログ専用回線）より光ファイバを利用したVPN接続の方が通信コストも縮減できるほか、広域監視構築にも有効であるため推奨される。

*2 VPN接続方式（Virtual Private Network）：インターネット回線などの公共ネットワークをあたかも専用回線のように利用すること。（仮想プライベートネットワーク）

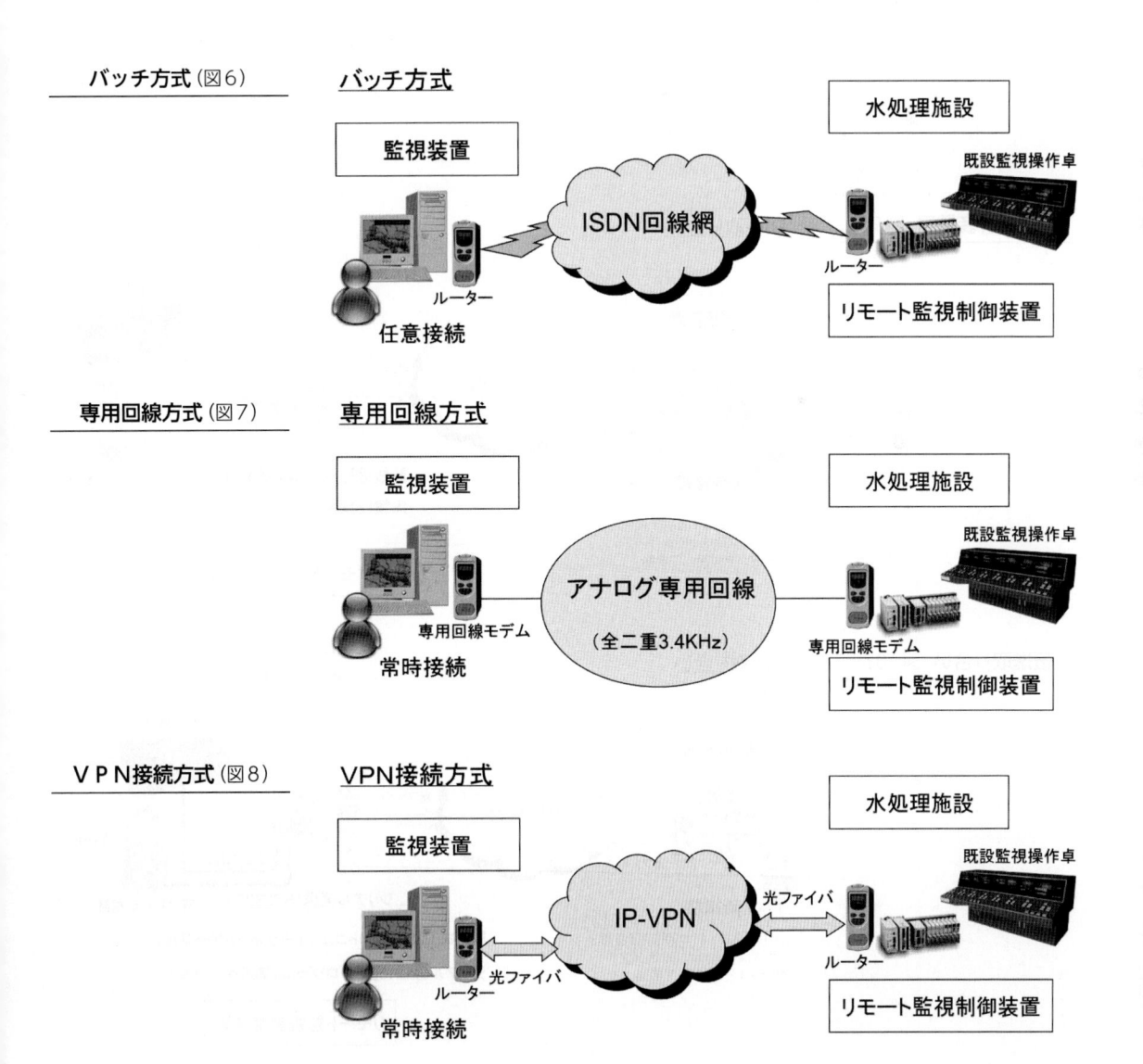

バッチ方式（図6）

専用回線方式（図7）

ＶＰＮ接続方式（図8）

(4) 監視制御信号の取り込み

リモート監視設備（コントローラ）とリモート監視対象設備（計装監視盤又は補助リレー盤）との信号取り合いの方法は以下のとおりである。

接点・計装信号（デジタル、アナログ）取り合い：
直接ケーブルにて信号を取り込むこと（図9）。

伝送取り合い：
リモート監視用コントローラ～PLC間をFL－NET[*3]を利用した通信ケーブルによる取り合い、又はシリアル通信[*4]（RS232C、RS485、RS422）による取り合いのこと（図10）。

[*3] FL－NET：専用プロトコルによるPLC間のデータを高速に相互交換するネットワークでケーブルはイーサネットと同じものを使用する。
[*4] シリアル通信：通信用プログラムをそれぞれに作成し専用ケーブルにてデータの相互交換をする。

(5) OPCによるリモート監視

OPC（Object linking and embedding for Process Control）はマイクロソフトのCOM/DCOMを利用した国際標準であって、アプリケーション間通信の標準インターフェイス仕様のことである。これにより、監視用コンピューター（監視ソフトウエア）と被監視設備（既設コントローラ・PLC等）との情報機器を簡単に接続すること

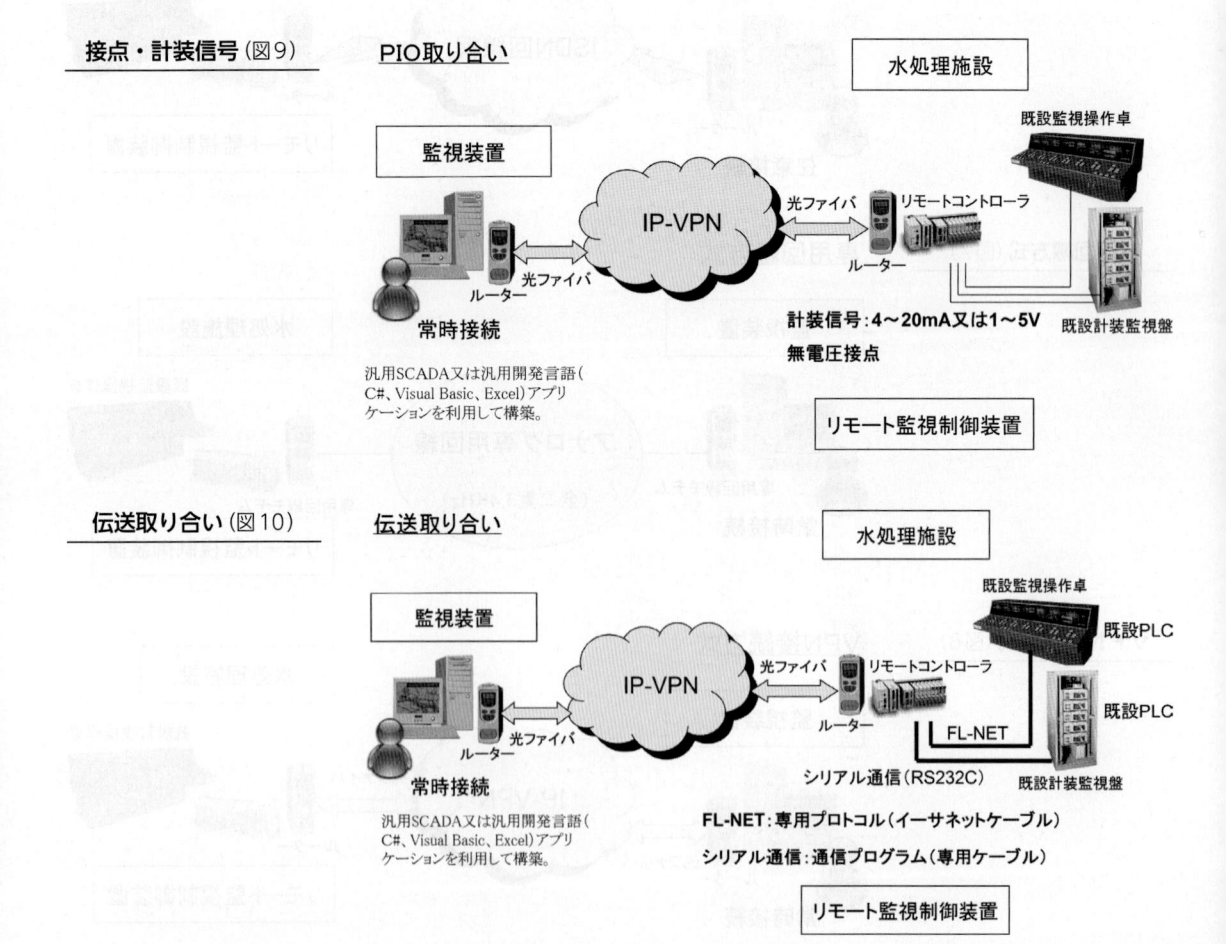

接点・計装信号（図9）

PIO取り合い

計装信号：4～20mA又は1～5V
無電圧接点

汎用SCADA又は汎用開発言語（C#、Visual Basic、Excel）アプリケーションを利用して構築。

伝送取り合い（図10）

伝送取り合い

FL-NET：専用プロトコル（イーサネットケーブル）
シリアル通信：通信プログラム（専用ケーブル）

汎用SCADA又は汎用開発言語（C#、Visual Basic、Excel）アプリケーションを利用して構築。

ができる(図11)。

また、OPCに準拠したインターフェイスで監視用アプリケーションを構築することにより、新たにリモート監視用コントローラの設置や既設コントローラ更新をすることなく、OPCによるリモート監視が利用可能となる。OPCに準拠していれば、他メーカーの監視制御装置であっても接続が可能である(図12)。

(6) 機 能

監視機能・制御機能・帳票機能の3つの機能からなる。

監視機能

グラフィック表示 〜 施設フロー図、設備監視表示、(機器の運転、故障などの状態)

標準インターフェイスによる取り合い(図11)

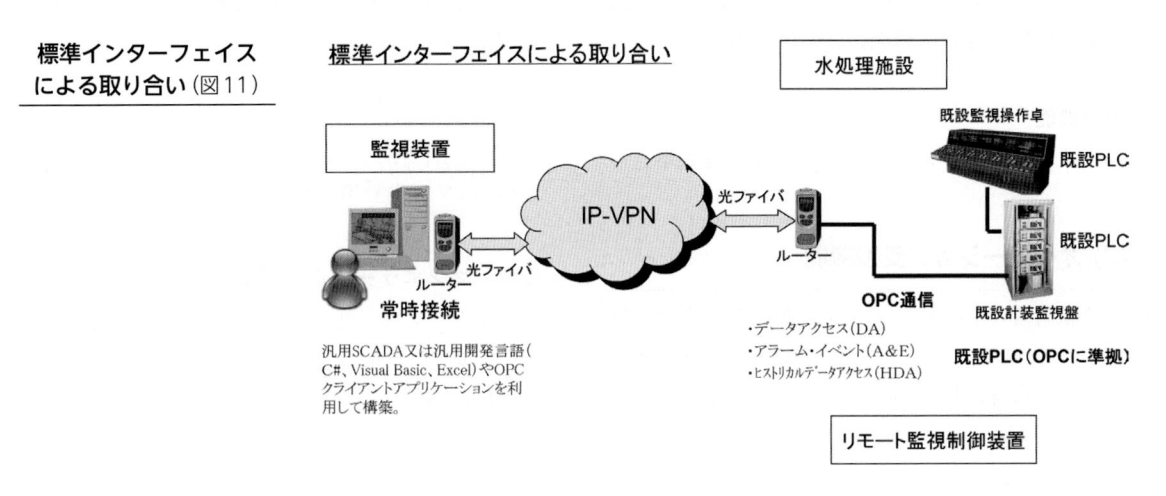

OPCによる統合(図12)

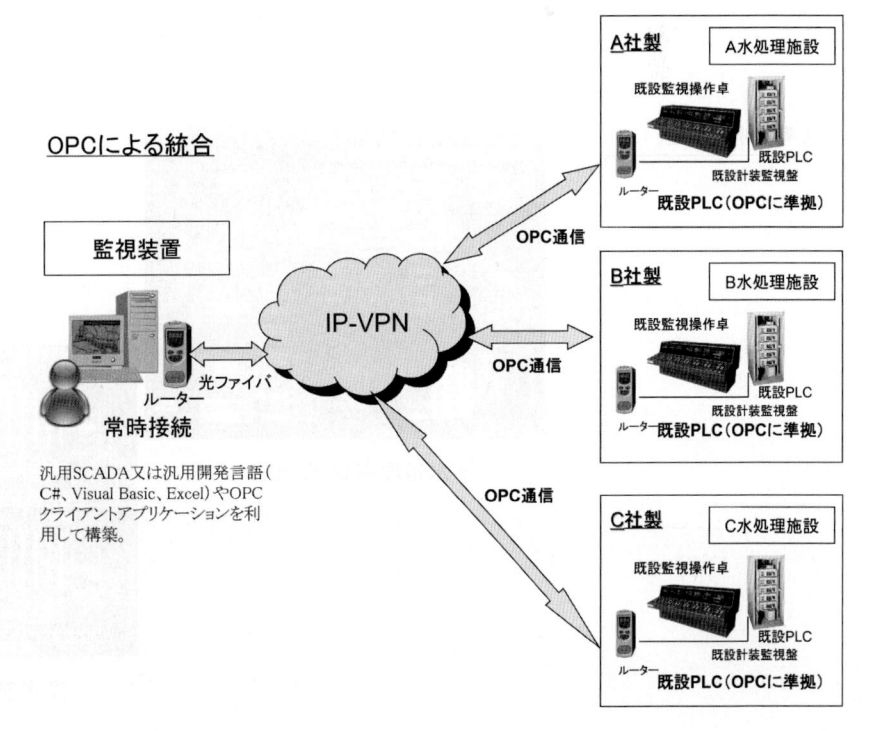

プロセス値表示（水位、水質などの計測値）（図13）
故障・警報表示 〜 異常・故障の詳細表示プロセス値に対する任意警報設定
トレンド表示 〜 リアルタイム、ヒストリカルトレンド

制御機能
リモートからの設備・機器の運転停止操作
手動 〜 運転・停止機能
自動 〜 タイマー設定機能、水位・流量設定機能、水位・流量一定制御機能、台数制御機能

帳票機能
日報、月報、イベント・故障・警報履歴表示

(7) オペレーション支援機能
　運転管理（オペレーション業務）の効率化、安定した水処理、ヒューマンエラー防止などオペレーター自身が行う操作や確認事項をソフト化したものである。

（例）
運転管理（オペレーション業務）の効率化
・水道施設浄水池や配水池の水位予測 ： 上下限水位の到達時間を処理量・送水流量、配水量を元に演算処理し予測する。

安定した水処理制御
・実用化された事例として「OD法処理施設の水質自動制御システム」（注）がある。この手法の特徴は「酸素必要量制御（OR制御）」によるもので、効率的に安定した処理水の確保を目指すものである。

注：本システムは「自動制御」の点ではほぼ確立されており、すでに実用化がされていることから、「リモート監視システム」の具体例として、後段で紹介する。なお、本システムは遠方監視、遠方制御の機能を十分有している外、省エネ化、省力化といった今日的課題に対しても、効果が確認されている。

ヒューマンエラー防止・対策
・操作モード戻し忘れ通知機能 ： 点検作業に伴う操作場所切り替えスイッチの戻し忘れを防止するためのものである。

参考監視図面（図13）

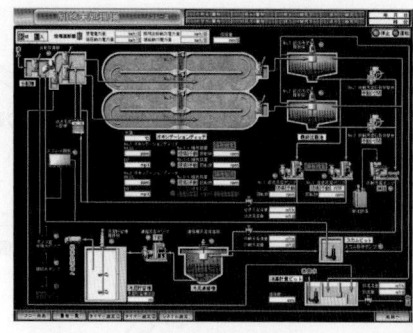

下水処理施設（OD法）

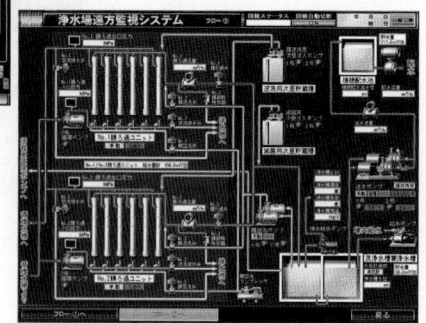

浄水処理施設（膜ろ過方式）

自動（通常位置）→手動（点検時）→自動（通常位置）の操作にあたって、作業時間を任意に設定し、設定時間を超過した場合に通知する。安全面から、電気盤扉、機器の運転時間超過にも利用することが望ましい。

これらの支援機能は、ほんの一例ではあるが、オペレーター自身が作り上げる機能であり、危機管理対策、事故防止、効率化、省力化の面からも重要である。

(8) 通報機能

設備、機器の故障・警報を受信し、担当者への通報、初動体制の早期確立および適切な対処・対応を目的とする（図14）。

通報方法

日報、月報、履歴表示音声通報、メール通報（eメール、携帯メール）、FAX送信などがある。通報先は段階的に設定し、受信確認機能により確実に通報者へ連絡を行うことが重要である。

故障・警報

故障・警報毎の詳細通報は担当ごとに行う。（水質異常は水質担当者に、電気設備故障は電気設備担当者に、また機械設備故障は機械設備担当に、など）

待機・召集

緊急時または台風、ゲリラ豪雨、地震等の災害時はもちろんのこと、事前に予想できうる事態に対しての準備、訓練も必要である。

通報システムの設定や体制の構築にあたっては、事前に当該警察署、消防署、労働基準監督署等の地域防災対策機関の連絡先も確認することが必要である。

緊急時の体制・フロー（図14）

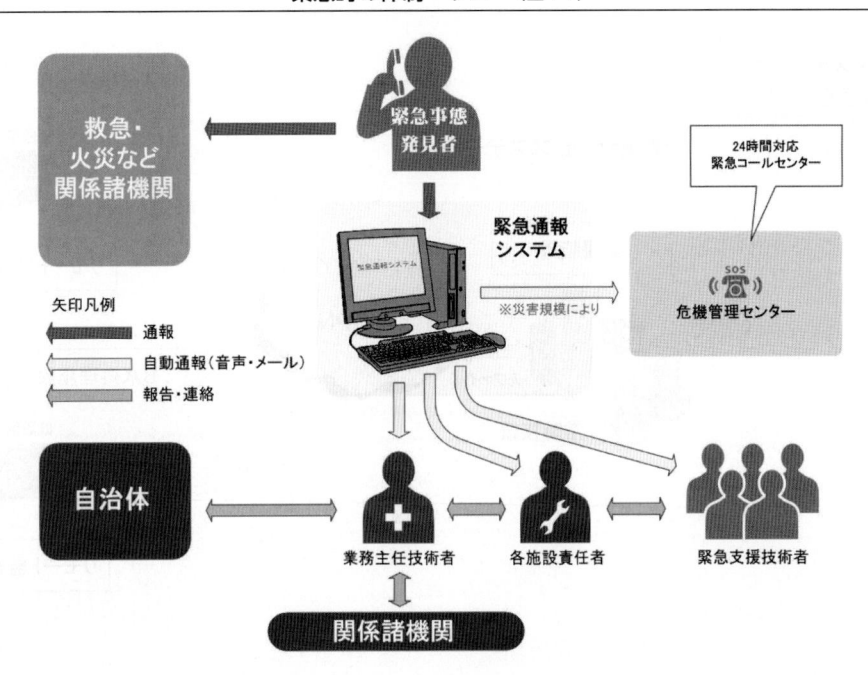

(9) リモート監視を利用した地域拠点による一元管理

当該施設ごとに配置していたオペレーターを地域サービスステーションに集約し、オペレーション業務の効率化とバックアップ体制を確立する（図15）。

一元管理実現に向けた現状把握のための要件は下記のとおりである。なお、一元管理を実施する上で現状の体制や業務内容について検証することが必要である。

・配置人員数は適正なのか
・通常業務（特に夜間業務）内容の検証と見直しは可能か
・防犯システムの導入、水質計器の設置など安全を担保するために必要なものは整備されているか

（一元化の例）8h・16hの2交代勤務を行うA、Bの2施設を一元化した場合の効果

```
一元化前                        一元化後
A 終末処理場                    A 終末処理場   2名×4班＝8名
    4名×4班＝16名              B 浄水場      2名×4班＝8名

B 浄水場                        サービスステーション
    3名×4班＝12名                         2名×4班＝8名
         ≪合計28名≫                       ≪合計24名≫
```

地域サービスステーションによる一元管理（図15）

(10) 地域を越えた広域管理

　地域サービスステーションを複数管理することが可能となる。

　バックアップ機能、危機管理対策機能を兼ね備えたコントロールセンター（又はオペレーションセンター）の設置が必要である（図16）。

　図12のようにあらゆる情報を共有することで、設備管理情報・点検基準・計画の策定、資材調達管理など取得データを利用できる環境となる。

(11) まとめ

　情報通信インフラの整備が進み、それに伴いICT技術が急激に進化している。水処理設備においても例外ではなく、今後の設備更新に伴い、従来の専用機からより汎用性が高い機器が採用されることが予想される。これによってリモート監視の導入環境も整い、技術者が複数の施設をリモート監視することによって、オペレーション業務の効率化・無人化が進み、広域的な一元管理が実現できる。

広域管理体制図（図16）

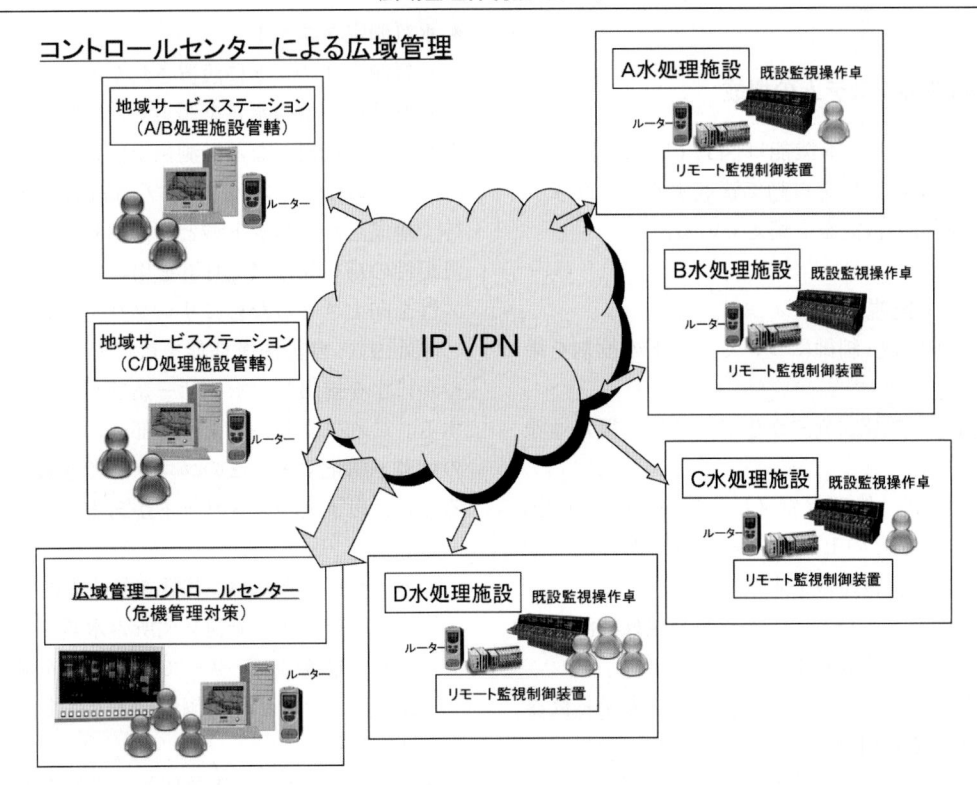

4 OD（オキシデーション・ディッチ）法における「水質自動制御システム」

(1) まえがき

　下水処理場では、安定した水質の確保に加え維持管理コストのさらなる縮減が求められている。また、地球温暖化防止のために、省エネルギー技術が求められている。更に、熟練技術者の確保が益々困難になっている状況において、省力化技術が求められている。このような背景に、オキシデーションディッチ（OD）法におけるこれらの諸要求を満たすツールとして、曝気制御方法を基本とする処理施設の自動制御システムは開発された。ここでは、リモート監視システムの実施例として、OD法自動制御システムを紹介する。

(2) 自動制御システムの構成

　本システムの基本機能は図17に示すように、OD法処理場の水質を自動で管理する上、リモート監視・制御の機能をも備えている。

① リモート監視・制御

　リモート監視・制御について、以下の役割を果たす。
・処理場の設備に異常が生じる時に、警報通報をする。
・流入水質、処理水質又は反応槽DO、MLSS及びpHなどのセンサー測定値に異常が生じる時に、警報通報をする。
・人為的なミスなどによる設備の運転状況が異常な時に、警報通報をする。
・必要な時に、運転管理担当者が遠方から機器の強制運転・停止を行う。
・必要な時に、運転管理担当者が遠方から制御パラメータを変更する。

② 酸素必要量（OR）制御技術に基づく水質管理の自動化

　OD法処理場の水質管理を自動で行うため、自動制御システムにおいて、流入水質のオンライン測定を行い、必要な酸素量を計算して、曝気を自動で制御する（図18）。

　当システムは三つの要素で構成される。

● 水質測定ユニット

　水質測定ユニットに設置されたセンサーで、流入水及び反応槽の水質を測定し、自動制御装置に曝気制御の根拠となる計測値を伝送する。

　この装置は、タンク、ポンプ、電動弁、センサー等で構成したユニット型としており、センサーは汎用性の高いSS計とpH計を用いる。メンテナンス性を向上させるためにサンプリング方式を採用し（図19）、自動洗浄機能を設けた。計測後は速やかに水を排出し、センサー及びタンク内を洗浄する。これにより、センサー部への汚れや生物膜の付着を防止する。このユニットで水質を測定することは以下三つのメリットがある。

①センサーのきれいな状態を長く保持できる。
②同一のセンサーで複数個所の水質を測定するため、複数のセンサーで複数個所を測定するよりも、センサーの個性により生じる誤差が無くなる。
③1つのセンサーで複数個所の水質を測定することから、センサーの数が減少するため、コスト削減に繋がる。また、センサーのメンテナンスに必要な手間を省くことができるため、管理のコストが軽減される。

水質自動制御システムの構成図 (図18)

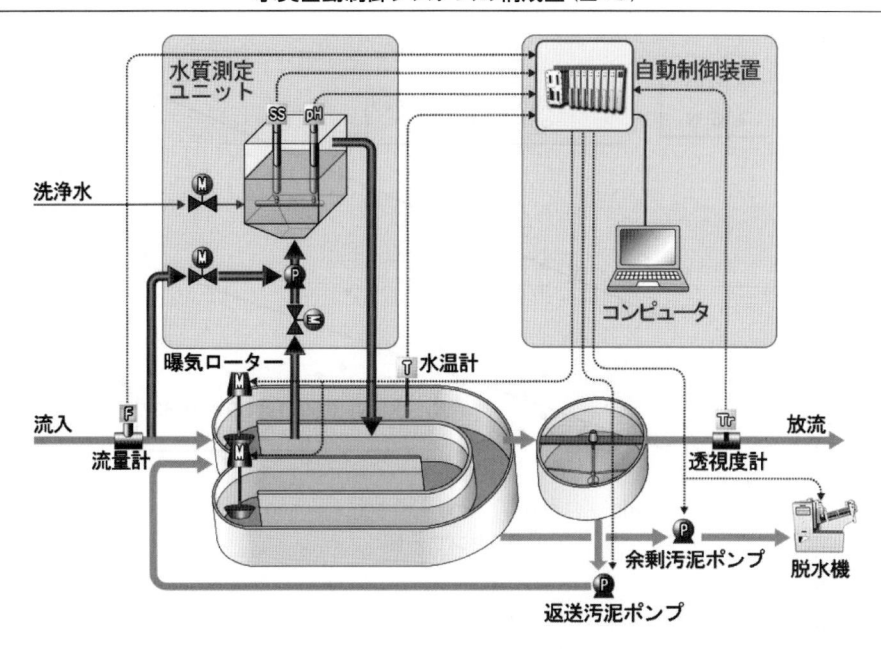

水質測定ユニット (図19)

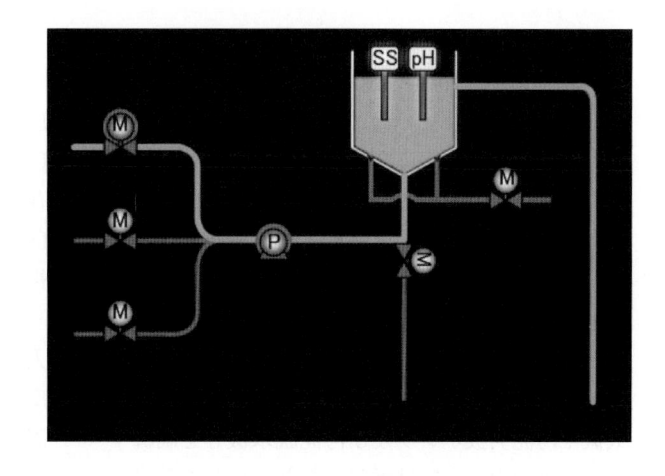

● コンピュータ

　インターフェイスとしてコンピュータを使用する。ここでは下水処理場内の各機器運転状況を視覚的（ON：赤　OFF：緑）に表現しており、画面上で運転状況の確認が行えるほか、画面上から手動で操作することもできる。各センサー値や、機器運転履歴などは、項目別にグラフ化する。これらのデータは自動的に蓄積されるため、過去の状況をいつでも確認することができる。このほか、制御方式の選択やパラメータの設定なども行える。

　ISDN回線や、ADSL・光回線を使用することで、遠隔地からも同じ画面を表示して操作することができる。

　また、機器故障や運転・制御上の異常が発生した場合は、音声またはFAXで警報内容を通報す

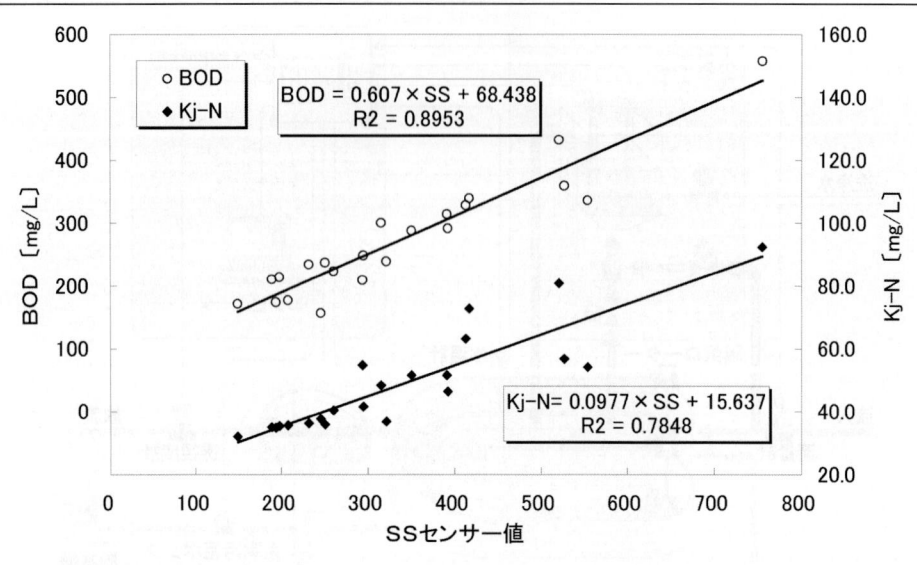

SSとBOD、Kj-Nの相関例（図20）

BOD = 0.607 × SS + 68.438
R2 = 0.8953

Kj-N= 0.0977 × SS + 15.637
R2 = 0.7848

る。これにより異常時の迅速な対応が可能となる。

● 自動制御装置

当装置には、水質自動測定ユニットから送られるセンサー値、流量計データ、曝気機回転数、水位情報などのアナログ信号と、処理場内の各機器の運転状況（ON/OFF）、弁の開閉情報などのデジタル信号が入力される。自動制御装置では、これらの情報を基に、処理場内の主要機器である曝気機や汚泥引抜ポンプ及び汚泥脱水機等を制御する。制御の中心内容は曝気であり、後述の酸素必要量制御方法を採用する。

(3) 酸素必要量制御（OR制御）の概要

① OR制御の理論根拠

OR制御方法の理論根拠は以下のとおりである[1]。

酸素必要量（OR）
$= D_B + D_N + D_E + D_0$ 　　[kg－O_2/時間]　　(1)

ここで、D_B：BODの酸化に必要な酸素量、D_N：アンモニア性窒素の硝化に必要な酸素量、D_E：微生物の内生呼吸に必要な酸素量、D_0：溶存酸素濃度の維持に必要な酸素量である。ここでD_0は他の項に比べて格段に小さいことから、無視して計算を行う。

式（1）に基づいてORを計算するためには、流入水量、BOD、Kj－N濃度及び反応槽MLSS濃度が必要である。BOD及びKj－N濃度については、図20に示した相関関係から求められる。MLSS濃度については、水質測定ユニットに設置されたSS計で測定する。

② OR制御技術の概要

OR制御とは、流入水質・水量・反応槽水温・MLSSなどのリアルタイムデータから反応槽内で必要な酸素量（OR）を算出し、曝気量を制御することを特徴とする方法である[2]、[3]。また、反応槽内のpH測定値などを用いて、制御パラメータの自動調整も行う。制御ブロック図を図21に示す。ここで、流入負荷を簡易的に計測するために、図

OR制御のブロック図（図21）

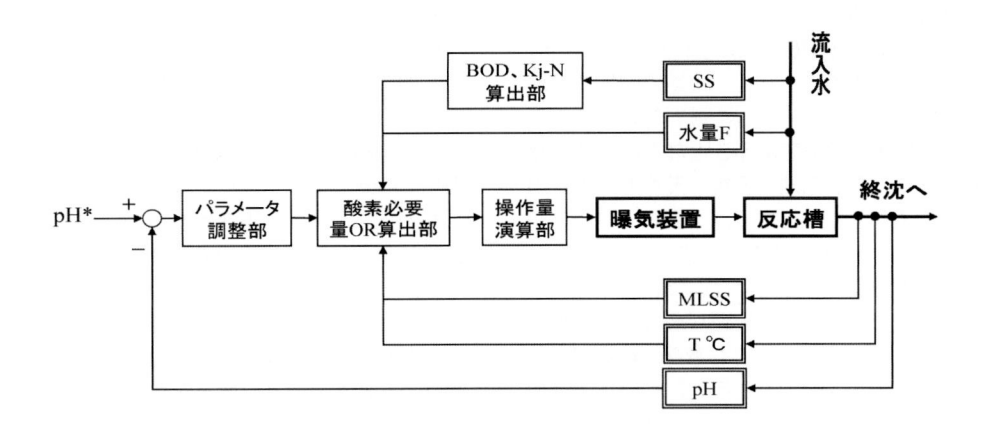

20に示すような相関関係を利用し、SSの自動測定値からBODとケルダール窒素（Kj-N）を推定する。ORを算出してから、実測又はメーカー提供の酸素供給能力と操作量（曝気風量やローター回転数等）の関係に基づいて、操作量を算出し、曝気装置を制御する。

③ 間欠曝気運転時のOR制御

間欠曝気運転の場合は、ORの積算値を制御指標とする[4]。この積算値が設定値以上になると曝気を開始し、供給酸素量がORに達した時点で曝気を停止する。この操作を自動的に繰り返すことで流入負荷と反応槽内の状況変化に応じた間欠曝気運転を行う。

参考文献
1) 社団法人日本下水道協会：下水道施設計画・設計指針と解説、後編、2001年版、p.43（2001）
2) 湛記先,池畑将樹,寺澤江美,村井省二,安田誠,安藤順一：自動曝気制御技術の開発,第40回下水道研究発表会講演集,pp784－786（2003）
3) 湛記先,池畑将樹,川口幸男,糸川浩紀,村上孝雄：流入負荷のオンライン測定値に基づいたOD法のエアレーション制御,学会誌「EICA」,Vol.13,No.2/3,pp.97－100（2008）
4) 湛記先,池畑将樹,松本雅文,寺澤江美,青木忠,伊藤茂：OD法における間欠酸素必要量（OR）制御,第41回下水道研究発表会講演集、pp882－884（2004）

（野口基一）

コラム　原子力発電と水

原子力発電の今後

原子力発電は、およそ50年前から行われています。二酸化炭素を排出することなく、大量の電気を供給することができることや、使った燃料を処理することによって再利用が可能であることなどの利便性が強調されてきました。石油・石炭・天然ガスなどのエネルギー資源が乏しい日本では、最もふさわしい発電方法として喧伝されてきたのです。

反面、放射性物質による汚染という恐ろしいリスクに対処するためには厳重な管理が必要です。その管理は完璧になされているはずであり、絶対安全なはずだという空気が支配してきました。日本では現在その安全神話が崩れ、方向転換を迫られるという事態に直面しています。

福島第一原発の現状

2011年7月現在、福島第一原子力発電所では、放射性物質に汚染された水の浄化に悪戦苦闘しています。すでに廃炉とすることが決まっていても、原子炉を冷却し続けなければなりません。とりあえずは冷却安定しないと、その後の措置が何もとれないからです。

冷却のため原子炉に注がれ汚染された大量の水は、溜めておくスペースがありませんから、海など外部に排水せざるを得ません。それができないとなると、原子炉建屋などの地下に溜まる一方となります。

両方の問題を解決する方法として、現在取り組んでいるのが「汚染水浄化循環注水冷却システム」といわれる方法です。地下などに溜まった汚染水を装置に通して浄化し、再び原子炉の冷却水として使うシステムです。海などへの排水を最少限に抑えるために、建屋内部で水を循環させて何とかしのごうというわけです。

このシステムも、国外を含めた複数のメーカーの装置が混在していることもあって、さまざまな問題を抱えており、万全というにはほど遠いというのが実状です。

原子力発電の仕組み

発電方法にはさまざまな仕組みのものがありますが、基本の原理はほとんど同じです。コイルの内側に磁石を配置し、外側のコイルの方を回転させて電気を発生させるというものです。発電方法の違いは、どのような手段でコイルを回転させるかの違いにすぎません。

風力発電は、プロペラの回転をコイルの回転に伝えるという方法です。現在の発電所で使われている方法は、風力発電のプロペラに相当する大きなタービン（羽根車）を回して発電する、という仕組みのものが大部分です。

水力発電では、落下する水の力でタービンを回しますが、火力発電や原子力発電では、蒸気を吹き付けてタービンを回します。

タービンに吹き付ける蒸気を石炭・石油・天然ガスなどを燃やして作るのが火力発電、ウランを核分裂させて熱を発生させ蒸気を作るのが原子力発電ということになります。火力発電と原子力発電の違いは、蒸気を作るために何を使うかの違いというわけです。

原子力発電では、原子炉の中でウランを核分裂させ、それによって発生する熱で水を沸騰させて蒸気を作ります。世界には「重水炉」「黒鉛炉」「高速増殖炉」など、さまざまなタイプの原子炉がありますが、日本で主に使用している原子炉は「軽水炉」と呼ばれるものです。

軽水炉は、核分裂によって発熱する炉心を冷やす冷却材が普通の水（軽水）のタイプの原子炉をいいますが、沸騰水型軽水炉（BWR）」と「加圧水型軽水炉（PWR）」に大別されます。

沸騰水型軽水炉は、原子炉内を流れる冷却水を直接沸騰させて蒸気を発生させ、タービンを回します。循環する冷却水や蒸気は、炉心で放射性物質に汚染されるため、タービンなどの機器や周辺の汚染度はそれだけ高くなります。東北電力、東京電力、中部電力、北陸電力の原子力発電所がこのタイプです。

加圧水型軽水炉は、原子炉内を流れる一次冷却水を直接沸騰させず、高温となった一次冷却水を利用して蒸気発生器で二次冷却水を加熱し、沸騰させて蒸気を作ります。一次冷却水を高温のまま沸騰させないでおくために、約150気圧の高圧をかけます。理屈では二次冷却水は放射性物質に汚染されない、という仕組みになっています。ただし、蒸気発生器が損傷しやすいという大きな弱点を抱えています。北海道電力、関西電力、四国電力、九州電力や、過去に大きな事故を起こしたアメリカのスリーマイルの原子力発電所がこのタイプです。

（産業調査会編集部）

各社の製品情報 編

《目　次》

〈固液分離〉
トンパラ HALF SCREEN
　　　　　　　〈ジャステック㈱〉……… 1
固液分離装置「ドラムスクリーン」
傾斜型固液分離装置「S・S・スクリーン」
　　　　　　　〈㈱安藤スクリーン製作所〉……2, 3
楕円板型固液分離装置「スリットセーバー」
　　　　　　　〈㈱研電社〉……… 4
浮上油自動回収機「グリス・バキューマ」システム
　　　　　　　〈㈱丸八〉……… 5
排水処理の前処理、後処理用
あずまの加圧浮上装置
　　　　　　　〈㈱東エンジニアリング〉……… 6
ALDEC G3 デカンタ 遠心分離機
　　　　　　　〈アルファ・ラバル㈱〉……… 7
インライン型し渣脱水機「マエセパプレス」
　　　　　　　〈前澤工業㈱〉……… 8
各種産業用繊維資材製品
　　　　　　　〈敷島カンバス㈱〉……… 9
IFW 型高速繊維ろ過機
　　　　　　　〈㈱石垣〉……… 10
超高速凝集沈殿装置「スミシックナー」
凝集活性汚泥処理「スミスラッジ」
　　　　　　　〈住友重機械エンバイロメント㈱〉……11

〈膜分離〉
明電セラミック平膜システム
　　　　　　　〈㈱明電舎〉……… 12
セラミック膜装置
　　　　　　　〈NGK フィルテック㈱〉……… 13
セラミック膜ろ過システム
　　　　　　　〈メタウォーター㈱〉……… 14
アクア UF（限外膜ろ過浄水装置）
アクア MF（精密膜ろ過浄水装置）
　　　　　　　〈㈱清水合金製作所〉……… 15
水処理膜製品
　　　　　　　〈東レ㈱〉……… 16

RO スケール防止剤「Genesys」
　　　　　　　〈エイエムピー・アイオネクス㈱〉……… 17

〈物理化学・生物処理〉
マイクロバブラー・有機物分解処理装置
　　　　　　　〈㈱セプト〉……… 18
省エネ・省電力対応 マイクロバブルばっ気装置
浮上分利用 マイクロナノバブル発生機
　　　　　　　〈エンバイロ・ビジョン㈱〉……… 19
新環境適応型 アクアハートエアレーション
　　　　　　　〈アクアテックサラヤ㈱〉……… 20
嫌気性排水処理装置「バイオインパクト」
　　　　　　　〈住友重機械エンバイロメント㈱〉……… 21
排水の高度処理設備「バイオアタック・システム」
　　　　　　　〈日鉄環境エンジニアリング㈱〉……… 22
複合微生物製剤「オッペンハイマー・フォーミュラ」
　　　　　　　〈㈱バイオレンジャーズ〉……… 23

〈水処理用薬剤〉
微生物製剤による油脂分解処理技術
（2WAY システム）の適用
可溶性高分子多糖類（ペクチン）の除去剤
　　　　　　　〈日之出産業㈱〉… 24,25
排水処理専用水処理薬品
　　　　　　　〈日鉄環境エンジニアリング㈱〉……… 26
次亜塩素酸ソーダ注入用
液中バルブレスポンプ VL 型
　　　　　　　〈共立機巧㈱〉……… 27

〈汚泥処理〉
トンパラ汚泥濃縮機
　　　　　　　〈ジャステック㈱〉……… 28
インペラープレス脱水機 ⅡP 型
羽根車回転型加圧脱水機
　　　　　　　〈㈱石垣〉……… 29
汚泥脱水機「インカビルジプレス」
ろ過装置「インカマイクロフィルター」
　　　　　　　〈日本インカ㈱〉……… 30

超低含水率型遠心脱水装置　SDR インパクト
　　　　　〈㈱西原環境テクノロジー〉………31
オーカワラの省エネ装置
　　　　　〈㈱大川原製作所〉………32
省エネルギー型（過給式）気泡流動炉システム
　　　　　〈月島機械㈱〉………33

〈資源回収〉
汚泥乾燥炭化設備　チャコールシステムⅡ
　　　　　〈日本環境技術〉………34
超高温発酵装置・YM ひまわりくん
　　　　　〈共和化工㈱〉………35
ミライエ汚泥コンポスト化システム
　　　　　〈㈱ミライエ〉………36
接触酸化方式　除鉄除マンガン濾過装置
　　　　　〈三葉化工㈱〉………37
排水からのリン除去・回収装置
リフォスマスター・シリーズ
　　　　　〈水 ing ㈱〉………38
ヒートポンプ式減圧蒸発濃縮装置「エコプリマ」
　　　　　〈日鉄環境エンジニアリング㈱〉………39

〈用水処理〉
井戸水ろ過装置
　　　　　〈㈱十字屋〉………40
産業用逆浸透膜純水装置
ウォータープラネット WP シリーズ
　　　　　〈㈱アクアテクノロジー〉………41
連続再生式純水装置「Electro Pure EDI」
　　　　　〈エイエムピー・アイオネクス㈱〉………42
連続電気再生式純水装置（EDI）
スーパーピュアクリーンシリーズ
　　　　　〈伸栄化学産業㈱〉………43
ラボラトリ超純水製造装置「ピューリックω（オメガ）」
電気脱塩式高純水製造装置「スーパーデサリナー SDA」
　　　　　〈㈱東京科研〉………44
高効率イオン交換装置「スーパーフロー DS」
　　　　　〈㈱神鋼環境ソリューション〉………45

〈廃液処理・水質浄化〉
微細気泡発生装置「イーバブル」
　　　　　〈㈱戸上電機製作所〉………46
SEE 型　蒸留蒸散汚水処理装置
　　　　　〈庄田機工㈱〉………47

〈計測・分析機器・装置〉
多電極挿入型電磁流量計「メタル・マルチマグ」
非接触型面速式流量計「フローダール」
　　　　　〈日本ハイコン㈱〉…48,49
メダカのバイオアッセイ
水質自動監視装置
　　　　　〈環境電子㈱〉………50
現場形工業用水質計　H-1 シリーズ
　　　　　〈㈱堀場製作所〉………51
蛍光式溶存酸素センサー「RDO Pro」
　　　　　〈エア・ブラウン㈱〉………52
5000TOCe 全有機炭素（TOC）センサ
　　　　　〈メトラー・トレド㈱〉………53
イオンクロマトグラフィーシステム
ICS シリーズ
　　　　　〈日本ダイオネクス㈱〉………54
メンテナンス不要ロングライフ EDI 搭載
「純水製造装置 Elix」「水道水直結型超純水・
純水製造装置 Milli-Q Integral」
　　　　　〈日本ミリポア㈱〉………55

〈各種ポンプ・攪拌装置〉
TOHIN ロータリーブロワー
　　　　　〈東浜商事㈱〉………56
小型水中ポンプ　ベイラーサンプラーシリーズ
　　　　　〈大起理化工業㈱〉………57
電磁定量ポンプ / ハイテクノポンプ
　　　　　〈㈱イワキ〉………58
ヘイシンモーノポンプ
　　　　　〈兵神装備㈱〉………59
フォーゲルサン・ロータリーポンプ
　　　　　〈大平洋機工㈱〉………60

〈維持管理・その他関連機材・システム〉
KA-TE 下水道管補修ロボット
　　　　　〈ラサ商事㈱〉………61
水質自動制御システム
　　　　　〈日本ヘルス工業㈱〉………62
温浴施設の CO2 削減・省エネシステム
「SHOEI Bathing Eco System」
　　　　　〈㈱ショウエイ〉………63
TR 式回分型排水処理設備　リサイクル設備
　　　　　〈東洋濾水工業㈱〉………64
ハイブリッドレジン NP 工法
　　　　　〈日本ジッコウ㈱〉………65

ジャステック株式会社

トンパラ HALF SCREEN

〒 227-0062
神奈川県横浜市青葉区青葉台 1-15-30 ミトミビル 2 F
電話　045-988-0120　　FAX　045-988-0121
E-mail：tonpara@justec.org
http://www.justec.org

■ 独自の「平面ろ過構造」のスクリーンで目詰まり無し、洗浄水不要

　異なる 2 つのプレートを組み合わせることにより構成され、組み合わされたそれぞれのプレートは互いにスペーサーによって作られたギャップに入り込むように配置されます。スクリーン全体が円運動することで、常にギャップの清掃を行うと同時に固形物搬送を行う、セルフクリーニング構造です。

　固形物は円運動をする B プレートによってのみ搬送されます。プレートの高低差が大きいほどギャップからのろ液が増加します。円運動を繰り返すことにより固形物を確実に排出方向に押し出し、目詰まりを起こさずに固液分離が可能となります。

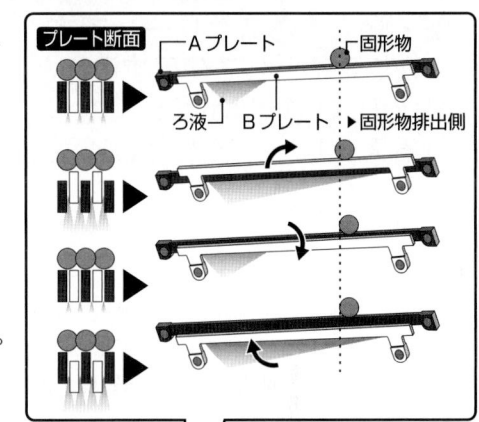

■ トンパラ HALF SCREEN の特徴

- **目詰まりなしでメンテナンス簡単**
  セルフクリーニング構造により、トラブル無く連続処理が可能です。
- **異物に強い平面ろ過構造**
  ろ過部が平面構造であるため、繊維状・残渣などの異物によるトラブルが起こりません。
- **洗浄水不要**
- **油分に強い**
- **低価格で高い耐久性**

■ 導入事例

[左] 化学ぞうきん洗浄排水
[下] ダストコントロール排水
[右下] 調理パン製造排水

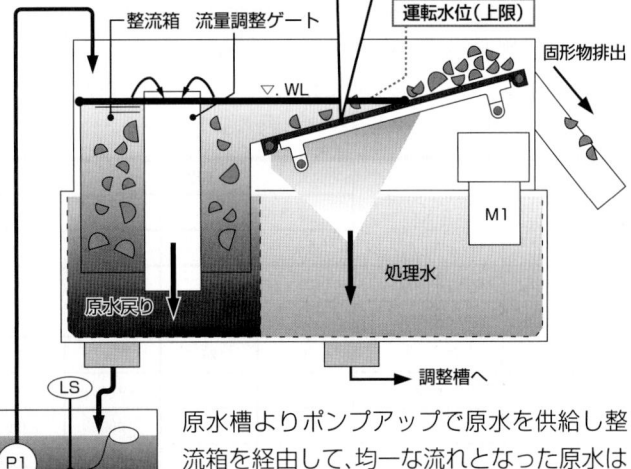

原水槽よりポンプアップで原水を供給し整流箱を経由して、均一な流れとなった原水はオーバーフローによってスクリーンへ投入されます。運転水位の上限を超える原水は水量調整ゲートより再び原水槽に戻ります。スクリーンに投入された原水はギャップより水分が落下し、スクリーンの動きによって固形物を緩やかに搬送します。分離された固形物はシューターから自動的に落下します。

情報 -1

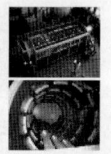

固液分離装置 ドラムスクリーン

株式会社安藤スクリーン製作所

〒 306-0206
茨城県古河市丘里 12-3
電話 0280-98-4611　FAX 0280-98-4711
E-mail：info@ando-screen.co.jp
http://www.ando-screen.co.jp

ドラムスクリーンは下水や排水中に含まれるＳＳや浮遊固形物を効率的に分離・除去するスクリーンです。
一次処理機として使用することにより後処理工程の負担を格段に軽減できます。
排水の放流規制が厳しくなり、その処理において低価格で最大の効果が得られるスクリーン装置として注目を集めています。

特徴

- 取水から排水までの各工程で、ＳＳ、スラッジ、微細浮遊物の除去、脱水、分級等あらゆる分野で使用できます。
- 内部供給型の回転式ウェッジワイヤースクリーンを採用。固液分離・分級処理能力が高く、前処理工程に大きな威力を発揮します。
- 他の前処理機と比べコンパクトで処理量も大きく、油脂含水率が高い排水にも高い分級効果を得られます。
- 各種オプションの組み合わせが可能。スクリュー脱水機や高圧洗浄装置とのユニットタイプも選べます。

用途

- 食品加工工場での排水処理
- 農業集落排水処理
- 紙・パルプ工場の原料回収、廃水処理
- 食肉・畜産・ブロイラー・魚肉水産加工の排水処理
- 雑居ビルの雑排水、厨房排水処理
- 化学工場におけるゴム、プラスチックガラス等化成品の排水処理
- 砂利砕石業における山砂分級、選別、微砂の回収
- 精錬会社にて有価金属の回収、リサイクル

型式	スクリーン寸法	処理能力 (m³/h) S=0.5mm 清水	S=0.5mm スラリー	S=1.0mm 清水	S=1.0mm スラリー
DSA0405LT	φ450×450L	29	12	53	32
DSA0406LT	φ450×600L	43	17	64	39
DSA0606LT	φ600×600L	59	24	88	53
DSA0609LT	φ600×900L	116	47	175	105
DSA0909LT	φ900×900L	139	56	209	126
DSA0912LT	φ900×1200L	231	93	349	209
DSA0915LT	φ900×1500L	324	130	487	292
DSA1215LT	φ1200×1500L	375	150	565	339
DSA1220LT	φ1200×2000L	582	233	877	527
DSA1520LT	φ1500×2000L	709	284	1074	645
DSA1525LT	φ1500×2500L	993	397	1505	903

＊処理能力に関しましては、都市下水での参考値です

● ドラムスクリーンユニット
脱水機一体型スクリーン装置

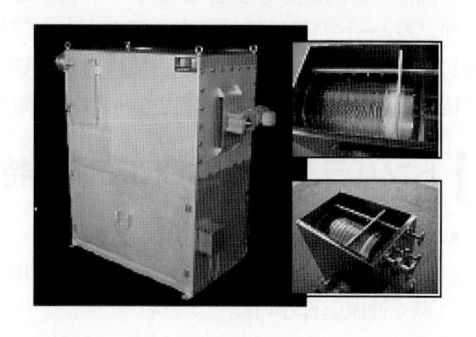

● ドラムスクリーン大型特注品
DSA0206型（内径 2000×6000）

傾斜型固液分離装置
S・S・スクリーン

株式会社安藤スクリーン製作所
〒306-0206
茨城県古河市丘里12-3
電話 0280-98-4611　　FAX 0280-98-4711
E-mail：info@ando-screen.co.jp
http://www.ando-screen.co.jp

S・S・クリーンは下水や排水中に含まれるSSや浮遊固形物を効率的に分離・除去するスクリーンです。固液分離を行うスクリーン面にはウェッジワイヤースクリーンを採用しており強度と耐久性が高く、コンパクトで高い処理能力を実現。

特徴
- スクリーンのスリット幅は用途に応じて0.15mmから選定できます
- 裏面ブラシ洗浄装置により目詰まりを防止します
- 回転ブラシ装置の駆動動力は100wであるため、安価なランニングコストで高い効果が得られます
- 騒音や振動もほとんどありません
- 用途に応じて高圧洗浄装置や前面スクレパー装置などオプション機能も充実しております

●Bタイプ（裏面ブラシ洗浄装置つき）

スクリーンの目詰まりは、スクリーン裏面にし渣が付着することにより発生します。
裏面ブラシ装置はスクリーン裏面を左右に回転走行して目詰まりを防止します。

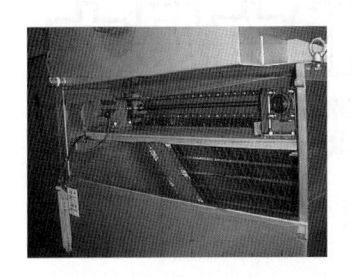

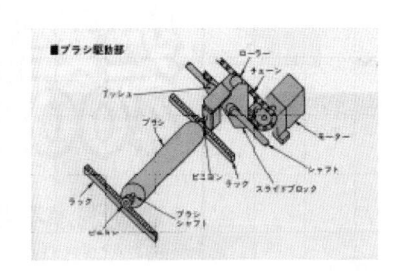

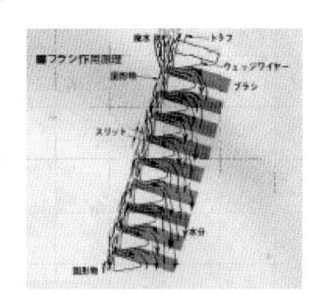

●Sタイプ（スクリーン部回転型）

スクリーン部分が回転するため、裏面の洗浄作業がしやすくなります。
また、動力は一切使用していないので、無振動・無騒音です

楕円板型固液分離装置
スリットセーバー

株式会社研電社
〒814-0164 島根県出雲市長浜町 1372-15
電話　0853-28-1818　　FAX　0853-28-2858
E-mail：gizu@kendensha.co.jp
HP：http://www.kendensha.co.jp

SS-410

あらゆる固液分離に威力を発揮！

●用途
- 食品残渣処理
- 家畜用糞尿処理
- 汚泥濃縮、脱水
- 水産加工排水処理

処理能力最大 400kg-DS/h

●逆洗浄不要
連続配置された楕円板群が、多数のスリット間を低速回転しながら連続で原液の固液分離をし、セルフクリーニングも行います。

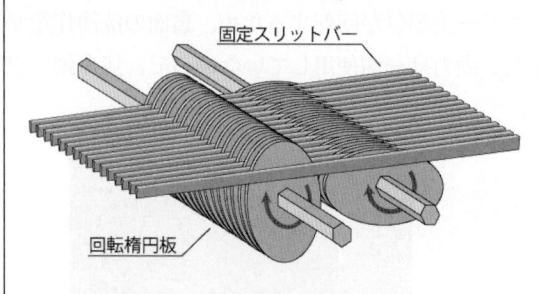

固定スリットバー
回転楕円板

●脱水仕様も可能
圧搾板が付いた脱水仕様も製作可能です。

大型粗取タイプも対応可能です。

グリスバキューマシステム
（浮上油自動回収機）

株式会社　丸八
〒729-0104　広島県福山市松永町 351-3
電話　084-933-2431　　FAX　084-934-0363

油水分離槽
グリストラップは今やメンテナンスフリーの時代！

　かけがえのない地球環境を美しいまま未来へ伝えたい。そのためには利用された水を技術の力でリフレッシュし、再びできる限りクリーンな状態で自然に還元させなければならない…こうした私達の願いをこめて開発されたのが浮上油自動回収機「グリスバキューマ」システムです。

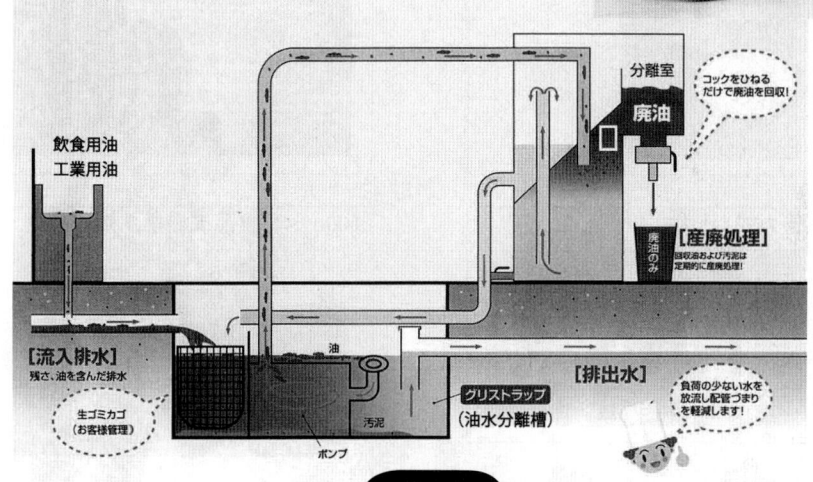

特徴

POINT 1　浮上油の回収分離。
広い範囲で浮上油を回収します。

POINT 2　1台の装置で複数分離槽に対応できます。
各層の水面はいつも綺麗になります。

POINT 3　水位変動に対応します。
いつでも安心です。

POINT 4　清掃作業の軽減。
タンクに溜った廃油回収は簡単！　コックを引くだけ。

POINT 5　取付け後も低コスト。
シンプルな構造で故障しにくくトラブルがありません。

POINT 6　環境に優しい。
水質汚濁を軽減し、河川や海への汚濁防止ひいては地球保護に貢献します。

モニターからの導入です。気軽に連絡下さい！

排水処理の前処理、後処理用
―あずまの―
加圧浮上装置

株式会社東エンジニアリング
東京都豊島区西池袋 5-17-11(ルート西池袋ビル 501)
電話　03-3982-9681　　FAX　03-3986-2456
E-mail：info@azuma-eng.co.jp
http://www.azuma-eng.co.jp

排水中のN-ヘキサン抽出物質、SS、BOD、COD、T-N、T-Pの濃度低減に多く使用されています。

―――― 自社開発製品 ――――

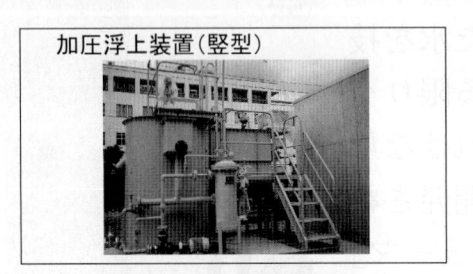

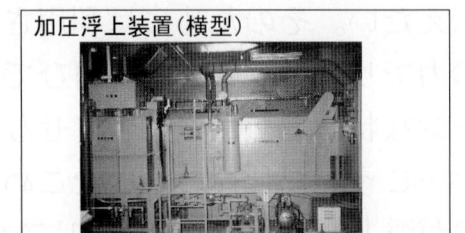

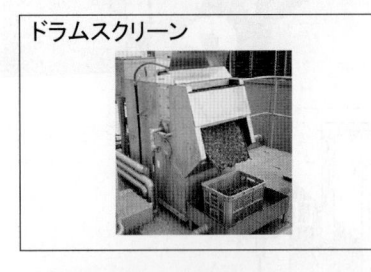

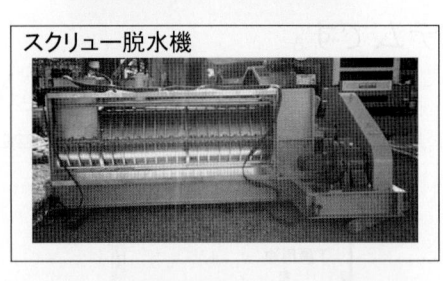

- 加圧浮上装置（竪型）
- 加圧浮上装置（横型）
- ドラムスクリーン
- スクリュー脱水機
- ろ過器（重力式、圧力式）
- 500m³/日食品工場排水処理施設
- 曝気槽（接触酸化槽方式）

確認処理試験装置（ユニット型）
- 凝集加圧浮上装置（連続式）　1基
- 凝集加圧浮上装置（バッチ式）　1基
- 活性汚泥処理装置（連続式）　1基

営業案内
- 各種工場排水処理施設の設計、製作、施工管理（新設、改修、増設工事）
- 活性汚泥処理施設 － 標準活性汚泥法、接触酸化法（バイオコード使用）
- 凝集加圧浮上装置の設計、製作、施工
- ドラムスクリーンの設計、製作、施工
- スクリュー脱水機の設計、製作、施工
- ろ過器、活性炭吸着塔の設計、製作、施工

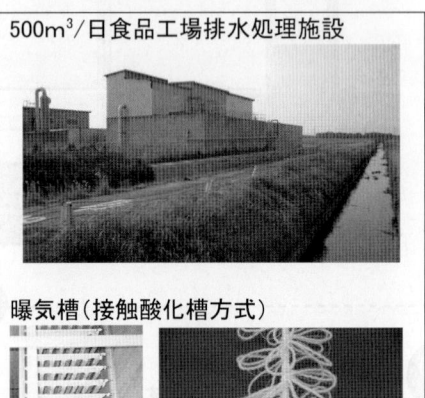

ALDEC G3 デカンタ遠心分離機

アルファ・ラバル株式会社
〒108-0075
東京都港区港南 2 丁目 12 番 23 号明産高浜ビル
電話　03-5462-2449　　FAX　03-5462-2456
http://www.alfalaval.com/jp

プロセス性能と環境効率の両基準を大きく引き上げた次世代デカンタ遠心分離機です。

ALDEC G3 デカンタ遠心分離機は、分離運転での到達目標に次の新しい条件を設定しました。
- 最大省エネ達成率 40%
- スラッジの最大処理能力 10%

スラッジ 1 m3 当たりの処理に要する消費電力を 0.50 kWh に抑え、CO_2 排出量の削減に貢献します。斬新な設計でボウル壁面の耐圧性が改善されるため、次の点で大幅なコスト削減を実現しました。
- 汚泥の廃棄処理費用
- 凝集剤コスト

この新型機は、すべての運転パラメータを簡単にモニター、調整、改善し、変動する運転要件や投入量、多様な条件にも対応することができます。

排出径を小さくして最大 20%の節電に成功　コンベヤ径の小型化　回転筒内の貯液量を多くして処理量を増加

コンベヤ径を小さくしたため、回転筒内の貯液量が増加し、ボウルの内壁圧を高めることができるようになりました。そのためケーキの脱水が促進され、あるいは凝集剤使用量を削減することが可能になりました。

排出径が小さくなると、ボウルの回転時のエネルギーロスが少なくなり、消費電力を 20% も削減できます。スリムな独自設計で固形物の処理能力は大幅に向上し、性能を発揮できます。同時に、処理の電力消費量を抑え、運転コストを削減しました。

運動エネルギーの保全

パワープレートは ALDEC G3 型の斬新な設計に不可欠な要素です。

この特許取得済みアルファ・ラバルの設計により、ボウル排出時の液速度を低くしてエネルギーロスを抑えました。

これにより電力消費量を 20% 削減することに成功し、環境効率に優れたエコな分離運転が可能になりました。

ALDEC G3 は、例えば次の条件を様々に設定しても、多様なニーズに沿った最高のコスト効率を常に実現してくれます。
- 遠心力の調整
- 差速の調整
- 液深の調整
- 処理量

お客様のニーズに応じ、多様で多彩な処理条件下でも、これらのパラメータを調整し、常に最高の処理能力をお約束します。

◆ ALDEC G2 標準機　▲ ALDEC G3

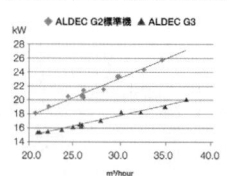

総電力量と通液量（実際の装置）

お客様の脱水設備での節約は 550 万円

脱水設備	電力コスト	ケーキの廃棄処理コスト
1 台当たりの通液量、m³/hour(gpm)	90(396)	
年間運転時間	8600	
ALDEC G3™による省エネ分、kW	31	
ケーキ乾燥度の改善 %		1
コスト	0.15 EUR/kWh	100 EUR/ton cake
1 年間での節約額 EUR	49,400	322,500
5 年間での節約額 EUR	247,000	1,612,500
15 年間での節約額 EUR	741,000	4,837,500
15 年間での総節約額 EUR	5,578,500	

情報-7

インライン型し渣脱水機
『マエセパプレス』

前澤工業株式会社

〒332-8556　埼玉県川口市仲町5-11
環境事業本部　環境ソリューション事業部第一部
電話　048-253-0907　　FAX　048-253-0056
http://www.maezawa.co.jp/

し渣を破砕し、ポンプで移送する「パイプ移送方式」におけるし渣の分離と脱水を一台で行える高性能コンパクトユニット。従来では設置が困難であったホッパ室にも設置できる省スペース・省エネルギータイプです。

【概要】

沈砂池における最近のし渣移送方式は、パイプ移送方式が従来のコンベヤやスキップホイストによるし渣移送方式に代わり多く採用されるようになってきました。

しかし、パイプ移送方式は移送先での分離機及び脱水機の設置が必要となりますが、分離機及び脱水機の2機種を狭いホッパ室に設置することが難しい状況も多々ありました。これらの諸問題を解決する分離機と脱水機一体型のし渣分離脱水機『マエセパプレス』をご紹介します。

【構造】

マエセパプレスは、減速機、ドラムスクリーン、スクリュー羽根、排出コーン等で構成されています（図－1）。流入部から流入したし渣を含む汚水は、スクリュー羽根により連続的に搬送されながら分離部で水切りされます。

続く脱水部では、スクリュー羽根の押出力と抵抗装置により脱水を行います。脱水されたし渣は掻き羽根で崩されて排出されます。運転終了後には、スクリューとスクリーンが一体となって逆回転することで、上部スプレーのみでスクリーンの全面洗浄が可能です。

【特徴】

(1) 1台2役で省スペース

1台でし渣分離機と脱水機の機能を持つコンパクトな機器で、機高を低く抑えているため、従来では設置が困難であったホッパ室にも設置できます。また、2台が1台になり点検保守が容易となります。

(2) コスト削減が可能

マエセパプレスは1台で分離と脱水が可能なため、従来方式より建設費、補修費及び使用電力量の削減によりトータルコストを縮減します。

(3) 作業環境の改善

インライン型で完全密閉が可能なため、臭気の発散や汚水の滴下が防止でき、作業環境の改善が可能です。

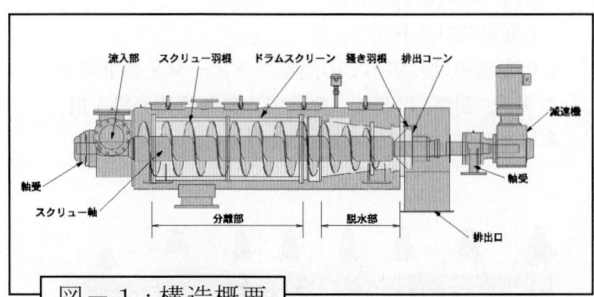

図－1：構造概要

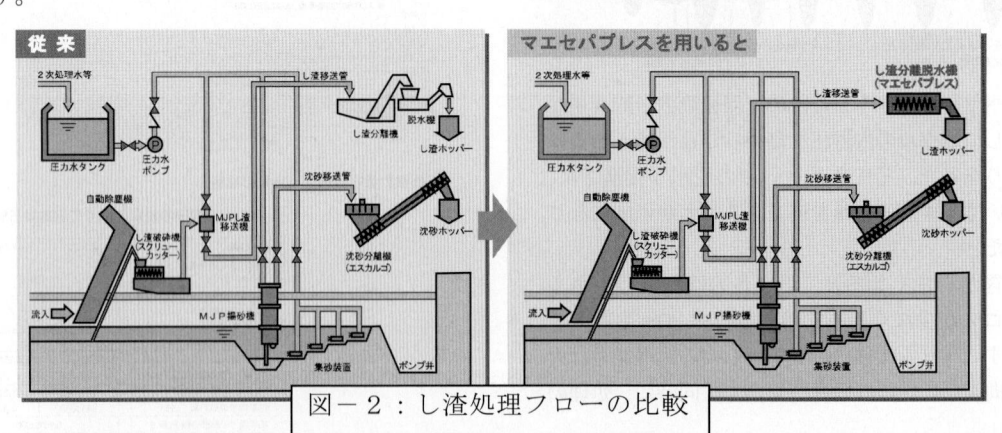

図－2：し渣処理フローの比較

各種産業用繊維資材製品製造販売

敷島カンバス株式会社
大阪市中央区備後町3丁目2番6号
電話　06-6268-5711　　FAX　06-6261-3585
Email：shikican-f@shikibo.co.jp

**繊維製品の可能性を追求
独自のテクノロジーを駆使した製品開発でお客様のニーズにお応えします！**

湿式フィルタークロス

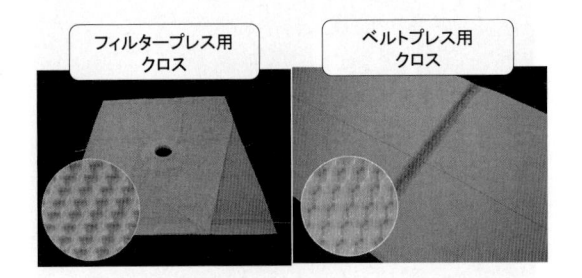

（フィルタープレス用クロス／ベルトプレス用クロス）

上下水道施設や工場排水処理施設などの濁水処理工程や食品・染料・磁性材など多くの産業の生産プロセスの中でフィルタークロスは大切なパートを担っています。

環境保護のため、新製品開発のため、当社のフィルタークロスが皆様のお手伝いをさせて頂きます。

メッシュ製品

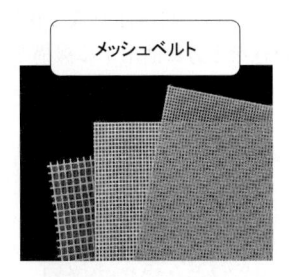

（メッシュベルト）

金網に代わり軽量で耐薬品性に優れた合成繊維製メッシュ製品の用途は、分級工程はもちろん食品乾燥機、汚泥天日乾燥機、メルトブロー基材など多種多様。私たちが長年培った製織技術をもって、お客様のニーズにお応えします。

用途開発はお客様次第です。

乾式フィルタークロス

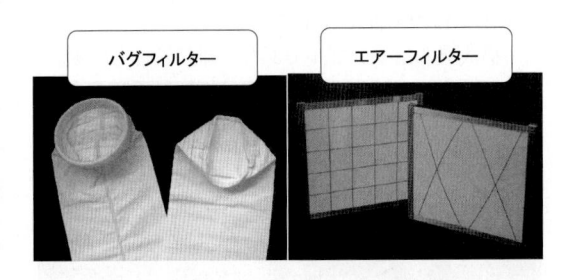

（バグフィルター／エアーフィルター）

工場内の粉塵除去、クリーンルーム他ビル空調にはフィルターが不可欠です。

私たちは用途に応じたバッグフィルターや空調フィルターをお届けし地球環境の維持と改善に努めています。

環境への取組

（PETボトル再利用品）

限りある資源を有効利用することも私たちの努めと考えています。

使い終わったPETボトルを繊維製品として蘇らせ、環境に配慮した商品をお届けできるよう日々研究・開発活動を行っています。

ＩＦＷ型高速繊維ろ過機

株式会社　石垣
本社　〒104-0031　東京都中央区京橋 1-1-1
電話　03-3274-3511（代）
http://www.ishigaki.co.jp/
支店
北海道・東北・東京・名古屋・大阪・中国・四国・九州

空隙率の高い繊維ろ材を採用し、ろ過速度を高速化することにより省スペース、省エネルギーを実現

『ＩＦＷ型高速繊維ろ過機』は、ろ過材として優れた特性を持つ繊維ろ材を採用するだけでなく、水流撹拌による確実なろ材洗浄方式を採用するなど、繊維ろ材の特性を十分に活用する機構を採用しています。

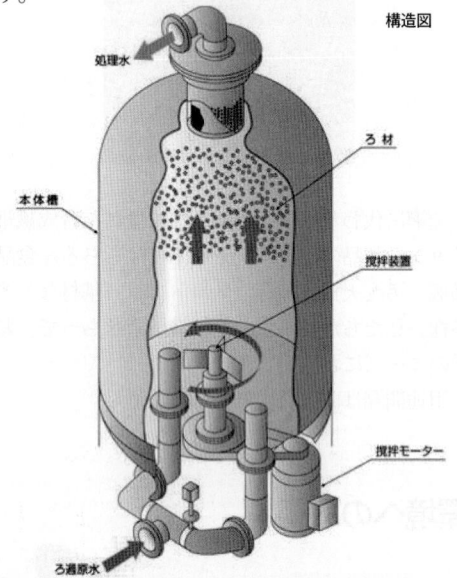

構造図

ろ過対象となる原水は、ろ過機下部より流入し、浮上性繊維ろ材により構成されたろ槽を上向流で通過することによりろ過が行われます。この際のろ過速度はろ材に砂を用いたタイプに比べ３〜５倍となります。ろ過を継続しろ材に目詰まりが発生すると、原水の流入を止め、本体下部に備えられた撹拌装置によりろ材を撹拌しろ材を洗浄します。洗浄後はろ材から分離した汚水を外部へ排出するための排水、捨水等の工程を経て、再度ろ過工程へと戻ります。

「ＩＦＷ型高速繊維ろ過機の特長」
①省エネルギー・低コスト
・繊維ろ材は空隙率が高く圧力損失が少ないので低揚程ポンプが採用できる。
・小型化された軽量構造で機器設置工事費を低減

設置事例

②省スペース
・高速ろ過が可能にしたろ過機の小型化。
・ろ材洗浄機構、制御盤を内蔵したコンパクト構成。
③優れたろ過能力
・SSの捕捉量が多い繊維ろ材。
・水流撹拌方式の採用で確実なろ材洗浄を行い、高いろ過能力を長期間維持。
④運転管理・維持管理が容易
・構成機器はシンプルであり、維持管理も容易。

ろ材拡大写真

ＩＦＷ型高速ろ過機は土木構造を利用した大容量処理、海水仕様での実施例もあり、用水設備・排水設備・生産プロセス設備まで広範囲への応用が可能です。

超高速凝集沈殿装置スミシックナー®
凝集活性汚泥処理スミスラッジ®

住友重機械エンバイロメント株式会社
東京都品川区西五反田 7-25-9（西五反田 ES ビル）
環境システム統括部
東日本営業部　電話　03-6737-2718
西日本営業部　電話　06-7635-3684

処理の安定性、清澄な処理水質、省スペースを誇る「スミシックナー®」
２００台を超える各種産業向け用排水処理装置、生産設備向け清澄化装置
の実績を生かし、最適なシステムをご提案いたします。

排水中の SS（懸濁物質）を高速で沈降分離して、清澄な処理水が得られる超高速凝集沈殿装置です。独自の構造で、高密度で沈降性のよいフロックを形成し、均一な槽内の流れで SS の除去率を向上、効率的な濃縮で引抜スラッジ濃度アップをはかり、コンパクトで高性能化を実現しました。

【特長】
1) 沈降性のよい高密度フロック形成
   ・ポリマー分割添加で高密度化
   ・ミキシングチャンバーでフロックを大きく成長させ、そのまま槽内に供給
2) 均等上昇流による安定した超高速沈降
   ・槽内下方に設置した回転するディストリビュータから、排水を沈殿槽全体に均等分散
   ・高流速でも均等に排出できるトラフ配置
   ・均等流の効果で超高速沈降を実現
      生物汚泥　　　　　　　$3 \sim 6m^3/m^2 \cdot h$
      電子排水　　　　　　　$5 \sim 10m^3/m^2 \cdot h$
      鉄鋼・金属加工排水　　$5 \sim 30m^3/m^2 \cdot h$
3) 高濃度の引抜汚泥
   ・高密度汚泥を濃縮部でさらに濃縮

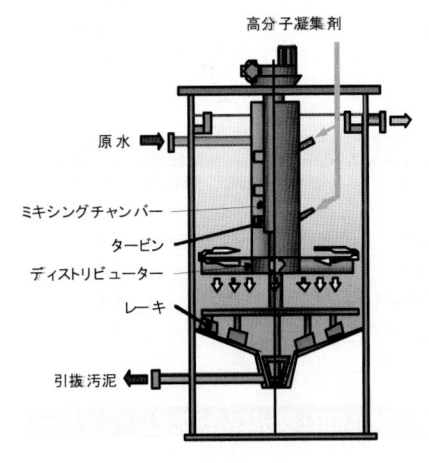

【用途】
用水処理、生物処理初沈/三次処理、ヤード排水、鉄鋼/金属加工排水、製紙排水、電子産業排水、フッ酸排水、メッキ排水、重金属含有排水、粗塩水清澄用、パルプ苛性化緑液清澄用等

【スミスラッジ®システム】
スミシックナー®と活性汚泥を一体化したハイブリッド型好気性生物処理システムです。
・安定した生物処理性能
スミシックナー®で凝集、濃縮した汚泥を返送し、微生物を高濃度に維持。生物処理の安定性を向上。
・清澄な処理水質
凝集剤とスミシックナー®の良好な沈降分離能力で、清澄な処理水が得られます。
・省スペース
簡易なフロー、高速沈殿（$3 \sim 6m^3/m^2 \cdot h$）、高い曝気槽容積負荷（$1.5 \sim 5kg \cdot BOD/m^3 \cdot d$）の効果で、従来比 1/2 の省スペース化を実現
・省エネルギー
メンブレンパイプ式超微細気泡散気装置ミクラスを組み合わせて曝気動力削減

スミスラッジ®実績例
28000m³/日
スミシックナー φ22m

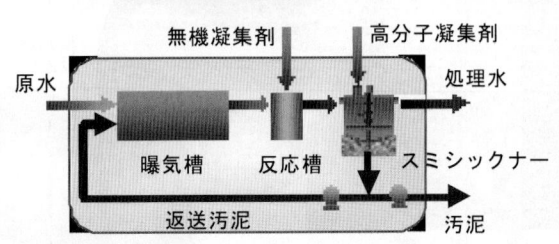

ユニット型スミシックナー®

スミスラッジ®フロー

明電セラミック平膜システム

株式会社 明電舎
水・環境事業部　新規事業推進部
〒141-6029 東京都品川区大崎 5-5-5
電話 03-6420-7536　FAX 03-5745-3046
http://water-solution.meidensha.co.jp

セラミック平膜始めました。

特長

高フラックスで省エネ
- 有機膜と比較して強度が高く、高フラックスで安定したろ過が可能です。
- 平膜の形状とエア撹拌、最適制御技術により、現在のシステムに比べてスクラビングエア量を50%削減できます。

消費エネルギー比較（ろ過ポンプ／膜洗浄用ブロア）
現在のシステム
セラミック平膜を使用したMBR
50%のエネルギーを削減

高耐久性で長寿命
- 化学薬品に強く、高耐圧、高耐熱で膜の破断がおきません。
- 悪環境に強く劣化しにくいので、長寿命です。

セラミック平膜　膜表面拡大図

メンテナンスが簡単で環境に優しい
- 自動逆洗と自動洗浄システムで日常のメンテナンスが不要です。セラミック平膜は高強度なので、膜表面に付着した汚れを高圧洗浄水で簡単に落とすことができます。
- 使用済みのセラミック平膜はリサイクル可能で環境に優しい素材です。

仕様

セラミック平膜エレメント

項目	仕様
膜形状・ろ過方式	平膜・吸引式
材質	アルミナ
平均膜孔径	0.06 μm
外形・質量	幅250×高さ1000×奥行5 mm、2kg

性能・適用条件

純水透過性能	40 m³/(m²·d)
粒子捕捉性能	95%以上（粒子：0.1μm）
水温	5～80℃
pH	2～12

膜ろ過フロー図：上昇水流、スクラビングエア、ろ過、膜、汚れ

膜の比較

膜種類	セラミック平膜	有機平膜	有機中空糸膜
耐久性	+++	++	+
性能	++	++	++
安定性	++	+	+
設置面積	+	+	++
省エネルギー	++	+	+
リサイクル	リサイクル可能		

◀ 適用例（MBR：膜分離活性汚泥法）

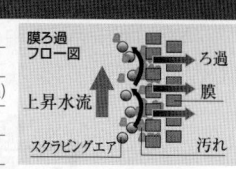

セラミック平膜エレメント
膜処理ユニット設置例

情報-12

セラミック膜装置

ＮＧＫフィルテック株式会社
〒253-0071
茅ヶ崎市萩園2791
電話　0467-85-8555
http://www.ngk-nft.co.jp

膜分離技術は、省エネルギー、製品の品質アップに貢献できる重要な技術です。当社は、セラミック膜、有機膜のエンジニアリングを長年手がけてきた総合膜エンジニアリングメーカーであり、お客様のニーズに合致した最適なシステムを提供させて頂きます。

＜システム例＞

電子分野・研磨排水処理システム
シリコンインゴットの外周研削、ウエハーの粗研磨、バックグラインダー、ダイサー、CMPなどの工程から出る排水を処理するシステムです。

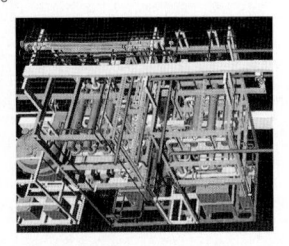

食品・医薬分野・清澄ろ過システム
各種菌体分離・濃縮や、食酢の清澄ろ過やミネラルウオーターの最終除菌まで、幅広い分野で使用されています。

電子分野・クーラント回収システム
シリコンインゴットから太陽電池や半導体向けウェハーをスライスする工程で用いられるクーラントの長寿命化に寄与し、製造コストの低コスト化に貢献します。

化学分野・微粒子，微粉体システム
製品の微粒子化などにより、従来方法（遠心分離、フィルタープレス、デカンテーション等）では、リークにより製品ロスが発生する場合などのプロセス改善に最適です。

＜試験対応＞

小型卓上試験機
ろ液品質の確認、膜種のスクリーニングなど初期確認試験に最適です。

標準試験機
実機と同条件でのろ過試験が可能なため、スケールアップ検討が容易です。

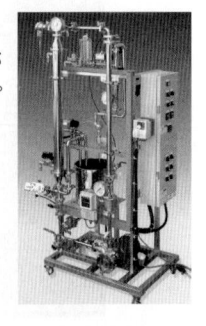

セラミック膜ろ過システム

メタウォーター株式会社
〒105-6029
東京都港区虎ノ門 4-3-1 城山トラストタワー
電話　03-6403-7530　　FAX　03-5401-2609
http://www.metawater.co.jp

アクア UF（限外膜ろ過浄水装置）
アクア MF（精密膜ろ過浄水装置）

株式会社清水合金製作所

〒 522-0027
滋賀県彦根市東沼波町 928
電話　0749-23-3131（代）　　FAX　0749-22-0687（代）
札幌・青森・仙台・東京・新潟・名古屋・大阪・中四国・九州
http://www.shimizugokin.co.jp

＜特　長＞

1. オールインワン・ユニットで大幅な工期短縮が可能となりました。
2. 無人・自動運転：浄水量、残留塩素、浄水濁度などの管理項目を遠方・監視制御します。
3. 高機能：浄水場に必要な機能の全てを集約。自動定流量制御運転を行います。
4. 水質に合わせてカスタマイズ：原水水質から最適な運転仕様、処理フローを選択し、ユニットタイプで製造します。
5. 薬品を使用しないクリーンシステム：次亜塩素酸ナトリウム以外の薬品類を使用しないため、薬品コストを大幅カットできます。

●アクアUF

● 高濁度の原水にも、安定したろ過性能を発揮します。

フロー図（参考：2系列タイプ）低コストの1系列タイプもあります。

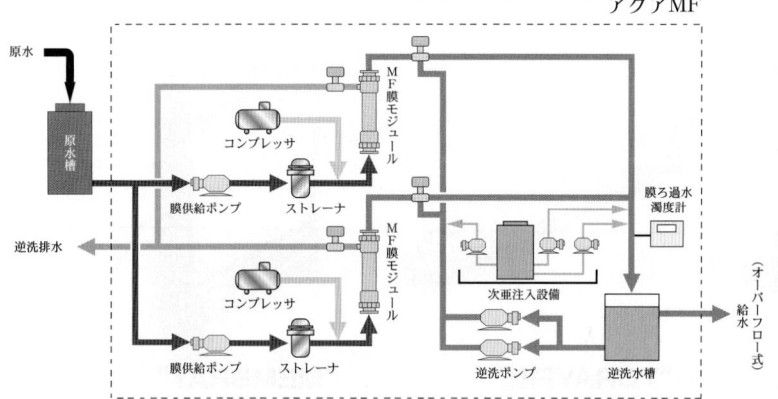

膜モジュール仕様

膜モジュール型式	水道用膜モジュール 規格認定　第327号
材　　質	PVDF（ポリフッ化ビニリデン）
有効膜面積	29m² 　72m²
公 称 孔 径	0.01μm（公称分画分子量150,000Da）
ろ 過 方 式	外圧全量ろ過方式
モジュールケース	塩化ビニル 樹脂

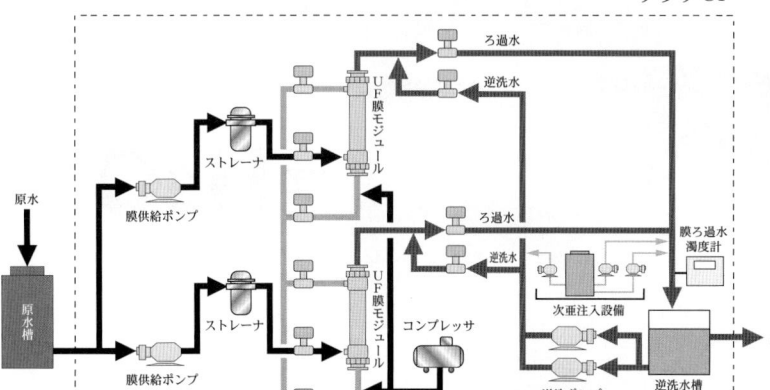

●アクアMF

● 原水水質が清澄な場合、高流束設計により装置及び維持管理の低コスト化が図れます。

フロー図（参考：2系列タイプ）低コストの1系列タイプもあります。

膜モジュール仕様

膜モジュール型式	水道用膜モジュール 規格認定　第248号
材　　質	PVDF（ポリフッ化ビニリデン）
有効膜面積	23m² 　50m²
公 称 孔 径	0.1μm
ろ 過 方 式	外圧全量ろ過（又は外圧クロスフローろ過）
モジュールケース	ABS 樹脂

情報-15

水処理膜製品

東レ株式会社

水処理事業部門
"ROMEMBRA"　メンブレン事業第1部　電話　047-350-6030
"TORAYFIL"
"MEMBRAY"　　メンブレン事業第2部　電話　047-350-6033
IMS(統合膜処理システム)
　　　　　　　　　水処理システム部　電話　047-350-6367

'TORAY'
Innovation by Chemistry

水を守り、水を活かす。

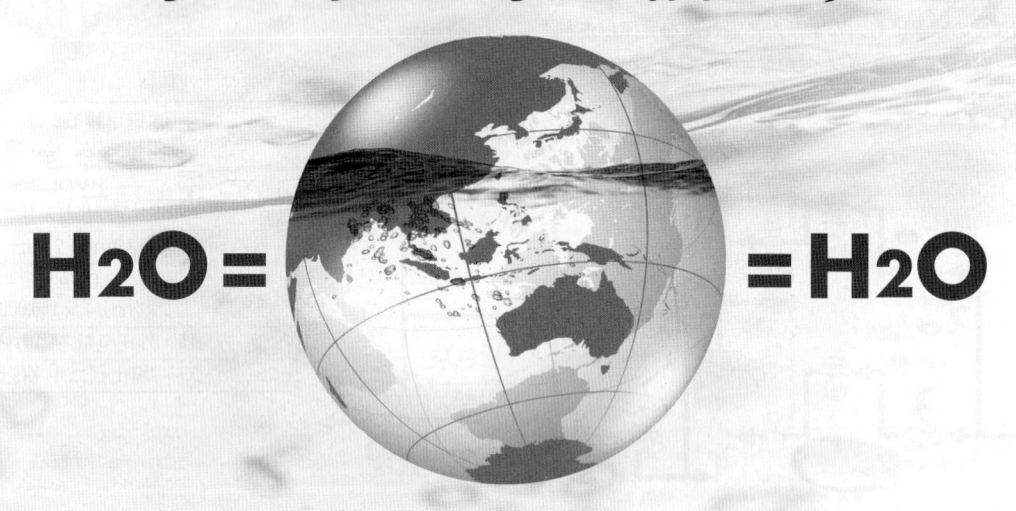

$H_2O =$ 　　　　　$= H_2O$

東レは、水処理膜製品をフルラインナップで提供しています。
豊富な経験と実績をベースに、高度な統合膜処理技術で
世界の水処理ニーズにお応えします。

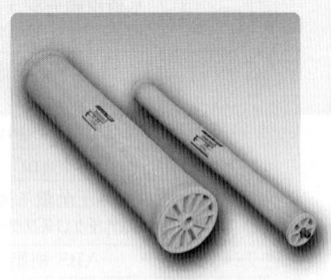

"ROMEMBRA"
RO膜・NF膜

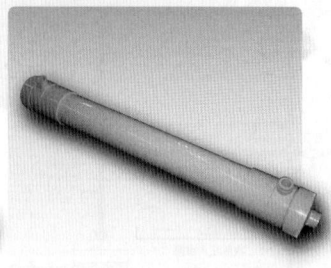

"TORAYFIL"
UF膜・MF膜

"MEMBRAY"
MBR用浸漬膜

ROスケール防止剤
Genesys

エイエムピー・アイオネクス株式会社
〒105-8437　東京都港区虎ノ門1-2-8
(虎ノ門琴平タワー)
電話　03-4570-3820(直通)　FAX　03-4570-3822

ROのスケールトラブルを解消し、透過水の回収率を画期的にアップさせる薬品です。1985年以来、多くの実績を持ち、節水、省エネルギーに貢献しています。

概　要

RO装置設計時の最大の問題は、スケールを発生させないための回収率設定にある。さまざまなファウリングの中でもスケールトラブルは回復が難しく、安全に運転するためには回収率を下げざるを得なかった。このため、多大な濃縮水が排出されることになり、RO装置導入の障害になってきた。Genesysは従来の軟水化や酸注入に変わってRO装置の安定運転と省エネルギーを両立するスケール防止技術を持つ。

特　長

・少量の注入で大きなスレッショルド効果を発揮、スケール生成を防止する。
・CaCO3の析出防止効果が高い。
・シリカやフッ素のスケール防止にも有効である。
・酸注入によるpH調整よりも低コストで安全。
・軟水処理に比べても、低コストで手間が少ない。
・NSF、DWIなど世界各国の飲料水規格をクリア。
・簡単で分かりやすいシミュレーションソフト。

コストダウンシュミレーション

原水が一般的な東京都水と想定すると、GenesysLF注入前と後では以下のように水バランスが変わる。1時間あたりの透過水量を10m3とした。

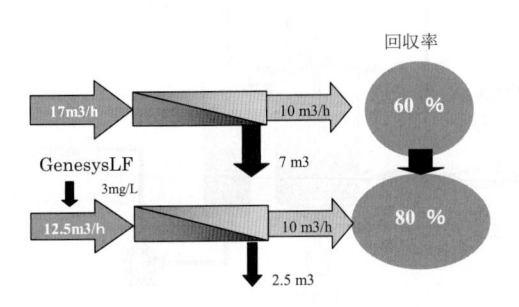

回収率を60％から80％に上げることにより、時間あたり4.5m3の排出削減ができる。これにより、上水コストと共に、下水コストも削減できる他、RO入口流量低下により高圧ポンプの動力費の削減も期待できる。

シミュレーションソフトウェア
「Genesys Membrane Master」使用例

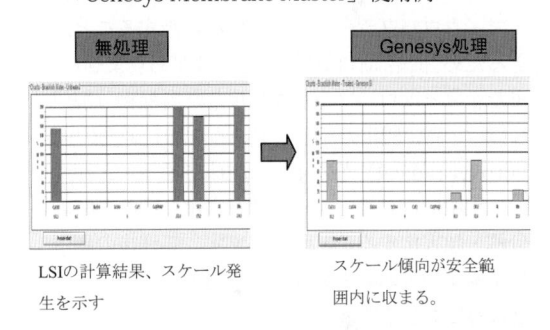

無処理	Genesys処理
LSIの計算結果、スケール発生を示す	スケール傾向が安全範囲内に収まる

MenbraneMaster使用のためには、pH、硬度、鉄、マンガン、塩化物イオン、硫酸根、シリカ等の分析結果やRO膜メーカーと膜の種類、並びに想定回収率などのファクターが必要。

取扱製品仕様

	Genesys LF 使用範囲の広いスタンダード品	Genesys SI シリカスケール防止効果を強化
外観	微褐色	淡黄色
pH	9.8–10.2	9.8–10.2
比重	1.13-1.17	1.32-1.34
凍結点	<-4℃	<-5℃
内容物	20Kg	20Kg
荷姿	バックインボックス	バックインボックス

マイクロバブラー
有機物分解処理装置

株式会社セプト

〒140-0011
東京都品川区東大井 5-7-10　クレストワン 7F
電話　03-6712-9533　　FAX　03-6712-9534
E-mail：info@sept-net.co.jp

マイクロバブラーによる高性能気液溶解・反応システムを提供します。

概要及び特長

本マイクロバブラーは高速回転する特殊なインペラーを採用し、気液の剪断撹拌により、水中において各種気体を微細なマイクロバブルとして供給することができます。これにより、気液を効率良く混合・撹拌することができるので、気液の高濃度溶解が可能となり、気液反応効率が飛躍的に高められます。この特殊なインペラーはキャビテーション効果により、マイクロバブラー本体が気体を自吸することができるため、供給気体は圧送する必要がありません。

また、マイクロバブラーを利用した有機物分解処理装置は、高い酸化力を有している「OHラジカル」（hydroxyl radical）を効率的に生成させることが可能で、水中に含有している各種有害化合物を短時間で分解・無害化することができます。処理後の副生成物や廃棄物等の発生もなく、環境調和型のシステムとなっております。

マイクロバブラーの用途

- 曝気（エアレーション）
- 各種気体の溶解・気液反応
- pH 調整（CO_2 ガスマイクロバブル）
- オゾン水の精製
- 特殊洗浄、精密洗浄
- 硫化物質の処理・各種有機物分解処理
- 脱色・脱臭　など

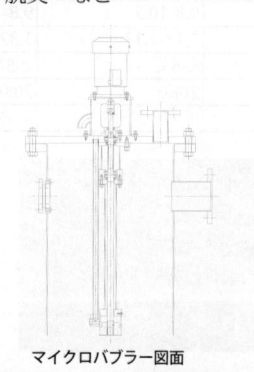

マイクロバブラー標準仕様

型式	インペラー [φmm]	モーター [kW]	空気量 [Nm3/h]
SAS-90	90	0.2～0.4	15 以下
SAS-120	120	0.4～1.5	15～25
SAS-160	160	1.5～2.2	25～35
SAS-180	180	2.2～3.7	35～45
SAS-200	200(特注)	3.7～5.5	45 以下

※マイクロバブラーは上部・下部取付の2種類があります。

有機物分解処理装置

マイクロバブラーを利用した有機物分解処理装置は「OHラジカル」によって有機物を分解しますが、主に以下のようなプロセスを組み合わせることにより、効率良く「OHラジカル」を発生させることができます。

- オゾン（O_3）溶解
- 過酸化水素（H_2O_2）反応
- 紫外線（UV）照射
- マイクロバブル発生
- 光触媒反応（TiO_2 など）

マイクロバブラーを利用した有機物分解処理装置のフロー例は以下の通りです。

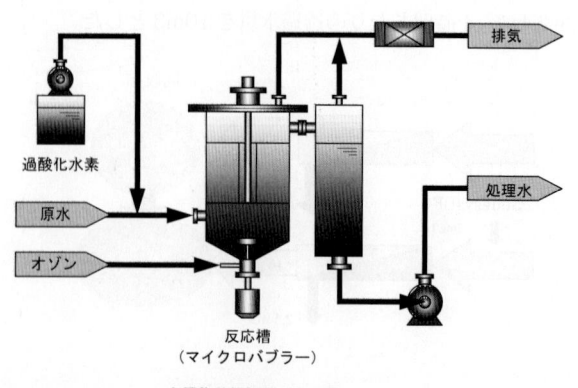

マイクロバブラー図面

有機物分解処理フロー図

省エネ・省電力対応
マイクロバブルばっ気装置
浮上分離用
マイクロナノバブル発生機

エンバイロ・ビジョン株式会社
〒170-0013
東京都豊島区東池袋1-20-2
電話　03-6914-5650　　FAX　03-3984-9810
E-mail：info@enviro-vision.jp

省エネルギー、省電力効果抜群！槽に投げ込むだけで臭気、余剰汚泥が大幅減！
マイクロナノバブルが排水処理を変える！しかもノーメンテ！
浮上分離の加圧タンク直前にYJノズル単体をセットして簡単に処理性能アップ！

マイクロバブルばっ気装置「YJ－MB曝気装置」

マイクロバブルばっ気装置「YJ－MB曝気装置」が食品、化学、製紙などの大手企業で次々に採用されている。原水槽、調整槽、曝気槽などに投げ込みで設置するだけで臭気や余剰汚泥が大幅に減少。省エネ効果が抜群で電力費、CO_2も極端に削減できる。しかも廉価な装置なので、短期でコスト回収可能である。通常装置に比べて、マイクロバブル曝気は気泡の滞在時間が桁違いに長いため、初段の原水槽や調整槽での曝気が、曝気槽での曝気同様、非常に効果的であることが大きな特長となっている。

ポンプからの給水で、ノズル上部の吸気部から空気が自然吸気されて、マイクロバブルを含む大量のばっ気水を水槽中に放出する。ポンプの送水圧は0.1MPa以上あればよく、通水量の約30％もの気体を混入させることができる。圧損が殆どなく、独自のジェット噴流状態のマイクロバブルであるため、攪拌も本装置で同時に行うことが出来る。

ノズルの構造はストレート、超低圧損で通水内径が最大で40mmと極めて大きいため、汚泥などによる目詰まりが一切なく、スケールアップも自由自在。ノーメンテで槽に投げ込みで使用できるマイクロバブル曝気装置は他には例がなく、工事費用も殆どかからない。

気泡径最頻値は30μmで、通常の気泡に比べて水中に桁違いに長く滞留し、マイナスにイオン化しているので、通常の気泡のように、気泡同士が集合することもなく、高い溶存酸素濃度を長く維持できる。本マイクロバブルは、マイクロナノバブルへ収縮していき、最終的には圧壊し水中で消滅する。この圧壊現象が供給酸素量をはるかに超えた有機物分解を促している。

水産食品加工工場の排水処理設備（150t/日）では、アセトアルデヒド系の悪臭が発生し、油脂分解が難しく問題になっていたが、調整槽に本装置を採用したところ、悪臭は一日で消えて、油脂系の排水処理状態も極めて良好になった。本装置は原水をより低分子化する作用があり、油脂排水の微生物分解性を向上させることが可能である。

また乳製品工場の排水処理設備（400t/日）では、従来、硫化水素系の臭気問題を抱えていたが、本装置を調整槽に投入することで、即刻解消することに成功した。従来装置では槽底に嫌気部分が発生し、これが悪臭の要因になっていた。本装置ではマイクロバブルが槽底までいきわたるため、DOを槽底まで均一に高めることが可能で、これが画期的な消臭効果をあげている。

冷凍食品工場の浮上分離槽の加圧タンク入口に「YJノズル」を設置したところ、微細気泡の発生状態が改善、安定化し、さらにはYJノズルのマイクロバブルが、マイクロナノバブル化し、強制圧壊されることで、処理水BODが大幅に低減し、後段の曝気槽の負荷が大幅に低減した。

さらには化学工場の事例では、界面活性剤と有機物を多く含む汚水（凝集処理後でBOD7000mg/ℓ）を1日あたり150m³処理する排水処理設備の原水槽（100m³）と調整槽（100m³）にそれぞれ本装置を1基ずつ設置した結果、30年来の問題だった臭気が1日で解消し、凝集処理後の原水BOD7000mg/ℓが3000mg/ℓに低減。凝集剤の使用量、凝集汚泥、後段の活性汚泥処理の余剰汚泥もすべてが半減し、大幅なコスト削減に繋がったという。本例のようにBOD分解に必要な酸素量に対して、僅かな酸素供給で信じがたい分解効果が起こっている。大手化学工場で2500立米の曝気槽に採用され70％以上の大幅な省エネに成功したケースもある。

各種工場からの引き合いが急激に増えており、今後はさらに大きな伸びが見込まれている。

新環境適応型
アクアハートエアレーション

アクアテックサラヤ株式会社

本　社　〒541-0051
大阪府大阪市中央区備後町4丁目2番3号サラヤ東ビル
電話　06-6222-7890 ㈹　　FAX　06-6222-7870
e-mail：eigyo@saraya-aq
http://www.saray-aqua.com

アクアハートエアレーションは水槽内全体の溶存酸素濃度非常に高い状態維持することで、これまでにない環境にやさしい、安全で安心な低コストの廃水処理システムです。

概　要

　アクアハートエアレーションの内部で発生させた超微細気泡を、水槽内全体に行き渡らせる事で、水槽底部の溶存酸素を高めるだけでなく、スラッジも堆積しにくくなることで、活性汚泥使用しない微生物処理など、株式会社アイエンスの協力のもと、これまでにない廃水処理システムを実現しました。
　詳しくは当社HPをご覧ください。

特　徴

1. 強力撹拌と循環式エアレーション

　エアリフト効果と強力撹拌により、水槽底部の溶存酸素濃度を高め、スラッジが堆積しにくくなります。

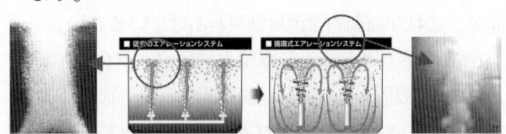

2. アクアハートエアレーションの仕組み・構造

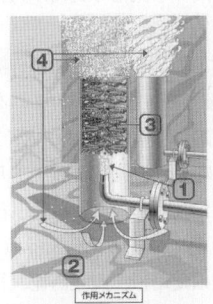

① ノズルからブロアからの空気を高速噴射します
② エアリフト効果で底の水と汚泥を巻き上げます
③ 流体力学を駆使した新開発の特殊形状フィンで空気と水を激しく混合し、超微細気泡と旋回流を発生させます
④ 旋回流が発生することで、溶存酸素濃度の上がりにくい水槽の底部にも超微細気泡を送り込みます

BODが5,000mg/ℓ以上の高負荷排水や水中曝気槽など、MLSS(浮遊物質量)が20,000mg/ℓでも閉塞なく使用することが可能です

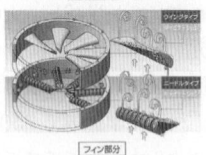

内部では超微細気泡を発生させるためにキャビテーションを発生しやすい仕組みになっており、その衝撃にも耐え得るよう、金属より磨耗や衝撃に強い6ナイロンを使用しています

3. 高い溶存酸素効率

特殊形状フィンにより、高い溶存酸素維持します。

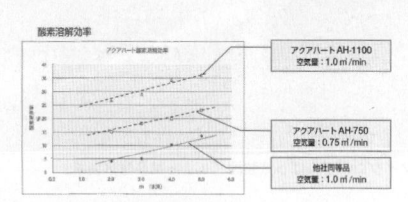

酸素溶解効率
アクアハート AH-1100　空気量 1.0 ㎥/min
アクアハート AH-750　空気量 0.75 ㎥/min
他社同等品　空気量 1.0 ㎥/min

幅広い分野で対応可能です。

■産業廃水処理
　食品工場廃水　鉱物油含有廃水　etc
■循環水の浄化
　洗浄用循環水の浄化とリサイクル
　水系、溶剤系塗装循環水のスラッジ減溶
■ビルピットの腐敗防止
　ビルピット廃水の浄化と腐敗防止
　グリストラップの腐敗防止
■その他
　地下水の浄化、池の浄化

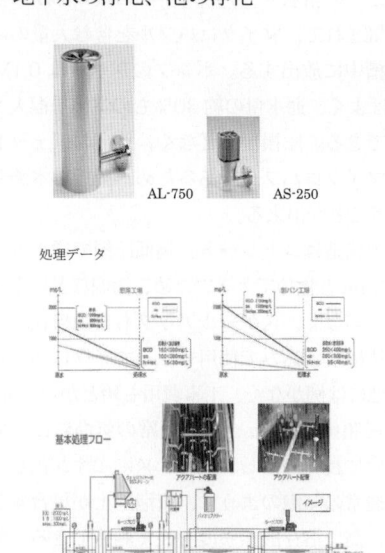

AL-750　　　AS-250

処理データ

基本処理フロー

嫌気性排水処理装置
BIOIMPACT®（バイオインパクト）

住友重機械エンバイロメント株式会社
東京都品川区西五反田 7-25-9（西五反田 ES ビル）
環境システム統括部
東日本営業部　電話　03-6737-2718
西日本営業部　電話　06-7635-3684

CO_2削減、電力削減、省エネルギーなどの効果をもつ、グラニュール汚泥を利用した高負荷排水処理システム。安定した嫌気性処理を実現し、さらに処理対象拡大に向け、チャレンジを続けています。

BIOIMPACT®（バイオインパクト）は、自己造粒型のグラニュール状メタン菌を利用した嫌気性排水処理システムです。排水に含まれる有機物を嫌気性環境で分解し、メタンと炭酸ガスで構成されるバイオガスを発生する処理方式で、好気性処理と比べ、様々なメリットを有しています。
・曝気動力が不要。電力削減に寄与
・バイオガスから熱、電気等のエネルギーが回収可能。CO_2削減に寄与。
・余剰汚泥発生量が、好気性処理の 1/5～1/10
・高負荷処理で省スペース（好気性の 10～20 倍）

【システムの特長】
1) 安定処理
   嫌気反応過程に応じて酸生成槽と反応槽に機能を分離。反応最適化により、安定処理を実現。
2) グラニュールの維持
   気固液3相分離効率に優れた独自構造のセトラーで、グラニュールを槽内に維持。ローリング流を形成し、グラニュールの成長を促進。
3) 豊富なグラニュール保有量
   多くの実績を有し、強固で良質なグラニュールを大量に保有。新設、増設に容易に対応可能。

【用途】
・ビール、飲料、食品排水
・紙パルプ工場エバドレン排水
・化学工場排水（アルコール類、グリコール類、有機酸、アルデヒド類、フェノール類、高純度テレフタル酸製造排水、ジメチルテレフタレート製造排水、セルロース誘導体製造排水、発酵排水等）

※従来は適用困難と考えられ、産廃処分されていた高濃度廃液でも、反応条件を整えることで処理可能となるものがあります。適用可能性について、お気軽にお問い合わせください。

【応用技術】
1) SS可溶化装置 SAT-Chel®
   初沈汚泥を加熱アルカリ分解し、SS削減とエネルギー回収率の両方を向上
2) 有機系固形物の高濃度嫌気性処理装置
   有機性残渣（焼酎粕、餡粕、食品製造残渣）、生ごみのメタン発酵処理、下水汚泥消化に適用。スタモ撹拌機（低回転インペラ）により、撹拌動力60%削減可能。

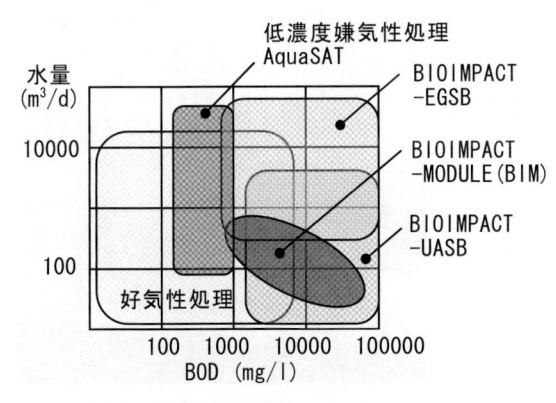

住友の嫌気性処理システム

BIOIMPACT-MODULE 実績例

排水の高度処理設備「バイオアタック・システム」

日鉄環境エンジニアリング株式会社
水ソリューション事業本部
東京都千代田区東神田 1-9-8
電話 03-3862-2190
http://www.nske.co.jp

汚泥の削減、油脂含有排水処理、濃厚廃液処理に威力を発揮します

1. 概要

バイオアタック・システムは、高速増殖微生物を選択培養することで、汚濁物質の高速処理を可能としました。コンパクトで高い排水処理性能に加えて汚泥発生量の減量、油脂含有排水の処理、濃厚廃液の処理を可能にしました。

本システムは新設の排水処理施設はもとより、既設の排水処理施設にも適用でき、排水処理設備の能力倍増ならびに、省エネルギーと環境負荷低減を簡易に実現します。

2. 処理システム

処理システムフローを図-1に示します。

排水中の有機汚濁物を高速増殖微生物により短時間に分解するアタック槽とアタック槽で生成した高速増殖微生物を捕食・減量するレシーブ槽の二槽から成り立っています。排水はまずアタック槽にはいり、BOD負荷10～20kg/m3・日の条件で高速増殖微生物によって排水中の溶解性BODの80～90%を除去します。次に、レシーブ槽では排水をさらに高度処理するとともに、アタック槽から流入する高速増殖微生物の自己消化と原生動物による捕食が活発に行われ、汚泥の発生量が削減されます。

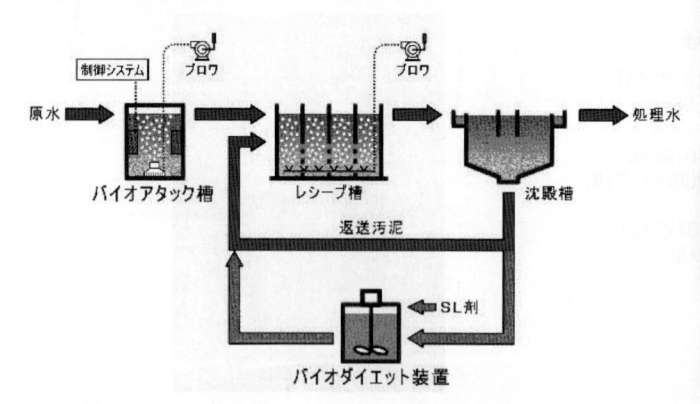

3. 機器の特徴および効果

1) 排水処理施設のコンパクト化が可能
 →従来方式の 1/3～1/2
2) 余剰汚泥の生成量が少ない
 →従来方式の 1/5～1/10
3) バルキングを防止できる
 →操業維持管理が容易
4) 設備コストが低廉でコンパクト
 →設備費は従来設備の 1/2
5) 維持管理が容易で運転費用が低廉
 →汚泥処分費が 1/3

4. 用途と納入実績

次のような用途に最適です。
1) 有機性排水の高度処理装置
2) 汚泥発生量の削減装置
3) 油脂含有排水の処理処理装置
4) 濃厚廃液の処理装置

平成12年の1号機の稼働以来、納入実績は年々増加しており、現在では100基以上が稼働しています。

図-1 バイオアタック・システムフロー

写真-1 ユニット型バイオアタック装置

複合微生物製剤
オッペンハイマー・フォーミュラ

株式会社バイオレンジャーズ
〒101-0032　東京都千代田区岩本町2-1-17　宮中ビル7F
電話　03-5833-7181　　FAX　03-3863-1520
E-mail：info@bri.co.jp
http://www.bri.co.jp

動植物油、鉱物油、有機塩素化合物などを含有する排水を処理

1) 概要
　自然環境から採取された複合微生物群（コンソーシアム）で、これら微生物の相互作用（チームワーク）により、油類のような混合物の分解を可能にし、動植物油、鉱物油、有機塩素化合物などを含有する多様な排水にも対応できる。

複合微生物製剤「オッペンハイマー・フォーミュラ」

2) 特徴
- 外観： 乾燥した、灰色の粉末
- 主成分： 自然環境から採取された複合微生物群（コンソーシアム）
- 微生物： 好気あるいは微好気性、淡水または海水の添加により活性化
- 適正温度： 0～50℃
- 適正pH： 5.0～10.0
- 毒性： なし、病原性細菌なし
- 登録： 国土交通　NETIS登録（KT-060059）「複合微生物製剤による油類の浄化技術」、EPA（アメリカ環境保護局）「NCP（国家緊急対応計画）製品目録」

3) 処理対象物質
- 動植物油
- ガソリン、灯油、軽油、A重油、潤滑油（機械油、金属加工油など）
- BTX（ベンゼン、トルエン、キシレン）
- PAH（多環芳香族炭化水素）
- 有機塩素化合物（トリクロロエチレンなど）

4) 技術紹介
■複合微生物活用型トルネード式生物反応システム
　a) 概要
　複合微生物群を活用し、これら微生物と対象物質との接触、分解に必要な酸素の供給を効率的に行う生物反応システム（バイオリアクターシステム）。
　酸化槽において、微生物、対象物質、酸素を効果的に接触、分解活性を高め、対象物質を分解処理する。処理された排水は沈殿槽において、処理水と汚泥とに固液分離され、処理水は放流、分離沈降した微生物（汚泥）は酸化槽へ返送、リサイクルする。余剰汚泥も減容され、高効率かつ低コストの排水処理が可能となる。
　b) メリット
- 既存の酸化槽（曝気槽）よりも微生物、対象物質、酸素の接触効率が高い
- 通常のブロワによる散気よりも酸素の溶解効率が高い
- 通常のブロワによる強制通気ではなく、酸化槽内の空気を利用するので、揮発性物質などの酸化槽外への放出を防止し、密閉系での処理が可能

トルネード式生物反応システムの適用例

施設形態	主な対象物質
工場内社員食堂	動植物油・有機物
温泉施設	動植物油・有機物
食品工場（鶏肉加工）	動物油・有機物
食品工場（調味料）	動植物油・有機物
水産加工場	魚油・有機物
アイスクリーム工場	乳製品・砂糖・果汁
操車場（列車洗浄）	鉱物油・洗剤
一般工場	機械油
一般工場	A重油（地下水）
一般施設	灯油（地下水）
LPG取扱施設	トリクロロエチレン等（地下水）
ガソリンスタンド跡地	ガソリン（地下水）

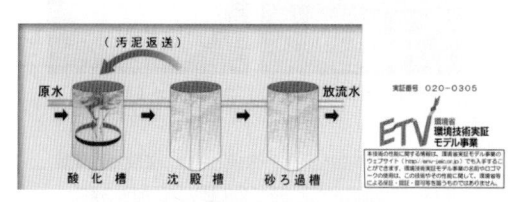

トルネード式生物反応システムのイメージ図

微生物製剤による油脂分解処理技術（2WAYシステム）の適用

日之出産業株式会社

〒227-0064　横浜市青葉区田奈町17-1
電話　045-981-5041　　FAX　045-983-8574

コンパクトで高効率の油脂分除去
廃棄物量の削減　と　低コストを実現

食品や飲料工場の油脂排水処理には、加圧浮上法や薬剤を添加した方法が試みられていますが、浮上スカムの処理処分や処理コストなどにおいて、様々な問題を抱えています。この問題解決策として特殊微生物製剤と油脂処理剤の2剤による2WAYシステムを開発、実用化しました。本システムは、油脂や脂肪酸の生分解をより最速化、最適化させた処理方法で高濃度の油脂分を薬剤で容易に処理するので、従来法では困難であった浮上スカムの削減や処理コストの低減が可能になりました。

● 2WAYシステム

油脂分解微生物製剤「エルビックBZ-O」は独自に選別した油脂分解菌（*Bacillus subtilis*）で増殖速度が速く、油脂分解酵素リパーゼの活性が高いので、高級脂肪酸の分解に優れた効力を発揮します。

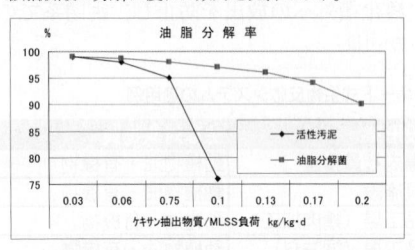

又、油脂処理剤「ユートリー1」は強力な乳化作用により油脂を短時間に分散、微細化させるので、微生物の取り込みが速く、生分解も活発になるため、油脂を効率良く除去できます。

前段では油脂を乳化、微細化させ、後段では酵素リパーゼで油脂を脂肪酸とグリセリンに加水分解します。脂肪酸は更に油脂分解菌で分解され、グリセリンとともに活性汚泥で分解されます。

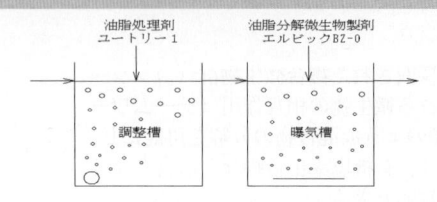

● 適用例

食品加工工場（マヨネーズ及び惣菜製造）の排水処理施設。

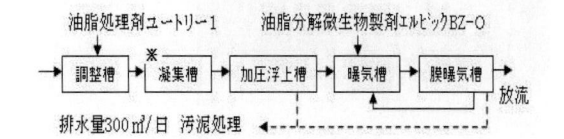

排水量300㎥/日　汚泥処理

※薬剤無添加ではPACとポリマを添加し、凝集加圧浮上処理
2WAY法は無薬注

各設備の水質

施設場所	処理方式	SS mg/l	BOD mg/l	ヘキサン抽出物 mg/l
原水調整槽	※薬剤無添加	1,182	2,893	780
	2WAY法	1,190	2,830	760
加圧浮上装置処理水	※薬剤無添加	9	1,092	17
	2WAY法	809	2,300	460
放流水	※薬剤無添加	1	1	8
	2WAY法	2	1未満	1未満

汚泥発生量と汚泥処理処分費

		従来法	2way法
汚泥発生量 (kg-ss/日)	加圧浮上スカム	387	54
	生物処理汚泥	101	288
	合計	488	342
脱水ケーキ量（含水率88%）【kg/日】		4,066	2,850

・本システムは凝集加圧浮上装置の代替としての処理が可能であり、高濃度の油脂含有排水を既存の生物処理で直接分解除去することができます。

・浮上スカム量の激減により汚泥発生量は減少するため、処理処分費の節減や脱水機の運転時間短縮など省エネ化、省力化が可能です。

・本システムは薬注設備のみで良く、加圧浮上設備が不要、又は無薬注になるので、低コストで環境に配慮した処理が可能です。

可溶性高分子多糖類（ペクチン）の除去剤

日之出産業株式会社

〒227-0064　横浜市青葉区田奈町 17-1
電話　045-981-5041　　FAX　045-983-8574

トラブル解消－既存プラントの能力アップ、水質改善を促進

野菜や果実の皮むき或いはカットする食品加工工場では、植物の細胞壁に存在する可溶性高分子多頭類（ペクチン）を含有した排水が流出します。ペクチンは親水性高分子コロイドとして排水中に溶解・分散しており、分子量が大きく微生物による分解速度も遅いため、通常の排水処理では除去困難な難分解性物質です。又、粘性があるため、生物膜や流動担体、更にはデフィーザーに付着し浄化機能を低下させるなど処理トラブルの原因になっています。

エルビック SC は、生物処理でトラブルとなる難分解性のペクチンを除去し、プラントの能力アップや処理の安定化を図ることを目的とした薬剤です。

■ エルビックＳＣの特長

1. 本剤はカチオン基を有した合成有機コロイド物質です。直接添加で排水中のペクチンと速やかに反応し、ペクチンを析出・不溶化（ゲル化）させた後固液分離を行えば良く、処理が容易であり、複雑な操作が不要です。又、ペクチンに混在する BOD 成分や COD 成分も不溶化させ、同時に除去することができます。

2. 生物処理設備ではろ床、ろ体、流動担体などの生物膜に粘着性のペクチンが付着しないので、微生物の生育環境が良くなり、浄化機能も大幅にアップします。
又、散気管を閉塞させることもないので、安定した運転条件を維持することができます。

■ 適用例

野菜加工工場　　（流動担体生物処理法）

排水量：150 m³/日

添加量：No1 槽　80 mg/l　　No2 槽　50 mg/l

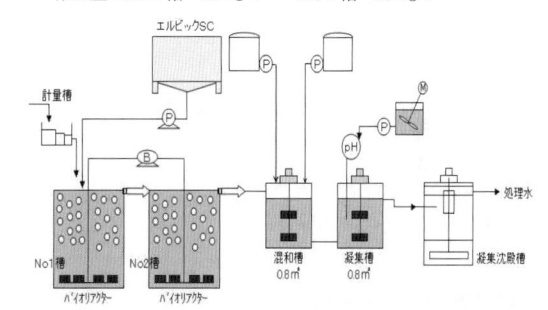

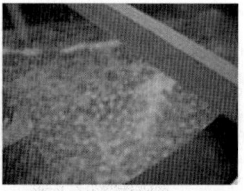

エルビックSCによる処理成績

		流動原水	バイオリアクター No1層(※1)	バイオリアクター No2層(※1)
無添加	溶解性 COD (mg/l)	143	127(11.1)	85(40.6)
	溶解性 BOD (mg/l)	205	130(36.6)	72(64.9)
	ペクチン (mg/l)	15	12(20.0)	11(-)
エルビックSC 添加	溶解性 COD (mg/l)	156	75(53.8)	25(84.0)
	溶解性 BOD (mg/l)	214	61(71.5)	13(93.9)
	ペクチン (mg/l)	14	4(71.4)	<1(93<)

※（　）内は除去率

・エルビック SC による処理ではペクチンを効率良く除去できるのでペクチンを多量に含む野菜や果実などの食品加工排水には最適な処理法であると言えます。

又、薬剤の注入のみで処理は安定しトラブルも解消するので性能面やコスト面でも優れています。

・薬剤の注入は簡易な設備で良く、設置も容易なので、既存プラントでは能力アップや水質改善などの効果が期待できます。

排水処理専用水処理薬品

日鉄環境エンジニアリング株式会社
薬品事業部
〒292-0838 千葉県木更津市潮浜2丁目1番38号
電話 0438-37-6441
http://www.nske.co.jp

活性汚泥処理の最大のトラブルであるバルキングをはじめ、排水処理の様々なトラブルを解消する水処理薬品です。水処理プラントメーカーとしての経験と、水処理技術の研究から生まれました。

【バルキング抑制剤】
バルキングが発生したら

■バルヒビター
- 糸状性細菌に直接作用し、根本からバルキングを解消します。
- 即効性です。
- 症状により各種銘柄を取り揃えています。

糸状性細菌対策薬品
　バルヒビター　KEX-250SE（粉末）
　　　　　　　　KEL-100 シリーズ、-200 シリーズ（液体）

凝集不良対策薬品
　バルヒビター　KEP-58L、KEP-58LS
　　　　　　　　KEP-50HH

糸状性細菌発生汚泥　　バルヒビター添加後の汚泥

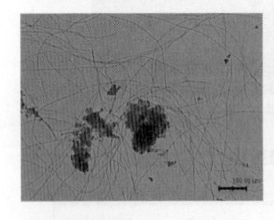

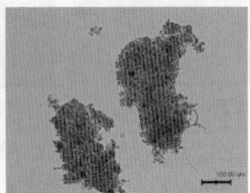

【微生物製剤】
元気のない活性汚泥には

■バイオコア
- 有用微生物が活性化し処理を助けます。
- 凝集力が改善し、沈降性が良くなります。
- 予防としての継続添加が有効です。

活性微生物製剤
　　バイオコア BP シリーズ
油脂分解性微生物製剤
　　バイオコア OF シリーズ

【特殊栄養剤】
必須栄養素が不足している排水には

■ KEZ シリーズ、KER シリーズ
- BOD の処理には、N.P 等の栄養源が必要です。
- 排水種に合わせ、各種混合品を用意しています。

KEZ シリーズ一例

銘柄	配合%比（N/P）
KEZ-1L	15／3
KEZ-NP101	6／6
KEZ-NP102	12／6

【酸素補給剤】
曝気量が不足した活性汚泥には

■ハイオーツー
- 曝気不足による、未処理、悪臭を解消します。

使用例

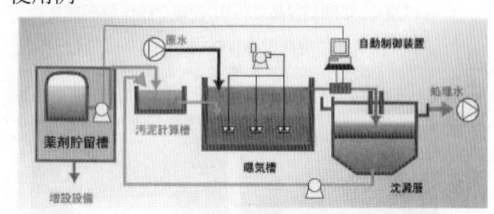

【脱臭剤】
臭気対策には

■デスメル
- 各種排水をはじめ、汚泥、脱水ケーキ等から発生する様々な臭気に対して効果を発揮します。

デスメルシリーズ 銘柄一例

商品名	主成分	消臭原理
デスメル-10	酸化剤系化合物	酸化化学反応
デスメル-20	酸素酸系化合物	生物化学的反応
デスメル-30	有機系化合物	化学反応
デスメル-40	有機系化合物	化学反応
デスメル-50	無機・有機化合物	化学反応

次亜塩素酸ソーダ注入用
液中バルブレスポンプ VL 型

共立機巧株式会社

〒453-0861
名古屋市中村区岩塚本通 3-3
電話 052-412-5111　FAX 052-412-9000
http://kyoritsukiko.co.jp

飲料水等の殺菌用に使用される次亜塩素酸ソーダの高精度注入ポンプとして新開発のバルブレス構造を採用し、「ガスロック ゼロ」を実現

飲料水の消毒・殺菌に用いられる次亜塩素酸ソーダは大変不安定な薬液で、常温でも自然分解し多くのガスが発生します。

その発生したガスが、薬注ポンプ内部に入ってきますとポンプは作動していても液を送らない「ガスロックトラブル」が生じます。

この「ガスロックトラブル」を一掃したのが「液中バルブレスポンプ VL 型」です。

主な特長

Ⅰ．ガスロック ゼロの液中浸漬型ポンプ

新開発の液中バルブレス構造では、ポンプ内部で発生したガスを、吸込工程直前に吸込口から液中に放出しますので、ポンプ内圧は、ほぼ大気圧となりガスロックは生じません。
（「バルブレスポンプの作動原理」参照）

Ⅱ．弁無し構造の定量注入ポンプ

ポンプの吸込・吐出工程の切替えを、ピストンの回転往復動のみで行なう弁の無い構造により微量注入でありがちな弁の作動不良によるトラブルは全くありません。

Ⅲ．優れた耐食性

接液部の部品材質は、チタン・セラミック・PVC 等次亜塩素酸ソーダに対して優れた耐食性を備えています。

Ⅳ．耐摩耗性に優れたピストン

ピストン・シリンダーは、耐摩耗性に優れたセラミックを採用。経時摩耗はほとんどありません。

Ⅴ．容易なメンテナンス

接液部は、弁の無い構造により、分解・洗浄が簡単。メンテナンスは容易です。

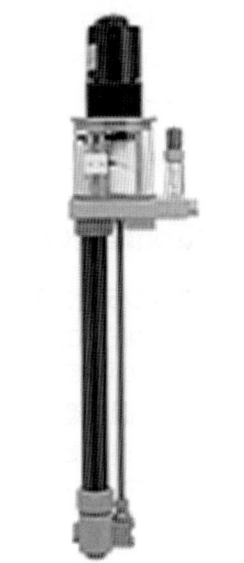

液中バルブレスポンプ VL 型

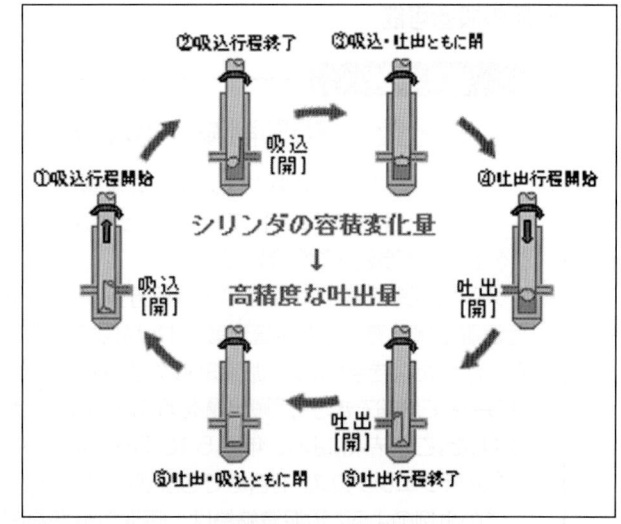

バルブレスポンプの作動原理

トンパラ汚泥濃縮機

ジャステック株式会社

〒227-0062
神奈川県横浜市青葉区青葉台 1-15-30 ミトミビル 2 F
電話　045-988-0120　　FAX　045-988-0121
E-mail：tonpara@justec.org
http://www.justec.org

余剰汚泥発生量 0.3～2.0m³/日の小規模事業場の汚泥減容化に最適

　トンパラ汚泥濃縮機の対象となるのは汚泥脱水機導入では投資に見合わないケースが多い汚泥発生量 0.3～2.0m³/日の小規模事業場です。トンパラ汚泥濃縮機は、処分すべき固形物量は変わらずに存在しながら水分量だけが減少する「濃縮効果」により汚泥処分費を約 65～75％削減します。

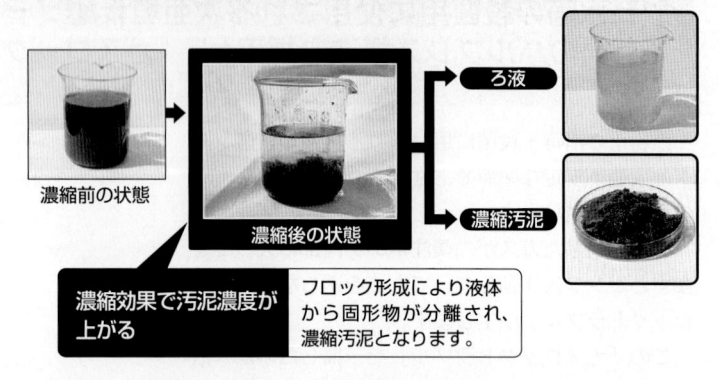

濃縮前の状態 → 濃縮後の状態 → ろ液／濃縮汚泥

濃縮効果で汚泥濃度が上がる

フロック形成により液体から固形物が分離され、濃縮汚泥となります。

トンパラ汚泥濃縮機の特徴

- **目詰まりなしでメンテナンス簡単**
  セルフクリーニング構造により、トラブル無く連続処理が可能です。
- **異物に強い平面ろ過構造**
  ろ過部が平面構造であるため、繊維状・残渣などの異物によるトラブルが起こりません。
- **洗浄水不要**
- **含水率の調整が容易**
- **低価格で高い耐久性**
- **屋外設置可能**

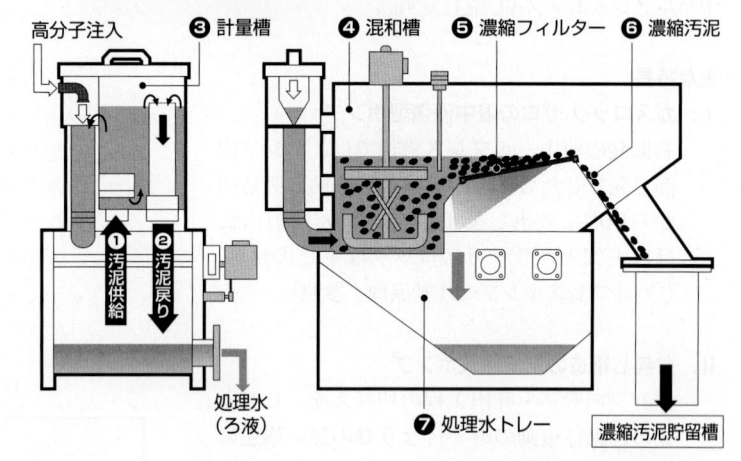

高分子注入　❸計量槽　❹混和槽　❺濃縮フィルター　❻濃縮汚泥
❶汚泥供給　❷汚泥戻り　処理水（ろ液）　❼処理水トレー　濃縮汚泥貯留槽

導入事例

汚泥処分費を 75％削減。小規模事業場に最適な「トンパラ汚泥濃縮機」

　汚泥脱水機の設置に適さない極小規模事業場（汚泥発生量 0.3～2.0m³/日 程度）に対して「トンパラ汚泥濃縮機」が多くのメリットを生み出す事例をご紹介いたします。 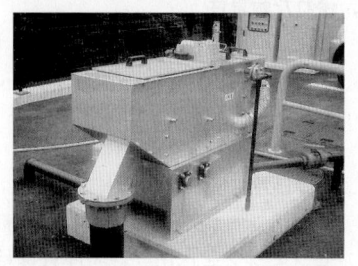
　某薬品製造工場では、月額の汚泥処分費が 45 万円を超えることや汚泥脱水機を導入しても管理者をおけないこと等から汚泥濃縮機をご検討いただきました。汚泥濃縮機の設置により汚泥濃度 0.7％を 3.5％まで濃縮でき、汚泥搬出量を 5 分の 1 に削減できることが分かりました。この結果により、年間 540 万円にのぼっていた汚泥処分費が 108 万円になり、汚泥濃縮機導入後のランニングコストを含めても現状の 75％以上の削減ができると予想されます。
　この事例のように汚泥濃縮機は、汚泥処分費を削減したいが汚泥脱水機を導入しても①コストメリットがない処理量　②管理が困難　③設置場所がない　④脱水ケーキ引取等の問題を抱える小規模事業場に最適な設備であり、汚泥量減容化装置の選択肢の一つであるといえます。

インペラープレス脱水機　IIP 型
羽根車回転型加圧脱水機

株式会社　石垣
本社　〒 104-0031　東京都中央区京橋 1-1-1
電話　03-3274-3511(代)
http://www.ishigaki.co.jp/
支店
北海道・東北・東京・名古屋・大阪・中国・四国・九州

ろ布を使用せず金属製ろ材を採用して低速で運転し、環境への配慮を重視しながら高効率を追求した次世代型汚泥脱水機。

『インペラープレス』（羽根車回転型加圧脱水機）は、従来の脱水機構にとらわれず新しい発想から生まれた次世代型汚泥脱水機です。インペラーの名称が示すように、羽根車（インペラー）が回転して脱水する方式を採用しています。

インペラープレスの外観

ろ室は、2 枚の円形状ろ材（スクリーン）、およびインペラー（羽根車）で構成され、凝集された汚泥はインペラーの駆動軸芯から圧入されて、圧入圧力とインペラー（羽根車）の圧搾作用を受けながら固液分離するものであり、圧入された汚泥は軸芯からインペラーの羽根先端部に徐々に移動し、濃縮、ろ過、圧搾と連続的にろ過・脱水処理されます。

「インペラープレスの特長」
①省エネルギー
・インペラー（羽根車）は非常に低速回転で消費電力が小さい。
・洗浄水量が少ない。
・金属製ろ材（スクリーン）のため、ろ材寿命が長い。
②省スペース、省資源型
・構造がシンプルかつコンパクトで、省スペース、低コスト。
・構成部材の大部分がマテリアルリサイクル可能なステンレス製。
③環境に配慮
・インペラー回転が低速で、騒音・振動が極めて小さい。そのため、防音カバーや防振装置の必要がない。
・密閉構造のため、臭気漏れが少なく、臭気対策が容易である。
④運転管理・維持管理が容易
・1 液法による凝集剤注入で良好な凝集フロックが形成され、効率的な脱水ができる。（更に低含水率化を望む場合は、無機凝集剤を併用した 2 液法での対応も可能である。）
・構造がシンプルかつ軽量であるため、維持管理が容易である。
・金属製ろ材のため耐久性に優れ、かつ板厚が比較的薄いため目詰まりが生じにくく、洗浄によるろ材の再生（回復）が容易である。

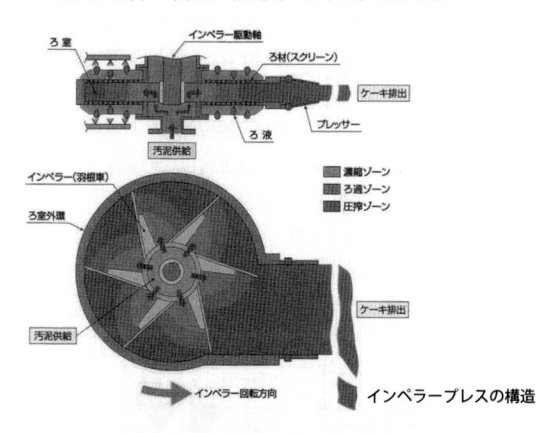

インペラープレスの構造

これらの特長を持つインペラープレスは、環境側面からの評価値であるライフサイクル全般にわたる CO_2 の数値も低く、環境保全に貢献する、まさに次世代型の脱水機です。

汚泥脱水機　インカビルジプレス
ろ過装置　　インカマイクロフィルター

日本インカ株式会社

電話　03-3494-2761
Email：sales-dept@nihon-inka.co.jp
http://www.nihon-inka.co.jp

日本インカは長年にわたり、「省スペース」「省エネ」「高性能」「低コスト」な欧州の優れた技術、製品を日本に広く紹介してまいりました。この度、ベルトプレス脱水機に次ぐ製品として、今までにない汚泥脱水機の新製品を製造、販売を開始いたします。

インカビルジプレス

インカビルジプレスは現在の省エネ社会の要求にマッチする新機軸の汚泥脱水機です。

通常の脱水機に付随する駆動用の動力（モーター）が必要ありません。少量の空圧のみで動作いたします。既存の圧縮空気を頂ければ、同処理量の弊社ベルトプレス脱水機（ろ布幅1m）と比較して約98%の節電となり、コンプレッサーを設置した場合でも電気消費量は1/10以下となります。また、他の脱水方式の機械と比較しても圧倒的に省エネルギーです。

表-1　消費電力比較　（単位：kwh）

	駆動動力	洗浄ポンプ	計
インカベルトプレス NP-1000（ろ布幅1m）	0.75	0.75	1.5
インカビルジプレス 20-10型	0	0.02	0.02

※空気源、汚泥ポンプ、薬注装置等の補機は含まず

1/10以下

●用途
　活性汚泥の余剰汚泥、無機汚泥、含油汚泥等、汚泥全般の脱水

●特徴
1. 脱水機本体が無動力のため、省エネ、省コスト
2. 設置スペースが小さい。ホッパー、コンテナの上部への設置の場合、新規スペース不要
3. ろ布が不要。部品も少なく維持管理費、故障率が低い
4. 弊社ノーマルベルトプレスと同程度の含水率を実現
5. 無人運転を前提とした設計

●基本フローと脱水サイクル

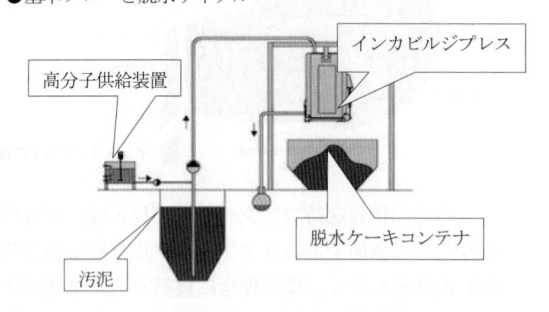

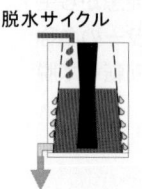

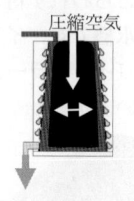

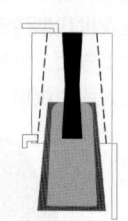

脱水サイクル　　圧縮空気
1. 汚泥のろ過・濃縮　2. 圧搾脱水　3. 汚泥排出

インカマイクロフィルター

インカ マイクロフィルターは、弊社がスウェーデンのHydrotech社との提携によって、日本で製作しているろ過装置です。本装置は水中に浮遊する懸濁物、動植物プランクトンなどを、非常に細かいフィルターによって捕捉するろ過装置です。

●用途
　上下水の一次、二次処理。産業排水の二次処理。下水ポンプ場放流水、冷却水の循環ろ過。ろ布洗浄水や砂ろ過逆洗排水の再利用

●特徴
1. 損失水頭が少なく装置がコンパクトなので、省エネ、省スペースである
2. 洗浄水に処理水を循環利用できる
3. 間欠洗浄のため洗浄排水が少ない
4. フィルターパネルが容易に交換可能
5. フィルター目開き 10〜1,000 μm
6. 凝集ろ過が可能である

●機種（ろ過面積） 0.35〜134.4 m²

●処理量（下水二次処理水の場合） 87.5〜33,600 m³/日・台

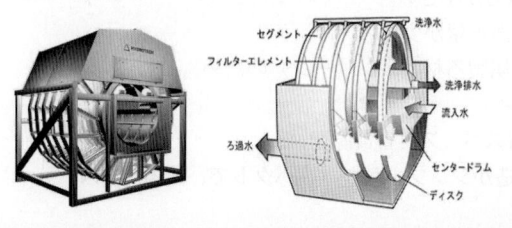

超低含水率型遠心脱水装置
ＳＤＲインパクト
（機内２液調質型）

株式会社西原環境
東京都港区芝浦 3-6-18
電話　03-3455-7739　　FAX　03-3455-8655

ＳＤＲインパクトはこれまでの汚泥脱水機の常識を覆す「超低含水率」を実現したエコでコンパクトな汚泥脱水機です。その驚異的な低含水率により脱水汚泥処分費の削減に寄与し、汚泥処理設備のランニングコストを削減します。

1．概要

遠心脱水機は高い脱水性能と安定性を兼ね備え、かつ維持管理が容易であることから汚泥脱水機の主要な一機種となっており、近年では低動力型高効率タイプの商品化をはじめ、着々と進歩を遂げています。この度（株）西原環境は、脱水汚泥含水率の低減を追求した、超低含水率型遠心脱水装置（商品名：ＳＤＲインパクト）の商品化に成功しました。

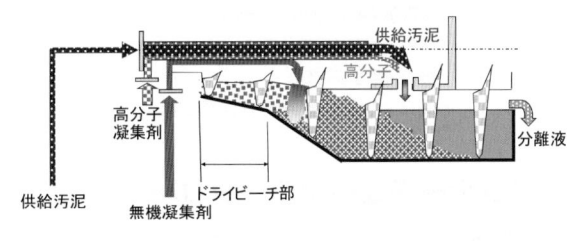

2．ＳＤＲインパクトの構造と特長

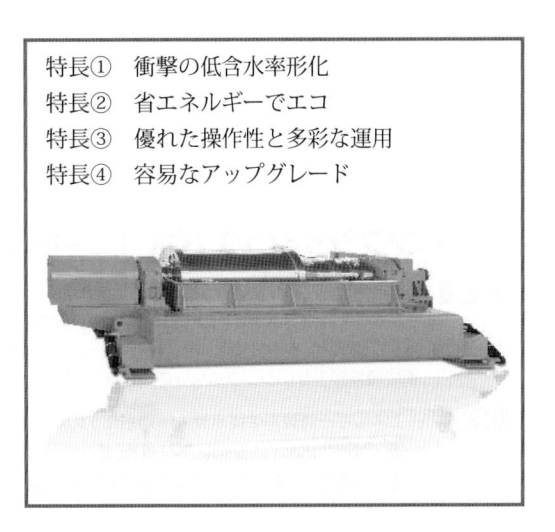

ＳＤＲインパクトは、ボウルプロポーションや内胴スクリュウ構造を最適化し、従来は汚泥供給ラインへ供給していた無機凝集剤を脱水機内部のドライビーチ部分に直接注入可能とした遠心脱水機です。

従来の遠心脱水機と比較して脱水汚泥含水率は7～10ポイント低下しますので、大幅な脱水汚泥量の削減が可能となります。

図2　ＳＤＲインパクトの構造

図1　ＳＤＲインパクトの特長

特長①　衝撃の低含水率形化
特長②　省エネルギーでエコ
特長③　優れた操作性と多彩な運用
特長④　容易なアップグレード

オーカワラの省エネ装置

① スラッジ・ドライヤー
② インナーチューブロータリー
③ ヒーポンフラッシュエバポ

株式会社 大川原製作所 http://www.okawara.co.jp

本社・工場　〒421-0304　静岡県榛原郡吉田町神戸1235
技術センター　TEL (0548)32-3211
東京営業所　〒140-0014　東京都品川区大井1-6-3
　　　　　　TEL (03)5743-7461
大阪営業所　〒564-0051　大阪府吹田市豊津町8-10
　　　　　　TEL (06)6821-0341
静岡営業所　〒421-0304　静岡県榛原郡吉田町神戸1235
　　　　　　TEL (0548)32-3212

乾燥機の省エネソリューション

スラッジ・ドライヤー【熱風式乾燥装置】

概要
あらゆる廃水処理汚泥を粒状乾燥し、再資源化する汚泥専用乾燥装置です。し尿、下水・上水汚泥をはじめ、あらゆる産業から発生する汚泥(活性汚泥・凝集沈殿汚泥 等)を粒状乾燥します。

特長
・製品粒径が均一です。
・低酸素雰囲気で乾燥するので酸化による品質劣化が少ない。
・熱容量係数が極めて大きい。
・熱効率が高く経済的です。
・排ガス量が少ない。
・保守・点検・運転操作が容易です。

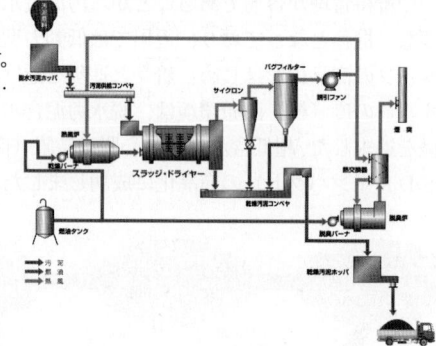

インナーチューブロータリー【連続式伝導伝熱乾燥機】

概要
インナーチューブロータリーは、本体シェル内に設けられた多管式加熱管内に熱媒体(スチーム)を流し、これを回転させて、加熱管束と材料の接触により乾燥を行う連続式伝導伝熱乾燥機です。

特長
・排ガス量・排気熱損失が少ない
・廃熱の有効利用が可能
・加熱管束が回転 － 熱伝導促進
・小型で伝熱面積が大きい
・真空乾燥に対応

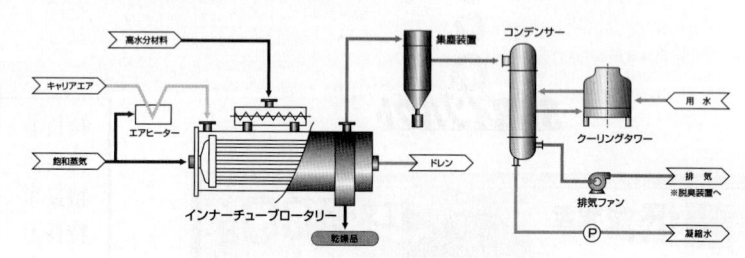

ヒーポンフラッシュエバポ【ヒートポンプ式高速旋回型真空蒸発装置】

概要
高速旋回型真空蒸発装置(フラッシュエバパ)に、新たに開発した蒸気圧縮型ヒートポンプシステムを組み込んだ、低価格で省エネルギーな濃縮装置です。多重効用缶よりエネルギー消費効率がさらに高効率で、構成機器が少ないシンプルなフローとなっています。

特長
・エネルギー消費率は従来機(単効用缶)の約1/7
・省スペース化とイニシャルコストの低減
・遠心効果により発泡とミストの飛散を防止し、液・蒸気の分離性能が高い

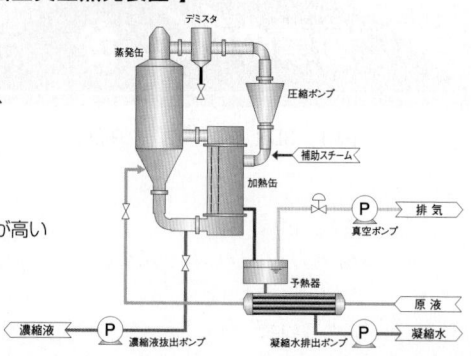

情報-32

省エネルギー型（過給式）気泡流動炉システム

月島機械株式会社
〒104-0051 東京都中央区佃 2-17-15
電話 03-5560-6511　　FAX 03-5560-6591

「燃焼排ガスのエネルギーを有効に活用！
過給機で圧縮空気を作り燃焼空気として利用します」

■はじめに

　下水汚泥の焼却炉としては気泡流動炉が主流ですが、電力や補助燃料等の大きなエネルギーを必要としています。また、汚泥中には窒素が多く含まれており、焼却によって温室効果ガスである N_2O が生成・排出されます。当社では気泡流動炉の長所を残したまま改良した「省エネルギー型（過給式）気泡流動炉システム」を開発しました。本システムは気泡流動炉と汎用過給機を組み合わせたシステムで、大幅な省エネや温暖化防止効果を可能にしました。

■システム概要

　下水汚泥を約 0.15MPa・G の圧力下で燃焼させ、その排ガスにより過給機（ターボチャージャー）を駆動して圧縮空気を製造します。圧縮空気を燃焼空気として焼却炉へ供給することにより、従来必要であった流動ブロワが不要となります。さらに、自らの圧力により排ガスは排出されるので、誘引ファンも不要になります。2大電力消費機器の削減により大幅な消費電力の削減が可能となります。

図1　システムフロー

■特　長
①消費電力削減
　流動ブロワと誘引ファンの省略により消費電力が約40%削減されます。
②補助燃料削減
　圧力下により焼却炉の容積が小さくなり放熱面積が減少し補助燃料が削減されます。
③コンパクト化
　焼却炉～過給機までの機器がコンパクトになり設置スペースが削減されます。
④N_2O 削減
　圧力下での燃焼は燃焼速度が速く炉内に高温領域が形成されるため、N_2O 排出量が従来炉の850℃高温焼却に比べて概ね半減されます。
⑤CO_2 削減
　電力・補助燃料・N_2O の削減により大幅な CO_2 排出量の削減が可能です。
⑥低負荷運転への適用
　低負荷運転において運転圧力が下がり、空気比一定運転ができるため、従来炉に比べて燃費が悪化しにくい。

図2　炉内燃焼状況の比較

■おわりに
　気泡流動炉の改良により、省エネ型気泡流動炉が開発されました。維持管理費の削減と温室効果ガスの抑制を両立させ、社会に貢献していきます。

汚泥乾燥炭化設備
チャコールシステムⅡ

日本環境技術株式会社

本社
〒235-0024　神奈川県横浜市磯子区森が丘2-30-14
電話　045-847-3233　　FAX　045-847-3230
静岡事業所
〒426-0075　静岡県藤枝市瀬戸新屋252番地の3
電話　054-646-7737　　FAX　054-646-7757

炭化炉内蔵の回転アームにより緩やかに撹拌され効率よく炭化物を製造します。又炭化炉高温排ガスの余熱を利用して高含水汚泥を乾燥するので大幅な省エネルギー化が図れるシステムです。

●フローシート

円形撹拌式炭化炉
直火式の炭化炉で、温度制御に独自のノウハウを駆使

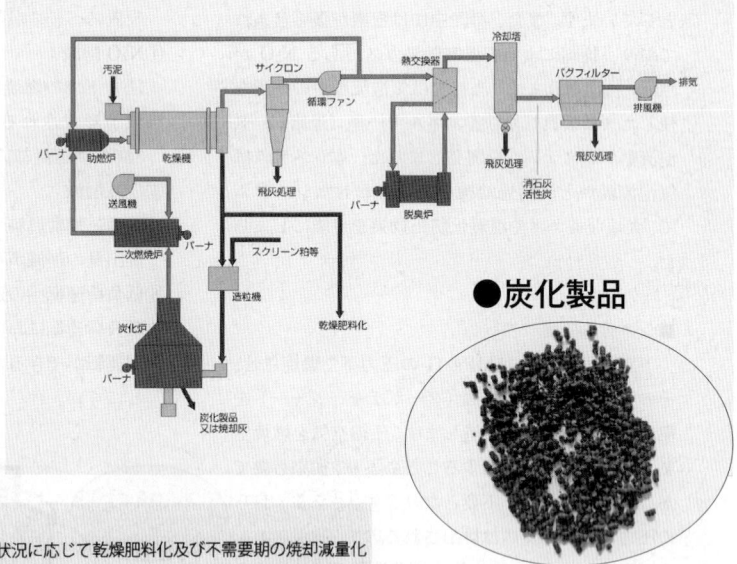

●炭化製品

●システムの特長

1　万能型処理システム
乾燥機との組み合わせにより炭化品製造と状況に応じて乾燥肥料化及び不需要期の焼却減量化が可能であり、現実に即した設備です。

2　省エネルギー追及
炭化炉の廃熱を乾燥熱源として利用する為、省エネルギーが図れます。

3　高度排ガス処理対策
徹底した燃焼管理と高性能バグフィルターによりダイオキシン・煤塵等を大幅に低減します。

4　容易な運転管理
最新制御システムにより、立ち上げから立ち下げまで自動運転化しました。

●炭化品用途
緑農地利用（土壌改良材）
融雪剤利用
床下調湿材利用
燃料利用（火力発電所など）
吸着材利用　　　等

●納入例
納入先　　埼玉県下汚泥再生処理センター
処理量　　脱水汚泥２１００ｋｇ／ｈ
炭化製品　袋詰後肥料として利用
　　　　　植害試験、溶出試験
　　　　　有害物濃度を満足
主排ガス規制　ダイオキシン0.01ng-TEQ／m^3N
　　　　　以下　煤塵量0.01g／m^3N以下

二次燃焼炉
炭化炉から発生した可燃性ガスを800℃以上で完全燃焼

排ガス処理設備
冷却塔とバグフィルター集塵機により（薬剤吹込み）
ダイオキシン 0.01ng-TEQ／m^3N をクリアー

超高温発酵装置・YMひまわりくん

共和化工株式会社
〒141-8519　東京都品川区西五反田7-25-19
電話　03-3494-1327　　FAX　03-3494-1375
E-mail：recycle.kyowa@kyowa-kako.co.jp

「YM菌」を利用した超高温発酵によって、髪の毛などの難分解性物も分解して、安心して利用可能な肥料を作り出します。エネルギーを使って乾燥させるだけの装置と違い、発酵を追及した「本物の発酵装置」です。

特徴1　超高温発酵

・有機物をパワフル分解

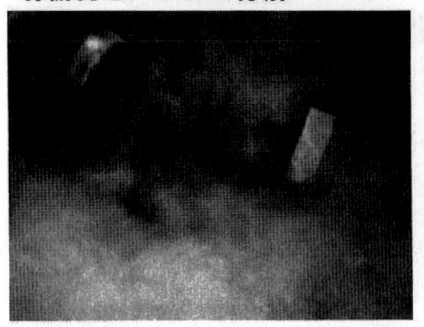

「YM菌」による超高温発酵で、有機物をしっかり分解します。他社の製品では「YM菌」は検出されず、当社の製品のみ「YM菌」が息づいて、ちゃんとした発酵が起きていることが確認できます。

・良質の肥料

しっかり発酵した肥料は、乾燥と異なり、植物の根を傷めません。

発酵熱による殺菌により、カビなどの植物病原菌の心配もなく、高品質の肥料として利用可能です。

・好気性発酵で悪臭を防止

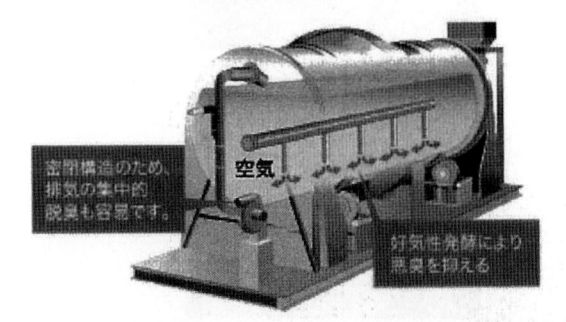

「YM菌」は好気性であるため、発酵物内に直接空気を送り込みます。こうした好気性の環境が、悪臭発生を防止します。

特徴2　環境に優しい

・CO_2を抑制し、有害物質を発生させない

「発酵熱」を利用するため、化石燃料由来の二酸化炭素の発生を抑制し、焼却の際に発生するダイオキシンも発生しません。

特徴3　コストの低減

・発酵熱による光熱費削減

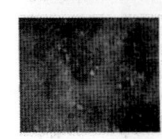

蒸気が出るほどの「YM菌」の発酵熱で電気ヒーターの利用を抑制できます。

・ほとんど静止

1日のほとんどの時間で回転を行わずじっくり発酵します。従来の名ばかりの発酵機と異なり、撹拌に無駄なエネルギーを使用しません。

・シンプルな構造により、故障リスクも低減

発酵装置にありがちな、撹拌パドルがないため、異物混入時でもパドルの破損の恐れがありません。

YMひまわりくん

ミライエ
汚泥コンポスト化システム

株式会社ミライエ
〒690-0021　島根県松江市矢田町 250-167
電話　0852-28-0001
Email:kankyou@miraie-corp.com

**混合が厄介な汚泥も、短時間で混合・水分調整
切返し不要の堆肥化装置で、コンポスト生産を無人化、無臭化**

■汚泥混合撹拌装置 C モード

"汚泥水分調整、混合に威力を発揮"
オガクズやモミガラなどと汚泥を混合する際、塊を作らず均一に混合します。混合物は団粒構造ですので、簡単に好気発酵が始まります。

オプションの通気装置を組み合わせるだけで、汚泥のコンポスト生産施設が構築できます。

農業集落排水汚泥堆肥化施設

動物糞堆肥化施設

■高圧通気発酵装置イージージェット

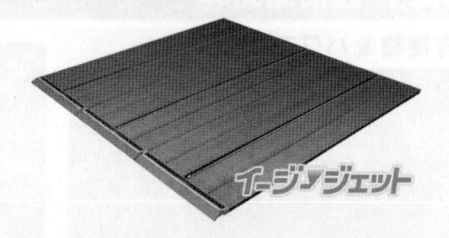

"高圧エアで、コンポスト化の切返しを不要に"
特殊なノズルから高圧エアを噴き出すパネル型装置。堆肥舎床面にパネルを敷き原料を載せるだけ。切返しが不要なので、コンポスト生産を無人化できます。

■イージージェット Jr.

小規模施設の場合には、持ち運び可能なパイプ型もあり、好きな場所に高圧通気して切返しを不要にします。フレコンバッグとの組み合わせも可能。

堆積の山に挿しこんでコンポスト化

フレコンバッグを利用したコンポスト化

接触酸化方式
除鉄除マンガン濾過装置

三葉化工株式会社

〒 169-8644
本社　東京都新宿区高田馬場 4-30-21
大阪／新潟／静岡／名古屋／四国／九州
電話　03-5389-3411（代）　FAX　03-5389-3483
E-mail：info@sanyokako.co.jp
http://www.sanyokako.co.jp

接触酸化方式は　歴史が古く　除去性能が高く　安定した運転が可能
水質変動に強く　安全　多機能　飲料水の処理には最適です

接触酸化濾材「サンヨウライト」を充填した濾過装置に酸化剤として空気及び次亜塩素酸ソーダを注入する除鉄除マンガン装置です。

特長
○凝集沈澱濾過法と比較すると、設備費が安い。
○濾過速度が大きく、コンパクトに製作できる。
○濾材が軽く、逆洗排水は少ない。
○濾材の損耗、流出が殆ど無く、維持費が少ない。
○鉄・マンガンが少ない場合は、一塔で良い。
○濾過方式だから、他のＳＳ成分も除去できる。

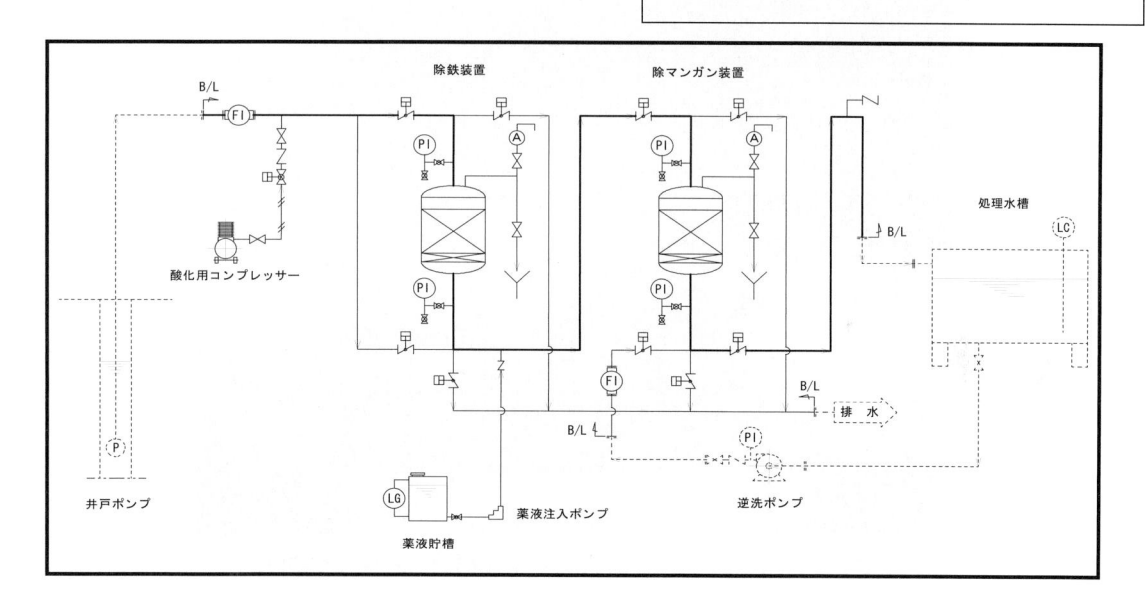

取り扱い品目

■水処理装置

純水装置／軟水装置／濾過装置／薬注装置／連続ブロー／試料採取装置
排水処理装置／据付工事／試運転調整／メンテナンス

■水処理薬品

清缶剤／脱酸剤／復水防食剤／スケール除去剤／冷却水用防食剤／多目的冷却水薬品
化学洗浄剤／　無機凝集剤／高分子凝集剤／消泡剤／消臭剤／バルキング抑制剤

■各種濾財

活性炭／砂利／アンスラサイト／イオン交換樹脂／キレート樹脂

情報 -37

**排水からのリン除去・回収装置
リフォスマスター・シリーズ**

水ing 株式会社（読み：スイングかぶしきがいしゃ）

（旧社名：荏原エンジニアリングサービス株式会社）

〒144-8610 東京都大田区羽田旭町 11-1
営業企画室　　電話　03-6275-8827
上下水営業室　電話　03-6275-8855

水を「創る」、「磨く」、「営む」
水ingの資源再生技術

　水 ing 株式会社は、地球の共有財産である【水】を通じて、様々な資源の再生に挑戦し続けます。リフォスマスター・シリーズは、水環境を悪化させるリンを再利用可能な形態で除去・回収することにより、水資源、リン資源の再生を実現します。

リフォスマスター汚泥ＭＡＰ型と嫌気性メタン発酵槽

〇リフォスマスター【汚泥ＭＡＰ型】
　嫌気性メタン発酵のリン対策に最適です。高濃度のリンを含有するメタン発酵液から、８０％以上のリンをＭＡＰ[※]として除去・回収します。メタン発酵の課題であるＭＡＰによるスケールトラブルも抑制します。

〇リフォスマスター【返流水ＨＡＰ型】
　比較的低濃度のリンの除去・回収に適しており、液中のリンをＨＡＰ[※]として除去・回収します。従来法である凝集沈殿法よりも低コストで運転可能です。

　※　MAP（リン酸マグネシウムアンモニウム）、HAP（ヒドロキシアパタイト）は肥料原料として再利用が可能です。

ヒートポンプ式減圧蒸発濃縮装置 エコプリマ

日鉄環境エンジニアリング株式会社
水ソリューション事業本部
東京都千代田区東神田1-9-8
電話　03-3862-2190
http://www.nske.co.jp

有価物の回収・廃液の濃縮減量化に最適です

概　要
　エコプリマはエネルギー効率の良い冷媒型ヒートポンプを採用した減圧蒸発濃縮機です。
　有価物の濃縮回収、廃液の減量化に威力を発揮します。
　ヒートポンプ加熱式ですから蒸気等の外部熱源が不要で、省エネです。
　処理対象液を減圧下で低温蒸発（６０℃程度）させます。この蒸気の凝縮熱をヒートポンプで回収して液の加熱に再利用するため熱ロスがありません。

特　徴
1. 極めて省エネ
   100kwhの電力で1m3の水を蒸発できます。
2. コンパクトなユニット装置
   液のINとOUTの配管と1次電源のつなぎ込みだけで運転開始できます。
3. 蒸気も冷却水も不要
   ヒートポンプで熱を回収循環使用するため蒸気も冷却水も不要です。
4. 構造がシンプルで運転管理容易
   運転操作はエアコンと変わりなく、２４時間運転可能です。
5. 濃縮完了は比重センサーで検出
   セミバッチ運転の終点を液比重で検出して液の流入・排出を無人・自動運転で行います。
6. 高温で変質する物質の濃縮が可能
   蒸発温度が40〜60℃と低温で蒸発操作を行うため、熱変性・コゲ付きの心配がありません。

処理フロー

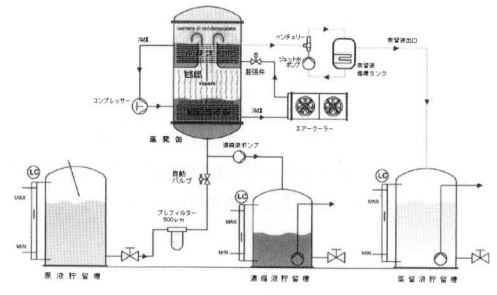

エコプリマの処理フロー

【能力と寸法】
　エコプリマは豊富な品揃で、最適な装置を選択できます。

エコプリマ 500-K

型式	蒸発能力 (m3/日)	(L/H)	蒸発動力 (kw/m³)	寸法 (L×W×H m)	重量 (t)
150-K	0.15	6	150	1.4×0.75×1.6	0.2
200-K	0.2	8	140	1.4×0.75×1.7	0.2
250-K	0.25	10	140	1.4×0.85×1.8	0.2
350-K	0.35	15	130	1.5×0.8×1.85	0.3
500-K	0.5	21	130	1.6×0.9×2	0.4
750-K	0.75	31	130	2.1×1.1×2.1	0.6
1000-K	1	42	130	2.1×1.1×2.25	0.8
1250-K	1.25	52	120	2.2×1.1×2.25	0.8
1500-K	1.5	63	120	2.6×1.2×2	0.9
2000-K	2	83	120	2.6×1.2×2.3	1.1
2500-K	2.5	104	120	2.6×1.2×2.5	1.3
3000-K	3	125	120	2.6×1.2×2.5	1.4
4000-K	4	167	120	2.6×1.2×2.5	1.8
5000-K	5	208	110	2.8×1.5×2.7	2.1
6000-K	6	250	110	2.8×1.7×2.7	2.3
7000-K	7	292	110	2.9×1.9×3	3.2
8000-K	8	333	110	2.9×1.9×3	3.7
10000-K	10	417	110	3×2×3	4.0
12000-K	12	500	100	3.1×2.1×3	4.2

エコプリマ 3000-K

用　途
1. 有価物の回収
   - メッキ液　・エッチング液　・リン酸
   - 硫酸　・硝酸　・硫酸アンモニウム
   - 切削油　・植物エキス　・乳清（ホエー）
   - 乾燥工程前処理　・生理活性物質含有液
   - 親水ポリマー
2. 廃液の減量化
   - 煮汁・調味液　・写真廃液　・スラリー
   - 活性剤含有廃液　・醸造廃液
   - 無電解メッキ廃液

井戸水ろ過装置

株式会社十字屋
岡山県真庭市下河内 314-1
電話 0867-55-2222　　FAX 0867-55-2223
E-mail：info@maniwakankyo.com

逆洗機能付き MF 浄水装置～安全できれいな飲み水に。
（井戸水、山水、河川水、湖沼水、農業用水、工業用水、簡易水道、循環システム）

1.はじめに（開発の経緯）

現在、各地で水道整備が進む一方、未給水世帯や、水を大量に使用する企業が上下水道経費節約等のために地下水を利用するケースも多い。そして今、天災への備え（危機管理）としても、地下水は貴重な資源として見直されている。しかし、地下水等には濁りや細菌、大腸菌、鉄など飲用水質として適さない場合もあり利用を断念するケースも少なくない。

そこで、貴重な資源を有効利用するためのコンパクトな水処理装置として、東レグループ・水道機工株式会社と弊社にて共同で研究開発を行い、優れた浄水性能と高い経済性を実現し完成したものが、この「井戸水ろ過装置」である。

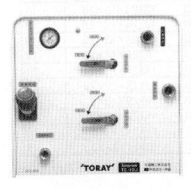

（左）家庭用装置（右）業務用装置

2.製品の性能

装置内部においては、2種類のフィルターが搭載され、大きな粒子をろ過除去するガードフィルター（ろ過精度10μ）と、あらゆる細菌、大腸菌を除去する東レ製中空糸膜フィルター（MF・ろ過精度0.1μ）を内蔵し、塩素消毒に耐性を持つクリプトスポリジウムをはじめ、様々な菌類、微細な濁り等をろ過除去する。

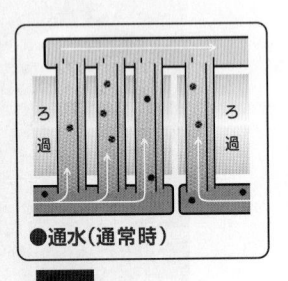

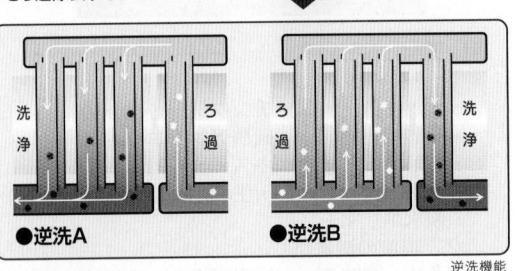

●通水（通常時）

●逆洗A　　●逆洗B
逆洗機能

また、家庭用の地下水浄水装置としては、前例の無かった「逆洗機能」を搭載。それによりフィルター内の菌や濁りを外部へ排出することができるためフィルター寿命を飛躍的に伸ばすことを可能にした。

そして、この逆洗方法も画期的であり逆洗タンクを設けず、原水を利用した方法で逆洗を行うことができるのも大きな特徴だ。

処理能力としては、家庭用で約1㎥/hあり、台所、風呂、トイレ、洗面など家中全ての水をろ過する能力がある。業務用では5㎥/h程度とさらに大流量。動力は、外付けのポンプが主となり、ポンプ通水後に装置を接続する。圧力損失も1割弱程度と低く、装置外部においては、ステンレス、アルミを中心とし耐久性も強く、寒冷地対策として不凍コマ蛇口を付属している点も評価されている。

さらに、イオン交換樹脂を用いたオプション機を使用することで、濁りや細菌類の除去に加え、鉄、マンガン、硬度、硝酸態窒素、臭気等の除去も可能になり水質トラブルの多くに対応し、飲用はもちろん、産業用やエコキュート等の前処理装置としても注目を集めている。

	原　水	→	処理水
一般細菌	700個/ml	→	0個/ml
大腸菌	陽　性	→	陰　性
鉄	8.45mg/L	→	0.03mg/L未満
マンガン	0.05mg/L	→	0.005mg/L未満
硬　度	91	→	1
色　度	16.1	→	1.6
濁　度	4	→	0.5

装置設置前と設置後の水質データ

3.設置実績と今後の展望

この家庭用のろ過装置は、水道整備が行われていない未給水世帯へ設置するケースが多いが、その中で、一部の自治体によっては未給水地域への特別措置として助成金が交付され、設置に至る実績も増えている。

また業務用装置については、現在食品水産加工場や宿泊施設等、幅広い分野で活躍しており、今後は未給水集落の簡易浄水場としての活用や、産業分野での利用にも注目が集まっている。その他にもこのろ過装置を利用した循環型エコ農業システムでいちごやトマトの栽培にも成功しており、また、災害・停電時にも利用できる太陽光パネルと蓄電池を利用した独立電源型浄水システムも完成した。

最後に、前述の地下水ろ過（水質改善）に加え、昨今の異常気象や天災等から考えられる深刻な水不足にもこの装置が様々な場面での一端を担い、一人でも多くの方に安心・安全な水生活を提供できるよう、今後もお客様や時代のニーズに合わせ研究及び技術革新に尽力していきたい。

製　造　元：東レグループ 水道機工株式会社
総販売元：十字屋グループ 株式会社十字屋

産業用逆浸透膜純水装置
ウォータープラネット　WPシリーズ

株式会社アクアテクノロジー

〒540-0039
大阪府大阪市中央区東高麗橋3-8 キャッスル高麗橋6F
電話　06-6946-4059　　FAX　06-6946-0020
http://www.aquatec.jp

あらゆるニーズにカスタマイズする高品質！低コスト！長寿命国産モデル！
環境への優しさは、コストへの配慮から・・・そして工場から客先へ。
まずはWEBから！

■ WPシリーズは、最先端の技術を搭載した高精度な純水装置です。

1. 作業性と実用性を重視したオールインワン設計
2. 開発・設計・製造を一括管理することで低コストを実現
3. オリジナルの水質センサーで水質管理が容易
4. 製造ラインの急な変更時でも増設が安価で容易
5. 豊富なオプションにより装置保護や水質強化が可能

～本格的な産業用ニーズに対応～

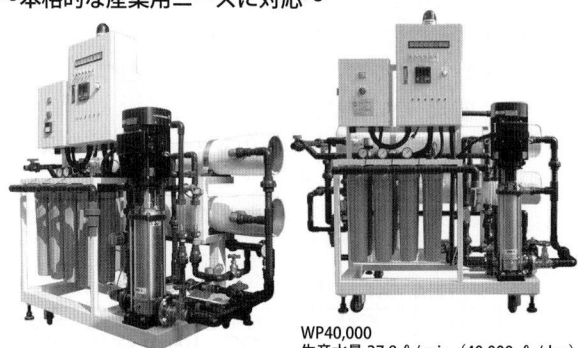

WP80,000
生産水量 55.5ℓ/min（80,000ℓ/day）

WP40,000
生産水量 27.8ℓ/min（40,000ℓ/day）

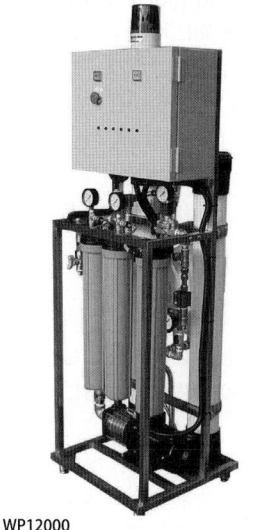

WP12000
生産水量 20ℓ/min（12,000ℓ/day）

WP6000
生産水量 10ℓ/min（6,000ℓ/day）

～省スペース型　本格純水装置～

災害対応型浄水システム
WP-3000SOS 業務用（災害対策機能付）
緊急な災害の時は、24時間稼動で
約1000人分の緊急飲料用水が製造可

様々な分野で活躍中

純水利用	●電着塗装やめっきなどの表面処理産業 ●基盤やフィルムなどの洗浄 ●半導体製造、光ディスク/磁気ディスクなど電子産業用超純水 ●加湿や環境試験　●火力発電所やボイラー　●製薬や医療用水 ●人工透析用水/手術用手荒い水やその他各種洗浄用水 ●研究開発や品質管理　●清涼飲料製造用水や醸造用水 ●食品洗浄、食品加工や機能性食品　●化粧品や衛生商品 ●オフセット印刷用湿し水　etc‥
濃縮利用	●レアメタル溶液の濃縮　●バイオ産業などの非加熱濃縮 ●有害物質や指定物質などの濃縮 ●生乳や果汁などの非加熱濃縮 etc・・・
リサイクル	●純水のリサイクル利用　●廃水のリサイクル利用 etc・・・

純水装置以外に工業用流体フィルター等もございます。水の濾過と処理ならお任せください！

詳しくはこちら▶ http://www.aquatec.jp

連続再生式純水装置
ElectroPure EDI

エイエムピー・アイオネクス株式会社

〒 105-8437　東京都港区虎ノ門 1-2-8
(虎ノ門琴平タワー)
電話　03-4570-3820(直通)　　FAX　03-4570-3822

EDI 装置とは、従来 RO 透過水の仕上げに使われてきたミックスベットポリシャーの代わりに使用される、連続生産/再生可能な純水装置です。

概 要

ElectroPure EDI は 10 L/h 〜 7.0 m3/h の流量に対応しています。さらに装置を並列に接続することにより、処理能力を増やすことが可能です。

(これまでの最大のシステムは 150 m3/h)

供給水の水質や運転条件によりますが、10 〜 18.2 MΩcm の水質を得ることができます。

当社は ElectroPure EDI 販売 15 年の実績があります。

装置説明

カチオン交換膜、アニオン交換膜とそれらにはさまれたミックスベットのイオン交換樹脂、さらに両端にある電極で構成されます。

イオン交換樹脂に捕捉されたイオンは、電流によって移動し、濃縮水側から排出されます。脱塩室内のイオン交換樹脂によって、供給水の電気伝導率が低くても、イオンを容易に濃縮室側に移動させます。同時に水の分解によってイオン交換樹脂は常に再生されます。

特 長

・シンプルなシステム構成です。
・脱塩濃縮室を薄くし、効率を上げることにより、脱塩精度を高め、濃縮水の再循環を必要としません。
・濃縮室内にイオン交換樹脂が無いのでスケールトラブルが起こりにくくなっています。
・両極の電極水を直列にして、スケールトラブルが起こりにくくなっています。
・高回収率です。(90%程度)
・軽量・コンパクトで、人の持てる重量にしてあります。(XL シリーズ)
・配管接続口を片面に集中させ、配管を楽に取り回せます。
・オリジナルのイオン交換膜を採用しております。

仕様例 (XL シリーズ)

型式	処理量	運転電圧 (VDC)	厚み (mm) ※1	重量 (Kg)
XL-100R	50-150 L/h	48	170	22
XL-200R	100-300 L/h	100	190	25
XL-300R	300-900 L/h	150	260	30
XL-400R	0.7-1.5 m3/h	200	290	33
XL-500R	1.3-2.3 m3/h	300	370	39

※1：厚み以外の寸法：幅 220mm、高さ 560mm

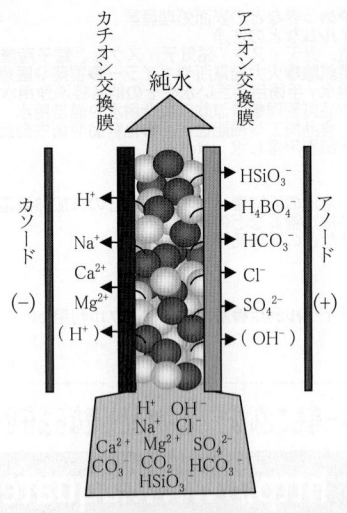

EDI の原理

連続電気再生式純水装置（EDI）
スーパーピュアクリーンシリーズ

伸栄化学産業株式会社

〒341-0034
埼玉県三郷市新和1-287
電話 048-953-1616　　FAX 048-953-1688

薬品を使わず、イオン交換樹脂の再生

本装置は陰イオン交換膜と陽イオン交換膜間の脱塩室内にイオン交換樹脂（混床式）を充填、直流電源により、常時電流を流しながら、連続して脱イオン（再生）を行う、連続電気再生槽（EDI=Electric De-ionization）を基軸に前処理に逆浸透膜を組込み、システム化した装置です。

● スーパーピュアクリーンの特長
① イオン交換樹脂の再生に塩酸・苛性ソーダ等の薬品を一切使用しない。
② 排水処理設備は不要。
③ TOC・シリカ・菌類除去に効果的である。
④ 1MΩ/cm以上の超純水を連続的に採水できる。
⑤ 従来ポリシャーのイオン交換樹脂を必要とするユーザーにとっては大幅なランニングコストの低減と水質の向上が図れる。

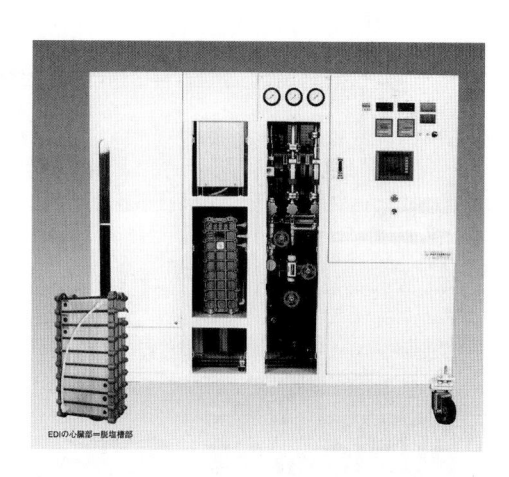

● 用途
純水を必要とするユーザー、特に高〜超純水を要求する工程にはメリット大。半導体・電子部品の洗浄、表面処理洗浄用水、食品・製薬用水、ガラス・レンズ・プラスチックの精密洗浄等。

● 装置の標準仕様
スーパーピュアクリーンは前段にRO付のSPC型と脱塩槽部のみのEDI型とに分かれております。

● SPC&EDI（電気再生式）の原理

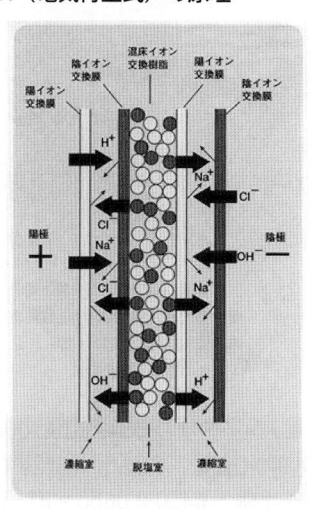

仕様＼型式	SPC-500 (RO付)	EDI-500 (EDIのみ)	SPC-1000 (RO付)	EDI-1000 (EDIのみ)
標準処理水量 at 25℃(ℓ/H)	500 ℓ/H	500 ℓ/H	1,000 ℓ/H	1,000 ℓ/H
外形寸法(mm) 幅×奥行×高さ	2000×700×1650	—	2000×1000×1650	—
所要電力	200V・1.5kW	200V・1.5A	200V・2.2kW	200V・2A
ROモジュール	S4=2本	なし	S8=1本	なし
接続配管口径	20A	20A	25A	25A
供給水質	水道水、工業用水、地下水を前提にするが、あらかじめ水質調査を実施して計画する。

● スーパーピュアクリーン（SPC型）のフローシート

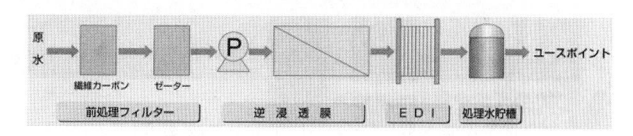

原水 → 繊維カーボン → ゼーター → P → 逆浸透膜 → EDI → 処理水貯槽 → ユースポイント
（前処理フィルター）

SKS SHIN·EI 伸栄化学産業株式会社

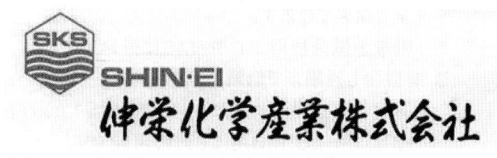

本社　〒341-0034　埼玉県三郷市新和1-287
　　　TEL0489-53-1616（代）　FAX0489-53-1688
中国　伸龍（上海）国際貿易有限公司

【ラボラトリ超純水製造装置】
ピューリックω（オメガ）
【電気脱塩式高純水製造装置】
スーパーデサリナー SDA

オルガノ㈱代理店
株式会社 東京科研　本社営業本部

〒113-0034 東京都 文京区 湯島 3-20-9
電話　03-5688-7401　　FAX　03-3831-9829
http://www.tokyokaken.co.jp
◆神奈川：045-361-5826　◆千　葉：043-263-5431
◆つくば：029-856-7722　◆西東京：04-2951-3605

オルガノと共に超純水を科学する… TOKYO KAKEN

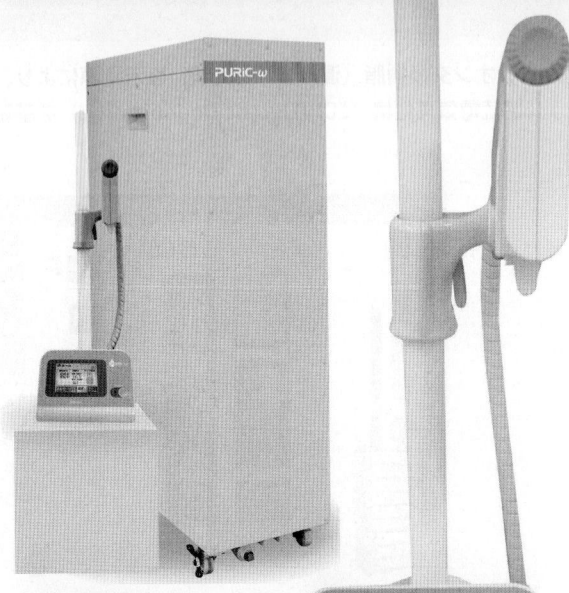

- 最新型のEDIをコンパクトに収納
- イオン交換ボンベの再生が不要
- 安定した水質を長期間供給
- コンパクトボディに50ℓタンク内蔵
- 液晶画面に水質等を一括表示
- ポンプ・UVなど多彩なオプション

《高純水製造フロー》

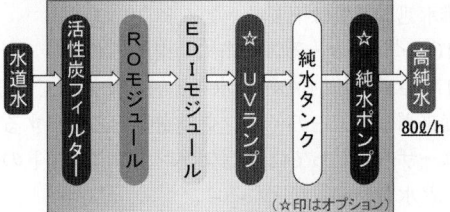

水道水 → 活性炭フィルター → ROモジュール → EDIモジュール → ☆UVランプ → 純水タンク → ☆純水ポンプ → 高純水 80ℓ/h

（☆印はオプション）

PURIC-ω 全景

採水流量
　MAX：2ℓ/min
本体外形寸法
　W300×D600×H1,100mm

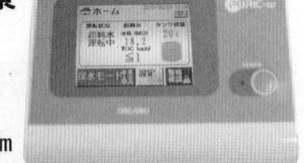

ディスペンサー＆コントローラー

処理水水質例

ナトリウム	<0.1ng/ℓ	銅	<0.1ng/ℓ	マンガン	<0.1ng/ℓ
カリウム	<0.1ng/ℓ	亜鉛	<0.1ng/ℓ	アルミニウム	<0.1ng/ℓ
カルシウム	<0.1ng/ℓ	カドミウム	<0.1ng/ℓ	コバルト	<0.1ng/ℓ
マグネシウム	<0.1ng/ℓ	ニッケル	<0.1ng/ℓ	クロム	<0.1ng/ℓ
鉄	<0.1ng/ℓ	鉛	<0.1ng/ℓ	ホウ素	<0.1ng/ℓ

- **全元素を極限まで低減**
  - 従来低減が難しかったシリカ(SiO_2)も極限（0.1μg/ℓ以下）まで除去できます。
  - 微量金属分析用ＩＣＰ-ＭＳに最適です。
- **有機物も極限まで低減**
  - 有機物の極微量検査に対応しTOC≦1μg/ℓを達成。
  - HPLC用・LC-MS用にも対応可能です。
- **高性能ディスペンサー**
  - 1滴（約50μℓ）から2ℓ/minまで可変コントロール採水OK。
  - コントローラー部は独立分離で自由なレイアウトが可能。
  - 定量採水機能付きで フットスイッチも標準装備。

スーパーデサリナー　SDA-0080形
処理水流量：80ℓ/h（at25℃）
外形寸法：W450×D650×H1,400mm

情報-44

高効率イオン交換装置
スーパーフローＤＳ

株式会社神鋼環境ソリューション

〒651-0072
　神戸市中央区脇浜町1丁目4-78
　電話　078-232-8018　　FAX　078-232-8051

スーパーフローは 鉄鋼、化学、食品、電力などの幅広い分野で活躍する２床３塔型の高効率のイオン交換装置です

スーパーフローＤＳは下向流通水方式を採用することで、コンパクト化、再生時間の短縮、排水量の大幅な削減、さらには処理水質の高純度化を実現した、画期的なイオン交換装置です。

特徴

・**薬品再生時のコンタミを抑え、再生効率が向上。**
　少ない再生薬品量で高純度水質 (<0.1mS/m) が得られます。

・**再生時間は１時間程度で再生排水量も大幅に削減。**
　排水処理への負荷が大幅に減少します。

・**下向流通水方式により構造がシンプル。**
　コンパクトな設計を可能にしました。

・**小型装置はユーティリティーの接続のみ。**
　ユニット化により、工事期間が大幅短縮されます。

適用

・**ボイラ用水**
　ボイラの補給水として、安定運転を実現します。

・**電子工業用の洗浄水**
　異物を嫌う製品の洗浄用水として最適です。

・**食品, 薬品の製造用水**
　不純物の無い原料として、清涼飲料水や薬品分野への適用が可能です。

・**排水のリサイクル**
　排水から純水をを製造。上下水道料金の削減に貢献します。

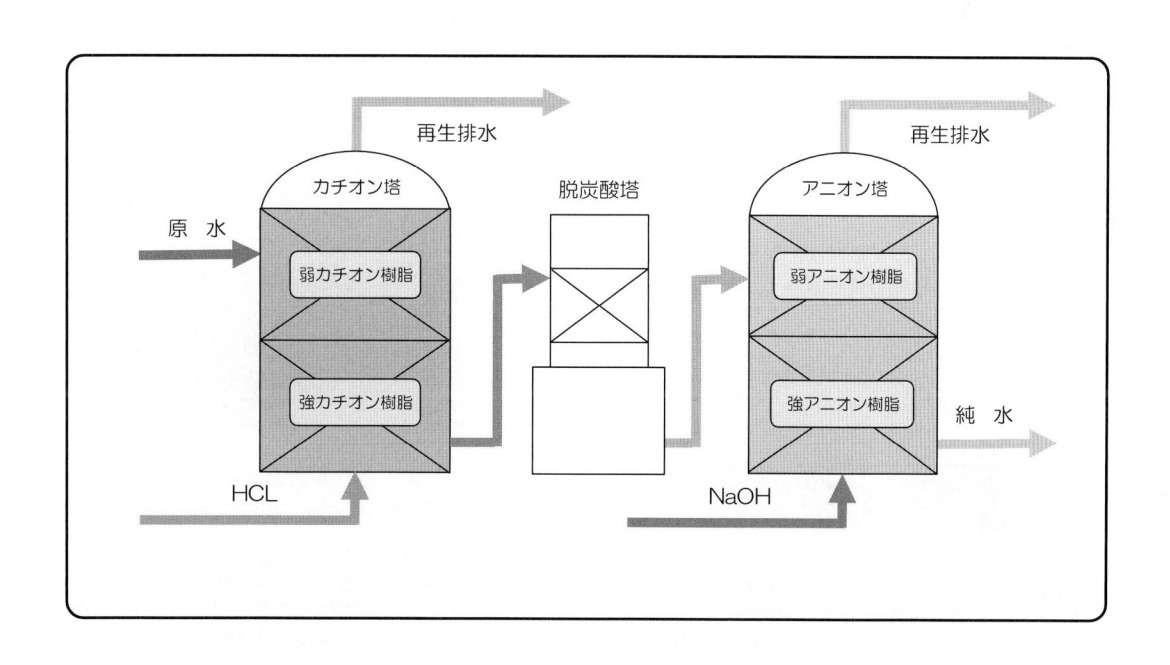

微細気泡発生装置イーバブル

株式会社 戸上電機製作所　環境事業部

〒840-0802　佐賀県佐賀市大財北町 1-1
電話　0952-25-4135　　FAX　0952-24-9409
E-mail：info@togami-elec.co.jp

水の色や臭いをとって、快適さ UP!
脱色・脱臭・殺菌・汚泥の減容化まで、イーバブルで実現します！

■特徴

　当社の微細気泡発生装置イーバブルは、被処理水を微細気泡化させたオゾンで曝気するというシステムです。オゾンの強力な酸化力により、脱色はもちろんのこと、臭気の低減・汚泥の減容も可能です。

① オゾンを微細気泡として被処理水に接触させ、溶解効率を高めたことで、反応時間の短縮・低消費電力・必要オゾン量を 1/3〜1/2 に削減しました。
② オゾンを使用するため、脱色・脱臭にあわせ、処理水の殺菌も可能です。
③ 特有のノズルにより、径が均一で安定した微細気泡を供給します。
④ 装置はユニット化しているため省スペース。既設設備への後付けも可能です。
⑤ オゾン漏洩モニターを標準装備しているため、安全対策も万全です。

■製品仕様

型式	EOG-02A	EOG-04A	EOG-08A1	EOG-08A2	EOG-15A	EOG-20A
オゾン発生量 (g/h)	10	25	35	50	80	140
ガス流量 (L/min)	2	4	8	8	15	20
取水量 (L/min)	40	80	160	160	300	350
全消費電力 (kW)	1.2	2.3	6.6	7	13.4	18.7
サイズ 奥行(mm)	1,000	1,100	2,800	3,200	3,600	4,000
サイズ 横(mm)	1,400	1,450	1,500	1,500	1,500	1,500
サイズ 高(mm)	1,410	1,410	1,500	1,600	1,600	1,700

■脱色効果

　効率よく、低コストにて処理水を脱色し、着色・臭気に関する近隣からの苦情を減らし、快適性を高めます。

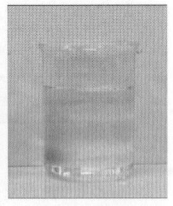

写真.1　イーバブルにおける畜産廃水処理水の脱色前後の比較
(左：脱色前 (色度150度)、右：脱色後 (色度5度))

■汚泥の減容効果

　生物処理において発生する余剰汚泥量を低減することができます。汚泥濃縮に要する手間削減、汚泥の産廃引取費用の削減が大いに期待されます。

写真.2　イーバブルにおける曝気液分解試験
(左：通常曝気液、右：イーバブル処理後 (8H) の曝気液)

　写真.2 は、某排水処理設備にて汚泥の減容に関して試験をした結果です。曝気液を微細気泡＋オゾンにて直接曝気させることで、汚泥が減容していることが確認できます。

SEE型　蒸留蒸散汚水処理装置

庄田機工株式会社

〒171-0014
東京都豊島区池袋 2-45-1 アークシティ池袋 502
電話　03-5956-1281　　FAX　03-5956-1283
http://www.shodakikou.co.jp/

熱循環を利用した機械・物理処理方式汚水処理装置

水質分析例

全国酪農連合組合牧場排水処理データ

分析項目	原水 (mg/L)	処理水 (mg/L)	処理後固形物 (mg/L)	除去率 (%)
COD	8,824	17.8	29,739	99.8
BOD	35,252	29.5	41,035	99.92
アンモニア性窒素	1,911	61.0	490	96.8
T-S	29,680	44.0	82,200	99.9
SS	10,680	12.0	72,800	99.9
シャク熱減量	22,100	30.0	71,200	—

農林省技術研究所分析

水産加工煮汁排水処理データ

分析項目	原水	処理水	濃縮	除去率
PH	5.0 (24℃)	6.3 (15℃)	6.5 (22℃)	—
COD (mg/L)	40,000 (%)	12.0	99,000 (9.9%)	99.9
BOD (mg/L)	65,000 (6.5%)	2.3	190,000 (19.0%)	99.9
SS (mg/L)	—	68.0	—	—
T-S (%)	29.0	0.15	37.0	99.5
n-Hex (mg/L)	22,100	5 未満	—	99.5

同上現場参考データ

分析項目	値	分析方法等
水温 (℃)	39.0	棒温度計法
気温 (℃)	23.2	棒温度計法
DO (mg/L)	3.7	JIS K0102 32.1
メチルメルカプタン (mg/L)	0.0121	JIS K0102 17
硫化水素 (mg/L)	0.0017	環告 9 別表第 2 の第 3
硫化メチル (mg/L)	0.0013	環告 9 別表第 2 の第 3
二硫化メチル (mg/L)	0.283	環告 9 別表第 2 の第 3
排水上臭気濃度	17000	環告 92

特長

- ■施設用地及び建設費を大幅に削減
- ■運転の自動化による省エネ・省力化を実現し、熱エネルギー循環利用エコロジーを達成
- ■三次処理に相当する高度な処理水質を実現
- ■大容量排水の処理が可能（実績 240 m³/日）

用途

- ●水産・畜産・醸造排水
- ●バイオメタン発酵排水
- ●食品排水
- ●ごみピット汚水
- ●飲料水残渣処理水
- ●産廃混合汚泥処理
- ●食品ピット汚水
- ●離島等の生活排水
- ●製紙廃液の濃縮
- ●果汁飲料水の濃縮
- ●栄養食品の濃縮

等

処理水例

原水 　　処理水 　　濃縮水

多電極挿入型電磁流量計
メタル・マルチマグ

日本ハイコン株式会社
〒107-0052　東京都港区赤坂2丁目4番1号
　　　　　　白亜ビル9F
電話　03-3586-5618　　FAX　03-3586-5669
Email：Sales@hicon.co.jp

電磁流量計でありながら断水せずに設置ができ、浄水場から下流の管網まで測定対象が清水であれば、どこにでもおすすめです。狭いスペースでも設置可能で低コスト、多点測定で精度も抜群です。

測定対象：水道水、清水

■概要

メタル・マルチマグは、多点測定方程式を採用した唯一の多電極挿入型電磁流量計です。

センサには最大8対の電極があり、配管内の各点の流速を実測するため、実際の流速分布に応じた高精度な流量測定を実現します。

メタル・マルチマグは不断水での設置やメンテナンスが可能で、大掛かりな工事は必要ありません。

機器は、流速を検知するセンサと、流量などを表示・出力する変換器の2つで構成されており、正方向のみを測定するMODEL 395Lと逆流測定も可能なMODEL 394Lの2タイプがあります。

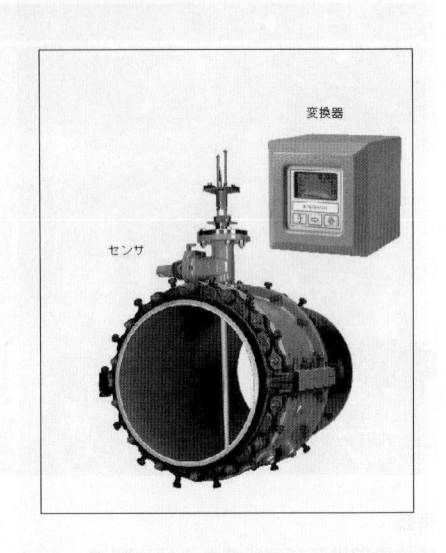

現場写真

■特徴

●不断水工事

センサは通常の割T字管などを利用して、不断水での設置・メンテナンスが可能です。
赤水の心配もありません。

●コスト削減

バイパス管は不要、狭いスペースで設置が可能で、ピット新設の場合でも施工費用と時間を大幅に削減します。また、本体価格はフランジ型電磁流量計と比べて管径が大きくなるほど割安です。

●高精度

棒状のセンサに配置した複数の電極で実測して算出した平均流速に断面積を乗じて流量を計算します。従来の1点検知型にはなかった、この画期的な技術により最大3500ミリの大口径まで高精度の測定が可能になりました。

非接触型面速式流量計
フローダール

日本ハイコン株式会社
〒107-0052　東京都港区赤坂2丁目4番1号
　　　　　　白亜ビル9F
電話　03-3586-5618　　FAX　03-3586-5669
Email：Sales@hicon.co.jp

非接触型面速式流量計「フローダール」は、開渠・暗渠水路用の流量計です。従来品のようにセンサを水中に沈める必要がなく、設置とメンテナンス作業が大幅に改善されます。

測定対象：河川水、海水、上・下水道、農業用水、薬液混合水、冷却水、パルプ水、工業用水、工場排水、処理液、スラリー液など。

■特徴

　センサは水路の液面より上方にを設置するため、流体に直接触れることがなく、流体が流れたままでの設置が可能です。設置工事は簡単で、イニシャルコストが軽減出来ます。

　また、基本的にはクリーニング作業不要ですので、メンテナンスコストも大幅に削減できます。

■測定原理

　水位は超音波水位センサで検出しています。開渠の流体が溢れ、センサが水没した場合でも差圧式水位センサに切り替わり、直前の流速を維持して簡易的に流量を演算しますので万一の時も安心です。

　流速の測定には、画期的なドップラ式レーダ波を使用しています。センサから流体への発信波と、反射する受信波の周波数の変化をもとに、全体の平均流速を算出します。

　「フローダール」には、固定型変換器 MODEL 465 と可搬型ロガ MODEL 460 の二種類があります。ともにデータロガと RS232C 出力の機能を持ち、固定型には 4-20mA とパルスの出力機能があります。蓄積したデータは、専用のデータ処理ソフト（MS-Windows 対応、英語版）でグラフ化することも可能です。

フローダールの測定原理

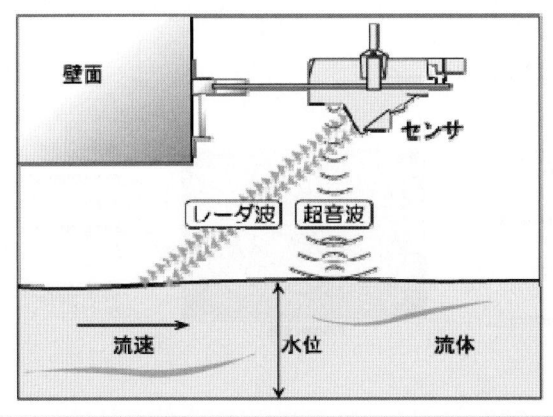

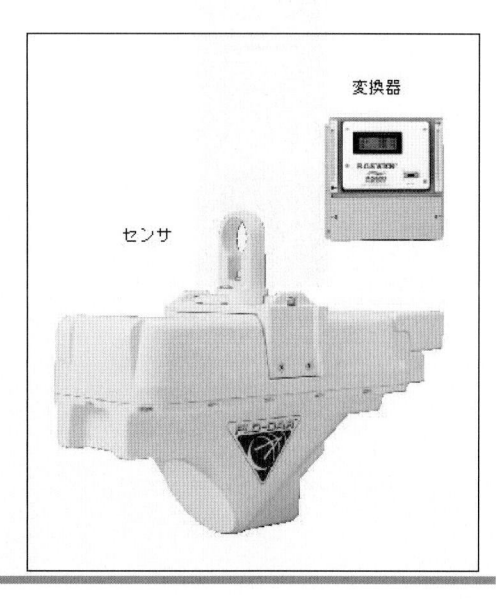

メダカのバイオアッセイ
水質自動監視装置

環境電子株式会社

本社工場　〒814-0164 福岡市早良区賀茂 4-6-25
電話　092-872-5152　　FAX　092-801-8251
東京事務所　〒110-0016 東京都台東区台東 1-9-4
電話　03-3833-3185　　FAX　03-3832-2757
大阪事務所　〒532-0011 大阪市淀川区西中島 6-3-24
電話　06-6885-7662　　FAX　06-6885-6522

魚類のメダカを使用した水質自動監視装置「メダカのバイオアッセイ」は、毒物に対して反応が敏感とされる小型魚類ヒメダカを試験魚として、24時間体制で連続的に水の監視を自動的に行う装置です。

■ 特徴1　長期の連続無人監視ができます。

監視水槽はメダカが本来生息する田園の自然環境に合わせて製作しています。監視水槽には常時20匹のヒメダカが試験魚として飼育されています。餌も自動給餌器で1日数回、自動的に給餌します。シンプル構造で故障や誤報が少なく保守点検が容易です。

■ 特徴2　高濁水にも使用できます。

CCD監視カメラは監視水槽の上部から直接水面を透した高透過性。監視水槽の水深が5〜8cmと浅く高濁水でも撮影可能（水深3cmの超極浅水槽では濁度163°撮影可能）。

■ 特徴3　ブロック方式は微量の毒物でもアラームが出せます。

20匹のヒメダカを群れで試験魚にすることで、小型魚が大型魚から捕食される捕食防御本能を応用します。捕食防御本能とは、小型魚が大きく見せるため群れて固まる状態です。群れが固まると行動エリアが減少し表示ブロックが少なくなりアラームになります。

* 小型魚のイワシは大型魚のクジラやイルカから捕食されるため必ず群れ行動で捕食を防御します。

画像処理によって監視水槽全面に56ブロックを配置し、1ブロックに64個のセンサドットがメダカの動きを検知して設定時間毎にブロックが計測されます。シアン化カリウム0.02mmg/L（水道法の許容量0.01mmg/L）でアラームを自動発報させる技術を確立しました（特許登録）

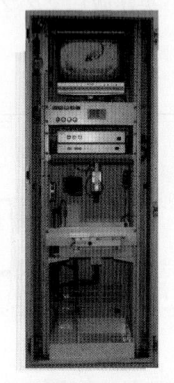

水質自動監視装置　NBA-03型

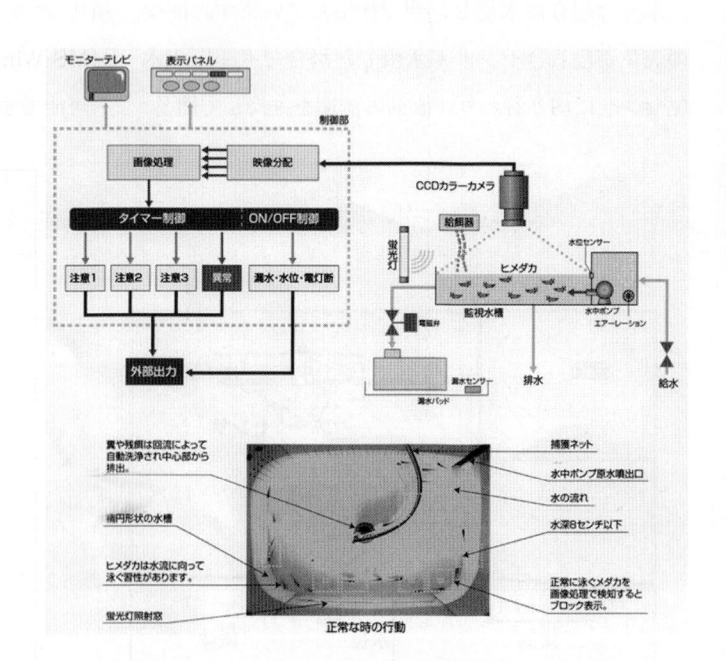

現場形工業用水質計 H-1 シリーズ

株式会社　堀場製作所
〒601-8510　京都市南区吉祥院宮の東町2番地
電話 075-313-8121　　FAX 075-312-7389
http://www.horiba.com

現場形工業用水質計 H-1 シリーズは、水質の総合的な計測・管理のために必要な水質指標の基本項目をトータルにラインアップした現場設置型の水質計シリーズです。

【概要】

水質指標の基本9項目（pH／溶存酸素／酸化還元電位／フッ化物イオン濃度／電気伝導率／電気抵抗率／MLSS／濁度／遊離残留塩素）を測定対象としてラインアップ。新開発の応答ガラスを採用したpHセンサ、チップ交換と再生使用を両立したポーラログラフ式および光学式の溶存酸素センサ、汚れが付着し難いMLSSセンサ、独自の2光源透過90度散乱法を採用した低ドリフトの濁度センサ、チップ交換式カソード極と電気化学式洗浄専用極を備えた遊離残留塩素センサ、ノイズ耐性や環境性能を向上させた変換器など、センサの寿命改善やメンテナンス性の向上をコンセプトとして開発した製品である。

飲料水や超純水などの用水処理及び、下水処理場や工場排水などの排水処理プロセスでは、各種水質を連続測定し、プロセスの最適な運転管理や排水規制遵守の監視が行われている。図1に排水処理プロセスにおける水質計測器の使用例を示す。

工業用水質計は、長時間、有機物や化学成分を含む溶液に浸されることで測定部に汚れや欠損が生じる。日常的なメンテナンス作業時間の6割が測定部の洗浄やセンサの交換作業で占められており、メンテナンス作業を半減するために汚れ難く長寿命なセンサが求められている。そこで、H-1シリーズでは各センサの汚れ影響の低減と耐久性の向上を主たる開発目標とした。変換器は2線伝送式6機種とフリー電源仕様の4線式11機種をラインアップし、4線式変換器では主測定項目及び水温の伝送出力（4-20 mA）やデジタル通信出力（RS-485）を標準装備。ケースには防塵防滴の保護等級IP65を満足する堅牢なアルミダイカストケースを採用。電磁波ノイズ妨害影響性能のIEC規格に適合し、有害物質に関するRoHS規制にも対応した環境配慮形設計となっている。各センサの自己診断機能を充実させ、pH変換器では標準液の自動識別、ワンタッチ自動校正、校正履歴呼び出し、pH制御用出力など、ユーザの利便性を高めた製品となっている。

図1: 排水処理プロセスにおける計測器の使用例

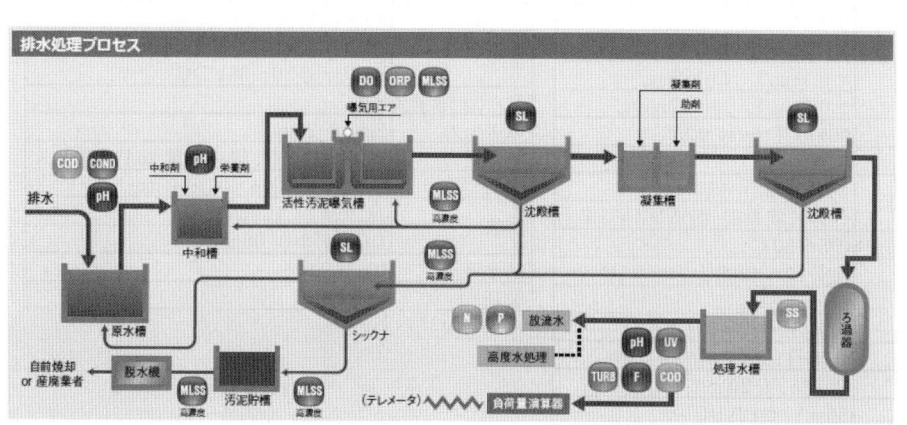

図2: H-1シリーズ変換機の外観

蛍光式溶存酸素センサー
RDO Pro

エア・ブラウン株式会社

本　社　〒 104-0061　東京都中央区銀座 7-13-8
　　　　　　　　　　　　第2丸高ビル
電話　03-3545-5720　　FAX　03-3543-8865
大　阪　〒 550-0002　大阪市中央区久太郎町 3-6-8
　　　　　　　　　　　　御堂筋ダイワビル
電話　06-6282-4004　　FAX　06-6282-4005

蛍光技術を用いたプロセス用溶存酸素センサーです。従来の隔膜式に比べ
①メンテナンス時間、②消耗品コスト、③安定性、において優れた商品です。

特徴

■ 次世代型「蛍光式センサー」採用
　・メンテナンスは年1回のセンサーキャップの交換のみ(1回/年)

■ 流速・硫化水素による影響を受けません
　・サンプル流速にかかわらず、安定した測定データが得られます。
　・硫化水素等の妨害物質からの影響も僅かになりました。

■ 高い安定性・即応性
　・隔膜式で煩わしい内部液、電極のメンテナンスから開放され、
　　測定値の安定性、応答性が格段に向上しました。

■ 既存の計装盤への接続も可能
　・センサー単体で4-20mAやRS485入力機器への接続も可。

■ 高耐久性
　・一般排水（担体）、海水等への長期間設置が可能です。

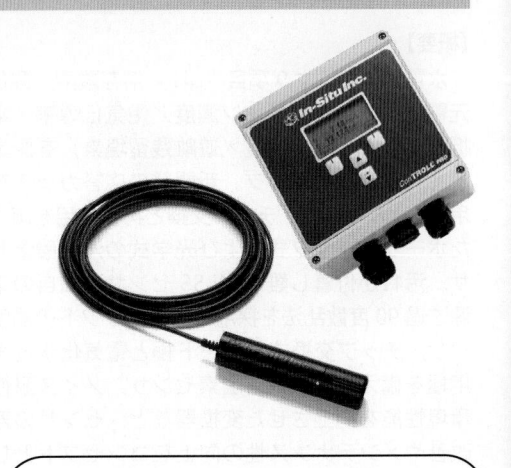

アプリケーション例

・ばっ気槽、好気/嫌気槽、脱窒槽、硝化槽
・工場排水の前処理、後処理過程
・食品/飲料製造用の原水管理
・水産試験場、養殖場　　　　など

蛍光式溶存酸素センサー RDO Pro 仕様

測定原理	蛍光式
測定レンジ	0～20mg/L：0～200%
精度	±0.1mg/L @0～8mg/L ±0.2mg/L @8～20mg/L
応答速度	90%応答：30秒 @25℃
分解能	0.01mg/L
センサーキャップ交換頻度	測定開始から1年 保存可能期間：製造日から2年
動作温度	0℃～50℃
設置条件	塩分：0～42PSU pH：2～10 大気圧：507～1115mbar
センサー内ねじ(固定用)	1.25-11.5インチ　NPT
通信方式	RS485、4-20 mA、SDI-12
消費電流	50mA　@12VDC
ケーブル標準	10m付属
保証	3年

変換器 ConTROLL 仕様

動作温度	20～70℃、95% RH 結露なきこと
電源	ACモデル：100～240V AC、50/60Hz DCモデル：9～36V DC
センサー接続数	2本
伝送出力	2ch、4-20mA
接点出力	接点出力2点、接点容量264V AC、2A
寸法	(W)160×(D)96×(H)160 mm
重量	ACモデル：1.36kg DCモデル：1.08kg
保護等級	IP-66
保証	1年間

5000TOCe 全有機炭素（TOC）センサ

メトラー・トレド株式会社

〒110-0008　東京都台東区池之端 2-9-7
　　　　　　　池之端日殖ビル 1F
電話　03-5815-5512　　FAX　03-5815-5522
http://www.mt.com

メトラー・トレドのオンライン TOC センサ 5000TOCe は、応答の速い連続測定方式を採用、純水装置のパフォーマンスと水の品質をリアルタイムで追跡します。試薬不要、水の消費量も少なく環境にもやさしい設計となっています。

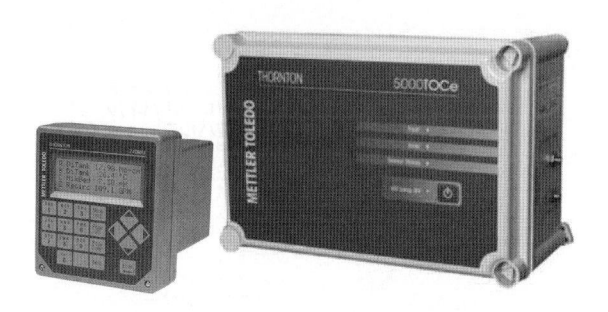

■純水装置のパフォーマンスをリアルタイムで、正確に追跡可能

センサには紫外線酸化・導電率測定方式を採用。連続的に流れるサンプル水に紫外線を照射し、有機物の酸化分解により生じる二酸化炭素によっておこる導電率の変化から、TOC 濃度を測定しています。（導電率変化は下図の 2 つの導電率センサー測定値差分にて算出）

この方式により、リアルタイムかつ連続的に TOC 濃度を測定することが可能となりました。

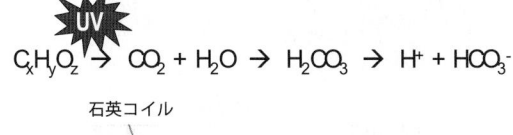

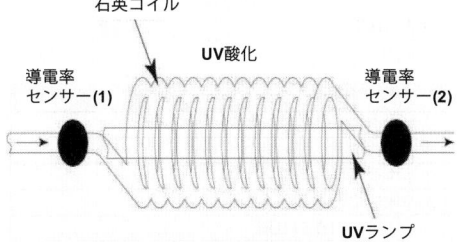

$$C_xH_yO_z \rightarrow CO_2 + H_2O \rightarrow H_2CO_3 \rightarrow H^+ + HCO_3^-$$

■シンプルな設計で稼動部が無く、堅牢な構造

紫外線酸化・導電率測定方式の採用により、センサの設計はコンパクトでシンプル、メンテナンスが簡単です。稼動部が無く堅牢な構造となっており、長時間の運転でも安心してお使いいただけます。

■製薬用水／半導体／水リサイクル／電力分野に最適

5000TOCe は、①製薬用水の品質管理やクリーニングバリデーション②半導体の最終洗浄水質管理③水リサイクルにおける水質管理④発電メークアップ水の水質管理など水の品質モニタリングに使用されるほか、⑤純水・超純水システムの各ユニットのパフォーマンスを管理する場合にも用いられています。

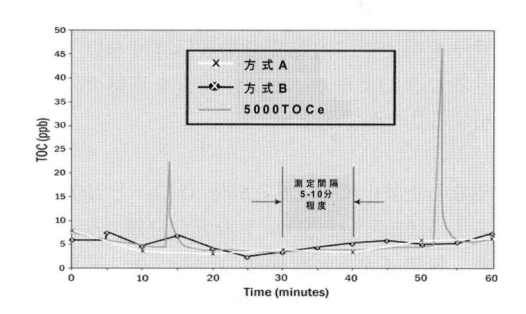

■試薬を使用せず、水の消費量も少ない設計

測定には、試薬を一切使用しません。らせん状の石英コイルを通過する間に有機物が完全に酸化されるため、酸化剤などの試薬は不要です。

また、水の消費量は 20mL/ 分と非常に少なく、ランニングコストが低く環境にもやさしい設計です。

■グローバルなサービスを展開

トレーニングを受けた技術者による、レベルの高いサービスを世界中で提供しております。現地校正サービスや、製薬向けのバリデーションサポートなど、お客様の様々な要求に対応できる体制を確保しております。校正などに用いる試薬類は USP 標準品を使用し、厳しい工程管理の下に製造されております。

■製品仕様

測定範囲	0.05-1000ppbC（μ gC/L）
検出限度	0.025ppbC
サンプル水温度	0-100℃
	（≧ 70℃の場合要調整コイル）
流量	≧ 20mL/min

※仕様詳細は HP をご覧頂くか、お問合せ下さい※

イオンクロマトグラフィーシステム ICS シリーズ

日本ダイオネクス株式会社
〒532-0011
大阪市淀川区西中島 6-3-14
電話 06-6885-1335　　FAX 06-6885-1215
Email:ap_jpn_ad@dionex.com

ダイオネクスのイオンクロマトグラフィーシステム ICS シリーズは高性能でありながら誰もが簡単に使えるシステムです。自動再生型サプレッサーや溶離液を自動で生成するデバイスにより高感度で安定した測定ができるだけでなく、現在お困りのアプリケーションにもソリューションを提供します。

特長

1. イオン成分をイオン交換カラムで分離し、電気伝導度を測定することにより検出する装置です。微量でも安定送液が可能なポンプ、非金属配管、精密な温度制御検出器により、安定した測定がおこなえます。また、サプレッサーを用いて、溶離液の電気伝導度を低下させることにより、イオン性物質を高感度に分析することができます。

2. 異なった酸化状態にある成分（NO_2^- と NO_3^-、あるいは SO_3^{2-} と SO_4^{2-}）などの分離、高速分離、無機イオンと有機酸の一斉分離、高濃度主成分中の微量不純物分離などに適したカラムラインナップがあります。

3. 溶離液ジェネレータにより超純水を供給するだけで、溶離液を自動的に生成できるだけでなく、グラジエントも可能です。これにより、分離の調節が従来よりも格段に簡単におこなえます。

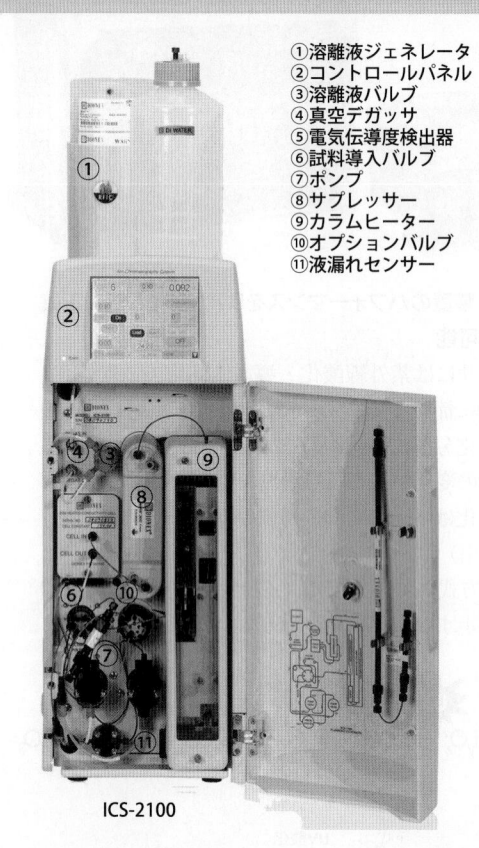

① 溶離液ジェネレータ
② コントロールパネル
③ 溶離液バルブ
④ 真空デガッサ
⑤ 電気伝導度検出器
⑥ 試料導入バルブ
⑦ ポンプ
⑧ サプレッサー
⑨ カラムヒーター
⑩ オプションバルブ
⑪ 液漏れセンサー

ICS-2100

IC の応用分野

分野	分析対象試料	分析目的成分例
環境・公害	大気吸収液・雨水・河川水	大気中の SOx、NOx
上下水道	水道水・原水・上水	水道水中の陰、陽イオン
化学・石油化学	部品抽出液・高分子材料	エポキシ樹脂中の陰イオン
電子・半導体	超純水・ウエハー洗浄水	洗浄水中の微量陰イオン
金属・鋼鉄	表面処理液・メッキ液・冷却水	メッキ液中のクロム酸
農学	肥飼料・土壌・植物抽出液	飼料中の臭素
医学	血液・尿	血中のカテコールアミン類
化粧品・医薬品	石鹸・洗剤・シャンプー	化粧水中の陰イオン
製薬・工業薬品	薬品・洗浄液	錠剤中の重金属イオン
電力	冷却水・超純水・循環水	超純水中の微量不純物
食品・飲料	酒類・飲料水・菓子	食品添加物、糖類
製紙・パルプ	パルプ溶液・処理工程水	紙抽出液中の陰イオン

メンテナンス不要ロングライフEDI(連続イオン交換)搭載「純水製造装置Elix(エリックス)」,「水道水直結型超純水・純水製造装置Milli-Q Integral(ミリQインテグラル)」

日本ミリポア株式会社
ラボラトリーウォーター事業部
電話　0120-013-148
http:/www.millipore/LW

【Elix Advantage】はRO(逆浸透)膜＋ロングライフEDIにより高純度の純水を精製、【Milli-Q Integral】は水道水直結型の超純水製造装置でElix Advantageの全ての機能に加え、低濃度TOCの超純水を精製する。1台で分析、試験、実験、製造などあらゆる用途に使用が可能。また、ミリポアでは1日数L～2,000L程度の純水、超純水使用に最適な装置を提供している。

製品概要

【Elix Advantage】はRO膜＋ロングライフEDI＋殺菌用UV(紫外線)により電気伝導率0.2μS/cm以下(比抵抗値　5MΩ・cm以上)の高純度の純水を精製する。

【Milli-Q Integral】は水道水直結型の超純水製造装置でElixの全ての機能に加え、超純水を精製用のイオン交換樹脂＋活性炭＋TOC濃度低減用185/254nmUVを搭載している。これにより比抵抗値18.2MΩ・cm、TOC5ppb以下の超純水を精製。超純水と高純水の両方採水できる。

特長とする機構①：ロングライフEDI

EDIはイオン交換樹脂の再生を必要とせず、加えて安定した水質を長期間維持できる純水精製機構である。

しかし通常EDIは供給水中にカルシウムや溶存炭酸ガスが多く存在すると陰極部にスケーリングが発生し性能が低下していくことから、1年～数年毎のメンテナンスまたは交換を要する。さらには別途前処理として軟水器が必要な場合もある。これに対しミリポアのロングライフEDI(図1)は、特許を取得した技術によりこの問題を解消し、長期間のメンテナンスフリーを達成した。

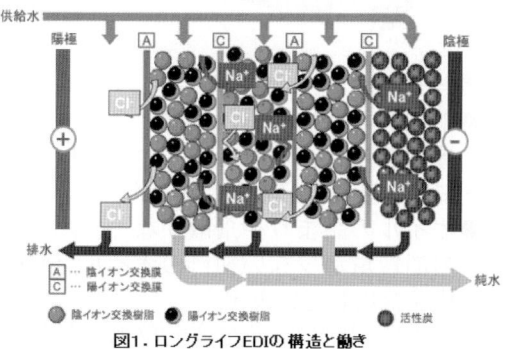

図1．ロングライフEDIの構造と働き

スケーリング防止原理を次に示す。スケーリングは、平板陰極近傍が電流を流した際に発生する水酸化物イオン(図2)によりpH約11.6以上になると、重炭酸イオン(HCO3-)から生じる炭酸イオン(CO32-)がカルシウムイオンと結合して炭酸カルシウムとなり形成する。ミリポアは陰極室に導電性の材料として知られるカーボンの粒状体を封入することで、電極としての表面積を大幅に増やし電極近

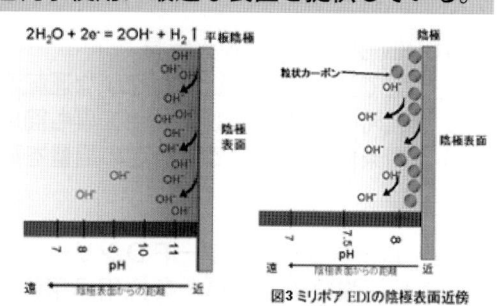

図2　平板電極における水酸イオン発生
図3　ミリポアEDIの陰極表面近傍

傍のpHの上昇を抑え、炭酸カルシウム発生の抑制を可能にている(図3)。これによりスケーリングの発生がなく、性能低下がない、長期間安定した水質を純水を連続精製できるロングライフEDIを実現した。

特長とする機構②：TOC濃度低減用185/254nmUV

Milli-Qシリーズは有機物を通常の超純水精製における活性炭での吸着除去に加え、185/254nmUVにより酸化分解処理をし、TOC(有機物濃度)をさらに低減している。

185/254nmUVは2つの有機物酸化分解機構を持つ。1つは185nmUVがもつ647kJ/molのエネルギーにより、C-C，C-Hなど多くの有機化合物の化学結合を切断し、最終的に重炭酸イオンにまで酸化分解をする。もう1つは、水中の溶存酸素との反応によりOH・ラジカルを生成し(図4)、これが有機物の酸化分解反応を進める機構である。これらにより超純水中の有機物濃度を数ppbまで低減ができる。

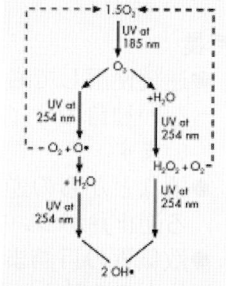

図4．OH・ラジカル発生機構

まとめ

Elixシリーズ、Milli-Qシリーズはこのように優れた純水精製、超純水精製機構をもつ。特にMilli-Q Integralはこれら全ての機能一体化することにより水道水・井水から1台で高純度の超純水を精製可能にしている。

製品の詳細はホームページ又はお問い合わせください。

TOHIN ロータリーブロワー

東浜商事株式会社
〒101-0061
東京都千代田区三崎町2-20-7
電話　03-3230-3426　　FAX　03-3230-3420
E-mail：info@tohin.co.jp
http://www.tohin.co.jp

滑らかな回転が強力なパワーを生む

■ TOHINブロワーの6大特長
1 小型で強力な圧力しかも静かな運転音
2 運転時の低振動、取り付け工事も簡単
3 使用条件が変化しても一定の風量を確保
4 散気がスムーズなエアチャンバー付き
5 いつでも高性能を保つすぐれた耐久性
6 大量・一貫性生産体制が魅力の低価格を実現

〈中型〉ロータリーブロワーＦＤシリーズ
連続運転に強いチャンバーを採用適用範囲がグーンとワイドに

〈大型〉ロータリーブロワー HC-s シリーズ
低容量で大空気量が得られる高効率設計 11タイプ揃った充実のラインアップ

特長
- 連続使用してもオイルがほとんど減らない独自のオイル点検機構を採用しています。
- 槽などからの逆流による事故を防止する逆止弁がついています。
- 散気管の目詰まりや配管時の異物混入による孔詰まりなど、過負荷によるモートルの焼損を防止するオートカット機構（手動復帰型）を内蔵しています。（但しFD-300及び三相200V仕様は除く）
- 耐久性にすぐれており、長い間使用しても圧力・空気量が低下しません。

特長
- 小型機種は機械室が不要。また、大型機種も運転音が静かですから、機械室に防音装置を必要としません。
- オイルの詰まりや飛散がなく、オイルの消費量が少ない独自のオイル点滴機構を採用しています。
- 導入費用が少なくてすむ魅力の低価格しかも省エネルギー設計ですから維持費も経済的です。
- 耐久性にすぐれており、長い間使用しても圧力・空気量が低下しません。また、保守・点検も簡単です。

小型水中ポンプ
ベイラーサンプラー
シリーズ

大起理化工業株式会社

本社 〒365-0001 埼玉県鴻巣市赤城台212-8
電話 048-568-2500　　FAX 048-568-2505
西日本営業所 〒520-0801 滋賀県大津市におの浜2-1-21
電話 077-510-8550　　FAX 077-510-8555
E-mail：mbox@daiki.co.jp
http://www.daiki.co.jp

Daikiの小型水中ポンプシリーズ
1インチ（2.54cm）の細井戸でも地下水の採取が可能！
バッテリー駆動により調査現場で機動力を発揮!!　揚程9m～60mまでの幅広いラインナップ!!

●超小径水中ポンプ　10m用
特長
■驚きの直径20mmを実現。
■1インチの細井戸でも採水可能。
■地下水調査の採水に最適。

NEW!

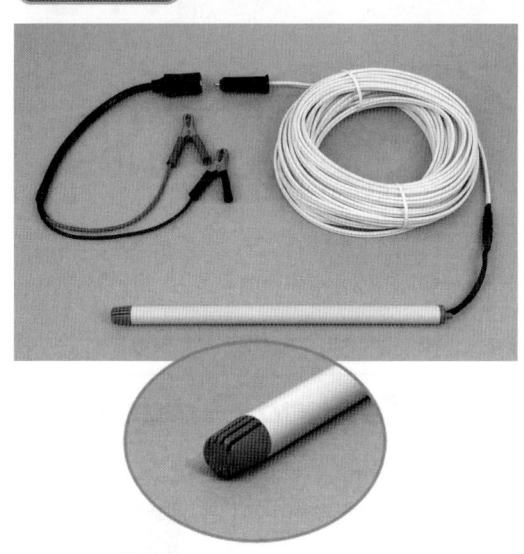

直径わずか20mm！

●小型水中ポンプシリーズ（全8種類）
直径20mm～48mm、揚程9m～60mまで、幅広く製品を取り揃えております。24,000円（税別）～

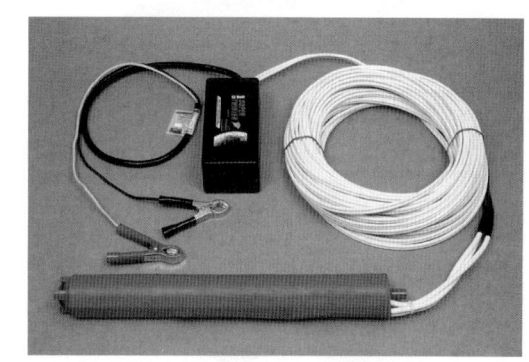

小型水中ポンプ25m用

●ベイラーサンプラーシリーズ
テフロン製・塩ビ製・ポリエチレン製を用意。

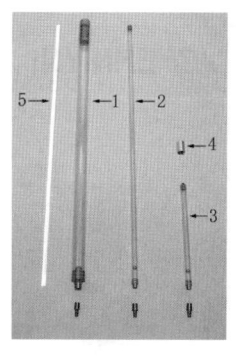

1. φ40×910mm
2. φ18×910mm
3. φ18×300mm
4. 18mm用ステンレス製重り
5. スケールテープ

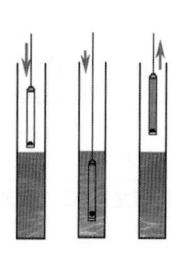

Daiki SOIL & MOISTURE

「土と水を守る！」
採水器・土壌物理性測定機器メーカー
大起理化工業株式会社

電磁定量ポンプ
ハイテクノポンプ

株式会社イワキ

〒 101-8558
東京都千代田区神田須田町 2-8-6 ニッセイ神田須田町ビル
電話 03-3254-2930　　FAX 03-3254-2011

詳しくは Web サイトで
イワキ　検索

IWAKI

安全性

水処理のあらゆる現場にイワキのポンプ

高精度

電磁定量ポンプ EHN-YN シリーズは送液状態を常に監視することが可能。気泡混入などによる送液異常時には、最大ストローク運転に切り替わり警報出力を行います。復帰後は自動的に元の設定運転に戻ります。

ハイテクノポンプ IX シリーズは、デジタルコントローラ搭載の直動ダイヤフラム式定量ポンプです。長年の経験と、最新のモータ制御技術が融合、高分解能 [1:750]・高精度 [± 1%]・省エネ化 [70% off] を実現しました。

次亜用電磁定量ポンプ EHN-YN

Hi-Techno Pump IX

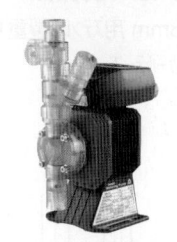

自動エアー抜き機構でガスロックのない注入	エアー排出性を向上させた微量注入モデル	信頼のメカニズムで数々の実績	充実した機種と材質バリエーション
電磁定量ポンプ EHN-NAE	電磁定量ポンプ EHN-09	定量ポンプ AX	定量ポンプ LK

各種コントローラとの組合わせにより、安全で高精度な水質制御をご提案します。

流量計・残留塩素濃度計・電導度計・pH コントローラ・高感度濁度計・遠隔監視コントローラ

ヘイシンモーノポンプ

兵神装備株式会社

東京支店　〒103-0027　東京都中央区日本橋2-1-14
　　　　　　　　　　　日本橋加藤ビルディング8F
電話　03-5204-6380　FAX　03-5204-6377

大阪支店　〒541-0054　大阪市中央区南本町4-1-10
　　　　　　　　　　　ホンマチ山本ビル10F
電話　06-6423-0101　FAX　06-6425-2828

水状から高粘度・高濃度液、低含水率の脱水ケーキ、粉体まで脈動なく定量移送するヘイシンモーノポンプ

　ヘイシンモーノポンプは、汚水・汚泥・スラリー・脱水ケーキや薬品等を＜無脈動＞＜定量＞に移送します。その吐出量は回転速度に正比例するので、流量制御は回転速度の設定・変更で幅広く自在に調整でき、遠隔自動制御にも最適です。また、渦流・撹拌がないので、移送液を傷めたり変質させたりすることがありません。

◆汚泥・ポリマー用ヘイシンモーノポンプ
　高濃度汚泥の＜定量＞＜安定＞引抜きや供給、プロセス制御に最適です。
・吸込側の液面変化や汚泥濃度の変化にも影響を受けず定量です
・脈動がなく吐出量が回転速度に比例するので、流量把握も容易。また流量の変更・設定も容易で瞬時に行えます。
・強力な自吸力で濃縮槽からの吸上げも容易です。

▲駆動機が選択でき、小～大容量まで様々な用途に対応するNE型

▲駆動機一体型でシンプルかつコンパクト設計のNY型

◆薬品注入用ヘイシンモーノポンプ
（少量量ファインシリーズ）
　高分子凝集剤などの薬品を傷めることなく定量供給・注入が可能です。
・吸込側の液面変動、移送液の粘度変化にもほとんど影響を受けず定量です。

▲低圧タイプのCY型

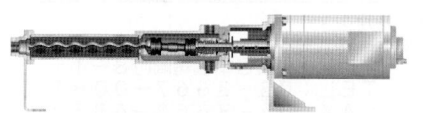

▲高圧（最大1.35Mpa）タイプの3NY型

（マグネットカップリング型）
　PAC・次亜硫酸等の薬品を、高精度に微少量から定量・連続注入できます。また、流量範囲も幅広く、流量設定・変更も瞬時に自在です。
・軸封がなく危険な液でも液漏れがありません
・次亜でのガスロックが発生しません
・最大で1:100までの流量制御が可能です
・瞬時に流量変更が可能です

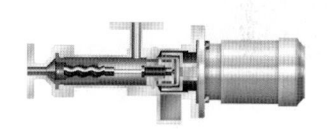

▲軸封のないCY-F-MN型

◆脱水ケーキ圧送装置
　含水率の低い脱水ケーキを＜無脈動＞＜定量＞＜高効率＞に長距離パイプ移送します。パイプ移送なので悪臭なく、周辺も汚しません。
・フィーダー一体型で低床コンパクト
・パワフルフィーダーの採用で低含水率の脱水ケーキにも対応可能
・内蔵型のプレートバルブ及びヴィクトリックジョイントの採用でメンテナンスが容易

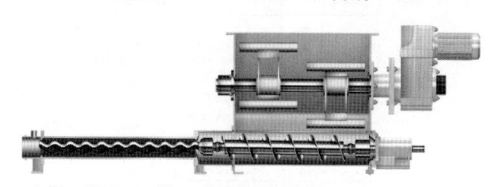

▲ポンプ＆フィーダー一体型のNZF型
※他にも移送距離や設置場所に応じたラインナップがあります。

◆粉体用ヘイシンモーノポンプ
　消石灰・粉末活性炭等の粉体を、高い固気比で閉塞なく、微量切り出し、高濃度移送が可能です。発塵がほとんどなく職場環境の改善に貢献します。

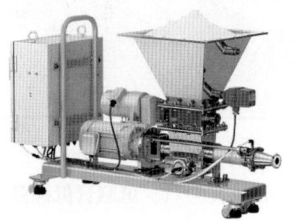

▲粉体用ヘイシンモーノポンプPNS型

情報-59

フォーゲルサン・ロータリーポンプ

大平洋機工株式会社 ポンプ事業部
千葉県習志野市東習志野 7-5-2
電話　047-473-1301　　FAX　047-473-5553

省スペース・高効率・自吸性・メンテナンスが容易等の特徴を有するロータリーポンプ

《製品概要》
○外　観

HiFloローター

○製品仕様
　材質：標準型　ＦＣ＋耐摩耗鋼／ＮＢＲ
　　　　耐食型　ＳＵＳ３１６　／ＮＢＲ
　口径：６５～２００mm
　能力：３～３５０m³／h　×　最大１ＭＰａ

◎設置面積及びメンテナンススペースの大幅な削減

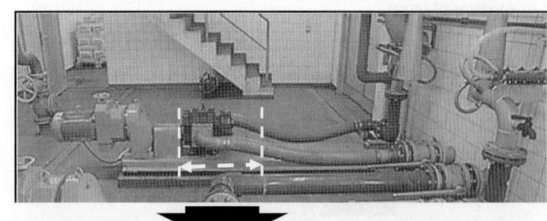

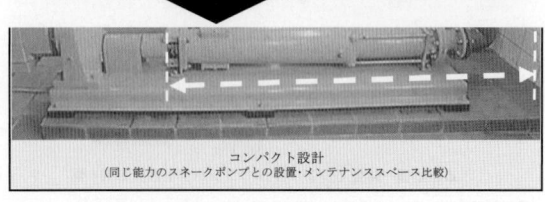

コンパクト設計
（同じ能力のスネークポンプとの設置・メンテナンススペース比較）

《特　徴》
◎メンテナンスが容易
　配管を取外す事無く、軸封部までの接液部品を交換可能。

接液部へのアプローチが容易

前カバーを開けるだけで、配管を外すことなく部品交換が可能

◎コンパクト設計により、摺動トルクを低減させ、**高効率**を実現

◎高い**自吸能力**（最大８m吸上げ）を発揮し、空引き運転にも強い

◎独自のＨｉＦｌｏローターの採用で、流送時の脈動が極小に抑えられ、**低騒音低振動**を実現。

総発売元：
ラサ商事株式会社
　東京都中央区日本橋箱崎町８－１
　ＴＥＬ：０３－３６６７－００９１
　ＦＡＸ：０３－３６６８－６８５２
　ＵＲＬ：http://www.rasaco.co.jp

KA-TE 下水道管補修ロボット

ラサ商事株式会社
東京都中央区日本橋箱崎町 8-1
電話 03-3667-0091　　FAX 03-3668-6852
URL: http://www.rasaco.co.jp

非開削で実施可能な下水道管補修ロボットシステム
～あらゆる不具合を補修（下水道管の歯医者さん）～

【切削用及び補修用ロボット】

- 対応管径φ200～φ700mm
- 油圧駆動、自走式、ワイパー付カメラ搭載
- マンホール開口部1箇所のみで施工可能

■取付管充填工法　建設技術審査証明 2008年3月
（不要な取付管の充填）

　道路陥没事故の原因の一つに不要となった取付け管でその施設が不良な状態にあることが挙げられます。このまま放置しておけば陥没の危険がある場合に、当ロボットの機能を活用し取付け管内にモルタル等を充填することにより陥没の予防保全を図ることが出来ます。

【工法イメージ図】

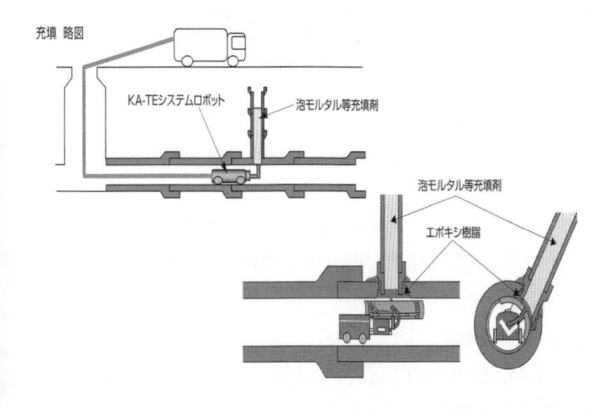

■樹脂注入工法　建設技術審査証明 2003年3月
（本管の破損、クラック、木の根除去等の補修）

断面縮小のない本管部分補修
① 破　損　　　　　　→ 充填
② クラック　　　　　→ 充填
③ ジョイント不良　　→ 充填
④ 取付管接合不良　　→ 充填
⑤ 取付管工法閉塞不良→ 充填
⑥ 取付管突出し　　　→ 切削及び充填
⑦ 木の根　　　　　　→ 切削及び充填

【工法イメージ図】
- 不良箇所を削り、樹脂注入により補修

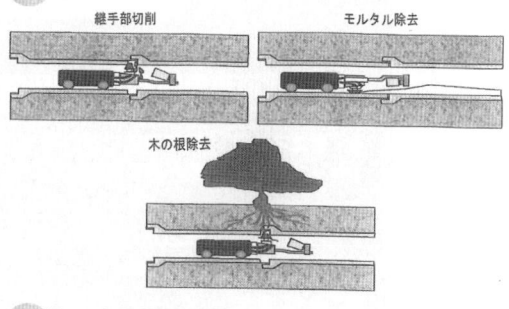

削る（切削）
　継手部切削　　　モルタル除去
　木の根除去

注入（エポキシ系樹脂）
　継手部（円周）補修　　本管部（破損等）補修
　取付管管口補修

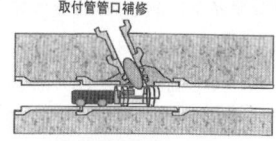

【工法に関する御問合せ先】
全国カテシステム工法協会
東京都杉並区西荻北三丁目１－８
ＴＥＬ：０３－６９１３－７３７５
ＦＡＸ：０３－６９１３－７３７６
E-mail:kate.system@honey.ocn.ne.jp

水質自動制御システム

日本ヘルス工業株式会社
東京都新宿区東五軒町 3-25
電話　03-3267-4037　　FAX　03-3267-6330
E-mail：info@hels.co.jp

日本下水道事業団との共同研究
究極の水質管理システム

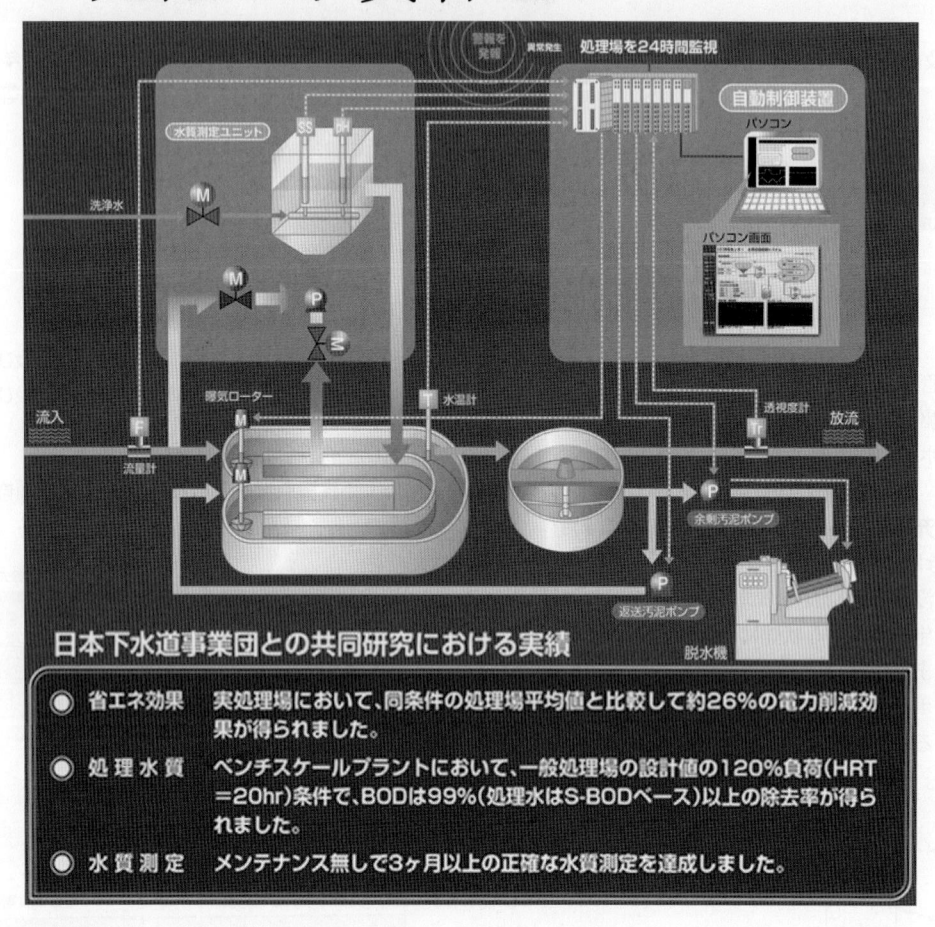

日本下水道事業団との共同研究における実績

- **省エネ効果**　実処理場において、同条件の処理場平均値と比較して約26%の電力削減効果が得られました。
- **処理水質**　ベンチスケールプラントにおいて、一般処理場の設計値の120%負荷(HRT=20hr)条件で、BODは99%(処理水はS-BODベース)以上の除去率が得られました。
- **水質測定**　メンテナンス無しで3ヶ月以上の正確な水質測定を達成しました。

安定した処理水質
- 流入負荷をオンライン計測し、最適なエアレーション制御により安定した処理を自動的に行います。
- 高負荷条件においても高度処理 OD 法レベルの処理水質が得られます。

省エネ・低コスト
- 流入負荷変動に合わせた無駄のない自動運転で、消費電力(CO_2排出量)の削減に寄与します。
- 汚泥処理を含めた施設全体の自動化により、運転管理コストを縮減します。

遠方からの監視・操作
- 遠方からのアクセスが可能で、処理状況の確認や運転条件の変更等ができます。
- 機器故障はもとより水質や運転状況の異常も検知します。
- 異常発生時には詳細な内容の通報機能により迅速な対応が可能です。

幅広い適用範囲
- 新設・既設を問わず、システムを導入することが可能です。
- 曝気装置の種類を問いません。
- 現場の運転管理ニーズに合わせたシステムを構築します。

温浴施設のCO2削減・省エネシステム「SHOEI Bathing Eco System」

株式会社 ショウエイ

〒 211-0051
神奈川県川崎市中原区宮内1丁目19番23号
電話 044-766-3080　FAX 044-755-4288
http://www.shoei-roka.co.jp

水質維持と同時に無駄な電力消費を大幅削減

■CO2削減のシステム

「SHOEI Bathing Eco System」は、CO2削減とともに水・熱・電気の大幅なランニングコストの削減を実現、総削減率50％以上も可能なシステムです。その方法は様々ですが、施設のエネルギー使用・排出の状態に合わせて最適なシステムを提案します。公的機関の認定、その効果の高さや独自性・先進性から、「低CO2川崎パイロットブランド'09」に選定されました。

1、ろ過循環ポンプの回転数制御（塩素濃度制御方式）

ろ過装置の運転中、エネルギーを多く消費するものとしてろ過循環ポンプが挙げられる。このシステムは、自動遊離残留塩素濃度制御装置（ポーラログラフ法）で測定した塩素濃度変化によって浴槽利用負荷状況を把握し、インバータで回転数制御を行い電力を削減する。浴槽・プールの利用がない場合、24時間常時連続商用運転からろ過能力必要最低運転方式となり、高効率な電力消費制御が可能である。

2、ろ過循環ポンプの回転数制御（入浴者感知制御方式）

塩素濃度制御方式では、ポーラログラフ法を用いた自動残留塩素濃度制御装置が必要であるが、温泉等、水質によっては同装置を導入できないケースがある。そこで、電波式入浴者感知器を浴室に設置し、浴槽の入浴増減頻度から水質負荷を特定して、インバータを操作して回転数を制御し、電力削減を行う。

温泉の泉質等により、塩素濃度制御方式が困難な場合もこのシステムでろ過循環ポンプの省エネを行うことが可能である。

3、入浴者感知によるジャグジブロア・ジェットポンプの運転制御

ポンプが用いられるのはろ過循環だけでなく、ジャグジブロアやジェットポンプにも用いられている。気泡風呂（ジャグジ・バイブラ浴槽）や超音波風呂などのアトラクション浴槽装置のブロア・超音波ポンプの運転を、浴槽近辺に設置した電波式入浴者感知器で利用者の有無を感知し、運転停止させて電力削減を行う。営業時間常時連続運転から必要最低運転方式となり電力の無駄な消費を抑えることが可能である。

4、ろ過器逆洗水再利用システム

ろ過器の逆洗浄排水を瞬時に特殊フィルターでろ過して、再度逆洗浄で活用し、水とエネルギーの削減を図る。通常排水していた逆洗浄方式に比べ、80％以上もの排水を削減することが可能となり、さらに逆洗時には塩素注入量を増やしてろ過器内やヘアキャッチャおよびフィルターの消毒も同時に行うことが可能である。（図参照）

5、入浴者感知式掛け流しの湯運転制御システム

浴槽の上部から掛け流す湯水を連続的に流すのではなく、浴槽近辺に設置した電波式入浴者感知器を利用し、入浴者の有無を感知して設定時間流し、オーバーフロー排水する水と熱の削減を行う。営業時間常時連続掛け流し方式から必要時掛け流し運転方式となり無駄な排水を抑えることが可能である。

■導入のメリット

①CO2削減により改正省エネ法への対応が可能。
②消費エネルギーの削減によりランニングコストの削減が可能、施設運営上でもメリットが得られる。

ＴＲ式回分型排水処理設備 ＋リサイクル設備

東洋濾水工業株式会社
〒145-0062　大田区北千束3-18-21
電話　03-3748-7211　　FAX　03-3748-7212

食品・洗たく工場排水の再利用をご提案します

排水処理システムを構築していく上で、ただ単に「汚いものをきれいにして排出すればよい」ということだけなく、資源化や処理水のリサイクルをはじめとして時代のニーズにあった技術やエコロジー化に取り組んでいます。

過剰になりがちな排水処理設備に対して、案件ごとにコストパフォーマンスの高い最適な設備を設計し、地球環境との共存・共生を考えたプランをご提案いたします。

【リサイクル用水水質実績】

分析項目	単位	リサイクル水(高度処理水)	水道水(飲料基準)
水素イオン濃度(PH)		7.8	5.8～8.6
生物化学的酸素要求量(BOD)	mg/ℓ	1未満	―
化学的酸素要求量(COD)	mg/ℓ	4	1.0以下
浮遊物質量(SS)	mg/ℓ	2未満	―
ヘルマルヘキサン抽出物質(油分等)	mg/ℓ	1未満	―
塩化物イオン	mg/ℓ	3.3	200以下
色度	度	1	5以下
濁度	度	1	2以下
電気伝導率	ms/m	6.2	―
ナトリウムイオン	mg/ℓ	100	200以下

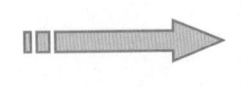

工場排水流入 → ＴＲ式回分型排水処理設備 → 排水処理水リサイクル設備 → 処理水再利用

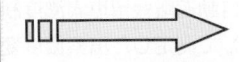

【導入効果】

1．環境効果　：　地球温暖化防止(排熱の減少)、ＣＯ２削減効果、省エネルギー、周辺環境保全(緑化促進・節水)

2．経済効果　：　上水道料金及び下水道使用料金の大幅な軽減（50％以上）

≪利用例≫
①トイレ用中水
②冷却用水(室外機等)
③屋根散水
④洗浄用水
⑤緑地散水
⑥洗たく用水

処理フロー
TR式排水処理プラント
↓
排水リサイクル処理プラント
↓
リサイクル水利用設備

【リサイクル処理プラント施工例】

情報-64

ハイブリッドレジン NP 工法

日本ジッコウ株式会社
〒651-2116　神戸市西区南別府1-14-6
電話 078-974-1141　FAX 078-974-7786
Email：info@jikkou.co.jp

ハイブリッドレジンNP工法は、シリコーンレジンと反応性無機質粉末によって、ハイブリッド構造の無機系被覆を常温環境下で形成させる新技術から生まれた、長期安定性に優れた諸特性を持つコンクリート保護被覆工法です。

1．特長

ハイブリッドレジン工法で形成される無機質系被覆の硬化物骨格は、結合エネルギーが大きく安定なシロキサン結合（Si-O-Si）であり、従来の有機系被覆の硬化物骨格である炭素結合（C-C）では得られない多様な特性によって、コンクリートを劣化環境から長期間保護する性能を発揮します。

①耐塩素性・耐オゾン性に優れた被覆を形成します。
②紫外線に対する耐性が高く白化・黄変・光沢消失などの被覆劣化がほとんど進行しません。
③コンクリート表面と一体化した被覆を形成します。
④被覆は撥水性があり、黴、藻類の発生・着床や汚染物質の沈着が抑制され、除染性も優れています。
⑤耐熱性に優れ沸騰水中でも被覆は安定です。
⑥被覆は物理化学的安定性が高く安全衛生性に優れています。
⑦施工環境の温度・湿度の影響が小さい良好な施工性と、被覆の硬化に悪影響が少ない特性を持っています。

2．用途

上水道関連施設のコンクリート製水槽類、コンクリート製水路、温泉施設（高温）などのコンクリート製水槽類、凍害を受けるコンクリート製施設、などの表面保護

性能特性比較

比較項目	無機質系被覆（ハイブリッドレジン）	有機質系被覆（エポキシ樹脂）
耐候性	○変化なし	▲白化・粉化
沸騰水（耐熱性）	○変化なし	▲膨潤・軟化
防汚染性	○汚れ小・除染性良	▲汚れ沈着
一体性	○異常なし	▲界面接着破壊
耐塩素水性	○変化なし	▲白化・脆弱化
耐オゾン性	○変化なし	▲白化・溶解

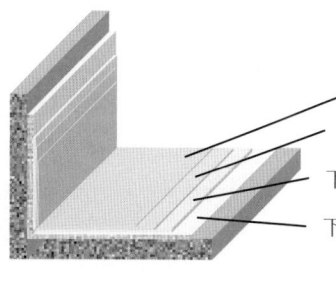

上塗り：ハイブリッドレジン S703T
中塗り：ハイブリッドレジン S702M
下塗り：ハイブリッドレジン S701M
下地修正

ハイブリッドレジンNP工法　積層断面

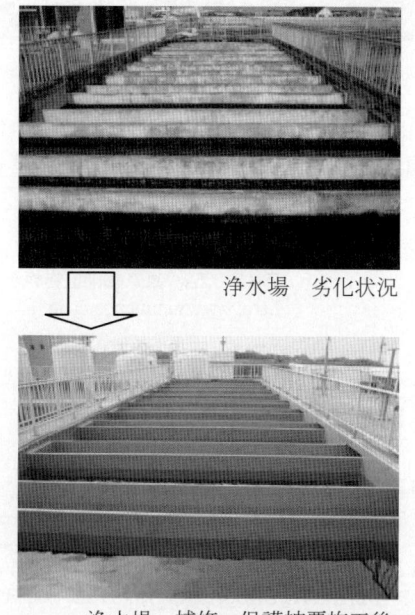

浄水場　劣化状況

浄水場　補修・保護被覆施工後

実用 水の処理・活用大事典		
発　　　行	2014年5月20日	
編　　　集	実用 水の処理・活用大事典 編集委員会	
発 行 者	平野 陽三	
発 行 元	産業調査会　事典出版センター	
	〒169-0074 東京都新宿区北新宿 3-14-8	
	TEL.03(3363)9221 FAX.03(3366)3503	
発 売 元	株式会社 ガイアブックス	

©2014 SANGYO CHOSAKAI Printed and bound in China.
ISBN 978-4-88282-579-1 C3051

落丁本、乱丁本はお取り替えいたします。不許複製・禁無断転載